www.kuhminsa.com

한 발 앞 서 는 출 판 사 구 민 사

# KUH MIN SA

#604, Mullaebuk-ro 116, Yeongdeungpo-gu
Seoul, Republic of Korea

T. 02 701 7421
F. 02 3273 9642

Email kuhminsa@kuhminsa.co.kr

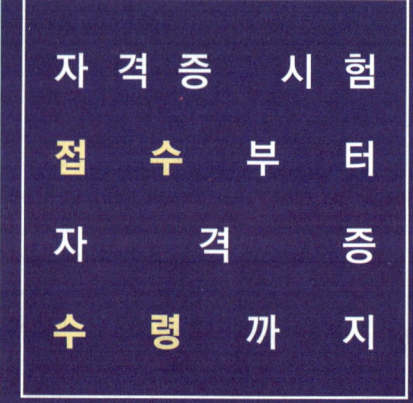

자격증 시험
접수부터
자격증
수령까지

### 필기원서접수

큐넷 회원 가입 후
(www.q-net.or.kr)
인터넷 접수만 가능
사진 파일, 접수비
(인터넷 결제) 필요
응시자격 요건
반드시 확인할 것

### 필기시험

입실 시간 미준수 시
시험 응시 불가
준비물 : 수험표,
신분증, 필기구 지참

### 합격여부확인

큐넷 사이트에서 확인
(www.q-net.or.kr)

### 실기원서접수

큐넷 회원 가입 후
(www.q-net.or.kr)
응시 자격 서류는
실기시험 접수기간
(4일 내)에 제출
해야만 접수 가능

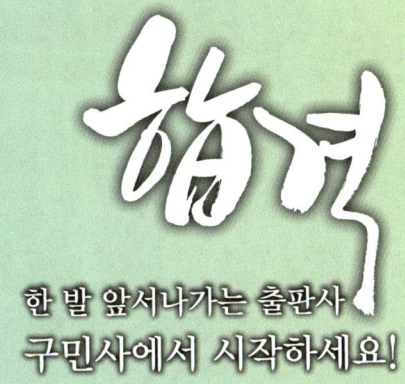

한 발 앞서나가는 출판사
구민사에서 시작하세요!

### 실기시험

필답형과 작업형으로
분류. 원서 접수 시
선택한 장소와 시간에
맞게 시험을 봅니다.
준비물 : 수험표,
신분증, 필기구 지참!

### 합격여부확인

큐넷 사이트에서 확인
(www.q-net.or.kr)

### 자격증신청

방문 or 인터넷 신청
가능. 방문 신청 시
신분증, 발급 수수료
지참할 것

### 자격증수령

방문 or 등기 우편
수령 가능. 등기
비용을 추가하면
우편으로 받을 수
있습니다.

# ◈ PREFACE

올해도 어김없이 책 원고를 넘기며 마무리하고, 곧 출간될 도서를 걱정 반, 설렘 반으로 기대해 봅니다. 온·오프라인에서 19년 이상 산업안전 기사(산업기사) 자격증 강의를 하며, 그간 제가 한 노력 이상의 좋은 평가를 받았음에 항상 감사하는 마음입니다.

자격증 시험합격이라는 작은 목표였지만 함께 노력하고, 함께 합격의 기쁨을 나누고, 기꺼이 그 영광을 제게 돌렸던 많은 교육생과 수험생 분들께 다시 한번 감사드립니다.

오랜 강의 경험과 노하우를 통해 꼭 필요한 부분에 대한 꼼꼼한 설명을, 출제유형을 철저히 분석한 곳에서는 별표(★)로 표시하여 가장 합격에 최적화된 도서를 만들기 위해 노력하였습니다.

항상 수험생 여러분들 곁에서 수험생들의 고민을 어떻게 해결해 드려야 할까… 늘 고민하며 원고를 쓰고 있습니다.

이번 개정판에는 개정고시된 최신 법규를 적용하여 수험생들의 공부에 도움이 되도록 하였으며, 꼭 암기해야 하지만 암기하기 힘든 내용들을 암기법이란 타이틀을 만들어 실어보았습니다. 비록 유치하고 단순한 암기법이지만 '암기법이 너무 기가막혀 외워졌다'는 수험생 여러분의 고백을 기대해 봅니다.

합격하기 쉬운 교재를 만들기 위해 수험생의 입장에서 한번 더 생각하며 만들었습니다. 앞으로도 독자 분들의 소중한 의견을 귀담아 듣겠습니다.

마지막으로, 교재를 출판해 적극적으로 후원해 주신 도서출판 구민사 조규백 대표님과 직원 여러분께 깊은 감사를 드립니다.

저자 씀

# ◈ CONTENTS

# INSTRUCTION MANUAL

**01** 각 항목별 주요 개요 & 저자의 특급 암기법

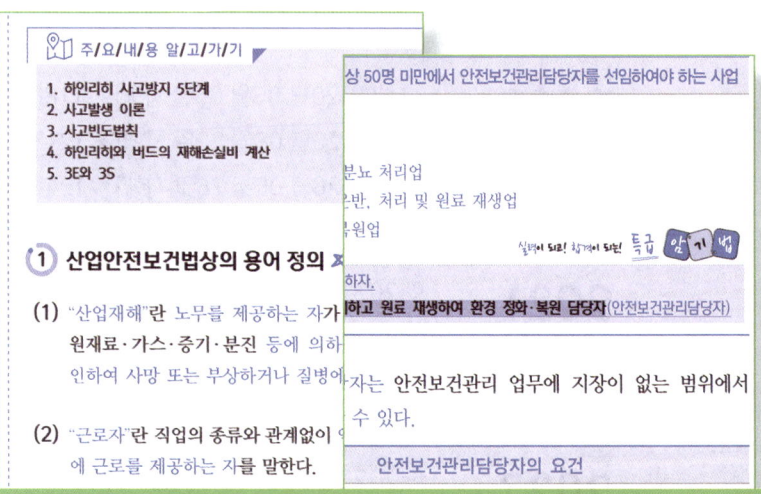

산업안전기사 공부에 필요한 **주요 내용을 수록**하였습니다. 교재의 80% 내용은 산업 안전보건법을 기준으로 하였습니다.

**반드시 알아야 할 법규내용만을 정리하여 편하고 알기 쉽게 설명**하였습니다.

**02** 중요한 표의 구분 & 합격의 Key 중요 참고박스

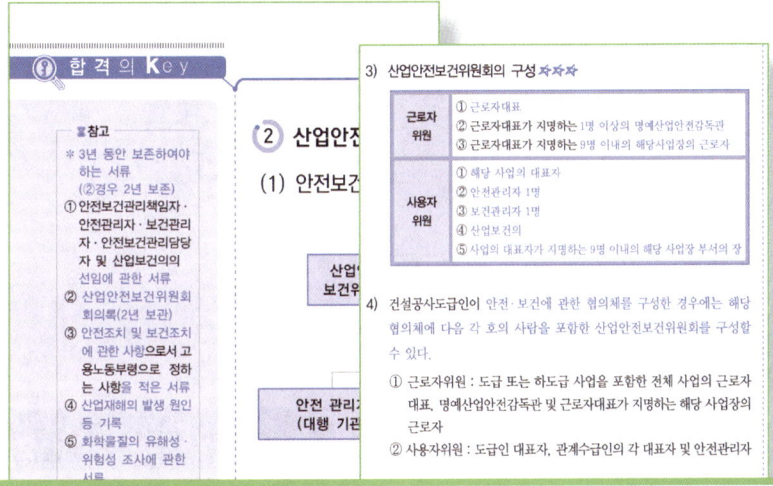

내용의 **중요도에 따라 별표로 구분**하였으며, 이해하기 쉽게 자세하면서도 편리하게 구성하였습니다. **별표 3(★★★)개**와 **별표 2(★★)개**까지의 내용은 실기에서도 자주 출제되는 핵심내용입니다.

**03** 합격의 Key 내 연습문제 & 시험에 자주 나오는 핵심요약

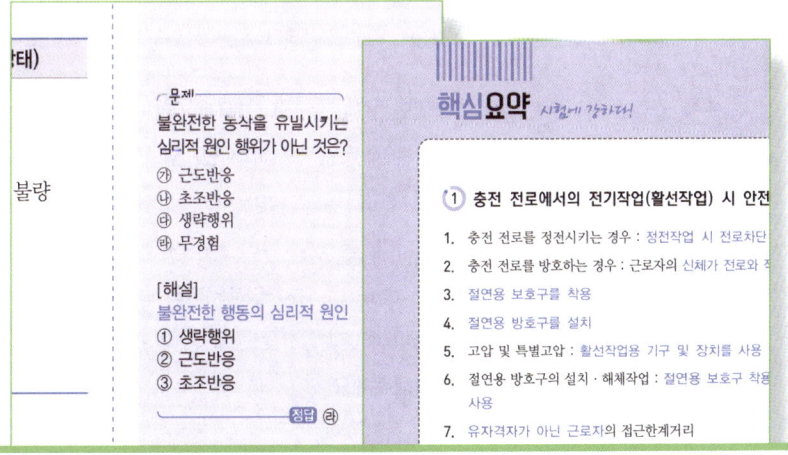

합격의 Key 안의 **연습문제**를 통해 좀 더 쉽게 이해할 수 있도록 하였고, **단원별 필기**에는 자주 나오는 내용을 별도 지면을 활용하여 시험보기 전날까지 공부할 수 있게 간략하게 정리하였습니다.

**04  최근 기출문제 수록 & 모의고사**

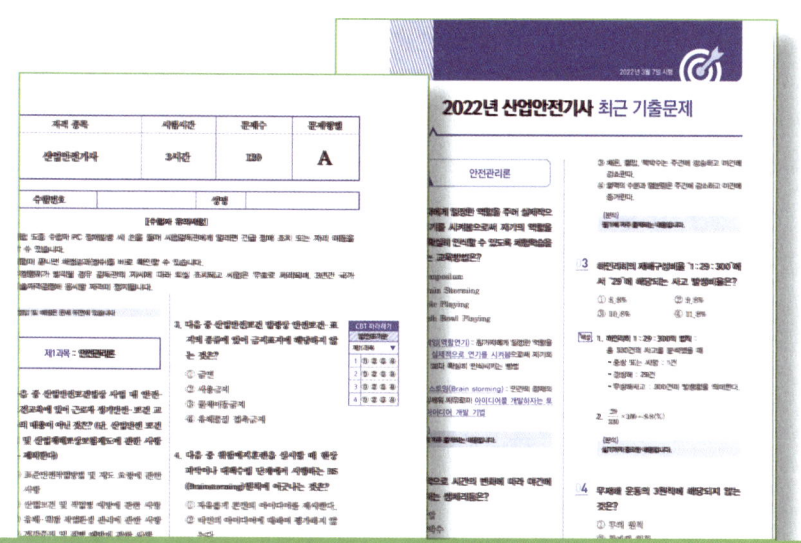

**부록** – 과년도 기출문제의 해설에는 문제 "분석"이 실려있습니다.

**"실기까지 중요한 내용입니다."**라는 내용은 **꼭! 여러 번! 읽고 넘어가세요.** 실기에 자주 출제되는 핵심내용으로 나올 때마다 읽고 넘어간다면 **실기에서도 빛을 발할 것**입니다. **"출제비중이 낮은 문제입니다."**는 쉽게 말하면 버리고 가도 될 문제입니다. 필기·실기 모두 출제비중이 낮은 내용으로 **다시 출제되더라도 답이 동일한 경우가 많습니다.** 버려야 할 내용을 과감히 버리지 않고는 중요한 공부를 함에 있어 합격이 힘들어질 수 있다는 점을 **꼭! 기억해주세요.**

# ◈ 산업안전 기사 출제기준

| 직무분야 | 안전관리 | 자격종목 | 산업안전기사 | 적용기간 | 2024.1.1.~2026.12.31. |
|---|---|---|---|---|---|
| 제조 및 서비스업 등 각 산업현장에 배속되어 산업재해 예방계획의 수립에 관한 사항을 수행 하며, 작업환경의 점검 및 개선에 관한 사항, 유해 및 위험방지에 관한 사항, 사고사례 분석 및 개선에 관한 사항, 근로자의 안전교육 및 훈련에 관한 업무 수행 |||||||
| 필기검정방법 | 객관식 | 문제수 | 120 | 시험시간 | 3시간 |

| 필기과목명 | 문제수 | 주요항목 | 세부항목 |
|---|---|---|---|
| 산업재해 예방 및 안전보건교육 | 20 | 1. 산업재해예방 계획수립 | 1. 안전관리<br>2. 안전보건관리 체제 및 운용 |
| | | 2. 안전보호구 관리 | 1. 보호구 및 안전장구 관리 |
| | | 3. 산업안전심리 | 1. 산업심리와 심리검사<br>2. 직업적성과 배치<br>3. 인간의 특성과 안전과의 관계 |
| | | 4. 인간의 행동과학 | 1. 조직과 인간행동<br>2. 재해 빈발성 및 행동과학<br>3. 집단관리와 리더십<br>4. 생체리듬과 피로 |
| | | 5. 안전보건교육의 내용 및 방법 | 1. 교육의 필요성과 목적<br>2. 교육방법<br>3. 교육실시 방법<br>4. 안전보건교육계획 수립 및 실시<br>5. 교육내용 |
| | | 6. 산업안전관계법규 | 1. 산업안전보건법령 |

| 필기과목명 | 문제수 | 주요항목 | 세부항목 |
|---|---|---|---|
| 인간공학 및 위험성 평가 · 관리 | 20 | 1. 안전과 인간공학 | 1. 인간공학의 정의<br>2. 인간-기계체계<br>3. 체계설계와 인간요소<br>4 인간요소와 휴먼에러 |
| | | 2. 위험성 파악 · 결정 | 1. 위험성 평가<br>2. 시스템 위험성 추정 및 결정 |
| | | 3. 위험성 감소대책 수립 · 실행 | 1. 위험성 감소대책 수립 및 실행 |
| | | 4. 근골격계질환예방관리 | 1. 근골격계 유해요인<br>2. 인간공학적 유해요인 평가<br>3. 근골격계 유해요인 관리 |
| | | 5. 유해요인 관리 | 1. 물리적 유해요인 관리<br>2. 화학적 유해요인 관리<br>3. 생물학적 유해요인 관리 |
| | | 6. 작업환경 관리 | 1. 인체계측 및 체계제어<br>2. 신체활동의 생리학적 측정법<br>3. 작업 공간 및 작업자세<br>4. 작업측정<br>5. 작업환경과 인간공학<br>6. 중량물 취급 작업 |
| 기계 · 기구 및 설비 안전 관리 | 20 | 1. 기계공정의 안전 | 1. 기계공정의 특수성 분석<br>2. 기계의 위험 안전조건 분석 |
| | | 2. 기계분야 산업재해 조사 및 관리 | 1. 재해조사<br>2. 산재분류 및 통계 분석<br>3. 안전점검 · 검사 · 인증 및 진단 |
| | | 3. 기계설비 위험요인 분석 | 1. 공작기계의 안전<br>2. 프레스 및 전단기의 안전<br>3. 기타 산업용 기계 기구<br>4. 운반기계 및 양중기 |

| 필기과목명 | 문제수 | 주요항목 | 세부항목 |
|---|---|---|---|
| 기계 · 기구 및 설비 안전 관리 | 20 | 4. 기계안전시설 관리 | 1. 안전시설 관리 계획하기<br>2. 안전시설 설치하기<br>3. 안전시설 유지 · 관리하기 |
| | | 5. 설비진단 및 검사 | 1. 비파괴검사의 종류 및 특징<br>2. 소음 · 진동 방지 기술 |
| 전기설비 안전 관리 | 20 | 1. 전기안전관리업무수행 | 1. 전기안전관리 |
| | | 2. 감전재해 및 방지대책 | 1. 감전재해 예방 및 조치<br>2. 감전재해의 요인<br>3. 절연용 안전장구 |
| | | 3. 정전기 장 · 재해 관리 | 1. 정전기 위험요소 파악<br>2. 정전기 위험요소 제거 |
| | | 4. 전기 방폭 관리 | 1. 전기방폭설비<br>2. 전기방폭 사고예방 및 대응 |
| | | 5. 전기설비 위험요인 관리 | 1. 전기설비 위험요인 파악<br>2. 전기실비 위힘요인 점검 및 개선 |
| 화학설비 안전 관리 | 20 | 1. 화재 · 폭발 검토 | 1. 화재 · 폭발 이론 및 발생 이해<br>2. 소화 원리 이해<br>3. 폭발방지대책 수립 |
| | | 2. 화학물질 안전관리 실행 | 1. 화학물질(위험물, 유해화학물질) 확인<br>2. 화학물질(위헌물, 유해하학물질) 유해 위험성 확인<br>3. 화학물질 취급설비 개념 확인 |
| | | 3. 화공안전 비상조치계획 · 대응 | 1. 비상조치계획 및 평가 |
| | | 4. 화공 안전운전 · 점검 | 1. 공정안전 기술<br>2. 안전 점검 계획 수립<br>3. 공정안전보고서 작성심사 · 확인 |

| 필기과목명 | 문제수 | 주요항목 | 세부항목 |
|---|---|---|---|
| 건설공사 안전 관리 | 20 | 1. 건설공사 특성분석 | 1. 건설공사 특수성 분석<br>2. 안전관리 고려사항 확인 |
| | | 2. 건설공사 위험성 | 1. 건설공사 유해 · 위험요인파악<br>2. 건설공사 위험성 추정 · 결정 |
| | | 3. 건설업 산업안전보건관리비 관리 | 1. 건설업 산업안전보건관리비 규정 |
| | | 4. 건설현장 안전시설 관리 | 1. 안전시설 설치 및 관리<br>2. 건설공구 및 장비 안전수칙 |
| | | 5. 비계 · 거푸집 가시설 위험 방지 | 1. 건설 가시설물 설치 및 관리 |
| | | 6. 공사 및 작업종류별 안전 | 1. 양중 및 해체 공사<br>2. 콘크리트 및 PC 공사<br>3. 운반 및 하역작업 |

※ 출제기준의 세세항목은 한국산업인력공단 홈페이지(http://www.q-net.or.kr/) 자료실에서 확인하실 수 있습니다.

# PART 01

Engineer Industrial Safety

# [ 산업재해 예방 및 안전보건교육 ]

# CHAPTER 01

# 산업재해예방계획 수립

## 01 안전관리

### 주/요/내/용 알/고/가/기

1. 하인리히 사고방지 5단계
2. 사고발생 이론
3. 사고빈도법칙
4. 하인리히와 버드의 재해손실비 계산
5. 3E와 3S
6. 무재해 운동의 3대 원칙
7. 무재해 운동의 3요소
8. 브레인스토밍의 4원칙
9. 위험예지 훈련 4단계

**용어정의**

* "안전사고"란
(safety accident)
불안전한 행동과 불안전한 상태가 선행되어 직간접적으로 인명이나 재산상의 손실을 가져올 수 있는 사건 및 사고를 의미한다.

**참고**

* 안전관리의 근본이념
  • 기업의 경제적 손실 예방
  • 생산성 향상 및 품질 향상
  • 사회복지의 증진

## ① 안전과 위험의 정의(산업안전보건법상의 용어 정의) ✦

(1) "산업재해"란 노무를 제공하는 사람이 업무에 관계되는 건설물·설비·원재료·가스·증기·분진 등에 의하거나 작업 또는 그 밖의 업무로 인하여 사망 또는 부상하거나 질병에 걸리는 것을 말한다.

(2) "근로자"란 직업의 종류와 관계없이 임금을 목적으로 사업이나 사업장에 근로를 제공하는 자를 말한다.

(3) "사업주"란 근로자를 사용하여 사업을 하는 자를 말한다.

(4) "근로자대표"란 근로자의 과반수로 조직된 노동조합이 있는 경우에는 그 노동조합을, 근로자의 과반수로 조직된 노동조합이 없는 경우에는 근로자의 과반수를 대표하는 자를 말한다.

(5) "작업환경측정"이란 작업환경 실태를 파악하기 위하여 해당 근로자 또는 작업장에 대하여 사업주가 유해인자에 대한 측정계획을 수립한 후 시료(試料)를 채취하고 분석·평가하는 것을 말한다.

(6) "안전·보건진단"이란 산업재해를 예방하기 위하여 잠재적 위험성을 발견하고 그 개선대책을 수립할 목적으로 조사·평가하는 것을 말한다.

(7) "중대재해"란 산업재해 중 사망 등 재해 정도가 심하거나 다수의 재해자가 발생한 경우로서 고용노동부령으로 정하는 재해를 말한다. ✪✪✪

① 사망자가 1인 이상 발생한 재해

② 3개월 이상 요양을 요하는 부상자가 동시에 2인 이상 발생한 재해

③ 부상자 또는 직업성 질병자가 동시에 10인 이상 발생한 재해

(8) 페일세이프(Fail safe) ✪✪✪

인간 또는 기계의 실패가 있어도 안전사고를 발생시키지 않도록 2중, 3중 통제를 가함

① 페일세이프(Fail safe)

기계의 고장이 있어도 안전사고를 발생시키지 않도록 2중, 3중 통제를 가함

② 풀 – 프루프(Fool proof)

인간의 실수가 있어도 안전사고를 발생시키지 않도록 2중, 3중 통제를 가함

### 2 안전보건관리 제이론

(1) 하인리히 사고방지 5단계 ✪✪

| 1단계 :<br>안전조직 | • 안전목표 설정<br>• 안전조직 구성<br>• 조직을 통한 안전활동 전개 | • 안전관리자의 선임<br>• 안전활동 방침 및 계획수립 |
|---|---|---|
| 2단계 :<br>사실의 발견 | • 작업분석<br>• 사고조사 | • 점검<br>• 안전진단 |
| 3단계 : 분석 | • 사고원인 및 경향성 분석<br>• 작업공정 분석<br>• 사고기록 및 관계자료 분석<br>• 인적·물적 환경 조건 분석 | |
| 4단계 :<br>시정방법 선정 | • 기술적 개선<br>• 교육훈련 분석<br>• 배치 조정 | • 안전운동 전개<br>• 안전행정의 개선<br>• 규칙 및 수칙 등 제도의 개선 |
| 5단계 : 시정책<br>적용(3E 적용) | • 안전교육(Education)<br>• 안전기술(Engineering)<br>• 안전독려(Enforcement) | |

PART 01

◉기출 ★

＊페일세이프
(Fail-Safe)의 구분

① Fail Passive
: 부품의 고장 시 기계 장치는 정지 상태로 옮겨간다.

② Fail active
: 부품이 고장나면 경보를 울리며 짧은 시간 운전이 가능하다.

③ Fail operational :
부품의 고장이 있어도 다음 정기점검까지 운전이 가능하다.

◉기출 ★

＊페일세이프의 종류

① 다경로 하중구조

② 하중경감구조

③ 교대구조

④ 중복구조

## (2) 사고발생 이론

### 1) 하인리히(H. W. Heinrich) 사고발생 도미노 5단계 ✪✪

| 1단계 | 선천적 결함(사회, 환경, 유전적 결함) |
|---|---|
| 2단계 | 개인적 결함 |
| 3단계 | 불안전 행동(인적 결함), 불안전한 상태(물적 결함) : 제거 가능 |
| 4단계 | 사고 |
| 5단계 | 재해(상해) |

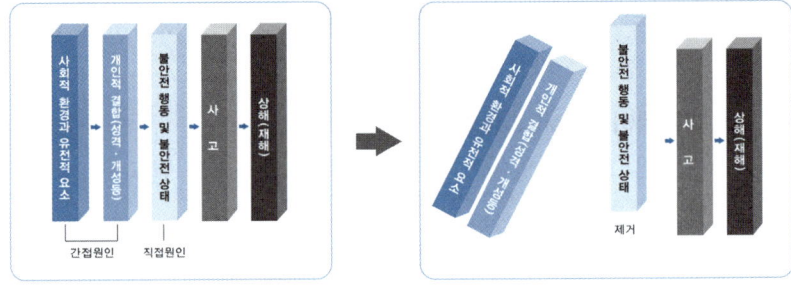

[하인리히의 사고발생 5단계]

### 2) 버드(Frank. E. Bird)의 연쇄성이론 5단계 ✪✪

| 1단계 | 제어부족(관리 부재) |
|---|---|
| 2단계 | 기본원인(기원) |
| 3단계 | 직접원인(징후) |
| 4단계 | 사고(접촉) |
| 5단계 | 상해(손실) |

### 3) 아담스(Edward Adams) 연쇄성이론 5단계 ✪✪

| 1단계 | 관리구조 |
|---|---|
| 2단계 | 작전적 에러 |
| 3단계 | 전술적 에러 |
| 4단계 | 사고 |
| 5단계 | 상해 |

### 4) 자베타키스(Micheal Zabetakis)의 이론

| 1단계 | 안전정책과 결정 |
|---|---|
| 2단계 | 개인적인 요소 |
| 3단계 | 환경적 요소 |

### 5) 웨버의 연쇄성이론

| 1단계 | 사회적 환경 및 유전적 요소(유전과 환경) |
|---|---|
| 2단계 | 인간의 결함(개인적 결함) |
| 3단계 | 불안전 행동 및 상태 |
| 4단계 | 사고 |
| 5단계 | 상해 |

## (3) 사고빈도법칙 ✰✰

### 1) 하인리히 1 : 29 : 300의 법칙 : 총 330건의 사고를 분석했을 때

> 중상 또는 사망 : 1건
> 경상해 : 29건
> 무상해사고(물적 손실) : 300건이 발생함을 의미한다.

### 2) 버드의 1 : 10 : 30 : 600의 법칙 : 총 641건의 사고를 분석했을 때

> 중상 또는 폐질 : 1건
> 경상해 : 10건
> 무상해사고(물적 손실) : 30건
> 무상해, 무사고(위험 순간) : 600건이 발생함을 의미한다.

## (4) J · H Harvey(하비)의 3E ✰

① 안전교육(Education)
② 안전기술(Engineering)
③ 안전독려(Enforcement)(강제, 관리, 규제, 감독)

## (5) 3S ✰

① 단순화(Simplification)    ② 표준화(Standardization)
③ 전문화(Specification)    ④ 총합화(Synthesization) → 4S

## (6) 안전관리 4 - Cycle(P-D-C-A) ✰

① 계획(Plan)    ② 실시(Do)
③ 검토(check)    ④ 조치(Action)

## (7) 인간에러(휴먼 에러)의 배후요인(4M) ✰✰✰

① Man(인간) : 본인 외의 사람, 직장의 인간관계 등
② Machine(기계) : 기계, 장치 등의 물적 요인
③ Media(매체) : 작업정보, 작업방법 등
④ Management(관리) : 작업관리, 법규준수, 단속, 점검 등

▣ 기출 ★
* 총 660건 사고분석 시
  (2 : 58 : 600)
  중상 또는 사망
  = 1 × 2 = 2건
  경상해
  = 29 × 2 = 58건
  무상해사고
  = 300 × 2 = 600건

* 총 990건 사고분석 시
  (3 : 87 : 900)
  중상 또는 사망
  = 1 × 3 = 3건
  경상해
  = 29 × 3 = 87건
  무상해사고
  = 300 × 3 = 900건

* 무상해, 무사고
  (위험 순간)
  = Near Accident

▣ 확인
하인리히의 1 : 29 : 300의 원칙은 300건의 무상해 사고의 원인을 제거해야 함을 강조한다.

▢ 문제
"Near Accident"란 무엇을 의미하는가?
㉮ 사고가 일어난 인접 지역
㉯ 사고가 일어난 지점에 계속 사고가 발생하는 지역
㉰ 사고가 일어나더라도 손실을 전혀 수반하지 않는 재해
㉱ 사고의 연관성

[해설]
"Near Accident"(앗차사고)는 사고나기 직전의 순간으로 인적, 물적 손실을 수반하지 않은 사고이다.

정답 ㉰

**용어정의**

* 「요양」이라 함은 부상 등의 치료를 말하며 재가, 통원 및 입원의 경우를 모두 포함한다.

**기출 ★**

* 무재해 운동의 3요소 중 최고 경영자의 경영 자세가 가장 중요한 역할을 한다.

**기출**

* 무재해 운동의 3요소
① 이념
② 기법
③ 실천

**문제**

문제해결훈련 브레인스토밍 (Brain Storming)기법의 4원칙에 대한 설명으로 틀린 것은?

㉮ "개발한 아이디어에 대해 좋다." "나쁘다." 라는 비판을 하지 않는다.
㉯ 아이디어의 수는 많을수록 좋다.
㉰ 다른 사람 의견을 정중히 반대한다.
㉱ 자유자재로 변하는 아이디어를 개발한다.

[해설]
㉮ 비판금지
㉯ 대량발언
㉰ 다른 사람 의견을 반대해서는 안 된다. → 비판금지
㉱ 자유분방

[참고]
브레인 스토밍(Brain Storming)의 4원칙
① 비판금지 ② 대량발언
③ 수정발언 ④ 자유분방

정답 ㉰

## ③ 무재해의 정의

### (1) 무재해

「무재해」라 함은 무재해운동 시행사업장에서 근로자가 업무에 기인하여 사망 또는 4일 이상의 요양을 요하는 부상 또는 질병에 이환되지 않는 것을 말한다. 다만, 다음 각목의 1에 해당하는 경우에는 무재해로 본다.

### (2) 무재해 운동의 3대 원칙

① 무(無)의 원칙(ZERO의 원칙)
② 선취의 원칙(안전제일의 원칙)
③ 참가의 원칙(참여의 원칙)

### (3) 무재해 운동의 3요소

① 최고 경영자의 경영자세
② 라인관리자에 의한 안전보건 추진
③ 직장의 자주 안전활동 활성화

### (4) 무재해 소집단활동

1) 브레인스토밍(Brain storming)

인간의 잠재의식을 일깨워 자유로이 아이디어를 개발하자는 토의식 아이디어 개발 기법이다.

[브레인스토밍의 4원칙 ✿✿]

| 비판금지 | 좋다, 나쁘다 비판은 하지 않는다. |
|---|---|
| 자유분방 | 마음대로 자유로이 발언한다. |
| 대량발언 | 무엇이든 좋으니 많이 발언한다. |
| 수정발언 | 타인의 생각에 동참하거나 보충 발언해도 좋다. |

2) 미국 듀폰사의 STOP 기법(Safety Training Observation Program : 안전교육관찰 프로그램)

숙련된 관찰자(안전관리자)가 불안전한 행위를 관찰하기 위한 기법으로 일상 업무 시 사용한 안전관찰카드를 분석하여 불안전한 행동의 경향을 파악하여 해당 부분에 대한 재발방지 대책을 세운다.

**[STOP 기법 진행방법]**

결심 ⇨ 정지 ⇨ 관찰 ⇨ 보고

3) T.B.M (Tool Box Meeting) : 즉시 적응법 ✈
   (단시간 미팅 즉시 적응훈련)

   ① 재해를 방지하기 위해 **현장에서 그때 그때의 상황에 맞게 적응하여 실시하는 활동**으로 **단시간 미팅 즉시 적응훈련**이라 한다.
   ② **작업 전, 종료 시 5~10분간 작업자 3~5인이 조를 이뤄 작업 시 위험요소에 대하여 말하는 방식**이다.

4) 지적 확인

   사람의 **눈이나 귀 등 오관의 감각기관을 총동원**해서 작업공정의 요소에서 자신의 행동을 (… 좋아)하고 **대상을 지적하여 큰 소리로 확인하여** 작업의 정확성과 **안전을 확인하는 방법**이다.

5) 5C운동 ✈

   ① **복장단정**(Correctness)   ② **정리정돈**(Clearance)
   ③ **청소청결**(Cleaning)   ④ **점검확인**(Checking)
   ⑤ **전심전력**(Concentration)

6) E.C.R(Error Cause Removal) 제안제도

   **근로자 자신이** 자기의 부주의 이외에 **제반 오류의 원인을 생각함으로서 개선을 하도록 하는 방법**이다.

   ① **첫째** : 아이디어 제안
   ② **둘째** : 조장이 접수
   ③ **셋째** : 무재해 추진 위원회에서 조치
   ④ **넷째** : 제안자에게 표창

7) 터치 앤 콜(Touch and Call)

   팀의 전 구성원이 원을 만들어 팀의 행동목표나 무재해 구호를 지적 확인하는 방법이다. (무재해로 나가자, 좋아! 좋아! 좋아!)

PART 01

─ 문제 ─

안전보건 의식고취를 위한 추진 방법 중 출근 시, 작업을 시작 하기 전에 5~10분 정도의 시간을 내서 회합을 갖는 것은?

㉮ OJT   ㉯ OFF JT
㉰ TWT   ㉱ TBM

[해설]
단시간 미팅 즉시 적응훈련 (T.B.M)
작업 전, 종료 시 5~10분간 작업자 3~5인이 조를 이뤄 작업 시 위험요소에 대하여 말하는 방식이다.

─ 정답 ㉱ ─

─ 기출 ─

* "지적확인"의 효과
① 이완된 의식의 긴장, 집중
② 대상에 대한 집중력의 향상
③ 자신과 대상의 결합도 증대
④ 인지(cognition) 확률의 향상

| 지적 확인과 정확도 | |
| --- | --- |
| 지적 확인한 경우 | 0.80% |
| 확인만 하는 경우 | 1.25% |
| 지적만 하는 경우 | 1.50% |
| 아무것도 하지 않은 경우 | 2.85% |

## (5) 위험예지 훈련

"위험을 미리 알자"는 의미로 작업장에 잠재하고 있는 위험요인을 소집단 토의를 통해 미리 생각하여 행동에 앞서 위험요인을 해결하는 것을 습관화하여 사고를 예방하기 위한 훈련이다.

**[위험예지 훈련 4단계 ✿✿]**

| | |
|---|---|
| 1단계 : 현상 파악 | • 어떤 위험이 잠재하고 있는가?<br>• 전원이 대화로써 도해 상황 속의 잠재위험요인을 발견하고 그 요인이 초래할 수 있는 사고를 생각해 내는 단계 |
| 2단계 : 요인조사<br>(본질 추구) | • 이것이 위험의 포인트다.<br>• 발견해 낸 위험 중 가장 위험한 것을 합의로서 결정하는 단계 |
| 3단계 : 대책 수립 | • 당신이라면 어떻게 할 것인가?<br>• 중요위험요인을 해결하기 위한 대책을 세우는 단계 |
| 4단계 : 행동목표 설정<br>(합의요약) | • 우리들은 이렇게 하자!<br>• 대책 중 중점 실시항목을 합의 요약해서 그것을 실천하기 위한 행동목표를 설정하는 단계 |

## 02 안전보건관리 체제 및 운용

### 주/요/내/용 알/고/가/기 ▶

1. 안전조직의 유형 및 특징
2. 산업안전보건위원회와 노사협의체의 구성
3. 안전보건관리책임자 등의 직무
4. 안전관리자 등의 증원, 교체 명령
5. 안전보건개선계획 작성대상 사업장
6. 재해율 등 공표대상 사업장

### 1 안전보건관리조직

안전보건관리조직이란 원활한 안전관리를 위해 필요한 조직으로 라인형, 스태프형, 라인-스태프형의 3가지로 분류할 수 있다.

#### (1) 라인형(Line) or 직계형 ✿✿

안전관리에 관한 계획, 실시, 평가에 이르기까지 안전관리의 모든 것을 생산조직을 통하여 행하는 관리 방식이다.

① 소규모 사업장(100명 이하 사업장)에 적용이 가능하다.
② 라인형 장점 : 명령 및 지시가 신속, 정확하다.
③ 라인형 단점
   • 안전정보가 불충분하다.
   • 라인에 과도한 책임이 부여될 수 있다.
④ 생산과 안전을 동시에 지시하는 형태

경영자 → 관리자 → 감독자 → 작업자
—— 생산지시
······ 안전지시

#### (2) 스태프형(staff) or 참모형 ✿✿

안전관리를 전담하는 스태프를 두고 안전관리에 대한 계획, 조사, 검토 등을 행하는 관리방식이다.

① 중규모 사업장(100 ~ 1,000명 정도의 사업장)에 적용이 가능하다.
② 스태프형 장점 : 안전정보 수집이 용이하고 빠르다.
③ 스태프형 단점 : 안전과 생산을 별개로 취급한다.
④ 안전 전문가(스태프)가 문제 해결방안을 모색한다.
⑤ 스태프는 경영자의 조언, 자문 역할을 한다.
⑥ 생산부문은 안전에 대한 책임, 권한이 없다.

**기출 ★**
* 라인형은 안전을 전문으로 하는 전담부서가 없으므로 스탭형보다 경제적인 조직이다.

**참고**
* 안전관리조직의 목적
① 조직적인 사고예방 활동
② 위험제거기술의 수준 향상
③ 조직 간 종적·횡적 신속한 정보처리와 유대강화
④ 재해 예방률의 향상 및 단위당 예방비용의 절감

⑦ 사업장의 특수성에 적합한 기술연구를 전문적으로 할 수 있다.

⑧ 권한 다툼이나 조정 때문에 통제 수속이 복잡해지며, 시간과 노력이 소모된다.

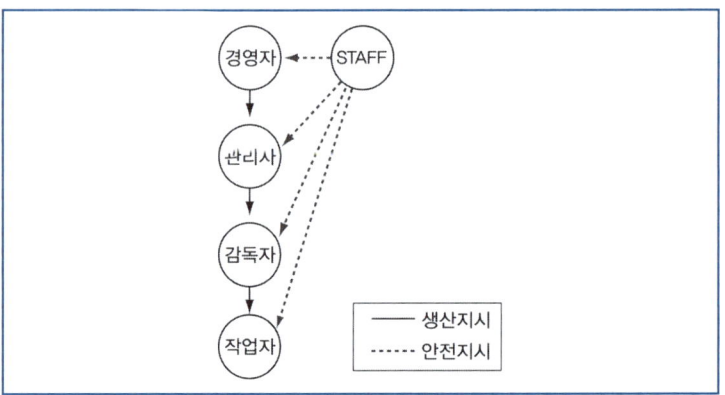

## (3) 라인 스태프형(Line Staff) or 혼합형 ✿✿

라인형과 스태프형의 장점을 취한 형태로서 스태프는 안전을 입안, 계획, 평가, 조사하고 라인을 통하여 생산기술, 안전대책이 전달되는 관리방식이다.

① 대규모 사업장(1,000명 이상 사업장)에 적용이 가능하다.

② 라인 스태프형 장점
  • 안전전문가에 의해 입안된 것을 경영자가 명령하므로 명령이 신속, 정확하다.
  • 안전정보 수집이 용이하고 빠르다.

③ 라인 스태프형 단점
  • 명령계통과 조언, 권고적 참여의 혼돈이 우려된다.
  • 스태프의 월권행위가 우려되고 지나치게 스태프에게 의존할 수 있다.
  • 라인이 스태프에 의존 또는 활용하지 않는 경우가 있다.

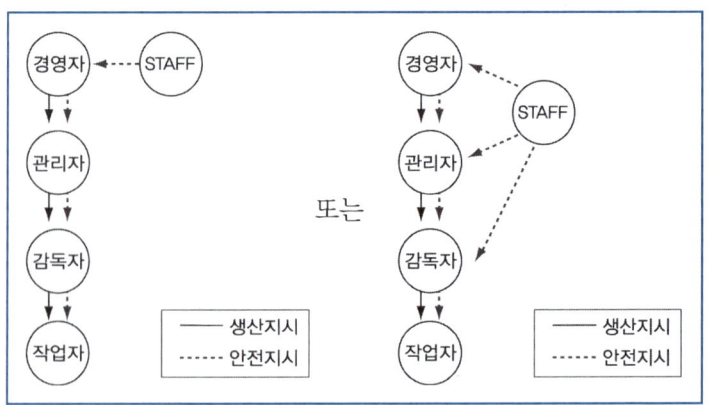

## ② 산업안전보건위원회 등의 법적 체제

### (1) 안전보건관리체제

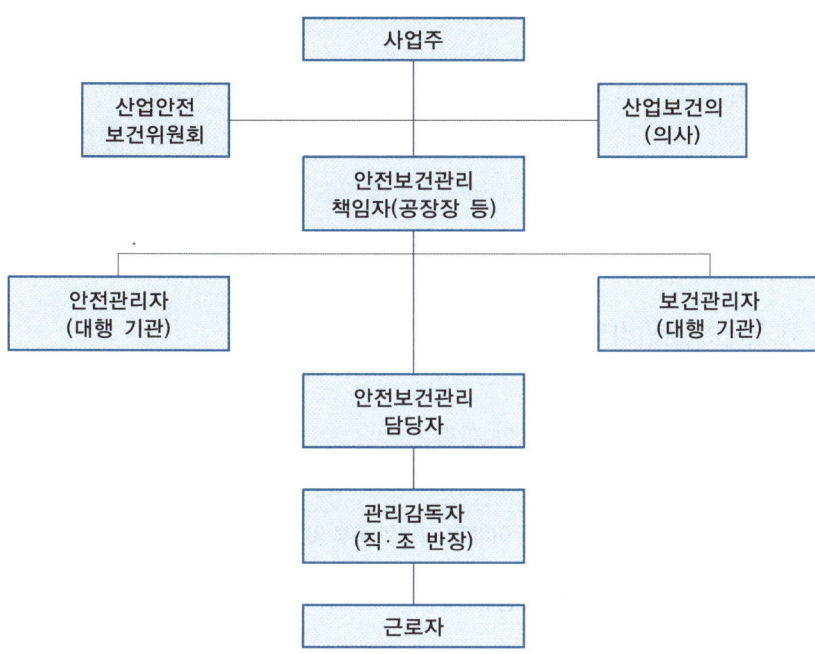

### (2) 이사회 보고 및 승인

① 「상법」에 따른 주식회사 중 **상시근로자 500명 이상**을 사용하는 회사 및 「건설산업기본법」에 따라 평가하여 공시된 **시공능력의 순위 상위 1천위 이내의 건설회사의 대표이사는 매년 회사의 안전 및 보건에 관한 계획을 수립하여 이사회에 보고하고 승인을 받아야 한다.**

② 회사의 대표이사(「상법」에 따라 대표이사를 두지 못하는 회사의 경우에는 대표집행임원을 말한다)는 회사의 정관에서 정하는 바에 따라 회사의 안전 및 보건에 관한 계획을 수립해야 한다.

③ 대표이사는 안전 및 보건에 관한 계획을 성실하게 이행하여야 한다.

④ **안전 및 보건에 관한 계획**에는 안전 및 보건에 관한 **비용, 시설, 인원** 등의 사항을 **포함하여야 한다.**

실력이 되고! 합격이 되는! 특급 암기법

> **500명 이상 1천위 이내 건설회사는 비(예산)실(시설)대는 인원 매년 이사회에 보고**

PART 01

📌**참고**
* 3년 동안 보존하여야 하는 서류 (②경우 2년 보존)
① 안전보건관리책임자 · 안전관리자 · 보건관리자 · 안전보건관리담당자 및 산업보건의의 선임에 관한 서류
② 산업안전보건위원회 회의록(2년 보관)
③ 안전조치 및 보건조치에 관한 사항으로서 고용노동부령으로 정하는 사항을 적은 서류
④ 산업재해의 발생 원인 등 기록
⑤ 화학물질의 유해성 · 위험성 조사에 관한 서류
⑥ 작업환경측정에 관한 서류
⑦ 건강진단에 관한 서류

| 안전 및 보건에 관한 계획에 포함하여야 할 사항 |
|---|

가. 안전 및 보건에 관한 경영방침
나. 안전·보건관리 조직의 구성 · 인원 및 역할
다. 안전·보건 관련 예산 및 시설 현황
라. 안전 및 보건에 관한 전년도 활동실적 및 다음 연도 활동계획

실력이 되고! 합격이 되는! 특급 암기법

| 비(예산)실(시설)대는 인원 및 역할 경영활동계획에 포함 |
|---|

## (3) 안전보건관리책임자 ✖✖

사업주는 사업장에 안전보건관리책임자("관리책임자")를 두어 업무를 총괄 관리하도록 하여야 한다.

**🐜참고** **안전보건관리책임자를 두어야 할 사업의 종류 및 규모** ✖

| 사업의 종류 | 규모 |
|---|---|
| 1. 토사석 광업<br>2. 식료품 제조업, 음료 제조업<br>3. 목재 및 나무제품 제조업 ; 가구 제외<br>4. 펄프, 종이 및 종이제품 제조업<br>5. 코크스, 연탄 및 석유정제품 제조업<br>6. 화학물질 및 화학제품 제조업 ; 의약품 제외<br>7. 의료용 물질 및 의약품 제조업<br>8. 고무 및 플라스틱제품 제조업<br>9. 비금속 광물제품 제조업<br>10. 1차 금속 제조업<br>11. 금속가공제품 제조업 ; 기계 및 가구 제외<br>12. 전자부품, 컴퓨터, 영상, 음향 및 통신장비 제조업<br>13. 의료, 정밀, 광학기기 및 시계 제조업<br>14. 전기장비 제조업<br>15. 기타 기계 및 장비 제조업<br>16. 자동차 및 트레일러 제조업<br>17. 기타 운송장비 제조업<br>18. 가구 제조업<br>19. 기타 제품 제조업<br>20. 서적, 잡지 및 기타 인쇄물 출판업<br>21. 해체, 선별 및 원료 재생업<br>22. 자동차 종합 수리업, 자동차 전문 수리업 | 상시 근로자 50명 이상 |

| 사업의 종류 | 규모 |
|---|---|
| 23. 농업<br>24. 어업<br>25. 소프트웨어 개발 및 공급업<br>26. 컴퓨터 프로그래밍, 시스템 통합 및 관리업<br>26의 2. 영상·오디오물 제공 서비스업<br>27. 정보서비스업<br>28. 금융 및 보험업<br>29. 임대업 ; 부동산 제외<br>30. 전문, 과학 및 기술 서비스업(연구개발업은 제외한다)<br>31. 사업지원 서비스업<br>32. 사회복지 서비스업 | 상시 근로자 300명 이상 |
| 33. 건설업 | 공사금액 20억 원 이상 |
| 34. 제1호부터 제26호까지, 제26호의2 및 제27호부터<br>　　제33호까지의 사업을 제외한 사업 | 상시 근로자 100명 이상 |

## (4) 안전관리자 ✿✿

1) 사업주는 사업장에 안전에 관한 기술적인 사항에 관하여 사업주 또는 안전보건관리책임자를 보좌하고 관리감독자에게 지도·조언하는 업무를 수행하는 사람("안전관리자")를 두어야 한다.

2) 상시근로자 300명 이상을 사용하는 사업장[건설업의 경우에는 공사금액이 120억 원(종합공사를 시공하는 토목공사업의 경우에는 150억 원) 이상인 사업장]의 안전관리자는 해당 사업장에서 안전관리자의 업무만을 전담해야 한다.

3) 도급인의 사업장에서 이루어지는 도급사업의 공사금액 또는 관계수급인의 상시 근로자는 각각 해당 사업의 공사금액 또는 상시 근로자로 본다. 나만, 안전관리자를 두어야 할 사업의 기준에 해당하는 도급사업의 공사금액 또는 관계수급인의 상시 근로자의 경우에는 그러하지 아니하다.

4) 같은 사업주가 경영하는 둘 이상의 사업장이 다음 각 호의 어느 하나에 해당하는 경우에는 그 둘 이상의 사업장에 1명의 안전관리자를 공동으로 둘 수 있다. 이 경우 해당 사업장의 상시근로자 수의 합계는 300명 이내[건설업의 경우에는 공사금액의 합계가 120억 원(토목공사업의 경우 150억 원) 이내]이어야 한다.

　1. 같은 시·군·구(자치구를 말한다) 지역에 소재하는 경우
　2. 사업장 간의 경계를 기준으로 15킬로미터 이내에 소재하는 경우

5) 도급인의 사업장에서 이루어지는 **도급사업에서 도급인이** 고용노동부령으로 정하는 바에 따라 그 사업의 **관계수급인 근로자에 대한** 안전관리를 전담하는 **안전관리자를 선임한 경우에는** 그 사업의 **관계수급인은 해당 도급사업에 대한 안전관리자를 선임하지 않을 수 있다.**

6) 사업주는 **안전관리자를** 선임하거나 안전관리자의 업무를 안전관리전문기관에 위탁한 경우에는 고용노동부령으로 정하는 바에 따라 **선임하거나 위탁한 날부터 14일 이내에 고용노동부장관에게 증명할 수 있는 서류를 제출하여야** 한다. 안전관리자를 늘리거나 교체한 경우에도 또한 같다.

---

**🔍 주요 내용요약** | **안전관리자의 선임방법**

| | |
|---|---|
| ① 토사석 광업<br>② 서적, 잡지 및 기타 인쇄물 출판업, 폐기물 수집·운반·처리 및 원료 재생업, 환경 정화 및 복원업, 운수 및 창고업, 자동차 종합 수리업, 자동차 전문 수리업, 발전업<br>③ 대부분의 제조업 | – 상시 근로자 50명 이상 500명 미만 : 1명 이상<br>– 상시 근로자 500명 이상 : 2명 이상 |
| ① 우편 및 통신업<br>② 전기, 가스, 증기 및 공기조절 공급업(발전업은 제외한다)<br>③ 도매 및 소매업<br>④ 숙박 및 음식점업<br>⑤ 공공행정(청소, 시설관리, 조리 등 현업업무에 종사하는 사람으로서 고용노동부장관이 정하여 고시하는 사람으로 한정한다)<br>⑥ 교육서비스업 중 초등·중등·고등 교육기관, 특수학교·외국인학교 및 대안학교 (청소, 시설관리, 조리 등 현업업무에 종사하는 사람으로서 고용노동부장관이 정하여 고시하는 사람으로 한정한다)<br>⑦ 농업, 임업 및 어업 등 | – 상시 근로자 50명 이상 1,000명 미만 : 1명 (다만, 부동산업(부동산 관리업은 제외한다)과 사진처리업의 경우에는 상시근로자 100명 이상 1천명 미만으로 한다)<br>– 상시 근로자 1,000명 이상 : 2명 |
| 건설업 | – 공사금액 **50억 원** 이상(관계수급인은 100억 원 이상) **120억 원** 미만 (토목공사의 경우에는 150억 원 미만) 또는 공사금액 **120억 원 이상**(토목공사의 경우에는 150억 원 이상) **800억 원 미만** : 1명 이상 |

| 건설업 | – 공사금액 800억 원 이상 1,500억 원 미만 : 2명 이상(다만, 전체 공사기간을 100으로 할 때 공사 시작에서 15에 해당하는 기간과 공사 종료 전의 15에 해당하는 기간 동안은 1명 이상으로 한다)<br>– 공사금액 1,500억 원 이상 2,200억 원 미만 : 3명 이상 (다만, 전체 공사기간 중 전·후 15에 해당하는 기간은 2명 이상으로 한다)<br>– 공사금액 2,200억 원 이상 3천억 원 미만 : 4명 이상 (다만, 전체 공사기간 중 전·후 15에 해당하는 기간은 2명 이상으로 한다)<br>– 공사금액 3천억 원 이상 3,900억 원 미만 : 5명 이상(다만, 전체 공사기간 중 전·후 15에 해당하는 기간은 3명 이상으로 한다)<br>– 공사금액 3,900억 원 이상 4,900억 원 미만 : 6명 이상(다만, 전체 공사기간 중 전·후 15에 해당하는 기간은 3명 이상으로 한다)<br>– 공사금액 4,900억 원 이상 6천억 원 미만 : 7명 이상(다만, 전체 공사기간 중 전·후 15에 해당하는 기간은 4명 이상으로 한다)<br>– 공사금액 6천억 원 이상 7,200억 원 미만 : 8명 이상(다만, 전체 공사기간 중 전·후 15에 해당하는 기간은 4명 이상으로 한다)<br>– 공사금액 7,200억 원 이상 8,500억 원 미만 : 9명 이상(다만, 전체 공사기간 중 전·후 15에 해당하는 기간은 5명 이상으로 한다)<br>– 공사금액 8,500억 원 이상 1조원 미만 : 10명 이상(다만, 전체 공사기간 중 전·후 15에 해당하는 기간은 5명 이상으로 한다)<br>– 1조 원 이상 : 11명 이상[매 2천억 원(2조원 이상부터는 매 3천억 원)마다 1명씩 추가한다]. 다만, 전체 공사기간 중 전·후 15에 해당하는 기간은 선임 대상 안전관리자 수의 2분의 1(소수점 이하는 올림한다) 이상으로 한다) |
|---|---|

## (5) 안전보건관리담당자 ✿✿

1) 사업주는 사업장에 안전보건관리담낭사를 두어아 한다. 디만, 안전 관리자 또는 보건관리자가 있거나 이를 두어야 하는 경우에는 그러 하지 아니하다.

2) 고용노동부장관은 산업재해 예방을 위하여 필요한 경우로서 고용노 동부령으로 정하는 사유에 해당하는 경우에는 사업주에게 안전보건 관리담당자를 대통령령으로 정하는 수 이상으로 늘리거나 교체할 것 을 명할 수 있다.

3) 사업주는 상시근로자 20명 이상 50명 미만인 사업장에 안전보건관리담당자를 1명 이상 선임하여야 한다.

---

**상시근로자 20명 이상 50명 미만에서 안전보건관리담당자를 선임하여야 하는 사업**

① 제조업
② 임업
③ 하수, 폐수 및 분뇨 처리업
④ 폐기물 수집, 운반, 처리 및 원료 재생업
⑤ 환경 정화 및 복원업

실력이 되고! 합격이 되는! **특급 암기법**

제임! - 재 임용하자.
하·폐수, 분뇨 폐기하고 원료 재생하여 환경 정화·복원 담당자(안전보건관리담당자)

---

4) 안전보건관리담당자는 안전보건관리 업무에 지장이 없는 범위에서 다른 업무를 겸할 수 있다.

---

**안전보건관리담당자의 요건**

해당 사업장 소속 근로자로서 다음 각 호의 어느 하나에 해당하는 요건을 갖추어야 한다.
1. 안전관리자의 자격을 갖추었을 것
2. 보건관리자의 자격을 갖추었을 것
3. 고용노동부장관이 정하여 고시하는 안전보건교육을 이수했을 것

---

## (6) 관리감독자

1) 사업주는 사업장의 생산과 관련되는 업무와 그 소속 직원을 직접 지휘·감독하는 직위에 있는 사람("관리감독자")에게 산업안전 및 보건에 관한 업무로서 대통령령으로 정하는 업무를 수행하도록 하여야 한다.

2) 관리감독자가 있는 경우에는 「건설기술 진흥법」에 따른 안전관리책임자 및 안전관리담당자를 각각 둔 것으로 본다.

## (7) 산업보건의

산업보건의를 두어야 할 사업의 종류 및 규모는 상시 근로자 50명 이상을 사용하는 사업으로서 의사가 아닌 보건관리자를 두는 사업장으로 한다. 다만, 보건관리대행기관에 보건관리자의 업무를 위탁한 경우에는 산업보건의를 두지 않을 수 있다.

## (8) 안전보건총괄책임자

1) 도급인은 관계수급인 근로자가 도급인의 사업장에서 작업을 하는 경우에는 그 사업장의 안전보건관리책임자를 도급인의 근로자와 관계수급인 근로자의 산업재해를 예방하기 위한 업무를 총괄하여 관리하는 안전보건총괄책임자로 지정하여야 한다. 이 경우 안전보건관리책임자를 두지 아니하여도 되는 사업장에서는 그 사업장에서 사업을 총괄하여 관리하는 사람을 안전보건총괄책임자로 지정하여야 한다.

---

**안전보건총괄책임자 지정대상 사업** ✿✿✿

① 관계수급인에게 고용된 근로자를 포함한 상시 근로자가 100명(선박 및 보트 건조업, 1차 금속 제조업 및 토사석 광업의 경우에는 50명) 이상인 사업
② 관계수급인의 공사금액을 포함한 해당 공사의 총 공사금액이 20억 원 이상인 건설업

---

2) 안전보건총괄책임자를 지정한 경우에는 「건설기술 진흥법」에 따른 안전총괄책임자를 둔 것으로 본다.

## (9) 인전보건조정지

1) 2개 이상의 건설공사를 도급한 건설공사 발주자는 그 2개 이상의 건설공사가 같은 장소에서 행해지는 경우에 작업의 혼재로 인하여 발생할 수 있는 산업재해를 예방하기 위하여 건설공사 현장에 안전보건조정자를 두어야 한다.

2) 안전보건조정자를 두어야 하는 건설공사는 각 건설공사의 금액의 합이 50억 원 이상인 경우를 말한다.

1. 산업안전지도사
2. 「건설기술 진흥법」에 따른 발주청이 발주하는 건설공사인 경우 발주청에 따라 선임한 공사감독자
3. 다음 각 목의 어느 하나에 해당하는 사람으로서 해당 건설공사 중 주된 공사의 책임감리자
   가. 「건축법」에 따른 공사감리자
   나. 「건설기술 진흥법」에 따른 감리 업무를 수행하는 자
   다. 「주택법」에 따라 지정된 감리자
   라. 「전력기술관리법」에 따라 배치된 감리원
   마. 「정보통신공사업법」에 따라 해당 건설공사에 대하여 감리 업무를 수행하는 자
4. 「건설산업기본법」에 따른 종합공사에 해당하는 건설현장에서 안전보건관리책임자로서 3년 이상 재직한 사람
5. 「국가기술자격법」에 따른 건설안전기술사
6. 「국가기술자격법」에 따른 건설안전기사를 취득한 후 건설안전 분야에서 5년 이상의 실무경력이 있는 사람
7. 「국가기술자격법」에 따른 건설안전산업기사를 취득한 후 건설안전 분야에서 7년 이상의 실무경력이 있는 사람

3) 안전보건조정자를 두어야 하는 건설공사발주자는 분리하여 발주되는 공사의 착공일 전날까지 안전보건조정자를 지정하거나 선임하여 각각의 공사 도급인에게 그 사실을 알려야 한다.

## (10) 산업안전보건위원회의 설치 대상 ✿✿

1) 사업주는 산업안전·보건에 관한 중요 사항을 심의·의결하기 위하여 근로자와 사용자가 같은 수로 구성되는 산업안전보건위원회를 설치·운영하여야 한다.

2) 산업안전보건위원회를 설치·운영해야 할 사업의 종류 및 규모

**참고** 산업안전보건위원회를 설치·운영해야 할 사업의 종류 및 규모

| 사업의 종류 | 규모 |
|---|---|
| 1. 토사석 광업 | 상시 근로자 50명 이상 |
| 2. 목재 및 나무제품 제조업 ; 가구 제외 | |
| 3. 화학물질 및 화학제품 제조업 ; 의약품 제외<br>(세제, 화장품 및 광택제 제조업과 화학섬유 제조업은 제외한다) | |
| 4. 비금속 광물제품 제조업 | |
| 5. 1차 금속 제조업 | |
| 6. 금속가공제품 제조업 ; 기계 및 가구 제외 | |
| 7. 자동차 및 트레일러 제조업 | |
| 8. 기타 기계 및 장비 제조업<br>(사무용 기계 및 장비 제조업은 제외한다) | |
| 9. 기타 운송장비 제조업<br>(전투용 차량 제조업은 제외한다) | |

실력이 되고! 합격이 되는! **특급 암기법**

**토사석 광업**에서 캔 **1차금속**으로 **금속가공제품**, **비금속 광물제품** 제조하여 **나무**, **화학물질** 섞어서 **기계장비**, **자동차 트레일러** 만들어 **운송장비 위원회**(산업안전보건위원회) 열자. ✧✧✧

| 사업의 종류 | 규모 |
|---|---|
| 10. 농업 | 상시 근로자 300명 이상 |
| 11. 어업 | |
| 12. 소프트웨어 개발 및 공급업 | |
| 13. 컴퓨터 프로그래밍, 시스템 통합 및 관리업 | |
| 13의 2. 영상·오디오물 제공 서비스업 | |
| 14. 정보서비스업 | |
| 15. 금융 및 보험업 | |
| 16. 임대업 ; 부동산 제외 | |
| 17. 전문, 과학 및 기술 서비스업(연구개발업은 제외한다) | |
| 18. 사업지원 서비스업 | |
| 19. 사회복지 서비스업 | |
| 20. 건설업 | 공사금액 120억원 이상<br>(토목공사업 : 150억원 이상) |
| 21. 제1호부터 제20호까지의 사업을 제외한 사업 | 상시 근로자 100명 이상 |

**참고**

＊ **명예산업안전감독관**
고용노동부장관은 산업재해 예방활동에 대한 참여와 지원을 촉진하기 위하여 근로자, 근로자단체, 사업주단체 및 산업재해 예방 관련 전문단체에 소속된 자 중에서 명예산업안전감독관을 위촉할 수 있다.

**기출 ★**

＊**명예산업안전감독관 위촉대상**
1. 산업안전보건위원회 또는 노사협의체 설치 대상 사업의 근로자 중에서 근로자대표가 사업주의 의견을 들어 추천하는 사람
2. 「노동조합 및 노동관계조정법」에 따른 연합단체인 노동조합 또는 그 지역 대표기구에 소속된 임직원 중에서 해당 연합단체인 노동조합 또는 그 지역대표기구가 추천하는 사람
3. 전국 규모의 사업주단체 또는 그 산하조직에 소속된 임직원 중에서 해당 단체 또는 그 산하조직이 추천하는 사람
4. 산업재해 예방 관련 업무를 하는 단체 또는 그 산하조직에 소속된 임직원 중에서 해당단체 또는 그 산하조직이 추천하는 사람

**기출 ★**

＊ **명예산업안전감독관의 해촉**
① 근로자대표가 사업주의 의견을 들어 위촉된 명예산업안전감독관의 해촉을 요청한 경우
② 위촉된 명예산업안전감독관이 해당 단체 또는 그 산하조직으로부터 퇴직하거나 해임된 경우
③ 명예산업안전감독관의 업무와 관련하여 부정한 행위를 한 경우
④ 질병이나 부상 등의 사유로 명예산업안전감독관의 업무 수행이 곤란하게 된 경우

3) 산업안전보건위원회의 구성 ✰✰✰

| 근로자 위원 | ① 근로자대표<br>② 근로자대표가 지명하는 1명 이상의 명예산업안전감독관<br>③ 근로자대표가 지명하는 9명 이내의 해당사업장의 근로자 |
|---|---|
| 사용자 위원 | ① 해당 사업의 대표자<br>② 안전관리자 1명<br>③ 보건관리자 1명<br>④ 산업보건의<br>⑤ 사업의 대표자가 지명하는 9명 이내의 해당 사업장 부서의 장 |

4) 건설공사도급인이 안전·보건에 관한 협의체를 구성한 경우에는 해당 협의체에 다음 각 호의 사람을 포함한 산업안전보건위원회를 구성할 수 있다.

① 근로자위원 : 도급 또는 하도급 사업을 포함한 전체 사업의 근로자대표, 명예산업안전감독관 및 근로자대표가 지명하는 해당 사업장의 근로자
② 사용자위원 : 도급인 대표자, 관계수급인의 각 대표자 및 안전관리자

5) 회의 등

① 산업안전보건위원회의 회의는 정기회의와 임시회의로 구분하되, 정기회의는 분기마다 위원장이 소집하며, 임시회의는 위원장이 필요하다고 인정할 때에 소집한다. ✰
② 산업안전보건위원회는 다음 각 호의 사항을 기록한 회의록을 작성하여 갖춰 두어야 한다.
　㉠ 개최 일시 및 장소
　㉡ 출석위원
　㉢ 심의 내용 및 의결·결정 사항
　㉣ 그 밖의 토의사항

6) 산업안전보건위원회의 심의·의결 사항 ✰✰✰

① 산업재해 예방계획의 수립에 관한 사항
② 안전보건관리규정의 작성 및 변경에 관한 사항
③ 근로자의 안전·보건교육에 관한 사항
④ 작업환경측정 등 작업환경의 점검 및 개선에 관한 사항
⑤ 근로자의 건강진단 등 건강관리에 관한 사항

⑥ 중대재해의 원인 조사 및 재발 방지대책 수립에 관한 사항

⑦ 산업재해에 관한 통계의 기록 및 유지에 관한 사항

⑧ 유해하거나 위험한 기계·기구·설비를 도입한 경우 안전·보건 조치에 관한 사항

⑨ 그 밖에 해당 사업장 근로자의 안전 및 보건을 유지·증진시키기 위하여 필요한 사항

## (11) 노사협의체

### 1) 노사협의체의 설치 대상 ✪✪

공사금액이 **120억 원**(「건설산업기본법 시행령」 별표 1에 따른 토목 공사업은 150억 원) **이상인 건설업**을 말한다.

### 2) 노사협의체의 구성 ✪✪✪

| | |
|---|---|
| **근로자 위원** | 1. **도급 또는 하도급 사업을 포함한 전체 사업의 근로자대표**<br>2. **근로자대표가 지명하는 명예산업안전감독관 1명**(다만, 명예산업안전감독관이 위촉되어 있지 아니한 경우에는 **근로자대표가 지명하는 해당 사업장 근로자 1명**)<br>3. **공사금액이 20억 원 이상인 공사의 관계수급인의 근로자대표** |
| **사용자 위원** | 1. 도급 또는 하도급 사업을 포함한 **전체 사업의 대표자**<br>2. **안전관리자 1명**<br>3. **보건관리자 1명**(보건관리자 선임대상 건설업으로 한정)<br>4. **공사금액이 20억 원 이상인 공사의 관계수급인의 사업주** |

### 3) 노사협의체의 운영 등 ✪

노사협의체의 회의는 정기회의와 임시회의로 구분하되, **정기회의는 2개월마다** 노사협의체의 위원장이 소집하며, 임시회의는 위원장이 필요하다고 인정할 때에 소집한다.

### 4) 노사협의체 협의사항

① 산업재해 예방방법 및 산업재해가 발생한 경우의 대피방법

② 작업의 시작시간 및 작업장 간의 연락방법

③ 그 밖의 산업재해 예방과 관련된 사항

📌**참고**

＊ **노사협의체**
① 사업주는 근로자와 사용자가 같은 수로 구성되는 안전·보건에 관한 노사협의체를 구성·운영할 수 있다.
② 사업주가 노사협의체를 구성·운영하는 경우에는 산업안전보건위원회 및 안전·보건에 관한 협의체를 각각 설치·운영하는 것으로 본다.

5) 노사협의체의 심의 · 의결 사항 ✄✄

① 산업재해 예방계획의 수립에 관한 사항

② 안전보건관리규정의 작성 및 변경에 관한 사항

③ 근로자의 안전 · 보건교육에 관한 사항

④ 작업환경측정 등 작업환경의 점검 및 개선에 관한 사항

⑤ 근로자의 건강진단 등 건강관리에 관한 사항

⑥ 중대재해의 원인 조사 및 재발 방지대책 수립에 관한 사항

⑦ 산업재해에 관한 통계의 기록 및 유지에 관한 사항

⑧ 유해하거나 위험한 기계 · 기구 · 설비를 도입한 경우 안전 · 보건조치에 관한 사항

⑨ 그 밖에 해당 사업장 근로자의 안전 및 보건을 유지·증진시키기 위하여 필요한 사항

## (12) 도급사업 시의 안전·보건조치 ✄

1) 유해한 작업의 도급금지

사업주는 근로자의 안전 및 보건에 유해하거나 위험한 작업으로서 다음 각 호의 어느 하나에 해당하는 작업을 도급하여 자신의 사업장에서 수급인의 근로자가 그 작업을 하도록 해서는 아니 된다.

---

**작업을 도급하여 자신의 사업장에서 수급인의 근로자가 작업을 하도록 해서는 아니 되는 작업(도급금지 작업)** ✄

① 도금작업
② 수은, 납 또는 카드뮴을 제련, 주입, 가공 및 가열하는 작업
③ 허가대상물질을 제조하거나 사용하는 작업

실력이 되고! 합격이 되는! 특급

도금(도급금지) 수(수은) 납하는 카드(카드뮴)는 허가받아 제조(허가대상물질 제조)

---

## 2) 도급의 승인

사업주는 자신의 사업장에서 안전 및 보건에 유해하거나 위험한 작업 중 급성 독성, 피부 부식성 등이 있는 물질의 취급 등 대통령령으로 정하는 작업을 도급하려는 경우에는 고용노동부장관의 승인을 받아야 한다. 이 경우 사업주는 고용노동부령으로 정하는 바에 따라 안전 및 보건에 관한 평가를 받아야 한다.

### 도급승인 대상 작업

1. 중량비율 1퍼센트 이상의 황산, 불화수소, 질산 또는 염화수소를 취급하는 설비를 개조·분해·해체·철거하는 작업 또는 해당 설비의 내부에서 이루어지는 작업. 다만, 도급인이 해당 화학물질을 모두 제거한 후 증명자료를 첨부하여 고용노동부장관에게 신고한 경우는 제외한다.
2. 그 밖에 따른 산업재해보상보험 및 예방심의위원회의 심의를 거쳐 고용노동부장관이 정하는 작업

## 3) 도급에 따른 산업재해 예방조치

① 도급인은 관계수급인 근로자가 도급인의 사업장에서 작업을 하는 경우 다음 각 호의 사항을 이행하여야 한다.

PART 01

참고

① 사업주는 고용노동부장관의 도급 작업에 대한 승인을 받으려는 경우에는 고용노동부령으로 정하는 바에 따라 고용노동부장관이 실시하는 안전 및 보건에 관한 평가를 받아야 한다.

② 고용노동부장관에 따른 승인의 유효기간은 3년의 범위에서 정한다.

③ 고용노동부장관은 유효기간이 만료되는 경우에 사업주가 유효기간의 연장을 신청하면 승인의 유효기간이 만료되는 날의 다음 날부터 3년의 범위에서 고용노동부령으로 정하는 바에 따라 그 기간의 연장을 승인할 수 있다. 이 경우 사업주는 안전 및 보건에 관한 평가를 받아야 한다.

④ 사업주는 도급공정, 도급공정 사용 최대 유해화학 물질량, 도급기간(3년 미만으로 승인받은 자가 승인일부터 3년 내에서 연장하는 경우만 해당한다)을 변경하려는 경우에는 고용노동부령으로 정하는 바에 따라 변경에 대한 승인을 받아야 한다.

## 관계수급인 근로자가 도급인의 사업장에서 작업을 하는 경우 도급인의 조치사항 ✈

### 1. 도급인과 수급인을 구성원으로 하는 안전 및 보건에 관한 협의체의 구성 및 운영

- 협의체는 도급인인 사업주 및 그의 수급인인 사업주 전원으로 구성하여야 한다.
- 협의체의 협의사항
  - 작업의 시작시간
  - 작업 또는 작업장 간의 연락방법
  - 재해 발생 위험 시의 대피방법
  - 작업장에서의 위험성 평가의 실시에 관한 사항
  - 사업주와 수급인 또는 수급인 상호 간의 연락방법 및 작업공정의 조정
- 협의체는 매월 1회 이상 정기적으로 회의를 개최하고 그 결과를 기록·보존하여야
  한다.

### 2. 작업장 순회점검

| 2일에 1회 이상 | ① 건설업 |
| | ② 제조업 |
| | ③ 토사석 광업 |
| | ④ 서적, 잡지 및 기타 인쇄물 출판업 |
| | ⑤ 음악 및 기타 오디오물 출판업 |
| | ⑥ 금속 및 비금속 원료 재생업 |
| 1주일에 1회 이상 | 그 밖의 사업 |

### 3. 관계수급인이 근로자에게 하는 안전보건교육을 위한 장소 및 자료의 제공 등 지원

### 4. 관계수급인이 근로자에게 하는 안전보건교육의 실시 확인

### 5. 다음 각 목의 어느 하나의 경우에 대비한 경보체계 운영과 대피방법 등 훈련

| 경보체계의 운영 및 대피방법 등을 훈련하여야 하는 경우 |
| --- |
| ① 작업 장소에서 발파작업을 하는 경우 |
| ② 작업 장소에서 화재·폭발, 토사·구축물 등의 붕괴 또는 지진 등이 발생한 경우 |

### 6. 수급인에게 위생시설 등 고용노동부령으로 정하는 시설의 설치 등을 위하여
필요한 장소의 제공 또는 도급인이 설치한 위생시설 이용의 협조

| 수급인에게 필요한 장소의 제공 및 이용을 협조하여야 하는 위생시설 |
| --- |
| ① 휴게시설 |
| ② 세면·목욕시설 |
| ③ 세탁시설 |
| ④ 탈의시설 |
| ⑤ 수면시설 |

### 7. 같은 장소에서 이루어지는 도급인과 관계수급인 등의 작업에 있어서 관계
수급인 등의 작업시기·내용, 안전조치 및 보건조치 등의 확인

8. 관계수급인 등의 작업 혼재로 인하여 화재·폭발 등 대통령령으로 정하는 위험이 발생할 우려가 있는 경우 관계수급인 등의 작업시기·내용 등의 조정

> **"화재·폭발 등 대통령령으로 정하는 위험이 발생할 우려가 있는 경우"란 다음 각 호의 경우를 말한다.**
>
> ① 화재·폭발이 발생할 우려가 있는 경우
> ② 동력으로 작동하는 기계·설비 등에 끼일 우려가 있는 경우
> ③ 차량계 하역운반기계, 건설기계, 양중기(揚重機) 등 동력으로 작동하는 기계와 충돌할 우려가 있는 경우
> ④ 근로자가 추락할 우려가 있는 경우
> ⑤ 물체가 떨어지거나 날아올 우려가 있는 경우
> ⑥ 기계·기구 등이 넘어지거나 무너질 우려가 있는 경우
> ⑦ 토사·구축물·인공구조물 등이 붕괴될 우려가 있는 경우
> ⑧ 산소 결핍이나 유해가스로 질식이나 중독의 우려가 있는 경우

② 도급인은 고용노동부령으로 정하는 바에 따라 자신의 근로자 및 관계수급인 근로자와 함께 정기적으로 또는 수시로 작업장의 안전 및 보건에 관한 점검을 하여야 한다.

### 점검반의 구성 ✄

1. 도급인(같은 사업 내에 지역을 달리하는 사업장이 있는 경우에는 그 사업장의 안전보건관리책임자)
2. 관계수급인(같은 사업 내에 지역을 달리하는 사업장이 있는 경우에는 그 사업장의 안전보건관리책임자)
3. 도급인 및 관계수급인의 근로자 각 1명(관계수급인의 근로자의 경우에는 해당 공정만 해당한다)

### 도급사업의 합동 안전·보건점검의 횟수 ✄

1. 다음 각 목의 사업의 경우 : 2개월에 1회 이상
   가. 건설업
   나. 선박 및 보트 건조업
2. 그 밖의 사업 : 분기에 1회 이상

🔍 꼭!꼭!꼭! 암기합시다!　／실력이 되고 합격이 되는 내용! 암기하고 가세요~!

## [선임대상 ✪✪]

| | |
|---|---|
| 안전관리자<br>(전담) | ① 상시근로자 300인 이상 사업장<br>② 건설업 : 공사금액 120억 원(토목공사 : 150억 원) 이상인 사업장 |
| 산업안전<br>보건위원회 | ① 상시근로자 50인 이상 사업장부터<br>② 건설업 : 공사금액 120억 원(토목공사 : 150억 원) 이상인 사업장 |
| 노사협의체 | 공사금액 120억 원(토목공사 : 150억 원) 이상인 건설업(도급사업인 경우) |
| 안전보건<br>관리책임자 | ① 상시근로자 50인 이상 사업장부터<br>② 총 공사금액 20억 원 이상인 건설업 |
| 안전보건<br>총괄책임자 | ① 관계수급인 포함 상시근로자 100명 이상(선박 및 보트 건조업, 1차 금속<br>제조업 및 토사석 광업 50명)인 사업<br>② 관계수급인 포함 공사금액 20억 원 이상인 건설업 |
| 안전보건<br>관리담당자 | 상시근로자 20명 이상 50명 미만인 사업장<br>1. 제조업, 2. 임업, 3. 하수, 폐수 및 분뇨 처리업<br>4. 폐기물 수집, 운반, 처리 및 원료 재생업<br>5. 환경 정화 및 복원업　　　실력이 되고! 합격이 되는! **특급 암기법**<br><br>**제임!** - 재 임용하자.<br>**하·폐수, 분뇨** 폐기하고 **원료 재생**하여 **환경 정화·복원** 담당자(안전보건관리담당자) |
| 안전보건<br>조정자 | 각 건설공사의 금액의 합이 50억 원 이상인 경우로서 2개 이상의 건설공사가<br>같은 장소에서 행해지는 경우 |

## [산업안전보건위원회와 노사협의체 ✪✪✪]

| 구성 | | 운영 | |
|---|---|---|---|
| 산업안전보건<br>위원회 | 노사협의체 | 산업안전보건<br>위원회 | 노사협의체 |
| **1. 근로자위원**<br>① 근로대표<br>② 근로자대표가 지명하<br>는 1명 이상의 명예산<br>업안전감독관<br>③ 근로자대표가 지명하<br>는 9명 이내의 해당 사<br>업장의 근로자 | **1. 근로자위원**<br>① 도급 또는 하도급 사업을 포<br>함한 전체 사업의 근로자대표<br>② 근로자대표가 지명하는<br>명예산업안전감독관 1명<br>(다만, 명예산업안전감독<br>관이 위촉되어 있지 아니한<br>경우에는 근로자대표가 지<br>명하는 해당 사업장 근로자<br>1명)<br>③ 공사금액이 20억 원 이상인<br>공사의 관계수급인의 근로<br>자대표 | 1. 정기회의 :<br>분기마다<br><br>2. 임시회의 :<br>위원장이<br>필요하다<br>인정할 때 | 1. 정기회의 :<br>2개월마다<br><br>2. 임시회의 :<br>위원장이<br>필요하다<br>인정할 때 |
| **2. 사용자위원**<br>① 해당 사업의 대표자<br>② 안전관리자 1명<br>③ 보건관리자 1명<br>④ 산업보건의<br>⑤ 사업의 대표자가 지명<br>하는 9명 이내의 해당<br>사업장 부서의 장 | **2. 사용자위원**<br>① 도급 또는 하도급 사업을 포<br>함한 전체 사업의 대표자<br>② 안전관리자 1명<br>③ 보건관리자 1명<br>(보건관리자 선임대상<br>건설업으로 한정)<br>④ 공사금액이 20억 원 이상인<br>공사의 관계수급인의 사업주 | | |
| 서류보존기한[산업안전보건위원회 및 노사협의체에 따른 회의록 : 2년] | | | |

## 3 안전보건 조직의 안전직무

### (1) 사업주의 안전 직무

① 산업재해 예방을 위한 기준을 따를 것
② 근로자의 신체적 피로와 정신적 스트레스 등을 줄일 수 있는 쾌적한 작업환경의 조성 및 근로조건 개선
③ 해당 사업장의 안전·보건에 관한 정보를 근로자에게 제공

### (2) 안전보건총괄책임자의 직무 ✪✪✪

① 산업재해가 발생할 급박한 위험이 있을 때 및 중대재해가 발생하였을 때의 작업의 중지
② 도급 시 산업재해 예방조치
③ 산업안전보건관리비의 관계수급인 간의 사용에 관한 협의·조정 및 그 집행의 감독
④ 안전인증대상 기계 등과 자율안전확인대상 기계 등의 사용 여부 확인
⑤ 위험성평가의 실시에 관한 사항

### (3) 안전보건관리책임자 직무 ✪✪✪

① 산업재해 예방계획의 수립에 관한 사항
② 안전보건관리규정의 작성 및 변경에 관한 사항
③ 근로자의 안전·보건교육에 관한 사항
④ 작업환경 측정 등 작업환경의 점검 및 개선에 관한 사항
⑤ 근로자의 건강진단 등 건강관리에 관한 사항
⑥ 산입재해의 원인 조사 및 재발 방지대책 수립에 관한 사항
⑦ 산업재해에 관한 통계의 기록 및 유지에 관한 사항
⑧ 안전장치 및 보호구 구입 시 적격품 여부 확인에 관한 사항
⑨ 위험성평가의 실시에 관한 사항
⑩ 근로자의 위험 또는 건강장해의 방지에 관한 사항

### (4) 안전관리자 직무 ✪✪✪

① 사업장 안전교육계획이 수립 및 인진교육 실시에 관한 보좌 및 조언·지도
② 사업장 순회점검·지도 및 조치의 건의
③ 산업재해 발생의 원인 조사·분석 및 재발 방지를 위한 기술적 보좌 및 조언·지도
④ 산업재해에 관한 통계의 유지·관리·분석을 위한 보좌 및 조언·지도
⑤ 안전인증대상 기계·기구 등과 자율안전확인 대상 기계·기구 등 구입 시 적격품의 선정에 관한 보좌 및 조언·지도
⑥ 위험성평가에 관한 보좌 및 조언·지도

PART 01

📖 참고

\* 관리감독자
• 경영조직에서 생산과 관련되는 업무와 그 소속 직원을 직접 지휘·감독하는 부서의 장 또는 그 직위를 담당하는 자를 말한다.
• 사업주는 관리감독자로 하여금 직무와 관련된 안전·보건에 관한 업무로서 안전·보건 점검 등을 수행하도록 하여야 한다. 다만, 위험 방지가 특히 필요한 작업으로서 대통령령으로 정하는 작업에 대하여는 소속 직원에 대한 특별교육 등 안전·보건에 관한 업무를 추가로 수행하도록 하여야 한다.

📖 참고

1. 안전보건관리책임자
• 사업장을 실질적으로 총괄하여 관리하는 사람
• 안전관리자와 보건관리자를 지휘·감독한다.

2. 안전관리자
사업장에서 안전에 관한 기술적인 사항에 관하여 사업주 또는 안전보건관리책임자를 보좌하고 관리감독자에게 지도·조언하는 업무를 수행하는 사람

3. 보건관리자
보건에 관한 기술적인 사항에 관하여 사업주 또는 안전보건관리책임자를 보좌하고 관리감독자에게 지도·조언하는 업무를 수행하는 사람

4. 안전보건관리담당자
사업장에 안전 및 보건에 관하여 사업주를 보좌하고 관리감독자에게 지도·조언하는 업무를 수행하는 사람

5. 산업보건의
근로자의 건강관리나 그 밖에 보건관리자의 업무를 지도

⑦ 안전에 관한 사항의 이행에 관한 보좌 및 조언·지도
⑧ 산업안전보건위원회 또는 노사협의체, 안전보건관리규정 및 취업규칙에서 정한 직무
⑨ 업무수행 내용의 기록·유지
⑩ 그 밖에 안전에 관한 사항으로서 고용노동부장관이 정하는 사항

## (5) 안전보건관리 담당자의 업무 ✿✿✿

① 안전·보건교육 실시에 관한 보좌 및 조언·지도
② 위험성평가에 관한 보좌 및 조언·지도
③ 작업환경측정 및 개선에 관한 보좌 및 조언·지도
④ 건강진단에 관한 보좌 및 조언·지도
⑤ 산업재해 발생의 원인 조사, 산업재해 통계의 기록 및 유지를 위한 보좌 및 조언·지도
⑥ 산업안전·보건과 관련된 안전장치 및 보호구 구입 시 적격품 선정에 관한 보좌 및 조언·지도

## (6) 관리감독자 직무 ✿✿✿

① 기계·기구 또는 설비의 안전·보건 점검 및 이상 유무의 확인
② 근로자의 작업복·보호구 및 방호장치의 점검과 그 착용·사용에 관한 교육·지도
③ 산업재해에 관한 보고 및 이에 대한 응급조치
④ 작업장 정리·정돈 및 통로확보에 대한 확인·감독
⑤ 산업보건의, 안전관리자(안전관리전문기관의 해당 사업장 담당자) 및 보건관리자(보건관리전문기관의 해당 사업장 담당자), 안전보건관리담당자(안전관리전문기관 또는 보건관리전문기관의 해당 사업장 담당자)의 지도·조언에 대한 협조
⑥ 위험성평가를 위한 유해·위험요인의 파악 및 개선조치의 시행에 대한 참여
⑦ 그 밖에 해당 작업의 안전·보건에 관한 사항으로서 고용노동부령으로 정하는 사항

## (7) 안전보건조정자의 업무 ✿✿

① 같은 장소에서 행하여지는 각각의 공사 간에 혼재된 작업의 파악
② 혼재된 작업으로 인한 산업재해 발생의 위험성 파악
③ 혼재된 작업으로 인한 산업재해를 예방하기 위한 작업의 시기·내용 및 안전보건 조치 등의 조정
④ 각각의 공사 도급인의 안전보건관리책임자 간 작업 내용에 관한 정보 공유 여부의 확인

## (8) 산업안전 지도사 및 산업보건 지도사의 직무

① 산업안전지도사의 직무
- 공정상의 안전에 관한 평가·지도
- 유해·위험의 방지대책에 관한 평가·지도
- 공정상의 안전 및 유해·위험의 방지대책과 관련된 계획서 및 보고서의 작성
- 안전보건개선계획서의 작성
- 위험성평가의 지도
- 그 밖에 산업안전에 관한 사항의 자문에 대한 응답 및 조언

② 산업보건 지도사의 직무
- 작업환경의 평가 및 개선 지도
- 작업환경 개선과 관련된 계획서 및 보고서의 작성
- 산업 보건에 관한 조사·연구
- 안전보건개선계획서의 작성
- 위험성 평가의 지도
- 직업성 질병 진단(의사인 산업 보건지도사만 해당) 및 예방 지도
- 그 밖에 산업 보건에 관한 사항의 자문에 대한 응답 및 조언

## (9) 근로자의 안전 직무

근로자는 법과 법에 따른 명령으로 정하는 산업재해 예방을 위한 기준을 지켜야 하며, 사업주 또는 근로감독관, 공단 등 관계인이 실시하는 산업재해 예방에 관한 조치에 따라야 한다.

8. 작업장 내에서 사용되는 전체 환기장치 및 국소 배기장치 등에 관한 설비의 점검과 작업방법의 공학적 개선에 관한 보좌 및 조언·지도
9. 사업장 순회점검·지도 및 조치의 건의
10. 산업재해 발생의 원인 조사·분석 및 재발 방지를 위한 기술적 보좌 및 조언·지도
11. 산업재해에 관한 통계의 유지·관리·분석을 위한 보좌 및 조언·지도
12. 법 또는 법에 따른 명령으로 정한 보건에 관한 사항의 이행에 관한 보좌 및 조언·지도
13. 업무수행 내용의 기록·유지
14. 그 밖에 작업관리 및 작업환경관리에 관한 사항

### 🔍 비교합시다!

산업안전보건위원회(노사협의체) 심의·의결사항과 안전보건관리책임자 직무는 거의 유사합니다. 차이점만 비교하여 정리하세요!

| 산업안전보건위원회의(노사협의체) 심의·의결 사항 ☆☆☆ | ① 산업재해 예방계획의 수립에 관한 사항<br>② 안전보건관리규정의 작성 및 변경에 관한 사항<br>③ 근로자의 안전·보건교육에 관한 사항<br>④ 작업환경측정 등 작업환경의 점검 및 개선에 관한 사항<br>⑤ 근로자의 건강진단 등 건강관리에 관한 사항<br>⑥ 중대재해의 원인 조사 및 재발 방지대책 수립에 관한 사항 ☆<br>⑦ 산업재해에 관한 통계의 기록 및 유지에 관한 사항 ☆<br>⑧ 유해하거나 위험한 기계·기구와 그 밖의 설비를 도입한 경우 안전·보건 조치에 관한 사항 |
|---|---|
| 안전보건관리책임자 직무 ☆☆☆ | ① 산업재해 예방계획의 수립에 관한 사항<br>② 안전보건관리규정의 작성 및 변경에 관한 사항<br>③ 근로자의 안전·보건교육에 관한 사항<br>④ 작업환경 측정 등 작업환경의 점검 및 개선에 관한 사항<br>⑤ 근로자의 건강진단 등 건강관리에 관한 사항<br>⑥ 산업재해의 원인 조사 및 재발 방지대책 수립에 관한 사항<br>⑦ 산업재해에 관한 통계의 기록 및 유지에 관한 사항<br>⑧ 안전·보건과 관련된 안전장치 및 보호구 구입 시의 적격품 여부 확인에 관한 사항<br>⑨ 위험성평가의 실시에 관한 사항<br>⑩ 근로자의 위험 또는 건강장해의 방지에 관한 사항 |

> **차이점**
>
> **산업안전보건위원회 심의·의결사항과 안전보건관리책임자 직무 차이점**
> • 산업안전보건위원회 : 중대재해 원인 조사, 유해·위험기구 도입 시 안전·보건 조치
> • 안전보건관리책임자 : 재해 원인 조사, 안전장치 및 보호구 구입 시 적격품 확인

## 4 안전보건관리규정의 작성

### (1) 안전보건관리규정의 작성 ✿✿

1) 안전보건관리규정을 작성하여야 할 사업은 **상시 근로자 100명 이상을 사용하는 사업**으로 한다.

> 📖**참고** **안전보건관리규정을 작성하여야 할 사업의 종류 및 규모 ✿✿**
>
> | 사업의 종류 | 규모 |
> |---|---|
> | 1. 농업<br>2. 어업<br>3. 소프트웨어 개발 및 공급업<br>4. 컴퓨터 프로그래밍, 시스템 통합 및 관리업<br>4의 2. 영상·오디오물 제공 서비스업<br>5. 정보서비스업<br>6. 금융 및 보험업<br>7. 임대업 ; 부동산 제외<br>8. 전문, 과학 및 기술 서비스업(연구개발업은 제외한다)<br>9. 사업지원 서비스업<br>10. 사회복지 서비스업 | 상시 근로자 300명 이상을 사용하는 사업장 |
> | 11. 제1호부터 제4호까지, 제4호의 2 및 제5호부터 제10호까지의 사업을 제외한 사업 | 상시 근로자 100명 이상을 사용하는 사업장 |

2) 안전보건관리규정을 작성하여야 할 **사유가 발생한 날부터 30일 이내**에 안전보건관리규정을 작성하여야 한다. 이를 **변경할** 사유가 발생할 **경우에도 또한 같다.**

3) 안전보건관리규정의 포함사항 ✿✿✿

사업장 사업주는 사업장의 안전·보건을 유지하기 위하여 다음 각 호의 사항이 포함된 안전보건관리규정을 작성하여야 한다.

① **안전·보건 관리조직과 그 직무에 관한** 사항
② **안전·보건교육에 관한** 사항
③ **작업장의 안전 및 보건관리에 관한** 사항
④ **사고 조사 및 대책 수립에 관한** 사항
⑤ 그 밖에 안전·보건에 관한 사항

**5** **안전보건관리계획**

**(1) 안전계획 작성 시 고려사항**

① 사업장 실태에 맞도록 독자적, 실현가능성 있게
② 목표는 점진적으로 높게
③ 직장 단위로 구체적으로 작성

**6** **안전보건개선계획**

**(1)** 안전보건개선계획의 수립·시행명령을 받은 사업주는 고용노동부장관이 정하는 바에 따라 안전보건개선계획서를 작성하여 그 명령을 받은 날부터 60일 이내에 관할 지방고용노동관서의 장에게 제출하여야 한다.

**(2)** 안전보건개선계획서에는 시설, 안전·보건관리체제, 안전·보건교육, 산업재해 예방 및 작업환경의 개선을 위하여 필요한 사항이 포함되어야 한다.

**(3) 안전보건개선계획 작성대상 사업장 ✦✦✦**

① 산업재해율이 같은 업종의 규모별 평균 산업재해율보다 높은 사업장
② 사업주가 안전보건조치의무를 이행하지 아니하여 중대재해가 발생한 사업장
③ 직업성 질병자가 연간 2명 이상 발생한 사업장
④ 유해인자의 노출기준을 초과한 사업장

*실력이 되고! 합격이 되는!* **특급 암기법**

> 평균보다 높으면 개선계획!
> 중대재해 발생하면 개선계획!
> 직업성 질병자 2명
> 노출기준 초과하면 개선계획!

**(4)** 안전·보건진단을 받아 안전보건개선계획을 수립·제출하도록 명할 수 있는 사업장 ✦✦

① 산업재해율이 같은 업종 평균 산업재해율의 2배 이상인 사업장
② 사업주가 필요한 안전조치 또는 보건조치를 이행하지 아니하여 중대재해가 발생한 사업장
③ 직업병 질병자가 연간 2명 이상(상시 근로자 1천명 이상 사업장의 경우 3명 이상) 발생한 사업장
④ 작업환경 불량, 화재·폭발 또는 누출사고 등으로 사회적 물의를 일으킨 사업장

> 📋 **확인**
>
> **＊ 안전보건개선계획**
> ① 고용노동부장관은 산업재해 예방을 위하여 종합적인 개선조치를 할 필요가 있다고 인정할 때에는 사업주에게 그 사업장, 시설, 그 밖의 사항에 관한 안전보건개선계획의 수립·시행을 명할 수 있다.
> ② 고용노동부장관은 해당 사업주에게 안전·보건진단을 받아 안전보건개선계획을 수립·제출할 것을 명할 수 있다.
> ③ 사업주는 안전보건개선계획을 수립할 때에는 산업안전보건위원회의 심의를 거쳐야 한다. 다만, 산업안전보건위원회가 설치되어 있지 아니한 사업장의 경우에는 근로자대표의 의견을 들어야 한다. ★

> **평균의 2배 이상, 직업성 질병 2명 이상(1,000명 이상 3명) 진단받아 개선!**
> **중대재해 발생**하면 진단받아 개선!

## 7 안전관리자의 증원 · 교체임명 명령

(1) 지방고용노동관서의 장은 다음 각 호의 어느 하나에 해당하는 사유가 발생한 경우에는 사업주에게 안전관리자나 보건관리자 또는 안전보건 관리담당자를 정수 이상으로 증원하게 하거나 교체하여 임명할 것을 명할 수 있다. 다만, 직업성 질병자 발생 당시 사업장에서 해당 화학적 인자(因子)를 사용하지 않은 경우에는 그렇지 않다.

(2) 관리자를 정수 이상으로 증원하게 하거나 교체하여 임명할 것을 명하는 경우에는 미리 사업주 및 해당 관리자의 의견을 듣거나 소명자료를 제출받아야 한다. 다만, 정당한 사유 없이 의견진술 또는 소명자료의 제출을 게을리한 경우에는 그렇지 않다.

(3) 안전관리자의 증원 · 교체임명 명령 대상 사업장 ✗✗✗

① 해당 사업장의 연간 재해율이 같은 업종의 평균재해율의 2배 이상인 경우

② 중대재해가 연간 2건 이상 발생한 경우(다만, 해당 사업장의 전년도 사망만인율이 같은 업종의 평균 사망만인율 이하인 경우는 제외)

③ 관리자가 질병이나 그 밖의 사유로 3개월 이상 직무를 수행할 수 없게 된 경우

④ 화학적 인자로 인한 직업성 질병자가 연간 3명 이상 발생한 경우 (이 경우 직업성 질병자 발생일은 요양급여의 결정일로 한다)

> **평균의 2배 이상, 중대재해 2건 이상 증원!**
> **직업성 질병 3명 이상, 3개월 이상 일 안하면 교체!**

## 8 사업장의 산업재해 발생건수 등 공표

**(1)** 고용노동부장관은 산업재해를 예방하기 위하여 대통령령으로 정하는 사업장의 산업재해 발생건수, 재해율 또는 그 순위 등을 공표하여야 한다.

**(2) 재해발생 건수 등 재해율 공표 대상 사업장** ✄✄✄

① **사망재해자가 연간 2명 이상** 발생한 사업장
② **사망만인율**(사망재해자 수를 연간 상시근로자 1만 명당 발생하는 사망재해자 수로 환산한 것)이 규모별 **같은 업종의 평균 사망만인율 이상**인 사업장
③ **중대산업사고가 발생**한 사업장
④ **산업재해 발생 사실을 은폐**한 사업장
⑤ 산업재해의 발생에 관한 **보고를 최근 3년 이내 2회 이상 하지 않은 사업장**

**(3)** 제1호부터 제3호까지(사망재해자가 연간 2명 이상, 사망만인율이 규모별 같은 업종의 평균 사망만인율 이상, 중대산업사고가 발생한 사업장)의 규정에 해당하는 사업장은 해당 사업장이 관계수급인의 사업장으로서 도급인이 관계수급인 근로자의 산업재해 예방을 위한 조치의무를 위반하여 관계수급인 근로자가 산업재해를 입은 경우에는 도급인의 사업상의 산업재해발생건수 등을 함께 공표한다. ✄

**(4)** 고용노동부장관은 도급인의 사업장(도급인이 제공하거나 지정한 경우로서 도급인이 지배·관리하는 대통령령으로 정하는 장소를 포함한) 중 대통령령으로 정하는 사업장에서 관계수급인 근로자가 작업을 하는 경우에 **도급인의 산업재해발생 건수 등에 관계수급인의 산업재해발생 건수 등을 포함하여 공표하여야 한다.**

▣참고
* 중대산업사고
① 근로자가 사망하거나 부상을 입을 수 있는 공정안전보고서 제출대상 설비에서의 누출·화재·폭발 사고
② 인근 지역의 주민이 인적 피해를 입을 수 있는 공정안전보고서 제출대상 설비에서의 누출·화재·폭발 사고

PART 01

> **도급인의 산업재해 발생건수 등에 수급인의 산업재해 발생건수 등을 포함하여 공표하여야 하는 사업장(통합 공표대상 사업장)**
>
> 도급인이 사용하는 상시근로자 수가 500명 이상인 다음 각 호의 어느 하나에 해당하는 사업장으로서 도급인 사업장의 사고사망만인율(질병으로 인한 사망재해자를 제외하고 산출한 사망만인율)보다 관계수급인의 근로자를 포함하여 산출한 사고사망만인율이 높은 사업장을 말한다.
>
> 1. 제조업
> 2. 철도운송업
> 3. 도시철도운송업
> 4. 전기업

실력이 되고! 합격이 되는! **특급 암기법**

> **500명 이상의 제(제조업)철 운송(철도운송업) 도시(도시철도운송업)의 전기는 수급인 포함하여 공표**

(5) 공표는 관보, 그 보급지역을 전국으로 하여 등록한 일간신문 또는 인터넷 등에 게재하는 방법으로 한다.

## 03 재해조사

📍 주/요/내/용 알/고/가/기 ▶

1. 재해조사 시 유의사항
2. 재해발생 시 조치순서
3. 재해의 직, 간접 원인

### 1 재해조사의 목적

산업재해에 대한 원인을 분명하게 함으로써 가장 적절한 예방 대책을 찾아내어 동종 재해 또는 유사 재해를 미연에 방지하기 위한 목적이다.

① 재해발생 원인 및 결함 규명
② 재해예방 자료 수집
③ 동종 재해 및 유사재해 재발방지

### 2 재해조사 시 유의사항 ✄

① 사실을 수집한다.
② 목격자 등이 증언하는 사실 이외의 추측의 말은 참고로만 한다.
③ 조사는 신속하게 행하고 긴급조치를 하여 2차 재해의 방지를 도모한다.
④ 사람, 기계설비, 환경의 측면에서 재해요인을 모두 도출한다.
⑤ 객관적인 입장에서 공정하게 조사하며, 조사는 2인 이상이 한다.
⑥ 책임추궁보다 재발방지를 우선하는 기본 태도를 갖는다.

### 3 재해발생 시 조치사항

#### (1) 산업재해발생 은폐 금지 및 보고 ✄

사업주는 고용노동부령으로 정하는 산업재해에 대해서는 그 발생 개요·원인 및 보고 시기, 재발방지 계획 등을 고용노동부령으로 정하는 바에 따라 고용노동부장관에게 보고하여야 한다.

1) 사업주는 산업재해로 사망자가 발생, 3일 이상의 휴업이 필요한 부상 또는 질병에 걸린 자가 발생 시 산업재해가 발생한 날부터 1개월 이내에 산업재해조사표를 작성, 관할 지방고용노동관서장에게 제출하여야 한다.

---

📌 참고

\* 조사자의 태도
• 항상 객관성을 가지고 제3자의 입장에서 공평하게 조사한다.
• 책임추궁보다 재발방지를 우선하는 기본적 태도를 가진다.
• 사고조사 목적 이외의 상황은 조사하지 않도록 한다.

\* 일반적인 재해조사 항목
• 누가
• 언제
• 어떠한 장소에서
• 어떠한 작업을 하고 있을 때
• 어떠한 물 또는 환경에 어떠한 불안전상태 또는 행동이 있었기에
• 어떻게 재해가 발생되었다.

\* 업무상 재해
"업무상 재해"란 업무상의 사유에 따른 근로자의 부상·질병·장해 또는 사망을 말한다.

\* 사고로 인한 업무상 재해의 인정기준
1. 업무상 사고로 인한 재해가 발생할 것
2. 업무와 사고로 인한 재해 사이에 상당 인과관계가 있을 것
3. 근로자의 고의·자해행위 또는 범죄행위로 인한 재해가 아닐 것
다만, 그 부상·장해 또는 사망이 정상적인 인식능력 등이 뚜렷하게 저하된 상태에서 한 행위로 발생한 경우로서 다음 어느 하나에 해당하는 사유가 있으면 업무상 재해로 본다.

2) 산업재해조사표에 근로자대표의 확인을 받아야 하며, 그 기재 내용에 대하여 근로자대표의 이견이 있는 경우에는 그 내용을 첨부하여야 한다. 다만, 근로자대표가 없는 경우에는 재해자 본인의 확인을 받아 제출할 수 있다.

3) 사업주는 산업재해가 발생한 때에는 다음 각 호의 사항을 기록·보존하여야 한다.
   ① 사업장의 개요 및 근로자의 인적사항
   ② 재해발생의 일시 및 장소
   ③ 재해발생의 원인 및 과정
   ④ 재해재발방지 계획

## (2) 중대재해발생 시 사업주의 조치 ✈

1) 사업주는 중대재해가 발생하였을 때에는 즉시 해당 작업을 중지시키고 근로자를 작업장소에서 대피시키는 등 안전 및 보건에 관하여 필요한 조치를 하여야 한다.

2) 사업주는 중대재해가 발생한 사실을 알게 된 경우에는 고용노동부령으로 정하는 바에 따라 지체 없이 고용노동부장관에게 보고하여야 한다. 다만, 천재지변 등 부득이한 사유가 발생한 경우에는 그 사유가 소멸되면 지체 없이 보고하여야 한다.

3) 사업주는 "중대재해"가 발생한 때는 지체 없이 다음 각 호의 사항을 관할 지방고용노동관서의 장에게 전화·팩스, 또는 그 밖에 적절한 방법으로 보고하여야 한다.

| 중대재해 발생 시 보고사항 ✈ |
| --- |
| • 발생 개요 및 피해 상황 |
| • 조치 및 전망 |
| • 그 밖의 중요한 사항 |

## (3) 재해발생 시 조치순서 ☆

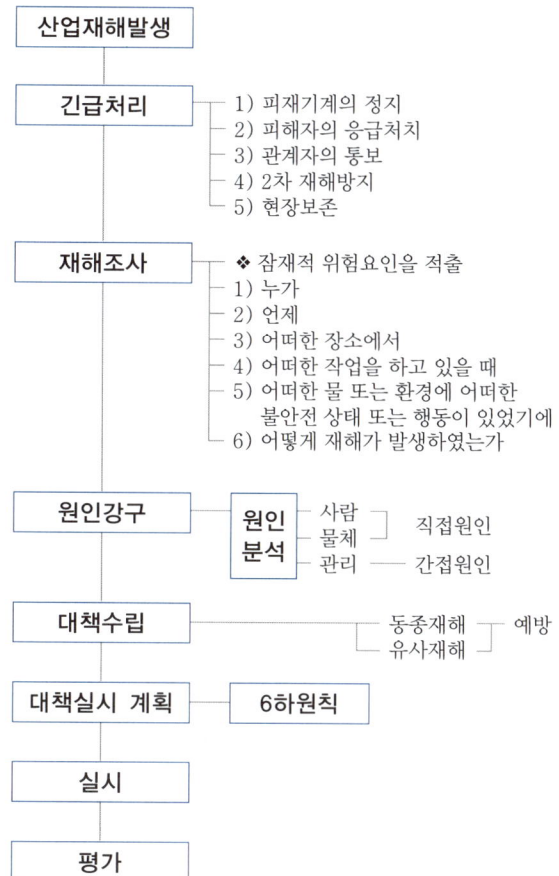

**산업재해발생**

↓

**긴급처리**
- 1) 피재기계의 정지
- 2) 피해자의 응급처치
- 3) 관계자의 통보
- 4) 2차 재해방지
- 5) 현장보존

↓

**재해조사**
- ❖ 잠재적 위험요인을 적출
- 1) 누가
- 2) 언제
- 3) 어떠한 장소에서
- 4) 어떠한 작업을 하고 있을 때
- 5) 어떠한 물 또는 환경에 어떠한 불안전 상태 또는 행동이 있었기에
- 6) 어떻게 재해가 발생하였는가

↓

**원인강구** — **원인분석**
- 사람, 물체 — 직접원인
- 관리 — 간접원인

↓

**대책수립** — 동종재해, 유사재해 — 예방

↓

**대책실시 계획** — **6하원칙**

↓

**실시**

↓

**평가**

합격의 key

기출 ★

※ 재해발생 시 조치순서
① 긴급조치
② 재해조사
③ 원인분석
④ 대책수립
⑤ 실시
⑥ 평가

※ 긴급조치 순서
① 피재기계 정지
② 피재자 응급조치
③ 관계자에게 통보 (인적, 물적 손실 함께 통보)
④ 2차 재해 방지
⑤ 현장 보존

## 4 재해의 직, 간접원인

### (1) 직접원인 ✦✦

① 인적 원인(불안전한 행동)
② 물적 원인(불안전한 상태)

| 인적 원인(불안전한 행동) | 물적 원인(불안전한 상태) |
| --- | --- |
| • 위험장소 접근<br>• 안전장치의 기능 제거<br>• 복장, 보호구의 잘못 사용<br>• 기계·기구 잘못 사용<br>• 운전 중인 기계장치의 손질<br>• 불안전한 속도 조작<br>• 위험물 취급 부주의<br>• 불안전한 상태 방치<br>• 불안전한 자세·동작<br>• 감독 및 연락 불충분 | • 물 자체의 결함<br>• 안전 방호장치의 결함<br>• 복장, 보호구의 결함<br>• 물의 배치 및 작업장소 불량<br>• 작업환경의 결함<br>• 생산공정의 결함<br>• 경계표시, 설비의 결함 |

**문제**

불완전한 동작을 유발시키는 심리적 원인 행위가 아닌 것은?

㉮ 근도반응
㉯ 초조반응
㉰ 생략행위
㉱ 무경험

[해설]
불완전한 행동의 심리적 원인
① 생략행위
② 근도반응
③ 초조반응

정답 ㉱

### (2) 간접원인 ✦✦

① 기술적 원인
② 교육적 원인
③ 신체적 원인
④ 정신적 원인
⑤ 작업관리상 원인

| 기술적 원인 | • 건물 기계장치 설계불량<br>• 생산방법의 부적당 | • 구조 재료의 부적합<br>• 점검 정비 보존 불량 |
| --- | --- | --- |
| 교육적 원인 | • 안전지식의 부족<br>• 경험 훈련의 부족<br>• 유해 위험 작업의 교육 불충분 | • 안전수칙의 오해<br>• 작업 방법의 교육 불충분 |
| 작업관리상<br>원인 | • 안전관리 조직 결함<br>• 작업준비 불충분<br>• 작업지시 부적당 | • 안전수칙 미제정<br>• 인원 배치 부적당 |

## 5 산업재해 발생형태(재해 발생의 매커니즘) ✦

### (1) 단순자극형(집중형)

상호 자극에 의하여 순간적으로 재해가 발생하는 유형으로 재해가 일어난 장소에 그 시기에 일시적으로 요인이 집중한다는 유형이다.

### (2) 연쇄형

하나의 사고 요인이 또 다른 요인을 발생시키면서 재해가 발생하는 유형이다.

## (3) 복합형

단순자극형과 연쇄형의 복합적인 발생유형이다.

① 단순자극형(집중형)  ②-1 단순연쇄형

②-2 복합연쇄형  ③ 복합형

[재해(⊗)의 발생 형태 3가지]

## 6  산업재해 예방의 4원칙 ✿✿

① 예방 가능의 원칙 : 재해는 원칙적으로 원인만 제거되면 예방이 가능하다.
② 손실 우연의 원칙 : 사고의 결과 생기는 상해의 종류나 정도는 사고 발생시 사고대상의 조건에 따라 우연히 발생한다.
③ 대책 선정의 원칙 : 사고의 원인에 대한 가장 적합한 대책이 선정되어야 한다.
④ 원인 연계의 원칙 : 재해는 직접원인과 간접원인이 연계되어 일어난다.

PART
01

**기출** ★
• 사고와 손실의 관계 : 우연적
• 사고와 원인의 관계 : 필연적

**문제**
다음 중 재해예방의 4원칙에 대한 설명으로 잘못된 것은?
㉮ 사고의 발생과 그 원인과의 관계는 필연적이다.
㉯ 손실과 사고와의 관계는 필연적이다.
㉰ 재해를 예방하기 위한 대책은 반드시 존재한다.
㉱ 모든 인재는 예방이 가능하다.

[해설]
㉯ 손실과 사고와의 관계는 우연적이다.

정답 ㉯

## 04 산재분류 및 통계분석

📖 주/요/내/용 알/고/가/기 ▶

1. 재해율의 계산
2. 하인리히 및 시몬즈의 재해손실비의 계산
3. 근로불능상해의 구분
4. 재해사례연구 진행단계

### 1 재해율의 종류 및 계산 ✿✿✿

#### (1) 연천인율

① 근로자 1,000명 중 재해자 수 비율(1년간)

② 연천인율 = $\dfrac{\text{연간재해자 수}}{\text{연평균 근로자 수}} \times 1,000$

③ 연천인율 = 도수율 × 2.4

#### (2) 도수율(빈도율 F.R)

① 100만 근로시간당 요양재해 발생 건수 비율

② 도수율(빈도율) = $\dfrac{\text{재해 건수}}{\text{연 근로시간 수}} \times 1,000,000$

| 근로자 1인의 1년간 총 근로 시간 수 계산 |
|:---:|
| 8시간×300일 = 2,400시간 |

• 1일 근로시간 8시간        • 1년 근로일수 300일

🔖확인

＊연천인율과 도수율의 관계
1,000명×연간 작업시간 2,400시간
=$10^6 \times$ ⟨2.4⟩

#### (3) 강도율(S.R)

① 1,000 근로시간당 요양재해로 인한 근로손실 일수 비율

② 강도율 = $\dfrac{\text{총 요양 근로손실일수}}{\text{연 근로시간 수}} \times 1,000$

근로손실 일수 = 휴업 일수, 요양 일수, 입원 일수, 가료일수 × $\dfrac{300(\text{실제 근로 일수})}{365}$

🔖확인 ★

＊근로손실 일수 = 휴업 일수, 요양 일수, 입원 일수 ×$\dfrac{300}{365}$에서 300은 실제 근로 일수를 뜻한다.
📖 1년, 290일 근로하는 중 휴업 일수가 20일이다. 근로손실 일수를 계산하라.
풀이) 근로손실 일수
= $20 \times \dfrac{290}{365}$
= 15.89 ≒ 16일

| 신체장해 등급 | 손실 일수 | 신체장해 등급 | 손실 일수 | 신체장해 등급 | 손실 일수 |
|:---:|:---:|:---:|:---:|:---:|:---:|
| 사망, 1,2,3급 | 7,500일 | 7급 | 2,200일 | 11급 | 400일 |
| 4급 | 5,500일 | 8급 | 1,500일 | 12급 | 200일 |
| 5급 | 4,000일 | 9급 | 1,000일 | 13급 | 100일 |
| 6급 | 3,000일 | 10급 | 600일 | 14급 | 50일 |

| 사망 및 1, 2, 3급의 근로손실일수 계산 |
|---|
| 25년 × 300일 = 7,500일 |
| • 근로손실 년수 : 25년 　　　　　• 1년 근로일수 : 300일 |

### (4) 종합재해지수

① 재해의 빈도의 다수와 상해 정도의 강약을 나타내는 성적지표로 사용된다.

② $FSI = \sqrt{FR \times SR} = \sqrt{도수율 \times 강도율}$

### (5) 환산 강도율(S)

① 일평생 근로하는 동안의 총 요양 근로손실일수를 말한다.

② 환산 강도율(S) $= \dfrac{총\ 요양\ 근로손실일수}{연\ 근로시간\ 수} \times 평생근로시간수(100,000)$

③ 환산 강도율 = 강도율 × 100

| 근로자 1인의 평생 근로시간 수 계산 |
|---|
| (40년 × 2,400시간) + 4,000시간 = 100,000시간 |
| • 1인의 일평생 근로연수 : 40년 　　　• 1년 총 근로시간수 : 2,400시간<br>• 일평생 잔업시간 : 4,000시간 |

### (6) 환산 도수율(F)

① 일평생 근로하는 동안의 재해건수를 말한다.

② 환산 도수율(F) $= \dfrac{재해\ 건수}{연\ 근로시간\ 수} \times 평생근로시간수(100,000)$

③ 환산 도수율 = 도수율 ÷ 10

### (7) 평균 강도율 $= \dfrac{강도율}{도수율} \times 1,000$

### (8) 안전활동률

① 100만 시간당 안전 활동건수를 나타낸다.

② 안전활동률 $= \dfrac{안전\ 활동건수}{총\ 근로시간\ 수(근로시간수 \times 평균근로자수)} \times 10^6$

### (9) Safe-T-Score(세이프 티 스코어)

① 과거와 현재의 안전을 성적 내어 비교, 평가하는 기법이다.

② Safe-T-Score $= \dfrac{현재빈도율 - 과거빈도율}{\sqrt{\dfrac{과거빈도율}{(현재)총근로시간수} \times 1,000,000}}$

확인 ★

* 근로손실 년수의 계산 : 25년
 • 중대재해발생의 평균 근로년수 : 근무 15년 차에 가장 많이 발생
 • 평생 근로년수 : 40년
 • 근로손실 년수 : 40년 − 15년 = 25년

확인 ★

* 환산 강도율과 강도율의 관계
 (환산 강도율 = 강도율 × 100)
 환산 강도율은 평생근로시간 100,000시간 단위이고 강도율은 1,000시간 단위이므로 100,000시간 = 1,000시간×100 이 된다.

확인 ★

* 환산 도수율과 도수율의 관계
 (환산 도수율 = 도수율 ÷ 10)
 환산 도수율은 평생근로시간 100,000시간 단위이고 도수율은 1,000,000 단위이므로 100,000시간은 1,000,000시간 ÷10이 된다

확인 ★

1. 사망 만인율
① 산재보험적용 근로자 수 10,000명당 발생하는 사망자 수의 비율을 말한다.
② 사망 만인율 = $\dfrac{사망자\ 수}{산재보험적용\ 근로자\ 수} \times 10,000$

2. 재해율
① 산재보험적용 근로자 수 100명당 발생하는 재해자 수의 비율을 말한다.
② 재해율 = $\dfrac{재해자\ 수}{산재보험적용\ 근로자\ 수} \times 100$

③ 판정
- 계산 값이 −2 이하 : 과거보다 안전이 좋아졌다.
- 계산 값이 −2 ~ +2 사이 : 과거와 큰 차이 없다.
- 계산 값이 +2 이상 : 과거보다 안전이 심각하게 나빠졌다.

### (10) 건설업체의 산업재해발생률 ✰✰

다음의 계산식에 따른 사고사망만인율로 산출하되, 소수점 셋째자리에서 반올림한다.

$$사고사망만인율(‰) = \frac{사고사망자수}{상시 근로자 수} \times 10,000$$

$$상시 근로자 수 = \frac{연간 국내공사 실적액 \times 노무비율}{건설업 월평균임금 \times 12}$$

## 2 재해손실비의 종류 및 계산

| 하인리히 방식 | 총 재해비용 = 직접비 + 간접비 ✰✰<br>( 1 : 4 )<br>① 직접비<br> • 치료비　　　　　• 휴업급여<br> • 요양급여　　　　• 유족급여<br> • 장해급여　　　　• 간병급여<br> • 직업재활급여　　• 상병(傷病)보상연금<br> • 장의비 등<br>② 간접비<br> • 인적 손실비　　　• 물적 손실비<br> • 생산 손실비　　　• 기계·기구 손실비 등 |
|---|---|
| 시몬즈의 방식 | 총 재해코스트 = 보험코스트 + 비보험코스트 ✰✰<br>총 재해코스트<br>= 산재보험료+(A×휴업상해 건수)+(B×통원상해 건수)<br>+(C×구급조치상해 건수)+(D×무상해 사고 건수)<br>　A, B, C, D : 상수(각 재해에 대한 평균 비보험코스트)<br>보험코스트 = 산재보험료<br>비보험코스트 : • 휴업상해　　　• 통원상해<br>　　　　　　　　　• 구급조치상해　• 무상해 사고 |
| 버즈의 방식 | 보험비용 : 비보험 재산비용 : 비보험 기타재산비용<br>= 1 : 5~50 : 1~3 |
| 콤패스 방식 | 총 재해비용 = 공동비용 + 개별비용<br>① 공동비용(불변비용)<br> • 보험료　　　　　　　　　• 안전보건팀 유지비 등<br>② 개별비용(가변비용)<br> • 작업중단 손실비　　　　• 사고조사비<br> • 수리비용 등 |

#### 3. 휴업 재해율
① 임금 근로자 수 100명 당 발생하는 휴업 재해자 수의 비율을 말한다.
② 휴업 재해율 =
$$\frac{휴업 재해자 수}{임금 근로자 수} \times 100$$

**■참고**

＊ 건설사고조사위원회의 구성·운영 「건설기술진흥법 시행령」
① 건설사고조사위원회는 위원장 1명을 포함한 12명 이내의 위원으로 구성한다.
② 건설사고조사위원회의 위원은 다음 각 호의 어느 하나에 해당하는 사람 중에서 해당 건설사고조사위원회를 구성·운영하는 국토교통부장관, 발주청 또는 인·허가기관의 장이 임명하거나 위촉한다.
　1. 건설공사 업무와 관련된 공무원
　2. 건설공사 업무와 관련된 단체 및 연구기관 등의 임직원
　3. 건설공사 업무에 관한 학식과 경험이 풍부한 사람
③ 위원의 임기는 2년으로 하며, 위원의 사임 등으로 새로 위촉된 위원의 임기는 전임위원 임기의 남은 기간으로 한다.

**■참고**

＊ 직접비
법령에 따라 피해자에게 지급되는 비용을 말한다.

＊ 간접비
간접비란 재료나 기계, 설비 등의 물적 손실과 기계 등 가동정지에서 오는 생산손실 및 작업을 하지 않았는데도 지급한 임금손실 등을 포함한 보이지 않는 손실비를 말한다.

## 3 재해통계 분류방법

### (1) ILO의 근로불능 상해의 구분(상해정도별 분류) ✈✈

① 사망
② 영구 전 노동불능 : 신체 전체의 노동기능 완전 상실(1~3급)
③ 영구 일부 노동불능 : 신체 일부의 노동기능 상실 (4~14급)
④ 일시 전 노동불능 : 일정기간 노동 종사 불가(휴업상해)
⑤ 일시 일부 노동불능 : 일정기간 일부 노동에 종사 불가(통원상해)
⑥ 구급조치상해

### (2) 재해통계방법 ✈

① 파레토도 : 사고 유형, 기인물 등 데이터를 분류하여 그 항목값이 큰 순서대로 정리하여 막대그래프로 나타낸다.

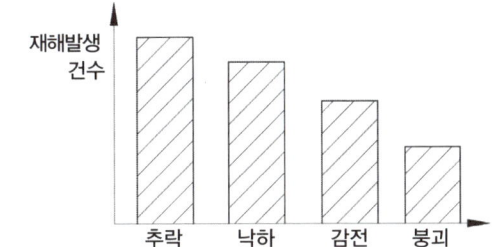

② 특성요인도 : 재해와 그 요인의 관계를 어골상으로 세분화하여 나타낸다.

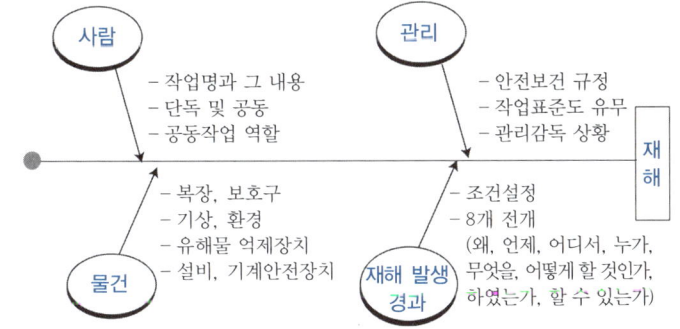

#### 특성요인도의 작성방법

① 특성의 결정은 무엇에 대한 특성요인도를 작성할 것인가를 결정하고 기입한다.
② 등뼈는 원칙적으로 좌측에서 우측으로 향하여 가는 화살표를 기입한다.
③ 큰 뼈는 특성이 일어나는 요인이라고 생각되는 것을 크게 분류하여 기입한다.
④ 중 뼈는 특성이 일어나는 큰 뼈의 요인마다 다시 미세하게 원인을 결정하여 기입한다.
⑤ 작은 뼈는 개선책을 기입한다.
⑥ 원인을 확인한다.
⑦ 이력사항을 기입한다.(작성일, 작성자, 검토자, 대상제품, 작성목적 등)

☃ 참고

＊ 산업재해보상보험법령상 보험급여의 종류

보험급여의 종류는 다음 각 호와 같다. 다만, 진폐에 따른 보험급여의 종류는 요양급여, 간병급여, 장례비, 직업재활급여, 진폐보상 연금 및 진폐 유족 연금으로 한다.

① 요양급여
② 휴업급여
③ 장해급여
④ 간병급여
⑤ 유족급여
⑥ 상병(傷病)보상 연금
⑦ 장례비
⑧ 직업재활급여

문제

국제노동기구(ILO)의 산업재해 정도구분에서 부상 결과 근로자가 신체장해등급 제12급 판정을 받았다고 하면 이는 어느 정도의 부상을 의미하는가?

㉮ 영구 일부 노동불능
㉯ 영구 전노동불능
㉰ 일시 일부 노동불능
㉱ 일시 전노동불능

[해설]
신체장해등급 제12급은 영구 일부 노동불능에 해당된다.

정답 ㉮

☃ 참고

＊ 개별분석
재해를 분석하는 방법에 있어 재해건수가 비교적 적은 사업장의 적용에 적합하고, 특수재해나 중대재해의 분석에 사용하는 방법

③ 크로스(Cross) 분석 : 2가지 또는 2개 항목 이상의 요인이 상호 관계를 유지할 때 문제를 분석하는데 사용된다.

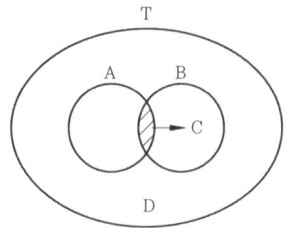

T : 전체 재해
A : 인적원인으로 인한 재해
B : 물적원인으로 인한 재해
C : 인적, 물적원인이 함께 발생한 재해
D : 인적, 물적원인 외의 원인으로 인한 재해

④ 관리도 : 시간경과에 따른 재해발생 건수 등 대략적인 추이 파악에 사용된다.

(3) 재해사례연구 진행 단계 ✖✖

전제 조건 : 재해 상황의 파악
1단계 : 사실의 확인
2단계 : 문제점 발견
3단계 : 근본 문제점 결정(재해원인 결정)
4단계 : 대책수립

## 4 상해 및 재해발생 형태 ✖✖✖

(1) 상해종류별 분류

| 분류항목 | 세부항목 |
|---|---|
| ① 골절 | 뼈가 부러진 상해 |
| ② 동상 | 저온물 접촉으로 생긴 동상 상해 |
| ③ 부종 | 국부의 혈액순환의 이상으로 몸이 퉁퉁 부어오르는 상해 |
| ④ 찔림(자상) | 칼날 등 날카로운 물건에 찔린 상해 |

| 분류항목 | 세부항목 |
|---|---|
| ⑤ 타박상(뼘)(좌상) | 타박·충돌·추락 등으로 피부표면보다는 피하조직 또는 근육부를 다친 상태 |
| ⑥ 절단(절상) | 신체 부위가 절단된 상해 |
| ⑦ 중독·질식 | 음식물·약물·가스 등에 의한 중독이나 질식된 상해 |
| ⑧ 찰과상 | 스치거나 문질러서 벗겨진 상해 |
| ⑨ 베임(창상) | 창·칼 등에 베인 상해 |
| ⑩ 화상 | 화재 또는 고온물 접촉으로 인한 상해 |
| ⑪ 뇌진탕 | 머리를 세게 맞았을 때 장해로 일어난 상해 |
| ⑫ 익사 | 물속에 추락하여 익사한 상해 |
| ⑬ 피부병 | 직업과 연관되어 발생 또는 악화되는 모든 피부질환 |
| ⑭ 청력장애 | 청력이 감퇴 또는 난청이 된 상태 |
| ⑮ 시력장애 | 시력이 감퇴 또는 실명된 상해 |

(2) **재해발생 형태 : 재해 및 질병이 발생된 형태** 또는 근로자(사람)에게 상해를 입힌 기인물과 상관된 현상

| 분류항목 | 세부항목 |
|---|---|
| 떨어짐 | • 높이가 있는 곳에서 사람이 떨어짐<br>• 사람이 인력(중력)에 의하여 건축물, 구조물, 가설물, 수목, 사다리 등의 높은 장소에서 떨어지는 것 |
| 넘어짐 | • 사람이 미끄러지거나 넘어짐<br>• 사람이 거의 평면 또는 경사면, 층계 등에서 구르거나 넘어지는 경우 |
| 깔림·뒤집힘 | • 물체의 쓰러짐이나 뒤집힘<br>• 기대어져 있거나 세워져 있는 물체 등이 쓰러져 깔린 경우 및 지게차 등의 건설기계 등이 운행 또는 작업 중 뒤집어진 경우 |
| 부딪힘·접촉 | • 물체에 부딪힘, 접촉<br>• 재해자 자신의 움직임·동작으로 인하여 기인물에 접촉 또는 부딪히거나, 물체가 고정부에서 이탈하지 않은 상태로 움직임(규칙, 불규칙) 등에 의하여 접촉한 경우 |
| 맞음 | • 날아오거나 떨어진 물체에 맞음<br>• 구조물, 기계 등에 고정되어 있던 물체가 중력, 원심력, 관성력 등에 의하여 고정부에서 이탈하거나 또는 설비 등으로부터 물질이 분출되어 사람을 가해하는 경우 |
| 끼임 | • 기계설비에 끼이거나 감김<br>• 두 물체 사이의 움직임에 의하여 일어난 것으로 직선 운동하는 물체 사이의 끼임, 회전부와 고정체 사이의 끼임, 롤러 등 회전체 사이에 물리거나 또는 회전체·돌기부 등에 감긴 경우 |

---

**문제**

작업 통로에 기름이 흩어져 있어서 작업자가 지나가다 넘어져 바닥에 머리를 다쳤다. 재해 분석이 가장 옳은 것은?

㉮ 사고유형 – 부딪힘·접촉, 기인물 – 기름, 가해물 – 바닥
㉯ 사고유형 – 넘어짐, 기인물 –기름, 가해물 – 바닥
㉰ 사고유형 – 넘어짐, 기인물 – 바닥, 가해물 – 기름
㉱ 사고유형 – 맞음, 기인물 – 통로, 가해물 – 바닥

[해설]
• 넘어져 나쳤나.
→ 재해유형 : 넘어짐
• 기름이 흩어져 있어 넘어짐
→ 기인물 : 기름
• 바닥에 머리를 다쳤다.
→ 가해물 : 바닥

[참고]
• 기인물 : 사고의 원인이 된 물체
• 가해물 : 해를 입힌 물체
• 넘어짐 : 사람이 미끄러지거나 넘어짐

정답 ㉯

| 분류항목 | 세부항목 |
|---|---|
| 무너짐 | • 건축물이나 쌓여진 물체가 무너짐<br>• 토사, 적재물, 구조물, 건축물, 가설물 등이 전체적으로 허물어져 내리거나 또는 주요 부분이 꺾어져 무너지는 경우 |
| 감전 | 전기설비의 충전부 등에 신체의 일부가 직접 접촉하거나 유도전류의 통전으로 근육의 수축, 호흡곤란, 심실세동 등이 발생한 경우 또는 특별고압 등에 접근함에 따라 발생한 섬락 접촉, 합선·혼촉 등으로 인하여 발생한 아크에 접촉된 경우 |
| 이상온도 접촉 | 고·저온 환경 또는 물체에 노출·접촉된 경우 |
| 화학물질<br>누출·접촉 | 유해·위험물질에 노출·접촉 또는 흡입한 경우 |
| 산소결핍 | 유해물질과 관련 없이 산소가 부족한 상태·환경에 노출되었거나 이물질 등에 의하여 기도가 막혀 호흡기능이 불충분한 경우 |
| 폭발·파열 | 건축물, 용기 내 또는 대기 중에서 물질의 화학적, 물리적 변화가 급격히 진행되어 열, 폭음, 폭발압이 동반하여 발생하는 경우를 말하며, 파열은 배관, 용기 등이 물리적인 압력에 의하여 찢어지거나 터진 경우로서 폭풍압이 동반되지 않은 경우 |
| 화재 | 가연물에 점화원이 가해져 비의도적으로 불이 일어난 경우 |
| 불균형 및<br>무리한 동작 | 물체의 취급 없이 일시적이고 급격한 행위·동작 등 신체동작(반응)에 의한 경우나, 물체의 취급과 관련하여 근육의 힘을 많이 사용하는 경우로서 밀기, 당기기, 지탱하기, 들어올리기, 돌리기, 잡기, 운반하기 등과 같은 행위·동작 |
| 폭력행위 | 의도적인 또는 의도가 불분명한 위험행위(마약, 정신질환 등)로 자신 또는 타인에게 상해를 입힌 폭력·폭행을 말하며, 협박·언어·성폭력 및 동물에 의한 상해 등도 포함한다. |
| 절단·베임·<br>찔림 | 사람과 물체 간의 직접적인 접촉에 의한 것으로서 칼 등 날카로운 물체의 취급 또는 톱·절단기 등의 회전 날 부위에 접촉되어 신체가 절단되거나 베어진 경우 |
| 빠짐·익사 | 수중에 빠지거나 익사한 경우 |
| 사업장 내<br>교통사고 | 사업장 내의 도로에서 발생된 교통사고 |
| 사업장 외<br>교통사고 | 사업장 외의 도로에서 발생된 교통사고와 해상·항공과 관련하여 발생된 교통사고 |
| 체육행사 등의<br>사고 | 업무와 관련한 체육행사·워크숍, 회식 등에서 재해를 입은 경우 |
| 동물상해 | 동물에 의해 근로자가 상해를 입은 경우로 동물(개·소·말 등)에 물리거나 차이는 등에 의해 상해를 입은 경우 |

## (3) 재해발생 형태의 분류기준

1) 두 가지 이상의 발생형태가 연쇄적으로 발생된 재해의 경우는 상해 결과 또는 피해를 크게 유발한 형태로 분류한다.

| | | |
|---|---|---|
| 재해자가 「넘어짐」으로 인하여 기계의 동력전달부위 등에 끼이는 사고가 발생하여 신체 부위가 「절단」된 경우 | ⇨ | 「끼임」 |
| 재해자가 구조물 상부에서 「넘어짐」으로 인하여 사람이 떨어져 두개골 골절이 발생한 경우 | ⇨ | 「떨어짐」 |
| 재해자가 「넘어짐」 또는 「떨어짐」으로 물에 빠져 익사한 경우 | ⇨ | 「빠짐·익사」 |

2) 기계의 구동축, 회전체 등 주요 부위의 파단, 파열 등으로 재해가 발생한 경우

→ 상해를 입힌 물체의 운동 형태에 따라 「맞음」 재해로 분류한다.

3) 「떨어짐」과 「넘어짐」의 분류 ✈

| | | |
|---|---|---|
| 바닥면과 신체가 떨어진 상태로 더 낮은 위치로 떨어진 경우 | ⇨ | 「떨어짐」 |
| 바닥면과 신체가 접해있는 상태에서 더 낮은 위치로 떨어진 경우 | ⇨ | 「넘어짐」 |
| 신체가 바닥면과 접해있었는지 여부를 알 수 없는 경우 직입빌판 등 구조물의 높이가 보폭(약 60cm) 이상인 경우 | ⇨ | 「떨어짐」 |
| 보폭 미만인 경우 | ⇨ | 「넘어짐」 |

4) 「맞음」, 「이상온도 접촉」 또는 「화학물질 누출·접촉」의 분류 ✈

| | | |
|---|---|---|
| 물체 또는 물질이 떨어지거나 날아와 타박상 등의 상해를 입었을 경우 | ⇨ | 「맞음」 |
| 고·저온 물체 또는 물질이 떨어지거나 날아와 화상을 입었을 경우 | ⇨ | 「이상온도 접촉」 |
| 떨어지거나 날아온 물체 또는 물질의 특성에 의하여 상해를 입은 경우 | ⇨ | 「화학물질 누출·접촉」 |

5) 「폭력행위」와 「유해·위험물질 노출·접촉」의 분류

| 개, 뱀 등 동물에게 물려 광견병, 독성물질 중독이 발생한 경우 | ⇨ | 「유해·위험물질 접촉」 |
|---|---|---|
| 감염은 없이 찔림 정도의 교상만 발생한 경우 | ⇨ | 「폭력행위」 |

6) 「폭발」과 「화재」의 분류 ✄

| 폭발과 화재, 두 현상이 복합적으로 발생된 경우 | ⇨ | 「폭발」 |
|---|---|---|

### (4) 기인물 및 가해물

1) **기인물** : 직접적으로 재해를 유발하거나 영향을 끼친 에너지원(운동, 위치, 열, 전기 등)을 지닌 기계·장치, 구조물, 물체·물질, 사람 또는 환경을 말한다.

2) **2차 기인물** : 복합적 요인으로 발생된 재해에 있어서 기인물을 유발(가속화)시켰거나 재해 또는 특정물질에 노출을 유도한 것 즉, 간접적 영향을 끼친 물체, 사람, 에너지원, 환경요인을 말한다.

3) **가해물** : 근로자(사람)에게 직접적으로 상해를 입힌 기계, 장치, 구조물, 물체·물질, 사람 또는 환경 등을 말한다.

### (5) 기인물 및 가해물의 분류기준

1) 재해발생 주 요인이 사물이면 그 사물을 기인물로 한다.

2) 재해발생 주 요인이 사람이나 기인물이 있으면 그 기인물로 분류한다. (조작 및 취급하던 물체를 우선한다) ✄

| 예 운전 중 한눈을 팔다 전주에 충돌 | ⇨ | 기인물 : 차량 |
|---|---|---|

3) 재해발생 주 요인이 사람이고 기인물이 존재하지 않고 가해물이 있으면 그 가해물을 기인물로 분류한다. ✄

| 예 손에 들고 있던 운반물을 놓침 | ⇨ | 기인물 : 운반물 |
|---|---|---|

4) 재해발생 주 요인이 사람이고 기인물, 가해물이 되는 사물이 없으면 사람으로 분류한다.

| 예 외부요인이 없는 상태에서 사람이 걷다가 발목을 겹질림 | ⇨ | 기인물 : 사람 |
|---|---|---|

5) 재해발생 주 요인이 사람이 아니고 불안전한 상태도 없으나 기인물이 있는 경우는 그 기인물로 분류한다.

| 예 자연재해, 천재지변 |
|---|

## 05 안전점검 인증 및 진단

PART 01

**주요 개요**

1. 안전점검의 종류
2. 안전인증 대상 기계기구, 방호장치, 보호구, 합격표시
3. 자율안전확인 대상 기계기구, 방호장치, 보호구, 합격표시
4. 안전검사 대상 기계기구 및 검사주기, 합격표시

### 1 안전점검의 종류 ✪

① 정기점검(계획점검)
- 일정 기간마다 정기적으로 실시하는 점검을 말한다.
- 법적 기준 또는 사내 안전규정에 따라 해당 책임자가 실시하는 점검이다.

② 수시점검(일상점검)
- 매일 작업 전, 중, 후에 실시하는 점검을 말한다.
- 작업자·작업책임자·관리감독자가 실시하며 사업주의 안전순찰도 넓은 의미에서 포함된다.

③ 특별점검
- 기계·기구 또는 설비의 신설·변경 또는 고장·수리 등으로 비정기적인 특정 점검을 말하며 기술 책임자가 실시한다.
- 산업안전보건 강조기간, 악천후시에도 실시한다.

④ 임시점검
- 기계·기구 또는 설비의 이상 발견 시에 임시로 점검하는 점검을 말한다.
- 정기점검 실시 후 다음 점검기일 이전에 임시로 실시하는 점검의 형태이다.

### 2 안전점검표(안전점검 체크리스트) 작성 시 유의사항

① 사업장에 적합한 내용이며 독자적일 것
② 내용은 구체적이며, 재해예방에 실효가 있을 것
③ 중요도가 높은 순으로 작성할 것
④ 일정양식 및 점검대상을 정하여 작성할 것
⑤ 가급적 쉬운 표현으로 작성할 것

---

**문제**

다음 중 안전점검의 목적으로 볼 수 없는 것은?

㉮ 사고원인을 찾아 재해를 미연에 방지하기 위함이다.
㉯ 작업자의 잘못된 부분을 점검하여 책임을 부여하기 위함이다.
㉰ 재해의 재발을 방지하여 사전대책을 세우기 위함이다.
㉱ 현장의 불안전 요인을 찾아 계획에 적절히 반영시키기 위함이다.

**정답** ㉯

**기출**

* 안전점검의 순서
실태파악 – 결함의 발견 – 대책결정 – 대책실시

* 안전점검 보고서 작성 내용 중 주요 사항
① 작업현장의 현 배치 상태와 문제점
② 재해다발요인과 유형분석 및 비교 데이터 제시
③ 보호구, 방호장치 작업환경 실태와 개선 제시

**참고**

* 안전점검기준의 작성 시 유의사항(안전점검 시 고려사항)
① 점검대상물의 위험도를 고려한다.
② 점검대상물의 과거 재해 사고 경력을 참작한다.
③ 점검대상물의 기능적 특성을 충분히 감안한다.
④ 점검자 능력을 감안하여 구체적인 계획 수립 후 점검을 실시한다.
⑤ 점검사항, 점검방법 등에 대한 지속적인 교육을 통하여 정확한 점검이 이루어지도록 한다.
⑥ 점검 시 특이한 사항 등을 기록, 보존하여 향후 점검 및 이상 발생 시 대비할 수 있도록 한다.

## 3 안전인증

안전인증대상 기계·기구 등으로서 근로자의 안전·보건에 필요하다고 인정되어 대통령령으로 정하는 것을 제조하는 자는 안전인증 대상 기계·기구 등이 안전인증기준에 맞는지에 대하여 고용노동부장관이 실시하는 안전인증을 받아야 한다.

### (1) 안전인증 심사의 종류 및 방법 ✿✿

안전인증대상 기계·기구 등이 안전인증기준에 적합한지를 확인하기 위하여 안전인증기관이 하는 심사는 다음과 같다.

| | |
|---|---|
| 예비심사 | 기계·기구 및 방호장치·보호구가 유해·위험한 기계·기구·설비 등 인지를 확인하는 심사(안전인증을 신청한 경우만 해당) |
| 서면심사 | 유해·위험한 기계·기구·설비 등의 제품기술과 관련된 문서가 안전인증기준에 적합한지에 대한 심사 |
| 기술능력 및 생산체계 심사 | 유해·위험한 기계·기구·설비 등의 안전성능을 지속적으로 유지·보증하기 위하여 사업장에서 갖추어야 할 기술능력과 생산체계가 안전인증기준에 적합한지에 대한 심사 |
| 제품심사 | 유해·위험한 기계·기구·설비 등이 서면심사 내용과 일치하는지 여부와 유해·위험한 기계·기구·설비 등의 안전에 관한 성능이 안전인증기준에 적합한지 여부에 대한 심사(다음 각 목의 심사는 어느 하나만을 받는다)<br>• 개별 제품심사 : 유해·위험한 기계·기구·설비 등 모두에 대하여 하는 심사<br>• 형식별 제품심사 : 유해·위험한 기계·기구·설비 등의 형식별로 표본을 추출하여 하는 심사 |

**참고  기술능력 및 생산체계 심사를 생략하는 경우**

1. 기계톱(이동식만 해당), 방호장치 및 보호구를 고용노동부장관이 정하여 고시하는 수량 이하로 수입하는 경우
2. 개별 제품심사를 하는 경우
3. 안전인증(형식별 제품심사를 하여 안전인증을 받은 경우로 한정)을 받은 후 같은 공정에서 제조되는 같은 종류의 안전인증대상 기계·기구 등에 대하여 안전인증을 하는 경우

## (2) 심사종류별 심사기간

안전인증기관은 안전인증 신청서를 제출받으면 심사 종류별로 기간 내에 심사하여야 한다. 다만, 제품심사의 경우 처리기간 내에 심사를 끝낼 수 없는 부득이한 사유가 있을 때에는 15일의 범위에서 심사기간을 연장할 수 있다.

| 심사 종류 | 심사 기간 |
|---|---|
| 예비심사 | 7일 |
| 서면심사 | 15일(외국에서 제조한 경우는 30일) |
| 기술능력 및 생산체계 심사 | 30일(외국에서 제조한 경우는 45일) |
| 제품심사 | • 개별 제품심사 : 15일<br>• 형식별 제품심사 : 30일(방호장치, 보호구는 60일) |

실력이 되고! 합격이 되는! 특급  암기법

**예비 7, 개별서면 15, 기생형식 30**

## (3) 안전인증의 취소

① 고용노동부장관은 안전인증을 받은 자가 다음 각 호의 어느 하나에 해당하면 안전인증을 취소하거나 6개월 이내의 기간을 정하여 안전인증표시의 사용을 금지하거나 안전인증기준에 맞게 개선하도록 명할 수 있다. 다만, ①의 경우에는 안전인증을 취소하여야 한다.

② 안전인증이 취소된 자는 안전인증이 취소된 날부터 1년 이내에는 같은 규격과 형식의 안전인증대상 기계·기구 등에 대하여 안전인증을 신청할 수 없다.

**안전인증을 취소, 안전인증표시의 사용금지, 안전인증기준에 맞게 시정을 요구할 수 있는 경우**

1. 거짓이나 그 밖의 부정한 방법으로 안전인증을 받은 경우(안전인증 취소만 해당됨)
2. 안전인증을 받은 유해·위험기계 등의 안전에 관한 성능 등이 안전인증기준에 맞지 아니하게 된 경우
3. 정당한 사유 없이 안전인증 확인을 거부, 방해 또는 기피하는 경우

---

**오른쪽 단 (참고/실기기출)**

② 안전인증을 받은 유해·위험한 기계·기구 등이 안전인증기준에 적합한지 여부

③ 안전인증을 받은 유해·위험기계 등이 안전인증기준에 적합한지 여부

④ 제조자가 안전인증을 받을 당시의 기술능력·생산체계를 지속적으로 유지하고 있는지 여부

⑤ 유해·위험한 기계·기구 등이 서면심사 내용과 같은 수준 이상의 재료 및 부품을 사용하고 있는지 여부

**참고**

※ 안전인증의 취소 공고
고용노동부장관은 안전인증을 취소한 경우에 안전인증을 취소한 날부터 30일 이내에 다음 각 호의 사항을 관보와 그 보급지역을 전국으로 하여 등록한 일반 일간신문 또는 인터넷 등에 공고하여야 한다.
① 유해·위험 기계·기구·설비 등의 명칭 및 형식번호
② 안전인증번호
③ 제조자(수입자) 및 내보자
④ 사업장 소재지
⑤ 취소일자 및 취소 사유

**실기기출 ★**

※ 형식별 제품심사의 심사기간을 60일로 두는 보호구의 종류
① 추락 및 감전 위험방지용 안전모
② 안전화
③ 안전장갑
④ 방진마스크
⑤ 방독마스크
⑥ 송기(送氣)마스크
⑦ 전동식 호흡보호구
⑧ 보호복

## (4) 안전인증대상 기계 등의 제조 등의 금지

누구든지 다음 각 호의 어느 하나에 해당하는 안전인증대상 기계 등을 제조·수입·양도·대여·사용하거나 양도·대여의 목적으로 진열할 수 없다.

> **안전인증대상 기계 등을 제조·수입·양도·대여·사용하거나**
> **양도·대여의 목적으로 진열할 수 없는 경우** ✄
>
> ① 안전인증을 받지 아니한 경우(안전인증이 전부 면제되는 경우는 제외)
> ② 안전인증기준에 맞지 아니하게 된 경우
> ③ 안전인증이 취소되거나 안전인증표시의 사용금지 명령을 받은 경우

## 4 자율안전확인

### (1) 자율안전확인의 신고

1) 안전인증대상 기계 등이 아닌 유해·위험기계 등으로서 대통령령으로 정하는 것("자율안전확인대상 기계 등")을 제조하거나 수입하는 자는 자율안전확인대상 기계 등의 안전에 관한 성능이 고용노동부장관이 정하여 고시하는 자율안전기준에 맞는지 확인("자율안전확인")하여 고용노동부장관에게 신고하여야 한다. 다만, 다음 각 호의 어느 하나에 해당하는 경우에는 신고를 면제할 수 있다.

> **자율안전확인 신고를 면제할 수 있는 경우** ✄
>
> ① 연구·개발을 목적으로 제조·수입하거나 수출을 목적으로 제조하는 경우
> ② 안전인증을 받은 경우
> ③ 다른 법령에 따라 안전성에 관한 검사나 인증을 받은 경우로서 고용노동부령으로 정하는 경우
> - 「농업기계화촉진법」에 따른 검정을 받은 경우
> - 「산업표준화법」에 따른 인증을 받은 경우
> - 「전기용품 및 생활용품 안전관리법」에 따른 안전인증 및 안전검사를 받은 경우
> - 국제전기기술위원회의 국제방폭전기기계·기구 상호인정제도에 따라 인증을 받은 경우

## (2) 자율안전확인 표시의 사용 금지

① 고용노동부장관은 **신고된 자율안전확인대상 기계 등의 안전에 관한 성능이 자율안전기준에 맞지 아니하게 된 경우**에는 신고한 자에게 **6개월 이내의 기간을 정하여 자율안전확인표시의 사용을 금지하거나 자율안전기준에 맞게 시정하도록 명할 수 있다.** ✘

② 고용노동부장관은 **자율안전확인 표시의 사용을 금지하였을 때에는 그 사실을 관보 등에 공고하여야 한다.**

## (3) 자율안전확인대상 기계 등의 제조 등의 금지

누구든지 다음 각 호의 어느 하나에 해당하는 자율안전확인대상 기계 등을 제조·수입·양도·대여·사용하거나 양도·대여의 목적으로 진열할 수 없다.

| 자율안전확인대상 기계 등을 제조·수입·양도·대여·사용하거나 양도·대여의 목적으로 진열할 수 없는 경우 ✘✘ |
| --- |
| ① 자율안전확인 신고를 하지 아니한 경우 |
| ② 거짓이나 그 밖의 부정한 방법으로 신고를 한 경우 |
| ③ 자율안전확인대상 기계 등의 안전에 관한 성능이 자율안전기준에 맞지 아니하게 된 경우 |
| ④ 자율안전확인 표시의 사용 금지 명령을 받은 경우 |

**비교합시다!**

안전인증대상 기계 등을 제조·수입·양도·대여·사용하거나 양도·대여의 목적으로 진열할 수 없는 경우 ✘✘

① 안전인증을 받지 아니한 경우(안전인증이 전부 면제되는 경우는 제외)
② 안전인증기준에 맞지 아니하게 된 경우
③ 안전인증이 취소되거나 안전인증표시의 사용금지 명령을 받은 경우

## 5 안전검사

"유해하거나 위험한 기계·기구·설비"로서 대통령령으로 정하는 것("안전검사대상 기계 등")을 사용하는 사업주는 안전검사대상 기계 등의 안전에 관한 성능이 고용노동부장관이 정하여 고시하는 **검사 기준에 맞는지에 대하여 안전검사를 받아야 한다.** 이 경우 안전검사대상 기계 등을 사용하는 사업주와 소유자가 다른 경우에는 안전검사대상 기계 등의 소유자가 안전검사를 받아야 한다. ✘

**(1) 안전검사대상 기계 등의 사용 금지**

① 안전검사를 받지 아니한 안전검사대상 기계 등
② 안전검사에 불합격한 안전검사대상 기계 등

**(2) 안전검사의 신청**

① 안전검사를 받아야 하는 자는 안전검사 신청서를 검사 주기 만료일 30일 전에 안전검사기관에 제출하여야 한다.
② 안전검사 신청을 받은 안전검사기관은 30일 이내에 해당 기계·기구 및 설비별로 안전검사를 하여야 한다.
③ 안전검사기관은 안전검사 결과 안전검사기준에 적합한 경우에는 해당 사업주에게 "안전검사대상 유해·위험기계 등"에 직접 부착 가능한 안전검사 합격표시를 발급하고, 부적합한 경우에는 해당 사업주에게 안전검사 불합격통지서에 그 사유를 밝혀 발급하여야 한다.

## 6 자율검사프로그램에 따른 안전검사

안전검사를 받아야 하는 사업주가 근로자대표와 협의하여 검사기준, 검사 주기 등을 충족하는 자율검사프로그램을 정하고 고용노동부장관의 인정을 받아 다음 각 호의 어느 하나에 해당하는 사람으로부터 자율검사프로그램에 따라 안전검사대상 기계 등에 대하여 자율안전검사를 받으면 안전검사를 받은 것으로 본다. 이때 자율검사프로그램의 유효기간은 2년으로 한다.

**참고**

\* 자율안전검사를 실시할 수 있는 자격을 갖춘 사람
① 고용노동부령으로 정하는 안전에 관한 성능검사와 관련된 자격 및 경험을 가진 사람
② 고용노동부령으로 정하는 바에 따라 안전에 관한 성능검사 교육을 이수하고 해당 분야의 실무 경험이 있는 사람

**(1)** 자율검사프로그램의 인정을 취소하거나 인정받은 자율검사프로그램의 내용에 따라 검사를 하도록 하는 등 개선을 명할 수 있는 경우
(다만, ①의 경우에는 인정을 취소하여야 한다.) ✮

① 거짓이나 그 밖의 부정한 방법으로 자율검사프로그램을 인정받은 경우
② 자율검사프로그램을 인정받고도 검사를 하지 아니한 경우
③ 인정받은 자율검사프로그램의 내용에 따라 검사를 하지 아니한 경우
④ 검사 자격을 가진 자 또는 지정검사기관이 검사를 하지 아니한 경우

### (2) 자율검사프로그램의 인정 ✖✖

사업주가 자율검사프로그램을 인정받기 위해서는 다음 각 호의 요건을 모두 충족하여야 한다. 다만, 검사기관에 위탁한 경우에는 ① 및 ②를 충족한 것으로 본다.

① 검사원을 고용하고 있을 것
② 검사를 할 수 있는 장비를 갖추고 이를 유지·관리할 수 있을 것
③ 안전검사 주기의 2분의 1에 해당하는 주기(크레인 중 건설현장 외에서 사용하는 크레인의 경우 6개월)마다 검사를 할 것
④ 자율검사프로그램의 검사기준이 안전검사기준을 충족할 것

### (3) 자율검사프로그램을 인정받으려는 자는 자율검사프로그램 인정신청서에 다음 각 호의 내용이 포함된 자율검사프로그램을 확인할 수 있는 서류 2부를 첨부하여 공단에 제출하여야 한다. ✖

① 안전검사대상 기계 등의 보유 현황
② 검사원 보유 현황과 검사를 할 수 있는 장비 및 장비 관리방법
(자율안전검사기관에 위탁한 경우에는 위탁을 증명할 수 있는 서류를 제출한다)
③ 안전검사대상 기계 등의 검사 주기 및 검사기준
④ 향후 2년간 검사대상 유해·위험기계 등의 검사 수행계획
⑤ 과거 2년간 자율검사프로그램 수행 실적(재신청의 경우만 해당한다)

## 7 안전인증의 표시

### (1) 안전인증대상 및 자율안전확인의 표시방법 ✖✖

> 📖 확인
>
> ＊ 인증 표시 색
> • 테두리와 문자 :
>   파란색(2.5PB 4/10)
> • 그 밖의 부분 :
>   흰색(N9.5)
>   (테두리와 문자를 흰색, 그 밖의 부분을 파란색으로 표현할 수 있다)

## 8 안전인증 및 자율안전확인 대상 기계, 기구 등 ✿✿✿

| | 안전인증 | 자율안전확인 |
|---|---|---|
| 1. 기계<br>기구<br>·<br>설비 | 1. 설치·이전하는 경우 안전인증을 받아야 하는 기계·기구<br>가. 크레인<br>나. 리프트<br>다. 곤돌라<br>2. 주요 구조 부분을 변경하는 경우 안전인증을 받아야 하는 기계·기구<br>① 프레스<br>② 전단기 및 절곡기(折曲機)<br>③ 크레인<br>④ 리프트<br>⑤ 압력용기<br>⑥ 롤러기<br>⑦ 사출성형기(射出成形機)<br>⑧ 고소(高所)작업대<br>⑨ 곤돌라 | ① 연삭기 또는 연마기<br>(휴대형은 제외)<br>② 산업용 로봇<br>③ 혼합기<br>④ 파쇄기 또는 분쇄기<br>⑤ 식품가공용 기계<br>(파쇄·절단·혼합·제면기만 해당한다)<br>⑥ 컨베이어<br>⑦ 자동차정비용 리프트<br>⑧ 공작기계<br>(선반, 드릴기, 평삭·형삭기, 밀링만 해당)<br>⑨ 고정형 목재가공용 기계<br>(둥근톱, 대패, 루타기, 띠톱, 모떼기 기계만 해당)<br>⑩ 인쇄기 |

**실력이 되고! 합격이 되는! 특급 암기법**

유사한 종류끼리 묶어서 암기
**손 다치는 기계** -
프레스, 전단기 및 절곡기,
사출성형기, 롤러기
**양중기** -
크레인, 리프트, 곤돌라
**폭발** - 압력용기
**추락** - 고소작업대

**실력이 되고! 합격이 되는! 특급 암기법**

**공작기계**로 철판 잘라서 **연삭기**, **연마기**로 갈고, **고정형 목재가공용 기계**로 나무 자르고, **식품가공용 기계**로 식품 **파쇄**, **분쇄**하여 **혼합기**로 혼합한 후 **컨베이어**로 운반해서 **자동차 리프트**에 올려 놓고 **인 기**있는 **산업용 로봇** 만들자.

|  | 안전인증 | 자율안전확인 |
|---|---|---|
| 2. 방호<br>장치 | ① 프레스 및 전단기 방호장치<br>② 양중기용 과부하방지장치<br>③ 보일러 압력방출용 안전밸브<br>④ 압력용기 압력방출용 안전밸브<br>⑤ 압력용기 압력방출용 파열판<br>⑥ 절연용 방호구 및 활선작업용 기구<br>⑦ 방폭구조 전기기계 기구 및 부품<br>⑧ 추락·낙하 및 붕괴 등의 위험 방지 및 보호에 필요한 가설기자재로서 고용노동부장관이 정하여 고시하는 것<br>⑨ 충돌·협착 등의 위험 방지에 필요한 산업용 로봇 방호장치로서 고용노동부장관이 정하여 고시하는 것 | ① 아세틸렌, 가스집합 용접장치용 안전기<br>② 교류아크용접기용 자동전격방지기<br>③ 롤러기 급정지장치<br>④ 연삭기 덮개<br>⑤ 목재가공용 둥근톱 반발 예방장치 및 날접촉 예방장치<br>⑥ 동력식수동대패의 칼날 접촉 방지장치<br>⑦ 추락, 낙하 및 붕괴 등의 위험 방호에 필요한 가설기자재 (안전인증 제외) |

실력이 되고! 합격이 되는! 특급 암기법

안전인증 대상 중
손 다치는 기계 - 프레스 및 전단기의 방호장치
양중기 - 과부하방지장치
폭발 - 보일러 안전밸브, 압력용기 안전밸브, 파열판
충돌 – 산업용 로봇
전기 - 방폭구조, 절연용 방호구, 활선작업용 기구

실력이 되고! 합격이 되는! 특급 암기법

롤러를 통과한 철판을 목재가공용 둥근톱, 동력식 수동대패로 잘라서 아세틸렌, 가스집합용접장치, 교류아크용접기로 용접해서 연삭기로 다듬자.

| | 안전인증 | 자율안전확인 |
|---|---|---|
| **3. 보호구** | ① 추락 및 감전 위험방지용 안전모<br>② 안전화<br>③ 안전장갑<br>④ 방진마스크<br>⑤ 방독마스크<br>⑥ 송기마스크<br>⑦ 전동식 호흡보호구<br>⑧ 보호복<br>⑨ 안전대<br>⑩ 차광 및 비산물 위험방지용 보안경<br>⑪ 용접용 보안면<br>⑫ 방음용 귀마개 또는 귀덮개<br><br>실패가 되고! 합격이 되는! **특급 암기법**<br><br>**머리** - 안전모<br>　　　(추락 및 감전방지용)<br>**눈** - 보안경<br>　　(차광 및 비산물 위험방지용)<br>**코, 입** - 방진마스크,<br>　　　　방독마스크,<br>　　　　송기마스크,<br>　　　　전동식 호흡보호구<br>**얼굴** - 보안면(용접용)<br>**귀** - 귀마개 또는 귀덮개<br>　　(방음용)<br>**손** - 안전장갑<br>**허리** - 안전대<br>**발** - 안전화<br>**몸** - 보호복 | ① 안전모(안전인증 제외)<br>② 보안경(안전인증 제외)<br>③ 보안면(안전인증 제외) |
| **4. 합격 표시** | ① 형식 또는 모델명<br>② 규격 또는 등급 등<br>③ 제조자명<br>④ 제조번호 및 제조연월<br>⑤ 안전인증 번호 | ① 형식 또는 모델명<br>② 규격 또는 등급 등<br>③ 제조자명<br>④ 제조번호 및 제조연월<br>⑤ 자율안전확인 번호 |

## 9 안전검사 대상 기계, 기구 등 ✿✿✿

| 1. 안전검사<br>대상 유해·<br>위험기계 등 | ① 프레스　　② 전단기<br>③ 크레인[정격 하중이 2톤 미만인 것 제외]<br>④ 리프트　　⑤ 압력용기<br>⑥ 곤돌라　　⑦ 국소 배기장치(이동식은 제외)<br>⑧ 원심기(산업용만 해당)<br>⑨ 롤러기(밀폐형 구조는 제외한다)<br>⑩ 사출성형기[형 체결력(형 체결력) 294킬로뉴턴(KN)<br>　미만은 제외]<br>⑪ 고소작업대　⑫ 컨베이어<br>⑬ 산업용 로봇<br>⑭ 혼합기(26년 6월 26일 시행)<br>⑮ 파쇄기 또는 분쇄기(26년 6월 26일 시행)<br><br>실력이 되고! 합격이 되는! 특급 암기법<br><br>안전인증 대상 중<br>**손 다치는 기계** - 프레스, 전단기, 사출성형기, 롤러기,<br>혼합기, 파쇄기 또는 분쇄기(26년 6월 26일 시행)<br>**양중기** - 크레인, 리프트, 곤돌라<br>**폭발** - 압력용기<br>**추가** - 극소(국소) 로봇이 고소의 큰(컨) 원을 검사(안전검사)<br>국소배기장치, 산업용 로봇, 고소작업대, 컨베이어, 원심기 |
| --- | --- |
| 2. 안전검사대상<br>유해·위험<br>기계 등의<br>검사 주기 | 1. 크레인(이동식 크레인은 제외한다), 리프트(이삿<br>짐운반용 리프트는 제외한다) 및 곤돌라 : 사업장<br>에 설치가 끝난 날부터 3년 이내에 최초 안전검사를<br>실시하되, 그 이후부터 2년마다(건설현장에서 사<br>용하는 것은 최초로 설치한 날부터 6개월마다)<br>2. 이동식 크레인, 이삿짐운반용 리프트 및 고소작업대<br>: 신규등록 이후 3년 이내에 최초 안전검사를 실시<br>하되, 그 이후부터 2년마다<br>3. 프레스, 전단기, 압력용기, 국소 배기상치, 원심기,<br>롤러기, 사출성형기, 컨베이어 및 산업용 로봇, 혼<br>합기, 파쇄기 또는 분쇄기 : 사업장에 설치가 끝난<br>날부터 3년 이내에 최초 안전검사를 실시하되, 그 이<br>후부터 2년마다(공정안전보고서를 제출하여 확인<br>을 받은 압력용기는 4년마다)(26년 6월 26일 시행) |
| 3. 안전검사<br>합격표시 | ① 검사 대상 유해·위험 기계명<br>② 신청인　　③ 형식번호(기호)<br>④ 합격번호　⑤ 검사유효기간<br>⑥ 검사기관 |

## 10 안전진단

### (1) 안전진단 대상 사업장의 종류 ✦

① 중대재해 발생 사업장
② 안전보건개선계획 수립·시행명령을 받은 사업장
③ 추락·폭발·붕괴 등 재해발생 위험이 현저히 높은 사업장으로서 지방노동관서의 장이 안전·보건진단이 필요하다고 인정하는 사업장

### (2) 안전보건진단의 종류 및 내용 ✦

| 종류 | 진단내용 |
|---|---|
| 종합진단 | 1. 경영·관리적 사항에 대한 평가<br>　가. 산업재해 예방계획의 적정성<br>　나. 안전·보건 관리조직과 그 직무의 적정성<br>　다. 산업안전보건위원회 설치·운영, 명예산업안전감독관의 역할 등 근로자의 참여 정도<br>　라. 안전보건관리규정 내용의 적정성<br>2. 산업재해 또는 사고의 발생 원인(산업재해 또는 사고가 발생한 경우만 해당한다)<br>3. 작업조건 및 작업방법에 대한 평가<br>4. 유해·위험요인에 대한 측정 및 분석<br>　가. 기계·기구 또는 그 밖의 설비에 의한 위험성<br>　나. 폭발성·물반응성·자기반응성·자기발열성 물질, 자연발화성 액체·고체 및 인화성 액체 등에 의한 위험성<br>　다. 전기·열 또는 그 밖의 에너지에 의한 위험성<br>　라. 추락, 붕괴, 낙하, 비래(飛來) 등으로 인한 위험성<br>　마. 그 밖에 기계·기구·설비·장치·구축물·시설물·원재료 및 공정 등에 의한 위험성<br>　바. 법 제118조제1항에 따른 허가대상물질, 고용노동부령으로 정하는 관리대상 유해물질 및 온도·습도·환기·소음·진동·분진, 유해광선 등의 유해성 또는 위험성<br>5. 보호구, 안전·보건장비 및 작업환경 개선시설의 적정성<br>6. 유해물질의 사용·보관·저장, 물질안전보건자료의 작성, 근로자 교육 및 경고표시 부착의 적정성<br>7. 그 밖에 작업환경 및 근로자 건강 유지·증진 등 보건관리의 개선을 위하여 필요한 사항 |

| 안전진단 | 1. **산업재해 또는 사고의 발생 원인**(산업재해 또는 사고가 발생한 경우만 해당한다)<br>2. **작업조건 및 작업방법**에 대한 평가<br>3. **유해·위험요인에 대한 측정 및 분석**(안전 관련 사항만 해당한다)<br>　가. 기계·기구 또는 그 밖의 설비에 의한 위험성<br>　나. 폭발성·물반응성·자기반응성·자기발열성 물질, 자연발화성 액체·고체 및 인화성 액체 등에 의한 위험성<br>　다. 전기·열 또는 그 밖의 에너지에 의한 위험성<br>　라. 추락, 붕괴, 낙하, 비래(飛來) 등으로 인한 위험성<br>　마. 그 밖에 기계·기구·설비·장치·구축물·시설물·원재료 및 공정 등에 의한 위험성 |
|---|---|
| 보건진단 | 1. **산업재해 또는 사고의 발생 원인**(산업재해 또는 사고가 발생한 경우만 해당한다)<br>2. **작업조건 및 작업방법**에 대한 평가<br>3. **허가대상물질, 관리대상 유해물질 및 온도·습도·환기·소음· 진동·분진, 유해광선** 등의 유해성 또는 위험성<br>4. **보호구, 안전·보건장비 및 작업환경 개선시설의 적정성**(보건 관련 사항만 해당한다)<br>5. **유해물질의 사용·보관·저장, 물질안전보건자료의 작성, 근로 자 교육 및 경고표시 부착**의 적정성<br>6. 그 밖에 작업환경 및 근로자 건강 유지·증진 등 보건관리의 개선 을 위하여 필요한 사항 |

# 안전보호구 관리

## 01 보호구 및 안전장구관리

> **주/요/내/용 알/고/가/기**
>
> 1. 보호구의 지급
> 2. 안전인증 대상 보호구의 종류
> 3. 안전인증 제품표시의 붙임
> 4. 안전모의 성능 시험 종류
> 5. 안전화의 성능 시험 종류
> 6. 방진마스크의 등급
> 7. 방독마스크의 등급 및 정화통 표시색
> 8. 안전대의 종류

---

**문제**

다음 중 보호구와 관련한 사항으로서 맞는 것은?

㉮ 각종 위험으로부터 눈을 보호하기 위해서는 보호장구가 필요하나, 위험이 없는 작업장에서 착용하면 오히려 사고의 위험이 있다.

㉯ 귀마개는 저음부터 고음까지를 모두 차단할 수 있는 양질의 제품을 사용해야 한다.

㉰ 산소결핍지역에서는 필히 방독마스크를 착용하여야 한다.

㉱ 선반작업과 같이 손에 재해가 많이 발생하는 작업장에서는 장갑 착용을 의무화한다.

[해설]

㉯ 일반적으로 귀마개는 고음만 차음해야 대화소리를 들을 수 있다.

㉰ 산소결핍 시 송기마스크를 착용하여야 한다.

㉱ 선반과 같은 공작기계 작업은 절대 장갑을 착용해서는 안 된다.

[참고]

보호구는 위험이 없는 상태에서는 작업에 지장을 줄 우려가 있으므로 필요한 작업에 한하여 반드시 착용하여야 한다.

**정답** ㉮

---

## 1 보호구의 개요

### (1) 보호구의 지급 ✖✖✖

사업주는 다음 각 호에서 정하는 바에 따라 그 작업조건에 적합한 보호구를 동시에 작업하는 근로자의 수 이상으로 지급하고 이를 착용하도록 하여야 한다.

① 물체가 떨어지거나 날아올 위험 또는 근로자가 추락할 위험이 있는 작업 : 안전모

② 높이 또는 깊이 2미터 이상의 추락할 위험이 있는 장소에서 하는 작업 : 안전대(安全帶)

③ 물체의 낙하·충격, 물체에의 끼임, 감전 또는 정전기의 대전(帶電)에 의한 위험이 있는 작업 : 안전화

④ 물체가 흩날릴 위험이 있는 작업 : 보안경

⑤ 용접 시 불꽃이나 물체가 흩날릴 위험이 있는 작업 : 보안면

⑥ 감전의 위험이 있는 작업 : 절연용 보호구

⑦ 고열에 의한 화상 등의 위험이 있는 작업 : 방열복

⑧ 선창 등에서 분진(粉塵)이 심하게 발생하는 하역작업 : 방진마스크

⑨ 섭씨 영하 18도 이하인 급냉동어창에서 하는 하역작업 : 방한모·방한복·방한화·방한장갑

⑩ 물건을 운반하거나 수거·배달하기 위하여 이륜자동차 또는 원동기장치 자전거를 운행하는 작업 : 승차용 안전모

⑪ 물건을 운반하거나 수거·배달하기 위하여 자전거 등을 운행하는 작업 : 안전모

## (2) 보호구 구비 조건 ✤

① 사용 목적에 적합해야 한다.
② 착용이 간편해야 한다.
③ 작업에 방해되지 않아야 한다.
④ 품질이 우수해야 한다.
⑤ 구조, 끝마무리가 양호해야 한다.
⑥ 겉모양, 보기가 좋아야 한다.
⑦ 유해, 위험에 대한 방호가 완전할 것
⑧ 금속성 재료는 내식성일 것

## (3) 안전인증 대상 보호구의 종류 ✤✤✤

① 추락 및 감전 위험방지용 안전모  ② 안전화
③ 안전장갑              ④ 방진마스크
⑤ 방독마스크            ⑥ 송기마스크
⑦ 전동식 호흡보호구      ⑧ 보호복
⑨ 안전대
⑩ 차광 및 비산물 위험방지용 보안경
⑪ 용접용 보안면
⑫ 방음용 귀마개 또는 귀덮개

## (4) 자율안전 확인 대상 보호구의 종류 ✤✤✤

① 안전모(안전인증 대상 제외)
② 보안경(안전인증 대상 제외)
③ 보안면(안전인증 대상 제외)

## (5) 안전인증 제품표시의 붙임 ✤✤✤

안전인증제품에는 안전인증 표시 외에 다음 각 목의 사항을 표시한다.

① 형식 또는 모델명
② 규격 또는 등급 등
③ 제조자명
④ 제조번호 및 제조연월
⑤ 안전인증 번호

> 🔎 비교 ★★★
>
> ※ 자율안전 확인제품 표시사항
> ① 형식 또는 모델명
> ② 규격 또는 등급 등
> ③ 제조자명
> ④ 제조번호 및 제조연월
> ⑤ 자율안전확인 번호

## 2 안전인증 대상 보호구의 종류별 특성 및 성능기준, 시험방법

### (1) 추락 및 감전 위험방지용 안전모

1) 안전인증 안전모의 종류(추락, 감전방지용) ✿✿✿

| 종류<br>(기호) | 사 용 구 분 | 비 고 |
|---|---|---|
| AB | 물체의 낙하 또는 비래 및 추락에 의한 위험을 방지 또는 경감시키기 위한 것 | |
| AE | 물체의 낙하 또는 비래에 의한 위험을 방지 또는 경감하고, 머리부위 감전에 의한 위험을 방지하기 위한 것 | 내전압성 |
| ABE | 물체의 낙하 또는 비래 및 추락에 의한 위험을 방지 또는 경감하고, 머리부위 감전에 의한 위험을 방지하기 위한 것 | 내전압성 |
| 내전압성이란 7,000V 이하의 전압에 견디는 것을 말한다. | | |

2) 안전인증 안전모의 성능 시험 종류 및 시험성능기준 ✿✿

🔍비교 ★★

❋ 자율안전 확인 안전모
   성능 시험 종류
① 내관통성 시험
② 충격흡수성 시험
③ 난연성 시험
④ 턱끈풀림 시험

| 항 목 | 시험성능 기준 |
|---|---|
| ① 내관통성 시험 | AE, ABE종 안전모는 관통거리가 9.5mm 이하이고, AB종 안전모는 관통거리가 11.1mm 이하이어야 한다. |
| ② 충격흡수성 시험 | 최고전달충격력이 4,450N을 초과해서는 안되며, 모체와 착장체의 기능이 상실되지 않아야 한다. |
| ③ 내전압성 시험 | AE, ABE종 안전모는 교류 20kV에서 1분간 절연파괴 없이 견뎌야 하고, 이때 누설되는 충전전류는 10mA 이하이어야 한다. |
| ④ 내수성 시험 | AE, ABE종 안전모는 질량증가율이 1% 미만이어야 한다. |
| ⑤ 난연성 시험 | 모체가 불꽃을 내며 5초 이상 연소되지 않아야 한다. |
| ⑥ 턱끈풀림 시험 | 150N 이상 250N 이하에서 턱끈이 풀려야 한다. |

#### 안전모의 내수성 시험 ✿

- AE, ABE종 안전모의 내수성 시험은 시험 안전모의 모체를 20~25℃의 수중에 24시간 담가놓은 후, 대기 중에 꺼내어 마른천 등으로 표면의 수분을 닦아내고 다음 산식으로 질량증가율(%)을 산출한다.

$$질량증가율(\%) = \frac{담근\ 후의\ 질량 - 담그기\ 전의\ 질량}{담그기\ 전의\ 질량} \times 100$$

- AE, ABE종 안전모는 질량증가율이 1% 미만이어야 한다.

(2) 안전화

1) 안전화의 종류 ✪

| 종 류 | 성능구분 |
|---|---|
| 가죽제안전화 | 물체의 낙하, 충격 또는 날카로운 물체에 의한 찔림 위험으로부터 발을 보호하기 위한 것 |
| 고무제안전화 | 물체의 낙하, 충격 또는 날카로운 물체에 의한 찔림 위험으로부터 발을 보호하고 내수성을 겸한 것 |
| 정전기안전화 | 물체의 낙하, 충격 또는 날카로운 물체에 의한 찔림 위험으로부터 발을 보호하고 정전기의 인체대전을 방지하기 위한 것 |
| 발등 안전화 | 물체의 낙하, 충격 또는 날카로운 물체에 의한 찔림 위험으로부터 발 및 발등을 보호하기 위한 것 |
| 절연화 | 물체의 낙하, 충격 또는 날카로운 물체에 의한 찔림 위험으로부터 발을 보호하고 저압의 전기에 의한 감전을 방지하기 위한 것 |
| 절연장화 | 고압에 의한 감전을 방지 및 방수를 겸한 것 |
| 화학물질용 안전화 | 물체의 낙하, 충격 또는 날카로운 물체에 의한 찔림 위험으로부터 발을 보호하고 화학물질로부터 유해위험을 방지하기 위한 것 |

2) 가죽제안전화 성능시험 종류 ✪✪

① 내충격성 시험　　　② 내압박성 시험
③ 내답발성 시험　　　④ 박리저항 시험
⑤ 내유성 시험　　　⑥ 인장강도 시험 및 신장률 시험
⑦ 내부식성 시험　　　⑧ 인열강도 시험
⑨ 은면결렬 시험

(3) 안선상갑

1) 내전압용 절연장갑

① 절연장갑의 등급 ✪

| 등 급 | 최대사용전압 | | 등급별 색상 |
|---|---|---|---|
| | 교류(V, 실효값) | 직류(V) | |
| 00 | 500 | 750 | 길색 |
| 0 | 1,000 | 1,500 | 빨간색 |
| 1 | 7,500 | 11,250 | 흰색 |
| 2 | 17,000 | 25,500 | 노란색 |
| 3 | 26,500 | 39,750 | 녹색 |
| 4 | 36,000 | 54,000 | 등색 |

실력이 되고! 합격이 되는! **특급** 암기법

**교류 × 1.5 = 직류**
공(00)갈 공(0)적 1백 2황 3녹 4등

2) 화학물질용 안전장갑

## (4) 방진마스크

① "분진 등"이란 분진, 미스트 및 흄을 총칭하는 것으로 물리적 작용 및 화학적 반응에 의해 생성된 고체 또는 액체입자를 말한다.

② "**전면형 방진마스크**"란 분진 등으로부터 **안면부 전체(입, 코, 눈)를 덮을 수 있는 구조의 방진마스크**를 말한다.

③ "**반면형 방진마스크**"란 분진 등으로부터 **안면부의 입과 코를 덮을 수 있는 구조의 방진마스크**를 말한다.

### 1) 방진마스크의 등급 ✪✪

| 등 급 | 특 급 | 1 급 | 2 급 |
|---|---|---|---|
| 사용 장소 | • 베릴륨 등과 같이 독성이 강한 물질들을 함유한 분진 등 발생 장소<br>• 석면 취급 장소 | • 특급마스크 착용장소를 제외한 분진 등 발생장소<br>• 금속흄 등과 같이 열적으로 생기는 분진 등 발생장소<br>• 기계적으로 생기는 분진 등 발생장소(규소 등과 같이 2급방진마스크를 착용하여도 무방한 경우는 제외한다) | • 특급 및 1급 마스크 착용장소를 제외한 분진 등 발생장소 |
| | 배기밸브가 없는 안면부여과식 마스크는 특급 및 1급 장소에 사용해서는 안 된다. | | |

### 2) 방진마스크의 형태

| 종 류 | 분리식 | | 안면부여과식 |
|---|---|---|---|
| | 격리식 | 직결식 | |
| 형태 | • 전면형<br>그림 1 참조 | • 전면형<br>그림 2 참조 | • 반면형<br>그림 5 참조 |
| | • 반면형<br>그림 3 참조 | • 반면형<br>그림 4 참조 | |
| 사용조건 | 산소농도 18% 이상인 장소에서 사용하여야 한다. | | |

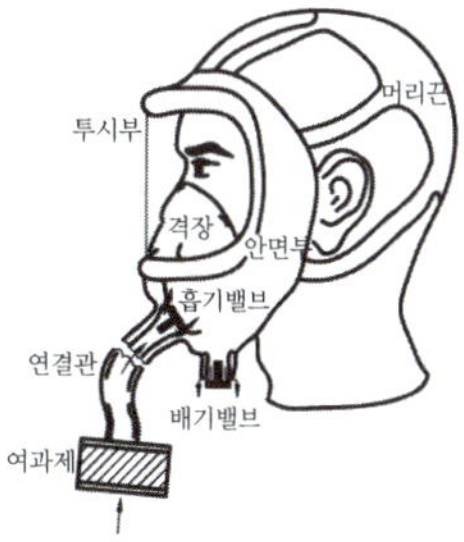


[그림 1] 격리식 전면형

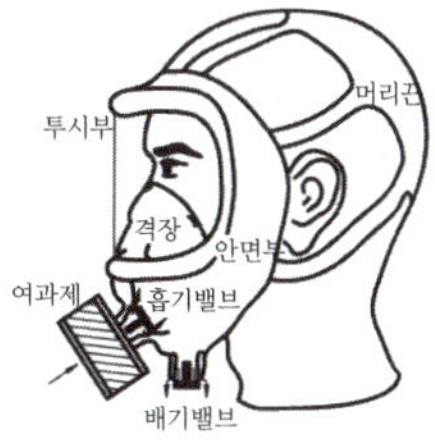


[그림 2] 직결식 전면형

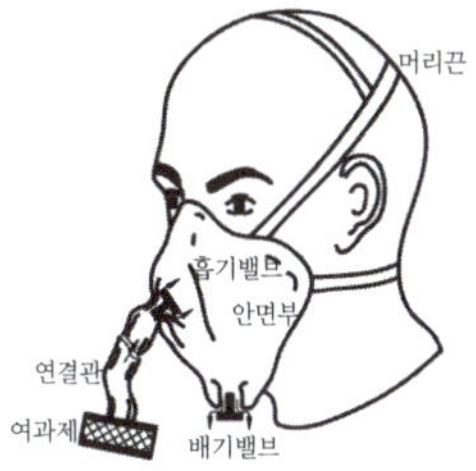


[그림 3] 격리식 반면형

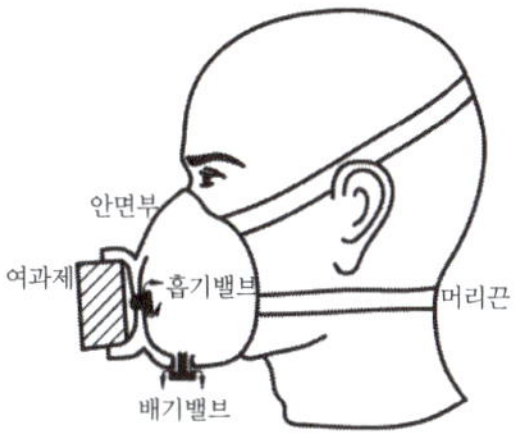


[그림 4] 직결식 반면형

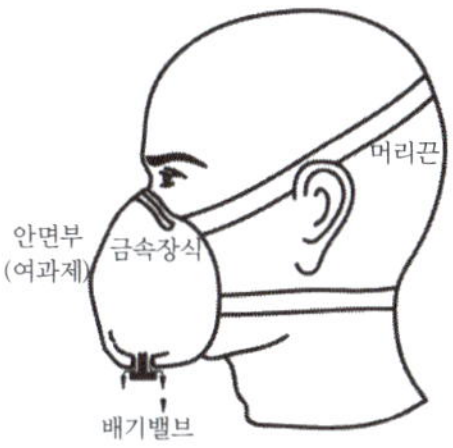


[그림 5] 안면부여과식

3) 방진마스크의 일반구조

① 착용 시 이상한 압박감이나 고통을 주지 않을 것

② 전면형 : 호흡 시에 투시부가 흐려지지 않을 것

③ 분리식 마스크 : 여과재, 흡기밸브, 배기밸브 및 머리끈을 쉽게 교환할 수 있고 착용자 자신이 안면부와의 밀착성 여부를 수시로 확인할 수 있을 것

④ 안면부여과식 : 여과재로 된 안면부가 사용 중 심하게 변형되지 않을 것

⑤ 안면부여과식 : 여과재를 안면에 밀착시킬 수 있을 것

4) 여과재 등 분진 포집효율

| 형대 및 등급 | | 염화나트륨(NaCl) 및 파라핀 오일(Paraffin oil) 시험(%) |
|---|---|---|
| 분리식 | 특 급 | 99.95 이상 |
| | 1 급 | 94.0 이상 |
| | 2 급 | 80.0 이상 |
| 안면부 여과식 | 특 급 | 99.0 이상 |
| | 1 급 | 94.0 이상 |
| | 2 급 | 80.0 이상 |

5) 시야

| 형태 | | 시야(%) | |
| --- | --- | --- | --- |
| | | 유효시야 | 겹침시야 |
| 전면형 | 1 안식 | 70 이상 | 80 이상 |
| | 2 안식 | 70 이상 | 20 이상 |

6) 안면부 내부의 이산화탄소 농도 ✈

| 안면부 내부의 이산화탄소 농도 | 안면부 내부의 이산화탄소 농도가 부피분율 1% 이하일 것 |
| --- | --- |

## (5) 방독마스크

① "파과"란 대응하는 가스에 대하여 **정화통 내부의 흡착제가 포화 상태가 되어 흡착능력을 상실한 상태**를 말한다. ✈

② "파과시간"이란 어느 일정 농도의 유해물질 등을 포함한 공기를 일정 유량으로 정화통에 통과하기 시작부터 파과가 보일 때까지의 시간을 말한다.

③ "파과곡선"이란 파과시간과 유해물질 등에 대한 농도와의 관계를 나타낸 곡선을 말한다.

④ "전면형 방독마스크"란 유해물질 등으로부터 **안면부 전체(입, 코, 눈)를 덮을 수 있는 구조**의 방독마스크를 말한다.

⑤ "반면형 방독마스크"란 유해물질 등으로부터 **안면부의 입과 코를 덮을 수 있는 구조**의 방독마스크를 말한다.

⑥ "복합용 방독마스크"란 2종류 이상의 유해물질 등에 대한 제독 능력이 있는 방독마스크를 말한다. ✈✈

⑦ "겸용 방독마스크"란 방독마스크(복합용 포함)의 성능에 방진마스크의 성능이 포함된 방독마스크를 말한다. ✈✈

## 1) 방독마스크의 종류 ✪✪

| 종 류 | 시험가스 |
|---|---|
| 유기화합물용 | 시클로헥산($C_6H_{12}$)<br>디메틸에테르($CH_3OCH_3$)<br>이소부탄($C_4H_{10}$) |
| 할로겐용 | 염소가스 또는 증기($Cl_2$) |
| 황화수소용 | 황화수소가스($H_2S$) |
| 시안화수소용 | 시안화수소가스($HCN$) |
| 아황산용 | 아황산가스($SO_2$) |
| 암모니아용 | 암모니아가스($NH_3$) |

## 2) 방독마스크의 등급 ✪✪

| 등 급 | 사용 장소 |
|---|---|
| 고농도 | 가스 또는 증기의 농도가 100분의 2(암모니아에 있어서는 100분의 3) 이하의 대기 중에서 사용하는 것 |
| 중농도 | 가스 또는 증기의 농도가 100분의 1(암모니아에 있어서는 100분의 1.5) 이하의 대기 중에서 사용하는 것 |
| 저농도 및 최저농도 | 가스 또는 증기의 농도가 100분의 0.1 이하의 대기 중에서 사용하는 것으로서 긴급용이 아닌 것 |

비고 : 방독마스크는 산소농도가 18% 이상인 장소에서 사용하여야 하고, 고농도와 중농도에서 사용하는 방독마스크는 전면형(격리식, 직결식)을 사용해야 한다.

## 3) 방독마스크의 형태 빛 구소

| 형 태 | | 구 조 |
|---|---|---|
| 격리식 | 전면형 | 정화통, 연결관, 흡기밸브, 안면부, 배기밸브 및 머리끈으로 구성되고, 정화통에 의해 가스 또는 증기를 여과한 청정공기를 연결관을 통하여 흡입하고 배기는 배기밸브를 통하여 외기 중으로 배출하는 것으로 안면부 전체를 덮는 구조 |
| | 반면형 | 정화통, 연결관, 흡기밸브, 안면부, 배기밸브 및 머리끈으로 구성되고, 정화통에 의해 가스 또는 증기를 여과한 청정공기를 연결관을 통하여 흡입하고 배기는 배기밸브를 통하여 외기중으로 배출하는 것으로 코 및 입부분을 덮는 구조 |
| 직결식 | 선면형 | 정화통, 흡기밸브, 안면부, 배기밸브 및 머리끈으로 구성되고, 정화통에 의해 가스 또는 증기를 여과한 청정공기를 흡기밸브를 통하여 흡입하고 배기는 배기밸브를 통하여 외기중으로 배출하는 것으로 정화통이 직접 연결된 상태로 안면부 전체를 덮는 구조 |
| | 반면형 | 정화통, 흡기밸브, 안면부, 배기밸브 및 머리끈으로 구성되고, 정화통에 의해 가스 또는 증기를 여과한 청정공기를 흡기밸브를 통하여 흡입하고 배기는 배기밸브를 통하여 외기중으로 배출하는 것으로 안면부와 정화통이 직접 연결된 상태로 코 및 입부분을 덮는 구조 |

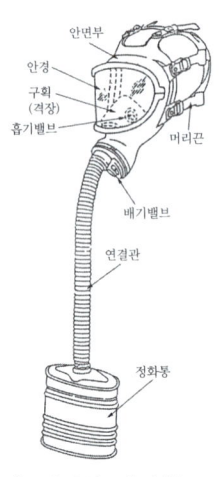

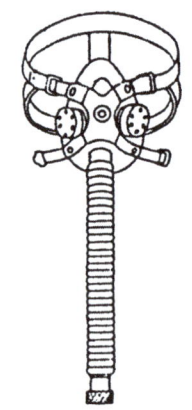

가) 격리식 전면형　　　　　나) 격리식 반면형

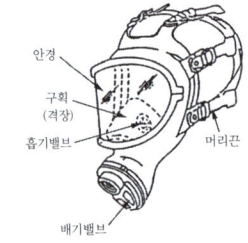

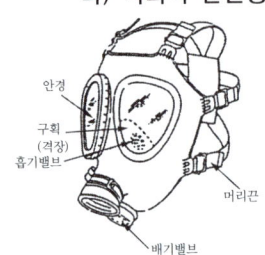

다) 직결식 전면형(1안식)　　라) 직결식 전면형(2안식)

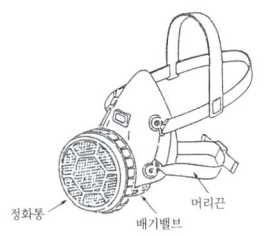

마) 직결식 반면형

4) 시야

| 형 태 | | 시야(%) | |
|---|---|---|---|
| | | 유효시야 | 겹침시야 |
| 전면형 | 1 안식 | 70 이상 | 80 이상 |
| | 2 안식 | | 20 이상 |

5) 안면부내부의 이산화탄소 농도 ✿

| 안면부 내부의 이산화탄소 농도 | 안면부 내부의 이산화탄소 농도가 부피분율 1% 이하일 것 |
|---|---|

6) 안전인증 방독마스크 표시 외에 표시사항 ✄

① 파과곡선도　　　　　　② 사용시간 기록카드
③ 정화통의 외부측면의 표시 색　④ 사용상의 주의사항

7) 흡수제 종류

① 활성탄　　　　　　　② 큐프라 마이트
③ 호프칼 라이트　　　　④ 실리카겔
⑤ 소다라임　　　　　　⑥ 알칼리제재 등

8) 정화통 외부 측면의 표시 색 ✄✄

| 종 류 | 표시 색 |
|---|---|
| 유기화합물용 정화통 | 갈색 |
| 할로겐용 정화통 | 회색 |
| 황화수소용 정화통 | |
| 시안화수소용 정화통 | |
| 아황산용 정화통 | 노란색 |
| 암모니아용 정화통 | 녹색 |
| 복합용 및 겸용의 정화통 | 복합용의 경우 : 해당가스 모두 표시(2층 분리)<br>겸용의 경우 : 백색과 해당가스 모두 표시(2층 분리) |

※ 증기밀도가 낮은 유기화합물 정화통의 경우 색상표시 및 화학물질명 또는 화학기호를 표기

9) 방독마스크의 유효시간 계산 ✄

$$유효시간(파과시간) = \frac{시험가스농도 \times 표준유효시간}{작업장 \ 공기 \ 중 \ 유해가스 \ 농도} \ (분)$$

(6) 송기마스크 : 산소결핍장소(산소농도 18% 미만)에서 착용한다.

1) 송기마스크의 종류 및 등급 ✄

| 종 류 | 등 급 | | 구 분 |
|---|---|---|---|
| 호스<br>마스크 | 폐력 흡인형 | | 안면부 |
| | 송풍기형 | 전동 | 안면부, 페이스실드, 후드 |
| | | 수동 | 안면부 |
| 에어라인<br>마스크 | 일정유량형 | | 안면부, 페이스실드, 후드 |
| | 디맨드형 | | 안면부 |
| | 압력디맨드형 | | 안면부 |
| 복합식<br>에어라인마스크 | 디맨드형 | | 안면부 |
| | 압력디맨드형 | | 안면부 |

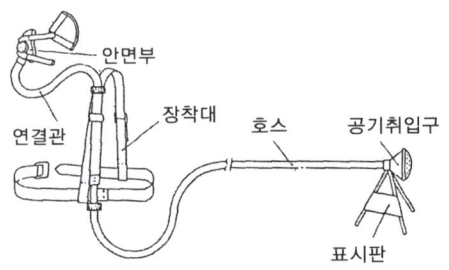

[그림 1] 폐력 흡인형 호스 마스크

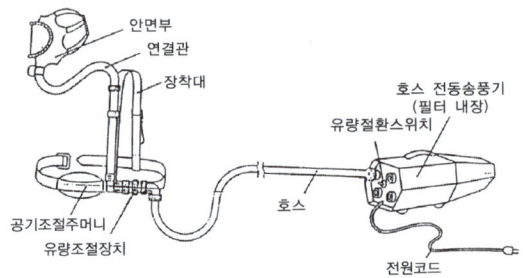

[그림 2] 전동 송풍기형 호스 마스크

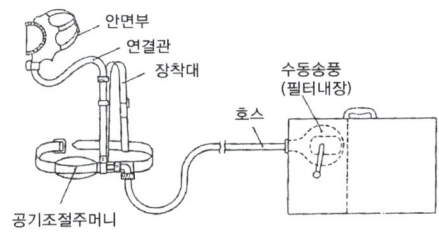

[그림 3] 수동 송풍기형 호스 마스크

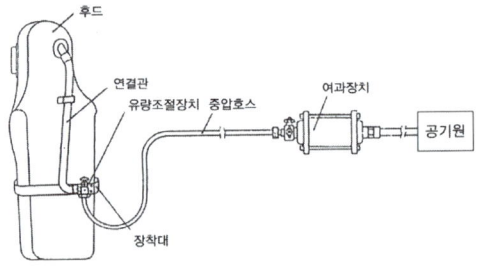

[그림 4] 일정유량형 에어라인 마스크

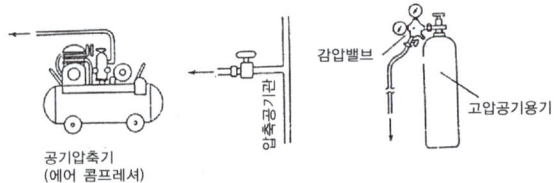

[그림 5] AL 마스크용 공기원의 종류

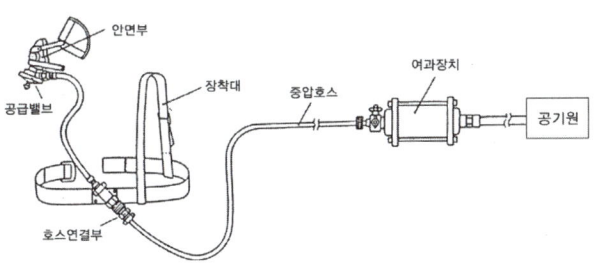

[그림 6] 디맨드형 에어라인 마스크

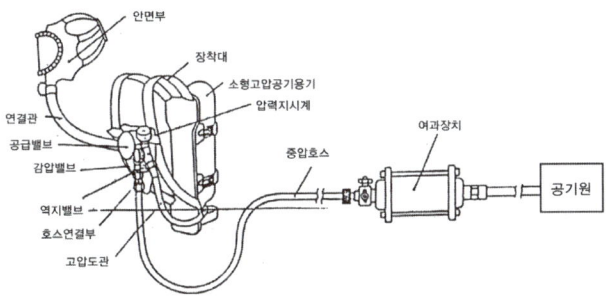

[그림 7] 복합식 에어라인 마스크

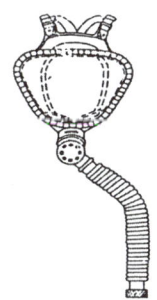

[그림 8] 전면형 안면부

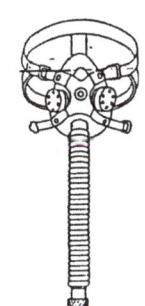

[그림 9] 반면형 안면

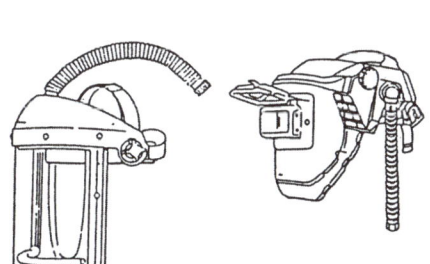

[그림 10] 페이스 실드

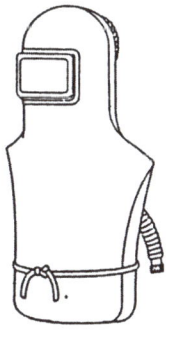

[그림 11] 후 드

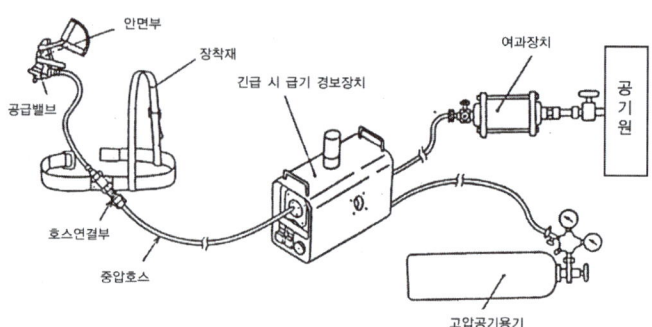

[그림 12] 긴급 시 급기 경보장치

2) 송풍기형 호스 마스크의 분진 포집효율

| 등급 | 전동 | 수동 |
|---|---|---|
| 효율(%) | 99.8 이상 | 95.0 이상 |

(7) 전동식 호흡보호구

① "전동식보호구"란 사용자의 몸에 전동기를 착용한 상태에서 전동기 작동에 의해 여과된 공기가 호흡호스를 통하여 안면부에 공급하는 형태의 전동식보호구를 말한다.

② "겸용"이란 방독마스크(복합용 포함) 및 방진마스크의 성능이 포함된 전동식보호구를 말한다.

③ "복합용"이란 2종류 이상의 유해물질에 대한 제독능력이 있는 전동식보호구를 말한다.

④ "전동식 후드"란 안면부 전체를 덮는 형태로 머리·안면부·목·어깨 부분까지 보호할 수 있는 구조의 전동식 후드를 말한다.

⑤ "전동식 보안면"이란 안면부를 덮는 형태로 머리 및 안면부를 보호할 수 있는 구조의 전동식 보안면을 말한다.

1) 전동식 호흡보호구의 분류

| 분류 | 사용 구분 |
|---|---|
| 전동식 방진마스크 | 분진 등이 호흡기를 통하여 체내에 유입되는 것을 방지하기 위하여 고효율 여과재를 전동장치에 부착하여 사용하는 것 |
| 전동식 방독마스크 | 유해물질 및 분진 등이 호흡기를 통하여 체내에 유입되는 것을 방지하기 위하여 고효율 정화통 및 여과재를 전동장치에 부착하여 사용하는 것 |
| 전동식 후드 및 전동식보안면 | 유해물질 및 분진 등이 호흡기를 통하여 체내에 유입되는 것을 방지하기 위하여 고효율 정화통 및 여과재를 전동장치에 부착하여 사용함과 동시에 머리, 안면부, 목, 어깨부분까지 보호하기 위해 사용하는 것 |

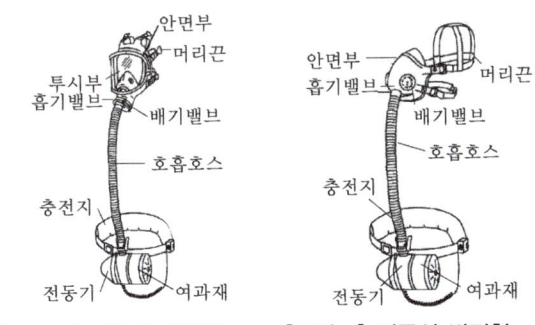

[그림 1] 전동식 전면형　　[그림 2] 전동식 반면형

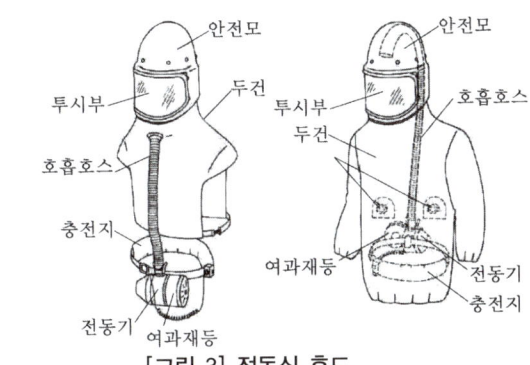

[그림 3] 전동식 후드

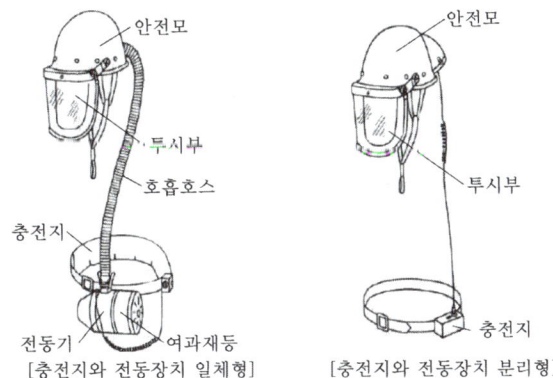

[충전지와 전동장치 일체형]　　[충전지와 전동장치 분리형]

[그림 4] 전동식 보안면

## (8) 보호복

### 1) 방열복

① "내열원단"이란 내열섬유에 유연접착제를 바르고 알루미늄이 증착된 필름을 접착시켜 주름이 생기지 않도록 한 원단을 말한다.

② "방열상의"란 내열원단으로 제조되어 상체에 입는 옷을 말한다.

③ "방열하의"란 내열원단으로 제조되어 하체에 입는 옷을 말한다.

④ "방열일체복"이란 방열 상·하의가 단일하게 연결되어 있는 옷을 말한다.

⑤ "방열장갑"이란 내열원단으로 제조되어 손에 끼는 장갑을 말한다.

⑥ "방열두건"이란 내열원단으로 제조되어 안전모와 안면렌즈가 일체형으로 부착되어 있는 형태의 두건을 말한다.

㉠ 방열복의 종류 ✪

| 종류 | 착용 부위 |
|---|---|
| 방열상의 | 상 체 |
| 방열하의 | 하 체 |
| 방열일체복 | 몸체(상·하체) |
| 방열장갑 | 손 |
| 방열두건 | 머 리 |

방열상의

방열일체복

방열장갑

방열두건

방열하의

㉡ 방열복의 질량 ✪

| 종류 | 방열상의 | 방열하의 | 방열일체복 | 방열장갑 | 방열두건 |
|---|---|---|---|---|---|
| 질량(단위 : kg) | 3.0 | 2.0 | 4.3 | 0.5 | 2.0 |

2) 화학물질용 보호복

① 화학물질 : 제조 등이 금지되는 유해물질, 허가 대상 유해물질 및 관리대상 유해물질을 말한다.

② 화학물질용 보호복 : 화학물질이 피부를 통하여 인체에 흡수되는 것을 방지하기 위한 것으로서 신체의 전부 또는 일부를 보호하기 위한 옷을 말한다.

| 종류 | 형식 | 형식구분 기준 |
|---|---|---|
| 전신 보호복 | 액체방호형 (3형식) | 보호복의 재료, 솔기 및 접합부가 화학물질의 분사에 대한 보호성능을 갖는 구조 |
| | 분무방호형 (4형식) | 보호복의 재료, 솔기 및 접합부가 화학물질의 분무에 대한 보호성능을 갖는 구조 |
| 부분 보호복 | 액체방호형 (3형식) | 화학물질로부터 신체의 특정한 부분을 보호하는 것으로 재료, 솔기가 화학물질의 분사에 대한 보호성능을 갖는 구조 |

[화학물질 보호성능 표시]

### (9) 안전대

① "안전그네"란 신체지지의 목적으로 전신에 착용하는 띠 모양의 것으로서 상체 등 신체 일부분만 지지하는 것은 제외한다. ✄

② "추락방지대"란 신체의 추락을 방지하기 위해 자동잠김 장치를 갖추고 죔줄과 수직구명줄에 연결된 금속장치를 말한다.

③ "안전블록"이란 안전그네와 연결하여 추락발생시 추락을 억제할 수 있는 자동잠김장치가 갖추어져 있고 죔줄이 자동적으로 수축되는 장치를 말한다. ✄

④ "U자걸이"란 안전대의 죔줄을 구조물 등에 U자모양으로 돌린 뒤 훅 또는 카라비너를 D링에, 신축조절기를 각링 등에 연결하는 걸이 방법을 말한다. ✄

⑤ "1개걸이"란 죔줄의 한쪽 끝을 D링에 고정시키고 훅 또는 카라비너를 구조물 또는 구명줄에 고정시키는 걸이 방법을 말한다. ✄

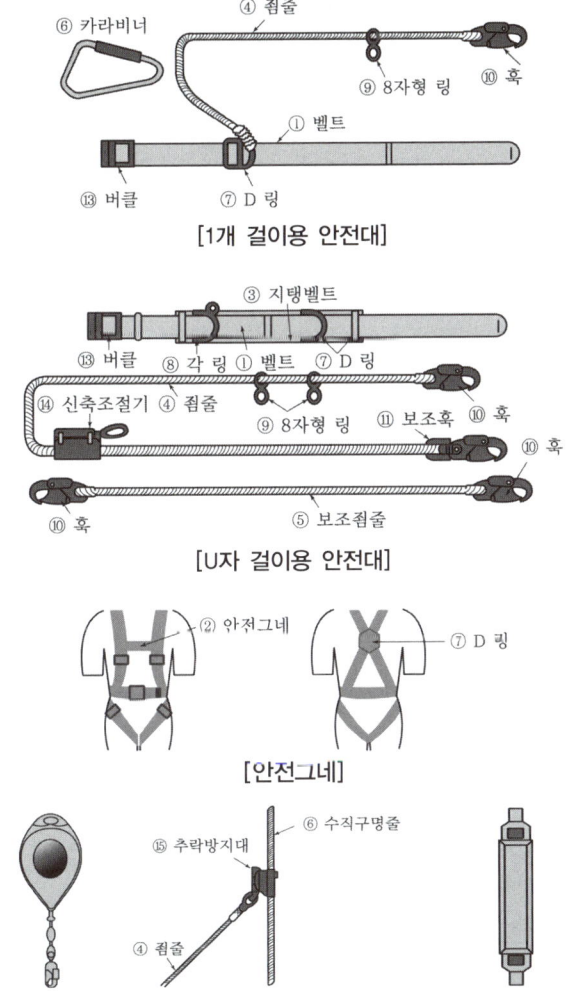

1) 안전대의 종류 ✦✦✦

| 종 류 | 사용 구분 |
|---|---|
| 벨트식 | 1개 걸이용 |
| | U자 걸이용 |
| 안전그네식 | 추락방지대 |
| | 안전블록 |

2) 안전블록이 부착된 안전대의 구조 ✦

① 안전블록을 부착하여 사용하는 안전대는 신체지지의 방법으로 안전그네만을 사용할 것
② 안전블록은 정격 사용 길이가 명시될 것
③ 안전블록의 줄은 합성섬유로프, 웨빙(webbing), 와이어로프이어야 하며, 와이어로프인 경우 최소 지름이 4mm 이상일 것

3) 추락방지대가 부착된 안전대의 구조

① 추락방지대를 부착하여 사용하는 안전대는 신체지지의 방법으로 안전그네만을 사용하여야 하며 수직구명줄이 포함될 것
② 수직구명줄에서 걸이설비와의 연결부위는 훅 또는 카라비너 등이 장착되어 걸이설비와 확실히 연결될 것
③ 유연한 수직구명줄은 합성섬유로프 또는 와이어로프 등이어야 하며 구명줄이 고정되지 않아 흔들림에 의한 추락방지대의 오작동을 막기 위하여 적절한 긴 장수단을 이용, 팽팽히 당겨질 것
④ 죔줄은 합성섬유로프, 웨빙, 와이어로프 등일 것
⑤ 고정된 추락방지대의 수직구명줄은 와이어로프 등으로 하며 최소 지름이 8mm 이상일 것
⑥ 고정 와이어로프에는 하단부에 무게추가 부착되어 있을 것

(10) 차광보안경

① "필터렌즈(플레이트)"란 유해광선을 차단하는 원형 또는 변형모양의 렌즈(플레이트)를 말한다.
② "커버렌즈(플레이트)"란 분진, 칩, 액체약품 등 비산물로부터 눈을 보호하기 위해 사용하는 렌즈(플레이트)를 말한다.

1) 사용 구분에 따른 차광보안경의 종류 ✦ (안전 인증대상)

| 종류 | 사용구분 |
|---|---|
| 자외선용 | 자외선이 발생하는 장소 |
| 적외선용 | 적외선이 발생하는 장소 |
| 복합용 | 자외선 및 적외선이 발생하는 장소 |
| 용접용 | 산소용접작업 등과 같이 자외선, 적외선 및 강렬한 가시광선이 발생하는 장소 |

## 2) 차광보안경의 표시사항

| 추가표시 | 안전인증 차광보안경에는 안전인증의 표시 외에 차광도번호, 굴절력성능수준 등의 내용을 추가로 표시해야 한다. |
|---|---|

## 3) 차광보안경의 성능시험

| 차광보안경 성능시험 종류 | |
|---|---|
| ① 시야범위시험 | ② 표면검사 |
| ③ 내노후성시험 | ④ 내충격성시험 |
| ⑤ 각주굴절력시험 | ⑥ 구면굴절력, 난시굴절력시험 |
| ⑦ 차광능력시험 | ⑧ 시감투과율차이 시험 |
| ⑨ 내식성시험 | ⑩ 내발화성시험 |

## (11) 용접용 보안면

① "용접용 보안면(이하 "보안면"이라 한다)"이란 용접작업 시 머리와 안면을 보호하기 위한 것으로 통상적으로 지지대를 이용하여 고정하며 적합한 필터를 통해서 눈과 안면을 보호하는 보호구이다.

② "차광속도"란 자동용접필터에서 용접아크 발생시 낮은 수준의 차광도에서 높은 수준의 차광도로 전환되는 시간을 말한다.

## 1) 용접용 보안면의 형태

| 형 태 | 구 조 |
|---|---|
| 헬멧형 | 안전모나 착용자의 머리에 지지대나 헤드밴드 등을 이용하여 적정 위치에 고정, 사용하는 형태(자동용접필터형, 일반용접필터형) |
| 핸드실드형 | 손에 들고 이용하는 보안면으로 적절한 필터를 장착하여 눈 및 안면을 보호하는 형태 |

## 2) 용접용 보안면의 종류

| 종류 | 용접필터의 자동변화 유무에 따라 자동용접필터형과 일반용접 필터형으로 구분한다. |
|---|---|

## 3) 용접용 보안면의 투과율

| 투과율 | 커버플레이트 | 89% 이상 |
|---|---|---|
| | 자동용접필터 | 낮은 수준의 최소시감투과율 0.16% 이상 |

┌문제┐
안전표지의 구성요소에 해당되지 않는 것은?
㉮ 모양    ㉯ 색깔
㉰ 내용    ㉱ 크기

[해설]
안전표지의 구성요소
① 모양  ② 색깔  ③ 내용
정답 ㉱

┌문제┐
산업안전표지 중 안내표지(녹색)의 사용 예에 해당되는 것은?
㉮ 사실의 고지 및 특정 행위의 지시
㉯ 비상구 및 차량의 통행표시
㉰ 유해 행위의 금지
㉱ 기계 방호물

[해설]
㉮ 사실의 고지 및 특정 행위의 지시 → 지시표지(파랑)
㉰ 유해 행위의 금지 → 금지표지(빨강)
㉱ 기계 방호물 → 경고표지(노랑)
정답 ㉯

## (12) 방음용 귀마개 또는 귀덮개

① "방음용 귀마개(ear-plugs)"란 외이도에 삽입 또는 외이 내부·외이도 입구에 반 삽입함으로써 차음 효과를 나타내는 일회용 또는 재사용 가능한 방음용 귀마개를 말한다.

② "방음용 귀덮개(ear-muff)"란 양쪽 귀 전체를 덮을 수 있는 컵(머리띠 또는 안전모에 부착된 부품을 사용하여 머리에 압착 될 수 있는 것)을 말한다.

[방음용 귀마개 또는 귀덮개의 종류·등급 ✦]

| 종류 | 등급 | 기호 | 성능 |
|------|------|------|------|
| 귀마개 | 1종 | EP-1 | 저음부터 고음까지 차음하는 것 |
| | 2종 | EP-2 | 주로 고음을 차음하고 저음(회화음영역)은 차음하지 않는 것 |
| 귀덮개 | – | EM | |

비고 : 귀마개의 경우 재사용 여부를 제조특성으로 표기

## ③ 안전보건표지의 종류, 용도 및 적용

### (1) 안전보건표지의 색채, 색도기준 및 용도 ✦✦✦

| 색채 | 색도기준 | 용도 | 사용례 |
|------|----------|------|--------|
| 빨간색 | 7.5R 4/14 | 금지 | 정지신호, 소화설비 및 그 장소, 유해행위의 금지 |
| | | 경고 | 화학물질 취급장소에서의 유해·위험경고 |
| 노란색 | 5Y 8.5/12 | 경고 | 화학물질 취급장소에서의 유해·위험경고 이외의 위험경고, 주의표지 또는 기계방호물 |
| 파란색 | 2.5PB 4/10 | 지시 | 특정 행위의 지시 및 사실의 고지 |
| 녹색 | 2.5G 4/10 | 안내 | 비상구 및 피난소, 사람 또는 차량의 통행표지 |
| 흰색 | N9.5 | | 파란색 또는 녹색에 대한 보조색 |
| 검은색 | N0.5 | | 문자 및 빨간색 또는 노란색에 대한 보조색 |

🐜참고  **색도기준의 표시방법**

7.5R 4/14에서 7.5R → 색상, 4 → 명도, 14 → 채도를 나타낸다.

## (2) 안전보건표지의 종류 및 형태(제6조제 1항 관련) ✖✖✖

| 1. 금지 표지 | 101 출입금지 | 102 보행금지 | 103 차량통행금지 | 104 사용금지 |
|---|---|---|---|---|
| | 105 탑승금지 | 106 금연 | 107 화기금지 | 108 물체이동금지 |

| 2. 경고 표지 | 201 인화성물질 경고 | 202 산화성물질 경고 | 203 폭발성물질 경고 | 204 급성독성물질 경고 | 205 부식성물질 경고 |
|---|---|---|---|---|---|
| | 206 방사성물질 경고 | 207 고압전기 경고 | 208 매달린 물체 경고 | 209 낙하물 경고 | 210 고온 경고 |
| | 211 저온 경고 | 212 몸균형 상실 경고 | 213 레이저광선 경고 | 214 발암성·변이원성·생식독성·전신독성·호흡기과민성물질 경고 | 215 위험장소 경고 |

| 3. 지시 표지 | 301 보안경 착용 | 302 방독마스크 착용 | 303 방진마스크 착용 | 304 보안면 착용 | 305 안전모 착용 |
|---|---|---|---|---|---|
| | 306 귀마개 착용 | 307 안전화 착용 | 308 안전장갑 착용 | 309 안전복 착용 | |

📑참고

＊ 금지표지
  1. 출입금지
  2. 보행금지
  3. 차량통행금지
  4. 사용금지
  5. 탑승금지
  6. 금연
  7. 화기금지
  8. 물체이동금지

＊ 경고표지
  1. 인화성물질 경고
  2. 산화성물질 경고
  3. 폭발성물질 경고
  4. 급성독성물질 경고
  5. 부식성물질 경고
  6. 발암성·변이원성·
     생식독성·전신독성
     ·호흡기과민성물질
     경고
  7. 방사성물질 경고
  8. 고압전기 경고
  9. 매달린물체 경고
  10. 낙하물 경고
  11. 고온 경고
  12. 저온 경고
  13. 몸균형 상실 경고
  14. 레이저광선 경고
  15. 위험장소 경고

＊ 지시표지
  1. 보안경 착용
  2. 방독마스크 착용
  3. 방진마스크 착용
  4. 보안면 착용
  5. 안전모 착용
  6. 귀마개 착용
  7. 안전화 착용
  8. 안전장갑 착용
  9. 안전복 착용

🔍실기기출 ★

* 산업안전보건법 상의 안
  전보건표지 중 '관계자
  외 출입금지' 표지의 하
  단에 포함되어야 하는
  문자 2가지
  ① 보호구/보호복 착용
  ② 흡연 및 음식물 섭취
     금지

| 4. 안내표지 | 401<br>녹십자표지 | 402<br>응급구호표지 | 403<br>들것 | 404<br>세안장치 |
|---|---|---|---|---|
| | | | | |
| | 405<br>비상용기구 | 406<br>비상구 | 407<br>좌측비상구 | 408<br>우측비상구 |
| | | | | |

| 5. 관계자외 출입금지 | 501<br>허가대상물질 작업장 | 502<br>석면취급/해체<br>작업장 | 503<br>금지대상물질의<br>취급 실험실 등 |
|---|---|---|---|
| | **관계자외 출입금지**<br>(허가물질 명칭) 제조/사용/보관 중<br>보호구/보호복 착용<br>흡연 및 음식물<br>섭취 금지 | **관계자외 출입금지**<br>석면 취급/해체 중<br>보호구/보호복 착용<br>흡연 및 음식물<br>섭취 금지 | **관계자외 출입금지**<br>발암물질 취급 중<br>보호구/보호복 착용<br>흡연 및 음식물<br>섭취 금지 |

## (3) 안전·보건표지의 형태 및 색채 ✿✿✿

| 분류 | 형태 | 색채 |
|---|---|---|
| 금지표지 | | • 바탕 : 흰색<br>• 기본모형 : 빨간색<br>• 관련 부호 및 그림 : 검은색 |
| 경고표지 | | • 바탕 : 무색<br>• 기본모형 : 빨간색(검은색도 가능) |
| | | • 바탕 : 노란색<br>• 기본모형, 관련 부호, 그림 : 검은색 |
| 지시표지 | | • 바탕 : 파란색<br>• 관련 그림 : 흰색 |
| 안내표지 | | • 바탕 : 흰색<br>• 기본모형, 관련 부호 : 녹색 |
| | | • 바탕 : 녹색<br>• 관련 부호 및 그림 : 흰색 |
| 출입금지표지 | | • 바탕 : 흰색<br>• 글자 : 검은색<br>• 다음 글자는 빨간색<br>  – ○○○ 제조 / 사용 / 보관 중<br>  – 석면 취급 / 해체 중<br>  – 발암물질 취급 중 |

# CHAPTER 03 산업안전심리

## 01 산업심리와 심리검사

📍 주/요/내/용 알/고/가/기

1. 인간의 특성
2. 산업안전심리 5요소
3. 착각현상
4. 착시현상

### 1 산업심리와 심리검사

**[직무 스트레스의 내·외적 요인]**

| 내적 요인 | 외적 요인 |
|---|---|
| • 자존심의 손상 | • 경제적 빈곤 |
| • 업무상의 죄책감 | • 가족관계의 갈등 심화 |
| • 현실에서의 부적응 | • 직장에서의 대인 관계상의 갈등과 대립 |
| • 지나친 경쟁심과 재물에 대한 욕심 | • 가족의 죽음, 질병 |
| • 가족 간의 대화 단절 및 의견 불일치 | • 자신의 건강문제 |
| • 출세욕의 좌절감과 자만심의 상충 | |

**[산업심리에서 사고 요인]**

| 정신적 요소 | 개성적 결함 |
|---|---|
| • 방심과 공상 | • 과도한 자존심과 자만심 |
| • 판단력의 부족 | • 사치와 허영심 |
| • 주의력의 부족 | • 도전적 성격과 다혈질 |
| • 안전지식의 부족 | • 인내력 부족 |
| | • 고집과 과도한 집착력 |
| | • 나약한 마음 |
| | • 태만·경솔성 |
| | • 배타성과 이질성 |

### 2 직업적성과 배치

#### (1) 적성검사의 분류 및 특성

① 신체검사(체격검사)
② 생리적기능검사
- 감각기능검사
- 심폐기능검사
- 체력검사

---

🔍 **합격**의 **Key**

🔑 **용어정의**

✳ **산업심리학**
사람을 적재적소에 배치할 수 있는 과학적 판단과 배치된 사람이 만족하게 자기 책무를 다할 수 있는 여건을 만들어 주는 방법을 연구하는 학문이다.

📄 **문제**

다음 심리검사의 종류 중 계산에 의한 검사와 거리가 먼 것은?

㉮ 수학응용검사
㉯ 계산검사
㉰ 공구판단검사
㉱ 기록검사

[해설]
공구판단검사는 특정 공구를 이용한 검사법으로 계산에 의한 검사가 아니다.

**정답** ㉰

📌 **참고**

✳ **적성검사**
특수한 분야의 직무를 수행할 수 있는 잠재적 능력을 평가하는 시험을 말한다.

📂 **기출**

✳ **적성발견 방법**
① 자기 이해
② 계발적 경험
③ 적성검사

✳ **기계적 적성과 사무적 적성**

| 기계적 적성 | 사무적 적성 |
|---|---|
| • 손과 팔의 솜씨 | |
| • 기계적 이해 | • 지각의 정확도 |
| • 공간의 시각화 | |

③ 심리학적검사
 • 지능검사              • 지각동작검사
 • 인성검사              • 기능검사

## (2) 직무분석 방법

① **면접법**
직무를 실제 수행하는 **종업원과 직접 대면하여 직무정보를 얻는**
**방법**이다.

② **질문지법**
**질문지를 통해 직무정보를 얻는 방법**이다.

③ **직접관찰법**
**직무수행중인 종업원의 행동을 관찰**하여 직무를 판단하는 방법이다.

④ **일지작성법**
직무수행자가 매일 작성하는 **업무일지로 해당직무의 정보를 수집**
하는 방법이다.

⑤ **결정 사건 기법**
 • **직무행동 가운데 중요한, 혹은 가치있는 면에 대한 정보를 수집**
   하는 방법으로 직무수행과 성과간의 관계를 직접적으로 파악할
   수 있다.
 • **성공적이지 못한 근로자와 성공적인 근로자를 구별해 내는 행동**
   **을 밝히는 목적으로 사용된다.** ✈

⑥ **워크샘플링법**
관찰법을 개발한 것으로 전체작업 과정동안 무작위로 많은 관찰을
행하여 직무행동에 관한 정보를 얻는 방법이다.

⑦ **혼합법**
2가지 이상의 방법을 혼합하여 사용하는 것으로 흔히 질문지법과
면접법을 혼용하여 사용한다.

## (3) 인사관리의 중요 기능 ✈

① 조직과 리더십              ② 선발(시험 및 적성검사)
③ 배치                      ④ 작업 분석
⑤ 업무 평가                 ⑥ 상담 및 노사 간의 이해

## (4) 적성배치의 원칙

① **적성검사를 실시하여 개인의 능력을 평가**한다.
② **직무 평가를 통하여 자격수준을 정한다.**
③ **주관적인 감정요소를 배제**한다.
④ **인사관리의 기준 원칙에 준한다.**
⑤ 직무에 영향을 줄 수 있는 환경적 요소를 검토한다.

## 3 인간의 특성과 안전과의 관계

### (1) 인간의 특성

① 간결성의 원리 ✄ : **최소에너지에 의해 목적에 달성하려는 경향**을 말하며, 생략행위를 유발하는 심리적 요인에 해당한다.

> **비교합시다!** **생략행위**
>
> 작업현장에서 소정의 작업용구를 사용하지 않고 근처의 용구를 사용해서 임시 변통하는 인간심리 결함행위 ✄

② 주의의 일점집중현상 ✄ : 인간은 **위급한 상황 시 가장 중요한 일에만 집중**한다.

③ 감각차단현상 : 단조로운 업무가 장시간 지속될 때 감각기능 및 판단 능력이 둔화 또는 마비되는 현상

④ 순간적인 대피방향 : 좌측

⑤ 동조행동 : 집단 규범·관습이나 **다른 사람의 반응에 일치하도록 행동**하는 양식을 말한다.

⑥ Risk Taking(위험감수) : **객관적인 위험을** 자기 나름대로 판단해서 의지·결정하고 **행동에 옮기는 것**

### (2) 산업안전심리 5요소

① 동기(motive) : 동기는 능동적인 감각에 의한 자극에서 일어나는 사고의 결과로서 사람의 마음을 움직이는 원동력이다.

② 기질(temper) : 인간의 성격, 능력 등 개인적인 특성을 말하는 것으로 성장 시의 생활환경에서 영향을 받으며 특히 여러 사람과의 접촉 및 주위 환경에 따라 달라진다.

③ 감정(emotion) : 감징이런 지각, 사고 등과 같이 대상의 성질을 아는 작용이 아니고 희로애락 등의 의식을 말한다. 사람의 감정은 안전과 밀접한 관계를 가지고 사고를 일으키는 정신적 동기를 만든다.

④ 습성(habits) : 동기, 기질, 감정 등이 밀접한 연관관계를 형성하여 인간의 행동에 영향을 미칠 수 있도록 하는 것을 말한다.

⑤ 습관(custom) : 성장과정을 통해 형성된 특성 등이 자신도 모르게 습관화 된 현상을 말하며 습관에 영향을 미치는 요소로는 동기, 기질, 감정, 습성 등이 있다.

**문제**

적성 배치에 있어서 고려되어야 할 기본 사항에 해당되지 않는 것은?

㉮ 적성 검사를 실시하여 개인의 능력을 파악한다.
㉯ 직무 평가를 통하여 자격수준을 정한다.
㉰ 주관적인 감정요소에 따른다.
㉱ 인사관리의 기준원칙을 고수한다.

[해설]
㉰ 주관적인 감정요소를 배제한다.

**정답** ㉰

**문제**

적성 배치에 필요한 인간 능력의 측정은 정신 능력과 신체적 능력이 있다. 다음 중 정신능력의 주요 분석 단계에 해당되지 않는 것은?

㉮ 언어이해
㉯ 지각속도
㉰ 반응속도
㉱ 공간 시각화

[해설]
㉰ 반응속도는 신체적 능력에 해당한다.

**정답** ㉰

**기출** ★
* 안전심리 5대 요소
동기, 기질, 습성, 습관, 감정이며 안전심리에서 가장 중요한 요소는 개성과 사고력이다.

**문제**

작업현상에서 소징의 작업용구를 사용하지 않고 근처의 용구를 사용해서 임시 변통하는 인간심리 결함행위에 해당하는 것은?

㉮ 무의식적 행동
㉯ 지름길 반응
㉰ 억측 판단
㉱ 생략 행위

[해설]
소정의 작업용구를 사용하지 않고 근처의 용구를 사용 → 필요한 공구를 사용하지 않았으므로 생략행위이다.

**정답** ㉱

## (3) 레윈(K. Lewin)의 법칙

**인간의 행동은 개체의 자질과 심리적 환경의 함수관계이다.**

| 레윈의 법칙 ✿✿ |
|---|
| $$B = f(P \cdot E)$$ |
| 여기서, B : Behavior(인간의 행동)<br>f : function(함수관계)<br>P : Person(개체 : 연령, 경험, 심신상태, 성격, 지능 등)<br>E : Environment(심리적 환경 : 인간관계, 작업환경 등) |

🔍 **용어정의**

\* 착각현상
대상이 특수한 조건하에서 통상의 경우와는 달리 지각되는 현상.

## 4 착각, 착시, 착오현상

### (1) 인간 의식의 공통적 경향 ✿

① 의식은 현상의 대응력에 한계가 있다.

② 의식은 그 초점에서 멀어질수록 희미해진다.

③ 당면한 문제에 의식의 초점이 합치되지 않고 있을 때는 대응력이 저감된다.

④ 인간의 의식은 중단되는 경향이 있다.

⑤ 인간의 의식은 파동한다.

   (극도의 긴장을 유지할 수 있는 시간은 불과 수 초라고 하며 긴장 후에는 반드시 이완한다)

🔟 **기출**

\* 착각의 매커니즘
① 위치착오
② 순서착오
③ 패턴착오
④ 형상착오
⑤ 기억오류

🔍 **용어정의**

\* 착시현상
정상적인 시력을 가지고도 물체를 정확하게 볼 수 없는 현상을 말한다.

### (2) 인간의 착오 요인 ✿

| | |
|---|---|
| 인지과정 착오의 요인 | • 정보량 저장의 한계<br>• 감각 차단 현상<br>• 정서적 불안정<br>• 생리, 심리적 능력의 한계(정보 수용 능력의 한계) |
| 판단과정 착오 요인 | • 자기 합리화<br>• 능력 부족<br>• 정보 부족<br>• 자기과신 |
| 조작과정의 착오 요인 | • 작업자의 기능 미숙(기술 부족)<br>• 작업경험 부족<br>• 피로 |
| 심리적, 기타 요인 | • 불안·공포·과로·수면부족 등 |

### (3) 착각현상 ✦

| | |
|---|---|
| 가현 운동(β 운동) | 정지하고 있는 대상물이 급속히 나타나던가 소멸하는 것으로 인하여 일어나는 운동으로 마치 대상물이 운동하는 것처럼 인식되는 현상을 말한다.<br>예 영화의 영상 |
| 유도 운동 | 움직이지 않는 것이 움직이는 것처럼 느껴지는 현상<br>예 상행선 열차를 타고 가며 정지하고 있는 하행선열차를 보면 마치 하행선 열차가 움직이는 것처럼 느껴지는 현상 |
| 자동 운동 | • 암실에서 정지된 소광점 응시하면 광점이 움직이는 것처럼 보이는 현상<br>• 안구의 불규칙한 운동 때문에 생기는 현상이다.<br><br>**자동 운동이 잘 발생되는 조건**<br>• 광점이 작을 것<br>• 시야의 다른 부분이 어두울 것<br>• 대상이 단순할 것<br>• 빛의 강도가 작을 것 |

### (4) 착시현상 ✦

| | |
|---|---|
| Müller Lyer의 착시 | <br>(a)　　　　　(b)<br>(a)가 (b)보다 길게 보인다. (실제 a=b) |
| Helmholz의 착시 | <br>(a)　　　　　(b)<br>(a)는 세로로 길어 보이고, (b)는 가로로 길어 보인다. |
| Herling의 착시 | <br>(a)　　　　　(b)<br>(a)는 양단이 벌어져 보이고, (b)는 중앙이 벌어져 보인다. |

┌문제┐

다음 중 착오 요인과 관계가 먼 것은?

㉮ 동기부여의 부족
㉯ 정보 부족
㉰ 정서적 불안정
㉱ 자기합리화

정답 ㉮

┌문제┐

인간과오에서 "의지적 제어가 되지 않는다.", "결정을 잘못한다." 등은 다음 어느 것에 해당되는가?

㉮ 동작조작 미스
㉯ 기억판단 미스
㉰ 인지확인 미스
㉱ 사람과 환경 조건의 영향

[해설]
"의지적 제어가 되지 않는다.", "결정을 잘못한다."는 올바른 판단을 내리지 못하는 것으로 기억판단 미스에 해당된다.

정답 ㉯

| | |
|---|---|
| Köhler의 착시 | 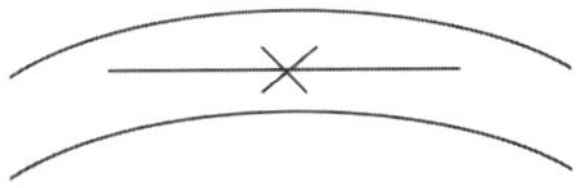 우선 평행의 호(弧)를 보고 이어 직선을 본 경우에는 직선은 호와의 반대 방향으로 보인다. |
| Poggendorf의 착시 | 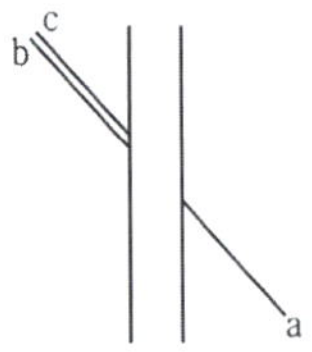 (a)와 (b)가 실제 일직선상에 있으나 (a)와 (c)가 일직선으로 보인다. |
| Zöller의 착시 | 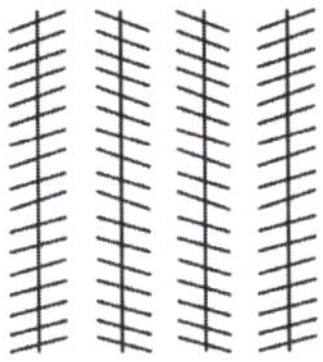 세로의 선이 수직선인데 굽어보인다. |
| 기타의 착시현상 | 동심원의 착시<br><br>(a) (b)<br>(a) 중심의 원이 (b) 중심의 원보다 크게 보인다.<br><br>좌변의 절선이 꺾여 굽어보인다.<br><br>평행선을 잘못 본다. |

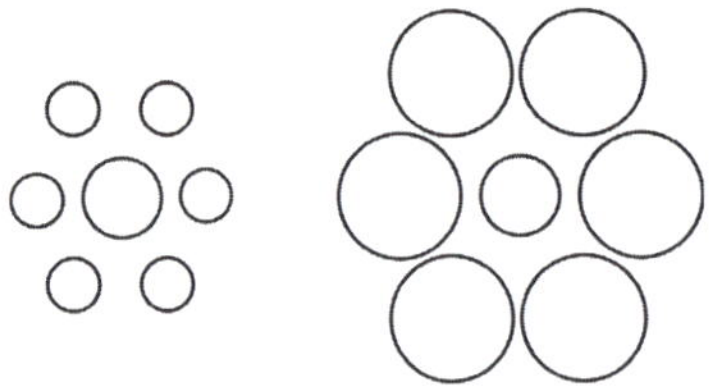

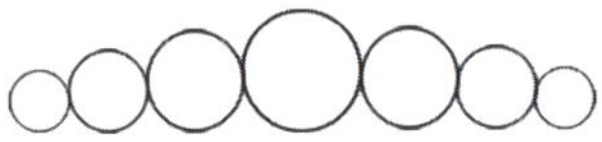

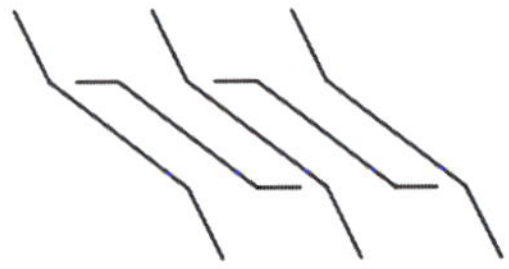

# CHAPTER 04 인간의 행동과학

## 🔍 주/요/내/용 알/고/가/기 ▶

1. 인간의 방어기제
2. 양립성
3. 모랄 서베이(morale survey)

### 🔍 합격의 Key

## 1 인간관계 및 인간의 행동성향

### (1) 인간의 행동성향 ✈

① 투사
- 자기 속의 억압된 것을 다른 사람의 것으로 생각하는 것
- 자신의 불만이나 불안을 해소시키기 위해서 **자신의 잘못을 남의 탓으로 돌리는 행동**

② 모방
- **남의 행동이나 판단을 표본으로 하여 그것과 같거나 또는 그것에 가까운 행동 또는 판단을 취하려는 행동**

③ 암시
- **다른 사람으로부터의 판단이나 행동을 무비판적으로 논리적·사실적 근거 없이 받아들이는 행동**

④ 승화
- 사회적으로 승인되지 않은 욕구가 **사회적, 문화적으로 가치있는 것으로 나타남**
- 자신의 동기에 대해 불안을 느끼는 사람은 무의식적으로 **내면의 동기를 사회가 용납하는 다른 동기로 변형시킴**

⑤ 합리화
- 자기 행위는 합리적이고 정당하며 **실제보다 훌륭하게 평가함**
- 자기의 실패나 약점을 **그럴듯한 이유나 변명을 들어 자신의 실패를 정당화하는 행동**

┌─ 문제 ──────────
자신의 동기에 대하여 불안을 느끼는 사람은 무의식적으로 내면의 동기를 자기 자신 및 사회가 용납할 수 있는 다른 동기로 변형하는 방어기제는?

㉮ 억압
㉯ 승화
㉰ 합리화
㉱ 동일시

정답 ㉯
└─────────────────

### [프로이트 적응기제 중 합리화 유형]

| ① 신포도형 | • 포도를 먹고자 한 여우가 모든 노력을 통해서도 그것을 먹을 수 없게 되자 그 포도의 맛이 시기 때문에 먹을 필요가 없다고 자기 자신의 행위를 스스로 위로하는 것<br>• 어떤 목표를 달성하려 했으나 실패한 사람이 처음부터 그것을 원하지 않았다고 하는 것 |
|---|---|
| ② 달콤한 레몬형 | • 자기가 현재 가지고 있는 것이야말로 그가 원하던 것이라고 스스로 믿는 것 |
| ③ 투사형 | • 자신의 결함이나 실수를 자기 이외의 다른 대상에게로 책임을 전가시키는 것 |
| ④ 망상형 | • 이치에 맞지 않는 잘못된 생각이나 근거가 없는 주관적인 신념으로 자신을 합리화 하는 것 |

⑥ 억압
  • 의식에서 용납하기 힘든 생각, 욕망, 충동, 공격성 등을 무의식적으로 눌러 버리는 것이다.

⑦ 동일화(Identification)
  • 다른 사람의 행동 양식이나 태도를 투입시키거나 다른 사람 가운데서 자기와 비슷한 점을 발견하는 것
  • 부모, 형, 주위의 중요한 인물들의 태도나 행동을 따라하는 것
  예 고등학교 때 선생님이 멋있어서 열심히 그 과목을 공부하는 것

⑧ 반동형성 : 겉으로 드러나는 태도나 언행이 마음속의 욕구나 생각과 정반대인 경우로 자신의 감정과 정반대의 태도를 취하는 것
  예 슬퍼서 울고 싶은데 오히려 더 많이 웃고 떠든다.

⑨ 보상
  • 심리적으로 어떤 약점이 있는 사람이 이를 보충하기 위해 다른 어떤 것을 과도히 발전시키는 것이다.
  • 자신의 결함이나 열등감, 긴장을 해소시키기 위하여 장점 등으로 그 결함을 보충하려는 행동
  예 다리가 짧은 사람이 걸음을 더 빠르게 걸으려 하는 것

⑩ 퇴행 : 좌절을 심하게 당했을 때 현재보다 유치한 과거 수준으로 후퇴하는 것
  예 한글을 잘하던 아이가 엄마의 꾸중으로 한글을 모두 잊은 상태로 돌아가 버리는 것

⑪ 커뮤니케이션 : 갖가지 행동 양식이나 기초를 매개로 하여 어떤 사람으로부터 다른 사람에게 전달되는 과정
  예 언어, 몸짓, 신호, 기호

⑫ 억측판단 : 작업공정 중에 규정대로 수행하지 않고 '괜찮다'고 생각하여 자기주관대로 행하는 행동(객관적인 위험을 행동에 옮김)
  예 신호등의 신호가 녹색에서 황색으로 바뀌었으나 괜찮다고 판단하고 지나감

**기출 ★**

＊ 억측판단이 발생하는 배경
 • 정보가 불확실할 때
 • 희망적인 관측이 있을 때
 • 과거의 성공한 경험이 있을 때
 • 일을 빨리 끝내고 싶은 강한 욕구가 있거나 귀찮고 초조할 때

─ 문제 ─

자동차가 교차점에서 신호대기를 하고 있을 때 전방의 신호가 파랗게 되고 나서 발차해야 하는데 좌우의 신호가 빨갛게 된 찰나에 발차하는 경우는 어떤 개념의 예에 해당하는가?

㉮ 장면 행동
㉯ 주변적 동작
㉰ 무의식 행동
㉱ 억측판단

[해설]
억측판단 : 규정대로 수행하지 않고 괜찮다고 판단하여 하는 행동을 말한다.

정답 ㉱

### (2) 적응기제

① 도피기제(Escape Mechanism) : 갈등을 해결하지 않고 도망감 ✄

| 억압 | 무의식으로 쑤셔 넣기 |
|------|----------------------|
| 퇴행 | 유아 시절로 돌아가 유치해짐 |
| 백일몽 | 공상의 나래를 펼침 |
| 고립(거부) | 외부와의 접촉을 끊음 |

② 방어기제(Defece Mechanism) : 갈등을 이겨내려는 능동성과 적극성 ✄

| 보상 | 열등감을 다른 곳에서 강점으로 발휘함 |
|------|------------------------------------|
| 합리화 | 자기변명, 자기실패의 합리화, 자기미화 |
| 승화 | 열등감과 욕구불만을 사회적으로 바람직한 가치로 나타내는 것 |
| 동일시 | 힘 있고 능력 있는 사람을 통해 자기만족을 얻으려 함 |
| 투사 | 자신의 열등감을 다른 것에 던져 그것들도 결점이 있음을 발견해서 열등감에서 벗어나려 함 |

③ 공격기제

### (3) 욕구저지 반응기제

① 욕구저지 공격가설 : 욕구저지는 공격을 유발한다.
② 욕구저지 퇴행가설 : 욕구저지는 원시적 단계로 역행한다.
③ 욕구저지 고착가설 : 욕구저지는 자꾜자기석 반응을 유발힌다.

## 2 인간관계 관리방법

### (1) 호손(Hawthorne)실험

① 작업 능률을 좌우하는 것은 단지, 임금, 노동시간 등의 노동조건과 조명, 환기, 기타 작업환경으로서의 물적 조건보다 종업원의 태도, 즉 심리적, 내적 양심과 감정이 중요하다.
② 물적 조건도 그 개선에 의하여 효과를 가져올 수 있으나 종업원의 심리적 요소가 더 중요하다.

### (2) 모랄 서베이(morale survey)의 주요 방법

① 통계에 의한 방법
  • 사고 상해율, 생산성, 지각, 조퇴 등을 분석하여 통계내는 방법
  • 다른 조사법의 보조자료로 많이 사용된다.

---

♛ 참고

＊ 호손(Hawthorne)실험
인간관계 관리의 개선을 위한 연구로 미국의 메이요(E. Mayo)교수가 주축이 되어 호손공장에서 실시되었다.

◎기출

＊ 모랄 서베이
[morale survey]
• 종업원의 근로 의욕·태도 등에 대한 측정으로 태도조사라고도 한다.
• 종업원이 자기의 직무·직장·상사·승진·대우 등에 대하여 어떻게 생각하고 있는지를 측정·조사하는 것이다.

♛ 참고

＊ 모랄 서베이의 효과
① 근로자의 불만을 해소하고 노동 의욕을 높인다.
② 경영 관리 개선 자료로 활용할 수 있다.
③ 종업원의 정화작용을 촉진시킨다.

② 사례연구법
- 제안제도, 고충처리제도, 카운슬링 등의 사례를 통하여 불만 등을 파악하는 방법

③ 관찰법
- 종업원의 근무 실태를 계속 관찰하여 문제점을 찾아내는 방법

④ 실험연구법
- 실험 그룹과 통제 그룹으로 나누고 자극을 주어 태도 변화의 여부를 조사하는 방법

⑤ 태도조사법(의견조사)
- 모랄 서베이에서 가장 많이 사용되는 방법
- **질문지법, 면접법, 집단토의법, 투사법**에 의해 의견을 조사하는 방법

### (3) 양립성 ✘

**자극과 반응의 관계가 인간의 기대와 모순되지 않는 성질을 말한다.**

① 개념적 양립성
- 외부자극에 대해 **인간의 개념적 현상의 양립성**
- 📷 **빨간 버튼은 온수, 파란 버튼은 냉수**✘

② 공간적 양립성
- 표시장치, 조종장치의 **형태 및 공간적 배치의 양립성**
  - 📷 오른쪽 조리대는 오른쪽 조절장치로, 왼쪽 조리대는 왼쪽 조절장치로 조정한다. ✘

③ 운동의 양립성
- **표시장치, 조종장치 등의 운동 방향의 양립성**
  - 📷 조종장치를 오른쪽으로 돌리면 표시장치 지침이 오른쪽으로 이동한다. ✘

④ 양식 양립성
- 직무에 알맞은 자극과 응답 양식의 존재에 대한 양립성
  - 📷 음성 과업에 대해서는 청각적 자극제시와 이에 대한 음성 응답 과업에 갖는 양립성이다.

### 3 사회행동 기본형태 ✘

① 협력 : 조력, 분업
② 대립 : 공격, 경쟁
③ 도피 : 고립, 정신병, 자살
④ 융합 : 강제타협

┌─문제─
인간의 사회 행동 기본 형태에 해당되지 않는 것은?
㉮ 대립
㉯ 협력
㉰ 도피
㉱ 모방

[해설]
모방은 남의 행동이나 판단을 표본으로 하여 그것에 가까운 행동이나 판단을 하려는 인간의 개인 행동성향이다.

**정답** ㉱

┌─참고─
* 집단 간의 갈등 요인
  ① 욕구 좌절
  ② 제한된 자원
  ③ 집단 간의 목표 차이
  ④ 동일한 사안을 바라보는 집단 간의 인식 차이

## 02 재해빈발성 및 행동과학

📍 주/요/내/용 알/고/가/기 ▶

1. 재해설
2. 재해 누발자의 유형
3. 동기부여 이론
4. 인간 주의특성의 종류
5. 부주의 원인 및 대책

## 1 재해 빈발성

### (1) 재해설 ✈

① 기회설(상황설)
  • 재해가 일어날 수 있는 **상황만 주어지면 재해가 유발된다는 설**
  • 작업이 어려워 재해를 일으켰다.

② 암시설(습관설)
  **한 번 재해를 당한 사람**은 겁쟁이가 되어 신경과민으로 **또 재해를 유발**한다는 설

③ 경향설(성향설)
  근로자 중 재해가 빈발하는 **소질적 결함자**가 있다는 설

### (2) 재해 누발자의 유형 ✈

① 미숙성 누발자
  • 기능 미숙자
  • 환경에 익숙하지 못한 자

② 상황성 누발자
  • **작업에 어려움이 많은 자**
  • **기계 설비의 결함이 있을 때**
  • **심신에 근심이 있는 자**
  • 환경상 주의력 집중이 혼란되기 쉬울 때

③ 소질성 누발자
  • **개인 소질 가운데 재해 원인 요소를 가지고 있는 자**
  • 개인의 특수 성격 소유자

| 소질성 누발자의 공통된 성격 | |
|---|---|
| • 주의력 산만 및 주의력 지속 불능 | • 흥분성 |
| • 저지능 | • 비협조성 |
| • 도덕성의 결여 | • 소심한 성격 |
| • 감각운동 부적합 등 | |

📚참고

* 사고 경향성 이론
① 근로자 중 재해가 빈발하는 소질적 결함자가 있다는 이론
② 어떠한 사람이 다른 사람보다 사고를 더 잘 일으킨다는 이론
③ 사고를 많이 내는 여러 명의 특성을 측정하여 사고를 예방하는 것이다.
④ 검증하기 위한 효과적인 방법은 다른 두 시기 동안에 같은 사람의 사고기록을 비교하는 것이다.

④ 습관성 누발자
  • 재해 경험에 의해 겁쟁이가 되거나 신경과민이 된 자
  • 슬럼프에 빠져있는 자

## ② 동기부여 이론

### (1) 데이비스(K. Davis)의 동기부여 이론

| 데이비스의 동기부여 이론 ✵ |
| --- |
| 인간의 성과 × 물질의 성과 = 경영의 성과 |
| 지식(knowledge) × 기능(skill) = 능력(ability) |
| 상황(situation) × 태도(attitude) = 동기유발(motivation) |
| 능력 × 동기유발 = 인간의 성과(human performance) |

### (2) 매슬로(Maslow A. H.)의 욕구단계 이론(인간의 욕구 5단계 ✵✵)

| 제1단계(생리적 욕구) | 기아, 갈증, 호흡, 배설, 성욕 등 인간의 가장 기본적인 욕구 |
| --- | --- |
| 제2단계(안전 욕구) | 자기 보존 욕구 |
| 제3단계(사회적 욕구) | 소속감과 애정 욕구 |
| 제4단계(존경 욕구) | 인정받으려는 욕구 |
| 제5단계(자아실현의 욕구) | 잠재적인 능력을 실현하고자 하는 욕구 (성취 욕구) |

### (3) 헤르츠버그(Herzberg)의 동기 · 위생 이론 ✵✵

| 위생 요인 | 유지 욕구 | • 인간의 동물적 욕구를 반영하는 것으로 Maslow의 욕구 단계에서 생리적, 안전, 사회적 욕구와 비슷하다. <br> • 저차원의 욕구 | |
| --- | --- | --- | --- |
| | 직무 환경 ✵ | • 회사정책과 관리 <br> • 개인 상호간의 관계 <br> • 감독 <br> • 보수 <br> • 지위 | • 임금 <br> • 작업조건 <br> • 안전 |
| 동기 요인 | 만족 욕구 | • 자아 실현을 하려는 인간의 독특한 경향을 반영한 것으로, Maslow의 자아 실현 욕구와 비슷하다. <br> • 고차원의 욕구 | |
| | 직무 내용 ✵ | • 성취감 <br> • 안정감 <br> • 도전감 | • 책임감 <br> • 성장과 발전 <br> • 일 그 자체 |

(4) 알더퍼의 E.R.G 이론 ✰✰
(Existence-Relatedness-Growth needs theory)

① E : 생존욕구 또는 존재욕구(Existence needs) – 의식주, 봉급, 직무안전

② R : 관계욕구(Relatedness needs) – 대인관계

③ G : 성장욕구(Growth needs) – 개인적 발전

(5) 맥그리거(McGregor)의 X, Y 이론 ✰✰

| X이론의 특징 | Y이론의 특징 |
|---|---|
| 인간 불신감 | 상호 신뢰감 |
| 성악설 | 성선설 |
| 인간은 원래 게으르고 태만하여 남의 지배를 받기를 즐긴다. | 인간은 부지런하고 적극적이며 자주적이다. |
| 물질욕구(저차원 욕구)에 만족 | 정신욕구(고차원 욕구)에 만족 |
| 명령, 통제에 의한 관리 (권위주의형 리더십) | 목표 통합과 자기통제에 의한 자율관리 (민주주의형 리더십) |
| 저개발국형 | 선진국형 |

[맥그리거의 X, Y이론의 관리처방] ✰

| X이론(저차원) | Y이론(고차원) |
|---|---|
| • 경제적 보상체제의 강화<br>• 권위주의적 리더십이 화립<br>• 면밀한 감독과 엄격한 통제<br>• 상부 책임제도의 강화 | • 분권화와 권한의 위임<br>• 직무확장 및 목표에 의한 관리<br>• 민주적 리더십의 확립<br>• 비공식적 조직의 활용<br>• 상호 신뢰감<br>• 책임과 창조력<br>• 인간관계 관리방식 |

③ 주의와 부주의

(1) 인간 의식레벨의 분류 ✰

| 단계 | 의식의 모드 | 생리적 상태 | 의식의 상태 |
|---|---|---|---|
| Phase 0 | 무의식, 실신 | 수면, 뇌발작 | 주의작용 0 |
| Phase Ⅰ | 의식흐림 | 피로, 단조로운 일 | 부주의 |
| Phase Ⅱ | 이완 | 안정기거, 휴식 | 안정기거, 휴식 |
| Phase Ⅲ | 상쾌 | 적극적 | 적극활동 |
| Phase Ⅳ | 과긴장 | 일점집중현상, 긴급방위 | 감정흥분 |

문제

부주의 발생 원인별로 방지하는
방법이 옳게 짝지어진 것은?

㉮ 소질적 문제 - 안전교육
㉯ 경험, 미경험 - 적성배치
㉰ 작업 순서의 부자연성 -
　인간공학적 접근방법
㉱ 의식우회 - 작업환경 개선

[해설]
㉮ 소질적 문제 - 적성 배치
㉯ 경험, 미경험자 - 안전교육
　및 훈련
㉱ 의식의 우회 - 카운슬링

정답 ㉯

🔖기출 ★

※ 부주의에 의한 사고
　방지대책
1. 정신적 대책
• 주의력 집중 훈련
• 스트레스 해소 대책
• 안전의식의 제고
• 작업 의욕 고취
2. 기능 및 작업 측면 대책
• 적성배치
• 표준작업(동작)의
　습관화
• 안전작업방법의 습득
• 작업조건의 개선 및
　적응력 향상
3. 설비 및 환경 측면 대책
• 표준 작업제도의 도입
• 설비 및 작업환경의
　안전화
• 긴급 시 안전작업 대책
　수립

## (2) 인간 주의특성의 종류 ✄

① 선택성 : 사람은 한 번에 여러 종류의 자극을 지각하거나 수용하지 못하며 소수의 특정한 것으로 한정해서 선택하는 기능을 말한다.
② 방향성 : 시선에서 벗어난 부분은 무시되기 쉽다.
　(주시점만 응시한다)
③ 변동성 : 주의는 리듬이 있어 일정한 수순을 지키지 못한다.
④ 단속성 : 고도의 주의는 장시간 집중이 곤란하다.
⑤ 주의력의 중복집중 곤란 : 동시에 두 개 이상의 방향을 잡지 못한다.

## (3) 부주의 원인 ✄

① 의식 단절 : 의식 흐름의 단절(특수한 질병 등에 의한 경우로 의식 수준은 Phase0인 상태)
② 의식 우회 : 걱정, 고뇌 등으로 의식이 빗나감
③ 의식 수준 저하 : 피로, 단조로운 작업의 연속으로 의식수준이 저하됨
④ 의식 혼란 : 외부자극의 강·약에 의해 위험요인에 대응할 수 없을 때 발생
⑤ 의식 과잉 : 긴급 상황 시 일점 집중 현상을 일으킨다.

## (4) 부주의의 원인과 대책 ✄

① 소질적 문제 : 적성 배치
② 의식의 우회 : 카운슬링
③ 경험, 미경험자 : 안전교육, 훈련
④ 작업환경 조건 불량 : 환경 정비
⑤ 작업순서의 부적당 : 작업순서 정비

## 03 집단관리와 리더십

📍 주/요/내/용 알/고/가/기 ▶

1. 리더십(leadership)의 유형   2. 리더십의 권한의 역할
3. 리더십과 헤드십의 특성

### 1 리더십(leadership)의 유형

**(1) 업무 추진의 방식에 따른 분류** ✈

① 권위주의적 리더 : 리더가 독단적으로 의사를 결정하는 형태
② 민주주의적 리더 : 집단토의에 의해 의사를 결정하는 형태
③ 자유방임적 리더 : 리더 역할은 하지 않고 명목상 자리만 유지하는 형태(집단에게 완전한 자유를 주고 사실상 리더십의 행사가 없는 형태)

**(2) 행동유형 방식에 따른 분류**

① 참여적 리더십 : 부하들과 상담하여 부하의견을 고려하는 형태
② 지시적 리더십 : 지도자는 독선적이며 조직 구성원들을 보상-체벌의 연속선상에서 명령하고 통제한다.
③ 지원적 리더십 : 우호적이며 친밀감이 강하고 부하의 의사 표현을 존중하는 형태
④ 성취지향적 리더십 : 도전적 목표설정을 강조하고 부하능력을 신뢰하는 형태
⑤ 셀프 리더십 : 부하들의 역량을 개발하여 부하들로 하여금 자율적으로 업무를 추진하게 하고, 스스로 자기조절능력을 갖게 하는 형태

**(3) 리더의 행동유형 중 관리그리드 이론** ✈

| (1,1)형 | (1,9)형 | (9,1)형 | (5,5)형 | (9,9)형 |
|---------|---------|---------|---------|---------|
| 무관심형 | 인기형 | 과업형 | 타협형 | 이상형 |

* (x,y)형에서 x는 과업의 관심도를, y는 인간관계의 관심도를 나타낸다.

### 2 리더십의 권한의 역할 ✈

**(1) 보상적 권한** : 지도자가 부하에게 보상할 수 있는 능력

**(2) 강압적 권한** : 지도자가 부하들을 처벌할 수 있는 권한

**(3) 합법적 권한** : 조직의 규정에 의해 공식화된 권한

---

**⊙기출**

* 리더십(leadership)
집단목표 달성을 위해 구성원으로 하여금 자발적으로 협조하도록 하는 기술 및 영향력을 말한다.

**参참고**

리더십을 결정하는 3가지 요소
① 부하의 특성과 행동
② 리더의 특성과 행동
③ 리더십이 발생하는 상황의 특성

**문제**

리더십의 특성 조건에 속하지 않는 것은?
㉮ 기계적 성숙
㉯ 혁신적 능력
㉰ 표현능력
㉱ 대인적 숙련

[해설]
㉮ 기계적 성숙은 기계를 다루는 작업자에게 필요한 능력이다.
**정답** ㉮

**문제**

리더십(Leadership)을 정의한 것 가운데 잘못 정의된 것은?
㉮ 집단목표를 위해 스스로 노력하도록 사람에게 영향력을 행사한 활동
㉯ 어떤 특정한 목표달성을 지향하고 있는 상황하에서 행사되는 대인간의 활동
㉰ 공통된 목표달성을 지향하도록 사람에게 영향을 미치는 것
㉱ 주어진 상황 속에서 목표 달성을 위해 개인 활동에만 영향을 미치는 과정

[해설]
㉱ 목표 달성을 위해 집단행동에 영향을 미치는 과정을 리더십이라 한다.
**정답** ㉱

(4) **위임된 권한** : 부하직원들이 지도자를 따르고 지도자와 함께 일하는 것

(5) **전문성의 권한** : 지도자가 집단 목표수행에 전문적인 지식을 갖고 있는가와 관련한 권한

## 3 헤드십(headship)

### (1) 헤드십의 특성

① 권한 근거는 공식적이다.
② 상사와 부하와의 관계는 지배적, 종속적이다.
③ 상사와 부하와의 사회적 간격은 넓다.
④ 지휘 형태는 권위주의적이다.

### (2) 리더십과 헤드십의 특성 ✄

| 구분 | 리더십 | 헤드십 |
|---|---|---|
| 권한 행사 | 선출된 리더 | 임명적 헤드 |
| 권한 부여 | 밑으로부터의 동의 | 위에서 위임 |
| 권한 귀속 | 집단 목표에 기여한 공로인정 | 공식화된 규정에 의함 |
| 상하, 부하 관계 | 개인적인 영향 | 지배적임 |
| 부하와의 관계 | 좁음 | 넓음 |
| 지휘형태 | 민주주의적 | 권위주의적 |
| 책임귀속 | 상사와 부하 | 상사 |
| 권한근거 | 개인적 | 법적, 공식적 |

## 4 사기와 집단역학

### (1) 집단의 유형

| 구분 | 특징 | 예 |
|---|---|---|
| 1차 집단<br>(primary group) | • 면대면 상호작용과 집단 구성원 간의 상호의존과 동일시를 중요시한다.<br>• 작고 오래 지속되는 집단의 형태이다. | 가족,<br>친한 친구 등 |
| 2차 집단<br>(secondary group) | 보다 복잡한 사회에서 나타나는 비교적 크고 공식적으로 조직되는 사회집단이다. | 직장동료,<br>모임 등 |

### (2) 집단의 기능 ✄

① 응집력 : 집단 내부로부터 생기는 힘
② 행동의 규범 : 그 집단을 유지하며, 집단의 목표를 달성하는 데 필수적인 것으로서 자연 발생적으로 성립되는 것이다.
③ 집단의 목표 : 집단을 형성하기 위한 기본 조건으로 가장 중요한 요소는 특정 목표를 지녀야 한다.

## 04 생체리듬과 피로

### 1 피로의 증상 및 대책

#### (1) 산소부채(oxygen debt)현상 ✈

격렬한 작업이나 운동을 할 때에는 산소 섭취량이 산소 소모량보다 부족하게 되어 산소량이 산소부채(산소빚)를 일으킨다. 작업이나 운동 시 빚진 산소 부족분을 작업이나 운동이 끝난 후에 갚기 위해 작업이나 운동 후 호흡이 즉시 정상으로 회복되지 않고 서서히 회복되는 산소부채의 보상현상이 발생한다.

### 2 피로의 측정법

#### (1) 생리학적 측정방법 ✈

감각기능, 반사기능, 대사기능 등을 이용한 측정법

① EMG(electromyogram; 근전도) : 근육활동 전위차의 기록
② ECG(electrocardiogram; 심전도) : 심장근 활동 전위차의 기록
③ ENG 또는 EEG(electroneurogram; 뇌전도) : 신경활동 전위차의 기록
④ EOG(electrooculogram; 안전도) : 안구(眼球)운동 전위차의 기록
⑤ 산수수비량
⑥ 에너지 소비량(RMR)
⑦ 피부전기반사(GSR)
⑧ 점멸 융합 주파수(플리커법, 어름거림 검사)

#### (2) 심리학적 측정방법

동작분석, 연속반응시간, 자세변화, 주의력, 집중력 등을 이용한 측정법

#### (3) 생화학적 측정방법

혈액, 뇨 중의 스테로이드량, 아드레날린 배설량 등 측정

📌참고

* CFF(Critical Flicker Fusion) : 플리커테스트 (점멸융합주파수)
• 피곤해지면 시각이 둔화되는 성질을 이용한 피로도 평가방법으로 시중추나 망막시신경의 감도가 좋을 때는 높은 수치를 나타낸다.
• 수치가 낮을수록 시각계의 피로가 높은 상태임을 나타내는 피로의 감각기능검사 방법이다.

## ③ 작업강도와 피로

### (1) 에너지 대사율(RMR) ✿✿

① 작업강도는 에너지 대사율로 나타낸다.

| RMR의 계산 |
|---|

$$RMR = \frac{노동대사량}{기초대사량} = \frac{작업시의 \ 소비 \ energy - 안정시 \ 소비 \ energy}{기초대사량}$$

② **작업시의 소비에너지**는 작업 중에 **소비한 산소의 소모량으로 측정한**다.

③ 안정시의 소비에너지는 의자에 앉아서 호흡하는 동안에 소비한 산소의 소모량으로 측정한다.

### (2) 작업강도 구분에 따른 RMR ✿✿

| RMR의 구분 |
|---|

경작업(輕작업, 가벼운 작업) : 1~2

중작업(中작업, 보통 작업) : 2~4

중작업(重작업, 힘든 작업) : 4~7

초중작업(超重작업, 굉장히 힘든 작업) : 7 이상

### (3) 휴식시간 ✿✿

| 휴식시간의 계산 |
|---|

$$휴식시간(R) = \frac{60 \times (E - 5)}{E - 1.5} \ [분]$$

- 1.5 : 휴식 중의 에너지 소비량
- 5(kcal/분) : 기초대사량을 포함한 보통 작업에 대한 평균 에너지(기초대사량을 포함하지 않을 경우 : 4kcal/분)
- 60(분) : 작업시간
- E(kcal/분) : 주어진 작업 시 필요한 에너지

## 4 생체리듬(biorhythm)

### (1) 바이오리듬의 종류

| 육체적 리듬(P) | • 23일 주기<br>• 청색의 실선으로 표시<br>• 식욕, 소화력, 활동력, 지구력 등을 나타냄 |
|---|---|
| 감성적 리듬(S) | • 28일 주기<br>• 적색의 점선으로 표시<br>• 감정, 주의심, 창조력, 희로애락 등을 나타냄 |
| 지성적 리듬(I) | • 33일 주기<br>• 녹색의 일점쇄선으로 표시<br>• 상상력, 사고력, 기억력, 인지력, 판단력 등을 나타냄 |

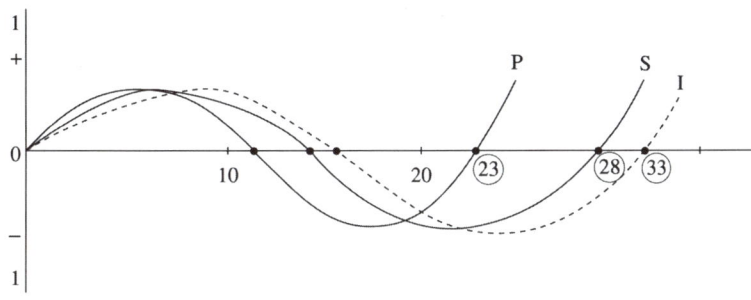

* Sine곡선의 (+) → (−)로 변화하는 점이 위험일이다.
* 안정기(+)와 불안정기(−)의 교차점을 위험일이라 한다.
* 1달에 6일 정도 위험일이 존재한다.

### (2) 생체리듬의 변화 ✖

① 야간에는 체중이 감소한다.

② 야간에는 말초 운동 기능이 저하된다.

③ 체온, 혈압, 맥박수는 주가에 상승하고 야간에 감소한다.

④ 혈액의 수분과 염분량은 주간에 감소하고 야간에 증가한다.

## CHAPTER 05 안전보건교육의 내용 및 방법

🔍 합격의 key

◎기출

＊ 교육의 효과순서
지식변화 → 기능변화 →
태도변화 → 개인행동변화
→ 집단행동변화

◎기출

＊ 안전교육의 기본방향
① 사고사례 중심의 안전
  교육
② 안전작업(표준작업)을
  위한 안전교육
③ 안전의식 향상을 위한
  안전교육

┌ 문제 ┐
안전교육 중 제1단계로 시행되
며 화학, 전기, 방사능의 설비
를 갖춘 기업에서 특히 필요성
이 큰 교육은?
㉮ 안전기술교육
㉯ 안전지식교육
㉰ 안전태도교육
㉱ 안전기능교육

[해설]
안전교육 실시 단계
1단계 : 지식교육
2단계 : 기능교육
3단계 : 태도교육
────── 정답 ㉯

┌ 문제 ┐
안전교육에 있어서 안전한 마
음가짐을 갖도록 하는 가치관
형성 교육으로 이끌어야 하는
교육 단계에 해당하는 것은?
㉮ 지식교육  ㉯ 기능교육
㉰ 태도교육  ㉱ 추후지도

[해설]
안전한 마음가짐을 갖도록 하는
가치관 형성 교육 → 태도교육
────── 정답 ㉰

## 01 교육의 필요성과 목적

📍 주/요/내/용 알/고/가/기 ▶

1. 교육 지도의 원칙          2. 학습이론
3. 전이                      4. 적응기제
5. 슈퍼(SUPER D.E)의 역할이론  6. 교육의 3요소
7. 교육의 3단계              8. 교육 진행 4단계

### 1 안전교육 목적 및 필요성

**(1) 안전교육 실시 목적**

① 인간정신의 안전화      ② 인간행동의 안전화
③ 환경의 안전화          ④ 설비물자의 안전화
⑤ 생산성 및 품질향상 기여  ⑥ 직·간접적·경제적 손실 방지
⑦ 작업자를 산업재해로부터 보호

**(2) 안전교육의 필요성**

① 지식 교육
  • 재해발생의 원리를 통한 안전의식 향상
  • 작업에 필요한 안전규정 및 기준 습득
② 기능 교육
  • 안전작업 기능 향상
  • 위험 예측 및 방호장치 관리 능력 향상
③ 태도 교육
  • 표준 안전작업방법의 습관화
  • 지시전달 확인 등 안전태도의 습관화

**(3) 교육 지도의 원칙 ✪**

① 상대방(피교육자) 입장에서 교육
  • 피교육자(학생)가 교육 내용을 충분히 이해할 수 있도록 교육한다.
  • 피교육자(학생)의 지식이나 기능 정도에 맞게 교육한다.
② 동기부여
  • 가르치기에 앞서서 상대방으로부터 알려고 하는 의욕을 일어나게
    하는 것이 중요하다.

- 동기유발의 최적 수준을 유지한다.
- 상과 벌을 준다.
- 안전목표를 명확히 설정하고 결과를 알려준다.
- 경쟁과 협동을 유발한다.

③ 반복교육
- 인간은 교육을 실시한 후 1시간이 경과하면 교육내용의 50%를 망각하게 되므로 반복하여 교육한다.
- 지식은 반복에 의해 기억된 후 무의식 중에 행동으로 표현된다.

④ 쉬운 것에서부터 어려운 것으로 진행
- 쉬운 부분에서 점차 어려운 부분으로 교육을 진행한다.

⑤ 한 번에 한 가지씩 교육
- 교육순서에 따라 한 번에 한 가지씩 교육한다.

⑥ 인상의 강화
- 특히 중요한 것은 재 강조한다.
- 보조재 및 현장사진, 사고사례 등을 활용한다.

⑦ 5감의 활용

| 구분 | 시각 | 청각 | 촉각 | 미각 | 후각 |
|------|------|------|------|------|------|
| 교육효과 | 60% | 20% | 15% | 3% | 2% |

⑧ 기능적인 이해
- 기술 교육 과정에서 가장 중요한 것이 기능적인 이해이다. '왜 그렇게 되어야 하는가?'하는 문제에 관하여 기능적으로 이해시켜야 한다.

## ② 학습이론

### (1) 자극과 반응이론(S-R이론) ✖

학습이란 어떤 자극(S)에 대해서 생체가 나타내는 특정 반응(R)의 결합으로 이루어진다는 학습이론으로 Thorndike가 이 이론의 시초라고 할 수 있다.

① 돈다이크(Thorndike)의 학습의 법칙(시행착오설) ✖ : 학습이란 맹목적인 시행을 되풀이하는 가운데 자극과 반응의 결합의 과정이다.
- 준비성의 법칙
- 연습 또는 반복의 법칙
- 효과의 법칙

② 파블로프의 조건반사설(자극과 반응이론 : S-R이론) ✖✖ : 유기체에 자극을 주면 반응함으로써 새로운 행동이 발달된다.
- 일관성의 원리
- 계속성의 원리
- 시간의 원리
- 강도의 원리

**문제**

안전교육의 피교육자의 심리 상태를 이해하기 위한 내용과 거리가 먼 것은 어느 것인가?
㉮ 긴장감을 제거해줄 것
㉯ 교육자의 입장에서 가르칠 것
㉰ 안심감을 줄 것
㉱ 믿을 수 있는 내용으로 쉽게 할 것

[해설]
㉯ 피교육자(학생)의 입장에서 가르칠 것

**정답** ㉯

**기출**

❋ 안전 동기를 유발시킬 수 있는 방법
① 동기유발의 최적수준을 유지한다.
② 상과 벌을 준다.
③ 안전목표를 명확히 설정하고 결과를 알려준다.
④ 경쟁과 협동을 유발한다.

**참고**

❋ 교육지도의 5단계
원리의 제시 → 관련된 개념의 분석 → 가설의 설정 → 자료의 평가 → 결론

**문제**

시행착오설에 의하면 "학습이란 맹목적인 시행을 되풀이하는 가운데 자극과 반응의 결합의 과정이다."로 정의하고 있다. 다음 중 시행착오설에 의한 학습의 원칙이 아닌 것은?
㉮ 연습의 법칙
㉯ 효과이 법칙
㉰ 동일성의 법칙
㉱ 준비성의 법칙

**정답** ㉰

③ 스키너의 조작적 조건화설 : **강화에 의해 행동을 변화시킴**
　• 반응을 할 때마다 강화를 주는 것보다 **간헐적으로 강화를 제공하는 것이 효과적**이다.
　• 벌이나 혐오자극보다 **칭찬, 격려 등 긍정적 강화물이 학습에 효과적**이다.
　• **반응을 보인 후 즉시 강화물을 제공하는 것이 효과적**이다.
④ 반두라(Bandura)의 사회학습이론
　• 개인은 직접적인 경험이 아닌 관찰을 통해서도 학습을 할 수 있으며, 대부분의 학습이 다른 사람의 행동을 관찰하고 모방한 결과 일어난다.
　• 다른 아동이 보상이나 벌을 받는 것을 관찰함으로써 간접적인 강화(대리적 강화)를 받는다.

### (2) 하버드학파의 교수법 ✪

| 1단계 | | 2단계 | | 3단계 | | 4단계 | | 5단계 |
|---|---|---|---|---|---|---|---|---|
| 준비<br>시킨다. | ⇨ | 교시<br>시킨다. | ⇨ | 연합<br>한다. | ⇨ | 총괄<br>한다. | ⇨ | 응용<br>시킨다. |

### (3) 톨만(Tolman)의 기호형태설 ✪

　• **학습은 환경에 대한 인지 지도를 신경조직 속에 형성시키는 것이다.**
　• 학습은 자극과 자극 사이에 형성된 결속이다.
　　[S–S(Sign–Signification)이론]
　• 톨만은 **문제사태의 인지를 학습에 있어서 가장 필요한 조건**이라고 생각하였다. 그는 학습의 목표를 의미체라 하고 그것을 달성하는 수단이 되는 대상을 기호라고 부르고, 이 양자간의 수단, 목적 관계를 기호–형태라고 칭하였다.

### (4) 학습지도의 원리 ✪

① 자발성의 원리 : **학습자 스스로가 능동적으로 학습활동에 의욕을 가지고 참여하도록** 하는 원리
② 개별화의 원리 : 학습자를 존중하고, **학습자 개개인의 능력, 소질, 성향 등 모든 발달가능성을 신장**시키려는 원리
③ 목적의 원리 : 학습자는 **학습목표가 분명하게 인식되었을 때** 자발적이고 **적극적인 학습활동을 하게 된다.**
④ 사회화의 원리 : **학교교육을 통하여 학생들이 사회화되어** 유용한 **사회인으로 육성**시키고자 하는 교육이다.

⑤ 통합화의 원리 : 학습자를 전체적 인격체로 보고 그에게 내제하여 있는 **모든 능력을 조화적으로 발달**시키기 위한 생활중심의 통합 교육을 원칙으로 하는 원리

## (5) 학습경험선정의 원리

① 기회의 원리 : 교육목표를 달성하기 위해서는 **학습자가 스스로 해볼 수 있는 기회를 가져야 한다.**

② 만족의 원리(동기유발의 원리) : 학생들이 **해보는 과정에서 만족감을 느낄 수가 있어야 한다.**

③ 가능성의 원리 : 학생들에게 **요구되는 행동이 현재능력 성취 발달 수준에 맞아야 한다.**

④ 다목적달성의 원리 : **여러 가지의 목표를 동시에 달성하는 데 도움을 주도록 한다.**

⑤ 협동의 원리 : **함께 활동할 수 있는 기회를 주어야 한다.**

## (6) 존 듀이(John Dewey)의 5단계 사고 과정

① 1단계 : 문제의 제기 – 시사 받는다.(Suggestion)
② 2단계 : 문제의 인식 – 머리로 생각한다.(Intellectualization)
③ 3단계 : 현상 분석(조사) – 가설을 설정한다.(Hypothesis)
④ 4단계 : 가설 정렬 – 추론한다.(Reasoning)
⑤ 5단계 : 가설 검증 – 행동에 의해 가설을 검토한다.

## 3 학습조건

### (1) 전이 ✄

한 상황에서 실시한 학습이 다른 상황의 학습에 영향을 끼치는 현상

**앞에 실시한 교육이 뒤에 실시한 학습을 방해하는 조건 ✄**

① 학습의 정도 : 앞의 학습이 불완전할 경우
② 유사성 : 앞뒤의 학습내용이 비슷한 경우
③ 시간적 간격
   • 뒤의 학습을 앞의 학습 직후에 실시하는 경우
   • 앞의 학습내용을 제어하기 직전에 실시하는 경우
④ 학습자의 태도
⑤ 학습자의 지능

**☎참고**

**＊ 학습경험 조직의 원리**
① 계속성의 원리 : 중요한 학습경험을 반복을 통해 강화하는 것
② 계열성의 원리 : 학습경험의 요인들이 깊이와 넓이에 있어 점진적으로 증가하는 것
③ 통합성의 원리 : 여러 학습경험들 간에 상호 보완적 관계를 유지하고 여러 과목을 조화롭게 배열하는 것
④ 균형성의 원리 : 학습경험의 균형
⑤ 다양성의 원리 : 학생들의 요구나 흥미, 능력이 반영될 수 있도록 다양하고 융통성 있는 학습경험을 조직하도록 한다.
⑥ 보편성의 원리 : 건전한 민주시민의 요소를 기를 수 있도록 학습경험이 조직되어야 한다.

**문제**

경험한 내용이나 학습된 행동을 다시 생각하여 작업에 적용하지 아니하고 방치함으로써 경험의 내용이나 인상이 약해지거나 소멸되는 현상은?

㉮ 착각
㉯ 훼손
㉰ 망각
㉱ 단절

[해설]
경험의 내용이나 인상이 약해지거나 소멸되는 현상 → 망각

**정답** ㉰

## (2) 기억의 과정 ✖

| 기명 | ⇨ | 파지 | ⇨ | 재생 | ⇨ | 재인 |

① 기억 : 과거 행동이 미래 행동에 영향을 줌
② 기명 : 사물의 인상을 마음에 간직함
③ 파지 : 인상이 보존됨
④ 재생 : 보존된 인상이 떠오름
⑤ 재인 : 과거에 경험했던 것과 비슷한 상황에서 떠오르는 현상

## (3) 망각

경험한 내용이나 학습된 내용을 다시 생각하여 작업에 적용하지 아니하고 방치함으로써 경험의 내용이나 인상이 약해지거나 소멸되는 현상

① 학습된 내용은 학습 직후의 망각률이 가장 높다.
② 의미 없는 내용은 의미 있는 내용보다 빨리 망각한다.
③ 사고를 요하는 내용이 단순한 지식보다 망각이 적다.
④ 연습은 학습한 직후에 시키는 것이 효과가 있다.

## (4) 적응기제 ✖

| 방어적 기제 | | 도피적 기제 | |
|---|---|---|---|
| • 보상 | • 합리화 | • 고립 | • 퇴행 |
| • 동일시 | • 승화 | • 억압 | • 백일몽 |

## (5) 슈퍼(SUPER D.E)의 역할이론 ✖

◉기출
＊역할 갈등의 원인
　① 역할 마찰
　② 역할 부적합
　③ 역할 모호성
　④ 역할 긴장

① 역할 연기(Role playing)
　자아 탐색인 동시에 자아실현의 수단이다.
② 역할 기대(Role expection)
　자기 자신의 역할을 기대하고 감수하는 자는 자기 직업에 충실하다고 본다.
③ 역할 조성(Role shaping)
　여러 가지 역할이 발생 시 그 중 어떤 역할에는 불응 또는 거부감을 나타내거나 또 다른 역할에는 적응하여 실현키 위해 일을 구할 때 발생한다.
④ 역할 갈등(R. K troubling)
　작업 중 서로 상반된 역할이 기대될 경우 갈등이 발생한다.

## 02 교육방법

> ### 주/요/내/용 알/고/가/기
>
> 1. OJT와 OFF JT의 특징　　2. 전습법과 분습법의 차이
> 3. 관리감독자 대상 교육의 종류　4. TWI 교육 과정
> 5. 교육의 3요소　　　　　　6. 교육의 3단계
> 7. 교육 진행 4단계

### 1 OJT와 OFF JT의 특징 ✿

**(1) OJT(On The Job Training)**

직속 상사가 부하 직원에게 일상 업무를 통하여 지식, 기능, 문제해결 능력 및 태도 등을 교육하는 방법으로 개별교육에 적합하다.

**(2) OFF JT(Off The Job Training)**

외부 강사를 초청하여 근로자를 일정한 장소에 집합시켜 실시하는 교육 형태로서 집합교육에 적합하다.

| OJT의 특징 ✿ | ① 개개인에게 적절한 훈련이 가능하다.<br>② 직장의 실정에 맞는 훈련이 가능하다.<br>③ 교육효과가 즉시 업무에 연결된다.<br>④ 훈련에 대한 업무의 계속성이 끊어지지 않는다.<br>⑤ 상호 신뢰 이해도가 높다. |
|---|---|
| OFF JT의 특징 ✿ | ① 다수의 근로자들에게 훈련을 할 수 있다.<br>② 훈련에만 전념하게 된다.<br>③ 특별설비기구 이용이 가능하다.<br>④ 많은 지식이나 경험을 교류할 수 있다.<br>⑤ 교육 훈련 목표에 대하여 집단적 노력이 흐트러질 수 있다. |

### 2 전습법과 분습법

**(1) 전습법**

① 망각이 적다.　　　　② 반복이 적다.
③ 연합이 생긴다.　　　④ 시간과 노력이 적다.

> **용어정의**
>
> **\* 전습법**
> 학습내용을 처음부터 끝까지 완전히 습득할 때까지 학습하는 방법

## (2) 분습법

① 학습효과가 빠르다.
② 길고 복잡한 학습에 적합하다.
③ 주의와 집중력의 범위를 좁히는데 적합하다.

## 3 관리감독자 대상 교육

### (1) TWI(Training Within Industry) ✄

① 대상 : 일선관리감독자 대상 교육
② 교육시간 : 1일 2시간씩 5일간(총 10시간) 실시한다.
③ 교육방법 : 토의식과 실연법을 중심으로 한다.

| TWI 교육과정(교육내용) ✄✄ |
| --- |
| ① 작업 방법 기법(Job Method Training : JMT) |
| ② 작업 지도 기법(Job Instruction Training : JIT) |
| ③ 인간 관계관리 기법 or 부하통솔법(Job Relations Training : JRT) |
| ④ 작업 안전 기법(Job Safety Training : JST) |

### (2) MTP(Management Training Program)

① 대상 : 중간계층관리자 대상 교육
② 교육시간 : 2시간씩 20회에 걸쳐 40시간 훈련한다.

### (3) ATT(American Telephone & Telegraph Company)

① 대상 : 한정되어 있지 않고 한 번 교육을 이수한 자는 부하에게 지도가 가능하다.
② 교육시간 : 1차 훈련은 1일 8시간씩 2주간 실시하며, 2차 과정은 문제가 발생할 때마다 실시한다.
③ 토의식 방식으로 진행한다.

### (4) CCS(Civil Communication Section)

① 대상 : 최고층 관리감독자 대상 교육
② 교육시간 : 매주 4일, 4시간씩으로 8주간(합계 128시간) 실시
③ 강의법에 토의법이 가미된 방식

## 4 학습목적

### (1) 학습목적의 3요소

① 학습목표(goal) : 학습을 통하여 달성하려는 지표를 말한다.
(학습목적의 핵심)
② 주제(subject) : 목적달성을 위한 중심내용을 의미한다.
③ 학습정도(level of learning) : 주제를 학습시킬 때 내용범위와 내용의 정도를 뜻한다.

**[학습의 정도 4단계 ✧]**

| ① 인지(to acquaint) | ~을 인지하여야 한다. |
|---|---|
| ② 지각(to know) | ~을 알아야 한다. |
| ③ 이해(to understand) | ~을 이해하여야 한다. |
| ④ 적용(to apply) | ~을 ~에 적용할 수 있어야 한다. |

### (2) 학습의 전개과정

① 쉬운 것부터 어려운 것으로 학습한다.
② 과거에서 현재, 미래의 순으로 학습한다.
③ 많이 사용하는 것에서 적게 사용하는 순으로 학습한다.
④ 간단한 것에서 복잡한 것으로 학습한다.
⑤ 전체에서 부분으로 학습한다.
⑥ 기지에서 미지로 학습한다.

## 5 교육의 단계

### (1) 교육의 3요소 ✧

| | 교육의 주체 | 교육의 객체 | 교육의 매개체 |
|---|---|---|---|
| 형식적 교육 | 강사 | 학생(수강자) | 교재(학습내용) |
| 비형식적 교육 | 부모, 형, 선배, 사회인사 | 자녀와 미성숙자 | 교육적 환경 인간관계 |

### (2) 교육의 3단계 ✧

① 제1단계(지식교육)
강의 및 시청각 교육 등을 통하여 **지식을 전달하는 단계**
② 제2단계(기능교육)
시범, 견학, 현장실습 교육 등을 통하여 **경험을 체득하는 단계**

---

**◎기출 ★**
＊ 학습성과
학습 목적을 세분화하여 구체적으로 결정한 것을 말한다.

**◎기출**
＊ 학습성과 설정 시 유의사항
① 객관적 입장에서 구체적으로 서술
② 학습목적에 적합하고 타당해야 한다.
③ 주제가 포함되어야 한다.
④ 학습정도가 포함되어야 한다.

**▣참고**
1. 엔드라고지 모델에 기초한 학습자로서의 성인의 특징
① 성인들은 과제(문제) 중심적으로 학습하고자 한다.
② 성인들은 자기 주도적으로 학습하고자 한다.
③ 성인들은 많은 다양한 경험을 가지고 학습에 참여한다.
④ 성인들은 왜 배워야 하는지에 대해 알고자 하는 욕구를 가지고 있다.

2. 성인학습의 원리
① 자기주도성의 원리
② 자발학습의 원리
③ 상호학습의 원리
④ 참여교육의 원리

**◎기출**
＊ 기능교육의 3원칙
• 준비철저
• 위험작업의 규제
• 안전작업의 표준화

PART 01

③ 제3단계( 태도교육)

작업 동작 지도 등을 통하여 안전 행동을 습관화 하는 단계

[태도교육 실시 순서 ✄]

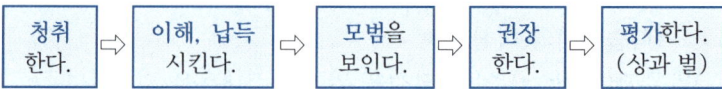

청취한다. ⇨ 이해, 납득시킨다. ⇨ 모범을 보인다. ⇨ 권장한다. ⇨ 평가한다. (상과 벌)

## (3) 교육진행 4단계 ✄

| 단계 | 교육방법 |
|---|---|
| 제 1단계 : 도입<br>( 학습할 준비를<br>시킨다) | • 마음을 안정시킨다.<br>• 무슨 작업을 할 것인가를 말해준다.<br>• 그 작업에 대해 알고 있는 정도를 확인한다.<br>• 작업을 배우고 싶은 의욕을 갖게 한다.<br>• 정확한 위치에 자리잡게 한다. |
| 제 2단계 : 제시<br>( 작업을 설명한다) | • 주요 단계를 하나씩 설명해주고, 시범해 보이고, 그려 보인다.<br>• 급소를 강조한다.<br>• 확실하게, 빠짐없이, 끈기 있게 지도한다. |
| 제 3단계 : 적용<br>(작업을 시켜본다) | • 작업을 지켜보고 잘못을 고쳐준다.<br>• 작업을 시키면서 설명하게 한다.<br>• 다시 한 번 시키면서 급소를 말하게 한다.<br>• 확실히 알았다고 할 때까지 확인한다.<br>• 이해할 수 있는 능력 이상으로 강요하지 않는다. |
| 제 4단계 : 확인<br>(가르친 뒤<br>살펴본다) | • 일에 임하도록 한다.<br>• 모르는 것이 있을 때는 물어 볼 사람을 정해 둔다.<br>• 질문을 하도록 분위기를 조성한다.<br>• 점차 지도 횟수를 줄여간다. |

## 03 교육실시 방법

주/요/내/용 알/고/가/기

1. 강의법의 장·단점
2. 토의법의 장·단점
3. 실연법과 모의법의 정의
4. 프로그램학습법의 장·단점
5. 토의식 교육법의 종류별 특징

### 1 교육실시 방법의 종류

#### (1) 강의법

강사가 중심이 되어 학습자들에게 지식, 개념, 사실 등의 정보를 제공하는 것을 목적으로 하여 해설방식으로 진행하는 학습지도 형태

**[강의법의 장·단점]**

| | |
|---|---|
| 장점 | • 새로운 기술, 지식, 정보를 체계적으로 전달할 수 있다.<br>• 많은 양의 정보를 전달할 수 있다.<br>• 한 사람의 강사가 많은 학생을 지도할 수 있다. (교육의 경제성이 높다)<br>• 구체적인 사실적 정보의 제공과 요점을 파악하기에 효율적이다. |
| 단점 | • 학습자의 이해수준을 알 수가 없다.<br>• 학습자의 성향을 고려할 수 없다.<br>• 학습자의 능동적 참여를 기대할 수 없다.<br>• 강사의 지식 수준에서 모든 것이 이루어지기 때문에 학습자에게 끼치는 영향이 크다.<br>• 상대적으로 피드백이 부족하다. |

#### (2) 토의법

• 집단구성원들이 특정한 문제에 대하여 서로 의견을 발표하면서 올바른 결론에 도달하는 학습방법이다.
• 간단한 정보나 지식의 습득보다는 인지능력의 함양에 적합하다.

**[토의법의 장·단점]**

| | |
|---|---|
| 장점 | • 학습자의 적극적인 참여를 통해 학습동기와 흥미를 유발시킬 수 있다.<br>• 자기 스스로 사고하는 능력 및 표현력을 키울 수 있다.<br>• 자신의 생각에 대한 타당성을 검증하는 기회를 얻을 수 있다.<br>• 사회적 기능 및 태도를 형성시킬 수 있다.<br>• 강사가 학습자의 이해 정도를 파악하기 쉽다. |
| 단점 | • 시간이 많이 소요된다.<br>• 철저한 사전준비와 체계적인 관리에도 불구하고 예측하지 못한 상황이 발생할 수 있다.<br>• 집단 구성원 수에 한계가 있다.<br>• 다양하고 많은 양의 정보를 다루기에 어려움이 있다.<br>• 내용에 대한 사전 지식이 필요하다. |

기출

\* 강의법 ★
제시단계에서 가장 많은 시간을 소비한다.

\* 토의법 ★
적용단계에서 가장 많은 시간을 소비한다.

### (3) 실연법 ✈

학습자가 이미 설명을 듣거나 시범을 보고 알게 된 지식이나 기능을 강사의 감독 아래 **직접적으로 연습해 적용케 하는 교육방법**이다.

### (4) 모의법 ✈

**실제의 장면이나 상태와 극히 유사한 사태를 인위적으로 만들어 그 속에서 학습토록 하는 교육방법**이다.

### (5) 프로그램 학습법

**학생이 혼자서** 자기능력과 시간, 학습속도에 맞추어 학습할 수 있도록 **프로그램 학습자료를 이용하여 학습**하는 형태이다.

**[프로그램 학습법의 장·단점 ✈]**

| | |
|---|---|
| 장점 | • 기본 개념학습이나 논리적인 학습에 유리하다.<br>• 지능, 학습속도 등 **개인차를 고려할 수 있다.**<br>• **수업의 모든 단계에 적용이 가능하다.**<br>• 수강자들이 **학습이 가능한 시간대의 폭이 넓다.**<br>• 매 학습마다 피드백을 할 수 있다.<br>• 학습자의 학습과정을 쉽게 알 수 있다. |
| 단점 | • **한 번 개발된 프로그램 자료는 변경이 어렵다.**<br>• 개발비가 많이 들고 제작 과정이 어렵다.<br>• **교육 내용이 고정되어 있다.**<br>• **학습에 많은 시간이 걸린다.**<br>• **집단 사고의 기회가 없다.** |

### (6) 시청각 교육법

- 라디오·텔레비전·견학 등 다양한 시청각 교육매체를 이용하여 학습자의 감각기관을 통해 학습효과를 높이기 위한 학습방법
- **교육 대상자수가 많고 교육 대상자의 학습능력의 차가 큰 경우 집단 안전교육 방법으로 가장 효과적이다.** ✈
- 학습자들에게 **공통의 경험을 형성시켜 줄 수 있다.**

### (7) 구안법(Project method)

**학습자가 마음 속에 생각하고 있는 것**(자신의 목표)을 **구체적으로 실천하기 위하여 스스로 계획을 세워 수행하는 학습활동**이다.

### (8) 문제법(Problem Method)

- **새로운 문제에 당면했을 때 그 문제를 해결하는 과정에서 이루어지는 학습방법**

- 학생이 현실에서 당면하는 여러 문제들을 해결해가는 과정 중 지식, 기능, 태도 등을 종합적으로 획득하도록 하는 학습법이다.

**[Problem Method의 실시 순서]**

| 1단계 | | 2단계 | | 3단계 | | 4단계 | | 5단계 |
|---|---|---|---|---|---|---|---|---|
| 문제의 인식 | ⇨ | 해결방법의 연구 계획 | ⇨ | 자료의 수집 | ⇨ | 해결방법의 실시 | ⇨ | 정리와 결과의 검토 |

## 2 토의식 교육법의 종류 ✖

### (1) 사례연구법(Case Study : Case Method)

- 먼저 **사례를 제시**, 문제적 사실들과 그의 상호관계에 대해서 검토하고 **대책을 토의**하는 학습법이다. ✖
- 하버드대학에서 개발한 기법으로 고도의 판단력을 양성할 수 있다.

| 사례연구법의 장점 |
|---|
| • 학습에 흥미가 있고, **학습동기를 유발**할 수 있다. |
| • **현실적인 문제의 학습이 가능**하다. |
| • **관찰력과 분석력을 높일 수 있다.** |
| • **의사소통 기술이 향상**된다. |
| • 문제를 다양한 관점에서 바라보게 된다. |

### (2) 롤 플레잉(Role Playing)

**롤 플레잉(역할연기)**은 참가자에게 **일정한 역할을 주어서 실제적으로 연기를 시켜봄**으로써 자기의 역할을 보다 확실히 인식시키는 방법이다.

### (3) 포럼(Forum) ✖

**새로운 자료나 교재를 제시**, 거기서의 **문제점을 피교육자로 하여금** 제기하게 하여 **발표하고 토의**하는 방법이다.

### (4) 심포지엄(Symposium) ✖

**몇 사람의 전문가**에 의하여 과제에 관한 **견해를 발표한 뒤 참가자로 하여금 의견이나 질문을 하게 하여 토의**하는 방법이다.

### (5) 패널 디스커션(Panel discussion) ✖

**패널 멤버**(교육과제에 정통한 전문가 4~5명)**가** 피교육자 앞에서 **토의를 하고**, 뒤에 피교육자 **전원이 참가하여 사회자의 사회에 따라 토의**하는 방법이다.

### (6) 버즈 세션(Buzz Session) ✖

- **6-6 회의**
- 사회자와 기록계를 선출한 후 **6명씩의 소집단으로 구분**하고, 소집단별로 **6분씩 자유토의**를 행하여 의견을 종합하는 방법이다.

## 04 안전보건 교육

1. 안전보건 교육의 교육대상별 교육시간
2. 안전보건관리책임자의 교육내용
3. 안전관리자의 교육내용
4. 관리감독자의 교육내용

### 1 안전보건관리책임자 등에 대한 직무교육 ✈

**참고**

❋ 사업장 내 안전·보건 교육을 통한 근로자 체득 능력
① 잠재위험 발견 능력
② 비상사태 대응 능력
③ 직면한 문제의 사고 발생 가능성 예지 능력

다음 각 호의 어느 하나에 해당하는 사람은 해당 직위에 선임(위촉의 경우를 포함)되거나 채용된 후 3개월(보건관리자가 의사인 경우는 1년) 이내에 직무를 수행하는 데 필요한 신규교육을 받아야 하며, 신규교육을 이수한 후 매 2년이 되는 날을 기준으로 전후 6개월 사이에 고용노동부장관이 실시하는 안전보건에 관한 보수교육을 받아야 한다.

① 안전보건관리책임자
② 안전관리자(「기업활동 규제완화에 관한 특별조치법」에 따라 안전관리자로 채용된 것으로 보는 사람을 포함한다)
③ 보건관리자
④ 안전보건관리담당자
⑤ 안전관리전문기관 또는 보건관리전문기관에서 안전관리자 또는 보건관리자의 위탁 업무를 수행하는 사람
⑥ 건설재해예방전문지도기관에서 지도업무를 수행하는 사람
⑦ 안전검사기관에서 검사업무를 수행하는 사람
⑧ 자율안전검사기관에서 검사업무를 수행하는 사람
⑨ 석면조사기관에서 석면조사 업무를 수행하는 사람

## ② 안전보건 교육의 교육시간 ✿✿✿

### (1) 사업주가 근로자에게 실시해야 하는 안전보건교육의 교육시간

| 교육과정 | 교육대상 | | 교육시간 |
|---|---|---|---|
| 가. 정기교육 | 1) 사무직 종사 근로자 | | 매반기 6시간 이상 |
| | 2) 그 밖의 근로자 | 가) 판매업무에 직접 종사하는 근로자 | 매반기 6시간 이상 |
| | | 나) 판매업무에 직접 종사하는 근로자 외의 근로자 | 매반기 12시간 이상 |
| 나. 채용 시의 교육 | 1) 일용근로자 및 근로계약기간이 1주일 이하인 기간제근로자 | | 1시간 이상 |
| | 2) 근로계약기간이 1주일 초과 1개월 이하인 기간제근로자 | | 4시간 이상 |
| | 3) 그 밖의 근로자 | | 8시간 이상 |
| 다. 작업내용 변경 시의 교육 | 1) 일용근로자 및 근로계약기간이 1주일 이하인 기간제근로자 | | 1시간 이상 |
| | 2) 그 밖의 근로자 | | 2시간 이상 |
| 라. 특별교육 | 1) 일용근로자 및 근로계약기간이 1주일 이하인 기간제 근로자(타워크레인신호작업에 종사하는 근로자 제외) | | 2시간 이상 |
| | 2) 일용근로자 및 근로계약기간이 1주일 이하인 기간제 근로자 중 타워크레인신호작업에 종사하는 근로사 | | 8시간 이상 |
| | 3) 일용근로자 및 근로계약기간이 1주일 이하인 기간제 근로자를 제외한 근로자 | | 가) 16시간 이상(최초 작업에 종사하기 전 4시간 이상 실시하고 12시간은 3개월 이내에서 분할하여 실시 가능)<br>나) 단기간 작업 또는 간헐적 작업인 경우에는 2시간 이상 |
| 마. 건설업 기초안전·보건교육 | 건설 일용근로자 | | 4시간 |

## (2) 관리감독자 안전보건교육

| 교육과정 | 교육시간 |
|---|---|
| 가. 정기교육 | 연간 16시간 이상 |
| 나. 채용 시 교육 | 8시간 이상 |
| 다. 작업내용 변경 시 교육 | 2시간 이상 |
| 라. 특별교육 | 16시간 이상(최초 작업에 종사하기 전 4시간 이상 실시하고, 12시간은 3개월 이내에서 분할하여 실시 가능) |
| | 단기간 작업 또는 간헐적 작업인 경우에는 2시간 이상 |

## (3) 안전보건관리책임자 등에 대한 교육(직무교육)

| 교육대상 | 교육시간 | |
|---|---|---|
| | 신규교육 | 보수교육 |
| 가. 안전보건관리책임자 | 6시간 이상 | 6시간 이상 |
| 나. 안전관리자, 안전관리전문기관의 종사자 | 34시간 이상 | 24시간 이상 |
| 다. 보건관리자, 보건관리전문기관의 종사자 | 34시간 이상 | 24시간 이상 |
| 라. 건설재해예방 전문지도기관 종사자 | 34시간 이상 | 24시간 이상 |
| 마. 석면조사기관 종사자 | 34시간 이상 | 24시간 이상 |
| 바. 안전보건관리담당자 | – | 8시간 이상 |
| 사. 안전검사기관, 자율안전검사기관의 종사자 | 34시간 이상 | 24시간 이상 |

## (4) 특수형태 근로 종사자에 대한 안전보건교육

| 교육과정 | 교육시간 |
|---|---|
| 가. 최초 노무제공 시 교육 | 2시간 이상(단기간 작업 또는 간헐적 작업에 노무를 제공하는 경우에는 1시간 이상 실시하고, 특별교육을 실시한 경우는 면제) |
| 나. 특별교육 | 16시간 이상(최초 작업에 종사하기 전 4시간 이상 실시하고 12시간은 3개월 이내에서 분할하여 실시 가능) |
| | 단기간 작업 또는 간헐적 작업인 경우에는 2시간 이상 |

## (5) 검사원 성능검사 교육

| 교육과정 | 교육대상 | 교육시간 |
|---|---|---|
| 성능검사 교육 | – | 28시간 이상 |

### ③ 사업주가 근로자에게 실시해야 하는 안전보건교육의 대상별 교육내용

## (1) 근로자 안전·보건교육 ☆☆☆

> **근로자의 정기 안전·보건교육 내용**
>
> ① 산업안전 및 산업재해 예방에 관한 사항(화재·폭발 사고 발생 시 대피에 관한 사항을 포함한다)
> ② 산업보건 및 건강장해 예방에 관한 사항(폭염·한파작업으로 인한 건강장해 발생 시 응급조치에 관한 사항을 포함한다)
> ③ 유해·위험 작업환경 관리에 관한 사항
> ④ 산업안전보건법령 및 산업재해보상보험제도에 관한 사항
> ⑤ 직무스트레스 예방 및 관리에 관한 사항
> ⑥ 직장 내 괴롭힘, 고객의 폭언 등으로 인한 건강장해 예방 및 관리에 관한 사항
> ⑦ 건강증진 및 질병 예방에 관한 사항
> ⑧ 위험성 평가에 관한 사항

실력이 되고! 합격이 되는!  특급 암기법

> **공통 항목(관리감독자, 근로자)**
> 1. 근로자는 **법, 산재보상제도**를 알자.
> 2. 근로자는 **건강을 보존(산업보건)**하고 **건강장해, 스트레스, 괴롭힘, 폭언 예방**하자!
> 3. 근로자는 **유해위험 환경을 관리**해서 **안전**하고 **산업재해 예방**하자!
> 4. 근로자는 **위험성을 평가**하자!
>
> **근로자 정기교육의 특징**
> 1. 근로자는 **건강증진**하고 **질병예방**하자!

---

> **근로자 채용 시 교육 및 작업내용 변경 시 교육내용**
>
> ① 산업안전 및 산업재해 예방에 관한 사항(화재·폭발 사고 발생 시 대피에 관한 사항을 포함한다)
> ② 산업보건 및 건강장해 예방에 관한 사항
> ③ 산업안전보건법령 및 산업재해보상보험제도에 관한 사항
> ④ 직무스트레스 예방 및 관리에 관한 사항
> ⑤ 직장 내 괴롭힘, 고객의 폭언 등으로 인한 건강장해 예방 및 관리에 관한 사항
> ⑥ 기계·기구의 위험성과 작업의 순서 및 동선에 관한 사항
> ⑦ 물질안전보건자료에 관한 사항
> ⑧ 작업 개시 전 점검에 관한 사항
> ⑨ 정리정돈 및 청소에 관한 사항
> ⑩ 사고 발생 시 긴급조치에 관한 사항
> ⑪ 위험성 평가에 관한 사항

PART 01

---

### 근로자 채용 시 교육 및 작업내용 변경 시 교육내용

실력이 되고! 합격이 되는! 특급 암기법

**공통 항목**
1. 신규자는 법, 산재보상제도를 알자!
2. 신규자는 건강을 보존(산업보건)하고 건강장해, 스트레스, 괴롭힘, 폭언 예방하자!
3. 신규자는 안전하고 산업재해 예방하자!
4. 신규자는 위험성을 평가하자!

신규채용자는 회사에 처음 입사해서 처음 일을 하는 근로자, 안전하게 일하기 위한 기본내용을 교육한다.
1. 신규자는 기계기구 위험성, 작업순서, 동선을 알자!
2. 신규자는 취급물질의 위험성(물질안전보건자료)을 알자!
3. 신규자는 작업 전 점검하자!
4. 신규자는 항상 정리정돈 청소하자!
5. 신규자는 사고 시 조치를 알자!

## (2) 관리감독자의 안전·보건교육 ✿✿✿

### 관리감독자의 안전·보건교육 내용

① 산업안전 및 산업재해 예방에 관한 사항(화재·폭발 사고 발생 시 대피에 관한 사항을 포함한다)
② 산업보건 및 건강장해 예방에 관한 사항(폭염·한파작업으로 인한 건강장해 발생 시 응급조치에 관한 사항을 포함한다)
③ 유해·위험 작업환경 관리에 관한 사항
④ 산업안전보건법령 및 산업재해보상보험 제도에 관한 사항
⑤ 직무스트레스 예방 및 관리에 관한 사항
⑥ 직장 내 괴롭힘, 고객의 폭언 등으로 인한 건강장해 예방 및 관리에 관한 사항
⑦ 위험성평가에 관한 사항
⑧ 작업공정의 유해·위험과 재해 예방대책에 관한 사항
⑨ 표준안전 작업방법 결정 및 지도·감독 요령에 관한 사항
⑩ 비상시 또는 재해 발생 시 긴급조치에 관한 사항
⑪ 사업장 내 안전보건관리체제 및 안전·보건조치 현황에 관한 사항
⑫ 현장근로자와의 의사소통능력 및 강의능력 등 안전보건교육 능력 배양에 관한 사항
⑬ 그 밖의 관리감독자의 직무에 관한 사항

실력이 되고! 합격이 되는! 특급 암기법

**공통 항목(관리감독자, 근로자)**
1. 관리자는 법, 산재보상제도를 알자.
2. 관리자는 건강을 보존(산업보건)하고 건강장해, 스트레스, 괴롭힘, 폭언 예방하자!
3. 관리자는 유해위험 환경을 관리해서 안전하고 산업재해 예방하자!
4. 관리자는 위험성을 평가하자!

PART 01

---

## 관리감독자의 정기 안전·교육 내용

실력이 되고! 합격이 되는! **특급 암기법**

**관리감독자 정기교육의 특징**
1. 관리자는 유해위험의 재해예방대책 세우자!
2. 관리자는 안전 작업방법 결정해서 감독하자!
3. 관리자는 재해발생 시 긴급조치하자!
4. 관리자는 안전보건 조치하자!
5. 관리자는 안전보건교육 능력 배양하자!

---

## 관리감독자의 채용 시 교육 및 작업내용 변경 시 교육내용

① 산업안전 및 산업재해 예방에 관한 사항(화재·폭발 사고 발생 시 대피에 관한 사항을 포함한다)
② 산업보건 및 건강장해 예방에 관한 사항
③ 산업안전보건법령 및 산업재해보상보험 제도에 관한 사항
④ 직무스트레스 예방 및 관리에 관한 사항
⑤ 직장 내 괴롭힘, 고객의 폭언 등으로 인한 건강장해 예방 및 관리에 관한 사항
⑥ 위험성평가에 관한 사항
⑦ 기계·기구의 위험성과 작업의 순서 및 동선에 관한 사항
⑧ 작업 개시 전 점검에 관한 사항
⑨ 물질안전보건자료에 관한 사항
⑩ 사업장 내 안전보건관리체제 및 안전·보건조치 현황에 관한 사항
⑪ 표준안전 작업방법 결정 및 지도·감독 요령에 관한 사항
⑫ 비상시 또는 재해 발생 시 긴급조치에 관한 사항
⑬ 그 밖의 관리감독자의 직무에 관한 사항

실력이 되고! 합격이 되는! **특급 암기법**

**공통 항목 – 채용시 근로자 교육과 동일**
1. 신규 관리자는 법, 산재보상제도를 알자!
2. 신규 관리자는 건강을 보존(산업보건)하고 건강장해, 스트레스, 괴롭힘, 폭언 예방하자!
3. 신규 관리자는 안전하고 산업재해 예방하자!
4. 신규 관리자는 위험성을 평가하사!

**채용시 근로자 교육 중 "정리정돈 청소"제외**
1. 신규 관리자는 기계기구 위험성, 작업순서, 동선을 알자!
2. 신규 관리자는 취급물질의 위험성(물질안전보건자료)을 알자!
3. 신규 관리자는 작업 전 점검하자!

**신규 관리자 내용 추가**
1. 신규 관리자는 안전보건 조치하자!
2. 신규 관리자는 안전 작업방법 결정해서 감독하자!
3. 신규 관리자는 재해 시 긴급조치하자!

### (3) 건설업 기초안전 · 보건교육에 대한 내용 및 시간 ✈

| 교육 내용 | 시간 |
|---|---|
| 1. 건설공사의 종류(건축, 토목 등) 및 시공 절차 | 1시간 |
| 2. 산업재해 유형별 위험요인 및 안전보건조치 | 2시간 |
| 3. 안전보건관리체제 현황 및 산업안전보건 관련 근로자 권리 · 의무 | 1시간 |

### (4) 특수형태근로종사자에 대한 안전보건교육(최초 노무제공 시 교육)

| 교육 내용 |
|---|
| 아래의 내용 중 **특수형태근로종사자의 직무에 적합한 내용을 교육**해야 한다.<br><br>① **교통안전 및 운전안전**에 관한 사항<br>② **보호구 착용**에 대한 사항<br>③ **산업안전 및 산업재해 예방**에 관한 사항(화재 · 폭발 사고 발생 시 대피에 관한 사항을 포함한다)<br>④ **산업보건 및 건강장해 예방**에 관한 사항<br>⑤ 건강증진 및 질병 예방에 관한 사항<br>⑥ 유해 · 위험 작업환경 관리에 관한 사항<br>⑦ 기계 · 기구의 위험성과 작업의 순서 및 동선에 관한 사항<br>⑧ 작업 개시 전 점검에 관한 사항<br>⑨ 정리정돈 및 청소에 관한 사항<br>⑩ 사고 발생 시 긴급조치에 관한 사항<br>⑪ 물질안전보건자료에 관한 사항<br>⑫ 직무스트레스 예방 및 관리에 관한 사항<br>⑬ 직장 내 괴롭힘, 고객의 폭언 등으로 인한 건강장해 예방 및 관리에 관한 사항<br>⑭ 산업안전보건법령 및 산업재해보상보험 제도에 관한 사항 |

실력이 되고! 합격이 되는! 특급  암기법

| 채용 시 교육 내용 + 근로자 정기교육 내용 + 보호구 + 교통, 운전안전(위험성평가 제외) |
|---|

### (5) 물질안전보건 자료에 관한 교육 ✈

| 교육 내용 | • 대상 화학물질의 명칭(또는 제품명)<br>• 물리적 위험성 및 건강 유해성<br>• 취급상의 주의사항<br>• 적절한 보호구<br>• 응급조치 요령 및 사고 시 대처 방법<br>• 물질안전보건자료 및 경고표지를 이해하는 방법 |
|---|---|

참고

**특수형태근로종사자로부터 노무를 제공받는 자 중**
**안전·보건교육을 실시하여야 하는 자**

1. 「건설기계관리법」에 따라 등록된 **건설기계를 직접 운전**하는 사람
2. 「체육시설의 설치·이용에 관한 법률」에 따라 **직장체육시설로 설치된 골프장** 또는 체육시설업의 등록을 한 골프장에서 골프경기를 보조하는 **골프장 캐디**
3. 한국표준직업분류표의 세분류에 따른 택배원으로서 **택배사업**(소화물을 집화·수송 과정을 거쳐 배송하는 사업을 말한다)**에서 집화 또는 배송 업무를 하는 사람**
4. 한국표준직업분류표의 세분류에 따른 택배원으로서 고용노동부장관이 정하는 기준에 따라 주로 **하나의 퀵서비스업자로부터 업무를 의뢰받아 배송 업무를 하는 사람**
5. 고용노동부장관이 정하는 기준에 따라 주로 **하나의 대리운전업자로부터 업무를 의뢰받아 대리운전 업무를 하는 사람**

## (6) 특별교육 대상 작업별 교육내용

| 작업명 | 교육 내용 |
|---|---|
| <공통내용> 제1호부터 제38호까지의 작업 | "채용 시의 교육 및 작업내용 변경 시의 교육" 내용 |
| <개별내용> 1. 고압실 내 작업(잠함공법이나 그 밖의 압기공법으로 대기압을 넘는 기압인 작업실 또는 수갱 내부에서 하는 작업만 해당한다) | • 고기압 장해의 인체에 미치는 영향에 관한 사항<br>• 작업의 시간·작업 방법 및 절차에 관한 사항<br>• 압기공법에 관한 기초지식 및 보호구 착용에 관한 사항<br>• 이상 발생 시 응급조치에 관한 사항<br>• 그 밖에 안전·보건관리에 필요한 사항 |
| 2. 아세틸렌 용접장치 또는 가스집합 용접장치를 사용하는 금속의 용접·용단 또는 가열작업(발생기·도관 등에 의하여 구성되는 용접장치만 해당한다) | • 용접 흄, 분진 및 유해광선 등의 유해성에 관한 사항<br>• 가스용접기, 압력조정기, 호스 및 취관두(불꽃이 나오는 용접기의 앞부분) 등의 기기점검에 관한 사항<br>• 작업방법·순서 및 응급처치에 관한 사항<br>• 안전기 및 보호구 취급에 관한 사항<br>• 화재예방 및 초기대응에 관한 사항<br>• 그 밖에 안전·보건관리에 필요한 사항 |

| 작업명 | 교육 내용 |
|---|---|
| 3. 밀폐된 장소(탱크 내 또는 환기가 극히 불량한 좁은 장소를 말한다)에서 하는 용접작업 또는 습한 장소에서 하는 전기용접 작업 | • 작업순서, 안전작업방법 및 수칙에 관한 사항<br>• 환기설비에 관한 사항<br>• 전격 방지 및 보호구 착용에 관한 사항<br>• 질식 시 응급조치에 관한 사항<br>• 작업환경 점검에 관한 사항<br>• 그 밖에 안전·보건관리에 필요한 사항 |
| 4. 폭발성·물반응성·자기반응성·자기발열성 물질, 자연발화성 액체·고체 및 인화성 액체의 제조 또는 취급작업(시험연구를 위한 취급작업은 제외한다) ✄ | • 폭발성·물반응성·자기반응성·자기발열성 물질, 자연발화성 액체·고체 및 인화성 액체의 성질이나 상태에 관한 사항<br>• 폭발 한계점, 발화점 및 인화점 등에 관한 사항<br>• 취급방법 및 안전수칙에 관한 사항<br>• 이상 발견 시의 응급처치 및 대피 요령에 관한 사항<br>• 화기·정전기·충격 및 자연발화 등의 위험방지에 관한 사항<br>• 작업순서, 취급주의사항 및 방호거리 등에 관한 사항<br>• 그 밖에 안전·보건관리에 필요한 사항 |
| 5. 액화석유가스·수소가스 등 인화성 가스 또는 폭발성 물질 중 가스의 발생장치 취급작업 | • 취급가스의 상태 및 성질에 관한 사항<br>• 발생장치 등의 위험 방지에 관한 사항<br>• 고압가스 저장설비 및 안전취급방법에 관한 사항<br>• 설비 및 기구의 점검 요령<br>• 그 밖에 안전·보건관리에 필요한 사항 |
| 6. 화학설비 중 반응기, 교반기·추출기의 사용 및 세척작업 | • 각 계측장치의 취급 및 주의에 관한 사항<br>• 투시창·수위 및 유량계 등의 점검 및 밸브의 조작 주의에 관한 사항<br>• 세척액의 유해성 및 인체에 미치는 영향에 관한 사항<br>• 작업 절차에 관한 사항<br>• 그 밖에 안전·보건관리에 필요한 사항 |
| 7. 화학설비의 탱크 내 작업 | • 차단장치·정지장치 및 밸브 개폐장치의 점검에 관한 사항<br>• 탱크 내의 산소농도 측정 및 작업환경에 관한 사항<br>• 안전보호구 및 이상 발생 시 응급조치에 관한 사항<br>• 작업절차·방법 및 유해·위험에 관한 사항<br>• 그 밖에 안전·보건관리에 필요한 사항 |
| 8. 분말·원재료 등을 담은 호퍼(하부가 깔대기 모양으로 된 저장통)·저장창고 등 저장탱크의 내부작업 | • 분말·원재료의 인체에 미치는 영향에 관한 사항<br>• 저장탱크 내부작업 및 복장보호구 착용에 관한 사항<br>• 작업의 지정·방법·순서 및 작업환경 점검에 관한 사항<br>• 팬·풍기(風旗) 조작 및 취급에 관한 사항<br>• 분진 폭발에 관한 사항<br>• 그 밖에 안전·보건관리에 필요한 사항 |

| 작업명 | 교육 내용 |
|---|---|
| 9. 다음 각 목에 정하는 설비에 의한 물건의 가열·건조작업<br><br>　가. 건조설비 중 위험물 등에 관계되는 설비로 속부피가 1세제곱미터 이상인 것<br><br>　나. 건조설비 중 가목의 위험물 등 외의 물질에 관계되는 설비로서, 연료를 열원으로 사용하는 것(그 최대연소소비량이 매 시간당 10킬로그램 이상인 것만 해당한다) 또는 전력을 열원으로 사용하는 것(정격소비전력이 10킬로와트 이상인 경우만 해당한다) | • 건조설비 내외면 및 기기기능의 점검에 관한 사항<br>• 복장보호구 착용에 관한 사항<br>• 건조 시 유해가스 및 고열 등이 인체에 미치는 영향에 관한 사항<br>• 건조설비에 의한 화재·폭발 예방에 관한 사항 |
| 10. 다음 각 목에 해당하는 집재장치(집재기·가선·운반기구·지주 및 이들에 부속하는 물건으로 구성되고, 동력을 사용하여 원목 또는 장작과 숯을 담아 올리거나 공중에서 운반하는 설비를 말한다)의 조립, 해체, 변경 또는 수리작업 및 이들 설비에 의한 집재 또는 운반 작업<br><br>　가. 원동기의 정격출력이 7.5킬로와트를 넘는 것<br><br>　나. 지간의 경사거리 합계가 350미터 이상인 것<br><br>　다. 최대사용하중이 200킬로그램 이상인 것 | • 기계의 브레이크 비상정지장치 및 운반경로, 각종 기능 점검에 관한 사항<br>• 작업 시작 전 준비사항 및 작업방법에 관한 사항<br>• 취급물의 유해·위험에 관한 사항<br>• 구조상의 이상 시 응급처치에 관한 사항<br>• 그 밖에 안전·보건관리에 필요한 사항 |

| 작업명 | 교육 내용 |
|---|---|
| 11. 동력에 의하여 작동되는 프레스기계를 5대 이상 보유한 사업장에서 해당 기계로 하는 작업 | • 프레스의 특성과 위험성에 관한 사항<br>• 방호장치 종류와 취급에 관한 사항<br>• 안전작업방법에 관한 사항<br>• 프레스 안전기준에 관한 사항<br>• 그 밖에 안전·보건관리에 필요한 사항 |
| 12. 목재가공용 기계(둥근톱기계, 띠톱기계, 대패기계, 모떼기기계 및 라우터기(목재를 자르거나 홈을 파는 기계)만 해당하며, 휴대용은 제외한다)를 5대 이상 보유한 사업장에서 해당 기계로 하는 작업 | • 목재가공용 기계의 특성과 위험성에 관한 사항<br>• 방호장치의 종류와 구조 및 취급에 관한 사항<br>• 안전기준에 관한 사항<br>• 안전작업방법 및 목재 취급에 관한 사항<br>• 그 밖에 안전·보건관리에 필요한 사항 |
| 13. 운반용 등 하역기계를 5대 이상 보유한 사업장에서의 해당 기계로 하는 작업 | • 운반하역기계 및 부속설비의 점검에 관한 사항<br>• 작업순서와 방법에 관한 사항<br>• 안전운전방법에 관한 사항<br>• 화물의 취급 및 작업신호에 관한 사항<br>• 그 밖에 안전·보건관리에 필요한 사항 |
| 14. 1톤 이상의 크레인을 사용하는 작업 또는 1톤 미만의 크레인 또는 호이스트를 5대 이상 보유한 사업장에서 해당 기계로 하는 작업 | • 방호장치의 종류, 기능 및 취급에 관한 사항<br>• 걸고리·와이어로프 및 비상정지장치 등의 기계·기구 점검에 관한 사항<br>• 화물의 취급 및 안전작업방법에 관한 사항<br>• 신호방법 및 공동작업에 관한 사항<br>• 인양 물건의 위험성 및 낙하·비래(飛來)·충돌재해 예방에 관한 사항<br>• 인양물이 적재될 지반의 조건, 인양하중, 풍압 등이 인양물과 타워크레인에 미치는 영향<br>• 그 밖에 안전·보건관리에 필요한 사항 |
| 15. 건설용 리프트·곤돌라를 이용한 작업 | • 방호장치의 기능 및 사용에 관한 사항<br>• 기계, 기구, 달기체인 및 와이어 등의 점검에 관한 사항<br>• 화물의 권상·권하 작업방법 및 안전작업 지도에 관한 사항<br>• 기계·기구에 특성 및 동작원리에 관한 사항<br>• 신호방법 및 공동작업에 관한 사항<br>• 그 밖에 안전·보건관리에 필요한 사항 |

| 작업명 | 교육 내용 |
|---|---|
| 16. 주물 및 단조(금속을 두들기거나 눌러서 형체를 만드는 일) 작업 | • 고열물의 재료 및 작업환경에 관한 사항<br>• 출탕·주조 및 고열물의 취급과 안전작업방법에 관한 사항<br>• 고열작업의 유해·위험 및 보호구 착용에 관한 사항<br>• 안전기준 및 중량물 취급에 관한 사항<br>• 그 밖에 안전·보건관리에 필요한 사항 |
| 17. **전압이 75볼트 이상인** 정전 및 활선작업 | • 전기의 위험성 및 전격 방지에 관한 사항<br>• 해당 설비의 보수 및 점검에 관한 사항<br>• 정전작업·활선작업 시의 안전작업방법 및 순서에 관한 사항<br>• 절연용 보호구, 절연용 방호구 및 활선작업용 기구 등의 사용에 관한 사항<br>• 그 밖에 안전·보건관리에 필요한 사항 |
| 18. 콘크리트 파쇄기를 사용하여 하는 파쇄작업(2미터 이상인 구축물의 파쇄작업만 해당한다) | • 콘크리트 해체 요령과 방호거리에 관한 사항<br>• 작업안전조치 및 안전기준에 관한 사항<br>• 파쇄기의 조작 및 공통작업 신호에 관한 사항<br>• 보호구 및 방호장비 등에 관한 사항<br>• 그 밖에 안전·보건관리에 필요한 사항 |
| 19. 굴착면의 높이가 2미터 이상이 되는 지반 굴착(터널 및 수직갱 외의 갱 굴착은 제외한다)작업 | • 지반의 형태·구조 및 굴착 요령에 관한 사항<br>• 지반의 붕괴재해 예방에 관한 사항<br>• 붕괴 방지용 구조물 설치 및 작업방법에 관한 사항<br>• 보호구의 종류 및 사용에 관한 사항<br>• 그 밖에 안전·보건관리에 필요한 사항 |
| 20. 흙막이 지보공의 보강 또는 동바리를 설치하거나 해체하는 작업 | • 작업안전 점검 요령과 방법에 관한 사항<br>• 동바리의 운반·취급 및 설치 시 안전작업에 관한 사항<br>• 해체작업 순서와 안전기준에 관한 사항<br>• 보호구 취급 및 사용에 관한 사항<br>• 그 밖에 안전·보건관리에 필요한 사항 |
| 21. 터널 안에서의 굴착작업(굴착용 기계를 사용하여 하는 굴착작업 중 근로자가 칼날 밑에 접근하지 않고 하는 작업은 제외한다) 또는 같은 작업에서의 터널 거푸집 지보공의 조립 또는 콘크리트 작업 | • 작업환경의 점검 요령과 방법에 관한 사항<br>• 붕괴 방지용 구조물 설치 및 안전작업 방법에 관한 사항<br>• 재료의 운반 및 취급·설치의 안전기준에 관한 사항<br>• 보호구의 종류 및 사용에 관한 사항<br>• 소화설비의 설치장소 및 사용방법에 관한 사항<br>• 그 밖에 안전·보건관리에 필요한 사항 |

| 작업명 | 교육 내용 |
|---|---|
| 22. 굴착면의 높이가 2미터 이상이 되는 암석의 굴착작업 | • 폭발물 취급 요령과 대피 요령에 관한 사항<br>• 안전거리 및 안전기준에 관한 사항<br>• 방호물의 설치 및 기준에 관한 사항<br>• 보호구 및 신호방법 등에 관한 사항<br>• 그 밖에 안전·보건관리에 필요한 사항 |
| 23. 높이가 2미터 이상인 물건을 쌓거나 무너뜨리는 작업(하역기계로만 하는 작업은 제외한다) | • 원부재료의 취급 방법 및 요령에 관한 사항<br>• 물건의 위험성·낙하 및 붕괴재해 예방에 관한 사항<br>• 적재방법 및 전도 방지에 관한 사항<br>• 보호구 착용에 관한 사항<br>• 그 밖에 안전·보건관리에 필요한 사항 |
| 24. 선박에 짐을 쌓거나 부리거나 이동시키는 작업 | • 하역 기계·기구의 운전방법에 관한 사항<br>• 운반·이송경로의 안전작업방법 및 기준에 관한 사항<br>• 중량물 취급 요령과 신호 요령에 관한 사항<br>• 작업안전 점검과 보호구 취급에 관한 사항<br>• 그 밖에 안전·보건관리에 필요한 사항 |
| 25. 거푸집 동바리의 조립 또는 해체작업 | • 동바리의 조립방법 및 작업 절차에 관한 사항<br>• 조립재료의 취급방법 및 설치기준에 관한 사항<br>• 조립 해체 시의 사고 예방에 관한 사항<br>• 보호구 착용 및 점검에 관한 사항<br>• 그 밖에 안전·보건관리에 필요한 사항 |
| 26. 비계의 조립·해체 또는 변경작업 | • 비계의 조립순서 및 방법에 관한 사항<br>• 비계작업의 재료 취급 및 설치에 관한 사항<br>• 추락재해 방지에 관한 사항<br>• 보호구 착용에 관한 사항<br>• 비계상부 작업 시 최대 적재하중에 관한 사항<br>• 그 밖에 안전·보건관리에 필요한 사항 |
| 27. 건축물의 골조, 다리의 상부구조 또는 탑의 금속제의 부재로 구성되는 것(5미터 이상인 것만 해당한다)의 조립·해체 또는 변경작업 | • 건립 및 버팀대의 설치순서에 관한 사항<br>• 조립 해체 시의 추락재해 및 위험요인에 관한 사항<br>• 건립용 기계의 조작 및 작업신호 방법에 관한 사항<br>• 안전장비 착용 및 해체순서에 관한 사항<br>• 그 밖에 안전·보건관리에 필요한 사항 |
| 28. 처마 높이가 5미터 이상인 목조건축물의 구조 부재의 조립이나 건축물의 지붕 또는 외벽 밑에서의 설치작업 | • 붕괴·추락 및 재해 방지에 관한 사항<br>• 부재의 강도·재질 및 특성에 관한 사항<br>• 조립·설치 순서 및 안전작업방법에 관한 사항<br>• 보호구 착용 및 작업 점검에 관한 사항<br>• 그 밖에 안전·보건관리에 필요한 사항 |

| 작업명 | 교육 내용 |
|---|---|
| 29. 콘크리트 인공구조물(그 높이가 2미터 이상인 것만 해당한다)의 해체 또는 파괴작업 | • 콘크리트 해체기계의 점점에 관한 사항<br>• 파괴 시의 안전거리 및 대피 요령에 관한 사항<br>• 작업방법·순서 및 신호 방법 등에 관한 사항<br>• 해체·파괴 시의 작업안전기준 및 보호구에 관한 사항<br>• 그 밖에 안전·보건관리에 필요한 사항 |
| 30. **타워크레인을 설치**(상승작업을 포함한다)·해체하는 작업 | • 붕괴·추락 및 재해 방지에 관한 사항<br>• 설치·해체 순서 및 안전작업방법에 관한 사항<br>• 부재의 구조·재질 및 특성에 관한 사항<br>• 신호방법 및 요령에 관한 사항<br>• 이상 발생 시 응급조치에 관한 사항<br>• 그 밖에 안전·보건관리에 필요한 사항 |
| 31. 보일러(소형 보일러 및 다음 각 목에서 정하는 보일러는 제외한다)의 설치 및 취급 작업<br>가. 몸통 반지름이 750밀리미터 이하이고 그 길이가 1,300밀리미터 이하인 증기보일러<br>나. 전열면적이 3제곱미터 이하인 증기보일러<br>다. 전열면적이 14제곱미터 이하인 온수보일러<br>라. 전열면적이 30제곱미터 이하인 관류보일러(물관을 사용하여 가열시키는 방식의 보일러) | • 기계 및 기기 점화장치 계측기의 점검에 관한 사항<br>• 열관리 및 방호장치에 관한 사항<br>• 작업순서 및 방법에 관한 사항<br>• 그 밖에 안전·보건관리에 필요한 사항 |
| 32. **게이지 압력을 제곱센티미터당 1킬로그램 이상**으로 사용하는 **압력용기**의 설치 및 취급작업 | • 안전시설 및 안전기준에 관한 사항<br>• 압력용기의 위험성에 관한 사항<br>• 용기 취급 및 설치기준에 관한 사항<br>• 작업안전 점검 방법 및 요령에 관한 사항<br>• 그 밖에 안전·보건관리에 필요한 사항 |

| 작업명 | 교육 내용 |
|---|---|
| 33. 방사선 업무에 관계되는 작업(의료 및 실험용은 제외한다) | • 방사선의 유해·위험 및 인체에 미치는 영향<br>• 방사선의 측정기기 기능의 점검에 관한 사항<br>• 방호거리·방호벽 및 방사선물질의 취급 요령에 관한 사항<br>• 응급처치 및 보호구 착용에 관한 사항<br>• 그 밖에 안전·보건관리에 필요한 사항 |
| 34. 밀폐공간에서의 작업 ✡ | • 산소농도 측정 및 작업환경에 관한 사항<br>• 사고 시의 응급처치 및 비상 시 구출에 관한 사항<br>• 보호구 착용 및 보호 장비 사용에 관한 사항<br>• 작업 내용·안전 작업 방법 및 절차에 관한 사항<br>• 장비·설비 및 시설 등의 안전점검에 관한 사항<br>• 그 밖에 안전·보건 관리에 필요한 사항 |
| 35. 허가 및 관리 대상 유해물질의 제조 또는 취급작업 | • 취급물질의 성질 및 상태에 관한 사항<br>• 유해물질이 인체에 미치는 영향<br>• 국소배기장치 및 안전설비에 관한 사항<br>• 안전작업방법 및 보호구 사용에 관한 사항<br>• 그 밖에 안전·보건관리에 필요한 사항 |
| 36. 로봇작업 | • 로봇의 기본원리·구조 및 작업방법에 관한 사항<br>• 이상 발생 시 응급조치에 관한 사항<br>• 안전시설 및 안전기준에 관한 사항<br>• 조작방법 및 작업순서에 관한 사항 |
| 37. 석면해체·제거작업 | • 석면의 특성과 위험성<br>• 석면해체·제거의 작업방법에 관한 사항<br>• 장비 및 보호구 사용에 관한 사항<br>• 그 밖에 안전·보건관리에 필요한 사항 |
| 38. 가연물이 있는 장소에서 하는 화재위험작업 | • 작업준비 및 작업절차에 관한 사항<br>• 작업장 내 위험물, 가연물의 사용·보관·설치 현황에 관한 사항<br>• 화재위험작업에 따른 인근 인화성 액체에 대한 방호조치에 관한 사항<br>• 화재위험작업으로 인한 불꽃, 불티 등의 흩날림 방지 조치에 관한 사항<br>• 인화성 액체의 증기가 남아 있지 않도록 환기 등의 조치에 관한 사항<br>• 화재감시자의 직무 및 피난교육 등 비상조치에 관한 사항<br>• 그 밖에 안전·보건관리에 필요한 사항 |

| 작업명 | 교육 내용 |
|---|---|
| 39. 타워크레인을 사용하는 작업 시 신호업무를 하는 작업 ✄ | • 타워크레인의 기계적 특성 및 방호장치 등에 관한 사항<br>• 화물의 취급 및 안전작업방법에 관한 사항<br>• 신호방법 및 요령에 관한 사항<br>• 인양 물건의 위험성 및 낙하·비래·충돌재해 예방에 관한 사항<br>• 인양물이 적재될 지반의 조건, 인양하중, 풍압 등이 인양물과 타워크레인에 미치는 영향<br>• 그 밖에 안전·보건관리에 필요한 사항 |

CHAPTER

06

# 산업안전 관계법규

## 01 작업 시작 전 점검 ✿✿✿

| 작업의 종류 | 점검 내용 |
|---|---|
| 1. 프레스 등을 사용하여 작업을 할 때 | 가. 클러치 및 브레이크의 기능<br>나. 크랭크축·플라이휠·슬라이드·연결봉 및 연결<br>나사의 풀림 여부<br>다. 1행정 1정지기구·급정지장치 및 비상정지장치의<br>기능<br>라. 슬라이드 또는 칼날에 의한 위험방지 기구의 기능<br>마. 프레스의 금형 및 고정볼트 상태<br>바. 방호장치의 기능<br>사. 전단기(剪斷機)의 칼날 및 테이블의 상태 |
| 2. 로봇의 작동 범위에서 그 로봇에 관하여 교시등(로봇의 동력원을 차단하고 하는 것은 제외한다)의 작업을 할 때 | 가. 외부 전선의 피복 또는 외장의 손상 유무<br>나. 매니퓰레이터(manipulator) 작동의 이상<br>유무<br>다. 제동장치 및 비상정지장치의 기능 |
| 3. 공기압축기를 가동할 때 | 가. 공기저장 압력용기의 외관 상태<br>나. 드레인밸브(drain valve)의 조작 및 배수<br>다. 압력방출장치의 기능<br>라. 언로드밸브(unloading valve)의 기능<br>마. 윤활유의 상태<br>바. 회전부의 덮개 또는 울의 상태<br>사. 그 밖의 연결 부위의 이상 유무 |
| 4. 크레인을 사용하여 작업을 하는 때 | 가. 권과방지장치·브레이크·클러치 및 운전장치의 기능<br>나. 주행로의 상측 및 트롤리(trolley)가 횡행하는<br>레일의 상태<br>다. 와이어로프가 통하고 있는 곳의 상태 |
| 5. 이동식 크레인을 사용하여 작업을 할 때 | 가. 권과방지장치나 그 밖의 경보장치의 기능<br>나. 브레이크·클러치 및 조정장치의 기능<br>다. 와이어로프가 통하고 있는 곳 및 작업장소의 지반상태 |
| 6. 리프트를 사용하여 작업을 할 때 | 가. 방호장치·브레이크 및 클러치의 기능<br>나. 와이어로프가 통하고 있는 곳의 상태 |
| 7. 곤돌라를 사용하여 작업을 할 때 | 가. 방호장치·브레이크의 기능<br>나. 와이어로프·슬링와이어(sling wire) 등의 상태 |
| 8. 양중기의 와이어로프·달기체인·섬유로프·섬유벨트 또는 훅·샤클·링 등의 철구를 사용하여 고리걸이작업을 할 때 | 와이어로프 등의 이상 유무 |

| 작업의 종류 | 점검 내용 |
|---|---|
| 9. 지게차를 사용하여 작업을 하는 때 | 가. 제동장치 및 조종장치 기능의 이상 유무<br>나. 하역장치 및 유압장치 기능의 이상 유무<br>다. 바퀴의 이상 유무<br>라. 전조등·후미등·방향지시기 및 경보장치 기능의 이상 유무 |
| 10. 구내운반차를 사용하여 작업을 할 때 | 가. 제동장치 및 조종장치 기능의 이상 유무<br>나. 하역장치 및 유압장치 기능의 이상 유무<br>다. 바퀴의 이상 유무<br>라. 전조등·후미등·방향지시기 및 경음기 기능의 이상 유무<br>마. 충전장치를 포함한 홀더 등의 결합상태의 이상 유무 |
| 11. 고소작업대를 사용하여 작업을 할 때 | 가. 비상정지장치 및 비상하강 방지장치 기능의 이상 유무<br>나. 과부하 방지장치의 작동 유무(와이어로프 또는 체인구동방식의 경우)<br>다. 아웃트리거 또는 바퀴의 이상 유무<br>라. 작업면의 기울기 또는 요철 유무<br>마. 활선작업용 장치의 경우 홈·균열·파손 등 그 밖의 손상 유무 |
| 12. 화물자동차를 사용하는 작업을 하게 할 때 | 가. 제동장치 및 조종장치의 기능<br>나. 하역장치 및 유압장치의 기능<br>다. 바퀴의 이상 유무 |
| 13. 컨베이어 등을 사용하여 작업을 할 때 | 가. 원동기 및 풀리(pulley) 기능의 이상 유무<br>나. 이탈 등의 방지장치 기능의 이상 유무<br>다. 비상정지장치 기능의 이상 유무<br>라. 원동기·회전축·기어 및 풀리 등의 넒개 또는 울 능의 이상 유무 |
| 14. 차량계 건설기계를 사용하여 작업을 할 때 | 브레이크 및 클러치 등의 기능 |
| 14-2. 용접·용단 작업 등의 화재위험작업을 할 때<br>(제2편 제2장 제2절) | 가. 작업 준비 및 작업 절차 수립 여부<br>나. 화기작업에 따른 인근 가연성물질에 대한 방호조치 및 소화기구 비치 여부<br>다. 용접불티 비산방지덮개 또는 용접방화포 등 불꽃·불티 등의 비산을 방지하기 위한 조치 여부<br>라. 인화성 액체의 증기 또는 인화성 가스가 남아 있지 않도록 하는 환기 조치 여부<br>마. 작업근로자에 대한 화재예방 및 피난교육 등 비상조치 여부<br><br>실력이 되고! 합격이 되는! 특급 암기법<br><br>작업준비, 절차수립 → 불꽃비산방지 → 환기 → 소화기구 → 화재예방, 피난교육 |
| 15. 이동식 방폭구조(防爆構造) 전기기계·기구를 사용할 때 | 전선 및 접속부 상태 |

| 작업의 종류 | 점검 내용 |
|---|---|
| 16. 근로자가 반복하여 계속적으로 중량물을 취급하는 작업을 할 때 | 가. 중량물 취급의 올바른 자세 및 복장<br>나. 위험물이 날아 흩어짐에 따른 보호구의 착용<br>다. 카바이드·생석회(산화칼슘) 등과 같이 온도상승이나 습기에 의하여 위험성이 존재하는 중량물의 취급방법<br>라. 그 밖에 하역운반기계 등의 적절한 사용방법 |
| 17. 양화장치를 사용하여 화물을 싣고 내리는 작업을 할 때 | 가. 양화장치(揚貨裝置)의 작동상태<br>나. 양화장치에 제한하중을 초과하는 하중을 실었는지 여부 |
| 18. 슬링 등을 사용하여 작업을 할 때 | 가. 훅이 붙어 있는 슬링·와이어슬링 등이 매달린 상태<br>나. 슬링·와이어슬링 등의 상태(작업시작 전 및 작업 중 수시로 점검) |

## 02 관리감독자의 유해위험방지업무

| 작업의 종류 | 직무수행 내용 |
|---|---|
| 1. 프레스 등을 사용하는 작업 | 가. 프레스 등 및 그 방호장치를 점검하는 일<br>나. 프레스 등 및 그 방호장치에 이상이 발견 되면 즉시 필요한 조치를 하는 일<br>다. 프레스 등 및 그 방호장치에 전환스위치를 설치했을 때 그 전환스위치의 열쇠를 관리하는 일<br>라. 금형의 부착·해체 또는 조정작업을 직접 지휘하는 일 |
| 2. 목재가공용 기계를 취급하는 작업 | 가. 목재가공용 기계를 취급하는 작업을 지휘하는 일<br>나. 목재가공용 기계 및 그 방호장치를 점검하는 일<br>다. 목재가공용 기계 및 그 방호장치에 이상이 발견된 즉시 보고 및 필요한 조치를 하는 일<br>라. 작업 중 지그(jig) 및 공구 등의 사용 상황을 감독하는 일 |
| 3. 크레인을 사용하는 작업 ✿ | 가. **작업방법과 근로자 배치를 결정하고 그 작업을 지휘하는 일**<br>나. **재료의 결함** 유무 또는 **기구 및 공구의 기능을 점검하고 불량품을 제거하는 일**<br>다. 작업 중 **안전대 또는 안전모의 착용 상황을 감시하는** 일 |
| 4. 위험물을 제조하거나 취급하는 작업 | 가. 작업을 지휘하는 일<br>나. 위험물을 제조하거나 취급하는 설비 및 그 설비의 부속설비가 있는 장소의 온도·습도·차광 및 환기 상태 등을 수시로 점검하고 이상을 발견하면 즉시 필요한 조치를 하는 일<br>다. 나목에 따라 한 조치를 기록하고 보관하는 일 |
| 5. 건조설비를 사용하는 작업 ✿ | 가. 건조설비를 처음으로 사용하거나 건조방법 또는 건조물의 종류를 변경했을 때에는 **근로자에게 미리 그 작업방법을 교육하고 작업을 직접 지휘**하는 일<br>나. 건조설비가 있는 장소를 항상 **정리정돈하고 그 장소에 가연성 물질을 두지 않도록 하는 일** |
| 6. 아세틸렌 용접장치를 사용하는 금속의 용접·용단 또는 가열 작업 | 가. 작업방법을 결정하고 작업을 지휘하는 일<br>나. 아세틸렌 용접장치의 취급에 종사하는 근로자로 하여금 다음의 작업요령을 준수하도록 하는 일<br>(1) 사용 중인 발생기에 불꽃을 발생시킬 우려가 있는 공구를 사용하거나 그 발생기에 충격을 가하지 않도록 할 것<br>(2) 아세틸렌 용접장치의 가스누출을 점검할 때에는 비눗물을 사용하는 등 안전한 방법으로 할 것<br>(3) 발생기실의 출입구 문을 열어 두지 않도록 할 것<br>(4) 이동식 아세틸렌 용접장치의 발생기에 카바이드를 교환할 때에는 옥외의 안전한 장소에서 할 것 |

| 작업의 종류 | 직무수행 내용 |
|---|---|
| | 다. 아세틸렌 용접작업을 시작할 때에는 아세틸렌 용접장치를 점검하고 발생기 내부로부터 공기와 아세틸렌의 혼합가스를 배제하는 일<br>라. 안전기는 작업 중 그 수위를 쉽게 확인할 수 있는 장소에 놓고 1일 1회 이상 점검하는 일<br>마. 아세틸렌 용접장치 내의 물이 동결되는 것을 방지하기 위하여 아세틸렌 용접장치를 보온하거나 가열할 때에는 온수나 증기를 사용하는 등 안전한 방법으로 하도록 하는 일<br>바. 발생기 사용을 중지하였을 때에는 물과 잔류 카바이드가 접촉하지 않은 상태로 유지하는 일<br>사. 발생기를 수리·가공·운반 또는 보관할 때에는 아세틸렌 및 카바이드에 접촉하지 않은 상태로 유지하는 일<br>아. 작업에 종사하는 근로자의 보안경 및 안전장갑의 착용 상황을 감시하는 일 |
| 7. 가스집합용접장치의 취급작업 | 가. 작업방법을 결정하고 작업을 직접 지휘하는 일<br>나. 가스집합장치의 취급에 종사하는 근로자로 하여금 다음의 작업요령을 준수하도록 하는 일<br>　(1) 부착할 가스용기의 마개 및 배관 연결부에 붙어 있는 유류·찌꺼기 등을 제거할 것<br>　(2) 가스용기를 교환할 때에는 그 용기의 마개 및 배관 연결부 부분의 가스누출을 점검하고 배관 내의 가스가 공기와 혼합되지 않도록 할 것<br>　(3) 가스누출 점검은 비눗물을 사용하는 등 안전한 방법으로 할 것<br>　(4) 밸브 또는 콕은 서서히 열고 닫을 것<br>다. 가스용기의 교환작업을 감시하는 일<br>라. 작업을 시작할 때에는 호스·취관·호스밴드 등의 기구를 점검하고 손상·마모 등으로 인하여 가스나 산소가 누출될 우려가 있다고 인정할 때에는 보수하거나 교환하는 일<br>마. 안전기는 작업 중 그 기능을 쉽게 확인할 수 있는 장소에 두고 1일 1회 이상 점검하는 일<br>바. 작업에 종사하는 근로자의 보안경 및 안전장갑의 착용 상황을 감시하는 일 |
| 8. 거푸집 동바리의 고정·조립 또는 해체 작업/지반의 굴착작업/흙막이 지보공의 고정·조립 또는 해체 작업/터널의 굴착작업/건물 등의 해체작업 | 가. 안전한 작업방법을 결정하고 작업을 지휘하는 일<br>나. 재료·기구의 결함 유무를 점검하고 불량품을 제거하는 일<br>다. 작업 중 안전대 및 안전모 등 보호구 착용 상황을 감시하는 일 |
| 9. 높이 5미터 이상의 비계(飛階)를 조립·해체하거나 변경하는 작업(해체작업의 경우 가목은 적용 제외) | 가. 재료의 결함 유무를 점검하고 불량품을 제거하는 일<br>나. 기구·공구·안전대 및 안전모 등의 기능을 점검하고 불량품을 제거하는 일<br>다. 작업방법 및 근로자 배치를 결정하고 작업 진행 상태를 감시하는 일<br>라. 안전대와 안전모 등의 착용 상황을 감시하는 일 |

| 작업의 종류 | 직무수행 내용 |
|---|---|
| 10. 달비계 작업 | 가. 작업용 섬유로프, 작업용 섬유로프의 고정점, 구명줄의 조정점, 작업대, 고리걸이용 철구 및 안전대 등의 결손 여부를 확인하는 일<br>나. 작업용 섬유로프 및 안전대 부착 설비용 로프가 고정 점에 풀리지 않는 매듭 방법으로 결속되었는지 확인하는 일<br>다. 근로자가 작업대에 탑승하기 전 안전모 및 안전대를 착용하고 안전대를 구명줄에 체결했는지 확인하는 일<br>라. 작업 방법 및 근로자 배치를 결정하고 작업 진행 상태를 감시하는 일 |
| 11. 발파작업 ✪ | 가. 점화 전에 점화작업에 종사하는 근로자가 아닌 사람에게 대피를 지시하는 일<br>나. 점화작업에 종사하는 근로자에게 대피장소 및 경로를 지시하는 일<br>다. 점화 전에 위험구역 내에서 근로자가 대피한 것을 확인하는 일<br>라. 점화순서 및 방법에 대하여 지시하는 일<br>마. 점화신호를 하는 일<br>바. 점화작업에 종사하는 근로자에게 대피신호를 하는 일<br>사. 발파 후 터지지 않은 장약이나 남은 장약의 유무, 용수(湧水)의 유무 및 암석·토사의 낙하 여부 등을 점검하는 일<br>아. 점화하는 사람을 정하는 일<br>자. 공기압축기의 안전밸브 작동 유무를 점검하는 일<br>차. 안전모 등 보호구 착용 상황을 감시하는 일 |
| 12. 채석을 위한 굴착작업 ✪ | 가. 대피방법을 미리 교육하는 일<br>나. 작업을 시작하기 전 또는 폭우가 내린 후에는 토사 등의 낙하·균열의 유무 또는 함수(含水)·용수(湧水) 및 동결의 상태를 점검하는 일<br>다. 발파한 후에는 발파장소 및 그 주변의 토사 등의 낙하·균열의 유무를 점검하는 일 |
| 13. 화물취급작업 ✪ | 가. 작업방법 및 순서를 결정하고 작업을 지휘하는 일<br>나. 기구 및 공구를 점검하고 불량품을 제거하는 일<br>다. 그 작업장소에는 관계 근로자가 아닌 사람의 출입을 금지하는 일<br>라. 로프 등의 해체작업을 할 때에는 하대(荷臺) 위의 화물의 낙하위험 유무를 확인하고 작업의 착수를 지시하는 일 |
| 14. 부두와 선박에서의 하역작업 | 가. 작업 방법을 결정하고 작업을 지휘하는 일<br>나. 통행 설비·하역기계·보호구 및 기구·공구를 점검·정비하고 이들의 사용 상황을 감시하는 일<br>다. 주변 작업자 간의 연락을 조정하는 일 |
| 15. 전로 등 전기작업 또는 그 지지물의 설치, 점검, 수리 및 도장 등의 작업 | 가. 작업 구간 내의 충전전로 등 모든 충전 시설을 점검하는 일<br>나. 작업 방법 및 그 순서를 결정(근로자 교육 포함)하고 작업을 지휘하는 일<br>다. 작업근로자의 보호구 또는 절연용 보호구 착용 상황을 감시하고 감전재해 요소를 제거하는 일 |

| 작업의 종류 | 직무수행 내용 |
|---|---|
| | 라. 작업 공구, 절연용 방호구 등의 결함 여부와 기능을 점검하고 불량품을 제거하는 일<br>마. 작업장소에 관계 근로자 외에는 출입을 금지하고 주변 작업자와의 연락을 조정하며 도로작업 시 차량 및 통행인 등에 대한 교통통제 등 작업전반에 대해 지휘·감시하는 일<br>바. 활선작업용 기구를 사용하여 작업할 때 안전거리가 유지되는지 감시하는 일<br>사. 감전재해를 비롯한 각종 산업재해에 따른 신속한 응급처치를 할 수 있도록 근로자들을 교육하는 일 |
| 16. 관리대상 유해물질을 취급하는 작업 | 가. 관리대상 유해물질을 취급하는 근로자가 물질에 오염되지 않도록 작업방법을 결정하고 작업을 지휘하는 업무<br>나. 관리대상 유해물질을 취급하는 장소나 설비를 매월 1회 이상 순회점검하고 국소배기장치 등 환기설비에 대해서는 다음 각 호의 사항을 점검하여 필요한 조치를 하는 업무. 단, 환기설비를 점검하는 경우에는 다음의 사항을 점검<br>　(1) 후드(hood)나 덕트(duct)의 마모·부식, 그 밖의 손상 여부 및 정도<br>　(2) 송풍기와 배풍기의 주유 및 청결 상태<br>　(3) 덕트 접속부가 헐거워졌는지 여부<br>　(4) 전동기와 배풍기를 연결하는 벨트의 작동 상태<br>　(5) 흡기 및 배기 능력 상태<br>다. 보호구의 착용 상황을 감시하는 업무<br>라. 근로자가 탱크 내부에서 관리대상 유해물질을 취급하는 경우에 다음의 조치를 했는지 확인하는 업무<br>　(1) 관리대상 유해물질에 관하여 필요한 지식을 가진 사람이 해당 작업을 지휘<br>　(2) 관리대상 유해물질이 들어올 우려가 없는 경우에는 작업을 하는 설비의 개구부를 모두 개방<br>　(3) 근로자의 신체가 관리대상 유해물질에 의하여 오염되었거나 작업이 끝난 경우에는 즉시 몸을 씻는 조치<br>　(4) 비상시에 작업설비 내부의 근로자를 즉시 대피시키거나 구조하기 위한 기구와 그 밖의 설비를 갖추는 조치<br>　(5) 작업을 하는 설비의 내부에 대하여 작업 전에 관리대상 유해물질의 농도를 측정하거나 그 밖의 방법으로 근로자가 건강에 장해를 입을 우려가 있는지를 확인하는 조치<br>　(6) 제(5)에 따른 설비 내부에 관리대상 유해물질이 있는 경우에는 설비 내부를 충분히 환기하는 조치<br>　(7) 유기화합물을 넣었던 탱크에 대하여 제(1)부터 제(6)까지의 조치 외에 다음의 조치<br>　　(가) 유기화합물이 탱크로부터 배출된 후 탱크 내부에 재유입되지 않도록 조치<br>　　(나) 물이나 수증기 등으로 탱크 내부를 씻은 후 그 씻은 물이나 수증기 등을 탱크로부터 배출 |

| 작업의 종류 | 직무수행 내용 |
|---|---|
| | (다) 탱크 용적의 3배 이상의 공기를 채웠다가 내보내거나 탱크에 물을 가득 채웠다가 내보내거나 탱크에 물을 가득 채웠다가 배출<br>마. 나목에 따른 점검 및 조치 결과를 기록·관리하는 업무 |
| 17. 허가대상 유해물질 취급작업 | 가. 근로자가 허가대상 유해물질을 들이마시거나 허가대상 유해물질에 오염되지 않도록 작업수칙을 정하고 지휘하는 업무<br>나. 작업장에 설치되어 있는 국소배기장치나 그 밖에 근로자의 건강장해 예방을 위한 장치 등을 매월 1회 이상 점검하는 업무<br>다. 근로자의 보호구 착용 상황을 점검하는 업무 |
| 18. 석면 해체·제거작업 | 가. 근로자가 석면분진을 들이마시거나 석면분진에 오염되지 않도록 작업방법을 정하고 지휘하는 업무<br>나. 작업장에 설치되어 있는 석면분진 포집장치, 음압기 등의 장비의 이상 유무를 점검하고 필요한 조치를 하는 업무<br>다. 근로자의 보호구 착용 상황을 점검하는 업무 |
| 19. 고압작업 | 가. 작업방법을 결정하여 고압작업자를 직접 지휘하는 업무<br>나. 유해가스의 농도를 측정하는 기구를 점검하는 업무<br>다. 고압작업자가 작업실에 입실하거나 퇴실하는 경우에 고압작업자의 수를 점검하는 업무<br>라. 작업실에서 공기조절을 하기 위한 밸브나 콕을 조작하는 사람과 연락하여 작업실 내부의 압력을 적정한 상태로 유지하도록 하는 업무<br>마. 공기를 기압조절실로 보내거나 기압조절실에서 내보내기 위한 밸브나 콕을 조작하는 사람과 연락하여 고압작업자에 대하여 가압이나 감압을 다음과 같이 따르도록 조치하는 업무<br>　(1) 가압을 하는 경우 1분에 제곱센티미터당 0.8킬로그램 이하의 속도로 함<br>　(2) 감압을 하는 경우에는 고용노동부장관이 정하여 고시하는 기준에 맞도록 함<br>바. 작업실 및 기압조절실 내 고압작업자의 건강에 이상이 발생한 경우 필요한 조치를 하는 업무 |
| 20. 밀폐공간작업 ✍ | 가. 산소가 결핍된 공기나 유해가스에 노출되지 않도록 작업 시작 전에 해당 근로자의 작업을 지휘하는 업무<br>나. 작업을 하는 장소의 공기가 적절한지를 작업 시작 전에 측정하는 업무<br>다. 측정장비·환기장치 또는 송기마스크 등을 작업 시작 전에 점검하는 업무<br>라. 근로자에게 송기마스크 등의 착용을 지도하고 착용 상황을 점검하는 업무 |

## 03 기타 산업안전보건법규 내용

📍 주/요/내/용 알/고/가/기 ▶

1. 공정안전보고서의 제출 대상
2. 공정안전보고서의 내용
3. 물질안전보건자료의 작성·비치 등에 관한 사항
4. 물질안전보건자료의 작성항목
5. 물질안전보건자료 작성 제외 대상
6. 건설공사 중 유해위험방지계획서 작성대상 공사
7. 건설공사 유해위험방지계획서 제출 서류

### ① 그 밖의 고용형태에서의 산업재해 예방

**(1) 특수형태 근로종사자에 대한 안전조치 및 보건조치**

1) 계약의 형식에 관계없이 근로자와 유사하게 노무를 제공하여 업무상의 재해로부터 보호할 필요가 있음에도 「근로기준법」 등이 적용되지 아니하는 자로서 다음 각 호의 요건을 모두 충족하는 사람("특수형태 근로종사자")의 노무를 제공받는 자는 특수형태 근로종사자의 산업재해 예방을 위하여 필요한 안전조치 및 보건조치를 하여야 한다.
   ① 대통령령으로 정하는 직종에 종사할 것
   ② 주로 하나의 사업에 노무를 상시적으로 제공하고 보수를 받아 생활할 것
   ③ 노무를 제공할 때 타인을 사용하지 아니할 것

2) 대통령령으로 정하는 특수형태 근로종사자로부터 노무를 제공받는 자는 고용노동부령으로 정하는 바에 따라 안전 및 보건에 관한 교육을 실시하여야 한다.

> 📑 참고 **특수형태 근로종사자로부터 노무를 제공받는 자 중 안전·보건교육을 실시하여야 하는 자** ✗
>
> 1. 「건설기계관리법」에 따라 등록된 건설기계를 직접 운전하는 사람
> 2. 「체육시설의 설치·이용에 관한 법률」에 따라 직장체육시설로 설치된 골프장 또는 체육시설업의 등록을 한 골프장에서 골프경기를 보조하는 골프장 캐디
> 3. 한국표준직업분류표의 세분류에 따른 택배원으로서 택배사업(소화물을 집화·수송 과정을 거쳐 배송하는 사업을 말한다)에서 집화 또는 배송 업무를 하는 사람

4. 한국표준직업분류표의 세분류에 따른 택배원으로서 고용노동부장관이 정하는 기준에 따라 주로 하나의 퀵서비스업자로부터 업무를 의뢰받아 배송 업무를 하는 사람
5. 고용노동부장관이 정하는 기준에 따라 주로 하나의 대리운전업자로부터 업무를 의뢰받아 대리운전 업무를 하는 사람

## (2) 가맹본부의 산업재해 예방 조치

가맹본부 중 대통령령으로 정하는 가맹본부는 가맹점사업자에게 가맹점의 설비나 기계, 원자재 또는 상품 등을 공급하는 경우에 가맹점사업자와 그 소속 근로자의 산업재해 예방을 위하여 다음 각 호의 조치를 하여야 한다.

| 산업재해 예방 조치를 하여야 하는 가맹본부 | 가맹본부의 산업재해 예방 조치 |
|---|---|
| 「가맹사업거래의 공정화에 관한 법률」에 따라 등록한 정보공개서(직전 사업연도 말 기준으로 등록된 것을 말한다)상 업종이 다음 각 호의 어느 하나에 해당하는 경우로서 가맹점의 수가 200개 이상인 가맹본부를 말한다.<br>1. 대분류가 외식업인 경우<br>2. 대분류가 도소매업으로서 중분류가 편의점인 경우 | 1. 다음의 내용을 포함한 가맹점의 안전 및 보건에 관한 프로그램의 마련 · 시행<br>① 가맹본부의 안전보건경영방침 및 안전보건활동 계획<br>② 가맹본부의 프로그램 운영 조직의 구성, 역할 및 가맹점사업자에 대한 안전보건교육 지원 체계<br>③ 가맹점 내 위험요소 및 예방대책 등을 포함한 가맹점 안전보건 매뉴얼<br>④ 가맹점의 재해 발생에 대비한 가맹본부 및 가맹점사업자의 조치사항<br><br>2. 가맹본부가 가맹점에 설치하거나 공급하는 설비 · 기계 및 원자재 또는 상품 등에 대하여 가맹점사업자에게 안전 및 보건에 관한 정보의 제공 |

## ②  공정안전보고서

### (1) 공정안전보고서의 작성·제출

1) **사업주는** 사업장에 대통령령으로 정하는 유해하거나 위험한 설비가 있는 경우 그 설비로부터의 위험물질 누출, 화재 및 폭발 등으로 인하여 사업장 내의 근로자에게 즉시 피해를 주거나 사업장 인근 지역에 피해를 줄 수 있는 사고로서 대통령령으로 정하는 사고("**중대산업사고**")를 예방하기 위하여 대통령령으로 정하는 바에 따라 **공정안전보고서를 작성하고 고용노동부장관에게 제출하여 심사를 받아야 한다.** 이 경우 **공정안전보고서의 내용이** 중대산업사고를 예방하기 위하여 **적합하다고 통보받기 전에는 관련된 유해하거나 위험한 설비를 가동해서는 아니 된다.** ✈

2) 사업주는 공정안전보고서를 작성할 때 **산업안전보건위원회의 심의를 거쳐야 한다. 다만, 산업안전보건위원회가 설치되어 있지 아니한 사업장의 경우에는 근로자대표의 의견을 들어야 한다.** ✈

3) 공정안전보고서의 제출 시기 ✈

   사업주는 **유해·위험설비의 설치·이전 또는 주요 구조부분의 변경공사의 착공 30일 전까지 공정안전보고서를 2부 작성하여 공단에 제출하여야 한다.**

### (2) 공정안전보고서의 심사

1) **공단은** 공정안전보고서를 제출받은 경우에는 **제출받은 날부터 30일 이내에 심사하여** 1부를 사업주에게 송부하고, 그 내용을 지방고용노동관서의 장에게 보고해야 한다.

2) 심사결과 구분 ✈✈

| 적정 | 보고서의 **심사기준을 충족시킨 경우** |
|---|---|
| 조건부 적정 | 보고서의 심사기준을 대부분 충족하고 있으나 **부분적인 보완이 필요**하다고 판단할 경우 |
| 부적정 | 보고서의 **심사기준을 충족시키지 못한 경우** |

## (3) 공정안전보고서의 확인

1) 사업주는 **심사를 받은 공정안전보고서의 내용을 실제로 이행하고 있는지** 여부에 대하여 고용노동부령으로 정하는 바에 따라 **고용노동부장관의 확인을 받아야 한다.**

2) 공정안전보고서를 제출하여 심사를 받은 사업주는 **다음 각 호의 시기별로 공단의 확인을 받아야 한다.** 다만, 화공안전 분야 산업안전지도사 또는 대학에서 조교수 이상으로 재직하고 있는 사람으로서 화공 관련 교과를 담당하고 있는 사람, 그 밖에 자격 및 관련 업무 경력 등을 고려하여 고용노동부장관이 정하여 고시하는 요건을 갖춘 사람에게 자체감사를 하게 하고 그 결과를 공단에 제출한 경우에는 공단은 확인을 하지 아니할 수 있다.

| 공정안전보고서의 확인 시기 ✈ | |
| --- | --- |
| 신규로 설치될 유해·위험설비 | 설치 과정 및 설치 완료 후 시운전단계 각 1회 |
| 기존에 설치되어 사용 중인 유해·위험설비 | 심사 완료 후 3개월 이내 |
| 유해·위험설비와 관련한 공정의 중대한 변경의 경우 | 변경 완료 후 1개월 이내 |
| 유해·위험설비 또는 이와 관련된 공정에 중대한 사고 또는 결함이 발생한 경우 | 1개월 이내 |

3) **공단은 사업주로부터 확인요청을 받은 날부터 1개월 이내에** 내용이 현장과 일치하는지 여부를 **확인**하고, **확인한 날부터 15일 이내에** 그 **결과를** 사업주에게 **통보**하고 지방고용노동관서의 장에게 보고해야 한다.

| 적합 | 현장과 일치하는 경우 |
| --- | --- |
| 부적합 | 현장과 일치하지 아니하는 경우 |
| 조건부 적합 | 현장과 불일치하는 사항 또는 조건부 적정 사항 중 확인일 이후에 조치하여도 안전상에 문제가 없는 경우 |

## (4) 공정안전보고서 이행상태 평가

1) 고용노동부장관은 고용노동부령으로 정하는 바에 따라 공정안전보고서의 이행 상태를 정기적으로 평가할 수 있다.

2) 고용노동부장관은 공정안전보고서의 확인(신규로 설치되는 유해 · 위험설비의 경우에는 설치완료 후 시운전 단계에서의 확인을 말한다) 후 1년이 지난 날 부터 2년 이내에 공정안전보고서 이행상태평가를 하여야 한다.

3) 고용노동부장관은 이행상태평가 후 4년마다 이행상태평가를 하여야 한다. 다만, 다음 각 호의 어느 하나에 해당하는 경우에는 1년 또는 2년마다 실시할 수 있다.

① 이행상태평가 후 사업주가 이행상태평가를 요청하는 경우
② 사업장에 출입하여 검사 및 안전 · 보건점검 등을 실시한 결과 변경요소 관리계획 미준수로 공정안전보고서 이행상태가 불량한 것으로 인정되는 경우 등 고용노동부장관이 정하여 고시하는 경우

## (5) 공정안전보고서의 제출 대상 ✿✿✿

"공정안전보고서를 작성하여야 하는 유해 · 위험설비"란 다음 각 호의 어느 하나에 해당하는 사업을 하는 사업장의 경우에는 그 보유설비를 말하고, 그 외의 사업을 하는 사업장의 경우에는 유해 · 위험물질 중 하나 이상을 규정량 이상 제조 · 취급 · 사용 · 저장하는 설비 및 그 설비의 운영과 관련된 모든 공정설비를 말한다.

---

**공정안전보고서 제출 대상 ✿✿✿**

① 원유 정제처리업
② 기타 석유정제물 재처리업
③ 석유화학계 기초화학물 제조업 또는 합성수지 및 기타 플라스틱물질 제조업
④ 질소 화합물, 질소 · 인산 및 칼리질 화학비료 제조업 중 질소질 비료 제조
⑤ 복합비료 및 기타 화학비료 제조업 중 복합비료 제조(단순혼합 또는 배합에 의한 경우는 제외한다)
⑥ 화학 살균 · 살충제 및 농업용 약제 제조업[농약 원제(原劑) 제조만 해당한다]
⑦ 화약 및 불꽃제품 제조업

실력이 되고! 합격이 되는! 특급

**화재 · 폭발** – 원유, 석유정제물, 화약 및 불꽃제품
**중독 · 질식** – 농약, 비료(복합비료, 질소질 비료)

(6) 다음 각 호의 설비는 유해 · 위험설비로 보지 아니한다.

---

**공정안전보고서 제출 제외 대상 설비** ✿✿

① 원자력 설비
② 군사시설
③ 사업주가 해당 사업장 내에서 직접 사용하기 위한 난방용 연료의 저장설비 및 사용설비
④ 도매 · 소매시설
⑤ 차량 등의 운송설비
⑥ 「액화석유가스의 안전관리 및 사업법」에 따른 액화석유가스의 충전 · 저장시설
⑦ 「도시가스사업법」에 따른 가스공급시설
⑧ 그 밖에 고용노동부장관이 누출 · 화재 · 폭발 등으로 인한 피해의 정도가 크지 않다고 인정하여 고시하는 설비

---

(7) 공정안전보고서의 내용 ✿✿✿

① 공정안전자료
② 공정위험성 평가서
③ 안전운전계획
④ 비상조치계획
⑤ 그 밖에 공정상의 안전과 관련하여 고용노동부장관이 필요하다고 인정하여 고시하는 사항

## 3 물질안전보건자료(MSDS)

### (1) 물질안전보건자료의 작성 및 제출 ✰✰

① 화학물질 또는 이를 함유한 혼합물로서 "물질안전보건자료대상물질"을 제조하거나 수입하려는 자는 다음 각 호의 사항을 적은 **물질안전보건자료를** 고용노동부령으로 정하는 바에 따라 **작성하여 고용노동부장관에게 제출하여야 한다.** 이 경우 **고용노동부장관**은 고용노동부령으로 물질안전보건자료의 기재 사항이나 작성 방법을 정할 때 「화학물질관리법」 및 「화학물질의 등록 및 평가 등에 관한 법률」과 관련된 사항에 대해서는 **환경부장관과 협의하여야** 한다.

② 물질안전보건자료대상물질을 제조·수입하려는 자가 물질안전보건자료를 작성하는 경우에는 그 **물질안전보건자료의 신뢰성이 확보될 수 있도록 인용된 자료의 출처를 함께 적어야 한다.**

③ **물질안전보건자료** 및 화학물질의 명칭 및 함유량에 관한 자료는 **물질안전보건자료대상물질을 제조하거나 수입하기 전에 공단에** 제출해야 한다.

④ 물질안전보건자료를 공단에 제출하는 경우에는 **공단이 구축하여 운영하는 물질안전보건자료시스템을 통한 전자적 방법으로 제출**해야 한다. 다만, 물질안전보건자료시스템이 정상적으로 운영되지 않거나 신청인이 물질안전보건자료시스템을 이용할 수 없는 등의 부득이한 사유가 있는 경우에는 전자적 기록매체에 수록하여 직접 또는 우편으로 제출할 수 있다.

---

**물질안전보건자료에 적어야 하는 사항 ✰✰**

1. 제품명
2. 물질안전보건자료대상물질을 구성하는 화학물질 중 유해인자의 분류 기준에 해당하는 화학물질의 명칭 및 함유량
3. 안전 및 보건상의 취급 주의 사항
4. 건강 및 환경에 대한 유해성, 물리적 위험성
5. 물리·화학적 특성 등 고용노동부령으로 정하는 사항
   ① 물리·화학적 특성
   ② 독성에 관한 정보
   ③ 폭발·화재 시의 대처방법
   ④ 응급조치 요령
   ⑤ 그 밖에 고용노동부장관이 정하는 사항

---

## 물질안전보건자료의 작성항목(Data Sheet 16가지 항목) ✄✄

1. 화학제품과 회사에 관한 정보
2. 유해·위험성
3. 구성성분의 명칭 및 함유량
4. 응급조치요령
5. 폭발·화재 시 대처방법
6. 누출사고 시 대처방법
7. 취급 및 저장방법
8. 노출방지 및 개인보호구
9. 물리화학적 특성
10. 안정성 및 반응성
11. 독성에 관한 정보
12. 환경에 미치는 영향
13. 폐기 시 주의사항
14. 운송에 필요한 정보
15. 법적규제 현황
16. 기타 참고사항

## 물질안전보건자료 작성 제외 대상 ✄✄

1. 「건강기능식품에 관한 법률」에 따른 건강기능식품
2. 「농약관리법」에 따른 농약
3. 「마약류 관리에 관한 법률」에 따른 마약 및 향정신성의약품
4. 「비료관리법」에 따른 비료
5. 「사료관리법」에 따른 사료
6. 「생활주변방사선 안전관리법」에 따른 원료물질
7. 「생활화학제품 및 살생물제의 안전관리에 관한 법률」에 따른 안전확인대상 생활화학제품 및 살생물제품 중 일반소비자의 생활용으로 제공되는 제품
8. 「식품위생법」에 따른 식품 및 식품첨가물
9. 「약사법」에 따른 의약품 및 의약외품
10. 「원자력안전법」에 따른 방사성물질
11. 「위생용품 관리법」에 따른 위생용품
12. 「의료기기법」에 따른 의료기기
12의2. 「첨단재생의료 및 첨단바이오의약품 안전 및 지원에 관한 법률」에 따른 첨단바이오의약품
13. 「총포·도검·화약류 등의 안전관리에 관한 법률」에 따른 화약류
14. 「폐기물관리법」에 따른 폐기물
15. 「화장품법」에 따른 화장품
16. 제1호부터 제15호까지의 규정 외의 화학물질 또는 혼합물로서 일반소비자의 생활용으로 제공되는 것(일반소비자의 생활용으로 제공되는 화학물질 또는 혼합물이 사업장 내에서 취급되는 경우를 포함한다)
17. 고용노동부장관이 정하여 고시하는 연구·개발용 화학물질 또는 화학제품. 이 경우 법 제110조 제1항부터 제3항까지의 규정에 따른 자료의 제출만 제외된다.
18. 그 밖에 고용노동부장관이 독성·폭발성 등으로 인한 위해의 정도가 적다고 인정하여 고시하는 화학물질

실력이 되고! 합격이 되는! 특급

비료로 농 사지은 식품, 건강식품, 위생용품 폐기물에서 화약, 방사성 원료물질 나와서 소비자용 의료기기, 첨단 의약품, 마약, 화장품으로 치료했다.

## (2) 물질안전보건자료의 게시 및 교육 ✿✿

① 물질안전보건자료대상물질을 취급하는 사업주는 **다음 각 호의 어느 하나에 해당하는 장소 또는 전산장비에 항상 물질안전보건자료를 게시하거나 갖추어 두어야 한다.** 다만, 장비에 게시하거나 갖추어 두는 경우에는 고용노동부장관이 정하는 조치를 해야 한다.

### 물질안전보건자료를 게시 또는 비치하여야 하는 장소 ✿

- 물질안전보건자료대상물질을 취급하는 작업공정이 있는 장소
- 작업장 내 근로자가 가장 보기 쉬운 장소
- 근로자가 작업 중 쉽게 접근할 수 있는 장소에 설치된 전산장비

② **사업주는** 물질안전보건자료대상물질을 취급하는 **작업공정별로** 고용노동부령으로 정하는 바에 따라 **물질안전보건자료대상물질의 관리요령을 게시하여야 한다.**(작업공정별 관리 요령은 유해성·위험성이 유사한 물질안전보건자료**대상물질의 그룹별로 작성하여 게시할 수 있다)**

### 물질안전보건자료대상물질의 작업공정별 관리요령에 포함사항 ✿✿

- 제품명
- 건강 및 환경에 대한 유해성, 물리적 위험성
- 안전 및 보건상의 취급주의 사항
- 적절한 보호구
- 응급조치 요령 및 사고 시 대처방법

📑 **비교합시다!** **물질안전보건자료에 적어야 하는 사항** ✿✿

1. 제품명
2. 물질안전보건자료대상물질을 구성하는 화학물질 중 유해인자의 분류기준에 해당하는 화학물질의 명칭 및 함유량
3. 안전 및 보건상의 취급 주의 사항
4. 건강 및 환경에 대한 유해성, 물리적 위험성
5. 물리·화학적 특성 등 고용노동부령으로 정하는 사항
   ① 물리·화학적 특성
   ② 독성에 관한 정보
   ③ 폭발·화재 시의 대처방법
   ④ 응급조치 요령
   ⑤ 그 밖에 고용노동부장관이 정하는 사항

③ **사업주는** 작업장에서 취급하는 **물질안전보건자료대상물질의 내용을 근로자에게 교육하고** 교육을 실시하였을 때에는 **교육시간 및 내용 등을 기록하여 보존**해야 한다. 이 경우 교육받은 근로자에 대해서는 해당 교육 시간만큼 안전·보건교육을 실시한 것으로 본다.(유해성·위험성이 유사한 물질안전보건자료대상물질을 그룹별로 분류하여 교육할 수 있다)

---

**물질안전보건자료에 관한 교육내용 ✈**

① 대상화학물질의 **명칭(또는 제품명)**
② 물리적 위험성 및 건강 유해성
③ 취급상의 주의사항
④ 적절한 보호구
⑤ 응급조치 요령 및 사고 시 대처방법
⑥ 물질안전보건자료 및 경고표지를 이해하는 방법

---

## (3) 물질안전보건자료대상물질 용기 등의 경고표시 ✈✈

① **물질안전보건자료대상물질을 양도하거나 제공하는 자는** 고용노동부령으로 정하는 방법에 따라 이를 담은 용기 및 포장에 경고표시를 하여야 한다. 다만, 용기 및 포장에 담는 방법 외의 방법으로 물질안전보건자료대상물질을 양도하거나 제공하는 경우에는 고용노동부장관이 정하여 고시한 바에 따라 경고표시 기재 항목을 적은 자료를 제공하여야 한다.

② 사업주는 **사업장에서 사용하는 물질안전보건자료대상물질을 담은 용기에** 고용노동부령으로 정하는 방법에 따라 **경고표시를 하여야 한다.** 다만, 용기에 이미 경고표시가 되어있는 등 고용노동부령으로 정하는 경우에는 그러하지 아니하다.

✎참고 ★

＊ 물질안전보건자료대상물질의 내용을 근로자에게 교육하여야 하는 경우
① 물질안전보건자료대상물질을 제조·사용·운반 또는 저장하는 작업에 근로자를 배치하게 된 경우
② 새로운 물질안전보건자료대상물질이 도입된 경우
③ 유해성·위험성 정보가 변경된 경우

## 4 유해·위험방지계획서

### (1) 유해·위험방지계획서의 작성·제출

1) 사업주는 다음 각 호의 어느 하나에 해당하는 경우에는 유해위험방지계획서를 작성하여 고용노동부령으로 정하는 바에 따라 고용노동부장관에게 제출하고 심사를 받아야 한다. 다만, 사업주 중 산업재해발생률 등을 고려하여 고용노동부령으로 정하는 기준에 해당하는 사업주는 유해위험방지계획서를 스스로 심사하고, 그 심사결과서를 작성하여 고용노동부장관에게 제출하여야 한다.

📌 참고

* 설비의 "주요 구조부분의 변경"이란 다음 각 목의 어느 하나에 해당하는 경우를 말한다.
① 생산량의 증가, 원료 또는 제품의 변경을 위하여 반응기(관련설비 포함)를 교체 또는 추가로 설치하는 경우
② 변경된 생산설비 및 부대설비의 해당 전기정격용량이 300킬로와트 이상 증가한 경우 (유해·위험물질의 누출·화재·폭발과 무관한 자동화창고·조명설비 등은 제외)
③ 플레어스택을 설치 또는 변경하는 경우

① 대통령령으로 정하는 사업의 종류 및 규모에 해당하는 사업으로서 해당 제품의 생산 공정과 직접적으로 관련된 건설물·기계·기구 및 설비 등 일체를 설치·이전하거나 그 주요 구조부분을 변경하려는 경우

② 유해하거나 위험한 작업 또는 장소에서 사용하거나 건강장해를 방지하기 위하여 사용하는 기계·기구 및 설비로서 대통령령으로 정하는 기계·기구 및 설비를 설치·이전하거나 그 주요 구조부분을 변경하려는 경우

③ 대통령령으로 정하는 크기, 높이 등에 해당하는 건설공사를 착공하려는 경우

2) 대통령령으로 정하는 크기, 높이 등에 해당하는 건설공사를 착공하려는 사업주는 유해위험방지계획서를 작성할 때 건설안전 분야의 자격 등 고용노동부령으로 정하는 자격을 갖춘 자의 의견을 들어야 한다.

| 유해·위험방지계획서 작성 자격을 갖춘 자 |
| --- |
| ① 건설안전 분야 산업안전지도사 |
| ② 건설안전기술사 또는 토목·건축 분야 기술사 |
| ③ 건설안전산업기사 이상으로서 건설안전 관련 실무경력이 7년(기사는 5년) 이상인 사람 |

3) 사업주가 공정안전보고서를 고용노동부장관에게 제출한 경우에는 해당 유해·위험설비에 대해서는 유해위험방지계획서를 제출한 것으로 본다.

4) 공단은 유해위험방지계획서 및 그 첨부 서류를 접수한 경우에는 접수일부터 15일 이내에 심사하여 사업주에게 그 결과를 알려야 한다. 다만, 자체심사 및 확인업체가 유해위험방지계획서 자체 심사서를 제출한 경우에는 심사를 하지 않을 수 있다.

---

### 유해위험방지계획서 심사 결과의 구분 ✿✿

① 적정 : 근로자의 안전과 보건을 위하여 필요한 조치가 구체적으로 확보되었다고 인정되는 경우

② 조건부 적정 : 근로자의 안전과 보건을 확보하기 위하여 일부 개선이 필요하다고 인정되는 경우

③ 부적정 : 기계·설비 또는 건설물이 심사기준에 위반되어 공사착공 시 중대한 위험발생의 우려가 있거나 계획에 근본적 결함이 있다고 인정되는 경우

---

## (2) 유해·위험방지계획서 작성대상 사업 ✿✿✿

"대통령령으로 정하는 업종 및 규모에 해당하는 사업"이란 다음 각 호의 어느 하나에 해당하는 사업으로서 전기사용설비의 정격용량의 합이 300킬로와트 이상인 사업을 말한다. ✿✿

---

### 유해·위험방지계획서 작성대상(제조업) ✿✿✿

1. 1차 금속 제조업
2. 금속가공제품(기계 및 가구는 제외한다) 제조업
3. 비금속 광물제품 제조업
4. 목재 및 나무제품 제조업
5. 화학물질 및 화학제품 제조업
6. 기타 기계 및 장비 제조업
7. 자동차 및 트레일러 제조업
8. 고무제품 및 플라스틱제품 제조업
9. 기타 제품 제조업
10. 식료품 제조업
11. 반도체 제조업
12. 가구 제조업
13. 전자부품 제조업

 실제가 되고! 합격이 되는! 특급 암기법

**1차 금속**으로 금속가공제품, 비금속광물제품 제조하여 나무, 화학물질 섞어서 기계장비, 자동차 트레일러 만들고, 고무풀(고무 및 플라스틱)로 기타 식료품 만들었더니 도대체(반도체)가(가구) 전부(전자부품) 유해·위험(유해·위험방지계획서)하다.

## (3) 유해·위험방지계획서 작성대상(기계·기구 및 설비)

**유해·위험방지계획서 작성대상(기계·기구 및 설비)** ✿✿✿

① 금속이나 그 밖의 광물의 용해로

② 화학설비

③ 건조설비

④ 가스집합 용접장치

⑤ 근로자의 건강에 상당한 장해를 일으킬 우려가 있는 물질로서 고용노동 부령으로 정하는 물질의 밀폐·환기·배기를 위한 설비

**유해·위험방지계획서 작성대상(건설공사)** ✿✿✿

① 다음 각 목의 어느 하나에 해당하는 건축물 또는 시설 등의 건설·개조 또는 해체공사

  가. 지상높이가 31미터 이상인 건축물 또는 인공구조물

  나. 연면적 3만 제곱미터 이상인 건축물

  다. 연면적 5천 제곱미터 이상인 시설로서 다음의 어느 하나에 해당하는 시설

    1) 문화 및 집회시설(전시장 및 동물원·식물원은 제외한다)

    2) 판매시설, 운수시설(고속철도의 역사 및 집배송시설은 제외한다)

    3) 종교시설

    4) 의료시설 중 종합병원

    5) 숙박시설 중 관광숙박시설

    6) 지하도상가

    7) 냉동·냉장 창고시설

② 연면적 5천제곱미터 이상의 냉동·냉장창고시설의 설비공사 및 단열공사

③ 최대 지간길이(다리의 기둥과 기둥의 중심사이의 거리)가 50미터 이상인 교량 건설 등 공사

④ 터널 건설 등의 공사

⑤ 다목적댐, 발전용댐 및 저수용량 2천만톤 이상의 용수 전용 댐, 지방상수도 전용 댐 건설 등의 공사

⑥ 깊이 10미터 이상인 굴착공사

실력이 되고! 합격이 되는! **특급 암기법**

- 지상높이 31m, 연면적 3만m², 사람 많은 시설 연면적 5,000m²
- 연면적 5,000m² 냉동·냉장창고시설
- 최대 지간길이가 50미터 이상 교량
- 터널
- 저수용량 2천만 톤 이상 댐
- 10미터 이상인 굴착

## (4) 제출서류 등

1) 사업주가 **제조업 대상 사업, 대상기계·기구 설비**에 해당하는 유해·위험방지계획서를 제출하려면 **다음 각 호의 서류를 첨부하여 해당 작업 시작 15일 전까지 공단에 2부를 제출하여야 한다.** ✄

| 유해·위험방지계획서 제출서류(제조업 및 대상 기계·기구설비) ✄ | |
|---|---|
| 제조업 대상 사업 첨부서류 | ① 건축물 각 층의 평면도<br>② 기계·설비의 개요를 나타내는 서류<br>③ 기계·설비의 배치도면<br>④ 원재료 및 제품의 취급, 제조 등의 작업방법의 개요<br>⑤ 그 밖에 고용노동부장관이 정하는 도면 및 서류 |
| 대상 기계·기구 설비 첨부서류 | ① 설치장소의 개요를 나타내는 서류<br>② 설비의 도면<br>③ 그 밖에 고용노동부장관이 정하는 도면 및 서류 |

2) 사업주가 **건설공사**에 해당하는 유해·위험방지계획서를 제출하려면 건설공사 유해·위험방지계획서 **다음 각 호 서류를 첨부하여 해당 공사의 착공 전날까지 공단에 2부를 제출하여야 한다.** ✄

| 유해·위험방지계획서 첨부서류(건설공사) ✄ |
|---|
| 1. 공사 개요 및 안전보건관리계획<br>  가. 공사 개요서<br>  나. 공사현장의 주변 현황 및 주변과의 관계를 나타내는 도면<br>     (매설물 현황을 포함)<br>  다. 건설물, 사용 기계설비 등의 배치를 나타내는 도면<br>  라. 전체 공정표<br>  마. 산업안전보건관리비 사용 계획<br>  바. 안전관리 조직표<br>  사. 재해 발생 위험 시 연락 및 대피방법<br>2. 작업공사 종류별 유해·위험방지계획 |

MEMO

# PART 02

Engineer Industrial Safety

## [ 인간공학 및 위험성 평가 · 관리 ]

# 안전과 인간공학

## 01 인간공학의 정의

> 📖 주/요/내/용 알/고/가/기 ▶
>
> 1. 인간 – 기계의 기능 비교
> 2. 인간 – 기계 통합시스템(man-machine system)의 정보처리 기능
> 3. 인간 – 기계 통합시스템(man-machine system)의 유형별 특징
> 4. 기계설비 고장 유형
> 5. 체계 기준의 요건
> 6. 작업설계(job design)

### 1 인간공학의 정의

**(1) 정의**

- 인간의 특성과 한계능력을 공학적으로 분석·평가하여 이를 복잡한 체계의 설계에 응용함으로써 효율을 최대로 활용할 수 있도록 하는 학문 분야
- 인간공학은 기계와 그 기계조작 및 환경조건을 인간의 특성에 맞추어 설계하기 위한 수단을 연구하는 학문이다.

### 2 인간 – 기계체계

**(1) 인간 – 기계의 기능 비교** ✯

| 구 분 | 인간의 장점 | 기계의 장점 |
|---|---|---|
| 감지기능 | • 저에너지 자극감지<br>• 다양한 자극 식별<br>• 예기치 못한 사건 감지 | • 인간의 감지범위 밖의 자극 감지<br>• 인간, 기계의 모니터 기능 |
| 정보처리<br>결정 | • 많은 양의 정보를 장시간 보관<br>• 귀납적, 다양한 문제 해결 | • 정보를 신속, 대량 보관<br>• 연역적, 정량적 문제 해결 |

**(2) 인간 – 기계 통합시스템(man-machine system)의 정의**

사람 + 기계 + 환경으로 구성된 시스템으로 인간만으로 또는 기계만으로 발휘하는 그 이상의 큰 능력을 나타내는 시스템을 말한다.

---

🔍 용어정의

**\* 인간-기계 시스템 (man-machine system)**
- 인간이 기계를 사용해서 작업할 때 이를 하나의 시스템으로 생각하는 경우를 말한다.
- 인간-기계 시스템에서 기계는 인간이 만든 모든 것을 말한다.

📝 기출

**\* 인간이 현존하는 기계를 능가하는 기능**
① 원칙을 적용하여 다양한 문제를 해결한다.
② 관찰을 통해서 일반화하고 귀납적으로 추리한다.
③ 주위의 이상하거나 예기치 못한 사건들을 감지한다.
④ 어떤 운용방법이 실패할 경우 새로운 다른 방법을 선택할 수 있다.

## (3) 인간 – 기계시스템 설계원칙

① 배열을 고려한 설계      ② 양립성에 맞게 설계
③ 인체특성에 적합한 설계

## (4) 인간 – 기계 통합시스템(man-machine system)의 정보처리 기능 ✈

① **감지 기능** : 인간은 감각기관, 기계는 전자장치 및 기계장치를 통하여 감지한다.

② **정보보관 기능** : 인간은 두뇌, 기계는 자기테이프 및 천공카드에 보관한다.

③ **정보처리 및 의사결정 기능** : 기억된 내용을 근거로 간단하거나 복잡한 과정을 통해 의사 결정을 내리는 과정이다.

④ **행동 기능** : 결정된 사항의 실행과 조정을 하는 과정이다.
- 인간의 행동기능 : 신체제어
- **기계의 행동기능 : 음성, 신호, 출력 등** ✈

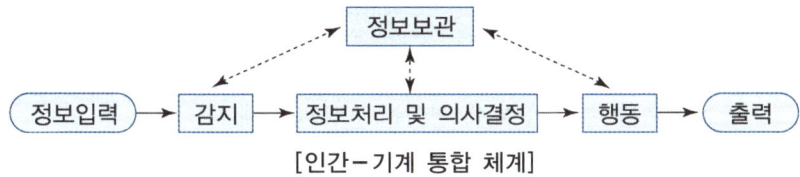

[인간 – 기계 통합 체계]

## (5) 인간 – 기계 통합시스템(man-machine system)의 유형 ✈

① 수동시스템
- 사용자가 **손공구나 기타 보조물 등을 사용**하여 자기의 **신체적 힘을 동력원으로 하여 작업을 수행**하는 시스템이다.
- **가장 다양성이 높은 체계**이다.
- 예 장인과 공구

② 기계시스템(반자동 시스템)
- 여러 종류의 동력 공작 기계와 같이 **고도로 통합된 부품들로 구성**되어 있다.
- **인간의 역할은 제어 기능을 담당**하고, **힘에 대한 공급은 기계가 담당**한다.
- 운선자의 조종에 의해 운용되며 융통성이 없는 시스템이다.
- 예 **자동차, 공작기계** 등

③ 자동시스템
- **기계가** 감지, 정보 처리 및 의사 결정, 행동 기능 및 정보 보관 등 **모든 임무를 미리 설계된 대로 수행**하게 된다.
- **인간은 감시, 감독, 보전 등의 역할을 담당**하게 된다.
- 예 **컴퓨터, 자동교환대** 등

**참고**

❋ 인간 – 기계 시스템에서 조작성 인간 에러발생 빈도수의 순서
정보관련 → 표시장치
→ 제어장치 → 시간관련

**참고**

❋ 시스템 안전분석을 효과적으로 하기 위해서 알아야 할 요소
① 시스템의 설계도
② 시스템의 제조공정
③ 시스템의 운용방법

## (6) 기계설비 고장 유형 ✈

### ① 초기고장(감소형)

- 설계상·구조상 결함, 불량 제조·생산 과정 등의 품질관리 미비로 생기는 고장 형태
- 점검 작업이나 시운전 작업 등으로 사전에 방지할 수 있는 고장
- 욕조곡선(Bathtub) : 예방보전을 하지 않을 때의 곡선은 서양식 욕조 모양과 비슷하게 나타나는 현상

**[예방보전(PM : Preventive Maintenance) 기간 ✈]**

| 디버깅(Debugging) 기간 | 기계의 결함을 찾아내 단시간 내 고장률을 안정시키는 기간 |
|---|---|
| 번인(Burn in) 기간 | 기계를 장시간 가동하여 그동안에 고장 난 것을 제거하는 기간 |
| 에이징(Aging) | 비행기에서 3년 이상 시운전하는 기간 |
| 스크리닝(screening) | 기기의 신뢰성을 높이기 위하여 품질이 떨어지는 것이나 고장 발생 초기의 것을 선별, 제거하는 것 |

### ② 우발고장(일정형)

- 예측할 수 없을 때에 생기는 고장의 형태
- 사용자의 실수, 천재지변, 우발적 사고 등이 원인이다.
- 기계마다 일정하게 발생되며 고장률이 가장 낮다.

| 우발고장의 고장 원인 | • 안전계수가 낮기 때문 |
|---|---|
| | • 사용자의 과오 때문 |
| | • 최선의 검사방법으로도 탐지되지 않는 결함 때문에 |

### ③ 마모고장(증가형)

- 기계적 요소나 부품의 마모, 사람의 노화 현상 등에 의해 고장률이 상승하는 형이다.
- 고장이 일어나기 직전에 교환, 안전진단 및 적당한 보수에 의해서 방지할 수 있는 고장이다.

### ④ 기계설비의 고장 유형 곡선 ✈

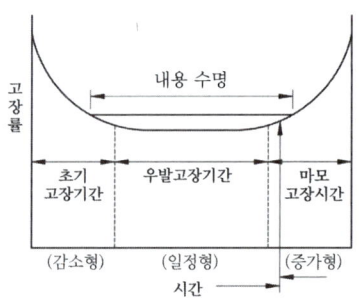

**[욕조곡선(Bathtub curve)]**

## ③ 체계(system)설계와 인간요소

### (1) 체계분석 및 설계의 인간공학적 가치

① **성능의 향상** : 적절한 유능한 운용자

② **훈련비용의 절감** : 숙련도

③ **인력이용률의 향상** : 인력자원의 효과적 이용

④ **사고 및 오용으로부터의 손실감소** : 인간공학 원칙 적용

⑤ **생산 및 보전의 경제성 증대** : 설계 단순화 및 인간공학 원칙 적용

⑥ **사용자의 수용도 향상** : 운용 및 보전성 용이

### (2) 체계기준(system criteria)

① 체계기준의 요건(인간공학 연구조사에 사용되는 기준의 구비조건) ✄
- **적절성** : **의도된 목적에 적합**하여야 한다.
- **무오염성** : 측정하고자 하는 변수 외의 **다른 변수의 영향을 받아서는 안된다.**
- **신뢰성** : **반복실험시 재현성**이 있어야 한다. (반복성)
- **민감도** : **예상차이점에 비례하는 단위로 측정**하여야 한다.

② 인간기준 : 인간성능(Human Performance)에 의한 판단 기준
- **인간성능 척도** : 여러 가지 감각활동, 정신활동, 근육활동에 의해 판단(자극에 대한 반응시간)

| 인간성능 척도 | | |
|---|---|---|
| – 빈도수 척도 | – 지연성 척도 | – 지속성 척도 |

- **생리학적 지표** : 맥박, 혈압, 뇌파, 호흡수 등으로 판단
- **주관인인 반응** : 개인성능 평점, 체계설계에 대한 대안, 평점 등 주관적 평가로 판단
- **사고빈도** : 사고나 상해발생 빈도에 의해 판단

### (3) 신뢰성 설계

① **중복(Redundancy)설계** : 일부에 고장이 발생해도 전체 고장이 일어나지 않도록 **여력인 부분을 추가하여 중복 설계**한다. (병렬설계)

② **부품의 단순화와 표준화**

③ **인간공학적 설계와 보전성 설계**

### (4) 작업설계(job design) : 작업 만족도를 위한 설계

① 작업확대 : 수평적 확대(범위)

② 작업윤택화 : 수직적 확대(깊이)

③ 작업만족 : **작업 설계 시의 딜레마**

④ 작업순환 : 작업능률, 생산성 강조(인간요소적 접근방법)

---

**▣ 참고**

**＊ 체계(system)의 특성**
① 집합성
② 관련성
③ 목적추구성

**▣ 참고**

**＊ 체계기준**
① 신뢰도(Reliability : Rt) : 체계 또는 부품이 주어진 운용조건하에서 의도하는 사용기간 중에 의도한 목적에 만족스럽게 작동할 확률

② 가용도(Availability : At) : 체계가 어떤 시점에서 만족스럽게 작동할 수 있는 확률

③ 정비도(Maintainability : Mt) : 고장난 체계가 일정한 시간 안에 수리될 확률

④ 고장률(Hazard rate : ht) : 단위시간당 시간구간 초에 정상 작동하던 체계가 그 시간구간 내에 고장나는 비율

⑤ 고장률함수 ★

$$h(t) = \frac{f_{(t)}}{R_{(t)}}$$

⑥ 고장밀도함수(Failure density functtion : ft) : 단위시간당 고장이 발생하는 체계의 비율

**＊ 체계설계(인간-기계 시스템의 설계)의 주요 과정**
① 목표 및 성능명세 결정
② 체계의 정의
③ 기본 설계 ★
- 작업설계
- 직무분석
- 기능할당
- 인간 성능 요건 명세 결정
④ 계면 설계(인간-기계 인터페이스 설계)
⑤ 촉진물 설계(매뉴얼 및 성능 보조자료 작성)
⑥ 시험 및 평가

**PART 02**

◉기출

＊ 인간의 신뢰성 3요소
　① 주의력
　② 긴장 수준
　③ 의식 수준

📖참고

＊ 차피니스(Chapanis)의
　인간에러의 분류
　① 신호의 에러
　② 작업 공간의 에러
　③ 지시의 에러
　④ 예측의 에러
　⑤ 연속 응답의 에러

＊ L.W.Rock의 인간에러
　의 분류
　① 설계 에러
　② 제작 에러
　③ 검사 에러
　④ 시간 에러
　⑤ 조작 에러
　⑥ 취급 에러

📖참고

＊ 순서오류
sequential error 또는
sequencial error
• sequential(미국, 영국)
　: 잇따라 일어나는
• sequencial(포르투갈어)
　: 잇따라 일어나는

◉기출

1. 작위오류(행동오류) :
　하지 말아야 할 행동을
　하여 생긴 오류
　• 순서오류
　• 과잉행동오류
　• 시간오류
　• 선택오류

2. 부작위오류 : 마땅히
　하여야 할 행동을 하지
　않아 생긴 오류
　• 생략오류

## 4 인간요소와 휴먼에러

### (1) 인간 실수의 분류

**[휴먼에러의 심리적 분류(Swain의 분류) ✿✿]**

| ① omission error(누설오류, 생략오류, 부작위오류) | 필요한 작업 또는 절차를 수행하지 않는 데 기인한 에러 |
|---|---|
| ② time error(시간오류) | 필요한 작업 또는 절차의 수행 지연으로 인한 에러 |
| ③ commission error (작위오류) | 필요한 작업 또는 절차의 불확실한 수행으로 인한 에러 |
| ④ sequential error (순서오류) | 필요한 작업 또는 절차의 순서 착오로 인한 에러 |
| ⑤ extraneous error (과잉행동오류) | 불필요한 작업 또는 절차를 수행함으로써 기인한 에러 |

**[원인의 레벨적 분류 ✿✿]**

| ① primary error(1차 에러) | 작업자 자신으로부터 발생한 에러 |
|---|---|
| ② secondary error (2차 에러) | 작업형태, 작업조건 중 문제가 생겨 필요한 사항을 실행할 수 없어 발생한 에러 |
| ③ command error | 실행하고자 하여도 필요한 물품, 정보, 에너지 등이 공급되지 않아서 작업자가 움직일 수 없는 상태에서 발생한 에러 |

### (2) 인간실수의 형태적 특성

1) 행동과정을 통한 분류

　① 입력 에러(input error) : 감각 또는 지각 입력의 에러

　② 정보처리 에러(information processing error) : 중재(mediation) 또는 정보처리 절차의 에러

　③ 출력 에러(output error) : 신체적 반응의 출력 에러

　④ 피드백 에러(feedback error) : 인간 제어의 에러

　⑤ 의사결정 에러(decision making error) : 주어진 의사결정 과정에서의 에러

2) 대뇌 정보처리 에러

　① 제1단계 : 인지단계 – 인지(확인) 에러(입력에러)
　　외계로부터 작업정보의 습득으로부터 감각 중추로 인지되기까지 일어날 수 있는 에러이며, **확인 착오**도 이에 포함된다.

　② 제2단계 : 판단단계 – 판단(기억) 에러
　　중추신경의 의사과정에서 일으키는 에러로써 **의사결정의 착오나**

기억에 관한 실패도 여기에 포함된다.

② 제3단계 : 조작단계 – 조작(동작) 에러(반응에러)

운동 중추에서 올바른 지령이 주어졌으나 **동작 도중에 일어난 에러**이다.

[인간의 정보처리 과정에서 발생되는 에러]

| Mistake (착오, 착각) | • 인지 과정과 의사결정 과정에서 발생하는 에러<br>• **상황해석을 잘못하거나 틀린 목표를 착각하여 행하는 경우** |
|---|---|
| Lapse (건망증) | • 저장단계에서 발생하는 에러<br>• **어떤 행동을 잊어버리고 안하는 경우** |
| Slip (실수, 미끄러짐) | • 실행단계에서 발생하는 에러<br>• 상황(목표)해석은 제대로 하였으나 **의도와는 다른 행동을 하는 경우** |
| Violation (위반) | • 알고 있음에도 의도적으로 따르지 않거나 무시한 경우 |

3) 휴먼 에러의 배후요인(4M) ✪✪✪

| ① Man(인간) | 본인 외의 사람, 직장의 **인간관계** 등 |
|---|---|
| ② Machine(기계) | **기계, 장치** 등의 물적 요인 |
| ③ Media(매체) | **작업정보, 작업방법** 등(인간과 기계를 연결하는 매개체이다) |
| ④ Management(관리) | **작업관리**, 법규준수, 단속, 점검 등 |

(3) 인간실수 예방기법

1) 페일세이프(Fail–Safe) ✪✪✪

**기계** 설비에 **결함이 발생되더라도 사고가 발생되지 않도록** 2중, 3중으로 **통제를 가한다.**

[페일세이프의 구분 ✪✪✪]

| ① Fail Passive | **부품의 고장 시 기계장치는 정지** 상태로 옮겨간다. |
|---|---|
| ② Fail active | 부품이 고장 나면 **경보를 울리며 짧은 시간 운전이 가능**하다. |
| ③ Fail operational | 부품의 고장이 있어도 **다음 정기점검까지 운전이 가능**하다. |

2) 풀프루프(Fool–proof) ✪✪✪

**인간의 실수가 있더라도 사고로 연결되지 않도록** 2중, 3중으로 통제를 가한다.

⊙기출

＊ Temper proof
안전장치를 제거하는 경우 제품이 작동되지 않도록 하는 설계

⊙기출

＊ lock system
① interlock system : 기계중심의 lock system
② translock system : 인간–기계 사이 lock system
③ intralock system : 인간중심의 lock system

# 위험성 파악 · 결정

## 01 시스템 위험성 추정 및 결정

주/요/내/용 알/고/가/기

1. 시스템 안전성 확보책
2. 시스템 안전관리
3. 시스템 안전프로그램의 목표 사항
4. 시스템 위험분석기법의 종류별 특징
5. FTA의 논리기호 및 사상기호
6. FTA에 의한 재해사례 연구 순서
7. 설비의 신뢰도(직렬연결, 병렬연결)
8. 발생확률의 계산
9. 컷셋과 패스셋 구하기

### 1 시스템위험분석 및 관리

#### (1) 시스템 안전의 정의

어떤 시스템에 있어서 가능시간, 코스트(cost) 등의 제약조건하에서 인원 및 설비가 당하는 상해 및 손상을 최소한으로 줄이는 것이다.

시스템의 계획 → 설계 → 제조 → 운용 등의 단계를 통하여 시스템의 안전관리 및 시스템 안전공학을 정확히 적용시키는 것이 필요하다.

#### (2) 시스템 안전성 확보책

① 위험 상태의 존재 최소화
② 안전 장치의 채택
③ 경보 장치의 채택
④ 특수 수단 개발, 표식의 규격화

---

참고

※ system이란?
① 요소의 집합에 의해 구성되고
② system 상호 간에 관계를 유지하면서
③ 정해진 조건 아래에서
④ 어떤 목적을 위하여 작용하는 집합체라 할 수 있다.

---

용어정의

※ 시스템 안전공학
시스템 내의 위험성을 적시에 식별하고 그 예방 또는 필요한 조치를 도모하기 위한 시스템공학의 한 분야

---

용어정의

※ 시스템 안전프로그램 (System safety program)
: 시스템의 전 수명단계를 통하여 가장 적합할 때에 가장 효율적이고 경제적인 방법으로 시스템 안전요건을 만족시킴으로써 시스템의 효용성을 높이려는 안전관리 활동들의 추진 계획을 말한다.

※ 수명주기(Life cycle)
: 생산시스템의 구상단계에서 시작하여 완전히 폐기될 때까지의 안전성을 평가함에 있어서 고려되어야 하는 전체기간을 말한다.

## ② 시스템 위험분석기법

### (1) 예비 위험 분석(PHA : Preliminary Hazards Analysis)

모든 시스템 안전프로그램의 **최초 단계(설계단계, 구상단계)에서 실시하는 분석법**으로서 시스템 내의 위험요소가 얼마나 위험한 상태에 있는가를 정성적으로 평가하는 기법이다. ✄✄

[PHA 카테고리 분류 ✄]

| | |
|---|---|
| Class 1. **파국적**(catastrophic) | 사망, 시스템 손상 |
| Class 2. **위기적**(critical) | 심각한 상해, 시스템 중대 손상 |
| Class 3. **한계적**(marginal) | 경미한 상해, 시스템 성능 저하 |
| Class 4. **무시**(negligible) | 경미한 상해 및 시스템 저하 없음 |

### (2) 결함위험분석(FHA : Fault Hazards Analysis)

1) 한 계약자만으로 모든 시스템의 설계를 담당하지 않고 몇 개의 공동 계약자가 분담할 경우 **서브시스템**(subsystem)**의 해석에 사용되는 분석법**이다. ✄✄

2) FHA의 기재사항

- 서브시스템의 요소
- 그 요소의 고장형
- 고장형에 대한 고장률
- 요소 고장 시 시스템의 운용 형식
- 서브시스템에 대한 고장의 영향
- 2차 고장
- 고장형을 지배하는 뜻밖의 일
- 위험성의 분류
- 전 시스템에 대한 고장의 영향
- 기타

◎기출

＊ 시스템 설계자의 평가 방법
① 성능 평가
② 기능 평가
③ 신뢰성 평가

◎기출 ★

1. MIL-STD-882B(미국 방성의 위험성 평가)의 위험도 분류
   ① 제1단계 : 파국적 (치명적)
   ② 제2단계 : 위기적 (위험)
   ③ 제3단계 : 한계적
   ④ 제4단계 : 무시

2. MIL-STD-882B의 시스템 안전 필요사항에 대한 우선권 순서
   최소 리스크를 위한 설계 → 안전장치 설치 → 경보장치 설치 → 절차 및 교육 훈련 개발

3. MIL-STD-882B의 위험성 평가 매트릭스 (Matrix) 분류
   ① 자주 발생 (Frequent)
   ② 보통 발생 (Probablo)
   ③ 가끔 발생 (Occasional)
   ④ 거의 발생하지 않음 (Remote)
   ⑤ 극히 발생하지 않음 (Improbable)

**◎기출 ★**

1. 고장형태와 영향분석
   (FMEA)의 평가요소
   ① 고장발생의 빈도
   ② 고장방지의 가능성
   ③ 기능적 고장 영향의
      중요도

2. FMEA의 고장 평점을
   결정하는 5가지 평가
   요소
   ① 신규설계의 정도
   ② 고장발생의 빈도
   ③ 고장방지의 가능성
   ④ 영향을 미치는 시스템의
      범위
   ⑤ 기능적 고장 영향의
      중요도

**(3) 고장형태와 영향분석(FMEA : Failure Modes and Effects Analysis)**

1) 시스템에 영향을 미치는 모든 요소의 고장을 형태별로 분석하여 그 영향을 검토하는 정성적, 귀납적 분석법이다. ✄✄

2) FMEA 고장영향과 발생확률($\beta$)에 따른 위험성 분류 ✄

| FMEA 고장영향과<br>발생확률($\beta$)에 따른 분류 | 위험성 분류 표시 |
|---|---|
| • 실제손실 $\beta = 1.00$<br>• 예상되는 손실 $0.1 < \beta < 1.00$<br>• 가능한 손실 $0 < \beta \leq 0.1$<br>• 영향 없음 $\beta = 0$ | • category 1 : 생명 또는 가옥의 상실<br>• category 2 : 임무 수행의 실패<br>• category 3 : 활동의 지연<br>• category 4 : 손실과 영향없음 |

3) FMEA의 실시절차 ✄

| 1단계<br>: 대상 시스템의 분석 | • 기기 및 시스템의 구성 및 기능의 전반적 파악<br>• FMEA의 실시를 위한 기본방침의 설정<br>• 기능 BLOCK과 신뢰성 BLOCK도의 작성 |
|---|---|
| 2단계<br>: 고장형과 그 영향의<br>검토 | • 고장 모드의 예측과 설정<br>• 고장 원인의 상정<br>• 상위 아이템에 대한 고장 영향의 검토<br>• 고장 검지법의 검토<br>• 고장에 대한 보상법과 대응법의 검토<br>• FMEA WORK SHEET에 관한 기입<br>• 고장등급의 평가 |
| 3단계<br>: 치명도 해석과<br>개선책의 검토 | • 치명도 해석<br>• 해석결과의 정리 |

4) FMEA의 기재사항

① 요소의 명칭　　　　　　② 고장의 형
③ 다른 요소 및 전 시스템에 대한 고장의 영향
④ 위험성의 분류　　　　　⑤ 고장의 발견방법
⑥ 시정방법

**(4) ETA(Event Tree Analysis)와 DT(Decision Trees)**

**☷참고**

＊ ETA : 사건수(사상수)
   분석법

1) ETA(Event Tree Analysis) ✄✄✄✄

사상의 안전도를 사용하여 시스템의 안전도를 나타내는 귀납적, 정량적인 분석법이다.

2) DT(Decision Trees) ✄✄✄✄

요소의 신뢰도를 이용하여 시스템의 신뢰도를 나타내는 기법으로 귀납적이고, 정량적인 분석 방법이다.

## (5) 치명도 분석(CA : Criticality Analysis)

1) 고장이 직접 시스템의 손실과 인명의 사상에 연결되는 높은 위험도를 가진 요소나 고장의 형태에 따른 분석법이다. ✖✖

2) 고장이 시스템에 얼마나 치명적인 영향을 끼치는지에 대한 고장을 정량적으로 분석하는 기법이다. ✖

3) 정성적 방법에 의한 FMEA에 대해 정량적 성격을 부여한다.

## (6) 인간에러율 예측기법
### (THERP : Technique of Human Error Rate Prediction)

1) 인간의 과오(human error)를 정량적으로 평가하기 위하여 1963년 Swain 등에 의해 개발된 기법이다. ✖✖

2) 인간의 과오율 추정법 등 5개의 스텝으로 되어 있다.

## (7) MORT(Management Oversight and Risk Tree)

1) 1970년 이후 미국의 W. G. Johnson 등에 의해 개발된 최신 시스템 안전프로그램으로서 원자력 산업의 고도 안전 달성을 위해 개발된 분석 기법이다.

2) 관리, 설계, 생산, 보전 등의 광범위한 안전을 도모하기 위한 연역적이고, 정량적인 분석법이다. ✖✖

## (8) 운용 및 지원위험 분석(O&S : operating & support 또는 OSHA)

1) 시스템의 모든 사용단계에서 생산, 보전, 시험, 운반, 구출, 구조, 훈련 및 폐기 등에 사용되는 인원, 순서, 설비에 관하여 위험을 동정하고 그것들의 안전요건을 결정하기 위한 분석법이다. ✖✖

2) 시스템이 저장되어 이동되고 실행됨에 따라 발생하는 작동시스템의 기능이나 과업, 활동으로부터 발생되는 위험에 초점을 맞춘 위험분석 차트이다.

참고

\* 치명도 분석법 (CA : Criticality Analysis)
사고의 위험성만 분석하는 방법으로 각 요소가 전체 시스템에 미치는 영향을 분석하기가 곤란하다.
따라서, FMEA와 함께 사용된다.(FMEA-CA)
① 먼저, 고장형태를 해석하여 시스템에 끼치는 영향을 해석하고
② 하나의 치명적인 고장을 결정하여 위험성을 분석하고
③ 여러 고장의 위험성을 구분하여 위험성이 높은 것을 우선적으로 개선한다.

참고

고장형태 및 영향분석 (FMEA) + 치명도 분석 (CA) → FMECA

(9) FAFR(Fatal Accident Frequency Rate)

1) 위험도를 표시하는 단위로 $10^8$(1억)시간당 사망자 수를 나타낸다.

2)

$$FAFR = \frac{사망자\ 수}{총\ 작업\ 시간\ 수} \times 10^8 ✡$$

(10) HAZOP(Hazard and Operability, 위험 및 운전성 검토)

각각의 장비에 대해 잠재된 위험이나 기능저하 등 시설에 결과적으로 미칠 수 있는 영향을 평가하기 위하여 공정이나 설계도 등에 체계적인 검토를 행하는 것을 말한다.

1) 용어의 정의

① 의도 : 어떤 부분이 어떻게 작동되리라고 기대된 것을 의미하는 것으로 서술적일 수도 있고 도면화될 수도 있다.
② 이상 : 의도에서 벗어난 것을 의미하며 유인어를 체계적으로 적용하여 얻어진다.
③ 원인 : 이상이 발생한 원인을 의미한다.
④ 결과 : 이상이 발생할 경우 그것에 대한 결과이다.
⑤ 위험 : 손실, 손상, 부상 등을 초래할 수 있는 결과를 의미한다.
⑥ 유인어 : 간단한 용어로서 창조적 사고를 유도하고 이상을 발견하고 의도를 한정하기 위해 사용된다.

2) 유인어의 종류 ✡

**유인어의 종류와 뜻**

- No 또는 Not : 완전한 부정
- More 또는 Less : 양의 증가 및 감소
- As Well As : 성질상의 증가, 설계의도 외의 다른 변수가 부가되는 경우
- Part of : 일부 변경(설계의도대로 완전히 이루어지지 않은 상태), 성질상의 감소
- Reverse : 설계의도의 논리적인 역, 설계의도와 정반대로 나타나는 현상
- Other Than : 완전한 대체, 설계의도대로 되지 않거나 유지되지 않은 상태

### 3 결함수분석(FTA : Fault Tree Analysis)

#### (1) FTA의 특징

시스템 고장을 발생시키는 **사상과 원인과의 관계를 논리기호(AND와 OR)를 사용하여 나뭇가지 모양의 그림(Tree)으로 나타낸 FT(Fault Tree)를 만들고 이에 의거하여 시스템의 고장확률을 구함**으로서 취약 부분을 찾아내어 시스템의 신뢰도를 개선하는 정량적 고장해석 및 신뢰성 평가 방법이다.

[FTA의 장점 ✄]

| ① 사고원인 규명의 간편화 | 사고의 세부적인 원인목록을 작성하여 **전문지식이 부족한 사람도 목록만을 가지고 해당 사고의 구조를 파악할 수 있다.** |
|---|---|
| ② 사고원인 분석의 일반화 | 재해 발생의 모든 원인들의 연쇄를 한눈에 알기 쉽게 Tree상으로 표현할 수 있다. |
| ③ 사고원인 분석의 정량화 | FTA에 의한 재해발생 원인의 정량적 해석과 예측, **컴퓨터 처리 및 통계적인 처리가 가능하다.** |
| ④ 노력, 시간의 절감 | FTA의 전산화를 통하여 사고 발생에의 기여도가 높은 중요원인을 분석 파악하여 **사고 예방을 위한 노력과 시간을 절감할 수 있다.** |
| ⑤ 시스템의 결함 진단 | 복잡한 시스템 내의 결함을 최소 시간과 최소비용으로 효과적인 교정을 통하여 재해 발생 초기에 필요한 조치를 취할 수 있다. |
| ⑥ 안전점검 Check List 작성 | FTA에 의한 재해 원인 분석을 토대로 안전점검상 중점을 두어야 할 부분 등을 체계적으로 정리한 안전점검 Check List를 만들 수 있다. |

## [FTA의 단점]

| ① 숙련된 전문가 필요 | FTA를 수행하기 위하여는 이 분야에 전문 지식을 가진 숙련자가 필요하다. |
|---|---|
| ② 시간 및 경비의 소요 | 분석대상 시스템이나 공정의 크기에 따라 소요 시간과 경비는 차이가 있을 수 있으나 일반적으로 정성 평가에 비하여 막대한 시간과 경비가 소요된다. |
| ③ 고장률 자료 확보 | 성공적인 FTA를 위하여 설비, 부품의 정확한 고장률 확보가 전제되어야 한다. |
| ④ 단일 사고의 해석 | FTA는 공정에서 발생 가능한 사고를 가정하여 그 발생확률과 중요원인을 규명하는 방법으로서 예상치 못한 사고 또는 사소한 위험성은 간과하기 쉽다. |
| ⑤ 논리게이트 선택의 신중 | 분석자의 의식 중에는 항상 사고확률의 감소라는 개념이 잠재되어 있다고 볼 수 있다. 따라서 특히 AND게이트 선택 시에는 논리적으로 타당한가를 신중히 검토하여야 정확한 FTA 결과를 도출할 수 있다. |

### (2) 논리기호 및 사상기호 ✿✿

| 기호 | 명명 | 기호 설명 |
|---|---|---|
| ○ | 기본사상 | 더 이상 전개할 수 없는 사건의 원인 |
| ◇ | 생략사상 | 관련정보가 미비하여 계속 개발될 수 없는 특정 초기사상 |
| ⌂ | 통상사상 | 발생이 예상되는 사상 |
| ▭ | 결함사상 (정상사상, 중간사상) | 한 개 이상의 입력에 의해 발생된 고장사상 |
| ⌒ | OR게이트 | 한 개 이상의 입력이 발생하면 출력사상이 발생하는 논리게이트 |
| ∩ | AND게이트 | 입력사상이 전부 발생하는 경우에만 출력사상이 발생하는 논리게이트 |
| 또는<br>동시발생 | 배타적 OR게이트 | 입력사상 중 오직 한 개의 발생으로만 출력사상이 생성되는 논리게이트 |

**참고**

1. 기본사상 중 인간의 실수

2. 생략사상으로서 간소화

3. 생략사상 중 인간의 실수

**참고**

"OR"게이트
불 대수로 Q = A + B(논리합)와 같이 표시되며, Q가 일어나기 위해서는 사건 A 또는 B 중의 한 개, 또는 A, B사건 모두 일어나야 한다.

"AND"게이트
AND게이트는 게이트에 소속된 사건들의 상호교점을 나타내며, 불대수 기호로는 Q = A × B(논리곱)와 같이 표현된다.

| 기호 | 내용 |
|---|---|
| AND Gate | 하위의 사건을 모두 만족하는 경우에 사용하는 논리게이트 |
| OR Gate | 하위의 사건 중 하나라도 만족하면 사용하는 논리게이트 |

| 기호 | 명명 | 기호 설명 |
|---|---|---|
| 또는 | 우선적 AND게이트 | 입력사상이 특정 순서대로 발생한 경우에만 출력사상이 발생하는 논리게이트 |
| | 조합 AND게이트 | 3개 이상의 입력 중 2개가 일어나면 출력이 생긴다. |
| | 전이기호 | 다른 부분에 있는 게이트와의 연결 관계를 나타내기 위한 기호 |
| | 전이기호(IN) | 삼각형 정상의 선은 정보의 전입루트를 나타낸다. |
| | 전이기호(OUT) | 삼각형 옆의 선은 정보의 전출루트를 나타낸다. |
| | 전이기호 (수량이 다르다) | |
| | 억제게이트 | 이 게이트의 출력사상은 한 개의 입력사상에 의해 발생하며, 입력사상이 출력사상을 생성하기 전에 특정조건을 만족하여야 하는 논리게이트 |
| | 조건부사상 | 논리게이트에 연결되어 사용되며, 논리에 적용되는 조건이나 제약 등을 명시한다. |
| | 부정게이트 | 입력과 반대현상의 출력 생김 |
| | 위험지속 AND게이트 | 입력이 생겨서 일정시간이 지속될 때 출력이 생긴다. |

⊙기출

* 한국산업 표준상 결함나무 분석(FTA) 시의 사상기호

1. 공사상(Zero event) : 발생할 수 없는 사상

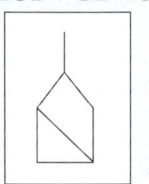

2. 심층분석사상 : 추후 다른 결함나무에서 심층분석되는 사상

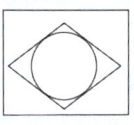

3. 기본사상 : 세분될 수 없는 사상

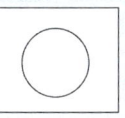

4. 통상사상 : 확실히 발생하였거나, 발생할 사상

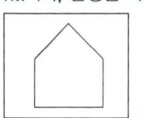

PART 02

(3) FTA에 의한 재해사례 연구 순서 ✿✿

1단계 : 톱사상의 설정
2단계 : 재해 원인 규명
3단계 : FT도의 작성
4단계 : 개선계획의 작성

(4) 컷셋과 패스셋

1) 컷셋(Cut Set) ✿✿
• 정상사상을 발생시키는 기본사상의 집합
• 모든 기본사상이 일어났을 때 정상사상을 일으키는 기본사상들의 집합이다.

2) 미니멀 컷(Minimal Cut Set) ✿✿
• 정상사상을 일으키기 위한 기본사상의 최소집합
• 컷셋 중 타켓셋을 포함하고 있는 것을 배제하고 남은 컷셋들을 의미(최소한의 컷)
• 시스템의 위험성을 나타낸다.
• 반복사상이 없는 경우 일반적으로 퍼셀(Fussell) 알고리즘을 이용하여 구한다.

3) 패스셋(Path Set) ✿✿
• 시스템의 고장을 일으키지 않는 기본사상들의 집합
• 포함된 기본사상이 일어나지 않을 때 처음으로 정상 사상이 일어나지 않는 기본 사상들의 집합이다.

4) 미니멀 패스(Minimal Path Set) ✿✿
• 시스템의 기능을 살리는 최소한의 집합(최소한의 패스)
• 시스템의 신뢰성 나타낸다.

## 4 정성적, 정량적 분석 및 신뢰도의 계산

### (1) 설비의 신뢰도 ✦✦

① 직렬연결
- 요소 중 하나가 고장이면 전체 시스템은 고장이다.
- 전체 시스템의 수명은 요소 중 가장 짧은 것으로 결정된다.

신뢰도 $R_s = R_1 \times R_2 \times R_3$

② 병렬연결
- 요소 중 하나만 정상이라도 전체 시스템은 정상 가동된다.
- 전체 시스템의 수명은 요소 중 가장 긴 것으로 결정된다.

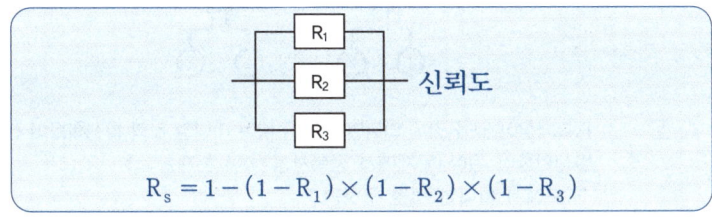

신뢰도

$$R_s = 1 - (1 - R_1) \times (1 - R_2) \times (1 - R_3)$$

### (2) 확률사상의 계산 ✦✦

1) 논리곱의 확률(독립사상)

$$A(B \cdot C \cdot D) = AB \cdot AC \cdot AD$$

2) 논리합의 확률(독립사상)

$$A(B + C + D) = 1 - (1 - AB)(1 - AC)(1 - AD)$$

3) 불대수의 법칙

① 동정 법칙 : $A + A = A$, $AA = A$

② 교환 법칙 : $AB = BA$, $A + B = B + A$

③ 흡수 법칙 : $A(AB) = (AA)B = AB$ ✦

$$A + AB = A \cup (A \cap B) = (A \cup A) \cap (A \cup B) = A \cap (A \cup B) = A$$

$$\overline{A \cdot B} = \overline{A} + \overline{B}$$ ✦

④ 배분 법칙 : $A(B + C) = AB + AC$, $A + (BC) = (A + B) \cdot (A + C)$

⑤ 결합 법칙 : $A(BC) = (AB)C$, $A + (B + C) = (A + B) + C$

⑥ 항등 법칙 : $A + 0 = A$, $A + 1 = 1$, $A \times 1 = A$, $A \times 0 = 0$ ✦

문제

FTA에서 시스템의 안정성을 정량적으로 평가할 때, 이 평가에 포함되는 5개 항목에 대한 위험 점수가 합산해서 몇 점이면 FTA를 다시 하게 되는가?

㉮ 10점 이상
㉯ 14점 이상
㉰ 16점 이상
㉱ 20점 이상

[해설]
5개 항목에 대한 위험 점수가 16점 이상이면 FTA를 다시 해야 한다.

정답 ㉰

## 4) 드 모르간의 법칙 ✦

① $\overline{A+B} = \overline{A} \cdot \overline{B}$

② $A + \overline{A} \cdot B = A + B$

---

**예제 01** ✦✦

①, ②, ③의 발생확률이 각각 0.1, 0.2, 0.3일 때
① $G_1$의 발생확률(고장확률)을 계산하라.
② $G_1$의 신뢰도를 계산하라.

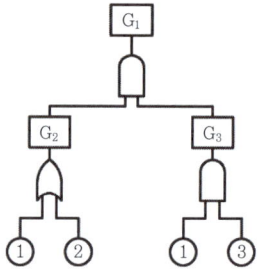

해설

1. 중복사상이 있을 경우 미니멀 컷을 구하여 미니멀 컷의 발생확률이 전체시스템의 발생확률이 된다.(문제에서 중복사상 ①이 존재한다.)

2. FT도에서 미니멀 컷을 구하면

$G_1 = G_2 \cdot G_3$

$= \binom{①}{②}(①③) = (①①③)(②①③) = (①③)(①②③)$

미니멀 컷 (①③)

3. 미니멀 컷의 발생확률($G_1$의 발생확률)

$= 0.1 \times 0.3 = 0.03$

4. $G_1$의 신뢰도

$= 1 - 0.03 = 0.97$

---

**예제 02** ☆☆

①, ②, ③, ④의 발생확률이 각각 0.1, 0.2, 0.3, 0.4일 때
① $G_1$의 발생확률(고장확률)을 계산하라.
② $G_1$의 신뢰도를 계산하라.

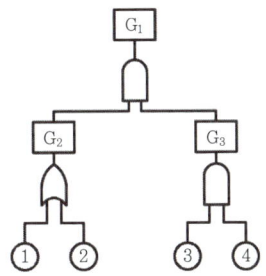

[해설] 중복사상이 없을 경우 공식에 의하여 계산한다.
① $G_1$의 발생확률(고장확률)의 계산
$$G_1 = G_2 \times G_3$$
$$= \{1-(1-①)(1-②)\} \times (③ \times ④)$$
$$= \{1-(1-0.1)(1-0.2)\} \times (0.3 \times 0.4)$$
$$= 0.0336$$
② $G_1$의 신뢰도의 계산
$G_1$의 발생확률(고장확률)이 0.0336이므로 고장나지 않을 확률(신뢰도)은
$1-0.0336 = 0.9664$

**예제 03** ☆☆

①, ②의 발생확률이 각각 0.1, 0.2일 때
① $G_1$의 발생확률(고장확률)을 계산하라.
② $G_1$의 신뢰도를 계산하라.

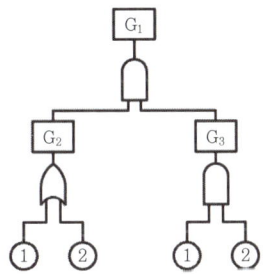

[해설]
1. 중복사상 ①, ②가 있으므로 미니멀 컷의 발생확률이 시스템의 발생확률이 된다.
2. FT도에서 미니멀 컷을 구하면
$$G_1 = G_2 \cdot G_3$$
$$= \binom{①}{②}(①②) = (①①②)(②①②) = (①②)(①②)$$
미니멀 컷 (①②)
3. 미니멀 컷의 발생확률($G_1$의 발생확률)
$= 0.1 \times 0.2 = 0.02$
4. $G_1$의 신뢰도
$= 1-0.02 = 0.98$

문제
아래 그림의 결함수를 간략히 한 것은?

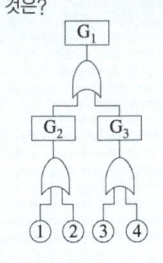

㉮
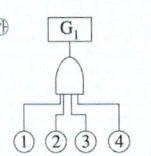

㉯
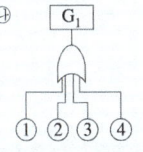

㉰
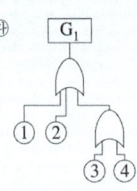

㉱
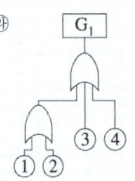

[해설]
$G_1$, $G_2$, $G_3$가 모두 OR게이트로 연결되어 있으므로 OR게이트로 모두 묶을 수 있다.

㉯
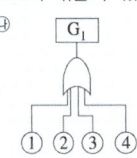

[참고]
만약 $G_1$, $G_2$, $G_3$가 모두 AND게이트로 연결되어 있다면 AND게이트로 모두 묶을 수 있다.

㉮
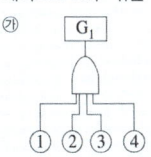

정답 ㉯

예제 04 ✰✰

그림과 같은 기초사건이 반복되지 않은 결함나무가 있다. 독립인 기초 사건들의 확률은 ① = 0.3, ② = 0.2, ③ = 0.1일 때 정상사건의 발생확률은?

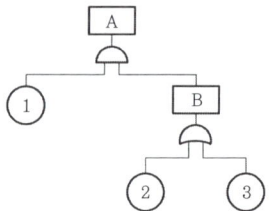

해설
$A = ① × B$
$= ① × \{1 - (1 - ②)(1 - ③)\}$
$= 0.3 × \{1 - (1 - 0.2)(1 - 0.1)\}$
$= 0.084$

## (3) 컷셋과 미니멀 컷 ✰✰

예제 01 ✰✰

다음 FT도에서 컷과 미니멀 컷을 구하라.

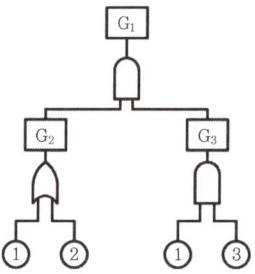

해설
$G_1 = G_2 \cdot G_3$

$= \begin{pmatrix} ① \\ ② \end{pmatrix} \cdot (①③)$

$= (①①③)$
$(②①③)$

컷셋 : (①③)(①②③)
미니멀 컷 : (①③)
(미니멀 컷셋은 정상사상을 일으키는 최소한의 집합이다. 집합(①③)은 (①②③)의 부분집합으로 (①③)만으로도 정상사상이 발생하므로 미니멀 컷셋은 (①③)이된다.)

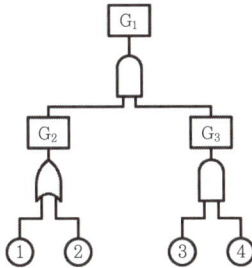

**예제 02** ✪✪

다음 FT도에서 컷과 미니멀 컷을 구하라.

**[해설]**   $G_1 = G_2 \cdot G_3$

$= \dbinom{①}{②} \cdot (③④) = (①③④)(②③④)$

컷셋 : (①③④) (②③④)
미니멀 컷 : (①③④) 또는 (②③④)
(출력이 생긴 집합을 모두 모으면 컷셋이고, 출력이 생긴 집합 각각은 미니멀 컷이
된다.)

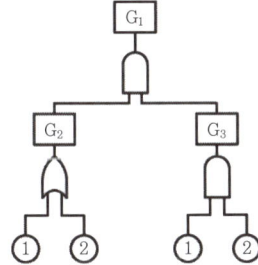

**예제 03** ✪✪

다음 FT도에서 컷과 미니멀 컷을 구하라.

**[해설]**   $G_1 = G_2 \cdot G_3$

$= \dbinom{①}{②} \cdot (①②)$

$= (①①②) = (①②)$
$\ \ \ (②①②) \ \ \ (①②)$

컷셋 : (①②)
미니멀 컷 : (①②)
(출력이 생긴 집합을 모두 모으면 컷셋이고, 출력이 생긴 집합 각각은 미니멀 컷이
된다. 이 문제는 컷셋과 미니멀 컷셋이 동일한 경우이다.)

## 02 안전성 평가 및 설비의 유지관리

### 주/요/내/용 알/고/가/기

1. 안전성 평가 6단계
2. 정성적, 정량적 평가항목
3. 유해 · 위험방지 계획서 작성 대상 사업
4. 제출 시 첨부 서류
5. MTBF, MTTF, MTTR의 정의
6. 고장률의 계산
7. MTBF의 계산
8. 신뢰도 및 불신뢰도의 계산

**◉기출**

**＊ 안전성 평가**
새로운 시스템이나 설비 등을 도입할 때, 사고 방지를 위해 설계나 계획단계에서 위험성의 여부를 평가하는 것을 말한다.

**＊ 기술평가(Technology Assessment)**
기술 개발과정에서 효율성과 위험성을 종합적으로 분석 · 판단할 수 있는 평가방법을 말한다.

**참고**

**＊ 안전성 평가와 종류**
① 세이프티– 어세스먼트 : 안전성 평가
② 테크놀로지 – 어세스먼트 : 기술개발의 종합평가
③ 리스크–어세스먼트 : 위험성 평가
④ 휴먼 어세스먼트 : 인간과 사고의 평가

**참고**

**＊ 정성적 분석법**
① 체크리스트 (Checklist)
② 사고예상질문분석 (What–If)
③ 상대위험순위 (Dow and Mond indices)
④ 위험과 운전분석 (HAZOP)
⑤ PHA
⑥ FMEA

**＊ 정량적 분석법**
① 결함수분석(FTA)
② 사건수분석(ETA)
③ 원인-결과분석 (Cause–Consequ ence Analysis)

### 1 안전성 평가의 개요

#### (1) 안전성 평가 6단계 ✪✪

| 1단계 | 관계 자료의 정비검토 |
|---|---|
| 2단계 | 정성적인 평가 |
| 3단계 | 정량적인 평가 |
| 4단계 | 안전대책 수립 |
| 5단계 | 재해사례에 의한 평가 |
| 6단계 | FTA에 의한 재평가 |

① 1단계 : 관계자료의 정비검토(작성준비)

| 관계자료 조사 항목 |
|---|
| • 입지조건과 관련된 지질도 등 입지에 관한 도표 |
| • 화학설비 배치도 |
| • 건조물(건물)의 평면도, 단면도 및 입면도 |
| • 제조 공정의 개요 |
| • 기계실 및 전기실의 평면도, 단면도 및 입면도 |
| • 공정기기 목록 |
| • 운전 요령 |
| • 요원 배치 계획 |
| • 배관이나 계장 등의 계통도 |
| • 제조 공정상 일어나는 화학반응 |
| • 원재료, 중간체, 제품 등의 물리화학적 성질 및 인체에 미치는 영향 |

② 2단계 : **정성적인 평가**

| 정성적 평가항목 ✈ | |
|---|---|
| ① 입지 조건 | ② 공장 내의 배치 |
| ③ 소방 설비 | ④ 공정 기기 |
| ⑤ 수송 · 저장 | ⑥ 원재료 |
| ⑦ 중간체 | ⑧ 제품 |
| ⑨ 건조물(건물) | ⑩ 공정 |

③ 3단계 : **정량적인 평가**

- 당해 화학설비의 취급물질, 화학설비의 용량, 온도, 압력, 조작의 5개 항목에 대해 A, B, C, D급으로 분류하고 A급은 10점, B급은 5점, C급은 2점, D급은 0점을 부여한 후, 점수들의 합을 구한다.

| 정량적 평가항목 ✈ | |
|---|---|
| ① 취급물질 | ② 화학설비의 용량 |
| ③ 온도 | ④ 압력 |
| ⑤ 조작 | |

- 합산결과에 의한 위험도 등급

| 등급 | 점수 | 내용 |
|---|---|---|
| 등급 Ⅰ | 16점 이상 | 위험도가 높다. |
| 등급 Ⅱ | 11점 이상 15점 이하 | - |
| 등급 Ⅲ | 10점 이하 | 주위상황, 다른 설비와 관련해서 평가위험도가 낮다. |

④ 4단계 : **안전대책 수립**

- 설비 등에 관한 대책(위험 등급 1·2등급의 물적 안전조치 사항)
- 위험 등급 3등급 시 설비 등에 관한 대책
- 관리적 대책

⑤ 5단계 : **재해사례에 의한 평가**

⑥ 6단계 : **FTA에 의한 재평가**

## (2) 설비도입 및 제품개발 단계에서의 안전성 평가

① 구상단계

- **시스템 안전계획의 작성**
- **예비위험분석의 작성**
- 안전성에 관한 정보 및 문서의 작성
- 구상단계 정식화 회의에의 참가

---

📖 참고

**설계관계 항목**

- 입지조건
- 공장 내의 배치
- 건축물
- 소방용 설비 등

**운전관계 항목**

- 원재료, 중간체, 제품 등
- 공정
- 수송, 저장 등
- 공정 기기

PART 02

② 설계단계
- 구상단계에서 작성된 시스템 안전프로그램을 실시할 것
- 시스템의 설계에 반영할 **안정성 설계기준을 결정하여 발표**할 것
- **예비위험분석을 시스템안전 위험분석으로 바꾸어 완료시킬 것**
- 사양서 중에 **시스템 안전성 필요사항을 정의하여 포함**시킬 것
- 안전성 결정사항을 문서로 하여 보존할 것

③ 제조, 조립, 시험단계
- 시스템 안전위험분석(SSHA)에서 지정된 **전 조치의 실시를 보증하는 계통적인 감시 및 확인 프로그램을 확립하여 실시할 것**
- **운용안전성분석(OSA)을 실시할 것**
- 안전성이 손상되는 일이 없도록 **제조, 조립, 시험방법 과정을 검토하고 평가할 것**
- 제조환경이 제품의 안전설계를 손상하지 않도록 할 것
- 위험한 상태를 유발할 수 있는 모든 결함에 대해서는 정보의 피드백 시스템을 확립할 것
- 품질보증요원이 이용할 수 있는 **안전성의 검사 및 확인에 관한 시험법을 정할 것**
- 안전성을 보증하기 위하여 일어날 수 있는 **변화를 예측하고 그것에 수반되는 재설계나 변경을 개시할 것**

④ 운용단계
- 모든 운용, 보전 및 위급 시에 절차를 평가하여 그들이 설계 때에 고려된 바와 같은 타당성이 있느냐의 여부를 식별할 것
- 안전성에 손상이 일어나지 않도록 **조작장치, 사용설명서의 변경과 수정을 요할 것**
- 제조, 조립, 시험단계에서의 확립된 고장의 정보 피드백 시스템을 유지할 것
- 바람직한 운용 안전성 레벨의 유지를 보증하기 위하여 **시스템 안전의 실증과 검사를 할 것**
- 사고와 그 유발 사고를 조사하고 분석할 것
- 위험상태의 재발 방지를 위해 적절한 개량조치를 강구할 것

## 2 유해ㆍ위험방지 계획서 제출대상

### (1) 유해ㆍ위험방지 계획서의 제출

사업주는 **다음 각 호의 어느 하나에 해당하는 경우**에는 유해위험방지 계획서를 작성하여 고용노동부령으로 정하는 바에 따라 **고용노동부장 관에게 제출하고 심사**를 받아야 한다. 다만, 사업주 중 **산업재해발생 률 등을 고려하여 고용노동부령으로 정하는 기준에 해당하는 사업주 는 유해위험방지계획서를 스스로 심사하고, 그 심사결과서를 작성하 여 고용노동부장관에게 제출**하여야 한다.

① 대통령령으로 정하는 사업의 종류 및 규모에 해당하는 사업으로서 **해당 제품의 생산 공정과 직접적으로 관련된 건설물ㆍ기계ㆍ기구 및 설비 등 일체를 설치ㆍ이전**하거나 그 주요 구조부분을 변경하려 는 경우
② 유해하거나 위험한 작업 또는 장소에서 사용하거나 건강장해를 방지하기 위하여 사용하는 기계ㆍ기구 및 설비로서 **대통령령으로 정하는 기계ㆍ기구 및 설비를 설치ㆍ이전하거나 그 주요 구조부분 을 변경**하려는 경우
③ **대통령령으로 정하는 크기, 높이 등에 해당하는 건설공사를 착공** 하려는 경우

### (2) 유해ㆍ위험방지 계획서 작성내상 사업 ✖✖✖

다음 **각 호의 어느 하나에 해당하는 사업으로서 전기사용설비의 정격 용량의 합이 300킬로와트 이상인 사업**을 말한다.

### 유해 · 위험방지 계획서 작성대상(제조업)

① 금속 가공제품(기계 및 가구는 제외한다) 제조업

② 비금속 광물제품 제조업

③ 기타 기계 및 장비 제조업

④ 자동차 및 트레일러 제조업

⑤ 식료품 제조업

⑥ 고무제품 및 플라스틱제품 제조업

⑦ 목재 및 나무제품 제조업

⑧ 기타 제품 제조업

⑨ 1차 금속 제조업

⑩ 가구 제조업

⑪ 화학물질 및 화학제품 제조업

⑫ 반도체 제조업

⑬ 전자부품 제조업

실력이 되고! 합격이 되는! 특급 암기법

> **1차 금속**으로 **금속 가공제품, 비금속 광물제품** 제조하여 **나무, 화학물질** 섞어서 **기계장비, 자동차 트레일러** 만들고, **고무풀(고무 및 플라스틱)**로, **기타 식료품** 만들었더니 **도대체(반도체)가(가구) 전부(전자부품) 유해·위험(유해·위험방지 계획서)**하다.

다음 각 호의 어느 하나에 해당하는 기계·기구 및 설비를 말한다.

### 유해 · 위험방지 계획서 작성대상(기계 · 기구 및 설비)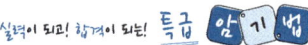

① 금속이나 그 밖의 광물의 용해로

② 화학설비

③ 건조설비

④ 가스집합 용접장치

⑤ 근로자의 건강에 상당한 장해를 일으킬 우려가 있는 물질로서 고용노동부령으로 정하는 물질의 밀폐 · 환기 · 배기를 위한 설비

## (3) 제출 시 첨부서류

1) 사업주가 제조업 대상 사업, 대상기계·기구 설비에 해당하는 유해·위험방지계획서를 제출하려면 다음 각 호의 서류를 첨부하여 해당 작업 시작 15일 전까지 공단에 2부를 제출하여야 한다. ✄

| 제조업 대상 사업 첨부서류 | ① 건축물 각 층의 평면도<br>② 기계·설비의 개요를 나타내는 서류<br>③ 기계·설비의 배치도면<br>④ 원재료 및 제품의 취급, 제조 등의 작업방법의 개요<br>⑤ 그 밖에 고용노동부장관이 정하는 도면 및 서류 |
|---|---|
| 대상 기계·기구 설비 첨부서류 | ① 설치장소의 개요를 나타내는 서류<br>② 설비의 도면<br>③ 그 밖에 고용노동부장관이 정하는 도면 및 서류 |

2) 유해위험 방지계획서 심사 결과의 구분 ✄✄
   ① 적정 : 근로자의 안전과 보건을 위하여 필요한 조치가 구체적으로 확보되었다고 인정되는 경우
   ② 조건부 적정 : 근로자의 안전과 보건을 확보하기 위하여 일부 개선이 필요하다고 인정되는 경우
   ③ 부적정 : 기계·설비 또는 건설물이 심사기준에 위반되어 공사 착공 시 중대한 위험발생의 우려가 있거나 계획에 근본적 결함이 있다고 인정되는 경우

## 3 설비의 유지관리

### (1) 설비 관리의 정의

기업의 생산성을 높이기 위하여 설비의 조사, 계획, 설계, 구축, 운전, 유지/보전을 거쳐 설비의 생애(Life-Cycle)를 통하여 설비의 기능 및 신뢰성을 향상하기 위한 제반 활동을 말한다.

**참고**

1. **지수분포** : 사건이 서로 독립적일 때, 일정 시간 동안 발생하는 사건의 횟수가 푸아송 분포를 따른다면, 다음 사건이 일어날 때까지 대기 시간, 고장 날 확률이 시간에 따라 일정한 경우는 지수분포를 따른다.

2. **와이블분포** : 연속확률 분포로서 부품의 수명 추정 분석, 산업 현장에서 어떤 제품의 제조와 배달에 걸리는 시간, 날씨예보, 신뢰성공학에서 실패분석에 사용된다.

3. **이항분포** : 몇 번의 독립 시행에서 어떤 사건이 일어날 확률과 일어나지 않을 확률의 두 항을 써서 나타내는 확률 분포이다.

4. **포아송 분포** : 특정 시간 또는 거리나 공간에서 독립적인 사건이 발생한 횟수를 확률변수로 하는 확률 분포이다.

**문제**

일정한 고장률을 가진 어떤 기계의 고장률이 0.004/시간일 때 10시간 이내에 고장을 일으킬 확률은?

㉮ $1+e^{0.04}$
㉯ $1-e^{-0.004}$
㉰ $1-e^{0.04}$
㉱ $1-e^{-0.04}$

[해설]
고장을 일으킬 확률= 불신뢰도
불신뢰도 = 1 − 신뢰도

① 신뢰도 $R(t) = e^{-\frac{t}{t_0}} = e^{-\lambda \times t}$
  ($t_0$ : 평균 고장시간 or 평균 수명
  $t$ : 앞으로 고장 없이 사용할 시간
  $\lambda$ : 고장률)
  신뢰도 $R(t) = e^{-0.004 \times 10}$
  $= e^{-0.04}$
② 불신뢰도 $= 1 - e^{-0.04}$

**정답** ㉱

## (2) 설비의 운전 및 유지관리

### 1) MTBF(평균 고장 간격 : Mean Time Between Failures) ✖✖

수리 가능한 제품에서 고장~다음 고장까지 시간의 평균치(신뢰도)를 말한다.

[고장률과 신뢰도 ✖✖]

| | |
|---|---|
| ① **고장률** | 고장률$(\lambda) = \dfrac{\text{고장건수}}{\text{총 가동시간}}$ (건 / 시간) |
| ② **MTBF(평균 고장시간)** | $MTBF = \dfrac{1}{\text{고장률}(\lambda)}$ (시간) |
| ③ **신뢰도 (고장 나지 않을 확률)** | 신뢰도란 고장 나지 않을 확률을 말한다.<br>$R(t) = e^{-\frac{t}{t_0}} = e^{-\lambda \times t}$<br>여기서, $t_0$ : 평균 고장시간 or 평균 수명<br>$t$ : 앞으로 고장 없이 사용할 시간<br>$\lambda$ : 고장률 |
| ④ **불신뢰도(고장 날 확률)** | $1-$신뢰도 |

### 2) MTTF (고장까지의 평균시간 : Mean Time to Failure) ✖✖

수리가 불가능한 제품에서 처음 고장날 때까지의 시간(평균수명)을 말한다.

[계의 수명 ✖✖]

| | |
|---|---|
| ① **직렬계의 수명** | $MTTF(MTBF) \times \dfrac{1}{\text{요소갯수}(n)}$ |
| ② **병렬계의 수명** | $MTTF(MTBF) \times \left(1 + \dfrac{1}{2} + \dfrac{1}{3} + \cdots + \dfrac{1}{n}\right)$<br>여기서, $n$ : 요소의 개수 |

3) MTTR(Mean Time to Repair) ✄✄

평균 수리에 소요되는 시간을 말한다.

**[MTTR과 설비가동률 ✄]**

| ① MTTR | $MTTR = \dfrac{수리시간 \; 합계}{수리횟수}$ (시간) |
|---|---|
| ② 설비가동률 | $설비가동률 = \dfrac{MTBF}{MTBF + MTTR} = \dfrac{\dfrac{1}{\lambda}}{\dfrac{1}{\lambda} + \dfrac{1}{\mu}}$<br><br>여기서, $\lambda$ : 고장률, $\mu$ : 수리율 |

## 4 보전성 공학

### (1) 예방보전(PM : Preventive maintenance)

시스템 또는 부품의 사용 중 고장 또는 정지와 같은 사고를 미리 방지하거나, 품목을 사용 가능 상태로 유지하기 위하여 계획적으로 하는 보전 활동이다.

| 정기 보전 | • 적정 주기를 정하고 주기에 따라 수리, 교환 등을 행하는 활동<br>• 시간기준보전(TBM : Timed Based Maintenance)<br>  : 설비의 열화에 따른 수리주기를 정하고 그 주기에 맞추어 수리를 실시한다. |
|---|---|
| 예지 보전 | • 설비의 열화의 상태를 알아보기 위한 점검이나 점검에 따른 수리를 행하는 활동<br>• 상태기준보전(CBM : Condition Based Maintenance)<br>  : 설비의 열화상태가 미리 정한 기준에 도달하면 수리를 행한다. |

### (2) 사후보전(BM : Break-down maintenance)

시스템 내지 부품이 고장에 의해 정지 또는 유해한 성능저하를 초래한 뒤 수리를 하는 보전 활동이다.

**[기출]**

＊설비고장 도수율
$= \dfrac{설비 \; 고장 \; 건수}{설비 \; 가동시간}$

＊설비고장 강도율
$= \dfrac{설비 \; 고장 \; 정지시간}{설비 \; 가동시간}$

＊설비의 가용도
$= \dfrac{작동가능시간}{작동가능시간 + 작동불능시간}$

PART 02

＊TPM(Total Productive Maintenance)
: 전사적 설비보전활동
• 설비고장을 없애고 설비효율을 극대화하는 것을 목표로 전원이 참가하는 생산보전활동이다.

**기출**

＊설비보전 평가식
① 성능가동률 = 속도가동률 × 정미가동률
② 시간가동률 = (부하시간 − 정지시간) / 부하시간
③ 설비종합효율 = 시간가동률 × 성능가동률 × 양품률
④ 정미가동률 = (생산량 × 실제 사이클 타임) / (부하시간−정지시간)

### (3) 보전예방(MP : Maintenance Prevention)

- 신규설비의 계획과 건설을 할 때 보전정보나 새로운 기술을 도입하여 열화 손실을 적게 하는 보전 활동이다.
- 우수한 설비의 선정, 조달 또는 설계를 통하여 궁극적으로 설비의 설계, 제작 단계에서 보전활동이 불필요한 체제를 목표로 한 보전활동이다.

### (4) 개량보전(CM : Corrective maintenance)

설비의 신뢰성, 보전성, 경제성, 조작성, 안전성, 에너지 절약, 유용성 등의 향상을 목적으로 설비의 재질이나 형상의 개량, 설계변경 등을 행하는 보전활동이다.

### (5) 일상보전(RM : Routine maintenance)

설비의 열화를 방지하고 그 진행을 지연시켜 수명을 연장하기 위한 목적으로 매일 설비의 점검, 청소, 주유 및 교체 등을 행하는 보전활동이다.

### (6) 생산보전(PM : Production Maintenance)

미국의 GE사가 처음으로 사용한 보전으로 설계에서 폐기에 이르기까지 기계설비의 전 과정에서 소요되는 설비의 열화손실과 보전비용을 최소화하여 생산성을 향상시키는 보전방법

### (7) 보전성 설계의 고려 사항

① 고장이나 결함이 발생한 부분에 접근이 좋을 것
② 고장이나 결함의 징조를 쉽게 검출할 수 있을 것
③ 고장, 결합부품 및 재료의 교환이 신속하고 쉬울 것

# 위험성 감소대책 수립 · 실행

## 01 위험성 평가

🔍 합격의 key

📌 주/요/내/용 알/고/가/기

1. 위험성 평가의 정의
2. 위험성 평가의 방법
3. 위험성 평가의 절차

### 1 위험성 평가의 정의 및 개요

#### (1) 위험성 평가의 정의

"위험성 평가"란 사업주가 스스로 유해 · 위험요인을 파악하고 해당 유해 · 위험요인의 위험성 수준을 결정하여, 위험성을 낮추기 위한 적절한 조치를 마련하고 실행하는 과정을 말한다.

#### (2) 위험성 평가의 대상

① 위험성 평가의 대상이 되는 유해 · 위험요인은 업무 중 근로자에게 노출된 것이 확인되었거나 노출될 것이 합리적으로 예견 가능한 모든 유해 · 위험요인이다. 다만, 매우 경미한 부상 및 질병만을 초래할 것으로 명백히 예상되는 유해 · 위험요인은 평가 대상에서 제외할 수 있다.

② 사업주는 사업장 내 부상 또는 질병으로 이어질 가능성이 있었던 상황(이하 "아차사고"라 한다)을 확인한 경우에는 해당 사고를 일으킨 유해 · 위험요인을 위험성 평가의 대상에 포함시켜야 한다.

③ 사업주는 사업장 내에서 중대재해가 발생한 때에는 지체 없이 중대재해의 원인이 되는 유해 · 위험요인에 대해 위험성 평가를 실시하고, 그 밖의 사업장 내 유해 · 위험요인에 대해서는 위험성 평가 재검토를 실시하여야 한다.

## (3) 위험성 평가의 실시 시기

1) 사업주는 **사업이 성립된 날**(사업 개시일을 말하며, 건설업의 경우 실착공일을 말한다)로부터 1개월이 되는 날까지 위험성 평가의 대상이 되는 유해·위험요인에 대한 **최초 위험성 평가의 실시에 착수**하여야 한다. 다만, **1개월 미만의 기간 동안 이루어지는 작업** 또는 공사의 경우에는 특별한 사정이 없는 한 **작업 또는 공사 개시 후 지체 없이 최초 위험성 평가를 실시**하여야 한다.

2) 사업주는 **다음 각 호의 어느 하나에 해당하여 추가적인 유해·위험요인이 생기는 경우**에는 해당 유해·위험요인에 대한 **수시 위험성 평가를 실시**하여야 한다. 다만, 제5호에 해당하는 경우에는 재해발생 작업을 대상으로 작업을 재개하기 전에 실시하여야 한다.

> **수시평가를 하여야 하는 경우**
>
> ① 사업장 **건설물의 설치·이전·변경 또는 해체**
> ② 기계·기구, 설비, **원재료 등의 신규 도입 또는 변경**
> ③ 건설물, 기계·기구, 설비 등의 정비 또는 보수(주기적·반복적 작업으로서 이미 위험성 평가를 실시한 경우에는 제외)
> ④ 작업방법 또는 **작업절차의 신규 도입 또는 변경**
> ⑤ **중대산업사고 또는 산업재해**(휴업 이상의 요양을 요하는 경우에 한정한다) 발생
> ⑥ 그 밖에 사업주가 필요하다고 판단한 경우

## (4) 평가방법

1) 사업장 위험성 평가의 방법 ✈
　① **안전보건관리책임자** 등 해당 사업장에서 **사업의 실시를 총괄 관리하는 사람에게 위험성 평가의 실시를 총괄 관리하게 할 것**
　② 사업장의 **안전관리자, 보건관리자** 등이 위험성 평가의 실시에 관하여 안전보건관리책임자를 보좌하고 지도·조언하게 할 것
　③ 유해·위험요인을 파악하고 그 결과에 따른 개선조치를 시행할 것
　④ 기계·기구, 설비 등과 관련된 위험성 평가에는 해당 기계·기구, 설비 등에 **전문 지식을 갖춘 사람을 참여하게 할 것**
　⑤ 안전·보건관리자의 선임의무가 없는 경우에는 업무를 수행할 사람을 지정하는 등 그 밖에 위험성 평가를 위한 체제를 구축할 것

2) 사업주는 사업장의 규모와 특성 등을 고려하여 **다음 각 호의 위험성 평가 방법 중 한 가지 이상을 선정하여 위험성 평가를 실시할 수 있다.** ✪

① 위험 가능성과 중대성을 조합한 빈도 · 강도법
② 체크리스트(Checklist)법
③ 위험성 수준 3단계(저 · 중 · 고) 판단법
④ 핵심요인 기술(One Point Sheet)법
⑤ 그 외 공정 위험성 평가 기법

## (5) 위험성 평가의 절차 ✪

사업주는 위험성 평가를 다음의 절차에 따라 실시하여야 한다. 다만, **상시근로자 5인 미만 사업장(건설공사의 경우 1억원 미만)의 경우 제1호의 절차를 생략할 수 있다.**

① 사전준비
② 유해 · 위험요인 파악
③ 위험성 결정
④ 위험성 감소대책 수립 및 실행
⑤ 위험성 평가 실시내용 및 결과에 관한 기록 및 보존

## (6) 유해 · 위험요인의 파악

① 사업주는 **사업장 내의 유해 · 위험요인을 파악**하여야 한다. 이때 **업종, 규모 등 사업장 실정에 따라 다음 각 호의 방법 중 어느 하나 이상의 방법을 사용**하되, 특별한 사정이 없으면 제1호에 의한 방법을 포함하여야 한다.

가. **사업장 순회점검**에 의한 방법
나. **근로자들의 상시적 제안**에 의한 방법
다. **설문조사 · 인터뷰 등 청취조사**에 의한 방법
라. **물질안전보건자료, 작업환경측정결과, 특수건강진단결과 등 안전보건 자료**에 의한 방법
마. **안전보건 체크리스트**에 의한 방법
바. 그 밖에 사업장의 특성에 적합한 방법

🔍실기기출

✻ **근로자 참여★**
사업주는 위험성평가를 실시할 때 다음 각 호에 해당하는 경우 해당 작업에 종사하는 근로자를 참여시켜야 한다.
① 유해 · 위험요인의 위험성 수준을 판단하는 기준을 마련하고, 유해 · 위험요인별로 허용 가능한 위험성 수준을 정하거나 변경하는 경우
② 해당 사업장의 유해 · 위험요인을 파악하는 경우
③ 유해 · 위험요인의 위험성이 허용 가능한 수준인지 여부를 결정하는 경우
④ 위험성 감소대책을 수립하여 실행하는 경우
⑤ 위험성 감소대책 실행 여부를 확인하는 경우

## (7) 위험성 평가의 공유

① 사업주는 위험성 평가를 실시한 결과 중 다음 각 호에 해당하는 사항을 근로자에게 게시, 주지 등의 방법으로 알려야 한다.

**위험성 평가 결과 중 근로자에게 알려야 하는 사항**

① 근로자가 종사하는 작업과 관련된 유해 · 위험요인
② 위험성 결정 결과
③ 유해 · 위험요인의 위험성 감소대책과 그 실행 계획 및 실행 여부
④ 위험성 감소대책에 따라 근로자가 준수하거나 주의하여야 할 사항

② 사업주는 위험성 평가 결과 중대재해로 이어질 수 있는 유해 · 위험 요인에 대해서는 작업 전 안전점검회의(TBM : Tool Box Meeting) 등을 통해 근로자에게 상시적으로 주지시키도록 노력하여야 한다.

## (8) 기록 및 보존

① 위험성 평가의 결과와 조치사항을 기록 · 보존할 때에는 다음 각 호의 사항이 포함되어야 한다. ✄

**위험성 평가 기록에 포함사항**

① 위험성 평가 대상의 유해 · 위험요인
② 위험성 결정의 내용
③ 위험성 결정에 따른 조치의 내용
④ 위험성 평가를 위해 사전조사 한 안전보건정보
⑤ 그 밖에 사업장에서 필요하다고 정한 사항

② 사업주는 제1항에 따른 자료를 3년간 보존해야 한다. ✄

## 02 위험성 감소대책 수립 및 실행

📖 주/요/내/용 알/고/가/기 ▶

1. 위험성 개선대책의 종류
2. 위험성의 결정
3. 허용 가능한 위험 여부의 결정
4. 위험성 감소대책 수립 및 실행

## 1 위험성 개선대책(공학적·관리적)의 종류

### (1) 위험성 개선대책의 종류

| | |
|---|---|
| 제거 · 대체<br>(본질적 · 근원적 대책) | ① 위험한 작업의 폐지 · 변경<br>② 유해위험물질 또는 유해위험요인이 보다 적은 재료로의 대체<br>③ 설계나 계획단계에서 위험성을 제거 또는 저감하는 조치 |
| 공학적 대책 | ① 인터록장치 설치<br>② 안전장치(방호장치)의 설치<br>③ 방호문 설치<br>④ 국수배기장치 등의 설치 |
| 관리적 대책 | ① 매뉴얼 정비<br>② 출입금지<br>③ 노출관리<br>④ 교육훈련 등 |
| 개인보호구 | 제거 · 대체, 공학적 대책, 관리적 대책의 조치를 취하더라도 제거 · 감수할 수 없었던 위험성에 대해시민 실시 |

### (2) 위험성 감소대책 수립 및 실행

1) 위험성 감소대책 수립 시의 순서

① 법령 등에 규정된 사항이 있는지를 검토하여 **법령에 규정된 방법으로 조치를 실시하는 것이 최우선**이다.

② **위험한 작업**을 아예 폐지하거나, **기계 · 기구, 물질의 변경 또는 대체를 통해 위험을 본질적으로 제거하는 방안을 우선 고려한다.**

③ **인터록, 안전장치, 방호문, 국소배기장치 설치 등** 유해 · 위험요인의 **유해성이나 위험에의 접근 가능성을 줄이는 공학적 방법을 검토**한다.

④ **작업매뉴얼 정비, 출입금지 · 작업허가 제도 도입, 근로자들에게 주의사항 교육 등 관리적 방법을 검토한다.**

⑤ 위의 모든 조치들로도 줄이기 어려운 위험에 대해 최후의 방법으로 **개인보호구의 사용을 검토**하여야 합니다.

2) 위험성 감소대책 수립 · 실행 시의 고려사항

① **위험성의 크기가 큰 것부터 위험성 감소대책의 대상**으로 한다. 위험성 감소를 위한 우선도를 결정하는 방법은 위험성 평가 1단계인 사전준비 단계에서 미리 설정해 두는 것이 바람직하다.

② **안전보건 상 중대한 문제가 있는 것은 위험성 감소 조치를 즉시 실시**하여야 한다.

③ 위험성 감소대책의 구체적 내용은 **법령에 규정된 사항이 있는 경우에는 그것을 반드시 실시**해야 한다.

④ 이 경우, ④의 조치로 ①~③의 조치를 대체해서는 안 되며, 비용 대비 효과 측면에서 현저한 불균형이 있는 경우를 제외하고는 **보다 상위의 감소대책을 실시**할 필요가 있다.

# 근골격계질환 예방관리

## 01 근골격계 유해요인

📖 주/요/내/용 알/고/가/기 ▶

1. 근골격계 질환의 정의
2. 근골격계 질환(누적 외상성 질환, CTDs)의 발생 요인
3. 영상표시단말기 작업으로 인한 관련 증상(VDT 증후군)

### 1 근골격계 질환의 정의 및 유형

#### (1) 근골격계 질환의 정의

1) 근골격계질환

반복적인 동작, 부적절한 작업자세, 무리한 힘의 사용, 날카로운 면과의 신체접촉, 진동 및 온도 등의 요인에 의하여 발생하는 건강장해로서 목, 어깨, 허리, 팔·다리의 신경·근육 및 그 주변 신체조직 등에 나타나는 질환을 말한다.

2) 누적외상질환

① 주로 상지(팔, 上肢)를 반복하여 움직이는 작업(동적 부담)이나 상지 및 목을 특정 위치로 고정시켜 일하는 작업(정적 부담)에 의해서 주로 발생한다.

② 뒷머리, 목, 어깨, 팔, 손 및 손가락의 어느 부분 또는 전체에 걸쳐 결림, 저림, 아픔 등의 불편함이 나타나는 것을 말한다.

3) 근골격계부담작업

단순반복작업 또는 인체에 과도한 부담을 주는 작업으로서 작업량·작업속도·작업강도 및 작업장 구조 등에 따라 고용노동부장관이 정하여 고시하는 작업을 말한다.

4) 근골격계질환 예방관리 프로그램

유해요인 조사, 작업환경 개선, 의학적 관리, 교육·훈련, 평가에 관한 사항 등이 포함된 **근골격계질환을 예방관리하기 위한 종합적인 계획**을 말한다.

## (2) 근골격계질환(누적외상성질환, CTDs)의 발생요인 ✿

① 반복적인 동작
② 부적절한 작업 자세
③ 무리한 힘의 사용
④ 날카로운 면과의 신체접촉
⑤ 진동 및 온도(저온)

## (3) 근골격계 질환의 특징

① 노동력 손실에 따른 **경제적 피해가 크다.**
② 근골격계 질환의 **최우선 관리목표는 발생의 최소화이다.**
③ **자각증상으로 시작되며 환자 발생이 집단적이다.**
④ **손상의 정도 측정이 어렵다.**
⑤ **단편적인 작업환경개선으로 좋아지지 않는다.**
⑥ **회복과 악화가 반복된다.** (한번 악화되어도 회복은 가능하다.)

## (4) 근골격계 질환의 유형 ✿

① **점액낭염**(윤활낭염 : bursitis) : 관절 사이의 윤활액을 싸고 있는 **윤활낭에 염증이 생기는 질병**을 말한다.
② **건초염**(tenosynovitis), **건염**(tendonitis) : **건초염은 건막에 염증이 생기는 질환**이며 **건염(tendonitis)은 건에 염증이 생기는 질환**으로 건염과 건초염을 정확히 구분하기 어렵다.
③ **손목뼈터널 증후군**(수근관 증후군 : carpal tunnel sysdrome) : 반복적이고 지속적인 **손목의 압박, 무리한 힘** 등으로 인해 **수근관 내부에 정중신경이 손상되어 발생한다.** ✿
④ **내상과염**(golfer elbow), **외상과염**(tennis elbow) : **과다한 손목 동작, 손가락 동작으로 점액낭에 염증이 생긴 질환**으로 팔꿈치 관절 내·외부에서 통증이 발생한다.
⑤ **수완진동증후군**(hand-arm vibration syndrome : HAVS) : **진동공구의 진동**으로 인해 **손가락 혈관이 수축**되어 손가락이 하얗게 변하며 **감각마비, 저린 증상** 등을 일으킨다.

⑥ **거북목 증후군(경추자세 증후군)** : 뒷목과 어깨의 지속적인 긴장이 원인으로 가만히 있어도 머리가 거북이처럼 구부정하게 앞으로 나와 있는 자세가 나타나며 장시간 컴퓨터 모니터를 사용하는 사무직 종사자에게 흔한 질환이다.

⑦ **요부 염좌**(lumbar sprain) : 요추부의 인대나 근육이 늘어나거나 파열되는 질환을 말한다.

⑧ **추간판 탈출증**(디스크) : 디스크(척추와 척추 사이에 있는 연골)의 수핵이 갑자기 또는 서서히 후방으로 탈출되면서 다리로 내려가는 신경근을 압박하여 요통 및 좌골신경통을 일으키는 질환이다.

⑨ **결절종**(ganglion) : 관절 부위의 얇은 막이나 건초부분의 낭종이나 활액을 채우고 있는 건초가 부풀어 오르는 현상으로, **손목의 윗부분이나 요골 부위가 붓거나 혹이 생기는 질환을 말한다.**

## 2 VDT 증후군

### (1) 영상표시단말기 작업으로 인한 관련 증상(VDT 증후군)의 정의

"영상표시단말기 작업으로 인한 관련 증상(VDT 증후군)"이란 영상표시단말기를 취급하는 작업으로 인하여 발생되는 경견완증후군 및 기타 근골격계 증상·눈의 피로·피부증상·정신신경계증상 등을 말한다.

### (2) VDT증후군의 발생 요인 ✖

① 나이, 시력, 경력, 작업수행도 등
② 책상, 의자, 키보드 등에 의한 작업 자세
③ 반복적인 작업, 부적절한 휴식시간
④ 조명, 채광 등 부적합한 작업환경

**(3) 영상표시단말기 작업으로 인한 관련 증상(VDT 증후군)** ✄

**1) 근골격계 증상**

목, 어깨, 팔꿈치, 손목 및 손가락 등에 나타나는 통증과 저림, 쑤심 등의 증상

**2) 눈의 피로**

**3) 피부 증상**

날씨가 건조할 때 화면에서 발생되는 정전기에 의해 민감한 피부반응이 나타나는 경우가 있다.

**4) 정신적 스트레스**

정서적 불편(초조, 근심, 착란, 긴장, 무기력감)과 생리적 반응(혈압 상승, 소화불량, 심박수 증가, 아드레날린 분비 촉진, 두통) 등의 증상

**5) 전자파 장해**

컴퓨터 화면으로부터 발생되는 전자기파(EMF)에 의한 장해

**(4) 컴퓨터 단말기 조작업무에 대한 조치** ✄

① 실내는 **명암의 차이가 심하지 않도록 하고 직사광선이 들어오지 않는 구조로 할 것**

② **저 휘도형(低輝度型)의 조명기구를 사용**하고 창·벽면 등은 **반사되지 않는 재질을 사용**할 것

③ 컴퓨터 단말기와 키보드를 설치하는 **책상과 의자**는 작업에 종사하는 근로자에 따라 그 **높낮이를 조절할 수 있는 구조**로 할 것

④ 연속적으로 컴퓨터 단말기 작업에 종사하는 근로자에 대하여 **작업시간 중에 적절한 휴식시간을 부여**할 것

**◎기출**

＊ 컴퓨터 단말기 작업 시 적정 실내조도
① 바탕화면이 흰색계통일 경우 :
500~700Lux
② 바탕화면이 검은색계통일 경우 :
300~500Lux
③ 영상표시 단말기 (VDT)화면과 주변과의 광도비 = 1 : 3

## 3 근골격계 부담작업의 범위

**(1) 근골격계 부담작업** ✄

"근골격계 부담작업"이라 함은 다음 각 호의 1에 해당하는 작업을 말한다. 다만, **단기간작업 또는 간헐적인 작업은 제외**한다.

① 하루에 **4시간 이상** 집중적으로 자료입력 등을 위해 **키보드 또는 마우스를 조작**하는 작업

② 하루에 총 **2시간 이상** 목, 어깨, 팔꿈치, **손목 또는 손을 사용하여 같은 동작을 반복**하는 작업

③ 하루에 총 2시간 이상 머리 위에 손이 있거나, 팔꿈치가 어깨 위에 있거나, 팔꿈치를 몸통으로부터 들거나, 팔꿈치를 몸통 뒤쪽에 위치하도록 하는 상태에서 이루어지는 작업

④ 지지되지 않은 상태이거나 임의로 자세를 바꿀 수 없는 조건에서, 하루에 총 2시간 이상 목이나 허리를 구부리거나 비트는 상태에서 이루어지는 작업

⑤ 하루에 총 2시간 이상 쪼그리고 앉거나 무릎을 굽힌 자세에서 이루어지는 작업

⑥ 하루에 총 2시간 이상 지지되지 않은 상태에서 1kg 이상의 물건을 한손의 손가락으로 집어 옮기거나, 2kg 이상에 상응하는 힘을 가하여 한손의 손가락으로 물건을 쥐는 작업

⑦ 하루에 총 2시간 이상 지지되지 않은 상태에서 4.5kg 이상의 물건을 한손으로 들거나 동일한 힘으로 쥐는 작업

⑧ 하루에 10회 이상 25kg 이상의 물체를 드는 작업

⑨ 하루에 25회 이상 10kg 이상의 물체를 무릎 아래에서 들거나, 어깨 위에서 들거나, 팔을 뻗은 상태에서 드는 작업

⑩ 하루에 총 2시간 이상, 분당 2회 이상 4.5kg 이상의 물체를 드는 작업

⑪ 하루에 총 2시간 이상 시간당 10회 이상 손 또는 무릎을 사용하여 반복적으로 충격을 가하는 작업

실력이 되고! 합격이 되는! 특급 암기법

- 키보드 입력 4시간, 나머지 2시간
- 2시간 4.5kg 한손 쥐기 / 2시간 1kg 손가락 집어 옮기기, 2kg 손가락 쥐기 /10회 25kg, 25회 10kg 무릎 아래, 2시간 분당 2회 4.5kg 들기 / 2시간 시간당 10회 반복 충격

## 02 인간공학적 유해요인 평가

주/요/내/용 알/고/가/기 ▶

1. 유해요인 평가기법의 종류 및 특징
2. OWAS, RULA, REBA, SI 기법의 특징

## 1 근골격계질환의 유해요인 평가기법

### (1) 인간공학적 작업부하 평가 기법

| 관찰적 작업자세 평가 기법 | ① 작업 장면을 관찰 / 촬영한 다음 분석을 통해 작업 부하를 평가하고, 조치하는 단계로 이루어진다.<br>② 전신 : OWAS, RULA, REBA, QEC 등<br>③ 손 중심 작업 : SI, ACGIH Hand Activity Level |
|---|---|
| 작업 특성별 부하 평가 기법 | ① 들기 작업 혹은 진동 등 작업 특성에 따라 특정 항목을 평가하는 기법이다.<br>② 들기작업 : NIOSH 들기식(NLE), 3DSSPP, ACGIH Lifting TLVs<br>③ 들기 / 내리기 / 밀기 / 당기기 / 운반 : 스눅 테이블<br>④ 진동 : ACGIH Hand Arm Vibration TLVs, Whole Body Vibration TLVs |
| 실험적 작업부하 평가 기법 | ① 실험실에서 전용 장비를 사용하여 작업부하를 정밀하게 평가하는 기법이다.<br>② 인체 역학적 부하 평가 : 근력, 관절 모멘트, 반발력 등<br>③ 생리학적 작업부하 평가 : 심박수, 근전도, 산소 소비량 등 심·물리학적 작업부하 평가 |

### (1) OWAS(Ovako Working posture Analysis System)
: 작업부하 평가기법

### 1) OWAS 평가도구의 특징

① 근력을 발휘하기에 부적절한 작업자세를 구별해내기 위한 목적으로 개발하였다.

② OWAS는 작업자세로 인한 작업부하를 평가하는데 초점이 맞추어져 있다.

③ 작업 자세에는 상지(팔), 하지(다리), 허리, 하중으로 구분하여 각 부위의 자세를 코드로 표현한다. ✄

④ OWAS는 신체 부위의 자세뿐만 아니라 중량물의 사용도 고려하여 평가하다.

⑤ OWAS 활동 점수표는 4단계 조치단계로 구분된다.

2) OWAS의 장 · 단점 ✄

| 장점 | 단점 |
|---|---|
| ① 특별한 기구 없이 관찰에 의해서만 작업 자세를 평가할 수 있다.<br>② 전반적인 작업으로 인한 위해도를 쉽고 간단하게 조사할 수 있다.<br>③ 여러 작업 중에서 개선을 필요로 하는 작업을 우선적으로 선정할 수 있다.<br>④ 상지와 하지의 작업분석이 가능하며, 작업 대상물의 무게를 분석요인에 포함할 수 있다. | ① 작업 자세 특성이 정적인 자세에 초점이 맞추어져 있다.<br>② 상지나 하지 등 몸의 일부의 움직임이 적으면서도 반복하여 사용하는 작업에서는 차이를 파악하기 어렵다.<br>③ 중량물 취급 작업 외에는 작업에 소요되는 힘과 반복성에 대한 위험성이 평가에 반영되지 않는다.<br>④ 지속 시간을 검토할 수 없으므로 보관유지자세의 평가는 어렵다. |

## (2) RULA(Rapid Upper Limb Assessment)

1) RULA 평가도구의 특징

① 어깨, 팔목, 손목, 목 등 상지에 초점을 맞춘 작업자세로 인한 작업 부하를 쉽고 빠르게 평가하기 위해 개발되었다. ✄

② 나쁜 작업 자세로 인한 상지의 장애(Disorders)를 안고 있는 작업자의 비율이 어느 정도인지를 쉽고 빠르게 파악하는 방법을 제시한다.

③ 근육의 피로에 영향을 주는 작업 자세나 정적인 또는 반복적인 작업 여부, 작업을 수행하는데 필요한 힘의 크기 등 작업으로 인한 근육 부하를 평가한다.

④ 비교적 사용이 용이하고 인간공학 전문가의 정확한 분석 이전에 일차적인 분석 도구로 유용하다.

## (3) REBA(Rapid Entire Body Assessment)

### 1) REBA 평가도구의 특징

① OWAS기법과 RULA기법의 문제점을 보완하여 가장 최근에 만들어졌지만 아직 그 타당성이 증명되지 않았다. ✘

② REBA는 보건관리와 다른 서비스 산업에서 발견되는 예측할 수 없는 작업 자세에 민감하게 잘 적용하기 위해 개발되었다.

③ 작업자의 움직임 단계를 관찰한 후 신체 부위를 분할하여 각 신체 부위에 부위별 점수를 부여 한 후 점수 코드 체제를 이용하여 평가 하는 분석 하는 방법이다. ✘

## (4) JSI(Job Strain Index) 혹은 SI(Strain Index) : 작업부하지수

### 1) SI 평가도구의 특징

① 상지 질환에 대한 정량적 평가방법으로 인간공학적 작업 분석의 도구로서 생리학 및 인체역학(biomechanics)의 과학적 근거를 바탕으로 개발되었다. ✘

② 검증 과정을 통해서 의학적인 진단 결과와도 매우 유의한 타당성이 인정되었다는 장점이 있다.

③ 손목의 특이적인 위험성만이 강조되었고, 진동에 대한 위험 요인이 배제되었으며, 신뢰도가 검증되지 않았다는 한계점이 있다. ✘

④ 각 요소는 근육사용 힘, 근육사용 기간, 빈도, 자세, 작업속도, 하루 작업시간으로 구성되어 있다.

## 03 근골격계 유해요인 관리

### (1) 근골격계 질환 유해요인 조사 ✄

1) **상시근로자 1인 이상의 근로자를 사용하는 사업주는** 근로자가 근골격계부담작업을 하는 경우에 **3년마다** 다음 각 호의 사항에 대한 **유해요인조사를 하여야 한다.** 다만, 신설되는 사업장의 경우에는 신설일로 부터 1년 이내에 최초의 유해요인 조사를 하여야 한다.

   ① 설비 · 작업공정 · 작업량 · 작업속도 등 작업장 상황
   ② 작업시간 · 작업자세 · 작업방법 등 작업조건
   ③ 작업과 관련된 근골격계질환 징후와 증상 유무 등

2) 사업주는 **다음 각 호의 어느 하나에 해당하는 사유가 발생하였을 경우에 1개월 이내에** 조사대상 및 조사 방법 등을 검토하여 **유해요인 조사를 해야 한다.** 다만, 근골격계 질환에 대하여 최근 1년 이내에 유해요인 조사를 하고 그 결과를 반영하여 작업환경 개선에 필요한 조치를 한 경우는 제외한다. ✄

   ① 임시 건강진단 등에서 **근골격계 질환자가 발생하였거나** 근로자가 **근골격계 질환으로 업무상 질병으로 인정받은 경우**(근골격계 부담 작업이 아닌 작업에서 근골격계 질환자가 발생하였거나 근골격계 부담 작업이 아닌 작업에서 발생한 근골격계 질환에 대해 업무상 질병으로 인정받은 경우를 포함한다)
   ② 근골격계 **부담 작업에 해당하는 새로운 작업 · 설비를 도입한 경우**
   ③ 근골격계 **부담 작업에 해당하는 업무의 양과 작업공정 등 작업환경을 변경한 경우**

3) 사업주는 유해요인 조사에 근로자 대표 또는 해당 작업 근로자를 참여시켜야 한다.

### (2) 유해요인조사 방법

1) 유해요인조사는 근골격계 질환자가 발생·인정된 작업 또는 근골격계 부담작업에 해당하는 각각의 작업에 대해 실시하되, 근로자와의 면담, 증상 설문조사, 인간공학적 측면을 고려한 조사 등 적절한 방법으로 한다.

2) 유해요인조사는 사업장 내 근골격계 부담작업 각각에 대하여 실시한다. 다만, 동일한 작업형태와 동일한 작업조건의 근골격계 부담작업이 존재하는 경우에는 근골격계 부담작업의 종류와 수에 대한 대표성, 조사 실시 주기 또는 연도 등을 고려하여 단계적으로 일부 작업에 대해서 조사할 수 있다.

   ① 한 단위작업에 10개 이하의 근골격계 부담작업이 동일 작업으로 이루어지는 경우에는 작업강도가 가장 높은 2개 이상의 작업을 표본으로 선정한다.

   ② 만일, 한 단위작업에 동일 근골격계 부담작업의 수가 10개를 초과하는 경우에는 초과하는 5개의 작업 당 1개의 작업을 표본으로 추가한다.

### (3) 유해요인조사 내용 ✦

| | |
|---|---|
| **작업장 상황조사** | ① 작업공정<br>② 작업설비<br>③ 작업량<br>④ 작업속도 및 최근 업무의 변화 등 |
| **작업조건 조사** | ① 반복동작<br>② 부적절한 자세<br>③ 과도한 힘<br>④ 접촉스트레스<br>⑤ 진동<br>⑥ 기타 요인(예 극저온, 직무 스트레스) |
| **증상 설문조사** | ① 증상과 징후<br>② 직업력(근무력)<br>③ 근무형태(교대제 여부 등)<br>④ 취미활동<br>⑤ 과거질병력 등 |

(4) 근골격계 질환 예방관리 프로그램 시행 ✈

1) 다음 각 호의 어느 하나에 해당하는 경우에 근골격계 질환 예방관리 프로그램을 수립하여 시행하여야 한다.

① 근골격계 질환으로 업무상 질병으로 인정받은 근로자가 연간 10명 이상 발생한 사업장 또는 5명 이상 발생한 사업장으로서 발생 비율이 그 사업장 근로자 수의 10퍼센트 이상인 경우

② 근골격계 질환 예방과 관련하여 노사 간 이견(異見)이 지속되는 사업장으로서 고용노동부장관이 필요하다고 인정하여 근골격계 질환 예방관리 프로그램을 수립하여 시행할 것을 명령한 경우

2) 사업주는 근골격계 질환 예방관리 프로그램을 작성·시행할 경우에 노사협의를 거쳐야 한다.

3) 사업주는 근골격계 질환 예방관리 프로그램을 작성·시행할 경우에 인간공학·산업의학·산업위생·산업간호 등 분야별 전문가로부터 필요한 지도·조언을 받을 수 있다.

4) 근골격계질환 예방관리프로그램의 주요 구성요소

① 인간공학적 분석
② 유해요인에 대한 작업환경 개선
③ 의학적 관리
④ 교육 및 훈련
⑤ 평가

# 유해요인 관리

## 01 물리적 유해요인 관리

주/요/내/용 알/고/가/기 ▼

1. 물리적 유해요인의 생체작용
2. 물리적 유해요인의 노출기준

### 1 소음

**(1) 소음의 정의**

① 원하지 않는 소리
② 심리적으로 불쾌감을 주고 신체에 장애를 일으키는 소리를 말한다.

**(2) 소음작업의 정의(산업안전보건법의 정의)** ✦✦

하루 8시간 동안 85dB 이상의 소음이 발생하는 작업을 말한다.

**(3) 강렬한 소음작업의 정의(종류)** ✦✦

① 하루 8시간 동안 90dB 이상의 소음이 발생하는 작업
② 하루 4시간 동안 95dB 이상의 소음이 발생하는 작업
③ 하루 2시간 동안 100dB 이상의 소음이 발생하는 작업
④ 하루 1시간 동안 105dB 이상의 소음이 발생하는 작업
⑤ 하루 30분 동안 110dB 이상의 소음이 발생하는 작업
⑥ 하루 15분 동안 115dB 이상의 소음이 발생하는 작업

**(4) 충격소음의 정의** ✦✦

최대 음압 수준에 120dB(A) 이상인 소음이 1초 이상의 간격으로 발생하는 것을 말한다.

### (5) C₅ – dip 현상 ✈

소음성 난청의 초기 단계로서 4,000Hz 부근의 음에 대한 청력 저하가 심하게 생기게 되는 현상을 말한다.

### (6) 소음성 난청(청력 손실)에 영향을 미치는 요소

① 개인의 감수성 : 개인의 감수성에 따라 소음 반응이 다양하다.
② 음의 강도 : 음압수준이 높을수록 유해하다.
③ 폭로 시간(노출시간) : 계속적 노출이 간헐적 노출보다 더 유해하다.
④ 음의 물리적 특성
   • 고주파 음이 저주파 음보다 더 유해하다.
   • 충격음 및 연속음의 유해성이 더 크다.
⑤ 심한 소음에 반복하여 노출되면 일시적 청력 변화는 영구적 청력 변화로 변한다.

## ②  진동

착암기, 손망치 등의 공구를 사용함으로써 발생되는 백랍병 · 레이노 현상 · 말초순환장애 등의 국소 진동 및 차량 등을 이용함으로써 발생되는 관절통 · 디스크 · 소화장애 등의 전신 진동을 말한다.

### (1) 전신진동의 특징

① 전신진동은 신체 전신에 전파되는 진동을 말한다.
② 비행기와 선박, 트럭과 같은 교통차량, 트랙터 및 흙 파는 기계와 같은 각종 영농기계에 탑승하였을 때 발생하는 진동 등이 해당된다.
③ 전신진동은 2~100Hz(저주파)에서 장해를 유발한다.
④ 진동수가 클수록, 가속도가 클수록 장해와 진동감각이 증가한다.

### (2) 전신진동이 인체에 미치는 영향

① 전신진동의 영향이나 장해는 자율신경 특히 순환기에 크게 나타난다.
② 평형기관에 영향을 주어 구토감, 현기증, 두통, 생식기의 기능 이상 등을 일으킨다. (위장장해, 내장하수증, 척추 이상)

---

📖참고

**1. 청력보존 프로그램 시행**

사업주는 다음 각 호의 어느 하나에 해당하는 경우에 청력보존 프로그램을 수립하여 시행하여야 한다.
① 근로자가 소음작업, 강렬한 소음작업 또는 충격소음 작업에 종사하는 사업장
② 소음으로 인하여 근로자에게 건강장해가 발생한 사업장

**2. 유해성 등의 주지**

사업주는 근로자가 진동 작업에 종사하는 경우에 다음 각 호의 사항을 근로자에게 충분히 알려야 한다.
① 인체에 미치는 영향과 증상
② 보호구의 선정과 착용 방법
③ 진동 기계 · 기구 관리 및 사용 방법
④ 진동 장해 예방방법

③ 말초혈관이 수축되고, 혈압상승과 맥박이 증가(산소소비량과 폐환기량이 증가)한다.

④ 전신진동은 100Hz까지 문제이나 대개는 30Hz에서 문제가 되고 60~90Hz에서는 시력장해가 온다.

### (3) 국소진동의 특징

① 국소적으로 손, 발 등 신체의 특정 부위로 전달되는 진동을 말한다.

② 착암기, 분쇄기(그라인더), 연마기 등 진동공구 작업 등에서 발생한다.

③ 국소진동은 8~1,500Hz(고주파)에서 장해를 유발한다.

④ 진동이 심한 기계조작 등으로 혈관신경계장해를 초래하며 손가락 마비, 근육통, 관절통, 관절운동 장애를 초래한다.

### (4) 레이노(Raynaud's phenonmenon) 현상 ✄

국소진동으로 인하여 말초혈관운동 장애가 발생하여 수지가 창백해지고 손이 차며 통증이 오는 현상으로 추운 환경에서 더 잘 발생한다.

## 3 방사선

① 직접·간접으로 공기 또는 세포를 전리하는 능력을 가진 알파선·베타선·감마선·엑스선·중성자선 등의 전자선을 말한다.

② 인간 생체에서 이온화시키는 데 필요한 최소에너지를 기준으로 전리방사선과 비전리방사선으로 구분한다.

### (1) 전리방사선(이온화 방사선)의 종류

① 전자기 방사선(X $-$Ray, $\gamma$선)

② 입자 방사선($\alpha$, $\beta$입자, 중성자)

### (2) 비전리방사선(비이온화방사선)의 정의

① 긴 파장을 가지고 있어 원자를 이온화시키지 못하여(전리시키지 못함) 비이온화방사선이라고도 한다.

② 주파수가 감소하는 순서에 따라 자외선, 가시광선, 적외선, 마이크로파, 라디오파, 초저주파, 극저주파가 있다.

**참고**

* 전리방사선의 인체 투과력 및 전리작용

① 인체의 투과력 순서
중성자 > X선 or $\gamma$
> $\beta$ > $\alpha$

② 전리작용
(REB : 생물학적 효과)
순서
중성자 > $\alpha$ > $\beta$
> X선 or $\gamma$

### (3) 자외선의 인체 영향(생물학적 작용)

① 화학선 : 눈과 피부 등에 화학변화를 일으킨다.

② 광화학적 반응 : 산소분자를 해리하여 오존을 생성한다.

③ 피부작용

- 피부암, 피부 홍반 형성 및 색소 침착, 피부 비후를 일으킨다.
- 옥외작업을 하면서 콜타르의 유도체, 벤조피렌, 안트라센 화합물과 상호작용하여 피부암을 유발시킨다.

④ 눈에 대한 영향 : 결막염, 백내장, 급성 각막염 발생시킴

⑤ 비타민 D 생성

⑥ 살균작용

⑦ 전신 건강장해

### (4) 적외선의 인체영향(생물학적 작용)

① 적외선이 신체에 조사되면 일부는 피부에서 반사되고 나머지는 조직에 흡수된다.

② 적외선이 흡수되면 화학반응을 일으키는 것이 아니라 구성분자의 운동에너지를 증가시키므로 조직온도가 상승한다.

③ 적외선 백내장을 초자공, 대장공 백내장이라 한다.(초자공, 용광로의 근로자들과 대장공들에게 백내장이 수정체의 뒷부분에서 발병)

④ 장기간 조사 시 두통, 자극작용이 있으며, 강력한 적외선은 뇌막자극 증상(의식상실, 열사병) 등을 유발할 수 있다.

## 4 이상기압

"이상기압"이란 압력이 제곱센티미터당 1킬로그램 이상인 기압을 말한다.

### (1) 고압환경에서의 생체영향

| 1차적 가압현상 | ① 생체와 환경 사이의 압력(기압) 차이로 인한 기계적 작용을 말한다.<br>② 울혈, 부종, 출혈, 동통이 생기며 기압 증가에 따른 부비강, 치아의 압박 장애를 일으킨다. |
|---|---|
| 2차적 가압현상<br>: 고압 하의 대기 가스의 독성 때문에 나타나는 현상 | ① 질소의 마취작용 : 질소가스는 정상기압에서는 비활성이지만 4기압 이상에서는 마취작용을 나타낸다.<br>② 산소중독 증세 : 산소분압이 2기압을 넘으면 산소중독 증세가 나타난다.<br>③ 이산화탄소의 작용 : 산소의 독성과 질소의 마취작용을 증가시킨다. |

### (2) 감압병(decompression : 잠함병, 케이슨병) ✄

급격한 감압 시에 혈액 속의 **질소가 혈액과 조직에 기포를 형성**하여 **종격기종, 기흉 등의 혈액순환 장해와 조직 손상**을 일으킨다.

### (3) 저기압(저압환경)에서의 인체영향

#### 1) 고공 증상

신경장애, 동통성 관절 장해, 항공치통, 항공이염, 항공부비감염 등을 일으킨다.

#### 2) 폐수종

① **진해성 기침과 호흡 곤란**이 나타나고 폐동맥 혈압이 상승하다가 **산소 공급과 해면으로의 귀환으로 급속히 소실**된다.
② **어른보다 순화적응속도가 느린 어린이에게 많이 발생**한다.

#### 3) 고산병

극도의 우울증, 두통, 식욕 상실을 보이는 임상 증세군이며 가장 특징적인 것은 흥분성이다.

### (4) 저산소증(Hypoxia : 산소결핍증)

① **저기압에서 가장 문제가 되는 것은 저산소증(산소결핍증)**이다.
② **체내 조직의 산소가 결핍된 상태**를 저산소증이라 한다.
③ **산소결핍에 가장 민감한 조직은 뇌(대뇌피질)**이다.

④ 생체 내에서 **산소공급정지가 2분 이상이 되면 활동성이 회복되지 않는 비가역적인 파괴**가 일어난다.
⑤ 고산지대나 지역이 높은 곳에서 발생하며 판단력 장해, 행동장해, 권태감 등을 일으킨다.

## 5 이상기온

① **고열** : 열에 의하여 근로자에게 열경련, 열탈진 또는 열사병 등의 건강장해를 유발할 수 있는 더운 온도를 말한다.
② **한랭** : 냉각원(冷却源)에 의하여 근로자에게 동상 등의 건강장해를 유발할 수 있는 차가운 온도를 말한다.
③ **다습** : 습기로 인하여 근로자에게 피부질환 등의 건강장해를 유발할 수 있는 습한 상태를 말한다.

### (1) 습구흑구온도지수(Wet-Bulb Globe Temperature : WBGT)

근로자가 **고열환경에 종사함으로써 받는 열 스트레스 또는 위해를 평가하기 위한 도구(단위 : ℃)로써 기온, 기습 및 복사열을 종합적으로 고려한 지표**를 말한다.

### (2) 온열요소(인체의 열 교환에 영향을 미치는 요소)

① 기온(온도)
② 기습(습도)
③ 기류(대류, 풍속)
④ 복사열

### (3) 고온의 생체작용

| 고온의 일차적 생리적 현상 | 고온의 이차적 생리적 현상 |
|---|---|
| ① 발한(땀) | ① 심혈관 장애 |
| ② 불감발한 | ② 신장 장애 |
| ③ 피부혈관의 확장 | ③ 위장 장애 |
| ④ 체표면적 증가 | ④ 신경계 장애 |
| ⑤ 호흡증가 | ⑤ 피부기능 변화 |
| ⑥ 근육이완 | ⑥ 수분 및 염분 부족 |

## (4) 고열장애 분류 ✿

| | |
|---|---|
| **열성발진<br>(heat rashes),<br>열성 혈압증** | ① 가장 흔히 발생하는 피부장해로서 땀띠(plickly heat)라고도 한다.<br>② 한선(땀샘)에 염증이 생기고 피부에 작은 수포가 형성된다.(범위가 넓어지면 발한에 장애를 줌) |
| **열쇠약<br>(heat prostration)** | ① 고열작업장에서의 만성적인 건강장해<br>② 전신권태, 위장장애, 불면, 빈혈 등의 증상이 있다. |
| **열경련<br>(heat cramp)** ✿ | ① 전형적인 열 중증의 형태로 고온환경에서 심한 육체적인 노동을 할 때 혈중 염분농도 저하가 원인이 된다.<br>② 근육경련, 현기증, 이명, 두통, 구역, 구토 등의 증상이 있다.<br>③ 수분 및 NaCl 보충(생리식염수 0.1% 공급)한다.<br>(일시에 염분농도가 높으면 흡수 저하가 일어나므로 식염정제를 공급해서는 안 된다) |
| **열피로<br>(heat exhaustion),<br>열탈진, 열피비** ✿ | ① 고온 환경에서 장시간 힘든 노동을 할 때 고열에 순환되지 않은 작업자에게 많이 발생한다.<br>② 과다 발한으로 인한 수분과 염분 손실 및 탈수로 인한 혈장량 감소가 원인이다.<br>③ 심할 경우 허탈로 빠져 의식을 잃을 수도 있다.<br>④ 휴식 후 5% 포도당을 정맥주사 한다. |
| **열허탈<br>(heat collapse),<br>열실신<br>(heat synoope)** ✿ | ① 고열작업장에 순화되지 못한 작업자가 고열작업을 수행(중근 작업을 2시간 이상 하였을 때)하는 경우에 혈액순환 장애로 인하여 신체 말단부에 혈액이 과다하게 저류되며 뇌의 혈액 흐름이 좋지 못하여 대뇌피질의 혈류량이 부족(뇌의 산소 부족)하여 발생한다.<br>② 저혈압, 뇌의 산소 부족으로 실신, 현기증을 느낀다.<br>③ 시원한 그늘에서 휴식시키고 염분과 수분을 경구로 보충한다. |
| **열사병** ✿ | ① 태양의 복사열에 직접 노출 시에 뇌의 온도 상승으로 체온조절 중추기능 장애(중추신경 마비)를 일으켜서 체내에 열이 축적되어 발생한다.<br>② 중추신경계의 장애 : 신체 내부의 체온조절계통이 기능을 잃어 발생한다.<br>③ 전신적인 발한정지 : 피부는 땀이 나지 않아 건조하다.<br>④ 응급처치법 : 체온을 급히 하강(얼음물에 몸을 담가서 체온을 39℃ 이하로 유지)시킨 후 체열생산 억제를 위하여 항신진대사제를 투여한다. |

실력이 되고! 합격이 되는! **특급 암기법**

- 열성발진(땀띠) → 열쇠약 → 열경련(혈중 염분농도 저하) → 열피로, 열탈진(탈수로 인한 혈장량 감소) → 열허탈(대뇌피질의 혈류량 부족)
- 열사병 : 체온조절 중추 기능 장해

## (5) 저온의 생체작용

| 저온 환경의 일차적인 생리적 변화 | 저온 환경의 이차적인 생리적 반응 |
|---|---|
| ① 근육 긴장의 증가 및 떨림(전율)<br>② 피부혈관의 수축<br>③ 말초혈관의 수축<br>④ 화학적 대사 작용의 증가<br>　(갑상선 호르몬 분비 증가)<br>⑤ 체표면적의 감소 | ① 말초 냉각 : 말초혈관의 수축으로 표면 조직의 냉각이 진행된다.<br>② 식욕 변화 : 저온에서는 근육 활동, 조직 대사의 증진으로 식욕이 항진된다.<br>③ 혈압 변화 : 피부혈관 수축으로 혈압은 일시적으로 상승한다.<br>④ 순환 기능 : 피부혈관의 수축으로 순환 기능이 감소된다. |

## (6) 저온한랭 환경에 의한 건강장해

### 1) 전신체온강화(저체온증 : general hypothermia)

전신 체온 강하는 장시간의 한랭 노출과 체열 상실에 따라 발생하는 급성 중증장해이다.

### 2) 동상(frostbite)

| 제1도 동상<br>(발적) | 가려우며 혈관 확장으로 국소 발적이 생긴다. |
|---|---|
| 제2도 동상<br>(수포형성과 염증) | 수포와 함께 광범위한 삼출성 염증이 생긴다. |
| 제3도 동상<br>(조직괴사 및 괴저) | 심부조직까지 동결되어 조직의 괴사로 인한 괴저가 발생한다. |

### 3) 참호족(참수족, 침수족 : trench foot, immersion foot)

① 한랭 환경에 장기간 노출됨과 동시에 발이 지속적으로 습기나 물에 잠길 경우 발생한다. (침수족이 참호족보다 노출시간이 길 때 발생)

② 지속적인 국소의 산소결핍이 원인이며, 모세혈관 벽이 손상되어 부종, 작열감, 가려움, 심한 동통 등이 나타나며 수포, 궤양이 형성되기도 한다.

## 6 물리적 인자의 노출 기준

### (1) 소음

#### 1) 소음의 노출 기준(충격 소음 제외) ✿✿✿

| 1일 노출시간(hr) | 8 | 4 | 2 | 1 | 1/2 | 1/4 |
|---|---|---|---|---|---|---|
| 소음 강도 dB(A) | 90 | 95 | 100 | 105 | 110 | 115 |

주 : 115dB(A)를 초과하는 소음 수준에 노출되어서는 안 됨

#### 2) 충격 소음의 노출 기준 ✿✿

| 1일 노출 회수 | 100 | 1,000 | 10,000 |
|---|---|---|---|
| 충격 소음의 강도 dB(A) | 140 | 130 | 120 |

주 : 1. 최대 음압 수준이 140dB(A)를 초과하는 충격 소음에 노출되어서는 안 됨
　　 2. 충격 소음이라 함은 최대 음압 수준에 120dB(A) 이상인 소음이 1초 이상의
　　　 간격으로 발생하는 것을 말함

#### 3) 소음의 노출 정도 평가

1. 노출지수 $(EI) = \dfrac{C_1}{T_1} + \dfrac{C_2}{T_2} + ... + \dfrac{C_n}{T_n}$

   여기서,
   $C$ : 소음의 실제 노출시간
   $T$ : 소음의 노출기준

2. 평가
   $EI > 1$ : 노출기준을 초과함
   $EI < 1$ : 노출기준을 초과하지 않음

## (2) 고온

### 1) 고온의 노출 기준 (단위 : ℃, WBGT)

| 작업 강도<br>작업 휴식시간 비 | 경작업 | 중등작업 | 중작업 |
|---|---|---|---|
| 계 속 작 업 | 30.0 | 26.7 | 25.0 |
| 매시간 75% 작업, 25% 휴식 | 30.6 | 28.0 | 25.9 |
| 매시간 50% 작업, 50% 휴식 | 31.4 | 29.4 | 27.9 |
| 매시간 25% 작업, 75% 휴식 | 32.2 | 31.1 | 30.0 |

주 : 1. 경작업 : 200kcal까지의 열량이 소요되는 작업을 말하며, 앉아서 또는 서서 기계의 조정을 하기 위하여 손 또는 팔을 가볍게 쓰는 일 등을 뜻함

2. 중등작업 : 시간당 200~350kcal의 열량이 소요되는 작업을 말하며, 물체를 들거나 밀면서 걸어다니는 일 등을 뜻함

3. 중작업 : 시간당 350~500kcal의 열량이 소요되는 작업을 말하며, 곡괭이질 또는 삽질하는 일 등을 뜻함

### 2) 고온의 노출기준 표시단위는 습구흑구온도지수(WBGT)를 사용하며 다음 각 호의 식에 따라 산출한다.

**습구흑구온도지수(WBGT)의 산출**

1. 옥외(태양광선이 내리쬐는 장소)

   WBGT(℃) = 0.7 × 자연습구온도 + 0.2 × 흑구온도 + 0.1 × 건구온도

2. 옥내 또는 옥외(태양광선이 내리쬐지 않는 장소)

   WBGT(℃) = 0.7 × 자연습구온도 + 0.3 × 흑구온도

3. 평균 $WBGT(℃) = \dfrac{WBGT_1 \times t_1 + \cdots + WBGT_n \times t_n}{t_1 + \cdots + t_n}$

   $WBGT_n$ : 각 습구흑구온도지수의 측정치(℃)

   $T_n$ : 각 습구흑구온도지수 치의 발생시간(분)

## (3) 라돈의 노출기준

| 작업장 농도(Bq/m³) |
|---|
| 600 |

┌문제┐
태양광선이 내리쬐는 옥외장소의 자연습구온도 20℃, 흑구온도 18℃, 건구온도 30℃일 때 습구흑구온도지수(WBGT)는?
① 20.6℃
② 22.5℃
③ 25.0℃
④ 28.5℃

[해설]
옥외(태양광선이 내리쬐는 장소)
WBGT(℃)
= 0.7×자연습구온도+0.2×흑구온도+0.1×건구온도
= 0.7×20+0.2×18+0.1×30
= 20.6(℃)

정답 ①

## 02 화학적 유해요인 관리

주/요/내/용 알/고/가/기

1. 입자상 물질의 종류 및 정의
2. 노출지수 및 허용농도
3. 작업환경 개선대책

### (1) 입자상 물질의 종류 및 정의

| 흄<br>(fume) | 금속의 증기가 공기 중에서 응고되어 화학변화(산화)를 일으켜 만들어진 고체의 미립자(금속산화물) |
|---|---|
| 미스트<br>(mist) | 공기 중에 부유, 비산되는 액체 미립자를 말하며 입자의 크기는 보통 100㎛ 이하이다. |
| 먼지<br>(dust) | 입자의 크기는 1~100㎛ 정도의 고체의 미립자가 공기 중에 부유하고 있는 것 |
| 연기<br>(smoke) | 유해물질이 연소 시에 불완전 연소의 결과로 생기는 미립자로 액체나 고체의 2가지 상태로 존재할 수 있다.<br>(크기는 0.01~1.0㎛ 정도) |
| 안개<br>(fog) | 증기가 응축되어 생성된 액체 입자로 크기는 1~10㎛ 정도이다. |
| 스모그<br>(smog) | smoke(연기)와 fog(안개)가 결합된 상태를 말한다. |
| 에어로졸<br>(aerosol) | 유기물의 불완전 연소에 의한 액체와 고체의 미세한 입자가 공기 중에 부유되어 있는 혼합체를 말한다. |
| 섬유<br>(fiber) | 길이가 5㎛ 이상이고 길이 대 너비의 비가 3 : 1 이상인 가늘고 긴 먼지로 석면 섬유, 식물섬유, 유리섬유, 암면 등이 있다. |
| 검댕<br>(soot) | 탄소함유 물질의 불완전연소로 생성된 탄소입자의 응집체 |

## (2) 노출기준

1. **노출지수** $EI = \dfrac{C_1}{T_1} + \dfrac{C_2}{T_2} + \cdots + \dfrac{C_n}{T_n}$

   여기서 $C$ : 화학물질 각각의 측정치

   $T$ : 화학물질 각각의 노출기준

   판정 : $R > 1$경우 노출기준을 초과함

2. **혼합물의 TLV−TWA**

   $TLV - TWA = \dfrac{C_1 + C_2 + \cdots + C_n}{EI}$

3. **액체 혼합물의 구성성분(%)을 알 때 혼합물의 허용농도(노출기준)**

   혼합물의 노출기준$(\mathrm{mg/m^3})$

   $= \dfrac{1}{\dfrac{f_a}{TLV_a} + \dfrac{f_b}{TLV_b} + \cdots\cdots + \dfrac{f_n}{TLV_n}}$

   여기서, $f_a, f_b, f_n$ : 액체 혼합물에서의 각 성분 무게(중량) 구성비(%)

   $TLV_a, TLV_b, TLV_n$ : 해당 물질의 노출기준$(\mathrm{mg/m^3})$

## (3) 화학적 유해요인의 관리대책

### 1) 유해물 취급상의 안전조치

① 유해물 발생원의 봉쇄

② 유해물의 위치, 작업공정의 변경

③ 작업공정의 은폐 및 작업장의 격리

### 2) 작업환경 개선내책

| 대치(대체) | 격리(Isolation) | 환기 | 교육 |
|---|---|---|---|
| ① 공정의 변경<br>② 유해물질 변경<br>③ 시설의 변경 | ① 저장물질의 격리<br>② 시설의 격리<br>③ 공정의 격리<br>④ 작업자의 격리 | ① 국소환기<br>② 전체환기 | 올바른 작업방법에 대한 교육과 습관화 |

## 03 생물학적 유해요인 관리

📍📖 주/요/내/용 알/고/가/기 ▶

1. 생물학적 유해인자의 정의
2. 생물학적 유해인자의 분류기준

### ① 생물학적 유해요인 파악

#### (1) 생물학적 유해인자

1) 생물체 또는 생물체로부터 방출된 입자, 휘발성분에 의해 건강장해를 유발하는 물질을 말한다.

2) 바이오에어로졸 : 살아있거나, 살아있는 생물체를 포함하거나 또는 살아있는 생물체로부터 방출된 0.01~100㎛ 입경 범위의 부유 입자, 거대 분자 또는 휘발성 성분을 말한다.

3) 생물학적 유해요인에 노출되면 세균 및 병원성 바이러스에 감염되거나 알레르기 반응 또는 독성반응을 일으킬 수 있다.

#### (2) 생물학적 인자의 분류기준

1) 혈액매개 감염인자

후천성면역결핍 바이러스, B형·C형간염 바이러스, 매독 바이러스 등 혈액을 매개로 다른 사람에게 전염되어 질병을 유발하는 인자를 말한다.

2) 공기매개 감염인자

결핵·수두·홍역 등 공기 또는 비말감염 등을 매개로 호흡기를 통하여 전염되는 인자를 말한다.

3) 곤충 및 동물매개 감염인자

쯔쯔가무시증, 렙토스피라증, 유행성출혈열 등 동물의 배설물 등에 의하여 전염되는 인자 및 탄저병, 브루셀라병 등 가축 또는 야생동물로부터 사람에게 감염되는 인자를 말한다.

(3) 곤충 및 동물매개 감염병 고위험작업의 종류

① 습지 등에서의 실외 작업
② 야생 설치류와의 직접 접촉 및 배설물을 통한 간접 접촉이 많은 작업
③ 가축 사육이나 도살 등의 작업

## 2 생물학적 유해요인 노출기준

(1) 사무실 공기관리지침의 오염물질 관리기준

사업주는 쾌적한 사무실 공기를 유지하기 위해 사무실 오염물질은 다음 기준에 따라 관리한다.

| 오염물질 | 관리기준 |
|---|---|
| 미세먼지(PM10) | $100\ \mu g/m^3$ |
| 초미세먼지(PM2.5) | $50\ \mu g/m^3$ |
| 이산화탄소($CO_2$) | 1,000 ppm |
| 일산화탄소(CO) | 10 ppm |
| 이산화질소($NO_2$) | 0.1 ppm |
| 포름알데히드(HCHO) | $100\ \mu g/m^3$ |
| 총 휘발성유기화합물(TVOC) | $500\ \mu g/m^3$ |
| 라돈(radon) | $148\ Bq/m^3$ |
| 총 부유세균 | $800\ CFU/m^3$ |
| 곰팡이 | $500\ CFU/m^3$ |

* 라돈은 지상 1층을 포함한 지하에 위치한 사무실에만 적용한다. ✄
* 관리기준 : 8시간 시간가중평균농도 기준 ✄
* PM 10이란 입경이 $10\mu m$ 이하인 먼지를 의미한다
* 총 부유세균의 단위는 $CFU/m^3$로, $1m^3$ 중에 존재하고 있는 집락형성 세균 개체수를 의미한다.

실력이 되고! 합격이 되는! 특급 암기법

이질 0.1, 일탄 10/ 초먼 50, 포름알·미먼 100/ 라돈 148, 휘유, 곰팡이 500/ 부유 800, 이탄 1,000
(부유 $CFU/m^3$, 초먼·미먼·포름알·휘유 $\mu g/m^3$, 나머지 ppm)

# 작업환경 관리

**CHAPTER 06**

## 01 인체 계측 및 체계 제어

### 주/요/내/용 알/고/가/기

1. 인체계측자료의 응용 3원칙
2. 인간에 대한 모니터링 방법
3. 피드백제어(feedback control)
4. 통제표시비(C / D비) 계산 및 설계시 고려사항
5. 양립성

### 1 인체 계측

#### (1) 인체 계측 방법

① 정적 인체 계측(구조적 인체치수) : 정지상태에서의 신체를 계측하는 방법
② 동적 인체 계측(기능적 인체치수) : 체위의 움직임에 따른 계측하는 방법

#### (2) 인체 계측자료의 응용 3원칙

① 최대치수와 최소치수 설계(극단치 설계)

최대치수 또는 최소치수를 기준으로 하여 설계한다.

| 최대치수 설계의 예 | 최소치수 설계의 예 |
|---|---|
| • 위험구역의 울타리 높이<br>• 출입문의 높이<br>• 그네줄의 인장강도 | • 물건을 올리는 선반의 높이<br>• 조정장치를 조정하는 힘<br>• 조정장치까지의 조정거리 |

② 조절(조정)범위(조절식 설계)

• 체격이 다른 여러 사람에게 맞도록 설계한다.

📖 침대, 의자 높낮이 조절, 자동차의 운전석 위치조정

③ 평균치를 기준으로 한 설계

• 최대치수나 최소치수, 조절식으로 하기가 곤란할 때 평균치를 기준으로 하여 설계한다. 📖 은행의 창구 높이

**참고**

※ 최대집단치 설계
정규분포도 상에 95% 이상의 최대치를 적용하여 설계하는 방법

※ 최소집단치 설계
정규분포도 상에 5% 이하의 최소치를 적용하여 설계하는 방법

※ 평균치에 의한 설계
정규분포도 상에 5% ~ 95% 사이의 가장 분포도가 많은 구간을 적용하여 설계하는 방법

**기출**

※ 인체측정자료의 설계에 적용 순서
조절식 설계 → 극단치 설계 → 평균치 설계

### (3) 인간에 대한 모니터링 방법 ✄

① 셀프 모니터링(자기 감지)

지각에 의해서 자신의 상태를 알고 행동하는 감시방법

② 생리학적 모니터링

맥박수, 호흡속도, 체온, 뇌파 등으로 인간의 상태를 모니터링 하는 방법

③ 비주얼 모니터링(시각적 모니터링)

동작자의 태도 보고 동작자의 상태를 파악하는 방법

④ 반응에 대한 모니터링

자극(시각, 청각, 촉각)을 가하여 이에 대한 반응을 보고 정상, 비정상을 판단하는 방법

⑤ 환경의 모니터링

환경조건의 개선으로 기분을 좋게 하여 정상 작업할 수 있도록 하는 방법

## 2 제어장치

### (1) 제어장치의 유형

① 시퀀스 제어

미리 정해진 순서 또는 일정한 논리에 따라 제어의 각 단계를 진행시켜 가는 제어

② 서보시스템

물체의 위치·방위·자세 등의 변위를 제어량(출력)으로 하고, 목표값(입력)의 임의의 변화에 추종하도록 한 제어

③ 개방루프제어(open loop control)

출력이 다시 입력에 연결되지 않고 입력에 영향을 끼치지 않는 시스템

④ 피드백제어(feedback control), 폐쇄루프제어(cloesd loop control) ✄

출력 결과를 입력측으로 되돌려, 이것을 목표값과 비교하면서 목표값과 출력결과가 일치할 때까지 제어를 되풀이하여 제어량이 목표값과 일치하도록 하는 제어

> 🔍 **용어정의**
>
> ✱ 제어장치(controller)
> 물체, 프로세스, 기계 등을 제어, 조정하는 데 필요한 신호를 공급하는 장치

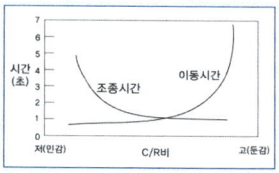

(2) 통제표시비(C / R 비 또는 C / D 비) ✄

통제기기와 시각적 표시장치의 관계를 나타내며, 연속 조종장치에만 적용된다.

1) 통제표시비의 계산 ✄✄

① 
$$C/R비 = \frac{X}{Y}$$

여기서, X : 통제 기기의 변위량(cm)
Y : 표시 계기 지침의 변위량(cm)

② 
$$C/R비 = \frac{\frac{a}{360} \times 2\pi L}{Y}$$

여기서, $a$ : 조종 장치의 움직인 각도
$L$ : 조종 장치의 반경

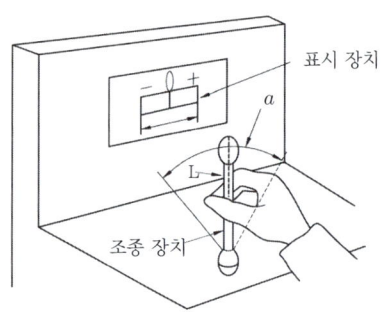

표시 장치
조종 장치

2) 통제표시비 설계 시 고려사항 ✄

① 계기의 크기
② 목측거리(목시거리)
③ 조작시간
④ 방향성
⑤ 공차

3) 최적 C/R비는 1.18 ～ 2.42 정도이다.

### (3) 기계의 통제기능

① 양의 조절에 의한 통제(**연속조종장치**) : **노브**, **크랭크**, 핸들, **레버**, 페달 등
② 개폐에 의한 통제(**단속조종장치**) : **푸시** 버튼, **토글스위치**, **로터리** 스위치 등
③ 반응에 의한 통제 : 자동경보 시스템 등

## 3 양립성 ✿✿

### (1) **양립성** : 자극과 반응의 관계가 인간의 기대와 모순되지 않는 성질

① 개념적 양립성
   • 외부자극에 대해 **인간의 개념적 현상의 양립성**
   예 **빨간 버튼은 온수, 파란 버튼은 냉수**

② 공간적 양립성
   • 표시장치, **조종장치의 형태 및 공간적 배치의 양립성**
   예 **오른쪽 조리대는 오른쪽 조절장치로, 왼쪽 조리대는 왼쪽 조절장치로 조정한다.**

③ 운동의 양립성
   • **표시장치, 조종장치 등의 운동 방향의 양립성**
   예 **조종장치를 오른쪽으로 돌리면 표시장치 지침이 오른쪽으로 이동한다.**

④ 양식 양립성
   • 직무에 알맞은 자극과 응답양식의 존재에 대한 양립성
   예 음성과업에 대해서는 청각적 자극 제시와 이에 대한 음성응답 과업에서 갖는 양립성이다.

## 02 표시장치 및 신체활동의 생리학적 측정법

**📖확인 ★**

**＊ 명조응**
눈이 빛에 적응하는 기간
으로 극장 안에서 밖으로
나왔을 때 눈이 부신 현상
이다.(1~3분 소요)

**＊ 암조응**
눈이 어두움에 적응하는
기간으로 밝은 곳에서 극
장 안으로 들어갔을 때 앞
이 잘 보이지 않는 현상이
다.(약 30분 정도 소요)

**🧾참고**

**＊ 시각과정**
동공은 원형인데 그 크기
는 홍채 근육의 작용으로
변한다. 동공을 통과한 광
선은 수정체에서 굴절되
고 정상시력이나 교정시
력인 사람의 수정체는 눈
후면의 감광표면인 **망막
위에 빛의 초점을 맞춘
다.**(망막은 카메라의 필
름에 해당한다)

**⊙기출**

1. 맥락막 : 암갈색을 띠며
   망막내면을 덮고 있는
   것으로 빛의 산란을 막
   는 암실역할을 한다.
2. 각막 : 안구의 가장 바
   깥쪽 표면으로 눈에서
   빛이 가장 먼저 통과하
   는 부분이다.
3. 망막 : 인간의 눈의 부
   위 중에서 실제로 빛을
   수용하여 두뇌로 전달
   하는 역할
4. 수정체 : 빛을 굴절시
   켜서 망막에 상이 맺히
   게 하는 역할(카메라 렌
   즈 역할)
5. 초자체 : 안구 중심부
   의 공간을 채우며 투명
   한 젤의 형태로 존재,
   안구의 구조를 유지하
   는 데 중요한 역할

### 1 시각적 표시장치

데이터 시각적으로 표시하는 장치를 말하며 정량적 표시, 정성적 표시, 상태 표시, 신호 및 경보등, 묘사적 표시, 문자-숫자 및 관련 표시장치, 시각적 암호, 부호 및 기호 등으로 구분한다.

### (1) 표시장치의 유형

① 정적 표시장치
  • 시간에 따라 변화하지 않는 표시장치
    예 간판, 도표, 그래프 등
② 동적 표시장치
  • 시간에 따라 변화하는 표시장치
    예 기압계, 고도계, 온도조절기 등

### (2) 시식별에 영향을 주는 조건 및 물체가 잘 보이는 조건

| | | |
|---|---|---|
| **시식별에 영향을 주는 조건** | • 광속발산도<br>• 조도<br>• 반사율<br>• 대비 | • 휘도<br>• 광도<br>• 노출 시간 |
| **물체가 잘 보이는 조건** | • 색상<br>• 채도 | • 명도<br>• 대비 |

## ② 시각적 표시장치의 종류

### (1) 정량적 표시장치 ✈

온도나 속도와 같이 동적으로 변화하는 변수나 자로 재는 길이와 같은 정적 변수의 **계량값에 관한 정보를 제공**하는데 사용된다.

① 정목동침형 : **눈금은 고정, 지침이 움직이는 형태**
② 정침동목형 : **지침은 고정, 눈금이 움직이는 형태**
③ 계수형 : 전력계, 택시요금 계기와 같이 **숫자가 정확히 표시되는 형태**

---

**지침의 설계요령**

① 선각이 20도 정도되는 **뾰족한 지침을 사용**한다.
② **지침의 끝**은 작은 눈금과 맞닿되, **겹쳐지지 않아야 한다.**
③ 원형 눈금의 경우 **지침의 색은 선단에서 눈금의 중심까지 칠한다.**
④ **지침은 눈금과 밀착시킨다.**

---

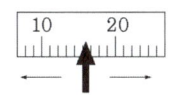

[정목동침형]　　　　[계수형]

### (2) 정성적 표시장치

온도, 압력, 속도와 같이 연속적으로 변하는 변수의 **대략적인 값이나 변화 추세, 비율 등을 알고자 할 때 주로 사용**한다.

① 색 이용
② 상태 점검

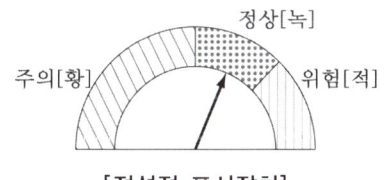

[정성적 표시장치]

### (3) 상태 표시기(status indicator)

체계의 상황이나 상태를 나타낸다.

### (4) 신호, 경고등

비상 또는 위험상황, 물체의 존재 유무 등을 나타낸다.

◎기출

＊ 정량적 표시장치
① 정확한 값을 읽어야 하는 경우 아날로그장치보다 디지털장치가 유리하다.
② 동목(moving scale)형 아날로그 표시장치는 표시장치의 면적을 최소화 할 수 있는 장점이 있다.
③ 연속적으로 변화하는 양을 나타내는 데에는 일반적으로 디지털보다 아날로그 표시장치가 유리하다.
④ 동침(moving pointer)형 아날로그 표시장치는 바늘의 진행 방향과 증감 속도에 대한 인식적인 암시 신호를 얻는 것이 가능하다.

◎기출

＊ 정량적 자료를 정성적 판독의 근거로 사용할 수 있는 경우
① 변수의 상태나 조건이 미리 정해놓은 몇 개의 범위 중 어디에 속하는지를 판독할 때(예 라디오의 다이얼 계기판)
② 바람직한 어떤 범위의 값을 유지하려고 할 때(예 자동차의 시속을 50~60으로 유지하려고 할 때)
③ 변화추세나 율을 관찰하고자 할 때(예 비행고도의 변화율을 볼 때)

┌문제┐
일반적인 조건에서 정량적 표시장치의 두 눈금 사이의 간격은 0.13m를 추천하고 있다. 다음 중 142cm 시야 거리에서 가장 적당한 눈금 사이의 간격은 얼마인가?

① 0.065cm　② 0.13cm
③ 0.26cm　④ 0.39cm

[해설]
1. 정상 시야 거리 71cm에서 눈금 간격(눈금 길이)은 0.13cm
2. 142cm에서의 눈금 간격
$71 : 0.13 = 142 : x$
$71 \times x = 0.13 \times 142$
$x = \dfrac{0.13 \times 142}{71}$
$= 0.26(\text{cm})$

정답 ③

| 신호 및 경보등의 빛의 검출성에 영향을 미치는 인자 |
| --- |

① 광원의 크기 : 배경보다 2배 이상의 밝기를 가진다.
② 광속발산도 및 노출시간
③ 색광(검출 효과가 빠른 순서 : 적색–녹색–황색–백색)
④ 점멸속도 : 주의를 끌기 위해서는 초당 3~10회의 점멸속도와 지속시간은
0.05초 이상이 적당하다.
⑤ 배경광
⑥ 조작자의 정상시선 30도 내에 위치한다.
⑦ 경고등은 점멸하는 형태가 좋다.

## (5) 묘사적 표시장치

해석이 필요치 않은 표현을 위한 표시장치로서 **사물 재현** (TV화 항공 사진)
**및 도해 및 상징** 등이 예이다.

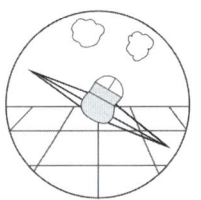

[묘사적 표시장치]

## (6) 문자 – 숫자 표시장치

문자, 숫자 및 관련된 여러 형태의 암호화 부호를 사용하는 장치

| 획폭비<br>(문자나 숫자의 높이 : 획 굵기의 비) | 종횡비<br>(문자나 숫자의 폭 : 높이의 비) |
| --- | --- |
| • 검은 바탕에 흰 숫자 1 : 13.3<br>• 흰 바탕에 검은 숫자 1 : 8 | • 문자 1 : 1<br>• 숫자 3 : 5(0.6 : 1)<br>• 영문 대문자 0.7 : 1 |

## 3 부호 및 기호, 시각적 암호

## (1) 부호의 3가지 유형 ✈

① 임의적 부호
  • 부호가 이미 **고안되어 있으므로** 이를 배워야 하는 부호
    예 안전표지판의 원형 – 금지, 삼각형 – 경고표지 등
② 묘사적 부호
  • 사물의 **행동을 단순하고 정확하게 묘사**한 부호
    예 위험표지판의 해골과 뼈, 보도 표지판의 걷는 사람
③ 추상적 부호
  • 전언의 기본요소를 **도식적으로 압축**한 부호

## (2) 암호 체계의 일반적 사항 ✦

① 암호의 검출성 : 암호화한 자극은 **검출이 가능**할 것
② 암호의 변별성 : **다른 암호 표시와 구별**될 수 있을 것
③ 부호의 양립성 : 자극 – 반응의 관계가 **인간의 기대와 모순되지 않는 성질**

### [양립성의 종류]

| | |
|---|---|
| **공간 양립성** | 표시 장치나 조종장치에서 **물리적 형태나 공간적인 배치의 양립성** <br> ☞ 오른쪽 조리대는 오른쪽 조절장치로, 왼쪽 조리대는 왼쪽 조절장치로 조정한다. |
| **운동 양립성** | 표시 장치, 조종 장치, 체계 반응의 **운동 방향의 양립성** <br> ☞ 조종장치를 오른쪽으로 돌리면 표시장치 지침이 오른쪽으로 이동한다. |
| **개념 양립성** | 인간이 가지는 **개념적 연상의 양립성** <br> ☞ 빨간 버튼은 온수, 파란 버튼은 냉수 |
| **양식 양립성** | 직무에 알맞은 자극과 응답 양식의 존재에 대한 양립성 <br> ☞ 음성과업에 대해서는 청각적 자극제시와 이에 대한 음성 응답 등의 양립성이다. |

④ 부호의 의미 : 암호를 사용할 때는 그 **사용자가 그 뜻을 분명히 알 수 있어야 한다.**
⑤ 암호의 표준화 : 암호를 **표준화하여** 다른 상황으로 변화하더라도 **쉽게 이용할 수 있어야 한다.**
⑥ **다차원 암호의 사용 : 2가지 이상의 암호를 조합해서 사용**하면 정보 전달이 촉진된다.

## 4 청각적 표시장치

데이터를 청각으로 표시하는 장치를 말하며 신호원 자체가 음일 때, 무선기 신호, 항로정보 등과 같이 연속적으로 변하는 정보를 제시할 때 사용한다.

## (1) 청각적 표시장치의 3가지 기능

① 검출성 : 신호의 존재여부를 결정
② 상대식별 : 2가지 이상의 신호가 근접하여 제시되었을 때 이를 구별하는 능력
③ 절대식별 : **특정한 신호가 단독으로 제시되었을 때 이를 구별하는 능력으로 절대식별 능력이 가장 좋은 감각기관은 후각이다.**

---

🔖 참고

**＊ HUD**
• 자동차나 항공기의 앞 유리 혹은 차양판 등에 정보를 중첩 투사하는 표시장치
• 도형과 숫자, 글자로 조종사에게 현재의 속도, 고도, 방향 등과 같은 다양한 정보들을 알려준다.

🔖 기출

**＊ 명료도 지수**
통화 이해도를 추정할 수 있는 근거로 사용된다. 각 옥타브 대의 음성과 소음의 dB값에 가중치를 곱하여 합계를 구한 것이다. 음성통신계통의 명료도지수가 약 0.3 이하이면 음성통신 자료를 전송하기에는 부적당한 것으로 본다.

🔖 참고

**＊ 귀의 구조**
① 귀는 소리를 전기적 자극으로 전환시켜 주는 **청각기관**과, 우리 몸의 균형과 자세를 유지시켜 주는 **평형기관으로 구성**된다.
② 귀의 구조는 외이, 중이, 내이 등의 **3부위로** 나눌 수 있다.
③ 외이는 바깥의 귓바퀴**(이개)와 귀구멍(외이도)으로 구성**된다.
④ 중이는 외이와 중이를 나누는 고막을 경계로 하여, 중이강, 유양동, 이관으로 구분된다.
⑤ 내이는 미로(迷路)라고도 하며 청각을 담당하는 와우와 몸의 **평형**을 담당하는 **전정과 세반고리관의 세 부분으로 구성**되며 난원창, **청신경으로 이루어져** 있다.
⑥ 달팽이관은 나선형으로 생긴 관으로 **기저막이 진동한다.**
⑦ 고막은 외이도와 중이의 경계부위에 위치해 있으며 음파를 진동으로 바꾼다.
⑧ 중이에는 인두와 교통하여 고실 내압을 조절하는 **유스타키오관이** 존재한다.

**(2) 경계 및 경보신호 설계지침** ✄

① 귀는 중음역에 민감하므로 500~3,000Hz의 진동수 사용

② 300m 이상 장거리용 신호는 1,000Hz 이하의 진동수 사용

③ 장애물 및 칸막이 통과시는 500Hz 이하의 진동수 사용

④ 주의를 끌기 위해서는 변조된 신호 사용

⑤ 배경 소음의 진동수와 구별되는 신호 사용

⑥ 경보효과를 높이기 위해서 개시시간이 짧은 고감도 신호를 사용

⑦ 가능하면 확성기, 경적 등과 같은 별도의 통신계통을 사용

**(3) 청각적 표시의 설계원리** ✄

① 양립성 : 긴급용 신호일 때는 높은 주파수를 사용한다.
  • 가능한 한 사용자가 알고 있거나 자연스러운 신호를 선택한다.
  • 긴급용 신호일 때는 높은 주파수를 사용한다.

② 근사성 : 복잡한 정보를 나타내고자 할 때는 다음과 같이 2단계 신호를 고려한다.
  • 주의 신호 : 주의를 끌어서 정보의 일반적 부류를 식별하게 한다.
  • 지정 신호 : 주의 신호로 식별된 신호의 정확한 정보를 지정하는 것으로 처음 신호 후에 나타낸다.

③ 분리성 : 두 가지 이상의 채널을 듣고 있다면 각 채널의 주파수가 분리되어야 한다.
  • 청각신호는 기존 입력과 쉽게 식별되는 것이어야 한다.
  • 두 가지 이상의 채널을 듣고 있다면 각 채널의 주파수가 분리되어야 한다.

④ 검약성 : 조작자에 대한 입력신호는 꼭 필요한 정보만을 제공한다.

⑤ 불변성 : 동일한 신호는 항상 동일한 정보를 지정하도록 한다.

**(4) 청각장치와 시각장치의 비교** ✄

| 청각장치 | 시각장치 |
|---|---|
| ① 전언이 짧고, 간단할 때 | ① 전언이 길고, 복잡할 때 |
| ② 재참조되지 않는다. | ② 재참조 된다. |
| ③ 시간적인 사상을 다룬다. | ③ 공간적인 위치를 다룬다. |
| ④ 즉각적인 행동을 요구할 때 | ④ 즉각적 행동을 요구하지 않을 때 |
| ⑤ 시각계통이 과부하일 때 | ⑤ 청각계통이 과부하일 때 |
| ⑥ 주위가 너무 밝거나 암조응일 때 | ⑥ 주위가 너무 시끄러울 때 |
| ⑦ 자주 움직이는 경우 | ⑦ 한곳에 머무르는 경우 |

## 5 신체활동의 생리학적 측정법

### (1) 생리학적 측정방법 ✦

감각기능, 반사기능, 대사기능 등을 이용한 측정법

① EMG(electromyogram ; 근전도) : 근육활동 전위차의 기록
② ECG(electrocardiogramme ; 심전도) : 심장근 활동 전위차의 기록
③ ENG 또는 EEG(electroencephalogram ; 뇌전도) : 신경활동 전위차의 기록
④ EOG(electrooculogram ; 안전도) : 안구(眼球)운동 전위차의 기록
⑤ 산소소비량
⑥ 에너지 소비량(RMR)
⑦ 피부전기반사(GSR)
⑧ 점멸융합주파수(플리커법, 어름거림 검사)

### (2) 에너지 대사율(RMR) ✦✦

① 작업강도는 에너지 대사율로 나타낸다.

---

**에너지 대사율(RMR)의 계산** ✦✦

$$RMR = \frac{노동대사량}{기초대사량} = \frac{작업시의\ 소비\ energy - 안정시\ 소비\ energy}{기초대사량}$$

---

② 작업 시의 소비에너지는 작업 중에 소비한 산소의 소모량으로 측정한다.
③ 안정 시의 소비에너지는 의자에 앉아서 호흡하는 동안에 소비한 산소의 소모량으로 측정한다.

### (3) 작업강도 구분에 따른 RMR ✦✦

① 경작업(輕작업), 가벼운 작업 : 1~2
② 중작업(中작업), 보통 작업 : 2~4
③ 중작업(重작업), 힘든 작업 : 4~7
④ 초중작업(超重작업), 굉장히 힘든 작업 : 7 이상

**기출**

* 힉의 법칙(힉–하이만)의 법칙
  사용자들이 결정을 내리는데 걸리는 시간은 주어진 선택 가능한 선택지의 수에 따라 결정된다는 법칙

**참고**

* 작업효율(%)
  $\frac{작업출력}{에너지소비량} \times 100$

* 짐을 들어올리는 방법 중 양손으로 들기 작업이 가장 힘이 든다.

* 산소소비량 및 기초대사량
  ① 보통 사람의 산소소비량 : 50ml/min
  ② 기초대사량 : 1,500~1,800kcal/day
  ③ 기초대사와 여가에 필요한 대사량 : 2,300kcal/day

**기출**

* 정신적 작업 부하 척도
  ① 신바수(부전매)
  ② 뇌전위(점멸융합주파수)
  ③ 동공반응(눈 깜박임률)
  ④ 호흡수

**참고**

* 시각적 점멸융합주파수(VFF)
  계속되는 자극들이 점멸하는 것 같이 보이지 않고 연속적으로 느껴지는 주파수

## (4) 휴식시간 ✿✿

| 휴식시간의 계산 |
| --- |
| $$휴식시간\,(R) = \frac{60 \times (E-5)}{E-1.5}\,[분]$$ |

- 1.5 : 휴식 중의 에너지 소비량
- 5(kcal/분) : 기초대사를 포함한 보통 작업에 대한 평균 에너지
  (기초대사를 제외한 경우 4kcal/분)
- 60(분) : 작업시간
- E(kcal/분) : 문제에서 주어진 작업을 수행하는데 필요한 에너지

참고 **작업에 대한 평균 에너지**
- 하루 동안 보통 사람이 낼 수 있는 에너지 : 4,300kcal/day
- 기초대사와 여가에 필요한 대사량 : 2,300kcal/day
- 보통 작업할 때 사용할 수 있는 에너지 : 4,300−2,300=2,000kcal/day
- 8시간으로 나누면 : 4kcal/min
  (기초대사를 포함한 에너지의 상한은 5kcal/min이다)

PART 02

## 03 작업공간 및 작업 자세

1. 작업공간 포락면, 파악한계
2. 정상 작업역, 최대 작업역
3. 부품배치의 원칙
4. 동작경제의 3원칙
5. 의자설계의 원칙

## 1 작업공간 및 작업 자세

### (1) 작업공간

① 포락면 : 한 장소에 앉아서 수행하는 작업에서 작업하는데 사용하는 공간

② 파악한계 : 앉은 작업자가 특정한 수작업 기능을 수행할 수 있는 공간의 외곽한계

③ 특수작업역 : 특정 공간에서 작업하는 구역

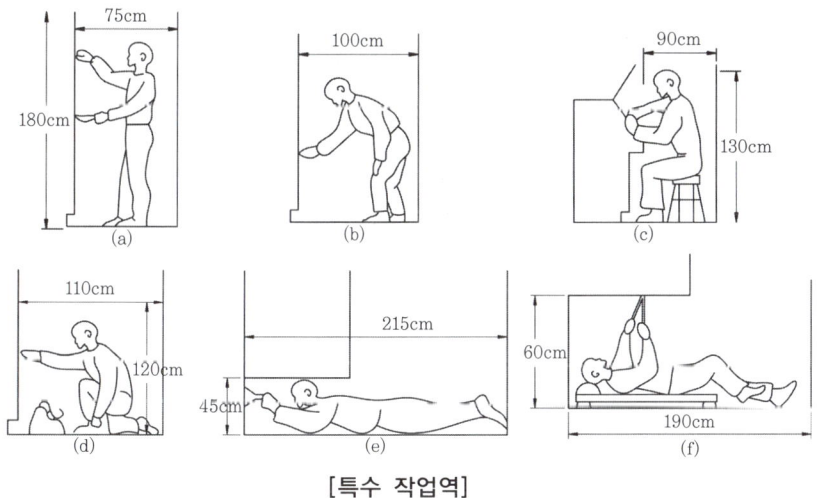

[특수 작업역]

### (2) 수평 작업대 ✈

① 정상 작업역

• 상완을 자연스럽게 늘어뜨린 채 전완만으로 뻗어 파악할 수 있는 구역

• 팔을 굽히고도 편하게 작업을 하면서 좌우의 손을 움직여 생기는 작은 원호형의 영역

문제

표준체구의 남자가 서서 작업을 하는 경우, 작업점의 위치가 신체의 전방 20cm일 때 가장 적당한 작업점의 높이는?

㉮ 높이 60cm
㉯ 높이 90cm
㉰ 높이 120cm
㉱ 높이 150cm

[해설]
성인남자 기준, 서서 작업할 때의 작업점 위치는 높이 90cm가 가장 적당하다.

정답 ㉯

문제

입식작업을 할 때 중량물을 취급하는 중(重)작업의 경우 적절한 작업대의 높이는?

㉮ 팔꿈치 높이보다 10~20 cm 높게 설계한다.
㉯ 팔꿈치 높이에 맞추어 설계한다.
㉰ 팔꿈치 높이보다 5~10cm 낮게 설계한다.
㉱ 팔꿈치 높이보다 10~20 cm 낮게 설계한다.

[해설]
① 입식작업 시 중(重)작업의 작업대의 높이 : 팔꿈치 높이보다 10~20cm 낮게 설계
② 입식작업 시 경(經)작업의 작업대의 높이 : 팔꿈치 높이보다 5~10cm 낮게 설계

정답 ㉱

참고

* 입식 작업대의 높이 결정에 있어 고려하여야 할 사항
① 작업자의 신장
② 작업물의 크기
③ 작업물의 무게

② 최대 작업역

- 전완과 상완을 곧게 펴서 파악할 수 있는 구역
- 어깨로부터 팔을 펴서 수평면상에 원을 그릴 때 부채꼴 원호의 내부지역

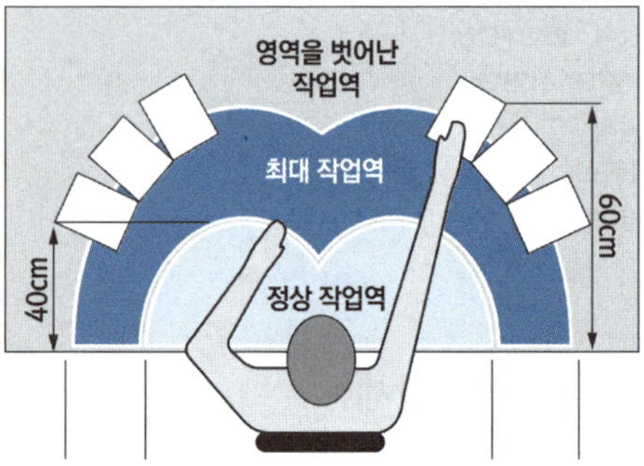


## (3) 작업대의 높이

① 석식 작업대 높이

- 작업대 높이는 **의자 높이, 작업대 두께, 대퇴여유 등을 고려하여 설계**하여야 한다.
- 작업의 성격에 따라 작업대 높이도 달라지며 가벼운 작업일수록 높아야 하고, 거친 작업에는 약간 낮은 편이 낫다.
- 의자 높이, 작업대 높이, 발걸이 등을 조절할 수 있도록 하는 것이 바람직하다.

② 입식 작업대 높이

- **경(經) 작업 시** 작업대의 높이는 **팔꿈치 높이보다 5~10cm 정도 낮은 것**이 적당하다. ☆
- **중(重) 작업 시** 작업대의 높이는 **팔꿈치 높이보다 10~20cm 정도 낮은 것**이 적당하다. ☆
- 정밀 작업 시 작업대의 높이는 팔꿈치 높이보다 5~10cm 정도 높은 것이 적당하다.

## (4) 신체의 기본동작 ☆

| | |
|---|---|
| 굴곡(flexion, 굽히기) | 관절각이 감소하는 움직임 |
| 신전(extension, 펴기) | 관절각이 증가하는 움직임 |
| 외전(abduction, 벌리기) | 신체 중심선으로부터 밖으로 이동 |
| 내전(adduction, 모으기) | 신체 중심선으로 이동 |
| 외선(external rotation) | 신체 중심선으로부터 밖으로 회전 |
| 내선(internal rotation) | 신체 중심선으로 회전 |

## ② 부품배치의 원칙 ✦

**(1) 중요성의 원칙** : 부품을 작동하는 **성능이** 체계의 목표 달성에 **중요한 정도에 따라 우선순위를 결정**한다.

**(2) 사용빈도의 원칙** : 부품을 **사용하는 빈도에 따라 우선순위를 결정**한다.

**(3) 기능별 배치의 원칙** : 기능적으로 **관련된 부품들(표시장치, 조정장치 등)을 모아서 배치**한다.

**(4) 사용 순서의 원칙** : **사용 순서에 따라** 장치들을 **가까이에 배치**한다.

## ③ 동작경제의 3원칙(바안즈, Barnes) ✦

**(1) 인체 사용에 관한 원칙**

① **두 손을 동시에 동작하기 시작하여 동시에 끝나도록** 하여야 한다.
② 휴식 시간 중이 아니면 **두 손을 동시에 쉬어서는 안 된다.**
③ **두 팔의 동작들은 서로 반대 방향에서 대칭적으로 움직인다.**
④ 손과 신체의 동작은 작업을 원만하게 수행할 수 있는 범위 내에서 **가장 낮은 동작 등급**을 사용한다. 인체의 사용 범위가 넓을수록 피로가 더하고 시간도 낭비된다.
⑤ 가능한 한 **관성(Momentum)을 이용**해야 하며 작업자가 관성을 억제해야 하는 경우 관성을 최소한도로 줄인다.
⑥ 손의 **동작은 부드러운 연속동작으로** 하고 **급격한 방향 전환을 가지는 직선 동작은 피한다.**

**(2) 작업장의 배치에 관한 원칙**

① 모든 **공구 및 재료는 정위치에 배치**해야 한다.
② 공구, 재료 및 조징기는 **사용위치에 가까이 두어야 한다.**
③ 가능하면 **낙하식 운반법을 사용**한다.
④ 재료와 공구들은 자기 위치에 있도록 한다.

**(3) 공구 및 설비의 설계에 관한 원칙**

① 치공구, **발로 조정하는 장치에 의해서 수행할 수 있는 작업에는 손의 부담을 덜어주어야 한다.** (발로 수행할 수 있는 작업은 손을 사용하지 않음)
② **공구를 결합하여 사용**한다.
③ 공구 및 재료는 가능한 한 작업자 앞에 둔다.

---

### ◉기출

✱ 부품의 일반적 위치 내에서 구체적인 배치를 결정하는 기준 ★
• 사용 순서의 원칙
• 기능별 배치의 원칙

### ◉기출

✱ 개선의 4원칙(ECRS)
① Eliminate
(생략과 배제의 원칙)
불필요한 공정이나 작업의 배제, 생략
② Combine
(합과 분리의 원칙)
공정이나 공구, 부품 등의 결합으로 간단하고 단순화된 형태로 접근
③ Rearrange(재편성과 재배열의 원칙)
공정, 작업 순서의 변경, 재배열
④ Simplify
(단순화의 원칙)
공정, 작업 수단, 방법 등을 간단하고 용이하게 하거나 이동거리를 짧게, 중량을 가볍게 하는 등의 단순화

### ◉기출 ★

✱ 동작경제의 3원칙
(길브레드 Gilbrett)
**(1) 작업량 절약의 원칙**
① 적게 운동한다.
② 재료나 공구는 취급하는 부근에 정돈한다.
③ 동작의 수를 줄인다.
④ 동작의 양을 줄인다.

**(2) 동작개선의 원칙**
① 동작이 자동적으로 리드미컬한 순서로 한다.
② 양손은 동시에 반대의 방향으로 좌우 대칭적으로 운동한다.
③ 가급적 관성, 중력, 기계력 등을 이용한다.
④ 작업점의 높이를 적당히 하고 피로를 줄인다.
⑤ 물건을 장시간 취급할 때는 장구를 사용한다.

**(3) 동작능 활용의 원칙**
① 발 또는 왼손으로 할 수 있는 일은 오른손을 사용하지 않는다.
② 양손으로 동시에 작업을 시작하고 동시에 끝낸다.

**문제**

인간공학적 의자 설계의 원칙에 대한 설명 중 틀린 것은?

㉮ 사람이 의자에 앉아 있을 때 체중이 주로 좌골결절에 실려 있어야 한다.
㉯ 좌판 앞부분은 오금보다 높지 않아야 한다.
㉰ 일반적으로 좌판의 길이는 몸이 큰 사람을 기준으로 결정한다.
㉱ 의자에 앉아 있을 때 몸통에 안정을 주어야 한다.

[해설]
① 좌판의 길이(깊이)는 작은 사람을 기준으로 하여 엉덩이~오금길이보다 5~10cm 짧게 설계한다.(좌판의 길이 : 좌판 끝~등받이까지 거리)
② 좌판의 폭은 큰 사람을 기준으로 하여 엉덩이 폭에 좌·우로 5cm 여유를 더하여 설계한다.

**정답** ㉰

## 4 의자 설계 원칙

### (1) 의자 설계의 일반 원리 ✄

① 요추의 전만곡선을 유지할 것
② 디스크의 압력을 줄인다.
③ 등근육의 정적부하를 감소시킨다.
④ 자세고정을 줄인다.
⑤ 쉽게 조절할 수 있도록 설계할 것

### (2) 의자 설계의 원칙

① 체중 분포
- 의자에 앉았을 때 체중이 주로 좌골결절에 실려야 한다.

② 의자 좌판의 높이
- 좌판 앞부분이 대퇴를 압박하지 않도록 오금높이보다 높지 않아야 한다.
- 치수는 5% 오금높이로 한다.

③ 의자 좌판의 깊이(길이)와 폭
- 일반적으로 좌판의 폭은 큰 사람에게 맞도록 설계한다.
- 깊이는 장딴지 여유를 주고 대퇴를 압박하지 않도록 작은 사람에게 맞도록 설계한다.

④ 몸통의 안정
- 의자 좌판의 각도는 3°, 등판의 각도는 100°가 몸통에 안정적이다.
- 좌판의 앞 모서리 부분은 5cm 정도 낮아야 한다.
- 좌판과 등받이 사이의 각도는 90~105°를 유지하도록 한다.

## 04 작업환경과 인간공학

## 1 조명방식 및 조명수준

### (1) 전반조명과 국부조명

① 전반조명

조명 기구를 일정한 높이와 간격으로 배치하여 작업장 전체를 균일하게 밝히는 조명방식

② 국부조명

필요한 곳만을 강하게 조명하는 조명법으로 정밀한 작업 또는 시력을 집중시켜 줄 수 있는 일에 사용하는 조명방식이다.

### (2) 직접조명과 간접조명

① 직접조명

등기구에서 발산되는 광속의 90% 이상을 직접 작업면에 투사하는 조명방식

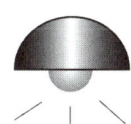

② 간접조명

등기구에서 발산되는 광속의 90% 이상을 천장이나 벽에 투사시켜 이로부터 반사 확산된 광속을 이용하는 조명방식

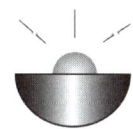

## 2 반사율과 휘광

### (1) 휘광 : 눈부심

① 광원으로부터 직사휘광 처리법 ✖

• 광원의 휘도를 줄이고 광원 수를 늘인다.

• 광원을 시선에서 멀게 한다.

- 휘광원 주위를 밝게 하여 광속 발산비(휘도)를 줄인다.
- 가리개, 갓, 차양을 사용한다.

(2) **반사율** : 반사광의 에너지와 입사광의 에너지의 비율을 말한다.

① 반사율(%) = $\dfrac{\text{광속발산도}(fL)}{\text{조명}(fc)} \times 100$ �

② 조명(fc) = $\dfrac{\text{광속발산도}(fL)}{\text{반사율}(\%)} \times 100$

③ 대비(%) = $\dfrac{\text{배경 반사율}(Lb) - \text{표적물체 반사율}(Lt)}{\text{배경 반사율}(Lb)} \times 100$ ✦

④ 옥내 최적 반사율(천장 : 바닥 반사율 비율 = 3 : 1 이상 유지)
- 천장(80~91%) > 벽(40~60%) > 가구(25~45%) > 바닥(20~40%)
- 옥내의 반사율은 천정으로 올라갈수록 높고 바닥으로 내려갈수록 낮아져야 한다. ✦

## 3 조도와 광도

**참고**

1. 조도(Lux)
물체나 표면에 도달하는 빛의 단위면적당 밀도

2. 광속 발산도(휘도) (luminance)
단위면적당 표면에서 방사되거나 방출되는 빛의 양

* foot-Lambert(fL)
완전방사 및 반사하는 표면의 1fc로 조명될 때의 조도와 같은 광속 발산도

* Lambert(L)
완전발산 및 반사하는 표면이 표준촛불로 1cm 거리에서 조명될 때의 조도와 같은 광속 발산도

(1) **조도(lux)** = $\dfrac{\text{광도}}{(\text{거리})^2}$ ✦

① 단위 fc(foot-candle)
- 1촉광의 점광원으로부터 1foot 떨어진 곡면에 비추는 광밀도 ($1\,\text{lumen/ft}^2$)

② Lux(meter-candle)
- 1촉광의 점광원으로부터 1m 떨어진 곡면에 비추는 광밀도 ($1\,\text{lumen/m}^2$)
- 1fc = 10Lux

(2) **법적 조도 기준** ✦✦

① 초정밀 작업 : 750Lux 이상
② 정밀 작업 : 300Lux 이상
③ 보통 작업 : 150Lux 이상
④ 기타 작업 : 75Lux 이상

(3) **광도**

① 일정한 방향에서 물체 전체의 밝기를 나타내는 양
② 단위 : 촉광(燭光), 칸델라(candela)

## 4 소음과 청력손실

### (1) 소음과 청력손실 ✄

① 진동수가 높아짐에 따라 청력손실도 심해진다.

② 청력손실의 정도는 노출 소음 수준에 따라 증가한다.

③ 초기 청력손실은 4,000Hz에서 가장 크게 나타난다. ✄

④ 강한 소음에 대해서는 노출기간에 따라 청력손실이 증가하지만 약한 소음과는 관계가 없다.

**소음을 내는 기계로부터 거리가 $d_2$만큼 떨어진 곳의 소음 계산 ✄**

$$dB_2 = dB_1 - 20 \times \log\left(\frac{d_2}{d_1}\right)$$

소음기계로부터 $d_1$ 떨어진 곳의 소음 : $dB_1$
소음기계로부터 $d_2$ 떨어진 곳의 소음 : $dB_2$

### (2) 음량수준 측정 척도 ✄

① phone에 의한 음량수준

② sone에 의한 음량수준

③ 인식소음 수준

## 5 소음기준 및 소음노출한계

### (1) 소음작업 : 하루 8시간 동안 85dB 이상의 소음이 발생하는 작업 ✄

### (2) 강렬한 소음작업 ✄

① 하루 8시간 동안 90dB 이상의 소음이 발생하는 작업

② 하루 4시간 동안 95dB 이상의 소음이 발생하는 작업

③ 하루 2시간 동안 100dB 이상의 소음이 발생하는 작업

④ 하루 1시간 동안 105dB 이상의 소음이 발생하는 작업

⑤ 하루 30분 동안 110dB 이상의 소음이 발생하는 작업

⑥ 하루 15분 동안 115dB 이상의 소음이 발생하는 작업

### (3) 충격소음

최대음압 수준에 120dB(A) 이상인 소음이 1초 이상의 간격으로 발생하는 것

### (4) 복합소음 ✄

① 두 소음 수준차가 10dB 이내일 때 : 복합소음 발생

② 같은 소음 수준의 기계 2대일 때 : 3dB 소음이 증가하는 현상을 말한다.

---

**◉기출**

* 소음으로 인한 생리적 변화(소음이 인체에 미치는 영향)

① 혈관의 수축에 의한 맥박의 증가(심장 박동수 증가)

② 혈압상승

③ 혈액성분 및 오줌성분의 변화

④ 타액 또는 위액분비 불량(위 분비액 감소)

⑤ 부신호르몬의 이상 분비

⑥ 동공팽창

⑦ 집중력 감소

⑧ 청력손실

**◉기출**

* 1phone ★
1,000Hz, 1dB 음의 크기

* 1sone ★
1,000Hz, 40dB 음의 크기

$$S(sone) = 2^{\frac{(p-40)}{10}}$$

(단, P = phone)

즉, 40phon = 1sone

**◉기출**

* 소음의 노출기준

| 1일 노출<br>시간(hr) | 소음수준<br>[dB(A)] |
|---|---|
| 8 | 90 |
| 4 | 95 |
| 2 | 100 |
| 1 | 105 |
| 1/2 | 110 |
| 1/4 | 115 |

문제

## (5) 은폐현상(Masking 현상)

① 두음의 차가 10dB 이상인 경우 발생한다.
② 높은 음이 낮은 음을 상쇄시켜 높은 음만 들리는 현상이다.

## (6) 소음의 노출기준(충격소음 제외)

| 1일 노출시간(hr) | 8 | 4 | 2 | 1 | 1/2 | 1/4 |
|---|---|---|---|---|---|---|
| 소음강도 dB(A) | 90 | 95 | 100 | 105 | 110 | 115 |

주 : 115dB(A)를 초과하는 소음 수준에 노출되어서는 안 됨

## 6 소음의 처리

### (1) 소음 대책

① 소음원 통제 : 기계에 고무받침대 부착, 차량에 소음기 부착 등
② 소음의 격리 : 씌우개, 방, 장벽, 창문 등으로 격리
③ 차폐장치, 흡음제 사용
④ 음향처리제 사용
⑤ 적절한 배치(Layout)
⑥ 배경음악
⑦ 보호구 사용 : 귀마개, 귀덮개

### (2) 난청발생에 따른 조치

사업주는 소음으로 인하여 근로자에게 소음성 난청 등의 건강장해가 발생하였거나 발생할 우려가 있는 경우에 다음 각 호의 조치를 하여야 한다.
① 해당 작업장의 소음성 난청 발생 원인 조사
② 청력손실을 감소시키고 청력손실의 재발을 방지하기 위한 대책 마련
③ ②에 따른 대책의 이행 여부 확인
④ 작업전환 등 의사의 소견에 따른 조치

## 7 열교환 과정과 열압박

### (1) 열평형 방정식

열교환 과정은 다음과 같이 열평형 방정식으로 나타낼 수 있다.

**열평형 방정식(인체의 열교환 과정)**

S(열 축적) = M(대사 열) − E(증발) ± R(복사) ± C(대류) − W(한 일)

여기서, S는 열이득 및 열손실량이며, 열평형 상태에서는 0이다.

## 8 Oxford 지수와 실효온도

### (1) Oxford 지수 ✄

습건(WD) 지수라고도 하며, 습구·건구 온도의 가중 평균치로서 다음과 같이 나타낸다.

**옥스퍼드 지수(습·건지수)**

$$WD = 0.85W + 0.15d(℃)$$

여기서, W : 습구온도　　　d : 건구온도

### (2) 실효온도(감각온도, effective temperature)

① 실효온도는 온도, 습도 및 공기 유동이 인체에 미치는 열 효과를 하나의 수치로 통합한 경험적 감각지수로 상대습도 100%일 때의 건구온도에서 느끼는 것과 동일한 온감(溫感)이다. ✄
② 실효온도의 결정 요소 : 온도, 습도, 대류(공기 유동) ✄

> ◎기출 ★
> ＊ 공기의 온열조건
> 　온도, 습도, 대류, 복사

## 9 진동

### (1) 전신진동이 인간성능에 끼치는 영향

① 진동은 진폭에 비례하여 시력을 손상하며, 10~25Hz의 경우에 가장 심하다.
② 진동은 진폭에 비례하여 추적능력을 손상하며, 5Hz 이하의 낮은 진동수에서 가장 심하다.
③ 안정되고, 정확한 근육조절을 요하는 작업은, 진동에 의해서 저하된다.
④ 반응시간, 감시, 형태식별 등 주로 중앙신경처리에 달린 임무는 진동의 영향이 적다.

> ◎기출 ★
> ＊ 진동의 영향이 가장 큰 작업 : 추적능력
> ＊ 진동의 영향이 가장 작은 작업 : 형태식별

## 10 색채

### (1) 색의 3속성

① 색상　　　② 명도　　　③ 채도

### (2) 물체가 잘 보이는 조건 : 색상, 명도, 채도, 대비 등

> 참고
> ＊ 조명 3속성
> 　휘도, 광도, 조도
> ＊ 무채색 3요소
> 　흑색, 백색, 회색

◎기출

＊시 식별 영향 요인
광도, 조도, 광속 발산비, 대비, 반사율, 노출시간, 휘도 등

◎기출

＊자극의 역치
자극이 어느 정도 이상이면 가시전압이 나타나게 되는데 가시전압을 나타나게 하는 최소자극의 크기를 말한다.

◎기출

① 배열시력
(vernier hyper acuity) 두 개 이상의 물체가 평면상에서 일렬로 서 있는지를 판별하는 능력을 말한다.

② 동적시력
(dynamic visual acuity) 움직이는 물체를 정확하고 빠르게 인지하는 능력을 말한다.

③ 입체시력
(stereoscopic acuity) 거리가 있는 한 물체에 대한 약간 다른 상이 두 눈의 망막에 맺힐 때 이것을 구별하는 능력

④ 최소지각시력
(minimum perceptible acuity) 배경으로부터 한 점을 식별하는 능력을 말한다.

---

### (3) 시력

**시각의 계산** ✄

$$시각(분) = \frac{57.3 \times 60 \times L}{D}$$

여기서, D : 물체와 눈 사이의 거리
　　　　L : 시선과 직각으로 측정한 물체의 크기

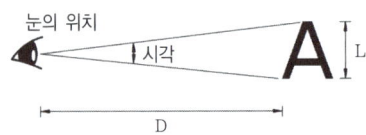

① 동(動) 시력
- 움직이는 물체를 식별할 수 있는 시각적 능력을 말한다.
- 초당 물체 이동속도가 $60°$ 이상이면 시력은 급격히 감소한다.
- **정상인의 수평면 시계 : $200°$**
- 시력 $= \dfrac{1}{시각}$

② 유효시야
**안구운동만으로** 정보를 주시하고 **정보를 수용할 수 있는 범위**를 말한다.

### (4) 디옵터

- 렌즈의 굴절력을 나타내는 단위로, 초점거리(m로 표시)의 역수이다.
- D의 값이 클수록 도수가 높다.
- **디옵터** $= \dfrac{1}{초점거리}$

# PART 03

Engineer Industrial Safety

## [ 기계 · 기구 및 설비 안전 관리 ]

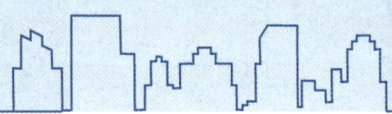

# CHAPTER 01 기계공정의 안전

## 01 기계공정의 특수성 분석

> 📍 **주/요/내/용 알/고/가/기** ▶
>
> 1. 파레토도, 특성요인도, 클로즈 분석, 관리도
> 2. 안전작업절차서
> 3. 공정관리
> 4. 공정분석

### 1 파레토도, 특성요인도, 클로즈 분석, 관리도

(1) 파레토도(Pareto Diagram) : 사고 유형, 기인물 등 데이터를 분류하여 그 항목값이 큰 순서대로 정리하여 막대그래프로 나타낸다.

(2) 특성요인도(Characteristic Diagram) : 재해와 그 요인의 관계를 어골상으로 세분화하여 나타낸다.

(3) 크로스(cross) 분석 : 2가지 또는 2개 항목 이상의 요인이 상호관계를 유지할 때 문제를 분석하는데 사용된다.

(4) 관리도(Control Chart) : 시간 경과에 따른 재해 발생 건수 등 대략적인 추이 파악에 사용된다.

### 2 표준안전작업 절차서

(1) 안전작업 절차서

① 작업/활동이 재해 위험성을 줄이는 방법으로 수행되도록 위험요인, 위험성 및 관련 통제조치를 제시하는 작업 절차서를 말한다.
② 작업안전분석(JSA), 작업위험분석(JHA), 안전작업방법 기술서(SWMS)와 같은 안전작업 절차는 표준화된 안전작업 수행방법을 위험성평가에 기반하여 기술한 절차서이다.

③ 안전작업 절차서는 작업 수행 시 발생하는 재해 위험성의 감소를 보장하기 위하여 위험요인, 위험성 평가, 위험관리 방법을 기술한다.

④ 안전작업 절차는 특히 작업을 수행하는 인원을 안전하게 하는데 목적이 있다.

⑤ 표준 운전절차서와 같은 기타 공통문서는 장비손상을 방지하기 위하여 장비를 올바르게 사용하게 하는 것과 관련이 있으나, 반드시 근로자의 안전과 관련이 있는 것은 아니다.

⑥ 신규 근로자들을 안전하게 작업/활동을 수행하게 할 수 있도록 도울 뿐만 아니라 신규 근로자들이 교육 및 오리엔테이션을 통해 수행할 작업의 위험성을 파악하는데 도움을 준다.

## (2) 안전작업 절차가 제공하는 정보

① 작업 수행방법에 대한 설명
② 안전·환경에 위험성이 있다고 평가되는 작업의 확인
③ 안전·환경 위험성에 대한 기술
④ 작업 시에 적용되어야 하는 관리조치에 대한 기술
⑤ 안전·환경적으로 보장된 작업을 수행하기 위해 필요한 조치에 대한 기술
⑥ 준수하여야 할 법령, 기준, 지침 등을 기술
⑦ 작업에 사용되는 장비, 장비 운용자의 자격, 안전 작업방법에 대한 교육 등에 대하여 기술

## (3) 안전작업 절차서의 개발 단계

① 작업/활동을 관찰한다.
② 관련 법적 요구사항을 검토한다.
③ 기본적인 업무순서를 기록한다.
④ 단계별 잠재적인 위험요인을 기록한다.
⑤ 위험요인 제거 및 관리 방법을 식별한다.

### 3 공정도를 활용한 공정분석 기술

## (1) 공정관리의 정의

"공장에 있어서 원재료로부터 최종제품에 이르기까지의 **자재, 부품의 조립 및 종합조립의 흐름을** 순서정연하게 능률적인 방법으로 **계획**하고, **공정을 결정하고**(Routing), 일정을 세워(Scheduling), **작업을 할당하고**(Dispatching), **신속하게 처리하는**(Expediting) **절차**"라고 정의하고 있다.

## (2) 공정관리의 목표

### 1) 대내적인 목표

생산과정에 있어서 **작업자의 대기나 설비의 유휴에 의한 손실시간을 감소시켜서 가동률을 향상시키고,** 또한 **자재의 투입에서부터 제품이 출하되기까지의 시간을 단축**함으로써 **재공품**(제조 대기 중인 미완성품)의 감소와 생산속도의 향상**을 목적으로 하는 것

### 2) 대외적인 목표

**납기 또는 일정기간 중에 필요로 하는 생산량의 요구조건을 준수하기 위해 생산과정을 합리화 하는 것**

## (3) 공정관리의 기능

### 1) 계획기능

생산계획을 통칭하는 것으로서 **공정계획을 행하여 작업의 순서와 방법을 결정하고,** 일정계획을 통해 공정별 부하를 고려한 **개개 작업의 착수시기와 완성일자를 결정하며 납기를 유지케 한다.**

### 2) 통제기능

계획기능에 따른 **실제 과정의 지도, 조정 및 결과와 계획을 비교**하고 **측정, 통제하는 것**을 뜻한다.

### 3) 감사기능

**계획과 실행의 결과를 비교 검토하여 차이를 찾아내고 그 원인을 추적**하여 **적절한 조치를 취하며,** 개선해 나감으로써 **생산성을 향상시키는 기능**이다.

## (4) 공정분석 기호

### 1) 길브레스(Gilbreth) 기호

| ◯ (큰 원) | 가공 |
|---|---|
| ◯ (작은 원) | 운반 : 가공의 1/2원으로 나타냄 |
| ▢ | 검사 |
| ▽ | 저장 또는 정체 |

PART 03

### 2) ASME 기호

ASME에서는 **길브레스의 기호의 운반을 작은 원 대신에 화살표를 쓰고 정체기호를 첨가하여 5가지를 표준으로 설정**하여 현재는 이 5가지가 광범위하게 채택되고 있다.

| ◯ | 가공 |
|---|---|
| ⇨ | 운반 |
| ▢ | 검사 |
| ◗ | 정체 |
| ▽ | 저장 |

3) 기본 공정 분석기호

| 요소 공정 | 기호의 명칭 | 기호 | 의미 |
|---|---|---|---|
| 가공 | 가공 | ○ | 원료, 재료, 부품 또는 제품의 형상, 품질에 변화를 주는 과정 |
| 운반 | 운반 | ⇨ | 원료, 재료, 부품 또는 제품의 위치에 변화를 주는 과정 |
| 검사 | 수량검사 | □ | 원료, 재료, 부품 또는 제품의 양이나 개수를 세어 그 결과를 기준과 비교하여 차이를 파악하는 과정 |
| | 품질검사 | ◇ | 원료, 재료, 부품 및 제품품질 특성을 시험하고 그 결과를 기준과 비교하여 합·불, 양호, 불량 판정하는 과정 |
| 정체 | 저장 | ▽ | 원료, 재료, 부품 또는 제품을 계획에 의해 쌓아두는 과정 |
| | 대기 | D | 원료, 재료, 부품 또는 제품이 계획의 차질로 체류된 상태 |
| 보조기호 | 관리구분 | ～～～ | 관리 구분 또는 책임구분으로 나타냄 |
| | 담당구분 | ┼ | 담당자 또는 작업자의 책임구분으로 나타냄 |
| | 생략 | ╪ | 공정계열의 일부 생략을 나타냄 |
| | 폐기 | ⊀ | 원재료, 부품 또는 제품의 일부를 폐기하는 경우 |
| 복합기호 | 품질/수량검사 | ◇□ | 품질검사를 주로 하면서 수량검사도 함 |
| | 수량/품질검사 | □◇ | 수량검사를 주로 하면서 품질검사도 함 |
| | 가공/수량검사 | ○□ | 가공을 주로 하면서 수량검사도 함 |
| | 가공/운반 | ○⇨ | 가공을 주로 하면서 운반도 함 |

## 02 기계의 위험 안전조건 분석

주/요/내/용 알/고/가/기

1. 위험점 분류
2. 기계 설비의 안전 조건(근원적 안전)
3. 기계 설비의 본질 안전
4. Fail safe의 구분
5. 방호장치의 분류

### 1 기계의 위험요인

### (1) 위험점 분류 ✿✿✿

① 협착점 : 왕복운동 부분과 고정부분 사이에서 형성되는 위험점

📖 프레스기, 전단기, 성형기 등

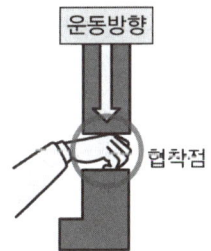

② 끼임점 : 고정부분과 회전하는 동작 부분 사이에서 형성되는
위험점

📖 연삭숫돌과 덮개, 교반기 날개와 하우징 등

③ 절단점 : 회전하는 운동부 자체, **운동하는 기계부분 자체의 위험점**

　예 날, 커터를 가진 기계

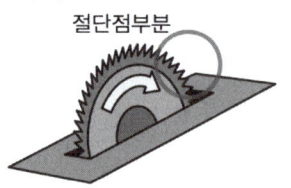

절단점부분

④ 물림점 : 회전하는 **두 개의 회전체에 물려 들어가는 위험점**

　예 롤러와 롤러, 기어와 기어 등

물림위치

⑤ 접선 물림점 : **회전하는 부분의 접선 방향으로 물려 들어가는 위험**

　예 벨트와 풀리, 체인과 스프로킷, 랙과 피니언 등

운동방향

접선물림점

⑥ 회전 말림점 : **회전하는 물체에** 작업복, 머리카락 등이 **말려 들어**
**가는 위험점**

　예 회전축, 커플링 등

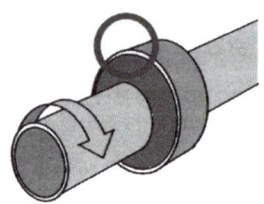

## ② 기계의 일반적인 안전사항

### (1) 원동기·회전축 등의 위험 방지 ✦✦

① 기계의 원동기·회전축·기어·풀리·플라이 휠·벨트 및 체인 등 근로자에게 위험을 미칠 우려가 있는 부위에는 덮개·울·슬리브 및 건널다리 등을 설치하여야 한다.

② 회전축·기어·풀리 및 플라이 휠 등에 부속하는 키·핀 등의 기계요소는 묻힘형으로 하거나 해당 부위에 덮개를 설치하여야 한다.

③ 벨트의 이음 부분에는 돌출된 고정구를 사용하여서는 아니된다.

④ 건널다리에는 안전난간 및 미끄러지지 아니하는 구조의 발판을 설치하여야 한다.

⑤ 연삭기(研削機) 또는 평삭기(平削機)의 테이블, 형삭기(形削機) 램 등의 행정 끝이 근로자에게 위험을 미칠 우려가 있는 경우에 해당 부위에 덮개 또는 울 등을 설치하여야 한다.

⑥ 선반 등으로부터 돌출하여 회전하고 있는 가공물이 근로자에게 위험을 미칠 우려가 있는 경우에 덮개 또는 울 등을 설치하여야 한다.

⑦ 원심기에는 덮개를 설치하여야 한다.

⑧ 분쇄기·파쇄기·마쇄기·미분기·혼합기 및 혼화기 등을 가동하거나 원료가 흩날리거나 하여 근로자가 위험해질 우려가 있는 경우 해당 부위에 덮개를 설치하는 등 필요한 조치를 해야 하며, 분쇄기 등의 가동 중 덮개를 열어야 하는 경우에는 다음 각 호의 어느 하나 이상에 해당하는 조치를 해야 한다.
- 근로자가 덮개를 열기 전에 분쇄기 등의 가동을 정지하도록 할 것
- 분쇄기 등과 덮개 간에 연동장치를 설치하여 덮개가 열리면 분쇄기 등이 자동으로 멈추도록 할 것
- 분쇄기 등에 광전자식 방호장치 등 감응형(感應形) 방호장치를 설치하여 근로자의 신체가 위험한계에 들어가게 되면 분쇄기 등이 자동으로 멈추도록 할 것

⑨ 근로자가 분쇄기 등의 개구부로부터 가동 부분에 접촉함으로써 위해(危害)를 입을 우려가 있는 경우 덮개 또는 울 등을 설치해야 하며, 분쇄기 등의 가동 중 덮개 또는 울 등을 열어야 하는 경우에는 다음 각 호의 어느 하나 이상에 해당하는 조치를 해야 한다.
- 근로자가 덮개 또는 울 등을 열기 전에 분쇄기 등의 가동을 정지하도록 할 것

- 분쇄기 등과 덮개 또는 울 등 간에 **연동장치를 설치하여 덮개 또는 울 등이 열리면 분쇄기 등이 자동으로 멈추도록** 할 것
- 분쇄기 등에 **광전자식 방호장치 등 감응형 방호장치를 설치하여** 근로자의 **신체가 위험한계에 들어가게 되면 분쇄기 등이 자동으로 멈추도록** 할 것

⑩ 종이·천·비닐 및 **와이어로프 등의 감김통 등에 의하여** 근로자가 위험해질 우려가 있는 부위에 **덮개 또는 울 등을 설치**하여야 한다.

⑪ **압력용기 및 공기압축기 등에 부속하는 원동기·축이음·벨트·풀리의 회전 부위** 등 근로자가 위험에 처할 우려가 있는 부위에 **덮개 또는 울 등을 설치**하여야 한다.

## (2) 리미트 스위치 ✈

기계가 한계를 벗어나 과도하게 작동하는 것을 제한하는 장치를 말한다.

① **과부하방지 장치**
② **권과방지 장치**
③ **과전류차단 장치**
④ **압력제한 장치**

## (3) 기계설비의 Layout 시 유의사항

① **작업 흐름에 따라 배치한다.**
② **통로를 확보한다.**
③ 장래의 확장을 고려하여 설계, 배치한다.
④ **기계설비의 간격을 유지한다.**
⑤ 유해, 위험공정으로부터 작업자를 격리한다.
⑥ **운반작업을 기계 작업화 한다.**
⑦ 원재료, 제품저장소 등의 공간을 확보한다.

## 3 기계 설비의 안전조건(근원적 안전) ✿✿

### (1) 외관상 안전화

① 회전부에 덮개 설치
② 안전색채 사용
   예 기계의 시동 버튼 : 녹색, 정지 버튼 : 적색

### (2) 기능적 안전화

① 전압 강하에 따른 오동작 방지
② 정전 및 단락에 따른 오동작 방지
③ 사용 압력 변동 시 등의 오동작 방지

### (3) 구조부분 안전화(구조부분 강도적 안전화)

① 설계상의 결함 방지
   사용 도중 재료의 강도가 열화될 것을 감안하여 설계하여야 한다.
② 재료의 결함 방지
   재료 자체의 균열, 부식, 강도 저하 등 결함에 대하여 적절한 재료로 대체하여야 한다.
③ 가공 결함 방지
   새료의 가공 도중에 발생되는 결함을 열처리 등을 통하여 사전에 예방하여야 한다.

### (4) 작업의 안전화

작업환경, 작업방법을 검토하고 작업위험분석을 실시하여 작업을 표준작업화한다.

   예 • 조작 장치는 조작이 쉽게 설계
     • 적당한 수공구의 사용
     • 불필요한 동작을 배제하고 작업의 표준화
     • 급정지장치 등을 설치할 것

### (5) 보수유지의 안전화(보전성 향상을 위한 고려 사항)

🔖 • 보전용 통로와 작업장 확보
  • 기계는 분해하기 쉽게
  • 부품 교환이 용이한 구조
  • 보수, 점검이 용이하도록
  • 주유 방법 쉽게 개선

### (6) 표준화

## 4 기계 설비의 본질안전 조건 ✮

근로자의 실수나 기계설비에 이상이 발생하여도 재해가 발생되지 않도록 설계되는 기본적 개념을 말한다.

### (1) 안전기능을 기계설비 내에 내장할 것

### (2) 풀프루프(fool proof) 기능을 가질 것

작업자의 실수가 있더라도 사고로 연결되지 않도록 2중, 3중 통제를 한다.

### (3) 페일세이프(fail safe) 기능을 가질 것

기계, 설비가 고장 나더라도 사고로 연결되지 않도록 2중, 3중 통제를 한다.

## 5 방호장치의 분류

### (1) 위험장소에 따른 분류 ✨

| 격리형<br>방호장치 | • 위험한 작업점과 작업자 사이에 서로 접근되어 일어날 수 있는 재해를 방지하기 위해 차단벽이나 망을 설치하는 방호장치<br>예 완전 차단형 방호장치, 덮개형 방호장치, 방책 등 |
|---|---|
| 위치 제한형<br>방호장치 | • 작업자의 신체 부위가 위험한계 밖에 있도록 기계의 조작 장치를 위험한 작업점에서 안전거리 이상 떨어지게 하거나 조작장치를 양손으로 동시 조작하게 함으로써 위험한계에 접근하는 것을 제한하는 방호장치<br>예 프레스의 양수조작식 방호장치 |
| 접근 거부형<br>방호장치 | • 작업자의 신체부위가 위험한계 내로 접근하였을 때 기계적인 작용에 의하여 접근을 못하도록 저지하는 방호장치<br>예 프레스의 수인식, 손 쳐내기식 방호장치 |
| 접근 반응형<br>방호장치 | • 작업자의 신체부위가 위험한계 또는 그 인접한 거리 내로 들어오면 이를 감지하여 그 즉시 기계의 동작을 정지시키고 경보 등을 발하는 방호장치<br>예 프레스의 광전자식 방호장치 |

### (2) 위험원에 따른 분류 ✨

| 포집형<br>방호장치 | • 위험장소에 설치하여 위험원이 비산하거나 튀는 것을 포집하여 작업자로부터 위험원을 차단하는 방호장치<br>예 목재가공용 둥근톱의 반발예방장치, 연삭기의 덮개 등 |
|---|---|
| 감지형<br>방호장치 | • 이상 온도, 이상 기압, 과부하 등 기계의 부하가 안전한계치를 초과하는 경우에 이를 감지하고 자동으로 안전상태가 되도록 조정하거나 기계의 작동을 중지시키는 방호장치 |

용어정의

\* 방호장치
기계·기구 및 설비를 사용할 경우 작업자에게 상해를 입힐 우려가 있는 부분으로부터 작업자를 보호하기 위하여 일시적 또는 영구적으로 설치하는 기계적 안전장치를 말한다.

PART 03

기출 ★

\* 방호장치의 기본 목적
① 작업자의 보호
② 인적·물적 손실의 방지
③ 기계 위험 부위의 접촉 방지
④ 방음이나 집진
⑤ 가공물 등의 낙하에 의한 위험방지

참고

\* 방호장치 선정 시 검토 사항
① 방호의 정도
② 적용의 범위
③ 보수, 정비의 난이도
④ 신뢰성
⑤ 작업성
⑥ 경비

\* 방호장치의 일반원칙
① 작업방해의 제거
② 작업점의 보호
③ 외관상의 안전화
④ 기계특성의 적합성

CHAPTER

02

# 기계설비 위험요인 분석

합 격 의 key

## 01  공작기계의 안전

> 주/요/내/용 알/고/가/기
>
> 1. 선반의 방호장치　　　　　2. 밀링, 플레이너, 세이퍼 작업의 안전사항
> 3. 연삭기의 방호장치　　　　4. 연삭기 덮개 노출각도
> 5. 연삭숫돌 파괴 원인　　　　6. 연삭기 회전속도의 계산

### 1  공작기계 작업의 안전 ✄

① 움직이는 기계 위에 공구, 재료를 올려놓지 않는다.
② 기계 이송을 건 채 기계를 정지시키지 않는다.
③ 기계 회전을 손이나 공구로 멈추지 않는다.
④ 절삭공구의 장착은 정확하게 한다.
⑤ 절삭공구를 짧게 장착하고, 절삭성 나쁘면 바꾼다.
⑥ 보안경을 착용하고, 차폐막을 설치한다.
⑦ 절삭분 제거는 기계를 정지하고 브러시나 봉을 사용한다.
　(손 사용 금지)
⑧ 회전이나 절삭 중에는 공작물 측정, 점검, 주유 등의 작업을 금지
　한다. (운전을 정지하고 실시한다)
⑨ 장갑은 절대 착용 금지한다.

### 2  선반의 안전

#### (1) 선반의 특징

주축에 일감을 고정하고 회전시키며 일감을 절삭하는 공작 기계로
가장 많이 사용되는 공작 기계이다.

#### (2) 선반의 방호장치 ✄

① 쉴드(Shield) : 칩 및 절삭유의 비산을 방지하기 위해 설치하는
　플라스틱 덮개
② 칩 브레이커 : 칩을 짧게 절단하는 장치
③ 척 커버 : 기어 등을 복개하는 장치
④ 브레이크 : 선반의 일시 정지 장치

---

**용어정의**

* 절삭가공
바이트로 깎거나 자르는
가공법

---

**기출**

* 선반 작업 시 주의사항
① 회전 중에 가공물을
직접 만지지 않는다.
② 공작물의 설치가 끝나
면, 척에서 렌치류는 곧
바로 제거한다.
③ 칩(chip)이 비산할 때
는 보안경을 쓰고 방호
판을 설치하여 사용
한다.
④ 돌리개는 적정 크기의
것을 선택하고, 심압대
스핀들은 가능하면 짧
게 나오도록 한다.

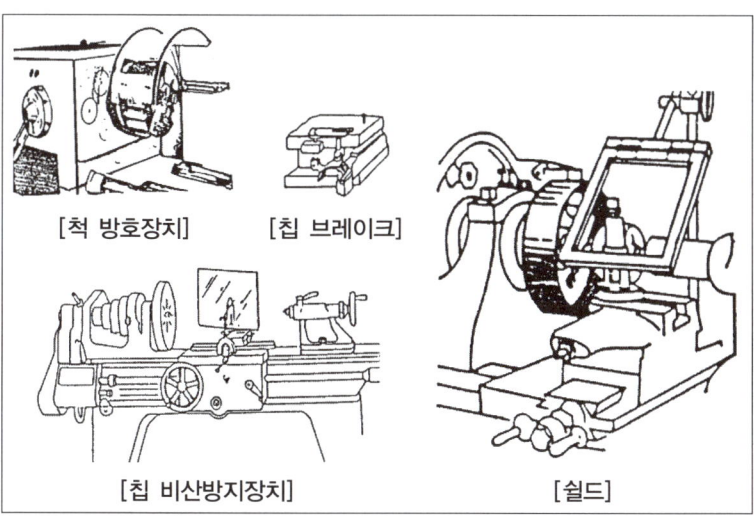

[척 방호장치]　[칩 브레이크]

[칩 비산방지장치]　[쉴드]

**(3) 선반의 안전 작업 방법**

① 베드에는 공구를 올려놓지 말 것
② 칩 제거는 운전 정지 후 브러시를 이용할 것
③ 양센터 작업시에는 심압대에 윤활유를 자주 주입할 것
④ 공작물의 길이가 직경의 12~20배 이상일 때에는 방진구를 사용하여 재료를 고정할 것
⑤ 바이트는 끝을 짧게 할 것
⑥ 시동 전에 척 핸들을 빼둘 것
⑦ 반드시 보안경을 착용할 것

**3  밀링(Milling) 작업의 안전**

① 커터가 날카롭고 예리해서 칩이 가장 가늘고 예리하다.
② 반드시 보호안경 착용, 장갑은 절대 착용을 금지한다.
③ 칩 제거는 운전 정지 후 브러시를 이용한다.
④ 강력 절삭 시 일감을 바이스에 깊게 물린다.
⑤ 제품을 측정, 풀어낼 때는 반드시 운전을 정지한다.
⑥ 보링, 드릴, 내형 홈파기 작업이 가능하다.

**4  플레이너(Planer : 평삭기) 작업의 안전**

① 플레이너 운동 범위에 방책을 설치한다.
② 프레임 내 피트에 덮개를 설치한다.
③ 베드 위에 물건 등을 두지 않는다.
④ 바이트는 되도록 짧게 나오도록 설치한다.

**용어정의**
* 방진구 : 선반작업에서 가늘고 긴 공작물의 처짐이나 휨을 방지하는 부속장치
* 스핀들 : 절삭 공구의 장착에 사용되는 회전축

**용어정의**
* 밀링
밀링커터를 회전시켜 이송되어온 공작물을 절삭하는 공작기계로서 평면절삭·홈절삭·절단 등 복잡한 절삭이 가능하며, 용도가 넓다.

**참고**
* 밀링의 절삭방법
1. 상향절삭 : 커터의 회전방향과 반대 방향으로 일감을 이송
2. 하향절삭 : 커터의 회전방향과 같은 방향으로 일감을 이송
3. 백래시 제거 장치 : 하향절삭시 절삭력을 가하면 백래시 양만큼 급격한 이송으로 절삭상태가 불안정해지므로 백래시 제거용 암나사를 설치하여 핸들을 돌리면 나사기어에 의해 암나사가 돌아 백래시를 제거한다.

**문제**
밀링머신 작업의 안전작업 방법에 해당하지 않는 것은?
㉮ 강력절삭을 할 때는 일감을 바이스로부터 길게 물린다.
㉯ 일감을 측정할 때에는 반드시 정지시킨 다음에 한다.
㉰ 상하 이송장치의 핸들은 사용 후 반드시 빼두어야 한다.
㉱ 칩의 제거는 반드시 기계 정지 후 브러시를 사용한다.

[해설]
㉮ 강력절삭을 할 때는 일감을 바이스로부터 깊게 물린다.
정답 ㉮

**5** 세이퍼(Shaper : 형삭기) **작업의 안전** ✪

① 램은 가급적 행정을 짧게 한다.
② 바이트를 짧게 물린다.
③ 재질에 따라 절삭속도를 결정한다.
④ 운전자는 바이트의 운동 방향(정면)에 서지 말고 측면에서 작업
　한다.
⑤ 세이퍼 운동 범위에 방책을 설치한다.

**6** 드릴(Drill) **작업의 안전**

**(1) 일감 고정 방법** ✪

① 일감 작을 때 : 바이스로 고정
② 일감이 크고 복잡할 때 : 볼트와 고정구
③ 대량 생산과 정밀도를 요할 때 : 전용의 지그 사용

**(2) 드릴 안전 대책**

① 드릴 작업 시에는 장갑 착용 금지
② 칩 제거 시에는 운전 정지 후 솔로서 제거
③ 큰 구멍을 뚫을 때에는 작은 구멍을 먼저 뚫은 후에 뚫을 것
④ 작업 시에는 보안경 착용
⑤ 자동 이송작업 중에는 기계를 멈추지 말 것

**7** 연삭기 작업의 안전

**(1) 용어 정의**

① "기계식 연삭기"란 제품외부 및 내부를 정밀하게 연삭할 목적
　으로 제작된 대형기계로 만능연삭기, 원통연삭기, 평면연삭기,
　만능공구연삭기 등을 말한다.
② "탁상용 연삭기"란 일반적으로 많이 사용되는 연삭기로 가공물을
　손에 들고 연삭숫돌에 접촉시켜 가공하는 연삭기 등을 말한다.
③ "휴대용 연삭기"란 손으로 연삭기를 휴대하고 공작물 표면에
　연삭숫돌을 접촉시켜 가공하는 연삭기를 말한다.
④ "워크레스트(workrest)"란 탁상용 연삭기에 사용하는 것으로
　공작물을 연삭할 때 가공물 지지점이 되도록 받쳐주는 것을 말
　한다.

## (2) 연삭기에 의한 재해의 유형

① 연삭 숫돌에 신체의 접촉
② 숫돌 파괴에 의한 파편 비산
③ 연삭분이 튀어 눈에 들어가는 사고
④ 재료의 튕김

## (3) 안전 대책 ✰✰

① 숫돌에 충격을 가하지 말 것
② 작업 시작 전 1분 이상, 숫돌 대체시 3분 이상 시운전할 것
③ 연삭 숫돌 최고사용 회전속도 초과 사용 금지
④ 측면을 사용하는 것을 목적으로 제작된 연삭기 이외에는 측면 사용 금지
⑤ 작업 시에는 숫돌의 원주면을 이용하고, 작업자는 숫돌의 측면에서 작업할 것

## (4) 연삭기의 방호장치 ✰✰

### 1) 덮개 ✰✰

① 산업안전보건법에는 숫돌 직경이 5cm 이상인 것부터 반드시 설치하도록 되어 있다.
② 덮개의 설치
  • 숫돌의 외경이 125mm 이상인 연삭기 또는 연마기 : 숫돌의 절단면과 가드 사이의 거리가 5mm 이내이고 숫돌의 측면과의 간격이 10mm 이내가 되도록 조정할 것

> **참고**
>
> \* 연삭숫돌 구성의 3요소
> ① 입자
> ② 기공
> ③ 결합제
>
> \* 연삭숫돌표기
> WA-80-K-7-V
> WA : 연삭입자
> (WA : 백색 용융알루미늄질)
> 80 : 입도, 숫돌 입자의 크기
> (80 : 보통 가는 입도)
> K : 결합도(K : "연")
> 7 : 조직, 연삭숫돌의 밀도
> (7 : 거친 것)
> V : 결합제 종류
> (V : 비트리파이드 결합제)

> **참고**
>
> 자율안전확인 연삭기 덮개에는 규칙에 따른 표시 외에 다음 각 목의 사항을 추가로 표시하여야 한다.
> 가. 숫돌사용 주속도
> 나. 숫돌회전방향

[탁상용 연삭기의 방호덮개 측면거리]

[탁상용 연삭기의 방호덮개]

2) 가공물 받침대(워크레스트) 및 유도·고정장치
(위험 기계·기구 자율안전확인 고시)

① 연삭기 또는 연마기에는 **가공물이 움직이지 않도록 가공물 고정
장치를 설치해야 한다.**

② **탁상용 및 절단용 연삭기에는** 아래 요건에 적합한 조절 가능한 가
공물 받침대를 설치해야 한다.

- **연삭숫돌의 외주면과 받침대 사이의 거리는 2mm를 초과하지 않
을 것** ✄
- 연삭기에서 사용토록 설계된 **연삭숫돌 폭 이상의 크기일 것**
- 연삭기에 견고히 고정될 것

③ **동력작동식 고정장치가 부착된 연삭기 또는 연마기는 고정용 동력
이 차단되는 경우 가공물의 투입 및 전진작동이 되지 않도록 연동
되어야 한다.**

참고

탁상용 연삭기의 덮개에는 워크레스트 및 조정편을 구비하여야 하며, **워크레스트는 연삭숫돌과의 간격을 3밀리미터 이하로 조정**할 수 있는 구조이어야 한다.

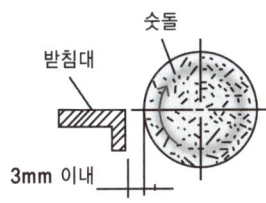

받침대의 간격

[방호장치 자율안전기준 고시]

3) 투명 비산방지판(안전 실드, 방호 스크린)

   **연삭분의 비산을 방지**하기 위하여 **투명한 비산방지판을 설치**한다.

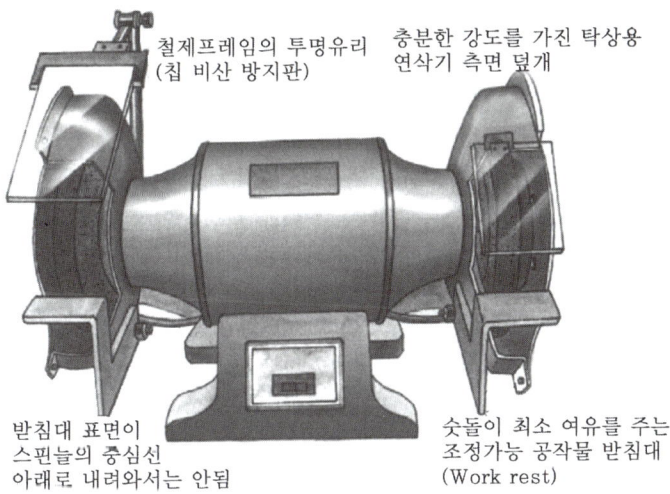

철제프레임의 투명유리
(칩 비산 방지판)

충분한 강도를 가진 탁상용
연삭기 측면 덮개

받침대 표면이
스핀들의 중심선
아래로 내려와서는 안됨

숫돌이 최소 여유를 주는
조정가능 공작물 받침대
(Work rest)

(5) 덮개 노출각도 ✪✪

① 탁상용

• 상부를 사용하는 경우 : 60° 이내

• 수평면 이하에서 연삭 : 125° 이내

• 최대 원주 속도가 초당 50m 이하인 경우 : 90° 이내(주축면 위로 50°)

• 그 외 탁상용 연삭기 : 80° 이내(주축면 위로 65°)

② 절단기, 평면형 연삭기 : 150° 이내

③ 휴대용, 원통형 연삭기 : 180° 이내

① 상부를 사용하는 경우 : 60° 이내

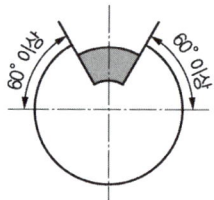

② 수평면 이하에서 연삭할 경우 : 노출 각도를 125° 까지 증가시킬
수 있다.

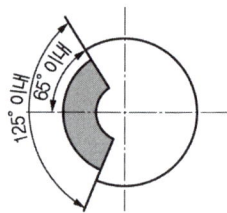

**탁상용
연삭기**

①, ② 외의 탁상용 연삭기 : 80° 이내(주축면 위로 65°)

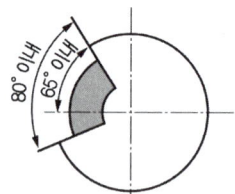

③ 최대 원주 속도가 초당 50m 이하인 탁상용 연삭기 : 90° 이내
(주축면 위로 50°)

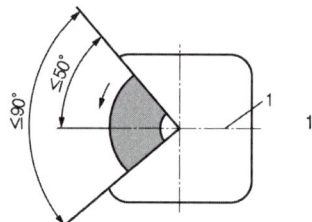

1 : X축

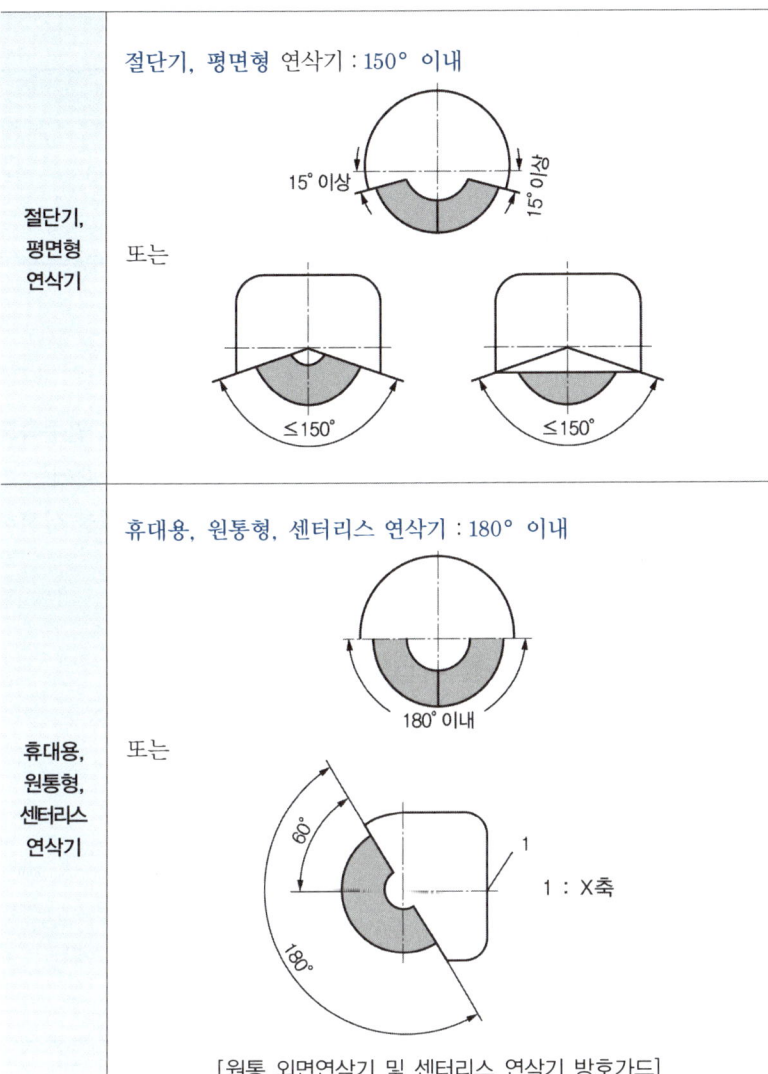

| 절단기,<br>평면형<br>연삭기 | 절단기, 평면형 연삭기 : 150° 이내<br><br>15° 이상     15° 이상<br><br>또는<br><br>≤150°     ≤150° |
| --- | --- |
| 휴대용,<br>원통형,<br>센터리스<br>연삭기 | 휴대용, 원통형, 센터리스 연삭기 : 180° 이내<br><br>180° 이내<br><br>또는<br><br>60°<br>180°<br>1<br>1 : X축<br><br>[원통 외면연삭기 및 센터리스 연삭기 방호가드] |

(6) 연삭기 숫돌 파괴 원인 ✖✖

① 숫돌의 회전 속도가 너무 빠를 때(회전력이 결합력보다 클 때)
② 숫돌 자체에 균열이 있을 때
③ 숫돌의 측면을 사용하여 작업할 때
④ 숫돌에 과대한 충격을 가할 때
⑤ 플랜지가 현저히 작을 때(플랜지는 숫돌 지름의 1/3 이상일 것)
⑥ 숫돌 불균형, 베어링 마모에 의한 진동이 있을 때
⑦ 반지름 방향의 온도변화가 심할 때

## (7) 연삭기의 회전속도(원주속도) 계산

| 연삭기 회전속도의 계산 ✿✿ |
|---|
| 회전속도 $V = \dfrac{\pi \times D \times N}{1,000}$ (m/min) |
| $D$ : 롤러의 직경(mm)    $N$ : 회전수(rpm) |

## 8 비파괴검사의 실시 ✿

사업주는 고속회전체(**회전축의 중량이 1톤을 초과하고 원주속도가 매초당 120미터 이상인 것**에 한한다)의 회전시험을 하는 때에는 미리 회전축의 재질 및 형상 등에 상응하는 종류의 **비파괴검사를 실시**하여 결함유무를 확인하여야 한다.

## 9 목재가공용 둥근톱 작업의 안전

### (1) 목재 가공용 둥근톱 기계의 방호장치 ✿✿✿

① 날접촉 예방장치(덮개)
② 반발예방장치
   • 분할날
   • 반발 방지 기구(finger)
   • 반발 방지 롤러

| 분할날의 설치조건 ✿ |
|---|

• 분할날 두께는 톱 두께의 1.1배 이상이며 치진 폭보다 작을 것

| $1.1\ t_1 \leq t_2 < b$ |
|---|

여기서, $t_1$ : 톱 두께, $t_2$ : 분할날 두께, b : 치진 폭

• **톱날 후면과의 간격은 12mm 이내일 것**
• **후면 날의 2/3 이상을 덮어 설치할 것**
• **분할날 조임볼트는 2개 이상일 것**
•

| 분할날 최소길이 $L(\mathrm{mm}) = \dfrac{\pi \times D}{6}$ |
|---|

여기서, $D$ : 톱날 직경(mm)

• 직경이 610mm를 넘는 둥근 톱에는 현수식 분할날을 사용할 것

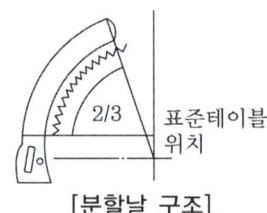

[분할날 구조]

## 10 동력식 수동대패 작업의 안전

### (1) 용어의 정의

① "동력식 수동대패"란 가공할 판재를 손의 힘으로 송급하여 표면을
미끈하게 하는 동력기계를 말한다.

② "칼날 접촉 방지장치"란 인체가 대패날에 접촉하지 않도록 덮어
주는 것을 말한다.

### (2) 방호장치 : 칼날 접촉 방지장치 ✰✰✰

○기출
* 동력식 수동대패
가공재와 테이블 간 틈
: 8mm 이하
덮개와 테이블 간 틈 :
25mm 이하로 조정한다.

## 11 식품 가공용 기계의 위험 방지

(1) 사업주는 식품 등을 손으로 직접 넣어 분쇄하는 기계의 작동 부분이 근로
자를 위험하게 할 우려가 있는 경우 식품 등을 분쇄기에 넣거나 꺼내는
데에 필요한 부위를 제외하고는 덮개를 설치하고, 분쇄물 투입용 보조
기구를 사용하도록 하는 등 근로자의 손 등이 말려 들어가지 않도록 필요
한 조치를 하여야 한다.

(2) 사업주는 식품을 제조하는 과정에서 내용물이 담긴 용기를 들어 올려
부어주는 기계를 작동할 때 근로자에게 위험이 발생할 우려가 있는 경우
에는 근로자가 잘 볼 수 있는 곳에 즉시 기계의 작동을 정지시킬 수 있는
비상정지장치를 설치하고, 근로자의 안전을 확보하기 위해 다음 각호의
어느 하나 이상의 조치를 해야 한다.

① 고정식 가드 또는 울타리를 설치하여 근로자의 신체가 위험한계에
들어가는 것을 방지할 것

② 센서 등 감응형 방호장치를 설치하여 근로지의 신체가 위험한계에
들어가면 기계가 자동으로 멈추도록 할 것

③ 기계의 용기를 올리거나 내리는 버튼을 근로자가 직접 누르고 있
는 동안에만 운반기계가 작동하도록 기능 변경 등 필요한 조치를
할 것

## 02 프레스 및 전단기의 안전

📖 주/요/내/용 알/고/가/기 ▶

1. 프레스의 본질안전 조건
2. 프레스의 방호장치 설치기준
3. 양수조작식 및 광전자식 방호장치의 안전거리 계산
4. 프레스의 작업 시작 전 점검

### 1 프레스의 작업점에 대한 방호방법

#### (1) 프레스의 본질안전 조건

> **본질안전 조건**(No-hand in die 방식, 금형 내 손이 들어가지 않는 구조) ✿✿
>
> ① **안전울을 부착**한 프레스(프레스에 안전울 부착)
> ② **안전한 금형** 사용
> ③ **전용 프레스** 도입
> ④ **자동 프레스** 도입(자동 송급·배출 기구가 있는 프레스,
> 　　　　　　　　　　　자동 송급·배출장치를 부착한 프레스)

#### (2) hand in die 방식(금형 내 손이 들어가는 구조)

① 프레스기의 종류, 압력 능력, 매분 행정수, 행정 길이 및 작업
　방법에 따른 방호장치
　　• 가드식 방호장치　　　　　　• 손쳐내기식 방호장치
　　• 수인식 방호장치
② 프레스기의 정지 성능에 상응하는 방호장치
　　• 양수 조작식 방호장치　　　• 감응식(광전자식) 방호장치

📋 **참고**

| 종류 | 분류 |
|------|------|
| 광전자식 | A-1 (급정지 기능을 가짐) |
| | A-2 (급정지 기능이 없음) |
| 양수 조작식 | B-1 (유·공압 밸브식) |
| | B-2 (전기버튼식) |
| 가드식 | C |
| 손쳐 내기식 | D |
| 수인식 | E |

### 2 프레스의 방호장치 설치기준

| 일행정 일정지식 프레스(크랭크 프레스) | • 양수 조작식<br>• 게이트 가드식 |
|------|------|
| 행정길이 40mm 이상, SPM 120 이하에서 사용 | • 손쳐내기식<br>• 수인식 |
| 슬라이드 작동 중 정지 가능한 구조 ✿✿<br>(급정지장치 가짐) | • 감응식(광전자식)<br>• 양수조작식 |
| 마찰 프레스에 사용가능하나 크랭크식 프레스에 사용 불가능 | • 감응식(광전자식) |

✅ **확인 ★**

프레스 페달의 오작동을 방지하기 위해 페달에 U 자형 덮개(커버)를 설치하여야 한다.

### 3 프레스 방호장치의 종류 및 특징

### (1) 양수조작식 방호장치 ✈

① 1행정 1정지식 프레스에 사용되는 것으로서 누름버튼을 양손으로 동시에 조작하지 않으면 기계가 동작하지 않으며, 한손이라도 떼어내면 기계를 정지시키는 방호장치

② 누름버튼의 상호간 내측거리는 300mm 이상이어야 한다.

③ 슬라이드 하강 중 정전 또는 방호장치의 이상 시에 정지할 수 있는 구조이어야 한다.

④ 방호장치는 릴레이, 리미트스위치 등의 전기부품의 고장, 전원전압의 변동 및 정전에 의해 슬라이드가 불시에 동작하지 않아야 하며, 사용전원전압의 ±(100분의 20)의 변동에 대하여 정상으로 작동되어야 한다.

⑤ 1행정 1정지 기구에 사용할 수 있어야 한다.

---

**안전거리(위험점과 안전장치(버튼) 간의 설치거리)의 계산 ✈✈**

1. (프레스, 전단기의 방호장치 의무안전인증 기준)

> **안전거리 D(cm)= 160×프레스 작동 후 작업점까지의 도달시간(초)**

2. (프레스의 의무안전인증 기준)

> **안전거리 $D(\text{mm}) = 1{,}600 \times (T_c + T_s)$**

- $T_c$ : 방호장치의 작동시간[누름버튼으로부터 한 손이 떨어졌을 때부터 급정지 기구가 작동을 개시할 때까지의 시간(초)]
- $T_s$ : 프레스의 급정지시간[급정지기구가 작동을 개시했을 때부터 슬라이드가 정지할 때까지의 시간(초)]

---

**비교합시다!** **양수기동식 방호장치 ✈✈**

① 버튼에서 손을 떼고 위험점에 접근 시에 슬라이드는 이미 하사점에 도달한 구조
② 안전거리(위험점과 버튼간의 설치거리)

> $\text{Dm(mm)} = 1.6 \times \text{Tm} = 1.6 \times \left(\dfrac{1}{\text{클러치개소수}} + \dfrac{1}{2}\right) \times \left(\dfrac{60{,}000}{\text{매분행정수}}\right)$

여기서, Tm : 슬라이드가 하사점에 도달할 때까지의 시간(ms)

* $\text{ms} = \dfrac{1}{1{,}000}$초

### (2) 광전자식 방호장치 ✈

① 투광부, 수광부, 컨트롤 부분으로 구성된 것으로서 신체의 일부가 광선을 차단하면 기계를 급정지시키는 방호장치

---

**PART 03**

**문제**

클러치 맞물림 개소수 4개, 300SPM(strokeper minute)의 동력프레스기(마찰 클러치) 양수기동식 안전장치의 안전거리는?

㉮ 360mm ㉯ 315mm
㉰ 240mm ㉱ 225mm

[해설]
Dm(mm)
$= 1.6 \times \text{Tm}$
$= 1.6 \times \left(\dfrac{1}{\text{클러치개소수}} + \dfrac{1}{2}\right)$
$\times \left(\dfrac{60{,}000}{\text{매분 행정수}}\right)$
(Tm : 슬라이드가 하사점에 도달할 때까지의 시간(ms))
$\text{Dm} = 1.6 \times \left(\dfrac{1}{4} + \dfrac{1}{2}\right)$
$\times \left(\dfrac{60{,}000}{300}\right)$
$= 240\text{mm}$

**정답** ㉰

② 연속 차광폭 30mm 이하(다만, 12광축 이상으로 광축과 작업점과의 수평거리가 500mm를 초과하는 프레스에 사용하는 경우는 40mm 이하)

③ 슬라이드 하강 중 정전 또는 방호장치의 이상 시에 정지할 수 있는 구조이어야 한다.

④ 방호장치는 릴레이, 리미트 스위치 등의 전기부품의 고장, 전원 전압의 변동 및 정전에 의해 슬라이드가 불시에 동작하지 않아야 하며, 사용 전원전압의 ±(100분의 20)의 변동에 대하여 정상으로 작동되어야 한다.

---

**안전거리(위험점과 안전장치 간의 설치거리)의 계산** ✄✄

1. (프레스, 전단기의 방호장치 안전인증기준)

$$안전거리\ D(cm) = 160 \times 프레스\ 작동\ 후\ 작업점까지의\ 도달시간(초)$$

2. (프레스의 안전인증 기준)

$$안전거리\ D(mm) = 1600 \times (T_c + T_s)$$

- $T_c$ : 방호장치의 작동시간[누름버튼으로부터 한 손이 떨어졌을 때부터 급정지기구가 작동을 개시할 때까지의 시간(초)]
- $T_s$ : 프레스의 급정지시간[급정지기구가 작동을 개시했을 때부터 슬라이드가 정지할 때까지의 시간(초)]

---

### (3) 손쳐내기식(Sweep Guard식) 방호장치

① 슬라이드의 작동에 연동시켜 위험상태로 되기 전에 손을 위험 영역에서 밀어내거나 쳐내는 방호장치

② 손쳐내기식 방호장치의 일반구조
- 슬라이드 하 행정거리의 3/4 위치에서 손을 완전히 밀어내야 한다.
- 손쳐내기 봉의 행정(Stroke) 길이를 조정할 수 있고 진동 폭은 금형 폭 이상이어야 한다.
- 방호판과 손쳐내기 봉은 경량이면서 충분한 강도를 가져야 한다.
- 방호판의 폭은 금형 폭의 1/2 이상이어야 하고, 행정길이가 300mm 이상의 프레스기계에는 방호판 폭을 300mm로 해야 한다.
- 손쳐내기 봉은 손 접촉 시 충격을 완화할 수 있는 완충재를 부착 해야 한다.

### (4) 수인식(Pull Out식) 방호장치 ✄

① 슬라이드와 작업자 손을 끈으로 연결하여 슬라이드 하강 시 작업자 손을 당겨 위험영역에서 빼낼 수 있도록 한 방호장치

🔑 기출

* 손쳐내기식 방호장치 의 진동각도 및 진폭 시험

진동각도 및 진폭 시험방 법은 프레스 기계의 행정 길이가 최소일 때는 링크 길이를 조절하고 손쳐내 기봉의 진동 각도가 (60 ~90)° 정도, 행정 길이 가 최대일 때는 (45~ 90)° 정도로 해야 한다.

② 수인식 방호장치의 일반구조

- **손목밴드**(wrist band)의 **재료는 유연한 내유성 피혁** 또는 이와 동등한 재료를 사용해야 한다.
- 손목밴드는 착용감이 좋으며 쉽게 착용할 수 있는 구조이어야 한다.
- **수인끈의 재료는 합성섬유로 직경이 4mm 이상**이어야 한다.
- **수인끈**은 작업자와 작업공정에 따라 **그 길이를 조정할 수 있어야** 한다.

### (5) 게이트가드식 방호장치 ✄

① 가드가 열려 있는 상태에서는 기계의 위험부분이 동작되지 않고 기계가 위험한 상태일 때에는 가드를 열 수 없도록 한 방호장치
② 가드가 열린 상태에서 슬라이드를 동작시킬 수 없고 또한 슬라이드 작동 중에는 게이트 가드를 열 수 없어야 한다.

## 4 프레스의 작업시작 전 점검 사항 ✄✄✄

| 프레스의 작업시작 전 점검 ✄✄✄ |
| --- |
| ① 클러치 및 브레이크 기능<br>② 크랭크축·플라이 휠·슬라이드·연결 봉 및 연결 나사의 볼트 풀림 유무<br>③ 1행정 1정지 기구·급정지 장치 및 비상 정지 장치의 기능<br>④ 슬라이드 또는 칼날에 의한 위험 방지 기구의 기능<br>⑤ 프레스의 금형 및 고정 볼트 상태<br>⑥ 당해 방호장치의 기능<br>⑦ 전단기의 칼날 및 테이블의 상태 |

## 5 금형의 안전화

(1) 금형을 부착, 해체, 조정 작업할 때 신체 일부가 위험점 내에서 슬라이드 불시 하강으로 인한 위험을 방지할 목적으로 안전블럭을 설치한다. (금형 수리작업은 해당되지 않는다) ✄✄

### (2) 금형설치 시 안전조치

① 금형 사이 안전망 설치
② 상, 하간의 틈새(펀치와 나이 틈새, 가이드 포스트와 부시와의 틈새, 상사점의 상형·하형 간격)를 8mm 이하로 하여 손가락이 들어가지 않도록 한다.

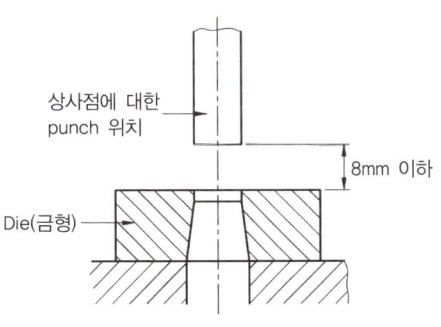

상사점에 대한 punch 위치

8mm 이하

Die(금형)

[상사점에 대한 punch 하면과 Die면이 8(mm) 이하]

PART 03

## 03 기타 산업용 기계 · 기구

### 1 롤러기

(1) "롤러기"란 2개 이상의 원통형을 한 조로 해서 각각 반대방향으로 회전하면서 가공재료를 롤러 사이로 통과시켜 롤러의 압력에 의하여 소성변형하거나 연화하는 기계 · 기구를 말한다.

(2) 가드의 설치 ✿✿

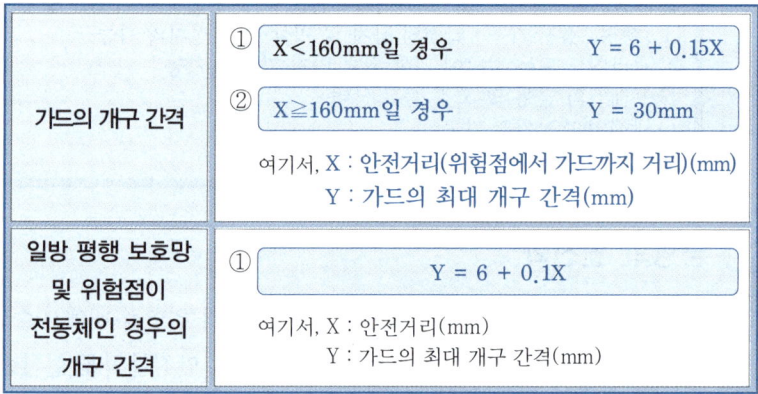

| 가드의 개구 간격 | ① X<160mm일 경우      Y = 6 + 0.15X |
| | ② X≧160mm일 경우      Y = 30mm |
| | 여기서, X : 안전거리(위험점에서 가드까지 거리)(mm)<br>Y : 가드의 최대 개구 간격(mm) |
| 일방 평행 보호망 및 위험점이 전동체인 경우의 개구 간격 | ①      Y = 6 + 0.1X |
| | 여기서, X : 안전거리(mm)<br>Y : 가드의 최대 개구 간격(mm) |

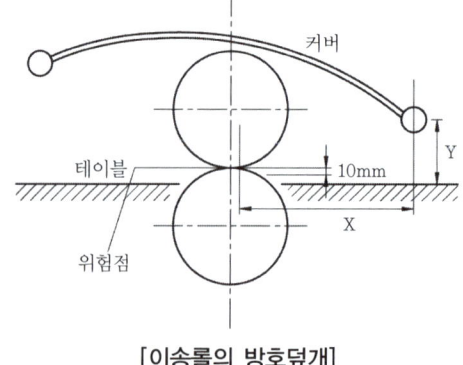

[이송롤의 방호덮개]

### (3) 롤러기의 방호장치명 : 급정지장치 ✿✿✿

급정지장치란 **롤러기의 전면에 작업하고 있는 근로자의 신체 일부가 롤러 사이에 말려들어 가거나 말려 들어갈 우려가 있는 경우에** 근로자가 손, 무릎, 복부 등으로 **급정지 조작부를 동작시킴으로써 브레이크가 작동하여 급정지하게 하는** 방호장치를 말한다.

### (4) 조작부의 설치 위치에 따른 급정지장치의 종류 ✿✿✿

| 종 류 | 설치 위치 | 비 고 |
|---|---|---|
| 손 조작식 | 밑면에서 1.8m 이내 | 위치는 급정지장치의 조작부의 중심점을 기준 |
| 복부 조작식 | 밑면에서 0.8m 이상 1.1m 이내 | |
| 무릎 조작식 | 밑면에서 0.6m 이내 또는 (밑면으로부터 0.4m 이상 0.6m 이내) | |

### (5) 앞면 롤러의 표면속도에 따른 급정지거리 ✿✿

| 앞면 롤러의 표면속도(m/min) | 급정지거리 |
|---|---|
| 30 미만 | 앞면 롤러 원주의 1/3 이내($= \pi \times D \times \frac{1}{3}$) |
| 30 이상 | 앞면 롤러 원주의 1/2.5 이내($= \pi \times D \times \frac{1}{2.5}$) (여기서 $\pi \times D$ = 앞면 롤러의 원주) |

이때 표면속도의 산식은

$$V = \frac{\pi \cdot D \cdot N}{1,000} (\text{m/min})$$

여기서, $V$ : 표면속도(m/min)　　　$D$ : 롤러 원통의 직경(mm)
　　　$N$ : 1분 간에 롤러기가 회전되는 수(rpm)

## 2 원심기

### (1) 원심력을 이용하여 액체 속의 고체 입자를 분리하거나 비중이 서로 다른 혼합액을 분리하기 위한 목적으로 쓰이는 동력에 의해 작동되는 원심기에 적용한다.

### (2) 원심기의 방호장치 : 회전체 접촉 예방장치 ✿✿✿

PART 03

문제
롤러기의 방호장치 중 로프식 급정지 장치의 설치거리는?
㉮ 바닥에서 0.4~0.6m 이하
㉯ 바닥에서 1.1m 이하
㉰ 바닥에서 0.8~1.2m 이하
㉱ 바닥에서 1.8m 이하

[해설]
로프식(손조작식) 급정지 장치 : 바닥에서 1.8m 이하에 설치

정답 ㉱

**❸ 아세틸렌 용접장치**

**(1) 아세틸렌 용접장치 및 가스집합용접장치의 방호장치**
: 안전기(역화방지기) ✿✿✿

**(2) 안전기의 역할 : 가스의 역화 및 역류 방지 ✿**

| 역류 | ① 산소가 아세틸렌 호스 쪽으로 흘러가는 현상<br>② 원인<br> • 팁의 끝이 막혔을 때<br> • 산소의 압력이 아세틸렌 압력보다 높을 때 |
|---|---|
| 역화 | ① 아세틸렌 가스의 압력이 부족할 경우 팁 끝에서 "빵빵" 소리를 내<br> 면서 불꽃이 들어갔다, 나왔다하는 현상<br>② 원인<br> • 팁 끝이 막혔을 때<br> • 팁 끝이 과열되었을 때<br> • 가스 압력과 유량이 적당하지 않았을 때<br> • 팁의 조임이 풀려올 때<br> • 압력조정기가 불량일 때<br> • 토치의 성능이 좋지 않을 때 발생<br>③ 방지<br> 팁을 물에 담갔다 냉각시키면 방지된다. |

**(3) 안전기의 종류**

① 수봉식 안전기

• 유효수주 ┌ 저압용 : 25mm 이상
          └ 중압용 : 50mm 이상

② 건식 안전기(역화방지기)
• 소염소자식
• 우회로식

**(4)** 아세틸렌 용접장치를 사용하여 금속의 용접·용단 또는 가열작업을 하는 경우에는 게이지 압력이 127킬로파스칼(kPa)을 초과하는 압력의 아세틸렌을 발생시켜 사용해서는 아니 된다. ✿

**(5) 안전기의 설치 ✿✿**

① 아세틸렌 용접장치의 **취관마다 안전기를 설치**하여야 한다. 다만, 주관 및 취관에 가장 가까운 분기관마다 안전기를 부착한 경우에는 그러하지 아니하다.

② 가스용기가 발생기와 분리되어 있는 아세틸렌 용접장치에 대하여는 **발생기와 가스용기 사이에 안전기를 설치**하여야 한다.

---

**◎기출**

아세틸렌은 동 또는 동을 70% 이상 함유한 합금을 사용하여서는 안 된다.

**◎기출**

※ 수봉식 안전기의 취급 시 주의사항
① 안전기는 반드시 세워서 잘 보이는 곳에 설치할 것
② 안전기가 동결되었을 경우 따뜻한 물로 녹일 것(40℃)
③ 토치 1개당 안전기 1개를 사용할 것
④ 유효수주는 25mm 이상 유지할 것

### (6) 아세틸렌 발생기실의 설치장소 ✪✪

① 아세틸렌 용접장치의 아세틸렌 발생기를 설치하는 경우에는 전용의 발생기실에 설치하여야 한다.

② 발생기실은 건물의 최상층에 위치하여야 하며, 화기를 사용하는 설비로부터 3미터를 초과하는 장소에 설치하여야 한다.

③ 발생기실을 옥외에 설치한 경우에는 그 개구부를 다른 건축물로부터 1.5미터 이상 떨어지도록 하여야 한다.

### (7) 발생기실의 구조 ✪

① 벽은 불연성 재료로 하고 철근 콘크리트 또는 그 밖에 이와 같은 수준이거나 그 이상의 강도를 가진 구조로 할 것

② 지붕과 천장에는 얇은 철판이나 가벼운 불연성 재료를 사용할 것

③ 바닥면적의 16분의 1 이상의 단면적을 가진 배기통을 옥상으로 돌출시키고 그 개구부를 창이나 출입구로부터 1.5미터 이상 떨어지도록 할 것

④ 출입구의 문은 불연성 재료로 하고 두께 1.5밀리미터 이상의 철판이나 그 밖에 그 이상의 강도를 가진 구조로 할 것

⑤ 벽과 발생기 사이에는 발생기의 조정 또는 카바이드 공급 등의 작업을 방해하지 않도록 간격을 확보할 것

### (8) 아세틸렌 용접장치의 관리

① 발생기(이동식 아세틸렌 용접장치의 발생기는 제외한다)의 종류, 형식, 제작업체명, 매 시 평균 가스발생량 및 1회 카바이드 공급량을 발생기실 내의 보기 쉬운 장소에 게시할 것

② 발생기실에는 관계 근로자가 아닌 사람이 출입하는 것을 금지할 것

③ 발생기에서 5미터 이내 또는 발생기실에서 3미터 이내의 장소에서는 흡연, 화기의 사용 또는 불꽃이 발생할 위험한 행위를 금지시킬 것 ✪✪

④ 도관에는 산소용과 아세틸렌용의 혼동을 방지하기 위한 조치를 할 것

⑤ 아세틸렌 용접장치의 설치장소에는 소화기 한 대 이상을 갖출 것

⑥ 이동식 아세틸렌 용접장치의 발생기는 고온의 장소, 통풍이나 환기가 불충분한 장소 또는 진동이 많은 장소 등에 설치하지 않도록 할 것

### (9) 아세틸렌 가스의 생성

탄화칼슘(카바이트) + 물 → 아세틸렌 + 소석회
$CaC_2 + 2H_2O \rightarrow C_2H_2 + Ca(OH)_2$

[문제] 용접장치에 사용되는 가스 장치실의 구조에 대한 설명 중 틀린 것은?
㉮ 벽의 재료는 불연성의 재료를 사용할 것
㉯ 천정과 벽은 견고한 콘크리트 구조일 것
㉰ 가스누출시 당해 가스가 정체되지 않도록 할 것
㉱ 지붕 및 천정의 재료는 가벼운 불연성의 재료를 사용할 것
[해설] ㉯ 천정과 지붕은 가벼운 불연성 재료일 것
[정답] ㉯

참고
아세틸렌은 동, 수은, 은과 반응하여 아세틸라이드(폭발성물질)를 생성한다.
아세틸렌 + 구리 → 아세틸라이드(폭발성물질) + 수소
$(C_2H_2+2Cu \rightarrow Cu_2C_2+H_2)$
아세틸렌은 동 또는 동을 70% 이상 함유한 합금을 사용하여서는 안 된다.

기출
* 수봉식 안전기의 취급 시 주의사항
① 안전기는 반드시 세워서 잘 보이는 곳에 설치할 것
② 안전기가 동결되었을 경우 따뜻한 물로 녹일 것(40℃)
③ 토치 1개당 안전기 1개를 사용할 것
④ 유효수주는 25mm 이상 유지할 것

**참고**

**＊ 가스집합용접장치의 관리**

사업주는 가스집합용접장치를 사용하여 금속의 용접·용단 및 가열 작업을 하는 경우에는 다음 각 호의 사항을 준수하여야 한다.

① 사용하는 가스의 명칭 및 최대 가스 저장량을 가스 장치실의 보기 쉬운 장소에 게시할 것
② 가스용기를 교환하는 경우에는 관리감독자가 참여한 가운데 할 것
③ 밸브·콕 등의 조작 및 점검 요령을 가스 장치실의 보기 쉬운 장소에 게시할 것
④ 가스 장치실에는 관계 근로자가 아닌 사람의 출입을 금지할 것
⑤ 가스집합장치로부터 5미터 이내의 장소에서는 흡연, 화기의 사용 또는 불꽃을 발생할 우려가 있는 행위를 금지할 것 ★
⑥ 도관에는 산소용과의 혼동을 방지하기 위한 조치를 할 것
⑦ 가스집합장치의 설치장소에는 소화설비「소방시설 설치 및 관리에 관한 법률 시행령」별표 1에 따른 소화설비(간이소화용구를 제외한다) 중 어느 하나 이상을 갖출 것
⑧ 이동식 가스집합용접장치의 가스집합장치는 고온의 장소, 통풍이나 환기가 불충분한 장소 또는 진동이 많은 장소에 설치하지 않도록 할 것
⑨ 해당 작업을 행하는 근로자에게 보안경과 안전장갑을 착용시킬 것

**확인**

산소 호스 : 흑색
아세틸렌 호스 : 적색

## 4 가스집합용접장치

(1) 가스집합장치는 화기를 사용하는 설비로부터 5미터 이상 떨어진 장소에 설치하여야 한다. ✪✪

(2) **가스장치실의 구조** ✪

① 가스가 누출된 때에는 당해 가스가 정체되지 아니하도록 할 것
② 지붕 및 천장에는 가벼운 불연성의 재료를 사용할 것
③ 벽에는 불연성의 재료를 사용할 것

(3) **가스집합용접장치의 배관** ✪

① 플랜지·밸브·콕 등의 접합부에는 개스킷을 사용하고 접합면을 상호밀착 시키는 등의 조치를 할 것
② 주관 및 분기관에는 안전기를 설치할 것(이 경우 하나의 취관에 대하여 2개 이상의 안전기를 설치하여야 한다)

(4) 용해아세틸렌의 가스집합용접장치의 배관 및 부속기구는 동 또는 동을 70퍼센트 이상 함유한 합금을 사용하여서는 아니 된다.

(5) **충전가스 용기의 도색** ✪✪

| 가스용기의 색 ✪✪ | |
|---|---|
| ① 산소 → 녹색 | ② 수소 → 주황색 |
| ③ 탄산가스 → 청색 | ④ 염소 → 갈색 |
| ⑤ 암모니아 → 백색 | ⑥ 아세틸렌 → 황색 |
| ⑦ 그 외 가스 → 회색 | |

실력이 되고! 합격이 되는! 특급

**산녹 수주 탄청 염갈 아황 암백**

(6) **가스등의 용기 취급 시 주의사항** ✪

① 가스용기를 사용·설치·저장 또는 방치하지 않아야 하는 장소
 • 통풍 또는 환기가 불충분한 장소
 • 화기를 사용하는 장소 및 그 부근
 • 위험물 또는 인화성 액체를 취급하는 장소 및 그 부근
② 용기의 온도를 섭씨 40도 이하로 유지할 것
③ 전도의 위험이 없도록 할 것
④ 충격을 가하지 아니하도록 할 것

⑤ 운반할 때에는 캡을 씌울 것

⑥ 사용할 때에는 용기의 마개에 부착되어 있는 유류 및 먼지를 제거할 것

⑦ 밸브의 개폐는 서서히 할 것

⑧ 사용 전 또는 사용 중인 용기와 그 외의 용기를 명확히 구별하여 보관할 것

⑨ 용해아세틸렌의 용기는 세워 둘 것

⑩ 용기의 부식·마모 또는 변형상태를 점검한 후 사용할 것

### (7) 용접결함의 종류

① 크랙 : 용접터짐, 균열이 발생하는 현상

② Blow hole(기공) : 용접부에 기공이 발생하는 현상

③ slag 혼입 : 융합부에 부스러기가 잔존하는 현상

④ Crater(항아리) : 용접 시 끝이 오목하게 패이는 현상

⑤ Under Cut : 과대전류가 원인, 용입부족으로 모재가 파이는 현상

⑥ pit : 용접부 표면에 생기는 작은 기포 구멍이 발생하는 현상

⑦ 용입 불량 : 모재가 완전 용입되지 않은 현상(녹지 않음)

⑧ fish eye(은점) : 반점이 발생하는 현상

⑨ over lap : 모재가 겹쳐지는 현상

⑩ over hang : 융착금속이 흘러내리는 현상

⑪ 스패터(Spatter) : 용융된 금속의 작은 입자가 튀어나와 모재에 묻어있는 것

## 5 보일러

연료를 연소시켜 그 연소열에 의해서 물을 끓여 수증기로 바꾸는 장치를 말한다.

### (1) 보일러의 과열 원인

① 내면에 스케일이 많이 쌓여 있을 때

② 보일러 수위 저하 시

③ 관수 중에 유지분이 섞여 있을 때

④ 화염이 국부적으로 진행 시

◎기출

＊ 기공(Blow hole)의 생성 원인
① 융착부가 급냉을 할 경우
② 모재에 유황성분이 많은 경우
③ Arc분위기의 수소 또는 일산화탄소가 너무 많을 때
④ 과대전류를 사용할 때

◎기출

＊ 언더컷의 원인
① 용접전류가 너무 높을 때
② 위빙, 용접봉 각도 등이 부적당할 때(용접봉 취급의 부적당)
③ Arc길이가 너무 길 때
④ 용접속도가 빠를 때

문제

용접부위의 구조상의 결함 중 기공(blow hole)이 생기는 원인을 열거한 내용 중 아닌 것은?
㉮ 융착부가 급냉을 할 경우
㉯ 부당한 용접봉을 사용한 경우
㉰ 모재에 유황성분이 많은 경우
㉱ Arc분위기의 수소 또는 일산화탄소가 너무 많을 때

[해설]
기공(blow hole)이 생기는 원인
① 융착부가 급냉을 할 경우
② 모재에 유황성분이 많은 경우
③ Arc분위기의 수소 또는 일산화탄소가 너무 많을 때
④ 과대전류를 사용할 때

정답 ㉯

### (2) 보일러 취급 시 이상 현상 ✄

① 포밍(foaming, 물거품 솟음)

보일러 수 중에 유지류, 용해 고형물, 부유물 등에 의해 보일러 수면에 거품이 생겨 올바른 수위를 판단하지 못하는 현상

② 플라이밍(priming, 비수 현상)

보일러 부하의 급변, 수위 상승 등에 의해 수분이 증기와 분리되지 않아 보일러 수면이 심하게 솟아올라 올바른 수위를 판단하지 못하는 현상

③ 캐리오버(carry over, 기수 공발)

보일러 수 중에 용해 고형분이나 수분이 발생, 증기 중에 다량 함유되어 증기의 순도를 저하시킴으로써 관내 응축수가 생겨 워터 해머의 원인이 되고 증기 과열기나 터빈 등의 고장 원인이 된다.

④ 수격 작용 : 물망치 작용(워터 해머, water hammer)

고여 있던 응축수가 밸브를 급격히 개폐시에 고온 고압의 증기에 이끌려 배관을 강하게 치는 현상으로 배관파열을 초래한다.

⑤ 역화(Back Fire) : 보일러 시동 시 연료가 나온 다음 시간을 두고 착화하는 등으로 인해 미연소가스가 노내에 잔류하며 비정상적인 폭발적 연소를 일으킨다.

### (3) 보일러의 방호장치 ✄✄✄

① 압력방출 장치

② 압력제한 스위치

③ 기타 방호장치 : 고저 수위조절 장치, 화염검출기

### (4) 압력방출장치의 설치 ✄✄✄

① 압력방출장치를 1개 또는 2개 이상 설치하고 최고사용압력 이하에서 작동되도록 하여야 한다. 다만, 압력방출장치가 2개 이상 설치된 경우에는 최고사용압력 이하에서 1개가 작동되고, 다른 압력방출장치는 최고사용압력 1.05배 이하에서 작동되도록 부착하여야 한다.

② 압력방출장치는 매년 1회 이상 "국가교정기관"으로부터 교정을 받은 압력계를 이용하여 토출압력을 시험한 후 납으로 봉인하여 사용하여야 한다. 다만, 공정안전보고서 제출대상으로서 공정안전관리 이행수준 평가결과가 우수한 사업장의 압력방출장치에 대하여 4년마다 1회 이상 토출압력을 시험할 수 있다.

### (5) 압력제한스위치의 설치 ✿✿

보일러의 과열을 방지하기 위하여 최고사용압력과 상용압력 사이에서 **보일러의 버너연소를 차단할 수 있도록 압력제한스위치를 부착**하여야 한다.

### (6) 고저 수위 조절장치의 설치

고저 수위 조절장치의 동작상태를 작업자가 쉽게 감시하도록 하기 위하여 **고저수위지점을 알리는 경보등·경보음장치 등을 설치**하여야 하며, **자동으로 급수 또는 단수되도록 설치**하여야 한다.

### (7) 운전방법의 교육

보일러의 안전운전을 위하여 다음 각 호의 사항을 근로자에게 교육하여야 한다.

① **가동 중인 보일러에는 작업자가 항상 정위치를 떠나지 아니할 것**
② **압력방출장치·압력제한스위치·화염검출기의** 설치 및 **정상 작동**여부를 점검할 것
③ **압력방출장치의 봉인상태를 점검할 것**
④ **고저 수위 조절장치와 급수펌프와의 상호기능상태를 점검할 것**
⑤ 보일러의 **각종 부속장치의 누설상태를 점검할 것**
⑥ 노내의 **환기 및 통풍장치를 점검할 것**

## 6 압력용기

압력용기란 압력을 가지는 기체 및 액체를 저장하는 모든 용기를 말한다.

### (1) 압력용기의 방호장치 : 입력빙출장시 ✿✿✿

### (2) 회전부의 덮개

압력용기 및 공기압축기 등에 부속하는 원동기·축이음·벨트·풀리의 회전 부위 등 근로자에게 위험을 미칠 우려가 있는 부위에는 덮개 또는 울 등을 설치하여야 한다.

---

**🏆참고**

**\* 안전밸브**
안전밸브(safety valve) : 밸브 입구 쪽의 압력이 설정압력에 도달하면 자동적으로 빠르게 작동하여 유체가 분출되고 일정압력 이하가 되면 정상상태로 복원되는 방호장치를 말한다.

**\* 파열판**
판 입구측의 압력이 설정압력에 도달하면 파열되면서 유체가 분출되도록 설계된 금속판 또는 흑연제품의 방호장치를 말한다.

**\* 가용합금 안전밸브**
온도가 상승하였을 때 금속의 일부분을 녹여 가스의 배출구를 만들어 압력을 분출시켜 용기의 폭발을 방지하는 안전장치

### (3) 압력방출장치의 설치 ✿✿

① 압력용기 등에 과압으로 인한 폭발을 방지하기 위하여 압력방출장치를 설치하여야 한다.

② 다단형 압축기 또는 직렬로 접속된 공기압축기에는 과압방지 압력방출장치를 각단마다 설치하여야 한다.

③ 압력방출장치가 압력용기의 최고사용압력 이전에 작동되도록 설정하여야 한다.

④ 압력방출장치는 1년에 1회 이상 국가교정기관으로부터 교정을 받은 압력계를 이용하여 토출압력을 시험한 후 납으로 봉인하여 사용하여야 한다. 다만, 공정안전보고서 제출대상으로서 공정안전관리 이행수준 평가결과가 우수한 사업장은 압력방출장치에 대하여 4년에 1회 이상 토출압력을 시험할 수 있다.

⑤ 운전자가 토출압력을 임의로 조정하기 위하여 납으로 봉인된 압력방출장치를 해체하거나 조정할 수 없도록 조치하여야 한다.

## 7 공기압축기

동력에 의해 구동되고 다음 각 호의 어느 하나에 해당되는 공기압축기에 적용한다.

① 토출압력이 0.2MPa 이상으로서 몸통 내경이 200밀리미터 이상이거나 그 길이가 1,000밀리미터 이상인 것

② 토출압력이 0.2MPa 이상으로서 토출량이 분당 1세제곱미터 이상인 것

### (1) 공기압축기의 방호장치 ✿✿

공기압축기에는 다음 각 호에 해당하는 압력방출장치를 설치하여야 한다.

① 공기 토출구의 차단밸브를 닫아도 용기의 압력이 설정압력 이하에서 작동하는 구조의 언로드밸브

② 다음 각 목의 요건에 적합한 안전밸브
가. 안전인증(KCs)을 받은 것일 것
나. 내후성이 좋고 장기간 정지하여도 밸브시트에 접착되지 않을 것

### (2) 압력방출장치의 설치방법

① 압력방출장치는 검사가 용이한 위치의 용기본체 또는 그 본체에 부설되는 관에 압력방출장치의 밸브축이 수직되게 설치하여야 한다.

② 공기압축기의 언로드밸브는 공기탱크 등의 적합한 위치에 수직되게 설치하여야 한다.

③ 언로드밸브는 작동상태를 확인하기 쉽고 응축수 등에 의한 부식의 위험이 없는 위치에 설치하여야 한다.

④ 안전밸브는 다음 각 호의 요건에 적합해야 한다.

- 안전밸브의 조정너트는 임의로 조정할 수 없도록 봉인되어 있을 것
- 설정압력은 설계압력을 초과하지 아니하고, 작동압력은 설정압력치의 ±5% 이내일 것
- 설정압력 등이 포함된 표지를 식별이 쉬운 곳에 견고하게 부착할 것

### (3) 공기압축기 작업시작 전 점검사항 ✪✪✪

| 공기압축기의 작업 시작 전 점검 | |
|---|---|
| ① 공기저장 압력용기의 외관상태 | ② 드레인밸브의 조작 및 배수 |
| ③ 압력방출장치의 기능 | ④ 언로드밸브의 기능 |
| ⑤ 윤활유의 상태 | ⑥ 회전부의 덮개 또는 울 |
| ⑦ 그 밖의 연결부위의 이상 유무 | |

## 8 산업용 로봇

"복합동작을 할 수 있는 산업용 로봇"이라 함은 매니퓰레이터 및 기억장치를 가지고 기억장치 정보에 의해 매니퓰레이터의 동작을 자동적으로 행할 수 있는 기계를 말한다.

### (1) 산업용 로봇의 방호장치 : 안전매트 또는 광전자식 방호장치, 높이 1.8m 이상의 울타리 ✪✪✪

문제

동일한 조건의 경우 다음 로봇의 동작형태로 보아 운동방향이 넓어 방호조치에 특히 주의를 요하는 것은?

㉮ 극좌표 로봇
㉯ 다관절 로봇
㉰ 원통좌표 로봇
㉱ 직각좌표 로봇

[해설]
운동방향이 넓어 방호조치에 특히 주의를 요하는 것 → 다관절 로봇

정답 ㉯

## (2) 로봇 교시 등 작업 시의 안전 ✄

산업용 로봇의 작동범위 내에서 교시 등(매니퓰레이터의 작동순서, 위치·속도의 설정·변경 또는 그 결과를 확인하는 것을 말한다)의 작업을 하는 때에는 당해 로봇의 불의의 작동 또는 오조작에 의한 위험을 방지하기 위하여 다음 각 호의 조치를 하여야 한다.

| 로봇 교시 작업 시의 작업 지침 ✄ |
|---|
| • 로봇의 조작방법 및 순서 |
| • 작업 중의 매니퓰레이터의 속도 |
| • 2인 이상의 근로자에게 작업을 시킬 때의 신호방법 |
| • 이상을 발견한 때의 조치 |
| • 이상을 발견하여 로봇의 운전을 정지시킨 후 이를 재가동시킬 때의 조치 |
| • 그 밖에 로봇의 예기치 못한 작동 또는 오조작에 의한 위험을 방지하기 위하여 필요한 조치 |

① 작업에 종사하고 있는 근로자 또는 그 근로자를 감시하는 사람은 이상을 발견하면 즉시 로봇의 운전을 정지시키기 위한 조치를 할 것
② 작업을 하고 있는 동안 로봇의 기동스위치 등에 작업 중이라는 표시를 하는 등 작업에 종사하고 있는 근로자가 아닌 사람이 그 스위치 등을 조작할 수 없도록 필요한 조치를 할 것

## (3) 수리 등 작업 시의 조치

로봇의 작동범위에서 해당 로봇의 수리·검사·조정(교시 등에 해당하는 것은 제외한다)·청소·급유 또는 결과에 대한 확인작업을 하는 경우에는 해당 로봇의 운전을 정지함과 동시에 그 작업을 하고 있는 동안 로봇의 기동스위치를 열쇠로 잠근 후 열쇠를 별도 관리하거나 해당 로봇의 기동스위치에 작업 중이란 내용의 표지판을 부착하는 등 해당 작업에 종사하고 있는 근로자가 아닌 사람이 해당 기동스위치를 조작할 수 없도록 필요한 조치를 하여야 한다.

## (4) 로봇의 작업시작 전 점검사항

| 로봇의 작업시작 전 점검 ✄✄✄ |
|---|
| ① 외부전선의 피복 또는 외장의 손상 유무 |
| ② 매니퓰레이터(manipulator) 작동의 이상 유무 |
| ③ 제동장치 및 비상정지장치의 기능 |

## (5) 운전 중 위험 방지 ✖✖

로봇의 운전(교시 등을 위한 로봇의 운전은 제외한다)으로 인하여 근로자에게 발생할 수 있는 부상 등의 위험을 방지하기 위하여 **높이 1.8미터 이상의 울타리**(로봇의 가동범위 등을 고려하여 높이로 인한 위험성이 없는 경우에는 높이를 그 이하로 조절할 수 있다)를 설치하여야 하며, **컨베이어 시스템의 설치 등으로 울타리를 설치할 수 없는 일부 구간에 대해서는 안전매트 또는 광전자식 방호장치 등 감응형 방호장치를 설치**하여야 한다.

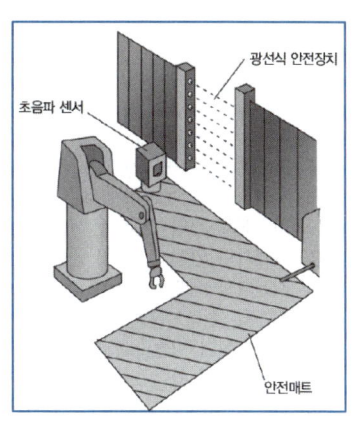

초음파 센서
광선식 안전장치
안전매트

**운전 중 위험 방지**

**참고**

＊ 안전매트
유효감지영역 내의 임의의 위치에 일정한 정도 이상의 압력이 주어졌을 때 이를 감지하여 신호를 발생시키는 장치를 말하며 감지기, 제어부 및 출력부로 구성된다.

PART
**03**

## 04 운반기계

1. 차량계 하역 운반기계 및 차량계 건설기계의 전도 방지조치
2. 차량계 하역 운반기계 및 차량계 건설기계의 운전자 운전 위치 이탈 시 조치
3. 화물적재 시의 조치
4. 지게차의 안전 조건 및 안정도
5. 지게차의 헤드가드
6. 지게차, 화물자동차, 고소작업대, 구내운반차의 작업 시작 전 점검
7. 컨베이어의 방호장치
8. 컨베이어의 작업 시작 전 점검
9. 항타기, 항발기 조립하는 때 점검 사항

## 1 운반기계

**참고**

\* 차량계 하역운반기계
지게차·구내운반차·
화물자동차 등

### (1) 차량계 하역운반기계의 넘어짐(전도) 방지 조치 ✄✄

① 지반의 **부동침하(불동침하) 방지**
② **갓길의 붕괴 방지**
③ **유도자 배치**

### (2) 차량계 하역운반기계에 화물적재 시의 조치 ✄

① 하중이 한쪽으로 치우치지 않도록 적재할 것
② 구내운반차 또는 화물자동차의 경우 화물의 붕괴 또는 낙하에 의한 위험을 방지하기 위하여 화물에 로프를 거는 등 필요한 조치를 할 것
③ 운전자의 시야를 가리지 않도록 화물을 적재할 것
④ 화물을 적재하는 경우에는 최대적재량을 초과해서는 아니 된다.

### (3) 차량계 하역운반기계 운전위치 이탈 시의 조치 ✄✄

① 포크, 버킷, 디퍼 등의 장치를 가장 낮은 위치 또는 지면에 내려 둘 것
② 원동기를 정지시키고 브레이크를 확실히 거는 등 갑작스러운 이동을 방지하기 위한 조치를 할 것
③ 운전석을 이탈하는 경우에는 시동키를 운전대에서 분리시킬 것 다만, 운전석에 잠금장치를 하는 등 운전자가 아닌 사람이 운전하지 못하도록 조치한 경우에는 그러하지 아니하다.

### (4) 수리 등의 작업 시 조치

차량계 하역운반기계 등의 수리 또는 부속장치의 장착 및 해체작업을 하는 때에는 해당 작업의 지휘자를 지정하여 다음 각 호의 사항을 준수하도록 하여야 한다.

① 작업순서를 결정하고 작업을 지휘할 것
② 안전지지대 또는 안전블록 등의 사용상황 등을 점검할 것

### (5) 싣거나 내리는 작업 ✰

차량계 하역운반기계에 단위화물의 무게가 100킬로그램 이상인 화물을 싣는 작업 또는 내리는 작업을 하는 때에는 당해 작업의 지휘자를 지정하여 다음 각 호의 사항을 준수하도록 하여야 한다.

① 작업순서 및 작업방법을 정하고 작업을 지휘할 것
② 기구 및 공구를 점검하고 불량품을 제거할 것
③ 해당 작업을 하는 장소에 관계 근로자가 아닌 사람이 출입하는 것을 금지할 것
④ 로프 풀기 작업 또는 덮개 벗기기 작업은 적재함의 화물이 떨어질 위험이 없음을 확인한 후에 하도록 할 것

## 2 지게차

### (1) 지게차에 의한 사고 유형

① 주행 시 지게차와 작업자의 충돌(가장 많다)
② 화물의 낙하
③ 지게차의 전도, 전락

### (2) 지게차 안전조건

① 지게차가 전도되지 않고 안정되기 위해서는 물체의 모멘트 ($M_1 = W \times a$)보다 지게차의 모멘트($M_2 = G \times b$)가 더 커야 한다.

PART 03

문제

하물중량이 200kg, 지게차의 중량이 400kg, 앞바퀴에서 하물의 중심까지의 최단 거리가 1m이면 지게차가 안정되기 위한 앞바퀴에서 지게차의 중심까지의 최단 거리는?

㉮ 0.2m 초과
㉯ 0.5m 초과
㉰ 1m 초과
㉱ 3m 이상

[해설]
W × a < G × b
(W : 화물중량
a : 앞바퀴 – 화물중심까지 거리
G : 지게차 자체 중량
b : 앞바퀴 – 차 중심까지 거리)
200 × 1 < 400 × b
∴ b > 0.5m

정답 ㉯

🔍 용어정의

＊ 지게차의 안정도
지게차의 하역시, 운반 시 전도에 대한 안전성을 표시하는 수치이다.

문제

수평거리 20m이고, 높이가 5m인 경우 지게차의 안정도는?
㉮ 20%    ㉯ 25%
㉰ 30%    ㉱ 35%

[해설]
비탈길에서의 지게차의 안정도
$= \dfrac{\text{높이}}{\text{수평거리}} \times 100$
$= \dfrac{5}{20} \times 100 = 25\%$

정답 ㉯

---

## 지게차의 안전조건 ✦✦

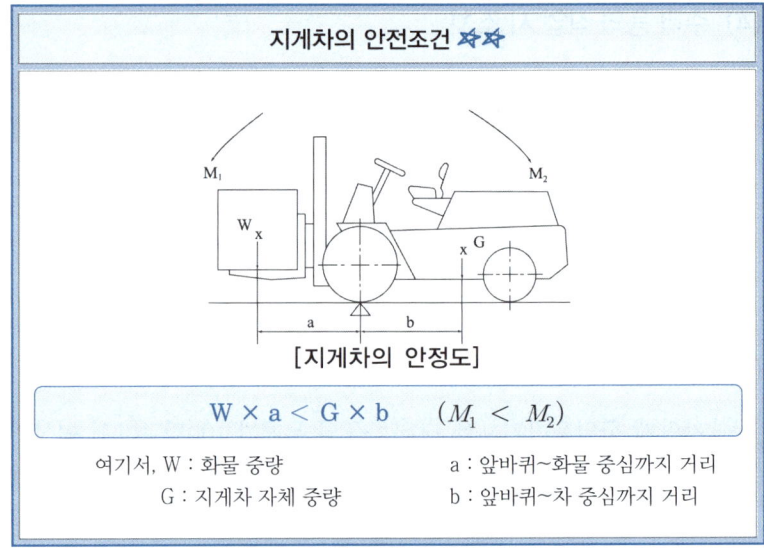

[지게차의 안정도]

$$W \times a < G \times b \quad (M_1 < M_2)$$

여기서, W : 화물 중량          a : 앞바퀴~화물 중심까지 거리
　　　　G : 지게차 자체 중량    b : 앞바퀴~차 중심까지 거리

② 전경사각 : 마스터의 수직위치에서 **앞으로 기울인 경우 최대경사각 5~6°** ✦

③ 후경사각 : 마스터의 수직위치에서 **뒤로 기울인 경우 최대경사각 10~12°** ✦

## (3) 지게차 작업 시의 안정도 ✦✦

| 안정도 | | 지게차의 상태 | |
|---|---|---|---|
| 하역작업 시의 전·후 안정도 : 4% 이내(5t 이상 : 3.5%) | | | (위에서 본 경우) |
| 주행 시의 전·후 안정도 : 18% 이내 | | | |
| 하역작업 시의 좌·우 안정도 : 6% 이내 | | | (밑에서 본 경우) |
| 주행 시의 좌·우 안정도 : (15+1.1V)% 이내 최대 40%(V : 최고속노 km/h) | | | |
| 안정도 $= \dfrac{h}{l} \times 100(\%)$ | | | |

### (4) 방호장치 ✖✖

① 헤드가드 : 지게차에는 **최대하중의 2배(4톤을 넘는 값에 대해서는 4톤으로 한다)에** 해당하는 등분포정하중(等分布靜荷重)에 견딜 수 있는 강도의 헤드가드를 설치하여야 한다.

② 백레스트 : 지게차에는 **포크에 적재된 화물이 마스트의 뒤쪽으로 떨어지는 것을 방지하기 위한 백레스트(backrest)를** 설치하여야 한다.

③ 전조등, 후미등 : 지게차에는 **7천5백칸델라 이상의 광도를 가지는 전조등, 2칸델라 이상의 광도를 가지는 후미등을 설치**하여야 한다.

④ 안전벨트 : 다음 각 호의 요건에 적합한 안전벨트를 설치하여야 한다.
- 「산업표준화법에 따라 인증을 받은 제품」, 「품질경영 및 공산품 안전관리법」에 따라 **안전인증을 받은 제품, 국제적으로 인정되는 규격에 따른 제품 또는 국토해양부장관이 이와 동등 이상이라고 인정하는 제품일 것**
- **사용자가 쉽게 잠그고 풀 수 있는 구조일 것**

### (5) 설치방법 ✖✖

| | |
|---|---|
| 헤드가드 | ① 상부 틀의 각 개구의 폭 또는 길이는 16센티미터 미만일 것<br>② 운전자가 앉아서 조작하거나 서서 조작하는 지게차의 헤드가드는 한국산업표준에서 정하는 높이 기준 이상일 것(좌식 : 903mm 이상, 입식 : 1,905mm 이상) |
| 백레스트 | ① 외부충격이나 진동 등에 의해 탈락 또는 파손되지 않도록 견고하게 부착할 것<br>② 최대하중을 적재한 상태에서 마스트가 뒤쪽으로 경사지더라도 변형 또는 파손이 없을 것 |
| 전조등 | ① 좌우에 1개씩 설치할 것<br>② 등광색은 백색으로 할 것<br>③ 점등 시 차체의 다른 부분에 의하여 가려지지 아니할 것 |
| 후미등 | ① 지게차 뒷면 양쪽에 설치할 것<br>② 등광색은 적색으로 할 것<br>③ 지게차 중심선에 대하여 좌우대칭이 되게 설치할 것<br>④ 등화의 중심점을 기준으로 외측의 수평각 45도에서 볼 때에 투영면적이 12.5제곱센티미터 이상일 것 |

**참고**

※ 지게차의 안전기준
① 사업주는 전조등과 후미등을 갖추지 아니한 지게차를 사용해서는 아니 된다. 다만, 작업을 안전하게 수행하기 위하여 필요한 조명이 확보되어 있는 장소에서 사용하는 경우에는 그러하지 아니하다.
② 사업주는 지게차 작업 중 근로자와 충돌할 위험이 있는 경우에는 지게차에 후진경보기와 경광등을 설치하거나 후방감지기를 설치하는 등 후방을 확인할 수 있는 조치를 해야 한다.
③ 사업주는 적합한 헤드가드(head guard)를 갖추지 아니한 지게차를 사용해서는 아니 된다. 다만, 화물의 낙하에 의하여 지게차의 운전자에게 위험을 미칠 우려가 없는 경우에는 그러하지 아니하다.
④ 사업주는 백레스트(backrest)를 갖추지 아니한 지게차를 사용해서는 아니 된다. 다만, 마스트의 후방에서 화물이 낙하함으로써 근로자가 위험해질 우려가 없는 경우에는 그러하지 아니하다.
⑤ 사업주는 지게차에 의한 하역운반작업에 사용하는 팔레트(pallet) 또는 스키드(skid)는 다음 각 호에 해당하는 것을 사용하여야 한다.
- 적재하는 화물의 중량에 따른 충분한 강도를 가질 것
- 심한 손상·변형 또는 부식이 없을 것
⑥ 사업주는 앉아서 조작하는 방식의 지게차를 운전하는 근로자에게 좌석 안전띠를 착용하도록 하여야 한다.

(6) 지게차 운전 중 주의 사항 ✿

① 정해진 하중 및 높이를 초과하여 적재를 금지한다.
② 운전자 이외에는 절대 탑승을 금지한다.
③ 급격한 후퇴를 피해야 한다.
④ 정해진 구역 외는 운전을 금지한다.
⑤ 견인 시 견인봉을 사용한다.
⑥ 짐을 싣고 비탈길을 내려갈 때에는 후진한다.

(7) 지게차의 작업시작 전 점검사항

| 지게차의 작업시작 전 점검 ✿✿✿ |
| --- |
| ① 하역장치 및 유압장치 기능의 이상 유무<br>② 제동장치 및 조종장치 기능의 이상 유무<br>③ 바퀴의 이상 유무<br>④ 전조등, 후미등, 방향지시기, 경보장치 기능의 이상 유무 |

### 3 구내운반차

(1) 제동장치

구내 운반차를 사용하는 경우에 다음 각 호의 사항을 준수해야 한다.

① 주행을 제동하고 또한 정지상태를 유지하기 위하여 유효한 제동장치를 갖출 것
② 경음기를 갖출 것
③ 운전석이 차 실내에 있는 것은 좌우에 한 개씩 방향지시기를 갖출 것
④ 전조등과 후미등을 갖출 것. 다만, 작업을 안전하게 하기 위하여 필요한 조명이 있는 장소에서 사용하는 구내운반차에 대해서는 그러하지 아니하다.
⑤ 구내 운반차가 후진 중에 주변의 근로자 또는 차량계 하역운반기계 등과 충돌할 위험이 있는 경우에는 구내 운반차에 후진 경보기와 경광등을 설치할 것

(2) 구내운반차의 작업시작 전 점검사항 ✿✿✿

① 제동장치 및 조종장치 기능의 이상 유무
② 하역장치 및 유압장치 기능의 이상 유무
③ 바퀴의 이상 유무

④ 전조등·후미등·방향지시기 및 경음기 기능의 이상 유무
⑤ 충전장치를 포함한 홀더 등의 결합상태의 이상 유무

## 4 고소작업대

(1) 고소작업대를 설치하는 때에는 다음 각 호에 해당하는 것을 설치하여야 한다.

① 작업대를 와이어로프 또는 체인으로 상승 또는 하강시킬 때에는 와이어로프 또는 체인이 끊어져 작업대가 낙하하지 아니하는 구조이어야 하며, 와이어로프 또는 체인의 안전율은 5 이상일 것 ✄

② 작업대를 유압에 의하여 상승 또는 하강시킬 때에는 작업대를 일정한 위치에 유지할 수 있는 장치를 갖추고 압력의 이상저하를 방지할 수 있는 구조일 것

③ 권과방지장치를 갖추거나 압력의 이상상승을 방지할 수 있는 구조일 것

④ 붐의 최대 지면경사각을 초과 운전하여 전도되지 않도록 할 것

⑤ 작업대에 정격하중(안전율 5 이상)을 표시할 것

⑥ 작업대에 끼임·충돌 등 재해를 예방하기 위한 가드 또는 과상승 방지장치를 설치할 것

⑦ 조작반의 스위치는 눈으로 확인할 수 있도록 명칭 및 방향표시를 유지할 것

(2) 악천후 시 작업 중지 ✄

비·눈 그 밖의 기상상태의 불안정으로 인하여 날씨가 몹시 나쁠 때에 10미터 이상의 높이에서 고소작업대를 사용함에 있어 근로자에게 위험을 미칠 우려가 있는 때에는 작업을 중지하여야 하다.

(3) 고소작업대의 작업시작 전 점검사항 ✄✄✄

① 비상정지장치 및 비상하강방지장치 기능의 이상 유무
② 과부하방지장치의 작동유무(와이어로프 또는 체인구동방식의 경우)
③ 아웃트리거 또는 바퀴의 이상 유무
④ 작업면의 기울기 또는 요철 유무

**5 화물자동차**

**(1) 승강설비의 설치**

바닥으로부터 짐 윗면까지의 높이가 2미터 이상인 화물자동차에 짐을 싣는 작업 또는 내리는 작업을 하는 때에는 추락에 의한 근로자의 위험을 방지하기 위하여 근로자가 바닥과 적재함의 짐 윗면과의 사이를 안전하게 상승 또는 하강하기 위한 설비를 설치하여야 한다.

**(2) 화물자동차 작업시작 전 점검 사항** ✿✿✿

① 제동장치 및 조종장치의 기능
② 하역장치 및 유압장치의 기능
③ 바퀴의 이상 유무

**6 컨베이어**

**(1) 컨베이어의 방호장치** ✿✿✿

① 이탈 등의 방지장치

컨베이어 등을 사용하는 때에는 정전·전압강하 등에 의한 화물 또는 운반구의 이탈 및 역주행을 방지하는 장치를 갖추어야 한다. 다만, 무동력상태 또는 수평상태로만 사용하여 근로자가 위험해질 우려가 없는 경우에는 그러하지 아니하다.

② 비상정지장치

컨베이어 등에 근로자의 신체의 일부가 말려드는 등 근로자에게 위험을 미칠 우려가 있는 때 및 비상시에는 즉시 컨베이어 등의 운전을 정지시킬 수 있는 장치를 설치하여야 한다. 다만, 무동력상태로만 사용하여 근로자가 위험해질 우려가 없는 경우에는 그러하지 아니하다.

③ 덮개, 울의 설치

컨베이어 등으로부터 화물이 떨어져 근로자가 위험해질 우려가 있는 경우에는 해당 컨베이어 등에 덮개 또는 울을 설치하는 등 낙하 방지를 위한 조치를 하여야 한다.

**(2) 건널다리의 설치** ✿

운전 중인 컨베이어 등의 위로 근로자를 넘어가도록 하는 때에는 위험을 방지하기 위하여 건널다리를 설치하는 등 필요한 조치를 하여야 한다.

◎기출

＊ 역회전 방지장치 형식
① 라쳇휠식
② 웜기어식
③ 벤드식 브레이크
④ 전기 브레이크
　(슬러스트 브레이크)
⑤ 롤러휠식

**(3) 컨베이어 작업시작 전 점검사항 ✰✰✰✰**

① 원동기 및 풀리 기능의 이상 유무
② 이탈 등의 방지장치기능의 이상 유무
③ 비상정지장치 기능의 이상 유무
④ 원동기·회전축·기어 및 풀리 등의 덮개 또는 울 등의 이상 유무

## 7 차량계 건설기계

**(1) 차량계 건설기계의 정의**

"차량계 건설기계"라 함은 동력원을 사용하여 특정되지 아니한 장소로 스스로 이동이 가능한 건설기계를 말한다.

**(2) 낙하물 보호구조의 설치 ✰**

사업주는 토사 등이 떨어질 우려가 있는 등 위험한 장소에서 차량계 건설기계[불도저, 트랙터, 굴착기, 로더, 스크레이퍼, 덤프트럭, 모터그레이더, 롤러, 천공기, 항타기 및 항발기로 한정한다]를 사용하는 경우에는 해당 차량계 건설기계에 견고한 낙하물 보호구조를 갖춰야한다.

**(3) 차량계 건설기계 넘어짐(전도) 등의 방지 ✰✰✰**

① 지반의 부동침하방지
② 갓길의 붕괴 방지
③ 유도하는 자 배치
④ 도로의 폭의 유지

**(4) 차량계 건설기계 운전위치 이탈 시의 조치 ✰✰**

① 포크, 버킷, 디퍼 등의 장치를 가장 낮은 위치 또는 지면에 내려둘 것
② 원동기를 정지시키고 브레이크를 확실히 거는 등 갑작스러운 이동을 방지하기 위한 조치를 할 것
③ 운전석을 이탈하는 경우에는 시동키를 운전대에서 분리시킬 것
다만, 운전석에 잠금장치를 하는 등 운전자가 아닌 사람이 운전하지 못하도록 조치한 경우에는 그러하지 아니하다.

PART 03

🔍 **비교 ★**

∜ 치링세 하력 운반기계의
넘어짐(전도) 방지 조치
① 지반의 부동침하 방지
② 갓길의 붕괴 방지
③ 유도자 배치

🔍 **비교 ★★**

※ 차량계 하역운반기계
운진위치 이탈 시의
조치
① 포크, 버킷, 디퍼 등의
장치를 가장 낮은 위치
또는 지면에 내려둘 것
② 원동기를 정지시키고
브레이크를 확실히 거는
등 갑작스러운 이동을
방지하기 위한 조치를
할 것
③ 운전석을 이탈하는 경
우에는 시동키를 운전
대에서 분리시킬 것

### (5) 붐 등의 강하에 의한 위험의 방지

차량계 건설기계의 붐·암 등을 올리고 그 밑에서 수리·점검작업 등을 하는 때에는 붐·암 등이 갑자기 내려옴으로써 발생하는 위험을 방지하기 위하여 해당 작업에 종사하는 근로자에게 안전지지대 또는 안전블록 등을 사용하도록 하여야 한다.

### (6) 수리 등의 작업 시 조치

차량계 건설기계의 수리 또는 부속장치의 장착 및 제거 작업을 하는 때에는 해당 작업을 지휘하는 지휘자를 지정하여 다음 각 호의 사항을 준수하도록 하여야 한다.

① 작업순서를 결정하고 작업을 지휘할 것
② 안전지지대 또는 안전블록 등의 사용상황 등을 점검할 것

## 8 항타기, 항발기

### (1) 항타기 또는 항발기의 무너짐을 방지하기 위한 준수사항 ☆ (무너짐 방지 조치)

① 연약한 지반에 설치하는 경우에는 아웃트리거·받침 등 지지구조물의 침하를 방지하기 위하여 깔판·받침목 등을 사용할 것
② 시설 또는 가설물 등에 설치하는 때에는 그 내력을 확인하고 내력이 부족한 때에는 그 내력을 보강할 것
③ 아웃트리거·받침 등 지지구조물이 미끄러질 우려가 있는 때에는 말뚝 또는 쐐기 등을 사용하여 해당 지지구조물을 고정시킬 것
④ 궤도 또는 차로 이동하는 항타기 또는 항발기에 대하여는 불시에 이동하는 것을 방지하기 위하여 레일클램프 및 쐐기 등으로 고정시킬 것
⑤ 상단 부분은 버팀대·버팀줄로 고정하여 안정시키고, 그 하단 부분은 견고한 버팀·말뚝 또는 철골 등으로 고정시킬 것

### (2) 권상용 와이어로프의 길이

① 권상용 와이어로프는 추 또는 해머가 최저의 위치에 있는 때 또는 널말뚝을 빼어내기 시작한 때를 기준으로 하여 권상장치의 드럼에 적어도 2회 감기고 남을 수 있는 충분한 길이일 것 ☆

② 권상용 와이어로프는 권상장치의 드럼에 클램프·클립 등을 사용하여 견고하게 고정할 것

③ 항타기의 권상용 와이어로프에 있어서 추·해머 등과의 연결은 클램프·클립 등을 사용하여 견고하게 할 것

### (3) 도르래의 위치

① 항타기나 항발기에 도르래나 도르래 뭉치를 부착하는 경우에는 부착부가 받는 하중에 의하여 파괴될 우려가 없는 브라켓·샤클 및 와이어로프 등으로 견고하게 부착하여야 한다.

② 항타기 또는 항발기의 권상장치의 드럼축과 권상장치로부터 첫번째 도르래의 축과의 거리를 권상장치의 드럼폭의 15배 이상으로 하여야 한다. ✿

③ 도르래는 권상장치의 드럼의 중심을 지나야 하며 축과 수직면상에 있어야 한다. ✿

### (4) 항타기, 항발기 조립하는 때 점검 사항 ✿

① 본체 연결부의 풀림 또는 손상의 유무

② 권상용 와이어로프·드럼 및 도르래의 부착상태의 이상 유무

③ 권상장치의 브레이크 및 쐐기 장치 기능의 이상 유무

④ 권상기의 설치 상태의 이상 유무

⑤ 리더(leader)의 버팀 방법 및 고정상태의 이상 유무

⑥ 본체·부속장치 및 부속품의 강도가 적합한지 여부

⑦ 본체·부속장치 및 부속품에 심한 손상·마모·변형 또는 부식이 있는지 여부

### (5) 항타기 또는 항발기를 조립하거나 해체하는 경우 준수사항

① 항타기 또는 항발기에 사용하는 권상기에 쐐기장치 또는 역회전 방지용 브레이크를 부착할 것

② 항타기 또는 항발기의 권상기가 들리거나 미끄러지거나 흔들리지 않도록 설치할 것

③ 그 밖에 조립·해체에 필요한 사항은 제조사에서 정한 설치·해체 작업 설명서에 따를 것

## 05 양중기

### 1 양중기

양중기란 동력을 사용하여 화물, 사람 등을 운반하는 기계, 설비를 말하며, 크레인, 이동식크레인, 리프트, 곤돌라, 승강기 등이 있다.

### (1) 양중기의 종류(산업안전보건법 기준)

| 양중기의 종류 ✿✿✿ |
| --- |
| ① 크레인[호이스트(hoist)를 포함한다]<br>② 이동식 크레인<br>③ 리프트(이삿짐운반용 리프트의 경우에는 적재하중이 0.1톤 이상인 것으로 한정한다)<br>④ 곤돌라<br>⑤ 승강기 |

### (2) 크레인

"크레인"이란 동력을 사용하여 중량물을 매달아 상하 및 좌우로 운반하는 것을 목적으로 하는 기계 또는 기계장치를 말하며, "호이스트"란 훅이나 그 밖의 달기구 등을 사용하여 화물을 권상 및 횡행 또는 권상동작만을 하여 양중하는 것을 밀한다.

**[크레인의 종류 및 특징]**

| | |
|---|---|
| 드레그 크레인<br>(drag crane) | ① 크레인 선회부분을 고무 타이어의 트럭 위에 장치한 기계를 말한다.<br>② 연약지 작업이 불가능하나 기동성이 크고 미세한 인칭(inching)이 가능하다.<br>③ 고층 건물의 철골 조립, 자재의 적재, 운반, 항만 하역 작업 등에 사용한다. |
| 휠 크레인<br>(wheel crane) | ① 크롤러 크레인의 크롤러 대신 차륜을 장치한 것으로서 드레그 크레인보다 소형이며, 모빌 크레인이라고도 한다.<br>② 공장과 같이 작업범위가 제한되어 있는 장소나 고속 주행을 요할 경우에 적합하다. |
| 크롤러 크레인<br>(crawler crane) | ① 크롤러 셔블에 크레인 부속장치를 설치한 것으로서 안정성이 높으며 다목적이다.<br>② 고르지 못한 지형이나 연약 지반에서의 작업, 좁은 장소나 습지대 등에서도 작업이 가능하다. |
| 케이블 크레인<br>(cable crane) | ① 타워(tower)에 케이블을 쳐서 트롤리를 달아 운반물을 달아 올리는 기계이다.<br>② 댐 공사 등에서 콘크리트나 자재 운반 시에 이용한다. |
| 천장주행 크레인 | ① 천장형 크레인에 주행 레일을 설치하여 이동하도록 한 기계이다.<br>② 콘크리트 빔의 제작이나 가공 현장 등에서 사용한다. |
| 타워 크레인<br>(tower crane) | ① 360° 회전이 가능하다.<br>② 주로 높이를 필요로 하는 건축 현장이나 빌딩 고층화 등에 사용한다. |

\* **적용 제외** : 이동식 크레인, 데릭, 엘리베이터, 간이 엘리베이터, 건설용 리프트는 크레인에 적용하지 않는다.

## (3) 이동식 크레인

"이동식 크레인"이란 원동기를 내상하고 있는 것으로서 불특정 징소에 스스로 이동할 수 있는 크레인으로 동력을 사용하여 중량물을 매달아 상하 및 좌우로 운반하는 설비로서 기중기 또는 화물·특수 자동차의 작업부에 탑재하여 화물운반 등에 사용하는 기계 또는 기계 상지를 말한다.

### (4) 리프트

"리프트"란 동력을 사용하여 사람이나 화물을 운반하는 것을 목적으로 하는 기계 설비를 말한다.

**[리프트의 종류 및 특징]** ✈

| | |
|---|---|
| 건설용 리프트 | 동력을 사용하여 가이드레일(운반구를 지지하여 상승 및 하강 동작을 안내하는 레일)을 따라 상하로 움직이는 운반구를 매달아 사람이나 화물을 운반할 수 있는 설비 또는 이와 유사한 구조 및 성능을 가진 것으로 건설 현장에서 사용하는 것을 말한다. |
| 산업용 리프트 | 동력을 사용하여 가이드레일을 따라 상하로 움직이는 운반구를 매달아 화물을 운반할 수 있는 설비 또는 이와 유사한 구조 및 성능을 가진 것으로 건설 현장 외의 장소에서 사용하는 것을 말한다. |
| 자동차정비용 리프트 | 동력을 사용하여 가이드레일을 따라 움직이는 지지대로 자동차 등을 일정한 높이로 올리거나 내리는 구조의 리프트로서 자동차 정비에 사용하는 것 |
| 이삿짐운반용 리프트 | 연장 및 축소가 가능하고 끝단을 건축물 등에 지지하는 구조의 사다리형 붐에 따라 동력을 사용하여 움직이는 운반구를 매달아 화물을 운반하는 설비로서 화물자동차 등 차량 위에 탑재하여 이삿짐 운반 등에 사용하는 것 |

### (5) 곤돌라

"곤돌라"란 달기발판 또는 운반구, 승강장치, 그 밖의 장치 및 이들에 부속된 기계부품에 의하여 구성되고, 와이어로프 또는 달기강선에 의하여 달기발판 또는 운반구가 전용 승강장치에 의하여 오르내리는 설비를 말한다.

### (6) 승강기

"승강기"란 건축물이나 고정된 시설물에 설치되어 일정한 경로에 따라 사람이나 화물을 승상장으로 옮기는 데에 사용되는 설비로서 다음 각 목의 것을 말한다.

[승강기의 종류 및 특징]

| 승객용<br>엘리베이터 | 사람의 운송에 적합하게 제조·설치된 엘리베이터 |
|---|---|
| 승객화물용<br>엘리베이터 | 사람의 운송과 화물 운반을 겸용하는데 적합하게 제조·설치된 엘리베이터 |
| 화물용<br>엘리베이터 | 화물 운반에 적합하게 제조·설치된 엘리베이터로서 조작자 또는 화물취급자 1명은 탑승할 수 있는 것(적재용량이 300킬로그램 미만인 것은 제외한다) |
| 소형화물용<br>엘리베이터 | 음식물이나 서적 등 소형 화물의 운반에 적합하게 제조·설치된 엘리베이터로서 사람의 탑승이 금지된 것 |
| 에스컬레이터 | 일정한 경사로 또는 수평로를 따라 위·아래 또는 옆으로 움직이는 디딤판을 통해 사람이나 화물을 승강장으로 운송시키는 설비 |

PART 03

## (7) 양중기의 방호장치 ✿✿

**주요 내용요약** 양중기의 방호장치

| 크레인 | • 과부하방지장치<br>• 권과방지장치(捲過防止裝置)<br>• 비상정지장치<br>• 제동장치<br><기타 방호장치><br>훅의 해지장치<br>안전밸브(유압식) |
|---|---|
| 이동식 크레인 | • 과부하방지장치<br>• 권과방지장치(捲過防止裝置)<br>• 비상정지장치<br>• 제동장치<br><기타 방호장치><br>훅의 해지장치<br>안전밸브(유압식) |
| 리프트<br>(자동차정비용 리프트 제외) | • 권과방지장치<br>• 과부하방지장치<br>• 비상정지장치<br>• 제동장치<br>• 조작반(盤) 잠금장치 |
| 곤돌라 | • 과부하방지장치<br>• 권과방지장치(捲過防止裝置)<br>• 비상정지장치<br>• 제동장치 |
| 승강기 | • 과부하방지장치<br>• 권과방지장치(捲過防止裝置)<br>• 비상정지장치<br>• 제동장치<br>• 파이널리미트스위치<br>• 출입문인터록<br>• 속도조절기(조속기) |

실력이 되고! 합격이 되는! 특급 암기법

• **양중기 공통 방호장치** : 과부하방지장치, 권과방지장치, 비상정지장치, 제동장치
• **추가 설치**
  **리프트(자동차정비용 제외)** : 조작반잠금장치
  **승강기** : 파이널리미트스위치, 출입문인터록, 속도조절기(조속기)

## (8) 타워크레인 작업

| 타워크레인 작업계획서 포함사항 ✄✄ |
| --- |
| ① 타워크레인의 **종류 및 형식**<br>② **설치·조립 및 해체순서**<br>③ 작업 도구·장비·**가설설비(假設設備)** 및 방호설비<br>④ **작업 인원의 구성** 및 작업근로자의 **역할 범위**<br>⑤ 타워크레인 **지지방법** |

## (9) 악천후 시 조치

[타워크레인의 악천후 시 조치사항 ✄✄✄]

| | |
| --- | --- |
| ① 순간풍속이 매초당 **10미터를 초과**하는 경우 | 타워크레인의 설치·수리·점검 또는 해체작업을 중지 |
| ② 순간풍속이 매초당 **15미터를 초과**하는 경우 | 타워크레인의 운전작업을 중지 |
| ③ 순간풍속이 초당 **30미터를 초과**하는 바람이 불거나 **중진(中震) 이상 진도의 지진**이 있은 후 | 옥외에 설치되어 있는 양중기를 사용하여 작업을 하는 경우 미리 기계 각 부위에 이상이 있는지를 점검 |
| ④ 순간풍속이 **초당 30미터를 초과**하는 바람이 불어올 우려가 있는 경우 | 옥외에 설치되어 있는 **주행 크레인**에 대하여 이탈방지장치를 작동시키는 등 **이탈방지를 위한 조치** |
| ⑤ 순간풍속이 **초당 35미터를 초과**하는 바람이 불어올 우려가 있는 경우 | **건설용 리프트**(지하에 설치되어 있는 것은 제외) 및 **승강기**에 대하여 받침의 수를 증가시키는 등 승강기가 무너지는 것을 방지하기 위한 조치 |

## (10) 승강기, 리프트의 설치·조립·수리·점검 또는 해체 작업을 하는 경우 조치사항

① 작업을 지휘하는 사람을 선임하여 그 사람의 지휘 하에 작업을 실시할 것

| 작업 지휘자의 이행사항 ✄ |
| --- |
| ① 작업방법과 근로자의 배치를 결정하고 해당 작업을 지휘하는 일<br>② 재료의 결함 유무 또는 기구 및 공구의 기능을 점검하고 불량품을 제거하는 일<br>③ 작업 중 안전대 등 **보호구의 착용 상황을 감시하는 일** |

② 작업을 할 구역에 관계 근로자가 아닌 사람의 출입을 금지하고 그 취지를 보기 쉬운 장소에 표시할 것

③ 비, 눈, 그 밖에 기상상태의 불안정으로 날씨가 몹시 나쁜 경우에는 그 작업을 중지시킬 것

### (11) 작업시작 전 점검사항 ✿✿✿

| 크레인 | • 권과방지장치·브레이크·클러치 및 운전장치의 기능<br>• 주행로의 상측 및 트롤리가 횡행(橫行)하는 레일의 상태<br>• 와이어로프가 통하고 있는 곳의 상태 |
|---|---|
| 이동식<br>크레인 | • 권과방지장치 그 밖의 경보장치의 기능<br>• 브레이크·클러치 및 조정장치의 기능<br>• 와이어로프가 통하고 있는 곳 및 작업장소의 지반상태 |
| 리프트 | • 방호장치·브레이크 및 클러치의 기능<br>• 와이어로프가 통하고 있는 곳의 상태 |
| 곤돌라 | • 방호장치·브레이크의 기능<br>• 와이어로프·슬링와이어 등의 상태 |

## ② 양중기의 와이어로프 등

### (1) 와이어로프 등의 안전계수

안전계수 : 달기구 절단하중의 값을 그 달기구에 걸리는 하중의 최댓 값으로 나눈 값 ✈

| 와이어로프의 안전계수 ✿✿✿ |
|---|
| ① 근로자가 탑승하는 운반구를 지지하는 달기와이어로프 또는 달기체인의 경우 : 10 이상 |
| ② 화물의 하중을 직접 지지하는 달기와이어로프 또는 달기체인의 경우 : 5 이상 |
| ③ 훅, 샤클, 클램프, 리프팅 빔의 경우 : 3 이상 |
| ④ 그 밖의 경우 : 4 이상 |

(2) 와이어로프의 절단방법

① 와이어로프를 절단하여 양중(揚重)작업 용구를 제작하는 경우 반드시 **기계적인 방법으로 절단**하여야 하며, 가스용단(鎔斷) 등 **열에 의한 방법으로 절단해서는 아니 된다.**

② 아크(arc), 화염, 고온부 접촉 등으로 인하여 **열영향을 받은 와이어로프를 사용해서는 아니 된다.**

(3) 와이어로프 등의 사용금지 사항

> **와이어로프의 사용금지 사항** ✄✄
>
> ① 이음매가 있는 것
> ② 와이어로프의 한 꼬임(스트랜드: strand)에서 끊어진 소선의 수가 10퍼센트 이상(비자전로프의 경우에는 끊어진 소선의 수가 와이어로프 호칭지름의 6배 길이 이내에서 4개 이상이거나 호칭지름 30배 길이 이내에서 8개 이상)인 것
> ③ 지름의 감소가 공칭지름의 7퍼센트를 초과하는 것
> ④ 꼬인 것
> ⑤ 심하게 변형되거나 부식된 것
> ⑥ 열과 전기충격에 의해 손상된 것

(4) 늘어난 달기체인 등의 사용금지

> **달기체인의 사용금시 사항** ✄✄
>
> ① 달기 체인의 길이가 달기 체인이 제조된 때의 길이의 5퍼센트를 초과한 것
> ② 링의 단면지름이 달기 체인이 제조된 때의 해당 링의 지름의 10퍼센트를 초과하여 감소한 것
> ③ 균열이 있거나 심하게 변형된 것

(5) 섬유로프 등의 사용금시

> **화물자동차의 짐걸이 등으로 사용하는 섬유로프**
>
> ① 꼬임이 끊어진 것
> ② 심하게 손상 또는 부식된 것

> **참고**
>
> "달비계에 사용하는 섬유로프 또는 안전대의 섬유벨트"의 사용금지 사항
>
> ① 꼬임이 끊어진 것
> ② 심하게 손상되거나 부식된 것
> ③ 2개 이상의 작업용 섬유로프 또는 섬유벨트를 연결한 것
> ④ 작업 높이보다 길이가 짧은 것

## (6) 변형되어 있는 훅 · 샤클 등의 사용금지 사항

① 훅 · 샤클 · 클램프 및 링 등의 철구로서 변형되어 있는 것 또는 균열이 있는 것을 크레인 또는 이동식 크레인의 고리걸이용구로 사용해서는 아니 된다.

② 중량물을 운반하기 위해 제작하는 지그, 훅의 구조를 운반 중 주변 구조물과의 충돌로 슬링이 이탈되지 않도록 하여야 한다.

③ 안전성 시험을 거쳐 안전율이 3 이상 확보된 중량물 취급용구를 구매하여 사용하거나 자체 제작한 중량물 취급용구에 대하여 비파괴 시험을 하여야 한다.

| 와이어 로프의 안전율 계산 ✿ | $S = \dfrac{N \times P}{Q}$ <br><br> 여기서 S : 안전율 <br> N : 로프 가닥수 <br> P : 로프의 파단강도($kg/mm^2$) <br> Q : 허용응력($kg/mm^2$) |
|---|---|
| 와이어로프에 걸리는 총 하중 계산 ✿ | 총 하중($w$) = 정하중($w_1$) + 동하중($w_2$) = $w_1 + (\dfrac{w_1}{g} \times a)$ <br><br> (동하중($w_2$) = $\dfrac{w_1}{g} \times a$) <br><br> 여기서, $w$ : 총 하중($kg_f$) <br> $w_1$ : 정하중($kg_f$) <br> $w_2$ : 동하중($kg_f$) <br> g : 중력 가속도($9.8m/s^2$) <br> a : 가속도($m/s^2$) <br><br> * 정하중 : 매단 물체의 무게 |
| 와이어로프 한 가닥에 걸리는 하중 계산 ✿ | 한 가닥에 걸리는 하중($kg_f$) = $\dfrac{w}{2} \div \cos\dfrac{\theta}{2}$ <br><br> $w$ : 매단물체의 무게($kg_f$) <br> $\theta$ : 매단 각도 (°) |
| 달아매기 각도에 의한 장력의 변화 | 500[kg] 1000[kg] 500[kg] — 0° 일 때 <br> 577[kg] 1000[kg] 577[kg] — 60° 일 때 <br> 1000[kg] 1000[kg] 1000[kg] — 120° 일 때 <br><br> * 매다는 각도는 작을수록 좋으나 60° 이내로 사용하는 것이 바람직하다. |

### 🔍 용어정의

* "소선"이라 함은 스트랜드를 구성하는 강선을 말한다.

* "스트랜드"라 함은 복수의 소선 등을 꼰 로프의 구성요소를 말한다.

| | |
|---|---|
| 와이어로프의<br>구조 ★ | <br>심강　로프<br>꼬임(가닥, 자승, 스트랜드)<br>소선 |
| 와이어로프의<br>표시 ★ | "6×19"<br>여기서 6 : 꼬임(가닥, 자승, 스트랜드)의 수,<br>19 : 소선의 수량 |
| 와이어로프<br>꼬임의<br>종류 | ① 보통꼬임<br>　• 스트랜드 꼬임방향과 로프의 꼬임 방향이 반대인 것<br>　• 랑그꼬임에 비해 더 한층 유연하여 EYE 작업을 쉽게<br>　　할 수 있다.<br>　• 로프 자체의 변형이 적다.<br>　• 킹크가 잘 생기지 않는다.<br>　• 하중을 걸었을 때 저항성이 크다.<br>② 랑그(랭)꼬임<br>　• 스트랜드 꼬임 방향과 로프의 꼬임 방향이 같은 방향<br>　　인 것<br>　• 보통꼬임의 로프보다 사용 시 표면 전체가 균일하게<br>　　마모됨으로 인하여 수명이 길다.<br>　• 내마모성, 유연성, 내피로성이 우수하다.<br><br>[보통 Z꼬임] [보통 S꼬임]　[랭 Z꼬임]　[랭 S꼬임] |
| 와이어로프의<br>직경 측정법 | 와이어로프의 직경을 측정하는 방법으로는 수직 또는<br>대각선으로 측정하며, 섬유로프인 경우는 게이지(gauge)로<br>측성하는 것이 바람직하다.<br><br> |

문제

와이어로프 "6 × 19"라는 표기에서 숫자의 "6"은 무엇을 나타내는 뜻인가?

㉮ 소선의 직경(mm)
㉯ 소선의 수량(wire수)
㉰ 자승의 수량(strand수)
㉱ 로프의 인장강도($kg/cm^2$)

[해설] 와이어로프의 표시
"6×19"
① 6 : 꼬임(가닥, 자승, stand)
　　의 수
② 19 : 소선의 수량

정답 ㉰

문제

와이어로프의 꼬임은 특수로프를 제외하고는 보통꼬임(Regular-Lay)과 랭꼬임(Lang-Lay)으로 나눈다. 보통꼬임의 특성이 아닌 것은?

㉮ 로프 자체의 변형이 적다.
㉯ 킹크가 잘 생기지 않는다.
㉰ 저항성이 크다.
㉱ 내마모성, 유연성, 내피로성이 우수하다.

[해설]
㉱ 내마모성, 유연성, 내피로성이 우수하다. → 랭꼬임(Lang-Lay)의 특성이다.

정답 ㉱

# 기계안전시설 관리

합격의 key

## 01 안전시설 관리 계획하기

주/요/내/용 알/고/가/기 ▶

1. 유해하거나 위험한 기계·기구에 대한 방호조치
2. 방호조치가 필요한 유해위험 기계·기구 및 방호조치
3. 방호장치의 인간공학적 설계
4. 작업점 가드
5. 기능적 안전

### 1 유해하거나 위험한 기계·기구에 대한 방호조치

(1) 방호조치를 하여야 할 유해하거나 위험한 기계·기구 등

① 방호조치 : 위험기계·기구의 위험장소 또는 부위에 근로자가 통상적인 방법으로는 접근하지 못하도록 하는 제한조치를 말하며, 방호망, 방책, 덮개 또는 각종 방호장치 등을 설치하는 것을 포함한다.

> 방호조치를 하지 아니하고는 양도·대여·설치·사용,
> 진열해서는 아니되는 기계·기구 ☆☆☆
>
> ① 예초기
> ② 원심기
> ③ 공기압축기
> ④ 금속절단기
> ⑤ 지게차
> ⑥ 포장기계(진공포장기, 랩핑기로 한정)
>
> 실력이 되고! 합격이 되는! 특급
>
> 방호조치 없이 포장된 공 원에서는 원 예 금 지

② 방호조치가 필요한 유해위험 기계기구 및 방호조치 ✿✿✿

| 1. 예초기의 날 접촉 예방장치 | 예초기의 절단 날 또는 비산물로부터 작업자를 보호하기 위해 설치하는 보호덮개 등의 장치를 말한다. | |
|---|---|---|
| 2. 원심기의 회전체 접촉 예방장치 | 원심기의 케이싱 또는 하우징 내부의 회전통 등에 작업자의 신체 일부가 접촉되는 것을 방지하기 위해 설치하는 덮개 등의 장치를 말한다. | |
| 3. 공기압축기의 압력방출장치 | 공기압축기에 부속된 압력용기의 과도한 압력 상승을 방지하기 위하여 설치하는 안전밸브, 언로드밸브 등의 장치를 말한다. | |
| 4. 금속절단기의 날 접촉 예방장치 | 띠톱, 둥근톱 등 금속절단기의 절단 날 또는 비산물로부터 작업자를 보호하기 위하여 설치하는 장치를 말한다. | |
| 5. 지게차의 헤드가드, 백레스트, 전조등, 후미등, 안전벨트 | 헤드가드 | 지게차를 이용한 작업 중에 위쪽으로부터 떨어지는 물건에 의한 위험을 방지하기 위하여 운전자의 머리 위쪽에 설치하는 덮개를 말한다. |
| | 백레스트 | 지게차를 이용한 작업 중에 마스트를 뒤로 기울일 때 화물이 마스트 방향으로 떨어지는 것을 방지하기 위해 설치하는 짐받이 틀을 말한다. |
| 7. 포장기계(진공포장기, 랩핑기)의 구동부 방호 연동장치 | 진공포장기, 랩핑기의 구동부에 설치되는 방호장치 등이 개방되었을 때 기계의 작동이 정지되도록 하거나 방호장치가 닫힌 상태에서만 기계가 작동되도록 상호 연결시키는 것을 말한다. | |

③ 누구든지 동력으로 작동하는 기계·기구로서 다음 각 호의 어느 하나에 해당하는 것은 고용노동부령으로 정하는 방호조치를 하지 아니하고는 양도, 대여, 설치 또는 사용에 제공하거나 양도·대여의 목적으로 진열해서는 아니 된다.

> ### 동력으로 작동하는 기계·기구 중 방호조치를 하지 아니하고는 양도·대여·설치·사용, 진열해서는 아니 되는 경우 ✄
>
> ① 작동 부분에 돌기 부분이 있는 것
> ② 동력전달 부분 또는 속도조절 부분이 있는 것
> ③ 회전기계에 물체 등이 말려 들어갈 부분이 있는 것
>
> 실력이 되고! 합격이 되는! **특급 알기법**
>
> **돌이 동력전달부에 말려들어 속도 조절됨**

> ### 방호조치가 필요한 유해위험 기계·기구 중 동력으로 작동되는 기계·기구의 방호조치 ✄
>
> ① 작동부분의 돌기부분은 묻힘형으로 하거나 덮개를 부착할 것
> ② 동력전달부분 및 속도조절부분에는 덮개를 부착하거나 방호망을 설치할 것
> ③ 회전기계의 물림점(롤러·기어 등)에는 덮개 또는 울을 설치할 것

④ 사업주와 근로자는 **방호조치를 해체하려는 경우** 등 고용노동부령으로 정하는 경우에는 **필요한 안전조치 및 보건조치를 하여야 한다.**

- 방호조치를 **해체하려는 경우** : 사업주의 허가를 받아 해체할 것
- 방호조치 해체 사유가 소멸된 경우 : 방호조치를 **지체 없이 원상으로 회복시킬 것**
- 방호조치의 **기능이 상실된 것을 발견한 경우** : **지체 없이 사업주에게 신고할 것**

> 🔖**참고** **트랩의 최소 여유**
>
> | 몸 | 다리 | 발 |
> |---|---|---|
> | 500mm | 180mm | 120mm |
>
> | 팔 | 손 | 손가락 |
> |---|---|---|
> | 120mm | 100mm | 25mm |

## ② 작업점 가드

### (1) 가드의 정의

**기계의 운동부분(위험점)에 신체가 접촉하는 것을 방지**하여 작업자를 보호하기 위한 목적으로 설치하는 장치이다.

### (2) 가드의 종류

#### ① 고정가드

**기계의 운동부분(위험점)에 신체가 접촉하는 것을 방지**하는 목적 으로 **기계의** 개구부에 **고정하여 설치**하는 가드

| 고정형 가드의 구비 조건 |
| --- |
| • 기계의 운동 부분(위험점)에 신체가 접촉하는 것을 방지하는 구조일 것 |
| • 충분한 강도를 유지할 것 |
| • 단순한 구조이며 조정이 용이할 것 |
| • 일반작업, 점검, 주유 시 방해되지 않는 구조일 것 |

#### ② 조정 가드

위험 구역에 맞추어 형상과 크기를 조절 가능한 가드

#### ③ 연동 가드(인터록 가드)

기계 작동 중에 **가드를 개폐하는 경우 기계가 정지하는 가드**

#### ④ 자동 가드

### (3) 가드의 개구부 치수(최대 개구간격)

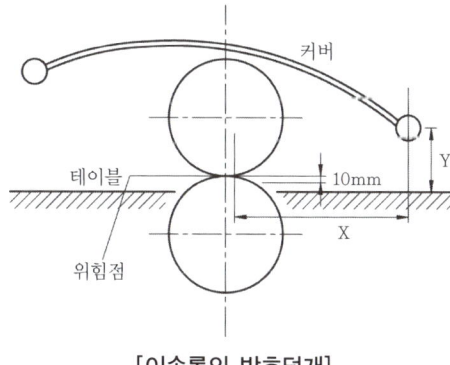

[이송롤의 방호덮개]

**[개구부 치수(최대 개구간격) ✵✵]**

| 가드 | ① X<160mm일 경우　　　　Y = 6 + 0.15X<br>② X≧160mm일 경우　　　　Y = 30mm<br><br>여기서, X : 안전거리(위험점에서 가드까지의 거리)(mm)<br>　　　　Y : 가드의 최대 개구 간격(mm) |
|---|---|
| 일방 평행 보호망, 위험점이 전동체인 경우 | ① Y =6+0.1X<br><br>여기서, X : 안전거리(mm),<br>　　　　Y : 가드의 최대 개구 간격(mm) |

### ③ 구조적 안전

#### (1) 응력, 강도의 계산 ✵✵

| 응력, 강도의 계산 ✵ |
|---|
| 응력(강도) $\sigma = \dfrac{P_t}{A} = \dfrac{하중}{단면적}$ ($kg_f/mm^2$, $kg_f/cm^2$)<br><br>(지름 d가 주어질 경우의 단면적 $A = \dfrac{\pi \times d^2}{4}$) |

#### (2) 안전율 ✵

| 안전율의 계산 ✵ |
|---|
| 안전율 $= \dfrac{극한강도}{허용응력} = \dfrac{극한강도}{최대설계응력} = \dfrac{극한강도}{사용응력} = \dfrac{파괴하중}{최대사용하중}$<br><br>$= \dfrac{파단하중}{안전하중} = \dfrac{극한하중}{정격하중}$ |

위험도가 큰 하중(안전율이 커진다) ✵
: 충격하중 〉 교번하중 〉 반복하중 〉 정하중

* 안전율을 가장 크게 취해야 하는 하중(가장 위험하다) : 충격하중
* 안전율을 가장 작게 취해야 하는 하중(가장 안전하다) : 정하중

## ④ 기능적 안전

### (1) 소극적 대책

이상 시 기계의 급정지로 안전화를 도모한다.

### (2) 적극적 대책

페일세이프, 회로개선 등으로 오동작을 방지한다.

| 페일세이프의 구분 ✂✂ |
| --- |
| ① Fail-passive : 부품 고장 시 기계장치는 정지한다. |
| ② Fail-active : 부품 고장 시 기계는 경보를 울리며 짧은 시간 운전한다. |
| ③ Fail-operational : 부품 고장이 있어도 다음 정기점검까지 운전이 가능하다. |

PART 03

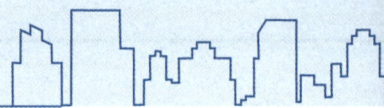

# CHAPTER 04

# 설비진단 및 검사

## 01 비파괴검사의 종류 및 특징

### 1 비파괴검사의 종류 ✦

| 검사방법 | 기본원리 | 검출대상 | 특징 |
|---|---|---|---|
| 침투탐상검사 (PT) | • 침투작용(모세관, 지각 현상)을 이용한 방법<br>• 시험체 표면에 개구해 있는 결함에 침투한 침투액을 흡출시켜 결함 지시모양을 식별 | • 용접부, 단조품 등의 비기공성 재료에 대한 표면 개구결함 검출에 이용 | • 금속, 비금속 등 거의 모든 재료에 적용 가능<br>• 현장적용이 용이<br>• 제품이 크기 형상 등에 크게 제한받지 않음 |
| 자분탐상검사 (MT) | • 자기흡인작용을 이용한 방법<br>• 철강 재료와 같은 강자 성체를 자화시키면 결함 누설자장이 형성되며, 이 부위에 자분을 도포하면 자분이 흡착되는 원리를 이용 | • 강자성체 재료(용접부, 주강품, 단강품 등)의 표면 및 표면직하 결함 검출에 이용된다. | • 강자성체에만 적용 가능<br>• 장치 및 방법이 단순<br>• 결함의 육안식별이 가능<br>• 비자성체에는 적용 불가<br>• 신속하고 저렴함 |
| 방사선 투과검사 (RT) | • 투과성을 이용한 방법<br>• 방사선을 시험체에 조사하였을 때 투과한 방사선의 강도의 변화 즉, 건전부와 결함부의 투과선량의 차에 의한 필름상의 농도 차로부터 결함을 검출한다. | • 용접부, 주조품 등의 내·외부 결함 검출에 이용된다. | • 반영구적인 기록이 가능<br>• 거의 모든 재료에 적용 가능<br>• 표면 및 내부결함 검출 가능<br>• 방사선 안전관리가 요구된다. |

| 검사방법 | 기본원리 | 검출대상 | 특징 |
|---|---|---|---|
| 초음파<br>탐상검사<br>(UT) | • 펄스반사법을 이용한 방법<br>• 시험체 내부에 초음파 펄스를 입사시켰을 때 결함에 의한 초음파 반사 신호의 해독을 이용한다. | • 용접부, 주조품, 압연품, 단조품 등의 내부 결함 검출, 두께 측정에 사용된다. | • 균열에 높은 감도 및 높은 투과력 가짐<br>• 표면 및 내부 결함 검출 가능 |
| 와류탐상검사<br>(ET) | • 전자유도작용을 이용한 방법<br>• 시험체 표층부의 결함에 의해 발생한 와전류의 변화 즉, 시험코일의 임피던스 변화를 측정하여 결함을 식별한다.<br>• 금속 등의 도체에 교류를 통한 코일을 접근시켰을 때, 결함이 존재하면 코일에 유기되는 전압이나 전류가 변하는 것을 이용한 검사방법이다. | • 철강, 비철재료의 파이프, 와이어 등의 표면 또는 표면 근처의 결함검출<br>• 박막 두께 측정 및 재질 식별에 이용된다. | • 비접촉탐상, 고속탐상, 자동 탐상 가능<br>• 표면결함 검출 능력 우수<br>• 표피효과, 열교환기 튜브의 결함 탐지 |
| 육안검사 | • 인간의 육안을 이용하여 대상의 표면 결함을 발견하는 방법<br>• 이상 유무 판단의 가장 기본적인 비파괴 시험법이다. | • 모든 시험 대상체의 이상 유무를 식별할 수 있다. | • 미세한 결함을 검출하는 경우는 보조기구를 사용<br>• 육안검사로 검출 및 평가할 수 있는 결함은 제한적임 |
| 누설검사 | • 임모니아, 할로겐, 헬륨 등의 기체 또는 물을 이용하여 누설을 확인하여 대상의 기밀성을 평가하는 검사 | • 압력용기, 저장 탱크, 파이프라인 등의 누설 탐지 | • 관통된 불연속만 탐지 가능<br>• 최종 건전성 시험으로 주로 사용 |

| 검사방법 | 기본원리 | 검출대상 | 특징 |
|---|---|---|---|
| 음향방출검사 | • 하중을 받고 있는 재료의 결함부에서 방출되는 응력파를 수신하여 분석함으로써 결함의 위치판정, 손상의 진전 감시 등 동적 거동을 판단하는 검사방법 | • 모든 재료에 적용하며 소성변형, 균열의 생성 및 진전 감시 등 동적 거동 파악<br>• 결함부의 추이 판정 및 재료의 특성평가에 이용 | • 회전체 이상 진단 등의 감시기법<br>• 카이져 효과<br>• 소성변형 및 전위를 위한 에너지가 필요<br>• 불연속의 정적 거동은 탐지 불가 |

# PART 04

Engineer Industrial Safety

# 전기설비 안전 관리

# 전기안전관리 업무수행

## 합격의 key

### 01 전기안전관리

📍 주/요/내/용 알/고/가/기 ▶

1. 감전방지 대책
2. 통전 전류 세기와 인체의 영향
3. 퓨즈 종류 및 용단 시간
4. 차단기의 종류
5. 전기 기계 · 기구 등의 충전부 방호(직접 접촉으로 인한 감전방지조치)

---

◎기출

＊ **감전에 의한 사망의 주요 원인**
① 심장부에 전류가 흘러 심실세동이 발생하여 혈액순환 기능이 상실되어 사망
② 뇌의 호흡중추 신경에 전류가 흘러 호흡기능이 정지되어 사망
③ 흉부에 전류가 흘러 흉부수축에 의한 질식으로 사망

---

◎기출 ★

＊ **마비한계 전류**
신경이 마비되고 신체를 움직일 수 없는 전류로서 10~15mA 정도이다.

＊ **고통한계 전류**
고통을 느끼는 한계치전류로서 7~8mA 정도이다.

＊ **가수전류**
• 인체가 자력으로 이탈할 수 있는 전류
• 60Hz 정현파 교류에서의 가수전류(이탈전류, 마비한계진류) : 10~15mA
• 직류에서의 가수전류 : 남자 – 73.7mA, 여자 – 50mA

＊ **불수전류**
인체가 자력으로 이탈할 수 없는 전류(교착전류)

---

## 1 전기의 위험성

### (1) 감전방지 대책 ✄

① 전기설비의 **필요한 부분에** 보호접지를 한다.
② 노출된 충전부에 **절연용 방호구를 설치**하는 등 **충전부를 절연, 격리**한다.
③ 설비의 **사용 전압을 될 수 있는 한 낮춘다.**
④ 전기기기에 **누전차단기를 설치**한다.
⑤ 전기기기 조작의 안전화를 위해 **전기기기 및 설비를 개선**한다.
⑥ 전기설비를 적정한 상태로 유지하기 위해 **점검 · 보수**한다.
⑦ **근로자 안전교육을 실시**하여 전기의 위험성을 강조한다.
⑧ 전기취급작업 근로자에게 **절연용보호구를 착용**토록 한다.
⑨ **유자격자 이외**에는 전기기계 · 기구의 **조작을 금지**한다.

### (2) 감전보호를 위한 방법 ✄

| 구분 | 기본 보호 | 고장보호 | 특별 저압보호 |
|---|---|---|---|
| 정의 | 정상운전 중인 전기설비의 충전부에 접촉하는 경우의 감전을 보호하는 방법 | 전기설비 누전 등 고장이 발생한 기기에 접촉하는 경우의 감전을 보호하는 방법 | 인체에 위험을 초래하지 않을 정도의 전압(저압)으로 보호하는 방법 |

| 구분 | 기본 보호 | 고장보호 | 특별 저압보호 |
|---|---|---|---|
| 보호 방법 | • 충전부 절연<br>• 격벽 또는 외함<br>• 접촉범위 밖 배치 | • 이중절연 또는 강화절연<br>• 보호 등전위 본딩<br>• 전원자동차단<br>• 전기적 분리<br>• 비도전성 장소 | • 비접지회로 적용 (SELV)<br>• 접지회로 적용 (PELV)<br>• 기능적 특별저압 사용 시 적용 (FELV) |

### (3) 통전전류세기와 인체의 영향 ✿✿

| 종류 | 내용 | 비고 |
|---|---|---|
| 최소감지 전류 | 짜릿함을 느끼는 최소의 전류치 | 1~2mA (성인 남자, 상용 주파수 60Hz 기준) |
| 고통감지 전류 | 참을 수 있으나 고통을 느끼는 전류치 | 2~8mA |
| 이탈가능 전류 (가수전류) | 전원으로부터 스스로 떨어질 수 있는 최대 전류치 | 8~15mA |
| 이탈불능 전류 (불수전류, 교착전류) | 근육수축이 격렬하여 전원으로부터 떨어질 수 없는 전류치 | 15~50mA |
| 심실세동 전류 | 심장박동 불규칙으로 심장마비를 일으켜 수분 내 사망할 수 있는 전류치 (충전부에서 분리시켜도 자연회복이 불가능하여 인공호흡을 실시해야 소생이 가능하다) | 100mA 이상 |

## ② 전기설비 및 기기

### (1) 과전류 차단장치

① 과전류 차단장치는 반드시 접지선이 아닌 전로에 직렬로 연결하여 과전류 발생 시 전로를 자동으로 차단하도록 설치할 것

② 차단기·퓨즈는 계통에서 발생하는 최대 과전류에 대하여 충분하게 차단할 수 있는 성능을 가질 것

③ 과전류 차단장치가 전기계통상에서 상호 협조·보완되어 과전류를 효과적으로 차단하도록 할 것

### (2) 퓨즈

일정 값 이상의 전류가 흐르면 용단되어 회로 및 기기를 보호한다.

PART 04

**❊참고**

**＊고압 및 특고압 전로 중의 과전류차단기의 시설**

• 과전류 차단기로 시설하는 퓨즈 중 고압 전로에 사용하는 포장 퓨즈 (퓨즈 이외의 과전류 차단기와 조합하여 하나의 과전류 차단기로 사용하는 것을 제외한다)는 정격전류의 1.3배의 전류에 견디고 또한 2배의 전류로 120분 안에 용단되는 것 또는 다음에 직합한 고압전류 제한 퓨즈이어야 한다.

• 과전류 차단기로 시설하는 퓨즈 중 고압 전로에 사용하는 비포장 퓨즈는 정격전류의 1.25배의 전류에 견디고 또한 2배의 전류로 2분 안에 용단되는 것이어야 한다.

• 고압 또는 특고압의 선로에 단락이 생긴 경우에 동작하는 과전류 차단기는 이것을 시설하는 곳을 통과하는 단락 전류를 차단하는 능력을 가지는 것이어야 한다.

• 고압 또는 특고압의 과전류 차단기는 그 동작에 따라 그 개폐 상태를 표시하는 장치가 되어있는 것이어야 한다. 다만, 그 개폐 상태가 쉽게 확인될 수 있는 것은 적용하지 않는다.

[퓨즈 종류 및 용단시간 ✈]

| 퓨즈의 종류 | 정격 용량 | 용단 시간 |
|---|---|---|
| 고압용 포장 퓨즈 | 정격 전류의 1.3배 | • 2배의 전류로 120분 |
| 고압용 비포장 퓨즈 | 정격 전류의 1.25배 | • 2배의 전류로 2분 |

## (3) 개폐기

전기 회로(回路)를 이었다 끊었다 하는 장치를 말하며 운전이나 정지, 고장의 점검이나 수리 등에 쓰인다.

| 주상 유입 개폐기(POS) | 반드시 개폐표시가 있어야 하는 고압 개폐기로서 배전선의 개폐, 부하 전류의 차단, 콘덴서의 개폐에 이용된다. |
|---|---|
| 단로기(DS) ✈ | 차단기의 전후, 회로의 접속 변환, 고압 또는 특고압 회로의 기기 분리 등에 사용하는 개폐기로서 **반드시 무부하 시 개폐 조작을 하여야 한다.**<br>• 전원 차단 시 : **차단기 개방한 후 단로기 개방**<br>• 전원 투입 시 : **단로기 투입한 후 차단기 투입**<br><br>ⓐ D.S　　ⓑ O.C.B　　ⓒ D.S<br>투입순서 : ⓒ → ⓐ → ⓑ<br>차단순서 : ⓑ → ⓒ → ⓐ<br>(D.S : 단로기, O.C.B : 유입차단기)<br>[유입차단기 투입 및 차단순서 ✈] |
| 부하개폐기(OLB) | 부하 상태에서 개폐할 수 있는 개폐기 |

## (4) 차단기(circuit breaker) ✈

기기 및 전력 계통에 이상이 발생했을 때 그것을 검출하여 신속하게 계통으로부터 단절시키는 장치를 말한다.

| 공기 차단기(ABB)<br>[airblast breaker] | 압축공기로 아크를 소호하는 차단기로서 대규모 설비에 이용된다. |
|---|---|
| 기중 차단기(ACB)<br>[air circuit breaker] | 공기 중에서 아크를 자연 소호하는 차단기 |
| 진공 차단기(VCB)<br>[vacuum circuit breaker] | 진공 속에서의 높은 절연효과를 이용하여 아크를 소호하는 차단기 |
| 자기 차단기(MCB)<br>[magnetic circuit breaker] | 전자력을 이용하여 아크를 소호실로 끌어넣어 차단하는 차단기 |
| 유입 차단기(OCB,LOCB)<br>[oil circuit breaker] | 절연유 속에서 과전류를 차단하는 차단기 |
| 가스 차단기(GCB)<br>[gas circuit breaker] | 생가스($SF_6$)의 절연성능을 이용한 차단기 |

---

문제

차단기의 설치 시 주의하여야 할 사항 중 틀린 것은?

㉮ 차단기는 설치의 기능을 고려하여 전기 취급자가 행할 것
㉯ 차단기를 설치했어도 피보호 기기에는 접지를 행할 것
㉰ 차단기를 설치하려고 하는 전로의 전압과 같은 정격전압의 차단기를 설치할 것
㉱ 전로의 전압이 정격 전압의 −5%~+5%의 범위에 있는 것을 확인할 것

[해설]
차단기는 전로전압과 같은 전압의 차단기를 설치하여야 한다.

정답 ㉱

참고

※ OCB
　 탱크형 유입차단기
※ LOCB
　 소유량 유입차단기

## 02 전기작업 안전

### ① 전기작업 안전

**(1) 전기기계 · 기구 등의 충전부방호(직접접촉으로 인한 감전방지 조치)**

근로자가 작업 또는 통행 등으로 인하여 전기기계 · 기구 또는 전로 등의 **충전부분에 접촉하거나 접근함으로써 감전의 위험이 있는 충전부분에 대하여는 감전을 방지하기** 위하여 다음 각 호의 1이상의 방법으로 방호하여야 한다.

> **전기기계 · 기구에 직접 접촉으로 인한 감전방지 조치** ✄
> ① 충전부가 노출되지 아니하도록 **폐쇄형 외함이 있는 구조**로 할 것
> ② 충분한 절연효과가 있는 **방호망 또는 절연덮개를** 설치할 것
> ③ 충전부는 내구성이 있는 **절연물로 완전히 덮어 감쌀 것**
> ④ 발전소 · 변전소 및 개폐소 등 구획되어 있는 장소로서 **관계 근로자가 아닌 사람의 출입이 금지되는 장소에 충전부를 설치**하고, 위험표시 등의 방법으로 방호를 강화할 것
> ⑤ **전주 위 및 철탑 위 등** 격리되어 있는 장소로서 **관계 근로자가 아닌 사람이 접근할 우려가 없는 장소에 충전부를 설치할 것**

**(2) 전기기계 · 기구의 설치 시 고려사항(전기기계 · 기구의 적정설치)**

전기기계 · 기구를 설치하려는 경우에는 다음 각 호의 사항을 고려하여 적절하게 설치하여야 한다.

① 전기기계 · 기구의 **충분한 전기적 용량 및 기계적 강도**
② 습기 · 분진 등 **사용장소의 주위 환경**
③ 전기적 · 기계적 **방호수단의 적정성**

**(3) 전기기계 · 기구의 조작 시 안전조치**

① **전기기계 · 기구의 조작부분을 점검하거나 보수하는 경우**에는 근로자가 안전하게 작업할 수 있도록 전기기계 · 기구로부터 폭 **70센티미터 이상의 작업공간을 확보**하여야 한다. 다만, 작업공간을 확보하는 것이 곤란하여 근로자에게 절연용 보호구를 착용하도록 한 경우에는 그러하지 아니하다.

📝 참고

＊ 지중전선로의 매설깊이
1. **관로식 또는 암거식에 의하여 시설하는 경우**
① 관로식에 의하여 시설하는 경우 매설 깊이를 **1.0m 이상**, 중량물의 압력을 받을 우려가 없는 곳은 **0.6m 이상**
② 암거식에 의하여 시설하는 경우에는 견고하고 차량 기타 중량물의 압력에 견디는 것을 사용할 것
2. **직접 매설식의 경우**
① 중량물의 압력을 받을 우려가 있는 장소 : **1.0m 이상**
② 기타 장소 : **0.6m 이상**

② 전기적 불꽃 또는 아크에 의한 화상의 우려가 있는 고압 이상의 충전전로 작업에 근로자를 종사시키는 경우에는 방염처리된 작업복 또는 난연(難燃)성능을 가진 작업복을 착용시켜야 한다.

### (4) 감전사고 시 응급조치

① 감전사고 발생 시 처리순서
- 전원으로부터 즉시 스위치를 분리시키고 구출자 본인의 방호조치 후 신속하게 상해자를 구출할 것
- 즉시 인공호흡을 실시할 것
- 생명 소생 후 병원으로 후송할 것

② 인공호흡 요령
- 1분당 12~15회(4초 간격), 30분 이상 계속 실시한다.
- 1분 이내 소생률 : 95% 이상 ✈

| 호흡정지에서 인공호흡 개시까지 경과 시간 | 1분 | 2분 | 3분 | 4분 | 5분 | 6분 |
|---|---|---|---|---|---|---|
| 소생률(%) | 95% | 90% | 75% | 50% | 25% | 10% |

③ 전격 재해자 중요 관찰 사항
- 의식 상태
- 호흡 상태
- 맥박 상태
- 출혈 상태
- 골절 상태

## 2 정전전로에서의 전기작업(정전작업)

### (1) 정전작업을 하지 않아도 되는 경우

근로자가 노출된 충전부 또는 그 부근에서 작업함으로써 감전될 우려가 있는 경우에는 작업에 들어가기 전에 해당 전로를 차단하여야 한다. 다만, 다음 각 호의 경우에는 그러하지 아니하다.

| 정전작업을 하지 않아도 되는 경우 |
|---|
| ① 생명유지장치, 비상경보설비, 폭발위험장소의 환기설비, 비상조명설비 등의 장치·설비의 가동이 중지되어 사고의 위험이 증가되는 경우 |
| ② 기기의 설계상 또는 작동 상 제한으로 전로차단이 불가능한 경우 |
| ③ 감전, 아크 등으로 인한 화상, 화재·폭발의 위험이 없는 것으로 확인된 경우 |

용어정의

＊ 정전작업
전로를 개로(開路)하여 (전원 차단) 당해 전로 또는 그 지지물의 설치·점검·수리 및 도장 등을 행하는 작업을 말한다.

## (2) 정전작업 시 전로 차단 절차 ✰✰

> **정전작업 전 조치사항(정전작업시 전로 차단 절차)** ✰✰
>
> ① 전기기기 등에 공급되는 모든 전원을 관련 도면, 배선도 등으로 확인할 것
> ② 전원을 차단한 후 각 단로기 등을 개방하고 확인할 것
> ③ 차단장치나 단로기 등에 잠금장치 및 꼬리표를 부착할 것
> ④ 개로된 전로에서 유도전압 또는 전기에너지가 축적되어 근로자에게 전기위험을 끼칠 수 있는 전기기기 등은 접촉하기 전에 잔류전하를 완전히 방전시킬 것
> ⑤ 검전기를 이용하여 작업 대상 기기가 충전되었는지를 확인할 것
> ⑥ 전기기기 등이 다른 노출 충전부와의 접촉, 유도 또는 예비동력원의 역송전 등으로 전압이 발생할 우려가 있는 경우에는 충분한 용량을 가진 단락접지기구를 이용하여 접지할 것

## (3) 정전작업 중 또는 작업을 마친 후 전원 공급 시 준수사항

> **정전 작업 중 또는 작업을 마친 후 준수사항** ✰✰
>
> ① 작업기구, 단락 접지기구 등을 제거하고 전기기기 등이 안전하게 통전될 수 있는지를 확인할 것
> ② 모든 작업자가 작업이 완료된 전기기기 등에서 떨어져 있는지를 확인할 것
> ③ 잠금장치와 꼬리표는 설치한 근로자가 직접 철거할 것
> ④ 모든 이상 유무를 확인한 후 전기기기 등의 전원을 투입할 것

## 3 충전전로에서의 전기작업(활선작업) ✰✰

### (1) 충전전로에서의 전기작업(활선작업)시의 조치

① 충전전로를 정전시키는 경우에는 정전작업시 전로차단 절차에 따른 조치를 할 것
② 충전전로를 방호, 차폐하거나 절연 등의 조치를 하는 경우에는 근로자의 신체가 전로와 직접 접촉하거나 도선재료, 공구 또는 기기를 통하여 간접 접촉되지 않도록 할 것
③ 충전전로를 취급하는 근로자에게 그 작업에 적합한 절연용 보호구를 착용시킬 것
④ 충전전로에 근접한 장소에서 신기작업을 하는 경우에는 해당 전압에 적합한 절연용 방호구를 설치할 것. 다만, 저압인 경우에는 해당 전기 작업자가 절연용 보호구를 착용하되, 충전전로에 접촉할 우려가 없는 경우에는 절연용 방호구를 설치하지 아니할 수 있다.
⑤ 고압 및 특별고압의 전로에서 전기작업을 하는 근로자에게 활선작업용 기구 및 장치를 사용하도록 할 것

⑥ 근로자가 **절연용 방호구의 설치·해체작업을 하는 경우에는** 절연용 보호구를 착용하거나 활선작업용 기구 및 장치를 사용하도록 할 것

⑦ 유자격자가 아닌 근로자가 충전전로 인근의 높은 곳에서 작업할 때에 근로자의 몸 또는 긴 도전성 물체가 방호되지 않은 **충전전로에서 대지전압이 50킬로볼트 이하인 경우에는 300센티미터 이내로, 대지전압이 50킬로볼트를 넘는 경우에는 10킬로볼트당 10센티미터씩 더한 거리 이내로 각각 접근할 수 없도록 할 것**

⑧ 유자격자가 충전전로 인근에서 작업하는 경우에는 다음 각 목의 경우를 제외하고는 노출 충전부에 **접근한계거리 이내로 접근하거나 절연 손잡이가 없는 도전체에 접근할 수 없도록 할 것**

　　㉠ 근로자가 노출 충전부로부터 절연된 경우 또는 해당 전압에 적합한 절연 장갑을 착용한 경우

　　㉡ 노출 충전부가 다른 전위를 갖는 도전체 또는 근로자와 절연된 경우

　　㉢ 근로자가 다른 전위를 갖는 모든 도전체로부터 절연된 경우

**[접근한계거리 ✄✄]**

| 충전 전로의 선간전압<br>(단위 : 킬로볼트) | 충전 전로에 대한 접근 한계 거리<br>(단위 : 센티미터) |
|---|---|
| 0.3 이하 | 접촉금지 |
| 0.3 초과 0.75 이하 | 30 |
| 0.75 초과 2 이하 | 45 |
| 2 초과 15 이하 | 60 |
| 15 초과 37 이하 | 90 |
| 37 초과 88 이하 | 110 |
| 88 초과 121 이하 | 130 |
| 121 초과 145 이하 | 150 |
| 145 초과 169 이하 | 170 |
| 169 초과 242 이하 | 230 |
| 242 초과 362 이하 | 380 |
| 362 초과 550 이하 | 550 |
| 550 초과 800 이하 | 790 |

(2) **절연이 되지 않은 충전부나 그 인근에 근로자가 접근하는 것을 막거나 제한할 필요가 있는 경우에는 울타리를 설치하고 근로자가 쉽게 알아볼 수 있도록 하여야 한다.** 다만, 전기와 접촉할 위험이 있는 경우에는 도전성이 있는 금속제 울타리를 사용하거나, 접근한계거리 이내에 설치해서는 아니 된다.

(3) **울타리의 설치가 곤란한 경우**에는 근로자를 감전위험에서 보호하기 위하여 사전에 위험을 경고하는 **감시인을 배치**하여야 한다.

**④ 충전전로 인근에서의 차량·기계장치 작업** ✄✄

① 충전전로 인근에서 차량, 기계장치 등의 작업이 있는 경우에는 차량 등을 충전전로의 충전부로부터 300센티미터 이상 이격시켜 유지시키되, 대지전압이 50킬로볼트를 넘는 경우 이격거리는 10킬로볼트 증가할 때마다 10센티미터씩 증가시켜야 한다. 다만, 차량 등의 높이를 낮춘 상태에서 이동하는 경우에는 이격거리를 120센티미터 이상(대지전압이 50킬로볼트를 넘는 경우에는 10킬로볼트 증가할 때마다 이격거리를 10센티미터씩 증가)으로 할 수 있다.

② 충전전로의 전압에 적합한 **절연용 방호구 등을 설치한 경우에는 이격거리를 절연용 방호구 앞면까지로 할 수 있으며**, 차량 등의 가공 붐대의 버킷이나 끝 부분 등이 충전전로의 전압에 적합하게 절연되어 있고 유자격자가 작업을 수행하는 경우에는 붐대의 절연되지 않은 부분과 충전전로 간의 **이격거리는 접근한계거리까지로** 할 수 있다.

③ 근로자가 차량 등의 그 어느 부분과도 접촉하지 않도록 **울타리를 설치하거나 감시인 배치 등의 조치**를 하여야 한다.

> **울타리 설치 및 감시인 배치를 하지 않아도 되는 경우**
> ① 근로자가 해당 전압에 적합한 절연용 보호구 등을 착용하거나 사용하는 경우
> ② 차량 등의 절연되지 않은 부분이 접근한계거리 이내로 접근하지 않도록 하는 경우

④ 충전전로 인근에서 **접지된 차량 등이 충전전로와 접촉할 우려가 있을 경우에는 지상의 근로자가 접지점에 접촉하지 않도록 조치**하여야 한다.

**⑤ 절연용 보호구 등의 사용**

다음 긱 호의 작업에 사용하는 **절연용 보호구, 절연용 방호구, 활선작업용 기구, 활선작업용 장치에 대하여 각각의 사용목적에 적합한 종별·재질 및 치수의 것을 사용**하여야 한다.

> **절연용 보호구 등을 사용하여야 하는 작업**
> ① 밀폐공간에서의 전기작업
> ② 이동 및 휴대장비 등을 사용하는 전기작업
> ③ 정전 전로 또는 그 인근에서의 전기작업
> ④ 충전전로에서의 전기작업
> ⑤ 충전전로 인근에서의 차량·기계장치 등의 작업

**PART 04**

## ① 충전 전로에서의 전기작업(활선작업) 시 안전조치 ✖✖

1. 충전 전로를 정전시키는 경우 : 정전작업 시 전로차단 절차에 따른 조치를 할 것

2. 충전 전로를 방호하는 경우 : 근로자의 신체가 전로와 직·간접 접촉되지 않도록 할 것

3. 절연용 보호구를 착용

4. 절연용 방호구를 설치

5. 고압 및 특별고압 : 활선작업용 기구 및 장치를 사용

6. 절연용 방호구의 설치·해체작업 : 절연용 보호구 착용, 활선작업용 기구 및 장치를 사용

7. 유자격자가 아닌 근로자의 접근한계거리

    ① 대지전압이 50킬로볼트 이하인 경우 : 근로자의 몸 또는 긴 도전성 물체가 충전 전로에서 300센티미터 이내로 접근금지

    ② 대지전압이 50킬로볼트를 넘는 경우 : 10킬로볼트 당 10센티미터씩 더한 거리 이상 이격

8. 유자격자 : 접근 한계 거리 이내로 접근하거나 절연 손잡이가 없는 도전체에 접근할 수 없도록 할 것

**[접근한계거리] ✖✖**

| 충전 전로의 선간전압<br>(단위 : 킬로볼트) | 충전 전로에 대한 접근 한계 거리<br>(단위 : 센티미터) |
|---|---|
| 0.3 이하 | 접촉금지 |
| 0.3 초과 0.75 이하 | 30 |
| 0.75 초과 2 이하 | 45 |
| 2 초과 15 이하 | 60 |
| 15 초과 37 이하 | 90 |
| 37 초과 88 이하 | 110 |
| 88 초과 121 이하 | 130 |
| 121 초과 145 이하 | 150 |
| 145 초과 169 이하 | 170 |
| 169 초과 242 이하 | 230 |
| 242 초과 362 이하 | 380 |
| 362 초과 550 이하 | 550 |
| 550 초과 800 이하 | 790 |

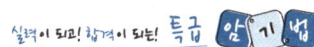

<u>선간전압</u> : 03, 075 / 2, 15 / 37, 88 / 121, 145, 169 / 242, 362 / 550, 800
<u>접근한계거리</u> : 3, 45, 6 / 9, 11, 13, 15, 17 / 23, 38, 55, 79

9. 울타리를 설치

10. 울타리 설치가 곤란한 경우 감시인 배치

1. **절연용 보호구 착용** 2. **절연용 방호구 설치** 3. **고압 및 특별고압 작업의 경우 활선작업용 기구, 장치 사용** 4. **접근한계거리 준수(대지전압 50kV 이하: 300cm 이내, 50kV 초과 시 10Kv당 10cm씩 더한 거리 이내로 접근금지)** 5. **울타리 설치** 6. **감시인 배치**

## ② 충전 전로 인근에서의 차량·기계장치 작업 시의 안전조치 ✄✄

1. 차량 등을 충전부로부터 300센티미터 이상 이격시키되, 대지전압이 50킬로볼트를 넘는 경우 10킬로볼트 증가할 때마다 10센티미터씩 증가

2. 절연용 방호구를 설치한 경우 : 이격거리를 절연용 방호구 앞면까지

3. 차량의 버킷이나 끝부분이 절연되어 있고 유자격자가 작업하는 경우 : 이격거리는 접근한계거리까지

4. 울타리를 설치, 감시인 배치 등의 조치(절연용 보호구 착용 또는 차량의 절연되지 않은 부분이 접근한계거리 이내로 접근하지 않은 경우 제외)

5. 접지된 차량이 충전 전로와 접촉할 우려가 있을 경우 : 근로자가 접지점에 접촉하지 않도록 조치

1. **이격거리: 충전부로부터 300cm 이상, 대지전압 50kV 초과 시 – 10kV 증가시마다 10cm씩 증가**
2. **울타리 설치, 감시인 배치**
3. **근로자가 접지점에 접촉하지 않도록 조치**

CHAPTER 02

# 감전재해 및 방지대책

## 01 감전재해예방 및 조치, 감전재해의 요인, 절연용 안전장구

**주/요/내/용 알/고/가/기**

1. 전압, 전류, 저항의 관계
2. 허용접촉전압
3. 1차적 감전위험요소 및 영향력
4. 전압의 구분
5. 누전차단기를 설치해야 하는 장소
6. 자동전격방지기의 성능

**합격의 key**

**용어정의**

- 전기 : 전기적 에너지
- 전류(Current) : 전자의 흐름(A)
- 전압(Voltage) : 전류 흐름을 발생시키는 에너지(V)
- 저항(Resistance) : 전류의 흐름을 방해하는 요소(Ω)

**기출**

인체 전기저항이 1000Ω일 때 전기에너지는 13.61J× 2 = 27.22J (저항과 에너지는 비례한다)

**문제**

심실세동 전류를 I=165/ $\sqrt{T}$ [mA]라면 감전되었을 경우 심실세동 시에 인체에 직접 받는 전기에너지[cal]는? (단, T는 시간(단위 : 초)이며, 인체의 저항은 500Ω 이다)

㉮ 0.52 ㉯ 1.35
㉰ 2.14 ㉱ 3.26

[해설]
① 인체 전기저항 500[Ω]일 때의 에너지
→ 13.61J× 0.24 = 3.26cal
② $Q = I^2RT$
$= \left(\frac{165}{\sqrt{1}} \times 10^{-3}\right)^2 \times 500 \times 1$
$= 13.61(J) \times 0.24$
$= 3.26cal$

정답 ㉱

### 1 감전 재해예방 및 조치

#### (1) 전압, 전류, 저항의 관계

| | |
|---|---|
| 옴의 법칙 ☆☆ | $V = I \times R$<br>여기서, $V$ : 전압(V : 볼트)<br>$I$ : 전류(A : 암페어)<br>$R$ : 저항(Ω : 옴) |
| 줄의 법칙 ☆ | $Q = I^2 \times R \times T$<br>여기서, $Q$ : 전기 발생 열(에너지)(J) $I$ : 전류(A)<br>$R$ : 전기저항(Ω) $T$ : 통전시간(S) |
| 위험한계 에너지 ☆☆ | 인체의 전기저항이 최악의 상태인 500Ω일 때<br>$Q = I^2 \times R \times T$<br>$Q = I^2 \times R \times T = \left(\frac{165 \sim 185}{\sqrt{1}} \times 10^{-3}\right)^2 \times 500 \times 1$<br>$= 13.61 \sim 17.11(J)$<br>* 13.61J×0.24=3.2664Cal |
| 심실세동 전류의 계산 ☆☆ | ① $I(mA) = \frac{165}{\sqrt{T}}$<br>$T$ : 통전시간(초)<br>② $I(A) = \frac{V}{R}$ |
| 전하량의 계산 | $Q = I \times T$<br>여기서, $Q$: 전하량(C) $I$: 전류(A)<br>$T$: 시간(초) |

## (2) 허용 접촉전압 ✖✖

전원과 인체의 접촉 시 인체에 인가되는 허용전압을 말한다.

| 종별 | 접촉 상태 | 허용 접촉 전압 |
|---|---|---|
| 제1종 | • 인체의 대부분이 **수중**에 있는 상태 | **2.5V 이하** |
| 제2종 | • 인체가 **현저히 젖어 있는 상태**<br>• **금속성**의 전기·기계 장치나 구조물에 인체의 일부가 **상시 접촉**되어 있는 상태 | 25V 이하 |
| 제3종 | • 제1종, 제2종 이외의 경우로서 **통상의 인체 상태**에 있어서 접촉 전압이 가해지면 위험성이 높은 상태 | 50V 이하 |
| 제4종 | • 제1종, 제2종 이외의 경우로서 통상의 인체 상태에 **접촉 전압이 가해지더라도 위험성이 낮은 상태**<br>• 접촉 전압이 가해질 우려가 없는 경우 | 제한 없음 |

## (3) 인체의 저항

① 인체저항은 보통 $5,000\Omega$이나 근로환경, 피부가 젖은 정도, 인가전 압에 따라 최악의 상태에는 $500\Omega$까지 감소한다.

| | |
|---|---|
| 인체저항 | $5,000\Omega$ |
| 피부저항 | $2,500\Omega$ |
| 내부저항 | $500\Omega$ |
| 발과 신발 사이 저항 | $1,500\Omega$ |
| 신발과 대지 사이 저항 | $500\Omega$ |

② 피부에 **땀이 나면** 건조시보다 저항이 $\frac{1}{12}$ 로 감소되고, 물에 젖을 경우 $\frac{1}{25}$, 습기가 많을 경우는 $\frac{1}{10}$ 정도로 저항이 감소된다. ✖

## 2 감전 재해의 요인

### (1) 1차적 감전위험요소 및 영향력 ✖

통전전류크기 > 통전시간 > 통전경로 > 전원의 종류(직류보다 교류가 더 위험)

### (2) 2차 감전 위험 요소 ✖

① 인체조건(저항)   ② 전압   ③ 계절

PART 04

문제

심장의 맥동주기 중 어느 때에 전격이 인가되면 심실세동을 일으킬 확률이 크고, 위험한가?
① 심방의 수축이 있을 때
② 심실의 수축이 있을 때
③ 심실의 수축 종료 후 심실의 휴식이 있을 때
④ 심실의 수축이 있고 심방의 휴식이 있을 때

[해설]
심실의 수축 종료 후 심실의 휴식이 있을 때 심실세동을 일으킬 확률이 크다.

정답 ③

## (3) 통전 경로별 위험도 ✄

| 통전 경로 | 위험도 |
|---|---|
| 왼손 – 가슴 | 1.5 |
| 오른손 – 가슴 | 1.3 |
| 왼손 – 한발 또는 양발 | 1.0 |
| 양손 – 양발 | 1.0 |
| 오른손 – 한발 또는 양발 | 0.8 |
| 왼손 – 등 | 0.7 |
| 한손 또는 양손 – 앉아있는 자리 | 0.7 |
| 왼손 – 오른손 | 0.4 |
| 오른손 – 등 | 0.3 |

실력이 되고! 합격이 되는! 특급 암기법

왼가 오가/ 왼발 손발/ 오발/ 왼등 손자리/ 손손/ 오등
(5, 3, 땡땡, 8, 7, 7, 4, 3)

## (4) 전압의 구분 ✄✄✄

| 전압의 종별 | 교류 | 직류 |
|---|---|---|
| 저압 | 1,000V 이하의 것 | 1,500V 이하의 것 |
| 고압 | 1,000V 초과 7,000V 이하 | 1,500V 초과 7,000V 이하 |
| 특별고압 | 7,000V 초과 | 7,000V 초과 |

## (5) 이격거리

| 기구 등의 구분 | 이격거리 |
|---|---|
| 고압용의 것 | 1m 이상 |
| 특고압용의 것 | 2m 이상(사용전압이 35kV 이하의 특고압용의 기구 등으로서 동작할 때에 생기는 아크의 방향과 길이를 화재가 발생할 우려가 없도록 제한하는 경우에는 1m 이상) |

## ❸ 누전차단기 감전 예방

누전차단기는 **누전검출부, 영상변류기, 차단기구** 등으로 구성된 장치로서 **누전, 절연파괴** 등으로 인하여 발생되는 지락전류가 일정 값 이상이 될 경우 주어진 동작시간 이내에 전기기계기구의 전로를 차단하는 장치를 말한다.

## (1) 누전차단기를 설치해야 하는 기계·기구 ✄✄

다음 각 호의 전기 기계·기구에 대하여 누전에 의한 감전위험을 방지하기 위하여 해당 전로의 정격에 적합하고 감도가 양호하며 확실하게 작동하는 감전방지용 누전차단기를 설치하여야 한다.

---

**누전차단기를 설치해야 하는 기계·기구 ✄✄**

① 대지전압이 150볼트를 초과하는 이동형 또는 휴대형 전기기계·기구
② 물 등 도전성이 높은 액체가 있는 습윤장소에서 사용하는 저압(1.5천볼트 이하 직류전압이나 1천볼트 이하의 교류전압)용 전기기계·기구
③ 철판·철골 위 등 도전성이 높은 장소에서 사용하는 이동형 또는 휴대형 전기기계·기구
④ 임시배선의 전로가 설치되는 장소에서 사용하는 이동형 또는 휴대형 전기기계·기구

---

**누전차단기를 설치하지 않아도 되는 경우 ✄✄**

① 「전기용품 및 생활용품 안전관리법」이 적용되는 이중절연 또는 이와 같은 수준 이상으로 보호되는 구조로 된 전기기계·기구
② 절연대 위 등과 같이 감전 위험이 없는 장소에서 사용하는 전기기계·기구
③ 비접지방식의 전로

---

## (2) 누전차단기 접속할 때 준수사항 ✄✄

① 전기기계·기구에 설치되어 있는 누전차단기는 정격감도전류가 30밀리암페어 이하이고 작동시간은 0.03초 이내일 것. 다만, 정격전부하전류가 50암페어 이상인 전기기계·기구에 접속되는 누전차단기는 오작동을 방지하기 위하여 정격감도전류는 200밀리암페어 이하로, 작동시간은 0.1초 이내로 할 수 있다.
② 분기회로 또는 전기기계·기구마다 누전차단기를 접속할 것. 다만, 평상시 누설전류가 매우 적은 소용량부하의 전로에는 분기회로에 일괄하여 접속할 수 있다.
③ 누전차단기는 배전반 또는 분전반 내에 접속하거나 꽂음접속기형 누전차단기를 콘센트에 접속하는 등 파손이나 감전사고를 방지할 수 있는 장소에 접속할 것
④ 지락보호전용 기능만 있는 누전차단기는 과전류를 차단하는 퓨즈나 차단기 등과 조합하여 접속할 것

## (3) 누전차단기의 사용기준 ✄

① 당해 부하에 적합한 정격전류를 갖출 것
② 당해 부하에 적합한 차단용량을 갖출 것

---

PART 04

③ 정격 부동작 전류가 정격감도전류의 50% 이상이어야 하고 이들의 전류치가 가능한 한 작을 것
④ 절연저항이 5MΩ 이상일 것
⑤ 누전차단기의 정격전압은 당해 누전차단기를 설치할 전로의 공칭전압의 90~110% 이내이어야 한다.

## (4) 누전전류(누설전류)의 크기 ✄

보통 최대공급전류의 $\frac{1}{2,000}$ (A)이 누설되고 있다고 본다.

(누설전류 = 최대공급전류 × $\frac{1}{2,000}$)

## (5) 발화에 이르는 누전전류의 최소치 ✄

누설되는 전류의 크기가 300~500mA일 때 누설전류에 의해 발화가 일어날 수 있다.

## 4 아크 용접장치

### (1) 교류아크 용접기의 방호장치 : 자동전격방지기 ✄✄✄

① 사업주는 아크용접 등(자동용접은 제외한다)의 작업에 사용하는 용접봉의 홀더에 대하여 「산업표준화법」에 따른 한국산업표준에 적합하거나 그 이상의 절연내력 및 내열성을 갖춘 것을 사용하여야 한다.
② 사업주는 다음 각 호의 어느 하나에 해당하는 장소에서 교류아크 용접기(자동으로 작동되는 것은 제외한다)를 사용하는 경우에는 교류아크 용접기에 자동전격방지기를 설치하여야 한다.

| 교류아크 용접기에 자동전격방지기를 설치하여야 하는 장소 ✄ |
| --- |
| 1. 선박의 이중 선체 내부, 밸러스트(Ballast) 탱크, 보일러 내부 등 도전체에 둘러싸인 장소 |
| 2. 추락할 위험이 있는 높이 2미터 이상의 장소로 철골 등 도전성이 높은 물체에 근로자가 접촉할 우려가 있는 장소 |
| 3. 근로자가 물 · 땀 등으로 인하여 도전성이 높은 습윤 상태에서 작업하는 장소 |

### (2) 자동전격방지기의 성능 ✄✄

용접을 중단하고 1.0초 내에 용접기의 홀더, 어스선에 흐르는 무부하전압을 안전전압 25V 이하로 내려준다.

---

### 교류아크 용접기의 허용사용률 계산 ✈

$$허용사용률 = \frac{정격\ 2차전류^2}{실제사용\ 용접전류^2} \times 정격사용률$$

---

## 5 절연용 안전장구

### (1) 절연용 보호구 등의 사용

사업주는 다음 각 호의 작업에 사용하는 절연용 보호구, 절연용 방호구, 활선작업용 기구, 활선작업용 장치에 대하여 각각의 사용목적에 적합한 종별·재질 및 치수의 것을 사용하여야 한다.

---

#### 절연용 보호구 등을 사용하여야 하는 작업

① 밀폐공간에서의 전기작업
② 이동 및 휴대장비 등을 사용하는 전기작업
③ 정전 전로 또는 그 인근에서의 전기작업
④ 충전전로에서의 전기작업
⑤ 충전전로 인근에서의 차량·기계장치 등의 작업

---

### (2) 절연용 안전 보호구

7,000V 이하 전로 활선작업 시 작업자 몸에 착용한다.
① 전기용 안전모
   • AE종(물체의 낙하·비래 및 감전방지용)
   • ABE종(물체의 낙하·비래 및 추락, 감전방지용)
② 안전화(절연화)
③ 절연장화
④ 절연장갑(전기용 고무장갑)
⑤ 보호용 가죽장갑
⑥ 절연소매, 절연복

### (3) 절연용 방호구

활선작업 시 전로의 충전부, 지지물 주변, 전기배선에 설치한다.
① 고무판 : 충전부 작업 중 접지면 절연에 사용
② 방호판(절연판) : 고·저압 전로의 충전부 방호에 사용
③ 선로 커버, 애자커버(절연커버)
④ 완금커버, COS커버, 고무블랭킷, 점퍼호스

PART 04

📖 확인

＊ 절연봉(핫스틱) :
   충전 중인 고압 및 특고압의 전선 조작 시에 사용한다.

＊ 조작용 훅봉배전선용 훅봉(디스콘 봉) :
   충전중인 고압 및 특고압의 개폐기 조작 시에 사용한다.

(4) 검출용구

① 검전기 : 충전 유무 확인
② 활선 접근 경보기

(5) **활선작업용 장치** : 차량, 절연대

(6) **활선작업용 기구** : 절연봉(핫스틱), 조작용 훅봉(디스콘 봉), 활차, 다용
도 집게봉, 수동식 절단기 등

# 전기설비 위험요인 관리

# CHAPTER 03

## 01 전기설비 위험요인 파악 및 개선

### 주/요/내/용 알/고/가/기 ▶

1. 전로의 절연저항
2. 접지 공사의 종류
3. 접지를 시행하지 않아도 되는 경우
4. 피뢰기의 구비해야 할 성능
5. 피뢰기 설치 및 접지
6. 화재의 구분

### 1 전기설비 위험요인 파악

전기화재란 전기에 의한 발열이 발화원이 되어 발생하는 화재를 말한다.

| 전기화재 발생원인의 3요건 | | |
|---|---|---|
| ① 발화원 | ② 착화물 | ③ 출화의 경과 |

### (1) 전기설비 위험요인

① 단락에 의한 발화(쇼트)
- 전기회로에서 전위차가 있는 두 점 사이를 저항이 작은 도선으로 연결하는 것
- 단락이 되면 순간적으로 큰 전류와 높은 열이 발생되어 화재의 원인이 된다. 회로 중에는 퓨즈를 설치하여 과대 전류의 흐름을 방지해야 한다.

② 누전에 의한 발화
- 전선 및 전기기기의 절연파괴, 손상 등으로 전류가 누설되는 현상을 누전이라 하며, 누전으로 인한 발열로 화재가 발생한다.
- 발화에 이르는 누설전류(누전전류)의 최솟값은 300~500[mA]이다. ✦

---

### ⊕합격의 key

#### ▤참고

**1. 현재적 점화원**
직류 전동기의 정류자, 권선형 유도전동기의 슬립링, 개폐기 및 차단기류의 접점, 제어기기 및 보호계전기의 전기접점 등

**2. 잠재적 점화원**
전동기의 권선, 변압기의 권선, 마그넷 코일, 전기적 광원, 케이블, 기타 배선 등

#### ┌문제┐
과전류에 의한 전선의 발화 단계에 맞지 않는 것은? (단, 전류밀도 A/mm²)
㉮ 완화 단계 40~43
㉯ 착화 단계 43~60
㉰ 발화 단계 60~150
㉱ 용단 단계 120 이상

[해설]
㉰ 발화 단계 60~120A/mm²

┈┈┈ 정답 ㉰

#### ┌문제┐
누전으로 인한 화재의 3요소에 대한 요건이 아닌 것은?
㉮ 접속점
㉯ 출화점
㉰ 누전점
㉱ 접지점

[해설]
누전으로 인한 화재의 3요소
① 출화점
② 누전점
③ 접지점

┈┈┈ 정답 ㉮

③ 과전류에 의한 발화
  * 전기기기 또는 전선에서 **허용전류 값 이상으로 전류가 흐르는 것**을 **과전류**라 한다.

| 절연전선의 과대전류 ✿ |
| --- |
| • 인화(완화)단계 : $40 \sim 43 A/mm^2$ |
| • 착화단계 : $43 \sim 60 A/mm^2$ |
| • 발화단계 : $60 \sim 120 A/mm^2$ |
| • 순간용단 : $120 A/mm^2$ 이상 |

| 절연물의 종류와 최고허용온도 ✿ | |
| --- | --- |
| • Y종 절연 : 90℃ | • A종 절연 : 105℃ |
| • E종 절연 : 120℃ | • B종 절연 : 130℃ |
| • F종 절연 : 155℃ | • H종 절연 : 180℃ |
| • C종 절연 : 180℃ 초과 | |

④ 스파크에 의한 발화
⑤ 접촉부의 과열에 의한 발화
⑥ 절연열화 또는 탄화에 의한 발화

## (2) 전로의 절연저항 ✿✿

[전로의 절연저항 ✿✿]

| 전로의 사용전압(V) | DC 시험전압(V) | 절연저항($M\Omega$) |
| --- | --- | --- |
| SELV(비접지회로) 및 PELV(접지회로) | 250 | 0.5 |
| FELV(1차와 2차가 전기적으로 절연되지 않은 회로), 500(V) 이하 | 500 | 1.0 |
| 500(V) 초과 | 1,000 | 1.0 |

* 특별저압(extra low voltage : 2차 전압이 AC 50V, DC 120V 이하)으로 SELV(비접지회로 구성) 및 PELV(접지회로 구성)은 1차와 2차가 전기적으로 절연된 회로, FELV는 1차와 2차가 전기적으로 절연되지 않은 회로

## ❷ 접지시스템(KEC 규정)

### (1) 접지시스템의 구분 및 종류

1) 접지시스템은 계통접지, 보호접지, 피뢰시스템 접지 등으로 구분한다. ✪✪

| | |
|---|---|
| **계통접지**<br>(System Earthing)<br>✪✪ | 전력계통에서 돌발적으로 발생하는 이상현상에 대비하여 대지와 계통을 연결하는 것으로, 중성점을 대지에 접속하는 것을 말한다.<br>• TN방식(TN-S, TN-C, TN-C-S방식)<br>• TT방식<br>• IT방식 |
| **보호접지**<br>(Protective Earthing) | 고장 시 감전에 대한 보호를 목적으로 기기의 한 점 또는 여러 점을 접지하는 것을 말한다. |
| **피뢰시스템 접지** | 뇌격전류를 안전하게 대지로 방류하기 위한 접지를 말한다. |

2) 접지시스템의 시설 종류에는 단독접지, 공통접지, 통합접지가 있다.

| | |
|---|---|
| **단독접지** | 고압, 특고압계통의 접지극과 저압계통의 접지극을 독립적으로 설치하는 것을 말한다. |
| **공통접지** | 등전위가 형성되도록 고압, 특고압계통과 저압접지계통을 공통으로 접지하는 것을 말한다. |
| **통합접지** | 전기설비 접지계통, 피뢰설비 및 전기통신설비 등의 접지극을 통합하여 접지시스템을 구성하는 것, 설비 사이의 전위차를 해소하여 등전위를 형성하는 접지방식을 말한다. |

### (2) 접지시스템의 구성요소

1) 접지시스템은 접지극, 접지도체, 보호도체 및 기타 설비로 구성된다. ✪
  - ① 접지극 : 금속체와 대지를 접속하는 단자를 말한다.
  - ② 접지도체 : 계통, 설비 또는 기기의 한 점과 접지극 사이의 도전성 경로 또는 그 경로의 일부가 되는 도체를 말한다.
  - ③ 보호도체(PE, Protective Conductor) : 감전에 대한 보호 등 안전을 위해 제공되는 도체를 말한다.

**참고**

❋ **의료용 등전위접지**
의료기기 중 일부를 몸속에 넣어 사용하는 경우가 있는데 이러한 기기에 누전이 발생하면 누설전류가 심장으로 흐르게 되어 전격 위험성이 높게 된다. 환자가 직접·간접으로 접촉할 가능성이 있는 노출된 금속부분(실내 급수배관, 건물의 금속샷시, 밴드의 금속후레임 등)을 등전위(같은 전위)로 하기 위한 접지로 1점에 전기적으로 접속하는 것을 등전위접지라고 한다.

❋ **비접지방식**
전원의 차단이 의료에 중대한 손실을 초래할 우려가 있을 때 전로의 일선 지락 시에도 전원공급을 계속하기 위한 목적으로 의료실 콘센트 회로를 비접지방식으로 한다.

❋ **중성점**
3상 교류에서 변압기를 Y결선 했을 때 Y의 3상 접속점을 중성점이라 하고 중성점에 접속되는 전선(인출한 선)을 중성선이라 한다. 이 부분에서 이론적으로 전압은 0V이 된다.

**참고**

❋ **접지도체의 선정** ★★
1. 접지도체의 단면적은 큰 고장전류가 접지도체를 통하여 흐르지 않을 경우 접지도체의 최소 단면적은 다음과 같다.
  - ① 구리는 6mm² 이상
  - ② 철제는 50mm² 이상

2. 접지도체에 피뢰시스템이 접속되는 경우 접지도체의 단면적은 구리 16mm² 또는 철 50mm² 이상으로 하여야 한다.

참고

\* 등전위 본딩 도체

① 보호 등전위 본딩 도체
: 주 접지단자에 접속하기 위한 등전위 본딩 도체는 설비 내에 있는 가장 큰 보호접지 도체 단면적의 1/2 이상의 단면적을 가져야 하고 다음의 단면적 이상이어야 한다.

가. 구리도체 6mm²
나. 알루미늄 도체 16mm²
다. 강철 도체 50mm²

② 주 접지단자에 접속하기 위한 보호본딩 도체의 단면적은 구리도체 25mm² 또는 다른 재질의 동등한 단면적을 초과할 필요는 없다.

참고 **접지도체, 보호도체 및 보호본딩도체의 최소단면적** ✿✿

① 특고압·고압 전기설비용 접지도체는 단면적 6mm² 이상의 연동선
② 중성점 접지용 접지 도체는 공칭 단면적 16mm² 이상의 연동선(다만, 다음의 경우에는 공칭 단면적 6mm² 이상의 연동선)
  • 7kV 이하의 전로
  • 사용 전압이 25kV 이하인 특고압 가공전선로.
③ 접지도체, 보호도체, 보호본딩도체의 최소단면적

| 접지도체 최소단면적(mm²) | | 보호도체 최소단면적(mm²), 구리 | | 보호도체 및 보호본딩도체의 최소단면적(mm²), 구리 | |
|---|---|---|---|---|---|
| 구리 | 철 | 설비 상도체 단면적 S | 상도체와 재질이 같은 보호도체 | 케이블의 일부가 아니거나 상도체와 공통으로 수납되어 있지 않은 경우 | |
| 6 | 50 | S ≤ 16 | S | 기계적 손상에 대한 보호 있음 | 기계적 손상에 대한 보호 없음 |
| 접지도체에 피뢰시스템이 설치된 경우 | | 16 < S ≤ 35 | 16 | | |
| 16 | 50 | S > 35 | S/2 | 2.5 | 4 |

④ 이동하여 사용하는 전기 기계·기구의 금속제 외함 등의 접지시스템
  • 특고압·고압 전기설비용 접지도체 및 중성점 접지용 접지도체 : 단면적이 10mm² 이상인 것
  • 저압 전기설비용 접지 도체 : 단면적이 0.75mm² 이상인 것(다만, 기타 유연성이 있는 연동 연선은 1개 도체의 단면적이 1.5mm² 이상인 것)

## (3) 계통접지(저압 전기설비의 접지방식)의 분류 ✿✿✿

| | |
|---|---|
| **TN계통** | 전원측의 한 점을 직접접지하고 설비의 노출도전부를 보호도체로 접속시키는 방식<br>① TN-S 방식<br>② TN-C 방식<br>③ TN-C-S 방식 |
| **TT계통** | 전원의 한 점을 직접 접지하고 설비의 노출도전부는 전원의 접지전극과 전기적으로 독립적인 접지극에 접속시킨다. |
| **IT계통** | ① 충전부 전체를 대지로부터 절연시키거나, 한 점을 임피던스를 통해 대지에 접속시킨다.(전기설비의 노출도전부를 단독 또는 일괄적으로 계통의 PE 도체에 접속시키며 배전계통에서 추가 접지가 가능하다.)<br>② 계통은 충분히 높은 임피던스를 통하여 접지할 수 있다. (이 접속은 중성점, 인위적 중성점, 선도체 등에서 할 수 있고 중성선은 배선할 수도 있고, 배선하지 않을 수도 있다.) |

## (4) 변압기의 중성점 접지 저항값 ☆☆☆

| 일반적인 경우 | 변압기의 고압 · 특고압측 전로 또는 사용전압이 35kV 이하의 특고압전로가 저압측 전로와 혼촉하고 저압전로의 대지전압이 150V를 초과하는 경우 |
|---|---|
| 변압기의 고압 · 특고압측 전로 1선 지락전류로 150을 나눈 값 이하<br>($\frac{150}{1선지락전류}\Omega$ 이하) | • 1초 초과 2초 이내에 고압 · 특고압 전로를 자동으로 차단하는 장치를 설치할 때는 300을 나눈 값 이하<br>($\frac{300}{1선지락전류}\Omega$ 이하)<br>• 1초 이내에 고압 · 특고압 전로를 자동으로 차단하는 장치를 설치할 때는 600을 나눈 값 이하<br>($\frac{600}{1선지락전류}\Omega$ 이하) |

## (5) 접지공사의 목적

전기기계·기구의 누전으로 인한 감전이 우려될 때 전기기계·기구의 금속제 외함을 접지시켜 누설전류를 접지선을 통해 땅으로 흐르게 하여 기기의 전압을 감소시켜 감전을 방지한다.

## (6) 중성점 접지

① 비접지방식 : 중성점을 접지하지 않는 방식

② 접지방식 : 중성점을 접지하는 방식

[접지방식]

| | |
|---|---|
| 직접 접지방식 ☆ | • 변압기의 중성점을 직접 도체로 접지시키는 방식<br>• 이상전압 발생이 적다. |
| 저항 접지방식 | • 중성점에 저항기를 삽입하여 접지하는 방식<br>• 저항값의 대소에 따라 저 저항접지 방식과 고 저항접지 방식으로 나누어진다. |
| 소호 리액터 접지방식 ☆ | • 변압기의 중성점을 대지 정전 용량과 공진하는 리액턴스를 갖는 리액터를 통해서 접지시키는 방식<br>• 지락 고장이 발생해도 무정전으로 송전을 계속할 수 있다.<br>• 지락전류가 거의 영에 가까워서 안정도가 높다. |
| 리액터 접지방식 | • 접지용의 리액터 또는 변압기를 통하여 접지하는 방식 |

PART 04

문제

접지저항 저감대책으로 적합하지 않은 것은?

㉮ 병렬법
㉯ 심타, 심공공법
㉰ 접지극의 규격을 크게 한다.
㉱ 토양을 개량, 도전율을 떨어뜨린다.

[해설]
㉱ 토양을 개량, 도전율을 향상시킨다.

[참고]
접지는 과전류를 땅으로 흘려보내어 감전을 방지하는 방법으로 땅으로 전기가 잘 흐르도록 도전율을 향상시켜야 한다.

정답 ㉱

참고

저압전로에서 해당전로에 접지가 생긴 경우에 0.5초 이내에 자동적으로 전로를 차단하는 장치를 시설하는 경우에는 제3종 접지공사와 특별제3종 접지공사의 접지 저항치는 자동차단기의 정격감도전류에 따라 다음 표에 정하는 값 이하로 하여야 한다.

| 정격감도 전류 | 접지 저항치 |
|---|---|
| 30mA | 500Ω |
| 50mA | 300Ω |
| 1000mA | 150Ω |
| 2000mA | 75Ω |
| 3000mA | 50Ω |
| 500mA | 30Ω |

(7) 접지공사 방법

① 접지극은 매설하는 토양을 오염시키지 않아야 하며, 가능한 다습한 부분에 설치한다.

② 접지극은 동결 깊이를 감안하여 시설하되 **고압 이상의 전기 설비와 변압기 중성점 접지에 시설하는 접지극의 매설 깊이는 지표면으로부터 지하 0.75m 이상**으로 한다. 다만, 발전소 · 변전소 · 개폐소 또는 이와 준하는 곳에 접지극을 시설하는 경우에는 그러하지 아니하다.

③ **접지 도체를 철주 기타의 금속체를 따라서 시설하는 경우에는** 접지극을 철주의 밑면으로부터 0.3m 이상의 깊이에 매설하는 경우 이외에는 **접지극을 지중에서 그 금속체로부터 1m 이상 떼어 매설**하여야 한다.

④ **접지 도체는 지하 0.75m부터 지표 상 2m까지 부분은 합성수지관** (두께 2mm 미만의 합성수지체 전선관 및 가연성 콤바인덕트관은 제외한다) 또는 이와 동등 이상의 절연 효과와 강도를 가지는 몰드로 덮어야 한다.

(8) 접지저항 저감대책 ✦

① **접지극의 병렬 매설**
② **접지봉의 심타 매설**
③ **접지극의 규격을 크게**
④ 토질 개량
⑤ 보조 메쉬(Mesh), 보조 전극 공법
⑥ **접지저항 저감제 사용(약품 사용)**

(9) 접지를 하여야 하는 전기기계 · 기구(산업안전보건법 기준)

사업주는 누전에 의한 감전의 위험을 방지하기 위하여 다음 각 호의 부분에 대하여 접지를 하여야 한다.

① 전기기계 · 기구의 금속제 외함 · 금속제 외피 및 철대
② 고정 설치되거나 고정배선에 접속된 전기기계 · 기구의 노출된 비충전 금속체 중 충전될 우려가 있는 다음 각목의 1에 해당하는 비충전 금속체
  • **지면이나 접지된 금속체로부터 수직거리 2.4미터, 수평거리 1.5미터 이내의 것**
  • **물기 또는 습기가 있는 장소에 설치되어 있는 것**

- 금속으로 되어있는 기기접지용 전선의 피복·외장 또는 배선관 등
- 사용전압이 대지전압 150볼트를 넘는 것

③ 전기를 사용하지 아니하는 설비 중 다음 각목의 1에 해당하는 금속체
- 전동식 양중기의 프레임과 궤도
- 전선이 붙어있는 비전동식 양중기의 프레임
- 고압 이상의 전기를 사용하는 전기기계·기구 주변의 금속제 칸막이·망 및 이와 유사한 장치

④ 코드 및 플러그를 접속하여 사용하는 전기기계·기구 중 다음 각목의 1에 해당하는 노출된 비충전 금속체
- 사용전압이 대지전압 150볼트를 넘는 것
- 냉장고·세탁기·컴퓨터 및 주변기기 등과 같은 고정형 전기기계·기구
- 고정형·이동형 또는 휴대형 전동기계·기구
- 물 또는 도전성이 높은 곳에서 사용하는 전기기계·기구, 비접지형 콘센트
- 휴대형 손전등

⑤ 수중펌프를 금속제 물탱크 등의 내부에 설치하여 사용하는 경우에 그 탱크

(10) 접지를 시행하지 않아도 되는 경우(산업안전보건법 기준)

> **접지를 하지 않아도 되는 경우 ✂✂**
>
> ① 「전기용품 및 생활용품 안전관리법」이 적용되는 이중절연구조 또는 이와 같은 수준 이상으로 보호되는 구조로 된 전기기계·기구
> ② 절연대 위 등과 같이 감전 위험이 없는 장소에서 사용하는 전기기계·기구
> ③ 비접지방식의 전로(그 전기 기계·기구의 전원 측의 전로에 설치한 절연 변압기의 2차 전압이 300볼트 이하, 정격용량이 3킬로볼트 암페어 이하이 고 그 절연전압기의 부하측의 전로가 접지되어 있지 아니한 것으로 한정 한다)에 접속하여 사용되는 전기기계·기구

## 3 피뢰시스템

### (1) 피뢰시스템의 적용 범위

① 전기전자설비가 설치된 건축물·구조물로서 낙뢰로부터 보호가 필요한 것 또는 지상으로부터 높이가 20m 이상인 것
② 전기설비 및 전자설비 중 낙뢰로부터 보호가 필요한 설비

## (2) 피뢰시스템의 구성

| | |
|---|---|
| 외부 피뢰시스템 | 직격뢰로부터 대상물을 보호한다.<br>① 수뢰부 시스템<br> • 뇌격전류를 받아들이기 위한 외부 피뢰설비의 일부분을 말한다.<br>② 인하도선 시스템<br> • 수뢰부 시스템과 접지 시스템을 전기적으로 연결하여 수뢰부로부터 접지부로 뇌격전류를 흘리기 위한 외부 피뢰설비의 일부분을 말한다.<br>③ 접지극 시스템<br> • 뇌전류를 대지로 방류시키기 위한 것이다.<br> • 접지극은 지표면에서 0.75m 이상 깊이로 매설하여야 한다. |
| 내부 피뢰시스템 | 간접뢰 및 유도뢰로부터 대상물을 보호한다.<br>① 등전위 본딩<br>② 외부 피뢰설비와의 전기적 절연 |

## (3) 피뢰기의 설치 장소 ✈

① 발전소·변전소 또는 이에 준하는 장소의 가공전선 인입구 및 인출구
② 가공전선로에 접속하는 배전용 변압기의 고압측 및 특고압측
③ 고압 및 특고압 가공전선로로부터 공급을 받는 수용장소의 인입구
④ 가공전선로와 지중전선로가 접속되는 곳

## (4) 피뢰기의 구성

피뢰기는 직렬 갭과 특성요소로 구성된다.
① 직렬 갭 : 정상 시에는 방전을 하지 않고 절연상태를 유지하며, 이상 과전압 발생 시에는 신속히 이상전압을 대지로 방전하고 속류를 차단하는 역할을 한다.
② 특성요소 : 뇌전류 방전 시 피뢰기 자신의 전위 상승을 억제하여 자신의 절연 파괴를 방지하는 역할을 한다.

---

🔍 **용어정의**

＊ **피뢰기**
전기기기를 서지(Surge)로부터 보호하기 위해 변압기 가까이 설치하는 장치로서, 충전된 경우에만 접지가 된다.

＊ **정격전압**
속류를 차단할 수 있는 교류 최고전압

＊ **제한전압**
방전 중의 단자전압의 파고치(파형의 최대높이의 값)

＊ **방전개시전압**
피뢰기가 방전을 개시할 때의 단자전압의 순시치(어느 한 순간에서의 크기)

＊ **속류**
이상전압 발생 시 피뢰기가 방전하여 큰 방전전류를 대지로 흘려보낸 후 시간이 지나면 계통을 정상화해도 될 정도로 방전전류가 작아지는데 이것을 속류라고 한다. 속류는 아무리 작아도 피뢰기를 통해 대지로 흘러가는 방전전류이므로 이 속류를 차단해야만 계통이 정상화 된다.

＊ **피뢰침**
낙뢰에 의한 충격 전류를 땅으로 안전하게 흘려 보내 낙뢰로부터 건축물을 보호하기 위한 목적으로 건물상단에 설치하며 항상 접지되어 있다.

＊ **피뢰도선**
돌침부와 접지극 사이를 연결하는 도선을 말한다.

### (5) 피뢰기가 구비해야 할 성능 ✿

① 반복 동작이 가능할 것
② 구조가 견고하며 특성이 변하지 않을 것
③ 점검, 보수가 간단할 것
④ 충격 방전 개시 전압과 제한 전압이 낮을 것
⑤ 뇌전류의 방전 능력이 크고, 속류의 차단이 확실하게 될 것

### (6) 피뢰기의 접지 ✿✿

① 접지도체에 피뢰시스템이 접속되는 경우, 접지도체의 단면적은 구리 16mm² 또는 철 50mm² 이상으로 하여야 한다.
② 고압 및 특고압의 전로에 시설하는 피뢰기 접지저항값은 10Ω 이하로 하여야 한다.

### (7) 피뢰기의 보호 여유도 ✿

$$여유도(\%) = \frac{충격\ 절연\ 강도 - 제한\ 전압}{제한\ 전압} \times 100$$

### (8) 피뢰기의 점검 : 연 1회 이상

피뢰기의 점검은 내년 뇌우기(6~7월경) 전에 실시하는 것이 바람직하다.

① 접지 저항 측정
② 지상의 각 접속부 검사
③ 지상의 단선, 용융, 기타 손상 유무 검사

### (9) 피뢰침의 종류

① 돌침 방식
② 회전 구체 방식
③ 선행 스트리머 방출형 피뢰침(ESE 피뢰침)

---

**참고**

1. 지상으로부터 높이 60m를 초과하는 건축물·구조물에 측뢰 보호가 필요한 경우에는 수뢰부시스템을 시설하여야 하며, 다음에 따른다.
   - 전체 높이 60m를 초과하는 건축물·구조물의 최상부로부터 20% 부분에 한하며, 피뢰시스템 등급 Ⅳ의 요구사항에 따른다.
2. 건축물·구조물과 분리되지 않은 수뢰부시스템의 시설은 다음에 따른다.
   ① 지붕 마감재가 불연성 재료로 된 경우 지붕 표면에 시설할 수 있다.
   ② 지붕 마감재가 높은 가연성 재료로 된 경우 지붕재료와 다음과 같이 이격하여 시설한다.
   - 초가지붕 또는 이와 유사한 경우 0.15m 이상
   - 다른 재료의 가연성 재료인 경우 0.1m 이상

**기출**

* 피뢰시스템의 레벨별 회전구체 반경과 메시치수

| 피뢰시스템의 레벨 | 회전구체 반경 (m) | 메시치수 (m) |
|---|---|---|
| Ⅰ | 20 | 5×5 |
| Ⅱ | 30 | 10×10 |
| Ⅲ | 45 | 15×15 |
| Ⅳ | 60 | 20×20 |

(10) 피뢰침의 구성요소 ✄

① 돌출부(돌침)
② 피뢰도선
③ 접지극

## 4 화재경보기

### (1) 누전경보기의 구성

① **영상변류기** : 누설전류를 자동으로 검출하여 누전경보기의 수신기에 송신하는 장치
② **수신기** : 변류기로부터 검출된 신호를 수신하여 누전의 발생을 소방대상물의 관계인에게 경보를 통보하는 장치
③ **차단기구** : 경계전로에 누설전류가 흐르는 경우 그 경계전로의 전원을 자동적으로 차단하는 장치
④ **음향장치** : 경보를 발하는 장치

### (2) 누전경보기의 수신기를 설치할 수 없는 장소

① 가연성의 증기, 먼지, 가스 등이나 부식성의 증기, 가스 등이 다량으로 체류하는 장소
② 화약류를 제조하거나 저장 또는 취급하는 장소
③ 습도가 높은 장소
④ 온도의 변화가 급격한 장소
⑤ 대전류 회로, 고주파 발생회로 등에 의한 영향을 받을 우려가 있는 장소

---

**📖참고**

**＊ 누전화재 경보기 설치 장소**

**1. 제1종 장소**
일반 건축물로서 불연 재료 또는 준불연 재료가 아닌 재료에 철망 등의 금속재를 넣어 만든 것으로
① 연면적 300[m²] 이상인 것
② 계약 전류 용량(동일 건축물에 계약 종별이 다른 전기가 공급되는 경우에는 그중 최대 계약전류 용량을 말한다)이 100[A]를 초과하는 것

**2. 제2종 장소**
일반 건축물로서 불연 재료 또는 준불연 재료가 아닌 재료에 철망 등의 금속재를 넣어 만든 것으로
① 연면적 500[m²] 이상(사업장의 경우에는 1,000[m²] 이상)인 것.
② 계약 전류 용량이 100[A] 를 초과하는 것(4층 이상의 공동 주택 및 사업장에 한한다.)

**3. 제3종 장소**
연면적 1,000[m²] 이상의 창고(내화 건축물은 제외)로서 벽·바닥 또는 천장(ceiling)의 전부 또는 일부를 불연 재료가 아닌 재료에 철망을 넣어 만든 구조의 것

---

## 5 화재 대책

### (1) 화재의 구분 ✿✿✿

| 구분\n등급 | 화재의 구분 | 표시 색 | 소화기의 종류 |
|---|---|---|---|
| A급 | 일반 가연물화재\n(종이, 섬유, 목재 등) | 백색 | 물소화기, 산·알칼리소화기,\n강화액소화기 |
| B급 | 유류화재 | 황색 | 분말소화기, 포소화기,\n이산화탄소(탄산가스, $CO_2$)\n소화기 |
| C급 | 전기화재\n(발전기, 변압기 등) | 청색 | 분말소화기,\n이산화탄소(탄산가스)소화기,\n할로겐 화합물 소화기 |
| D급 | 금속화재\n(금속분 등) | 무색,\n표시없음 | 팽창질석, 팽창진주암, 건조사 |

# CHAPTER 04

# 정전기 장 · 재해관리

## 🔍 합격의 Key

### 🔍용어정의

**1. 정전기**
전하의 공간이동이 적으며 전계의 영향은 크고 자계의 영향은 아주 작은 전기

**2. 정전기 대전**
물체와 물체 사이에 접촉 또는 분리, 마찰, 충격, 유동 및 분사 등으로 인하여 전하가 축적된 상태를 말한다.

**3. 고유저항**
한변의 길이가 1m인 정육면체의 대향면 간의 저항을 말한다. 단위는 오옴-($\Omega$-m)로 표시한다.

**4. 도전율**
고유저항의 역수치를 말하며, 단위는 지멘스/미터($S/m=\Omega^{-1}m^{-1}$)로 표시한다.

**5. 정전기적 접지**
대지에 대한 접지저항이 $10^6\Omega$ 이하인 것을 말한다.

### 📖확인

**※ 전기와 정전기의 차이점**
① 전기 : 흐르고 있음
② 정전기 : 정지해 있음

### 🔍용어정의

**※ 대전**
물질은 보통의 경우 전기적으로 중성 상태 즉, (+)전하량과 (−)전하량이 같은 상태에 있다. 외부 힘에 의해 전하량의 평형이 깨지면 물체는 (−)전기 혹은 (+)전기를 띠게 되는데 이렇게 전기를 띠게 되는 현상을 대전이라 하고 대전된 물체를 대전체라 한다.

### 📄기출

**※ 대전서열**
(+)털가죽−상아−유리−명주−나무−솜−고무−셀룰로이드−에보나이트(−)털가죽쪽으로 갈수록 (+)로 대전되려는 성질이 강하고 에보나이트쪽으로 갈수록 (−)로 대전되려는 성질이 강하다. 예를 들어, 유리와 고무를 비비면 유리는 (+)로 대전되고 고무는 (−)로 대전된다. 명주와 에보나이트막대를 비비면 명주는 (+), 에보나이트막대는 (−)로 대전된다.

## 01 정전기 위험요소 파악 및 제거

### 📍 주/요/내/용 알/고/가/기

1. 정전기 발생 현상
2. 정전기 발생에 영향을 주는 요인
3. 정전기 방전 현상
4. 정전기의 최소 착화 에너지(정전에너지)
5. 정전기 재해 예방대책

### 1 정전기의 발생 및 영향

#### (1) 정전기 발생현상 ✮✮

① 마찰대전
  • 두 물체 사이의 마찰로 인한 접촉, 분리에서 발생한다.
    예 롤러기

② 유동대전
  • 액체류가 파이프 등 내부에서 유동 시 관벽과 액체 사이에서 발생한다.
  • 가솔린, 벤젠 등의 유속을 1m/sec 이하로 하여야 한다.

③ 박리대전
  • 밀착된 물체가 떨어지면서 자유전자의 이동으로 발생한다.
  • 이 경우는 마찰대전보다 더 큰 에너지가 발생한다.

④ 충돌대전
  • 입자와 다른 고체와의 충돌과 급속한 분리에 의해 발생한다.

⑤ 분출대전
  • 기체, 액체, 분체류가 단면적이 작은 분출구를 통과할 때 발생한다.

⑥ 파괴대전
  • 고체, 분체류와 같은 물체가 파괴됐을 때 전하분리 또는 전하의 균형이 깨지면서 정전기가 발생한다.

⑦ 비말대전
  • 공간에 분출한 액체류가 가늘게 비산해서 분리되는 과정에서 정전기가 발생한다.

## (2) 정전기 발생에 영향을 주는 요인 ✄

| 물체의 특성 | 대전서열에서 멀리 있는 물체들끼리 마찰할수록 발생량이 많다. |
|---|---|
| 물체의 표면 상태 | 표면이 거칠수록, 표면이 수분·기름 등에 오염될수록 발생량이 많다. |
| 물체의 이력 | 처음 접촉, 분리할 때 정전기 발생량이 최고이고, 반복될수록 발생량은 줄어든다. |
| 접촉 면적 및 압력 | 접촉면적이 넓을수록, 접촉압력이 클수록 발생량이 많다. |
| 분리 속도 | 분리속도가 빠를수록 발생량이 많다. |

## (3) 정전기 방전형태

① 코로나 방전
- 전선 간에 가해지는 전압이 어떤 값 이상으로 되면 전선 주위의 전장이 강하게 되어 전선 표면의 공기가 국부적으로 절연이 파괴가 되어 빛과 소리를 내는 현상
- 코로나 방전은 대전체나 방전물체의 돌기부분과 같은 끝부분에서 미약한 발광이 일어나는 현상이다.
- 방전에너지의 밀도가 낮아 재해의 원인이 되는 확률이 비교적 적다.
- 코로나 방전 결과 공기중 오존($O_3$)이 생성된다. ✄

② 브러쉬 방전(스트리머 방전)
- 코로나 방전이 보다 진전하여 수지상 발광과 펄스상의 파괴음을 수반하는 나뭇가지 모양의 방전을 말한다.
- 방전에너지가 크므로 재해의 원인이 될 수 있고, 화재, 폭발을 일으킬 수 있다.

③ 불꽃 방전
- 대전체 또는 접지체의 형태가 비교적 평활하고 그 간격이 작은 경우 그 공간에서 발생하는 강한 빛광과 파괴음을 가진 방전을 말한다.
- 방전에너지가 커서 재해나 장해의 주요원인이 된다.

④ 연면 방전
- 절연체 표면의 전계강도가 큰 경우에 고체표면을 따라서 진행하는 방전을 말한다.
- 불꽃방전과 마찬가지로 방전에너지가 높아 재해나 장해의 원인이 된다.
- star-check 마크를 가지는 나뭇가지 형태의 발광을 수반한다.

문제
다음은 정전기에 관련한 설명이다. 잘못된 것은?
㉮ 정전유도에 의한 힘은 반발력이다.
㉯ 발생한 정전기와 완화한 정전기의 차가 마찰을 받은 물체에 축적되는 현상을 대전이라 한다.
㉰ 같은 부호의 전하는 반발력이 작용한다.
㉱ 겨울철에 나일론제 셔츠 등을 벗을 때 경험한 부착현상이나 스파크발생은 박리대전현상이다.

[해설]
㉮ 정전유도에 의한 힘은 흡인력이다.

정답 ㉮

PART 04

기출
인체의 대전에 기인하여 발생하는 전격의 발생한계 전위는 3kV 정도이다.

## (4) 정전기의 최소 착화에너지(정전에너지)

**최소 착화에너지(정전에너지)의 계산** ⭐⭐

$$E = \frac{1}{2} QV = \frac{1}{2} CV^2 = \frac{Q^2}{2C} (\text{J})$$

여기서, $E$ : 정전기 에너지(J)　　　　$C$ : 도체의 정전 용량(F)
　　　　$V$ : 대전 전위(V)　　　　　　$Q$ : 대전 전하량(C)

대전 전하량은 $Q = C \cdot V$　　　대전 전위는 $V = \dfrac{Q}{C}$

## 2 정전기 재해 방지대책

### (1) 인체에 대전된 정전기 위험 방지조치 ⭐⭐

① 정전기용 안전화의 착용
② 제전복(除電服)의 착용
③ 정전기 제전용구의 사용
④ 작업장 바닥 등에 도전성을 갖추도록 하는 등의 조치

### (2) 제전기 종류 및 특징

① 전압인가식 제전기
  • 7,000V 정도의 전압으로 코로나 방전을 일으키고 발생된 이온으로 제전한다.
  • 제전효과가 가장 좋다.

② 자기 방전식 제전기
  • 스테인리스, 카본(7um), 도전성 섬유(5um) 등에 작은 코로나 방전을 일으켜서 제전한다.
  • 아세테이트 필름의 권취 공정, 셀로판 제조 공정, 섬유 공장 등에 유용하나 2kV 내외의 대전이 남는 결점이 있다.
  • 경제적이며 제전효과 좋다.

③ 이온 스프레이식 제전기
  • 코로나 방전에 의해 발생한 이온을 blower로 대전체에 내뿜는 방식이다.
  • 제전효율은 낮으나 폭발위험이 있는 곳에 적당하다.

④ 방사선식 제전기
  • 방사선 원소의 전리작용을 이용하여 제전한다.

(3) 제전기의 제전효과에 영향을 미치는 요인 ✦

① 제전기의 이온 생성능력
② 제전기 설치 위치 및 설치 각도
③ 대전물체의 대전전위 및 대전분포
④ 제전기의 설치 거리

(4) 정전기 재해 예방대책 ✦✦

① 접지(도체일 경우 효과 있으나 부도체는 효과 없다)
② 습기부여(공기 중 습도 60~70% 이상 유지한다)
③ 도전성 재료 사용(절연성 재료는 절대 금한다)
④ 대전 방지제 사용
  • 외부용 일시성 대전방지제 : 음이온계
  • 양이온계
  • 비이온계
⑤ 제전기 사용
⑥ 유속 조절(석유류 제품 1m/s 이하)

┌ 참고 ─────────

1. 대전물체의 표면전위

$$V_s = \frac{C_1 + C_2}{C_1} \cdot V_e$$

여기서,
$C_1$ : 대전물체와 검출전극
      간의 정전용량
$C_2$ : 검출전극과 대지 간의
      정전용량
$V_e$ : 검출전극의 전위
$V_s$ : 대전물체의 표면전위

2. 접지되어 있지 않는 도
   전성 물체에 접촉한 경
   우 물체에 유도된 전압
   의 계산(단, 물체와 대
   지사이의 저항은 무시)

$$V = \frac{C_1}{C_1 + C_2} \cdot E$$

여기서,
$E$ : 송전선의 대지전압
$C_1$ : 송전선과 물체 사이의
      정전용량
$C_2$ : 물체와 대지 사이의
      정전용량

PART 04

CHAPTER
05

# 전기 방폭관리

합격의 key

## 01  전기방폭설비, 전기방폭 사고예방 및 대응

📍 주/요/내/용 알/고/가/기

1. 방폭구조의 종류
2. 안전간격 및 폭발등급
3. 폭발 위험장소 및 위험장소별 방폭구조
4. 전기설비의 방폭화 방법

### 1  방폭구조의 종류 및 특징 ✿✿

#### (1) 내압 방폭구조(d)

① 전기기기의 외함 내부에서 가연성가스의 폭발이 발생할 경우 그 외함이 폭발압력에 견디고, 접합면, 개구부 등을 통해 외부의 가연성가스에 인화되지 아니하도록 한 방폭구조를 말한다.
② 폭발한 고열 가스가 용기의 틈을 통하여 누설되더라도 틈의 냉각효과(최대안전틈새 적용)로 인하여 폭발의 위험이 없도록 한다.

#### (2) 압력 방폭구조(P)

외함 내부의 보호가스 압력을 외부 대기 압력보다 높게 유지함으로써 외부 대기가 외함 내부로 유입되지 아니하도록 한 방폭구조를 말한다.

#### (3) 유입 방폭구조(o)

전기기기 전체 또는 전기기기의 일부를 보호액체에 잠기게 함으로써 보호액체의 상부 또는 외함 외부에 존재하는 폭발성가스분위기에 점화가 일어나지 아니하도록 한 방폭구조를 말한다.

#### (4) 안전증 방폭구조(e)

정상작동상태 중 또는 특정한 비정상 상태에서 가연성가스의 점화원이 될 수 있는 전기 불꽃 아크 또는 고온 부분의 발생을 방지하기 위하여 안전도를 증가시킨 방폭구조를 말한다.

#### (5) 본질안전 방폭구조(ia, ib)

폭발성 분위기에 노출되는 기기 및 연결 배선 내의 에너지를 스파크

---

### 문제

전기설비 내부에서 발생한 폭발이 설비주변에 존재하는 가연성 물질에 파급되지 않도록 한 구조는?

㉮ 압력 방폭구조
㉯ 내압 방폭구조
㉰ 안전증 방폭구조
㉱ 유입 방폭구조

[해설]
내부에서 발생한 폭발이 주변에 파급되지 않도록 한 구조 → 내압방폭구조(d)

정답 ㉯

### 기출

내압방폭구조에서 화염일주한계를 작게하는 이유
→ 최소점화에너지 이하로 열을 식히기 위하여

### 기출

* 본질안전 방폭구조의 특징 ★
① 온도계, 압력계, 유량계 등에 사용하며, 유지 보수 시 전원 차단을 하지 않아도 된다.
② 본질적으로 안전한 전류가 정상 운전상태에서 발생하며 단락, 차단하여도 점화에너지가 못 된다.
③ 에너지가 1.3(w), 30(v) 및 250(mA) 이하인 개소에 가능하다.

---

또는 가열효과에 의하여 점화를 유발할 수 있는 수준 이하로 제한하는 방폭구조를 말한다.

## (6) 비점화 방폭구조(n)

① 정상작동 및 특정 이상상태에서 주위의 폭발성분위기를 점화시키지 아니하는 전기 기계 및 기구에 적용하는 방폭구조를 말한다.
② 2종 장소에만 사용할 수 있다.

## (7) 몰드 방폭구조(m)

폭발성 분위기에 점화를 유발할 수 있는 부분에 컴파운드를 충전함으로써 설치 및 운전 조건에서 폭발성 분위기에 점화가 일어나지 아니하도록 한 방폭구조를 말한다.

## (8) 충전 방폭구조(q)

폭발성 가스 분위기에 점화를 유발할 수 있는 부분을 고정 설치하고 그 주위 전체를 충전물질로 둘러쌈으로써 외부 폭발성 분위기에 점화가 일어나지 아니하도록 한 방폭구조를 말한다.

## (9) 특수 방폭구조(s)

내압, 유입, 압력, 안전증, 본질안전 이외의 방폭구조로서 폭발성 가스 또는 증기에 점화 또는 위험분위기로 인화를 방지할 수 있는 것이 시험, 기타에 의하여 확인된 구조

## (10) 방진 방폭구조(tD)

분진층이나 분진운의 점화를 방지하기 위하여 용기로 보호하는 전기 기기에 적용되는 분진침투방지, 표면온도제한 등의 방법을 말한다.

**[방폭구조의 기호]** ✄✄✄

| 가스·증기 방폭구조 | | 기호 |
|---|---|---|
| 가스·증기 방폭구조 | 내압 방폭구조 | d |
| | 압력 방폭구조 | p |
| | 유입 방폭구조 | o |
| | 안전증 방폭구조 | e |
| | 본질안전 방폭구조 | ia or ib |
| | 충전 방폭구조 | q |
| | 비점화 방폭구조 | n |
| | 몰드 방폭구조 | m |
| | 특수 방폭구조 | s |
| 분진 방폭구조 | 방진 방폭구조 | tD |

**📑참고**

| | |
|---|---|
| 분진 내압 방폭 구조 (tD) | 주변의 분진입자가 침입할 수 없도록 된 특수방진밀폐함 또는 전기설비의 안전운전에 방해될 정도의 분진이 침투할 수 없도록 한 보통 방진밀폐함을 갖는 방폭구조를 말한다. |
| 분진 몰드 방폭 구조 (mD) | 분진층 또는 분진운의 점화를 방지하기 위하여, 전기불꽃 또는 열에 의한 점화가 될 수 있는 부분을 콤파운드로 덮은 방폭구조를 말한다. |
| 분진 본질 안전 방폭 구조 (iD) | 폭발성 분진분위기에 노출되어 있는 기계·기구 내의 전기에너지, 권선 상호 간의 전기불꽃 또는 열의 영향을 점화에너지 이하의 수준까지 제한하는 것을 기반으로 하는 방폭구조를 말한다. |
| 분진 입력 방폭 구조 (pD) | 밀폐함 내부에 폭발성 분진 분위기의 형성을 막기 위하여 주위환경보다 높은 압력을 가하여 밀폐함에 보호가스를 적용하는 방폭구조를 말한다. |

**📑참고**

| 분진 방폭구조 | |
|---|---|
| 특수방진방폭구조 | SDP |
| 보통방진방폭구조 | DP |
| 밀폐방진방폭구조 | DIP |
| 분진특수방폭구조 | XDP |

확인

* 안전간격
= 최대안전틈새
= 화염일주한계 ★

확인 ★

① 폭발성 분위기에서 사용되는 전기기기의 분류(전기기기 그룹)

| | |
|---|---|
| 그룹 I | 폭발성 분위기가 존재하는 광산에서 사용할 수 있는 전기기기 |
| 그룹 II | 광산 외에 폭발성 가스 분위기가 존재하는 장소에서 사용할 수 있는 전기기기 |
| 그룹 III | 폭발성 분진 분위기가 존재하는 장소에서 사용할 수 있는 전기기기 |

② 전기기기 그룹에 따른 기기 선정

| 가스 및 증기 하위 등급 | 허용 전기기기 그룹 |
|---|---|
| IIA | II, IIA, IIB 또는 IIC |
| IIB | II, IIB 또는 IIC |
| IIC | II 또는 IIC |

참고

* 폭발등급
(폭발성 가스를 구분하는 과거 기준)

| 폭발 등급 | 안전간격 (mm) | 해당가스 |
|---|---|---|
| 1등급 | 0.6mm 초과 | 메탄, 에탄, 프로판, 부탄 |
| 2등급 | 0.4mm 초과 0.6mm 이하 | 에틸렌, 석탄가스 |
| 3등급 | 0.4mm 이하 | 수소, 아세틸렌 |

* 최소점화전류(Minimum ignition current) : 폭발성 분위기가 전기불꽃에 의하여 폭발을 일으킬 수 있는 최소의 회로 전류로서, 폭발성 가스의 종류에 따라서 다르다.

* 최소점화전류비 : 메탄의 점화 전류 값에 대한 대상 가스의 점화 전류 값의 비로서 메탄가스의 최소점화전류를 기준으로 나타낸다.)

## 2 방폭형 전기기기 및 전기 방폭 사고 예방

### (1) 안전간격(Safety gap) ☆☆

① 용기 내(8L, 틈의 안길이 25mm의 구형 용기)에 폭발성 가스를 채우고 점화시켰을 때 폭발 화염이 용기 외부까지 전달되지 않는 한계의 틈

② 폭발성 분위기에 있는 용기의 접합면 틈새를 통해 화염이 내부에서 외부로 전파되는 것을 저지할 수 있는 틈새의 최대 간격치

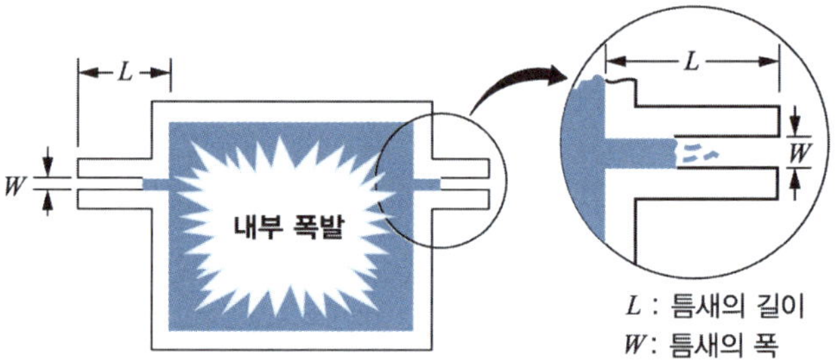


### (2) 방폭전기기기의 분류

① 방폭전기기기는 탄광용 Group I, 공장 및 사업장용 Group II로 분류하고 있다.

② 내압방폭구조 및 본질안전방폭구조의 전기기기는 그 방폭성능에 따라 IIA, IIB, IIC의 3개 Group으로 분류하고 있다.

[화염일주한계에 의한 분류] ☆☆

| 폭발성 가스의 분류 | A | B | C |
|---|---|---|---|
| 화염일주한계 | 0.9mm 이상 | 0.5mm 초과 0.9mm 미만 | 0.5mm 이하 |
| 내압방폭구조의 전기기기의 분류 | IIA | IIB | IIC |

[최소점화전류비에 의한 분류] ☆

| 폭발성 가스의 분류 | A | B | C |
|---|---|---|---|
| 최소점화전류비 | 0.8 초과 | 0.45 이상 0.8 이하 | 0.45 미만 |
| 본질안전 방폭구조의 전기기기의 분류 | IIA | IIB | IIC |

## (3) 가스 · 증기 발화온도 및 전기기기의 온도등급과의 관계 ✖✖

폭발 위험장소에 사용되는 전기설비에 대해서는 **정상시 또는 고장시 기기의 외면 온도가 상승하여도 위험분위기 상태 물질의 발화온도 이상으로 되지 않도록** 온도등급을 결정하여야 한다.

| 폭발위험장소 구분에 따른 온도등급 | 가스 · 증기의 발화온도(℃) | 전기기기의 최고 표면온도(℃) | 허용 가능한 기기의 온도등급 |
|---|---|---|---|
| T1 | 〉 450 이하(450 초과) | 450 이하 | T1~T6 |
| T2 | 〉 300(300 초과) (또는 300 초과 450 이하) | 300 이하 | T2~T6 |
| T3 | 〉 200(200 초과) (또는 200 초과 300 이하) | 200 이하 | T3~T6 |
| T4 | 〉 135(135 초과) (또는 135 초과 200 이하) | 135 이하 | T4~T6 |
| T5 | 〉 100(100 초과) (또는 100 초과 135 이하) | 100 이하 | T5~T6 |
| T6 | 〉 85(85 초과) (또는 85 초과 100 이하) | 85 이하 | T6 |

## (4) 위험장소의 분류 ✖✖✖

### [가스폭발 위험장소]

| 0종 장소 | 가. 설비의 내부<br>나. 인화성 또는 가연성 액체 피트(PIT) 등의 내부<br>다. 인화성 또는 가연성의 가스나 증기가 지속적으로 또는 장기간 체류하는 곳 |
|---|---|
| 1종 장소 | 가. 통상의 상태에서 위험 분위기가 쉽게 생성되는 곳<br>나. 운전, 유지 보수 또는 누설에 의하여 자주 위험분위기가 생성되는 곳<br>다. 설비 일부의 고장 시 가연성물질의 방출과 전기계통의 고장이 동시에 발생되기 쉬운 곳<br>라. 환기가 불충분한 장소에 설치된 배관 계통으로 배관이 쉽게 누설되는 구조의 곳<br>마. 주변 지역보다 낮아 가스나 증기가 체류할 수 있는 곳<br>바. 상용의 상태에서 위험 분위기가 주기적 또는 간헐적으로 존재하는 곳 |
| 2종 장소 | 가. 환기가 불충분한 장소에 설치된 배관계통으로 배관이 쉽게 누설되지 않는 구조의 곳<br>나. 가스켓(GASKET), 팩킹(PACKING) 등의 고장과 같이 이상상태에서만 누출될 수 있는 공정설비 또는 배관이 환기가 충분한 곳에 설치될 경우<br>다. 1종 장소와 직접 접하며 개방되어 있는 곳 또는 1종 장소와 닥트, 트랜치, 파이프 등으로 연결되어 이들을 통해 가스나 증기의 유입이 가능한 곳<br>라. 강제 환기방식이 채용되는 곳으로 환기설비의 고장이나 이상 시에 위험 분위기가 생성될 수 있는 곳 |

**기출 ★**

**＊ 위험장소의 판정기준**
① 위험증기의 양
② 가스의 특성(공기와의 비중차)
③ 위험가스의 현존 가능성
④ 통풍의 정도
⑤ 작업자에 의한 영향

**＊ 위험 분위기 생성방지**
① 폭발성 가스의 누설 및 방출방지
② 폭발성 가스의 체류방지
③ 폭발성 분진의 생성방지

**기출**

**1. 분진방폭구조 분진의 종류**
• 폭연성 분진 : 공기 중의 산소가 적은 분위기 또는 이산화탄소 중에서도 착화하며 부유상태에서 심하게 폭발을 일으키는 금속분진으로 마그네슘, 알루미늄, 티탄, 지르코늄 등이 있다.
• 가연성 분진 : 공기 중의 산소를 이용하여 발열반응을 일으키는 분진을 말하며 소맥분, 전분, 사탕수수, 합성수지, 화학약품 등 비전도성의 것과 카본블랙, 코크스, 철, 동 등 도전성이 있는 것으로 나눈다.

**2. 분진폭발 방지대책**
① 작업장 등은 분진이 퇴적하지 않은 형상으로 한다.
② 분진 취급 장치에는 유효한 집진 장치를 설치한다.
③ 분체 프로세스의 장치는 밀폐화하고 누설이 없도록 한다.
④ 물을 분무함으로써 분진 제거, 수분 공급에 의한 폭발방지 및 정전기를 제거한다.

**[분진폭발 위험장소]**

| | |
|---|---|
| 20종 장소 | 분진운 형태의 **가연성 분진이 폭발농도를 형성할 정도로 충분한 양이 정상작동 중에 연속적으로 또는 자주 존재**하거나, 제어할 수 없을 정도의 양 및 두께의 분진층이 형성될 수 있는 장소 |
| 21종 장소 | 20종 장소 외의 장소로서, 분진운 형태의 **가연성 분진이 폭발농도를 형성할 정도의 충분한 양이 정상작동 중에 존재할 수 있는 장소** |
| 22종 장소 | 21종 장소 외의 장소로서, **가연성 분진운 형태가 드물게 발생 또는 단기간 존재할 우려가 있거나, 이상 작동상태 하에서 가연성 분진운이 형성될 수 있는 장소** |

## (5) 위험장소별 방폭구조 ✿✿✿

| 분류 | | 적요 |
|---|---|---|
| 가스폭발위험장소 | 0종 장소 | **본질안전** 방폭구조(ia)<br>그 밖에 관련 공인 인증 기관이 0종 장소에서 사용이 가능한 방폭구조로 인증한 방폭구조 |
| | 1종 장소 | **내압** 방폭구조(d)     **압력** 방폭구조(p)<br>**충전** 방폭구조(q)     **유입** 방폭구조(o)<br>**안전증** 방폭구조(e)     **본질안전** 방폭구조(ia, ib)<br>**몰드** 방폭구조(m)<br>그 밖에 관련 공인 인증 기관이 1종 장소에서 사용이 가능한 방폭구조로 인증한 방폭구조 |
| | 2종 장소 | 0종 장소 및 1종 장소에 사용 가능한 방폭구조<br>**비점화** 방폭구조(n)<br>그 밖에 2종 장소에서 사용하도록 특별히 고안된 비방폭형 구조 |
| 분진폭발위험장소 | 20종 장소 | 밀폐방진 방폭구조(DIP A20 또는 DIP B20)<br>그 밖에 관련 공인 인증 기관이 20종 장소에서 사용이 가능한 방폭구조로 인증한 방폭구조 |
| | 21종 장소 | 밀폐방진 방폭구조(DIP A20 또는, DIP B20 또는 B21)<br>특수방진 방폭구조(SDP)<br>그 밖에 관련 공인 인증 기관이 21종 장소에서 사용이 가능한 방폭구조로 인증한 방폭구조 |
| | 22종 장소 | 20종 장소 및 21종 장소에서 사용 가능한 방폭구조<br>일반방진 방폭구조(DIP A22 또는 DIP B22)<br>보통방진 방폭구조(DIP)<br>그 밖에 22종 장소에서 사용하도록 특별히 고안된 비방폭형 구조 |

## (6) 방폭기기의 표시

**방폭기기 표시방법** ✿✿

$$Ex\ d\ IIA\ T1\ IP\ 54$$

Ex : 방폭구조의 상징
d : 방폭구조(내압 방폭구조)
IIA : 가스·증기 및 분진의 그룹
T1 : 온도등급
IP 54 : 보호등급

| Ex | | II | | | | | |
|---|---|---|---|---|---|---|---|
| 방폭구조 | 기호 | 분류 | 기호 | 온도등급 | 보호등급 | 기타사항 | |
| 내 압 | d | | | | | | |
| 압 력 | p | 가스 | A | T₁ | | | |
| 안전증 | e | · | B | T₂ | IP ○○ | | |
| 유 입 | o | 증기 | C | T₃ | | | |
| 본질안전 | ia, ib | 산업용 II | | T₄ | | | |
| 특 수 | s | | 11 | T₅ | | | |
| 특수분진 | SDP | 분진 | 12 | T₆ | | | |
| 보통방진 | DP | | 13 | | | | |
| 방진특수 | XDP | | | | | | |

[표기 예]
- 가스·증기의 경우 : Ex d II A T2 IP 54
- 분진의 경우 : Ex SDP II 11

**참고** **(국가표준인증 KS C IEC 60079-0)**

기기보호등급(Equipment Protection Level) : EPL로 표현되며 점화원이 될 수 있는 가능성에 기초하여 기기에 부여된 보호등급이다.

| 가스폭발 보호등급 | 분진폭발 보호등급 |
|---|---|
| 1. EPL Ga : 폭발성 가스 분위기에 설치되는 기기로 정상 작동, 예상된 오작동, 드문 오작동 중에 점화원이 될 수 없는 "매우 높은" 보호 등급의 기기이다. | 1. EPL Da : 폭발성 분진 분위기에 설치되는 기기로 정상 작동, 예상된 오작동, 드문 오작동 중에 점화원이 될 수 없는 "매우 높은" 보호 등급의 기기이다. |
| 2. EPL Gb : 폭발성 가스 분위기에 설치되는 기기로 정상 작동, 예상된 오작동 중에 점화원이 될 수 없는 "높은" 보호 등급의 기기이다. | 2. EPL Db : 폭발성 분진 분위기에 설치되는 기기로 정상 작동, 예상된 오작동 중에 점화원이 될 수 없는 "높은" 보호 등급의 기기이다. |
| 3. EPL Gc : 폭발성 가스 분위기에 설치되는 기기로 정상 작동 중에 점화원이 될 수 없고 정기적인 고장 발생 시 점화원으로서 비활성 상태의 유지를 보장하기 위하여 추가적인 보호장치가 있을 수 있는 "강화된"보호등급의 기기이다. | 3. EPL Dc : 폭발성 분진 분위기에 설치되는 기기로 정상 작동 중에 점화원이 될 수 없고 정기적인 고장 발생 시 점화원으로서 비활성 상태의 유지를 보장하기 위하여 추가적인 보호장치가 있을 수 있는 "강화된" 보호등급의 기기이다. |

**참고**

* 폭발 위험장소가 표기되어 있는 경우의 기기 보호수준(EPL)

| 폭발 위험장소의 분류 | 기기 보호수준 |
|---|---|
| 0종 | "Ga" |
| 1종 | "Ga" 또는 "Gb" |
| 2종 | "Ga", "Gb" 또는 "Gc" |
| 20종 | "Da" |
| 21종 | "Da" 또는 "Db" |
| 22종 | "Da", "Db" 또는 "Dc" |

### 3 방폭구조의 선정 및 유의사항

**(1) 방폭구조의 구비조건**

① 시건장치할 것
② 도선의 인입 방식을 정확히 채택할 것
③ 접지할 것
④ 퓨즈 사용

**(2) 전기설비의 방폭화 방법 ✖✖✖**

① 점화원의 방폭적 격리(전폐형 방폭구조) : 내압, 압력, 유입 방폭구조
② 전기설비의 안전도 증강 : 안전증 방폭구조
③ 점화능력의 본질적 억제 : 본질안전 방폭구조

**(3) 방폭 전기기기의 선정 시 고려사항 ✖**

① 방폭 전기기기가 설치될 지역의 방폭지역 등급 구분
② 가스 등의 발화온도
③ 내압 방폭구조의 경우 최대 안전틈새
④ 본질안전 방폭구조의 경우 최소점화 전류
⑤ 압력 방폭구조, 유입 방폭구조, 안전증 방폭구조의 경우 최고표면온도
⑥ 방폭 전기기기가 설치될 장소의 주변온도, 표고 또는 상대습도, 먼지, 부식성 가스 또는 습기 등의 환경조건

**(4) 방폭전기 설비 계획 수립 시의 기본 방침**

① 가연성가스 및 가연성 액체의 위험 특성 확인
② 시설장소의 재조건 검토
③ 위험장소 종별 및 범위의 결정

> 🔖참고
> ＊ 전기기기를 적합하게 선정하기 위하여 다음과 같은 정보를 확보한다.
> ① 폭발위험장소 등급 및 기기 보호 등급
> ② 기기 그룹에 적합한 가스 등급
> ③ 온도 등급 또는 가스의 점화 온도
> ④ 전기기기의 용도
> ⑤ 외부 영향 및 주변 온도

# PART 05

Engineer Industrial Safety

## 화학설비 안전 관리

CHAPTER
01

# 화학물질 안전관리 실행

🔍 합 격 의 key

**▶기출**

| 위험물안전관리법상 위험물 분류 |
| --- |
| 1류 산화성 고체 |
| 2류 가연성 고체 |
| 3류 자연발화성 및 금수성 물질 |
| 4류 인화성 액체 |
| 5류 자기반응성 물질 |
| 6류 산화성 액체 |

**▶참고**

\* 위험물의 특징
제1류 산화성고체
　　(강산화제)

1. 공통성질
　① 무색결정, 백색분말
　② 불연성, 조연성, 강산화제
　③ 비중 1보다 큼 (물보다 무거움)
　④ 수용성
　⑤ 조해성(공기 중 수분을 흡수하여 고체가 액체로 변함)
　⑥ 알칼리금속의 과산화물은 물과 반응시 발열 및 산소 방출
　⑦ 가열, 충격, 마찰에 의해 산소 방출

2. 저장 및 취급방법
　① 통풍이 잘되는 찬 곳
　② 가열·충격·마찰 피할 것
　③ 습기주의, 밀봉 저장할 것
　④ 가연물과 접촉 피할 것
　⑤ 소화 : 주수에 의한 냉각소화(알칼리금속과산화물 제외)

3. 품명 및 지정수량
　① 아염소산류, 염소산염류, 과염소산염류, 무기과산화물 : 50kg
　② 브롬산염류, 질산염류, 요오드산염류 : 300kg
　③ 과망간산염류, 중크롬산염류 : 1,000kg

## 01 화학물질(위험물, 유해화학물질) 확인

📍 주/요/내/용 알/고/가/기 ▶

1. 위험물의 정의 및 종류
2. 시간 가중 평균농도
3. 단시간 노출 한계
4. 최고 농도
5. 두 종류 이상의 유해·위험 물질을 취급하는 경우 취급량의 계산

### ①  위험물의 정의 및 종류 ✧✧✧

#### (1) 위험물의 종류

| (1) 폭발성 물질 및 유기과산화물 | 가. 질산에스테르류　　나. 니트로화합물<br>다. 니트로소화합물　　라. 아조화합물<br>마. 디아조화합물　　바. 하이드라진 유도체<br>사. 유기과산화물 |
| --- | --- |

실력이 되고! 합격이 되는! 특급 암기법

폭발(폭발성 물질)하는 질산에(질산에스테르) 니태아조(니트로, 니트로소, 아조, 디아조) 하드라유(하이드라진 유도체, 유기과산화물)
⇒ 폭발하는 질산에 니태워줘? 하더라

| (2) 물반응성 물질 및 인화성 고체 | 가. 리튬　　나. 칼륨·나트륨<br>다. 황　　라. 황린<br>마. 황화인·적린　　바. 셀룰로이드류<br>사. 알킬알루미늄·알킬리튬<br>아. 마그네슘 분말<br>자. 금속 분말(마그네슘 분말은 제외한다)<br>차. 알칼리금속(리튬·칼륨 및 나트륨은 제외한다)<br>카. 유기 금속화합물(알킬알루미늄 및 알킬리튬은 제외한다)<br>타. 금속의 수소화물<br>파. 금속의 인화물<br>하. 칼슘 탄화물, 알루미늄 탄화물<br>거. 그 밖에 가목부터 하목까지의 물질과 같은 정도의 발화성 또는 인화성이 있는 물질<br>너. 가목부터 거목까지의 물질을 함유한 물질 |
| --- | --- |

| | |
|---|---|
| (2) 물반응성<br>물질 및<br>인화성<br>고체 | 실력이 되고! 합격이 되는! 특급 암기법<br><br>**물 반응성 물질** : 나(나트륨), 칼(칼륨·칼슘), 알(알킬알루미늄·<br>알킬리튬), 물(물반응성물질) 리(리튬)<br>⇒ 나! 칼 안물거야<br><br>**인화성 고체** : 인화성 황인(황, 황린, 황화인, 적린)이 젤(셀룰로이드류)<br>금(금속분말), 마(마그네슘)<br>⇒ 인화성 황, 인이 제일 겁나! |
| (3) 산화성<br>액체 및<br>산화성<br>고체 | 가. 차아염소산 및 그 염류　　나. 아염소산 및 그 염류<br>다. 염소산 및 그 염류　　　　라. 과염소산 및 그 염류<br>마. 브롬산 및 그 염류　　　　바. 요오드산 및 그 염류<br>사. 과산화수소 및 무기 과산화물<br>아. 질산 및 그 염류<br>자. 과망간산 및 그 염류<br>차. 중크롬산 및 그 염류<br><br>실력이 되고! 합격이 되는! 특급 암기법<br><br>염소(염소산) 보러(브롬산) 요과(요오드산, 과산화수소, 무기과<br>산화물, 과망간산)하고 질산 가는 중(중크롬산)!<br>⇒ 염소 보러 요과하고 질산 가는 중! |
| (4) 인화성<br>액체 | 가. 에틸에테르, 가솔린, 아세트알데히드, 산화프로필렌, 그<br>밖에 인화점이 섭씨 23도 미만이고 초기 끓는점이 섭씨 35<br>도 이하인 물질<br><br>실력이 되고! 합격이 되는! 특급 암기법<br><br>235 아세트알(아세트알데히드)샴푸(산화프로필렌)가 거슬린<br>(가솔린) 에테르(에틸에테르)<br>⇒ 235 아세트알 샴푸가 거슬린 에테르<br><br>나. 노르말헥산, 아세톤, 메틸에틸케톤, 메틸알코올, 에틸알<br>코올, 이황화탄소, 그 밖에 인화점이 섭씨 23도 미만이고<br>초기 끓는점이 섭씨 35도를 초과하는 물질<br><br>실력이 되고! 합격이 되는! 특급 암기법<br><br>235 아세톤 메에케(메틸에틸케톤)해! 노!(노르말헥산)<br>이황화탄(이황화탄소) 알콜(메틸알콜, 에틸알콜)<br>⇒ 235 아세톤 매에케케해! NU! 이왕화탄 알콜<br><br>다. 크실렌, 아세트산아밀, 등유, 경유, 테레핀유, 이소아밀알<br>코올, 아세트산, 하이드라진, 그 밖에 인화점이 섭씨 23도<br>이상 섭씨 60도 이하인 물질<br><br>실력이 되고! 합격이 되는! 특급 암기법<br><br>아세트산아(아세트산, 아세트산아밀)! 텔레비전(테레핀유) 켜실땐<br>(크실렌) 2360 등(등유)을 경유(경유) 하이(하이드라진)소(이소<br>아밀알콜)!<br>⇒ 아세트산아! 텔레비전(TV) 켜실땐 2360 등을 경유 하이소! |

**제2류 가연성 고체(환원제)**
1. 공통성질
   ① 낮은 온도에서 착화, 연소속도 빠름
   ② 유독성, 연소 시 유독 gas 발생
   ③ 산화제와 접촉 시 발화(1류, 6류)
   ④ 철, 마그네슘, 금속분은 물, 산과 접촉시 발화
2. 저장 및 취급방법
   ① 가열 및 점화원 피할 것
   ② 산화성물질(1,6류) 피할 것
   ③ 소화 : 주수에 의한 냉각소화(철, 마그네슘, 금속분 제외)
3. 품명 및 지정수량
   ① 황화린, 적린, 유황 : 100kg
   ② 철분, 마그네슘, 금속분 : 500kg
   ③ 인화성 고체(고형알코올) : 1,000kg

**제3류 자연발화성, 금수성 물질**
1. 공통 성질
   ① 공기와 접촉 시 열을 흡수하여 자연발화
      – 알칼리금속, 알칼리토금속(1, 2족 금속), 알킬알루미늄, 알킬리튬, 유기금속화합물, 황린
   ② 수분과 접촉 시 발열, 가연성가스 발생(황린 제외)
2. 저장 및 취급방법
   ① 금수성 물질 : 수분 접촉 금지
   ② 자연발화성 물질 : 공기노출금지(보호액속 저장)
   ③ 화기엄금 : 가연성 가스 발생
   ④ 다량일 경우 : 소분저장, 희석제 혼입
3. 품명 및 지정수량
   ① 칼륨, 나트륨, 알칼알루미늄, 알킬리튬 : 10kg
   ② 황린 : 20kg
   ③ 알칼리금속 및 알칼리토금속, 유기금속화합물 : 50kg
   ④ 칼슘 또는 알루미늄의 탄화물, 금속의 수소화물, 금속의 인화물 : 300kg

**제4류 인화성 액체**
1. 공통 성질
   ① 물보다 가볍고, 물에 녹기 어렵다.
   ② 증기는 공기보다 무겁다.(시안화수소 제외)
   ③ 연소하한 낮음– 증기는 공기와 약간 혼합되어도 연소 우려)

④ 증기는 높은 곳으로 배출할 것
⑤ 전기부도체, 정전기 축적 쉬움
⑥ 증발연소 (연소확대 빠름)
2. 저장 및 취급방법
① 화기엄금
② 정전기발생 주의 및 예방조치
③ 증기는 가급적 높은 곳으로 배출
④ 질식소화(주수소화 금지-연소면 확대로 위험)

**제5류 자기반응성 물질**
1. 공통 성질
① 산소 함유하고 있어 공기 중 산소 없이도 가열, 충격, 마찰에 의해 자연발화·폭발
② 연소속도 빨라서 폭발성 지님
2. 저장 및 취급방법
① 화기엄금, 충격주의 표지
② 가열, 충격, 마찰, 화원 금지
③ 소분장, 용기 밀전 밀봉할 것
④ 다량의 주수에 의한 냉각소화
3. 품명 및 지정수량
① 유기과산화물, 질산에스테르류(니트로글리세린, 니트로셀룰로오스) : 10kg
② 니트로화합물(T.N.T/T.N.P), 니트로소화합물, 아조화합물, 디아조화합물, 히드라진유도체 : 200kg
③ 히드록실아민, 히드로실아민염류 : 100kg

**제6류 산화성 액체**
1. 공통성질
① 강산화제, 불연성, 조연성
② 비중 1보다 큼, 수용성
③ 물과 접촉 시 발열
2. 저장 및 취급방법
① 물, 유기물, 가연물, 고체산화제와 접촉 금지
② 저장용기는 내산성일 것
③ 밀봉, 밀전, 피부접촉 시 즉시 세척
④ 소화 : 마른모래 및 탄산가스에 의한 질식소화
3. 품명 및 지정수량
① 과염소산과산화수소질산 : 300kg

---

| **(5) 인화성 가스** | 가. 수소　　　　　나. 아세틸렌<br>다. 에틸렌　　　　라. 메탄<br>마. 에탄　　　　　바. 프로판<br>사. 부탄<br>아. 인화한계 농도의 최저한도가 13% 이하 또는 최고한도와 최저한도의 차가 12% 이상인 것으로서 표준압력(101.3kPa) 하의 20℃에서 가스 상태인 물질<br><br><br>**폭발 1등급** : 메, 에, 프로, 부<br>**폭발 2등급** : 에틸렌<br>**폭발 3등급** : 수소, 아세틸렌 |
|---|---|
| **(6) 부식성 물질** | 가. 부식성 산류<br>　① 농도가 20퍼센트 이상인 염산, 황산, 질산, 그 밖에 이와 같은 정도 이상의 부식성을 가지는 물질<br>　② 농도가 60퍼센트 이상인 인산, 아세트산, 불산, 그 밖에 이와 같은 정도 이상의 부식성을 가지는 물질<br>나. 부식성 염기류<br>　농도가 40퍼센트 이상인 수산화나트륨, 수산화칼륨, 그 밖에 이와 같은 정도 이상의 부식성을 가지는 염기류<br><br><br>• 20% : 염, 황, 질<br>• 40% : 수나, 수칼<br>• 60% : 인, 아, 불 |
| **(7) 급성 독성 물질** | 가. 쥐에 대한 경구투입실험에 의하여 실험동물의 50퍼센트를 사망시킬 수 있는 물질의 양, 즉 $LD_{50}$(경구, 쥐)이 킬로그램당 300밀리그램-(체중) 이하인 화학물질<br>나. 쥐 또는 토끼에 대한 경피흡수실험에 의하여 실험동물의 50퍼센트를 사망시킬 수 있는 물질의 양, 즉 $LD_{50}$(경피, 토끼 또는 쥐)이 킬로그램당 1000밀리그램-(체중) 이하인 화학물질<br>다. 쥐에 대한 4시간 동안의 흡입실험에 의하여 실험동물의 50퍼센트를 사망시킬 수 있는 물질의 농도, 즉 가스 $LC_{50}$(쥐, 4시간 흡입)이 2,500ppm 이하인 화학물질, 증기 $LC_{50}$(쥐, 4시간 흡입)이 10mg/L 이하인 화학물질, 분진 또는 미스트 1mg/L 이하인 화학물질<br><br>경구 : 300mg/kg　　　경피 : 1,000mg/kg<br>가스 : 2,500ppm　　　증기 : 10mg/L<br>분진·미스트 : 1mg/L |

## 2 노출기준

"노출기준"이라 함은 근로자가 유해인자에 노출되는 경우 노출기준 이하 수준에서는 거의 모든 근로자에게 건강상 나쁜 영향을 미치지 아니하는 기준을 말하며, 1일 작업시간 동안의 시간가중평균노출기준(Time Weighted Average, TWA), 단시간노출기준(Short Term Exposure Limit, STEL) 또는 최고노출기준(Ceiling, C)으로 표시한다.

### (1) 시간가중평균노출기준(TWA 농도) ✖✖

① 일 8시간 작업하는동안 반복 노출되더라도 건강장해를 일으키지 않는 유해물질의 평균농도

② 1일 8시간 작업을 기준으로 하여 유해인자의 측정치에 발생시간을 곱하여 8시간으로 나눈 값을 말하며 산출공식은 다음과 같다.

$$\text{TWA 환산값} = \frac{C_1 \cdot T_1 + C_2 \cdot T_2 + \cdots\cdots + C_n \cdot T_n}{8}$$

여기서 C : 유해인자의 측정치(단위 : ppm 또는 mg/m³)
T : 유해인자의 발생시간(단위 : 시간)

### (2) 단시간노출기준(STEL 농도) ✖✖

① 근로자가 1회에 15분간 유해인자에 노출되는 경우의 기준을 말한다.

② 이 기준 이하에서는 1회 노출간격이 1시간 이상인 경우 1일 작업시간 동안 4회까지 노출이 허용될 수 있는 기준을 말한다.

### (3) 최고노출기준(C)(Ceiling 농도) ✖✖

① 근로자가 1일 작업시간 동안 잠시라도 노출되어서는 아니되는 기준을 말한다.

② 노출기준 앞에 "C"를 붙여 표시한다.

### (4) 노출기준 사용상의 유의사항

① 각 유해인자의 노출기준은 당해 유해인자가 단독으로 존재하는 경우의 노출기준을 말하며, 2종 또는 그 이상의 유해인자가 혼재하는 경우에는 각 유해인자의 상가작용으로 유해성이 증가할 수 있으므로 다음 식에 의하여 산출하는 노출기준을 사용하여야 한다.

노출기준은 다음 식에 의하여 산출하는 수치가 1을 초과하지 아니하는 것으로 한다.

---

**노출기준의 계산**

$$\text{노출지수 } EI = \frac{C_1}{T_1} + \frac{C_2}{T_2} + \cdots + \frac{C_n}{T_n}$$

여기서, $C$ : 화학물질 각각의 측정치
$T$ : 화학물질 각각의 노출기준
$EI > 1$ : 노출기준을 초과함.

---

### 3 유해화학물질의 유해요인

**(1) 유해물 취급상의 안전조치**

① 유해물 발생원의 봉쇄
② 유해물의 위치, 작업공정의 변경
③ 작업공정의 은폐 및 작업장의 격리

**(2) 유해물질 중 입자상 물질의 구분**

| | |
|---|---|
| 흄(fume) | 금속의 증기가 공기 중에서 응고되어 화학변화를 일으켜 고체의 미립자로 되어 공기 중에 부유하는 것 |
| 미스트(mist) | 액체의 미세한 입자가 공기 중에 부유하고 있는 것 |
| 분진(dust) | 기계적 작용에 의해 발생된 고체 미립자가 공기 중에 부유하고 있는 것 |
| 스모크(smoke) | 유기물의 불완전 연소에 의해 생긴 미립자 |

## 02 화학물질(위험물, 유해화학물질) 유해 위험성 확인

📍 주/요/내/용 알/고/가/기 ▶

1. 발화성 물질의 저장법
2. 가스의 종류 및 특징
3. 가스 등의 용기의 취급 시 주의사항

### 1 위험물의 성질 및 위험성

#### (1) 발화성 물질의 저장법 ✄

① 나트륨, 칼륨 : 석유 속 저장
② 황린 : 물속에 저장
③ 적린, 마그네슘, 칼륨 : 격리저장
④ 질산은($AgNO_3$) 용액 : 햇빛 피하여 저장(빛에 의해 광분해 반응 일으킴)
⑤ 벤젠 : 산화성물질과 격리저장
⑥ 탄화칼슘($CaC_2$, 카바이트) : 금수성물질로서 물과 격렬히 반응하므로 건조한 곳에 보관
⑦ 질산 : 통풍이 잘되는 곳에 보관하고 물기와의 접촉을 피한다.

#### (2) 니트로셀룰로오스(질화면)의 저장법 ✄

건조하면 분해폭발히므로 알콜에 적셔 습하게 보관한나.

#### (3) 중독 증세 ✄

① 수은 중독 : 구내염, 혈뇨, 손떨림 증상
② 납 중독 : 신경근육계통장애
③ 크롬 중독 : 비중격천공증세
④ 벤젠 중독 : 조혈기관 장애(백혈병)

#### (4) 기타사항

① $N_2O$(아산화 질소) : 가연성 마취제, 웃음가스로 알려짐
② 잠함병(잠수병)의 원인 물질 : 질소($N_2$)
③ 금수성 물질 : 탄화칼슘(카바이드), 금속나트륨, 금속칼륨 금속리튬, 알킬알루미늄, 알킬리튬
④ 진동이 심한 작업장 : 레이노씨병
⑤ 인화칼슘은 수분($H_2O$)과 반응하여 유독성가스인 포스핀($PH_3$)을 발생시킨다.

> ❋ 참고
>
> ❋ 레이노씨병
>   수지의 근육마비를 일으킨다.
>
> ❋ 잠함병(잠수병)
>   감압을 너무 빠르게 하면 고압상태에서 흡수, 용해되었던 질소가 기포를 형성하여 혈액흐름을 방해하여 장애를 일으키는 현상이다.
>
> ❋ 포스핀($PH_3$)
>   기상 인화수소

⑥ 암모니아 가스는 네슬러 시약에 갈색으로 변색한다.

⑦ 포스겐가스 누설검지의 시험지 : 하리슨시험지

## 2 위험물 등의 저장 및 취급방법

### (1) 폭발 또는 화재 등의 예방 ✄

① 인화성 물질의 증기, 가연성 가스 또는 가연성 분진이 존재하여 폭발 또는 화재가 발생할 우려가 있는 장소에서는 당해 증기·가스 또는 분진에 의한 폭발 또는 화재를 예방하기 위하여 위해 환풍기, 배풍기(排風機) 등 환기장치를 적절하게 설치해야 한다.

② 증기 또는 가스에 의한 폭발 또는 화재를 미리 감지할 수 있는 가스 검진 및 경보장치를 설치하고 그 성능이 발휘될 수 있도록 하여야 한다.

## 3 인화성 가스 취급 시 주의사항

### (1) 가스의 종류 및 특징

① 액화가스

상온에서 낮은 압력으로도 쉽게 액화되는 가스

예 프로판($C_3H_8$), 부탄($C_4H_{10}$), 암모니아($NH_3$), 염소($Cl_2$), 이산화탄소($CO_2$)

② 압축가스

상온에서 압축하여도 쉽게 액화되지 않는 가스

예 헬륨(He), 네온(Ne), 아르곤(Ar), 수소($H_2$), 산소($O_2$), 질소($N_2$), 일산화탄소(CO), 공기 등

③ 용해가스

액화하기 위해 압축하면 분해를 발하므로, 용기에 다공물질 채우고 용제에 용해하여 충전한 가스   예 아세틸렌($C_2H_2$)

### (2) 고압가스 용기 파열사고의 원인

① 용기의 내압력 부족

② 용기 내 압력의 이상 상승

③ 용기 내에서 폭발성 혼합가스의 발화

### (3) 가스용기의 취급 시 주의사항 ✄

① 가스용기를 사용·설치·저장 또는 방치하지 않아야 하는 장소

• 통풍 또는 환기가 불충분한 장소

• 화기를 사용하는 장소 및 그 부근

• 위험물 또는 인화성 액체를 취급하는 장소 및 그 부근

② 용기의 온도를 섭씨 40도 이하로 유지할 것

③ 전도의 위험이 없도록 할 것

④ 충격을 가하지 아니하도록 할 것

⑤ 운반할 때에는 캡을 씌울 것

⑥ 사용할 때에는 용기의 마개에 부착되어 있는 유류 및 먼지를 제거할 것

⑦ 밸브의 개폐는 서서히 할 것

⑧ 사용 전 또는 사용 중인 용기와 그 외의 용기를 명확히 구별하여 보관할 것

⑨ 용해아세틸렌의 용기는 세워 둘 것

⑩ 용기의 부식·마모 또는 변형상태를 점검한 후 사용할 것

## (4) 화재위험작업 시의 준수사항

1) 사업주는 통풍이나 환기가 충분하지 않은 장소에서 화재위험작업을 하는 경우에는 통풍 또는 환기를 위하여 산소를 사용해서는 아니 된다.

2) 사업주는 가연성물질이 있는 장소에서 화재위험작업을 하는 경우에는 화재예방에 필요한 다음 각 호의 사항을 준수하여야 한다.

### 화재위험작업을 하는 경우에 화재예방을 위하여 준수하여야 하는 사항

1. 작업 준비 및 작업 절차 수립
2. 작업장 내 위험물의 사용·보관 현황 파악
3. 화기 작업에 따른 인근 가연성 물질에 대한 방호조치 및 소화기구 비치
4. 용접불티 비산방지덮개, 용접방화포 등 불꽃, 불티 등 비산방지조치
5. 인화성 액체의 증기 및 인화성 가스가 남아 있지 않도록 환기 등의 조치
6. 작업근로자에 대한 화재 예방 및 피난 교육 등 비상조치

3) 사업주는 작업시작 전에 화재예방을 위하여 준수하여야 하는 사항을 확인하고 불꽃·불티 등의 비산을 방지하기 위한 조치 등 안전조치를 이행한 후 근로자에게 화재위험작업을 하도록 해야 한다.

4) 사업주는 화재위험작업이 시작되는 시점부터 종료될 때까지 작업내용, 작업일시, 안전점검 및 조치에 관한 사항 등을 해당 작업 장소에 서면으로 게시해야 한다. 다만, 같은 장소에서 상시·반복적으로 화재위험작업을 하는 경우에는 생략할 수 있다.

### (5) 폭발·화재 및 위험물 누출에 의한 위험방지

① 사업주는 인화성 가스가 발생할 우려가 있는 지하작업장에서 작업하는 때(터널 건설작업 제외) 또는 가스도관에서 가스가 발산될 위험이 있는 장소에서 굴착작업을 하는 경우에는 폭발이나 화재를 방지하기 위하여 다음 각 호의 조치를 하여야 한다.

㉠ 가스의 농도를 측정하는 자를 지명 당해가스의 농도를 측정하도록 하는 일

---

**가스농도 측정을 하여야 하는 경우 ✄**

- 매일 작업을 시작하기 전
- 가스의 누출이 의심되는 경우
- 가스가 발생하거나 정체할 위험이 있는 장소가 있는 경우
- 장시간 작업을 계속하는 때(이 경우 4시간마다 가스농도를 측정하도록 하여야 한다)

---

㉡ 가스의 농도가 인화하한계 값의 25퍼센트 이상으로 밝혀진 때에는 즉시 근로자를 안전한 장소에 대피시키고 화기 그 밖에 점화원이 될 우려가 있는 기계·기구 등의 사용을 중지하며 통풍·환기 등을 할 것 ✄

### (6) 화재감시자 ✄

📖 확인

※ 화재감시자의 업무

① 해당 장소에 가연성 물질이 있는지 여부의 확인
② 가스 검지, 경보 성능을 갖춘 가스 검지 및 경보 장치의 작동 여부의 확인
③ 화재 발생 시 사업장 내 근로자의 대피 유도

1) 사업주는 근로자에게 다음 각 호의 어느 하나에 해당하는 장소에서 용접·용단 작업을 하도록 하는 경우에는 화재감시자를 지정하여 용접·용단 작업 장소에 배치해야 한다. 다만, 같은 장소에서 상시·반복적으로 용접·용단 작업을 할 때 경보용 설비·기구, 소화 설비 또는 소화기가 갖추어진 경우에는 화재감시자를 지정·배치하지 않을 수 있다.

① 작업반경 11미터 이내에 건물구조 자체나 내부(개구부 등으로 개방된 부분을 포함한다)에 가연성물질이 있는 장소
② 작업반경 11미터 이내의 바닥 하부에 가연성물질이 11미터 이상 떨어져 있지만 불꽃에 의해 쉽게 발화될 우려가 있는 장소
③ 가연성물질이 금속으로 된 칸막이·벽·천장 또는 지붕의 반대쪽 면에 인접해 있어 열전도나 열복사에 의해 발화될 우려가 있는 장소

2) 사업주는 근로자에게 다음 각 호의 어느 하나에 해당하는 장소에서 화재위험작업을 하도록 하는 경우에는 화재의 위험을 감시하고 화재 발생 시 사업장 내 근로자의 대피를 유도하는 업무만을 담당하는 화재감시자를 지정하여 화재위험작업 장소에 배치하여야 한다.

① 연면적 15,000제곱미터 이상의 건설공사 또는 개조공사가 이루어지는 건축물의 지하장소

② 연면적 5,000제곱미터 이상의 냉동·냉장창고시설의 설비공사 또는 단열공사 현장

③ 액화석유가스 운반선 중 단열재가 부착된 액화석유가스 저장시설에 인접한 장소

3) 사업주는 배치된 화재감시자에게 업무 수행에 필요한 확성기, 휴대용 조명기구 및 화재 대피용 마스크 등 대피용 방연장비를 지급해야 한다.

### 4 유해화학물질 취급 시 주의사항

#### (1) 작업장의 적정공기 수준

① "산소결핍"이란 공기 중의 산소농도가 18퍼센트 미만인 상태를 말한다. ✖✖

---

**작업장의 적정 공기 수준 ✖✖**

- 산소농도의 범위가 18% 이상 23.5% 미만
- 이산화탄소의 농도가 1.5% 미만
- 일산화탄소의 농도가 30ppm 미만
- 황화수소의 농도가 10ppm 미만

---

#### (2) 밀폐공간 작업 프로그램의 수립·시행

① 사업주는 밀폐공간에 근로자를 종사하도록 하는 경우에 다음 각 호의 내용이 포함된 밀폐공간 보건작업 프로그램을 수립하여 시행하여야 한다. ✖

---

**밀폐공간 보건작업 프로그램 내용**

- 사업장 내 밀폐공간의 위치 파악 및 관리 방안
- 밀폐공간 내 질식·중독 등을 일으킬 수 있는 유해·위험 요인의 파악 및 관리 방안
- 밀폐공간 작업 시 사전 확인이 필요한 사항에 대한 확인 절차
- 안전보건교육 및 훈련
- 그 밖에 밀폐공간 작업 근로자의 건강장해 예방에 관한 사항

---

**용어정의**

"밀폐공간"이란 산소결핍, 유해가스로 인한 질식·화재·폭발 등의 위험이 있는 장소를 말한다.

"유해가스"란 이산화탄소·일산화탄소·황화수소 등의 기체로서 인체에 유해한 영향을 미치는 물질을 말한다.

"산소결핍증"이란 산소가 결핍된 공기를 들이마심으로써 생기는 증상을 말한다.

② 사업주는 근로자가 밀폐공간에서 작업을 시작하기 전에 다음 각 호의 사항을 확인하여 근로자가 안전한 상태에서 작업하도록 하여야 하며, 밀폐공간에서의 작업이 종료될 때까지 각 호의 내용을 해당 작업장 출입구에 게시하여야 한다.

- 작업 일시, 기간, 장소 및 내용 등 작업 정보
- 관리감독자, 근로자, 감시인 등 작업자 정보
- 산소 및 유해가스 농도의 측정결과 및 후속조치 사항
- 작업 중 불활성가스 또는 유해가스의 누출·유입·발생 가능성 검토 및 후속조치 사항
- 작업 시 착용하여야 할 보호구의 종류
- 비상연락체계

### (3) 산소 및 유해가스 농도의 측정

① 사업주는 밀폐공간에서 근로자에게 작업을 하도록 하는 경우 미리 다음 각 호의 어느 하나에 해당하는 자로 하여금 해당 밀폐공간의 산소 및 유해가스 농도를 측정하여 적정공기가 유지되고 있는지를 평가하도록 하여야 한다.

**밀폐공간의 산소 및 유해가스 농도를 측정하여야 하는 자**

1. 관리감독자
2. 안전관리자 또는 보건관리자
3. 안전관리전문기관 또는 보건관리전문기관
4. 건설재해예방전문지도기관
5. 작업환경측정기관
6. 한국산업안전보건공단이 정하는 산소 및 유해가스 농도의 측정·평가에 관한 교육을 이수한 사람

② 사업주는 산소 및 유해가스 농도를 측정한 결과 적정공기가 유지되고 있지 아니하다고 평가된 경우에는 작업장을 환기시키거나, 근로자에게 공기호흡기 또는 송기마스크를 지급하여 착용하도록 하는 등 근로자의 건강장해 예방을 위하여 필요한 조치를 하여야 한다.

### (4) 환기

① 사업주는 밀폐공간에 근로자를 종사하도록 하는 경우에 작업 시작 전 및 작업 중에 해당 작업장을 적정공기 상태가 유지되도록 환기하여야 한다. 다만, 폭발이나 산화 등의 위험으로 인하여 환기할 수 없거나 작업의 성질상 환기하기가 매우 곤란한 경우에는 근로자에게 공기호흡기 또는 송기마스크를 지급하여 착용하도록 하고 환기하지 아니할 수 있다.

② 근로자는 지급된 보호구를 착용하여야 한다.

### (5) 출입금지

① 사업주는 밀폐공간에 근로자를 종사하도록 하는 경우에는 그 장소에 근로자를 입장시킬 때와 퇴장시킬 때마다 인원을 점검하여야 한다.

② 사업주는 밀폐공간에서 하는 작업에 근로자를 종사하도록 하는 경우에는 그 밀폐공간에서 작업하는 근로자가 아닌 사람이 그 장소에 출입하는 것을 금지하고, 출입금지 표지를 밀폐공간 근처의 보기 쉬운 장소에 게시하여야 한다.

### (6) 감시인의 배치

① 사업주는 근로자가 밀폐공간에서 작업을 하는 동안 작업상황을 감시할 수 있는 감시인을 지정하여 밀폐공간 외부에 배치하여야 한다.

② 감시인은 밀폐공간에 종사하는 근로자에게 이상이 있을 경우에 구조요청 등 필요한 조치를 한 후 이를 즉시 관리감독자에게 알려야 한다.

③ 사업주는 근로자가 밀폐공간에서 작업을 하는 동안 그 작업장과 외부의 감시인 간에 항상 연락을 취할 수 있는 설비를 설치하여야 한다.

### (7) 사고 시의 대피

① 사업주는 근로자가 밀폐공간에서 작업을 하는 경우에 산소결핍이나 유해가스로 인한 질식·화재·폭발 등의 우려가 있으면 즉시 작업을 중단시키고 해당 근로자를 대피하도록 하여야 한다.

PART 05

② 사업주는 근로자를 대피시킨 경우 **적정공기 상태임이 확인될 때까지 그 장소에 관계자가 아닌 사람이 출입하는 것을 금지하고, 그 내용을 해당 장소의 보기 쉬운 곳에 게시**하여야 한다.

③ 근로자는 출입이 금지된 장소에 사업주의 허락 없이 출입하여서는 아니 된다.

## (8) 안전대 등 보호구 지급

① 사업주는 밀폐공간에서 작업하는 근로자가 **산소결핍이나 유해가스로 인하여 추락할 우려가 있는 경우**에는 해당 근로자에게 **안전대나 구명밧줄, 공기호흡기 또는 송기마스크를 지급**하여 착용하도록 하여야 한다.

② 안전대나 구명밧줄을 착용하도록 하는 경우에 이를 안전하게 착용할 수 있는 설비 등을 설치하여야 한다.

③ 근로자는 제1항에 따라 지급된 보호구를 착용하여야 한다.

## (9) 대피용 기구의 비치

사업주는 밀폐공간에 근로자를 종사하도록 하는 경우에 **공기호흡기 또는 송기마스크, 사다리 및 섬유로프 등 비상시에 근로자를 피난시키거나 구출하기 위하여 필요한 기구를 갖추어 두어야** 한다.

## (10) 구출 시 공기호흡기 또는 송기마스크의 사용

사업주는 밀폐공간에서 위급한 근로자를 구출하는 작업을 하는 경우 그 **구출작업에 종사하는 근로자에게 공기호흡기 또는 송기마스크를 지급하여 착용**하도록 하여야 한다.

## 03 화학물질 취급설비 개념 확인

### 📍 주/요/내/용 알/고/가/기

1. 화학설비 및 그 부속설비의 종류
2. 안전밸브를 설치하여야 하는 곳
3. 파열판을 설치하여야 하는 경우
4. 안전밸브등의 작동요건 및 배출용량
5. 차단밸브의 설치금지
6. 통기설비(대기밸브, Breather valve)
7. 화염방지기
8. 반응기 및 증류탑 설계 시 고려사항
9. 열교환기 일상점검항목
10. 건조설비 취급시 주의사항
11. 건조설비의 사용
12. 닫힌루프 제어계(피드백제어)
13. 제어계 작동순서
14. 안전장치의 종류
15. 관 부속품
16. 공동현상
17. 수격작용

## 1 화학설비 및 그 부속설비

### (1) 화학설비 및 그 부속설비의 종류

**화학설비의 종류**

① 반응기·혼합조 등 화학물질 반응 또는 혼합장치
② 증류탑·흡수탑·추출탑·감압탑 등 화학물질 분리장치
③ 저장탱크·계량탱크·호퍼·사일로 등 화학물질 저장 또는 계량설비
④ 응축기·냉각기·가열기·증발기 등 열교환기류
⑤ 고로 등 점화기를 직접 사용하는 열교환기류
⑥ 카렌다·혼합기·발포기·인쇄기·압출기 등 화학제품 가공설비
⑦ 분쇄기·분체분리기·용융기 등 분체화학물질 취급장치
⑧ 결정조·유동탑·탈습기·건조기 등 분체화학물질 분리장치
⑨ 펌프류·압축기·이젝타 등의 화학물질 이송 또는 압축설비

**화학설비의 부속설비의 종류**

① 배관·밸브·관·부속류 등 화학물질이송 관련 설비
② 온도·압력·유량 등을 지시·기록 등을 하는 자동제어 관련 설비
③ 안전밸브·안전판·긴급차단 또는 방출밸브 등 비상조치 관련 설비
④ 가스누출감지 및 경보관련 설비
⑤ 세정기·응축기·벤트스택·플레어스택 등 폐가스처리 설비
⑥ 사이클론·백필터·전기집진기 등 분진처리 설비
⑦ ①~⑥의 설비를 운전하기 위하여 부속된 전기 관련 설비
⑧ 정전기 제거장치·긴급 샤워설비 등 안전 관련 설비

PART 05

### (2) 부식방지 ✖

화학설비 또는 그 배관(화학설비 또는 그 배관의 밸브나 콕은 제외한다) 중 위험물 또는 인화점이 섭씨 60도 이상인 물질이 접촉하는 부분에 대해서는 위험물질 등에 의하여 그 부분이 부식되어 폭발·화재 또는 누출되는 것을 방지하기 위하여 위험물질 등의 종류·온도·농도 등에 따라 부식이 잘되지 않는 재료를 사용하거나 도장(塗裝) 등의 조치를 하여야 한다.

### (3) 덮개 등의 접합부 ✖

사업주는 화학설비 또는 그 배관의 덮개·플랜지·밸브 및 콕의 접합부에 대하여 위험물질 등의 누출로 인한 폭발·화재 또는 위험물의 누출을 방지하기 위하여 적절한 개스킷(gasket)을 사용하고 접합면을 상호 밀착시키는 등 적절한 조치를 하여야 한다.

### (4) 안전밸브를 설치하여야 하는 곳

1) 다음 각 호의 어느 하나에 해당하는 설비에 대해서는 과압에 따른 폭발을 방지하기 위하여 폭발 방지 성능과 규격을 갖춘 안전밸브 또는 파열판을 설치하여야 한다. 다만, 안전밸브 등에 상응하는 방호장치를 설치한 경우에는 그러하지 아니하다.

| 안전밸브(또는 파열판)를 설치하여야 하는 곳 ✖ |
| --- |
| ① 압력용기(안지름이 150밀리미터 이하 치인 압력용기는 제외하며, 압력용기 중 관형 열교환기의 경우에는 관의 파열로 인하여 상승한 압력이 압력용기의 최고사용압력을 초과할 우려가 있는 경우만 해당한다) |
| ② 정변위 압축기 |
| ③ 정변위 펌프(토출측에 차단밸브가 설치된 것만 해당한다) |
| ④ 배관(2개 이상의 밸브에 의하여 차단되어 대기온도에서 액체의 열팽창에 의하여 파열될 우려가 있는 것으로 한정한다) |
| ⑤ 그 밖의 화학설비 및 그 부속설비로서 해당 설비의 최고사용압력을 초과할 우려가 있는 것 |

┌문제┐
고압가스장치 중 안전밸브의 설치 위치가 아닌 것은?
㉠ 압축기 각 단의 토출 측
㉡ 저장탱크 상부
㉢ 펌프의 흡입 측
㉣ 감압밸브 뒤 배관

[해설]
㉢ 안전밸브는 과압을 방출하는 밸브로 펌프의 흡입측에는 필요 없다.

◀정답▶ ㉢

2) 안전밸브 등을 설치하는 경우에는 다단형 압축기 또는 직렬로 접속된 공기압축기에 대해서는 각 단 또는 각 공기압축기별로 안전밸브 등을 설치하여야 한다. ✖

3) 안전밸브에 대해서는 다음 각 호의 구분에 따른 검사주기마다 국가교정기관에서 교정을 받은 압력계를 이용하여 설정압력에서 안전밸브가 적정하게 작동하는지를 검사한 후 납으로 봉인하여 사용하여야 한다.

> **안전밸브 검사주기** ✧✧
>
> ① 화학공정 유체와 안전밸브의 디스크 또는 시트가 직접 접촉될 수 있도록 설치된 경우 : 2년마다 1회 이상
> ② 안전밸브 전단에 파열판이 설치된 경우 : 3년마다 1회 이상
> ③ 공정안전보고서 제출 대상으로서 고용노동부장관이 실시하는 공정안전보고서 이행상태 평가 결과가 우수한 사업장의 안전밸브의 경우 : 4년마다 1회 이상

4) 사업주는 납으로 봉인된 안전밸브를 해체하거나 조정할 수 없도록 조치하여야 한다.

## (5) 파열판의 설치

> **파열판을 설치하여야 하는 경우** ✧✧
>
> ① 반응폭주 등 급격한 압력상승의 우려가 있는 경우
> ② 급성독성물질의 누출로 인하여 주위의 작업환경을 오염시킬 우려가 있는 경우
> ③ 운전 중 안전밸브에 이상 물질이 누적되어 안전밸브가 작동되지 아니할 우려가 있는 경우

🔎 **용어정의**

\* 파열판(Rupture disc)
"안전밸브"를 대체할 수 있는 방호장치로서 판 입구측의 압력이 설정 압력에 도달하면 판이 파열하면서 유체가 분출하도록 용기에 설치된 얇은 판을 말한다.

**PART 05**

## (6) 안전밸브 등의 작동요건 및 배출용량

① 안전밸브 등이 안전밸브 등을 통하여 보호하려는 설비의 최고사용압력 이하에서 작동되도록 하여야 한다. 다만, 안전밸브 등이 2개 이상 설치된 경우에 1개는 최고사용압력의 1.05배(외부화재를 대비한 경우에는 1.1배) 이하에서 작동되도록 설치할 수 있다. ✧✧

② 안전밸브 등의 배출용량은 그 작동원인에 따라 각각의 소요분출량을 계산하여 가장 큰 수치를 당해 안전밸브 등의 배출용량으로 하여야 한다.

## (7) 안전밸브의 전·후단에 차단밸브를 설치할 수 있는 경우 ✧

① 인접한 화학설비 및 그 부속설비에 안전밸브 등이 각각 설치되어 있고 당해 화학설비 및 그 부속설비의 연결배관에 차단밸브가 없는 경우

② 안전밸브 등의 배출용량의 2분의 1 이상에 해당하는 용량의 자동압력조절밸브(구동용 동력원의 공급을 차단할 경우 열리는 구조인 것에 한한다)와 안전밸브 등이 병렬로 연결된 경우

③ 화학설비 및 그 부속설비에 안전밸브 등이 복수방식으로 설치되어 있는 경우

┌─ **문제** ─

다음 중 반응 또는 운전압력이 3psig 이상인 경우 압력계를 설치하지 않아도 무관한 것은?

㉮ 반응기
㉯ 탑조류
㉰ 밸브류
㉱ 열교환기

[해설]
㉰ 밸브류에는 압력계를 설치하지 않는다.

**정답** ㉰

④ 예비용 설비를 설치하고 각각의 설비에 안전밸브 등이 설치되어 있는 경우

⑤ 열팽창에 의하여 상승된 압력을 낮추기 위한 목적으로 안전밸브가 설치된 경우

⑥ 하나의 플레어스택(flare stack)에 2 이상의 단위공정의 플레어헤더(flare header)를 연결하여 사용하는 경우로서 각각의 단위공정의 플레어헤더에 설치된 차단밸브의 열림·닫힘상태를 중앙제어실에서 알 수 있도록 조치한 경우

## (8) 통기설비(통기밸브, Breather valve) ✖✖

◎기출 ★★
* 통기밸브(breather valve)는 탱크 내의 압력을 대기압과 평행하게 유지하는 역할을 한다.

① 인화성 액체를 저장·취급하는 대기압탱크에는 통기관 또는 통기밸브(breather valve) 등을 설치하여야 한다.

② 통기설비는 정상운전 시에 대기압탱크 내부가 진공 또는 가압되지 않도록 충분한 용량의 것을 사용하여야 하며, 철저하게 유지·보수를 하여야 한다.

## (9) 화염방지기(Flame Arrester)의 설치 ✖✖

인화성 액체 및 인화성 가스를 저장 취급하는 화학설비에서 증기나 가스를 대기로 방출하는 경우에는 외부로부터의 화염을 방지하기 위하여 화염방지기를 그 설비 상단에 설치하여야 한다. 다만, 대기로 연결된 통기관에 통기밸브가 설치되어 있거나, 인화점이 섭씨 38도 이상 60도 이하인 인화성 액체를 저장·취급할 때에 화염방지 기능을 가지는 인화방지망을 설치한 경우에는 그러하지 아니하다.

## (10) 방유제 설치 ✖

사업주는 위험물질을 액체상태로 저장하는 저장탱크를 설치하는 때에는 위험물질이 누출되어 확산되는 것을 방지하기 위하여 방유제(防油堤)를 설치하여야 한다.

## (11) 화학설비 및 부속설비의 개조·수리·청소 작업 시 조치

사업주는 화학설비와 그 부속설비의 개조·수리 및 청소 등을 위하여 해당 설비를 분해하거나 해당 설비의 내부에서 작업을 하는 경우에는 다음 각 호의 사항을 준수하여야 한다.

① 작업책임자를 정하여 해당 작업을 지휘하도록 할 것

② 작업장소에 위험물 등이 누출되거나 고온의 수증기가 새어나오지 않도록 할 것

③ 작업장 및 그 주변의 인화성 액체의 증기나 인화성 가스의 농도를 수시로 측정할 것

## (12) 화학설비의 안전거리 기준 ✿✿✿

[안전거리]

| 구분 | 안전거리 |
|---|---|
| 1. 단위공정시설 및 설비로부터 다른 **단위공정시설 및 설비의 사이** | 설비의 바깥 면으로부터 **10미터 이상** |
| 2. 플레어스택으로부터 단위공정시설 및 설비, **위험물질 저장탱크** 또는 위험물질 하역설비의 사이 | 플레어스택으로부터 반경 **20미터 이상**. 다만, 단위공정시설 등이 불연재로 시공된 지붕 아래에 설치된 경우에는 그러하지 아니하다. |
| 3. **위험물질 저장탱크**로부터 단위공정시설 및 설비, 보일러 또는 가열로의 사이 | 저장탱크의 바깥 면으로부터 **20미터 이상**. 다만, 저장탱크의 방호벽, 원격조종 소화설비 또는 살수설비를 설치한 경우에는 그러하지 아니하다. |
| 4. 사무실·연구실·실험실·정비실 또는 식당으로 부터 단위공정시설 및 설비, **위험물질 저장탱크**, 위험물질 하역설비, 보일러 또는 가열로의 사이 | 사무실 등의 바깥 면으로부터 **20미터 이상**. 다만, 난방용 보일러인 경우 또는 사무실 등의 벽을 방호구조로 설치한 경우에는 그러하지 아니하다. |

## ② 특수화학설비

### (1) 특수화학설비의 종류 ✿

**위험물질을 기준량 이상으로 제조 또는 취급**하는 다음 각 호의 1에 해당하는 화학설비를 특수화학설비라 한다.

---

**특수화학설비 ✿**

① **발열반응**이 일어나는 반응장치
② 증류·정류·증발·추출 등 **분리를 행하는 장치**
③ 가열시켜 주는 물질의 온도가 가열되는 **위험물질의 분해온도 또는 발화점보다 높은 상태에서 운전되는 설비**
④ 반응폭주 등 이상 화학반응에 의하여 **위험물질이 발생할 우려가 있는 설비**
⑤ 온도가 섭씨 350도 이상이거나 게이지 압력이 980킬로파스칼 이상인 상태에서 운전되는 설비 ✿
⑥ **가열로 또는 가열기**

---

## (2) 특수화학설비의 방호장치 설치 ✿✿

| | |
|---|---|
| 계측장치 | 특수화학설비를 설치하는 때에는 내부의 이상상태를 조기에 파악하기 위하여 필요한 온도계·유량계·압력계 등의 계측장치를 설치하여야 한다. |
| 자동경보장치 | 특수 화학설비를 설치하는 때에는 그 내부의 이상상태를 조기에 파악하기 위하여 필요한 자동경보장치를 설치하여야 한다. 다만, 자동경보장치를 설치하는 것이 곤란한 때에는 감시인을 두고 당해 특수화학설비의 운전 중 당해설비를 감시하도록 하는 등의 조치를 하여야 한다. |
| 긴급차단장치 | 특수화학설비를 설치하는 때에는 이상상태의 발생에 따른 폭발·화재 또는 위험물의 누출을 방지하기 위하여 원재료 공급의 긴급차단, 제품 등의 방출, 불활성가스의 주입 또는 냉각용수 등의 공급을 위하여 필요한 장치 등을 설치하여야 한다. |
| 예비동력원 | • 동력원의 이상에 의한 폭발 또는 화재를 방지하기 위하여 즉시 사용할 수 있는 예비동력원을 갖추어 둘 것<br>• 밸브·콕·스위치 등에 대하여는 오조작을 방지하기 위하여 잠금장치를 하고 색채표시 등으로 구분할 것 |

## 3 반응기

### (1) 반응기(Chemical reactor)

"반응기(chemical reactor)"란 원료물질을 화학적 반응을 통하여 성질이 다른 물질로 전환하는 설비로서 이와 관련된 계측, 제어 등 일련의 부속장치를 포함하는 장치를 말한다.

### (2) 반응기의 구분

| | | |
|---|---|---|
| 운전방식에 의한 분류 | 회분식 반응기 (Batch Reactor) | • 원료를 반응기 내에 주입하고, 일정 시간 반응시킨 다음 생성물을 꺼내는 방식.<br>• 반응이 진행되는 동안 원료 도입 또는 생성물의 배출이 없다.<br>• 다품종 소량 생산에 유리하다. |
| | 반회분식 반응기 (semi-batch reactor) | • 반응 성분의 일부를 반응기 내에 넣어두고 반응이 진행됨에 따라 다른 성분을 계속 첨가하는 형식의 반응기이다. |
| | 연속 반응기 (plug flow reactor) | • 원료를 연속적으로 반응기에 도입하는 동시에 반응 생성물을 연속적으로 반응기에 배출시키면서 반응을 진행시키는 반응기이다.<br>• 소품종 대량생산에 적합하다. |
| 구조에 의한 분류 | ① 관형반응기　　　② 탑형반응기<br>③ 교반기형 반응기　④ 유동층형 반응기 | |

### (3) 반응기의 구비조건

① 고온, 고압에 견딜 것
② 균일한 혼합이 가능할 것
③ 촉매의 활성에 영향주지 않을 것
④ 체류시간 있을 것
⑤ 냉각장치, 가열장치 가질 것

### (4) 반응기의 설계 시 주요인자

① 온도
② 압력
③ 부식성
④ 상의 형태
⑤ 체류시간

비교
반응기 설계 시 주요 인자
① 온도
② 압력
③ 부식성
④ 상의 형태
⑤ 체류시간

## 4 증류탑

### (1) 증류탑(Distillation tower)

용액의 성분을 증발시켜서 끓는 점 차이를 이용하여 증발분을 응축하여 원하는 성분별로 분류하는 기기

### (2) 증류탑 종류

① **충전탑** : 증기와 액체와의 접촉면적을 크게 하기 위하여 탑 속에 충전물을 채운 형태의 탑이다.
② **단탑** : 빈 탑 속에 여러 개의 수평관을 일정한 간격으로 설치하여 증기와 액체를 접촉시켜 증류, 흡수, 추출을 행하는 장치이다.
③ **포종탑** : 탑 속의 각 단판에 포종을 설치, 유해 성분의 흡수효율을 높인 장치이다.
④ 다공판탑
⑤ 니플 트레이
⑥ 벨러스트 트레이

### (3) 증류탑 설계 시 주요 인자

① 온도
② 압력
③ 부식성
④ 액 및 가스비율
⑤ 연속식 및 회분식

### (4) 증류탑의 일상 점검항목 ✗

① 보온재·보냉재의 파손 상황
② 도장의 열화 정도
③ 볼트의 풀림 여부
④ 플랜지, 맨홀, 용접부 등에서의 누출 여부
⑤ 증기 배관의 열팽창에 의한 과도한 힘이 가해지지 않는지 여부

### (5) 증류탑 개방 시 점검 항목

① 트레이의 부식상태
② 포종의 막힘 여부
③ 넘쳐흐르는 둑의 높이가 설계와 같은지 여부
④ 용접선의 상황 및 포종의 고정 여부
⑤ 균열, 손상 여부

### (6) 증류장치 운전 시 주의사항

① 라인, 라인업 확인
② 증류탑으로 원료액이 공급되는지 확인
③ 응축기에 냉각수 확인
④ 계기의 조정 및 펌프의 작동상태 점검

## 5 열교환기

### (1) 열교환기(Heat exchanger)

온도가 높은 유체로부터 전열벽을 통하여 온도가 낮은 유체에 열을 전달하는 장치

### (2) 열교환기 손실열량

| 열교환기의 열손실량 계산 |
|---|
| $$Q = K \times A \times \frac{\Delta T}{\Delta X}(\text{kcal/hr})$$ |
| 여기서, $K$ : 전열계수, $A$ : 면적, $\Delta X$ : 두께, $\Delta T$ : 온도변화량 |

─ 문제 ─

열교환탱크 외부를 두께 0.2m의 석면(k=0.037kcal/mhr℃)으로 보온하였더니 석면의 내면은 40℃, 외면은 20℃이었다. 면적 1m²당 1시간에 손실되는 열량(kcal)은?

㉮ 0.0037  ㉯ 0.037
㉰ 1.37  ㉱ 3.7

[해설]
열교환기 손실열량

$Q = K \times A \times \frac{\Delta T}{\Delta X}$ (kcal/hr)

(K : 전열계수, A : 면적
$\Delta X$ : 두께, $\Delta T$ : 온도변화량)

$Q = 0.037 \times 1 \times \frac{(40-20)}{0.2}$

$= 3.7$kcal

정답 ㉱

### (3) 열교환기 효율이 낮아지는 원인

① Scale이 관내 외벽에 부착되었을 때
② 비응축 가스가 축적되었을 때
③ 폐쇄의 경우 스팀측 유량이 급속히 감소하여 배압이 올라간다.
④ 가열시킬 물질의 유량이 중지되는 경우

### (4) 열교환기의 일상점검 항목 ✖

① 보온재 및 보냉재의 상태
② 도장의 열화상태
③ 용접부 등으로부터의 누출 여부
④ 기초볼트의 풀림상태

### (5) 다관식 열교환기의 종류

① 고정관판 열교환기
② 유동두식(유동관판식) 열교환기
③ U자관 열교환기
④ Kettle형 열교환기

## ⑥ 건조설비

### (1) 건조기의 종류

#### 1) 고체건조기

① 상자건조기 : 입상의 고체를 회분식으로 건조하는 방식
② 터널건조기 : 다량을 연속적으로 건조하는 방식
③ 회전건조기 : 회전통 내의 원료에 열가스를 접촉하여 건조하는 방식

#### 2) 용액, 슬리리 건조기

① 드럼건조기 : 롤러 사이에서 증발, 건조하는 방식
② 교반건조기 : 원료가 점착성이 있어 타건조기 사용이 어려울 때 사용
③ 분무건조기 : 고온가스 중에서 액체를 미세하게 분산시켜 건조하는 방식

**기출**

＊ 열교환기의 열교환 능률을 향상시키기 위한 방법

① 유체의 유속을 적절하게 조절한다.
② 유체의 흐르는 방향을 향류로 한다.
③ 열교환기 입구와 출구의 온도차를 크게 한다.
④ 열전도율이 좋은 재료를 사용한다.

**문제**

열교환기 내의 각 장치와 용도(사용목적)가 맞게 연결되어 있는 것은?

㉮ 기화기 – 공급물의 예열
㉯ 증류탑 재비기 – 탑저액의 재증발
㉰ 증류탑 예열기 – 액화가스의 가열기화
㉱ 증류탑 탑저 냉각기 – 탑정 증기의 응축

[해설]
㉮ 기화기 – 액화가스의 가열기화
㉰ 증류탑 예열기 – 공급물의 예열
㉱ 증류탑 탑정 냉각기 – 탑정 증기의 응축

 ㉯

**용어정의**

＊ 건조설비
건조란 수분을 포함하는 재료로부터 열(전도, 대류, 복사)에 의하여 고체 중의 수분을 기화·증발시키는 일련의 행위를 말하며, 이와 같은 조작에 필요한 수단, 즉 설비·장치를 건조설비라 한다.

## (2) 건조설비 취급 시 주의사항

### 1) 위험물 건조설비 중 건조실을 독립된 단층건물로 하여야 하는 경우

위험물 건조설비 중 건조실을 설치하는 건축물의 구조는 독립된 단층건물로 하여야 한다. 다만, 당해 건조실을 건축물의 최상층에 설치하거나 건축물이 내화구조인 때에는 그러하지 아니하다.

---

**건조실을 독립된 단층건물로 하여야 하는 경우 ✈**

① 위험물 또는 위험물이 발생하는 물질을 가열·건조하는 경우 내용적이 1세제곱미터($1m^3$) 이상인 건조설비
② 위험물이 아닌 물질을 가열·건조하는 경우로서 다음 각 목의 1의 용량에 해당하는 건조설비
  • 고체 또는 액체연료의 최대 사용량이 시간당 10킬로그램(10kg/h) 이상
  • 기체연료의 최대 사용량이 시간당 1세제곱미터($1m^3/h$) 이상
  • 전기사용 정격용량이 10킬로와트(10kW) 이상

---

### 2) 건조설비의 구조

---

**건조실의 구조 ✈**

① 건조설비의 바깥 면은 불연성 재료로 만들 것
② 건조설비(유기 과산화물을 가열 건조하는 것을 제외한다)의 내면과 내부의 선반이나 틀은 불연성 재료로 만들 것
③ 위험물건조설비의 측벽이나 바닥은 견고한 구조로 할 것
④ 위험물건조설비는 그 상부를 가벼운 재료로 만들고 주위상황을 고려하여 폭발구를 설치할 것
⑤ 위험물건조설비는 건조하는 경우에 발생하는 가스·증기 또는 분진을 안전한 장소로 배출시킬 수 있는 구조로 할 것
⑥ 액체연료 또는 인화성가스를 열원의 연료로서 사용하는 건조설비는 점화하는 경우 폭발 또는 화재를 예방하기 위하여 연소실이나 그밖에 점화하는 부분을 환기시킬 수 있는 구조로 할 것
⑦ 건조설비의 내부는 청소하기 쉬운 구조로 할 것
⑧ 건조설비의 감시창·출입구 및 배기구 등과 같은 개구부는 발화시에 불이 다른 곳으로 번지지 아니하는 위치에 설치하고 필요한 경우에는 즉시 밀폐할 수 있는 구조로 할 것
⑨ 건조설비는 내부의 온도가 부분적으로 상승하지 아니하는 구조로 설치할 것
⑩ 위험물건조설비의 열원으로서 직화를 사용하지 아니할 것
⑪ 위험물 건조설비가 아닌 건조설비의 열원으로서 직화를 사용하는 경우에는 불꽃 등에 의한 화재를 예방하기 위하여 덮개를 설치하거나 격벽을 설치할 것

---

**문제**

다음은 위험물 건조설비를 설치하는 건축물 구조에 관한 사항이다. 건조실을 설치하는 건축물의 구조가 독립된 단층건물로 해야 하는 조건이 아닌 것은? (단, 최상층에 설치 또는 내화구조로 설치하지 않음.)

㉮ 고체 또는 액체 연료의 최대 사용량이 10kg/hr 이상
㉯ 가열·건조기의 내용적이 $10cm^3$ 이상
㉰ 기체 연료의 사용량 $1m^3/hr$ 이상
㉱ 전기사용 정격 용량 10kW 이상

[해설]
㉯ 가열·건조기의 내용적이 $1m^3$ 이상인 경우

**정답** ㉯

### 3) 건조설비의 사용

> **건조설비 사용 시 폭발·화재 예방 위한 준수사항 ✈**
>
> ① 위험물건조설비를 사용하는 때에는 미리 내부를 청소하거나 환기할 것
> ② 위험물건조설비를 사용하는 때에는 건조로 인하여 발생하는 가스·증기 또는 분진에 의하여 폭발·화재의 위험이 있는 물질을 안전한 장소로 배출시킬 것
> ③ 위험물건조설비를 사용하여 가열 건조하는 건조물은 쉽게 이탈되지 아니하도록 할 것
> ④ 고온으로 가열 건조한 인화성 액체는 발화의 위험이 없는 온도로 냉각한 후에 격납시킬 것
> ⑤ 건조설비(바깥 면이 현저히 고온이 되는 설비만 해당한다)에 가까운 장소에는 인화성 액체를 두지 않도록 할 것

## 7 제어장치, 안전장치, 계측장치 등

### (1) 제어장치

기계나 설비를 목적에 알맞도록 조절하는 장치이다.

#### 1) 열린루프 제어계(개회로 방식)

① 열린루프 제어계의 대표적인 예는 시퀀스제어이다.
② 시퀀스제어는 한 동작이 끝나면 그 결과를 좇아 다음 동작이 시작되는 순서 제어이며 세탁기, 자동판매기, 엘리베이터, 공장 등의 가공공정 자동화 등에 이용되고 있다.

**[개회로방식 제어계 작동순서 ✈]**

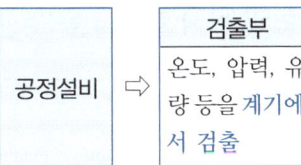
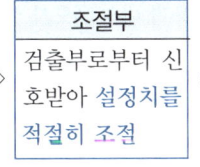
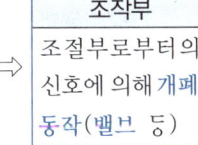

| 공정설비 ⇨ | 검출부 | ⇨ | 조절부 | ⇨ | 조작부 |
|---|---|---|---|---|---|
| | 온도, 압력, 유량 등을 계기에서 검출 | | 검출부로부터 신호받아 설정치를 적절히 조절 | | 조절부로부터의 신호에 의해 개폐동작(밸브 등) |

#### 2) 닫힌루프 제어계(피드백제어)

① 닫힌루프 제어계의 대표적인 예는 피드백제어이다.
② 피드백제어는 제어결과를 입력측으로 되돌림으로써 제어결과가 소기의 목적에 일치하도록 연속적으로 조절하여 제어의 질을 개선하는 효과를 가져오게 한다.

**문제**

화학공장의 폐회로방식 제어계의 작동 순서 중 올바른 것은?

㉮ 공정설비 – 검출부 – 조작부 – 조절계 – 공정설비
㉯ 공정설비 – 검출부 – 조절계 – 조작부 – 공정설비
㉰ 공정설비 – 조작부 – 검출부 – 조절계 – 공정설비
㉱ 공정설비 – 조작부 – 조절계 – 검출부 – 공정설비

**정답** ㉯

PART 05

**[폐회로방식 제어계 작동순서 ✰]**

| 공정 설비 | ⇨ | 검출부 | ⇨ | 조절부 | ⇨ | 조작부 | ⇨ | 공정 설비 |
|---|---|---|---|---|---|---|---|---|
| | | 온도, 압력, 유량 등을 계기에서 검출 | | 검출부로부터 신호받아 설정치를 적절히 조절 | | 조절부로부터의 신호에 의해 개폐동작 (밸브 등) | | |

## (2) 안전장치의 종류

### 1) 안전밸브

"안전밸브(safety valve)"란 밸브 입구 쪽의 **압력이 설정압력에 도달하면** 자동적으로 작동하여 **유체가 분출되고 일정압력 이하가 되면 정상상태로 복원되는 방호장치**를 말한다.

**[안전밸브의 종류]**

| | |
|---|---|
| **① 중추식** | 압력이 상승할 경우 **추의 중량을 이용**하여 가스를 외부로 배출하는 방식 |
| **② 지렛대식 (레버식)** | **지렛대 사이에 추를 설치하여 추의 위치에 따라 가스 배출량이 결정되는 방식** |
| **③ 파열판식** | 용기 내 압력이 급격히 상승 시 **얇은 금속판이 파열**되며 가스를 외부로 배출하는 방식 |
| **④ 스프링식** | **가장 많이 사용**되는 방식으로 용기 내 압력이 설정압력 이상이 되면 **스프링의 작동으로 가스를 외부로 배출하는 방식**. 분출용량에 따라 저양식, 고양정식, 전양정식, 전량식이 있다. ✰ |
| **⑤ 가용전식** | 용기 내의 온도가 설정 온도 이상이 되면 **가용금속이 녹아** 가스를 배출하는 방식 |

### 2) 파열판

"파열판(rupture disc)"이란 "안전밸브"에 대체할 수 있는 방호장치로서 **판 입구 측의 압력이 설정압력에 도달하면 판이 파열하면서 유체가 분출하도록** 용기 등에 설치된 얇은 판을 말한다.

| **반드시 파열판을 설치하여야 하는 경우 ✰✰** |
|---|
| ① 반응 폭주 등 **급격한 압력 상승의 우려**가 있는 경우 |
| ② **독성물질의 누출**로 인하여 주위의 작업환경을 오염시킬 우려가 있는 경우 |
| ③ 운전 중 **안전밸브에 이상 물질이 누적되어 안전밸브가 작동되지 아니할 우려**가 있는 경우 |

3) 체크밸브 ☆

유체의 역류를 방지한다.

4) 대기밸브(통기밸브, Breather valve) ☆☆

탱크 내의 압력을 대기압과 평행하게 유지하는 역할을 한다.

5) 블로밸브(blow valve)

과잉 압력을 방출한다.

6) 화염방지기(flame arrester) ☆☆

외부로부터의 화염을 차단할 목적으로 인화성액체(유류탱크) 및 가연성가스 저장 설비의 상단에 설치한다.

7) 벤트스택(Vent stack)

탱크 내 압력을 정상상태로 유지하기 위한 가스 방출장치이다.

8) 플레어스텍(Flare stack)

가스, 고휘발성 액체의 증기를 연소하여 대기 중에 방출하는 장치이다. Seal Drum을 통해 점화버너에 착화 연소하여 가연성, 독성, 냄새 제거 후 대기 중에 방출한다.

9) blow-down

공정액체를 빼내고 안전하게 처리하기 위한 설비이다.

10) Steam trap

증기 배관 내에 생성하는 응축수를 제거할 때 증기가 배출되지 않도록 하면서 응축수를 자동적으로 배출하기 위한 장치이다.

## (3) 배관 및 피팅류

1) 관이음의 종류

① 고압 및 독성물질 배관 : 누설방지를 위해 배관을 용접접합하여 사용

② 부착장소의 보수나 수리의 용이 목적 : 플랜지 접합부 사용

③ 관이 길고 온도변화에 따른 신축을 고려할 때 : 신축이음 사용

**참고**

* 왕복식 압축기의 이상음

1. 실린더 주변 이상음
   ① 흡입, 배기밸브의 불량
   ② 실린더 내 이물질 혼입
   ③ 피스톤링의 파손 및 마모
   ④ 피스톤과 실린더와의 틈새가 너무 많을 때
   ⑤ 피스톤과 실린더헤드와의 틈새가 없을 때
2. 크랭크 주변 이상음
   - 크로스 헤드의 마모나 헐거움
   - 주 베어링의 마모나 헐거움
   - 연결봉 베어링의 마모나 헐거움

**용어정의**

* 펌프

낮은 곳에서 높은 곳으로 액체를 올리거나, 액체에 압력을 가하여 멀리 보내는 데 사용한다

**기출**

* 펌프의 구분
  ① 터보형 펌프(비용적형)
  - 원심식
  - 경사류식
  - 축류식
  ② 용적형 펌프
  - 왕복식
  - 회전식

2) 관의 부속품 ✄

| 2개관의 연결 | 플랜지, 유니언, 니플, 소켓 |
|---|---|
| 관의 지름 변경 | 리듀서, 부싱 |
| 관로방향 변경 | 엘보, Y형 관이음쇠, 티, 십자 |
| 유로차단 | 플러그, 밸브, 캡 |
| 유량조절 | • 게이트밸브(gate valve) : 차단용 밸브로서 게이트가 열리거나 닫히며 유로를 차단 또는 개방한다.<br>• 글로브밸브(glove valve) : 유량제어의 목적으로 가장 많이 사용된다.<br>• 체크밸브(checke valve) : 유체가 한 방향으로만 흐르도록 하는 역류방지용 밸브이다. ✄<br>• 니들밸브(needle valve) : 공압작동식 밸브이다. 공기의 압력으로 변이 열리거나 닫히며 조절한다. |

3) 배관의 이상현상
① 공동현상(Cavitation) ✄
유체의 증기압이 물의 증기압보다 낮을 경우 부분적으로 증기를 발생시켜 배관을 부식시키는 현상이다.

| 펌프에서 공동현상 발생원인 | 펌프에서 공동현상 방지대책 |
|---|---|
| ① 펌프의 흡입수두가 클 때<br>② 펌프의 마찰손실이 클 때<br>③ 펌프의 임펠러속도가 클 때<br>④ 펌프의 설치위치가 수원보다 높을 때<br>⑤ 관내 수온이 높을 때<br>⑥ 관내의 물의 정압이 그때의 증기압보다 낮을 때<br>⑦ 흡입관의 구경이 작을 때<br>⑧ 흡입거리가 길 때<br>⑨ 유량이 증가하여 펌프물이 과속으로 흐를 때 | ① 펌프의 흡입수두를 작게 한다.<br>② 펌프의 마찰손실을 작게 한다.<br>③ 펌프의 임펠러속도를 작게 한다.<br>④ 펌프의 설치 위치를 수원보다 낮게 한다.<br>⑤ 배관내 물의 정압을 그때의 증기압보다 높게 한다.<br>⑥ 흡입관의 구경을 크게 한다.<br>⑦ 펌프를 2대 이상 설치한다. |

② 수격작용(Water hammering, 물망치작용) ✄
밸브를 급격히 개폐 시에 배관 내를 유동하던 물이 배관을 치는 현상(압력파가 급격히 관내를 왕복하는 현상)으로 배관 파열을 초래한다.
③ 맥동현상(surging)

압축기와 송풍기의 관로에 심한 공기의 맥동과 진동을 발생하면서 유량이 단속적으로 변하여 펌프입출구에 설치된 진공계, 압력계가 흔들리고 진동과 소음이 일어나며 펌프의 토출량의 변화(불안정한 운전)를 초래한다.

④ 베이퍼로크(Vaper lock)
유체이동 시 배관 내에서 외부 영향을 받아 액체가 기체로 변하는 현상

◎기출

* 수격작용 발생원인
① 펌프가 갑자기 정지할 때
② 밸브를 급히 개폐할 때
③ 정상운전 시 유체의 압력변동이 생길 때

* 맥동현상 발생원인
① 배관 중에 수조가 있을 때
② 배관 중에 기체상태의 부분이 있을 때
③ 유량조절밸브가 배관 중 수조의 위치 후방에 있을 때
④ 펌프의 특성곡선이 산모양이고 운 점이 그 정상부일 때

* 맥동현상(surging) 방지법
① 풍량을 감소시킨다.
② 배관의 경사를 완만하게 한다.
③ 교축밸브를 기계에 근접하게 설치한다.
④ 토출가스를 흡입 측에 바이패스시키거나 방출밸브에 의해 대기로 방출시킨다.

PART 05

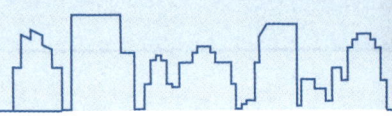

# 화공안전 비상조치 계획 · 대응

## 01 비상조치계획 및 평가

주/요/내/용 알/고/가/기 ▶

1. 비상사태의 구분
2. 비상사태 파악 및 분석
3. 비상조치계획의 수립
4. 비상대피 계획
5. 비상경보의 종류

### 1 비상조치계획 및 평가

**(1) 비상사태의 구분**

1) 조업상의 비상사태

① 중대한 화재사고가 발생한 경우
② 중대한 폭발사고가 발생한 경우
③ 독성화학물질의 누출사고 또는 환경오염 사고가 발생한 경우
④ 인근지역의 비상사태 영향이 사업장으로 파급될 우려가 있는 경우

2) 자연재해는 태풍, 폭우 및 지진 등 천재지변이 발생한 경우를 말한다.

**(2) 비상사태 파악 및 분석**

1) 사업장의 안전보건총괄책임자는 보유설비와 취급하고 있는 위험물질
에 의한 발생 가능한 비상사태를 체계적으로 검토한다.

2) 위험성 파악과 비상조치계획의 수립에 있어서는 발생 가능성이 큰 비상
사태를 기준으로 하되 발생 가능성은 적으나 심각한 결과를 초래할
수 있는 비상사태도 포함시킨다.

### 3) 발생 가능한 비상사태의 분석에 포함시킬 사항

① 공정별로 예상되는 비상사태
② 비상사태 전개과정
③ 최대피해 규모
④ 피해 최소화대책
⑤ 과거 유사한 중대사고의 기록
⑥ 비상사태의 결과예측

## (3) 비상조치계획의 수립

### 1) 비상조치계획 수립 시의 원칙

① 근로자의 인명보호에 최우선 목표를 둔다.
② 가능한 비상사태를 모두 포함시킨다.
③ 비상통제 조직의 업무분장과 임무를 분명하게 한다.
④ 주요 위험설비에 대하여는 내부 비상조치계획 뿐만 아니라 외부 비상조치 계획도 포함시킨다.
⑤ 비상조치계획은 분명하고 명료하게 작성되어 모든 근로자가 이용할 수 있도록 한다.
⑥ 비상조치계획은 문서로 작성하여 모든 근로자가 쉽게 활용할 수 있는 장소에 비치한다.

### 2) 비상조치계획에 포함하여야 하는 사항

① 근로자의 사전 교육
② 비상시 대피절차와 비상 대피로의 지정
③ 대피 전 안전조치를 취해야 할 주요 공정설비 및 절차
④ 비상 대피 후 직원이 취해야 할 임무와 절차
⑤ 피해자에 대한 구조·응급조치 절차
⑥ 내·외부와의 연락 및 통신체계
⑦ 비상사태 발생 시 통제조직 및 업무 분장
⑧ 사고 발생 시와 비상 대피 시의 보호구 착용 지침
⑨ 비상사태 종료 후 오염물질 제거 등 수습 절차
⑩ 주민 홍보 계획
⑪ 외부기관과의 협력체제

### (4) 비상대피 계획

#### 1) 비상대피 계획의 목적

비상사태의 통제와 억제에 있으며 비상사태의 발생은 물론 비상사태의 확대 전파를 저지하고 이로 인한 인명피해를 최소화하는데 있다.

#### 2) 적절하고 신속한 비상대피 계획의 확립을 위해 준비하여야 하는 사항

① 경보 발령절차
② 비상통로 및 비상구의 명확한 표시
③ 근로자 등의 대피절차 및 대피장소의 결정
④ 대피장소별 담당자의 지정, 그들의 임무 및 책임사항
⑤ 비상통제센타의 위치 및 비상통제센타와의 보고체계 확립
⑥ 임직원 명부 및 하도급업체 방문자 명단의 확보와 대피자의 확인
　체계 확립
⑦ 대피장소에서 근로자 및 일반대중의 행동요령
⑧ 임직원 비상연락망의 확보
⑨ 외부비상조치기관과의 연락수단 및 통신망 확보

### (6) 비상경보의 종류

① 경계경보
② 가스누출경보
③ 대피경보
④ 화재경보
⑤ 해제경보

# 화공 안전운전 · 점검

## 01 공정안전, 물질안전보건자료 등

📍 주/요/내/용 알/고/가/기 ▶

1. 공정안전보고서의 제출 대상
2. 공정안전보고서의 내용
3. 공정위험성분석기법의 종류
4. 물질안전보건자료 내용
5. 물질안전보건자료 작성 제외 대상
6. 신규화학물질의 유해성 · 위험성 조사보고서의 제출

### ① 공정안전보고서

#### (1) 공정안전보고서의 작성 · 제출

1) 사업주는 사업장에 대통령령으로 정하는 유해하거나 위험한 설비가 있는 경우 그 설비로부터의 위험물질 누출, 화재 및 폭발 등으로 인하여 사업장 내의 근로자에게 즉시 피해를 주거나 사업장 인근 지역에 피해를 줄 수 있는 사고로서 대통령령으로 정하는 사고("중대산업사고")를 예방하기 위하여 대통령령으로 정하는 바에 따라 공정안전보고서를 작성하고 고용노동부장관에게 제출하여 심사를 받아야 한다. 이 경우 공정안전보고서의 내용이 중대산업사고를 예방하기 위하여 적합하다고 통보받기 전에는 관련된 유해하거나 위험한 설비를 가동해서는 아니 된다. ✘

2) 사업주는 공정안전보고서를 작성할 때 산업안전보건위원회의 심의를 거쳐야 한다. 다만, 산업안전보건위원회가 설치되어 있지 아니한 사업장의 경우에는 근로자대표의 의견을 들어야 한다. ✘

3) 공정안전보고서의 제출 시기

사업주는 유해 · 위험설비의 설치 · 이전 또는 주요 구조 부분의 변경 공사의 착공 30일 전까지 공정안전보고서를 2부 작성하여 공단에 제출하여야 한다.

## (2) 공정안전보고서의 심사

1) **공단은** 공정안전보고서를 **제출받은 경우에는 제출받은 날부터 30일 이내에 심사하여** 1부를 사업주에게 송부하고, 그 내용을 지방고용노동관서의 장에게 보고해야 한다.

2) **심사결과 구분** ✿✿

| 적정 | 보고서의 **심사기준을 충족시킨 경우** |
|------|------|
| 조건부 적정 | 보고서의 심사기준을 대부분 충족하고 있으나 **부분적인 보완이 필요**하다고 판단할 경우 |
| 부적정 | 보고서의 **심사기준을 충족시키지 못한 경우** |

## (3) 공정안전보고서의 확인

1) 사업주는 **심사를 받은 공정안전보고서의 내용을 실제로 이행하고 있는지** 여부에 대하여 고용노동부령으로 정하는 바에 따라 **고용노동부장관의 확인을 받아야 한다.**

2) 공정안전보고서를 제출하여 심사를 받은 사업주는 **다음 각 호의 시기별로 공단의 확인을 받아야 한다.** 다만, 화공안전 분야 산업안전지도사 또는 대학에서 조교수 이상으로 재직하고 있는 사람으로서 화공 관련 교과를 담당하고 있는 사람, 그 밖에 자격 및 관련 업무 경력 등을 고려하여 고용노동부장관이 정하여 고시하는 요건을 갖춘 사람에게 자체감사를 하게 하고 그 결과를 공단에 제출한 경우에는 공단은 확인을 하지 아니할 수 있다.

📖참고

✱ 확인 요청
① 사업주는 확인을 받고자 할 때에는 확인을 받고자 하는 날의 20일 이전에 공단에 확인을 요청하여야 한다.
② 공단은 사업주로부터 확인요청을 받은 때에는 요청서 접수일로부터 7일 이내에 확인 실시 일정을 결정하여 사업주에게 알려야 한다.
③ 공단의 확인을 면제받고자 할 경우에는 다음 각 호의 사항이 포함된 자체감사 결과를 공단에 제출하여야 한다.
• 자체감사에 참여한 외부 전문가의 자격 입증 서류 1부
• 공단이 정한 자체감사 확인점검표 1부
• 자체감사결과에 따른 보완 및 시정계획서 1부

| 신규로 설치될 유해·위험설비에 대해서는 설치 과정 및 설치 완료 후 시운전단계 | 각 1회 |
|------|------|
| 기존에 설치되어 사용 중인 유해·위험설비에 대해서는 심사 완료 후 | 3개월 이내 |
| 유해·위험설비와 관련한 공정의 중대한 변경의 경우에는 변경 완료 후 | 1개월 이내 |
| 유해·위험설비 또는 이와 관련된 공정에 중대한 사고 또는 결함이 발생한 경우 | 1개월 이내 |

3) **공단은 사업주로부터 확인요청을 받은 날부터 1개월 이내에** 내용이 현장과 일치하는지 여부를 **확인하고, 확인한 날부터 15일 이내에 그 결과를** 사업주에게 **통보**하고 지방고용노동관서의 장에게 보고해야 한다.

| 적합 | 현장과 일치하는 경우 |
|------|---------------------|
| 부적합 | 현장과 일치하지 아니하는 경우 |
| 조건부 적합 | 현장과 불일치하는 사항 또는 조건부 적정 사항 중 확인일 이후에 조치하여도 안전상에 문제가 없는 경우 |

### (4) 공정안전보고서 이행상태 평가

1) 고용노동부장관은 고용노동부령으로 정하는 바에 따라 공정안전보고서의 이행상태를 정기적으로 평가할 수 있다.

2) 고용노동부장관은 공정안전보고서의 확인(신규로 설치되는 유해·위험설비의 경우에는 설치완료 후 시운전 단계에서의 확인을 말한다) 후 1년이 경과한 날부터 2년 이내에 공정안전보고서 이행상태평가를 하여야 한다.

3) 고용노동부장관은 이행상태평가 후 4년마다 이행상태평가를 하여야 한다. 다만, 다음 각 호의 어느 하나에 해당하는 경우에는 1년 또는 2년마다 실시할 수 있다.

① 이행상태평가 후 사업주가 이행상태평가를 요청하는 경우
② 사업장에 출입하여 검사 및 안전·보건점검 등을 실시한 결과 변경요소 관리계획 미준수로 공정안전보고서 이행상태가 불량한 것으로 인정되는 경우 등 고용노동부장관이 정하여 고시하는 경우

### (5) 공정안전보고서의 제출 대상 ✰✰✰

① 원유 정제처리업
② 기타 석유정제물 재처리업
③ 석유화학계 기초화학물 제조업 또는 합성수지 및 기타 플라스틱물질 제조업
④ 진소 화합물, 질소·인신 및 칼리질 화학비료 세조업 중 실소질 비료 제조
⑤ 복합비료 및 기타 화학비료 제조업 중 복합비료 제조(단순혼합 또는 배합에 의한 경우는 제외한다)
⑥ 화학 살균·살충제 및 농업용 약제 제조업[농약 원제(原劑) 제조만 해당한다]
⑦ 화약 및 불꽃제품 제조업

실력이 되고! 합격이 되는! 특급 암기법

화재·폭발 - 원유, 석유정제물, 화약 및 불꽃제품
중독·질식 - 농약, 비료(복합비료, 질소질 비료)

PART 05

(6) 다음 각 호의 설비는 유해·위험설비로 보지 아니한다.

| 공정안전보고서 제출 제외 대상 설비 ✈ |
|---|
| ① 원자력 설비 |
| ② 군사시설 |
| ③ 사업주가 해당 사업장 내에서 직접 사용하기 위한 난방용 연료의 저장설비 |
| ④ 도매·소매시설 |
| ⑤ 차량 등의 운송설비 |
| ⑥ 「액화석유가스의 안전관리 및 사업법」에 따른 액화석유가스의 충전·저장시설 |
| ⑦ 「도시가스사업법」에 따른 가스공급시설 |
| ⑧ 그 밖에 고용노동부장관이 누출·화재·폭발 등으로 인한 피해의 정도가 크지 않다고 인정하여 고시하는 설비 |

(7) 공정안전보고서의 내용 ✿✿✿

① 공정안전자료

② 공정위험성 평가서

③ 안전운전계획

④ 비상조치계획

⑤ 그 밖에 공정상의 안전과 관련하여 고용노동부장관이 필요하다고 인정하여 고시하는 사항

(8) 공정안전보고서의 세부내용 ✈

① 공정안전자료

• 취급·저장하고 있거나 취급·저장하려는 유해·위험물질의 종류 및 수량

• 유해·위험물질에 대한 물질안전보건자료

• 유해·위험설비의 목록 및 사양

• 유해·위험설비의 운전방법을 알 수 있는 공정도면

• 각종 건물·설비의 배치도

• 폭발위험장소 구분도 및 전기단선도

• 위험설비의 안전설계·제작 및 설치 관련 지침서

② 공정위험성 평가서 및 잠재위험에 대한 사고예방·피해 최소화 대책

③ 안전운전계획

• 안전운전지침서

• 설비점검·검사 및 보수계획, 유지계획 및 지침서

• 안전작업허가

• 도급업체 안전관리계획

- 근로자 등 교육계획
- 가동 전 점검지침
- 변경요소 관리계획
- 자체감사 및 사고조사계획
- 그 밖에 안전운전에 필요한 사항

④ 비상조치계획
- 비상조치를 위한 장비·인력보유현황
- 사고발생 시 각 부서·관련 기관과의 비상연락체계
- 사고발생 시 비상조치를 위한 조직의 임무 및 수행 절차
- 비상조치계획에 따른 교육계획
- 주민홍보계획
- 그 밖에 비상조치 관련 사항

## ② 물질안전보건자료(MSDS : Material Safety Data Sheet)

### (1) 물질안전보건자료의 작성 및 제출 ✄✄

① 화학물질 또는 이를 함유한 혼합물로서 "물질안전보건자료대상물질"을 제조하거나 수입하려는 자는 다음 각 호의 사항을 적은 물질안전보건자료를 고용노동부령으로 정하는 바에 따라 작성하여 고용노동부장관에게 제출하여야 한다. 이 경우 고용노동부장관은 고용노동부령으로 물질안전보건자료의 기재 사항이나 작성 방법을 정할 때 「화학물질관리법」 및 「화학물질의 등록 및 평가 등에 관한 법률」과 관련된 사항에 대해서는 환경부장관과 협의하여야 한다.

② 물질안전보건자료대상물질을 제조·수입하려는 자가 물질안전보건자료를 작성하는 경우에는 그 물질안전보건자료의 신뢰성이 확보될 수 있도록 인용된 자료의 출처를 함께 적어야 한다.

③ 물질안전보건자료 및 화학물질의 명칭 및 함유량에 관한 자료는 물질안전보건자료대상물질을 제조하거나 수입하기 전에 공단에 제출해야 한다.

④ 물질안전보건자료를 공단에 제출하는 경우에는 공단이 구축하여 운영하는 물질안전보건자료시스템을 통한 전자적 방법으로 제출해야 한다. 다만, 물질안전보건자료시스템이 정상적으로 운영되지 않거나 신청인이 물질안전보건자료시스템을 이용할 수 없는 등의 부득이한 사유가 있는 경우에는 전자적 기록매체에 수록하여 직접 또는 우편으로 제출할 수 있다.

## 물질안전보건자료에 적어야 하는 사항 ✪✪

1. 제품명
2. 물질안전보건자료 대상물질을 구성하는 화학물질 중 유해인자의 분류 기준에 해당하는 화학물질의 명칭 및 함유량
3. 안전 및 보건상의 취급 주의 사항
4. 건강 및 환경에 대한 유해성, 물리적 위험성
5. 물리·화학적 특성 등 고용노동부령으로 정하는 사항
   ① 물리·화학적 특성
   ② 독성에 관한 정보
   ③ 폭발·화재 시의 대처방법
   ④ 응급조치 요령
   ⑤ 그 밖에 고용노동부장관이 정하는 사항

## 물질안전보건자료의 작성항목(Data Sheet 16가지 항목) ✪✪

| | |
|---|---|
| 1. 화학제품과 회사에 관한 정보 | 2. 유해·위험성 |
| 3. 구성성분의 명칭 및 함유량 | 4. 응급조치요령 |
| 5. 폭발·화재 시 대처방법 | 6. 누출사고 시 대처방법 |
| 7. 취급 및 저장방법 | 8. 노출방지 및 개인 보호구 |
| 9. 물리화학적 특성 | 10. 안정성 및 반응성 |
| 11. 독성에 관한 정보 | 12. 환경에 미치는 영향 |
| 13. 폐기 시 주의사항 | 14. 운송에 필요한 정보 |
| 15. 법적규제 현황 | 16. 기타 참고사항 |

## 물질안전보건자료 작성 제외 대상 ✪✪

1. 「건강기능식품에 관한 법률」에 따른 건강기능식품
2. 「농약관리법」에 따른 농약
3. 「마약류 관리에 관한 법률」에 따른 마약 및 향정신성의약품
4. 「비료관리법」에 따른 비료
5. 「사료관리법」에 따른 사료
6. 「생활주변방사선 안전관리법」에 따른 원료물질
7. 「생활화학제품 및 살생물제의 안전관리에 관한 법률」에 따른 안전확인대상 생활화학제품 및 살생물제품 중 일반소비자의 생활용으로 제공되는 제품
8. 「식품위생법」에 따른 식품 및 식품첨가물
9. 「약사법」에 따른 의약품 및 의약외품
10. 「원자력안전법」에 따른 방사성물질
11. 「위생용품 관리법」에 따른 위생용품
12. 「의료기기법」에 따른 의료기기
12의2. 「첨단재생의료 및 첨단바이오의약품 안전 및 지원에 관한 법률」에 따른 첨단바이오의약품

13. 「총포·도검·화약류 등의 안전관리에 관한 법률」에 따른 화약류

14. 「폐기물관리법」에 따른 폐기물

15. 「화장품법」에 따른 화장품

16. 제1호부터 제15호까지의 규정 외의 화학물질 또는 혼합물로서 일반소비자의 생활용으로 제공되는 것(일반소비자의 생활용으로 제공되는 화학물질 또는 혼합물이 사업장 내에서 취급되는 경우를 포함한다)

17. 고용노동부장관이 정하여 고시하는 연구·개발용 화학물질 또는 화학제품. 이 경우 법 제110조제1항부터 제3항까지의 규정에 따른 자료의 제출만 제외된다.

18. 그 밖에 고용노동부장관이 독성·폭발성 등으로 인한 위해의 정도가 적다고 인정하여 고시하는 화학물질

실력이 되고! 합격이 되는! **특급 암기법**

**비료로 농 사지은** 식품, 건강식품, 위생용품 폐기물에서 **화약, 방사성 원료물질 나와서** 소비자용 의료기기, 첨단 의약품, 마약, 화장품으로 **치료했다.**

**참고**
물질안전보건자료 대상물질을 제조하거나 수입한 자는 물질안전보건자료에 적어야 하는 사항 중 고용노동부령으로 정하는 사항이 변경된 경우 그 변경 사항을 반영한 물질안전보건자료를 고용노동부장관에게 제출하여야 한다.

PART 05

## (2) 물질안전보건자료의 게시 및 교육 ✖✖

① 물질안전보건자료 대상물질을 취급하는 사업주는 다음 각 호의 어느 하나에 해당하는 장소 또는 전산장비에 항상 물질안전보건자료를 게시하거나 갖추어 두어야 한다. 다만, 장비에 게시하거나 갖추어 두는 경우에는 고용노동부장관이 정하는 조치를 해야 한다.

| 물질안전보건자료를 게시 또는 비치하여야 하는 장소 |
|---|
| • 물질안전보건자료 대상물질을 취급하는 작업공정이 있는 장소 |
| • 작업장 내 근로자가 가장 보기 쉬운 장소 |
| • 근로자가 작업 중 쉽게 접근할 수 있는 장소에 설치된 전산장비 |

② 사업주는 물질안전보건자료 대상물질을 취급하는 작업공정별로 고용노동부령으로 정하는 바에 따라 물질안전보건자료 대상물질의 관리요령을 게시하여야 한다.(작업공정별 관리 요령은 유해성·위험성이 유사한 물질안전보건자료 대상물질의 그룹별로 작성하여 게시할 수 있다)

| 물질안전보건자료 대상물질의 작업공정별 관리요령에 포함사항 |
|---|
| • 제품명 |
| • 건강 및 환경에 대한 유해성, 물리적 위험성 |
| • 안전 및 보건상의 취급주의 사항 |
| • 적절한 보호구 |
| • 응급조치 요령 및 사고 시 대처방법 |

③ **사업주는** 작업장에서 취급하는 **물질안전보건자료대상물질의 내용을 근로자에게 교육하고** 교육을 실시하였을 때에는 **교육시간 및 내용 등을 기록하여 보존해야 한다.** 이 경우 교육받은 근로자에 대해서는 해당 교육 시간만큼 안전·보건교육을 실시한 것으로 본다. (유해성·위험성이 유사한 물질안전보건자료대상물질을 그룹별로 분류하여 교육할 수 있다)

---

**물질안전보건자료 대상물질의 내용을 근로자에게 교육하여야 하는 경우**

① 물질안전보건자료 대상물질을 제조·사용·운반 또는 저장하는 작업에 근로자를 배치하게 된 경우
② 새로운 물질안전보건자료대상물질이 도입된 경우
③ 유해성·위험성 정보가 변경된 경우

---

**물질안전보건자료에 관한 교육내용** ✖

① 대상 화학물질의 명칭(또는 제품명)
② 물리적 위험성 및 건강 유해성
③ 취급상의 주의사항
④ 적절한 보호구
⑤ 응급조치 요령 및 사고 시 대처방법
⑥ 물질안전보건자료 및 경고표지를 이해하는 방법

---

## (3) 물질안전보건자료 대상물질 용기 등의 경고표시 ✖✖

① **물질안전보건자료 대상물질을 양도하거나 제공하는 자는** 고용노동부령으로 정하는 방법에 따라 **이를 담은 용기 및 포장에 경고표시를 하여야 한다.** 다만, 용기 및 포장에 담는 방법 외의 방법으로 물질안전보건자료 대상물질을 양도하거나 제공하는 경우에는 고용노동부장관이 정하여 고시한 바에 따라 경고표시 기재 항목을 적은 자료를 제공하여야 한다.

② 사업주는 **사업장에서 사용하는 물질안전보건자료 대상물질을 담은 용기**에 고용노동부령으로 정하는 방법에 따라 **경고표시를 하여야 한다.** 다만, 용기에 이미 경고표시가 되어있는 등 고용노동부령으로 정하는 경우에는 그러하지 아니하다.

### 3 신규화학물질의 유해성·위험성 조사보고서

## (1) 신규화학물질의 유해성 · 위험성 조사보고서의 제출

1) 대통령령으로 정하는 화학물질 외의 화학물질("신규화학물질")을 제조하거나 수입하려는 자는 신규화학물질에 의한 근로자의 건강장해를 예방하기 위하여 그 신규화학물질의 유해성·위험성을 조사하고 그 조사보고서를 고용노동부장관에게 제출하여야 한다. 다만, 다음 각 호의 어느 하나에 해당하는 경우에는 그러하지 아니하다.

---

**신규화학물질의 유해성·위험성 조사보고서를 제출하지 않아도 되는 경우**

1. 일반 소비자의 생활용으로 제공하기 위하여 신규화학물질을 수입하는 경우로서 고용노동부령으로 정하는 경우
   ① 해당 신규화학물질이 완성된 제품으로서 국내에서 가공하지 않는 경우
   ② 해당 신규화학물질의 포장 또는 용기를 국내에서 변경하지 않거나 국내에서 포장하거나 용기에 담지 않는 경우
   ③ 해당 신규화학물질이 직접 소비자에게 제공되고 국내의 사업장에서 사용되지 않는 경우

2. 신규화학물질의 수입량이 소량(신규화학물질의 연간 수입량이 100킬로그램 미만인 경우로서 고용노동부장관의 확인을 받은 경우)이거나 그 밖에 위해의 정도가 적다고 인정되는 경우로서 고용노동부령으로 정하는 경우(다음 각 호의 어느 하나에 해당하는 경우로서 고용노동부장관의 확인을 받은 경우)
   ① 제조하거나 수입하려는 신규화학물질이 시험 · 연구를 위하여 사용되는 경우
   ② 신규화학물질을 전량 수출하기 위하여 연간 10톤 이하로 제조하거나 수입하는 경우
   ③ 신규화학물질이 아닌 화학물질로만 구성된 고분자화합물로서 고용노동부장관이 정하여 고시하는 경우

---

## 유해성 · 위험성 조사 제외 화학물질

1. 원소
2. 천연으로 산출된 화학물질
3. 「건강기능식품에 관한 법률」에 따른 건강기능식품
4. 「군수품관리법」 및 「방위사업법」에 따른 군수품
   [「군수품관리법」 제3조에 따른 통상품(通常品)은 제외한다]
5. 「농약관리법」에 따른 농약 및 원제
6. 「마약류 관리에 관한 법률」에 따른 마약류
7. 「비료관리법」에 따른 비료
8. 「사료관리법」에 따른 사료
9. 「생활화학제품 및 살생물제의 안전관리에 관한 법률」에 따른 살생물 물질 및 살생물 제품
10. 「식품위생법」에 따른 식품 및 식품첨가물
11. 「약사법」에 따른 의약품 및 의약외품(醫藥外品)
12. 「원자력안전법」에 따른 방사성물질
13. 「위생용품 관리법」에 따른 위생용품
14. 「의료기기법」에 따른 의료기기
15. 「총포 · 도검 · 화약류 등의 안전관리에 관한 법률」에 따른 화약류
16. 「화장품법」에 따른 화장품과 화장품에 사용하는 원료
17. 고용노동부장관이 명칭, 유해성 · 위험성, 근로자의 건강장해 예방을 위한 조치 사항 및 연간 제조량 · 수입량을 공표한 물질로서 공표된 연간 제조량 · 수입량 이하로 제조하거나 수입한 물질
18. 고용노동부장관이 환경부장관과 협의하여 고시하는 화학물질 목록에 기록되어 있는 물질

실력이 되고! 합격이 되는! 특급 암기법

비료로 농 사지은 식품, 건강식품, 군수품, 위생용품에서 화약, 방사성물질 나와서 의료기기, 의약품, 마약, 화장품으로 치료했더니 천연 원소인 살생물의 위험조사 제외됐다.

2) 신규화학물질을 제조하거나 수입하려는 자는 제조하거나 수입하려는 날 30일(연간 제조하거나 수입하려는 양이 100킬로그램 이상 1톤 미만인 경우에는 14일) 전까지 신규화학물질 유해성 · 위험성 조사보고서를 첨부하여 고용노동부장관에게 제출하여야 한다(다만, 그 신규화학물질을 「화학물질의 등록 및 평가 등에 관한 법률」에 따라 환경부장관에게 등록한 경우에는 고용노동부장관에게 유해성 · 위험성 조사보고서를 제출한 것으로 본다).

# CHAPTER 04

# 화재·폭발 검토

## 01 화재·폭발 이론 및 발생 이해

### 주/요/내/용 알/고/가/기

1. 연소의 3요소
2. 인화점과 발화점의 정의
3. 기체, 액체, 고체의 연소의 형태
4. 자연발화를 일으키는 열의 종류
5. 자연발화가 되기 쉬운 조건
6. 혼합위험의 특성
7. 연소범위(폭발범위)
8. 위험도의 계산
9. 완전연소 조성농도

### 1 연소의 정의

가연성 물질이 공기 중 산소와 결합하여 열과 불꽃을 내며 타는 현상을 말한다.

### 2 연소의 3요소 ✘

① 가연물
② 열 or 점화원
③ 산소(공기)

### 3 인화점(인화온도) ✘

- 인화성 액체가 증발하여 공기 중에서 연소하한농도 이상의 혼합기체를 생성할 수 있는 가장 낮은 온도
- 가연성 액체의 액면 가까이에서 인화하는데 충분한 농도의 증기를 발산하는 최저온도
- 공기 중에서 그 액체의 표면 부근에서 불꽃의 전파가 일어나기에 충분한 농도의 증기를 발생시키는 최저온도

### 합격의 key

**◉기출**

\* 그을음연소
열분해를 일으키기 쉬운 불안정한 물질로서 열분해로 발생한 휘발분이 점화되지 않을 경우 다량의 발연을 수반하는 연소

**▩참고**

\* 액면상의 연소확대 양상
① 액온이 인화점보다 높은 경우
- 예혼합형전파 : 연소범위 내에 화염은 그 증기층을 통해 전파된다.
- 전파속도 : 액체온도의 증가에 따라 증가된다.
- 연소속도가 빠르고 화재 크기의 변화가 작다.
② 액온이 인화점보다 낮은 경우
- 예열형전파 : 액면이 예열되어 점화된 후부터 연소가 확대된다.
- 화염의 전파 : 표면장력 구동류의 이동속도에 비례해서 화염의 전파속도가 빨라지니 선 빠속노가 빠를 때 화염의 크기가 변화된다.
- 일정시간 가열 후 화재가 발생되고 액체의 이동으로 인한 화재 크기의 변화가 많다.

**◉기출**

\* 혼합위험의 영향인자
- 온도
- 압력
- 농도

PART 05

### 4 발화점(발화온도) ✦

- 착화원 없이 가연성 물질을 대기 중에서 가열함으로써 스스로 연소 혹은 폭발을 일으키는 최저온도
- 가연성물질을 공기나 산소 중에서 가열한 후 발화 또는 폭발을 일으키기 시작하는 최저온도

### 5 연소점

점화원의 존재 하에 지속적인 연소를 일으키는 최저온도

### 6 연소의 분류

**(1) 기체, 액체, 고체의 연소의 형태 ✦✦**

🔍**용어정의**

※ 최소발화에너지
연소(폭발)한계 내에서 가연성 가스 또는 폭발성 분진을 발화시킬 수 있는 최소의 에너지를 말한다.

📌**기출**

※ 최소발화에너지에 영향을 미치는 요소
① 물질의 조성
② 압력
③ 온도
④ 혼입물

| 기체의 연소 | 확산 연소 | 가연성 가스가 공기 중에 확산되어 연소하는 형태 📖 대부분 가스의 연소 |
|---|---|---|
| 액체의 연소 | 증발 연소 | 액체 자체가 연소되는 것이 아니라 액체 표면에서 발생하는 증기가 연소하는 형태 📖 대부분 액체의 연소 |
| 고체의 연소 | 표면 연소 | 가연성 가스를 발생하지 않고 물질 그 자체가 연소하는 형태 📖 코크스, 목탄, 금속분 등 |
| | 분해 연소 | 가열 분해에 의해 발생된 가연성 가스가 공기와 혼합되어 연소하는 형태 📖 목재, 종이, 석탄, 플라스틱 등 일반 가연물 |
| | 증발 연소 | 고체 가연물의 가열에 의해 발생한 가연성 증기가 연소하는 형태 📖 황, 나프탈렌 |
| | 자기 연소 | 자체 내 산소를 함유하고 있어 공기 중 산소를 필요치 않고 연소하는 형태 📖 니트로 화합물, 다이너마이트 등 |

**(2) 자연발화 ✦**

외부 점화원 없이 자체의 열에 의해 발화하는 현상

**(3) 자연발화를 일으키는 열의 종류 ✦**

① 산화열에 의한 발열 : 석탄, 원면, 건성유 등
② 분해열에 의한 발열 : 셀룰로이드, 니트로셀룰로오스
③ 흡착열에 의한 발열 : 활성탄, 목탄 등
④ 미생물에 의한 발열 : 퇴비, 먼지 등

**(4) 자연발화가 되기 쉬운 조건 ✈**

① 표면적이 넓을 것
② 열전도율이 적을 것
③ 주위의 온도가 높을 것
④ 발열량이 클 것
⑤ 수분이 적당량 존재할 것

**(5) 자연발화에 영향을 미치는 요인**

① 열의 축적          ② 열전도율
③ 공기의 유동        ④ 발열량
⑤ 수분

**(6) 자연발화 방지법 ✈**

① 저장소의 온도를 낮출 것
② 산소와의 접촉을 피할 것
③ 통풍 및 환기를 철저히 할 것
④ 습도가 높은 곳에는 저장하지 말 것

**(7) 혼합위험의 특성 ✈**

① 가압 하에서 발화지연이 짧다.
② 주위 온도보다 발화온도가 낮아지면 발화지연이 짧다.
③ 혼합물인 경우 단독물의 혼합보다 발화지연이 짧아진다.
④ 햇빛이나 기타의 빛으로 광분해 반응이 수반될 수 있다.

## 7 연소범위(폭발범위)

**(1) 폭발한계(폭발범위, 연소범위)**

가연성 물질이 공기와 혼합하여 일정 농도 범위 내에서 폭발이 일어날 수 있는 범위를 말한다.

**(2) 폭발 하한계 ✈**

① 폭발이 시작되는 최저의 용량비를 말한다.
② 가연성 물질의 용량이 폭발하한계보다 낮으면 폭발은 일어나지 않는다.

---

**◉기출**

✻ 단열압축
• 단열상태에서 압력을 가하면 작은 충격에 의해서도 발화가 일어난다.
• 평활한 금속판상에 한 방울의 니트로글리세린을 떨어뜨려 놓고 금속추로 타격을 가할 때 니트로글리세린 중 아주 작은 기포가 존재한 경우, 기포가 존재하지 않은 경우보다 작은 충격에 의해서도 발화가 일어나는 현상

**◉기출 ★**

✻ 단열압축현상의 관계식

$$\frac{T_2}{T_1} = \left(\frac{P_2}{P_1}\right)^{\frac{r-1}{r}}$$

r : 공기의 비열비(1.4)
$T_1$ : 기체의 처음온도(°k)
$T_2$ : 압축 후의 온도(°k)
$P_1$ : 처음압력(kg/cm²)
$P_2$ : 압축 후의 압력(kg/cm²)

**문제**

20℃인 1기압의 공기를 압축비 3으로 단열압축 하였을 때, 온도는 약 몇 ℃가 되겠는가?
① 84    ② 128
③ 182   ④ 1001

[해설]
$$T_2 = T_1 \times \left(\frac{P_2}{P_1}\right)^{\frac{r-1}{r}}$$
$$T_2 = (273+20) \times \left(\frac{3}{1}\right)^{\frac{1.4-1}{1.4}}$$
$$= 401.04(K) - 273$$
$$= 128(℃)$$

정답 ②

**◉기출**

✻ 폭발범위에 영향을 주는 인자
① 온도
② 압력
③ 공기조성

### (3) 폭발 상한계 ✦

① 폭발이 계속되는 최고의 용량비를 말한다.

② 가연성 물질의 용량이 폭발상한계보다 높으면 공기 중 산소가 부족하여 폭발은 중지된다.

### (4) 온도, 압력과의 관계 ✦

① 압력 상승 시는 하한계는 불변, 상한계는 상승한다.

② 온도 상승 시는 하한계는 약간 하강, 상한계는 상승한다.

③ 폭발 하한계가 낮을수록, 폭발 상한계는 높을수록 폭발범위가 넓어져 위험하다.

## 8 위험도의 계산 ✦✦

---

**위험도의 계산 ✦✦**

$$위험도(H) = \frac{U_2 - U_1}{U_1}$$

여기서, $U_1$ : 폭발 하한계(%)    $U_2$ : 폭발 상한계(%)

---

**예제**

공기 중에서 수소의 폭발 하한계가 4.0vol%, 상한계가 75.0vol%라면 수소의 위험도는 얼마인가?

해설   $위험도(H) = \dfrac{U_2 - U_1}{U_1} = \dfrac{75 - 4}{4} = 17.75$    * 위험도는 단위가 없습니다.

정답 17.75

### 9 완전연소 조성농도(화학양론농도, 이론산소농도)

발열량이 최대이고 폭발 파괴력이 가장 강한 농도를 말한다.

---

**완전연소 조성 농도(화학양론농도) ☆☆**

$$C_{st}(Vol\%) = \frac{100}{1 + 4.773\left(n + \frac{m - f - 2\lambda}{4}\right)}$$

여기서, $n$ : 탄소　　　　　　$m$ : 수소
　　　　$f$ : 할로겐원소　　$\lambda$ : 산소의 원자 수
　　　　4.773 : 공기의 몰 수

---

**예제**

프로판($C_3H_8$)가스가 공기 중 연소할 때의 화학양론농도는 약 얼마인가?
(단, 공기 중의 산소 농도는 21%이다)

**해설**　$C_{st}(Vol\%) = \dfrac{100}{1 + 4.773\left(n + \dfrac{m - f - 2\lambda}{4}\right)}$

여기서, n : 탄소, m : 수소, f : 할로겐원소, $\lambda$ : 산소의 원자 수

프로판($C_3H_8$)에서 n : 3, m : 8, f, $\lambda = 0$이므로

$C_{st} = \dfrac{100}{1 + 4.773\left(3 + \dfrac{8}{4}\right)} = 4.02(vol\%)$

**정답** 4.02(vol%)

---

**용어정의**

＊ **화학양론농도**
가연성 물질 1몰이 완전히 연소할 수 있는 공기와의 혼합비를 (%)로 표현한 것으로 화학반응이 일어날 때 원래의 원자가 없어지거나 새로운 원자가 생겨나지 않으며 반응 전과 후의 원자의 개수와 양은 보존된다는 사실에 바탕을 둔다.

PART 05

## 02 소화 원리 이해

📍 주/요/내/용 알/고/가/기 ▶

1. 소화방법
2. 소화기의 종류
3. 할로겐 화합물 소화기의 소화약제

### ① 소화방법 ✦

#### (1) 제거 소화

가연물의 제거에 의한 소화방법

예
- 촛불을 입으로 불어 끈다.
- 산불이 진행되는 방향의 나무를 제거한다.
- 가스화재나 전기화재 시 가스공급 밸브나 차단기를 닫는다.

#### (2) 질식 소화

가연물이 연소할 때 공기 중의 산소농도를 21%에서 15% 이하로 낮추어 소화하는 방법

예
- 분말소화기
- 포소화기
- 이산화탄소($CO_2$)소화기
- 물의 분무 등

#### (3) 냉각 소화

가연물의 온도를 떨어뜨려 소화하는 방법 or 물의 증발 잠열을 이용하는 방법

예
- 물
- 산알칼리 소화기
- 강화액 소화기

#### (4) 억제효과(부촉매효과)

연소반응을 억제하는 부촉매를 이용하는 소화방법

예
- 할로겐 화합물 소화기(할론 소화기)

## ② 소화기의 종류

### (1) 화재의 분류 및 소화방법 ✄✄✄

| 분류 | 구분색 | 가연물 | 주된 소화 효과 | 적응 소화제 |
|------|--------|--------|---------------|-------------|
| A급 화재 | 백색 | 일반 가연물 화재 | 냉각 효과 | 물, 강화액소화기, 산·알칼리소화기 |
| B급 화재 | 황색 | 유류(가스) 화재 | 질식 효과 | 포 소화기, $CO_2$소화기, 분말소화기 |
| C급 화재 | 청색 | 전기 화재 | 질식, 억제효과 | $CO_2$소화기, 분말소화기, 할로겐 화합물 소화기 |
| D급 화재 | 표시없음 (무색) | 금속 화재 | 질식 효과 | 건조사, 팽창 질석, 팽창 진주암 |

### (2) 소화효과에 따른 소화기의 종류

#### 1) 냉각소화 효과

① 물소화기

물에 의한 냉각작용으로 소화효과를 증대하기 위해 인산염, 계면활성제 등을 첨가한다.

② 산, 알칼리 소화기

소화기의 내부에 탄산수소나트륨($NaHCO_3$) 수용액과 진한황산($H_2SO_4$)이 분리 저장된 상태에서 레버를 누르면 단산수소나트륨 수용액과 황산의 화학반응 결과 발생되는 탄산가스의 압력으로 물을 방출시키는 소화기이다.

③ 강화액 소화기 ✄

부동액을 첨가하여 물의 동해를 방지한 소화기이다.

#### 2) 질식소화 효과

① 분말소화기

• A.B.C급 분말 소화기 : 일반화재, 유류화재, 전기화재에 적합한 소화약제인 제1인산암모늄을 충전한 소화기이다.

• B.C 분말 소화기 : 유류화재, 전기화재에 적합한 중탄산소다, 중탄산칼륨을 충전한 소화기이다.

② 이산화탄소 소화기(탄산가스 소화기)

• 이산화탄소($CO_2$)를 액화시켜 철제용기에 넣은 것이다.

• 피부에 닿으면 동상이 우려되므로 주의해야 한다.

• 무창층, 지하층, 밀폐된 거실 등에서는 질식이 우려되므로 사용을 금지한다.

**◎기출**

※ 포소화약제 혼합장치
① 차압혼합장치 (프레져 프로포셔너)
② 관로혼합장치 (라인 프로포셔너)
③ 압입혼합장치 (프레져 사이드 프로포셔너)
④ 펌프혼합장치 (펌프 프로포셔너)

**참고**

※ 소화기 사용상 주의사항
① 적응화재에만 사용해야 한다.
② 불 가까이 접근하여 사용하되, 화상을 입지 않도록 주의한다.
③ 바람을 등지고 풍상에서 풍하로 방사한다.
④ 이산화탄소 소화기는 지하층, 무창층에는 질식의 우려가 있으므로 사용하지 않아야 하며, 방사 시 기화에 따른 동상을 입지 않도록 주의한다. 방사된 가스는 호흡하지 않아야 하며 방사 후 즉시 환기를 실시한다.
⑤ 하론소화기는 하론 1301소화기 이외에는 무창층, 지하층, 사무실 또는 거실로서 바닥면적 $20m^2$ 미만의 장소에서는 사용할 수 없다. (다만, 배기를 위한 유효한 개구부가 있는 장소인 경우에는 그렇지 않다.)

**PART 05**

③ 포 소화기

화학포(탄산수소나트륨, 황산알미늄)소화기와 기계포(수성막포, 계면활성제 포)소화기가 있으며 **거품이 연소면을 덮어 질식 및 냉각에 의해 소화한다.**

3) 억제효과(부촉매효과)

① 할로겐 화합물 소화기

- 가격이 비싸고 공기 중 오존층을 파괴하는 물질로 사용이 규제되어 생산량이 크게 줄었다.
- 할로겐 화합물 소화약제

---

**소화약제의 종류 ✦**

- 하론 1301($CF_3Br$)
- 하론 1211($CF_2ClBr$) : 무색, 무취이며 전기적으로 부전도성인 기체이다.
- 하론 2402($C_2F_4Br_2$)
- 하론 1011($CH_2ClBr$)
- 하론 1040($CCl_4$) 또는 사염화탄소(CTC)

---

- 사염화탄소 소화기(CTC)는 실내에서는 포스겐가스($COCl_2$)에 의한 중독위험이 있다. ✦
- 부촉매 효과 : I 〉 Br 〉 Cl 〉 F ✦
  안정성 : F 〉 Cl 〉 Br 〉 I

## (3) 감지기 종류 ✦

① 열감지기

- 차동식감지기(스폿형, 분포형) : 실내온도의 상승률이 일정한 값을 넘었을 때 동작한다.
- 정온식감지기(스폿형, 감지선형) : 실온이 일정온도 이상으로 상승하였을 때 작동한다.
- 보상식감지기(스폿형) : 차동성을 가지면서 차동식의 단점을 보완하여 고온에서도 반드시 작동하도록 한 것이다.

② 연기감지기

- 이온화식 : 검지부에 연기가 들어가는데 따라 이온전류가 변화하는 것을 이용했다.
- 광전식 : 검지부에 연기가 들어가는데 따라 광전소자의 입사광량이 변화하는 것을 이용했다.

## 03 폭발의 원리 및 특성

주/요/내/용 알/고/가/기

1. 화재의 분류 및 소화 방법
2. 분진폭발의 발생순서
3. 가스폭발과 분진폭발의 비교
4. 폭발 현상(슬롭오버, 블래비, 증기운 폭발)
5. 안전간격 및 폭발등급

### 1 화재의 종류

#### (1) 화재의 분류 및 소화 방법 ✿✿✿

| 분류 | 구분색 | 가연물 | 주된 소화 효과 | 적응 소화제 |
|---|---|---|---|---|
| A급 화재 | 백색 | 일반 가연물 화재 | 냉각 효과 | 물, 강화액소화기, 산·알칼리소화기 |
| B급 화재 | 황색 | 유류 화재 | 질식 효과 | 포 소화기, $CO_2$소화기, 분말소화기 |
| C급 화재 | 청색 | 전기 화재 | 질식, 억제효과 | $CO_2$소화기, 분말소화기, 할로겐 화합물 소화기 |
| D급 화재 | 표시없음 (무색) | 금속 화재 | 질식 효과 | 건조사, 팽창 질석, 팽창 진주암 |

### 2 연소파와 폭굉파

#### (1) 연소파(Combustion wave)

가연성 가스에 적당한 공기를 혼합하여 폭발범위 내에 이르면 화염의 전파속도가 빨라져 그 속도가 0.1~10m/sec 정도가 되는데 이를 연소파라 한다.

#### (2) 폭굉파

충격파(shock wave)의 일종으로 화염의 전파속도가 음속 이상일 경우이며 그 속도가 1,000~3,500m/sec에 이른다.

| 폭굉유도거리(DID)가 짧아지는 요인 |
|---|
| • 점화에너지가 강할수록 짧다. |
| • 연소속도가 큰 가스일수록 짧다. |
| • 관경이 가늘거나 관 속에 이물질이 있을 경우 짧다. |
| • 압력이 높을수록 짧다. |

### (3) 반응폭주

온도, 압력 등 제어상태가 규정의 조건을 벗어나는 것에 의해 반응 속도가 지수 함수적으로 증대되고 용기 내의 온도, 압력이 이상 상승하여 규정 조건을 벗어나고 반응이 과격화 되는 현상

## 3 폭발의 분류

### (1) 폭발원인물질의 상태에 의한 분류

① 기상폭발
- 가스폭발 : 가연성 가스와 조연성 가스(산소)가 일정 비율로 혼합되어 있는 혼합 가스가 점화원과 접촉시 가스 폭발을 일으킨다.
  예 수소, 일산화탄소, 메탄, 에탄, 프로판, 아세틸렌 등
- 분무폭발 : 공기 중에 분출된 가연성액체의 미세한 액적이 무상으로 되어 공기 중에 부유하고 있을 때에 발생하는 폭발이다.
- 분진폭발 : 분진, mist 등이 일정 농도 이상으로 공기와 혼합시 발화원에 의해 분진 폭발을 일으킨다.
  예 마그네슘, 티타늄 등의 분말, 곡물가루 등

**[분진폭발의 발생 순서]**

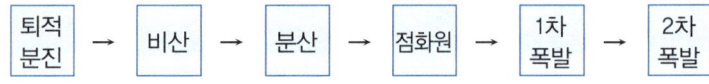

퇴적분진 → 비산 → 분산 → 점화원 → 1차 폭발 → 2차 폭발

**[분진폭발에 영향을 미치는 인자]**

| ① 입도와 입도분포 | 입자가 작고 표면적이 클수록 폭발이 용이하다. |
|---|---|
| ② 분진의 화학적 성분과 반응성 | 발열량이 클수록, 휘발성분이 많을수록 폭발이 용이하다. |
| ③ 입자의 형상과 표면의 상태 | 입자의 형상이 구형(球形)일수록 폭발성이 약하고 입자의 표면이 산소에 대한 활성을 가질수록 폭발성이 높다. |
| ④ 분진 속의 수분 | 분진 속에 수분이 있으면 부유성 및 정전기 대전성을 감소시켜 폭발의 위험이 낮아진다. |
| ⑤ 분진의 부유성 | 분진의 부유성이 클수록 공기 중 체류시간이 길어져 폭발이 용이하다. |

---

**용어정의**

✱ 폭굉유도거리(DID)
완만한 연소가 격렬한 폭굉으로 발전되는 거리

**용어정의**

✱ 폭발(Explosion)
용기의 파열 또는 급격한 화학반응 등에 의해 가스가 급격히 팽창하므로써 압력이나 충격파가 생성되어 급격히 이동하는 현상을 말한다.

**기출**

✱ 폭발의 성립 조건 ★
① 가스 및 분진이 밀폐된 공간에 존재하여야 한다.
② 가연성 가스, 증기 또는 분진이 폭발 범위 내에 머물러야 한다.
③ 점화원이 존재하여야 한다.
④ 산소가 존재하여야 한다.

✱ 기상폭발의 피해 중 압력상승에 기인하는 피해가 예측되는 경우 검토를 요하는 사항
① 가연성 혼합기의 형성 상황
② 압력상승 시 취약부의 파괴
③ 개구부가 있는 공간 내의 화염전파와 압력 상승

✱ 분진폭발의 시험장치로는 하트만식(Hartmann)이 널리 사용된다.

### [가스폭발과 분진폭발의 비교 ✦]

| 가스폭발 | • 화염이 크다.      • 연소속도가 빠르다. |
|---|---|
| 분진폭발 | • 폭발압력, 에너지가 크다.<br>• 연소시간이 길다.<br>• 불완전연소로 인한 중독($CO$)이 발생한다.<br>• 주위의 분진에 의해 2차, 3차의 폭발로 파급될 수 있다. |

◐기출
분진이 발화 폭발하기 위한 조건
① 가연성질
② 미분 상태
③ 점화원의 존재
④ 산소 공급

② 응상폭발 : 고상과 액상의 총칭이다.

- 수증기폭발 : 액체의 폭발적인 비등현상으로 상태변화(액체 → 기체)가 일어나며 발생하는 폭발
- 증기폭발 : 물, 액체 등이 과열에 의하여 순간적으로 증기화되어 폭발 현상을 일으킨다.
- 전선폭발 : 금속의 전선에 대전류가 흘러 전선이 가열되고 용융과 기화가 급격하게 진행되어 폭발을 일으킨다.

## (2) 폭발현상 ✦

① 슬롭오버(Slop-over)현상 : 석유화재에서 수분을 포함한 소화약제 방사시에 급작스런 기화로 인해 열유를 비산시키는 현상(위험물 저장탱크 화재 시 물 또는 포를 화염이 왕성한 표면에 방사할 때 위험물과 함께 탱크 밖으로 흘러 넘치는 현상)

② 보일오버(Boil Over)현상 : 유류저장탱크의 화재 중 탱크저부에 물 또는 물-기름 에멀젼이 수증기로 변해 갑작스런 탱크 외부로의 분출을 발생시키는 현상

③ 프로스오버(Froth-over)현상 : 저장탱크 속의 물이 점성을 가진 뜨거운 기름의 표면 아래에서 끓을 때 급격한 부피팽창에 의하여 화재를 수반하지 않고 유류가 탱크 외부로 분출되는 현상

④ 블래비(Bleve)현상(비등액 팽창 증기 폭발) : 가연성 액화가스에서 외부화재에 의해 탱크 내 액체가 비등하고 증기가 팽창하면서 폭발을 일으키는 현상으로 벽면파괴를 동반한다.

⑤ 개방계 증기운 폭발(Unconfined vapor cloud explosion, "UVCE") : 가연성 가스가 지속적으로 누출되면서 대기 중에 구름형태로 모여 바람 등의 영향으로 움직이다가 점화원에 의하여 순간적으로 모든 가스가 동시에 폭발하는 현상을 말한다.

### 증기운 폭발의 특징

① 증기운의 크기가 증가하면 점화확률도 증가한다.
② 증기운에 의한 재해는 폭발력보다는 화재가 원인이 된다.
③ 폭발효율이 적다. 대략 연소에너지의 약 20%만이 폭풍파로 전환된다.
④ 증기와 공기의 난류혼합은 폭발력을 증대시킨다.
⑤ 증기 누출부로부터 먼 지점에서의 착화는 폭발의 충격을 증가시킨다.

PART 05

## 4 가스폭발의 원리

### (1) 가스폭발

기체가 빠른 반응속도로 발열반응을 일으켜 급격히 팽창하면서 충격적인 열과 압력을 발생시켜 파괴작용을 나타내는 현상을 가스폭발이라 한다.

### (2) 가스누출감지 경보기의 설치 ✈

① 가스누출감지 경보기를 설치할 때에는 감지대상 가스의 특성을 충분히 고려하여 가장 적절한 것을 선정한다.

② 하나의 감지대상 가스가 가연성이면서 독성인 경우에는 독성가스를 기준하여 가스누출감지 경보기를 선정한다.

### (3) 가스누출감지 경보기를 설치하여야 할 장소

① 건축물 내·외에 설치되어 있는 가연성 및 독성물질을 취급하는 압축기, 밸브, 반응기, 배관 연결 부위 등 가스의 누출이 우려되는 화학설비 및 부속설비 주변

② 가열로 등 발화원이 있는 제조설비 주위에 가스가 체류하기 쉬운 장소

③ 가연성 및 독성물질의 충진용 설비의 접속부의 주위

④ 방폭지역 내에 위치한 변전실, 배전반실, 제어실 등

⑤ 기타 특별히 가스가 체류하기 쉬운 장소

### (4) 가스누출감지 경보기의 설치 위치

① 가스누출감지 경보기는 가능한 한 가스의 누출이 우려되는 누출부위 가까이 설치하여야 한다.

② 건축물 밖에 설치되는 가스누출감지 경보기는 풍향, 풍속, 가스의 비중 등을 고려하여 가스가 체류하기 쉬운 지점에 설치한다.

③ 건축물 내에 설치되는 가스누출감지 경보기는 감지대상 가스의 비중이 공기보다 무거운 경우에는 건축물 내의 하부에, 공기보다 가벼운 경우에는 건축물의 환기구 부근 또는 당해 건축물 내의 상부에 설치하여야 한다.

④ 가스누출감지 경보기의 경보기는 근로자가 상주하는 곳에 설치하여야 한다.

### (5) 가스누출감지 경보기의 경보설정치 ✈

① 가연성 가스 누출감지 경보기는 감지대상 가스의 폭발하한계 25% 이하, 독성가스 누출감지 경보기는 해당 독성가스의 허용농도 이하에서 경보가 울리도록 설정하여야 한다.

---

② 가스누출감지 경보의 정밀도는 경보설정치에 대하여 **가연성 가스 누출감지 경보기는 ±25% 이하, 독성가스 누출감지 경보기는 ±30% 이하**이어야 한다.

## (6) 가스누출감지 경보기의 성능

① 가연성 가스누출감지 경보기는 **담배연기** 등에, 독성가스 누출 감지 경보기는 담배연기, 기계세척유가스, 등유의 증발가스, 배기 가스 및 탄화수소계 가스, **기타 잡 가스에는 경보가 울리지 않아야** 한다.

② 가스누출감지 경보기의 **가스 감지에서 경보발신까지 걸리는 시간은 경보농도 1.6배시 보통 30초 이내일 것.** 다만, 암모니아, 일산 화탄소 또는 이와 유사한 가스 등을 감지하는 가스누출감지 경보 기는 1분 이내로 한다.

③ **경보정밀도는 전원의 전압 등의 변동률이 ±10%까지 저하되지 않 아야 한다.**

④ **지시계 눈금의 범위는 가연성가스용은 0에서 폭발하한계값, 독성 가스는 0에서 허용농도의 3배값**(암모니아를 실내에서 사용하는 경 우에는 150)이어야 한다.

⑤ **경보를 발신한 후에는 가스농도가 변화하여도 계속 경보를 울려야 하며,** 그 확인 또는 대책을 조치할 때에는 경보가 정지되어야 한다.

## (7) 가스누출감지 경보기이 구조

① **충분한 강도**를 지니며 취급 및 정비가 쉬워야 한다.

② **가스에 접촉하는 부분은 내식성의 재료 또는 충분한 부식방지 처 리를 한 재료를 사용**하고 그 외의 부분은 도장이나 도금처리가 양 호한 재료이어야 한다.

③ **가연성가스(암모니아 제외) 누출감지경보기는 방폭성능을 갖는 것** 이어야 힌다.

④ 수신회로가 **작동상태에 있는 것을 쉽게 식별**할 수 있어야 한다.

⑤ 경보는 램프의 점등 또는 점멸과 동시에 경보를 울리는 것이어야 한다.

## ⑤ 폭발 등급

### (1) 안전 간격 (Safety Gap) ✖✖

부피 8$l$, 틈의 안길이 25mm인 구형 용기에 혼합가스를 채우고 점화시켰을 때 **화염이 외부까지 전달되지 않는 한계의 틈**

PART 05

📖 **확인 ★**

※ **화염 일주 한계** : 화염 이 전파되는 것을 저지 할 수 있는 틈새의 최대 간격 치(화염이 외부까 지 전달되지 않는 한계 의 틈)

※ **안전 간격** = 최대 안전 틈새 = 화염 일주 한계

## (2) 폭발성 가스의 분류

| 폭발성 가스의 분류 | A | B | C |
|---|---|---|---|
| 최대 안전<br>틈새 범위(내압) | 0.9mm 이상 | 0.5mm 초과<br>0.9mm 미만 | 0.5mm 이하 |
| 최소 점화 전류비<br>(본질안전) | 0.8<br>초과 | 0.45 이상<br>0.8 이하 | 0.45<br>미만 |
| 적용 기기<br>(내압, 본질안전, 비점화) | IIA | IIB | IIC |
| 대표적 가스 | 암모니아,<br>일산화탄소,<br>벤젠, 아세톤,<br>에탄올, 메탄올,<br>프로판 | 부타디엔,<br>에틸렌,<br>diethyl ether,<br>에틸렌옥사이드,<br>도시가스 | 아세틸렌,<br>수소,<br>유화탄소 |

## (3) 가스 · 증기 발화온도 및 전기기기의 온도등급 ✈

폭발 위험장소에 사용되는 전기설비에 대해서는 정상시 또는 고장시 기기의 외면 온도가 상승하여도 위험분위기 상태 물질의 발화온도 이상으로 되지 않도록 온도등급을 결정하여야 한다.

| 폭발위험장소<br>구분에 따른<br>온도등급 | 가스 · 증기의 발화온도(℃) | 전기기기의 최고<br>표면온도(℃) | 허용 가능한<br>기기의 온도등급 |
|---|---|---|---|
| T1 | 〉 450 이하(450 초과) | 450 이하 | T1~T6 |
| T2 | 〉 300(300 초과)<br>(또는 300 초과 450 이하) | 300 이하 | T2~T6 |
| T3 | 〉 200(200 초과)<br>(또는 200 초과 300 이하) | 200 이하 | T3~T6 |
| T4 | 〉 135(135 초과)<br>(또는 135 초과 200 이하) | 135 이하 | T4~T6 |
| T5 | 〉 100(100 초과)<br>(또는 100 초과 135 이하) | 100 이하 | T5~T6 |
| T6 | 〉 85(85 초과)<br>(또는 85 초과 100 이하) | 85 이하 | T6 |

## 04 폭발방지대책 수립

주/요/내/용 알/고/가/기

1. 폭발 재해의 근본 대책　　　　　2. 불활성화 방법
3. 혼합가스의 폭발범위 계산　　　4. 최소산소농도 계산

## 1 폭발방지대책

### (1) 폭발재해의 근본대책 ✿

① **폭발봉쇄** : 공기 중에 방출되어서 안되는 유독성 물질 등의 폭발시 안전밸브나 파열판을 통해 저장소 등으로 보내어 압력을 완화시켜 폭발을 방지한다.

② **폭발억제** : 압력 상승 시 폭발억제장치가 작동하여 소화기를 터지게 하여 큰 폭발이 되지 않도록 폭발을 진압하는 방법이다.

③ **폭발방산** : 안전밸브나 파열판 등으로 탱크 내 압력을 방출시켜 폭발을 방지하는 방법이다.

## 2 폭발하한계 및 상한계의 계산

### (1) 혼합 가스의 폭발 범위

> **폭발 범위(폭발 상한계, 하한계)의 계산 : 르 샤틀리에의 공식 ✿✿**
>
> $$\frac{100}{L}(\text{Vol\%}) = \frac{V_1}{L_1} + \frac{V_2}{L_2} + \frac{V_3}{L_3} \cdots \Rightarrow L = \frac{100}{\dfrac{V_1}{L_1} + \dfrac{V_2}{L_2} + \dfrac{V_3}{L_3} \cdots}$$
>
> 여기서, $L$ : 혼합가스의 폭발하한계(상한계)
> $L_1, L_2, L_3$ : 단독가스의 폭발하한계(상한계)
> $V_1, V_2, V_3$ : 단독가스의 공기 중 부피
> $100 : V_1 + V_2 + V_3 + \cdots$ (단독가스 부피의 합)

> **완전연소 조성 농도(화학양론 농도, 이론산소 농도) ✿✿**
>
> $$C_{st}(Vol\%) = \frac{100}{1 + 4.773\left(n + \dfrac{m - f - 2\lambda}{4}\right)}$$
>
> 여기서, $n$ : 탄소　　　　　$m$ : 수소
> $f$ : 할로겐원소　　$\lambda$ : 산소의 원자 수

**참고**

＊ 폭발한계(폭발범위) 폭발이 일어나는데 필요한 가연성 가스의 특정한 농도범위를 말하며, 공기 중의 가연성 가스가 연소하는데 필요한 농도의 하한과 상한을 각각 폭발하한계(LFL), 폭발상한계(UFL)라 하고 보통 1기압, 상온에서의 부피 백분율(Vol %)로 표시한다.

PART **05**

**문제**

다음 중 폭발방호(Explosion Protection)대책과 관계가 가장 작은 것은?

㉮ 불활성화(Inserting)
㉯ 폭발억제(Explosion Suppression)
㉰ 폭발방산(Explosion Vending)
㉱ 폭발봉쇄(Containment)

**정답** ㉮

---

### 폭발범위의 계산 : Jones식

1. 폭발하한계 $= 0.55 \times C_{st}$

2. 폭발상한계 $= 3.50 \times C_{st}$

$$\text{여기서,} \quad C_{st}(Vol\%) = \frac{100}{1 + 4.773\left(n + \dfrac{m - f - 2\lambda}{4}\right)}$$

($n$ : 탄소, $m$ : 수소, $f$ : 할로겐원소, $\lambda$ : 산소의 원자 수)

---

**예제 01** ✦✦

가연성 혼합가스가 메탄($CH_4$) 80Vol%, 에탄($C_2H_6$) 10Vol%, 부탄($n-C_4H_{10}$) 10Vol%로 구성되어져 있다. 공기 중에서 이 3성분 혼합가스의 화학양론 조성을 구하면?
(단, 각 단독가스의 화학양론 조성은 메탄 9.5Vol%, 에탄 5.6Vol%, 부탄 3.1Vol%로 한다.)

㉮ 4.5Vol%　　　㉯ 5.2Vol%　　　㉰ 6.1Vol%　　　㉱ 7.4Vol%

**[해설]**

혼합가스의 양론조성은 $\dfrac{100}{L} = \dfrac{V_1}{L_1} + \dfrac{V_2}{L_2} + \dfrac{V_3}{L_3} \cdots$

$$\frac{(80+10+10)}{L} = \frac{80}{9.5} + \frac{10}{5.6} + \frac{10}{3.1}$$

$$L = \frac{100}{\dfrac{80}{9.5} + \dfrac{10}{5.6} + \dfrac{10}{3.1}} = 7.4(\text{Vol}\%)$$

정답 ㉱

---

**문제**

폭발압력과 가연성가스의 농도와의 관계에 대해 설명한 것 중 옳은 것은?

㉮ 가연성가스의 농도가 너무 희박하거나 진하여도 폭발 압력은 높아진다.

㉯ 폭발압력은 양론농도보다 약간 높은 농도에서 최대폭발압력이 된다.

㉰ 최대폭발압력의 크기는 공기와의 혼합기체에서보다 산소의 농도가 큰 혼합기체에서 더 낮아진다.

㉱ 가연성가스의 농도와 폭발압력은 반비례 관계이다.

**[해설]**

㉮ 가연성가스의 농도가 너무 희박하거나 진하면 폭발은 중지되므로 폭발압력은 낮아진다.

㉰ 최대폭발압력의 크기는 공기보다 산소의 농도가 클 때 더 높아진다.

㉱ 가연성가스의 농도와 폭발압력은 비례관계이다.

정답 ㉯

**예제 02** ✦✦

에틸에테르와 에틸알콜의 3:1의 혼합증기 몰비가 각각 0.75, 0.25이고, 단독가스의 폭발상한을 각각 48Vol%, 19Vol%라면 혼합성 가스의 폭발상한값은?

㉮ 2.2Vol%　　　㉯ 3.47Vol%　　　㉰ 22Vol%　　　㉱ 34.7Vol%

**[해설]**

$\dfrac{100}{L} = \dfrac{V_1}{L_1} + \dfrac{V_2}{L_2} + \dfrac{V_3}{L_3} \cdots$에서

몰비(부피비)가 3 : 1이므로

$$\frac{(3+1)}{L} = \frac{3}{48} + \frac{1}{19}$$

$$L = \frac{4}{\dfrac{3}{48} + \dfrac{1}{19}} = 34.7\text{Vol}\%$$

**[참고]** (몰비 = 부피비, 0.75 : 0.25 = 75% : 25%)

$$\frac{(75 + 25)}{L} = \frac{75}{48} + \frac{25}{19}$$

$$L = \frac{100}{\dfrac{75}{48} + \dfrac{25}{19}} = 34.7\text{Vol}\%$$

정답 ㉱

**예제 03**

메탄 70Vol%, 부탄 30Vol% 혼합가스의 공기 중 폭발하한계는?

(각 물질의 폭발하한계는 Jones식에 의해 추산하시오.)

㉮ 1.2vol%　　　㉯ 3.2vol%　　　㉰ 5.7vol%　　　㉱ 7.7vol%

**해설**　(1) 메탄의 폭발하한계

Jones식의 폭발하한계 = 0.55×Cst

폭발상한계 = 3.50×Cst

$$C_{st} = \frac{100}{1+4.773\left(n+\dfrac{m-f-2\lambda}{4}\right)}$$

($n$ : 탄소, $m$ : 수소, $f$ : 할로겐원소, $\lambda$ : 산소의 원자수)

메탄 $CH_4$에서($n:1$, $m:4$, $f:0$, $\lambda:0$)

$$C_{st} = \frac{100}{1+4.773\left(1+\dfrac{4}{4}\right)} = 9.482$$

폭발하한계 = 0.55 × Cst = 0.55×9.482 = 5.21

(2) 부탄의 폭발하한계

부탄 $C_4H_{10}$에서($n:4$, $m:10$, $f:0$, $\lambda:0$)

$$C_{st} = \frac{100}{1+4.773\left(4+\dfrac{10}{4}\right)} = 3.122$$

폭발하한계 = 0.55×Cst = 0.55×3.122 = 1.71

(3) 혼합가스의 폭발하한계

$$\frac{100}{L} = \frac{V_1}{L_1} + \frac{V_2}{L_2} + \frac{V_3}{L_3} \cdots$$

$$\frac{100}{L} = \frac{70}{5.21} + \frac{30}{1.71}$$

$$L = \frac{100}{\dfrac{70}{5.21}+\dfrac{30}{1.71}} = 3.22\text{Vol \%}$$

정답 ㉯

**예제 04**

폭발한계와 완전 연소 조성 관계인 Jones식을 이용하여 부탄($C_4H_{10}$)의 폭발 하한계를 구하면 몇 vol% 인기?

㉮ 1.4vol%　　　㉯ 1.7vol%　　　㉰ 2.0vol%　　　㉱ 2.3vol%

**해설**　1. 완전연소조성농도(화학양론농도)

부탄 $C_4H_{10}$에서($n:4$, $m:10$, $f:0$, $\lambda:0$)

$$C_{st} = \frac{100}{1+4.773\left(4+\dfrac{10}{4}\right)} = 3.122(\text{vol\%})$$

2. Jones식에 의한 폭발 하한계

폭발 하한계 = 0.55 × Cst = 0.55 × 3.122 = 1.71(vol%)

정답 ㉯

## (2) 최소산소농도(MOC 농도)
= 화염을 전파하기 위한 최소한의 산소농도

| 최소 산소농도 ✖ |
| --- |
| $MOC농도 = 폭발하한계 \times \dfrac{산소의 \ 몰수}{연료의 \ 몰수}(Vol\%)$ |

---

**예제 01** ✖

프로판($C_3H_8$)의 연소에 필요한 최소 산소농도의 값은?
(단, 프로판의 폭발하한은 2.2Vol%)

㉮ 8.1Vol%    ㉯ 11.1Vol%    ㉰ 15.1Vol%    ㉱ 20.1Vol%

**해설**

$MOC농도 = 폭발하한계 \times \dfrac{산소의 \ 몰수}{연료의 \ 몰수}(Vol\%)$

프로판의 연소식 : $1C_3H_8 + 5O_2 = 3CO_2 + 4H_2O$(여기서 1, 5, 3, 4 = 몰수)

프로판의 최소산소농도 $= 2.2 \times \dfrac{5}{1} = 11Vol\%$

**정답 ㉯**

---

**예제 02** ✖

부탄($C_4H_{10}$)의 연소에 필요한 최소 산소농도의 값은?
(단, 부탄의 폭발하한은 1.6Vol%)

㉮ 10.4Vol%    ㉯ 11.1Vol%    ㉰ 18.4Vol%    ㉱ 22.5Vol%

**해설**

$MOC농도 = 폭발하한계 \times \dfrac{산소의 \ 몰수}{연료의 \ 몰수}(Vol\%)$

부탄의 연소식 : $1C_4H_{10} + 6.5O_2 = 4CO_2 + 5H_2O$(여기서 1, 6.5, 4, 5 = 몰수)

부탄의 최소산소농도 $= 1.6 \times \dfrac{6.5}{1} = 10.4Vol\%$

**정답 ㉮**

---

**예제 03**

메탄올의 연소반응이 다음과 같을 때 최소산소농도(MOC)는 약 얼마인가?
(단, 메탄올의 연소하한값(L)은 6.7Vol%이다.)

| |
| --- |
| $CH_3OH + 1.5O_2 \rightarrow CO_2 + 2H_2O$ |

㉮ 1.5Vol%    ㉯ 6.7Vol%    ㉰ 10Vol%    ㉱ 15Vol%

**해설**

$MOC농도 = 6.7 \times \dfrac{1.5}{1} = 10.05 (Vol\%)$

**정답 ㉰**

# PART 06

Engineer Industrial Safety

# 건설공사 안전 관리

# 건설공사 특성 분석

**CHAPTER 01**

## 01 건설공사 특수성 분석

📍 주/요/내/용 알/고/가/기 ▶

1. 건설공사 안전관리계획의 수립
2. 건설공사발주자의 산업재해 예방 조치
3. 산업재해가 발생할 위험이 있다고 판단되어 설계변경을 요청할 수 있는 경우
4. 설치·해체·조립하는 등의 작업을 하는 경우 건설공사 도급인이 안전보건조치를 하여야 하는 기계·기구
5. 산업재해를 예방하기 위하여 필요한 조치를 하여야 하는 장소

### 1 건설업 등의 산업재해 예방(산업안전보건법)

**(1) 건설공사발주자의 산업재해 예방 조치**

① 총 공사금액이 50억 원 이상인 건설공사발주자는 산업재해 예방을 위하여 건설공사의 계획, 설계 및 시공단계에서 다음 각 호의 구분에 따른 조치를 하여야 한다.

| | |
|---|---|
| **건설공사 계획단계** | 해당 건설공사에서 중점적으로 관리하여야 할 유해·위험요인과 이의 감소방안을 포함한 기본 안전보건대장을 작성할 것 |
| **건설공사 설계단계** | 기본안전보건대장을 설계자에게 제공하고, 설계자로 하여금 유해·위험요인의 감소방안을 포함한 설계안전보건대장을 작성하게 하고 이를 확인할 것 |
| **건설공사 시공단계** | 건설공사발주자로부터 건설공사를 최초로 도급받은 수급인에게 설계안전보건대장을 제공하고, 그 수급인에게 이를 반영하여 안전한 작업을 위한 공사안전보건대장을 작성하게 하고 그 이행 여부를 확인할 것 |

---

📌**참고**

**※ 공사기간 연장 요청**

건설공사발주자는 다음 각 호의 어느 하나에 해당하는 사유로 건설공사가 지연되어 해당 건설공사 도급인이 산업재해 예방을 위하여 공사기간의 연장을 요청하는 경우에는 특별한 사유가 없으면 공사기간을 연장하여야 한다.

① 태풍·홍수 등 악천후, 전쟁·사변, 지진, 화재, 전염병, 폭동, 그밖에 계약 당사자가 통제할 수 없는 사태의 발생 등 불가항력의 사유가 있는 경우
② 건설공사발주자에게 책임이 있는 사유로 착공이 지연되거나 시공이 중단된 경우

## (2) 설계변경의 요청

1) 건설공사 도급인은 해당 건설공사 중에 대통령령으로 정하는 **가설구조물의 붕괴 등으로 산업재해가 발생할 위험이 있다고 판단**되면 건축·토목 분야의 전문가 등 대통령령으로 정하는 **전문가의 의견을 들어 건설공사발주자에게 해당 건설공사의 설계변경을 요청할 수 있다.** 다만, 건설공사발주자가 설계를 포함하여 발주한 경우는 그러하지 아니하다.

2) 고용노동부장관으로부터 **공사 중지 또는 유해위험방지계획서의 변경명령을 받은** 건설공사 **도급인**은 설계변경이 필요한 경우 건설공사 **발주자에게 설계변경을 요청할 수 있다.**

3) 건설공사의 관계수급인은 건설공사 중에 **가설구조물의 붕괴 등으로 산업재해가 발생할 위험이 있다고 판단**되면 전문가의 의견을 들어 건설공사 **도급인에게** 해당 건설공사의 **설계변경을 요청할 수 있다.** 이 경우 건설공사 도급인은 그 요청받은 내용이 기술적으로 적용이 불가능한 명백한 경우가 아니면 이를 반영하여 해당 건설공사의 설계를 변경하거나 건설공사 발주자에게 설계변경을 요청하여야 한다.

> **산업재해가 발생할 위험이 있다고 판단되어 설계변경을 요청할 수 있는 경우** ✈
>
> ① 높이 31미터 이상인 비계
> ② 작업발판 일체형 거푸집 또는 높이 5미터 이상인 거푸집 동바리
> ③ 터널의 지보공 또는 높이 2미터 이상인 흙막이 지보공
> ④ 동력을 이용하여 움직이는 가설구조물

## (3) 기계·기구 등에 대한 건설공사 도급인의 안전조치

건설공사 도급인은 자신의 사업장에서 타워크레인 등 대통령령으로 정하는 기계·기구 또는 설비 등이 설치되어 있거나 작동하고 있는 경우 또는 이를 설치·해체·조립하는 등의 작업이 이루어지고 있는 경우에는 필요한 안전조치 및 보건조치를 하여야 한다.

참고
건설공사발주자는 안전보건 분야의 전문가에게 대장에 기재된 내용의 적정성 등을 확인받아야 한다.

**대장에 기재된 내용의 적정성을 확인할 수 있는 안전보건 전문가**

1. 건설안전 분야의 산업안전지도사 자격을 가진 사람
2. 건설안전기술사 자격을 가진 사람
3. 건설안전기사 자격을 취득한 후 건설안전 분야에서 3년 이상의 실무경력이 있는 사람
4. 건설안전산업기사 자격을 취득한 후 건설안전 분야에서 5년 이상의 실무경력이 있는 사람

PART 06

| 설치·해체·조립하는 등의 작업을 하는 경우<br>건설공사 도급인이 안전보건조치를 하여야 하는 기계·기구 |
| --- |
| 1. 타워크레인<br>2. 건설용 리프트<br>3. 항타기(해머나 동력을 사용하여 말뚝을 박는 기계) 및 항발기(박힌 말뚝을 빼내는 기계) |

(4) 사업주는 근로자가 다음 각 호의 어느 하나에 해당하는 장소에서 작업을 할 때 발생할 수 있는 산업재해를 예방하기 위하여 필요한 조치를 하여야 한다. ✬ (산업재해 예방을 위하여 필요한 조치를 하여야 하는 장소)

① 근로자가 **추락할 위험**이 있는 장소
② 토사·구축물 등이 **붕괴할 우려**가 있는 장소
③ **물체가 떨어지거나 날아올 위험**이 있는 장소
④ **천재지변으로 인한 위험**이 발생할 우려가 있는 장소

(5) 건설공사의 산업재해 예방 지도

1) 대통령령으로 정하는 공사 [공사금액 **1억원 이상 120억원(토목공사는 150억원) 미만인 공사**와 건축허가의 대상이 되는 **공사**] 의 건설 **공사발주자 또는 건설공사도급인**(건설공사발주자로부터 건설공사를 최초로 도급받은 수급인은 제외한다)**은 해당 건설공사를 착공하려는 경우** 지정받은 전문기관("**건설재해예방전문지도기관**")과 건설 산업재해 예방을 위한 **지도계약을 체결하여야 한다.**

2) 다만, 다음 각 호의 어느 하나에 해당하는 공사는 제외한다. (건설재해예방전문지도기관과 건설 산업재해 예방을 위한 **지도계약을 체결하지 않아도 되는 경우**) ✬
① **공사기간이 1개월 미만인 공사**
② **육지와 연결되지 않은 섬 지역**(제주특별자치도는 제외한다)에서 이루어지는 공사
③ **안전관리자의 자격을 가진 사람을 선임**(같은 광역지방자치단체의 구역 내에서 같은 사업주가 시공하는 셋 이하의 공사에 대하여 공동으로 안전관리자의 자격을 가진 사람 1명을 선임한 경우를 포함한다)**하여 안전관리자의 업무만을 전담하도록 하는 공사**
④ **유해위험방지계획서를 제출해야 하는 공사**

## 02 안전관리 고려사항 확인

**주/요/내/용 알/고/가/기**

1. 표준관입시험
2. 베인테스트(vane test)
3. 보링의 종류
4. 지반개량공법
5. 보일링현상
6. 히빙현상

## 1 지반의 조사

### (1) 지하탐사법

① 터파보기(test pit)

② 짚어보기(sound rod, 탐사정)

③ 물리적 탐사법

• 전기저항식, 탄성파식, 강제진동식 등

### (2) Sounding Test

저항체를 지중에 삽입하여 저항력에 의해 흙의 저항 및 물리적 성질을 측정하는 방법

① 표준관입시험(standard penetration test) ✘

• 표준 샘플러 63.5[kg]의 해머로 75[cm]의 높이에서 낙하시켜 관입량 30[cm]에 달하는데 요하는 타격횟수로서 사질지반(모래)의 밀도를 측정하는 방법이다.

• 타격횟수의 값이 클수록 밀실한 토질이다.

#### 타격횟수에 따른 지반의 판정 ✘

• 타격횟수 4회 미만 : 대단히 연약한 지반
• 타격횟수 4~10회 : 연약한 지반
• 타격횟수 10~30회 : 보통 지반
• 타격횟수 30~50회 : 밀실한 지반
• 타격횟수 50회 이상 : 대단히 밀실한 지반

② 베인 테스트(vane test) ✘

보링 구멍을 이용하여 십자 날개형의 베인 테스터를 지반에 박고 이것을 회전시켜 그 회전력에 의하여 점토(진흙)의 점착력을 판별하는 방법이다.

---

**용어정의**

＊ 지반조사

지반을 구성하는 지층의 분포, 흙의 성질, 지하수의 상태 능을 알아내어 구조물의 설계, 시공에 필요한 기초적인 자료를 얻기 위한 조사이다.

---

**문제**

표준관입시험에서 30cm 관입에 필요한 타격횟수(N)가 50 이상일 때 모래의 상대밀도는 어떤 상태인가?

㉮ 몹시 느슨하다.
㉯ 느슨하다.
㉰ 보통이다.
㉱ 대단히 조밀하다.

**정답** ㉱

---

PART 06

③ 보링(Boring)

지중에 철판을 꽂아 천공하면서 토사를 채취, 지반조사하는 방법

㉠ 보링(boring)시 주의사항

- 보링의 깊이는 경미한 건물은 **기초폭의 1.5~2.0배**, 지지층 이상으로 한다.
- **간격은 약 30[m]로 하고 중간지점은 물리적 탐사법을 이용**한다.
- **한 장소에서 3개소 이상** 실시한다.
- 보링 구멍은 **수직으로 판다.**
- 채취 시료는 **충분히 양생**해야 한다.

㉡ **보링(boring)의 종류** ✖

| | |
|---|---|
| 회전식 보링<br>(rotary boring) | 천공날을 회전시켜 천공하는 공법으로 **가장 많이 사용되는 방법**이며, **지질의 상태를 가장 정확히 파악**할 수 있다. |
| 수세식 보링<br>(wash boring) | 보링 내 선단에서 **물을 뿜어내어 나온 진흙물을 침전시켜 토질을 분석**하는 방법으로 깊은 지층조사가 가능하다. |
| 충격식 보링<br>(percussion boring) | 낙하, **충격에 의해 파쇄되는 토사나 암석을** 이용하여 **분석**하는 방법이다. |
| 오거 보링<br>(auger boring) | 송곳(auger)을 이용해 **깊이 10[m]이내의 시추에 사용**되며 **얕은 점토층의 분석**에 사용된다. |

④ 샘플링(Sampling)

㉠ 불교란시료 : 자연상태로 흩어지지 않게 채취한 시료

㉡ Thin Wall Sampling : **연약점토, 사질지반에 적합**

㉢ Composite Sampling : 굳은 점토 및 모래 채취에 적합

㉣ Dension Sampling : 경질점토에 적합

㉤ Foil Sampling : 연약지반에 적합

## 2 지반의 이상 현상 및 안전대책

### (1) 지반의 부동침하

① 부동침하 원인 : 연약지반, 지하수, 경사지반 등

② 지반개량공법의 종류 ✖

㉠ 치환공법 : 연약지반을 **양질의 재료로 치환**하는 방법

㉡ 탈수공법 : 지반내 **물을 탈수하여 흙을 개량**하는 방법

| 탈수공법의 종류 |
| --- |
| • 점토층 : 샌드드레인공법, 페이퍼드레인공법, 진공배수공법 |
| • 사질토 : 웰포인트공법 |

ⓒ 다짐말뚝공법 : 말뚝을 형성하여 지반을 다져서 지반을 개량하는 공법

ⓓ 주입공법 : **약액주입공법, 시멘트주입공법**

ⓔ 재하공법 : 연약지반에 **미리 하중을 가하여 흙을 압밀시키는 공법**

> **참고** **재하공법의 종류**
> • 선행재하공법(Preloading)
> 사전에 미리 성토하여 흙을 압밀시키는 공법
> • 압성토공법(Surcharge, 과재하중공법)
> 계획높이 이상으로 성토하여 강제 침하를 시켜 지내력을 증대시키는 공법
> • 사면선단재하공법
> 성토의 비탈면 부분을 계획보다 넓게 하여 비탈면 끝부분의 전단강도를 증대시키는 공법

ⓕ 언더피닝공법 : **기존 구조물에 근접하여 시공 시 기존 구조물을 보호하기 위한 공법**으로 기초저면보다 깊은 구조물을 시공하거나 기존 구조물을 보호하기 위하여 **기초하부를 보강하는 공법**이다.

③ 사질토와 점토의 개량공법

| | |
| --- | --- |
| **사질토(모래)의 개량공법** ✈ | • 다짐말뚝공법<br>• 다짐모래말뚝공법<br>• 바이브로 플로테이션<br>• 전기충격공법<br>• 약액주입공법<br>• 웰포인트공법 |
| **점성토의 개량공법** ✈ | • 치환공법<br>• 탈수공법<br>• 재하공법<br>• 압성토공법<br>• 생석회말뚝공법 |

**용어정의**

✳ **바이브로 플로테이션**
진동기를 이용하여 지반을 다짐는 모래지반의 개량공법

✳ **약액주입공법**
사질지반에 시멘트 점토, 벤토나이트, 아스팔트 등의 약액을 주입하여 지반을 보강하는 공법이다.

✳ **시멘트주입공법**
사질지반에 파이프를 지중에 박고 시멘트를 주입하여 지반을 보강하는 공법이다.

✳ **생석회말뚝공법**
생석회 말뚝을 지반에 형성하여 생석회가 흙속의 물을 급속하게 탈수하는 동시에 말뚝의 부피가 2배로 팽창하여 지반을 강제 압밀시키는 공법이다.

✳ **전기충격공법**
지반 속에 고압전류를 일으켜 그 충격으로 다짐는 공법이다.

**PART 06**

**문제**

히빙현상 방지대책으로 틀린 것은?

㉮ 흙막이 벽체의 근입 깊이를 깊게 한다.
㉯ 흙막이 벽체 배면의 지반을 개량하여 흙의 전단강도를 높인다.
㉰ 부풀어 솟아오르는 바닥면의 토사를 제거한다.
㉱ 소난을 누면서 굴착한다.

**정답** ㉰

## (2) 히빙(Heaving)현상 ✖✖

① 연약한 점토지반에서 굴착에 의한 흙막이 내·외면의 흙의 중량차이(토압)로 인해 굴착저면의 흙이 부풀어 올라오는 현상을 말한다.

② 흙막이 바깥흙이 안으로 밀려든다.

| | |
|---|---|
| **히빙<br>발생원인** | ① 배면지반과 터파기 저면과의 토압차<br>② 연약지반 및 하부지반의 강성 부족<br>③ 지표면의 토사적치 등 과재하<br>④ 흙막이 밑둥넣기 부족 |
| **히빙현상<br>방지책 ✖** | ① 양질의 재료로 지반을 개량한다(흙의 전단강도 높인다).<br>② 어스앵커 설치<br>③ 시트파일 등의 근입심도 검토<br>　( 흙막이 벽체의 근입깊이를 깊게 한다)<br>④ 굴착 주변에 웰포인트 공법을 병행한다.<br>⑤ 소단을 두면서 굴착한다.<br>⑥ 굴착 주변의 상재하중을 제거<br>⑦ 굴착저면에 토사 등의 인공중력을 가중시킴<br>⑧ 토류벽의 배면토압을 경감시키고, 약액주입공법 및 탈수공법을 적용 |

## (3) 보일링(Boiling)현상 ✖✖

① 사질토 지반에서 굴착저면과 흙막이 배면과의 수위차이로 인해 굴착저면의 흙과 물이 함께 위로 솟구쳐 오르는 현상(모래의 액상화 현상)을 말한다.

② 모래가 액상화되어 솟아오른다.

| 보일링 발생원인 ✖ | 보일링현상 방지책 ✖✖ |
|---|---|
| • 배면지반과 터파기 저면과의 수위 차<br>• 포화지반 및 지하수위가 높은 경우<br>• 사질지반 및 파이핑의 형성<br>• 흙막이 밑둥넣기 부족 | • 지하수위 저하<br>• 지하수 흐름 변경<br>• 근입벽을 깊게 한다.<br>• 작업중지 |

## (4) 파이핑(Piping)현상

보일링(Boiling) 현상으로 인하여 지반 내에서 물의 통로가 생기면서 흙이 세굴되는 현상을 말한다.

## (5) 압밀침하현상

외력에 의해 간극 내 물이 빠지며 흙의 입자가 좁아지며 침하되는 현상을 말한다.

## (6) 흙의 동상(frost heaving)현상

물이 결빙되는 위치로 지속적으로 유입되는 조건에서 온도가 하강함에 따라 토중수가 얼어 생성된 결빙 크기가 계속 커져 지표면이 부풀어 오르는 현상

**◎기출**

✻흙의 동상현상 방지책
① 모관수의 상승을 차단하기 위하여 지하수위 상층에 조립토층을 설치한다.
② 지표의 흙을 화학약품으로 처리한다.
③ 흙속에 단열재료를 매입한다.
④ 배수구를 설치하여 지하수위를 저하시킨다.

PART 06

# 건설공사 위험성

## 01 건설공사 유해·위험요인 파악

합격의 Key

### 📍 주/요/내/용 알/고/가/기 ▶

1. 유해위험방지계획서를 제출해야 될 건설공사
2. 유해위험 방지계획서 심사 결과의 구분
3. 유해위험방지계획서 제출 시 첨부서류
4. 사전조사 및 작업계획서 내용
5. 일정한 신호방법을 정하여야 하는 작업
6. 재해발생 위험이 높다고 판단되어 설계변경을 요청할 수 있는 경우

### 1 유해위험방지계획서를 제출해야 될 건설공사 ✖✖✖

**문제**

유해·위험방지계획서를 제출해야 할 대상 공사에 대한 설명으로 잘못된 것은?

㉮ 지상 높이가 31m 이상인 건축물 또는 공작물의 건설, 개조 또는 해체 공사
㉯ 최대지간 길이가 50m 이상인 교량건설 등의 공사
㉰ 다목적댐·발전용댐 및 저수용량 2천만톤 이상의 용수전용댐 건설 등의 공사
㉱ 깊이가 5m 이상인 굴착공사

[해설]
㉱ 깊이가 10m 이상인 굴착공사가 해당된다.

──**정답** ㉱

---

**유해·위험방지계획서 작성대상(건설공사) ✖✖✖**

① 다음 각 목의 어느 하나에 해당하는 건축물 또는 시설 등의 건설·개조 또는 해체 공사
　가. 지상높이가 31미터 이상인 건축물 또는 인공구조물
　나. 연면적 3만 제곱미터 이상인 건축물
　다. 연면적 5천 제곱미터 이상인 시설로서 다음의 어느 하나에 해당하는 시설
　　1) 문화 및 집회시설(전시장 및 동물원·식물원은 제외한다)
　　2) 판매시설, 운수시설(고속철도의 역사 및 집배송시설은 제외한다)
　　3) 종교시설
　　4) 의료시설 중 종합병원
　　5) 숙박시설 중 관광숙박시설
　　6) 지하도상가
　　7) 냉동·냉장 창고시설
② 연면적 5천제곱미터 이상의 냉동·냉장창고시설의 설비공사 및 단열공사
③ 최대 지간길이(다리의 기둥과 기둥의 중심사이의 거리)가 50미터 이상인 교량 건설 등 공사
④ 터널 건설 등의 공사
⑤ 다목적댐, 발전용댐 및 저수용량 2천만톤 이상의 용수 전용 댐, 지방상수도 전용 댐 건설 등의 공사
⑥ 깊이 10미터 이상인 굴착공사

실력이 되고! 합격이 되는! 특급

• 지상높이 31m, 연면적 3만m², 사람 많은 시설 연면적 5,000m²
• 연면적 5,000m² 냉동·냉장창고시설
• 최대 지간길이가 50미터 이상 교량
• 터널
• 저수용량 2천만 톤 이상 댐
• 10미터 이상인 굴착

## ② 유해위험방지계획서의 확인사항

(1) 사업주는 건설공사 중 6개월 이내마다 다음 각 호의 사항에 관하여 공단의 확인을 받아야 한다.

　① 유해·위험방지계획서의 내용과 실제공사 내용이 부합하는지 여부
　② 유해·위험방지계획서 변경내용의 적정성
　③ 추가적인 유해·위험요인의 존재 여부

(2) 자체심사 및 확인업체의 사업주는 해당 공사 준공 시까지 6개월 이내마다 자체확인을 하여야 한다. 다만, 그 공사 중 사망재해가 발생한 경우에는 공단의 확인을 받아야 한다.

(3) 공단은 확인 결과 해당 사업장의 유해·위험의 방지상태가 적정하다고 판단되는 경우에는 5일 이내에 확인결과 통지서를 사업주에게 발급하여야 하며, 확인 결과 경미한 유해·위험요인이 발견된 경우에는 일정한 기간을 정하여 개선하도록 권고하되, 해당 기간 내에 개선되지 아니한 경우에는 기간 만료일부터 10일 이내에 확인결과 조치 요청서에 그 이유를 적은 서면을 첨부하여 지방고용노동관서의 장에게 보고하여야 한다.

(4) 공단은 확인 결과 중대한 유해·위험요인이 있어 작업의 중지, 사용 중지 및 주요 시설의 개선 등이 필요하다고 인정되는 경우에는 지체 없이 확인결과 조치 요청서에 그 이유를 적은 서면을 첨부하여 지방고용노동관서의 장에게 보고하여야 한다.

(5) 유해위험 방지계획서 심사 결과의 구분 ✖✖

| 적정 | 근로자의 안전과 보건을 위하여 필요한 조치가 구체적으로 확보되었다고 인정되는 경우 |
|---|---|
| 조건부 적정 | 근로자의 안전과 보건을 확보하기 위하여 일부 개선이 필요하다고 인정되는 경우 |
| 부적정 | 기계·설비 또는 건설물이 심사기준에 위반되어 공사 착공 시 중대한 위험 발생의 우려가 있거나 계획에 근본적 결함이 있다고 인정되는 경우 |

## ③ 유해위험방지계획서 제출 시 첨부서류 ✖

사업주가 건설공사에 해당하는 유해·위험방지계획서를 제출하려면 건설공사 유해·위험방지계획서 다음 각 호 서류를 첨부하여 해당 공사의 착공 전날까지 공단에 2부를 제출하여야 한다.

### (1) 공사 개요 및 안전보건관리계획

① 공사 개요서
② 공사현장의 주변 현황 및 주변과의 관계를 나타내는 도면(매설물 현황을 포함한다)
③ 건설물, 사용 기계설비 등의 배치를 나타내는 도면
④ 전체 공정표
⑤ 산업안전보건관리비 사용계획
⑥ 안전관리 조직표
⑦ 재해 발생 위험 시 연락 및 대피방법

### (2) 작업 공사 종류별 유해 · 위험방지계획

## 4 사전조사 및 작업계획서의 작성

### (1) 사전조사 및 작업계획서의 작성 대상작업 및 내용

다음 각 호의 작업을 하는 경우 근로자의 위험을 방지하기 위하여 **해당 작업, 작업장의 지형 · 지반 및 지층 상태 등에 대한 사전조사를 하고 그 결과를 기록 · 보존**하여야 하며, 조사결과를 고려하여 **작업계획서를 작성하고 그 계획에 따라 작업**을 하도록 하여야 한다.

| 사전조사 및 작업계획서를 작성하여야 하는 작업 ✄✄ |
|---|
| ① 타워크레인을 설치 · 조립 · 해체하는 작업 |
| ② 차량계 하역운반기계 등을 사용하는 작업(화물자동차를 사용하는 도로 상의 주행작업은 제외한다) |
| ③ 차량계 건설기계를 사용하는 작업 |
| ④ 화학설비와 그 부속설비를 사용하는 작업 |
| ⑤ 전기 작업(해당 전압이 50볼트를 넘거나 전기에너지가 250볼트암페어를 넘는 경우로 한정한다) |
| ⑥ 굴착면의 높이가 2미터 이상이 되는 지반의 굴착작업 |
| ⑦ 터널굴착작업 |
| ⑧ 교량(상부구조가 금속 또는 콘크리트로 구성되는 교량으로서 그 높이가 5미터 이상이거나 교량의 최대 지간 길이가 30미터 이상인 교량으로 한정 한다)의 설치 · 해체 또는 변경작업 |
| ⑨ 채석작업 |
| ⑩ 구축물, 건축물, 그 밖의 시설물 등의 해체작업 |
| ⑪ 중량물의 취급작업 |
| ⑫ 궤도나 그 밖의 관련 설비의 보수 · 점검 작업 |
| ⑬ 열차의 교환 · 연결 또는 분리 작업("입환작업") |

[사전조사 및 작업계획서 내용☆☆]

| 작업명 | 사전조사 내용 | 작업계획서 내용 |
|---|---|---|
| 1. 타워크레인을 설치·조립· 해체하는 작업☆☆ | − | 가. 타워크레인의 종류 및 형식<br>나. 설치·조립 및 해체순서<br>다. 작업도구·장비·가설설비(假設設備) 및 방호설비<br>라. 작업인원의 구성 및 작업근로자의 역할 범위<br>마. 타워크레인의 지지 방법 |
| 2. 차량계 하역 운반기계 등을 사용하는 작업 | − | 가. 해당 작업에 따른 추락·낙하·전도·협착 및 붕괴 등의 위험 예방 대책<br>나. 차량계 하역운반기계 등의 운행경로 및 작업방법 |
| 3. 차량계 건설 기계를 사용하는 작업☆☆ | 해당 기계의 굴러 떨어짐, 지반의 붕괴 등으로 인한 근로자의 위험을 방지하기 위한 해당 작업장소의 지형 및 지반상태 | 가. 사용하는 차량계 건설기계의 종류 및 성능<br>나. 차량계 건설기계의 운행경로<br>다. 차량계 건설기계에 의한 작업방법 |
| 4. 화학설비와 그 부속설비 사용하는 작업 | − | 가. 밸브·콕 등의 조작(해당 화학설비에 원재료를 공급하거나 해당 화학설비에서 제품 등을 꺼내는 경우만 해당한다)<br>나. 냉각장치·가열장치·교반장치(攪拌裝置) 및 압축장치의 조작<br>다. 계측장치 및 제어장치의 감시 및 조정<br>라. 안전밸브, 긴급차단장치, 그 밖의 방호장치 및 자동경보장치의 조정<br>마. 덮개판·플랜지(flange)·밸브·콕 등의 접합부에서 위험물 등의 누출 여부에 대한 점검<br>바. 시료의 채취<br>사. 화학설비에서는 그 운전이 일시적 또는 부분적으로 중단된 경우의 작업방법 또는 운전 재개 시의 작업방법<br>아. 이상 상태가 발생한 경우의 응급조치<br>자. 위험물 누출 시의 조치<br>차. 그 밖에 폭발·화재를 방지하기 위하여 필요한 조치 |

| 작업명 | 사전조사 내용 | 작업계획서 내용 |
|---|---|---|
| 5. 전기작업 | – | 가. 전기작업의 목적 및 내용<br>나. 전기작업 근로자의 자격 및 적정 인원<br>다. 작업 범위, 작업책임자 임명, 전격·아크 섬광·아크 폭발 등 전기 위험 요인 파악, 접근 한계거리, 활선 접근 경보장치 휴대 등 작업시작 전에 필요한 사항<br>라. 전로차단에 관한 작업계획 및 전원 (電源) 재투입 절차 등 작업 상황에 필요한 안전 작업 요령<br>마. 절연용 보호구 및 방호구, 활선작업용 기구·장치 등의 준비·점검·착용·사용 등에 관한 사항<br>바. 점검·시운전을 위한 일시 운전, 작업 중단 등에 관한 사항<br>사. 교대 근무 시 근무 인계(引繼)에 관한 사항<br>아. 전기작업장소에 대한 관계 근로자가 아닌 사람의 출입금지에 관한 사항<br>자. 전기안전작업계획서를 해당 근로자에게 교육할 수 있는 방법과 작성된 전기안전작업계획서의 평가·관리계획<br>차. 전기 도면, 기기 세부 사항 등 작업과 관련되는 자료 |
| 6. 굴착작업 ✿✿ | 가. 형상·지질 및 지층의 상태<br>나. 균열·함수 (含水)·용수 및 동결의 유무 또는 상태<br>다. 매설물 등의 유무 또는 상태<br>라. 지반의 지하수위 상태 | 가. 굴착방법 및 순서, 토사 반출 방법<br>나. 필요한 인원 및 장비 사용계획<br>다. 매설물 등에 대한 이설·보호대책<br>라. 사업장 내 연락방법 및 신호방법<br>마. 흙막이 지보공 설치방법 및 계측계획<br>바. 작업지휘자의 배치계획<br>사. 그 밖에 안전·보건에 관련된 사항 |
| 7. 터널굴착 작업 ✿✿ | 보링(boring) 등 적절한 방법으로 낙반·출수(出水) 및 가스폭발 등으로 인한 근로자의 위험을 방지하기 위하여 미리 지형·지질 및 지층상태를 조사 | 가. 굴착의 방법<br>나. 터널지보공 및 복공(覆工)의 시공방법과 용수(湧水)의 처리방법<br>다. 환기 또는 조명시설을 설치할 때에는 그 방법 |

| 작업명 | 사전조사 내용 | 작업계획서 내용 |
|---|---|---|
| 8. 교량작업 | – | 가. 작업 방법 및 순서<br>나. 부재(部材)의 낙하·전도 또는 붕괴를 방지하기 위한 방법<br>다. 작업에 종사하는 근로자의 추락 위험을 방지하기 위한 안전조치 방법<br>라. 공사에 사용되는 가설 철구조물 등의 설치·사용·해체 시 안전성 검토 방법<br>마. 사용하는 기계 등의 종류 및 성능, 작업방법<br>바. 작업지휘자 배치계획<br>사. 그 밖에 안전·보건에 관련된 사항 |
| 9. 채석작업 ✿ | 지반의 붕괴·굴착기계의 굴러 떨어짐 등에 의한 근로자에게 발생할 위험을 방지하기 위한 해당 작업장의 지형·지질 및 지층의 상태 | 가. 노천굴착과 갱내굴착의 구별 및 채석방법<br>나. 굴착면의 높이와 기울기<br>다. 굴착면 소단(小段)의 위치와 넓이<br>라. 갱내에서의 낙반 및 붕괴방지 방법<br>마. 발파방법<br>바. 암석의 분할방법<br>사. 암석의 가공장소<br>아. 사용하는 굴착기계·분할기계·적재기계 또는 운반기계의 종류 및 성능<br>자. 토석 또는 암석의 적재 및 운반방법과 운반경로<br>차. 표토 또는 용수(湧水)의 처리방법 |
| 10. 구축물, 건축물, 그 밖의 시설물 등의 해체작업 ✿✿ | 해체건물 등의 구조, 주변 상황 등 | 가. 해체의 방법 및 해체 순서도면<br>나. 가설설비·방호설비·환기설비 및 살수·방화설비 등의 방법<br>다. 사업장 내 연락방법<br>라. 해체물의 처분계획<br>마. 해체작업용 기계·기구 등의 작업계획서<br>바. 해체작업용 화약류 등의 사용계획서<br>사. 그 밖에 안전·보건에 관련된 사항 |
| 11. 중량물의 취급 작업 | – | 가. 추락위험을 예방할 수 있는 안전대책<br>나. 낙하위험을 예방할 수 있는 안전대책<br>다. 전도위험을 예방할 수 있는 안전대책<br>라. 협착위험을 예방할 수 있는 안전대책<br>마. 붕괴위험을 예방할 수 있는 안전대책 |
| 12. 궤도와 그 밖의 관련 비의 보수·점검작업<br>13. 입환작업 (入換作業) | – | 가. 적절한 작업 인원<br>나. 작업량<br>다. 작업순서<br>라. 작업방법 및 위험요인에 대한 안전조치방법 등 |

### (2) 작업지휘자의 지정

**작업지휘자를 지정하여야 하는 작업** ✈

① 차량계 하역운반기계 등을 사용하는 작업(화물자동차를 사용하는 도로상의 주행작업은 제외한다)
② 굴착면의 높이가 2미터 이상이 되는 지반의 굴착작업
③ 교량(상부구조가 금속 또는 콘크리트로 구성되는 교량으로서 그 높이가 5미터 이상이거나 교량의 최대 지간 길이가 30미터 이상인 교량으로 한정한다)의 설치·해체 또는 변경 작업
④ 중량물의 취급작업
⑤ 항타기나 항발기를 조립·해체·변경 또는 이동하여 작업을 하는 경우

### (3) 일정한 신호방법의 결정

다음 각 호의 작업을 하는 경우 일정한 신호방법을 정하여 신호하도록 하여야 하며, 운전자는 그 신호에 따라야 한다.

**일정한 신호방법을 정하여야 하는 작업** ✈

① 양중기(揚重機)를 사용하는 작업
② 차량계 하역운반기계의 유도자를 배치하는 작업
③ 차량계 건설기계의 유도자를 배치하는 작업
④ 항타기 또는 항발기의 운전작업
⑤ 중량물을 2명 이상의 근로자가 취급하거나 운반하는 작업
⑥ 양화장치를 사용하는 작업
⑦ 궤도작업차량의 유도자를 배치하는 작업
⑧ 입환작업(入換作業)

# 건설업 산업안전보건관리비 관리

## 01 건설업 산업안전보건관리비 규정

📍 **주/요/내/용 알/고/가/기** ▶

1. 안전관리비 계상방법
2. 안전관리비의 사용내역 및 사용 제외 항목

### ① 산업안전보건관리비의 계상 및 사용

#### (1) 건설공사 등의 산업안전보건관리비 계상

1) 건설공사 발주자가 도급계약을 체결하거나 건설공사의 시공을 주도하여 총괄·관리하는 자(건설공사발주자로부터 건설공사를 최초로 도급받은 수급인은 제외한다)가 건설공사 사업계획을 수립할 때에는 고용노동부장관이 정하여 고시하는 바에 따라 산업재해 예방을 위하여 사용하는 비용("산업안전보건관리비")을 도급금액 또는 사업비에 계상(計上)하여야 한다.

2) 건설공사 도급인은 산업안전보건관리비를 법에서 정하는 바에 따라 사용하고 고용노동부령으로 정하는 바에 따라 그 사용명세서를 작성하여 보존하여야 한다.

3) 선박의 건조 또는 수리를 최초로 도급받은 수급인은 사업 계획을 수립할 때에는 고용노동부장관이 정하여 고시하는 바에 따라 산업안전보건관리비를 사업비에 계상하여야 한다.

4) 건설공사 도급인 또는 선박의 건조 또는 수리를 최초로 도급받은 수급인은 산업안전보건관리비를 산업재해 예방 외의 목적으로 사용해서는 아니 된다.

#### (2) 적용범위 : 산업안전보건법 제2조 제11호의 건설공사 중 총 공사금액 2천만 원 이상인 공사에 적용한다. 다만, 단가계약에 의하여 행하는 공사에 대하여는 총 계약금액을 기준으로 적용한다.

---

**🔍 용어정의**

＊ **건설업 산업안전보건관리비**
건설사업장과 본사 안전전담부서에서 산업재해의 예방을 위하여 법령에 규정된 사항의 이행에 필요한 비용을 말한다.

**🔍 용어정의**

＊ **산업안전보건관리비 대상액**
공사원가계산서 구성항목 중 직접재료비, 간접재료비와 직접노무비를 합한 금액(발주자가 재료를 제공할 경우에는 해당 재료비를 포함한 금액)을 말한다.

## (3) 산업안전보건관리비의 사용

① 건설공사 도급인은 도급금액 또는 사업비에 계상(計上)된 산업안전보건관리비의 범위에서 그의 관계 수급인에게 해당 사업의 위험도를 고려하여 적정하게 산업안전보건관리비를 지급하여 사용하게 할 수 있다.

② 건설공사 도급인은 산업안전보건관리비를 사용하는 해당 **건설공사의 금액이 4천만원 이상인 때에는 매월**(건설공사가 1개월 이내에 종료되는 사업의 경우에는 해당 건설공사가 끝나는 날이 속하는 달을 말한다) **사용명세서를 작성하고, 건설공사 종료 후 1년 동안 보존해야** 한다. ✄

③ **공사금액 1억원 이상 120억원(토목공사업에 속하는 공사는 150억원) 미만인 공사**와 「건축법」에 따른 **건축허가의 대상이 되는 공사**의 건설공사발주자 또는 건설공사도급인(건설공사발주자로부터 건설공사를 최초로 도급받은 수급인은 제외한다)은 해당 **건설공사를 착공하려는 경우 건설재해예방전문지도기관과 건설 산업재해예방을 위한 지도계약을 체결**하여야 한다. 다만, 다음 각 호의 어느 하나에 해당하는 공사는 제외한다.

---

**산업안전보건관리비 사용 시**
**재해예방 전문지도기관의 지도를 받지 않아도 되는 공사** ✄

- 공사 기간이 1개월 미만인 공사
- 육지와 연결되지 아니한 섬 지역(제주특별자치도는 제외한다)에서 이루어지는 공사
- 사업주가 안전관리자의 자격을 가진 사람을 선임(같은 광역 자치단체의 지역 내에서 같은 사업주가 경영하는 셋 이하의 공사에 대하여 공동으로 안전관리자 자격을 가진 사람 1명을 선임한 경우를 포함한다)하여 안전관리자의 업무만을 전담하도록 하는 공사
- 유해·위험방지계획서를 제출하여야 하는 공사

---

## (4) 산업안전보건관리비 계상기준

① 발주자가 도급계약 체결을 위한 원가계산에 의한 예정가격을 작성하거나, 자기공사자가 건설공사 사업 계획을 수립할 때에는 산업안전보건관리비를 계상하여야 한다. 다만, **발주자가 재료를 제공하거나 일부 물품이 완제품의 형태로 제작·납품되는 경우에는 해당 재료비 또는 완제품 가액을 대상액에 포함하여 산출한 산업안전보건관리비와 해당 재료비 또는 완제품 가액을 대상액에서 제외하고 산출한 산업안전보건관리비의 1.2배에 해당하는 값을 비교하여 그 중 작은 값 이상의 금액으로 계상한다.**

> ① 발주자의 재료비 포함 산업안전보건관리비
> ② 발주자의 재료비 제외한 산업안전보건관리비×1.2
> ①, ② 중 작은 값 이상으로 한다.

### 산업안전보건관리비의 계상

1. **대상액이 5억 원 미만 또는 50억 원 이상**
   산업안전보건관리비 = 대상액(재료비 + 직접 노무비) × 비율

2. **대상액이 5억 원 이상 50억 원 미만**
   산업안전보건관리비 = 대상액(재료비 + 직접 노무비) × 비율
   + 기초액(C)

3. **대상액이 명확하지 않은 경우**
   도급계약 또는 자체사업계획상 책정된 **총 공사금액의 10분의 7에 해당하는 금액을 대상액**으로 하고 제1호 및 제2호에서 정한 기준에 따라 계상

[별표 1] 공사종류 및 규모별 산업안전보건관리비 계상기준표

| 구 분<br>공사 종류 | 대상액<br>5억 원<br>미만인 경우<br>적용비율(%) | 대상액 5억 원 이상<br>50억 원 미만인 경우 | | 대상액<br>50억 원<br>이상인 경우<br>적용비율(%) | 보건관리자<br>선임 대상<br>건설공사의<br>적용비율(%) |
|---|---|---|---|---|---|
| | | 적용비율(%) | 기초액 | | |
| 건축공사 | 3.11(%) | 2.28(%) | 4,325천원 | 2.37(%) | 2.64(%) |
| 토목공사 | 3.15(%) | 2.53(%) | 3,300천원 | 2.60(%) | 2.73(%) |
| 중건설공사 | 3.64(%) | 3.05(%) | 2,975천원 | 3.11(%) | 3.39(%) |
| 특수건설공사 | 2.07(%) | 1.59(%) | 2,450천원 | 1.64(%) | 1.78(%) |

PART 06

📄 확인

＊ **산업안전보건관리비
계상법의 예**

경우 1)
건축공사로
직접재료비 10억 원,
직접노무비 30억 원
공사인 경우 안전관리비
= (40억 원 × 0.0228)
+ 4,325,000원
= 95,525,000원

경우 2)
토목공사로 대상액의 구분이 되어 있지 않으며 총 공사금액이 100억 원일 경우

1. 대상액
= 100억 원×0.7
= 7,000,000,000원

2. 산업안전보건관리비
= 7,000,000,000원×0.026
= 182,000,000원

## 설계변경 시 산업안전보건관리비 조정·계상 방법

1. 설계변경에 따른 산업안전보건관리비는 다음 계산식에 따라 산정한다.
   설계변경에 따른 산업안전보건관리비
   = 설계변경 전의 산업안전보건관리비 + 설계변경으로 인한 산업안전
   보건관리비 증감액

2. 설계변경으로 인한 산업안전보건관리비 증감액은 다음 계산식에 따라 산정한다.
   설계변경으로 인한 산업안전보건관리비 증감액
   = 설계변경 전의 산업안전보건관리비 × 대상액의 증감 비율

3. 대상액의 증감 비율은 다음 계산식에 따라 산정한다. 이 경우, 대상액은 예정가격
   작성 시의 대상액이 아닌 설계변경 전·후의 도급계약서상의 대상액을 말한다.
   대상액의 증감 비율 =
   [(설계변경 후 대상액 − 설계변경 전 대상액) / 설계변경 전 대상액]×100%

② 하나의 사업장 내에 건설공사 종류가 둘 이상인 경우(분리발주한
경우를 제외한다)에는 공사금액이 가장 큰 공사종류를 적용한다.

③ 발주자 또는 자기공사자는 설계변경 등으로 대상액의 변동이 있는
경우 지체 없이 산업안전보건관리비를 조정 계상하여야 한다. 다만,
설계변경으로 공사금액이 800억 원 이상으로 증액된 경우에는 증
액된 대상액을 기준으로 재 계상한다.

[별표 2] 공사진척에 따른 산업안전보건관리비 사용기준

| 공정률 | 사용기준 |
| --- | --- |
| 50퍼센트 이상 70퍼센트 미만 | 50퍼센트 이상 |
| 70퍼센트 이상 90퍼센트 미만 | 70퍼센트 이상 |
| 90퍼센트 이상 | 90퍼센트 이상 |

※ 공정률은 기성공정률을 기준으로 한다.

[예제] 다음 [보기]의 건설공사에 적합한 산업안전보건관리비를 계상하시오.

[보기]
수자원시설공사(댐), 재료비와 직접 노무비의 합이 4,500,000,000원인 경우

[정답]
1. 수자원시설공사(댐) → 중건설공사
2. • 대상액 = 재료비 + 직접 노무비 = 4,500,000,000원
   • 대상액이 5억 원 이상 50억 원 미만이므로
   산업안전보건관리비 = 대상액(재료비 + 직접 노무비) × 비율 + 기초액(C)
   $$= 4,500,000,000원 \times 0.0305 + 2,975,000원$$
   $$= 140,225,000원$$

## 2 산업안전보건관리비의 사용 기준 ✿

(1) 수급인 또는 자기공사자는 안전관리비를 항목별 사용기준에 따라 건설 사업장에서 근무하는 근로자의 산업재해 및 건강장해 예방을 위한 목적 으로만 사용하여야 한다.

(2) 산업안전보건관리비의 사용 내역 ✿✿

① 안전관리자·보건관리자 임금 등

② 안전시설비 등

③ 보호구 등

④ 안전보건 진단비 등

⑤ 안전보건 교육비 등

⑥ 근로자 건강장해 예방비 등

⑦ 건설재해예방전문지도기관 기술지도비

⑧ 본사 전담조직 근로자 임금 등

⑨ 위험성 평가 등에 따른 소요비용

(3) 산업안전보건관리비의 세부 사용 항목 ✿✿

**참고**

* 안전·보건관계자의 범위
  · 안전보건관리책임자
  · 안전보건총괄책임자
  · 안전관리자
  · 보건관리자
  · 관리감독자
  · 명예산업안전감독관
  · 안전·보건보조원
  · 본사 안전전담부서 안전전담직원

| 구분 | 내용 |
|---|---|
| 1. 안전관리자·보건관리자의 임금 등 | ① 안전관리 또는 보건관리 업무만을 전담하는 안전관리자 또는 보건관리자의 임금과 출장비 전액(지방고용노동관서에 선임 보고한 날부터 발생한 비용에 한정한다.)<br>② 안전관리 또는 보건관리 업무를 전담하지 않는 안전관리자 또는 보건관리자의 임금과 출장비의 각각 2분의 1에 해당하는 비용(지방고용노동관서에 선임 보고한 날부터 발생한 비용에 한정한다.)<br>③ 안전관리자를 선임한 건설공사 현장에서 산업재해 예방 업무만을 수행하는 작업지휘자, 유도자, 신호자 등의 임금 전액<br>④ 작업을 직접 지휘·감독하는 직·조·반장 등 관리감독자의 직위에 있는 자가 업무를 수행하는 경우에 지급하는 업무수당(임금의 10분의 1 이내) |
| 2. 안전시설비 | ① 산업재해 예방을 위한 안전난간, 추락방호망, 안전대 부착설비, 방호장치(기계·기구와 방호장치가 일체로 제작된 경우, 방호장치 부분의 가액에 한함) 등 안전시설의 구입·임대 및 설치 등을 위해 소요되는 비용<br>② 스마트 안전장비 구입·임대 비용. 다만, 계상된 산업안전보건관리비 총액의 10분의 2를 초과할 수 없다.<br>③ 용접 작업 등 화재 위험작업 시 사용하는 소화기의 구입·임대비용 |

| 3. 보호구 등 | ① 보호구의 구입·수리·관리 등에 소요되는 비용<br>② 근로자가 보호구를 직접 구매·사용하여 합리적인 범위 내에서 보전하는 비용<br>③ 안전관리자 등의 업무용 피복, 기기 등을 구입하기 위한 비용<br>④ 안전관리자 및 보건관리자가 안전보건 점검 등을 목적으로 건설공사 현장에서 사용하는 차량의 유류비·수리비·보험료 |
|---|---|
| 4. 안전보건진단비 등 | ① 유해위험방지계획서의 작성 등에 소요되는 비용<br>② 안전보건진단에 소요되는 비용<br>③ 작업환경 측정에 소요되는 비용<br>④ 그 밖에 산업재해예방을 위해 법에서 지정한 전문기관 등에서 실시하는 진단, 검사, 지도 등에 소요되는 비용 |
| 5. 안전보건교육비 등 | ① 의무교육이나 이에 준하여 실시하는 교육을 위해 건설공사 현장의 교육 장소 설치·운영 등에 소요되는 비용<br>② 산업재해 예방이 주된 목적인 교육을 실시하기 위해 소요되는 비용<br>③ 「응급의료에 관한 법률」에 따른 안전보건교육 대상자 등에게 구조 및 응급처치에 관한 교육을 실시하기 위해 소요되는 비용<br>④ 안전보건관리책임자, 안전관리자, 보건관리자가 업무 수행을 위해 필요한 정보를 취득하기 위한 목적으로 도서, 정기간행물을 구입하는 데 소요되는 비용<br>⑤ 건설공사 현장에서 안전기원제 등 산업재해 예방을 기원하는 행사를 개최하기 위해 소요되는 비용. 다만, 행사의 방법, 소요된 비용 등을 고려하여 사회통념에 적합한 행사에 한한다.<br>⑥ 건설공사 현장의 유해·위험요인을 제보하거나 개선방안을 제안한 근로자를 격려하기 위해 지급하는 비용 |
| 6. 근로자 건강장해 예방비 등 | ① 법·영·규칙에서 규정하거나 그에 준하여 필요로 하는 각종 근로자의 건강장해 예방에 필요한 비용<br>② 중대재해 목격으로 발생한 정신질환을 치료하기 위해 소요되는 비용<br>③ 「감염병의 예방 및 관리에 관한 법률」에 따른 감염병의 확산 방지를 위한 마스크, 손소독제, 체온계 구입 비용 및 감염병병원체 검사를 위해 소요되는 비용<br>④ 휴게시설을 갖춘 경우 온도, 조명 설치·관리기준을 준수하기 위해 소요되는 비용<br>⑤ 건설공사 현장에서 근로자 심폐소생을 위해 사용되는 자동심장충격기(AED) 구입에 소요되는 비용<br>⑥ 온열·한랭질환으로부터 근로자 건강장해를 예방하기 위한 임시 휴게시설 설치·해체·임대 비용 및 냉·난방 기기의 임대 비용 |
| 7. 건설재해예방전문지도기관의 지도에 대한 대가로 자기공사자가 지급하는 비용 | |

8. 「중대재해 처벌 등에 관한 법률」에 해당하는 건설사업자가 아닌 자가 운영하는 사업에서 **안전보건 업무를 총괄·관리하는 3명 이상으로 구성된 본사 전담조직에 소속된 근로자의 임금 및 업무수행 출장비 전액**. 다만, **산업안전보건관리비 총액의 20분의 1을 초과할 수 없다.**

9. **위험성평가 또는 유해·위험요인 개선을 위해** 필요하다고 판단하여 산업안전보건위원회 또는 노사협의체에서 사용하기로 **결정한 사항을 이행하기 위한 비용**(산업안전보건위원회 또는 노사협의체가 없는 현장의 경우에는 **안전 및 보건에 관한 협의체에서 결정한 사항을 이행하기 위한 비용**을 말한다.) 계상된 **산업안전보건관리비 총액의 10분의 15를 초과할 수 없다.**

(4) 도급인 및 자기공사자는 **다음 각 호의 어느 하나에 해당하는 경우에는 산업안전보건관리비를 사용할 수 없다.**

> **산업안전보건관리비를 사용할 수 없는 경우**
> ① 「(계약예규)예정가격작성기준」 중 "경비"에 해당되는 비용(단, 산업안전보건관리비 제외)
> ② 다른 법령에서 의무사항으로 규정한 사항을 이행하는 데 필요한 비용
> ③ 근로자 재해예방 외의 목적이 있는 시설·장비나 물건 등을 사용하기 위해 소요되는 비용
> ④ 환경관리, 민원 또는 수방대비 등 다른 목적이 포함된 경우

### (5) 사용내역의 확인

① **도급인은 산업안전보건관리비 사용내역에 대하여 공사 시작 후 6개월마다 1회 이상 발주자 또는 감리자의 확인을 받아야 한다.** 다만, **6개월 이내에 공사가 종료되는 경우에는 종료 시 확인을 받아야 한다.**
② 발주자, 감리자 및 관계 근로감독관은 산업안전보건관리비 사용내역을 수시 확인할 수 있으며, 도급인 또는 자기공사자는 이에 따라야 한다.
③ 발주자 또는 감리자는 산업안전보건관리비 사용내역 확인 시 기술지도 계약 체결, 기술지도 실시 및 개선 여부 등을 확인하여야 한다.

### (6) 실행예산의 작성 및 집행

① **공사금액 4천만 원 이상의 도급인 및 자기공사자는** 공사실행예산을 작성하는 경우에 해당 공사에 사용하여야 할 **산업안전보건관리비의 실행예산을 계상된 산업안전보건관리비 총액 이상으로 별도 편성해야** 하며, 이에 따라 산업안전보건관리비를 사용하고 산업안전보건관리비 사용내역서를 작성하여 해당 공사현장에 갖추어 두어야 한다.
② 도급인 및 자기공사자는 산업안전보건관리비 실행예산을 작성하고 집행하는 경우에 선임된 해당 사업장의 안전관리자가 참여하도록 하여야 한다.

# CHAPTER 04 건설현장 안전시설 관리

합격의 key

## 01 안전시설 설치 및 관리

### 주/요/내/용 알/고/가/기 ▶

1. 방망의 구조
2. 방망사의 강도
3. 안전난간의 구조 및 설치요건
4. 안전대의 구분
5. 토석붕괴의 내적, 외적원인
6. 굴착작업 시 조사사항
7. 굴착면의 기울기 및 높이 기준
8. 흙막이 지보공을 설치한 때 점검 사항
9. 잠함 또는 우물통의 내부에서 굴착작업 시 급격한 침하로 인한 위험방지 조치
10. 터널 굴착작업 시 시공계획 작성
11. 자동경보장치의 작업시작 전 점검
12. 터널 지보공을 설치한 때 점검 사항
13. 낙하 · 비래 위험방지 조치
14. 낙하물방지망 또는 방호선반을 설치 시 준수사항
15. 투하설비의 설치

### 1 추락재해 및 대책

#### (1) 추락 발생 원인

① 작업발판 불량
② 작업장 정리정돈 불량
③ 안전대 미착용
④ 추락방호망 미설치
⑤ 안전난간 미설치

#### (2) 추락에 의한 위험 방지

1) 추락의 방지

① 근로자가 추락하거나 넘어질 위험이 있는 장소[작업발판의 끝·개구부(開口部) 등을 제외한다]또는 기계·설비·선박블록 등에서 작업을 할 때에 근로자가 위험해질 우려가 있는 경우 비계(飛階)를 조립하는 등의 방법으로 작업 발판을 설치하여야 한다.

② 작업발판을 설치하기 곤란한 경우 추락방호망을 설치하여야 한다. 다만, 추락방호망을 설치하기 곤란한 경우에는 근로자에게 안전대를 착용하도록 하는 등 추락위험을 방지하기 위하여 필요한 조치를 하여야 한다.

③ 사업주는 추락방호망을 설치하는 경우에는 한국산업표준에서 정하는 성능 기준에 적합한 추락방호망을 사용하여야 한다.

④ 사업주는 작업발판 및 추락방호망을 설치하기 곤란한 경우에는 근로자로 하여금 3개 이상의 버팀대를 가지고 지면으로부터 안정적으로 세울 수 있는 구조를 갖춘 이동식 사다리를 사용하여 작업을 하게 할 수 있다.

2) 개구부 등의 방호 조치 ✈

① 작업발판 및 통로의 끝이나 개구부로서 근로자가 추락할 위험이 있는 장소에는 안전난간, 울타리, 수직형 추락방망 또는 덮개 등의 방호 조치를 충분한 강도를 가진 구조로 튼튼하게 설치하여야 하며, 덮개를 설치하는 경우에는 뒤집히거나 떨어지지 않도록 설치하여야 한다. 이 경우 어두운 장소에서도 알아볼 수 있도록 개구부임을 표시해야 하며, 수직형 추락방망은 「한국산업표준」에서 정하는 성능기준에 적합한 것을 사용해야 한다.

② 난간 등을 설치하는 것이 매우 곤란하거나 작업의 필요상 임시로 난간 등을 해체하여야 하는 경우 추락방호망을 설치하여야 한다. 다만, 추락방호망을 설치하기 곤란한 경우에는 근로자에게 안전대를 착용하도록 하는 등 추락할 위험을 방지하기 위하여 필요한 조치를 하여야 한다.

3) 안전대의 부착설비

① 추락할 위험이 있는 높이 2미터 이상이 장소에서 근로자에게 안전대를 착용시킨 경우 안전대를 안전하게 걸어 사용할 수 있는 설비 등을 설치하여야 한다. 이러한 안전대 부착설비로 지지로프 등을 설치하는 경우에는 처지거나 풀리는 것을 방지하기 위하여 필요한 조치를 하여야 한다.

② 안전대 및 부속설비의 이상 유무를 작업을 시작하기 전에 점검하여야 한다.

### 4) 지붕 위에서의 위험 방지 ✿

① 사업주는 근로자가 **지붕 위에서 작업을 할 때에 추락하거나 넘어질 위험이 있는 경우에는** 다음 각 호의 조치를 해야 한다.
- **지붕의 가장자리에 안전난간을 설치할 것**
- **채광창(skylight)에는 견고한 구조의 덮개를 설치할 것**
- **슬레이트 등 강도가 약한 재료로 덮은 지붕에는 폭 30센티미터 이상의 발판을 설치할 것** ✿

② 사업주는 작업 환경 등을 고려할 때 1) 조치를 하기 곤란한 경우에는 **추락방호망을 설치해야 한다.** 다만, 사업주는 작업 환경 등을 고려할 때 **추락방호망을 설치하기 곤란한 경우에는 근로자에게 안전대를 착용**하도록 하는 등 추락 위험을 방지하기 위하여 필요한 조치를 해야 한다.

### 5) 승강설비의 설치

**높이 또는 깊이가 2미터를 초과하는 장소에서 작업**하는 경우 해당 작업에 종사하는 **근로자가 안전하게 승강하기 위한 건설작업용 리프트 등의 설비를 설치**하여야 한다. 다만, 승강설비를 설치하는 것이 작업의 성질상 곤란한 경우에는 그러하지 아니하다.

### 6) 울타리의 설치

근로자에게 작업 중 또는 **통행 시 굴러 떨어짐으로 인하여 근로자가 화상·질식 등의 위험에 처할 우려가 있는 케틀(kettle), 호퍼(hopper), 피트(pit) 등**이 있는 경우에 그 위험을 방지하기 위하여 필요한 장소에 높이 90센티미터 이상의 울타리를 설치하여야 한다.

### 7) 조명의 유지

근로자가 **높이 2미터 이상에서 작업을 하는 경우** 그 작업을 안전하게 하는 데에 **필요한 조명을 유지**하여야 한다.

## (3) 추락방호망

### 1) 추락방호망의 설치기준 ✿✿

① 추락방호망의 설치 위치는 가능하면 작업면으로부터 가까운 지점에 설치하여야 하며, **작업면으로부터 망의 설치지점까지의 수직거리는 10미터를 초과하지 아니할 것**

② 추락방호망은 수평으로 설치하고, **망의 처짐은 짧은 변 길이의 12퍼센트 이상**이 되도록 할 것

---

📌**참고**

* **추락방호망의 설치기준**
① **소재**: 합성섬유 또는 그 이상의 물리적 성질을 갖는 것이어야 한다.
② **그물코**: 사각 또는 마름모로서 그 크기는 10센티미터 이하이어야 한다.
③ **방망의 종류**: 매듭방망으로서 매듭은 원칙적으로 단매듭을 한다.
④ **테두리로프와 방망의 재봉**: 테두리로프는 각 그물코를 관통시키고 서로 중복됨이 없이 재봉사로 결속한다.
⑤ **테두리로프 상호의 접합**: 테두리로프를 중간에서 결속하는 경우는 충분한 강도를 갖도록 한다.
⑥ **달기로프의 결속**: 달기로프는 3회 이상 엮어 묶는 방법 또는 이와 동등 이상의 강도를 갖는 방법으로 테두리로프에 결속하여야 한다.

③ 건축물 등의 바깥쪽으로 설치하는 경우 망의 내민 길이는 벽면으로부터 3미터 이상되도록 할 것. 다만, 그물코가 20밀리미터 이하인 망을 사용한 경우에는 낙하물방지망을 설치한 것으로 본다.

[방망사의 신품에 대한 인장강도 ✄]

| 그물코의 크기<br>(단위 : 센티미터) | 방망의 종류(단위 : 킬로그램) | |
|---|---|---|
| | 매듭 없는 방망 | 매듭방망 |
| 10 | 240 | 200 |
| 5 | | 110 |

[방망사의 폐기 시 인장강도 ✄]

| 그물코의 크기<br>(단위 : 센티미터) | 방망의 종류(단위 : 킬로그램) | |
|---|---|---|
| | 매듭 없는 방망 | 매듭방망 |
| 10 | 150 | 135 |
| 5 | | 60 |

문제

10cm 그물코인 방망을 설치한 경우에 망 밑 부분에 충돌위험이 있는 바닥면 또는 기계설비와의 수직거리($H_2$)는 얼마 이상이어야 하는가?(단, L(1개의 방망일 때 가장 짧은 변의 길이) = 12m, A(방망 주변의 지지지점 간격) = 6m)

㉮ 10.2m
㉯ 12.2m
㉰ 14.2m
㉱ 16.2m

[해설]
10cm 그물코이며 L≥A이므로 방망과 바닥면의 높이
$H_2 = 0.85L$
$= 0.85 \times 12 = 10.2m$
(L≥ A일 때)

정답 ㉮

2) 방망의 사용방법

[방망의 허용 낙하높이]

| 높이 종류/<br>조건 | 낙하높이($H_1$) | | 방망과 바닥면 높이($H_2$) | |
|---|---|---|---|---|
| | 단일방망 | 복합방망 | 10센티미터<br>그물코 | 5센티미터<br>그물코 |
| L<A | $\frac{1}{4}(L+2A)$ | $\frac{1}{5}(L+2A)$ | $\frac{0.85}{4}(L+3A)$ | $\frac{0.95}{4}(L+3A)$ |
| L≥A | 3/4L | 3/5L | 0.85L | 0.95L |

또, L, A의 값은 [그림 1], [그림 2]에 의한다.

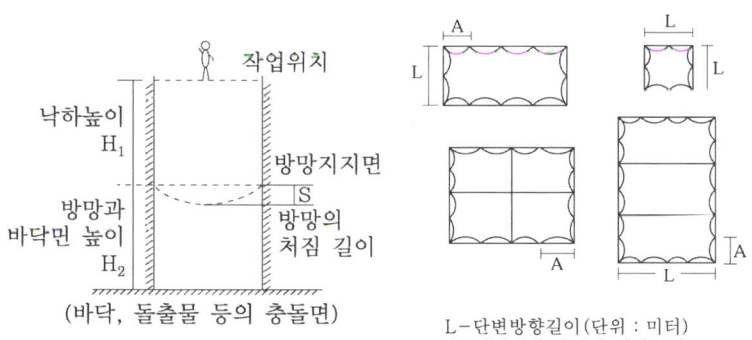

L−단변방향길이(단위 : 미터)
A−장변방향 방망의 지지간격
(단위 : 미터)

[그림 1]　　　　[그림 2] L과 A의 관계

### 3) 지지점의 강도 ✬

지지점의 강도는 다음 각 호에 의한 계산 값 이상이어야 한다.

① 방망 지지점은 600킬로그램의 외력에 견딜 수 있는 강도를 보유하여야 한다.
② 연속적인 구조물이 방망 지지점인 경우의 외력 계산

$$F = 200 \times B$$

여기에서 F는 외력(단위 : 킬로그램), B는 지지점간격(단위 : m)이다.

### 4) 정기시험 ✬

① 방망의 정기시험은 사용개시 후 1년 이내로 하고, 그 후 6개월마다 1회씩 정기적으로 시험용사에 대해서 등속인장시험을 하여야 한다.

### 5) 사용제한

다음 각 호의 1에 해당하는 방망은 사용하지 말아야 한다.

① 방망사가 규정한 강도 이하인 방망
② 인체 또는 이와 동등 이상의 무게를 갖는 낙하물에 대해 충격을 받은 방망
③ 파손한 부분을 보수하지 않은 방망
④ 강도가 명확하지 않은 방망

### 6) 방망의 표시

방망에는 보기 쉬운 곳에 다음 각 호의 사항을 표시하여야 한다.

① 제조자명
② 제조연월
③ 재봉치수
④ 그물코
⑤ 신품인 때의 방망의 강도

## (4) 안전난간의 구조 및 설치요건 ✪✪

| 안전난간의 구조 ✪✪ |
| --- |
| ① 상부 난간대, 중간 난간대, 발끝막이판 및 난간기둥으로 구성할 것<br><br>② 상부 난간대<br> • 상부 난간대는 바닥면 등으로부터 90센티미터 이상 지점에 설치<br> • 상부 난간대를 120센티미터 이하에 설치하는 경우 : 중간 난간대는 상부 난간대와 바닥면 등의 중간에 설치<br> • 120센티미터 이상 지점에 설치하는 경우 : 중간 난간대를 2단 이상으로 설치, 난간의 상하 간격은 60센티미터 이하가 되도록 할 것(다만, 난간기둥 간의 간격이 25센티미터 이하인 경우에는 중간 난간대를 설치하지 않을 수 있다.)<br><br>③ 발끝막이판은 바닥면 등으로부터 10센티미터 이상의 높이를 유지할 것 (다만, 물체가 떨어지거나 날아올 위험이 없거나 그 위험을 방지할 수 있는 망을 설치하는 등 필요한 예방 조치를 한 장소는 제외)<br><br>④ 난간기둥은 상부 난간대와 중간 난간대를 견고하게 떠받칠 수 있도록 적정한 간격을 유지할 것<br><br>⑤ 상부 난간대와 중간 난간대는 난간 길이 전체에 걸쳐 바닥면 등과 평행을 유지할 것<br><br>⑥ 난간대는 지름 2.7센티미터 이상의 금속제 파이프나 그 이상의 강도가 있는 재료일 것<br><br>⑦ 안전난간은 구조적으로 가장 취약한 지점에서 가장 취약한 방향으로 작용하는 100킬로그램 이상의 하중에 견딜 수 있는 튼튼한 구조일 것 |

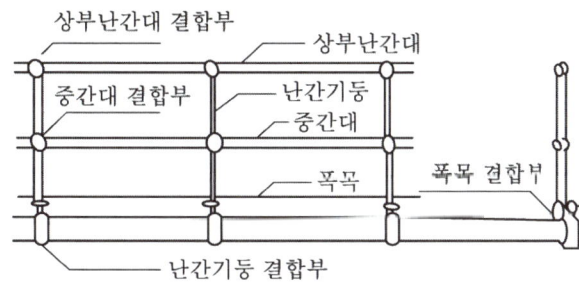

## (5) 추락방지 보호구

### 1) 안전대의 구분

| 종 류 | 사용 구분 |
|---|---|
| 벨트식 | 1개 걸이용 |
| | U자 걸이용 |
| 안전그네식 | 추락방지대 |
| | 안전블록 |

### 2) 안전대의 선정

① U자 걸이용은 전주 위에서의 작업과 같이 발받침은 확보되어 있어도 불완전하여 체중의 일부는 U자 걸이로 하여 안전대에 지지하여야만 작업을 할 수 있으며, 1개 걸이의 상태로서는 사용하지 않는 경우에 선정해야 한다.

② 1개 걸이용은 안전대에 의지하지 않아도 작업할 수 있는 발판이 확보되었을 때 사용한다.

[그림 1] U자걸이용 안전대

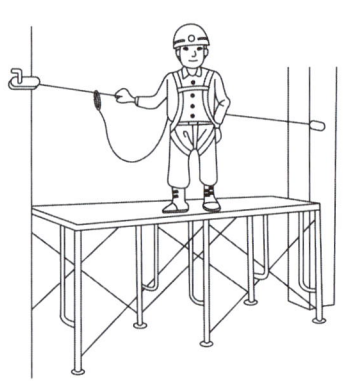

[그림 2] 1개걸이용 안전대

### 3) 안전대의 보관

① 직사광선이 닿지 않는 곳

② 통풍이 잘되며 습기가 없는 곳

③ 부식성 물질이 없는 곳

④ 화기 등이 근처에 없는 곳

## 2 붕괴재해 및 대책

### (1) 토석붕괴의 원인

| 토석붕괴의<br>외적 원인 ✖✖ | ① 사면, 법면의 경사 및 기울기의 증가<br>② 절토 및 성토 높이의 증가<br>③ 공사에 의한 진동 및 반복 하중의 증가<br>④ 지표수 및 지하수의 침투에 의한 토사 중량의 증가<br>⑤ 지진, 차량, 구조물의 하중작용<br>⑥ 토사 및 암석의 혼합층 두께 |
|---|---|
| 토석붕괴의<br>내적 원인 ✖ | ① 절토 사면의 토질·암질<br>② 성토 사면의 토질구성 및 분포<br>③ 토석의 강도 저하 |

### (2) 굴착작업 시 위험방지
(굴착작업 시 토사 등의 붕괴 또는 낙하에 의한 위험방지 조치)

사업주는 굴착작업 시 토사 등의 붕괴 또는 낙하에 의하여 근로자에게 위험을 미칠 우려가 있는 경우에는 미리 그 위험을 방지하기 위하여 필요한 조치를 해야 한다.

① 흙막이 지보공의 설치
② 방호망의 설치
③ 근로자의 출입 금지 등

### (3) 굴착면의 붕괴 등에 의한 위험방지

① 사업주는 지반 등을 굴착하는 경우 굴착면의 기울기를 기준에 맞도록 해야 한다.
② 사업주는 비가 올 경우를 대비하여 측구(側溝)를 설치하거나 굴착 경사면에 비닐을 덮는 등 빗물 등의 침투에 의한 붕괴재해를 예방하기 위하여 필요한 조치를 해야 한다.

### (4) 토사 붕괴의 예방 조치

① 적절한 경사면의 기울기를 계획하여야 한다.
② 경사면의 기울기가 당초 계획과 차이가 발생되면 즉시 재검토하여 계획을 변경시켜야 한다.
③ 활동할 가능성이 있는 토석은 제거하여야 한다.
④ 경사면의 하단부에 압성토 등 보강공법으로 활동에 대한 저항대책을 강구하여야 한다.
⑤ 말뚝(강관, H형강, 철근 콘크리트)을 타입하여 지반을 강화시킨다.

**용어정의**

**붕괴·도괴**
토사, 적재물, 구조물, 건축물, 가설물 등이 전체적으로 허물어져 내리거나 또는 주요 부분이 꺾어져 무너지는 경우를 말한다.

**참고**

**절토작업 시 준수사항**
① 상부에서 붕락 위험이 있는 장소에서의 작업은 금하여야 한다.
② 상·하부 동시작업은 금지하여야 하나 부득이한 경우 다음 각 목의 조치를 실시한 후 작업하여야 한다.
• 견고한 낙하물 방호시설 설치
• 부석 제거
• 작업장소에 불필요한 기계 등의 방치 금지
• 신호수 및 담당자 배치
③ 굴착면이 높은 경우는 계단식으로 굴착하고 소단의 폭은 수평거리 2m 정도로 하여야 한다.
④ 사면경사 1:1 이하이며 굴착면이 2m 이상일 경우는 안전대 등을 착용하고 작업해야 하며 부석이나 붕괴하기 쉬운 지반은 적절한 보강을 하여야 한다.
⑤ 우천 또는 해빙으로 토사붕괴가 우려되는 경우에는 작업 전 점검을 실시하여야 하며, 특히 굴착면 천단부 주변에는 중량물의 방치를 금하며 대형 건설기계 통과 시에는 적절한 조치를 확인하여야 한다.
⑥ 절토면을 장기간 방치할 경우는 경사면을 가마니 쌓기, 비닐 덮기 등 적절한 보호조치를 하여야 한다.

## (5) 굴착면의 기울기 및 높이 기준 ✖✖

| 지반의 종류 | 굴착면의 기울기 |
|---|---|
| 모래 | 1 : 1.8 |
| 연암 및 풍화암 | 1 : 1.0 |
| 경암 | 1 : 0.5 |
| 그 밖의 흙 | 1 : 1.2 |

① 사질의 지반(점토질을 포함하지 않은 것)은 굴착면의 기울기를 1 : 1.5 이상으로 하고 높이는 5미터 미만으로 하여야 한다.
② 발파 등에 의해서 붕괴하기 쉬운 상태의 지반 및 매립하거나 반출시켜야 할 지반의 굴착면의 기울기는 1 : 1 이하 또는 높이는 2미터 미만으로 하여야 한다.

## (6) 잠함 또는 우물통의 내부에서 굴착작업 시 급격한 침하로 인한 위험 방지 조치 ✖

| 급격한 침하로 인한 조치 ✖ |
|---|
| ① 침하관계도에 따라 굴착방법 및 재하량(載荷量) 등을 정할 것 |
| ② 바닥으로부터 천장 또는 보까지의 높이는 1.8미터 이상으로 할 것 |

## (7) 잠함 등 내부에서의 굴착작업 시 준수사항 ✖

① 잠함·우물통·수직갱 그밖에 이와 유사한 건설물 또는 설비의 내부에서 굴착작업을 하는 때에는 다음 각 호의 사항을 준수하여야 한다.

| 잠함 등 내부에서 굴착작업 시 준수사항 |
|---|
| • 산소결핍의 우려가 있는 때에는 산소의 농도를 측정하는 자를 지명하여 측정하도록 할 것 |
| • 근로자가 안전하게 오르내리기 위한 설비를 설치할 것 |
| • 굴착 깊이가 20미터를 초과하는 때에는 당해 작업장소와 외부와의 연락을 위한 통신설비 등을 설치할 것 |

② 산소농도 측정결과 산소의 결핍이 인정되거나 굴착깊이가 20 미터를 초과하는 때에는 송기를 위한 설비를 설치하여 필요한 양의 공기를 송급하여야 한다.

## (8) 굴착작업 시 사전조사 및 작업계획서 내용 ✰✰

| 작업명 | 굴착작업 |
|---|---|
| 사전조사 ✰✰ | ① 형상·지질 및 지층의 상태<br>② 균열·함수(含水)·용수 및 동결의 유무 또는 상태<br>③ 매설물 등의 유무 또는 상태<br>④ 지반의 지하 수위 상태 |
| 작업 계획서 내용 ✰ | ① 굴착방법 및 순서, 토사 반출 방법<br>② 필요한 인원 및 장비 사용계획<br>③ 매설물 등에 대한 이설·보호대책<br>④ 사업장 내 연락방법 및 신호방법<br>⑤ 흙막이 지보공 설치방법 및 계측계획<br>⑥ 작업지휘자의 배치계획<br>⑦ 그 밖에 안전·보건에 관련된 사항 |

실력이 되고! 합격이 되는! **특급 암기법**

작업지휘자 배치 → 인원·장비계획 → 지보공 설치 → 매설물 보호 → 굴착, 반출

## (9) 흙막이 지보공의 점검

**흙막이 지보공을 설치할 때 점검사항 ✰✰**

① 부재의 손상·변형·부식·변위 및 탈락의 유무와 상태
② 버팀대의 긴압의 정도
③ 부재의 접속부·부착부 및 교차부의 상태
④ 침하의 정도

## (10) 구축물 또는 시설물의 안전성 평가를 실시하여야 하는 경우 ✰

사업주는 구축물 등이 다음 각 호의 어느 하나에 해당하는 경우에는 구축물 등에 대한 구조검토, 안전진단 등의 안전성 평가를 하여 근로자에게 미칠 위험성을 미리 제거해야 한다.

---

**🔎 용어정의**

＊ **흙막이 벽**
지반굴착 시 붕괴 및 인접지반의 침하 등을 방지하기 위하여 설치하는 구조물을 말한다.

＊ **띠장(Wale)**
흙막이 벽에 작용하는 토압에 의한 휨모멘트와 전단력에 저항하도록 설치하는 휨부재로서 흙막이 벽체에 가해지는 토압을 버팀보 등에 전달하기 위해 벽면에 직접 수평으로 설치하는 부재를 말한다.

＊ **버팀보 (Strut or Raker)**
흙막이 벽에 작용하는 수평력을 지지하기 위하여 경사 또는 수평으로 설치하는 부재를 말한다.

---

**참고**

＊ **흙막이지보공의 조립도**
① 사업주는 흙막이 지보공을 조립하는 경우 미리 그 구조를 검토한 후 조립도를 작성하여 그 조립도에 따라 조립하도록 해야 한다.
② 조립도에는 흙막이판·말뚝·버팀대 및 띠장 등 부재의 배치·치수·재질 및 설치방법과 순서가 명시되어야 한다.

---

**참고**

＊ **깊이 10.5m 이상의 굴착 작업 시 계측기기**
① 수위계
② 경사계
③ 하중 및 침하계
④ 응력계

PART 06

① 구축물 등의 인근에서 굴착·항타작업 등으로 침하·균열 등이 발생하여 붕괴의 위험이 예상될 경우
② 구축물 등에 지진, 동해(凍害), 부동침하(불동침하) 등으로 균열·비틀림 등이 발생하였을 경우
③ 구축물 등이 그 자체의 무게·적설·풍압 또는 그 밖에 부가되는 하중 등으로 붕괴 등의 위험이 있을 경우
④ 화재 등으로 구축물 등의 내력(耐力)이 심하게 저하 되었을 경우
⑤ 오랜 기간 사용하지 아니하던 구축물 등을 재사용하게 되어 안전성을 검토하여야 하는 경우
⑥ 구축물 등의 주요구조부에 대한 설계 및 시공 방법의 전부 또는 일부를 변경하는 경우
⑦ 그 밖의 잠재위험이 예상될 경우

## (11) 터널 굴착공사 안전대책

1) 낙반에 의한 위험방지 조치

   ① 터널지보공 및 록볼트의 설치
   ② 부석의 제거 등 위험을 방지하기 위하여 필요한 조치를 하여야 한다.

2) 인화성가스 농도 측정

   ① 터널공사 등의 건설작업을 할 때에 인화성가스가 발생할 위험이 있는 경우에는 폭발이나 화재를 예방하기 위하여 인화성가스의 농도를 측정할 담당자를 지명하고, 그 작업을 시작하기 전에 가스가 발생할 위험이 있는 장소에 대하여 그 인화성가스의 농도를 측정하여야 한다.
   ② 인화성가스 농도를 측정한 결과 인화성가스가 존재하여 폭발이나 화재가 발생할 위험이 있는 경우에는 인화성가스 농도의 이상 상승을 조기에 파악하기 위하여 그 장소에 자동경보장치를 설치하여야 한다.

| 자동경보장치의 작업시작 전 점검 사항 ✄✄ |
|---|
| ① 계기의 이상 유무 |
| ② 검지부의 이상 유무 |
| ③ 경보장치의 작동상태 |

## 3) 터널지보공 설치 시 점검 항목

| 터널지보공 설치 시 점검 항목 ✄✄ |
| --- |
| ① 부재의 손상·변형·부식·변위 탈락의 유무 및 상태<br>② 부재의 긴압의 정도<br>③ 부재의 접속부 및 교차부의 상태<br>④ 기둥침하의 유무 및 상태 |

## 4) 발파작업 기준 ✄

① 얼어붙은 다이너마이트는 화기에 접근시키거나 그 밖의 고열물에 직접 접촉시키는 등 위험한 방법으로 융해하지 아니하도록 할 것

② 화약이나 폭약을 장전하는 경우에는 그 부근에서 화기를 사용하거나 흡연을 하지 않도록 할 것

③ 장전구(裝塡具)는 마찰·충격·정전기 등에 의한 폭발의 위험이 없는 안전한 것을 사용할 것

④ 발파공의 충진재료는 점토·모래 등 발화성 또는 인화성의 위험이 없는 재료를 사용할 것

⑤ 점화 후 장전된 화약류가 폭발하지 아니한 때 또는 장전된 화약류의 폭발여부를 확인하기 곤란한 때에는 다음 각목의 사항을 따를 것

- 전기뇌관에 의한 경우에는 발파모선을 점화기에서 떼어 그 끝을 단락시켜 놓는 등 재점화되지 않도록 조치하고 그 때부터 5분 이상 경과한 후가 아니면 화약류의 장전장소에 접근시키지 않도록 할 것

- 전기뇌관 외의 것에 의한 경우에는 점화한 때부터 15분 이상 경과한 후가 아니면 화약류의 장전장소에 접근시키지 않도록 할 것

⑥ 전기뇌관에 의한 발파의 경우 점화하기 전에 화약류를 장전한 장소로부터 30미터 이상 떨어진 안전한 장소에서 전선에 대하여 저항측정 및 도통(導通)시험을 할 것

**✎참고**

＊ 발파작업 시 관리감독자의 직무

① 점화 전에 점화작업에 종사하는 근로자가 아닌 사람에게 대피를 지시하는 일

② 점화작업에 종사하는 근로자에게 대피장소 및 경로를 지시하는 일

③ 점화 전에 위험구역 내에서 근로자가 대피한 것을 확인하는 일

④ 점화순서 및 방법에 대하여 지시하는 일

⑤ 점화 신호를 하는 일

⑥ 점화작업에 종사하는 근로자에게 대피 신호를 하는 일

⑦ 발파 후 터지지 않은 장약이나 남은 장약의 유무, 용수(湧水)의 유무 및 암석·토사의 낙하 여부 등을 점검하는 일

⑧ 점화하는 사람을 정하는 일

⑨ 공기압축기의 안전밸브 작동 유무를 점검하는 일

⑩ 안전모 등 보호구 착용 상황을 감시하는 일

5) 터널 굴착작업의 사전조사 및 작업계획서 내용 ✿✿

| 사전조사 내용 | 보링(boring) 등 적절한 방법으로 낙반·출수(出水) 및 가스폭발 등으로 인한 근로자의 위험을 방지하기 위하여 미리 지형·지질 및 지층상태를 조사 |
|---|---|
| 작업계획서 내용 ✿✿ | ① 굴착의 방법<br>② 터널지보공 및 복공(覆工)의 시공방법과 용수(湧水)의 처리방법<br>③ 환기 또는 조명시설을 설치할 때에는 그 방법 |

## 3 교량작업 및 채석작업 시 안전대책

(1) 사전조사 및 작업계획서의 내용

| 작업명 | 사전조사 내용 | 작업계획서 내용 |
|---|---|---|
| 교량 작업 | – | 가. 작업방법 및 순서<br>나. 부재(部材)의 낙하·전도 또는 붕괴를 방지하기 위한 방법<br>다. 작업에 종사하는 근로자의 추락 위험을 방지하기 위한 안전조치 방법<br>라. 공사에 사용되는 가설 철 구조물 등의 설치·사용·해체 시 안전성 검토 방법<br>마. 사용하는 기계 등의 종류 및 성능, 작업방법<br>바. 작업지휘자 배치계획<br>사. 그 밖에 안전·보건에 관련된 사항 |
| 채석 작업 ✿✿ | 지반의 붕괴·굴착기계의 전락(轉落) 등에 의한 근로자에게 발생할 위험을 방지하기 위한 해당 작업장의 지형·지질 및 지층의 상태 | 가. 노천굴착과 갱내굴착의 구별 및 채석방법<br>나. 굴착면의 높이와 기울기<br>다. 굴착면 소단(小段)의 위치와 넓이<br>라. 갱내에서의 낙반 및 붕괴방지 방법<br>마. 발파방법<br>바. 암석의 분할방법<br>사. 암석의 가공장소<br>아. 굴착기계 등의 종류 및 성능<br>자. 토석 또는 암석의 적재 및 운반방법과 운반경로<br>차. 표토 또는 용수(湧水)의 처리방법 |

## 4 낙하 · 비래재해 및 대책

### (1) 낙하 · 비래의 발생원인

① 높은 곳에 놓아둔 물건의 정리정돈 불량
② 불안전한 자재의 적재
③ 안전모 등 보호구의 미착용
④ 자재 투하를 위한 투하설비 미설치
⑤ 낙하물방지망의 미설치 및 불량
⑥ 인양 와이어로프의 불량
⑦ 크레인 훅의 해지장치 미설치
⑧ 매달기 작업 시 줄걸이 방법 불량
⑨ 낙하비래 위험장소의 출입금지 조치 등 작업통제 미비

### (2) 낙하 · 비래 예방대책

#### 1) 낙하 · 비래 위험방지 조치 ✄

① 낙하물방지망·수직보호망 또는 방호선반의 설치
② 출입금지구역의 설정
③ 보호구의 착용

#### 2) 낙하물방지망 또는 방호선반 설치 시 준수사항 ✄✄

① 설치높이는 10미터 이내마다 설치하고, 내민길이는 벽면으로부터 2미터 이상으로 할 것
② 수평면과의 각도는 20도 이상 30도 이하를 유지할 것

#### 3) 투하설비의 설치 ✄

사업주는 높이가 3미터 이상인 장소로부터 물체를 투하하는 때에는 적당한 투하설비를 설치하거나 감시인을 배치하는 등 위험방지를 위하여 필요한 조치를 하여야 한다.

---

**용어정의**

**① 낙하물방지망**
작업도중 자재, 공구 등의 낙하로 인한 피해를 방지하기 위하여 개구부 및 비계 외부에 수평방향으로 설치하는 망

**② 방호선반**
상부에서 작업도중 자재나 공구 등의 낙하로 인한 재해를 방지하기 위하여 개구부 및 비계 외부에 설치하는 낙하물 방지망 대신 설치하는 금속 판재

**③ 수직보호망**
비계 등의 가설구조물 외측면에 수직으로 설치하여, 작업장소에서 볼트나 공구 등이 비계의 외부로 낙하하는 것을 방지하기 위하여 사용하는 망 형태의 안전시설

**④ 추락방호망**
건설공사의 고소장소에서 추락으로 인한 근로자의 위험 방지를 목적으로 수평하게 설치하는 그물 모양의 망

**비교** ★★

**＊ 추락방호망의 설치**
① 추락방호망의 설치위치는 가능하면 작업면으로부터 가까운 지점에 설치하여야 하며, 작업면으로부터 망의 설치지점까지의 수직거리는 10미터를 초과하지 아니할 것
② 추락방호망은 수평으로 설치하고, 망의 처짐은 짧은 변 길이의 12퍼센트 이상이 되도록 할 것
③ 건축물 등의 바깥쪽으로 설치하는 경우 망의 내민 길이는 벽면으로부터 3미터 이상되도록 할 것. 다만, 그물코가 20밀리미터 이하인 망을 사용한 경우에는 낙하물방지망을 설치한 것으로 본다.

PART 06

## 02 건설공구 및 장비 안전수칙

📖 주/요/내/용 알/고/가/기 ▶

1. 굴착기계 종류별 특징
2. 롤러의 종류별 특징
3. 차량계 건설기계의 안전수칙
4. 차량계 하역운반기계의 안전수칙
5. 항타기, 항발기의 안전수칙
6. 지게차의 안전수칙

## 1 차량계 건설기계

🔍 용어정의

✻ 차량계 건설기계
원동기를 내장하고 불특정
장소에 스스로 이동이 가능
한 건설기계를 말한다.

### 차량계 건설기계 종류

1. 도저형 건설기계(불도저, 스트레이트도저, 틸트도저, 앵글도저, 버킷도저 등)
2. 모터그레이더(motor grader, 땅 고르는 기계)
3. 로더(포크 등 부착물 종류에 따른 용도 변경 형식을 포함한다)
4. 스크레이퍼(scraper, 흙을 절삭·운반하거나 펴 고르는 등의 작업을 하는 토공기계)
5. 크레인형 굴착기계(크램쉘, 드래그라인 등)
6. 굴착기(브레이커, 크러셔, 드릴 등 부착물 종류에 따른 용도 변경 형식을 포함한다)
7. 항타기 및 항발기
8. 천공용 건설기계(어스드릴, 어스오거, 크롤러드릴, 점보드릴 등)
9. 지반 압밀침하용 건설기계(샌드드레인머신, 페이퍼드레인머신, 팩드레인머신 등)
10. 지반 다짐용 건설기계(타이어롤러, 매커덤롤러, 탠덤롤러 등)
11. 준설용 건설기계(버킷준설선, 그래브준설선, 펌프준설선 등)
12. 콘크리트 펌프카
13. 덤프트럭
14. 콘크리트 믹서 트럭
15. 도로포장용 건설기계(아스팔트 살포기, 콘크리트 살포기, 아스팔트 피니셔, 콘크리트 피니셔 등)
16. 제1호부터 세15호까지와 유사한 구조 또는 기능을 갖는 건설기계로서 건설작업에 사용하는 것

## ② 굴삭장비(굴착기계)

### (1) 셔블계 기계 ✈

① 파워 셔블(power shovel)[dipper shovel : 동력삽]
- 기계가 서 있는 **지반면보다 높은 곳의 땅파기에 적합**하다.
- 앞으로 흙을 긁어서 굴착하는 방식이다.
- 붐(boom)이 단단하여 **굳은 지반의 굴착에도 사용**된다.

② 드래그 셔블(drag shovel, 백호)
- 기계가 서 있는 **지면보다 낮은 장소의 굴착 및 수중굴착이 가능**하다.
- 지하층이나 기초의 굴착에 사용된다.
- **굳은 지반**의 토질도 정확한 **굴착**이 된다.

③ 드래그라인(drag line)
- 기계가 **서 있는 위치보다 낮은 장소의 굴착에 적당**하고 굳은 토질에서의 굴착은 되지 않지만 굴착 반지름이 크다.
- 작업범위가 광범위하고 **수중굴착 및 연약한 지반의 굴착**에 적합하다.

④ 클램셸(clamshell)
- 수중굴착 및 **가장 협소하고 깊은 굴착이 가능**하며 호퍼(hopper)에 적당하다.
- **연약지반이나 수중굴착** 및 자갈 등을 싣는데 적합하다.
- 깊은 땅파기 공사와 흙막이 버팀대를 설치하는데 사용한다.

### (2) 트랙터 기계

① 불도저(Bulldozer)
- 트랙터 앞면에 배토장치(blade)를 설치하여 흙의 성토, 100m 이내 단거리 운반, 땅고르기 등 작업에 적합하다.
- 불도저의 구분

| 회전장치에 의한 분류 | • 크롤러형 | • 타이어형 |
|---|---|---|
| 블레이드 조작방식에 의한 분류 | • 와이어 로프식 | • 유압식 |
| 블레이드 각도에 의한 분류 | • 스트레이트 도저<br>• 틸트 도저 | • 앵글 도저 |

---

**참고**

**❋ 굴착기(굴삭장비)**

**(1) 충돌위험 방지조치**

① 사업주는 굴착기에 사람이 부딪히는 것을 방지하기 위해 후사경과 후방영상표시장치 등 굴착기를 운전하는 사람이 좌우 및 후방을 확인할 수 있는 장치를 굴착기에 갖춰야 한다.

② 사업주는 굴착기로 작업을 하기 전에 후사경과 후방영상표시장치 등의 부착상태와 작동 여부를 확인해야 한다.

**(2) 인양작업 시 조치**
사업주는 다음 각 호의 사항을 모두 갖춘 굴착기의 경우에는 굴착기를 사용하여 화물 인양작업을 할 수 있다.

① 굴착기의 퀵커플러 또는 작업장치에 달기구(혹, 걸쇠 등을 말한다)가 부착되어 있는 등 인양작업이 가능하도록 제작된 기계일 것

② 굴착기 제조사에서 정한 정격하중이 확인되는 굴착기를 사용할 것

③ 달기구에 해지장치가 사용되는 등 작업 중 인양물의 낙하 우려가 없을 것

---

**용어정의**

**❋ 굴삭기**
땅을 파거나 깎을 때 사용되는 건설기계를 말한다.

**❋ 굴착기**
땅이나 암석 따위를 파거나, 파낸 것을 처리하는 기계를 굴착기라 한다.

**❋ 굴착기의 전부장치는** 붐, 암, 버킷으로 구성되어 있다.

---

**문제**

도로건설 작업 중 측구를 굴착하고자 한다. 가장 적합한 기계는 어느 것인가?

㉮ 드래그라인
㉯ 백호우
㉰ 불도저
㉱ 그레이더

**정답** ㉱

PART 06

② 스크레이퍼(scraper)
- 굴착, 적재, 운반, 성토, 흙깔기, 흙 다지기의 작업을 하나의 기계로 사용할 수 있다.
- 불도저보다 운반거리 크다.(중, 장거리 운반이 가능하다)
- 피견인식과 자주식(모터 스크레이퍼)의 두 종류로 구분한다.

③ 로더(Loader) : 굴삭된 토사나 골재를 덤프차량 등 운반기계에 싣는데 사용된다.

## (3) 버킷계 기계

① 버킷 굴착기(Bucket excavator)
② 버킷 휠 굴착기(Bucket wheel excavator)
③ 트렌처(Trencher)

## (4) 모터 그레이더 (Motor grader)

토공판을 작동시켜 지면의 정지작업(땅을 깎아 고르는 작업)을 하는데 사용된다.

## (5) 항타기 (pile driver)

낙하해머, 디젤해머에 의한 강관말뚝, 널말뚝(Sheet Pile)의 항타작업에 사용된다.

## (6) 어스 드릴 (earth drill)

붐에 어스 드릴용 장치를 부착하여 땅속에 규모가 큰 구멍을 파서 기초공사에 사용한다.

## 3 운반장비

① 덤프트럭
② 벨트컨베이어
③ 덤프트레일러
④ 지게차(Fork lift) : 경화물의 적재 및 운반에 이용된다.

## 4 다짐장비

### (1) 롤러

① 머캐덤 롤러(MACADAM ROLLER) : 삼륜차형을 한 것으로 쇄석 기층의 다지기나 아스팔트 포장의 처음 다지기에 이용된다.

② 탠덤 롤러(TANDEM ROLLER) : 2륜형식으로 머케덤롤러의 작업 후 마무리 다짐, 아스팔트 포장의 끝마무리용으로 이용된다.

③ 타이어 롤러(TIRE ROLLER) : 접지압을 공기압으로 조절할 수 있으며 접지압이 클수록 깊은 다짐이 가능하다.

④ 탬핑 롤러(Tamping roller) : 롤러 표면에 다수의 돌기를 만들어 부착한 것으로 고함수비의 점토질 다짐 및 흙속의 간극 수압 제거에 이용된다. ☆

### (2) 소일콤팩터(Soil compactor)

4륜의 롤러에 철편을 붙인 평판식 진동다짐 기계로서 사질토 등의 다짐에 이용된다.

## 5 차량계 건설기계의 안전

### (1) 차량계 건설기계의 운전자 위치이탈 시 조치 ☆☆

① 포크, 버킷, 디퍼 등의 장치를 가장 낮은 위치 또는 지면에 내려 둘 것

② 원동기를 정지시키고 브레이크를 확실히 거는 등 갑작스러운 이동을 방지하기 위한 조치를 할 것

③ 운전석을 이탈하는 경우에는 시동키를 운전대에서 분리시킬 것 다만, 운전석에 잠금장치를 하는 등 운전자가 아닌 사람이 운전하지 못하도록 조치한 경우에는 그러하지 아니하다.

### (2) 차량계 건설기계의 넘어짐(전도) 방지 조치 ☆☆

① 유도자 배치

② 지반의 부동침하 방지

③ 갓길의 붕괴 방지

④ 도로의 폭 유지

---

문제

다음 중 다짐용 전압롤러로 점착력이 큰 진흙다짐에 가장 적합한 것은?

㉮ 탬핑롤러
㉯ 타이어롤러
㉰ 진동롤러
㉱ 탠덤롤러

[해설]

㉮ 탬핑롤러는 고함수비 지반, 점착력이 큰 진흙의 다짐, 흙의 간극수압제거에 사용된다.

정답 ㉮

PART 06

### (3) 낙하물 보호구조의 설치 ✖

사업주는 토사 등이 떨어질 우려가 있는 등 위험한 장소에서 차량계 건설기계[불도저, 트랙터, 굴착기, 로더, 스크레이퍼, 덤프트럭, 모터그레이더, 롤러, 천공기, 항타기 및 항발기로 한정한다]를 사용하는 경우에는 해당 차량계 건설기계에 견고한 낙하물 보호구조를 갖춰야 한다.

### (4) 수리 등의 작업 시 조치

차량계 건설기계의 수리 또는 부속장치의 장착 및 해체작업을 하는 때에는 해당 작업의 지휘자를 지정하여 다음 각 호의 사항을 준수하도록 하여야 한다.

① 작업순서를 결정하고 작업을 지휘할 것
② 안전지지대 또는 안전블록 등의 사용상황 등을 점검할 것

## 6 운반기계의 안전

### (1) 차량계 하역운반기계 운전자가 운전 위치 이탈 시 조치 ✖✖

① 포크, 버킷, 디퍼 등의 장치를 가장 낮은 위치 또는 지면에 내려 둘 것
② 원동기를 정지시키고 브레이크를 확실히 거는 등 갑작스러운 이동을 방지하기 위한 조치를 할 것
③ 운전석을 이탈하는 경우에는 시동키를 운전대에서 분리시킬 것. 다만, 운전석에 잠금장치를 하는 등 운전자가 아닌 사람이 운전하지 못하도록 조치한 경우에는 그러하지 아니하다.

### (2) 차량계 하역운반기계의 넘어짐(전도) 방지 조치 ✖✖

① 유도자 배치
② 지반의 부동침하방지
③ 갓길의 붕괴 방지

### (3) 차량계 하역운반기계에 화물적재 시의 조치 ✖

① 하중이 한쪽으로 치우치지 않도록 적재할 것
② 구내운반차 또는 화물자동차의 경우 화물의 붕괴 또는 낙하에 의한 위험을 방지하기 위하여 화물에 로프를 거는 등 필요한 조치를 할 것
③ 운전자의 시야를 가리지 않도록 화물을 적재할 것
④ 화물을 적재하는 경우에는 최대적재량을 초과해서는 아니 된다.

---

🔍비교 ★★
* 차량계 건설기계의 운전자 위치이탈 시 조치
  ① 포크, 버킷, 디퍼 등의 장치를 가장 낮은 위치 또는 지면에 내려 둘 것
  ② 원동기를 정지시키고 브레이크를 확실히 거는 등 갑작스러운 주행이나 이탈을 방지하기 위한 조치를 할 것
  ③ 운전석을 이탈하는 경우에는 시동키를 운전대에서 분리시킬 것

🔍비교 ★★
* 차량계 건설기계의 넘어짐(전도) 방지 조치
  ① 유도자 배치
  ② 지반의 부동침하 방지
  ③ 갓길의 붕괴방지
  ④ 도로의 폭 유지

(4) 차량계 하역운반기계에 **단위화물의 무게가 100킬로그램 이상인 화물을** 싣는 작업 또는 내리는 작업 시 작업의 지휘자를 지정하여 다음 각 호의 사항을 준수하도록 하여야 한다. ✦

---

### 차량계 하역운반기계 작업 시 작업지휘자 임무 ✦

① 작업 순서 및 그 순서마다의 작업 방법을 정하고 작업을 지휘할 것
② 기구 및 공구를 점검하고 불량품을 제거할 것
③ 해당 작업을 하는 장소에 관계 근로자가 아닌 사람이 출입하는 것을 금지할 것
④ 로프를 풀거나 덮개를 벗기는 작업을 행하는 때에는 적재함의 낙하할 위험이 없음을 확인한 후에 당해 작업을 하도록 할 것

---

(5) 사전조사 및 작업계획서의 내용

| 작업명 | 차량계 하역운반기계 등을 사용하는 작업 | 차량계 건설기계를 사용하는 작업 |
|---|---|---|
| 사전조사 내용 | – | 해당 기계의 굴러 떨어짐, 지반의 붕괴 등으로 인한 근로자의 위험을 방지하기 위한 해당 작업장소의 지형 및 지반상태 |
| 작업계획서 내용 | 가. 해낭 작입에 따른 추락·낙하·전도·협착 및 붕괴 등의 위험 예방대책<br>나. 차량계 하역운반기계 등의 운행경로 및 작업방법 | 가. 사용하는 차량계 건설기계의 종류 및 성능<br>나. 차량계 건설기계의 운행 경로<br>다. 차량계 건설기계에 의한 작업방법 ✦✦ |

## 7 항타기 및 항발기의 안전기준

(1) 항타기 및 항발기의 무너짐 방지조치

① 연약한 지반에 설치하는 경우에는 아웃트리거·받침 등 지지구조물의 침하를 방지하기 위하여 깔판·받침목 등을 사용할 것
② 시설 또는 가설물 등에 설치하는 때에는 그 내력을 확인하고 내력이 부족한 때에는 그 내력을 보강할 것
③ 아웃트리거·받침 등 지지구조물이 미끄러질 우려가 있는 때에는 말뚝 또는 쐐기 등을 사용하여 해당 지지구조물을 고정시킬 것

④ 궤도 또는 차로 이동하는 항타기 또는 항발기에 대하여는 불시에 이동하는 것을 방지하기 위하여 레일클램프 및 쐐기 등으로 고정시킬 것

⑤ 상단 부분은 버팀대·버팀줄로 고정하여 안정시키고, 그 하단 부분은 견고한 버팀·말뚝 또는 철골 등으로 고정시킬 것

## (2) 권상용 와이어로프

① 항타기 또는 항발기의 권상용 와이어로프의 안전계수가 5 이상이 아니면 이를 사용하여서는 아니 된다. ✰

② 권상용 와이어로프는 추 또는 해머가 최저의 위치에 있는 때 또는 널말뚝을 빼어내기 시작한 때를 기준으로 하여 권상장치의 드럼에 적어도 2회 감기고 남을 수 있는 충분한 길이일 것 ✰

③ 권상용 와이어로프는 권상장치의 드럼에 클램프·클립 등을 사용하여 견고하게 고정할 것

④ 항타기의 권상용 와이어로프에 있어서 추·해머 등과의 연결은 클램프·클립 등을 사용하여 견고하게 할 것

⑤ 클램프·클립 등은 한국산업표준 제품이거나 한국산업표준이 없는 제품의 경우에는 이에 준하는 규격을 갖춘 제품을 사용할 것

## (3) 권상기 및 도르래의 설치

① 항타기 또는 항발기에 사용하는 권상기에는 쐐기장치 또는 역회전방지용 브레이크를 부착하여야 한다.

② 항타기 또는 항발기의 권상장치의 드럼축과 권상장치로부터 첫번째 도르래의 축과의 거리를 권상장치의 드럼폭의 15배 이상으로 하여야 한다. ✰

③ 도르래는 권상장치의 드럼의 중심을 지나야 하며 축과 수직면상에 있어야 한다. ✰

## (4) 항타기, 항발기 조립하는 때 점검 사항 ✰

① 본체의 연결부의 풀림 또는 손상의 유무

② 권상용 와이어로프·드럼 및 도르래의 부착상태의 이상 유무

③ 권상장치의 브레이크 및 쐐기장치 기능의 이상 유무

④ 권상기의 설치상태의 이상 유무

⑤ 리더(leader)의 버팀 방법 및 고정상태의 이상 유무

⑥ 본체·부속장치 및 부속품의 강도가 적합한지 여부

---

▩참고

\* 항타기 또는 항발기를 조립하거나 해체하는 경우 준수사항

① 항타기 또는 항발기에 사용하는 권상기에 쐐기장치 또는 역회전방지용 브레이크를 부착할 것

② 항타기 또는 항발기의 권상기가 들리거나 미끄러지거나 흔들리지 않도록 설치할 것

③ 그 밖에 조립·해체에 필요한 사항은 제조사에서 정한 설치·해체 작업 설명서에 따를 것

⑦ 본체·부속장치 및 부속품에 심한 손상·마모·변형 또는 부식이 있는지 여부

## 8 컨베이어의 안전

### (1) 컨베이어의 방호장치 ✿✿✿

**[컨베이어의 방호장치]**

| 이탈 등의 방지장치 | 컨베이어 등을 사용하는 때에는 정전·전압강하 등에 의한 화물 또는 운반구의 이탈 및 역주행을 방지하는 장치를 갖추어야 한다. |
|---|---|
| 비상정지 장치 | 컨베이어 등에 근로자의 신체의 일부가 말려드는 등 근로자에게 위험을 미칠 우려가 있는 때 및 비상시에는 즉시 컨베이어 등의 운전을 정지시킬 수 있는 장치를 설치하여야 한다. |
| 덮개, 울의 설치 | 컨베이어 등으로부터 화물의 낙하로 인하여 근로자에게 위험을 미칠 우려가 있는 때에는 당해 컨베이어 등에 덮개 또는 울을 설치하는 등 낙하방지를 위한 조치를 하여야 한다. |

### (2) 건널다리의 설치 ✿

운전 중인 컨베이어 등의 위로 근로자를 넘어가도록 하는 때에는 근로자의 위험을 방지하기 위하여 건널다리를 설치하는 등 필요한 조치를 하여야 한다.

### (3) 탑승의 제한

운전 중인 컨베이어에 근로자를 탑승시켜서는 아니 된다. 다만, 근로자를 운반할 수 있는 구조를 갖춘 컨베이어 등으로서 추락·접촉 등에 의한 근로자의 위험을 방지할 수 있는 조치를 한 때에는 그러하지 아니하다.

**(4) 컨베이어 작업시작 전 점검사항**

| 컨베이어의 작업 시작 전 점검 ✄✄✄ |
| --- |
| ① 원동기 및 풀리기능의 이상 유무 |
| ② 이탈 등의 방지장치기능의 이상 유무 |
| ③ 비상정지장치 기능의 이상 유무 |
| ④ 원동기·회전축·기어 및 풀리 등의 덮개 또는 울 등의 이상 유무 |

## 🔵9 고소작업대의 안전

**(1) 고소작업대를 설치하는 때에는 다음 각 호에 해당하는 것을 설치하여야 한다.**

① 작업대를 와이어로프 또는 체인으로 상승 또는 하강시킬 때에는 와이어로프 또는 체인이 끊어져 작업대가 낙하하지 아니하는 구조이어야 하며, **와이어로프 또는 체인의 안전율은 5 이상일 것** ✄

② 작업대를 유압에 의하여 상승 또는 하강시킬 때에는 작업대를 일정한 위치에 유지할 수 있는 장치를 갖추고 **압력의 이상저하를 방지할 수 있는 구조일 것**

③ 권과방지장치를 갖추거나 압력의 이상상승을 방지할 수 있는 구조일 것

④ 붐의 최대 지면경사각을 초과 운전하여 전도되지 않도록 할 것

⑤ 작업대에 **정격하중(안전율 5 이상)**을 표시할 것

⑥ 작업대에 끼임·충돌 등 재해를 예방하기 위한 **가드 또는 과상승 방지장치**를 설치할 것

⑦ 조작반의 스위치는 눈으로 확인할 수 있도록 **명칭 및 방향표시를 유지할 것**

**(2) 악천후 시 작업 중지** ✄

비·눈 그 밖의 기상상태의 불안정으로 인하여 **날씨가 몹시 나쁠 때에 10미터 이상의 높이에서 고소작업대를 사용**함에 있어 근로자에게 위험을 미칠 우려가 있는 때에는 **작업을 중지**하여야 한다.

---

**📌참고**

사업주는 고소작업대를 이동하는 때에는 다음 각 호의 사항을 준수하여야 한다.

① 작업대를 가장 낮게 하강시킬 것

② 작업자를 태우고 이동하지 말 것. 다만, 이동 중 전도 등의 위험 예방을 위하여 유도하는 사람을 배치하고 짧은 구간을 이동하는 경우에는 작업대를 가장 낮게 내린 상태에서 작업자를 태우고 이동할 수 있다.

③ 이동통로의 요철상태 또는 장애물의 유무 등을 확인할 것

### 10 구내 운반차

#### (1) 구내 운반차의 준수사항 ✈

① 주행을 제동하고 또한 정지 상태를 유지하기 위하여 유효한 **제동 장치를 갖출 것**

② **경음기를 갖출 것**

③ 운전석이 차 실내에 있는 것은 **좌우에 한 개씩 방향지시기를 갖출 것**

④ **전조등과 후미등을 갖출 것**. 다만, 작업을 안전하게 하기 위하여 필요한 조명이 있는 장소에서 사용하는 구내 운반차에 대해서는 그러하지 아니하다.

⑤ 구내 운반차가 **후진 중에** 주변의 근로자 또는 차량계 하역운반기계 등과 **충돌할 위험이 있는 경우**에는 구내운반차에 **후진 경보기와 경광등을 설치할 것**

### 11 지게차

포크, 램(ram) 등의 화물 적재 장치와 그 장치를 승강시키는 마스트 (mast)를 구비하고 동력에 의해 이동하는 지게차에 적용한다.

리프트 실린더
(포크를 상승 혹은 하강시킴)

마스트
(상하로 미끄럼운동을 하는 레일)

리프트체인

백레스트
(화물이 뒤로 떨어지는 것 방지)

카운터웨이트
(앞뒤의 균형을 유지시킴)

핑거보드

포크
(화물을 떠받쳐 운반)

후륜
(조향이 되는 바퀴)

후드

전륜

딜트실린더
(마스트를 전경 · 후경 시키는 작용)

---

📖 **확인**

**＊ 지게차 안전기준 ★**

① 주행 시 포크는 반드시 내리고 운전해야 한다.

② 운전자 외의 어떤 자도 절대로 승차시키지 말아야 한다.

③ 헤드가드를 설치하여 운전자를 보호해야 한다.

④ 주차 시 포크를 반드시 내려놓고 후진할 때는 반드시 정차 후 뒤를 확인해야 한다.

⑤ 마스트 이상 짐을 높이 실어 작업을 해서는 안된다.

⑥ 짐을 싣고 내리막 길을 내려갈 시는 후진으로 해야 한다.

⑦ 작업장 부근에는 사람이 접근하지 않게 해야 한다.

⑧ 경사진 위험한 곳에 장비를 주차시키지 말아야 한다.

⑨ 짐을 인양한 밑으로 사람이 들어가거나 통과시키는 것을 금한다.

## (1) 방호장치 ✿

① 헤드가드 : 지게차에는 **최대하중의 2배(4톤을 넘는 값에 대해서는 4톤으로 한다)에 해당하는 등분포정하중(等分布靜荷重)에 견딜 수 있는 강도의 헤드가드를 설치**하여야 한다.

② 백레스트 : 지게차에는 **포크에 적재된 화물이 마스트의 뒤쪽으로 떨어지는 것을 방지하기 위한 백레스트(backrest)를 설치**하여야 한다.

③ 전조등, 후미등 : 지게차에는 **7천5백칸델라 이상의 광도를 가지는 전조등, 2칸델라 이상의 광도를 가지는 후미등을 설치**하여야 한다.

④ 안전벨트 : 다음 각 호의 요건에 적합한 안전벨트를 설치하여야 한다.

• 「한국산업표준에 따라 인증을 받은 제품」, 「품질경영 및 공산품 안전관리법」에 따라 **안전인증을 받은 제품, 국제적으로 인정되는 규격에 따른 제품 또는 국토해양부장관이 이와 동등 이상**이라고 인정하는 제품일 것

• **사용자가 쉽게 잠그고 풀 수 있는 구조**일 것

## (2) 설치방법 ✿✿

| | |
|---|---|
| 헤드가드 | ① 상부 틀의 각 개구의 폭 또는 길이는 16센티미터 미만일 것<br>② 운전자가 앉아서 조작하거나 서서 조작하는 지게차의 헤드가드는 한국산업표준에서 정하는 높이 기준 이상일 것<br>(좌식 : 903mm, 입식 : 1,905mm 이상) |
| 백레스트 | ① 외부충격이나 진동 등에 의해 탈락 또는 파손되지 않도록 견고하게 부착할 것<br>② 최대하중을 적재한 상태에서 마스트가 뒤쪽으로 경사지더라도 변형 또는 파손이 없을 것 |
| 전조등 | ① 좌우에 1개씩 설치할 것<br>② 등광색은 백색으로 할 것<br>③ 점등 시 차체의 다른 부분에 의하여 가려지지 아니할 것 |
| 후미등 | ① 지게차 뒷면 양쪽에 설치할 것<br>② 등광색은 적색으로 할 것<br>③ 지게차 중심선에 대하여 좌우대칭이 되게 설치할 것<br>④ 등화의 중심점을 기준으로 외측의 수평각 45도에서 볼 때에 투영면적이 12.5제곱센티미터 이상일 것 |

## (3) 지게차의 안전조건 ✪✪✪

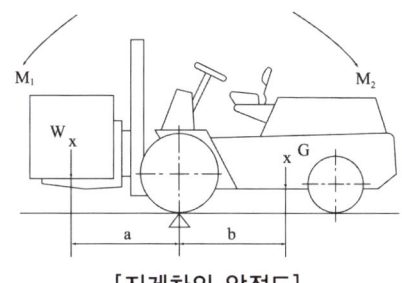

[지게차의 안정도]

① 지게차가 전도되지 않고 안정되기 위해서는 물체의 모멘트
($M_1$= W×a)보다 지게차의 모멘트($M_2$=G×b)가 더 커야 한다.

| 지게차의 안정도 ✪✪ |
| :---: |
| $W \times a < G \times b$ <br> ($M_1 < M_2$) |
| 여기서, W : 화물중량  　  a : 앞바퀴 ~ 화물 중심까지 거리 <br> 　　　　G : 지게차 자체 중량  　 b : 앞바퀴 ~ 차 중심까지 거리 |

② 전경사각

　　마스터의 수직위치에서 앞으로 기울인 경우 최대경사각 5 ~ 6°

③ 후경사각

　　마스터의 수직위치에서 뒤로 기울인 경우 최대경사각 10 ~ 12°

## (4) 지게차 작업 시의 안정도 ✪✪✪

| 안정도 | 지게차의 상태 | |
| :--- | :---: | :---: |
| 하역작업 시의 전·후 안정도 : <br> 4% 이내(5t 이상 : 3.5%) | | (위에서 본 경우) |
| 주행 시의 전·후 안정도 : <br> 18% 이내 | | |
| 하역작업 시의 좌·우 안정도 : <br> 6% 이내 | | (밑에서 본 경우) |
| 주행 시의 좌·우 안정도 : <br> (15+1.1V)% 이내 <br> 최대 40%(V : 최고 속도 km/h) | | |
| 안정도 = $\dfrac{h}{l} \times 100(\%)$ | | |

문제

하물중량이 200kg, 지게차의 중량이 400kg, 앞바퀴에서 하물의 중심까지의 최단거리가 1m이면 지게차가 안정되기 위한 앞바퀴에서 지게차의 중심까지의 최단 거리는?

㉮ 0.2m 초과
㉯ 0.5m 초과
㉰ 1m 초과
㉱ 3m 이상

[해설]
$W \times a < G \times b$
(W : 화물중량
a : 앞바퀴 – 화물중심까지 거리
G : 지게차 자체 중량
b : 앞바퀴 – 차 종심까지 거리)
$200 \times 1 < 400 \times b$
∴ $b > 0.5m$

정답 ㉯

## 12 운전위치의 이탈금지 ✄

다음 각 호의 기계를 운전하는 경우 운전자가 운전위치를 이탈하게 해서는 아니 된다.

---

**운전 위치를 이탈하여서는 안 되는 기계 ✄**

---

① 양중기
② 항타기 또는 항발기(권상장치에 하중을 건 상태)
③ 양화장치(화물을 적재한 상태)

---

## 13 작업시작 전 점검 ✄✄✄

| | |
|---|---|
| 지게차의 작업시작 전 점검 | ① 하역장치 및 유압장치 기능의 이상 유무<br>② 제동장치 및 조종장치 기능의 이상 유무<br>③ 바퀴의 이상 유무<br>④ 전조등, 후미등, 방향지시기, 경보장치 기능의 이상 유무 |
| 구내운반차의 작업시작 전 점검 | ① 제동장치 및 조종장치 기능의 이상 유무<br>② 하역장치 및 유압장치 기능의 이상 유무<br>③ 바퀴의 이상 유무<br>④ 전조등·후미등·방향지시기 및 경음기 기능의 이상 유무<br>⑤ 충전장치를 포함한 홀더 등의 결합상태의 이상 유무 |
| 화물 자동차의 작업시작 전 점검 | ① 제동 장치 및 조종 장치의 기능<br>② 하역 장치 및 유압 장치의 기능<br>③ 바퀴의 이상 유무 |
| 고소작업대의 작업시작 전 점검 | ① 비상정지장치 및 비상하강방지장치 기능의 이상 유무<br>② 과부하방지장치의 작동 유무<br>   (와이어로프 또는 체인구동방식의 경우)<br>③ 아웃트리거 또는 바퀴의 이상 유무<br>④ 작업면의 기울기 또는 요철유무 |

CHAPTER
05

# 비계·거푸집 가시설 위험방지

주/요/내/용 알/고/가/기

1. 강관비계의 구조 및 조립 시 준수사항
2. 틀비계(강관 틀비계) 조립 시 준수사항
3. 달비계의 안전계수
4. 말비계의 구조
5. 이동식비계의 구조
6. 비계의 점검 보수 항목
7. 가설통로의 구조
8. 사다리식 통로의 구조
9. 계단의 설치
10. 이동식 사다리의 구조
11. 작업발판의 구조
12. 거푸집 구비조건
13. 거푸집동바리의 조립 시 준수사항
14. 거푸집동바리의 조립 또는 해체작업 시 준수사항
15. 거푸집 조립 및 해체 순서
16. 계측기 종류 및 용도
17. 계측위치 선정

## ① 비계의 종류 및 기준

### (1) 강관비계 ✖✖

**강관비계의 구조**

① 비계기둥 간격 : 띠장방향에서는 1.85m 이하, 장선방향에서는 1.5m 이하로 할 것

다만, 다음 각 목의 어느 하나에 해당하는 작업의 경우에는 안전성에 대한 구조검토를 실시하고 조립도를 작성하면 띠장 방향 및 장선 방향으로 각각 2.7미터 이하로 할 수 있다.

가. 선박 및 보트 건조작업

나. 그 밖에 장비 반입·반출을 위하여 공간 등을 확보할 필요가 있는 등 작업의 성질상 비계기둥 간격에 관한 기준을 준수하기 곤란한 작업

---

**합격의 key**

**참고**

**1. 가설구조물의 특징**
① 연결재가 부족한 구조가 되기 쉽다.
② 부재의 결합이 간단하여 불안전 결합이 되기 쉽다.
③ 구조물이라는 개념이 확고하지 않아 조립의 정밀도가 낮다.
④ 부재는 과소 단면이거나 결함이 있는 재료가 사용되기 쉽다.

**2. 가설재(비계)의 3조건**
① 안정성 : 파괴, 도괴 및 동요에 대한 충분한 강도를 가질 것
② 작업성 : 통행과 작업에 방해가 없는 넓은 작업발판과 넓은 작업공간을 확보할 것
③ 경제성 : 가설 및 철거가 신속하고 용이할 것

**용어정의**

＊ 비계
구조물의 외부작업을 위해 근로자와 자재를 받쳐주기 위해 임시적으로 설치된 작업대와 그 지지구조물을 말한다.

**기출**

＊ 벽이음의 역할
① 풍하중에 의한 움직임 방지
② 수평하중에 의한 움직임 방지

② 띠장간격 : 2.0미터 이하로 할 것(다만, 작업의 성질상 이를 준수하기가 곤란하여 쌍기둥 틀 등에 의하여 해당 부분을 보강한 경우에는 그러하지 아니하다)

③ 비계기둥의 제일 윗 부분으로부터 31m되는 지점 밑 부분의 비계기둥은 2본의 강관으로 묶어 세울 것
(다만, 브라켓(bracket, 까치발) 등으로 보강하여 2개의 강관으로 묶을 경우 이상의 강도가 유지되는 경우에는 그러하지 아니하다)

④ 비계기둥 간의 적재하중은 400kg을 초과하지 않도록 할 것

### 강관비계 조립 시의 준수사항

① 비계기둥에는 미끄러지거나 침하하는 것을 방지하기 위하여 밑받침철물을 사용하거나 깔판·받침목 등을 사용하여 밑둥잡이를 설치할 것

② 강관의 접속부 또는 교차부는 적합한 부속철물을 사용하여 접속하거나 단단히 묶을 것

③ 교차가새로 보강할 것

④ 외줄비계·쌍줄비계 또는 돌출비계의 벽이음 및 버팀 설치
• 조립간격 : 수직방향에서 5m 이하, 수평방향에서 5m 이하
• 강관·통나무 등의 재료를 사용하여 견고한 것으로 할 것
• 인장재와 압축재로 구성되어 있는 때에는 인장재와 압축재의 간격을 1미터 이내로 할 것

⑤ 가공전로에 근접하여 비계를 설치하는 때에는 가공전로를 이설, 절연용 방호구 장착하는 등 가공전로와의 접촉 방지 조치할 것

## (2) 틀비계(강관 틀비계)

### 틀비계 조립 시 준수사항 ✈

① 밑둥에는 밑받침철물을 사용하여야 하며 밑받침에 고저차가 있는 경우에는 조절형 밑받침철물을 사용하여 항상 수평 및 수직을 유지하도록 할 것

② 높이가 20미터를 초과하거나 중량물의 적재를 수반하는 작업을 할 경우에는 주틀 간의 간격이 1.8미터 이하로 할 것

③ 주틀 간에 교차가새를 설치하고 최상층 및 5층 이내마다 수평재를 설치할 것

④ 벽이음 간격(조립간격) : 수직방향 6m, 수평방향으로 8m미터 이내마다 할 것

⑤ 길이가 띠장방향으로 4m 이하이고 높이가 10m를 초과하는 경우에는 10m 이내마다 띠장방향으로 버팀기둥을 설치할 것

## (3) 비계 조립간격(벽이음 간격) ✿✿✿

| | 비계 종류 | 수직 방향 | 수평 방향 |
|---|---|---|---|
| 강관<br>비계 | 단관비계 | 5m | 5m |
| | 틀비계(높이 5m 미만인 것 제외) | 6m | 8m |

## (4) 달비계의 구조

[곤돌라형 달비계를 설치하는 경우 준수 사항]

① 달기 강선 및 달기 강대는 심하게 손상·변형 또는 부식된 것을 사용하지 않도록 할 것

② 달기 와이어로프, 달기 체인, 달기 강선, 달기 강대는 한쪽 끝을 비계의 보 등에, 다른 쪽 끝을 내민 보, 앵커볼트 또는 건축물의 보 등에 각각 풀리지 않도록 설치할 것

③ 작업발판은 폭을 40센티미터 이상으로 하고 틈새가 없도록 할 것 ✿

④ 작업발판의 재료는 뒤집히거나 떨어지지 않도록 비계의 보 등에 연결하거나 고정시킬 것

⑤ 비계가 흔들리거나 뒤집히는 것을 방지하기 위하여 비계의 보·작업 발판 등에 버팀을 설치하는 등 필요한 조치를 할 것

⑥ 선반 비계에서는 보의 접속부 및 교차부를 철선·이음 철물 등을 사용하여 확실하게 접속시키거나 단단하게 연결시킬 것

⑦ 근로자의 추락 위험을 방지하기 위하여 다음 각 목의 조치를 할 것
- 달비계에 구명줄을 설치할 것
- 근로자에게 안전대를 착용하도록 하고 근로자가 착용한 안전줄을 달비계의 구명줄에 체결(締結)하도록 할 것
- 달비계에 안전난간을 설치할 수 있는 구조인 경우에는 달비계에 안전난간을 설치할 것

---

🅘기출 ★

＊달비계
작업발판을 와이어로프에 매달아 고층건물 청소용 등의 작업 시에 사용하는 비계

🕮참고

＊작업 의자형 달비계를 설치하는 경우 준수사항
① 달비계의 작업대는 나무 등 근로자의 하중을 견딜 수 있는 강도의 재료를 사용하여 견고한 구조로 제작할 것
② 작업대의 4개 모서리에 로프를 매달아 작업대가 뒤집히거나 떨어지지 않도록 연결할 것
③ 작업용 섬유로프는 콘크리트에 매립된 고리, 건축물의 콘크리트 또는 철재 구조물 등 2개 이상의 견고한 고정점에 풀리지 않도록 결속(結束)할 것
④ 작업용 섬유로프와 구명줄은 다른 고정점에 결속되도록 할 것
⑤ 작업하는 근로자의 하중을 견딜 수 있을 정도의 강도를 가진 작업용 섬유로프, 구명줄 및 고정점을 사용할 것
⑥ 근로자가 작업용 섬유로프에 작업대를 연결하여 하강하는 방법으로 작업을 하는 경우 근로자의 조종 없이는 작업대가 하강하지 않도록 할 것
⑦ 작업용 섬유로프 또는 구명줄이 결속된 고정점의 로프는 다른 사람이 풀지 못하게 하고 작업 중임을 알리는 경고표지를 부착할 것
⑧ 작업용 섬유로프와 구명줄이 건물이나 구조물의 끝부분, 날카로운 물체 등에 의하여 절단되거나 마모(磨耗)될 우려가 있는 경우에는 로프에 이를 방지할 수 있는 보호 덮개를 씌우는 등의 조치를 할 것

⑨ 근로자의 추락 위험을 방지하기 위하여 다음 각 목의 조치를 할 것
• 달비계에 구명줄을 설치할 것
• 근로자에게 안전대를 착용하도록 하고 근로자가 착용한 안전줄을 달비계의 구명줄에 체결(締結)하도록 할 것

**[달기 체인 등 사용금지 항목 ✿✿✿]**

| | |
|---|---|
| 달기 체인 | ① 달기 체인의 길이가 달기 체인이 제조된 때의 길이의 5퍼센트를 초과한 것<br>② 링의 단면지름이 달기 체인이 제조된 때의 해당 링의 지름의 10퍼센트를 초과하여 감소한 것<br>③ 균열이 있거나 심하게 변형된 것 |
| 화물자동차의 짐걸이 등으로 사용하는 섬유로프 | ① 꼬임이 끊어진 것<br>② 심하게 손상 또는 부식된 것 |
| 와이어로프 | ① 이음매가 있는 것<br>② 와이어로프의 한 꼬임(스트랜드: strand)에서 끊어진 소선의 수가 10퍼센트 이상(비자전로프의 경우에는 끊어진 소선의 수가 와이어로프 호칭지름의 6배 길이 이내에서 4개 이상이거나 호칭지름 30배 길이 이내에서 8개 이상)인 것<br>③ 지름의 감소가 공칭지름의 7퍼센트를 초과하는 것<br>④ 꼬인 것<br>⑤ 심하게 변형되거나 부식된 것<br>⑥ 열과 전기충격에 의해 손상된 것 |
| 달비계에 사용하는 섬유로프 또는 안전대의 섬유벨트 | ① 꼬임이 끊어진 것<br>② 심하게 손상되거나 부식된 것<br>③ 2개 이상의 작업용 섬유로프 또는 섬유벨트를 연결한 것<br>④ 작업 높이보다 길이가 짧은 것 |

## (5) 말비계

**말비계 조립시의 준수사항(말비계의 구조) ✿✿**

① 지주부재의 하단에는 미끄럼 방지장치를 하고, 양측 끝부분에 올라 서서 작업하지 아니하도록 할 것
② 지주부재와 수평면과의 기울기를 75도 이하로 하고, 지주부재와 지주부재 사이를 고정시키는 보조부재를 설치할 것
③ 말비계의 높이가 2미터를 초과할 경우에는 작업발판의 폭을 40센티미터 이상으로 할 것

## (6) 이동식 비계

### 이동식 비계 조립 시의 준수사항(이동식 비계의 구조) ✂✂

① 바퀴에는 갑작스러운 이동 또는 전도를 방지하기 위하여 브레이크·쐐기 등으로 바퀴를 고정시킨 다음 비계의 일부를 견고한 시설물에 고정하거나 아웃트리거를 설치하는 등 필요한 조치를 할 것
② 승강용사다리는 견고하게 설치할 것
③ 비계의 최상부에서 작업을 할 때에는 안전난간을 설치할 것
④ 작업발판은 항상 수평을 유지하고 작업발판 위에서 안전난간을 딛고 작업을 하거나 받침대 또는 사다리를 사용하여 작업하지 않도록 할 것
⑤ 작업발판의 최대 적재하중은 250킬로그램을 초과하지 않도록 할 것

## (7) 달대비계

### 달대비계의 설치

① 달대비계를 매다는 철선은 #8 소성철선을 사용하며 4가닥 정도로 꼬아서 하중에 대한 안전계수가 8 이상 확보되어야 한다.
② 철근을 사용할 때에는 19밀리미터 이상을 쓰며 근로자는 반드시 안전모와 안전대를 착용하여야 한다.
③ 달대비계는 가급적 안전성이 확보된 기성제품을 사용하고 현장에서 제작하는 경우 안전하중을 고려해야 하며 사용재료는 변형, 부식, 손상이 없어야 한다.
④ 달대비계에는 최대적재하중과 안전표지판을 설치한다.
⑤ 달대비계는 적절한 양중장비를 사용하여 설치상소까지 운반하고 안전대를 착용하는 등 안전한 작업방법으로 설치한다.

📖 확인

＊ 이동식 비계의 기타 안전사항
(고용노동부고시 내용)
① 안전담당자의 지휘하에 작업을 행하여야 한다.
② 이동식 비계의 최대 높이는 밑변 최소폭의 4배 이하이어야 한다. ★
③ 이동할 때에는 작업원이 없는 상태이어야 한다.
④ 최대적재하중을 표시하여야 한다.
⑤ 재료, 공구의 오르내리기에는 포대, 로프 등을 이용하여야 한다.

🔍 용어정의

＊ 달대비계
철골공사의 리벳치기 및 볼트 작업 등에 이용하는 비계로서 체인을 철골에 매달아서 작업발판을 만든 비계이며 상하로 이동시킬 수 없는 단점이 있다.

## (8) 시스템 비계 ✖✖

**용어정의**

✱ 시스템 비계
수직재, 수평재, 가새재 등 각각의 부재를 공장에서 제작하고 현장에서 조립하여 사용하는 조립형 비계로 고소작업에서 작업자가 작업장소에 접근하여 작업할 수 있도록 설치하는 작업대를 지지하는 가설 구조물을 말한다.

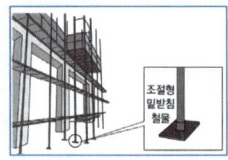

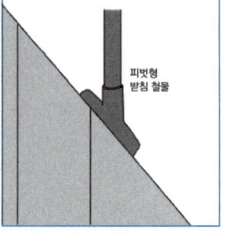

| | |
|---|---|
| 시스템 비계의 구조 | ① 수직재·수평재·가새재를 견고하게 연결하는 구조가 되도록 할 것<br>② 비계 밑단의 수직재와 받침철물은 밀착되도록 설치하고, 수직재와 받침철물의 연결부의 겹침길이는 받침철물 전체 길이의 3분의 1 이상이 되도록 할 것<br>③ 수평재는 수직재와 직각으로 설치하여야 하며, 체결 후 흔들림이 없도록 견고하게 설치할 것<br>④ 수직재와 수직재의 연결철물은 이탈되지 않도록 견고한 구조로 할 것<br>⑤ 벽 연결재의 설치간격은 제조사가 정한 기준에 따라 설치할 것 |
| 시스템 비계 조립 시의 준수 사항 | ① 비계 기둥의 밑둥에는 밑받침 철물을 사용하여야 하며, 밑받침에 고저 차가 있는 경우에는 조절형 밑받침 철물을 사용하여 시스템 비계가 항상 수평 및 수직을 유지하도록 할 것<br>② 경사진 바닥에 설치하는 경우에는 피벗형 받침 철물 또는 쐐기 등을 사용하여 밑받침 철물의 바닥면이 수평을 유지하도록 할 것<br>③ 가공전로에 근접하여 비계를 설치하는 경우에는 가공전로를 이설하거나 가공전로에 절연용 방호구를 설치하는 등 가공전로와의 접촉을 방지하기 위하여 필요한 조치를 할 것<br>④ 비계 내에서 근로자가 상하 또는 좌우로 이동하는 경우에는 반드시 지정된 통로를 이용하도록 주지시킬 것<br>⑤ 비계작업 근로자는 같은 수직면상의 위와 아래 동시 작업을 금지할 것<br>⑥ 작업발판에는 제조사가 정한 최대적재하중을 초과하여 적재해서는 아니 되며, 최대적재하중이 표기된 표지판을 부착하고 근로자에게 주지시키도록 할 것 |

## (9) 걸침비계

사업주는 선박 및 보트 건조작업에서 걸침비계("달비계 및 달대비계"를 "달비계, 달대비계 및 걸침비계"로 한다)를 설치하는 경우에는 다음 각 호의 사항을 준수하여야 한다.

---

**걸침비계 설치 시의 준수사항(걸침비계의 구조)**

① 지지점이 되는 매달림 부재의 고정부는 구조물로부터 이탈되지 않도록 견고히 고정할 것

② 비계재료 간에는 서로 움직임, 뒤집힘 등이 없어야 하고, 재료가 분리되지 않도록 철물 또는 철선으로 충분히 결속할 것. 다만, 작업발판 밑 부분에 띠장 및 장선으로 사용되는 수평부재 간의 결속은 철선을 사용하지 않을 것

③ 매달림 부재의 안전율은 4 이상일 것

④ 작업발판에는 구조검토에 따라 설계한 최대적재하중을 초과하여 적재하여서는 아니 되며, 그 작업에 종사하는 근로자에게 최대적재하중을 충분히 알릴 것

＊ 걸침비계

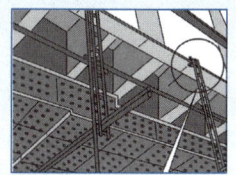
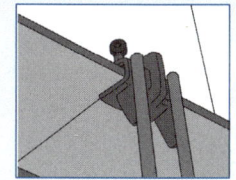

---

## ② 비계작업 시 안전조치사항

### (1) 달비계 또는 높이 5미터 이상의 비계 조립·해체 및 변경 시 준수사항 ✬

① 관리감독자의 지휘 하에 작업하도록 할 것

② 조립·해체 또는 변경의 시기·범위 및 절차를 그 작업에 종사하는 근로자에게 교육할 것

③ 조립·해체 또는 변경작업구역 내에는 당해 작업에 종사하는 근로자 외의 자의 출입을 금지시키고 그 내용을 보기 쉬운 장소에 게시할 것

④ 비·눈 그 밖의 기상상태의 불안정으로 인하여 날씨가 몹시 나쁠 때에는 그 작업을 중지시킬 것

⑤ 비계재료의 연결·해체작업을 하는 때에는 폭 20센티미터 이상의 발판을 설치하고 근로자로 하여금 안전대를 사용하도록 하는 등 근로자의 추락방지를 위한 조치를 할 것

⑥ 재료·기구 또는 공구 등을 올리거나 내리는 때에는 근로자로 하여금 달줄 또는 달포대 등을 사용하도록 할 것

### (2) 달비계에 사용하는 섬유로프 또는 안전대의 섬유벨트의 사용금지 사항 ✬✬

① 꼬임이 끊어진 것

② 심하게 손상되거나 부식된 것

③ 2개 이상의 작업용 섬유로프 또는 섬유벨트를 연결한 것

④ 작업높이보다 길이가 짧은 것

PART 06

**(3) 비계의 점검 보수 항목**

비·눈 그 밖의 기상상태의 불안정으로 인하여 **날씨가 몹시 나빠서 작업을 중지시킨 후 또는 비계를 조립·해체하거나 또는 변경한 후** 그 비계에서 작업을 하는 때에는 **당해 작업시작 전에 다음 각 호의 사항을 점검**하고 이상을 발견한 때에는 즉시 보수하여야 한다.

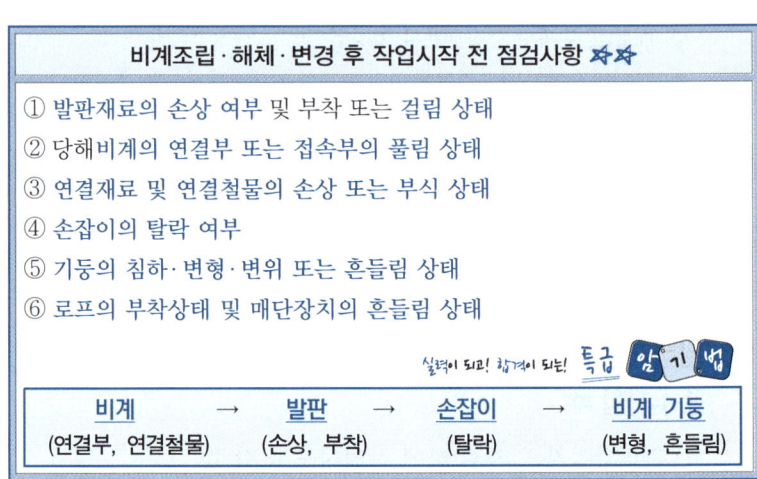

| 비계조립·해체·변경 후 작업시작 전 점검사항 ✿✿ |
| --- |
| ① 발판재료의 손상 여부 및 부착 또는 걸림 상태 |
| ② 당해비계의 연결부 또는 접속부의 풀림 상태 |
| ③ 연결재료 및 연결철물의 손상 또는 부식 상태 |
| ④ 손잡이의 탈락 여부 |
| ⑤ 기둥의 침하·변형·변위 또는 흔들림 상태 |
| ⑥ 로프의 부착상태 및 매단장치의 흔들림 상태 |

실력이 되고! 합격이 되는! **특급 암기법**

| 비계 | → | 발판 | → | 손잡이 | → | 비계 기둥 |
| --- | --- | --- | --- | --- | --- | --- |
| (연결부, 연결철물) | | (손상, 부착) | | (탈락) | | (변형, 흔들림) |

## 3 작업통로의 종류 및 설치기준

**(1) 가설통로**

\* 가설통로

그림 출처 : 만화로 보는 산업안전
보건기준에 관한 규칙

| 가설통로 설치 시의 준수사항(가설통로의 구조) ✿✿ |
| --- |
| ① 견고한 구조로 할 것 |
| ② 경사는 30도 이하로 할 것(계단을 설치하거나 높이 2미터 미만의 가설통로로서 튼튼한 손잡이를 설치한 때에는 그러하지 아니하다) |
| ③ 경사가 15도를 초과하는 때는 미끄러지지 아니하는 구조로 할 것 |
| ④ 추락의 위험이 있는 장소에는 안전난간을 설치할 것(작업상 부득이한 때에는 필요한 부분에 한하여 임시로 이를 해체할 수 있다) |
| ⑤ 수직갱 : 길이가 15미터 이상인 때에는 10미터 이내마다 계단참을 설치할 것 |
| ⑥ 건설공사에 사용하는 높이 8미터 이상인 비계다리 : 7미터 이내마다 계단참을 설치할 것 |

## (2) 사다리식 통로

### 사다리식 통로 설치 시의 준수사항(사다리식 통로의 구조) ✿✿

① 견고한 구조로 할 것

② 심한 손상·부식 등이 없는 재료를 사용할 것

③ 발판의 간격은 일정하게 할 것

④ 발판과 벽과의 사이는 15센티미터 이상의 간격을 유지할 것

⑤ 폭은 30센티미터 이상으로 할 것

⑥ 사다리가 넘어지거나 미끄러지는 것을 방지하기 위한 조치를 할 것

⑦ 사다리의 상단은 걸쳐놓은 지점으로부터 60센티미터 이상 올라가도록 할 것

⑧ 사다리식 통로의 길이가 10미터 이상인 경우에는 5미터 이내마다 계단참을 설치할 것

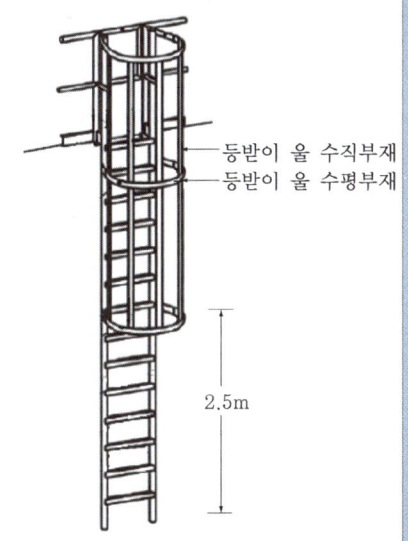

등받이 울 수직부재
등받이 울 수평부재

2.5m

[등받이 울의 설치 ✿✿]

⑨ 사다리식 통로의 기울기는 75도 이하로 할 것. 다만, 고정식 사다리식 통로의 기울기는 90도 이하로 하고, 그 높이가 7미터 이상인 경우에는 다음 각 목의 구분에 따른 조치를 할 것

• 등받이울이 있어도 근로자 이동에 지장이 없는 경우 : 바닥으로부터 높이가 2.5미터 되는 지점부터 등받이울을 설치할 것

• 등받이울이 있으면 근로자가 이동이 곤란한 경우 : 한국산업표준에서 정하는 기준에 적합한 개인용 추락 방지 시스템을 설치하고 근로자로 하여금 한국산업표준에서 정하는 기준에 적합한 전신 안전대를 사용하도록 할 것

⑩ 접이식 사다리 기둥은 사용 시 접혀지거나 펼쳐지지 않도록 철물 등을 사용하여 견고하게 조치할 것

## 4 계단의 설치 ✿✿

### (1) 계단의 강도

① 계단 및 계단참의 강도는 $500kg/m^2$ 이상이어야 하며 안전율(안전의 정도를 표시하는 것으로서 재료의 파괴응력도와 허용응력도와의 비를 말한다)은 4 이상으로 하여야 한다.

PART 06

＊계단

그림 출처 : 만화로 보는 산업안전
보건기준에 관한 규칙

📖참고

＊계단참의 설치
- 수직갱 : 길이가 15미
  터 이상인 경우에는
  10미터 이내마다 계
  단참을 설치할 것
- 사다리식 통로 : 길이
  가 10미터 이상인 경
  우에는 5미터 이내마
  다 계단참을 설치할 것
- 계단 : 높이가 3미터를
  초과하는 계단에 높이
  3미터 이내마다 진행
  방향으로 길이 1.2미
  터 이상의 계단참을
  설치할 것
- 비계다리 : 높이가 8미
  터를 초과하는 비계다
  리에는 7미터 이내마
  다 계단참을 설치할 것

② 계단 및 승강구 바닥을 구멍이 있는 재료로 만드는 경우 렌치나 그 밖의 공구 등이 낙하할 위험이 없는 구조로 하여야 한다.

### (2) 계단의 폭

① 1미터 이상으로 하여야 한다.(다만, 급유용·보수용·비상용 계단 및 나선형 계단에 대하여는 그러하지 아니하다)
② 계단에 손잡이 외의 다른 물건 등을 설치하거나 쌓아 두어서는 아니 된다.

### (3) 계단참의 높이

높이가 3미터를 초과하는 계단에 높이 3미터 이내마다 진행방향으로 길이 1.2미터 이상의 계단참을 설치해야 한다.

### (4) 천장의 높이

바닥면으로부터 높이 2미터 이내의 공간에 장애물이 없도록 하여야 한다.(다만, 급유용·보수용·비상용계단 및 나선형계단에 대하여는 그러하지 아니하다)

### (5) 계단의 난간

높이 1미터 이상인 계단의 개방된 측면에 안전난간을 설치하여야 한다.

## 5 사다리의 설치

### (1) 이동식 사다리

**이동식 사다리의 구조** ✿

- 길이가 6미터를 초과해서는 안 된다.
- 다리의 벌림은 벽 높이의 1/4 정도가 적당하다. ✿
- 벽면 상부로부터 최소한 60센티미터 이상의 연장길이가 있어야 한다.

## (2) 추락 방지 ✦

사업주는 추락을 방지하기 위하여 작업발판 및 추락방호망을 설치하기 곤란한 경우에는 근로자로 하여금 3개 이상의 버팀대를 가지고 지면으로부터 안정적으로 세울 수 있는 구조를 갖춘 이동식 사다리를 사용하여 작업을 하게 할 수 있다. 이 경우 사업주는 근로자가 다음 각 호의 사항을 준수하도록 조치해야 한다.

① 평탄하고 견고하며 미끄럽지 않은 바닥에 이동식 사다리를 설치할 것
② 이동식 사다리의 넘어짐을 방지하기 위해 다음 각 목의 어느 하나 이상에 해당하는 조치를 할 것
  • 이동식 사다리를 견고한 시설물에 연결하여 고정할 것
  • 아웃트리거(outrigger, 전도방지용 지지대)를 설치하거나 아웃트리거가 붙어있는 이동식 사다리를 설치할 것
  • 이동식 사다리를 다른 근로자가 지지하여 넘어지지 않도록 할 것

③ 이동식 사다리의 제조사가 정하여 표시한 이동식 사다리의 최대 사용하중을 초과하지 않는 범위 내에서만 사용할 것
④ 이동식 사다리를 설치한 바닥면에서 높이 3.5미터 이하의 장소에서만 작업할 것
⑤ 이동식 사다리의 최상부 발판 및 그 하단 디딤대에 올라서서 작업하지 않을 것(다만, 높이 1미터 이하의 사다리는 제외한다.)
⑥ 안전모를 착용하되, 작업 높이가 2미터 이상인 경우에는 안전모와 안전대를 함께 착용할 것
⑦ 이동식 사다리 사용 전 변형 및 이상 유무 등을 점검하여 이상이 발견되면 즉시 수리하거나 그 밖에 필요한 조치를 할 것

## 6 작업발판 설치기준 및 준수사항

사업주는 비계(달비계·달대비계 및 말비계를 제외한다)의 높이가 2미터 이상인 작업장소에는 다음 각 호의 기준에 적합한 작업발판을 설치하여야 한다.

### 작업발판 설치기준 ✄✄

① 발판 재료 : 작업 시의 하중을 견딜 수 있도록 견고한 것으로 할 것
② 발판의 폭 : 40cm 이상으로 하고, 발판 재료 간의 틈 : 3cm 이하로 할 것
③ 추락의 위험성이 있는 장소에는 안전난간을 설치할 것
　(안전난간 설치가 곤란한 때, 추락방호망을 치거나 근로자가 안전대를 사용하도록 하는 등 추락에 의한 위험방지조치를 한 때에는 그러하지 아니하다)
④ 작업발판의 지지물 : 하중에 의하여 파괴될 우려가 없는 것을 사용할 것
⑤ 작업발판 재료는 뒤집히거나 떨어지지 아니하도록 2 이상의 지지물에 연결하거나 고정시킬 것
⑥ 작업에 따라 이동시킬 때에는 위험방지 조치를 할 것
⑦ 선박 및 보트 건조작업에서 선박블록 또는 엔진실 등의 좁은 작업공간에 작업발판을 설치하는 경우 : 작업발판의 폭을 30센티미터 이상으로 할 수 있고, 걸침비계의 경우 발판재료 간의 틈을 3센티미터 이하로 유지하기 곤란하면 5센티미터 이하로 할 수 있다.

## 7 비상구의 설치

위험물질을 제조·취급하는 작업장과 그 작업장이 있는 건축물에 출입구 외에 안전한 장소로 대피할 수 있는 비상구 1개 이상을 다음 각 호의 기준에 맞는 구조로 설치하여야 한다. 다만, 작업장 바닥면의 가로 및 세로가 각 3미터 미만인 경우에는 그렇지 않다.

### 비상구의 구조 ✄

① 출입구와 같은 방향에 있지 아니하고, 출입구로부터 3미터 이상 떨어져 있을 것
② 작업장의 각 부분으로부터 하나의 비상구 또는 출입구까지의 수평거리가 50미터 이하가 되도록 할 것(다만, 작업장이 있는 층에 피난층 또는 지상으로 통하는 직통계단을 설치한 경우에는 그 부분에 한정하여 본문에 따른 기준을 충족한 것으로 본다.)
③ 비상구의 너비는 0.75미터 이상으로 하고, 높이는 1.5미터 이상으로 할 것
④ 비상구의 문은 피난 방향으로 열리도록 하고, 실내에서 항상 열 수 있는 구조로 할 것

## 8 거푸집 및 동바리

### (1) 거푸집 구비조건 ✄

① 거푸집은 조립·해체·운반이 용이할 것
② 최소한의 재료로 여러번 사용할 수 있는 형상과 크기일 것
③ 수분이나 모르타르 등의 누출을 방지할 수 있는 수밀성이 있을 것
④ 시공 정확도에 알맞은 수평·수직·직각을 견지하고 변형이 생기지 않는 구조일 것
⑤ 콘크리트의 자중 및 부어넣기 할 때의 충격과 작업하중에 견디고, 변형을 일으키지 않을 강도를 가질 것

### (2) 거푸집 조립 시의 안전조치

사업주는 거푸집을 조립하는 경우에는 다음 각 호의 사항을 준수해야 한다.

① 거푸집을 조립하는 경우에는 거푸집이 콘크리트 하중이나 그 밖의 외력에 견딜 수 있거나, 넘어지지 않도록 견고한 구조의 긴결재(콘크리트를 타설할 때 거푸집이 변형되지 않게 연결하여 고정하는 재료를 말한다), 버팀대 또는 지지대를 설치하는 등 필요한 조치를 할 것
② 거푸집이 곡면인 경우에는 버팀대의 부착 등 그 거푸집의 부상(浮上)을 방지하기 위한 조치를 할 것

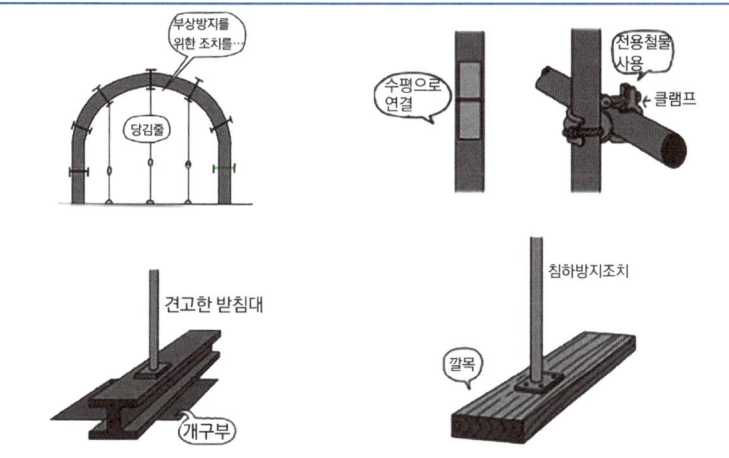

그림 출처 : 만화로 보는 산업안전보건기준에 관한 규칙

🔘기출 ★

* 철재 거푸집과 비교한 합판거푸집 장점
① 녹이 슬지 않으므로 보관하기 쉽다.
② 가볍다.
③ 보수가 간단하다.
④ 삽입기구(insert)의 삽입이 간단하다.
⑤ 외기온도의 영향이 적다.

📖참고

* 거푸집 및 지보공(동바리) 시공 시 고려해야 할 하중
① 연직방향 하중 : 거푸집, 지보공(동바리), 콘크리트, 철근, 작업원, 타설용 기계기구, 가설설비 등의 중량 및 충격하중
② 횡방향 하중 : 작업할 때의 진동, 충격, 시공오차 등에 기인되는 횡방향 하중 이외에 필요에 따라 풍압, 유수압, 지진 등
③ 콘크리트의 측압 : 굳지 않은 콘크리트의 측압
④ 특수하중 : 시공 중에 예상되는 특수한 하중
⑤ 위의 ①~④ 항목의 하중에 안전율을 고려한 하중

📖참고

* 거푸집 및 지보공 재료 선정 및 사용 시 고려사항
① 강도, 강성, 내구성
② 작업성
③ 경제성
④ 타설 콘크리트의 영향력

## (3) 동바리 조립 시의 안전조치

사업주는 동바리를 조립하는 경우에는 하중의 지지상태를 유지할 수 있도록 다음 각 호의 사항을 준수해야 한다.

① 받침목이나 깔판의 사용, 콘크리트 타설, 말뚝박기 등 **동바리의 침하를 방지하기 위한 조치**를 할 것
② **동바리의 상하 고정 및 미끄러짐 방지 조치**를 할 것
③ **상부·하부의 동바리가 동일 수직선상에 위치하도록** 하여 **깔판·받침목에 고정**시킬 것
④ 개구부 상부에 동바리를 설치하는 경우에는 상부하중을 견딜 수 있는 **견고한 받침대를 설치**할 것
⑤ U헤드 등의 **단판이 없는 동바리의 상단에 멍에 등을 올릴 경우**에는 해당 상단에 **U헤드 등의 단판을 설치**하고, 멍에 등이 전도되거나 이탈되지 않도록 고정시킬 것
⑥ **동바리의 이음은 같은 품질의 재료를 사용**할 것
⑦ **강재의 접속부 및 교차부는 볼트·클램프 등 전용철물을 사용**하여 단단히 연결할 것
⑧ 거푸집의 형상에 따른 부득이한 경우를 제외하고는 **깔판이나 받침목은 2단 이상 끼우지 않도록** 할 것
⑨ **깔판이나 받침목을 이어서 사용하는 경우**에는 그 깔판·받침목을 **단단히 연결**할 것

---

**동바리로 사용하는 파이프서포트의 조립 시 준수사항** ✄✄

- 파이프서포트를 **3개본 이상 이어서 사용**하지 아니하도록 할 것
- 파이프서포트를 이어서 사용할 때에는 **4개 이상의 볼트** 또는 전용철물을 사용하여 이을 것
- 높이가 **3.5미터를 초과**하는 경우에는 높이 **2미터 이내마다 수평연결재를 2개 방향으로** 만들고 수평연결재의 변위를 방지할 것

---

## 동바리로 사용하는 강관틀의 준수사항

- 강관틀과 강관틀 사이에 교차가새를 설치할 것
- 최상단 및 5단 이내마다 동바리의 측면과 틀면의 방향 및 교차가새의 방향에서 5개 이내마다 수평연결재를 설치하고 수평연결재의 변위를 방지할 것
- 최상단 및 5단 이내마다 동바리의 틀면의 방향에서 양단 및 5개 틀 이내마다 교차가새의 방향으로 띠장틀을 설치할 것

## 동바리로 사용하는 조립강주의 준수사항

- 높이가 4미터를 초과할 때에는 높이 4미터 이내마다 수평연결재를 2개 방향으로 설치하고 수평연결재의 변위를 방지할 것

## 시스템 동바리의 경우

- 수평재는 수직재와 직각으로 설치해야 하며, 흔들리지 않도록 견고하게 설치할 것
- 연결철물을 사용하여 수직재를 견고하게 연결하고, 연결 부위가 탈락 또는 꺾어지지 않도록 할 것
- 수직 및 수평하중에 의한 동바리의 구조적 안전성이 확보되도록 조립도에 따라 수직재 및 수평재에는 가새재를 견고하게 설치할 것
- 동바리 최상단과 최하단의 수직재와 받침철물은 서로 밀착되도록 설치하고 수직재와 받침철물의 연결부의 겹침길이는 받침철물 전체 길이의 3분의 1 이상 되도록 할 것

## 보 형식의 동바리의 경우

- 접합부는 충분한 걸침 길이를 확보하고 못, 용접 등으로 양끝을 지지물에 고정시켜 미끄러짐 및 낙락을 방지할 것
- 양끝에 설치된 보 거푸집을 지지하는 동바리 사이에는 수평연결재를 설치하거나 동바리를 추가로 설치하는 등 보 거푸집이 옆으로 넘어지지 않도록 견고하게 할 것
- 설계도면, 시방서 등 설계도서를 준수하여 설치할 것

---

**참고**

* 거푸집의 종류
① 슬립 폼(slip form)
슬라이딩 폼의 일종, 수직으로 연속되는 구조물을 시공조인트 없이 시공하기 위하여 일정한 크기로 만들어져 연속적으로 이동시키면서 콘크리트를 타설하는 공법에 적용하는 거푸집, 단면의 변화가 있는 구조물을 수직으로 이동하면서 타설한다.
② 슬라이딩 폼(sliding form)
로드(rod)·유압잭(jack) 등을 이용하여 거푸집을 연속적으로 이동시키면서 콘크리트를 타설할 때 사용되는 것으로 silo 공사 등에 적합, 단면의 변화가 없는 구조물을 수직으로 이동하면서 타설한다.
③ 시스템 동바리(prefabricated shoring system)
수직재, 수평재, 가새 등 각각의 부재를 공장에서 미리 생산하여 현장에서 조립하여 거푸집을 지지하는 지주 형식의 동바리와 강제 갑판 및 철재트러스 조립보 등을 이용하여 수평으로 설치하여 지지하는 보 형식의 동바리를 지칭함
④ 클라이밍 폼(climbing form)
이동식 거푸집의 일종으로써, 인양방식에 따라 외부 크레인의 도움 없이 자체에 부착된 유압구동장치를 이용하여 상승하는 자동상승 클라이밍 폼(self climbing form)방식과 크레인에 의해 인양되는 방식으로 구분
⑤ 테이블 폼(flying table form)
비닥 슬래브의 콘크리트를 타설하기 위한 거푸집으로써 거푸집널, 장선, 멍에, 서포트를 일체로 제작, 부재화하여 크레인으로 수평 및 수직 이동이 가능한 거푸집

## (4) 거푸집 및 동바리의 조립 · 해체 등 작업 시의 준수사항

① 해당 작업을 하는 구역에는 관계 근로자가 아닌 사람의 출입을 금지할 것
② 비 · 눈 그 밖의 기상상태의 불안정으로 인하여 날씨가 몹시 나쁜 경우에는 그 작업을 중지할 것
③ 재료 · 기구 또는 공구 등을 올리거나 내리는 경우에는 근로자로 하여금 달줄 · 달포대 등을 사용하도록 할 것
④ 낙하 · 충격에 의한 돌발적 재해를 방지하기 위하여 버팀목을 설치하고 거푸집동바리 등을 인양장비에 매단 후에 작업을 하도록 하는 등 필요한 조치를 할 것

## (5) 철근조립 작업 시의 준수사항

① 양중기로 철근을 운반할 경우에는 두 군데 이상 묶어서 수평으로 운반할 것
② 작업위치의 높이가 2미터 이상일 경우에는 작업발판을 설치하거나 안전대를 착용하게 하는 등 위험방지를 위하여 필요한 조치를 할 것

## (6) 거푸집 조립 및 해체 순서 ✈

① 조립순서 : 기둥 → 보받이 내력벽 → 큰보 → 작은보 → 바닥 → (내벽) → (외벽)
② 해체순서 : 바닥 → 보 → 벽 → 기둥
③ 조립작업은 조립 → 검사 → 수정 → 고정을 주기로 하여 부분을 요약해서 행하고 전체를 진행하여 나가야 한다.

## (7) 작업발판 일체형 거푸집의 안전조치

"작업발판 일체형 거푸집"이란 거푸집의 설치 · 해체, 철근 조립, 콘크리트 타설, 콘크리트 면처리 작업 등을 위하여 거푸집을 작업발판과 일체로 제작하여 사용하는 거푸집으로서 다음 각 호의 거푸집을 말한다.

| 작업발판 일체형 거푸집의 종류 ✈ |
| --- |
| ① 갱 폼(gang form) |
| ② 슬립 폼(slip form) |
| ③ 클라이밍 폼(climbing form) |
| ④ 터널 라이닝 폼(tunnel lining form) |
| ⑤ 그 밖에 거푸집과 작업발판이 일체로 제작된 거푸집 등 |

## 8 흙막이

### (1) 계측기 종류 및 용도

| ① 균열 측정기(Crack-gauge) | 주변 구조물, 지반 등에 균열 발생 시 균열 크기와 변화를 정밀측정 확인 |
|---|---|
| ② 경사계(Tilt-meter) | 구조물의 경사각 및 변형상태를 계측 |
| ③ 지하 수위계(Water levelmeter) | 지하 수위 변화를 실측하여 각종 계측자료에 이용 |
| ④ 지중 수평변위계(Iclino-meter) | 인접지반 수평변위량과 위치, 방향 및 크기를 실측하여 토류구조물 각 지점의 응력상태 판단 |
| ⑤ 토압계(Earth pressurecell) | 토압의 변화를 측정하여 이들 부재의 안정상태 확인 |
| ⑥ 변형률계(Strain gauge) | 토류 구조물의 각 부재와 인근 구조물의 각 지점 및 타설 콘크리트 등의 응력변화를 측정 |
| ⑦ 하중계(load-cell) | 스트럿(Strut) 또는 어스앵커(Earth anchor) 등의 축 하중 변화를 측정하는 기구 |
| ⑧ 지주 하중계(Strut loadcell) | Strut의 축 하중 변화상태를 측정 |
| ⑨ 어스앙카 하중계(Earthanchor loadcell) | Earth Anchor의 축 하중 변화상태를 측정 |
| ⑩ 간극 수압계(Piezometer) | 굴착에 따른 과잉 간극수압의 변화를 측정 |
| ⑪ 층별 침하계(Extensometer) | 인접 지층의 각 지층별 침하량의 변동상태를 확인 |
| ⑫ 지표 침하계(Settlement Plate) | 지표면의 침하량 절대치의 변화를 측정 |
| ⑬ 진동 소음측정기(Sound levelmeter) | 굴착, 발파 및 장비 이동에 따른 진동과 소음을 측정 |

### (2) 계측위치 선정

① 지반조건이 충분히 파악되어 있고, 구조물의 전체를 대표할 수 있는 곳

② 중요구조물 등 지반에 특수한 조건이 있어서 공사에 따른 영향이 예상되는 곳

③ 교통량이 많은 곳. 다만, 교통 흐름의 장해가 되지 않는 곳

④ 지하수가 많고, 수위의 변화가 심한 곳

⑤ 시공에 따른 계측기의 훼손이 적은 곳

③ 하중
④ 평균기온
⑤ 구조물의 종류
⑥ 부재의 종류 및 크기

2. 거푸집동바리의 해체 시기를 결정하는 요인

① 시방서 상의 거푸집 존치기간의 경과
② 콘크리트 강도시험 결과
③ 동절기일 경우 적산 온도

3. 거푸집 동바리의 일반적인 구조검토의 순서

① 하중계산 : 거푸집동바리에 작용하는 하중 및 외력의 종류, 크기를 산정한다.
② 응력계산 : 하중·외력에 의하여 각 부재에 발생되는 응력을 구한다.
③ 단면, 배치간격계산 : 각 부재에 발생되는 응력에 대하여 안전한 단면 및 배치간격을 결정한다.

PART 06

# 공사 및 작업종류별 안전

## 01 양중 및 해체 공사

📍 주/요/내/용 알/고/가/기

1. 해체작업 시 해체계획 작성 항목
2. 양중기의 종류 및 방호장치
3. 타워크레인 작업계획서 포함사항
4. 악천후 시의 조치
5. 작업 시작 전 점검 항목

### 1 해체용 기계, 기구의 종류 및 취급안전

**(1) 해체공사의 사전조사 및 작업계획서 내용** ✗✗

| 작업명 | 사전조사 내용 | 작업계획서 내용 |
|---|---|---|
| 구축물, 건축물, 그 밖의 시설물 등의 해체작업 | 해체건물 등의 구조, 주변 상황 등 | 가. 해체의 방법 및 해체 순서도면<br>나. 가설설비·방호설비·환기설비 및 살수·방화설비 등의 방법<br>다. 사업장 내 연락방법<br>라. 해체물의 처분계획<br>마. 해체작업용 기계·기구 등의 작업계획서<br>바. 해체작업용 화약류 등의 사용계획서<br>사. 그 밖에 안전·보건에 관련된 사항 |

### 2 양중기의 종류

**(1) 양중기(산업안전보건법 기준)**

**양중기의 종류** ✗✗✗

① 크레인[호이스트(hoist)를 포함한다]
② 이동식 크레인
③ 리프트(이삿짐운반용 리프트의 경우에는 적재하중이 0.1톤 이상인 것으로 한정한다)
④ 곤돌라
⑤ 승강기

---

**문제**

다음 중 해체작업용 기계·기구로 거리가 가장 먼 것은?

㉮ 압쇄기
㉯ 핸드 브레이커
㉰ 철제햄머
㉱ 진동 롤러

[해설]
㉱ 진동 롤러는 지반의 다짐 기계이다.

**정답** ㉱

**🔍 용어정의**

＊ 양중기
동력을 사용하여 화물, 사람 등을 운반하는 기계, 설비를 말하며 크레인, 리프트, 곤돌라, 승강기 등이 있다.

## (2) 크레인

"크레인"이란 동력을 사용하여 중량물을 매달아 상하 및 좌우로 운반하는 것을 목적으로 하는 기계 또는 기계장치를 말하며, "호이스트"란 훅이나 그 밖의 달기구 등을 사용하여 화물을 권상 및 횡행 또는 권상동작만을 하여 양중하는 것을 말한다.

**[크레인의 종류 및 특징]**

| | |
|---|---|
| 드레그 크레인<br>(drag crane) | ① 크레인 선회부분을 고무 타이어의 트럭 위에 장치한 기계를 말한다.<br>② 연약지 작업이 불가능하나 기동성이 크고 미세한 인칭(inching)이 가능하다.<br>③ 고층 건물의 철골 조립, 자재의 적재, 운반, 항만 하역 작업 등에 사용한다. |
| 휠 크레인<br>(wheel crane) | ① 크롤러 크레인의 크롤러 대신 차륜을 장치한 것으로서 드레그 크레인보다 소형이며, 모빌 크레인이라고도 한다.<br>② 공장과 같이 작업범위가 제한되어 있는 장소나 고속 주행을 요할 경우에 적합하다. |
| 크롤러 크레인<br>(crawler crane) | ① 크롤러 셔블에 크레인 부속장치를 설치한 것으로서 안정성이 높으며 다목적이다.<br>② 고르지 못한 지형이나 연약 지반에서의 작업, 좁은 장소나 습지대 등에서도 작업이 가능하다. |
| 케이블 크레인<br>(cable crane) | ① 타워(tower)에 케이블을 쳐서 트롤리를 달아 운반물을 달아 올리는 기계이다.<br>② 댐 공사 등에서 콘크리트나 자재 운반 시에 이용한다. |
| 천장주행 크레인 | ① 천장형 크레인에 주행 레일을 설치하여 이동하도록 한 기계이다.<br>② 콘크리트 빔의 제작이나 가공 현장 등에서 사용한다. |
| 타워 크레인<br>(tower crane) | ① 360° 회전이 가능하다.<br>② 주로 높이를 필요로 하는 건축 현장이나 빌딩 고층화 등에 사용한다. |

\* 적용 제외
 이동식 크레인, 데릭, 엘리베이터, 간이 엘리베이터, 건설용 리프트는 크레인에 적용하지 않는다.

## (3) 이동식 크레인

"이동식 크레인"이란 원동기를 내장하고 있는 것으로서 불특정 장소에 스스로 이동할 수 있는 크레인으로 동력을 사용하여 중량물을 매달아 상하 및 좌우로 운반하는 설비로서 기중기 또는 화물·특수자동차의 작업부에 탑재하여 화물운반 등에 사용하는 기계 또는 기계장치를 말한다.

PART 06

## (4) 리프트

"리프트"란 동력을 사용하여 사람이나 화물을 운반하는 것을 목적으로 하는 기계 설비를 말한다.

**[리프트의 종류 및 특징]**

| | |
|---|---|
| 건설용 리프트 | 동력을 사용하여 가이드레일(운반구를 지지하여 상승 및 하강 동작을 안내하는 레일)을 따라 상하로 움직이는 운반구를 매달아 사람이나 화물을 운반할 수 있는 설비 또는 이와 유사한 구조 및 성능을 가진 것으로 건설 현장에서 사용하는 것을 말한다. |
| 산업용 리프트 | 동력을 사용하여 가이드레일을 따라 상하로 움직이는 운반구를 매달아 화물을 운반할 수 있는 설비 또는 이와 유사한 구조 및 성능을 가진 것으로 건설 현장 외의 장소에서 사용하는 것을 말한다. |
| 자동차정비용 리프트 | 동력을 사용하여 가이드레일을 따라 움직이는 지지대로 자동차 등을 일정한 높이로 올리거나 내리는 구조의 리프트로서 자동차 정비에 사용하는 것 |
| 이삿짐운반용 리프트 | 연장 및 축소가 가능하고 끝단을 건축물 등에 지지하는 구조의 사다리형 붐에 따라 동력을 사용하여 움직이는 운반구를 매달아 화물을 운반하는 설비로서 화물자동차 등 차량 위에 탑재하여 이삿짐 운반 등에 사용하는 것 |

## (5) 곤돌라

"곤돌라"란 달기발판 또는 운반구, 승강장치, 그 밖의 장치 및 이들에 부속된 기계부품에 의하여 구성되고, 와이어로프 또는 달기강선에 의하여 달기발판 또는 운반구가 전용 승강장치에 의하여 오르내리는 설비를 말한다.

## (6) 승강기

"승강기"란 건축물이나 고정된 시설물에 설치되어 일정한 경로에 따라 사람이나 화물을 승강장으로 옮기는 데에 사용되는 설비로서 다음 각 목의 것을 말한다.

**[승강기의 종류 및 특징]**

| | |
|---|---|
| 승객용 엘리베이터 | 사람의 운송에 적합하게 제조·설치된 엘리베이터 |
| 승객화물용 엘리베이터 | 사람의 운송과 화물 운반을 겸용하는데 적합하게 제조·설치된 엘리베이터 |
| 화물용 엘리베이터 | 화물 운반에 적합하게 제조·설치된 엘리베이터로서 조작자 또는 화물취급자 1명은 탑승할 수 있는 것(적재용량이 300킬로그램 미만인 것은 제외한다) |

| 소형화물용 엘리베이터 | 음식물이나 서적 등 소형 화물의 운반에 적합하게 제조·설치된 엘리베이터로서 사람의 탑승이 금지된 것 |
|---|---|
| 에스컬레이터 | 일정한 경사로 또는 수평로를 따라 위·아래 또는 옆으로 움직이는 디딤판을 통해 사람이나 화물을 승강장으로 운송시키는 설비 |

## 3 양중기의 안전 수칙

### (1) 양중기의 방호장치

| 크레인 (호이스트 포함) | • 과부하방지장치<br>• 권과방지장치(捲過防止裝置)<br>• 비상정지장치<br>• 제동장치<br><br><기타 방호장치><br>• 훅의 해지장치<br>• 안전밸브(유압식) |
|---|---|
| 이동식 크레인 | • 과부하방지장치<br>• 권과방지장치(捲過防止裝置)<br>• 비상정지장치<br>• 제동장치<br><br><기타 방호장치><br>• 훅의 해지장치<br>• 안전밸브(유압식) |
| 리프트 (자동차정비용 리프트 제외) | • 권과방지장치<br>• 과부하방지장치<br>• 비상정지장치<br>• 제동장치<br>• 조작반(盤) 잠금장치 |
| 곤돌라 | • 과부하방지장치<br>• 권과방지장치(捲過防止裝置)<br>• 비상정지장치<br>• 제동장치 |
| 승강기 | • 과부하방지장치<br>• 권과방지장치(捲過防止裝置)<br>• 비상정지장치<br>• 제동장치<br>• 파이널리미트스위치<br>• 출입문인터록<br>• 속도조절기(조속기) |

참고

1. 권과방지장치 : 인양용 와이어로프가 일정한계 이상 감기게 되면 자동적으로 동력을 차단하고 작동을 정지시키는 장치
2. 훅 해지장치 : 훅에서 와이어로프가 이탈하는 것을 방지하는 장치
3. 과부하방지장치 : 정격하중 이상의 하중이 부하되었을 때 자동적으로 상승이 정지되면서 경보음을 발생하는 장치
4. 아웃트리거 : 전도 사고를 방지하기 위하여 장비의 측면에 부착하여 전도 모멘트에 대하여 효과적으로 지탱할 수 있도록 한 장치

PART 06

 실력이 되고! 합격이 되는! 특급 암기법

• **양중기 공통 방호장치** : 과부하방지장치, 권과방지장치, 비상정지장치, 제동장치
• **추가 설치**
  **리프트(자동차정비용 제외)** : 조작반잠금장치
  **승강기** : 파이널리미트스위치, 출입문인터록, 속도조절기(조속기)

## (2) 악천후 시 조치 ✖✖

① 순간풍속이 초당 10미터를 초과하는 경우 : 타워크레인의 설치·수리·점검 또는 해체작업을 중지

② 순간풍속이 초당 15미터를 초과하는 경우 : 타워크레인의 운전작업을 중지

③ 순간풍속이 초당 30미터를 초과하는 바람이 불어올 우려가 있는 경우 : 옥외에 설치되어 있는 주행 크레인에 대하여 이탈방지장치를 작동시키는 등 이탈방지를 위한 조치

④ 순간풍속이 초당 30미터를 초과하는 바람이 불거나 중진(中震) 이상 진도의 지진이 있은 후 : 옥외에 설치되어 있는 양중기를 사용하여 작업을 하는 경우에는 미리 기계 각 부위에 이상이 있는지를 점검

⑤ 순간풍속이 초당 35미터를 초과하는 바람이 불어 올 우려가 있는 경우 : 옥외에 설치되어 있는 승강기 및 건설용 리프트(지하에 설치되어 있는 것은 제외한다)에 대하여 받침의 수를 증가시키는 등 그 승강기가 무너지는 것을 방지하기 위한 조치

## (3) 작업시작 전 점검사항 ✖✖✖

| 크레인 | ① 권과방지장치·브레이크·클러치 및 운전장치의 기능<br>② 주행로의 상측 및 트롤리가 횡행(橫行)하는 레일의 상태<br>③ 와이어로프가 통하고 있는 곳의 상태 |
|---|---|
| 이동식<br>크레인 | ① 권과방지장치 그 밖의 경보장치의 기능<br>② 브레이크·클러치 및 조정장치의 기능<br>③ 와이어로프가 통하고 있는 곳 및 작업장소의 지반상태 |
| 리프트 | ① 방호장치·브레이크 및 클러치의 기능<br>② 와이어로프가 통하고 있는 곳의 상태 |
| 곤돌라 | ① 방호장치·브레이크의 기능<br>② 와이어로프·슬링와이어 등의 상태 |

## (4) 타워크레인의 작업계획서 내용(설치·조립·해체작업) ✖✖

① 타워크레인의 종류 및 형식

② 설치·조립 및 해체순서

③ 작업도구·장비·가설설비(假設設備) 및 방호설비

④ 작업인원의 구성 및 작업근로자의 역할 범위

⑤ 타워크레인의 지지 방법

### (5) 크레인 작업 시의 조치 ✈

1) 사업주는 크레인을 사용하여 작업을 하는 경우 다음 각 호의 조치를 준수하고, 그 작업에 종사하는 관계 근로자가 그 조치를 준수하도록 하여야 한다.

① 인양할 하물(荷物)을 바닥에서 끌어당기거나 밀어내는 작업을 하지 아니할 것
② 유류드럼이나 가스통 등 운반 도중에 떨어져 폭발하거나 누출될 가능성이 있는 위험물 용기는 보관함(또는 보관고)에 담아 안전하게 매달아 운반할 것
③ 고정된 물체를 직접 분리·제거하는 작업을 하지 아니할 것
④ 미리 근로자의 출입을 통제하여 인양 중인 하물이 작업자의 머리 위로 통과하지 않도록 할 것
⑤ 인양할 하물이 보이지 아니하는 경우에는 어떠한 동작도 하지 아니할 것(신호하는 사람에 의하여 작업을 하는 경우는 제외한다)

2) 사업주는 조종석이 설치되지 아니한 크레인에 대하여 다음 각 호의 조치를 하여야 한다.

① 고용노동부장관이 고시하는 크레인의 제작기준과 안전기준에 맞는 무선원격제어기 또는 펜던트 스위치를 설치·사용할 것
② 무선원격제어기 또는 펜던트 스위치를 취급하는 근로자에게는 작동요령 등 안전조작에 관한 사항을 충분히 주지시킬 것

3) 사업주는 타워크레인을 사용하여 작업을 하는 경우 타워크레인마다 근로자와 조종 작업을 하는 사람 간에 신호업무를 담당하는 사람을 각각 두어야 한다.

### (6) 설치·조립·수리·점검 또는 해체 작업

**크레인의 설치·조립·수리·점검 또는 해체 작업을 하는 경우의 조치 ✈**

㉠ 작업순서를 정하고 그 순서에 따라 작업을 할 것
㉡ 작업을 할 구역에 관계 근로자가 아닌 사람의 출입을 금지하고 그 취지를 보기 쉬운 곳에 표시할 것
㉢ 비, 눈, 그 밖에 기상상태의 불안정으로 날씨가 몹시 나쁜 경우에는 그 작업을 중지시킬 것
㉣ 작업장소는 안전한 작업이 이루어질 수 있도록 충분한 공간을 확보하고 장애물이 없도록 할 것
㉤ 들어올리거나 내리는 기자재는 균형을 유지하면서 작업을 하도록 할 것
㉥ 크레인의 성능, 사용조건 등에 따라 충분한 응력(應力)을 갖는 구조로 기초를 설치하고 침하 등이 일어나지 않도록 할 것
㉦ 규격품인 조립용 볼트를 사용하고 대칭되는 곳을 차례로 결합하고 분해할 것

| 리프트 및 승강기의 설치 · 조립 · 수리 · 점검 또는<br>해체 작업을 하는 경우의 조치 |
| --- |
| ㉠ 작업을 지휘하는 사람을 선임하여 그 사람의 지휘 하에 작업을 실시할 것<br>㉡ 작업을 할 구역에 관계 근로자가 아닌 사람의 출입을 금지하고 그 취지를 보기<br>쉬운 장소에 표시할 것<br>㉢ 비, 눈, 그 밖에 기상상태의 불안정으로 날씨가 몹시 나쁜 경우에는 그 작업을<br>중지시킬 것 |

| 리프트 및 승강기의 설치 · 조립 · 수리 · 점검 또는 해체 작업을 하는 경우<br>작업 지휘자의 이행 사항 ✖ |
| --- |
| ㉠ 작업방법과 근로자의 배치를 결정하고 해당 작업을 지휘하는 일<br>㉡ 재료의 결함 유무 또는 기구 및 공구의 기능을 점검하고 불량품을 제거하는 일<br>㉢ 작업 중 안전대 등 보호구의 착용 상황을 감시하는 일 |

### (7) 양중기의 와이어로프 등 달기구의 안전계수 ✖✖

① 양중기의 와이어로프 등 달기구의 안전계수(달기구 절단하중의 값을 그 달기구에 걸리는 하중의 최댓값으로 나눈 값을 말한다)가 다음 각 호의 구분에 따른 기준에 맞지 아니한 경우에는 이를 사용해서는 아니 된다. ✖

| 달기구의 안전계수 ✖✖ |
| --- |
| ㉠ 근로자가 탑승하는 운반구를 지지하는 달기 와이어로프 또는 달기 체인의<br>경우 : 10 이상<br>㉡ 화물의 하중을 직접 지지하는 달기 와이어로프 또는 달기 체인의 경우 :<br>5 이상<br>㉢ 훅, 샤클, 클램프, 리프팅 빔의 경우 : 3 이상<br>㉣ 그 밖의 경우 : 4 이상 |

② 달기구의 경우 최대허용하중 등의 표식이 견고하게 붙어 있는 것을 사용하여야 한다.

③ 양중기의 달기 와이어로프 또는 달기 체인과 일체형인 고리걸이 훅 또는 샤클의 안전계수(훅 또는 샤클의 절단하중 값을 각각 그 훅 또는 샤클에 걸리는 하중의 최댓값으로 나눈 값을 말한다)가 사용되는 달기 와이어로프 또는 달기 체인의 안전계수와 같은 값 이상의 것을 사용하여야 한다.

④ 와이어로프를 절단하여 양중(揚重)작업용구를 제작하는 경우 반드시 기계적인 방법으로 절단하여야 하며, 가스용단(鎔斷) 등 열에 의한 방법으로 절단해서는 아니 된다.

⑤ 아크(arc), 화염, 고온부 접촉 등으로 인하여 열영향을 받은 와이어로프를 사용해서는 아니 된다.

## (8) 사용금지 사항 ✸✸

| 달기 체인 등 사용 금지 항목 ✸✸ | |
|---|---|
| 와이어로프 | ① 이음매가 있는 것<br>② 와이어로프의 한 꼬임(스트랜드: strand)에서 끊어진 소선의 수가 10퍼센트 이상(비자전로프의 경우에는 끊어진 소선의 수가 와이어로프 호칭지름의 6배 길이 이내에서 4개 이상이거나 호칭지름 30배 길이 이내에서 8개 이상)인 것<br>③ 지름의 감소가 공칭지름의 7퍼센트를 초과하는 것<br>④ 꼬인 것<br>⑤ 심하게 변형되거나 부식된 것<br>⑥ 열과 전기충격에 의해 손상된 것 |
| 달기 체인 | ① 달기 체인의 길이가 달기 체인이 제조된 때의 길이의 5퍼센트를 초과한 것<br>② 링의 단면지름이 달기 체인이 제조된 때의 해당 링의 지름의 10퍼센트를 초과하여 감소한 것<br>③ 균열이 있거나 심하게 변형된 것 |
| 화물자동차의 짐걸이 등으로 사용하는 섬유로프 | ① 꼬임이 끊어진 것<br>② 심하게 손상 또는 부식된 것 |
| 달비계에 사용하는 섬유로프 또는 안전대의 섬유벨트 | ① 꼬임이 끊어진 것<br>② 심하게 손상되거나 부식된 것<br>③ 2개 이상의 작업용 섬유로프 또는 섬유벨트를 연결한 것<br>④ 작업높이보다 길이가 짧은 것 |

## (9) 변형되어 있는 훅·샤클 등의 사용금지

① 훅·샤클·클램프 및 링 등의 철구로서 변형되어 있는 것 또는 균열이 있는 것을 크레인 또는 이동식 크레인의 고리걸이용구로 사용해서는 아니 된다.

② 중량물을 운반하기 위해 제작하는 지그, 훅의 구조를 운반 중 주변 구조물과의 충돌로 슬링이 이탈되지 않도록 하여야 한다.

③ 안전성 시험을 거쳐 안전율이 3 이상 확보된 중량물 취급용구를 구매하여 사용하거나 자체 제작한 중량물 취급용구에 대하여 비파괴 시험을 하여야 한다.

## (10) 링 등의 구비

① 엔드리스(endless)가 아닌 와이어로프 또는 달기 체인에 대하여 그 양단에 훅·샤클·링 또는 고리를 구비한 것이 아니면 크레인 또는 이동식 크레인의 고리걸이용구로 사용해서는 아니 된다.

② 고리는 꼬아넣기[(아이 스플라이스(eye splice)를 말한다)], 압축 멈춤 또는 이러한 것과 같은 정도 이상의 힘을 유지하는 방법으로 제작된 것이어야 한다. 이 경우 꼬아넣기는 와이어로프의 모든 꼬임을 3회 이상 끼워 짠 후 각각의 꼬임의 소선 절반을 잘라내고 남은 소선을 다시 2회 이상(모든 꼬임을 4회 이상 끼워 짠 경우에는 1회 이상) 끼워 짜야 한다.

## (11) 기타 양중기 안전

① 가이 데릭(guy derrick)
  • 훅(hook), 붐의 경사, 회전 등은 윈치(winch)로 조정되며, 360° 선회가 가능하다.
  • 보통 붐은 마스터 높이 80[%] 정도의 길이까지 사용한다.
  • 중량물의 이동, 하역작업, 철골조립 작업, 항만 하역 설비 등에 사용한다.

② 3각 데릭(triangle derrick)
  • 마스터를 2개의 다리(leg)로 지지한 것으로서 스팁레그 데릭이라고 하며 붐은 2개의 다리가 있으므로 270° 까지 회전한다.
  • 빌딩의 옥상 등 협소한 장소의 작업에 적합하다.

③ 엘리베이터
  • 사람이나 짐을 가드레일에 따라 승강하는 운반기에 올려놓고 동력을 이용하여 운반하는 것을 목적으로 하는 기계장치 중 간이리프트 또는 건설용 리프트 이외의 것을 말한다.

## 02 콘크리트 및 PC 공사

참고

＊ 콘크리트의 비파괴 검사방법

① 액체침투 탐상법
② 자분 탐상법
③ 방사선 투과법
④ 초음파 탐상법
⑤ 반발경도법

## 1 콘크리트 타설작업의 안전

### (1) 콘크리트의 타설작업

**콘크리트 타설작업 시 준수사항**

① 당일의 작업을 시작하기 전에 해당 작업에 관한 거푸집 동바리 등의 변형
 · 변위 및 지반의 침하 유무 등을 점검하고 이상이 있으면 보수할 것
② 작업 중에는 감시자를 배치하는 등의 방법으로 거푸집 및 동바리의 변형
 · 변위 및 침하 유무 등을 확인해야 하며, 이상이 있으면 작업을 중지하고
 근로자를 대피시킬 것
③ 콘크리트의 타설작업 시 거푸집 붕괴의 위험이 발생할 우려가 있으면 충분
 한 보강조치를 할 것
④ 설계도서상의 콘크리트 양생 기간을 준수하여 거푸집 및 동바리를 해체
 할 것
⑤ 콘크리트를 타설하는 경우에는 편심이 발생하지 않도록 골고루 분산하여
 타설할 것

### (2) 콘크리트 타설 시 안전수칙

① 손수레를 이용하여 콘크리트를 운반할 때의 준수사항
 • 손수레를 타설하는 위치까지 천천히 운반하여 거푸집에 충격을
 주지 아니하도록 타설하여야 한다.
 • 손수레에 의하여 운반할 때에는 적당한 간격을 유지하여야 하고
 뛰어서는 안 되며, 통로 구분을 명확히 하여야 한다.
 • 운반 통로에 방해가 되는 것은 즉시 제거하여야 한다.

PART 06

---

### 내부진동기의 사용 방법

① 진동다지기를 할 때에는 내부진동기를 하층의 콘크리트 속으로 0.1m 정도 찔러 넣는다.

② 내부진동기는 연직으로 찔러 넣으며, 그 간격은 진동이 유효하다고 인정되는 범위의 지름 이하로서 일정한 간격으로 한다. 삽입간격은 일반적으로 0.5m 이하로 하는 것이 좋다.

③ 1개소 당 진동 시간은 다짐할 때 시멘트 페이스트가 표면 상부로 약간 부상하기까지 한다.

④ 내부진동기는 콘크리트로부터 천천히 빼내어 구멍이 남지 않도록 한다.

⑤ 내부진동기는 콘크리트를 횡방향으로 이동시킬 목적으로 사용하지 않아야 한다.

⑥ 진동기의 형식, 크기 및 대수는 1회에 다짐하는 콘크리트의 전용면적을 충분히 다지는데 적합하도록 부재 단면의 두께 및 면적, 1시간당 최대 타설량, 굵은 골재 최대 치수, 배합, 특히 잔골재율, 콘크리트의 슬럼프 등을 고려하여 선정한다.

---

## (3) 콘크리트의 측압 ✈

① 거푸집 부재 단면이 클수록 측압이 크다.
② 거푸집 수밀성이 클수록 측압이 크다.
③ 거푸집 강성이 클수록 측압이 크다.
④ 거푸집 표면이 평활할수록 측압이 크다.
⑤ 시공연도가 좋을수록 측압이 크다.
⑥ 철골 or 철근량이 적을수록 측압이 크다.
⑦ 외기온도가 낮을수록 측압이 크다.
⑧ 타설속도가 빠를수록 측압이 크다.
⑨ 다짐이 좋을수록 측압이 크다.
⑩ 슬럼프가 클수록 측압이 크다.
⑪ 콘크리트 비중이 클수록 측압이 크다.
⑫ 응결시간이 느린 시멘트를 사용할수록 측압이 크다.
⑬ 습도가 낮을수록 측압이 크다.

*실력이 되고! 합격이 되는!* **특급 암기법**

> 온도, 습도, 철골·철근량 응결시간 적을수록 측압이 크다. 나머지는 클수록 크다.

🔎 용어정의

* **콘크리트 측압**
  굳지 않은 콘크리트(생콘크리트)에서 벽, 보 기둥 옆의 거푸집은 콘크리트를 타설함에 따라 거푸집을 미는 압력이 생기는데 이를 측압이라 한다.

* **콘크리트 헤드**
  측압이 가장 높을 때의 콘크리트의 높이

* **옹벽**(revetment, breast wall)
  제방의 한쪽 면의 하중을 지지하거나 제방의 붕괴를 방지하기 위해 지주 없이 세워진 벽으로 벽에 작용하는 측압(側壓)에 견디게 하기 위해 사용된다.

## (4) 안정성 검토

### 콘크리트 옹벽(흙막이 지보공)의 안정성 검토사항 ✈✈

① 전도에 대한 안정
② 활동에 대한 안정
③ 침하에 대한 안정(지반 지지력에 대한 안정)

## 2 철골공사 작업의 안전

### (1) 철골작업을 중지해야 하는 조건 ✗✗

① 풍속이 초당 10미터 이상인 경우
② 강우량이 시간당 1밀리미터 이상인 경우
③ 강설량이 시간당 1센티미터 이상인 경우

### (2) 건립 중 강풍에 의한 풍압 등 외압에 대한 내력이 설계에 고려되었는지 확인하여야 할 대상(자립도 검토대상) ✗

① 높이 20미터 이상의 구조물
② 구조물의 폭과 높이의 비가 1 : 4 이상인 구조물
③ 단면구조에 현저한 차이가 있는 구조물
④ 연면적당 철골량이 50킬로그램/평방미터 이하인 구조물
⑤ 기둥이 타이플레이트(tie plate)형인 구조물
⑥ 이음부가 현장용접인 구조물

📖참고

＊ 철골용접부의 내부결함 검사 방법
• 와류 탐상검사
• 방사선 투과시험
• 자기분말 탐상시험
• 침투 탐상시험
• 초음파 탐상검사
• 육안검사

PART
06

## 03  운반 및 하역작업

📖 주/요/내/용 알/고/가/기 ▶

1. 걸이 작업 시 준수사항
2. 철근의 인력 및 기계 운반 시의 준수사항
3. 취급운반의 원칙
4. 요통예방을 위한 안전작업수칙
5. 항만하역작업의 안전수칙
6. 화물 적재 시 준수사항

## 1  운반작업의 안전수칙

### (1) 걸이작업 시 준수사항

① 와이어로프 등은 크레인의 후크중심에 걸어야 한다.
② 인양 물체의 안정을 위하여 2줄 걸이 이상을 사용하여야 한다.
③ 밑에 있는 물체를 걸고자 할 때에는 위의 물체를 제거한 후에 행하여야 한다.
④ 매다는 각도는 60°이내로 하여야 한다.
⑤ 근로자를 매달린 물체 위에 탑승시키지 않아야 한다.

### (2) 지게차의 적재하물이 크고 현저하게 시계를 방해할 때의 운행방법

① 유도자를 붙여 차를 유도시킬 것
② 후진으로 진행할 것
③ 경적을 울리면서 서행할 것

### (3) 철근의 인력 및 기계운반 시의 준수사항

| | |
|---|---|
| 인력<br>운반 시<br>준수사항<br>✿ | ① 1인당 무게는 25킬로그램 정도가 적절하며, 무리한 운반을 삼가하여야 한다.<br>② 2인 이상이 1조가 되어 어깨메기로 하여 운반하는 등 안전을 도모하여야 한다.<br>③ 긴 철근을 부득이 한 사람이 운반할 때에는 한쪽을 어깨에 메고 한쪽 끝을 끌면서 운반하여야 한다.<br>④ 운반할 때에는 양끝을 묶어 운반하여야 한다.<br>⑤ 내려놓을 때는 천천히 내려놓고 던지지 않아야 한다.<br>⑥ 공동작업을 할 때에는 신호에 따라 작업을 하여야 한다. |

## ② 취급운반의 원칙

### (1) 취급·운반의 3조건

① 운반거리를 단축시킬 것
② 운반작업을 기계화할 것
③ 손이 닿지 않는 운반 방식으로 할 것

### (2) 취급·운반의 5원칙

① 직선 운반을 할 것
② 연속 운반을 할 것
③ 운반 작업을 집중화시킬 것
④ 생산을 최고로 하는 운반을 생각할 것
⑤ 최대한 시간과 경비를 절약할 수 있는 운반 방법을 고려할 것

## ③ 중량물 취급 운반

### (1) 중량물 취급 작업의 작업계획의 작성

| 작업명 | 작업계획서 내용 |
|---|---|
| 중량물의<br>취급 작업 | 가. 추락위험을 예방할 수 있는 안전대책<br>나. 낙하위험을 예방할 수 있는 안전대책<br>다. 전도위험을 예방할 수 있는 안전대책<br>라. 협착위험을 예방할 수 있는 안전대책<br>마. 붕괴위험을 예방할 수 있는 안전대책 |

## ④ 하역작업의 안전수칙

### (1) 하역작업장의 조치기준

부두·안벽 등 하역작업을 하는 장소에 다음 각 호의 조치를 하여야 한다.

① 작업장 및 통로의 위험한 부분에는 안전하게 작업할 수 있는 조명을 유지할 것
② 부두 또는 안벽의 선을 따라 통로를 설치하는 경우에는 폭을 90센티미터 이상으로 할 것 ✿

참고

✽ 경사면에서 중량물 취급 시 준수사항

① 구름멈춤대·쐐기 등을 이용하여 중량물의 동요나 이동을 조절할 것
② 중량물이 구를 위험이 있는 방향 앞의 일정 거리 이내로는 근로자의 출입을 제한할 것. 다만, 중량물을 보관하거나 작업 중인 장소가 경사면인 경우에는 경사면 아래로는 근로자의 출입을 제한해야 한다.

PART 06

③ 육상에서의 **통로 및 작업장소로서** 다리 또는 선거(船渠) 갑문(閘門)을 넘는 보도(步道) 등의 **위험한 부분에는 안전난간 또는 울타리 등을 설치할 것**

## (2) 화물의 적재 시의 준수사항 ✈

① **침하 우려가 없는 튼튼한 기반 위에 적재할 것**
② 건물의 칸막이나 벽 등이 화물의 압력에 견딜 만큼의 강도를 지니지 아니한 경우에는 **칸막이나 벽에 기대어 적재하지 않도록 할 것**
③ **불안정할 정도로 높이 쌓아 올리지 말 것**
④ **하중이 한쪽으로 치우치지 않도록 쌓을 것**

## (3) 항만하역작업의 안전수칙 ✈

① **갑판의 윗면에서 선창 밑바닥까지의 깊이가 1.5미터를 초과하는 선창의 내부에서 화물취급작업을 하는 때에는 그 작업에 종사하는 근로자가 안전하게 통행할 수 있는 설비를 설치하여야 한다.** 다만, 안전하게 통행할 수 있는 설비가 선박에 설치되어 있는 때에는 그러하지 아니한다. ✈
② **300톤급 이상의 선박에서 하역작업을 하는 경우에 근로자들이 안전하게 오르내릴 수 있는 현문(舷門) 사다리를 설치**하여야 하며, 이 사다리 밑에 안전망을 설치하여야 한다. 현문 사다리는 견고한 재료로 제작된 것으로 너비는 55센티미터 이상이어야 하고, 양측에 82센티미터 이상의 높이로 울타리를 설치하여야 하며, 바닥은 미끄러지지 않도록 적합한 재질로 처리되어야 한다. ✈
현문 사다리는 근로자의 통행에만 사용하여야 하며, 화물용 발판 또는 화물용 보판으로 사용하도록 해서는 아니 된다.

# PART 과년도

Engineer Industrial Safety

[ 최근 기출문제 ]

노력하는 당신은 언제나 아름답습니다.
**구민사가 당신의 합격을** 기원합니다.

# 01회    2013년 산업안전기사 최근 기출문제

---

## 제1과목 › 산업재해 예방 및 안전보건교육

**01** 매슬로의 욕구단계 이론에서 편견 없이 받아들이는 성향, 타인과의 거리를 유지하며 사생활을 즐기거나 창의적 성격으로 봉사, 특별히 좋아하는 사람과 긴밀한 관계를 유지하려는 인간의 욕구에 해당하는 것은?

㉮ 생리적 욕구

㉯ 사회적 욕구

㉰ 자아실현의 욕구

㉱ 안전에 대한 욕구

**해설** 편견 없이 받아들이는 성향, 사생활을 즐기거나 창의적 성격으로 봉사, 특별히 좋아하는 사람과 긴밀한 관계를 유지하려는 인간의 욕구
→ 자아실현의 욕구

**참고** 매슬로(Maslow A. H.)의 욕구단계 이론
(인간의 욕구 5단계)

① 제1단계(생리적 욕구) : 기아, 갈증, 호흡, 배설, 성욕 등 인간의 가장 기본적인 욕구
② 제2단계(안전 욕구) : 자기 보존 욕구
③ 세3단계(사회적 욕구) : 소속감과 애정 욕구
④ 제4단계(존경 욕구) : 인정받으려는 욕구
⑤ 제5단계(자아실현의 욕구) : 잠재적인 능력을 실현하고자 하는 욕구(성취 욕구)

**{분석}**
실기까지 중요한 내용입니다. "참고"를 다시 확인하세요.

**02** 다음 중 산업안전보건법상 안전보건 · 교육에 있어 관리감독자의 정기 안전보건 · 교육내용에 해당하지 않는 것은? (단, 산업안전보건법령 및 산업재해보상보험제도에 관한 사항은 제외한다)

㉮ 정리정돈 및 청소에 관한 사항

㉯ 산업보건 및 건강장해 예방에 관한 사항

㉰ 유해 · 위험 작업환경 관리에 관한 사항

㉱ 표준 안전작업방법 및 지도 요령에 관한 사항

**해설** **관리감독자의 정기안전 · 보건교육**

① 산업안전 및 산업재해 예방에 관한 사항(화재 · 폭발 사고 발생 시 대피에 관한 사항을 포함한다)
② 산업보건 및 건강장해 예방에 관한 사항(폭염 · 한파작업으로 인한 건강장해 발생 시 응급조치에 관한 사항을 포함한다)
③ 유해 · 위험 작업환경 관리에 관한 사항
④ 산업안전보건법령 및 산업재해보상보험 제도에 관한 사항
⑤ 직무스트레스 예방 및 관리에 관한 사항
⑥ 직장 내 괴롭힘, 고객의 폭언 등으로 인한 건강장해 예방 및 관리에 관한 사항
⑦ 위험성평가에 관한 사항
⑧ 작업공정의 유해 · 위험과 재해 예방대책에 관한 사항
⑨ 표준안전 작업방법 결정 및 지도 · 감독 요령에 관한 사항
⑩ 비상 시 또는 재해 발생 시 긴급조치에 관한 사항
⑪ 사업장 내 안전보건관리체제 및 안전 · 보건조치 현황에 관한 사항
⑫ 현장근로자와의 의사소통능력 및 강의능력 등 안전보건교육 능력 배양에 관한 사항
⑬ 그 밖의 관리감독자의 직무에 관한 사항

**정답  01 ㉰  02 ㉮**

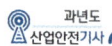

실력이 되고! 합격이 되는! 특급 암기법

공통 항목(관리감독자, 근로자)
1. 관리자는 법, 산재보상제도를 알자.
2. 관리자는 건강을 보존(산업보건)하고 건강장해, 스트레스, 괴롭힘, 폭언 예방하자!
3. 관리자는 유해위험 환경을 관리해서 안전하고 산업재해 예방하자!
4. 관리자는 위험성을 평가하자!

관리감독자 정기교육의 특징
1. 관리자는 유해위험의 재해예방대책 세우자!
2. 관리자는 안전 작업방법 결정해서 감독하자!
3. 관리자는 재해발생 시 긴급조치하자!
4. 관리자는 안전보건 조치하자!
5. 관리자는 안전보건교육 능력 배양하자!

{분석}
실기에도 자주 출제되는 중요한 내용입니다.
반드시 암기하세요.

**03** 다음 중 준비, 교시, 연합, 총괄, 응용시키는 사고 과정의 기술교육 진행방법에 해당하는 것은?

㉮ 듀이의 사고 과정
㉯ 태도 교육 단계 이론
㉰ 하버드 학파의 교수법
㉱ MTP(Management Training Program)

해설 하버드 학파의 교수법

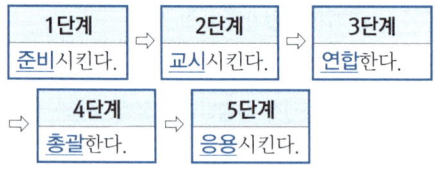

| 1단계 | 2단계 | 3단계 |
|---|---|---|
| 준비시킨다. | 교시시킨다. | 연합한다. |

| 4단계 | 5단계 |
|---|---|
| 총괄한다. | 응용시킨다. |

{분석}
자주 출제되는 내용입니다. 암기하세요.

**04** 다음 중 관리감독자를 대상으로 교육하는 TWI의 교육내용이 아닌 것은?

㉮ 문제 해결 훈련    ㉯ 작업지도 훈련
㉰ 인간관계 훈련    ㉱ 작업방법 훈련

해설 TWI 교육과정
① 작업 방법 기법(Job Method Training : JMT)
② 작업 지도 기법(Job Instruction Training : JIT)
③ 인간 관계관리 기법 or 부하통솔법
   (Job Relations Training : JRT)
④ 작업 안전 기법 (Job Safety Training : JST)

{분석}
실기까지 중요한 내용입니다. 암기하세요.

**05** 다음 중 일반적으로 피로의 회복 대책에 가장 효과적인 방법은?

㉮ 휴식과 수면을 취한다.
㉯ 충분한 영양(음식)을 섭취한다.
㉰ 땀을 낼 수 있는 근력운동을 한다.
㉱ 모임 참여, 동료와의 대화 등을 통하여 기분을 전환한다.

해설 피로의 대책 중 가장 효과적인 것은 휴식과 수면을 취하는 것이다.

**06** 다음 중 버즈(Bird)의 사고 발생 도미노 이론에서 직접 원인은 무엇이라고 하는가?

㉮ 통제    ㉯ 징후
㉰ 손실    ㉱ 위험

해설 버드(Frank. E. Bird)의 연쇄성 이론 5단계

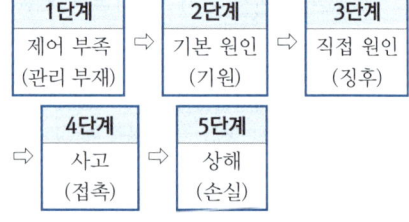

| 1단계 | 2단계 | 3단계 |
|---|---|---|
| 제어 부족 (관리 부재) | 기본 원인 (기원) | 직접 원인 (징후) |

| 4단계 | 5단계 |
|---|---|
| 사고 (접촉) | 상해 (손실) |

{분석}
실기에도 자주 출제되는 중요한 내용입니다. 암기하세요.

정답  03 ㉰  04 ㉮  05 ㉮  06 ㉯

**07** 다음 중 하인리히의 재해 손실비용 산정에 있어서 1 : 4의 비율은 각각 무엇을 의미하는가?

㉮ 치료비와 보상비의 비율
㉯ 급료와 손해보상의 비율
㉰ 직접손실비와 간접손실비의 비율
㉱ 보험지급비와 비보험손실비의 비용

**해설** 하인리히의 총 재해비용 = 직접비 + 간접비
　　　　　　　　　　　　　( 1 : 4 )

**참고** 시몬즈의 총 재해비용 = 보험코스트 + 비보험코스트
① 보험코스트 = 산재보험료
② 비보험코스트
　• 휴업상해, 통원상해, 구급조치상해, 무상해 사고

{분석}
실기까지 중요한 내용입니다.
"참고"와 비교하여 암기하세요.

**08** 상시근로자수가 100명인 사업장에서 1일 8시간씩 연간 280일 근무하였을 때, 1명의 사망사고와 4건의 재해로 인하여 180일을 휴업 일수가 발생하였다. 이 사업장의 종합재해지수는 약 얼마인가?

㉮ 22.32
㉯ 27.59
㉰ 34.14
㉱ 56.42

**해설**

종합재해지수(FSI)
$$= \sqrt{FR \times SR} = \sqrt{도수율 \times 강도율}$$

1. 도수율(빈도율) $= \dfrac{재해 건수}{연근로시간수} \times 1,000,000$

$= \dfrac{5}{100 \times 8 \times 280} \times 1,000,000$

$= 22.32$

2. 강도율 $= \dfrac{총요양근로손실일수}{연근로시간수} \times 1,000$

$= \dfrac{7,500 + (180 \times \frac{280}{365})}{100 \times 8 \times 280} \times 1,000$

$= 34.10$

3. 종합재해지수(FSI)
$$= \sqrt{22.32 \times 34.10} = 27.59$$

{분석}
반드시 풀이할 수 있어야 합니다.

**09** 다음 중 학생이 자기 학습속도에 따른 학습이 허용되어 있는 상태에서 학습자가 프로그램 자료를 가지고 단독으로 학습하도록 하는 교육방법은?

㉮ 토의법
㉯ 모의법
㉰ 실연법
㉱ 프로그램 학습법

**해설** 프로그램 학습법

학생이 혼자서 자기 능력과 시간, 학습 속도에 맞추어 학습할 수 있도록 프로그램 학습자료를 이용하여 학습하는 형태이다.

**참고** 프로그램 학습법의 장·단점

| | |
|---|---|
| 장점 | • 기본개념학습이나 논리적인 학습에 유리하다.<br>• 지능, 학습속도 등 개인차를 고려할 수 있다.<br>• 수업의 모든 단계에 적용이 가능하다.<br>• 수강자들이 학습이 가능한 시간대의 폭이 넓다.<br>• 매 학습마다 피드백을 할 수 있다.<br>• 학습자의 학습과정을 쉽게 알 수 있다. |
| 단점 | • 한 번 개발된 프로그램 자료는 변경이 어렵다.<br>• 개발비가 많이 들고 제작 과정이 어렵다.<br>• 교육 내용이 고정되어 있다.<br>• 학습에 많은 시간이 걸린다.<br>• 집단 사고의 기회가 없다. |

**정답** 07 ㉰　08 ㉯　09 ㉱

**10** 다음 중 산업안전보건법령상 안전보건·표지의 종류에 있어 금지표지에 해당하지 않는 것은?

㉮ 금연
㉯ 사용 금지
㉰ 물체 이동금지
㉱ 유해 물질 접촉 금지

**[해설] 금지표지의 종류**

① 출입 금지    ② 보행 금지
③ 차량 통행금지    ④ 사용 금지
⑤ 탑승 금지    ⑥ 금연
⑦ 화기 금지    ⑧ 물체 이동금지

**{분석}**
반드시 암기하세요.

**11** 다음 중 안전 관리조직의 목적과 가장 거리가 먼 것은?

㉮ 조직적인 사고예방활동
㉯ 위험 제거 기술의 수준 향상
㉰ 재해손실의 산정 및 작업 통제
㉱ 조직 간 종적·횡적 신속한 정보처리와 유대강화

**[해설] 안전 관리조직의 목적**

① 조직적인 사고예방활동
② 위험 제거 기술의 수준 향상
③ 조직 간 종적·횡적 신속한 정보처리와 유대강화

**12** 다음 중 안전교육의 원칙과 가장 거리가 먼 것은?

㉮ 피교육자 입장에서 교육한다.
㉯ 동기부여를 위주로 한 교육을 실시한다.
㉰ 오감을 통한 기능적인 이해를 돕도록 한다.
㉱ 어려운 것부터 쉬운 것을 중심으로 실시하여 이해를 돕는다.

**[해설] 교육 지도의 원칙**

① 상대방(피교육자) 입장에서 교육
② 동기부여
③ 반복교육
④ 쉬운 것에서부터 어려운 것으로 진행
⑤ 한 번에 한 가지씩 교육
⑥ 인상의 강화
⑦ 5감의 활용
⑧ 기능적인 이해

**13** 다음 중 인사관리의 목적을 가장 올바르게 나타낸 것은?

㉮ 사람과 일과의 관계
㉯ 사람과 기계와의 관계
㉰ 기계와 적성과의 관계
㉱ 사람과 시간과의 관계

**[해설] 인사관리의 목적** : 사람과 일과의 관계

**14** 다음 중 안전점검을 실시할 때 유의 사항으로 옳지 않은 것은?

㉮ 안전점검은 안전수준의 향상을 위한 본래의 취지에 어긋나지 않아야 한다.
㉯ 점검자의 능력을 판단하고 그 능력에 상응하는 내용의 점검을 시키도록 한다.
㉰ 안전점검이 끝나고 강평을 할 때는 결함만을 지적하여 시정 조치토록 한다.
㉱ 과거에 재해가 발생한 곳은 그 요인이 없어졌는가를 확인한다.

**[해설] 안전점검을 실시할 때의 유의 사항**

① 안전점검은 안전수준의 향상을 위한 본래의 취지에 어긋나지 않아야 한다.
② 점검자의 능력을 감안하고 그 능력에 따른 점검을 실시한다.
③ 과거의 재해 발생개소는 그 원인이 완전히 제거되어 있나 확인한다.
④ 불량개소가 발견되었을 경우에는 다른 동종설비에 대해서도 점검한다.
⑤ 안전점검을 형식, 내용에 변화를 부여하여 몇 가지 점검방법을 병용해야 한다.

**•)) 정답** 10 ㉱ 11 ㉰ 12 ㉱ 13 ㉮ 14 ㉰

**15** 다음 중 무재해운동에 관한 설명으로 틀린 것은?

㉮ 제3자의 행위에 의한 업무상 재해는 무재해로 본다.

㉯ "요양"이란 부상 등의 치료를 말하며 입원은 포함되나 재가, 통원은 제외한다.

㉰ "무재해"란 무재해운동 시행사업장에서 근로자가 업무에 기인하여 사망 또는 4일 이상의 요양을 요하는 부상 또는 질병에 이환되지 않는 것을 말한다.

㉱ 업무수행 중의 사고 중 천재지변 또는 돌발적인 사고로 인한 구조행위 또는 긴급피난 중 발생한 사고는 무재해로 본다.

**해설** ㉯ 「요양」이란 부상 등의 치료를 말하며 재가, 통원 및 입원의 경우를 모두 포함한다.

**참고 무재해**

① 업무수행 중의 사고 중 천재지변 또는 돌발적인 사고로 인한 구조행위 또는 긴급피난 중 발생한 사고

② 출·퇴근 도중에 발생한 재해

③ 운동경기 등 각종 행사 중 발생한 재해

④ 천재지변 또는 돌발적인 사고 우려가 많은 장소에서 사회통념상 인정되는 업무 수행 중 발생한 사고

⑤ 제3자의 행위에 의한 업무상 재해

⑥ 뇌혈관질병 또는 심장질병에 의한 재해

⑦ 업무시간 외에 발생한 재해. 다만, 사업주가 제공한 사업장 내의 시설물에서 발생한 재해 또는 작업 개시 전의 작업 준비 및 작업 종료 후의 정리 정돈 과정에서 발생한 재해는 제외한다.

⑧ 도로에서 발생한 사업장 밖의 교통사고, 소속 사업장을 벗어난 출장 및 외부기관으로 위탁교육 중 발생한 사고, 회식 중의 사고, 전염병 등 사업주의 법 위반으로 인한 것이 아니라고 인정되는 재해

**16** 다음 중 구체적인 동기유발 요인에 속하지 않는 것은?

㉮ 기회  ㉯ 자세

㉰ 인정  ㉱ 참여

**해설** 동기유발 요인 : 기회, 인정, 참여

**17** 다음 중 보호구에 관한 설명으로 옳은 것은?

㉮ 차광용보안경의 사용 구분에 따른 종류에는 자외선용, 적외선용, 복합용, 용접용이 있다.

㉯ 귀마개는 처음에는 저음만을 차단하는 제품부터 사용하며, 일정 기간이 지난 후 고음까지를 모두 차단할 수 있는 제품을 사용한다.

㉰ 유해 물질이 발생하는 산소결핍 지역에서는 필히 방독마스크를 착용하여야 한다.

㉱ 선반 작업과 같이 손에 재해가 많이 발생하는 작업장에서는 장갑 착용을 의무화한다.

**해설** ㉯ 귀마개는 대화 영역인 저음보다는 고음의 차단이 주목적이다.

㉰ 유해 물질이 발생하는 산소결핍 지역에서는 필히 송기 마스크를 착용하여야 한다.

㉱ 선반 작업과 같이 손에 재해가 많이 발생하는 작업장에서는 장갑 착용을 금지한다.

**참고 1. 사용 구분에 따른 차광보안경의 종류**

| 종류 | 사용 구분 |
|---|---|
| 자외선용 | 자외선이 발생하는 장소 |
| 적외선용 | 적외선이 발생하는 장소 |
| 복합용 | 자외선 및 적외선이 발생하는 장소 |
| 용접용 | 산소용접 작업 등과 같이 자외선, 적외선 및 강렬한 가시광선이 발생하는 장소 |

**정답** 15 ㉯ 16 ㉯ 17 ㉮

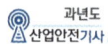
## 2. 방음용 귀마개 또는 귀덮개의 종류·등급

| 종류 | 귀마개 | | 귀덮개 |
|---|---|---|---|
| 등급 | 1종 | 2종 | – |
| 기호 | EP-1 | EP-2 | EM |
| 성능 | 저음부터 고음까지 차음하는 것 | 주로 고음을 차음하고 저음(회화음영역)은 차음하지 않는 것 | |
| 비고 | 귀마개의 경우 재사용 여부를 제조특성으로 표기 | | |

**18** 산업재해의 발생 형태 중 사람이 평면상으로 넘어졌을 때의 사고 유형은 무엇이라 하는가?

㉮ 비래
㉯ 넘어짐
㉰ 무너짐
㉱ 떨어짐

**[해설]** 재해 발생형태

| 분류 항목 | 세부 항목 |
|---|---|
| 떨어짐 | • 높이가 있는 곳에서 사람이 떨어짐<br>• 사람이 인력(중력)에 의하여 건축물, 구조물, 가설물, 수목, 사다리 등의 높은 장소에서 떨어지는 것 |
| 넘어짐 | • 사람이 미끄러지거나 넘어짐<br>• 사람이 거의 평면 또는 경사면, 층계 등에서 구르거나 넘어지는 경우 |
| 깔림·뒤집힘 | • 물체의 쓰러짐이나 뒤집힘<br>• 기대어져 있거나 세워져 있는 물체 등이 쓰러져 깔린 경우 및 지게차 등의 건설기계 등이 운행 또는 작업 중 뒤집어진 경우 |

| 분류 항목 | 세부 항목 |
|---|---|
| 부딪힘·접촉 | • 물체에 부딪힘, 접촉<br>• 재해자 자신의 움직임·동작으로 인하여 기인물에 접촉 또는 부딪히거나, 물체가 고정부에서 이탈하지 않은 상태로 움직임(규칙, 불규칙) 등에 의하여 접촉한 경우 |
| 맞음 | • 날아오거나 떨어진 물체에 맞음<br>• 구조물, 기계 등에 고정되어 있던 물체가 중력, 원심력, 관성력 등에 의하여 고정부에서 이탈하거나 또는 설비 등으로부터 물질이 분출되어 사람을 가해하는 경우 |
| 끼임 | • 기계설비에 끼이거나 감김<br>• 두 물체 사이의 움직임에 의하여 일어난 것으로 직선 운동하는 물체 사이의 끼임, 회전부와 고정체 사이의 끼임, 롤러 등 회전체 사이에 물리거나 또는 회전체·돌기부 등에 감긴 경우 |
| 무너짐 | • 건축물이나 쌓여진 물체가 무너짐<br>• 토사, 적재물, 구조물, 건축물, 가설물 등이 전체적으로 허물어져 내리거나 또는 주요 부분이 꺾어져 무너지는 경우 |
| 감전 | • 전기설비의 충전부 등에 신체의 일부가 직접 접촉하거나 유도전류의 통전으로 근육의 수축, 호흡곤란, 심실세동 등이 발생한 경우 또는 특별고압 등에 접근함에 따라 발생한 섬락 접촉, 합선·혼촉 등으로 인하여 발생한 아크에 접촉된 경우 |
| 이상온도 접촉 | • 고·저온 환경 또는 물체에 노출·접촉된 경우 |
| 화학물질 누출·접촉 | • 유해·위험물질에 노출·접촉 또는 흡입한 경우를 말한다. |
| 산소결핍 | • 유해물질과 관련 없이 산소가 부족한 상태·환경에 노출되었거나 이물질 등에 의하여 기도가 막혀 호흡기능이 불충분한 경우 |

**∙)) 정답 18 ㉯**

| 분류 항목 | 세부 항목 |
|---|---|
| 폭발 · 파열 | • 건축물, 용기 내 또는 대기 중에서 물질의 화학적, 물리적 변화가 급격히 진행되어 열, 폭음, 폭발압이 동반하여 발생하는 경우를 말하며, 파열은 배관, 용기 등이 물리적인 압력에 의하여 찢어지거나 터진 경우로서 폭풍압이 동반되지 않은 경우를 말한다. |
| 화재 | • 가연물에 점화원이 가해져 비의도적으로 불이 일어난 경우를 말한다. |
| 불균형 및 무리한 동작 | • 물체의 취급 없이 일시적이고 급격한 행위·동작 등 신체동작(반응)에 의한 경우나, 물체의 취급과 관련하여 근육의 힘을 많이 사용하는 경우로서 밀기, 당기기, 지탱하기, 들어올리기, 돌리기, 잡기, 운반하기 등과 같은 행위·동작 |
| 폭력행위 | • 의도적인 또는 의도가 불분명한 위험행위(마약, 정신질환 등)로 자신 또는 타인에게 상해를 입힌 폭력·폭행을 말하며, 협박·언어·성폭력 등을 포함한다. |
| 절단 · 베임 · 찔림 | • 사람과 물체 간의 직접적인 접촉에 의한 것으로서 칼 등 날카로운 물체의 취급 또는 톱·절단기 등의 회선 닐 부위에 접촉되어 신체가 절단되거나 베어진 경우 |
| 빠짐 · 익사 | • 수중에 빠지거나 익사한 경우 |
| 사업장 내 교통사고 | • 사업장 내의 도로에서 발생된 교통사고 |
| 사업장 외 교통사고 | • 사업장 외의 도로에서 발생된 교통사고와 해상·항공과 관련하여 발생된 교통사고 |
| 체육행사 등의 사고 | • 업무와 관련한 체육행사·워크숍, 회식 등에서 재해를 입은 경우 |
| 동물상해 | • 동물에 의해 근로자가 상해를 입은 경우로 동물(개·소·말 등)에 물리거나 차이는 등에 의해 상해를 입은 경우 |

{분석}
실기까지 중요한 내용입니다. "해설"을 다시 확인하세요.

**19** 다음 중 위험예지훈련을 실시할 때 현상 파악이나 대책수립 단계에서 시행하는 BS (Brainstorming)원칙에 어긋나는 것은?

㉮ 자유롭게 본인의 아이디어를 제시한다.
㉯ 타인의 아이디어에 대하여 평가하지 않는다.
㉰ 사소한 아이디어라도 가능한 한 많이 제시하도록 한다.
㉱ 타인의 아이디어를 활용하여 변형한 의견은 제시하지 않도록 한다.

**해설** ㉮ 자유분방
㉯ 비판금지
㉰ 대량발언
㉱ 수정발언 : 타인의 아이디어를 활용하여 변형한 의견을 제시한다.

**참고** 브레인스토밍의 4원칙
• 비판금지 : 좋다, 나쁘다 비판은 하지 않는다.
• 자유분방 : 마음대로 자유로이 발언한다.
• 대량발언 : 무엇이든 좋으니 많이 발언한다.
• 수정발언 : 타인의 생각에 동참하거나 보충 발언해도 좋다.

**20** 다음 중 산업안전보건법령상 안전보건관리 책임자 등의 안전보건 교육시간 기준으로 틀린 것은?

㉮ 보건관리자의 보수교육 : 24시간 이상
㉯ 안전관리자의 신규교육 : 34시간 이상
㉰ 안전보건관리책임자의 보수교육 : 6시간 이상
㉱ 재해예방전문지도기관 종사자의 신규교육 : 24시간 이상

📶 정답 19 ㉱ 20 ㉱

**[해설]** 안전보건관리책임자 등에 대한 교육

| 교육 대상 | 교육 시간 | |
|---|---|---|
| | 신규 교육 | 보수 교육 |
| 가. 안전보건<br>관리책임자 | 6시간 이상 | 6시간 이상 |
| 나. 안전관리자,<br>안전관리전문<br>기관의 종사자 | 34시간 이상 | 24시간 이상 |
| 다. 보건관리자,<br>보건관리전문<br>기관의 종사자 | 34시간 이상 | 24시간 이상 |
| 라. 건설재해예방<br>전문지도<br>기관 종사자 | 34시간 이상 | 24시간 이상 |
| 마. 석면조사기관<br>의 종사자 | 34시간 이상 | 24시간 이상 |
| 바. 안전보건관리<br>담당자 | – | 8시간 이상 |
| 사. 안전검사기관,<br>자율안전<br>검사기관의<br>종사자 | 34시간 이상 | 24시간 이상 |

{분석}
반드시 암기하세요.

---

## 제2과목 · 인간공학 및 위험성 평가 · 관리

**21** 다음 중 흐름공정도(Flow Process Chart)에서 기호와 의미가 잘못 연결된 것은?

㉮ ◇ : 검사　　　㉯ ▽ : 저장
㉰ ⇨ : 운반　　　㉱ ○ : 가공

**[해설]** 흐름공정도(Flow Process Chart)의 기호

| 가공 | 운반 | 정체 | 저장 | 검사 |
|---|---|---|---|---|
| ○ | → | D | ▽ | □ |

{분석}
필기에 자주 출제되는 내용입니다.

---

**22** 다음 중 강한 음영 때문에 근로자의 눈 피로도가 큰 조명방법은?

㉮ 간접조명　　　㉯ 반간접조명
㉰ 직접조명　　　㉱ 전반조명

**[해설]** 직접조명 : 등기구에서 발산되는 광속의 90% 이상을 직접 작업면에 투사하는 조명방식으로 눈이 부시고 눈의 피로도가 크다.

**[참고]** 직접조명의 장·단점

| | |
|---|---|
| 장점 | • 조명률이 크므로 소비전력은 간접조명의 1/2~1/3이다.<br>• 설비비가 저렴하며 설계가 단순하다.<br>• 효율이 좋다.<br>• 조명기구의 점검, 보수가 용이하다. |
| 단점 | • 눈이 부시다.<br>• 빛이 반사되어 물체를 식별하기가 어렵다.<br>• 균일한 조도를 얻기 어렵다. |

{분석}
필기에 자주 출제되는 내용입니다.

---

**23** 다음 중 인간의 눈이 일반적으로 완전 암조응에 걸리는데 소요되는 시간은?

㉮ 5~10분　　　㉯ 10~20분
㉰ 30~40분　　　㉱ 50~60분

**[해설]** 암조응
① 눈이 어두움에 적응하는 기간으로 밝은 곳에서 극장 안으로 들어갔을 때 앞이 잘 보이지 않는 현상이다.
② 완전 암조응 소요시간 : 약 30분 정도 소요

**[참고]** 명조응
① 눈이 빛에 적응하는 기간으로 극장 안에서 밖으로 나왔을 때 눈이 부신 현상이다.
② 명조응 소요시간 : 1~3분 소요

{분석}
필기에 자주 출제되는 내용입니다.

---

•)) 정답　21 ㉮　22 ㉰　23 ㉰

**24** 시스템 안전 프로그램에 있어 시스템의 수명 주기를 일반적으로 5단계로 구분할 수 있는데 다음 중 시스템 수명주기의 단계에 해당하지 않는 것은?

㉮ 구상단계  ㉯ 생산단계
㉰ 운전단계  ㉱ 분석단계

**[해설]** 시스템 안전 프로그램의 5단계

① 제 1단계 : 구상단계
② 제 2단계 : 사양결정단계(정의)
③ 제 3단계 : 설계단계
④ 제 4단계 : 제작(생산)단계
⑤ 제 5단계 : 조업(운전)단계

{분석}
필기에 자주 출제되는 내용입니다.

**25** 다음 중 청각적 표시장치보다 시각적 표시장치를 이용하는 경우가 더 유리한 경우는?

㉮ 메시지가 간단한 경우
㉯ 메시지가 추후에 재참조되는 경우
㉰ 직무상 수신자가 자주 움직이는 경우
㉱ 메시시가 즉각적인 행동을 요구하지 않는 경우

**[해설]** 청각장치와 시각장치의 비교

| | |
|---|---|
| 청각<br>장치 | ① 전언이 짧고, 간단할 때<br>② 재참조되지 않음.<br>③ 시간적인 사상을 다룬다.<br>④ 즉각적인 행동 요구할 때<br>⑤ 시각계통 과부하일 때<br>⑥ 주위가 너무 밝거나 암조응일 때<br>⑦ 자주 움직이는 경우 |
| 시각<br>장치 | ① 전언이 길고, 복잡할 때<br>② 재참조된다.<br>③ 공간적인 위치 다룬다.<br>④ 즉각적 행동 요구하지 않을 때<br>⑤ 청각계통 과부하일 때<br>⑥ 주위가 너무 시끄러울 때<br>⑦ 한곳에 머무르는 경우 |

{분석}
필기에 자주 출제되는 내용입니다.

**26** 다음 중 인체계측자료의 응용 원칙에 있어 조절 범위에서 수용하는 통상의 범위는 몇 %tile 정도인가?

㉮ 5~95%tile
㉯ 20~80%tile
㉰ 30~70%tile
㉱ 40~60%tile

**[해설]** 조절 범위에서 수용하는 통상의 범위

5 ~ 95%tile

**27** 설비관리 책임자 A는 동종 업종의 TPM 추진사례를 벤치마킹하여 설비관리 효율화를 꾀하고자 한다. 그 중 작업자 본인이 직접 운전하는 설비의 마모율 저하를 위하여 설비의 윤활관리를 일상에서 직접 행하는 활동과 가장 관계가 깊은 TPM 추진단계는?

㉮ 개별 개선활동단계
㉯ 자주 보전활동단계
㉰ 계획 보전활동단계
㉱ 개량 보전활동단계

**[해설]** 설비의 마모율 저하를 위하여 설비의 윤활관리를 일상에서 직접 행하는 활동 → 자주 보전활동단계

**28** 어떠한 신호가 전달하려는 내용과 연관성이 있어야 하는 것으로 정의되며, 예로써 위험신호는 빨간색, 주의신호는 노란색, 안전신호는 파란색으로 표시하는 것은 다음 중 어떠한 양립성(compatibility)에 해당하는가?

㉮ 공간 양립성  ㉯ 개념 양립성
㉰ 동작 양립성  ㉱ 형식 양립성

**[해설]** 위험신호는 빨간색, 주의신호는 노란색, 안전신호는 파란색으로 표시 → 개념 양립성

**정답** 24 ㉱ 25 ㉯, ㉱ 26 ㉮ 27 ㉯ 28 ㉯

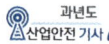

**참고** 양립성의 종류

| 개념적<br>양립성 | 외부자극에 대해 <u>인간의 개념적 현상의 양립성</u><br>**예** 빨간 버튼은 온수, 파란 버튼은 냉수 |
|---|---|
| 공간적<br>양립성 | 표시장치, 조종장치의 <u>형태 및 공간적 배치의 양립성</u><br>**예** 오른쪽 조리대는 오른쪽 조절장치로, 왼쪽 조리대는 왼쪽 조절장치로 조정한다. |
| 운동의<br>양립성 | <u>표시장치, 조종장치 등의 운동 방향의 양립성</u><br>**예** 조종장치를 오른쪽으로 돌리면 표시장치 지침이 오른쪽으로 이동한다. |
| 양식<br>양립성 | <u>직무에 알맞은 자극과 응답의 양식의 존재에 대한 양립성</u><br>**예** 음성과업에 대해서는 청각적 자극 제시와 이에 대한 음성 응답 과업에서 갖는 양립성이다. |

{분석}
필기에 자주 출제되는 내용입니다.

**29** 다음 [그림]과 같은 시스템의 신뢰도는 얼마인가? (단, 숫자는 해당 부품의 신뢰도이다)

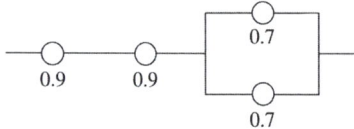

㉮ 0.5670 　　㉯ 0.6422
㉰ 0.7371 　　㉱ 0.8582

**해설** 신뢰도(R) $= 0.9 \times 0.9 \times \{1 - (1-0.7) \times (1-0.7)\}$
　　　 $= 0.7371$

{분석}
필기에 자주 출제되는 내용입니다.

**30** 다음 중 FTA에서 특정 조합의 기본 사상들이 동시에 결함을 발생하였을 때 정상 사상을 일으키는 기본 사상의 집합을 무엇이라 하는가?

㉮ cut set
㉯ error set
㉰ path set
㉱ success set

**해설** 기본 사상들이 동시에 결함을 발생하였을 때 정상 사상을 일으키는 기본 사상의 집합 → 컷셋

**참고** (1) 컷셋(Cut Set)
　• 정상 사상을 발생시키는 기본 사상의 집합
　• 모든 기본 사상이 일어났을 때 정상 사상을 일으키는 기본 사상들의 집합이다.
(2) 미니멀 컷(Minimal Cut Set)
　• 정상 사상을 일으키기 위한 기본 사상의 최소집합(최소한의 컷)
　• 시스템의 위험성을 나타낸다.
(3) 패스셋(Path Set)
　• 고장을 일으키지 않는 기본 사상들의 집합
　• 포함된 기본 사상이 일어나지 않을 때 처음으로 정상 사상이 일어나지 않는 기본 사상들의 집합이다.
(4) 미니멀 패스(Minimal Path Set)
　• 시스템의 기능을 살리는 최소한의 집합(최소한의 패스)
　• 시스템의 신뢰성 나타낸다.

{분석}
필기에 자주 출제되는 내용입니다.

**31** 다음 중 소음의 1일 노출시간과 소음강도의 기준이 잘못 연결된 것은?

㉮ 8hr − 90dB(A)

㉯ 2hr − 100dB(A)

㉰ 1/2hr − 110dB(A)

㉱ 1/4hr − 120dB(A)

**해설** 소음의 노출기준(충격소음 제외)

| 1일 노출 시간(hr) | 8 | 4 | 2 | 1 | $\frac{1}{2}$ | $\frac{1}{4}$ |
|---|---|---|---|---|---|---|
| 소음강도 dB(A) | 90 | 95 | 100 | 105 | 110 | 115 |

{분석}
필기에 자주 출제되는 내용입니다.

**32** FTA에서 사용하는 수정게이트의 종류에서 3개의 입력현상 중 2개가 발생할 경우 출력이 생기는 것은?

㉮ 우선적 AND 게이트

㉯ 조합 AND 게이트

㉰ 위험지속기호

㉱ 배타적 OR 게이트

**해설** 3개의 입력현상 중 2개가 발생할 경우 출력이 생기는 것 → 조합 AND 게이트

**참고**

| 기호 | 명명 | 기호 설명 |
|---|---|---|
| 또는 Ai, Aj, Ak 순으로 Ai Aj Ak | 우선적 AND 게이트 | 입력사상이 **특정 순서대로 발생**한 경우에만 **출력사상이 발생**하는 논리게이트 |
| 2개의 출력 Ai Aj Ak | 조합 AND 게이트 | **3개 이상의 입력 중 2개가 일어나면** 출력이 생긴다. |
| 또는 동시발생 | 배타적 OR게이트 | 입력사상 중 **오직 한 개의 발생**으로만 **출력사상이 생성**되는 논리게이트 |

{분석}
필기에 자주 출제되는 내용입니다.

**33** 다음 중량물 들기 작업을 수행하는데, 5분간의 산소 소비량을 측정한 결과, 90L의 배기량 중에 산소가 16%, 이산화탄소가 4%로 분석되었다. 해당 작업에 대한 분당 산소소비량은 얼마인가? (단, 공기 중 질소는 79vol%, 산소는 21vol%이다)

㉮ 0.948  ㉯ 1.948

㉰ 4.74  ㉱ 5.74

**해설** ① 분당 배기량 $=\dfrac{90}{5}=18(\ell/분)$

② 분당 흡기량
$$=\frac{100-O_2-CO_2}{N_2}\times 분당 배기량$$
$$=\frac{100-16-4}{79}\times 18 = 18.227$$
$$=18.23(\ell/분)$$

[흡기와 배기 중 질소량은 변동이 없으므로(질소 흡기량 = 질소 배기량) 분당 흡기량은 분당 질소 배기량으로 계산한다.]

③ 분당 산소 소비량
= 분당 산소 흡기량 − 분당 산소 배기량
= (분당흡기량×21%) − (분당배기량×16%)
= (18.23×0.21) − (18×0.16) = 0.948(ℓ/분)

{분석}
출제비중이 낮은 문제입니다.

**34** 다음 중 근골격계 부담 작업에 속하지 않는 것은?

㉮ 하루에 10회 이상 25kg 이상의 물체를 드는 작업

㉯ 하루에 총 2시간 이상 목, 어깨, 팔꿈치, 손목 또는 손을 사용하여 같은 동작을 반복하는 작업

㉰ 하루에 총 2시간 이상 쪼그리고 앉거나 무릎을 굽힌 자세에서 이루어지는 작업

㉱ 하루에 총 2시간 이상 시간당 5회 이상 손 또는 무릎을 사용하여 반복적으로 충격을 가하는 작업

**정답** 31 ㉱ 32 ㉯ 33 ㉮ 34 ㉱

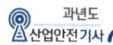
**해설** ㉣ 하루에 총 2시간 이상, 시간당 10회 이상 손 또는 무릎을 사용하여 반복적으로 충격을 가하는 작업

**참고** 근골격계 부담 작업의 범위

① 하루에 4시간 이상 집중적으로 자료입력 등을 위해 키보드 또는 마우스를 조작하는 작업
② 하루에 총 2시간 이상 목, 어깨, 팔꿈치, 손목 또는 손을 사용하여 같은 동작을 반복하는 작업
③ 하루에 총 2시간 이상 머리 위에 손이 있거나, 팔꿈치가 어깨 위에 있거나, 팔꿈치를 몸통으로부터 들거나, 팔꿈치를 몸통 뒤쪽에 위치하도록 하는 상태에서 이루어지는 작업
④ 지지되지 않은 상태이거나 임의로 자세를 바꿀 수 없는 조건에서 하루에 총 2시간 이상 목이나 허리를 구부리거나 트는 상태에서 이루어지는 작업
⑤ 하루에 총 2시간 이상 쪼그리고 앉거나 무릎을 굽힌 자세에서 이루어지는 작업
⑥ 하루에 총 2시간 이상 지지되지 않은 상태에서 1kg 이상의 물건을 한 손의 손가락으로 집어 옮기거나, 2kg 이상에 상응하는 힘을 가하여 한 손의 손가락으로 물건을 쥐는 작업
⑦ 하루에 총 2시간 이상 지지되지 않은 상태에서 4.5kg 이상의 물건을 한 손으로 들거나 동일한 힘으로 쥐는 작업
⑧ 하루에 10회 이상 25kg 이상의 물체를 드는 작업
⑨ 하루에 25회 이상 10kg 이상의 물체를 무릎 아래에서 들거나, 어깨 위에서 들거나, 팔을 뻗은 상태에서 드는 작업
⑩ 하루에 총 2시간 이상, 분당 2회 이상 4.5kg 이상의 물체를 드는 작업
⑪ 하루에 총 2시간 이상 시간당 10회 이상 손 또는 무릎을 사용하여 반복적으로 충격을 가하는 작업

{분석}
**필기에 자주 출제되는 내용입니다.**

**35** 다음 중 항공기나 우주선 비행 등에서 허위 감각으로부터 생긴 방향감각의 혼란과 착각 등의 오판을 해결하는 방법으로 가장 적절하지 않은 것은?

㉮ 주위의 다른 물체에 주의를 한다.
㉯ 정상비행 훈련을 반복하여 오판을 줄인다.
㉰ 여러 가지의 착각의 성질과 발생상황을 이해한다.
㉱ 정확한 방향 감각 암시신호를 의존하는 것을 익힌다.

**해설** 항공기나 우주선 비행 등에서의 방향감각의 혼란과 착각 등의 오판을 해결하는 방법

① 주위의 다른 물체에 주의를 한다.
② 여러 가지의 착각의 성질과 발생 상황을 이해한다.
③ 정확한 방향 감각 암시신호를 의존하는 것을 익힌다.

**36** 다음 중 컷셋과 패스셋에 관한 설명으로 옳은 것은?

㉮ 동일한 시스템에서 패스셋의 개수와 컷셋의 개수는 같다.
㉯ 패스셋은 동시에 발생했을 때 정상사상을 유발하는 사상들의 집합이다.
㉰ 일반적으로 시스템에서 최소 컷셋의 개수가 늘어나면 위험수준이 높아진다.
㉱ 일반적으로 시스템에서 최소 컷셋 내의 사상 개수가 적어지면 위험 수준이 낮아진다.

**해설** 최소 컷셋은 정상사상(고장)을 일으키는 기본사상들의 집합으로 최소 컷셋의 개수가 늘어나면 위험 수준이 높아진다.

{분석}
**필기에 자주 출제되는 내용입니다.**

**37** 다음 중 FMEA(Failure Mode and Effect Analysis)가 가장 유효한 경우는?

㉮ 일정 고장률을 달성하고자 하는 경우
㉯ 고장 발생을 최소로 하고자 하는 경우
㉰ 마멸 고장만 발생하도록 하고 싶은 경우
㉱ 시험 시간을 단축하고자 하는 경우

**해설** FMEA는 시스템에 영향을 미치는 모든 요소의 고장을 형태별로 분석하여 그 영향을 검토하는 성성적, 귀납적 분석법으로 고장 발생을 최소로 하고자 하는 경우 가장 유효하다.

{분석}
**필기에 자주 출제되는 내용입니다.**

•))**정답** 35 ㉯ 36 ㉰ 37 ㉯

**38** 다음 중 자동화시스템에서 인간의 기능으로 적절하지 않은 것은?

㉮ 설비 보전
㉯ 작업계획 수립
㉰ 조정 장치로 기계를 통제
㉱ 모니터로 작업 상황 감시

**해설** 인간이 조정 장치로 기계를 통제하는 역할을 수행하는 시스템은 기계시스템(반자동 시스템)에 해당한다.

**참고** 인간 – 기계 통합시스템(man-machine system)의 유형

① 수동시스템
  • 사용자가 손공구나 기타 보조물 등을 사용하여 자기의 신체적 힘을 동력원으로 하여 작업을 수행하는 시스템이다.
  • 가장 다양성이 높은 체계이다.
  • **예** 장인과 공구
② 기계시스템(반자동 시스템)
  • 여러 종류의 동력 공작 기계와 같이 고도로 통합된 부품들로 구성되어 있다.
  • 인간의 역할은 제어 기능을 담당하고, 힘에 대한 공급은 기계가 담당한다.
  • 운전자의 조종에 의해 운용되며 융통성이 없는 시스템이다.
  • **예** 자동차, 공작기계 등
③ 자동시스템
  • 기계가 감지, 정보 처리 및 의사 결정, 행동 기능 및 정보 보관 등 모든 임무를 미리 설계된 대로 수행하게 된다.
  • 인간은 감시, 감독, 보전 등의 역할을 담당하게 된다.
  • **예** 컴퓨터, 자동교환대 등

{분석}
필기에 자주 출제되는 내용입니다.

**39** 다음 중 안전성 평가의 기본 원칙 6단계에 해당되지 않는 것은?

㉮ 정성적 평가
㉯ 관계 자료의 정비 검토
㉰ 안전대책
㉱ 작업 조건의 평가

**해설** 안전성 평가 6단계

① 1단계 : 관계 자료의 정비 검토(작성 준비)
② 2단계 : 정성적인 평가
③ 3단계 : 정량적인 평가
④ 4단계 : 안전대책 수립
⑤ 5단계 : 재해사례에 의한 평가
⑥ 6단계 : FTA에 의한 재평가

{분석}
필기에 자주 출제되는 내용입니다.

**40** 다음 중 제조업의 유해·위험방지계획서 제출 대상 사업장에서 제출하여야 하는 유해·위험방지계획서의 첨부서류와 가장 거리가 먼 것은?

㉮ 공사개요서
㉯ 건축물 각 층의 평면도
㉰ 기계·설비의 배치도면
㉱ 원재료 및 제품의 취급, 제조 등의 작업 방법의 개요

**해설** 유해·위험방지계획서 제출서류
(제조업 및 대상 기계·기구 설비)

| | |
|---|---|
| 제조업 대상 사업 첨부서류 | ① 건축물 각 층의 평면도 <br> ② 기계·설비의 개요를 나타내는 서류 <br> ③ 기계·설비의 배치도면 <br> ④ 원재료 및 제품의 취급, 제조 등의 작업방법의 개요 <br> ⑤ 그 밖에 고용노동부장관이 정하는 도면 및 서류 |
| 대상 기계·기구 설비 첨부서류 | ① 설치장소의 개요를 나타내는 서류 <br> ② 설비의 도면 <br> ③ 그 밖에 고용노동부장관이 정하는 도면 및 서류 |

{분석}
필기에 자주 출제되는 내용입니다.

**•)) 정답** 38 ㉰ 39 ㉱ 40 ㉮

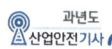

## 제3과목 • 기계 · 기구 및 설비 안전 관리

**41** 다음 중 세이퍼의 작업 시 안전수칙으로 틀린 것은?

㉮ 바이트를 짧게 고정한다.
㉯ 공작물을 견고하게 고정한다.
㉰ 가드, 방책, 칩받이 등을 설치한다.
㉱ 운전자가 바이트의 운동방향에 선다.

**[해설]** 세이퍼(형삭기) 작업의 안전

① 램은 가급적 행정을 짧게 한다.
② 바이트를 짧게 물린다.
③ 재질에 따라 절삭속도를 결정한다.
④ 운전자는 바이트의 운동 방향(정면)에 서지 말고 측면에서 작업한다.
⑤ 세이퍼 운동 범위에 방책을 설치한다.

**{분석}**
자주 출제되는 내용입니다. "해설"을 다시 확인하세요.

**42** 천장크레인에 중량 3kN의 화물을 2줄로 매달았을 때 매달기용 와이어(sling wire)에 걸리는 장력은 얼마인가? (단. 슬링와이어 2줄 사이의 각도는 55°이다)

㉮ 1.3kN        ㉯ 1.7kN
㉰ 2.0kN        ㉱ 2.3kN

**[해설]**

$$한\ 가닥에\ 걸리는\ 하중(kg) = \frac{w}{2} \div \cos\frac{\theta}{2}$$

여기서, $w$ : 매단물체의 무게($kg_f$)
　　　　$\theta$ : 매단 각도 (°)

$$한\ 가닥에\ 걸리는\ 하중 = \frac{3}{2} \div \cos\frac{55}{2}$$
$$= 1.69kN$$

**{분석}**
실기까지 중요한 내용입니다. 풀이방법을 숙지하세요.

**43** 산업안전보건법령에 따라 보일러의 안전한 가동을 위하여 보일러 규격에 맞는 압력방출장치를 설치할 때, 압력방출장치가 2개 이상 설치된 경우에는 최고사용압력 이하에서 1개가 작동되고, 다른 압력방출장치는 얼마 이하에서 작동되도록 부착하여야 하는가?

㉮ 최저사용압력 1.03배
㉯ 최저사용압력 1.05배
㉰ 최고사용압력 1.03배
㉱ 최고사용압력 1.05배

**[해설]** 압력방출장치의 설치

① 압력방출장치를 1개 또는 2개 이상 설치하고 최고사용압력 이하에서 작동되도록 하여야 한다. 다만, 압력방출장치가 2개 이상 설치된 경우에는 최고사용압력 이하에서 1개가 작동되고, 다른 압력방출장치는 최고사용압력 1.05배 이하에서 작동되도록 부착하여야 한다.
② 압력방출장치는 매년 1회 이상 "국가교정기관"으로부터 교정을 받은 압력계를 이용하여 토출압력을 시험한 후 납으로 봉인하여 사용하여야 한다. 다만, 공정안전보고서 제출대상으로서 공정안전 관리 이행 수준 평가 결과가 우수한 사업장의 압력방출장치에 대하여 4년마다 1회 이상 토출압력을 시험할 수 있다.

**{분석}**
실기에도 자주 출제되는 중요한 내용입니다.
"해설"을 꼭 암기하세요.

**정답** 41 ㉱ 42 ㉯ 43 ㉱

**44** 다음 중 밀링머신 작업의 안전수칙으로 적절하지 않은 것은?

㉮ 강력절삭을 할 때는 일감을 바이스로 부터 길게 물린다.

㉯ 일감을 측정할 때에는 반드시 정지시 킨 다음에 한다.

㉰ 상하 이송장치의 핸들을 사용 후 반드 시 빼 두어야 한다.

㉱ 커터는 될 수 있는 한 컬럼에 가깝게 설치한다.

**해설** ㉮ 강력절삭을 할 때는 일감을 바이스로부터 깊게 물린다.

**참고** 밀링 작업의 안전

① 커터가 날카롭고 예리해서 칩이 가장 가늘고 예리하다.

② 반드시 보호안경 착용, 장갑은 절대 착용을 금지한다.

③ 칩 제거는 운전 정지 후 브러시를 이용한다.

④ 강력 절삭 시 일감을 바이스에 깊게 물린다.

⑤ 제품을 측정, 풀어낼 때는 반드시 운전을 정지한다.

⑥ 보링, 드릴, 내형 홈파기 작업이 가능하다.

**45** 다음 중 드릴 작업의 안전사항이 아닌 것은?

㉮ 옷소매가 길거나 찢어진 옷은 입지 않는다.

㉯ 회전히는 드릴에 걸레 등을 가까이하 지 않는다.

㉰ 작고, 길이가 긴 물건은 플라이어로 잡 고 뚫는다.

㉱ 스핀들에서 드릴을 뽑아낼 때에는 드 릴 아래에 손을 내밀지 않는다.

**해설** ㉰ 작은 물건은 바이스로 고정한다.

**참고** 드릴 작업 시 일감 고정 방법

① 일감이 작을 때 : 바이스로 고정

② 일감이 크고 복잡할 때 : 볼트와 고정구

③ 대량 생산과 정밀도를 요할 때 : 전용의 지그 사용

**46** 산업안전보건법령에 따라 산업용 로봇을 운전하는 경우에 근로자가 로봇에 부딪 칠 위험이 있을 때에는 안전매트 및 높이 얼마 이상의 방책을 설치하는 등 위험을 방지하기 위하여 필요한 조치를 하여야 하는가?

㉮ 1.0m 이상

㉯ 1.5m 이상

㉰ 1.8m 이상

㉱ 2.5m 이상

**해설** 로봇의 운전으로 인하여 근로자에게 발생할 수 있는 부상 등의 위험을 방지하기 위하여 높이 1.8 미터 이상의 울타리를 설치하여야 하며, 컨베이어 시스템의 설치 등으로 울타리를 설치할 수 없는 일부 구간에 대해서는 안전매트 또는 광전자식 방호장치 등 감응형 방호장치를 설치하여야 한다.

**47** 원동기, 풀리, 기어 등 근로자에게 위험을 미칠 우려가 있는 부위에 설치하는 위험 방지 장치가 아닌 것은?

㉮ 덮개 ㉯ 슬리브

㉰ 건널다리 ㉱ 램

**해설** 원동기 · 회전축 등의 위험 방지

① 기계의 원동기 · 회전축 · 기어 · 풀리 · 플라이 휠 · 벨트 및 체인 등 근로자에게 위험을 미칠 우려 가 있는 부위에는 덮개 · 울 · 슬리브 및 건널다리 등을 설치하여야 한다.

② 회전축 · 기어 · 풀리 및 플라이 휠 등에 부속하는 키 · 핀 등의 기계요소는 묻힘형으로 하거나 해 당 부위에 덮개를 설치하여야 한다.

**∙)) 정답** 44 ㉮ 45 ㉰ 46 ㉰ 47 ㉱

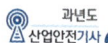
③ 벨트의 이음 부분에는 <u>돌출된 고정구를 사용하여서는 아니 된다.</u>

④ <u>건널다리에는 안전 난간</u> 및 <u>미끄러지지 아니하는 구조의 발판</u>을 설치하여야 한다.

{분석}
**실기까지 중요한 내용입니다. 암기하세요.**

**48** 다음 중 선반에서 절삭가공 시 발생하는 칩을 짧게 끊어지도록 공구에 설치되어 있는 방호장치의 일종인 칩 제거 기구를 무엇이라 하는가?

㉮ 칩 브레이크  ㉯ 칩 받침
㉰ 칩 쉴드  ㉱ 칩 커터

**[해설]** 선반의 안전장치

① 쉴드(Shield) : 칩 및 절삭유의 비산을 방지하기 위해 설치하는 플라스틱 덮개

② 칩 브레이커 : 칩을 짧게 절단하는 장치

③ 척 커버 : 기어 등을 복개하는 장치

④ 브레이크 : 선반의 일시 정지장치

{분석}
자주 출제되는 내용입니다. "해설"을 다시 확인하세요.

**49** 다음 중 음향방출시험에 대한 설명으로 틀린 것은?

㉮ 가동 중 검사가 가능하다.

㉯ 온도, 분위기 같은 외적 요인에 영향을 받는다.

㉰ 결함이 어떤 중대한 손상을 초래하기 전에 검출할 수 있다.

㉱ 재료의 종류나 물성 등의 특성과는 관계없이 검사가 가능하다.

**[해설]** 음향방출 검사

하중을 받고 있는 재료의 결함부에서 방출되는 응력파를 수신함으로써 결함의 위치판정, 손상의 진전감시 등 동적거동을 판단하는 검사방법

**50** 다음 중 산업안전보건법령상 양중기에 해당하지 않는 것은?

㉮ 곤돌라

㉯ 이동식 크레인

㉰ 적재하중 0.05톤의 이삿짐 운반용 리프트

㉱ 승강기

**[해설]** 양중기의 종류(산업안전보건법 기준)

① 크레인[호이스트(hoist)를 포함]

② 이동식 크레인

③ 리프트(이삿짐 운반용 리프트의 경우에는 적재하중이 0.1톤 이상인 것으로 한정)

④ 곤돌라

⑤ 승강기

{분석}
**실기에도 자주 출제되는 내용입니다. 반드시 암기하세요.**

**51** 산업안전보건법령에 따라 아세틸렌 용접 장치의 아세틸렌 발생기실을 설치하는 경우 준수하여야 하는 사항으로 옳은 것은?

㉮ 벽은 가연성 재료로 하고 철근 콘크리트 또는 그밖에 이와 동등하거나 그 이상의 강도를 가진 구조로 할 것

㉯ 바닥면적의 $\frac{1}{16}$ 이상의 단면적을 가진 배기통을 옥상으로 돌출시키고 그 개구부를 창이나 출입구로부터 1.5m 이상 떨어지도록 할 것

㉰ 출입구의 문은 불연성 재료로 하고 두께 1.0mm 이하의 철판이나 그밖에 그 이상의 강도를 가진 구조로 할 것

㉱ 발생기실을 옥외에 설치한 경우에는 그 개구부를 다른 건축물로부터 1.0m 이내 떨어지도록 하여야 한다.

**[해설] 아세틸렌 발생기실의 구조**

① 벽은 불연성 재료로 하고 철근 콘크리트 또는 그 밖에 이와 동등하거나 그 이상의 강도를 가진 구조로 할 것

② 지붕과 천장에는 얇은 철판이나 가벼운 불연성 재료를 사용할 것

③ 바닥면적의 16분의 1 이상의 단면적을 가진 배기통을 옥상으로 돌출시키고 그 개구부를 창이나 출입구로부터 1.5미터 이상 떨어지도록 할 것

④ 출입구의 문은 불연성 재료로 하고 두께 1.5밀리미터 이상의 철판이나 그 밖에 그 이상의 강도를 가진 구조로 할 것

⑤ 벽과 발생기 사이에는 발생기의 조정 또는 카바이드 공급 등의 작업을 방해하지 않도록 간격을 확보할 것

⑥ 발생기실을 옥외에 설치한 경우에는 그 개구부를 다른 건축물로부터 1.5m 이상 떨어지도록 할 것

{분석}
"해설"을 다시 확인하세요.

**52** 다음 중 프레스기에 설치하는 방호장치에 관한 사항으로 틀린 것은?

㉮ 수인식 방호장치의 수인끈 재료는 합성섬유로 직경이 4mm 이상이어야 한다.

㉯ 양수조작식 방호장치는 1행정마다 누름버튼에서 양손을 떼지 않으면 다음 작업의 동작을 할 수 없는 구조이어야 한다.

㉰ 광전자식 방호장치는 정상 동작램프는 적색, 위험 표시램프는 녹색으로 하며, 쉽게 근로자가 볼 수 있는 곳에 설치해야 한다.

㉱ 손쳐내기식 방호장치는 슬라이드 하행정거리의 3/4위치에서 손을 완전히 밀어내야 한다.

**[해설]** ㉰ 광전자식 방호장치는 정상 동작 표시램프는 녹색, 위험 표시램프는 붉은색으로 하며, 쉽게 근로자가 볼 수 있는 곳에 설치해야 한다.

**53** 강자성체의 결함을 찾을 때 사용하는 비파괴시험으로 표면 또는 표층(표면에서 수 mm 이내)에 결함이 있을 경우 누설자속을 이용하여 육안으로 결함을 검출하는 시험법은?

㉮ 와류탐상시험(ET)

㉯ 자분탐상시험(MT)

㉰ 초음파탐상시험(UT)

㉱ 방사선투과시험(RT)

**[해설]** 강자성체의 결함을 찾을 때 누설자속을 이용하여 육안으로 결함을 검출하는 시험법 → 자분탐상시험(MT)

**54** 다음 중 롤러기의 급정지장치 설치방법으로 틀린 것은?

㉮ 손조작식 급정지장치의 조작부는 밑면에서 1.8m 이내로 설치한다.

㉯ 복부조작식 급정지장치의 조작부는 0.8m 이상, 1.1m 이내로 설치한다.

㉰ 무릎조작식 급정지장치의 조작부는 밑면에서 0.8m 이내에 설치한다.

㉱ 급정지장치의 위치는 급정지장치의 조작부 중심점을 기준으로 한다.

**[해설] 조작부의 설치 위치에 따른 급정지장치의 종류**

| 종류 | 설치 위치 |
|------|-----------|
| 손조작식 | 밑면에서 1.8m 이내 |
| 복부 조작식 | 밑면에서 0.8m 이상 1.1m 이내 |
| 무릎 조작식 | 밑면에서 0.6m 이내(밑면으로부터 0.4m 이상 0.6m 이내) |

비고 : 위치는 급정지장치의 조작부의 중심점을 기준

{분석}
실기에도 자주 출제되는 내용입니다. 반드시 암기하세요.

**정답** 52 ㉰ 53 ㉯ 54 ㉰

**55** 화물중량이 200kgf, 지게차 중량이 400kgf, 앞바퀴에서 화물의 무게중심까지의 최단 거리가 1m이면 지게차가 안정되기 위한 앞바퀴에서 지게차의 무게중심까지의 최단거리는 최소 몇 m를 초과해야 하는가?

㉮ 0.2m  ㉯ 0.5m
㉰ 1.0m  ㉱ 3.0m

[해설]

$$W \times a < G \times b$$
$$(M_1 < M_2)$$

여기서, $W$ : 화물 중량
$a$ : 앞바퀴~화물 중심까지 거리
$G$ : 지게차 자체 중량
$b$ : 앞바퀴~차 중심까지 거리

$200 \times 1 < 400 \times b$
$b > 0.5m$

{분석}
실기까지 중요한 내용입니다. "해설"을 다시 확인하세요.

**56** 다음 중 가공기계에 주로 쓰이는 풀 프루프(pool proof)의 형태가 아닌 것은?

㉮ 금형의 가드
㉯ 사출기의 인터로크 장치
㉰ 카메라의 이중촬영방지기구
㉱ 압력용기의 파열판

[해설]
1. 풀 프루프(pool proof) : 인간의 실수가 있더라도 사고로 연결되지 않도록 2중 3중 통제를 가한다.
2. 금형의 가드, 사출기의 인터로크 장치, 카메라의 이중 촬영 방지 기구는 인간의 실수로 인한 사고를 방지하는 풀 프루프 기능이다.

**57** 다음 중 산업안전보건법령상 프레스 등을 사용하여 작업을 할 때에는 작업시작 전 점검 사항으로 볼 수 없는 것은?

㉮ 압력방출장치의 기능
㉯ 클러치 및 브레이크의 기능
㉰ 프레스의 금형 및 고정볼트 상태
㉱ 1행정 1정지기구·급정지장치 및 비상 정지장치의 기능

[해설] **프레스의 작업시작 전 점검 사항**
① 클러치 및 브레이크 기능
② 크랭크축·플라이 휠·슬라이드·연결 봉 및 연결 나사의 볼트 풀림 유무
③ 1행정 1정지 기구·급정지 장치 및 비상 정지 장치의 기능
④ 슬라이드 또는 칼날에 의한 위험 방지 기구의 기능
⑤ 프레스의 금형 및 고정 볼트 상태
⑥ 당해 방호 장치의 기능
⑦ 전단기의 칼날 및 테이블의 상태

{분석}
실기에도 자주 출제되는 내용입니다. 반드시 암기하세요.

**58** 다음 중 기계설비의 수명곡선에서 나타나는 고장형태가 아닌 것은?

㉮ 조립 고장  ㉯ 초기 고장
㉰ 우발 고장  ㉱ 마모 고장

[해설] **기계의 수명곡선(고장 유형곡선)**

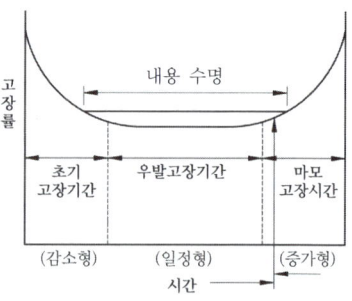

**59** 단면적이 1,800mm²인 알루미늄 봉의 파괴강도는 70MPa이다. 안전율을 2.0으로 하였을 때 봉에 가해질 수 있는 최대하중은 얼마인가?

㉮ 6.3kN

㉯ 126kN

㉰ 63kN

㉲ 12.6kN

해설 1. 파괴강도 $= \dfrac{\text{파괴하중}}{\text{단면적}}$

파괴하중 $=$ 파괴강도 $\times$ 단면적

$= 70\text{N/mm}^2 \times 1,800\text{mm}^2$

$= 126,000\text{N} = 126\text{kN}$

$(\text{MPa} = 1\text{N/mm}^2)$

2. 안전율 $= \dfrac{\text{파괴하중}}{\text{최대사용하중}}$

최대사용하중 $= \dfrac{\text{파괴하중}}{\text{안전율}} = \dfrac{126}{2} = 63\text{kN}$

**60** 다음 중 금형의 설치 및 조정 시 안전수칙으로 가장 적절하지 않은 것은?

㉮ 금형을 부착하기 전에 상사점을 확인하고 설치한다.

㉯ 금형의 체결 시에는 적합한 공구를 사용한다.

㉰ 금형의 체결 시에는 안전블럭을 설치하고 실시한다.

㉲ 금형의 설치 및 조정은 전원을 끄고 실시한다.

해설 ㉮ 금형의 부착 시 프레스 용량을 확인하고 금형의 외관 점검, 운반 및 부착방법의 순서를 정하여 신중하게 실시한다.

---

## 제4과목 전기설비 안전 관리

**61** 3상 3선식 전선로의 보수를 위하여 정전작업을 할 때 취하여야 할 기본적인 조치는?

㉮ 1선을 접지한다.

㉯ 2선을 단락접지한다.

㉰ 3선을 단락접지한다.

㉲ 접지를 하지 않는다.

해설 3상 3선식의 경우 3선을 모두 단락접지하여야 한다.

**62** 개폐조작의 순서에 있어서 그림의 기구번호의 경우 차단순서와 투입순서가 안전수칙에 적합한 것은?

인입 ——○—— [○ ○] ——○—— 부하
① DS ② VCB ③ DS

㉮ 차단 ①→②→③, 투입 ①→②→③

㉯ 차단 ②→③→①, 투입 ②→①→③

㉰ 차단 ③→②→①, 투입 ③→②→①

㉲ 차단 ②→③→①, 투입 ③→①→②

해설 **차단기 투입 및 차단순서**

인입 ——○—— [○ ○] ——○—— 부하
① DS ② VCB ③ DS

투입순서 : ③ → ① → ②

차단순서 : ② → ③ → ①

참고 • 전원 차단 시 : 차단기 개방(차단)한 후 단로기 개방(차단)

• 전원 투입 시 : 단로기 투입한 후 차단기 투입

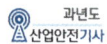

**63** 누전 차단기의 설치 장소로 적합하지 않은 것은?

㉮ 주위 온도는 -10~40(℃) 범위 내에서 설치할 것
㉯ 먼지가 많고 표고가 높은 장소에 설치할 것
㉰ 상대습도가 45~80(%) 사이의 장소에 설치할 것
㉱ 전원전압이 정격전압의 85~110(%) 사이에서 사용할 것

**해설** 누전 차단기의 일상사용 상태
① 주위 온도 : -10~40℃
② 표고 : 2,000M 이하
③ 상대 습도 : 45~85%
④ 이상한 진동 및 충격을 받지 않는 상태

**64** 다음 분진의 종류 중 폭연성 분진에 해당하는 것은?

㉮ 소맥분
㉯ 철
㉰ 코크스
㉱ 알루미늄

**해설** 분진의 종류
1. 폭연성 분진 : 공기 중의 산소가 적은 분위기 또는 이산화탄소 중에서도 착화하며 부유 상태에서 심하게 폭발을 일으키는 금속분진으로 마그네슘, 알루미늄, 티탄, 지르코늄 등이 있다.
2. 가연성 분진 : 공기 중의 산소를 이용하여 발열 반응을 일으키는 분진을 말하며 소맥분, 전분, 사탕수수, 합성수지, 화학약품 등 비 전도성의 것과 카본블랙, 코크스, 철, 동 등 도전성이 있는 것으로 나눈다.

**65** 고압선로의 활선근접작업 시 작업자가 전선로로부터 어느 정도의 거리를 유지하였을 경우 안전하다고 보고 별도의 방호조치나 보호조치를 생략할 수 있는가?

㉮ 머리 위 거리가 30cm 이상
㉯ 발아래 거리가 40cm 이상
㉰ 몸 옆 수평거리가 50cm 이상
㉱ 심장으로부터 거리가 50cm 이상

**해설** 법규에서 삭제된 내용입니다.

**66** 다음 설명과 가장 관계가 깊은 것은?

- 파이프 속에 저항이 높은 액체가 흐를 때 발생된다.
- 액체의 흐름이 정전기 발생에 영향을 준다.

㉮ 충돌 대전
㉯ 박리 대전
㉰ 유동 대전
㉱ 분출 대전

**해설** 유동 대전
• 액체류가 파이프 등 내부에서 유동 시 관벽과 액체 사이에서 발생한다.
• 가솔린, 벤젠 등의 유속을 1m/sec 이하로 하여야 한다.

**참고** 정전기 발생 현상
① 마찰 대전 : 두 물체 사이의 마찰로 인한 접촉, 분리에서 발생한다. 예 롤러기
② 유동 대전
• 액체류가 파이프 등 내부에서 유동 시 관벽과 액체 사이에서 발생한다.
• 가솔린, 벤젠 등의 유속을 1m/sec 이하로 하여야 한다.

**정답** 63 ㉯ 64 ㉱ 65 ㉮ 66 ㉰

③ 박리 대전
  • 밀착된 물체가 떨어지면서 자유전자의 이동으로 발생한다.
  • 이 경우는 마찰대전보다 더 큰 에너지가 발생한다.

④ 충돌 대전 : 입자와 다른 고체와의 충돌과 급속한 분리에 의해 발생한다.

⑤ 분출 대전 : 기체, 액체, 분체류가 단면적이 작은 분출구를 통과할 때 발생한다.

⑥ 파괴 대전 : 고체, 분체류와 같은 물체가 파괴됐을 때 전하 분리 또는 전하의 균형이 깨지면서 정전기가 발생한다.

{분석}
실기까지 중요한 내용입니다. "참고"를 다시 확인하세요.

**67** 220[V] 전압에 접촉된 사람의 인체저항이 약 1000[Ω]일 때 인체 전류와 그 결과치의 위험성 여부로 알맞은 것은?

㉮ 10[mA], 안전

㉯ 45[mA], 위험

㉰ 50[mA], 안전

㉱ 220[mA], 위험

해설 1. $V = I \times R$

$I = \dfrac{V}{R} = \dfrac{220}{1,000} = 0.22A \times 1,000 = 220mA$

2. 통전전류가 100mA 이상이면 심실세동을 일으키므로 위험하다.

**68** 계통 접지의 목적으로 옳은 것은?

㉮ 누선되고 있는 기기에 접촉되었을 때의 감전방지

㉯ 고압 전로와 저압 전로가 혼촉되었을 때의 감전이나 화재를 방지

㉰ 누전차단기의 동작을 확실하게 하며 고주파에 의한 계통의 잡음 및 오동작 방지

㉱ 낙뢰로부터 전기기기의 손상을 방지

해설 **계통 접지**

고압 전로와 저압 전로의 혼촉으로 인한 감전이나 화재를 방지하기 위해 변압기의 중성점을 접지하는 방식이다.

{분석}
자주 출제되는 내용입니다. 잘 기억하세요.

**69** 내압 방폭구조의 기본적 성능에 관한 사항으로 옳지 않은 것은?

㉮ 내부에서 폭발할 경우 그 압력에 견딜 것

㉯ 폭발화염이 외부로 유출되지 않을 것

㉰ 습기침투에 대한 보호가 될 것

㉱ 외함 표면온도가 주위의 가연성 가스에 점화하지 않을 것

해설 **내압 방폭구조(d) : Flameproof enclosure(d)**

점화원에 의해 용기 내부에서 폭발이 발생할 경우, 용기가 폭발압력에 견딜 수 있고, 화염이 용기 외부의 폭발성 분위기로 전파되지 않도록 한 방폭구조를 말한다.

{분석}
실기까지 중요한 내용입니다. "해설"을 다시 확인하세요.

**70** 지락(누전) 차단기를 설치하지 않아도 되는 기준으로 틀린 것은?

㉮ 기계·기구를 발전소, 변전소에 준하는 곳에 시설하는 경우로서 취급자 이외의 자가 임의로 출입할 수 없는 경우

㉯ 대지 전압 150[V] 이하의 기계·기구를 물기가 없는 장소에 시설하는 경우

㉰ 기계·기구를 건조한 장소에 시설하고 습한 장소에서 조작하는 경우로 제어용 전압이 교류 60[V], 직류 75[V] 이하인 경우

㉱ 기계·기구가 유도전동기의 2차측 전로에 접속된 저항기일 경우

•)) 정답  67 ㉱  68 ㉯  69 ㉰  70 ㉰

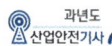
**[해설]** ㉑ 기계·기구를 습한 장소에서 조작하는 경우는 반드시 누전차단기를 설치하여야 한다.

**[참고]** **(1) 누전 차단기를 설치해야 하는 기계·기구**
　① 대지전압이 150볼트를 초과하는 이동형 또는 휴대형 전기기계·기구
　② 물 등 도전성이 높은 액체가 있는 습윤장소에서 사용하는 저압(1.5천볼트 이하 직류전압이나 1천볼트 이하의 교류전압)용 전기기계·기구
　③ 철판·철골 위 등 도전성이 높은 장소에서 사용하는 이동형 또는 휴대형 전기기계·기구
　④ 임시배선의 전로가 설치되는 장소에서 사용하는 이동형 또는 휴대형 전기기계·기구

**(2) 누전 차단기를 설치하지 않아도 되는 경우**
　① 「전기용품 및 생활용품 안전관리법」이 적용되는 이중절연 또는 이와 같은 수준 이상으로 보호되는 구조로 된 전기기계·기구
　② 절연대 위 등과 같이 감전위험이 없는 장소에서 사용하는 전기기계·기구
　③ 비접지방식의 전로

## 71 감전되어 사망하는 주된 메커니즘과 거리가 먼 것은?

㉮ 심장부에 전류가 흘러 심실세동이 발생하여 혈액순환 기능이 상실되어 일어난 것
㉯ 흉골에 전류가 흘러 혈압이 약해져 뇌에 산소공급 기능이 정지되어 일어난 것
㉰ 뇌의 호흡중추 신경에 전류가 흘러 호흡 기능이 정지되어 일어난 것
㉱ 흉부에 전류가 흘러 흉부수축에 의한 질식으로 일어난 것

**[해설]** **감전에 의한 사망의 주요 원인**
　① 심장부에 전류가 흘러 심실세동이 발생하여 혈액순환 기능이 상실되어 사망
　② 뇌의 호흡중추 신경에 전류가 흘러 호흡 기능이 정지되어 사망
　③ 흉부에 전류가 흘러 흉부수축에 의한 질식으로 사망

## 72 정전작업 시 작업 중의 조치사항으로 옳지 않은 것은?

㉮ 작업지휘자에 의한 지휘
㉯ 개폐기 투입
㉰ 단락 접지 수시 확인
㉱ 근접활선에 대한 방호상태 관리

**[해설]** **정전작업 중의 조치사항**
　① 작업지휘자에 의한 지휘
　② 단락 접지 수시 확인
　③ 근접활선에 대한 방호상태 관리

**[참고]** **1. 정전작업 시 전로 차단 절차(정전작업 전의 조치)**
　① 전기기기 등에 공급되는 모든 전원을 관련 도면, 배선도 등으로 확인할 것
　② 전원을 차단한 후 각 단로기 등을 개방하고 확인할 것
　③ 차단 장치나 단로기 등에 잠금장치 및 꼬리표를 부착할 것
　④ 잔류전하를 완전히 방전시킬 것
　⑤ 검전기를 이용하여 작업 대상 기기가 충전되었는지를 확인할 것
　⑥ 전기기기 등이 다른 노출 충전부와의 접촉, 유도 또는 예비동력원의 역송전 등으로 전압이 발생할 우려가 있는 경우에는 충분한 용량을 가진 단락 접지 기구를 이용하여 접지할 것

**2. 정전 작업 중 또는 작업을 마친 후 전원 공급 시 준수사항**
　① 작업기구, 단락 접지 기구 등을 제거하고 전기기기 등이 안전하게 통전될 수 있는지를 확인할 것
　② 모든 작업자가 작업이 완료된 전기기기 등에서 떨어져 있는지를 확인할 것
　③ 잠금장치와 꼬리표는 설치한 근로자가 직접 철거할 것
　④ 모든 이상 유무를 확인한 후 전기기기 등의 전원을 투입할 것

{분석}
**실기까지 중요한 내용입니다. "참고"를 다시 확인하세요.**

**)) 정답** 71 ㉯ 72 ㉯

**73** $Q = 2 \times 10^{-7}$[C]으로 대전하고 있는 반경 25[cm]의 도체구의 전위는?

㉮ 7.2[kV]

㉯ 8.6[kV]

㉰ 10.5[kV]

㉱ 12.5[kV]

[해설]

$$E = \frac{Q}{4\pi\epsilon_0 \times r}(V)$$

여기서, $\epsilon_0$ : 유전율($8.855 \times 10^{-12}$)

$r$ : 반경(m)

$Q$ : 전하(C)

$E = \dfrac{2 \times 10^{-7}}{4\pi \times 8.855 \times 10^{-12} \times 0.25} = 7,189.38\text{V}$

$= 7.2\text{kV}$

{분석}

출제 비중이 낮은 문제입니다.

**74** 전기화재의 경로별 원인으로 거리가 먼 것은?

㉮ 단락               ㉯ 누전

㉰ 저전압           ㉱ 접촉부의 과열

[해설] 고전압이 전기화재의 원인이 된다.

**75** 정전기 제거만을 목적으로 하는 접지에 있어서의 적당한 접지저항값은 몇 [Ω] 이하로 하면 좋은가?

㉮ $10^6 \Omega$ 이하

㉯ $10^{12} \Omega$ 이하

㉰ $10^{15} \Omega$ 이하

㉱ $10^{18} \Omega$ 이하

[해설] 정전기 제거만을 목적으로 하는 접지에 있어서의 적당한 접지저항값 → $10^6 \Omega$ 이하

**76** 아세톤을 취급하는 작업장에서 작업자의 정전기 방전으로 인한 화재폭발 재해를 방지하기 위해서는 인체 대전 전위는 얼마 이하로 유지해야 하는가? (단, 인체의 정전용량 100[pF]이고, 아세톤의 최소 착화 에너지는 1.15[mJ]로 하며 기타의 조건은 무시한다)

㉮ $1.5 \times 10^3$[V]

㉯ $2.6 \times 10^3$[V]

㉰ $3.7 \times 10^3$[V]

㉱ $4.8 \times 10^3$[V]

[해설] 정전기의 최소 착화 에너지(정전에너지)

$$E = \frac{1}{2}CV^2$$

여기서, $E$ : 정전기 에너지(J)

$C$ : 도체의 정전 용량(F)

$V$ : 대전 전위(V)

$V = \sqrt{\dfrac{2E}{C}} = \sqrt{\dfrac{2 \times 1.15 \times 10^{-3}}{100 \times 10^{-12}}}$

$= 4,795.83\text{V} = 4.8 \times 10^3 \text{V}$

$\begin{cases} \text{pF} = 10^{-12}\text{F} \\ \text{mJ} = 10^{-3}\text{J} \end{cases}$

{분석}

자주 출제되는 내용입니다. 풀이방법을 숙지하세요.

•)) 정답 73 ㉮ 74 ㉰ 75 ㉮ 76 ㉱

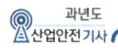

**77** 일반적으로 고압 또는 특고압용 개폐기·차단기·피뢰기 기타 이와 유사한 기구로서 동작 시에 아크가 생기는 것은 목재의 벽 또는 천장 기타의 가연성 물체로부터 각각 몇[m] 이상 떼어 놓아야 하는가?

㉮ 고압용 1.0[m] 이상, 특고압용 2.0[m] 이상

㉯ 고압용 1.5[m] 이상, 특고압용 2.0[m] 이상

㉰ 고압용 1.5[m] 이상, 특고압용 2.5[m] 이상

㉱ 고압용 2.0[m] 이상, 특고압용 2.5[m] 이상

[해설] 아크 발생 기구로부터의 격리

| 기구 등의 구분 | 이격 거리 |
|---|---|
| 고압용의 것 | 1m 이상 |
| 특고압용의 것 | 2m 이상(사용전압이 35kV 이하의 특고압용의 기구 등으로서 동작할 때에 생기는 아크의 방향과 길이를 화재가 발생할 우려가 없도록 제한하는 경우에는 1m 이상) |

**78** 300[A]의 전류가 흐르는 저압 가공전선로의 한 선에서 허용 가능한 누설전류는 몇 [mA]를 넘지 않아야 하는가?

㉮ 100[mA]

㉯ 150[mA]

㉰ 1,000[mA]

㉱ 1,500[mA]

[해설] 누전전류(누설전류)의 크기

$$최대공급전류 \times \frac{1}{2,000} = 300 \times \frac{1}{2,000}$$
$$= 0.15A \times 1,000 = 150mA$$

{분석}
자주 출제되는 내용입니다. 잘 기억하세요.

**79** 인체 피부의 전기저항에 영향을 주는 주요 인자와 거리가 먼 것은?

㉮ 접지경로    ㉯ 접촉면적

㉰ 접촉부위    ㉱ 인가전압

[해설] 인체 저항은 보통 $5,000\Omega$이나 근로환경, 피부가 젖은 정도, 인가전압, 접촉면적, 접촉 부위에 따라 최악의 상태에는 $500\Omega$까지 감소한다.

[참고]
| 인체저항 | $5,000\Omega$ |
|---|---|
| 피부저항 | $2,500\Omega$ |
| 내부저항 | $500\Omega$ |
| 발과 신발 사이 저항 | $1,500\Omega$ |
| 신발과 대지 사이 저항 | $500\Omega$ |

**80** 아크용접 작업 시의 감전사고 방지대책으로 옳지 않은 것은?

㉮ 절연 장갑의 사용

㉯ 절연 용접봉 홀더의 사용

㉰ 적정한 케이블의 사용

㉱ 절연 용접봉의 사용

[해설] ㉱ 용접봉은 용접 부분에 녹여서 두 부재(部材)의 접합부의 빈 틈을 메워 부재를 접합하는 금속 봉으로 절연이 되어서는 안 된다.

**정답** 77 ㉮ 78 ㉯ 79 ㉮ 80 ㉱

**제5과목** · 화학설비 안전 관리

**81** 다음 중 물 소화약제의 단점을 보완하기 위하여 물에 탄산칼륨($K_2CO_3$) 등을 녹인 수용액으로 부동성이 높은 알칼리성 소화약제는?

㉮ 포 소화약제
㉯ 분말 소화약제
㉰ 강화액 소화약제
㉱ 산알칼리 소화약제

[해설] **강화액 소화기**
부동액을 첨가하여 물의 동해를 방지한 소화기이다.
• 탄산칼륨($K_2CO_3$)이 농축된 강알카리성의 수용액, 즉 강화액을 용기 내에 넣고 방사용 에너지로서 질소가스($8{\sim}10kg/cm^2$)를 봉입한 소화기이다.
• 방출방식 : 축압, 가스가압, 반응(파병식)

**82** 다음 중 폭발하한계(Vol%) 값의 크기가 작은 것부터 큰 순서대로 올바르게 나열한 것은?

㉮ $H_2 < CS_2 < C_2H_2 < CH_4$
㉯ $CH_4 < H_2 < C_2H_2 < CS_2$
㉰ $H_2 < CS_2 < CH_4 < C_2H_2$
㉱ $CS_2 < C_2H_2 < H_2 < CH_4$

[해설] **폭발한계**
① $H_2$ : 4~75Vol%
② $CS_2$ : 1.25~44Vol%
③ $C_2H_2$ : 2.5~81Vol%
④ $CH_4$ : 5~15Vol%

**83** 다음 중 인화 및 인화점에 관한 설명으로 가장 적절하지 않은 것은?

㉮ 가연성 액체의 액면 가까이에서 인화하는데 충분한 농도의 증기를 발산하는 최저온도이다.
㉯ 액체를 가열할 때 액면 부근의 증기 농도가 폭발하한에 도달하였을 때의 온도이다.
㉰ 밀폐용기에 인화성 액체가 저장되어 있는 경우에 용기의 온도가 낮아 액체의 인화점 이하가 되어도 용기 내부의 혼합가스는 인화의 위험이 있다.
㉱ 용기 온도가 상승하여 내부의 혼합가스가 폭발상한계를 초과한 경우에는 누설되는 혼합가스는 인화되어 연소하나 연소파가 용기 내로 들어가 가스폭발을 일으키지 않는다.

[해설] ㉰ 액체의 인화점 이하에서는 인화의 위험이 없다.

[참고] **인화점(인화온도)**
• 인화성 액체가 증발하여 공기 중에서 연소 하한 농도 이상의 혼합기체를 생성할 수 있는 가장 낮은 온도
• 가연성 액체의 액면 가까이에서 인화하는데 충분한 농도의 증기를 발산하는 최저 온도
• 공기 중에서 그 액체의 표면 부근에서 불꽃의 전파가 일어나기에 충분한 농도의 증기를 발생시키는 최저 온도

{분석}
자주 출제되는 내용입니다. "참고"를 확인하세요.

•)) 정답 81 ㉰ 82 ㉱ 83 ㉰

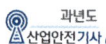
**84** 다음 중 C급 화재에 가장 효과적인 것은?

㉮ 건조사
㉯ 이산화탄소 소화기
㉰ 포소화기
㉱ 봉상수소화기

**해설** C급 화재(전기화재)에는 이산화탄소 소화기가 가장 적합하다.

**참고** 화재의 분류 및 소화방법

| 분류 | A급 화재 | B급 화재 | C급 화재 | D급 화재 |
|------|---------|---------|---------|---------|
| 구분색 | 백색 | 황색 | 청색 | 표시없음 (무색) |
| 가연물 | 일반 화재 | 유류 화재 | 전기 화재 | 금속 화재 |
| 주된 소화 효과 | 냉각 효과 | 질식 효과 | 질식, 억제효과 | 질식 효과 |
| 적응 소화제 | 물, 강화액 소화기, 산, 알칼리 소화기 | 포말 소화기, $CO_2$ 소화기, 분말 소화기 | $CO_2$ 소화기, 분말 소화기, 할로겐 화합물 소화기 | 건조사, 팽창 질석, 팽창 진주암 |

{분석}
실기까지 중요한 내용입니다. "참고"를 암기하세요.

**85** 산업안전보건법령상에 따라 대상 설비에 설치된 안전밸브 또는 파열판에 대해서는 일정 검사주기마다 적정하게 작동하는지를 검사하여야 하는데 다음 중 설치 구분에 따른 검사 주기가 올바르게 연결된 것은?

㉮ 화학공정 유체와 안전밸브의 디스크 또는 시트가 직접 접촉될 수 있도록 설치된 경우 : 2년마다 1회 이상
㉯ 화학공정 유체와 안전밸브의 디스크 또는 시트가 직접 접촉될 수 있도록 설치된 경우 : 매년 1회 이상

㉰ 안전밸브 전단에 파열판이 설치된 경우 : 2년마다 1회 이상
㉱ 안전밸브 전단에 파열판이 설치된 경우 : 5년마다 1회 이상

**해설** 안전밸브에 대해서는 다음 각 호의 구분에 따른 검사주기마다 국가교정기관에서 교정을 받은 압력계를 이용하여 설정 압력에서 안전밸브가 적정하게 작동하는지를 검사한 후 납으로 봉인하여 사용하여야 한다.
① 화학공정 유체와 안전밸브의 디스크 또는 시트가 직접 접촉될 수 있도록 설치된 경우 : 2년마다 1회 이상
② 안전밸브 전단에 파열판이 설치된 경우 : 3년마다 1회 이상
③ 공정안전보고서 제출 대상으로서 고용노동부장관이 실시하는 공정안전보고서 이행상태 평가 결과가 우수한 사업장의 안전밸브의 경우 : 4년마다 1회 이상

{분석}
"해설"을 다시 확인하세요.

**86** 다음 중 산업안전보건법령상 위험물질의 종류에 있어 인화성 가스에 해당하지 않는 것은?

㉮ 수소　　　　㉯ 부탄
㉰ 에틸렌　　　㉱ 암모니아

**해설** 인화성 가스
① 수소
② 아세틸렌
③ 에틸렌
④ 메탄
⑤ 에탄
⑥ 프로판
⑦ 부탄
⑧ 인화한계 농도의 최저한도가 13퍼센트 이하 또는 최고 한도와 최저한도의 차가 12퍼센트 이상인 것으로서 표준압력(101.3KPa) 하의 20℃에서 가스 상태인 물질

{분석}
실기를 대비해서 반드시 암기하세요.

**정답** 84 ㉯ 85 ㉮ 86 ㉱

**87** 다음 중 반응 또는 조작과정에서 발열을 동반하지 않는 것은?

㉮ 질소와 산소의 반응
㉯ 탄화칼슘과 물과의 반응
㉰ 물에 의한 진한 황산의 희석
㉱ 생석회와 물과의 반응

[해설] 공기 중에 대략 산소 21%, 질소 79%가 포함되어 있다. 따라서 질소와 산소는 반응하지 않는다.

**88** 다음 중 건조설비의 가열 방법으로 방사 전열, 대전 전열방식 등이 있고, 병류형, 직교류형 등의 강제대류방식을 사용하는 것이 많으며 직물, 종이 등의 건조물 건조에 주로 사용하는 건조기는?

㉮ 턴넬형 건조기
㉯ 회전 건조기
㉰ Sheet 건조기
㉱ 분무 건조기

[해설] 직물, 종이 등의 건조물 건조에 주로 사용하는 건조기 → Sheet 건조기

**89** 다음 중 화재감지기에 있어 열감지 방식이 아닌 것은?

㉮ 정온식       ㉯ 차동식
㉰ 보상식       ㉱ 광전식

[해설] 감지기 종류

| 열감지기 | 차동식감지기 (스폿형, 분포형) | 실내온도의 상승률이 일정한 값을 넘었을 때 동작한다. |
|---|---|---|
| | 정온식감지기 (스폿형, 감지선형) | 실온이 일정 온도 이상으로 상승하였을 때 작동한다. |
| | 보상식감지기 (스폿형) | 차동성을 가지면서 차동식의 단점을 보완하여 고온에서도 반드시 작동하도록 한 것이다. |

| 연기감지기 | 이온화식 | 검지부에 연기가 들어가는 데 따라 이온전류가 변화하는 것을 이용했다. |
|---|---|---|
| | 광전식 | 검지부에 연기가 들어가는데 따라 광전소자의 입사광량이 변화하는 것을 이용했다. |

**90** 다음 중 관로의 방향을 변경하는데 가장 적합한 것은?

㉮ 소켓       ㉯ 엘보우
㉰ 유니온       ㉱ 플러그

[해설] **관의 부속품**
① 2개관의 연결 : 플랜지, 유니언, 니플, 소켓 사용
② 관의 지름 변경 : 리듀서, 부싱 사용
③ 관로 방향 변경 : 엘보, Y형 관이음쇠, 티, 십자 사용
④ 유로 차단 : 플러그, 밸브, 캡

{분석}
자주 출제되는 내용입니다. "해설"을 다시 확인하세요.

**91** 다음 중 화염방지기의 구조 및 설치 방법이 틀린 것은?

㉮ 본체는 금속제로서 내식성이 있어야 하며, 폭발 및 화재로 인한 압력과 온도에 견딜 수 있어야 한다.
㉯ 소염소자는 내식, 내열성이 있는 재질이어야 하고, 이물질 등의 제거를 위한 정비작업이 용이하여야 한다.
㉰ 화염 방지 성능이 있는 통기밸브인 경우를 제외하고 화염 방지기를 설치하여야 한다.
㉱ 화염 방지기는 보호 대상 화학설비와 연결된 통기관의 중앙에 설치하여야 한다.

🔊 정답 87 ㉮ 88 ㉰ 89 ㉱ 90 ㉯ 91 ㉱

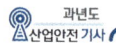

**해설** 화염방지기(Flame arrestor)의 설치

인화성 액체 및 인화성 가스를 저장 취급하는 화학 설비에서 증기나 가스를 대기로 방출하는 경우에는 외부로부터의 화염을 방지하기 위하여 화염 방지기를 그 설비 상단에 설치하여야 한다.

{분석}
실기까지 중요한 내용입니다. "해설"을 다시 확인하세요.

**92** 다음 중 작업자가 밀폐 공간에 들어가기 전 조치해야 할 사항과 가장 거리가 먼 것은?

㉮ 해당 작업장의 내부가 어두운 경우 비 방폭용 전등을 이용한다.
㉯ 해당 작업장을 적정한 공기 상태로 유 지되도록 환기하여야 한다.
㉰ 해당 장소에 근로자를 입장시킬 때와 퇴장시킬 때에 각각 인원을 점검하여 야 한다.
㉱ 해당 작업장과 외부의 감시인 사이에 상시 연락을 취할 수 있는 설비를 설 치하여야 한다.

**해설** ㉮ 해당 작업장의 내부가 어두운 경우 방폭용 전등을 이용해야 한다.

**참고** 밀폐공간에서의 건강장애 예방

① 밀폐공간에 근로자를 종사하도록 하는 경우에 작업 시작 전 및 작업 중에 해당 작업장을 적정 공기 상태가 유지되도록 환기하여야 한다.
② 밀폐공간에 근로자를 종사하도록 하는 경우에 는 그 장소에 근로자를 입장시킬 때와 퇴장시 킬 때마다 인원을 점검하여야 한다.
③ 밀폐공간에서 하는 작업에 근로자를 종사하도 록 하는 경우에는 그 밀폐공간에서 작업하는 근로자가 아닌 사람이 그 장소에 출입하는 것 을 금지하고, 그 내용을 보기 쉬운 장소에 게시 하여야 한다.
④ 밀폐공간에 근로자를 종사하도록 하는 경우에 는 그 작업장과 외부의 감시인 간에 상시 연락 을 취할 수 있는 설비를 설치하여야 한다.

⑤ 밀폐공간에 근로자를 종사하도록 하는 경우에 산소결핍이 우려되거나 유해가스 등의 농도가 높아서 폭발할 우려가 있으면 즉시 작업을 중단 시키고 해당 근로자를 대피하도록 하여야 한다.
⑥ 밀폐공간에 근로자를 종사하도록 하는 경우에 송기마스크, 사다리 및 섬유로프 등 비상시에 근로자를 피난시키거나 구출하기 위하여 필요 한 기구를 갖추어 두어야 한다.
⑦ 밀폐공간에서 위급한 근로자를 구출하는 작업 에 근로자를 종사하도록 하는 경우에 그 구출 작업에 종사하는 근로자에게 송기마스크 등을 지급하여 착용하도록 하여야 한다.

**93** 다음 중 최소발화에너지(E[J])를 구하는 식으로 옳은 것은? (단, I는 전류[A], R은 저항[Ω], V는 전압[V], C는 콘덴서용량 [F], T는 시간[초]이라 한다)

㉮ $E = I^2 RT$
㉯ $E = 0.24\,I^2 RT$
㉰ $E = \dfrac{1}{2}CV^2$
㉱ $E = \dfrac{1}{2}\sqrt{CV}$

**해설**

$$E = \frac{1}{2}CV^2$$

여기서, $E$ : 정전기 에너지(J)
$C$ : 도체의 정전 용량(F)
$V$ : 대전 전위(V)

**94** 질화면(Nitrocellulose)은 저장·취급 중 에는 에틸 알코올 또는 이소프로필 알코 올로 습면의 상태로 되어있다. 그 이유를 바르게 설명한 것은?

㉮ 질화면은 건조 상태에서는 자연발열을 일으켜 분해폭발의 위험이 존재하기 때문이다.
㉯ 질화면은 알코올과 반응하여 안정한 물질을 만들기 때문이다.

정답 92 ㉮ 93 ㉰ 94 ㉮

ⓒ 질화면은 건조 상태에서 공기 중의 산소와 환원반응을 하기 때문이다.
ⓓ 질화면은 건조상태에서 용이하게 중합물을 형성하기 때문이다.

**[해설]** 니트로셀룰로오스(질화면) : 건조하면 분해폭발하므로 알코올에 적셔 습하게 보관한다.

{분석}
자주 출제되는 내용입니다. 잘 기억하세요.

**95** 다음 중 물과 반응하여 수소가스를 발생시키지 않는 물질은?

㉮ Mg       ㉯ Zn
㉰ Cu       ㉱ Li

**[해설]** 구리(Cu)는 물과 반응하지 않는다.

**96** 다음 중 설비의 주요 구조 부분을 변경함으로써 공정안전보고서를 제출하여야 하는 경우가 아닌 것은?

㉮ 플레어스택을 설치 또는 변경하는 경우
㉯ 변경된 생산실비 및 부대설비의 해당 전기 정격용량이 300kW 이상 증가한 경우
㉰ 생산량의 증가, 원료 또는 제품의 변경을 위하여 반응기(관련설비 포함)를 교체 또는 추가로 설치하는 경우
㉱ 가스 누출감지 경보기를 교체 또는 추가로 설치하는 경우

**[해설]** 설비의 주요 구조 부분을 변경함으로써 공정안전보고서를 제출하여야 하는 경우
① 생산량의 증가, 원료 또는 제품의 변경을 위하여 반응기를 교체 또는 추가로 설치하는 경우
② 변경된 생산설비 및 부대설비의 해당 전기정격용량이 300킬로와트 이상 증가한 경우
③ 플레어스택을 설치 또는 변경하는 경우

**[참고]** 공정안전보고서의 제출 대상
① 원유 정제처리업
② 기타 석유정제물 재처리업
③ 석유화학계 기초화학물 제조업 또는 합성수지 및 기타 플라스틱물질 제조업
④ 질소 화합물, 질소·인산 및 칼리질 화학비료 제조업 중 질소질 비료 제조
⑤ 복합비료 및 기타 화학비료 제조업 중 복합비료 제조(단순혼합 또는 배합에 의한 경우는 제외한다)
⑥ 화학 살균·살충제 및 농업용 약제 제조업[농약 원제(原劑) 제조만 해당한다]
⑦ 화약 및 불꽃제품 제조업

실력이 된다! 합격이 된다! 특급 **암기법**

**화재·폭발** – 원유, 석유정제물, 화약 및 불꽃제품
**중독·질식** – 농약, 비료(복합비료, 질소질 비료)

{분석}
자주 출제되는 내용입니다. "해설"을 다시 확인하세요.

**97** 다음 중 유해물 취급상의 안전을 위한 조치사항으로 가장 적절하지 않은 것은?

㉮ 작업적응자의 배치
㉯ 유해물 발생원의 봉쇄
㉰ 유해물의 위치, 작업공정의 변경
㉱ 작업공정의 밀폐와 작업장의 격리

**[해설]** 유해물 취급상의 안전조치
① 유해물 발생원의 봉쇄
② 유해물의 위치, 작업공정의 변경
③ 작업공정의 은폐 및 작업장의 격리

**98** 프로판($C_3H_8$)의 연소에 필요한 최소 산소농도의 값은? (단, 프로판의 폭발하한은 Jone식에 의해 추산한다)

㉮ 8.1vol%
㉯ 11.1vol%
㉰ 15.1vol%
㉱ 20.1vol%

•)) **정답** 95 ㉰ 96 ㉱ 97 ㉮ 98 ㉯

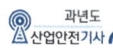 
**해설** **1. 프로판의 폭발하한계**

> Jones식의 폭발하한계 $= 0.55 \times$ Cst
> 폭발상한계 $= 3.50 \times$ Cst
>
> $$C_{st} = \frac{100}{1 + 4.773\left(n + \frac{m - f - 2\lambda}{4}\right)} (\text{vol}\%)$$

여기서, $n$ : 탄소     $m$ : 수소,
       $f$ : 할로겐원소     $\lambda$ : 산소의 원자 수
       4.773 : 공기의 몰 수

$C_3H_8$에서$(n : 3, \ m : 8, \ f : 0, \ \lambda : 0)$

$$C_{st} = \frac{100}{1 + 4.773\left(3 + \frac{8}{4}\right)} = 4.02$$

폭발하한계 $= 0.55 \times$ Cst
              $= 0.55 \times 4.02 = 2.2 \text{vol}\%$

**2. 프로판의 최소 산소 농도**

> MOC 농도
> $=$ 폭발하한계$\times \dfrac{\text{산소의 몰수}}{\text{연료의 몰수}}$ (Vol%)

$1C_3H_8 + 5O_2 = 3CO_2 + 4H_2O$
(여기서 1, 5, 3, 4 = 몰수)

프로판의 최소 산소 농도$= 2.2 \times \dfrac{5}{1} = 11 \text{Vol}\%$

{분석}
vol% = v/v% → 부피에 대한 % 값을 나타낸다.

**99** 포화탄화수소계의 가스에서는 폭발하한계의 농도 X(vol%)와 그의 연소열(kcal/mol) Q의 곱은 일정하게 된다는 Burgess-Wheeler의 법칙이 있다. 연소열이 635.4 kcal/mol인 포화탄화수소 가스의 하한계는 약 얼마인가?

㉮ 1.73%      ㉯ 1.95%
㉰ 2.68%      ㉱ 3.20%

**해설** **Burgess-Wheeler의 법칙**

> 연소하한계의 농도(Vol. %)$\times$
> 연소열(kcal/mol) $=$ 일정(약 1,100kcal)

연소하한계 $= \dfrac{1100}{\text{연소열}} = \dfrac{1100}{635.4} = 1.73\%$

{분석}
출제비중이 낮은 문제입니다.

**100** 다음 중 분진폭발이 발생하기 쉬운 조건으로 적절하지 않은 것은?

㉮ 발열량이 클 것
㉯ 입자의 표면적이 작을 것
㉰ 입자의 형상이 복잡할 것
㉱ 분진의 초기 온도가 높을 것

**해설** **분진폭발에 영향을 미치는 인자**

| ① 입도와 입도분포 | 입자가 작고 표면적이 클수록 폭발이 용이하다. |
|---|---|
| ② 분진의 화학적 성분과 반응성 | 발열량이 클수록, 휘발성분이 많을수록 폭발이 용이하다. |
| ③ 입자의 형상과 표면의 상태 | 입자의 형상이 구형(求刑)일수록 폭발성이 약하고 입자의 표면이 산소에 대한 활성을 가질수록 폭발성이 높다. |
| ④ 분진 속의 수분 | 분진 속에 수분이 있으면 부유성 및 정전기 대전성을 감소시켜 폭발의 위험이 낮아진다. |
| ⑤ 분진의 부유성 | 분진의 부유성이 클수록 공기 중 체류시간이 길어져 폭발이 용이하다. |

**·))정답** 99 ㉮ 100 ㉯

## 제6과목 건설공사 안전 관리

**101** 추락방호망 설치 시 작업 면으로부터 망의 설치지점까지의 수직거리 기준은?

㉮ 5m를 초과하지 아니할 것
㉯ 10m를 초과하지 아니할 것
㉰ 15m를 초과하지 아니할 것
㉱ 17m를 초과하지 아니할 것

**[해설] 추락방호망의 설치**

① 추락방호망의 설치 위치는 가능하면 작업면으로부터 가까운 지점에 설치하여야 하며, 작업면으로부터 망의 설치지점까지의 수직거리는 10미터를 초과하지 아니할 것
② 추락방호망은 수평으로 설치하고, 망의 처짐은 짧은 변 길이의 12퍼센트 이상이 되도록 할 것
③ 건축물 등의 바깥쪽으로 설치하는 경우 망의 내민 길이는 벽면으로부터 3미터 이상 되도록 할 것.

{분석}
실기까지 중요한 내용입니다. "해설"을 암기하세요.

**102** 시스템 동바리를 조립하는 경우 수직재와 받침 철물 연결부의 겹침 길이 기준으로 옳은 것은?

㉮ 받침 철물 전체 길이 1/2 이상
㉯ 받침 철물 전체 길이 1/3 이상
㉰ 받침 철물 전체 길이 1/4 이상
㉱ 받침 철물 전체 길이 1/5 이상

**[해설]** 비계 밑단의 수직재와 받침 철물은 밀착되도록 설치하고, 수직재와 받침 철물의 연결부의 겹침 길이는 받침 철물 전체 길이의 3분의 1 이상이 되도록 할 것

**[참고] 시스템 동바리의 설치방법**

① 수평재는 수직재와 직각으로 설치하여야 하며, 흔들리지 않도록 견고하게 설치할 것
② 연결철물을 사용하여 수직재를 견고하게 연결하고, 연결 부위가 탈락 또는 꺾어지지 않도록 할 것
③ 수직 및 수평하중에 의한 동바리 본체의 변위로부터 구조적 안전성이 확보되도록 조립도에 따라 수직재 및 수평재에는 가새재를 견고하게 설치하도록 할 것
④ 동바리 최상단과 최하단의 수직재와 받침철물은 서로 밀착되도록 설치하고 수직재와 받침철물의 연결부의 겹침길이는 받침철물 전체 길이의 3분의 1 이상 되도록 할 것

{분석}
실기까지 중요한 내용입니다. "참고"를 다시 확인하세요.

**103** 굴착, 싣기, 운반, 흙깔기 등의 작업을 하나의 기계로서 연속적으로 행할 수 있으며 비행장과 같이 대규모 정지작업에 적합하고 피견인식 자주식으로 구분할 수 있는 차량계 건설 기계는?

㉮ 크램쉘(clamshell)
㉯ 로우더(loader)
㉰ 불도저(bulldozer)
㉱ 스크레이퍼(scraper)

**[해설] 스크레이퍼(scraper)**

① 굴착, 적재, 운반, 성토, 흙깔기, 흙 다지기의 작업을 하나의 기계로 사용할 수 있다.
② 불도저보다 운반거리 크다.(중, 장거리 운반이 가능하다)
③ 피견인식과 자주식(모터 스크레이퍼)의 두 종류로 구분한다.

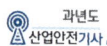 
**104** 부두 등의 하역작업장에서 부두 또는 안벽의 선에 따라 통로를 설치할 때의 최소 폭 기준은?

㉮ 90cm 이상   ㉯ 75cm 이상
㉰ 60cm 이상   ㉱ 45cm 이상

**해설** 부두 또는 안벽의 선을 따라 통로를 설치하는 경우에는 폭을 90센티미터 이상으로 할 것

**105** 안전의 정도를 표시하는 것으로서 재료의 파괴응력도와 허용응력도의 비율을 의미하는 것은?

㉮ 설계하중   ㉯ 안전율
㉰ 인장강도   ㉱ 세장비

**해설** 안전율 $= \dfrac{\text{파괴응력}}{\text{허용응력}}$

**106** 비계의 높이가 2m 이상인 작업장소에는 작업발판을 설치해야 하는데 이 작업발판의 설치기준으로 옳지 않은 것은? (단, 달비계·달대비계 및 말비계를 제외한다)

㉮ 작업발판의 폭은 40cm 이상으로 설치한다.
㉯ 작업발판재료는 뒤집히거나 떨어지지 않도록 둘 이상의 지지물에 연결하거나 고정한다.
㉰ 추락의 위험성이 있는 장소에는 안전난간을 설치한다.
㉱ 발판재료 간의 틈은 5센티미터 이하로 한다.

**해설** ㉱ 발판재료 간의 틈은 3cm 이하로 할 것

**참고** 작업발판 설치 기준
① 발판재료 : 작업 시의 하중을 견딜 수 있도록 견고한 것으로 할 것

② 발판의 폭 : 40cm 이상으로 하고, 발판 재료 간의 틈 : 3cm 이하로 할 것
③ 추락의 위험성이 있는 장소에는 안전 난간을 설치할 것(안전 난간 설치가 곤란한 때, 추락방호망을 치거나 근로자가 안전대를 사용하도록 하는 등 추락에 의한 위험 방지 조치를 한 때에는 그러하지 아니하다)
④ 작업발판의 지지물 : 하중에 의하여 파괴될 우려가 없는 것을 사용할 것
⑤ 작업발판 재료는 뒤집히거나 떨어지지 아니하도록 2 이상의 지지물에 연결하거나 고정시킬 것
⑥ 작업에 따라 이동시킬 때에는 위험 방지 조치를 할 것
⑦ 선박 및 보트 건조작업에서 선박 블록 또는 엔진실 등의 좁은 작업 공간에 작업발판을 설치하는 경우 : 작업발판의 폭을 30센티미터 이상으로 할 수 있고, 걸침 비계의 경우 발판 재료 간의 틈을 3센티미터 이하로 유지하기 곤란하면 5센티미터 이하로 할 수 있다

**{분석}**
**실기까지 중요한 내용입니다. "참고"를 다시 확인하세요.**

**107** 가설통로의 설치 기준으로 옳지 않은 것은?

㉮ 추락할 위험이 있는 장소에는 안전난간을 설치할 것
㉯ 경사가 10°를 초과하는 경우에는 미끄러지지 않는 구조로 할 것
㉰ 경사는 30° 이하로 할 것
㉱ 건설공사에 사용하는 높이 8m 이상인 비계다리에는 7m 이내마다 계단참을 설치할 것

**해설** ㉯ 경사가 15도를 초과하는 때는 미끄러지지 아니하는 구조로 할 것

**참고** 가설통로의 구조
① 견고한 구조로 할 것
② 경사는 30도 이하로 할 것
③ 경사가 15도를 초과하는 때는 미끄러지지 아니하는 구조로 할 것

**정답** 104 ㉮  105 ㉯  106 ㉱  107 ㉯

④ 추락의 위험이 있는 장소에는 안전난간을 설치할 것

⑤ 수직갱 : 길이가 15미터 이상인 때에는 10미터 이내마다 계단참을 설치할 것

⑥ 건설공사에 사용하는 높이 8미터 이상인 비계다리 : 7미터 이내마다 계단참을 설치할 것

**{분석}**
실기까지 중요한 내용입니다. "참고"를 다시 확인하세요.

## 108 다음 중 토석 붕괴의 원인이 아닌 것은?

㉮ 절토 및 성토의 높이 증가

㉯ 사면 법면의 경사 및 기울기의 증가

㉰ 토석의 강도 상승

㉱ 지표수·지하수의 침투에 의한 토사 중량의 증가

**해설** ㉰ 토석의 강도 저하

**참고** 1. **토석 붕괴의 외적 원인**

① 사면, 법면의 경사 및 기울기의 증가
② 절토 및 성토 높이의 증가
③ 공사에 의한 진동 및 반복 하중의 증가
④ 지표수 및 지하수의 침투에 의한 토사 중량의 증가
⑤ 지진, 차량, 구조물의 하중작용
⑥ 토사 및 암석의 혼합층 두께

2. **토석 붕괴의 내적 원인**

① 절토 사면의 토질·암질
② 성토 사면의 토질구성 및 분포
③ 토석의 강도 저하

**{분석}**
실기까지 중요한 내용입니다. "참고"를 다시 확인하세요.

## 109 점토지반의 토공사에서 흙막이 밖에 있는 흙이 안으로 밀려 들어와 내측 흙이 부풀어 오르는 현상은?

㉮ 보일링(boiling)   ㉯ 히빙(heaving)
㉰ 파이핑(piping)   ㉱ 액상화

**해설** **히빙현상**

① 연약한 점토지반에서 굴착에 의한 흙막이 내·외면의 흙의 중량 차이(토압)로 인해 굴착저면의 흙이 부풀어 올라오는 현상을 말한다.
② 흙막이 바깥 흙이 안으로 밀려든다.

**참고** **보일링(Boiling)현상**

① 사질토 지반에서 굴착저면과 흙막이 배면과의 수위 차이로 인해 굴착저면의 흙과 물이 함께 위로 솟구쳐 오르는 현상(모래의 액상화 현상)을 말한다.
② 모래가 액상화되어 솟아오른다.

**{분석}**
실기까지 중요한 내용입니다.
"참고"와 구분하여 기억하세요.

## 110 공사 진척에 따른 산업안전보건관리비 사용 기준은 얼마 이상인가? (단, 공정률이 70% 이상 ~ 90% 미만일 경우)

㉮ 50%   ㉯ 60%
㉰ 70%   ㉱ 90%

**해설** 공사 진척에 따른 산업안전보건관리비 사용기준

| 공정률 | 사용기준 |
|---|---|
| 50퍼센트 이상 70퍼센트 미만 | 50퍼센트 이상 |
| 70퍼센트 이상 90퍼센트 미만 | 70퍼센트 이상 |
| 90퍼센트 이상 | 90퍼센트 이상 |

## 111 차량계 하역운반기계에 화물을 적재하는 때의 준수사항으로 옳지 않은 것은?

㉮ 하중이 한쪽으로 치우치지 않도록 적재할 것

㉯ 구내운반차 또는 화물자동차의 경우 화물의 붕괴 또는 낙하에 의한 위험을 방지하기 위하여 화물에 로프를 거는 등 필요한 조치를 할 것

🔊 **정답** 108 ㉰ 109 ㉯ 110 ㉰ 111 ㉱

ⓒ 운전자의 시야를 가리지 않도록 화물을 적재할 것

ⓔ 차륜의 이상 유무를 점검할 것

**[해설]** 차량계 하역운반기계에 화물적재 시의 조치

① 하중이 한쪽으로 치우치지 않도록 적재할 것
② 구내운반차 또는 화물자동차의 경우 화물의 붕괴 또는 낙하에 의한 위험을 방지하기 위하여 화물에 로프를 거는 등 필요한 조치를 할 것
③ 운전자의 시야를 가리지 않도록 화물을 적재할 것
④ 화물을 적재하는 경우에는 최대적재량을 초과해서는 아니 된다.

{분석}
실기까지 중요한 내용입니다.
"해설"을 다시 확인하세요.

**112** 높이 또는 깊이 2m 이상의 추락할 위험이 있는 장소에서 작업을 할 때의 필수 착용 보호구는?

㉮ 보안경
㉯ 방진마스크
㉰ 방열복
㉱ 안전대

**[해설]** 높이 또는 깊이 2m 이상의 추락할 위험이 있는 장소에서 작업을 할 때는 안전대를 착용하여야 한다.

**113** 잠함 또는 우물통의 내부에서 굴착 작업을 하는 경우에 잠함 또는 우물통의 급격한 침하에 의한 위험 방지를 위해 바닥으로부터 천장 또는 보까지의 높이는 최소 얼마 이상으로 하여야 하는가?

㉮ 1.8m
㉯ 2m
㉰ 2.5m
㉱ 3m

**[해설]** 잠함 또는 우물통의 내부에서 굴착작업 시 급격한 침하로 인한 위험 방지 조치

① 침하관계도에 따라 굴착방법 및 재하량(載荷量) 등을 정할 것
② 바닥으로부터 천장 또는 보까지의 높이는 1.8미터 이상으로 할 것

{분석}
실기까지 중요한 내용입니다.
"해설"을 다시 확인하세요.

**114** 유해·위험방지계획서의 첨부 서류에서 공사 개요 및 안전보건관리계획에 해당되지 않는 항목은?

㉮ 산업안전보건관리비 사용계획
㉯ 안전관리조직표
㉰ 재해 발생 위험시 연락 및 대피방법
㉱ 근로자 건강진단 실시 계획

**[해설]** 건설공사 유해위험방지계획서 첨부 서류

1. 공사 개요 및 안전보건관리계획
   가. 공사 개요서
   나. 공사현장의 주변 현황 및 주변과의 관계를 나타내는 도면(매설물 현황을 포함)
   다. 건설물, 사용 기계설비 등의 배치를 나타내는 도면
   라. 전체 공정표
   마. 산업안전보건관리비 사용계획
   바. 안전관리 조직표
   사. 재해발생 위험 시 연락 및 대피방법
2. 작업 공사 종류별 유해·위험방지계획

{분석}
법규내용 변경으로 문제 일부를 수정하였습니다.

**115** 철골작업에서는 강풍과 같은 악천후 시 작업을 중지하도록 하여야 하는데, 건립 작업을 중지하여야 하는 풍속 기준은?

㉮ 7m/s 이상     ㉯ 10m/s 이상
㉰ 14m/s 이상    ㉱ 17m/s 이상

●)) 정답  112 ㉱  113 ㉮  114 ㉱  115 ㉯

**[해설]** 철골작업을 중지해야 하는 조건

㉮ 풍속이 초당 10미터 이상인 경우
㉯ 강우량이 시간당 1mm 이상인 경우
㉰ 강설량이 시간당 1cm 이상인 경우

**116** 거푸집 동바리 등을 조립하는 경우에 준수하여야 할 안전조치 기준으로 옳지 않은 것은?

㉮ 동바리로 사용하는 강관은 높이 2m 이내마다 수평연결재를 2개 방향으로 만들고 수평연결재의 변위를 방지할 것
㉯ 동바리로 사용하는 파이프 서포트는 3개 이상 이어서 사용하지 않도록 할 것
㉰ 동바리로 사용하는 파이프 서포트를 이어서 사용하는 경우에는 5개 이상의 볼트 또는 전용철물을 사용하여 이을 것
㉱ 동바리로 사용하는 강관틀과 강관틀 사이에는 교차가새를 설치할 것

**[해설]** 동바리로 사용하는 파이프서포트의 조립 시 준수사항

• 파이프서포트를 3개본 이상이어서 사용하지 아니하도록 할 것
• 파이프서포트를 이어서 사용할 때에는 4개 이상의 볼트 또는 전용철물을 사용하여 이을 것
• 높이가 3.5미터를 초과하는 경우에는 높이 2미터 이내마다 수평연결재를 2개 방향으로 만들고 수평연결재의 변위를 방지할 것

{분석}
실기까지 중요한 내용입니다. "해설"을 암기하세요.

**117** 굴착공사에 있어서 비탈면붕괴를 방지하기 위하여 행하는 대책이 아닌 것은?

㉮ 지표수의 침투를 막기 위해 표면배수공을 한다.
㉯ 지하수위를 내리기 위해 수평배수공을 한다.
㉰ 비탈면 하단을 성토한다.
㉱ 비탈면 상부에 토사를 적재한다.

**[해설]** ㉱ 비탈면 상부에 토사를 적재할 경우 붕괴위험은 더 커진다.

**118** 해체용 장비로서 작은 부재의 파쇄에 유리하고 소음, 진동 및 분진이 발생되므로 작업원은 보호구를 착용하여야 하고 특히 작업원의 작업시간을 제한하여야 하는 장비는?

㉮ 천공기
㉯ 쇄석기
㉰ 철재해머
㉱ 핸드 브레이커

**[해설]** 핸드 브레이커

압축공기, 유압의 급속한 충격력에 의거 콘크리트 등을 해체할 때 사용하는 것으로 다음 각 호의 사항을 준수하여야 한다.
① 끌의 부러짐을 방지하기 위하여 작업 자세는 하향 수직 방향으로 유지하도록 하여야 한다.
② 기계는 항상 점검하고, 호오스의 꼬임·교차 및 손상 여부를 점검하여야 한다.
③ 작은 부재의 파쇄에 유리하고 소음, 진동 및 분진이 발생되므로 작업원은 보호구를 착용하여야 하고 작업원의 작업시간을 제한하여야 한다.

**[정답]** 116 ㉰ 117 ㉱ 118 ㉱

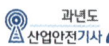
**119** 이동식 비계를 조립하여 사용할 때 밑변 최소 폭의 길이가 2m라면 이 비계의 사용 가능한 최대 높이는?

㉮ 4m

㉯ 8m

㉰ 10m

㉱ 14m

해설. 이동식 비계 설치 높이 : 밑변 최소 높이의 4배 이내
$4 \times 2 = 8m$ 이내

**120** 흙막이 지보공을 설치하였을 때 정기 점검 사항에 해당되지 않는 것은?

㉮ 검지부의 이상 유무

㉯ 버팀대의 긴압의 정도

㉰ 침하의 정도

㉱ 부재의 손상, 변형, 부식, 변위 및 탈락의 유무와 상태

해설. 흙막이 지보공을 설치한 때 점검 사항
① 부재의 손상·변형·부식·변위 및 탈락의 유무와 상태
② 버팀대의 긴압의 정도
③ 부재의 접속부·부착부 및 교차부의 상태
④ 침하의 정도

> {분석}
> **실기까지 중요한 내용입니다. 암기하세요.**

# 02회 2013년 산업안전기사 최근 기출문제

**제1과목 • 산업재해 예방 및 안전보건교육**

**01** 1일 근무시간이 9시간이고, 지난 한 해 동안의 근무일이 300일인 A 사업장의 재해 건수는 24건, 의사 진단에 의한 총 휴업일수는 3,650일이었다. 해당 사업장의 도수율과 강도율은 얼마인가? (단, 사업장의 평균 근로자 수는 450명이다)

㉮ 도수율 : 0.02 　 강도율 : 2.55
㉯ 도수율 : 0.19 　 강도율 : 0.25
㉰ 도수율 : 19.75 　 강도율 : 2.47
㉱ 도수율 : 20.43 　 강도율 : 2.55

**[해설]**

$$도수율(빈도율) = \frac{재해 건수}{연근로시간수} \times 10^6$$

$$강도율 = \frac{총요양근로손실일수}{연근로시간수} \times 1,000$$

※ 근로손실일수 = 휴업일수, 요양일수, 입원일수 × $\frac{300(실제근로일수)}{365}$

$$도수율 = \frac{24}{450 \times 300 \times 9} \times 10^6 = 19.75$$

$$강도율 = \frac{3650 \times \frac{300}{365}}{450 \times 300 \times 9} \times 1,000 = 2.47$$

{분석}
반드시 풀이할 수 있어야 합니다.

**02** 산업안전보건 법령상 안전 인증 절연장갑에 안전 인증 표시 외에 추가로 표시하여야 하는 내용 중 등급별 색상의 연결이 옳은 것은?

㉮ 00등급 : 갈색
㉯ 0등급 : 흰색
㉰ 1등급 : 노란색
㉱ 2등급 : 빨간색

**[해설]** 안전인증 절연장갑에는 안전인증의 표시 외에 다음 각목의 내용을 추가로 표시해야 한다.
㉮ 등급별 사용전압
㉯ 등급별 색상
　• 00등급 : 갈색 　• 0등급 : 빨간색
　• 1등급 : 흰색 　• 2등급 : 노란색
　• 3등급 : 녹색 　• 4등급 : 등색

{분석}
**실기에도 간혹 출제되는 내용입니다. 암기하세요.**

**03** 다음 중 OFF JT(Off the Job Training)의 특징으로 옳은 것은?

㉮ 훈련에만 전념할 수 있다.
㉯ 상호 신뢰 및 이해도가 높아진다.
㉰ 개개인에게 적절한 지도훈련이 가능하다.
㉱ 직장의 실정에 맞게 실제적 훈련이 가능하다.

**[해설]** ㉯, ㉰, ㉱는 OJT 특징이다.

•)) 정답　01 ㉰　02 ㉮　03 ㉮

| OJT의 특징 | ① 개개인에게 적절한 훈련이 가능하다.<br>② 직장의 실정에 맞는 훈련이 가능하다.<br>③ 교육효과가 즉시 업무에 연결된다.<br>④ 훈련에 대한 업무의 계속성이 끊어지지 않는다.<br>⑤ 상호 신뢰 이해도가 높다. |
|---|---|
| OFF JT의 특징 | ① 다수의 근로자들에게 훈련을 할 수 있다.<br>② 훈련에만 전념하게 된다.<br>③ 특별설비기구 이용이 가능하다.<br>④ 많은 지식이나 경험을 교류할 수 있다.<br>⑤ 교육 훈련 목표에 대하여 집단적 노력이 흐트러질 수 있다. |

{분석}
자주 출제되는 내용입니다. "해설"을 다시 확인하세요.

**04** 다음 중 산업안전보건법상의 안전·보건교육 중 관리감독자 정기교육의 내용이 아닌 것은? (단, 산업안전보건법령 및 산업재해보상보험제도에 관한 사항은 제외한다)

㉮ 정리 정돈 및 청소에 관한 사항
㉯ 유해·위험 작업환경 관리에 관한 사항
㉰ 표준 안전 작업 방법 및 지도요령에 관한 사항
㉱ 작업공정의 유해·위험과 재해 예방대책에 관한 사항

**[해설]** 관리감독자의 정기안전·보건교육
① 산업안전 및 산업재해 예방에 관한 사항(화재·폭발 사고 발생 시 대피에 관한 사항을 포함한다)
② 산업보건 및 건강장해 예방에 관한 사항(폭염·한파작업으로 인한 건강장해 발생 시 응급조치에 관한 사항을 포함한다)
③ 유해·위험 작업환경 관리에 관한 사항
④ 산업안전보건법령 및 산업재해보상보험 제도에 관한 사항
⑤ 직무스트레스 예방 및 관리에 관한 사항
⑥ 직장 내 괴롭힘, 고객의 폭언 등으로 인한 건강장해 예방 및 관리에 관한 사항
⑦ 위험성평가에 관한 사항
⑧ 작업공정의 유해·위험과 재해 예방대책에 관한

사항
⑨ 표준안전 작업방법 결정 및 지도·감독 요령에 관한 사항
⑩ 비상 시 또는 재해 발생 시 긴급조치에 관한 사항
⑪ 사업장 내 안전보건관리체제 및 안전·보건조치 현황에 관한 사항
⑫ 현장근로자와의 의사소통능력 및 강의능력 등 안전보건교육 능력 배양에 관한 사항
⑬ 그 밖의 관리감독자의 직무에 관한 사항

*실력이 되고! 합격이 되는!* **특급 암기법**

공통 항목(관리감독자, 근로자)
1. 관리자는 법, 산재보상제도를 알자.
2. 관리자는 건강을 보존(산업보건)하고 건강장해, 스트레스, 괴롭힘, 폭언 예방하자!
3. 관리자는 유해위험 환경을 관리해서 안전하고 산업재해 예방하자!
4. 관리자는 위험성을 평가하자!

관리감독자 정기교육의 특징
1. 관리자는 유해위험의 재해예방대책 세우자!
2. 관리자는 안전 작업방법 결정해서 감독하자!
3. 관리자는 재해발생 시 긴급조치하자!
4. 관리자는 안전보건 조치하자!
5. 관리자는 안전보건교육 능력 배양하자!

**[참고]** 1. 관리감독자의 채용 시 교육 및 작업내용 변경 시 교육
① 산업안전 및 산업재해 예방에 관한 사항(화재·폭발 사고 발생 시 대피에 관한 사항을 포함한다)
② 산업보건 및 건강장해 예방에 관한 사항
③ 산업안전보건법령 및 산업재해보상보험 제도에 관한 사항
④ 직무스트레스 예방 및 관리에 관한 사항
⑤ 직장 내 괴롭힘, 고객의 폭언 등으로 인한 건강장해 예방 및 관리에 관한 사항
⑥ 위험성평가에 관한 사항
⑦ 기계·기구의 위험성과 작업의 순서 및 동선에 관한 사항
⑧ 작업 개시 전 점검에 관한 사항
⑨ 물질안전보건자료에 관한 사항
⑩ 사업장 내 안전보건관리체제 및 안전·보건조치 현황에 관한 사항
⑪ 표준안전 작업방법 결정 및 지도·감독 요령에 관한 사항
⑫ 비상 시 또는 재해 발생 시 긴급조치에 관한 사항
⑬ 그 밖의 관리감독자의 직무에 관한 사항

**정답** 04 ㉮

**공통 항목 – 채용 시 근로자 교육과 동일**

1. 신규 관리자는 법, 산재보상제도를 알자!
2. 신규 관리자는 건강을 보존(산업보건)하고 건강장해, 스트레스, 괴롭힘, 폭언 예방하자!
3. 신규 관리자는 안전하고 산업재해 예방하자!
4. 신규 관리자는 위험성을 평가하자!

**채용 시 근로자 교육 중 "정리정돈 청소"제외**

1. 신규 관리자는 기계·기구 위험성, 작업순서, 동선을 알자!
2. 신규 관리자는 취급물질의 위험성(물질안전보건자료)을 알자!
3. 신규 관리자는 작업 전 점검하자!

**신규 관리자 내용 추가**

1. 신규 관리자는 안전보건 조치하자!
2. 신규 관리자는 안전 작업방법 결정해서 감독하자!
3. 신규 관리자는 재해 시 긴급조치하자!

**2. 근로자 채용 시 교육 및 작업내용 변경 시 교육**

① 산업안전 및 산업재해 예방에 관한 사항(화재·폭발 사고 발생 시 대피에 관한 사항을 포함한다)
② 산업보건 및 건강장해 예방에 관한 사항
③ 산업안전보건법령 및 산업재해보상보험제도에 관한 사항
④ 직무스트레스 예방 및 관리에 관한 사항
⑤ 직장 내 괴롭힘, 고객의 폭언 등으로 인한 건강장해 예방 및 관리에 관한 사항
⑥ 기계·기구의 위험성과 작업의 순서 및 동선에 관한 사항
⑦ 물질안전보건자료에 관한 사항
⑧ 작업 개시 전 점검에 관한 사항
⑨ 정리정돈 및 청소에 관한 사항
⑩ 사고 발생 시 긴급조치에 관한 사항
⑪ 위험성 평가에 관한 사항

**공통 항목**

1. 신규자는 법, 산재보상제도를 알자!
2. 신규자는 건강을 보존(산업보건)하고 건강장해, 스트레스, 괴롭힘, 폭언 예방하자!
3. 신규 관리자는 안전하고 산업재해 예방하자!
4. 신규자는 위험성을 평가하자!

신규채용자는 회사에 처음 입사해서 처음 일을 하는 근로자, 안전하게 일하기 위한 기본내용을 교육한다.

1. 신규자는 기계·기구 위험성, 작업순서, 동선을 알자!
2. 신규자는 취급물질의 위험성(물질안전보건자료)을 알자!
3. 신규자는 작업 전 점검하자!
4. 신규자는 항상 정리정돈 청소하자!
5. 신규자는 사고 시 조치를 알자!

**{분석}**
실기에도 자주 출제되는 내용입니다.
반드시 암기하세요.

**05** 다음 중 Y – G 성격검사에서 "안전, 적응, 적극형"에 해당하는 형의 종류는?

㉮ A형   ㉯ B형
㉰ C형   ㉱ D형

**해설** Y-G(Yatabe Guilford)

① A형(평균형) : 조화적, 적응적
② B형(右偏형) : 정서 불안정, 활동적, 외향적 (불안정, 부적응, 적극형)
③ C형(左偏형) : 안전, 소극형(온순, 소극적, 안정, 비활동, 내향적)
④ D형(右下형) : 안정, 적응, 적극형(정서 안정, 사회 적응, 활동적, 대인관계 양호)
⑤ E형(左下형) : 불안정, 부적응, 수동형(D형과 반대)

**06** 다음의 교육내용과 관련 있는 교육은?

> – 작업 동작 및 표준작업 방법의 습관화
> – 공구·보호구 등의 관리 및 취급 태도의 확립
> – 작업 전후의 점검, 검사 요령의 정확화 및 습관화

㉮ 지식 교육   ㉯ 기능 교육
㉰ 태도 교육   ㉱ 문제 해결 교육

**해설** 안전 작업 방법의 습관화, 태도 확립 → 태도 교육

🔊 **정답** 05 ㉱ 06 ㉰

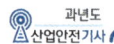
**07** 새로운 자료나 교재를 제시하고, 문제점을 피교육자로 하여금 제기하도록 하거나 의견을 여러 가지 방법으로 발표하게 하여 청중과 토론자 간 활발한 의견 개진과 합의를 도축해가는 토의 방법은?

㉮ 포럼(Forum)
㉯ 심포지엄(Symposium)
㉰ 자유토의(Free discussion)
㉱ 패널 디스커션(Panel discussion)

**해설** 포럼(Forum)

새로운 자료나 교재를 제시, 거기서의 문제점을 피교육자로 하여금 제기하게 하여 발표하고 토의하는 방법이다.

**참고** 1. **심포지엄(Symposium)** : 몇 사람의 전문가에 의하여 과제에 관한 견해를 발표한 뒤 참가자로 하여금 의견이나 질문을 하게 하여 토의하는 방법이다.
2. **패널 디스커션(Panel discussion)** : 패널 멤버(교육과제에 정통한 전문가 4~5명)가 피교육자 앞에서 토의를 하고, 뒤에 피교육자 전원이 참가하여 사회자의 사회에 따라 토의하는 방법이다.
3. **자유토의(free discussion)** : 전체가 제시된 주제에 대하여 고정된 절차 없이 자유롭게 토의하는 방법이다.

{분석}
자주 출제되는 내용입니다. "참고"를 다시 확인하세요.

**08** 다음 중 불안전한 행동에 속하지 않는 것은?

㉮ 보호구 미착용
㉯ 부적절한 도구 사용
㉰ 방호장치 미설치
㉱ 안전장치 기능 제거

**해설** ㉰ 방호장치 미설치는 불안전한 상태에 해당한다.

**참고**

| 인적 원인<br>(불안전한 행동) | 물적 원인<br>(불안전한 상태) |
|---|---|
| • 위험장소 접근<br>• 안전장치의 기능 제거<br>• 복장, 보호구의 잘못 사용<br>• 기계기구 잘못 사용<br>• 운전 중인 기계장치의 손질<br>• 불안전한 속도 조작<br>• 위험물 취급 부주의<br>• 불안전한 상태 방치<br>• 불안전한 자세·동작<br>• 감독 및 연락 불충분 | • 물 자체의 결함<br>• 안전 방호장치의 결함<br>• 복장, 보호구의 결함<br>• 물의 배치 및 작업장소 불량<br>• 작업환경의 결함<br>• 생산공정의 결함<br>• 경계표시, 설비의 결함 |

**09** 다음 중 안전보건관리규정에 반드시 포함되어야 할 사항으로 볼 수 없는 것은?

㉮ 작업장 보건관리
㉯ 재해코스트 분석 방법
㉰ 사고 조사 및 대책 수립
㉱ 안전·보건 관리조직과 그 직무

**해설** 안전보건관리규정의 포함사항

① 안전·보건 관리조직과 그 직무에 관한 사항
② 안전·보건교육에 관한 사항
③ 작업장의 안전 및 보건관리에 관한 사항
④ 사고 조사 및 대책 수립에 관한 사항
⑤ 그 밖에 안전·보건에 관한 사항

**참고** 1. 사업주는 안전보건관리규정을 작성하여야 할 사유가 발생한 날부터 30일 이내에 안전보건관리규정을 작성하여야 한다.
2. 사업주는 안전보건관리규정을 작성하거나 변경할 때에는 산업안전보건위원회의 심의·의결을 거쳐야 한다. 다만, 산업안전보건위원회가 설치되어 있지 아니한 사업장의 경우에는 근로자 대표의 동의를 받아야 한다.

{분석}
실기까지 중요한 내용입니다. 암기하세요.

•)) **정답** 07 ㉮ 08 ㉰ 09 ㉯

## 10
산업안전보건법령상 잠함(潛函) 또는 잠수작업 등 높은 기압에서 하는 작업에 종사하는 근로자의 근로 제한 시간으로 옳은 것은?

㉮ 1일 6시간, 1주 34시간 초과 금지
㉯ 1일 6시간, 1주 36시간 초과 금지
㉰ 1일 8시간, 1주 40시간 초과 금지
㉱ 1일 8시간, 1주 44시간 초과 금지

**[해설]** 잠수시간은 1일 6시간, 1주 34시간을 초과하지 아니할 것

**[참고]** 1. 고압시간
① 고압실 내 작업자에게 가압을 시작한 때부터 감압을 시작하는 때까지의 시간을 말한다.
② 고압 시간은 1일 6시간, 1주 34시간을 초과하지 아니할 것

2. 잠수시간
① 잠수작업자가 잠수를 시작한 때부터 부상을 시작하는 때까지의 시간을 말한다.
② 잠수시간은 1일 6시간, 1주 34시간을 초과하지 아니할 것
③ 감압의 속도로 매분 매제곱센티미터당 0.8 킬로그램 이하로 할 것

## 11
다음 중 산업 재해의 분석 및 평가를 위하여 재해 발생 건수 등의 추이에 대해 한계선을 설정하여 목표 관리를 수행하는 재해 통계 분석 기법은?

㉮ 폴리건     ㉯ 관리도
㉰ 파레토도     ㉱ 특성요인도

**[해설]** 재해통계 방법
① 파레토도(polygon) : 사고 유형, 기인물 등 데이터를 분류하여 그 항목값이 큰 순서대로 정리하여 막대그래프로 나타낸다.
② 특성요인도(cause & effect diagram) : 재해와 그 요인의 관계를 어골상으로 세분화하여 나타낸다.
③ 크로스(cross) 분석 : 2가지 또는 2개 항목 이상의 요인이 상호관계를 유지할 때 문제를 분석하는데 사용된다.

④ 관리도(control chart) : 시간경과에 따른 재해 발생 건수 등 대략적인 추이 파악에 사용된다.

**{분석}** 자주 출제되는 내용입니다. "해설"을 다시 확인하세요.

## 12
다음 중 헤드십(head-ship)의 특성이 아닌 것은?

㉮ 지휘 형태는 권위주의적이다.
㉯ 권한 행사는 임명된 헤드이다.
㉰ 부하와의 사회적 간격은 넓다.
㉱ 상관과 부하와의 관계는 개인적인 영향이다.

**[해설]** 리더십과 헤드십의 특성

| 구분 | 리더십 | 헤드십 |
|---|---|---|
| 권한 행사 | 선출된 리더 | 임명된 헤드 |
| 권한 부여 | 밑으로부터의 동의에 의함 | 위에서 위임하는 형태 |
| 권한 귀속 | 공로인정 | 공식화된 규정에 따름 |
| 상사, 부하관계 | 상사, 부하관계가 개인적이며 좁다. | 상사, 부하관계가 지배적이고 넓다. |
| 지휘 형태 | 민주주의적 | 권위주위적 |
| 책임 귀속 | 상사와 부하 | 상사 |
| 권한 근거 | 개인적 | 법적, 공식적 |

**{분석}** 자주 출제되는 내용입니다. "해설"을 다시 확인하세요.

## 13
다음 중 산업안전보건법령상 안전 인증 대상 기계·기구 및 설비, 방호장치에 해당하지 않는 것은?

㉮ 롤러기
㉯ 압력용기
㉰ 동력식 수동대패용 칼날 접촉 방지장치
㉱ 방폭구조(防爆構造) 전기기계·기구 및 부품

🔊 **정답** 10 ㉮ 11 ㉯ 12 ㉱ 13 ㉰

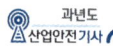
**[해설] [1] 기계 기구**

**[안전인증 대상 기계·기구]**

1. 설치·이전하는 경우 안전인증을 받아야 하는 기계·기구
   가. 크레인
   나. 리프트
   다. 곤돌라

2. 주요 구조 부분을 변경하는 경우 안전인증을 받아야 하는 기계·기구
   ① 프레스
   ② 전단기 및 절곡기(折曲機)
   ③ 크레인
   ④ 리프트
   ⑤ 압력용기
   ⑥ 롤러기
   ⑦ 사출성형기(射出成形機)
   ⑧ 고소(高所)작업대
   ⑨ 곤돌라

**유사한 종류끼리 묶어서 암기**
**손 다치는 기계** – 프레스, 전단기 및 절곡기, 사출성형기, 롤러기
**양중기** – 크레인, 리프트, 곤돌라
**폭발** – 압력용기
**추락** – 고소작업대

**[안전인증 대상 방호장치]**

① 프레스 및 전단기 방호장치
② 양중기용 과부하방지장치
③ 보일러 압력방출용 안전밸브
④ 압력용기 압력방출용 안전밸브
⑤ 압력용기 압력방출용 파열판
⑥ 절연용 방호구 및 활선작업용 기구
⑦ 방폭구조 전기기계 기구 및 부품
⑧ 추락·낙하 및 붕괴 등의 위험 방지 및 보호에 필요한 가설기자재
⑨ 충돌·협착 등의 위험 방지에 필요한 산업용 로봇 방호장치

**안전인증 대상 중**
**손 다치는 기계** – 프레스 전단기의 방호장치
**양중기** – 과부하방지장치
**폭발** – 보일러 안전밸브, 압력용기 안전밸브, 파열판
**충돌** – 산업용 로봇
**전기** – 방폭구조, 절연용 방호구, 활선작업용 기구

**{분석}**
실기에도 자주 출제되는 중요한 내용입니다.
"해설"을 반드시 암기하세요.

**14** 학습지도의 원리에 있어 다음 설명에 해당하는 것은?

> 학습자가 지니고 있는 각자의 요구와 능력 등에 알맞은 학습활동의 기회를 마련해 주어야 한다는 원리

㉮ 직관의 원리
㉯ 자기활동의 원리
㉰ 개별화의 원리
㉱ 사회화의 원리

**[해설] 학습지도의 원리**

① 자발성의 원리 : 학습자 스스로가 능동적으로 학습활동에 의욕을 가지고 참여하도록 하는 원리
② 개별화의 원리 : 학습자를 존중하고, 학습자 개개인의 능력, 소질, 성향 등 모든 발달 가능성을 신장시키려는 원리
③ 목적의 원리 : 학습자는 학습목표가 분명하게 인식되었을 때 자발적이고 적극적인 학습활동을 하게 된다.
④ 사회화의 원리 : 학교교육을 통하여 학생들이 사회화되어 유용한 사회인으로 육성시키고자 하는 교육이다.
⑤ 통합화의 원리 : 학습자를 전체적 인격체로 보고 그에게 내재하여 있는 모든 능력을 조화적으로 발달시키기 위한 생활 중심의 통합교육을 원칙으로 하는 원리
⑥ 직관의 원리(직접경험의 원리) : 학습에 있어 언어 위주로 설명을 하는 수업보다는 구체적인 사물을 학습자가 직접 경험해 봄으로써 학습의 효과를 높일 수 있는 원리

**정답 14 ㉰**

**15** 다음 중 브레인스토밍(Brain-storming) 기법의 4원칙에 관한 설명으로 틀린 것은?

㉮ 한사람이 많은 의견을 제시할 수 있다.
㉯ 타인의 의견을 수정하여 발언할 수 있다.
㉰ 타인의 의견에 대하여 비판, 비평하지 않는다.
㉱ 의견을 발언할 때에는 주어진 요건에 맞추어 발언한다.

**해설** ㉮ 대량 발언
㉯ 수정 발언
㉰ 비판 금지

**참고** 브레인스토밍의 4원칙

· 비판 금지 : 좋다, 나쁘다 비판은 하지 않는다.
· 자유 분방 : 마음대로 자유로이 발언한다.
· 대량 발언 : 무엇이든 좋으니 많이 발언한다.
· 수정 발언 : 타인의 생각에 동참하거나 보충 발언해도 좋다.

{분석}
자주 출제되는 내용입니다. "해설"을 다시 확인하세요.

**16** 다음 중 부주의의 발생 원인별 대책 방법이 올바르게 짝지어진 것은?

㉮ 소질적 문제 – 안전교육
㉯ 경험, 미경험 – 적성배치
㉰ 의식의 우회 – 작업환경 개선
㉱ 작업순서의 부적합 – 인간 공학적 접근

**해설** 부주의의 원인과 대책

① 소질적 문제 : 적성 배치
② 의식의 우회 : 카운슬링
③ 경험, 미경험자 : 안전교육, 훈련
④ 작업환경 조건 불량 : 환경 대비
⑤ 작업순서의 부적당 : 작업순서 정비

**17** 다음 중 산업안전보건법령상 [그림]에 해당하는 안전 · 보건표지의 명칭으로 옳은 것은?

㉮ 물체이동 경고
㉯ 양중기 운행 경고
㉰ 낙하위험 경고
㉱ 매달린 물체 경고

**해설**
 매달린 물체 경고

**18** 다음과 같은 경우 산업재해기록 · 분류 기준에 따라 분류한 재해의 발생형태로 옳은 것은?

재해자가 넘어짐으로 인하여 기계의 동력 전달 부위 등에 신체의 일부가 끼여 신체의 일부가 절단되었다.

㉮ 넘어짐          ㉯ 끼임
㉰ 부딪힘          ㉱ 절단

**해설** 신체가 절단된 식접 원인은 기계에 끼임이 원인이므로 재해 발생형태는 '끼임'이 된다.

**참고** 재해 발생형태의 분류 기준

1. 두 가지 이상의 발생형태가 연쇄적으로 발생된 재해의 경우는 상해 결과 또는 피해를 크게 유발한 형태로 분류한다.

•)) 정답 15 ㉱ 16 ㉱ 17 ㉱ 18 ㉯

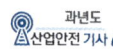
| 재해자가 「넘어짐」으로 인하여 기계의 동력전달부위 등에 끼이는 사고가 발생하여 신체부위가 「절단」된 경우 | 「끼임」 |
|---|---|
| 재해자가 구조물 상부에서 「넘어짐」으로 인하여 사람이 떨어져 두개골 골절이 발생한 경우 | 「떨어짐」 |
| 재해자가 「넘어짐」 또는 「떨어짐」으로 물에 빠져 익사한 경우 | 「빠짐·익사」 |

2. 「떨어짐」과 「넘어짐」의 분류

| 바닥면과 신체가 떨어진 상태로 더 낮은 위치로 떨어진 경우 | 「떨어짐」 |
|---|---|
| 바닥면과 신체가 접해있는 상태에서 더 낮은 위치로 떨어진 경우 | 「넘어짐」 |
| 신체가 바닥면과 접해있었는지 여부를 알 수 없는 경우에는 작업발판 등 구조물의 높이가 보폭(약 60cm) 이상인 경우 | 「떨어짐」 |
| 보폭 미만인 경우 | 「넘어짐」 |

3. 「맞음」, 「이상온도 접촉」 또는 「화학물질 누출·접촉」의 분류

| 물체 또는 물질이 떨어지거나 날아와 타박상 등의 상해를 입었을 경우 | 「맞음」 |
|---|---|
| 고·저온 물체 또는 물질이 떨어지거나 날아와 화상을 입었을 경우 | 「이상온도 접촉」 |
| 떨어지거나 날아온 물체 또는 물질의 특성에 의하여 상해를 입은 경우 | 「화학물질 누출·접촉」 |

{분석}
관련 법규내용 변경으로 문제 일부를 수정하였습니다.

**19** 다음 중 무재해운동 추진의 3요소에 관한 설명과 가장 거리가 먼 것은?

㉮ 모든 재해는 잠재요인을 사전에 발견·파악·해결함으로써 근원적으로 산업재해를 없애야 한다.

㉯ 안전보건은 최고경영자의 무재해 및 무질병에 대한 확고한 경영자세로 시작된다.

㉰ 안전보건을 추진하는 데에는 관리감독자들의 생산 활동 속에 안전보건을 실천하는 것이 중요하다.

㉱ 안전보건은 각자 자신의 문제이며, 동시에 동료의 문제로서 직장의 팀 멤버와 협동 노력하여 자주적으로 추진하는 것이 필요하다.

[해설] **무재해 운동의 3요소**
① 최고 경영자의 경영자세 : 안전보건은 최고경영자의 무재해, 무질병에 대한 확고한 경영자세로부터 시작된다.
② 라인관리자에 의한 안전보건 추진 : 관리감독자들(Line)이 생산활동 속에서 안전보건을 함께 실천하는 것이 성공의 지름길이다.
③ 직장의 자주안전 활동의 활성화 : 직장의 팀 구성원과의 협동노력으로 자주적인 안전활동을 추진해 가는 것이 필요하다.

{분석}
"참고"내용을 확인하세요.

**20** 다음 중 작업을 하고 있을 때 긴급 이상 상태 또는 돌발 사태가 되면 순간적으로 긴장하게 되어 판단 능력의 둔화 또는 정지 상태가 되는 것을 무엇이라고 하는가?

㉮ 의식의 우회　　㉯ 의식의 과잉
㉰ 의식의 단절　　㉱ 의식의 수준 저하

[해설] 긴급상황, 돌발 사태 시에는 의식의 과잉 현상이 일어난다.

•))정답 19 ㉮  20 ㉯

③ 차폐장치, 흡음제 사용
④ 음향처리제 사용
⑤ 적절한 배치(Layout)
⑥ 배경음악
⑦ 보호구 사용 : 귀마개, 귀덮개(가장 소극적인 대책)

{분석}
**필기에 자주 출제되는 내용입니다.**

---

## 제2과목 • 인간공학 및 위험성 평가 · 관리

**21** 한 화학공장에는 24개의 공정제어회로가 있으며, 4,000시간의 공정 가동 중 이 회로에는 14번의 고장이 발생하였고, 고장이 발생하였을 때마다 회로는 즉시 교체되었다. 이 회로의 평균 고장시간(MTTF)은 약 얼마인가?

㉮ 6,857시간　　㉯ 7,571시간
㉰ 8,240시간　　㉱ 9,800시간

**해설**

> ① 고장률$(\lambda) = \dfrac{고장건수}{총 가동시간}$ (건/시간)
>
> ② 평균고장시간(MTBF) $= \dfrac{1}{고장률(\lambda)}$ (시간)

1. 고장률$(\lambda) = \dfrac{14}{24 \times 4,000} = 0.0001458$건/시간

2. 평균고장시간(MTBF) $= \dfrac{1}{0.0001458} = 6,858$(시간)

{분석}
**필기에 자주 출제되는 내용입니다.**

**22** 다음 중 제한된 실내 공간에서의 소음 문제에 대한 대책으로 가장 적절하지 않은 것은?

㉮ 진동부분의 표면을 줄인다.
㉯ 소음에 석응된 인원으로 배치한다.
㉰ 소음의 선달 경로를 차단한다.
㉱ 벽, 천정, 바닥에 흡음재를 부착한다.

**해설** 소음 대책
① 소음원 통제 : 기계에 고무받침대 부착, 차량 소음기 등(가장 적극적인 대책)
② 소음의 격리 : 씌우개, 방, 장벽, 창문 등으로 격리

**23** 평균고장시간이 $4 \times 10^3$ 시간인 요소 4개가 직렬체계를 이루었을 때 이 체계의 수명은 몇 시간인가?

㉮ $1 \times 10^3$　　㉯ $4 \times 10^3$
㉰ $8 \times 10^3$　　㉱ $16 \times 10^3$

**해설** 계의 수명
① 직렬계의 수명

> $$\text{MTTF(MTBF)} \times \dfrac{1}{요소갯수(n)}$$

② 병렬계의 수명

> $$\text{MTTF(MTBF)} \times \left(1 + \dfrac{1}{2} + \dfrac{1}{3} + \cdots + \dfrac{1}{n}\right)$$

$n$ : 요소의 개수

직렬계의 수명 $= 4 \times 10^3 \times \dfrac{1}{4} = 1 \times 10^3$(시간)

{분석}
**필기에 자주 출제되는 내용입니다.**

**24** 다음 중 산업안전보건법령에 따라 기계·기구 및 실비의 설치·이선 등으로 인해 유해·위험방지계획서를 제출하여야 하는 대상에 해당하지 않는 것은?

㉮ 공기압축기
㉯ 건조설비
㉰ 화학설비
㉱ 가스집합 용접장치

🔊 **정답** 21 ㉮ 22 ㉯ 23 ㉮ 24 ㉮

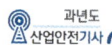
**[해설]** 1. **유해 · 위험방지 계획서 작성대상 제조업**

다음 각 호의 어느 하나에 해당하는 사업으로서 전기 사용설비의 정격용량의 합이 300킬로와트 이상인 사업
① 금속가공제품(기계 및 가구는 제외한다) 제조업
② 비금속 광물제품 제조업
③ 기타 기계 및 장비 제조업
④ 자동차 및 트레일러 제조업
⑤ 식료품 제조업
⑥ 고무제품 및 플라스틱 제품 제조업
⑦ 목재 및 나무제품 제조업
⑧ 기타 제품 제조업
⑨ 1차 금속 제조업
⑩ 가구 제조업

2. **유해 · 위험방지 계획서 작성대상 기계 · 기구 및 설비**

① 금속이나 그 밖의 광물의 용해로
② 화학설비
③ 건조설비
④ 가스집합 용접장치
⑤ 근로자의 건강에 상당한 장해를 일으킬 우려가 있는 물질로서 고용노동부령으로 정하는 물질의 밀폐 · 환기 · 배기를 위한 설비

{분석}
실기까지 중요한 내용입니다. "해설"을 암기하세요.

**25** 다음 중 layout의 원칙으로 가장 올바른 것은?

㉮ 운반 작업을 수작업화한다.
㉯ 중간중간에 중복 부분을 만든다.
㉰ 인간이나 기계의 흐름을 라인화한다.
㉱ 사람이나 물건의 이동거리를 단축하기 위해 기계 배치를 분산화한다.

**[해설]** ㉮ 운반 작업은 기계 작업화 한다.
㉯ 중간에 중복 부분을 없앤다.
㉱ 사람이나 물건의 이동거리를 단축하기 위해 기계 배치를 집중화한다.

{분석}
필기에 자주 출제되는 내용입니다.

**26** 다음 중 시스템 안전(system safety)에 대한 설명으로 가장 적절하지 않은 것은?

㉮ 주로 시행착오에 의해 위험을 파악한다.
㉯ 위험을 파악, 분석, 통제하는 접근방법이다.
㉰ 수명주기 전반에 걸쳐 안전을 보장하는 것을 목표로 한다.
㉱ 처음에는 국방과 우주항공 분야에서 필요성이 제기되었다.

**[해설]** ㉮ 시스템 안전은 시스템의 계획 → 설계 → 제조 → 운용 등의 단계를 통하여 시스템 내의 위험성을 적시에 식별하고 그 예방 또는 필요한 조치를 도모하기 위한 것이다.

{분석}
필기에 자주 출제되는 내용입니다.

**27** 다음 중 인간공학 연구조사에 사용하는 기준의 구비조건과 가장 거리가 먼 것은?

㉮ 적절성
㉯ 무오염성
㉰ 다양성
㉱ 기준 척도의 신뢰성

**[해설]** 체계 기준의 요건

① 적절성 : 의도된 목적에 적합하여야 한다.(타당성)
② 무오염성 : 측정하고자 하는 변수 외의 다른 변수의 영향을 받아서는 안 된다.
③ 신뢰성 : 반복실험 시 재현성이 있어야 한다. (반복성)
④ 민감도 : 예상차이점에 비례하는 단위로 측정하여야 한다.

{분석}
필기에 자주 출제되는 내용입니다.

•)) **정답** 25 ㉰  26 ㉮  27 ㉰

**28** FT에 사용되는 기호 중 더 이상의 세부적인 분류가 필요 없는 사상을 의미하는 기호는?

㉮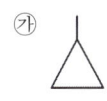

㉯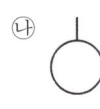

㉰

㉱

<sup>해설</sup> 더 이상의 세부적인 분류가 필요 없는 사상
→ 기본 사상
㉮ 전이 기호
㉯ 기본 사상
㉰ 정상 사상(또는 중간 사상)
㉱ 생략 사상

{분석}
**필기에 자주 출제되는 내용입니다.**

**29** 다음 중 시스템 내에 존재하는 위험을 파악하기 위한 목적으로 시스템 설계 초기 단계에 수행되는 위험 분석 기법은?

㉮ SHA      ㉯ FMEA
㉰ PHA      ㉱ MORT

<sup>해설</sup> 시스템 설계 초기 단계에 수행되는 위험 분석 기법
→ PHA

<sup>참고</sup> 1. 예비 위험 분석(PHA) : 모든 시스템 안전 <u>프로그램의 최초 단계(설계단계, 구상단계)에서 실시하는 분석법</u>으로서 시스템 내의 위험 요소가 얼마나 위험한 상태에 있는가를 정성적으로 평가하는 기법이다.

2. 고장형태와 영향분석(FMEA) : 시스템에 영향을 미치는 모든 요소의 <u>고장을 형태별로 분석하여 그 영향을 검토하는 정성적, 귀납적 분석법</u>이다.

3. MORT : <u>관리, 설계, 생산, 보전 등의 광범위한 안전을 도모</u>하기 위한 연역적이고, 정량적인 분석법이다.

{분석}
**필기에 자주 출제되는 내용입니다.**

**30** 다음 중 인체의 피부감각에 있어 민감한 순서대로 나열된 것은?

㉮ 압각 - 온각 - 냉각 - 통각
㉯ 냉각 - 통각 - 온각 - 압각
㉰ 온각 - 냉각 - 통각 - 압각
㉱ 통각 - 압각 - 냉각 - 온각

<sup>해설</sup> 피부감각의 민감한 순서
통각 - 압각 - 냉각 - 온각

**31** Swain에 의해 분류된 휴먼에러 중 독립 행동에 관한 분류에 해당하지 않는 것은?

㉮ omission error
㉯ commission error
㉰ extraneous error
㉱ command error

<sup>해설</sup> 휴먼에러의 심리적 분류(Swain의 분류)
① omission error(누설 오류, 생략 오류, 부작위 오류) : 필요한 작업 또는 절차를 수행하지 않는 데 기인한 에러
② time error(시간 오류) : 필요한 작업 또는 절차의 수행 지연으로 인한 에러
③ commission error(작위 오류) : 필요한 작업 또는 절차의 불확실한 수행으로 인한 에러
④ sequential error(순서 오류) : 필요한 작업 또는 절차의 순서 착오로 인한 에러
⑤ extraneous error(과잉행동 오류) : 불필요한 작업 또는 절차를 수행함으로써 기인한 에러

{분석}
**필기에 자주 출제되는 내용입니다.**

🔊 정답 28 ㉯ 29 ㉰ 30 ㉱ 31 ㉱

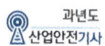

**32** 다음 중 정량적 표시장치에 관한 설명으로 옳은 것은?

㉮ 연속적으로 변화하는 양을 나타내는 데에는 일반적으로 아날로그보다 디지털 표시장치가 유리하다.

㉯ 정확한 값을 읽어야 하는 경우 일반적으로 디지털보다 아날로그 표시장치가 유리하다.

㉰ 동침(moving pointer)형 아날로그 표시장치는 바늘의 진행 방향과 증감 속도에 대한 인식적인 암시 신호를 얻는 것이 불가능한 단점이 있다.

㉱ 동목(moving scale)형 아날로그 표시장치는 표시장치의 면적을 최소화할 수 있는 장점이 있다.

**해설** ㉮ 연속적으로 변화하는 양을 나타내는 데에는 아날로그 장치가 유리하다.

㉯ 정확한 값을 읽어야 하는 경우 디지털 장치가 유리하다.

㉰ 동침형은 지침이 움직이는 형태로 바늘의 진행 방향과 증감 속도에 대한 인식적인 임시 신호를 얻는 것이 가능하다.

{분석}
필기에 자주 출제되는 내용입니다.

**33** 다음 중 4지선다형 문제의 정보량은 얼마인가?

㉮ 1bit ㉯ 2bit
㉰ 3bit ㉱ 4bit

**해설**

$$정보량(H) = \log_2 \frac{1}{P}$$

여기서, $P$ : 실현 확률

4지선다형의 실현 확률은 $\frac{1}{4}$ 이므로

$$정보량(H) = \log_2 \frac{1}{\frac{1}{4}} = \log_2 4 = 2bit$$

{분석}
필기에 자주 출제되는 내용입니다.

**34** 다음 중 사람이 음원의 방향을 결정하는 주된 암시신호(cue)로 가장 적합하게 조합된 것은?

㉮ 소리의 강도차와 진동수차
㉯ 소리의 진동수차와 위상차
㉰ 음원의 거리차와 시간차
㉱ 소리의 강도차와 위상차

**해설** 음원의 방향을 결정하는 주된 암시신호 : 소리의 강도차와 위상차

**35** 다음의 결함수분석(FTA) 절차에서 가장 먼저 수행해야 하는 것은?

㉮ cue set을 구한다.
㉯ Top 사상을 정의한다.
㉰ minimal cut set을 구한다.
㉱ FT(fault tree)도를 작성한다.

**해설** FTA에 의한 재해사례 연구 순서

1단계 : 톱사상의 설정
2단계 : 재해 원인 규명
3단계 : FT도의 작성
4단계 : 개선계획의 작성

{분석}
필기에 자주 출제되는 내용입니다.

**36** 화학설비에 대한 안전성 평가 방법 중 공장의 입지조건이나 공장 내 배치에 관한 사항은 어느 단계에서 하는가?

㉮ 제1단계 : 관계자료의 작성 준비
㉯ 제2단계 : 정성적 평가
㉰ 제3단계 : 정량적 평가
㉱ 제4단계 : 안전대책

| 정성적 평가항목 | 정량적 평가항목 |
|---|---|
| ① 입지 조건 | ① 취급물질 |
| ② 공장 내의 배치 | ② 화학설비의 용량 |
| ③ 소방설비 | ③ 온도 |
| ④ 공정 기기 | ④ 압력 |
| ⑤ 수송·저장 | ⑤ 조작 |
| ⑥ 원재료 | |
| ⑦ 중간체 | |
| ⑧ 제품 | |
| ⑨ 건조물(건물) | |
| ⑩ 공정 | |

**참고** 안전성 평가 6단계

① 1단계 : 관계자료의 정비 검토(작성 준비)
② 2단계 : 정성적인 평가
③ 3단계 : 정량적인 평가
④ 4단계 : 안전대책 수립
⑤ 5단계 : 재해사례에 의한 평가
⑥ 6단계 : FTA에 의한 재평가

{분석}
필기에 자주 출제되는 내용입니다.

---

**37** 다음 중 가속도에 관한 설명으로 틀린 것은?

㉮ 가속도란 물체의 운동 변화율이다.
㉯ 1G는 자유 낙하하는 물체의 가속도인 $9.8m/s^2$에 해당한다.
㉰ 선형가속도는 운동속도가 일정한 물체의 방향 변화율이다.
㉱ 운동방향이 전후방이 선형가속의 영향은 수직방향보다 덜하다.

**해설** ㉰ 가속도는 단위시간 동안의 속도의 변화량을 나타낸다.

---

**38** 다음 FT도에서 최소컷셋(Minimal cut set)으로만 올바르게 나열한 것은?

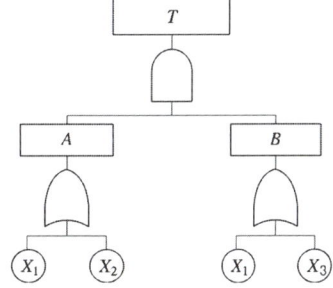

㉮ [$X_1$], [$X_2$]
㉯ [$X_1$, $X_2$], [$X_1$, $X_3$]
㉰ [$X_1$], [$X_2$, $X_3$]
㉱ [$X_1$, $X_2$, $X_3$]

**해설**
$$T = A \cdot B$$
$$= \begin{pmatrix} X_1 \\ X_2 \end{pmatrix} \begin{pmatrix} X_1 \\ X_3 \end{pmatrix}$$
$$= (X_1 X_1)(X_1 X_3)(X_2 X_1)(X_2 X_3)$$
$$= (X_1)(X_1 X_2)(X_1 X_3)(X_2 X_3)$$

미니멀 컷셋 : $(X_1)$ 또는 $(X_2 X_3)$
컷셋 : $(X_1)(X_1 X_2)(X_1 X_3)(X_2 X_3)$

{분석}
필기에 자주 출제되는 내용입니다.

---

**39** 다음 중 의자 설계의 일반적인 원리로 가장 적절하지 않은 것은?

㉮ 등근육의 정적 부하를 줄인다.
㉯ 디스크가 받는 압력을 줄인다.
㉰ 요부전만(腰部前彎)을 유지한다.
㉱ 일정한 자세를 계속 유지하도록 한다.

**해설** 의자 설계의 일반 원리

① 요추의 전만곡선을 유지할 것
② 디스크의 압력을 줄인다.
③ 등 근육의 정적부하를 감소시킨다.

---

•)) **정답** 37 ㉰ 38 ㉰ 39 ㉱

④ 자세 고정을 줄인다.
⑤ 쉽게 조절할 수 있도록 설계할 것

{분석}
**필기에 자주 출제되는 내용입니다.**

**40** 다음 중 조종 – 반응비율(C/R비)에 관한 설명으로 틀린 것은?

㉮ C/R비가 클수록 민감한 제어장치이다.
㉯ "X"가 조종장치의 변위량, "Y"가 표시장치의 변위량일 때 $\dfrac{X}{Y}$ 로 표현된다.
㉰ Knob C/R비는 손잡이 1회전시 움직이는 표시장치 이동거리의 역수로 나타낸다.
㉱ 최적의 C/R비는 제어장치의 종류나 표시장치의 크기, 허용오차 등에 의해 달라진다.

[해설] **C/R비가 클수록**
• 미세한 조종은 쉬우나 수행시간이 길어진다.
• 민감하지 않은 장치이다.

{분석}
**필기에 자주 출제되는 내용입니다.**

### 제3과목 · 기계 · 기구 및 설비 안전 관리

**41** 다음 중 선반에서 작용하는 칩브레이커(chip breaker) 종류에 속하지 않는 것은?

㉮ 연삭형　　　㉯ 클램프형
㉰ 쐐기형　　　㉱ 자동조정식

[해설] **칩브레이커의 종류**
① 연삭형
② 클램프형
③ 자동조정식

**42** 다음 중 위치 제한형 방호장치에 해당되는 프레스 방호장치는?

㉮ 수인식 방호장치
㉯ 광전자식 방호장치
㉰ 양수조작식 방호장치
㉱ 손쳐내기식 방호장치

[해설] **위치 제한형 방호장치**
① 작업자의 신체 부위가 위험한계 밖에 있도록 기계의 조작장치를 위험한 작업점에서 안전거리 이상 떨어지게 하거나 조작장치를 양손으로 동시 조작하게 함으로써 위험한계에 접근하는 것을 제한하는 방호장치
② 예 프레스의 양수조작식 방호장치

[참고] **방호장치의 위험장소에 따른 분류**

| | |
|---|---|
| **격리형 방호장치** | 위험한 작업점과 작업자 사이에 서로 접근되어 일어날 수 있는 재해를 방지하기 위해 차단벽이나 망을 설치하는 방호장치<br>예 완전 차단형 방호장치, 덮개형 방호장치, 방책 등 |
| **위치 제한형 방호장치** | 작업자의 신체 부위가 위험한계 밖에 있도록 기계의 조작장치를 위험한 작업점에서 안전거리 이상 떨어지게 하거나 조작장치를 양손으로 동시 조작하게 함으로써 위험한계에 접근하는 것을 제한하는 방호장치<br>예 프레스의 양수조작식 방호장치 |
| **접근 거부형 방호장치** | 작업자의 신체 부위가 위험한계 내로 접근하였을 때 기계적인 작용에 의하여 접근을 못하도록 저지하는 방호장치<br>예 프레스의 수인식, 손쳐내기식 방호장치 |
| **접근 반응형 방호장치** | 작업자의 신체 부위가 위험한계 또는 그 인접한 거리 내로 들어오면 이를 감지하여 그 즉시 기계의 동작을 정지시키고 경보 등을 발하는 방호장치<br>예 프레스의 광전사식 방호장치 |

{분석}
**자주 출제되는 내용입니다. "참고"를 다시 확인하세요.**

•)) 정답　**40** ㉮　**41** ㉯　**42** ㉰

**43** 다음 중 기계설비의 작업능률과 안전을 위한 배치(layout)의 3단계를 올바른 순서대로 나열한 것은?

㉮ 지역 배치 → 건물 배치 → 기계 배치
㉯ 건물 배치 → 지역 배치 → 기계 배치
㉰ 기계 배치 → 건물 배치 → 지역 배치
㉱ 지역 배치 → 기계 배치 → 건물 배치

**해설** 작업능률과 안전을 고려한 기계 배치 순서
지역 배치 → 건물 배치 → 기계 배치

**44** 다음 중 셰이퍼(shaper)의 안전장치로 볼 수 없는 것은?

㉮ 방책      ㉯ 칩받이
㉰ 칸막이      ㉱ 잠금장치

**해설** 플레이너, 셰이퍼의 방호장치
① 방책
② 칩받이
③ 칸막이

**45** 다음 중 산업안전보건법령상 연삭숫돌을 사용하는 작업의 안전 수칙으로 틀린 것은?

㉮ 연삭숫돌을 사용하는 경우 작업 시작 전과 연삭숫돌을 교체한 후에는 1분 이상 시운전을 통해 이상 유무를 확인한다.
㉯ 회전 중인 연삭숫돌이 근로자에게 위험을 미칠 우려가 있는 경우에 그 부위에 덮개를 설치하여야 한다.
㉰ 연삭숫돌의 최고 사용 회전속도를 초과하여 사용하여서는 안 된다.
㉱ 측면을 사용하는 목적으로 하는 연삭숫돌 이외에는 측면을 사용해서는 안 된다.

**해설** 안전대책
① 숫돌에 충격을 가하지 말 것
② 작업시작 전 1분 이상, 숫돌 교체 시 3분 이상 시운전할 것
③ 연삭숫돌 최고사용 회전속도 초과 사용 금지
④ 측면을 사용하는 것을 목적으로 제작된 연삭기 이외에는 측면 사용 금지
⑤ 작업 시에는 숫돌의 원주면을 이용하고, 작업자는 숫돌의 측면에서 작업할 것

{분석}
자주 출제되는 내용입니다. "해설"을 다시 확인하세요.

**46** 가정용 LPG 탱크와 같이 둥근 원통형의 압력용기에 내부압력 P가 작용하고 있다. 이때 압력용기 재료에 발생하는 원주 응력(hoop stress)은 길이 방향 응력(longitudinal)의 얼마가 되는가?

㉮ 1/2      ㉯ 2배
㉰ 4배      ㉱ 5배

**해설** 원주 방향 응력은 길이 방향 응력의 2배가 된다.

**47** 다음 중 프레스기에 금형 설치 및 조정 작업 시 준수하여야 할 안전 수칙으로 틀린 것은?

㉮ 금형을 부착하기 전에 하사점을 확인한다.
㉯ 금형의 체결은 올바른 치공구를 사용하고 균등하게 체결한다.
㉰ 슬라이드의 불시하강을 방지하기 위하여 안전 블록을 제거한다.
㉱ 금형은 하형부터 잡고 무거운 금형의 받침은 인력으로 하지 않는다.

**해설** ㉰ 슬라이드의 불시하강을 방지하기 위해 안전 블록을 설치해야 한다.

**정답** 43 ㉮ 44 ㉱ 45 ㉮ 46 ㉯ 47 ㉰

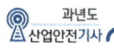

**48** 산업안전보건법령상 회전시험을 하는 경우 미리 회전축의 재질 및 형상 등에 상응하는 종류의 비파괴검사를 해서 결함 유무를 확인하여야 하는 고속회전체의 대상으로 옳은 것은?

㉮ 회전축의 중량이 1톤을 초과하고, 원주속도가 100m/s 이내인 것

㉯ 회전축의 중량이 1톤을 초과하고, 원주속도가 120m/s 이상인 것

㉰ 회전축의 중량이 0.5톤을 초과하고, 원주속도가 100m/s 이내인 것

㉱ 회전축의 중량이 0.5톤을 초과하고, 원주속도가 120m/s 이상인 것

**[해설]** 비파괴검사의 실시

고속회전체(회전축의 중량이 1톤을 초과하고 원주속도가 매초당 120미터 이상인 것에 한한다)의 회전시험을 하는 때에는 미리 회전축의 재질 및 형상 등에 상응하는 종류의 비파괴검사를 실시하여 결함 유무를 확인하여야 한다.

{분석}
실기까지 중요한 내용입니다. 암기하세요.

**49** 다음과 같은 조건에서 원통 용기를 제작했을 때 안전성(안전도)이 높은 것부터 순서대로 나열된 것은?

|   | 내압 | 인장 강도 |
|---|------|-----------|
| 1 | $50\,kg_f/cm^2$ | $40\,kg_f/cm^2$ |
| 2 | $60\,kg_f/cm^2$ | $50\,kg_f/cm^2$ |
| 3 | $70\,kg_f/cm^2$ | $55\,kg_f/cm^2$ |

㉮ 1 - 2 - 3
㉯ 2 - 3 - 1
㉰ 3 - 1 - 2
㉱ 2 - 1 - 3

**[해설]**

$$안전율 = \frac{인장강도}{내압}$$

1. 안전율 $= \dfrac{40}{50} = 0.8$

2. 안전율 $= \dfrac{50}{60} = 0.83$

3. 안전율 $= \dfrac{55}{70} = 0.79$

**50** 롤러기 급정지장치 조작부에 사용하는 로프의 성능의 기준으로 적합한 것은? (단, 로프의 재질은 관련 규정에 적합한 것으로 본다)

㉮ 지름 1mm 이상의 와이어로프
㉯ 지름 2mm 이상의 합성섬유로프
㉰ 지름 3mm 이상의 합성섬유로프
㉱ 지름 4mm 이상의 와이어로프

**[해설]** 롤러기의 급정지장치 조작부에 로프를 사용할 경우는 직경이 4mm 이상의 와이어로프 또는 직경이 6mm 이상이고 절단하중이 2.94kN 이상의 합성섬유의 로프를 사용해야 한다.

**51** 인장강도가 35kg/mm²인 강판의 안전율이 4라면 허용응력은 몇 kg/mm²인가?

㉮ 7.64   ㉯ 8.75
㉰ 9.87   ㉱ 10.23

**[해설]**

$$안전율 = \frac{인장강도}{허용응력}$$

안전율 $= \dfrac{인장강도}{허용응력}$

허용응력 $= \dfrac{인장강도}{안전율} = \dfrac{35}{4} = 8.75$

{분석}
실기까지 중요한 내용입니다. 풀이방법을 숙지하세요.

**52** 다음 중 산업안전보건법령에 따른 원동기 · 회전축 등의 위험 방지에 관한 사항으로 틀린 것은?

㉮ 사업주는 기계의 원동기 · 회전축 · 기어 · 풀리 · 플라이휠 · 벨트 및 체인 등 근로자가 위험에 처할 우려가 있는 부위에 덮개 · 울 · 슬리브 및 건널다리 등을 설치하여야 한다.

㉯ 사업주는 선반 등으로부터 돌출하여 회전하고 있는 가공물이 근로자에게 위험을 미칠 우려가 있는 경우에 덮개 또는 울 등을 설치하여야 한다.

㉰ 사업주는 종이 · 천 · 비닐 및 와이어로프 등의 감김통 등에 의하여 근로자가 위험해질 우려가 있는 부위에 마개 또는 비상구 등을 설치하여야 한다.

㉱ 근로자가 분쇄기 등의 개구부로부터 가동 부분에 접촉함으로써 위해(危害)를 입을 우려가 있는 경우 덮개 또는 울 등을 설치하여야 한다.

**해설** ㉰ 종이 · 천 · 비닐 및 **와이어로프 등의 감김통** 등에 의하여 근로자가 위험해질 우려가 있는 부위에 **덮개 또는 울 등을 설치**하여야 한다.

**53** 산소-아세틸렌 용접작업에 있어 고무호스에 역화 현상이 발생하였다면 다음 중 가장 먼저 취하여 할 조치사항은?

㉮ 산소 밸브를 잠근다.
㉯ 토치를 물에 넣는다.
㉰ 아세틸렌 밸브를 잠근다.
㉱ 산소 밸브 및 아세틸렌 밸브를 동시에 잠근다.

**해설** 역화 발생 시에는 산소 밸브를 즉시 닫아야 한다.

**참고** 작업을 시작할 때는 **아세틸렌 밸브를 먼저 열고 산소 밸브를 열어야 한다.** 작업이 끝난 후에는 **산소 밸브를 먼저 닫고 아세틸렌 밸브를 닫아야 한다.**

**54** 다음 중 산업안전보건법령상 아세틸렌 용접장치를 사용하여 금속의 용접 · 용단 또는 가열작업을 하는 경우 게이지 압력은 얼마를 초과하는 압력의 아세틸렌을 발생시켜 사용하여서는 아니 되는가?

㉮ 98kPa
㉯ 127kPa
㉰ 147kPa
㉱ 196kPa

**해설** 아세틸렌 용접장치를 사용하여 금속의 용접 · 용단 또는 가열작업을 하는 경우에는 **게이지 압력이 127 킬로파스칼(kPa)을 초과하는 압력의 아세틸렌을 발생시켜 사용해서는 아니 된다.**

{분석}
실기까지 중요한 내용입니다. 암기하세요.

**55** 프레스기의 SPM(stroke per minute)이 200이고, 클러치의 맞물림 개소수가 6인 경우 양수 기동식 방호장치의 설치 거리는 얼마인가?

㉮ 120mm
㉯ 200mm
㉰ 320mm
㉱ 400mm

**해설** 양수 기동식 방호장치의 안전거리
(위험점과 버튼 간의 설치 거리)

$$D_m (mm) = 1.6 \times T_m$$
$$= 1.6 \times \left( \frac{1}{클러치개소수} + \frac{1}{2} \right) \times \left( \frac{60,000}{매분행정수} \right)$$

$T_m$ : 슬라이드가 하사점에 도달할 때까지의 시간(ms)

• $ms = \frac{1}{1,000}$ 초

$$D_m (mm) = 1.6 \times \left( \frac{1}{6} + \frac{1}{2} \right) \times \left( \frac{60,000}{200} \right) = 320mm$$

{분석}
실기까지 중요한 계산문제입니다. 풀이방법을 숙지하세요.

**정답** 52 ㉰  53 ㉮  54 ㉯  55 ㉰

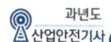

**56** 와이어로프의 꼬임은 일반적으로 특수로프를 제외하고는 보통 꼬임(Ordinary Lay과 랭 꼬임(Lang's Lay)으로 분류할 수 있다. 다음 중 보통 꼬임에 관한 설명으로 틀린 것은?

㉮ 킹크가 잘 생기지 않는다.
㉯ 내마모성, 유연성, 저항성이 우수하다.
㉰ 로프의 변형이나 하중을 걸었을 때 저항성이 크다.
㉱ 스트랜드의 꼬임 방향과 로프의 꼬임 방향이 반대이다.

[해설] **와이어로프 꼬임의 종류**

① 보통 꼬임
  - 스트랜드 꼬임방향과 로프의 꼬임 방향이 반대인 것
  - 랭그꼬임에 비해 더 한층 유연하여 EYE 작업을 쉽게 할 수 있다.
  - 로프 자체의 변형이 적다.
  - 킹크가 잘 생기지 않는다.
  - 하중을 걸었을 때 저항성이 크다.

② 랑그(랭) 꼬임
  - 스트랜드 꼬임 방향과 로프의 꼬임 방향이 같은 방향인 것
  - 보통 꼬임의 로프보다 사용 시 표면 전체가 균일하게 마모됨으로 인하여 수명이 길다.
  - 내마모성, 유연성, 내피로성이 우수하다.

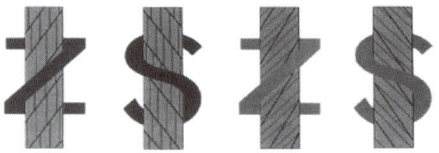

[보통 Z꼬임] [보통 S꼬임] [랭 Z꼬임] [랭 S꼬임]

**57** 다음 중 산업안전보건법령상 보일러에 설치하는 압력방출장치에 대하여 검사 후 봉인에 사용되는 재료로 가장 적합한 것은?

㉮ 납          ㉯ 주석
㉰ 구리        ㉱ 알루미늄

[해설] 압력방출장치는 매년 1회 이상 "국가교정기관"으로부터 교정을 받은 압력계를 이용하여 토출압력을 시험한 후 납으로 봉인하여 사용하여야 한다. 다만, 공정안전보고서 제출대상으로서 공정안전관리 이행수준 평가결과가 우수한 사업장의 압력방출장치에 대하여 4년마다 1회 이상 토출압력을 시험할 수 있다.

{분석}
"해설"을 다시 확인하세요.

**58** 다음 중 연삭숫돌의 파괴 원인과 가장 거리가 먼 것은?

㉮ 외부의 충격을 받았을 때
㉯ 플랜지가 현저히 작을 때
㉰ 회전력이 결합력보다 클 때
㉱ 내·외면의 플랜지 지름이 동일할 때

[해설] **연삭기 숫돌 파괴 원인**
① 숫돌의 회전 속도가 너무 빠를 때
② 숫돌 자체에 균열이 있을 때
③ 숫돌의 측면을 사용하여 작업할 때
④ 숫돌에 과대한 충격을 가할 때
⑤ 플랜지가 현저히 작을 때(플랜지는 숫돌 지름의 1/3 이상일 것)
⑥ 숫돌 불균형, 베어링 마모에 의한 진동이 심할 때
⑦ 반지름 방향 온도변화 심할 때

{분석}
실기까지 중요한 내용입니다. "해설"을 암기하세요.

정답  56 ㉯  57 ㉮  58 ㉱

**59** 진동에 의한 설비진단법 중 정상, 비정상, 악화의 정도를 판단하기 위한 방법이 아닌 것은?

㉮ 상호 판단

㉯ 비교 판단

㉰ 절대 판단

㉱ 평균 판단

[해설] 설비진단법의 정상 판단 방법

① 상호 판단

② 비교 판단

③ 절대 판단

**60** 롤러의 급정지를 위한 방호장치를 설치하고자 한다. 앞면 롤러 직경이 36cm이고, 분당회전속도가 50rpm이라면 급정지거리는 약 얼마 이내이어야 하는가?
(단, 무부하동작에 해당한다)

㉮ 45cm

㉯ 50cm

㉰ 55cm

㉱ 60cm

[해설] 앞면 롤러의 표면속도에 따른 급정지 거리

| 앞면 롤러의 표면속도 (m/min) | 급정지 거리 |
|---|---|
| 30 미만 | 앞면 롤러 원주의 $\frac{1}{3}$ 이내 $\left(- \pi \cdot D \cdot \frac{1}{3}\right)$ |
| 30 이상 | 앞면 롤러 원주의 $\frac{1}{2.5}$ 이내 $\left(= \pi \cdot D \cdot \frac{1}{2.5}\right)$ |

이때 표면속도의 산식은

$$V = \frac{\pi \cdot D \cdot N}{1,000}(\text{m/min})$$

여기서, $V$ : 표면속도
$D$ : 롤러 원통의 직경(mm)
$N$ : 1분간에 롤러기가 회전되는 수(rpm)

1. $V = \dfrac{\pi \times 360 \times 50}{1,000} = 56.55\,(\text{m/min})$

2. 속도가 30 이상이므로

급정지거리 $= \pi \times 360 \times \dfrac{1}{2.5} = 452.39\text{mm}$

$= 45.239\text{cm}$

{분석}
실기까지 중요한 계산문제입니다.
풀이방법을 숙지하세요.

---

제**4**과목 · **전기설비 안전 관리**

**61** 다음 중 감전 재해자가 발생하였을 때 취하여야 할 최우선 조치는?
(단, 감전자가 질식상태라 가정함)

㉮ 우선 병원으로 이동시킨다.

㉯ 의사의 왕진을 요청한다.

㉰ 심폐소생술을 실시한다.

㉱ 부상 부위를 치료한다.

[해설] 감전자가 질식상태일 경우 즉시 인공호흡(심폐소생술)을 실시한 후 병원에 후송하여야 한다.

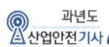
**62** 이동하여 사용하는 전기기계기구의 금속제 외함 등의 접지 시스템의 경우 특고압 · 고압 전기설비용 접지도체 및 중성점 접지용 접지 도체의 접지선의 종류와 단면적의 기준으로 옳은 것은?

㉮ 다심코드, $0.75\text{mm}^2$ 이상

㉯ 다심캡타이어 케이블, $2.5\text{mm}^2$ 이상

㉰ 3종 클로르프렌캡타이어 케이블, $4\text{mm}^2$ 이상

㉱ 3종 클로르프렌캡타이어 케이블, $10\text{mm}^2$ 이상

**해설** 이동하여 사용하는 전기기계기구의 금속제 외함 등의 접지시스템의 경우는 다음의 것을 사용하여야 한다.

① 특고압 · 고압 전기설비용 접지도체 및 중성점 접지용 접지도체
 - 클로로프렌캡타이어케이블(3종 및 4종) 또는 클로로설포네이트폴리에틸렌캡타이어케이블(3종 및 4종)의 1개 도체 또는 다심 캡타이어케이블의 차폐 또는 기타의 금속체로 단면적이 $10\text{mm}^2$ 이상인 것

② 저압 전기설비용 접지도체
 - 다심 코드 또는 다심 캡타이어케이블의 1개 또는 도체의 단면적이 $0.75\text{mm}^2$ 이상인 것 (다만, 기타 유연성이 있는 연동연선은 1개 도체의 단면적이 $1.5\text{mm}^2$ 이상인 것)

{분석}
관련 규정의 변경으로 문제 일부를 수정하였습니다.

**63** 인체의 전기저항을 $500\Omega$이라 한다면 심실세동을 일으키는 위험에너지는 몇[J]인가?(단, 달지엘(DALJIEL)주장, 통전시간은 1초, 체중은 60kg 정도이다)

㉮ 13.2          ㉯ 13.4

㉰ 13.6          ㉱ 14.6

**해설** 1. 인체 전기저항 $500[\Omega]$일 때의 에너지
  → 13.61[J]

2. $Q = I^2 RT = \left(\dfrac{165}{\sqrt{1}} \times 10^{-3}\right)^2 \times 500 \times 1$
   $= 13.61(\text{J})$

{분석}
실기까지 중요한 내용입니다. 1, 2 중 편리한 방법을 이용하세요.

**64** 6,600/100V, 15kVA의 변압기에서 공급하는 저압 전선로의 허용 누설전류의 최대값[A]은?

㉮ 0.025          ㉯ 0.045

㉰ 0.075          ㉱ 0.085

**해설** 1. $15kVA : V \times A = 15,000$
  $100V \times A = 15,000$
  $\therefore A = \dfrac{15,000}{100} = 150A$

2. 누설전류 $=$ 최대공급전류$\times \dfrac{1}{2,000}$
  $= 150 \times \dfrac{1}{2,000} = 0.075A$

**65** 저압 및 고압선을 직접 매설할 때 중량물의 압력을 받지 않는 장소에서 매설깊이는?

㉮ 100cm 이상          ㉯ 90cm 이상

㉰ 70cm 이상          ㉱ 60cm 이상

**해설** 지중전선로의 매설깊이

1. 직접 매설식의 경우
 ① 중량물의 압력을 받을 우려가 있는 장소 : 1.0m 이상
 ② 기타 장소 : 0.6m 이상

2. 관로식 또는 암거식에 의하여 시설하는 경우
 ① 관로식에 의하여 시설하는 경우 매설 깊이를 1.0m 이상, 중량물의 압력을 받을 우려가 없는 곳은 0.6m 이상
 ② 암거식에 의하여 시설하는 경우에는 견고하고 차량 기타 중량물의 압력에 견디는 것을 사용할 것

•)) 정답 62 ㉱  63 ㉰  64 ㉰  65 ㉱

**66** 방폭구조와 기호의 연결이 옳지 않은 것은?

㉮ 압력 방폭구조 : p

㉯ 내압 방폭구조 : d

㉰ 안전증 방폭구조 : C

㉱ 본질안전 방폭구조 : ia 또는 ib

**해설** ㉰ 안전증 방폭구조 : e

**참고** 방폭구조의 기호

| 가스, 증기, 분진 방폭구조 | | 기호 |
|---|---|---|
| 가스, 증기 방폭구조 | 내압 방폭구조 | d |
| | 압력 방폭구조 | p |
| | 유입 방폭구조 | o |
| | 안전증 방폭구조 | e |
| | 본질안전 방폭구조 | ia or ib |
| | 충전 방폭구조 | q |
| | 비점화 방폭구조 | n |
| | 몰드 방폭구조 | m |
| | 특수 방폭구조 | s |
| 분진 방폭구조 | 방진 방폭구조 | tD |

{분석}
실기에도 자수 출제되는 내용입니다.
"참고"를 반드시 암기하세요.

**67** 전로의 사용전압이 SELV 및 PELV인 경우 절연저항 값은 몇 [MΩ] 이상이어야 하는가?

㉮ 1.0MΩ

㉯ 0.5MΩ

㉰ 1.5MΩ

㉱ 0.4MΩ

**해설** 전로의 절연저항

| 전로의 사용전압(V) | DC 시험전압(V) | 절연저항 (MΩ) |
|---|---|---|
| SELV(비접지회로) 및 PELV(접지회로) | 250 | 0.5 |
| FELV(1차와 2차가 전기적으로 절연되지 않은 회로), 500(V) 이하 | 500 | 1.0 |
| 500(V) 초과 | 1,000 | 1.0 |

\* 특별저압(extra low voltage : 2차 전압이 AC 50V, DC 120V 이하)으로 SELV(비접지회로 구성) 및 PELV(접지회로 구성)은 1차와 2차가 전기적으로 절연된 회로, FELV는 1차와 2차가 전기적으로 절연되지 않은 회로

{분석}
관련 규정의 변경으로 문제 일부를 수정하였습니다.
실기까지 중요한 내용입니다.

**68** 폭발 위험장소의 전기설비에 공급하는 전압으로써 안전초저압(Safety extra-low voltage)의 범위는?

㉮ 교류 50V, 직류 120V를 각각 넘지 않는다.

㉯ 교류 30V, 직류 42V를 각각 넘지 않는다.

㉰ 교류 30V, 직류 110V를 각각 넘지 않는다.

㉱ 교류 50V, 직류 80V를 각각 넘지 않는다.

**해설** 안전초저압 : 단일 고장이 전격을 일으키지 않도록 대지 또는 다른 전로와 전기적으로 분리된 초저압 계통을 말한다.
(교류 50V, 직류 120V를 넘지 않는다.)

정답 66 ㉰ 67 ㉯ 68 ㉮

**69** 정전기 재해의 방지를 위하여 배관내 액체의 유속의 제한이 필요하다. 배관의 내경과 유속 제한 값으로 적절하지 않은 것은?

㉮ 관내경(mm) : 25, 제한유속(m/s) : 6.5
㉯ 관내경(mm) : 50, 제한유속(m/s) : 3.5
㉰ 관내경(mm) : 100, 제한유속(m/s) : 2.5
㉱ 관내경(mm) : 200, 제한유속(m/s) : 1.8

[해설] 정전기 방지 위한 관경과 유속제한 값

| 관내경 (mm) | 12.5 | 25 | 50 | 100 | 200 | 400 | 600 |
|---|---|---|---|---|---|---|---|
| 유속 (m/s) | 8 | 4.9 | 3.5 | 2.5 | 1.8 | 1.3 | 1.0 |

**70** 다음 물질 중 정전기에 의한 분진 폭발을 일으키는 최소발화(착화) 에너지가 가장 작은 것은?

㉮ 마그네슘
㉯ 폴리에틸렌
㉰ 알루미늄
㉱ 소맥분

[해설] 분진 폭발을 일으키는 최소발화 에너지가 가장 작은 것 : 폴리에틸렌

**71** 단로기를 사용하는 주된 목적은?

㉮ 변성기의 개폐
㉯ 이상전압의 차단
㉰ 과부하 차단
㉱ 무부하 선로의 개폐

[해설] 단로기(DS) : 차단기의 전후, 회로의 접속 변환, 고압 또는 특고압 회로의 기기 분리 등에 사용하는 개폐기로서 <u>반드시 무부하 시 개폐 조작을 하여야 한다.</u>

**72** 그림과 같은 설비에 누전되었을 때 인체가 접촉하여도 안전하도록 ELB를 설치하려고 한다. 가장 적당한 누전 차단기의 정격은?

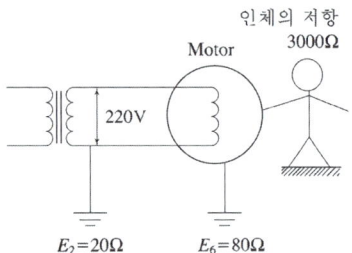

㉮ 30mA, 0.1초
㉯ 60mA, 0.1초
㉰ 90mA, 0.1초
㉱ 120mA, 0.1초

[해설] 전기기계·기구에 설치되어 있는 누전 차단기는 <u>정격감도전류가 30밀리암페어 이하이고 작동시간은 0.03초 이내일 것.</u> 다만, 정격전부하전류가 50암페어 이상인 전기기계·기구에 접속되는 누전차단기는 오작동을 방지하기 위하여 정격감도전류는 200밀리암페어 이하로, 작동시간은 0.1초 이내로 할 수 있다.

[참고] ① 정격감도전류 30mA 이하의 누전 차단기 : 인체의 감전 방지 목적으로 설치

② 정격감도전류 200mA 이하의 누전 차단기 : 누전 시 기기를 보호할 목적으로 설치

**73** 정전기에 관련한 설명으로 잘못된 것은?

㉮ 정전유도에 의한 힘은 반발력이다.
㉯ 발생한 정전기와 완화한 정전기의 차가 마찰을 받은 물체에 축적되는 현상을 대전이라 한다.
㉰ 같은 부호의 전하는 반발력이 작용한다.
㉱ 겨울철에 나일론소재 셔츠 등을 벗을 때 경험한 부착현상이나 스파크 발생은 박리대전현상이다.

[해설] ㉮ 정전유도에 의한 힘은 흡인력이다.

•)) 정답 **69** ㉮ **70** ㉯ **71** ㉱ **72** ㉮ **73** ㉮

**74** 변압기의 중성점 접지 저항값으로 올바른 것은?

㉮ 일반적인 경우 : $\dfrac{250}{1선지락전류}$ Ω 이하

㉯ 변압기의 고압·특고압측 전로 또는 사용전압이 35kV 이하의 특고압 전로가 저압측 전로와 혼촉하고 저압전로의 대지전압이 150V를 초과하는 경우로서 1초 초과 2초 이내에 고압·특고압 전로를 자동으로 차단하는 장치를 설치할 때 : $\dfrac{150}{1선지락전류}$ Ω 이하

㉰ 변압기의 고압·특고압측 전로 또는 사용전압이 35kV 이하의 특고압 전로가 저압측 전로와 혼촉하고 저압전로의 대지전압이 150V를 초과하는 경우로서 1초 이내에 고압·특고압 전로를 자동으로 차단하는 장치를 설치할 때 : $\dfrac{300}{1선지락전류}$ Ω 이하

㉱ 일반적인 경우 : $\dfrac{150}{1선지락전류}$ Ω 이하

[해설] **변압기의 중성점 접지 저항값**

① 일반적인 경우 : $\dfrac{150}{1선지락전류}$ Ω 이하

② 변압기의 고압·특고압측 전로 또는 사용전압이 35kV 이하의 특고압전로가 저압측 전로와 혼촉하고 저압전로의 대지전압이 150V를 초과하는 경우

 • 1초 초과 2초 이내에 고압·특고압 진로를 자동으로 차단하는 장치를 설치할 때 : $\dfrac{300}{1선지락전류}$ Ω 이하

 • 1초 이내에 고압·특고압 전로를 자동으로 차단하는 장치를 설치할 때 : $\dfrac{600}{1선지락전류}$ Ω 이하

{분석}
관련 규정의 변경으로 문제를 수정하였습니다.
실기까지 중요한 내용입니다.

**75** 활선작업 중 다른 공사를 하는 것에 대한 안전조치는?

㉮ 동일주 및 인접주에서의 다른 작업은 금한다.
㉯ 인접주에서는 다른 작업이 가능하다.
㉰ 동일 배전선에서는 관계가 없다.
㉱ 동일주에서는 다른 작업이 가능하다.

[해설] 활선작업을 하는 경우 동일주 및 인접주에서의 다른 작업은 금한다.

[참고] **활선작업** : 전류가 통하고 있는 채로 전선로의 작업을 행하는 일

**76** 전기기기 방폭의 기본 개념이 아닌 것은?

㉮ 점화원의 방폭적 격리
㉯ 전기기기의 안전도 증가
㉰ 점화 능력의 본질적 억제
㉱ 전기 설비 주위 공기의 절연 능력 향상

[해설] **전기설비의 방폭화 방법**

① 점화원의 방폭적 격리 : 내압, 압력, 유입 방폭구조
② 전기설비의 안전도 증강 : 안전증 방폭구조
③ 점화능력의 본질적 억제 : 본질안전 방폭구조

{분석}
실기까지 중요한 내용입니다. 암기하세요.

**77** 정전기 발생에 영향을 주는 요인과 관계가 가장 적은 것은?

㉮ 물체의 표면상태
㉯ 접촉면적 및 압력
㉰ 분리속도
㉱ 물의 음이온

•)) 정답 74 ㉱ 75 ㉮ 76 ㉱ 77 ㉱

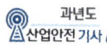
**해설** 정전기 발생에 영향을 주는 요인

| 물체의 특성 | 대전서열에서 멀리 있는 물체들끼리 마찰할수록 발생량이 많다. |
|---|---|
| 물체의 표면 상태 | 표면이 거칠수록, 표면이 수분, 기름 등에 오염될수록 발생량이 많다. |
| 물체의 이력 | 처음 접촉, 분리할 때 정전기 발생량이 최고이고, 반복될수록 발생량은 줄어든다. |
| 접촉 면적 및 압력 | 접촉면적이 넓을수록, 접촉압력이 클수록 발생량이 많다. |
| 분리 속도 | 분리속도가 빠를수록 발생량이 많다. |

{분석}
자주 출제되는 내용입니다. "해설"을 다시 확인하세요.

**78** 다음 중 직접 접촉에 의한 감전방지 방법으로 적절하지 않은 것은?

㉮ 충전부가 노출되지 않도록 폐쇄형 외함이 있는 구조로 할 것
㉯ 충전부에 충분한 절연효과가 있는 방호망 또는 절연덮개를 설치할 것
㉰ 충전부는 출입이 용이한 전개된 장소에 설치하고 위험표시 등의 방법으로 방호를 강화할 것
㉱ 충전부는 내구성이 있는 절연물로 완전히 덮어 감쌀 것

**해설** 전기기계 · 기구 등의 충전부 방호
(직접 접촉으로 인한 감전방지 조치)
① 충전부가 노출되지 아니하도록 폐쇄형 외함이 있는 구조로 할 것
② 충분한 절연효과가 있는 방호망 또는 절연덮개를 설치할 것
③ 충전부는 내구성이 있는 절연물로 완전히 덮어 감쌀 것
④ 발전소 · 변전소 및 개폐소 등 구획되어 있는 장소로서 관계 근로자가 아닌 사람의 출입이 금지되는 장소에 충전부를 설치하고, 위험표시 등의 방법으로 방호를 강화할 것

⑤ 전주 위 및 철탑 위 등 격리되어 있는 장소로서 관계 근로자가 아닌 사람이 접근할 우려가 없는 장소에 충전부를 설치할 것

{분석}
자주 출제되는 내용입니다. "해설"을 다시 확인하세요.

**79** 정전기 방전에 의한 폭발로 추정되는 사고를 조사함에 있어서 필요한 조치가 아닌 것은?

㉮ 가연성 분위기 규명
㉯ 전하발생 부위 및 축적 기구 규명
㉰ 방전에 따른 점화 가능성 평가
㉱ 사고 현장의 방전 흔적 조사

**해설** ㉱ 방전은 대전체에서 전기가 방출되는 현상으로 정전기 방전에 의한 폭발사고 시에는 방전 흔적은 조사할 필요가 없다.

**80** 다음 중 비전도성 가연성 분진은?

㉮ 아연    ㉯ 염료
㉰ 코크스    ㉱ 카본블랙

**해설** 비도전성 가연성 분진 → 염료

제**5**과목 화학설비 안전 관리

**81** 다음 중 가연성 가스이며 독성 가스에 해당하는 것은?

㉮ 수소    ㉯ 프로판
㉰ 산소    ㉱ 일산화탄소

**해설** 가연성이며 독성인 가스 → 일산화탄소

•)) 정답 **78** ㉰ **79** ㉱ **80** ㉯ **81** ㉱

**참고** 일산화탄소는 그 자체로 독성이 있는 것이 아니고 폐에서 혈액 중의 헤모글로빈과 결합하여 산소 공급능력을 방해하여 체내 조직 세포의 산소부족을 일으키는 중독 증상을 유발한다.

**82** 다음 중 대기압 상의 공기·아세틸렌 혼합가스의 최소 발화 에너지(MIE)에 관한 설명으로 옳은 것은?

㉮ 압력이 클수록 MIE는 증가한다.
㉯ 불활성물질의 증가는 MIE를 감소시킨다.
㉰ 대기압 상의 공기·아세틸렌 혼합가스의 경우는 약 9%에서 최대값을 나타낸다.
㉱ 일반적으로 화학양론 농도보다도 조금 높은 농도일 때에 최소값이 된다.

**해설** 최소 발화 에너지
① 발화하기 위한 최소한의 에너지
② 온도, 압력이 높을수록 최소발화에너지는 감소한다.
③ 불활성물질의 증가는 최소발화에너지를 크게 한다.
④ 화학양론 농도보다 조금 높은 농도일 때 최소값이 된다.

**83** 다음 중 소염거리(quenching distance) 또는 소염직경(quenching diameter)을 이용한 것과 가장 거리가 먼 것은?

㉮ 화염방지기
㉯ 역화방지기
㉰ 안전밸브
㉱ 방폭전기기기

**해설** 안전밸브는 과압을 방출하는 장치로 소염거리와는 무관하다.

**참고** 화염방지기(frame arrest)
① 화염의 흐름을 차단하는 장치를 말하며 통기관, 소염 소자 등으로 구성된다.
② 화염 방지기는 금속망 또는 좁은 간격(소염 직경)을 가진 연소 차단용 금속판(소염 소자)을 이용하여 화염이 좁은 간격의 벽면에 접촉 시 열을 빼앗겨 발화온도 이하로 낮아지게 함으로써 화염이 소염되도록 한 장치이다.

**84** 산업안전보건법에서 분류한 위험 물질의 종류와 이에 해당되는 것을 올바르게 짝지어진 것은?

㉮ 부식성 물질 – 황화인·적린
㉯ 산화성 액체 및 산화성 고체 – 중크롬산
㉰ 폭발성 물질 및 유기과산화물 – 마그네슘 분말
㉱ 물반응성 물질 및 인화성 고체 – 하이드라진 유도체

**해설** ㉮ 물반응성 물질 및 인화성 고체 – 황화인·적린
㉰ 물반응성 물질 및 인화성 고체 – 마그네슘 분말
㉱ 폭발성 물질 및 유기과산화물 – 하이드라진 유도체

**참고** 위험물의 정의 및 종류

| | |
|---|---|
| (1) 폭발성 물질 및 유기과산화물 | 가. 질산에스테르류<br>나. 니트로화합물<br>다. 니트로소화합물<br>라. 아조화합물<br>마. 디아조화합물<br>바. 하이드라진 유도체<br>사. 유기과산화물 |
| (2) 물반응성 물질 및 인화성 고체 | 가. 리튬<br>나. 칼륨·나트륨<br>다. 황<br>라. 황린<br>마. 황화인·적린<br>바. 셀룰로이드류<br>사. 알킬알루미늄·알킬리튬<br>아. 마그네슘 분말<br>자. 금속 분말(마그네슘 분말은 제외한다) |

**정답** 82 ㉱ 83 ㉰ 84 ㉯

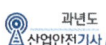
| (2) 물반응성<br>물질 및<br>인화성<br>고체 | 차. 알칼리금속(리튬·칼륨<br>　　및 나트륨은 제외한다)<br>카. 유기 금속화합물(알킬알루미<br>　　늄 및 알킬리튬은 제외한다)<br>타. 금속의 수소화물<br>파. 금속의 인화물<br>하. 칼슘 탄화물, 알루미늄 탄화물 |
|---|---|
| (3) 산화성<br>액체 및<br>산화성<br>고체 | 가. 차아염소산 및 그 염류<br>나. 아염소산 및 그 염류<br>다. 염소산 및 그 염류<br>마. 브롬산 및 그 염류<br>라. 과염소산 및 그 염류<br>마. 브롬산 및 그 염류<br>바. 요오드산 및 그 염류<br>사. 과산화수소 및 무기 과산화물<br>아. 질산 및 그 염류<br>자. 과망간산 및 그 염류<br>차. 중크롬산 및 그 염류 |
| (4) 인화성<br>액체 | 가. 에틸에테르, 가솔린, 아세트알데<br>　　히드, 산화프로필렌, 그 밖에<br>　　인화점이 섭씨 23도 미만이고<br>　　초기 끓는점이 섭씨 35도 이하<br>　　인 물질<br>나. 노르말헥산, 아세톤, 메틸에틸<br>　　케톤, 메틸알코올, 에틸알코올,<br>　　이황화탄소, 그 밖에 인화점이<br>　　섭씨 23도 미만이고 초기 끓는<br>　　점이 섭씨 35도를 초과하는 물질<br>다. 크실렌, 아세트산아밀, 등유,<br>　　경유, 테레핀유, 이소아밀알코<br>　　올, 아세트산, 하이드라진, 그<br>　　밖에 인화점이 섭씨 23도 이상<br>　　섭씨 60도이하인 물질 |
| (5) 인화성<br>가스 | 가. 수소<br>나. 아세틸렌<br>다. 에틸렌<br>라. 메탄<br>마. 에탄<br>바. 프로판<br>사. 부탄<br>아. 인화한계 농도의 최저한도가<br>　　13퍼센트 이하 또는 최고한도<br>　　와 최저한도의 차가 12퍼센트<br>　　이상인 것으로서 표준압력<br>　　(101.3kPa)하의 20℃에서 가<br>　　스상태인 물질 |

| (6) 부식성<br>물질 | 가. 부식성 산류<br>　① 농도가 20퍼센트 이상인 염<br>　　산, 황산, 질산, 그 밖에 이<br>　　와 같은 정도 이상의 부식성<br>　　을 가지는 물질<br>　② 농도가 60퍼센트 이상인 인<br>　　산, 아세트산, 불산, 그 밖<br>　　에 이와 같은 정도 이상의<br>　　부식성을 가지는 물질<br>나. 부식성 염기류<br>　농도가 40퍼센트 이상인 수산<br>　화나트륨, 수산화칼륨, 그 밖에<br>　이와 같은 정도 이상의 부식성<br>　을 가지는 염기류 |
|---|---|

{분석}
실기에도 자주 출제되는 내용입니다.
"참고"를 암기하세요.

**85** 다음 중 증기운 폭발에 대한 설명으로 옳은 것은?

㉮ 폭발효율은 BLEVE보다 크다.

㉯ 증기운의 크기가 증가하면 점화 확률이 높아진다.

㉰ 증기운 폭발의 방지대책으로 가장 좋은 방법은 점화방지용 안전장치의 설치이다.

㉱ 증기와 공기의 난류 혼합, 방출점으로부터 먼 지점에서 증기운의 점화는 폭발의 충격을 감소시킨다.

[해설] 증기운 폭발의 특징

① 증기운의 크기가 증가하면 점화확률도 증가한다.

② 증기운에 의한 재해는 폭발력보다는 화재가 원인이 된다.

③ 폭발효율이 적다.
　대략 연소에너지의 약 20%만이 폭풍파로 전환된다.

④ 증기와 공기의 난류혼합은 폭발력을 증대시킨다.

⑤ 증기 누출부로부터 먼 지점에서의 착화는 폭발의 충격을 증가시킨다.

•)) 정답 85 ㉯

**참고** 개방계 증기운 폭발
(Unconfined vapor cloud explosion, "UVCE")

가연성가스가 지속적으로 누출되면서 대기 중에 구름 형태로 모여 바람 등의 영향으로 움직이다가 점화원에 의하여 순간적으로 모든 가스가 동시에 폭발하는 현상을 말한다.

**86** 벤젠($C_6H_6$)의 공기 중 폭발하한계는 약 몇 vol%인가?

㉮ 1.0  ㉯ 1.5

㉰ 2.0  ㉱ 2.5

**해설** 벤젠의 폭발하한계 : 약 1.4vol%

**87** 폭발(연소)범위가 2.2vol% ~ 9.5vol%인 프로판($C_3H_8$)의 최소산소농도(MOC)값은 몇 vol%인가? (단, 계산은 화학양론식을 이용하여 추정한다)

㉮ 8  ㉯ 11

㉰ 14  ㉱ 16

**해설** 1. 프로판의 폭발하한계

Jones식의 폭발하한계 $= 0.55 \times C_{st}$
폭발상한계 $= 3.50 \times C_{st}$

$$C_{st} = \frac{100}{1+4.773\left(n+\dfrac{m-f-2\lambda}{4}\right)}(\text{Vol}\%)$$

여기서, $n$ : 탄소,  $m$ : 수소,
$f$ : 할로겐원소  $\lambda$ : 산소의 원자 수
4.773 : 공기의 몰 수

부탄 $C_3H_8$에서($n$ : 3, $m$ : 8, $f$ : 0, $\lambda$ : 0)

$$C_{st} = \frac{100}{1+4.773\left(3+\dfrac{8}{4}\right)} = 4.02$$

폭발하한계 $= 0.55 \times C_{st}$
$= 0.55 \times 4.02 = 2.2\text{vol}\%$

---

2. 프로판의 최소 산소 농도

MOC 농도
$= \text{폭발하한계} \times \dfrac{\text{산소의 몰수}}{\text{연료의 몰수}}(\text{Vol}\%)$

$1C_3H_8 + 5O_2 = 3CO_2 + 4H_2O$
(여기서 1, 5, 3, 4 = 몰수)

**88** 다음 중 불활성가스 첨가에 의한 폭발 방지 대책의 설명으로 가장 적정하지 않은 것은?

㉮ 가연성 혼합가스에 불활성가스를 첨가 하면 가연성 가스의 농도가 폭발하한계 이하로 되어 폭발이 일어나지 않는다.

㉯ 가연성 혼합가스에 불활성가스를 첨가 하면 산소농도가 폭발한계산소농도 이 하로 되어 폭발을 예방할 수 있다.

㉰ 폭발한계산소농도는 폭발성을 유지하기 위한 최소의 산소농도로서 일반적으로 3성분 중의 산소농도로 나타낸다.

㉱ 불활성가스 첨가의 효과는 물질에 따 라 차이가 발생하는데 이는 비열의 차 이 때문이다.

**해설** ㉮ 불활성가스를 첨가했을 때 산소농도를 감 소시켜 폭발을 방지한다.

🔊 정답 86 ㉯ 87 ㉯ 88 ㉮

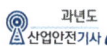
**89** 8% NaOH 수용액과 5% NaOH 수용액을 반응기에 혼합하여 6% 100kg의 NaOH 수용액을 만들려면 각각 몇 kg의 NaOH 수용액이 필요한가?

㉮ 5% NaOH 수용액 : 50.5kg,
    8% NaOH 수용액 : 49.5kg

㉯ 5% NaOH 수용액 : 56.8kg,
    8% NaOH 수용액 : 43.2kg

㉰ 5% NaOH 수용액 : 66.7kg,
    8% NaOH 수용액 : 33.3kg

㉱ 5% NaOH 수용액 : 73.4kg,
    8% NaOH 수용액 : 26.6kg

**해설**
- 5% NaOH 수용액 : 수용액 100kg 중 NaOH 5kg이 포함됨
- 8% NaOH 수용액 : 수용액 100kg 중 NaOH 8kg 포함됨

6% NaOH 수용액을 만들려면 수용액 100kg 중 NaOH 6kg이 필요하다.

㉮ 5% NaOH 수용액 50.5와 8% NaOH 수용액 49.5 속의 NaOH의 양
    → $50.5 \times 0.05 + 49.5 \times 0.08 = 6.485$kg

㉯ 5% NaOH 수용액 56.8과 8% NaOH 수용액 43.2 속의 NaOH의 양
    → $56.8 \times 0.05 + 43.2 \times 0.08 = 6.296$kg

㉰ 5% NaOH 수용액 66.7과 8% NaOH 수용액 33.3 속의 NaOH의 양
    → $66.7 \times 0.05 + 33.3 \times 0.08 = 5.999$kg

㉱ 5% NaOH 수용액 73.4과 8% NaOH 수용액 26.6 속의 NaOH의 양
    → $73.4 \times 0.05 + 26.6 \times 0.08 = 5.798$kg

{분석}
출제비중이 낮은 문제입니다.

**90** 다음 [보기]에서 일반적인 자동제어 시스템의 작동순서를 바르게 나열한 것은?

(1) 검출      (2) 조절계
(3) 밸브      (4) 공정상황

㉮ (1) → (2) → (4) → (3)
㉯ (4) → (1) → (2) → (3)
㉰ (2) → (4) → (1) → (3)
㉱ (3) → (2) → (4) → (1)

**해설** 개회로방식 제어계 작동순서

① 공정설비

② 검출부 : 온도, 압력, 유량등을 계기에서 검출

③ 조절부 : 검출부로부터 신호받아 설정치를 적절히 조절

④ 조작부 : 조절부로부터의 신호에 의해 개폐동작(밸브 등)

**참고** 폐회로방식 제어계 작동순서

① 공정설비

② 검출부 : 온도, 압력, 유량 등을 계기에서 검출

③ 조절부 : 검출부로부터 신호받아 설정치를 적절히 조절

④ 조작부 : 조절부로부터의 신호에 의해 개폐동작(밸브 등)

⑤ 공정설비

{분석}
자주 출제되는 내용입니다. "참고"도 함께 기억하세요.

**정답** 89 ㉰  90 ㉯

**91** 다음 중 누설 발화형 폭발 재해의 예방 대책으로 가장 적합하지 않은 것은?

㉮ 발화원 관리
㉯ 밸브의 오동작 방지
㉰ 불활성 가스의 치환
㉱ 누설물질의 검지 경보

[해설] 폭발 형태에 따른 예방대책

| | |
|---|---|
| 착화파괴형 폭발 | • 불활성 가스로 치환<br>• 발화원 관리<br>• 혼합가스의 조성관리<br>• 열에 민감한 물질의 생성 방지 |
| 누설착화형 폭발 | • 위험물의 누설방지<br>• 밸브의 오조작 방지<br>• 누설물질의 검지 경보<br>• 발화원 관리 |
| 반응폭주형 폭발 | • 발열반응 특성 조사<br>• 반응속도 계측관리<br>• 냉각시설의 조작 |
| 자연발화형 폭발 | • 물질의 자연발화성 조사<br>• 온도계측관리<br>• 혼합위험방지<br>• 물질의 단열특성 조사 |
| 열 이동형 증기폭발 | • 수분 침입의 방지<br>• 고온 폐기물의 처치<br>• 주수파쇄설비 설계 |
| 평형 파탄형 폭발 | • 용기의 강도 유지<br>• 반응폭주에 의한 압력상승 방지<br>• 화재로 인한 용기 파열 방지 |

**92** 다음 중 압축기 운전시 토출압력이 갑자기 증가하는 이유로 가장 적절한 것은?

㉮ 윤활유의 과다
㉯ 피스톤 링의 가스 누설
㉰ 토출관 내에 저항 발생
㉱ 저장조 내 가스압의 감소

[해설] 토출관 내에 저항이 발생했을 때 토출압력이 증가한다.

**93** 다음 중 가스연소의 지배적인 특성으로 가장 적합한 것은?

㉮ 증발연소    ㉯ 표면연소
㉰ 액면연소    ㉱ 확산연소

[해설] **확산연소** : 가연성 가스가 공기 중에 확산되어 연소하는 형태
예 대부분 가스의 연소

**94** 다음 중 공정안전보고서 심사기준에 있어 공정배관계장도(P&ID)에 반드시 표시되어야 할 사항이 아닌 것은?

㉮ 물질 및 열수지
㉯ 안전밸브의 크기 및 설정압력
㉰ 동력기계와 장치의 주요 명세
㉱ 장치의 계측제어 시스템과의 상호관계

[해설] **공정배관계장도 표시사항**
① 공정배관계장도에 사용되는 부호 및 범례도
② 장치 및 기계, 배관, 계장 등 고유번호 부여 체계
③ 약어. 약자 등의 정의
④ 기타 특수 요구사항

[참고] **공정배관계장도(P&ID, Piping & Instrument Diagram)**
공정의 시운전, 성상운전, 운전정지 및 비상우전 시에 필요한 모든 공정장치, 동력기계, 배관, 공정제어 및 계기 등을 표시하고 이들 상호간에 연관관계를 나타내 주며 상세설계, 건설, 변경, 유지보수 및 운전 등을 하는데 필요한 기술적 정보를 파악할 수 있는 도면을 말한다.

**95** 건조설비의 구조는 구조 부분, 가열 장치, 부속 설비로 구성되는데 다음 중 "구조 부분"에 속하는 것은?

㉮ 보온판       ㉯ 열원장치
㉰ 소화장치     ㉱ 전기설비

[해설] 구조 부분 – 보온판
가열 장치 – 열원장치
부속 설비 – 소화장치

•)) 정답  91 ㉰  92 ㉰  93 ㉱  94 ㉮  95 ㉮

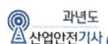
**96** 다음 중 불활성화(퍼지)에 관한 설명으로 틀린 것은?

㉮ 압력퍼지가 진공퍼지에 비해 퍼지시간이 길다.

㉯ 사이폰 퍼지가스의 부피는 용기의 부피와 같다.

㉰ 진공퍼지는 압력퍼지보다 불활성가스(Inert gas) 소모가 적다.

㉱ 스위프 퍼지는 용기나 장치에 압력을 가하거나 진공으로 할 수 없을 때 사용된다.

**[해설]**

| | |
|---|---|
| 진공퍼지<br>(저압퍼지)<br>(Vacuum Purging) | • 용기를 진공시킨 다음 불활성가스 (Inert gas)를 주입하여 산소농도를 낮춘다.<br>• 반응기에 일반적으로 사용되는 퍼지방법이다.<br>• 큰 용기는 진공에 견디도록 설계되지 않아 <u>큰 용기에는 사용할 수 없다.</u> |
| 압력퍼지<br>(Pressure Purging) | • 용기에 불활성가스(Inert gas)를 주입하여 가압된 불활성가스(Inert gas)가 용기 내에서 충분히 확산된 후 대기 중으로 방출하여 산소농도를 낮춘다.<br>• <u>압력퍼지는 진공퍼지에 비해 퍼지시간이 매우 짧다.</u><br>• <u>압력퍼지는 진공퍼지보다 불활성가스(Inert gas) 소모량이 많다.</u> |
| 스위프퍼지<br>(Sweep Through purging) | • <u>용기의 한 개구부로부터 불활성가스(Inert gas)를 가하고, 다른 개구부로부터</u> 용기나 장치가 압력을 가하거나 진공으로 할 수 없을 때 사용한다.<br>• <u>큰 저장용기를 퍼지할 때 적합하나 많은 양의 불활성가스(Inert gas)를 필요로 하므로 많은 경비가 소요된다.</u> |
| 사이폰퍼지<br>(Siphon Purging) | • 용기에 액체(물)를 채운 다음 액체가 용기로부터 드레인될 때 불활성가스(Inert gas)를 용기의 증기 공간에 주입한다. 주입되는 <u>불활성가스(Inert gas)의 부피는 용기의 부피와 같고</u> 퍼지속도는 액체를 방출하는 속도와 같게 한다.<br>• 큰 저장용기를 퍼지할 때 경비를 최소화하는데 이용한다. |

**97** 산업안전보건법령상 화학설비로서 가솔린이 남아 있는 화학설비에 등유나 경유를 주입하는 경우 그 액표면의 높이가 주입관의 선단의 높이를 넘을 때까지 주입속도는 얼마 이하로 하여야 하는가?

㉮ 1m/s  ㉯ 4m/s
㉰ 8m/s  ㉱ 10m/s

**[해설]** 정전기 발생을 줄이기 위하여 유속을 1m/s 이하로 조절하여야 한다.

**98** 다음 중 메타인산($HPO_3$)에 의한 방진효과를 가진 분말소화약제의 종류는?

㉮ 제1종 분말소화약제

㉯ 제2종 분말소화약제

㉰ 제3종 분말소화약제

㉱ 제4종 분말소화약제

**[해설]** 제3종 분말($NH_4H_2PO_4$)
소화약제(ABC 분말소화약제)의 소화 특성

① 약제의 열분해에 의하여 생성되는 $CO_2$와 수증기의 질식작용과 냉각 작용

② 흡열반응에 의한 냉각 작용

③ 분말미립자에 의한 희석 작용

④ 연쇄반응을 억제하는 부촉매 효과

⑤ 메타인산($HPO_3$)의 방진작용에 의한 재연소 방지 효과

**99** 다음 중 전기설비에 의한 화재에 사용할 수 없는 소화기의 종류는?

㉮ 포소화기  
㉯ 이산화탄소소화기  
㉰ 할로겐화합물소화기  
㉱ 무상수(霧狀水)소화기  

해설 • 포소화기는 전기화재에 사용할 수 없다.  
• 무상수소화기는 질식 효과를 가지므로 사용이 가능하다.

| 분류 | A급 화재 | B급 화재 | C급 화재 | D급 화재 |
|---|---|---|---|---|
| 구분색 | 백색 | 황색 | 청색 | 표시없음 (무색) |
| 가연물 | 일반 화재 | 유류 화재 | 전기 화재 | 금속 화재 |
| 주된 소화 효과 | 냉각 효과 | 질식 효과 | 질식, 억제효과 | 질식 효과 |
| 적응 소화제 | 물, 강화액 소화기, 산, 알칼리 소화기 | 포말 소화기, CO₂ 소화기, 분말 소화기 | CO₂ 소화기, 분말 소화기, 할로겐 화합물 소화기 | 건조사, 팽창 질석, 팽창 진주암 |

**100** 다음 중 탱크 내 작업 시 복장에 관한 설명으로 틀린 것은?

㉮ 불필요하게 피부를 노출시키지 말 것  
㉯ 작업복의 바지 속에는 밑을 집어넣지 말 것  
㉰ 작업모를 쓰고 긴팔의 상의를 반듯하게 착용할 것  
㉱ 수분의 흡수를 방지하기 위하여 유지가 부착된 작업복을 착용할 것  

해설 ㉱ 유지가 부착된 작업복은 착용하지 말 것

제6과목 건설공사 안전 관리

**101** 추락방지망 설치 시 그물코의 크기가 10cm인 매듭 있는 방망의 신품에 대한 인장강도 기준으로 옳은 것은?

㉮ 100kgf 이상   ㉯ 200kgf 이상  
㉰ 300kgf 이상   ㉱ 400kgf 이상  

해설 방망사의 신품에 대한 인장강도

| 그물코의 크기 (단위 : 센티미터) | 방망의 종류(단위 : 킬로그램) | |
|---|---|---|
| | 매듭 없는 방망 | 매듭방망 |
| 10 | 240 | 200 |
| 5 | | 110 |

참고 방망사의 폐기 시 인장강도

| 그물코의 크기 (단위 : 센티미터) | 방망의 종류(단위 : 킬로그램) | |
|---|---|---|
| | 매듭 없는 방망 | 매듭방망 |
| 10 | 150 | 135 |
| 5 | | 60 |

{분석}  
자주 출제되는 내용입니다. "해설"을 암기하세요.

**102** 백호우(Backhoe)의 운행 방법에 대한 설명으로 옳지 않은 것은?

㉮ 경사로나 연약지반에서는 무한궤도식 보다는 타이어식이 안전하다.  
㉯ 작업계획서를 작성하고 계획에 따라 작업을 실시하여야 한다.  
㉰ 작업장소의 지형 및 지반상태 등에 적합한 제한속도를 정하고 운전자로 하여금 이를 준수하도록 하여야 한다.  
㉱ 작업 중 승차석 외의 위치에 근로자를 탑승시켜서는 안 된다.  

해설 ㉮ 경사로나 연약지반 작업에는 무한궤도식이 적합하다.

●)) 정답 99 ㉮ 100 ㉱ 101 ㉯ 102 ㉮

**103** 중량물 운반 시 크레인에 매달아 올릴 수 있는 최대 하중으로부터 달아올리기 기구의 중량에 상당하는 하중을 제외한 하중은?

㉮ 정격 하중
㉯ 적재 하중
㉰ 임계 하중
㉱ 작업 하중

> **해설** 정격하중 : 양중기의 **권상하중(들어 올릴 수 있는 최대의 하중)**에서 훅, 크래브 또는 버킷 등 달기기구의 중량에 상당하는 하중을 뺀 하중을 말한다.

**104** 건축공사로서 대상액이 5억 원 이상 50억 원 미만인 경우에 산업안전보건관리비의 비율(가) 및 기초액(나)으로 옳은 것은?

㉮ (가) 2.28%　　(나) 4,325,000원
㉯ (가) 1.95%　　(나) 3,498,000원
㉰ (가) 2.15%　　(나) 1,647,000원
㉱ (가) 1.49%　　(나) 4,211,000원

> **해설** 공사종류 및 규모별 산업안전보건관리비 계상기준표

| 공사\n종류 | 대상액 5억 원 미만인 경우 적용 비율(%) | 대상액 5억 원 이상 50억 원 미만인 경우 적용 비율(%) | 대상액 5억 원 이상 50억 원 미만인 경우 기초액 | 대상액 50억 원 이상인 경우 적용 비율(%) | 보건관리자 선임 대상 건설공사의 적용비율(%) |
|---|---|---|---|---|---|
| 건축공사 | 3.11(%) | 2.28(%) | 4,325 천원 | 2.37(%) | 2.64(%) |
| 토목공사 | 3.15(%) | 2.53(%) | 3,300 천원 | 2.60(%) | 2.73(%) |
| 중건설 공사 | 3.64(%) | 3.05(%) | 2,975 천원 | 3.11(%) | 3.39(%) |
| 특수 건설공사 | 2.07(%) | 1.59(%) | 2,450 천원 | 1.64(%) | 1.78(%) |

**105** 산업안전보건법상 차량계 하역운반기계 등에 단위화물의 무게가 100kg 이상인 화물을 싣는 작업 또는 내리는 작업을 하는 경우에 해당 작업 지휘자가 준수하여야 할 사항과 가장 거리가 먼 것은?

㉮ 작업순서 및 그 순서마다의 작업방법을 정하고 작업을 지휘할 것
㉯ 기구와 공구를 점검하고 불량품을 제거할 것
㉰ 대피방법을 미리 교육하는 일
㉱ 로프 풀기 작업 또는 덮개 벗기기 작업은 적재함의 화물이 떨어질 위험이 없음을 확인한 후에 하도록 할 것

> **해설** 차량계 하역운반기계에 **단위화물의 무게가 100킬로그램 이상인 화물을 싣는 작업 또는 내리는 작업 시 작업의 지휘자를 지정**하여 다음 각호의 사항을 준수하도록 하여야 한다.

> **차량계 하역운반기계 작업지휘자 임무**
> ① **작업 순서** 및 그 순서마다의 **작업 방법을 정하고 작업을 지휘할 것**
> ② **기구 및 공구를 점검**하고 **불량품을 제거**할 것
> ③ 해당 작업을 하는 장소에 **관계 근로자가 아닌 사람이 출입하는 것을 금지**할 것
> ④ **로프를 풀거나 덮개를 벗기는 작업**을 행하는 때에는 **적재함의 낙하할 위험이 없음을 확인한 후에 당해 작업을 하도록 할 것**

> {분석}
> 실기까지 중요한 내용입니다. "해설"을 다시 확인하세요.

●》 정답　103 ㉮　104 ㉮　105 ㉰

**106** 투하설비 설치와 관련된 아래의 (     )에 적합한 것은?

> 사업주는 높이가 (    )미터 이상인 장소로부터 물체를 투하하는 때에는 적당한 투하설비를 설치하거나 감시인을 배치하는 등 위험 방지를 위하여 필요한 조치를 하여야 한다.

㉮ 1 　　　　㉯ 2
㉰ 3 　　　　㉱ 4

**[해설] 투하설비의 설치**

사업주는 **높이가 3미터 이상인 장소**로부터 물체를 투하하는 때에는 적당한 투하설비를 설치하거나 감시인을 배치하는 등 위험 방지를 위하여 필요한 조치를 하여야 한다.

**107** 토석 붕괴의 원인 중 외적 원인에 해당되지 않는 것은?

㉮ 토석의 강도 저하
㉯ 작업 진동 및 반복하중의 증가
㉰ 사면, 법면의 경사 및 기울기의 증가
㉱ 절토 및 성토 높이의 증가

**[해설]** ㉮ 토석의 강도 저하는 토석 붕괴의 내적 원인이다.

**[참고] 토석 붕괴의 외적 원인**

① 사면, 법면의 경사 및 기울기의 증가
② 절토 및 성토 높이의 증가
③ 공사에 의한 진동 및 반복 하중의 증가
④ 지표수 및 지하수의 침투에 의한 토사 중량의 증가
⑤ 지진, 차량, 구조물의 하중작용
⑥ 토사 및 암석의 혼합층 두께

**108** 지반조건에 따른 지반개량공법 중 점성토 개량공법과 가장 거리가 먼 것은?

㉮ 바이브로 플로테이션공법
㉯ 치환공법
㉰ 압밀공법
㉱ 생석회 말뚝공법

**[해설]** 바이브로 플로테이션 : 진동기를 이용하여 지반을 다짐하는 모래지반의 개량공법이다.

**[참고]**

| 모래의 개량공법 | 점토의 개량공법 |
|---|---|
| • 다짐말뚝공법 | • 치환공법 |
| • 다짐모래말뚝공법 | • 탈수공법 |
| • 바이브로 플로테이션 | • 재하공법 |
| • 전기충격공법 | • 압성토공법 |
| • 약액주입공법 | • 생석회말뚝공법 |
| • 웰포인트공법 | |

{분석}
**실기까지 중요한 내용입니다. "참고"를 다시 확인하세요.**

**109** 비계의 높이가 2m 이상인 작업장소에 설치하는 작업발판의 설치 기준으로 옳지 않은 것은?

㉮ 작업발판의 폭은 40cm 이상으로 한다.
㉯ 작업발판재료는 뒤집히거나 떨어지지 않도록 하나 이상의 지지물에 연결하거나 고정시킨다.
㉰ 발판재료 간의 틈은 3cm 이하로 한다.
㉱ 작업발판의 지지물은 하중에 의하여 파괴될 우려가 없는 것을 사용한다.

**[해설] 작업발판 설치 기준**

① 발판재료 : 작업시의 하중을 견딜 수 있도록 <u>견고한 것</u>으로 할 것
② <u>발판의 폭 : 40cm 이상</u>으로 하고, <u>발판재료 간의 틈 : 3cm 이하</u>로 할 것
③ <u>추락의 위험성이 있는 장소에는 안전난간을 설치</u>할 것

🔊 **정답** 106 ㉰ 107 ㉮ 108 ㉮ 109 ㉯

④ 작업발판의 지지물 : 하중에 의하여 파괴될 우려가 없는 것을 사용할 것

⑤ 작업발판재료는 뒤집히거나 떨어지지 아니하도록 2 이상의 지지물에 연결하거나 고정시킬 것

⑥ 작업에 따라 이동시킬 때에는 위험방지 조치를 할 것

⑦ 선박 및 보트 건조작업에서 선박블록 또는 엔진실 등의 좁은 작업공간에 작업발판을 설치하는 경우 : 작업발판의 폭을 30센티미터 이상으로 할 수 있고, 걸침비계의 경우 발판재료 간의 틈을 3센티미터 이하로 유지하기 곤란하면 5센티미터 이하로 할 수 있다.(그 틈 사이로 물체 등이 떨어질 우려가 있는 곳에는 출입금지 등의 조치를 하여야 한다)

{분석}
**실기까지 중요한 내용입니다. "해설"을 다시 확인하세요.**

## 110 물체가 떨어지거나 날아올 위험이 있을 때의 재해 예방대책과 거리가 먼 것은?

㉮ 낙하물방지망 설치
㉯ 출입금지구역 설정
㉰ 안전대 착용
㉱ 안전모 착용

**해설** ㉰ 안전대는 추락을 방지하기 위한 보호구이다.

**참고** 낙하·비래 위험방지 조치

① 낙하물방지망 · 수직보호망 또는 방호선반의 설치
② 출입금지구역의 설정
③ 보호구의 착용

{분석}
**실기까지 중요한 내용입니다. "참고"를 암기하세요.**

## 111 터널 지보공을 설치한 때 수시 점검하여 이상을 발견 시 즉시 보강하거나 보수해야 할 사항이 아닌 것은?

㉮ 부재의 손상 · 변형 · 부식 · 변위 탈락의 유무 및 상태
㉯ 부재의 긴압의 정도
㉰ 부재의 접속부 및 교차부의 상태
㉱ 계측기 설치상태

**해설** 터널 지보공 설치 시 점검 항목

① 부재의 손상 · 변형 · 부식 · 변위 탈락의 유무 및 상태
② 부재의 긴압의 정도
③ 부재의 접속부 및 교차부의 상태
④ 기둥침하의 유무 및 상태

{분석}
**실기까지 중요한 내용입니다. 암기하세요.**

## 112 콘크리트 타설작업 시 안전에 대한 유의사항으로 옳지 않은 것은?

㉮ 콘크리트 치는 도중에는 지보공 · 거푸집 등의 이상 유무를 확인한다.
㉯ 높은 곳으로부터 콘크리트를 타설할 때는 호퍼로 받아 거푸집 내에 꽂아 넣는 슈트를 통해서 부어 넣어야 한다.
㉰ 진동기를 가능한 한 많이 사용할수록 거푸집에 작용하는 측압상 안전하다.
㉱ 콘크리트를 한 곳에만 치우쳐서 타설하지 않도록 주의한다.

**해설** ㉰ 진동기는 적절히 사용되어야 하며, 지나친 진동은 거푸집 도괴의 원인이 될 수 있으므로 각별히 주의하여야 한다.

**참고** 콘크리트의 타설

① 콘크리트의 타설은 원칙적으로 시공계획서에 따라야 한다.
② 콘크리트의 타설 작업을 할 때에는 철근 및 매설물의 배치나 거푸집이 변형 및 손상되지 않도록 주의하여야 한다.
③ 타설한 콘크리트를 거푸집 안에서 횡방향으로 이동시켜서는 안 된다.
④ 타설 도중에 심한 재료분리가 생겼을 때에는 재료분리를 방지할 방법을 강구하여야 한다.
⑤ 한 구획 내의 콘크리트는 타설이 완료될 때까지 연속해서 타설하여야 한다.
⑥ 콘크리트는 그 표면이 한 구획 내에서는 거의 수평이 되도록 타설하는 것을 원칙으로 한다.
⑦ 콘크리트 타설의 1층 높이는 다짐능력을 고려하여 이를 결정하여야 한다.

**정답** 110 ㉰ 111 ㉱ 112 ㉰

⑧ 콘크리트를 2층 이상으로 나누어 타설할 경우, 상층의 콘크리트 타설은 원칙적으로 하층의 콘크리트가 굳기 시작하기 전에 해야 하며, 상층과 하층이 일체가 되도록 시공한다. 또한, 콜드조인트가 발생하지 않도록 하나의 시공구획의 면적, 콘크리트의 공급능력, 이어치기 허용시간 간격 등을 정하여야 한다.

⑨ 거푸집의 높이가 높을 경우, 재료분리를 막고 상부의 철근 또는 거푸집에 콘크리트가 부착하여 경화하는 것을 방지하기 위해 거푸집에 투입구를 설치하거나 연직슈트 또는 펌프배관의 배출구를 타설면 가까운 곳까지 내려서 콘크리트를 타설하여야 한다. 이 경우 슈트, 펌프배관, 버킷, 호퍼 등의 배출구와 타설면까지의 높이는 1.5m 이하를 원칙으로 한다.

⑩ 콘크리트 타설 도중 표면에 떠올라 고인 블리딩수가 있을 경우에는 적당한 방법으로 이 물을 제거한 후가 아니면 그 위에 콘크리트를 쳐서는 안 되며, 고인 물을 제거하기 위하여 콘크리트 표면에 홈을 만들어 흐르게 해서는 안 된다.

⑪ 벽 또는 기둥과 같이 높이가 높은 콘크리트를 연속해서 타설할 경우에는 타설 및 다질 때 재료 분리가 될 수 있는 대로 적게 되도록 콘크리트의 반죽질기 및 타설 속도를 조정하여야 한다.

## 113 거푸집 동바리 등을 조립하는 경우에 준수하여야 하는 기준으로 옳지 않은 것은?

㉮ 동바리로 사용하는 파이프 서포트를 이어서 사용하는 경우에는 3개 이상의 볼트 또는 전용철물을 사용하여 이을 것

㉯ 동바리로 사용하는 강관은 높이 2m 이내마다 수평연결재를 2개 방향으로 만들 것

㉰ 깔목의 사용, 콘크리드 타실, 말뚝박기 등 동바리의 침하를 빙지하기 위한 소치를 할 것

㉱ 동바리로 사용하는 파이프 서포트를 3개 이상 이어서 사용하지 말 것

**[해설]** 동바리로 사용하는 파이프서포트의 조립 시 준수사항
- 파이프서포트를 3개본 이상 이어서 사용하지 아니하도록 할 것
- 파이프서포트를 이어서 사용할 때에는 4개 이상의 볼트 또는 전용철물을 사용하여 이을 것
- 높이가 3.5미터를 초과하는 경우에는 높이 2미터 이내마다 수평연결재를 2개 방향으로 만들고 수평연결재의 변위를 방지할 것

{분석}
실기까지 중요한 내용입니다. "해설"을 암기하세요.

## 114 건물 해체용 기구가 아닌 것은?

㉮ 압쇄기
㉯ 스크레이퍼
㉰ 잭
㉱ 철해머

**[해설]** 스크레이퍼 (scraper)는 굴착, 적재, 운반, 성토, 흙깔기, 흙 다지기의 작업을 하나의 기계로 사용할 수 있는 트랙터계 기계이다.

## 115 단관비계를 조립하는 경우 벽이음 및 버팀을 설치할 때의 수평방향 조립 간격 기준으로 옳은 것은?

㉮ 3m         ㉯ 5m
㉰ 6m         ㉱ 8m

**[해설]** 비계 조립간격(벽이음 간격)

| 비계 종류 | | 수직 방향 | 수평 방향 |
|---|---|---|---|
| 강관 비계 | 단관비계 | 5m | 5m |
| | 틀비계(높이 5m 미만인 것 제외) | 6m | 8m |

{분석}
실기에도 자주 출제되는 내용입니다. 반드시 암기하세요.

**116** 흙막이 붕괴원인 중 보일링(boiling)현상이 발생하는 원인에 관한 설명으로 옳지 않은 것은?

㉮ 지반을 굴착 시, 굴착부와 지하수위 차가 있을 때 주로 발생한다.

㉯ 연약 사질토 지반의 경우 주로 발생한다.

㉰ 굴착저면에서 액상화 현상에 기인하여 발생한다.

㉱ 연약 점토질 지반에서 배면토의 중량이 굴착부 바닥의 지지력 이상이 되었을 때 주로 발생한다.

**해설** ㉱ 히빙현상에 대한 설명이다.

**참고** 보일링(Boiling) 현상

① 사질토 지반에서 굴착저면과 흙막이 배면과의 수위 차이로 인해 굴착저면의 흙과 물이 함께 위로 솟구쳐 오르는 현상(모래의 액상화 현상)을 말한다.

② 모래가 액상화되어 솟아오른다.

| 보일링<br>발생 원인 | • 배면지반과 터파기 저면과의 수위차<br>• 포화지반 및 지하 수위가 높은 경우<br>• 사질지반 및 파이핑의 형성<br>• 흙막이 밑둥넣기 부족 |
|---|---|
| 보일링<br>현상<br>방지책 | • 지하수위 저하<br>• 지하수 흐름 변경<br>• 근입벽을 깊게 한다.<br>• 작업 중지 |

{분석}
실기까지 중요한 내용입니다. "참고"를 다시 확인하세요.

**117** 다음은 강관을 사용하여 비계를 구성하는 경우에 대한 내용이다. 빈칸에 들어갈 내용으로 옳은 것은?

> 비계기둥 간격은 띠장방향에서는 (      ), 장선방향에서는 1.5미터 이하로 할 것

㉮ 1.5m 이하

㉯ 1.2m 이상 2.0m 이하

㉰ 1.85m 이하

㉱ 2.0m 이하

**해설** 비계기둥 간격 : 띠장방향에서는 1.85m 이하, 장선방향에서는 1.5m 이하로 할 것

다만, 다음 각 목의 어느 하나에 해당하는 작업의 경우에는 안전성에 대한 구조검토를 실시하고 조립도를 작성하면 띠장 방향 및 장선 방향으로 각각 2.7미터 이하로 할 수 있다.

가. 선박 및 보트 건조작업

나. 그 밖에 장비 반입·반출을 위하여 공간 등을 확보할 필요가 있는 등 작업의 성질상 비계기둥 간격에 관한 기준을 준수하기 곤란한 작업

**참고** [강관비계의 구조]

① 비계기둥 간격 : 띠장방향에서는 1.85m 이하, 장선방향에서는 1.5m 이하로 할 것. 다만, 다음 각 목의 어느 하나에 해당하는 작업의 경우에는 안전성에 대한 구조검토를 실시하고 조립도를 작성하면 띠장 방향 및 장선 방향으로 각각 2.7미터 이하로 할 수 있다.

가. 선박 및 보트 건조작업

나. 그 밖에 장비 반입·반출을 위하여 공간 등을 확보할 필요가 있는 등 작업의 성질상 비계기둥 간격에 관한 기준을 준수하기 곤란한 작업

② 띠장간격 : 2.0미터 이하로 할 것(다만, 작업의 성질상 이를 준수하기가 곤란하여 쌍기둥 틀 등에 의하여 해당 부분을 보강한 경우에는 그러하지 아니하다)

③ 비계기둥의 제일 윗부분으로부터 31m되는 지점 밑 부분의 비계기둥은 2본의 강관으로 묶어 세울 것

④ 비계기둥 간의 적재하중은 400kg을 초과하지 않도록 할 것

{분석}
실기까지 중요한 내용입니다. "참고"를 다시 확인하세요.

**정답** 116 ㉱ 117 ㉰

## 118 취급·운반의 원칙으로 옳지 않은 것은?

㉮ 운반 작업을 집중하여 시킬 것
㉯ 곡선 운반을 할 것
㉰ 생산을 최고로 하는 운반을 생각할 것
㉱ 연속 운반을 할 것

**[해설]** 취급·운반의 5원칙

① 직선 운반을 할 것
② 연속 운반을 할 것
③ 운반 작업을 집중화시킬 것
④ 생산을 최고로 하는 운반을 생각할 것
⑤ 최대한 시간과 경비를 절약할 수 있는 운반 방법을 고려할 것

## 119 터널 굴착공사에서 뿜어 붙이기 콘크리트의 효과를 설명한 것으로 옳지 않은 것은?

㉮ 암반의 크랙(crack)을 보강한다.
㉯ 굴착면의 요철을 늘리고 응력집중을 최대한 증대시킨다.
㉰ Rock Bolt의 힘을 지반에 분산시켜 전달한다.
㉱ 굴착면을 덮음으로써 지반의 침식을 방지한다.

**[해설]** 숏크리트(shotcrete, sprayed concrete)의 기능

① 지반과의 부착 및 자체 전단 저항효과로 숏크리트에 작용하는 외력을 지반에 분산시키고, 터널 주변의 붕락하기 쉬운 암괴를 지지하며, 굴착면 가까이에 지반 아치가 형성될 수 있도록 한다.
② 강지보재 또는 록볼트에 지반 압력을 전달하는 기능을 발휘하도록 하여야 한다.
③ 굴착된 지반의 굴곡부를 메우고 절리면 사이를 접착시킴으로써 응력집중 현상을 피하도록 한다.
④ 굴착면을 피복하여 풍화 방지, 지수, 세립자 유출 등을 방지하도록 한다.
⑤ 보수, 보강재료로 사용되어 소요의 강도와 내구성 등 구조물의 충분한 보수 및 보강성능을 발휘하여야 한다.
⑥ 비탈면, 법면 또는 벽면 보호 공법으로 적용되어 충분한 안전성을 확보하여야 한다.

**[참고]** 숏크리트 : 컴프레셔 혹은 펌프를 이용하여 노즐 위치까지 호스 속으로 운반한 콘크리트를 압축공기에 의해 시공 면에 뿜어서 만든 콘크리트(뿜어붙이기 콘크리트)를 말한다.

## 120 다음은 시스템 비계 구성에 관한 내용이다. ( )안에 들어갈 말로 옳은 것은?

> 비계 밑단의 수직재와 받침철물은 밀착되도록 설치하고, 수직재와 받침철물의 연결부의 겹침길이는 받침철물 ( ) 이상이 되도록 할 것

㉮ 전체 길이의 4분의 1
㉯ 전체 길이의 3분의 1
㉰ 전체 길이의 3분의 2
㉱ 전체 길이의 2분의 1

**[해설]** 비계 밑단의 수직재와 받침철물은 밀착되도록 설치하고, 수직재와 받침철물의 연결부의 겹침길이는 받침철물 전체길이의 3분의 1 이상이 되도록 할 것

**[참고]** [시스템 비계의 구조]

① 수직재·수평재·가새재를 견고하게 연결하는 구조가 되도록 할 것
② 비계 밑단의 수직재와 받침철물은 밀착되도록 설치하고, 수직재와 받침철물의 연결부의 겹침길이는 받침철물 전체길이의 3분의 1 이상이 되도록 할 것
③ 수평재는 수직재와 직각으로 설치하여야 하며, 체결 후 흔들림이 없도록 견고하게 설치할 것
④ 수직재와 수직재의 연결철물은 이탈되지 않도록 견고한 구조로 할 것
⑤ 벽 연결재의 설치간격은 제조사가 정한 기준에 따라 설치할 것

{분석}
실기까지 중요한 내용입니다. "참고"를 다시 확인하세요.

# 03회 2013년 산업안전기사 최근 기출문제

제1과목 · 산업재해 예방 및 안전보건교육

**01** 다음 중 무재해운동 추진에 있어 무재해로 보는 경우가 아닌 것은?

㉮ 출·퇴근 도중에 발생한 재해
㉯ 제3자의 행위에 의한 업무상 재해
㉰ 운동경기 등 각종 행사 중 발생한 재해
㉱ 사업주가 제공한 사업장 내의 시설물에서 작업개시 전의 작업준비 및 작업 종료 후의 정리정돈과정에서 발생한 재해

**해설** 무재해

① 업무 수행 중의 사고 중 천재지변 또는 돌발적인 사고로 인한 구조행위 또는 긴급피난 중 발생한 사고
② 출·퇴근 도중에 발생한 재해
③ 운동경기 등 각종 행사 중 발생한 재해
④ 천재지변 또는 돌발적인 사고 우려가 많은 장소에서 사회통념상 인정되는 업무 수행 중 발생한 사고
⑤ 제3자의 행위에 의한 업무상 재해
⑥ 뇌혈관 질병 또는 심장 질병에 의한 재해
⑦ 업무시간 외에 발생한 재해. 다만, 사업주가 제공한 사업장 내의 시설물에서 발생한 재해 또는 작업 개시 전의 작업 준비 및 작업 종료 후의 정리 정돈 과정에서 발생한 재해는 제외한다.
⑧ 도로에서 발생한 사업장 밖의 교통사고, 소속 사업장을 벗어난 출장 및 외부기관으로 위탁교육 중 발생한 사고, 회식 중의 사고, 전염병 등 사업주의 법 위반으로 인한 것이 아니라고 인정되는 재해

**02** 학습지도의 형태에서 몇 사람의 전문가에 의해 과정에 관한 견해를 발표하고 참가자로 하여금 의견이나 질문을 하게 하는 토의방식은?

㉮ 포럼(Forum)
㉯ 심포지엄(Symposium)
㉰ 버즈세션(Buzz session)
㉱ 자유토의법(Free Discussion Method)

**해설** 심포지엄(Symposium) : 몇 사람의 전문가에 의하여 과제에 관한 견해를 발표한 뒤 참가자로 하여금 의견이나 질문을 하게 하여 토의하는 방법

**참고** ① 포럼(Forum) : 새로운 자료나 교재를 제시, 거기서의 문제점을 피교육자로 하여금 제기하게 하여 발표하고 토의하는 방법
② 버즈세션(6-6 회의) : 사회자와 기록계를 선출한 후 6명씩의 소집단으로 구분하고, 소집단별로 6분씩 자유토의를 행하여 의견을 종합하는 방법

{분석}
필기에 자주 출제되는 내용입니다.
"참고"도 함께 확인하세요.

**03** 다음 중 맥그리거(McGregor)의 인간 해석에 있어 X이론적 관리 처방으로 가장 적합한 것은?

㉮ 직무의 확장
㉯ 분권화와 권한의 위임
㉰ 민주석 리더십의 확립
㉱ 경제적 보상체제의 강화

**정답** 01 ㉱ 02 ㉯ 03 ㉱

**해설**

| X이론(저차원 이론) | Y이론(고차원 이론) |
|---|---|
| • 경제적 보상체제의 강화<br>• 권위주의적 리더십의 확립<br>• 면밀한 감독과 엄격한 통제<br>• 상부 책임제도의 강화 | • 분권화와 권한의 위임<br>• 직무확장 및 목표에 의한 관리<br>• 민주적 리더십의 확립<br>• 비공식적 조직의 활용<br>• 상호 신뢰감<br>• 책임과 창조력<br>• 인간관계 관리방식 |

{분석}
필기에 자주 출제되는 내용입니다. 다시 확인하세요.

**04** 일상점검 중 작업 전에 수행되는 내용과 가장 거리가 먼 것은?

㉮ 주변의 정리·정돈
㉯ 생산 품질의 이상 유무
㉰ 주변의 청소 상태
㉱ 설비의 방호장치 점검

**해설** ㉯ 생산 품질의 이상 유무는 작업 후에 실시하는 점검에 해당한다.

**05** 산업안전보건법령상 사업주가 근로자에게 실시해야 하는 안전·보건교육에 있어 근로자의 채용 시 교육 및 작업내용 변경 시의 교육 내용에 포함되지 않는 것은? (단, 산업안전보건법 및 산업재해보상보험제도에 관한 사항은 제외한다)

㉮ 물질안전보건자료에 관한 사항
㉯ 작업 개시 전 점검에 관한 사항
㉰ 유해, 위험 작업환경 관리에 관한 사항
㉱ 기계·기구의 위험성과 작업의 순서 및 동선에 관한 사항

**해설** 근로자 채용 시의 교육 및 작업내용 변경 시의 교육
① 산업안전 및 산업재해 예방에 관한 사항(화재·폭발 사고 발생 시 대피에 관한 사항을 포함한다)
② 산업보건 및 건강장해 예방에 관한 사항
③ 산업안전보건법령 및 산업재해보상보험제도에

관한 사항
④ 직무스트레스 예방 및 관리에 관한 사항
⑤ 직장 내 괴롭힘, 고객의 폭언 등으로 인한 건강장해 예방 및 관리에 관한 사항
⑥ 기계·기구의 위험성과 작업의 순서 및 동선에 관한 사항
⑦ 물질안전보건자료에 관한 사항
⑧ 작업 개시 전 점검에 관한 사항
⑨ 정리정돈 및 청소에 관한 사항
⑩ 사고 발생 시 긴급조치에 관한 사항
⑪ 위험성 평가에 관한 사항

실력이 되고! 합격이 되는! **특급 암기법**

**공통 항목**
1. 신규자는 법, 산재보상제도를 알자!
2. 신규자는 건강을 보존(산업보건)하고 건강장해, 스트레스, 괴롭힘, 폭언 예방하자!
3. 신규자는 안전하고 산업재해 예방하자!
4. 신규자는 위험성을 평가하자!

신규채용자는 회사에 처음 입사해서 처음 일을 하는 근로자, 안전하게 일하기 위한 기본내용을 교육한다.
1. 신규자는 기계·기구 위험성, 작업순서, 동선을 알자!
2. 신규자는 취급물질의 위험성(물질안전보건자료)을 알자!
3. 신규자는 작업 전 점검하자!
4. 신규자는 항상 정리정돈 청소하자!
5. 신규자는 사고 시 조치를 알자!

**참고** 1. 근로자 정기안전·보건교육
① 산업안전 및 산업재해 예방에 관한 사항(화재·폭발 사고 발생 시 대피에 관한 사항을 포함한다)
② 산업보건 및 건강장해 예방에 관한 사항(폭염·한파작업으로 인한 건강장해 발생 시 응급조치에 관한 사항을 포함한다)
③ 유해·위험 작업환경 관리에 관한 사항
④ 산업안전보건법령 및 산업재해보상보험제도에 관한 사항
⑤ 직무스트레스 예방 및 관리에 관한 사항
⑥ 직장 내 괴롭힘, 고객의 폭언 등으로 인한 건강장해 예방 및 관리에 관한 사항
⑦ 건강증진 및 질병 예방에 관한 사항
⑧ 위험성 평가에 관한 사항

**정답** 04 ㉯ 05 ㉰

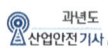

실력이 되고! 합격이 되는! 특급 암기법

공통 항목(관리감독자, 근로자)
1. 근로자는 법, 산재보상제도를 알자.
2. 근로자는 건강을 보존(산업보건)하고 건강장해, 스트레스, 괴롭힘, 폭언 예방하자!
3. 근로자는 유해위험 환경을 관리해서 안전하고 산업재해 예방하자!
4. 근로자는 위험성을 평가하자!

근로자 정기교육의 특징
1. 근로자는 건강증진하고 질병예방하자!

2. 관리감독자 정기안전·보건교육
① 산업안전 및 산업재해 예방에 관한 사항(화재·폭발 사고 발생 시 대피에 관한 사항을 포함한다)
② 산업보건 및 건강장해 예방에 관한 사항(폭염·한파작업으로 인한 건강장해 발생 시 응급조치에 관한 사항을 포함한다)
③ 유해·위험 작업환경 관리에 관한 사항
④ 산업안전보건법령 및 산업재해보상보험 제도에 관한 사항
⑤ 직무스트레스 예방 및 관리에 관한 사항
⑥ 직장 내 괴롭힘, 고객의 폭언 등으로 인한 건강장해 예방 및 관리에 관한 사항
⑦ 위험성평가에 관한 사항
⑧ 작업공정의 유해·위험과 재해 예방대책에 관한 사항
⑨ 표준안전 작업방법 결정 및 지도·감독 요령에 관한 사항
⑩ 비상 시 또는 재해 발생 시 긴급조치에 관한 사항
⑪ 사업장 내 안전보건관리체제 및 안전·보건조치 현황에 관한 사항
⑫ 현장근로자와의 의사소통능력 및 강의능력 등 안전보건교육 능력 배양에 관한 사항
⑬ 그 밖의 관리감독자의 직무에 관한 사항

실력이 되고! 합격이 되는! 특급 암기법

공통 항목(관리감독자, 근로자)
1. 관리자는 법, 산재보상제도를 알자.
2. 관리자는 건강을 보존(산업보건)하고 건강장해, 스트레스, 괴롭힘, 폭언 예방하자!
3. 관리자는 유해위험 환경을 관리해서 안전하고 산업재해 예방하자!
4. 관리자는 위험성을 평가하자!

관리감독자 정기교육의 특징
1. 관리자는 유해위험의 재해예방대책 세우자!
2. 관리자는 안전 작업방법 결정해서 감독하자!
3. 관리자는 재해발생 시 긴급조치하자!
4. 관리자는 안전보건 조치하자!
5. 관리자는 안전보건교육 능력 배양하자!

{분석}
실기에도 자주 출제되는 내용입니다.
"참고"도 함께 기억하세요.

**06** 다음 중 재해손실비용에 있어 직접손실비용에 해당되지 않는 것은?

㉮ 채용급여   ㉯ 간병급여
㉰ 장해급여   ㉱ 유족급여

해설 ㉮ 채용급여는 직접비에 해당하지 않는다.

참고

| 직접비 | 간접비 |
|---|---|
| • 치료비<br>• 휴업급여<br>• 요양급여<br>• 유족급여<br>• 장해급여<br>• 간병급여<br>• 직업재활급여<br>• 상병(傷病)보상연금<br>• 장의비 등 | • 인적 손실비<br>• 물적 손실비<br>• 생산 손실비<br>• 기계·기구 손실비 등 |

**07** 다음 중 직무적성검사의 특징과 가장 거리가 먼 것은?

㉮ 타당성(Validity)
㉯ 객관성(Objectivity)
㉰ 표준화(Standardization)
㉱ 재현성(Reproducibility)

해설 심리검사(직무적성검사)의 기준
① 표준화   ② 객관성
③ 규준성   ④ 신뢰성
⑤ 타당성

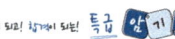

**08** 다음 중 산업안전보건법령상 안전관리자의 직무가 아닌 것은? (단, 그밖에 안전에 관한 사항으로서 고용노동부장관이 정하는 사항은 제외한다)

㉮ 사업장 순회점검·지도 및 조치의 건의
㉯ 해당 사업장 안전교육계획의 수립 및 실시
㉰ 산업재해 발생의 원인 조사 및 재해 방지를 위한 기술적 지도·조언
㉱ 해당 작업의 작업장 정리·정돈 및 통로 확보에 대한 확인·감독

**해설** 안전관리자의 직무

① 사업장 안전교육계획의 수립 및 안전교육 실시에 관한 보좌 및 조언·지도
② 사업장 순회점검·지도 및 조치의 건의
③ 산업재해 발생의 원인 조사·분석 및 재발 방지를 위한 기술적 보좌 및 조언·지도
④ 산업재해에 관한 통계의 유지·관리·분석을 위한 보좌 및 조언·지도
⑤ 안전인증대상 기계·기구등과 자율안전확인대상 기계·기구 등 구입 시 적격품의 선정에 관한 보좌 및 조언·지도
⑥ 위험성평가에 관한 보좌 및 조언·지도
⑦ 안전에 관한 사항의 이행에 관한 보좌 및 조언·지도
⑧ 산업안전보건위원회 또는 노사협의체, 안전보건관리규정 및 취업규칙에서 정한 직무
⑨ 업무수행 내용의 기록·유지
⑩ 그밖에 안전에 관한 사항으로서 고용노동부장관이 정하는 사항

실기에 되고! 참기에 되는! 특급  암기 넘

안전교육, 사업장 점검, 재해 원인 조사, 재해통계 관리, 적격품 신청, 위험성 평가, 업무내용 기록

{분석}
실기에도 출제빈도가 높습니다. 직무를 잘 기억하세요.

**09** 공기 중 산소농도가 부족하고, 공기 중에 미립자상 물질이 부유하는 장소에서 사용하기에 가장 적절한 보호구는?

㉮ 면 마스크
㉯ 방독마스크
㉰ 송기마스크
㉱ 방진마스크

**해설** 산소농도가 부족할 경우 송기마스크를 사용하여야 한다.

**10** 다음 중 산업안전보건법령상 안전·보건 표지의 색채와 사용사례가 잘못 연결된 것은?

㉮ 노란색 – 정지신호, 소화설비 및 그 장소
㉯ 파란색 – 특정 행위의 지시 및 사실의 고지
㉰ 빨간색 – 화학물질 취급 장소에서의 유해·위험 경고
㉱ 녹색 – 비상구 및 피난소, 사람 또는 차량의 통행표지

**해설** ㉮ 정지신호, 소화설비 및 그 장소 → 빨간색

**참고** 안전·보건 표지의 색채, 색도 기준 및 용도

| 색채 | 색도 기준 | 용도 | 사용례 |
|---|---|---|---|
| 빨간색 | 7.5R 4/14 암기 : 싫어(7.5) 4/14 | 금지 | 정지신호, 소화설비 및 그 장소, 유해행위의 금지 |
| | | 경고 | 화학물질 취급장소에서의 유해·위험 경고 |
| 노란색 | 5Y 8.5/12 암기 : 오(5) 빨리와(8.5) 이리(12) | 경고 | 화학물질 취급장소에서의 유해·위험경고 이외의 위험경고, 주의표지 또는 기계방호물 |
| 파란색 | 2.5PB 4/10 암기 : 2.5×4 = 10 | 지시 | 특정 행위의 지시 및 사실의 고지 |

🔊 **정답** 08 ㉱ 09 ㉰ 10 ㉮

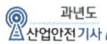
| 색채 | 색도 기준 | 용도 | 사용례 |
|---|---|---|---|
| 녹색 | 2.5G 4/10 암기 : 2.5×4 = 10 | 안내 | 비상구 및 피난소, 사람 또는 차량의 통행표지 |
| 흰색 | N9.5 | | 파란색 또는 녹색에 대한 보조색 |
| 검은색 | N0.5 | | 문자 및 빨간색 또는 노란색에 대한 보조색 |

{분석}
"참고"를 다시 확인하세요.

### 11 다음 중 버드(Bird)의 재해발생에 관한 이론에서 1단계에 해당하는 재해발생의 시작이 되는 원인은?

㉮ 기본원인
㉯ 관리의 부족
㉰ 불안전한 행동과 상태
㉱ 사회적 환경과 유전적 요소

**[해설]** 버드(Frank. E. Bird)의 사고 연쇄성이론 5단계

| 1단계 | 2단계 | 3단계 |
|---|---|---|
| 제어 부족 (관리 부재) ⇨ | 기본 원인 (기원) ⇨ | 직접 원인 (징후) |

| 4단계 | 5단계 |
|---|---|
| ⇨ 사고 (접촉) ⇨ | 상해 (손실) |

**[참고]** 1. 하인리히(H. W. Heinrich) 사고 발생 도미노 5단계

| 1단계 | 선천적 결함(사회, 환경, 유전적 결함) |
|---|---|
| 2단계 | 개인적 결함 |
| 3단계 | 불안전 행동(인적 결함), 불안전한 상태(물적 결함)(제거 가능) |
| 4단계 | 사고 |
| 5단계 | 재해(상해) |

2. 아담스(Edward Adams) 연쇄성이론 5단계

| 1단계 | 관리구조 |
|---|---|
| 2단계 | 작전적 에러 |
| 3단계 | 전술적 에러 |
| 4단계 | 사고 |
| 5단계 | 상해 |

{분석}
실기에도 자주 출제되는 내용입니다.
"참고"도 함께 기억하세요.

### 12 도수율이 24.50이고, 강도율이 1.15인 사업장이 있다. 이 사업장에 한 근로자가 입사하여 퇴직할 때까지 며칠간의 근로손실일수가 발생하겠는가?

㉮ 2.45일
㉯ 115일
㉰ 215일
㉱ 245일

**[해설]** 환산 강도율(S)

① 일평생 근로하는 동안의 근로손실일수를 말한다.

②
$$환산 강도율(S) = \frac{총 요양 근로손실일수}{연 근로시간수} \times 평생근로시간수(100,000)$$

③
$$환산 강도율 = 강도율 \times 100$$

$$환산 강도율 = 강도율 \times 100$$
$$= 1.15 \times 100 = 115일$$

{분석}
모든 재해율 문제는 반드시 풀이할 수 있어야 합니다.

### 13 일선의 감독자를 교육대상으로 하고, 작업을 지도하는 방법, 작업 개선 방법 등의 주요 내용을 다루는 기업 내 교육 방법은?

㉮ TWI
㉯ MTP
㉰ ATT
㉱ CCS

**[해설]** ① TWI(Training Within Industry) : 일선관리감독자 대상 교육
② MTP(Management Training Program) : 중간계층관리자 대상 교육
③ ATT(American Telephone & Telegraph Company) : 대상이 한정되어 있지 않고 한 번 교육을 이수한 자는 부하에게 지도가 가능하다.
④ CCS(Civil Communication Section) : 최고층 관리감독자 대상 교육

**정답** 11 ㉯ 12 ㉯ 13 ㉮

**14** 모랄 서베이의 방법 중 태도조사법에 해당하지 않는 것은?

⑦ 면접법
④ 질문지법
⑤ 관찰법
⑥ 집단토의법

[해설] **태도조사법(의견조사)**
① 모랄서베이에서 가장 많이 사용되는 방법
② 질문지법, 면접법, 집단토의법, 투사법에 의해 의견을 조사하는 방법

[참고] 모랄서베이[morale survey] : 종업원의 근로 의욕·태도 등에 대한 측정으로 태도조사라고도 한다.

**15** 다음 중 사회 행동의 기본 형태에 해당되지 않는 것은?

⑦ 모방
④ 대립
⑤ 도피
⑥ 협력

[해설] ⑦ 모방은 인간의 개인행동 성향에 해당한다.

[참고] **사회행동 기본 형태**
① 협력 : 조력, 분업
② 대립 : 공격, 경쟁
③ 도피 : 고립, 정신병, 자살
④ 융합 : 강제 타협

**16** 다음 중 강의안 구성 4단계 가운데 "제시(전개)"에 해당되는 설명으로 옳은 것은?

⑦ 관심과 흥미를 가지고 심신의 여유를 주는 단계
④ 과제를 주어 문제해결을 시키거나 습득시키는 단계
⑤ 교육내용을 정확하게 이해하였는가를 테스트하는 단계
⑥ 상대의 능력에 따라 교육하고 내용을

확실하게 이해시키고 납득시키는 설명 단계

[해설] ⑦ 도입
④ 적용
⑤ 확인
⑥ 제시

[참고]

| 단계 | 교육 방법 |
|---|---|
| 제1단계 : **도입** (**학습할 준비**를 시킨다) | • 마음을 안정시킨다.<br>• 무슨 작업을 할 것인가를 말해 준다.<br>• 그 작업에 대해 알고 있는 정도를 확인한다.<br>• **작업을 배우고 싶은 의욕을 갖게 한다.**<br>• 정확한 위치에 자리잡게 한다. |
| 제2단계 : **제시** (**작업을 설명**한다) | • 주요 단계를 하나씩 설명해주고, 시범해 보이고, 그려 보인다.<br>• 급소를 강조한다.<br>• **확실하게, 빠짐없이, 끈기 있게 지도한다.** |
| 제3단계 : **적용** (작업을 **시켜 본다**) | • 작업을 지켜보고 잘못을 고쳐 준다.<br>• 작업을 시키면서 설명하게 한다.<br>• 다시 한 번 시키면서 **급소를 말하게 한다.**<br>• 확실히 알았다고 할 때까지 확인한다.<br>• 이해할 수 있는 능력 이상으로 강요하지 않는다. |
| 제4단계 : **확인** (가르친 뒤 **살펴본다**) | • 일에 임하도록 한다.<br>• 모르는 것이 있을 때는 물어볼 사람을 정해 둔다.<br>• 질문을 하도록 분위기를 조성한다.<br>• 점차 지도 횟수를 줄여간다. |

**17** 다음 중 학습 전이의 조건과 가장 거리가 먼 것은?

㉮ 학습자의 태도 요인
㉯ 학습자의 지능 요인
㉰ 학습 자료의 유사성의 요인
㉱ 선행학습과 후행학습의 공간적 요인

[해설] ㉱ 선행학습과 후행학습의 시간적 요인

[참고] 전이가 잘 되는 조건
① 학습의 정도 : 앞의 학습이 불완전할 경우
② 유사성 : 앞뒤의 학습내용이 비슷한 경우
③ 시간적 간격
　・뒤의 학습을 앞의 학습 직후에 실시하는 경우
　・앞의 학습내용을 제어하기 직전에 실시하는 경우
④ 학습자의 태도
⑤ 학습자의 지능

**18** 다음 설명에 해당하는 위험예지훈련법은?

> ─ 현장에서 그때 그 장소의 상황에 즉응하여 실시한다.
> ─ 10명 이하의 소수가 적합하며, 시간은 10분 정도가 바람직하다.
> ─ 사전에 주제를 정하고 자료 등을 준비한다.
> ─ 결론은 가급적 서두르지 않는다.

㉮ 삼각 위험예지훈련
㉯ 시나리오 역할연기 훈련
㉰ Tool Box Meeting
㉱ 원 포인트 위험예지훈련

[해설] T.B.M(Tool Box Meeting) : 단시간 즉시 적응법
① 재해를 방지하기 위해 현장에서 그때그때의 상황에 맞게 적응하여 실시하는 활동으로 단시간 미팅 즉시 적응훈련이라 한다.
② 작업 전, 종료 시 5~10분간 작업자 3~5인이 조를 이뤄 작업 시 위험요소에 대하여 말하는 방식이다.

**19** 다음 중 재해원인의 4M에 대한 내용이 틀린 것은?

㉮ Media : 작업 정보, 작업환경
㉯ Machine : 기계설비의 고장, 결함
㉰ Management : 작업 방법, 인간관계
㉱ Man : 동료나 상사, 본인 이외의 사람

[해설] 인간에러(휴먼 에러)의 배후요인(4M)
① Man(인간) : 본인 외의 사람, 직장의 인간관계 등
② Machine(기계) : 기계, 장치 등의 물적 요인
③ Media(매체) : 작업 정보, 작업 방법 등
④ Management(관리) : 작업관리, 법규준수, 단속, 점검 등

{분석}
실기에도 자주 출제되는 내용입니다. 암기하세요.

**20** 다음 중 안전보건관리규정에 포함되어야 할 주요 내용과 가장 거리가 먼 것은?

㉮ 안전·보건교육에 관한 사항
㉯ 작업장 생산관리에 관한 사항
㉰ 사고 조사 및 대책 수립에 관한 사항
㉱ 안전·보건 관리조직과 그 직무에 관한 사항

[해설] 안전보건관리규정의 포함사항
① 안전·보건 관리조직과 그 직무에 관한 사항
② 안전·보건교육에 관한 사항
③ 작업장의 안전 및 보건관리에 관한 사항
④ 사고 조사 및 대책 수립에 관한 사항
⑤ 그 밖에 안전·보건에 관한 사항

{분석}
실기까지 중요한 내용입니다. "해설"을 다시 확인하세요.

•)) **정답** 17 ㉱ 18 ㉰ 19 ㉰ 20 ㉯

## 제2과목 · 인간공학 및 위험성 평가 · 관리

**21** FTA에 사용되는 논리 게이트 중 여러 개의 입력 사상이 정해준 순서에 따라 순차적으로 발생해야만 결과가 출력되는 것은?

㉮ 억제 게이트
㉯ 배타적 OR 게이트
㉰ 조합 AND 게이트
㉱ 우선적 AND 게이트

**해설** 우선적 AND게이트

| 기호 | 명명 | 기호 설명 |
|---|---|---|
| 또는<br>Ai,Aj,Ak<br>순으로<br>Ai Aj Ak | 우선적<br>AND게이트 | 입력사상이 특정 순서대로 발생한 경우에만 출력사상이 발생하는 논리게이트 |

**참고**

| 기호 | 명명 | 기호 설명 |
|---|---|---|
|  | 억제게이트 | 이 게이트의 출력사상은 한 개의 입력사상에 의해 발생하며, 입력사상이 출력사상을 생성하기 전에 특정조건을 만족하여야 하는 논리게이트 |
| 또는<br>동시발생 | 배타저<br>OR게이트 | 입력사상 중 오직 한 개의 발생으로만 출력사상이 생성되는 논리게이트 |
| 또는<br>Ai,Aj,Ak<br>순으로<br>Ai Aj Ak | 우선적<br>AND게이트 | 입력사상이 특정 순서대로 발생한 경우에만 출력사상이 발생하는 논리게이트 |
| 2개의 출력<br>Ai Aj Ak | 조합<br>AND게이트 | 3개 이상의 입력 중 2개가 일어나면 출력이 생긴다. |

**22** 다음 중 산업안전보건법에 따른 유해·위험 방지 계획서 제출 대상 사업은 기계 및 가구를 제외한 금속가공 제품 제조업으로서 전기 계약 용량이 얼마 이상인 사업을 말하는가?

㉮ 50kW
㉯ 100kW
㉰ 200kW
㉱ 300kW

**해설** 전기 사용설비의 정격용량의 합이 300킬로와트 이상인 경우에 해당한다.

**참고** 유해·위험방지 계획서 작성대상
다음 각 호의 어느 하나에 해당하는 사업으로서 전기 사용설비의 정격용량의 합이 300킬로와트 이상인 사업을 말한다.

| 제조업 | 기계·기구 및 설비 |
|---|---|
| ① 금속가공제품(기계 및 가구는 제외한다) 제조업<br>② 비금속 광물제품 제조업<br>③ 기타 기계 및 장비 제조업<br>④ 자동차 및 트레일러 제조업<br>⑤ 식료품 제조업<br>⑥ 고무제품 및 플라스틱 제품 제조업<br>⑦ 목재 및 나무제품 제조업<br>⑧ 기타 제품 제조업<br>⑨ 1차 금속 제조업<br>⑩ 가구 제조업<br>⑪ 화학물질 및 화학제품 제조업<br>⑫ 반도체 제조업<br>⑬ 전자부품 제조업 | ① 금속이나 그 밖의 광물의 용해로<br>② 화학설비<br>③ 건조설비<br>④ 가스집합 용접장치<br>⑤ 근로자의 건강에 상당한 장해를 일으킬 우려가 있는 물질로서 고용노동부령으로 정하는 물질의 밀폐·환기·배기를 위한 설비 |

{분석}
실기에도 자주 출제되는 내용입니다.
"참고"를 다시 확인하세요.

{분석}
필기에 자주 출제되는 내용입니다.

**정답** 21 ㉱ 22 ㉱

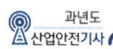

**23** 다음 중 작업공간 설계에 있어 "접근제한 요건"에 대한 설명으로 가장 적절한 것은?

㉮ 조절식 의자와 같이 누구나 사용할 수 있도록 설계한다.
㉯ 비상벨의 위치를 작업자의 신체조건에 맞추어 설계한다.
㉰ 트럭운전이나 수리작업을 위한 공간을 확보하여 설계한다.
㉱ 박물관의 미술품 전시와 같이 장애물 뒤의 타겟과의 거리를 확보하여 설계한다.

해설 박물관의 미술품 전시와 같이 장애물 뒤의 타겟과의 거리를 확보하여 설계 → 관람객의 접근을 제한하는 공간을 두어 설계하였다.

**24** 단순반응시간(simple reaction time)이란 하나의 특정 자극만이 발생할 수 있을 때 반응에 걸리는 시간으로서 흔히 실험에서와 같이 자극을 예상하고 있을 때이다. 자극을 예상하지 못할 경우 일반적으로 반응시간은 얼마 정도 증가되는가?

㉮ 0.1초  ㉯ 0.5초
㉰ 1.5초  ㉱ 2.0초

해설 단순반응시간
① 하나의 특정한 자극만이 발생할 수 있을 때 반응에 걸리는 시간
② 실험에시와 같이 자극을 예상하고 있을 경우 : 0.15 ~ 0.2초
③ 자극을 예상하지 못할 경우 : 0.1초

{분석}
필기에 자주 출제되는 내용입니다.

**25** 어떤 설비의 시간당 고장률이 일정하다고 하면 이 설비의 고장 간격은 다음 중 어떠한 확률분포를 따르는가?

㉮ t 분포  ㉯ 카이분포
㉰ 와이블분포  ㉱ 지수분포

해설 설비의 고장 간격은 지수분포를 따른다.

{분석}
필기에 자주 출제되는 내용입니다.

**26** 위험관리의 안전성 평가에서 발생빈도보다는 손실에 중점을 두며, 기업 간 의존도, 한 가지 사고가 여러 가지 손실을 수반하는가 하는 안전에 미치는 영향의 강도를 평가하는 단계는?

㉮ 위험의 처리 단계
㉯ 위험의 분석 및 평가 단계
㉰ 위험의 파악 단계
㉱ 위험의 발견, 확인, 측정 방법 단계

해설 사고의 손실 및 안전에 미치는 영향 평가 → 위험의 분석 및 평가 단계

참고 위험관리의 순서
위험의 파악 → 위험의 분석 → 위험의 평가 → 위험의 처리

**27** [그림]과 같은 FT도에서 $F_1 = 0.015$, $F_2 = 0.02$, $F_3 = 0.05$이면, 정상사상 T가 발생할 확률은 약 얼마인가?

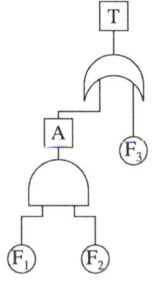

㉮ 0.002  ㉯ 0.0283
㉰ 0.0503  ㉱ 0.950

**해설** $T = 1-(1-A) \times (1-F_3)$

$= 1-(1-0.0003) \times (1-0.05) = 0.0503$

$(A = F_1 \times F_2 = 0.015 \times 0.02 = 0.0003)$

**{분석}**
필기에 자주 출제되는 내용입니다.

---

**28** 다음 중 직무의 내용이 시간에 따라 전개되지 않고 명확한 시작과 끝을 가지고 미리 잘 정의되어 있는 경우 인간 신뢰도의 기본 단위를 나타내는 것은?

㉮ bit
㉯ HEP
㉰ $\lambda(t)$
㉱ $\alpha(t)$

**해설** 인간 신뢰도의 기본 단위 → HEP

**참고** 인간과오율

$HEP = \dfrac{\text{실제 과오의 수}}{\text{과오발생 전체기회 수}}$

**{분석}**
필기에 자주 출제되는 내용입니다.

---

**29** 다음 중 시스템 분석 및 설계에 있어서 인간공학의 가치와 가장 거리가 먼 것은?

㉮ 훈련비용의 절감
㉯ 인력 이용률의 향상
㉰ 생산 및 보전의 경제성 감소
㉱ 사고 및 오용으로부터의 손실 감소

**해설** 체계 분석 및 설계의 인간공학 가치

① <u>성능의 향상</u> : 석질된 유능한 운용자
② <u>훈련비용의 절감</u> : 숙련도
③ <u>인력 이용률의 향상</u> : 인력자원의 효과적 이용
④ <u>사고 및 오용으로부터의 손실감소</u> : 인간공학 원칙 적용
⑤ <u>생산 및 보전의 경제성 증대</u> : 설계 단순화 및 인간공학 원칙 적용
⑥ <u>사용자의 수용도 향상</u> : 운용 및 보전성 용이

**{분석}**
필기에 자주 출제되는 내용입니다.

---

**30** 다음 중 톱 다운(top-down) 접근 방법으로 일반적 원리로부터 논리의 절차를 밟아서 각각의 사실이나 명제를 이끌어내는 연역적 평가 기법은?

㉮ FTA
㉯ ETA
㉰ FMEA
㉱ HAZOP

**해설** • FTA : 연역적, 정량적   • FMEA : 귀납적, 정성적
• ETA, DT : 귀납적, 정량적

**{분석}**
필기에 자주 출제되는 내용입니다.

---

**31** 다음 중 설비보전을 평가하기 위한 식으로 틀린 것은?

㉮ 성능가동률 = 속도가동률 × 정미가동률
㉯ 시간가동률 = (부하시간−정지시간) /부하시간
㉰ 설비종합효율 = 시간가동률 × 성능가동률 × 양품률
㉱ 정미가동률 = (생산량 × 기준 주기시간) /가동시간

**해설** ㉱ 정미가동률 $= \dfrac{\text{기준 주기시간} \times \text{생산량}}{\text{부하시간} - \text{정지시간}}$

**참고** 1. **시간 가동률** : 부하 시간(설비를 가동시켜야 하는 시간)에 대해 실제로 가동된 시간의 비율을 말한다.

시간가동률 $= \dfrac{\text{부하시간} - \text{정지시간}}{\text{부하시간}}$

2. **정미 가동률** : 단위 시간 내에 일정한 스피드로 가동되고 있는지를 나타낸다.

정미가동률

$= \dfrac{\text{기준 주기시간(사이클 타임)} \times \text{생산량(가공 수량)}}{\text{부하시간} - \text{정지시간}}$

3. **성능 가동률** : 정미 가동률과 속도 가통률로 구성된다.

성능 가동률 = 속도 가동률 × 정미 가동률

속도 가동률 $= \dfrac{\text{기준 주기시간(사이클 타임)}}{\text{실제 주기시간(사이클 타임)}}$

4. **설비 종합효율**

설비 종합효율 = 시간 가동률 × 성능 가동률 × 양품률

(양품률 $= \dfrac{\text{가공 수량} - \text{불량 수량}}{\text{가공 수량}}$)

---

•)) 정답  28 ㉯  29 ㉰  30 ㉮  31 ㉱

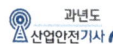

**32** 다음 중 어떤 의미를 전달하기 위한 시각적 부호 가운데 성격이 다른 것은?

㉮ 교통 표지판의 삼각형
㉯ 위험 표지판의 해골과 뼈
㉰ 도로 표지판의 걷는 사람
㉱ 소방안전 표지판의 소화기

> **해설** ㉮ 임의적 부호
> ㉯, ㉰, ㉱ 묘사적 부호

> **참고** 부호의 3가지 유형
> ① 임의적 부호
>   부호가 이미 고안되어 있으므로 이를 배워야 하는 부호
>   예 안전 표지판의 원형–금지, 삼각형 – 안내 표시 등
> ② 묘사적 부호
>   사물의 행동을 단순하고 정확하게 묘사한 부호
>   예 위험 표지판의 해골과 뼈, 보도 표지판의 걷는 사람
> ③ 추상적 부호
>   전언의 기본요소를 도식적으로 압축한 부호
>
> {분석}
> 필기에 자주 출제되는 내용입니다.

**33** 어떤 전자회로에는 4개의 트랜지스터와 20개의 저항이 직렬로 연결되어 있다. 이러한 부품들이 정상 운용 상태에서 다음과 같은 고장률을 가질 때 이 회로의 신뢰도는 얼마인가?

> – 트랜지스터 : 0.00001/시간
> – 저항 : 0.000001/시간

㉮ $e^{-0.0006t}$
㉯ $e^{-0.00004t}$
㉰ $e^{-0.00006t}$
㉱ $e^{-0.000001t}$

> **해설** $R = e^{-\lambda \cdot t} = e^{-\{(0.00001 \times 4 + 0.000001 \times 20)\} \cdot t}$
> $= e^{-0.00006t}$

**34** A 작업장에서 1시간 동안에 480Btu의 일을 하는 근로자의 대사량은 900Btu이고, 증발 열손실이 2,250Btu, 복사 및 대류로부터 열이득이 각각 1,900Btu 및 80Btu라 할 때 열축적은 얼마인가?

㉮ 100
㉯ 150
㉰ 200
㉱ 250

> **해설** **열평형 방정식**
> S(열축적) = M(대사열) − E(증발) ± R(복사)
>   ± C(대류) − W(한일)
> 열축적 = 900 − 2,250+1,900+80−480
>   = 150Btu

**35** 다음 중 인간 – 기계 시스템의 설계 시 시스템의 기능을 정의하는 단계는?

㉮ 제1단계 : 시스템의 목표와 성능명세 결정
㉯ 제2단계 : 시스템의 정의
㉰ 제3단계 : 기본 설계
㉱ 제4단계 : 인터페이스 설계

> **해설** 시스템의 기능을 정의하는 단계
> → 제2단계 시스템의 정의

> **참고** 체계 설계의 주요 과정
> 1단계 : 목표 및 성능명세 결정
> 2단계 : 체계의 정의
> 3단계 : 기본 설계
>     ·작업설계
>     ·직무분석
>     ·기능할당
> 4단계 : 계면 설계
> 5단계 : 촉진물 설계
> 6단계 : 시험 및 평가
>
> {분석}
> 필기에 자주 출제되는 내용입니다.

**⏺)) 정답** 32 ㉮ 33 ㉰ 34 ㉯ 35 ㉯

**36** 다음 중 점멸융합주파수에 대한 설명으로 옳은 것은?

㉮ 암조응 시에는 주파수가 증가한다.
㉯ 정신적으로 피로하면 주파수 값이 내려간다.
㉰ 휘도가 동일한 색은 주파수 값에 영향을 준다.
㉱ 주파수는 조명 강도의 대수치에 선형 반비례한다.

[해설] 점멸융합주파수는 정신적 피로를 나타내는 척도로서 피로하면 주파수 값이 내려간다.

{분석}
**필기에 자주 출제되는 내용입니다.**

**37** 다음 중 정보의 촉각적 암호화 방법으로만 구성된 것은?

㉮ 점자, 진동, 온도
㉯ 초인종, 점멸등, 점자
㉰ 신호등, 경보음, 점멸등
㉱ 연기, 온도, 모스(Morse)부호

[해설] 점자, 진동, 온도 – 촉각적 암호화
초인종, 경보음 – 청각적 암호화
점멸등, 신호등, 모스부호 – 시각적 암호화

{분석}
**필기에 자주 출제되는 내용입니다.**

**38** 다음 중 공기의 온열 조건의 4요소에 포함되지 않는 것은?

㉮ 대류        ㉯ 전도
㉰ 반사        ㉱ 복사

[해설] **공기의 온열 조건** : 온도, 습도, 대류, 복사

{분석}
**필기에 자주 출제되는 내용입니다.**

**39** 안전교육을 받지 못한 신입 직원이 작업 중 전극을 반대로 끼우려고 시도했으나, 플러그의 모양이 반대로는 끼울 수 없도록 설계되어 있어서 사고를 예방할 수 있었다. 다음 중 작업자가 범한 에러와 이와 같은 사고 예방을 위해 적용된 안전설계 원칙으로 가장 적합한 것은?

㉮ 누락(omission) 오류, fool proof 설계원칙
㉯ 누락(omission) 오류, fail safe 설계원칙
㉰ 작위(commission) 오류, fool proof 설계원칙
㉱ 작위(commission) 오류, fail safe 설계원칙

[해설] ① 전극을 반대로 끼우려고 함 → 작위(commission) 오류
② 인간의 실수가 있더라도 사고로 연결되지 않도록 하는 설계 → fool proof 설계

[참고] **1. 휴먼에러의 심리적 분류(Swain의 분류)**
① omission error(누설오류, 생략오류, 부작위오류) : 필요한 작업 또는 절차를 수행하지 않는데 기인한 에러
② time error(시간오류) : 필요한 작업 또는 절차의 수행 지연으로 인한 에러
③ commission error(작위오류) : 필요한 작업 또는 절차의 불확실한 수행으로 인한 에러
④ sequential error(순서오류) : 필요한 작업 또는 절차의 순서 착오로 인한 에러
⑤ extraneous error(과잉행동오류) : 불필요한 작업 또는 절차를 수행함으로써 기인한 에러

**2. 페일세이프와 풀 프루프**
① 페일세이프(Fail-Safe) : 기계 설비에 결함이 발생되더라도 사고가 발생되지 않도록 2중, 3중으로 통제를 가한다.
② 풀 프루프(Fool proof) : 인간의 실수가 있더라도 사고로 연결되지 않도록 2중, 3중으로 통제를 가한다.

{분석}
**필기에 자주 출제되는 내용입니다.**

•)) 정답 36 ㉯ 37 ㉮ 38 ㉰ 39 ㉰

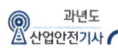

**40** 작업자가 계기판의 수치를 읽고 판단하여 밸브를 잠그는 작업을 수행한다고 할 때, 다음 중 이 작업자의 실수 확률을 예측하는 데 가장 적합한 기법은?

㉮ THERP  ㉯ FMEA
㉰ OSHA   ㉱ MORT

> **해설** 인간에러율 예측기법(THERP) : 인간의 과오율을 예측하기 위한 기법이다.
>
> > {분석}
> > 필기에 자주 출제되는 내용입니다.

---

## 제3과목 · 기계위험방지기술

**41** 확동 클러치의 봉합개소의 수는 4개, 300SPM의 완전 회전식 클러치 기구가 있는 프레스의 양수 기동식 방호장치의 안전거리는 약 몇 mm 이상이어야 하는가?

㉮ 360  ㉯ 315
㉰ 240  ㉱ 225

> **해설** 양수 기동식 방호장치 안전거리
> (위험점과 버튼 간의 설치 거리)
>
> > $$D_m\,(mm) = 1.6 \times T_m$$
> > $$= 1.6 \times \left(\frac{1}{클러치개소수} + \frac{1}{2}\right) \times \left(\frac{60,000}{매분행정수}\right)$$
> > $T_m$ : 슬라이드가 하사점에 도달할 때까지의 시간(ms)
> > • $ms = \dfrac{1}{1,000}$초
>
> $$D_m\,(mm) = 1.6 \times T_m$$
> $$= 1.6 \times \left(\frac{1}{클러치개소수} + \frac{1}{2}\right) \times \left(\frac{60,000}{매분행정수}\right)$$
> $$= 1.6 \times \left(\frac{1}{4} + \frac{1}{2}\right) \times \left(\frac{60,000}{300}\right) = 240mm$$
>
> > {분석}
> > 실기까지 중요한 내용입니다. 풀이방법을 숙지하세요.

**42** 다음 중 동력프레스기 중 hand in die 방식의 프레스기에서 사용하는 방호대책에 해당하는 것은?

㉮ 가드식 방호장치
㉯ 전용프레스의 도입
㉰ 자동프레스의 도입
㉱ 안전울을 부착한 프레스

> **해설** hand in die 방식(금형 내 손이 들어가는 구조)
> ① 프레스기의 종류, 압력 능력, 매분 행정수, 행정 길이 및 작업 방법에 따른 방호 장치
>   • 가드식 방호 장치
>   • 손쳐내기식 방호 장치
>   • 수인식 방호 장치
> ② 프레스기의 정지 성능에 상응하는 방호 장치
>   • 양수 조작식 방호 장치
>   • 감응식(광전자식) 방호 장치

> **참고** 프레스의 본질안전 조건(No-hand in die 방식, 금형 내 손이 들어가지 않는 구조)
> ① 안전울을 부착한 프레스
> ② 안전한 금형 사용
> ③ 전용 프레스 도입
> ④ 자동 프레스 도입
> •

**43** 산업안전보건기준에 관한 규칙에 따라 연삭기(研削機) 또는 평삭기(平削機)의 테이블, 형삭기(形削機) 램 등의 행정 끝이 근로자에게 위험을 미칠 우려가 있는 경우 위험 방지를 위해 해당 부위에 설치하여야 하는 것은?

㉮ 안전망
㉯ 급정지장치
㉰ 방호판
㉱ 덮개 또는 울

> **해설** 사업주는 <u>연삭기 또는 평삭기의 테이블, 형삭기램 등의 행정 끝</u>이 근로자에게 위험을 미칠 우려가 있는 때에는 해당부위에 <u>덮개 또는 울 등을 설치</u>하여야 한다.

---

**⌾)) 정답** 40 ㉮ 41 ㉰ 42 ㉮ 43 ㉱

**44** 조작자의 신체 부위가 위험한계 밖에 위치하도록 기계의 조작 장치를 위험구역에서 일정 거리 이상 떨어지게 하는 방호장치를 무엇이라 하는가?

㉮ 덮개형 방호장치
㉯ 차단형 방호장치
㉰ 위치제한형 방호장치
㉱ 접근반응형 방호장치

**[해설]** 기계의 조작 장치를 위험구역에서 일정 거리 이상 떨어지게 하는 방호장치 → 위치제한형 방호장치

**[참고]**

| | |
|---|---|
| 격리형 방호장치 | 위험한 작업점과 작업자 사이에 서로 접근되어 일어날 수 있는 재해를 방지하기 위해 **차단벽이나 망을 설치**하는 방호장치<br>**[예]** 완전 **차단형** 방호장치, **덮개형** 방호장치, **방책** 등 |
| 위치 제한형 방호장치 | 작업자의 신체부위가 위험한계 밖에 있도록 **기계의 조작장치를 위험한 작업점에서 안전거리 이상 떨어지게 하거나 조작장치를 양손으로 동시 조작하게 함**으로써 위험한계에 접근하는 것을 제한하는 방호장치<br>**[예]** 프레스의 **양수조작식** 방호장치 |
| 접근 거부형 방호장치 | 작업자의 신체부위가 위험한계내로 접근하였을 때 기계적인 작용에 의하여 **접근을 못하도록 저지**하는 방호장치<br>**[예]** 프레스의 **수인식, 손쳐내기식** 방호장치 |
| 접근 반응형 방호장치 | 작업자의 **신체부위가 위험한계** 또는 그 인접한 **거리내로 들어오면 이를 감지**하여 그 즉시 **기계의 동작을 정지시키고 경보 등을 발하는** 방호장치<br>**[예]** 프레스의 **광전자식** 방호장치 |

**45** 산업안전보건법령에 따라 타워크레인을 와이어로프로 지지하는 경우, 와이어로프의 설치 각도는 수평면에서 몇 도 이내로 해야 하는가?

㉮ 30°
㉯ 45°
㉰ 60°
㉱ 75°

**[해설]** 와이어로프 **설치각도**는 수평면에서 **60도 이내**로 하되, **지지점**은 **4개소 이상**으로 하고, **같은 각도로 설치**할 것

**[참고]** 타워크레인을 와이어로프로 지지하는 경우 준수사항

① **서면심사에 관한 서류 또는 제조사의 설치작업설명서 등에 따라 설치할 것** 또는 서면심사 서류 등이 없거나 명확하지 아니한 경우에는 **건축구조 · 건설기계 · 기계안전 · 건설안전기술사 또는 건설안전분야 산업안전지도사의 확인을 받아 설치하거나 기종별 · 모델별 공인된 표준방법으로 설치할 것**
② 와이어로프를 고정하기 위한 전용 지지프레임을 사용할 것
③ 와이어로프 **설치각도**는 수평면에서 **60도 이내**로 하되, **지지점**은 **4개소 이상**으로 하고, **같은 각도로 설치**할 것
④ **와이어로프와 그 고정부위는 충분한 강도와 장력을 갖도록 설치**하고, **와이어로프를 클립 · 샤클 (shackle) 등의 고정기구를 사용하여 견고하게 고정시켜 풀리지 아니하도록 하며, 사용 중에는 충분한 강도와 장력을 유지**하도록 할 것
⑤ **와이어로프가 가공전선(架空電線)에 근접하지 않도록** 할 것

**46** 다음 중 플레이너 작업 시의 안전대책으로 거리가 먼 것은?

㉮ 베드 위에 다른 물건을 올려놓지 않는다.
㉯ 바이트는 되도록 짧게 나오도록 설치한다.
㉰ 프레임 내의 피트(pit)에는 뚜껑을 설치한다.
㉱ 칩브레이커를 사용하여 칩이 길게 되도록 한다.

**[해설]** ㉱ 칩브레이커 : 긴 칩을 절단하는 선반의 방호장치

**•)) 정답** 44 ㉰ 45 ㉰ 46 ㉱

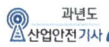
**47** 다음 중 프레스 작업에서 금형 안에 손을 넣을 필요가 없도록 한 장치가 아닌 것은?

㉮ 롤 피더
㉯ 스트리퍼
㉰ 다이얼 피더
㉱ 이젝터

|해설| 프레스의 재료 자동 송급장치
① 롤피더
② 다이얼 피더
③ 이젝터

**48** 지게차의 높이가 6m이고, 안정도가 30% 일 때 지게차의 수평거리는 얼마인가?

㉮ 10m
㉯ 20m
㉰ 30m
㉱ 40m

|해설| 지게차의 안정도 $= \dfrac{\text{높이}}{\text{수평거리}} \times 100$

수평거리 $= \dfrac{\text{높이}}{\text{안정도}} \times 100 = \dfrac{6}{30} \times 100 = 20\text{m}$

|참고| 지게차의 안정도

| 안정도 | 지게차의 상태 |
|---|---|
| 하역작업 시의 전·후 안정도 : 4% 이내 (5t 이상 : 3.5%) | (위에서 본 경우) |
| 주행 시의 전·후 안정도 : 18% 이내 | |
| 하역작업 시의 좌·우 안정도 : 6% 이내 | (밑에서 본 경우) |
| 주행 시의 좌·우 안정도 (15+1.1V)% 이내 최대 40% (V : 최고속도 km/h) | |

안정도 $= \dfrac{h}{l} \times 100\%$

{분석}
"참고"를 다시 확인하세요.

**49** 다음 중 기계설계시 사용되는 안전계수를 나타내는 식으로 틀린 것은?

㉮ $\dfrac{\text{허용응력}}{\text{기초강도}}$
㉯ $\dfrac{\text{극한강도}}{\text{최대설계응력}}$
㉰ $\dfrac{\text{파단하중}}{\text{안전하중}}$
㉱ $\dfrac{\text{파괴하중}}{\text{최대사용하중}}$

|해설| 안전율 $= \dfrac{\text{극한강도}}{\text{허용응력}} = \dfrac{\text{극한강도}}{\text{최대설계응력}}$

$= \dfrac{\text{극한강도}}{\text{사용응력}} = \dfrac{\text{파괴하중}}{\text{최대사용하중}}$

$= \dfrac{\text{파단하중}}{\text{안전하중}} = \dfrac{\text{극한하중}}{\text{정격하중}}$

**50** 검사물 표면의 균열이나 피트 등의 결함을 비교적 간단하고 신속하게 검출할 수 있고, 특히 비자성 금속재료의 검사에 자주 이용되는 비파괴검사법은?

㉮ 침투탐상검사
㉯ 초음파탐상검사
㉰ 자기탐상검사
㉱ 방사선투과검사

|해설| **침투탐상검사** : 시험체 표면에 있는 균열이나 결함에 침투한 침투액을 흡출시켜 결함 지시모양을 식별하는 방법으로 결함을 간단하게 검출할 수 있다.

**51** 다음 중 드릴 작업 시 작업 안전 수칙으로 적절하지 않은 것은?

㉮ 재료의 회전정지 지그를 갖춘다.
㉯ 드릴링 잭에 렌치를 끼우고 작업한다.
㉰ 옷소매가 긴 작업복은 착용하지 않는다.
㉱ 스위치 등을 이용한 자동급유장치를 구성한다.

|해설| ㉯ 드릴링 잭에서 렌치를 제거한 후 작업한다.

•)) 정답 47 ㉯ 48 ㉯ 49 ㉮ 50 ㉮ 51 ㉯

**52** 왕복운동을 하는 동작운동과 움직임이 없는 고정 부분 사이에 형성되는 위험점을 무엇이라 하는가?

㉮ 끼임점(shear point)
㉯ 절단점(cutting point)
㉰ 물림점(nip point)
㉱ 협착점(squeeze point)

**해설** 왕복운동 부분과 고정부분 사이에서 형성되는 위험점 → 협착점

**참고** 기계의 위험점

| 협착점 | 왕복운동 부분과 고정부분 사이에서 형성되는 위험점<br>예 프레스기, 전단기, 성형기 등 |
|---|---|
| 끼임점 | 고정부분과 회전하는 동작부분 사이에서 형성되는 위험점<br>예 연삭숫돌과 덮개, 교반기 날개와 하우징 등 |
| 절단점 | 회전하는 운동부 자체, 운동하는 기계 부분 자체의 위험점<br>예 날, 커터를 가진 기계 |
| 물림섬 | 회전하는 두 개의 회전체에 물려 들어가는 위험점<br>예 롤러와 롤러, 기어와 기어 등 |
| 접선 물림점 | 회전하는 부분의 접선 방향으로 물려 들어가는 위험점<br>예 벨트와 풀리, 체인과 스프로킷, 랙과 피니언 등 |
| 회전 말림점 | 회전하는 물체에 작업복, 머리카락 등이 말려 들어가는 위험점<br>예 회전축, 커플링 등 |

{분석}
실기에도 자주 출제되는 내용입니다.
"참고"도 함께 기억하세요.

**53** 다음 중 밀링작업에 대한 안전조치 사항으로 옳지 않은 것은?

㉮ 급속이송은 한 방향으로만 한다.
㉯ 커터는 될 수 있는 한 컬럼에 가깝게 설치한다.
㉰ 백래시(back lash) 제거장치는 급속이송시 작동한다.
㉱ 이송장치의 핸들은 사용 후 반드시 빼두어야 한다.

**해설** ㉰ 백레시 제거장치는 하향절삭 시 부품 간의 헐거움으로 인한 뒤틀림을 제거하기 위한 장치이다.

**54** 다음 중 소음 방지 대책으로 가장 적절하지 않은 것은?

㉮ 소음의 통제
㉯ 소음의 적응
㉰ 흡음재 사용
㉱ 보호구 착용

**해설** 소음 대책
① 소음원 통제 : 가장 적극적인 대책
② 소음의 격리
③ 차폐장치, 흡음제 사용
④ 음향처리제 사용
⑤ 적절한 배치(Layout)
⑥ 배경음악
⑦ 보호구 사용 : 가장 소극적인 대책

**55** 크레인 작업 시 와이어로프에 4ton의 중량을 걸어 $2m/s^2$의 가속도로 감아올릴 때, 로프에 걸리는 총 하중은 얼마인가?

㉮ 약 4,063kg$_f$
㉯ 약 4,193kg$_f$
㉰ 약 4,243kg$_f$
㉱ 약 4,816kg$_f$

**정답** 52 ㉱ 53 ㉰ 54 ㉯ 55 ㉱

**해설**

$$총\ 하중(w) = 정하중(w_1) + 동하중(w_2)$$

$$동하중(w_2) = \frac{w_1}{g} \times a$$

여기서 $w$ : 총 하중(kg$_f$)　$w_1$ : 정하중(kg$_f$)

$w_2$ : 동하중(kg$_f$)

$g$ : 중력 가속도(9.8m/s$^2$)

$a$ : 가속도(m/s$^2$)

* 정하중 : 매단 물체의 무게

$$총\ 하중(w) = 4,000 + \frac{4,000}{9.8} \times 2 = 4,816.33kg_f$$

※ 1ton = 1,000kg$_f$

{분석}
**실기까지 중요한 내용입니다. 풀이방법을 숙지하세요.**

**56** 산업안전보건법령에 따라 사다리식 통로를 설치하는 경우 준수하여야 하는 사항으로 틀린 것은?

㉮ 사다리식 통로의 기울기는 60° 이하로 할 것

㉯ 발판과 벽과의 사이는 15cm 이상의 간격을 유지할 것

㉰ 사다리의 상단은 걸쳐놓은 지점으로부터 60cm 이상 올라가도록 할 것

㉱ 사다리식 통로의 길이가 10m 이상인 경우에는 5m 이내마다 계단참을 설치할 것

**해설** ㉮ 사다리식 통로의 기울기는 75도 이하로 할 것. 다만, 고정식 사다리식 통로의 기울기는 90도 이하로 하고, 그 높이가 7미터 이상인 경우에는 다음 각 목의 구분에 따른 조치를 할 것

• 등받이울이 있어도 근로자 이동에 지장이 없는 경우 : 바닥으로부터 높이가 2.5미터 되는 지점부터 등받이울을 설치할 것

• 등받이울이 있으면 근로자가 이동이 곤란한 경우 : 한국산업표준에서 정하는 기준에 적합한 개인용 추락 방지 시스템을 설치하고 근로자로 하여금 한국산업표준에서 정하는 기준에 적합한 전신안전대를 사용하도록 할 것

**참고** 사다리식 통로의 구조

① 견고한 구조로 할 것

② 심한 손상·부식 등이 없는 재료를 사용할 것

③ 발판의 간격은 일정하게 할 것

④ 발판과 벽과의 사이는 15센티미터 이상의 간격을 유지할 것

⑤ 폭은 30센티미터 이상으로 할 것

⑥ 사다리가 넘어지거나 미끄러지는 것을 방지하기 위한 조치를 할 것

⑦ 사다리의 상단은 걸쳐놓은 지점으로부터 60센티미터 이상 올라가도록 할 것

⑧ 사다리식 통로의 길이가 10미터 이상인 경우에는 5미터 이내마다 계단참을 설치할 것

⑨ 사다리식 통로의 기울기는 75도 이하로 할 것. 다만, 고정식 사다리식 통로의 기울기는 90도 이하로 하고, 그 높이가 7미터 이상인 경우에는 다음 각 목의 구분에 따른 조치를 할 것

• 등받이울이 있어도 근로자 이동에 지장이 없는 경우 : 바닥으로부터 높이가 2.5미터 되는 지점부터 등받이울을 설치할 것

• 등받이울이 있으면 근로자가 이동이 곤란한 경우 : 한국산업표준에서 정하는 기준에 적합한 개인용 추락 방지 시스템을 설치하고 근로자로 하여금 한국산업표준에서 정하는 기준에 적합한 전신 안전대를 사용하도록 할 것

⑩ 접이식 사다리 기둥은 사용 시 접혀지거나 펼쳐지지 않도록 철물 등을 사용하여 견고하게 조치할 것

**57** 산업안전보건법령상 공기압축기를 가동할 때 작업시작 전 점검사항에 해당하지 않는 것은?

㉮ 윤활유의 상태

㉯ 회전부의 덮개 또는 울

㉰ 과부하방지장치의 작동 유무

㉱ 공기저장 압력용기의 외관 상태

**해설** 공기압축기 작업 시작 전 점검사항

① 공기저장 압력용기의 외관상태

② 드레인 밸브의 조작 및 배수

③ 압력방출장치의 기능

④ 언로드 밸브의 기능

⑤ 윤활유의 상태

⑥ 회전부의 덮개 또는 울

⑦ 그 밖의 연결부위의 이상 유무

{분석}
**실기에도 자주 출제되는 내용입니다. 암기하세요.**

**정답 56 ㉮ 57 ㉰**

**58** 공기압축기에서 공기탱크 내의 압력이 최고사용압력에 도달하면 압송을 정지하고, 소정의 압력까지 강하하면 다시 압송 작업을 하는 밸브는?

㉮ 감압 밸브
㉯ 언로드 밸브
㉰ 릴리프 밸브
㉱ 시퀀스 밸브

**해설** 언로드 밸브(unload valve)
① 토출압력을 일정하게 유지하기 위해 공기압축기의 작동을 조정하는 장치(밸브형, 접점형이 있음)를 말한다.
② 공기탱크 내의 압력이 최고사용압력에 달하면 압송을 정지하고, 소정의 압력까지 강하하면 다시 압송작업을 하는 밸브이다.

**59** 다음 중 산업용 로봇에 의한 작업 시 안전조치 사항으로 적절하지 않은 것은?

㉮ 근로자가 로봇에 부딪칠 위험이 있을 때에는 안전매트 및 1.8m 이상의 안전방책을 설치하여야 한다.
㉯ 작업을 하고 있는 동안 로봇의 기동스위치 등은 작업에 종사하고 있는 근로자가 아닌 사람이 그 스위치를 등을 조작할 수 없도록 필요한 조치를 한다.
㉰ 로봇의 조작 방법 및 순서, 작업 중의 매니퓰레이터의 속도 등에 관한 지침에 따라 작업을 하여야 한다.
㉱ 작업에 종사하는 근로자가 이상을 발견하면, 관리 감독자에게 우선 보고하고, 지시에 따라 로봇의 운전을 정지시킨다.

**해설** ㉱ 작업에 종사하고 있는 근로자 또는 그 근로자를 감시하는 사람은 이상을 발견하면 즉시 로봇의 운전을 정지시키기 위한 조치를 해야 한다.

**60** 용해 아세틸렌의 가스집합 용접장치의 배관 및 부속 기구에는 구리나 구리 함유량이 얼마 이상인 합금을 사용해서는 안 되는가?

㉮ 50%       ㉯ 65%
㉰ 70%       ㉱ 85%

**해설** 용해 아세틸렌의 가스집합 용접장치의 배관 및 부속 기구에는 동 또는 동을 70% 이상 함유한 합금을 사용하여서는 아니된다.

제**4**과목 · **전기설비 안전 관리**

**61** 정전기 재해방지에 관한 설명 중 잘못된 것은?

㉮ 이황화탄소의 수송 과정에서 배관 내의 유속을 2.5m/s 이상으로 한다.
㉯ 포장 과정에서 용기를 도전성 재료에 접지한다.
㉰ 인쇄 과정에서 용기를 도전성 재료에 접지한다.
㉱ 작업장의 습도를 높여 전하가 제거되기 쉽게 한다.

**해설** ㉮ 배관 내의 유속을 1m/sec 이하로 하여야 한다.

**참고** 정전기 재해 예방대책
① 접지(도체일 경우 효과 있으나 부도체는 효과 없다)
② 습기부여(공기 중 습도 60~70% 이상 유지한다)
③ 도전성 재료 사용(절연성 재료는 절대 금한다)
④ 대전 방지제 사용
⑤ 제전기 사용
⑥ 유속 조절(석유류 제품 1m/s 이하)

•)) 정답 58 ㉯  59 ㉱  60 ㉰  61 ㉮

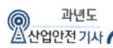

**62** 다음 중 폭발위험장소에 전기설비를 설치할 때 전기적인 방호조치로 적절하지 않은 것은?

⑦ 다상 전기기기는 결상운전으로 인한 과열방지조치를 한다.

⑭ 배선은 단락·지락 사고 시의 영향과 과부하로부터 보호한다.

⑭ 자동차단이 점화의 위험보다 클 때는 경보장치를 사용한다.

⑮ 단락보호장치는 고장상태에서 자동복구되도록 한다.

**해설** ⑮ 단락보호 및 지락보호장치는 고장상태에서 자동재폐로가 되지 않아야 한다.

**참고** 폭발위험장소에 전기설비를 설치할 때 전기적인 방호조치

① 배선은 단락사고 및 지락사고 시의 위해한 영향과 과부하로부터 보호하여야 한다.

② 모든 전기기기는 단락사고 및 지락사고 시의 위해한 영향과 과부하로부터 보호하여야 한다.

③ 회전전기기계, 발전기의 경우 정격 전압 및 정격 주파수에서의 기동전류 또는 단락전류에 이상 과열없이 연속적으로 견딜 수 없다면, 과부하보호조치를 추가하여야 한다.

④ 변압기는 정격 전압 및 정격 주파수에서 2차 단락전류를 이상 과열없이 연속적으로 견딜 수 없거나 또는 접속된 부하의 사고에 따라 과부하가 될 우려가 없는 경우에는 과부하 보호장치를 추가하여야 한다.

⑤ 단락보호 및 지락보호장치는 고장상태에서 자동재폐로가 되지 않아야 한다.

⑥ 다상 전기기기(예, 삼상 전동기)에서는 한 상 또는 그 이상의 상의 결상운전으로 과열을 방지할 수 있는 조치를 취하여야 한다. 전기기기의 자동차단이 점화위험 그 자체보다 더 큰 위험을 가져올 수 있는 경우에는 신속한 응급조치를 취할 수 있도록 자동차단장치 대신 경보장치를 사용할 수 있다.

**63** 두 가지 용제를 사용하고 있는 어느 도장 공장에서 폭발사고가 발생하여 세 명의 부상자를 발생시켰다. 부상자와 동일 조건의 복장으로 정전용량이 120pF인 사람이 5m 도보 후에 표면전위를 측정했더니 3,000V가 측정되었다. 사용한 혼합 용제 가스의 최소 착화 에너지 상한치는 얼마인가?

⑦ 0.54mJ      ⑭ 0.54J

⑭ 1.08mJ      ⑮ 1.08J

**해설** 정전기의 최소 착화 에너지(정전에너지)

$$E = \frac{1}{2}CV^2 = \frac{1}{2}QV = \frac{Q^2}{2C}(J)$$

여기서, $E$ : 정전기 에너지(J)
$C$ : 도체의 정전 용량(F)
$V$ : 대전 전위(V)
$Q$ : 대전 전하량(C)

$$E = \frac{1}{2}CV^2 = \frac{1}{2} \times 120 \times 10^{-12} \times 3,000^2$$
$$= 5.4 \times 10^{-4}J \times 1,000$$
$$= 0.54mJ$$

$\begin{cases} pF = 10^{-12}F \\ mJ = 10^{-3}J \end{cases}$

**{분석}**
실기까지 중요한 내용입니다. 풀이방법을 숙지하세요.

**64** 동작 시 아크를 발생하는 고압용 개폐기·차단기·피뢰기 등은 목재의 벽 또는 천장 기타의 가연성 물체로부터 몇 m 이상 떼어놓아야 하는가?

⑦ 0.3m

⑭ 0.5m

⑭ 1.0m

⑮ 1.5m

**정답** 62 ⑮ 63 ⑦ 64 ⑭

**해설** 아크 발생 기구로부터의 격리

| 기구 등의 구분 | 이격 거리 |
|---|---|
| 고압용의 것 | 1m 이상 |
| 특고압용의 것 | 2m 이상(사용전압이 35kV 이하의 특고압용의 기구 등으로서 동작할 때에 생기는 아크의 방향과 길이를 화재가 발생할 우려가 없도록 제한하는 경우에는 1m 이상) |

**65** 인체가 감전되었을 때 그 위험성을 결정짓는 주요 인자와 거리가 먼 것은?

㉠ 통전 시간
㉡ 통전전류의 크기
㉢ 감전 전류가 흐르는 인체 부위
㉣ 교류 전원의 종류

**해설** 1차적 감전 위험요소 및 영향력

통전전류크기>통전시간>통전경로>전원의 종류
(직류보다 교류가 더 위험)

**66** 누전사고가 발생될 수 있는 취약 개소가 아닌 것은?

㉠ 비닐전선을 고정하는 지지용 스테이플
㉡ 정원 연못 조명 등에 전원공급용 지하 매설 전선류
㉢ 콘셉트, 스위치 박스 등의 재료를 PVC 등의 부도체 사용
㉣ 분기회로 접속점은 나선으로 발열이 쉽도록 유지

**해설** ㉢ 스위치 박스 등의 재료를 부도체를 사용할 경우 누전사고 위험이 줄어든다.

**67** 누전된 전동기에 인체가 접촉하여 500mA의 누전전류가 흘렀고 정격감도전류 500mA인 누전차단기가 동작하였다. 이때 인체 전류를 약 10mA로 제한하기 위해서는 전동기외함에 설치할 접지저항의 크기는 몇 Ω 정도로 하면 되는가?(단, 인체저항은 500Ω이며, 다른 저항은 무시한다.)

㉠ 5
㉡ 10
㉢ 50
㉣ 100

**해설** 1. 인체의 전압 = 인체에 흐른 전류 × 인체저항
$$= (10 \times 10^{-3}) \times 500 = 5V$$

2. 전동기의 접지저항 $= \dfrac{전압}{전동기의 누설전류}$

$$= \dfrac{5}{490 \times 10^{-3}} = 10.2\Omega$$

(전동기의 누설전류
= 전체 누설전류 – 인체에 흐른 전류
= 500 – 10 = 490mA)

**68** 2장의 전극판에 전극판 간격의 $\dfrac{1}{2}$ 되는 유전체판을 끼워 넣으면 공간의 전계 세기는 어떻게 변하는가? (단, $\epsilon_s$ 는 비유전율이다)

㉠ 약 $\dfrac{1}{2}$ 로 된다.
㉡ 약 $\dfrac{1}{\epsilon_s}$ 로 된다.
㉢ 약 $\epsilon_s$ 배로 된다.
㉣ 약 2배로 된다.

**해설**

$$\epsilon_S = \dfrac{\epsilon}{\epsilon_0}$$

여기서, $\epsilon_s$ : 비유전율, $\epsilon$ : 물질의 유전율
$\epsilon_0$ : 진공의 유전율

물질의 유전율 $\epsilon = \epsilon_s \times \epsilon_0$
∴ 유전체를 끼웠을 때의 유전율은 진공상태의 $\epsilon_s$ 배로 된다.

•)) **정답** 65 ㉣ 66 ㉢ 67 ㉡ 68 ㉢

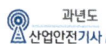
**69** 고압 및 특별고압의 전로에 시설하는 피뢰기에 접지 공사를 할 때 접지저항은 몇 Ω 이하이어야 하는가?

㉮ 10Ω      ㉯ 20Ω
㉰ 100Ω     ㉱ 150Ω

**해설** **피뢰기의 접지**
① 접지도체에 피뢰시스템이 접속되는 경우, 접지 도체의 단면적은 구리 16mm² 또는 철 50mm² 이상으로 하여야 한다.
② 고압 및 특고압의 전로에 시설하는 피뢰기 접지 저항 값은 10Ω 이하로 하여야 한다.

**70** 정전기에 의한 생산 장애가 아닌 것은?

㉮ 가루(분진)에 의한 눈금의 막힘
㉯ 제사공장에서의 실의 절단, 엉킴
㉰ 인쇄공정의 종이파손, 인쇄선명도 불량, 겹침, 오손
㉱ 방전 전류에 의한 반도체 소자의 입력 임피던스 상승

**해설** ㉱ 정전기 방전에 의한 장애에 해당한다.

**참고** **정전기의 생산 장애**

(1) 역학현상에 의한 장애 : 정전기의 흡인력 또는 반발력에 의해 발생되는 것
① 분진의 막힘
② 실의 엉킴
③ 인쇄의 얼룩
④ 제품의 오염 등

(2) 방전현상에 의한 장애 : 정전기 방전 시에 발생하는 방전전류, 전자파, 발광에 의한 것
① 방전전류 : 반도체 소자 등의 전자부품의 파괴, 오동작 등
② 전자파 : 전자기기, 장치 등의 오동작, 잡음 발생
③ 발광 : 사진 필름 등의 감광

**71** 감전자에 대한 중요한 관찰사항 중 거리가 먼 것은?

㉮ 출혈이 있는지 살펴본다.
㉯ 골절된 곳이 있는지 살펴본다.
㉰ 인체를 통과한 전류의 크기가 50mA를 넘었는지 알아본다.
㉱ 입술과 피부의 색깔, 체온 상태, 전기 출입부의 상태 등을 알아본다.

**해설** **전격 재해자 중요 관찰사항**
① 의식 상태
② 호흡 상태
③ 맥박 상태
④ 출혈 상태
⑤ 골절 상태

**72** 충격전압시험시의 표준충격파형을 1.2 × 50μs 로 나타내는 경우 1.2와 50이 뜻하는 것은?

㉮ 파두장 – 파미장
㉯ 최초 섬락 시간 – 최종 섬락 시간
㉰ 라이징 타임 – 스테이블타임
㉱ 라이징 타임 – 충격전압 인가 시간

**해설** 충격전압시험시의 표준충격파형을 1.2×50μs 에서
1.2 : 파두장
50 : 파미장

**73** 다음 분진의 종류 중 폭연성 분진에 해당하는 것은?

㉮ 합성수지
㉯ 진분
㉰ 비전도성 카본블랙(carbon black)
㉱ 알루미늄

**정답** 69 ㉮ 70 ㉱ 71 ㉰ 72 ㉮ 73 ㉱

**해설** 1. **폭연성 분진**

① 공기 중의 산소가 적은 분위기 또는 이산화
탄소 중에서도 착화하며 부유 상태에서 심하
게 폭발을 일으키는 금속 분진

② 마그네슘, 알루미늄, 티탄, 지르코늄 등

2. **가연성 분진**

① 공기 중의 산소를 이용하여 발열반응을 일으
켜서 폭발하는 분진

② 소맥분·전분·유황 등

**74** 다음 (     )안에 알맞은 내용으로 옳은
것은?

> A. 감전 시 인체에 흐르는 전류는 인가
> 전압에 ( ① )하고 인체저항에 ( ② )
> 한다.
> B. 인체는 전류의 열작용이 ( ③ )×( ④ )
> 이 어느 정도 이상이 되면 발생한다.

㉮ ① 비례 ② 반비례 ③ 전류의 세기
④ 시간
㉯ ① 비례 ② 반비례 ③ 전압 ④ 시간
㉰ ① 반비례 ② 비례 ③ 전압 ④ 시간
㉱ ① 반비례 ② 비례 ③ 전류의 세기
④ 시간

**해설** **옴의 법칙**

$$V = I \times R$$

여기서, $V$ : 전압 단위(V : 볼트)
$I$ : 전류 단위(A : 암페어)
$R$ : 저항 단위(Ω : 옴)

**위험한계 에너지**

> 인체의 전기 저항이 최악인 상태인 500Ω일 때
> $$Q = I^2 \times R \times T$$

$$Q = I^2 \times R \times T$$
$$= \left( \frac{165 \sim 185}{\sqrt{1}} \times 10^{-3} \right)^2 \times 500 \times 1$$
$$= 13.61 \sim 17.11 (\text{J})$$

$13.61\text{J} \times 0.24 = 3.2664\text{Cal}$

**75** 작업자가 교류전압 7,000V 이하의 전로
에 활선 근접 작업 시 감전사고 방지를 위
한 절연용 보호구는?

㉮ 고무 절연관
㉯ 절연 시트
㉰ 절연 커버
㉱ 절연 안전모

**해설** **절연용 안전 보호구** : 7,000V 이하 전로 활선 작업
시 작업자 몸에 착용한다.
① 전기용 안전모
• AE종(물체의 낙하·비래 및 감전 방지용)
• ABE종(물체의 낙하·비래 및 추락, 감전 방지용)
② 안전화(절연화)
③ 절연장화
④ 절연장갑(전기용 고무장갑)
⑤ 보호용 가죽장갑
⑥ 절연소매, 절연복

**참고** **절연용 방호구** : 활선작업 시 전로의 충전부, 지지물
주변, 전기배선에 설치한다.
① 고무판 : 충전부 작업 중 접지면 절연에 사용
② 방호판(절연판) : 고·저압 전로의 충전부 방호
에 사용
③ 선로 커버, 애자커버(절연커버)
④ 완금커버, COS커버, 고무블랭킷, 점퍼호스

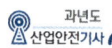
**76** 다음 중 불꽃(spark)방전의 발생 시 공기 중에 생성되는 물질은?

㉮ $O_2$  
㉯ $O_3$  
㉰ $H_2$  
㉱ C

> **해설** 불꽃(spark)방전 시 공기 중에 오존($O_3$)이 생성된다.

**77** 일반적으로 고압충전로 근접작업 시 접근한계 이격거리가 적절하지 않은 경우 충전전로에 절연방호구를 설치하여야 한다. 이에 대한 기준으로 ( )안의 알맞은 내용은?

> 충전 전로에 대하여 머리 위로 ( ㉠ )cm 이내이거나 신체 또는 발아래로의 거리가 ( ㉡ )cm 이내로 접근한 경우

㉮ ㉠ 60, ㉡ 30  
㉯ ㉠ 30, ㉡ 40  
㉰ ㉠ 30, ㉡ 60  
㉱ ㉠ 40, ㉡ 30

> {분석}  
> 법규에서 삭제된 내용입니다.

**78** 어느 변전소에서 고장전류가 유입되었을 때 도전성 구조물과 그 부근 지표상의 점과의 사이(약 1m)의 허용접촉전압은?

(단, 심실세동전류 : $I_k = \dfrac{0.165}{\sqrt{t}}$ A, 인체의 저항 : 1,000Ω, 지표면의 저항률 : 150 Ω·m, 통전시간을 1초로 한다)

㉮ 202V  
㉯ 186V  
㉰ 228V  
㉱ 164V

> **해설** 허용접촉전압
>
> $$E = \left( R_b + \frac{3R_s}{2} \right) \times 심실세동전류$$
>
> 여기서, $R_b$ : 인체의 저항(Ω)  
> $R_s$ : 지표상승 저항률(Ω·m)
>
> $$E = \left( R_b + \frac{3R_s}{2} \right) \times \frac{0.165}{\sqrt{T}}$$
> $$= \left( 1,000 + \frac{3 \times 150}{2} \right) \times \frac{0.165}{\sqrt{1}} = 202V$$
>
> {분석}  
> 출제비중이 낮은 문제입니다.

**79** 인체가 땀 등에 의해 현저하게 젖어 있는 상태에서의 허용 접촉전압은 얼마인가?

㉮ 2.5V 이하  
㉯ 25V 이하  
㉰ 42V 이하  
㉱ 사람에 따라 다름

> **해설** 허용접촉전압
>
> | 종 별 | 접촉 상태 | 허용 접촉 전압 |
> | --- | --- | --- |
> | 제1종 | • 인체의 대부분이 **수중**에 있는 상태 | **2.5V** 이하 |
> | 제2종 | • 인체가 **현저히 젖어 있는 상태**<br>• **금속성**의 전기·기계 장치나 구조물에 인체의 일부가 **상시 접촉**되어 있는 상태 | **25V** 이하 |
> | 제3종 | • 제1종, 제2종 이외의 경우로서 **통상의 인체 상태에 있어서** 접촉 전압이 가해지면 위험성이 높은 상태 | **50V** 이하 |
> | 제4종 | • 제1종, 제2종 이외의 경우로서 통상의 인체 상태에 **접촉 전압이 가해지더라도 위험성이 낮은 상태**<br>• **접촉 전압이 가해질 우려가 없는 경우** | **제한 없음** |
>
> {분석}  
> 실기까지 중요한 내용입니다. 암기하세요.

**•))** 정답 76 ㉯ 77 ㉱ 78 ㉮ 79 ㉯

**80** 전기설비 내부에서 발생한 폭발이 설비 주변에 존재하는 가연성 물질에 파급되지 않도록 한 구조는?

㉮ 압력 방폭구조
㉯ 내압 방폭구조
㉰ 안전증 방폭구조
㉱ 유입 방폭구조

**[해설]** 내압 방폭구조(d) : 아크를 발생시키는 전기설비를 전폐용기에 넣고 용기 내부에 폭발이 일어날 경우에 용기가 폭발 압력에 견뎌 외부의 폭발성 가스에 인화될 위험이 없도록 한 구조의 방폭구조

**[참고]** ① 압력 방폭구조(P) : 아크를 발생시키는 전기설비를 용기에 넣고 용기 내부에 불연성 가스(공기 또는 질소)를 압입하여 용기 내부로 폭발성 가스나 침입하는 것을 방지하는 구조
② 유입 방폭구조(o) : 아크를 발생시키는 전기설비를 용기에 넣고 용기 내부에 보호액을 채워 외부의 폭발성 가스에 접촉시 점화의 우려가 없도록 한 방폭구조이다.
③ 안전증 방폭구조(e) : 정상 운전 중의 내부에서 불꽃이 발생하지 않도록 전기적, 기계적, 구조적으로 온도 상승에 대해 안전도를 증가시킨 구조이다.
④ 본질안전 방폭구조(ia, ib) : 정상 시 또는 단락, 단선, 지락 등의 사고 시에 발생하는 아크, 불꽃, 고열에 의하여 폭발성 가스나 증기에 점화되지 않는 것이 확인된 구조이다.

{분석}
실기까지 중요한 내용입니다.
"참고"도 함께 기억하세요.

---

**제5과목** **화학설비 안전 관리**

**81** 다음 중 반응기의 구조방식에 의한 분류에 해당하는 것은?

㉮ 유동층형 반응기
㉯ 연속식 반응기
㉰ 반회분식 반응기
㉱ 회분식 균일상반응기

**[해설]**

| 운전방식(조작방식)에 의한 분류 | 구조에 의한 분류 |
|---|---|
| ① 회분식 반응기<br>② 반회분식 반응기<br>③ 연속 반응기 | ① 관형반응기<br>② 탑형반응기<br>③ 교반기형 반응기<br>④ 유동층형 반응기 |

**82** 다음 중 파열판과 스프링식 안전밸브를 직렬로 설치해야 할 경우가 아닌 것은?

㉮ 부식물질로부터 스프링식 안전밸브를 보호하고자 할 때
㉯ 독성이 매우 강한 물질을 취급 시 완벽하게 격리를 할 때
㉰ 스프링식 안전밸브에 막힘을 유발시킬 수 있는 슬러리를 방출시킬 때
㉱ 릴리프 장치가 작동 후 방출라인이 개방되어야 할 때

**[해설]** 파열판을 설치하여야 하는 경우
① 반응폭주 등 급격한 압력상승의 우려가 있는 경우
② 급성독성물질의 누출로 인하여 주위의 작업환경을 오염시킬 우려가 있는 경우
③ 운전 중 안전밸브에 이상 물질이 누적되어 안전밸브가 작동되지 아니할 우려가 있는 경우

{분석}
실기까지 중요한 내용입니다. "해설"을 다시 확인하세요.

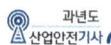
**83** 다음 중 펌프의 사용 시 공동현상(cavitation)을 방지하고자 할 때의 조치사항으로 틀린 것은?

㉮ 펌프의 회전수를 높인다.

㉯ 흡입비 속도를 작게 한다.

㉰ 펌프의 흡입관의 두(head) 손실을 줄인다.

㉱ 펌프의 설치 높이를 낮추어 흡입양정을 짧게 한다.

`해설` **펌프에서 공동현상 방지대책**

① 펌프의 흡입수두를 작게 한다.
② 펌프의 마찰손실을 작게 한다.
③ 펌프의 임펠러속도를 작게 한다.(회전수를 낮춘다)
④ 펌프의 설치위치를 수원보다 낮게 한다.
⑤ 배관 내 물의 정압을 그때의 증기압보다 높게 한다.
⑥ 흡입관의 구경을 크게 한다.
⑦ 펌프를 2대 이상 설치한다.

**84** 다음 중 제거소화에 해당하지 않는 것은?

㉮ 튀김 기름이 인화되었을 때 싱싱한 야채를 넣는다.

㉯ 가연성 기체의 분출 화재 시 주 밸브를 닫아서 연료 공급을 차단한다.

㉰ 금속화재의 경우 불활성 물질로 가연물을 덮어 미연소 부분과 분리한다.

㉱ 연료 탱크를 냉각하여 가연성 가스의 발생 속도를 작게 하여 연소를 억제한다.

`해설` ㉮ 튀김 기름이 인화되었을 때 싱싱한 야채를 넣는다. → 야채 속의 수분이 기름의 온도를 떨어뜨려 소화하는 냉각소화에 해당한다.

**85** 에틸알코올($C_2H_5OH$)이 완전 연소 시 생성되는 $CO_2$와 $H_2O$의 몰수로 옳은 것은?

㉮ $CO_2$ : 1, $H_2O$ : 4

㉯ $CO_2$ : 2, $H_2O$ : 3

㉰ $CO_2$ : 3, $H_2O$ : 2

㉱ $CO_2$ : 4, $H_2O$ : 1

`해설` **에틸알코올의 완전 연소식**

$$C_2H_5OH + 3O_2 \rightarrow 3H_2O + 2CO_2$$

**86** 단위공정시설 및 설비로부터 다른 단위 공정 시설 및 설비 사이의 안전거리는 설비의 바깥 면부터 얼마 이상이 되어야 하는가?

㉮ 5m

㉯ 10m

㉰ 15m

㉱ 20m

`해설` **화학설비의 안전거리 기준**

| 구분 | 안전거리 |
|---|---|
| 1. 단위공정시설 및 설비로부터 다른 **단위공정시설 및 설비의 사이** | 설비의 바깥 면으로부터 **10미터 이상** |
| 2. 플레어스택으로부터 단위공정시설 및 설비, **위험물질 저장탱크** 또는 위험물질 하역설비의 사이 | 플레어스택으로부터 반경 **20미터 이상**. 다만, 단위공정시설 등이 불연재로 시공된 지붕 아래에 설치된 경우에는 그러하지 아니하다. |
| 3. **위험물질 저장탱크**로부터 단위공정시설 및 설비, 보일러 또는 가열로의 사이 | 저장탱크의 바깥 면으로부터 **20미터 이상**. 다만, 저장탱크의 방호벽, 원격조종 소화 설비 또는 살수설비를 설치한 경우에는 그러하지 아니하다. |

| 구분 | 안전거리 |
|---|---|
| 4. 사무실·연구실·실험실·정비실 또는 식당으로부터 단위공정시설 및 설비, **위험물질 저장탱크**, 위험물질 하역설비, 보일러 또는 가열로의 사이 | 사무실 등의 바깥 면으로부터 **20미터 이상**. 다만, 난방용 보일러인 경우 또는 사무실 등의 벽을 방호구조로 설치한 경우에는 그러하지 아니하다. |

{분석}  
**실기까지 중요한 내용입니다. 암기하세요.**

**87** 다음 중 산업안전보건법령상 물질안전보건자료 작성 시 포함되어 있는 주요 작성 항목이 아닌 것은?

㉮ 법적규제 현황  
㉯ 폐기 시 주의사항  
㉰ 주요 구입 및 폐기처  
㉱ 화학제품과 회사에 관한 정보  

[해설] **물질안전보건자료의 작성 항목**

1. 화학제품과 회사에 관한 정보
2. 유해·위험성
3. 구성성분의 명칭 및 함유량
4. 응급조치요령
5. 폭발·화재 시 대처방법
6. 누출사고 시 대처방법
7. 취급 및 저장방법
8. 노출방지 및 개인보호구
9. 물리화학적 특성
10. 안정성 및 반응성
11. 독성에 관한 정보
12. 환경에 미치는 영향
13. 폐기 시 주의사항
14. 운송에 필요한 정보
15. 법적규제 현황
16. 기타 참고사항

{분석}  
**실기까지 중요한 내용입니다. "해설"을 다시 확인하세요.**

**88** 다음 중 자연발화를 방지하기 위한 일반적인 방법으로 적절하지 않은 것은?

㉮ 주위의 온도를 낮춘다.  
㉯ 공기의 출입을 방지하고 밀폐시킨다.  
㉰ 습도가 높은 곳에는 저장하지 않는다.  
㉱ 황린의 경우 산소와의 접촉을 피한다.  

[해설] **자연발화 방지법**

① 저장소의 온도를 낮출 것
② 산소와의 접촉을 피할 것
③ 통풍 및 환기를 철저히 할 것
④ 습도가 높은 곳에는 저장하지 말 것

{분석}  
**"해설"을 다시 확인하세요.**

**89** 다음 중 크롬에 관한 설명으로 옳은 것은?

㉮ 미나마타병으로 알려져 있다.  
㉯ 3가와 6가의 화합물이 사용되고 있다.  
㉰ 급성 중독으로 수포성 피부염이 발생된다.  
㉱ 6가보다 3가 화합물이 특히 인체에 유해하다.  

[해설]  
㉮ 메틸수은은 미나마타(minamata)병을 발생시킨다.  
㉰ 급성중독 증세로 신장장해(과뇨증, 무뇨증, 요독증으로 사망할 수 있다)를 일으킨다.  
㉱ 6가크롬은 비용해성이며 쉽게 피부를 통과하여 6가크롬이 더 독성이 강하고 발암성이 크다.  

**90** 다음 중 고체의 연소방식에 관한 설명으로 옳은 것은?

㉮ 분해연소란 고체가 표면의 고온을 유지하며 타는 깃을 말한다.  
㉯ 표면연소란 고체가 가열되어 열분해가 일어나고 가연성 가스가 공기 중의 산소와 타는 것을 말한다.

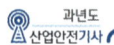

ⓒ 자기연소란 공기 중 산소를 필요로 하
지 않고 자신이 분해되며 타는 것을 말
한다.

ⓓ 분무연소란 고체가 가열되어 가연성가
스를 발생하며 타는 것을 말한다.

**[해설]**

| 고체의<br>연소 | 표면<br>연소 | 가연성 가스를 발생하지 않고<br>**물질 그 자체가 연소**하는 형태<br>**예** **코크스, 목탄, 금속분** 등 |
| --- | --- | --- |
| | 분해<br>연소 | 가열 분해에 의해 발생된 **가연<br>성 가스가 공기와 혼합되어 연<br>소**하는 형태<br>**예** 목재, 종이, 석탄, 플라스틱<br>등 **일반 가연물** |
| | 증발<br>연소 | 고체가연물의 **가열에 의해 발<br>생한 가연성 증기가 연소**하는<br>형태<br>**예** **황, 나프탈렌** |
| | 자기<br>연소 | 자체 내 산소를 함유하고 있어<br>**공기 중 산소를 필요치 않고 연<br>소하는 형태**<br>**예** **니트로 화합물,<br>다이너마이트 등** |

{분석}
**실기까지 중요한 내용입니다. "해설"을 다시 확인하세요.**

---

**91** 폭발을 기상폭발과 응상폭발로 분류할 때
다음 중 기상폭발에 해당되지 않는 것은?

㉮ 분진폭발

㉯ 혼합 가스폭발

㉰ 분무폭발

㉱ 수증기폭발

**[해설]** 1. 기상폭발 : 기체상태의 폭발
① 가스폭발, ② 분무폭발, ③ 분진폭발
2. 응상폭발 : 고상과 액상의 총칭이다.
① 수증기폭발, ② 증기폭발, ③ 전선폭발

---

**92** 뜨거운 금속에 물이 닿으면 튀는 현상과
같이 핵비등(nucleate boiling) 상태에서
막비등(film boiling)으로 이행하는 온도
를 무엇이라 하는가?

㉮ Burn-out point

㉯ Leidenfrost point

㉰ Entrainment point

㉱ Sub-cooling boiling point

**[해설]** 핵비등에서 말비등 상태로 급격하게 이행하는 하한
점을 Leidenfrost point라 한다.

---

**93** 6vol% 헥산, 4vol% 메탄, 2vol% 에틸렌
으로 구성된 혼합가스의 연소하한값(LFL)
은 약 얼마인가? (단, 각 물질의 공기 중
연소하한값은 헥산은 1.1vol% 메탄은
5.0vol%, 에틸렌은 2.7vol%이다)

㉮ 0.69                ㉯ 1.21

㉰ 1.45                ㉱ 1.71

**[해설]** 혼합가스의 폭발 범위(르 샤틀리에의 공식)

$$\frac{100}{L} = \frac{V_1}{L_1} + \frac{V_2}{L_2} + \frac{V_3}{L_3} \cdots (Vol\%)$$

$$L = \frac{100}{\dfrac{V_1}{L_1} + \dfrac{V_2}{L_2} + \dfrac{V_3}{L_3} \cdots}$$

여기서,
$L$ : 혼합가스의 폭발하한계(상한계)
$L_1$, $L_2$, $L_3$ : 단독가스의 폭발하한계(상한계)
$V_1$, $V_2$, $V_3$ : 단독가스의 공기 중 부피
100 : $V_1 + V_2 + V_3 + \cdots$

$$\frac{(6+4+2)}{L} = \frac{6}{1.1} + \frac{4}{5.0} + \frac{2}{2.7}$$

$$L = \frac{12}{\dfrac{6}{1.1} + \dfrac{4}{5.0} + \dfrac{2}{2.7}} = 1.715 vol\%$$

{분석}
**실기까지 중요한 내용입니다. 풀이방법을 숙지하세요.**

---

•)) 정답  **91** ㉱  **92** ㉯  **93** ㉱

**94** 다음 중 산화성 물질의 저장·취급에 있어서 고려하여야 할 사항과 가장 거리가 먼 것은?

㉮ 습한 곳에 밀폐하여 저장할 것
㉯ 내용물이 누출되지 않도록 할 것
㉰ 분해를 촉진하는 약품류와 접촉을 피할 것
㉱ 가열·충격·마찰 등 분해를 일으키는 조건을 주지말 것

해설 ㉮ 통풍이 잘되는 찬 곳에 보관할 것

**95** 다음 중 위험물의 일반적인 특성이 아닌 것은?

㉮ 반응 시 발생하는 열량이 크다.
㉯ 물 또는 산소와의 반응이 용이하다.
㉰ 수소와 같은 가연성 가스가 발생한다.
㉱ 화학적 구조 및 결합이 안정되어 있다.

해설 **위험물의 특징**
① 물 또는 산소와 반응이 용이하다.
② 반응속도가 급격히 신행된다.
③ 반응 시 발생되는 발열량 크다
④ 수소와 같은 가연성 가스를 발생시킨다.
⑤ 화학적 구조나 결합력이 불안정하다.

**96** 다음 중 폭발 방호(explosion protection) 대책과 가장 거리가 먼 것은?

㉮ 불활성화(inerting)
㉯ 억제(suppression)
㉰ 방산(venting)
㉱ 봉쇄(containment)

해설 **폭발 재해의 근본대책**
① **폭발봉쇄** : 공기 중에 방출되어서 안 되는 유독성 물질 등의 폭발 시 안전밸브나 파열판을 통해 저장서 등으로 보내어 압력을 완화시켜 폭발을 방지한다.

② **폭발억제** : 압력상승 시 폭발억제장치가 작동하여 소화기를 터지게 하여 큰 폭발이 되지 않도록 폭발을 진압하는 방법이다.
③ **폭발방산** : 안전밸브나 파열판 등으로 탱크 내 압력을 방출시켜 폭발을 방지하는 방법이다.

**97** 산업안전보건법에 의한 위험물질의 종류와 해당 물질이 올바르게 짝지어진 것은?

㉮ 인화성 가스 – 암모니아
㉯ 폭발성 물질 및 유기과산화물 – 칼륨·나트륨
㉰ 산화성 액체 및 산화성 고체 – 질산 및 그 염류
㉱ 물반응성 물질 및 인화성 고체 – 질산에스테르류

해설 칼륨·나트륨 – 물반응성 물질 및 인화성 고체
질산에스테르류 – 폭발성 물질 및 유기과산화물

참고 **위험물의 종류 및 정의**

| | |
|---|---|
| **(1) 폭발성 물질 및 유기과산화물** | 가. 질산에스테르류<br>나. 니트로화합물<br>다. 니트로소화합물<br>라. 아조화합물<br>마. 디아조화합물<br>바. 하이드라진 유도체<br>사. 유기과산화물 |
| **(2) 물반응성 물질 및 인화성 고체** | 가. 리튬<br>나. 칼륨·나트륨<br>다. 황<br>라. 황린<br>마. 황화인·적린<br>바. 셀룰로이드류<br>사. 알킬알루미늄·알킬리튬<br>아. 미그네슘 분말<br>자. 금속 분말(마그네슘 분말은 제외한다)<br>차. 알칼리금속(리튬·칼륨 및 나트륨은 제외한다)<br>카. 유기 금속화합물(알킬일루미늄 및 알킬리튬은 제외한다)<br>타. 금속의 수소화물<br>파. 금속의 인화물<br>하. 칼슘 탄화물, 알루미늄 탄화물 |

•)) 정답 94 ㉮ 95 ㉱ 96 ㉮ 97 ㉰

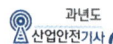

| | | |
|---|---|---|
| (3) 산화성 액체 및 산화성 고체 | 가. 차아염소산 및 그 염류<br>나. 아염소산 및 그 염류<br>다. 염소산 및 그 염류<br>마. 브롬산 및 그 염류<br>라. 과염소산 및 그 염류<br>마. 브롬산 및 그 염류<br>바. 요오드산 및 그 염류<br>사. 과산화수소 및 무기 과산화물<br>아. 질산 및 그 염류<br>자. 과망간산 및 그 염류<br>차. 중크롬산 및 그 염류 | |
| (4) 인화성 액체 | 가. 에틸에테르, 가솔린, 아세트알데히드, 산화프로필렌, 그 밖에 인화점이 섭씨 23도 미만이고 초기 끓는점이 섭씨 35도 이하인 물질<br>나. 노르말헥산, 아세톤, 메틸에틸케톤, 메틸알코올, 에틸알코올, 이황화탄소, 그 밖에 인화점이 섭씨 23도 미만이고 초기 끓는점이 섭씨 35도를 초과하는 물질<br>다. 크실렌, 아세트산아밀, 등유, 경유, 테레핀유, 이소아밀알코올, 아세트산, 하이드라진, 그 밖에 인화점이 섭씨 23도 이상 섭씨 60도 이하인 물질 | |
| (5) 인화성 가스 | 가. 수소<br>나. 아세틸렌<br>다. 에틸렌<br>라. 메탄<br>마. 에탄<br>바. 프로판<br>사. 부탄<br>아. 인화한계 농도의 최저한도가 13퍼센트 이하 또는 최고한도와 최저한도의 차가 12퍼센트 이상인 것으로서 표준압력(101.3kPa)하의 20℃에서 가스상태인 물질 | |
| (6) 부식성 물질 | 가. 부식성 산류<br>① 농도가 20퍼센트 이상인 염산, 황산, 질산, 그 밖에 이와 같은 정도 이상의 부식성을 가지는 물질 | |

| | | |
|---|---|---|
| (6) 부식성 물질 | ② 농도가 60퍼센트 이상인 인산, 아세트산, 불산, 그 밖에 이와 같은 정도 이상의 부식성을 가지는 물질<br>나. 부식성 염기류<br>농도가 40퍼센트 이상인 수산화나트륨, 수산화칼륨, 그 밖에 이와 같은 정도 이상의 부식성을 가지는 염기류 | |
| (7) 급성 독성 물질 | 가. 쥐에 대한 경구투입실험에 의하여 실험동물의 50퍼센트를 사망시킬 수 있는 물질의 양, 즉 $LD_{50}$(경구, 쥐)이 킬로그램당 300밀리그램-(체중) 이하인 화학물질<br>나. 쥐 또는 토끼에 대한 경피흡수실험에 의하여 실험동물의 50퍼센트를 사망시킬 수 있는 물질의 양, 즉 $LD_{50}$(경피, 토끼 또는 쥐)이 킬로그램당 1,000밀리그램-(체중) 이하인 화학물질<br>다. 쥐에 대한 4시간 동안의 흡입실험에 의하여 실험동물의 50퍼센트를 사망시킬 수 있는 물질의 농도, 즉 가스 $LC_{50}$(쥐, 4시간 흡입)이 2,500ppm 이하인 화학물질, 증기 $LC_{50}$(쥐, 4시간 흡입)이 10mg/ℓ 이하인 화학물질, 분진 또는 미스트 1mg/ℓ 이하인 화학물질 | |

{분석}
실기에도 자주 출제되는 내용입니다.
"참고"의 위험물의 종류를 다시 확인하세요.

**98** 다음 중 가스나 증기가 용기 내에서 폭발할 때 최대 폭발압력(Pm)에 영향을 주는 요인에 관한 설명으로 틀린 것은?

㉮ Pm은 화학양론비에서 최대가 된다.
㉯ Pm은 용기의 형태 및 부피에 큰 영향을 받지 않는다.
㉰ Pm은 다른 조건이 일정할 때 초기 온도가 높을수록 증가한다.
㉱ Pm은 다른 조건이 일정할 때 초기 압력이 상승할수록 증가한다.

해설 ㉰ 초기 온도가 높을수록 최대 폭발압력은 감소한다.

정답 98 ㉰

**99** 대기압 하의 직경이 2m인 물탱크에 탱크 바닥에서부터 2m 높이까지 물이 들어 있다. 이 탱크의 바닥에서 0.5m 위 지점에 직경이 1cm인 작은 구멍이 나서 물이 새어 나오고 있다. 구멍의 위치까지 물이 모두 새어 나오는데 필요한 시간은 약 얼마인가?

㉮ 2.0시간
㉯ 5.6시간
㉰ 11.6시간
㉱ 16.1시간

**100** 다음 중 분말소화약제의 종별 주성분이 올바르게 나열된 것은?

㉮ 1종 : 제1인산암모늄
㉯ 2종 : 탄산수소칼륨
㉰ 3종 : 탄산수소칼륨과 요소와의 반응물
㉱ 4종 : 탄산수소나트륨

[해설] 제1종 소화분말 : 탄산수소나트륨
　　　　　　　　　　(중탄산나트륨, $NaHCO_3$)
　　　제2종 소화분말 : 탄산수소칼륨
　　　　　　　　　　(중탄산칼륨, $KHCO_3$)
　　　제3종 소화분말 : 제1인산암모늄($NH_4H_2PO_4$)
　　　제4종 소화분말 : 요소와 탄산수소칼륨이 화합된 분말

**101** 겨울철 공사 중인 건축물의 벽체 콘크리트 타설 시 거푸집이 터져서 콘크리트가 쏟아지는 사고가 발생하였다. 이 사고의 발생 원인으로 가장 타당한 것은?

㉮ 콘크리트 타설 속도가 빨랐다.
㉯ 진동기를 사용하지 않았다.
㉰ 철근 사용량이 많았다.
㉱ 시멘트 사용량이 많았다.

[해설] ㉮ 콘크리트 타설 속도가 빠를 경우 측압에 의해 거푸집이 붕괴된다.

[참고] **콘크리트의 측압**

① 거푸집 부재 단면이 클수록 측압이 크다.
② 거푸집 수밀성이 클수록 측압이 크다.
③ 거푸집 강성이 클수록 측압이 크다.
④ 거푸집 표면이 평활할수록 측압이 크다.
⑤ 시공연도 좋을수록 측압이 크다.
⑥ 철골 or 철근량 적을수록 측압이 크다.
⑦ 외기온도 낮을수록 측압이 크다.
⑧ 타설속도 빠를수록 측압이 크다.
⑨ 다짐이 좋을수록 측압이 크다.
⑩ 슬럼프 클수록 측압이 크다.
⑪ 콘크리트 비중 클수록 측압이 크다.
⑫ 응결시간이 느린 시멘트를 사용할수록 측압이 크다.
⑬ 습도가 낮을수록 측압이 크다.

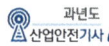

**102** 다음 중 양중기에 해당되지 않는 것은?

㉮ 크레인
㉯ 건설작업용 리프트
㉰ 곤돌라
㉱ 체인블록

**해설** 양중기의 종류(산업안전보건법 기준)
① 크레인[호이스트(hoist)를 포함]
② 이동식 크레인
③ 리프트(이삿짐운반용 리프트의 경우에는 적재하중이 0.1톤 이상인 것으로 한정)
④ 곤돌라
⑤ 승강기

{분석}
실기에도 자주 출제되는 내용입니다. 암기하세요.

**103** 터널 지보공을 조립하는 경우에는 미리 그 구조를 검토한 후 조립도를 작성하고, 그 조립도에 따라 조립하도록 하여야 하는데 이 조립도에 명시해야 할 사항과 가장 거리가 먼 것은?

㉮ 이음 방법
㉯ 단면 규격
㉰ 재료의 재질
㉱ 재료의 구입처

**해설** 조립도에는 재료의 재질, 단면규격, 설치간격 및 이음방법 등을 명시하여야 한다.

**104** 다음은 통나무 비계를 조립하는 경우의 준수사항에 대한 내용이다. ( )안에 알맞은 내용을 고르면?

> 통나무 비계는 지상높이 ( ① ) 이하 또는 ( ② ) 이하인 건축물·공작물 등의 건조·해체 및 조립 등의 작업에만 사용할 수 있다.

㉮ ① 4층, ② 12m
㉯ ① 4층, ② 15m
㉰ ① 6층, ② 12m
㉱ ① 6층, ② 15m

{분석}
관련 법규에서 삭제된 내용입니다.

**105** 차량계 하역운반기계를 사용하여 작업을 할 때 기계의 전도, 전락에 의해 근로자가 위해를 입을 우려가 있을 때 사업주가 조치하여야 할 사항 중 옳지 않은 것은?

㉮ 근로자의 출입금지 조치
㉯ 하역운반기계를 유도하는 자 배치
㉰ 지반의 부동침하방지 조치
㉱ 갓길의 붕괴를 방지하기 위한 조치

**해설** 차량계 하역운반기계의 넘어짐(전도) 방지 조치
① 유도자 배치
② 지반의 부동침하 방지
③ 갓길의 붕괴 방지

{분석}
실기까지 중요한 내용입니다. "해설"을 암기하세요.

**•)) 정답** 102 ㉱ 103 ㉱ 104 정답 없음 105 ㉮

**106** 흙막이 가시설 공사 중 발생할 수 있는 보일링(Boiling) 현상에 관한 설명으로 옳지 않은 것은?

㉮ 이 현상이 발생하면 흙막이 벽의 지지력이 상실된다.

㉯ 지하수위가 높은 지반을 굴착할 때 주로 발생한다.

㉰ 흙막이 벽의 근입장 깊이가 부족할 경우 발생한다.

㉱ 연약한 점토지반에서 굴착면의 융기로 발생한다.

**해설** ㉱ 연약한 점토지반에서 굴착면의 융기로 발생 → 히빙현상

**참고** 1. 히빙현상

① **연약한 점토지반**에서 굴착에 의한 흙막이 내. 외면의 **흙의 중량차이(토압)**로 인해 **굴착저면의 흙이 부풀어 올라오는 현상**을 말한다.
② **흙막이 바깥 흙이 안으로 밀려든다.**

2. 보일링(Boiling)현상

① **사질토 지반**에서 굴착저면과 흙막이 배면과의 **수위차로 인해** 굴착저면의 **흙과 물이 함께 위로 솟구쳐 오르는 현상**(모래의 액상화현상)을 말한다.
② 모래가 액상화되어 솟아오른다.

{분석}
실기까지 중요한 내용입니다. "참고"를 다시 확인하세요.

**107** 연약지반의 침하로 인한 문제를 예방하기 위한 점토질 지반의 개량공법에 해당되지 않는 것은?

㉮ 생석회말뚝공법
㉯ 페이퍼드레인공법
㉰ 진동다짐공법
㉱ 샌드드레인공법

**해설** ㉰ 진동다짐공법 → 사질토 지반의 개량공법

**참고**

| 모래의 개량공법 | 점토의 개량공법 |
|---|---|
| • 다짐말뚝공법 | • 치환공법 |
| • 다짐모래말뚝공법 | • 탈수공법 |
| • 바이브로 플로테이션 (진동다짐공법) | • 재하공법 |
| • 전기충격공법 | • 압성토공법 |
| • 약액주입공법 | • 생석회말뚝공법 |
| • 웰포인트공법 | |

{분석}
실기까지 중요한 내용입니다. "참고"를 다시 확인하세요.

**108** 건설작업용 타워크레인의 안전장치가 아닌 것은?

㉮ 권과방지장치
㉯ 과부하방지장치
㉰ 브레이크장치
㉱ 호이스트스위치

**해설** 크레인(호이스트 포함)의 방호장치

① 과부하방지장치
② 권과방지장치(捲過防止裝置)
③ 비상정지장치
④ 제동장치
⑤ 훅의 해지장치
⑥ 안전밸브(유압식)

{분석}
실기에도 자주 출제되는 내용입니다. "참고"를 암기하세요.

**109** 가설통로를 설치할 때 준수하여야 할 기준으로 옳지 않은 것은?

㉮ 추락할 위험이 있는 장소에는 안전난간을 설치한다.

㉯ 경사가 12°를 초과하는 경우에는 미끄러지지 않는 구조로 한다.

㉰ 수직갱에 가설된 통로의 길이가 15m 이상인 경우에는 10m 이내마다 계단참을 설치한다.

㉱ 건설공사에 사용하는 높이 8m 이상의 비계다리에는 7m 이내마다 계단참을 설치한다.

[해설] ㉯ 경사가 15도를 초과하는 때는 미끄러지지 아니하는 구조로 할 것

[참고] **가설통로의 구조**

① 견고한 구조로 할 것

② 경사는 30도 이하로 할 것(계단을 설치하거나 높이 2미터 미만의 가설통로로서 튼튼한 손잡이를 설치한 때에는 그러하지 아니하다)

③ 경사가 15도를 초과하는 때는 미끄러지지 아니하는 구조로 할 것

④ 추락의 위험이 있는 장소에는 안전난간을 설치할 것(작업상 부득이한 때에는 필요한 부분에 한하여 임시로 이를 해체할 수 있다)

⑤ 수직갱 : 길이가 15미터 이상인 때에는 10미터 이내마다 계단참을 설치할 것

⑥ 건설공사에 사용하는 높이 8미터 이상인 비계다리 : 7미터 이내마다 계단 참을 설치할 것

{분석}
실기까지 중요한 내용입니다. "참고"를 다시 확인하세요.

**110** 다음은 말비계 조립 시 준수사항이다. ( )에 알맞은 수치는?

• 지주부재와 수평면의 기울기를 ( ① )° 이하로 하고 지주부재와 지주부재 사이를 고정시키는 보조부재를 설치할 것
• 말비계의 높이가 2m를 초과하는 경우에는 작업발판의 폭을 ( ② )cm 이상으로 할 것

㉮ ① 75, ② 30

㉯ ① 75, ② 40

㉰ ① 85, ② 30

㉱ ① 85, ② 40

[해설] **말비계 조립 시의 준수사항**

① 지주부재의 하단에는 미끄럼 방지장치를 하고, 양측 끝부분에 올라서서 작업하지 아니하도록 할 것

② 지주부재와 수평면과의 기울기를 75도 이하로 하고, 지주부재와 지주부재 사이를 고정시키는 보조부재를 설치할 것

③ 말비계의 높이가 2미터를 초과할 경우에는 작업발판의 폭을 40센티미터 이상으로 할 것

{분석}
실기까지 중요한 내용입니다. "해설"을 다시 확인하세요.

**111** 이동식 비계를 조립하여 작업하는 경우에 작업 발판의 최대적재 하중으로 옳은 것은?

㉮ 350kg

㉯ 300kg

㉰ 250kg

㉱ 200kg

[해설] 작업발판의 최대적재하중은 250킬로그램을 초과하지 않도록 할 것

**참고** 이동식 비계 조립 시의 준수사항(이동식 비계의 구조)
① 바퀴에는 갑작스러운 이동 또는 전도를 방지하기 위하여 브레이크 · 쐐기 등으로 바퀴를 고정시킨 다음 비계의 일부를 견고한 시설물에 고정하거나 아웃트리거를 설치할 것
② 승강용사다리는 견고하게 설치할 것
③ 비계의 최상부에서 작업을 할 때에는 안전난간을 설치할 것
④ 작업발판은 항상 수평을 유지하고 작업발판 위에서 안전난간을 딛고 작업을 하거나 받침대 또는 사다리를 사용하여 작업하지 않도록 할 것
⑤ 작업발판의 최대적재하중은 250킬로그램을 초과하지 않도록 할 것

{분석}
실기까지 중요한 내용입니다. "참고"를 다시 확인하세요.

**112** 철륜 표면에 다수의 돌기를 붙여 접지면적을 작게하여 접지압을 증가시킨 롤러로서 깊은 다짐이나 고함수비 지반의 다짐에 많이 이용되는 롤러는?

㉮ 머캐덤롤러
㉯ 탠덤롤러
㉰ 탬핑롤러
㉱ 타이어롤러

**해설** 롤러
① 머캐덤롤러(MACADAM ROLLER) : 삼륜차형을 한 것으로 쇄석기층의 다지기나 아스팔트 포장의 처음 다지기에 이용된다.
② 탠덤롤러(TANDEM ROLLER) : 2륜형식으로 머케덤롤러의 작업 후 마무리 다짐, 아스팔트 포장의 끝마무리용으로 이용된다.
③ 타이어롤러(TIRE ROLLER) : 접지압을 공기압으로 조절할 수 있으며 접지압이 클수록 깊은 다짐이 가능하다.
④ 탬핑롤러(Tamping roller) : 롤러 표면에 다수의 돌기를 만들어 부착한 것으로 고함수비의 점토질 다짐 및 흙속의 간극 수압 제거에 이용됩니.

**113** 차량계 건설기계를 사용하여 작업 시 기계의 전도, 전락 등에 의한 근로자의 위험을 방지하기 위하여 유의하여야 할 사항이 아닌 것은?

㉮ 노견의 붕괴 방지
㉯ 작업반경 유지
㉰ 지반의 침하 방지
㉱ 노폭의 유지

**해설** 차량계 건설기계의 넘어짐(전도) 방지 조치
① 유도자 배치
② 지반의 부동침하 방지
③ 갓길의 붕괴 방지
④ 도로의 폭 유지

{분석}
실기까지 중요한 내용입니다. "해설"을 암기하세요.

**114** 물이 결빙되는 위치로 지속적으로 유입되는 조건에서 온도가 하강함에 따라 토중수가 얼어 생성된 결빙 크기가 계속 커져 지표면이 부풀어 오르는 현상은?

㉮ 압밀침하(consolidation settlement)
㉯ 연화(FROST BOIL)
㉰ 지반경화 (hardening)
㉱ 동상현상(frost heaving)

**해설** 흙의 동상(frost heaving)현상
온도가 하강함에 따라 토중수가 얼어 생성된 결빙 크기가 계속 커져 지표면이 부풀어 오르는 현상

**115** 공정률이 65%인 건설현장의 경우 공사진척에 따른 산업안전보건관리비의 최소 사용기준은 얼마 이상인가?

㉮ 40%          ㉯ 50%
㉰ 60%          ㉱ 70%

)) 정답 112 ㉰ 113 ㉯ 114 ㉱ 115 ㉯

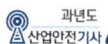
**해설** 공사 진척에 따른 산업안전보건관리비 사용기준

| 공정률 | 사용 기준 |
|---|---|
| 50퍼센트 이상<br>70퍼센트 미만 | 50퍼센트 이상 |
| 70퍼센트 이상<br>90퍼센트 미만 | 70퍼센트 이상 |
| 90퍼센트 이상 | 90퍼센트 이상 |

**116** 토공사에서 성토 재료의 일반조건으로 옳지 않은 것은?

㉮ 다져진 흙의 전단강도가 크고 압축성이 작을 것
㉯ 함수율이 높은 토사일 것
㉰ 시공장비의 주행성이 확보될 수 있을 것
㉱ 필요한 다짐 정도를 쉽게 얻을 수 있을 것

**해설** ㉯ 함수율이 높을 경우 흙의 강도 저하로 인한 붕괴 우려가 있다.

**117** 다음은 굴착공사 표준안전 작업지침에 따른 트렌치 굴착 시 준수사항이다. (  )안에 들어갈 내용으로 옳은 것은?

> 굴착 폭은 작업 및 대피가 용이하도록 충분한 넓이를 확보하여야 하며, 굴착 깊이가 2m 이상일 경우에는 (   )이상의 폭으로 한다.

㉮ 1m
㉯ 1.5m
㉰ 2.0m
㉱ 2.5m

**해설** 트랜치 굴착 시에는 굴착 폭은 작업 및 대피가 용이하도록 충분한 넓이를 확보하여야 하며 굴착깊이가 2m 이상일 경우에는 1m 이상 폭으로 한다.

**118** 건설업 중 교량건설 공사의 경우 유해위험방지 계획서를 제출하여야 하는 기준으로 옳은 것은?

㉮ 최대 지간길이가 40m 이상인 교량건설 공사
㉯ 최대 지간길이가 50m 이상인 교량건설 공사
㉰ 최대 지간길이가 60m 이상인 교량건설 공사
㉱ 최대 지간길이가 70m 이상인 교량건설 공사

**해설** 유해위험방지계획서 작성 대상 건설공사

1. 다음 각 목의 어느 하나에 해당하는 건축물 또는 시설 등의 건설 · 개조 또는 해체공사

   가. 지상높이가 31미터 이상인 건축물 또는 인공구조물
   나. 연면적 3만제곱미터 이상인 건축물
   다. 연면적 5천제곱미터 이상인 시설로서 다음의 어느 하나에 해당하는 시설
      1) 문화 및 집회시설(전시장 및 동물원 · 식물원은 제외한다)
      2) 판매시설, 운수시설(고속철도의 역사 및 집배송시설은 제외한다)
      3) 종교시설
      4) 의료시설 중 종합병원
      5) 숙박시설 중 관광숙박시설
      6) 지하도상가
      7) 냉동 · 냉장 창고시설

2. 연면적 5천제곱미터 이상의 냉동 · 냉장창고시설의 설비공사 및 단열공사
3. 최대 지간길이(다리의 기둥과 기둥의 중심 사이의 거리)가 50미터 이상인 교량 건설 등 공사
4. 터널 건설 등의 공사
5. 다목적댐, 발전용댐, 저수용량 2천만톤 이상의 용수 전용 댐, 지방상수도 전용 댐 건설 등의 공사
6. 깊이 10미터 이상인 굴착공사

**정답** 116 ㉯ 117 ㉮ 118 ㉯

- 지상높이 31m, 연면적 3만m², 사람 많은 시설 연면적 5,000m²
- 연면적 5,000m² 냉동·냉장창고시설
- 최대 지간길이가 50미터 이상 교량
- 터널
- 저수용량 2천만 톤 이상 댐
- 10미터 이상인 굴착

{분석}
실기에도 자주 출제되는 내용입니다. 암기하세요.

---

**119** 흙막이 지보공을 설치하였을 경우 정기적으로 점검해야 하는 사항과 가장 거리가 먼 것은?

㉮ 부재의 접속부·부착부 및 교차부의 상태
㉯ 버팀대의 긴압(緊壓)의 정도
㉰ 지표수의 흐름 상태
㉱ 부재의 손상·변형·부식·변위 및 탈락의 유무와 상태

해설 **흙막이 지보공을 설치한 때 점검 사항**
① 부재의 손상·변형·부식·변위 및 탈락의 유무와 상태
② 비팀대의 긴압의 징도
③ 부재의 접속부·부착부 및 교차부의 상태
④ 침하의 정도

{분석}
실기까지 중요한 내용입니다. "해설"을 다시 확인하세요.

---

**120** 항만하역작업에서의 선박 승강설비 설치 기준으로 옳지 않은 것은?

㉮ 200톤급 이상의 선박에서 하역작업을 하는 때에는 근로자들이 안전하게 승강할 수 있는 현문사다리를 설치하여야 한다.
㉯ 현문사다리는 견고한 재료로 제작된 것으로 너비는 55cm 이상이어야 한다.
㉰ 현문사다리의 양측에는 82cm 이상의 높이로 방책을 설치하여야 한다.
㉱ 현문사다리는 근로자의 통행에만 사용하여야 하며 화물용 발판 또는 화물 보관용으로 사용하도록 하여서는 아니 된다.

해설 ㉮ 300톤급 이상의 선박에서 하역작업을 하는 경우에 근로자들이 안전하게 오르내릴 수 있는 현문(舷門) 사다리를 설치하여야 한다.

---

# 01회 2014년 산업안전기사 최근 기출문제

**01** 각자가 위험에 대한 감수성 향상을 도모하기 위하여 삼각 및 원 포인트 위험예지 훈련을 실시하는 것은?

㉮ 1인 위험예지훈련
㉯ 자문자답 위험예지훈련
㉰ TBM 위험예지훈련
㉱ 시나리오 역할연기훈련

**해설** 각자가 위험에 대한 감수성 도모 → 1인 위험예지훈련

**02** 다음 중 참가자에 일정한 역할을 주어 실제적으로 연기를 시켜봄으로써 자기의 역할을 보다 확실히 인식할 수 있도록 체험학습을 시키는 교육 방법은?

㉮ Role playing
㉯ Brain storming
㉰ Action playing
㉱ Fish Bowl playing

**해설** 롤 플레잉(역할연기)은 참가자에게 일정한 역할을 주어서 실제적으로 연기를 시켜봄으로써 자기의 역할을 보다 확실히 인식시키는 방법이다.

**03** 다음 중 안전모의 성능시험에 있어서 AE, ABE종에만 한하여 실시하는 시험은?

㉮ 내관통성시험, 충격흡수성시험
㉯ 난연성시험, 내수성시험
㉰ 내관통성시험, 내전압성시험
㉱ 내전압성시험, 내수성시험

**해설** 1. 안전인증 대상(추락, 감전방지용) 안전모의 성능 시험 종류

① 내관통성 시험  ② 충격흡수성 시험
③ 난연성 시험  ④ 턱끈풀림 시험
⑤ 내전압성 시험  ⑥ 내수성 시험

2. 자율안전 확인 대상 안전모의 성능시험 종류

① 내관통성 시험  ② 충격흡수성 시험
③ 난연성 시험  ④ 턱끈풀림 시험

**04** 다음 중 산업안전보건법령상 안전·보건 표지에 있어 금지 표지의 종류가 아닌 것은?

㉮ 금연  ㉯ 접촉 금지
㉰ 보행 금지  ㉱ 차량통행 금지

**해설**

| 1. 금지표지 | 101 출입금지 | 102 보행금지 | 103 차량통행 금지 | 104 사용금지 |
|---|---|---|---|---|
| |  | | | |
| | 105 탑승금지 | 106 금연 | 107 화기금지 | 108 물체이동 금지 |

{분석}
실기에도 출제빈도가 높습니다. 암기하세요.

•)) 정답 01 ㉮ 02 ㉮ 03 ㉱ 04 ㉯

**05** 다음 중 산업안전보건법령상 근로자에 대한 일반건강진단의 실시 시기가 올바르게 연결된 것은?

㉮ 사무직에 종사하는 근로자 : 1년에 1회 이상

㉯ 사무직에 종사하는 근로자 : 2년에 1회 이상

㉰ 사무직 외의 업무에 종사하는 근로자 : 6월에 1회 이상

㉱ 사무직 외의 업무에 종사하는 근로자 : 2년에 1회 이상

**해설** 일반 건강진단 실시 시기

① 사무직 종사 근로자(판매업무 종사하는 근로자 제외) : 2년에 1회 이상

② 그 밖의 근로자 : 1년에 1회 이상

**06** 사고요인이 되는 정신적 요소 중 개성적 결함 요인에 해당하지 않는 것은?

㉮ 방심 및 공상

㉯ 도전적인 마음

㉰ 과도한 집착력

㉱ 다혈질 및 인내심 부족

**해설**

| 정신적 요소 | 개성적 결함 |
|---|---|
| • 방심과 공상<br>• 판단력의 부족<br>• 주의력의 부족<br>• 안전지식의 부족 | • 과도한 자존심과 자만심<br>• 사치와 허영심<br>• 도전적 성격과 다혈질<br>• 인내력 부족<br>• 고집과 과도힌 집착력<br>• 나약한 마음<br>• 태만·경솔성<br>• 배타성과 이질성 |

**07** 재해의 빈도와 상해의 강약도를 혼합하여 집계하는 지표를 무엇이라 하는가?

㉮ 강도율

㉯ 안전활동률

㉰ safe-T-score

㉱ 종합재해지수

**해설** 종합재해지수

$$FSI = \sqrt{FR \times SR}$$
$$= \sqrt{도수율 \times 강도율}$$

{분석}
공식을 암기하세요.

**08** 다음 중 재해사례연구의 순서를 올바르게 나열한 것은?

㉮ 직접 원인과 문제점의 확인 → 근본적 문제의 결정 → 대책 수립 → 사실의 확인

㉯ 근본적 문제의 결정 → 직접 원인과 문제점의 확인 → 대책 수립 → 사실의 확인

㉰ 사실의 확인 → 직접 원인과 문제점의 확인 → 근본적 문제의 결정 → 대책 수립

㉱ 사실의 확인 → 근본적 문제의 결정 → 직접 원인과 문제점의 확인 → 대책 수립

**해설** 재해사례연구 진행 단계

전제 조건 : 재해 상황의 파악

1단계 : 사실의 확인

2단계 : 문제점 발견

3단계 : 근본 문제점 결정(재해원인 결정)

4단계 : 대책수립

{분석}
실기까지 중요한 내용입니다. 암기하세요.

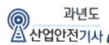
**09** 다음 중 하인리히가 제시한 1 : 29 : 300의 재해구성비율에 관한 설명으로 틀린 것은?

㉮ 총 사고발생건수는 300건이다.
㉯ 중상 또는 사망은 1회 발생된다.
㉰ 고장이 포함되는 무상해사고는 300건 발생된다.
㉱ 인적, 물적 손실이 수반되는 경상이 29건 발생된다.

**해설** ㉮ 총 사고발생건수는 330건이다.

**참고** 하인리히 1 : 29 : 300의 법칙 : 총 330건의 사고를 분석했을 때
중상 또는 사망 : 1건
경상해 : 29건
무상해사고 : 300건이 발생함을 의미

**10** 안전·보건교육의 단계별 교육과정 중 근로자가 지켜야 할 규정의 숙지를 위한 교육에 해당하는 것은?

㉮ 지식 교육　　　㉯ 태도 교육
㉰ 문제 해결 교육　㉱ 기능 교육

**해설** 규정의 숙지 → 지식 교육

**11** 다음 중 교육형태의 분류에 있어 가장 적절하지 않은 것은?

㉮ 교육의도에 따라 형식적 교육, 비형식적 교육
㉯ 교육성격에 따라 일반교육, 교양교육, 특수교육
㉰ 교육방법에 따라 가정교육, 학교교육, 사회교육
㉱ 교육내용에 따라 실업교육, 직업교육, 고등교육

**해설** ㉰ 교육 방법에 따라 강의법, 토의법, 실연법, 모의법, 프로그램학습법, 시청각교육법 등이 있다.

**12** 안전교육 방법 중 OJT(On the Job Training) 특징과 거리가 먼 것은?

㉮ 상호 신뢰 및 이해도가 높아진다.
㉯ 개개인의 적절한 지도훈련이 가능하다.
㉰ 사업장의 실정에 맞게 실제적 훈련이 가능하다.
㉱ 관련 분야의 외부 전문가를 강사로 초빙하는 것이 가능하다.

**해설** 외부 전문가를 초빙하여 교육 → OFF JT

**참고**

| | |
|---|---|
| OJT의<br>특징 | ① 개개인에게 적절한 훈련이 가능하다.<br>② 직장의 실정에 맞는 훈련이 가능하다.<br>③ 교육효과가 즉시 업무에 연결된다.<br>④ 훈련에 대한 업무의 계속성이 끊어지지 않는다.<br>⑤ 상호 신뢰 이해도가 높다. |
| OFF<br>JT의<br>특징 | ① 다수의 근로자들에게 훈련을 할 수 있다.<br>② 훈련에만 전념하게 된다.<br>③ 특별설비기구 이용이 가능하다.<br>④ 많은 지식이나 경험을 교류할 수 있다.<br>⑤ 교육 훈련 목표에 대하여 집단적 노력이 흐트러질 수 있다. |

**13** 다음 중 일반적으로 시간의 변화에 따라 야간에 상승하는 생체리듬은?

㉮ 맥박수　　　㉯ 염분량
㉰ 혈압　　　　㉱ 체중

**해설** **생체리듬의 변화**
① 야간에는 체중이 감소한다.
② 야간에는 말초운동 기능이 저하된다.
③ 체온, 혈압, 맥박수는 주간에 상승하고 야간에 감소한다.
④ 혈액의 수분과 염분량은 주간에 감소하고 야간에 증가한다.

**•)) 정답** 09 ㉮　10 ㉮　11 ㉰　12 ㉱　13 ㉯

**14** 다음 중 산소결핍이 예상되는 맨홀 내에서 작업을 실시할 때 사고 방지 대책으로 적절하지 않은 것은?

㉮ 작업 시작 전 및 작업 중 충분한 환기 실시
㉯ 작업 장소의 입장 및 퇴장 시 인원 점검
㉰ 방독마스크의 보급과 착용 철저
㉱ 작업장과 외부와의 상시 연락을 위한 설비 설치

[해설] 맨홀 등 밀폐공간에서 작업할 때에는 송기마스크를 착용하여야 한다.

**15** 재해로 인한 직접 비용으로 8,000만원이 산재보상비로 지급되었다면 하인리히 방식에 따를 때 총 손실비용은 얼마인가?

㉮ 16,000만원
㉯ 24,000만원
㉰ 32,000만원
㉱ 40,000만원

[해설] 하인리히의 총 재해비용 = 직접비 + 간접비
( 1 : 4 )
직접비 = 8,000만원
간접비 = 4×8,000만원 = 32,000만원
총 재해비용 = 8,000만원 + 32,000만원
= 40,000만원

{분석}
**실기까지 중요한 내용입니다.**

**16** 다음 중 산업안전보건법령상 안전관리자의 직무에 해당되지 않은 것은? (단, 기타 안전에 관한 사항으로서 고용노동부장관이 정하는 사항은 제외한다)

㉮ 업무수행 내용의 기록·유지
㉯ 근로자의 건강관리, 보건교육 및 건강 증진 지도
㉰ 안전분야에 한정된 산업재해에 관한 통계의 유지·관리를 위한 지도·조언
㉱ 법 또는 법에 따른 명령이나 안전보건 관리규정 중 안전에 관한 사항을 위반한 근로자에 대한 조치의 건의

[해설] **안전관리자의 직무**
① 사업장 안전교육계획의 수립 및 안전교육 실시에 관한 보좌 및 조언·지도
② 사업장 순회점검·지도 및 조치의 건의
③ 산업재해 발생의 원인 조사·분석 및 재발 방지를 위한 기술적 보좌 및 조언·지도
④ 산업재해에 관한 통계의 유지·관리·분석을 위한 보좌 및 조언·지도
⑤ 안전인증대상 기계·기구 등과 자율안전확인대상 기계·기구 등 구입 시 적격품의 선정에 관한 보좌 및 조언·지도
⑥ 위험성평가에 관한 보좌 및 조언·지도
⑦ 안전에 관한 사항의 이행에 관한 보좌 및 조언·지도
⑧ 산업안전보건위원회 또는 노사협의체, 안전보건관리규정 및 취업규칙에서 정한 직무
⑨ 업무수행 내용의 기록·유지
⑩ 그 밖에 안전에 관한 사항으로서 고용노동부장관이 정하는 사항

{분석}
**실기에도 출제빈도가 높습니다. 직무를 잘 기억하세요.**

🔊 정답  14 ㉰  15 ㉱  16 ㉯

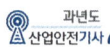
**17** 경험한 내용이나 학습된 행동을 다시 생각하여 작업에 적용하지 아니하고 방치함으로써 경험의 내용이나 인상이 약해지거나 소멸되는 현상을 무엇이라 하는가?

㉮ 착각          ㉯ 훼손
㉰ 망각          ㉱ 단절

> **해설** 경험의 내용이나 인상이 약해지거나 소멸되는 현상
> → 망각

**18** 다음 중 안전점검 종류에 있어 점검주기에 의한 구분에 해당하는 것은?

㉮ 육안 점검          ㉯ 수시 점검
㉰ 형식 점검          ㉱ 기능 점검

> **해설** 안전점검 실기주기에 의한 종류
> ① 정기점검(계획점검): 일정 기간마다 정기적으로 실시하는 점검을 말한다.
> ② 수시점검(일상점검): 매일 작업 전, 중, 후에 실시하는 점검을 말한다.
> ③ 특별점검 : 기계·기구 또는 설비의 신설·변경 또는 고장·수리 등으로 비정기적인 특정 점검을 말하며 산업안전보건 강조기간, 악천후시에도 실시한다.
> ④ 임시점검 : 기계·기구 또는 설비의 이상 발견 시에 임시로 점검하는 점검을 말한다.

**19** 다음 중 매슬로(Maslow)의 욕구 5단계 이론에 해당되지 않는 것은?

㉮ 생리적 욕구
㉯ 안전 욕구
㉰ 감성적 욕구
㉱ 존경의 욕구

> **해설** 매슬로(Maslow A. H.)의 욕구단계 이론(인간의 욕구 5단계)
> ① 제1단계(생리적 욕구)
> ② 제2단계(안전 욕구)
> ③ 제3단계(사회적 욕구)
> ④ 제4단계(존경 욕구)
> ⑤ 제5단계(자아실현의 욕구)

> {분석}
> 실기까지 중요한 내용입니다. 암기하세요.

**20** 산업안전보건 법령상 사업주가 근로자에게 실시해야 하는 안전·보건교육에서 근로자 정기 안전·보건교육의 교육내용에 해당하지 않는 것은? (단, 기타 산업안전보건법 및 산업재해보상보험제도에 관한 사항은 제외한다)

㉮ 건강증진 및 질병 예방에 관한 사항
㉯ 산업보건 및 건강장해 예방에 관한 사항
㉰ 유해·위험 작업환경 관리에 관한 사항
㉱ 작업공정의 유해·위험과 재해 예방대책에 관한 사항

> **해설** 근로자 정기안전·보건교육의 내용
> ① 산업안전 및 산업재해 예방에 관한 사항(화재·폭발 사고 발생 시 대피에 관한 사항을 포함한다)
> ② 산업보건 및 건강장해 예방에 관한 사항(폭염·한파작업으로 인한 건강장해 발생 시 응급조치에 관한 사항을 포함한다)
> ③ 유해·위험 작업환경 관리에 관한 사항
> ④ 산업안전보건법령 및 산업재해보상보험제도에 관한 사항
> ⑤ 직무스트레스 예방 및 관리에 관한 사항
> ⑥ 직장 내 괴롭힘, 고객의 폭언 등으로 인한 건강장해 예방 및 관리에 관한 사항
> ⑦ 건강증진 및 질병 예방에 관한 사항
> ⑧ 위험성 평가에 관한 사항

> 실력이 되고! 합격이 되는! **특급 암기법**
>
> 공통 항목(관리감독자, 근로자)
> ① 근로자는 법, 산재보상제도를 알자.
> ② 근로자는 건강을 보존(산업보건)하고 건강장해, 스트레스, 괴롭힘, 폭언 예방하자!
> ③ 근로자는 유해위험 환경을 관리해서 안전하고 산업재해 예방하자!
> 4. 근로자는 위험성을 평가하자!
>
> 근로자 정기교육의 특징
> ① 근로자는 건강증진하고 질병예방하자!
>
> {분석}
> 실기까지 중요한 내용입니다. 암기하세요.

**정답** 17 ㉰ 18 ㉯ 19 ㉰ 20 ㉱

## 제2과목 · 인간공학 및 위험성 평가 · 관리

**21** 다음 중 화학설비의 안정성 평가에서 정량적 평가의 항목에 해당되지 않는 것은?

㉮ 조작  ㉯ 취급물질
㉰ 훈련  ㉱ 설비용량

**[해설]**

| 정량적 평가항목 | 정성적 평가항목 |
|---|---|
| ① 취급물질 | ① 입지 조건 |
| ② 화학설비의 용량 | ② 공장 내의 배치 |
| ③ 온도 | ③ 소방설비 |
| ④ 압력 | ④ 공정 기기 |
| ⑤ 조작 | ⑤ 수송 · 저장 |
| | ⑥ 원재료 |
| | ⑦ 중간체 |
| | ⑧ 제품 |
| | ⑨ 건조물(건물) |
| | ⑩ 공정 |

{분석}
필기에 자주 출제되는 내용입니다.

**22** 다음 중 의자 설계의 일반 원리로 가장 적합하지 않은 것은?

㉮ 디스크 압력을 줄인다.
㉯ 등근육의 정적 부하를 줄인다.
㉰ 자세고정을 줄인다.
㉱ 요부측만을 촉진한다.

**[해설]** 의자 설계의 일반 원리

① 요추의 전만곡선을 유지할 것
② 디스크의 압력을 줄인다.
③ 등 근육의 정적부하를 감소시킨다.
④ 자세 고정을 줄인다.
⑤ 쉽게 조절할 수 있도록 설계할 것

{분석}
필기에 자주 출제되는 내용입니다.

**23** 3개 공정의 소음수준 측정 결과 1공정은 100dB에서 1시간, 2공정은 95dB에서 1시간, 3공정은 90dB에서 1시간이 소요될 때 총 소음량(TND)과 소음설계의 적합성을 올바르게 나열한 것은? (단 90dB에 8시간 노출될 때를 허용기준으로 하며, 5dB 증가할 때 허용시간은 1/2로 감소되는 법칙을 적용한다)

㉮ TND = 0.78,  적합
㉯ TND = 0.88,  적합
㉰ TND = 0.98,  적합
㉱ TND = 1.08,  부적합

**[해설]** 소음의 노출기준(충격소음 제외)

| 1일 노출<br>허용시간(hr) | 8 | 4 | 2 | 1 | $\frac{1}{2}$ | $\frac{1}{4}$ |
|---|---|---|---|---|---|---|
| 소음강도<br>dB(A) | 90 | 95 | 100 | 105 | 110 | 115 |

$$TND = \frac{실제노출시간}{노출허용시간} = \frac{1}{2} + \frac{1}{4} + \frac{1}{8} = 0.875$$

$TND < 1$이므로 적합

**24** 다음 중 열중독증(heat illness)의 강도를 올바르게 나열한 것은?

ⓐ 열소모(heat exhaustion)
ⓑ 열발진(heat rash)
ⓒ 열경련(heat cramp)
ⓓ 열사병(heat stroke)

㉮ ⓒ < ⓑ < ⓐ < ⓓ
㉯ ⓒ < ⓑ < ⓓ < ⓐ
㉰ ⓑ < ⓒ < ⓐ < ⓓ
㉱ ⓑ < ⓓ < ⓐ < ⓒ

•)) 정답  21 ㉰  22 ㉱  23 ㉯  24 ㉰

해설 1. 열사병(일사병) : 태양의 복사열에 직접 노출 시 뇌의 온도 상승으로 체온조절 중추의 기능장해를 일으킴
2. 열피로, 열소모(heat exhaustion) : 과다 발한으로 인한 수분과 염분 손실 및 탈수로 인한 혈장량이 감소하여 심할 경우 허탈로 빠져 의식을 잃을 수도 있다.
3. 열경련(heat cramp) : 고온 환경에서 심한 육체적인 노동을 할 때 혈중 염분농도 저하가 원인이 되어 근육경련, 현기증, 이명, 두통, 구역, 구토 등의 증상을 일으킴
4. 열성 발진(heat rashes) : 가장 흔히 발생하는 피부장해로서 땀띠(plickly heat)라고도 함

{분석}
**필기에 자주 출제되는 내용입니다.**

---

**25** 인간 – 기계시스템 설계의 주요 단계 중 기본설계 단계에서 인간의 성능 특성 (human performance requirements) 과 거리가 먼 것은?

㉮ 속도 ㉯ 정확성
㉰ 보조물 설계 ㉱ 사용자 만족

해설 기본 설계 단계에서 인간의 성능 특성
① 속도
② 정확성
③ 사용자 만족

---

**26** 다음 중 FTA에서 사용되는 minimal cut set에 관한 설명으로 틀린 것은?

㉮ 사고에 대한 시스템의 약점을 표현한다.
㉯ 정상사상(Top event)을 일으키는 최소한의 집합이다.
㉰ 시스템에 고장이 발생하지 않도록 하는 모든 사상의 집합이다.
㉱ 일반적으로 Fussell Algorithm을 이용한다.

해설 시스템에 고장이 발생하지 않도록 하는 모든 사상의 집합 → 패스셋

참고 (1) 컷셋(Cut Set)
• 정상사상을 발생시키는 기본사상의 집합
• 모든 기본사상이 일어났을 때 정상사상을 일으키는 기본사상들의 집합이다.

(2) 미니멀 컷(Minimal Cut Set)
• 정상사상을 일으키기 위한 기본사상의 최소 집합(최소한의 컷)
• 시스템의 위험성을 나타낸다.

(3) 패스셋(Path Set)
• 시스템의 고장을 일으키지 않는 기본사상들의 집합
• 포함된 기본사상이 일어나지 않을 때 처음으로 정상사상이 일어나지 않는 기본사상들의 집합이다.

(4) 미니멀 패스(Minimal Path Set)
• 시스템의 기능을 살리는 최소한의 집합 (최소한의 패스)
• 시스템의 신뢰성 나타낸다.

{분석}
**필기에 자주 출제되는 내용입니다.**

---

**27** 다음 중 반응시간이 가장 느린 감각은?

㉮ 청각
㉯ 시각
㉰ 미각
㉱ 통각

해설 감각기관별 반응시간

| 청각 | 촉각 | 시각 | 미각 | 통각 |
|------|------|------|------|------|
| 0.17초 | 0.18초 | 0.20초 | 0.29초 | 0.70초 |

{분석}
**필기에 자주 출제되는 내용입니다.**

---

•))정답 25 ㉰ 26 ㉰ 27 ㉱

**28** FT도에서 ① ~ ⑤ 사상의 발생 확률이 모두 0.06일 경우 $T$사상의 발생 확률은 약 얼마인가?

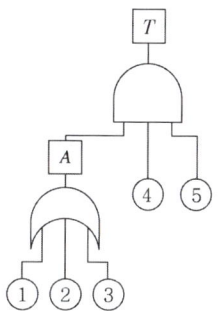

㉮ 0.00036      ㉯ 0.00061

㉰ 0.142625      ㉱ 0.2262

**해설**

$T = A \times ④ \times ⑤$
$= 0.1694 \times 0.06 \times 0.06 = 0.00061$
$A = 1 - (1-①)(1-②)(1-③)$
$= 1 - (1-0.06)(1-0.06)(1-0.06) = 0.1694$

{분석}  
**필기에 자주 출제되는 내용입니다.**

**29** 다음 중 연구 기준의 요건에 대한 설명으로 옳은 것은?

㉮ 적절성 : 반복 실험 시 재현성이 있어야 한다.

㉯ 신뢰성 : 측정하고자 하는 변수 이외의 다른 변수의 영향을 받아서는 안 된다.

㉰ 무오염성 : 의도된 목적에 부합하여야 한다.

㉱ 민감노 : 피실험자 사이에서 볼 수 있는 예상 차이점에 비례하는 단위로 측정해야 한다.

**해설** 체계 기준의 요건

• 적절성(타당성) : 의도된 목적에 적합하여야 한다.
• 무오염성 : 측정하고자 하는 변수 외의 다른 변수의 영향을 받아서는 안 된다.

• 신뢰성(반복성) : 반복실험 시 재현성이 있어야 한다.
• 민감도 : 예상 차이점에 비례하는 단위로 측정하여야 한다.

{분석}  
**필기에 자주 출제되는 내용입니다.**

**30** 한 대의 기계를 120시간 동안 연속 사용한 경우 9회의 고장이 발생하였고, 이 때의 총 고장수리시간이 18시간이었다. 이 기계의 MTBF (Mean time between failure)는 약 몇 시간인가?

㉮ 10.22      ㉯ 11.33

㉰ 14.27      ㉱ 18.54

**해설**

① 고장률$(\lambda) = \dfrac{고장건수}{총 가동시간}$ (건/시간)

② 평균고장시간(MTBF) $= \dfrac{1}{고장률(\lambda)}$ (시간)

1. 고장률$(\lambda) = \dfrac{9}{120-18} = 0.0882$건/시간

2. 평균고장시간(MTBF) $= \dfrac{1}{0.0882} = 11.338$(시간)

{분석}  
**필기에 자주 출제되는 내용입니다.**

**31** 다음 중 아날로그 표시장치를 선택하는 일반적인 요구 사항으로 틀린 것은?

㉮ 일반적으로 동침형보다 동목형을 선호한다.

㉯ 일반적으로 동침과 동목은 혼용하여 사용하지 않는다.

㉰ 움직이는 요소에 대한 수동 조절을 설계할 때는 바늘(pointer)을 조정하는 것이 눈금을 조정하는 것보다 좋다.

㉱ 중요한 미세한 움직임이나 변화에 대한 정보를 표시할 때는 동침형을 사용한다.

●) 정답 28 ㉯ 29 ㉱ 30 ㉯ 31 ㉮

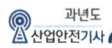
**해설** 아날로그(analog) 표시장치의 선택 시 고려해야 할 사항

① 일반적으로 고정 눈금에서 지침이 움직이는 것이 좋다.(동목형보다 동침형 선호)
② 온도계나 고도계에 사용되는 눈금이나 지침은 수직 표시가 바람직하다.
③ 눈금의 증가는 시계 방향이 적합하다.
④ 이동 요소의 수동 조절이 필요할 때에는 눈금보다 지침으로 조절한다.

{분석}
**필기에 자주 출제되는 내용입니다.**

**32** 인간공학의 연구를 위한 수집 자료 중 동공 확장 등과 같은 것은 어느 유형으로 분류되는 자료라 할 수 있는가?

㉮ 생리 지표
㉯ 주관적 자료
㉰ 강도 척도
㉱ 성능 자료

**해설** 동공 확장 → 생리 지표

{분석}
**필기에 자주 출제되는 내용입니다.**

**33** 다음 중 음성통신에 있어 소음 환경과 관련하여 성격이 다른 지수는?

㉮ AI(Articulation Index)
㉯ MAMA(Minimum Audible Movement Angle)
㉰ PNC(Preferred Noise Criteria Curves)
㉱ PSIL(Preferred-Octave Speech Interference Level)

**해설** ㉮ AI : 명료도 지수
㉯ MAMA : 최소 청취 이동각
㉰ PNC : 음질의 불쾌감 평가
㉱ PSIL : 회화 방해 레벨
㉮, ㉰, ㉱ → 소음 환경에서의 회화의 명료도와 방해 정도를 나타낸다.

**34** 어떤 설비의 시간당 고장률이 일정하다고 할 때 이 설비의 고장 간격은 다음 중 어떤 확률분포를 따르는가?

㉮ $t$ 분포
㉯ 와이블 분포
㉰ 지수 분포
㉱ 아이링(Eyring) 분포

**해설** 고장률 → 지수 분포

{분석}
**필기에 자주 출제되는 내용입니다.**

**35** 인간 신뢰도 분석기법 중 조작자 행동 나무(Operator Action Tree) 접근 방법이 환경적 사건에 대한 인간의 반응을 위해 인정하는 활동 3가지가 아닌 것은?

㉮ 감지
㉯ 추정
㉰ 진단
㉱ 반응

**해설** 조작자 행동 나무에서 인간의 반응을 인정하는 활동
① 감지 ② 진단 ③ 반응

**36** 다음 중 FT의 작성 방법에 관한 설명으로 틀린 것은?

㉮ 정성·정량적으로 해석·평가하기 전에는 FT를 간소화해야 한다.
㉯ 정상(TOP)사상과 기본사상과의 관계는 논리게이트를 이용해 도해한다.
㉰ FT를 작성하려면, 먼저 분석대상 시스템을 완전히 이해하여야 한다.
㉱ FT 작성을 쉽게 하기 위해서는 정상(Top)사상을 최대한 광범위하게 정의한다.

**해설** ㉱ FT의 정상사상은 분석 대상이 되는 고장사상으로 광범위하게 정의해서는 안 된다.

**정답** 32 ㉮  33 ㉯  34 ㉰  35 ㉯  36 ㉱

**37** 다음 중 인간의 과오(Human error)를 정량적으로 평가하고 분석하는 데 사용하는 기법으로 가장 적절한 것은?

㉮ THERP  ㉯ FMEA
㉰ CA  ㉱ FMECA

[해설] 인간의 과오를 정량적으로 평가하는 기법 →
THERP(인간에러율 예측기법)

{분석}
필기에 자주 출제되는 내용입니다.

**38** 다음 중 위험 조정을 위해 필요한 방법 (위험조정기술)과 가장 거리가 먼 것은?

㉮ 위험 회피(avoidance)
㉯ 위험 감축(reduction)
㉰ 보류(retention)
㉱ 위험 확인(confirmation)

[해설] **위험처리기술**
① 위험의 제거(위험 감축): 위험 요소를 적극적으로 예방하고 경감하려는 것을 말한다.
② 위험의 회피 : 위험한 작업 자체를 하지 않거나 작업방법을 개선하는 것을 말한다.
③ 위험의 보유 : 위험의 일부 또는 전부를 스스로 인수하는 것을 말한다.
④ 위험의 전가 : 위험을 보험, 보증, 공제기금제도 등으로 분산시키는 것을 말한다.

{분석}
필기에 자주 출제되는 내용입니다.

**39** 다음 중 산업안전보건법령상 유해·위험 방지계획서의 심사 결과에 따른 구분·판정의 종류에 해당하지 않는 것은?

㉮ 보류  ㉯ 부적정
㉰ 적정  ㉱ 조건부 적정

[해설] 유해 · 위험 방지계획서 심사 결과의 구분
① 적정 : 근로자의 안전과 보건을 위하여 필요한 조치가 구체적으로 확보되었다고 인정되는 경우

② 조건부 적정 : 근로자의 안전과 보건을 확보하기 위하여 일부 개선이 필요하다고 인정되는 경우
③ 부적정 : 기계 · 설비 또는 건설물이 심사기준에 위반되어 공사착공 시 중대한 위험발생의 우려가 있거나 계획에 근본적 결함이 있다고 인정되는 경우

{분석}
실기까지 중요한 내용입니다.

**40** 다음 중 은행 창구나 슈퍼마켓의 계산대에 적용하기에 가장 적합한 인체 측정 자료의 응용원칙은?

㉮ 평균치 설계
㉯ 최대 집단치 설계
㉰ 극단치 설계
㉱ 최소 집단치 설계

[해설] 은행의 창구, 슈퍼마켓의 계산대 → 평균치 설계

[참고] 인체계측자료의 응용 3원칙
① 최대치수와 최소치수 설계(극단치 설계)

| 최대치수 설계의 예 | • 위험구역의 울타리 높이 • 출입문의 높이 • 그네줄의 인장강도 |
|---|---|
| 최소치수 설계의 예 | • 물건을 올리는 선반의 높이 • 조정장치를 조정하는 힘 • 조정장치까지의 조정거리 |

② 조절범위(조정)
㉠ 침대, 의자 높낮이 조절, 자동차의 운전석 위치 조정
③ 평균치를 기준으로 한 설계
㉠ 은행의 창구 높이

{분석}
필기에 자주 출제되는 내용입니다.

🔊 정답 37 ㉮ 38 ㉱ 39 ㉮ 40 ㉮

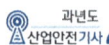
## 제3과목 · 기계 · 기구 및 설비 안전 관리

**41** 재료에 대한 시험 중 비파괴시험이 아닌 것은?

㉮ 방사선투과시험
㉯ 자분탐상시험
㉰ 초음파탐상시험
㉱ 피로시험

> **해설** ㉱ 피로시험 → 파괴시험

**42** 다음 중 산업안전보건법령상 승강기의 종류에 해당하지 않는 것은?

㉮ 리프트
㉯ 에스컬레이터
㉰ 화물용 승강기
㉱ 인화(人貨)공용 승강기

> **해설** 승강기의 종류

| 승객용 엘리베이터 | 사람의 운송에 적합하게 제조·설치된 엘리베이터 |
|---|---|
| 승객화물용 엘리베이터 | 사람의 운송과 화물 운반을 겸용하는데 적합하게 제조·설치된 엘리베이터 |
| 화물용 엘리베이터 | 화물 운반에 적합하게 제조·설치된 엘리베이터로서 조작자 또는 화물취급자 1명은 탑승할 수 있는 것(적재용량이 300킬로그램 미만인 것은 제외한다) |
| 소형화물용 엘리베이터 | 음식물이나 서적 등 소형 화물의 운반에 적합하게 제조·설치된 엘리베이터로서 사람의 탑승이 금지된 것 |
| 에스컬레이터 | 일정한 경사로 또는 수평로를 따라 위·아래 또는 옆으로 움직이는 디딤판을 통해 사람이나 화물을 승강장으로 운송시키는 설비 |

**43** 다음 중 정(chisel) 작업 시 안전 수칙으로 적합하지 않은 것은?

㉮ 반드시 보안경을 사용한다.
㉯ 담금질한 재료는 정으로 작업하지 않는다.
㉰ 정 작업에서 모서리 부분은 크기를 3R 정도로 한다.
㉱ 철강재를 정으로 절단 작업을 할 때 끝날 무렵에는 세게 때려 작업을 마무리한다.

> **해설** 정 작업 시 안전 수칙
> ① 작업을 할 때는 반드시 보안경을 착용할 것
> ② 정으로 담금질 된 재료를 가공하지 말 것
> ③ 자르기 시작할 때와 끝날 무렵에는 세게 치지 말 것
> ④ 철강재를 정으로 절단할 때에는 철편이 날아 튀는 것에 주의할 것

**44** 다음 중 산업안전보건법령상 안전 인증 대상 방호장치에 해당하지 않는 것은?

㉮ 아세틸렌, 가스집합 용접장치용 안전기
㉯ 압력용기 압력방출용 파열판
㉰ 압력용기 압력방출용 안전밸브
㉱ 방폭구조(防爆構造) 전기기계·기구 및 부품

> **해설** 안전 인증 대상 방호장치
> ① 프레스 및 전단기 방호장치
> ② 양중기용 과부하방지장치
> ③ 보일러 압력방출용 안전밸브
> ④ 압력용기 압력방출용 안전밸브
> ⑤ 압력용기 압력방출용 파열판
> ⑥ 절연용 방호구 및 활선작업용 기구
> ⑦ 방폭구조 전기기계 기구 및 부품
> ⑧ 추락·낙하 및 붕괴 등의 위험 방지 및 보호에 필요한 가설기자재
> ⑨ 충돌·협착 등의 위험 방지에 필요한 산업용 로봇 방호장치

•))**정답** 41 ㉱ 42 ㉮ 43 ㉱ 44 ㉮

안전인증 대상 중

**손 다치는 기계** – 프레스 전단기의 방호장치

**양중기** – 과부하방지장치

**폭발** – 보일러 안전밸브, 압력용기 안전밸브, 파열판

**충돌** – 산업용 로봇

**전기** – 방폭구조, 절연용 방호구, 활선작업용 기구

{분석}
관련 법규내용의 변경으로 문제 일부를 수정했습니다.
실기에 자주 출제되는 내용입니다.

**45** 다음 중 휴대용 동력 드릴 작업 시 안전 사항에 관한 설명으로 틀린 것은?

㉮ 드릴의 손잡이를 견고하게 잡고 작업하여 드릴손잡이 부위가 회전하지 않고 확실하게 제어 가능하도록 한다.

㉯ 절삭하기 위하여 구멍에 드릴날을 넣거나 뺄 때 반발에 의하여 손잡이 부분이 튀거나 회전하여 위험을 초래하지 않도록 팔을 드릴과 직선으로 유지한다.

㉰ 드릴이나 리머를 고정시키거나 제거하고자 할 때 금속성 망치 등을 사용하여 확실히 고정 또는 제거한다.

㉱ 드릴을 구멍에 맞추거나 스핀들의 속도를 낮추기 위해서 드릴날을 손으로 잡아서는 안 된다.

해설 리머 및 드릴을 구멍에 넣거나 꺼낼 때 백아웃 펀치, 센터펀치, 드릴핀, 망치, 기타 단단한 금속 물체 등으로 드릴을 직접 때려서는 안 된다. 부드러운 표면을 가진 망치를 이용하거나 또는 드릴과 망치 사이에 목재 블록을 대야 한다.
(물체로 치면 파편이 튈 수 있다)

**46** 산업안전보건법에 따라 로봇을 운전하는 경우 근로자가 로봇에 부딪칠 위험이 있을 때에는 높이 얼마 이상의 방책을 설치하여야 하는가?

㉮ 90cm  ㉯ 120cm

㉰ 150cm  ㉱ 180cm

해설 로봇의 운전으로 인하여 근로자에게 발생할 수 있는 부상 등의 위험을 방지하기 위하여 높이 1.8미터 이상의 울타리를 설치하여야 하며, 컨베이어 시스템의 설치 등으로 울타리를 설치할 수 없는 일부 구간에 대해서는 안전매트 또는 광전자식 방호장치 등 감응형 방호장치를 설치하여야 한다.

**47** 다음 중 지게차의 안정도에 관한 설명으로 틀린 것은?

㉮ 지게차의 등판능력을 표시한다.

㉯ 좌우 안정도와 전후 안정도가 있다.

㉰ 주행과 하역작업의 안정도가 다르다.

㉱ 작업 또는 주행 시 안정도 이하로 유지해야 한다.

해설 **지게차 작업 시의 안정도**

| 안정도 | 지게차의 상태 |
|---|---|
| 하역작업 시의 **전·후** 안정도 : **4% 이내** (5t 이상 : 3.5%) | (위에서 본 경우) |
| **주행** 시의 **전·후** 안정도 : **18% 이내** | |
| 하역작업 시의 **좌·우** 안정도 : **6% 이내** | (밑에서 본 경우) |
| **수행** 시의 **좌·우** 안정도 **(15+1.1V)%** 이내 최대 40% (V : 최고속도 km/h) | |

안정도 $= \dfrac{h}{l} \times 100\%$

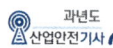
**48** 산업안전보건법에 따라 선반 등으로부터 돌출하여 회전하고 있는 가공물을 작업할 때 설치하여야 할 방호조치로 가장 적합한 것은?

㉮ 안전난간  ㉯ 울 또는 덮개
㉰ 방진장치  ㉱ 건널다리

> **[해설]** 사업주는 <u>선반 등으로부터 돌출하여 회전하고 있는 가공물</u>이 근로자에게 위험을 미칠 우려가 있는 때에는 <u>덮개 또는 울 등을 설치</u>하여야 한다.

**49** 다음 중 금형의 설치·해체 작업의 일반적인 안전 사항으로 틀린 것은?

㉮ 금형의 설치용구는 프레스의 구조에 적합한 형태로 한다.
㉯ 금형을 설치하는 프레스의 T홈 안길이는 설치 볼트 직경 이하로 한다.
㉰ 고정볼트는 고정 후 가능하면 나사산이 3~4개 정도 짧게 남겨 슬라이드 면과의 사이에 협착이 발생하지 않도록 해야 한다.
㉱ 금형 고정용 브래킷(물림판)을 고정시킬 때 고정용 브래킷은 수평이 되게 하고, 고정볼트는 수직이 되게 고정하여야 한다.

> **[해설]** 금형 설치, 해체 작업 시 안전 사항
> ① 금형의 설치 용구는 프레스의 구조에 적합한 형태로 한다.
> ② 고정볼트는 고정 후 가능하면 나사산이 3~4개 정도 짧게 남겨 슬라이드 면과의 사이에 협착이 발생하지 않도록 해야 한다.
> ③ 금형 고정용 브래킷을 고정시킬 때 고정용 브래킷은 수평이 되게 하고 고정볼트는 수직이 되게 고정하여야 한다.
> ④ 금형을 설치하는 프레스의 T홈의 안길이는 설치볼트 직경의 2배 이상으로 한다.

**50** 프레스기의 안전대책 중 손을 금형 사이에 집어넣을 수 없도록 하는 본질적 안전화를 위한 방식(no-hand in die)에 해당하는 것은?

㉮ 수인식
㉯ 광전자식
㉰ 방호울식
㉱ 손쳐내기식

> **[해설]** 프레스의 본질안전 조건(No-hand in die 방식, 금형 내 손이 들어가지 않는 구조)
> ① 안전울을 부착한 프레스
> ② 안전한 금형 사용
> ③ 전용 프레스 도입
> ④ 자동 프레스 도입
>
> {분석}
> **실기까지 중요한 내용입니다. 해설을 다시 확인하세요.**

**51** 인장강도가 25kg/mm²인 강판의 안전율이 4라면 이 강판의 허용응력(kg/mm²)은 얼마인가?

㉮ 4.25
㉯ 6.25
㉰ 8.25
㉱ 10.25

> **[해설]**
> - 안전율 $= \dfrac{인장강도}{허용응력}$
> - 허용응력 $= \dfrac{인장강도}{안전율}$
>
> 허용응력 $= \dfrac{인장강도}{안전율} = \dfrac{25}{4} = 6.25 \text{kg/mm}^2$

**52** 다음 중 금속 등의 도체에 교류를 통한 코일을 접근시켰을 때 결함이 존재하면 코일에 유기되는 전압이나 전류가 변하는 것을 이용한 검사방법은?

㉮ 자분탐상검사

㉯ 초음파탐상검사

㉰ 와류탐상검사

㉱ 침투형광탐상검사

**해설** **와류탐상검사(ET)** : 시험체 표층부의 결함에 의해 발생한 와전류의 변화 즉 시험코일의 임피던스 변화를 측정하여 결함을 식별한다.

**53** 가스집합용접장치에는 가스의 역류 및 역화를 방지할 수 있는 안전기를 설치하여야 하는 데 다음 중 저압용 수봉식 안전기가 갖추어야 할 요건으로 옳은 것은?

㉮ 수봉 배기관을 갖추어야 한다.

㉯ 도입관은 수봉식으로 하고, 유효 수주는 20mm 미만이어야 한다.

㉰ 수봉배기관은 안전기의 압력을 2.5kg/cm² 에 도달하기 전에 배기시킬 수 있는 능력을 갖추어야 한다.

㉱ 파열판은 안전기 내의 압력이 50kg/cm² 에 도달하기 전에 파열되어야 한다.

**해설** **수봉식 안전기의 유효 수주**
• 저압용 : 25mm 이상
• 중압용 : 50mm 이상

**54** 다음 중 리프트의 안전장치로 활용하는 것은?

㉮ 그리드(grid)

㉯ 아이들러(idler)

㉰ 스크레이퍼(scraper)

㉱ 리미트스위치(limit switch)

**해설** 1. 리프트의 방호장치

| 리프트<br>(자동차정비용<br>리프트 제외) | • 권과방지장치<br>• 과부하방지장치<br>• 비상정지장치<br>• 제동장치<br>• 조작반(盤) 잠금장치 |
|---|---|

2. 리미트 스위치
① 과부하방지장치
② 권과방지장치
③ 과전류차단장치
④ 압력제한장치

**55** 기계의 방호장치 중 과도하게 한계를 벗어나 계속적으로 감아올리는 일이 없도록 제한하는 장치는?

㉮ 일렉트로닉 아이

㉯ 권과방지장치

㉰ 과부하방지장치

㉱ 해지장치

**해설** 한계를 벗어나 계속적으로 감아올림을 제한하는 장치 → 권과방지장치

{분석}
실기까지 중요한 내용입니다.

**56** 완전 회전식 클러치 기구가 있는 프레스의 양수기동식 방호장치에서 누름버튼을 누를 때부터 사용하는 프레스의 슬라이드가 하사점에 도달할 때까지의 소요 최대 시간이 0.15초이면 안전거리는 몇 mm 이상이어야 하는가?

㉮ 150

㉯ 220

㉰ 240

㉱ 300

**정답** 52 ㉰ 53 ㉮ 54 ㉱ 55 ㉯ 56 ㉰

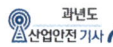
해설

$$D_m\,(mm) = 1.6 \times T_m$$
$$= 1.6 \times \left(\frac{1}{\text{클러치개소수}} + \frac{1}{2}\right) \times \left(\frac{60,000}{\text{매분행정수}}\right)$$

$T_m$ : 슬라이드가 하사점에 도달할 때까지의
　　시간(ms)

• $ms = \dfrac{1}{1,000}$ 초

$$D_m\,(mm) = 1.6 \times T_m$$
$$\qquad\quad = 1.6 \times 0.15 \times 1,000 = 240mm$$

{분석}
**실기까지 중요한 내용입니다.**

---

**57** 회전수가 300rpm, 연삭숫돌의 지름이 200mm일 때 숫돌의 원주 속도는 몇 m/min 인가?

㉮ 60.0　　　　　㉯ 94.2
㉰ 150.0　　　　　㉱ 188.5

해설 **연삭기의 회전 속도(원주 속도) 계산**

원주속도(회전 속도)
$$V = \frac{\pi \times D \times N}{1,000}(m/min)$$

여기서, $D$ : 롤러의 직경(mm), $N$ : 회전수(rpm)

$$V = \frac{\pi \times 200 \times 300}{1,000} = 188.50m/min$$

{분석}
**실기까지 중요한 내용입니다.**

---

**58** 다음 중 자동화 설비를 사용하고자 할 때 기능의 안전화를 위하여 검토할 사항과 가장 거리가 먼 것은?

㉮ 부품 변형에 의한 오동작
㉯ 사용압력 변동 시의 오동작
㉰ 전압강하 및 정전에 따른 오동작
㉱ 단락 또는 스위치 고장 시의 오동작

---

해설 **기능적 안전화**

① 전압 강하에 따른 오동작 방지
② 정전 및 단락에 따른 오동작 방지
③ 사용압력 변동 시 등의 오동작 방지

---

**59** 다음 중 보일러의 방호장치와 가장 거리가 먼 것은?

㉮ 언로드밸브
㉯ 압력방출장치
㉰ 압력 제한스위치
㉱ 고저 수위 조절장치

해설 **보일러의 방호장치**

① 압력방출장치
② 압력 제한스위치
③ 고저 수위 조절장치
④ 화염검출기

---

**60** 다음 설명 중 (　)안에 알맞은 내용은?

> 롤러기의 급정지장치는 롤러를 무부하로 회전시킨 상태에서 앞면 롤러의 표면속도가 30m/min 미만일 때에는 급정지거리가 앞면 롤러 원주의 (　) 이내에서 롤러를 정지시킬 수 있는 성능을 보유해야 한다.

㉮ $\dfrac{1}{5}$ 　　　　　㉯ $\dfrac{1}{4}$

㉰ $\dfrac{1}{3}$ 　　　　　㉱ $\dfrac{1}{2.5}$

---

•)) 정답　57 ㉱　58 ㉮　59 ㉮　60 ㉰

**해설** 앞면 롤러의 표면속도에 따른 급정지거리

| 앞면 롤러의 표면속도 (m/min) | 급정지거리 |
|---|---|
| 30 미만 | 앞면 롤러 원주의 $\frac{1}{3}$ 이내 $(= \pi \cdot D \cdot \frac{1}{3})$ |
| 30 이상 | 앞면 롤러 원주의 $\frac{1}{2.5}$ 이내 $(= \pi \cdot D \cdot \frac{1}{2.5})$ |

{분석}
실기까지 중요한 내용입니다. 암기하세요.

## 제**4**과목 · 전기설비 안전 관리

**61** 누전경보기는 사용전압이 600V 이하인 경계 전로의 누설 전류를 검출하여 당해 소방대상물의 관계자에게 경보를 발하는 설비를 말한다. 다음 중 누전경보기의 구성으로 옳은 것은?

㉮ 감지기 – 발신기
㉯ 변류기 – 수신부
㉰ 중계기 – 감지기
㉱ 차단기 – 증폭기

**해설** 누전경보기

전기설비로부터 누설전류를 탐지하여 경보를 발하며 변류기와 수신기로 구성된 것을 말한다.

**62** 방폭전기 기기의 등급에서 위험장소의 등급분류에 해당되지 않는 것은?

㉮ 3종 장소      ㉯ 2종 장소
㉰ 1종 장소      ㉱ 0종 장소

**해설** 1. 가스폭발 위험장소 : 0종장소, 1종장소, 2종장소
2. 분진폭발 위험장소 : 20종장소, 21종장소, 22종장소

{분석}
실기까지 중요한 내용입니다. 암기하세요.

**63** 인체의 표면적이 0.5m²이고 정전용량은 0.02pF/cm²이다. 3,300V의 전압이 인가되어 있는 전선에 접근하여 작업을 할 때 인체에 축적되는 정전기 에너지(J)는?

㉮ $5.445 \times 10^{-2}$      ㉯ $5.445 \times 10^{-4}$
㉰ $2.723 \times 10^{-2}$      ㉱ $2.723 \times 10^{-4}$

**해설** 정전기의 최소 착화 에너지(정전에너지)

$$E = \frac{1}{2} CV^2$$

여기서, $E$ : 정전기 에너지(J)
$C$ : 도체의 정전 용량(F)
$V$ : 대전 전위(V)

$E = \frac{1}{2} \times 0.02 \times 10^{-12} \text{F/cm}^2 \times 0.5 \times (100\text{cm})^2 \times 3300^2$

$= 5.445 \times 10^{-4} \text{J}$

$(\text{pF} = 10^{-12}\text{F})$

**64** 방폭전기 설비 계획 수립 시의 기본 방침에 해당되지 않는 것은?

㉮ 가연성가스 및 가연성 액체의 위험 특성 확인
㉯ 시설 장소의 제조건 검토
㉰ 전기 설비의 선정 및 결정
㉱ 위험장소 종별 및 범위의 결정

**해설** 방폭전기 설비 계획 수립 시의 기본 방침
① 가연성가스 및 가연성 액체의 위험 특성 확인
② 시설 장소의 제조건 검토
③ 위험장소 종별 및 범위의 결정

**정답** 61 ㉯ 62 ㉮ 63 ㉯ 64 ㉰

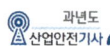

**65** 전격 사고에 관한 사항과 관계가 없는 것은?

㉮ 감전사고의 피해 정도는 접촉시간에 따라 위험성이 결정된다.

㉯ 전압이 동일한 경우 교류가 직류보다 더 위험하다.

㉰ 교류에 감전된 경우 근육에 경련과 수축이 일어나서 접촉시간이 길어지게 된다.

㉱ 주파수가 높을수록 최소감지전류는 감소한다.

[해설] ㉱ 고주파보다 저주파(50~60Hz)가 더 위험하다. 주파수가 낮을수록 최소감지전류는 감소한다.

**66** 제전기의 설명 중 잘못된 것은?

㉮ 전압인가식은 교류 7,000V를 걸어 방전을 일으켜 발생한 이온으로 대전체의 전하를 중화시킨다.

㉯ 방사선식은 특히 이동물체에 적합하고, $\alpha$ 및 $\beta$ 선원이 사용되며, 방사선 장해, 취급에 주의를 요하지 않아도 된다.

㉰ 이온식은 방사선의 전리 작용으로 공기를 이온화시키는 방식, 제전 효율은 낮으나 폭발위험지역에 적당하다.

㉱ 자기방전식은 필름의 권취, 셀로판제조, 섬유공장 등에 유효하나 2kV 내외의 대전이 남는 결점이 있다.

[해설] ㉯ 방사선식 제전기는 방사선 장해 및 취급에 주의를 요하여야 한다.

**67** 전기설비에 접지를 하는 목적에 대하여 틀린 것은?

㉮ 누설전류에 의한 감전 방지

㉯ 낙뢰에 의한 피해 방지

㉰ 지락 사고 시 대지전위 상승 유도 및 절연강도 증가

㉱ 지락 사고 시 보호계전기 신속 동작

[해설] ㉰ 지락고장 시 대지전위 상승을 억제하여 전선로 및 기기의 절연레벨을 경감시킨다.

**68** 다음 보기의 누전차단기에서 정격감도전류에서 동작시간이 짧은 두 종류를 알맞게 고른 것은?

> [보기]
>
> 고속형 누전차단기, 시연형 누전차단기, 반한시형 누전차단기, 감전방지용 누전차단기

㉮ 고속형 누전차단기, 시연형 누전차단기

㉯ 반한시형 누전차단기, 감전방지용 누전차단기

㉰ 반한시형 누전차단기, 시연형 누전차단기

㉱ 고속형 누전차단기, 감전방지용 누전차단기

[해설] **누전차단기**

1. <u>감전방지용 누전차단기</u>
   <u>정격감도전류가 30밀리암페어 이하이고 작동시간은 0.03초 이내일 것.</u> 다만, <u>정격전부하전류가 50암페어 이상인 전기기계·기구에 접속되는 누전차단기는</u> 오작동을 방지하기 위하여 <u>정격감도전류는 200밀리암페어 이하로, 작동시간은 0.1초 이내로 할 수 있다.</u>

2.

| 종류 | | 동작시간 |
|---|---|---|
| 고감도형 | 고속형 | 정격감도전류에서 0.1초 이내 동작 |
| | 시연형 (지연형) | 정격감도전류에서 0.1초 초과 2초 이내 동작 |
| | 반한시형 | • 정격감도전류에서 0.2초 초과 2초 이내 동작<br>• 정격감도전류의 1.4배에서 0.1초 초과 0.5초 이내 동작<br>• 정격감도전류의 4.4배에서 0.05초 이내 동작 |

**69** 복사선 중 전기성 안염을 일으키는 광선은?

㉮ 자외선
㉯ 적외선
㉰ 가시광선
㉱ 근적외선

[해설] 전기성 안염 → 자외선

[참고] 적외선 → 대상공 백내장

**70** 감전 등의 재해를 예방하기 위해서 고압 기계·기구 주위에 관계자외 출입을 금하도록 울타리를 설치할 때, 울타리의 높이와 울타리로부터 충전부분까지의 거리의 합이 최소 몇 m 이상은 되어야 하는가?

㉮ 5m 이상
㉯ 6m 이상
㉰ 7m 이상
㉱ 9m 이상

[해설] 고압기계·기구 주위에 출입금지를 위한 울타리를 설치할 경우 울타리로부터 충전부분까지의 거리의 합이 5m 이상 되어야 한다.

**71** 변압기의 중성점 접지 저항값으로 올바른 것은?

㉮ 변압기의 고압·특고압측 전로 또는 사용전압이 35kV 이하의 특고압 전로가 저압측 전로와 혼촉하고 저압전로의 대지전압이 150V를 초과하는 경우로서 1초 이내에 고압·특고압 전로를 자동으로 차단하는 장치를 설치할 때 : $\dfrac{300}{1선지락전류}$ Ω 이하

㉯ 일반적인 경우 : $\dfrac{150}{1선지락전류}$ Ω 이하

㉰ 변압기의 고압·특고압측 전로 또는 사용전압이 35kV 이하의 특고압 전로가 저압측 전로와 혼촉하고 저압전로의 대지전압이 150V를 초과하는 경우로서 1초 초과 2초 이내에 고압·특고압 전로를 자동으로 차단하는 장치를 설치할 때 : $\dfrac{150}{1선지락전류}$ Ω 이하

㉱ 일반적인 경우 : $\dfrac{250}{1선지락전류}$ Ω 이하

[해설] **변압기의 중성점 접지 저항값**

① 일반적인 경우 : $\dfrac{150}{1선지락전류}$ Ω 이하

② 변압기의 고압·특고압측 전로 또는 사용전압이 35kV 이하의 특고압전로가 저압측 전로와 혼촉하고 저압전로의 대지전압이 150V를 초과하는 경우

• 1초 초과 2초 이내에 고압·특고압 전로를 자동으로 차단하는 장치를 설치할 때 : $\dfrac{300}{1선지락전류}$ Ω 이하

• 1초 이내에 고압·특고압 전로를 자동으로 차단하는 장치를 설치할 때 : $\dfrac{600}{1선지락전류}$ Ω 이하

{분석}
관련 규정의 변경으로 문제를 수정하였습니다.
실기까지 중요한 내용입니다.

**72** 피뢰침의 제한전압이 800kV, 충격절연 강도가 1260kV라 할 때, 보호 여유도는 몇 %인가?

㉮ 33.3  ㉯ 47.3
㉰ 57.5  ㉱ 62.5

해설 피뢰기의 보호 여유도

$$여유도(\%) = \frac{충격절연강도 - 제한전압}{제한전압} \times 100$$

$$= \frac{1,260 - 800}{800} \times 100 = 57.5\%$$

**73** 정전기의 방전 현상에 해당되지 않는 것은?

㉮ 연면 방전  ㉯ 코로나 방전
㉰ 낙뢰 방전  ㉱ 스팀 방전

해설 정전기 방전 형태

① 코로나 방전  ② 브러시 방전
③ 불꽃 방전  ④ 연면 방전
⑤ 스트리머 방전

**74** 심실세동을 일으키는 위험한계 에너지는 약 몇 J인가? (단, 심실세동 전류 $I = \frac{165}{\sqrt{T}}$ mA, 통전시간 $T = 1$초, 인체의 전기저항 $R = 800\,\Omega$이다)

㉮ 12  ㉯ 22
㉰ 32  ㉱ 42

해설 인체의 전기 저항이 최악인 상태인 500Ω일 때

풀이 1)  $Q = I^2 \times R \times T$

$$= \left(\frac{165}{\sqrt{1}} \times 10^{-3}\right)^2 \times 800 \times 1$$

$$= 21.78(J)$$

풀이 2)  500Ω일 때 → 13.61J
800Ω일 때 → 1.6×13.61 = 21.78J
(전기에너지와 저항은 비례한다)

{분석}
**자주 출제되는 내용입니다.**

**75** 다른 두 물체가 접촉할 때 접촉 전위차가 발생하는 원인으로 옳은 것은?

㉮ 두 물체의 온도의 차
㉯ 두 물체의 습도의 차
㉰ 두 물체의 밀도의 차
㉱ 두 물체의 일함수의 차

해설 접촉 전위차가 발생하는 원인 → 물체의 일함수 차

**76** 전동기계, 기구에 설치하는 작업자의 감전방지용 누전차단기의 ① 정격감도전류 (mA) 및 ② 동작시간(초)의 최댓값은?

㉮ ① 10  ② 0.03
㉯ ① 20  ② 0.01
㉰ ① 30  ② 0.03
㉱ ① 50  ② 0.1

해설 누전차단기는 정격감도전류가 30밀리암페어 이하이고 작동시간은 0.03초 이내일 것. 다만, 정격전부하전류가 50암페어 이상인 전기기계·기구에 접속되는 누전차단기는 오작동을 방지하기 위하여 정격감도전류는 200밀리암페어 이하로, 작동시간은 0.1초 이내로 할 수 있다.

{분석}
**실기까지 중요한 내용입니다. 암기하세요.**

**77** 전로의 사용전압이 SELV 및 PELV인 경우 절연저항 값은 몇 [MΩ] 이상이어야 하는가?

㉮ 1.0MΩ
㉯ 0.5MΩ
㉰ 1.5MΩ
㉱ 0.4MΩ

정답 72 ㉰ 73 ㉱ 74 ㉯ 75 ㉱ 76 ㉰ 77 ㉯

**해설** 전로의 절연저항

| 전로의 사용전압(V) | DC 시험전압(V) | 절연저항 (MΩ) |
|---|---|---|
| SELV(비접지회로) 및 PELV(접지회로) | 250 | 0.5 |
| FELV(1차와 2차가 전기적으로 절연되지 않은 회로), 500(V) 이하 | 500 | 1.0 |
| 500(V) 초과 | 1,000 | 1.0 |

\* 특별저압(extra low voltage : 2차 전압이 AC 50V, DC 120V 이하)으로 SELV(비접지회로 구성) 및 PELV(접지회로 구성)은 1차와 2차가 전기적으로 절연된 회로, FELV는 1차와 2차가 전기적으로 절연되지 않은 회로

{분석}
관련 규정의 변경으로 문제 일부를 수정하였습니다.
실기까지 중요한 내용입니다.

**78** 통전 중의 전력기기나 배선의 부근에서 일어나는 화재를 소화할 때 주수(注水)하는 방법으로 옳지 않은 것은?

㉮ 화염이 일어나지 못하도록 물기둥인 상태로 주수
㉯ 낙하를 시작해서 퍼지는 상태로 주수
㉰ 방출과 동시에 퍼지는 상태로 수수
㉱ 계면 활성제를 섞은 물이 방출과 동시에 퍼지는 상태로 주수

**해설** ㉮ 물기둥인 상태로 주수할 경우는 냉각소화에 해당하며 전기화재에 사용할 수 없다.

**참고** 퍼지는 상태로 주수(물의 분무) → 질식 효과

**79** 방폭전기설비의 용기내부에 보호가스를 압입하여 내부압력을 유지함으로써 폭발성가스 또는 증기가 내부로 유입하지 않도록 된 방폭구조는?

㉮ 내압 방폭구조
㉯ 압력 방폭구조
㉰ 안전증 방폭구조
㉱ 유입 방폭구조

**해설** 보호가스 압입 → 압력 방폭구조

**참고** 1. 내압 방폭구조(d) : 아크를 발생시키는 전기설비를 전폐용기에 넣고 용기 내부에 폭발이 일어날 경우에 용기가 폭발 압력에 견뎌 외부의 폭발성 가스에 인화될 위험이 없도록 한 방폭구조
2. 압력 방폭구조(P) : 아크를 발생시키는 전기설비를 용기에 넣고 용기 내부에 불연성 가스(공기 또는 질소)를 압입하여 용기 내부로 폭발성 가스나 침입하는 것을 방지하는 방폭구조
3. 안전증 방폭구조(e) : 정상운전 중의 내부에서 불꽃이 발생하지 않도록 전기적, 기계적, 구조적으로 온도상승에 대해 안전도를 증가시킨 구조
4. 유입 방폭구조(o) : 아크를 발생시키는 전기설비를 용기에 넣고 용기 내부에 보호액을 채워 외부의 폭발성 가스에 접촉시 점화의 우려가 없도록 한 방폭구조

{분석}
실기까지 중요한 내용입니다. 참고를 다시 확인하세요.

**80** 내압(耐壓) 방폭구조의 화염일주한계를 작게 하는 이유로 가장 알맞은 것은?

㉮ 최소점화에너지를 높게 하기 위하여
㉯ 최소점화에너지를 낮게 하기 위하여
㉰ 최소점화에너지 이하로 열을 식히기 위하여
㉱ 최소점화에너지 이상으로 열을 높이기 위하여

**해설** 내압 방폭구조에서 화염일주한계를 작게 하는 이유 → 최소점화에너지 이하로 열을 식히기 위하여

•)) 정답  78 ㉮  79 ㉯  80 ㉰

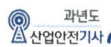

제**5**과목 · 화학설비 안전 관리

**81** 다음 중 질식소화에 해당하는 것은?

㉮ 가연성 기체의 분출 화재 시 주 밸브를 닫는다.

㉯ 가연성 기체의 연쇄반응을 차단하여 소화한다.

㉰ 연료 탱크를 냉각하여 가연성 가스의 발생속도를 작게 한다.

㉱ 연소하고 있는 가연물이 존재하는 장소를 기계적으로 폐쇄하여 공기의 공급을 차단한다.

**해설** ㉮ 제거소화  ㉯ 억제소화
㉰ 제거소화  ㉱ 질식소화

**참고** 소화 방법

(1) 제거소화 : 가연물의 제거에 의한 소화 방법
  **예** • 촛불을 입으로 불어 끈다.
  • 가스화재나 전기화재 시 가스공급 밸브나 차단기를 닫는다.

(2) 질식소화 : 가연물이 연소할 때 공기 중의 산소 농도를 21%에서 15% 이하로 낮추어 소화하는 방법
  **예** • 분말소화기
  • 포소화기
  • 이산화탄소($CO_2$)소화기
  • 물의 분무

(3) 냉각소화 : 가연물의 온도를 떨어뜨려 소화하는 방법 or 물의 증발잠열을 이용하는 방법
  **예** • 물
  • 산알칼리 소화기
  • 강화액 소화기

(4) 억제효과(부촉매효과) : 연소반응을 억제하는 부촉매를 이용하는 소화방법
  **예** • 할로겐 화합물 소화기(할론 소화기)

**82** 산업안전보건법령상 위험물 또는 위험물이 발생하는 물질을 가열·건조하는 경우 내용적이 얼마인 건조설비는 건조실을 설치하는 건축물의 구조를 독립된 단층 건물로 하여야 하는가?

㉮ $0.3m^3$ 이하

㉯ $0.3m^3 \sim 0.5m^3$

㉰ $0.5m^3 \sim 0.75m^3$

㉱ $1m^3$ 이상

**해설** 위험물 건조설비 중 건조실을 독립된 단층 건물로 하여야 하는 경우

① 위험물 또는 위험물이 발생하는 물질을 가열·건조하는 경우 내용적이 1세제곱미터 이상인 건조설비

② 위험물이 아닌 물질을 가열·건조하는 경우로서 다음 각 목의 1의 용량에 해당하는 건조설비
  • 고체 또는 액체연료의 최대사용량이 시간당 10킬로그램 이상
  • 기체연료의 최대사용량이 시간당 1세제곱미터 이상
  • 전기사용 정격용량이 10킬로와트 이상

{분석}
필기에 자주 출제되는 내용입니다.
해설을 다시 확인하세요.

**83** 액화 프로판 310kg을 내용적 50L 용기에 충전할 때 필요한 소요 용기의 수는 약 몇 개인가? (단, 액화 프로판의 가스정수는 2.35이다)

㉮ 15  ㉯ 17
㉰ 19  ㉱ 21

**해설** $310 \times 2.35 = 728.5kg$
$728.5 \div 50 = 14.57 = 15$개

{분석}
출제비중이 낮은 문제입니다.

**정답** 81 ㉱ 82 ㉱ 83 ㉮

**84** 다음 중 온도가 증가함에 따라 열전도도가 감소하는 물질은?

㉮ 에탄
㉯ 프로판
㉰ 공기
㉱ 메틸알콜

[해설] 메틸알콜은 온도 증가에 따라 열전도도는 감소한다.

**85** 다음 중 가연성가스가 밀폐된 용기 안에서 폭발할 때 최대 폭발압력에 영향을 주는 인자로 볼 수 없는 것은?

㉮ 가연성가스의 농도
㉯ 가연성가스의 초기온도
㉰ 가연성가스의 유속
㉱ 가연성가스의 초기압력

[해설] **최대 폭발압력(Pm)에 영향을 주는 요인**
① Pm은 화학양론비에서 최대가 된다.
② Pm은 용기의 형태 및 부피에 큰 영향을 받지 않는다.
③ Pm은 초기 온도가 높을수록 감소한다.
④ Pm은 초기 압력이 상승할수록 증가한다.

**86** 다음 중 두 종류 가스가 혼합될 때 폭발 위험이 가장 높은 것은?

㉮ 염소, 아세틸렌
㉯ $CO_2$, 염소
㉰ 암모니아, 질소
㉱ 질소, $CO_2$

**87** 다음 중 분진 폭발에 관한 설명으로 틀린 것은?

㉮ 폭발한계 내에서 분진의 휘발성분이 많을수록 폭발하기 쉽다.
㉯ 분진이 발화 폭발하기 위한 조건은 가연성, 미분 상태, 공기 중에서의 교반과 유동 및 점화원의 존재이다.
㉰ 가스폭발과 비교하여 연소의 속도나 폭발의 압력이 크고, 연소시간이 짧으며, 발생에너지가 크다.
㉱ 폭발한계는 입자의 크기, 입도분포, 산소농도, 함유 수분, 가연성가스의 혼입 등에 의해 같은 물질의 분진에서도 달라진다.

[해설] ㉰ 가스폭발과 비교하여 연소속도가 느리고, 폭발압력이 크고, 연소시간이 길고, 발생에너지가 크다.

[참고] **분진폭발에 영향을 미치는 인자**

| ① 입도와 입도분포 | 입자가 작고 표면적이 클수록 폭발이 용이하다. |
|---|---|
| ② 분진의 화학적 성분과 반응성 | 발열량이 클수록, 휘발성분이 많을수록 폭발이 용이하다. |
| ③ 입자의 형상과 표면의 상태 | 입자의 형상이 구형(求刑)일수록 폭발성이 약하고 입자의 표면이 산소에 대한 활성을 가질수록 폭발성이 높다. |
| ④ 분진 속의 수분 | 분진 속에 수분이 있으면 부유성 및 정전기 대전성을 감소시켜 폭발의 위험이 낮아진다. |
| ⑤ 분진의 부유성 | 분진의 부유성이 클수록 공기 중 체류시간이 길어져 폭발이 용이하다. |

🔊 정답  84 ㉱  85 ㉰  86 ㉮  87 ㉰

**88** 화재 감지에 있어서 열감지기 방식 중 차동식에 해당하지 않는 것은?

㉮ 공기식
㉯ 열전대식
㉰ 바이메탈식
㉱ 열반도체식

[해설] 차동식 감지기의 종류
① 공기식
② 열전대식
③ 열반도체식

**89** 다음 중 금수성 물질에 대하여 적응성이 있는 소화기는?

㉮ 무상강화액소화기
㉯ 이산화탄소소화기
㉰ 할로겐화합물소화기
㉱ 탄산수소염류 분말소화기

[해설] 제3류 위험물(자연발화성, 금수성 물질)의 소화 방법
① 마른모래 및 탄산수소염류 분말소화약제 사용
② 주수소화 및 $CCl_4$, $CO_2$와 폭발적으로 반응하므로 절대 사용금지

**90** 다음 중 기체의 자연발화온도 측정법에 해당하는 것은?

㉮ 중량법
㉯ 접촉법
㉰ 예열법
㉱ 발열법

[해설] 기체의 자연발화온도 측정법 → 예열법

**91** 메탄 1vol%, 헥산 2vol%, 에틸렌 2vol%, 공기 95vol%로 된 혼합가스의 폭발하한계 값(vol%)은 약 얼마인가? (단, 메탄, 헥산, 에틸렌의 폭발하한계 값은 각각 5.0, 1.1, 2.7vol%이다)

㉮ 2.4
㉯ 1.81
㉰ 12.8
㉱ 21.7

[해설] 혼합가스의 폭발하한계

$$\frac{V_1 + V_2 + V_3 \cdots}{L} = \frac{V_1}{L_1} + \frac{V_2}{L_2} + \frac{V_3}{L_3} \cdots$$

여기서, $V_1$, $V_2$, $V_3$ : 단독 가스의 공기 중 부피
$L$ : 혼합가스의 폭발하한계
$L_1$, $L_2$, $L_3$ : 단독 가스의 폭발하한계

$$\frac{1+2+2}{L} = \frac{1}{5.0} + \frac{2}{1.1} + \frac{2}{2.7}$$
$$L = \frac{5}{\dfrac{1}{5.0} + \dfrac{2}{1.1} + \dfrac{2}{2.7}} = 1.81 \text{Vol}\%$$

{분석}
실기까지 중요한 내용입니다.

**92** 다음 중 관의 지름을 변경하고자 할 때 필요한 관 부속품은?

㉮ reducer
㉯ elbow
㉰ plug
㉱ valve

[해설] 관의 부속품
① 2개관의 연결 : 플랜지, 유니언, 니플, 소켓 사용
② 관의 지름 변경 : 리듀서, 부싱 사용
③ 관로 방향 변경 : 엘보, Y형 관이음쇠, 티, 십자 사용
④ 유로 차단 : 플러그, 밸브, 캡

•))정답 88 ㉰ 89 ㉱ 90 ㉰ 91 ㉯ 92 ㉮

**93** 산업안전보건법령상 물질안전보건자료를 작성할 때에 혼합물로 된 제품들이 각각의 제품을 대표하여 하나의 물질안전보건자료를 작성할 수 있는 충족 요건 중 각 구성 성분의 함량 변화는 얼마 이하이어야 하는가?

㉮ 5%　　　　㉯ 10%
㉰ 15%　　　　㉱ 30%

[해설] 혼합물로 된 제품들이 다음 각 호의 요건을 충족하는 경우에는 각각의 제품을 대표하여 하나의 MSDS를 작성할 수 있다.
• 혼합물로 된 제품의 구성성분이 같을 것
• 각 구성성분의 함량변화가 10% 이하일 것
• 비슷한 유해성을 가질 것

**94** 다음 중 연소 및 폭발에 관한 용어의 설명으로 틀린 것은?

㉮ 폭굉 : 폭발충격파가 미반응 매질 속으로 음속보다 큰 속도로 이동하는 폭발
㉯ 연소점 : 액체 위에 증기가 일단 점화된 후 연소를 계속할 수 있는 최고온도
㉰ 발화온도 : 가연성 혼합물이 주위로부터 충분한 에너지를 빌아 스스로 점화할 수 있는 최저온도
㉱ 인화점 : 액체의 경우 액체 표면에서 발생한 증기 농도가 공기 중에서 연소하한농도가 될 수 있는 가장 낮은 액체온도

[해설] **연소점** : 점화원의 존재 하에 <u>지속적인 연소를 일으키는 최저 온도</u>

**95** 폭발 발생의 필요조건이 충족되지 않은 경우에는 폭발을 방지할 수 있는데, 다음 중 저온 액화가스와 물 등의 고온액에 의한 증기폭발 발생의 필요조건으로 옳지 않은 것은?

㉮ 폭발의 발생에는 액과 액이 접촉할 필요가 있다.
㉯ 고온액의 계면온도가 응고점 이하가 되어 응고되어도 폭발의 가능성은 높아진다.
㉰ 증기폭발의 발생은 확률적 요소가 있고, 그것은 저온액화가스의 종류와 조성에 의해 정해진다.
㉱ 액과 액의 접촉 후 폭발 발생까지 수~수백 ms의 지연이 존재하지만 폭발의 시간 스케일은 5ms 이하이다.

[해설] ㉯ <u>고온액의 계면온도가 응고점 이하가 되어 응고될 경우 폭발의 가능성은 낮아진다.</u>
온도가 높을수록 폭발은 잘 일어난다.

**96** 탱크 내 작업 시 복장에 관한 설명으로 옳지 않은 것은?

㉮ 정전기방지용 작업복을 착용할 것
㉯ 작업원은 불필요하게 피부를 노출시키지 말 것
㉰ 작업모를 쓰고 긴팔의 상의를 반듯하게 착용할 것
㉱ 수분의 흡수를 방지하기 위하여 유지가 부착된 작업복을 착용할 것

[해설] ㉱ <u>유지가 부착된 작업복은 착용하지 말 것</u>

**97** 다음 중 플레어스텍에 부착하여 가연성 가스와 공기의 접촉을 방지하기 위하여 밀도가 작은 가스를 채워주는 안전장치는?

㉮ molecular seal
㉯ flame arrester
㉰ seal drum
㉱ purge

**98** 산업안전보건법령상 안전밸브 등의 전단·후단에는 차단 밸브를 설치하여서는 아니 되지만 다음 중 자물쇠형 또는 이에 준하는 형식의 차단 밸브를 설치할 수 있는 경우로 틀린 것은?

㉮ 인접한 화학설비 및 그 부속설비에 안전밸브 등이 각각 설치되어 있고, 해당 화학설비 및 그 부속설비의 연결배관에 차단밸브가 없는 경우
㉯ 안전밸브 등의 배출용량의 4분의 1 이상에 해당하는 용량의 자동압력조절밸브와 안전밸브 등이 직렬로 연결된 경우
㉰ 화학설비 및 그 부속설비에 안전밸브 등이 복수방식으로 설치되어 있는 경우
㉱ 열팽창에 의하여 상승된 압력을 낮추기 위한 목적으로 안전밸브가 설치된 경우

[해설] 안전밸브 등의 전·후단에 차단 밸브를 설치할 수 있는 경우
① 인접한 화학설비 및 그 부속설비에 안전밸브 등이 각각 설치되어 있고 당해 화학설비 및 그 부속설비의 연결배관에 차단밸브가 없는 경우
② 안전밸브등의 배출용량의 2분의 1 이상에 해당하는 용량의 자동압력조절밸브와 안전밸브등이 병렬로 연결된 경우
③ 화학설비 및 그 부속설비에 안전밸브등이 복수방식으로 설치되어 있는 경우
④ 예비용설비를 설치하고 각각의 설비에 안전밸브 등이 설치되어 있는 경우

⑤ 열팽창에 의하여 상승된 압력을 낮추기 위한 목적으로 안전밸브가 설치된 경우
⑥ 하나의 플레어스택(flare stack)에 2 이상의 단위공정의 플레어헤더(flare header)를 연결하여 사용하는 경우로서 각각의 단위공정의 플레어헤더에 설치된 차단밸브의 열림·닫힘상태를 중앙제어실에서 알 수 있도록 조치한 경우

**99** 다음 중 공정안전보고서에 포함하여야 할 공정안전자료의 세부내용이 아닌 것은?

㉮ 유해·위험설비의 목록 및 사양
㉯ 방폭지역 구분도 및 전기단선도
㉰ 유해·위험물질에 대한 물질안전보건자료
㉱ 설비점검·검사 및 보수계획, 유지계획 및 지침서

[해설] 공정안전자료 세부내용
① 취급·저장하고 있거나 취급·저장하려는 유해·위험물질의 종류 및 수량
② 유해·위험물질에 대한 물질안전보건자료
③ 유해·위험설비의 목록 및 사양
④ 유해·위험설비의 운전방법을 알 수 있는 공정도면
⑤ 각종 건물·설비의 배치도
⑥ 폭발위험장소 구분도 및 전기단선도
⑦ 위험설비의 안전설계·제작 및 설치 관련 지침서

**100** 다음 중 화학물질 및 물리적 인자의 노출기준에 있어 유해 물질 대상에 대한 노출기준의 표시 단위가 잘못 연결된 것은?

㉮ 분진 : ppm
㉯ 증기 : ppm
㉰ 가스 : $mg/m^3$
㉱ 고온 : 습구흑구온도지수

[해설] 노출기준의 표시 단위
① 가스 및 증기 : ppm, $mg/m^3$
② 분진 : $mg/m^3$(다만, 석면 개/$cm^3$, 개/cc)
③ 고온 : 습구흑구온도지수(WBGT)

## 제6과목 • 건설공사 안전 관리

**101** 철골구조의 앵커볼트 매립과 관련된 사항 중 옳지 않은 것은?

㉮ 기둥 중심은 기준선 및 인접 기둥의 중심에서 3mm 이상 벗어나지 않을 것

㉯ 앵커볼트는 매립 후에 수정하지 않도록 설치할 것

㉰ 베이스플레이트의 하단은 기준 높이 및 인접 기둥의 높이에서 3mm 이상 벗어나지 않을 것

㉱ 앵커볼트는 기둥 중심에서 2mm 이상 벗어나지 않을 것

**[해설] 앵커볼트의 매립 시 준수사항**

① 앵커볼트는 매립 후에 수정하지 않도록 설치하여야 한다.

② 앵커볼트를 매립하는 정밀도는 다음 각 목의 범위 이내이어야 한다.
- 기둥 중심은 기준선 및 인접 기둥의 중심에서 5밀리미터 이상 벗어나지 않을 것
- 인접 기둥 간 중심거리의 오차는 3밀리미터 이하일 것
- 앵커볼트는 기둥 중심에서 2밀리미터 이상 벗어나지 않을 것
- 베이스 플레이트의 하단은 기준 높이 및 인접 기둥의 높이에서 3밀리미터 이상 벗어나지 않을 것

**102** 터널 붕괴를 방지하기 위한 지보공 점검 사항과 가장 거리가 먼 것은?

㉮ 부재의 긴압의 정도

㉯ 부재의 손상·변형·부식·변위 탈락의 유무 및 상태

㉰ 기둥 침하의 유무 및 상태

㉱ 경보장치의 작동상태

**[해설] 터널지보공 설치 시 점검 항목**

① 부재의 손상·변형·부식·변위 탈락의 유무 및 상태

② 부재의 긴압의 정도

③ 부재의 접속부 및 교차부의 상태

④ 기둥침하의 유무 및 상태

**{분석}**
**실기까지 중요한 내용입니다.**

**103** 다음은 항만하역작업 시 통행설비의 설치에 관한 내용이다. (  )안에 알맞은 숫자는?

> 사업주는 갑판의 윗면에서 선창 밑바닥까지의 깊이가 (  )를 초과하는 선창의 내부에서 화물취급 작업을 하는 경우에 그 작업에 종사하는 근로자가 안전하게 통행할 수 있는 설비를 설치하여야 한다.

㉮ 1.0m   ㉯ 1.2m
㉰ 1.3m   ㉱ 1.5m

**[해설]** 갑판의 윗면에서 선창 밑바닥까지의 깊이가 1.5미터를 초과하는 선창외 내부에서 화물취급 작업을 하는 때에는 그 작업에 종사하는 근로자가 안전하게 통행할 수 있는 설비를 설치하여야 한다.

**104** 연약지반의 이상 현상 중 하나인 히빙 (heaving)현상에 대한 안전대책이 아닌 것은?

㉮ 흙막이벽의 근입깊이를 깊게 한다.

㉯ 굴착 저면에 토사 등으로 하중을 가한다.

㉰ 흙막이 배면의 표토를 제거하여 토압을 경감시킨다.

㉱ 주변 수위를 높인다.

**•)) 정답** 101 ㉮ 102 ㉱ 103 ㉱ 104 ㉱

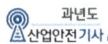
해설 히빙현상 방지책
① 양질의 재료로 <u>지반을 개량</u>한다.
② 어스앵커 설치
③ 시트파일 등의 근입심도 검토
   (<u>흙막이 벽체의 근입깊이를 깊게 한다</u>)
④ 굴착 주변에 <u>웰포인트 공법을 병행</u>한다.
   (주변 수위를 낮춘다)
⑤ <u>소단을 두면서 굴착한다.</u>

## 105 콘크리트 타설작업과 관련하여 준수하여야 할 사항으로 가장 거리가 먼 것은?

㉮ 당일의 작업을 시작하기 전에 해당 작업에 관한 거푸집 동바리 등의 변형·변위 및 지반의 침하 유무 등을 점검하고 이상이 있는 경우 보수할 것
㉯ 콘크리트를 타설하는 경우에는 편심이 발생하지 않도록 골고루 분산하여 타설할 것
㉰ 진동기의 사용은 많이 할수록 균일한 콘크리트를 얻을 수 있으므로 가급적 많이 사용할 것
㉱ 설계도서상의 콘크리트 양생기간을 준수하여 거푸집 동바리 등을 해체할 것

해설 ㉰ 진동기는 적절히 사용되어야 하며, <u>지나친 진동은 거푸집 도괴의 원인이 될 수 있다.</u>

## 106 부두·안벽 등 하역작업을 하는 장소에서 부두 또는 안벽의 선을 따라 통로를 설치하는 경우에는 폭을 최소 얼마 이상으로 해야 하는가?

㉮ 70cm  ㉯ 80cm
㉰ 90cm  ㉱ 100cm

해설 <u>부두 또는 안벽의 선을 따라 통로를 설치하는 경우에는 폭을 90센티미터 이상</u>으로 할 것

## 107 터널 지보공을 조립하거나 변경하는 경우에 조치하여야 하는 사항으로 옳지 않은 것은?

㉮ 목재의 터널 지보공은 조립 시 각 부재에 작용하는 긴압 정도를 체크하여 그 정도가 최대한 차이나도록 한다.
㉯ 강(鋼)아치 지보공의 조립은 연결 볼트 및 띠장 등을 사용하여 주재 상호간을 튼튼하게 연결할 것
㉰ 기둥에는 침하를 방지하기 위하여 받침목을 사용하는 등의 조치를 할 것
㉱ 주재(主材)를 구성하는 1세트의 부재는 동일 평면 내에 배치할 것

해설 ㉮ <u>목재의 터널 지보공은</u> 그 터널 지보공의 각 <u>부재의 긴압 정도가 균등하게 되도록 할 것</u>

## 108 52m 높이로 강관비계를 세우려면 지상에서 몇 미터까지 2개의 강관으로 묶어 세워야 하는가?

㉮ 11m  ㉯ 16m
㉰ 21m  ㉱ 26m

해설 1. <u>비계기둥의 제일 윗부분으로부터 31m 되는 지점 밑부분의 비계기둥은 2본의 강관으로 묶어세울 것</u>
2. <u>52 - 31 = 21m</u>
   지상에서부터 21m까지를 2본의 강관으로 묶어세워야 한다.

{분석}
**실기까지 중요한 내용입니다.**

•)) 정답  105 ㉰  106 ㉰  107 ㉮  108 ㉰

## 109 신품의 추락방지망 중 그물코의 크기 10cm인 매듭방망의 인장강도 기준으로 옳은 것은?

㉮ 100kgf 이상
㉯ 200kgf 이상
㉰ 360kgf 이상
㉱ 400kgf 이상

**해설** 방망사의 신품에 대한 인장강도

| 그물코의 크기 (단위 : 센티미터) | 방망의 종류(단위 : 킬로그램) | |
|---|---|---|
| | 매듭 없는 방망 | 매듭방망 |
| 10 | 240 | 200 |
| 5 | | 110 |

**참고** 방망사의 폐기 시 인장강도

| 그물코의 크기 (단위 : 센티미터) | 방망의 종류(단위 : 킬로그램) | |
|---|---|---|
| | 매듭 없는 방망 | 매듭방망 |
| 10 | 150 | 135 |
| 5 | | 60 |

{분석}
필기에 자주 출제되는 내용입니다. 암기하세요.

## 110 콘크리트 타설을 위한 거푸집 동바리의 구조 검토 시 가장 선행되어야 할 작업은?

㉮ 각 부재에 생기는 응력에 대하여 안전한 단면을 산정한다.
㉯ 하중·외력에 의하여 각 부재에 생기는 응력을 구한다.
㉰ 가설물에 작용하는 하중 및 외력의 종류, 크기를 산정한다.
㉱ 사용할 거푸집 동바리의 설치 간격을 결정한다.

**해설** 거푸집 동바리의 구조검토 시에는 작용하는 하중 및 외력의 종류, 크기의 산정이 우선되어야 한다.

## 111 클램셸(clamshell)의 용도로 옳지 않은 것은?

㉮ 잠함 안의 굴착에 사용된다.
㉯ 수면 아래의 자갈, 모래를 굴착하고 준설선에 많이 사용된다.
㉰ 건축구조물의 기초 등 정해진 범위의 깊은 굴착에 적합하다.
㉱ 단단한 지반의 작업도 가능하며 작업속도가 빠르고 특히 양반굴착에 적합하다.

**해설** 클램셸(clamshell)
• 수중굴착 및 가장 협소하고 깊은 굴착이 가능하며 호퍼(hopper)에 적당하다.
• 연약지반이나 수중굴착 및 자갈 등을 싣는데 적합하다.
• 깊은 땅파기 공사와 흙막이 버팀대를 설치하는 데 사용한다.

## 112 표준관입시험에 대한 내용으로 옳지 않은 것은?

㉮ N치(N-value)는 지반을 30cm 굴진하는데 필요한 타격 횟수를 의미한다.
㉯ 50/3의 표기에서 50은 굴진수치, 3은 타격횟수를 의미한다.
㉰ 63.5kg 무게의 추를 76cm 높이에서 자유낙하하여 타격하는 시험이다.
㉱ 사질지반에 적용하며, 점토지반에서는 편차가 커서 신뢰성이 떨어진다.

**해설** ㉯ 50/3의 표기는 50회(타격 횟수)/3cm(굴진 수치)를 나타낸다.

**참고** 표준관입시험(standard penetration test)
• 표준 샘플러 63.5[kg]의 해머로 75[cm]의 높이에서 낙하시켜 관입량 30[cm]에 달하는데 요하는 타격 횟수로서 사질지반(모래)의 밀도를 측정하는 방법이다.
• 타격 횟수의 값이 클수록 밀실한 토질이다.

•)) 정답 109 ㉯ 110 ㉰ 111 ㉱ 112 ㉯

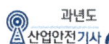
**113** 지반조사 보고서 내용에 해당되지 않는 항목은?

㉮ 지반공학적 조건
㉯ 표준 관입 시험치, 콘 관입 저항치 결과 분석
㉰ 시공 예정인 흙막이 공법
㉱ 건설할 구조물 등에 대한 지반 특성

**해설** 지반조사 보고서 내용

① 지반의 특성
② 보링 주상도 및 추정 단면도
③ 토량 변화율 및 성토재의 특성
④ 연약지반의 물리적·역학적 특성
⑤ 연약지반 처리 범위 및 처리공법
⑥ 구조물 기초의 안정 검토를 위한 자료 및 안정성 검토 결과 등

**114** 흙막이 가시설 공사 시 사용되는 각 계측기 설치 목적으로 옳지 않은 것은?

㉮ 지표침하계–지표면 침하량 측정
㉯ 수위계–지반 내 지하수위의 변화 측정
㉰ 하중계–상부 적재하중 변화 측정
㉱ 지중경사계–지중의 수평 변위량 측정

**해설** 계측기 종류 및 용도

| 경사계 (Tilt-meter) | 구조물의 경사각 및 변형상태를 계측 |
|---|---|
| 지하 수위계 (Water levelmeter) | 지하수위 변화를 실측하여 각종 계측자료에 이용 |
| 토압계(Earth pressurecell) | 토압의 변화를 측정하여 이들 부재의 안정상태 확인 |
| 변형률계 (Strain-gauge) | 토류 구조물의 각 부재와 인근 구조물의 각 지점 및 타설 콘크리트 등의 응력변화를 측정 |
| 하중계 (Strut load-cell) | Strut의 축 하중 변화상태를 측정 |
| 간극 수압계 (Piezometer) | 굴착에 따른 과잉 간극수압의 변화를 측정 |
| 지표 침하계 (Settlement Plate) | 지표면의 침하량 절대치의 변화를 측정 |

**115** 산업안전보건기준에 관한 규칙에 따른 철골공사 작업 시 작업을 중지해야 할 경우는?

㉮ 강우량 1.5mm/hr
㉯ 풍속 8m/sec
㉰ 강설량 5mm/hr
㉱ 지진 진도 1.0

**해설** 철골작업을 중지해야 하는 조건

① 풍속이 초당 10미터 이상인 경우
② 강우량이 시간당 1밀리미터 이상인 경우
③ 강설량이 시간당 1센티미터 이상인 경우

{분석}
실기에도 자주 출제되는 내용입니다. 암기하세요.

**116** 폭풍 시 옥외에 설치되어 있는 주행크레인에 대하여 이탈 방지를 위한 조치가 필요한 풍속 기준은?

㉮ 순간풍속이 20m/sec 초과할 때
㉯ 순간풍속이 25m/sec 초과할 때
㉰ 순간풍속이 30m/sec 초과할 때
㉱ 순간풍속이 35m/sec 초과할 때

**해설** 악천후 시 조치

① 순간풍속이 초당 10미터를 초과 : 타워크레인의 설치·수리·점검 또는 해체작업을 중지
② 순간풍속이 초당 15미터를 초과 : 타워크레인의 운전작업을 중지
③ 순간풍속이 초당 30미터를 초과 : 옥외에 설치되어 있는 주행 크레인 이탈방지조치
④ 순간풍속이 초당 30미터를 초과하는 바람이 불거나 중진(中震) 이상 진도의 지진이 있은 후 : 옥외 양중기 각 부위 이상 점검
⑤ 순간풍속이 초당 35미터를 초과 : 옥외 승강기 및 건설용 리프트(지하에 설치되어 있는 것은 제외)에 대하여 반침의 수를 증가시키는 등 승강기가 무너지는 것을 방지하기 위한 조치

{분석}
실기까지 중요한 내용입니다. 해설을 다시 확인하세요.

**117** 철골조립작업에서 안전한 작업발판과 안전난간을 설치하기가 곤란한 경우 작업원에 대한 안전대책으로 가장 알맞은 것은?

㉮ 안전대 및 구명로프 사용
㉯ 안전모 및 안전화 사용
㉰ 출입금지 조치
㉱ 작업 중지 조치

[해설] 작업발판을 설치하기 곤란한 경우 추락방호망을 설치하여야 한다. 다만, 추락방호망을 설치하기 곤란한 경우에는 근로자에게 안전대를 착용하도록 하는 등 추락위험을 방지하기 위하여 필요한 조치를 하여야 한다.

**118** 철근콘크리트 구조물의 해체를 위한 장비가 아닌 것은?

㉮ 램머(Rammer)
㉯ 압쇄기
㉰ 철제 해머
㉱ 핸드 브레이커(Hand Breaker)

[해설] ㉮ 램머 : 지반 다짐용 기계

**119** 낙하물방지망 또는 방호선반을 설치하는 경우에 수평면과의 각도 기준으로 옳은 것은?

㉮ 10° 이상 20° 이하
㉯ 20° 이상 30° 이하
㉰ 25° 이상 35° 이하
㉱ 35° 이상 45° 이하

[해설] 낙하물방지망 또는 방호선반을 설치 시 준수사항

① 설치높이는 10미터 이내마다 설치하고, 내민길이는 벽면으로부터 2미터 이상으로 할 것
② 수평면과의 각도는 20도 내지 30도를 유지할 것

{분석}
실기까지 중요한 내용입니다. 해설을 다시 확인하세요.

**120** 강풍 시 타워크레인의 작업제한과 관련된 사항으로 타워크레인의 운전 작업을 중지해야 하는 순간풍속 기준으로 옳은 것은?

㉮ 순간풍속이 매초 당 10미터 초과
㉯ 순간풍속이 매초 당 15미터 초과
㉰ 순간풍속이 매초 당 30미터 초과
㉱ 순간풍속이 매초 당 40미터 초과

[해설] 순간풍속이 초당 15미터를 초과 : 타워크레인의 운전작업을 중지

🔊 정답 117 ㉮ 118 ㉮ 119 ㉯ 120 ㉯

# 02회 2014년 산업안전기사 최근 기출문제

**01** 관리 그리드 이론에서 인간관계 유지에는 낮은 관심을 보이지만 과업에 대해서는 높은 관심을 가지는 리더십의 유형에 해당하는 것은?

㉮ (1.1)형  ㉯ (1.9)형
㉰ (9.1)형  ㉱ (9.9)형

**해설** 인간관계는 낮은 관심, 과업에는 높은 관심
→ 과업형(9,1)

| (1.1)형 | 무관심형 |
|---|---|
| (1.9)형 | 인기형 |
| (9.1)형 | 과업형 |
| (5.5)형 | 타협형 |
| (9.9)형 | 이상형 |

* (x, y)형에서 x는 과업의 관심도를 y는 인간관계의 관심도를 나타낸다.

{분석}
최근 필기에 자주 출제되는 내용입니다.
"참고"를 다시 확인하세요.

**02** 안전교육의 형태 중 OJT(On the Job of Training) 교육과 관련이 가장 먼 것은?

㉮ 다수의 근로자에게 조직적 훈련이 가능하다.
㉯ 직장의 실정에 맞게 실제적인 훈련이 가능하다.
㉰ 훈련에 필요한 업무의 지속성이 유지된다.
㉱ 직장의 직속상사에 의한 교육이 가능하다.

**해설** 다수의 근로자를 훈련 → OFF JT

**참고**

| OJT의 특징 | ① 개개인에게 적절한 훈련이 가능하다.<br>② 직장의 실정에 맞는 훈련이 가능하다.<br>③ 교육효과가 즉시 업무에 연결된다.<br>④ 훈련에 대한 업무의 계속성이 끊어지지 않는다.<br>⑤ 상호 신뢰 이해도가 높다. |
|---|---|
| OFF JT의 특징 | ① 다수의 근로자들에게 훈련을 할 수 있다.<br>② 훈련에만 전념하게 된다.<br>③ 특별설비기구 이용이 가능하다.<br>④ 많은 지식이나 경험을 교류할 수 있다.<br>⑤ 교육 훈련 목표에 대하여 집단적 노력이 흐트러질 수 있다. |

**03** 레윈(Lewin)은 인간의 행동 특성을 다음과 같이 표현하였다. 변수 "$E$"가 의미하는 것으로 옳은 것은?

$$B = f(P \cdot E)$$

㉮ 연령  ㉯ 성격
㉰ 작업환경  ㉱ 지능

**해설** 레윈(K. Lewin)의 법칙

$$B = f(P \cdot E)$$

여기서,
$B$ : Behavior(인간의 행동)
$f$ : function(함수관계)
$P$ : Person(개체 : 연령, 경험, 심신상태, 성격, 지능 등)
$E$ : Environment(심리적 환경 : 인간관계, 작업환경 등)

**정답** 01 ㉰  02 ㉮  03 ㉰

## 04 다음 중 브레인스토밍(Brainstorming) 기법에 관한 설명으로 옳은 것은?

㉮ 지정된 표현방식을 벗어나 자유롭게 의견을 제시한다.

㉯ 주제와 내용이 다르거나 잘못된 의견은 지적하여 조정한다.

㉰ 참여자에게는 동일한 회수의 의견제시 기회가 부여된다.

㉱ 타인의 의견을 수정하거나 동의하여 다시 제시하지 않는다.

**[해설] 브레인스토밍의 4원칙**

• 비판금지 : 좋다, 나쁘다 비판은 하지 않는다.
• 자유분방 : 마음대로 자유로이 발언한다.
• 대량발언 : 무엇이든 좋으니 많이 발언한다.
• 수정발언 : 타인의 생각에 동참하거나 보충 발언 해도 좋다.

{분석}
자주 출제되는 내용입니다. 해설을 다시 확인하세요.

## 05 산업안전보건법령상 산업안전보건위원회의 구성원 중 사용자 위원에 해당되지 않는 것은? (단, 해당 위원이 사업장에 선임이 되어 있는 경우에 한한다)

㉮ 안전관리자

㉯ 보건관리자

㉰ 산업보건의

㉱ 명예산업안전감독관

**[해설] 산업안전보건위원회의 구성**

1. 근로자위원
   ① 근로자대표
   ② 근로자대표가 지명하는 1명 이상의 명예산업 안전감독관
   ③ 근로자대표가 지명하는 9명 이내의 해당사업 장의 근로자

2. 사용자위원
   ① 해당 사업의 대표자
   ② 안전관리자 1명
   ③ 보건관리자 1명
   ④ 산업보건의
   ⑤ 사업의 대표자가 지명하는 9명 이내의 해당 사업장 부서의 장

{분석}
실기까지 중요한 내용입니다. 해설을 다시 확인하세요.

## 06 다음 중 산업안전보건법령상 안전검사 대상 유해·위험 기계의 종류가 아닌 것은?

㉮ 곤돌라          ㉯ 압력용기

㉰ 리프트          ㉱ 아크용접기

**[해설] [안전검사 대상 유해·위험기계 등]**

① 프레스
② 전단기
③ 크레인[정격 하중이 2톤 미만인 것 제외]
④ 리프트
⑤ 압력용기
⑥ 곤돌라
⑦ 국소배기장치(이동식은 제외)
⑧ 원심기(산업용만 해당)
⑨ 롤러기(밀폐형 구조는 제외한다)
⑩ 사출성형기[형 체결력(형 체결력) 294킬로뉴턴 (KN) 미만은 제외]
⑪ 고소작업대
⑫ 컨베이어
⑬ 산업용 로봇
⑭ 혼합기(26년 6월 26일 시행)
⑮ 파쇄기 또는 분쇄기(26년 6월 26일 시행)

실력이 되고! 합격이 된다! 특급  암기법

**손 다치는 기계** – 프레스, 전단기, 사출성형기, 롤러기, 혼합기, 파쇄기 또는 분쇄기 (26년 6월 26일 시행)

**양중기** – 크레인, 리프트, 곤돌라

**폭발** – 압력용기

**추가** – 극소(국소) 로봇이 고소의 큰(컨) 원을 검사 (안전검사)

**국소배기장치, 산업용 로봇, 고소작업대, 컨베이어, 원심기**

{분석}
실기까지 중요한 내용입니다. 암기하세요.

•)) 정답  04 ㉮  05 ㉱  06 ㉱

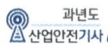

**07** 다음 중 안전인증대상 안전모의 성능 기준 항목이 아닌 것은?

㉮ 내열성
㉯ 턱끈 풀림
㉰ 내관 통성
㉱ 충격 흡수성

**해설** 안전인증 대상 안전모의 성능 기준 항목
① 내관 통성 시험 ② 충격 흡수성 시험
③ 내전압성 시험 ④ 내수성 시험
⑤ 난연성 시험 ⑥ 턱끈풀림 시험

**참고** 자율안전 확인 안전모 성능 시험 종류
① 내관 통성 시험 ② 충격 흡수성 시험
③ 난연성 시험 ④ 턱끈풀림 시험

**08** 적응기제(適應基劑, Adjustment Mechanism)의 종류 중 도피적 기제(행동)에 속하지 않는 것은?

㉮ 고립
㉯ 퇴행
㉰ 억압
㉱ 합리화

**해설**

| 도피기제 | 방어기제 |
|---|---|
| • 억압   • 퇴행 • 백일몽 • 고립(거부) | • 보상   • 합리화 • 승화   • 동일시 • 투사 |

{분석}
필기에 자주 출제되는 내용입니다.

**09** 다음 중 안전보건교육의 단계별 종류에 해당하지 않는 것은?

㉮ 지식 교육
㉯ 기초 교육
㉰ 태도 교육
㉱ 기능 교육

**해설** 교육의 3단계
① 제1단계(지식 교육)
② 제2단계(기능 교육)
③ 제3단계(태도 교육)

**10** 도수율이 24.5이고, 강도율이 2.15의 사업장이 있다. 이 사업장에서 한 근로자가 입사하여 퇴직할 때까지 몇 일간의 근로손실일수가 발생하겠는가?

㉮ 2.45일
㉯ 215일
㉰ 245일
㉱ 2150일

**해설** 환산 강도율(S)
① 일평생 근로하는 동안의 근로손실일수를 말한다.
②
$$환산 강도율(S) = \frac{총 요양 근로손실일수}{연 근로시간수} \times 평생근로시간수(100,000)$$

③
$$환산 강도율 = 강도율 \times 100$$

환산 강도율 = 강도율×100
= 2.15×100 = 215일

{분석}
모든 재해율 문제는 꼭 풀이할 수 있어야 합니다.

**11** 경보기가 울려도 기차가 오기까지 아직 시간이 있다고 판단하여 건널목을 건너다가 사고를 당했다. 다음 중 이 재해자의 행동 성향으로 옳은 것은?

㉮ 착오·착각
㉯ 무의식 행동
㉰ 억측판단
㉱ 지름길반응

**해설** 억측판단 : 작업공정 중에 규정대로 수행하지 않고 '괜찮다'고 생각하여 자기주관대로 행하는 행동

**예** 신호등의 신호가 녹색에서 황색으로 바뀌었으나 괜찮다고 판단하고 지나감

**정답** 07 ㉮ 08 ㉱ 09 ㉯ 10 ㉯ 11 ㉰

**12** 아담스(Edward Adams)의 사고연쇄 반응이론 중 관리자가 의사결정을 잘못하거나 감독자가 관리적 잘못을 하였을 때의 단계에 해당되는 것은?

㉮ 사고　　　　　㉯ 작전적 에러
㉰ 관리구조　　　㉱ 전술적 에러

〔해설〕 관리자의 의사결정 잘못, 관리적 잘못 → 간접원인
→ 아담스 이론에서 간접원인은 "작전적 에러"에 해당한다.

**아담스(Edward Adams) 연쇄성 이론 5단계**

| 1단계 | 관리구조 |
|---|---|
| 2단계 | 작전적 에러 |
| 3단계 | 전술적 에러 |
| 4단계 | 사고 |
| 5단계 | 상해 |

**13** 다음 중 산업재해의 원인으로 간접적 원인에 해당되지 않는 것은?

㉮ 기술적 원인　　㉯ 물적 원인
㉰ 관리적 원인　　㉱ 교육적 원인

〔해설〕 재해의 직접원인

① 인적원인(불안전한 행동)
② 물적원인(불안전한 상태)

{분석}
실기까지 중요한 내용입니다. 해설을 다시 확인하세요.

**14** 산업안전보건법령상 안전·보건표지에 있어 경고표지의 종류 중 기본모형이 다른 것은?

㉮ 매달린물체경고　　㉯ 폭발성물질경고
㉰ 고압전기경고　　　㉱ 방사성물질경고

〔해설〕

| 208 매달린 물체 경고 | 203 폭발성 물질 경고 | 207 고압 전기 경고 | 206 방사성 물질 경고 |
|---|---|---|---|

**15** 다음 중 정기점검에 관한 설명으로 가장 적합한 것은?

㉮ 안전강조 기간, 방화점검 기간에 실시하는 점검
㉯ 사고 발생 이후 곧바로 외부 전문가에 의하여 실시하는 점검
㉰ 작업자에 의해 매일 작업 전, 중, 후에 해당 작업설비에 대하여 수시로 실시하는 점검
㉱ 기계, 기구, 시설 등에 대하여 주, 월, 또는 분기 등 지정된 날짜에 실시하는 점검

〔해설〕 ㉮ 특별점검
㉯ 임시점검
㉰ 수시점검
㉱ 정기점검

〔참고〕 안전점검의 종류

① 정기점검(계획점검) : 일정 기간마다 정기적으로 실시하는 점검을 말한다.
　• 법적 기준 또는 사내 안전규정에 따라 해당 책임자가 실시하는 점검이다.
② 수시점검(일상점검)
　• 매일 작업 전, 중, 후에 실시하는 점검을 말한다.
　• 작업자·작업책임자·관리감독자가 실시하며 사업주의 안전 순찰도 넓은 의미에서 포함된다.
③ 특별점검
　• 기계·기구 또는 설비의 신설·변경 또는 고장·수리 등으로 비정기적인 특정점검을 말하며 기술 책임자가 실시한다.
　• 산업안전보건 강조기간, 악천후 시에도 실시한다.
④ 임시점검
　• 기계·기구 또는 설비의 이상 발견 시에 임시로 점검하는 점검을 말한다.
　• 정기점검 실시 후 다음 점검기일 이전에 임시로 실시하는 점검의 형태이다.

•)) 정답　12 ㉯　13 ㉯　14 ㉯　15 ㉱

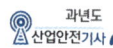

**16** 산업안전보건 법령상 사업주가 근로자에게 실시해야 하는 안전·보건교육의 교육시간에 관한 설명으로 옳은 것은?

㉮ 사무직에 종사하는 근로자의 정기교육은 매반기 6시간 이상이다.

㉯ 관리감독자의 지위에 있는 사람의 정기교육은 연간 8시간 이상이다.

㉰ 일용근로자의 작업내용 변경 시의 교육은 2시간 이상이다.

㉱ 일용근로자 및 기간제 근로자를 제외한 근로자의 채용 시의 교육은 4시간 이상이다.

**해설**
㉯ 관리감독자 정기교육 : 연간 16시간 이상
㉰ 작업내용 변경 시 교육(일용직) : 1시간 이상
㉱ 일용근로자 및 기간제 근로자를 제외한 근로자의 채용 시의 교육 : 8시간 이상

{분석}
실기에도 자주 출제되는 내용입니다. 암기하세요.

**참고** 1. 근로자 안전·보건교육 시간

| 교육과정 | 교육대상 | | 교육시간 |
|---|---|---|---|
| 가. 정기교육 | 1) 사무직 종사 근로자 | | 매반기 6시간 이상 |
| | 2) 그 밖의 근로자 | 가) 판매업무에 직접 종사하는 근로자 | 매반기 6시간 이상 |
| | | 나) 판매업무에 직접 종사하는 근로자 외의 근로자 | 매반기 12시간 이상 |
| 나. 채용 시 교육 | 1) 일용근로자 및 근로계약기간이 1주일 이하인 기간제 근로자 | | 1시간 이상 |
| | 2) 근로계약기간이 1주일 초과 1개월 이하인 기간제 근로자 | | 4시간 이상 |
| | 3) 그 밖의 근로자 | | 8시간 이상 |

| 교육과정 | 교육대상 | 교육시간 |
|---|---|---|
| 다. 작업내용 변경 시 교육 | 1) 일용근로자 및 근로계약기간이 1주일 이하인 기간제 근로자 | 1시간 이상 |
| | 2) 그 밖의 근로자 | 2시간 이상 |
| 라. 특별교육 | 1) 일용근로자 및 근로계약기간이 1주일 이하인 기간제 근로자(타워크레인 신호작업에 종사하는 근로자 제외) | 2시간 이상 |
| | 2) 일용근로자 및 근로계약기간이 1주일 이하인 기간제 근로자 중 타워크레인 신호작업에 종사하는 근로자 | 8시간 이상 |
| | 3) 일용근로자 및 근로계약기간이 1주일 이하인 기간제 근로자를 제외한 근로자 | 가) 16시간 이상(최초 작업에 종사하기 전 4시간 이상 실시하고 12시간은 3개월 이내에서 분할하여 실시 가능) |
| | | 나) 단기간 작업 또는 간헐적 작업인 경우에는 2시간 이상 |
| 마. 건설업 기초안전·보건교육 | 건설 일용근로자 | 4시간 이상 |

2. 관리감독자 안전·보건교육

| 교육과정 | 교육시간 |
|---|---|
| 가. 정기교육 | 연간 16시간 이상 |
| 나. 채용 시 교육 | 8시간 이상 |
| 다. 작업내용 변경 시 교육 | 2시간 이상 |
| 라. 특별교육 | 16시간 이상(최초 작업에 종사하기 전 4시간 이상 실시하고, 12시간은 3개월 이내에서 분할하여 실시 가능) |
| | 단기간 작업 또는 간헐적 작업인 경우에는 2시간 이상 |

**정답** 16 ㉮

**17** 안전교육 중 프로그램 학습법의 장점으로 볼 수 없는 것은?

㉮ 학습자의 학습 과정을 쉽게 알 수 있다.

㉯ 지능, 학습속도 등 개인차를 충분히 고려할 수 있다.

㉰ 매 반응마다 피드백이 주어지기 때문에 학습자가 흥미를 가질 수 있다.

㉱ 여러 가지 수업 매체를 동시에 다양하게 활용할 수 있다.

**해설** 프로그램 학습법의 장·단점

| | |
|---|---|
| 장점 | • 기본개념학습이나 논리적인 학습에 유리하다.<br>• 지능, 학습속도 등 개인차를 고려할 수 있다.<br>• 수업의 모든 단계에 적용이 가능하다.<br>• 수강자들이 학습이 가능한 시간대의 폭이 넓다.<br>• 매 학습마다 피드백을 할 수 있다.<br>• 학습자의 학습과정을 쉽게 알 수 있다. |
| 단점 | • 한 번 개발된 프로그램 자료는 변경이 어렵다.<br>• 개발비가 많이 들고 제작 과정이 어렵다.<br>• 교육 내용이 고정되어 있다.<br>• 학습에 많은 시간이 걸린다.<br>• 집단 사고의 기회가 없다. |

**18** 동기부여이론 중 데이비스(K.Davis)의 이론은 동기유발을 식으로 표현하였다. 옳은 것은?

㉮ 지식(knowledge)×기능(skill)

㉯ 능력(ability)×태도(attitude)

㉰ 상황(situation)×태도(attitude)

㉱ 능력(ability)×동기유발(motivation)

**해설** 데이비스(K. Davis)의 동기부여 이론

① 인간의 성과×물질의 성과 = 경영의 성과

② 지식(knowledge)×기능(skill)
= 능력(ability)

③ 상황(situation) × 태도(attitude)
= 동기유발(motivation)

④ 능력×동기유발
= 인간의 성과(human performance)

**19** 다음 중 산업재해 통계에 있어서 고려해야 될 사항으로 틀린 것은?

㉮ 산업재해 통계는 안전 활동을 추진하기 위한 정밀 자료이며 중요한 안전 활동 수단이다.

㉯ 산업재해 통계를 기반으로 안전조건이나, 상태를 추측해서는 안 된다.

㉰ 산업재해 통계 그 자체보다는 재해 통계에 나타난 경향과 성질의 활용을 중요시해야 된다.

㉱ 이용 및 활용가치가 없는 산업재해 통계는 그 작성에 따른 시간과 경비의 낭비임을 인지하여야 한다.

**해설** ㉮ 산업재해 통계는 안전 활동을 추진하기 위한 기초 자료이다.

**20** 다음 중 무재해운동의 기본이념 3원칙에 해당되지 않는 것은?

㉮ 모든 재해에는 손실이 발생하므로 사업주는 근로자의 안전을 보장하여야 한다는 것을 전제로 한다.

㉯ 위험을 발견, 제거하기 위하여 전원이 참가, 협력하여 각자의 위치에서 의욕적으로 문제 해결을 실천하는 것을 뜻한다.

㉰ 직장 내의 모든 잠재위험요인을 적극적으로 사전에 발견, 파악, 해결함으로써 뿌리에서부터 산업재해를 제거하는 것을 말한다.

㉱ 무재해, 무질병의 직장을 실현하기 위하여 직장의 위험요인을 행동하기 전에 예지하여 발견, 파악 해결함으로써 재해 발생을 예방하거나 방지하는 것을 말한다.

ꔖ**정답** 17 ㉱ 18 ㉰ 19 ㉮ 20 ㉮

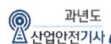

**해설** ㉯ 참여의 원칙
ㄷ 무의 원칙
㉣ 선취의 원칙(안전제일의 원칙)

**참고** 무재해 운동의 3대 원칙
① **무(無)의 원칙**(ZERO의 원칙) : 사업장 내의 모든 잠재위험요인을 적극적으로 사전에 발견하고 파악·해결함으로써 <u>산업재해의 근원적인 요소들을 없앤다는 것을 의미</u>한다.
② **선취의 원칙(안전제일의 원칙)** : 사업장 내에서 <u>행동하기 전에 잠재위험요인을 발견하고 파악·해결하여 재해를 예방하는 것</u>을 의미한다.
③ **참가의 원칙(참여의 원칙)** : 작업에 따르는 잠재위험요인을 발견하고 파악·해결하기 위하여 <u>전원이 일치 협력하여 각자의 위치에서 적극적으로 문제해결을 하겠다는 것</u>을 의미한다.

{분석}
실기까지 중요한 내용입니다. 참고를 다시 확인하세요.

---

## 제2과목 • 인간공학 및 위험성 평가·관리

**21** 다음 중 동작의 효율을 높이기 위한 동작 경제의 원칙으로 볼 수 없는 것은?

㉮ 신체 사용에 관한 원칙
㉯ 작업장의 배치에 관한 원칙
㉰ 복수 작업자 활용에 관한 원칙
㉱ 공구 및 설비 디자인에 관한 원칙

**해설** 동작경제의 3원칙(바안즈 Barnes)
① 인체 사용에 관한 원칙
② 작업장의 배치에 관한 원칙
③ 공구 및 설비의 설계에 관한 원칙

{분석}
필기에 자주 출제되는 내용입니다.

---

**22** 다음 중 간헐적으로 페달을 조작할 때 다리에 걸리는 부하를 평가하기에 가장 적당한 측정 변수는?

㉮ 근전도
㉯ 산소소비량
㉰ 심장박동 수
㉱ 에너지소비량

**해설** 페달 조작 시의 다리근육의 부하 측정 → 근전도 (근육의 활동도 측정)

---

**23** 조사연구자가 특정한 연구를 수행하기 위해서는 어떤 상황에서 실시할 것인가를 선택하여야 한다. 즉, 실험실 환경에서도 가능하고, 실제 현장 연구도 가능한데 다음 중 현장 연구를 수행했을 경우 장점으로 가장 적절한 것은?

㉮ 비용 절감
㉯ 정확한 자료수집 가능
㉰ 일반화가 가능
㉱ 실험조건의 조절용이

**해설** 현장 연구의 장점 → 연구 결과를 현실 세계의 작업 환경에 일반화시키기가 용이하다.

---

**24** FT도 작성에 사용되는 사상 중 시스템의 정상적인 가동상태에서 일어날 것이 기대되는 사상은?

㉮ 통상사상
㉯ 기본사상
㉰ 생략사상
㉱ 결함사상

**해설** 일어날 것이 예상되는 사상 → 통상사상

---

**정답** 21 ㉰ 22 ㉮ 23 ㉰ 24 ㉮

| 기호 | 명명 | 기호 설명 |
|---|---|---|
| ○ | 기본사상 | 더 이상 전개할 수 없는 사건의 원인 |
| △ | 통상사상 | 발생이 예상되는 사상 |
| □ | 결함사상 (정상사상, 중간사상) | 한 개 이상의 입력에 의해 발생된 고장사상 |
| ◇ | 생략사상 | 관련정보가 미비하여 계속 개발될 수 없는 특정 초기사상 |

{분석}
필기에 자주 출제되는 내용입니다.

**25** 다음 중 시스템 안전 프로그램의 개발 단계에서 이루어져야 할 사항의 내용과 가장 거리가 먼 것은?

㉮ 교육훈련을 시작한다.
㉯ 위험분석으로 주로 FMEA가 적용된다.
㉰ 설계의 수용가능성을 위해 보다 완벽한 검토를 한다.
㉱ 이 단계의 모형분석과 검사결과는 OHA의 입력 자료로 사용된다.

[해설] 시스템 개발단계에서는 생산시스템 사용자에게 교육시키기 위한 다양한 훈련과정에 관계 자료들을 제공한다. 제조단계에서 안전교육이 시작된다.

**26** 다음 중 정보를 전송하기 위해 청각적 표시장치나 시각적 표시장치를 사용하는 것이 더 효과적인 경우는?

㉮ 정보의 내용이 간단한 경우
㉯ 정보가 후에 재 참조되는 경우
㉰ 정보가 즉각적인 행동을 요구하는 경우
㉱ 정보의 내용이 시간적인 사건을 다루는 경우

[해설] 청각장치와 시각장치의 비교

| | |
|---|---|
| 청각 장치 | ① 전언이 짧고, 간단할 때<br>② 재참조되지 않음<br>③ 시간적인 사상을 다룬다.<br>④ 즉각적인 행동 요구할 때<br>⑤ 시각계통 과부하일 때<br>⑥ 주위가 너무 밝거나 암조응일 때<br>⑦ 자주 움직이는 경우 |
| 시각 장치 | ① 전언이 길고, 복잡할 때<br>② 재참조된다.<br>③ 공간적인 위치 다룬다.<br>④ 즉각적 행동 요구하지 않을 때<br>⑤ 청각계통 과부하일 때<br>⑥ 주위가 너무 시끄러울 때<br>⑦ 한곳에 머무르는 경우 |

{분석}
필기에 자주 출제되는 내용입니다.

**27** 다음 중 소음 발생에 있어 음원에 대한 대책으로 볼 수 없는 것은?

㉮ 설비의 격리
㉯ 적절한 재배치
㉰ 저소음 설비 사용
㉱ 귀마개 및 귀덮개 사용

[해설] 소음 대책
① 소음원 통제 : 기계에 고무받침대 부착, 차량 소음기 등(가장 적극적인 대책)
② 소음의 격리 : 씌우개, 방, 장벽, 창문 등으로 격리
③ 차폐장치, 흡음제 사용
④ 음향처리제 사용
⑤ 적절한 배치(Layout)
⑥ 배경음악
⑦ 보호구 사용 : 귀마개, 귀덮개(가장 소극적인 대책)

{분석}
필기에 자주 출제되는 내용입니다.

정답 25 ㉮ 26 ㉯ 27 ㉱

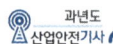

**28** 다음 중 일반적으로 대부분의 임무에서 시각적 암호의 효능에 대한 결과에서 가장 성능이 우수한 암호는?

㉮ 구성 암호
㉯ 영자와 형상 암호
㉰ 숫자 및 색 암호
㉱ 영자 및 구성 암호

**[해설]** 암호의 성능

숫자 암호 > 영문자 암호 > 기하학적 형상 암호 > 구성 암호

{분석}
**필기에 자주 출제되는 내용입니다.**

**29** 다음 중 불(Bool) 대수의 정리를 나타낸 관계식으로 틀린 것은?

㉮ $A \cdot 0 = 0$
㉯ $A + 1 = 1$
㉰ $A \cdot \overline{A} = 1$
㉱ $A(A + B) = A$

**[해설]** ㉰ $A \cdot \overline{A} = 0$

{분석}
**필기에 자주 출제되는 내용입니다.**

**30** 다음 중 인간 오류에 관한 설계기법에 있어 전적으로 오류를 범하지 않게는 할 수 없으므로 오류를 범하기 어렵도록 사물을 설계하는 방법은?

㉮ 배타설계(exclusive design)
㉯ 예방설계(prevention design)
㉰ 최소설계(minimum design)
㉱ 감소설계(reduction design)

**[해설]** 오류를 범하기 어렵도록 설계 → 예방설계

{분석}
**필기에 자주 출제되는 내용입니다.**

**31** 다음 중 어느 부품 1,000개를 100,000시간 동안 가동 중에 5개의 불량품이 발생하였을 때의 평균고장시간(MTTF)은 얼마인가?

㉮ $1 \times 10^6$시간
㉯ $2 \times 10^7$시간
㉰ $1 \times 10^8$시간
㉱ $2 \times 10^9$시간

**[해설]**

① 고장률($\lambda$) = $\dfrac{\text{고장건수}}{\text{총 가동시간}}$ (건/시간)

② 평균고장시간(MTBF) = $\dfrac{1}{\text{고장률}(\lambda)}$ (시간)

1. 고장률($\lambda$) = $\dfrac{5}{1,000 \times 100,000}$ = $5 \times 10^{-8}$건/시간

2. 평균고장시간(MTBF) = $\dfrac{1}{5 \times 10^{-8}}$ = $2 \times 10^7$(시간)

**[참고]**
1. 평균고장시간(MTBF) : 수리가 가능한 제품의 평균고장시간
2. 평균고장시간(MTTF) : 수리가 불가능한 제품의 평균고장시간(처음 고장까지의 시간으로 평균 수명이 된다.)

{분석}
**필기에 자주 출제되는 내용입니다.**

**32** 다음 중 산업안전보건법에 따라 제조업의 유해·위험방지계획서를 작성하고자 할 때 관련 규정에 따라 1명 이상 포함시켜야 하는 사람의 자격으로 적합하지 않은 것은?

㉮ 안전관리분야 기술사 자격을 취득한 사람
㉯ 기계안전·전기안전·화공안전분야의 산업안전지도사 자격을 취득한 사람
㉰ 기사 자격을 취득한 사람으로서 해당 분야에서 5년 근무한 경력이 있는 사람
㉱ 한국산업안전보건공단이 실시하는 관련 교육을 8시간 이수한 사람

•)) 정답 28 ㉰ 29 ㉰ 30 ㉯ 31 ㉯ 32 ㉱

해설 ② 한국산업안전보건공단이 실시하는 관련 교육을 20시간 이수한 사람

참고 **유해위험방지계획서(제조업) 작성 자격을 갖춘 자**

사업주는 계획서를 작성할 때에 다음 각 호의 어느 하나에 해당하는 자격을 갖춘 사람 또는 공단이 실시하는 관련교육을 20시간 이상 이수한 사람 중 1명 이상을 포함시켜야 한다.

1. 기계, 금속, 화공, 전기, 안전관리, 산업보건관리, 산업위생 또는 환경분야 기술사 자격을 취득한 사람
2. 기계안전 · 전기안전 · 화공안전분야의 산업안전지도사 또는 산업위생지도사 자격을 취득한 사람
3. 제1호 관련분야 기사 자격을 취득한 사람으로서 해당 분야에서 3년 이상 근무한 경력이 있는 사람
4. 제1호 관련분야 산업기사 자격을 취득한 사람으로서 해당 분야에서 5년 이상 근무한 경력이 있는 사람
5. 「고등교육법」에 따른 대학 및 산업대학(이공계 학과에 한정한다)을 졸업한 후 해당 분야에서 5년 이상 근무한 경력이 있는 사람 또는 「고등교육법」에 따른 전문대학(이공계 학과에 한정한다)을 졸업한 후 해당 분야에서 7년 이상 근무한 경력이 있는 사람
6. 「초 · 중등교육법」에 따른 전문계 고등학교 또는 이와 같은 수준 이상의 학교를 졸업하고 해당 분야에서 9년 이상 근무한 경력이 있는 사람

{분석}
**필기에 자주 출제되는 내용입니다.**

## 33 다음 중 Weber의 법칙에 관한 설명으로 틀린 것은?

㉮ Weber비는 분별의 짐을 나타낸다.
㉯ Weber비가 작을수록 분별력은 낮아진다.
㉰ 변화감지역(JND)이 작을수록 그 자극차원의 변화를 쉽게 검출할 수 있다.
㉱ 변화감지역(JND)은 사람이 50%를 검출할 수 있는 자극차원의 최소변화이다.

해설 ㉯ Weber비가 작을수록 분별력이 좋다.

참고 **웨버(Weber)의 법칙**

주어진 자극에 대해 인간이 갖는 변화감지역을 표현하는 데에는 Weber의 법칙을 이용한다.

$$\text{Weber의 법칙} = \frac{\Delta I}{I}$$

여기서, $I$ = 표준자극, $\Delta I$ = 변화감지역

{분석}
**필기에 자주 출제되는 내용입니다.**

## 34 [보기]는 화학설비의 안전성 평가 단계를 간략히 나열한 것이다. 다음 중 평가 단계 순서를 올바르게 나타낸 것은?

[보기]
㉠ 관계자료의 작성준비
㉡ 정량적 평가
㉢ 정성적 평가
㉣ 안전대책

㉮ ㉠ → ㉢ → ㉡ → ㉣
㉯ ㉠ → ㉡ → ㉣ → ㉢
㉰ ㉠ → ㉢ → ㉣ → ㉡
㉱ ㉠ → ㉡ → ㉢ → ㉣

해설 **안전성 평가 6단계**

① 1단계 : 관계자료의 정비검토(작성 준비)
② 2단계 : 정성적인 평가
③ 3단계 : 정량적인 평가
④ 4단계 : 안전대책 수립
⑤ 5단계 : 재해사례에 의한 평가
⑥ 6단계 : FTA에 의한 재평가

{분석}
**필기에 자주 출제되는 내용입니다.**

•)) 정답 33 ㉯ 34 ㉮

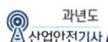

**35** 다음 중 결함수분석법(FTA)에서의 미니멀 컷셋과 미니멀 패스셋에 관한 설명으로 옳은 것은?

㉮ 미니멀 컷셋은 정상사상(top event)을 일으키기 위한 최소한의 컷셋이다.

㉯ 미니멀 컷셋은 시스템의 신뢰성을 표시하는 것이다.

㉰ 미니멀 패스셋은 시스템의 위험성을 표시하는 것이다.

㉱ 미니멀 패스셋은 시스템의 고장을 발생시키는 최소의 패스셋이다.

**해설** **1. 컷셋(Cut Set)**
- 정상사상을 발생시키는 기본사상의 집합
- 모든 기본사상이 일어났을 때 정상사상을 일으키는 기본사상들의 집합이다.

**2. 미니멀 컷(Minimal Cut Set)**
- 정상사상을 일으키기 위한 기본사상의 최소집합(최소한의 컷)
- 시스템의 위험성을 나타낸다.

**3. 패스셋(Path Set)**
- <u>시스템의 고장을 일으키지 않는</u> 기본사상들의 집합
- 포함된 기본사상이 일어나지 않을 때 처음으로 정상사상이 일어나지 않는 기본사상들의 집합이다.

**4. 미니멀 패스(Minimal Path Set)**
- 시스템의 기능을 살리는 최소한의 집합(최소한의 패스)
- 시스템의 신뢰성을 나타낸다.

{분석}
**필기에 자주 출제되는 내용입니다.**

**36** 다음 중 시성능기준함수(VLB)의 일반적인 수준 설정으로 틀린 것은?

㉮ 현실 상황에 적합한 조명 수준이다.

㉯ 표적 탐지 확률은 50%에서 99%로 한다.

㉰ 표적(target)은 정적인 과녁에서 동적인 과녁으로 한다.

㉱ 언제, 시계 내의 어디에 과녁이 나타날지 아는 경우이다.

**해설** ㉱ 언제, 시계 내의 어디에 과녁이 나타날지 모르는 경우에 해당한다.

**37** 다음 중 인간-기계 시스템을 3가지로 분류한 설명으로 틀린 것은?

㉮ 자동 시스템에서는 인간요소를 고려하여야 한다.

㉯ 자동 시스템에서 인간은 감시, 정비유지, 프로그램 등의 작업을 담당한다.

㉰ 수동 시스템에서 기계는 동력원을 제공하고 인간의 통제 하에서 제품을 생산한다.

㉱ 기계 시스템에서는 동력기계화 체계와 고도로 통합된 부품으로 구성된다.

**해설** ㉰ 수동시스템에서 인간이 동력원을 제공하고 수공구를 활용하는 체계이다.

**참고** 인간 - 기계 통합시스템(man-machine system)의 유형

| 수동<br>시스템 | • 사용자가 손공구나 기타 보조물 등을 사용하여 자기의 신체적 힘을 동력원으로 하여 작업을 수행하는 시스템이다.<br>• 가장 다양성이 높은 체계이다.<br>• 예 : 장인과 공구 |
| --- | --- |

**정답** 35 ㉮ 36 ㉱ 37 ㉰

최근 기출문제 **2014**

| 기계<br>시스템<br>(반자동<br>시스템) | • 여러 종류의 동력 공작 기계와 같이 고도로 통합된 부품들로 구성되어 있다.<br>• 인간의 역할은 제어 기능을 담당하고, 힘에 대한 공급은 기계가 담당한다.<br>• 운전자의 조종에 의해 운용되며 융통성이 없는 시스템이다.<br>• 예 : 자동차, 공작기계 등 |
|---|---|
| 자동<br>시스템 | • 기계가 감지, 정보 처리 및 의사 결정, 행동 기능 및 정보 보관 등 모든 임무를 미리 설계된 대로 수행하게 된다.<br>• 인간은 감시, 감독, 보전 등의 역할을 담당하게 된다.<br>• 예 : 컴퓨터, 자동교환대 등 |

{분석}
**필기에 자주 출제되는 내용입니다.**

**38** 다음 중 각 기본사상의 발생확률이 증감하는 경우 정상사상의 발생확률에 어느 정도 영향을 미치는가를 반영하는 지표로서 수리적으로는 편미분계수와 같은 의미를 갖는 FTA 중요도 지수는?

㉮ 구조 중요도　　㉯ 확률 중요도
㉰ 치명 중요도　　㉱ 비구조 중요도

해설 정상사상의 발생확률을 나타내는 지표 →
확률 중요도

**39** 중이소골(ossicle)이 고막의 진동을 내이의 난원창(oval window)에 전달하는 과정에서 음파의 압력은 어느 정도 증폭되는가?

㉮ 2배　　　　㉯ 12배
㉰ 22배　　　　㉱ 220배

해설 난원창에서 음파의 압력은 22배 증폭된다.

참고 소리 전달 과정

외이 → 고막 → 청소골 → 난원창 진동 → 전정계 → 고실계 → 기저막 진동 → 청세포 자극 → 청신경 자극 → 대뇌

**40** 다음 설명 중 ㉠과 ㉡에 해당하는 내용이 올바르게 연결된 것은?

> 예비위험분석(PHA)의 식별된 4가지 사고 카테고리 중 작업자의 부상 및 시스템의 중대한 손해를 초래하거나 작업자의 생존 및 시스템의 유지를 위하여 즉시 수정 조치를 필요로 하는 상태는 ( ㉠ ), 작업자의 부상 및 시스템의 중대한 손해를 초래하지 않고 대처 또는 제어할 수 있는 상태를 ( ㉡ )(이)라 한다.

㉮ ㉠ – 파국적, ㉡ – 중대
㉯ ㉠ – 중대, ㉡ – 파국적
㉰ ㉠ – 한계적, ㉡ – 중대
㉱ ㉠ – 중대, ㉡ – 한계적

해설 PHA 카테고리 분류

| Class 1 :<br>파국적(catastrophic) | 사망, 시스템 손상 |
|---|---|
| Class 2 :<br>위기적(critical) | 심각한 상해, 시스템 중대 손상 |
| Class 3 :<br>한계적(marginal) | 경미한 상해, 시스템 성능 저하 |
| Class 4 :<br>무시(negligible) | 경미한 상해 및 시스템 저하 없음 |

{분석}
**필기에 자주 출제되는 내용입니다.**

◟) 정답 38 ㉯ 39 ㉰ 40 ㉱

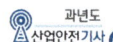
## 제3과목 • 기계 · 기구 및 설비 안전 관리

**41** 리프트의 제작기준 등을 규정함에 있어 정격속도의 정의로 옳은 것은?

㉮ 화물을 싣고 하강할 때의 속도
㉯ 화물을 싣고 상승할 때의 최고속도
㉰ 화물을 싣고 상승할 때의 평균속도
㉱ 화물을 싣고 상승할 때와 하강할 때의 평균속도

**[해설]** 정격속도(rated speed) : 크레인에 정격하중에 상당하는 하중을 매달고 권상, 주행, 선회 또는 횡행할 수 있는 최고속도

**42** 기계의 각 작동 부분 상호 간을 전기적, 기구적, 공유압 장치 등으로 연결해서 기계의 각 작동 부분이 정상으로 작동하기 위한 조건이 만족되지 않을 경우 자동적으로 이 기계를 작동할 수 없도록 하는 것을 무엇이라 하는가?

㉮ 인터록 기구
㉯ 과부하방지장치
㉰ 트립 기구
㉱ 오버런 기구

**[해설]** 기계의 작동 부분이 정상 작동 조건이 아닌 경우 작동을 할 수 없도록 하는 것 → 인터록 기구(연동 기구)

**43** 일반적으로 기계설비의 점검시기를 운전 상태와 정지 상태로 구분할 때 다음 중 운전 중의 점검 사항이 아닌 것은?

㉮ 클러치의 동작상태
㉯ 베어링의 온도 상승 여부
㉰ 설비의 이상음과 진동상태
㉱ 동력전달부의 볼트 · 너트의 풀림 상태

**[해설]**

| 정지 상태에서 점검해야 할 사항 | 운전 상태에서 점검해야 할 사항 |
|---|---|
| ① 주유 상태 | ① 클러치 |
| ② 개폐기의 이상 유무 | ② 기어의 맞물림 상태 |
| ③ 방호 장치의 이상 유무 | ③ 베어링의 온도 상승 유무 |
| ④ 동력 전달 장치의 이상 유무 | ④ 이상음 및 진동상태 |
| ⑤ 볼트, 너트의 풀림 유무 | ⑤ 슬라이드면의 온도 상승 여부 |
| ⑥ 스위치 상태의 이상 유무 | |

**44** 다음 중 드릴 작업의 안전수칙으로 가장 적합한 것은?

㉮ 손을 보호하기 위하여 장갑을 착용한다.
㉯ 작은 일감은 양 손으로 견고히 잡고 작업한다.
㉰ 정확한 작업을 위하여 구멍에 손을 넣어 확인한다.
㉱ 작업 시작 전 척 렌치(chuck wrench)를 반드시 뺀다.

**[해설]** ㉮ 장갑 착용은 금지한다.
㉯ 작은 일감은 바이스로 고정한다.
㉰ 구멍에 손을 넣어 확인해서는 안 된다.

**[참고]** 1. 드릴 안전 대책
① 드릴 작업 시에는 장갑 착용 금지
② 칩 제거 시에는 운전 중지 후 솔로서 제거
③ 큰 구멍을 뚫을 때에는 작은 구멍을 먼저 뚫은 후에 뚫을 것
④ 작업 시에는 보안경 착용
⑤ 자동 이송작업 중에는 기계를 멈추지 말 것

2. 일감 고정 방법
① 일감이 작을 때 : 바이스로 고정
② 일감이 크고 복잡할 때 : 볼트와 고정구
③ 대량 생산과 정밀도를 요할 때 : 전용의 지그 사용

•)) **정답** 41 ㉯ 42 ㉮ 43 ㉱ 44 ㉱

**45** 질량 100kg의 화물이 와이어로프에 매달려 2m/s²의 가속도로 권상되고 있다. 이때 와이어로프에 작용하는 장력의 크기는 몇 N인가? (단, 여기서 중력가속도는 10m/s²로 한다.)

㉮ 200N  ㉯ 300N
㉰ 1200N  ㉱ 2000N

[해설] **와이어로프에 걸리는 총 하중 계산**

총 하중$(w)$=정하중$(w_1)$+동하중$(w_2)$
$$=정하중(w_1)+\left(\frac{w_1}{g}\times a\right)$$

- 동하중$(w_2)=\dfrac{w_1}{g}\times a$
- 정하중$(w_1)$ : 매단 물체의 무게

여기서, $w$ : 총 하중$(\text{kg}_f)$
$w_1$ : 정하중$(\text{kg}_f)$
$w_2$ : 동하중$(\text{kg}_f)$
$g$ : 중력 가속도$(9.8\text{m/s}^2)$
$a$ : 가속도$(\text{m/s}^2)$

총 하중$(w) = 100 + \dfrac{100}{10}\times 2 = 120\text{kg}\times 10$
$$= 1200\text{N}\,(\text{kg}\times\text{중력가속도} = \text{N})$$

**46** 다음 중 산업안전보건 법령상 보일러에 설치하여야 하는 방호장치에 해당하지 않는 것은?

㉮ 절탄장치
㉯ 압력 제한스위치
㉰ 입력방출장치
㉱ 고저 수위 조질장치

[해설] **보일러의 방호장치**
① 압력방출 장치
② 압력제한 스위치
③ 고저 수위조절 장치
④ 화염검출기

{분석}
**실기까지 중요한 내용입니다. 암기하세요.**

**47** 다음 중 정 작업 시의 작업 안전 수칙으로 틀린 것은?

㉮ 정 작업 시에는 보안경을 착용하여야 한다.
㉯ 정 작업으로 담금질된 재료를 가공해서는 안 된다.
㉰ 정 작업을 시작할 때와 끝날 무렵에는 세게 친다.
㉱ 철강재를 정으로 절단 시에는 철편이 날아 튀는 것에 주의한다.

[해설] ㉰ 자르기 시작할 때와 끝날 무렵에는 세게 치지 말 것

[참고] **정 작업 시 안전 수칙**
① 작업을 할 때는 반드시 보안경을 착용할 것
② 정으로 담금질 된 재료를 가공하지 말 것
③ 자르기 시작할 때와 끝날 무렵에는 세게 치지 말 것
④ 철강재를 정으로 절단할 때에는 철편이 날아 튀는 것에 주의할 것

**48** 다음 중 산업안전보건 법령상 지게차의 헤드가드가 갖추어야 하는 사항으로 틀린 것은?

㉮ 강도는 지게차의 최대하중의 2배 값(4톤을 넘는 값에 대해서는 4톤으로 한다)의 등분포정하중(等分布靜荷重)에 견딜 수 있을 것
㉯ 상부틀의 각 개구의 폭 또는 길이가 20cm 이상일 것
㉰ 운전자가 서서 조작하는 방식의 지게차의 헤드가드의 높이는 1,905mm 이상일 것
㉱ 운전자가 앉아서 조작하는 방식의 지게차의 헤드가드의 높이는 903mm 이상일 것

[해설] ㉯ 상부 틀의 각 개구의 폭 또는 길이는 16센티미터 미만일 것

🔊 정답 **45** ㉰ **46** ㉮ **47** ㉰ **48** ㉯

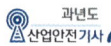

**참고** 헤드가드의 구비조건

① 상부 틀의 각 개구의 폭 또는 길이는 16센티미터 미만일 것
② 강도는 지게차의 최대하중의 2배 값(4톤을 넘는 값에 대해서는 4톤으로 한다)의 등분포정하중(等分布靜荷重)에 견딜 수 있을 것
③ 운전자가 앉아서 조작하거나 서서 조작하는 지게차의 헤드가드는 한국산업표준에서 정하는 높이 기준 이상일 것
(좌식 : 903mm 이상, 입식 : 1,905mm 이상)

{분석}
실기까지 중요한 내용입니다. "참고"를 다시 확인하세요.

## 49 둥근톱의 톱날 직경이 500mm일 경우 분할날의 최소길이는 약 얼마이어야 하는가?

㉮ 262mm  ㉯ 314mm
㉰ 333mm  ㉱ 410mm

**해설** 분할날 최소길이

$$L = \frac{\pi \times D}{6} (mm)$$

여기서, $D$ : 톱날직경(mm)

$$L = \frac{\pi \times D}{6} = \frac{\pi \times 500}{6} = 261.8mm$$

## 50 연삭숫돌의 기공 부분이 너무 작거나, 연질의 금속을 연마할 때에 숫돌표면의 공극이 연삭 칩에 막혀서 연삭이 잘 행하여지지 않는 현상을 무엇이라 하는가?

㉮ 자생 현상
㉯ 드레싱 현상
㉰ 그레이징 현상
㉱ 눈메꿈 현상

**해설** 연삭숫돌 표면의 공극이 연삭 칩에 막혀 연삭이 잘 되지 않는 현상 → 눈메꿈 현상

## 51 다음 중 밀링 작업에 있어서의 안전조치 사항으로 틀린 것은?

㉮ 절삭유의 주유는 가공 부분에서 분리된 커터의 위에서 하도록 한다.
㉯ 급속이송은 백래시 제거장치가 동작하지 않고 있음을 확인한 다음 행한다.
㉰ 밀링 커터의 칩은 작고 날카로우므로 반드시 칩 브레이커로 한다.
㉱ 상하좌우의 이송장치의 핸들은 사용 후 풀어 놓는다.

**해설** ㉰ 칩브레이커 : 선반의 긴 칩을 절단하는 장치

**참고** 밀링 작업의 안전

① 커터가 날카롭고 예리해서 칩이 가장 가늘고 예리하다.
② 반드시 보호안경 착용, 장갑은 절대 착용을 금지한다.
③ 칩 제거는 운전 정지 후 브러시를 이용한다.
④ 강력 절삭 시 일감을 바이스에 깊게 물린다.
⑤ 제품을 측정, 풀어낼 때는 반드시 운전을 정지한다.
⑥ 보링, 드릴, 내형 홈파기 작업이 가능하다.

## 52 산업안전보건법령상 비파괴검사를 해서 결함 유무를 확인하여야 하는 고속회전체의 기준으로 옳은 것은?

㉮ 회전축의 중량이 100킬로그램을 초과하고 원주 속도가 초당 120미터 이상인 고속 회전체
㉯ 회전축의 중량이 500킬로그램을 초과하고 원주 속도가 초당 100미터 이상인 고속 회전체
㉰ 회전축의 중량이 1톤을 초과하고 원주 속도가 초당 120미터 이상인 고속 회전체
㉱ 회전축의 중량이 3톤을 초과하고 원주 속도가 초당 100미터 이상인 고속 회전체

**정답** 49 ㉮ 50 ㉱ 51 ㉰ 52 ㉰

**해설** 회전축의 중량이 1톤을 초과하고 원주 속도가 매초
당 120미터 이상인 것에 한하는 것의 회전시험을
하는 때에는 미리 회전축의 재질 및 형상 등에 상
응하는 종류의 비파괴검사를 실시하여 결함 유무를
확인하여야 한다.

**53** 다음은 프레스기에 사용되는 수인식 방호
장치에 관한 설명이다. ( ) 안의 ㉠, ㉡에
들어갈 내용으로 가장 적합한 것은?

> 수인식 방호장치는 일반적으로 행정수가
> ( ㉠ )이고, 행정 길이는 ( ㉡ )의 프레
> 스에 사용이 가능한데, 이러한 제한은
> 행정수의 경우 손이 충격적으로 끌리는
> 것을 방지하기 위해서이며, 행정 길이
> 는 손이 안전한 위치까지 충분히 끌리
> 도록 하기 위해서이다.

㉮ ㉠ : 150SPM 이하, ㉡ : 30mm 이상
㉯ ㉠ : 120SPM 이하, ㉡ : 40mm 이상
㉰ ㉠ : 150SPM 이하, ㉡ : 30mm 미만
㉱ ㉠ : 120SPM 이상, ㉡ : 40mm 미만

**해설** 행정 길이 40mm 이상, SPM 120 이하에서 사용
가능한 프레스의 방호장치
① 손쳐내기식
② 수인식

**참고** 프레스의 방호장치 설치기준
(1) 일행정 일정지식 프레스(크랭크 프레스)
① 양수 조작식
② 게이트 가드식
(2) 행정 길이 40mm 이상, SPM 120 이하에서 사
용가능
① 손쳐내기식
② 수인식
(3) 슬라이드 작동중 정지 가능한 구조(급정지장치
가짐)
① 감응식(광전자식)
② 양수조작식

(4) 마찰프레스에 사용하나 크랭크식 프레스에 사용
불가능 : 감응식 (광전자식)

{분석}
실기까지 중요한 내용입니다. 참고를 다시 확인하세요.

**54** 다음 중 아세틸렌 용접시 역화가 일어날
때 가장 먼저 취해야 할 행동으로 가장 적
절한 것은?

㉮ 산소밸브를 즉시 잠그고, 아세틸렌 밸
브를 잠근다.
㉯ 아세틸렌 밸브를 즉시 잠그고, 산소밸
브를 잠근다.
㉰ 산소밸브는 열고, 아세틸렌 밸브는 즉
시 닫아야 한다.
㉱ 아세틸렌의 사용압력을 1kgf/cm² 이하
로 즉시 낮춘다.

**해설** 역화발생 시에는 산소밸브를 즉시 닫아야 한다.

**참고** ① 작업을 시작할 때는 아세틸렌 밸브를 먼저 열고
산소 밸브를 열어야 한다.
② 작업이 끝난 후에는 산소 밸브를 먼저 닫고 아세
틸렌 밸브를 닫아야 한다.

**55** 다음 중 롤러기에 사용되는 급정지장치의
급정지거리 기준으로 옳은 것은?

㉮ 앞면 롤러의 표면속도가 30m/min 미만
이면 급정지 거리는 앞면 롤러 직경의
1/3 이내이어야 한다.
㉯ 앞면 롤러의 표면속도가 30m/min 이상
이면 급정지 거리는 앞면 롤러 직경의
1/3 이내이어야 한다.
㉰ 앞면 롤러의 표면속도가 30m/min 미만
이면 급정지 거리는 앞면 롤러 원주의
1/3 이내이어야 한다.
㉱ 앞면 롤러의 표면속도가 30m/min 이상
이면 급정지 거리는 앞면 롤러 원주의
1/3 이내이어야 한다.

정답 53 ㉯ 54 ㉮ 55 ㉰

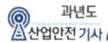

**해설** 앞면 롤러의 표면속도에 따른 급정지 거리

| 앞면 롤러의<br>표면속도<br>(m/min) | 급정지 거리 |
|---|---|
| 30 미만 | 앞면 롤러 원주의 $\dfrac{1}{3}$ 이내<br>$(=\pi \cdot D \cdot \dfrac{1}{3})$ |
| 30 이상 | 앞면 롤러 원주의 $\dfrac{1}{2.5}$ 이내<br>$(=\pi \cdot D \cdot \dfrac{1}{2.5})$ |

이 때 표면속도의 산식은

$$V = \frac{\pi \times D \times N}{1,000}\ (\text{m/min})$$

여기서, V : 표면속도
D : 롤러 원통의 직경(mm)
N : 1분간에 롤러기가 회전되는 수(rpm)

{분석}
**실기까지 중요한 내용입니다. 공식을 암기하세요.**

## 56 다음 중 설비의 일반적인 고장형태에 있어 마모고장과 가장 거리가 먼 것은?

㉮ 부품, 부재의 마모
㉯ 열화에 생기는 고장
㉰ 부품, 부재의 반복 피로
㉱ 순간적 외력에 의한 파손

**해설** 마모고장(증가형)
① 기계적 요소나 부품의 마모, 사람의 노화 현상 등에 의해 고장률이 상승하는 형이다.
② 고장이 일어나기 직전에 교환, 안전 진단 및 적당한 보수에 의해서 방지할 수 있는 고장이다.

## 57 다음 중 프레스기계의 위험을 방지하기 위한 본질적 안전화(no-hand in die 방식)가 아닌 것은?

㉮ 안전금형의 사용
㉯ 수인식 방호장치 사용
㉰ 전용프레스 사용
㉱ 금형에 안전울 설치

**해설** 프레스의 본질안전 조건(No-hand in die 방식, 금형 내 손이 들어가지 않는 구조)
① 안전울을 부착한 프레스
② 안전한 금형 사용
③ 전용 프레스 도입
④ 자동 프레스 도입

{분석}
**실기까지 중요한 내용입니다. 해설을 다시 확인하세요.**

## 58 다음 중 수평거리 20m, 높이가 5m인 경우 지게차의 안정도는 얼마인가?

㉮ 10%  ㉯ 20%
㉰ 25%  ㉱ 40%

**해설** 비탈길에서의 지게차의 안정도
$$= \frac{\text{높이}}{\text{수평거리}} \times 100 = \frac{5}{20} \times 100 = 25\%$$

**참고** 지게차의 안정도
① 주행 시 좌·우 안정도 = 15 + 1.1V(%)
  (V : 최고속도 km/hr)
② 주행 시 전·후 안정도 : 18%
③ 하역작업 시 좌·우 안정도 : 6%
④ 하역작업 시 전·후 안정도 : 4%
  (단, 5T 이상의 것 3.5%)

**정답** 56 ㉱ 57 ㉯ 58 ㉰

**59** 다음 중 선반의 방호장치로 적당하지 않은 것은?

㉮ 쉴드(shield)
㉯ 슬라이딩(sliding)
㉰ 척커버(chuck cover)
㉱ 칩 브레이커(chip breaker)

**[해설] 선반의 안전장치**
① 쉴드(Shield) : 칩 및 절삭유의 비산을 방지하기 위해 설치하는 <u>플라스틱 덮개</u>
② 칩 브레이커 : <u>칩을 짧게 절단하는 장치</u>
③ 척 커버 : 기어 등을 복개하는 장치
④ <u>브레이크 : 선반의 일시 정지장치</u>

**60** 산업용 로봇은 크게 입력정보교시에 의한 분류와 동작형태에 의한 분류로 나눌 수 있다. 다음 중 입력정보교시에 의한 분류에 해당되는 것은?

㉮ 관절 로봇
㉯ 극좌표 로봇
㉰ 원통좌표 로봇
㉱ 수치제어 로봇

**[해설] 산업용 로봇의 입력정보 및 교시방법에 따른 분류**
① 수동 조작형 로봇(Manual Mankipulator)
② 고정 작업형 로봇(Fixed Sequence Robot)
③ 가변 작업형 로봇(Variable Sequence Robot)
④ 기억재생 로봇(Playback Robot)
⑤ 수치제어 로봇(Numerically Controlled Robot)
⑥ 지능 로봇(Intelligent Robot)
⑦ 김긱제어 로봇
⑧ 적용제어 로봇
⑨ 학습제어로봇

**[참고] 산업용 로봇의 기구학적 형태에 따른 분류**
① 직각좌표형 로봇
② 원통좌표형 로봇
③ 극좌표형 로봇
④ 다관절형 로봇

---

**제4과목** · **전기설비 안전 관리**

**61** 감전사고로 인한 호흡 정지 시 구강대 구강법에 의한 인공호흡의 매분 횟수와 시간은 어느 정도 하는 것이 바람직한가?

㉮ 매분 5~10회, 30분 이하
㉯ 매분 12~15회, 30분 이상
㉰ 매분 20~30회, 30분 이하
㉱ 매분 30회 이상, 20분~30분 정도

**[해설] 인공호흡 요령**
① 1분당 12~15회(4초 간격), 30분 이상 계속 실시한다.
② 1분 이내 소생률 : 95% 이상

**62** 다음은 어떤 방전에 대한 설명인가?

> 대전이 큰 엷은 층상의 부도체를 박리할 때 또는 엷은 층상의 대전된 부도체의 뒷면에 일정한 접지체가 있을 때 표면에 연한 복수의 수지상 발광을 수반하여 발생하는 방전

㉮ 코로나 방전
㉯ 뇌상 방전
㉰ 연면 방전
㉱ 불꽃 방전

**[해설]** 표면에 연한 수지상 발광을 수반하는 방전
→ 연면 방전

**[참고] 연면 방전**
절연체 표면의 전계강도가 큰 경우에 <u>고체표면을 따라서 진행하는 방전</u>을 말한다.

---

**정답** 59 ㉯ 60 ㉱ 61 ㉯ 62 ㉰

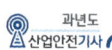
**63** 다음은 인체 내에 흐르는 60Hz 전류의 크기에 따른 영향을 기술한 것이다. 틀린 것은? (단, 통전 경로는 손 → 발, 성인 (남)의 기준이다)

㉮ 20~30mA는 고통을 느끼고 강한 근육의 수축이 일어나 호흡이 곤란하다.

㉯ 50~100mA는 순간적으로 확실하게 사망한다.

㉰ 1~8mA는 쇼크를 느끼나 인체의 기능에는 영향이 없다.

㉱ 15~20mA는 쇼크를 느끼고 감전 부위 가까운 쪽의 근육이 마비된다.

**해설** 통전 전류 세기와 인체의 영향

| 종류 | 내용 | 비고 |
|---|---|---|
| 최소 감지 전류 | 짜릿함을 느끼는 최소의 전류치 | 1~2mA (성인남자, 상용 주파수 60Hz 기준) |
| 고통 감지 전류 | 참을 수 있으나 고통을 느끼는 전류치 | 2~8mA |
| 이탈가능 감지 전류 | 전원으로부터 떨어질 수 있는 최대전류치 | 8~15mA |
| 이탈불능 감지 전류 | 근육수축이 격렬하여 전원으로부터 떨어질 수 없는 전류치 | 15~50mA |
| 심실세동 감지 전류 | 심장박동 불규칙으로 심장마비를 일으켜 수분 내 사망할 수 있는 전류치 | 100mA 이상 |

**64** 감전 사고가 발생했을 때 피해자를 구출하는 방법으로 옳지 않은 것은?

㉮ 피해자가 계속하여 전기설비에 접촉되어 있다면 우선 그 설비의 전원을 신속히 차단한다.

㉯ 순간적으로 감전 상황을 판단하고 피해자의 몸과 충전부가 접촉되어 있는지를 확인한다.

㉰ 충전부에 감전되어 있으면 몸이나 손을 잡고 피해자를 곧바로 이탈시켜야 한다.

㉱ 절연 고무장갑, 고무장화 등을 착용한 후에 구원해 준다.

**해설** ㉰ 절연봉, 건조한 나무, 고무 등의 절연물을 이용하여 충전부에서 이탈시켜야 한다.

**65** 그림과 같이 변압기 2차에 200V의 전원이 공급되고 있을 때 지락점에서 지락 사고가 발생하였다면 회로에 흐르는 전류는 몇 A인가? (단, $R_2 = 10\,\Omega$, $R_3 = 30\,\Omega$ 이다)

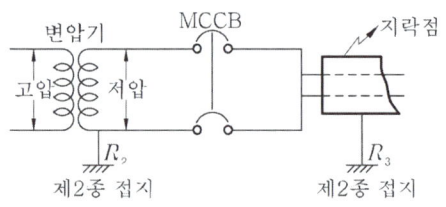

㉮ 5A  ㉯ 10A
㉰ 15A  ㉱ 20A

**해설** 1. $R_T = R_2 + R_3 = 10 + 30 = 40\Omega$

2. $V = I \times R$

$$I = \frac{V}{R} = \frac{200}{40} = 5A$$

•)) 정답  63 ㉯  64 ㉰  65 ㉮

**66** 정전기 재해방지 대책에서 접지 방법에 해당되지 않는 것은?

㉮ 접지단자와 접지용 도체와의 접속에 이용되는 접지기구는 견고하고 확실하게 접속시켜 주는 것이 좋다.

㉯ 접지단자는 접지용 도체, 접지기구와 확실하게 접촉될 수 있도록 금속면이 노출되어 있거나, 금속면에 나사, 너트 등을 이용하여 연결할 수 있어야 한다.

㉰ 접지용 도체의 설치는 정전기가 발생하는 작업 전이나 발생할 우려가 없게 된 후 정치시간이 경과한 후에 행하여야 한다.

㉱ 본딩은 금속도체 상호간에 전기적 접속이므로 접지용 도체, 접지단자에 의하여 표준 환경조건에서 저항은 1MΩ 미만이 되도록 견고하고 확실하게 실시하여야 한다.

**해설** 본딩과 접지

1. 본딩(Bonding) : 둘 또는 그 이상의 도전성 물질이 같은 전위를 갖도록 노체로 접속하는 것을 말한다.

2. 본딩은 2개 또는 그 이상의 도체를 사용하여 서로 접속함으로써 각 도체의 전위를 같도록 해주는 것이며, 접지는 도체를 대지와 접속함으로써 그 전위를 '0'으로 만드는 것이다.

3. 정전기가 축적되는 것을 방지하기 위한 접지경로의 저항은 전하를 소멸시키기에 충분해야 한다. 1MΩ 이하의 저항은 일반적으로 중문하다고 보며, 본딩/접지 시스템이 모두 금속인 곳에서의 접지경로 저항은 일반적으로 10Ω 이하이다.

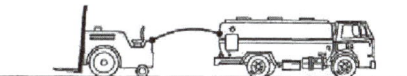
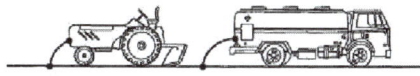
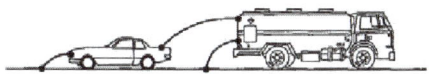

**67** 전선로를 개로한 후에도 잔류 전하에 의한 감전재해를 방지하기 위하여 방전을 요하는 것은?

㉮ 나선의 가공 송배선 선로

㉯ 전열회로

㉰ 전동기에 연결된 전선로

㉱ 개로한 전선로가 전력 케이블로 된 것

**해설** 전력케이블, 전력콘덴서, 용량이 큰 부하기기 등 전원차단 후에도 잔류전하에 의한 위험이 발생할 우려가 있는 것은 잔류전하를 확실히 방전하여야 한다.

〔분석〕
필기에 자주 출제되는 내용입니다.
해설을 다시 확인하세요.

**68** 인체저항에 대한 설명으로 옳지 않은 것은?

㉮ 인체저항은 인가전압의 함수이다.

㉯ 인가 시간이 길어지면 온도 상승으로 인체저항은 증가한다.

㉰ 인체저항은 접촉면적에 따라 변한다.

㉱ 1,000V 부근에서 피부의 절연파괴가 발생할 수 있다.

**해설** ㉯ 인가 시간이 길어지면 인체 저항은 감소한다.

•)) 정답 66 ㉱ 67 ㉱ 68 ㉯

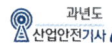
**69** 전동기용 퓨즈의 사용 목적으로 알맞은 것은?

㉮ 과전압 차단
㉯ 지락과전류 차단
㉰ 누설전류 차단
㉱ 회로에 흐르는 과전류 차단

> **[해설]** **퓨즈** : 일정 값 이상의 전류(과전류)가 흐르면 용단 되며 <u>과전류를 차단하여 회로 및 기기를 보호한다</u>.

**70** 정전기 화재폭발 원인인 인체대전에 대한 예방대책으로 옳지 않은 것은?

㉮ 대전물체를 금속판 등으로 차폐한다.
㉯ 대전방지제를 넣은 제전복을 착용한다.
㉰ 대전방지 성능이 있는 안전화를 착용한다.
㉱ 바닥 재료는 고유저항이 큰 물질로 사용한다.

> **[해설]** **인체에 대전된 정전기 위험 방지조치**
> ① 정전기용 안전화의 착용
> ② 제전복(除電服)의 착용
> ③ 정전기제전용구의 사용
> ④ 작업장 바닥 등에 도전성(저항이 작은 물질)을 갖추도록 하는 등의 조치

**71** 교류 3상 전압 380V, 부하 50kVA인 경우 배선에서의 누전전류의 한계는 몇 mA 인가? (단, 전기설비기술기준에서의 누설전류 허용값을 적용한다)

㉮ 10mA  ㉯ 38mA
㉰ 54mA  ㉱ 76mA

> **[해설]** 1. $50KVA \rightarrow$ 전압(V)×전류(A)
> $= 50kW = 50,000W$
> $\therefore$ 전류$= \dfrac{50,000}{전압} = \dfrac{50,000}{380} = 131.58A$

2. 누설전류 = 최대공급전류 $\times \dfrac{1}{2,000}$

$\therefore$ 누설전류
$= 131.58 \times \dfrac{1}{2,000} = 0.06579A \times 1,000$
$= 65.79mA$

3. 3상이므로 $65.79 \times \dfrac{1}{\sqrt{3}} = 38mA$

> **{분석}**
> **출제비중이 낮은 문제입니다.**

**72** 정전기 발생에 영향을 주는 요인이 아닌 것은?

㉮ 물체의 분리속도
㉯ 물체의 특성
㉰ 물체의 접촉시간
㉱ 물체의 표면 상태

> **[해설]** 정전기 발생에 영향을 주는 요인

| 물체의 특성 | 대전서열에서 멀리 있는 물체들끼리 마찰할수록 발생량이 많다. |
|---|---|
| 물체의 표면 상태 | 표면이 거칠수록, 표면이 수분, 기름 등에 오염될수록 발생량이 많다. |
| 물체의 이력 | 처음 접촉, 분리할 때 정전기 발생량이 최고이고, 반복될수록 발생량은 줄어든다. |
| 접촉 면적 및 압력 | 접촉면적이 넓을수록, 접촉압력이 클수록 발생량이 많다. |
| 분리 속도 | 분리속도가 빠를수록 발생량이 많다. |

**73** 대지를 접지로 이용하는 이유는?

㉮ 대지는 넓어서 무수한 전류통로가 있기 때문에 저항이 작다.
㉯ 대지는 철분을 많이 포함하고 있기 때문에 저항이 작다.
㉰ 대지는 토양의 주성분이 산화알루미늄($Al_2O_3$)이므로 저항이 작다.

---

**●)) 정답** 69 ㉱ 70 ㉱ 71 ㉯ 72 ㉰ 73 ㉮

㉠ 대지는 토양의 주성분이 규소($SiO_2$)이 므로 저항이 영(Zero)에 가깝다.

**[해설]** 접지는 접지도체를 이용, 대지에 전기적으로 연결하여 누설 전류를 무한히 큰 대전체인 "지구"에 흘려주는 것이다. **대지는 무한히 많은 전류통로가 있어서 저항이 작아 전류가 잘 흐르기 때문이다.**

**74** 방폭전기기기의 발화도의 온도등급과 최고 표면온도에 의한 폭발성 가스의 분류 표기를 가장 올바르게 나타낸 것은?

㉠ $T_1$ : 450℃ 이하

㉡ $T_2$ : 850℃ 이하

㉢ $T_4$ : 125℃ 이하

㉣ $T_6$ : 100℃ 이하

**[해설]** 가스·증기 발화온도 및 전기기기의 온도등급

폭발 위험장소에 사용되는 전기설비에 대해서는 **정상시 또는 고장시 기기의 외면 온도가 상승하여도** 위험분위기 상태 물질의 발화온도 이상으로 되지 **않도록 온도등급을 결정하여야 한다.**

| 폭발위험 장소 구분에 따른 온도등급 | 가스·증기의 발화온도(℃) | 전기기기의 최고 표면온도 (℃) |
|---|---|---|
| T1 | > 450(450 초과) | 450 이하 |
| T2 | > 300(300 초과) (또는 300 초과 450 이하) | 300 이하 |
| T3 | > 200(200 초과) (또는 200 초과 300 이하) | 200 이하 |
| T4 | > 135(135 초과) (또는 135 초과 200 이하) | 135 이하 |
| T5 | > 100(100 초과) (또는 100 초과 135 이하) | 100 이하 |
| T6 | > 85(85 초과) (또는 85 초과 100 이하) | 85 이하 |

**75** 다음 중 절연상태가 불량인 경우는?

㉠ PELV 회로의 DC 시험전압은 250(V) 이다.

㉡ SELV 회로의 DC 시험전압은 400(V) 이다.

㉢ FELV 회로의 500(V) 이하 절연저항은 1.0(MΩ)이다.

㉣ 전로의 사용전압이 500(V) 초과하는 경우 절연저항 1.0(MΩ)이다.

**[해설]** 전로의 절연저항

| 전로의 사용전압(V) | DC 시험전압(V) | 절연저항 (MΩ) |
|---|---|---|
| SELV(비접지회로) 및 PELV(접지회로) | 250 | 0.5 |
| FELV(1차와 2차가 전기적으로 절연되지 않은 회로), 500(V) 이하 | 500 | 1.0 |
| 500(V) 초과 | 1,000 | 1.0 |

* 특별저압(extra low voltage : 2차 전압이 AC 50V, DC 120V 이하)으로 SELV(비접지회로 구성) 및 PELV(접지회로 구성)은 1차와 2차가 전기적으로 절연된 회로, FELV는 1차와 2차가 전기적으로 절연되지 않은 회로

{분식}
관련 규정의 변경으로 문제 일부를 수정하였습니다. 실기까지 중요한 내용입니다.

**76** 방폭구조에 관계있는 위험 특성이 아닌 것은?

㉠ 발화 온도　　㉡ 증기 밀도

㉢ 화염 일주한계　　㉣ 최소 점화전류

**[해설]** 방폭구조

1. 위험장소에서 점화원이 될 우려가 있는 기계·기구 사용 시의 폭발을 방지하기 위하여 불꽃, 아크의 발생 또는 고온이 되어 점화원이 될 우려가 있는 기계·기구가 **점화원이 되지 않도록 하는 조치**이다.
2. **발화온도, 화염일주한계, 최소점화에너지 등을 고려**하여야 한다.

**●)) 정답** 74 ㉠　75 ㉡　76 ㉡

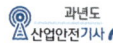
**77** 허용접촉 전압과 종별이 서로 다른 것은?

㉮ 제1종 : 2.5V 초과

㉯ 제2종 : 25V 이하

㉰ 제3종 : 50V 이하

㉱ 제4종 : 제한 없음

**해설** 허용접촉 전압

| 종 별 | 접촉 상태 | 허용 접촉 전압 |
|---|---|---|
| 제1종 | • 인체의 대부분이 <u>수중</u>에 있는 상태 | <u>2.5V</u> 이하 |
| 제2종 | • 인체가 <u>현저히 젖어 있는 상태</u><br>• <u>금속성</u>의 전기·기계 장치나 구조물에 인체의 일부가 <u>상시 접촉</u>되어 있는 상태 | <u>25V</u> 이하 |
| 제3종 | • 제1종, 제2종 이외의 경우로서 <u>통상의 인체 상태에 있어서 접촉 전압이 가해지면 위험성이 높은 상태 | <u>50V</u> 이하 |
| 제4종 | • 제1종, 제2종 이외의 경우로서 통상의 인체 상태에 <u>접촉 전압이 가해지더라도 위험성이 낮은 상태</u><br>• <u>접촉 전압이 가해질 우려가 없는 경우</u> | 제한 없음 |

{분석}
실기까지 중요한 내용입니다. 암기하세요.

**78** 두 물체의 마찰로 3,000V의 정전기가 생겼다. 폭발성 위험의 장소에서 두 물체의 정전용량은 약 몇 pF이면 폭발로 이어지겠는가? (단, 착화에너지는 0.25mJ 이다)

㉮ 14

㉯ 28

㉰ 45

㉱ 56

**해설** 정전기의 최소 착화에너지(정전에너지)

$$E = \frac{1}{2}CV^2$$

여기서, $E$ : 정전기 에너지(J)
$C$ : 도체의 정전 용량(F)
$V$ : 대전 전위(V)

$E = \frac{1}{2}CV^2$

$C = \frac{2E}{V^2} = \frac{2 \times 0.25 \times 10^{-3}}{3,000^2}$

$= 55.6 \times 10^{-12}F \times 10^{12} = 55.6pF$

(pF $= 10^{-12}$F, mJ $= 10^{-3}$J)

{분석}
자주 출제되는 내용입니다. 풀이방법을 숙지하세요.

**79** 교류아크 용접기용 자동 전격 방지기의 시동 감도는 높을수록 좋으나, 극한상황 하에서 전격을 방지하기 위해서 시동 감도는 몇 Ω을 상한치로 하는 것이 바람직한가?

㉮ 500Ω

㉯ 1,000Ω

㉰ 1,500Ω

㉱ 2,000Ω

**해설** 교류아크 용접기의 시동 감도

<u>표준 시동 감도</u> : 정격전원전압에 있어서 <u>전격방지기를 시동시킬 수 있는 출력회로의 시동 감도</u>를 말한다.

1. <u>저저항시동형(L형)</u> : 정격전원전압에 있어서 전격방지기를 시동시킬 수 있는 <u>출력회로의 시동 감도가 3Ω 미만인 것</u>

2. <u>고저항시동형(H형)</u> : 정격전원전압에 있어서 전격방지기를 시동시킬 수 있는 <u>출력회로의 시동 감도가 3Ω 이상 500Ω 이하인 것</u>

•)) 정답 77 ㉮ 78 ㉱ 79 ㉮

## 80 자동전격방지장치에 대한 설명으로 올바른 것은?

㉮ 아크 발생이 중단된 후 약 1초 이내에 출력측 무부한 전압을 자동적으로 10V 이하로 강하시킨다.

㉯ 용접 시에 용접기 2차측의 부하전압을 무부하전압으로 변경시킨다.

㉱ 용접봉을 모재에 접촉할 때 용접기 2차측은 폐회로가 되며, 이 때 흐르는 전류를 감지한다.

㉲ SCR 등의 개폐용 반도체 소자를 이용한 유접점방식이 많이 사용되고 있다.

해설 **자동전격방지기의 성능**

용접을 중단하고 1.0초 내에 용접기의 홀더, 어스선(출력측)에 흐르는 무부하 전압을 안전전압 25V 이하로 내려준다.

{분석}
실기까지 중요한 내용입니다. 해설을 다시 확인하세요.

---

제5과목 · **화학설비 안전 관리**

---

## 81 산업안전보건법에 의한 공정안전보고서에 포함되어야 하는 내용 중 공정안전자료의 세부내용에 해당하지 않는 것은?

㉮ 안전운전 지침서

㉯ 각종 건물 · 설비의 배치도

㉱ 유해 · 위험설비의 목록 및 사양

㉲ 위험설비의 안전설계 · 제작 및 설치 관련 지침서

해설 **공정안전자료의 세부내용**

① 취급 · 저장하고 있거나 취급 · 저장하려는 유해 · 위험물질의 종류 및 수량

② 유해 · 위험물질에 대한 물질안전보건자료

③ 유해 · 위험설비의 목록 및 사양

④ 유해 · 위험설비의 운전방법을 알 수 있는 공정도면

⑤ 각종 건물 · 설비의 배치도

⑥ 폭발위험장소 구분도 및 전기단선도

⑦ 위험설비의 안전설계 · 제작 및 설치 관련 지침서

참고 **공정안전보고서의 내용**

① 공정안전자료

② 공정위험성 평가서

③ 안전운전계획

④ 비상조치계획

## 82 가스를 화학적 특성에 따라 분류할 때 독성가스가 아닌 것은?

㉮ 황화수소($H_2S$)

㉯ 시안화수소($HCN$)

㉱ 이산화탄소($CO_2$)

㉲ 산화에틸렌($C_2H_4O$)

해설 ㉱ 이산화탄소는 공기 중에 다량 존재 시 산소 분압 저하에 의한 산소 공급 부족을 초래하는 질식성가스에 해당한다.

## 83 다음 중 연소 시 발생하는 열에너지를 흡수하는 매체를 화염 속에 투입하여 소화하는 방법은?

㉮ 냉각소화

㉯ 희석소화

㉱ 질식소화

㉲ 억제소화

해설 연소 시 발생하는 열에너지를 흡수 → 가연물의 온도를 떨어뜨려 소화 → 냉각소화

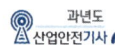
**84** 다음 중 석유화재의 거동에 관한 설명으로 틀린 것은?

㉮ 액면상의 연소 확대에 있어서 액온이 인화점보다 높을 경우 예혼합형 전파연소를 나타낸다.

㉯ 액면상의 연소 확대에 있어서 액온이 인화점보다 낮을 경우 예열형 전파연소를 나타낸다.

㉰ 저장조 용기의 직경이 1m 이상에서 액면강하속도는 용기 직경에 관계없이 일정하다.

㉱ 저장조 용기의 직경이 1m 이상이면 층류화염형태를 나타낸다.

**해설** ㉱ 저장조 용기의 직경이 1m 이상이면 난류화염 형태를 나타낸다.

**참고** 1. 예혼합형 연소
• 액온이 인화점보다 높을 경우의 연소형태
• 가연성 기체와 지연성 기체가 미리 혼합된 상태에서 연소하는 연소형태
• 층류 예혼합 연소와 난류 예혼합 연소가 있다.

2. 예열형전파
• 액온이 인화점보다 낮을 경우 연소가 확대되기 위해서는 가연성 액체의 예열이 필요하다. 액면이 예열된 후, 점화된 후부터 연소 확대가 일어난다.

**85** 미국 소방협회(NFPA)의 위험표시 라벨에서 황색 숫자는 어떠한 위험성을 나타내는가?

㉮ 건강 위험성      ㉯ 화재 위험성
㉰ 반응 위험성      ㉱ 기타 위험성

**해설** 1. 색의 의미
청색 : 건강 관련 정보(건강에 유해한 정도)
적색 : 인화성
황색 : 불안정성/반응성
백색 : 기타 위험에 대한 정보를 알리는 코드

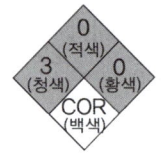

2. 숫자의 의미
0(위험하지 않음)에서 4(매우 위험)의 4가지 단계로 구분된다.

**86** 가스 누출감지 경보기의 선정 기준, 구조 및 설치 방법에 관한 설명으로 옳지 않은 것은?

㉮ 암모니아를 제외한 가연성가스 누출감지 경보기는 방폭 성능을 갖는 것이어야 한다.

㉯ 독성가스 누출감지 경보기는 해당 독성가스 허용농도의 25% 이하에서 경보가 울리도록 설정하여야 한다.

㉰ 하나의 감지대상 가스가 가연성이면서 독성인 경우에는 독성가스를 기준하여 가스 누출감지 경보기를 선정하여야 한다.

㉱ 건축물 내에 설치되는 경우, 감지대상 가스의 비중이 공기보다 무거운 경우에는 건축물 내의 하부에 설치하여야 한다.

**해설** ㉯ 가연성 가스 누출감지 경보기는 감지대상 가스의 폭발하한계 25% 이하, 독성가스 누출감지 경보기는 해당 독성가스의 허용농도 이하에서 경보가 울리도록 설정하여야 한다.

**87** 다음 중 자연 발화의 방지법에 관계가 없는 것은?

㉮ 점화원을 제거한다.

㉯ 저장소 등의 주위 온도를 낮게 한다.

㉰ 습기가 많은 곳에는 저장하지 않는다.

㉱ 통풍이나 저장법을 고려하여 열의 축적을 방지한다.

**정답** 84 ㉱ 85 ㉰ 86 ㉯ 87 ㉮

**해설** ㉮ 자연발화는 외부 **점화원 없이 자체의 열에 의해 발화**하는 현상으로 점화원의 제거로 방지할 수 없다.

**참고** 자연 발화 방지법
① 저장소의 온도를 낮출 것
② 산소와의 접촉을 피할 것
③ 통풍 및 환기를 철저히 할 것
④ 습도가 높은 곳에는 저장하지 말 것

**88** [보기]의 물질을 폭발 범위가 넓은 것부터 좁은 순서로 바르게 배열한 것은?

> [보기]
>
> $H_2$        $C_3H_8$        $CH_4$        $CO$

㉮ $CO > H_2 > C_3H_8 > CH_4$
㉯ $H_2 > CO > CH_4 > C_3H_8$
㉰ $C_3H_8 > CO > CH_4 > H_2$
㉱ $CH_4 > H_2 > CO > C_3H_8$

**해설** 폭발 범위
1. 수소($H_2$) : 4~74%
2. 프로판($C_3H_8$) : 2.1~9.5%
3. 메탄($CH_4$) : 5~14%
4. 일산화탄소($CO$) : 12.5~74%

**89** 탱크 내부에서 작업 시 작업 용구에 관한 설명으로 옳지 않은 것은?

㉮ 유리 라이닝을 한 탱크 내부에서는 줄사다리를 사용한다.
㉯ 기연성 가스가 있는 경우 불꽃을 내기 어려운 금속을 사용한다.
㉰ 용접 절단 시에는 바람의 영향을 억제하기 위하여 환기장치의 설치를 제한한다.
㉱ 탱크 내부에 인화성물질의 증기로 인한 폭발 위험이 우려되는 경우 방폭구조의 전기기계기구를 사용한다.

**해설** ㉰ 탱크 내부에서 용접작업 시 반드시 환기장치를 설치하여야 한다.

**90** 분말 소화설비에 관한 설명으로 옳지 않은 것은?

㉮ 기구가 간단하고 유지관리가 용이하다.
㉯ 온도 변화에 대한 약제의 변질이나 성능의 저하가 없다.
㉰ 분말은 흡습력이 작으며 금속의 부식을 일으키지 않는다.
㉱ 다른 소화설비보다 소화능력이 우수하며 소화시간이 짧다.

**해설** 분말소화설비
1. 분말의 흡습성이 있어 방습제 및 분산제를 처리하여서 방습성과 유동성을 부여하였다.
2. 분말 가루가 응고되거나 용기의 부식을 방지하기 위하여 옥내에 설치할 경우에는 습기가 없고 용기를 자주 흔들어 주어야 한다.

**91** 다음 중 인화점이 가장 낮은 물질은?

㉮ $CS_2$
㉯ $C_2H_5OH$
㉰ $CH_3COCH_3$
㉱ $CH_3COOC_2H_5$

**해설**
1. 이황화탄소($CS_2$) : $-30°C$
2. 에틸알코올($C_2H_5OH$) : $13°C$
3. 아세톤($CH_3COCH_3$) : $-18°C$
4. 초산에틸($CH_3COOC_2H_5$) : $-4°C$

**92** 산업안전보건법에서 규정하고 있는 위험물 중 부식성 염기류로 분류되기 위하여 농도가 40% 이상이어야 하는 물질은?

㉮ 염산
㉯ 아세트산
㉰ 불산
㉱ 수산화칼륨

**해설** 부식성 염기류 : **농도가 40퍼센트 이상인 수산화나트륨, 수산화칼륨**, 그 밖에 이와 같은 정도 이상의 부식성을 가지는 염기류

**정답** 88 ㉯  89 ㉰  90 ㉰  91 ㉮  92 ㉱

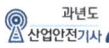
**참고** 부식성 산류

① 농도가 20퍼센트 이상인 염산, 황산, 질산, 그 밖에 이와 같은 정도 이상의 부식성을 가지는 물질

② 농도가 60퍼센트 이상인 인산, 아세트산, 불산, 그 밖에 이와 같은 정도 이상의 부식성을 가지는 물질

{분석}
실기까지 중요한 내용입니다. 참고를 암기하세요.

**93** 8vol% 헥산, 3vol% 메탄, 1vol% 에틸렌으로 구성된 혼합가스의 연소하한값(LFL)은 약 몇 vol%인가? (단, 각 물질의 공기 중 연소하한값은 헥산은 1.1vol%, 메탄은 5.0vol%, 에틸렌은 2.7vol%이다)

㉮ 0.69　　　　㉯ 1.45
㉰ 1.95　　　　㉴ 2.45

**해설** 혼합 가스의 폭발 범위(르 샤틀리에의 공식)

$$\frac{100}{L} = \frac{V_1}{L_1} + \frac{V_2}{L_2} + \frac{V_3}{L_3} \cdots (Vol\%)$$

$$L = \frac{100}{\dfrac{V_1}{L_1} + \dfrac{V_2}{L_2} + \dfrac{V_3}{L_3} \cdots}$$

여기서, $L$ : 혼합가스의 폭발하한계(상한계)
$L_1$, $L_2$, $L_3$ : 단독가스의 폭발하한계 (상한계)
$V_1$, $V_2$, $V_3$ : 단독가스의 공기 중 부피
$100 : V_1 + V_2 + V_3 + \cdots$

$$\frac{100}{L} = \frac{V_1}{L_1} + \frac{V_2}{L_2} + \frac{V_3}{L_3} \cdots$$

$$\frac{(8+3+1)}{L} = \frac{8}{1.1} + \frac{3}{5.0} + \frac{1}{2.7}$$

$$L = \frac{12}{\dfrac{8}{1.1} + \dfrac{3}{5.0} + \dfrac{1}{2.7}} = 1.46 vol\%$$

{분석}
실기까지 중요한 내용입니다.

**94** 어떤 습한 고체재료 10kg의 건조 후 무게를 측정하였더니 6.8kg이었다. 이 재료의 함수율은 몇 kg·H₂O/kg인가?

㉮ 0.25　　　　㉯ 0.36
㉰ 0.47　　　　㉴ 0.58

**해설** 함수량 $= 10 - 6.8 = 3.2 kg$

함수율 $= \dfrac{함수량}{건조\ 후\ 무게} = \dfrac{3.2}{6.8} = 0.47$

{분석}
출제비중이 낮은 문제입니다.

**95** 반응성 화학물질의 위험성은 주로 실험에 의한 평가보다 문헌조사 등을 통해 계산에 의해 평가하는 방법이 사용되고 있는데 이에 관한 설명으로 옳지 않은 것은?

㉮ 위험성이 너무 커서 물성을 측정할 수 없는 경우 계산에 의한 평가 방법을 사용할 수도 있다.

㉯ 연소열, 분해열, 폭발열 등의 크기에 의해 그 물질의 폭발 또는 발화의 위험예측이 가능하다.

㉰ 계산에 의한 평가를 하기 위해서는 폭발 또는 분해에 따른 생성물의 예측이 이루어져야 한다.

㉴ 계산에 의한 위험성 예측은 모든 물질에 대해 정확성이 있으므로 더 이상의 실험을 필요로 하지 않는다.

**해설** ㉴ 계산에 의한 위험성을 예측하였더라도 정확성을 위해 여러 실험이 요구된다.

**96** 보기의 고압가스용 기기 재료로 구리를 사용하여도 안전한 것은?

㉮ O₂　　　　㉯ C₂H₂
㉰ NH₃　　　　㉴ H₂S

**해설** ㉮ 구리는 공기 중에서 산소와 반응하지 않는다.

:)) 정답 93 ㉯ 94 ㉰ 95 ㉴ 96 ㉮

**97** 산업안전보건법에서 정한 위험 물질을 기준량 이상 제조, 취급, 사용 또는 저장하는 설비로서 내부의 이상상태를 조기에 파악하기 위하여 필요한 온도계·유량계·압력계 등의 계측장치를 설치하여야 하는 대상이 아닌 것은?

㉮ 가열로 또는 가열기
㉯ 증류·정류·증발·추출 등 분리를 하는 장치
㉰ 반응 폭주 등 이상 화학반응에 의하여 위험 물질이 발생할 우려가 있는 설비
㉱ 300℃ 이상의 온도 또는 게이지 압력이 $7kg/cm^2$ 이상의 상태에서 운전하는 설비

**해설** 특수화학설비의 종류
① 발열반응이 일어나는 반응장치
② 증류·정류·증발·추출 등 분리를 행하는 장치
③ 가열시켜 주는 물질의 온도가 가열되는 위험물질의 분해온도 또는 발화점보다 높은 상태에서 운전되는 설비
④ 반응폭주 등 이상 화학반응에 의하여 위험물질이 발생할 우려가 있는 설비
⑤ 온도가 섭씨 350도 이상이거나 게이지 압력이 980킬로파스칼 이상인 상태에서 운전되는 설비
⑥ 가열로 또는 가열기

**참고** 특수화학설비의 방호장치
① 계측장치
② 자동경보장치
③ 긴급차단장치
④ 예비동력원

{분석}
필기에 자주 출제되는 내용입니다.
해설을 다시 확인하세요.

**98** 폭굉 현상은 혼합물질에만 한정되는 것이 아니고 순수 물질에 있어서도 그 분해열이 폭굉을 일으키는 경우가 있다. 다음 중 고압 하에서 폭굉을 일으키는 순수 물질은?

㉮ 오존        ㉯ 아세톤
㉰ 아세틸렌    ㉱ 아조메탄

**해설** 아세틸렌은 압력이 높을 경우 분해폭발을 일으킨다.

**99** 다음 중 스프링식 안전밸브를 대체할 수 있는 안전장치는?

㉮ 캡(cap)
㉯ 파열판(rupture disk)
㉰ 게이트밸브(gate valve)
㉱ 벤트스택(vent stack)

**해설** 압력방출장치
① 안전밸브    ② 파열판

**100** 공기 중 암모니아가 20ppm(노출기준 25ppm), 톨루엔이 20ppm(노출기준 50ppm)이 완전 혼합되어 존재하고 있다. 혼합물질의 노출기준을 보정하는데 활용하는 노출지수는 약 얼마인가? (단, 물질 간에 유해성이 인체의 서로 다른 부위에 작용한다는 증거는 없다)

㉮ 1.0        ㉯ 1.2
㉰ 1.5        ㉱ 1.6

**해설**
$$노출지수 = \frac{C_1}{T_1} + \frac{C_2}{T_2} + \frac{C_3}{T_3}\cdots$$
여기서, $T$ : 노출기준(TLV)
$C$ : 노출농도(ppm)

$$노출지수 = \frac{20}{25} + \frac{20}{50} = 1.2$$

정답 97 ㉱ 98 ㉰ 99 ㉯ 100 ㉯

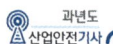
## 제6과목 건설공사 안전 관리

**101** 위험방지를 위해 철골작업을 중지하여야 하는 기준으로 옳은 것은?

㉮ 풍속이 초당 1m 이상인 경우
㉯ 강우량이 시간당 1cm 이상인 경우
㉰ 강설량이 시간당 1cm 이상인 경우
㉱ 10분간 평균풍속이 초당 5m 이상인 경우

**[해설]** 철골작업을 중지해야 하는 조건
① 풍속이 초당 10미터 이상인 경우
② 강우량이 시간당 1밀리미터 이상인 경우
③ 강설량이 시간당 1센티미터 이상인 경우

{분석}
실기까지 중요한 내용입니다. 암기하세요.

**102** 말뚝을 절단할 때 내부응력에 가장 큰 영향을 받는 말뚝은?

㉮ 나무말뚝 ㉯ PC말뚝
㉰ 강말뚝 ㉱ RC말뚝

**[해설]** 말뚝 절단 시 내부응력에 가장 큰 영향을 받는 말뚝
→ PC말뚝

**[참고]** PC말뚝 : 프리스트레스를 도입하여 제작한 중공원통상(中空圖筒狀)의 기성 콘크리트 말뚝

**103** 압쇄기를 사용하여 건물해체 시 그 순서로 옳은 것은?

| [보기] | |
|---|---|
| A : 보 | B : 기둥 |
| C : 슬래브 | D : 벽체 |

㉮ A–B–C–D ㉯ A–C–B–D
㉰ C–A–D–B ㉱ D–C–B–A

**[해설]** 해체 순서 : 바닥(슬래브) → 보 → 벽 → 기둥

**[참고]** 조립 순서 : 기둥 → 보받이 내력벽 → 큰보 → 작은보 → 바닥 → (내벽) → (외벽)

**104** 콘크리트의 측압에 관한 설명으로 옳은 것은?

㉮ 거푸집 수밀성이 크면 측압은 작다.
㉯ 철근의 양이 적으면 측압은 작다
㉰ 부어넣기 속도가 빠르면 측압은 작아진다.
㉱ 외기의 온도가 낮을수록 측압은 크다.

**[해설]** ㉮ 거푸집 수밀성이 클수록 측압이 크다.
㉯ 철골 또는 철근량이 적을수록 측압이 크다.
㉰ 타설속도가 빠를수록 측압이 크다.

**[참고]** 콘크리트의 측압
① 거푸집 강성이 클수록 측압이 크다.
② 콘크리트 비중 클수록 측압이 크다.
③ 습도가 낮을수록 측압이 크다.
④ 다짐이 좋을수록 측압이 크다.
⑤ 외기온도가 낮을수록 측압이 크다.

{분석}
자주 출제되는 내용입니다. "참고"를 다시 확인하세요.

**105** 가설계단 계단참을 설치하는 때에는 매 $m^2$당 몇 kg 이상의 하중에 견딜 수 있는 강도를 가진 구조로 설치하여야 하는가?

㉮ 200kg ㉯ 300kg
㉰ 400kg ㉱ 500kg

**[해설]** 계단 및 계단참의 강도는 500kg/m² 이상이어야 하며 안전율은 4 이상으로 하여야 한다.

**[참고]** 계단의 설치
① 계단의 강도
• 계단 및 계단참의 강도는 500kg/m² 이상이어야 하며 안전율은 4 이상으로 하여야 한다.

**[정답]** 101 ㉱ 102 ㉯ 103 ㉰ 104 ㉱ 105 ㉱

② 계단의 폭
- 1미터 이상으로 하여야 한다.

③ 계단참의 높이
- 높이가 3m를 초과하는 계단에는 높이 3미터 이내마다 진행방향으로 길이 1.2미터 이상의 계단참을 설치하여야 한다.

④ 천장의 높이
- 바닥면으로부터 높이 2미터 이내의 공간에 장애물이 없도록 하여야 한다.

⑤ 계단의 난간
- 높이 1미터 이상인 계단의 개방된 측면에 안전난간을 설치하여야 한다.

**106** 지반조사의 간격 및 깊이에 대한 내용으로 옳지 않은 것은?

㉮ 조사간격은 지층상태, 구조물 규모에 따라 정한다.
㉯ 지층이 복잡한 경우에는 기 조사한 간격사이에 보완조사를 실시한다.
㉰ 절토, 개착, 터널구간은 기반암의 심도 5~6m까지 확인한다.
㉱ 조사 깊이는 액상화문제가 있는 경우에는 모래층하단에 있는 단단한 지지층까지 조사한다.

**[해설]** 터널은 계획고 하 2m까지, 개착식 구간은 구조물 계획심도의 120%까지, 절토구간은 종단계획고 하 1m 깊이까지 시추조사를 실시한다.

**107** 비계의 높이가 2m 이상인 작업장소에 작업 및 발판을 설치할 때 그 폭은 최소 얼마 이상이어야 하는가?

㉮ 30cm  ㉯ 40cm
㉰ 50cm  ㉱ 60cm

**[해설]** 높이가 2m 이상인 작업장소에서 작업발판의 폭은 40cm 이상으로 한다.

**[참고]** 작업발판 설치기준

① 발판재료 : 작업시의 하중을 견딜 수 있도록 견고한 것으로 할 것
② 발판의 폭 : 40cm 이상으로 하고, 발판재료 간의 틈 : 3cm 이하로 할 것
③ 추락의 위험성이 있는 장소에는 안전난간을 설치할 것(안전난간 설치가 곤란한 때, 추락방호망을 치거나 근로자가 안전대를 사용하도록 하는 등 추락에 의한 위험방지조치를 한 때에는 그러하지 아니하다)
④ 작업발판의 지지물 : 하중에 의하여 파괴될 우려가 없는 것을 사용할 것
⑤ 작업발판재료는 뒤집히거나 떨어지지 아니하도록 2 이상의 지지물에 연결하거나 고정시킬 것
⑥ 작업에 따라 이동시킬 때에는 위험방지 조치를 할 것
⑦ 선박 및 보트 건조작업에서 선박블록 또는 엔진실 등의 좁은 작업공간에 작업발판을 설치하는 경우 : 작업발판의 폭을 30센티미터 이상으로 할 수 있고, 걸침비계의 경우 발판재료 간의 틈을 3센티미터 이하로 유지하기 곤란하면 5센티미터 이하로 할 수 있다.

{분석}
실기까지 중요한 내용입니다. 참고를 다시 확인하세요.

**108** 이동식 비계를 조립하여 작업을 하는 경우의 준수기준으로 옳지 않은 것은?

㉮ 비계의 최상부에서 작업을 할 때에는 안전난간을 설치하여야 한다.
㉯ 작업발판의 최대적재하중은 400kg을 초과하지 않도록 한다.
㉰ 승강용 사다리는 견고하게 설치하여야 한다.
㉱ 작업발판은 항상 수평을 유지하고 작업발판 위에서 안전난간을 딛고 작업을 하거나 받침대 또는 사다리를 사용하여 작업하지 않도록 한다.

**[해설]** ㉯ 작업발판의 최대적재하중은 250킬로그램을 초과하지 않도록 할 것

**정답** 106 ㉰ 107 ㉯ 108 ㉯

**참고** 이동식 비계 조립 시의 준수사항(이동식 비계의 구조)
① 바퀴에는 갑작스러운 이동 또는 전도를 방지하기 위하여 브레이크 · 쐐기 등으로 바퀴를 고정시킨 다음 비계의 일부를 견고한 시설물에 고정하거나 아웃트리거를 설치할 것
② 승강용사다리는 견고하게 설치할 것
③ 비계의 최상부에서 작업을 할 때에는 안전난간을 설치할 것
④ 작업발판은 항상 수평을 유지하고 작업발판 위에서 안전난간을 딛고 작업을 하거나 받침대 또는 사다리를 사용하여 작업하지 않도록 할 것
⑤ 작업발판의 최대적재하중은 250킬로그램을 초과하지 않도록 할 것

**109** 작업발판 일체형 거푸집에 해당되지 않는 것은?

㉮ 갱폼(Gang Form)
㉯ 슬립폼(Slip Form)
㉰ 유로폼(Euro Form)
㉱ 클라이밍폼(Climbing Form)

**해설** 작업발판 일체형 거푸집의 종류
① 갱폼(gang form)
② 슬립폼(slip form)
③ 클라이밍폼(climbing form)
④ 터널라이닝폼(tunnel lining form)
⑤ 그 밖에 거푸집과 작업발판이 일체로 제작된 거푸집 등

**110** 흙막이 벽을 설치하여 기초 굴착작업 중 굴착부 바닥이 솟아올랐다. 이에 대한 대책으로 옳지 않은 것은?

㉮ 굴착 주변의 상재하중을 증가시킨다.
㉯ 흙막이 벽의 근입 깊이를 깊게 한다.
㉰ 토류벽의 배면토압을 경감시킨다.
㉱ 지하수 유입을 막는다.

**해설** 굴착부 바닥이 솟아올랐다 → 히빙현상
→ 굴착 주변의 상재 하중을 감소시켜야 한다.

**참고** 히빙현상 방지책
① 양질의 재료로 지반을 개량한다.
② 어스앵커 설치
③ 시트파일 등의 근입심도 검토 (흙막이 벽체의 근입깊이를 깊게 한다)
④ 굴착 주변에 웰포인트 공법을 병행한다. (굴착 주변 수위를 낮춘다)
⑤ 소단을 두면서 굴착한다.

**111** 토석 붕괴의 위험이 있는 사면에서 작업할 경우의 행동으로 옳지 않은 것은?

㉮ 동시작업의 금지
㉯ 대피공간의 확보
㉰ 2차재해의 방지
㉱ 급격한 경사면 계획

**해설** ㉱ 급격한 경사면은 붕괴위험이 더 커진다.

**112** 작업장 출입구 설치 시 준수해야 할 사항으로 옳지 않은 것은?

㉮ 주된 목적이 하역운반 기계용인 출입구에는 보행자용 출입구를 따로 설치하지 않을 것
㉯ 출입구의 위치·수 및 크기가 작업장의 용도와 특성에 맞도록 할 것
㉰ 출입구에 문을 설치하는 경우에는 근로자가 쉽게 열고 닫을 수 있도록 할 것
㉱ 계단이 출입구와 바로 연결된 경우에는 작업자의 안전한 통행을 위하여 그 사이에 1.2m 이상 거리를 두거나 안내표지 또는 비상벨 등을 설치할 것

**해설** ㉮ 주된 목적이 하역운반 기계용인 출입구에는 인접하여 보행자용 출입구를 따로 설치할 것

**참고** 작업장의 출입구 설치 시 준수사항
① 출입구의 위치, 수 및 크기가 작업장의 용도와 특성에 맞도록 할 것

•)) 정답 109 ㉰ 110 ㉮ 111 ㉱ 112 ㉮

② 출입구에 문을 설치하는 경우에는 근로자가 쉽게 열고 닫을 수 있도록 할 것

③ 주된 목적이 하역운반기계용인 출입구에는 인접하여 보행자용 출입구를 따로 설치할 것

④ 하역운반기계의 통로와 인접하여 있는 출입구에서 접촉에 의하여 근로자에게 위험을 미칠 우려가 있는 경우에는 비상등·비상벨 등 경보장치를 할 것

⑤ 계단이 출입구와 바로 연결된 경우에는 작업자의 안전한 통행을 위하여 그 사이에 1.2미터 이상 거리를 두거나 안내표지 또는 비상벨 등을 설치할 것

## 113 흙의 투수계수에 영향을 주는 인자에 대한 내용으로 옳지 않은 것은?

㉮ 공극비 : 공극비가 클수록 투수계수는 작다.

㉯ 포화도 : 포화도가 클수록 투수계수도 크다.

㉰ 유체의 점성계수 : 점성계수가 클수록 투수계수는 작다.

㉱ 유체의 밀도 : 유체의 밀도가 클수록 투수계수는 크다.

[해설] ㉮ 공극비가 클수록 투수계수는 크다.

[참고] 1. 공극비 : 토양 공극(토양 입자 사이의 틈)의 부피 비율을 말한다.

2. 포화도 : 흙의 공극체적 중 물이 차지하는 체적의 비율을 말한다.

3. 점성계수 : 유체의 점성(끈끈한 성질)의 크기를 나타내는 값을 말한다.

4. 유체의 밀도 : 물질의 질량을 부피로 나눈 값으로 일정한 면적에 유체가 빽빽이 틀어 있는 성도를 나타낸다.

## 114 철근 인력운반에 대한 설명으로 옳지 않은 것은?

㉮ 운반할 때에는 중앙부를 묶어 운반한다.

㉯ 긴 철근은 두 사람이 한 조가 되어 어깨메기로 운반하는 것이 좋다.

㉰ 운반 시 1인당 무게는 25kg 정도가 적당하다.

㉱ 긴 철근을 한사람이 운반할 때는 한쪽을 어깨에 메고 한쪽 끝을 땅에 끌면서 운반한다.

[해설] ㉮ 운반할 때에는 양끝을 묶어 운반하여야 한다.

## 115 철골작업에서의 승강로 설치기준 중 ( ) 안에 알맞은 숫자는?

> 사업주는 근로자가 수직 방향으로 이동하는 철골 부재에는 답단 간격이 ( )센티미터 이내인 고정된 승강로를 설치하여야 한다.

㉮ 20

㉯ 30

㉰ 40

㉱ 50

[해설] 근로자가 수직방향으로 이동하는 철골부재에는 답단간격이 30센티미터 이내인 고정된 승강로를 설치하여야 하며, 수평방향 철골과 수직방향 철골이 연결되는 부분에는 연결작업을 위하여 작업 발판 등을 설치하여야 한다.

●)) 정답 113 ㉮ 114 ㉮ 115 ㉯

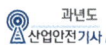

**116** 산업안전보건기준에 관한 규칙에 따른 거푸집 및 동바리를 조립하는 경우의 준수사항으로 옳지 않은 것은?

㉮ 개구부 상부에 동바리를 설치하는 경우에는 상부하중을 견딜 수 있는 견고한 받침대를 설치할 것

㉯ 동바리의 이음은 맞댄이음이나 장부이음으로 하고 같은 품질의 제품을 사용할 것

㉰ 강재와 강재의 접속부 및 교차부는 철선을 사용하여 단단히 연결할 것

㉱ 거푸집이 곡면인 경우에는 버팀대의 부착 등 그 거푸집의 부상(浮上)을 방지하기 위한 조치를 할 것

[해설] **(1) 거푸집 조립 시의 안전조치**

① 거푸집을 조립하는 경우에는 **거푸집이 콘크리트 하중이나 그 밖의 외력에 견딜 수 있거나, 넘어지지 않도록 견고한 구조의 긴결재**(콘크리트를 타설할 때 거푸집이 변형되지 않게 연결하여 고정하는 재료를 말한다), **버팀대 또는 지지대를 설치**하는 등 필요한 조치를 할 것

② **거푸집이 곡면인 경우**에는 버팀대의 부착 등 그 **거푸집의 부상(浮上)을 방지하기 위한 조치를** 할 것

**(2) 동바리 조립 시의 안전조치**

① 받침목이나 깔판의 사용, 콘크리트 타설, 말뚝박기 등 **동바리의 침하를 방지하기 위한 조치를** 할 것

② **동바리의 상하 고정 및 미끄러짐 방지 조치를 할 것**

③ **상부·하부의 동바리가 동일 수직선상에 위치하도록 하여 깔판·받침목에 고정시킬 것**

④ **개구부 상부에 동바리를 설치하는 경우**에는 상부하중을 견딜 수 있는 **견고한 받침대를 설치**할 것

⑤ U헤드 등의 **단판이 없는 동바리의 상단에 멍에 등을 올릴 경우**에는 해당 **상단에 U헤드 등의 단판을 설치하고, 멍에 등이 전도되거나 이탈되지 않도록 고정시킬 것**

⑥ **동바리의 이음은 같은 품질의 재료를 사용할 것**

⑦ **강재의 접속부 및 교차부는 볼트·클램프 등 전용 철물을 사용**하여 단단히 연결할 것

⑧ 거푸집의 형상에 따른 부득이한 경우를 제외하고는 **깔판이나 받침목은 2단 이상 끼우지 않도록 할 것**

⑨ **깔판이나 받침목을 이어서 사용하는 경우**에는 그 깔판·받침목을 **단단히 연결할 것**

**117** 달비계 설치 시 와이어로프를 사용할 때 사용가능한 와이어로프의 조건은?

㉮ 지름의 감소가 공칭지름의 8%인 것

㉯ 이음매가 없는 것

㉰ 심하게 변형되거나 부식된 것

㉱ 와이어로프의 한 꼬임에서 끊어진 소선의 수가 10%인 것

[해설] **와이어로프의 사용금지 기준**

① 이음매가 있는 것

② 와이어로프의 한 꼬임에서 끊어진 소선의 수가 10퍼센트 이상인 것

③ 지름의 감소가 공칭지름의 7퍼센트를 초과하는 것

④ 꼬인 것

⑤ 심하게 변형되거나 부식된 것

⑥ 열과 전기충격에 의해 손상된 것

{분석}
실기에도 자주 출제되는 내용입니다. 암기하세요.

**118** 장비 자체보다 높은 장소의 땅을 굴착하는데 적합한 장비는?

㉮ 파워쇼벨(Power Shovel)

㉯ 불도저(Bulldozer)

㉰ 드래그라인(Drag line)

㉱ 클램쉘(Clam Shell)

[해설] **파워 셔블(power shovel)[dipper shovel : 동력삽]**

① 기계가 서 있는 지반면보다 **높은 곳의 땅파기에 적합**하나.

② 붐(boom)이 단단하여 **굳은 지반의 굴착에도 사용**된다.

•)) 정답 116 ㉰ 117 ㉯ 118 ㉮

**119** 앵글도저보다 큰 각으로 움직일 수 있어 흙을 깎아 옆으로 밀어내면서 전진하므로 제설, 제토작업 및 다량의 흙을 전방으로 밀고 가는데 적합한 불도저는?

㉮ 스트레이트 도저
㉯ 틸트 도저
㉰ 레이크 도저
㉱ 힌지 도저

**해설** **힌지 도저**

앵글도저보다 큰 각으로 움직이며 제설 및 토사운반용으로 다량의 흙을 운반하는데 적합하다.

**참고** ① **스트레이트 도저** : 블레이드가 수평이고, 불도저의 진행 방향에 직각으로 블레이드를 부착한 것으로서 주로 중 굴착 작업에 사용된다.

② **앵글 도저** : 블레이드의 방향이 20~30°경사지게 부착된 것으로 사면굴착·정지·흙메우기 등으로 자체의 진행에 따라 흙을 회송하는 작업에 적당하다.

③ **틸트 도저** : 블레이드면 좌우의 높이를 변경할 수 있는 것으로서 단단한 흙의 도랑파기에 적당하다.

**120** 흙의 특성으로 옳지 않은 것은?

㉮ 흙은 선형재료이며, 응력−변형률 관계가 일정하게 정의된다.
㉯ 흙의 성질은 본질적으로 비균질, 비등방성이다.
㉰ 흙의 거동은 연약지반에 하중이 작용하면 시간의 변화에 따라 압밀침하가 발생한다.
㉱ 점토 대상이 되는 흙은 지표면 밑에 있기 때문에 지반의 구성과 공학적 성질은 시추를 통해서 자세히 판명된다.

**해설** ㉮ 흙은 비선형재료이며, 응력 − 변형률 관계가 일정하지 않다.

**참고** **선형재료**
① 외력에 대한 신장량이 훅의 법칙을 따른다. (응력 − 변형률 관계가 일정)
② 강, 탄소섬유, 유리 등이 해당된다.

# 03회 2014년 산업안전기사 최근 기출문제

제1과목 · 산업재해 예방 및 안전보건교육

**01** 다음 중 산업안전보건법령상 사업주가 근로자에게 실시해야 하는 안전보건·교육에 있어 관리감독자 정기안전·보건교육의 교육 내용에 해당되지 않는 것은? (단, 산업안전보건법령 및 산업재해보상보험제도에 관한 사항은 제외한다)

㉮ 작업 개시 전 점검에 관한 사항
㉯ 산업보건 및 건강장해 예방에 관한 사항
㉰ 유해·위험 작업환경 관리에 관한 사항
㉱ 작업공정의 유해·위험과 재해 예방대책에 관한 사항

**해설** 관리감독자 정기안전·보건교육

① 산업안전 및 산업재해 예방에 관한 사항(화재·폭발 사고 발생 시 대피에 관한 사항을 포함한다)
② 산업보건 및 건강장해 예방에 관한 사항(폭염·한파작업으로 인한 건강장해 발생 시 응급조치에 관한 사항을 포함한다)
③ 유해·위험 작업환경 관리에 관한 사항
④ 산업안전보건법령 및 산업재해보상보험 제도에 관한 사항
⑤ 직무스트레스 예방 및 관리에 관한 사항
⑥ 직장 내 괴롭힘, 고객의 폭언 등으로 인한 건강장해 예방 및 관리에 관한 사항
⑦ 위험성평가에 관한 사항
⑧ 작업공정의 유해·위험과 재해 예방대책에 관한 사항
⑨ 표준안전 작업방법 결정 및 지도·감독 요령에 관한 사항
⑩ 비상 시 또는 재해 발생 시 긴급조치에 관한 사항
⑪ 사업장 내 안전보건관리체제 및 안전·보건조치 현황에 관한 사항
⑫ 현장근로자와의 의사소통능력 및 강의능력 등 안전보건교육 능력 배양에 관한 사항
⑬ 그 밖의 관리감독자의 직무에 관한 사항

**실먹이 되고! 합격이 되는! 특급 암기법**

**공통 항목 (관리감독자, 근로자)**
1. 관리자는 법, 산재보상제도를 알자.
2. 관리자는 건강을 보존(산업보건)하고 건강장해, 스트레스, 괴롭힘, 폭언 예방하자!
3. 관리자는 유해위험 환경을 관리해서 안전하고 산업재해 예방하자!
4. 관리자는 위험성을 평가하자!

**관리감독자 정기교육의 특징**
1. 관리자는 유해위험의 재해예방대책 세우자!
2. 관리자는 안전 작업방법 결정해서 감독하자!
3. 관리자는 재해발생 시 긴급조치하자!
4. 관리자는 안전보건 조치하자!
5. 관리자는 안전보건교육 능력 배양하자!

**참고** 1. 관리감독자의 채용 시 교육 및 작업내용 변경 시 교육

① 산업안전 및 산업재해 예방에 관한 사항(화재·폭발 사고 발생 시 대피에 관한 사항을 포함한다)
② 산업보건 및 건강장해 예방에 관한 사항
③ 산업안전보건법령 및 산업재해보상보험 제도에 관한 사항
④ 직무스트레스 예방 및 관리에 관한 사항
⑤ 직장 내 괴롭힘, 고객의 폭언 등으로 인한 건강장해 예방 및 관리에 관한 사항
⑥ 위험성평가에 관한 사항
⑦ 기계·기구의 위험성과 작업의 순서 및 동선에 관한 사항
⑧ 작업 개시 전 점검에 관한 사항
⑨ 물질안전보건자료에 관한 사항
⑩ 사업장 내 안전보건관리체제 및 안전·보건조치 현황에 관한 사항
⑪ 표준안전 작업방법 결정 및 지도·감독 요령에 관한 사항
⑫ 비상 시 또는 재해 발생 시 긴급조치에 관한 사항
⑬ 그 밖의 관리감독자의 직무에 관한 사항

**실먹이 되고! 합격이 되는! 특급 암기법**

**공통 항목 - 채용 시 근로자 교육과 동일**
1. 신규 관리자는 법, 산재보상제도를 알자!
2. 신규 관리자는 건강을 보존(산업보건)하고 건강장해, 스트레스, 괴롭힘, 폭언 예방하자!
3. 신규 관리자는 안전하고 산업재해 예방하자!
4. 신규 관리자는 위험성을 평가하자!

 정답 01 ㉮

채용 시 근로자 교육 중 "정리정돈 청소" 제외
1. 신규 관리자는 기계·기구 위험성, 작업순서, 동선을 알자!
2. 신규 관리자는 취급물질의 위험성(물질안전보건자료)을 알자!
3. 신규 관리자는 작업 전 점검하자!

신규 관리자 내용 추가
1. 신규 관리자는 안전보건 조치하자!
2. 신규 관리자는 안전 작업방법 결정해서 감독하자!
3. 신규 관리자는 재해 시 긴급조치하자!

2. 근로자의 채용 시 교육 및 작업내용 변경 시 교육
① 산업안전 및 산업재해 예방에 관한 사항(화재·폭발 사고 발생 시 대피에 관한 사항을 포함한다)
② 산업보건 및 건강장해 예방에 관한 사항
③ 산업안전보건법령 및 산업재해보상보험제도에 관한 사항
④ 직무스트레스 예방 및 관리에 관한 사항
⑤ 직장 내 괴롭힘, 고객의 폭언 등으로 인한 건강장해 예방 및 관리에 관한 사항
⑥ 기계·기구의 위험성과 작업의 순서 및 동선에 관한 사항
⑦ 물질안전보건자료에 관한 사항
⑧ 작업 개시 전 점검에 관한 사항
⑨ 정리정돈 및 청소에 관한 사항
⑩ 사고 발생 시 긴급조치에 관한 사항
⑪ 위험성 평가에 관한 사항

실패시 대박! 합격시 대박! 특급 암 기 법

공통 항목
1. 신규자는 법, 산재보상제도를 알자!
2. 신규자는 건강을 보존(산업보건)하고 건강장해, 스트레스, 괴롭힘, 폭언 예방하자!
3. 신규자는 안전하고 산업재해 예방하자!
4. 신규자는 위험성을 평가하자!

신규채용자는 회사에 처음 입사해서 처음 일을 하는 근로자, 안전하게 일하기 위한 기본내용을 교육한다.
1. 신규자는 기계·기구 위험성, 작업순서, 동선을 알자!
2. 신규자는 취급물질의 위험성(물질안전보건자료)을 알자!
3. 신규자는 작업 전 점검하자!
4. 신규자는 항상 정리정돈 청소하자!
5. 신규자는 사고 시 조치를 알자!

{분석}
실기에도 중요한 내용입니다. 해설을 다시 확인하세요.

---

**02** 다음 중 데이비스(K.Davis)의 동기부여 이론에서 인간의 성과(human performance)를 가장 적합하게 나타낸 것은?

㉮ 지식(knowledge)×기능(skill)
㉯ 기능(skill)×상황(situation)
㉰ 상황(situation)×태도(attitude)
㉱ 능력(ability)×동기유발(motivation)

**[해설]** 데이비스(K. Davis)의 동기부여 이론
① 인간의 성과 × 물질의 성과 = 경영의 성과
② 지식(knowledge) × 기능(skill) = 능력(ability)
③ 상황(situation) × 태도(attitude) = 동기유발(motivation)
④ 능력 × 동기유발 = 인간의 성과(human performance)

---

**03** 다음 중 브레인스토밍(brain-storming) 기법에 관한 설명으로 옳은 것은?

㉮ 타인의 의견에 대하여 장·단점을 표현할 수 있다.
㉯ 발언은 순서대로 하거나, 균등한 기회를 부여한다.
㉰ 주제와 관련이 없는 사항이라도 발언을 할 수 있다.
㉱ 이미 제시된 의견과 유사한 사항은 피하여 발언한다.

**[해설]** 브레인스토밍의 4원칙
• 비판금지 : 좋다, 나쁘다 비판은 하지 않는다.
• 자유분방 : 마음대로 자유로이 발언한다.
• 대량발언 : 무엇이든 좋으니 많이 발언한다.
• 수정발언 : 타인의 생각에 동참하거나 보충 발언해도 좋다.

{분석}
필기에 자주 출제되는 내용입니다.
해설을 다시 확인하세요.

---

•))정답 **02** ㉱ **03** ㉰

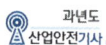

**04** 안전관리를 "안전은 ( ㉠ )을(를) 제어하는 기술"이라 정의할 때 다음 중 ㉠에 들어갈 용어로 예방 관리적 차원과 가장 가까운 용어는?

㉮ 위험  ㉯ 사고
㉰ 재해  ㉱ 상해

해설 안전관리에서 안전은 위험을 제어하는 기술이다.

**05** 다음 중 산업재해 통계의 활용 용도로 가장 적절하지 않은 것은?

㉮ 제도의 개선 및 시정
㉯ 재해의 경향 파악
㉰ 관리자 수준 향상
㉱ 동종업종과의 비교

해설 산업재해 통계의 활용도
① 제도의 개선 및 시행
② 재해의 경향파악
③ 동종업종과의 비교

**06** 다음 중 산업안전보건법령상 안전인증 대상 기계·기구 및 설비에 해당하지 않는 것은?

㉮ 연삭기
㉯ 압력용기
㉰ 롤러기
㉱ 고소(高所) 작업대

해설 ㉮ 연삭기는 자율안전확인 대상이다.

참고 [안전인증 대상 기계·기구]

1. 설치·이전하는 경우 안전인증을 받아야 하는 기계·기구
가. 크레인
나. 리프트
다. 곤돌라

2. 주요 구조 부분을 변경하는 경우 안전인증을 받아야 하는 기계·기구
① 프레스
② 전단기 및 절곡기(折曲機)
③ 크레인  ④ 리프트
⑤ 압력용기  ⑥ 롤러기
⑦ 사출성형기(射出成形機)
⑧ 고소(高所)작업대
⑨ 곤돌라

특급 암기법
유사한 종류끼리 묶어서 암기
손 다치는 기계 – 프레스, 전단기 및 절곡기, 사출성형기, 롤러기
양중기 – 크레인, 리프트, 곤돌라
폭발 – 압력용기
추락 – 고소작업대

[자율안전확인 대상 기계·기구]

① 연삭기 및 연마기(휴대형 제외)
② 산업용 로봇
③ 혼합기
④ 파쇄기 or 분쇄기
⑤ 식품가공용 기계(파쇄, 절단, 혼합, 제면기만 해당)
⑥ 컨베이어
⑦ 자동차정비용 리프트
⑧ 공작기계(선반, 드릴, 평삭·형삭기, 밀링만 해당)
⑨ 고정형 목재가공용 기계(둥근톱, 대패, 루타기, 띠톱, 모떼기 기계만 해당)
⑩ 인쇄기

특급 암기법
공작기계로 철판 잘라서 연삭기, 연마기로 갈고, 고정형 목재가공용기계로 나무 자르고, 식품가공용 기계로 식품 파쇄, 분쇄하여 혼합기로 혼합한 후 컨베이어로 운반해서 자동차 리프트에 올려놓고 인 기있는 산업용 로봇 만들자.

{분석}
실기까지 중요한 내용입니다. 참고를 다시 확인하세요.

정답 04 ㉮ 05 ㉰ 06 ㉮

**07** 다음 중 인간의 행동 특성에 관한 레윈 (Lewin)의 법칙 "$B = f(P \cdot E)$"에서 $P$에 해당되는 것은?

㉮ 행동 　　　　㉯ 소질
㉰ 환경 　　　　㉱ 함수

**[해설]** 레윈(K. Lewin)의 법칙 : 인간의 행동은 개체의 자질과 심리적 환경의 함수관계이다.

> $$B = f(P \cdot E)$$
> 여기서, B : Behavior(인간의 행동)
> 　　　　f : function(함수관계)
> 　　　　P : Person
> 　　　　(개체 : 연령, 경험, 심신상태, 성격, 지능 등)
> 　　　　E : Environment
> 　　　　(심리적 환경 : 인간관계, 작업환경 등)

{분석}
필기에 자주 출제되는 내용입니다.
해설을 다시 확인하세요.

**08** [표]는 A 작업장을 하루 10회 순회하면서 적발된 불안전한 행동건수이다. A 작업장의 1일 불안전한 행동률은 약 얼마인가?

| 순회 횟수 | 1회 | 2회 | 3회 | 4회 | 5회 | 6회 | 7회 | 8회 | 9회 | 10회 |
|---|---|---|---|---|---|---|---|---|---|---|
| 근로자 수 | 100 | 100 | 100 | 100 | 100 | 100 | 100 | 100 | 100 | 100 |
| 불안전한 행동 적발건수 | 0 | 1 | 2 | 0 | 0 | 1 | 2 | 0 | 0 | 1 |

㉮ 0.07% 　　　　㉯ 0.7%
㉰ 7% 　　　　㉱ 70%

**[해설]** 근로자 수 100명을 총 10회 관찰했으므로 총 관찰 횟수는 1,000회가 된다.
그 중 불안전한 행동은 총 7건으로

$$불안전한\ 행동률 = \frac{불안전행동건수}{총관찰횟수} \times 100$$
$$= \frac{1+2+1+2+1}{1,000} \times 100$$
$$= 0.7\%$$

**09** 다음 중 산업재해가 발생하였을 때 [보기]의 각 단계를 긴급처치의 순서대로 가장 적절하게 나열한 것은?

> [보기]
> ① 재해자 구출
> ② 관계자 통보
> ③ 2차재해 방지
> ④ 관련기계의 정지
> ⑤ 재해자의 응급처치
> ⑥ 현장보존

㉮ ① → ④ → ② → ⑤ → ③ → ⑥
㉯ ② → ① → ④ → ⑤ → ③ → ⑥
㉰ ④ → ① → ⑤ → ② → ③ → ⑥
㉱ ⑤ → ① → ④ → ③ → ② → ⑥

**[해설]** 긴급조치 순서
① 피재기계 정지
② 피재자 응급조치
③ 관계자에게 통보(인적, 물적 손실 함께 통보)
④ 2차 재해 방지
⑤ 현장 보존해설

**[참고]** 재해발생 시 조치 순서
① 긴급조치 　　　　② 재해조사
③ 원인 분석 　　　　④ 대책 수립
⑤ 실시 　　　　⑥ 평가

**10** 다음 중 리더의 행동스타일 리더십을 연결 시킨 것으로 잘못 연결된 것은?

㉮ 부하 중심적 리더십 – 치밀한 감독
㉯ 직무 중심적 리더십 – 생산과업 중시
㉰ 부하 중심적 리더십 – 부하와의 관계 중시
㉱ 직무 중심적 리더십 – 공식권한과 권력에 의존

**[해설]** ㉮ "치밀한 감독"은 직무 중심적 리더십에 해당한다.

•)) **정답** 07 ㉯ 08 ㉯ 09 ㉰ 10 ㉮

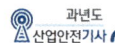
**11** 안전교육의 내용에 있어 다음 설명과 가장 관계가 깊은 것은?

> – 교육대상자가 그것을 스스로 행함으로 얻어진다.
> – 개인의 반복적 시행착오에 의해서만 얻어진다.

㉮ 안전지식의 교육
㉯ 안전기능의 교육
㉰ 문제해결의 교육
㉱ 안전태도의 교육

**[해설]** 스스로 행함, 반복적 시행착오에 의해 얻어진다.
→ 기능교육

**[참고] 교육의 3단계**
① 제1단계(**지식**교육) : 강의 및 시청각 교육 등을 통하여 지식을 전달하는 단계
② 제2단계(**기능**교육) : 시범, 견학, 현장실습 교육 등을 통하여 경험을 체득하는 단계
③ 제3단계(**태도**교육) : 작업동작 지도 등을 통하여 안전행동을 습관화하는 단계

**12** 기업 내 정형교육 중 TWI(Training Within Industry)의 교육 내용에 있어 직장 내 부하 직원에 대하여 가르치는 기술과 관련이 가장 깊은 기법은?

㉮ JIT(Job Instruction Training)
㉯ JMT(Job Method Training)
㉰ JRT(Job Relation Training)
㉱ JST(Job Safety Training)

**[해설] TWI 교육과정**
① 작업 방법 기법(Job Method Training : JMT)
② 작업 지도 기법(Job Instruction Training : JIT)
③ 인간 관계관리 기법 or 부하통솔법
  (Job Relations Training : JRT)
④ 작업 안전 기법(Job Safety Training : JST)

{분석}
필기에 자주 출제되는 내용입니다.
참고를 다시 확인하세요.

**13** 다음 중 방독마스크의 성능기준에 있어 사용 장소에 따른 등급의 설명으로 틀린 것은?

㉮ 고농도는 가스 또는 증기의 농도가 100분의 2 이하의 대기 중에서 사용하는 것을 말한다.
㉯ 중농도는 가스 또는 증기의 농도가 100분의 1 이하의 대기 중에서 사용하는 것을 말한다.
㉰ 저농도는 가스 또는 증기의 농도가 100분의 0.5 이하의 대기 중에서 사용하는 것으로서 긴급용이 아닌 것을 말한다.
㉱ 고농도와 중농도에서 사용하는 방독마스크는 전면형(격리식, 직결식)을 사용해야 한다.

**[해설] 방독마스크의 등급**

| 등급 | 사용 장소 |
| --- | --- |
| 고농도 | 가스 또는 증기의 농도가 100분의 2(암모니아에 있어서는 100분의 3) 이하의 대기 중에서 사용하는 것 |
| 중농도 | 가스 또는 증기의 농도가 100분의 1(암모니아에 있어서는 100분의 1.5) 이하의 대기 중에서 사용하는 것 |
| 저농도 및 최저농도 | 가스 또는 증기의 농도가 100분의 0.1 이하의 대기 중에서 사용하는 것으로서 긴급용이 아닌 것 |

[비고]
방독마스크는 산소농도가 18% 이상인 장소에서 사용하여야 하고, 고농도와 중농도에서 사용하는 방독마스크는 전면형(격리식, 직결식)을 사용해야 한다.

{분석}
실기까지 자주 출제되는 내용입니다.
해설을 다시 확인하세요.

**정답** 11 ㉯ 12 ㉮ 13 ㉰

**14** 기술교육의 형태 중 존 듀이(J.Dewey)의 사고과정 5단계에 해당하지 않는 것은?

㉮ 추론한다.
㉯ 시사를 받는다.
㉰ 가설을 설정한다.
㉱ 가슴으로 생각한다.

[해설] 존 듀이의 사고과정 5단계
1단계 : 시사(suggestion) 받는다.
2단계 : 지식화한다.
3단계 : 가설을 설정한다.
4단계 : 추론한다.
5단계 : 행동에 의하여 가설을 검토한다.

**15** 다음 중 산업안전보건법령상 안전·보건표지의 종류에 있어 안내표지에 해당하지 않는 것은?

㉮ 들것　　　㉯ 비상용기구
㉰ 출입구　　　㉱ 세안장치

[해설]

| 4.안내표지 | 401 녹십자 표지 | 402 응급구호 표지 | 403 들것 | 404 세안 장치 |
|---|---|---|---|---|
| | 405 비상용 기구 | 406 비상구 | 407 좌측 비상구 | 408 우측 비상구 |

**16** 다음 중 인간의 착각현상에서 움직이지 않는 것이 움직이는 것처럼 느껴지는 현상을 무엇이라 하는가?

㉮ 유도운동
㉯ 잔상운동
㉰ 자동운동
㉱ 유선운동

[해설] 움직이지 않는 것이 움직이는 것처럼 느껴지는 현상 → 유도운동

[참고] 착각현상

| 가현운동 ($\beta$ 운동) | 정지하고 있는 대상물이 급속히 나타나던가 소멸하는 것으로 인하여 일어나는 운동으로 마치 대상물이 운동하는 것처럼 인식되는 현상을 말한다. 예 영화의 영상 |
|---|---|
| 유도 운동 | 움직이지 않는 것이 움직이는 것처럼 느껴지는 현상 예 상행선 열차를 타고 가며 정지하고 있는 하행선 열차를 보면 마치 하행선 열차가 움직이는 것처럼 느껴지는 현상 |
| 자동 운동 | • 암실에서 정지된 소광점 응시하면 광점이 움직이는 것처럼 보이는 현상 • 안구의 불규칙한 운동 때문에 생기는 현상이다. |

**17** 다음 중 재해 예방의 4원칙에 관한 설명으로 적절하지 않은 것은?

㉮ 재해의 발생에는 반드시 그 원인이 있나.
㉯ 사고의 발생과 손실의 발생에는 우연적 관계가 있다.
㉰ 재해는 원칙적으로 원인만 제기되면 예방이 가능하다.
㉱ 재해예방을 위한 대책은 존재하지 않으므로 최소화에 중점을 두어야 한다.

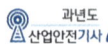
해설 ㉮ 원인연계의 법칙
㉯ 손실우연의 법칙
㉰ 예방가능의 법칙
㉱ 재해예방을 위한 대책은 반드시 존재한다.
→ 대책선정의 원칙

참고 산업재해 예방의 4원칙
① 예방 가능의 원칙 : 재해는 원칙적으로 원인만 제거되면 예방이 가능하다.
② 손실 우연의 원칙 : 사고의 결과 생기는 상해의 종류와 정도는 사고 발생시 사고대상의 조건에 따라 우연히 발생한다.
③ 대책 선정의 원칙 : 사고의 원인에 대한 적합한 대책이 선정되어야 한다.
④ 원인 연계의 원칙 : 재해는 직접원인과 간접원인이 연계되어 일어난다.

{분석}
실기까지 자주 출제되는 내용입니다.
참고를 다시 확인하세요.

## 18 다음 중 line-staff형 안전조직에 관한 설명으로 가장 옳은 것은?

㉮ 생산부분의 책임이 막중하다.
㉯ 명령계통과 조언, 권고적 참여가 혼동되기 쉽다.
㉰ 안전 지시나 조치가 철저하고, 실시가 빠르다.
㉱ 생산부분에는 안전에 대한 책임과 권한이 없다.

해설 라인 스태프형(Line Staff) or 혼합형
① 대규모 사업장(1,000명 이상 사업장)에 적용이 가능하다.
② 라인 스태프형 장점
• 안전전문가에 의해 입안된 것을 경영자가 명령하므로 명령이 신속·정확하다.
• 안전정보 수집이 용이하고 빠르다.

③ 라인 스태프형 단점
• 명령계통과 조언, 권고적 참여의 혼돈이 우려된다.
• 스태프의 월권행위가 우려되고 지나치게 스태프에게 의존할 수 있다.
• 라인이 스탭에 의존 또는 활용하지 않는 경우가 있다.

{분석}
실기까지 자주 출제되는 내용입니다.
해설을 다시 확인하세요.

## 19 다음 중 안전교육 지도안의 4단계에 해당되지 않는 것은?

㉮ 도입          ㉯ 적용
㉰ 제시          ㉱ 보상

해설 안전교육 지도안의 4단계
제1단계 : 도입(학습할 준비를 시킨다)
제2단계 : 제시(작업을 설명한다)
제3단계 : 적용(작업을 시켜본다)
제4단계 : 확인(가르친 뒤 살펴본다)

## 20 다음 중 안전점검 방법에서 육안점검과 가장 관련이 깊은 것은?

㉮ 테스트 해머 점검
㉯ 부식·마모 점검
㉰ 가스검지기 점검
㉱ 온도계 점검

해설 육안검사 → 부식·마모 점검

•)) 정답 18 ㉯ 19 ㉱ 20 ㉯

## 제2과목 • 인간공학 및 위험성 평가 · 관리

**21** 다음 중 인간공학의 목표와 가장 거리가 먼 것은?

㉮ 에러 감소　　㉯ 생산성 증대
㉰ 안전성 향상　　㉱ 신체 건강 증진

**해설** **인간공학의 연구목적**

① 안전성의 향상과 사고 방지
② 기계조작의 능률성과 생산성의 향상
③ 작업환경의 쾌적성

{분석}
**필기에 자주 출제되는 내용입니다.**

**22** 다음 중 설비보전의 조직 형태에서 집중보전(Central Maintenance)의 장점이 아닌 것은?

㉮ 보전요원은 각 현장에 배치되어 있어 재빠르게 작업할 수 있다.
㉯ 전 공장에 대한 판단으로 중점보전이 수행될 수 있다.
㉰ 분업/전문화가 진행되어 전문적으로서 고도의 기술을 갖게 된다.
㉱ 직종 간의 연락이 좋고 공사 관리가 쉽다.

**해설** ㉮ 집중보전에서 보전요원은 한 현장에서 작업한다.

**참고** ① **집중보전(Central Maintenance)** : 모든 보진직업 및 보전요원이 한 명의 보전관리자(팀장, 부장)에게 집중되며 보전현장도 한 개소에 집중되는 형태이다.

② **지역보전(Area Maintenance)** : 조직상으로는 집중보전과 마찬가지로 한 명의 보전관리자 아래 조직되지만 보전요원의 배치는 각 지역에 분산된 형태이다.

③ **부문보전(Departmental Maintenance)** : 조직상으로 보전책임자는 제조부문장의 아래에 소속되며 보전요원은 특정지역 또는 업무에 따라 배치된다.

④ **절충보전(Combination Maintenance)** : 공장 형태, 제조 형태에 따라 집중보전, 지역보전, 부문보전의 장단점을 결합한 형태의 보전 조직이다.

**23** 다음 중 작동 중인 전자레인지의 문을 열면 작동이 자동으로 멈추는 기능과 가장 관련이 깊은 오류 방지 기능은?

㉮ lock-in　　㉯ lock-out
㉰ inter-lock　　㉱ shift-lock

**해설** 기계의 조건이 정상작동 조건이 아닐 경우 자동으로 전원을 차단하는 기능 → 인터록 기능(연동기능)

{분석}
**필기에 자주 출제되는 내용입니다.**

**24** 란돌트(Landolt)고리에 있는 1.5mm의 틈을 5m의 거리에서 겨우 구분할 수 있는 사람의 최소분간시력은 약 얼마인가?

㉮ 0.1
㉯ 0.3
㉰ 0.7
㉱ 1.0

**해설**

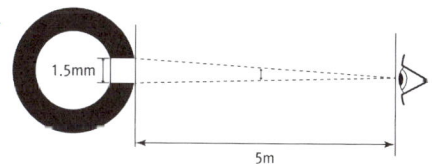

**시력 1.0** : 5m 거리에서 1.5mm의 거리를 구분 (폭 1.5mm의 란돌트 고리의 끊어진 빙향을 구분)할 수 있는 시력능력을 말한다.(국제 안과학회)

**참고**

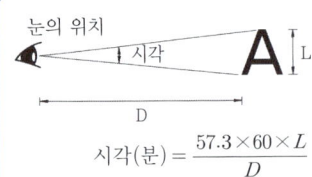

눈의 위치

시각

A ㅜL┴

D

$$시각(분) = \frac{57.3 \times 60 \times L}{D}$$

여기서, $D$ : 물체와 눈 사이의 거리
$L$ : 시선과 직각으로 측정한 물체의 크기

1. $시각(분) = \frac{57.3 \times 60 \times L}{D}$

   $= \frac{57.3 \times 60 \times 1.5}{5000} = 1.0314$

2. $시각 = \frac{1}{시력}$

   $시력 = \frac{1}{시각} = \frac{1}{1.0314} = 0.97$

## 25 인간 – 기계시스템의 설계를 6단계로 구분할 때 다음 중 첫 번째 단계에서 시행하는 것은?

㉮ 기본 설계
㉯ 시스템의 정의
㉰ 인터페이스 설계
㉱ 시스템의 목표와 성능명세 결정

**해설** 체계(인간 – 기계체계) 설계의 주요 과정
① 목표 및 성능명세 결정
② 체계의 정의
③ 기본 설계
  • 작업설계  • 직무분석  • 기능할당
④ 계면 설계
⑤ 촉진물 설계
⑥ 시험 및 평가

{분석}
**필기에 자주 출제되는 내용입니다.**

## 26 다음 중 변화감지역(JCD : Just noticeable difference)이 가장 작은 음은?

㉮ 낮은 주파수와 작은 강도를 가진 음
㉯ 낮은 주파수와 큰 강도를 가진 음
㉰ 높은 주파수와 작은 강도를 가진 음
㉱ 높은 주파수와 큰 강도를 가진 음

**해설** 낮은 주파수와 큰 강도를 가진 음이 가장 검출이 용이하므로 변화감지역이 가장 작다.

**참고** 변화감지역(just noticeable difference)
물리적 자극의 변화 여부를 감지할 수 있는 최소의 자극범위로서 변화감지역이 작을수록 감각 변화 검출이 용이하다.

## 27 시스템의 수명주기 중 PHA 기법이 최초로 사용되는 단계는?

㉮ 구상단계
㉯ 정의단계
㉰ 개발단계
㉱ 생산단계

**해설** 예비 위험 분석(PHA : Preliminary Hazards Analysis)
시스템 안전 프로그램의 최초 단계(설계단계, 구상단계)에서 실시하는 분석법

{분석}
**필기에 자주 출제되는 내용입니다.**

## 28 [그림]과 같은 FT도에 대한 미니멀 컷셋(minimal cut sets)으로 옳은 것은? (단, Fussell의 알고리즘을 따른다)

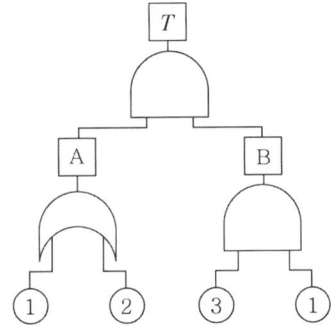

㉮ {1, 2}
㉯ {1, 3}
㉰ {2, 3}
㉱ {1, 2, 3}

**해설** $T = A_1 \cdot B = \binom{①}{②}(③①) = \frac{(①③①)}{(②③①)}$

컷셋 : (①③)(①②③)
미니멀 컷 : (①③)

{분석}
**필기에 자주 출제되는 내용입니다.**

**정답** 25 ㉱ 26 ㉯ 27 ㉮ 28 ㉯

**29** 다음 중 인간이 감지할 수 있는 외부의 물리적 자극 변화의 최소범위는 기준이 되는 자극의 크기에 비례하는 현상을 설명한 이론은?

㉮ 웨버(Weber) 법칙
㉯ 피츠(Fitts) 법칙
㉰ 신호검출이론(SDT)
㉱ 힉-하이만(Hick-Hyman) 법칙

**[해설]** 웨버(Weber)의 법칙

① 

$$\text{Weber의 법칙} = \frac{\Delta I}{I}$$

여기서, $I$ = 표준자극, $\Delta I$ = 변화감지역

② 음의 높이·무게 등 물리적 자극을 상대적으로 판단하는데 있어 <u>특정 감각기관의 변화 감지역은 표준 자극에 비례한다.</u>

{분석}
필기에 자주 출제되는 내용입니다.

**30** A사의 안전관리자는 자사 화학설비의 안전성 평가를 위해 제2단계인 정성적 평가를 진행하기 위하여 평가 항목 대상을 분류하였다. 다음 주요 평가 항목 중에서 성격이 다른 것은?

㉮ 건조물          ㉯ 공장 내 배치
㉰ 입지조건        ㉱ 취급물질

**[해설]**

| 정성적 평가항목 | 정량적 평가항목 |
| --- | --- |
| ① 입지 조건 | ① 취급물질 |
| ② 공장 내의 배치 | ② 화학설비의 용량 |
| ③ 소방설비 | ③ 온도 |
| ④ 공정 기기 | ④ 압력 |
| ⑤ 수송·저장 | ⑤ 조작 |
| ⑥ 원재료 | |
| ⑦ 중간체 | |
| ⑧ 제품 | |
| ⑨ 건조물(건물) | |
| ⑩ 공정 | |

{분석}
필기에 자주 출제되는 내용입니다.

**31** 위험 및 운전성 검토(HAZOP)에서의 전제 조건으로 틀린 것은?

㉮ 두 개 이상의 기기고장이나 사고는 일어나지 않는다.
㉯ 작업자는 위험 상황이 일어났을 때 그것을 인식할 수 있다.
㉰ 안전장치는 필요할 때 정상 동작하지 않는 것으로 간주한다.
㉱ 장치 자체는 설계 및 제작 사양에 맞게 제작된 것으로 간주한다.

**[해설]** HAZOP(위험 및 운전성 검토)의 전제 조건

① 동일 기능의 2가지 이상 기기고장 및 사고는 발생치 않는다.
② <u>안전장치는 필요 시 정상작동하는 것으로 한다.</u>
③ 장치와 설비는 설계 및 제작사양에 적합하게 제작된 것으로 한다.
④ 작업자는 위험상황 시 필요한 조치를 취하는 것으로 한다.
⑤ 위험의 확률이 낮으나 고가설비를 요구할 시는 운전원 안전교육 및 직무교육으로 대체한다.
⑥ 사소한 사항이라도 간과하지 않는다.

**32** 날개가 2개인 비행기의 양 날개에 엔진이 각각 2개씩 있다. 이 비행기는 양 날개에서 각각 최소한 1개의 엔진은 작동을 해야 추락하지 않고 비행할 수 있다. 각 엔진의 신뢰도가 각각 0.9이며, 각 엔진은 독립적으로 작동한다고 할 때, 이 비행기가 정상적으로 비행할 신뢰도는 약 얼마인가?

㉮ 0.89          ㉯ 0.91
㉯ 0.94          ㉱ 0.98

**[해설]** ① 날개의 2개의 엔진 중 하나만 정상이면 날개는 정상 작동한다. → 병렬시스템
<u>날개 1개의 신뢰도</u> $= 1 - (1-0.9) \times (1-0.9)$
$= 0.99$
② 2개의 날개가 모두 정상 작동하여야 비행기가 정상 작동한다. → 직렬시스템
<u>비행기의 신뢰도</u> $= 0.99 \times 0.99 = 0.9801$

•)) 정답 **29** ㉮ **30** ㉱ **31** ㉰ **32** ㉱

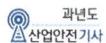
**33** A 자동차에서 근무하는 K씨는 지게차로 철강판을 하역하는 업무를 한다. 지게차 운전으로 K씨에게 노출된 직업성 질환의 위험 요인과 동일한 위험 요인에 노출된 작업자는?

㉮ 연마기 운전자

㉯ 착암기 운전자

㉰ 대형운송차량 운전자

㉱ 목재용 치퍼(Chippers) 운전자

> [해설] 지게차와 같은 하역작업에 해당하는 것은 [대형 운송차량]이다.

**34** 다음 중 인간공학에 있어 인체측정의 목적으로 가장 올바른 것은?

㉮ 안전관리를 위한 자료

㉯ 인간공학적 설계를 위한 자료

㉰ 생산성 향상을 위한 자료

㉱ 사고 예방을 위한 자료

> [해설] 인체측정자료는 인간공학적 설계를 위한 자료에 해당한다.

**35** 산업안전보건법령에 따라 유해·위험 방지 계획서를 제출할 때에는 사업장 별로 관련 서류를 첨부하여 해당 작업 시작 며칠 전까지 해당 기관에 제출하여야 하는가?

㉮ 7일

㉯ 15일

㉰ 30일

㉱ 60일

> [해설] 제조업 대상 사업, 대상기계·기구 설비에 해당하는 유해·위험방지계획서를 제출하려면 해당 공사 착공 15일 전까지 관련 서류를 공단에 2부를 제출하여야 한다.

> [참고] 건설공사 유해·위험방지계획서 : 해당 공사의 착공 전날까지 공단에 관련 서류 2부를 제출하여야 한다.
>
> {분석}
> **실기까지 중요한 내용입니다.**

**36** 다음 중 몸의 중심선으로부터 밖으로 이동하는 신체 부위의 동작을 무엇이라 하는가?

㉮ 외전

㉯ 외선

㉰ 내전

㉱ 내선

> [해설] 신체 중심선으로부터 밖으로 이동
> → 외전(abduction, 벌리기)

> [참고]
>
> | 굴곡<br>(flexion, 굽히기) | 관절각이 감소하는 움직임 |
> |---|---|
> | 신전<br>(extension, 펴기) | 관절각이 증가하는 움직임 |
> | 외전<br>(abduction, 벌리기) | 신체 중심선으로부터 밖으로 이동 |
> | 내전<br>(adduction, 모으기) | 신체 중심선으로 이동 |
> | 외선<br>(external rotation) | 신체 중심선으로부터의 회전 |
> | 내선<br>(internal rotation) | 신체 중심선으로의 회전 |
>
> {분석}
> **필기에 자주 출제되는 내용입니다.**

**37** FTA에서 사용하는 다음 사상기호에 대한 설명으로 옳은 것은?

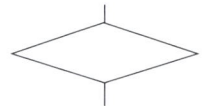

㉮ 시스템 분석에서 좀 더 발전시켜야 하는 사상

㉯ 시스템의 정상적인 가동상태에서 일어날 것이 기대되는 사상

㉰ 불충분한 자료로 결론을 내릴 수 없어 더 이상 전개할 수 없는 사상

㉱ 주어진 시스템의 기본사상으로 고장원인이 분석되었기 때문에 더 이상 분석할 필요가 없는 사상

·)) 정답 33 ㉰ 34 ㉯ 35 ㉯ 36 ㉮ 37 ㉰

**해설** **생략사상** : 관련 정보가 미비하여 계속 개발될 수 없는 특정 초기사상

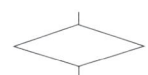

{분석}
**필기에 자주 출제되는 내용입니다.**

---

**38** 다음 중 결함수분석법에서 path set에 관한 설명으로 옳은 것은?

㉮ 시스템의 약점을 표현한 것이다.
㉯ Top 사상을 발생시키는 조합이다.
㉰ 시스템이 고장 나지 않도록 하는 사상의 조합이다.
㉱ 일반적으로 Fussell Algorithm을 이용한다.

**해설** **패스셋(Path Set)**

• 시스템의 고장을 일으키지 않는 기본사상들의 집합
• 포함된 기본사상이 일어나지 않을 때 처음으로 정상 사상이 일어나지 않는 기본사상들의 집합이다.

{분석}
**필기에 자주 출제되는 내용입니다.**

---

**39** 다음 중 적정온도에서 추운 환경으로 바뀔 때의 현상으로 틀린 것은?

㉮ 직장의 온도가 내려간다.
㉯ 피부의 온도가 내려간다.
㉰ 몸이 떨리고 소름이 돋는다.
㉱ 피부를 경유하는 혈액 순환량이 증가한다.

**해설** ㉱ 피부를 경유하는 혈액 순환량이 감소한다.

{분석}
**필기에 자주 출제되는 내용입니다.**

---

**40** 다음 중 의자 설계의 일반 원리로 옳지 않은 것은?

㉮ 추간판의 압력을 줄인다.
㉯ 등 근육의 정적 부하를 줄인다.
㉰ 쉽게 조절할 수 있도록 한다.
㉱ 고정된 자세로 장시간 유지되도록 한다.

**해설** ㉱ 자세 고정은 줄여야 한다.

**참고** **의자 설계의 일반 원리**

① 요추의 전만곡선을 유지할 것
② 디스크의 압력을 줄인다.
③ 등 근육의 정적부하를 감소시킨다.
④ 자세 고정을 줄인다.
⑤ 쉽게 조절할 수 있도록 설계할 것

{분석}
**필기에 자주 출제되는 내용입니다.**

---

**제3과목 • 기계 · 기구 및 설비 안전 관리**

---

**41** 다음 중 산업안전보건법령에 따라 산업용 로봇의 사용 및 수리 등에 관한 사항으로 틀린 것은?

㉮ 작업을 하고 있는 동안 로봇의 기동스위치 등에 "작업 중"이라는 표시를 하여야 한다.
㉯ 해당 작업에 종사하고 있는 근로자의 안전한 작업을 위하여 작업종사자 외의 사람이 기동스위치를 조작할 수 있도록 하여야 한다.
㉰ 로봇을 운전하는 경우에 근로자가 로봇에 부딪힐 위험이 있을 때에는 안전매트 및 높이 1.8m 이상의 방책을 설치하는 등 필요한 조치를 하여야 한다.
㉱ 로봇의 작동범위에서 해당 로봇의 수리 · 검사 · 조정 · 청소 · 급유 또는 결과에 대한 확인작업을 하는 경우에는 해

---

🔊) **정답** 38 ㉰ 39 ㉱ 40 ㉱ 41 ㉯

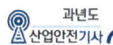
당 로봇의 운전을 정지함과 동시에 그 작업을 하고 있는 동안 로봇의 기동스위치를 열쇠로 잠근 후 열쇠를 별도 관리하여야 한다.

**해설** ④ 작업종사자 외의 사람이 기동스위치를 조작할 수 없도록 해야 한다.

**참고** 로봇 교시 등 작업 시의 안전

1) 다음 각목의 사항에 관한 **지침을 정하고 그 지침에 따라 작업**을 시킬 것
   ① **로봇의 조작방법 및 순서**
   ② 작업 중의 **매니퓰레이터의 속도**
   ③ 2인 이상의 근로자에게 작업을 시킬 때의 **신호방법**
   ④ **이상을 발견한 때의 조치**
   ⑤ 이상을 발견하여 로봇의 운전을 정지시킨 후 이를 **재가동 시킬 때의 조치**
   ⑥ 그 밖에 로봇의 **예기치 못한 작동 또는 오조작에 의한 위험을 방지하기 위하여 필요한 조치**
2) 작업에 종사하고 있는 근로자 또는 그 근로자를 감시하는 사람은 **이상을 발견하면 즉시 로봇의 운전을 정지시키기 위한 조치를 할 것**
3) 작업을 하고 있는 동안 로봇의 **기동스위치 등에 작업 중이라는 표시**를 하는 등 작업에 종사하고 있는 **근로자가 아닌 사람이 그 스위치 등을 조작할 수 없도록 필요한 조치**를 할 것

**42** 다음 중 프레스 등의 금형을 부착·해체 또는 조정하는 작업을 할 때 급작스런 슬라이드의 작동에 대비한 방호 장치로 가장 적절한 것은?

㉮ 접촉예방장치
㉯ 권과방지장치
㉰ 과부하방비장치
㉱ 안전블록

**해설** 금형을 부착, 해체, 조정 작업할 때 신체 일부가 위험점 내에서 슬라이드 불시 하강으로 인한 위험을 방지할 목적으로 안전블럭을 설치한다.

{분석}
**실기까지 중요한 내용입니다. 암기하세요.**

**43** 회전축이나 베어링 등이 마모 등으로 변형되거나 회전의 불균형에 의하여 발생하는 진동을 무엇이라고 하는가?

㉮ 단속 진동
㉯ 정상 진동
㉰ 충격 진동
㉱ 우연 진동

**해설** 회전축, 베어링의 마모 및 회전 불균형에 의한 진동 → 정상 진동

**44** 산업안전보건법령에 따라 레버풀러(lever puller) 또는 체인블록(chain block)을 사용하는 경우 훅의 입구(hook mouth) 간격이 제조자가 제공하는 제품사양서 기준으로 얼마 이상 벌어진 것은 폐기하여야 하는가?

㉮ 3%
㉯ 5%
㉰ 7%
㉱ 10%

**해설** 체인블록 : 훅의 입구(hook mouth) 간격이 제조자가 제공하는 제품사양서 기준으로 10퍼센트 이상 벌어진 것은 폐기할 것

**45** 다음 중 재료 이송방법의 자동화에 있어 송급 배출 장치가 아닌 것은?

㉮ 다이얼피더
㉯ 슈트
㉰ 에어분사장치
㉱ 푸셔피더

**해설** 자동 송급 배출 장치
① 다이얼피더
② 슈트
③ 푸셔피더

**정답** 42 ㉱ 43 ㉯ 44 ㉱ 45 ㉰

**46** 다음 중 아세틸렌 용접장치에서 역화의 원인과 가장 거리가 먼 것은?

㉮ 아세틸렌의 공급 과다
㉯ 토치 성능의 부실
㉰ 압력조정기의 고장
㉱ 토치 팁에 이물질이 묻은 경우

**해설 역화의 원인**
• 팁 끝이 막혔을 때
• 팁 끝이 과열되었을 때
• 가스 압력과 유량이 적당하지 않았을 때
• 팁의 조임이 풀려올 때
• 압력조정기 불량일 때
• 토치의 성능이 좋지 않을 때

**47** 다음 중 세이퍼와 플레이너(planer)의 방호장치가 아닌 것은?

㉮ 방책   ㉯ 칩받이
㉰ 칸막이   ㉱ 칩 브레이커

**해설** 칩 브레이커는 긴 칩을 짧게 절단하는 선반의 방호장치이다.

**48** 다음 중 방사선 투과검사에 가장 적합한 활용 분야는?

㉮ 변형률 측정
㉯ 완제품의 표면결함 검사
㉰ 재료 및 기기의 계측 검사
㉱ 재료 및 용접부의 내부결함 검사

**해설** 방사선투과검사는 재료 및 용접부의 결함을 알아내는 비파괴 검사방법이다.

**49** 선반으로 작업을 하고자 지름 30mm의 일감을 고정하고, 500rpm으로 회전시켰을 때 일감 표면의 원주 속도는 약 몇 m/s인가?

㉮ 0.628
㉯ 0.785
㉰ 23.56
㉱ 47.12

**해설 원주 속도(회전 속도)**

$$V = \frac{\pi \times D \times N}{1,000} (m/min)$$

여기서, $D$ : 드릴지름(mm), $N$ : 회전수(rpm)

$$V = \frac{\pi \times 30 \times 500}{1,000}$$

$$= 47.12(m/min) \div 60 = 0.785(m/s)$$

{분석}
실기까지 중요한 내용입니다.

**50** 다음 중 밀링작업 시 하향 절삭의 장점에 해당되지 않는 것은?

㉮ 일감의 고정이 간편하다.
㉯ 일감의 가공면이 깨끗하다.
㉰ 이송기구의 백래시(backlash)가 자연히 제거된다.
㉱ 밀링커터의 날이 마찰 작용을 하지 않으므로 수명이 길다.

**해설** ㉰ 백래시 제기 장치가 필요하다.

**참고** ① 상향 절삭 : 커터의 회전 방향과 이송 방향이 반대일 때
② 하향 절삭 : 커터의 회전 방향과 이송 방향이 같을 때

**정답** 46 ㉮ 47 ㉱ 48 ㉱ 49 ㉯ 50 ㉰

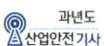

| 상향 절삭의 장점 | 하향 절삭의 장점 |
|---|---|
| ① 기계에 무리를 주지 않는다. | ① 일감의 고정이 간편하다. |
| ② 백래시가 자연히 제거된다. | ② 백래시 제거장치가 필요하다. |
| ③ 날이 부러질 염려가 없다. | ③ 날이 부러지기 쉽다. |
| ④ 치수정밀도 변화가 적다. | ④ 가공면을 잘 볼 수 있다. |
| ⑤ 일감을 확실히 고정해야 한다. | ⑤ 일감을 누르므로 가계에 무리를 준다. |
| ⑥ 날의 마멸이 심해 수명이 짧다. | ⑥ 날의 마멸이 적고 수명이 길다. |
| ⑦ 가공면이 거칠다. | ⑦ 가공면이 깨끗하다. |

**51** 다음 중 상부를 사용할 것을 목적으로 하는 탁상용 연삭기 덮개의 노출 각도로 옳은 것은?

㉮ 180° 이상

㉯ 120° 이내

㉰ 60° 이내

㉱ 15° 이내

**해설** 연삭기의 덮개 노출 각도

| 탁상용 연삭기 | ① 상부를 사용하는 경우 : 60° 이내<br>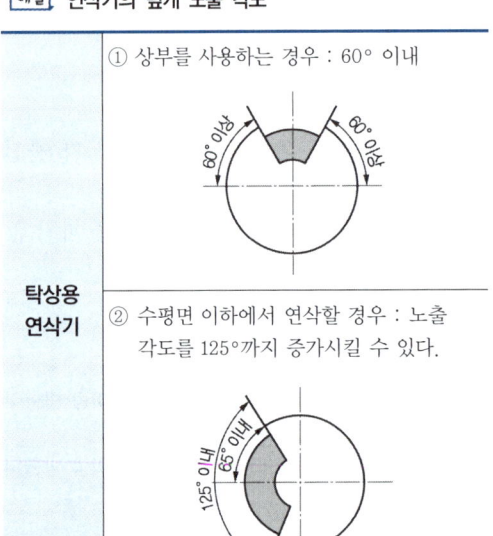<br>② 수평면 이하에서 연삭할 경우 : 노출 각도를 125°까지 증가시킬 수 있다. |
|---|---|

| 탁상용 연삭기 | ①, ② 외의 탁상용연삭기 : 80° 이내 (주축면 위로 65°)<br>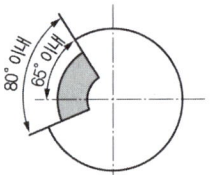<br>③ 최대 원주 속도가 초당 50m 이하인 탁상용 연삭기 : 90° 이내(주축면 위로 50°)<br>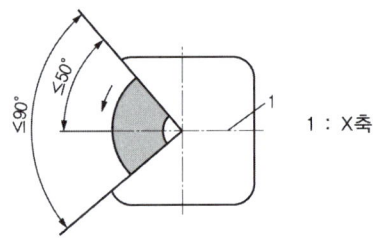 1 : X축 |
|---|---|
| 절단기, 평면형 연삭기 | 절단기, 평면형 연삭기: 150° 이내<br>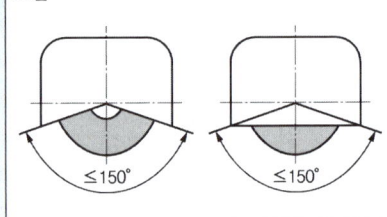<br>또는 |

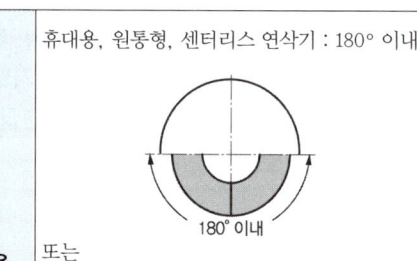

휴대용, 원통형, 센터리스 연삭기 : 180° 이내

180° 이내

또는

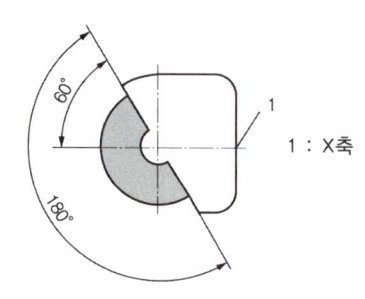

1 : X축

휴대용,
원통형,
센터리스
연삭기

[원통 외면연삭기 및 센터리스 연삭기 방호가드]

{분석}
**실기까지 중요한 내용입니다.**

**52** 허용응력이 100kg$_f$/mm$^2$이고, 단면적이 2mm$^2$인 강판의 극한하중이 400kg$_f$이라면 안전율은 얼마인가?

㉮ 2  　　㉯ 4
㉰ 5  　　㉭ 50

해설 안전율 $= \dfrac{극한강도}{허용응력} = \dfrac{200}{100} = 2$

$(극한강도 = \dfrac{극한하중}{단면적} = \dfrac{400}{2} = 200 kg_f/mm^2)$

**53** 다음 중 산업안전보건 법령상 보일러 및 압력용기에 관한 사항으로 틀린 것은?

㉮ 보일러의 안전한 가동을 위하여 보일러 규격에 맞는 압력방출장치를 1개 또는 2개 이상 설치하고 최고 사용압력 이하에서 작동되도록 하여야 한다.

㉯ 공정안전보고서 제출 대상으로서 이행수준 평가결과가 우수한 사업장의 경우 보일러의 압력방출장치에 대하여 5년에 1회 이상으로 설정압력에서 압력방출장치가 적정하게 작동하는지를 검사할 수 있다.

㉰ 보일러의 과열을 방지하기 위하여 최고사용압력과 상용 압력 사이에서 보일러의 버너 연소를 차단할 수 있도록 압력제한스위치를 부착하여 사용하여야 한다.

㉭ 압력용기 등을 식별할 수 있도록 하기 위하여 그 압력용기 등의 최고사용압력, 제조연월일, 제조회사명 등이 지워지지 않도록 각인(刻印) 표시된 것을 사용하여야 한다.

해설 ㉯ 공정안전보고서 제출대상으로서 공정안전관리 이행수준 평가결과가 우수한 사업장의 압력방출장치에 대하여 4년마다 1회 이상 토출압력을 시험할 수 있다.

참고 압력용기의 작동시험 : 1일 1회 이상

{분석}
**실기까지 중요한 내용입니다. 해설을 암기하세요.**

•)) 정답 52 ㉮ 53 ㉯

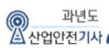

**54** 다음 중 양중기에서 사용되는 해지장치에 관한 설명으로 가장 적합한 것은?

㉮ 2중으로 설치되는 권과방지장치를 말한다.

㉯ 화물의 인양 시 발생하는 충격을 완화하는 장치이다.

㉰ 과부하 발생 시 자동적으로 전류를 차단하는 방지장치이다.

㉱ 와이어로프가 훅크에서 이탈하는 것을 방지하는 장치이다.

[해설] **훅의 해지장치** : 와이어로프가 훅 등에서 이탈하는 것을 방지하는 장치

**55** 다음 중 프레스의 방호장치에 관한 설명으로 틀린 것은?

㉮ 양수조작식 방호장치는 1행정 1정지 기구에 사용할 수 있어야 한다.

㉯ 손쳐내기식 방호장치는 슬라이드 하행 정거리의 3/4 위치에서 손을 완전히 밀어내야 한다.

㉰ 광전자식 방호장치의 정상동작표시램 프는 붉은색, 위험표시램프는 녹색으로 하며, 쉽게 근로자가 볼 수 있는 곳에 설치해야 한다.

㉱ 게이트 가드 방호장치는 가드가 열린 상태에서 슬라이드를 동작시킬 수 없고 또한 슬라이드 작동 중에는 게이트 가드를 열 수 없어야 한다.

[해설] ㉰ 정상 동작 표시램프는 녹색, 위험표시램프는 붉은색으로 하며, 쉽게 근로자가 볼 수 있는 곳에 설치해야 한다.

**56** 산업안전보건법령상 지게차의 최대하중의 2배 값이 6톤일 경우 헤드가드의 강도는 몇 톤의 등분포정하중에 견딜 수 있어야 하는가?

㉮ 4            ㉯ 6

㉰ 8            ㉱ 12

[해설] 지게차에는 최대하중의 2배(4톤을 넘는 값에 대해서는 4톤으로 한다)에 해당하는 등분포정하중(等分布靜荷重)에 견딜 수 있는 강도의 헤드가드를 설치하여야 한다.

> {분석}
> **실기까지 중요한 내용입니다. 해설을 다시 확인하세요.**

**57** 다음 중 목재가공기계의 반발예방장치와 같이 위험장소에 설치하여 위험원이 비산하거나 튀는 것을 방지하는 등 작업자로부터 위험원을 차단하는 방호장치는?

㉮ 포집형 방호장치

㉯ 감지형 방호장치

㉰ 위치 제한형 방호장치

㉱ 접근 반응형 방호장치

[해설] **포집형 방호장치**

위험장소에 설치하여 위험원이 비산하거나 튀는 것을 포집하여 작업자로부터 위험원을 차단하는 방호장치

📖 목재가공용 둥근톱의 반발예방장치, 연삭기의 덮개 등

[참고] (1) 위험장소에 따른 분류

| 격리형 방호 장치 | 위험한 작업점과 작업자 사이에 서로 접근되어 일어날 수 있는 재해를 방지하기 위해 차단벽이나 망을 설치하는 방호장치<br>📖 완전 차단형 방호장치, 덮개형 방호장치, 방책 등 |
| --- | --- |

| 위치 제한형 방호 장치 | 작업자의 신체 부위가 위험한계 밖에 있도록 **기계의 조작장치를 위험한 작업점에서 안전거리 이상 떨어지게 하거나 조작장치를 양손으로 동시 조작하게 함으로써 위험한계에 접근하는 것을 제한**하는 방호장치<br>**예** 프레스의 양수조작식 방호장치 |
|---|---|
| 접근 거부형 방호 장치 | 작업자의 신체 부위가 위험한계 내로 접근하였을 때 기계적인 작용에 의하여 접근을 못하도록 저지하는 방호장치<br>**예** 프레스의 수인식, 손쳐내기식 방호장치 |
| 접근 반응형 방호 장치 | 작업자의 신체 부위가 위험한계 또는 그 인접한 거리 내로 들어오면 이를 감지하여 그 즉시 기계의 동작을 정지시키고 경보 등을 발하는 방호장치<br>**예** 프레스의 광전자식 방호장치 |

### (2) 위험원에 따른 분류

| 포집형 방호 장치 | 위험장소에 설치하여 위험원이 비산하거나 튀는 것을 포집하여 작업자로부터 위험원을 차단하는 방호장치<br>**예** 목재가공용 둥근톱의 반발예방장치, 연삭기의 덮개 등 |
|---|---|
| 감지형 방호 장치 | 이상온도, 이상기압, 과부하 등 기계의 부하가 안전한계치를 초과하는 경우에 이를 감지하고 자동으로 안전상태가 되도록 조정하거나 기계의 작동을 중지시키는 방호장치 |

**58** 다음 중 프레스기에 사용되는 방호장치에 있어 급정지 기구가 부착되어야만 유효한 것은?

㉮ 양수조작식  ㉯ 손쳐내기식
㉰ 가드식  ㉱ 수인식

**해설** 슬라이드 작동 중 정지 가능한 구조(급정지장치 가짐)
① 감응식(광전자식)
② 양수조작식

**참고** 프레스의 방호장치 설치 기준
(1) 일행정 일정지식 프레스(크랭크 프레스)
　① 양수 조작식
　② 게이트 가드식
(2) 행정 길이 40mm 이상, SPM 120 이하에서 사용 가능
　① 손쳐내기식
　② 수인식
(3) 슬라이드 작동중 정지 가능한 구조(급정지장치 가짐)
　① 감응식(광전자식)
　② 양수조작식
(4) 마찰프레스에 사용하나 크랭크식 프레스에 사용 불가능 : 감응식(광전자식)

{분석}
실기까지 중요한 내용입니다. 참고를 다시 확인하세요.

**59** 다음 중 롤러기의 두 롤러 사이에서 형성되는 위험점은?

㉮ 협착점  ㉯ 물림점
㉰ 접선물림점  ㉱ 회전말림점

**해설** ① 롤러기 → 물림점
② 프레스기 → 협착점
③ 연삭기 → 끼임점

**참고** ① **협착점** : 왕복운동 부분과 고정부분 사이에서 형성되는 위험점
**예** 프레스기, 전단기, 성형기 등

② **끼임점** : 고정부분과 회전하는 동작부분 사이에서 형성되는 위험점
**예** 연삭숫돌과 덮개, 교반기 날개와 하우징 등

③ **절단점** : 회전하는 운동부 자체, 운동하는 기계 부분 자체의 위험점

④ **물림점** : 회전하는 두 개의 회전체에 물려 들어가는 위험점
**예** 롤러와 롤러, 기어와 기어 등

⑤ **절단점** : 회전하는 운동부 자체, 운동하는 기계 부분 자체의 위험점
**예** 날, 커터를 가진 기계

🔊 **정답** 58 ㉮ 59 ㉯

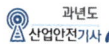
⑥ **접선 물림점** : 회전하는 부분의 접선 방향으로 물려 들어가는 위험점

예 벨트와 풀리, 체인과 스프로킷, 랙과 피니언 등

⑦ **회전 말림점** : 회전하는 물체에 작업복, 머리카락 등이 말려 들어가는 위험점

예 회전축, 커플링 등

## 60 다음 중 와이어로프의 꼬임에 관한 설명으로 틀린 것은?

㉮ 보통꼬임에는 S꼬임이나 Z꼬임이 있다.

㉯ 보통꼬임은 스트랜드의 꼬임방향과 로프의 꼬임방향이 반대로 된 것을 말한다.

㉰ 랭꼬임은 로프의 끝이 자유로이 회전하는 경우나 킹크가 생기기 쉬운 곳에 적당하다.

㉱ 랭꼬임은 보통꼬임에 비하여 마모에 대한 저항성이 우수하다.

**해설** ㉰ 킹크가 생기기 쉬운 곳에는 보통꼬임이 적당하다.

**참고** ① **보통꼬임**
- 스트랜드 꼬임방향과 로프의 꼬임 방향이 반대인 것
- 랑그꼬임에 비해 더 한층 유연하여 EYE 작업을 쉽게 할 수 있다.
- 로프자체의 변형이 적다.
- 킹크가 잘 생기지 않는다.
- 하중을 걸었을 때 저항성이 크다.

② **랑그(랭)꼬임**
- 스트랜드 꼬임 방향과 로프의 꼬임 방향이 같은 방향인 것
- 보통꼬임의 로프보다 사용시 표면전체가 균일하게 마모됨으로 인하여 수명이 길다.
- 내마모성, 유연성, 내피로성이 우수하다.

## 제4과목 · 전기설비 안전 관리

## 61 대지에서 용접작업을 하고 있는 작업자가 용접봉에 접촉한 경우 통전전류는? (단, 용접기의 출력측 무부하전압 : 90V, 접촉저항(손, 용접봉 등 포함) : 10kΩ, 인체의 내부저항 : 1kΩ, 발과 대지의 접촉저항 : 20kΩ이다)

㉮ 약 0.19mA  ㉯ 약 0.29mA

㉰ 약 1.96mA  ㉱ 약 2.90mA

**해설**

$$V = I \times R$$

여기서, $V$ : 전압 단위(V : 볼트)
$I$ : 전류 단위(A : 암페어)
$R$ : 저항 단위(Ω : 옴)

$$I = \frac{V}{R}$$
$$= \frac{90}{(10,000 + 1,000 + 20,000)} \times 1,000$$
$$= 2.90 \text{mA}$$
$$(\text{K}\Omega = 1,000\Omega, \ 1\text{A} = 1,000\text{mA})$$

## 62 임시배선의 안전대책으로 틀린 것은?

㉮ 모든 배선은 반드시 분전반 또는 배전반에서 인출해야 한다.

㉯ 중량물의 압력 또는 기계적 충격을 받을 우려가 있는 곳에 설치할 때는 사전에 적절한 방호조치를 한다.

㉰ 케이블 트레이나 전선관의 케이블에 임시배선용 케이블을 연결할 경우는 접속함을 사용하여 접속해야 한다.

㉱ 지상 등에서 금속관으로 방호할 때는 그 금속관을 접지하지 않아도 된다.

**해설** ㉱ 지상 등에서 금속관으로 방호할 때는 그 금속관을 접지하여야 한다.

•)) **정답** 60 ㉰ 61 ㉱ 62 ㉱

**63** 피뢰기가 갖추어야 할 이상적인 성능 중 잘못된 것은?

㉮ 제한전압이 낮아야 한다.
㉯ 반복동작이 가능하여야 한다.
㉰ 충격방전 개시전압이 높아야 한다.
㉱ 뇌전류의 방전능력이 크고 속류의 차단이 확실하여야 한다.

해설 ㉰ 충격방전 개시전압이 낮아야 한다.

**64** 전기화재 발화원으로 관계가 먼 것은?

㉮ 단열 압축
㉯ 광선 및 방사선
㉰ 낙뢰(벼락)
㉱ 기계적 정지에너지

해설 ㉱ 기계적 정지에너지는 전기화재의 발화원이 아니다.

**65** 스파크 화재의 방지책이 아닌 것은?

㉮ 통형퓨즈를 사용할 것
㉯ 개폐기를 불연성의 외함 내에 내장시킬 것
㉰ 가연성 증기, 분진 등 위험한 물질이 있는 곳에는 방폭형 개폐기를 사용할 것
㉱ 전기배선이 접속되는 단자의 접촉저항을 증가시킬 것

해설 ㉱ 전기배선 단자의 접촉저항을 감소시킬 것

참고 진신과 전선 등의 섭속상태가 불완전하면 접촉저항이 높아져서 이 부분에서 발열로 인한 화재가 일어난다.

**66** 고장전류와 같은 대전류를 차단할 수 있는 것은?

㉮ 차단기(CB)
㉯ 유입 개폐기(OS)
㉰ 단로기(DS)
㉱ 선로 개폐기(LS)

해설 ① 개폐기 : 전기 회로(回路)를 이었다 끊었다 하는 장치를 말하며 운전이나 정지, 고장의 점검이나 수리 등에 쓰인다.

② 단로기(DS) : 차단기의 전후, 회로의 접속 변환, 고압 또는 특고압 회로의 기기 분리 등에 사용하는 개폐기로서 반드시 무부하 시 개폐 조작을 하여야 한다.

③ 차단기[circuit breaker] : 기기 및 전력 계통에 이상이 발생했을 때 그것을 검출하여 신속하게 계통으로부터 단절시키는 장치를 말한다.

**67** 감전방지용 누전차단기의 정격감도전류 및 작동시간을 옳게 나타낸 것은?

㉮ 15mA 이하, 0.1초 이내
㉯ 30mA 이하, 0.03초 이내
㉰ 50mA 이하, 0.5초 이내
㉱ 100mA 이하, 0.05초 이내

해설 누전차단기는 정격감도전류가 30밀리암페어 이하이고 작동시간은 0.03초 이내일 것. 다만, 정격전부하전류가 50암페어 이상인 전기기계 · 기구에 접속되는 누전차단기는 오작동을 방지하기 위하여 정격감도전류는 200밀리암페어 이하로, 작동시간은 0.1초 이내로 할 수 있다.

{분석}
실기까지 중요한 내용입니다. 암기하세요.

정답 63 ㉰ 64 ㉱ 65 ㉱ 66 ㉮ 67 ㉯

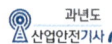
**68** 활선작업 및 활선근접 작업 시 반드시 작업지휘자를 정하여야 한다. 작업지휘자의 임무 중 가장 중요한 것은?

㉮ 설계의 계획에 의한 시공을 관리·감독하기 위해서
㉯ 활선에 접근 시 즉시 경고를 하기 위해서
㉰ 필요한 전기 기자재를 보급하기 위해서
㉱ 작업을 신속히 처리하기 위해서

**해설** 활선작업 시 작업지휘자는 근로자가 활선에 접근 시 경고를 하여야 한다.

**69** 부도체의 대전은 도체의 대전과는 달리 복잡해서 폭발, 화재의 발생한계를 추정하는데 충분한 유의가 필요하다. 다음 중 유의가 필요한 경우가 아닌 것은?

㉮ 대전 상태가 매우 불균일한 경우
㉯ 대전량 또는 대전의 극성이 매우 변화하는 경우
㉰ 부도체 중에 국부적으로 도전율이 높은 곳이 있고, 이것이 대전한 경우
㉱ 대전되어 있는 부도체의 뒷면 또는 근방에 비접지 도체가 있는 경우

**해설** **부도체 대전의 특징**
① 대전 상태가 매우 불균일하다.
② 대전량, 대전극성이 매우 변화한다.
③ 부도체 중에 국부적으로 도전율이 높은 곳이 있고, 이것이 대전한 경우
④ 대전 상태가 주변 환경에 따라 변화하기 때문에 중화되기 어렵다.
⑤ 도전율이 매우 적어 도전경로를 따라 접지로 방전되는 확률이 매우 낮다.
⑥ 일단 대전된 정전기는 부도체 자체에 축적되는 확률이 높고 제전이 매우 어렵다.

**70** 다음 ( ㉠ ), ( ㉡ )에 들어갈 내용으로 알맞은 것은?

> 고압활선 근접작업에 있어서 근로자의 신체 등이 충전 전로에 대하여 머리위로의 거리가 ( ㉠ ) 이내이거나 신체 또는 발아래로의 거리가 ( ㉡ ) 이내로 접근함으로 인하여 감전의 우려가 있을 때에는 당해 충전전로에 절연용 방호구를 설치하여야 한다.

㉮ ㉠ 10cm ㉡ 30cm
㉯ ㉠ 30cm ㉡ 60cm
㉰ ㉠ 30cm ㉡ 90cm
㉱ ㉠ 60cm ㉡ 120cm

**{분석}**
**법규에서 삭제된 내용입니다.**

**71** 다음은 어떤 방폭구조에 대한 설명인가?

> 전기기구의 권선, 에어캡, 접점부, 단자부 등과 같이 정상적인 운전 중에 불꽃, 아크 또는 과열이 생겨서는 안 될 부분에 대하여 이를 방지하거나 온도상승을 제한하기 위하여 전기기기의 안전도를 증가시킨 구조이다.

㉮ 압력 방폭구조
㉯ 유입 방폭구조
㉰ 안전증 방폭구조
㉱ 본질안전 방폭구조

**해설** 안전도를 증가시킨 구조 → 안전증 방폭구조

**정답** 68 ㉯ 69 ㉱ 70 ㉯ 71 ㉰

**참고** (1) **내압 방폭구조(d)** : 아크를 발생시키는 전기설비를 전폐용기에 넣고 용기 내부에 폭발이 일어날 경우에 용기가 폭발 압력에 견뎌 외부의 폭발성 가스에 인화될 위험이 없도록 한 구조의 방폭구조

(2) **압력 방폭구조(P)** : 아크를 발생시키는 전기설비를 용기에 넣고 용기 내부에 불연성 가스(공기 또는 질소)를 압입하여 용기 내부로 폭발성 가스나 침입하는 것을 방지하는 구조

(3) **유입 방폭구조(O)** : 아크를 발생시키는 전기설비를 용기에 넣고 용기 내부에 보호액을 채워 외부의 폭발성 가스에 접촉시 점화의 우려가 없도록 한 방폭구조이다.

(4) **안전증 방폭구조(e)** : 정상운전 중의 내부에서 불꽃이 발생하지 않도록 전기적, 기계적, 구조적으로 온도 상승에 대해 안전도를 증가시킨 구조이다.

(5) **본질안전 방폭구조(ia, ib)** : 정상 시 또는 단락, 단선, 지락 등의 사고 시에 발생하는 아크, 불꽃, 고열에 의하여 폭발성 가스나 증기에 점화되지 않는 것이 확인된 구조이다.

(6) **비점화 방폭구조(n)** : 전기기기가 정상작동 및 비정상상태에서 주위의 폭발성 가스 분위기를 점화시키지 못하도록 만든 방폭구조

(7) **몰드 방폭구조(m)** : 전기기기의 스파크 또는 열로 인해 폭발성 위험분위기에 점화되지 않도록 컴파운드를 충전해서 보호한 방폭구조

(8) **충전 방폭구조(q)** : 폭발성 가스 분위기를 점화시킬 수 있는 부품을 고정하여 설치하고, 그 주위를 충전재로 완전히 둘러쌈으로서 외부의 폭발성 가스 분위기를 점화시키지 않도록 하는 방폭구조

(9) **특수 방폭구조(s)** : 내압, 유입, 압력, 안전증, 본질안전 이외의 방폭구조로서 폭발성가스 또는 증기에 점화 또는 위험 분위기로 인화를 방지할 수 있는 것이 시험, 기타에 의하여 확인된 구조

(10) **방진 방폭구조(tD)** : 분진층이나 분진운의 점화를 방지하기 위하여 용기로 보호하는 전기기기에 적용되는 분진침투방지, 표면온도제한 등의 방법을 말한다.

{분석}
실기까지 중요한 내용입니다. 참고를 다시 확인하세요.

---

**72** 인체의 전기적 저항이 5,000Ω이고, 전류가 3mA가 흘렀다. 인체의 정전용량이 $0.1\mu F$ 라면 인체에 대전된 정전하는 몇 $\mu C$인가?

㉮ 0.5  ㉯ 1.0
㉰ 1.5  ㉱ 2.0

**해설**

$$Q = C \cdot V$$

여기서, $Q$ : 대전 전하량(C)
$C$ : 도체의 정전 용량(F)
$V$ : 대전 전위(V)

$Q = C \cdot V = 0.1 \times 15 = 1.5\mu C$

$(V = I \cdot R = \dfrac{3}{1,000} \times 5,000 = 15V)$

\* $3mA = \dfrac{3}{1,000}[A]$

---

**73** 정전기의 발생에 영향을 주는 요인이 아닌 것은?

㉮ 물체의 표면 상태
㉯ 외부 공기의 풍속
㉰ 접촉면적 및 압력
㉱ 박리 속도

**해설** 정전기 발생에 영향을 주는 요인

| 물체의 특성 | 대전서열에서 멀리 있는 물체들끼리 마찰할수록 발생량이 많다. |
|---|---|
| 물체의 표면 상태 | 표면이 거칠수록, 표면이 수분, 기름 등에 오염될수록 발생량이 많다. |
| 물체의 이력 | 처음 접촉, 분리할 때 정전기 발생량이 최고이고, 반복될수록 발생량은 줄어든다. |
| 접촉 면적 및 압력 | 접촉면적이 넓을수록, 접촉압력이 클수록 발생량이 많다. |
| 분리 속도 | 분리속도가 빠를수록 발생량이 많다. |

---

•)) 정답 72 ㉰ 73 ㉯

**74** 인체의 저항을 500Ω이라 하면, 심실세동을 일으키는 정현파 교류에 있어서의 에너지적인 위험한계는 어느 정도인가?

㉮ 6.5 ～ 17.0J  ㉯ 15.0 ～ 25.5J
㉰ 20.5 ～ 30.5J  ㉱ 31.5 ～ 38.5J

해설 인체의 전기 저항이 최악인 상태인 500Ω일 때

$$Q = I^2 \times R \times T$$
$$= \left(\frac{165 \sim 185}{\sqrt{1}} \times 10^{-3}\right)^2 \times 500 \times 1$$
$$= 13.61 \sim 17.11 (J)$$

**75** 전기기계·기구의 조작 시 등의 안전조치에 관하여 사업주가 행하여야 하는 사항으로 틀린 것은?

㉮ 감전 또는 오조작에 의한 위험을 방지하기 위하여 당해 전기기계·기구의 조작부분은 150lx 이상의 조도가 유지되도록 하여야 한다.

㉯ 전기기계·기구의 조작부분에 대한 점검 또는 보수를 하는 때에는 전기기계·기구로부터 폭 50cm 이상의 작업공간을 확보하여야 한다.

㉰ 전기적 불꽃 또는 아크에 의한 화상의 우려가 높은 600V 이상 전압의 충전전로작업에는 방염처리된 작업복 또는 난연 성능을 가진 작업복을 착용하여야 한다.

㉱ 전기기계·기구의 조작부분에 대한 점검 또는 보수를 하기 위한 작업공간의 확보가 곤란한 때에는 절연용 보호구를 착용하여야 한다.

해설 ㉯ 전기기계·기구의 조작부분을 점검하거나 보수하는 경우에는 근로자가 안전하게 작업할 수 있도록 전기 기계·기구로부터 폭 70센티미터 이상의 작업공간을 확보하여야 한다.

**76** 다음 그림은 심장 맥동주기를 나타낸 것이다. T파는 어떤 경우인가?

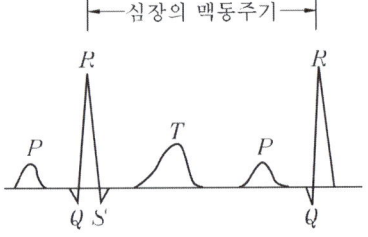

㉮ 심방의 수축에 따른 파형
㉯ 심실의 수축에 따른 파형
㉰ 심실의 휴식 시 발생하는 파형
㉱ 심방의 휴식 시 발생하는 파형

해설 P : 심방의 수축
QRS : 심실의 수축
T : 심실의 재분극(심실 휴식 시의 파형)

**77** 내압 방폭구조에서 안전간극(safe gap)을 작게 하는 이유로 가장 알맞은 것은?

㉮ 최소 점화 에너지를 높게 하기 위해
㉯ 폭발화염이 외부로 전파되지 않도록 하기 위해
㉰ 폭발압력에 견디고 파손되지 않도록 하기 위해
㉱ 쥐가 침입해서 전선 등을 갉아먹지 않도록 하기 위해

해설 내압 방폭구조에서 안전간극(화염일주한계)을 작게 하는 이유 → 최소 점화 에너지 이하로 열을 식히기 위하여(화염이 외부로 전파되지 않게 하기 위하여)

정답 74 ㉮ 75 ㉯ 76 ㉰ 77 ㉯

| | |
|---|---|
| 지락 검출용 접지 | 누전 차단기의 동작을 확실하게 한다. |
| 등전위 접지 | 병원에 있어서의 의료 기기 사용시의 안전을 위해 설치한다. |
| 잡음 대책용 접지 | 잡음에 의한 Electronics 장치의 파괴나 오동작을 방지한다. |
| 기능용 접지 | 건축물 내에 설치된 전자기기의 안정적 가동을 확보하기 위한 목적으로 설치한다. |

**78** 감전사고 시의 긴급조치에 관한 설명으로 가장 부적절한 것은?

㉮ 구출자는 감전자 발견 즉시 보호용구 착용여부에 관계없이 직접 충전부로부터 이탈시킨다.
㉯ 감전에 의해 넘어진 사람에 대하여 의식의 상태, 호흡의 상태, 맥박의 상태 등을 관찰한다.
㉰ 감전에 의하여 높은 곳에서 추락한 경우에는 출혈의 상태, 골절의 이상 유무 등을 확인, 관찰한다.
㉱ 인공호흡과 심장마사지를 2인이 동시에 실시할 경우에는 약 1 : 5의 비율로 각각 실시해야 한다.

해설 ㉮ 구출자는 반드시 보호구를 착용하고 감전자를 구출하여야 한다.

**79** 의료용 전기전자(Medical Electornics) 기기의 접지방식은?

㉮ 금속체 보호 접지 ㉯ 등전위 접지
㉰ 계통 접지 ㉱ 기능용 접지

해설 등전위 접지 : 병원 의료기기 사용 시의 안전을 위해 설치한다.

참고
| 접지의 종류 | 목 적 |
|---|---|
| 계통 접지 | 고압 전로와 저압 전로의 혼촉으로 인한 감전이나 화재를 방지하기 위해 변압기의 중성점을 접지하는 방식이다. |
| 기기 접지 | 누전되고 있는 기기에 접촉되었을 때의 감전을 방지한다. |
| 피뢰기 접지 | 낙뢰로부터 전기 기기의 손상을 방지한다. |
| 정전기 장해 | 정전기 축적에 의한 폭발 재해를 방지한다. |
| 방지용 접지 | 정전기 제거만을 목적으로 하는 접지에 있어서의 적당한 접지저항 값 → $10^6\,\Omega$ 이하 |

**80** 가스증기 위험장소의 금속관(후강)배선에 의하여 시설하는 경우 관 상호 및 관과 박스 기타의 부속품, 풀박스 또는 전기기계기구와는 몇 턱 이상 나사 조임으로 접속하는 방법에 의하여 견고하게 접속하여야 하는가?

㉮ 2턱　　㉯ 3턱
㉰ 4턱　　㉱ 5턱

해설 가스증기 위험장소의 금속관 배선에 의하여 시설하는 경우 관 상호 및 기타 부속품 또는 전기기계기구와는 5턱 이상 나사 조임으로 접속하여야 한다.

제5과목 · 화학설비 안전 관리

**81** 폭발하한계에 관한 설명으로 옳지 않은 것은?

㉮ 폭발하한계에서 화염의 온도는 최저치로 된다.
㉯ 폭발하한계에 있어서 산소는 연소하는데 과잉으로 존재한다.

㉰ 화염이 하향전파인 경우 일반적으로 온도가 상승함에 따라서 폭발하한계는 높아진다.
㉱ 폭발하한계는 혼합가스의 단위 체적당의 발열량이 일정한 한계치에 도달하는데 필요한 가연성 가스의 농도이다.

해설 ㉰ 온도상승 시 폭발하한계는 약간 하강, 폭발상한계는 상승한다.

## 82 다음 설명이 의미하는 것은?

> 온도, 압력 등 제어상태가 규정의 조건을 벗어나는 것에 의해 반응 속도가 지수 함수적으로 증대되고, 반응용기 내의 온도, 압력이 급격히 이상 상승되어 규정 조건을 벗어나고, 반응이 과격화되는 현상

㉮ 비등　　㉯ 과열·과압
㉰ 폭발　　㉱ 반응폭주

해설 **반응폭주** : 온도, 압력 등 제어상태가 규정의 조건을 벗어나는 것에 의해 반응 속도가 지수 함수적으로 증대되고 용기 내의 온도, 압력이 이상 상승하여 규정 조건을 벗어나고 반응이 과격화 되는 현상

## 83 메탄, 에탄, 프로판의 폭발하한계가 각각 5vol%, 3 vol%, 2.5vol%일 때 다음 중 폭발하한계가 가장 낮은 것은? (단, Le Chatelier의 법칙을 이용한다)

㉮ 메탄 20vol%, 에탄 30vol%, 프로판 50vol%의 혼합가스
㉯ 메탄 30vol%, 에탄 30vol%, 프로판 40vol%의 혼합가스
㉰ 메탄 40vol%, 에탄 30vol%, 프로판 30vol%의 혼합가스
㉱ 메탄 50vol%, 에탄 30vol%, 프로판 20vol%의 혼합가스

해설 혼합 가스의 폭발 범위(르 샤틀리에의 공식)

$$\frac{100}{L}=\frac{V_1}{L_1}+\frac{V_2}{L_2}+\frac{V_3}{L_3}\cdots(\text{Vol\%})$$

$$L=\frac{100}{\dfrac{V_1}{L_1}+\dfrac{V_2}{L_2}+\dfrac{V_3}{L_3}\cdots}$$

여기서, $L$ : 혼합가스의 폭발하한계(상한계)
$L_1$, $L_2$, $L_3$ : 단독가스의 폭발하한계(상한계)
$V_1$, $V_2$, $V_3$ : 단독가스의 공기 중 부피
$100 : V_1+V_2+V_3+\cdots$

㉮ $\frac{100}{L}=\frac{20}{5}+\frac{30}{3}+\frac{50}{2.5}$

$$L=\frac{100}{\dfrac{20}{5}+\dfrac{30}{3}+\dfrac{50}{2.5}}=2.94\text{Vol\%}$$

㉯ $\frac{100}{L}=\frac{30}{5}+\frac{30}{3}+\frac{40}{2.5}$

$$L=\frac{100}{\dfrac{30}{5}+\dfrac{30}{3}+\dfrac{40}{2.5}}=3.13\text{Vol\%}$$

㉰ $\frac{100}{L}=\frac{40}{5}+\frac{30}{3}+\frac{30}{2.5}$

$$L=\frac{100}{\dfrac{40}{5}+\dfrac{30}{3}+\dfrac{30}{2.5}}=3.33\text{Vol\%}$$

㉱ $\frac{100}{L}=\frac{50}{5}+\frac{30}{3}+\frac{20}{2.5}$

$$L=\frac{100}{\dfrac{50}{5}+\dfrac{30}{3}+\dfrac{20}{2.5}}=3.57\text{Vol\%}$$

{분석}
실기까지 중요한 내용입니다.

## 84 특수화학설비를 설치할 때 내부의 이상 상태를 조기에 파악하기 위하여 필요한 계측장치로 가장 거리가 먼 것은?

㉮ 압력계　　㉯ 유량계
㉰ 온도계　　㉱ 습도계

정답 82 ㉱ 83 ㉮ 84 ㉱

**해설** 특수화학설비를 설치하는 때에는 <u>내부의 이상상태를 조기에 파악하기 위하여 필요한 온도계 · 유량계 · 압력계 등의 계측장치를 설치하여야 한다.</u>

**참고** 특수화학설비의 방호장치

① 계측장치     ② 자동경보장치
③ 긴급차단장치  ④ 예비동력원

{분석}
실기까지 중요한 내용입니다. 암기하세요.

**85** 프로판($C_3H_8$) 가스가 공기 중 연소할 때의 화학양론농도는 약 얼마인가?
(단, 공기 중의 산소농도는 21vol%이다)

㉮ 2.5vol%    ㉯ 4.0vol%
㉰ 5.6vol%    ㉱ 9.5vol%

**해설** 완전연소조성농도(화학양론농도)

$$C_{st} = \frac{100}{1 + 4.773\left(n + \dfrac{m - f - 2\lambda}{4}\right)}(\text{vol}\%)$$

여기서, $n$ : 탄소    $m$ : 수소
       $f$ : 할로겐원소  $\lambda$ : 산소의 원자 수
       4.773 : 공기의 몰수

프로판($C_3H_8$)에서 $n$ : 3, $m$ : 8, $f = 0$,
$\lambda = 0$이므로

$$C_{st} = \frac{100}{1 + 4.773\left(3 + \dfrac{8}{4}\right)} = 4.02(\text{vol}\%)$$

**86** 분진폭발의 발생 순서로 옳은 것은?

㉮ 비산 → 분산 → 퇴적분진 → 발화원 → 2차 폭발 → 전면폭발
㉯ 비산 → 퇴적분진 → 분산 → 발화원 → 2차 폭발 → 전면폭발
㉰ 퇴적분진 → 발화원 → 분산 → 비산 → 전면폭발 → 2차 폭발
㉱ 퇴적분진 → 비산 → 분산 → 발화원 → 전면폭발 → 2차 폭발

**해설** 분진폭발의 발생 순서

퇴적분진 <sup>열에너지 증가</sup> 비산(기체발생) → 분산(혼합기체 형성) → 점화원 → 1차 폭발 → 2차 폭발

**87** 연소 및 폭발에 관한 설명으로 옳지 않은 것은?

㉮ 가연성 가스가 산소 중에서는 폭발범위가 넓어진다.
㉯ 화학양론농도 부근에서는 연소나 폭발이 가장 일어나기 쉽고 또한 격렬한 정도도 크다.
㉰ 혼합농도가 한계농도에 근접함에 따라 연소 및 폭발이 일어나기 쉽고 격렬한 정도도 크다.
㉱ 일반적으로 탄화수소계의 경우 압력의 증가에 따라 폭발상한계는 현저하게 증가하지만, 폭발하한계는 큰 변화가 없다.

**해설** ㉰ 혼합농도가 한계농도에 근접하면 연소는 약해진다.

**88** 아세틸렌에 관한 설명으로 옳지 않은 것은?

㉮ 철과 반응하여 폭발성 아세틸리드를 생성한다.
㉯ 폭굉의 경우 발생압력이 초기압력의 20~50배에 이른다.
㉰ 분해반응은 발열량이 크며 화염온도는 3,100℃에 이른다.
㉱ 용단 또는 가열작업 시 1.3kgf/cm$^2$ 이상의 압력을 초과하여서는 안 된다.

**해설** ㉮ 아세틸렌이 구리와 반응하여 아세틸리드를 생성한다.

**정답** 85 ㉯  86 ㉱  87 ㉰  88 ㉮

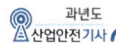

**89** 다음 중 메탄 – 공기 중의 물질에 가장 적은 첨가량으로 연소를 억제할 수 있는 것은?

㉮ 헬륨
㉯ 이산화탄소
㉰ 질소
㉱ 브롬화메틸

**90** 산업안전보건법상 부식성 물질 중 부식성 염기류는 농도가 몇 % 이상인 수산화나트륨, 수산화칼륨 기타 이와 동등 이상의 부식성을 가지는 염기류를 말하는가?

㉮ 20
㉯ 40
㉰ 50
㉱ 60

[해설] 부식성 염기류 : 농도가 40퍼센트 이상인 수산화나트륨, 수산화칼륨

[참고] 부식성 산류

① 농도가 20퍼센트 이상인 염산, 황산, 질산, 그 밖에 이와 같은 정도 이상의 부식성을 가지는 물질
② 농도가 60퍼센트 이상인 인산, 아세트산, 불산, 그 밖에 이와 같은 정도 이상의 부식성을 가지는 물질

{분석}
실기까지 중요한 내용입니다. 참고를 암기하세요.

**91** 공업용 용기의 몸체 도색으로 가스명과 도색명의 연결이 옳은 것은?

㉮ 산소–청색
㉯ 질소–백색
㉰ 수소–주황색
㉱ 아세틸렌–회색

[해설] ㉮ 산소 – 녹색
㉯ 질소 – 회색
㉱ 아세틸렌 – 황색

**92** 산업안전보건법에 따라 유해·위험설비의 설치·이전 또는 주요 구조 부분의 변경 공사 시 공정안전보고서의 제출 시기는 착공일 며칠 전까지 관련 기관에 제출하여야 하는가?

㉮ 15일
㉯ 30일
㉰ 60일
㉱ 90일

[해설] 공정안전보고서의 제출 시기

사업주는 유해·위험설비의 설치·이전 또는 주요 구조부분의 변경공사의 착공 30일 전까지 공정안전보고서를 2부 작성하여 공단에 제출하여야 한다.

**93** 자동화재 탐지설비의 감지기 종류 중 열감지기가 아닌 것은?

㉮ 차동식
㉯ 정온식
㉰ 보상식
㉱ 광전식

[해설] 감지기의 종류

| | | |
|---|---|---|
| 열 감지기 | 차동식감지기 (스폿형, 분포형) | 실내온도의 상승률이 일정한 값을 넘었을 때 동작한다. |
| | 정온식감지기 (스폿형, 감지선형) | 실온이 일정온도 이상으로 상승하였을 때 작동한다. |
| | 보상식감지기 (스폿형) | 차동성을 가지면서 차동식의 단점을 보완하여 고온에서도 반드시 작동하도록 한 것이다. |
| 연기 감지기 | 이온화식 | 검지부에 연기가 들어가는 데 따라 이온전류가 변화하는 것을 이용했다. |
| | 광전식 | 검지부에 연기가 들어가는데 따라 광전소지의 입사광량이 변화하는 것을 이용했다. |

●》 정답 89 ㉱ 90 ㉯ 91 ㉰ 92 ㉯ 93 ㉱

**94** 유동 위험성과 해당물질과의 연결이 옳지 않은 것은?

㉮ 중독성-포스겐
㉯ 발암성-콜타르, 피치
㉰ 질식성-일산화탄소, 황화수소
㉱ 자극성-암모니아, 아황산가스, 불화수소

[해설] 포스겐은 수분 내 사람을 사망시키는 맹독성 가스이다.

**95** 단열반응기에서 100°F, 1atm의 수소가스를 압축하는 반응기를 설계할 때 안전하게 조업할 수 있는 최대압력은 약 몇 atm인가? (단, 수소의 자동발화온도는 1,075°F이고, 수소는 이상 기체로 가정하고, 비열비($r$)는 1.4이다)

㉮ 14.62    ㉯ 24.23
㉰ 34.10    ㉱ 44.62

[해설] 단열압축의 관계식

$$\frac{T_2}{T_1} = \left(\frac{P_2}{P_1}\right)^{\frac{r-1}{r}}$$

$r$ 은 공기의 비열비(1.4)
$T_1(K)$ : 단열압축 전의 온도($K = 273 + ℃$)
$T_2(K)$ : 단열압축 후의 온도
$P_1$(기압) : 단열압축 전의 압력
$P_2$(기압) : 단열압축 후의 압력

$$\frac{T_2}{T_1} = \left(\frac{P_2}{P_1}\right)^{\frac{r-1}{r}}$$

$$\frac{P_2}{P_1} = \left(\frac{T_2}{T_1}\right)^{\frac{r}{r-1}}$$

$$P_2 = P_1 \times \left(\frac{T_2}{T_1}\right)^{\frac{r}{r-1}}$$

$$P_2 = 1 \times \left(\frac{852.44}{310.77}\right)^{\frac{1.4}{1.4-1}} = 34.18$$

※ 화씨온도를 절대온도로 변환
(F−32) × 5/9 + 273 = K
(100−32) × 5/9 + 273 = 310.78K
(1,075−32) × 5/9 + 273 = 852.44K

**96** 다음 중 포소화설비 적용대상이 아닌 것은?

㉮ 유류저장탱크
㉯ 비행기 격납고
㉰ 주차장 또는 차고
㉱ 유입차단기 등의 전기기기 설치 장소

[해설] ㉱ 전기화재에는 포소화설비를 사용할 수 없다.

[참고] **화재의 분류 및 소화방법**

| 분류 | A급 화재 | B급 화재 | C급 화재 | D급 화재 |
|---|---|---|---|---|
| 구분색 | 백색 | 황색 | 청색 | 표시없음 (무색) |
| 가연물 | 일반 화재 | 유류 화재 | 전기 화재 | 금속 화재 |
| 주된 소화 효과 | 냉각 효과 | 질식 효과 | 질식, 억제효과 | 질식 효과 |
| 적응 소화제 | 물, 강화액 소화기, 산, 알칼리 소화기 | 포말 소화기, $CO_2$ 소화기, 분말 소화기 | $CO_2$ 소화기, 분말 소화기, 할로겐 화합물 소화기 | 건조사, 팽창 질석, 팽창 진주암 |

**97** 화재 시 발생하는 유해가스 중 가장 독성이 큰 것은?

㉮ CO    ㉯ $COCl_2$
㉰ $NH_3$    ㉱ HCN

[해설] ㉮ 일산화탄소
㉯ 포스겐 . 맹독성 가스
㉰ 암모니아
㉱ 시안화수소

**정답** 94 ㉮ 95 ㉰ 96 ㉱ 97 ㉯

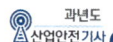

**98** 아세틸렌 용접장치에 설치하여야 하는 안전기의 설치요령이 옳지 않은 것은?

㉮ 안전기를 취관마다 설치한다.
㉯ 주관에만 안전기 하나를 설치한다.
㉰ 발생기와 분리된 용접장치에는 가스저 장소와의 사이에 안전기를 설치한다.
㉱ 주관 및 취관에 가장 가까운 분기관마다 안전기를 부착할 경우 용접장치의 취관 마다 안전기를 설치하지 않아도 된다.

**해설** 안전기의 설치
① 아세틸렌 용접장치의 취관마다 안전기를 설치 하여야 한다. 다만, 주관 및 취관에 가장 가까운 분기관마다 안전기를 부착한 경우에는 그러하 지 아니하다.
② 가스용기가 발생기와 분리되어 있는 아세틸렌 용접장치에 대하여는 발생기와 가스용기 사이 에 안전기를 설치하여야 한다.

{분석}
실기까지 중요한 내용입니다. 해설을 다시 확인하세요.

**99** 다음 중 최소발화에너지가 가장 작은 가 연성 가스는?

㉮ 수소        ㉯ 메탄
㉰ 에탄        ㉱ 프로판

**해설** 최소발화에너지가 가장 작다. → 가장 발화되기 쉽다.
→ 폭발 3등급(수소, 아세틸렌)

**참고** 최소발화에너지
연소(폭발)한계 내에서 가연성 가스 또는 폭발성 분진을 발화시킬 수 있는 최소의 에너지를 말한다.

**100** 다음 중 종이, 목재, 섬유류 등에 의하여 발생한 화재의 화재급수로 옳은 것은?

㉮ A급        ㉯ B급
㉰ C급        ㉱ D급

**해설** 종이 등의 일반가연물 화재 → A급 화재

**참고** 화재의 분류 및 소화방법

| 분류 | A급 화재 | B급 화재 | C급 화재 | D급 화재 |
|---|---|---|---|---|
| 구분색 | 백색 | 황색 | 청색 | 표시없음 (무색) |
| 가연물 | 일반 화재 | 유류 화재 | 전기 화재 | 금속 화재 |
| 주된 소화 효과 | 냉각 효과 | 질식 효과 | 질식, 억제효과 | 질식 효과 |
| 적응 소화제 | 물, 강화액 소화기, 산, 알칼리 소화기 | 포말 소화기, $CO_2$ 소화기, 분말 소화기 | $CO_2$ 소화기, 분말 소화기, 할로겐 화합물 소화기 | 건조사, 팽창 질석, 팽창 진주암 |

{분석}
실기까지 중요한 내용입니다. "참고"를 다시 확인하세요.

**제6과목** **건설공사 안전 관리**

**101** 와이어로프를 달비계에 사용할 때의 사용 금지 기준으로 틀린 것은?

㉮ 이음매가 있는 것
㉯ 꼬인 것
㉰ 지름의 감소가 공칭지름의 5%를 초과 하는 것
㉱ 와이어로프의 한 꼬임에서 끊어진 소 선의 수가 10% 이상인 것

**해설** 와이어로프의 사용금지 항목
① 이음매가 있는 것
② 와이어로프의 한 꼬임에서 끊어진 소선의 수가 10퍼센트 이상인 것
③ 지름의 감소가 공칭지름의 7퍼센트를 초과하는 것
④ 꼬인 것
⑤ 심하게 변형되거나 부식된 것
⑥ 열과 전기충격에 의해 손상된 것

**정답** 98 ㉯ 99 ㉮ 100 ㉮ 101 ㉰

**102** 물로 포화된 점토에 다지기를 하면 압축 하중으로 지반이 침하하는데 이로 인하여 간극수압이 높아져 물이 배출되면서 흙의 간극이 감소하는 현상을 무엇이라고 하는가?

㉮ 액상화　　　　　㉯ 압밀
㉰ 예민비　　　　　㉱ 동상 현상

> **해설** 압밀침하 현상 : 외력에 의해 간극 내 물이 빠지며 흙의 입자가 좁아지며 침하되는 현상

**103** 동력을 사용하는 항타기 또는 항발기의 무너짐을 방지하기 위한 준수사항으로 틀린 것은?

㉮ 연약한 지반에 설치하는 경우에는 아웃 트리거·받침 등 지지구조물의 침하를 방지하기 위하여 깔판·받침목 등을 사용할 것
㉯ 시설 또는 가설물 등에 설치하는 때에는 그 내력을 확인하고 내력이 부족한 때에는 그 내력을 보강한다.
㉰ 상단 부분은 버팀대·버팀줄로 고정하여 안정시키고, 그 하단 부분은 견고한 버팀·말뚝 또는 철골 등으로 고정시킨다.
㉱ 궤도 또는 차로 이동하는 항타기 또는 항발기에 대하여는 불시에 이동하는 것을 방지하기 위하여 말뚝 등으로 고정시킬 것

> **해설** 항타기 및 항발기의 무너짐 방지조치
> ① 연약한 지반에 설치하는 경우에는 아웃트리거·받침 등 지지구조물의 침하를 방지하기 위하여 깔판·받침목 등을 사용할 것
> ② 시설 또는 가설물 등에 설치하는 때에는 그 내력을 확인하고 내력이 부족한 때에는 그 내력을 보강할 것

③ 아웃트리거·받침 등 지지구조물이 미끄러질 우려가 있는 때에는 말뚝 또는 쐐기 등을 사용하여 해당 지지구조물을 고정시킬 것
④ 궤도 또는 차로 이동하는 항타기 또는 항발기에 대하여는 불시에 이동하는 것을 방지하기 위하여 레일클램프 및 쐐기 등으로 고정시킬 것
⑤ 상단 부분은 버팀대·버팀줄로 고정하여 안정시키고, 그 하단 부분은 견고한 버팀·말뚝 또는 철골 등으로 고정시킬 것

**104** 철골 조립작업에서 작업발판과 안전난간을 설치하기가 곤란한 경우 안전대책으로 가장 타당한 것은?

㉮ 안전벨트 착용
㉯ 달줄, 달포대의 사용
㉰ 투하설비 설치
㉱ 사다리 사용

> **해설** 작업발판과 안전난간을 설치하기 곤란한 경우 작업자는 반드시 안전대를 착용하여야 한다.

**105** 터널공사 시 인화성 가스가 일정 농도 이상으로 상승하는 것을 조기에 파악하기 위하여 설치하는 자동경보장치의 작업시작 전 점검해야 할 사항이 아닌 것은?

㉮ 계기의 이상 유무
㉯ 발열 여부
㉰ 검지부의 이상 유무
㉱ 경보장치의 작동상태

> **해설** 자동경보장치의 작업 시작 전 점검사항
> ① 계기의 이상 유무
> ② 검지부의 이상 유무
> ③ 경보장치 작동상태

**정답** 102 ㉯ 103 ㉱ 104 ㉮ 105 ㉯

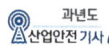
**106** 건물 기초에서 발파허용 진동치 규제 기준으로 틀린 것은?

㉮ 문화재 : 0.2cm/sec

㉯ 주택, 아파트 : 0.5cm/sec

㉰ 상가 : 1.0cm/sec

㉱ 철골 콘크리트 빌딩 : 0.1~0.5cm/sec

[해설] **발파작업 시의 허용 진동치**

| 건물 분류 | 건물기초에서의 허용 진동치 (센티미터/초) |
|---|---|
| 문화재 | 0.2 |
| 주택, 아파트 | 0.5 |
| 상가(금이 없는 상태) | 1.0 |
| 철골 콘크리트빌딩 및 상가 | 1.0~4.0 |

**107** 권상용 와이어로프의 절단하중이 200ton일 때 와이어로프에 걸리는 최대하중의 값을 구하면? (단, 안전계수는 5임)

㉮ 1,000[ton]

㉯ 400[ton]

㉰ 100[ton]

㉱ 40[ton]

[해설]

$$안전계수 = \frac{절단하중}{와이어로프에 걸리는 하중}$$

$$와이어로프에 걸리는 하중 = \frac{절단하중}{안전계수}$$
$$= \frac{200}{5} = 40[ton]$$

**108** 다음 중 지하수위를 저하시키는 공법은?

㉮ 동결 공법

㉯ 웰포인트 공법

㉰ 뉴매틱케이슨 공법

㉱ 치환 공법

[해설] **웰포인트 공법** : 모래의 탈수공법

**109** 항타기 또는 항발기의 권상장치 드럼축과 권상장치로부터 첫 번째 도르래의 축 간의 거리는 권상장치 드럼 폭의 몇 배 이상으로 하여야 하는가?

㉮ 5배

㉯ 8배

㉰ 10배

㉱ 15배

[해설] 항타기 또는 항발기의 <u>권상장치의</u> 드럼축과 권상장치로부터 첫번째 도르래의 축과의 거리를 권상장치의 <u>드럼 폭의 15배 이상</u>으로 하여야 한다.

**110** 다음은 달비계 또는 높이 5m 이상의 비계를 조립·해체하거나 변경하는 작업에 대한 준수사항이다. (    ) 안에 들어갈 숫자는?

> 비계재료의 연결·해체작업을 하는 경우에는 폭 (    )센티미터 이상의 발판을 설치하고 근로자로 하여금 안전대를 사용하도록 하는 등 추락을 방지하기 위한 조치를 할 것

㉮ 15

㉯ 20

㉰ 25

㉱ 30

[해설] 비계재료의 연결 · 해체작업을 하는 때에는 폭 20 센티미터 이상의 발판을 설치하고 근로자로 하여금 안전대를 사용하도록 하는 등 근로자의 추락방지를 위한 조치를 할 것

**111** 사업주가 유해·위험방지 계획서 제출 후 건설공사 중 6개월 이내마다 안전보건공단의 확인 사항을 받아야 할 내용이 아닌 것은?

㉮ 유해·위험방지 계획서의 내용과 실제 공사 내용이 부합하는지 여부

㉯ 유해·위험방지 계획서 변경 내용의 적정성

⊙)) 정답 106 ㉱ 107 ㉱ 108 ㉯ 109 ㉱ 110 ㉯ 111 ㉰

㉐ 자율안전관리 업체 유해·위험방지 계
획서 제출·심사 면제

㉑ 추가적인 유해·위험요인의 존재 여부

**해설** 사업주는 건설공사 중 6개월 이내마다 다음 각 호의
사항에 관하여 공단의 확인을 받아야 한다.
① 유해·위험방지계획서의 내용과 실제공사 내용
이 부합하는지 여부
② 유해·위험방지계획서 변경내용의 적정성
③ 추가적인 유해·위험요인의 존재 여부

**112** 가설통로의 구조에 대한 기준으로 틀린
것은?

㉮ 경사가 15도를 초과하는 경우에는 미끄
러지지 아니하는 구조로 할 것

㉯ 경사는 20도 이하로 할 것

㉰ 추락의 위험이 있는 장소에는 안전난
간을 설치할 것

㉱ 수직갱에 가설된 통로의 길이가 15미
터 이상인 경우에는 10미터 이내마다
계단참을 설치할 것

**해설** 가설통로의 구조
① 견고한 구조로 할 것
② 경사는 30도 이하로 할 것
③ 경사가 15도를 초과하는 때는 미끄러지지 아니
하는 구조로 할 것
④ 추락의 위험이 있는 장소에는 안전난간을 설치
할 것
⑤ 수직갱 : 길이가 15미터 이상인 때에는 10미터
이내마다 계단참을 설치할 것
⑥ 건설공사에 사용하는 높이 8미터 이상인 비계
다리 : 7미터 이내마다 계단참을 설치할 것

**113** 콘크리트 강도에 영향을 주는 요소로 거
리가 먼 것은?

㉮ 거푸집 모양과 형상
㉯ 양생 온도와 습도
㉰ 타설 및 다지기
㉱ 콘크리트 재령 및 배합

**해설** ㉮ 거푸집의 모양과 형상은 콘크리트의 모양에
영향을 준다.

**114** 건설업의 산업안전보건관리비 사용항목
에 해당되지 않는 것은?

㉮ 안전시설비
㉯ 근로자 건강관리비
㉰ 운반기계 수리비
㉱ 안전진단비

**해설** 산업안전보건관리비의 사용내역
① 안전관리자·보건관리자 임금 등
② 안전 시설비 등
③ 보호구 등
④ 안전보건 진단비 등
⑤ 안전보건 교육비 등
⑥ 근로자 건강장해 예방비 등
⑦ 건설재해예방 전문 지도기관 기술 지도비
⑧ 본사 전담조직 근로자 임금 등
⑨ 위험성 평가 등에 따른 소요비용

{분석}
실기까지 중요한 내용입니다. 해설을 다시 확인하세요.

**115** 사다리식 통로에 대한 설치기준으로 틀린
것은?

㉮ 발판의 간격은 일정하게 할 것

㉯ 발판과 벽과의 사이는 15cm 이상의 간
격을 유지할 것

㉰ 사다리식 통로의 길이가 10m 이상인
때에는 3m 이내마다 계단참을 설치할 것

㉱ 사다리의 상단은 걸쳐놓은 지점으로부
터 60cm 이상 올라가도록 할 것

**해설** ㉰ 사다리식 통로의 길이가 10미터 이상인 경우
에는 5미터 이내마다 계단참을 설치할 것

정답 112 ㉯ 113 ㉮ 114 ㉰ 115 ㉰

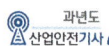

**참고** 사다리식 통로 설치 시의 준수사항

① 견고한 구조로 할 것
② 심한 손상·부식 등이 없는 재료를 사용할 것
③ 발판의 간격은 일정하게 할 것
④ 발판과 벽과의 사이는 15센티미터 이상의 간격을 유지할 것
⑤ 폭은 30센티미터 이상으로 할 것
⑥ 사다리가 넘어지거나 미끄러지는 것을 방지하기 위한 조치를 할 것
⑦ 사다리의 상단은 걸쳐놓은 지점으로부터 60센티미터 이상 올라가도록 할 것
⑧ 사다리식 통로의 길이가 10미터 이상인 경우에는 5미터 이내마다 계단참을 설치할 것
⑨ 사다리식 통로의 기울기는 75도 이하로 할 것. 다만, 고정식 사다리식 통로의 기울기는 90도 이하로 하고, 그 높이가 7미터 이상인 경우에는 다음 각 목의 구분에 따른 조치를 할 것
  • 등받이울이 있어도 근로자 이동에 지장이 없는 경우 : 바닥으로부터 높이가 2.5미터 되는 지점부터 등받이울을 설치할 것
  • 등받이울이 있으면 근로자가 이동이 곤란한 경우 : 한국산업표준에서 정하는 기준에 적합한 개인용 추락 방지 시스템을 설치하고 근로자로 하여금 한국산업표준에서 정하는 기준에 적합한 전신 안전대를 사용하도록 할 것
⑩ 접이식 사다리 기둥은 사용 시 접혀지거나 펼쳐지지 않도록 철물 등을 사용하여 견고하게 조치할 것

{분석}
실기까지 중요한 내용입니다. 참고를 다시 확인하세요.

## 116 미리 작업장소의 지형 및 지반상태 등에 적합한 제한속도를 정하지 않아도 되는 차량계 건설기계의 속도 기준은?

㉮ 최대 제한속도가 10km/h 이하
㉯ 최대 제한속도가 20km/h 이하
㉰ 최대 제한속도가 30km/h 이하
㉱ 최대 제한속도가 40km/h 이하

**해설** 차량계 건설기계의 제한속도 : 10km/h 이하

## 117 이동식 비계를 조립하여 작업을 하는 경우의 준수사항으로 틀린 것은?

㉮ 승강용사다리는 견고하게 설치할 것
㉯ 작업발판의 최대적재하중은 250kg을 초과하지 않도록 할 것
㉰ 비계의 최상부에서 작업을 하는 경우에는 안전난간을 설치할 것
㉱ 작업발판은 항상 수평을 유지하고 작업발판 위에서 안전난간을 딛고 작업을 하거나 받침대 또는 사다리를 사용하여 작업하도록 할 것

**해설** ㉱ 작업발판은 항상 수평을 유지하고 작업발판 위에서 안전난간을 딛고 작업을 하거나 받침대 또는 사다리를 사용하여 작업하지 않도록 할 것

**참고** 이동식 비계 조립 시의 준수사항(이동식 비계의 구조)
① 바퀴에는 갑작스러운 이동 또는 전도를 방지하기 위하여 브레이크·쐐기 등으로 바퀴를 고정시킨 다음 비계의 일부를 견고한 시설물에 고정하거나 아웃트리거를 설치할 것
② 승강용사다리는 견고하게 설치할 것
③ 비계의 최상부에서 작업을 할 때에는 안전난간을 설치할 것
④ 작업발판은 항상 수평을 유지하고 작업발판 위에서 안전난간을 딛고 작업을 하거나 받침대 또는 사다리를 사용하여 작업하지 않도록 할 것
⑤ 작업발판의 최대적재하중은 250킬로그램을 초과하지 않도록 할 것

## 118 로드(rod)·유압잭(jack) 등을 이용하여 거푸집을 연속적으로 이동시키면서 콘크리트를 타설할 때 사용되는 것으로 silo 공사 등에 적합한 거푸집은?

㉮ 메탈폼          ㉯ 슬라이딩폼
㉰ 워플폼          ㉱ 페코빔

**해설** 슬립폼(slip form), 슬라이딩폼(sliding form) : 수직으로 연속되는 구조물을 시공조인트 없이 시공하기 위하여 일정한 크기로 만들어져 연속적으로 이동시키면서 콘크리트를 타설하는 공법에 적용하는 거푸집

•) **정답** 116 ㉮ 117 ㉱ 118 ㉯

**119** 옥외에 설치되어 있는 주행크레인에 이탈을 방지하기 위한 조치를 취해야 하는 것은 순간 풍속이 매 초당 몇 미터를 초과할 경우인가?

㉮ 30m  ㉯ 35m
㉰ 40m  ㉱ 45m

**[해설]** 순간풍속이 초당 30미터를 초과 : 옥외에 설치되어 있는 주행 크레인 이탈방지조치

**[참고]** 악천후 시 조치
① 순간풍속이 초당 10미터를 초과 : 타워크레인의 설치·수리·점검 또는 해체작업을 중지
② 순간풍속이 초당 15미터를 초과 : 타워크레인의 운전작업을 중지
③ 순간풍속이 초당 30미터를 초과 : 옥외에 설치되어 있는 주행 크레인 이탈방지조치
④ 순간풍속이 초당 30미터를 초과하는 바람이 불거나 중진(中震) 이상 진도의 지진이 있은 후 : 옥외 양중기 각 부위 이상 점검
⑤ 순간풍속이 초당 35미터를 초과 : 옥외 승강기 및 건설용 리프트(지하에 설치되어 있는 것은 제외)에 대하여 받침의 수를 증가시키는 등 승강기가 무너지는 것을 방지하기 위한 조치

{분석}
실기까지 중요한 내용입니다. 참고를 다시 확인하세요.

**120** 잠함 또는 우물통의 내부에서 근로자가 굴착작업을 하는 경우에 바닥으로부터 천장 또는 보까지의 높이는 최소 얼마 이상으로 하여야 하는가?

㉮ 1.2m  ㉯ 1.5m
㉰ 1.8m  ㉱ 2.1m

**[해설]** 잠함 또는 우물통의 내부에서 굴착작업 시 급격한 침하로 인한 위험방지 조치
① 침하 관계도에 따라 굴착방법 및 재하량(載荷量) 등을 정할 것
② 바닥으로부터 천장 또는 보까지의 높이는 1.8미터 이상으로 할 것

**정답** 119 ㉮ 120 ㉰

# 01회 2015년 산업안전기사 최근 기출문제

제**1**과목 • 산업재해 예방 및 안전보건교육

**01** 다음 중 사업장 무재해운동 추진에 있어 무재해 시간과 무재해 일수의 산정기준에 관한 설명으로 틀린 것은?

㉮ 무재해 시간은 실근무자와 실근로시간을 곱하여 산정한다.

㉯ 실근로시간의 관리가 어려운 경우에 건설업 이외 업종은 1일 8시간을 근로한 것으로 본다.

㉰ 실근로시간의 관리가 어려운 경우에 건설업은 1일 9시간을 근로한 것으로 본다.

㉱ 건설업 이외의 300인 미만 사업장은 실근무자와 실근로시간을 곱하여 산정한 무재해 시간 또는 무재해 일수를 택일하여 목표로 사용할 수 있다.

**해설** 관련법령 개정에 의하여 삭제된 내용입니다.

**02** 재해 코스트 산정에 있어 시몬즈(R.H. Simonds) 방식에 의한 재해코스트 산정법을 올바르게 나타낸 것은?

㉮ 직접비＋간접비

㉯ 간접비＋비보험코스트

㉰ 보험코스트＋비보험코스트

㉱ 보험코스트＋사업부보상금 지급액

**해설** 시몬즈의 총 재해코스트
＝ 보험코스트 ＋ 비보험코스트

**참고** 하인리히 총재해 비용 ＝ 직접비 ＋ 간접비
　　　　　　　　　　　　（ 1 ： 4 ）

{분석}
실기까지 중요한 내용입니다.

**03** 산업안전보건법령상 사업주가 근로자에게 실시해야 하는 안전·보건교육 중 관리감독자 정기안전·보건교육 내용으로 틀린 것은? (단, 산업안전보건법령 및 산업재해보상보험제도에 관한 사항은 제외한다)

㉮ 작업공정의 유해·위험과 재해예방 대책에 관한 사항

㉯ 표준안전작업방법 및 지도요령에 관한 사항

㉰ 유해·위험 작업환경 관리에 관한 사항

㉱ 건강증진 및 질병 예방에 관한 사항

**해설** 관리감독자 정기안전·보건교육
① 산업안전 및 산업재해 예방에 관한 사항(화재·폭발 사고 발생 시 대피에 관한 사항을 포함한다)
② 산업보건 및 건강장해 예방에 관한 사항(폭염·한파작업으로 인한 건강장해 발생 시 응급조치에 관한 사항을 포함한다)
③ 유해·위험 작업환경 관리에 관한 사항
④ 산업안전보건법령 및 산업재해보상보험 제도에 관한 사항
⑤ 직무스트레스 예방 및 관리에 관한 사항
⑥ 직장 내 괴롭힘, 고객의 폭언 등으로 인한 건강장해 예방 및 관리에 관한 사항
⑦ 위험성평가에 관한 사항
⑧ 작업공정의 유해·위험과 재해 예방대책에 관한 사항
⑨ 표준안전 작업방법 결정 및 지도·감독 요령에 관한 사항
⑩ 비상 시 또는 재해 발생 시 긴급조치에 관한 사항
⑪ 사업장 내 안전보건관리체제 및 안전·보건조치 현황에 관한 사항
⑫ 현장근로자와의 의사소통능력 및 강의능력 등

•)) **정답** 01 정답 없음 02 ㉰ 03 ㉱

안전보건교육 능력 배양에 관한 사항

⑬ 그 밖의 관리감독자의 직무에 관한 사항

실기에 되요! 함께에 되는! **특급 암기법**

**공통 항목(관리감독자, 근로자)**
1. 관리자는 법, 산재보상제도를 알자.
2. 관리자는 건강을 보존(산업보건)하고 건강장해, 스트레스, 괴롭힘, 폭언 예방하자!
3. 관리자는 유해위험 환경을 관리해서 안전하고 산업재해 예방하자!
4. 관리자는 위험성을 평가하자!

**관리감독자 정기교육의 특징**
1. 관리자는 유해위험의 재해예방대책 세우자!
2. 관리자는 안전 작업방법 결정해서 감독하자!
3. 관리자는 재해발생 시 긴급조치하자!
4. 관리자는 안전보건 조치하자!
5. 관리자는 안전보건교육 능력 배양하자!

**{분석}**
실기까지 중요한 내용입니다. 암기하세요.

**04** 리더십의 행동이론 중 관리그리드(managerial grid) 이론에서 리더의 행동유형과 경향을 올바르게 연결한 것은?

㉮ (1.1)형 − 무관심형
㉯ (1.9)형 − 과업형
㉰ (9.1)형 − 인기형
㉱ (5.5)형 − 이상형

**[해설]** 리더의 행동유형 중 관리그리드 이론

| (1.1)형 | 무관심형 |
|---|---|
| (1.9)형 | 인기형 |
| (9.1)형 | 과업형 |
| (5.5)형 | 타협형 |
| (9.9)형 | 이상형 |

* (x, y)형에서 x는 과업의 관심도를 y는 인간관계의 관심도를 나타낸다.

**{분석}**
필기에 자주 출제되는 내용입니다.

**05** 다음 중 교육훈련 방법에 있어 OJT(On the Job Training)의 특징이 아닌 것은?

㉮ 다수의 근로자들에게 조직적 훈련이 가능하다.
㉯ 개개인에게 적절한 지도 훈련이 가능하다.
㉰ 훈련 효과에 의해 상호 신뢰 이해도가 높아진다.
㉱ 직장의 실정에 맞게 실제적 훈련이 가능하다.

**[해설]** ㉮ OFF JT의 특징이다.

**[참고]**

| | |
|---|---|
| OJT의 특징 | ① 개개인에게 적절한 훈련이 가능하다.<br>② 직장의 실정에 맞는 훈련이 가능하다.<br>③ 교육효과가 즉시 업무에 연결된다.<br>④ 훈련에 대한 업무의 계속성이 끊어지지 않는다.<br>⑤ 상호 신뢰 이해도가 높다. |
| OFF JT의 특징 | ① 다수의 근로자들에게 훈련을 할 수 있다.<br>② 훈련에만 전념하게 된다.<br>③ 특별설비기구 이용이 가능하다.<br>④ 많은 지식이나 경험을 교류할 수 있다.<br>⑤ 교육 훈련 목표에 대하여 집단적 노력이 흐트러질 수 있나. |

**{분석}**
필기에 자주 출제되는 내용입니다.

**06** 다음 중 안전관리조직의 참모식(staff형) 장점이 아닌 것은?

㉮ 경영자의 조언과 자문역할을 한다.
㉯ 안전정보 수집이 용이하고 빠르다.
㉰ 안전에 관한 명령과 지시는 생산라인을 통해 신속하게 전달한다.
㉱ 안전 전문가가 안전계획을 세워 문제해결 방안을 모색하고 조치한다.

**[해설]** ㉰ 라인형의 특징이다.

🔊 **정답** 04 ㉮ 05 ㉮ 06 ㉰

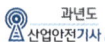 
| | |
|---|---|
| **라인형<br>(Line) or<br>직계형** | ① <u>소규모 사업장</u>(100명 이하 사업장)에 적용이 가능하다.<br>② 라인형 장점 : <u>명령 및 지시가 신속, 정확</u>하다.<br>③ 라인형 단점<br>　• <u>안전정보가 불충분</u>하다.<br>　• 라인에 과도한 책임이 부여될 수 있다.<br>④ 생산과 안전을 동시에 지시하는 형태이다. |
| **스태프형<br>(staff) or<br>참모형** | ① <u>중규모 사업장</u>(100 ~ 1,000명 정도의 사업장)에 적용이 가능하다.<br>② 스태프형 장점 : <u>안전정보 수집이 용이하고 빠르다.</u><br>③ 스태프 단점 : <u>안전과 생산을 별개로 취급</u>한다.<br>④ 안전 전문가(스태프)가 문제해결 방안을 모색한다.<br>⑤ 스태프는 경영자의 조언, 자문 역할을 한다.<br>⑥ 생산부문은 안전에 대한 책임, 권한이 없다. |

{분석}
실기에도 자주 출제되는 내용입니다.
참고를 다시 확인하세요.

---

**07** 다음 중 안전점검 보고서에 수록될 주요 내용으로 적절하지 않은 것은?

㉮ 작업 현장의 현 배치 상태와 문제점
㉯ 안전교육 실시 현황 및 추진 방향
㉰ 안전 관리 스텝의 인적 사항
㉱ 안전 방침과 중점 개선 계획

**해설** ㉰ 안전 관리 스텝의 인적 사항은 안전점검 보고서에 수록될 내용이 아니다.

---

**08** 다음의 재해사례에서 기인물에 해당하는 것은?

> 기계 작업에 배치된 작업자가 반장의 지시를 받기 전에 정지된 선반을 운전시키면서 변속치차의 덮개를 벗겨내고 치차를 저속으로 운전하면서 급유하려고 할 때 오른손이 변속치차에 맞물려 손가락이 절단되었다.

㉮ 덮개　　　　　㉯ 급유
㉰ 변속치차　　　㉱ 선반

**해설** 선반작업을 하던 중 재해를 입었으므로 기인물은 "선반"이 된다.

**참고** 변속치차에 손가락이 절단되었으므로 가해물은 "변속치차"가 된다.

{분석}
3차 작업형까지 중요한 내용입니다.

---

**09** 버드(Bird)의 재해 발생 이론에 따를 경우 15건의 경상(물적 또는 인적 상해) 사고가 발생하였다면 무상해, 무사고(위험 순간)는 몇 건이 발생하겠는가?

㉮ 300　　　　　㉯ 450
㉰ 600　　　　　㉱ 900

**해설** 버드의 1 : 10 : 30 : 600의 법칙

> **총 641건의 사고를 분석했을 때**
> • 중상 또는 폐질 : 1건
> • 경상해 : 10건
> • 무상해사고 (물적 손실) : 30건
> • 무상해, 무사고 (위험 순간) : 600건이 발생함을 의미한다.

경상해가 15건으로 1.5배 증가했으므로
무상해무사고 = 1.5 × 600 = 900건

{분석}
실기까지 중요한 내용입니다.

---

•)) 정답　07 ㉰　08 ㉱　09 ㉱

**10** 다음 중 산업안전보건법령에 따라 사업주가 안전·보건 조치 의무를 이행하지 아니하여 발생한 중대재해가 연간 2건이 발생하였을 경우 조치하여야 하는 사항에 해당하는 것은?

㉮ 보건관리자 선임
㉯ 안전보건개선계획의 수립
㉰ 안전관리자의 증원
㉱ 물질안전보건자료의 작성

[해설] 안전보건개선계획 작성대상 사업장
① 산업재해율이 <u>같은 업종의</u> 규모별 <u>평균</u> 산업재해율보다 높은 사업장
② <u>사업주가 안전·보건조치의무를 이행하지 아니하여 중대재해가 발생</u>한 사업장
③ <u>직업성 질병자가 연간 2명 이상 발생</u>한 사업장
④ <u>유해인자의 노출기준을 초과</u>한 사업장

실력이 되고! 합격이 되는! 특급 암기법

**평균보다 높으면 개선계획!**
**중대재해 발생하면 개선계획!**
**직업성 질병자 2명**
**노출기준 초과하면 개선계획!**

[참고] 안전관리자 증원·교체명령 대상 사업장
① 해당 사업장의 <u>연간 재해율이 같은 업종의 평균 재해율의 2배 이상</u>인 경우
② <u>중대재해가 연간 2건 이상 발생</u>한 경우(다만, 해당 사업장의 전년도 사망만인율이 같은 업종의 평균 사망만인율 이하인 경우는 제외)
③ <u>관리자가 질병이나 그 밖의 사유로 3개월 이상 직무를 수행할 수 없게 된 경우</u>
④ <u>화학적 인자로 인한 직업성 질병자가 연간 3명 이상 발생</u>한 경우(이 경우 직업성 질병자 발생일은 요양급여의 결정일로 한다)

실력이 되고! 합격이 되는! 특급 암기법

**평균의 2배 이상, 중대재해 2건 이상 증원!**
**직업성 질병 3명 이상, 3개월 이상 일안하면 교체!**

{분석}
실기를 대비하여 암기하세요.

**11** 다음 중 학습목적을 세분하여 구체적으로 결정한 것을 무엇이라 하는가?

㉮ 주제          ㉯ 학습목표
㉰ 학습정도      ㉱ 학습성과

[해설] 학습목적을 세분화한 것 → 학습성과

**12** 토의식 교육 방법 중 새로운 교재를 제시하고 거기에서의 문제점을 피교육자로 하여금 제기하게 하거나, 의견을 여러 가지 방법으로 발표하게 하고, 다시 깊이 파고들어서 토의하는 방법은?

㉮ 포럼(forum)
㉯ 심포지엄(symposium)
㉰ 패널 디스커션(panel discussion)
㉱ 버즈세션(Buzz session)

[해설] 새로운 교재를 제시 → 포럼

[참고] 토의식 교육법
(1) <u>롤 플레잉(역할연기)</u> : 참가자에게 일정한 역할을 주어서 <u>실제적으로 연기를 시켜봄으로써</u> 자기의 역할을 보다 확실히 인식시키는 방법이다.
(2) <u>포럼(Forum)</u> : <u>새로운 자료나 교재를 제시</u>, 거기서의 <u>문제점을 피교육자로 하여금</u> 제기하게 하여 <u>발표하고 토의</u>하는 방법이다.
(3) <u>심포지엄(Symposium)</u> : 몇 사람의 <u>전문가</u>에 의하여 과제에 관한 <u>견해를 발표한 뒤 참가자로 하여금 의견이나 질문을 하게 하여 토의</u>하는 방법이다.
(4) <u>패널 디스커션(Panel discussion)</u>: 패널 멤버(교육과제에 정통한 전문가 4~5명)가 피교육자 앞에서 <u>토의를 하고</u>, 뒤에 피교육자 전원이 참가하여 사회자의 사회에 따라 토의하는 방법이다.
(5) <u>버즈 세션(6-6 회의)</u> : 사회자와 기록계를 선출한 후 <u>6명씩의 소집단으로 구분</u>하고, 소집단별로 <u>6분씩 자유토의</u>를 행하여 의견을 종합하는 방법이다.

{분석}
필기에 자주 출제되는 내용입니다.

•)) 정답  10 ㉯  11 ㉱  12 ㉮

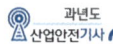
**13** 다음 중 강도율에 관한 설명으로 틀린 것은?

㉮ 사망 및 영구전노동불능(신체장해 등급 1~3급)은 손실일수 7,500일로 환산한다.

㉯ 신체장해등급 제14급은 손실일수 50일로 환산한다.

㉰ 영구일부노동불능은 신체장해등급에 따른 손실일수에 300/365을 곱하여 환산한다.

㉱ 일시전노동불능은 휴업일수에 300/365을 곱하여 손실일수로 환산한다.

**해설**

$$강도율 = \frac{총요양근로손실일수}{연근로시간수} \times 1,000$$

\* 근로손실일수 = 일시 전 노동불능(휴업일수, 요양일수, 입원일수)

$$\times \frac{300(실제근로일수)}{365}$$

**참고** ILO의 근로불능 상해의 구분(상해정도별 분류)

① 사망

② 영구 전 노동불능 : 신체 전체의 노동기능 완전 상실(1~3급)

③ 영구 일부 노동불능 : 신체 일부의 노동 기능 상실(4~14급)

④ 일시 전 노동불능 : 일정기간 노동 종사 불가 (휴업상해)

⑤ 일시 일부 노동불능 : 일정기간 일부 노동에 종사 불가(통원상해)

⑥ 구급조치상해

**14** 다음 중 위험예지훈련 4라운드의 진행 순서로 옳은 것은?

㉮ 목표 설정 → 현상 파악 → 대책 수립 → 본질 추구

㉯ 현상 파악 → 본질 추구 → 대책 수립 → 목표 설정

㉰ 목표 설정 → 현상 파악 → 본질 추구 → 대책 수립

㉱ 현상 파악 → 본질 추구 → 목표 설정 → 대책 수립

**해설**

| 위험예지훈련 4단계 | |
|---|---|
| 1단계 : 현상파악 | • 어떤 위험이 잠재하고 있는가?<br>• 전원이 대화로써 도해 상황 속의 잠재위험요인을 발견하고 그 요인이 초래할 수 있는 사고를 생각해내는 단계 |
| 2단계 : 요인조사 (본질추구) | • 이것이 위험의 포인트다.<br>• 발견해 낸 위험 중 가장 위험한 것을 합의로서 결정하는 단계 (지적확인 단계) |
| 3단계 : 대책수립 | • 당신이라면 어떻게 할 것인가?<br>• 중요위험요인을 해결하기 위한 대책을 세우는 단계 |
| 4단계 : 행동목표 설정 (합의요약) | • 우리들은 이렇게 하자!<br>• 대책 중 중점 실시항목을 합의 요약해서 그것을 실천하기 위한 행동목표를 설정하는 단계 |

**15** 다음 중 산업안전보건법상 "화학물질 취급장소에서의 유해·위험 경고"에 사용되는 안전·보건표지의 색도 기준으로 옳은 것은?

㉮ 7.5R 4/14

㉯ 5Y 8.5/12

㉰ 2.5PB 4/10

㉱ 2.5G 4/10

**정답** 13 ㉰ 14 ㉯ 15 ㉮

**[해설]** 화학물질 취급장소에서의 유해·위험 경고
→ 빨간색 → 7.5R 4/14

*실력이 되고! 합격이 되는!* **특급 암기법**

싫어, 4/14

**[참고]** 안전·보건표지의 색채, 색도기준 및 용도

| 색채 | 색도 기준 | 용도 | 사용 례 |
|------|-----------|------|---------|
| 빨간색 | 7.5R 4/14 | 금지 | 정지신호, 소화설비 및 그 장소, 유해행위의 금지 |
| | 암기 : 싫어(7.5) 4/14 | 경고 | 화학물질 취급장소에서의 유해·위험 경고 |
| 노란색 | 5Y 8.5/12 암기 : 오(5) 빨리와(8.5) 이리(12) | 경고 | 화학물질 취급장소에서의 유해·위험경고 이외의 위험경고, 주의표지 또는 기계방호물 |
| 파란색 | 2.5PB 4/10 암기 : 2.5×4＝10 | 지시 | 특정 행위의 지시 및 사실의 고지 |
| 녹색 | 2.5G 4/10 암기 : 2.5×4＝10 | 안내 | 비상구 및 피난소, 사람 또는 차량의 통행표지 |
| 흰색 | N9.5 | | 파란색 또는 녹색에 대한 보조색 |
| 검은색 | N0.5 | | 문자 및 빨간색 또는 노란색에 대한 보조색 |

{분석}
실기까지 중요한 내용입니다. 암기하세요.

**16** 다음 중 교육 실시 원칙상 한 번에 하나하나씩 나누어 확실하게 이해시켜야 하는 단계는?

㉮ 도입 단계 ㉯ 제시 단계
㉰ 적용 단계 ㉱ 확인 단계

**[해설]** 확실하게, 빠짐없이, 끈기 있게 지도 → 제시 단계

| 단계 | 교육 방법 |
|------|-----------|
| 제1단계 : 도입 (학습할 준비를 시킨다) | • 마음을 안정시킨다.<br>• 무슨 작업을 할 것인가를 말해 준다.<br>• 그 작업에 대해 알고 있는 정도를 확인한다.<br>• **작업을 배우고 싶은 의욕을 갖게 한다.**<br>• 정확한 위치에 자리잡게 한다. |
| 제2단계 : 제시 (작업을 설명한다) | • 주요 단계를 하나씩 설명해주고, 시범해 보이고, 그려 보인다.<br>• 급소를 강조한다.<br>• **확실하게, 빠짐없이, 끈기 있게 지도한다.** |
| 제3단계 : 적용 (작업을 시켜 본다) | • 작업을 지켜보고 잘못을 고쳐준다.<br>• 작업을 시키면서 설명하게 한다.<br>• 다시 한 번 시키면서 **급소를 말하게 한다.**<br>• 확실히 알았다고 할 때까지 확인한다.<br>• 이해할 수 있는 능력 이상으로 강요하지 않는다. |
| 제4단계 : 확인 (가르친 뒤 살펴본다) | • 일에 임하도록 한다.<br>• 모르는 것이 있을 때는 물어 볼 사람을 정해 둔다.<br>• 질문을 하도록 분위기를 조성한다.<br>• 점차 지도 횟수를 줄여간다. |

**17** 안전인증대상 방음용 귀마개의 일반구조에 관한 설명으로 틀린 것은?

㉮ 귀의 구조상 내이도에 잘 맞을 것
㉯ 귀마개를 착용할 때 귀마개의 모든 부분이 착용자에게 물리적인 손상을 유발시키지 않을 것
㉰ 사용 중에 쉽게 빠지지 않을 것
㉱ 귀마개는 사용수명 동안 피부 자극, 피부 질환, 알레르기 반응 혹은 그 밖에 다른 건강상의 부작용을 일으키지 않을 것

**[해설]** ㉮ 귀의 구조상 외이도에 잘 맞을 것

🔊 **정답** 16 ㉯ 17 ㉮

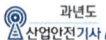
**참고** 귀마개 및 귀덮개의 일반구조

| | |
|---|---|
| 귀마개 | 1) 귀마개는 사용수명 동안 피부 자극, 피부질환, 알레르기 반응 혹은 그 밖에 다른 건강상의 부작용을 일으키지 않을 것<br>2) 귀마개 사용 중 재료에 변형이 생기지 않을 것<br>3) 귀마개를 착용할 때 귀마개의 모든 부분이 착용자에게 물리적인 손상을 유발시키지 않을 것<br>4) 귀마개를 착용할 때 밖으로 돌출되는 부분이 외부의 접촉에 의하여 귀에 손상이 발생하지 않을 것<br>5) 귀(외이도)에 잘 맞을 것<br>6) 사용 중 심한 불쾌함이 없을 것<br>7) 사용 중에 쉽게 빠지지 않을 것 |
| 귀덮개 | 1) 인체에 접촉되는 부분에 사용하는 재료는 해로운 영향을 주지 않을 것<br>2) 귀덮개 사용 중 재료에 변형이 생기지 않을 것<br>3) 제조자가 지정한 방법으로 세척 및 소독을 한 후 육안상 손상이 없을 것<br>4) 금속으로 된 재료는 부식방지 처리가 된 것으로 할 것<br>5) 귀덮개의 모든 부분은 날카로운 부분이 없도록 처리할 것<br>6) 제조자는 귀덮개의 쿠션 및 라이너를 전용 도구로 사용하지 않고 착용자가 교체할 수 있을 것<br>7) 귀덮개는 귀 전체를 덮을 수 있는 크기로 하고, 발포 플라스틱 등의 흡음재료로 감쌀 것<br>8) 귀 주위를 덮는 덮개의 안쪽 부위는 발포 플라스틱 공기 혹은 액체를 봉입한 플라스틱 튜브 등에 의해 귀 주위에 완전하게 밀착되는 구조일 것<br>9) 길이 조절을 할 수 있는 금속재질의 머리띠 또는 걸고리 등은 적당한 탄성을 가져 착용자에게 압박감 또는 불쾌함을 주지 않을 것 |

**18** 동기부여와 관련하여 다음과 같은 레윈(Lewin.K)의 법칙에서 "P"가 의미하는 것은?

$$B = f(P \cdot E)$$

㉮ 개체
㉯ 인간의 행동
㉰ 심리적 환경
㉱ 인간관계

**해설** 레윈(K. Lewin)의 법칙

$$B = f(P \cdot E)$$

여기서, B : Behavior(인간의 행동)
　　　　 f : function(함수관계)
　　　　 P : Person(개체 : 연령, 경험, 심신상태, 성격, 지능 등)
　　　　 E : Environment(심리적 환경 : 인간관계, 작업환경 등)

{분석}
**필기에 자주 출제되는 내용입니다.**

**19** 다음 중 맥그리거(Douglas McGregor)의 X 이론과 Y 이론에 관한 관리 처방으로 가장 적절한 것은?

㉮ 목표에 의한 관리는 Y 이론의 관리 처방에 해당된다.
㉯ 직무의 확장은 X 이론의 관리 처방에 해당된다.
㉰ 상부 책임 제도의 강화는 Y 이론의 관리 처방에 해당된다.
㉱ 분권화 및 권한의 위임은 X 이론의 관리 처방에 해당된다.

•)) **정답** 18 ㉮ 19 ㉮

**해설** 맥그리거(McGregor)의 X, Y 이론의 관리 처방

| X 이론(저차원) | Y 이론(고차원) |
|---|---|
| • 경제적 보상체제의 강화<br>• 권위주의적 리더십의 확립<br>• 면밀한 감독과 엄격한 통제<br>• 상부 책임제도의 강화 | • 분권화와 권한의 위임<br>• 직무확장 및 목표에 의한 관리<br>• 민주적 리더십의 확립<br>• 비공식적 조직의 활용<br>• 상호 신뢰감<br>• 책임과 창조력<br>• 인간관계 관리방식 |

{분석}
필기에 자주 출제되는 내용입니다.

**20** 휴먼에러(Human Error) 원인의 레벨 (Level)을 분류할 때 작업조건이나 작업 형태 중에서 다른 문제가 생겨서 그것 때문에 필요한 사항을 실행할 수 없는 에러를 무엇이라고 하는가?

㉮ Command Error
㉯ Primary Error
㉰ Secondary Error
㉱ Third Error

**해설** 휴먼에러 원인의 레벨적 분류
① primary error(1차 에러) : 작업자 자신으로부터 발생한 에러
② secondary error(2차 에러) : 작업형태, 작업 조건 중 문제가 생겨 필요한 사항을 실행할 수 없어 발생한 에러
③ command error : 실행하고자 하여도 필요한 물품, 정보, 에너지 등이 공급되지 않아서 작업자가 움직일 수 없는 상태에서 발생한 에러

{분석}
실기까지 중요한 내용입니다. 암기하세요.

---

제**2**과목 • 인간공학 및 위험성 평가 · 관리

**21** 다음 설명은 어떤 설계 응용 원칙을 적용한 사례인가?

> 제어 버튼의 설계에서 조작자와의 거리를 여성의 5백 분위 수를 이용하여 설계하였다.

㉮ 극단적 설계원칙
㉯ 가변적 설계원칙
㉰ 평균적 설계원칙
㉱ 양립적 설계원칙

**해설** 극단치 설계
1. 최소집단치 설계 : 정규분포도 상에 5% 이하의 최소치를 적용하여 설계하는 방법
2. 최대집단치 설계 : 정규분포도 상에 95% 이상의 최대치를 적용하여 설계하는 방법

**참고** 평균치에 의한 설계
정규분포도 상에 5% ~ 95% 사이의 가장 분포도가 많은 구간을 적용하여 설계하는 방법

{분석}
필기에 자주 출제되는 내용입니다.

**22** 발생 확률이 각각 0.05, 0.08인 두 결함 사상이 AND 조합으로 연결된 시스템을 FTA로 분석하였을 때 이 시스템의 신뢰도는 약 얼마인가?

㉮ 0.004  ㉯ 0.126
㉰ 0.874  ㉱ 0.996

**해설** 결함 사상의 확률이 AND 게이트로 연결되었으므로
결함 발생 확률(불신뢰도) $= 0.05 \times 0.08 = 0.004$
신뢰도 $= 1 -$ 불신뢰도 $= 1 - 0.004 = 0.996$

{분석}
필기에 자주 출제되는 내용입니다.

🔊 **정답** 20 ㉰ 21 ㉮ 22 ㉱

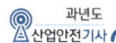
**23** 작업 자세로 인한 부하를 분석하기 위하여 인체 주요 관절의 힘과 모멘트를 정역학적으로 분석하려고 할 때 분석에 반드시 필요한 인체 관련 자료가 아닌 것은?

㉮ 관절 각도
㉯ 관절의 종류
㉰ 분절(segment) 무게
㉱ 분절(segment) 무게 중심

**해설** 관절의 힘과 모멘트 분석에서 관절의 종류는 무관하다.

**24** 다음 중 인간 에러(human error)에 관한 설명으로 틀린 것은?

㉮ omission error : 필요한 작업 또는 절차를 수행하지 않은데 기인한 에러
㉯ commission error : 필요한 작업 또는 절차의 수행 지연으로 인한 에러
㉰ extraneous error : 불필요한 작업 또는 절차를 수행함으로써 기인한 에러
㉱ sequencial error : 필요한 작업 또는 절차의 순서 착오로 인한 에러

**해설** 휴먼에러의 심리적 분류(Swain의 분류)
① omission error(누설오류, 생략오류, 부작위오류) : 필요한 작업 또는 절차를 수행하지 않는데 기인한 에러
② time error(시간오류) : 필요한 작업 또는 절차의 수행 지연으로 인한 에러
③ commission error(작위오류) : 필요한 작업 또는 절차의 불확실한 수행으로 인한 에러
④ sequential error(순서오류) : 필요한 작업 또는 절차의 순서 착오로 인한 에러
⑤ extraneous error(과잉행동오류) : 불필요한 작업 또는 절차를 수행함으로써 기인한 에러

{분석}
필기에 자주 출제되는 내용입니다.
* sequential(미국, 영국) : 잇따라 일어나는
* sequencial(포르투갈어) : 잇따라 일어나는

**25** 다음 중 결함수분석(FTA)에 관한 설명으로 틀린 것은?

㉮ 연역적 방법이다.
㉯ 버텀-업(Bottom-UP) 방식이다.
㉰ 기능적 결함의 원인을 분석하는데 용이하다.
㉱ 계량적 데이터가 축적되면 정량적 분석이 가능하다.

**해설** ㉯ 탑-다운 방식(위 → 아래로 해석)이다.

{분석}
필기에 자주 출제되는 내용입니다.

**26** 다음 중 정보전달에 있어서 시각적 표시장치보다 청각적 표시장치를 사용하는 것이 바람직한 경우는?

㉮ 정보의 내용이 긴 경우
㉯ 정보의 내용이 복잡한 경우
㉰ 정보의 내용이 후에 재 참조되지 않는 경우
㉱ 정보의 내용이 즉각적인 행동을 요구하지 않는 경우

**해설** 정보의 내용이 재 참조되지 않는 경우 → 청각장치 사용

**참고** 청각 장치와 시각 장치의 비교

| 청각 장치 | 시각 장치 |
|---|---|
| ① 전언이 짧고, 간단할 때 | ① 전언이 길고, 복잡할 때 |
| ② 재참조되지 않음 | ② 재참조된다. |
| ③ 시간적인 사상을 다룬다. | ③ 공간적인 위치를 다룬다. |
| ④ 즉각적인 행동 요구할 때 | ④ 즉각적 행동 요구하지 않을 때 |
| ⑤ 시각계통 과부하일 때 | ⑤ 청각계통 과부하일 때 |
| ⑥ 주위가 너무 밝거나 암조응일 때 | ⑥ 주위가 너무 시끄러울 때 |
| ⑦ 자주 움직이는 경우 | ⑦ 한곳에 머무르는 경우 |

{분석}
필기에 자주 출제되는 내용입니다.

**◑)) 정답** 23 ㉱ 24 ㉯ 25 ㉯ 26 ㉰

**27** 다음 중 광원의 밝기에 비례하고 거리의 제곱에 반비례하며, 반사체의 반사율과는 상관없이 일정한 값을 갖는 것은?

㉮ 광도　　　　　㉯ 휘도
㉰ 조도　　　　　㉱ 휘광

**해설** 조도(lux) = $\dfrac{광도}{(거리)^2}$

{분석}
필기에 자주 출제되는 내용입니다.

**28** 다음 중 의자를 설계하는 데 있어 적용할 수 있는 일반적인 인간공학적 원칙으로 가장 적절하지 않은 것은?

㉮ 조절을 용이하게 한다.
㉯ 요부 전만을 유지할 수 있도록 한다.
㉰ 등근육의 정적 부하를 높이도록 한다.
㉱ 추간판에 가해지는 압력을 줄일 수 있도록 한다.

**해설** ㉰ 근육의 정적부하를 감소시킨다.

**참고** 의자 설계의 일반 원리

① 요추의 전만곡선을 유지할 것
② 디스크의 압력을 줄인다.
③ 등 근육의 정적부하를 감소시킨다.
④ 자세 고정을 줄인다.
⑤ 쉽게 조절할 수 있도록 설계할 것

{분석}
필기에 자주 출제되는 내용입니다.

**29** 다음 중 인간공학에 있어서 일반적인 인간 - 기계 체계(man-machine system)의 구분으로 가장 적합한 것은?

㉮ 인간 체계, 기계 체계, 전기 체계
㉯ 전기 체계, 유압 체계, 내연기관 체계
㉰ 수동 체계, 반기계 체계, 반자동 체계
㉱ 자동화 체계, 기계화 체계, 수동 체계

**해설** 인간 - 기계 통합시스템(man-machine system)의 유형

① 수동 시스템
② 기계 시스템(반자동 시스템)
③ 자동 시스템

{분석}
필기에 자주 출제되는 내용입니다.

**30** 다음 중 인간공학적 설계 대상에 해당되지 않는 것은?

㉮ 물건(Objects)
㉯ 기계(Machinery)
㉰ 환경(Environment)
㉱ 보전(Maintenance)

**해설** 인간공학은 기계와 그 기계조작 및 환경조건을 인간의 특성에 맞추어 설계하기 위한 수단을 연구하는 학문이다.

{분석}
필기에 자주 출제되는 내용입니다.

**31** FT도에 사용되는 다음 기호의 명칭으로 옳은 것은?

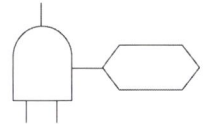

㉮ 부정 게이트
㉯ 수정 기호
㉰ 위험 지속 기호
㉱ 배타적 OR 게이트

**해설**

| <br>위험지속기간  | 위험 지속<br>AND<br>게이트 | 입력이 생겨서 일정시간이 지속될 때 출력이 생긴다. |
| --- | --- | --- |

📢 **정답** 27 ㉰ 28 ㉰ 29 ㉱ 30 ㉱ 31 ㉰

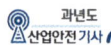
참고

| 기호 | 명명 | 기호 설명 |
|---|---|---|
| A | 부정게이트 | 입력과 반대현상의 출력 생김 |
| 또는<br>동시발생 | 배타적<br>OR게이트 | 입력사상 중 오직 한 개의 발생으로만 출력사상이 생성되는 논리게이트 |
| 또는<br>Ai, Aj, Ak 순으로<br>Ai Aj Ak | 우선적<br>AND게이트 | 입력사상이 특정 순서대로 발생한 경우에만 출력사상이 발생하는 논리게이트 |

{분석}
**필기에 자주 출제되는 내용입니다.**

**32** 한 대의 기계를 100시간 동안 연속 사용한 경우 6회의 고장이 발생하였고, 이때의 총 고장 수리시간이 15시간이었다. 이 기계의 MTBF(Mean time between failures)는 약 얼마인가?

㉮ 2.51      ㉯ 14.17
㉰ 15.25      ㉭ 16.67

해설

① 고장률$(\lambda)$ = $\dfrac{\text{고장건수}}{\text{총 가동시간}}$ (건 / 시간)

② MTBF = $\dfrac{1}{\text{고장률}(\lambda)}$ (시간)

③ 신뢰도 : 고장나지 않을 확률

$R(t) = e^{-\frac{t}{t_0}} = e^{-\lambda \times t}$
( $t_0$ : 평균고장시간 or 평균 수명
 t : 앞으로 고장 없이 사용할 시간
 $\lambda$ : 고장률)

④ 불신뢰도 : 고장 날 확률
　　　　　　 1 - 신뢰도

해설
1. 고장률$(\lambda)$ = $\dfrac{\text{고장건수}}{\text{총 가동시간}}$

$= \dfrac{6}{100-15} = 0.0706(\text{건/시간})$

2. MTBF = $\dfrac{1}{\text{고장률}(\lambda)} = \dfrac{1}{0.0706} = 14.16(\text{시간})$

{분석}
**필기에 자주 출제되는 내용입니다.**

**33** 산업안전보건법령에 따라 제조업 중 유해·위험 방지계획서 제출대상 사업의 사업주가 유해·위험 방지계획서를 제출하고자 할 때 첨부하여야 하는 서류에 해당하지 않는 것은? (단, 기타 고용노동부장관이 정하는 도면 및 서류 등은 제외한다)

㉮ 공사개요서
㉯ 기계·설비의 배치 도면
㉰ 기계·설비의 개요를 나타내는 서류
㉭ 원재료 및 제품의 취급, 제조 등의 작업 방법의 개요

해설 유해·위험방지계획서 제출 서류
(제조업 및 대상 기계·기구 설비)

| 제조업 대상 사업 첨부서류 | ① 건축물 각 층의 평면도<br>② 기계·설비의 개요를 나타내는 서류<br>③ 기계·설비의 배치도면<br>④ 원재료 및 제품의 취급, 제조 등의 작업 방법의 개요<br>⑤ 그 밖에 고용노동부장관이 정하는 도면 및 서류 |
|---|---|
| 대상 기계·기구 설비 첨부서류 | ① 설치 장소의 개요를 나타내는 서류<br>② 설비의 도면<br>③ 그 밖에 고용노동부장관이 정하는 도면 및 서류 |

{분석}
**필기에 자주 출제되는 내용입니다.**

**34** 다음 중 정성적 표시장치를 설명한 것으로 적절하지 않은 것은?

㉮ 연속적으로 변하는 변수의 대략적인 값이나 변화 추세, 변화율 등을 알고자 할 때 사용된다.

㉯ 정성적 표시장치의 근본 자료 자체는 정량적인 것이다.

㉰ 색채 부호가 부적합한 경우에는 계기판 표시 구간을 형상 부호화하여 나타낸다.

㉱ 전력계에서와 같이 기계적 혹은 전자적으로 숫자가 표시된다.

[해설] ㉱ 전력계와 같이 정확한 값을 숫자로 표시하는 것
→ 계수형 → 정량적 표시장치

[참고] 정량적 표시장치
① 정목동침형 : 눈금은 고정, 지침이 움직이는 형태
② 정침동목형 : 지침은 고정, 눈금이 움직이는 형태
③ 계수형 : 전력계, 택시요금 계기와 같이 숫자가 정확히 표시되는 형태

{분석}
필기에 자주 출제되는 내용입니다.

**35** 다음 중 일반적인 화학설비에 대한 안전성 평가(safety assessment) 절차에 있어 안전대책 단계에 해당되지 않는 것은?

㉮ 보전
㉯ 설비 대책
㉰ 위험도 평가
㉱ 관리적 대책

[해설] 안전대책 수립
① 설비 등에 관한 대책(위험 등급 1·2등급의 물적 안전조치 사항)
② 위험 등급 3등급 시 설비 등에 관한 대책
③ 관리적 대책
④ 보전

**36** 다음 중 일반적으로 보통 기계작업이나 편지 고르기에 가장 적합한 조명 수준은?

㉮ 30fc
㉯ 100fc
㉰ 300fc
㉱ 500fc

[해설] 법적 조도 기준
① 초정밀 작업 : 750 Lux 이상
② 정밀 작업 : 300 Lux 이상
③ 보통 작업 : 150 Lux 이상
④ 기타 작업 : 75 Lux 이상

{분석}
실기까지 중요한 내용입니다.

**37** 다음 중 HAZOP 기법에서 사용하는 가이드워드와 그 의미가 잘못 연결된 것은?

㉮ As Well As : 성질상의 증가
㉯ More / Less : 정량적인 증가 또는 감소
㉰ Part of : 성질상의 감소
㉱ Other Than : 기타 환경적인 요인

[해설] ㉱ Other Than : 완전한 대체

[참고] 유인어의 종류와 뜻
① No 또는 Not : 완전한 부정
② More 또는 Less : 양의 증가 및 감소
③ As Well As : 성질상의 증가
④ Part of : 일부 변경, 성질상의 감소
⑤ Reverse : 설계 의도의 논리적인 역
⑥ Other Than : 완전한 대체

{분석}
필기에 자주 출제되는 내용입니다.

🔊 정답  34 ㉱  35 ㉰  36 ㉯  37 ㉱

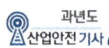
**38** 프레스기의 안전장치 수명은 지수분포를 따르며 평균수명은 1,000시간이다. 새로 구입한 안전장치가 향후 500시간 동안 고장 없이 작동한 확률(ⓐ)과 이미 1,000시간을 사용한 안전장치가 향후 500시간 이상 견딜 확률(ⓑ)은 각각 얼마인가?

㉮ ⓐ : 0.606, ⓑ : 0.606
㉯ ⓐ : 0.707, ⓑ : 0.707
㉰ ⓐ : 0.808, ⓑ : 0.808
㉱ ⓐ : 0.909, ⓑ : 0.909

**해설** 고장없이 사용할 확률 = 신뢰도

> 1. 신뢰도 : 고장나지 않을 확률
> $$R(t) = e^{-\frac{t}{t_0}} = e^{-\lambda \times t}$$
> ($t_0$ : 평균고장시간 or 평균수명
> $t$ : 앞으로 고장 없이 사용할 시간
> $\lambda$ : 고장률)
> 2. 불신뢰도 : 고장 날 확률
> 1 - 신뢰도

1. 평균수명 1,000시간, 향후 500시간 동안 고장 없이 작동할 확률
$$R(t) = e^{-\frac{t}{t_0}} = e^{-\frac{500}{1,000}} = e^{-0.5} = 0.606$$

2. 1,000시간을 사용한 안전장치가 향후 500시간 이상 견딜 확률
$$R(t) = e^{-\frac{t}{t_0}} = e^{-\frac{500}{1,000}} = e^{-0.5} = 0.606$$

{분석}
**필기에 자주 출제되는 내용입니다.**

**39** 다음 중 모든 시스템 안전 프로그램에서의 최초단계 해석으로 시스템 내의 위험요소가 어떤 위험 상태에 있는가를 정성적으로 평가하는 분석 방법은?

㉮ PHA
㉯ FHA
㉰ FMEA
㉱ FTA

**해설** 예비 위험 분석(PHA : Preliminary Hazards Analysis) : 모든 시스템 안전 프로그램의 최초단계(설계단계, 구상단계)에서 실시하는 분석법으로서 시스템 내의 위험요소가 얼마나 위험한 상태에 있는가를 정성적으로 평가하는 기법이다.

**참고** 1. 결함위험분석(FHA : Fault Hazards Analysis) : 한 계약자만으로 모든 시스템의 설계를 담당하지 않고 몇 개의 공동계약자가 분담할 경우 서브시스템(subsystem)의 해석에 사용되는 분석법이다.
2. 고장형태와 영향분석(FMEA : Failure Modes and Effects Analysis) : 시스템에 영향을 미치는 모든 요소의 고장을 형태별로 분석하여 그 영향을 검토하는 정성적, 귀납적 분석법이다.
3. 결함수 분석(FTA) : 시스템고장을 발생시키는 사상과 원인과의 관계를 논리기호(AND와 OR)를 사용하여 나뭇가지 모양의 그림(Tree)으로 나타낸 FT(Fault Tree)를 만들고 이에 의거하여 시스템의 고장확률을 구하는 연역적, 정량적 평가방법이다.

{분석}
**필기에 자주 출제되는 내용입니다.**

**40** 다음 중 인간의 제어 및 조정능력을 나타내는 법칙인 Fitts' Law와 관련된 변수가 아닌 것은?

㉮ 표적의 너비
㉯ 표적의 색상
㉰ 시작점에서 표적까지의 거리
㉱ 작업의 난이도(Index of Difficulty)

**정답** 38 ㉮ 39 ㉮ 40 ㉯

**해설** 피츠의 법칙(Fitts' Law)

- 목표까지 움직이는 데 필요한 시간은 목표 크기와 목표까지의 거리의 함수이다.
- 표적이 작고 이동거리가 길수록 이동시간이 증가한다.

{분석}
필기에 자주 출제되는 내용입니다.

---

**제3과목** 기계 · 기구 및 설비 안전 관리

---

**41** 회전축, 커플링에 사용하는 덮개는 다음 중 어떠한 위험점을 방호하기 위한 것인가?

㉮ 협착점
㉯ 접선물림점
㉲ 절단점
㉰ 회전말림점

**해설** 회전말림점 : 회전하는 물체에 작업복, 머리카락 등이 말려 들어가는 위험점
예) 회전축, 커플링 등

{분석}
실기까지 중요한 내용입니다.

---

**42** 클러치 맞물림 개소수가 4개, 양수기동식 안전장치의 안전거리가 360mm일 때 양손으로 누름단추를 조작하고 슬라이드가 하사점에 도달하기까지의 소요 최대시간은 얼마인가?

㉮ 90ms
㉯ 125ms
㉲ 225ms
㉰ 576ms

---

**해설** 양수기동식 안전장치의 안전거리
(위험점과 버튼 간의 설치 거리)

$$D_m \, (mm) = 1.6 \times T_m$$
$$= 1.6 \times \left( \frac{1}{클러치개소수} + \frac{1}{2} \right) \times \left( \frac{60,000}{매분행정수} \right)$$

$T_m$ : 슬라이드가 하사점에 도달할 때까지의 시간(ms)

- $ms = \dfrac{1}{1,000}초$

$$D_m \, (mm) = 1.6 \times T_m$$
$$T_m = \frac{D_m}{1.6} = \frac{360}{1.6} = 225 \, ms$$

{분석}
실기까지 중요한 내용입니다.

---

**43** 다음 중 프레스의 손쳐내기식 방호장치 설치 기준으로 틀린 것은?

㉮ 방호판의 폭이 금형 폭의 1/2 이상이어야 한다.
㉯ 슬라이드 행정수가 150SPM 이상의 것에 사용한다.
㉲ 슬라이드의 행정길이가 40mm 이상의 것에 사용한다.
㉰ 슬라이드 하행정거리의 3/4 위치에서 손을 완전히 밀어내야 한다.

**해설** ㉯ 슬라이드 행정수(SPM)가 120 이하에서 사용 가능하다.

**참고** 1. 손쳐내기식 방호장치의 일반구조
① 슬라이드 히행정거리의 3/4 위치에서 손을 완전히 밀어내야 한다.
② 손쳐내기봉의 행정(Stroke) 길이를 조정할 수 있고 진동폭은 금형폭 이상이어야 한다.
③ 방호판과 손쳐내기봉은 경량이면서 충분한 강도를 가져야 한다.
④ 방호판의 폭은 금형폭의 1/2 이상이어야 하고, 행정길이가 300mm 이상의 프레스기계에는 방호판 폭을 300mm로 해야 한다.

---

🔊 정답 41 ㉰ 42 ㉲ 43 ㉯

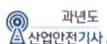
⑤ 손쳐내기봉은 손 접촉 시 충격을 완화할 수 있는 완충재를 부착해야 한다.
2. 행정 길이 40mm 이상, SPM 120 이하에서 사용 가능한 방호장치
① 손쳐내기식
② 수인식

{분석}
실기까지 중요한 내용입니다. "참고"를 다시 확인하세요.

## 44
크레인에서 권과방지장치 달기구 윗면이 권상장치의 아랫면과 접촉할 우려가 있는 경우에는 몇 cm 이상 간격이 되도록 조정하여야 하는가? (단, 직동식 권과장치의 경우는 제외한다)

㉮ 25      ㉯ 30
㉰ 35      ㉱ 40

해설 권과방지장치는 훅·버킷 등 달기구의 윗면이 드럼, 상부 도르래, 트롤리프레임 등 권상장치의 아랫면과 접촉할 우려가 있는 경우에 그 간격이 0.25미터 이상[(직동식은 0.05미터 이상으로 한다)]이 되도록 조정하여야 한다.

{분석}
실기까지 중요한 내용입니다.

## 45
선반작업 시 사용되는 방진구는 일반적으로 공작물의 길이가 직경의 몇 배 이상일 때 사용하는가?

㉮ 4배 이상
㉯ 6배 이상
㉰ 8배 이상
㉱ 12배 이상

해설 공작물의 길이가 직경의 12~20배 이상일 때에는 방진구를 사용하여 재료를 고정할 것

## 46
다음 중 연삭기 작업시 안전상의 유의사항으로 옳지 않은 것은?

㉮ 연삭숫돌을 교체한 때에는 1분 이내로 시운전하고 이상 여부를 확인한다.
㉯ 연삭숫돌의 최고사용 원주 속도를 초과해서 사용하지 않는다.
㉰ 탁상용연삭기에는 작업받침대와 조정편을 설치한다.
㉱ 탁상용연삭기의 경우 덮개의 노출각도는 90°를 넘지 않아야 한다.

해설 ㉮ 작업시작 전 1분 이상, 숫돌 교체 시 3분 이상 시운전할 것

참고 연삭기의 안전대책
① 숫돌에 충격을 가하지 말 것
② 작업시작 전 1분 이상, 숫돌 교체 시 3분 이상 시운전할 것
③ 연삭숫돌 최고사용 회전속도 초과 사용 금지
④ 측면을 사용하는 것을 목적으로 제작된 연삭기 이외에는 측면 사용 금지
⑤ 작업 시에는 숫돌의 원주면을 이용하고, 작업자는 숫돌의 측면에서 작업할 것

{분석}
실기까지 중요한 내용입니다. "참고"를 다시 확인하세요.

## 47
다음 중 아세틸렌 용접 시 역류를 방지하기 위하여 설치하여야 하는 것은?

㉮ 안전기
㉯ 청정기
㉰ 발생기
㉱ 유량기

해설 1. 아세틸렌 용접장치의 방호장치명 : 안전기 (역화방지기)
2. 안전기의 역할 : 가스의 역화 및 역류 방지

{분석}
실기까지 중요한 내용입니다. 암기하세요.

정답 44 ㉮ 45 ㉱ 46 ㉮ 47 ㉮

**48** 상용운전압력 이상으로 압력이 상승할 경우 보일러의 파열을 방지하기 위하여 버너의 연소를 차단하여 열원을 제거함으로써 정상압력으로 유도하는 장치는?

㉮ 압력방출장치
㉯ 고저수위 조절장치
㉰ 압력제한 스위치
㉱ 통풍제어 스위치

[해설] 보일러의 과열을 방지하기 위하여 최고사용압력과 상용압력 사이에서 보일러의 버너연소를 차단할 수 있도록 압력제한 스위치를 부착하여야 한다.

[참고] **보일러의 방호장치**

① 압력방출 장치 ② 압력제한 스위치
③ 고저 수위조절 장치 ④ 화염검출기

{분석}
실기까지 중요한 내용입니다. 암기하세요.

**49** 지게차로 중량물 운반 시 차량의 중량은 30kN, 전차륜에서 하물 중심까지의 거리는 2m, 전차륜에서 차량 중심까지의 최단거리를 3m라고 할 때, 적재 가능한 하물의 최대중량은 얼마인가?

㉮ 15kN ㉯ 25kN
㉰ 35kN ㉱ 45kN

[해설]

$$W \times a < G \times b$$

여기서, $W$ : 화물중량
$a$ : 앞바퀴~화물중심까지 거리
$G$ : 지게차 자체 중량
$b$ : 앞바퀴~차 중심까지 거리

$W \times 2 < 30 \times 3$

$W < \dfrac{30 \times 3}{2}$

$W < 45$kN

{분석}
실기까지 중요한 내용입니다.

**50** 작업장 내 운반이 주목적인 구내운반차의 핸들 중심에서 차체 바깥 측까지의 안전거리로 옳은 것은?

㉮ 45cm 이상
㉯ 55cm 이상
㉰ 65cm 이상
㉱ 75cm 이상

[해설] 법규에서 삭제된 내용입니다.

**51** 다음 중 목재 가공용 둥근 톱에서 반발방지를 방호하기 위한 분할날의 설치조건이 아닌 것은?

㉮ 톱날과의 간격은 12mm 이내
㉯ 톱날 후면날의 2/3 이상 방호
㉰ 분할날 두께는 둥근 톱 두께의 1.1배 이상
㉱ 덮개 하단과 가공재 상면과의 간격은 15mm 이내로 조정

[해설] **분할날의 설치조건**

① 분할날 두께는 톱두께의 1.1배 이상이며 치진폭보다 작을 것

$$1.1 \, t_1 \leqq t_2 < b$$
($t_1$ : 톱두께, $t_2$ : 분할날두께, $b$ : 치진폭)

② 톱날 후면과의 간격은 12mm 이내일 것
③ 후면날의 2/3 이상을 덮어 설치할 것
④ 분할날 최소길이

$$L = \dfrac{\pi \times D}{6} \, (\text{mm})$$
$D$ : 톱날 직경(mm)

⑤ 직경이 610mm를 넘는 둥근 톱에는 현수식 분할날을 사용할 것

{분석}
필기에 자주 출제되는 내용입니다.

•)) **정답** 48 ㉰ 49 ㉱ 50 정답 없음 51 ㉱

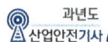
**52** 다음 중 유체의 흐름에 있어 수격작용(water hammering)과 가장 관계가 적은 것은?

㉮ 과열

㉯ 밸브의 개폐

㉰ 압력파

㉱ 관내의 유동

> **해설** **수격작용(물망치 작용, 워터해머)** : 고여 있던 **응축수가** 밸브를 급격히 개폐 시에 고온 고압의 증기에 이끌려 **배관을 강하게 치는 현상으로 배관파열을 초래**한다.

**53** 다음 중 산업용 로봇의 운전 시 근로자 위험을 방지하기 위한 필요 조치로서 가장 적합한 것은?

㉮ 미숙련자에 의한 로봇 조정은 6시간 이내에만 허용한다.

㉯ 근로자가 로봇에 부딪칠 위험이 있을 때에는 안전매트 및 높이 1.8m 이상의 방책을 설치한다.

㉰ 조작 중 이상 발견 시 로봇을 정지시키지 말고 신속하게 관계 기간에 통보한다.

㉱ 급유는 작업의 연속성과 오동작 방지를 위하여 운전 중에만 실시하여야 한다.

> **해설** **운전 중 위험방지** : 로봇의 운전(교시 등을 위한 로봇의 운전은 제외한다)으로 인하여 근로자에게 발생할 수 있는 부상 등의 위험을 방지하기 위하여 **높이 1.8미터 이상의 울타리를 설치**하여야 하며, **컨베이어 시스템의 설치 등으로 울타리를 설치할 수 없는 일부 구간에 대해서는 안전매트 또는 광전자식 방호장치 등 감응형 방호장치를 설치**하여야 한다.

**54** 기계 진동에 의하여 물체에 힘이 가해질 때 전하를 발생하거나 전하가 가해질 때 진동 등을 발생시키는 물질의 특성을 무엇이라고 하는가?

㉮ 압자

㉯ 압전효과

㉰ 스트레인

㉱ 양극현상

> **해설** 압전효과 : 물체에 힘을 가하여 신축시킨 순간에 전압을 일으키고, 반대로 물체에 높은 전압을 가했을 때 신축하는 성질을 말한다.
>
> {분석}
> **출제비중이 낮은 문제입니다.**

**55** 연삭기에서 숫돌의 바깥지름이 150mm일 경우 평행플랜지 지름은 몇 mm 이상이어야 하는가?

㉮ 30

㉯ 50

㉰ 60

㉱ 90

> **해설** 플랜지는 숫돌 지름의 1/3 이상일 것
>
> $150 \times \dfrac{1}{3} = 50 mm$
>
> {분석}
> **실기까지 중요한 내용입니다.**

**56** 기계설비의 안전조건 중 외관의 안전성을 향상시키는 조치에 해당하는 것은?

㉮ 전압강하·정전시의 오동작을 방지하기 위하여 자동 제어장치를 하였다.

㉯ 고장 발생을 최소화하기 위해 정기점검을 실시하였다.

㉰ 강도의 열화를 생각하여 안전율을 최대로 고려하여 설계하였디.

㉱ 작업자가 접촉할 우려가 있는 기계의 회전부를 덮개로 씌우고 안전색채를 적용하였다.

**》) 정답** 52 ㉮ 53 ㉯ 54 ㉯ 55 ㉯ 56 ㉱

**해설** 외관상 안전화

① 회전부에 덮개 설치
② 안전색채 사용
  예) 기계의 시동 버튼 – 녹색, 정지 버튼 – 적색

**참고** 기계 설비의 안전 조건(근원적 안전)

① 외관상 안전화
② 기능적 안전화
③ 구조 부분 안전화(구조 부분 강도적 안전화)
④ 작업의 안전화
⑤ 보수 유지의 안전화(보전성 향상 위한 고려 사항)
⑥ 표준화

{분석}
필기에 자주 출제되는 내용입니다.

**57** 드릴 작업 시 너트 또는 볼트 머리와 접촉하는 면을 고르게 하기 위하여 깎는 작업을 무엇이라 하는가?

㉮ 보링(boring)
㉯ 리밍(reaming)
㉲ 스폿 페이싱(spot facing)
㉰ 카운터 싱킹(counter sinking)

**해설** 스폿 페이싱(spot facing) : 볼트 머리나 너트(nut)의 접촉되는 부분만 편평하게 다듬질하는 작업을 말한다.

{분석}
출제비중이 낮은 문제입니다.

**58** 다음 중 프레스 작업 시작 전 일반적인 점검사항으로서 가장 중요한 것은?

㉮ 클러치 상태 점검
㉯ 상하 형틀의 간극 점검
㉲ 전원단전 유무 확인
㉰ 테이블의 상태 점검

**해설** 클러치는 사고와 직결되는 부분으로 작업시작 전 반드시 점검하여야 한다.

**59** 다음 중 밀링 작업 시 안전 수칙으로 옳지 않은 것은?

㉮ 테이블 위에 공구나 기타 물건 등을 올려놓지 않는다.
㉯ 제품 치수를 측정할 때는 절삭 공구의 회전을 정지한다.
㉲ 강력 절삭을 할 때는 일감을 바이스에 얇게 물린다.
㉰ 상하 좌우 이송장치의 핸들은 사용 후 풀어둔다.

**해설** ㉲ 강력 절삭 시 일감을 바이스에 깊게 물린다.

**참고** 밀링 작업의 안전

① 커터가 날카롭고 예리해서 칩이 가장 가늘고 예리하다.
② 반드시 보호안경 착용, 장갑은 절대 착용을 금지한다.
③ 칩 제거는 운전 정지 후 브러시를 이용한다.
④ 강력 절삭 시 일감을 바이스에 깊게 물린다.
⑤ 제품을 측정, 풀어낼 때는 반드시 운전을 정지한다.
⑥ 보링, 드릴, 내형 홈파기 작업이 가능하다.

**60** 다음 중 설비의 내부에 균열 결함을 확인할 수 있는 가장 적절한 검사방법은?

㉮ 육안검사
㉯ 초음파탐상 검사
㉲ 피로 검사
㉰ 액체 침투탐상검사

**해설** 설비 내부의 결함 검출 → 초음파탐상 검사

**참고** 초음파탐상검사(UT)

① 시험체 내부에 초음파펄스를 입사시켰을 때 결함에 의한 초음파 반사 신호의 해독을 이용한다.
② 표면 및 내부결함 검출 가능

**정답** 57 ㉲ 58 ㉮ 59 ㉲ 60 ㉯

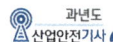
**제4과목** 　전기설비 안전 관리

**61** 지락이 생긴 경우 접촉상태에 따라 접촉 전압을 제한할 필요가 있다. 인체의 접촉 상태에 따른 허용접촉전압을 나타낸 것으로 다음 중 옳지 않은 것은?

㉮ 제1종 2.5V 이하
㉯ 제2종 25V 이하
㉰ 제3종 40V 이하
㉱ 제4종 제한 없음

**해설** 허용접촉전압

| 종 별 | 접촉 상태 | 허용 접촉 전압 |
|---|---|---|
| 제1종 | • 인체의 대부분이 <u>수중</u>에 있는 상태 | <u>2.5V</u> 이하 |
| 제2종 | • 인체가 <u>현저히 젖어 있는 상태</u><br>• <u>금속성</u>의 전기·기계 장치나 구조물에 인체의 일부가 <u>상시 접촉</u>되어 있는 상태 | 25V 이하 |
| 제3종 | • 제1종, 제2종 이외의 경우로서 <u>통상의 인체 상태에</u> 있어서 접촉 전압이 가해지면 위험성이 높은 상태 | 50V 이하 |
| 제4종 | • 제1종, 제2종 이외의 경우로서 통상의 인체 상태에 <u>접촉 전압이 가해지더라도 위험성이 낮은 상태</u><br>• <u>접촉 전압이 가해질 우려가 없는 경우</u> | 제한 없음 |

{분석}
실기까지 중요한 내용입니다.

**62** 가공 송전선로에서 낙뢰의 직격을 받았을 때 발생하는 낙뢰 전압이나 개폐서지 등과 같은 이상 고전압은 일반적으로 충격파라 부른다. 이러한 충격파는 어떻게 표시하는가?

㉮ 파두시간×파미 부분에서 파고치의 63%로 감소할 때까지의 시간
㉯ 파두시간×파미 부분에서 파고치가 50%로 감소할 때까지의 시간
㉰ 파장시간×파미 부분에서 파고치가 63%로 감소할 때까지의 시간
㉱ 파장시간×파미 부분에서 파고치가 50%로 감소할 때까지의 시간

**해설** 충격파 = 파두시간 × 파미 부분에서 파고치의 50%까지 감소할 때까지 걸리는 시간

**63** 환기가 충분한 장소에 대한 설명으로 옳은 것은?

㉮ 대기 중 가스 또는 증기의 밀도가 폭발 하한계의 50%를 초과하여 축적되는 것을 방지하기 위한 충분한 환기량이 보장되는 장소
㉯ 수직 또는 수평의 외부공기 흐름을 방해하지 않는 구조의 건축물 또는 실내로서 지붕과 한 면의 벽만 있는 건축물
㉰ 밀폐 또는 부분적으로 밀폐된 장소로써 옥외의 동등한 정도의 환기가 자연 환기방식 또는 고장 시 경보발생 등의 조치가 있는 자연 순환방식으로 보장되는 장소
㉱ 기타 적합한 방법으로 환기량을 계산하여 폭발 하한계의 35% 농도를 초과하지 않음이 보장되는 장소

**정답** 61 ㉰ 62 ㉯ 63 ㉯

**해설** 환기가 충분한 장소

대기 중의 가스 또는 증기의 밀도가 폭발 하한계의 25%를 초과하여 축적되는 것을 방지하기 위한 충분한 환기량이 보장되는 장소를 말하며 다음 각 호의 장소는 환기가 충분한 장소로 볼 수 있다.

① 옥외
② 수직 또는 수평의 외부공기 흐름을 방해하지 않는 구조의 건축물 또는 실내로써 지붕과 한 면의 벽만 있는 건축물
③ 밀폐 또는 부분적으로 밀폐된 장소로써 옥외의 동등한 정도의 환기가 자연환기방식 또는 고장 시 경보 발생 등의 조치가 되어있는 강제환기 방식으로 보장되는 장소
④ 기타 적합한 방법으로 환기량을 계산하여 폭발 하한계의 15% 농도를 초과하지 않음이 보장되는 장소

**64** 정전기 재해방지를 위한 배관 내 액체의 유속제한에 관한 사항으로 옳은 것은?

㉮ 저항률이 $10^{10}\,\Omega \cdot cm$ 미만의 도전성 위험물의 배관유속은 7m/s 이하로 할 것
㉯ 에텔, 이황화탄소 등과 같이 유동대전이 심하고 폭발 위험성이 높으면 4m/s 이하로 할 것
㉰ 물이나 기체를 혼합하는 비수용성 위험물의 배관 내 유속은 5m/s 이하로 할 것
㉱ 저항률이 $10^{10}\,\Omega \cdot cm$ 이상인 위험물의 배관 내 유속은 배관내경 4인치일 때 10m/s 이하로 할 것

**해설** ㉯ 에텔, 이황화탄소 등과 같이 유동대전이 심하고 폭발 위험성이 높으면 1m/s 이하로 할 것
㉰ 물이나 기체를 혼합하는 비수용성 위험물의 배관 내 유속은 1m/s 이하로 할 것
㉱ 저항률이 $10^{10}\,\Omega \cdot$ cm 이상인 위험물의 배관 내 유속은 배관내경이 4인치일 때 2.5m/s 이하로 할 것

**65** 방폭형 기기에 폭발성 가스가 내부로 침입하여 내부에서 폭발이 발생하여도 이 압력에 견디도록 제작한 방폭구조는?

㉮ 내압(d) 방폭구조
㉯ 압력(p) 방폭구조
㉰ 안전증(e) 방폭구조
㉱ 본질안전(i) 방폭구조

**해설** 내부에서 폭발이 발생하여도 이 압력에 견디도록 제작 → 내압 방폭구조

**참고**

| | |
|---|---|
| 내압 방폭구조 (d) | 아크를 발생시키는 전기설비를 전폐 용기에 넣고 용기 내부에 폭발이 일어날 경우에 용기가 폭발 압력에 견뎌 외부의 폭발성 가스에 인화될 위험이 없도록 한 구조의 방폭구조 |
| 압력 방폭구조 (P) | 아크를 발생시키는 전기설비를 용기에 넣고 용기 내부에 불연성 가스(공기 또는 질소)를 압입하여 용기 내부로 폭발성 가스나 침입하는 것을 방지하는 구조 |
| 안전증 방폭구조 (e) | 정상운전 중의 내부에서 불꽃이 발생하지 않도록 전기적, 기계적, 구조적으로 온도상승에 대해 안전도를 증가시킨 구조 |

{분석}
실기까지 중요한 내용입니다. "참고"를 다시 확인하세요.

**66** 전기설비 사용 장소의 폭발 위험성에 대한 위험장소 판정 시의 기준과 가장 관계가 먼 것은?

㉮ 위험가스의 현존 가능성
㉯ 통풍의 정도
㉰ 습도의 정도
㉱ 위험 가스의 특성

**정답** 64 ㉮ 65 ㉮ 66 ㉰

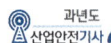

**[해설]** 위험장소의 판정 기준
① 위험 증기의 양
② 가스의 특성(공기와의 비중 차)
③ 위험 가스의 현존 가능성
④ 통풍의 정도
⑤ 작업자에 의한 영향

**67** 절연열화가 진행되어 누설전류가 증가하면 여러 가지 사고를 유발하게 되는 경우로서 거리가 먼 것은?

㉮ 감전사고
㉯ 누전화재
㉰ 정전기 증가
㉱ 아크 지락에 의한 기기의 손상

**[해설]** 누설전류는 정전기 발생에 영향을 끼치지 않는다.

**68** 다음 그림과 같이 완전 누전되고 있는 전기기기의 외함에 사람이 접촉하였을 경우 인체에 흐르는 전류($I_m$)는?
(단, E(V)는 전원의 대지전압,
$R_2(\Omega)$는 변압기 1선 접지, 제2종 접지저항,
$R_3(\Omega)$는 전기기기 외함 접지, 제3종 접지저항
$R_m(\Omega)$는 인체저항이다)

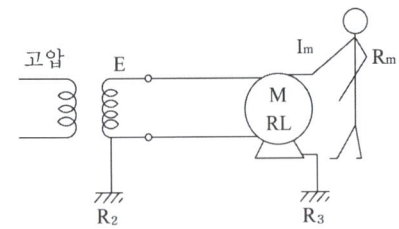

㉮ $\dfrac{E}{R_m\left(1 + \dfrac{R_2}{R_3}\right)}$ ㉯ $\dfrac{E}{R_m\left(2 + \dfrac{R_2}{R_3}\right)}$

㉰ $\dfrac{E}{R_m\left(1 + \dfrac{R_3}{R_2}\right)}$ ㉱ $\dfrac{E}{R_m\left(2 + \dfrac{R_3}{R_2}\right)}$

{분석}
출제비중이 낮은 문제입니다.

**69** 감전 사고 행위별 통계에서 가장 빈도가 높은 것은?

㉮ 전기공사나 전기설비 보수작업
㉯ 전기기기 운전이나 점검작업
㉰ 이동용 전기기기 점검 및 조작작업
㉱ 가전기기 운전 및 보수작업

**[해설]** 전기공사 및 전기설비 보수작업 시 감전 사고 빈도가 가장 높다.

**70** 상용 주파수(60Hz)의 교류에 건강한 성인 남자가 감전되었을 경우 다른 손을 사용하지 않고 자력으로 손을 뗄 수 있는 최대전류(가수전류)는 몇 mA인가?

㉮ 1~2          ㉯ 7~8
㉰ 10~15        ㉱ 18~22

**[해설]** 가수전류
① 인체가 자력으로 이탈할 수 있는 전류
② 60Hz 정현파 교류에서의 가수전류(이탈전류, 마비한계전류)는 10~15mA이다.

**[참고]** 통전전류 세기와 인체의 영향

| 종 류 | 내 용 | 비 고 |
|---|---|---|
| 최소 감지 전류 | 짜릿함을 느끼는 최소의 전류치 | 1~2mA (성인남자, 상용 주파수 60Hz 기준) |
| 고통 감지 전류 | 참을 수 있으나 고통을 느끼는 전류치 | 2~8mA |
| 이탈가능 전류 (가수전류) | 전원으로부터 떨어질 수 있는 최대 전류치 | 8~15mA |
| 이탈불능 전류 | 근육수축이 격렬하여 전원으로부터 떨어질 수 없는 전류치 | 15~50mA |
| 심실세동 전류 | 심장박동 불규칙으로 심장마비를 일으켜 수 분 내 사망할 수 있는 전류치 | 100mA 이상 |

{분석}
"참고"를 다시 확인하세요.

**♪) 정답** 67 ㉱ 68 ㉮ 69 ㉮ 70 ㉰

**71** 개폐기로 인한 발화는 개폐 시의 스파크에 의한 가연물의 착화 화재가 많이 발생한다. 이를 방지하기 위한 대책으로 틀린 것은?

㉮ 가연성 증기, 분진 등이 있는 곳은 방폭형을 사용한다.

㉯ 개폐기를 불연성 상자 안에 수납한다.

㉰ 비포장 퓨즈를 사용한다.

㉱ 접속부분의 나사풀림이 없도록 한다.

**해설** ㉰ 포장퓨즈를 사용한다.

**72** 정전유도를 받고 있는 접지되어 있지 않은 도전성 물체에 접촉한 경우 전격을 당하게 되는데 물체에 유도된 전압V(V)를 옳게 나타낸 것은? (단, 송전선 전압 E, 송전선과 물체 사이의 정전용량을 $C_1$, 물체와 대지 사이의 정전용량을 $C_2$, 물체와 대지 사이의 저항이 무한대인 경우이다)

㉮ $V = \dfrac{C_1}{C_1 + C_2} \cdot E$

㉯ $V = \dfrac{C_1 + C_2}{C_1} \cdot E$

㉰ $V = \dfrac{C_1}{C_1 \cdot C_2} \cdot E$

㉱ $V = \dfrac{C_1 \cdot C_2}{C_1} \cdot E$

**{분석}**
출제비중이 낮은 문제입니다.

**73** 감전에 의하여 넘어진 사람에 대한 중요한 관찰사항이 아닌 것은?

㉮ 의식의 상태

㉯ 맥박의 상태

㉰ 호흡의 상태

㉱ 유입점과 유출점의 상태

**해설** 전격 재해자 중요 관찰사항
① 의식 상태   ② 호흡 상태
③ 맥박 상태   ④ 출혈 상태
⑤ 골절 상태

**74** 작업장에서 교류 아크용접기로 용접작업을 하고 있다. 용접기에 사용하고 있는 용품 중 잘못 사용되고 있는 것은?

㉮ 습윤장소와 2m 이상 고소작업 시에 자동전격방지기를 부착한 후 작업에 임하고 있다.

㉯ 교류 아크용접기 홀더는 절연이 잘 되어 있으며, 2차측 전선은 비닐절연전선을 사용하고 있다.

㉰ 터미널은 케이블 커넥터로 접속한 후 충전부는 절연테이프로 테이핑 처리를 하였다.

㉱ 홀더는 KS 규정의 것만 사용하고 있지만 자동전격 방지기는 안전보건공단 검정필을 사용한다.

**해설** ㉯ 1차측(전원측) 전선은 캡타이어 케이블을 사용하고 2차측(출력측) 전선은 전원측 캡타이어 케이블 이상의 것을 사용할 것

**75** 인체의 전기저항을 0.5kΩ이라고 하면 심실세동을 일으키는 위험한계 에너지는 몇 J인가?(단, 통전시간은 1초이다)

㉮ 13.6   ㉯ 12.6

㉰ 11.6   ㉱ 10.6

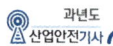

**해설** 풀이 1. 인체의 전기 저항이 최악인 상태인 500Ω
(0.5kΩ)일 때 → 13.61J

풀이 2. $Q = I^2 \times R \times T$
$$= (\frac{165 \sim 185}{\sqrt{1}} \times 10^{-3})^2 \times 500 \times 1$$
$$= 13.61 \sim 17.11(J)$$

{분석}
**실기까지 중요한 내용입니다.**

## 76
전력케이블을 사용하는 회로나 역률개선용 전력콘덴서 등이 접속되어 회로의 정전작업 시에 감전의 위험을 방지하기 위한 조치로서 가장 옳은 것은?

㉮ 개폐기의 통전금지
㉯ 잔류전하의 방전
㉰ 근접활선에 대한 방호장치
㉱ 안전표지의 설치

**해설** 전력케이블, 전력콘덴서, 용량이 큰 부하기기 등 전원차단 후에도 잔류전하에 의한 위험이 발생할 우려가 있는 것은 잔류전하를 확실히 방전하여야 한다.

## 77
전압이 동일한 경우 교류가 직류보다 위험한 이유를 가장 잘 설명한 것은?

㉮ 교류의 경우 전압의 극성 변화가 있기 때문이다.
㉯ 교류는 감전 시 화상을 입히기 때문이다.
㉰ 교류는 감전 시 수축을 일으킨다.
㉱ 직류는 교류보다 사용 빈도가 낮기 때문이다.

**해설** 직류보다 교류가 더 위험한 이유 : 교류는 전압의 극성(+, −)이 변화되며, 근육의 수축·이완이 자주 발생되어 심장마비가 발생될 위험이 크다.

## 78
정전기 방전에 의한 화재 및 폭발 발생에 대한 설명으로 틀린 것은?

㉮ 정전기 방전에너지가 어떤 물질의 최소착화에너지보다 크게 되면 화재, 폭발이 일어날 수 있다.
㉯ 부도체가 대전되었을 경우에는 정전에너지보다 대전전위 크기에 의해서 화재, 폭발이 결정된다.
㉰ 대전된 물체에 인체가 접근했을 때 전격을 느낄 정도이면 화재, 폭발의 가능성이 있다.
㉱ 작업복에 대전된 정전에너지가 가연성 물질의 최소착화 에너지보다 클 때는 화재, 폭발의 위험성이 있다.

**해설** ㉱ 가연성 물질에 대전된 정전에너지가 최소착화에너지 이상일 때 화재, 폭발의 위험이 있다.

## 79
다음 중 계통 접지의 목적으로 가장 옳은 것은?

㉮ 누전되고 있는 기기에 접촉되었을 때의 감전방지를 위해
㉯ 고압전로와 저압전로가 혼촉되었을 때의 감전이나 화재 방지를 위해
㉰ 병원에 있어서 의료기기 계통의 누전을 10μA 정도도 허용하지 않기 위해
㉱ 의사의 몸에 축적된 정전기에 의해 환자가 쇼크사 하지 않도록 하기 위해

**해설** 계통 접지
고압 전로와 저압 전로의 혼촉으로 인한 감전이나 화재를 방지하기 위해 변압기의 중성점을 접지하는 방식이다.

**정답** 76 ㉯ 77 ㉮ 78 ㉱ 79 ㉯

**80** 전기설비의 안전을 유지하기 위해서는 체계적인 점검, 보수가 아주 중요하다. 방폭 전기설비의 유지보수에 관한 사항으로 틀린 것은?

㉮ 점검원은 해당 전기설비에 대해 필요한 지식과 기능을 가져야 한다.
㉯ 불꽃 점화시점의 경과조치에 따른다.
㉰ 본질 안전 방폭 구조의 경우에도 통전 중에는 기기의 외함을 열어서는 안 된다.
㉱ 위험 분위기에서 작업 시에는 수공구 등의 충격에 의한 불꽃이 생기지 않도록 주의해야 한다.

해설 ㉰ 본질안전 방폭구조의 경우 통전 중 기기의 외함을 열어도 상관없다.

## 제5과목 · 화학설비 안전 관리

**81** 화재감지기의 종류 중 연기감지기의 작동 방식에 해당되는 것은?

㉮ 차동식
㉯ 보상식
㉰ 정온식
㉱ 이온화식

해설

| 연기 감지기 | 이온화식 | 검시부에 연기가 늘어가는 데 따라 이온전류가 변화하는 것을 이용했다. |
|---|---|---|
| | 광전식 | 검지부에 연기가 들어가는데 따라 광전소자의 입사광량이 변화하는 것을 이용했다. |

참고

| 열감지기 | 차동식감지기 (스폿형, 분포형) | 실내온도의 상승률이 일정한 값을 넘었을 때 동작한다. |
|---|---|---|
| | 정온식감지기 (스폿형, 감지선형) | 실온이 일정온도 이상으로 상승하였을 때 작동한다. |
| | 보상식감지기 (스폿형) | 차동성을 가지면서 차동식의 단점을 보완하여 고온에서도 반드시 작동하도록 한 것이다. |

**82** 아세틸렌 용접장치로 금속을 용접할 때 아세틸렌 가스의 발생압력은 게이지 압력으로 몇 kPa을 초과하여서는 안되는가?

㉮ 49
㉯ 98
㉰ 127
㉱ 196

해설 아세틸렌 용접장치를 사용하여 금속의 용접·용단 또는 가열작업을 하는 경우에는 게이지 압력이 127 킬로파스칼을 초과하는 압력의 아세틸렌을 발생시켜 사용해서는 아니 된다.

{분석} 실기까지 중요한 내용입니다. 암기하세요.

**83** 압축기와 송풍의 관로에 심한 공기의 맥동과 진동을 발생하면서 불안전한 운전이 되는 서어징(surging)현상의 방지법으로 옳지 않은 것은?

㉮ 풍량을 감소시킨다.
㉯ 배관의 경사를 완만하게 한다.
㉰ 교축밸브를 기계에서 멀리 설치한다.
㉱ 토출가스를 흡입측에 바이패스시키거나 방출밸브에 의해 대기로 방출시킨다.

해설 ㉰ 교축밸브를 기계에 가까이 설치한다.

참고 교축밸브 : 통로의 단면적을 바꿔 교축 작용(일정 부위에서 직경을 줄임)으로 감압과 유량 조절을 하는 밸브

{분석} 출제비중이 낮은 문제입니다.

**84** 다음 중 폭발범위에 관한 설명으로 틀린 것은?

㉮ 상한값과 하한값이 존재한다.
㉯ 온도에는 비례하지만 압력과는 무관하다.
㉰ 가연성 가스의 종류에 따라 각각 다른 값을 갖는다.
㉱ 공기와 혼합된 가연성 가스의 체적 농도로 나타낸다.

해설  폭발한계와 온도, 압력과의 관계
① 압력상승 시 하한계는 불변, 상한계는 상승한다.
② 온도상승 시 하한계는 약간 하강, 상한계는 상승한다.
③ 폭발하한계가 낮을수록, 폭발상한계는 높을수록 폭발범위가 넓어져 위험하다.

**85** 다음 중 가연성 물질이 연소하기 쉬운 조건으로 옳지 않은 것은?

㉮ 연소 발열량이 클 것
㉯ 점화에너지가 작을 것
㉰ 산소와 친화력이 클 것
㉱ 입자의 표면적이 작을 것

해설  ㉱ 입자의 표면적이 클수록 산소와의 접촉면적이 넓어 연소하기 쉽다.

**86** 소화설비와 주된 소화 적용방법의 연결이 옳은 것은?

㉮ 포소화설비 – 질식소화
㉯ 스프링클러설비 – 억제소화
㉰ 이산화탄소 소화설비 – 제거소화
㉱ 할로겐화합물 소화설비 – 냉각소화

해설  ㉯ 스프링클러설비 – 냉각소화
㉰ 이산화탄소 소화설비 – 질식소화
㉱ 할로겐화합물 소화설비 – 억제소화

**87** 가연성 가스 및 증기의 위험도에 따른 방폭 전기기기의 분류로 폭발등급을 사용하는데, 이러한 폭발등급을 결정하는 것은?

㉮ 발화도          ㉯ 화염일주한계
㉰ 폭발한계        ㉱ 최소발화에너지

해설  폭발등급은 안전간격(화염일주한계)에 따라 1, 2, 3등급으로 구분한다.

참고  폭발등급

| 폭발 등급 | 안전간격(mm) | 해당 가스 |
|---|---|---|
| 1등급 | 0.6mm 초과 | 메탄, 에탄, 프로판, 부탄 |
| 2등급 | 0.4mm 초과 0.6mm 이하 | 에틸렌, 석탄가스 |
| 3등급 | 0.4mm 이하 | 수소, 아세틸렌 |

{분석}
과거 규정의 내용이며 현재의 규정에서는 삭제된 내용입니다.

**88** 다음 중 가연성 고체물질을 난연화시키는 난연제로 적당하지 않은 것은?

㉮ 인              ㉯ 브롬
㉰ 비소            ㉱ 안티몬

해설  브롬계 난연제 : 난연 플라스틱의 제조에 사용된다.

{분석}
출제비중이 낮은 문제입니다.

**89** 금속의 증기가 공기 중에서 응고되어 화학변화를 일으켜 고체의 미립자로 되어 공기 중에 부유하는 것을 의미하는 용어는?

㉮ 흄(fume)
㉯ 분진(dust)
㉰ 미스트(mist)
㉱ 스모크(smoke)

정답  84 ㉯  85 ㉱  86 ㉮  87 ㉯  88 ㉯  89 ㉮

**유해물질 중 입자상 물질의 구분**

| 흄<br>(fume) | 금속의 증기가 공기 중에서 응고되어 화학변화를 일으켜 고체의 미립자로 되어 공기 중에 부유하는 것 |
|---|---|
| 미스트<br>(mist) | 액체의 미세한 입자가 공기 중에 부유하고 있는 것 |
| 분진<br>(dust) | 기계적 작용에 의해 발생된 고체 미립자가 공기 중에 부유하고 있는 것 |
| 스모크<br>(smoke) | 유기물의 불완전 연소에 의해 생긴 미립자 |

**90** 다음 중 펌프의 공동현상(cavitation)을 방지하기 위한 방법으로 가장 적절한 것은?

㉮ 펌프의 설치 위치를 높게 한다.
㉯ 펌프의 회전속도를 빠르게 한다.
㉰ 펌프의 유효 흡입양정을 작게 한다.
㉱ 흡입측에서 펌프의 토출량을 줄인다.

해설 **펌프의 공동현상 방지대책**

① 펌프의 흡입 수두를 작게 한다.
② 펌프의 마찰손실을 작게 한다.
③ 핌프의 임펠러 속도를 작게 한다.
④ 펌프의 설치 위치를 수원보다 낮게 한다.
⑤ 배관 내 물의 정압을 그때의 증기압보다 높게 한다.
⑥ 흡입관의 구경을 크게 한다.
⑦ 펌프를 2대 이상 설치한다.

**91** 연소의 형태 중 확산연소의 정의로 가장 적절한 것은?

㉮ 고체의 표면이 고온을 유지하면서 연소하는 현상
㉯ 가연성 가스가 공기 중의 지연성 가스와 접촉하여 접촉면에서 연소가 일어나는 현상

㉰ 가연성 가스와 지연성 가스가 미리 일정한 농도로 혼합된 상태에서 점화원에 의하여 연소되는 현상
㉱ 액체 표면에서 증발하는 가연성 증기가 공기와 혼합하여 연소범위 내에서 열원에 의하여 연소하는 현상

해설 **확산연소** : 가연성 가스가 공기 중에 확산되어 연소하는 형태
예 대부분 가스의 연소

**92** 물과 카바이트가 결합하면 어떤 가스가 생성되는가?

㉮ 염소가스
㉯ 아황산가스
㉰ 수성가스
㉱ 아세틸렌가스

해설 탄화칼슘(카바이트) + 물 → 아세틸렌 + 소석회
$CaC_2 + 2H_2O \rightarrow C_2H_2 + Ca(OH)_2$

**93** 산업안전보건기준에 관한 규칙에서 규정하고 있는 산화성 액체 또는 산화성 고체에 해당하지 않는 것은?

㉮ 염소산
㉯ 피크린산
㉰ 과망간산
㉱ 과산화수소

해설 **산화성 액체 및 산화성 고체**

가. 차아염소산 및 그 염류
나. 아염소산 및 그 염류
다. 염소산 및 그 염류
라. 과염소산 및 그 염류
마. 브롬산 및 그 염류
바. 요오드산 및 그 염류
사. 과산화수소 및 무기 과산화물
아. 질산 및 그 염류
자. 과망간산 및 그 염류

정답 **90** ㉰ **91** ㉯ **92** ㉱ **93** ㉯

차. 중크롬산 및 그 염류

카. 그 밖에 가목부터 차목까지의 물질과 같은 정도의 산화성이 있는 물질

타. 가목부터 아목까지의 물질을 함유한 물질

**특급 암기법**

염소(염소산)보러(브롬산) 요과하고(요드산, 과망간산, 과산화수소) 질산 가는 중!(중크롬산)

{분석}
실기까지 중요한 내용입니다. 암기하세요.

## 94 다음 중 산업안전보건법상 공정안전보고서의 제출대상이 아닌 것은?

㉮ 원유 정제처리업

㉯ 농약제조업(원제 제조)

㉰ 화약 및 불꽃제품 제조업

㉱ 복합비료의 단순혼합 제조업

**해설** 공정안전보고서의 제출대상

① 원유 정제처리업
② 기타 석유정제물 재처리업
③ 석유화학계 기초화학물 제조업 또는 합성수지 및 기타 플라스틱물질 제조업
④ 질소 화합물, 질소·인산 및 칼리질 화학비료 제조업 중 질소질 비료 제조
⑤ 복합비료 및 기타 화학비료 제조업 중 복합비료 제조(단순혼합 또는 배합에 의한 경우는 제외한다)
⑥ 화학 살균·살충제 및 농업용 약제 제조업[농약 원제(原劑) 제조만 해당한다]
⑦ 화약 및 불꽃제품 제조업

**특급 암기법**

화재·폭발 – 원유, 석유정제물, 화약 및 불꽃제품
중독·질식 – 농약, 비료(복합비료, 질소질 비료)

{분석}
실기까지 중요한 내용입니다. 암기하세요.

## 95 다음 중 $CF_3Br$ 소화약제를 가장 적절하게 표현한 것은?

㉮ 하론 1031

㉯ 하론 1211

㉰ 하론 1301

㉱ 하론 2402

**해설** 할로겐 화합물 소화기 소화약제 종류

① 하론 1301($CF_3Br$)
② 하론 1211($CF_2ClBr$); 무색, 무취이며 전기적으로 부전도성인 기체이다.
③ 하론 2402($C_2F_4Br_2$)
④ 하론 1011($CH_2ClBr$)
⑤ 하론 1040($CCl_4$) 또는 사염화탄소(CTC)

## 96 메탄 20%, 에탄 40%, 프로판 40%로 구성된 혼합가스가 공기 중에서 연소할 때 이 혼합가스의 이론적 화학양론 조성은 약 몇 %인가?(단, 메탄, 에탄, 프로판의 양론농도($C_{st}$)는 각각 9.5%, 5.6%, 4.0%이다)

㉮ 5.2vol%  ㉯ 7.7vol%

㉰ 9.5vol%  ㉱ 12.1vol%

**해설** 혼합가스의 양론조성(르 샤틀리에의 공식)

$$\frac{100}{L} = \frac{V_1}{L_1} + \frac{V_2}{L_2} + \frac{V_3}{L_3} \dots \quad (Vol\%)$$

$$L = \frac{100}{\dfrac{V_1}{L_1} + \dfrac{V_2}{L_2} + \dfrac{V_3}{L_3} \dots}$$

여기서,
$L$ : 혼합가스의 폭발하한계(상한계)
$L_1, L_2, L_3$ : 단독가스의 폭발하한계(상한계)
$V_1, V_2, V_3$ : 단독가스의 공기 중 부피
$100 : V_1 + V_2 + V_3 + \cdots$

**정답** 94 ㉱ 95 ㉰ 96 ㉮

$$\frac{100}{L} = \frac{V_1}{L_1} + \frac{V_2}{L_2} + \frac{V_3}{L_3} \cdots$$

$$\frac{(20+40+40)}{L} = \frac{20}{9.5} + \frac{40}{5.6} + \frac{40}{4.0}$$

$$L = \frac{100}{\frac{20}{9.5} + \frac{40}{5.6} + \frac{40}{4.0}} = 5.20\,\text{vol}\%$$

{분석}
실기까지 중요한 내용입니다.

**97** 다음 중 금속 화재에 해당하는 화재의 급수는?

㉮ A급   ㉯ B급
㉰ C급   ㉱ D급

**해설**
1. A급 화재 : 일반 화재
2. B급 화재 : 유류 화재
3. C급 화재 : 전기 화재
4. D급 화재 : 금속 화재

**참고** 화재의 분류 및 소화방법

| 분류 | A급 화재 | B급 화재 | C급 화재 | D급 화재 |
|---|---|---|---|---|
| 구분색 | 백색 | 황색 | 청색 | 표시없음 (무색) |
| 가연물 | 일반 화재 | 유류 화재 | 전기 화재 | 금속 화재 |
| 주된 소화 효과 | 냉각 효과 | 질식 효과 | 질식, 억제효과 | 질식 효과 |
| 적응 소화제 | 물, 강화액 소화기, 산, 알칼리 소화기 | 포말 소화기, CO₂ 소화기, 분말 소화기 | CO₂ 소화기, 분말 소화기, 할로겐 화합물 소화기 | 건조사, 팽창 질석, 팽창 진주암 |

{분석}
실기까지 중요한 내용입니다. 암기하세요.

**98** 분진폭발의 특징에 관한 설명으로 옳은 것은?

㉮ 가스폭발보다 발생에너지가 작다.
㉯ 폭발압력과 연소속도는 가스폭발보다 크다.
㉰ 화염의 파급속도보다 압력의 파급속도가 크다.
㉱ 불완전연소로 인한 가스중독의 위험성은 적다.

**해설** 가스폭발과 분진폭발의 비교

| 가스 폭발 | • 화염이 크다.<br>• 연소속도가 빠르다. |
|---|---|
| 분진 폭발 | • 폭발압력, 에너지가 크다.<br>• 연소시간이 길다.<br>• 불완전연소로 인한 중독(CO)이 발생한다. |

{분석}
필기에 자주 출제되는 내용입니다.

**99** 다음 중 이상반응 또는 폭발로 인하여 발생되는 압력의 방출장치가 아닌 것은?

㉮ 파열판
㉯ 폭압방산공
㉰ 화염방지기
㉱ 가용합금 안전밸브

**해설** 화염방지기(Flame arrestor) : 인화성 액체 및 인화성 가스를 저장 취급하는 화학설비에서 외부로부터의 화염을 방지하기 위하여 그 설비의 상단에 설치하는 장치이다.

🔊 **정답** 97 ㉱ 98 ㉰ 99 ㉰

**100** 산업안전보건기준에서 관한 규칙에서 지정한 '화학설비 및 그 부속설비의 종류' 중 화학설비의 부속설비에 해당하는 것은?

㉮ 응축기·냉각기·가열기 등의 열교환기류

㉯ 반응기·혼합조 등의 화학물질 반응 또는 혼합장치

㉰ 펌프류·압축기 등의 화학물질 이송 또는 압축설비

㉱ 온도·압력·유량 등을 지시·기록하는 자동제어 관련 설비

**[해설] 화학설비의 부속설비**

가. 배관·밸브·관·부속류 등 화학물질이송 관련 설비

나. 온도·압력·유량 등을 지시·기록 등을 하는 자동제어 관련 설비

다. 안전밸브·안전판·긴급차단 또는 방출밸브 등 비상조치 관련 설비

라. 가스누출감지 및 경보관련 설비

마. 세정기·응축기·벤트스택·플레어스택 등 폐가스처리 설비

바. 사이클론·백필터·전기집진기 등 분진처리 설비

사. 가목 내지 바목의 설비를 운전하기 위하여 부속된 전기관련 설비

아. 정전기 제거장치·긴급 샤워설비 등 안전관련 설비

**[참고] 화학설비**

가. 반응기·혼합조 등 화학물질 반응 또는 혼합장치

나. 증류탑·흡수탑·추출탑·감압탑 등 화학물질 분리장치

다. 저장탱크·계량탱크·호퍼·사일로 등 화학물질 저장 또는 계량설비

라. 응축기·냉각기·가열기·증발기 등 열교환기류

마. 고로 등 접화기를 직접 사용하는 열교환기류

바. 카렌다·혼합기·발포기·인쇄기·압출기 등 화학제품 가공설비

사. 분쇄기·분체분리기·용융기 등 분체화학물질 취급장치

아. 결정조·유동탑·탈습기·건조기 등 분체화학물질 분리장치

자. 펌프류·압축기·이젝타 등의 화학물질 이송 또는 압축설비

---

**제6과목**  **건설공사 안전 관리**

**101** 달비계에 사용하는 와이어로프의 사용금지 기준으로 틀린 것은?

㉮ 이음매가 있는 것

㉯ 열과 전기 충격에 의해 손상된 것

㉰ 지름의 감소가 공칭지름의 7% 초과하는 것

㉱ 와이어로프의 한 꼬임에서 끊어진 소선의 수가 7% 이상인 것

**[해설] 와이어로프의 사용금지 기준**

① 이음매가 있는 것

② 와이어로프의 한 꼬임에서 끊어진 소선의 수가 10퍼센트 이상(비자전로프의 경우에는 끊어진 소선의 수가 와이어로프 호칭지름의 6배 길이 이내에서 4개 이상이거나 호칭지름 30배 길이 이내에서 8개 이상)인 것

③ 지름의 감소가 공칭지름의 7퍼센트를 초과하는 것

④ 꼬인 것

⑤ 심하게 변형되거나 부식된 것

⑥ 열과 전기충격에 의해 손상된 것

{분석}
실기까지 중요한 내용입니다. 암기하세요.

**102** 다음 중 방망에 표시해야 할 사항이 아닌 것은?

㉮ 제조자명  ㉯ 제조년월

㉰ 재봉 치수  ㉱ 방망의 신축성

---

**•)) 정답** 100 ㉱ 101 ㉱ 102 ㉱

**해설** 방망의 표시사항

① 제조자명
② 제조년월
③ 재봉 치수
④ 그물코
⑤ 신품인 때의 방망의 강도

## 103 건축물의 해체공사에 대한 설명으로 틀린 것은?

㉮ 압쇄기와 대형 브레이커(Breaker)는 파워쇼벨 등에 설치하여 사용한다.
㉯ 철제 햄머(Hammer)는 크레인 등에 설치하여 사용한다.
㉰ 핸드 브레이커(Hand breaker) 사용 시 수직보다는 경사를 주어 파쇄하는 것이 좋다.
㉱ 절단 톱의 회전날에는 접촉방지 커버를 설치해여야 한다.

**해설** ㉰ 핸드 브레이커는 반드시 수직으로 사용하여야 한다.

**참고** 핸드 브레이커 사용 시 준수사항

① 끌의 부러짐을 방지하기 위하여 작업자세는 하향 수직방향으로 유지하도록 하여야 하다.
② 기계는 항상 점검하고, 호오스의 꼬임·교차 및 손상여부를 점검하여야 한다.
③ 작은 부재의 파쇄에 유리하고 소음, 진동 및 분진이 발생되므로 작업원은 보호구를 착용하여야 하고 작업원의 작업시간을 제한하여야 한다.

## 104 비계에서 벽 고정을 하고 기둥과 기둥을 수평재나 가새로 연결하는 가장 큰 이유는?

㉮ 작업자의 추락재해를 방지하기 위해
㉯ 좌굴을 방지하기 위해
㉰ 인장파괴를 방지하기 위해
㉱ 해체를 용이하게 하기 위해

**해설** 비계에서 벽 이음을 하는 이유는 비계의 좌굴을 방지하기 위해서이다.

## 105 히빙(Heaving)현상 방지대책으로 틀린 것은?

㉮ 소단굴착을 실시하여 소단부 흙의 중량이 바닥을 누르게 한다.
㉯ 흙막이 벽체 배면의 지반을 개량하여 흙의 전단강도를 높인다.
㉰ 부풀어 솟아오르는 바닥면의 토사를 제거한다.
㉱ 흙막이 벽체의 근입깊이를 깊게 한다.

**해설** 히빙현상 방지책

① 양질의 재료로 지반을 개량한다(흙의 전단강도 높인다)
② 어스앵커 설치
③ 시트파일 등의 근입심도 검토(흙막이 벽체의 근입깊이를 깊게 한다)
④ 굴착 주변에 웰포인트 공법을 병행한다.
⑤ 소단을 두면서 굴착한다.
⑥ 굴착주변의 상재하중을 제거
⑦ 굴착저면에 토사 등의 인공중력을 가중시킴
⑧ 토류벽의 배면토압을 경감시키고, 약액주입 공법 및 탈수공법을 적용

**참고** 히빙(Heaving)현상

① 연질점토 지반에서 굴착에 의한 흙막이 내·외면의 흙의 중량차이(토압)로 인해 굴착저면이 부풀어 올라오는 현상을 말한다.
② 흙막이 바깥 흙이 안으로 밀려든다.

**106** 흙막이공의 파괴 원인 중 하나인 보일링(boiling) 현상에 관한 설명으로 틀린 것은?

㉮ 지하수위가 높은 지반을 굴착할 때 주로 발생한다.
㉯ 연약 사질토 지반에서 주로 발생한다.
㉰ 시트파일(sheet pile) 등의 저면에 분사현상이 발생한다.
㉱ 연약 점토지반에서 굴착변의 융기로 발생한다.

**해설** ㉱ 연약한 점토지반에서 굴착면의 융기로 발생하는 현상은 히빙현상이다.

**참고** 보일링(Boiling)현상

① 사질토 지반에서 굴착저면과 흙막이 배면과의 수위차이로 인해 굴착저면의 흙과 물이 함께 위로 솟구쳐 오르는 현상(모래의 액상화 현상)을 말한다.
② 모래가 액상화되어 솟아오른다.

**107** 건설업 산업안전보건 관리비 중 계상비용에 해당되지 않은 것은?

㉮ 외부비계, 작업발판 등의 가설구조물 설치 소요비
㉯ 근로자 건강관리비
㉰ 건설재해예방 기술지도비
㉱ 개인보호구 및 안전장구 구입비

**해설** ㉮ 외부비계, 작업발판 등의 가설구조물은 산업재해 예방을 위한 시설에 해당하지 않아 산업안전보건관리비로 사용할 수 없다.

**참고** 1. 산업안전보건관리비의 사용 내역

① 안전관리자·보건관리자 임금 등
② 안전 시설비 등
③ 보호구 등
④ 안전보건 진단비 등
⑤ 안전보건 교육비 등
⑥ 근로자 건강장해 예방비 등
⑦ 건설재해예방 전문 지도기관 기술 지도비
⑧ 본사 전담조직 근로자 임금 등
⑨ 위험성 평가 등에 따른 소요비용

2. 안전시설비

① 산업재해 예방을 위한 안전난간, 추락방호망, 안전대 부착 설비, 방호장치(기계·기구와 방호장치가 일체로 제작된 경우, 방호장치 부분의 가액에 한함) 등 안전시설의 구입·임대 및 설치 등을 위해 소요되는 비용
② 스마트 안전장비 구입·임대 비용. 다만, 계상된 산업안전보건관리비 총액의 10분의 2를 초과할 수 없다.
③ 용접 작업 등 화재 위험작업 시 사용하는 소화기의 구입·임대비용

**108** 차량계 건설기계 작업 시 기계의 전도, 전락 등에 의한 근로자의 위험을 방지하기 위한 유의 사항과 거리가 먼 것은?

㉮ 변속기능의 유지
㉯ 갓길의 붕괴 방지
㉰ 도로의 폭 유지
㉱ 지반의 부동침하 방지

**해설** 차량계 건설기계의 넘어짐(전도) 방지 조치

① 유도자 배치
② 지반의 부동침하 방지
③ 갓길의 붕괴 방지
④ 도로의 폭 유지

**정답** 106 ㉱ 107 ㉮ 108 ㉮

차량계 하역운반기계의 넘어짐(전도) 방지 조치
① 유도자 배치
② 지반의 부동침하 방지
③ 갓길의 붕괴 방지

{분석}
실기까지 중요한 내용입니다. 암기하세요.

## 109 가설통로를 설치하는 경우 경사는 최대 몇 도 이하로 하여야 하는가?

㉮ 20 ㉯ 25
㉰ 30 ㉱ 35

해설 경사는 30도 이하로 할 것

참고 설치 기준
① 견고한 구조로 할 것
② 경사는 30도 이하로 할 것(계단을 설치하거나 높이 2미터 미만의 가설통로로서 튼튼한 손잡이를 설치한 때에는 그러하지 아니하다)
③ 경사가 15도를 초과하는 때는 미끄러지지 아니하는 구조로 할 것
④ 추락의 위험이 있는 장소에는 안전난간을 설치할 것(작업상 부득이한 때에는 필요한 부분에 한하여 임시로 이를 해체할 수 있다)
⑤ 수직갱 : 길이가 15미터 이상인 때에는 10미터 이내마다 계단참을 설치할 것
⑥ 건설공사에 사용하는 높이 8미터 이상인 비계다리 : 7미터이내 마다 계단참을 설치할 것

{분석}
실기까지 중요한 내용입니다.

## 110 토사 붕괴에 따른 재해를 방지하기 위한 흙막이 지보공 설비가 아닌 것은?

㉮ 흙막이판
㉯ 말뚝
㉰ 턴버클
㉱ 띠장

해설 흙막이 지보공 설비
① 흙막이 벽(흙막이 판)
② 띠장(Wale)
③ 버팀보(Strut or Raker)
④ 말뚝

## 111 다음 중 양중기에 해당되지 않는 것은?

㉮ 어스드릴 ㉯ 크레인
㉰ 리프트 ㉱ 곤돌라

해설 양중기의 종류(산업안전보건법 기준)
① 크레인[호이스트(hoist)를 포함한다]
② 이동식 크레인
③ 리프트(이삿짐운반용 리프트의 경우에는 적재하중이 0.1톤 이상인 것으로 한정)
④ 곤돌라
⑤ 승강기

{분석}
실기까지 중요한 내용입니다. 암기하세요.

## 112 달비계의 최대 적재하중을 정함에 있어서 활용하는 안전계수의 기준으로 옳은 것은? (단, 곤돌라의 달비계를 제외한다)

㉮ 달기와이어로프 : 5 이상
㉯ 달기강선 : 5 이상
㉰ 달기체인 : 3 이상
㉱ 달기훅 : 5 이상

{분석}
관련 법규에서 삭제된 내용입니다.

**113** 강풍 시 타워크레인의 운전작업을 중지해야 하는 순간 풍속기준은?

㉮ 순간풍속이 초당 10m 초과

㉯ 순간풍속이 초당 15m 초과

㉰ 순간풍속이 초당 20m 초과

㉱ 순간풍속이 초당 30m 초과

**[해설]** 악천 후 시 조치

① 순간풍속이 초당 10미터를 초과 : 타워크레인의 설치·수리·점검 또는 해체작업을 중지

② 순간풍속이 초당 15미터를 초과 : 타워크레인의 운전작업을 중지

③ 순간풍속이 초당 30미터를 초과 : 옥외에 설치되어 있는 주행 크레인 이탈방지조치

④ 순간풍속이 초당 30미터를 초과하는 바람이 불거나 중진(中震) 이상 진도의 지진이 있은 후 : 옥외 양중기 각 부위 이상 점검

⑤ 순간풍속이 초당 35미터를 초과 : 옥외 승강기 및 건설용 리프트(지하에 설치되어 있는 것은 제외)에 대하여 받침의 수를 증가시키는 등 승강기가 무너지는 것을 방지하기 위한 조치

{분석}
실기까지 중요한 내용입니다. 암기하세요.

**114** 장비가 위치한 지면보다 낮은 장소를 굴착하는데 적합한 장비는?

㉮ 백호우 ㉯ 파워쇼벨

㉰ 트럭크레인 ㉱ 진폴

**[해설]** 지면보다 낮은 장소의 굴착 → 백호우, 드래그라인, 클램셸

**[참고]** 1. 파워 셔블(power shovel)[dipper shovel : 동력삽]

• 기계가 서 있는 지반면보다 높은 곳의 땅파기에 적합하다.

• 앞으로 흙을 긁어서 굴착하는 방식이다.

• 붐(boom)이 단단하여 굳은 지반의 굴착에도 사용된다.

2. 드래그 셔블(drag shovel, 백호)

• 기계가 서 있는 지면보다 낮은 장소의 굴착 및 수중굴착이 가능하다

• 지하층이나 기초의 굴착에 사용된다.

• 굳은 지반의 토질도 정확한 굴착이 된다.

**115** 추락방지용 방망 중 그물코의 크기가 5cm인 매듭방망 신품의 인장강도는 최소 몇 kg 이상이어야 하는가?

㉮ 60 ㉯ 110

㉰ 150 ㉱ 200

**[해설]** 방망사의 신품에 대한 인장강도

| 그물코의 크기 (단위 : 센티미터) | 방망의 종류(단위 : 킬로그램) | |
| --- | --- | --- |
| | 매듭 없는 방망 | 매듭방망 |
| 10 | 240 | 200 |
| 5 | | 110 |

**[참고]** 방망사의 폐기 시 인장강도

| 그물코의 크기 (단위 : 센티미터) | 방망의 종류(단위 : 킬로그램) | |
| --- | --- | --- |
| | 매듭 없는 방망 | 매듭방망 |
| 10 | 150 | 135 |
| 5 | | 60 |

{분석}
필기에 자주 출제되는 내용입니다.

**116** 철골 건립 준비를 할 때 준수하여야 할 사항과 가장 거리가 먼 것은?

㉮ 지상 작업장에서 건립 준비 및 기계·기구를 배치할 경우에는 낙하물의 위험이 없는 평탄한 장소를 선정하여 정비하고 경사지에는 작업대나 임시발판 등을 설치하는 등 안전조치를 한 후 작업하여야 한다.

㉯ 건립작업에 다소 지장이 있다 하더라도 수목은 제거하여서는 안 된다.

㉰ 사용 전에 기계·기구에 대한 정비 및 보수를 철저히 실시하여야 한다.

㉱ 기계에 부착된 앵커 등 고정장치와 기초구조 등을 확인하여야 한다.

**[해설]** ㉯ 건립 작업에 지장이 있을 경우 수목은 제거하여야 한다.

**))정답** 113 ㉯ 114 ㉮ 115 ㉯ 116 ㉯

**117** 해체공사에 있어서 발생되는 진동공해에 대한 설명으로 틀린 것은?

㉮ 진동수는 범위는 1~90Hz이다.
㉯ 일반적으로 연직 진동이 수평 진동보다 작다.
㉰ 진동의 전파 거리는 예외적인 것을 제외하면 진동원에서부터 100m 이내이다.
㉱ 지표에 있어 진동의 크기는 일반적으로 지진의 진도계급이라고 하는 미진에서 강진의 범위에 있다.

[해설] ㉯ 연직 진동이 수평 진동보다 큰 것이 많고 인체도 연직 진동을 보다 강하게 느낀다.

**118** 연약 점토지반 개량에 있어 적합하지 않은 공법은?

㉮ 샌드드레인(Sand drain) 공법
㉯ 생석회말뚝(Chemico pile) 공법
㉰ 페이퍼드레인(Paper drain) 공법
㉱ 바이브로 플로테이션(Vibro flotation) 공법

[해설] ㉱ 바이브로 플로테이션은 모래의 탈수공법이다.

[참고] 1. 점토의 개량공법
 • 치환공법
 • 탈수공법(샌드드레인공법, 페이퍼드레인공법, 진공배수공법)
 • 재하공법
 • 압성토공법
 • 생석회말뚝공법

2. 모래의 개량공법
 • 다짐말뚝공법
 • 다짐모래말뚝공법
 • 바이브로 플로테이션
 • 전기충격공법
 • 약액주입공법
 • 웰포인트공법

**119** 흙막이 공법 선정 시 고려 사항으로 틀린 것은?

㉮ 흙막이 해체를 고려
㉯ 안전하고 경제적인 공법 선택
㉰ 차수성이 낮은 공법 선택
㉱ 지반성상에 적합한 공법 선택

[해설] ㉰ 차수성이 높은 공법을 선택하여야 한다.

**120** 안전난간대에 폭목(toe board)을 대는 이유는?

㉮ 작업자의 손을 보호하기 위하여
㉯ 작업자의 작업능률을 높이기 위하여
㉰ 안전난간대의 강도를 높이기 위하여
㉱ 공구 등 물체가 작업발판에서 지상으로 낙하되지 않도록 하기 위하여

[해설] 발끝막이판(폭목)은 공구 등이 작업발판으로부터 낙하하는 것을 막기 위해 설치한다.

정답 117 ㉯ 118 ㉱ 119 ㉰ 120 ㉱

# 02회 2015년 산업안전기사 최근 기출문제

**01** 다음 중 교육심리학의 학습이론에 관한 설명으로 옳은 것은?

㉮ 파블로프(Pavlov)의 조건반사설은 맹목적 시행을 반복하는 가운데 자극과 반응이 결합하여 행동하는 것이다.

㉯ 레윈(Lewin)의 장설은 후천적으로 얻게 되는 반사작용으로 행동을 발생시킨다는 것이다.

㉰ 톨만(Tolman)의 기호형태설은 학습자의 머리 속에 인지적 지도 같은 인지 구조를 바탕으로 학습하려는 것이다.

㉱ 손다이크(Thorndike)의 시행착오설은 내적, 외적의 전체 구조를 새로운 시점에서 파악하여 행동하는 것이다.

**해설** ㉮ 조건반사설 : 일정한 자극을 반복하여 제공하고 적절한 자극만 주어지면 조건적으로 반응하게 된다.

㉯ 레윈(Lewin)의 장설 : 인간은 어떤 특정목표를 추구하려는 내적긴장에 의해 행동한다.

㉱ 손다이크(Thorndike)의 학습의 법칙(시행착오설) : 학습이란 맹목적인 시행을 되풀이하는 가운데 자극과 반응의 결합의 과정이다.

**02** 다음 중 헤드십(head-ship)의 특성으로 옳지 않은 것은?

㉮ 권한의 근거는 공식적이다.

㉯ 지휘의 형태는 권위주의적이다.

㉰ 상사와 부하와의 사회적 간격은 좁다.

㉱ 상사와 부하와의 관계는 지배적이다.

**해설** ㉰ 상사와 부하의 사회적 간격은 넓다.

**참고** 리더십과 헤드십의 특성

| 구 분 | 리더십 | 헤드십 |
|---|---|---|
| 권한 행사 | 선출된 리더 | 임명적 헤드 |
| 권한 부여 | 밑으로 부터의 동의 | 위에서 위임 |
| 권한 귀속 | 집단 목표에 기여한 공로인정 | 공식화된 규정에 의함 |
| 상하, 부하 관계 | 개인적인 영향 | 지배적임 |
| 부하와의 관계 | 좁음 | 넓음 |
| 지휘형태 | 민주주의적 | 권위주의적 |
| 책임귀속 | 상사와 부하 | 상사 |
| 권한근거 | 개인적 | 법적, 공식적 |

**03** 다음 중 하인리히 방식의 재해 코스트 산정에 있어 직접비에 해당되지 않은 것은?

㉮ 간병급여

㉯ 신규채용비용

㉰ 직업재활급여

㉱ 상병(傷病)보상연금

**해설**

| 직접비 | 간접비 |
|---|---|
| • 치료비 | • 인적 손실비 |
| • 휴업급여 | • 물적 손실비 |
| • 요양급여 | • 생산 손실비 |
| • 유족급여 | • 기계, 기구 손실비 등 |
| • 장해급여 | |
| • 간병급여 | |
| • 직업재활급여 | |
| • 상병(傷病)보상연금 | |
| • 장의비 등 | |

{분석}
**실기까지 중요한 내용입니다.**

**정답** 01 ㉰ 02 ㉰ 03 ㉯

**04** 다음 중 무재해운동의 이념에서 "선취의 원칙"을 가장 적절하게 설명한 것은?

㉮ 사고의 잠재요인을 사후에 파악하는 것
㉯ 근로자 전원의 일체감을 조성하여 참여하는 것
㉰ 위험요소를 사전에 발견, 파악하여 재해를 예방하거나 방지하는 것
㉱ 관리감독자 또는 경영층에서의 자발적 참여로 안전 활동을 촉진하는 것

**해설** 선취의 원칙(안전제일의 원칙) : 사업장 내에서 행동하기 전에 잠재위험요인을 발견하고 파악·해결하여 재해를 예방하는 것을 의미한다.

**참고** 무재해 운동의 3대 원칙
① 무(無)의 원칙(ZERO의 원칙) : 사업장 내의 모든 잠재위험요인을 적극적으로 사전에 발견하고 파악·해결함으로써 산업재해의 근원적인 요소들을 없앤다는 것을 의미한다.
② 선취의 원칙(안전제일의 원칙) : 사업장 내에서 행동하기 전에 잠재위험요인을 발견하고 파악·해결하여 재해를 예방하는 것을 의미한다.
③ 참가의 원칙(참여의 원칙) : 작업에 따르는 잠재위험요인을 발견하고 파악·해결하기 위하여 전원이 일치 협력하여 각자의 위치에서 적극적으로 문제해결을 하겠다는 것을 의미한다.

{분석}
실기까지 중요한 내용입니다. 참고를 다시 확인하세요.

**05** 다음 중 안전·보건교육계획의 수립시 고려할 사항으로 가장 거리가 먼 것은?

㉮ 현장의 이견을 충분히 반영한다.
㉯ 대상자의 필요한 정보를 수집한다.
㉰ 안전교육 시행 체계와의 연관성을 고려한다.
㉱ 정부 규정에 의한 교육에 한정하여 실시한다.

**해설** 현장 안전교육은 법 규정에 의한 교육에만 치중해서는 안 된다.

**참고** 안전교육 기본방향
① 사고사례 중심의 안전교육
② 안전의식 향상을 위한 안전교육
③ 안전작업(표준작업)을 위한 안전교육

**06** 다음 중 몇 사람의 전문가에 의하여 과제에 관한 견해를 발표한 뒤에 참가자로 하여금 의견이나 질문을 하게 하여 토의 하는 방법을 무엇이라 하는가?

㉮ 심포지엄(symposium)
㉯ 버즈 세션(Buzz session)
㉰ 케이스 메소드(case method)
㉱ 패널 디스커션(panel discussion)

**해설** 심포지엄(Symposium) : 몇 사람의 전문가에 의하여 과제에 관한 견해를 발표한 뒤 참가자로 하여금 의견이나 질문을 하게 하여 토의하는 방법이다.

**참고** ① 버즈 세션(6-6 회의) : 사회자와 기록계를 선출한 후 6명씩의 소집단으로 구분하고, 소집단별로 6분씩 자유토의를 행하여 의견을 종합하는 방법이다.
② 패널 디스커션(Panel discussion) : 패널 멤버(교육과제에 정통한 전문가 4~5명)가 피교육자 앞에서 토의를 하고, 뒤에 피교육자 전원이 참가하여 사회자의 사회에 따라 토의하는 방법이다.
③ 사례연구법(Case Study : Case Method) : 먼저 사례를 제시, 문제적 사실들과 그의 상호관계에 대해서 검토하고 대책을 토의하는 학습법이다.

**07** 다음 중 산업안전보건법령상 사업주가 근로자에게 실시해야 하는 안전·보건교육에 있어 관리감독자의 정기안전보건 교육 내용에 해당하는 것은?
(단, 산업안전보건법령 및 산업재해보상보험제도에 관한 사항은 제외한다)

㉮ 작업 개시 전 점검에 관한 사항
㉯ 정리정돈 및 청소에 관한 사항

🔊 **정답** 04 ㉰ 05 ㉱ 06 ㉮ 07 ㉰

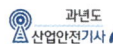

ⓒ 작업공정의 유해·위험과 재해 예방대
책에 관한 사항

ⓓ 기계·기구의 위험성과 작업의 순서 및
동선에 관한 사항

**해설** 관리감독자 정기안전·보건교육

① 산업안전 및 산업재해 예방에 관한 사항(화재·폭
발 사고 발생 시 대피에 관한 사항을 포함한다)

② 산업보건 및 건강장해 예방에 관한 사항(폭염·
한파작업으로 인한 건강장해 발생 시 응급조치
에 관한 사항을 포함한다)

③ 유해·위험 작업환경 관리에 관한 사항

④ 산업안전보건법령 및 산업재해보상보험 제도에
관한 사항

⑤ 직무스트레스 예방 및 관리에 관한 사항

⑥ 직장 내 괴롭힘, 고객의 폭언 등으로 인한 건강
장해 예방 및 관리에 관한 사항

⑦ 위험성평가에 관한 사항

⑧ 작업공정의 유해·위험과 재해 예방대책에 관한
사항

⑨ 표준안전 작업방법 결정 및 지도·감독 요령에
관한 사항

⑩ 비상 시 또는 재해 발생 시 긴급조치에 관한 사항

⑪ 사업장 내 안전보건관리체제 및 안전·보건조치
현황에 관한 사항

⑫ 현장근로자와의 의사소통능력 및 강의능력 등
안전보건교육 능력 배양에 관한 사항

⑬ 그 밖의 관리감독자의 직무에 관한 사항

**공통 항목(관리감독자, 근로자)**
1. 관리자는 법, 산재보상제도를 알자.
2. 관리자는 건강을 보존(산업보건)하고 건강장
해, 스트레스, 괴롭힘, 폭언 예방하자!
3. 관리자는 유해위험 환경을 관리해서 안전하고
산업재해 예방하자!
4. 관리자는 위험성을 평가하자!

**관리감독자 정기교육의 특징**
1. 관리자는 유해위험의 재해예방대책 세우자!
2. 관리자는 안전 작업방법 결정해서 감독하자!
3. 관리자는 재해발생 시 긴급조치하자!
4. 관리자는 안전보건 조치하자!
5. 관리자는 안전보건교육 능력 배양하자!

{분석}
실기까지 중요한 내용입니다. 암기하세요.

**08** 다음 중 위험예지훈련에 있어 Touch and
Call에 관한 설명으로 가장 적합한 것은?

ⓐ 현장에서 팀 전원이 각자의 왼손을 맞
잡아 원을 만들어 팀 행동목표를 지적
확인하는 것을 말한다.

ⓑ 현장에서 그때 그 장소의 상황에서
즉응하여 실시하는 위험 예지활동으로
즉시즉응법이라고도 한다.

ⓒ 작업자가 위험 작업에 임하여 무재해
를 지향하겠다는 뜻을 큰소리로 호칭
하면서 안전의식수준을 제고하는 기법
이다.

ⓓ 한 사람 한 사람의 위험에 대한 감수성
향상을 도모하기 위한 삼각 및 원 포
인트 위험예지훈련을 통합한 활용 기법
이다.

**해설** 터치 앤 콜(Touch and Call) : 팀의 전 구성원이
원을 만들어 팀의 행동목표나 무재해 구호를 지적
확인 하는 방법이다.
(무재해로 나가자, 좋아! 좋아! 좋아!)

**09** 산업안전보건법령상 같은 장소에서 행하
여지는 사업으로서 사업의 일부를 분리하
여 도급을 주는 사업의 경우 산업재해를
예방하기 위한 조치로 구성·운영하는
안전·보건에 관한 협의체의 회의 주기로
옳은 것은?

ⓐ 매월 1회 이상

ⓑ 2개월 간격의 1회 이상

ⓒ 3개월 내의 1회 이상

ⓓ 6개월 내의 1회 이상

**해설** 협의체는 매월 1회 이상 정기적으로 회의를 개최
하고 그 결과를 기록·보존하여야 한다.

**참고** 도급사업의 안전·보건에 관한 협의체의 구성 및 운영

① 협의체는 도급인인 사업주 및 그의 수급인인 사업주 전원으로 구성하여야 한다.

② 협의체의 협의 사항
- 작업의 시작 시간
- 작업 또는 작업장 간의 연락 방법
- 재해 발생 위험시의 대피 방법
- 작업장에서의 위험성 평가의 실시에 관한 사항
- 사업주와 수급인 또는 수급인 상호 간의 연락 방법 및 작업공정의 조정

{분석}
실기까지 중요한 내용입니다.

**10** 다음 중 재해예방을 위한 시정책인 "3E"에 해당하지 않는 것은?

㉮ Education
㉯ Energy
㉰ Engineering
㉱ Enforcement

**해설** J·H Harvey(하비)의 3E
① 안전 교육(Education)
② 안전 기술(Engineering)
③ 안전 독려(Enforcement), 안전감독

{분석}
실기까지 중요한 내용입니다. 암기하세요.

**11** 다음 중 산업안전보건법령상 안전·보건표지의 색채의 색도 기준이 잘못 연결된 것은?

㉮ 빨간색 − 7.5R 4/14
㉯ 노란색 − 5Y 8.5/12
㉰ 파란색 − 2.5PB 4/10
㉱ 흰색 − N0.5

**해설** ㉱ 흰색 : N9.5

**참고** 안전·보건표지의 색채, 색도기준 및 용도

| 색채 | 색도 기준 | 용도 | 사용 례 |
|---|---|---|---|
| 빨간색 | 7.5R 4/14 암기 : 싫어(7.5) 4/14 | 금지 | 정지신호, 소화설비 및 그 장소, 유해행위의 금지 |
| | | 경고 | 화학물질 취급장소에서의 유해·위험 경고 |
| 노란색 | 5Y 8.5/12 암기 : 오(5) 빨리와(8.5) 이리(12) | 경고 | 화학물질 취급장소에서의 유해·위험경고 이외의 위험경고, 주의표지 또는 기계방호물 |
| 파란색 | 2.5PB 4/10 암기 : 2.5×4 = 10 | 지시 | 특정 행위의 지시 및 사실의 고지 |
| 녹색 | 2.5G 4/10 암기 : 2.5×4 = 10 | 안내 | 비상구 및 피난소, 사람 또는 차량의 통행표지 |
| 흰색 | N9.5 | | 파란색 또는 녹색에 대한 보조색 |
| 검은색 | N0.5 | | 문자 및 빨간색 또는 노란색에 대한 보조색 |

{분석}
실기까지 중요한 내용입니다. 참고를 다시 확인하세요.

**12** 다음 중 부주의의 발생 현상으로 혼미한 정신 상태에서 심신의 피로나 단조로운 반복 작업 시 일어나는 현상은?

㉮ 의식의 과잉
㉯ 의식의 집중
㉰ 의식의 우회
㉱ 의식 수준의 저하

**해설** 피로, 단조로운 반복 작업 → 의식 수준의 저하

**참고** 부주의 원인
① 의식 단절 : 의식 흐름의 단절(특수한 질병 등에 의한 경우로 의식수준은 Phase 0인 상태)
② 의식 우회 : 걱정, 고뇌 등으로 의식이 빗나감

**정답** 10 ㉯ 11 ㉱ 12 ㉱

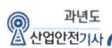

③ 의식 수준 저하 : 피로, 단조로운 작업의 연속으로 의식 수준이 저하됨
④ 의식 혼란 : 외부자극의 강·약에 의해 위험요인에 대응할 수 없을 때 발생
⑤ 의식 과잉 : 긴급상황 시 일점 집중 현상을 일으킨다.

{분석}
**실기까지 중요한 내용입니다. "참고"를 다시 확인하세요.**

**13** 다음 중 레윈(Lewin,K)에 의하여 제시된 인간의 행동에 관한 식을 올바르게 표현할 것은? (단, B는 인간의 행동, P는 개체, E는 환경, f는 함수관계를 의미한다)

㉮ $B = f(P \cdot E)$  ㉯ $B = f(P+1)^B$
㉰ $P = E \cdot f(B)$  ㉱ $E = f(B+1)^P$

〔해설〕 레윈(K. Lewin)의 법칙

$$B = f(P \cdot E)$$

여기서, B : Behavior(인간의 행동)
f : function (함수관계)
P : Person(개체 : 연령, 경험, 심신 상태, 성격, 지능 등)
E : Environment(심리적 환경 : 인간관계, 작업환경 등)

{분석}
**필기에 자주 출제되는 내용입니다.**

**14** 베어링을 생산하는 사업장에 300명의 근로자가 근무하고 있다. 1년에 21건의 재해가 발생하였다면 이 사업장에서 근로자 1명이 평생 작업 시 약 몇 건의 재해를 당할 수 있겠는가? (단, 1일 8시간씩, 1년에 300일 근무하며, 평생근로시간은 10만 시간으로 가정한다)

㉮ 1건  ㉯ 3건
㉰ 5건  ㉱ 6건

〔해설〕 평생 작업 시의 재해건수 → 환산 도수율

① 환산 도수율(F)
$= \dfrac{재해건수}{연 근로시간수} \times 평생근로시간수(100,000)$

② 환산 도수율 = 도수율 ÷ 10

환산 도수율(F)
$= \dfrac{재해건수}{연근로시간수} \times 평생근로시간수(100,000)$
$= \dfrac{21}{300 \times 8 \times 300} \times 100,000$
$= 2.91(3건)$

**15** 다음 중 점검시기에 따른 안전점검의 종류로 볼 수 없는 것은?

㉮ 수시점검
㉯ 개인점검
㉰ 정기점검
㉱ 일상점검

〔해설〕 안전점검의 종류

① 정기점검(계획점검) : 일정 기간마다 정기적으로 실시하는 점검
② 수시점검(일상점검) : 매일 작업 전, 중, 후에 실시하는 점검
③ 특별점검 : 기계·기구 또는 설비의 신설·변경 또는 고장·수리 등으로 비정기적인 특정 점검
④ 임시점검 : 기계·기구 또는 설비의 이상 발견 시에 임시로 점검하는 점검

**16** 다음 중 구체적인 동기유발 요인과 가장 거리가 먼 것은?

㉮ 작업
㉯ 성과
㉰ 권력
㉱ 독자성

〔해설〕 업무에서 성과가 있을 때, 권력을 가졌을 때, 업무의 독자성이 있을 때 업무에 대한 동기유발이 높아진다.

**정답** 13 ㉮  14 ㉯  15 ㉯  16 ㉮

**17** 다음 중 산업재해조사표를 작성할 때 기입하는 상해의 종류에 해당하는 것은?

㉮ 낙하·비래

㉯ 유해광선 노출

㉰ 중독·질식

㉱ 이상온도 노출·접촉

🔲해설 **상해 종류**

① 골절
② 동상
③ 부종
④ 찔림(자상)
⑤ 타박상(삠, 좌상)
⑥ 절단(절상)
⑦ 중독·질식
⑧ 찰과상
⑨ 베임(창상)
⑩ 화상
⑪ 뇌진탕
⑫ 익사
⑬ 피부병
⑭ 청력장애
⑮ 시력장애

**재해 발생형태**

① 떨어짐
② 넘어짐
③ 깔림·뒤집힘
④ 부딪힘·접촉
⑤ 맞음
⑥ 끼임
⑦ 무너짐
⑧ 감전
⑨ 이상온도 접촉
⑩ 화학물질 누출·접촉
⑪ 산소결핍
⑫ 폭발 파열
⑬ 화재
⑭ 불균형 및 무리한 동작
⑮ 폭력행위
⑯ 절단·베임·찔림
⑰ 빠짐·익사
⑱ 사업장 내 교통사고
⑲ 사업장 외 교통사고
⑳ 체육행사 등의 사고
㉑ 동물상해

**18** 다음 중 방진마스크의 구비 조건으로 적절하지 않은 것은?

㉮ 흡기밸브는 미약한 호흡에 대하여 확실하고 예민하게 작동하도록 할 것

㉯ 쉽게 착용되어야 하고 착용하였을 때 안면부가 안면에 밀착되어 공기가 새지 않을 것

㉰ 여과재는 여과성능이 우수하고 인체에 장해를 주지 않을 것

㉱ 흡·배기밸브는 외부의 힘에 의하여 손상되지 않도록 흡·배기 저항이 높을 것

🔲해설 ㉱ 흡·배기 저항이 낮을 것

🔲참고 **방진마스크의 구비조건**

① 여과효율이 좋을 것
② 흡·배기 저항이 낮을 것
③ 안면밀착성이 좋을 것
④ 시야가 넓을 것
⑤ 피부접촉부의 고무질이 좋을 것

**19** 다음 중 인간의 적성과 안전과의 관계를 가장 올바르게 설명한 것은?

㉮ 사고를 일으키는 것은 그 작업에 적성이 맞지 않는 사람이 그 일을 수행한 이유이므로, 반드시 적성검사를 실시하여 그 결과에 따라 작업자를 배치하여야 한다.

㉯ 인간의 감각기별 반응시간은 시각, 청각, 통각 순으로 빠르므로 비상시 비상등을 먼저 켜야 한다.

㉰ 사생활에 중대한 변화가 있는 사람이 사고를 유발할 가능성이 높으므로 그러한 사람들에게는 특별한 배려가 필요하다.

㉱ 일반적으로 집단의 심적 태도를 교정하는 것보다 개인의 심적 태도를 교정하는 것이 더 용이하다.

🔲해설 ㉮ 적성에 맞는 일을 하는 사람도 부주의에 의한 사고를 발생시킬 수 있다.

㉯ 인간의 감각기별 반응시간은 청각, 촉각, 시각, 미각, 통각 순으로 빠르다.

㉱ 개인의 심적 태도를 교정하는 것보다 집단의 심적 태도를 교정하는 것이 더 용이하다.

🔊 **정답** 17 ㉰ 18 ㉱ 19 ㉰

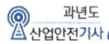

**20** 산업안전보건법상 산업안전보건위원회의 사용자 위원에 해당되지 않는 것은? (단, 각 사업장은 해당하는 사람을 선임하여야 하는 대상 사업장으로 한다)

㉮ 안전관리자
㉯ 해당 사업장의 부서의 장
㉰ 산업보건의
㉱ 명예산업안전감독관

**[해설]**

| 근로자 위원 | 사용자 위원 |
|---|---|
| ① 근로자 대표 | ① 해당 사업의 대표자 |
| ② 근로자대표가 지명하는 1명 이상의 명예산업안전감독관 | ② 안전관리자 1명 |
| | ③ 보건관리자 1명 |
| | ④ 산업보건의 1명 |
| ③ 근로자 대표가 지명하는 9명 이내의 해당 사업자의 근로자 | ⑤ 사업의 대표자가 지명하는 9명 이내의 해당 사업장 부서의 장 |

**{분석}**
실기까지 중요한 내용입니다.

---

**제2과목 · 인간공학 및 위험성 평가 · 관리**

**21** 다음 중 실효온도(Effective Temperature)에 대한 설명으로 틀린 것은?

㉮ 체온계로 입안의 온도를 측정한 온도를 기준으로 한다.
㉯ 실제로 감각되는 온도로서 실감온도라고 한다.
㉰ 온도, 습도 및 공기 유동이 인체에 미치는 열효과를 나타낸 것이다.
㉱ 상대습도 100%일 때의 건구온도에서 느끼는 것과 동일한 온감이다.

**[해설]** 실효온도는 온도, 습도 및 공기 유동이 인체에 미치는 열효과를 하나의 수치로 통합한 경험적 감각지수로 <u>상대습도 100%일 때의 건구온도에서 느끼는 것과 동일한 온감(溫感)이다</u>.

**{분석}**
필기에 자주 출제되는 내용입니다.

**22** 다음 중 보전효과의 평가로 설비종합효율을 계산하는 식으로 옳은 것은?

㉮ 설비종합효율
　= 속도가동률 × 정미가동률
㉯ 설비종합효율
　= 시간가동률 × 성능가동률 × 양품률
㉰ 설비종합효율
　= (부하시간 − 정지시간)/부하시간
㉱ 설비종합효율
　= 정미가동률 × 시간가동률 × 양품률

**[해설]** 설비종합효율(%)
　= 시간가동률×성능가동률×양품률

**23** 염산을 취급하는 A 업체에서는 신설 설비에 관한 안전성 평가를 실시해야 한다. 다음 중 정성적 평가단계에 있어 설계와 관련된 주요 진단 항목에 해당하는 것은?

㉮ 공장 내의 배치
㉯ 제조공정의 개요
㉰ 재평가 방법 및 계획
㉱ 안전·보건교육 훈련계획

**[해설]**

| 정성적 평가항목 | 정량적 평가항목 |
|---|---|
| ① 입지 조건 | ① 화학설비의 취급물질 |
| ② 공장 내의 배치 | ② 화학설비의 용량 |
| ③ 소방설비 | ③ 온도 |
| ④ 공정 기기 | ④ 압력 |
| ⑤ 수송 · 저장 | ⑤ 조작 |
| ⑥ 원재료 | |
| ⑦ 중간체 | |
| ⑧ 제품 | |
| ⑨ 건조물(건물) | |
| ⑩ 공정 | |

**{분석}**
필기에 자주 출제되는 내용입니다.

---

**•)) 정답** 20 ㉱ 21 ㉮ 22 ㉯ 23 ㉮

**24** 그림과 같이 FT도에서 활용하는 논리 게이트의 명칭으로 옳은 것은?

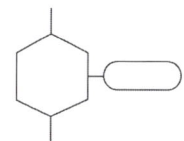

㉮ 억제 게이트
㉯ 제어 게이트
㉰ 배타적 OR 게이트
㉱ 우선적 AND 게이트

**[해설]**

| 기호 | 명명 | 기호 설명 |
|---|---|---|
| | 억제게이트 | 특정조건을 만족할 경우 출력이 발생 |
| 또는<br>Ai,Aj,Ak<br>순으로<br>Ai Aj Ak | 우선적<br>AND게이트 | 입력사상이 특정 순서대로 발생한 경우에만 출력사상이 발생하는 논리게이트 |
| 또는<br>동시발생 | 배타적<br>OR게이트 | 입력사상 중 오직한 개의 발생으로만 출력사상이 생성되는 논리게이트 |
| 2개의 출력<br>Ai Aj Ak | 조합<br>AND게이트 | 3개 이상의 입력 중 2개가 일어나면 출력이 생긴다. |

{분석}
필기에 자주 출제되는 내용입니다.

**25** 인간의 위치 동작에 있어 눈으로 보지 않고 손을 수평면상에서 움직이는 경우 짧은 거리는 지나치고, 긴 거리는 못 미치는 경향이 있는데 이를 무엇이라 하는가?

㉮ 사정 효과(Range effect)
㉯ 간격 효과(Distance effect)
㉰ 손동작 효과(Hand action effect)
㉱ 반응 효과(Reaction effect)

**[해설]** 사정 효과(range effect) : 눈으로 보지 않고 손을 수평면상에서 움직이는 경우에 짧은 거리는 지나치고 긴 거리는 못 미치는 등 조작자가 작은 오차에는 과잉반응, 큰 오차에는 과소반응을 하는 현상을 말한다.

{분석}
필기에 자주 출제되는 내용입니다.

**26** 주어진 자극에 대해 인간이 갖는 변화감 지역을 표현하는 데에는 웨버(Webber)의 법칙을 이용한다. 이 때 웨버(Webber)비의 관계식으로 옳은 것은? (단, 변화감 지역을 $\Delta I$, 표준자극을 $I$ 라 한다)

㉮ 웨버(Webber)의 비 $= \dfrac{\Delta I}{I}$

㉯ 웨버(Webber)의 비 $= \dfrac{I}{\Delta I}$

㉰ 웨버(Webber)의 비 $= \Delta I \times I$

㉱ 웨버(Webber)의 비 $= \dfrac{\Delta I - I}{I}$

**[해설]** Weber의 법칙

① $\dfrac{\Delta I}{I}$ ($I$ = 표준자극, $\Delta I$ = 변화감지역)

② 음의 높이, 무게 등 물리적 자극을 상대적으로 판단하는데 있어 특정 감각기관의 변화감지역은 표준 자극에 비례한다.

③ Weber비가 작을수록 분별력이 좋다.

{분석}
필기에 자주 출제되는 내용입니다.

**27** 다음 중 동작경제의 원칙에 있어 "신체사용에 관한 원칙"에 해당하지 않는 것은?

㉮ 두 손의 동작은 동시에 시작해서 동시에 끝나야 한다.
㉯ 손의 동작은 유연하고 연속적인 동작이어야 한다.
㉰ 공구 재료 및 제어장치는 사용하기 가까운 곳에 배치해야 한다.
㉱ 동작이 급작스럽게 크게 바뀌는 직선 동작은 피해야 한다.

◄)) 정답  24 ㉮  25 ㉮  26 ㉮  27 ㉰

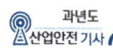
해설 모든 공구 및 재료는 정 위치에 배치해야 한다. →
작업장의 배치에 관한 원칙

참고 **인체 사용에 관한 원칙**
① 두 손을 동시에 동작하기 시작하여 동시에 끝나
도록 하여야 한다.
② 휴식시간 중이 아니면 두 손을 동시에 쉬어서는
안 된다.
③ 두 팔의 동작들은 서로 반대 방향에서 대칭적으
로 움직인다.
④ 손과 신체의 동작은 작업을 원만하게 수행할 수
있는 범위 내에서 가장 낮은 동작 등급을 사용
한다. 인체의 사용 범위가 넓을수록 피로가 더
하고 시간도 낭비된다.
⑤ 가능한 한 관성(Momentum)을 이용해야 하며
작업자가 관성을 억제해야 하는 경우 관성을 최
소한도로 줄인다.
⑥ 손의 동작은 부드러운 연속동작으로 하고 급격
한 방향 전환을 가지는 직선 동작은 피한다.

{분석}
**필기에 자주 출제되는 내용입니다.**

**28** 실린더 블록에 사용하는 가스켓의 수명은
평균 10,000시간이며, 표준편차는 200
시간으로 정규분포를 따른다. 사용시간이
9,600시간일 경우 이 가스켓의 신뢰도는
약 얼마인가? (단, 표준정규분포상 $Z_1 =$
0.8413, $Z_2 = 0.9772$이다)

㉮ 84.13%  ㉯ 88.73%
㉰ 92.72%  ㉭ 97.72%

해설 1. 평균 수명 10,000시간, 사용 시간이 9,600시간
이므로
평균 기대수명 = 10,000 − 9,600 = 400(시간)
2. $Z = \dfrac{평균}{표준편차} = \dfrac{400}{200} = 2$
3. 표준 정규분포이고, $Z = 2$이므로, $Z_2$의 표준
정규분포를 따르게 된다.
$Z_2 = 0.9772$이므로, $0.9772 \times 100 = 97.72\%$

{분석}
**비중이 낮은 문제입니다.**

**29** 다음 중 인간공학을 나타내는 용어로
적절하지 않은 것은?

㉮ ergonomics
㉯ human factors
㉰ human engineering
㉭ customize engineering

해설 **인간공학을 나타내는 용어**
· human factors
· ergonomics
· human engineering
· engineering psychology

{분석}
**필기에 자주 출제되는 내용입니다.**

**30** 다음 중 결함수분석의 기대효과와 가장
관계가 먼 것은?

㉮ 사고원인 규명의 간편화
㉯ 시간에 따른 원인 분석
㉰ 사고원인 분석의 정량화
㉭ 시스템의 결함 진단

해설 **FTA의 장점**
① 사고원인 규명의 간편화
② 사고원인 분석의 일반화
③ 사고원인 분석의 정량화
④ 노력, 시간의 절감
⑤ 시스템의 결함 진단
⑥ 안전점검 Check List 작성

{분석}
**필기에 자주 출제되는 내용입니다.**

**31** 인체 계측 중 운전 또는 워드 작업과 같이
인체의 각 부분이 서로 조화를 이루며 움
직이는 자세에서의 인체치수를 측정하는
것을 무엇이라 하는가?

㉮ 구조적 치수  ㉯ 정적 치수
㉰ 외곽 치수  ㉭ 기능적 치수

정답 28 ㉭ 29 ㉭ 30 ㉯ 31 ㉭

해설 **인체계측 방법**

① 정적 인체계측(구조적 인체치수) : 정지상태에서의 신체를 계측하는 방법

② 동적 인체계측(기능적 인체치수) : 체위의 움직임에 따른 계측하는 방법

{분석}
**필기에 자주 출제되는 내용입니다.**

**32** 말소리의 질에 대한 객관적 측정 방법으로 명료도 지수를 사용하고 있다. 그림에서와 같은 경우 명료도 지수는 약 얼마인가?

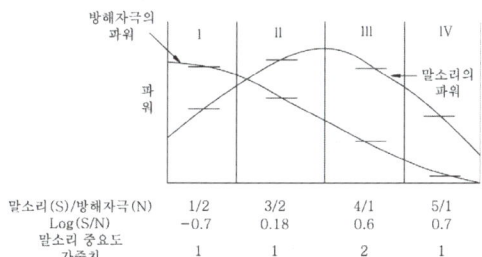

| 말소리(S)/방해자극(N) | 1/2 | 3/2 | 4/1 | 5/1 |
|---|---|---|---|---|
| Log(S/N) | −0.7 | 0.18 | 0.6 | 0.7 |
| 말소리 중요도 가중치 | 1 | 1 | 2 | 1 |

㉮ 0.38      ㉯ 0.68

㉰ 1.38      ㉱ 5.68

해설 명료도 지수 : 각 옥타브 대의 음성과 소음의 dB값에 가중치를 곱하여 합계를 구한다.

명료도 지수
= (− 0.7 × 1) + (0.18 × 1) + (0.6 × 2) + (0.7 × 1)
= 1.38

**33** 휴시 중 에너지 소비량은 1.5kcal/min이고, 어떤 작업의 평균 소비량이 6kcal/min이라고 할 때 60분간 총 작업시간 내에 포함되어야 하는 휴식시간은 약 몇 분인가? (단, 기초대사를 포함한 작업에 대한 평균 에너지 소비량의 상한은 5kcal/min이다)

㉮ 10.3      ㉯ 11.3

㉰ 12.3      ㉱ 13.3

해설

$$휴식시간 \ (R) = \frac{60 \times (E-5)}{E-1.5} [분]$$

- 1.5 : 휴식 중의 에너지 소비량
- 5(kcal/분) : 보통 작업에 대한 평균 에너지
- 60(분) : 작업시간
- E(kcal/분) : 문제에서 주어진 작업 시 필요한 에너지

$$휴식시간 \ (R) = \frac{60 \times (6-5)}{6-1.5} = 13.33분$$

{분석}
**필기에 자주 출제되는 내용입니다.**

**34** Rasmussen은 행동을 세 가지로 분류하였는데, 그 분류에 해당하지 않는 것은?

㉮ 숙련 기반 행동(Skill-based behavior)

㉯ 지식 기반 행동
   (Knowledge-based behavior)

㉰ 경험 기반 행동
   (experience-based behavior)

㉱ 규칙 기반 행동(Rule-based behavior)

해설 **Rasmussen의 행동 유형**

① 숙련 기반 행동(Skill-based behavior)

② 지식 기반 행동(Knowledge-based behavior)

③ 규칙 기반 행동(Rule-based behavior)

**35** 다음 중 복잡한 시스템을 설계, 가공하기 전의 구상단계에서 시스템의 근본적인 위험성을 평가하는 가장 기초적인 위험도 분석기법은?

㉮ 예비위험분석(PHA)

㉯ 결함수 분석법(FTA)

㉰ 운용 안전성 분석(OSA)

㉱ 고장의 형과 영향분석(FMEA)

해설 모든 시스템 안전 프로그램의 최초 단계(설계단계, 구상단계)에서 실시하는 분석법 → 예비 위험 분석(PHA)

•)) 정답 32 ㉰ 33 ㉱ 34 ㉰ 35 ㉮

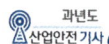
참고 ① 결함위험분석(FHA) : 서브시스템(subsystem)의 해석에 사용되는 분석법
② 고장형태와 영향분석(FMEA) : 모든 요소의 고장을 형태별로 분석하여 그 영향을 검토하는 정성적, 귀납적 분석법
③ ETA(사건수 분석법) : 사상의 안전도를 사용하여 시스템의 안전도를 나타내는 귀납적. 정량적인 분석법
④ DT(dicision Trees) : 요소의 신뢰도를 이용하여 시스템의 신뢰도를 나타내는 기법
⑤ 치명도 분석법(CA : Critically Analysis) : 높은 위험도를 가진 요소나 고장의 형태에 따른 분석법
⑥ 인간에러율 예측기법(THERP) : 인간의 과오(human error)를 정량적으로 평가하기 위하여 개발된 기법
⑦ MORT(Management Oversight and Risk Tree) : 관리, 설계, 생산, 보전 등의 광범위한 안전을 도모하기 위한 연역적이고, 정량적인 분석법
⑧ 운용 및 지원위험 분석(O&S 또는 OSHA) : 시스템의 모든 사용단계에서 안전 요건을 결정하기 위한 분석법
⑨ FAFR(Fatality Accident Frequency Rate) : 위험도를 표시하는 단위로 $10^8$(1억)시간당 사망자 수를 나타낸다.

{분석}
필기에 자주 출제되는 내용입니다.

**36** 다음 중 FTA에서 활용하는 최소 컷셋(Minimal Cut Set)에 관한 설명으로 옳은 것은?

㉮ 해당 시스템에 대한 신뢰도를 나타낸다.
㉯ 컷셋 중에 타 컷셋을 포함하고 있는 것을 배제하고 남은 컷셋들을 의미한다.
㉰ 어느 고장이나 에러를 일으키지 않으면 재해가 일어나지 않는 시스템의 신뢰성이다.
㉱ 기본사상이 일어나지 않을 때 정상사상(Top event)이 일어나지 않는 기본사상의 집합이다.

해설 (1) 컷셋(Cut Set)
• 정상사상을 발생시키는 기본사상의 집합
• 모든 기본사상이 일어났을 때 정상사상을 일으키는 기본사상들의 집합이다.
(2) 미니멀 컷(Minimal Cut Set)
• 정상사상을 일으키기 위한 기본사상의 최소 집합(최소한의 컷)
• 시스템의 위험성을 나타낸다.
(3) 패스셋(Path Set)
• 시스템의 고장을 일으키지 않는 기본사상들의 집합
• 포함된 기본사상이 일어나지 않을 때 처음으로 정상사상이 일어나지 않는 기본사상들의 집합이다.
(4) 미니멀 패스(Minimal Path Set)
• 시스템의 기능을 살리는 최소한의 집합(최소한의 패스)
• 시스템의 신뢰성을 나타낸다.

{분석}
필기에 자주 출제되는 내용입니다.

**37** 다음은 유해·위험방지계획서의 제출에 관한 설명이다. ( )안의 내용으로 옳은 것은?

산업안전보건법령상 제출대상 사업으로 제조업의 경우 유해·위험방지계획서를 제출하려면 관련 서류를 첨부하여 해당 작업 시작 ( ㉠ )까지, 건설업의 경우 해당 공사의 착공 ( ㉡ )까지 관련 기관에 제출하여야 한다.

㉮ ㉠ : 15일 전,    ㉡ : 전날
㉯ ㉠ : 15일 전,    ㉡ : 7일 전
㉰ ㉠ : 7일 전,    ㉡ : 전날
㉱ ㉠ : 7일 전,    ㉡ : 3일 전

해설 유해·위험 방지 계획서의 제출 시기
① 사업주가 제조업 대상 사업, 대상기계·기구 설비에 해당하는 유해·위험방지계획서를 제출하려면 관련 서류를 첨부하여 해당 공사 착공 15일 전까지 공단에 2부를 제출하여야 한다.

정답 36 ㉯ 37 ㉮

② 사업주가 <u>건설공사</u>에 해당하는 유해·위험방지계획서를 제출하려면 건설공사 유해·위험방지계획서 관련 서류를 첨부하여 해당 공사의 착공 전날까지 공단에 2부를 제출하여야 한다.

{분석}
**실기까지 중요한 내용입니다.**

**38** 다음 중 청각적 표시장치의 설계에 관한 설명으로 가장 거리가 먼 것은?

㉮ 신호를 멀리 보내고자 할 때에는 낮은 주파수를 사용하는 것이 바람직하다.
㉯ 배경 소음의 주파수와 다른 주파수의 신호를 사용하는 것이 바람직하다.
㉰ 신호가 장애물을 돌아가야 할 때에는 높은 주파수를 사용하는 것이 바람직하다.
㉱ 경보는 청취자에게 위급 상황에 대한 정보를 제공하는 것이 바람직하다.

[해설] ㉰ 신호가 장애물 및 <u>칸막이를 통과할 때는 500Hz 이하의 낮은 진동수를 사용</u>

[참고] **경계 및 경보신호 설계지침**
① 귀는 중음역에 민감하므로 <u>500 ~ 3,000Hz의 진동수 사용</u>
② 300m 이상 <u>장거리용 신호는 1,000Hz 이하의 진동수 사용</u>
③ 장애물 및 <u>칸막이 통과 시는 500Hz 이하의 진동수 사용</u>
④ 주의를 끌기 위해서는 <u>변조된 신호 사용</u>
⑤ <u>배경 소음의 진동수와 구별되는 신호 사용</u>
⑥ 경보효과를 높이기 위해서 개시시간이 짧은 고감도 신호를 사용
⑦ 가능하며 확성기, 경적 등과 같은 별도의 통신 계통을 사용

{분석}
**필기에 자주 출제되는 내용입니다.**

**39** 다음 중 시스템 안전계획(SSPP, System Safety Program Plan)에 포함되어야 할 사항으로 가장 거리가 먼 것은?

㉮ 안전조직
㉯ 안전성의 평가
㉰ 안전자료의 수집과 갱신
㉱ 시스템의 신뢰성 분석 비용

[해설] **시스템 안전 프로그램 계획 포함사항**
① 계획의 개요
② <u>안전조직</u>
③ 계약 관련
④ 관련 부문과의 조정
⑤ <u>안전기준</u>
⑥ <u>안전 해석</u>
⑦ <u>안전성의 평가</u>
⑧ <u>안전 데이터의 수집과 분석</u>
⑨ <u>경과 및 결과의 분석</u>

{분석}
**필기에 자주 출제되는 내용입니다.**

**40** 다음 중 감각적으로 물리현상을 왜곡하는 지각 현상에 해당하는 것은?

㉮ 주의산만
㉯ 착각
㉰ 피로
㉱ 무관심

[해설] 착각 : 감각자극의 양, 질, 또는 시간적, 공간적 배치에 관하여 객관적 사실과 일치하지 않게 왜곡하는 지각 현상

**정답** 38 ㉰ 39 ㉱ 40 ㉯

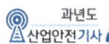
제3과목 · 기계 · 기구 및 설비 안전 관리

**41** 다음 중 산업안전보건법령상 아세틸렌 가스용접장치에 관한 기준으로 틀린 것은?

㉮ 전용의 발생기실을 옥외에 설치한 경우에는 그 개구부를 다른 건축물로부터 1.5m 이상 떨어지도록 하여야 한다.

㉯ 아세틸렌 용접장치를 사용하여 금속의 용접 · 용단 또는 가열작업을 하는 경우에는 게이지 압력이 127kPa을 초과하는 압력의 아세틸렌을 발생시켜 사용해서는 아니 된다.

㉰ 전용의 발생기실을 설치하는 경우 벽은 불연성 재료로 하고 철근 콘크리트 또는 그 밖의 이와 동등하거나 그 이상의 강도를 가진 구조로 하여야 한다.

㉱ 전용의 발생기실은 건물의 최상층에 위치하여야 하며, 화기를 사용하는 설비로부터 1m를 초과하는 장소에 설치하여야 한다.

**해설** ㉱ 발생기실은 <u>건물의 최상층에 위치</u>하여야 하며, <u>화기를 사용하는 설비로부터 3미터를 초과하는 장소에 설치</u>하여야 한다.

**참고** 발생기실의 구조

① <u>벽은 불연성 재료</u>로 하고 철근 콘크리트 또는 그 밖에 이와 동등하거나 그 이상의 강도를 가진 구조로 할 것

② <u>지붕과 천장에는 얇은 철판이나 가벼운 불연성 재료를 사용</u>할 것

③ <u>바닥면적의 16분의 1 이상의 단면적을 가진 배기통을 옥상으로 돌출</u>시키고 그 <u>개구부를 창이나 출입구로부터 1.5미터 이상 떨어지도록</u> 할 것

④ <u>출입구의 문은 불연성 재료</u>로 하고 <u>두께 1.5밀리미터 이상의 철판</u>이나 그밖에 그 이상의 강도를 가진 구조로 할 것

⑤ <u>벽과 발생기 사이에는</u> 발생기의 조정 또는 카바이드 공급 등의 <u>작업을 방해하지 않도록 간격을 확보</u>할 것

**42** 다음 중 프레스를 제외한 사출성형기(射出成形機) · 주형조형기(鑄型造形機) 및 형단조기 등에 관한 안전조치 사항으로 틀린 것은?

㉮ 근로자의 신체 일부가 말려들어갈 우려가 있는 경우에는 양수조작식 방호장치를 설치하여 사용한다.

㉯ 게이트가드식 방호장치를 설치할 경우에는 인터록(연동)장치를 사용하여 문을 닫지 않으면 동작되지 않는 구조로 한다.

㉰ 연 1회 이상 자체검사를 실시하고, 이상 발견 시에는 그것에 상응하는 조치를 이행하여야 한다.

㉱ 기계의 히터 등의 가열부위, 감전우려가 있는 부위에는 방호덮개를 설치하여 사용한다.

**해설** ㉰ 프레스는 작업시작 전 점검을 실시하고 이상 유무를 확인하여야 한다.

**43** 비파괴 검사 방법 중 육안으로 결함을 검출하는 시험법은?

㉮ 방사선 투과시험

㉯ 와류 탐상시험

㉰ 초음파 탐상시험

㉱ 자분 탐상시험

**해설** ㉮ 방사선 투과검사(RT) : 방사선을 시험체에 조사하였을 때 <u>투과선량의 차에 의한 필름상의 농도차</u>로부터 결함을 검출한다.

**정답** 41 ㉱ 42 ㉰ 43 ㉱

ⓑ 와류 탐상검사(ET) : 시험체 표층부의 <u>결함에 의해 발생한</u> 시험코일의 <u>임피던스 변화를 측정하여 결함</u>을 식별한다.
ⓒ 초음파 탐상검사(UT) : 시험체 내부에 <u>초음파펄스를 입사시켰을 때 결함에 의한 초음파 반사신호의 해독</u>을 이용한다.
ⓓ 자분 탐상검사(MT) : 강자성체를 자화시키면 결함 누설자장이 형성되며, 이 부위에 <u>자분을 도포하면 자분이 흡착되는 원리를 이용한 방법으로 결함의 육안 식별이 가능하다.</u>

**44** 와이어로프의 파단하중을 P(kg), 로프 가닥수를 N, 안전 하중을 Q(kg)라고 할 때 다음 중 와이어로프의 안전율 S를 구하는 산식은?

㉮ $S = NP$  ㉯ $S = \dfrac{QP}{N}$

㉰ $S = \dfrac{NQ}{P}$  ㉱ $S = \dfrac{NP}{Q}$

〔해설〕 **와이어로프의 안전율 계산**

$$S = \frac{N \times P}{Q}$$

여기서, S : 안전율
N : 로프 가닥수
P : 로프의 파단강노$(kg/mm^2)$
Q : 허용응력$(kg/mm^2)$

{분석}
공식을 암기하세요.

**45** 무부하 상태에서 지게차로 20km/h의 속도로 주행힐 때 좌우 안정노는 몇 % 이내이어야 하는가?

㉮ 37%  ㉯ 39%
㉰ 41%  ㉱ 43%

〔해설〕 주행 시 좌, 우 안정도 = 15 + 1.1V(%)
(V : 최고 속도 Km/hr)
안정도 = 15 + 1.1 × 20 = 37%

〔참고〕 **지게차의 안정도**
① 주행 시 좌·우 안정도 = 15 + 1.1V(%)
(V : 최고 속도 Km/hr)
② 주행 시 전·후 안정도 : 18%
③ 하역작업 시 좌·우 안정도 : 6%
④ 하역작업 시 전·후 안정도 : 4%
(단, 5T 이상의 것 3.5%)

{분석}
실기까지 중요한 내용입니다. 참고를 다시 확인하세요.

**46** 선반작업 시 발생하는 칩(chip)으로 인한 재해를 예방하기 위하여 칩을 짧게 끊어지게 하는 것은?

㉮ 방진구  ㉯ 브레이크
㉰ 칩 브레이커  ㉱ 덮개

〔해설〕 칩을 짧게 끊어지게 하는 방호장치 → 칩 브레이크

〔참고〕 **선반의 안전장치**
① 쉴드(Shield) : 칩 및 절삭유의 비산을 방지하기 위해 설치하는 <u>플라스틱 덮개</u>
② 칩 브레이커 : <u>칩을 짧게 절단하는 장치</u>
③ 척 커버 : 기어 등을 복개하는 장치
④ 브레이크 : <u>선반의 일시</u>

{분석}
참고를 다시 확인하세요.

**47** 다음 중 선반의 안전장치 및 작업 시 주의사항으로 잘못된 것은?

㉮ 선반의 바이트는 되도록 짧게 물린다.
㉯ 방진구는 공작물의 길이가 지름의 5배 이상일 때 사용한다.
㉰ 선반의 베드 위에는 공구를 올려놓지 않는다.
㉱ 칩 브레이커는 바이트에 직접 설치한다.

〔해설〕 공작물의 길이가 직경의 12~20배 이상일 때에는 방진구를 사용하여 재료를 고정할 것

•)) 정답 44 ㉱ 45 ㉮ 46 ㉰ 47 ㉯

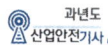

**48** 완전회전식 클러치 기구가 있는 동력프레스에서 양수기동식 방호장치의 안전거리는 얼마 이상이어야 하는가? (단, 확동 클러치의 봉합개소의 수는 8개, 분당 행정수는 250SPM을 가진다)

㉮ 240mm  ㉯ 360mm

㉰ 400mm  ㉱ 420mm

**해설** 양수기동식 방호장치 안전거리

$$D_m(mm) = 1.6 \times T_m$$
$$= 1.6 \times \left(\frac{1}{클러치개소수} + \frac{1}{2}\right) \times \left(\frac{60,000}{매분행정수}\right)$$

$T_m$ : 슬라이드가 하사점에 도달할 때까지의 시간(ms)

• $ms = \frac{1}{1,000}$초

안전거리(Dm)

$$= 1.6 \times \left(\frac{1}{8} + \frac{1}{2}\right) \times \left(\frac{60,000}{250}\right) = 240mm$$

{분석}
**실기까지 중요한 내용입니다.**

**49** 동력식 수동대패에서 손이 끼지 않도록 하기 위해서 덮개 하단과 가공재를 송급하는 측의 테이블 면과의 틈새는 최대 몇 mm 이하로 조절해야 하는가?

㉮ 8mm 이하  ㉯ 10mm 이하

㉰ 12mm 이하  ㉱ 15mm 이하

**해설**

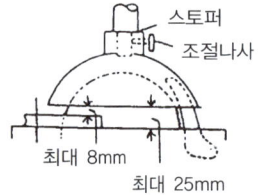
스토퍼
조절나사
최대 8mm
최대 25mm

• 가공재와 테이블 간 틈 : 8mm 이하
• 덮개와 테이블 간 틈 : 25mm 이하로 조정한다.

**50** 산업안전보건법령에서 정한 양중기의 종류에 해당하지 않는 것은?

㉮ 크레인  ㉯ 도르래

㉰ 곤돌라  ㉱ 리프트

**해설** 양중기의 종류

① 크레인[호이스트(hoist)를 포함]
② 이동식 크레인
③ 리프트(이삿짐운반용 리프트의 경우에는 적재하중이 0.1톤 이상인 것으로 한정)
④ 곤돌라
⑤ 승강기

{분석}
**실기까지 중요한 내용입니다. 암기하세요.**

**51** 다음 중 연삭기의 방호대책으로 적절하지 않은 것은?

㉮ 탁상용 연삭기의 덮개에는 워크레스트 및 조정편을 구비하여야 하며, 워크레스트는 연삭숫돌과의 간격을 3mm 이하로 조정할 수 있는 구조이어야 한다.
㉯ 연삭기 덮개의 재료는 인장강도의 값(단위 : MPa)에 신장도(단위 : %)의 20배를 더한 값이 754.5 이상이어야 한다.
㉰ 연삭숫돌을 교체한 후에는 3분 이상 시운전을 한다.
㉱ 연삭숫돌의 회전속도시험은 제조 후 규정 속도의 0.5배로 안전시험을 한다.

**해설** ㉱ 연삭숫돌의 회전 속도 시험은 제조 후 규정 속도의 1.5배로 안전 시험을 한다.

**참고** 연삭기의 방호 장치

① 덮개
산업안전보건법에는 숫돌 직경이 5cm 이상인 것부터 반드시 설치하도록 되어있다.
② 덮개의 설치
덮개와 숫돌과의 간격을 3~10mm 이내로 설치한다.

•)) **정답** 48 ㉮ 49 ㉮ 50 ㉯ 51 ㉱

③ 워크레스트(작업대)의 설치

탁상용 연삭기의 덮개에는 워크레스트 및 조정편을 구비하여야 하며, 워크레스트는 연삭숫돌과의 간격을 3밀리미터 이하로 조정할 수 있는 구조이어야 한다.(방호장치 자율안전기준 고시)

④ 투명 비산방지판(안전 쉴드)

연삭분의 비산을 방지하기 위하여 투명한 비산방지판을 설치한다.

**52** 페일 세이프(fail safe)의 기계설계상 본질적 안전화에 대한 설명으로 틀린 것은?

㉮ 구조적 fail safe : 인간이 기계 등의 취급을 잘못해도 그것이 바로 사고나 재해와 연결되는 일이 없는 기능을 말한다.

㉯ fail-passive : 부품이 고장 나면 통상적으로 기계는 정지하는 방향으로 이동한다.

㉰ fail-active : 부품이 고장 나면 기계는 경보를 울리는 가운데 짧은 시간 동안의 운전이 가능하다.

㉱ fail-operational : 부품의 고장이 있어도 기계는 추후의 보수가 될 때까지 안전한 기능을 유지하며 이것은 병렬계통 또는 대기여분(Stand-by redundancy) 계통으로 한 것이다.

**해설** ㉮ 인간이 기계 등의 취급을 잘못해도 재해로 연결되지 않는 기능 → 풀 프루프

**참고** 1. 페일세이프(Fail-Safe) : 기계 설비에 결함이 발생되더라도 사고가 발생되지 않도록 2중, 3중으로 통제를 가한다.

① Fail Passive : 부품의 고장 시 기계장치는 정지 상태로 옮겨간다.

② Fail active : 부품이 고장나면 경보를 울리며 짧은 시간 운전이 가능하다.

③ Fail operational : 부품의 고장이 있어도 다음 정기점검까지 운전이 가능하다.

2. 풀 프루프(Fool proof) : 인간의 실수가 있더라도 사고로 연결되지 않도록 2중, 3중으로 통제를 가한다.

**53** 광전자식 방호장치의 광선에 신체의 일부가 감지된 후로부터 급정지기구가 작동개시 하기까지의 시간이 40ms이고, 광축의 설치거리가 96mm일 때 급정지기구가 작동개시한 때로부터 프레스기의 슬라이드가 정지될 때까지의 시간은 얼마인가?

㉮ 15ms  ㉯ 20ms

㉰ 25ms  ㉱ 30ms

**해설** 광전자식 방호장치의 안전거리

$$D(\text{mm}) = 1.6 \times (T_C + T_S)$$

D : 안전거리(mm)

Tc : 방호장치의 작동시간[즉 누름버튼으로부터 한 손이 떨어졌을 때부터 급정지기구가 작동을 개시할 때까지의 시간(ms)]

Ts : 프레스의 급정지시간[즉 급정지기구가 작동을 개시했을 때부터 슬라이드가 정지할 때까지의 시간(ms)]

$$D(\text{mm}) = 1.6 \times (T_C + T_S)$$

$$T_C + T_S = \frac{D}{1.6}$$

$$T_S = \frac{D}{1.6} - T_C = \frac{96}{1.6} - 40 = 20\text{ms}$$

{분석}

**실기까지 중요한 내용입니다.**

**정답** 52 ㉮ 53 ㉯

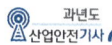
**54** 산업안전보건기준에 관한 규칙에 따라 기계·기구 및 설비의 위험예방을 위하여 사업주는 회전축·기어·풀리 및 플라이휠 등에 부속되는 키·핀 등의 기계요소는 어떠한 형태로 설치하여야 하는가?

㉮ 개방형  ㉯ 돌출형
㉰ 묻힘형  ㉱ 고정형

**해설** 회전축 · 기어 · 풀리 및 플라이휠 등에 부속되는 키 · 핀 등의 기계요소는 묻힘형으로 하거나 해당 부위에 덮개를 설치하여야 한다.

**55** 다음 설명은 보일러의 장해 원인 중 어느 것에 해당되는가?

> 보일러 수중에 용해고형분이나 수분이 발생, 증기 중에 다량 함유되어 증기의 순도를 저하시킴으로써 관내 응축수가 생겨 워터햄머의 원인이 되고 증기과열기나 터빈 등의 고장의 원인이 된다.

㉮ 플라이밍(priming)
㉯ 포밍(foaming)
㉰ 캐리오버(carry over)
㉱ 역화(back fire)

**해설** 보일러수 중에 수분이 발생, 증기 중에 다량 함유되어 증기의 순도를 저하시킴 → 캐리오버(carry over, 기수 공발)

**참고** 보일러 취급 시 이상 현상
① 포밍(foaming, 물거품 솟음)
보일러수 중에 유지류, 용해 고형물, 부유물 등에 의해 보일러 수면에 거품이 생겨 올바른 수위를 판단하지 못하는 현상
② 플라이밍(priming, 비수 현상)
보일러 부하의 급변 수위 과승 등에 의해 수분이 증기와 분리되지 않아 보일러 수면이 심하게 솟아올라 올바른 수위를 판단하지 못하는 현상

③ 캐리오버(carry over, 기수 공발)
보일러수 중에 용해 고형분이나 수분이 발생, 증기 중에 다량 함유되어 증기의 순도를 저하시킴으로써 관내 응축수가 생겨 워터 해머의 원인이 되고 증기 과열기나 터빈 등의 고장 원인이 된다.
④ 수격 작용 : 물망치 작용
(워터 해머, water hammer)
고여 있던 응축수가 밸브를 급격히 개폐시에 고온의 고압의 증기에 이끌려 배관을 강하게 치는 현상으로 배관파열을 초래한다.
⑤ 역화(Back Fire) : 보일러 시동 시 연료가 나온 다음 시간을 두고 착화하는 등으로 인해 미연소 가스가 노 내에 잔류하여 비정상적인 폭발적 연소를 일으킨다.

**56** 다음 중 설비의 진단방법에 있어 비파괴 시험이나 검사에 해당하지 않는 것은?

㉮ 피로시험
㉯ 음향 탐상 검사
㉰ 방사선투과시험
㉱ 초음파탐상 검사

**해설** 피로시험 → 파괴시험

**57** 산업안전보건법령에 따라 산업용 로봇의 작동범위에서 그 로봇에 관하여 교시 등의 작업을 할 때 작업 시작 전 점검사항이 아닌 것은?

㉮ 외부 전선의 피복 또는 외장의 손상 유무
㉯ 매니퓰레이터(manipulator) 작동의 이상 유무
㉰ 제동장치 및 비상정지장치의 기능
㉱ 윤활유의 상태

**해설** 로봇의 작업시작 전 점검사항
① 외부전선의 피복 또는 외장의 손상 유무
② 매니퓰레이터(manipulator) 작동의 이상 유무
③ 제동장치 및 비상정지장치의 기능

**정답** 54 ㉰  55 ㉰  56 ㉮  57 ㉱

**58** 롤러기의 방호장치 설치 시 유의해야 할 사항으로 거리가 먼 것은?

㉮ 손으로 조작하는 급정지장치의 조작부는 롤러기의 전면 및 후면에 각각 1개씩 수평으로 설치하여야 한다.

㉯ 앞면 롤러의 표면속도가 30m/min 미만의 경우 급정지거리는 앞면 롤러 원주의 1/2.5 이하로 한다.

㉰ 작업자의 복부로 조작하는 급정지장치는 높이가 밑면으로부터 0.8m 이상 1.1m 이내에 설치되어야 한다.

㉱ 급정지장치의 조작부에 사용하는 줄은 사용 중 늘어져서는 안 되며 충분한 인장강도를 가져야 한다.

**해설** 앞면 롤러의 표면속도에 따른 급정지거리

| 앞면 롤러의 표면속도 (m/min) | 급정지거리 |
|---|---|
| 30 미만 | 앞면 롤러 원주의 $\dfrac{1}{3}$ 이내 $\left(= \pi \cdot D \cdot \dfrac{1}{3}\right)$ |
| 30 이상 | 앞면 롤러 원주의 $\dfrac{1}{2.5}$ 이내 $\left(= \pi \cdot D \cdot \dfrac{1}{2.5}\right)$ |

이 때 표면속도의 산식은

$$V = \frac{\pi \cdot D \cdot N}{1,000}\,(\text{m/min})$$

여기서, $V$ : 표면속도
$D$ : 롤러 원통의 직경(mm)
$N$ : 1분간에 롤러기가 회전되는 수(rpm)

**참고** 조작부의 설치 위치에 따른 급정지장치의 종류

| 종류 | 설치 위치 |
|---|---|
| 손 조작식 | 밑면에서 1.8m 이내 |
| 복부 조작식 | 밑면에서 0.8m 이상 1.1m 이내 |
| 무릎 조작식 | 밑면에서 0.6m 이내(밑면으로부터 0.4m 이상 0.6m 이내) |

비고 : 위치는 급정지장치의 조작부의 중심점을 기준

**59** 다음 중 가스용접토치가 과열되었을 때 가장 적절한 조치 사항은?

㉮ 아세틸렌과 산소가스를 분출시킨 상태로 물속에서 냉각시킨다.

㉯ 아세틸렌가스를 멈추고 산소가스만을 분출시킨 상태로 물속에서 냉각시킨다.

㉰ 산소가스를 멈추고 아세틸렌가스만을 분출시킨 상태로 물속에서 냉각시킨다.

㉱ 아세틸렌가스만을 분출시킨 상태로 팁 클리너를 사용하여 팁을 소제하고 공기 중에서 냉각시킨다.

**해설** 가스용접토치가 과열되었을 경우 아세틸렌가스를 멈추고 산소 가스만을 분출시킨 상태에서 물속에서 냉각시킨다.

**60** 프레스 작업 중 부주의로 프레스의 페달을 밟는 것에 대비하여 페달에 설치하는 것을 무엇이라 하는가?

㉮ 클램프　　㉯ 로크너트
㉰ 커버　　㉱ 스프링 와셔

**해설** 페달 오조작에 의한 사고를 방지하기 위하여 페달에 U자형 덮개를 설치하여야 한다.

**정답** 58 ㉯ 59 ㉯ 60 ㉰

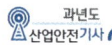

제**4**과목 • 전기설비 안전 관리

**61** 다음 ( )안에 들어갈 내용으로 알맞은 것은?

> 과전류보호장치는 반드시 접지선 외의 전로에 ( )로 연결하여 과전류 발생 시 전로를 자동으로 차단하도록 할 것

㉮ 직렬  ㉯ 병렬
㉰ 임시  ㉱ 직병렬

**해설** **과전류 차단장치의 설치**

① 과전류 차단장치는 반드시 접지선이 아닌 전로에 직렬로 연결하여 과전류 발생 시 전로를 자동으로 차단하도록 설치할 것
② 차단기·퓨즈는 계통에서 발생하는 최대 과전류에 대하여 충분하게 차단할 수 있는 성능을 가질 것
③ 과전류 차단장치가 전기계통상에서 상호 협조·보완되어 과전류를 효과적으로 차단하도록 할 것

**62** 제3종 접지공사를 시설하여야 하는 장소가 아닌 것은?

㉮ 금속몰드 배선에 사용하는 몰드
㉯ 고압계기용 변압기의 2차측 전로
㉰ 고압용 금속제 케이블 트레이 계통의 금속 트레이
㉱ 400V 미만의 저압용 기계·기구의 철대 금속제 외함

**해설** 관련 규정의 변경으로 규정에서 삭제된 내용입니다.

**63** 3,300/220V, 20kVA인 3상 변압기에서 공급받고 있는 저압전선로의 절연부분 전선과 대지 간의 절연저항 최소값은 약 몇 Ω인가? (단, 변압기 저압측 1단자는 접지공사를 시행함)

㉮ 1,240  ㉯ 2,794
㉰ 4,840  ㉱ 8,383

**해설** $20KVA : V \times A = 20KW$

$$A = \frac{20KW}{V} = \frac{20,000W}{V} = \frac{20,000}{220} = 90.91A$$

$$절연저항 = \frac{전압}{누설전류}$$

$$= \frac{220}{90.91 \times \frac{1}{2,000}} = 4,839.95\,\Omega$$

$$(누설전류 = 전류 \times \frac{1}{2,000})$$

3상이므로 절연저항 $= 4,839.95 \times \sqrt{3}$
$$= 8,383.04\,\Omega$$

{분석}
**출제비중이 낮은 문제입니다.**

•)) **정답 61** ㉮ **62** 정답 없음 **63** ㉱

**64** 전격현상의 위험도를 결정하는 인자에 대한 설명으로 틀린 것은?

㉮ 통전전류의 크기가 클수록 위험하다.
㉯ 전원의 종류가 통전시간보다 더욱 위험하다.
㉰ 전원의 크기가 동일한 경우 교류가 직류보다 위험하다.
㉱ 통전전류의 크기는 인체의 저항이 일정할 때 접촉 전압에 비례한다.

**해설** 1차적 감전 위험요소 및 영향력

통전전류 크기 > 통전 시간 > 통전 경로 > 전원의 종류(직류보다 교류가 더 위험)

**65** 폭발위험장소에서 점화성 불꽃이 발생하지 않도록 전기 설비를 설치하는 방법으로 틀린 것은?

㉮ 낙뢰 방호조치를 취한다.
㉯ 모든 설비를 등전위시킨다.
㉰ 정전기 영향을 안전한계 이내로 줄인다.
㉱ 0종 장소는 금속부에 전식방지설비를 한다.

**해설** ㉱ 0종 장소의 금속부에는 전식방지설비를 하여서는 아니 된다.

**참고** 금속부의 전식 방지

① 폭발위험장소 내에 설치된 전식 방지 금속부는 비록 낮은 음(−)전위이지만, 위험한 전위로 간주하여야 한다. 전식 방지를 위하여 특별히 설계되지 않았다면 0종 장소의 금속부에는 전식 방지설비를 하여서는 아니 된다.
② 전식 방지를 위하여 전선관 등에 요하는 절연 요소는 가능한 한 폭발위험장소 외부에 설치하는 것이 좋다.

**66** 정전기를 제거하려 한 행위 중 폭발이 발생했다면 다음 중 어떤 경우인가?

㉮ 가습
㉯ 자외선 공급
㉰ 온도조절
㉱ 금속 부분 접지

**67** 온도조절용 바이메탈과 온도 퓨즈가 회로에 조합되어 있는 다리미를 사용한 가정에서 화재가 발생했다. 다리미에 부착되어 있던 바이메탈과 온도퓨즈를 대상으로 화재사고를 분석하려 하는데 논리기호를 사용하여 표현하고자 한다. 어느 기호가 적당하겠는가? (단, 바이메탈의 작동과 온도 퓨즈가 끊어졌을 경우를 0, 그렇지 않을 경우를 1이라 한다)

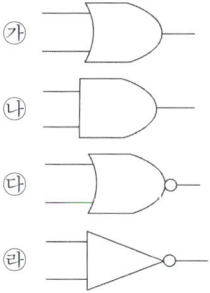

**해설** 온도조절용 바이메탈이 자동으로 온도를 조절하였거나 온도 퓨즈가 고온에서 끊어졌다면 화재는 발생하지 않음 → 온도조절용 바이메탈과 온도 퓨즈 둘 다의 고장일 경우 화재 발생 → AND게이트

**68** 스파크 화재의 방지책이 아닌 것은?

㉮ 개폐기를 불연성 외함 내에 내장시키거나 통형 퓨즈를 사용할 것
㉯ 접지부분의 산화, 변형, 퓨즈의 나사 풀림 등으로 인한 접촉 저항이 증가되는 것을 방지할 것

**정답** 64 ㉯ 65 ㉱ 66 ㉱ 67 ㉯ 68 ㉱

ⓒ 가연성 증기, 분진 등 위험한 물질이 있는 곳에는 방폭형 개폐기를 사용할 것

ⓓ 유입 개폐기는 절연유의 비중 정도, 배선에 주의하고 주위에는 내수벽을 설치할 것

**[해설]** ⓓ 유입 개폐기는 절연유의 열화에 주의하고, 주위에 내화벽을 설치할 것

## 69 제전기의 제전효과에 영향을 미치는 요인으로 볼 수 없는 것은?

ⓐ 제전기의 이온 생성 능력
ⓑ 전원의 극성 및 전선의 길이
ⓒ 대전 물체의 대전전위 및 대전분포
ⓓ 제전기의 설치 위치 및 설치 각도

**[해설]** ⓑ 전원의 극성 및 전선의 길이는 제전효과에 영향을 미치지 못한다.

## 70 감전에 의해 호흡이 정지한 후에 인공호흡을 즉시 실시하면 소생할 수 있는데, 감전에 의한 호흡 정지 후 3분 이내에 올바른 방법으로 인공호흡을 실시하였을 경우 소생률은 약 몇 % 정도인가?

ⓐ 25      ⓑ 50
ⓒ 75      ⓓ 95

**[해설]**

| 호흡정지에서 인공호흡<br>개시까지 경과시간 | 소생률(%) |
|---|---|
| 1분 | 95% |
| 2분 | 90% |
| 3분 | 75% |
| 4분 | 50% |
| 5분 | 25% |
| 6분 | 10% |

## 71 절연 안전모의 사용 시 주의사항으로 틀린 것은?

ⓐ 특고압 작업에서도 안전도가 충분하므로 전격을 방지하는 목적으로 사용할 수 있다.
ⓑ 절연모를 착용할 때에는 턱걸이 끈을 안전하게 죄어야 한다.
ⓒ 머리 윗부분과 안전모와의 간격은 1cm 이상이 되도록 끈을 조정하여야 한다.
ⓓ 내장포(충격흡수라이너) 및 턱끈이 파손되면 즉시 교체하여야 하고 대용품을 사용하여서는 안된다.

**[해설]** ⓐ 안전모의 <u>내전압성이란 7,000V 이하의 전압에 견디는 것</u>을 말한다. 7,000V를 초과하는 특고압 작업에는 안전도가 충분하지 못하다.

## 72 폭발위험장소에서의 본질안전 방폭구조에 대한 설명으로 틀린 것은?

ⓐ 본질안전 방폭구조의 기본적 개념은 점화능력의 본질적 억제이다.
ⓑ 본질안전 방폭구조의 Exib는 fault에 대한 2중 안전 보장으로 0종 ~ 2종 장소에 사용할 수 있다.
ⓒ 본질안전 방폭구조의 적용은 에너지가 1.3W, 30V 및 250mA 이하의 개소에 가능하다.
ⓓ 온도, 압력, 액면유량 등의 검출용 측정기는 대표적인 본질안전 방폭구조의 예이다.

**[해설]** ⓑ 본질안전 방폭구조는 점화능력을 본질적으로 없앤 구조로 2중 안전보장 구조는 아니다.

**정답** 69 ⓑ 70 ⓒ 71 ⓐ 72 ⓑ

**73** 인체가 현저하게 젖어있는 상태 또는 금속성의 전기기계 장치나 구조물에 인체의 일부가 상시 접촉되어 있는 상태에서의 허용접촉전압은 일반적으로 몇 V 이하로 하고 있는가?

㉮ 2.5V 이하      ㉯ 25V 이하

㉰ 50V 이하      ㉱ 75V 이하

**[해설]** 허용접촉전압

| 종 별 | 접촉 상태 | 허용 접촉 전압 |
|---|---|---|
| 제1종 | • 인체의 대부분이 수중에 있는 상태 | 2.5V 이하 |
| 제2종 | • 인체가 현저히 젖어 있는 상태<br>• 금속성의 전기·기계 장치나 구조물에 인체의 일부가 상시 접촉되어 있는 상태 | 25V 이하 |
| 제3종 | • 제1종, 제2종 이외의 경우로서 통상의 인체 상태에 있어서 접촉 전압이 가해지면 위험성이 높은 상태 | 50V 이하 |
| 제4종 | • 제1종, 제2종 이외의 경우로서 통상의 인체 상태에 접촉 전압이 가해지더라도 위험성이 낮은 상태<br>• 접촉 전압이 가해질 우려가 없는 경우 | 제한 없음 |

{분석}
실기까지 중요한 내용입니다.

**74** 정전기 발생 현상의 분류에 해당되지 않는 것은?

㉮ 유체대전

㉯ 마찰대전

㉰ 박리대전

㉱ 유동대전

**[해설]** 정전기 발생현상

① 마찰대전 : 두 물체 사이의 마찰로 인한 접촉, 분리에서 발생한다.
② 유동대전 : 액체류가 파이프 등 내부에서 유동시 관벽과 액체 사이에서 발생한다.
③ 박리대전 : 밀착된 물체가 떨어지면서 자유전자의 이동으로 발생한다.
④ 충돌대전 : 입자와 다른 고체와의 충돌과 급속한 분리에 의해 발생한다.
⑤ 분출대전 : 기체, 액체, 분체류가 단면적이 작은 분출구를 통과할 때 발생한다.
⑥ 파괴 대전 : 고체, 분체류와 같은 물체가 파괴됐을 때 전하분리 또는 전하의 균형이 깨지면서 정전기가 발생한다.

**75** 인체의 전기저항이 5,000Ω이고, 세동전류와 통전시간과의 관계를 $I = \dfrac{165}{\sqrt{T}}$ mA라 할 경우, 심실세동을 일으키는 위험 에너지는 약 몇 J인가? (단, 통전시간은 1초로 한다)

㉮ 5      ㉯ 30

㉰ 136      ㉱ 825

**[해설]** $Q = I^2 \times R \times T$

$$= (\frac{165}{\sqrt{T}} \times 10^{-3})^2 \times 5000 \times 1 = 136.1 J$$

{분석}
실기까지 중요한 내용입니다.

**76** 전선로 등에서 아크 화상 사고 시 전선이나 개폐기 터미널 등의 금속 분자가 고열로 용융되어 피부 속으로 녹아들어 가는 현상은?

㉮ 피부의 광성 변화

㉯ 전문

㉰ 표피박탈

㉱ 전류반점

**[해설]** 금속분자가 피부 속으로 녹아들어가는 현상 → 피부의 광성 변화

🔊 정답   73 ㉯   74 ㉮   75 ㉰   76 ㉮

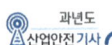
**77** 아세톤을 취급하는 작업장에서 작업자의 정전기 방전으로 인한 화재폭발 재해를 방지하기 위하여 인체대전 전위는 약 몇 V 이하로 유지하여야 하는가? (단, 인체의 정전용량 100pF이고, 아세톤의 최소 착화 에너지는 1.15mJ로 하며 기타의 조건은 무시한다)

㉮ 1,150  ㉯ 2,150
㉰ 3,800  ㉭ 4,800

해설

$$E = \frac{1}{2} CV^2$$

여기서, $E$ : 정전기 에너지(J)
$C$ : 도체의 정전 용량(F)
$V$ : 대전 전위(V)

$E = \frac{1}{2} CV^2$

$V^2 = \dfrac{E}{\frac{1}{2} C}$

$V = \sqrt{\dfrac{E}{\frac{1}{2} C}} = \sqrt{\dfrac{1.15 \times 10^{-3}}{\frac{1}{2} \times 100 \times 10^{-12}}} = 4,795.83\,V$

$(pF = 10^{-12}F,\ mJ = 10^{-3}J)$

{분석}
필기에 자주 출제되는 내용입니다.

**78** 금속제 외함을 가지는 기계·기구에 전기를 공급하는 전로에 지락이 발생했을 때에 자동적으로 전로를 차단하는 누전차단기 등을 설치하여야 한다. 누전차단기를 설치하지 않아도 되는 경우로 틀린 것은?

㉮ 기계기구 고무, 합성수지 기타 절연물로 피복된 것일 경우
㉯ 기계기구가 유도전동기의 2차측 전로에 접속된 저항기일 경우

㉰ 대지전압이 150V를 초과하는 전동 기계·기구를 시설하는 경우
㉭ 전기용품안전관리법의 적용을 받는 2중 절연구조의 기계·기구를 시설하는 경우

해설 ㉰ 대지전압이 150볼트를 초과하는 전동 기계·기구에는 반드시 누전차단기를 설치하여야 한다.

참고 **누전차단기를 설치해야 하는 기계·기구**
① 대지전압이 150볼트를 초과하는 이동형 또는 휴대형 전기기계·기구
② 물 등 도전성이 높은 액체가 있는 습윤장소에서 사용하는 저압용 전기기계·기구
③ 철판·철골 위 등 도전성이 높은 장소에서 사용하는 이동형 또는 휴대형 전기기계·기구
④ 임시배선의 전로가 설치되는 장소에서 사용하는 이동형 또는 휴대형 전기기계·기구

{분석}
실기까지 중요한 내용입니다. 참고를 다시 확인하세요.

**79** 심장의 맥동주기 중 어느 때에 전격이 인가되면 심실세동을 일으킬 확률이 크고 위험한가?

㉮ 심방의 수축이 있을 때
㉯ 심실의 수축이 있을 때
㉰ 심실의 수축 종료 후 심실의 휴식이 있을 때
㉭ 심실의 수축이 있고 심방의 휴식이 있을 때

해설 ㉰ 심실수축 종료 후 심실의 휴식기에 심실세동 위험이 가장 크다.

**정답** 77 ㉭ 78 ㉰ 79 ㉰

**80** 뇌해를 받을 우려가 있는 곳에는 피뢰기를 시설하여야 한다. 시설하지 않아도 되는 곳은?

㉮ 가공전선로의 지중전선로가 접속하는 곳

㉯ 발전소, 변전소의 가공전선 인입구 및 입출구

㉰ 습뢰 빈도가 적은 지역으로서 방출보호통을 장치하는 곳

㉱ 특고압 가공전선로로부터 공급을 받는 수용장소의 인입구

**해설** **피뢰기의 설치 장소**
① 발전소·변전소 또는 이에 준하는 장소의 가공전선 인입구 및 인출구
② 가공전선로에 접속하는 배전용 변압기의 고압측 및 특고압측
③ 고압 및 특고압 가공전선로로부터 공급을 받는 수용장소의 인입구
④ 가공전선로와 지중전선로가 접속되는 곳

---

제**5**과목 · **화학설비 안전 관리**

**81** 에틸에티르와 에틸알콜이 3:1로 혼합증기의 몰비가 각각 0.75, 0.25이고, 에틸에테르와 에틸알콜의 폭발하한값이 각각 1.9vol%, 4.3vol%일 때 혼합가스의 폭발하한값은 약 몇 vol%인가?

㉮ 2.2vol%  ㉯ 3.5vol%

㉰ 22.0vol%  ㉱ 34.7vol%

---

**해설** **혼합 가스의 폭발 범위(르 샤틀리에의 공식)**

$$\frac{100}{L} = \frac{V_1}{L_1} + \frac{V_2}{L_2} + \frac{V_3}{L_3} \cdots \quad (\text{Vol\%})$$

여기서,
$L$ : 혼합가스의 폭발하한계(상한계)
$L_1$, $L_2$, $L_3$ : 단독가스의 폭발하한계(상한계)
$V_1$, $V_2$, $V_3$ : 단독가스의 공기 중 부피
$100 : V_1 + V + V_3 + \cdots$

1. 몰비(부피비)가 3 : 1이므로

$$\frac{(3+1)}{L} = \frac{3}{1.9} + \frac{1}{4.3}$$

$$L = \frac{3+1}{\dfrac{3}{1.9} + \dfrac{1}{4.3}} = 2.21 \, \text{vol\%}$$

2. $\dfrac{(0.75+0.25)}{L} = \dfrac{0.75}{1.9} + \dfrac{0.25}{4.3}$

$$L = \frac{(0.75+0.25)}{\dfrac{0.75}{1.9} + \dfrac{0.25}{4.3}} = 2.21 \, \text{vol\%}$$

{분석}
실기까지 중요한 내용입니다.

**82** 다량의 황산이 가연물과 혼합되어 화재가 발생하였을 경우의 소화방법으로 적절하지 않은 방법은?

㉮ 건조분말로 질식소화를 한다.
㉯ 회(灰)로 덮어 질식소화를 한다.
㉰ 마른 모래로 덮어 질식소화를 한다.
㉱ 물을 뿌려 냉각소화 및 질식소화를 한다.

**해설** ㉱ 황산은 물과 반응하여 발열반응을 일으키므로 물을 뿌려서는 안 된다.

---

최근 기출문제
**2015**

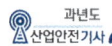

**83** 폭발에 관한 용어 중 "BLEVE"가 의미하는 것은?

㉮ 고농도의 분진폭발

㉯ 저농도의 분해폭발

㉰ 개방계 증기운 폭발

㉱ 비등액 팽창증기 폭발

> **해설** 블래비(Bleve)현상(비등액 팽창증기 폭발) : 가연성 액화가스에서 <u>외부화재에 의해 탱크 내 액체가 비등하고 증기가 팽창하면서 폭발을 일으키는 현상</u>으로 벽면파괴를 동반한다.

**84** 다음 중 산업안전보건법상 공정안전보고서에 포함되어야 할 사항으로 가장 거리가 먼 것은?

㉮ 평균안전율

㉯ 공정안전자료

㉰ 비상조치계획

㉱ 공정위험성 평가서

> **해설** 공정안전보고서의 내용
> ① 공정안전자료
> ② 공정 위험성 평가서
> ③ 안전운전계획
> ④ 비상조치계획
>
> {분석}
> **실기까지 중요한 내용입니다. 암기하세요.**

**85** 분진폭발의 특징으로 옳은 것은?

㉮ 연소속도가 가스폭발보다 크다.

㉯ 완전연소로 가스중독의 위험이 작다.

㉰ 화염의 파급속도보다 압력의 파급속도가 크다.

㉱ 가스폭발보다 연소시간은 짧고 발생에너지는 작다.

> **해설** 가스폭발과 분진폭발의 비교
>
> | 가스 폭발 | • 화염이 크다.<br>• 연소속도가 빠르다. |
> |---|---|
> | 분진 폭발 | • 폭발압력, 에너지가 크다.<br>• 연소시간이 길다.<br>• 불완전연소로 인한 중독(CO)이 발생한다. |

**86** 반응폭발에 영향을 미치는 요인 중 그 영향이 가장 적은 것은?

㉮ 교반상태

㉯ 냉각시스템

㉰ 반응온도

㉱ 반응생성물의 조성

> **해설** ㉱ 반응생성물은 화학반응에서 반응으로부터 만들어지는 물질로서 반응에 영향을 미치지 않는다.

**87** 비중이 1.5이고, 직경이 74$\mu$m 분체가 종말속도 0.2m/s로 직경 6m의 사일로 (silo)에서 질량유속 400kg/h로 흐를 때 평균 농도는 약 얼마인가?

㉮ 10.8mg/L    ㉯ 14.8mg/L

㉰ 19.8mg/L    ㉱ 25.8mg/L

> **해설**
> $$평균농도 = \frac{분체의\ 질량}{사일로의\ 부피}$$
> $$= \frac{분체의\ 질량}{사일로의\ 면적 \times 분체의\ 가라앉은\ 높이}$$
> $$= \frac{400}{\frac{\pi \times 6^2}{4} \times 720} = 0.01965kg/m^3$$
> $$= \frac{0.01965 \times 10^6 mg}{10^3 L} = 19.65mg/L$$
>
> (종말속도 0.2m/s로 1시간 동안 분체가 가라앉은
> 높이 $= \frac{0.2m}{s} \times 3,600s = 720m$)
>
> {분석}
> **출제비중이 낮은 문제입니다.**

**88** 마그네슘의 저장 및 취급에 관한 설명으로 틀린 것은?

㉮ 화기를 엄금하고, 가열, 충격, 마찰을 피한다.

㉯ 분말이 비상하지 않도록 완전 밀봉하여 저장한다.

㉰ 1류 또는 6류와 같은 산화제와 혼합되지 않도록 격리, 저장한다.

㉱ 일단 연소하면 소화가 곤란하지만 초기 소화 또는 소규모 화재 시 물, $CO_2$ 소화설비를 이용하여 소화한다.

**해설** ㉱ 마그네슘은 물과 반응 시 수소를 방출하며 반응이 과격할 경우 폭발로 이어질 수 있다. 마그네슘은 금속 화재에 해당하므로 소화에 건조사, 팽창질석, 팽창 진주암을 이용한다.

**89** 다음 중 중합반응으로 발열을 일으키는 물질은?

㉮ 인산

㉯ 아세트산

㉰ 옥살산

㉱ 액화시안화수소

**해설** 중합폭발 : 염화비닐, 초산비닐, 시안화수소 등이 폭발적으로 중합이 발생되면 격렬하게 발열하여 압력이 급상승하며 폭발을 일으킨다.

**90** 유류저장탱크에서 화염의 차단을 목적으로 외부에 증기를 방출하기도 하고 탱크 내 외기를 흡입하기도 하는 부분에 설치하는 안전장치는?

㉮ ventstack

㉯ safety valve

㉰ gate valve

㉱ flame arrestor

**해설** 화염방지기(Flame arrestor)의 설치 : 인화성 액체 및 인화성 가스를 저장 취급하는 화학설비에서 증기나 가스를 대기로 방출하는 경우에는 외부로부터의 화염을 방지하기 위하여 화염방지기를 그 설비 상단에 설치하여야 한다.

**91** 다음 중 화염방지기의 구조 및 설치 방법에 관한 설명으로 옳지 않은 것은?

㉮ 화염방지기는 보호대상 화학설비와 연결된 통기관의 중앙에 설치하여야 한다.

㉯ 화염방지성능이 있는 통기밸브인 경우를 제외하고 화염방지기를 설치하여야 한다.

㉰ 본체는 금속제로서 내식성이 있어야 하며, 폭발 및 화재로 인한 압력과 온도에 견딜 수 있어야 한다.

㉱ 소염소자는 내식, 내열성이 있는 재질이어야 하고, 이물질 등의 제거를 위한 정비작업이 용이하여야 한다.

**해설** ㉮ 화염방지기는 외부로부터의 화염을 방지하기 위하여 화학설비와 연결된 통기관의 상단에 설치하여야 한다.

**92** 송풍기의 상사법칙에 관한 설명으로 옳지 않은 것은?

㉮ 송풍량은 회전수와 비례한다.

㉯ 정압은 회전수의 제곱에 비례한다.

㉰ 축동력은 회전수의 세제곱에 비례한다.

㉱ 정압은 임펠러 직경의 네제곱에 비례한다.

**해설** ㉱ 정압은 임펠러 직경의 제곱에 비례한다.

**))) 정답** 88 ㉱ 89 ㉱ 90 ㉱ 91 ㉮ 92 ㉱

**참고** 송풍기 상사법칙

$$① Q_2 = Q_1 \times \left(\frac{D_2}{D_1}\right)^3 \times \frac{N_2}{N_1}$$

$$② P_2 = P_1 \times \left(\frac{D_2}{D_1}\right)^2 \times \left(\frac{N_2}{N_1}\right)^2 \times \frac{\rho_2}{\rho_1}$$

$$③ HP_2 = HP_1 \times \left(\frac{D_2}{D_1}\right)^5 \times \left(\frac{N_2}{N_1}\right)^3 \times \frac{\rho_2}{\rho_1}$$

여기서, $Q_1$ : 회전수 변경 전 풍량($m^3$/min)
$\quad\quad Q_2$ : 회전수 변경 후 풍량($m^3$/min)
$\quad\quad N_1$ : 변경 전 회전수(rpm)
$\quad\quad N_2$ : 변경 후 회전수(rpm)
$\quad\quad P_1$ : 변경 전 풍압($mmH_2O$)
$\quad\quad P_2$ : 변경 후 풍압($mmH_2O$)
$\quad\quad HP_1$ : 변경 전 동력(kw)
$\quad\quad HP_2$ : 변경 후 동력(kw)

**93** 다음 중 유해화학물질의 중독에 대한 일반적인 응급처치 방법으로 적절하지 않은 것은?

㉮ 알코올 등의 필요한 약품을 투여한다.
㉯ 환자를 안정시키고, 침대에 옆으로 누인다.
㉰ 호흡 정지 시 가능한 경우 인공호흡을 실시한다.
㉱ 신체를 따뜻하게 하고 신선한 공기를 확보한다.

**해설** ㉮ 함부로 약품을 투여해서는 절대 안 된다.

**94** 반응기를 설계할 때 고려하여야 할 요인으로 가장 거리가 먼 것은?

㉮ 부식성
㉯ 상의 형태
㉰ 온도 범위
㉱ 중간생성물의 유무

**해설** 반응기의 설계 시 주요 인자
① 온도　　　　　② 압력
③ 부식성　　　　④ 상의 형태
⑤ 체류시간

**참고** 증류탑 설계 시 주요 인자
① 온도　　　　　② 압력
③ 부식성　　　　④ 액 및 가스비율
⑤ 연속식 및 회분식

**95** 다음 [표]의 가스를 위험도가 큰 것부터 작은 순으로 나열한 것은?

| | 폭발하한값 | 폭발상한값 |
|---|---|---|
| 수소 | 4.0 vol% | 75.0 vol% |
| 산화에틸렌 | 3.0 vol% | 80.0 vol% |
| 이황화탄소 | 1.25 vol% | 44.0 vol% |
| 아세틸렌 | 2.5 vol% | 81.0 vol% |

㉮ 아세틸렌 – 산화에틸렌 – 이황화탄소 – 수소
㉯ 아세틸렌 – 산화에틸렌 – 수소 – 이황화탄소
㉰ 이황화탄소 – 아세틸렌 – 수소 – 산화에틸렌
㉱ 이황화탄소 – 아세틸렌 – 산화에틸렌 – 수소

**해설** 위험도(H) = $\dfrac{\text{폭발상한계} - \text{폭발하한계}}{\text{폭발하한계}}$

1. 수소 = $\dfrac{75-4}{4}$ = 17.75

2. 산화에틸렌 = $\dfrac{80-3}{3}$ = 25.67

3. 이황화탄소 = $\dfrac{44-1.25}{1.25}$ = 34.2

4. 아세틸렌 = $\dfrac{81-2.5}{2.5}$ = 31.4

•)) 정답　93 ㉮　94 ㉱　95 ㉱

**96** 산업안전보건법에서 규정한 급성독성물질은 쥐에 대한 4시간 동안의 흡입실험으로 실험동물 50%를 사망시킬 수 있는 농도($LC_{50}$)가 몇 ppm 이하인 물질을 말하는가?

㉮ 1,500  ㉯ 2,500

㉰ 3,000  ㉱ 4,000

**[해설]** 급성독성물질

① $LD_{50}$(경구, 쥐)이 300mg/kg(체중) 이하인 화학물질

② $LD_{50}$(경피, 토끼 또는 쥐)이 1,000mg/kg(체중) 이하인 화학물질

③ 가스 $LC_{50}$(쥐, 4시간 흡입)이 2,500ppm 이하인 화학물질, 증기 $LC_{50}$(쥐, 4시간 흡입)이 10mg/ℓ 이하인 화학물질, 분진 또는 미스트 1mg/ℓ 이하인 화학물질

{분석}
실기까지 중요한 내용입니다. 암기하세요.

**97** 다음 중 자기반응성물질에 의한 화재에 대하여 사용할 수 없는 소화기의 종류는?

㉮ 포소화기

㉯ 무상강화액소화기

㉰ 이산화탄소소화기

㉱ 봉상수(棒狀水)소화기

**[해설]** 자기반응성물질은 자체적으로 산소를 함유하고 있어 공기 중의 산소 없이도 폭발을 일으키므로 산소농도를 낮추어 소화하는 이산화탄소 소화기는 효과가 없다.

**98** 가연성 가스에 관한 설명으로 옳지 않은 것은?

㉮ 메탄가스는 가장 간단한 탄화수소 기체이며, 온실효과가 있다.

㉯ 프로판 가스의 연소범위는 2.1~9.5% 정도이며, 공기보다 무겁다.

㉰ 아세틸렌가스는 용해 가스로서 녹색으로 도색한 용기를 사용한다.

㉱ 수소 가스는 물에 잘 녹지 않으며, 온도가 높아지면 반응성이 커진다.

**[해설]** ㉰ 아세틸렌가스의 용기는 황색으로 도색한다.

**[참고]**
① 산소 – 녹색  ② 수소 – 주황색
③ 탄산가스 – 청색  ④ 액화염소 – 갈색
⑤ 아세틸렌 – 황색  ⑥ 암모니아 – 백색
⑦ 그 외 가스 – 회색

실력이 되고 합격이 되는 특급 **암기법**

**산녹, 수주, 탄청, 염갈, 아황, 암백**

**99** 아세틸렌가스가 다음과 같은 반응식에 의하여 연소할 때 연소열은 약 몇 kcal/mol 인가? (단, 다음의 열역학 표를 참조하여 계산한다)

$$C_2H_2 + \frac{5}{2}O_2 \rightarrow 2CO_2 + H_2O$$

|  | $\Delta H$(kcal/mol) |
|---|---|
| $C_2H_2$ | 54.194 |
| $CO_2$ | −94.052 |
| $H_2O(g)$ | −57.798 |

㉮ −300.1  ㉯ −200.1

㉰ 200.1  ㉱ 300.1

**[해설]** 1. 연소열 : 어떤 물질의 1몰 또는 1g이 산소와 반응하여 완전 연소할 때 발생하는 열

2. $C_2H_2$ 1몰이 완전 연소하는데 산소 $\frac{5}{2}O_2$가 반응하였고 이때의 반응열을 계산하면

$\frac{5}{2}O_2 = 2CO_2 + H_2O - C_2H_2$

$= 2 \times (-94.052) + (-57.798) - 54.194 = -300.096$

{분석}
출제비중이 낮은 문제입니다.

●)) 정답 96 ㉯ 97 ㉰ 98 ㉰ 99 ㉮

최근 기출문제
**2015**

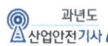

**100** 화재감지기 중 연기감지기에 해당하지 않는 것은?

㉮ 광전식
㉯ 감광식
㉰ 이온식
㉱ 정온식

**해설** 감지기 종류

| 열감지기 | 차동식감지기<br>(스폿형, 분포형) | 실내온도의 상승률이 일정한 값을 넘었을 때 동작한다. |
|---|---|---|
| | 정온식감지기<br>(스폿형, 감지선형) | 실온이 일정온도 이상으로 상승하였을 때 작동한다. |
| | 보상식감지기<br>(스폿형) | 차동성을 가지면서 차동식의 단점을 보완하여 고온에서도 반드시 작동하도록 한 것이다. |
| 연기감지기 | 이온화식 | 검지부에 연기가 들어가는 데 따라 이온전류가 변화하는 것을 이용했다. |
| | 광전식 | 검지부에 연기가 들어가는데 따라 광전소자의 입사광량이 변화하는 것을 이용했다. |

---

**제6과목** **건설공사 안전 관리**

**101** 다음 중 달비계 또는 높이 5m 이상의 비계를 조립·해체하거나 변경하는 작업을 하는 경우의 준수사항이다. 빈칸에 알맞은 숫자는?

> 비계재료의 연결·해체작업을 하는 경우에는 폭 ( )cm 이상의 발판을 설치하고 근로자로 하여금 안전대를 사용하도록 하는 등 추락을 방지하기 위한 조치를 할 것

㉮ 15
㉯ 20
㉰ 25
㉱ 30

**해설** 비계재료의 연결·해체작업을 하는 때에는 폭 20 센티미터 이상의 발판을 설치하고 근로자로 하여금 안전대를 사용하도록 하는 등 근로자의 추락 방지를 위한 조치를 할 것

**참고** 작업발판의 폭

1. 슬레이트, 선라이트(sunlight) 등 강도가 약한 재료로 덮은 지붕 위에서 작업을 할 때 : 폭 30 센티미터 이상의 발판을 설치
2. 높이가 2미터 이상인 작업장소의 작업발판 폭 : 40cm 이상

**102** 다음 중 토사 붕괴의 내적 원인인 것은?

㉮ 절토 및 성토 높이 증가
㉯ 사면법면의 기울기 증가
㉰ 토석의 강도 저하
㉱ 공사에 의한 진동 및 반복 하중 증가

**해설** 토석 붕괴의 내적 원인

① 절토 사면의 토질·암질
② 성토 사면의 토질구성 및 분포
③ 토석의 강도 저하

**참고** 토석 붕괴의 외적 원인

① 사면, 법면의 경사 및 기울기의 증가
② 절토 및 성토 높이의 증가
③ 공사에 의한 진동 및 반복 하중의 증가
④ 지표수 및 지하수의 침투에 의한 토사 중량의 증가
⑤ 지진, 차량, 구조물의 하중작용
⑥ 토사 및 암석의 혼합층 두께

**103** 철륜 표면에 다수의 돌기를 붙여 접지면적을 작게 하여 접지압을 증가시킨 롤러로서 고함수비 점성토 지반의 다짐작업에 적합한 롤러는?

㉮ 탠덤롤러
㉯ 로드롤러
㉰ 타이어롤러
㉱ 탬핑롤러

**해설** 고함수비 점성토 지반에 적합한 롤러 → 탬핑롤러

•)) **정답** 100 ㉱ 101 ㉯ 102 ㉰ 103 ㉱

**104** 건설업 산업안전보건관리비 중 안전시설비로 사용할 수 없는 것은?

㉮ 안전통로
㉯ 비계에 추가 설치하는 추락방지용 안전난간
㉰ 사다리 전도방지장치
㉱ 통로의 낙하물 방호선반

**해설** ㉮ 안전통로는 산업재해 예방을 위한 시설에 해당하지 않아 산업안전보건관리비 중 안전시설비로 사용할 수 없다.

**참고** 안전시설비
① 산업재해 예방을 위한 안전난간, 추락방호망, 안전대 부착 설비, 방호장치(기계·기구와 방호장치가 일체로 제작된 경우, 방호장치 부분의 가액에 한함) 등 안전시설의 구입·임대 및 설치 등을 위해 소요되는 비용
② 스마트 안전장비 구입·임대 비용. 다만, 계상된 산업안전보건관리비 총액의 10분의 2를 초과할 수 없다.
③ 용접 작업 등 화재 위험작업 시 사용하는 소화기의 구입·임대비용

**105** 토공기계 클램셸(clamshell)의 용도에 대해 가장 잘 설명한 것은?

㉮ 단단한 지반에 작업하기 쉽고 작업속도가 빠르며 특히 암반굴착에 적합하다.
㉯ 수면하의 자갈, 실트 혹은 모래를 굴착하고 준설선에 많이 사용한다.
㉰ 상당히 넓고 얕은 범위의 점토질 지반 굴착에 적합하다.
㉱ 기계위치보다 높은 곳의 굴착, 비탈면 절취에 적합하다.

**해설** 클램셸(clamshell)
• 수중굴착 및 가장 협소하고 깊은 굴착이 가능하며 호퍼(hopper)에 적당하다.
• 연약지반이나 수중굴착 및 자갈 등을 싣는데 적합하다.

**106** 사면 보호 공법 중 구조물에 의한 보호 공법에 해당되지 않는 것은?

㉮ 현장타설 콘크리트 격자공
㉯ 식생구멍공
㉰ 블록공
㉱ 돌쌓기공

**해설** 식생구멍공은 잔디 등을 심어 사면을 보호하는 공법으로 구조물에 의한 보호공법이 아니다.

**107** 추락재해 방지를 위한 방망의 그물코 규격 기준으로 옳은 것은?

㉮ 사각 또는 마름모로서 크기가 5센티미터 이하
㉯ 사각 또는 마름모로서 크기가 10센티미터 이하
㉰ 사각 또는 마름모로서 크기가 15센티미터 이하
㉱ 사각 또는 마름모로서 크기가 20센티미터 이하

**해설** 추락방지망의 그물코는 사각 또는 마름모로서 그 크기는 10센티미터 이하이어야 한다.

**108** 건설업 유해위험방지계획서 제출 시 첨부서류에 해당되지 않는 것은?

㉮ 공사개요서
㉯ 산업안전보건관리비 사용계획서
㉰ 재해발생 위험 시 연락 및 대피방법
㉱ 특수공사계획

**해설** 건설공사 유해위험방지계획서 첨부서류
1. 공사 개요 및 안전보건관리계획
  가. 공사 개요서
  나. 공사현장의 주변 현황 및 주변과의 관계를 나타내는 도면(매설물 현황을 포함)
  다. 건설물, 사용 기계설비 등의 배치를 나타내는 도면
  라. 전체 공정표

**정답** 104 ㉮ 105 ㉯ 106 ㉯ 107 ㉯ 108 ㉱

마. 산업안전보건관리비 사용계획

바. 안전관리 조직표

사. 재해 발생 위험 시 연락 및 대피방법

2. 작업 공사 종류별 유해·위험방지계획

## 109 인력운반 작업에 대한 안전 준수사항으로 가장 거리가 먼 것은?

㉮ 보조기구를 효과적으로 사용한다.

㉯ 물건을 들어올릴 때는 팔과 무릎을 이용하며 척추는 곧게 한다.

㉰ 긴 물건은 뒤쪽으로 높이고 원통인 물건은 굴려서 운반한다.

㉱ 무거운 물건은 공동작업으로 실시한다.

해설 ㉰ 긴 물건은 앞쪽을 들어올리고 뒤쪽은 끌면서 운반한다.

## 110 안전계수가 4이고 2,000kg/cm²의 인장강도를 갖는 강선의 최대 허용응력은?

㉮ 500kg/cm²  ㉯ 1,000kg/cm²

㉰ 1,500kg/cm²  ㉱ 2,000kg/cm²

해설 안전율 $= \dfrac{인장강도}{최대허용응력}$

최대허용응력 $= \dfrac{인장강도}{안전율}$

$= \dfrac{2,000}{4} = 500 kg/cm^2$

## 111 달비계 와이어로프의 사용금지 기준에 해당하지 않는 것은?

㉮ 와이어로프의 한 꼬임에서 끊어진 소선의 수가 10% 이상인 것

㉯ 지름의 감소가 공칭지름의 7%를 초과하는 것

㉰ 심하게 변형되거나 부식된 것

㉱ 균열이 있는 것

해설 와이어로프의 사용금지 기준

① 이음매가 있는 것

② 와이어로프의 한 꼬임에서 끊어진 소선의 수가 10퍼센트 이상인 것

③ 지름의 감소가 공칭지름의 7퍼센트를 초과하는 것

④ 꼬인 것

⑤ 심하게 변형되거나 부식된 것

⑥ 열과 전기 충격에 의해 손상된 것

참고 달기 체인 등 사용 금지 항목

| | |
|---|---|
| 달기 체인 | ① 달기 체인의 길이가 달기 체인이 제조된 때의 길이의 5%를 초과한 것<br>② 링의 단면지름이 달기 체인이 제조된 때의 해당 링의 지름의 10%를 초과하여 감소한 것<br>③ 균열이 있거나 심하게 변형된 것 |
| 달비계에 사용하는 섬유로프 또는 안전대의 섬유벨트 | ① 꼬임이 끊어진 것<br>② 심하게 손상되거나 부식된 것<br>③ 2개 이상의 작업용 섬유로프 또는 섬유벨트를 연결한 것<br>④ 작업높이보다 길이가 짧은 것 |

{분석}
실기까지 중요한 내용입니다. 참고를 다시 확인하세요.

## 112 강관 틀비계의 벽이음에 대한 조립간격 기준으로 옳은 것은? (단, 높이가 5m 미만인 경우 제외)

㉮ 수직 방향 5m, 수평 방향 5m 이내

㉯ 수직 방향 6m, 수평 방향 6m 이내

㉰ 수직 방향 6m, 수평 방향 8m 이내

㉱ 수직 방향 8m, 수평 방향 6m 이내

해설 비계 조립간격(벽이음 간격)

| 비계 종류 | | 수직 방향 | 수평 방향 |
|---|---|---|---|
| 강관 비계 | 단관비계 | 5m | 5m |
| | 틀비계(높이 5m 미만인 것 제외) | 6m | 8m |

{분석}
실기까지 중요한 내용입니다. 암기하세요.

## 113 터널공사에서 발파작업 시 안전대책으로 틀린 것은?

㉮ 발파전 도화선 연결상태, 저항치 조사 등의 목적으로 도통시험 실시 및 발파기의 작동상태를 사전에 점검

㉯ 동력선은 발원점으로부터 최소 15m 이상 후방으로 옮길 것

㉰ 지질, 암의 절리 등에 따라 화약량 검토 및 시방기준과 대비하여 안전조치 실시

㉱ 발파용 점화회선은 타 동력선 및 조명회선과 한곳으로 통합하여 관리

**해설** ㉱ 발파용 점화회선은 타 동력선 및 조명회선과 분리하여 관리한다.

## 114 다음은 타워크레인을 와이어로프로 지지하는 경우에 준수해야 할 기준이다. 빈칸에 들어갈 알맞은 내용을 순서대로 옳게 나타낸 것은?

> 와이어로프 설치각도는 수평면에서 ( )도 이내로 하되, 지지점은 ( )개소 이상으로 하고, 같은 각도로 설치할 것

㉮ 45, 4     ㉯ 45, 5
㉰ 60, 4     ㉱ 60, 5

**해설** 와이어로프 설치각도는 수평면에서 60도 이내로 하되, 지지점은 4개소 이상으로 하고, 같은 각도로 설치할 것

## 115 콘크리트 타설 시 거푸집 측압에 대한 설명 중 틀린 것은?

㉮ 타설 속도가 빠를수록 측압이 커진다.
㉯ 거푸집의 투수성이 낮을수록 측압은 커진다.

㉰ 타설 높이가 높을수록 측압이 커진다.
㉱ 콘크리트의 온도가 높을수록 측압이 커진다.

**해설** ㉱ 콘크리트 온도가 낮을수록 측압이 커진다.

**참고** 콘크리트의 측압

① 철골 or 철근량 적을수록 측압이 크다.
② 외기온도 낮을수록 측압이 크다.
③ 타설속도 빠를수록 측압이 크다.
④ 다짐이 좋을수록 측압이 크다.
⑤ 슬럼프가 클수록 측압이 크다.
⑥ 콘크리트 비중이 클수록 측압이 크다.
⑦ 습도가 낮을수록 측압이 크다.

## 116 훅걸이용 와이어로프 등이 훅으로부터 벗겨지는 것을 방지하기 위한 장치는?

㉮ 해지장치
㉯ 권과방지장치
㉰ 과부하방지장치
㉱ 턴버클

**해설** 와이어로프 등이 훅으로부터 벗겨지는 것을 방지하는 장치 → 해지장치

## 117 철골작업을 중지하여야 하는 기준으로 옳은 것은?

㉮ 1시간당 강설량이 1센티미터 이상인 경우
㉯ 풍속이 초당 15미터 이상인 경우
㉰ 진도 3 이상의 지진이 발생한 경우
㉱ 1시간당 강우량이 1센티미터 이상인 경우

**해설** 철골작업을 중지해야 하는 조건

① 풍속이 초당 10미터 이상인 경우
② 강우량이 시간당 1밀리미터 이상인 경우
③ 강설량이 시간당 1센티미터 이상인 경우

{분석}
실기까지 중요한 내용입니다. 암기하세요.

**정답** 113 ㉱ 114 ㉰ 115 ㉱ 116 ㉮ 117 ㉮

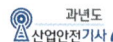
**118** 건립 중 강풍에 의한 풍압 등 외압에 대한 내력이 설계에 고려되었는지 확인하여야 하는 철골구조물에 해당하지 않는 것은?

㉮ 이음부가 현장용접인 건물

㉯ 높이 15m인 건물

㉰ 기둥이 타이플레이트(tie plate)형인 구조물

㉱ 구조물의 폭과 높이의 비가 1 : 5인 건물

해설 외압에 대한 내력이 설계에 고려되었는지 확인하여야 할 대상(자립도 검토대상)

① 높이 20미터 이상의 구조물

② 구조물의 폭과 높이의 비가 1 : 4 이상인 구조물

③ 단면구조에 현저한 차이가 있는 구조물

④ 연면적당 철골량이 50킬로그램/평방미터 이하인 구조물

⑤ 기둥이 타이플레이트(tie plate)형인 구조물

⑥ 이음부가 현장용접인 구조물

{분석}
해설을 다시 확인하세요.

**119** 가설통로를 설치하는 경우 준수해야 할 기준으로 틀린 것은?

㉮ 건설공사에 사용하는 높이 8m 이상인 비계다리에는 5m 이내마다 계단참을 설치할 것

㉯ 수직갱에 가설된 통로의 길이가 15m 이상인 경우에는 10m 이내마다 계단참을 설치할 것

㉰ 경사가 15°를 초과하는 경우에는 미끄러지지 아니하는 구조로 할 것

㉱ 추락할 위험이 있는 장소에는 안전난간을 설치할 것

해설 가설통로의 구조

① 견고한 구조로 할 것

② 경사는 30도 이하로 할 것

③ 경사가 15도를 초과하는 때는 미끄러지지 아니하는 구조로 할 것

④ 추락의 위험이 있는 장소에는 안전난간을 설치할 것

⑤ 수직갱 : 길이가 15미터 이상인 때에는 10미터 이내마다 계단참을 설치할 것

⑥ 건설공사에 사용하는 높이 8미터 이상인 비계다리 : 7미터 이내마다 계단참을 설치할 것

{분석}
실기까지 중요한 내용입니다. 해설을 다시 확인하세요.

**120** 지반조사 중 예비조사 단계에서 흙막이 구조물의 종류에 맞는 형식을 선정하기 위한 조사항목과 거리가 먼 것은?

㉮ 흙막이 벽 축조여부판단 및 굴착에 따른 안정이 충분히 확보될 수 있는지 여부

㉯ 인근 지반의 지반조사 자료나 시공 자료의 수집

㉰ 기상조건 변동에 따른 영향 검토

㉱ 주변의 환경(하천, 지표지질, 도로, 교통 등)

해설 예비조사 : 현지 상태의 개략적인 조사

① 인근현황자료 조사(주변 환경)

② 지질도, 토양도

③ 지형도

④ 기상 및 수문자료

⑤ 지하 매설물 현황

•)) 정답 118 ㉯ 119 ㉮ 120 ㉮

# 03회   2015년 산업안전기사 최근 기출문제

## 제1과목 · 산업재해 예방 및 안전보건교육

**01** 다음 중 몇 사람의 전문가에 의하여 과제에 관한 견해를 발표한 뒤에 참가자로 하여금 의견이나 질문을 하게 하여 토의하는 방법은?

㉮ 포럼(Forum)
㉯ 심포지엄(Symposium)
㉰ 케이스 스터디(case study)
㉱ 패널 디스커션(Panel discussion)

**[해설]** 심포지엄(Symposium) : 몇 사람의 전문가에 의하여 과제에 관한 견해를 발표한 뒤 참가자로 하여금 의견이나 질문을 하게 하여 토의하는 방법

**[참고]**
1. 포럼(Forum) : 새로운 자료나 교재를 제시, 거기서의 문제점을 피교육자로 하여금 제기하게 하여 발표하고 토의하는 방법
2. 사례연구법(Case Study : Case Method) : 먼저 사례를 제시, 문제적 사실들과 그의 상호관계에 대해서 검토하고 대책을 토의하는 학습법
3. 패널 디스커션(Panel discussion) : 패널 멤버(교육과제에 정통한 전문가 4~5명)가 피교육자 앞에서 토의를 하고, 뒤에 피교육자 전원이 참가하여 사회자의 사회에 따라 토의하는 방법

**02** 산업안전보건법령에 따라 자율검사프로그램을 인정받기 위한 충족 요건으로 틀린 것은?

㉮ 관련 법에 따른 검사원을 고용하고 있을 것
㉯ 관련 법에 따른 검사 주기마다 검사를 할 것

㉰ 자율검사프로그램의 검사기준이 안전검사 기준에 충족할 것
㉱ 검사를 할 수 있는 장비를 갖추고 이를 유지·관리할 수 있을 것

**[해설]** 자율검사프로그램을 인정받기 위해서는 다음 각 호의 요건을 모두 충족하여야 한다.
① 검사원을 고용하고 있을 것
② 검사를 할 수 있는 장비를 갖추고 이를 유지·관리할 수 있을 것
③ 검사 주기의 2분의 1에 해당하는 주기(크레인 중 건설현장 외에서 사용하는 크레인의 경우에는 6개월)마다 검사를 할 것
④ 자율검사프로그램의 검사기준이 안전검사기준을 충족할 것

{분석}
실기까지 중요한 내용입니다.

**03** 산업안전보건법령상 관리감독자의 업무 내용에 해당되는 것은? (단, 기타 해당 작업의 안전·보건에 관한 사항으로서 고용노동부령으로 정하는 사항은 제외한다)

㉮ 사업장 순회점검·지도 및 조치의 건의
㉯ 물질안전보건자료의 게시 또는 비치에 관한 보좌 및 조언·지도
㉰ 해당 작업의 작업장 정리·정돈 및 통로확보에 대한 확인·감독
㉱ 근로자의 건강장해의 원인 조사와 재발 방지를 위한 의학적 조치

**[해설]** 관리감독자 직무
① 기계·기구 또는 설비의 안전·보건 점검 및 이상 유무의 확인
② 근로자의 작업복·보호구 및 방호장치의 점검과 그 착용·사용에 관한 교육·지도

●)) 정답 01 ㉯ 02 ㉯ 03 ㉰

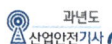

③ 산업재해에 관한 보고 및 이에 대한 응급조치
④ 작업장 정리·정돈 및 통로확보에 대한 확인· 감독
⑤ 산업보건의, 안전관리자 및 보건관리자의 지도 · 조언에 대한 협조
⑥ 위험성평가를 위한 유해·위험요인의 파악 및 개선조치의 시행에 대한 참여
⑦ 그 밖에 해당 작업의 안전·보건에 관한 사항으로서 고용노동부령으로 정하는 사항

{분석}
실기까지 중요한 내용입니다. 암기하세요.

**04** 하인리히의 재해손실비 산정방식에서 직접비로 볼 수 없는 것은?

㉮ 직업재활급여   ㉯ 간병급여
㉰ 생산손실급여   ㉱ 장해급여

해설 생산손실급여 → 간접비

참고

| 직접비 | 간접비 |
|---|---|
| • 치료비<br>• 휴업급여<br>• 요양급여<br>• 유족급여<br>• 장해급여<br>• 간병급여<br>• 직업재활급여<br>• 상병(傷病)보상연금<br>• 장의비 등 | • 인적 손실비<br>• 물적 손실비<br>• 생산 손실비<br>• 기계, 기구 손실비 등 |

**05** 기업 내 정형교육 중 TWI(Training Within Industry)의 교육 내용과 가장 거리가 먼 것은?

㉮ Job Method Training
㉯ Job Relations Training
㉰ Job instruction Training
㉱ Job Standardization Training

해설 TWI 교육과정
① 작업 방법 기법(Job Method Training : JMT)
② 작업 지도 기법(Job instruction Training : JIT)
③ 인간 관계관리 기법 or 부하통솔법 (Job Relations Training : JRT)
④ 작업 안전 기법(Job Safety Training : JST)

**06** 다음 중 리더십(Leadership)에 관한 설명으로 틀린 것은?

㉮ 각자의 목표를 위해 스스로 노력하도록 사람에게 영향력을 행사하는 활동
㉯ 어떠한 특정한 목표달성을 지향하고 있는 상황 하에서 행사되는 대인간의 영향력
㉰ 공통된 목표달성을 지향하도록 사람에게 영향을 미치는 것
㉱ 주어진 상황 속에서 목표 달성을 위해 개인 또는 집단의 활동에 영향을 미치는 과정

해설 ㉮ 집단목표 달성을 위해 구성원으로 하여금 자발적으로 협조하도록 하는 기술 및 영향력을 행사하는 활동

**07** 연평균 500명의 근로자가 근무하는 사업장에서 지난 한 해 동안 20명의 재해자가 발생하였다. 만약 이 사업장에서 한 근로자가 평생 동안 작업을 한다면 약 몇 건의 재해를 당할 수 있겠는가? (단, 1인당 평생근로시간은 120,000시간으로 한다)

㉮ 1건   ㉯ 2건
㉰ 4건   ㉱ 6건

해설 환산 도수율(F)

① 일평생 근로하는 동안의 재해건수를 말한다.
② 환산 도수율(F) $= \dfrac{\text{재해건수}}{\text{연근로시간수}} \times$ 평생근로시간수(100,000)
③ 환산 도수율 = 도수율 ÷ 10

1. 평생 작업하는 동안의 재해건수
   → 환산 도수율(F)
2. 환산 도수율(F)

$$= \frac{재해건수}{연근로시간수} \times 평생근로시간수(100,000)$$

$$= \frac{20}{500 \times 2,400} \times 120,000 = 2건$$

{분석}
**실기까지 중요한 내용입니다.**

---

**08** 암실에서 정지된 소광점을 응시하면 광점이 움직이는 것 같이 보이는 현상을 운동의 착각 현상 중 '자동운동'이라 한다. 다음 중 자동운동이 생기기 쉬운 조건에 해당되지 않는 것은?

㉮ 광점이 작은 것
㉯ 대상이 단순한 것
㉰ 광의 강도가 큰 것
㉱ 시야의 다른 부분이 어두운 것

해설 **자동운동이 잘 발생되는 조건**

① 광점이 작을 것
② 시야의 다른 부분이 어두울 것
③ 대상이 단순할 것
④ 빛의 강도가 작을 것

---

**09** 무재해운동의 추진기법에 있어 위험예지 훈련 제4단계(4라운드) 중 제2단계에 해당하는 것은?

㉮ 본질 추구       ㉯ 현상 파악
㉰ 목표 설정       ㉱ 대책 수립

해설 **위험예지 훈련 4단계**

1단계 : 현상 파악
2단계 : 요인 조사(본질추구)
3단계 : 대책 수립
4단계 : 행동목표 설정(합의요약)

{분석}
**실기까지 중요한 내용입니다. 암기하세요.**

---

**10** 다음 중 태도교육을 통한 안전태도 형성 요령과 가장 거리가 먼 것은?

㉮ 이해한다.
㉯ 칭찬한다.
㉰ 모범을 보인다.
㉱ 금전적 보상을 한다.

해설 **태도교육 실시 순서**

① 청취한다.
② 이해, 납득시킨다.
③ 모범을 보인다.
④ 권장한다.
⑤ 평가한다.(상과 벌)

---

**11** 안전인증 대상 보호구 중 AE, ABE종 안전모의 질량 증가율은 몇 % 미만이어야 하는가?

㉮ 1%          ㉯ 2%
㉰ 3%          ㉱ 5%

해설 AE, ABE종 안전모는 질량 증가율이 1% 미만이어야 한다.

참고 **안전모의 내수성 시험**

• AE, ABE종 안전모의 내수성 시험은 시험 안전모의 모체를 (20 ~ 25)℃의 수중에 24시간 담가놓은 후, 대기 중에 꺼내어 마른 천 등으로 표면의 수분을 닦아내고 다음 산식으로 질량 증가율(%)을 산출한다.

• 질량 증가율(%)

$$= \frac{담근\ 후의\ 질량 - 담그기\ 전의\ 질량}{담그기\ 전의\ 질량} \times 100$$

• AE, ABE종 안전모는 질량 증가율이 1% 미만이어야 한다.

---

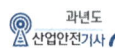
**12** 다음 중 억압당한 욕구가 사회적·문화적으로 가치 있는 목적으로 향하여 노력함으로써 욕구를 충족하는 적응기제(Adjustment Mechanism)를 무엇이라 하는가?

㉮ 보상      ㉯ 투사
㉰ 승화      ㉱ 합리화

〔해설〕 승화 : 사회적으로 승인되지 않은 욕구가 <u>사회적, 문화적으로 가치 있는 것으로 나타남</u>

〔참고〕
① 투사 : 자기 속의 억압된 것을 다른 사람의 것으로 생각하는 것
② 보상 : 심리적으로 어떤 약점이 있는 사람이 이를 보충하기 위해 다른 어떤 것을 과도히 발전시키는 것
③ 합리화 : 자기행위는 합리적이고 정당하며 <u>실제보다 훌륭하게 평가함</u>

**13** 다음 중 재해를 한번 경험한 사람은 신경과민 등 심리적인 압박을 받게 되어 대처능력이 떨어져 재해가 빈번하게 발생된다는 설(說)은?

㉮ 기회설
㉯ 암시설
㉰ 경향설
㉱ 미숙설

〔해설〕
① 기회설(상황설) : 재해가 일어날 수 있는 상황만 주어지면 재해가 유발된다.
② 암시설(습관설) : 한번 재해를 당한 사람은 겁쟁이가 되어 신경과민으로 또 재해를 유발한다.
③ 경향설(성향설) : 근로자 중 재해가 빈발하는 소질적 결함자가 있다.

〔참고〕
• 미숙성 누발자
• 기능 미숙자
• 환경에 익숙하지 못한 사

{분석}
**필기에 자주 출제되는 내용입니다.**

**14** 하인리히의 재해발생과 관련된 도미노 이론으로 설명되는 안전관리의 핵심단계에 해당되는 요소는?

㉮ 외부 환경
㉯ 개인적 성향
㉰ 재해 및 상해
㉱ 불안전한 상태 및 행동

〔해설〕 안전관리의 핵심 단계 → 재해의 직접원인 → 불안전행동 및 상태

〔참고〕 하인리히(H. W. Heinrich) 사고발생 도미노 5단계

| 1단계 | <u>선천적 결함</u>(사회, 환경, 유전적 결함) |
|---|---|
| 2단계 | <u>개인적 결함</u> |
| 3단계 | <u>불안전 행동</u>(인적 결함), <u>불안전한 상태</u>(물적 결함)(제거 가능) |
| 4단계 | <u>사고</u> |
| 5단계 | <u>재해</u>(상해) |

**15** 산업안전보건법령상 사업주가 근로자에게 실시해야 하는 안전·보건 교육의 교육대상별 교육내용에 있어 관리감독자 정기안전·보건교육에 해당하는 것은?
(단, 산업안전보건법령 및 산업재해보상보험제도에 관한 사항은 제외한다)

㉮ 작업 개시 전 점검에 관한 사항
㉯ 사고 발생 시 긴급조치에 관한 사항
㉰ 건강증진 및 질병 예방에 관한 사항
㉱ 산업보건 및 건강장해 예방에 관한 사항

〔해설〕 관리감독자 정기안전·보건교육
① <u>산업안전 및 산업재해 예방</u>에 관한 사항(화재·폭발 사고 발생 시 대피에 관한 사항을 포함한다)
② <u>산업보건 및 건강장해 예방</u>에 관한 사항(폭염·한파작업으로 인한 건강장해 발생 시 응급조치에 관한 사항을 포함한다)
③ <u>유해·위험 작업환경 관리</u>에 관한 사항
④ <u>산업안전보건법령 및 산업재해보상보험 제도</u>에 관한 사항
⑤ <u>직무스트레스 예방 및 관리</u>에 관한 사항

•)) 정답   12 ㉰   13 ㉯   14 ㉱   15 ㉱

⑥ 직장 내 괴롭힘, 고객의 폭언 등으로 인한 건강장해 예방 및 관리에 관한 사항
⑦ 위험성평가에 관한 사항
⑧ 작업공정의 유해·위험과 재해 예방대책에 관한 사항
⑨ 표준안전 작업방법 결정 및 지도·감독 요령에 관한 사항
⑩ 비상 시 또는 재해 발생 시 긴급조치에 관한 사항
⑪ 사업장 내 안전보건관리체제 및 안전·보건조치 현황에 관한 사항
⑫ 현장근로자와의 의사소통능력 및 강의능력 등 안전보건교육 능력 배양에 관한 사항
⑬ 그 밖의 관리감독자의 직무에 관한 사항

실력이 쑥쑥! 합격이 쑥쑥! **특급** 암기법

**공통 항목(관리감독자, 근로자)**
1. 관리자는 법, 산재보상제도를 알자.
2. 관리자는 건강을 보존(산업보건)하고 건강장해, 스트레스, 괴롭힘, 폭언 예방하자!
3. 관리자는 유해위험 환경을 관리해서 안전하고 산업재해 예방하자!
4. 관리자는 위험성을 평가하자!

**관리감독자 정기교육의 특징**
1. 관리자는 유해위험의 재해예방대책 세우자!
2. 관리자는 안전 작업방법 결정해서 감독하자!
3. 관리자는 재해발생 시 긴급조치하자!
4. 관리자는 안전보건 조치하자!
5. 관리자는 안전보건교육 능력 배양하자!

{분석}
실기까지 중요한 내용입니다. 암기하세요.

**16** 산업안전보건법령상 안전보건개선계획서에 개선을 위하여 포함되어야 하는 중점 개선 항목에 해당되지 않는 것은?

㉮ 시설
㉯ 기계장치
㉰ 작업 방법
㉱ 보호구 착용

**해설** 안전보건개선계획서에는 시설, 안전·보건관리체제, 안전·보건교육, 산업재해예방 및 작업환경의 개선을 위하여 필요한 사항이 포함되어야 한다.

**17** 산업안전보건법령상 안전·보건표지의 종류 중 기본모형(형태)이 다른 것은?

㉮ 방사성물질 경고
㉯ 폭발성물질 경고
㉰ 인화성물질 경고
㉱ 급성독성물질 경고

**해설**

| 방사성물질 경고 | 폭발성물질 경고 |
|---|---|
| | |
| 인화성물질 경고 | 급성독성물질 경고 |
| | |

**18** 재해원인 분석 시 고려해야 할 4M에 해당하지 않는 것은?

㉮ Man
㉯ Mechanism
㉰ Media
㉱ Management

**해설** 인간에러(휴먼 에러)의 배후요인(4M)
① Man(인간) : 본인 외의 사람, 직장의 인간관계 등
② Machine(기계) : 기계, 장치 등의 물적 요인
③ Media(매체) : 작업정보, 작업방법 등
④ Management(관리) : 작업관리, 법규준수, 단속, 점검 등

{분석}
실기까지 중요한 내용입니다. 암기하세요.

**19** 다음 중 재해예방의 4원칙에 관한 설명으로 틀린 것은?

㉮ 재해의 발생에는 반드시 원인이 존재한다.
㉯ 재해의 발생과 손실의 발생은 우연적이다.
㉰ 재해예방을 위한 가능한 안전대책은 반드시 존재한다.
㉱ 재해는 원인 제거가 불가능하므로 예방만이 최우선이다.

🔊 **정답** 16 ㉱ 17 ㉮ 18 ㉯ 19 ㉱

**해설** 산업재해 예방의 4원칙

① 예방 가능의 원칙 : 재해는 원칙적으로 원인만 제거되면 예방이 가능하다.

② 손실 우연의 원칙 : 사고의 결과 생기는 상해의 종류와 정도는 사고 발생시 사고대상의 조건에 따라 우연히 발생한다.

③ 대책 선정의 원칙 : 사고의 원인에 대한 적합한 대책이 선정되어야 한다.

④ 원인 연계의 원칙 : 재해는 직접원인과 간접원인이 연계되어 일어난다.

{분석}
실기까지 중요한 내용입니다.

**20** 모랄서베이(Morale Survey)의 주요 방법 중 태도조사법에 해당하지 않은 것은?

㉮ 질문지법  ㉯ 면접법
㉰ 통계법  ㉱ 집단토의법

**해설** 모랄서베이의 태도조사법(의견조사)

① 질문지법  ② 면접법
③ 집단토의법  ④ 투사법

## 제2과목 • 인간공학 및 위험성 평가 · 관리

**21** 어떤 작업을 수행하는 작업자의 배기량을 5분간 측정하였더니 100L이었다. 가스미터를 이용하여 배기 성분을 조사한 결과 산소가 20%, 이산화탄소 3%이었다. 이때 작업자의 분당 산소소비량(A)과 분당 에너지 소비량(B)은 약 얼마인가? (단, 흡기 공기 중 산소는 21vol%, 질소는 79vol%를 차지하고 있다)

㉮ A : 0.038L/min, B : 0.77kcal/min
㉯ A : 0.058L/min, B : 0.57kcal/min
㉰ A : 0.073L/min, B : 0.36kcal/min
㉱ A : 0.093L/min, B : 0.46kcal/min

**해설** ① 분당 배기량 $= \dfrac{100}{5} = 20(\ell/min)$

② 분당 흡기량

$= \dfrac{100 - 배기 \, 중 O_2 - 배기 \, 중 CO_2}{100 - 흡기 \, 중 O_2} \times 분당 \, 배기량$

$= \dfrac{100 - 20 - 3}{100 - 21} \times 20 = 19.49(\ell/min)$

[흡기와 배기 중 질소량은 변동이 없으므로(질소 흡기량 = 질소 배기량) 분당 흡기량은 분당 질소 배기량으로 계산한다.]

③ 분당 산소 소비량

= 분당 산소 흡기량 − 분당 산소 배기량

= (분당 흡기량 × 21%) − (분당 배기량 × 20%)

= (19.49 × 0.21) − (20 × 0.2) = 0.093($\ell$/min)

④ 분당 에너지 소비량

= 0.093 × 5 = 0.465kcal/min

(산소 1$\ell$의 에너지는 5kcal)

**22** 다음 중 음량 수준을 평가하는 척도와 관계없는 것은?

㉮ phon  ㉯ HSI
㉰ PLdB  ㉱ sone

**해설** 음량 수준 측정 척도

① phone에 의한 음량 수준
② sone에 의한 음량 수준
③ 인식소음 수준

{분석}
필기에 자주 출제되는 내용입니다.

**23** 다음 중 일반적으로 인간의 눈이 완전암조응에 걸리는데 소요되는 시간을 가장 잘 나타낸 것은?

㉮ 3~5분  ㉯ 10~15분
㉰ 30~40분  ㉱ 60~90분

**해설** ① 암조응 소요시간 : 30분
② 명조응 소요시간 : 3분

{분석}
필기에 자주 출제되는 내용입니다.

•)) **정답** 20 ㉰ 21 ㉱ 22 ㉯ 23 ㉰

**24** 다음 중 의자 설계 시 고려하여야 할 원리로 가장 적합하지 않은 것은?

㉮ 자세고정을 줄인다.
㉯ 조정이 용이해야 한다.
㉰ 디스크가 받는 압력을 줄인다.
㉱ 요추 부위의 후만곡선을 유지한다.

**[해설]** 의자 설계의 일반 원리

① 요추의 전만 곡선을 유지할 것
② 디스크의 압력을 줄인다.
③ 등 근육의 정적부하를 감소시킨다.
④ 자세고정을 줄인다.
⑤ 쉽게 조절할 수 있도록 설계할 것

{분석}
필기에 자주 출제되는 내용입니다.

**25** 산업안전보건법령상 유해·위험방지계획서의 심사 결과에 따른 구분·판정에 해당하지 않는 것은?

㉮ 적정
㉯ 일부적정
㉰ 부적정
㉱ 조건부적정

**[해설]** 유해위험 방지계획서 심사 결과의 구분

① 적정 : 근로자의 <u>안전과 보건을 위하여 필요한 조치가 구체적으로 확보되었다고 인정</u>되는 경우
② 조건부 적정 : 근로자의 <u>안전과 보건을 확보하기 위하여 일부 개선이 필요</u>하다고 인정되는 경우
③ 부적정 : 기계·설비 또는 건설물이 심사기준에 위반되어 <u>공사착공 시 중대한 위험발생의 우려가 있거나 계획에 근본적 결함이 있다고 인정</u>되는 경우

{분석}
실기까지 중요한 내용입니다. 암기하세요.

**26** 다음 중 기계 설비의 안전성 평가 시 정밀진단기술과 가장 관계가 먼 것은?

㉮ 파단면 해석
㉯ 강제열화 테스트
㉰ 파괴 테스트
㉱ 인화점 평가 기술

**[해설]** 기계 설비의 안전성 평가 시 정밀진단기술

① 파단면 해석
② 강제열화 테스트
③ 파괴 테스트

**27** 시스템 위험분석 기법 중 고장형태 및 영향분석(FMEA)에서 고장 등급의 평가요소에 해당되지 않는 것은?

㉮ 고장발생의 빈도
㉯ 고장의 영향 크기
㉰ 기능적 고장 영향의 중요도
㉱ 영향을 미치는 시스템의 범위

**[해설]** 고장 등급의 평가 요소

① 고장 영향의 중대도
② 고장의 발생 빈도
③ 고장 검출의 곤란도
④ 고장 방지의 곤란도
⑤ 고장 시정시간의 여유도
⑥ 영향을 미치는 시스템의 범위

**28** 다음 중 시스템 신뢰도에 관한 설명으로 옳지 않은 것은?

㉮ 시스템의 성공적 퍼포먼스를 확률로 나타낸 것이다.
㉯ 각 부품이 동일한 신뢰도를 가질 경우 직렬구조의 신뢰도는 병렬구조에 비해 신뢰도가 낮다.
㉰ 시스템의 병렬구조는 시스템의 어느 한 부품이 고장나면 시스템이 고장나는 구조이다.
㉱ $n$중 $k$구조는 $n$개의 부품으로 구성된 시스템에서 $k$개 이상의 부품이 작동하면 시스템이 정상적으로 가동되는 구조이다.

**•)) 정답** 24 ㉱ 25 ㉯ 26 ㉱ 27 ㉯ 28 ㉰

해설 ㉑ 병렬구조는 시스템의 요소 중 어느 한 부품이라 도 정상이면 시스템은 정상 가동한다.

참고 **설비의 신뢰도**
① 직렬연결
- 요소 중 하나가 고장이면 전체 시스템은 고장 이다.
- 전체 시스템의 수명은 요소 중 가장 짧은 것으로 결정된다.

신뢰도 $R_S = R_1 \times R_2 \times R_3$

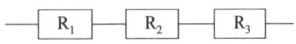

② 병렬연결
- 요소 중 하나만 정상이라도 전체 시스템은 정상 가동된다.
- 전체 시스템의 수명은 요소 중 가장 긴 것으로 결정된다.

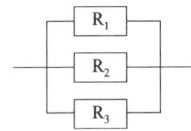

신뢰도 $R_S = 1-(1-R_1) \times (1-R_2) \times (1-R_3)$

{분석}
**필기에 자주 출제되는 내용입니다.**

**29** 설비관리 책임자 A는 동종 업종의 TPM 추진사례를 벤치마킹하여 설비관리 효율화를 꾀하고자 한다. 설비관리 효율화 중 작업자 본인이 직접 운전하는 설비의 마모율 저하를 위하여 설비의 윤활관리를 일상에서 직접 행하는 활동과 가장 관계가 깊은 TPM 추진단계는?

㉮ 개별개선 활동단계
㉯ 자주보전 활동단계
㉰ 계획보전 활동단계
㉱ 개량보전 활동단계

해설 ㉯ 자주보전 활동단계 : 작업자 자신이 운전하는 설비의 관리를 직접 행하는 활동

**30** FTA에 사용되는 논리게이트 중 조건부 사건이 발생하는 상황 하에서 입력 현상이 발생할 때 출력 현상이 발생하는 것은?

㉮ 억제 게이트
㉯ AND 게이트
㉰ 배타적 OR 게이트
㉱ 우선적 AND 게이트

해설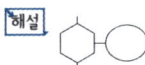

억제 게이트 : 입력 사상이 출력 사상을 생성하기 전에 특정 조건을 만족하여야 하는 게이트

{분석}
**필기에 자주 출제되는 내용입니다.**

**31** 다음 중 작업면상의 필요한 장소만 높은 조도를 취하는 조명 방법은?

㉮ 국소조명          ㉯ 완화조명
㉰ 전반조명          ㉱ 투명조명

해설 ① 전반조명 : 조명 기구를 일정한 높이와 간격으로 배치하여 작업장 전체를 균일하게 밝히는 조명방식
② 국부조명 : 필요한 곳만을 강하게 조명하는 조명법으로 정밀한 작업 또는 시력을 집중시켜 줄 수 있는 일에 사용하는 조명방식

{분석}
**필기에 자주 출제되는 내용입니다.**

**32** 다음 설명에 해당하는 온열조건의 용어는?

> 온도와 습도 및 공기 유동이 인체에 미치는 열효과를 하나의 수치로 통합한 경험적 감각지수로 상대습도 100%일 때의 건구온도에서 느끼는 것과 동일한 온감

㉮ Oxford          ㉯ 발한율
㉰ 실효온도          ㉱ 열압박 지수

**해설** 실효온도(감각온도, effective temperature) : 온도, 습도 및 공기 유동이 인체에 미치는 열효과를 하나의 수치로 통합한 경험적 감각지수로 상대습도 100%일 때의 건구온도에서 느끼는 것과 동일한 온감(溫感)이다.

{분석}
필기에 자주 출제되는 내용입니다.

## 33 다음의 FT도에서 정상사상 T의 발생확률은 얼마인가? (단, $X_1$, $X_2$, $X_3$의 발생확률은 모두 0.1이다)

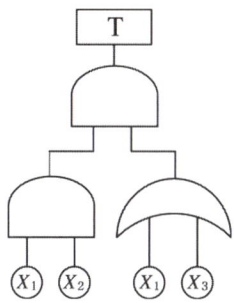

㉮ 0.0019
㉯ 0.01
㉰ 0.019
㉱ 0.0361

**해설** FT도에서 미니멀 컷을 구하며

$$T = (X_1 X_2) \begin{pmatrix} X_1 \\ X_3 \end{pmatrix}$$

$$= (X_1 X_2 X_1)(X_1 X_2 X_3)$$

$$= (X_1 X_2)(X_1 X_2 X_3)$$

미니멀 컷 $(X_1 X_2)$

미니멀 컷의 발생확률(= 정상사상의 발생확률)
$= 0.1 \times 0.1 = 0.01$

**참고** 중복사상이 있을 경우 정상사상의 발생확률 미니멀 컷을 구하며 미니멀 컷의 발생확률로 계산한다.

{분석}
필기에 자주 출제되는 내용입니다.

## 34 인간 – 기계 시스템에 관한 설명으로 틀린 것은?

㉮ 수동시스템에서 기계는 동력원을 제공하고 인간의 통제 하에서 제품을 생산한다.
㉯ 기계시스템에서는 고도로 통합된 부품들로 구성되어 있으며, 일반적으로 변화가 거의 없는 기능들을 수행한다.
㉰ 자동시스템에서 인간은 감시, 정비, 보전 등의 기능을 수행한다.
㉱ 자동시스템에서 인간요소를 고려하여야 한다.

**해설** ㉮ 수동시스템에서 인간이 동력원을 제공하고 수공구를 활용하는 시스템이다.

{분석}
필기에 자주 출제되는 내용입니다.

## 35 위험구역의 울타리 설계 시 인체 측정자료 중 적용해야 할 인체치수로 가장 적절한 것은?

㉮ 인체측정 최대치
㉯ 인체측정 평균치
㉰ 인체측정 최소치
㉱ 구조적 인체 측정치

**해설** 위험구역의 울타리 높이→ 최대 치수 설계

**참고** 인체계측 자료의 응용 3원칙
① 최대 치수와 최소 치수 설계(극단치 설계)
  • 최대 치수 또는 최소 치수를 기준으로 하여 설계한다.

| 최대 치수 설계의 예 | 최소 치수 설계의 예 |
|---|---|
| • 위험구역의 울타리 높이 <br> • 출입문의 높이 <br> • 그네줄의 인장 강도 | • 물건을 올리는 선반의 높이 <br> • 조정장치를 조정하는 힘 <br> • 조정장치까지의 조정거리 |

📢 정답 33 ㉯ 34 ㉮ 35 ㉮

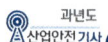
② 조절범위(조정)
- 체격이 다른 여러 사람에 맞도록 설계한다.
- **예** 침대, 의자 높낮이 조절, 자동차의 운전석 위치 조정

③ 평균치를 기준으로 한 설계
- 최대 치수나 최소 치수 조절식으로 하기가 곤란할 때 평균치를 기준으로 하여 설계한다.
- **예** 은행의 창구 높이

{분석}
필기에 자주 출제되는 내용입니다.

**36** 산업 현장의 생산설비의 경우 안전장치가 부착되어 있으나 생산성을 위해 제거하고 사용하는 경우가 있다. 설비 설계자는 고의로 안전장치를 제거하는 데에도 대비하여야 하는데 이러한 예방 설계 개념을 무엇이라 하는가?

㉮ fail safe
㉯ fool safety
㉰ lock out
㉱ Temper proof

해설 Temper proof : 안전장치를 제거하는 경우 제품이 작동되지 않도록 하는 설계

{분석}
필기에 자주 출제되는 내용입니다.

**37** 다음 중 FTA에 의한 재해사례 연구 순서에서 가장 먼저 실시하여야 하는 사항은?

㉮ FT도의 작성
㉯ 개선 계획의 작성
㉰ 톱(TOP)사상의 선정
㉱ 사상의 재해 원인의 규명

해설 FTA에 의한 재해사례 연구 순서

1단계 : 톱 사상의 설정
2단계 : 재해 원인 규명
3단계 : FT도의 작성
4단계 : 개선 계획의 작성

{분석}
필기에 자주 출제되는 내용입니다.

**38** 다음 중 인간공학에 대한 설명으로 틀린 것은?

㉮ 인간이 사용하는 물건, 설비, 환경의 설계에 적용된다.
㉯ 인간의 생리적, 심리적인 면에서의 특성이나 한계점을 고려한다.
㉰ 인간을 작업과 기계에 맞추는 설계 철학이 바탕이 된다.
㉱ 인간-기계 시스템의 안전성과 편리성, 효율성을 높인다.

해설 ㉰ 인간공학은 기계와 그 기계조작 및 환경조건을 인간의 특성에 맞추어 설계하기 위한 연구이다.

{분석}
필기에 자주 출제되는 내용입니다.

**39** 다음 중 작업관련 근골격계 질환 유해요인조사에 대한 설명으로 옳은 것은?

㉮ 사업장 내에서 근골격계부담작업 근로자가 5인 미만인 경우에는 유해요인조사를 실시하지 않아도 된다.
㉯ 유해요인조사는 근골격계 질환자가 발생할 경우에 3년마다 정기적으로 실시해야 한다.
㉰ 유해요인 조사는 사업장내 근골격계부담작업 중 50%를 샘플링으로 선정하여 조사한다.
㉱ 근골격계부담작업 유해요인조사에는 유해요인 기존조사와 근골격계 질환 증상조사가 포함된다.

해설 유해요인 조사

1) 근로자가 근골격계부담작업을 하는 경우에 <u>3년마다 다음 각 호의 사항에 대한 유해요인조사를 하여야 한다.</u> 다만, <u>신설되는 사업장의 경우에는 신설일로부터 1년 이내에 최초의 유해요인 조사를 하여야 한다.</u>

① 설비·작업공정·작업량·작업속도 등 <u>작업장 상황</u>

② 작업시간 · 작업자세 · 작업방법 등 <u>작업조건</u>
③ 작업과 관련된 <u>근골격계 질환 징후와 증상 유무</u> 등

2) 사업주는 <u>다음 각 호의 어느 하나에 해당하는 사유가 발생하였을 경우에 1개월 이내에 조사대상 및 조사방법 등을 검토하여 유해요인 조사를 해야 한다.</u> 다만, 근골격계질환에 대하여 최근 1년 이내에 유해요인 조사를 하고 그 결과를 반영하여 작업환경 개선에 필요한 조치를 한 경우는 제외한다.
① 임시건강진단 등에서 <u>근골격계질환자가 발생하였거나</u> 근로자가 <u>근골격계질환으로 업무상 질병으로 인정받은 경우</u>(근골격계부담작업이 아닌 작업에서 근골격계질환자가 발생하였거나 근골격계부담작업이 아닌 작업에서 발생한 근골격계질환에 대해 업무상 질병으로 인정 받은 경우를 포함한다)
② 근골격계<u>부담작업에 해당하는 새로운 작업 · 설비를 도입한 경우</u>
③ 근골격계<u>부담작업에 해당하는 업무의 양과 작업공정 등 작업환경을 변경한 경우</u>
3) 사업주는 <u>유해요인 조사에 근로자 대표 또는 해당 작업 근로자를 참여시켜야 한다.</u>

{분석}
**필기에 자주 출제되는 내용입니다.**

**40** 다음 중 시스템 안전 프로그램 계획(SSPP)에 포함되지 않아도 되는 사항은?

㉮ 안전조직   ㉯ 안전기준
㉰ 안전 종류   ㉱ 안전성 평가

해설 시스템 안전 프로그램 계획에 포함사항
① 계획의 개요
② <u>안전조직</u>
③ 계약 관련
④ 관련 부문과의 조정
⑤ <u>안전기준</u>
⑥ <u>안전 해석</u>
⑦ <u>안전성의 평가</u>
⑧ <u>안전 데이터의 수집과 분석</u>
⑨ <u>경과 및 결과의 분석</u>

{분석}
**필기에 자주 출제되는 내용입니다.**

제**3**과목 · 기계 · 기구 및 설비 안전 관리

**41** 산업용 로봇의 작동범위 내에서 해당 로봇에 대하여 교시 등 작업 시 예기치 못한 작동 및 오조작에 의한 위험을 방지하기 위하여 수립해야 하는 지침사항에 해당하지 않는 것은?

㉮ 로봇의 조작방법 및 순서
㉯ 작업 중의 매니퓰레이터의 속도
㉰ 로봇 구성품의 설계 및 조립방법
㉱ 2명 이상의 근로자에게 작업을 시킬 경우의 신호방법

해설 로봇 교시 등 작업 시의 안전 지침사항
① <u>로봇의 조작방법 및 순서</u>
② 작업 중의 <u>매니퓰레이터의 속도</u>
③ 2인 이상의 근로자에게 작업을 시킬 때의 <u>신호방법</u>
④ <u>이상을 발견한 때의 조치</u>
⑤ 이상을 발견하여 로봇의 운전을 정지시킨 후 이를 <u>재가동시킬 때의 조치</u>
⑥ 그 밖에 로봇의 <u>예기치 못한 작동 또는 오조작에 의한 위험을 방지하기 위하여 필요한 조치</u>

{분석}
**자주 출제되는 내용입니다.**

**42** 다음 중 지게차의 작업 상태별 안정도에 관한 설명으로 틀린 것은? (단, V는 최고 속도(km/h)이다)

㉮ 기준 부하상태에서 하역작업 시의 좌 · 우 안정도는 6%이다.
㉯ 기준 부하상태에서 하역작업 시의 전 · 후 안정도는 20%이다.
㉰ 기준 무부하상태에서 주행 시의 전 · 후 안정도는 18%이다.
㉱ 기준 무부하상태에서 주행 시의 좌 · 우 안정도는 $(15 + 1.1V)$%이다.

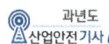

**[해설]** 지게차의 안정도

① 하역작업 시 전·후 안정도 : 4%
② 하역작업 시 좌·우 안정도 : 6%
③ 주행작업 시 전·후 안정도 : 18%
④ 주행작업 시 좌·우 안정도 : (15 + 1.1V)%
　V : 최고 속도(km/h)

{분석}
실기까지 중요한 내용입니다.

**43** 다음 중 선반 작업에 대한 안전수칙으로 틀린 것은?

㉮ 작업 중 장갑, 반지 등을 착용하지 않도록 한다.
㉯ 보링 작업 중에는 칩(chip)을 제거하지 않는다.
㉰ 가공물이 길 때에는 심압대로 지지하고 가공한다.
㉱ 일감의 길이가 직경의 5배 이내의 짧은 경우에는 방진구를 사용한다.

**[해설]** ㉱ 공작물의 길이가 직경의 12~20배 이상일 때 방진구를 사용하여 재료를 고정할 것

**44** 다음 중 프레스 작업에서 제품을 꺼낼 경우 파쇄 철을 제거하기 위하여 사용하는데 가장 적합한 것은?

㉮ 걸레
㉯ 칩 브레이커
㉰ 스토커
㉱ 압축공기

**[해설]** 프레스에서 제품을 꺼낼 때 파쇄 철을 제거하기 위해 사용 → 압축공기

**45** 다음 중 음향방출 시험에 대한 설명으로 틀린 것은?

㉮ 가동 중 검사가 가능하다.
㉯ 온도, 분위기 같은 외적 요인에 영향을 받는다.
㉰ 결함이 어떤 중대한 손상을 초래하기 전에 검출할 수 있다.
㉱ 재료의 종류나 물성 등의 특성과는 관계없이 검사가 가능하다.

**[해설]** 음향방출시험의 단점 요인

① 내적요인 – 재료의 종류나 물성, 내재하는 불안정한 결함의 종류나 양의 영향 받음
② 외적요인 – 하중, 온도의 영향 받음

**[참고]** 음향방출 시험

고체가 변형 또는 파괴될 때 그때까지 저장되어 있던 스트레인 에너지가 해방되며 탄성파를 발생하는 현상을 이용하여 실시하는 비파괴검사법

**46** 다음 중 공장 소음에 대한 방지계획에 있어 음원에 대한 대책에 해당하지 않는 것은?

㉮ 해당 설비의 밀폐
㉯ 설비실의 차음벽 시공
㉰ 작업자의 보호구 착용
㉱ 소음기 및 흡음장치 설치

**[해설]** ㉰ 보호구 착용은 음원은 그대로 둔 채 작업자의 피해를 줄이기 위한 조치이다.

**47** 다음은 산업안전보건기준에 관한 규칙상 아세틸렌 용접장치에 관한 설명이다. ( )안에 공통으로 들어갈 내용으로 옳은 것은?

> • 사업주는 아세틸렌 용접장치의 취관마다 ( )를 설치하여야 한다.
> • 사업주는 가스용기가 발생기와 분리되어 있는 아세틸렌 용접장치에 대하여 발생기와 가스용기 사이에 ( )를 설치하여야 한다.

㉮ 분기장치
㉯ 자동발생 확인장치
㉰ 안전기
㉱ 유수 분리장치

**해설** 안전기의 설치

① 아세틸렌 용접장치의 <u>취관마다 안전기를 설치</u>하여야 한다. 다만, 주관 및 취관에 가장 가까운 분기관마다 안전기를 부착한 경우에는 그러하지 아니하다.
② 가스용기가 발생기와 분리되어 있는 아세틸렌 용접장치에 대하여는 <u>발생기와 가스용기 사이에 안전기를 설치</u>하여야 한다.

**48** 단면 6×10cm인 목재가 4,000kg의 압축하중을 받고 있다. 안전율을 5로 하면 실제 사용응력은 허용응력의 몇 %나 되는가? (단, 목재의 압축강도는 500kg/cm²)

㉮ 33.3  ㉯ 66.7
㉰ 99.5  ㉱ 250

**해설** 실제 목재가 받고 있는

1. 안전율 $= \dfrac{압축강도}{허용응력}$

   허용응력 $= \dfrac{압축강도}{안전율} = \dfrac{500}{5} = 100kg/cm^2$

2. 압축강도 $= \dfrac{압축하중}{단면적} = \dfrac{4,000}{6 \times 10} = 66.67kg/cm^2$

3. $\dfrac{66.67}{100} \times 100 = 66.67\%$

**49** 다음 중 플레이너(planer) 작업 시 안전수칙으로 틀린 것은?

㉮ 바이트(bite)는 되도록 길게 나오도록 설치한다.
㉯ 테이블 위에는 기계작동 중에 절대로 올라가지 않는다.
㉰ 플레이너의 프레임 중앙부에 있는 비트(bit)에 덮개를 씌운다.
㉱ 테이블의 이동범위를 나타내는 안전 방호울을 세워 놓아 재해를 예방한다.

**해설** ㉮ 바이트는 가급적 짧게 설치한다.

**50** 다음 중 기계설비에서 반대로 회전하는 두 개의 회전체가 맞닿는 사이에 발생하는 위험점을 무엇이라 하는가?

㉮ 물림점(nip point)
㉯ 협착점(squeeze point)
㉰ 접선물림점(tangential point)
㉱ 회전말림점(trapping point)

**해설** 반대로 회전하는 두 개의 회전체에 물려 들어가는 위험점 → 물림점

**참고** ① 협착점 : 왕복운동 부분과 고정부분 사이에서 형성되는 위험점
② 접선물림점 : 회전하는 부분의 접선 방향으로 물려 들어가는 위험점
③ 회전말림점 : 회전하는 물체에 작업복, 머리카락 등이 말려 들어가는 위험점

{분석}
실기까지 중요한 내용입니다. 암기하세요.

**정답** 47 ㉰  48 ㉯  49 ㉮  50 ㉮

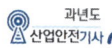
**51** 상용운전압력 이상으로 압력이 상승할 경우, 보일러의 과열을 방지하기 위하여 최고 사용 압력과 상용압력 사이에서 보일러의 버너 연소를 차단하여 열원을 제거하여 정상 압력으로 유도하는 보일러의 방호장치는?

㉮ 압력방출장치
㉯ 고저 수위 조절장치
㉰ 언로우드밸브
㉱ 압력제한 스위치

[해설] 보일러의 과열을 방지하기 위하여 최고사용압력과 상용압력 사이에서 보일러의 버너연소를 차단할 수 있도록 압력제한 스위치를 부착하여야 한다.

[참고] 보일러의 방호장치
① 압력방출장치
② 압력제한 스위치
③ 고저 수위 조절장치
④ 화염검출기

{분석}
실기까지 중요한 내용입니다. 암기하세요.

**52** 다음 중 포터블 벨트 컨베이어(potable belt conveyor) 운전 시 준수사항으로 적절하지 않은 것은?

㉮ 공회전하여 기계의 운전상태를 파악한다.
㉯ 정해진 조작 스위치를 사용하여야 한다.
㉰ 운전 시작 전 주변 근로자에게 경고하여야 한다.
㉱ 하물 적치 후 몇 번씩 시동, 정지를 반복 테스트한다.

[해설] ㉱ 하물을 적치한 상태에서 시동, 정지 테스트를 하여서는 안 된다.

**53** 프레스의 방호장치 중 광전자식 방호장치에 관한 설명으로 틀린 것은?

㉮ 연속 운전 작업에 사용할 수 있다.
㉯ 핀 클러치 구조의 프레스에 사용할 수 있다.
㉰ 기계적 고장에 의한 2차 낙하에는 효과가 없다.
㉱ 시계를 차단하지 않기 때문에 작업에 지장을 주지 않는다.

[해설] ㉯ 감응식(광전자식)은 마찰식 프레스에 사용할 수 있으나 크랭크식 프레스에는 사용할 수 없다.

**54** 드릴링 머신에서 축의 회전수가 1000rpm이고, 드릴 지름이 10mm일 때 드릴의 원주 속도는 약 얼마인가?

㉮ 6.28m/min
㉯ 31.4m/min
㉰ 62.8m/min
㉱ 314m/min

[해설]

$$V(\text{m/min}) = \frac{\pi \times D \times N}{1,000}$$

여기서 $V$ : 표면속도
$D$ : 드릴의 직경(mm)
$N$ : 1분 간 드릴이 회전되는 수(rpm)

$$V = \frac{\pi \times D \times N}{1,000} = \frac{\pi \times 10 \times 1,000}{1,000} = 31.4\text{m/min}$$

{분석}
실기까지 중요한 내용입니다.

정답 51 ㉱ 52 ㉱ 53 ㉯ 54 ㉯

**55** 크레인용 와이어로프에서 보통꼬임이 랭꼬임에 비하여 우수한 점은?

㉮ 수명이 길다.

㉯ 킹크의 발생이 적다.

㉰ 내마모성이 우수하다.

㉱ 소선의 접촉 길이가 길다.

[해설] **와이어로프 꼬임의 종류**

① 보통꼬임

- 스트랜드 꼬임방향과 로프의 꼬임 방향이 반대인 것
- 랑그꼬임에 비해 더 한층 유연하여 EYE 작업을 쉽게 할 수 있다.
- 로프자체의 변형이 적다.
- 킹크가 잘 생기지 않는다.
- 하중을 걸었을 때 저항성이 크다.

② 랑그(랭)꼬임

- 스트랜드 꼬임 방향과 로프의 꼬임 방향이 같은 방향인 것
- 보통꼬임의 로프보다 사용 시 표면전체가 균일하게 마모됨으로 인하여 수명이 길다.
- 내마모성, 유연성, 내피로성이 우수하다.

**56** 와이어로프의 표기에서 "6×19" 중 숫자 "6"이 의미하는 것은?

㉮ 소선의 지름(mm)

㉯ 소선의 수량(wire수)

㉰ 꼬임의 수량(strand수)

㉱ 로프의 인장강도($kg/cm^2$)

[해설] **와이어로프의 표시**

> "6 × 19"
>
> 여기서 6 : 꼬임(가닥, 자승, 스트랜드)의 수
> 19 : 소선의 수량

**57** 개구면에서 위험점까지의 거리가 50mm 위치에 풀리(pully)가 회전하고 있다. 가드(Guard)의 개구부 간격으로 설정할 수 있는 최대값은?

㉮ 9.0mm  ㉯ 12.5mm

㉰ 13.5mm  ㉱ 25mm

[해설]

| 가드의 개구 간격 | 일방 평행 보호망의 개구 간격 |
|---|---|
| ① X〈160mm일 경우 $Y = 6 + 0.15 \times X$ ② X≧160mm일 경우 $Y = 30mm$ 여기서, X : 안전거리(위험점에서 가드까지의 거리)(mm) Y : 가드의 최대 개구 간격(mm) | ① $Y = 6 + 0.1 \times X$ 여기서, X : 안전거리(mm) Y : 가드의 최대 개구 간격(mm) |

$$Y = 6 + 0.15 \times X = 6 + 0.15 \times 50 = 13.5mm$$

{분석}
실기에도 자주 출제되는 내용입니다.

**58** 다음 중 프레스 또는 전단기 방호장치의 종류와 분류 기호가 올바르게 연결된 것은?

㉮ 가드식 : C

㉯ 손쳐내기식 : B

㉰ 광전자식 : D−1

㉱ 양수소삭식 : A−1

[해설] ① 가드식 : C

② 광전자식 : A−1, A−2

③ 손쳐내기식 : D

④ 양수조작식 : B−1, B−2

·)) 정답 55 ㉯ 56 ㉰ 57 ㉰ 58 ㉮

**59** 다음 중 롤러기의 방호장치에 있어 복부로 조작하는 급정지장치의 위치로 가장 적당한 것은?

㉮ 밑면으로부터 1.8m 이내

㉯ 밑면으로부터 2.0m 이내

㉰ 밑면으로부터 0.8m 이상 1.1m 이내

㉱ 밑면으로부터 0.4m 이상 0.6m 이내

**해설** 조작부의 설치 위치에 따른 급정지장치의 종류

| 종류 | 설치 위치 |
|---|---|
| 손 조작식 | 밑면에서 1.8m 이내 |
| 복부 조작식 | 밑면에서 0.8m 이상 1.1m 이내 |
| 무릎 조작식 | 밑면에서 0.6m 이내(밑면으로부터 0.4m 이상 0.6m 이내) |

비고 : 위치는 급정지장치의 조작부의 중심점을 기준

{분석}
실기에도 자주 출제되는 내용입니다.

**60** 다음 중 용접결함의 종류에 해당하지 않는 것은?

㉮ 비드(bead)

㉯ 기공(blow hole)

㉰ 언더컷(under cut)

㉱ 용입 불량(incomplete penetration)

**해설** 용접결함의 종류

① 크랙 : 용접 터짐, 균열이 발생하는 현상

② Blow hole (기공) : 용접부에 공기구멍이 발생하는 현상

③ slag 혼입 : 융합부에 부스러기가 잔존하는 현상

④ Crater (항아리) : 용접시 끝이 오목하게 패이는 현상

⑤ Under Cut : 과대전류가 원인으로 용입부족으로 모재가 파이는 현상

⑥ pit : 용접부 표면에 생기는 작은 기포 구멍이 발생하는 현상

⑦ 용입 불량 : 모재가 완전 용입되지 않은 현상(녹지 않음)

⑧ fish eye(은점) : 반점이 발생하는 현상

⑨ over lap : 모재가 겹쳐지는 현상

⑩ over hang : 융착금속이 흘러내리는 현상

⑪ 스패터(spatter) : 용용된 금속의 작은 입자가 튀어나와 모재에 묻어있는 것

---

**제4과목** 전기설비 안전 관리

**61** 전기에 의한 감전사고를 방지하기 위한 대책이 아닌 것은?

㉮ 전기설비에 대한 보호접지

㉯ 전기기기에 대한 정격표시

㉰ 전기설비에 대한 누전차단기 설치

㉱ 충전부가 노출된 부분에는 절연방호구를 사용

**해설** 감전방지 대책

① 전기설비의 필요한 부분에 보호접지를 한다.

② 노출된 충전부에 절연용 방호구를 설치하는 등 충전부를 절연, 격리한다.

③ 설비의 사용 전압을 될 수 있는 한 낮춘다.

④ 전기기기에 누전차단기를 설치한다.

⑤ 전기기기 조작의 안전화를 위해 전기기기 설비를 개선한다.

⑥ 전기설비를 전기기기를 적절한 상태로 유지하기 위해 점검보수한다.

⑦ 근로자 안전교육을 실시하여 전기의 위험성을 강조한다.

⑧ 전기 취급 작업 근로자에게 절연용 보호구를 착용토록 한다.

⑨ 유자격자 이외에는 전기 기계, 기구의 조작을 금지한다.

**62** 변압기의 중성점 접지 저항값으로 올바른 것은?

㉮ 일반적인 경우 : $\dfrac{150}{1선지락전류}$ Ω 이하

㉯ 변압기의 고압·특고압측 전로 또는 사용전압이 35kV 이하의 특고압 전로가 저압측 전로와 혼촉하고 저압전로의 대지전압이 150V를 초과하는 경우로서 1초 초과 2초 이내에 고압·특고압 전로를 자동으로 차단하는 장치를 설치할 때 : $\dfrac{150}{1선지락전류}$ Ω 이하

㉰ 변압기의 고압·특고압측 전로 또는 사용전압이 35kV 이하의 특고압 전로가 저압측 전로와 혼촉하고 저압전로의 대지전압이 150V를 초과하는 경우로서 1초 이내에 고압·특고압 전로를 자동으로 차단하는 장치를 설치할 때 : $\dfrac{300}{1선지락전류}$ Ω 이하

㉱ 일반적인 경우 : $\dfrac{250}{1선지락전류}$ Ω 이하

**[해설]** 변압기의 중성점 접지 저항값

① 일반적인 경우 : $\dfrac{150}{1선지락전류}$ Ω 이하

② 변압기의 고압·특고압측 전로 또는 사용전압이 35kV 이하의 특고압전로가 저압측 전로와 혼촉하고 저압전로의 대지전압이 150V를 초과하는 경우

• 1초 초과 2초 이내에 고압·특고압 전로를 자동으로 차단하는 장치를 설치할 때 : $\dfrac{300}{1선지락전류}$ Ω 이하

• 1초 이내에 고압·특고압 전로를 자동으로 차단하는 장치를 설치할 때 : $\dfrac{600}{1선지락전류}$ Ω 이하

{분석}
관련 규정의 변경으로 문제를 수정하였습니다.
실기까지 중요한 내용입니다.

**63** 정전기 발생에 영향을 주는 요인으로 볼 수 없는 것은?

㉮ 물체의 특성
㉯ 물체의 표면 상태
㉰ 물체의 분리력
㉱ 접촉시간

**[해설]** 정전기 발생에 영향을 주는 요인

| 물체의 특성 | 대전서열에서 멀리 있는 물체들끼리 마찰할수록 발생량이 많다. |
|---|---|
| 물체의 표면 상태 | 표면이 거칠수록, 표면이 수분, 기름 등에 오염될수록 발생량이 많다. |
| 물체의 이력 | 처음 접촉, 분리할 때 정전기 발생량이 최고이고, 반복될수록 발생량은 줄어든다. |
| 접촉 면적 및 압력 | 접촉 면적이 넓을수록, 접촉압력이 클수록 발생량이 많다. |
| 분리 속도 | 분리속도가 빠를수록 발생량이 많다. |

**64** 과전류에 의한 전선의 허용전류보다 큰 전류가 흐르는 경우 절연물이 화구가 없더라도 자연히 발화하고 심선이 용단되는 발화단계의 전선 전류밀도($A/mm^2$)로 옳은 것은?

㉮ 20~43
㉯ 43~60
㉰ 60~120
㉱ 120~180

**[해설]** 절연전선의 과대전류

• 인화단계 : 40~43$A/mm^2$
• 착화단계 : 43~60$A/mm^2$
• 발화단계 : 60~120$A/mm^2$
• 순간용단 : 120$A/mm^2$ 이상

**정답** 62 ㉮ 63 ㉱ 64 ㉰

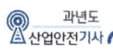
**65** 금속제 외함을 가지는 사용 전압이 60V 를 초과하는 저압의 기계 기구로서 사람이 쉽게 접촉할 우려가 있는 장소에 시설하는 것에 전기를 공급하는 전로에 지락이 발생하였을 때 자동적으로 전로를 차단하는 누전 차단기를 설치하여야 한다. 누전 차단기를 설치하지 않는 경우는?

㉮ 기계·기구를 습한 장소에 시설하는 경우
㉯ 기계·기구가 유도 전동기의 2차측 전로에 접속된 저항기인 경우
㉰ 대지전압이 200V 이하인 기계·기구를 물기가 있는 곳에 시설하는 경우
㉱ 기계·기구를 건조한 장소에 시설하고 습한 장소에서 조작하는 경우로 제어 전압이 교류 100V 미만인 경우

해설 ㉮, ㉰, ㉱는 물기가 있는 습한 장소에 시설하거나 사용하는 경우로 반드시 누전차단기를 설치하여야 한다.

참고 **누전 차단기를 설치해야 하는 기계·기구**

① 대지전압이 150볼트를 초과하는 이동형 또는 휴대형 전기기계·기구
② 물 등 도전성이 높은 액체가 있는 습윤장소에서 사용하는 저압용 전기기계·기구
③ 철판·철골 위 등 도전성이 높은 장소에서 사용하는 이동형 또는 휴대형 전기기계·기구
④ 임시배선의 전로가 설치되는 장소에서 사용하는 이동형 또는 휴대형 전기기계·기구

**66** 인체의 전기저항 R을 1,000Ω이라고 할 때 위험한계 에너지의 최저는 약 몇 J인가? (단, 통전시간은 1초이다)

㉮ 17.23    ㉯ 27.23
㉰ 37.23    ㉱ 47.23

해설 1. $Q = I^2 \times R \times T$

$$= (\frac{165}{\sqrt{1}} \times 10^{-3})^2 \times 1,000 \times 1$$

$$= 27.23(J)$$

2. 인체 저항이 500Ω일 때의 에너지 → 13.61J
인체 저항이 1,000Ω일 때의 에너지 → 13.61×2
= 27.23J(저항과 에너지는 비례)

**67** 계약전력 500kW, 수전전압 22.9kV, 2차 전압 220V, 3상인 저압측에서 임의 상에 접지를 하고자 할 경우 접지저항의 최고값은? (단, 변압기 1차측 1선 지락전류는 15A이고, 기타의 조건은 무시한다)

㉮ 5Ω 이하      ㉯ 10Ω 이하
㉰ 15Ω 이하     ㉱ 100Ω 이하

해설 변압기의 1선 지락전류가 15A이므로

접지저항 = $\frac{150}{1선지락전류} = \frac{150}{15} = 10(\Omega)$

참고 일반적으로 변압기의 고압·특고압측 전로 1선 지락전류로 150을 나눈 값과 같은 저항값 이하 ($\frac{150}{1선지락전류}$ Ω 이하)로 한다.

**68** 감전 사고를 일으키는 주된 형태가 아닌 것은?

㉮ 충전전로에 인체가 접촉되는 경우
㉯ 이중절연 구조로 된 전기기계·기구를 사용하는 경우
㉰ 고전압의 전선로에 인체가 근접하여 섬락이 발생된 경우
㉱ 충전 전기회로에 인체가 단락회로의 일부를 형성하는 경우

해설 ㉯ 2중 절연구조를 사용하는 경우 감전을 방지할 수 있다.

•)) 정답 65 ㉱ 66 ㉯ 67 ㉯ 68 ㉯

**69** 내압방폭구조의 필요충분조건에 대한 사항으로 틀린 것은?

㉮ 폭발화염이 외부로 유출되지 않을 것
㉯ 습기침투에 대한 보호를 충분히 할 것
㉰ 내부에서 폭발한 경우 그 압력에 견딜 것
㉱ 외함의 표면온도가 외부의 폭발성가스를 점화하지 않을 것

**해설** 내압방폭구조 : 점화원에 의해 용기내부에서 폭발이 발생할 경우 용기가 폭발압력에 견딜 수 있고, 화염이 용기 외부의 폭발성 분위기로 전파되지 않으며, 외함의 표면온도가 외부의 폭발성가스를 점화하지 않도록 한 방폭구조

**70** 정전작업 시 작업 전 조치하여야 할 실무 사항으로 틀린 것은?

㉮ 단락 접지기구의 철거
㉯ 잔류전하의 방전
㉰ 검전기에 의한 정전확인
㉱ 개로개폐기의 잠금 또는 표시

**해설** ㉮ 단락 접지기구를 설치하여야 한다.

**참고** 정전작업 전 조치사항
① 전기기기 등에 공급되는 모든 전원을 관련 도면, 배선도 등으로 확인할 것
② 전원을 차단한 후 각 단로기 등을 개방하고 확인할 것
③ 차단장치나 단로기 등에 잠금장치 및 꼬리표를 부착할 것
④ 전기기기 등은 접촉하기 전에 잔류전하를 완전히 방전시킬 것
⑤ 검전기를 이용하여 작업 대상 기기가 충전되었는지를 확인할 것
⑥ 전기기기 등이 다른 노출 충전부와의 접촉, 유도 또는 예비동력원의 역송전 등으로 전압이 발생할 우려가 있는 경우에는 충분한 용량을 가진 단락 접지기구를 이용하여 접지할 것

**71** 전기로 인한 위험방지를 위하여 전기기계·기구를 적정하게 설치하고자 할 때의 고려사항이 아닌 것은?

㉮ 전기적·기계적 방호수단의 적정성
㉯ 습기, 분진 등 사용 장소의 주위 환경
㉰ 비상전원설비의 구비와 접지극의 매설깊이
㉱ 전기기계·기구의 충분한 전기적 용량 및 기계적 강도

**해설** 전기기계·기구의 설치 시 고려 사항(전기 기계·기구의 적정 설치)
① 전기기계·기구의 충분한 전기적 용량 및 기계적 강도
② 습기·분진 등 사용 장소의 주위 환경
③ 전기적·기계적 방호수단의 적정성

**72** 인체에 정전기가 대전되어 있는 전하량이 어느 정도 이상이 되면 방전할 때 인체가 통증을 느끼게 되는가?

㉮ $2 \sim 3 \times 10^{-3}$C
㉯ $2 \sim 3 \times 10^{-5}$C
㉰ $2 \sim 3 \times 10^{-7}$C
㉱ $2 \sim 3 \times 10^{-9}$C

**해설** 전하량 $2 \sim 3 \times 10^{-7}$C에서 인체는 통증을 느낀다.

**73** 활선장구 중 활선시메라의 사용 목적이 아닌 것은?

㉮ 충전 중인 전선을 장선할 때
㉯ 충전 중인 전선의 변경작업을 할 때
㉰ 활선작업으로 애자 등을 교환할 때
㉱ 특고압 부분의 검전 및 잔류전하를 방전할 때

**정답** 69 ㉯  70 ㉮  71 ㉰  72 ㉰  73 ㉱

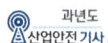

**74** 내측원통의 반경이 $r$ 이고 외측원통의 반경이 $R$ 인 원통간극($r/R < e^{-1}(=0.368)$)에서 인가전압이 $V$ 인 경우 최대 전계가 $E_r = \dfrac{V}{r\ell n\,(R/r)}$ 이다. 인가전압을 간극 간 공기의 절연파괴전압 전까지 낮은 전압에서 서서히 증가할 때의 설명으로 틀린 것은?

㉮ 최대전계가 감소한다.
㉯ 안정된 코로나 방전이 존재할 수 있다.
㉰ 외측원통의 반경이 증대되는 효과가 있다.
㉱ 내측원통 표면부터 코로나 방전 발생 시작된다.

**[해설]** ㉰ 외측원통의 반경이 감소되는 효과가 있다.

**75** 가연성가스를 사용하는 시설에는 방폭구조의 전기기기를 사용하여야 한다. 전기기기의 방폭구조의 선택은 가연성 가스의 무엇에 의해서 좌우되는가?

㉮ 인화점, 폭굉 한계
㉯ 폭발한계, 폭발등급
㉰ 발화도, 최소발화에너지
㉱ 화염일주한계, 발화온도

**[해설]** 방폭전기기기의 선정 시 고려 사항
① 방폭전기기기가 설치될 지역의 방폭지역 등급 구분
② 가스 등의 발화온도
③ 내압방폭구조의 경우 최대 안전틈새 (화염일주한계)
④ 본질 안전방폭 구조의 경우 최소점화 전류
⑤ 압력방폭구조, 유입방폭구조, 안전증 방폭구조의 경우 최고 표면온도
⑥ 방폭전기기기가 설치될 장소의 주변 온도, 표고 또는 상대습도, 먼지, 부식성 가스 또는 습기 등의 환경조건

**76** 다음 중 전기화재 시 소화에 적합한 소화기가 아닌 것은?

㉮ 사염화탄소 소화기
㉯ 분말 소화기
㉰ 산알칼리 소화기
㉱ $CO_2$ 소화기

**[해설]** ㉰ 산알칼리 소화기는 냉각소화로 전기화재에는 적합하지 않다.

**[참고]** 화재의 구분 및 적합한 소화기

| 구분<br>등급 | 화재의 구분 | 표시 색 | 소화기의 종류 |
|---|---|---|---|
| A급 | 일반<br>가연물화재<br>(종이, 섬유,<br>목재 등) | 백색 | 물소화기,<br>산알칼리소화기,<br>강화액소화기 |
| B급 | 유류화재 | 황색 | 분말소화기,<br>포말소화기,<br>이산화탄소<br>(탄산가스)소화기 |
| C급 | 전기화재<br>(발전기,<br>변압기 등) | 청색 | 분말소화기,<br>이산화탄소<br>(탄산가스)소화기,<br>할로겐 화합물 소화기 |
| D급 | 금속화재<br>(금속분 등) | 무색,<br>표시없음 | 팽창질석,<br>팽창진주암, 건조사 |

**77** 정상적으로 회전 중에 전기 스파크를 발생시키는 전기 설비는?

㉮ 개폐기류
㉯ 제어기류의 개폐접점
㉰ 전동기의 슬립링
㉱ 보호계전기의 전기접점

**[해설]** 전동기의 슬립링은 정상 시에도 전기 스파크를 발생시킨다.

**78** 인체의 감전 사고 방지책으로써 가장 좋은 방법은?

㉮ 중성선을 접지한다.
㉯ 단상 3선식을 채택한다.
㉰ 변압기의 1, 2차를 접지한다.
㉱ 계통을 비접지방식으로 한다.

[해설] 감전을 방지하기 위한 가장 좋은 방법은 계통을 비접지방식으로 하는 것이다.

**79** 이탈전류에 대한 설명으로 옳은 것은?

㉮ 손발을 움직여 충전부로부터 스스로 이탈할 수 있는 전류
㉯ 충전부에 접촉했을 때 근육이 수축을 일으켜 자연히 이탈되는 전류의 크기
㉰ 누전에 의해 전류가 선로로부터 이탈되는 전류로서 측정기를 통해 측정 가능한 전류
㉱ 충전부에 사람이 접촉했을 때 누전차단기가 작동하여 사람이 감전되지 않고 이탈할 수 있도록 정한 차단기의 작동전류

[해설] 이탈가능 전류 : 전원으로부터 스스로 떨어질 수 있는 최대의 전류 치

**80** 교류 아크 용접기의 전격방지장치에서 시동감도에 관한 용어의 정의를 옳게 나타낸 것은?

㉮ 용접봉을 모재에 접촉시켜 아크를 발생시킬 때 전격방지장치가 동작할 수 있는 용접기의 2차측 최대저항을 말한다.
㉯ 안전전압(24V 이하)이 2차측 전압(85 ~95V)으로 얼마나 빨리 전환되는가 하는 것을 말한다.

㉰ 용접봉을 모재로부터 분리시킨 후 주 접점이 개로되어 용접기의 2차측 전압이 무부하전압(25V 이하)으로 될 때까지의 시간을 말한다.
㉱ 용접봉에서 아크를 발생시키고 있을 때 누설전류가 발생하면 전격방지장치를 작동시켜야 할지 운전을 계속해야 할지를 결정해야 하는 민감도를 말한다.

[해설] 시동감도 : 아크를 발생시켜 전격방지장치가 동작할 수 있는 용접기의 2차측 최대저항

제5과목    **화학설비 안전 관리**

**81** 다음 중 반응 또는 운전압력이 3psig 이상인 경우 압력계를 설치하지 않아도 무관한 것은?

㉮ 반응기
㉯ 탑조류
㉰ 밸브류
㉱ 열교환기

[해설] 밸브류에는 압력계를 설치하지 않아도 무관하다.

**82** 다음 중 광분해 반응을 일으키기 가장 쉬운 물질은?

㉮ $AgNO_3$
㉯ $Ba(NO_3)_2$
㉰ $Ca(NO_3)_2$
㉱ $KNO_3$

[해설] 질산은($AgNO_3$) 용액 : 빛에 의해 광분해 반응을 일으키므로 햇빛을 피하여 저장하여야 한다.

🔊 정답  78 ㉱  79 ㉮  80 ㉮  81 ㉰  82 ㉮

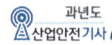
**83** 다음 관(pipe) 부속품 중 관로의 방향을 변경하기 위하여 사용하는 부속품은?

㉮ 니플(nipple)　　㉯ 유니온(union)

㉰ 플랜지(flange)　　㉱ 엘보우(elbow)

> **해설** 관로방향 변경 : 엘보우, Y형 관이음쇠, 티, 십자 사용

> **참고** 관의 부속품
> ① 2개관의 연결 : 플랜지, 유니언, 니플, 소켓 사용
> ② 관의 지름 변경 : 리듀서, 부싱 사용
> ③ 유로차단 : 플러그, 밸브, 캡

**84** 공기 중 아세톤의 농도가 200ppm(TLV 500ppm), 메틸에틸케톤(MEK)의 농도가 100ppm(TLV 200ppm)일 때 혼합물질의 허용농도는 약 몇 ppm인가?
(단, 두 물질은 서로 상가작용을 하는 것으로 가정한다)

㉮ 150　　　　　㉯ 200

㉰ 270　　　　　㉱ 333

> **해설**
>
> 1. 노출지수 $EI = \dfrac{C_1}{T_1} + \dfrac{C_2}{T_2} + ... + \dfrac{C_n}{T_n}$
>
> 여기서 $C$ : 화학물질 각각의 측정치
> $\qquad T$ : 화학물질 각각의 노출기준
> $\qquad EI > 1$ : 노출기준을 초과함
>
> 2. 혼합물의 TLV−TWA
> $$TLV-TWA = \dfrac{C_1 + C_2 + ... + C_n}{EI}$$

1. 노출지수 $EI = \dfrac{C_1}{T_1} + \dfrac{C_2}{T_2} + ... + \dfrac{C_n}{T_n}$

$\qquad = \dfrac{200}{500} + \dfrac{100}{200} = 0.9$

2. 혼합물의 TLV−TWA

$\qquad TLV-TWA = \dfrac{C_1 + C_2 + ... + C_n}{EI}$

$\qquad\qquad = \dfrac{200+100}{0.9} = 333.33\text{ppm}$

**85** 다음 중 제시한 두 종류 가스가 혼합될 때 폭발 위험이 가장 높은 것은?

㉮ 염소, $CO_2$

㉯ 염소, 아세틸렌

㉰ 질소, $CO_2$

㉱ 질소, 암모니아

**86** 다음 중 공업용 가연성 가스 및 독성가스의 저장 용기 도색에 관한 설명으로 옳은 것은?

㉮ 아세틸렌가스는 적색으로 도색한 용기를 사용한다.

㉯ 액화염소가스는 갈색으로 도색한 용기를 사용한다.

㉰ 액화석유가스는 주황색으로 도색한 용기를 사용한다.

㉱ 액화암모니아가스는 황색으로 도색한 용기를 사용한다.

> **해설** 충전가스 용기의 도색
> ① 산소 → 녹색　　　② 수소 → 주황색
> ③ 탄산가스 → 청색　④ 염소 → 갈색
> ⑤ 암모니아 → 백색　⑥ 아세틸렌 → 황색
> ⑦ 그 외 가스 → 회색
>
> {분석}
> 실기까지 중요한 내용입니다. 암기하세요.

**87** 위험물 또는 가스에 의한 화재를 경보하는 기구에 필요한 설비가 아닌 것은?

㉮ 간이완강기

㉯ 자동 화재감지기

㉰ 축전지 설비

㉱ 자동 화재 수신기

> **해설** 완강기는 화재 시 높은 곳에서 아래로 내려오기 위한 비상용기구이다.

•)) **정답** 83 ㉱ 84 ㉱ 85 ㉯ 86 ㉯ 87 ㉮

**88** 헥산 1 vol%, 메탄 2 vol%, 에틸렌 2 vol%, 공기 95 vol%로 된 혼합가스의 폭발하한계 값(vol%)은 약 얼마인가? (단, 헥산, 메탄, 에틸렌의 폭발하한계 값은 각각 1.1, 5.0, 2.7 vol%이다)

㉮ 2.44  ㉯ 12.89
㉰ 21.78  ㉱ 48.78

**해설** 혼합 가스의 폭발 범위(르 샤틀리에의 공식)

$$\frac{100}{L} = \frac{V_1}{L_1} + \frac{V_2}{L_2} + \frac{V_3}{L_3}\cdots \quad (Vol\%)$$

$$L = \frac{100}{\frac{V_1}{L_1} + \frac{V_2}{L_2} + \frac{V_3}{L_3}\cdots}$$

여기서,
$L$ : 혼합가스의 폭발하한계(상한계)
$L_1$, $L_2$, $L_3$ : 단독가스의 폭발하한계(상한계)
$V_1$, $V_2$, $V_3$ : 단독가스의 공기 중 부피
$100 : V_1 + V_2 + V_3 + \cdots$

혼합가스의 폭발하한계

$$\frac{(1+2+2)}{L} = \frac{1}{1.1} + \frac{2}{5.0} + \frac{2}{2.7}$$

$$L = \frac{5}{\frac{1}{1.1} + \frac{2}{5.0} + \frac{2}{2.7}} = 2.44Vol\%$$

{분석}
실기까지 중요한 내용입니다.

**89** 다음 짝지어진 물질의 혼합 시 위험성이 가장 낮은 것은?

㉮ 폭발성 물질-금수성 물질
㉯ 금수성 물질-고체 환원성물질
㉰ 가연성 물질-고체 환원성물질
㉱ 고체 산화성물질-고체 환원성물질

**해설** 환원성 물질과 가연성 물질은 모두 산소를 필요로 하는 물질로서 산소를 공급하는 물질이 없으므로 두 물질은 잘 반응하지 않는다.

**참고** 1. 환원성물질 : 다른 물질을 환원시키는 물질, 다른 물질로부터 산소를 얻어 자신은 산화된다.
2. 가연성물질 : 산소와 반응하여 연소하기 쉬운 물질로서 산소를 필요로 한다.

**90** 이산화탄소 및 할로겐화합물 소화약제의 특징으로 가장 거리가 먼 것은?

㉮ 소화 속도가 빠르다.
㉯ 소화 설비의 보수관리가 용이하다.
㉰ 전기절연성이 우수하나 부식성이 강하다.
㉱ 저장에 의한 변질이 없어 장기간 저장이 용이한 편이다.

**해설** 이산화탄소 및 할로겐화합물 소화약제의 특징
① 소화 속도가 빠르다.
② 전기 절연성이 우수하며 부식성이 없다.
③ 저장에 의한 변질이 없어 장기간 저장이 용이하다.
④ 밀폐공간에서는 질식 및 중독의 위험성 때문에 사용이 제한된다.

**91** 기상폭발 피해 예측의 주요 문제점 중 압력 상승에 기인하는 피해가 예측되는 경우에 검토를 요하는 사항으로 거리가 가장 먼 것은?

㉮ 가연성 혼합기의 형성 상황
㉯ 압력 상승 시의 취약부 파괴
㉰ 물질의 이동, 확산 유해 물질의 발생
㉱ 개구부가 있는 공간 내의 화염전파와 압력 상승

**해설** 기상폭발의 피해 중 압력상승에 기인하는 피해가 예측되는 경우 검토를 요하는 사항
① 가연성 혼합기의 형성 상황
② 압력 상승시의 취약부의 파괴
③ 개구부가 있는 공간 내의 화염전파 및 압력상승

•)) 정답 88 ㉮ 89 ㉱ 90 ㉰ 91 ㉰

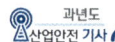
**92** 공정안전보고서에 관한 설명으로 옳지 않은 것은?

㉮ 공정안전보고서를 작성할 때에는 산업안전보건위원회의 심의를 거쳐야 한다.

㉯ 공정안전보고서를 작성할 때에 산업안전보건위원회가 설치되어 있지 아니한 사업장의 경우에는 근로자대표의 의견을 들어야 한다.

㉰ 공정안전보고서의 내용을 변경하여야 할 사유가 발생한 경우에는 14일 이내 고용노동부장관의 승인을 득한 후 이를 보완하여야 한다.

㉱ 고용노동부장관은 정하는 바에 따라 공정안전보고서의 이행 상태를 정기적으로 평가하고, 그 결과에 따른 보완 상태가 불량한 사업장의 사업주에게는 공정안전보고서를 다시 제출하도록 명할 수 있다.

> **해설** 사업주는 사업장에 갖춰 둔 <u>공정안전보고서의 내용을 변경하여야 할 사유가 발생한 경우에는 지체 없이 이를 보완</u>하여야 한다.

**93** 다음 중 금속화재는 어떤 종류의 화재에 해당되는가?

㉮ A급    ㉯ B급
㉰ C급    ㉱ D급

> **해설** 화재의 분류
>
> | 분류 | A급 화재 | B급 화재 | C급 화재 | D급 화재 |
> |---|---|---|---|---|
> | 구분색 | 백색 | 황색 | 청색 | 표시없음 (무색) |
> | 가연물 | 일반 화재 | 유류 화재 | 전기 화재 | 금속 화재 |
>
> {분석}
> 실기까지 중요한 내용입니다. 암기하세요.

**94** 산업안전보건기준에 관한 규칙에서 규정하고 있는 급성독성물질의 정의에 해당되지 않는 것은?

㉮ 가스 $LC_{50}$(쥐, 4시간 흡입)이 2,500ppm 이하인 화학물질

㉯ $LD_{50}$(경구, 쥐)이 킬로그램당 300밀리그램－(체중)이하인 화학물질

㉰ $LD_{50}$(경피, 쥐)이 킬로그램당 1,000밀리그램－(체중)이하인 화학물질

㉱ $LD_{50}$(경피, 토끼)이 킬로그램당 2,000밀리그램－(체중)이하인 화학물질

> **해설** 급성독성물질
> ① $LD_{50}$(경구, 쥐)이 킬로그램당 300밀리그램－(체중) 이하인 화학물질
> ② $LD_{50}$(경피, 토끼 또는 쥐)이 킬로그램당 1,000밀리그램－(체중) 이하인 화학물질
> ③ 가스 $LC_{50}$(쥐, 4시간 흡입)이 2,500ppm 이하인 화학물질
> 증기 $LC_{50}$(쥐, 4시간 흡입)이 10mg/ℓ 이하인 화학물질
> 분진 또는 미스트(쥐, 4시간 흡입) 1mg/ℓ 이하인 화학물질
>
> {분석}
> 실기까지 중요한 내용입니다. 암기하세요.

**95** 다음 중 자연발화의 방지법으로 적절하지 않은 것은?

㉮ 통풍을 잘 시킬 것

㉯ 습도가 낮은 곳을 피할 것

㉰ 저장실의 온도 상승을 피할 것

㉱ 공기가 접촉되지 않도록 불활성 액체 중에 저장할 것

> **해설** 자연 발화 방지법
> ① 저장소의 온도를 낮출 것
> ② 산소와의 접촉을 피할 것
> ③ 통풍 및 환기를 철저히 할 것
> ④ 습도가 높은 곳에는 저장하지 말 것

•)) 정답 92 ㉰ 93 ㉱ 94 ㉱ 95 ㉯

**96** 분진폭발의 요인을 물리적 인자와 화학적 인자로 분류할 때 화학적 인자에 해당하는 것은?

㉮ 연소열
㉯ 입도분포
㉰ 열전도율
㉱ 입자의 형상

**해설** 연소는 물질이 산소와 화합하는 화학반응으로 연소열은 분진폭발의 화학적 인자에 해당한다.

**97** 다음 중 주수소화를 하여서는 아니 되는 물질은?

㉮ 적린
㉯ 금속분말
㉰ 유황
㉱ 과망간산칼륨

**해설** ㉯ 칼륨, 나트륨 등의 금속은 물과 반응하는 금수성물질로서 주수소화 금지한다.

**참고** 화재의 분류 및 소화방법

| 분류 | A급 화재 | B급 화재 | C급 화재 | D급 화재 |
|------|---------|---------|---------|---------|
| 구분색 | 백색 | 황색 | 청색 | 표시없음 (무색) |
| 가연물 | 일반 화재 | 유류 화재 | 전기 화재 | 금속 화재 |
| 주된 소화 효과 | 냉각 효과 | 질식 효과 | 질식, 억제효과 | 질식 효과 |
| 적응 소화제 | 물, 강회액 소화기, 산, 알칼리 소화기 | 포말 소화기, $CO_2$ 소화기, 분말 소화기 | $CO_2$ 소화기, 분말 소화기, 할로겐 화합물 소화기 | 건조사, 팽창 질석, 팽창 진주암 |

**98** 반응기 중 관형 반응기의 특징에 대한 설명으로 옳지 않은 것은?

㉮ 전열면적이 작아 온도조절이 어렵다.
㉯ 가는 관으로 된 긴 형태의 반응기이다.
㉰ 처리량이 많아 대규모 생산에 쓰이는 것이 많다.
㉱ 기상 또는 액상 등 반응속도가 빠른 물질에 사용된다.

**해설** 관형 반응기는 가늘고 긴 관으로 된 반응기로서 관의 일단에서 반응 원료를 연속적으로 공급하고, 다른 끝에서 반응 생성물을 유출시키는 형식으로 전열면적이 크다.

**99** 물이 관 속을 흐를 때 유동하는 물 속의 어느 부분의 정압이 그 때의 물의 증기압보다 낮을 경우 물이 증발하여 부분적으로 증기가 발생되어 배관의 부식을 초래하는 경우가 있다. 이러한 현상을 무엇이라 하는가?

㉮ 서어징(surging)
㉯ 공동현상(cavitation)
㉰ 비말동반(entrainment)
㉱ 수격작용(water hammering)

**해설** 공동현상(Cavitation) : 유체의 증기압이 물의 증기압보다 낮을 경우 부분적으로 증기를 발생시켜 배관을 부식시키는 현상이다.

**100** 다음 중 고체연소의 종류에 해당하지 않는 것은?

㉮ 표면연소
㉯ 증발연소
㉰ 분해연소
㉱ 혼합연소

**정답** 96 ㉮ 97 ㉯ 98 ㉮ 99 ㉯ 100 ㉱

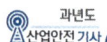
| | | |
|---|---|---|
| 고체의<br>연소 | 표면<br>연소 | 가연성 가스를 발생하지 않고<br>물질 그 자체가 연소하는 형태<br>**예** 코크스, 목탄, 금속분 등 |
| | 분해<br>연소 | 가열 분해에 의해 발생된 가<br>연성 가스가 공기와 혼합되어<br>연소하는 형태<br>**예** 목재, 종이, 석탄, 플라스<br>틱 등 일반 가연물 |
| | 증발<br>연소 | 고체가연물의 가열에 의해 발<br>생한 가연성 증기가 연소하는<br>형태<br>**예** 황, 나프탈렌 |
| | 자기<br>연소 | 자체 내 산소를 함유하고 있<br>어 공기 중 산소를 필요치 않<br>고 연소하는 형태<br>**예** 니트로 화합물, 다이너마<br>이트 등 |

{분석}
실기까지 중요한 내용입니다.

---

## 제6과목 — 건설공사 안전 관리

**101** 추락방호망의 그물코 크기의 기준으로 옳은 것은?

㉮ 5cm 이하
㉯ 10cm 이하
㉰ 20cm 이하
㉱ 30cm 이하

**[해설]** 추락방호망
① 소재 : 합성섬유 또는 그 이상의 물리적 성질을 갖는 것이어야 한다.
② 그물코 : 사각 또는 마름모로서 그 크기는 10센티미터 이하이어야 한다.

**102** 화물을 차량계 하역운반기계에 싣는 작업 또는 내리는 작업을 할 때 해당 작업의 지휘자에게 준수하도록 하여야 하는 사항과 거리가 먼 것은?

㉮ 하중이 한쪽으로 치우쳐서 효율적으로 적재되도록 할 것
㉯ 작업 순서 및 그 순서마다의 작업 방법을 정하고 작업을 지휘할 것
㉰ 기구와 공구를 점검하고 불량품을 제거할 것
㉱ 해당 작업을 하는 장소에 관계 근로자가 아닌 사람이 출입하는 것을 금지할 것

**[해설]** ① 작업 순서 및 그 순서마다의 작업 방법을 정하고 작업을 지휘할 것
② 기구 및 공구를 점검하고 불량품을 제거할 것
③ 해당 작업을 하는 장소에 관계 근로자가 아닌 사람이 출입하는 것을 금지할 것
④ 로프를 풀거나 덮개를 벗기는 작업을 행하는 때에는 적재함의 낙하할 위험이 없음을 확인한 후에 당해 작업을 하도록 할 것

**103** 흙막이 지보공을 설치하였을 때 정기점검 사항에 해당되지 않는 것은?

㉮ 검지부의 이상 유무
㉯ 버팀대의 긴압의 정도
㉰ 침하의 정도
㉱ 부재의 손상, 변형, 부식, 변위 및 탈락의 유무와 상태

**[해설]** 흙막이 지보공을 설치한 때 점검 사항
① 부재의 손상 · 변형 · 부식 · 변위 및 탈락의 유무와 상태
② 버팀대의 긴압의 정도
③ 부재의 접속부 · 부착부 및 교차부의 상태
④ 침하의 정도

---

**◄))) 정답** 101 ㉯ 102 ㉮ 103 ㉮

## 104 차량계 건설기계에 해당되지 않는 것은?

㉮ 불도저
㉯ 콘크리트 펌프카
㉰ 드래그 셔블
㉱ 가이데릭

**해설** 차량계 건설기계 종류
① 불도저(bulldozer)
② 모터그레이더(motor grader)
③ 로더(loader, 무한궤도·타이어)
④ 스크레이퍼(scraper)
⑤ 스크레이퍼도저(scraper dozer)
⑥ 파워셔블(power shovel)
⑦ 드래그라인(dragline)
⑧ 크램셸(clam shell)
⑨ 백호우(backhoe)
⑩ 트렌취(trench)
⑪ 항타기(杭打機, pile driver)
⑫ 항발기(抗拔機)
⑬ 어스드릴(earth drill)
⑭ 리버스서큘레이션드릴(reverse circulation drill)
⑮ 천공기(穿孔機, boring machine)
⑯ 어스오거(earth auger)
⑰ 페이퍼드레인머신(paper drain machine)
⑱ 로울러(roller)
⑲ 콘크리트 펌프카(concrete pump car)

## 105 지름이 15cm 높이가 30cm인 원기둥 콘크리트 공시체에 대해 압축강도시험을 한 결과 460kN에 파괴되었다. 이 때 콘크리트 압축강도는?

㉮ 16.2MPa  ㉯ 21.5MPa
㉰ 26MPa  ㉱ 31.2MPa

**해설**

압축응력(강도)

$$\sigma = \frac{P_t}{A} = \frac{압축하중}{단면적} \ (kg_f/mm^2, \ kg_f/cm^2)$$

※ 지름 d가 주어질 경우의 단면적 $A = \frac{\pi \times d^2}{4}$

$$\sigma = \frac{P_t}{A} = \frac{압축하중}{\frac{\pi \cdot d^2}{4}} = \frac{460000}{\frac{\pi \cdot 0.15^2}{4}}$$

$$= 26,030,675 N/m^2 = 26,030,675 Pa \div 10^6$$

$$= 26.03 MPa$$

$$(460kN = 460,000N, \ N/m^2 = Pa, \ MPa = 10^6 Pa)$$

## 106 지하 매설물의 인접 작업 시 안전지침과 거리가 먼 것은?

㉮ 사전조사
㉯ 매설물의 방호조치
㉰ 지하매설물의 파악
㉱ 소규모 구조물의 방호

**해설** 지하매설물 인접 작업 시 안전지침
① 사전조사
② 지하 매설물의 파악
③ 매설물의 방호조치

## 107 낙하물에 의한 위험방지 조치의 기준으로서 옳은 것은?

㉮ 높이가 최소 2m 이상인 곳에서 물체를 투하하는 때에는 적당한 투하설비를 갖춰야 한다.
㉯ 낙하물방지망은 높이 12m 이내마다 설치한다.
㉰ 방호선반 설치 시 내민 길이는 벽면으로부터 2m 이상으로 한다.
㉱ 낙하물방지망의 설치 각도는 수평면과 30~40°를 유지한다.

**해설** ㉮ 높이가 3미터 이상인 장소로부터 물체를 투하하는 때에는 적당한 투하설비를 설치하거나 감시인을 배치하는 등 위험방지를 위하여 필요한 조치를 하여야 한다.
㉯ 낙하물방지망은 높이 10미터 이내마다 설치한다.
㉱ 낙하물방지망의 수평면과의 각도는 20도 내지 30도를 유지한다.

ꩰ **정답** 104 ㉱ 105 ㉰ 106 ㉱ 107 ㉰

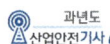
**108** 굴착공사에 있어서 비탈면 붕괴를 방지하기 위하여 행하는 대책이 아닌 것은?

㉮ 지표수의 침투를 막기 위해 표면배수공을 한다.

㉯ 지하수위를 내리기 위해 수평배수공을 설치한다.

㉰ 비탈면 하단을 성토한다.

㉱ 비탈면 상부에 토사를 적재한다.

[해설] ㉱ 비탈면 상부에 토사를 적재할 경우 붕괴 위험은 더 커진다.

**109** 액상화 현상 방지를 위한 안전대책으로 옳지 않은 것은?

㉮ 모래 입경이 가늘고 균일한 모래층 지반으로 치환

㉯ 입도가 불량한 재료를 입도가 양호한 재료로 치환

㉰ 지하수위를 저하시키고 포화도를 낮추기 위해 deep well을 사용

㉱ 밀도를 증가하여 한계 간극비 이하로 상대밀도를 유지하는 방법 강구

[해설] ㉮ 액상화 현상은 모래지반에서 더욱 잘 발생된다.

**110** 사면의 붕괴 형태의 종류에 해당되지 않는 것은?

㉮ 사면의 측면부 파괴

㉯ 사면선 파괴

㉰ 사면내 파괴

㉱ 바닥면 파괴

[해설] 사면붕괴의 형태
① 사면 천단부 붕괴(사면선 파괴)
② 사면 중심부 붕괴(사면내 파괴)
③ 사면 하단부 붕괴(사면 바닥면 파괴)

**111** 강관을 사용하여 비계를 구성할 때의 설치 기준으로 옳지 않은 것은?

㉮ 비계기둥 간격은 띠장 방향에서는 1.85m 이하, 장선 방향에서는 1.5m 이하로 할 것

㉯ 띠장 간격은 1m 이하로 설치한다.

㉰ 비계기둥의 제일 윗부분으로부터 31m 되는 지점 밑 부분의 비계기둥은 2개의 강관으로 묶어 세운다.

㉱ 비계기둥 간의 적재하중은 400kg을 초과하지 않도록 한다.

[해설] ㉯ 띠장 간격은 2.0미터 이하로 할 것

[참고] **강관비계의 구조**

① 비계기둥 간격 : 띠장 방향에서는 1.85m 이하, 장선 방향에서는 1.5m 이하로 할 것
다만, 다음 각 목의 어느 하나에 해당하는 작업의 경우에는 안전성에 대한 구조검토를 실시하고 조립도를 작성하면 띠장 방향 및 장선 방향으로 각각 2.7미터 이하로 할 수 있다.
가. 선박 및 보트 건조작업
나. 그 밖에 장비 반입·반출을 위하여 공간 등을 확보할 필요가 있는 등 작업의 성질상 비계기둥 간격에 관한 기준을 준수하기 곤란한 작업

② 띠장간격 : 2.0미터 이하로 할 것

③ 비계기둥의 제일 윗부분으로부터 31m되는 지점 밑 부분의 비계기둥은 2본의 강관으로 묶어 세울 것

④ 비계기둥 간의 적재하중은 400kg을 초과하지 않도록 할 것

{분석}
**실기까지 중요한 내용입니다.**

**112** 작업장으로 통하는 장소 또는 작업장 내에 근로자가 사용하기 위한 안전한 통로를 설치할 때 그 설치기준으로 옳지 않은 것은?

㉮ 통로에서 75럭스(Lux) 이상의 조명시설을 하여야 한다.

㉯ 통로의 주요한 부분에는 통로표시를 하여야 한다.

▶) 정답 108 ㉱ 109 ㉮ 110 ㉮ 111 ㉯ 112 ㉰

ⓒ 수직갱에 가설된 통로의 길이가 10m 이상인 때에는 7m 이내마다 계단참을 설치하여야 한다.

ⓓ 경사가 15°를 초과하는 경우에는 미끄러지지 아니하는 구조로 하여야 한다.

**해설** ⓒ 수직갱 : 길이가 15미터 이상인 때에는 10미터 이내마다 계단참을 설치할 것

**참고** 가설통로 설치 시의 준수사항

① 견고한 구조로 할 것
② 경사는 30도 이하로 할 것
③ 경사가 15도를 초과하는 때는 미끄러지지 아니하는 구조로 할 것
④ 추락의 위험이 있는 장소에는 안전난간을 설치할 것
⑤ 수직갱 : 길이가 15미터 이상인 때에는 10미터 이내마다 계단참을 설치할 것
⑥ 건설공사에 사용하는 높이 8미터 이상인 비계다리 : 7미터 이내마다 계단참을 설치할 것

{분석}
**실기까지 중요한 내용입니다.**

## 113 히빙(heaving)현상에 대한 안전대책이 아닌 것은?

ⓐ 굴착 주변을 웰 포인트(well point) 공법과 병행한다.

ⓑ 시트파일(sheet pile) 등의 근입심도를 검토한다.

ⓒ 굴착저면에 토사 등 인공중력을 감소시킨다.

ⓓ 굴착비면의 상재하중을 제거하여 토압을 최대한 낮춘다.

**해설** 히빙현상 방지책

① 양질의 재료로 지반을 개량한다.
  (흙의 전단강도 높인다.)
② 어스앵커 설치
③ 시트파일 등의 근입심도 검토(흙막이 벽체의 근입깊이를 깊게 한다)

④ 굴착 주변에 웰포인트 공법을 병행한다.
⑤ 소단을 두면서 굴착한다.
⑥ 굴착 주변의 상재하중을 제거
⑦ 굴착저면에 토사 등의 인공중력을 가중시킴

**참고** 히빙(Heaving) 현상

① 연질점토 지반에서 굴착에 의한 흙막이 내·외면의 흙의 중량차이(토압)로 인해 굴착저면이 부풀어 올라오는 현상을 말한다.
② 흙막이 바깥 흙이 안으로 밀려든다.

## 114 구조물의 해체 작업 시 해체 작업계획서에 포함하여야 할 사항으로 틀린 것은?

ⓐ 해체의 방법 및 해체순서 도면

ⓑ 해체물의 처분계획

ⓒ 주변 민원 처리계획

ⓓ 현장 안전 조치계획

**해설** 해체작업 작업계획서 내용

① 해체의 방법 및 해체 순서도면
② 가설설비·방호설비·환기설비 및 살수·방화 설비 등의 방법
③ 사업장 내 연락방법
④ 해체물의 처분계획
⑤ 해체작업용 기계·기구 등의 작업계획서
⑥ 해체작업용 화약류 등외 사용계획서

## 115 토사붕괴의 방지공법이 아닌 것은?

ⓐ 경사공

ⓑ 배수공

ⓒ 압성토공

ⓓ 공작물의 설치

**해설** 토사붕괴 방지공법

① 배수공
② 압성토공
③ 공작물의 설치

**정답** 113 ⓒ 114 ⓒ 115 ⓐ

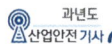
**116** 안전관리계획서의 작성내용과 거리가 먼 것은?

㉮ 건설공사의 안전 관리 조직
㉯ 산업안전보건관리비 집행 방법
㉰ 공사장 및 주변 안전 관리 계획
㉱ 통행 안전시설 설치 및 교통소통 계획

**해설** (1) 안전 관리 총괄 계획서
① 건설공사의 개요 및 안전 관리조직
② 공정별 안전점검 계획
③ 공사장 주변의 안전 관리대책
④ 통행 안전시설의 설치 및 교통소통에 관한 계획
⑤ 안전 관리비 집행계획
⑥ 안전교육 및 비상시 긴급조치계획

(2) 공종별 안전 관리계획

**117** 거푸집 동바리 등을 조립하는 경우에 준수해야 할 기준으로 옳지 않은 것은?

㉮ 동바리의 상하고정 및 미끄러짐 방지 조치를 하고, 하중의 지지상태를 유지할 것
㉯ 강재와 강재와의 접속부 및 교차부는 볼트·클램프 등 전용철물을 사용하여 단단히 연결할 것
㉰ 파이프서포트를 이어서 사용할 때에는 4개 이상의 볼트 또는 전용철물을 사용하여 이을 것
㉱ 동바리로 사용하는 파이프서포트는 4개 이상 이어서 사용하지 않도록 할 것

**해설** ㉱ 파이프서포트를 3개본 이상 이어서 사용하지 아니하도록 할 것

**참고** 동바리로 사용하는 파이프서포트의 조립 시 준수사항
• 파이프서포트를 3개본 이상 이어서 사용하지 아니하도록 할 것
• 파이프서포트를 이어서 사용할 때에는 4개 이상의 볼트 또는 전용철물을 사용하여 이을 것

• 높이가 3.5미터를 초과하는 경우에는 높이 2미터 이내마다 수평연결재를 2개 방향으로 만들고 수평연결재의 변위를 방지할 것

**118** 온도가 하강함에 따라 토중수가 얼어 부피가 약 9% 정도 증가하게 됨으로써 지표면이 부풀어 오르는 현상은?

㉮ 동상 현상
㉯ 연화 현상
㉰ 리칭 현상
㉱ 액상화 현상

**해설** 흙의 동상(frost heaving) 현상 : 물이 결빙되는 위치로 지속적으로 유입되는 조건에서 온도가 하강함에 따라 토중수가 얼어 생성된 결빙 크기가 계속 커져 지표면이 부풀어 오르는 현상

**119** 터널 작업 시 자동경보장치에 대하여 당일의 작업 시작 전 점검하여야 할 사항으로 틀린 것은?

㉮ 검지부의 이상 유무
㉯ 조명시설의 이상 유무
㉰ 경보장치의 작동 상태
㉱ 계기의 이상 유무

**해설** 자동경보장치의 작업 시작 전 점검 사항
① 계기의 이상 유무
② 검지부의 이상 유무
③ 경보장치의 작동상태

{분석}
실기까지 중요한 내용입니다. 암기하세요.

**정답** 116 ㉯ 117 ㉱ 118 ㉮ 119 ㉯

**120** 철골작업을 할 때 악천후에는 작업을 중지토록 하여야 하는 그 기준으로 옳은 것은?

㉮ 강설량이 분당 1cm 이상인 경우
㉯ 강우량이 시간당 1cm 이상인 경우
㉰ 풍속이 초당 10m 이상인 경우
㉱ 기온이 35℃ 이상인 경우

**참고** 철골작업을 중지해야 하는 조건
① 풍속이 초당 10미터 이상인 경우
② 강우량이 시간당 1밀리미터 이상인 경우
③ 강설량이 시간당 1센티미터 이상인 경우

{분석}
실기까지 중요한 내용입니다. 암기하세요.

🔊 **정답** 120 ㉰

# 01회  2016년 산업안전기사 최근 기출문제

## 제1과목 · 산업재해 예방 및 안전보건교육

**01** 맥그리거(McGregor)의 Y 이론과 관계가 없는 것은?

① 직무확장
② 책임과 창조력
③ 인간관계 관리 방식
④ 권의주의적 리더십

**[해설]**

| X 이론의 특징 | Y 이론의 특징 |
|---|---|
| 인간 불신감 | 상호 신뢰감 |
| 성악설 | 성선설 |
| 인간은 원래 게으르고 태만하여 남의 지배를 받기를 즐긴다. | 인간은 부지런하고 적극적이며 자주적이다. |
| 물질욕구(저차원 욕구)에 만족 | 정신욕구(고차원 욕구)에 만족 |
| 명령, 통제에 의한 관리 (권위주의형 리더십) | 목표 통합과 자기통제에 의한 자율관리 (민주주의형 리더십) |
| 저개발국형 | 선진국형 |

**{분석}**
필기에 자주 출제되는 내용입니다. 다시 확인하세요.

**02** 산업안전보건 법령상 사업주가 근로자에게 실시해야 하는 안전·보건 교육 중 근로자의 채용 시 교육 내용에 해당되지 않는 것은? (단, 산업안전보건법령 및 산업재해보상보험제도에 관한 사항은 제외한다.)

① 사고 발생 시 긴급조치에 관한 사항
② 산업보건 및 건강장해 예방에 관한 사항
③ 기계·기구의 위험성과 작업의 순서 및 동선에 관한 사항
④ 작업공정의 유해·위험과 재해 예방대책에 관한 사항

**[해설]** 근로자 채용 시의 교육 및 작업내용 변경 시의 교육

① 산업안전 및 산업재해 예방에 관한 사항(화재·폭발 사고 발생 시 대피에 관한 사항을 포함한다)
② 산업보건 및 건강장해 예방에 관한 사항
③ 산업안전보건법령 및 산업재해보상보험제도에 관한 사항
④ 직무스트레스 예방 및 관리에 관한 사항
⑤ 직장 내 괴롭힘, 고객의 폭언 등으로 인한 건강장해 예방 및 관리에 관한 사항
⑥ 기계·기구의 위험성과 작업의 순서 및 동선에 관한 사항
⑦ 물질안전보건자료에 관한 사항
⑧ 작업 개시 전 점검에 관한 사항
⑨ 정리정돈 및 청소에 관한 사항
⑩ 사고 발생 시 긴급조치에 관한 사항
⑪ 위험성 평가에 관한 사항

실제로 된다! 함께도 된다! **특급 암기법**

**공통 항목**
1. 신규자는 법, 산재보상제도를 알자!
2. 신규자는 건강을 보존(산업보건)하고 건강장해, 스트레스, 괴롭힘, 폭언 예방하자!
3. 신규자는 안전하고 산업재해 예방하자!
4. 신규자는 위험성을 평가하자!

신규채용자는 회사에 처음 입사해서 처음 일을 하는 근로자, 안전하게 일하기 위한 기본내용을 교육한다.
1. 신규자는 기계·기구 위험성, 작업순서, 동선을 알자!
2. 신규자는 취급물질의 위험성(물질안전보건자료)을 알자!
3. 신규자는 작업 전 점검하자!
4. 신규자는 항상 정리정돈 청소하자!
5. 신규자는 사고 시 조치를 알자!

**{분석}**
실기에서도 비중이 높은 중요한 내용입니다.

**정답** 01 ④ 02 ④

**03** 무재해운동 추진의 3요소에 관한 설명이 아닌 것은?

① 모든 재해는 잠재요인을 사전에 발견·파악·해결함으로써 근원적으로 산업재해를 없애야 한다.

② 안전보건은 최고 경영자의 무재해 및 무질병에 대한 확고한 경영 자세로 시작된다.

③ 안전보건을 추진하는 데에는 관리감독자들의 생산 활동 속에 안전보건을 실천하는 것이 중요하다.

④ 안전보건은 각자 자신의 문제이며, 동시에 동료의 문제로서 직장의 팀 멤버와 협동 노력하여 자주적으로 추진하는 것이 필요하다.

**[해설] 무재해 운동의 3요소**

① 최고 경영자의 경영 자세 : 안전보건은 최고경영자의 무재해, 무질병에 대한 확고한 경영자세로부터 시작된다.

② 라인 관리자에 의한 안전보건 추진 : 관리감독자들(Line)이 생산활동 속에서 안전보건을 함께 실천하는 것이 성공의 지름길이다.

③ 직장의 자주 안전 활동 활성화 : 직장의 팀 구성원과의 협동 노력으로 자주저인 안전 활동을 추진해 가는 것이 필요하다.

**04** 헤드십(headship)의 특성에 관한 설명으로 틀린 것은?

① 상사와 부하의 사회적 간격은 넓다.

② 자휘형태는 권위주의적이다.

③ 상사와 부하의 관계는 시배적이다.

④ 상사의 권한 근거는 비공식적이다.

**[해설] 헤드십의 특성**

① 권한 근거는 공식적이다.

② 상사와 부하와의 관계는 종속적이다.

③ 상사와 부하와의 사회적 간격은 넓다.

④ 지휘 형태는 권위주의적이다.

**05** 교육의 형태에 있어 존 듀이(Dewey)가 주장하는 대표적인 형식적 교육에 해당하는 것은?

① 가정 안전교육　② 사회 안전교육
③ 학교 안전교육　④ 부모 안전교육

**[해설]** 존 듀이(Dewey)가 주장하는 형식적 교육의 형태
→ 학교 안전교육

**06** 집단의 기능에 관한 설명으로 틀린 것은?

① 집단의 규범은 변화하기 어려운 것으로 불변적이다.

② 집단 내에 머물도록 하는 내부의 힘을 응집력이라 한다.

③ 규범은 집단을 유지하고 집단의 목표를 달성하기 위해 만들어진 것이다.

④ 집단이 하나의 집단으로서의 역할을 수행하기 위해서는 집단 목표가 있어야 한다.

**[해설] 집단의 기능**

① 응집력 : 집단내부로부터 생기는 힘

② 행동의 규범 : 그 집단을 유지하며, 집단의 목표를 달성하는 데 필수적인 것으로서 자연 발생적으로 성립되는 것이다.

③ 집단의 목표 : 집단을 형성하기 위한 기본 조건으로 가장 중요한 요소는 특정 목표를 지녀야 한다.

**07** 스탭형 안전조직에 있어서 스탭의 주된 역할이 아닌 것은?

① 실시계획의 추진

② 안전관리 계획안의 작성

③ 정보수집과 주지, 활용

④ 기업의 제도적 기본방침 시달

**[해설]** ④ 스탭형 안전조직에서 스탭은 안전에 관한 기본 방침을 시달한다.

**•)) 정답** 03 ① 04 ④ 05 ③ 06 ① 07 ④

**08** 재해통계를 포함하여 산업재해조사 보고서를 작성하는 과정 중 유의해야 할 사항으로 가장 적절하지 않은 것은?

① 설비상의 결함 요인을 개선, 시정하는 데 활용한다.

② 관리상 책임 소재를 명시하여 담당자의 평가 자료로 활용한다.

③ 재해의 구성요소와 분포상태를 알고 대책을 수립할 수 있도록 한다.

④ 근로자 행동결함을 발견하여 안전교육 훈련 자료로 활용한다.

**해설** ② 재해조사 보고서는 책임 소재를 명확히 할 목적으로 작성하는 것은 아니다.

**참고** 재해조사의 목적
① 재해 발생 원인 및 결함 규명
② 재해예방 자료 수집
③ 동종 재해 및 유사 재해 재발 방지

**09** 인간관계 관리기법에 있어 구성원 상호 간의 선호도를 기초로 집단 내부의 동태적 상호관계를 분석하는 방법으로 가장 적절한 것은?

① 소시오매트리(sociometry)

② 그리드 훈련(grid training)

③ 집단역학(group dynamic)

④ 감수성 훈련(sensitivity training)

**해설** 소시오매트리(sociometry)

집단 내의 선호도, 커뮤니케이션 및 상호작용의 패턴에 관한 자료를 수집하고 분석하여 집단의 성질, 구조, 역동성, 상호관계를 분석하는 기법

**10** 산업안전보건법상 안전보건관리책임자의 업무에 해당되지 않는 것은?
(단, 기타 근로자의 유해·위험 예방조치에 관한 사항으로서 고용노동부령으로 정하는 사항은 제외한다.)

① 근로자의 안전·보건교육에 관한 사항

② 사업장 순회점검·지도 및 조치에 관한 사항

③ 안전보건관리규정의 작성 및 변경에 관한 사항

④ 산업재해의 원인 조사 및 재발 방지대책 수립에 관한 사항

**해설** ② 사업장 순회점검·지도 및 조치의 건의 → 안전관리자의 직무

**참고** 안전보건관리책임자 직무
① 산업재해 예방계획의 수립에 관한 사항
② 안전보건관리규정의 작성 및 변경에 관한 사항
③ 근로자의 안전·보건교육에 관한 사항
④ 작업환경 측정 등 작업환경의 점검 및 개선에 관한 사항
⑤ 근로자의 건강진단 등 건강관리에 관한 사항
⑥ 산업재해의 원인 조사 및 재발 방지대책 수립에 관한 사항
⑦ 산업재해에 관한 통계의 기록 및 유지에 관한 사항
⑧ 안전장치 및 보호구 구입 시 적격품 여부 확인에 관한 사항
⑨ 위험성 평가의 실시에 관한 사항
⑩ 근로자의 위험 또는 건강장해의 방지에 관한 사항

**11** 산업안전보건법상 안전인증대상 기계·기구 등의 안전인증 표시에 해당하는 것은?

①   ②

③   ④

**해설** 안전인증 및 자율안전확인의 표시방법

**12** 바람직한 안전교육을 진행시키기 위한 4단계 가운데 피교육자로 하여금 작업습관의 확립과 토론을 통한 공감을 가지도록 하는 단계는?

① 도입　　　　② 제시
③ 적용　　　　④ 확인

**해설** 피교육자로 하여금 작업습관의 확립과 토론을 통한 공감을 가지도록 하는 단계 → 적용

**참고** 교육진행 4단계

| 제 1단계 : **도입**<br>(학습할 준비를 시킨다) |
| --- |
| 제 2단계 : **제시**<br>(작업을 설명한다) |
| 제 3단계 : **적용**<br>(작업을 시켜본다) |
| 제 4단계 : **확인**<br>(가르친 뒤 살펴본다) |

**13** 제조물책임법에 명시된 결함의 종류에 해당되지 않는 것은?

① 제조상의 결함
② 표시상의 결함
③ 사용상의 결함
④ 설계상의 결함

**해설** 제조물책임법상 결함의 종류

① **제조상의 결함** : 제조물이 원래 의도한 설계와 다르게 제조. 가공됨으로써 안전하지 못하게 된 경우

② **설계상의 결함** : 제조업자가 대체 설계를 채용하지 아니하여 당해 제조물이 안전하지 못하게 된 경우

③ **표시상의 결함** : 제조업자가 합리적인 설명, 지시, 경고 기타의 표시를 하였더라면 제조물에 의하여 발생할 수 있는 피해나 위험을 줄이거나 피할 수 있었음에도 이를 하지 아니한 경우

**14** 시몬즈(Simonds) 방식의 재해손실비 산정에 있어 비보험 코스트에 해당되지 않는 것은?

① 소송관계 비용
② 신규작업자에 대한 교육훈련비
③ 부상자의 직장 복귀 후 생산 감소로 인한 임금 비용
④ 산업재해보상보험법에 의해 보상된 금액

**해설** 산업재해보상보험법에 의해 보상된 금액 → **보험코스트**

**참고** 시몬즈의 총 재해코스트 = 보험코스트 + 비보험코스트
① 보험코스트 = 산재보험료
② 비보험코스트
　• 휴업상해
　• 통원상해
　• 구급조치상해
　• 무상해 사고

**15** 주로 관리감독자를 교육대상자로 하며 직무에 관한 지식, 작업을 가르치는 능력, 작업 방법을 개선하는 기능 등을 교육 내용으로 하는 기업 내 정형교육은?

① TWI(Training Within Industry)
② MTP(Management Training Program)
③ ATT(American Telephone Telegram)
④ ATP(Administration Training Program)

🔊 **정답** 12 ③ 13 ③ 14 ④ 15 ①

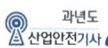

**[해설]** TWI(Training Within Industry)
일선관리감독자 대상 교육

| TWI 교육과정 |
| --- |

① 작업 방법 기법(Job Method Training : JMT)
② 작업 지도 기법(Job instruction Training : JIT)
③ 인간 관계관리 기법 or 부하통솔법
　　(Job Relations Training : JRT)
④ 작업 안전 기법(Job Safety Training : JST)

**[참고]** 1. MTP(Management Training Program)
중간계층관리자 대상 교육

2. ATT(American Telephone & Telegraph Company)
한정되어 있지 않고 한번 교육을 이수한 자는 부하에게 지도가 가능하다.

3. CCS(Civil Communication Section)
최고층 관리감독자 대상 교육

**16** 산업안전보건 법령상 안전 · 보건표지의 종류 중 경고표지에 해당하지 않는 것은?

① 레이저광선 경고
② 급성독성물질 경고
③ 매달린 물체 경고
④ 차량통행 경고

**[해설]** ① 인화성물질 경고　　② 산화성물질 경고
③ 폭발성물질 경고　　④ 급성독성물질 경고
⑤ 부식성물질 경고　　⑥ 방사성물질 경고
⑦ 고압전기 경고　　　⑧ 매달린 물체 경고
⑨ 낙하물 경고　　　　⑩ 고온 경고
⑪ 저온 경고　　　　　⑫ 몸균형 상실 경고
⑬ 레이저광선 경고
⑭ 발암성 · 변이원성 · 생식독성 · 전신독성 · 호흡기 과민성 물질 경고
⑮ 위험장소 경고

{분석}
실기까지 중요한 내용입니다. "해설"을 다시 확인하세요.

**17** 500명의 근로자가 근무하는 사업장에서 연간 30건의 재해가 발생하여 35명의 재해자로 인해 250일의 근로손실이 발생한 경우 이 사업장의 재해 통계에 관한 설명으로 틀린 것은?

① 이 사업장의 도수율은 약 29.2이다.
② 이 사업장의 강도율은 약 0.21이다.
③ 이 사업장의 연천인율은 7이다.
④ 근로시간이 명시되지 않을 경우에는 연간 1인당 2,400시간을 적용한다.

**[해설]** 1. 도수율 $= \dfrac{\text{재해 건수}}{\text{연근로시간수}} \times 10^6$

$= \dfrac{30}{500 \times 2,400} \times 10^6 = 25$

2. 강도율 $= \dfrac{\text{총 요양근로손실 일수}}{\text{연근로시간수}} \times 1,000$

$= \dfrac{250}{500 \times 2,400} \times 1,000 = 0.21$

3. 연천인율 $= \dfrac{\text{재해자 수}}{\text{연평균 근로자 수}} \times 1,000$

$= \dfrac{35}{500} \times 1,000 = 70$

{분석}
실기까지 중요한 내용입니다.

**18** 참가자가 다수인 경우에 전원을 토의에 참가시키기 위한 방법으로 소집단을 구성하여 회의를 진행 시키며 6–6회의라고도 하는 것은?

① 포럼(Forum)
② 심포지엄(Symposium)
③ 버즈 세션(Buzz session)
④ 패널 디스커션(Penel discussion)

**[해설]** 버즈 세션(6–6 회의) : 사회자와 기록계를 선출한 후 6명씩의 소집단으로 구분하고, 소집단별로 6분씩 자유토의를 행하여 의견을 종합하는 방법

•)) 정답 16 ④ 17 ①, ③ 18 ③

1. <u>심포지엄(Symposium)</u> : 몇 사람의 전문가에 의하여 과제에 관한 견해를 발표한 뒤 참가자로 하여금 의견이나 질문을 하게 하여 토의하는 방법
2. <u>포럼(Forum)</u> : 새로운 자료나 교재를 제시, 거기서의 문제점을 피교육자로 하여금 제기하게 하여 발표하고 토의하는 방법
3. <u>패널 디스커션(Panel discussion)</u> : 패널 멤버가 피교육자 앞에서 토의를 하고, 뒤에 피교육자 전원이 참가하여 사회자의 사회에 따라 토의하는 방법

## 19 방진마스크의 선정 기준으로 적합하지 않은 것은?

① 배기 저항이 낮을 것
② 흡기 저항이 낮을 것
③ 사용적이 클 것
④ 시야가 넓을 것

**해설** **방진마스크의 구비조건**
① 여과효율이 좋을 것
② 흡·배기 저항이 낮을 것
③ 안면밀착성이 좋을 것
④ 시야가 넓을 것
⑤ 피부 접촉부의 고무질이 좋을 것
⑥ 사용적이 작을 것

## 20 무재해 운동 추진 기법에 있어 위험예지 훈련 4라운드에서 제3단계 진행 방법에 해당하는 것은?

① 본질 추구
② 현상 파악
③ 목표 실정
④ 대책 수립

**해설** **위험예지 훈련 4단계**
1단계 : 현상 파악
2단계 : 요인 조사(본질 추구)
3단계 : 대책 수립
4단계 : 행동목표 설정(합의요약)

{분석}
실기까지 중요한 내용입니다. 암기하세요.

## 21 다음 중 인간 신뢰도(Human Reliability)의 평가 방법으로 가장 적합하지 않은 것은?

① HCR
② THERP
③ SLIM
④ FMECA

**해설** **FMECA**
= FMEA(고장형태와 영향분석) + CA(치명도 분석)
FMECA는 고장의 형태별 영향과 그 고장의 치명도를 분석하는 기법으로 고장을 정성적으로 분석하는 FMEA에 정량적인 분석(CA)을 혼합한 기법이다.

{분석}
필기에 자주 출제되는 내용입니다.

## 22 안전·보건표지에서 경고표지는 삼각형, 안내표지는 사각형, 지시표지는 원형 등으로 부호가 고안되어 있다. 이처럼 부호가 이미 고안되어 이를 사용자가 배워야 하는 부호를 무엇이라 하는가?

① 묘사적 부호
② 추상적 부호
③ 임의적 부호
④ 사실적 부호

**해설** **임의적 부호**
• 부호가 이미 고안되어 있으므로 이를 배워야 하는 부호
• 예 안전표지판의 원형 – 금지
삼각형 – 경고표지 등

**참고** **묘사적 부호**
• 사물의 행동을 단순하고 정확하게 묘사한 부호
• 예 위험표지판의 해골과 뼈, 보도 표지판의 걷는 사람

**추상적 부호**
• 전언의 기본요소를 도식적으로 압축한 부호

{분석}
필기에 자주 출제되는 내용입니다.

최근 기출문제
**2016**

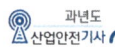

**23** 다음 중 산업안전보건법 시행규칙 상 유해·위험방지 계획서의 제출 기관으로 옳은 것은?

① 대한산업안전협회
② 안전관리대행기관
③ 한국건설기술인협회
④ 한국산업안전보건공단

**해설** 사업주가 유해·위험방지계획서를 제출하려면 관련 서류를 첨부하여 <u>한국산업안전보건공단에 2부를 제출</u>하여야 한다.

**{분석}**
**필기에 자주 출제되는 내용입니다.**

**24** 인간 – 기계 시스템에서 시스템의 설계를 다음과 같이 구분할 때 제3단계인 기본 설계에 해당되지 않는 것은?

> 1단계 : 시스템의 목표와 성능 명세 결정
> 2단계 : 시스템의 정의
> 3단계 : 기본설계
> 4단계 : 인터페이스 설계
> 5단계 : 보조물 설계
> 6단계 : 시험 및 평가

① 화면 설계      ② 작업 설계
③ 직무 분석      ④ 기능 할당

**해설** 기본 설계
① 작업 설계
② 직무 분석
③ 기능 할당

**{분석}**
**필기에 자주 출제되는 내용입니다.**

**25** 다음 중 화학설비에 대한 안전성 평가에 있어 정량적 평가항목에 해당되지 않는 것은?

① 공정      ② 취급 물질
③ 압력      ④ 화학설비 용량

**해설**

| 정량적 평가항목 | 정성적 평가항목 |
|---|---|
| ① 취급물질 | ① 입지 조건 |
| ② 화학설비의 용량 | ② 공장 내의 배치 |
| ③ 온도 | ③ 소방설비 |
| ④ 압력 | ④ 공정 기기 |
| ⑤ 조작 | ⑤ 수송·저장 |
|  | ⑥ 원재료 |
|  | ⑦ 중간체 |
|  | ⑧ 제품 |
|  | ⑨ 건조물(건물) |
|  | ⑩ 공정 |

**{분석}**
**필기에 자주 출제되는 내용입니다.**

**26** 자동차 엔진의 수명이 지수분포를 따르는 경우 신뢰도 95%를 유지시키면서 8,000시간을 사용하기 위한 적합한 고장률은 약 얼마인가?

① $3.4 \times 10^{-6}/$시간
② $6.4 \times 10^{-6}/$시간
③ $8.2 \times 10^{-6}/$시간
④ $9.5 \times 10^{-6}/$시간

**해설** <u>신뢰도</u> : 고장나지 않을 확률

$$신뢰도 R(t) = e^{-\frac{t}{t_0}} = e^{-\lambda \times t}$$

($t_0$ : 평균고장시간 or 평균수명,
 t : 앞으로 고장 없이 사용할 시간, $\lambda$ : 고장률)

$R(t) = e^{-\lambda \times t}$
$\ln R = -\lambda \times t$
$\lambda = \dfrac{\ln R}{-t} = \dfrac{\ln 0.95}{-8,000} = 6.4 \times 10^{-6}$

**•)) 정답** 23 ④  24 ①  25 ①  26 ②

**27** 다음 중 인간공학을 기업에 적용할 때의 기대효과로 볼 수 없는 것은?

① 노사 간의 신뢰 저하
② 제품과 작업의 질 향상
③ 작업자의 건강 및 안전 향상
④ 이직률 및 작업손실시간의 감소

**[해설]** 인간공학을 적용할 경우 노사 간의 신뢰는 향상된다.

**[참고]** 인간공학의 정의
• 인간의 특성과 한계 능력을 공학적으로 분석, 평가하여 이를 복잡한 체계의 설계에 응용함으로써 효율을 최대로 활용할 수 있도록 하는 학문 분야
• 인간공학은 기계와 그 기계조작 및 환경조건을 인간의 특성에 맞추어 설계하기 위한 수단을 연구하는 학문이다.

**28** 매직넘버라고도 하며, 인간이 절대 식별 시 작업 기억 중에 유지할 수 있는 항목의 최대수를 나타낸 것은?

① 3±1　　② 7±2
③ 10±1　　④ 20±2

**[해설]** 밀러의 매직넘버(인간이 절대 식별 시 작업 기억 중에 유지할 수 있는 항목의 최대수) : 7±2

{분석} 출제비중이 낮은 문제입니다.

**29** 다음 중 청각적 표시장치보다 시각적 표시장치를 이용하는 경우가 더 유리한 경우는?

① 메시지가 간단한 경우
② 메시지가 추후에 재참조되지 않는 경우
③ 직무상 수신자가 자주 움직이는 경우
④ 메시지가 즉각적인 행동을 요구하지 않는 경우

**[해설]** 청각 장치와 시각 장치의 비교

| 청각 장치 | ① 전언이 짧고, 간단할 때 ② 재참조 되지 않음. ③ 시간적인 사상을 다룬다. ④ 즉각적인 행동 요구할 때 ⑤ 시각계통 과부하일 때 ⑥ 주위가 너무 밝거나 암조응일 때 ⑦ 자주 움직이는 경우 |
|---|---|
| 시각 장치 | ① 전언이 길고, 복잡할 때 ② 재참조 된다. ③ 공간적인 위치 다룬다. ④ 즉각적 행동 요구하지 않을 때 ⑤ 청각계통 과부하일 때 ⑥ 주위가 너무 시끄러울 때 ⑦ 한곳에 머무르는 경우 |

{분석} 필기에 자주 출제되는 내용입니다.

**30** 다음 중 FTA(Fault Tree Analysis)에 관한 설명으로 가장 적절한 것은?

① 복잡하고, 대형화된 시스템의 신뢰성 분석에는 적절하지 않다.
② 시스템 각 구성요소의 기능을 정상인가 또는 고장인가로 점진적으로 구분 짓는다.
③ "그것이 발생하기 위해서는 무엇이 필요한가?"라는 것은 연역적이다.
④ 사건들을 일련의 이분(binary) 의사결정 분기들로 모형화한다.

**[해설]** FTA(Fault Tree Analysis)
특정한 사고에 대하여 그 사고의 원인이 되는 장치 및 기기의 결함이나 작업자 오류 등을 연역적이며 정량적으로 평가하는 분석법

{분석} 필기에 자주 출제되는 내용입니다.

**정답** 27 ① 28 ② 29 ④ 30 ③

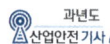

**31** 다음 중 욕조곡선에서의 고장 형태에서 일정한 형태의 고장률이 나타나는 구간은?

① 초기 고장구간
② 마모 고장구간
③ 피로 고장구간
④ 우발 고장구간

[해설] ① 초기고장 : 감소형
② 우발고장 : 일정형
③ 마모고장 : 증가형

[참고] 욕조곡선(Bathtub curve)

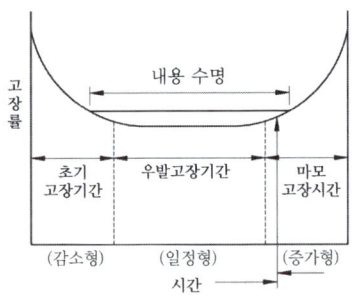

{분석}
필기에 자주 출제되는 내용입니다.

**32** 한 대의 기계를 10시간 가동하는 동안 4회의 고장이 발생하였고, 이때의 고장수리시간이 다음 표와 같을 때 MTTR(Mean Time To Repair)은 얼마인가?

| 가동시간(hour) | 수리시간(hour) |
|---|---|
| $T_1 = 2.7$ | $T_a = 0.1$ |
| $T_2 = 1.8$ | $T_b = 0.2$ |
| $T_3 = 1.5$ | $T_c = 0.3$ |
| $T_4 = 2.3$ | $T_d = 0.3$ |

① 0.225시간/회    ② 0.325시간/회
③ 0.425시간/회    ④ 0.525시간/회

[해설] MTTR (Mean Time to Repair)
평균 수리에 소요되는 시간

$$MTTR = \frac{수리시간 \ 합계}{수리횟수}(시간)$$

$$MTTR = \frac{0.1+0.2+0.3+0.3}{4} = 0.225시간/회$$

**33** 다음 중 진동의 영향을 가장 많이 받는 인간의 성능은?

① 추적(tracking) 능력
② 감시(monitoring) 작업
③ 반응시간(reaction time)
④ 형태식별(pattern recognition)

[해설] 반응시간, 감시, 형태식별 등 주로 중앙신경처리에 달린 임무는 진동의 영향이 적다.

{분석}
필기에 자주 출제되는 내용입니다.

**34** 다음 중 소음에 대한 대책으로 가장 적합하지 않은 것은?

① 소음원의 통제
② 소음의 격리
③ 소음의 분배
④ 적절한 배치

[해설] 소음 대책
① 소음원 통제
② 소음의 격리
③ 차폐장치, 흡음제 사용
④ 음향처리제 사용
⑤ 적절한 배치(Layout)
⑥ 배경음악
⑦ 보호구 사용(가장 소극적인 대책)

{분석}
필기에 자주 출제되는 내용입니다.

•))정답 31④ 32① 33① 34③

**35** 어떤 결함수를 분석하여 minimal cut set 을 구한 결과 다음과 같았다. 각 기본사상 의 발생확률을 qi, I = 1, 2, 3이라 할 때 정상사상의 발생확률함수로 옳은 것은?

$$K_1 = [1,2], K_2 = [1,3], K_3 = [2,3]$$

① $q_1q_2 + q_1q_2 - q_2q_3$

② $q_1q_2 + q_1q_3 - q_2q_3$

③ $q_1q_2 + q_1q_3 + q_2q_3 - q_1q_2q_3$

④ $q_1q_2 + q_1q_3 + q_2q_3 - 2q_1q_2q_3$

**해설** minimal cut set을 기준으로 FT도를 구성하면

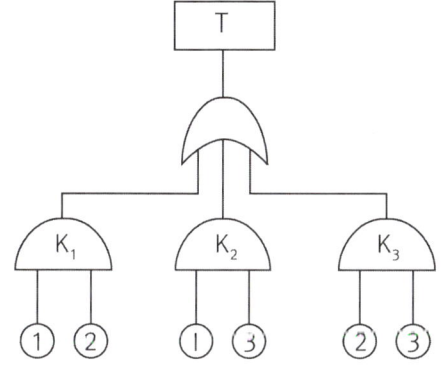

$$T = 1 - \{(1-K_1) \times (1-K_2) \times (1-K_3)\}$$
$$= 1 - [\{(1-K_1) \times (1-K_2)\} \times (1-K_3)]$$
$$= 1 - [(1-K_2-K_1+K_1K_2) \times (1-K_3)]$$
$$= 1 - [1-K_2-K_1+K_1K_2-K_3+K_2K_3+K_1K_3-K_1K_2K_3]$$
$$= 1 - 1 + K_2 + K_1 - K_1K_2 + K_3 - K_2K_3 - K_1K_3 + K_1K_2K_3$$
$$= K_1 + K_2 + K_3 - K_1K_2 - K_1K_3 - K_2K_3 + K_1K_2K_3$$
$$= q_1q_2 + q_1q_3 + q_2q_3 - q_1q_2q_3 - q_1q_2q_3 - q_1q_2q_3 + q_1q_2q_3$$
$$= q_1q_2 + q_1q_3 + q_2q_3 - 2q_1q_2q_3$$

{분석}
출제비중이 낮은 문제입니다.

**36** 다음 중 Fitts의 법칙에 관한 설명으로 옳은 것은?

① 표적이 크고 이동거리가 길수록 이동 시간이 증가한다.

② 표적이 작고 이동거리가 길수록 이동 시간이 증가한다.

③ 표적이 크고 이동거리가 짧을수록 이동 시간이 증가한다.

④ 표적이 작고 이동거리가 짧을수록 이동 시간이 증가한다.

**해설** 피츠의 법칙(Fitts' Law)

① 목표까지 움직이는 데 필요한 시간은 목표 크 기와 목표까지의 거리의 함수이다.

② 표적이 작고 이동거리가 길수록 이동시간이 증가한다.

{분석}
필기에 자주 출제되는 내용입니다.

**37** FMEA에서 고장의 발생확률 $\beta$가 다음 값의 범위일 경우 고장의 영향으로 옳은 것은?

$$[0.10 \leq \beta < 1.00]$$

① 손실의 영향이 없음

② 실제 손실이 예상됨

③ 실제 손실이 발생됨

④ 손실 발생의 가능성이 있음

**해설** FMEA 위험성 분류

| 발생확률($\beta$)에 따른 분류 | |
|---|---|
| • 실제 손실 | $\beta = 1.00$ |
| • 예상되는 손실 | $0.1 < \beta < 1.00$ |
| • 가능한 손실 | $0 < \beta \leq 0.1$ |
| • 영향 없음 | $\beta = 0$ |

{분석}
필기에 자주 출제되는 내용입니다.

최근 기출문제 2016

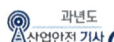
**38** 인간의 생리적 부담 척도 중 국소적 근육 활동의 척도로 가장 적합한 것은?

① 혈압
② 맥박수
③ 근전도
④ 점멸융합 주파수

**해설** EMG(electromyogram ; 근전도)
근육 활동 전위차의 기록

**참고** ECG(electrocardiogram ; 심전도)
심장근 활동 전위차의 기록

{분석}
필기에 자주 출제되는 내용입니다.

**39** 재해예방 측면에서 시스템의 FT에서 상부측 정상사상의 가장 가까운 쪽에 OR 게이트를 인터록이나 안전장치 등을 활용하여 AND 게이트로 바꿔주면 이 시스템의 재해율에는 어떠한 현상이 나타나겠는가?

① 재해율에는 변화가 없다.
② 재해율의 급격한 증가가 발생한다.
③ 재해율의 급격한 감소가 발생한다.
④ 재해율의 점진적인 증가가 발생한다.

**해설** 인터록이나 안전장치를 AND 게이트로 변경 → 인터록, 안전장치 모두가 정상일 경우 시스템이 정상 가동 → 재해율의 급격한 감소

{분석}
필기에 자주 출제되는 내용입니다.

**40** 다음 중 중(重)작업의 경우 작업대의 높이로 가장 적절한 것은?

① 허리 높이보다 0~10cm 정도 낮게
② 팔꿈치 높이보다 10~20cm 정도 높게
③ 팔꿈치 높이보다 15~20cm 정도 낮게
④ 어깨 높이보다 30~40cm 정도 높게

**해설** 입식 작업대 높이

• **경(經)작업 시 작업대의 높이** : 팔꿈치 높이보다 5~10cm 정도 낮게
• **중(重) 작업 시 작업대의 높이** : 팔꿈치 높이보다 10~20cm 정도 낮게
• **정밀작업 시 작업대의 높이** : 팔꿈치 높이보다 5~10cm 정도 높게

{분석}
필기에 자주 출제되는 내용입니다.

**제3과목** 기계 · 기구 및 설비 안전 관리

**41** 밀링작업의 안전수칙이 아닌 것은?

① 주축속도를 변속시킬 때는 반드시 주축이 정지한 후에 변환한다.
② 절삭 공구를 설치할 때에는 전원을 반드시 끄고 한다.
③ 정면 밀링커터 작업 시 날 끝과 동일높이에서 확인하며 작업한다.
④ 작은 칩의 제거는 브러시나 청소용 솔을 사용하며 제거한다.

**해설** ③ 가공 중에 얼굴을 기계에 접근시켜서는 안 된다.

**42** 셰이퍼(Shaper) 작업에서 위험요인과 가장 거리가 먼 것은?

① 가공칩(chip) 비산
② 바이트(bite)의 이탈
③ 램(ram) 말단부 충돌
④ 척-핸들(chuck-handle) 이탈

**해설** 척-핸들(chuck-handle) 이탈은 회전하며 절삭하는 선반의 위험요인에 해당한다.

**•))정답** 38 ③ 39 ③ 40 ③ 41 ③ 42 ④

**43** 안전계수가 6인 체인의 정격하중이 100kg 일 경우 이 체인의 극한강도는 몇 kg인가?

① 0.06　　　② 16.67
③ 26.67　　　④ 600

> **해설** 안전계수 = $\dfrac{극한하중}{정격하중}$
>
> 극한하중 = 안전계수 × 정격하중 = 6 × 100 = 600kg
>
> **{분석}**
> 실기까지 중요한 내용입니다.

**44** 크레인의 사용 중 하중이 정격을 초과 하였을 때 자동적으로 상승이 정지되는 장치는?

① 해지 장치
② 비상 정지장치
③ 권과 방지장치
④ 과부하 방지장치

> **해설** 과부하 방지장치는 정격하중의 1.1배 권상 시 경보와 함께 권상동작이 정지되고 횡행과 주행 동작이 불가능한 구조이어야 한다.
>
> **참고** 권과 방지장치 : 과상승 방지장치

**45** 현장에서 사용 중인 크레인의 거더 밑면 에 균열이 발생되어 이를 확인하려고 하 는 경우 비파괴검사 방법 중 가장 편리한 검사 방법은?

① 초음파탐상검사
② 방사선투과검사
③ 자분탐상검사
④ 액체침투탐상검사

> **해설** 침투탐상검사(PT)
> • 침투작용(모세관, 지각현상)을 이용한 방법
> • 시험체 표면에 개구해 있는 결함에 침투한 침투액을 흡출시켜 결함의 지시모양을 식별하는 방법
> • 용접부, 단조품 등의 비기공성 재료에 대한 표면 개구 결함검출에 이용

**46** 광전자식 방호장치를 설치한 프레스에서 광선을 차단한 후 0.2초 후에 슬라이드가 정지하였다. 이 때 방호장치의 안전거리 는 최소 몇 mm 이상이어야 하는가?

① 140　　　② 200
③ 260　　　④ 320

> **해설** 광전자식 방호장치
> 안전거리 D(cm)
> = 160 × 프레스 작동 후 작업점까지의 도달시간(초)
> 안전거리 D = 160 × 0.2 = 32(cm) = 320(mm)
>
> **{분석}**
> 실기까지 중요한 내용입니다.

**47** 기계설비의 안전 조건 중 외형의 안전화에 해당하는 것은?

① 기계의 안전 기능을 기계설비에 내장 하였다.
② 페일 세이프 및 풀 프루프의 기능을 가지는 장치를 적용하였다.
③ 강도의 열화를 고려하여 안전율을 최 대로 고려하여 설계하였다.
④ 작업자가 접촉할 우려가 있는 기계의 회전부에 덮개를 씌우고 안전 색채를 사용하였다.

> **해설** 외관상 안전화
> ① 회전부에 덮개 설치
> ② 안전색채 사용
> 예 기계의 시동 버튼 – 녹색, 정지 버튼 – 적색

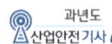

**48** 인터록(Interlock) 장치에 해당하지 않는
것은?

① 연삭기의 워크 레스트
② 사출기의 도어 잠금장치
③ 자동화 라인의 출입시스템
④ 리프트의 출입문 안전장치

[해설] **워크 레스트(작업대)**
탁상용 연삭기에서 공작물을 연삭할 때 가공물을
받쳐주는 용도로 사용된다.

[참고] **인터록 장치(연동장치)**
기계의 안전장치 또는 덮개를 제거하는 경우 자동
으로 전원을 차단하는 장치

**49** 연삭숫돌 교환 시 연삭숫돌을 끼우기 전
에 숫돌의 파손이나 균열의 생성 여부를
확인해 보기 위한 검사방법이 아닌 것은?

① 음향검사　　② 회전검사
③ 균형검사　　④ 진동검사

[해설] ② 회전검사는 숫돌을 끼우고 사용 속도의 1.5배로
3～5min 동안 회전시켜 원심력에 의한 파열
여부를 시험하는 방법이다.

**50** 아세틸렌 용기의 사용 시 주의사항으로
아닌 것은?

① 충격을 가하지 않는다.
② 화기나 열기를 멀리한다.
③ 아세틸렌 용기를 뉘어 놓고 사용한다.
④ 운반 시에는 반드시 캡을 씌우도록 한다.

[해설] ③ 용해 아세틸렌의 용기는 세워 둘 것

[참고] **가스 등의 용기의 취급 시 주의사항**
① 용기의 온도를 섭씨 40도 이하로 유지할 것
② 전도의 위험이 없도록 할 것
③ 밸브의 개폐는 서서히 할 것

④ 사용 전 또는 사용 중인 용기와 그 외의 용기를
명확히 구별하여 보관할 것
⑤ 용기의 부식·마모 또는 변형상태를 점검한 후
사용할 것

**51** 보일러 발생 증기가 불안정하게 되는
현상이 아닌 것은?

① 캐리오버(carry over)
② 프라이밍(priming)
③ 절탄기(economizer)
④ 포밍(foaming)

[해설] **절탄기** : 연도(굴뚝)에서 버려지는 여열을 이용
하여 보일러에 공급되는 급수를 예열하는 부속장치

[참고] **보일러 취급 시 이상 현상**
① 포밍(foaming, 물거품 솟음)
보일러 수면에 거품이 생겨 올바른 수위를 판
단하지 못하는 현상
② 플라이밍(priming, 비수 현상)
수분이 증기와 분리되지 않아 보일러 수면이
심하게 솟아올라 올바른 수위를 판단하지 못하
는 현상
③ 캐리오버(carry over, 기수 공발)
수분이 발생, 증기 중에 다량 함유되어 증기의
순도를 저하시킴으로서 관내 응축수가 생겨
워터 해머의 원인이 되고 증기 과열기나 터빈
등의 고장 원인이 된다.
④ 수격 작용
물망치 작용(워터 해머, water hammer) 고여
있던 응축수가 밸브를 급격히 개폐 시에 고온
고압의 증기에 이끌려 배관을 강하게 치는 현
상으로 배관파열을 초래한다.
⑤ 역화(Back Fire)
보일러 시동 시 연료가 나온 다음 시간을 두고
착화하는 등으로 인해 미연소가스가 노 내에
잔류하여 비정상적인 폭발적 연소를 일으킨다.

**정답** 48① 49② 50③ 51③

**52** 산업안전보건 법령상 보일러의 폭발위험 방지를 위한 방호장치가 아닌 것은?

① 급정지 장치
② 압력 제한스위치
③ 압력방출장치
④ 고저 수위 조절장치

**해설** 보일러의 방호장치

① 압력방출 장치
② 압력 제한스위치
③ 고저 수위 조절 장치
④ 화염검출기

{분석}
실기에도 자주 출제되는 중요한 내용입니다. 암기하세요.

**53** 지게차의 헤드가드에 관한 기준으로 틀린 것은?

① 4톤 이하의 지게차에서 헤드가드의 강도는 지게차 최대하중의 2배 값의 등분포정하중에 견딜 수 있을 것
② 상부틀의 각 개구의 폭 또는 길이가 25cm 미만일 것
③ 운전자가 서서 조작하는 방식의 지게차의 헤드가드의 높이는 1,905mm 이상일 것
④ 운전자가 앉아서 조작하는 방식의 지게차의 헤드가드의 높이는 903mm 이상일 것

**해설** ② 상부 틀의 각 개구의 폭 또는 길이는 16센티미터 미만일 것

{분석}
실기까지 중요한 내용입니다.

**54** 산업안전보건 법령상 크레인에 전용 탑승설비를 설치하고 근로자를 달아 올린 상태에서 작업에 종사시킬 경우 근로자의 추락 위험을 방지하기 위하여 실시해야 할 조치 사항으로 적합하지 않은 것은?

① 승차석 외의 탑승 제한
② 안전대나 구명줄의 설치
③ 탑승설비의 하강 시 동력 하강방법을 사용
④ 탑승설비가 뒤집히거나 떨어지지 않도록 필요한 조치

**해설** 크레인에 전용 탑승설비를 설치하고 근로자의 추락 위험을 방지하기 위하여 하여야 할 조치

① 탑승설비가 뒤집히거나 떨어지지 않도록 필요한 조치를 할 것
② 안전대나 구명줄을 설치하고, 안전난간을 설치할 수 있는 구조이면 안전난간을 설치할 것
③ 탑승설비를 하강시킬 때에는 동력 하강방법으로 할 것

**55** 원심기의 안전에 관한 설명으로 적절하지 않은 것은?

① 원심기에는 덮개를 설치하여야 한다.
② 원심기의 최고 사용 회전수를 초과하여 사용하여서는 아니 된다.
③ 원심기에 과압으로 인한 폭발을 방지하기 위하여 압력 방출장치를 설치하여야 한다.
④ 원심기로부터 내용물을 꺼내거나 원심기의 정비, 청소, 검사, 수리 작업을 하는 때에는 운전을 정지시켜야 한다.

**해설** ③ 압력용기에 과압으로 인한 폭발을 방지하기 위하여 압력 방출장치를 설치하여야 한다.

최근기출문제 **2016**

**56** 기계의 고정부분과 회전하는 동작부분이 함께 만드는 위험점의 예로 옳은 것은?

① 굽힘기계
② 기어와 랙
③ 교반기의 날개와 하우스
④ 회전하는 보링머신의 천공공구

해설 끼임점 : <u>고정부분과 회전하는 동작 부분 사이</u>에서 형성되는 위험점
예 연삭숫돌과 덮개, 교반기 날개와 하우징 등

회전방향

끼임점

{분석}
**실기까지 중요한 내용입니다.**

**57** 프레스의 방호장치에서 게이트가드(Gate Guard)식 방호장치의 종류를 작동방식에 따라 분류할 때 해당되지 않는 것은?

① 경사식
② 하강식
③ 도립식
④ 횡슬라이드식

해설 게이트가드식 방호장치의 종류
① 하강식
② 도립식
③ 횡슬라이드식

**58** 600rpm으로 회전하는 연삭숫돌의 지름이 20cm일 때 원주 속도는 약 몇 m/min인가?

① 37.7    ② 251
③ 377    ④ 1,200

해설 연삭기의 회전 속도(원주 속도) 계산

원주 속도(회전 속도)
$$V = \frac{\pi \times D \times N}{1,000} \, (\text{m/min})$$
여기서, $D$ : 롤러의 직경(mm), $N$ : 회전수(rpm)

$$V = \frac{\pi \times 200 \times 600}{1,000} = 376.99 \, (\text{m/min})$$

{분석}
**실기까지 중요한 내용입니다.**

**59** 수공구 취급 시의 안전수칙으로 적절하지 않은 것은?

① 해머는 처음부터 힘을 주어 치지 않는다.
② 렌치는 올바르게 끼우고 몸 쪽으로 당기지 않는다.
③ 줄의 눈이 막힌 것은 반드시 와이어브러시로 제거한다.
④ 정으로는 담금질 된 재료를 가공하여서는 안 된다.

해설 ② 렌치를 몸 안쪽으로 잡아당겨 움직이게 한다.

## 60 금형의 안전화에 관한 설명으로 틀린 것은?

① 금형을 설치하는 프레스의 T홈 안길이는 설치 볼트 직경의 2배 이상으로 한다.
② 맞춤 핀을 사용할 때에는 헐거움 끼워 맞춤으로 하고, 이를 하형에 사용할 때에는 낙하방지의 대책을 세워둔다.
③ 금형의 사이에 신체 일부가 들어가지 않도록 이동 스트리퍼와 다이의 간격은 8mm 이하로 한다.
④ 대형 금형에서 생크가 헐거워짐이 예상될 경우 생크만으로 상형을 슬라이드에 설치하는 것을 피하고 볼트 등을 사용하여 조인다.

해설 ② 맞춤 핀을 사용할 때에는 억지끼워 맞춤으로 한다. 상형에 사용할 때에는 낙하방지의 대책을 세워둔다.

제**4**과목 **전기설비 안전 관리**

## 61 흡수성이 강한 물질은 가습에 의한 부도체의 정전기 대전 방지 효과의 성능이 좋다. 이러한 작용을 하는 기를 갖는 물질이 아닌 것은?

① OH
② $C_6H_6$
③ $NH_2$
④ COOH

## 62 통전 경로별 위험도를 나타낼 경우 위험도가 큰 순서대로 나열한 것은?

ⓐ 왼손 - 오른손    ⓑ 왼손 - 등
ⓒ 양손 - 양발      ⓓ 오른손 - 가슴

① ⓐ-ⓒ-ⓑ-ⓓ        ② ⓐ-ⓓ-ⓒ-ⓑ
③ ⓓ-ⓒ-ⓑ-ⓐ        ④ ⓓ-ⓐ-ⓒ-ⓑ

해설 통전 경로별 심장 전류 계수

| 통전 경로 | 위험도 |
|---|---|
| 왼손 - 가슴 | 1.5 |
| 오른손 - 가슴 | 1.3 |
| 왼손 - 한발 또는 양발 | 1.0 |
| 양손 - 양발 | 1.0 |
| 오른손 - 한발 또는 양발 | 0.8 |
| 왼손 - 등 | 0.7 |
| 한손 또는 양손 - 앉아 있는 거리 | 0.7 |
| 왼손 - 오른손 | 0.4 |
| 오른손 - 등 | 0.3 |

실력이 되고! 합격이 되는! 특급 암기법

왼가, 오가 / 왼발, 손발, 오발 / 왼등, 손자리 / 손손, 오등

## 63 다음은 어떤 방폭구조에 대한 설명인가?

전기기구의 권선, 에어-캡, 접점부, 단자부 등과 같이 정상적인 운전 중에 불꽃, 아크, 또는 과열이 생겨서는 안 될 부분에 대하여 이를 방지하거나 또는 온도상승을 제한하기 위하여 전기안전도를 증가시켜 제작한 구조이다.

① 안전증방폭구조
② 내압방폭구조
③ 몰드방폭구조
④ 본질안전방폭구조

> **해설** 전기안전도를 증가시켜 제작한 구조 →
> 안전증방폭구조

> **참고** (1) 내압 방폭구조(d) : **전기설비를 전폐용기에 넣고 용기가 폭발 압력에 견뎌** 외부의 폭발성 가스에 인화될 위험이 없도록 한 구조의 방폭구조
> (2) 압력 방폭구조(P) : 전기설비를 용기에 넣고 **용기 내부에 불연성 가스를 압입**하여 용기 내부로 폭발성 가스나 침입하는 것을 방지하는 구조
> (3) 유입 방폭구조(o) : **용기 내부에 보호액을 채워 외부의 폭발성 가스에 접촉시 점화의 우려가 없도록 한 방폭구조**
> (4) 안전증 방폭구조(e) : 전기적, 기계적, 구조적으로 온도상승에 대해 **안전도를 증가시킨 구조**
> (5) 본질안전 방폭구조(ia, ib) : 정상시 또는 단락, 단선, 지락 등의 사고 시에 발생하는 아크, 불꽃, 고열에 의하여 폭발성 가스나 증기에 점화되지 않는 것이 확인된 구조
> (6) 비점화 방폭구조(n) : 전기기기가 **정상작동 및 비정상상태에서** 주위의 폭발성 가스 분위기를 **점화시키지 못하도록 만든 방폭구조**
> (7) 몰드 방폭구조(m) : 전기기기의 스파크 또는 열로 인해 폭발성 위험분위기에 점화되지 않도록 **컴파운드를 충전해서 보호한 방폭구조**
> (8) 충전 방폭구조(q) : **주위를 충전재로 완전히 둘러쌈으로서** 외부의 폭발성 가스 분위기를 점화시키지 않도록 하는 방폭구조

> **{분석}**
> **실기까지 중요한 내용입니다. "참고"를 다시 확인하세요.**

## 64 전기 작업에서 안전을 위한 일반 사항이 아닌 것은?

① 전로의 충전여부 시험은 검전기를 사용한다.
② 단로기의 개폐는 차단기의 차단 여부를 확인한 후에 한다.
③ 전선을 연결할 때 전원 쪽을 먼저 연결하고 다른 전선을 연결한다.
④ 첨가전화선에는 사전에 접지 후 작업을 하며 끝난 후 반드시 제거해야 한다.

> **해설** ③ 전선을 연결할 때 전원 쪽을 나중에 연결한다.

## 65 근로자가 노출된 충전부 또는 그 부근에서 작업함으로써 감전될 우려가 있는 경우에는 작업에 들어가기 전에 해당 전로를 차단하여야 하나 전로를 차단하지 않아도 되는 예외 기준이 있다. 그 예외 기준이 아닌 것은?

① 생명 유지 장치, 비상경보설비, 폭발위험장소의 환기설비, 비상조명설비 등의 장치·설비의 가동이 중지되어 사고의 위험이 증가되는 경우
② 관리감독자를 배치하여 짧은 시간 내에 작업을 완료할 수 있는 경우
③ 기기의 설계상 또는 작동 상 제한으로 전로 차단이 불가능한 경우
④ 감전, 아크 등으로 인한 화상, 화재·폭발의 위험이 없는 것으로 확인된 경우

> **해설** 정전작업을 하지 않아도 되는 경우
> ① 생명 유지 장치, 비상경보설비, 폭발위험장소의 환기설비, 비상조명설비 등의 장치·설비의 가동이 중지되어 사고의 위험이 증가되는 경우
> ② 기기의 설계상 또는 작동상 제한으로 전로 차단이 불가능한 경우
> ③ 감전, 아크 등으로 인한 화상, 화재·폭발의 위험이 없는 것으로 확인된 경우

## 66 가연성 증기나 먼지 등이 체류할 우려가 있는 장소의 전기회로에 설치하여야 하는 누전 경보기의 수신기가 갖추어야 할 성능으로 옳은 것은?

① 음향장치를 가진 수신기
② 차단기구를 가진 수신기
③ 가스감지기를 가진 수신기
④ 분진농도 측정기를 가진 수신기

**•)) 정답** 64 ③ 65 ② 66 ②

**해설** 누전경보기의 수신기는 <u>옥내의 점검에 편리한 장소에 설치하되</u> 가연성의 증기, 먼지 등이 체류할 우려가 있는 장소의 <u>전기회로에는</u> 당해 부분의 전기회로를 차단할 수 있는 <u>차단기구를 가진 수신기를 설치</u>하여야 한다.

**67** 활선작업을 시행 때 감전의 위험을 방지하고 안전한 작업을 하기 위한 활선장구 중 충전중인 전선의 변경작업이나 활선작업으로 애자 등을 교환할 때 사용하는 것은?

① 점프선
② 활선커터
③ 활선시메라
④ 디스콘스위치 조작봉

**해설** **활선시메라**
충전 중인 전선의 변경 작업, 전선의 장선 작업, 애자 등을 교환 작업 시 케이블을 걸어서 당길 때 사용한다.

**68** 다음 작업조건에 적합한 보호구로 옳은 것은?

> 물체의 낙하 충격, 물체에의 끼임, 감전 또는 정전기의 대전에 의한 위험이 있는 작업

① 안전모          ② 안전화
③ 방열복          ④ 보안면

**해설** 물체의 낙하·충격, 물체에의 끼임, 감전 또는 정전기의 대전(帶電)에 의한 위험이 있는 작업 → 안전화

**69** 다음 ( ) 안의 알맞은 내용을 나타낸 것은?

> 폭발성 가스의 폭발등급 측정에 사용되는 표준용기는 내용적이 ( ㉮ )cm³, 반구 상의 플렌지 접합면의 안길이( ㉯ )mm의 구상용기의 틈새를 통과시켜 화염일주 한계를 측정하는 장치이다.

① ㉮ 600          ㉯ 0.4
② ㉮ 1800         ㉯ 0.6
③ ㉮ 4500         ㉯ 8
④ ㉮ 8000         ㉯ 25

**해설** **안전간격(화염일주 한계)** : 표준용기(8L, 틈의 안길이 25mm의 구형 용기) 내에 폭발성 가스를 채우고 점화시켰을 때 폭발 화염이 용기 외부까지 전달되지 않는 한계의 틈

**참고** 8L = 8,000cm³

**70** 전기에 의한 감전사고를 방지하기 위한 대책이 아닌 것은?

① 전기기기에 대한 정격 표시
② 전기설비에 대한 보호 접지
③ 전기설비에 대한 누전 차단기 설치
④ 충전부가 노출된 부분은 절연방호구 사용

**해설** ① 정격표시는 정해진 규정 조건에서 전기기기, 장치 등의 작동범위를 표시하는 것으로 감전 방지 조치가 아니다.

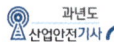

**71** 전기화상 사고 시의 응급조치 사항으로 틀린 것은?

① 상처에 달라붙지 않은 의복은 모두 벗긴다.
② 상처 부위에 파우더, 향유 기름 등을 바른다.
③ 감전자를 담요 등으로 감싸되 상처 부위가 닿지 않도록 한다.
④ 화상 부위를 세균 감염으로부터 보호하기 위하여 화상용 붕대를 감는다.

해설 ② 상처 부위에 파우더, 향유 기름 등을 바르는 것은 감염의 원인이 된다.

**72** 220V 전압에 접촉된 사람의 인체 저항이 약 1000Ω 일 때 인체 전류와 그 결과 값의 위험성 여부로 알맞은 것은?

① 22mA, 안전
② 220mA, 안전
③ 22mA, 위험
④ 220mA, 위험

해설 1. $V = I \times R$

$$I = \frac{V}{R} = \frac{220}{1000} = 0.22A \times 1,000 = 220mA$$

2. 100mA 이상에서 심실세동을 일으키므로 위험하다.

{분석}
**실기까지 중요한 내용입니다.**

**73** 전로에 지락이 생겼을 때에 자동적으로 전로를 차단하는 장치를 시설해야 하는 전기기계의 사용 전압 기준은? (단, 금속제 외함을 가지는 저압의 기계 기구로서 사람이 쉽게 접촉할 우려가 있는 곳에 시설되어 있다.)

① 30V 초과
② 90V 초과
③ 50V 초과
④ 150V 초과

해설 금속제 외함을 가지는 사용 전압이 50 V를 초과하는 저압의 기계 기구로서 사람이 쉽게 접촉할 우려가 있는 곳에 시설하는 것에 전기를 공급하는 전로에는 전로에 지락이 생겼을 때에 자동적으로 전로를 차단하는 장치를 하여야 한다.

{분석}
**관련 규정의 변경으로 문제를 수정하였습니다.**

**74** 교류 아크용접기의 사용에서 무부하 전압이 80V, 아크전압 25V, 아크 전류 300A 일 경우 효율은 약 몇 % 인가?
(단, 내부 손실은 4kW이다.)

① 65.2　　② 70.5
③ 75.3　　④ 80.6

해설 사용전력 = 아크전압×전류 = 25×300 = 7,500W
　　　총 전력 = 사용전력 + 손실전력
　　　　　　　 = 7,500 + 4,000 = 11,500W

　　　효율 = $\dfrac{\text{사용전력}}{\text{총 전력}}$×100

　　　　　 = $\dfrac{7,500}{11,500}$×100 = 65.22(%)

•)) 정답 71 ② 72 ④ 73 ③ 74 ①

**75** 대전이 큰 엷은 층상의 부도체를 박리할 때 또는 엷은 층상의 대전된 부도체의 뒷면에 밀접한 접지체가 있을 때 표면에 연한 수지상의 발광을 수반하여 발생하는 방전은?

① 불꽃 방전
② 스트리머 방전
③ 코로나 방전
④ 연면 방전

<sup>해설</sup> 표면에 연한 수지상의 발광을 수반하여 발생하는 방전 → 연면 방전

**76** 정전기가 발생되어도 즉시 이를 방전하고 전하의 축적을 방지하면 위험성이 제거된다. 정전기에 관한 내용으로 틀린 것은?

① 대전하기 쉬운 금속부분에 접지한다.
② 작업장 내 습도를 높여 방전을 촉진한다.
③ 공기를 이온화하여 (+)는 (−)로 중화시킨다.
④ 절연도가 높은 플라스틱류는 전하의 방전을 촉진시킨다.

<sup>해설</sup> ④ 절연도가 높은 플라스틱류는 전하의 방전을 방해하여 정전기가 축적된다.

**77** 폭연성 분진 또는 화약류의 분말이 전기설비가 발화원이 되어 폭발할 우려가 있는 곳에 시설하는 저압 옥내 전기설비의 공사 방법으로 옳은 것은?

① 금속관 공사
② 합성수지관 공사
③ 가요전선관 공사
④ 캡타이어 케이블 공사

<sup>해설</sup> 폭발할 우려가 있는 곳에 시설하는 저압 옥내 전기설비의 공사 → 금속관 공사

**78** 정전기 발생에 영향을 주는 요인이 아닌 것은?

① 물체의 분리 속도
② 물체의 특성
③ 물체의 표면 상태
④ 외부 공기의 풍속

<sup>해설</sup> 정전기 발생에 영향을 주는 요인

| 물체의 특성 | 대전서열에서 멀리 있는 물체들끼리 마찰할수록 발생량이 많다. |
|---|---|
| 물체의 표면 상태 | 표면이 거칠수록, 표면이 수분, 기름 등에 오염될수록 발생량이 많다. |
| 물체의 이력 | 처음 접촉, 분리할 때 정전기 발생량이 최고이고, 반복될수록 발생량은 줄어든다. |
| 접촉 면적 및 압력 | 접촉면적이 넓을수록, 접촉압력이 클수록 발생량이 많다. |
| 분리 속도 | 분리속도가 빠를수록 발생량이 많다. |

{분석}
자주 출제되는 내용입니다. "해설"을 다시 확인하세요.

🔊 정답 75 ④ 76 ④ 77 ① 78 ④

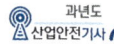
**79** 그림과 같은 전기기기 A점에서 완전 지락이 발생하였다. 이 전기기기의 외함에 인체가 접촉되었을 경우 인체를 통해서 흐르는 전류는 약 몇 mA 인가? (단, 인체의 저항은 3000Ω 이다.)

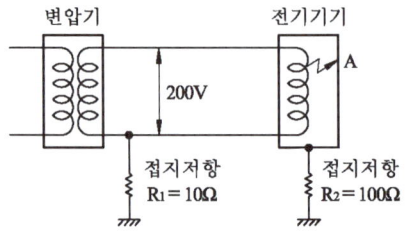

① 60.42
② 30.21
③ 15.11
④ 7.55

**해설**

$$I_m = \frac{V}{R_1 + \dfrac{R_{인체} R_2}{R_{인체} + R_2}} \times \frac{R_2}{R_{인체} + R_2}$$

$$= \frac{200}{10 + \dfrac{3,000 \times 100}{3,000 + 100}} \times \frac{100}{3,000 + 100}$$

$$= 0.06042A \times 1,000 = 60.42mA$$

**80** 3상 4선식 전선로의 보수를 위하여 정전 작업을 할 때 취하여야 할 기본적인 조치는?

① 1선을 접지한다.
② 2선을 단락 접지한다.
③ 3선을 단락 접지한다.
④ 접지를 하지 않는다.

**해설** 3선을 모두 단락 접지하여야 한다.

---

**제5과목** **화학설비 안전 관리**

**81** 20℃, 1기압의 공기를 5기압으로 단열압축하면 공기의 온도는 약 몇 ℃가 되겠는가? (단, 공기의 비열비는 1.4이다.)

① 32
② 191
③ 305
④ 464

**해설** 단열압축

$$\frac{T_2}{T_1} = \left(\frac{P_2}{P_1}\right)^{\frac{r-1}{r}}$$

$r$은 공기의 비열비(1.4)
$T_1$ : 단열압축 전의 온도 °$K$(273+℃)
$T_2$ : 단열압축 후의 온도 °$K$(273+℃)
$P_1$ : 단열압축 전의 압력
$P_2$ : 단열압축 후의 압력

$$\frac{T_2}{T_1} = \left(\frac{P_2}{P_1}\right)^{\frac{r-1}{r}}$$

$$T_2 = T_1 \times \left(\frac{P_2}{P_1}\right)^{\frac{r-1}{r}} = (273+20) \times \left(\frac{5}{1}\right)^{\frac{1.4-1}{1.4}}$$

$$= 464.05\,°K - 273 = 191.05℃$$

**82** 위험물의 취급에 관한 설명으로 틀린 것은?

① 모든 폭발성 물질은 석유류에 침지시켜 보관해야 한다.
② 산화성 물질의 경우 가연물과의 접촉을 피해야 한다.
③ 가스 누설의 우려가 있는 장소에서는 점화원의 철저한 관리가 필요하다.
④ 도전성이 나쁜 액체는 정전기 발생을 방지하기 위한 조치를 취한다.

---

**정답** 79 ① 80 ③ 81 ② 82 ①

**해설** (1) 발화성 물질의 저장법

① 나트륨, 칼륨 : 석유 속 저장

② 황린 : 물 속에 저장

③ 적린, 마그네슘, 칼륨 : 격리 저장

④ 질산은($AgNO_3$) 용액 : 햇빛 피하여 저장 (빛에 의해 광분해 반응 일으킴)

⑤ 벤젠 : 산화성물질과 격리 저장

⑥ 탄화칼슘($CaC_2$, 카바이트) : 금수성 물질로서 물과 격렬히 반응하므로 건조한 곳에 보관

(2) 니트로셀룰로오스(질화면)의 저장법

건조하면 분해폭발 하므로 알콜에 적셔 습하게 보관한다.

**83** 비점이나 인화점이 낮은 액체가 들어 있는 용기 주위에 화재 등으로 인하여 가열되면, 내부의 비등현상으로 인한 압력 상승으로 용기의 벽면이 파열되면서 그 내용물이 폭발적으로 증발, 팽창하면서 폭발을 일으키는 현상을 무엇이라 하는가?

① BLEVE
② UVCE
③ 개방계 폭발
④ 밀폐계 폭발

**해설** 용기 주위에 화재 등으로 인하여 용기의 벽면이 파열되면서 그 내용물이 폭발적으로 증발, 팽창 → BLEVE

**참고** 개방계 증기운 폭발(UVCE)

가연성가스가 지속적으로 누출되면서 대기 중에 구름 형태로 모여 바람 등의 영향으로 움직이다가 점화원에 의하여 순간적으로 모든 가스가 동시에 폭발하는 현상

**84** 다음 중 산화반응에 해당하는 것을 모두 나타낸 것은?

㉮ 철이 공기 중에서 녹이 슬었다.
㉯ 솜이 공기 중에서 불에 탔다.

① ㉮           ② ㉯
③ ㉮, ㉯       ④ 없음

**해설** ㉮ 녹이 슬다. → 공기 중의 산소와 철의 산화반응
㉯ 불에 탔다. → 가연물과 공기 중 산소의 산화반응

**85** 다음 중 화재 예방에 있어 화재의 확대 방지를 위한 방법으로 적절하지 않은 것은?

① 가연 물량의 제한
② 난연화 및 불연화
③ 화재의 조기 발견 및 초기 소화
④ 공간의 통합과 대형화

**해설** 화재의 국한 대책(화재 확대 방지 대책)

① 가연성물질의 집적 방지
② 건물, 설비의 불연성화
③ 일정 공지의 확보
④ 방화벽, 방유액의 정비
⑤ 위험물 시설의 지하 매설

**86** 단위공정시설 및 설비로부터 다른 단위공정시설 및 설비 사이의 안전거리는 설비의 바깥면부터 얼마 이상이 되어야 하는가?

① 5m        ② 10m
③ 15m       ④ 20m

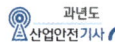

**[해설]** 화학설비의 안전거리 기준

| 구분 | 안전거리 |
|---|---|
| 1. 단위공정시설 및 설비로부터 다른 **단위공정시설 및 설비의 사이** | 설비의 바깥 면으로부터 **10미터 이상** |
| 2. 플레어스택으로부터 단위공정시설 및 설비, **위험물질 저장탱크** 또는 위험물질 하역설비의 사이 | 플레어스택으로부터 반경 **20미터 이상**. 다만, 단위공정시설 등이 불연재로 시공된 지붕 아래에 설치된 경우에는 그러하지 아니하다. |
| 3. **위험물질 저장탱크**로부터 단위공정시설 및 설비, 보일러 또는 가열로의 사이 | 저장탱크의 바깥 면으로부터 **20미터 이상**. 다만, 저장탱크의 방호벽, 원격조종 소화설비 또는 살수설비를 설치한 경우에는 그러하지 아니하다. |
| 4. 사무실·연구실·실험실·정비실 또는 식당으로부터 단위공정시설 및 설비, **위험물질 저장탱크**, 위험물질 하역설비, 보일러 또는 가열로의 사이 | 사무실 등의 바깥 면으로부터 **20미터 이상**. 다만, 난방용 보일러인 경우 또는 사무실 등의 벽을 방호구조로 설치한 경우에는 그러하지 아니하다. |

{분석}
**실기까지 중요한 내용입니다. 암기하세요.**

**87** 물과의 반응으로 유독한 포스핀가스를 발생하는 것은?

① HCl
② NaCl
③ $Ca_3P_2$
④ $Al(OH)_3$

**[해설]** $Ca_3P_2$은 물과의 반응으로 포스핀($PH_3$)을 만든다.

**88** 다음 [표]를 참조하여 메탄 70vol%, 프로판 21vol%, 부탄 9vol% 인 혼합가스의 폭발범위를 구하면 약 몇 vol%인가?

| 가스 | 폭발하한계 (vol%) | 폭발상한계 (vol%) |
|---|---|---|
| $C_4H_{10}$ | 1.8 | 8.4 |
| $C_3H_8$ | 2.1 | 9.5 |
| $C_2H_6$ | 3.0 | 12.4 |
| $CH_4$ | 5.0 | 15.0 |

① 3.45 ~ 9.11vol%
② 3.45 ~ 12.58vol%
③ 3.85 ~ 9.11vol%
④ 3.85 ~ 12.58vol%

**[해설]** 혼합가스의 폭발범위

$$\frac{100}{L} = \frac{V_1}{L_1} + \frac{V_2}{L_2} + \frac{V_3}{L_3} \cdots (Vol\%)$$

여기서, $L$ : 혼합가스의 폭발하한계(상한계)
$L_1$, $L_2$, $L_3$ : 단독가스의 폭발하한계(상한계)
$V_1$, $V_2$, $V_3$ : 단독가스의 공기 중 부피
$100$ : $V_1 + V_2 + V_3 + \cdots$

1. 폭발하한계

$$\frac{(70+21+9)}{L} = \frac{70}{5} + \frac{21}{2.1} + \frac{9}{1.8}$$

$$L = \frac{100}{\frac{70}{5} + \frac{21}{2.1} + \frac{9}{1.8}} = 3.45vol\%$$

2. 폭발상한계

$$\frac{(70+21+9)}{L} = \frac{70}{15} + \frac{21}{9.5} + \frac{9}{8.4}$$

$$L = \frac{100}{\frac{70}{15} + \frac{21}{9.5} + \frac{9}{8.4}} = 12.58vol\%$$

{분석}
**실기까지 중요한 내용입니다.**

**정답** 87 ③ 88 ②

**89** 다음 중 관로의 방향을 변경하는데 가장 적합한 것은?

① 소켓　　　　② 엘보우
③ 유니온　　　④ 플러그

**해설** 관의 부속품

① 2개관의 연결 : 플랜지, 유니언, 니플, 소켓 사용
② 관의 지름 변경 : 리듀서, 부싱 사용
③ 관로 방향 변경 : 엘보, Y형 관이음쇠, 티, 십자 사용
④ 유로차단 : 플러그, 밸브, 캡

**90** 비교적 저압 또는 상압에서 가연성의 증기를 발생하는 유류를 저장하는 탱크에서 외부에 그 증기를 방출하기도 하고, 탱크 내에 외기를 흡입하기도 하는 부분에 설치하며, 가는 눈금의 금망이 여러 개 겹쳐진 구조로 된 안전장치는?

① check valve
② flame arrester
③ ventstack
④ rupture disk

**해설** 유류를 저장하는 탱크에서 외부에 그 증기를 방출하기도 하고, 탱크 내에 외기를 흡입하기도 하는 부분에 설치 → flame arrester(화염방지기)

**참고** 화염방지기(frame arrest) : 외부로부터의 화염의 흐름을 차단하는 장치를 말하며 유류저장 탱크의 상단에 설치한다.

**91** 가연성 가스 A의 언소범위를 2.2 ~ 9.5 vol%라고 할 때 가스 A의 위험도는 약 얼마인가?

① 2.52　　　② 3.32
③ 4.91　　　④ 5.64

**해설**

$$위험도 = \frac{폭발상한계 - 폭발하한계}{폭발하한계}$$

$$위험도 = \frac{9.5 - 2.2}{2.2} = 3.32$$

**{분석}**
**실기까지 중요한 내용입니다.**

**92** 다음 중 Halon 1211의 화학식으로 옳은 것은?

① $CH_2FBr$　　　② $CH_2ClBr$
③ $CF_2HCl$　　　④ $CF_2BrCl$

**해설** 하론 소화약제

① 하론 1301($CF_3Br$)
② 하론 1211($CF_2ClBr$) : 무색, 무취이며 전기적으로 부전도성인 기체이다.
③ 하론 2402($C_2F_4Br_2$)
④ 하론 1011($CH_2ClBr$)
⑤ 하론 1040($CCl_4$) 또는 사염화탄소(CTC)

**93** 연소에 관한 설명으로 틀린 것은?

① 인화점이 상온보다 낮은 가연성 액체는 상온에서 인화의 위험이 있다.
② 가연성 액체를 발화점 이상으로 공기 중에서 가열하면 별도의 점화원이 없어도 발화할 수 있다.
③ 가연성 액체는 가열되어 완전 열분해 되지 않으면 착화원이 있어도 연소하지 않는다.
④ 열 전도도가 클수록 연소하기 어렵다.

**해설** ③ 가연성 액체는 착화원이 존재하면 연소할 위험이 있다.

🔖 2016 최근기출문제

🔊 정답 89 ② 90 ② 91 ② 92 ④ 93 ③

**94** 탄산수소나트륨을 주요성분으로 하는 것은 제 몇 종 분말소화기인가?

① 제1종  ② 제2종
③ 제3종  ④ 제4종

해설 탄산수소나트륨을 주요성분으로 하는 것 →
제1종 분말소화기

참고 **분말소화약제의 주성분**

**제1종 소화분말**
탄산수소나트륨(중탄산나트륨, $NaHCO_3$)

**제2종 소화분말**
탄산수소칼륨(중탄산칼륨, $KHCO_3$)

**제3종 소화분말**
제1인산암모늄($NH_4H_2PO_4$)

**제4종 소화분말**
요소와 탄산수소칼륨이 화합된 분말

**95** 열교환기의 열 교환 능률을 향상시키기 위한 방법이 아닌 것은?

① 유체의 유속을 적절하게 조절한다.
② 유체의 흐르는 방향을 병류로 한다.
③ 열교환기 입구와 출구의 온도 차를 크게 한다.
④ 열전도율이 높은 재료를 사용한다.

해설 ② 유체의 흐르는 방향을 향류형으로 한다.

참고 • **향류** : 2가지 유체가 흐르는 방향이 반대인 경우
• **병류** : 2가지 유체가 흐르는 방향이 같은 방향인 경우

**96** 다음은 산업안전보건기준에 관한 규칙에서 정한 폭발 또는 화재 등의 예방에 관한 내용이다. (　)에 알맞은 용어는?

> 사업주는 인화성 물질의 증기, 가연성 가스 또는 가연성 분진이 존재하여 폭발 또는 화재가 발생할 우려가 있는 장소에서는 당해 증기·가스 또는 분진에 의한 폭발 또는 화재를 예방하기 위해 (　), (　) 등 (　)를 적절하게 해야 한다.

① 통풍, 세척, 분진제거 조치
② 환풍기, 배풍기, 환기장치 설치
③ 제습, 세척, 분진제거 조치
④ 환기, 세척, 분진제거 조치

해설 증기·가스 또는 분진에 의한 폭발 또는 화재를 예방하기 위하여 환풍기, 배풍기(排風機) 등 환기장치를 적절하게 설치해야 한다.

{분석}
**관련 법규의 변경으로 문제 일부를 수정하였습니다.**

**97** 다음 중 분진의 폭발위험성을 증대시키는 조건에 해당하는 것은?

① 분진의 발열량이 작을수록
② 분위기 중 산소 농도가 작을수록
③ 분진 내의 수분 농도가 작을수록
④ 표면적이 입자체적에 비교하여 작을수록

해설 수분이 있으면 폭발위험 낮아진다.

정답 94 ① 95 ② 96 ② 97 ③

분진폭발에 영향을 미치는 인자

| ① 입도와 입도분포 | 입자가 작고 표면적이 클수록 폭발이 용이하다. |
|---|---|
| ② 분진의 화학적 성분과 반응성 | 발열량이 클수록, 휘발성분이 많을수록 폭발이 용이하다. |
| ③ 입자의 형상과 표면의 상태 | 입자의 형상이 구형(求刑)일수록 폭발성이 약하고 입자의 표면이 산소에 대한 활성을 가질수록 폭발성이 높다. |
| ④ 분진 속의 수분 | 분진 속에 수분 농도가 작을수록 부유성 및 정전기 대전성을 감소시켜 폭발위험성 증대한다. |
| ⑤ 분진의 부유성 | 분진의 부유성이 클수록 공기 중 체류시간이 길어져 폭발이 용이하다. |

**98** 위험물안전관리법령에서 정한 제3류 위험물에 해당하지 않는 것은?

① 나트륨
② 알킬알루미늄
③ 황린
④ 니트로글리세린

[해설] 제3류 위험물 : 자연발화성, 금수성 물질
니트로글리세린 → 제5류 자기반응성 물질

**99** 일반적인 자동제어 시스템의 작동순서를 바르게 나열한 것은?

① 검출 → 조절계 → 공정상황 → 밸브
② 공정상황 → 검출 → 조절계 → 밸브
③ 조절계 → 공정상황 → 검출 → 밸브
④ 밸브 → 조절계 → 공정상황 → 검출

[해설] 개회로방식 제어계 작동순서
① 공정설비
② 검출부 : 온도, 압력, 유량 등을 계기에서 검출

③ 조절부 : 검출부로부터 신호 받아 설정치를 적절히 조절
④ 조작부 : 조절부로 부터의 신호에 의해 개폐 동작(밸브 등)

**100** 산업안전보건 법령상 물질안전보건자료 작성 시 포함되어 있는 주요 작성항목이 아닌 것은? (단, 기타 참고사항 및 작성자가 필요에 의해 추가하는 세부 항목은 고려하지 않는다.)

① 법적 규제 현황
② 폐기 시 주의사항
③ 주요 구입 및 폐기처
④ 화학제품과 회사에 관한 정보

[해설] 물질안전보건자료의 작성 항목
1. 화학제품과 회사에 관한 정보
2. 유해·위험성
3. 구성 성분의 명칭 및 함유량
4. 응급조치 요령
5. 폭발·화재 시 대처 방법
6. 누출사고 시 대처 방법
7. 취급 및 저장방법
8. 노출방지 및 개인보호구
9. 물리화학적 특성
10. 안정성 및 반응성
11. 독성에 관한 정보
12. 환경에 미치는 영향
13. 폐기 시 주의사항
14. 운송에 필요한 정보
15. 법적 규제 현황
16. 기타 참고사항

최근 기출문제 2016

●)) 정답 98 ④ 99 ② 100 ③

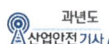
## 제6과목 · 건설공사 안전 관리

**101** 터널 작업에 있어서 자동경보장치가 설치된 경우에 이 자동경보장치에 대하여 당일의 작업 시작 전 점검하여야 할 사항이 아닌 것은?

① 계기의 이상 유무
② 검지부의 이상 유무
③ 경보장치의 작동 상태
④ 환기 또는 조명시설의 이상 유무

**[해설]** 자동경보장치의 작업 시작 전 점검 사항

① 계기의 이상 유무
② 검지부의 이상 유무
③ 경보장치의 작동상태

{분석}
실기까지 중요한 내용입니다. 암기하세요.

**102** 근로자의 추락 등의 위험을 방지하기 위한 안전난간의 설치기준으로 옳지 않은 것은?

① 상부 난간대와 중간 난간대는 난간 길이 전체에 걸쳐 바닥면 등과 평행을 유지할 것
② 발끝막이판은 바닥면 등으로 부터 20cm 이하의 높이를 유지할 것
③ 난간대는 지름 2.7cm 이상의 금속제 파이프나 그 이상의 강도가 있는 재료일 것
④ 안전난간은 구조적으로 가장 취약한 지점에서 가장 취약한 방향으로 작용하는 100kg 이상의 하중에 견딜 수 있는 튼튼한 구조일 것

**[해설]** ② 발끝막이판은 바닥면 등으로부터 10센티미터 이상의 높이를 유지할 것

**[참고]** 안전난간의 구조 및 설치요건

① 상부 난간대, 중간 난간대, 발끝막이판 및 난간 기둥으로 구성할 것
② 상부 난간대는 바닥면·발판 또는 경사로의 표면으로부터 90센티미터 이상 지점에 설치하고, 상부 난간대를 120센티미터 이하에 설치하는 경우에는 중간 난간대는 상부 난간대와 바닥면 등의 중간에 설치하여야 하며, 120센티미터 이상 지점에 설치하는 경우에는 중간 난간대를 2단 이상으로 균등하게 설치하고 난간의 상하 간격은 60센티미터 이하가 되도록 할 것(다만, 난간 기둥 간의 간격이 25센티미터 이하인 경우에는 중간 난간대를 설치하지 않을 수 있다.)
③ 발끝막이판은 바닥면 등으로부터 10센티미터 이상의 높이를 유지할 것
④ 난간기둥은 상부 난간대와 중간 난간대를 견고하게 떠받칠 수 있도록 적정한 간격을 유지할 것
⑤ 상부 난간대와 중간 난간대는 난간 길이 전체에 걸쳐 바닥면 등과 평행을 유지할 것
⑥ 난간대는 지름 2.7센티미터 이상의 금속제 파이프나 그 이상의 강도가 있는 재료일 것
⑦ 안전난간은 구조적으로 가장 취약한 지점에서 가장 취약한 방향으로 작용하는 100킬로그램 이상의 하중에 견딜 수 있는 튼튼한 구조일 것

{분석}
실기까지 중요한 내용입니다. "참고"를 다시 확인하세요.

**103** 외줄비계·쌍줄비계 또는 돌출비계는 벽이음 및 버팀을 설치하여야 하는데 강관비계 중 단관비계로 설치할 때의 조립간격으로 옳은 것은? (단, 수직방향, 수평방향의 순서임)

① 4m, 4m  ② 5m, 5m
③ 5.5m, 7.5m  ④ 6m, 8m

**[해설]** 비계 조립간격(벽이음 간격)

| 비계 종류 | | 수직 방향 | 수평 방향 |
|---|---|---|---|
| 강관 비계 | 단관비계 | 5m | 5m |
| | 틀비계(높이 5m 미만인 것 제외) | 6m | 8m |

{분석}
실기까지 중요한 내용입니다. 반드시 암기하세요.

**104** 구축물에 안전진단 등 안전성 평가를 실시하여 근로자에게 미칠 위험성을 미리 제거하여야 하는 경우가 아닌 것은?

① 구축물 등의 인근에서 굴착·항타 작업 등으로 침하·균열 등이 발생하여 붕괴의 위험이 예상될 경우

② 구축물 등이 그 자체의 무게·적설· 풍압 또는 그 밖에 부가되는 하중 등으로 붕괴 등의 위험이 있을 경우

③ 화재 등으로 구축물 등의 내력(耐力)이 심하게 저하 되었을 경우

④ 구축물의 구조체가 과도한 안전측으로 설계가 되었을 경우

**해설** 구축물 또는 시설물의 안전성 평가를 실시하여야 하는 경우

① 구축물 등의 인근에서 굴착·항타작업 등으로 침하·균열 등이 발생하여 붕괴의 위험이 예상될 경우

② 구축물 등에 지진, 동해(凍害), 부동침하(불동침하) 등으로 균열·비틀림 등이 발생하였을 경우

③ 구축물 등이 그 자체의 무게·적설·풍압 또는 그 밖에 부가되는 하중 등으로 붕괴 등의 위험이 있을 경우

④ 화재 등으로 구축물 등의 내력(耐力)이 심하게 저하 되었을 경우

**105** 사급자재비가 30억, 직접노무비가 35억, 관급자재비가 20억인 빌딩신축공사를 할 경우 계상해야할 산업안전보건관리비는 얼마인가? (단, 공사 종류는 건축공사이다.)

① 122,000,000원   ② 146,640,000원
③ 153,850,000원   ④ 159,800,000원

**해설**

1. 대상액이 5억 원 미만 또는 50억 원 이상

   산업안전보건관리비
   = 대상액(재료비 + 직접 노무비) × 비율

2. 대상액이 5억 원 이상 50억 원 미만

   산업안전보건관리비
   = 대상액(재료비 + 직접 노무비) × 비율 + 기초액(C)

1. 대상액 = (30억 + 20억) + 35억 = 85억
2. 대상액이 50억 원 이상이므로

안전관리비 = 대상액(재료비 + 직접 노무비) × 비율
= (30억+20억+35억)×0.0237
= 201,450,000원

**참고** 공사 종류 및 규모별 산업안전보건관리비 계상기준표

| 공사 종류 | 대상액 5억 원 미만인 경우 적용 비율(%) | 대상액 5억 원 이상 50억 원 미만인 경우 | | 대상액 50억 원 이상인 경우 적용 비율(%) | 보건관리자 선임 대상 건설공사의 적용비율(%) |
|---|---|---|---|---|---|
| | | 적용 비율(%) | 기초액 | | |
| 건축공사 | 3.11(%) | 2.28(%) | 4,325 천원 | 2.37(%) | 2.64(%) |
| 토목공사 | 3.15(%) | 2.53(%) | 3,300 천원 | 2.60(%) | 2.73(%) |
| 중건설 공사 | 3.64(%) | 3.05(%) | 2,975 천원 | 3.11(%) | 3.39(%) |
| 특수 건설공사 | 2.07(%) | 1.59(%) | 2,450 천원 | 1.64(%) | 1.78(%) |

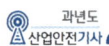
**106** 가설구조물에서 많이 발생하는 중대 재해의 유형으로 가장 거리가 먼 것은?

① 도괴 재해
② 낙하물에 의한 재해
③ 굴착 기계와의 접촉에 의한 재해
④ 추락 재해

> **[해설]** 가설구조물의 재해 유형
> ① 떨어짐(추락)
> ② 맞음(낙하, 비래)
> ③ 무너짐(붕괴, 도괴)

**107** 다음 토공기계 중 굴착 기계와 가장 관계 있는 것은?

① Clam chell
② Road Roller
③ Shovel loader
④ Belt conveyer

> **[해설]** 클램셸(clamshell)
> 수중굴착 및 가장 협소하고 깊은 굴착이 가능하며 호퍼(hopper)에 적당하다.

**108** 크레인을 사용하여 작업을 하는 때 작업 시작 전 점검사항이 아닌 것은?

① 권과방지장치 · 브레이크 · 클러치 및 운전장치의 기능
② 방호장치의 이상 유무
③ 와이어로프가 통하고 있는 곳의 상태
④ 주행로의 상측 및 트롤리가 횡행하는 레일의 상태

> **[해설]** 크레인의 작업 시작 전 점검
> ① 권과방지장치·브레이크·클러치 및 운전장치의 기능
> ② 주행로의 상측 및 트롤리가 횡행(橫行)하는 레일의 상태
> ③ 와이어로프가 통하고 있는 곳의 상태
>
> {분석}
> 실기까지 중요한 내용입니다. 반드시 암기하세요.

**109** 차량계 하역운반기계를 사용하는 작업에 있어 고려되어야 할 사항과 가장 거리가 먼 것은?

① 작업지휘자의 배치
② 유도자의 배치
③ 갓길 붕괴 방지 조치
④ 안전관리자의 선임

> **[해설]** 차량계 하역운반기계 넘어짐(전도) 방지 조치
> ① 유도자 배치
> ② 지반의 부동침하방지
> ③ 갓길의 붕괴방지
>
> {분석}
> 실기까지 중요한 내용입니다. 반드시 암기하세요.

**110** 철골작업을 중지하여야 하는 조건에 해당되지 않는 것은?

① 풍속이 초당 10m 이상인 경우
② 지진이 진도 4 이상의 경우
③ 강우량이 시간당 1mm 이상의 경우
④ 강설량이 시간당 1cm 이상의 경우

> **[해설]** 철골작업을 중지해야 하는 조건
> ① 풍속이 초당 10미터 이상인 경우
> ② 강우량이 시간당 1밀리미터 이상인 경우
> ③ 강설량이 시간당 1센티미터 이상인 경우
>
> {분석}
> 실기까지 중요한 내용입니다. 반드시 암기하세요.

•)) **정답** 106 ③ 107 ① 108 ② 109 ④ 110 ②

**111** 달비계(곤돌라의 달비계는 제외)의 최대 적재 하중을 정할 때 사용하는 안전계수의 기준으로 옳은 것은?

① 달기체인의 안전계수는 10 이상
② 달기강대와 달비계의 하부 및 상부지점의 안전계수는 목재의 경우 2.5 이상
③ 달기와이어로프의 안전계수는 5 이상
④ 달기강선의 안전계수는 10 이상

{분석}
관련 법규에서 삭제된 내용입니다.

**112** 점토질 지반의 침하 및 압밀 재해를 막기 위하여 실시하는 지반개량 탈수 공법으로 적당하지 않은 것은?

① 샌드 드레인 공법
② 생석회 공법
③ 진동 공법
④ 페이퍼드레인 공법

[해설] **점토의 개량공법**
• 치환 공법
• 탈수 공법 : 샌드 드레인 공법, 페이퍼드레인 공법, 진공배수 공법
• 재하 공법
• 압성토 공법
• 생석회말뚝 공법

[참고] **모래의 개량공법**
• 다짐 말뚝 공법
• 다진 모래 말뚝 공법
• 바이브로 플로테이션 ; 진동 공법
• 전기충격 공법
• 약액주입 공법
• 웰포인트 공법

**113** 흙막이 벽의 근입 깊이를 깊게 하고, 전면의 굴착 부분을 남겨두어 흙의 중량으로 대항하게 하거나, 굴착 예정 부분의 일부를 미리 굴착하여 기초 콘크리트를 타설하는 등의 대책과 가장 관계 깊은 것은?

① 히빙 현상이 있을 때
② 파이핑 현상이 있을 때
③ 지하수위가 높을 때
④ 굴착 깊이가 깊을 때

[해설] 시트파일 등의 근입심도 검토(흙막이 벽체의 근입 깊이를 깊게 한다.) → 히빙 현상 방지책

**114** 건물외부에 낙하물 방지망을 설치할 경우 수평면과의 가장 적절한 각도는?

① 5° 이상, 10° 이하
② 10° 이상, 15° 이하
③ 15° 이상, 20° 이하
④ 20° 이상, 30° 이하

[해설] **낙하물방지망 또는 방호선반을 설치 시 준수사항**
① 설치높이는 10미터 이내마다 설치하고, 내민 길이는 벽면으로부터 2미터 이상으로 할 것
② 수평면과의 각도는 20도 내지 30도를 유지할 것

{분석}
실기까지 중요한 내용입니다. 반드시 암기하세요.

**115** 콘크리트 타설 작업의 안전대책으로 옳지 않은 것은?

① 작업 시작 전 거푸집 동바리 등의 변형, 변위 및 지반 침하 유무를 점검한다.
② 작업 중 감시자를 배치하여 거푸집 동바리 등의 변형, 변위 유무를 확인한다.

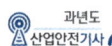

③ 슬래브콘크리트 타설은 한쪽부터 순차적으로 타설하여 붕괴 재해를 방지해야 한다.

④ 설계도서상 콘크리트 양생기간을 준수하여 거푸집 동바리 등을 해체한다.

**해설 콘크리트의 타설 작업 시 준수사항**

① 당일의 작업을 시작하기 전에 해당 작업에 관한 거푸집 동바리 등의 변형 · 변위 및 지반의 침하 유무 등을 점검하고 이상이 있으면 보수할 것

② 작업 중에는 감시자를 배치하는 등의 방법으로 거푸집 및 동바리의 변형 · 변위 및 침하 유무 등을 확인해야 하며, 이상이 있으면 작업을 중지하고 근로자를 대피시킬 것

③ 콘크리트의 타설작업 시 거푸집 붕괴의 위험이 발생할 우려가 있으면 충분한 보강조치를 할 것

④ 설계도서상의 콘크리트 양생기간을 준수하여 거푸집 및 동바리를 해체할 것

⑤ 콘크리트를 타설하는 경우에는 편심이 발생하지 않도록 골고루 분산하여 타설할 것

---

**116** 굴착기계의 운행 시 안전대책으로 옳지 않은 것은?

① 버킷에 사람의 탑승을 허용해서는 안 된다.

② 운전반경 내에 사람이 있을 때 회전은 10rpm 이하의 느린 속도로 하여야 한다.

③ 장비의 주차 시 경사지나 굴착작업장으로부터 충분히 이격시켜 주차한다.

④ 전선이나 구조물 등에 인접하여 붐을 선회해야 될 작업에는 사전에 회전반경, 높이 제한 등 방호조치를 강구한다.

**해설** ② 운전반경 내에 사람이 있을 때 기계 운행을 중지한다.

---

**117** 다음 설명에서 제시된 산업안전보건법에서 말하는 고용노동부령으로 정하는 공사에 해당하지 않는 것은?

> 건설업 중 고용노동부령으로 정하는 공사를 착공하려는 사업주는 고용노동부령으로 정하는 자격을 갖춘 자의 의견을 들은 후 유해 · 위험방지계획서를 작성하여 고용노동부령으로 정하는 바에 따라 고용노동부장관에게 제출하여야 한다.

① 지상높이가 31m인 건축물의 건설 · 개조 또는 해체

② 최대 지간길이가 50m인 교량건설 등의 공사

③ 깊이가 8m인 굴착공사

④ 터널 건설공사

**해설 유해위험방지계획서 제출대상 건설공사**

1. 다음 각 목의 어느 하나에 해당하는 건축물 또는 시설 등의 건설 · 개조 또는 해체공사
   가. 지상높이가 31미터 이상인 건축물 또는 인공구조물
   나. 연면적 3만제곱미터 이상인 건축물
   다. 연면적 5천제곱미터 이상인 시설로서 다음의 어느 하나에 해당하는 시설
      1) 문화 및 집회시설(전시장 및 동물원 · 식물원은 제외한다)
      2) 판매시설, 운수시설(고속철도의 역사 및 집배송시설은 제외한다)
      3) 종교시설
      4) 의료시설 중 종합병원
      5) 숙박시설 중 관광숙박시설
      6) 지하도상가
      7) 냉동 · 냉장 창고시설
2. 연면적 5천제곱미터 이상의 냉동 · 냉장창고시설의 설비공사 및 단열공사
3. 최대 지간길이(다리의 기둥과 기둥의 중심사이의 거리)가 50미터 이상인 교량 건설 등 공사
4. 터널 건설 등의 공사
5. 다목적댐, 발전용댐, 저수용량 2천만톤 이상의 용수 전용 댐, 지방상수도 전용 댐 건설 등의 공사
6. 깊이 10미터 이상인 굴착공사

**정답 116 ② 117 ③**

실전이 되고! 합격이 되는! **특급 암기법**

- 지상높이 31m, 연면적 3만m², 사람 많은 시설 연면적 5,000m²
- 연면적 5,000m² 냉동·냉장창고시설
- 최대 지간길이가 50미터 이상 교량
- 터널
- 저수용량 2천만 톤 이상 댐
- 10미터 이상인 굴착

**{분석}**
실기에도 자주 출제되는 내용입니다.
"해설"을 다시 확인하세요.

## 118 유해·위험방지 계획서 제출 시 첨부서류에 해당하지 않는 것은?

① 교통처리계획
② 안전관리 조직표
③ 공사개요서
④ 공사 현장의 주변 현황 및 주변과의 관계를 나타내는 도면

**[해설]** 위험방지계획서 첨부서류

1. **공사 개요 및 안전보건관리계획**
   가. 공사 개요서
   나. 공사현장외 주변 현황 및 주변과의 관계를 나타내는 도면(매설물 현황을 포함한다)
   다. 건설물, 사용 기계설비 등의 배치를 나타내는 도면
   라. 전체 공정표
   마. 산업안전보건관리비 사용계획
   바. 안전관리 조직표
   사. 재해 발생 위험 시 연락 및 대피방법

2. **작업 공사 종류별 유해·위험방지계획**

## 119 다음 중 건설재해 대책의 사면보호 공법에 해당하지 않는 것은?

① 쉴드공
② 식생공
③ 뿜어 붙이기공
④ 블록공

**[해설]** 비탈면 보호공법(사면안정공법)
① 식생공(법)
② 블록 붙임공 또는 돌붙임공(법)
③ 콘크리트 뿜어붙이기공(법)
④ 콘크리트(블록) 격자공(법)
⑤ 돌망태공(법)

## 120 토석 붕괴 방지 방법에 대한 설명으로 옳지 않은 것은?

① 말뚝(강관, H형강, 철근콘크리트)을 박아 지반을 강화시킨다.
② 활동의 가능성이 있는 토석은 제거한다.
③ 지표수가 침투되지 않도록 배수시키고 지하수위 저하를 위해 수평보링을 하여 배수시킨다.
④ 활동에 의한 붕괴를 방지하기 위해 비탈면, 법면의 상단을 다진다.

**[해설]** ④ 활동에 의한 붕괴를 방지하기 위해 비탈면, 법면의 하단을 다진다.

2016

# 02회 2016년 산업안전기사 최근 기출문제

## 제1과목 • 산업재해 예방 및 안전보건교육

**01** 산업안전보건법상 사업주가 근로자에게 실시해야 하는 안전·보건교육 중 근로자의 채용 시 교육 및 작업내용 변경 시의 교육 내용이 아닌 것은?

① 기계·기구의 위험성과 작업의 순서 및 동선에 관한 사항
② 정리정돈 및 청소에 관한 사항
③ 물질안전 보건 자료에 관한 사항
④ 표준안전 작업방법에 관한 사항

**[해설]** 근로자 채용 시의 교육 및 작업내용 변경 시의 교육
① 산업안전 및 산업재해 예방에 관한 사항(화재·폭발 사고 발생 시 대피에 관한 사항을 포함한다)
② 산업보건 및 건강장해 예방에 관한 사항
③ 산업안전보건법령 및 산업재해보상보험제도에 관한 사항
④ 직무스트레스 예방 및 관리에 관한 사항
⑤ 직장 내 괴롭힘, 고객의 폭언 등으로 인한 건강 장해 예방 및 관리에 관한 사항
⑥ 기계·기구의 위험성과 작업의 순서 및 동선에 관한 사항
⑦ 물질안전보건자료에 관한 사항
⑧ 작업 개시 전 점검에 관한 사항
⑨ 정리정돈 및 청소에 관한 사항
⑩ 사고 발생 시 긴급조치에 관한 사항
⑪ 위험성 평가에 관한 사항

**공통 항목**
1. 신규자는 법, 산재보상제도를 알자!
2. 신규자는 건강을 보존(산업보건)하고 건강장해, 스트레스, 괴롭힘, 폭언 예방하자!
3. 신규자는 안전하고 산업재해 예방하자!
4. 신규자는 위험성을 평가하자!

---

신규채용자는 회사에 처음 입사해서 처음 일을 하는 근로자, 안전하게 일하기 위한 기본내용을 교육한다.
1. 신규자는 기계·기구 위험성, 작업순서, 동선을 알자!
2. 신규자는 취급물질의 위험성(물질안전보건자료)을 알자!
3. 신규자는 작업 전 점검하자!
4. 신규자는 항상 정리정돈 청소하자!
5. 신규자는 사고 시 조치를 알자!

**02** 시몬즈(Simonds)의 재해코스트 산출방식에서 A, B, C, D는 무엇을 뜻하는가?

> 총재해 코스트 = 보험코스트+(A×휴업상해건수)+(B×통원상해건수)+(C×응급조치건수)+(D×무상해 사고건수)

① 직접손실비
② 간접손실비
③ 보험 코스트
④ 비보험 코스트 평균치

**[해설]** 시몬즈(Simonds)의 총 재해코스트
1. 총 재해코스트 = 보험코스트 + 비보험코스트
2. 총 재해코스트 = 산재보험료 + (A × 휴업상해건수) + (B × 통원상해 건수) + (C × 구급조치 상해 건수) + (D × 무상해 사고 건수)
※ A, B, C, D : 상수
(각 재해에 대한 평균 비보험코스트)

**정답** 01 ④ 02 ④

## 03 무재해 운동의 3원칙에 해당되지 않는 것은?

① 무의 원칙
② 참가의 원칙
③ 대책선정의 원칙
④ 선취의 원칙

**[해설] 무재해 운동의 3대 원칙**

① <u>무(無)의 원칙</u>(ZERO의 원칙) : 사업장 내의 모든 잠재위험요인을 적극적으로 사전에 발견하고 파악 · 해결함으로써 <u>산업재해의 근원적인 요소들을 없앤다는 것을 의미</u>한다.

② <u>선취의 원칙(안전제일의 원칙)</u> : 사업장 내에서 <u>행동하기 전에 잠재위험요인을 발견하고 파악 · 해결하여 재해를 예방하는 것을</u> 의미한다.

③ <u>참가의 원칙(참여의 원칙)</u> : 작업에 따르는 잠재위험요인을 발견하고 파악 · 해결하기 위하여 <u>전원이 일치 협력하여 각자의 위치에서 적극적으로 문제해결을 하겠다는 것을 의미</u>한다.

{분석}
실기까지 중요한 내용입니다. 3원칙을 암기하세요.

## 04 데이비스(K.Davis)의 동기부여이론 등식으로 옳은 것은?

① 지식 × 기능 = 태도
② 지식 × 상황 = 동기유발
③ 능력 × 상황 = 인간의 성과
④ 능력 × 동기유발 = 인간의 성과

**[해설] 데이비스(K. Davis)의 동기부여 이론**

① 인간의 성과 × 물질의 성과 = 경영의 성과
② 지식(knowledge) × 기능(skill) = 능력(ability)
③ 상황(situation) × 태도(attitude)
　　= 동기유발(motivation)
④ 능력 × 동기유발
　　= 인간의 성과(human performance)

## 05 인간의 동작 특성 중 판단 과정의 착오 요인이 아닌 것은?

① 합리화
② 정서불안정
③ 작업조건 불량
④ 정보 부족

**[해설] 인간의 착오 요인**

| 인지과정 착오 요인 | • <u>정보량 저장의 한계</u><br>• 감각 차단 현상<br>• <u>정서적 불안정</u><br>• 생리, 심리적 능력의 한계<br>　(정보 수용 능력의 한계) |
| --- | --- |
| 판단과정 착오 요인 | • <u>자기 합리화</u><br>• 능력 부족<br>• <u>정보 부족</u><br>• <u>자기과신</u> |
| 조작과정의 착오 요인 | • 작업자의 기능 미숙(기술 부족)<br>• 작업경험 부족<br>• 피로 |
| 심리적, 기타 요인 | • <u>불안</u> · 공포 · 과로 · 수면부족 등 |

## 06 리더십의 유형에 해당되지 않는 것은?

① 권위형
② 민주형
③ 자유방임형
④ 혼합형

**[해설] 업무 추진의 방식에 따른 리더십의 분류**

① <u>권위주의적</u> 리더 : <u>리디기 독단적으로 의사를 결정</u>하는 형태
② <u>민주주의적</u> 리더 : <u>집단토의에 의해 의사를 결정</u>하는 형태
③ <u>자유방임적</u> 리더 : <u>리더 역할은 하지 않고 명목상 자리만 유지</u>하는 형태

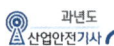
**07** 학습이론 중 자극과 반응 이론이라 볼 수 없는 것은?

① Kohler의 통찰설
② Thorndike의 시행착오설
③ Pavlov의 조건반사설
④ Skinner의 조작적 조건화설

해설 **자극과 반응이론(S-R 이론)**

① 돈다이크의 학습의 법칙(시행착오설)
② 파블로프의 조건반사설
③ 스키너의 조작적 조건화설(강화의 원리)
④ 반두라(Bandura)의 사회학습이론

**08** 안전표지의 종류와 분류가 올바르게 연결된 것은?

① 금연 – 금지표지
② 낙하물 경고 – 지시표지
③ 안전모 착용 – 안내표지
④ 세안장치 – 경고표지

해설 ① 금연 – 금지표지
② 낙하물 경고 – 경고표지
③ 안전모 착용 – 지시표지
④ 세안장치 – 안내표지

**09** 안전에 관한 기본 방침을 명확하게 해야 할 임무는 누구에게 있는가?

① 안전관리자
② 관리감독자
③ 근로자
④ 사업주

해설 안전에 관한 기본 방침 명확화 → 사업주

**10** 학습지도의 형태 중 토의법에 해당되지 않는 것은?

① 패널 디스커션(panel discussion)
② 포럼(forum)
③ 구안법(project method)
④ 버즈 세션(buzz session)

해설 **토의법의 종류**

1. 포럼(Forum)
2. 심포지엄(Symposium)
3. 버즈세션(Buzz session)
4. 패널 디스커션(Panel discussion)

**11** A 사업장의 연천인율이 10.8인 경우, 이 사업장의 도수율은 약 얼마인가?

① 5.4
② 4.5
③ 3.7
④ 1.8

해설 연천인율 = 도수율 $\times 2.4$

$$도수율 = \frac{연천인율}{2.4} = \frac{10.8}{2.4} = 4.5$$

{분석}
실기에도 자주 출제되는 중요한 내용입니다.

**12** 위험예지훈련의 문제 해결 4라운드에 속하지 않는 것은?

① 현상 파악
② 본질 추구
③ 대책 수립
④ 원인 결정

해설 **위험예지훈련 4단계**

• 1단계 : 현상 파악
• 2단계 : 요인 조사(본질 추구)
• 3단계 : 대책 수립
• 4단계 : 행동목표 설정(합의요약)

{분석}
실기까지 중요한 내용입니다.

정답 07 ① 08 ① 09 ④ 10 ③ 11 ② 12 ④

**13** 다음 중 학습정도(Level of learning)의 4단계를 순서대로 옳게 나열한 것은?

① 이해 → 적용 → 인지 → 지각
② 인지 → 지각 → 이해 → 적용
③ 지각 → 인지 → 적용 → 이해
④ 적용 → 인지 → 지각 → 이해

[해설] **학습의 정도 4단계**

① 인지(to acquaint) : ~을 인지하여야 한다.
② 지각(to know) : ~을 알아야 한다.
③ 이해(to understand) : ~을 이해하여야 한다.
④ 적용(to apply) : ~을 ~에 적용할 수 있어야 한다.

**14** 직계 – 참모식 조직의 특징에 대한 설명으로 옳은 것은?

① 소규모 사업장에 적합하다.
② 생산조직과는 별도의 조직과 기능을 갖고 활동한다.
③ 안전 계획, 평가 및 조사는 스탭에서, 생산기술의 안전대책은 라인에서 실시한다.
④ 안전 업무가 표준화되어 직장에 정착하기 쉽다.

[해설] **라인 스태프형(Line Staff) or 혼합형**

라인형과 스태프형의 장점을 취한 형태로서 스태프는 안전을 입안, 계획, 평가, 조사하고 라인을 통하여 생산기술, 안전대책이 전달되는 관리방식이다.

[참고] **라인 스태프형(Line Staff)의 특징**

① 대규모 사업장(1,000명 이상 사업장)에 적용이 가능하다.
② 라인 스태프형 장점
 • 안전전문가에 의해 입안된 것을 경영자가 명령하므로 명령이 신속, 정확하다.
 • 안전정보 수집이 용이하고 빠르다.

③ 라인 스태프형 단점
 • 명령계통과 조언, 권고적 참여의 혼돈이 우려된다.
 • 스태프의 월권행위가 우려되고 지나치게 스태프에게 의존할 수 있다.
 • 라인이 스탭에 의존 또는 활용하지 않는 경우가 있다.

{분석}
실기까지 중요한 내용입니다. 참고를 다시 확인하세요.

**15** 산업안전보건법상 중대재해에 해당하지 않는 것은?

① 사망자가 2명 발생한 재해
② 6개월 요양을 요하는 부상자가 동시에 4명 발생한 재해
③ 부상자 또는 직업성 질병자가 동시에 12명 발생한 재해
④ 3개월 요양을 요하는 부상자가 1명, 2개월 요양을 요하는 부상자가 4명 발생한 재해

[해설] **중대재해**

① 사망자가 1인 이상 발생한 재해
② 3개월 이상 요양을 요하는 부상자가 동시에 2인 이상 발생한 재해
③ 부상자 또는 직업성 질병자가 동시에 10인 이상 발생한 재해

{분석}
실기까지 중요한 내용입니다. 해설을 암기하세요.

**16** 안전교육 훈련에 있어 동기부여 방법에 대한 설명으로 가장 거리가 먼 것은?

① 안전 목표를 명확히 설정한다.
② 결과를 알려준다.
③ 경쟁과 협동을 유발시킨다.
④ 동기유발 수준을 정도 이상으로 높인다.

최근 기출문제 2016

•)) 정답 **13** ② **14** ③ **15** ④ **16** ④

**[해설]** **안전 동기를 유발시킬 수 있는 방법**
① 동기유발의 최적 수준을 유지한다.
② 상과 벌을 준다.
③ 안전 목표를 명확히 설정하고 결과를 알려준다.
④ 경쟁과 협동을 유발한다.

**17** **고무제 안전화의 구비조건이 아닌 것은?**

① 유해한 흠, 균열, 기포, 이물질 등이
  없어야 한다.
② 바닥, 발등, 발뒤꿈치 등의 접착부분에
  물이 들어오지 않아야 한다.
③ 에나멜 도포는 벗겨져야 하며, 건조가
  완전하여야 한다.
④ 완성품의 성능은 압박감, 충격 등의
  성능시험에 합격하여야 한다.

**[해설]** ③ 에나멜을 칠한 것은 에나멜이 벗겨지지 않아야
하고 건조가 충분하여야 하며, 몸통과 신울에
칠한 면이 대체로 평활하고, 칠한 면을 겉으로
하여 180° 각도로 구부렸을 때, 에나멜을 칠한
면에 균열이 생기지 않도록 해야 한다.

**18** **산업재해의 원인 중 기술적 원인에 해당
하는 것은?**

① 작업준비의 불충분
② 안전장치의 기능 제거
③ 안전교육의 부족
④ 구조재료의 부적당

**[해설]**

| 기술적<br>원인 | • 건물 기계장치 설계 불량<br>• 구조 재료의 부적합<br>• 생산방법의 부적당<br>• 점검 정비 보존 불량 |
|---|---|
| 교육적<br>원인 | • 안전지식의 부족<br>• 안전수칙의 오해<br>• 경험 훈련의 부족<br>• 작업 방법의 교육 불충분<br>• 유해 위험 작업의 교육 불충분 |

| 작업관리상<br>원인 | • 안전관리 조직 결함<br>• 안전수칙 미제정<br>• 작업준비 불충분<br>• 인원 배치 부적당<br>• 작업지시 부적당 |
|---|---|

**19** **안전점검 체크리스트에 포함되어야 할
사항이 아닌 것은?**

① 점검 대상     ② 점검 부분
③ 점검 방법     ④ 점검 목적

**[해설]** **안전점검표에 포함되어야 할 항목**
1. 점검 부분
2. 점검 대상
3. 점검 항목
4. 점검 방법
5. 실시 주기
6. 판정 기준
7. 조치

**20** **매슬로의 욕구단계론에서 편견 없이 받아
들이는 성향, 타인과의 거리를 유지하며
사생활을 즐기거나 창의적 성격으로 봉
사, 특별히 좋아하는 사람과 긴밀한 관계
를 유지하려는 인간의 욕구에 해당하는
것은?**

① 생리적 욕구
② 사회적 욕구
③ 자아실현의 욕구
④ 안전에 대한 욕구

**[해설]** 편견 없이 받아들이는 성향, 타인과의 거리를 유
지하며 사생활을 즐기거나 창의적 성격으로 봉사,
특별히 좋아하는 사람과 긴밀한 관계를 유지하려
는 인간의 욕구 → 자아실현의 욕구

**정답** 17 ③ 18 ④ 19 ④ 20 ③

## 제2과목 • 인간공학 및 위험성 평가 · 관리

**21** 인지 및 인식의 오류를 예방하기 위해 목표와 관련하여 작동을 계획해야 하는데 특수하고 친숙하지 않은 상황에서 발생하며, 부적절한 분석이나 의사 결정을 잘못하여 발생하는 오류는?

① 기능에 기초한 행동
   (Skill-based Behavior)
② 규칙에 기초한 행동
   (Rule-based Behavior)
③ 사고에 기초한 행동
   (Accident-based Behavior)
④ 지식에 기초한 행동
   (Knowledge-based Behavior)

**해설** 부적절한 분석, 의사결정 잘못 → 정확한 지식의 부족에 의한 오류

**22** 실험실 환경에서 수행하는 인간공학 연구의 장 · 단점에 대한 설명으로 맞는 것은?

① 변수의 통제가 용이하다.
② 주위 환경의 간섭에 영향받기 쉽다.
③ 실험 참가자의 안전을 확보하기가 어렵다.
④ 피실험자의 자연스러운 반응을 기대할 수 있다.

**해설** 실험실에서 수행하는 인간공학 연구 → 변수의 통제가 용이하다.

**23** 산업안전보건법에 따라 유해 위험 방지 계획서의 제출대상 사업은 해당 사업으로서 전기 계약 용량이 얼마 이상인 사업을 말하는가?

① 150kW      ② 200kW
③ 300kW      ④ 500kW

**해설** 유해위험방지계획서 작성 대상 제조업 : 전기사용 설비의 정격용량의 합이 300킬로와트 이상인 사업

**참고** 유해위험방지계획서 작성 대상 제조업

| 제조업 | ① 금속가공제품(기계 및 가구는 제외한다) 제조업 ② 비금속 광물제품 제조업 ③ 기타 기계 및 장비 제조업 ④ 자동차 및 트레일러 제조업 ⑤ 식료품 제조업 ⑥ 고무제품 및 플라스틱 제품 제조업 ⑦ 목재 및 나무제품 제조업 ⑧ 기타 제품 제조업 ⑨ 1차 금속 제조업 ⑩ 가구 제조업 ⑪ 화학물질 및 화학제품 제조업 ⑫ 반도체 제조업 ⑬ 전자부품 제조업 |
|---|---|

{분석}
실기에도 자주 출제되는 내용입니다.
"참고"를 다시 확인하세요.

실력이 된다! 합격이 된다! **특급 암기 법**

1차 금속으로 금속가공제품, 비금속 광물제품 제조하여 나무, 화학물질 섞어서 기계장비, 자동차 트레일러 만들고, 고무풀(고무 및 플라스틱)로 기타 식료품 만들었더니 도대체(반도체)가(가구)전부(전자부품) 유해 · 위험(유해 · 위험방지계획서)하다.

**정답** 21 ④ 22 ① 23 ③

**24** 시스템 안전분석 방법 중 예비위험분석 (PHA)단계에서 식별하는 4가지 범주에 속하지 않는 것은?

① 위기 상태
② 무시 가능 상태
③ 파국적 상태
④ 예비조치 상태

**해설** PHA 카테고리 분류

| Class 1 :<br>파국적(catastrophic) | 사망, 시스템 손상 |
|---|---|
| Class 2 :<br>위기적(critical) | 심각한 상해, 시스템 중대 손상 |
| Class 3 :<br>한계적(marginal) | 경미한 상해, 시스템 성능 저하 |
| Class 4 :<br>무시(negligible) | 경미한 상해 및 시스템 저하 없음 |

{분석}
필기에 자주 출제되는 내용입니다.

**25** 다음의 그림과 같이 FTA로 분석된 시스템에서 현재 모든 기본사상에 대한 부품이 고장 난 상태이다. 부품 $X_1$ 부터 부품 $X_5$ 까지 순서대로 복구한다면 어느 부품을 수리 완료하는 순간부터 시스템은 정상 가동이 되겠는가?

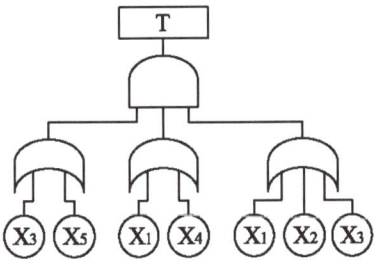

① $X_1$
② $X_2$
③ $X_3$
④ $X_4$

**해설** ① 부품 $X_3$ 를 수리하는 순간부터 3개의 OR 게이트가 모두 정상으로 바뀐다.(OR 게이트는 요소 중 하나가 정상이면 전체 시스템이 정상이 된다)
② 3개의 OR 게이트가 AND 게이트로 연결되어 있으므로 OR 게이트 3개가 모두 정상이면 전체 시스템은 정상이 된다.
(AND 게이트는 요소 모두가 정상일 때 전체 시스템이 정상이 된다)
즉, 부품 $X_3$ 를 수리하는 순간부터 전체 시스템이 정상이 된다.

**참고** ① OR 게이트는 입력사상 중 어느 것이나 하나가 정상이면 출력이 발생
② AND 게이트는 입력사상 모두가 정상이어야 출력이 발생

{분석}
필기에 자주 출제되는 내용입니다.

**26** 다음 중 성격이 다른 정보의 제어 유형은?

① action
② selection
③ setting
④ data entry

**해설** 정보의 제어 유형
① action : 활동
② selection : 선택
④ data entry : 정보의 입력

**27** 기계설비가 설계 사양대로 성능을 발휘하기 위한 적정 윤활의 원칙이 아닌 것은?

① 적량의 규정
② 주유 방법의 통일화
③ 올바른 윤활법의 채용
④ 윤활 기간의 올바른 준수

**해설** 적정 윤활의 원칙
① 적량의 규정
② 적정 윤활유 선정
③ 올바른 윤활법의 채용
④ 윤활 기간의 올바른 준수

정답 24 ④ 25 ③ 26 ③ 27 ②

**28** 인간공학의 궁극적인 목적과 가장 관계가 깊은 것은?

① 경제성 향상
② 인간 능력의 극대화
③ 설비의 가동률 향상
④ 안전성 및 효율성 향상

**[해설]** **인간공학의 연구목적** : 가장 궁극적인 목적은 안전성 제고와 능률의 향상이다.
① 안전성의 향상과 사고 방지
② 기계조작의 능률성과 생산성의 향상
③ 작업환경의 쾌적성

> {분석}
> 필기에 자주 출제되는 내용입니다.

**29** 특정한 목적을 위해 시각적 암호, 부호 및 기호를 의도적으로 사용할 때에 반드시 고려하여야 할 사항과 가장 거리가 먼 것은?

① 검출성
② 판별성
③ 양립성
④ 심각성

**[해설]** **암호 체계의 일반적 사항**
① 암호의 검출성 : 암호화한 자극은 검출이 가능할 것
② 암호의 변별성(판별성) : 다른 암호 표시와 구별될 수 있을 것
③ 부호의 양립성 : 자극 – 반응의 관계가 인간의 기대와 모순되지 않는 성질

> {분석}
> 필기에 자주 출제되는 내용입니다.

**30** 다음 그림과 같이 7개의 기기로 구성된 시스템의 신뢰도는 약 일마인가?

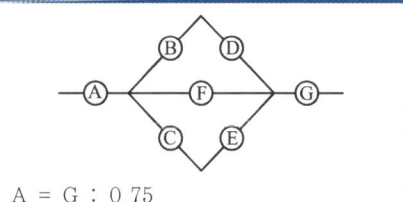

A = G : 0.75
B = C = D = E : 0.8
F = 0.9

① 0.5427
② 0.6234
③ 0.5552
④ 0.9740

**[해설]**
$$R = A \times \{1 - (1 - B \times D)$$
$$\times (1 - F) \times (1 - C \times E)\} \times G$$
$$R = 0.75 \times \{1 - (1 - 0.8 \times 0.8)$$
$$\times (1 - 0.9) \times (1 - 0.8 \times 0.8)\} \times 0.75$$
$$R = 0.55521$$

> {분석}
> 필기에 자주 출제되는 내용입니다.

**31** 여러 사람이 사용하는 의자의 좌면 높이는 어떤 기준으로 설계하는 것이 가장 적절한가?

① 5% 오금 높이
② 50% 오금 높이
③ 75% 오금 높이
④ 95% 오금 높이

**[해설]** **의자 좌판의 높이**
• 좌판 앞부분이 대퇴를 압박하지 않도록 오금 높이보다 높지 않아야 한다.
• 치수는 5% 오금 높이로 한다.

> {분석}
> 필기에 자주 출제되는 내용입니다.

**32** FTA에서 특정 조합의 기본사상들이 동시에 결함을 발생하였을 때 정상사상을 일으키는 기본사상의 집합을 무엇이라 하는가?

① cut set
② error set
③ path set
④ success set

**[해설]** 정상사상을 일으키는 기본사상의 집합 → cut set

**[참고]** **path set** : 시스템의 고장(정상사상)을 일으키지 않는 기본사상들의 집합

> {분석}
> 필기에 자주 출제되는 내용입니다.

🔊) **정답** 28 ④ 29 ④ 30 ③ 31 ① 32 ①

**33** 정보의 촉각적 암호화 방법으로만 구성된 것은?

① 점자, 진동, 온도
② 초인종, 점멸등, 점자
③ 신호등, 경보음, 점멸등
④ 연기, 온도, 모스(Morse)부호

> 해설
> • **점자, 진동, 온도** : 촉각적 암호화
> • **신호등, 모스부호, 점멸등** : 시각적 암호화
> • **초인종, 경보음** : 청각적 암호화

**34** 전신 육체적 작업에 대한 개략적 휴식 시간의 산출 공식으로 맞는 것은? (단, $R$은 휴식시간(분), $E$ 는 작업의 에너지 소비율(kcal/분)이다.)

① $R = E \times \dfrac{60-4}{E-2}$

② $R = 60 \times \dfrac{E-4}{E-1.5}$

③ $R = 60 \times (E-4) \times (E-2)$

④ $R = E \times (60-4) \times (E-1.5)$

> 해설  휴식시간
>
> $$휴식시간(R) = \frac{60 \times (E-5)}{E-1.5} [분]$$
>
> • 1.5 : 휴식 중의 에너지 소비량
> • 5(또는 4) : 보통작업에 대한 평균 에너지 (kcal/분)
> • 60(분) : 작업시간
> • E : 문제에서 주어진 작업을 수행하는데 필요한 에너지(kcal/분)

{분석}
**필기에 자주 출제되는 내용입니다.**

**35** FT도에 사용하는 기호에서 3개의 입력현상 중 임의의 시간에 2개가 발생하면 출력이 생기는 기호의 명칭은?

① 억제 게이트
② 조합 AND 게이트
③ 배타적 OR 게이트
④ 우선적 AND 게이트

> 해설  FTA 논리기호
>
> | 기호 | 명명 | 기호 설명 |
> |---|---|---|
> | 또는 Ai, Aj, Ak 순으로 Ai Aj Ak | 우선적 AND게이트 | 입력사상이 특정 순서대로 발생한 경우에만 출력사상이 발생하는 논리게이트 |
> | 2개의 출력 Ai Aj Ak | 조합 AND게이트 | 3개 이상의 입력 중 2개가 일어나면 출력이 생긴다. |
> |  | 억제게이트 | 이 게이트의 출력사상은 한 개의 입력사상에 의해 발생하며, 입력사상이 출력사상을 생성하기 전에 특정조건을 만족하여야 하는 논리게이트 |
> | 또는 동시발생 | 배타적 OR게이트 | 입력사상 중 오직 한 개의 발생으로만 출력사상이 생성되는 논리게이트 |

{분석}
**필기에 자주 출제되는 내용입니다.**

**36** 첨단 경보시스템의 고장률은 0이다. 경계의 효과로 조작자 오류율은 0.01t/hr이며, 인간의 실수율은 균질(homogeneous)한 것으로 가정한다. 또한, 이 시스템의 스위치 조작자는 1시간마다 스위치를 작동해야 하는데 인간오류확률(HEP : Human Error Probability)이 0.001인 경우에 2시간에서 6시간 사이에 인간 – 기계 시스템의 신뢰도는 약 얼마인가?

① 0.938
② 0.948
③ 0.957
④ 0.967

**[해설]** 1. 인간 신뢰도 = 1 – 인간의 오류확률(HEP)
   $= 1 - (0.01 + 0.001)$
   $= 0.989$
2. 1시간마다 스위치 조작, 2시간에서 6시간 사이
   → 4번 조작
3. 시스템의 신뢰도 R(n)
   $= 0.989 \times 0.989 \times 0.989 \times 0.989$
   $= 0.9567 ≒ 0.957$

   {분석}
   출제비중이 낮은 문제입니다.

**37** 실내에서 사용하는 습구흑구온도(WBGT : Wet Bulb Globe Tamperature) 지수는? (단, NWB는 자연습구, GT는 흑구온도, DB는 전구온도이다.)

① WBGT = 0.6NWB + 0.4GT
② WBGT = 0.7NWB + 0.3GT
③ WBGT = 0.6NWB + 0.3GT + 0.1DB
④ WBGT = 0.7NWB + 0.2GT + 0.1DB

**[해설]** 1. 옥외(태양광선이 내리쬐는 장소)
   WBGT(℃)=0.7×자연습구온도+0.2×흑구온도+0.1×건구온도
2. 옥내 또는 옥외(태양광선이 내리쬐지 않는 장소)
   WBGT(℃)=0.7×자연습구온도+0.3×흑구온도

   {분석}
   출제비중이 낮은 문제입니다.

**38** 화학설비에 대한 안전성 평가 방법 중 공장의 입지 조건이나 공장 내 배치에 관한 사항은 어느 단계에서 하는가?

① 제1단계 : 관계 자료의 작성 준비
② 제2단계 : 정성적 평가
③ 제3단계 : 정량적 평가
④ 제4단계 : 안전대책

**[해설]** 정성적 평가항목

① 입지 조건
② 공장 내의 배치
③ 소방설비
④ 공정 기기
⑤ 수송·저장
⑥ 원재료
⑦ 중간체
⑧ 제품
⑨ 건조물(건물)
⑩ 공정

{분석}
필기에 자주 출제되는 내용입니다.

**39** 국내 규정상 1일 노출 회수가 100일 때 최대 음압수준이 몇 dB(A)를 초과하는 충격소음에 노출되어서는 아니 되는가?

① 110
② 120
③ 130
④ 140

**[해설]** 충격소음의 노출기준

| 1일 노출 회수 | 충격소음의 강도 dB(A) |
|---|---|
| 100 | 140 |
| 1,000 | 130 |
| 10,000 | 120 |

{분석}
실기까지 중요한 내용입니다.

**40** 위험 및 운전성 검토(HAZOP)에서 사용되는 가이드 워드 중에서 성질상의 감소를 의미하는 것은?

① Part of
② More less
③ No / Not
④ Other than

**정답** 36 ③ 37 ② 38 ② 39 ④ 40 ①

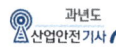

**해설** 유인어의 종류와 뜻

- No 또는 Not : 완전한 부정
- More 또는 Less : 양의 증가 및 감소
- As Well As : 성질상의 증가
- Part of : 일부 변경, 성질상의 감소
- Reverse : 설계의도의 논리적인 역
- Other Than : 완전한 대체

{분석}
필기에 자주 출제되는 내용입니다.

## 제3과목 · 기계 · 기구 및 설비 안전 관리

**41** 롤러기 급정지 장치의 종류가 아닌 것은?

① 어깨 조작식   ② 손 조작식
③ 복부 조작식   ④ 무릎 조작식

**해설** 급정지 장치의 종류

| 종류 | 설치 위치 |
|------|-----------|
| 손 조작식 | 밑면에서 1.8m 이내 |
| 복부 조작식 | 밑면에서 0.8m 이상 1.1m 이내 |
| 무릎 조작식 | 밑면에서 0.6m 이내(밑면으로부터 0.4m 이상 0.6m 이내) |

- 비고 : 위치는 급정지장치의 조작부의 중심점을 기준

{분석}
실기까지 중요한 내용입니다. 암기하세요.

**42** 안전색채와 기계장비 또는 배관의 연결이 잘못된 것은?

① 시동스위치 – 녹색
② 급성지스위치 – 황색
③ 고열기계 – 회청색
④ 증기배관 – 암적색

**해설** 급정지스위치 – 적색

**43** 다음 중 지브가 없는 크레인의 정격하중에 관한 정의로 옳은 것은?

① 짐을 싣고 상승할 수 있는 최대하중
② 크레인의 구조 및 재료에 따라 들어 올릴 수 있는 최대하중
③ 권상하중에서 훅, 크랩 또는 버킷 등 달기구의 중량에 상당하는 하중을 뺀 하중
④ 짐을 싣지 않고 상승할 수 있는 최대하중

**해설** 정격하중(rated load)

크레인의 권상(호이스팅)하중에서 훅, 크래브 또는 버킷 등 달기기구의 중량에 상당하는 하중을 뺀 하중을 말한다.

**44** 동력프레스기의 No hand in die 방식의 안전대책으로 틀린 것은?

① 안전금형을 부착한 프레스
② 양수조작식 방호장치의 설치
③ 안전울을 부착한 프레스
④ 전용프레스의 도입

**해설** 프레스의 본질안전 조건(No-hand in die 방식, 금형 내 손이 들어가지 않는 구조)

① 안전울을 부착한 프레스
② 안전한 금형 사용
③ 전용 프레스 도입
④ 자동 프레스 도입

{분석}
실기까지 중요한 내용입니다. 암기하세요.

**45** 물질 내 실제 입자의 진동이 규칙적일 경우 주파수의 단위는 헤르츠(Hz)를 사용하는데 다음 중 통상적으로 초음파는 몇 Hz 이상의 음파를 말하는가?

① 10,000　　　② 20,000
③ 50,000　　　④ 100,000

**해설** 초음파는 20,000Hz 이상의 음파를 말한다.

**46** 와이어로프의 구성요소가 아닌 것은?

① 소선　　　② 클립
③ 스트랜드　　　④ 심강

**해설** 와이어로프의 구조

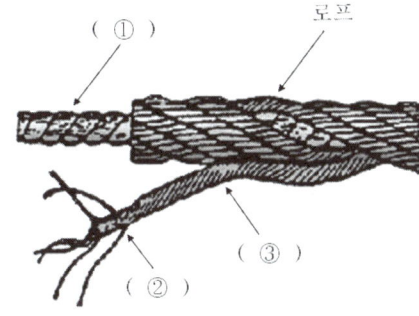

로프
( ① )
( ③ )
( ② )

① 신강
② 소선
③ 꼬임(가닥, 자승, 스트랜드)

**47** 이상온도, 이상기압, 과부하 등 기계의 부하가 안전 한계치를 초과하는 경우에 이를 감지하고 자동으로 안전상태가 되도록 조정하거나 기계의 작동을 중지시키는 방호장치는?

① 감지형 방호장치
② 집근기부형 방호상치
③ 위치제한형 방호장치
④ 접근반응형 방호장치

**해설** 방호장치의 위험원에 따른 분류

| 포집형 방호장치 | 위험장소에 설치하여 위험원이 비산하거나 튀는 것을 포집하여 작업자로부터 위험원을 차단하는 방호장치 |
| --- | --- |
| 감지형 방호장치 | 이상온도, 이상기압, 과부하 등 기계의 부하가 안전한계치를 초과하는 경우에 이를 감지하고 자동으로 안전상태가 되도록 조정하거나 기계의 작동을 중지시키는 방호장치 |

**참고** 방호장치의 위험장소에 따른 분류

| 격리형 방호장치 | 위험한 작업점과 작업자 사이에 서로 접근되어 일어날 수 있는 재해를 방지하기 위해 차단벽이나 망을 설치하는 방호장치<br>예 완전 차단형 방호장치, 덮개형 방호장치, 방책 등 |
| --- | --- |
| 위치 제한형 방호장치 | 작업자의 신체 부위가 위험한계 밖에 있도록 기계의 조작장치를 위험한 작업점에서 안전거리 이상 떨어지게 하거나 조작장치를 양손으로 동시 조작하게 함으로써 위험한계에 접근하는 것을 제한하는 방호장치<br>예 프레스의 양수조작식 방호장치 |
| 접근 거부형 방호장치 | 작업자의 신체 부위가 위험한계내로 섭근하였을 때 기계적인 작용에 의하여 접근을 못하도록 저지하는 방호장치<br>예 프레스의 수인식, 손쳐내기식 방호장치 |
| 접근 반응형 방호장치 | 작업자의 신체 부위가 위험한계 또는 그 인접한 거리 내로 들어오면 이를 감지하여 그 즉시 기계의 동작을 정지시키고 경보 등을 발하는 방호장치<br>예 프레스의 광전자식 방호장치 |

**48** 일반구조용 압연강판(SS400)으로 구조물을 설계할 때 허용응력을 10kg/mm$^2$으로 정하였다. 이 때 적용된 안전율은?

① 2　　　② 4
③ 6　　　④ 8

최근 기출문제 **2016**

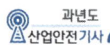
해설 SS400에서 '400'은 최소인장강도가 400N/mm²(40.8kg/mm²)라는 것을 나타낸다.

$$안전율 = \frac{인장강도}{허용응력} = \frac{40.8}{10} = 4$$

**49** 아세틸렌용접장치에 관한 설명 중 틀린 것은?

① 아세틸렌 발생기로부터 5m 이내, 발생기실로부터 3m 이내에는 흡연 및 화기사용을 금지한다.
② 역화가 일어나면 산소 밸브를 즉시 잠그고 아세틸렌 밸브를 잠근다.
③ 아세틸렌 용기는 뉘어서 사용한다.
④ 건식안전기에는 차단 방법에 따라 소결 금속식과 우회로식이 있다.

해설 ③ 아세틸렌 용기는 세워서 사용한다.

**50** 오스테나이트 계열 스테인리스 강판의 표면 균열 발생을 검출하기 곤란한 비파괴 검사 방법은?

① 염료침투검사
② 자분검사
③ 와류검사
④ 형광침투검사

해설 **자분탐상검사(MT)**

강자성체 재료의 표면 및 표면직하 결함 검출에 이용되는 방법으로 오스테나이트 계열 스테인리스 강판과 같은 비자성체에는 사용할 수 없다.

**51** 지름이 D(mm)인 연삭기 숫돌의 회전수가 N(rpm)일 때 숫돌의 원주 속도(m/min)를 옳게 표시한 식은?

① $\dfrac{\pi DN}{1000}$  ② $\pi DN$

③ $\dfrac{\pi DN}{60}$  ④ $\dfrac{DN}{1000}$

해설 **연삭기의 회전 속도(원주 속도) 계산**

$$V = \frac{\pi \times D \times N}{1,000}(\text{m/min})$$

여기서, $D$ : 롤러의 직경(mm), $N$ : 회전수(rpm)

{분석}
**실기까지 중요한 내용입니다. 암기하세요.**

**52** 회전 중인 연삭숫돌이 근로자에게 위험을 미칠 우려가 있을 시 덮개를 설치하여야 할 연삭숫돌의 최소 지름은?

① 지름이 5cm 이상인 것
② 지름이 10cm 이상인 것
③ 지름이 15cm 이상인 것
④ 지름이 20cm 이상인 것

해설 산업안전보건법에는 숫돌 직경이 5cm 이상인 것부터 반드시 덮개를 설치하도록 되어 있다.

**53** 프레스작업에서 재해예방을 위한 재료의 자동송급 또는 자동배출장치가 아닌 것은?

① 롤피더
② 그리퍼피더
③ 플라이어
④ 셔블 이젝터

●》 **정답** 49 ③ 50 ② 51 ① 52 ① 53 ③

**해설** 플라이어는 프레스의 금형작업 시 사용하는 수공구이다.

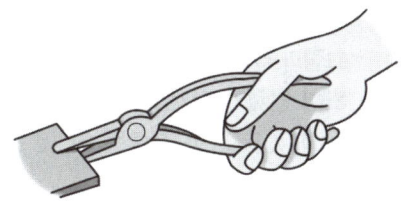

## 54 크레인의 방호장치에 해당되지 않는 것은?

① 권과방지장치
② 과부하방지장치
③ 자동보수장치
④ 비상정지장치

**해설** **크레인(호이스트 포함)의 방호장치**

① 과부하방지장치
② 권과방지장치(捲過防止裝置)
③ 비상정지장치
④ 제동장치

{분석}
실기까지 중요한 내용입니다. 암기하세요.

## 55 다음 중 선반작업에서 안전한 방법이 아닌 것은?

① 보안경 착용
② 칩 제거는 브러시를 사용
③ 작동 중 수시로 주유
④ 운전 중 백기어 사용금지

**해설** ③ 회전이나 절삭 중에는 공작물 측정, 점검, 주유 등의 작업을 금지한다.
(운전을 정지하고 실시한다.)

## 56 산업용 로봇에 사용되는 안전 매트의 종류 및 일반구조에 관한 설명으로 틀린 것은?

① 안전매트의 종류는 연결사용 가능 여부에 따라 단일 감지기와 복합 감지기가 있다.
② 단선경보장치가 부착되어 있어야 한다.
③ 감응시간을 조절하는 장치가 부착되어 있어야 한다.
④ 감응도 조절장치가 있는 경우 봉인되어 있어야 한다.

**해설** **안전매트의 일반구조**

① 단선 경보장치가 부착되어 있어야 한다.
② 감응 시간을 조절하는 장치는 부착되어 있지 않아야 한다.
③ 감응도 조절장치가 있는 경우 봉인되어 있어야 한다.

## 57 기계 고장률의 기본 모형이 아닌 것은?

① 초기 고장
② 우발 고장
③ 마모 고장
④ 수시 고장

**해설** **기계 고장률의 기본 모형**

① 초기 고장
② 우발 고장
③ 마모 고장

**참고** **기계설비의 고장 유형 곡선**

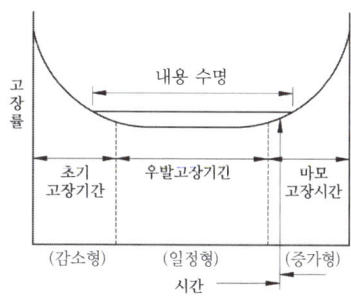

•)) 정답 54 ③ 55 ③ 56 ③ 57 ④

**58** 프레스 양수조작식 방호장치에서 누름 버튼 상호 간 최소 내측 거리로 옳은 것은?

① 200mm 이상
② 250mm 이상
③ 300mm 이상
④ 400mm 이상

> [해설] 누름 버튼 상호 간 최소 내측 거리는 300mm 이상으로 한다.

**59** 보일러 과열의 원인이 아닌 것은?

① 수관과 본체의 청소 불량
② 관수 부족 시 보일러의 가동
③ 드럼 내의 물의 감소
④ 수격 작용이 발생 될 때

> [해설]
> ① 내면에 스케일이 많이 쌓여 있을 때
> ② 보일러 수위 저하 시
> ③ 관수 중에 유지분이 섞여 있을 때
> ④ 화염이 국부적으로 진행 시

**60** 연삭용 숫돌의 3요소가 아닌 것은?

① 조직
② 입자
③ 결합제
④ 기공

> [해설] 연삭숫돌 구성의 3요소
> ① 입자
> ② 기공
> ③ 결합제

---

### 제4과목 전기설비 안전 관리

**61** 그림과 같은 전기설비에서 누전사고가 발생하여 인체가 전기설비의 외함에 접촉하였을 때 인체통과 전류는 약 몇 mA인가?

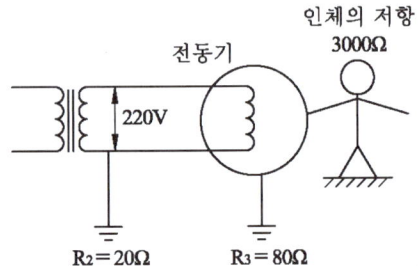

① 43.25
② 51.24
③ 58.36
④ 61.68

> [해설]
> $$I_m = \frac{V}{R_2 + \dfrac{R_{인체} R_3}{R_{인체} + R_3}} \times \frac{R_3}{R_{인체} + R_3}$$
>
> $$= \frac{220}{20 + \dfrac{3000 \times 80}{3000 + 80}} \times \frac{80}{3000 + 80}$$
>
> $$= 0.05835A \times 1000 = 58.35mA$$

**62** 화재 대비 비상용 동력 설비에 포함되지 않는 것은?

① 소화 펌프
② 급수 펌프
③ 배연용 송풍기
④ 스프링클러용 펌프

> [해설] 비상용 동력 설비
> ① 소화 펌프
> ② 배연용 송풍기
> ③ 스프링클러용 펌프

---

•) 정답  58 ③  59 ④  60 ①  61 ③  62 ②

**63** 방폭지역에 전기기기를 설치할 때 그 위치로 적당하지 않은 것은?

① 운전 · 조작 · 조정이 편리한 위치
② 수분이나 습기에 노출되지 않는 위치
③ 정비에 필요한 공간이 확보되는 위치
④ 부식성 가스발산구 주변 검지가 용이한 위치

|해설| 방폭지역에서 전기기기 설치 위치
① 운전·조작·조정이 편리한 위치
② 수분이나 습기에 노출되지 않는 위치, 상시 습기가 많은 위치 피할 것
③ 보수가 용이하고, 정비에 필요한 공간이 확보되는 위치
④ 부식성 가스 발산구 주변 및 부식성 액체가 비산하는 위치에 설치하는 것을 피한다.
⑤ 열유관, 증기관 등 고온 발열체에 근접한 위치는 피한다.
⑥ 현저한 진동의 영향을 받을 수 있는 위치는 피한다.

**64** 200A의 전류가 흐르는 단상 전로의 한 선에서 누전되는 최소 전류(mA)의 기준은?

① 100 　　② 200
③ 10 　　④ 20

|해설|
$$누전전류 = 공급전류 \times \frac{1}{2,000}$$
$$= 200 \times \frac{1}{2,000} = 0.1A \times 1,000 = 100mA$$

**65** 반도체 취급 시 정전기로 인한 재해 방지 대책으로 기리가 먼 것은?

① 작업자 정전화 착용
② 작업자 제전복 착용
③ 부도체 작업대 접지 실시
④ 작업장 도전성 매트 사용

|해설| 인체에 대전된 정전기 위험 방지조치
① 정전기용 안전화의 착용
② 제전복(除電服)의 착용
③ 정전기제전용구의 사용
④ 작업장 바닥 등에 도전성을 갖추도록 하는 등의 조치

{분석}
**실기까지 중요한 내용입니다.**

**66** 정전작업을 하기 위한 작업 전 조치사항이 아닌 것은?

① 단락접지 상태를 수시로 확인
② 전로의 충전 여부를 검전기로 확인
③ 전력용 커패시터, 전력케이블 등 잔류전하방전
④ 개로개폐기의 잠금장치 및 통전금지 표지판 설치

|해설| ① 단락접지 상태를 수시로 확인해야 하는 경우는 정전작업 중의 조치사항이다.

|참고| 정전작업 시 전로 차단 절차
① 전기기기등에 공급되는 모든 전원을 관련 도면, 배선도 등으로 확인할 것
② 전원을 차단한 후 각 단로기 등을 개방하고 확인할 것
③ 차단장치나 단로기 등에 잠금장치 및 꼬리표를 부착할 것
④ 전기기기 등은 접촉하기 전에 잔류전하를 완전히 방전시킬 것
⑤ 검전기를 이용하여 작업 대상 기기가 충전되었는지를 확인할 것
⑥ 충전부와의 접촉, 유도 또는 예비동력원외 역송전 등으로 전압이 발생할 우려가 있는 경우에는 충분한 용량을 가진 단락 접지기구를 이용하여 접지할 것

{분석}
**실기까지 중요한 내용입니다.**
**"참고"를 다시 확인하세요.**

🔊 정답 63 ④ 64 ① 65 ③ 66 ①

2016 최근 기출문제

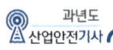

**67** 전기작업 안전의 기본 대책에 해당되지 않는 것은?

① 취급자의 자세
② 전기설비의 품질 향상
③ 전기시설의 안전관리 확립
④ 유지보수를 위한 부품 재사용

**[해설]** 전기작업 안전의 기본 대책
① 취급자의 자세
② 전기설비의 품질 향상
③ 전기시설의 안전관리 확립

**68** 피부의 전기저항 연구에 의하면 인체의 피부 중 1~2mm² 정도의 적은 부분은 전기 자극에 의해 신경이 이상적으로 흥분하여 다량의 피부지방이 분비되기 때문에 그 부분의 전기저항이 1/10정도로 적어지는 피전점(皮電点)이 존재한다고 한다. 이러한 피전점이 존재하는 부분은?

① 머리          ② 손등
③ 손바닥        ④ 발바닥

**[해설]** 피전점
피부에 지름 0.5mm 정도로 나타나는 전기저항이 매우 약한 점 모양의 부위로 손등에 존재한다.

**69** 대지를 접지로 이용하는 이유 중 가장 옳은 것은?

① 대지는 토양의 주성분이 규소($SiO_2$)이므로 저항이 영(0)에 가깝다.
② 대지는 토양의 주성분이 산화알미늄($Al_2O_3$)이므로 저항이 영(0)에 가깝다.
③ 대지는 철분을 많이 포함하고 있기 때문에 전류를 잘 흘릴 수 있다.
④ 대지는 넓어서 무수한 전류통로가 있기 때문에 저항이 영(0)에 가깝다.

**[해설]** 대지는 넓어서 무수한 전류통로가 존재하여 저항이 영(0)에 가까워서 전류를 흡수하는 효과가 높다.

**70** 50kW, 60Hz 3상 유도전동기가 380V 전원에 접속된 경우 흐르는 전류는 약 몇 A 인가? (단, 역률은 80%이다.)

① 82.24          ② 94.96
③ 116.30         ④ 164.47

**[해설]** 1. 역률이 80%이므로
$$50 \times 0.8 = 48kW$$

2. $W = A \times V$
$$A = \frac{W}{V} = \frac{50,000}{380} = 131.58A$$

3상이므로 $131.58 \times \frac{1}{\sqrt{3}} = 75.97$

3. 역률이 80%이므로
$$80 : 75.97 = 100 : X$$
$$X = \frac{75.97 \times 100}{80} = 94.96A$$

{분석}
**출제 비중이 낮은 문제입니다.**

**71** $Q = 2 \times 10^{-7}C$ 으로 대전하고 있는 반경 25cm 도체구의 전위는 약 몇 kV인가?

① 7.2          ② 12.5
③ 14.4         ④ 25

**[해설]**

$$E = \frac{Q}{4\pi\epsilon_0 \times r}(V)$$

여기서, $\epsilon_0$ : 유전율($8.855 \times 10^{-12}$)
$r$ : 반경(m)
$Q$ : 전하(C)

$$E = \frac{2 \times 10^{-7}}{4\pi \times 8.855 \times 10^{-12} \times 0.25} = 7189.38\text{V}$$
$$= 7.2\text{kV}$$

{분석}
**출제 비중이 낮은 문제입니다.**

**72** 고압 및 특고압 전로에 시설하는 피뢰기의 설치장소로 잘못된 곳은?

① 가공전선로와 지중전선로가 접속되는 곳
② 발전소, 변전소의 가공전선 인입구 및 인출구
③ 가공전선로에 접속하는 배전용 변압기의 저압 측
④ 특고압 가공전선로로부터 공급받는 수용장소의 인입구

**해설** 피뢰기의 설치 장소

① 발전소·변전소 또는 이에 준하는 장소의 가공전선 인입구 및 인출구
② 가공전선로에 접속하는 배전용 변압기의 고압측 및 특고압측
③ 고압 및 특고압 가공전선로로부터 공급을 받는 수용장소의 인입구
④ 가공전선로와 지중전선로가 접속되는 곳

**73** 전기기기의 케이스를 전폐구조로 하며 접합면에는 일정치 이상의 깊이를 갖는 패킹을 사용하며 분진이 용기 내로 침입하지 못하도록 한 방폭구조는?

① 보통방진 방폭구조
② 분진특수 방폭구조
③ 특수방진 방폭구조
④ 밀폐방진 방폭구조

**해설** 특수방진 방폭구조(SDP)

전폐구조로 접합면 깊이를 일정치 이상으로 하든가 접합면에 일정치 이상의 깊이를 갖는 패킹을 사용하여 분진이 용기 내에 침입하지 않도록 한 구조

**참고** 1. 보통방진 방폭구조(DP)

전폐구조로 접합면 깊이를 일정치 이상으로 하든가 접합면에 파킹을 사용하여 분진이 침입하기 어렵게 한 구조

2. 분진특수 방폭구조(XDP)

SDP, DP 이외의 구조로 분진방폭성능이 있는 것이 시험, 기타 방법에 의하여 확인된 구조

**74** 전기설비 화재의 경과별 재해 중 가장 빈도가 높은 것은?

① 단락(합선)
② 누전
③ 접촉부 과열
④ 정전기

**해설** 전기화재 및 폭발의 원인

| 원인별(경로별) 화재 발생 비율 |
| --- |
| • **단락** |
| • 스파크 |
| • 누전 |
| • 접촉부 과열 |
| • 절연 열화에 의한 발열 |
| • 과전류 |

**75** 폴리에스터, 나일론, 아크릴 등의 섬유에 정전기 대전방지 성능이 특히 효과가 있고, 섬유에의 균일 부착성과 열 안전성이 양호한 외부용 일시성 대전방지제로 옳은 것은?

① 양ion계 활성제
② 음ion계 활성제
③ 비ion계 활성제
④ 양성ion계 활성제

**해설** 외부용 일시성 대전방지제 : 음ion계 활성제

🔊 **정답** 72 ③ 73 ③ 74 ① 75 ②

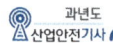
**76** 코로나 방전이 발생할 경우 공기 중에 생성되는 것은?

① $O_2$      ② $O_3$

③ $N_2$      ④ $N_3$

> [해설] 코로나 방전 결과 공기 중에 오존($O_3$)이 생성된다.

**77** 다음 설명과 가장 관계가 깊은 것은?

> – 파이프 속에 저항이 높은 액체가 흐를 때 발생 된다.
> – 액체의 흐름이 정전기 발생에 영향을 준다.

① 충돌 대전      ② 박리 대전

③ 유동 대전      ④ 분출 대전

> [해설] 저항이 높은 액체가 흐를 때 발생 → 유동 대전

**78** 전기설비의 방폭구조의 종류가 아닌 것은?

① 근본 방폭구조
② 압력 방폭구조
③ 안전증 방폭구조
④ 본질안전 방폭구조

> [해설] **가스폭발 위험장소의 방폭구조**
> ① 내압 방폭구조(d)
> ② 압력 방폭구조(p)
> ③ 충전 방폭구조(q)
> ④ 유입 방폭구조(o)
> ⑤ 안전증 방폭구조(e)
> ⑥ 본질안전 방폭구조(ia, ib)
> ⑦ 몰드 방폭구조(m)
> ⑧ 비점화 방폭구조(n)
>
> {분석}
> **실기까지 중요한 내용입니다. "해설"을 다시 확인하세요.**

**79** 분진폭발 방지대책으로 거리가 먼 것은?

① 작업장 등은 분진이 퇴적하지 않은 형상으로 한다.
② 분진 취급 장치에는 유효한 집진 장치를 설치한다.
③ 분체 프로세스의 장치는 밀폐화하고 누설이 없도록 한다.
④ 분진 폭발의 우려가 있는 작업장에는 감독자를 상주시킨다.

> [해설] **분진폭발 방지대책**
> ① 작업장 등은 분진이 퇴적하지 않은 형상으로 한다.
> ② 분진 취급 장치에는 유효한 집진 장치를 설치한다.
> ③ 분체 프로세스의 장치는 밀폐화하고 누설이 없도록 한다.
> ④ 물을 분무함으로써 분진 제거, 수분 공급에 의한 폭발방지 및 정전기 제거

**80** 전기누전 화재경보기의 시험 방법에 속하지 않는 것은?

① 방수시험
② 전류 특성시험
③ 접지저항 시험
④ 전압 특성시험

> [해설] **전기누전 화재경보기의 시험 방법**
> ① 전압특성시험
> ② 전류 특성시험
> ③ 주파수 특성시험
> ④ 방수시험
> ⑤ 절연저항 시험
> ⑥ 절연내력시험
> ⑦ 진동시험
> ⑧ 과누전 시험
> ⑨ 충격시험 등

•)) 정답 76 ② 77 ③ 78 ① 79 ④ 80 ③

**제5과목 · 화학설비 안전 관리**

## 81 다음 중 인화점이 가장 낮은 물질은?

① 등유
② 아세톤
③ 이황화탄소
④ 아세트산

**[해설]**
① 등유 : 38~40℃
② 아세톤 : -18.7℃
③ 이황화탄소 : -30℃
④ 아세트산 : 41.7℃

## 82 일산화탄소에 대한 설명으로 틀린 것은?

① 무색·무취의 기체이다.
② 염소와는 촉매 존재 하에 반응하여 포스겐이 된다.
③ 인체 내의 헤모글로빈과 결합하여 산소 운반기능을 저하시킨다.
④ 불연성가스로서, 허용농도가 10ppm 이다.

**[해설]** ④ 일산화탄소의 허용농도는 30ppm이다.

## 83 4% NaOH 수용액과 10% NaOH 수용액을 반응기에 혼합하여 6% 100kg의 NaOH수용액을 만들려면 각각 몇 kg의 NaOH수용액이 필요한가?

① 4% NaOH 수용액 : 50,
  10% NaOH 수용액 : 50
② 4% NaOH 수용액 : 56.2,
  10% NaOH 수용액 : 43.8
③ 4% NaOH 수용액 : 66.67,
  10% NaOH 수용액 : 33.33
④ 4% NaOH 수용액 : 80,
  10% NaOH 수용액 : 20

**[해설]**
• 4% NaOH 수용액 : 수용액 100Kg 중 NaOH 4Kg이 포함됨
• 10% NaOH 수용액 : 수용액 100Kg 중 NaOH 10Kg 포함됨
• 6% NaOH 수용액을 만들려면 수용액 100Kg 중 NaOH 6Kg이 필요하다.
① 4% NaOH 수용액 50과 10% NaOH 수용액 50 속의 NaOH의 양
  → $50 \times 0.04 + 50 \times 0.1 = 7Kg$
② 4% NaOH 수용액 56.2와 10% NaOH 수용액 43.8 속의 NaOH의 양
  → $56.2 \times 0.04 + 43.8 \times 0.1 = 6.628Kg$
③ 4% NaOH 수용액 66.67과 10% NaOH 수용액 33.33 속의 NaOH의 양
  → $66.67 \times 0.04 + 33.33 \times 0.1 = 5.999Kg$
④ 4% NaOH 수용액 80과 10% NaOH 수용액 20 속의 NaOH의 양
  → $80 \times 0.04 + 20 \times 0.1 = 5.2Kg$

{분석}
**출제비중이 낮은 문제입니다.**

## 84 다음 중 산업안전보건기준에 관한 규칙에서 규정한 위험물질의 종류에서 "물반응성 물질 및 인화성 고체"에 해당하는 것은?

① 질산에스테르류
② 니트로화합물
③ 칼륨·나트륨
④ 니트로소화합물

**[해설]** 물반응성 물질 및 인화성 고체
가. 리튬
나. 칼륨·나트륨
다. 황
라. 황린
마. 황화인·적린
바. 셀룰로이드류
사. 알킬알루미늄·알킬리튬
아. 마그네슘 분말
자. 금속 분말(마그네슘 분말은 제외)

**정답** 81 ③ 82 ④ 83 ③ 84 ③

차. 알칼리금속(리튬·칼륨 및 나트륨은 제외)
카. 유기 금속화합물(알킬알루미늄 및 알킬리튬은
   제외)
타. 금속의 수소화물
파. 금속의 인화물
하. 칼슘 탄화물, 알루미늄 탄화물

{분석}
**실기까지 중요한 내용입니다. "해설"을 다시 확인하세요.**

**85** 다음 중 분진이 발화 폭발하기 위한 조건
으로 거리가 먼 것은?

① 불연 성질
② 미분 상태
③ 점화원의 존재
④ 지연성 가스 중에서의 교반과 운동

[해설] ① 불연 성질은 불에 타지 않는 성질로 불연성을
가질 경우 발화 폭발을 일으키지 않는다.

**86** 다음 중 냉각소화에 해당하는 것은?

① 튀김 기름이 인화되었을 때 싱싱한 야
채를 넣어 소화한다.
② 가연성 기체의 분출 화재 시 주 밸브를
닫아서 연료 공급을 차단한다.
③ 금속화재의 경우 불활성 물질로 가연
물을 덮어 미연소 부분과 분리한다.
④ 촛불을 입으로 불어서 끈다.

[해설] ① 냉각 소화
② 제거 소화
③ 질식 소화
④ 제거 소화

**87** 인화성액체 위험물을 액체 상태로 저장하
는 저장탱크를 설치할 때, 위험 물질이
누출되어 확산되는 것을 방지하기 위하여
설치해야 하는 것은?

① 방유제         ② 유막 시스템
③ 방폭제         ④ 수막 시스템

[해설] 액체상태로 저장, 위험물질이 누출되어 확산되는
것을 방지 → 방유제 설치

**88** 다음 중 C급 화재에 해당하는 것은?

① 금속 화재       ② 전기 화재
③ 일반 화재       ④ 유류 화재

[해설] 화재의 분류 및 소화방법

| 분 류 | A급 화재 | B급 화재 | C급 화재 | D급 화재 |
|---|---|---|---|---|
| 구분색 | 백색 | 황색 | 청색 | 표시없음 (무색) |
| 가연물 | 일반 화재 | 유류 화재 | 전기 화재 | 금속 화재 |
| 주된 소화 효과 | 냉각 효과 | 질식 효과 | 질식, 억제효과 | 질식 효과 |
| 적응 소화제 | 물, 강화액 소화기, 산·알칼리 소화기 | 포말 소화기, $CO_2$ 소화기, 분말 소화기 | $CO_2$ 소화기, 분말 소화기, 할로겐 화합물 소화기 | 건조사, 팽창 질석, 팽창 진주암 |

{분석}
**실기까지 중요한 내용입니다. "해설"을 다시 확인하세요.**

**89** 다음 중 산업안전보건법령상 공정안전보
고서의 안전운전 계획에 포함되지 않는
항목은?

① 안전작업허가
② 안전운전지침서
③ 가동 전 점검지침
④ 비상조치계획에 따른 교육계획

**해설** ④ 비상조치계획에 따른 교육계획은 "비상조치계획"에 해당한다.

**참고** 1. **공정안전보고서의 내용**
　　① 공정안전자료
　　② 공정 위험성 평가서
　　③ 안전운전계획
　　④ 비상조치계획

　2. **안전운전계획의 내용**
　　• 안전운전 지침서
　　• 설비점검 · 검사 및 보수계획, 유지계획 및 지침서
　　• 안전 작업 허가
　　• 도급업체 안전 관리계획
　　• 근로자 등 교육계획
　　• 가동 전 점검 지침
　　• 변경 요소 관리계획
　　• 자체 감사 및 사고조사 계획
　　• 그 밖에 안전운전에 필요한 사항

---

**90** 공업용 가스의 용기가 주황색으로 도색되어 있을 때 용기 안에는 어떠한 가스가 들어있는가?

① 수소　　　　② 질소
③ 암모니아　　④ 아세틸렌

**해설** **충전가스 용기의 도색**
① 산소 → 녹색
② 수소 → 주황색
③ 탄산가스 → 청색
④ 염소 → 갈색
⑤ 암모니아 → 백색
⑥ 아세틸렌 → 황색
⑦ 그 외 가스 → 회색

실력이 되고! 합격이 되는! **특급 암기법**

**산녹, 수주, 탄청, 염갈, 아황, 암백**

{분석}
실기에도 자주 출제되는 내용입니다. 암기하세요.

---

**91** 다음 중 Flash over의 방지(지연)대책으로 가장 적절한 것은?

① 출입구 개방 전 외부 공기 유입
② 실내의 가열
③ 가연성 건축자재 사용
④ 개구부 제한

**해설** **Flash over 방지대책**
① 천장의 불연화 : 천장 및 측벽을 불연화하여 화재의 발전을 지연한다.
② 가연물 양의 제한 : 건물 내 가연물의 양을 제한하고 수용 가연물을 불연화, 난연화 한다.
③ 개구부의 제한 : 개구인자가 적으면 Flash over 발생 시기가 늦으므로 개구부의 크기를 제한하여 지연시킨다.

**참고** **Flash over**
화재가 발생하여 가연성 가스가 천장 근처에 체류 → 가스 농도가 증가하여 천장이 화염에 쌓임 → 천장의 복사열에 의하여 바닥의 가연물이 급속히 가열 착화하며 바닥 면 전체가 화염에 덮임

---

**92** 위험물안전관리법령에 의한 위험물 분류에서 제1류 위험물은 산화성고체이다. 다음 중 산화성 고체 위험물에 해당하는 것은?

① 과염소산칼륨　　② 황린
③ 마그네슘　　　　④ 나트륨

**해설**

| | |
|---|---|
| 산화성<br>액체 및<br>산화성<br>고체 | 가. 차아염소산 및 그 염류<br>나. 아염소산 및 그 염류<br>다. 염소산 및 그 염류<br>마. 브롬산 및 그 염류<br>라. 과염소산 및 그 염류<br>마. 브롬산 및 그 염류<br>바. 요오드산 및 그 염류<br>사. 과산화수소 및 무기 과산화물<br>아. 질산 및 그 염류<br>자. 과망간산 및 그 염류<br>차. 중크롬산 및 그 염류 |

{분석}
실기까지 중요한 내용입니다. "해설"을 다시 확인하세요.

---

**정답** 90 ① 91 ④ 92 ①

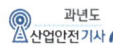
**93** 다음 중 가연성 가스의 연소 형태에 해당하는 것은?

① 분해연소
② 자기연소
③ 표면연소
④ 확산연소

해설 가스의 연소 → 확산연소

참고 **기체, 액체, 고체의 연소의 형태**

| 기체의 연소 | 확산연소 | 가연성 가스가 공기 중에 확산되어 연소하는 형태<br>예 대부분 가스의 연소 |
|---|---|---|
| 액체의 연소 | 증발연소 | 액체자체가 연소되는 것이 아니라 액체 표면에서 발생하는 증기가 연소하는 형태<br>예 대부분 액체의 연소 |
| 고체의 연소 | 표면연소 | 가연성 가스를 발생하지 않고 물질 그 자체가 연소하는 형태<br>예 코크스, 목탄, 금속분 등 |
| | 분해연소 | 가열 분해에 의해 발생된 가연성 가스가 공기와 혼합되어 연소하는 형태<br>예 목재, 종이, 석탄, 플라스틱 등 일반 가연물 |
| | 증발연소 | 고체가연물의 가열에 의해 발생한 가연성 증기가 연소하는 형태<br>예 황, 나프탈렌 |
| | 자기연소 | 자체 내 산소를 함유하고 있어 공기 중 산소를 필요치 않고 연소하는 형태<br>예 니트로 화합물, 다이너마이트 등 |

{분석}
**실기까지 중요한 내용입니다. "참고"를 다시 확인하세요.**

**94** 다음 중 송풍기의 상사법칙으로 옳은 것은? (단, 송풍기의 크기와 공기의 비중량은 일정하다.)

① 풍압은 회전수에 반비례한다.
② 풍량은 회전수의 제곱에 비례한다.
③ 소요 동력은 회전수의 세제곱에 비례한다.
④ 풍압과 동력은 절대온도에 비례한다.

해설 ① 풍압은 회전수 제곱에 비례한다.
② 풍량은 회전수에 비례한다.
③ 소요 동력은 회전수의 세제곱에 비례한다.

참고

① $Q_2 = Q_1 \times \left(\dfrac{D_2}{D_1}\right)^3 \times \dfrac{N_2}{N_1}$

② $P_2 = P_1 \times \left(\dfrac{D_2}{D_1}\right)^2 \times \left(\dfrac{N_2}{N_1}\right)^2 \times \dfrac{\rho_2}{\rho_1}$

③ $HP_2 = HP_1 \times \left(\dfrac{D_2}{D_1}\right)^5 \times \left(\dfrac{N_2}{N_1}\right)^3 \times \dfrac{\rho_2}{\rho_1}$

여기서 Q : 송풍량  P : 송풍기 정압
HP : 축동력  D : 임펠러 직경
N : 회전수  $\rho$ : 가스밀도

**95** 폭발하한계를 L, 폭발상한계를 U라 할 경우 다음 중 위험도(H)를 옳게 나타낸 것은?

① $H = \dfrac{U - L}{L}$  ② $H = \dfrac{|L - U|}{U}$

③ $H = \dfrac{L}{U - L}$  ④ $H = \dfrac{U}{|L - U|}$

해설 위험도 $= \dfrac{\text{폭발상한계} - \text{폭발하한계}}{\text{폭발하한계}} = \dfrac{U - L}{L}$

{분석}
**실기까지 중요한 내용입니다.**

정답  93 ④  94 ③  95 ①

**96** 다음 중 공기 속에서의 폭발하한계(vol%) 값의 크기가 가장 작은 것은?

① $H_2$  　　　　② $CH_4$
③ $CO$  　　　　④ $C_2H_2$

**[해설]** 1. 폭발하한계(vol%)값의 크기가 가장 작은 것 → 폭발이 용이하다. → 폭발 3등급(수소, 아세틸렌)
2. 수소의 폭발하한계 : 4%
　아세틸렌의 폭발하한계 : 2.5%

**97** 다음 중 Halon 2402의 화학식으로 옳은 것은?

① $C_2I_4Br_2$  　　　② $C_2F_4Br_2$
③ $C_2Cl_4Br_2$  　　④ $C_2I_4Cl_2$

**[해설]** ① 하론 1301($CF_3Br$)
② 하론 1211($CF_2ClBr$); 무색, 무취이며 전기적으로 부전도성인 기체이다.
③ 하론 2402($C_2F_4Br_2$)
④ 하론 1011($CH_2ClBr$)
⑤ 하론 1040($CCl_4$) 또는 사염화탄소(CTC)

**98** 관 부속품 중 유로를 차단할 때 사용되는 것은?

① 유니온  　　　② 소켓
③ 플러그  　　　④ 엘보우

**[해설]** 관의 부속품
① 2개관의 연결 : 플랜지, 유니언, 니플, 소켓 사용
② 관의 지름 변경 : 리듀서, 부싱 사용
③ 관로방향 변경 : 엘보, Y형 관이음쇠, 티, 십자 사용
④ 유로 차단 : 플러그, 밸브, 캡

**99** 산업안전보건 법령상 특수화학설비 설치 시 반드시 필요한 장치가 아닌 것은?

① 원재료 공급의 긴급차단장치
② 즉시 사용할 수 있는 예비동력원
③ 화재 시 긴급대응을 위한 물분무소화 장치
④ 온도계·유량계·압력계 등의 계측 장치

**[해설]** 특수화학설비의 방호장치
① 계측장치
② 자동경보장치
③ 긴급차단장치
④ 예비동력원

{분석}
**실기까지 중요한 내용입니다. 암기하세요.**

**100** 다음 중 펌프의 사용 시 공동현상(cavitation)을 방지하고자 할 때의 조치사항으로 틀린 것은?

① 펌프의 회전수를 높인다.
② 흡입비 속도를 작게 한다.
③ 펌프의 흡입관의 두(head)손실을 줄인다.
④ 펌프의 설치 높이를 낮추어 흡입양정을 짧게 한다.

**[해설]** ① 펌프의 회전수를 낮춘다.

**[참고]** 펌프에서 공동현상 방지대책
① 펌프의 흡입수두를 작게 한다.
② 펌프의 마찰손실을 작게 한다.
③ 펌프의 임펠러 속도를 작게 한다.
④ 펌프의 설치 위치를 수원보다 낮게 한다.
⑤ 배관 내 물의 정압을 그때의 증기압보다 높게 한다.
⑥ 흡입관의 구경을 크게 한다.
⑦ 펌프를 2대 이상 설치한다.

**🔊) 정답** 96 ④ 97 ② 98 ③ 99 ③ 100 ①

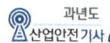
## 제6과목 · 건설공사 안전 관리

**101** 단관비계를 조립하는 경우 벽이음 및 버팀을 설치할 때의 수평방향 조립간격 기준으로 옳은 것은?

① 3m   ② 5m
③ 6m   ④ 8m

해설 비계 조립간격(벽이음 간격)

| 비계 종류 | | 수직 방향 | 수평 방향 |
|---|---|---|---|
| 강관 비계 | 단관비계 | 5m | 5m |
| | 틀비계(높이 5m 미만인 것 제외) | 6m | 8m |

{분석}
실기까지 중요한 내용입니다. 반드시 암기하세요.

**102** 항타기 또는 항발기에 사용되는 권상용 와이어로프의 안전계수는 최소 얼마 이상 이어야 하는가?

① 3   ② 4
③ 5   ④ 6

해설 항타기 또는 항발기의 권상용 와이어로프의 안전계수가 5 이상이 아니면 이를 사용하여서는 아니 된다.

**103** 산업안전보건기준에 관한 규칙에 따른 암반 중 풍화암 굴착 시 굴착면의 기울기 기준으로 옳은 것은?

① 1 : 1.5   ② 1 : 1.1
③ 1 : 1.0   ④ 1 : 0.5

해설 굴착면의 기울기 및 높이 기준

| 지반의 종류 | 굴착면의 기울기 |
|---|---|
| 모래 | 1 : 1.8 |
| 연암 및 풍화암 | 1 : 1.0 |
| 경암 | 1 : 0.5 |
| 그 밖의 흙 | 1 : 1.2 |

{분석}
실기에도 자주 출제되는 내용입니다. 암기하세요.

**104** 다음 기계 중 양중기에 포함되지 않는 것은?

① 리프트
② 곤돌라
③ 크레인
④ 트롤리 컨베이어

해설 양중기의 종류
① 크레인[호이스트(hoist)를 포함]
② 이동식 크레인
③ 리프트(이삿짐운반용 리프트의 경우에는 적재 하중이 0.1톤 이상인 것으로 한정)
④ 곤돌라
⑤ 승강기

{분석}
실기에도 자주 출제되는 내용입니다. 암기하세요.

**105** 철골작업 시 철골 부재에서 근로자가 수직방향으로 이동하는 경우에 설치하여야 하는 고정된 승강로의 최소 답단 간격은 얼마 이내인가?

① 20cm   ② 25cm
③ 30cm   ④ 40cm

해설 근로자가 수직방향으로 이동하는 철골부재에는 답단 간격이 30센티미터 이내인 고정된 승강로를 설치하여야 하며, 수평방향 철골과 수직방향 철골이 연결되는 부분에는 연결작업을 위하여 작업발판 등을 설치하여야 한다.

•)) 정답  101 ②  102 ③  103 ③  104 ④  105 ③

**106** 토질시험 중 액체 상태의 흙이 건조되어 가면서 액성, 소성, 반고체, 고체 상태의 경계선과 관련된 시험의 명칭은?

① 아터버그 한계시험
② 압밀 시험
③ 삼축압축시험
④ 투수시험

**[해설] 아터버그 한계시험**
함수비에 따라 다르게 나타나는 흙의 특성을 구분하기 위하여 적용되는 함수비를 기준으로 한 값
1. 액성한계 : 유동체와 소성체의 경계 함수비
2. 소성한계 : 소성체와 반고체의 경계 함수비
3. 유동한계 : 반고체와 고체의 경계 함수비

**107** 시스템 동바리를 조립하는 경우 수직재와 받침철물 연결부의 겹침 길이 기준으로 옳은 것은?

① 받침철물 전체길이의 1/2 이상
② 받침철물 전체길이의 1/3 이상
③ 받침철물 전체길이의 1/4 이상
④ 받침철물 전체길이의 1/5 이상

**[해설]** 비계 밑단의 수직새와 받침철불은 밀착되도록 설치하고, 수직재와 받침철물의 연결부의 겹침길이는 받침철물 전체길이의 3분의 1 이상이 되도록 할 것

**[참고] 시스템 비계의 구조**
① 수직재 · 수평재 · 가새재를 견고하게 연결하는 구조가 되도록 할 것
② 비계 밑난의 수직재와 받침철물은 밀착되도록 설치하고, 수직제와 받침철물의 연결부의 겹침 길이는 받침철물 전체길이의 3분의 1 이상이 되도록 할 것
③ 수평재는 수직재와 직각으로 설치하여야 하며, 체결 후 흔들림이 없도록 견고하게 설치할 것
④ 수직재와 수직재의 연결철물은 이탈되지 않도록 견고한 구조로 할 것

⑤ 벽 연결재의 설치간격은 제조사가 정한 기준에 따라 설치할 것

**{분석}**
실기까지 중요한 내용입니다. "참고"를 다시 확인하세요.

**108** 흙막이 가시설 공사 시 사용되는 각 계측기 설치 목적으로 옳지 않은 것은?

① 지표침하계 – 지표면 침하량 측정
② 수위계 – 지반 내 지하수위의 변화 측정
③ 하중계 – 상부 적재하중 변화 측정
④ 지중경사계 – 지중의 수평 변위량 측정

**[해설]** 하중계(load-cell) → 스트럿(Strut) 또는 어스앵커(Earth anchor) 등의 축 하중 변화를 측정하는 기구

**109** 지표면에서 소정의 위치까지 파내려간 후 구조물을 축조하고 되메운 후 지표면을 원상태로 복구시키는 공법은?

① NATM 공법
② 개착식 터널공법
③ TBM 공법
④ 침매공법

**[해설]** 소정의 위치까지 파내려간 후 구조물을 축조하고 되메운 후 지표면을 원상태로 복구시키는 공법 → 개착식 터널공법

**110** 신품의 추락방지망 중 그물코의 크기 10cm 인 매듭방망의 인장강도 기준으로 옳은 것은?

① 110kg 이상   ② 200kg 이상
③ 360kg 이상   ④ 400kg 이상

**•)) 정답** 106 ① 107 ② 108 ③ 109 ② 110 ②

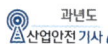
**[해설]** 방망사의 신품에 대한 인장강도

| 그물코의 크기 (단위 : 센티미터) | 방망의 종류(단위 : 킬로그램) | |
|---|---|---|
| | 매듭 없는 방망 | 매듭방망 |
| 10 | 240 | 200 |
| 5 | | 110 |

**[참고]** 방망사의 폐기 시 인장강도

| 그물코의 크기 (단위 : 센티미터) | 방망의 종류(단위 : 킬로그램) | |
|---|---|---|
| | 매듭 없는 방망 | 매듭방망 |
| 10 | 150 | 135 |
| 5 | | 60 |

{분석}
필기에 자주 출제되는 내용입니다. 암기하세요.

---

**111** 차량계 건설기계를 사용하여 작업하고자 할 때 작업계획서에 포함되어야 할 사항에 해당되지 않는 것은?

① 사용하는 차량계 건설기계의 종류 및 성능
② 차량계 건설기계의 운행경로
③ 차량계 건설기계에 의한 작업방법
④ 차량계 건설기계의 유지보수방법

**[해설]** 차량계 건설기계 작업계획서 내용
① 사용하는 차량계 건설기계의 종류 및 성능
② 차량계 건설기계의 운행경로
③ 차량계 건설기계에 의한 작업방법

{분석}
실기까지 중요한 내용입니다. 암기하세요.

---

**112** 산업안전보건관리비의 효율적인 집행을 위하여 고용노동부장관이 정할 수 있는 기준에 해당되지 않는 것은?

① 안전 · 보건에 관한 협의체 구성 및 운영
② 공사의 진척 정도에 따른 사용기준

③ 사업의 규모별 사용방법 및 구체적인 내용
④ 그 밖에 산업안전보건관리비 사용에 필요한 사항

**[해설]** 산업안전보건관리비의 효율적인 집행을 위하여 고용노동부장관이 정할 수 있는 기준
① 공사의 진척 정도에 따른 사용기준
② 사업의 규모별·종류별 사용방법 및 구체적인 내용
③ 그 밖에 산업안전보건관리비 사용에 필요한 사항

---

**113** 건립 중 강풍에 의한 풍압 등 외압에 대한 내력이 설계에 고려되었는지 확인하여야 하는 철골구조물의 기준으로 옳지 않은 것은?

① 높이 20m 이상의 구조물
② 구조물의 폭과 높이의 비가 1:4 이상인 구조물
③ 이음부가 공장 제작인 구조물
④ 연면적당 철골량이 $50kg/m^2$ 이하인 구조물

**[해설]** 외압에 대한 내력이 설계에 고려되었는지 확인하여야 할 철골구조물(자립도 검토대상)
• 높이 20미터 이상의 구조물
• 구조물의 폭과 높이의 비가 1 : 4 이상인 구조물
• 단면구조에 현저한 차이가 있는 구조물
• 연면적당 철골량이 50킬로그램/평방미터 이하인 구조물
• 기둥이 타이플레이트(tie plate)형인 구조물
• 이음부가 현장용접인 구조물

{분석}
자주 출제되는 내용입니다. "해설"을 다시 확인하세요.

---

**•))** 정답 111 ④ 112 ① 113 ③

## 114 기계가 위치한 지면보다 높은 장소의 땅을 굴착하는데 적합하며 산지에서의 토공사 및 암반으로부터의 점토질까지 굴착할 수 있는 건설장비의 명칭은?

① 파워쇼벨      ② 불도저
③ 파일드라이버      ④ 크레인

**해설** 지면보다 높은 장소의 땅을 굴착하는데 적합 → 파워쇼벨

## 115 구조물 해체작업으로 사용되는 공법이 아닌 것은?

① 압쇄공법      ② 잭공법
③ 절단공법      ④ 진공공법

**해설** 구조물 해체공법
① 압쇄공법      ② 잭공법
③ 절단공법      ④ 전도공법
⑤ 폭발공법      ⑥ 브레이커 공법

## 116 유해·위험방지계획서를 제출해야 할 대상공사의 조건으로 옳지 않은 것은?

① 터널 건설 등의 공사
② 최대지간 길이가 50m 이상인 교량건설 등 공사
③ 다목적댐·발전용 댐 및 저수용량 2천만톤 이상의 용수전용 댐, 지방상수도 전용 댐 건설 등이 공사
④ 깊이가 5m 이상인 굴착공사

**해설** 유해위험방지계획서 제출대상 건설공사
1. 다음 각 목의 어느 하나에 해당하는 건축물 또는 시설 등의 건설·개조 또는 해체공사
  가. 지상높이가 31미터 이상인 건축물 또는 인공구조물
  나. 연면적 3만제곱미터 이상인 건축물

다. 연면적 5천제곱미터 이상인 시설로서 다음의 어느 하나에 해당하는 시설
  1) 문화 및 집회시설(전시장 및 동물원·식물원은 제외한다)
  2) 판매시설, 운수시설(고속철도의 역사 및 집배송시설은 제외한다)
  3) 종교시설
  4) 의료시설 중 종합병원
  5) 숙박시설 중 관광숙박시설
  6) 지하도상가
  7) 냉동·냉장 창고시설
2. 연면적 5천제곱미터 이상의 냉동·냉장창고시설의 설비공사 및 단열공사
3. 최대 지간길이(다리의 기둥과 기둥의 중심사이의 거리)가 50미터 이상인 교량 건설 등 공사
4. 터널 건설 등의 공사
5. 다목적댐, 발전용댐, 저수용량 2천만톤 이상의 용수 전용 댐, 지방상수도 전용 댐 건설 등의 공사
6. 깊이 10미터 이상인 굴착공사

**실력이 되고 합격이 되는! 특급 암기법**

- 지상높이 31m, 연면적 3만m², 사람 많은 시설 연면적 5,000m²
- 연면적 5,000m² 냉동·냉장창고시설
- 최대 지간길이가 50미터 이상 교량
- 터널
- 저수용량 2천만 톤 이상 댐
- 10미터 이상인 굴착

{분석}
실기에도 자주 출제되는 내용입니다. 암기하세요.

## 117 콘크리트 타설 작업을 하는 경우에 준수해야할 사항으로 옳지 않은 것은?

① 당일의 작업을 시작하기 전에 해당 작업에 관한 거푸집 동바리 등의 변형·변위 및 지반의 침하 유무 등을 점검하고 이상이 있으면 보수할 것
② 작업 중에는 거푸집 동바리 등의 변형·변위 및 침하 유무 등을 감시할 수 있는 감시자를 배치하여 이상이 있으면 작업을 빠른 시간 내 우선 완료하고 근로자를 대피시킬 것

**정답** 114 ①   115 ④   116 ④   117 ②

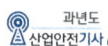
③ 콘크리트 타설 작업 시 거푸집붕괴의 위험이 발생할 우려가 있으면 충분한 보강조치를 할 것

④ 콘크리트를 타설하는 경우에는 편심이 발생하지 않도록 골고루 분산하여 타설할 것

**[해설]** ② 작업 중에는 감시자를 배치하는 등의 방법으로 거푸집 및 동바리의 변형·변위 및 침하 유무 등을 확인해야 하며, 이상이 있으면 작업을 중지하고 근로자를 대피시킬 것

## 118 재해 사고를 방지하기 위하여 크레인에 설치된 방호장치와 거리가 먼 것은?

① 공기정화장치
② 비상정지장치
③ 제동장치
④ 권과방지장치

**[해설]** 크레인의 방호장치

① 과부하방지장치
② 권과방지장치(捲過防止裝置)
③ 비상정지장치
④ 제동장치

{분석}
실기에도 자주 출제되는 내용입니다. 암기하세요.

## 119 콘크리트 타설 시 거푸집 측압에 대한 설명으로 옳지 않은 것은?

① 기온이 높을수록 측압은 크다.
② 타설속도가 클수록 측압은 크다.
③ 슬럼프가 클수록 측압은 크다.
④ 다짐이 과할수록 측압은 크다.

**[해설]** 콘크리트의 측압

① 철골 or 철근량 적을수록 측압이 크다.
② 외기온도 낮을수록 측압이 크다.
③ 타설속도 빠를수록 측압이 크다.
④ 다짐이 좋을수록 측압이 크다.
⑤ 슬럼프가 클수록 측압이 크다.
⑥ 콘크리트 비중이 클수록 측압이 크다.
⑦ 습도가 낮을수록 측압이 크다.

{분석}
자주 출제되는 내용입니다. "해설"을 다시 확인하세요.

## 120 철골보 인양 시 준수해야 할 사항으로 옳지 않은 것은?

① 인양 와이어로프의 매달기 각도는 양변 60°를 기준으로 한다.
② 크램프로 부재를 체결할 때는 크램프의 정격용량 이상 매달지 않아야 한다.
③ 크램프는 부재를 수평으로 하는 한 곳의 위치에만 사용하여야 한다.
④ 인양 와이어로프는 후크의 중심에 걸어야 한다.

**[해설]** 클램프를 부재로 체결 시 준수사항

① 클램프는 부재를 수평으로 하는 두 곳의 위치에 사용한다.
② 부득이 한 군데만 사용 시 부재 길이의 1/3지점을 기준으로 한다.
③ 두 곳을 매어 인양 시 와이어로프의 내각은 60도 이하로 한다.

**정답** 118 ① 119 ① 120 ③

# 03회 2016년 산업안전기사 최근 기출문제

## 제1과목 · 산업재해 예방 및 안전보건교육

**01** 안전보건교육의 교육지도 원칙에 해당 되지 않은 것은?

① 피교육자 중심의 교육을 실시한다.
② 동기부여를 한다.
③ 5관을 활용한다.
④ 어려운 것부터 쉬운 것으로 시작한다.

[해설] ④ 쉬운 것에서부터 어려운 것으로 진행한다.

**02** 근로손실일수 산출에 있어서 사망으로 인한 근로손실 연수는 보통 몇 년을 기준 으로 산정하는가?

① 30        ② 25
③ 15        ④ 10

[해설] 사망 및 1, 2, 3급의 근로손실일수 계산

> 25년 × 300일 = 7,500일
>
> • 근로손실 연수 : 25년
> • 1년 근로일 수 300일

**03** 어느 사업장에서 당해연도에 총 660명의 재해자가 발생하였다. 하인리히의 재해 구성 비율에 의하면 경상의 재해자는 몇 명으로 추정되겠는가?

① 58        ② 64
③ 600       ④ 631

[해설] 하인리히 1 : 29 : 300의 법칙

1. 총 330건의 사고를 분석했을 때
   • 중상 또는 사망 : 1건
   • 경상해 : 29건
   • 무상해사고 : 300건이 발생

2. 총 660건의 사고를 분석했을 때
   • 중상 또는 사망 : 2건
   • 경상해 : 58건
   • 무상해사고 : 600건이 발생

{분석}
실기까지 중요한 내용입니다.

**04** 안전교육 방법 중 강의식 교육을 1시간 하려고 할 경우 가장 시간이 많이 소비 되는 단계는?

① 도입        ② 제시
③ 적용        ④ 확인

[해설] **강의법** : 제시단계(설명)에서 가장 많은 시간을 소비한다.

[참고] **토의법** : 적용(시켜봄)단계에서 가장 많은 시간을 소비한다.

**05** 안전교육 중 제2단계로 시행되며 같은 것 을 반복하여 개인의 시행착오에 의해서만 점차 그 사람에게 형성되는 교육은?

① 안전기술의 교육
② 안전지식의 교육
③ 안전기능의 교육
④ 안전태도의 교육

•)) 정답 01 ④ 02 ② 03 ① 04 ② 05 ③

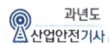
**해설** 안전교육의 3단계

① 제1단계(지식교육) : 강의 및 시청각 교육 등을 통하여 지식을 전달하는 단계
② 제2단계(기능교육) : 시범, 견학, 현장실습 교육 등을 통하여 경험을 체득하는 단계
③ 제3단계(태도교육) : 작업동작 지도 등을 통하여 안전행동을 습관화하는 단계

**06** 산업안전보건법상 안전보건개선계획의 수립·시행명령을 받은 사업주는 고용노동부장관이 정하는 바에 따라 안전보건개선계획서를 작성하여 그 명령을 받은 날부터 며칠 이내에 관할 지방고용노동관서의 장에게 제출해야 하는가?

① 15일       ② 30일
③ 45일       ④ 60일

**해설** 안전보건개선계획의 수립·시행명령을 받은 사업주는 고용노동부장관이 정하는 바에 따라 안전보건개선계획서를 작성하여 그 명령을 받은 날부터 60일 이내에 관할 지방고용노동관서의 장에게 제출하여야 한다.

**07** 재해통계를 작성하는 필요성에 대한 설명으로 틀린 것은?

① 설비상의 결함요인을 개선 및 시정 시키는데 활용한다.
② 재해의 구성요소를 알고 분포상태를 알아 대책을 세우기 위함이다.
③ 근로자의 행동결함을 발견하여 안전 재교육 훈련자료로 활용한다.
④ 관리책임 소재를 밝혀 관리자의 인책 자료로 삼는다.

**해설** 산업재해 통계

① 산업재해 통계는 구체적으로 표시되어야 한다.
② 산업재해 통계의 목적은 기업에서 발생한 산업재해에 대하여 효과적인 대책을 강구하기 위함이다.

③ 산업재해 통계는 안전 활동을 추진하기 위한 기초 자료이며, 책임소재를 밝히기 위한 목적이 아니다.
④ 설비상의 결함요인을 개선 및 시정 시키는데 활용한다.
⑤ 재해의 구성요소를 알고 분포상태를 알아 대책을 세우기 위함이다.
⑥ 근로자의 행동 결함을 발견하여 안전 재교육 훈련자료로 활용한다.

**08** 위험예지훈련에 있어 브레인스토밍 법의 원칙으로 적절하지 않은 것은?

① 무엇이든 좋으니 많이 발언한다.
② 지정된 사람에 한하여 발언의 기회가 부여된다.
③ 타인의 의견을 수정하거나 덧붙여서 말하여도 좋다.
④ 타인의 의견에 대하여 좋고 나쁨에 비평하지 않는다.

**해설** 브레인스토밍의 4원칙

• 비판금지 : 좋다, 나쁘다 비판은 하지 않는다.
• 자유분방 : 마음대로 자유로이 발언한다.
• 대량발언 : 무엇이든 좋으니 많이 발언한다.
• 수정발언 : 타인의 생각에 동참하거나 보충 발언해도 좋다.

**09** 산업안전보건법상 금지표지의 종류에 해당하지 않는 것은?

① 금연              ② 출입 금지
③ 차량 통행금지    ④ 적재 금지

**해설**
① 출입 금지        ② 보행 금지
③ 차량 통행금지    ④ 사용 금지
⑤ 탑승 금지        ⑥ 금연
⑦ 화기 금지        ⑧ 물체 이동금지

{분석}
**실기까지 중요한 내용입니다.**

•)) 정답  06 ④  07 ④  08 ②  09 ④

**10** 산업안전보건법상 사업주가 근로자에게 실시해야 하는 안전·보건교육 중 작업 내용 변경 시 일용근로자를 제외한 근로자의 안전·보건 교육시간 기준으로 옳은 것은?

① 1시간 이상　② 2시간 이상
③ 4시간 이상　④ 6시간 이상

**해설**

| 교육과정 | 교육대상 | 교육시간 |
|---|---|---|
| 작업내용 변경 시 교육 | 1) 일용근로자 및 근로계약기간이 1주일 이하인 기간제 근로자 | 1시간 이상 |
| | 2) 그 밖의 근로자 | 2시간 이상 |

{분석}
실기에도 자주 출제되는 중요한 내용입니다. 암기하세요.

**11** OFF.J.T(Off job Training)교육방법의 장점으로 옳은 것은?

① 개개인에게 적절한 지도훈련이 가능하다.
② 훈련에 필요한 업무의 계속성이 끊어지지 않는다.
③ 다수의 대상자를 일괄적, 조직적으로 교육할 수 있다.
④ 효과가 곧 업무에 나타나며, 훈련의 좋고 나쁨에 따라 개선이 용이하다.

**해설**

| OJT의 특징 | ① 개개인에게 적절한 훈련이 가능하다. ② 직장의 실정에 맞는 훈련이 가능하다. ③ 교육효과가 즉시 업무에 연결된다. ④ 훈련에 대한 업무의 계속성이 끊어지지 않는다. ⑤ 상호 신뢰 이해도가 높다. |
|---|---|

| OFF JT의 특징 | ① 다수의 근로자들에게 훈련을 할 수 있다. ② 훈련에만 전념하게 된다. ③ 특별설비기구 이용이 가능하다. ④ 많은 지식이나 경험을 교류할 수 있다. ⑤ 교육 훈련 목표에 대하여 집단적 노력이 흐트러질 수 있다. |
|---|---|

**12** 스트레스의 주요 요인 중 환경이나 기타 외부에서 일어나는 자극 요인이 아닌 것은?

① 자존심의 손상
② 대인관계 갈등
③ 죽음, 질병
④ 경제적 어려움

**해설** 직무 스트레스의 내·외적 요인

| 내적 요인 | 외적 요인 |
|---|---|
| • 자존심의 손상<br>• 업무상의 죄책감<br>• 현실에서의 부적응<br>• 지나친 경쟁심과 재물에 대한 욕심<br>• 가족 간의 대화 단절 및 의견 불일치<br>• 출세욕의 좌절감과 자만심의 상충 | • 경제적 빈곤<br>• 가족관계의 갈등 심화<br>• 직장에서의 대인 관계상의 갈등과 대립<br>• 가족의 죽음, 질병<br>• 자신의 건강 문제 |

**13** 크레인, 리프트 및 곤돌라는 사업장에 설치가 끝난 날부터 몇 년 이내에 최초의 안전검사를 실시해야 하는가?

① 1년
② 2년
③ 3년
④ 4년

🔊 정답　10 ②　11 ③　12 ①　13 ③

2016

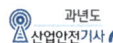

**[해설]** 안전검사 대상 유해·위험기계 등의 검사 주기

1. 크레인(이동식 크레인은 제외한다), 리프트(이삿짐운반용 리프트는 제외한다) 및 곤돌라 : 사업장에 설치가 끝난 날부터 3년 이내에 최초 안전검사를 실시하되, 그 이후부터 2년마다(건설현장에서 사용하는 것은 최초로 설치한 날부터 6개월마다)

2. 이동식 크레인, 이삿짐운반용 리프트 및 고소작업대 : 신규 등록 이후 3년 이내에 최초 안전검사를 실시하되, 그 이후부터 2년마다

3. 프레스, 전단기, 압력용기, 국소 배기장치, 원심기, 롤러기, 사출성형기, 컨베이어 및 산업용 로봇, 혼합기, 파쇄기 또는 분쇄기 : 사업장에 설치가 끝난 날부터 3년 이내에 최초 안전검사를 실시하되, 그 이후부터 2년마다(공정안전보고서를 제출하여 확인을 받은 압력용기는 4년마다)(26년 6월 26일 시행)

**{분석}**
실기까지 중요한 내용입니다. "해설"을 다시 확인하세요.

**14** 산업안전보건법상 고용노동부장관은 자율안전 확인대상 기계·기구 등의 안전에 관한 성능이 자율안전기준에 맞지 아니하게 된 경우 관련 사항을 신고한 자에게 몇 개월 이내의 기간을 정하여 자율안전 확인표시의 사용을 금지하거나 자율안전기준에 맞게 개선하도록 명할 수 있는가?

① 1         ② 3
③ 6         ④ 12

**[해설]** 고용노동부장관은 안전에 관한 성능이 안전기준에 맞지 아니하게 된 경우 안전인증을 취소하거나 6개월 이내의 기간을 정하여 안전인증표시의 사용을 금지하거나 안전인증기준에 맞게 개선하도록 명할 수 있다.

**{분석}**
실기까지 중요한 내용입니다.

**15** 방진마스크의 형태에 따른 분류 중 그림에서 나타내는 것은 무엇인가?

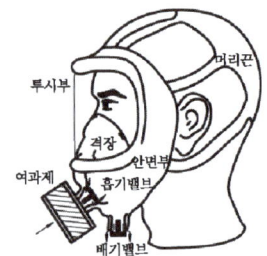

① 격리식 전면형
② 직결식 전면형
③ 격리식 반면형
④ 직결식 반면형

**[해설]**

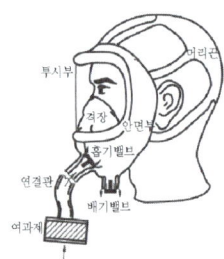

[그림 1] 격리식 전면형

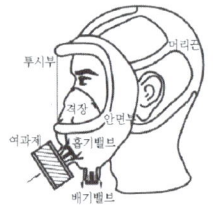

[그림 2] 직결식 전면형

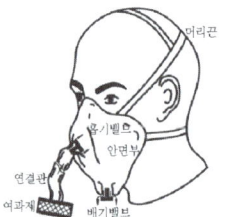

[그림 3] 격리식 반면형

**정답** 14 ③ 15 ②

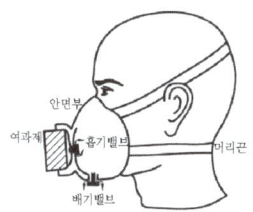

[그림 4] 직결식 반면형

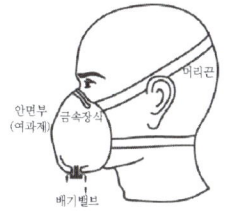

[그림 5] 안면부여과식

## 16 무재해 운동을 추진하기 위한 조직의 3기둥으로 볼 수 없는 것은?

① 최고경영자의 경영 자세
② 소집단 자주 활동의 활성화
③ 전 종업원의 안전요원화
④ 라인 관리자에 의한 안전보건의 추진

**[해설]** 무재해 운동의 3요소

① <u>최고 경영자의 경영자세</u> : 안전보건은 최고경영자의 무재해, 무질병에 대한 확고한 경영자세로부터 시작된다.
② <u>라인관리자에 의한 안전보건 추진</u> : 관리감독자들(Line)이 생산활동 속에서 안전보건을 함께 실천하는 것이 성공의 지름길이다.
③ <u>직장의 지주안전 활동의 활성화</u> : 식상의 팀 구성원과의 협동노력으로 자주적인 안전활동을 추진해 가는 것이 필요하다.

{분석}
**실기까지 중요한 내용입니다.**

## 17 산업재해의 발생형태 중 사람이 평면상으로 넘어졌을 때의 사고 유형을 무엇이라 하는가?

① 맞음　　　　　② 넘어짐
③ 무너짐　　　　④ 떨어짐

**[해설]**

| 분류 항목 | 세부 항목 |
|---|---|
| 떨어짐 | • 높이가 있는 곳에서 <u>사람이 떨어짐</u><br>• <u>사람이</u> 인력(중력)에 의하여 건축물, 구조물, 가설물, 수목, 사다리 등의 <u>높은 장소에서 떨어지는 것</u> |
| 넘어짐 | • <u>사람이</u> 미끄러지거나 <u>넘어짐</u><br>• <u>사람이</u> 거의 <u>평면 또는 경사면</u>, 충계 등에서 <u>구르거나 넘어지는 경우</u> |
| 맞음 | • <u>날아오거나 떨어진 물체에 맞음</u><br>• <u>구조물, 기계 등에 고정되어 있던 물체가</u> 중력, 원심력, 관성력 등에 의하여 <u>고정부에서 이탈하거나</u> 또는 설비 등으로부터 <u>물질이 분출되어 사람을 가해하는 경우</u> |
| 무너짐 | • <u>건축물이나 쌓여진 물체가 무너짐</u><br>• 토사, 적재물, 구조물, <u>건축물</u>, 가설물 <u>등이</u> 전체적으로 <u>허물어져 내리거나</u> 또는 주요 부분이 꺾어져 <u>무너지는 경우</u> |

{분석}
**관련 법규내용 변경으로 문제 일부를 수정하였습니다.**

## 18 매슬로(Maslow)의 욕구 5단계 이론 중 자기보존에 관한 안전 욕구는 몇 단계에 해당되는가?

① 제1단계　　　② 제2단계
③ 제3단계　　　④ 제4단계

**[해설]** 매슬로(Maslow A. H.)의 욕구단계 이론

① <u>제1단계(생리적 욕구)</u> : 기아, 갈증, 호흡, 배설, 성욕 등 인간의 가장 기본적인 욕구
② <u>제2단계(안전 욕구)</u> : 자기 보존 욕구
③ <u>제3단계(사회적 욕구)</u> : 소속감과 애정 욕구
④ <u>제4단계(존경 욕구)</u> : 인정받으려는 욕구
⑤ <u>제5단계(자아실현의 욕구)</u> : 잠재적인 능력을 실현하고자 하는 욕구(성취 욕구)

**•)) 정답** 16 ③ 17 ② 18 ②

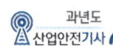

**19** 헤드십의 특성이 아닌 것은?

① 지휘형태는 권위주의적이다.
② 권한행사는 임명된 헤드이다.
③ 구성원과의 사회적 간격은 넓다.
④ 상관과 부하와의 관계는 개인적인 영향이다.

해설 **리더십과 헤드십의 특성**

| 구분 | 리더십 | 헤드십 |
|------|--------|--------|
| 권한 행사 | 선출된 리더 | 임명적 헤드 |
| 권한 부여 | 밑으로 부터의 동의 | 위에서 위임 |
| 권한 귀속 | 집단 목표에 기여한 공로인정 | 공식화된 규정에 의함 |
| 상하, 부하 관계 | 개인적인 영향 | 지배적임 |
| 부하와의 관계 | 좁음 | 넓음 |
| 지휘 형태 | 민주주의적 | 권위주의적 |
| 책임 귀속 | 상사와 부하 | 상사 |
| 권한 근거 | 개인적 | 법적, 공식적 |

**20** 인간의 심리 중 안전 수단이 생략되어 불안전 행위가 나타나는 경우와 가장 거리가 먼 것은?

① 의식과잉이 있는 경우
② 작업규율이 엄한 경우
③ 피로하거나 과로한 경우
④ 조명, 소음 등 주변 환경의 영향이 있는 경우

해설 ② 작업규율이 엄한 경우는 안전수단을 지키게 된나.

제**2**과목 · 인간공학 및 위험성 평가 · 관리

**21** FTA에 사용되는 기호 중 "통상 사상"을 나타내는 기호는?

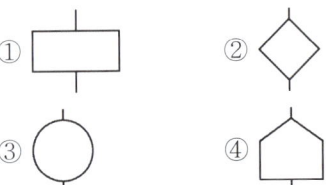

해설 **FTA 논리기호**

| 기호 | 명명 | 기호 설명 |
|------|------|-----------|
| ○ | 기본사상 | 더 이상 전개할 수 없는 사건의 원인 |
| ◇ | 생략사상 | 관련정보가 미비하여 계속 개발될 수 없는 특정 초기사상 |
| ⬠ | 통상사상 | 발생이 예상되는 사상 |
| ▢ | 결함사상 (정상사상, 중간사상) | 한 개 이상의 입력에 의해 발생된 고장사상 |

{분석}
**필기에 자주 출제되는 내용입니다.**

**22** 두 가지 상태 중 하나가 고장 또는 결함으로 나타나는 비정상적인 사건은?

① 톱 사상    ② 정상적인 사상
③ 결함 사상    ④ 기본적인 사상

해설 고장 또는 결함으로 나타나는 비정상적인 사건 → 결함 사상

{분석}
**필기에 자주 출제되는 내용입니다.**

**정답** 19 ④ 20 ② 21 ④ 22 ③

**23** 시스템안전 프로그램에서의 최초단계 해석으로 시스템 내의 위험한 요소가 어떤 위험 상태에 있는가를 정성적으로 평가하는 방법은?

① FHA      ② PHA
③ FTA      ④ FMEA

[해설] 시스템안전 프로그램에서의 최초단계 해석 → PHA

[참고] 1. FTA : 장치 및 기기의 결함이나 작업자 오류 등을 연역적이며 정량적으로 평가하는 분석법
2. FMEA : 모든 요소의 고장을 형태별로 분석하여 그 영향을 검토하는 정성적, 귀납적 분석법
3. FHA : 서브시스템(subsystem)의 해석에 사용되는 분석법

{분석}
**필기에 자주 출제되는 내용입니다.**

**24** 의자 설계의 일반적인 원리로 가장 적절하지 않은 것은?

① 등근육의 정적 부하를 줄인다.
② 디스크가 받는 압력을 줄인다.
③ 요부전만(腰部前灣)을 유지한다.
④ 일정한 자세를 계속 유지하도록 한다.

[해설] ④ 자세 고정을 줄인다.

[참고] 의자 설계의 일반 원리
① 요추의 전만곡선을 유지할 것
② 디스크의 압력을 줄인다.
③ 등 구육의 정적 부하를 감소시킨다.
④ 자세 고정을 줄인다
⑤ 쉽게 조절할 수 있도록 설계할 것

{분석}
**필기에 자주 출제되는 내용입니다.**

**25** 다음의 설명은 무엇에 해당되는 것인가?

- 인간 과오(Human error)에서 의지적 제어가 되지 않는다.
- 결정을 잘못한다.

① 동작 조작 미스(Miss)
② 기억 판단 미스(Miss)
③ 인지 확인 미스(Miss)
④ 조치 과정 미스(Miss)

[해설] 대뇌 정보처리 에러
① 인지확인(착오) 에러 : 외계로부터 작업정보의 습득으로부터 감각 중추로 인지되기까지 일어날 수 있는 에러이며, 확인 착오도 이에 포함된다.
② 판단 기억(착오) 에러 : 중추신경의 의사과정에서 일으키는 에러로서 의사 결정의 착오나 기억에 관한 실패도 여기에 포함된다.
③ 조작(동작) 에러 : 운동 중추에서 올바른 지령이 주어졌으나 동작 도중에 일어난 에러이다.

{분석}
**필기에 자주 출제되는 내용입니다.**

**26** 다음 FT도에서 최소컷셋(Minimal cut set)으로만 올바르게 나열한 것은?

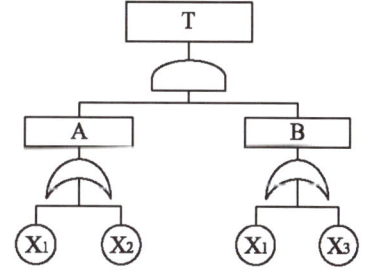

① $[X_1]$
② $[X_1], [X_2]$
③ $[X_1, X_2, X_3]$
④ $[X_1, X_2], [X_1, X_3]$

2016

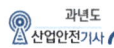
**해설** $T = A \cdot B$

$$= \begin{pmatrix} X_1 \\ X_2 \end{pmatrix} \cdot \begin{pmatrix} X_1 \\ X_3 \end{pmatrix}$$

$$= \begin{matrix} (X_1) \\ (X_1 X_3) \\ (X_1 X_2) \\ (X_2 X_3) \end{matrix}$$

미니멀 컷셋 : $(X_1)$, $(X_2 X_3)$

{분석}
**필기에 자주 출제되는 내용입니다.**

**27** 인간 – 기계 시스템의 설계 원칙으로 볼 수 없는 것은?

① 배열을 고려한 설계
② 양립성에 맞게 설계
③ 인체 특성에 적합한 설계
④ 기계적 성능에 적합한 설계

**해설** 인간 – 기계시스템 설계 원칙

① 배열을 고려한 설계
② 양립성에 맞게 설계
③ 인체 특성에 적합한 설계

{분석}
**필기에 자주 출제되는 내용입니다.**

**28** 병렬로 이루어진 두 요소의 신뢰도가 각각 0.7 일 경우, 시스템 전체의 신뢰도는?

① 0.30　　　　② 0.49
③ 0.70　　　　④ 0.91

**해설** $R = 1 - (1 - 0.7) \times (1 - 0.7) = 0.91$

{분석}
**필기에 자주 출제되는 내용입니다.**

**29** 사업장에서 인간공학 적용분야로 틀린 것은?

① 제품설계
② 산업독성학

③ 재해 · 질병 예방
④ 작업장 내 조사 및 연구

**해설** 산업독성학 → 산업위생 적용분야

**30** 신호검출이론(SDT)에서 두 정규분포 곡선이 교차하는 부분에 판별기준이 놓였을 경우 Beta 값으로 맞는 것은?

① Beta = 0　　　② Beta < 1
③ Beta = 1　　　④ Beta > 1

**해설** 반응편향$(\beta) = \dfrac{b(신호의 \ 길이)}{a(소음의 \ 길이)}$

두 정규분포 곡선이 교차하는 부분에서는 $a = b$ 이므로 Beta = 1

**참고** 신호검출이론(SDT)

• 쉽게 식별할 수 없는 두 독립상태 상황(신호와 무신호)에서의 비교 검출
• 신호의 탐지는 관찰자의 민감도와 반응편향에 달려 있다는 이론

{분석}
**출제비중이 낮은 문제입니다.**

**31** 인간이 낼 수 있는 최대의 힘을 최대 근력이라고 하며 일반적으로 인간은 자기의 최대 근력을 잠시 동안만 낼 수 있다. 이에 근거할 때 인간이 상당히 오래 유지할 수 있는 힘은 근력의 몇 % 이하인가?

① 15%　　　　② 20%
③ 25%　　　　④ 30%

**해설** 인간이 상당히 오래 유지할 수 있는 힘은 근력의 15% 이하이다.

{분석}
**출제비중이 낮은 문제입니다.**

정답 27 ④ 28 ④ 29 ② 30 ③ 31 ①

**32** 소리의 크고 작은 느낌은 주로 강도의 함수이지만 진동수에 의해서도 일부 영향을 받는다. 음량을 나타내는 척도인 phon의 기준순음 주파수는?

① 1,000Hz    ② 2,000Hz
③ 3,000Hz    ④ 4,000Hz

**해설** 1phone : 1,000Hz, 1dB 음의 크기

**참고** 1sone : 1,000Hz, 40dB 음의 크기

{분석}
필기에 자주 출제되는 내용입니다.

**33** 위험관리에서 위험의 분석 및 평가에 유의할 사항으로 적절하지 않은 것은?

① 기업 간의 의존도는 어느 정도인지 점검한다.
② 발생의 빈도보다는 손실의 규모에 중점을 둔다.
③ 작업표준의 의미를 충분히 이해하고 있는지 점검한다.
④ 한 가지의 사고가 여러 가지 손실을 수반하는지 확인한다.

**해설** ③ 작업표준을 준수하며 작업하는지 점검하여야 한다.

**34** 작업장의 소음문제를 처리하기 위한 적극적인 대책이 아닌 것은?

① 소음의 격리
② 소음원을 통제
③ 방음 보호용구 사용
④ 차폐장치 및 흡음재 사용

**해설** ③ 방음 보호구의 사용 → 가장 소극적인 대책

{분석}
필기에 자주 출제되는 내용입니다.

**35** 안전성 평가 항목에 해당하지 않은 것은?

① 작업자에 대한 평가
② 기계설비에 대한 평가
③ 작업공정에 대한 평가
④ 레이아웃에 대한 평가

**해설** 화학설비의 안전성 평가항목

| 정성적 평가항목 | 정량적 평가항목 |
|---|---|
| ① 입지 조건 | ① 취급 물질 |
| ② 공장 내의 배치 | ② 화학설비의 용량 |
| ③ 소방설비 | ③ 온도 |
| ④ 공정 기기 | ④ 압력 |
| ⑤ 수송 · 저장 | ⑤ 조작 |
| ⑥ 원재료 | |
| ⑦ 중간체 | |
| ⑧ 제품 | |
| ⑨ 건조물(건물) | |
| ⑩ 공정 | |

**36** 정량적 표시장치의 용어에 대한 설명 중 틀린 것은?

① 눈금단위(scale unit) : 눈금을 읽는 최소 단위
② 눈금범위(scale range) : 눈금의 최고치와 최저치의 차
③ 수치간격(numbered interval) : 눈금에 나타낸 인접 수치 사이의 차
④ 눈금간격(graduation interval) : 최대 눈금선 사이의 값 차

**해설** 눈금간격(graduation interval) : 측정 도구에 일정한 간격으로 나타낸 선들

**정답** 32 ① 33 ③ 34 ③ 35 ① 36 ④

**37** 강의용 책걸상을 설계할 때 고려해야 할 변수와 적용할 인체측정자료 응용원칙이 적절하게 연결된 것은?

① 의자 높이 – 최대 집단치 설계
② 의자 깊이 – 최대 집단치 설계
③ 의자 너비 – 최대 집단치 설계
④ 책상 높이 – 최대 집단치 설계

**해설** 의자 깊이 – 최소 집단치 설계
의자 너비 – 최대 집단치 설계

{분석}
필기에 자주 출제되는 내용입니다.

**38** 촉감의 일반적인 척도의 하나인 2점 문턱 값(two-point threshold)이 감소하는 순서대로 나열된 것은?

① 손가락 → 손바닥 → 손가락 끝
② 손바닥 → 손가락 → 손가락 끝
③ 손가락 끝 → 손가락 → 손바닥
④ 손가락 끝 → 손바닥 → 손가락

**해설** 문턱값
• 지각할 수 있는 최소의 물체와 크기
• 측정이 가능한 최저치

**39** 산업안전보건법령에 따라 기계 · 기구 및 설비의 설치 · 이전 등으로 인해 유해 · 위험방지계획서를 제출하여야 하는 대상에 해당하지 않는 것은?

① 건조설비
② 공기압축기
③ 화학설비
④ 가스집합 용접장치

**해설** 유해위험방지계획서 작성 대상 기계 · 기구 및 설비
① 금속이나 그 밖의 광물의 용해로
② 화학설비
③ 건조설비

④ 가스집합 용접장치
⑤ 허가대상 · 관리대상 유해물질 및 분진작업 관련 설비

{분석}
실기까지 중요한 내용입니다. 암기하세요.

**40** 설계단계에서부터 보전에 불필요한 설비를 설계하는 것의 보전방식은?

① 보전예방
② 생산보전
③ 일상보전
④ 개량보전

**해설** 보전예방(Maintenance Prevention ; MP)
• 신규설비의 계획과 건설을 할 때 보전정보나 새로운 기술을 도입하여 열화손실을 적게하는 보전 활동이다.
• 우수한 설비의 선정, 조달 또는 설계를 통하여 궁극적으로 설비의 설계, 제작 단계에서 보전활동이 불필요한 체제를 목표로 한 보전활동이다.

{분석}
필기에 자주 출제되는 내용입니다.

**제3과목** 기계 · 기구 및 설비 안전 관리

**41** 방호장치의 설치목적이 아닌 것은?

① 가공물 등의 낙하에 의한 위험 방지
② 위험부위와 신체의 접촉 방지
③ 비산으로 인한 위험 방지
④ 주유나 검사의 편리성

**해설** ④ 방호장치를 설치할 경우 주유 검사 시에는 덮개 등 방호장치를 제거해야 하는 불편함이 있다.

•)) **정답** 37 ③ 38 ② 39 ② 40 ① 41 ④

**42** 아세틸렌 및 가스집합 용접장치의 저압용 수봉식 안전기의 유효수주는 최소 몇 mm 이상을 유지해야 하는가?

① 15  　　　　② 20

③ 25  　　　　④ 30

해설 **수봉식 안전기의 유효수주**

① 저압용 : 25mm 이상
② 중압용 : 50mm 이상

**43** 크레인 로프에 질량 2,000kg의 물건을 10m/s²의 가속도로 감아올릴 때, 로프에 걸리는 총 하중은 약 몇 kN 인가?

① 39.6  　　　　② 29.6

③ 19.6  　　　　④ 9.6

해설 **와이어로프에 걸리는 총 하중 계산**

$$총\ 하중(w) = 정하중(w_1) + 동하중(w_2)$$
$$= 동하중(w_2) + \left(\frac{w_1}{g} \times a\right)$$

여기서, $w$ : 총 하중($\mathrm{kg_f}$)
$\quad\quad w_1$ : 정하중($\mathrm{kg_f}$)
$\quad\quad w_2$ : 동하중($\mathrm{kg_f}$)
$\quad\quad g$ : 숭력 가속도($9.8\mathrm{m/s^2}$)
$\quad\quad a$ : 가속도($\mathrm{m/s^2}$)
- 정하중 : 매단 물체의 무게

$$총\ 하중(w) = 정하중(w_1) + 동하중(w_2)$$
$$= 2,000 + \frac{2,000}{9.8} \times 10$$
$$= 4,040.82\mathrm{kg} \times 9.8$$
$$= 39,600.030\mathrm{N} \div 1,000 = 39.6\mathrm{KN}$$

{분석}
**실기까지 중요한 내용입니다.**

**44** 보일러 압력방출장치의 종류에 해당되지 않는 것은?

① 스프링식  　　　② 중추식

③ 플런저식  　　　④ 지렛대식

해설 **보일러의 압력방출장치의 종류**

① 중추식
② 스프링식
③ 지렛대식

**45** 휴대용 연삭기 덮개의 각도는 몇 도 이내 인가?

① 60°  　　　　② 90°

③ 125°  　　　　④ 180°

해설 **연삭기의 덮개 노출 각도**

| 탁상용 연삭기 | ① 상부를 사용하는 경우 : 60° 이내 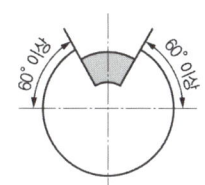 |
| --- | --- |
| | ② 수평면 이하에서 연삭할 경우 : 노출 각도를 125°까지 증가시킬 수 있다. 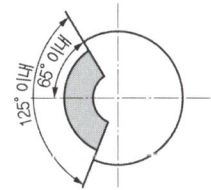 |
| | ①, ② 외의 탁상용연삭기 : 80° 이내 (주축면 위로 65°) 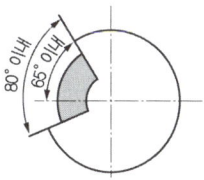 |

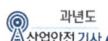

| 탁상용<br>연삭기 | ③ 최대 원주 속도가 초당 50m 이하인 탁상용<br>연삭기 : 90° 이내(주축면 위로 50°)<br>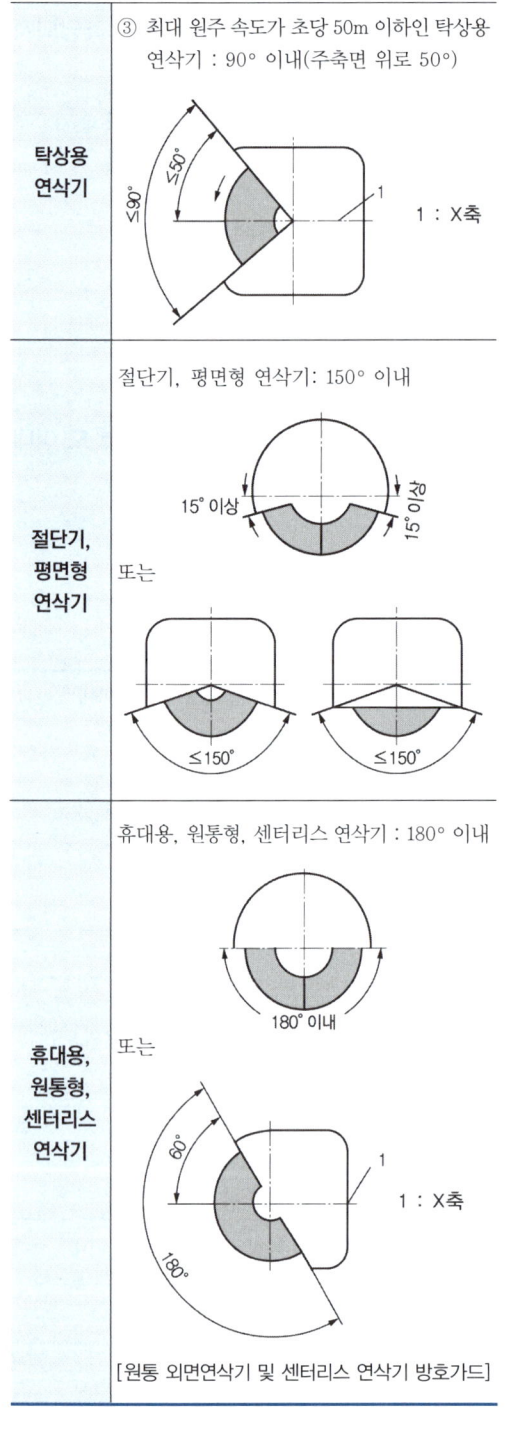 |
| --- | --- |
| 절단기,<br>평면형<br>연삭기 | 절단기, 평면형 연삭기: 150° 이내 |
| 휴대용,<br>원통형,<br>센터리스<br>연삭기 | 휴대용, 원통형, 센터리스 연삭기 : 180° 이내<br>[원통 외면연삭기 및 센터리스 연삭기 방호가드] |

**46** 프레스의 종류에서 슬라이드 운동기구에 의한 분류에 해당하지 않는 것은?

① 액압 프레스
② 크랭크 프레스
③ 너클 프레스
④ 마찰 프레스

해설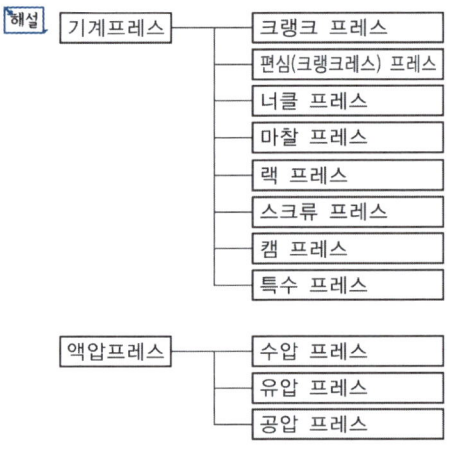

참고
• 기계 프레스 : 기계적인 힘에 의하여 슬라이드 등을 구동하는 프레스
• 액압 프레스 : 슬라이드 등의 작동을 유체의 압력에 의하여 작동시키는 프레스

**47** 양중기에 해당하지 않는 것은?

① 크레인        ② 리프트
③ 체인블럭      ④ 곤돌라

해설 양중기의 종류
① 크레인[호이스트(hoist)를 포함]
② 이동식 크레인
③ 리프트(이삿짐운반용 리프트의 경우에는 적재하중이 0.1톤 이상인 것으로 한정)
④ 곤돌라
⑤ 승강기

{분석}
실기에도 자주 출제되는 중요한 내용입니다. 암기하세요.

정답 46 ① 47 ③

**48** 비파괴시험의 종류가 아닌 것은?

① 자분 탐상시험
② 침투 탐상시험
③ 와류 탐상시험
④ 샤르피 충격시험

<sup>해설</sup> **비파괴검사의 종류**

① 침투탐상검사(PT)
② 자분탐상검사(MT)
③ 방사선투과검사(RT)
④ 초음파탐상검사(UT)
⑤ 와류탐상검사(ET)
⑥ 육안검사
⑦ 누설검사
⑧ 음향방출검사

**49** 동력 프레스의 종류에 해당하지 않는 것은?

① 크랭크 프레스
② 푸트 프레스
③ 토글 프레스
④ 액압 프레스

<sup>해설</sup> ② 푸트 프레스는 사람이 발로 페달을 눌러 작동하는 인력프레스에 해당한다.

**50** 목재가공용 둥근톱의 톱날 지름이 500mm일 경우 분할날의 최소길이는 약 몇 mm인가?

① 462　② 362
③ 262　④ 162

<sup>해설</sup> **분할날의 최소길이**

$$L = \frac{\pi \times D}{6}\text{(mm)}$$

여기서, $D$ : 톱날 직경(mm)

$$L = \frac{\pi \times D}{6} = \frac{\pi \times 500}{6} = 261.8\text{mm}$$

**51** 연삭숫돌의 파괴원인이 아닌 것은?

① 외부의 충격을 받았을 때
② 플랜지가 현저히 작을 때
③ 회전력이 결합력보다 클 때
④ 내·외면의 플랜지 지름이 동일할 때

<sup>해설</sup> **연삭기 숫돌 파괴 원인**

① 숫돌의 <u>회전 속두가 너무 빠를 때</u>
② <u>숫돌 자체에 균열이 있을 때</u>
③ <u>숫돌의 측면을 사용하여 작업할 때</u>
④ <u>숫돌에 과대한 충격을 가할 때</u>
⑤ <u>플랜지가 현저히 작을 때</u>(플랜지는 숫돌 지름의 1/3 이상일 것)
⑥ 숫돌 불균형, 베어링 마모에 의한 진동이 심할 때
⑦ 반지름 방향 온도변화 심할 때

{분석}
실기까지 중요한 내용입니다. "해설"을 다시 확인하세요.

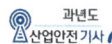
**52** 롤러기의 급정지장치 설치기준으로 틀린 것은?

① 손조작식 급정지장치의 조작부는 밑면에서 1.8m 이내에 설치한다.
② 복부조작식 급정지장치의 조작부는 밑면에서 0.8m 이상, 1.1m 이내에 설치한다.
③ 무릎조작식 급정지장치의 조작부는 밑면에서 0.8m 이내에 설치한다.
④ 설치 위치는 급정지장치의 조작부 중심점을 기준으로 한다.

해설 급정지장치의 종류

| 종류 | 설치 위치 |
|---|---|
| 손조작식 | 밑면에서 1.8m 이내 |
| 복부 조작식 | 밑면에서 0.8m 이상 1.1m 이내 |
| 무릎 조작식 | 밑면에서 0.6m 이내 (밑면으로부터 0.4m 이상 0.6m 이내) |

비고 : 위치는 급정지장치의 조작부의 중심점을 기준

{분석}
실기에서도 자주 출제되는 내용입니다. 반드시 암기하세요.

**53** 산업안전보건법상 보일러에 설치하는 압력방출장치에 대하여 검사 후 봉인에 사용되는 재료로 가장 적합한 것은?

① 납
② 주석
③ 구리
④ 알루미늄

해설 압력방출장치는 매년 1회 이상 토출압력을 시험한 후 납으로 봉인하여 사용하여야 한다. 다만, 공정안전보고서 제출대상으로서 공정안전관리 이행수준 평가결과가 우수한 사업장의 압력방출장치에 대하여 4년마다 1회 이상 토출압력을 시험할 수 있다.

**54** 밀링머신 작업의 안전 수칙으로 적절하지 않은 것은?

① 강력절삭을 할 때는 일감을 바이스로부터 길게 물린다.
② 일감을 측정할 때에는 반드시 정지시킨 다음에 한다.
③ 상하 이송장치의 핸들은 사용 후 반드시 빼두어야 한다.
④ 커터는 될 수 있는 한 컬럼에 가깝게 설치한다.

해설 ① 강력절삭을 할 때는 일감을 바이스로부터 깊게 물린다.

**55** 지게차의 헤드가드(head guard)는 지게차 최대하중의 몇 배가 되는 등분포정하중에 견딜 수 있는 강도를 가져야 하는가?

① 2          ② 3
③ 4          ④ 5

해설 지게차에는 최대하중의 2배(4톤을 넘는 값에 대해서는 4톤으로 한다)에 해당하는 등 분포정하중(等分布靜荷重)에 견딜 수 있는 강도의 헤드가드를 설치하여야 한다.

{분석}
실기까지 중요한 내용입니다. 암기하세요.

**56** 기계설비의 작업능률과 안전을 위한 배치(layout)의 3단계를 올바른 순서대로 나열한 것은?

① 지역배치 → 건물배치 → 기계배치
② 건물배치 → 지역배치 → 기계배치
③ 기계배치 → 건물배치 → 지역배치
④ 지역배치 → 기계배치 → 건물배치

해설 지역배치 → 건물배치 → 기계배치

정답 52 ③ 53 ① 54 ① 55 ① 56 ①

**57** 프레스기의 금형을 부착·해체 또는 조정하는 작업을 할 때, 슬라이드가 갑자기 작동함으로써 발생하는 근로자의 위험을 방지하기 위해 사용해야 하는 것은?

① 방호울
② 안전 블록
③ 시건장치
④ 날 접촉 예방장치

**해설** 금형을 부착, 해체, 조정 작업할 때 신체 일부가 위험점 내에서 슬라이드 불시 하강으로 인한 위험을 방지할 목적으로 안전블럭을 설치한다.
(금형 수리작업은 해당되지 않는다.)

{분석}
실기까지 중요한 내용입니다. 암기하세요.

**58** 와이어로프의 지름 감소에 대한 폐기기준으로 옳은 것은?

① 공칭지름의 1퍼센트 초과
② 공칭지름의 3퍼센트 초과
③ 공칭지름의 5퍼센트 초과
④ 공칭지름의 7퍼센트 초과

**해설** 와이어로프 등의 사용금지 사항
① 이음매가 있는 것
② 와이어로프의 한 꼬임에서 끊어진 소선의 수가 10퍼센트 이상인 것
③ 지름의 감소가 공칭지름의 7퍼센트를 초과하는 것
④ 꼬인 것
⑤ 심하게 변형되거나 부식된 것
⑥ 열과 전기충격에 의해 손상된 것

{분석}
실기까지 중요한 내용입니다. "해설"을 다시 확인하세요.

**59** 플레이너 작업 시의 안전대책이 아닌 것은?

① 베드 위에 다른 물건을 올려놓지 않는다.
② 바이트는 되도록 짧게 나오도록 설치한다.
③ 프레임 내의 피트(pit)에는 뚜껑을 설치한다.
④ 칩 브레이커를 사용하여 칩이 길게 되도록 한다.

**해설** ④ 칩 브레이커는 긴 칩을 짧게 절단하는 장치이다.

**60** 산업안전보건법상 유해·위험방지를 위한 방호조치를 하지 아니하고는 양도, 대여, 설치 또는 사용에 제공하거나, 양도·대여를 목적으로 진열해서는 아니 되는 기계·기구가 아닌 것은?

① 예초기
② 진공포장기
③ 원심기
④ 롤러기

**해설** 방호조치를 하지 아니하고는 양도·대여·설치·사용, 진열해서는 아니 되는 기계·기구
① 예초기
② 원심기
③ 공기압축기
④ 금속절단기
⑤ 지게차
⑥ 포장기계(진공포장기, 랩핑기로 한정)

실력이 되라! 합격이 되라! 특급 **암기법**

**방호조치 없이 포장된 공원에서 원예금지**

{분석}
실기에도 자주 출제되는 중요한 내용입니다. 암기하세요.

**정답** 57 ② 58 ④ 59 ④ 60 ④

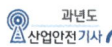

## 제4과목 · 전기설비 안전 관리

**61** 가로등의 접지전극을 지면으로부터 75cm 이상 깊은 곳에 매설하는 주된 이유는?

① 전극의 부식을 방지하기 위하여
② 접촉 전압을 감소시키기 위하여
③ 접지 저항을 증가시키기 위하여
④ 접지선의 단선을 방지하기 위하여

**해설** 접지전극을 75cm 이상 깊게 매설하는 이유

1. 접지저항을 낮게 한다.
2. 접지선에 인체가 접촉저항을 낮게 하여 감전을 방지한다.

**62** 내압방폭 금속관배선에 대한 설명으로 틀린 것은?

① 전선관은 박강전선관을 사용한다.
② 배관 인입부분은 씰링피팅(Sealing Fitting)을 설치하고 씰링콤파운드로 밀봉한다.
③ 전선관과 전기기기와의 접속은 관용평형나사에 의해 완전나사부가 "5턱" 이상 결합되도록 한다.
④ 가요성을 요하는 접속부분에는 플레시블 피팅(Flexible Fitting)을 사용하고, 플렉시블 피팅은 비틀어서 사용해서는 안 된다.

**해설** ① 전선관은 후강 전선관을 사용한다.

**63** 정전용량 $C_1(\mu F)$ 과 $C_2(\mu F)$ 가 직렬 연결된 회로에 $E(V)$ 로 송전되다 갑자기 정전이 발생하였을 때, $C_2$ 단자의 전압을 나타낸 식은?

① $\dfrac{C_1}{C_1+C_2}E$
② $\dfrac{C_2}{C_1+C_2}E$
③ $C_2 E$
④ $\dfrac{E}{\sqrt{2}}$

**해설** $C_2$ 단자의 전압 $= \dfrac{C_1}{C_1+C_2}E$

**64** 충전선로의 활선작업 또는 활선근접작업을 하는 작업자의 감전 위험을 방지하기 위해 착용하는 보호구로서 가장 거리가 먼 것은?

① 절연장화
② 절연장갑
③ 절연안전모
④ 대전방지용 구두

**해설** ④ 대전방지용 안전화(정전화)는 정전기 발생 작업에서 착용하여야 한다.

**65** 인체의 피부 저항은 피부에 땀이 나 있는 경우 건조 시 보다 약 어느 정도 저하되는가?

① $\dfrac{1}{2} \sim \dfrac{1}{4}$
② $\dfrac{1}{6} \sim \dfrac{1}{10}$
③ $\dfrac{1}{12} \sim \dfrac{1}{20}$
④ $\dfrac{1}{25} \sim \dfrac{1}{35}$

**해설** 피부에 땀이 나면 건조 시보다 저항이 $\dfrac{1}{12}$ 로 감소되고, 물에 젖을 경우 $\dfrac{1}{25}$, 습기가 많을 경우는 $\dfrac{1}{10}$ 정도로 저항이 감소된다.

**정답** 61② 62① 63① 64④ 65③

**66** 정전기 재해방지를 위하여 불활성화할 수 없는 탱크, 탱크롤리 등에 위험물을 주입하는 배관 내 액체의 유속 제한에 대한 설명으로 틀린 것은?

① 물이나 기체를 혼합하는 비수용성 위험물의 배관 내 유속은 1m/s 이하로 할 것
② 저항률이 $10^{10} \Omega \cdot cm$ 미만의 도전성 위험물의 배관 유속은 매초 7m 이하로 할 것
③ 저항률이 $10^{10} \Omega \cdot cm$ 이상인 위험물의 배관 유속은 관내경이 0.05m이면 매초 3.5m 이하로 할 것
④ 이황화탄소 등과 같이 유동 대전이 심하고 폭발 위험성이 높은 것은 배관 내 유속은 5m/s 이하로 할 것

**해설** 정전기 발생 억제를 위한 배관 내 액체의 유속 제한

① 물이나 기체를 혼합하는 비수용성 위험물 유속은 1m/s 이하
② 저항률이 $10^{10} \Omega \cdot cm$ 미만 : 7m/s 이하
③ 저항률이 $10^{10} \Omega \cdot cm$ 이상 : 관경에 따라 1 ~ 5m/s
④ 이황화탄소 : 1m/s 이하

**67** 정전기로 인하여 화재로 진전되는 조건 중 관계가 없는 것은?

① 방전하기에 충분한 전위차가 있을 때
② 가연성가스 및 증기가 폭발한계 내에 있을 때
③ 대전하기 쉬운 금속 부분에 접지를 한 상태일 때
④ 정전기의 스파크 에너지가 가연성가스 및 증기의 최소점화 에너지 이상일 때

**해설** ③ 대전하기 쉬운 금속 부분을 접지한 경우 정전기 발생을 예방할 수 있다.

**68** 화염일주한계에 대한 설명으로 옳은 것은?

① 폭발성 가스와 공기의 혼합기에 온도를 높인 경우 화염이 발생할 때까지의 시간 한계치
② 폭발성 분위기에 있는 용기의 접합면 틈새를 통해 화염이 내부에서 외부로 전파되는 것을 저지할 수 있는 틈새의 최대 간격치
③ 폭발성 분위기 속에서 전기불꽃에 의하여 폭발을 일으킬 수 있는 화염을 발생시키기에 충분한 교류파형의 1주기치
④ 방폭설비에서 이상이 발생하여 불꽃이 생성된 경우에 그것이 점화원으로 작용하지 않도록 화염의 에너지를 억제하여 폭발 하한계로 되도록 화염 크기를 조정하는 한계치

**해설** 안전간격(화염일주한계)

• 용기 내(8l, 틈의 안길이가 25mm의 구형용기)에 폭발성 가스를 채우고 점화시켰을 때 폭발 화염이 용기 외부까지 전달되지 않는 한계의 틈
• 폭발성 분위기에 있는 용기의 접합면 틈새를 통해 화염이 내부에서 외부로 진파되는 것을 저지할 수 있는 틈새의 최대 간격치

**69** 접지저항 저감 방법으로 틀린 것은?

① 접지극의 병렬 접지를 실시한다.
② 접지극의 매설 깊이를 증가시킨다.
③ 접지극의 크기를 최대한 작게 한다.
④ 접지극 주변의 토양을 개량하여 대지 저항률을 떨어뜨린다.

**해설** 접지저항 저감 대책

① 접지극의 병렬 매설(병렬법)
② 접지봉의 심타 매설(심타법)
③ 접지저항 저감제 사용(약품법)
④ 접지극의 규격을 크게
⑤ 토질개량
⑥ 보조 메쉬(mesh), 보조전극 사용

🔊 **정답** 66 ④ 67 ③ 68 ② 69 ③

**70** Dalziel에 의하여 동물실험을 통해 얻어진 전류 값을 인체에 적용했을 때 심실세동을 일으키는 전기에너지(J)는? (단, 인체 전기저항은 500Ω으로 보며, 흐르는 전류 $I = \frac{165}{\sqrt{T}}$ mA로 한다.)

① 9.8　　　　② 13.6
③ 19.6　　　　④ 27

$$Q = I^2 \times R \times T$$

여기서
$Q$ : 전기 발생열(에너지)$(J)$
$I$ : 전류$(A)$
$R$ : 전기저항$(Ω)$
$T$ : 통전시간$(S)$

$$Q = I^2 \times R \times T = (\frac{165}{\sqrt{1}} \times 10^{-3})^2 \times 500 \times 1$$
$$= 13.61(J)$$

{분석}
실기까지 중요한 내용입니다.

**71** 접지공사에 관한 설명으로 옳은 것은?

① 뇌해 방지를 위한 피뢰기는 제1종 접지공사를 시행한다.
② 중성선 전로에 시설하는 계통접지는 특별 제3종 접지공사를 시행한다.
③ 제3종 접지공사의 저항값은 100Ω이고 교류 750V 이하의 저압기기에 설치한다.
④ 고 · 저압 전로의 변압기 저압측 중성선에는 반드시 제1종 접지공사를 시행한다.

{분석}
관련 규정의 변경으로 규정에서 삭제된 내용입니다.

**72** 접지 목적에 따른 분류에서 병원설비의 의료용 전기전자(M · E)기기와 모든 금속 부분 또는 도전바닥에도 접지하여 전위를 동일하게 하기 위한 접지를 무엇이라 하는가?

① 계통 접지
② 등전위 접지
③ 노이즈 방지용 접지
④ 정전기 장해 방지 이용 접지

해설 병원설비의 의료용 전기전자(M · E)기기와 모든 금속 부분 또는 도전바닥에도 접지하여 전위를 동일하게 하기 위한 접지 → 등전위 접지

참고

| 접지의 종류 | 목 적 |
|---|---|
| 계통 접지 | <u>고압 전로와 저압 전로의 혼촉</u>으로 인한 감전이나 화재를 방지하기 위해 변압기의 중성점을 접지하는 방식이다. |
| 기기 접지 | 누전되고 있는 기기에 접촉되었을 때의 감전을 방지한다. |
| 피뢰기 접지 | 낙뢰로부터 전기 기기의 손상을 방지한다. |
| 정전기 장해 | 정전기 축적에 의한 폭발 재해를 방지한다. |
| 방지용 접지 | 정전기 제거만을 목적으로 하는 접지에 있어서의 적당한 접지 저항 값 → $10^6 Ω$ 이하 |
| 지락 검출용 접지 | 누전 차단기의 동작을 확실하게 한다. |
| 지락 검출용 접지 | 누전 차단기의 동작을 확실하게 한다. |
| 등전위 접지 | 병원에 있어서의 의료기기 사용시의 안전을 위해 설치한다. |
| 잡음 대책용 접지 | 잡음에 의한 Electronics 장치의 파괴나 오동작을 방지한다. |
| 기능용 접지 | 건축물 내에 설치된 전자기기의 안정적 가동을 확보하기 위한 목적으로 설치한다. |

정답 **70** ② **71** 정답 없음 **72** ②

**73** 정전기 발생 원인에 대한 설명으로 옳은 것은?

① 분리속도가 느리면 정전기 발생이 커진다.

② 정전기 발생은 처음 접촉, 분리 시 최소가 된다.

③ 물질 표면이 오염된 표면일 경우 정전기 발생이 커진다.

④ 접촉 면적이 작고 압력이 감소할수록 정전기 발생량이 크다.

**해설** 정전기 발생에 영향을 주는 요인

| 물체의 특성 | 대전서열에서 멀리 있는 물체들끼리 마찰할수록 발생량이 많다. |
|---|---|
| 물체의 표면 상태 | 표면이 거칠수록, 표면이 수분, 기름 등에 오염될수록 발생량이 많다. |
| 물체의 이력 | 처음 접촉, 분리할 때 정전기 발생량이 최고이고, 반복될수록 발생량은 줄어든다. |
| 접촉 면적 및 압력 | 접촉면적이 넓을수록, 접촉압력이 클수록 발생량이 많다. |
| 분리 속도 | 분리속도가 빠를수록 발생량이 많다. |

{분석}
자주 출제되는 내용입니다. "해설"을 다시 확인하세요.

**74** 정격전류 20A와 25A인 전동기와 정격전류 10A 인 전열기 6대에 전기를 공급하는 200V 단상저압 간선에는 정격 전류 몇 A의 과전류 차단기를 시설하여야 하는가?

① 200      ② 150

③ 125      ④ 100

**해설** 1. 정격전류 = 3(20 + 25) + (10×6) = 195A
2. 성격전류 = 2.5×간선 허용전류
      = 1.25×131.25 = 164A
{간선 허용전류 = 1.25(전동기 전류 + 전열기 전류)
      = 1.25(45 + 60) = 131.25}

∴ 과전류 차단기의 정격전류 = 164A
간선의 허용전류가 100A를 초과하므로
바로 위의 정격전류 = 200A

**참고** 저압 옥내 간선을 보호하기 위하여 시설하는 과전류 차단기는 그 저압 옥내 간선의 허용전류 이하의 정격전류의 것이어야 한다. 다만, 그 간선에 전동기 등이 접속되는 경우는 그 전동기 등의 정격전류 합계의 3배에 다른 전기 사용 기계 기구의 정격전류의 합계를 가산한 값(그 값이 간선 허용전류의 2.5배를 초과할 경우는 그 허용전류를 2.5배 한 값) 이하의 정격전류인 것(간선의 허용전류가 100A를 초과하는 경우에 그 값이 정격에 해당하지 않으면 그 값의 바로 위의 정격을 사용할 수 있다.)

{분석}
출제비중이 낮은 문제입니다.

**75** 전기기기 방폭의 기본개념과 이를 이용한 방폭 구조로 볼 수 없는 것은?

① 점화원의 격리 : 내압(耐壓) 방폭구조

② 폭발성 위험분위기 해소 : 유입 방폭구조

③ 전기기기 안전도의 증강 : 안전증 방폭구조

④ 점화능력의 본실석 억제 : 본질안전 방폭구조

**해설** 전기설비의 방폭화 방법
① 점화원의 방폭적 격리 : 내압, 압력, 유입 방폭구조
② 전기설비의 안전도 증강 : 안전증 방폭구조
③ 점화능력의 본질적 억제 : 본질안전 방폭구조

{분석}
실기까지 중요한 내용입니다. "해설"을 다시 확인하세요.

🔊)**정답** 73 ③ 74 ① 75 ②

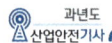
**76** 최소 착화에너지가 0.26mJ인 프로판 가스에 정전용량이 100pF인 대전 물체로부터 정전기 방전에 의하여 착화할 수 있는 전압은 약 몇 V정도인가?

① 2240 　　② 2260
③ 2280 　　④ 2300

> **해설** 정전기의 최소착화 에너지

$$E(J) = \frac{1}{2}CV^2$$

여기서, $E$ : 정전기 에너지(J)
　　　　$C$ : 도체의 정전 용량(F)
　　　　$V$ : 대전 전위(V)
　　　　$Q$ : 대전 전하량(C)

$$E = \frac{1}{2}CV^2$$

$$V = \sqrt{\frac{E}{\frac{1}{2}C}}$$

$$V = \sqrt{\frac{0.26 \times 10^{-3}}{\frac{1}{2} \times 100 \times 10^{-12}}} = 2280\,V$$

$(mJ = 10^{-3}J,\ pF = 10^{-12}F)$

**{분석}**
실기까지 중요한 내용입니다.

**77** 전기기계·기구의 기능 설명으로 옳은 것은?

① CB는 부하전류를 개폐(ON-Off)시킬 수 있다.
② ACB는 접촉스파크 소호를 진공상태로 한다.
③ DS는 회로의 개폐(ON-Off) 및 대용량 부하를 개폐시킨다.
④ LA는 피뢰침으로서 낙뢰 피해의 이상 전압을 낮추어 준다.

> **해설** ② 기중차단기(ACB) : 공기 중에서 아크를 자연 소호하는 차단기
> ③ 단로기(DS) : 반드시 무부하시 개폐 조작을 하여야 한다.
> ④ 피뢰기(LA) : 낙뢰에 의해 구내에 침입하는 이상 전압이나 부하 개폐 시 발생하는 개폐써지 등의 이상 전압을 억제하기 위해 설치한다.

**78** 배전선로에 정전작업 중 단락 접지기구를 사용하는 목적으로 적합한 것은?

① 통신선 유도 장해 방지
② 배전용 기계 기구의 보호
③ 배전선 통전 시 전위경도 저감
④ 혼촉 또는 오동작에 의한 감전방지

> **해설** 전기기기 등이 다른 노출 충전부와의 접촉(혼촉), 유도 또는 예비동력원의 역송전(오동작) 등으로 전압이 발생할 우려가 있는 경우에는 충분한 용량을 가진 단락 접지기구를 이용하여 접지할 것

**79** 교류 아크용접기의 허용사용률(%)은? (단, 정격사용률은 10%, 2차 정격전류는 500A, 교류 아크용접기의 사용전류는 250A이다.)

① 30 　　② 40
③ 50 　　④ 60

> **해설** 교류아크용접기의 허용사용률
>
> 허용사용률
> $$= \frac{정격 2차전류^2}{실제사용용접전류^2} \times 정격사용률$$
>
> $$허용사용률 = \frac{500^2}{250^2} \times 10 = 40\%$$

**80** 속류를 차단할 수 있는 최고의 교류전압을 피뢰기의 정격전압이라고 하는데 이 값은 통상적으로 어떤 값으로 나타내고 있는가?

① 최대값      ② 평균값
③ 실효값      ④ 파고값

**해설** 피뢰기의 정격전압은 실효값을 기준으로 나타낸다.

---

제**5**과목 ▸ **화학설비 안전 관리**

---

**81** 다음 중 인화성 물질이 아닌 것은?

① 에테르
② 아세톤
③ 에틸알코올
④ 과염소산칼륨

**해설** 과염소산칼륨 → 산화성 액체 및 산화성 고체

**참고** 인화성 액체

가. 에틸에테르, 가솔린, 아세트알데히드, 산화프로필렌, 그 밖에 인화점이 섭씨 23도 미만이고 초기끓는점이 섭씨 35도 이하인 물질

나. 노르말헥산, 아세톤, 메틸에틸케톤, 메틸알코올, 에틸알코올, 이황화탄소, 그 밖에 인화점이 섭씨 23도 미만이고 초기 끓는점이 섭씨 35도를 초과하는 물질

다. 크실렌, 아세트산아밀, 등유, 경유, 테레핀유, 이소아밀알코올, 아세트산, 하이드라진, 그 밖에 인화점이 섭씨 23도 이상 섭씨 60도 이하인 물질

**82** 다음 중 산업안전보건 법령상 화학설비에 해당하는 것은?

① 응축기 · 냉각기 · 가열기 · 증발기 등 열교환기류
② 사이클론 · 백필터 · 전기집진기 등 분진 처리설비
③ 온도 · 압력 · 유량 등을 지시 · 기록 등을 하는 자동제어 관련 설비
④ 안전밸브 · 안전판 · 긴급차단 또는 방출밸브 등 비상조치 관련 설비

**해설** ②, ③, ④ : 화학설비의 부속설비
① : 화학설비

**83** 금속의 용접 · 용단 또는 가열에 사용되는 가스 등의 용기를 취급할 때의 준수사항으로 옳지 않은 것은?

① 밸브의 개폐는 서서히 할 것
② 용기의 온도를 섭씨 40도 이하로 유지할 것
③ 운반할 때에는 환기를 위하여 캡을 씌우지 않을 것
④ 용기의 부식 · 마모 또는 변형상태를 점검한 후 사용할 것

**해설** ③ 운반할 때에는 캡을 씌울 것

**84** 다음 중 자연 발화를 방지하기 위한 일반적인 방법으로 적절하지 않은 것은?

① 주위의 온도를 낮춘다.
② 공기의 출입을 방지하고 밀폐시킨다.
③ 습도가 높은 곳에는 저장하지 않는다.
④ 황린의 경우 산소와의 접촉을 피한다.

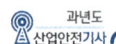

**해설** 자연 발화 방지법

① 저장소의 온도를 낮출 것
② 산소와의 접촉을 피할 것
③ 통풍 및 환기를 철저히 할 것
④ 습도가 높은 곳에는 저장하지 말 것

**85** 대기압에서 물의 엔탈피가 1kcal/kg 이었던 것이 가압하며 1.45kcal/kg을 나타내었다면 flash율은 얼마인가? (단, 물의 기화열은 540cal/g이라고 가정한다.)

① 0.00083　　　② 0.0015
③ 0.0083　　　④ 0.015

**해설**
$$flash율 = \frac{가압후 엔탈피 - 가압전 엔탈피}{물의 기화열}$$
$$= \frac{1.45 - 1}{540} = 0.00083$$

**86** 다음 중 설비의 주요 구조부분을 변경함으로써 공정안전보고서를 제출하여야 하는 경우가 아닌 것은?

① 플레어스택을 설치 또는 변경하는 경우
② 가스누출감지경보기를 교체 또는 추가로 설치하는 경우
③ 변경된 생산설비 및 부대설비의 해당 전기정격용량이 300kW 이상 증가한 경우
④ 생산량의 증가, 원료 또는 제품의 변경을 위하여 반응기(관련설비 포함)를 교체 또는 추가로 설치하는 경우

**해설** 설비의 주요 구조부분을 변경함으로써 공정안전보고서를 제출하여야 하는 경우

① 생산량의 승가, 원료 또는 제품의 변경을 위하여 반응기(관련설비 포함)를 교체 또는 추가로 설치하는 경우
② 변경된 생산설비 및 부대설비의 해당 전기 정격용량이 300킬로와트 이상 증가한 경우
③ 플레어스택을 설치 또는 변경하는 경우

**87** 다음 중 흡입 시 인체에 구내염과 혈뇨, 손 떨림 등의 증상을 일으키며 신경계를 대표적인 표적기관으로 하는 물질은?

① 백금　　　② 석회석
③ 수은　　　④ 이산화탄소

**해설** 구내염과 혈뇨, 손 떨림 등의 증상 → 수은 중독

**88** 위험물을 저장·취급하는 화학설비 및 그 부속 설비를 설치할 때 '단위공정시설 및 설비로부터 다른 단위공정시설 및 설비의 사이'의 안전거리는 설비의 바깥 면으로부터 몇 m 이상이 되어야 하는가?

① 5　　　② 10
③ 15　　　④ 20

**해설** 화학설비의 안전거리 기준

| 구분 | 안전거리 |
|---|---|
| 1. 단위공정시설 및 설비로부터 다른 단위공정시설 및 설비의 사이 | 설비의 바깥 면으로부터 10미터 이상 |
| 2. 플레어스택으로부터 단위공정시설 및 설비, 위험물질 저장탱크 또는 위험물질 하역설비의 사이 | 플레어스택으로부터 반경 20미터 이상. 다만, 단위공정시설 등이 불연재로 시공된 지붕 아래에 설치된 경우에는 그러하지 아니하다. |
| 3. 위험물질 저장탱크로부터 단위공정시설 및 설비, 보일러 또는 가열로의 사이 | 저장탱크의 바깥 면으로부터 20미터 이상. 다만, 저장탱크의 방호벽, 원격조종 소화 설비 또는 살수설비를 설치한 경우에는 그러하지 아니하다. |
| 4. 사무실·연구실·실험실·정비실 또는 식당으로부터 단위공정시설 및 설비, 위험물질 저장탱크, 위험물질 하역설비, 보일러 또는 가열로의 사이 | 사무실 등의 바깥 면으로부터 20미터 이상. 다만, 난방용 보일러인 경우 또는 사무실 등의 벽을 방호구조로 설치한 경우에는 그러하지 아니하다. |

**정답** 85 ① 86 ② 87 ③ 88 ②

**89** 다음 중 화재감지기에 있어 열감지 방식이 아닌 것은?

① 정온식  ② 광전식
③ 차동식  ④ 보상식

**[해설]** 감지기 종류
1. 열감지기
   ① 차동식감지기
   ② 정온식감지기
   ③ 보상식감지기

2. 연기감지기
   ① 이온화식
   ② 광전식

**90** 고온에서 완전 열분해하였을 때 산소를 발생하는 물질은?

① 황화수소
② 과염소산칼륨
③ 메틸리튬
④ 적린

**[해설]** 과염소산칼륨의 열분해식
$KClO_4 \rightarrow KCl + 2O_2$

**91** 다음 중 파열판에 관한 설명 중 틀린 것은?

① 압력 방출속도가 빠르다.
② 설정 파열압력 이하에서 파열될 수 있다.
③ 한번 부착한 후에는 교환할 필요가 없다.
④ 높은 점성의 슬러리나 부식성 유체에 적용할 수 있다.

**[해설]** ③ 한번 파열되면 판을 교체하여 사용해야 한다.

**92** 다음 중 허용노출기준(TWA)이 가장 낮은 물질은?

① 불소
② 암모니아
③ 황화수소
④ 니트로벤젠

**[해설]** ① 불소 : 0.1ppm
② 암모니아 : 25ppm
③ 황화수소 : 10ppm
④ 니트로벤젠 : 1ppm

**93** Burgess-Wheeler의 법칙에 따르면 서로 유사한 탄화수소계의 가스에서 폭발하한계의 농도(vol%)와 연소열(kcal/mol)의 곱의 값은 약 얼마 정도인가?

① 1,100  ② 2,800
③ 3,200  ④ 3,800

**[해설]** Burgess-Wheeler의 법칙

연소하한계의 농도(Vol. %)×
연소열(kcal/mol) － 일정(약 1,100kcal)

**94** 산업안전보건법에서 정한 공정안전보고서의 제출대상 업종이 아닌 사업장으로서 유해·위험물질의 1일 취급량이 염소 10,000kg, 수소 20,000kg인 경우 공정안전보고서 제출대상 여부를 판단하기 위한 R 값은 얼마인가? (단, 유해·위험물질의 규정 수량은 표에 따른다.)

| 유해·위험물질명 | 규정수량(kg) |
|---|---|
| 인화성 가스 | 5,000 |
| 염소 | 20,000 |
| 수소 | 50,000 |

**정답** 89 ② 90 ② 91 ③ 92 ① 93 ① 94 ①

① 0.9　　　② 1.2

③ 1.5　　　④ 1.8

**해설** $EI = \dfrac{취급량}{규정수량} + \dfrac{취급량}{규정수량} + \cdots$

($EI > 1$ : 공정안전보고서 제출대상이 된다)

$EI = \dfrac{10,000}{20,000} + \dfrac{20,000}{50,000} = 0.9$

($EI < 1$이므로 공정안전보고서 제출대상이 아니다)

---

**95** 폭발압력과 가연성가스의 농도와의 관계에 대한 설명으로 가장 적절한 것은?

① 가연성가스의 농도와 폭발압력은 반비례 관계이다.
② 가연성가스의 농도가 너무 희박하거나 너무 진하여도 폭발 압력은 최대로 높아진다.
③ 폭발압력은 화학양론 농도보다 약간 높은 농도에서 최대 폭발압력이 된다.
④ 최대 폭발압력의 크기는 공기와의 혼합기체에서보다 산소의 농도가 큰 혼합기체에서 더 낮아진다.

**해설** ① 가연성가스의 농도와 폭발압력은 비례 관계이다.
② 가연성가스의 농도가 너무 희박하거나 진하면 폭발은 중지되므로 폭발압력은 낮아진다.
④ 최대폭발압력의 크기는 공기보다 산소의 농도가 클 때 더 높아진다.

---

**96** 프로판가스 1m³를 완전 연소시키는데 필요한 이론 공기량 몇 m³ 인가? (단, 공기 중의 산소농도는 20vol%이다.)

① 20　　　② 25

③ 30　　　④ 35

**해설** 프로판의 완전연소식

$C_3H_8 + 5O_2 = 3CO_2 + 4H_2O$

---

1. 프로판 1몰의 완전 연소에 산소 5몰이 필요 → 프로판 1m³의 완전 연소에 산소 5m³이 필요하다.(몰비 = 부피비)

2. 이론 공기량 $= \dfrac{이론\ 산소량}{공기\ 중\ 산소의\ 농도(Vol\%)}$

$= \dfrac{5}{0.2} = 25m^3$

---

**97** 니트로셀룰로오스와 같이 연소에 필요한 산소를 포함하고 있는 물질이 연소하는 것을 무엇이라고 하는가?

① 분해연소
② 확산연소
③ 그을음연소
④ 자기연소

**해설** **자기 연소** : 자체 내 산소를 함유하고 있어 공기 중 산소를 필요치 않고 연소하는 형태
**예** 니트로 화합물, 다이너마이트 등

---

**98** 다음 중 포소화약제 혼합장치로써 정하여진 농도로 물과 혼합하여 거품 수용액을 만드는 장치가 아닌 것은?

① 관로 혼합장치
② 차압 혼합장치
③ 낙하 혼합장치
④ 펌프 혼합장치

**해설** **포소화약제 혼합장치로써** 물과 혼합하여 거품 수용액을 만드는 장치
① 관로 혼합장치
② 차압 혼합장치
③ 펌프 혼합장치

---

**정답** 95 ③ 96 ② 97 ④ 98 ③

**99** 다음 중 파열판과 스프링식 안전밸브를 직렬로 설치해야 할 경우가 아닌 것은?

① 부식물질로부터 스프링식 안전밸브를 보호할 때
② 독성이 매우 강한 물질을 취급 시 완벽하게 격리를 할 때
③ 스프링식 안전밸브에 막힘을 유발시킬 수 있는 슬러리를 방출시킬 때
④ 릴리프 장치가 작동 후 방출라인이 개방되어야 할 때

**해설** 파열판과 스프링식 안전밸브를 직렬로 설치해야 할 경우
① 부식물질로부터 스프링식 안전밸브를 보호할 때
② 독성이 매우 강한 물질을 취급 시 완벽하게 격리를 할 때
③ 스프링식 안전밸브에 막힘을 유발시킬 수 있는 슬러리를 방출시킬 때

**100** 폭발원인물질의 물리적 상태에 따라 구분할 때 기상폭발(gas explosion)에 해당되지 않는 것은?

① 분진 폭발
② 응상 폭발
③ 분무 폭발
④ 가스 폭발

**해설** 기상폭발
① 분진 폭발
② 분무 폭발
③ 가스 폭발

제**6**과목 · **건설공사 안전 관리**

**101** 크롤러 크레인 사용 시 준수사항으로 옳지 않은 것은?

① 운반에는 수송차가 필요하다.
② 붐의 조립, 해체장소를 고려해야 한다.
③ 경사지 작업 시 아웃트리거를 사용한다.
④ 크롤라의 폭을 넓게 할 수 있는 형을 사용할 경우에는 최대 폭을 고려하여 계획한다.

**해설** 트럭크레인은 아웃트리거를 사용하나, 크롤러 크레인에는 아웃트리거를 사용하지 않는다.

**102** 다음은 낙하물 방지망 또는 방호선반을 설치하는 경우의 준수해야 할 사항이다. ( )안에 알맞은 숫자는?

> 높이 ( A )미터 이내마다 설치하고, 내민 길이는 벽면으로부터 ( B )미터 이상으로 할 것

① A : 10, B : 2
② A : 8, B : 2
③ A : 10, B : 3
④ A : 8, B : 3

**해설** 낙하물방지망 또는 방호선반을 설치 시 준수사항
① 설치높이는 10미터 이내마다 설치하고, 내민 길이는 벽면으로부터 2미터 이상으로 할 것
② 수평면과의 각도는 20도 내지 30도를 유지할 것

{분석}
실기까지 중요한 내용입니다. 암기하세요.

•)) 정답 99 ④ 100 ② 101 ③ 102 ①

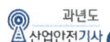

**103** 강관을 사용하여 비계를 구성하는 경우 준수하여야 하는 사항으로 옳지 않은 것은?

① 비계기둥 간격은 띠장방향에서는 1.85m 이하, 장선방향에서는 1.5m 이하로 할 것

② 비계기둥 간의 적재하중은 300kg을 초과하지 않도록 할 것

③ 비계기둥의 제일 윗부분으로부터 31m 되는 지점 밑 부분의 비계기둥은 2개의 강관으로 묶어세울 것

④ 띠장간격은 2.0미터 이하로 할 것

**해설** 강관비계의 구조

① 비계기둥 간격 : 띠장방향에서는 1.85m 이하, 장선방향에서는 1.5m 이하로 할 것
다만, 다음 각 목의 어느 하나에 해당하는 작업의 경우에는 안전성에 대한 구조검토를 실시하고 조립도를 작성하면 띠장 방향 및 장선 방향으로 각각 2.7미터 이하로 할 수 있다.
가. 선박 및 보트 건조작업
나. 그 밖에 장비 반입·반출을 위하여 공간 등을 확보할 필요가 있는 등 작업의 성질상 비계기둥 간격에 관한 기준을 준수하기 곤란한 작업

② 띠장간격 : 2.0미터 이하로 할 것

③ 비계기둥의 제일 윗부분으로 부터 31m되는 지점 밑 부분의 비계기둥은 2본의 강관으로 묶어세울 것

④ 비계기둥 간의 적재하중은 400kg을 초과하지 않도록 할 것

{분석}
실기까지 중요한 내용입니다. "해설"을 다시 확인하세요.

**104** 깊이 10.5m 이상의 굴착의 경우 계측기기를 설치하여 흙막이 구조의 안전을 예측하여야 한다. 이에 해당하지 않는 계측기기는?

① 수위계　　　　② 경사계
③ 응력계　　　　④ 지진가속도계

**해설** 깊이 10.5m 이상의 굴착작업 시 계측기기

① 수위계　　　　② 경사계
③ 하중 및 침하계　④ 응력계

**105** 다음 중 흙막이벽 설치공법에 속하지 않는 것은?

① 강제 널말뚝 공법
② 지하연속벽 공법
③ 어스앵커 공법
④ 트랜치컷 공법

**해설** ④ 트랜치컷 공법은 굴착공법의 종류에 해당한다.

**106** 다음 중 건물 해체용 기구와 거리가 먼 것은?

① 압쇄기　　　　② 스크레이퍼
③ 잭　　　　　　④ 철 해머

**해설** 스크레이퍼는 굴착, 적재, 운반, 성토, 흙깔기, 흙다지기의 작업을 하나로 할 수 있는 차량계 건설기계이다.

**107** 다음은 가설통로를 설치하는 경우의 준수사항이다. 빈 칸에 알맞은 수치를 고르면?

> 건설공사에 사용하는 높이 8미터 이상인 비계다리에는 (　)미터 이내마다 계단참을 설치할 것

① 7　　　　　　② 6
③ 5　　　　　　④ 4

**해설** 건설공사에 사용하는 높이 8미터 이상인 비계다리는 7미터 이내마다 계단참을 설치할 것

{분석}
실기까지 중요한 내용입니다. 암기하세요.

**정답** 103 ② 104 ④ 105 ④ 106 ② 107 ①

③ 훅, 샤클, 클램프, 리프팅 빔의 경우 : 3 이상
④ 그 밖의 경우 : 4 이상

{분석}
실기에도 자주 출제되는 내용입니다. 암기하세요.

**108** 중량물을 운반할 때의 바른 자세로 옳은 것은?

① 허리를 구부리고 양손으로 들어올린다.
② 중량은 보통 체중의 60%가 적당하다.
③ 물건은 최대한 몸에서 멀리 떼어서 들어올린다.
④ 길이가 긴 물건은 앞쪽을 높게 하여 운반한다.

**해설** ① 허리를 편 채로 앞을 주시하면서 다리만을 움직여 이동한다.
② 중량은 남자 근로자인 경우 체중의 40% 이하, 여자 근로자인 경우 체중의 24% 이하가 적당하다.
③ 물건은 가급적 몸에서 가깝게 들어올린다.

**109** 콘크리트의 압축강도에 영향을 주는 요소로 가장 거리가 먼 것은?

① 콘크리트 양생 온도
② 콘크리트 재령
③ 물−시멘트비
④ 거푸집 강도

**해설** 콘크리트의 압축강도에 영향을 주는 요소
① 콘크리트 양생 온도
② 콘크리트 재령
③ 물−시멘트비
④ 배합설계
⑤ 콘크리트의 다짐

**110** 화물의 하중을 직접 지지하는 달기 와이어로프의 안전계수 기준은?

① 2 이상          ② 3 이상
③ 5 이상          ④ 10 이상

**해설** 양중기의 와이어로프 등 달기구의 안전계수
① 근로자가 탑승하는 운반구를 지지하는 달기와이어로프 또는 달기체인의 경우 : 10 이상
② 화물의 하중을 직접 지지하는 달기와이어로프 또는 달기체인의 경우 : 5 이상

**111** 다음은 산업안전보건기준에 관한 규칙의 콘크리트 타설 작업에 관한 사항이다. 빈 칸에 들어갈 적절한 용어는?

> 당일의 작업을 시작하기 전에 당해작업에 관한 거푸집 동바리 등의 ( A ), 변위 및 ( B ) 등을 점검하고 이상을 발견한 때에는 이를 보수할 것

① A : 변형, B : 지반의 침하 유무
② A : 변형, B : 개구부 방호 설비
③ A : 균열, B : 깔판
④ A : 균열, B : 지주의 침하

**해설** 당일의 작업을 시작하기 전에 해당 작업에 관한 거푸집 동바리 등의 변형·변위 및 지반의 침하 유무 등을 점검하고 이상이 있으면 보수할 것

**참고** 콘크리트의 타설 작업 시 준수사항
① 당일의 작업을 시작하기 전에 해당 작업에 관한 거푸집 동바리 등의 변형·변위 및 지반의 침하 유무 등을 점검하고 이상이 있으면 보수할 것
② 작업 중에는 감시자를 배치하는 등의 방법으로 거푸집 및 동바리의 변형·변위 및 침하 유무 등을 확인해야 하며, 이상이 있으면 작업을 중지하고 근로사를 대피시킬 것
③ 콘크리트의 타설작업 시 거푸집 붕괴의 위험이 발생할 우려가 있으면 충분한 보강조치를 할 것
④ 설계도서상의 콘크리트 양생기간을 준수하여 거푸집 및 동바리를 해제할 것
⑤ 콘크리트를 타설하는 경우에는 편심이 발생하지 않도록 골고루 분산하여 타설할 것

**112** 건축공사로서 대상액이 5억 원 이상 50억 원 미만인 경우에 산업안전보건관리비의 비율(가) 및 기초액(나)으로 옳은 것은?

① (가) 2.28%, (나) 4,325,000원
② (가) 1.99%, (나) 5,499,000원
③ (가) 2.35%, (나) 5,400,000원
④ (가) 1.57%, (나) 4,411,000원

해설 공사 종류 및 규모별 산업안전보건관리비 계상기준표

| 공사 종류 \ 구분 | 대상액 5억 원 미만인 경우 적용비율(%) | 대상액 5억 원 이상 50억 원 미만인 경우 적용비율(%) | 대상액 5억 원 이상 50억 원 미만인 경우 기초액 | 대상액 50억 원 이상인 경우 적용비율(%) | 보건관리자 선임 대상 건설공사의 적용비율(%) |
|---|---|---|---|---|---|
| 건축공사 | 3.11(%) | 2.28(%) | 4,325천원 | 2.37(%) | 2.64(%) |
| 토목공사 | 3.15(%) | 2.53(%) | 3,300천원 | 2.60(%) | 2.73(%) |
| 중건설공사 | 3.64(%) | 3.05(%) | 2,975천원 | 3.11(%) | 3.39(%) |
| 특수건설공사 | 2.07(%) | 1.59(%) | 2,450천원 | 1.64(%) | 1.78(%) |

**113** 표면장력이 흙 입자의 이동을 막고 조밀하게 다져지는 것을 방해하는 현상과 관계 깊은 것은?

① 흙의 압밀(consolidation)
② 흙의 침하(settlement)
③ 벌킹(bulking)
④ 과다짐(over compaction)

해설 **벌킹(bulking)** : 비점성의 사질토가 건조 상태에서 물을 약간 흡수할 경우 표면장력에 의해 입자 배열이 변화(단립 구조 → 봉소 구조)하여 체적이 팽창하는 현상

**114** 추락방호망 설치 시 그물코의 크기가 10cm인 매듭 있는 방망의 신품에 대한 인장강도 기준으로 옳은 것은?

① 100kgf 이상　　② 200kgf 이상
③ 300kgf 이상　　④ 400kgf 이상

해설 방망사의 신품에 대한 인장강도

| 그물코의 크기 (단위 : 센티미터) | 방망의 종류(단위 : 킬로그램) | |
|---|---|---|
| | 매듭 없는 방망 | 매듭방망 |
| 10 | 240 | 200 |
| 5 | | 110 |

참고 방망사의 폐기 시 인장강도

| 그물코의 크기 (단위 : 센티미터) | 방망의 종류(단위 : 킬로그램) | |
|---|---|---|
| | 매듭 없는 방망 | 매듭방망 |
| 10 | 150 | 135 |
| 5 | | 60 |

{분석}
실기에도 자주 출제되는 내용입니다. 암기하세요.

**115** 차량계 건설기계를 사용하는 작업 시 작업계획서 내용에 포함되는 사항이 아닌 것은?

① 사용하는 차량계 건설기계의 종류 및 성능
② 차량계 건설기계의 운행 경로
③ 차량계 건설기계의 의한 작업방법
④ 차량계 건설기계의 유도자 배치 관련 사항

해설 **차량계 건설기계를 사용하는 작업 시 작업계획서 내용**
① 사용하는 차량계 건설기계의 종류 및 성능
② 차량계 건설기계의 운행경로
③ 차량계 건설기계에 의한 작업방법

{분석}
실기까지 중요한 내용입니다. 암기하세요.

정답　112 ①　113 ③　114 ②　115 ④

**116** 콘크리트 타설 시 안전수칙으로 옳지 않은 것은?

① 타설 순서는 계획에 의하여 실시하여야 한다.
② 진동기는 최대한 많이 사용하여야 한다.
③ 콘크리트를 치는 도중에는 거푸집, 지보공 등의 이상 유무를 확인하여야 한다.
④ 손수레로 콘크리트를 운반할 때에는 손수레를 타설하는 위치까지 천천히 운반하여 거푸집에 충격을 주지 아니하도록 타설하여야 한다.

해설 ② 진동기는 적절히 사용되어야 하며, 지나친 진동은 거푸집 도괴의 원인이 될 수 있으므로 각별히 주의하여야 한다.

**117** 건설업 산업안전보건관리비로 사용할 수 없는 것은?

① 안전관리자의 인건비
② 교통통제를 위한 교통정리 · 신호수의 인건비
③ 기성제품에 부착된 안전장치 고장 시 교체 비용
④ 근로자의 안전보건 증진을 위한 교육, 세미나 등에 소요되는 비용

해설 ② 교통통제를 위한 교통정리 · 신호수의 인건비 → 근로자 재해 예방 외의 다른 목적이 포함된 경우로 산업안전보건관리비로 사용할 수 없다.

참고 산업안전보건관리비의 세부 사용항목

| | |
|---|---|
| 1. 안전관리자 · 보건관리자의 임금 등 | ① 안전관리 또는 보건관리 업무만을 전담하는 안전관리자 또는 보건관리자의 임금과 출장비 전액(지방고용노동관서에 선임 보고한 날부터 발생한 비용에 한정한다.) ② 안전관리 또는 보건관리 업무를 전담하지 않는 안전관리자 또는 보건관리자의 임금과 출장비의 각각 2분의 1에 해당하는 비용(지방고용노동관서에 선임 보고한 날부터 발생한 비용에 한정한다.) |
| 2. 안전시설비 등 | ③ 안전관리자를 선임한 건설공사 현장에서 산업재해 예방 업무만을 수행하는 작업지휘자, 유도자, 신호자 등의 임금 전액 ④ 작업을 직접 지휘·감독하는 직·조·반장 등 관리감독자의 직위에 있는 자가 업무를 수행하는 경우에 지급하는 업무수당(임금의 10분의 1 이내) ① 산업재해 예방을 위한 안전난간, 추락방호망, 안전대 부착설비, 방호장치(기계·기구와 방호장치가 일체로 제작된 경우, 방호장치 부분의 가액에 한함) 등 안전시설의 구입·임대 및 설치 등을 위해 소요되는 비용 ② 스마트 안전장비 구입·임대 비용. 다만, 계상된 산업안전보건관리비 총액의 10분의 2를 초과할 수 없다. ③ 용접 작업 등 화재 위험작업 시 사용하는 소화기의 구입·임대비용 |
| 3. 보호구 등 | ① 보호구의 구입·수리·관리 등에 소요되는 비용 ② 근로자가 보호구를 직접 구매·사용하여 합리적인 범위 내에서 보전하는 비용 ③ 안전관리자 등의 업무용 피복, 기기 등을 구입하기 위한 비용 ④ 안전관리자 및 보건관리자가 안전보건 점검 등을 목적으로 건설공사 현장에서 사용하는 차량의 유류비·수리비·보험료 |
| 4. 안전보건 진단비 등 | ① 유해위험방지계획서의 작성 등에 소요되는 비용 ② 안전보건진단에 소요되는 비용 ③ 작업환경 측정에 소요되는 비용 ④ 그 밖에 산업재해예방을 위해 법에서 지정한 전문기관 등에서 실시하는 진단, 검사, 지도 등에 소요되는 비용 |
| 5. 안전보건 교육비 등 | ① 의무교육이나 이에 준하여 실시하는 교육을 위해 건설공사 현장의 교육장소 설치·운영 등에 소요되는 비용 ② 산업재해 예방이 주된 목적인 교육을 실시하기 위해 소요되는 비용 |

정답 116 ② 117 ②

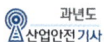
| 5. 안전보건 교육비 등 | ③ 「응급의료에 관한 법률」에 따른 **안전보건교육 대상자 등에게 구조 및 응급처치에 관한 교육을 실시하기 위해 소요되는** 비용 |
| | ④ 안전보건관리책임자, 안전관리자, 보건관리자가 **업무수행을 위해 필요한 정보를 취득하기 위한 목적으로 도서, 정기간행물을 구입**하는 데 소요되는 비용 |
| | ⑤ 건설공사 현장에서 **안전기원제 등 산업재해 예방을 기원하는 행사를 개최**하기 위해 소요되는 비용. 다만, 행사의 방법, 소요된 비용 등을 고려하여 사회통념에 적합한 행사에 한한다. |
| | ⑥ 건설공사 **현장의 유해·위험요인을 제보하거나 개선방안을 제안한 근로자를 격려하기 위해 지급**하는 비용 |
| 6. 근로자 건강 장해 예방비 등 | ① 법·영·규칙에서 규정하거나 그에 준하여 필요로 하는 **각종 근로자의 건강장해 예방에 필요한 비용** |
| | ② **중대재해 목격으로 발생한 정신질환을 치료**하기 위해 소요되는 비용 |
| | ③ 「감염병의 예방 및 관리에 관한 법률」에 따른 **감염병의 확산 방지를 위한 마스크, 손소독제, 체온계 구입 비용 및 감염병병원체 검사**를 위해 소요되는 비용 |
| | ④ **휴게시설을 갖춘 경우 온도, 조명 설치·관리기준을 준수하기 위해 소요**되는 비용 |
| | ⑤ 건설공사 현장에서 근로자 심폐소생을 위해 사용되는 **자동심장충격기(AED) 구입에 소요**되는 비용 |
| | ⑥ **온열·한랭질환**으로부터 근로자 건강장해를 예방하기 위한 **임시 휴게시설 설치·해체·임대 비용 및 냉·난방기기의 임대 비용** |
| 7. 건설재해예방전문지도기관의 지도에 대한 대가로 자기공사자가 지급하는 비용 | |
| 8. 「중대재해 처벌 등에 관한 법률」에 해당하는 건설사업자가 아닌 자가 운영하는 사업에서 **안전보건 업무를 총괄·관리하는 3명 이상으로 구성된 본사 전담조직에 소속된 근로자의 임금 및 업무수행 출장비 전액.** 다만, **산업안전보건관리비 총액의 20분의 1을 초과할 수 없다.** | |

9. **위험성평가 또는 유해·위험요인 개선을 위해** 필요하다고 판단하여 산업안전보건위원회 또는 노사협의체에서 사용하기로 **결정한 사항을 이행하기 위한 비용** (산업안전보건위원회 또는 노사협의체가 없는 현장의 경우에는 **안전 및 보건에 관한 협의체에서 결정한 사항을 이행하기 위한 비용**을 말한다). 계상된 **산업안전보건관리비 총액의 10분의 15**를 초과할 수 없다.

**118** 크레인 또는 데릭에서 붐 각도 및 작업반경 별로 작용시킬 수 있는 최대하중에서 후크(Hook), 와이어로프 등 달기구의 중량을 공제한 하중은?

① 작업하중
② 정격하중
③ 이동하중
④ 적재하중

해설| **정격하중**

양중기의 **권상하중(들어 올릴 수 있는 최대의 하중)에서 훅, 크래브 또는 버킷 등 달기기구의 중량에 상당하는 하중을 뺀 하중**을 말한다.

**119** 산업안전보건법상 차량계 하역운반기계 등에 단위화물의 무게가 100kg 이상인 화물을 싣는 작업 또는 내리는 작업을 하는 경우에 해당 작업 지휘자가 준수하여야 할 사항과 가장 거리가 먼 것은?

① 작업순서 및 그 순서마다의 작업방법을 정하고 작업을 지휘할 것
② 기구와 공구를 점검하고 불량품을 제거할 것
③ 대피방법을 미리 교육할 것
④ 로프 풀기 작업 또는 덮개 벗기기 작업은 적재함의 화물이 떨어질 위험이 없음을 확인한 후에 하도록 할 것

정답 118 ② 119 ③

**[해설]** 차량계 하역운반기계에 단위화물의 무게가 100킬로그램 이상인 화물을 싣는 작업 또는 내리는 작업 시 작업의 지휘자의 역할

① 작업 순서 및 그 순서마다의 <u>작업 방법을 정하고 작업을 지휘</u>할 것

② <u>기구 및 공구를 점검</u>하고 불량품을 제거할 것

③ 해당 작업을 하는 장소에 <u>관계 근로자가 아닌 사람이 출입하는 것을 금지</u>할 것

④ <u>로프를 풀거나 덮개를 벗기는 작업</u>을 행하는 때에는 <u>적재함의 화물이 낙하할 위험이 없음을 확인한 후에 당해 작업을 하도록 할 것</u>

> **{분석}**
> 실기까지 중요한 내용입니다. "해설"을 다시 확인하세요.

**120** 다음 와이어로프 중 양중기에 사용가능한 범위 안에 있다고 볼 수 있는 것은?

① 와이어로프의 한 꼬임(스트랜드)에서 끊어진 소선의 수가 8%인 것

② 지름의 감소가 공칭지름의 8%인 것

③ 심하게 부식된 것

④ 이음매가 있는 것

**[해설]** 와이어로프 등의 사용금지 사항

① 이음매가 있는 것

② 와이어로프의 한 꼬임에서 끊어진 소선의 수가 10퍼센트 이상인 것

③ 지름의 감소가 공칭지름의 7퍼센트를 초과하는 것

④ 꼬인 것

⑤ 심하게 변형되거나 부식된 것

⑥ 열과 전기 충격에 의해 손상된 것

> **{분석}**
> 실기에도 자주 출제되는 내용입니다. 암기하세요.

🔊 **정답** 120 ①

# 01회 2017년 산업안전기사 최근 기출문제

## 제1과목 · 산업재해 예방 및 안전보건교육

**01** 재해예방의 4원칙이 아닌 것은?

① 손실 우연의 원칙
② 사실 확인의 원칙
③ 원인계기의 원칙
④ 대책 선정의 원칙

**[해설]** 산업재해 예방의 4원칙

① 예방 가능의 원칙 : 재해는 원칙적으로 원인만 제거되면 예방이 가능하다.
② 손실 우연의 원칙 : 사고의 결과 생기는 상해의 종류와 정도는 사고 발생 시 사고대상의 조건에 따라 우연히 발생한다.
③ 대책 선정의 원칙 : 사고의 원인에 대한 적합한 대책이 선정되어야 한다.
④ 원인 연계의 원칙 : 재해는 직접원인과 간접원인이 연계되어 일어난다.

{분석}
실기까지 중요한 내용입니다. 암기하세요.

**02** 교육훈련 기법 중 Off.J.T의 장점에 해당되지 않는 것은?

① 우수한 전문가를 강사로 활용할 수 있다.
② 특별 교재, 교구, 설비를 유효하게 활용할 수 있다.
③ 다수의 근로자에게 조직적 훈련이 가능하다.
④ 직장의 실정에 맞는 실제적인 교육이 가능하다.

**[해설]** 직장의 실정에 맞는 실제적인 교육 → O.J.T

**[참고]**

| | |
|---|---|
| OJT의 특징 | ① 개개인에게 적절한 훈련이 가능하다.<br>② 직장의 실정에 맞는 훈련이 가능하다.<br>③ 교육효과가 즉시 업무에 연결된다.<br>④ 훈련에 대한 업무의 계속성이 끊어지지 않는다.<br>⑤ 상호 신뢰 이해도가 높다. |
| OFF JT의 특징 | ① 다수의 근로자들에게 훈련을 할 수 있다.<br>② 훈련에만 전념하게 된다.<br>③ 특별설비기구 이용이 가능하다.<br>④ 많은 지식이나 경험을 교류할 수 있다.<br>⑤ 교육 훈련 목표에 대하여 집단적 노력이 흐트러질 수 있다. |

{분석}
필기에 자주 출제되는 내용입니다.
참고를 다시 확인하세요.

**03** 매슬로(Maslow)의 욕구단계 이론 중 2단계에 해당되는 것은?

① 생리적 욕구
② 안전에 대한 욕구
③ 자아실현의 욕구
④ 존경과 긍지에 대한 욕구

**[해설]** 매슬로(Maslow A. H.)의 욕구단계 이론(인간의 욕구 5단계)

① 제1단계(생리적 욕구)
② 제2단계(안전 욕구)
③ 제3단계(사회적 욕구)
④ 제4단계(존경 욕구)
⑤ 제5단계(자아실현의 욕구)

{분석}
실기까지 중요한 내용입니다. 암기하세요.

•))**정답** 01 ② 02 ④ 03 ②

**04** 맥그리거(Mcgregor)의 X, Y 이론에서 X 이론에 대한 관리 처방으로 볼 수 없는 것은?

① 직무의 확장
② 권위주의적 리더십의 확립
③ 경제적 보상체제의 강화
④ 면밀한 감독과 엄격한 통제

해설 맥그리거(McGregor)의 X, Y 이론의 관리처방

| X 이론의 특징 | Y 이론의 특징 |
|---|---|
| 인간 불신감 | 상호 신뢰감 |
| 성악설 | 성선설 |
| 인간은 원래 게으르고 태만하여 남의 지배를 받기를 즐긴다. | 인간은 부지런하고 적극적이며 자주적이다. |
| 물질욕구(저차원 욕구)에 만족 | 정신욕구(고차원 욕구)에 만족 |
| 명령, 통제에 의한 관리(권위주의형 리더십) | 목표 통합과 자기통제에 의한 자율관리 |
| 저개발국형 | 선진국형 |

{분석}
필기에 자주 출제되는 내용입니다.

**05** 산업현장에서 재해 발생 시 조치 순서로 옳은 것은?

① 긴급처리 → 재해조사 → 원인분석 → 대책 수립 → 실시계획 → 실시 → 평가
② 긴급처리 → 원인분석 → 재해조사 → 대책 수립 → 실시 → 평가
③ 긴급처리 → 재해조사 → 원인분석 → 실시계획 → 실시 → 대책 수립 → 평가
④ 긴급처리 → 실시계획 → 재해조사 → 대책 수립 → 평가 → 실시

해설 재해 발생 시 조치 순서

긴급처리 → 재해조사 → 원인분석 → 대책 수립 → 실시 → 평가

참고 긴급조치 순서

피재기계 정지 → 피재자 응급조치 → 관계자에게 통보 → 2차 재해 방지 → 현장 보존

**06** 산업안전보건기준에 관한 규칙에 따른 프레스기의 작업 시작 전 점검사항이 아닌 것은?

① 클러치 및 브레이크의 기능
② 금형 및 고정 볼트 상태
③ 방호장치의 기능
④ 언로드 밸브의 기능

해설 프레스 등을 사용하여 작업을 할 때 작업시작 전 점검사항
① 클러치 및 브레이크의 기능
② 크랭크축·플라이휠·슬라이드·연결봉 및 연결나사의 풀림 여부
③ 1행정 1정지 기구·급정지장치 및 비상정지장치의 기능
④ 슬라이드 또는 칼날에 의한 위험방지 기구의 기능
⑤ 프레스의 금형 및 고정 볼트 상태
⑥ 방호장치의 기능
⑦ 전단기(剪斷機)의 칼날 및 테이블의 상태

{분석}
실기에도 자주 출제되는 내용입니다. 암기하세요.

**07** 버드(Bird)의 재해 발생에 관한 연쇄 이론 중 직접적인 원인은 몇 단계에 해당되는가?

① 1단계
② 2단계
③ 3단계
④ 4단계

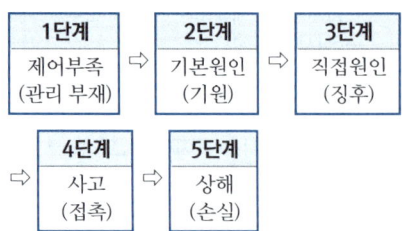

**해설** 버드(Frank. E. Bird)의 사고 연쇄성이론 5단계

| 1단계 | 2단계 | 3단계 |
|---|---|---|
| 제어부족 (관리 부재) | 기본원인 (기원) | 직접원인 (징후) |

| 4단계 | 5단계 |
|---|---|
| 사고 (접촉) | 상해 (손실) |

{분석}
실기에도 자주 출제되는 내용입니다. 암기하세요.

---

**08** 무재해운동에 관한 설명으로 틀린 것은?

① 제3자의 행위에 의한 업무상 재해는 무재해로 본다.
② 작업 시간 중 천재지변 또는 돌발적인 사고로 인한 구조행위 또는 긴급피난 중 발생한 사고는 무재해로 본다.
③ 무재해란 무재해운동 시행사업장에서 근로자가 업무에 기인하여 사망 또는 2일 이상의 요양을 요하는 부상 또는 질병에 이환되지 않는 것을 말한다.
④ 작업 시간 외에 천재지변 또는 돌발적인 사고 우려가 많은 장소에서 사회통념상 인정되는 업무수행 중 발생한 사고는 무재해로 본다.

**해설** ③ 「무재해」라 함은 사업장에서 근로자가 업무에 기인하여 사망 또는 4일 이상의 요양을 요하는 부상 또는 질병에 이환되지 않는 것을 말한다.

**참고** 무재해

① 업무수행 중의 사고 중 천재지변 또는 돌발적인 사고로 인한 구조행위 또는 긴급피난 중 발생한 사고
② 출·퇴근 도중에 발생한 재해
③ 운동경기 등 각종 행사 중 발생한 재해
④ 천재지변 또는 돌발적인 사고 우려가 많은 장소에서 사회통념상 인정되는 업무수행 중 발생한 사고

---

⑤ 제3자의 행위에 의한 업무상 재해
⑥ 뇌혈관질병 또는 심장질병에 의한 재해
⑦ 업무시간 외에 발생한 재해. 다만, 사업주가 제공한 사업장 내의 시설물에서 발생한 재해 또는 작업 개시 전의 작업준비 및 작업 종료 후의 정리 정돈 과정에서 발생한 재해는 제외한다.
⑧ 도로에서 발생한 사업장 밖의 교통사고, 소속 사업장을 벗어난 출장 및 외부기관으로 위탁교육 중 발생한 사고, 회식중의 사고, 전염병 등 사업주의 법 위반으로 인한 것이 아니라고 인정되는 재해

---

**09** 안전교육훈련의 진행 제3단계에 해당하는 것은?

① 적용     ② 제시
③ 도입     ④ 확인

**해설** 교육진행 4단계

| 제 1단계 : 도입 (학습할 준비를 시킨다) |
|---|
| 제 2단계 : 제시 (작업을 설명한다) |
| 제 3단계 : 적용 (작업을 시켜본다) |
| 제 4단계 : 확인 (가르친 뒤 살펴본다) |

{분석}
필기에 자주 출제되는 내용입니다.

---

**10** 근로자수 300명, 총 근로 시간 수 48시간×50주이고, 연 재해건수는 200건 일 때 이 사업장의 강도율은? (단, 연 근로 손실 일수는 800일로 한다.)

① 1.11     ② 0.90
③ 0.16     ④ 0.84

---

**정답** 08 ③ 09 ① 10 ①

**해설**

강도율(S.R)

① 1,000 근로시간당 근로손실일수 비율

② 강도율 $= \dfrac{총요양근로손실일수}{연근로시간수} \times 1,000$

• 근로손실일수 = 휴업일수, 요양일수,

입원일수 $\times \dfrac{300(실제근로일수)}{365}$

$$강도율 = \frac{800}{300 \times 48 \times 50} \times 1,000 = 1.11$$

{분석}
**필기에 자주 출제되는 내용입니다.**

---

**11** 안전교육의 3요소에 해당되지 않는 것은?

① 강사　　　　② 교육 방법
③ 수강자　　　④ 교재

**해설** 안전교육의 3요소

| 교육의 주체 | 교육의 객체 | 교육의 매개체 |
|---|---|---|
| 강사 | 학생<br>(수강자) | 교재<br>(학습 내용) |

---

**12** 산업안전보건법상 안전관리자가 수행해야 할 업무가 아닌 것은?

① 사업장 순회점검 · 지도 및 조치의 건의
② 산업재해에 관한 통계의 유지 · 관리 · 분석을 위한 보좌 및 조언 · 지도
③ 작업장 내에서 사용되는 전체 환기장치 및 국소 배기장치 등에 관한 설비의 점검
④ 해당 사업장 안전교육계획의 수립 및 안전교육 실시에 관한 보좌 및 조언 · 지도

---

**해설** 안전관리자 직무

① 사업장 안전교육계획의 수립 및 안전교육 실시에 관한 보좌 및 조언 · 지도
② 사업장 순회점검 · 지도 및 조치의 건의
③ 산업재해 발생의 원인 조사 · 분석 및 재발 방지를 위한 기술적 보좌 및 조언 · 지도
④ 산업재해에 관한 통계의 유지 · 관리 · 분석을 위한 보좌 및 조언 · 지도
⑤ 안전인증대상 기계 · 기구 등과 자율안전확인 대상 기계 · 기구 등 구입 시 적격품의 선정에 관한 보좌 및 조언 · 지도
⑥ 위험성평가에 관한 보좌 및 조언 · 지도
⑦ 안전에 관한 사항의 이행에 관한 보좌 및 조언 · 지도
⑧ 산업안전보건위원회 또는 노사협의체, 안전보건관리규정 및 취업규칙에서 정한 직무
⑨ 업무수행 내용의 기록, 유지

{분석}
**실기에도 자주 출제되는 중요한 내용입니다.**

---

**13** 산업안전보건법령상 근로자 안전 · 보건 교육 중 채용 시의 교육 및 작업내용 변경 시의 교육 내용에 포함되지 않는 것은?

① 물질안전보건자료에 관한 사항
② 작업 개시 전 점검에 관한 사항
③ 유해 · 위험 작업환경 관리에 관한 사항
④ 기계 · 기구의 위험성과 작업의 순서 및 동선에 관한 사항

**해설** 근로자 채용 시의 교육 및 작업내용 변경 시의 교육

① 산업안전 및 산업재해 예방에 관한 사항(화재 · 폭발 사고 발생 시 대피에 관한 사항을 포함한다)
② 산업보건 및 건강장해 예방에 관한 사항
③ 산업안전보건법령 및 산업재해보상보험제도에 관한 사항
④ 직무스트레스 예방 및 관리에 관한 사항
⑤ 직장 내 괴롭힘, 고객의 폭언 등으로 인한 건강장해 예방 및 관리에 관한 사항
⑥ 기계 · 기구의 위험성과 작업의 순서 및 동선에 관한 사항
⑦ 물질안전보건자료에 관한 사항

---

**정답** 11 ② 12 ③ 13 ③

⑧ <u>작업 개시 전 점검</u>에 관한 사항
⑨ <u>정리정돈 및 청소</u>에 관한 사항
⑩ <u>사고 발생 시 긴급조치</u>에 관한 사항
⑪ <u>위험성 평가</u>에 관한 사항

**공통 항목**
1. 신규자는 법, 산재보상제도를 알자!
2. 신규자는 건강을 보존(산업보건)하고 건강장 해, 스트레스, 괴롭힘, 폭언 예방하자!
3. 신규자는 안전하고 산업재해 예방하자!
4. 신규자는 위험성을 평가하자!

신규채용자는 회사에 처음 입사해서 처음 일을 하는 근로자, 안전하게 일하기 위한 기본내용을 교육한다.
1. 신규자는 기계·기구 위험성, 작업순서, 동선을 알자!
2. 신규자는 취급물질의 위험성(물질안전보건자료) 을 알자!
3. 신규자는 작업 전 점검하자!
4. 신규자는 항상 정리정돈 청소하자!
5. 신규자는 사고 시 조치를 알자!

{분석}
실기에도 자주 출제되는 중요한 내용입니다.

**참고** 안전·보건 표지의 색채, 색도 기준 및 용도

| 색채 | 색도 기준 | 용도 | 사용례 |
|---|---|---|---|
| 빨간색 | 7.5R 4/14 암기 : 싫어(7.5) 4/14 | 금지 | 정지신호, 소화설비 및 그 장소, 유해행위의 금지 |
| | | 경고 | 화학물질 취급장소에서 의 유해·위험 경고 |
| 노란색 | 5Y 8.5/12 암기 : 오(5) 빨리와(8.5) 이리(12) | 경고 | 화학물질 취급장소에서 의 유해·위험경고 이외 의 위험경고, 주의표지 또는 기계방호물 |
| 파란색 | 2.5PB 4/10 암기 : 2.5×4 = 10 | 지시 | 특정 행위의 지시 및 사실의 고지 |
| 녹색 | 2.5G 4/10 암기 : 2.5×4 = 10 | 안내 | 비상구 및 피난소, 사람 또는 차량의 통행표지 |
| 흰색 | N9.5 | | 파란색 또는 녹색에 대한 보조색 |
| 검은색 | N0.5 | | 문자 및 빨간색 또는 노란색에 대한 보조색 |

{분석}
실기까지 중요한 내용입니다. 참고를 다시 확인하세요.

**14** 산업안전보건법령상 안전·보건표지의 색채와 사용사례의 연결이 틀린 것은?

① 노란색 - 정지신호, 소화설비 및 그 장소, 유해 행위의 금지
② 파란색 - 특정 행위의 지시 및 사실의 고지
③ 빨간색 - 화학물질 취급장소에서의 유해·위험 경고
④ 녹색 - 비상구 및 피난소, 사람 또는 차량의 통행 표지

**해설** 정지신호, 소화설비 및 그 장소, 유해 행위의 금지 → 빨간색

**15** 라인(Line)형 안전관리 조직의 특징으로 옳은 것은?

① 안전에 관한 기술의 축적이 용이하다.
② 안전에 관한 지시나 조치가 신속하다.
③ 조직원 전원을 자율적으로 안전 활동에 참여시킬 수 있다.
④ 권한 다툼이나 조정 때문에 통제수속이 복잡해지며, 시간과 노력이 소모된다.

정답 14 ① 15 ②

| 라인형<br>(Line)<br>or<br>직계형 | ① <u>소규모 사업장</u>(100명 이하 사업장)에 적용이 가능하다.<br>② 라인형 장점 : <u>명령 및 지시가 신속,<br>정확</u>하다.<br>③ 라인형 단점<br>  • <u>안전정보가 불충분</u>하다.<br>  • 라인에 과도한 책임이 부여 될 수 있다.<br>④ 생산과 안전을 동시에 지시하는 형태<br>이다. |
|---|---|

{분석}
**실기까지 중요한 내용입니다.**

## 16 인간의 적응기제 중 방어기제로 볼 수 없는 것은?

① 승화　　② 고립
③ 합리화　④ 보상

**해설** 적응기제

| 도피기제 | 방어기제 | |
|---|---|---|
| • 억압<br>• 퇴행<br>• 백일몽<br>• 고립(거부) | • 보상<br>• 승화<br>• 투사 | • 합리화<br>• 동일시 |

{분석}
**필기에 자주 출제되는 내용입니다.**

## 17 플리커 검사(Flicker test)의 목적으로 가장 적절한 것은?

① 혈중 알코올농도 측정
② 체내 산소량 측정
③ 작업강도 측정
④ 피로의 정도 측정

**해설** 플리커 검사(Flicker test)는 피로를 측정하는 생리학적 측정방법이다.

## 18 ABE종 안전모에 대하여 내수성 시험을 할 때 물에 담그기 전의 질량이 400g이고, 물에 담근 후의 질량이 410g이었다면 질량 증가율과 합격여부로 옳은 것은?

① 질량증가율 : 2.5%
　합격여부 : 불합격
② 질량증가율 : 2.5%
　합격여부 : 합격
③ 질량증가율 : 102.5%
　합격여부 : 불합격
④ 질량증가율 : 102.5%
　합격여부 : 합격

**해설**

• 질량 증가율(%)
$$= \frac{\text{담근 후의 질량} - \text{담그기 전의 질량}}{\text{담그기 전의 질량}} \times 100$$

• AE, ABE종 안전모는 질량증가율이 1% 미만이어야 한다.

질량 증가율(%) $= \frac{410-400}{400} \times 100 = 2.5(\%)$

합격 여부 : 불합격(질량 증가율 1% 초과)

## 19 참가자에게 일정한 역할을 주어 실제적으로 연기를 시켜봄으로써 자기의 역할을 보다 확실히 인식할 수 있도록 체험학습을 시키는 교육방법은?

① Role playing
② Brain storming
③ Action playing
④ Fish Bowl playing

**해설** 실제적으로 연기를 시켜봄으로써 자기의 역할을 보다 확실히 인식시킴 → 롤 플레잉(Role Playing)

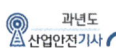
**20** 산업재해의 분석 및 평가를 위하여 재해 발생건수 등의 추이에 대해 한계선을 설정하여 목표관리를 수행하는 재해통계 분석기법은?

① 폴리건(polygon)
② 관리도(control chart)
③ 파레토도(pareto diagram)
④ 특성 요인도(cause & effect diagram)

**[해설]** 재해 발생건수 등의 추이를 분석 → 관리도

**[참고]** ① 파레토도 : 사고 유형, 기인물 등 데이터를 분류하여 항목 값이 큰 순서대로 정리하여 막대그래프로 나타낸다.
② 특성요인도 : 재해와 그 요인의 관계를 어골상으로 세분화하여 나타낸다.

---

제**2**과목 • 인간공학 및 위험성 평가 · 관리

---

**21** 반사형 없이 모든 방향으로 빛을 발하는 점광원에서 5m 떨어진 곳의 조도가 120lux라면 2m 떨어진 곳의 조도는?

① 150lux
② 192.2lux
③ 750lux
④ 3000lux

**[해설]**

$$조도(\text{lux}) = \frac{광도}{(거리)^2}$$

1. 5m에서의 조도가 120이므로

$$120 = \frac{광도}{5^2}$$

$$광도 = 120 \times 5^2 = 3000(\text{cd})$$

2. 2m에서의 조도

$$조도 = \frac{3000}{2^2} = 750(\text{Lux})$$

{분석}
**필기에 자주 출제되는 내용입니다.**

---

**22** 의자 설계에 대한 조건 중 틀린 것은?

① 좌판의 깊이는 작업자의 등이 등받이에 닿을 수 있도록 설계한다.
② 좌판은 엉덩이가 앞으로 미끄러지지 않는 재질과 구조로 설계한다.
③ 좌판의 넓이는 작은 사람에게 적합하도록, 깊이는 큰 사람에게 적합하도록 설계한다.
④ 등받이는 충분한 넓이를 가지고 요추 부위부터 어깨 부위까지 편안하게 지지하도록 설계한다.

**[해설]** ③ 좌판의 넓이는 큰 사람에게 적합하도록, 깊이는 작은 사람에게 적합하도록 설계한다.

**[참고]** 의자 설계의 원칙

① 체중 분포
 • 의자에 앉았을 때 체중이 주로 좌골 결절에 실려야 한다.
② 의자 좌판의 높이
 • 좌판 앞부분이 대퇴를 압박하지 않도록 오금높이보다 높지 않아야 한다.
 • 치수는 5% 오금높이로 한다.
③ 의자 좌판의 깊이(길이)와 폭
 • 일반적으로 폭은 큰사람에게 맞도록 설계한다.
 • 깊이는 장딴지 여유를 주고 대퇴를 압박하지 않도록 작은 사람에게 맞도록 설계한다.
④ 몸통의 안정
 • 의자 좌판의 각도는 3°, 등판의 각도는 100°가 몸통에 안정적이다.

{분석}
**필기에 자주 출제되는 내용입니다.**

---

**•))정답** 20 ② 21 ③ 22 ③

**23** 시스템이 저장되어 이동되고 실행됨에 따라 발생하는 작동시스템의 기능이나 과업, 활동으로부터 발생되는 위험에 초점을 맞춘 위험분석 차트는?

① 결함수분석
　(FTA : Fault Tree Analysis)
② 사상수분석
　(ETA : Event Tree Analysis)
③ 결함위험분석
　(FHA : Fault Hazard Analysis)
④ 운용위험분석
　(OHA : Operating Hazard Analysis)

해설 작동시스템의 기능이나 과업, 활동으로부터 발생되는 위험에 초점을 맞춘 위험분석 차트 → 운용위험분석

{분석}
필기에 자주 출제되는 내용입니다.

**24** 육체 작업의 생리학적 부하측정 척도가 아닌 것은?

① 맥박수　　　② 산소소비량
③ 근전도　　　④ 점멸융합주파수

해설 ④ 점멸융합주파수는 정신피로의 척도를 나타낸다.

{분석}
필기에 자주 출제되는 내용입니다.

**25** 다음 FT도에서 최소 컷셋을 올바르게 구한 것은?

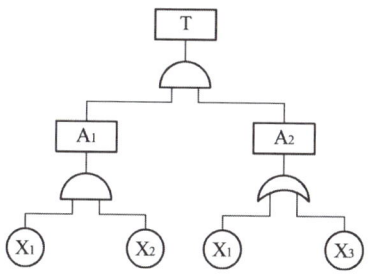

① $(X_1, X_2)$　　② $(X_1, X_3)$
③ $(X_2, X_3)$　　④ $(X_1, X_2, X_3)$

해설 $T = A_1 A_2$
$= (X_1 X_2) \begin{pmatrix} X_1 \\ X_3 \end{pmatrix}$
$= (X_1, X_2, X_1)(X_1, X_2, X_3)$
$= (X_1, X_2)(X_1, X_2, X_3)$
컷셋 : $(X_1, X_2)$, $(X_1, X_2, X_3)$
미니멀 컷(최소컷셋) : $(X_1, X_2)$

{분석}
필기에 자주 출제되는 내용입니다.

**26** 조종 장치의 우발 작동을 방지하는 방법 중 틀린 것은?

① 오목한 곳에 둔다.
② 조종 장치를 덮거나 방호해서는 안 된다.
③ 작동을 위해서 힘이 요구되는 조종 장치에는 저항을 제공한다.
④ 순서적 작동이 요구되는 작업일 때 순서를 지나치지 않도록 잠김 장치를 설치한다.

해설 ② 조종 장치의 우발 작동을 방지하기 위해서는 조종 장치를 덮개로 덮는 등의 방호조치를 하여야 한다.

**27** 설비보전에서 평균수리 시간의 의미로 맞는 것은?

① MTTR　　　② MTBF
③ MTTF　　　④ MTBP

해설 ① MTTR(Mean Time to Repair) : 평균 수리에 소요되는 시간
② MTBF(평균고장간격 : Mean Time Between Failures) : 수리 가능한 제품에서 고장 ～ 다음 고장까지 시간의 평균치(신뢰도)
③ MTTF(고장까지의 평균시간 : Mean Time to Failure) : 수리가 불가능한 제품에서 처음 고장날 때까지의 시간(평균 수명)

{분석}
필기에 자주 출제되는 내용입니다.

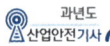

**28** 시스템 분석 및 설계에 있어서 인간공학의 가치와 가장 거리가 먼 것은?

① 훈련비용의 절감
② 인력 이용률의 향상
③ 생산 및 보전의 경제성 감소
④ 사고 및 오용으로부터의 손실 감소

[해설] ③ 생산 및 보전의 경제성 증대

{분석}
필기에 자주 출제되는 내용입니다.

**29** 통화이해도를 측정하는 지표로서, 각 옥타브(octave)대의 음성과 잡음의 데시벨(dB)값에 가중치를 곱하여 합계를 구하는 것을 무엇이라 하는가?

① 명료도 지수
② 통화 간섭 수준
③ 이해도 점수
④ 소음 기준 곡선

[해설] 명료도 지수

통화 이해도를 추정할 수 있는 근거로 사용된다. 각 옥타브 대의 음성과 소음의 dB값에 가중치를 곱하여 합계를 구한 것이다. 음성통신계통의 명료도지수가 약 0.3 이하이면 음성통신자료를 전송하기에는 부적당한 것으로 본다.

**30** 자동화시스템에서 인간의 기능으로 적절하지 않은 것은?

① 설비보전
② 작업계획 수립
③ 조정 장치로 기계를 통제
④ 모니터로 작업 상황 감시

[해설] ③ 자동화시스템에서 기계를 조정 및 통제하는 역할은 기계가 담당한다.

{분석}
필기에 자주 출제되는 내용입니다.

[참고] 자동 시스템

• 기계가 감지, 정보 처리 및 의사 결정, 행동 기능 및 정보 보관 등 모든 임무를 미리 설계된 대로 수행하게 된다.
• 인간은 감시, 감독, 보전 등의 역할을 담당하게 된다.

**31** 화학설비의 안전성 평가의 5단계 중 제2단계에 속하는 것은?

① 작성 준비 　　② 정량적 평가
③ 안전대책 　　④ 정성적 평가

[해설] 안전성 평가 6단계

① 1단계 : 관계자료의 정비검토(작성 준비)
② 2단계 : 정성적인 평가
③ 3단계 : 정량적인 평가
④ 4단계 : 안전대책 수립
⑤ 5단계 : 재해사례에 의한 평가
⑥ 6단계 : FTA에 의한 재평가

{분석}
필기에 자주 출제되는 내용입니다.

**32** 일반적으로 위험(Risk)은 3가지 기본요소로 표현되며 3요소(Triplets)로 정의된다. 3요소에 해당되지 않는 것은?

① 사고 시나리오($S_i$)
② 사고 발생 확률($P_i$)
③ 시스템 불이용도($Q_i$)
④ 파급효과 또는 손실($X_i$)

[해설] 위험(Risk)의 3요소(Triplets)

① 사고 시나리오($S_i$)
② 사고 발생 확률($P_i$)
③ 파급효과 또는 손실($X_i$)

정답 28 ③ 29 ① 30 ③ 31 ④ 32 ③

**33** FT도에 사용되는 다음 기호의 명칭으로 옳은 것은?

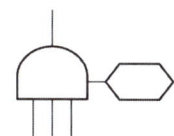

① 억제게이트
② 조합 AND게이트
③ 부정게이트
④ 배타적 OR게이트

**해설**

| 기호 | 명명 | 기호 설명 |
|---|---|---|
| ◯ | 기본사상 | 더 이상 전개할 수 없는 사건의 원인 |
| ◇ | 생략사상 | 관련정보가 미비하여 계속 개발될 수 없는 특정 초기사상 |
| ⬠ | 통상사상 | 발생이 예상되는 사상 |
| ▭ | 결함사상 (정상사상, 중간사상) | 한 개 이상의 입력에 의해 발생된 고장사상 |
| ⌂ | OR게이트 | 한 개 이상의 입력이 발생하면 출력사상이 발생하는 논리게이트 |
| ⌂ | AND게이트 | 입력사상이 전부 발생하는 경우에만 출력사상이 발생하는 논리게이트 |
| 또는 / 동시발생 | 배타적 OR게이트 | 입력사상 중 오직 한 개의 발생으로만 출력사상이 생성되는 논리게이트 |
| 또는 / Ai,Aj,Ak 순으로 Ai Aj Ak | 우선적 AND게이트 | 입력사상이 특정 순서대로 발생한 경우에만 출력사상이 발생하는 논리게이트 |

| | | |
|---|---|---|
| 2개의 출력 Ai Aj Ak | 조합 AND게이트 | 3개 이상의 입력 중 2개가 일어나면 출력이 생긴다. |
| △ | 전이기호 | 다른 부분에 있는 게이트와의 연결 관계를 나타내기 위한 기호 |
| △ | 전이기호 (IN) | 삼각형 정상의 선은 정보의 전입루트를 나타낸다. |
| △ | 전이기호 (OUT) | 삼각형 옆의 선은 정보의 전출루트를 나타낸다. |
| ▽ | 전이기호 (수량이 다르다) | |
| ⬡◯ | 억제게이트 | 이 게이트의 출력사상은 한 개의 입력사상에 의해 발생하며, 입력사상이 출력사상을 생성하기 전에 특정조건을 만족하여야 하는 논리게이트 |
| ◯ | 조건부사상 | 논리게이트에 연결되어 사용되며, 논리에 적용되는 조건이나 제약 등을 명시한다. |
| A | 부정게이트 | 입력과 반대현상의 출력 생김 |
| 위험지속기간 | 위험지속 AND 게이트 | 입력이 생겨서 일정시간이 지속될 때 출력이 생긴다. |

**[분석]**
필기에 자주 출제되는 내용입니다.

**정답** 33 ②

**34** 그림과 같이 FTA로 분석된 시스템에서 현재 모든 기본사상에 대한 부품이 고장 난 상태이다. 부품 $X_1$부터 부품 $X_5$까지 순서대로 복구한다면 어느 부품을 수리 완료하는 순간부터 시스템은 정상 가동이 되겠는가?

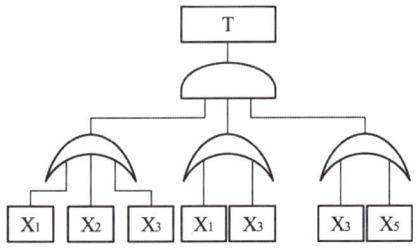

① 부품 $X_2$      ② 부품 $X_3$
③ 부품 $X_4$      ④ 부품 $X_5$

해설 ① 부품 $X_3$를 수리하는 순간부터 3개의 OR 게이트가 모두 정상으로 바뀐다.(OR 게이트는 요소 중 하나가 정상이면 전체 시스템이 정상이 된다)
② 3개의 OR 게이트가 AND 게이트로 연결되어 있으므로 OR 게이트 3개가 모두 정상이면 전체 시스템은 정상이 된다.
(AND 게이트는 요소 모두가 정상일 때 전체 시스템이 정상이 된다)
즉, 부품 $X_3$를 수리하는 순간부터 전체 시스템이 정상이 된다.

{분석}
**필기에 자주 출제되는 내용입니다.**

**35** 손이나 특정 신체 부위에 발생하는 누적 손상장애(CTDs)의 발생 인자와 가장 거리가 먼 것은?

① 무리한 힘
② 다습한 환경
③ 장시간의 진동
④ 반복도가 높은 작업

해설 근골격계질환(누적외상성질환, CTDs)의 발생 요인

① 반복적인 동작
② 부적절한 작업 자세
③ 무리한 힘의 사용
④ 날카로운 면과의 신체접촉
⑤ 진동 및 온도(저온)

{분석}
**필기에 자주 출제되는 내용입니다.**

**36** 작업자가 용이하게 기계·기구를 식별하도록 암호화(Coding)를 한다. 암호화 방법이 아닌 것은?

① 강도      ② 형상
③ 크기      ④ 색채

해설 기계·기구를 식별하도록 암호화(Coding)하는 방법

① 형상 암호화
② 크기 암호화
③ 표면 촉감 암호화
④ 색채 암호화

**37** 산업안전보건법령상 유해·위험방지계획서 제출대상 사업은 기계 및 기구를 제외한 금속가공제품 제조업으로서 전기 계약 용량이 얼마 이상인 사업을 말하는가?

① 50kW      ② 100kW
③ 200kW     ④ 300kW

해설 유해·위험방지 계획서 작성대상 사업(제조업)
전기사용설비의 정격용량의 합이 300킬로와트 이상인 사업으로서 각 호의 어느 하나에 해당하는 사업을 말한다.
① 금속가공제품(기계 및 가구는 제외한다) 제조업
② 비금속 광물제품 제조업
③ 기타 기계 및 장비 제조업
④ 자동차 및 트레일러 제조업
⑤ 식료품 제조업
⑥ 고무제품 및 플라스틱 제품 제조업
⑦ 목재 및 나무제품 제조업
⑧ 기타 제품 제조업
⑨ 1차 금속 제조업

정답  34 ②  35 ②  36 ①  37 ④

⑩ 가구 제조업
⑪ 화학물질 및 화학제품 제조업
⑫ 반도체 제조업
⑬ 전자부품 제조업

{분석}
실기까지 중요한 내용입니다.

**38** 프레스에 설치된 안전장치의 수명은 지수 분포를 따르며 평균수명은 100시간이다. 새로 구입한 안전장치가 50시간 동안 고장 없이 작동할 확률(A)과 이미 100시간을 사용한 안전장치가 앞으로 100시간 이상 견딜 확률(B)은 약 얼마인가?

① A : 0.368, B : 0.368
② A : 0.607, B : 0.368
③ A : 0.368, B : 0.607
④ A : 0.607, B : 0.607

[해설]

$$신뢰도\ R(t) = e^{-\frac{t}{t_0}} = e^{-\lambda \times t}$$

여기서, $t_0$ : 평균 고장시간 or 평균 수명
　　　　$t$ : 앞으로 고장 없이 사용할 시간
　　　　$\lambda$ : 고장률

1. 고장 없이 작동할 확률 = 신뢰도
　50시간 동안 고장 없이 작동할 확률(A)
　$= e^{-\frac{50}{100}} = e^{-0.5} = 0.607$

2. 앞으로 100시간 이상 견딜 확률(B)
　$= e^{-\frac{100}{100}} = e^{-1} = 0.368$

{분석}
필기에 자주 출제되는 내용입니다.

**39** 건구온도 30℃, 습구온도 35℃일 때의 옥스퍼드(Oxford) 지수는 얼마인가?

① 20.75℃　　　② 24.58℃
③ 32.78℃　　　④ 34.25℃

[해설] Oxford 지수

습건(WD) 지수라고도 하며, 습구·건구 온도의 가중 평균치로서 다음과 같이 나타낸다.

$$WD = 0.85W + 0.15d(℃)$$

여기서, W : 습구온도
　　　　d : 건구온도

$WD = 0.85 \times 35 + 0.15 \times 30 = 34.25(℃)$

{분석}
필기에 자주 출제되는 내용입니다.

**40** 일반적으로 보통 작업자의 정상적인 시선으로 가장 적합한 것은?

① 수평선을 기준으로 위쪽 5° 정도
② 수평선을 기준으로 위쪽 15° 정도
③ 수평선을 기준으로 아래쪽 5° 정도
④ 수평선을 기준으로 아래쪽 15° 정도

[해설] 작업자의 정상적인 시선 → 수평선 아래쪽 15°

**제3과목** · 기계 · 기구 및 설비 안전 관리

**41** 크레인 로프에 2t의 중량을 걸어 20m/s² 가속도로 감아올릴 때 로프에 걸리는 총 하중은 약 몇 kN인가?

① 42.8　　　② 59.6
③ 74.5　　　④ 91.3

🔊 정답 38 ② 39 ④ 40 ④ 41 ②

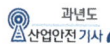
**해설**

- 총 하중($w$) = 정하중($w_1$) + 동하중($w_2$)

- 동하중($w_2$) = $\dfrac{w_1}{g} \times a$

  여기서, $w$ : 총 하중($kg_f$)
  $w_1$ : 정하중($kg_f$)
  $w_2$ : 동하중($kg_f$)
  $g$ : 중력 가속도($9.8m/s^2$)
  $a$ : 가속도($m/s^2$)

- 정하중($w_1$) : 매단 물체의 무게

$$\text{총 하중}(w) = \text{정하중}(w_1) + \left(\dfrac{w_1}{g} \times a\right)$$

$$= 2,000 + \left(\dfrac{2,000}{9.8} \times 20\right)$$

$$= 6,081.63kg_f \times 9.8$$

$$= 59,599.97N \div 1,000$$

$$= 59.60kN \,(1kg_f = 9.8N)$$

- $t = 1,000kg_f$, $1kg_f = 9.8N$

{분석}
**필기에 자주 출제되는 내용입니다.**

**42** 다음 (    ) 안에 들어갈 용어로 알맞은 것은?

> 사업주는 보일러의 과열을 방지하기 위하여 최고 사용 압력과 상용 압력 사이에서 보일러의 버너연소를 차단할 수 있도록 (    )을(를) 부착하여 사용하여야 한다.

① 고저수위 조절장치
② 압력방출장치
③ 압력제한스위치
④ 파열판

**해설** 보일러의 버너연소를 차단 → 압력제한스위치를 부착

**참고** 보일러의 방호장치

① 압력방출장치
② 압력 제한스위치
③ 고저 수위 조절장치
④ 화염검출기

{분석}
**실기까지 중요한 내용입니다. 암기하세요.**

**43** 롤러기의 급정지장치로 사용되는 정지봉 또는 로프의 설치에 관한 설명으로 틀린 것은?

① 복부 조작식은 밑면으로부터 1,200~1,400mm 이내의 높이로 설치한다.
② 손 조작식은 밑면으로부터 1,800mm 이내의 높이로 설치한다.
③ 손 조작식은 앞면 롤 끝단으로부터 수평거리가 50mm 이내에 설치한다.
④ 무릎 조작식은 밑면으로부터 400~600mm 이내의 높이로 설치한다.

**해설** 조작부의 설치 위치에 따른 급정지장치의 종류

| 종류 | 설치 위치 |
|---|---|
| 손조작식 | 밑면에서 1.8m 이내 |
| 복부 조작식 | 밑면에서 0.8m 이상 1.1m 이내 |
| 무릎 조작식 | 밑면에서 0.6m 이내 (밑면으로부터 0.4m 이상 0.6m 이내) |

비고 : 위치는 급정지장치의 조작부의 중심점을 기준

{분석}
**실기까지 중요한 내용입니다. 암기하세요.**

**정답** 42 ③ 43 ①

**44** 다음 중 드릴 작업의 안전사항이 아닌 것은?

① 옷소매가 길거나 찢어진 옷은 입지 않는다.
② 작고, 길이가 긴 물건은 플라이어로 잡고 뚫는다.
③ 회전하는 드릴에 걸레 등을 가까이 하지 않는다.
④ 스핀들에서 드릴을 뽑아낼 때에는 드릴 아래에 손을 내밀지 않는다.

[해설] ② 작고, 길이가 긴 물건은 바이스로 고정한다.

[참고] 드릴 작업 시 일감 고정방법
① 일감이 작을 때 : 바이스로 고정
② 일감이 크고 복잡할 때 : 볼트와 고정구
③ 대량 생산, 정밀도를 요할 때 : 전용의 지그 사용

**45** 다음 중 금속 등의 도체에 교류를 통한 코일을 접근시켰을 때, 결함이 존재하면 코일에 유기되는 전압이나 전류가 변하는 것을 이용한 검사방법은?

① 자분탐상검사
② 초음파탐상검사
③ 와류탐상검사
④ 침투형광탐상검사

[해설] 코일에 유기되는 전압이나 전류가 변하는 것을 이용한 검사방법 → 와류탐상검사

**46** 단면적이 1800mm²인 알루미늄 봉의 파괴강도는 70MPa이다. 안전율을 2로 하였을 때 봉에 가해질 수 있는 최대하중은 얼마인가?

① 6.3kN          ② 126kN
③ 63kN          ④ 12.6kN

[해설] 1. 파괴강도 $= \dfrac{\text{파괴하중}}{\text{단면적}}$

파괴하중 $=$ 파괴강도 $\times$ 단면적
$$= (70 \times 10^3 \text{kN/m}^2) \times (1.8 \times 10^{-3}\text{m}^2)$$
$$= 126\text{kN}$$

$$\begin{pmatrix} 70\text{MPa} = 70 \times 10^3 \text{kPa} = 70 \times 10^3 \text{kN/m}^2 \\ 1{,}800\text{mm}^2 = 1{,}800 \times 10^{-6}\text{m}^2 = 1.8 \times 10^{-3}\text{m}^2 \end{pmatrix}$$

2. 안전율 $= \dfrac{\text{파괴하중}}{\text{최대사용하중}}$

최대사용하중 $= \dfrac{\text{파괴하중}}{\text{안전율}} = \dfrac{126}{2} = 63\text{kN}$

**47** 산업안전보건 법령에서 정하는 간이 리프트의 정의에 대한 설명 중 (   )안에 들어갈 말로 옳은 것은?

> 간이리프트란 동력을 사용하여 가이드레일을 따라 움직이는 운반구를 매달아 소형화물 운반을 주목적으로 하며 승강기와 유사한 구조로서 운반구의 바닥면적이 ( ㉠ )이거나 천장높이가 ( ㉡ )인 것을 말한다.

① ㉠ − 1m³ 이상     ㉡ − 1.2m 이상
② ㉠ − 2m² 이상     ㉡ − 2.4m 이상
③ ㉠ − 1m² 이하     ㉡ − 1.2m 이하
④ ㉠ − 2m² 이하     ㉡ − 2.4m 이하

[해설] 산업안전보건법에서 삭제된 내용입니다.

**48** 슬라이드가 내려옴에 따라 손을 쳐내는 막대가 좌우로 왕복하면서 위험점으로부터 손을 보호하여 주는 프레스의 안전장치는?

① 손쳐내기식 방호장치
② 수인식 방호장치
③ 게이트 가드식 방호장치
④ 양손조작식 방호장치

🔊) 정답 44 ② 45 ③ 46 ③ 47 정답 없음 48 ①

최근 기출문제 2017

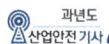
**해설** 손을 쳐내는 막대가 좌우로 왕복하면서 위험점으로부터 손을 보호 → 손쳐내기식 방호장치

**참고** 1. 수인식 방호장치 : 슬라이드와 작업자 손을 끈으로 연결하여 슬라이드 하강 시 작업자 손을 당겨 위험영역에서 빼낼 수 있도록 한 방호장치
2. 게이트 가드식 방호장치 : 가드가 열려 있는 상태에서는 기계의 위험부분이 동작되지 않고 기계가 위험한 상태일 때에는 가드를 열 수 없도록 한 방호장치
3. 양손조작식 방호장치 : 1행정 1정지식 프레스에 사용되는 것으로서 누름버튼을 양손으로 동시에 조작하지 않으면 기계가 동작하지 않으며, 한손이라도 떼어내면 기계를 정지시키는 방호장치

{분석}
실기까지 중요한 내용입니다.

**49** 양중기(승강기를 제외한다.)를 사용하여 작업하는 운전자 또는 작업자가 보기 쉬운 곳에 해당 양중기에 대해 표시하여야 할 내용이 아닌 것은?

① 정격 하중
② 운전 속도
③ 경고 표시
④ 최대 인양 높이

**해설** 양중기(승강기는 제외한다) 및 달기구를 사용하여 작업하는 운전자 또는 작업자가 보기 쉬운 곳에 해당 기계의 정격 하중, 운전 속도, 경고 표시 등을 부착하여야 한다. 다만, 달기구는 정격 하중만 표시한다.

**50** 두께 2mm이고 치진폭이 2.5mm인 목재 가공용 둥근톱에서 반발예방장치 분할날의 두께(t)로 적절한 것은?

① 2.2mm ≦ t < 2.5mm
② 2.0mm ≦ t < 3.5mm
③ 1.5mm ≦ t < 2.5mm
④ 2.5mm ≦ t < 3.5mm

**해설** 분할날 두께는 톱 두께의 1.1배 이상이며 치진 폭보다 작을 것

$$1.1 t_1 \leqq t_2 < b$$
($t_1$ : 톱 두께, $t_2$ : 분할날 두께, b : 치진 폭)

$t_1$ = 2mm, b = 2.5mm이므로

1.1 × 2mm ≦ t < 2.5mm
= 2.2mm ≦ t < 2.5mm

{분석}
필기에 자주 출제되는 내용입니다.

**51** 다음 중 비파괴 시험의 종류에 해당하지 않는 것은?

① 와류 탐상시험
② 초음파 탐상시험
③ 인장 시험
④ 방사선 투과시험

**해설** ③ 인장 시험은 재료에 손상을 일으키는 파괴시험에 해당한다.

**52** 롤러기의 앞면 롤의 지름이 300mm, 분당 회전수가 30회일 경우 허용되는 급정지 장치의 급정지거리는 약 몇 mm 이내이어야 하는가?

① 37.7
② 31.4
③ 377
④ 314

**해설** 앞면 롤러의 표면속도에 따른 급정지거리

| 앞면 롤러의 표면속도 (m/min) | 급정지거리 |
|---|---|
| 30 미만 | 앞면 롤러 원주의 $\frac{1}{3}$ 이내 $(= \pi \times d \times \frac{1}{3})$ |
| 30 이상 | 앞면 롤러 원주의 $\frac{1}{2.5}$ 이내 $(= \pi \times d \times \frac{1}{2.5})$ |

**이때 표면속도의 산식은**

$$V = \frac{\pi \cdot D \cdot N}{1000} (\text{m/min})$$

여기서, $V$ : 표면속도
$D$ : 롤러 원통의 직경(mm)
$N$ : 1분 간에 롤러기가 회전되는 수(rpm)

1. $V = \dfrac{\pi \times 300 \times 30}{1000} = 28.3 \text{m/min}$

2. 속도가 30 미만이므로

급정지거리 $= \pi \times D \times \dfrac{1}{3}$

$= \pi \times 300 \times \dfrac{1}{3} = 314 \text{mm}$

{분석}
**실기까지 중요한 내용입니다.**

**53** 원동기, 풀리, 기어 등 근로자에게 위험을 미칠 우려가 있는 부위에 설치하는 위험 방지 장치가 아닌 것은?

① 덮개
② 슬리브
③ 건널다리
④ 램

**해설** 기계의 <u>원동기 · 회전축 · 기어 · 풀리 · 플라이휠 · 벨트 및 체인</u> 등 근로자가 위험에 처할 우려가 있는 부위에 <u>덮개 · 울 · 슬리브 및 건널다리 등을 설치</u>하여야 한다.

{분석}
**실기까지 중요한 내용입니다.**

**54** 아세틸렌용접장치 및 가스집합용접장치에서 가스의 역류 및 역화를 방지하기 위한 안전기의 형식에 속하는 것은?

① 주수식
② 침지식
③ 투입식
④ 수봉식

**해설** **아세틸렌 용접장치 및 가스집합용접장치의 방호장치 : 수봉식 안전기(역화방지기)**

**참고** **수봉식 안전기의 구조**

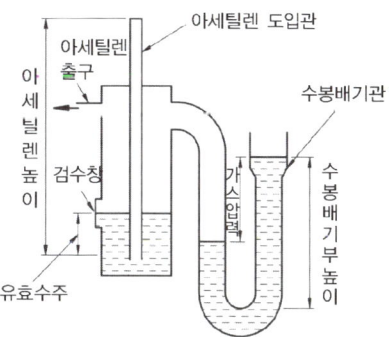

2017
최근기출문제

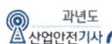

**55** 아세틸렌 용접장치에서 사용하는 발생기실의 구조에 대한 요구사항으로 틀린 것은?

① 벽의 재료는 불연성의 재료를 사용할 것
② 천정과 벽은 견고한 콘크리트 구조로 할 것
③ 출입구의 문은 두께 1.5mm 이상의 철판 또는 이와 동등 이상의 강도를 가진 구조로 할 것
④ 바닥 면적의 16분의 1 이상의 단면적을 가진 배기통을 옥상으로 돌출시킬 것

**해설** ② 벽은 견고한 불연성재료로 하고, **지붕과 천장에는 얇은 철판이나 가벼운 불연성 재료를 사용**할 것

**참고** 발생기실의 구조
① **벽은 불연성 재료**로 하고 철근 콘크리트 또는 그 밖에 이와 동등 하거나 그 이상의 강도를 가진 구조로 할 것
② **지붕과 천장에는 얇은 철판이나 가벼운 불연성 재료를 사용**할 것
③ **바닥면적의 16분의 1 이상의 단면적을 가진 배기통을 옥상으로 돌출**시키고 그 **개구부를 창이나 출입구로부터 1.5미터 이상 떨어지도록** 할 것
④ **출입구의 문은 불연성 재료로 하고 두께 1.5밀리미터 이상의 철판**이나 그밖에 그 이상의 강도를 가진 구조로 할 것
⑤ **벽과 발생기 사이에는** 발생기의 조정 또는 카바이드 공급 등의 **작업을 방해하지 않도록 간격을 확보**할 것

**56** 산업안전보건법령에서 정하는 압력용기에서 안전 인증된 파열판에는 안전인증 표시 외에 추가로 나타내어야 하는 사항이 아닌 것은?

① 분출 차(%)
② 호칭지름
③ 용도(요구 성능)
④ 유체의 흐름방향 지시

**해설** 안전인증 파열판에는 (안전인증의 표시)에 따른 표시 외에 다음 각 목의 내용을 추가로 표시해야 한다.
① 호칭지름
② 용도(요구 성능)
③ 설정파열압력(MPa) 및 설정온도(℃)
④ 분출용량(kg/h) 또는 공칭분출계수
⑤ 파열판의 재질
⑥ 유체의 흐름방향 지시

**57** 연삭기의 연삭숫돌을 교체했을 경우 시운전은 최소 몇 분 이상 실시해야 하는가?

① 1분
② 3분
③ 5분
④ 7분

**해설** 연삭기 **작업시작 전 1분 이상, 숫돌 교체 시 3분 이상 시운전**할 것

{분석}
**실기까지 중요한 내용입니다.**

**58** 다음 중 프레스의 방호장치에 관한 설명으로 틀린 것은?

① 양수조작식 방호장치는 1행정1정지 기구에 사용할 수 있어야 한다.
② 손쳐내기식 방호장치는 슬라이드 하행정 거리의 3/4 위치에서 손을 완전히 밀어내야 한다.
③ 광전자식 방호장치의 정상동작 표시램프는 붉은색, 위험 표시램프는 녹색으로 하며, 쉽게 근로자가 볼 수 있는 곳에 설치해야 한다.
④ 게이트 가드 방호장치는 가드가 열린 상태에서 슬라이드를 동작시킬 수 없고 또한 슬라이드 작동 중에는 게이트 가드를 열 수 없어야 한다.

**해설** ③ 광전자식 방호장치의 **정상동작 표시램프는 녹색, 위험 표시램프는 붉은색**으로 하며, 쉽게 근로자가 볼 수 있는 곳에 설치해야 한다.

정답 55 ② 56 ① 57 ② 58 ③

**59** 산업안전보건법령상 용접장치의 안전에 관한 준수사항 설명으로 옳은 것은?

① 아세틸렌 용접장치의 발생기실을 옥외에 설치한 때에는 그 개구부를 다른 건축물로부터 1m 이상 떨어지도록 하여야 한다.
② 가스집합장치로부터 3m 이내의 장소에서는 화기의 사용을 금지하여야 한다.
③ 아세틸렌 발생기에서 10m 이내 또는 발생기실에서 4m 이내의 장소에서는 흡연행위를 금지시킨다.
④ 아세틸렌 용접장치를 사용하여 용접 작업을 할 경우 게이지 압력이 127kPa를 초과하는 아세틸렌을 발생시켜 사용해서는 아니 된다.

**해설** ① 아세틸렌 용접장치의 발생기실을 옥외에 설치한 때에는 그 <u>개구부를 다른 건축물로부터 1.5m 이상 떨어지도록</u> 하여야 한다.
② 가스집합장치로부터 <u>5m 이내의 장소에서는 화기의 사용을 금지</u>하여야 한다.
③ 아세틸렌 <u>발생기에서 5미터 이내 또는 발생기실에서 3미터 이내의 장소에서는 흡연, 화기의 사용 또는 불꽃이 발생할 위험한 행위를 금시</u>시킬 것

{분석}
**실기까지 중요한 내용입니다.**

**60** 마찰 클러치가 부착된 프레스에 부적합한 방호장치는? (단, 방호장치는 한 가지 형식만 사용할 경우로 한정한다.

① 양수조작식　　② 광전자식
③ 가드식　　　　④ 수인식

**해설** **수인식**
슬라이드와 작업자 손을 끈으로 연결하여 슬라이드 하강 시 작업자 손을 당겨 위험영역에서 빼낼 수 있도록 한 방호장치로서 프레스용으로 <u>확동식 클러치형 프레스에 한해서 사용된다.</u>

**제4과목** **전기설비 안전 관리**

**61** 방폭 전기설비의 용기내부에서 폭발성 가스 또는 증기가 폭발하였을 때 용기가 그 압력에 견디고 접합면이나 개구부를 통해서 외부의 폭발성 가스나 증기에 인화되지 않도록 한 방폭구조는?

① 내압 방폭구조
② 압력 방폭구조
③ 유입 방폭구조
④ 본질안전 방폭구조

**해설** 용기가 폭발압력에 견디는 구조 → 내압방폭구조

**참고** 1. 압력 방폭구조(P) : <u>용기 내부에 불연성 가스(공기 또는 질소)를 압입</u>하여 용기 내부로 폭발성 가스가 침입하는 것을 방지하는 구조
2. 유입 방폭구조(o) : <u>용기 내부에 보호액을 채워 외부의 폭발성 가스에 접촉 시 점화의 우려가 없도록 한 방폭구조</u>
3. 본질안전 방폭구조(ia, ib) : 정상 시 또는 사고 시에 발생하는 아크, 불꽃, 고열에 의하여 폭발성 가스나 증기에 점화되지 않는 것이 확인된 구조

{분석}
**실기에도 자주 출제되는 내용입니다.**

**62** 피뢰기의 설치 장소가 아닌 것은? (단, 직접 접속하는 전선이 짧은 경우 및 피보호기기가 보호범위 내에 위치하는 경우가 아니다.)

① 저압을 공급받는 수용장소의 인입구
② 지중전선로와 가공전선로가 접속되는 곳
③ 가공전선로에 접속하는 배전용 변압기의 고압측
④ 발전소 또는 변전소의 가공전선 인입구 및 인출구

**정답** 59 ④　60 ④　61 ①　62 ①

**[해설]** 피뢰기의 설치 장소

① 발전소·변전소 또는 이에 준하는 장소의 **가공전선 인입구 및 인출구**
② 가공전선로에 접속하는 **배전용 변압기의 고압측 및 특고압측**
③ **고압 및 특고압** 가공전선로로부터 공급을 받는 수용장소의 인입구
④ **가공전선로와 지중전선로가 접속되는 곳**

**63** 전기시설의 직접 접촉에 의한 감전방지 방법으로 적절하지 않은 것은?

① 충전부는 내구성이 있는 절연물로 완전히 덮어 감쌀 것
② 충전부가 노출되지 않도록 폐쇄형 외함이 있는 구조로 할 것
③ 충전부에 충분한 절연효과가 있는 방호망 또는 절연 덮개를 설치할 것
④ 충전부는 관계자 외 출입이 용이한 전개된 장소에 설치하고 위험표시 등의 방법으로 방호를 강화할 것

**[해설]** ④ 충전부는 **관계 근로자가 아닌 사람의 출입이 금지되는 장소에 설치**하고, **위험표시** 등의 방법으로 방호를 강화할 것

**64** 접지 저항치를 결정하는 저항이 아닌 것은?

① 접지선, 접지극의 도체 저항
② 접지전극과 주회로 사이의 낮은 절연저항
③ 접지전극 주위의 토양이 나타내는 저항
④ 접지전극의 표면과 접하는 토양 사이의 접촉저항

**[해설]** 접지 저항치를 결정하는 저항

① 접지선, 접지극의 도체 저항
② 접지전극의 표면과 접하는 토양 사이의 접촉저항
③ 접지전극 주위의 토양이 나타내는 저항

**65** 작업 장소 중 제전복을 착용하지 않아도 되는 장소는?

① 상대 습도가 높은 장소
② 분진이 발생하기 쉬운 장소
③ LCD 등 display 제조 작업 장소
④ 반도체 등 전기소자 취급작업 장소

**[해설]** ① 상대 습도가 높은 장소는 정전기에 의한 대전 위험이 낮으므로 제전복을 착용하지 않아도 된다.

**66** 인체에 최소 감지 전류에 대한 설명으로 알맞은 것은?

① 인체가 고통을 느끼는 전류이다.
② 성인 남자의 경우 상용주파수 60Hz 교류에서 약 1mA이다.
③ 직류를 기준으로 한 값이며, 성인남자의 경우 약 1mA에서 느낄 수 있는 전류이다.
④ 직류를 기준으로 여자의 경우 성인남자의 70%인 0.7mA에서 느낄 수 있는 전류의 크기를 말한다.

**[해설]** 최소 감지 전류

• 짜릿함을 느끼는 최소의 전류치
• 성인남자 기준, 상용주파수 60Hz 교류에서 약 1 ~ 2mA이다.

**67** 감전 재해자가 발생하였을 때 취하여야 할 최우선 조치는? (단, 감전자가 질식 상태라 가정함.)

① 부상 부위를 치료한다.
② 심폐소생술을 실시한다.
③ 의사의 왕진을 요청한다.
④ 우선 병원으로 이동시킨다.

**[해설]** 감전자가 질식에 의한 무호흡 상태라면 즉시 심폐소생술을 시행하여야 한다.

**정답** 63 ④ 64 ② 65 ① 66 ② 67 ②

**68** 물질의 접촉과 분리에 따른 정전기 발생량의 정도를 나타낸 것으로 틀린 것은?

① 표면이 오염될수록 크다.
② 분리속도가 빠를수록 크다.
③ 대전서열이 서로 멀수록 크다.
④ 접촉과 분리가 반복될수록 크다.

**해설** 정전기 발생에 영향을 주는 요인

| 물체의 특성 | 대전서열에서 멀리 있는 물체들끼리 마찰할수록 발생량이 많다. |
|---|---|
| 물체의 표면 상태 | 표면이 거칠수록, 표면이 수분, 기름 등에 오염될수록 발생량이 많다. |
| 물체의 이력 | 처음 접촉, 분리할 때 정전기 발생량이 최고이고, 반복될수록 발생량은 줄어든다. |
| 접촉 면적 및 압력 | 접촉면적이 넓을수록, 접촉압력이 클수록 발생량이 많다. |
| 분리 속도 | 분리속도가 빠를수록 발생량이 많다. |

{분석} 필기에 자주 출제되는 내용입니다.

**69** 방폭 지역에서 저압케이블 공사 시 사용해서는 안 되는 케이블은?

① MI 케이블
② 연피 케이블
③ 0.6/1kV 고무캡타이어 케이블
④ 0.6/1kV 폴리에틸렌 외장케이블

**해설** 방폭 지역에서 저압 케이블 공사 시에는 다음 각 호의 케이블이나 이와 동등 이상의 성능을 가진 케이블을 선정하여야 한다.

가. MI 케이블
나. 600V 폴리에틸렌 외장 케이블(EV, EE, CV, CE)
다. 600V 비닐 절연 외장 케이블(VV)
라. 600V 콘크리트 직매용 케이블 (CB-VV, CB-EV)
마. 제어용 비닐절연 비닐 외장 케이블(CVV)
바. 연피케이블
사. 약전 계장용 케이블
아. 보상도선
자. 시내대 폴리에틸렌 절연 비닐 외장 케이블 (CPEV)
차. 시내대 폴리에틸렌 절연 폴리에틸렌 외장 케이블 (CPEE)
카. 강관 외장 케이블
타. 강대 외장 케이블

**70** 인체에 미치는 전격 재해의 위험을 결정하는 주된 인자 중 가장 거리가 먼 것은?

① 통전 전압의 크기
② 통전 전류의 크기
③ 통전 경로
④ 통전시간

**해설** 1차적 감전위험요소 및 영향력

통전 전류크기 > 통전시간 > 통전 경로 > 전원의 종류(직류보다 교류가 더 위험)

{분석} 필기에 자주 출제되는 내용입니다.

**71** 정전기 발생에 영향을 주는 요인이 아닌 것은?

① 분리속도
② 물체의 질량
③ 접촉 면적 및 압력
④ 물체의 표면 상태

**해설** 정전기 발생에 영향을 주는 요인

① 물체의 특성
② 물체의 표면 상태
③ 물체의 이력
③ 접촉 면적 및 압력
④ 분리 속도

{분석} 실기까지 중요한 내용입니다.

**정답** 68 ④ 69 ③ 70 ① 71 ②

**72** 방폭지역 0종 장소로 결정해야 할 곳으로 틀린 것은?

① 인화성 또는 가연성 가스가 장기간 체류하는 곳

② 인화성 또는 가연성 물질을 취급하는 설비의 내부

③ 인화성 또는 가연성 액체가 존재하는 피트 등의 내부

④ 인화성 또는 가연성 증기의 순환통로를 설치한 내부

> **[해설]**
>
> | 0종 장소 | 가. 설비의 내부<br>나. 인화성 또는 가연성 액체가 피트(PIT) 등의 내부<br>다. 인화성 또는 가연성의 가스나 증기가 지속적으로 또는 장기간 체류하는 곳 |
> |---|---|

{분석}
실기까지 중요한 내용입니다.

**73** 교류아크 용접기에 전격 방지기를 설치하는 요령 중 틀린 것은?

① 이완 방지 조치를 한다.

② 직각으로만 부착해야 한다.

③ 동작 상태를 알기 쉬운 곳에 설치한다.

④ 테스트 스위치는 조작이 용이한 곳에 위치시킨다.

> **[해설]** 자동 전격 방지기 설치방법
>
> ① 연직(불가피한 경우는 연직에서 20도 이내)으로 설치할 것
>
> ② 용접기의 이동, 전자접촉기의 작동 등으로 인한 진동, 충격에 견딜 수 있도록 할 것
>
> ③ 표시등이 보기 쉽고, 점검용 스위치의 조작이 용이하도록 설치할 것
>
> ④ 용접기의 전원 측에 접속하는 선과 출력 측에 접속하는 선을 혼동되지 않도록 할 것
>
> ⑤ 접속부분은 확실하게 접속하여 이완되지 않도록 할 것

⑥ 접속부분을 절연테이프, 절연카바 등으로 절연시킬 것

⑦ 전격방지기의 외함은 접지시킬 것

⑧ 용접기 단자의 극성이 정해져 있는 경우에는 접속 시 극성이 맞도록 할 것

⑨ 전격방지기와 용접기 사이의 배선 및 접속부분에 외부의 힘이 가해지지 않도록 할 것

**74** 그림에서 인체의 허용 접촉 전압은 약 몇 V인가? (단, 심실세동 전류는 $\dfrac{0.165}{\sqrt{T}}$ 이며, 인체 저항 $R_k$ = 1000Ω, 발의 저항 $R_f$ = 300Ω이고, 접촉 시간은 1초로 한다.)

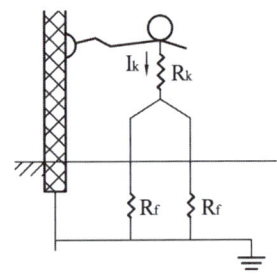

① 107      ② 132

③ 190      ④ 215

> **[해설]** 허용접촉전압
>
> $$E_{touch} = I_k \times \left(R_k + \frac{R_f}{2}\right)$$
>
> 여기서, $E_{touch}$ : 접촉전압
> $I_k$ : 심실세동전류
> $R_k$ : 인체저항
> $R_f$ : 대지와 접촉한 지점의 저항
>
> $$E_{touch} = \frac{0.165}{\sqrt{1}} \times \left(1000 + \frac{300}{2}\right) = 189.75\,V$$

{분석}
비중이 낮은 문제입니다.

**75** 입욕자에게 전기적 자극을 주기 위한 전기 욕기의 전원장치에 내장되어 있는 전원 변압기의 2차측 전로의 사용전압은 몇 V 이하로 하여야 하는가?

① 10
② 15
③ 30
④ 60

해설 전기 입욕기의 사용 전압 → 10V 이하

**76** 저압 방폭구조 배선 중 노출 도전성 부분의 보호 접지선으로 알맞은 항목은?

① 전선관이 충분한 지락전류를 흐르게 할 시에도 결합부에 본딩(bonding)을 해야 한다.
② 전선관이 최대지락전류를 안전하게 흐르게 할 시 접지선으로 이용 가능하다.
③ 접지선의 전선 또는 선심은 그 절연피복을 흰색 또는 검정색을 사용한다.
④ 접지선은 1,000V 비닐절연전선 이상 성능을 갖는 전선을 사용한다.

해설 지압 방폭구조 배신 중 노출 노선성 무문의 보호 접지선은 전선관이 최대지락전류를 안전하게 흐르게 할 시 접지선으로 이용 가능하다.

**77** 방전의 분류에 속하지 않는 것은?

① 연면 방전
② 불꽃 방선
③ 코로나 방선
④ 스프레이 방전

해설 정전기 방전 형태
① 코로나 방전
② 브러쉬 방전
③ 불꽃 방전
④ 연면 방전

**78** 피뢰침의 제한전압이 800kV, 충격절연 강도가 1000kV라 할 때, 보호 여유도는 몇 %인가?

① 25
② 33
③ 47
④ 63

해설 피뢰기의 보호 여유도

$$여유도(\%) = \frac{충격\ 절연\ 강도 - 제한\ 전압}{제한\ 전압} \times 100$$

$$여유도(\%) = \frac{1000 - 800}{800} \times 100 = 25\%$$

**79** 누전 화재가 발생하기 전에 나타나는 현상으로 거리가 가장 먼 것은?

① 인체 감전 현상
② 전등 밝기의 변화 현상
③ 빈번한 퓨즈 용단 현상
④ 전기 사용 기계장치의 오동작 감소

해설 누전 시에 전기 기계장치의 오동작은 증가하게 된다.

**80** 정전용량 C = 20μF, 방전 시 전압 V = 2kV일 때 정전에너지는 몇 J 인가?

① 40
② 80
③ 400
④ 800

해설 정전에너지

$$E(J) = \frac{1}{2} CV^2$$

여기서, $E$ : 정전기 에너지(J)
$C$ : 도체의 정전 용량(F)
$V$ : 대전 전위(V)

$$E = \frac{1}{2} \times 20 \times 10^{-6} \times 2000^2 = 40(J)$$
$$(\mu F = 10^{-6} F,\ kV = 10^3 V)$$

{분석}
**필기에 자주 출제되는 내용입니다.**

🔊 정답 75 ① 76 ② 77 ④ 78 ① 79 ④ 80 ①

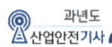
## 제5과목 화학설비 안전 관리

**81** 다음 중 분진 폭발을 일으킬 위험이 가장 높은 물질은?

① 염소 ② 마그네슘
③ 산화칼슘 ④ 에틸렌

[해설] **분진 폭발을 일으키는 물질**

마그네슘, 티타늄 등의 분말, 곡물가루 등

**82** 다음 중 산업안전보건 법령상 화학설비의 부속설비로만 이루어진 것은?

① 사이클론, 백필터, 전기집진기 등 분진 처리설비
② 응축기, 냉각기, 가열기, 증발기 등 열교환기류
③ 고로 등 점화기를 직접 사용하는 열교환기류
④ 혼합기, 발포기, 압출기 등 화학제품 가공설비

[해설]
### 화학설비

가. 반응기·혼합조 등 화학물질 반응 또는 혼합장치
나. 증류탑·흡수탑·추출탑·감압탑 등 화학물질 분리장치
다. 저장탱크·계량탱크·호퍼·사일로 등 화학물질 저장 또는 계량설비
라. 응축기·냉각기·가열기·증발기 등 열교환기류
마. 고로 등 점화기를 직접 사용하는 열교환기류
바. 카렌다·혼합기·발포기·인쇄기·압출기 등 화학제품 가공설비
사. 분쇄기·분체분리기·용융기 등 분체화학물질 취급장치
아. 결정조·유동탑·탈습기·건조기 등 분체화학물질 분리장치
자. 펌프류·압축기·이젝터 등의 화학물질 이송 또는 압축설비

### 화학설비의 부속설비

가. 배관·밸브·관·부속류 등 화학물질이송 관련설비
나. 온도·압력·유량 등을 지시·기록 등을 하는 자동제어 관련설비
다. 안전밸브·안전판·긴급차단 또는 방출밸브 등 비상조치 관련설비
라. 가스누출감지 및 경보관련 설비
마. 세정기·응축기·벤트스택·플레어스택 등 폐가스처리설비
바. **사이클론·백필터·전기집진기 등 분진처리설비**
사. 가목 내지 바목의 설비를 운전하기 위하여 부속된 전기관련 설비
아. 정전기 제거장치·긴급 샤워설비 등 안전관련 설비

**83** 각 물질(A~D)의 폭발상한계와 하한계가 다음 [표]와 같을 때 다음 중 위험도가 가장 큰 물질은?

| 구분 | A | B | C | D |
|---|---|---|---|---|
| 폭발 상한계 | 9.5 | 8.4 | 15.0 | 13 |
| 폭발 하한계 | 2.1 | 1.8 | 5.0 | 2.6 |

① A ② B
③ C ④ D

[해설]

$$위험도(H) = \frac{U_2 - U_1}{U_1}$$

여기서, $U_1$ : 폭발 하한계(%)
$U_2$ : 폭발 상한계(%)

A. 위험도$(H) = \dfrac{9.5 - 2.1}{2.1} = 3.52$

B. 위험도$(H) = \dfrac{8.4 - 1.8}{1.8} = 3.67$

C. 위험도$(H) = \dfrac{15.0 - 5.0}{5.0} = 2.0$

D. 위험도$(H) = \dfrac{13 - 2.6}{2.6} = 4.0$

{분석}
**실기까지 중요한 내용입니다.**

•)) 정답 81 ② 82 ① 83 ④

**84** 다음 중 분진 폭발의 특징으로 옳은 것은?

① 가스폭발보다 연소시간이 짧고, 발생 에너지가 작다.
② 압력의 파급속도보다 화염의 파급속도가 빠르다.
③ 가스폭발에 비하여 불완전 연소가 적게 발생한다.
④ 주위의 분진에 의해 2차, 3차의 폭발로 파급될 수 있다.

**해설** ① 가스폭발보다 연소시간이 길고, 발생 에너지가 크다.
② 화염의 파급속도보다 압력의 파급속도가 빠르다.
③ 가스폭발에 비하여 불완전 연소가 많이 발생한다.

**참고** 가스폭발과 분진폭발의 비교

| 가스<br>폭발 | • 화염이 크다.<br>• 연소속도가 빠르다. |
|---|---|
| 분진<br>폭발 | • 폭발압력, 에너지가 크다.<br>• 연소시간이 길다.<br>• 불완전연소로 인한 중독(CO)이 발생한다. |

{분석}
필기에 자주 출제되는 내용입니다.

**85** 트리에틸알루미늄에 화재가 발생하였을 때 다음 중 가장 적합한 소화약제는?

① 팽창질석
② 할로겐화합물
③ 이산화탄소
④ 물

**해설** 트리에틸알루미늄 → 금속화재 → 마른 모래, 팽창질석, 팽창진주암으로 소화

**참고**

| 분류 | A급 화재 | B급 화재 | C급 화재 | D급 화재 |
|---|---|---|---|---|
| 가연물 | 일반 화재 | 유류 화재 | 전기 화재 | 금속 화재 |
| 적응<br>소화제 | 물,<br>강화액<br>소화기,<br>산·알칼리<br>소화기 | 포말<br>소화기,<br>$CO_2$<br>소화기,<br>분말소화기 | $CO_2$<br>소화기,<br>분말소화기,<br>할로겐<br>화합물<br>소화기 | 건조사,<br>팽창 질석,<br>팽창 진주암 |

**86** 다음 중 최소발화에너지($E$ [J])를 구하는 식으로 옳은 것은? (단, $I$ 는 전류[A], $R$ 은 저항[Ω], $V$ 는 전압[V], $C$ 는 콘덴서 용량[F], $T$ 는 시간[초]이라고 한다.)

① $E = I^2 RT$
② $E = 0.24 I^2 RT$
③ $E = \dfrac{1}{2} CV^2$
④ $E = \dfrac{1}{2} \sqrt{CV}$

**해설** 최소발화에너지

$$E(J) = \frac{1}{2} CV^2$$

여기서, $E$ : 정전기 에너지(J)
$C$ : 도체의 정전 용량(F)
$V$ : 대전 전위(V)

**87** 고압가스의 분류 중 압축가스에 해당되는 것은?

① 질소　　　　② 프로판
③ 산화에틸렌　④ 염소

**해설** 압축가스
• 상온에서 압축하여도 쉽게 액화되지 않는 가스
• 예 : 헬륨((He), 네온(Ne), 아르곤(Ar), 수소($H_2$), 산소($O_2$), 질소($N_2$), 일산화탄소(CO), 공기 등

정답 84 ④ 85 ① 86 ③ 87 ①

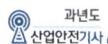

**88** NH₄NO₃의 가열, 분해로부터 생성되는 무색의 가스로 일명 웃음가스라고도 하는 것은?

① N₂O  ② NO₂
③ N₂O₄  ④ NO

> 해설  웃음가스 → $N_2O$(아산화질소)

**89** 다음 중 산업안전보건 법령상 물질안전보건 자료의 작성·비치 제외 대상이 아닌 것은?

① 원자력법에 의한 방사성 물질
② 농약관리법에 의한 농약
③ 비료관리법에 의한 비료
④ 관세법에 의해 수입되는 공업용 유기용제

> 해설  **물질안전보건자료 작성 제외 대상**
> 1. 「건강기능식품에 관한 법률」에 따른 건강기능식품
> 2. 「농약관리법」에 따른 농약
> 3. 「마약류 관리에 관한 법률」에 따른 마약 및 향정신성의약품
> 4. 「비료관리법」에 따른 비료
> 5. 「사료관리법」에 따른 사료
> 6. 「생활주변방사선 안전관리법」에 따른 원료물질
> 7. 「생활화학제품 및 살생물제의 안전관리에 관한 법률」에 따른 안전확인대상 생활화학제품 및 살생물제품 중 일반소비자의 생활용으로 제공되는 제품
> 8. 「식품위생법」에 따른 식품 및 식품첨가물
> 9. 「약사법」에 따른 의약품 및 의약외품
> 10. 「원자력안전법」에 따른 방사성물질
> 11. 「위생용품 관리법」에 따른 위생용품
> 12. 「의료기기법」에 따른 의료기기
> 12의2. 「첨단재생의료 및 첨단바이오의약품 안전 및 지원에 관한 법률」에 따른 첨단바이오의약품
> 13. 「총포·도검·화약류 등의 안전관리에 관한 법률」에 따른 화약류
> 14. 「폐기물관리법」에 따른 폐기물
> 15. 「화장품법」에 따른 화장품

16. 제1호부터 제15호까지의 규정 외의 화학물질 또는 혼합물로서 일반소비자의 생활용으로 제공되는 것(일반소비자의 생활용으로 제공되는 화학물질 또는 혼합물이 사업장 내에서 취급되는 경우를 포함한다)
17. 고용노동부장관이 정하여 고시하는 연구·개발용 화학물질 또는 화학제품. 이 경우 법 제10조 제1항부터 제3항까지의 규정에 따른 자료의 제출만 제외된다.
18. 그 밖에 고용노동부장관이 독성·폭발성 등으로 인한 위해의 정도가 적다고 인정하여 고시하는 화학물질

> 실력이 되고! 합격이 되는! 특급 암기법
>
> **비료로 농 사지은 식품, 건강식품, 위생용품 폐기물에서 화약, 방사성 원료물질 나와서 소비자용 의료기기, 첨단 의약품, 마약, 화장품으로 치료했다.**
>
> {분석}
> 실기까지 중요한 내용입니다.

**90** 가스 또는 분진 폭발 위험장소에 설치되는 건축물의 내화 구조를 설명한 것으로 틀린 것은?

① 건축물의 기둥 및 보는 지상 1층까지 내화구조로 한다.
② 위험물 저장·취급용기의 지지대는 지상으로부터 지지대의 끝부분까지 내화구조로 한다.
③ 건축물 주변에 자동소화설비를 설치한 경우 건축물 화재 시 1시간 이상 그 안전성을 유지한 경우는 내화구조로 하지 아니할 수 있다.
④ 배관·전선관 등의 지지대는 지상으로부터 1단까지 내화구조로 한다.

> 해설  ③ 건축물 등의 주변에 화재에 대비하여 물 분무시설 또는 폼 헤드(foam head)설비 등의 자동소화설비를 설치하여 건축물 등이 화재시에 2시간 이상 그 안전성을 유지할 수 있도록 한 경우에는 내화구조로 하지 아니할 수 있다.

**91** 산업안전보건 법령상 위험물질의 종류와 해당물질의 연결이 옳은 것은?

① 폭발성 물질 : 마그네슘분말
② 인화성 고체 : 중크롬산
③ 산화성 물질 : 니트로소화합물
④ 인화성 가스 : 에탄

[해설] ① 마그네슘분말 → 인화성 고체
② 중크롬산 → 산화성 액체 및 산화성 고체
③ 니트로소화합물 → 폭발성 물질

{분석}
실기까지 중요한 내용입니다.

**92** 자연 발화성을 가진 물질이 자연발열을 일으키는 원인으로 거리가 먼 것은?

① 분해열          ② 증발열
③ 산화열          ④ 중합열

[해설] 자연발화를 일으키는 열의 종류

① 산화열에 의한 발열
② 분해열에 의한 발열
③ 흡착열에 의한 발열
④ 미생물에 의한 발열
⑤ 중합열에 의한 발열

**93** 사업주는 특수화학설비를 설치할 때 내부의 이상상태를 조기에 파악하기 위하여 필요한 계측장치를 설치하여야 한다. 다음 중 이에 해당하는 특수화학설비가 아닌 것은?

① 발열 반응이 일어나는 반응장치
② 증류, 증발 등 분리를 행하는 장치
③ 가열로 또는 가열기
④ 액체의 누설을 방지하는 방유장치

[해설] 특수화학설비의 종류

① 발열반응이 일어나는 반응장치
② 증류·정류·증발·추출 등 분리를 행하는 장치
③ 가열시켜주는 물질의 온도가 가열되는 위험물질의 분해온도 또는 발화점 보다 높은 상태에서 운전되는 설비
④ 반응폭주 등 이상 화학반응에 의하여 위험물질이 발생할 우려가 있는 설비
⑤ 온도가 섭씨 350도 이상이거나 게이지 압력이 980킬로파스칼 이상인 상태에서 운전되는 설비
⑥ 가열로 또는 가열기

{분석}
필기에 자주 출제되는 내용입니다.

**94** 증류탑에서 포종탑 내에 설치되어 있는 포종의 주요 역할로 옳은 것은?

① 압력을 증가시켜주는 역할
② 탑 내 액체를 이송하는 역할
③ 화학적 반응을 시켜주는 역할
④ 증기와 액체의 접촉을 용이하게 해주는 역할

[해설] 포종의 역힐 → 증기와 액체의 접촉을 용이하게 한다.

**95** 건조설비를 사용하여 작업을 하는 경우에 폭발이나 화재를 예방하기 위하여 준수하여야 하는 사항으로 틀린 것은?

① 위험물 건조설비를 사용하는 경우에는 미리 내부를 청소하거나 환기할 것
② 위험물 건조설비를 사용하여 가열 건조하는 건조물은 쉽게 이탈되도록 할 것
③ 고온으로 가열 건조한 인화성 액체는 발화의 위험이 없는 온도로 냉각한 후에 격납시킬 것

정답  91 ④  92 ②  93 ④  94 ④  95 ②

최근기출문제 2017

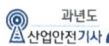

④ 바깥 면이 현저히 고온이 되는 건조 설비에 가까운 장소에는 인화성 액체를 두지 않도록 할 것

해설 ② 위험물 건조설비를 사용하여 가열 건조하는 건조물은 쉽게 이탈되지 않도록 할 것

{분석}
필기에 자주 출제되는 내용입니다.

**96** 가연성 기체의 분출 화재 시 주 공급밸브를 닫아서 연료공급을 차단하여 소화하는 방법은?

① 제거소화          ② 냉각소화
③ 희석소화          ④ 억제소화

해설 주 공급밸브를 닫아서 연료공급을 차단하여 소화 → 연료를 제거하는 제거소화에 해당한다.

참고

| | |
|---|---|
| 제거소화 | **가연물의 제거**에 의한 소화 방법<br>예 • 촛불을 입으로 불어 끈다.<br>• 산불이 진행되는 방향의 나무를 제거한다.<br>• 가스화재나 전기화재 시 가스공급 밸브나 차단기를 닫는다. |
| 질식소화 | 가연물이 연소할 때 **공기 중의 산소농도를** 21%에서 15% 이하로 **낮추어 소화**하는 방법<br>예 • 분말소화기<br>• 포소화기<br>• 이산화탄소($CO_2$)소화기<br>• 물의 분무 등 |
| 냉각소화 | **가연물의 온도를 떨어뜨려 소화하는 방법 or 물의 증발잠열을 이용**하는 방법<br>예 • 물<br>• 산알칼리 소화기<br>• 강화액소화기 |
| 억제효과<br>(부촉매효과) | 연소반응을 억제하는 **부촉매를 이용하는 소화방법**<br>예 • 할로겐 화합물 소화기<br>(할론소화기) |

**97** 다음 중 누설 발화형 폭발 재해의 예방 대책으로 가장 거리가 먼 것은?

① 발화원 관리
② 밸브의 오동작 방지
③ 가연성 가스의 연소
④ 누설물질의 검지 경보

해설 폭발 형태에 따른 예방대책

| | |
|---|---|
| 착화파괴형<br>폭발 | • 불활성 가스로 치환<br>• 발화원 관리<br>• 혼합가스의 조성관리<br>• 열에 민감한 물질의 생성 방지 |
| 누설착화형<br>폭발 | • **위험물의 누설방지**<br>• **밸브의 오조작 방지**<br>• **누설물질의 검지 경보**<br>• **발화원 관리** |
| 반응폭주형<br>폭발 | • 발열반응 특성 조사<br>• 반응속도 계측관리<br>• 냉각시설의 조작 |

**98** 다음 가스 중 가장 독성이 큰 것은?

① CO                ② $COCl_2$
③ $NH_3$            ④ $H_2$

해설 포스겐($COCl_2$) → 맹독성 가스

**99** 액화 프로판 310kg을 내용적 50L 용기에 충전할 때 필요한 소요 용기의 수는 몇 개인가? (단, 액화 프로판 가스정수는 2.35이다.)

① 15                ② 17
③ 19                ④ 21

해설 용기의 수 $= \dfrac{\text{가스질량(kg)} \times \text{가스정수}}{\text{내용적(L)}}$

$= \dfrac{310 \times 2.35}{50} = 14.57(15개)$

{분석}
비중이 낮은 문제입니다.

•)) 정답  96 ① 97 ③ 98 ② 99 ①

**100** 화재 감지에 있어서 열감지 방식 중 차동식에 해당하지 않는 것은?

① 공기관식
② 열전대식
③ 바이메탈식
④ 열반도체식

[해설] 차동식 열감지기의 종류
① 공기팽창식
② 열전대식
③ 열반도체식

제6과목 · 건설공사 안전 관리

**101** 굴착과 싣기를 동시에 할 수 있는 토공기계가 아닌 것은?

① Power shovel
② Tractor shovel
③ Back hoe
④ Motor grader

[해설] ④ Motor grader는 지반의 정지작업에 사용되는 기계이다.

**102** 크레인의 운전실 또는 운전대를 통하는 통로의 끝과 건설물 등의 벽체의 간격은 최대 얼마 이하로 하여야 하는가?

① 0.2m  ② 0.3m
③ 0.4m  ④ 0.5m

[해설] 간격을 0.3미터 이하로 하여야 하는 경우
① 크레인의 운전실 또는 운전대를 통하는 통로의 끝과 건설물 등의 벽체의 간격
② 크레인 거더(girder)의 통로 끝과 크레인 거더의 간격
③ 크레인 거더의 통로로 통하는 통로의 끝과 건설물 등의 벽체의 간격

**103** 크레인 등 건설장비의 가공전선로 접근 시 안전대책으로 거리가 먼 것은?

① 안전 이격거리를 유지하고 작업한다.
② 장비의 조립, 준비시 부터 가공전선로에 대한 감전 방지 수단을 강구한다.
③ 장비 사용 현장의 장애물, 위험물 등을 점검 후 작업계획을 수립한다.
④ 장비를 가공전선로 밑에 보관한다.

[해설] ④ 장비를 가공전선로 밑에 보관하는 것은 감전의 우려가 있다.

**104** 유해위험방지 계획서를 제출하려고 할 때 그 첨부서류와 가장 거리가 먼 것은?

① 공사개요서
② 산업안전보건관리비 작성요령
③ 전체공정표
④ 재해 발생 위험 시 연락 및 대피방법

[해설] 유해위험방지 계획서 첨부서류
1. 공사 개요 및 안전보건관리계획
   가. 공사 개요서
   나. 공사현장의 주변 현황 및 주변과의 관계를 나타내는 도면(매설물 현황을 포함한다)
   다. 건설물, 사용 기계설비 등의 배치를 나타내는 도면
   라. 전체 공정표
   마. 산업안전보건관리비 사용계획
   바. 안전관리 조직표
   사. 재해 발생 위험 시 연락 및 대피방법
2. 작업 공사 종류별 유해·위험방지계획

•)) 정답 100 ③  101 ④  102 ②  103 ④  104 ②

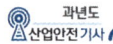
**105** 크레인을 사용하여 작업을 할 때 작업 시작 전에 점검하여야 하는 사항에 해당하지 않는 것은?

① 권과방지장치·브레이크·클러치 및 운전장치의 기능
② 주행로의 상측 및 트롤리가 횡행하는 레일의 상태
③ 와이어로프가 통하고 있는 곳의 상태
④ 압력방출장치의 기능

**[해설]** 크레인의 작업 시작 전 점검 사항
① 권과방지장치·브레이크·클러치 및 운전장치의 기능
② 주행로의 상측 및 트롤리가 횡행(橫行)하는 레일의 상태
③ 와이어로프가 통하고 있는 곳의 상태

**[참고]** 작업 시작 전 점검 사항

| | |
|---|---|
| 이동식 크레인 | ① 권과방지장치 그 밖의 경보장치의 기능<br>② 브레이크·클러치 및 조정장치의 기능<br>③ 와이어로프가 통하고 있는 곳 및 작업장소의 지반상태 |
| 리프트 | ① 방호장치·브레이크 및 클러치의 기능<br>② 와이어로프가 통하고 있는 곳의 상태 |
| 곤돌라 | ① 방호장치·브레이크의 기능<br>② 와이어로프·슬링와이어 등의 상태 |

{분석}
실기에도 자주 출제되는 내용입니다. 암기하세요.

**106** 항타기 및 항발기에 관한 설명으로 옳지 않은 것은?

① 도괴방지를 위해 시설 또는 가설물 등에 설치하는 때에는 그 내력을 확인하고 내력이 부족하면 그 내력을 보강해야 한다.
② 와이어로프의 한 꼬임에서 끊어진 소선(필러선을 제외한다)의 수가 10% 이상인 것은 권상용 와이어로프로 사용을 금한다.
③ 지름 감소가 공칭지름의 7%를 초과하는 것은 권상용 와이어로프로 사용을 금한다.
④ 권상용 와이어로프의 안전계수가 4 이상이 아니면 이를 사용하여서는 안 된다.

**[해설]** ④ 권상용 와이어로프의 안전계수가 5 이상이 아니면 이를 사용하여서는 안 된다.

**[참고]** 와이어로프 등 달기구의 안전계수
① 근로자가 탑승하는 운반구를 지지하는 달기와이어로프 또는 달기체인의 경우 : 10 이상
② 화물의 하중을 직접 지지하는 달기와이어로프 또는 달기체인의 경우 : 5 이상
③ 훅, 샤클, 클램프, 리프팅 빔의 경우 : 3 이상
④ 그 밖의 경우 : 4 이상

{분석}
참고의 내용을 암기하세요.

**107** 그물코의 크기가 10cm인 매듭 없는 방망사 신품의 인장강도는 최소 얼마 이상이어야 하는가?

① 240kg  ② 320kg
③ 400kg  ④ 500kg

**•))정답** 105 ④  106 ④  107 ①

**[해설]** 방망사의 신품에 대한 인장강도

| 그물코의 크기 (단위 : 센티미터) | 방망의 종류(단위 : 킬로그램) | |
|---|---|---|
| | 매듭 없는 방망 | 매듭방망 |
| 10 | 240 | 200 |
| 5 | | 110 |

**[참고]** 방망사의 폐기 시 인장강도

| 그물코의 크기 (단위 : 센티미터) | 방망의 종류(단위 : 킬로그램) | |
|---|---|---|
| | 매듭 없는 방망 | 매듭방망 |
| 10 | 150 | 135 |
| 5 | | 60 |

{분석}
필기에 자주 출제되는 내용입니다. 암기하세요.

**108** 풍화암의 굴착면 붕괴에 따른 재해를 예방하기 위한 굴착면의 적정한 기울기 기준은?

① 1 : 1.5
② 1 : 1.0
③ 1 : 0.5
④ 1 : 0.3

**[해설]** 굴착면의 기울기 및 높이 기준

| 지반의 종류 | 굴착면의 기울기 |
|---|---|
| 모래 | 1:1.8 |
| 연암 및 풍화암 | 1:1.0 |
| 경암 | 1:0.5 |
| 그 밖의 흙 | 1:1.2 |

{분석}
실기에 자주 출제되는 내용입니다. 암기하세요.

**109** 작업발판 및 통로의 끝이나 개구부로서 근로자가 추락할 위험이 있는 장소에서 난간 등의 설치가 매우 곤란하거나 작업의 필요상 임시로 난간 등을 해체하여야 하는 경우에 설치하여야 하는 것은?

① 구명구
② 수직보호망
③ 추락방호망
④ 석면포

**[해설]** 추락할 위험이 있는 장소에서 난간 등의 설치가 매우 곤란하거나 작업의 필요상 임시로 난간 등을 해체하여야 하는 경우 → 추락방호망 설치

**110** 건설공사 시공단계에 있어서 안전관리의 문제점에 해당되는 것은?

① 발주자의 조사, 설계 발주능력 미흡
② 용역자의 조사, 설계능력 부실
③ 발주자의 감독 소홀
④ 사용자의 시설 운영관리 능력 부족

**[해설]** 시공단계에 있어서 안전관리의 문제점 → 시공 과정에서 발주자의 감독 소홀

**111** 흙의 투수계수에 영향을 주는 인자에 관한 설명으로 옳지 않은 것은?

① 공극비 : 공극비가 클수록 투수계수는 작다.
② 포화도 : 포화도가 클수록 투수계수도 크다.
③ 유체의 점성계수 : 점성계수가 클수록 투수계수는 작다.
④ 유체의 밀도 : 유체의 밀도가 클수록 투수계수는 크다.

**[해설]** ① 공극비가 클수록 투수계수는 크다.

**[정답]** 108 ② 109 ③ 110 ③ 111 ①

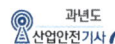
**112** 달비계를 설치할 때 작업발판의 폭은 최소 얼마 이상으로 하여야 하는가?

① 30cm  ② 40cm
③ 50cm  ④ 60cm

> **해설** 달비계의 작업발판은 폭을 40센티미터 이상으로 하고 틈새가 없도록 할 것

**113** 산업안전보건관리비 계상 및 사용기준에 따른 공사 종류별 계상기준으로 옳은 것은? (단, 특수건설공사이고, 대상액이 5억 원 미만인 경우)

① 2.07%  ② 2.45%
③ 3.09%  ④ 3.43%

> **해설** 공사 종류 및 규모별 산업안전보건관리비 계상기준표

| 구분<br>공사<br>종류 | 대상액<br>5억 원<br>미만인<br>경우<br>적용<br>비율(%) | 대상액<br>5억 원 이상<br>50억 원<br>미만인 경우<br>적용<br>비율(%) | 기초액 | 대상액<br>50억 원<br>이상인<br>경우<br>적용<br>비율(%) | 보건관리자<br>선임 대상<br>건설공사의<br>적용비율<br>(%) |
|---|---|---|---|---|---|
| 건축공사 | 3.11(%) | 2.28(%) | 4,325<br>천원 | 2.37(%) | 2.64(%) |
| 토목공사 | 3.15(%) | 2.53(%) | 3,300<br>천원 | 2.60(%) | 2.73(%) |
| 중건설<br>공사 | 3.64(%) | 3.05(%) | 2,975<br>천원 | 3.11(%) | 3.39(%) |
| 특수<br>건설공사 | 2.07(%) | 1.59(%) | 2,450<br>천원 | 1.64(%) | 1.78(%) |

**114** 다음 중 차량계 건설기계에 속하지 않는 것은?

① 불도저  ② 스크레이퍼
③ 타워크레인  ④ 항타기

> **해설** 타워크레인은 양중기에 해당한다.

**115** 흙막이 지보공을 설치하였을 때 정기적으로 점검하여 이상 발견 시 즉시 보수하여야 할 사항이 아닌 것은?

① 굴착 깊이의 정도
② 버팀대의 긴압의 정도
③ 부재의 접속부·부착부 및 교차부의 상태
④ 부재의 손상·변형·부식·변위 및 탈락의 유무와 상태

> **해설** 흙막이 지보공을 설치한 때 점검 사항
> ① 부재의 손상·변형·부식·변위 및 탈락의 유무와 상태
> ② 버팀대의 긴압의 정도
> ③ 부재의 접속부·부착부 및 교차부의 상태
> ④ 침하의 정도
>
> {분석}
> 실기까지 중요한 내용입니다.

**116** 산소결핍이라 함은 공기 중 산소농도가 몇 퍼센트(%) 미만일 때를 의미하는가?

① 20%  ② 18%
③ 15%  ④ 10%

> **해설** 산소결핍 : 공기 중 산소농도가 18 퍼센트(%) 미만인 상태
>
> {분석}
> 실기까지 중요한 내용입니다. 암기하세요.

**117** 다음은 강관을 사용하여 비계를 구성하는 경우에 대한 내용이다. 다음 ( ) 안에 들어갈 내용으로 옳은 것은?

> 비계기둥의 간격은 띠장 방향에서는 ( ), 장선방향에서는 1.5m 이하로 할 것

① 1.2m 이상 1.5m 이하
② 1.2m 이상 2.0m 이하
③ 1.85m 이하
④ 1.5m 이상 2.0m 이하

〔해설〕 **강관비계의 구조**

① 비계기둥 간격 : 띠장방향에서는 1.85m 이하, 장선방향에서는 1.5m 이하로 할 것
다만, 다음 각 목의 어느 하나에 해당하는 작업의 경우에는 안전성에 대한 구조검토를 실시하고 조립도를 작성하면 띠장 방향 및 장선 방향으로 각각 2.7미터 이하로 할 수 있다.
　가. 선박 및 보트 건조작업
　나. 그 밖에 장비 반입·반출을 위하여 공간 등을 확보할 필요가 있는 등 작업의 성질상 비계기둥 간격에 관한 기준을 준수하기 곤란한 작업
② 띠장간격 : 2.0미터 이하로 할 것
③ 비계기둥의 제일 윗부분으로부터 31m되는 지점 밑 부분의 비계기둥은 2본의 강관으로 묶어 세울 것
④ 비계기둥간의 적재하중은 400킬로그램을 초과하지 아니 하도록 할 것

｛분석｝
**실기까지 중요한 내용입니다.**

**118** 콘크리트 타설 시 거푸집의 측압에 영향을 미치는 인자들에 관한 설명으로 옳지 않은 것은?

① 슬럼프가 클수록 작다.
② 타설 속도가 빠를수록 크다.
③ 거푸집 속의 콘크리트 온도가 낮을수록 크다.
④ 콘크리트의 타설 높이가 높을수록 크다.

〔해설〕 ① 슬럼프가 클수록 측압이 크다.

〔참고〕 **콘크리트의 측압**

① 철골 또는 철근량이 적을수록 측압이 크다.
② 외기온도가 낮을수록 측압이 크다.
③ 타설속도가 빠를수록 측압이 크다.
④ 다짐이 좋을수록 측압이 크다.
⑤ 슬럼프가 클수록 측압이 크다.
⑥ 콘크리트 비중이 클수록 측압이 크다.
⑦ 습도가 낮을수록 측압이 크다.

｛분석｝
**실기까지 중요한 내용입니다.**

**119** 지반조사의 목적에 해당되지 않는 것은?

① 토질의 성질 파악
② 지층의 분포 파악
③ 지하 수위 및 피압수 파악
④ 구조물의 편심에 의한 적절한 침하 유도

〔해설〕 ④ 지반조사는 지반의 침하를 방지하기 위한 목적으로 실시한다.

**120** 흙막이 공법을 흙막이 지지방식에 의한 분류와 구조방식에 의한 분류로 나눌 때 다음 중 지지방식에 의한 분류에 해당하는 것은?

① 수평 버팀대식 흙막이 공법
② H-Pile 공법
③ 지하연속벽 공법
④ Top down method 공법

〔해설〕 **흙막이 공법의 분류**

1. 지지방식에 의한 분류
　① 자립공법
　② 버팀대공법
　　• 경사 버팀대식 흙막이
　　• 수평 버팀대식 흙막이
　③ 어스앵커공법
　④ 타이로드 공법
2. 구조방식에 의한 분류
　① H-PILE 공법
　② 널말뚝공법
　③ 지하연속벽공법
　④ 탑다운공법

〔정답〕 117 ③ 118 ① 119 ④ 120 ①

# 02회 2017년 산업안전기사 최근 기출문제

**01** 산업안전보건법상 안전관리자의 업무에 해당되지 않는 것은?

① 업무수행 내용의 기록·유지
② 산업재해에 관한 통계의 유지·관리· 분석을 위한 보좌 및 조언·지도
③ 법 또는 법에 따른 명령으로 정한 안전에 관한 사항의 이행에 관한 보좌 및 조언·지도
④ 작업장 내에서 사용되는 전체 환기장치 및 국소 배기장치 등에 관한 설비의 점검과 작업방법의 공학적 개선에 관한 보좌 및 조언·지도

**해설** 안전관리자 직무

① 사업장 안전교육계획의 수립 및 안전교육 실시에 관한 보좌 및 조언·지도
② 사업장 순회점검·지도 및 조치의 건의
③ 산업재해 발생의 원인 조사·분석 및 재발 방지를 위한 기술적 보좌 및 조언·지도
④ 산업재해에 관한 통계의 유지·관리·분석을 위한 보좌 및 조언·지도
⑤ 안전인증대상 기계·기구 등과 자율안전확인 대상 기계·기구 등 구입 시 적격품의 선정에 관한 보좌 및 조언·지도
⑥ 위험성평가에 관한 보좌 및 조언·지도
⑦ 안전에 관한 사항의 이행에 관한 보좌 및 조언·지도
⑧ 산업안전보건위원회 또는 노사협의체, 안전보건관리규정 및 취업규칙에서 정한 직무
⑨ 업무수행 내용의 기록, 유지

{분석}
**실기에도 자주 출제되는 중요한 내용입니다.**

**02** 버드(Bird)의 재해 분포에 따르면 20건의 경상(물적, 인적 상해) 사고가 발생했을 때 무상해, 무사고(위험 순간) 고장은 몇 건이 발생하겠는가?

① 600    ② 800
③ 1200    ④ 1600

**해설** 버드의 1 : 10 : 30 : 600의 법칙

> 총 641건의 사고를 분석했을 때
> • 중상 또는 폐질 : 1건
> • 경상해 : 10건
> • 무상해사고 (물적 손실) : 30건
> • 무상해, 무사고 (위험 순간) : 600건이 발생

문제에서 경상(물적, 인적 상해)이 20건이므로
• 중상 또는 폐질 : 2건
• 무상해사고(물적 손실) : 60건
• 무상해, 무사고(위험 순간) : 1,200건

{분석}
**필기에 자주 출제되는 내용입니다.**

**03** 산업안전보건법상 사업주가 근로자에게 실시해야 하는 안전·보건교육 중 관리감독자 정기안전·보건교육의 교육내용이 아닌 것은?

① 유해·위험작업환경 관리에 관한 사항
② 표준 안전 작업방법 및 지도 요령에 관한 사항
③ 작업공정의 유해·위험과 재해 예방대책에 관한 사항
④ 기계·기구의 위험성과 작업의 순서 및 동선에 관한 사항

•))) **정답** 01 ④ 02 ③ 03 ④

**해설** 관리감독자 정기안전 · 보건교육

① 산업안전 및 산업재해 예방에 관한 사항(화재 · 폭발 사고 발생 시 대피에 관한 사항을 포함한다)
② 산업보건 및 건강장해 예방에 관한 사항(폭염 · 한파작업으로 인한 건강장해 발생 시 응급조치에 관한 사항을 포함한다)
③ 유해 · 위험 작업환경 관리에 관한 사항
③ 유해 · 위험 작업환경 관리에 관한 사항
④ 산업안전보건법령 및 산업재해보상보험 제도에 관한 사항
⑤ 직무스트레스 예방 및 관리에 관한 사항
⑥ 직장 내 괴롭힘, 고객의 폭언 등으로 인한 건강장해 예방 및 관리에 관한 사항
⑦ 위험성평가에 관한 사항
⑧ 작업공정의 유해 · 위험과 재해 예방대책에 관한 사항
⑨ 표준안전 작업방법 결정 및 지도 · 감독 요령에 관한 사항
⑩ 비상 시 또는 재해 발생 시 긴급조치에 관한 사항
⑪ 사업장 내 안전보건관리체제 및 안전 · 보건조치 현황에 관한 사항
⑫ 현장근로자와의 의사소통능력 및 강의능력 등 안전보건교육 능력 배양에 관한 사항
⑬ 그 밖의 관리감독자의 직무에 관한 사항

**특급 암기법**

**공통 항목(관리감독자, 근로자)**
1. 관리자는 법, 산재보상제도를 알자.
2. 관리자는 건강을 보존(산업보건)하고 건강장해, 스트레스, 괴롭힘, 폭언 예방하자!
3. 관리자는 유해위험 환경을 관리해서 안전하고 산업재해 예방하자!
4. 관리자는 위험성을 평가하자!

**관리감독자 정기교육의 특징**
1. 관리자는 유해위험의 재해예방대책 세우자!
2. 관리자는 안전 작업방법 결정해서 감독하자!
3. 관리자는 재해발생 시 긴급조치하자!
4. 관리자는 안전보건 조치하자!
5. 관리자는 안전보건교육 능력 배양하자!

**{분석}**
실기에도 자주 출제되는 중요한 내용입니다.

**04** 산업안전보건법상 방독마스크 사용이 가능한 공기 중 최소 산소농도 기준은 몇 % 이상인가?

① 14%  ② 16%
③ 18%  ④ 20%

**해설** 방독마스크 및 방진마스크는 산소농도 18% 이상인 장소에서 사용하여야 한다.

**05** 시몬즈(Simonds)의 재해 손실비용 산정 방식에 있어 비보험 코스트에 포함되지 않는 것은?

① 영구 전 노동불능 상해
② 영구 부분 노동불능 상해
③ 일시 전 노동불능 상해
④ 일시 부분 노동불능 상해

**해설** 영구 전 노동불능 상해는 보험코스트에 해당한다.

**참고** 시몬즈(Simonds)의 재해 손실비용 산정 방식

총 재해비용 = 보험코스트 + 비보험코스트
① 보험코스트 = 산재보험료
② 비보험코스트
 • 휴업상해
 • 통원상해
 • 구급조치상해
 • 무상해 사고

**06** 하인리히 사고예방대책의 기본 원리 5단계로 옳은 것은?

① 조직 → 사실의 발견 → 분석 → 시정방법의 선정 → 시정책의 적용
② 조직 → 분석 → 사실의 발견 → 시정방법의 선정 → 시정책의 적용
③ 사실의 발견 → 조직 → 분석 → 시정방법의 선정 → 시정책의 적용
④ 사실의 발견 → 분석 → 조직 → 시정방법의 선정 → 시정책의 적용

정답 04 ③ 05 ① 06 ①

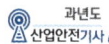

**하인리히 사고방지 5단계**

| 1단계 :<br>안전 조직 | • 안전목표 설정<br>• 안전관리자의 선임<br>• 안전조직 구성 |
|---|---|
| 2단계 :<br>사실의 발견 | • 작업분석<br>• 점검<br>• 사고조사<br>• 안전진단 |
| 3단계 : 분석 | • 사고원인 및 경향성 분석<br>• 작업공정 분석 |
| 4단계 :<br>시정방법 선정 | • 기술적 개선<br>• 안전운동 전개<br>• 교육훈련 분석<br>• 안전행정의 개선 |
| 5단계 :<br>시정책 적용<br>(3E 적용) | • 안전교육(Education)<br>• 안전기술(Engineering)<br>• 안전독려(Enforcement) |

{분석}
실기까지 중요한 내용입니다. 순서대로 암기하세요.

**07** 교육훈련의 4단계를 올바르게 나열한 것은?

① 도입 → 적용 → 제시 → 확인
② 도입 → 확인 → 제시 → 적용
③ 적용 → 제시 → 도입 → 확인
④ 도입 → 제시 → 적용 → 확인

**교육진행 4단계**

| 제 1단계 : 도입<br>(학습할 준비를 시킨다) |
|---|
| 제 2단계 : 제시<br>(작업을 설명한다) |
| 제 3단계 : 적용<br>(작업을 시켜본다) |
| 제 4단계 : 확인<br>(가르친 뒤 살펴본다) |

**08** 직무적성검사의 특징과 가장 거리가 먼 것은?

① 재현성　　　　② 객관성
③ 타당성　　　　④ 표준화

**직무적성검사의 기준**

① 표준화
② 객관성
③ 규준성
④ 신뢰성
⑤ 타당성

**09** 아담스(Edward Adams)의 사고연쇄 반응이론 중 관리자가 의사결정을 잘못하거나 감독자가 관리적 잘못을 하였을 때의 단계에 해당되는 것은?

① 사고
② 작전적 에러
③ 관리구조 결함
④ 전술적 에러

관리자가 의사결정을 잘못하거나 감독자가 관리적 잘못을 하였을 때 → 작전적 에러

**아담스(Edward Adams) 연쇄성 이론 5단계**

| 1단계 | 관리구조 |
|---|---|
| 2단계 | 작전적 에러 |
| 3단계 | 전술적 에러 |
| 4단계 | 사고 |
| 5단계 | 상해 |

**10** 재해조사의 목적에 해당되지 않는 것은?

① 재해 발생 원인 및 결함 규명
② 재해 관련 책임자 문책
③ 재해예방 자료수집
④ 동종 및 유사 재해 재발 방지

정답　07 ④　08 ①　09 ②　10 ②

> [해설] **재해조사의 목적**
>
> ① 재해 발생 원인 및 결함 규명
> ② 재해예방 자료 수집
> ③ 동종 재해 및 유사 재해 재발 방지

**11** 주의의 특성에 관한 설명 중 틀린 것은?

① 한 지점에 주의를 집중하면 다른 곳에의 주의는 약해진다.
② 장시간 주의를 집중하려 해도 주기적으로 부주의의 리듬이 존재한다.
③ 의식이 과잉상태인 경우 최고의 주의 집중이 가능해진다.
④ 여러 자극을 지각할 때 소수의 현란한 자극에 선택적 주의를 기울이는 경향이 있다.

> [해설] ③ 인간은 의식 과잉상태에서 일점 집중 현상을 일으켜 중요한 한 가지 일에만 집중하고 다른 곳에의 주의는 약해진다.

**12** 무재해운동의 기본이념 3원칙 중 다음에서 설명하는 것은?

> 직장 내의 모든 잠재위험요인을 적극적으로 사전에 발견, 파악, 해결함으로써 뿌리에서부터 산업재해를 제거하는 것

① 무의 원칙    ② 서취의 원칙
③ 참가의 원칙    ④ 확인의 원칙

> [해설] 모든 잠재위험요인을 발견, 파악, 해결함으로서 뿌리에서부터 산업재해를 제거하는 것 → 무(無)의 원칙

> [참고] **무재해 운동의 3대 원칙**
>
> ① 무(無)의 원칙(ZERO의 원칙) : 사업장 내의 모든 잠재위험요인을 적극적으로 사전에 발견하고 파악 · 해결함으로써 산업재해의 근원적인 요소들을 없앤다는 것을 의미한다.

> ② 선취의 원칙(안전제일의 원칙) : 사업장 내에서 행동하기 전에 잠재위험요인을 발견하고 파악 · 해결하여 재해를 예방하는 것을 의미한다.
> ③ 참가의 원칙(참여의 원칙) : 작업에 따르는 잠재위험요인을 발견하고 파악 · 해결하기 위하여 전원이 일치 협력하여 각자의 위치에서 적극적으로 문제해결을 하겠다는 것을 의미한다.

> {분석}
> **실기까지 중요한 내용입니다.**

**13** 위험예지훈련 중 작업 현장에서 그 때 그 장소의 상황에 즉응하여 실시하는 것은?

① 자문자답 위험예지훈련
② T.B.M 위험예지훈련
③ 시나리오 역할연기훈련
④ 1인 위험예지훈련

> [해설] 그 때 그 장소의 상황에 즉응하여 실시하는 위험예지훈련 → T.B.M 위험예지훈련

> [참고] **T.B.M (Tool Box Meeting) : 단시간 즉시 적응법**
>
> • 재해를 방지하기 위해 현장에서 그때 그때의 상황에 맞게 적응하여 실시하는 활동으로 단시간 미팅 즉시 적응훈련이라 한다.
> • 작업 전, 종료 시 5~10분간 직업지 3~5인이 조를 이뤄 작업 시 위험 요소에 대하여 말하는 방식이다.

**14** 도수율이 12.5인 사업장에서 근로자 1명에게 평생 동안 약 몇 건의 재해가 발생하겠는가? (단, 평생 근로 년 수는 40년, 평생 근로시간은 진업시간 4,000시간을 포함하여 80,000시간으로 가정한다.)

① 1    ② 2
③ 4    ④ 12

> [해설] 평생 동안 약 몇 건의 재해가 발생하겠는가? → 환산 도수율

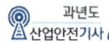
**환산 도수율(F)**

① 일평생 근로하는 동안의 재해건수

②
$$\text{환산 도수율}(F) = \frac{\text{재해건수}}{\text{연근로시간수}} \times \text{평생근로시간수}(100,000)$$

③
$$\text{환산 도수율} = \text{도수율} \div 10$$

1. 환산도수율 = 도수율 ÷ 10
   $= 12.5 \div 10 = 1.25$
2. 평생근로시간이 80,000시간이므로
   $1.25 : 100,000 = X : 80,000$
   $100,000X = 1.25 \times 80,000$
   $X = \dfrac{1.25 \times 80,000}{100,000} = 1(\text{건})$

{분석}
실기에 자주 출제되는 내용입니다.

**15** 토의법의 유형 중 다음에서 설명하는 것은?

> 새로운 자료나 교재를 제시하고, 문제점을 피교육자로 하여금 제기하도록 하거나 피교육자의 의견을 여러 가지 방법으로 발표하게 하고 청중과 토론자간 활발한 의견개진 과정을 통하여 합의를 도출해 내는 방법이다.

① 포럼
② 심포지엄
③ 자유토의
④ 패널 디스커션

해설 새로운 자료나 교재를 제시하여 토의 → 포럼 (Forum)

참고 1. 심포지엄(Symposium)
   몇 사람의 전문가에 의하여 과제에 관한 견해를 발표한 뒤 참가자로 하여금 의견이나 질문을 하게 하여 토의하는 방법

2. 패널 디스커션(Panel discussion)
   패널 멤버(교육과제에 정통한 전문가 4~5명)가 피교육자 앞에서 토의를 하고, 뒤에 피교육자 전원이 참가하여 사회자의 사회에 따라 토의하는 방법

**16** 레빈(Lewin)은 인간의 행동 특성을 다음과 같이 표현하였다. 변수 "$E$"가 의미하는 것은?

$$B = f(P \cdot E)$$

① 연령
② 성격
③ 작업환경
④ 지능

해설 "$E$"는 환경을 의미하며, 인간행동에 가장 중요한 것은 심리적 환경이다.

참고 레윈(K. Lewin)의 법칙

> $$B = f(P \cdot E)$$
> 여기서, B : Behavior(인간의 행동)
>   f : function(함수관계)
>   P : Person
>   (개체 : 연령, 경험, 심신상태, 성격, 지능 등)
>   E : Environment
>   (심리적 환경 : 인간관계, 작업환경 등)

{분석}
자주 출제되는 내용입니다.

**17** 산업안전보건법상 안전·보건표지의 종류 중 보안경 착용이 표시된 안전·보건표지는?

① 안내표지
② 금지표지
③ 경고표지
④ 지시표지

해설 보호구 착용 지시 → 지시표지

•)) 정답 15 ① 16 ③ 17 ④

## 18 Off. J. T 교육의 특징에 해당되는 것은?

① 많은 지식, 경험을 교류할 수 있다.
② 교육 효과가 업무에 신속히 반영된다.
③ 현장의 관리감독자가 강사가 되어 교육을 한다.
④ 다수의 대상자를 일괄적으로 교육하기 어려운 점이 있다.

**[해설]** 많은 지식, 경험을 교류할 수 있다. → Off. J. T의 장점

**[참고]**

| | |
|---|---|
| OJT의 특징 | ① 개개인에게 적절한 훈련이 가능하다. ② 직장의 실정에 맞는 훈련이 가능하다. ③ 교육효과가 즉시 업무에 연결된다. ④ 훈련에 대한 업무의 계속성이 끊어지지 않는다. ⑤ 상호 신뢰 이해도가 높다. |
| OFF JT의 특징 | ① 다수의 근로자들에게 훈련을 할 수 있다. ② 훈련에만 전념하게 된다. ③ 특별설비기구 이용이 가능하다. ④ 많은 지식이나 경험을 교류할 수 있다. ⑤ 교육 훈련 목표에 대하여 집단적 노력이 흐트러질 수 있다. |

{분석}
필기에 자주 출제되는 내용입니다.
"참고"를 다시 확인하세요.

## 19 산업안전보건법상 안전보건관리 책임자 등에 대한 교육시간 기준으로 틀린 것은?

① 보건관리자, 보건관리전문기관의 종사자 보수교육 : 24시간 이상
② 안전관리자, 안전관리전문기관의 종사자 신규교육 : 34시간 이상
③ 안전보건관리책임자의 보수교육 : 6시간 이상
④ 재해예방 전문 지도기관의 종사자 신규 교육 : 24시간 이상

**[해설]** ④ 재해예방 전문 지도기관의 종사자 신규교육 → 34시간 이상

**[참고]** 안전보건관리책임자 등에 대한 교육(직무교육)

| 교육대상 | 교육시간 | |
|---|---|---|
| | 신규교육 | 보수교육 |
| 가. 안전보건 관리책임자 | 6시간 이상 | 6시간 이상 |
| 나. 안전관리자, 안전관리전문 기관의 종사자 | 34시간 이상 | 24시간 이상 |
| 다. 보건관리자, 보건관리전문 기관의 종사자 | 34시간 이상 | 24시간 이상 |
| 라. 건설재해예방 전문지도 기관 종사자 | 34시간 이상 | 24시간 이상 |
| 마. 석면조사기관 의 종사자 | 34시간 이상 | 24시간 이상 |
| 바. 안전보건관리 담당자 | – | 8시간 이상 |
| 사. 안전검사기관, 자율안전검사 기관의 종사자 | 34시간 이상 | 24시간 이상 |

{분석}
실기까지 중요한 내용입니다. 암기하세요.

## 20 안전점검표(check list)에 포함되어야 할 사항이 아닌 것은?

① 점검대상          ② 판정기준
③ 점검방법          ④ 소치결과

**[해설]** 안전점검표에 포함되어야 할 항목

1. 점검 부분
2. 점검 대상
3. 점검 항목
4. 점검 방법
5. 실시 주기
6. 판정 기준
7. 조치

•)) 정답 18 ① 19 ④ 20 ④

2017

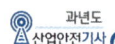
제2과목 · 인간공학 및 위험성 평가 · 관리

**21** A 제지회사의 유아용 화장지 생산 공정에서 작업자의 불안전한 행동을 유발하는 상황이 자주 발생하고 있다. 이를 해결하기 위한 개선의 ECRS에 해당하지 않는 것은?

① Combine  ② Standard
③ Eliminate  ④ Rearrange

[해설] **개선의 4원칙(ECRS)**
① Eliminate : 생략과 배제의 원칙
② Combine : 결합과 분리의 원칙
③ Rearrange : 재편성과 재배열의 원칙
④ Simplify : 단순화의 원칙

{분석}
필기에 자주 출제되는 내용입니다.

**22** 결함수 분석법에서 path set에 관한 설명으로 맞는 것은?

① 시스템의 약점을 표현한 것이다.
② Top 사상을 발생시키는 조합이다.
③ 시스템이 고장 나지 않도록 하는 사상의 조합이다.
④ 시스템고장을 유발시키는 필요불가결한 기본사상들의 집합이다.

[해설] ①, ②, ④ → cut set
③ → path set

[참고] 1. 컷셋(Cut Set) : 정상사상(고장)을 발생시키는 기본사상의 집합
2. 패스셋(Path Set) : 정상사상(시스템의 고장)을 일으키지 않는 기본사상들의 집합

{분석}
필기에 자주 출제되는 내용입니다.

**23** 고령자의 정보처리 과업을 설계할 경우 지켜야할 지침으로 틀린 것은?

① 표시 신호를 더 크게 하거나 밝게 한다.
② 개념, 공간, 운동 양립성을 높은 수준으로 유지한다.
③ 정보처리 능력에 한계가 있으므로 시분할 요구량을 늘린다.
④ 제어표시장치를 설계할 때 불필요한 세부내용을 줄인다.

[해설] ③ 고령자의 경우 시분할 요구량을 줄여야 한다.

[참고] 시분할 : 하나의 장치로 두 개 이상의 처리를 시간을 쪼개어 상호 교환시키도록 하는 컴퓨터 시스템의 조작 기법

**24** 자극과 반응의 실험에서 자극 A가 나타날 경우 1로 반응하고 자극 B가 나타날 경우 2로 반응하는 것으로 하고, 100회 반복하여 표와 같은 결과를 얻었다. 제대로 전달된 정보량을 계산하면 약 얼마인가?

| 자극＼반응 | 1 | 2 |
|---|---|---|
| A | 50 | – |
| B | 10 | 40 |

① 0.610  ② 0.871
③ 1.000  ④ 1.361

[해설]

| 자극＼반응 | 1 | 2 | 계 |
|---|---|---|---|
| A | 50 | – | 50 |
| B | 10 | 40 | 50 |
| 계 | 60 | 40 | 100 |

•) **정답** 21 ② 22 ③ 23 ③ 24 ①

전달된 정보량
= 자극 정보량 H(A) + 반응 정보량 H(B)
　　－ 결합 정보량 H(A, B)

1. 자극 정보량 H(A)

$$= 0.5 \times \log_2 (\frac{1}{0.5}) + 0.5 \times \log_2 (\frac{1}{0.5}) = 1$$

2. 반응 정보량 H(B)

$$= 0.6 \times \log_2 (\frac{1}{0.6}) + 0.4 \times \log_2 (\frac{1}{0.4}) = 0.9710$$

3. 결합 정보량 H(A, B) : 자극 정보량과 반응 정보량의 합집합
　　결합 정보량 H(A,B)

$$= 0.5 \times \log_2 (\frac{1}{0.5}) + 0.1 \times \log_2 (\frac{1}{0.1}) + 0.4 \times \log_2 (\frac{1}{0.4})$$

$$= 1.3610$$

4. 전달된 정보량 = 1 + 0.9710 − 1.3610 = 0.610

**25** 결함수분석법(FTA)에서의 미니멀 컷셋과 미니멀 패스셋에 관한 설명으로 맞는 것은?

① 미니멀 컷셋은 시스템의 신뢰성을 표시하는 것이다.
② 미니멀 패스셋은 시스템의 위험성을 표시하는 것이다.
③ 미니멀 패스셋은 시스템의 고장을 발생시키는 최소의 패스셋이다.
④ 미니멀 컷셋은 정상사상(top event)을 일으키기 위한 최소한의 컷셋이다.

해설 ① 시스템의 신뢰성을 표시 → 미니멀 패스셋
② 시스템의 위험성을 표시 → 미니멀 컷셋
③ 시스템의 고장을 발생시키는 최소의 셋 → 미니멀 컷셋

{분석}
필기에 자주 출제되는 내용입니다.

**26** 자극 – 반응 조합의 관계에서 인간의 기대와 모순되지 않는 성질을 무엇이라 하는가?

① 양립성　　　② 적응성
③ 변별성　　　④ 신뢰성

해설 양립성 : 자극 – 반응의 관계가 <u>인간의 기대와 모순되지 않는 성질</u>

{분석}
필기에 자주 출제되는 내용입니다.

**27** 인간 – 기계시스템에 관한 내용으로 틀린 것은?

① 인간 성능의 고려는 개발의 첫 단계에서부터 시작되어야 한다.
② 기능 할당 시에 인간 기능에 대한 주의가 필요하다.
③ 평가 초점은 인간 성능의 수용 가능한 수준이 되도록 시스템을 개선하는 것이다.
④ 인간 – 컴퓨터 인터페이스 설계는 인간보다 기계의 효율이 우선적으로 고려되어야 한다.

해설 ④ 인간 – 컴퓨터 인터페이스 설계는 인간을 우선적으로 고려하여야 한다.

참고 인터페이스(계면) 설계 : 사용자가 쉽고 친근하게 컴퓨터를 사용할 수 있도록 화면을 설계하는 것

**28** 반사율이 85%, 글자의 밝기가 400cd/m² 인 VDT화면에 350lx의 조명이 있다면 대비는 약 얼마인가?

① −2.8　　　　② −4.2
③ −5.0　　　　④ −6.0

해설 1. 화면의 밝기 계산

$$반사율 = \frac{광속발산도(fL)}{조명(fc)} \times 100$$

$$광속발산도 = \frac{반사율 \times 조명}{100}$$

$$= \frac{85 \times 350}{100} = 297.5$$

광속발산도 $= \pi \times 휘도$

$$조명의 휘도(화면의 밝기) = \frac{광속발산도}{\pi}$$

$$= \frac{297.5}{\pi} = 94.7(cd/m^2)$$

정답 25 ④ 26 ① 27 ④ 28 ②

2017

2. 표적물체의 총 밝기 = 글자의 밝기+조명의 휘도

$$= 400 + 94.7 = 494.7 (\text{cd/m}^2)$$

3. 대비 = $\dfrac{\text{배경의 밝기} - \text{표적물체의 밝기}}{\text{배경의 밝기}}$

$$= \dfrac{94.7 - 494.7}{94.7} = -4.22$$

{분석}
**출제비중이 낮은 문제입니다.**

---

**29** 신호검출이론에 대한 설명으로 틀린 것은?

① 신호와 소음을 쉽게 식별할 수 없는 상황에 적용된다.
② 일반적인 상황에서 신호 검출을 간섭하는 소음이 있다.
③ 통제된 실험실에서 얻은 결과를 현장에 그대로 적용 가능하다.
④ 긍정(hit), 허위(false alarm), 누락(miss), 부정(correct rejection)의 네 가지 결과로 나눌 수 있다.

[해설] ③ 신호검출이론은 관찰자의 민감도와 반응편향에 따라 신호의 탐지가 달라진다는 이론으로 통제된 실험실에서 얻은 결과를 현장에 그대로 적용할 수 없다.

---

**30** 근섬유의 직경이 작아서 큰 힘을 발휘하지 못하지만 장시간 지속시키고 피로가 쉽게 발생하지 않는 골격근의 근섬유는 무엇인가?

① Type S 근섬유
② Type II 근섬유
③ Type F 근섬유
④ Type III 근섬유

[해설] 장시간 지속시키고 피로가 쉽게 발생하지 않는 골격근의 근섬유 → Type S 근섬유

---

**31** 의자 설계의 인간공학적 원리로 틀린 것은?

① 쉽게 조절할 수 있도록 한다.
② 추간판의 압력을 줄일 수 있도록 한다.
③ 등근육의 정적 부하를 줄일 수 있도록 한다.
④ 고정된 자세로 장시간 유지할 수 있도록 한다.

[해설] ④ 고정된 자세를 줄여야 한다.

[참고] **의자 설계의 일반 원리**
① 요추의 전만곡선을 유지할 것
② 디스크의 압력을 줄인다.
③ 등 근육의 정적부하를 감소시킨다.
④ 자세 고정을 줄인다.
⑤ 쉽게 조절할 수 있도록 설계할 것

{분석}
**필기에 자주 출제되는 내용입니다.**

---

**32** 그림과 같은 시스템의 전체 신뢰도는 약 얼마인가? (단, 네모 안의 수치는 각 구성요소의 신뢰도이다.)

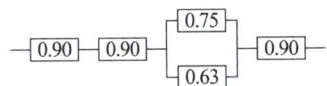

① 0.5275
② 0.6616
③ 0.7575
④ 0.8516

[해설] 신뢰도
$$= 0.90 \times 0.90 \times \{1 - (1 - 0.75) \times (1 - 0.63)\} \times 0.90$$
$$= 0.6616$$

{분석}
**필기에 자주 출제되는 내용입니다.**

---

•)) 정답 29 ③  30 ①  31 ④  32 ②

**33** 시각적 부호의 유형과 내용으로 틀린 것은?

① 임의적 부호 – 주의를 나타내는 삼각형
② 명시적 부호 – 위험표지판의 해골과 뼈
③ 묘사적 부호 – 보도 표지판의 걷는 사람
④ 추상적 부호 – 별자리를 나타내는 12궁도

**[해설]** ② 묘사적 부호 – 위험표지판의 해골과 뼈

**[참고]** 부호의 3가지 유형
① 임의적 부호
  • 부호가 이미 고안되어 있으므로 이를 배워야 하는 부호
  • **[예]** 안전표지판의 원형 – 금지
    삼각형 – 경고표지 등
② 묘사적 부호
  • 사물의 행동을 단순하고 정확하게 묘사한 부호
  • **[예]** 위험표지판의 해골과 뼈, 보도 표지판의 걷는 사람
③ 추상적 부호
  • 전언의 기본요소를 도식적으로 압축한 부호

{분석}
필기에 자주 출제되는 내용입니다.

**34** 병렬시스템에 대한 특성이 아닌 것은?

① 요소의 수가 많을수록 고장의 기회는 줄어든다.
② 요소의 중복도가 늘어날수록 시스템의 수명은 길어진다.
③ 요소의 어느 하나라도 정상이면 시스템은 정상이다.
④ 시스템의 수명은 요소 중에서 수명이 가장 짧은 것으로 정해진다.

**[해설]** ④ 시스템의 수명은 요소 중에서 수명이 가장 긴 것으로 정해진다.

**[참고]** ① 직렬연결
  • 요소 중 하나가 고장이면 전체 시스템은 고장이다.
  • 전체 시스템의 수명은 요소 중 가장 짧은 것으로 결정된다.
② 병렬연결
  • 요소 중 하나만 정상이라도 전체 시스템은 정상 가동된다.
  • 전체 시스템의 수명은 요소 중 가장 긴 것으로 결정된다.

{분석}
필기에 자주 출제되는 내용입니다.

**35** 적절한 온도의 작업환경에서 추운 환경으로 변할 때, 우리의 신체가 수행하는 조절작용이 아닌 것은?

① 발한(發汗)이 시작된다.
② 피부의 온도가 내려간다.
③ 직장 온도가 약간 올라간다.
④ 혈액의 많은 양이 몸의 중심부를 순환하다.

**[해설]** ① 발한(땀)은 더운 환경에서 시작된다.

**[참고]** 추운 환경에서 직장의 온도는 체온을 유지하기 위하여 처음에는 약간 올라가지만 추운 환경에 계속 노출이 되면 직장온도는 내려간다.

**36** 부품에 고장이 있더라도 플레이너 공작기계를 가장 안전하게 운전할 수 있는 방법은?

① fail-soft
② fail-active
③ fail-passive
④ fail-operational

**[해설]** 부품에 고장이 있더라도 운전이 가능 → fail-operational

**정답** 33 ② 34 ④ 35 ① 36 ④

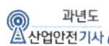

**페일세이프(Fail-Safe)**

① Fail Passive : 부품의 고장 시 기계장치는 정지 상태로 옮겨간다.

② Fail active : 부품이 고장나면 경보를 울리며 짧은 시간 운전이 가능하다.

③ Fail operational : 부품의 고장이 있어도 다음 정기점검까지 운전이 가능하다.

{분석}
**필기에 자주 출제되는 내용입니다.**

**37** 산업안전보건법상 유해·위험방지계획서를 제출한 사업주는 건설공사 중 얼마이내마다 관련법에 따라 유해·위험방지계획서의 내용과 실제공사 내용이 부합하는지의 여부 등을 확인 받아야 하는가?

① 1개월　　　　② 3개월
③ 6개월　　　　④ 12개월

해설 **유해·위험방지계획서의 확인 사항**

사업주는 건설공사 중 6개월 이내마다 다음 각 호의 사항에 관하여 공단의 확인을 받아야 한다.

• 유해·위험방지계획서의 내용과 실제 공사 내용이 부합하는지 여부
• 유해·위험방지계획서 변경내용의 적정성
• 추가적인 유해·위험요인의 존재 여부

{분석}
**필기에 자주 출제되는 내용입니다.**

**38** 다음 설명에 해당하는 설비보전방식의 유형은?

> 설비보전 정보와 신기술을 기초로 신뢰성, 조작성, 보전성, 안전성, 경제성 등이 우수한 설비의 선정, 조달 또는 설계를 통하여 궁극적으로 설비의 설계, 제작 단계에서 보전활동이 불필요한 체제를 목표로 한 설비보전 방법을 말한다.

① 개량보전　　　② 보전예방
③ 사후보전　　　④ 일상보전

해설 궁극적으로 설비의 설계, 제작 단계에서 보전활동이 불필요한 체제를 목표로 한 설비보전 방법 → 보전예방

{분석}
**필기에 자주 출제되는 내용입니다.**

**39** 다음 설명 중 (　　　)안에 알맞은 용어가 올바르게 짝지어진 것은?

> • ( ㉠ ) : FTA와 동일의 논리적 방법을 사용하여 관리, 설계, 생산, 보전 등에 대한 넓은 범위에 걸쳐 안전성을 확보하려는 시스템안전 프로그램
> • ( ㉡ ) : 사고 시나리오에서 연속된 사건들의 발생경로를 파악하고 평가하기 위한 귀납적이고 정량적인 시스템안전 프로그램

① ㉠ : PHA　　　㉡ : ETA
② ㉠ : ETA　　　㉡ : MORT
③ ㉠ : MORT　　㉡ : ETA
④ ㉠ : MORT　　㉡ : PHA

해설 1. 관리, 설계, 생산, 보전 등에 대한 넓은 범위에 걸쳐 안전성을 확보 → MORT
2. 귀납적이고 정량적인 시스템 안전 프로그램 → ETA, DT

참고 • FTA : 연역적, 정량적
• FMEA : 귀납적, 정성적
• ETA, DT : 귀납적, 정량적
• CA : 정량적

{분석}
**필기에 자주 출제되는 내용입니다.**

**40** FTA에서 사용하는 다음 사상기호에 대한 설명으로 맞는 것은?

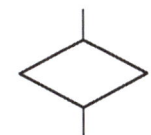

① 시스템 분석에서 좀 더 발전시켜야 하는 사상
② 시스템의 정상적인 가동상태에서 일어날 것이 기대되는 사상
③ 불충분한 자료로 결론을 내릴 수 없어 더 이상 전개할 수 없는 사상
④ 주어진 시스템의 기본사상으로 고장원인이 분석되었기 때문에 더 이상 분석할 필요가 없는 사상

[해설]

| 기호 | 명명 | 기호 설명 |
|---|---|---|
| ◇ | 생략사상 | 관련 정보가 미비하여 더 이상 전개할 수 없는 사상 |

{분석}
필기에 자주 출제되는 내용입니다.

**제3과목 • 기계 · 기구 및 설비 안전 관리**

**41** 반복응력을 받게 되는 기계구조 부분의 설계에서 허용응력을 결정하기 위한 기초강도로 가장 적합한 것은?

① 항복점(Yield point)
② 극한 강도(Ultimate strength)
③ 크리프 한도(Creep limit)
④ 피로 한도(Fatigue limit)

[해설] 반복응력을 받을 경우 허용응력을 결정하기 위한 기초강도 → 피로 한도

**42** 그림과 같이 목재가공용 둥근톱 기계에서 분할날($t_2$) 두께가 4.0mm일 때 톱날 두께 및 톱날 진폭과의 관계로 옳은 것은?

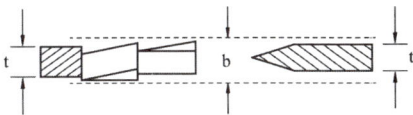

t : 톱날 두께        b : 톱날 진폭        $t_2$ : 분할날 두께

① $b > 4.0mm$, $t \leq 3.6mm$
② $b > 4.0mm$, $t \leq 4.0mm$
③ $b < 4.0mm$, $t \leq 4.4mm$
④ $b > 4.0mm$, $t \geq 3.6mm$

[해설] 분할날 두께는 **톱두께의 1.1배 이상이며 치진폭보다 작을 것**

$$1.1\,t \leq t_2 < b$$
$$(t : 톱두께,\ t_2 : 분할날두께,\ b : 치진폭)$$

$t_2 = 4mm$ 이므로

1. $1.1\,t \leq t_2$
$$t \leq \frac{t_2}{1.1}$$
$$t \leq \frac{4.0}{1.1}$$
$$t \leq 3.63mm$$

2. $t_2 < b$
$$b > 4mm$$

{분석}
필기에 자주 출제되는 내용입니다.

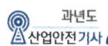
**43** 컨베이어, 이송용 롤러 등을 사용하는 때에 정전, 전압강하 등에 의한 위험을 방지하기 위하여 설치하는 안전장치는?

① 덮개 또는 울
② 비상정지장치
③ 과부하방지장치
④ 이탈 및 역주행 방지장치

**해설** 컨베이어 등을 사용하는 때에는 <u>정전 · 전압강하 등에 의한 화물 또는 운반구의 이탈 및 역주행을 방지하는 장치</u>를 갖추어야 한다. 다만, 무동력상태 또는 수평상태로만 사용하여 근로자가 위험해질 우려가 없는 경우에는 그러하지 아니하다.

{분석}
**실기까지 중요한 내용입니다.**

**44** 드릴링 머신에 드릴의 지름이 20mm이고, 원주 속도가 62.8m/min일 때 드릴의 회전수는 약 몇 rpm인가?

① 500
② 1000
③ 2000
④ 3000

**해설** 원주 속도(회전 속도)

$$V = \frac{\pi \times D \times N}{1,000} (\text{m/min})$$

여기서, $D$ : 롤러의 직경(mm), $N$ : 회전수(rpm)

$V = \dfrac{\pi \times D \times N}{1000}$

$\pi \times D \times N = V \times 1000$

$N = \dfrac{V \times 1000}{\pi \times D} = \dfrac{62.8 \times 1000}{\pi \times 20}$

$\quad = 999.5\text{rpm}(약\ 1000\text{rpm})$

{분석}
**실기까지 중요한 내용입니다.**

**45** 롤러 작업 시 위험점에서 가드(guard) 개구부까지의 최단 거리를 60mm라고 할 때, 최대로 허용할 수 있는 가드 개구부 틈새는 약 몇 mm인가? (단, 위험점이 비전동체이다.)

① 6
② 10
③ 15
④ 18

**해설**

| 가드의 개구 간격 | 일방 평행 보호망의 개구 간격, 위험점이 전동체인 경우 |
|---|---|
| ① X<160mm일 경우<br>$\quad Y = 6 + 0.15 \times X$<br>② X≧160mm일 경우<br>$\quad Y = 30\text{mm}$<br>여기서,<br>X : 안전거리(<u>위험점에서 가드까지의 거리</u>)(mm)<br>Y : 가드의 최대 개구 간격(mm) | ① $Y = 6 + 0.1 \times X$<br>여기서,<br>X : 안전거리(mm)<br>Y : 가드의 최대 개구 간격(mm) |

$Y = 6 + 0.15 \times X$

$Y = 6 + 0.15 \times 60 = 15\text{mm}$

{분석}
**실기까지 중요한 내용입니다.**

**46** 지게차의 안정을 유지하기 위한 안정도 기준으로 틀린 것은?

① 5톤 미만의 부하 상태에서 하역작업 시의 전후 안정도는 4% 이내이어야 한다.
② 부하 상태에서 하역작업 시의 좌우 안정도는 10% 이내이어야 한다.
③ 무부하 상태에서 주행 시의 좌우 안정도는(15 + 1.1×V)% 이내이어야 한다. (단, V는 구내 최고 속도[km/h])
④ 부하 상태에서 주행 시 전후 안정도는 18% 이내이어야 한다.

**•))) 정답** 43 ④ 44 ② 45 ③ 46 ②

**해설** ② 부하 상태에서 하역작업 시의 좌우 안정도는 6% 이내이어야 한다.

**참고**

| 안정도 |
|---|
| 하역작업 시의 전·후 안정도 :<br>4% 이내(5t 이상 : 3.5%) |
| 주행 시의 전·후 안정도 :<br>18% 이내 |
| 하역작업 시의 좌·우 안정도 :<br>6% 이내 |
| 주행 시의 좌·우 안정도 :<br>(15+1.1V)% 이내 최대 40%<br>(V : 최고 속도 km/h) |

{분석}
실기까지 중요한 내용입니다. 암기하세요.

**47** 산업용 로봇에서 근로자에게 발생할 수 있는 부상 등의 위험을 방지하기 위하여 방책을 세우고자 할 때 일반적으로 높이는 몇 m 이상으로 해야 하는가?

① 1.8
② 2.1
③ 2.4
④ 2.7

**해설** 로봇의 운전으로 인하여 근로자에게 발생할 수 있는 부상 등의 위험을 방지하기 위하여 높이 1.8미터 이상의 울타리를 설치하여야 하며, 컨베이어 시스템의 설치 등으로 울타리를 설치할 수 없는 일부 구간에 대해서는 안전매트 또는 광전자식 방호장치 등 감응형 방호장치를 설치하여야 한다.

**48** 프레스 방호장치에서 수인식 방호장치를 사용하기에 가장 적합한 기준은?

① 슬라이드 행정길이가 100mm 이상, 슬라이드 행정수가 100spm 이하
② 슬라이드 행정길이가 50mm 이상, 슬라이드 행정수가 100spm 이하
③ 슬라이드 행정길이가 100mm 이상, 슬라이드 행정수가 200spm 이하
④ 슬라이드 행정길이가 50mm 이상, 슬라이드 행정수가 200spm 이하

**해설** 행정 길이 40mm 이상, SPM 120 이하에서 사용 가능한 방호장치
① 손쳐내기식
② 수인식

{분석}
관련 규정에서는 삭제된 내용입니다.

**49** 숫돌지름이 60cm인 경우 숫돌 고정 장치인 평형 플랜지 지름은 몇 cm 이상이어야 하는가?

① 10cm  ② 20cm
③ 30cm  ④ 60cm

**해설** • 플랜지의 지름은 숫돌 지름의 1/3 이상일 것
• $60 \times \dfrac{1}{3} = 20$cm 이상

**50** 다음 중 산업안전보건 법령상 프레스 등을 사용하여 작업을 할 때에 작업 시작 전 점검 사항으로 볼 수 없는 것은?

① 압력방출장치의 기능
② 클러치 및 브레이크의 기능
③ 프레스의 금형 및 고정볼트 상태
④ 1행정 1정지기구·급정지장치 및 비상정지장치의 기능

2017

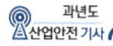
**해설** 프레스의 작업 시작 전 점검 사항

① 클러치 및 브레이크 기능
② 크랭크축 · 플라이 휠 · 슬라이드 · 연결 봉 및 연결 나사의 볼트 풀림 유무
③ 1행정 1정지 기구 · 급정지 장치 및 비상 정지 장치의 기능
④ 슬라이드 또는 칼날에 의한 위험 방지 기구의 기능
⑤ 프레스의 금형 및 고정 볼트 상태
⑥ 당해 방호 장치의 기능
⑦ 전단기의 칼날 및 테이블의 상태

{분석}
실기에도 자주 출제되는 내용입니다. 암기하세요.

**51** 산업안전보건법령에 따른 가스집합 용접 장치의 안전에 관한 설명으로 옳지 않은 것은?

① 가스집합장치에 대해서는 화기를 사용하는 설비로부터 5m 이상 떨어진 장소에 설치해야 한다.
② 가스집합 용접장치의 배관에서 플랜지, 밸브 등의 접합부에는 개스킷을 사용하고 접합면을 상호 밀착시킨다.
③ 주관 및 분기관에 안전기를 설치해야 하며 이 경우 하나의 취관에 2개 이상의 안전기를 설치해야 한다.
④ 용해아세틸렌을 사용하는 가스집합 용접장치의 배관 및 부속기구는 구리나 구리 함유량이 60퍼센트 이상인 합금을 사용해서는 아니 된다.

**해설** ④ 용해아세틸렌을 사용하는 가스집합 용접장치의 배관 및 부속 기구는 구리나 구리 함유량이 70퍼센트 이상인 합금을 사용해서는 아니 된다.

**52** 다음 중 안전율을 구하는 산식으로 옳은 것은?

① $\dfrac{허용응력}{기초강도}$  ② $\dfrac{허용응력}{인장강도}$

③ $\dfrac{인장강도}{허용응력}$  ④ $\dfrac{안전하중}{파단하중}$

**해설** ① 안전율 $= \dfrac{파단강도}{허용응력}$

② 안전율 $= \dfrac{인장강도}{허용응력}$

④ 안전율 $= \dfrac{파단하중}{안전하중}$

**53** 다음 중 선반의 방호장치로 볼 수 없는 것은?

① 실드(shield)
② 슬라이딩(sliding)
③ 척 커버(chuck cover)
④ 칩 브레이커(chip breaker)

**해설** 선반의 안전장치

① 쉴드(Shield) : 칩 및 절삭유의 비산을 방지하기 위해 설치하는 플라스틱 덮개
② 칩 브레이커 : 칩을 짧게 절단하는 장치
③ 척 커버 : 기어 등을 복개하는 장치
④ 브레이크 : 선반의 일시 정지장치

{분석}
필기에 자주 출제되는 내용입니다.

**54** 다음 중 프레스기에 사용되는 방호장치에 있어 원칙적으로 급정지 기구가 부착되어야만 사용할 수 있는 방식은?

① 양수조작식
② 손쳐내기식
③ 가드식
④ 수인식

**정답** 51 ④  52 ③  53 ②  54 ①

**해설** 슬라이드 작동 중 정지가 가능한 구조
(급정지 기구가 부착되어야만 사용할 수 있는 방식)
① 감응식(광전자식)
② 양수조작식

{분석}
실기까지 중요한 내용입니다.

**55** 다음 중 보일러의 방호장치와 가장 거리가 먼 것은?

① 언로드 밸브
② 압력방출 장치
③ 압력제한 스위치
④ 고저 수위조절 장치

**해설** 보일러의 방호장치

① 압력방출 장치
② 압력제한 스위치
③ 고저 수위조절 장치
④ 화염 검출기

{분석}
실기까지 중요한 내용입니다. 암기하세요.

**56** 안전계수가 5인 체인의 최대설계하중이 1000N이라면 이 체인의 극한하중은 약 몇 N인가?

① 200         ② 2000
③ 5000        ④ 12000

**해설** 안전계수 $= \dfrac{극한하중}{최대설계하중}$

극한하중 $=$ 안전계수 $\times$ 최대설계하중
$= 5 \times 1000 = 5000N$

**57** 산업안전보건법령에 따른 아세틸렌 용접장치 발생기실의 구조에 관한 설명으로 옳지 않은 것은?

① 벽은 불연성 재료로 할 것
② 지붕과 천장에는 얇은 철판과 같은 가벼운 불연성 재료를 사용할 것
③ 벽과 발생기 사이에는 작업에 필요한 공간을 확보할 것
④ 배기통을 옥상으로 돌출시키고 그 개구부를 출입구로부터 1.5m 거리 이내에 설치할 것

**해설** ④ 바닥면적의 16분의 1 이상의 단면적을 가진 배기통을 옥상으로 돌출시키고 그 개구부를 창이나 출입구로부터 1.5미터 이상 떨어지도록 할 것

**58** 지름 5cm 이상을 갖는 회전 중인 연삭 숫돌의 파괴에 대비하여 필요한 방호장치는?

① 받침대
② 과부하 방지장치
③ 덮개
④ 프레임

**해설** 지름 5cm 이상 연삭기의 방호장치 → 덮개

{분석}
실기까지 중요한 내용입니다. 암기하세요.

**59** 다음 중 와전류 비파괴검사법의 특징과 가장 거리가 먼 것은?

① 판, 환봉 등의 제품에 대해 자동화 및 고속화된 검사가 가능하다.
② 검사 대상 이외의 재료적 인자(투자율, 열처리, 온도 등)에 대한 영향이 적다.
③ 가는 선, 얇은 판의 경우도 검사가 가능하다.
④ 표면 아래 깊은 위치에 있는 결함은 검출이 곤란하다.

**[해설]** ② 검사 대상 이외의 재료적 인자(투자율, 열처리, 온도 등)에 대한 영향이 크다.

**[참고]** 와류탐상검사(ET) : 시험체 표층부의 결함에 의해 발생한 와전류의 변화 즉 시험코일의 임피던스 변화를 측정하여 결함을 식별한다.

**60** 재료에 대한 시험 중 비파괴시험이 아닌 것은?

① 방사선투과시험
② 자분탐상시험
③ 초음파탐상시험
④ 피로시험

**[해설]** ④ 피로시험은 파괴시험에 해당한다.

---

**제4과목 ·** 전기설비 안전 관리

**61** 전기설비에 작업자의 직접 접촉에 의한 감전방지 대책이 아닌 것은?

① 충전부에 절연 방호망을 설치할 것
② 충전부는 내구성이 있는 절연물로 완전히 덮어 감쌀 것
③ 충전부가 노출되지 않도록 폐쇄형 외함 구조로 할 것
④ 관계자 외에도 쉽게 출입이 가능한 장소에 충전부를 설치할 것

**[해설]** 전기기계·기구 등의 충전부방호
(직접 접촉으로 인한 감전방지 조치)
① 충전부가 노출되지 아니하도록 폐쇄형 외함이 있는 구조로 할 것
② 충분한 절연효과가 있는 방호망 또는 절연덮개를 설치할 것
③ 충전부는 내구성이 있는 절연물로 완전히 덮어 감쌀 것
④ 발전소·변전소 및 개폐소 등 구획되어 있는 장소로서 관계 근로자가 아닌 사람의 출입이 금지되는 장소에 충전부를 설치하고, 위험표시 등의 방법으로 방호를 강화할 것
⑤ 전주 위 및 철탑 위 등 격리되어 있는 장소로서 관계 근로자가 아닌 사람이 접근할 우려가 없는 장소에 충전부를 설치할 것

**62** 교류 아크용접기의 자동전격방지장치는 아크발생이 중단된 후 출력 측 무부하 전압을 1초 이내 몇 V 이하로 저하시켜야 하는가?

① 25~30
② 35~50
③ 55~75
④ 80~100

**[해설]** 용접을 중단하고 1.0초 내에 용접기의 홀더, 어스선에 흐르는 무부하 전압을 안전전압 25V 이하로 내려준다.

---

**63** 그림과 같은 설비에 누전되었을 때 인체가 접촉하여도 안전하도록 ELB를 설치하려고 한다. 누전차단기 동작전류 및 시간으로 가장 적당한 것은?

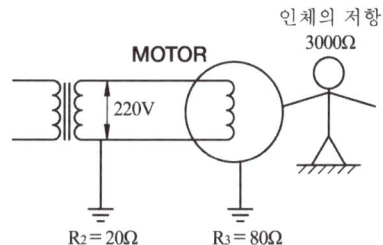

① 30mA, 0.1초     ② 60mA, 0.1초
③ 90mA, 0.1초     ④ 120mA, 0.1초

해설 인체의 감전을 방지하는 누전차단기는 30mA 이하에서 작동하여야 한다.

**64** 고압 및 특고압의 전로에 시설하는 피뢰기의 접지저항은 몇 Ω 이하로 하여야 하는가?

① 10Ω 이하     ② 100Ω 이하
③ 106Ω 이하     ④ 1kΩ 이하

해설 피뢰기의 접지

① 접지도체에 피뢰시스템이 접속되는 경우, 접지도체의 단면적은 구리 16mm² 또는 철 50mm² 이상으로 하여야 한다.
② 고압 및 특고압의 전로에 시설하는 피뢰기 접지저항 값은 10Ω 이하로 하여야 한다.

**65** 절연전선의 과전류에 의한 연소단계 중 착화단계의 전선전류밀도(A/mm²)로 알맞은 것은?

① 40
② 50
③ 65
④ 120

해설 절연전선의 과대전류

• 인화단계 : 40 ~ 43A/mm²
• 착화단계 : 43 ~ 60A/mm²
• 발화단계 : 60 ~ 120A/mm²
• 순간용단 : 120A/mm² 이상

**66** 변압기의 중성점을 접지한 수전전압 22.9kV, 사용전압 220V인 공장에서 외함을 접지공사를 한 전동기가 운전 중에 누전되었을 경우에 작업자가 접촉될 수 있는 최소전압은 약 몇 V인가? (단, 1선 지락전류 10A, 접지저항 30Ω, 인체저항 : 10000Ω이다.)

① 116.7     ② 127.5
③ 146.7     ④ 165.6

해설 1. 저항

• 접지저항 $R_1 = 30\,\Omega$
• 접지저항 $R_2 = \dfrac{150}{1선 지락전류}$
$= \dfrac{150}{10} = 15\,\Omega$

2. 접지공사를 한 전동기에 흐르는 전압

$$V_2 = \frac{R_1}{R_1 + R_2} \times V = \frac{30}{30 + 15} \times 220 = 146.67\,V$$

정답 63 ① 64 ① 65 ② 66 ③

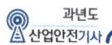
**참고** 변압기의 중성점 접지 저항값

① 일반적인 경우 : $\dfrac{150}{1선지락전류}$ Ω 이하

② 변압기의 고압·특고압측 전로 또는 사용전압이 35kV 이하의 특고압전로가 저압측 전로와 혼촉하고 저압전로의 대지전압이 150V를 초과하는 경우

- 1초 초과 2초 이내에 고압·특고압 전로를 자동으로 차단하는 장치를 설치할 때 : $\dfrac{300}{1선지락전류}$ Ω 이하

- 1초 이내에 고압·특고압 전로를 자동으로 차단하는 장치를 설치할 때 : $\dfrac{600}{1선지락전류}$ Ω 이하

{분석}
관련 규정의 변경으로 문제 일부를 수정하였습니다.
출제비중이 낮은 문제입니다.

**67** 전압은 저압, 고압 및 특별고압으로 구분되고 있다. 다음 중 저압에 대한 설명으로 가장 알맞은 것은?

① 직류 750V 미만, 교류 650V 미만
② 직류 750V 이하, 교류 650V 미만
③ 직류 1,500V 이하, 교류 1,000V 이하
④ 직류 750V 미만, 교류 600V 미만

**해설** 전압의 구분

| 전압의 종별 | 교류 | 직류 |
|---|---|---|
| 저압 | 1,000V 이하의 것 | 1,500V 이하의 것 |
| 고압 | 1,000V 초과 7,000V 이하 | 1,500V 초과 7,000V 이하 |
| 특별 고압 | 7,000V 초과 | 7,000V 초과 |

{분석}
실기에도 자주 출제되는 내용입니다. 암기하세요.

**68** 대전의 완화를 나타내는데 중요한 인자인 시정수(time constant)는 최초의 전하가 약 몇 %까지 완화되는 시간을 말하는가?

① 20
② 37
③ 45
④ 50

**해설** 시정수(time constant)는 최초의 전하가 약 37%까지 완화되는 시간을 말한다.

**69** 금속성의 전기기계장치나 구조물에 인체의 일부가 상시 접촉되어 있는 상태의 허용 접촉 전압으로 옳은 것은?

① 2.5V 이하
② 25V 이하
③ 50V 이하
④ 제한 없음

**해설** 허용접촉전압

| 종 별 | 접촉 상태 | 허용 접촉 전압 |
|---|---|---|
| 제1종 | • 인체의 대부분이 수중에 있는 상태 | 2.5V 이하 |
| 제2종 | • 인체가 현저히 젖어 있는 상태<br>• 금속성의 전기·기계 장치나 구조물에 인체의 일부가 상시 접촉되어 있는 상태 | 25V 이하 |
| 제3종 | • 제1종, 제2종 이외의 경우로서 통상의 인체 상태에 있어서 접촉 전압이 가해지면 위험성이 높은 상태 | 50V 이하 |
| 제4종 | • 제1종, 제2종 이외의 경우로서 통상의 인체 상태에 접촉 전압이 가해지더라도 위험성이 낮은 상태<br>• 접촉 전압이 가해질 우려가 없는 경우 | 제한 없음 |

{분석}
실기에도 자주 출제되는 내용입니다. 암기하세요.

정답 67 ③ 68 ② 69 ②

**70** 정전기 대전현상의 설명으로 틀린 것은?

① 충돌대전 : 분체류와 같은 입자 상호 간이나 입자와 고체와의 충돌에 의해 빠른 접촉 또는 분리가 행하여짐으로써 정전기가 발생되는 현상

② 유동대전 : 액체류가 파이프 등 내부에서 유동할 때 액체와 관 벽 사이에서 정전기가 발생되는 현상

③ 박리대전 : 고체나 분체류와 같은 물체가 파괴되었을 때 전하분리에 의해 정전기가 발생되는 현상

④ 분출대전 : 분체류, 액체류, 기체류가 단면적이 작은 분출구를 통해 공기 중으로 분출될 때 분출하는 물질과 분출구의 마찰로 인해 정전기가 발생되는 현상

**해설** ③ 박리대전 : 밀착된 물체가 떨어지면서 자유전자의 이동으로 정전기가 발생하는 현상

{분석}
**필기에 자주 출제되는 내용입니다.**

**71** 상용주파수 60Hz 교류에서 성인 남자이 경우 고통한계 전류로 가장 알맞은 것은?

① 15 ~ 20mA     ② 10 ~ 15mA
③ 7 ~ 8mA     ④ 1mA

**해설** 고통한계 전류 : 7~8mA

**참고** 통전전류 세기

• 최소감지 전류 : 1~2mA
• 고통감지 전류 : 2~8mA
• 이탈가능 전류 : 8~15mA
• 이탈불능 전류 : 15~50mA
• 심실세동 전류 : 100mA 이상

{분석}
**필기에 자주 출제되는 내용입니다.**

**72** 정상작동 상태에서 폭발 가능성이 없으나 이상 상태에서 짧은 시간 동안 폭발성 가스 또는 증기가 존재하는 지역에 사용 가능한 방폭용기를 나타내는 기호는?

① ib     ② p
③ e     ④ n

**해설** • 이상 상태에서 짧은 시간 동안 폭발성 가스 또는 증기가 존재 → 2종 장소
• 2종 장소에만 사용 가능한 방폭구조 : 비점화 방폭구조(n)

**73** 정전기 발생에 영향을 주는 요인에 대한 설명으로 틀린 것은?

① 물체의 분리속도가 빠를수록 발생량은 적어진다.

② 접촉면적이 크고 접촉압력이 높을수록 발생량이 많아진다.

③ 물체 표면이 수분이나 기름으로 오염되면 산화 및 부식에 의해 발생량이 많아진다.

④ 정전기의 발생은 처음 접촉, 분리할 때가 최내로 뇌고 섭촉, 분리가 반복됨에 따라 발생량은 감소한다.

**해설** 정전기 발생에 영향을 주는 요인

| 물체의 특성 | 대전서열에서 멀리 있는 물체들끼리 마찰할수록 발생량이 많다. |
|---|---|
| 물체의 표면 상태 | 표면이 거칠수록, 표면이 수분, 기름 등에 오염될수록 발생량이 많다. |
| 물체의 이력 | 처음 집촉, 분리할 때 성선기 발생량이 최고이고, 반복될수록 발생량은 줄어든다. |
| 접촉 면적 및 압력 | 접촉 면적이 넓을수록, 접촉압력이 클수록 발생량이 많다. |
| 분리 속도 | 분리속도가 빠를수록 발생량이 많다. |

**정답** 70 ③ 71 ③ 72 ④ 73 ①

최근기출문제 2017

**74** 분진 방폭 배선 시설에 분진 침투 방지 재료로 가장 적합한 것은?

① 분진침투 케이블
② 컴파운드(compound)
③ 자기융착성 테이프
④ 씰링피팅(sealing fitting)

**해설** 분진 방폭 배선 시설의 분진 침투 방지 재료 →
자기융착성 테이프

**75** 인체의 저항을 1000Ω으로 볼 때 심실세동을 일으키는 전류에서의 전기에너지는 약 몇 J인가?
(단, 심실세동전류는 $\dfrac{165}{\sqrt{T}}$ mA 이며,
통전시간 T는 1초, 전원은 정현파 교류이다.)

① 13.6      ② 27.2
③ 136.6     ④ 272.2

**해설** 1. 인체저항이 500Ω일 때 전기에너지 → 13.61J
인체저항이 1000Ω일 때 전기에너지 →
13.61×2 = 27.22J

2. $Q = I^2 \times R \times T$

$\quad = (\dfrac{165}{\sqrt{1}} \times 10^{-3})^2 \times 1000 \times 1$

$\quad = 27.23(J)$

{분석}
자주 출제되는 내용입니다.
해설의 1, 2 중 편리한 방법을 기억하세요.

**76** 정전작업 시 조치사항으로 부적합한 것은?

① 작업 전 전기설비의 잔류 전하를 확실히 방전한다.
② 개로된 전로의 충전여부를 검전기구에 의하여 확인한다.
③ 개폐기에 시건장치를 하고 통전금지에 관한 표지판은 제거한다.
④ 예비 동력원의 역송전에 의한 감전의 위험을 방지하기 위해 단락접지 기구를 사용하여 단락 접지를 한다.

**해설** ③ 개폐기에 시건장치를 하고 통전금지에 관한 표지판을 설치한다.

**참고** 정전작업 시 전로 차단 절차
① 전기기기 등에 공급되는 모든 전원을 관련 도면, 배선도 등으로 확인할 것
② 전원을 차단한 후 각 단로기 등을 개방하고 확인할 것
③ 차단장치나 단로기 등에 잠금장치 및 꼬리표를 부착할 것
④ 전기기기 등은 접촉하기 전에 잔류전하를 완전히 방전시킬 것
⑤ 검전기를 이용하여 작업 대상 기기가 충전되었는지를 확인할 것
⑥ 충분한 용량을 가진 단락 접지기구를 이용하여 접지할 것

{분석}
실기까지 중요한 내용입니다.

**77** 300A의 전류가 흐르는 저압 가공전선로의 1(한)선에서 허용 가능한 누설전류는 몇 mA인가?

① 600      ② 450
③ 300      ④ 150

**해설** • 허용 가능한 누설전류 : 최대공급전류의 $\dfrac{1}{2000}$

• $300 \times \dfrac{1}{2000} = 0.15A \times 1000 = 150mA$

(1A = 1000mA)

**정답** 74 ③  75 ②  76 ③  77 ④

**78** 방폭 전기기기의 성능을 나타내는 기호 표시로 EX P Ⅱ A T5를 나타내었을 때 관계가 없는 표시 내용은?

① 온도등급　　② 폭발성능
③ 방폭구조　　④ 폭발등급

해설 **방폭기기의 표시**

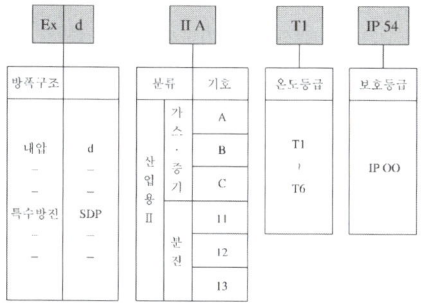

**79** 다음 중 1종 위험장소로 분류되지 않는 것은?

① Floating roof tank 상의 shell 내의 부분
② 인화성 액체의 용기 내부의 액면 상부의 공간부
③ 점검수리 작업에서 가연성 가스 또는 증기를 방출하는 경우의 밸브 부근
④ 탱크롤리, 드럼관 등이 인화성 액체를 충전하고 있는 경우의 개구부 부근

해설 ② 인화성 액체의 용기 내부의 액면 상부의 공간부 → 0종 장소

| 참고 | | |
|---|---|
| 0종 장소 | 가. 실비의 내부<br>나. 인화성 또는 가연성 액체가 피트(PIT) 등의 내부<br>다. 인화성 또는 가연성의 가스나 증기가 지속적으로 또는 장기간 체류하는 곳 |
| 1종 장소 | 가. 통상의 상태에서 위험분위기가 쉽게 생성되는 곳<br>나. 운전·유지 보수 또는 누설에 의하여 자주 위험분위기가 생성되는 곳 |
| 1종 장소 | 다. 설비 일부의 고장 시 가연성물질의 방출과 전기계통의 고장이 동시에 발생되기 쉬운 곳<br>라. 환기가 불충분한 장소에 설치된 배관계통으로 배관이 쉽게 누설되는 구조의 곳<br>마. 주변 지역보다 낮아 가스나 증기가 체류할 수 있는 곳<br>바. 상용의 상태에서 위험분위기가 주기적 또는 간헐적으로 존재하는 곳 |

{분석}
**실기까지 중요한 내용입니다.**

**80** 저압 전기기기의 누전으로 인한 감전재해의 방지 대책이 아닌 것은?

① 보호접지
② 안전전압의 사용
③ 비접지식 전로의 채용
④ 배선용차단기(MCCB)의 사용

해설 ④ 누전으로 인한 감전을 방지하기 위해서는 누전차단기를 설치하여야 한다.

제**5**과목 **화학설비 안전 관리**

**81** 다음 중 화학공장에서 주로 사용되는 불활성 기스는?

① 수소
② 수증기
③ 질소
④ 일산화탄소

해설 화학공장에서 주로 사용되는 불활성 가스 → 질소

**82** 위험물 안전 관리법령에서 정한 위험물의 유별 구분이 나머지 셋과 다른 하나는?

① 질산
② 질산칼륨
③ 과염소산
④ 과산화수소

해설 • **질산, 과염소산, 과산화수소** : 제6류 위험물 산화성 액체
• **질산칼륨** : 제1류 위험물 산화성고체

**83** 다음 중 압축기 운전 시 토출압력이 갑자기 증가하는 이유로 가장 적절한 것은?

① 윤활유의 과다
② 피스톤 링의 가스 누설
③ 토출관 내에 저항 발생
④ 저장조 내 가스압의 감소

해설 토출관 내에 저항 발생시 토출압력이 증가한다.

**84** 프로판($C_3H_8$) 가스가 공기 중 연소할 때의 화학양론농도는 약 얼마인가? (단, 공기 중의 산소농도는 21 vol%이다.)

① 2.5vol%
② 4.0vol%
③ 5.6vol%
④ 9.5vol%

해설 완전 연소 조성 농도(화학양론농도)

$$C_{st}(Vol\%) = \frac{100}{1 + 4.773\left(n + \dfrac{m - f - 2\lambda}{4}\right)}$$

여기서, $n$ : 탄소    $m$ : 수소
$f$ : 할로겐원소    $\lambda$ : 산소의 원자 수
4.773 : 공기의 몰수

프로판($C_3H_8$)에서 $n$ : 3, $m$ : 8, $f = 0$, $\lambda = 0$이므로

$$C_{st} = \frac{100}{1 + 4.773\left(3 + \dfrac{8}{4}\right)} = 4.02(vol\%)$$

**85** 다음 중 $CO_2$ 소화약제의 장점으로 볼 수 없는 것은?

① 기체 팽창률 및 기화 잠열이 작다.
② 액화하여 용기에 보관할 수 있다.
③ 전기에 대해 부도체이다.
④ 자체 증기압이 높기 때문에 자체 압력으로 방사가 가능하다.

해설 ① 기체 팽창률 및 기화 잠열이 크다.

참고 기화 잠열

• 물질이 기화(기체로 변화)할 때 외부로부터 흡수하는 숨은 열
• 기화잠열이 클수록 주변 열을 많이 흡수하므로 주변 온도가 떨어져 소화효과가 커진다.

**86** 아세톤에 대한 설명으로 틀린 것은?

① 증기는 유독하므로 흡입하지 않도록 주의해야 한다.
② 무색이고 휘발성이 강한 액체이다.
③ 비중이 0.79이므로 물보다 가볍다.
④ 인화점이 20℃이므로 여름철에 더 인화 위험이 높다.

해설 ④ 아세톤의 인화점 : −18℃

**87** 다음 중 인화점이 가장 낮은 것은?

① 벤젠
② 메탄올
③ 이황화탄소
④ 아세톤

해설 ① 벤젠의 인화점 : −11.10℃
② 메탄올의 인화점 : 16℃
③ 이황화탄소 : −30℃
④ 아세톤 : −18℃

**88** 다음 중 왕복펌프에 속하지 않는 것은?

① 피스톤 펌프
② 플런저 펌프
③ 기어 펌프
④ 격막 펌프

해설 기어펌프는 회전펌프에 해당한다.

정답 82 ② 83 ③ 84 ② 85 ① 86 ④ 87 ③ 88 ③

**참고** 왕복펌프

- 피스톤의 왕복 운동에 의해서 액체에 압력을 주는 펌프
- 플런저형, 버킷형, 피스톤형, 다이어프램 펌프 등

## 89 다음 중 아세틸렌을 용해가스로 만들 때 사용되는 용제로 가장 적합한 것은?

① 아세톤 ② 메탄
③ 부탄 ④ 프로판

**해설** 아세틸렌의 용제 → 아세톤

## 90 다음 금속 중 산(acid)과 접촉하여 수소를 가장 잘 방출시키는 원소는?

① 칼륨 ② 구리
③ 수은 ④ 백금

**해설** 칼륨(금수성 물질)은 산(acid)과 접촉하여 수소를 발생시킨다.

## 91 비점이 낮은 액체 저장탱크 주위에 화재가 발생했을 때 저장탱크 내부의 비등현상으로 인한 압력 상승으로 탱크가 과열되어 그 내용물이 증발, 팽창하면서 발생되는 폭발현상은?

① Back Draft
② BLEVE
③ Flash Over
④ UVCE

**해설** 블래비(Bleve)현상(비등액 팽창증기폭발) : 가연성 액화가스에서 외부화재에 의해 탱크 내 액체가 비등하고 증기가 팽창하면서 폭발을 일으키는 현상으로 벽면파괴를 동반한다.

**참고** 개방계 증기운 폭발(Unconfined vapor cloud explosion, "UVCE"): 가연성 가스가 지속적으로 누출되면서 대기 중에 구름형태로 모여 점화원에 의하여 순간적으로 모든 가스가 동시에 폭발하는 현상

## 92 가연성가스의 폭발범위에 관한 설명으로 틀린 것은?

① 압력 증가에 따라 폭발 상한계와 하한계가 모두 현저히 증가한다.
② 불활성가스를 주입하면 폭발범위는 좁아진다.
③ 온도의 상승과 함께 폭발범위는 넓어진다.
④ 산소 중에서의 폭발범위는 공기 중에서 보다 넓어진다.

**해설** ① 압력상승 시 하한계는 불변, 상한계는 상승한다.

**참고**
- 온도상승 시 하한계는 약간 하강, 상한계는 상승한다.
- 폭발하한계가 낮을수록, 폭발 상한계는 높을수록 폭발범위가 넓어져 위험하다.

{분석}
**필기에 자주 출제되는 내용입니다.**

## 93 고체 가연물의 일반적인 4가지 연소방식에 해당하지 않는 것은?

① 분해연소 ② 표면연소
③ 확산연소 ④ 증발연소

**해설** 확산연소는 기체의 연소방식이다.

**참고**

| | | |
|---|---|---|
| 고체의 연소 | 표면연소 | 가연성 가스를 발생하지 않고 물질 그 자체가 연소하는 형태<br>예 코크스, 목탄, 금속분 등 |
| | 분해연소 | 가열 분해에 의해 발생된 가연성 가스가 공기와 혼합되어 연소하는 형태<br>예 목재, 종이, 석탄, 플라스틱 등 일반 가연물 |
| | 증발연소 | 고체가연물의 가열에 의해 발생한 가연성 증기가 연소하는 형태<br>예 황, 나프탈렌 |
| | 자기연소 | 자체 내 산소를 함유하고 있어 공기 중 산소를 필요치 않고 연소하는 형태<br>예 니트로 화합물, 다이너마이트 등 |

정답 89 ① 90 ① 91 ② 92 ① 93 ③

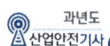

**94** 산업안전보건 법령에 따라 정변위 압축기 등에 대해서 과압에 따른 폭발을 방지하기 위하여 설치하여야 하는 것은?

① 역화방지기　② 안전밸브
③ 감지기　　　④ 체크밸브

해설 과압에 따른 폭발을 방지 → 안전밸브

**95** 다음 중 응상폭발이 아닌 것은?

① 분해폭발
② 수증기폭발
③ 전선폭발
④ 고상간의 전이에 의한 폭발

해설 **응상폭발** : 고상과 액상폭발을 총칭하여 응상폭발이라 한다.

• 수증기폭발
• 증기폭발
• 전선폭발

**96** 5% NaOH 수용액과 10% NaOH 수용액을 반응기에 혼합하여 6% 100kg의 NaOH 수용액을 만들려면 각각 몇 kg의 NaOH 수용액이 필요한가?

① 5% NaOH 수용액 : 33.3
　10% NaOH 수용액 : 66.7
② 5% NaOH 수용액 : 50
　10% NaOH 수용액 : 50
③ 5% NaOH 수용액 : 66.7
　10% NaOH 수용액 : 33.3
④ 5% NaOH 수용액 : 80
　10% NaOH 수용액 : 20

해설 • 5% NaOH 수용액 : 수용액 100kg 중 NaOH 5kg이 포함됨
• 10% NaOH 수용액 : 수용액 100kg 중 NaOH 10kg이 포함됨

• 6% NaOH 수용액을 만들려면 수용액 100kg 중 NaOH 6kg이 필요하다.
① 5% NaOH 수용액 33.3과 10% NaOH 수용액 66.7 속의 NaOH의 양
　→ $33.3 \times 0.05 + 66.7 \times 0.1 = 8.34$kg
② 5% NaOH 수용액 50과 10% NaOH 수용액 50 속의 NaOH의 양
　→ $50 \times 0.05 + 50 \times 0.1 = 7.50$kg
③ 5% NaOH 수용액 66.7과 10% NaOH 수용액 33.3 속의 NaOH의 양
　→ $66.7 \times 0.05 + 33.3 \times 0.1 = 6.67$kg
④ 5% NaOH 수용액 80과 10% NaOH 수용액 20 속의 NaOH의 양
　→ $80 \times 0.05 + 20 \times 0.1 = 6.0$kg

{분석}
**비중이 낮은 문제입니다.**

**97** 다음 설명이 의미하는 것은?

"온도, 압력 등 제어상태가 규정의 조건을 벗어나는 것에 의해 반응속도가 지수함수적으로 증대되고, 반응용기 내의 온도, 압력이 급격히 이상 상승되어 규정 조건을 벗어나고, 반응이 과격화되는 현상"

① 비등
② 과열·과압
③ 폭발
④ 반응폭주

해설 반응용기 내의 온도, 압력이 급격히 이상 상승되어 규정 조건을 벗어나고, 반응이 과격화되는 현상 → 반응폭주

•)) 정답 **94** ② **95** ① **96** ④ **97** ④

**98** 분진폭발의 발생 순서로 옳은 것은?

① 비산 → 분산 → 퇴적분진 → 발화원
　　→ 2차폭발 → 전면폭발
② 비산 → 퇴적분진 → 분산 → 발화원
　　→ 2차폭발 → 전면폭발
③ 퇴적분진 → 발화원 → 분산 → 비산
　　→ 전면폭발 → 2차폭발
④ 퇴적분진 → 비산 → 분산 → 발화원
　　→전면폭발 → 2차폭발

해설 **분진폭발의 발생 순서**

퇴적분진 $\xrightarrow{\text{열에너지 증가}}$ 비산(기체발생) → 분산
(혼합기체 형성) → 점화원 → 1차폭발 → 2차폭발

{분석}
**실기까지 중요한 내용입니다.**

**99** 건축물 공사에 사용되고 있으나, 불에 타
는 성질이 있어서 화재 시 유독한 시안화
수소가스가 발생되는 물질은?

① 염화비닐
② 염화에틸렌
③ 메타크릴산메틸
④ 우레탄

해설 건축물 공사에 사용되며 <u>화재 시 유독한 시안화
수소가스가 발생</u> → 우레탄

**100** 다음 중 밀폐공간 내 작업 시의 조치사항
으로 가장 거리가 먼 것은?

① 산소결핍이 우려되거나 유해가스 등의
농도가 높아서 폭발할 우려가 있는
경우는 진행 중인 작업에 방해되지 않
도록 주의하면서 환기를 강화하여야
한다.
② 해당 작업장을 적정한 공기 상태로 유
지되도록 환기하여야 한다.

③ 해당 장소에 근로자를 입장시킬 때와
퇴장시킬 때에 각각 인원을 점검하여
야 한다.
④ 해당 작업장과 외부의 감시인 사이에
상시 연락을 취할 수 있는 설비를 설
치하여야 한다.

해설 ① 근로자가 밀폐공간에서 작업을 하는 경우에 산소
결핍이나 유해가스로 인한 질식·화재·폭발
등의 우려가 있으면 즉시 작업을 중단시키고 해
당 근로자를 대피하도록 하여야 한다.

제**6**과목 · **건설공사 안전 관리**

**101** 공정률이 65%인 건설 현장의 경우 공사
진척에 따른 산업안전보건관리비의 최소
사용 기준으로 옳은 것은?

① 40% 이상
② 50% 이상
③ 60% 이상
④ 70% 이상

해설 **공사 진척에 따른 산업안전보건관리비 사용 기준**

| 공정률 | 사용 기준 |
|---|---|
| 50퍼센트 이상<br>70퍼센트 미만 | 50퍼센트 이상 |
| 70퍼센트 이상<br>90퍼센트 미만 | 70피센드 이싱 |
| 90퍼센트 이상 | 90퍼센트 이상 |

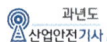

**102** 화물 취급작업과 관련한 위험방지를 위해 조치하여야 할 사항으로 옳지 않은 것은?

① 작업장 및 통로의 위험한 부분에는 안전하게 작업할 수 있는 조명을 유지할 것

② 차량 등에서 화물을 내리는 작업을 하는 경우에 해당 작업에 종사하는 근로자에게 쌓여 있는 화물 중간에서 화물을 빼내도록 하지 말 것

③ 육상에서의 통로 및 작업장소로서 다리 또는 선거 갑문을 넘는 보도 등의 위험한 부분에는 안전난간 또는 울타리 등을 설치할 것

④ 부두 또는 안벽의 선을 따라 통로를 설치하는 경우에는 폭을 50cm 이상으로 할 것

> **해설** ④ 부두 또는 안벽의 선을 따라 통로를 설치하는 경우에는 폭을 90cm 이상으로 할 것

**103** 타워크레인을 자립고(自立高) 이상의 높이로 설치할 때 지지벽체가 없어 와이어프로 지지하는 경우의 준수사항으로 옳지 않은 것은?

① 와이어로프를 고정하기 위한 전용지지프레임을 사용할 것

② 와이어로프 설치각도는 수평면에서 60° 이내로 하되, 지지점은 4개소 이상으로 하고, 같은 각도로 설치할 것

③ 와이어로프와 그 고정부위는 충분한 강도와 장력을 갖도록 설치하되, 와이어로프를 클립·샤클(shackle) 등의 기구를 사용하여 고정하지 않도록 유의할 것

④ 와이어로프가 가공전선(架空電線)에 근접하지 않도록 할 것

> **해설** ③ 와이어로프의 고정부위는 **충분한 강도와 장력을** 갖도록 설치하고, 와이어로프를 클립·샤클(shackle) 등의 고정기구를 사용하여 견고하게 고정시켜 풀리지 않도록 할 것

**104** 말비계를 조립하여 사용할 때의 준수사항으로 옳지 않은 것은?

① 지주부재의 하단에는 미끄럼 방지장치를 한다.

② 지주부재와 수평면과의 기울기는 75° 이하로 한다.

③ 말비계의 높이가 2m를 초과할 경우에는 작업발판의 폭을 30cm 이상으로 한다.

④ 지주부재와 지주부재 사이를 고정시키는 보조부재를 설치한다.

> **해설** ③ 말비계의 **높이가 2m를 초과**할 경우에는 **작업발판의 폭을 40cm 이상**으로 한다.

> **참고** 말비계 조립 시의 준수사항
> ① 지주부재의 하단에는 미끄럼 방지장치를 하고, 양측 끝부분에 올라서서 작업하지 아니하도록 할 것
> ② 지주부재와 수평면과의 기울기를 75도 이하로 하고, 지주부재와 지주부재 사이를 고정시키는 보조부재를 설치할 것
> ③ 말비계의 높이가 2미터를 초과할 경우에는 작업발판의 폭을 40센터미터 이상으로 할 것
>
> {분석}
> 실기까지 중요한 내용입니다.

**105** 흙막이 지보공의 안전조치로 옳지 않은 것은?

① 굴착배면에 배수로 미설치

② 지하매설물에 대한 조사 실시

③ 조립도의 작성 및 작업순서 준수

④ 흙막이 지보공에 대한 조사 및 점검 철저

> **해설** ① 굴착배면에 배수로를 설치하여 배수가 원활히 되도록 한다.

**106** 거푸집 동바리 등을 조립 또는 해체하는 작업을 하는 경우의 준수사항으로 옳지 않은 것은?

① 재료, 기구 또는 공구 등을 올리거나 내리는 경우에는 근로자로 하여금 달줄·달포대 등의 사용을 금하도록 할 것

② 낙하·충격에 의한 돌발적 재해를 방지하기 위하여 버팀목을 설치하고 거푸집 동바리 등을 인양 장비에 매단 후에 작업을 하도록 하는 등 필요한 조치를 할 것

③ 비, 눈, 그 밖의 기상 상태의 불안정으로 날씨가 몹시 나쁜 경우에는 그 작업을 중지할 것

④ 해당 작업을 하는 구역에는 관계 근로자가 아닌 사람의 출입을 금지할 것

**[해설]** ① 재료, 기구 또는 공구 등을 올리거나 내리는 경우에는 근로자로 하여금 달줄·달포대 등을 사용하도록 할 것

**107** 로드(rod)·유입잭(jack) 등을 이용하여 거푸집을 연속적으로 이동시키면서 콘크리트를 타설할 때 사용되는 것으로 silo 공사 등에 적합한 거푸집은?

① 메탈 폼
② 슬라이딩 폼
③ 워플 폼
④ 페코빔

**[해설]** 거푸집을 연속적으로 이동시키면서 콘크리트를 타설, silo 공사 등에 적합 → 슬라이딩 폼

**108** 양중기에 사용하는 와이어로프에서 화물의 화중을 직접 지지하는 달기와이어로프 또는 달기체인의 안전계수 기준은?

① 3 이상
② 4 이상
③ 5 이상
④ 10 이상

**[해설]** 양중기의 와이어로프 등 달기구의 안전계수

① 근로자가 탑승하는 운반구를 지지하는 달기와이어로프 또는 달기체인의 경우 : 10 이상

② 화물의 하중을 직접 지지하는 달기와이어로프 또는 달기체인의 경우 : 5 이상

③ 훅, 샤클, 클램프, 리프팅 빔의 경우 : 3 이상

④ 그 밖의 경우 : 4 이상

**[분석]**
실기까지 중요한 내용입니다.

**109** 건설업의 산업안전보건관리비 사용 항목에 해당되지 않는 것은?

① 안전시설비
② 근로자 건강관리비
③ 운반기계 수리비
④ 안전 진단비

**[해설]** 산업안전보건관리비의 사용내역

① 안전관리자·보건관리자 임금 등
② 안전 시설비 등
③ 보호구 등
④ 안전보건 진단비 등
⑤ 안전보건 교육비 등
⑥ 근로자 건강상해 예빙비 등
⑦ 건설재해예방 전문 지도기관 기술 지도비
⑧ 본사 전담조직 근로자 임금 등
⑨ 위험성 평가 등에 따른 소요비용

**[분석]**
실기까지 중요한 내용입니다.

**110** 실치·이전하는 경우 안전인증을 받아야 하는 기계·기구에 해당되지 않는 것은?

① 크레인
② 리프트
③ 곤돌라
④ 고소작업대

**[해설]** 설치·이전하는 경우 안전인증을 받아야 하는 기계·기구
가. 크레인      나. 리프트
다. 곤돌라

**정답** 106 ① 107 ② 108 ③ 109 ③ 110 ④

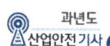
**참고** 주요 구조 부분을 변경하는 경우 안전인증을 받아야 하는 기계·기구

① 프레스
② 전단기 및 절곡기(折曲機)
③ 크레인　　④ 리프트
⑤ 압력용기　　⑥ 롤러기
⑦ 사출성형기(射出成形機)
⑧ 고소(高所)작업대　　⑨ 곤돌라

**유사한 종류끼리 묶어서 암기**

**손 다치는 기계** – 프레스, 전단기 및 절곡기,
　　　　　　　　사출성형기, 롤러기
**양중기** – 크레인, 리프트, 곤돌라
**폭발** – 압력용기
**추락** – 고소작업대

{분석}
실기에 자주 출제되는 내용입니다. 암기하세요.

## 111 유해·위험방지계획서 첨부서류에 해당되지 않는 것은?

① 안전관리를 위한 교육자료
② 안전관리 조직표
③ 건설물, 사용 기계설비 등의 배치를 나타내는 도면
④ 재해 발생 위험 시 연락 및 대피방법

**해설** 유해·위험방지계획서 첨부서류

1. 공사 개요 및 안전보건관리계획

　가. 공사 개요서
　나. 공사현장의 주변 현황 및 주변과의 관계를 나타내는 도면(매설물 현황을 포함한다)
　다. 건설물, 사용 기계설비 등의 배치를 나타내는 도면
　라. 전체 공정표
　마. 산업안전보건관리비 사용계획
　바. 안전관리 조직표
　사. 재해 발생 위험 시 연락 및 대피방법

2. 작업 공사 종류별 유해·위험방지계획

## 112 항타기 또는 항발기의 권상용 와이어로프의 사용금지 기준에 해당하지 않는 것은?

① 이음매가 없는 것
② 지름의 감소가 공칭지름의 7%를 초과하는 것
③ 꼬인 것
④ 열과 전기충격에 의해 손상된 것

**해설** 와이어로프의 사용금지 기준

① 이음매가 있는 것
② 와이어로프의 한 꼬임에서 끊어진 소선의 수가 10퍼센트 이상인 것
③ 지름의 감소가 공칭지름의 7퍼센트를 초과하는 것
④ 꼬인 것
⑤ 심하게 변형되거나 부식된 것
⑥ 열과 전기충격에 의해 손상된 것

{분석}
실기에 자주 출제되는 내용입니다. 암기하세요.

## 113 철골 작업 시 기상조건에 따라 안전상 작업을 중지하여야 하는 경우 해당되는 기준으로 옳은 것은?

① 강우량이 시간당 5mm 이상인 경우
② 강우량이 시간당 10mm 이상인 경우
③ 풍속이 초당 10m 이상인 경우
④ 강설량이 시간당 20mm 이상인 경우

**해설** 철골작업을 중지해야 하는 조건

① 풍속이 초당 10미터 이상인 경우
② 강우량이 시간당 1밀리미터 이상인 경우
③ 강설량이 시간당 1센티미터 이상인 경우

{분석}
실기에 자주 출제되는 내용입니다. 암기하세요.

정답　111 ①　112 ①　113 ③

## 114 가설통로의 구조에 관한 기준으로 옳지 않은 것은?

① 경사가 15°를 초과하는 경우에는 미끄러지지 아니하는 구조로 할 것
② 경사는 20° 이하로 할 것
③ 추락의 위험이 있는 장소에는 안전난간을 설치할 것
④ 수직갱에 가설된 통로의 길이가 15m 이상인 경우에는 10m 이내마다 계단참을 설치할 것

**해설** **가설통로의 구조**

① 견고한 구조로 할 것
② 경사는 30도 이하로 할 것(계단을 설치하거나 높이 2미터 미만의 가설통로로서 튼튼한 손잡이를 설치한 때에는 그러하지 아니하다)
③ 경사가 15도를 초과하는 때는 미끄러지지 아니하는 구조로 할 것
④ 추락의 위험이 있는 장소에는 안전난간을 설치할 것(작업상 부득이한 때에는 필요한 부분에 한하여 임시로 이를 해체할 수 있다)
⑤ 수직갱 : 길이가 15미터이상인 때에는 10미터 이내마다 계단참을 설치할 것
⑥ 건설공사에 사용하는 높이 8미터 이상인 비계 다리 : 7미터 이내 마다 계단 참을 설치할 것

[분석]
실기까지 중요한 내용입니다.

## 115 동바리로 사용하는 파이프 서포트는 최대 몇 개 이상 이어서 사용하지 않아야 하는가?

① 2개          ② 3개
③ 4개          ④ 5개

**해설** **동바리로 사용하는 파이프 서포트의 조립 시 준수사항**

• 파이프서포트를 3개본 이상 이어서 사용하지 아니하도록 할 것
• 파이프서포트를 이어서 사용할 때에는 4개 이상의 볼트 또는 전용철물을 사용하여 이을 것

• 높이가 3.5미터를 초과하는 경우에는 높이 2미터 이내마다 수평연결재를 2개 방향으로 만들고 수평연결재의 변위를 방지할 것

{분석}
실기까지 중요한 내용입니다.

## 116 건설현장에 설치하는 사다리식 통로의 설치기준으로 옳지 않은 것은?

① 발판과 벽과의 사이는 15cm 이상의 간격을 유지할 것
② 발판의 간격은 일정하게 할 것
③ 사다리의 상단은 걸쳐놓은 지점으로부터 60cm 이상 올라가도록 할 것
④ 사다리식 통로의 길이가 10m 이상일 것

**해설** ④ 사다리식 통로의 길이가 10미터 이상인 경우에는 5미터 이내마다 계단참을 설치할 것

**참고** **사다리식 통로 설치의 준수사항**

① 견고한 구조로 할 것
② 심한 손상·부식 등이 없는 재료를 사용할 것
③ 발판의 간격은 일정하게 할 것
④ 발판과 벽과의 사이는 15센티미터 이상의 간격을 유지할 것
⑤ 폭은 30센티미터 이상으로 할 것
⑥ 사다리가 넘어지거나 미끄러지는 것을 방지하기 위한 조치를 할 것
⑦ 사다리의 상단은 걸쳐놓은 지점으로부터 60센티미터 이상 올라가도록 할 것
⑧ 사다리식 통로의 길이가 10미터 이상인 경우에는 5미터 이내마다 계단참을 설치할 것
⑨ 사다리식 통로의 기울기는 75도 이하로 할 것. 다만, 고정식 사다리식 통로의 기울기는 90도 이하로 하고, 그 높이가 7미터 이상인 경우에는 다음 각 목의 구분에 따른 조치를 할 것
• 등받이울이 있어도 근로자 이동에 지장이 없는 경우 : 바닥으로부터 높이가 2.5미터 되는 지점부터 등받이울을 설치할 것
• 등받이울이 있으면 근로자가 이동이 곤란한 경우 : 한국산업표준에서 정하는 기준에 적합한 개인용 추락 방지 시스템을 설치하고 근로자로 하여금 한국산업표준에서 정하는 기준에 적합한 전신 안전대를 사용하도록 할 것

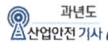
⑩ 접이식 사다리 기둥은 사용 시 접혀지거나 펼쳐지지 않도록 철물 등을 사용하여 견고하게 조치할 것

{분석}
**실기까지 중요한 내용입니다.**

## 117 흙막이 계측기의 종류 중 주변 지반의 변형을 측정하는 기계는?

① Tilt meter  　② Inclino meter
③ Strain gauge  ④ Load cell

[해설] **지중수평변위계(Inclino-meter)**
인접지반의 수평 변위량과 위치, 방향 및 크기를 실측하여 토류구조물 각 지점의 응력 상태를 판단한다.

## 118 차량계 하역운반기계 등에 화물을 적재하는 경우에 준수해야 할 사항으로 옳지 않은 것은?

① 하중이 한쪽으로 치우치도록 하여 공간상 효율적으로 적재할 것
② 구내운반차 또는 화물자동차의 경우 화물의 붕괴 또는 낙하에 의한 위험을 방지하기 위하여 화물에 로프를 거는 등 필요한 조치를 할 것
③ 운전자의 시야를 가리지 않도록 화물을 적재할 것
④ 화물을 적재하는 경우 최대적재량을 초과하지 않을 것

[해설] **차량계 하역운반기계에 화물적재 시의 조치**
① 하중이 한쪽으로 치우치지 않도록 적재할 것
② 구내운반차 또는 화물자동차의 경우 화물의 붕괴 또는 낙하에 의한 위험을 방지하기 위하여 화물에 로프를 거는 등 필요한 조치를 할 것
③ 운전자의 시야를 가리지 않도록 화물을 적재할 것
④ 화물을 적재하는 경우에는 최대적재량을 초과해서는 아니 된다.

## 119 다음 설명에 해당하는 안전대와 관련된 용어로 옳은 것은? (단, 보호구 안전인증 고시 기준)

> 신체지지의 목적으로 전신에 착용하는 띠 모양의 것으로서 상체 등 신체 일부분만 지지하는 것은 제외한다.

① 안전그네　　② 벨트
③ 죔줄　　　 ④ 버클

[해설] 신체지지의 목적으로 전신에 착용하는 띠 모양의 것
→ **안전그네**

{분석}
**실기까지 중요한 내용입니다.**

## 120 터널공사의 전기발파작업에 관한 설명으로 옳지 않은 것은?

① 전선은 점화하기 전에 화약류를 충진한 장소로부터 30m 이상 떨어진 안전한 장소에서 도통시험 및 저항시험을 하여야 한다.
② 점화는 충분한 허용량을 갖는 발파기를 사용하고 규정된 스위치를 반드시 사용하여야 한다.
③ 발파 후 발파기와 발파모선의 연결을 유지한 채 그 단부를 절연시킨다.
④ 점화는 선임된 발파책임자가 행하고 발파기의 핸들을 점화할 때 이외는 시건장치를 하거나 모선을 분리하여야 하며 발파책임자의 엄중한 관리 하에 두어야 한다.

[해설] ③ 발파 후 즉시 발파기를 발파모선으로부터 분리하여 단락 시켜 재점화가 되지 않도록 조치한다.

•)) 정답 117② 118① 119① 120③

# 03회 2017년 산업안전기사 최근 기출문제

## 제1과목 • 산업재해 예방 및 안전보건교육

**01** A 사업장의 강도율이 2.50이고, 연간 재해 발생 건수가 12건, 연간 총 근로 시간 수가 120만 시간일 때 이 사업장의 종합재해 지수는 약 얼마인가?

① 1.6 　　② 5.0
③ 27.6 　　④ 230

**[해설]**

1. 종합재해지수

$$FSI = \sqrt{FR \times SR} = \sqrt{도수율 \times 강도율}$$

2. 도수율 $= \dfrac{재해 건수}{연근로 시간수} \times 10^6$

3. 강도율 $= \dfrac{총 요양근로손실 일수}{연근로시간수} \times 1,000$

1. 도수율 $= \dfrac{12}{1,200,000} \times 10^6 = 10$

2. 강도율 $= 2.5$

3. 종합재해지수 $= \sqrt{10 \times 2.5} = 5.0$

{분석}
실기에도 자주 출제되는 내용입니다.

**02** 재해 발생 시 조치 순서 중 재해조사 단계에서 실시하는 내용으로 옳은 것은?

① 현장 보존
② 관계자에게 통보
③ 잠재재해 위험요인의 색출
④ 피재자의 응급조치

**[해설]** 재해조사의 내용

잠재적 위험요인을 적출
1) 누가
2) 언제
3) 어떠한 장소에서
4) 어떠한 작업을 하고 있을 때
5) 어떠한 물 또는 환경에 어떠한 불안전 상태 또는 행동이 있었기에
6) 어떻게 재해가 발생하였는가

**03** 위치, 순서, 패턴, 형상, 기억오류 등 외부적 요인에 의해 나타나는 것은?

① 메트로놈
② 리스크 테이킹
③ 부주의
④ 착오

**[해설]** 위치착오, 순서착오, 패턴착오, 형상착오, 기억오류착오 → 외부요인에 의한 착오의 형태이다.

**04** 학습지도 형태 중 다음 토의법 유형에 대한 설명으로 옳은 것은?

6-6 회의라고도 하며, 6명씩 소집단으로 구분하고, 집단별로 각각의 사회자를 선발하여 6분간씩 자유토의를 행하여 의견을 종합하는 방법

① 버즈세션(Buzz session)
② 포럼(Forum)
③ 심포지엄(Symposium)
④ 패널 디스커션(Panel discussion)

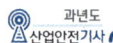
**해설** 버즈 세션(Buzz Session)
- 6-6 회의
- 6명씩의 소집단으로 구분하고, 소집단별로 6분씩 자유토의를 행하여 의견을 종합한다.

**참고** (1) 포럼(Forum)
- 새로운 자료나 교재를 제시, 거기서의 문제점을 피교육자로 하여금 제기하게 하여 발표하고 토의하는 방법이다.
(2) 심포지엄(Symposium)
- 몇 사람의 전문가에 의하여 과제에 관한 견해를 발표한 뒤 참가자로 하여금 의견이나 질문을 하게 하여 토의하는 방법이다.
(3) 패널 디스커션(Panel discussion)
- 패널 멤버(교육과제에 정통한 전문가 4~5명)가 피교육자 앞에서 토의를 하고, 뒤에 피교육자 전원이 참가하여 사회자의 사회에 따라 토의하는 방법이다.

{분석}
필기에 자주 출제되는 내용입니다.

**05** 하인리히의 재해발생 이론은 다음과 같이 표현할 수 있다. 이 때 $\alpha$ 가 의미하는 것으로 옳은 것은?

> 재해의 발생
> = 물적 불안전상태 + 인적 불안전행위 + $\alpha$
> = 설비적 결함 + 관리적 결함 + $\alpha$

① 노출된 위험의 상태
② 재해의 직접원인
③ 재해의 간접원인
④ 잠재된 위험의 상태

**해설** 하인리히의 재해발생 이론
재해의 발생
= 물적 불안전상태 + 인적 불안전행위
  + 잠재된 위험의 상태
= 설비적 결함 + 관리적 결함 + 잠재된 위험의 상태

**06** 브레인스토밍(Brain-storming) 기법의 4원칙에 관한 설명으로 틀린 것은?

① 한 사람이 많은 의견을 제시할 수 있다.
② 타인의 의견을 수정하여 발언할 수 있다.
③ 타인의 의견에 대하여 비판, 비평하지 않는다.
④ 의견을 발언할 때에는 주어진 요건에 맞추어 발언한다.

**해설** ① 대량발언
② 수정발언
③ 비판금지
④ 의견을 발언할 때에는 마음대로 자유로이 발언한다. → 자유분방

**참고** 브레인스토밍의 4원칙
- 비판금지 : 좋다, 나쁘다 비판은 하지 않는다.
- 자유분방 : 마음대로 자유로이 발언한다.
- 대량발언 : 무엇이든 좋으니 많이 발언한다.
- 수정발언 : 타인의 생각에 동참하거나 보충 발언해도 좋다.

{분석}
필기에 자주 출제되는 내용입니다.

**07** 재해원인 분석방법의 통계적 원인 분석 중 사고의 유형, 기인물 등 분류 항목을 큰 순서대로 도표화한 것은?

① 파레토도　　② 특성요인도
③ 크로스도　　④ 관리도

**해설** 사고의 유형, 기인물 등 분류항목을 큰 순서대로 도표화한 것 → 파레토도

**참고** 1. 특성요인도 : 재해와 그 요인의 관계를 어골상으로 세분화하여 나타낸다.
2. 크로스(cross) 분석 : 2가지 또는 2개 항목 이상의 요인이 상호관계를 유지할 때 문제를 분석하는데 사용된다.

**정답** 05 ④ 06 ④ 07 ①

3. 관리도 : 시간경과에 따른 재해발생 건수 등 대략적인 추이 파악에 사용된다.

{분석}
필기에 자주 출제되는 내용입니다.

**08** 산업안전보건 법령상 안전·보건표지의 종류 중 안내표지에 해당하지 않은 것은?

① 들것　　　　② 비상용기구
③ 출입구　　　④ 세안장치

[해설] 안내표지

1. 녹십자표지　　2. 응급구호표지
3. 들것　　　　　4. 세안장치
5. 비상용기구　　6. 비상구
7. 좌측비상구　　8. 우측비상구

{분석}
실기까지 중요한 내용입니다. 암기하세요.

**09** 사업주가 근로자에게 실시해야 하는 안전보건 교육 중 관리감독자 정기 안전교육의 내용이 아닌 것은?

① 작업 개시 전 점검에 관한 보상
② 산업보건 및 건강장해 예방에 관한 사항
③ 유해·위험 작업환경 관리에 관한 사항
④ 작업공정의 유해·위험과 재해 예방대책에 관한 사항

[해설] 관리감독자 정기안전·보건교육

① 산업안전 및 산업재해 예방에 관한 사항(화재·폭발 사고 발생 시 대피에 관한 사항을 포함한다)
② 산업보건 및 건강장해 예방에 관한 사항(폭염·한파작업으로 인한 건강장해 발생 시 응급조치에 관한 사항을 포함한다)
③ 유해·위험 작업환경 관리에 관한 사항
④ 산업안전보건법령 및 산업재해보상보험 제도에 관한 사항
⑤ 직무스트레스 예방 및 관리에 관한 사항
⑥ 직장 내 괴롭힘, 고객의 폭언 등으로 인한 건강장해 예방 및 관리에 관한 사항
⑦ 위험성평가에 관한 사항
⑧ 작업공정의 유해·위험과 재해 예방대책에 관한

사항
⑨ 표준안전 작업방법 결정 및 지도·감독 요령에 관한 사항
⑩ 비상 시 또는 재해 발생 시 긴급조치에 관한 사항
⑪ 사업장 내 안전보건관리체제 및 안전·보건조치 현황에 관한 사항
⑫ 현장근로자와의 의사소통능력 및 강의능력 등 안전보건교육 능력 배양에 관한 사항
⑬ 그 밖의 관리감독자의 직무에 관한 사항

실력이 되리! 합격이 되리! **특급 암기법**

공통 항목(관리감독자, 근로자)
1. 관리자는 법, 산재보상제도를 알자.
2. 관리자는 건강을 보존(산업보건)하고 건강장해, 스트레스, 괴롭힘, 폭언 예방하자!
3. 관리자는 유해위험 환경을 관리해서 안전하고 산업재해 예방하자!
4. 관리자는 위험성을 평가하자!

관리감독자 정기교육의 특징
1. 관리자는 유해위험의 재해예방대책 세우자!
2. 관리자는 안전 작업방법 결정해서 감독하자!
3. 관리자는 재해발생 시 긴급조치하자!
4. 관리자는 안전보건 조치하자!
5. 관리자는 안전보건교육 능력 배양하자!

{분석}
실기에 자주 출제되는 내용입니다. 암기하세요.

**10** 안전점검 보고서 작성내용 중 주요 사항에 해당되지 않는 것은?

① 작업 현장의 현 배치 상태와 문제점
② 재해 다발 요인과 유형 분석 및 비교 데이터 제시
③ 안전관리 스텝의 인적 사항
④ 보호구, 방호장치 작업환경 실태와 개선 제시

[해설] 안전점검 보고서 작성내용 중 주요 사항

① 작업 현장의 현 배치 상태와 문제점
② 재해 다발 요인과 유형 분석 및 비교 데이터 제시
③ 보호구, 방호장치 작업환경 실태와 개선 제시

⑨) 정답　08 ③　09 ①　10 ③

**11** 안전교육방법 중 구안법(Project Method)의 4단계의 순서로 옳은 것은?

① 목적결정 → 계획수립 → 활동 → 평가
② 계획수립 → 목적결정 → 활동 → 평가
③ 활동 → 계획수립 → 목적결정 → 평가
④ 평가 → 계획수립 → 목적결정 → 활동

**해설** 구안법(Project Method)의 4단계

| 1단계 | 목적 |
|---|---|
| 2단계 | 계획 |
| 3단계 | 수행 |
| 4단계 | 평가 |

**12** 보호구 안전인증 고시에 따른 방음용 귀마개 또는 귀덮개와 관련된 용어의 정의 중 다음 (     ) 안에 알맞은 것은?

> 음압수준이란 음압을 다음 식에 따라 데시벨(dB)로 나타낸 것을 말하며 적분평균 소음계(KS C 1505) 또는 소음계(KS C 1502)에 규정하는 소음계의 (     ) 특성을 기준으로 한다.

① A
② B
③ C
④ D

**해설** "음압수준"이란 KS C 1505(적분평균소음계) 또는 KS C 1502(소음계)에 규정하는 소음계의 "C" 특성을 기준으로 한다.

**13** 무재해운동 추진기법 중 위험예지훈련 4라운드 기법에 해당하지 않는 것은?

① 현상 파악
② 행동 목표 설정
③ 대책 수립
④ 안전평가

**해설** 위험예지훈련 4라운드

1단계 : 현상 파악
2단계 : 요인조사(본질 추구)
3단계 : 대책 수립
4단계 : 행동 목표 설정(합의 요약)

{분석}
실기까지 중요한 내용입니다. 암기하세요.

**14** 다음 그림과 같은 안전관리 조직의 특징으로 틀린 것은?

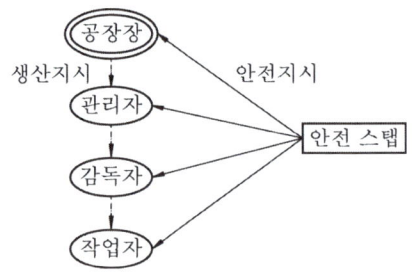

① 1,000명 이상의 대규모 사업장에 적합하다.
② 생산부분은 안전에 대한 책임과 권한이 없다.
③ 사업장의 특수성에 적합한 기술연구를 전문적으로 할 수 있다.
④ 권한 다툼이나 조정 때문에 통제 수속이 복잡해지며, 시간과 노력이 소모된다.

**해설** • 안전스탭이 안전을 지시하는 형태 → 스태프형
• 1,000명 이상의 대규모 사업장에 적합하다. → 라인 스태프형(Line Staff)의 특징이다.

{분석}
실기까지 중요한 내용입니다.

**정답** 11 ① 12 ③ 13 ④ 14 ①

**15** 인간의 행동 특성과 관련한 레빈의 법칙 (Lewin) 중 P가 의미하는 것은?

$$B = f(P \cdot E)$$

① 사람의 경험, 성격 등
② 인간의 행동
③ 심리에 영향을 주는 인간관계
④ 심리에 영향을 미치는 작업환경

[해설] 레윈(K. Lewin)의 법칙

$$B = f(P \cdot E)$$

여기서,
$B$ : Behavior(인간의 행동)
$f$ : function(함수관계)
$P$ : Person(개체 : 연령, 경험, 심신상태,
성격, 지능 등)
$E$ : Environment(심리적 환경 : 인간관계,
작업환경 등)

{분석}
실기까지 중요한 내용입니다.

**16** 안전교육의 단계에 있어 교육대상자가 스스로 행함으로써 습득하게 하는 교육은?

① 의식교육
② 기능교육
③ 지식교육
④ 태도교육

[해설] 스스로 행함으로써 습득하게 하는 교육 → 기능교육

**17** 부주의의 현상으로 볼 수 없는 것은?

① 의식의 단절
② 의식수준 지속
③ 의식의 과잉
④ 의식의 우회

[해설] 부주의 원인

① 의식 단절 : 의식 흐름의 단절
② 의식 우회 : 걱정, 고뇌 등으로 의식이 빗나감
③ 의식 수준 저하 : 피로, 단조로운 작업의 연속으로 의식수준이 저하됨
④ 의식 혼란 : 외부자극의 강.약에 의해 위험요인에 대응 할 수 없을 때 발생
⑤ 의식 과잉 : 긴급상황 시 일점 집중 현상을 일으킨다.

**18** 산업안전보건법상 근로시간 연장의 제한에 관한 기준에서 아래의 (       ) 안에 알맞은 것은?

사업주는 유해하거나 위험한 작업으로서 대통령으로 정하는 작업에 종사하는 근로자에게는 1일 ( ㉠ )시간, 1주 ( ㉡ )시간을 초과하여 근로하게 하여서는 아니 된다.

① ㉠ 6, ㉡ 34        ② ㉠ 7, ㉡ 36
③ ㉠ 8, ㉡ 40        ④ ㉠ 8, ㉡ 44

[해설] 유해하거나 위험한 작업으로서 대통령령으로 정하는 작업에 종사하는 근로자에게는 1일 6시간, 1주 34시간을 초과하여 근로하게 하여서는 아니 된다.

**19** 일반적으로 시간의 변화에 따라 야간에 상승하는 생체리듬은?

① 맥박수            ② 염분량
③ 혈압            ④ 체중

[해설] 생체리듬의 변화

① 야간에는 체중이 감소한다.
② 야간에는 말초운동 기능이 저하된다.
③ 체온, 혈압, 맥박수는 주간에 상승하고 야간에 감소한다.
④ 혈액의 수분과 염분량은 주간에 감소하고 야간에 증가한다.

📶 정답 15 ① 16 ② 17 ② 18 ① 19 ②

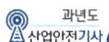

**20** 성인학습의 원리에 해당되지 않는 것은?

① 간접경험의 원리
② 자발 학습의 원리
③ 상호학습의 원리
④ 참여교육의 원리

> 해설 성인학습의 원리
> ① 자기주도성의 원리
> ② 자발학습의 원리
> ③ 상호학습의 원리
> ④ 참여교육의 원리

---

### 제2과목 · 인간공학 및 위험성 평가 · 관리

**21** 설비보전을 평가하기 위한 식으로 틀린 것은?

① 성능가동률 = 속도가동률 × 정미가동률
② 시간가동률 = (부하시간 − 정지시간) / 부하시간
③ 설비종합효율 = 시간가동률 × 성능가동률 × 양품률
④ 정미가동률 = (생산량 × 기준주기시간) / 가동시간

> 해설 정미가동률 = (생산량 × 실제 사이클 타임) / (부하시간 − 정지시간)
>
> {분석}
> 비중이 낮은 문제입니다.

**22** "보호 표시장치와 이에 대응하는 조종장치 간의 위치 또는 배열이 인간의 기대와 모순되지 않아야 한다."라는 인간공학적 설계 원리와 가장 관계가 깊은 것은?

① 개념 양립성
② 운동 양립성
③ 문화 양립성
④ 공간 양립성

> 해설 위치 또는 배열이 인간의 기대와 모순되지 않아야 한다. → 공간 양립성

> 참고

| | |
|---|---|
| 개념적 양립성 | 외부자극에 대해 **인간의 개념적 현상의 양립성**<br>예 빨간 버튼은 온수, 파란 버튼은 냉수 |
| 공간적 양립성 | 표시장치, 조종장치의 **형태 및 공간적배치의 양립성**<br>예 오른쪽 조리대는 오른쪽 조절장치로, 왼쪽 조리대는 왼쪽 조절장치로 조정한다. |
| 운동의 양립성 | **표시장치, 조종장치 등의 운동 방향의 양립성**<br>예 조종장치를 오른쪽으로 돌리면 표시장치 지침이 오른쪽으로 이동한다. |
| 양식 양립성 | **직무에 알맞은 자극과 응답의 양식의 존재에 대한 양립성**<br>예 음성과업에 대해서는 청각적 자극 제시와 이에 대한 음성 응답 과업에서 갖는 양립성이다. |

> {분석}
> 필기에 자주 출제되는 내용입니다.

**23** 다음 그림은 THERP를 수행하는 예이다. 작업개시점 $N_1$에서부터 $N_4$까지 도달할 확률은? (단, $P(B_i)$, $i = 1, 2, 3, 4$는 해당 확률을 나타내며, 각 직무과오의 발생은 상호독립이라 가정한다.)

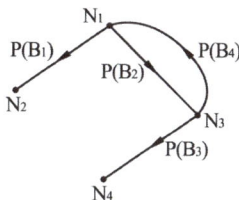

① $1 - P(B_1)$

② $P(B_2) \cdot P(B_3)$

③ $\dfrac{P(B_2) \cdot P(B_3)}{1 - P(B_4)}$

④ $\dfrac{P(B_2) \cdot P(B_3)}{1 - P(B_2) \cdot P(B_4)}$

{분석}
비중이 낮은 문제입니다.

**24** 격렬한 육체적 작업의 작업부담 평가 시 활용되는 주요 생리적 척도로만 이루어진 것은?

① 부정맥, 작업량

② 맥박수, 산소 소비량

③ 점멸융합주파수, 폐활량

④ 점멸융합주파수, 근전도

[해설] 격렬한 육체적 작업의 생리적 척도 → 맥박수, 산소 소비량

**25** 산업안전보건기준에 관한 규칙상 작업장의 작업 면에 따른 적정 조명 수준은 초정밀 작업에서 ( ㉠ )lux 이상이고, 보통 작업에서는 ( ㉡ )lux 이상이다. ( )안에 들어갈 내용은?

① ㉠ : 650, ㉡ : 150

② ㉠ : 650, ㉡ : 250

③ ㉠ : 750, ㉡ : 150

④ ㉠ : 750, ㉡ : 250

[해설] 법적 조도 기준

① 초정밀 작업 : 750 Lux 이상

② 정밀 작업 : 300 Lux 이상

③ 보통 작업 : 150 Lux 이상

④ 기타 작업 : 75 Lux 이상

{분석}
실기까지 중요한 내용입니다. 암기하세요.

**26** 다음 그림과 같은 시스템의 신뢰도는 약 얼마인가? (단, 각각의 네모 안의 수치는 각 공정의 신뢰도를 나타낸 것이다.)

① 0.378 　　　② 0.478

③ 0.578 　　　④ 0.675

[해설] $0.80 \times 0.90 \times [1 - (1 - 0.75) \times (1 - 0.85)]$
$\times [1 - (1 - 0.80) \times (1 - 0.90)] \times 0.85 = 0.577$

{분석}
필기에 자주 출제되는 내용입니다.

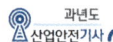

**27** FTA 결과 다음과 같은 패스 셋을 구하였다. $X_4$가 중복사상인 경우, 최소 패스 셋 (minimal path sets)으로 맞는 것은?

> $\{X_2,\ X_3,\ X_4\}$
> $\{X_1,\ X_3,\ X_4\}$
> $\{X_3,\ X_4\}$

① $\{X_3,\ X_4\}$

② $\{X_1,\ X_3,\ X_4\}$

③ $\{X_2,\ X_3,\ X_4\}$

④ $\{X_2,\ X_3,\ X_4\}$와 $\{X_3,\ X_4\}$

해설 $\{X_3,\ X_4\}$은 $\{X_2,\ X_3,\ X_4\}$
$\{X_1,\ X_3,\ X_4\}$의 부분집합으로 최소 패스 셋은
$\{X_3,\ X_4\}$가 된다.

**28** 인간 – 기계 통합 체계의 인간 또는 기계에 의해서 수행되는 기본기능의 유형에 해당하지 않는 것은?

① 감지      ② 환경

③ 행동      ④ 정보 보관

해설 인간 – 기계 통합시스템의 정보처리 기능

① 감지 기능

② 정보 보관 기능

③ 정보처리 및 의사결정 기능

④ 행동 기능

{분석}
필기에 자주 출제되는 내용입니다.

**29** 시스템의 운용단계에서 이루어져야 할 주요한 시스템 안전 부문의 작업이 아닌 것은?

① 생산시스템 분석 및 효율성 검토

② 안전성 손상 없이 사용설명서의 변경과 수정을 평가

③ 운용, 안전성 수준 유지를 보증하기 위한 안전성 검사

④ 운용, 보전 및 위급 시 절차를 평가하여 설계 시 고려사항과 같은 타당성 여부 식별

해설 운용단계에서 이루어져야 할 작업

• 모든 운용, 보전 및 위급 시에 절차를 평가하여 그들이 설계 때에 고려된 바와 같은 타당성이 있느냐의 여부를 식별할 것

• 안전성에 손상이 일어나지 않도록 조작장치, 사용설명서의 변경과 수정을 요할 것

• 제조, 조립, 시험단계에서의 확립된 고장의 정보 피드백 시스템을 유지할 것

• 바람직한 운용 안전성 레벨의 유지를 보증하기 위하여 안전성 검사를 할 것

• 사고와 그 유발 사고를 조사하고 분석할 것

• 위험상태의 재발방지를 위해 적절한 개량 조치를 강구할 것

**30** 인체측정치의 응용원리에 해당하지 않는 것은?

① 조절식 설계

② 극단치 설계

③ 평균치 설계

④ 다차원식 설계

해설 인체계측자료의 응용 3원칙

① 최대 치수와 최소 치수 설계(극단치 설계 : 최대 치수 또는 최소 치수를 기준으로 하여 설계한다.

② 조절 범위(조절식 설계) : 체격이 다른 여러 사람에 맞도록 설계한다.

③ 평균치를 기준으로 한 설계 : 최대 치수나 최소 치수, 조절식으로 하기가 곤란할 때 평균치를 기준으로 하여 설계한다.

{분석}
**필기에 자주 출제되는 내용입니다.**

**31** 산업안전보건 법령상 유해·위험방지계획서의 심사 결과에 따른 구분·판정의 종류에 해당하지 않는 것은?

① 보류
② 부적정
③ 적정
④ 조건부 적정

해설 **유해위험 방지계획서 심사 결과의 구분**
① 적정 : 근로자의 안전과 보건을 위하여 필요한 조치가 구체적으로 확보되었다고 인정되는 경우
② 조건부 적정 : 근로자의 안전과 보건을 확보하기 위하여 일부 개선이 필요하다고 인정되는 경우
③ 부적정 : 기계·설비 또는 건설물이 심사기준에 위반되어 공사착공 시 중대한 위험발생의 우려가 있거나 계획에 근본적 결함이 있다고 인정되는 경우

{분석}
**실기까지 중요한 내용입니다.**

**32** 인간공학 연구조사에 사용되는 기준의 구비조건과 가장 거리가 먼 것은?

① 적절성
② 다양성
③ 무오염성
④ 기준 척도의 신뢰성

해설 **인간공학 연구체계 기준의 요건**
• 적절성 : 의도된 목적에 적합하여야 한다. (타당성)
• 무오염성 : 측정하고자 하는 변수 외의 다른 변수의 영향을 받아서는 안 된다.

• 신뢰성 : 반복실험 시 재현성이 있어야 한다. (반복성)
• 민감도 : 예상차이점에 비례하는 단위로 측정하여야 한다.

{분석}
**필기에 자주 출제되는 내용입니다.**

**33** FTA에 대한 설명으로 틀린 것은?

① 정성적 분석만 가능하다.
② 하향식(top-down) 방법이다.
③ 짧은 시간에 점검할 수 있다.
④ 비전문가라도 쉽게 할 수 있다.

해설 FTA는 사고의 원인이 되는 장치 및 기기의 결함이나 작업자 오류 등을 연역적이며 정량적으로 평가하는 분석법이다.

**34** 4m 또는 그보다 먼 물체만을 잘 볼 수 있는 원시 안경은 몇 D인가? (단, 명시거리는 25cm로 한다.)

① 1.75D
② 2.75D
③ 3.75D
④ 4.75D

해설
1. 4m 초점을 ∞로 환원 : $-\dfrac{1}{4(m)} = -0.25D$

2. 초점을 0.25m로 가져옴 : $\dfrac{1}{0.25(m)} = 4D$

3. $4 - 0.25 = 3.75D$

{분석}
**비중이 낮은 내용입니다.**

»))정답 31 ① 32 ② 33 ① 34 ③

**35** 작업 공간 설계에 있어 "접근제한요건"에 대한 설명으로 맞는 것은?

① 조절식 의자와 같이 누구나 사용할 수 있도록 설계한다.
② 비상벨의 위치를 작업자의 신체조건에 맞추어 설계한다.
③ 트럭 운전이나 수리 작업을 위한 공간을 확보하여 설계한다.
④ 박물관의 미술품 전시와 같이, 장애물 뒤의 타겟과의 거리를 확보하여 설계한다.

해설 미술품 전시에서 장애물 뒤의 타겟과의 거리를 확보하여 설계 → 접근제한을 위한 설계

**36** 인간의 에러 중 불필요한 작업 또는 절차를 수행함으로써 기인한 에러를 무엇이라 하는가?

① Omission error
② Sequencial error
③ Extraneous error
④ Commission error

해설 불필요한 작업 또는 절차를 수행함으로써 기인한 에러 → Extraneous error

참고 휴먼에러의 심리적 분류(Swain의 분류)
① omission error(누설오류, 생략오류, 부작위오류) : 필요한 작업 또는 절차를 수행하지 않는데 기인한 에러
② time error(시간오류) : 필요한 작업 또는 절차의 수행 지연으로 인한 에러
③ commission error(작위오류) : 필요한 작업 또는 절차의 불확실한 수행으로 인한 에러
④ sequential error(순서오류) : 필요한 작업 또는 절차의 순서 착오로 인한 에러
⑤ extraneous error(과잉행동오류) : 불필요한 작업 또는 절차를 수행함으로써 기인한 에러

{분석}
• sequential(미국, 영국) : 잇따라 일어나는
• sequencial(포르투갈어) : 잇따라 일어나는
필기에 자주 출제되는 내용입니다.

**37** FTA(Fault tree analysis)의 기호 중 다음의 사상 기호에 적합한 각각의 명칭은?

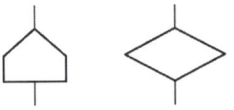

① 전이 기호와 통상 사상
② 통상 사상과 생략 사상
③ 통상 사상과 전이 기호
④ 생략 사상과 전이 기호

해설 FTA 논리기호

| 기호 | 명명 | 기호 설명 |
|---|---|---|
| ○ | 기본사상 | 더 이상 전개할 수 없는 사건의 원인 |
| ◇ | 생략사상 | 관련정보가 미비하여 계속 개발될 수 없는 특정 초기사상 |
| ⌂ | 통상사상 | 발생이 예상되는 사상 |
| □ | 결함사상 (정상사상, 중간사상) | 한 개 이상의 입력에 의해 발생된 고장사상 |
| ⌂ | OR게이트 | 한 개 이상의 입력이 발생하면 출력사상이 발생하는 논리게이트 |
| ⌂ | AND게이트 | 입력사상이 전부 발생하는 경우에만 출력사상이 발생하는 논리게이트 |
| △ | 전이기호 | 다른 부분에 있는 게이트와의 연결 관계를 나타내기 위한 기호 |

{분석}
필기에 자주 출제되는 내용입니다.

정답 35 ④ 36 ③ 37 ②

**38** 화학설비에 대한 안전성 평가에서 정성적 평가 항목이 아닌 것은?

① 건조물
② 취급 물질
③ 공장 내의 배치
④ 입지조건

**[해설]**

| 정성적 평가항목 | 정량적 평가항목 |
|---|---|
| ① **입지 조건** | ① **취급물질** |
| ② **공장 내의 배치** | ② 화학설비의 용량 |
| ③ 소방설비 | ③ 온도 |
| ④ 공정 기기 | ④ 압력 |
| ⑤ 수송 · 저장 | ⑤ 조작 |
| ⑥ **원재료** | |
| ⑦ **중간체** | |
| ⑧ **제품** | |
| ⑨ 건조물(건물) | |
| ⑩ 공정 | |

{분석}
필기에 자주 출제되는 내용입니다.

**39** 청각에 관한 설명으로 틀린 것은?

① 인간에게 음의 높고 낮은 감각을 주는 것은 음의 진폭이다.
② 1000Hz 순음의 가청최소음압을 음의 강도 표준치로 사용한다.
③ 일반적으로 음이 한 옥타브 높아지면 진동수는 2배 높아진다.
④ 복합음은 여러 주파수대의 강도를 표현한 주파수별 분포를 사용하여 나타낸다.

**[해설]** ① 인간에게 음의 높고 낮은 감각을 주는 것은 음의 진동수이다.

**40** 초음파 소음(ultrasonic noise)에 대한 설명으로 잘못된 것은?

① 전형적으로 20,000Hz 이상이다.
② 가청영역 위의 주파수를 갖는 소음이다.
③ 소음이 3dB 증가하면, 허용 기간은 반감한다.
④ 20,000Hz 이상에서 노출 제한은 110dB이다.

**[해설]** ③ 소음이 2dB 증가하면, 허용 기간은 반감되어야 한다.

---

**제3과목** 기계 · 기구 및 설비 안전 관리

**41** 보일러에서 프라이밍(priming)과 포밍(foaming)의 발생 원인으로 가장 거리가 먼 것은?

① 역화가 발생되었을 경우
② 기계적 결함이 있을 경우
③ 보일러가 과부하로 사용될 경우
④ 보일러 수에 불순물이 많이 포함되었을 경우

**[해설]** **프라이밍과 포밍의 발생 원인**
① 기계적 결함이 있을 경우
② 보일러가 과부하로 사용될 경우
③ 보일러 수에 불순물이 많이 포함되었을 경우
④ 고수위
⑤ 급격한 과열

🔊 **정답** 38 ② 39 ① 40 ③ 41 ①

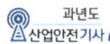
**42** 허용응력이 1kN/mm²이고, 단면적이 2mm²인 강판의 극한하중이 4,000N이라면 안전율은 얼마인가?

① 2　　　　　② 4
③ 5　　　　　④ 50

[해설]

1. 극한강도 $= \dfrac{\text{극한하중}}{\text{단면적}} = \dfrac{4,000N}{2mm^2}$
$= 2,000N/mm^2 = 2kN/mm^2$

2. 안전율 $= \dfrac{\text{극한강도}}{\text{허용응력}} = \dfrac{2kN/mm^2}{1kN/mm^2} = 2$

**43** 슬라이드 행정수가 100spm 이하이거나, 행정길이가 50mm 이상의 프레스에 설치해야 하는 방호장치 방식은?

① 양수조작식　　② 수인식
③ 가드식　　　　④ 광전자식

[해설] 행정 길이 40mm 이상, SPM 120 이하에서 사용 가능
① 손쳐내기식
② 수인식

**44** "강렬한 소음작업"이라함은 90dB 이상의 소음이 1일 몇 시간 이상 발생되는 작업을 말하는가?

① 2시간　　　　② 4시간
③ 8시간　　　　④ 10시간

[해설] 강렬한 소음작업
① 하루 8시간 동안 90dB 이상의 소음이 발생하는 작업
② 하루 4시간 동안 95dB 이상의 소음이 발생하는 작업
③ 하루 2시간 동안 100dB 이상의 소음이 발생하는 작업

④ 하루 1시간 동안 105dB 이상의 소음이 발생하는 작업
⑤ 하루 30분 동안 110dB 이상의 소음이 발생하는 작업
⑥ 하루 15분 동안 115dB 이상의 소음이 발생하는 작업

{분석}
실기까지 중요한 내용입니다.

**45** 보일러에서 압력이 규정 압력 이상으로 상승하여 과열되는 원인으로 가장 관계가 적은 것은?

① 수관 및 본체의 청소 불량
② 관수가 부족할 때 보일러 가동
③ 절탄기의 미부착
④ 수면계의 고장으로 인한 드럼내의 물의 감소

[해설] 보일러의 과열 원인
① 내면에 스케일이 많이 쌓여 있을 때
② 보일러 수위 저하 시
③ 관수 중에 유지분이 섞여 있을 때
④ 화염이 국부적으로 진행시

**46** 크레인에서 일반적으로 권상용 와이어로프 및 권상용 체인의 안전율 기준은?

① 10 이상
② 2.7 이상
③ 4 이상
④ 5 이상

[해설] 권상용 와이어로프 및 체인 → 화물의 하중을 직접 지지 → 안전율 5 이상

[참고] 와이어로프 등의 안전계수
① 근로자가 탑승하는 운반구를 지지하는 달기와이어로프 또는 달기체인의 경우 : 10 이상
② 화물의 하중을 직접 지지하는 달기와이어로프 또는 달기체인의 경우 : 5 이상

·))정답 42 ① 43 ② 44 ③ 45 ③ 46 ④

③ 훅, 샤클, 클램프, 리프팅 빔의 경우 : 3 이상
④ 그 밖의 경우 : 4 이상

{분석}
**실기에 자주 출제되는 내용입니다. 암기하세요.**

## 47
컨베이어에 사용되는 방호장치와 그 목적에 관한 설명이 옳지 않은 것은?

① 운전 중인 컨베이어 등의 위로 넘어가고자 할 때를 위하여 급정지장치를 설치한다.
② 근로자의 신체 일부가 말려들 위험이 있을 때 이를 즉시 정지시키기 위한 비상정지장치를 설치한다.
③ 정전, 전압강하 등에 따른 화물 이탈을 방지하기 위해 이탈 및 역주행 방지장치를 설치한다.
④ 낙하물에 의한 위험 방지를 위한 덮개 또는 울을 설치한다.

[해설] ① 운전 중인 컨베이어 등의 위로 넘어가고자 할 때의 위험방지를 위하여 건널다리를 설치한다.

{분석}
**실기까지 중요한 내용입니다.**

## 48
연삭숫돌의 지름이 20cm이고, 원주 속도가 250m/min일 때 연삭숫돌의 회전수는 약 몇 rpm인가?

① 398          ② 433
③ 489          ④ 552

[해설] **연삭기의 회전속도**

원주 속도(회전 속도)
$$V = \frac{\pi \times D \times N}{1,000} (\text{m/min})$$

여기서, $D$ : 롤러의 직경(mm), $N$ : 회전수(rpm)

$$V = \frac{\pi \times D \times N}{1,000}$$

$$\pi \times D \times N = 1,000 \times V$$

$$N = \frac{1,000 \times V}{\pi \times D} = \frac{1,000 \times 250}{\pi \times 200} = 397.89 (\text{rpm})$$

{분석}
**실기까지 중요한 내용입니다.**

## 49
범용 수동 선반의 방호조치에 관한 설명으로 옳지 않은 것은?

① 척 가드의 폭은 공작물의 가공작업에 방해가 되지 않는 범위 내에서 척 전체 길이를 방호할 수 있을 것
② 척 가드의 개방 시 스핀들의 작동이 정지되도록 연동회로를 구성할 것
③ 전면 칩 가드의 폭은 새들 폭 이하로 설치할 것
④ 전면 칩 가드는 심압대가 베드 끝단부에 위치하고 있고 공작물 고정 장치에서 심압대까지 가드를 연장시킬 수 없는 경우에는 부착위치를 조정할 수 있을 것

[해설] ③ 전면 칩 가드의 폭은 새들 폭 이상일 것

## 50
다음 중 용접부에 발생한 미세균열, 용입 부족, 융합불량의 검출에 가장 적합한 비파괴 검사법은?

① 방사선투과 검사
② 침투탐상검사
③ 자분탐상검사
④ 초음파탐상검사

[해설] 미세균열, 용입 부족, 융합불량의 검출에 가장 적합
→ 초음파탐상검사

🔊 **정답** 47 ① 48 ① 49 ③ 50 ④

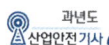
**참고** 초음파탐상검사(UT) : 시험체 내부에 초음파 펄스를 입사시켰을 때 결함에 의한 초음파 반사 신호의 해독을 이용한다.

**51** 다음 설명에 해당하는 기계는?

> - chip이 가늘고 예리하여 손을 잘 다치게 한다.
> - 주로 평면공작물을 절삭 가공하나, 더브테일 가공이나 나사 가공 등의 복잡한 가공도 가능하다.
> - 장갑은 착용을 금하고, 보안경을 착용해야 한다.

① 선반      ② 호빙머신
③ 연삭기      ④ 밀링

**해설** chip이 가늘고 예리하다. → 밀링

**52** 취성 재료의 극한 강도가 128MPa이며, 허용응력이 64MPa일 경우 안전계수는?

① 1      ② 2
③ 4      ④ 1/2

**해설** 안전계수 $= \dfrac{\text{극한강도}}{\text{허용응력}} = \dfrac{128\text{MPa}}{64\text{MPa}} = 2$

**53** 프레스기에 금형 설치 및 조정 작업 시 준수하여야 할 안전수칙으로 틀린 것은?

① 금형을 부착하기 전에 하사점을 확인한다.
② 금형의 체결은 올바른 치공구를 사용하고 균등하게 체결한다.
③ 금형은 하형부터 잡고 무거운 금형의 받침은 인력으로 하지 않는다.
④ 슬라이드의 불시하강을 방지하기 위하여 안전블록을 제거한다.

**해설** ④ 슬라이드의 불시하강을 방지하기 위하여 안전블록을 설치하여야 한다.

**54** 컨베이어 작업 시작 전 점검사항에 해당하지 않은 것은?

① 브레이크 및 클러치 기능의 이상 유무
② 비상정지장치 기능의 이상 유무
③ 이탈 등의 방지장치 기능의 이상 유무
④ 원동기 풀리 기능의 이상 유무

**해설** 컨베이어 작업 시작 전 점검사항
① 원동기 및 풀리 기능의 이상 유무
② 이탈 등의 방지장치기능의 이상 유무
③ 비상정지장치 기능의 이상 유무
④ 원동기 · 회전축 · 기어 및 풀리 등의 덮개 또는 울 등의 이상 유무

> {분석}
> 실기에 자주 출제되는 내용입니다. 암기하세요.

**55** 크레인의 방호장치에 대한 설명으로 틀린 것은?

① 권과방지장치를 설치하지 않은 크레인에 대해서는 권상용 와이어로프에 위험표시를 하고 경보장치를 설치하는 등 근로자가 위험해질 상황을 방지하기 위한 조치를 하여야 한다.
② 운반물의 중량이 초과되지 않도록 과부하방지장치를 설치하여야 한다.
③ 크레인을 필요한 상황에서는 저속으로 중지시킬 수 있도록 브레이크장치와 충돌 시 충격을 완화시킬 수 있는 완충장치를 설치한다.
④ 작업 중에 이상발견 또는 긴급히 정지시켜야 할 경우에는 비상정지장치를 사용할 수 있도록 설치하여야 한다.

**해설** ③ 브레이크장치는 크레인을 필요한 상황에서는 정격속도에서 중지시킬 수 있어야 한다.

**정답** 51 ④ 52 ② 53 ④ 54 ① 55 ③

**56** 프레스의 작업 시작 전 점검 사항이 아닌 것은?

① 권과방지장치 및 그 밖의 경보장치의 기능
② 슬라이드 또는 칼날에 의한 위험방지 기구의 기능
③ 프레스기의 금형 및 고정볼트 상태
④ 전단기의 칼날 및 테이블의 상태

**[해설]** **프레스의 작업 시작 전 점검 사항**
① 클러치 및 브레이크 기능
② 크랭크축·플라이 휠·슬라이드·연결 봉 및 연결 나사의 볼트 풀림 유무
③ 1행정 1정지 기구·급정지 장치 및 비상 정지 장치의 기능
④ 슬라이드 또는 칼날에 의한 위험 방지 기구의 기능
⑤ 프레스의 금형 및 고정 볼트 상태
⑥ 당해 방호 장치의 기능
⑦ 전단기의 칼날 및 테이블의 상태

{분석}
실기에 자주 출제되는 내용입니다. 암기하세요.

**57** 보일러에서 압력방출장치가 2개 설치된 경우 최고 사용압력이 1MPa일 때 압력방출장치의 설정 방법으로 가장 옳은 것은?

① 2개 모두 1.1MPa 이하에서 작동되도록 설정하였다.
② 하나는 1MPa 이하에서 작동되고 나머지는 1.1MPa이하에서 작동되도록 설정하였다.
③ 하나는 1MPa 이하에서 작동되고 나머지는 1.05MPa 이하에서 작동되도록 설정하였다.
④ 2개 모두 1.05MPa 이하에서 작동되도록 설정하였다.

**[해설]** 압력방출장치를 1개 또는 2개 이상 설치하고 최고 사용압력이하에서 작동되도록 하여야 한다. 다만, 압력방출장치가 2개 이상 설치된 경우에는 최고 사용압력이하에서 1개가 작동되고, 다른 압력방출장치는 최고사용압력 1.05배 이하에서 작동되도록 부착하여야 한다.

{분석}
실기까지 중요한 내용입니다.

**58** 다음 중 롤러기에서 설치하여야 할 방호장치는?

① 반발예방장치
② 급정지장치
③ 접촉예방장치
④ 파열판장치

**[해설]** 롤러기의 방호장치 : 급정지장치

{분석}
실기까지 중요한 내용입니다. 암기하세요.

**59** 연삭기의 숫돌 지름이 300mm일 경우 평형 플랜지의 지름은 몇 mm 이상으로 해야 하는가?

① 50　　② 100
③ 150　　④ 200

**[해설]** • 플랜지의 지름은 숫돌 지름의 1/3 이상일 것
• $300 \times \frac{1}{3} = 100mm$ 이상

{분석}
필기에 자주 출제되는 내용입니다.

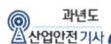

**60** 기계설비에 대한 본질적인 안전화 방안의 하나인 풀 프루프(Fool Proof)에 관한 설명으로 거리가 먼 것은?

① 계기나 표시를 보기 쉽게 하거나 이른 바 인체공학적 설계도 넓은 의미의 풀 프루프에 해당된다.

② 설비 및 기계장치 일부가 고장이 난 경우 기능의 저하는 가져오나 전체기능은 정지하지 않는다.

③ 인간의 에러를 일으키기 어려운 구조나 기능을 가진다.

④ 조작순서가 잘못되어도 올바르게 작동한다.

[해설] ② 설비 및 기계장치가 고장이 있더라도 안전하게 작동 → 페일세이프(fail safe)

[참고] 1. 풀프루프(fool proof) : 작업자의 실수가 있더라도 사고로 연결되지 않도록 2중, 3중 통제를 한다.
2. 페일세이프(fail safe) : 기계, 설비가 고장 나더라도 사고로 연결되지 않도록 2중, 3중 통제를 한다.

---

제**4**과목 **전기설비 안전 관리**

---

**61** 인체의 손과 발 사이에 과도전류를 인가한 경우에 파두장 $700 \mu s$에 따른 전류파고치의 최대값은 약 몇 mA 이하 인가?

① 4
② 40
③ 400
④ 800

[해설] 과도전류에 대한 감도전류

| 전압파형 | 전류파고치[mA] |
|---|---|
| $7 \times 100$ | 40 이하 |
| $5 \times 65$ | 60 이하 |
| $2 \times 30$ | 90 이하 |

**62** 고압 및 특고압의 전로에 시설하는 피뢰기에 접지공사를 할 때 접지저항의 최대값은 몇 Ω 이하로 해야 하는가?

① 100
② 20
③ 10
④ 5

[해설] 피뢰기의 접지

① 접지도체에 피뢰시스템이 접속되는 경우, 접지도체의 단면적은 구리 $16mm^2$ 또는 철 $50mm^2$ 이상으로 하여야 한다.

② 고압 및 특고압의 전로에 시설하는 피뢰기 접지저항 값은 10Ω 이하로 하여야 한다.

{분석}
실기까지 중요한 내용입니다. 암기하세요.

**63** 욕실 등 물기가 많은 장소에서 인체감전 보호형 누전차단기의 정격감도전류와 동작시간은?

① 정격감도전류 30mA, 동작시간 0.01초 이내

② 정격감도전류 30mA, 동작시간 0.03초 이내

③ 정격감도전류 15mA, 동작시간 0.01초 이내

④ 정격감도전류 15mA, 동작시간 0.03초 이내

**해설** 욕조나 샤워시설이 있는 욕실 또는 화장실 등 인체가 물에 젖어있는 상태에서 전기를 사용하는 장소에 콘센트를 시설하는 경우

1. 「전기용품 및 생활용품 안전관리법」의 적용을 받는 인체감전보호용 누전 차단기(정격감도전류 15mA 이하, 동작시간 0.03초 이하의 전류동작형의 것에 한한다) 또는 절연변압기(정격용량 3kVA 이하인 것에 한한다)로 보호된 전로에 접속하거나, 인체감전보호용 누전 차단기가 부착된 콘센트를 시설하여야 한다.
2. 콘센트는 접지 극이 있는 방적형 콘센트를 사용하여 접지하여야 한다.

## 64 다음 중 전압을 구분한 것으로 알맞은 것은?

① 저압이란 교류 600V 이하, 직류는 교류의 $\sqrt{2}$ 배 이하인 전압을 말한다.
② 고압이란 교류 7000V 이하, 직류 7500V 이하의 전압을 말한다.
③ 특고압이란 교류, 직류 모두 7000V를 초과하는 전압을 말한다.
④ 전압이란 교류, 직류 모두 7500V를 넘지 않은 전압을 말한다.

**해설** 전압의 구분

| 전압의 종별 | 교류 | 직류 |
|---|---|---|
| 저압 | 1,000V 이하의 것 | 1,500V 이하의 것 |
| 고압 | 1,000V 초과 7,000V 이하 | 1,500V 초과 7,000V 이하 |
| 특별고압 | 7,000V 초과 | 7,000V 초과 |

{분석}
실기까지 중요한 내용입니다. 암기하세요.

## 65 단로기를 사용하는 주된 목적은?

① 과부하 차단
② 변성기의 개폐
③ 이상전압의 차단
④ 무부하 선로의 개폐

**해설** 단로기는 전원을 차단한 후 단로기를 개방하여 무부하 선로의 개폐에 사용한다.

## 66 전격의 위험을 결정하는 주된 인자로 가장 거리가 먼 것은?

① 통전 전류
② 통전 시간
③ 통전 경로
④ 통전 전압

**해설** 1차적 감전 위험요소 및 영향력

통전 전류 크기 > 통전 시간 > 통전 경로 > 전원의 종류(직류보다 교류가 더 위험)

{분석}
필기에 자주 출제되는 내용입니다.

## 67 감전되어 사망하는 주된 메커니즘으로 틀린 것은?

① 심장부에 전류가 흘러 심실세동이 발생하여 혈액순환기능이 상실되어 일어난 것
② 흉골에 전류기 흘리 혈입이 악해셔 뇌에 산소 공급기능이 징지되어 일어난 것
③ 뇌의 호흡중추 신경에 전류가 흘러 호흡기능이 정지되어 일어난 것
④ 흉부에 전류가 흘러 흉부수축에 의한 질식으로 일어난 것

**정답** 64 ③  65 ④  66 ④  67 ②

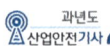

**해설** 감전되어 사망하는 주된 메커니즘

① 심장부에 전류가 흘러 **심실세동이 발생하여 혈액순환기능이 상실**되어 일어난 것

② 뇌의 호흡중추 신경에 전류가 흘러 **호흡기능이 정지**되어 일어난 것

③ 흉부에 전류가 흘러 **흉부수축에 의한 질식**으로 일어난 것

**68** 다음은 전기안전에 관한 일반적인 사항을 기술한 것이다. 옳게 설명된 것은?

① 220V 동력용 전동기의 외함에 특별 제3종 접지공사를 하였다.

② 배선에 사용할 전선의 굵기를 허용전류, 기계적 강도, 전압강하 등을 고려하여 결정하였다.

③ 누전을 방지하기 위해 피뢰침 설비를 설치하였다.

④ 전선 접속 시 전선의 세기가 30% 이상 감소되었다.

**해설** ① 400V 이하 저압 기기의 외함 → 제3종 접지공사

③ 누전 방지 → 누전차단기 설치

④ 전선 접속 시 전선의 세기가 20% 이상 감소되어서는 안 된다.

**69** 정격 사용률이 30%, 정격 2차 전류가 300A인 교류아크 용접기를 200A로 사용하는 경우의 허용 사용률(%)은?

① 67.5      ② 91.6

③ 110.3      ④ 130.5

**해설** 교류아크용접기의 허용사용률

$$허용사용률 = \frac{정격2차전류^2}{실제사용 \cdot 용접전류^2} \times 정격사용률$$

$$허용사용률 = \frac{300^2}{200^2} \times 30 = 67.5\%$$

**70** 어느 변전소에서 고장전류가 유입되었을 때 도전성구조물과 그 부근 지표상의 점과의 사이(약 1m)의 허용접촉전압은 약 몇 V인가?

(단, 심실세동전류 : $I_k = \dfrac{0.165}{\sqrt{t}}$ A,

인체의 저항 1000Ω, 지표면의 저항률 : 150Ω·m, 통전시간을 1초로 한다.)

① 202      ② 186

③ 228      ④ 164

**해설** 보폭전압

$$V = I \times R$$
$$= I_k \times (R_b + \frac{3}{2} R_e)$$

여기서, $R_b$ : 인체 저항

$R_e$ : 지표면 저항

$$V = \frac{0.165}{\sqrt{1}} \times (1000 + \frac{3}{2} \times 150) = 202.13(V)$$

**71** 아크용접 작업 시 감전사고 방지대책으로 틀린 것은?

① 절연 장갑의 사용

② 절연 용접봉의 사용

③ 적정한 케이블의 사용

④ 절연 용접봉 홀더의 사용

**해설** 아크용접 작업 시 감전사고 방지대책

① 절연 장갑 및 보안경 착용

② 자동전격방지장치의 사용

③ 적정한 케이블의 사용

④ 절연 용접봉 홀더의 사용

**정답** 68 ②   69 ①   70 ①   71 ②

**72** 인체저항에 대한 설명으로 옳지 않은 것은?

① 인체저항은 접촉면적에 따라 변한다.
② 피부저항은 물에 젖어 있는 경우 건조 시의 약 1/12로 저하된다.
③ 인체저항은 한 개의 단일 저항체로 보아 최악의 상태를 적용한다.
④ 인체에 전압이 인가되면 체내로 전류가 흐르게 되어 전격의 정도를 결정한다.

[해설] ② 피부저항은 물에 젖어 있는 경우 건조 시의 약 1/25로 저하된다.

**73** 저압 방폭전기의 배관방법에 대한 설명으로 틀린 것은?

① 전선관용 부속품은 방폭구조에 정한 것을 사용한다.
② 전선관용 부속품은 유효 접속면의 깊이를 5mm 이상 되도록 한다.
③ 배선에서 케이블의 표면온도가 대상하는 발화온도에 충분한 여유가 있도록 한다.
④ 가요성 피팅(Fitting)은 방폭구조를 이용하되 내측 반경을 5배 이상으로 한다.

[해설] ② 전선관과 전선관용 부속품 또는 전기기기와의 접속, 전선관용 부속품 상호의 접속 또는 전기기기와의 접속은 KS B 0221에서 규정한 관용 평형나사에 의해 나사산이 5산 이상 결합되도록 하여야 한다.

**74** Freiberger가 제시한 인체의 전기적 등가회로는 다음 중 어느 것인가?(단, 단위는 다음과 같다. 단위 : R(Ω), L(H), C(F))

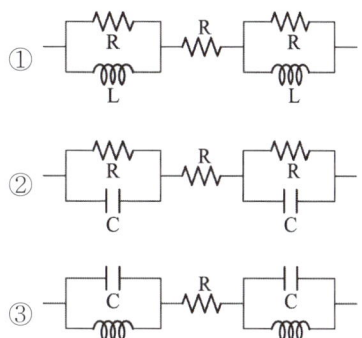

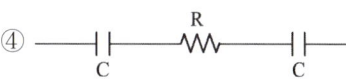

[해설] 1. 등가회로 : 전기적으로 같은 성질을 갖는 회로 요소의 배합
2. 인체 저항의 등가회로 : 인체를 전기적 도체로 생각할 경우 인체 각부는 전류에 대해 저항성분 (R)과 용량성분(C)으로 구분되는 임피던스를 가진다.

**75** 전동기용 퓨즈의 사용 목적으로 알맞은 것은?

① 과전압 차단
② 누설전류 차단
③ 지락과전류 차단
④ 회로에 흐르는 과전류 차단

[해설] 퓨즈 → 회로의 과전류 차단

**76** 누전으로 인한 화재의 3요소에 대한 요건이 아닌 것은?

① 접속점　　　② 출화점
③ 누전점　　　④ 접지점

🔊) 정답 72 ② 73 ② 74 ② 75 ④ 76 ①

<해설> 누전으로 인한 화재의 3요소

① 출화점
② 누전점
③ 접지점

**77** 교류아크 용접기의 자동전격 방지장치란 용접기의 2차 전압을 25V 이하로 자동 조절하여 안전을 도모하려는 것이다. 다음 사항 중 어떤 시점에서 그 기능이 발휘 되어야 하는가?

① 전체 작업시간 동안
② 아크를 발생시킬 때만
③ 용접작업을 진행하고 있는 동안만
④ 용접작업 중단 직후부터 다음 아크 발생 시까지

<해설> 자동전격 방지장치는 용접작업 중단 직후부터 다음 아크 발생 시까지의 감전을 방지한다.

<참고> 자동전격방지기의 성능

용접을 중단하고 1.0초 내에 용접기의 홀더, 어스선에 흐르는 무부하 전압을 안전전압 25V 이하로 내려준다.

**78** 누전차단기를 설치하여야 하는 곳은?

① 기계·기구를 건조한 장소에 시설한 경우
② 대지전압이 220V에서 기계·기구를 물기가 없는 장소에 시설한 경우
③ 전기용품 안전관리법의 적용을 받는 2중 절연구조의 기계기구
④ 전원 측에 절연변압기(2차 전압이 300V 이하)를 시설한 경우

<해설> ② 대지전압이 150볼트를 초과하는 이동형 또는 휴대형 전기기계·기구는 누전차단기를 설치하여야 한다.

<참고> 누전차단기를 설치해야 하는 기계·기구

① 대지전압이 150볼트를 초과하는 이동형 또는 휴대형 전기기계·기구
② 물 등 도전성이 높은 액체가 있는 습윤장소에서 사용하는 저압용 전기기계·기구
③ 철판·철골 위 등 도전성이 높은 장소에서 사용하는 이동형 또는 휴대형 전기기계·기구
④ 임시배선의 전로가 설치되는 장소에서 사용하는 이동형 또는 휴대형 전기기계·기구

{분석}
실기까지 중요한 내용입니다.

**79** 방폭구조와 기호의 연결이 틀린 것은?

① 압력방폭구조 : p
② 내압방폭구조 : d
③ 안전증방폭구조 : s
④ 본질안전방폭구조 : ia 또는 ib

<해설> ③ 안전증방폭구조 : e

<참고>

| | 0종 장소 | 본질 안전 방폭구조(ia) |
|---|---|---|
| 가스 폭발 위험 장소 | 1종 장소 | 내압 방폭구조(d) 압력 방폭구조(p) 충전 방폭구조(q) 유입 방폭구조(o) 안전증 방폭구조(e) 본질안전 방폭구조(ia, ib) 몰드 방폭구조(m) |
| | 2종 장소 | 0종 장소 및 1종 장소에 사용 가능한 방폭구조 비점화 방폭구조(n) |

{분석}
실기에 자주 출제되는 내용입니다. 암기하세요.

**80** 전격에 의해 심실세동이 일어날 확률이 가장 큰 심장 맥동주기 파형의 설명으로 옳은 것은? (단, 심장 맥동주기를 심전도에서 보았을 때의 파형이다.)

① 심실의 수축에 따른 파형이다.
② 심실의 팽창에 따른 파형이다.
③ 심실의 수축 종료 후 심실의 휴식 시 발생하는 파형이다.
④ 심실의 수축 시작 후 심실의 휴식 시 발생하는 파형이다.

**해설** 심실의 수축 종료 후 심실의 휴식 시에 심실세동 위험이 가장 높다.

**제5과목 · 화학설비 안전 관리**

**81** 다음 중 마그네슘의 저장 및 취급에 관한 설명으로 틀린 것은?

① 산화제와 접촉을 피한다.
② 고온의 물이나 과열 수증기와 접촉하면 격렬히 반응하므로 주의한다.
③ 분말은 분진 폭발성이 있으므로 누설되지 않도록 포장한다.
④ 화재발생 시 물의 사용을 금하고, 이산화탄소소화기를 사용하여야 한다.

**해설** ④ 마그네슘은 금속화재에 해당하므로 마른모래, 팽창 질석, 팽창 진주암을 사용하여 소화한다.

**참고**

| 분 류 | A급 화재 | B급 화재 | C급 화재 | D급 화재 |
|---|---|---|---|---|
| 가연물 | 일반 화재 | 유류 화재 | 전기 화재 | 금속 화재 |
| 주된 소화 효과 | 냉각 효과 | 질식 효과 | 질식, 억제 효과 | 질식 효과 |
| 적응 소화제 | 물, 강화액 소화기, 산·알칼리 소화기 | 포말 소화기, $CO_2$ 소화기, 분말 소화기 | $CO_2$ 소화기, 분말 소화기, 할로겐 화합물 소화기 | 건조사, 팽창 질석, 팽창 진주암 |

**82** 다음 중 상온에서 물과 격렬히 반응하여 수소를 발생시키는 물질은?

① Au　　② K
③ S　　④ Ag

**해설** 1. 상온에서 물과 격렬히 반응하여 수소를 발생시키는 물질 → 금수성 물질

2. 금수성 물질의 종류
① 리튬(Li)
② 칼륨(K)·나트륨(Na)
③ 알킬알루미늄·알킬리튬
④ 칼슘 탄화물(탄화칼슘), 알루미늄 탄화물 (탄화알루미늄)

**83** 산업안전보건법령상 안전밸브 등의 전단·후단에는 차단밸브를 설치하여서는 아니되지만 다음 중 자물쇠형 또는 이에 준하는 형식의 차단밸브를 설치 할 수 있는 경우로 틀린 것은?

① 인접한 화학설비 및 그 부속설비에 안전밸브 등이 각각 설치되어 있고, 해당 화학설비 및 그 부속설비의 연결배관에 차단밸브가 없는 경우
② 안전밸브 등의 배출용량의 4분의 1 이상에 해당하는 용량의 자동압력조절밸브와 안전밸브 등이 직렬로 연결된 경우

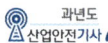
③ 화학설비 및 그 부속설비에 안전밸브 등이 복수방식으로 설치되어 있는 경우

④ 열팽창에 의하여 상승된 압력을 낮추기 위한 목적으로 안전밸브가 설치된 경우

**해설** ② 안전밸브 등의 배출용량의 2분의 1 이상에 해당하는 용량의 자동 압력 조절밸브와 안전밸브 등이 병렬로 연결된 경우

**참고** **안전밸브에 차단밸브를 설치할 수 있는 경우**

① 인접한 화학설비 및 그 부속설비에 안전밸브 등이 각각 설치되어 있고 당해 화학설비 및 그 부속설비의 연결배관에 차단밸브가 없는 경우

② 안전밸브 등의 배출용량의 2분의 1 이상에 해당하는 용량의 자동압력조절밸브와 안전밸브 등이 병렬로 연결된 경우

③ 화학설비 및 그 부속설비에 안전밸브 등이 복수방식으로 설치되어 있는 경우

④ 예비용설비를 설치하고 각각의 설비에 안전밸브 등이 설치되어 있는 경우

⑤ 열팽창에 의하여 상승된 압력을 낮추기 위한 목적으로 안전밸브가 설치된 경우

⑥ 하나의 플레어스택(flare stack)에 2 이상의 단위공정의 플레어헤더(flare header)를 연결하여 사용하는 경우로서 각각의 단위공정의 플레어헤더에 설치된 차단밸브의 열림·닫힘상태를 중앙제어실에서 알 수 있도록 조치한 경우

{분석}
**필기에 자주 출제되는 내용입니다.**

**84** 압축기와 송풍기의 관로에 심한 공기의 맥동과 진동을 발생하면서 불안정한 운전이 되는 서어징(surging) 현상의 방지법으로 옳지 않은 것은?

① 풍량을 감소시킨다.

② 배관의 경사를 완만하게 한다.

③ 교축밸브를 기계에서 멀리 설치한다.

④ 토출가스를 흡입측에 바이패스 시키거나 방출밸브에 의해 대기로 방출시킨다.

**해설** ③ 교축밸브를 기계에 근접하게 설치한다.

**85** [보기]의 물질을 폭발 범위가 넓은 것부터 좁은 순서로 바르게 배열한 것은?

$$H_2, C_3H_8, CH_4, CO$$

① $CO > H_2 > C_3H_8 > CH_4$

② $H_2 > CO > CH_4 > C_3H_8$

③ $C_3H_8 > CO > CH_4 > H_2$

④ $CH_4 > H_2 > CO > C_3H_8$

**해설** 1. 폭발 범위가 넓은 것 → 폭발 3등급 → 수소($H_2$), 아세틸렌($C_2H_2$)

2. 폭발 범위가 좁은 것 → 폭발 1등급 → 메탄($CH_4$), 에탄($C_2H_6$), 프로판($C_3H_8$)

**86** 다음 중 산업안전보건 법령상 위험 물질의 종류와 해당 물질이 올바르게 연결된 것은?

① 부식성 산류 – 아세트산(농도 90%)

② 부식성 염기류 – 아세톤(농도 90%)

③ 인화성 가스 – 이황화탄소

④ 인화성 가스 – 수산화칼륨

**해설** • 아세톤, 이황화탄소 – 인화성 액체

• 수산화칼륨(농도 40% 이상) – 부식성 염기류

**참고** 1. **부식성 산류**

① 농도가 20퍼센트 이상인 염산, 황산, 질산, 그 밖에 이와 같은 정도 이상의 부식성을 가지는 물질

② 농도가 60퍼센트 이상인 인산, 아세트산, 불산, 그 밖에 이와 같은 정도 이상의 부식성을 가지는 물질

2. **부식성 염기류**

농도가 40퍼센트 이상인 수산화나트륨, 수산화칼륨, 그 밖에 이와 같은 정도 이상의 부식성을 가지는 염기류

{분석}
**실기에 자주 출제되는 내용입니다. 암기하세요.**

**∙))정답** 84 ③ 85 ② 86 ①

**87** 다음 중 화재 시 주수에 의해 오히려 위험성이 증대되는 물질은?

① 황린
② 니트로셀룰로오스
③ 적린
④ 금속나트륨

해설 금속나트륨은 물과 격렬히 반응하므로 주수에 의한 소화 시 위험성이 증대된다.

**88** 물과 탄화칼슘이 반응하면 어떤 가스가 생성되는가?

① 염소가스      ② 아황산가스
③ 수성가스      ④ 아세틸렌가스

해설 탄화칼슘 + 물 → 수산화칼슘 + 아세틸렌
$CaC_2$    $H_2O$ → $Ca(OH)_2$    $C_2H_2$

**89** 다음 중 분진폭발에 관한 설명으로 틀린 것은?

① 가스 폭발에 비교하여 연소시간이 짧고, 발생 에너지가 작다.
② 최초의 부분적인 폭발이 분진의 비산으로 2차, 3차 폭발로 파급되어 피해가 커진다.
③ 가스에 비하여 불완전 연소를 일으키기 쉬우므로 연소 후 가스에 의한 중독 위험이 있다.
④ 폭발 시 입자가 비산하므로 이것에 부딪치는 가연물은 국부석으로 탄화를 일으킬 수 있다.

해설 ① 가스폭발에 비교하여 연소시간이 길고, 발생 에너지가 크다.

참고 가스폭발과 분진폭발의 비교

| 가스 폭발 | • 화염이 크다.<br>• 연소속도가 빠르다. |
|---|---|
| 분진 폭발 | • 폭발압력, 에너지가 크다.<br>• 연소시간이 길다.<br>• 불완전연소로 인한 중독($CO$)이 발생한다. |

{분석}
필기에 자주 출제되는 내용입니다.

**90** 다음 물질 중 인화점이 가장 낮은 물질은?

① 이황화탄소
② 아세톤
③ 크실렌
④ 경유

해설 ① 이황화탄소 : − 30℃
② 아세톤 : −18℃
③ 크실렌 : 17.2℃
④ 경유 : 54℃

**91** 다음의 2가지 물질을 혼합 또는 접촉하였을 때 발화 또는 폭발의 위험성이 가장 낮은 것은?

① 니트로셀룰로오스와 물
② 나트륨과 물
③ 염소산칼륨과 유황
④ 황화인과 무기과산화물

해설 니트로셀룰로오스는 다량의 주수에 의한 냉각소화를 하므로 물과 혼합 시 발화의 위험이 낮다.

**정답** 87 ④ 88 ④ 89 ① 90 ① 91 ①

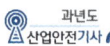
**92** 폭발을 기상폭발과 응상 폭발로 분류할 때 다음 중 기상폭발에 해당되지 않는 것은?

① 분진폭발
② 혼합 가스폭발
③ 분무 폭발
④ 수증기폭발

> **[해설]** 기상폭발(기체 상태의 폭발)
> ① 가스폭발
> ② 분무폭발
> ③ 분진폭발

**93** 다음 물질 중 공기에서 폭발 상한계 값이 가장 큰 것은?

① 사이클로헥산
② 산화에틸렌
③ 수소
④ 이황화탄소

> **[해설]** ① 사이클로헥산 : 1.3 ～ 8.0%
> ② 산화에틸렌 : 3 ～ 80%
> ③ 수소 : 4 ～ 75%
> ④ 이황화탄소 : 1.3 ～ 50%

**94** 다음 중 관의 지름을 변경하고자 할 때 필요한 관 부속품은?

① reducer    ② elbow
③ plug    ④ valve

> **[해설]** 관의 부속품
> ① 2개관의 연결 : 플랜지, 유니언, 니플, 소켓 사용
> ② 관의 지름 변경 : 리듀서, 부싱 사용
> ③ 관로 방향 변경 : 엘보, Y형 관이음쇠, 티, 십자 사용
> ④ 유로 차단 : 플러그, 밸브, 캡
>
> {분석}
> 필기에 자주 출제되는 내용입니다.

**95** 다음 중 자연발화에 대한 설명으로 틀린 것은?

① 분해열에 의해 자연발화가 발생할 수 있다.
② 입자의 표면적이 넓을수록 자연발화가 발생하기 쉽다.
③ 자연발화가 발생하지 않기 위해 습도를 가능한 한 높게 유지시킨다.
④ 열의 축적은 자연발화를 일으킬 수 있는 인자이다.

> **[해설]** 자연 발화 방지법
> ① 저장소의 온도를 낮출 것
> ② 산소와의 접촉을 피할 것
> ③ 통풍 및 환기를 철저히 할 것
> ④ 습도가 높은 곳에는 저장하지 말 것

**96** 반응성 화학물질의 위험성은 실험에 의한 평가 대신 문헌조사 등을 통해 계산에 의해 평가하는 방법을 사용할 수 있다. 이에 관한 설명으로 옳지 않은 것은?

① 위험성이 너무 커서 물성을 측정할 수 없는 경우 계산에 의한 평가 방법을 사용할 수도 있다.
② 연소열, 분해열, 폭발열 등의 크기에 의해 그 물질의 폭발 또는 발화의 위험예측이 가능하다.
③ 계산에 의한 평가를 하기 위해서는 폭발 또는 분해에 따른 생성물의 예측이 이루어져야 한다.
④ 계산에 의한 위험성 예측은 모든 물질에 대해 정확성이 있으므로 더 이상의 실험을 필요로 하지 않는다.

> **[해설]** ④ 계산에 의한 위험성 예측은 정확성이 부족할 수 있으므로 일부 물질은 실험을 필요로 한다.

**⋅))** 정답 92 ④ 93 ② 94 ① 95 ③ 96 ④

**97** 메탄($CH_4$) 70vol%, 부탄($C_4H_{10}$) 30vol% 혼합가스의 25℃, 대기압에서의 공기 중 폭발하한계(vol%)는 약 얼마인가?
(단, 각 물질의 폭발하한계는 다음 식을 이용하여 추정, 계산한다.)

$$C_{st} = \frac{1}{1+4.77 \times O_2} \times 100$$

$$L_{25} \fallingdotseq 0.55\,C_{st}$$

① 1.2(vol%)　　② 3.2(vol%)

③ 5.7(vol%)　　④ 7.7(vol%)

**해설**

$$C_{st}(Vol\%) = \frac{100}{1+4.773\left(n+\dfrac{m-f-2\lambda}{4}\right)}$$

여기서, $n$ : 탄소　　　　$m$ : 수소
　　　　$f$ : 할로겐원소　$\lambda$ : 산소의 원자 수
　　　　4.773 : 공기의 몰수

• Jones식에 의한 폭발하한계 $= 0.55 \times C_{st}$
• Jones식에 의한 폭발상한계 $= 3.50 \times C_{st}$

**1. 메탄의 폭발하한계**

메탄 $CH_4$에서($n:1$, $m:4$, $f:0$, $\lambda:0$)

$$C_{st} = \frac{100}{1+4.773\left(1+\dfrac{4}{4}\right)} = 9.482(vol\%)$$

폭발하한계 $= 0.55 \times C_{st} = 0.55 \times 9.482 = 5.21(vol\%)$

**2. 부탄의 폭발하한계**

부탄 $C_4H_{10}$에서($n:4$, $m:10$, $f:0$, $\lambda:0$)

$$C_{st} = \frac{100}{1+4.773\left(4+\dfrac{10}{4}\right)} = 3.122(vol\%)$$

폭발하한계 $= 0.55 \times C_{st} = 0.55 \times 3.122 = 1.71(vol\%)$

**3. 혼합가스의 폭발하한계**

$$\frac{100}{L} = \frac{V_1}{L_1} + \frac{V_2}{L_2} + \frac{V_3}{L_3}\cdots$$

$$\frac{100}{L} = \frac{70}{5.21} + \frac{30}{1.71}$$

$$L = \frac{100}{\dfrac{70}{5.21} + \dfrac{30}{1.71}} = 3.22(vol\%)$$

**참고**

$$C_{st} = \frac{1}{1+4.77 \times O_2} \times 100$$

여기서, $O_2$ : 반응에 필요한 산소의 몰수

$$산소의 몰수 = n + \frac{m-f-2\lambda}{4}$$

($n$ : 탄소, $m$ : 수소, $f$ : 할로겐원소,
　$\lambda$ : 산소의 원자수)

• 메탄의 반응식
　$CH_4 + 2O_2 = CO_2 + 2H_2O$

• 반응에 필요한 산소가 2몰이므로

$$C_{st} = \frac{1}{1+4.77 \times 2} \times 100 = 9.48(vol\%)$$

$$L_{25} \fallingdotseq 0.55\,C_{st} = 0.55 \times 9.49 = 5.21(vol\%)$$

**98** 다음 중 완전연소 조성 농도가 가장 낮은 것은?

① 메탄($CH_4$)
② 프로판($C_3H_8$)
③ 부탄($C_4H_{10}$)
④ 아세틸렌($C_2H_2$)

**해설** 완전연소 소성 농도(화학양론 농도)

$$C_{st}(Vol\%) = \frac{100}{1+4.773\left(n+\dfrac{m-f-2\lambda}{4}\right)}$$

여기서, $n$ : 탄소　　　　$m$ : 수소
　　　　$f$ : 할로겐원소　$\lambda$ : 산소의 원자 수
　　　　4.773 : 공기의 몰수

최근 기출문제 / 2017

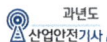
① 메탄(CH$_4$)

$$C_{st} = \frac{100}{1+4.773\left(1+\frac{4}{4}\right)} = 9.48(\text{vol}\%)$$

② 프로판(C$_3$H$_8$)

$$C_{st} = \frac{100}{1+4.773\left(3+\frac{8}{4}\right)} = 4.02(\text{vol}\%)$$

③ 부탄(C$_4$H$_{10}$)

$$C_{st} = \frac{100}{1+4.773\left(4+\frac{10}{4}\right)} = 3.12(\text{vol}\%)$$

④ 아세틸렌(C$_2$H$_2$)

$$C_{st} = \frac{100}{1+4.773\left(2+\frac{2}{4}\right)} = 7.73(\text{vol}\%)$$

**99** 유체의 역류를 방지하기 위해 설치하는 밸브는?

① 체크밸브
② 게이트밸브
③ 대기밸브
④ 글로브밸브

**해설** 유체의 역류 방지 → 체크밸브

**100** 산업안전보건 법령상 위험물질의 종류를 구분할 때 다음 물질들이 해당하는 것은?

> 리튬, 칼륨·나트륨, 황,
> 황린, 화화인·적린

① 폭발성 물질 및 유기과산화물
② 산화성 액체 및 산화성 고체
③ 물반응성 물실 및 인화성 고체
④ 급성 독성 물질

**해설**

| | |
|---|---|
| 물반응성<br>물질 및<br>인화성<br>고체 | 가. 리튬<br>나. 칼륨·나트륨<br>다. 황<br>라. 황린<br>마. 황화인·적린<br>바. 셀룰로이드류<br>사. 알킬알루미늄·알킬리튬<br>아. 마그네슘 분말<br>자. 금속 분말<br>　　(마그네슘 분말은 제외한다)<br>차. 알칼리금속(리튬·칼륨<br>　　및 나트륨은 제외한다)<br>카. 유기 금속화합물(알킬알루미<br>　　늄 및 알킬리튬은 제외한다)<br>타. 금속의 수소화물<br>파. 금속의 인화물<br>하. 칼슘 탄화물, 알루미늄 탄화물<br>　거. 그 밖에 가목부터 하목까지<br>　　의 물질과 같은 정도의 발<br>　　화성 또는 인화성이 있는<br>　　물질<br>　너. 가목부터 거목까지의 물질<br>　　을 함유한 물질 |

실력이 되고! 합격이 되는! **특급** 암기법

**물반응성물질** : **나 칼 안물리!**
**나**(나트륨) **칼**(칼륨·칼슘탄화물) **안**(알킬알루미늄, 알킬리튬) **물**(물반응성물질) **리**(리튬)

**인화성고체** : **인화성 황인이 젤 금마!** (겁나)
**인화성**(인화성물질) **황인**(황, 황린, 황화인, 적린) **이 젤**(셀룰로이드) **금마**(금속분말, 마그네슘분말)

{분석}
실기에도 자주 출제되는 내용입니다.

---

**제6과목** 건설공사 안전 관리

---

**101** 산업안전보건관리계상기준에 따른 건축공사, 대상액 「5억 원 이상 ~ 50억 원 미만」의 비율 및 기초액으로 옳은 것은?

① 비율 : 2.28%, 기초액 : 4,325,000원
② 비율 : 1.99%, 기초액 : 5,449,000원
③ 비율 : 2.35%, 기초액 : 5,400,000원
④ 비율 : 1.57%, 기초액 : 4,411,000원

[해설] 공사 종류 및 규모별 산업안전보건관리비 계상기준표

| 공사 종류 | 대상액 5억 원 미만인 경우 적용 비율(%) | 대상액 5억 원 이상 50억 원 미만인 경우 | | 대상액 50억 원 이상인 경우 적용 비율(%) | 보건관리자 선임 대상 건설공사의 적용비율(%) |
|---|---|---|---|---|---|
| | | 적용 비율(%) | 기초액 | | |
| 건축공사 | 3.11(%) | 2.28(%) | 4,325 천원 | 2.37(%) | 2.64(%) |
| 토목공사 | 3.15(%) | 2.53(%) | 3,300 천원 | 2.60(%) | 2.73(%) |
| 중건설 공사 | 3.64(%) | 3.05(%) | 2,975 천원 | 3.11(%) | 3.39(%) |
| 특수 건설공사 | 2.07(%) | 1.59(%) | 2,450 천원 | 1.64(%) | 1.78(%) |

**102** 이동식 비계를 조립하여 작업을 하는 경우에 대한 준수사항으로 옳지 않은 것은?

① 승강용 사다리는 견고하게 설치할 것
② 비계의 최상부에서 작업을 하는 경우에는 안전 난간을 설치할 것
③ 작업발판의 최대적재하중은 400kg을 초과하지 않도록 할 것
④ 작업 발판은 항상 수평을 유지하고 작업발판 위에서 안전 난간을 딛고 작업을 하거나 받침대 또는 사다리를 사용하여 작업하지 않도록 할 것

[해설] ③ 작업 발판의 최대 적재하중은 250kg을 초과하지 않도록 할 것

**103** 항타기 또는 항발기의 권상용 와이어로프의 절단하중이 100ton일 때 와이어로프에 걸리는 최대 하중을 얼마까지 할 수 있는가?

① 20ton  ② 33.3ton
③ 40ton  ④ 50ton

[해설] 안전율 $= \dfrac{\text{절단하중}}{\text{최대사용하중}}$

최대사용하중 $= \dfrac{\text{절단하중}}{\text{안전율}} = \dfrac{100}{5} = 20(ton)$

\* 항타기 또는 항발기의 권상용 와이어로프의 안전율 = 5

**104** 공사 현장에서 가설계단을 설치하는 경우 높이가 3m를 초과하는 계단에는 높이 3m 이내마다 최소 얼마 이상의 너비를 가진 계단참을 설치하여야 하는가?

① 5.5m  ② 2.5m
③ 1.2m  ④ 1.0m

[해설] 높이가 3미터를 초과하는 계단에 높이 3미터 이내마다 진행방향으로 길이 1.2미터 이상의 계단참을 설치해야 한다.

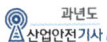
참고 **계단의 설치**

① 계단의 강도
  • 계단 및 계단참의 강도는 500kg/m² 이상이
    어야 하며 안전율은 4 이상으로 하여야 한다.
② 계단의 폭
  • 1미터 이상으로 하여야 한다.
③ 계단참의 높이
  • 높이가 3미터를 초과하는 계단에는 높이 3미터
    이내마다 진행방향으로 길이 1.2미터 이상의
    계단참을 설치하여야 한다.
④ 천장의 높이
  • 바닥면으로부터 높이 2미터 이내의 공간에
    장애물이 없도록 하여야 한다.
⑤ 계단의 난간
  • 높이 1미터 이상인 계단의 개방된 측면에 안
    전난간을 설치하여야 한다.

{분석}
**실기까지 중요한 내용입니다.**

**105** 터널 지보공을 조립하는 경우에는 미리
구조를 검토한 후 조립도를 작성하고, 그
조립도에 따라 조립하도록 하여야 하는데
이 조립도에 명시하여야 할 사항과 가장
거리가 먼 것은?

① 이음방법
② 단면규격
③ 재료의 재질
④ 재료의 구입처

해설 조립도에는 재료의 재질, 단면규격, 설치간격 및
이음방법 등을 명시하여야 한다.

**106** 강관비계를 조립할 때 준수하여야 할 사항
으로 옳지 않은 것은?

① 띠장간격은 1.5미터 이하로 할 것
② 비계기둥 간격은 띠장방향에서는 1.85m
   이하, 장선방향에서는 1.5m 이하로
   할 것
③ 비계기둥의 제일 윗부분으로부터 31m
   되는 지점 밑 부분의 비계기 등은 2개
   의 강관으로 묶어 세울 것
④ 비계기둥 간의 적재하중은 400kg을
   초과하지 않도록 할 것

해설 **강관비계의 구조**

① 비계기둥 간격 : 띠장방향에서는 1.85m 이하,
   장선방향에서는 1.5m 이하로 할 것
   다만, 다음 각 목의 어느 하나에 해당하는 작업의
   경우에는 안전성에 대한 구조검토를 실시하고
   조립도를 작성하면 띠장 방향 및 장선 방향으
   로 각각 2.7미터 이하로 할 수 있다.
   가. 선박 및 보트 건조작업
   나. 그 밖에 장비 반입·반출을 위하여 공간 등을
      확보할 필요가 있는 등 작업의 성질상 비계
      기둥 간격에 관한 기준을 준수하기 곤란한
      작업
② 띠장간격 : 2.0미터 이하로 할 것
③ 비계기둥의 제일 윗부분으로부터 31m되는
   지점 밑 부분의 비계기둥은 2본의 강관으로 묶
   어 세울 것
④ 비계기둥 간의 적재하중은 400킬로그램을 초
   과하지 아니하도록 할 것

{분석}
**실기까지 중요한 내용입니다.**

**107** 작업 장소의 지형 및 지반 상태 등에 적합
한 제한속도를 미리 정하지 않아도 되는
차량계 건설기계는 최대 제한속도가 최대
시속 얼마 이하인 것을 의미하는가?

① 5km/hr 이하     ② 10km/hr 이하
③ 15km/hr 이하    ④ 20km/hr 이하

해설 차량계 건설기계의 최대제한속도 : 10km/hr 이하

**정답** 105 ④  106 ①  107 ②

**108** 산업안전보건법령에 따른 유해하거나 위험한 기계·기구에 설치하여야 할 방호장치를 연결한 것으로 옳지 않은 것은?

① 포장기계 – 헤드 가드
② 예초기 – 날접촉 예방장치
③ 원심기 – 회전체 접촉 예방장치
④ 금속절단기 – 날접촉 예방장치

**해설** 방호조치가 필요한 유해위험 기계·기구 및 방호조치

1. 예초기 – 날접촉 예방장치
2. 원심기 – 회전체 접촉 예방장치
3. 공기압축기 – 압력방출장치
4. 금속절단기 – 날접촉 예방장치
5. 지게차 – 헤드가드, 백레스트, 전조등, 후미등, 안전벨트
7. 포장기계(진공포장기, 랩핑기) – 구동부 방호 연동장치

{분석}
실기에 자주 출제되는 내용입니다. 암기하세요.

**109** 지반조사의 간격 및 깊이에 대한 내용으로 옳지 않은 것은?

① 조사 간격은 지층상태, 구조물 규모에 따라 정한다.
② 절토, 개착, 터널구간은 기반암의 심도 5 ~ 6m까지 확인한다.
③ 지층이 복잡한 경우에는 기 조사한 간격 사이에 보완 조사를 실시한다.
④ 조사 깊이는 액상화 문제가 있는 경우에는 모래층 하단에 있는 딘딘한 지지층까지 조사한다.

**해설** ② 절토, 개착, 터널구간은 기반암의 심도 2m 정도까지 확인한다.

**110** 보일링(Boiling) 현상에 관한 설명으로 옳지 않은 것은?

① 지하수위가 높은 모래 지반을 굴착할 때 발생하는 현상이다.
② 보일링 현상에 대한 대책의 일환으로 공사기간 중 지하수위를 일정하게 유지시켜야 한다.
③ 보일링 현상이 발생하는 경우 흙막이 보는 지지력이 저하된다.
④ 아랫부분의 토사가 수압을 받아 굴착한 곳으로 밀려나와 굴착 부분을 다시 메우는 현상이다.

**해설** ② 보일링 현상에 대한 대책의 일환으로 공사기간 중 지하수위를 저하시켜야 한다.

**참고** 보일링(Boiling) 현상 방지책

① 지하수위 저하
② 지하수 흐름 변경
③ 근입벽을 깊게 한다.
④ 작업 중지

**111** 철골구조의 앵커볼트 매립과 관련된 준수 사항 중 옳지 않은 것은?

① 기둥 중심은 기준선 및 인접 기둥의 중심에서 3mm 이상 벗어나지 않을 것
② 앵커 볼트는 매립 후에 수정하지 않도록 설치할 것
③ 베이스플레이트의 하단은 기준 높이 및 인접 기둥이 높이에서 3mm 이상 벗어나지 않을 것
④ 앵커 볼트는 기둥 중심에서 2mm 이상 벗어나지 않을 것

**해설** ① 기둥 중심은 기준선 및 인접 기둥의 중심에서 5mm 이상 벗어나지 않을 것

정답 108 ① 109 ② 110 ② 111 ①

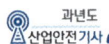
**112** 토사 붕괴 재해를 방지하기 위한 흙막이 지보공 설비를 구성하는 부재와 거리가 먼 것은?

① 말뚝　　　　② 버팀대
③ 띠장　　　　④ 턴버클

해설 흙막이 지보공 설비를 구성하는 부재
① 말뚝
② 버팀대
③ 띠장

참고 턴버클 : 두 점 사이에 연결된 지지막대, 와이어 등을 죄는 데 사용하는 죔 기구

**113** 옥외에 설치되어 있는 주행크레인에 대하여 이탈방지장치를 작동시키는 등 이탈방지를 위한 조치를 하여야 하는 풍속기준으로 옳은 것은?

① 순간풍속이 20m/sec를 초과할 때
② 순간풍속이 25m/sec를 초과할 때
③ 순간풍속이 30m/sec를 초과할 때
④ 순간풍속이 35m/sec를 초과할 때

해설 악천 후 시 조치
① 순간풍속이 초당 10미터를 초과 : 타워크레인의 설치·수리·점검 또는 해체작업을 중지
② 순간풍속이 초당 15미터를 초과 : 타워크레인의 운전작업을 중지
③ 순간풍속이 초당 30미터를 초과 : 옥외에 설치되어 있는 주행 크레인 이탈방지조치
④ 순간풍속이 초당 30미터를 초과하는 바람이 불거나 중진(中震) 이상 진도의 지진이 있은 후 : 옥외 양중기 각 부위 이상 점검
⑤ 순간풍속이 초당 35미터를 초과 : 옥외 승강기 및 건설용 리프트에 대하여 받침의 수를 증가시키는 등 승강기가 무너지는 것을 방지하기 위한 조치

{분석}
실기에 자주 출제되는 내용입니다. 암기하세요.

**114** 비계(달비계, 달대비계 및 말비계는 제외)의 높이가 2m 이상인 작업 장소에 설치하는 작업발판의 구조 및 설비에 관한 기준으로 옳지 않은 것은?

① 작업 발판의 폭이 40cm 이상이 되도록 한다.
② 발판 재료 간의 틈은 3cm 이하로 한다.
③ 작업 발판을 작업에 따라 이동시킬 경우에는 위험 방지에 필요한 조치를 한다.
④ 작업 발판 재료는 뒤집히거나 떨어지지 않도록 하나 이상의 지지물에 연결하거나 고정시킨다.

해설 ④ 작업발판재료는 뒤집히거나 떨어지지 않도록 둘 이상의 지지물에 연결하거나 고정시킨다.

{분석}
실기까지 중요한 내용입니다.

**115** 차량계 하역운반기계 등에 화물을 적재하는 경우의 준수사항이 아닌 것은?

① 하중이 한쪽으로 치우치지 않도록 적재할 것
② 구내운반차 또는 화물자동차의 경우 화물의 붕괴 또는 낙하에 의한 위험을 방지하기 위하여 화물에 로프를 거는 등 필요한 조치를 할 것
③ 운전자의 시야를 가리지 않도록 화물을 적재할 것
④ 차륜의 이상 유무를 점검할 것

해설 차량계 하역운반기계에 화물 적재 시의 조치
① 하중이 한쪽으로 치우치지 않도록 적재할 것
② 구내운반차 또는 화물자동차의 경우 화물의 붕괴 또는 낙하에 의한 위험을 방지하기 위하여 화물에 로프를 거는 등 필요한 조치를 할 것

정답 112 ④ 113 ③ 114 ④ 115 ④

③ 운전자의 시야를 가리지 않도록 화물을 적재할 것

④ 화물을 적재하는 경우에는 최대적재량을 초과해서는 아니 된다.

{분석}
실기까지 중요한 내용입니다.

**116** 이동식 비계를 조립하여 작업을 하는 경우에 작업 발판의 최대 적재하중은 몇 kg을 초과하지 않도록 해야 하는가?

① 150kg　　② 200kg

③ 250kg　　④ 300kg

[해설] 이동식 비계 조립 시의 준수사항
① 바퀴에는 갑작스러운 이동 또는 전도를 방지하기 위하여 브레이크·쐐기 등으로 바퀴를 고정시킨 다음 비계의 일부를 견고한 시설물에 고정하거나 아웃트리거를 설치할 것
② 승강용사다리는 견고하게 설치할 것
③ 비계의 최상부에서 작업을 할 때에는 안전난간을 설치할 것
④ 작업발판은 항상 수평을 유지하고 작업발판 위에서 안전난간을 딛고 작업을 하거나 받침대 또는 사다리를 사용하여 작업하지 않도록 할 것
⑤ 작업발판의 최대적재하중은 250킬로그램을 초과하지 않도록 할 것

{분석}
실기까지 중요한 내용입니다.

**117** 취급·운반의 원칙으로 옳지 않은 것은?

① 연속운반을 할 것
② 생산을 죄고로 하는 운반을 생각할 것
③ 운반작업을 집중하여 시킬 것
④ 곡선운반을 할 것

[해설] ④ 직선운반을 할 것

**118** 건설현장에서 작업 중 물체가 떨어지거나 날아올 우려가 있는 경우에 대한 안전조치에 해당하지 않은 것은?

① 수직보호망 설치
② 방호선반 설치
③ 울타리 설치
④ 낙하물 방지망 설치

[해설] 낙하 – 비래 위험방지 조치
① 낙하물 방지망·수직보호망 또는 방호선반의 설치
② 출입 금지구역의 설정
③ 보호구의 착용

**119** 유해 위험 방지 계획서를 제출해야 할 건설공사 대상 사업장 기준으로 옳지 않은 것은?

① 최대 지간길이가 40m 이상인 교량건설 등의 공사
② 지상높이가 31m 이상인 건축물
③ 터널 건설 등의 공사
④ 깊이 10m 이상인 굴착공사

[해설] 유해 위험 방지 계획서 제출대상 건설공사
1. 다음 각 목의 어느 하나에 해당하는 건축물 또는 시설 등의 건설·개조 또는 해체공사
　가. 지상높이가 31미터 이상인 건축물 또는 인공구조물
　나. 연면적 3만제곱미터 이상인 건축물
　다. 연면적 5천제곱미터 이상인 시설로서 다음이 어느 하나에 해당하는 시설
　　1) 문화 및 집회시설(전시장 및 동물원·식물원은 제외한다)
　　2) 판매시설, 운수시설(고속철도의 역사 및 집배송시설은 제외한다)
　　3) 종교시설
　　4) 의료시설 중 종합병원
　　5) 숙박시설 중 관광숙박시설
　　6) 지하도상가
　　7) 냉동·냉장 창고시설

•)) 정답　116 ③　117 ④　118 ③　119 ①

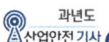
2. 연면적 5천제곱미터 이상의 냉동·냉장창고시설의 설비공사 및 단열공사
3. 최대 지간길이(다리의 기둥과 기둥의 중심사이의 거리)가 50미터 이상인 교량 건설 등 공사
4. 터널 건설 등의 공사
5. 다목적댐, 발전용댐, 저수용량 2천만톤 이상의 용수 전용 댐, 지방상수도 전용 댐 건설 등의 공사
6. 깊이 10미터 이상인 굴착공사

실패가 되고! 합격이 되는! 특급 암기법

- 지상높이 31m, 연면적 3만m², 사람 많은 시설 연면적 5,000m²
- 연면적 5,000m² 냉동·냉장창고시설
- 최대 지간길이가 50미터 이상 교량
- 터널
- 저수용량 2천만 톤 이상 댐
- 10미터 이상인 굴착

{분석}
실기에 자주 출제되는 내용입니다. 암기하세요.

**120** 콘크리트 타설을 위한 거푸집 동바리의 구조검토 시 가장 선행되어야 할 작업은?

① 각 부재에 생기는 응력에 대하여 안전한 단면을 산정한다.
② 가설물에 작용하는 하중 및 외력의 종류 크기를 산정한다.
③ 하중·외력에 의하여 각 부재에 생기는 응력을 구한다.
④ 사용할 거푸집 동바리의 설치 간격을 결정한다.

해설 거푸집 동바리의 구조검토 시 가설물에 작용하는 하중 및 외력의 종류 크기를 우선 산정하여야 한다.

정답 120 ②

# 01회 2018년 산업안전기사 최근 기출문제

최근 기출문제 2018

## 제1과목 · 산업재해 예방 및 안전보건교육

**01** 기업 내 정형교육 중 TWI(Training Within Industry)의 교육내용이 아닌 것은?

① Job Method Training
② Job Relation Training
③ Job Instruction Training
④ Job Standardization Training

**[해설]**

| TWI 교육과정 |
| --- |
| ① 작업 방법 기법(Job Method Training : JMT) |
| ② 작업 지도 기법(Job Instruction Training : JIT) |
| ③ 인간 관계관리 기법 or 부하통솔법<br>(Job Relations Training : JRT) |
| ④ 작업 안전 기법(Job Safety Training : JST) |

{분석}
필기에 자주 출제되는 내용입니다.

**02** 재해사례연구의 진행단계 중 다음 (   ) 안에 알맞은 것은?

> 재해 상황의 파악 → ( ㉠ ) → ( ㉡ ) →
> 근본적 문제점 발견 → ( ㉢ )

① ㉠ 사실의 확인, ㉡ 문제점의 발견,
   ㉢ 대책수립
② ㉠ 문제점의 발견, ㉡ 사실의 확인,
   ㉢ 대책수립
③ ㉠ 사실의 확인, ㉡ 대책수립,
   ㉢ 문제점의 발견
④ ㉠ 문제점의 발견, ㉡ 대책수립,
   ㉢ 사실의 확인

**[해설]** 재해사례연구 진행 단계

전제 조건 : 재해 상황의 파악
1단계 : 사실의 확인
2단계 : 문제점 발견
3단계 : 근본 문제점 결정 (재해원인 결정)
4단계 : 대책 수립

{분석}
실기까지 중요한 내용입니다. 암기하세요.

**03** 교육심리학의 학습이론에 관한 설명 중 옳은 것은?

① 파블로프(Pavlov)의 조건반사설은 맹목적 시행을 반복하는 가운데 자극과 반응이 결합하여 행동하는 것이다.
② 레빈(Lewin)의 장설은 후천적으로 얻게 되는 반사작용으로 행동을 발생시킨다는 것이다.
③ 톨만(Tolman)의 기호형태설은 학습자의 머릿속에 인지적 지도 같은 인지구조를 바탕으로 학습하려는 것이다.
④ 손다이크(Thorndike)의 시행착오설은 내적, 외적의 전체구조를 새로운 시점에서 파악하여 행동하는 것이다.

**[해설]** 학습자의 머릿속에 인지적 지도 같은 인지구조를 바탕으로 학습하려는 것 → 톨만(Tolman)의 기호형태설

**04** 레빈(Lewin)의 법칙 B = f(P · E) 중 B가 의미하는 것은?

① 인간관계　　② 행동
③ 환경　　　　④ 함수

**정답** 01 ④ 02 ① 03 ③ 04 ②

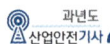
**해설**

$$B = f(P \cdot E)$$

여기서, B : Behavior(인간의 행동)
f : function(함수관계)
P : Person
(개체 : 연령, 경험, 심신상태, 성격, 지능 등)
E : Environment
(심리적 환경 : 인간관계, 작업환경 등)

{분석}
필기에 자주 출제되는 내용입니다. 다시 확인하세요~!

**05** 학습지도의 형태 중 몇 사람의 전문가에 의해 과정에 관한 견해를 발표하고 참가자로 하여금 의견이나 질문을 하게 하는 토의방식은?

① 포럼(Forum)
② 심포지엄(Symposium)
③ 버즈세션(Buzz session)
④ 자유토의법(Free discussion method)

**해설** 몇 사람의 전문가에 의해 견해를 발표, 참가자가 질문 → 심포지엄(Symposium)

**참고** ① 포럼(Forum) : 새로운 자료나 교재를 제시, 문제점을 피교육자로 하여금 제기, 발표하고 토의하는 방법
② 버즈 세션(Buzz Session : 6 – 6 회의) : 6명씩의 소집단으로 구분하고, 소집단별로 6분씩 자유토의를 행하여 의견을 종합하는 방법

{분석}
필기에 자주 출제되는 내용입니다.

**06** 산업안전보건법령상 지방고용노동관서의 장이 사업주에게 안전관리자·보건관리자 또는 안전보건관리담당자를 정수 이상으로 증원하게 하거나 교체하여 임명할 것을 명할 수 있는 경우의 기준 중 다음 (　　) 안에 알맞은 것은?

• 중대재해가 연간 ( ㉠ )건 이상 발생한 경우
• 해당 사업장의 연간재해율이 같은 업종의 평균재해율의 ( ㉡ )배 이상인 경우

① ㉠ 3, ㉡ 2
② ㉠ 2, ㉡ 3
③ ㉠ 2, ㉡ 2
④ ㉠ 3, ㉡ 3

**해설** 안전관리자의 증원·교체임명 명령 대상 사업장

① 해당 사업장의 연간 재해율이 같은 업종의 평균 재해율의 2배 이상인 경우
② 중대재해가 연간 2건 이상 발생한 경우(다만, 해당 사업장의 전년도 사망만인율이 같은 업종의 평균 사망만인율 이하인 경우는 제외)
③ 관리자가 질병이나 그 밖의 사유로 3개월 이상 직무를 수행할 수 없게 된 경우
④ 화학적 인자로 인한 직업성질병자가 연간 3명 이상 발생한 경우

실력이 되신! 합격이 되신! **특급 암기법**

평균의 2배 이상, 중대재해2건 이상 증원!
직업성질병 3명 이상, 3개월 이상 일안하면 교체!

{분석}
실기에도 자주 출제되는 중요한 내용입니다. 암기하세요.
개정된 법으로 3번이 맞습니다.

**07** 하인리히(Heinrich)의 재해 구성비율에 따라 58건의 경상이 발생한 경우 무상해 사고는 몇 건이 발생하겠는가?

① 58건　　　　② 116건
③ 600건　　　④ 900건

**정답** 05 ② 06 ③ 07 ③

**해설** 하인리히 1 : 29 : 300의 법칙
→ 총 330건의 사고를 분석했을 때
- 중상 또는 사망 : 1건
- 경상해 : 29건
- 무상해사고 : 300건이 발생함을 의미

→ 총 660건의 사고를 분석한다면
2 : 58 : 600
- 중상 또는 사망 : 2건
- 경상해 : 58건
- 무상해사고 : 600건

{분석}
필기에 자주 출제되는 내용입니다.

**08** 상해 정도별 분류 중 의사의 진단으로 일정 기간 정규 노동에 종사할 수 없는 상해에 해당하는 것은?

① 영구 일부노동 불능상해
② 일시 전노동 불능상해
③ 영구 전노동 불능상해
④ 구급처치 상해

**해설** 일정 기간 정규 노동에 종사할 수 없는 상해 → 일시 진노동 불능상해

**참고** ILO의 근로불능 상해의 구분(상해정도별 분류)
① 사망
② 영구 전 노동불능 : 신체 전체의 노동기능을 완전히 상실(상해등급 1~3급)
③ 영구 일부 노동불능 : 신체 일부의 노동기능을 상실 (상해등급 4~14급)
④ 일시 전 노동불능 : 일정기간통안 노동종사 불가 (휴업상해)
⑤ 일시 일부 노동불능 : 일정기간동안 일부노동에 종사 불가(통원상해)
⑥ 구급조치상해

{분석}
실기까지 중요한 내용입니다.

**09** 데이비스(Davis)의 동기부여이론 중 동기 유발의 식으로 옳은 것은?

① 지식 × 기능
② 지식 × 태도
③ 상황 × 기능
④ 상황 × 태도

**해설** 데이비스(K. Davis)의 동기부여 이론
① 인간의 성과 × 물질의 성과 = 경영의 성과
② 지식 × 기능 = 능력
③ 상황 × 태도 = 동기유발
④ 능력 × 동기유발 = 인간의 성과

{분석}
필기에 자주 출제되는 내용입니다.

**10** 안전보건관리 조직의 유형 중 스탭형(Staff) 조직의 특징이 아닌 것은?

① 생산 부문은 안전에 대한 책임과 권한이 없다.
② 권한 다툼이나 조정 때문에 통제 수속이 복잡해지며 시간과 노력이 소모된다.
③ 생산부분에 협력하여 안전 명령을 전달, 실시하므로 안전 지시가 용이하지 않으며 안전과 생산을 별개로 취급하기 쉽다.
④ 명령 계통과 조언 권고적 참여가 혼동되기 쉽다.

**해설** ④ 명령 계통과 조언 권고적 참여가 혼동되기 쉽다.
→ 라인 스태프형(Line Staff)

**참고** 스태프형(staff) or 참모형 : 안전관리를 전담하는 스태프를 두고 안전관리에 대한 계획, 조사, 검토 등을 행하는 관리방식
① 중규모 사업장(100 ~ 1,000명 정도의 사업장)에 적용이 가능하다.
② 스태프형 장점 : 안전정보 수집이 용이하고 빠르다.
③ 스태프 단점 : 안전과 생산을 별개로 취급한다.
④ 안전 전문가(스태프)가 문제해결방안을 모색한다.
⑤ 스태프는 경영자의 조언, 자문 역할을 한다.

**정답** 08 ② 09 ④ 10 ④

⑥ 생산부문은 안전에 대한 책임, 권한이 없다.
⑦ 사업장의 특수성에 적합한 기술연구를 전문적으로 할 수 있다.
⑧ 권한다툼이나 조정 때문에 통제수속이 복잡해지며, 시간과 노력이 소모된다.

{분석}
**실기까지 중요한 내용입니다.**

**11** 자율검사프로그램을 인정받기 위해 보유하여야 할 검사장비의 이력카드 작성, 교정주기와 방법 설정 및 관리 등의 관리주체는?

① 사업주
② 제조사
③ 안전관리전문기관
④ 안전보건관리책임자

해설, 자율검사프로그램은 사업주가 근로자대표와 협의하여 검사기준, 검사 주기 및 검사합격 표시 방법 등을 충족하는 자율검사프로그램을 정하고 고용노동부장관의 인정을 받아 그에 따라 유해·위험기계 등의 안전에 관한 성능검사를 하면 안전검사를 받은 것으로 본다. → 자율검사프로그램의 주체는 사업주가 된다.

**12** 다음의 방진마스크 형태로 옳은 것은?

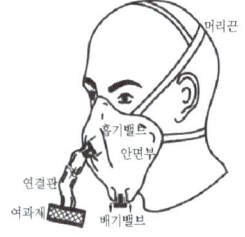

① 직결식 전면형
② 직결식 반면형
③ 격리식 전면형
④ 격리식 반면형

해설 • 연결관이 있으므로 → 격리식
• 코, 입을 가렸으므로(눈을 가리지 않음) → 반면형

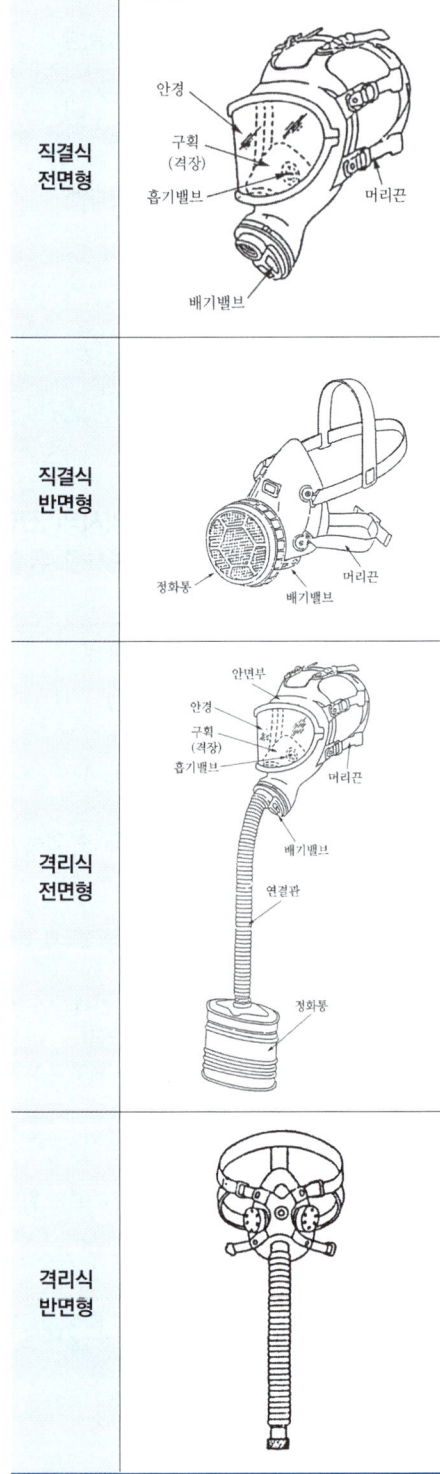

참고

직결식 전면형 / 직결식 반면형 / 격리식 전면형 / 격리식 반면형

정답  11 ①  12 ④

## 13 작업자 적성의 요인이 아닌 것은?

① 성격(인간성)
② 지능
③ 인간의 연령
④ 흥미

해설 작업자 적성은 특수한 분야의 직무를 수행할 수 있는 잠재적 능력으로 성격, 지능, 흥미 등이 해당된다.

## 14 산업안전보건법령상 사업주가 근로자에게 실시해야 하는 안전 · 보건교육 중 관리감독자 정기 안전 · 보건교육의 교육내용으로 옳은 것은? (단, 산업안전보건법령 및 산업재해보상보험제도에 관한 사항은 제외한다.)

① 산업안전 및 산업재해 예방에 관한 사항
② 재해 발생 시 긴급조치에 관한 사항
③ 건강증진 및 질병 예방에 관한 사항
④ 산업보건 및 건강장해 예방에 관한 사항

해설 관리감독자 정기안전 · 보건교육

① 산업안전 및 산업재해 예방에 관한 사항(화재 · 폭발 사고 발생 시 대피에 관한 사항을 포함한다)
② 산업보건 및 건강장해 예방에 관한 사항(폭염 · 한파작업으로 인한 건강장해 발생 시 응급조치에 관한 사항을 포함한다)
③ 유해 · 위험 작업환경 관리에 관한 사항
④ 산업안전보건법령 및 산업재해보상보험 제도에 관한 사항
⑤ 직무스트레스 예방 및 관리에 관한 사항
⑥ 직장 내 괴롭힘, 고객의 폭언 등으로 인한 건강장해 예방 및 관리에 관한 사항
⑦ 위험성평가에 관한 사항
⑧ 작업공정의 유해 · 위험과 재해 예방대책에 관한 사항
⑨ 표준안전 작업방법 결정 및 지도 · 감독 요령에 관한 사항
⑩ 비상 시 또는 재해 발생 시 긴급조치에 관한 사항
⑪ 사업장 내 안전보건관리체제 및 안전 · 보건조치 현황에 관한 사항
⑫ 현장근로자와의 의사소통능력 및 강의능력 등 안전보건교육 능력 배양에 관한 사항
⑬ 그 밖의 관리감독자의 직무에 관한 사항

실기에 되고! 합격에 되고! 특급 암기법

**공통 항목(관리감독자, 근로자)**
1. 관리자는 법, 산재보상제도를 알자.
2. 관리자는 건강을 보존(산업보건)하고 건강장해, 스트레스, 괴롭힘, 폭언 예방하자!
3. 관리자는 유해위험 환경을 관리해서 안전하고 산업재해 예방하자!
4. 관리자는 위험성을 평가하자!

**관리감독자 정기교육의 특징**
1. 관리자는 유해위험의 재해예방대책 세우자!
2. 관리자는 안전 작업방법 결정해서 감독하자!
3. 관리자는 재해발생 시 긴급조치하자!
4. 관리자는 안전보건 조치하자!
5. 관리자는 안전보건교육 능력 배양하자!

{분석}
실기에도 자주 출제되는 중요한 내용입니다. 암기하세요.

## 15 산업안전보건 법령상 안전 · 보건표지의 색채와 색도 기준의 연결이 틀린 것은? (단, 색도 기준은 한국산업표준(KS)에 따른 색의 3속성에 의한 표시방법에 따른다.)

① 빨간색 − 7.5R 4/14
② 노란색 − 5Y 8.5/12
③ 파란색 − 2.5PB 4/10
④ 흰색 − N0.5

해설

| 색채 | 색도 기준 |
|------|-----------|
| 빨간색 | 7.5R 4/14<br>암기 : 싫어(7.5) 4/14 |
| 노란색 | 5Y 8.5/12<br>암기 : 오(5) 빨리와(8.5) 이리(12) |
| 파란색 | 2.5PB 4/10<br>암기 : 2.5×4 = 10 |
| 녹색 | 2.5G 4/10<br>암기 : 2.5×4 = 10 |
| 흰색 | N9.5 |
| 검은색 | N0.5 |

{분석}
실기에도 자주 출제되는 중요한 내용입니다. 암기하세요.

·)) 정답 13 ③ 14 ①, ②, ④ 15 ④

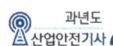
**16** 강도율에 관한 설명 중 틀린 것은?

① 사망 및 영구 전 노동 불능(신체장해 등급 1~3급)의 근로손실일수는 7500일로 환산한다.
② 신체장애 등급 중 제14급은 근로손실일수를 50일로 환산한다.
③ 영구 일부 노동불능은 신체 장해등급에 따른 근로손실일수에 300/365을 곱하여 환산한다.
④ 일시 전 노동 불능은 휴업일수에 300/365을 곱하여 근로손실일수를 환산한다.

**해설**
• 영구 일부 노동 불능(4급~14급) → 근로손실일수 산정에 있어 300/365을 곱할 필요가 없다.
• 일시 전 노동 불능(휴업상해) → 휴업일수에 300/365을 곱하여 근로손실일수를 환산한다.

**참고** 근로 손실일수 = 휴업일수, 요양일수, 입원일수
$$\times \frac{(실제\ 근로일수)}{365}$$

**17** 산업안전보건법령상 안전·보건표지의 종류 중 경고표지의 기본모형(형태)이 다른 것은?

① 폭발성물질 경고
② 방사성물질 경고
③ 매달린 물체 경고
④ 고압전기 경고

**해설**

| 폭발성물질 경고 | 방사성물질 경고 |
|---|---|
| | |
| 매달린 물체 경고 | 고압전기 경고 |
| | |

**18** 석면 취급장소에서 사용하는 방진마스크의 등급으로 옳은 것은?

① 특급　② 1급
③ 2급　④ 3급

**해설** 방진마스크의 등급

| 등급 | 특급 | 1급 | 2급 |
|---|---|---|---|
| 사용장소 | • 베릴륨 등과 같이 독성이 강한 물질들을 함유한 분진 등 발생장소<br>• 석면 취급장소 | • 특급마스크 착용장소를 제외한 분진 등 발생장소<br>• 금속흄 등과 같이 열적으로 생기는 분진 등 발생장소<br>• 기계적으로 생기는 분진 등 발생장소(규소 등과 같이 2급 방진마스크를 착용하여도 무방한 경우는 제외한다) | • 특급 및 1급 마스크 착용장소를 제외한 분진 등 발생 장소 |

배기밸브가 없는 안면 부여과식 마스크는 특급 및 1급 장소에 사용해서는 안 된다.

{분석}
실기까지 중요한 내용입니다. 암기하세요.

**19** 적응기제 중 도피기제의 유형이 아닌 것은?

① 합리화　② 고립
③ 퇴행　④ 억압

**해설**

| 도피기제 | 방어기제 | |
|---|---|---|
| • 억압<br>• 퇴행<br>• 백일몽<br>• 고립(거부) | • 보상<br>• 승화<br>• 투사 | • 합리화<br>• 동일시 |

{분석}
필기에 자주 출제되는 내용입니다.

**20** 생체 리듬(Bio Rhythm)중 일반적으로 33일을 주기로 반복되며, 상상력, 사고력, 기억력 또는 의지, 판단 및 비판력 등과 깊은 관련성을 갖는 리듬은?

① 육체적 리듬    ② 지성적 리듬
③ 감성적 리듬    ④ 생활 리듬

[해설] 상상력, 사고력, 기억력, 의지, 판단 및 비판력 → 지성적 리듬

## 제2과목 · 인간공학 및 위험성 평가 · 관리

**21** 에너지 대사율(RMR)에 대한 설명으로 틀린 것은?

① $RMR = \dfrac{운동대사량}{기초대사량}$

② 보통 작업 시 RMR은 4 ~ 7임

③ 가벼운 작업 시 RMR은 0 ~ 2임

④ $RMR = $

$$\dfrac{운동시 산소소모량 - 안정시 산소소모량}{기초대사량(산소소비량)}$$

[해설] 작업강도 구분에 따른 RMR
① 경작업(輕작업) : 1 ~ 2
② 중작업(中작업) : 2 ~ 4
③ 중작업(重작업) : 4 ~ 7
④ 초중작업(超重작업) : 7 이상

{분석}
실기까지 중요한 내용입니다. 암기하세요.

**22** FMEA의 특징에 대한 설명으로 틀린 것은?

① 서브시스템 분석 시 FTA보다 효과적이다.

② 시스템 해석기법은 정성적 · 귀납적 분석법 등에 사용된다.

③ 각 요소 간 영향 해석이 어려워 2가지 이상 동시 고장은 해석이 곤란하다.

④ 양식이 비교적 간단하고 적은 노력으로 특별한 훈련 없이 해석이 가능하다.

[해설] 서브시스템 분석에 효과적 → FHA

[참고] 1. 고장형태와 영향분석(FMEA) : 시스템에 영향을 미치는 모든 요소의 고장을 형태별로 분석하여 그 영향을 검토하는 정성적, 귀납적 분석법
2. 결함위험분석(FHA) : 한 계약자만으로 모든 시스템의 설계를 담당하지 않고 몇 개의 공동계약자가 분담할 경우 서브시스템(subsystem)의 해석에 사용되는 분석법

{분석}
필기에 자주 출제되는 내용입니다.

**23** A사의 안전관리자는 자사 화학설비의 안전성 평가를 위해 제2단계인 정성적 평가를 진행하기 위하여 평가 항목 대상을 분류하였다. 주요 평가 항목 중에서 설계 관계항목이 아닌 것은?

① 건조물
② 공장 내 배치
③ 입지조건
④ 원재료, 중간제품

[해설] 설계 관계 항목
① 건조물
② 공장 내 배치
③ 입지조건

2018

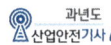
**24** 기계설비 고장 유형 중 기계의 초기결함을 찾아내 고장률을 안정시키는 기간은?

① 마모고장 기간
② 우발고장 기간
③ 에이징(aging) 기간
④ 디버깅(debugging) 기간

[해설] **기계설비의 예방보전 기간**

① 디버깅(Debugging) 기간 : 기계의 결함을 찾아내 고장률을 안정시키는 기간
② 번인(Burn in) 기간 : 기계를 장시간 가동하여 그동안에 고장난 것을 제거하는 기간
③ 에이징(Aging) : 비행기에서 3년 이상 시운전하는 기간

**25** 들기 작업 시 요통재해예방을 위하여 고려할 요소와 가장 거리가 먼 것은?

① 들기 빈도
② 작업자 신장
③ 손잡이 형상
④ 허리 비대칭 각도

[해설] **NIOSH 들기작업 지침의 권장무게한계(RWL) 계산 시 적용계수**

| 계 수 | 계수 방법 |
|-------|-----------|
| HM | 수평 계수(Horizontal Multiplier) |
| VM | 수직 계수(Vertical Multiplier) |
| DM | 거리 계수(Distance Multiplier) |
| AM | 비대칭 계수(Asymmetric Multiplier) |
| FM | 빈도 계수(Frequency Multiplier) |
| CM | 커플링 계수(Coupling Multiplier) |

• 커플링 계수 : 물체를 들 때에 미끄러지거나 떨어뜨리지 않도록 손잡이 등이 좋은지를 반영한 계수
• 비대칭 계수 : 물체를 들 경우 비틀림 정도, 비틀림 각도를 반영한 계수

**26** 일반적으로 작업장에서 구성요소를 배치할 때, 공간의 배치 원칙에 속하지 않는 것은?

① 사용빈도의 원칙
② 중요도의 원칙
③ 공정개선의 원칙
④ 기능성의 원칙

[해설] **부품배치의 원칙**

1. 중요성의 원칙 : 부품을 작동하는 성능이 체계의 목표 달성에 중요한 정도에 따라 우선순위를 결정한다.
2. 사용빈도의 원칙 : 부품을 사용하는 빈도에 따라 우선순위를 결정한다.
3. 기능별 배치의 원칙 : 기능적으로 관련된 부품들(표시장치, 조정장치 등)을 모아서 배치한다.
4. 사용 순서의 원칙 : 사용 순서에 따라 장치들을 가까이에 배치한다.

{분석}
필기에 자주 출제되는 내용입니다.

**27** 반사율이 60%인 작업 대상물에 대하여 근로자가 검사작업을 수행할 때 휘도(luminance)가 $90fL$ 이라면 이 작업에서의 소요조명($fc$)은 얼마인가?

① 75
② 150
③ 200
④ 300

[해설]

$$반사율(\%) = \frac{광속발산도(fL)}{조명(fc)} \times 100$$

$$조명 = \frac{광속발산도(휘도) \times 100}{반사율}$$
$$= \frac{90 \times 100}{60} = 150(fc)$$

{분석}
필기에 자주 출제되는 내용입니다.

**28** 산업안전보건법령상 유해하거나 위험한 장소에서 사용하는 기계·기구 및 설비를 설치·이전하는 경우 유해·위험방지계획서를 작성, 제출하여야 하는 대상이 아닌 것은?

① 화학설비
② 금속 용해로
③ 건조설비
④ 전기용접장치

**[해설]**

| 유해위험방지계획서 작성 대상 기계·기구 및 설비 |
| --- |

① 금속이나 그 밖의 광물의 용해로
② 화학설비
③ 건조설비
④ 가스집합 용접장치
⑤ 근로자의 건강에 상당한 장해를 일으킬 우려가 있는 물질로서 고용노동부령으로 정하는 물질의 밀폐·환기·배기를 위한 설비

{분석}
실기에도 자주 출제되는 중요한 내용입니다. 암기하세요.

**29** 동작경제의 원칙에 해당하지 않는 것은?

① 공구의 기능을 각각 분리하여 사용하도록 한다.
② 두 팔의 동작은 동시에 서로 반대방향으로 대칭적으로 움직이도록 한다.
③ 공구나 재료는 작업동작이 원활하게 수행되도록 그 위치를 정해준다.
④ 가능하다면 쉽고도 자연스러운 리듬이 작업동작에 생기도록 작업을 배치한다.

**[해설]** ① 공구를 결합하여 사용한다.

**[참고]** 동작경제의 3원칙(바안즈, Barnes)

(1) 인체 사용에 관한 원칙

① 두 손을 동시에 동작하기 시작하여 동시에 끝나도록 하여야 한다.
② 휴식 시간 중이 아니면 두 손을 동시에 쉬어서는 안 된다.
③ 두 팔의 동작들은 서로 반대 방향에서 대칭적으로 움직인다.
④ 손과 신체의 동작은 작업을 원만하게 수행할 수 있는 범위 내에서 가장 낮은 동작 등급을 사용한다. 인체의 사용 범위가 넓을수록 피로가 더하고 시간도 낭비된다.
⑤ 가능한 한 관성(Momentum)을 이용해야 하며 작업자가 관성을 억제해야 하는 경우 관성을 최소한도로 줄인다.
⑥ 손의 동작은 부드러운 연속동작으로 하고 급격한 방향 전환을 가지는 직선 동작은 피한다.

(2) 작업장의 배치에 관한 원칙

① 모든 공구 및 재료는 정위치에 배치해야 한다.
② 공구, 재료 및 조정기는 사용위치에 가까이 두어야 한다.
③ 가능하면 낙하식 운반법을 사용한다.
④ 재료와 공구들은 자기 위치에 있도록 한다.

(3) 공구 및 설비의 설계에 관한 원칙

① 치공구, 발로 조정하는 장치에 의해서 수행할 수 있는 작업에는 손의 부담을 덜어주어야 한다.
② 공구를 결합하여 사용한다.
③ 공구 및 재료는 가능한 한 작업자 앞에 둔다.

**30** 휴먼 에러 예방 대책 중 인적 요인에 대한 대책이 아닌 것은?

① 설비 및 환경 개선
② 소집단 활동의 활성화
③ 작업에 대한 교육 및 훈련
④ 전문 인력의 직재직소 배치

**[해설]** ① 설비 및 환경 개선 → 물적 요인에 대한 대책

**[정답]** 28 ④ 29 ① 30 ①

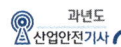

**31** 다음 시스템에 대하여 톱사상(top event)에 도달할 수 있는 최소 컷셋(minimal cutsets)을 구할 때 올바른 집합은? (단, $X_1$, $X_2$, $X_3$, $X_4$는 각 부품의 고장확률을 의미하며 집합{$X_1$, $X_2$}는 $X_1$부품과 $X_2$부품이 동시에 고장 나는 경우를 의미한다.)

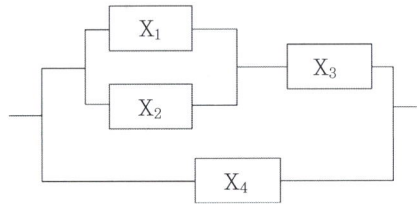

① {$X_1$, $X_2$}, {$X_3$, $X_4$}
② {$X_1$, $X_3$}, {$X_2$, $X_4$}
③ {$X_1$, $X_2$, $X_4$}, {$X_3$, $X_4$}
④ {$X_1$, $X_3$, $X_4$}, {$X_2$, $X_3$, $X_4$}

**해설**

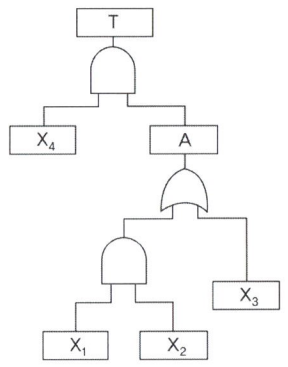

$$T = X_4, A$$
$$T = (X_1, X_2, X_4), (X_3, X_4)$$
$$\begin{pmatrix} A = (X_1, X_2,) \\ (X_3,) \end{pmatrix}$$

**32** 운동관계의 양립성을 고려하여 동목(moving scale)형 표시장치를 바람직하게 설계한 것은?

① 눈금과 손잡이가 같은 방향으로 회전하도록 설계한다.
② 눈금의 숫자는 우측으로 감소하도록 설계한다.
③ 꼭지의 시계 방향 회전이 지시치를 감소시키도록 설계한다.
④ 위의 세 가지 요건을 동시에 만족시키도록 설계한다.

**해설** 동목(moving scale)형 표시장치의 설계
① 눈금과 손잡이가 같은 방향으로 회전하도록 설계한다.
② 눈금의 숫자는 우측으로 증가하도록 설계한다.
③ 꼭지의 시계 방향 회전이 지시치를 증가시키도록 설계한다.

**33** 신뢰성과 보전성 개선을 목적으로 한 효과적인 보전 기록 자료에 해당하는 것은?

① 자재관리표      ② 주유지시서
③ 재고관리표      ④ MTBF 분석표

**해설** 보전 기록 자료 → MTBF 분석표

**34** 보기의 실내 면에서 빛의 반사율이 낮은 곳에서부터 높은 순서대로 나열한 것은?

[보기]
A : 바닥        B : 천정
C : 가구        D : 벽

① A < B < C < D
② A < C < B < D
③ A < C < D < B
④ A < D < C < B

**해설** 옥내의 반사율은 천정으로 올라갈수록 높고 바닥으로 내려갈수록 낮아져야 한다.

**정답** 31 ③ 32 ① 33 ④ 34 ③

**35** 다음 시스템의 신뢰도는 얼마인가?
(단, 각 요소의 신뢰도는 a, b가 각 0.8,
c, d가 각 0.60이다.)

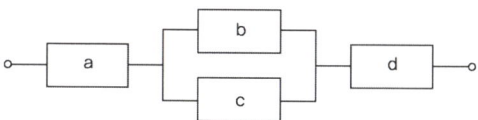

① 0.2245　　② 0.3754
③ 0.4416　　④ 0.5756

해설 $a \times \{1-(1-b) \times (1-c)\} \times d$
$= 0.8 \times \{1-(1-0.8) \times (1-0.6)\} \times 0.6 = 0.4416$

{분석}
필기에 자주 출제되는 내용입니다.

**36** FTA(Fault Tree Analysis)에 사용되는
논리 기호와 명칭이 올바르게 연결된 것은?

① ◇ : 전이기호

② □ : 기본사상

③ ⬠ : 통상사상

④ ○ : 결함사상

해설

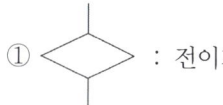 : 생략사상

 : 결함사상

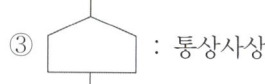 : 기본사상

{분석}
필기에 자주 출제되는 내용입니다.

**37** HAZOP 기법에서 사용하는 가이드워드와
그 의미가 잘못 연결된 것은?

① Other than : 기타 환경적인 요인
② No/Not : 디자인 의도의 완전한 부정
③ Reverse : 디자인 의도의 논리적 반대
④ More/Less : 전량적인 증가 또는 감소

해설

| 유인어의 종류와 뜻 |
|---|
| • No 또는 Not : 완전한 부정 |
| • More 또는 Less : 양의 증가 및 감소 |
| • As Well As : 성질상의 증가 |
| • Part of : 일부 변경, 성질상의 감소 |
| • Reverse : 설계의도의 논리적인 역 |
| • Other Than : 완전한 대체 |

{분석}
필기에 자주 출제되는 내용입니다.

**38** 경계 및 경보신호의 설계지침으로 틀린
것은?

① 주의를 환기시키기 위하여 변조된 신
호를 사용한다.
② 배경소음의 진동수와 다른 진동수의
신호를 사용한다.
③ 귀는 중음역에 민감하므로 500 ~ 3000Hz
의 진동수를 사용한다.
④ 300m 이상의 장거리용으로는 1000Hz
를 초과하는 진동수를 사용한다.

해설 ④ 300m 이상 장거리용 신호는 1000Hz 이하의
진동수를 사용한다.

**39** 동작의 합리화를 위한 물리적 조건으로
적절하지 않은 것은?

① 고유 진동을 이용한다.
② 접촉 면적을 크게 한다.
③ 대체로 마찰력을 감소시킨다.
④ 인체표면에 가해지는 힘을 적게 한다.

해설 ② 접촉 면적을 작게 한다.

정답 35 ③ 36 ③ 37 ① 38 ④ 39 ②

## 40 정량적 표시장치에 관한 설명으로 맞는 것은?

① 정확한 값을 읽어야 하는 경우 일반적으로 디지털보다 아날로그 표시장치가 유리하다.

② 동목(moving scale)형 아날로그 표시장치는 표시장치의 면적을 최소화할 수 있는 장점이 있다.

③ 연속적으로 변화하는 양을 나타내는 데에는 일반적으로 아날로그보다 디지털 표시장치가 유리하다.

④ 동침(moving pointer)형 아날로그 표시장치는 바늘의 진행 방향과 증감 속도에 대한 인식적인 암시 신호를 얻는 것이 불가능한 단점이 있다.

**[해설]** ① 정확한 값을 읽어야 하는 경우 아날로그장치보다 디지털장치가 유리하다.

③ 연속적으로 변화하는 양을 나타내는 데에는 일반적으로 디지털보다 아날로그 표시장치가 유리하다.

④ 동침(moving pointer)형 아날로그 표시장치는 바늘의 진행 방향과 증감 속도에 대한 인식적인 암시 신호를 얻는 것이 가능하다.

---

## 제3과목· 기계 · 기구 및 설비 안전 관리

## 41 로봇의 작동범위 내에서 그 로봇에 관하여 교시 등(로봇의 동력원을 차단하고 행하는 것을 제외한다.)의 작업을 행하는 때 작업시작 전 점검 사항으로 옳은 것은?

① 과부하방지장치의 이상 유무

② 압력제한 스위치 등의 기능의 이상 유무

③ 외부전선의 피복 또는 외장의 손상 유무

④ 권과방지장치의 이상 유무

**[해설]** 로봇의 작업시작 전 점검사항

① 외부전선의 피복 또는 외장의 손상 유무

② 매니퓰레이터(manipulator) 작동의 이상 유무

③ 제동장치 및 비상정지장치의 기능

{분석}
실기에도 자주 출제되는 중요한 내용입니다. 암기하세요.

## 42 방사선 투과검사에서 투과사진에 영향을 미치는 인자는 크게 콘트라스트(명암도)와 명료도로 나누어 검토할 수 있다. 다음 중 투과사진의 콘트라스트(명암도)에 영향을 미치는 인자에 속하지 않는 것은?

① 방사선의 선질

② 필름의 종류

③ 현상액의 강도

④ 초점 – 필름간 거리

**[해설]** 콘트라스트(명암도)에 영향을 미치는 인자

① 방사선의 선질

② 필름의 종류

③ 현상액의 조건(강도)

④ 산란방사선의 양

⑤ 시험체의 두께

{분석}
출제비중이 낮은 문제입니다.

## 43 보기와 같은 기계요소가 단독으로 발생시키는 위험점은?

[보기]

밀링커터, 둥근톱날

① 협착점          ② 끼임점

③ 절단점          ④ 물림점

**[해설]** 커터, 날 → 절단점

**[참고]** ① 협착점 : 왕복운동 부분과 고정부분 사이에서 형성되는 위험점

· 예 : 프레스기, 전단기, 성형기 등

•))**정답** 40 ② 41 ③ 42 ④ 43 ③

② 끼임점 : 고정부분과 회전하는 동작부분 사이에서 형성되는 위험점
  • 연삭숫돌과 덮개, 교반기 날개와 하우징 등
③ 물림점 : 회전하는 두 개의 회전체에 물려 들어가는 위험점
  • 롤러와 롤러, 기어와 기어 등

{분석}
실기에도 자주 출제되는 중요한 내용입니다. 암기하세요.

**44** 프레스 및 전단기에서 위험한계 내에서 작업하는 작업자의 안전을 위하여 안전블록의 사용 등 필요한 조치를 취해야 한다. 다음 중 안전 블록을 사용해야 하는 직업으로 가장 거리가 먼 것은?

① 금형 가공작업
② 금형 해체작업
③ 금형 부착작업
④ 금형 조정작업

[해설] 금형을 부착, 해체, 조정 작업할 때 신체 일부가 위험점 내에서 슬라이드 불시 하강으로 인한 위험을 방지할 목적으로 안전블록을 설치한다.

**45** 아세틸렌 용접장치를 사용하여 금속의 용접·용단 또는 가열작업을 하는 경우 아세틸렌을 발생시키는 게이지 압력은 최대 몇 kPa 이하이어야 하는가?

① 17          ② 88
③ 127         ④ 210

[해설] 아세틸렌 용접장치를 사용하여 금속의 용접·용단 또는 가열작업을 하는 경우에는 게이지 압력이 127킬로파스칼을 초과하는 압력의 아세틸렌을 발생시켜 사용해서는 아니 된다.

{분석}
실기까지 중요한 내용입니다. 암기하세요.

**46** 산업안전보건법령상 프레스 작업시작 전 점검해야 할 사항에 해당하는 것은?

① 언로드 밸브의 기능
② 하역장치 및 유압장치 기능
③ 권과방지장치 및 그 밖의 경보장치의 기능
④ 1행정 1정지기구·급정지장치 및 비상 정지 장치의 기능

[해설] 프레스의 작업시작 전 점검 사항
① 클러치 및 브레이크 기능
② 크랭크축·플라이 휠·슬라이드·연결 봉 및 연결 나사의 볼트 풀림 유무
③ 1행정 1정지 기구·급정지 장치 및 비상 정지 장치의 기능
④ 슬라이드 또는 칼날에 의한 위험 방지 기구의 기능
⑤ 프레스의 금형 및 고정 볼트 상태
⑥ 당해 방호 장치의 기능
⑦ 전단기의 칼날 및 테이블의 상태

{분석}
실기에도 자주 출제되는 중요한 내용입니다. 암기하세요.

**47** 화물중량이 200kgf, 지게차의 중량이 400kgf, 앞바퀴에서 화물의 무게중심까지의 최단거리가 1m일 때 지게차의 무게중심까지 최단거리는 최소 몇 m를 초과해야 하는가?

① 0.2m        ② 0.5m
③ 1m          ④ 2m

[해설]

$$W \times a < G \times b$$
$$(M_1 < M_2)$$

여기서, $W$ : 화물중량
  $a$ : 앞바퀴~화물중심까지 거리
  $G$ : 지게차 자체 중량
  $b$ : 앞바퀴~차 중심까지 거리

$200 \times 1 < 400 \times b$
$b > \dfrac{200 \times 1}{400}$
$b > 0.5$

{분석}
실기까지 중요한 내용입니다.

•)) 정답 44 ① 45 ③ 46 ④ 47 ②

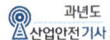
**48** 다음 중 셰이퍼에서 근로자의 보호를 위한 방호장치가 아닌 것은?

① 방책
② 칩받이
③ 칸막이
④ 급속 귀환 장치

해설 **셰이퍼의 방호장치**
① 방책
② 칩받이
③ 칸막이

**49** 지게차 및 구내 운반차의 작업시작 전 점검 사항이 아닌 것은?

① 버킷, 디퍼 등의 이상 유무
② 제동장치 및 조종장치 기능의 이상 유무
③ 하역장치 및 유압장치
④ 전조등, 후미등, 경보장치 기능의 이상 유무

해설

| 지게차의 작업시작 전 점검사항 | 구내운반차의 작업시작전 점검사항 |
|---|---|
| ① 하역장치 및 유압장치 기능의 이상 유무 | ① 제동장치 및 조종장치 기능의 이상 유무 |
| ② 제동장치 및 조종장치 기능의 이상 유무 | ② 하역장치 및 유압장치 기능의 이상 유무 |
| ③ 바퀴의 이상 유무 | ③ 바퀴의 이상 유무 |
| ④ 전조등, 후미등, 방향지시기, 경보장치 기능의 이상 유무 | ④ 전조등·후미등·방향지시기 및 경음기 기능의 이상 유무 |
| | ⑤ 충전장치를 포함한 홀더 등의 결합상태의 이상 유무 |

{분석}
실기에도 자주 출제되는 중요한 내용입니다. 암기하세요.

**50** 다음 중 선반에서 절삭가공 시 발생하는 칩을 짧게 끊어지도록 공구에 설치되어 있는 방호장치의 일종인 칩 제거기구를 무엇이라 하는가?

① 칩 브레이커
② 칩 받침
③ 칩 쉴드
④ 칩 커터

해설 선반에서 절삭가공 시 발생하는 칩을 짧게 끊어지도록 공구에 설치되어 있는 방호장치
→ 칩 브레이커

{분석}
필기에 자주 출제되는 내용입니다. 암기하세요.

**51** 아세틸렌 용접장치에 사용하는 역화방지 기에서 요구되는 일반적인 구조로 옳지 않은 것은?

① 재사용 시 안전에 우려가 있으므로 역화 방지 후 바로 폐기하도록 해야 한다.
② 다듬질 면이 매끈하고 사용상 지장이 있는 부식, 흠, 균열 등이 없어야 한다.
③ 가스의 흐름방향은 지워지지 않도록 돌출 또는 각인하여 표시하여야 한다.
④ 소염소자는 금망, 소결금속, 스틸울 (steelwool), 다공성 금속물 또는 이와 동등 이상의 소염성능을 갖는 것이어야 한다.

해설 **역화방지기의 일반구조**
① 역화방지기의 구조는 소염소자, 역화방지장치 및 방출장치 등으로 구성되어야 한다. 다만, 토치 입구에 사용하는 것은 방출장치를 생략할 수 있다.
② 역화방지기는 그 다듬질 면이 매끈하고 사용상 지장이 있는 부식, 흠, 균열 등이 없어야 한다.
③ 가스의 흐름방향은 지워지지 않도록 돌출 또는 각인하여 표시해야 한다.
④ 소염소자는 금망, 소결금속, 스틸울(steel wool), 다공성금속물 또는 이와 동등 이상의 소염성능을 갖는 것이어야 한다.
⑤ 역화방지기는 역화를 방지한 후 복원이 되어 계속 사용할 수 있는 구조이어야 한다.

•)) 정답 48 ④ 49 ① 50 ① 51 ①

**52** 초음파 탐상법의 종류에 해당하지 않는
것은?

① 반사식 　　　② 투과식
③ 공진식 　　　④ 침투식

해설 **초음파 탐상법의 종류**
① 반사식　② 공진식　③ 투과식

**53** 다음 목재가공용 기계에 사용되는 방호
장치의 연결이 옳지 않은 것은?

① 둥근톱기계 : 톱날접촉예방장치
② 띠톱기계 : 날접촉예방장치
③ 모떼기기계 : 날접촉예방장치
④ 동력식 수동대패기계 : 반발예방장치

해설 ④ 동력식 수동대패기계 → 날접촉예방장치

**54** 급정지기구가 부착되어 있지 않아도 유효
한 프레스의 방호장치로 옳지 않은 것은?

① 양수기동식 　　② 가드식
③ 손쳐내기식 　　④ 양수조작식

해설 급정지장치가 부착되어 있어야 하는 방호장치
① 감응식(광진자식)
② 양수조작식

**55** 인장강도가 350MPa인 강판의 안전율이
4라면 허용응력은 몇 N/mm²인가?

① 76.4 　　　② 87.5
③ 98.7 　　　④ 102.3

해설
$$안전율 = \frac{인장강도}{허용응력}$$
$$허용응력 = \frac{인장강도}{안전율}$$
$$= \frac{350}{4} = 87.5\text{MPa} = 87.5\text{N/mm}^2$$

$$\left(\begin{array}{l} \text{Pa} = \text{N/m}^2 \\ \text{MPa} = 10^6\text{Pa} = 10^6\text{N/m}^2 = \dfrac{10^6\text{N}}{(10^{-3}\text{mm})^2} = \dfrac{10^6\text{N}}{10^{-6}\text{mm}^2} \\ \therefore 1\text{MPa} = 1\text{N/mm}^2 \end{array}\right)$$

**56** 그림과 같이 50kN의 중량물을 와이어로
프를 이용하여 상부에 60°의 각도가 되도
록 들어 올릴 때, 로프 하나에 걸리는 하중
(T)은 약 몇 kN인가?

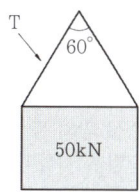

① 16.8 　　　② 24.5
③ 28.9 　　　④ 37.9

해설
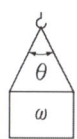
$$한 가닥에 걸리는 하중(\text{kg}) = \frac{w}{2} \div \cos\frac{\theta}{2}$$
여기서, $w$ : 매단물체의 무게($\text{kg}_f$)
$\theta$ : 매단 각도 (°)

$$하중(\text{kg}) = \frac{50}{2} : \cos\frac{60}{2} = 25 \div \cos 30 = 28.86\text{kN}$$

{분석}
**필기에 자주 출제되는 내용입니다.**

**57** 다음 중 휴대용 동력드릴 작업 시 안전
사항에 관한 설명으로 틀린 것은?

① 드릴의 손잡이를 견고하게 잡고 작업
하여 드릴손잡이 부위가 회전하지 않
고 확실하게 제어 가능하도록 한다.
② 절삭하기 위하여 구멍에 드릴 날을
넣거나 뺄 때 반발에 의하여 손잡이
부분이 튀거나 회전하여 위험을 초래
하지 않도록 팔을 드릴과 직선으로 유
지한다.

최근기출문제 **2018**

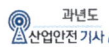

③ 드릴이나 리머를 고정시키거나 제거하고자 할 때 금속성 망치 등을 사용하여 확실히 고정 또는 제거한다.

④ 드릴을 구멍에 맞추거나 스핀들의 속도를 낮추기 위해서 드릴 날을 손으로 잡아서는 안 된다.

해설 ③ 드릴이나 리머를 고정시키거나 제거하고자 할 때 금속성 망치 등 기타 단단한 금속물체 등으로 드릴을 직접 때려서는 안 된다.
(단단한 물체로 치면 파편이 튈 수 있다.)

**58** 보일러에서 폭발사고를 미연에 방지하기 위해 화염 상태를 검출할 수 있는 장치가 필요하다. 이 중 바이메탈을 이용하여 화염을 검출하는 것은?

① 프레임 아이     ② 스택 스위치
③ 전자 개폐기     ④ 프레임 로드

해설 바이메탈을 이용하여 화염을 검출하는 화염검출기
→ 스택 스위치

**59** 밀링작업 시 안전 수칙에 관한 설명으로 옳지 않은 것은?

① 칩은 기계를 정지시킨 다음에 브러시 등으로 제거한다.

② 일감 또는 부속장치 등을 설치하거나 제거할 때는 반드시 기계를 정지시키고 작업한다.

③ 커터는 될 수 있는 한 칼럼에서 멀게 설치한다.

④ 강력 절삭을 할 때는 일감을 바이스에 깊게 물린다.

해설 ③ 커터는 될 수 있는 한 칼럼에서 가깝게 설치한다.

**60** 다음 중 방호장치의 기본 목적과 가장 관계가 먼 것은?

① 작업자의 보호
② 기계기능의 향상
③ 인적·물적 손실의 방지
④ 기계 위험 부위의 접촉방지

해설 **방호장치의 기본 목적**
① 작업자의 보호
② 인적·물적 손실의 방지
③ 기계 위험 부위의 접촉방지

---

제**4**과목 · **전기설비 안전 관리**

**61** 화재·폭발 위험분위기의 생성방지 방법으로 옳지 않은 것은?

① 폭발성 가스의 누설 방지
② 가연성 가스의 방출 방지
③ 폭발성 가스의 체류 방지
④ 폭발성 가스의 옥내 체류

해설 ④ 폭발성 가스가 옥내 체류할 경우 폭발의 위험은 높아진다.

**62** 우리나라에서 사용하고 있는 전압(교류와 직류)을 크기에 따라 구분한 것으로 알맞은 것은?

① 저압 : 직류는 700V 이하
② 저압 : 교류는 1,000V 이하
③ 고압 : 직류는 800V를 초과하고, 6kV 이하
④ 고압 : 교류는 700V를 초과하고, 6kV 이하

정답 58② 59③ 60② 61④ 62②

**해설** 전압의 구분

| 전압의 종별 | 교류 | 직류 |
|---|---|---|
| 저압 | 1,000V 이하의 것 | 1,500V 이하의 것 |
| 고압 | 1,000V 초과 7,000V 이하 | 1,500V 초과 7,000V 이하 |
| 특별 고압 | 7,000V 초과 | 7,000V 초과 |

{분석}
실기까지 중요한 내용입니다. 암기하세요.

**63** 내압 방폭구조의 주요 시험항목이 아닌 것은?

① 폭발강도
② 인화시험
③ 절연시험
④ 기계적 강도시험

**해설** 내압 방폭구조의 주요 시험항목

① 폭발강도
② 인화시험
③ 기계적 강도시험

**64** 교류아크 용접기의 접점방식(Magnet식)의 전격방지장치에서 지동시간과 용접기 2차측 무부하전압(V)을 바르게 표현한 것은?

① 0.06초 이내, 25V 이하
② 1±0.3초 이내, 25V 이하
③ 2±0.3초 이내, 50V 이하
④ 1.5±0.06초 이내, 50V 이하

**해설** 자동전격방지기의 성능

용접을 중단하고 1.0초 내에 용접기의 홀더, 어스선에 흐르는 무부하 전압을 안전전압 25V 이하로 내려준다.

{분석}
실기까지 중요한 내용입니다. 암기하세요.

**65** 누전차단기의 시설방법 중 옳지 않은 것은?

① 시설장소는 배전반 또는 분전반 내에 설치한다.
② 정격전류용량은 해당 전로의 부하전류 값 이상이여야 한다.
③ 정격감도전류는 정상의 사용상태에서 불필요하게 동작하지 않도록 한다.
④ 인체 감전보호형은 0.05초 이내에 동작하는 고감도고속형이어야 한다.

**해설** ④ 인체 감전보호형은 정격감도전류가 30밀리암페어 이하이고 작동시간은 0.03초 이내일 것

**66** 방폭 전기기기의 온도등급에서 기호 $T_2$의 의미로 맞는 것은?

① 최고표면온도의 허용치가 135℃ 이하인 것
② 최고표면온도의 허용치가 200℃ 이하인 것
③ 최고표면온도의 허용치가 300℃ 이하인 것
④ 최고표면온도의 허용치가 450℃ 이하인 것

**해설** 가스ㆍ증기 발화온도 및 전기기기의 온도등급

| 폭발위험 장소 구분에 따른 온도등급 | 가스ㆍ증기의 발화온도(℃) | 전기기기의 최고 표면온도 (℃) |
|---|---|---|
| T1 | 〉450(450 초과) | 450 이하 |
| T2 | 〉300(300 초과) (또는 300 초과 450 이하) | 300 이하 |
| T3 | 〉200(200 초과) (또는 200 초과 300 이하) | 200 이하 |
| T4 | 〉135(135 초과) (또는 135 초과 200 이하) | 135 이하 |

•)) 정답 63 ③ 64 ② 65 ④ 66 ③

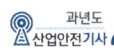 
| 폭발위험 장소 구분에 따른 온도등급 | 가스 · 증기의 발화온도(℃) | 전기기기의 최고 표면온도 (℃) |
|---|---|---|
| T5 | $>$ 100(100 초과) (또는 100 초과 135 이하) | 100 이하 |
| T6 | $>$ 85(85 초과) (또는 85 초과 100 이하) | 85 이하 |

{분석}
실기까지 중요한 내용입니다. 암기하세요.

**67** 사업장에서 많이 사용되고 있는 이동식 전기기계·기구의 안전대책으로 가장 거리가 먼 것은?

① 충전부 전체를 절연한다.
② 절연이 불량인 경우 접지저항을 측정한다.
③ 금속제 외함이 있는 경우 접지를 한다.
④ 습기가 많은 장소는 누전차단기를 설치한다.

**해설** ② 절연이 불량인 경우 접지 또는 누전차단기를 설치한다.

**68** 감전사고를 방지하기 위해 허용보폭전압에 대한 수식으로 맞는 것은?

> − $E$ : 허용보폭전압
> − $R_b$ : 인체의 저항
> − $p_s$ : 지표상승 저항률
> − $I_k$ : 심실세동전류

① $E = (R_b + 3p_s)I_k$
② $E = (R_b + 4p_s)I_k$
③ $E = (R_b + 5p_s)I_k$
④ $E = (R_b + 6p_s)I_k$

**해설** 허용보폭전압

$$E = (R_b + 6p_s)I_k$$

여기서, $E$ : 허용보폭전압
$R_b$ : 인체의 저항
$p_s$ : 지표상승 저항률
$I_k$ : 심실세동전류

**참고** 보폭전압

$$V = I \times R$$
$$= I_k \times (R_b + \frac{3}{2}R_e)$$

여기서, $R_b$ : 인체의 저항
$R_e$ : 지표면 저항

**69** 인체저항이 5000Ω이고, 전류가 3mA가 흘렀다. 인체의 정전용량이 0.1μF라면 인체에 대전된 정전하는 몇 μC인가?

① 0.5
② 1.0
③ 1.5
④ 2.0

**해설**

1. $E = \frac{1}{2}CV^2 = \frac{1}{2}QV = \frac{Q^2}{2C}$ (J)

대전 전하량
$Q = \sqrt{2CE}$

여기서, $E$ : 정전기 에너지(J)
$C$ : 도체의 정전 용량(F)
$V$ : 대전 전위(V)
$Q$ : 대전 전하량(C)

2. $V = I \times R$

여기서, $V$ : 전압 단위(V : 볼트)
$I$ : 전류 단위(A : 암페어)
$R$ : 저항 단위(Ω : 옴)

1. $V = I \times R = 3 \times 10^{-3} \times 5000 = 15V$

2. $E(J) = \frac{1}{2}CV^2 = \frac{1}{2} \times 0.1 \times 15^2 = 11.25\mu J$

3. $Q = \sqrt{2CE} = \sqrt{2 \times 0.1 \times 11.25} = 1.5\mu C$

**정답** 67 ② 68 ④ 69 ③

**70** 저압전로의 절연성능 시험에서 전로의 사용전압이 500V 초과인 경우 전로의 절연저항은 최소 몇 MΩ 이상이어야 하는가?

① 0.4MΩ

② 0.3MΩ

③ 0.5MΩ

④ 1.0MΩ

[해설] 전로의 절연저항

| 전로의 사용전압(V) | DC 시험전압(V) | 절연저항 (MΩ) |
|---|---|---|
| SELV(비접지회로) 및 PELV(접지회로) | 250 | 0.5 |
| FELV(1차와 2차가 전기적으로 절연되지 않은 회로), 500(V) 이하 | 500 | 1.0 |
| 500(V) 초과 | 1,000 | 1.0 |

\* 특별저압(extra low voltage : 2차 전압이 AC 50V, DC 120V 이하)으로 SELV(비접지회로 구성) 및 PELV(접지회로 구성)은 1차와 2차가 전기적으로 절연된 회로, FELV는 1차와 2차가 전기적으로 절연되지 않은 회로

{분석}
관련 규정의 변경으로 정답이 없습니다.

**71** 방폭 전기기기의 등급에서 위험장소의 등급분류에 해당되지 않는 것은?

① 3종 장소

② 2종 장소

③ 1종 장소

④ 0종 장소

[해설]

| 가스폭발 위험장소 | 분진폭발 위험장소 |
|---|---|
| ① 0종 장소 | ① 20종 장소 |
| ② 1종 장소 | ② 21종 장소 |
| ③ 2종 장소 | ③ 22종 장소 |

{분석}
실기까지 중요한 내용입니다. 암기하세요.

**72** 다음은 무슨 현상을 설명한 것인가?

> 전위차가 있는 2개의 대전체가 특정거리에 접근하게 되면 등전위가 되기 위하여 전하가 절연공간을 깨고 순간적으로 빛과 열을 발생하며 이동하는 현상

① 대전

② 충전

③ 방전

④ 열전

[해설] 전하가 이동하는 현상 → 방전

[참고] 방전
• 대전체에서 전기가 방출되는 현상, 전기를 띠고 있는 물체가 전기를 잃는 현상
• 가까이 있는 두 전극에 높은 전압을 걸어 주었을 때 진공 또는 공기를 통하여 전자가 이동하는 현상

**73** 다음 그림은 심장 맥동 주기를 나타낸 것이다. T파는 어떤 경우인가?

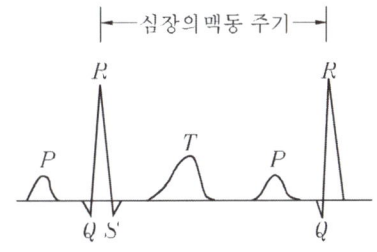

① 심방의 수축에 따른 파형
② 심실의 수축에 따른 파형
③ 심실의 휴식 시 발생하는 파형
④ 심방의 휴식 시 발생하는 파형

[해설] T파 → 심실의 휴식 시 발생하는 파형

🔊 정답 70 ④ 71 ① 72 ③ 73 ③

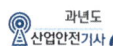
**74** 교류 아크 용접기의 자동전격방지장치는 전격의 위험을 방지하기 위하여 아크 발생이 중단된 후 약 1초 이내에 출력측 무부하 전압을 자동적으로 몇 V 이하로 저하시켜야 하는가?

① 85        ② 70
③ 50        ④ 25

**해설** 자동전격방지기의 성능

용접을 중단하고 1.0초 내에 용접기의 홀더, 어스 선에 흐르는 무부하 전압을 안전전압 25V 이하로 내려준다.

{분석}
실기까지 중요한 내용입니다. 암기하세요.

**75** 인체의 대부분이 수중에 있는 상태에서 허용접촉전압은 몇 V 이하 인가?

① 2.5V        ② 25V
③ 30V        ④ 50V

**해설** 허용접촉전압

| 종 별 | 접촉 상태 | 허용 접촉 전압 |
|---|---|---|
| 제1종 | • 인체의 대부분이 수중에 있는 상태 | 2.5V 이하 |
| 제2종 | • 인체가 현저히 젖어 있는 상태<br>• 금속성의 전기·기계 장치나 구조물에 인체의 일부가 상시 접촉되어 있는 상태 | 25V 이하 |
| 제3종 | • 제1종, 제2종 이외의 경우로서 통상의 인체 상태에 있어서 접촉 전압이 가해지면 위험성이 높은 상태 | 50V 이하 |
| 제4종 | • 제1종, 제2종 이외의 경우로서 통상의 인체 상태에 접촉 전압이 가해지더라도 위험성이 낮은 상태<br>• 접촉 전압이 가해질 우려가 없는 경우 | 제한 없음 |

{분석}
실기까지 중요한 내용입니다. 암기하세요.

**76** 우리나라의 안전전압으로 볼 수 있는 것은 약 몇 V인가?

① 30V        ② 50V
③ 60V        ④ 70V

**해설** 각 국의 안전전압

| 체코 | 20[V] |
|---|---|
| 독일 | 24[V] |
| 영국 | 24[V] |
| 일본 | 24 ~ 30[V] |
| 한국 | 30[V] |
| 벨기에 | 35V] |

**77** 22.9kV 충전전로에 대해 필수적으로 작업자와 이격시켜야 하는 접근한계 거리는?

① 45cm        ② 60cm
③ 90cm        ④ 110cm

**해설** 접근한계 거리

| 충전전로의 선간전압<br>(단위 : 킬로볼트) | 충전전로에 대한 접근한계거리<br>(단위 : 센티미터) |
|---|---|
| 0.3 이하 | 접촉금지 |
| 0.3 초과 0.75 이하 | 30 |
| 0.75 초과 2 이하 | 45 |
| 2 초과 15 이하 | 60 |
| 15 초과 37 이하 | 90 |
| 37 초과 88 이하 | 110 |
| 88 초과 121 이하 | 130 |
| 121 초과 145 이하 | 150 |
| 145 초과 169 이하 | 170 |
| 169 초과 242 이하 | 230 |
| 242 초과 362 이하 | 380 |
| 362 초과 550 이하 | 550 |
| 550 초과 800 이하 | 790 |

{분석}
실기까지 중요한 내용입니다. 암기하세요.

정답 74 ④ 75 ① 76 ① 77 ③

**78** 개폐조작 시 안전절차에 따른 차단 순서와 투입 순서로 가장 올바른 것은?

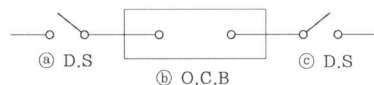

인입 ① DS ② VCB ③ DS 부하

① 차단 ②→①→③, 투입 ①→②→③
② 차단 ②→③→①, 투입 ①→②→③
③ 차단 ②→①→③, 투입 ③→②→①
④ 차단 ②→③→①, 투입 ③→①→②

**해설** 유입차단기 투입 및 차단 순서

ⓐ D.S ⓑ O.C.B ⓒ D.S

투입 순서 : ⓒ − ⓐ − ⓑ
차단 순서 : ⓑ − ⓒ − ⓐ

**79** 정전기에 대한 설명으로 가장 옳은 것은?

① 전하의 공간적 이동이 크고, 자계의 효과가 전계의 효과에 비해 매우 큰 전기
② 전하의 공간적 이동이 크고, 자계의 효과와 전계의 효과를 서로 비교할 수 없는 전기
③ 전하의 공간적 이동이 적고, 전계의 효과와 자계의 효과가 서로 비슷한 전기
④ 전하의 공간적 이동이 적고, 자계의 효과가 전계에 비해 무시할 정도의 적은 전기

**해설** **정전기** : 전하의 공간이동이 적으며 전계의 영향은 크고 자계의 영향은 아주 작은 전기

**80** 인체저항을 500Ω이라 한다면, 심실세동을 일으키는 위험 한계 에너지는 약 몇 J인가?

(단, 심실세동전류 값 $I = \dfrac{165}{\sqrt{T}} \mathrm{mA}$ 의 Dalziel의 식을 이용하며, 통전시간은 1초로 한다.)

① 11.5　　　　② 13.6
③ 15.3　　　　④ 16.2

**해설**
$$Q = I^2 \times R \times T = \left(\frac{165}{\sqrt{1}} \times 10^{-3}\right)^2 \times 500 \times 1$$
$$= 13.61(\mathrm{J})$$

{분석}
필기에 자주 출제되는 내용입니다.

**제5과목** 화학설비 안전 관리

**81** 다음 물질 중 물에 가장 잘 용해되는 것은?

① 아세톤　　　　② 벤젠
③ 톨루엔　　　　④ 휘발유

**해설** ① 아세톤은 물에 용해된다.

**82** 다음 중 최소발화에너지가 가장 작은 가연성 가스는?

① 수소　　　　② 메탄
③ 에탄　　　　④ 프로판

**해설** 최소발화에너지가 가장 작은 가스 → 가장 발화하기 쉬운 가스 → 수소, 아세틸렌

{분석}
필기에 자주 출제되는 내용입니다.

2018
최근 기출문제

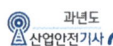 
**83** 안전설계의 기초에 있어 기상폭발 대책을 예방대책, 긴급대책, 방호대책으로 나눌 때, 다음 중 방호대책과 가장 관계가 깊은 것은?

① 경보
② 발화의 저지
③ 방폭 벽과 안전거리
④ 가연조건의 성립저지

해설 • 경보 → 긴급대책
• 발화의 저지, 가연조건의 성립저지 → 예방대책
• 방폭 벽과 안전거리 → 방호대책

**84** 공정안전보고서 중 공정안전자료에 포함하여야 할 세부내용에 해당하는 것은?

① 비상조치계획에 따른 교육계획
② 안전운전지침서
③ 각종 건물·설비의 배치도
④ 도급업체 안전관리계획

해설 ① 비상조치계획에 따른 교육계획 → 비상조치계획
② 안전운전지침서 → 안전운전계획
③ 각종 건물·설비의 배치도 → 공정안전자료
④ 도급업체 안전관리계획 → 안전운전계획

참고 공정안전보고서의 내용
① 공정안전자료
② 공정위험성 평가서
③ 안전운전계획
④ 비상조치계획

**85** 다음 중 물질에 대한 저장방법으로 잘못된 것은?

① 나트륨 – 유동 파라핀 속에 저장
② 니트로글리세린 – 강산화제 속에 저장
③ 적린 – 냉암소에 격리 저장
④ 칼륨 – 등유 속에 저장

해설 ② 니트로글리세린 – 건조하면 분해폭발 하므로 알코올에 적셔 습하게 보관한다.

참고 발화성 물질의 저장법
① 나트륨, 칼륨 : 석유 속 저장
② 황린 : 물속에 저장
③ 적린, 마그네슘, 칼륨 : 격리저장
④ 질산은($AgNO_3$) 용액 : 햇빛 피하여 저장 (빛에 의해 광분해 반응 일으킴)
⑤ 벤젠 : 산화성물질과 격리저장
⑥ 탄화칼슘($CaC_2$, 카바이트) : 금수성물질로서 물과 격렬히 반응하므로 건조한 곳에 보관

**86** 화학설비 가운데 분체 화학물질 분리장치에 해당하지 않는 것은?

① 건조기
② 분쇄기
③ 유동탑
④ 결정조

해설 ② 분쇄기 → 분체 화학물질 취급장치

참고 분체 화학물질 분리장치
① 결정조
② 유동탑
③ 탈습기
④ 건조기 등

**87** 특수 화학설비를 설치할 때 내부의 이상상태를 조기에 파악하기 위하여 필요한 계측장치로 가장 거리가 먼 것은?

① 압력계
② 유량계
③ 온도계
④ 비중계

해설 특수 화학설비를 설치하는 때에는 내부의 이상상태를 조기에 파악하기 위하여 필요한 온도계·유량계·압력계 등의 계측장치를 설치하여야 한다.

{분석}
실기까지 중요한 내용입니다.

정답 83 ③ 84 ③ 85 ② 86 ② 87 ④

**88** 위험물 또는 위험물이 발생하는 물질을 가열·건조하는 경우 내용적이 몇 세제곱미터 이상인 건조설비인 경우 건조실을 설치하는 건축물의 구조를 독립된 단층 건물로 하여야 하는가? (단, 건조실을 건축물의 최상층에 설치하거나 건축물이 내화구조인 경우는 제외한다.)

① 1
② 10
③ 100
④ 1000

해설 **위험물 건조실을 독립된 단층 건물로 하여야 하는 경우**
① 위험물 또는 위험물이 발생하는 물질을 가열·건조하는 경우 내용적이 1세제곱미터 이상인 건조설비
② 위험물이 아닌 물질을 가열·건조하는 경우로서 다음 각목의 1의 용량에 해당하는 건조설비
  • 고체 또는 액체연료의 최대사용량이 시간당 10킬로그램 이상
  • 기체연료의 최대사용량이 시간당 1세제곱미터 이상
  • 전기사용 정격용량이 10킬로와트 이상

{분석}
실기까지 중요한 내용입니다.

**89** 공기 중에서 폭발범위가 12.5~74vol%인 일산화탄소의 위험도는 얼마인가?

① 4.92
② 5.26
③ 6.26
④ 7.05

해설

$$위험도(H) = \frac{U_2 - U_1}{U_1}$$

여기서, $U_1$ : 폭발 하한계(%)
    $U_2$ : 폭발 상한계(%)

위험도 $= \dfrac{74 - 12.5}{12.5} = 4.92$

{분석}
실기까지 중요한 내용입니다.

**90** 숯, 코크스, 목탄의 대표적인 연소 형태는?

① 혼합연소
② 증발연소
③ 표면연소
④ 비혼합연소

해설 **고체의 연소**

| | | |
|---|---|---|
| 고체의 연소 | 표면 연소 | 가연성 가스를 발생하지 않고 물질 그 자체가 연소하는 형태 예 코크스, 목탄, 금속분 등 |
| | 분해 연소 | 가열 분해에 의해 발생된 가연성 가스가 공기와 혼합되어 연소하는 형태 예 목재, 종이, 석탄, 플라스틱 등 일반 가연물 |
| | 증발 연소 | 고체가연물의 가열에 의해 발생한 가연성 증기가 연소하는 형태 예 황, 나프탈렌 |
| | 자기 연소 | 자체 내 산소를 함유하고 있어 공기 중 산소를 필요치 않고 연소하는 형태 예 니트로 화합물, 다이너마이트 등 |

{분석}
실기까지 중요한 내용입니다.

**91** 다음 중 자연발화가 가장 쉽게 일어나기 위한 조건에 해당하는 것은?

① 큰 열전도율
② 고온, 다습한 환경
③ 표면적이 작은 물질
④ 공기의 이동이 많은 장소

해설 **자연발화가 되기 쉬운 조건**
① 표면적이 넓을 것
② 열전도율이 적을 것
③ 주위의 온도가 높을 것
④ 발열량이 클 것
⑤ 수분이 적당량 존재할 것

2018

최근 기출문제

•)) 정답 88 ① 89 ① 90 ③ 91 ②

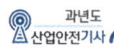
**92** 위험물에 관한 설명으로 틀린 것은?

① 이황화탄소의 인화점은 0℃ 보다 낮다.

② 과염소산은 쉽게 연소되는 가연성 물질이다.

③ 황린은 물속에 저장한다.

④ 알킬알루미늄은 물과 격렬하게 반응한다.

〔해설〕 ② 과염소산 → 산화성 액체 및 산화성 고체

**93** 물과 반응하여 가연성 기체를 발생하는 것은?

① 프크린산  ② 이황화탄소

③ 칼륨  ④ 과산화칼륨

〔해설〕 물과 반응하여 가연성 기체를 발생하는 물질 → 금수성 물질

〔참고〕 **금수성물질의 종류**

① 리튬

② 칼륨·나트륨

③ 알킬알루미늄·알킬리튬

④ 칼슘 탄화물(탄화칼슘), 알루미늄 탄화물(탄화알루미늄)

{분석}
필기에 자주 출제되는 내용입니다.

**94** 프로판($C_3H_8$)의 연소하한계가 2.2vol% 일 때 연소를 위한 최소 산소농도(MOC) 는 몇 vol%인가?

① 5.0  ② 7.0

③ 9.0  ④ 11.0

〔해설〕

MOC농도

$= 폭발하한계 \times \dfrac{산소의\ 몰수}{연료의\ 몰수}$ (Vol%)

1. 프로판의 연소식

$1C_3H_8 + 5O_2 = 3CO_2 + 4H_2O$

(여기서 1, 5, 3, 4 = 몰수)

2. 프로판의 최소 산소농도

$= 2.2 \times \dfrac{5}{1} = 11Vol\%$

**95** 다음 중 유기과산화물로 분류되는 것은?

① 메틸에틸케톤

② 과망간산칼륨

③ 과산화마그네슘

④ 과산화벤조일

〔해설〕 **유기과산화물의 종류**

① 과산화벤조일

② 과산화메틸에틸케톤

③ 과산화아세트산

④ 메틸히드라진 등

{분석}
출제비중이 낮은 문제입니다.

**96** 연소이론에 대한 설명으로 틀린 것은?

① 착화온도가 낮을수록 연소위험이 크다.

② 인화점이 낮은 물질은 반드시 착화점도 낮다.

③ 인화점이 낮을수록 일반적으로 연소위험이 크다.

④ 연소범위가 넓을수록 연소위험이 크다.

〔해설〕 ② 인화점이 낮은 물질이 반드시 착화점도 낮은 것은 아니다.

〔참고〕 1. 착화점 : 착화원 없이 가연성 물질을 대기 중에서 가열함으로써 스스로 불이 붙을 수 있는 최저온도

2. 인화점 : 공기 중에서 점화원에 의해 불이 붙을 수 있는 최저온도

·)) **정답** 92 ② 93 ③ 94 ④ 95 ④ 96 ②

**97** 디에틸에테르의 연소범위에 가장 가까운 값은?

① 2 ~ 10.4%  ② 1.9 ~ 48%

③ 2.5 ~ 15%  ④ 1.5 ~ 7.8%

[해설] 디에틸에테르의 연소범위 : 1.9 ~ 48%

**98** 송풍기의 회전차 속도가 1300rpm 일 때 송풍량이 분당 300m³였다. 송풍량을 분당 400m³으로 증가시키고자 한다면 송풍기의 회전차 속도는 약 몇 rpm으로 하여야 하는가?

① 1533  ② 1733

③ 1967  ④ 2167

[해설] 송풍기의 상사법칙

① $Q_2 = Q_1 \times \left(\dfrac{D_2}{D_1}\right)^3 \times \dfrac{N_2}{N_1}$

② $P_2 = P_1 \times \left(\dfrac{D_2}{D_1}\right)^2 \times \left(\dfrac{N_2}{N_1}\right)^2 \times \dfrac{\rho_2}{\rho_1}$

③ $HP_2 = HP_1 \times \left(\dfrac{D_2}{D_1}\right)^5 \times \left(\dfrac{N_2}{N_1}\right)^3 \times \dfrac{\rho_2}{\rho_1}$

여기서 Q : 송풍량  P : 송풍기 정압
HP : 축동력  D : 임펠러 직경
N : 회전수  $\rho$ : 가스밀도

$Q_2 = Q_1 \times \dfrac{N_2}{N_1}$

$\dfrac{N_2}{N_1} = \dfrac{Q_2}{Q_1}$

$N_2 = N_1 \times \dfrac{Q_2}{Q_1} = 1300 \times \dfrac{400}{300} = 1733.33\text{rpm}$

{분석}
출제비중이 낮은 문제입니다.

**99** 다음 중 물과 반응하였을 때 흡열반응을 나타내는 것은?

① 질산암모늄

② 탄화칼슘

③ 나트륨

④ 과산화칼륨

[해설] 질산암모늄은 물과 반응 시에 흡열반응을 일으킨다.

[참고] 1. 흡열반응 : 물질의 화학 변화에서 열을 흡수하는 반응
2. 발열반응 : 물질의 화학 변화에서 열을 발생하는 반응

**100** 다음 중 노출기준(TWA)이 가장 낮은 물질은?

① 염소

② 암모니아

③ 에탄올

④ 메탄올

[해설] 노출기준(TWA)이 가장 낮은 물질 → 가장 위험한 물질 → 염소
① 염소 : 5ppm
② 암모니아 : 35ppm
③ 에탄올 : 1000ppm
④ 메탄올 : 200ppm

정답  97 ②  98 ②  99 ①  100 ①

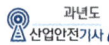

제**6**과목 · **건설공사 안전 관리**

**101** 보통 흙의 건지를 다음 그림과 같이 굴착하고자 한다. 굴착면의 기울기를 1 : 0.5로 하고자 할 경우 L의 길이로 옳은 것은?

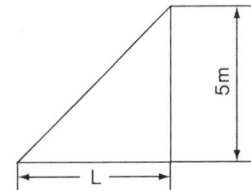

① 2m      ② 2.5m
③ 5m      ④ 10m

[해설] 기울기 $= \dfrac{높이}{밑변}$

기울기 $1 : 0.5 = \dfrac{1}{0.5} = \dfrac{5}{0.5 \times 5}$

$\therefore \text{L} = 2.5\text{m}$

**102** 흙막이 지보공을 조립하는 경우 미리 조립도를 작성하여야 하는데 이 조립도에 명시되어야 할 사항과 가장 거리가 먼 것은?

① 부재의 배치
② 부재의 치수
③ 부재의 긴압 정도
④ 설치방법과 순서

[해설] 조립도에는 흙막이판 · 말뚝 · 버팀대 및 띠장 등 부재의 **배치 · 치수 · 재질 및 설치방법과 순서**가 명시되어야 한다.

**103** 미리 작업장소의 지형 및 지반상태 등에 적합한 제한속도를 정하지 않아도 되는 차량계 건설기계의 속도 기준은?

① 최대 제한 속도가 10km/h 이하
② 최대 제한 속도가 20km/h 이하
③ 최대 제한 속도가 30km/h 이하
④ 최대 제한 속도가 40km/h 이하

[해설] 제한속도를 정하지 않아도 되는 차량계 건설기계의 속도기준 → 10km/h 이하

**104** 터널공사에서 발파작업 시 안전대책으로 옳지 않은 것은?

① 발파 전 도화선 연결상태, 저항 시 조사 등의 목적으로 도통시험 실시 및 발파기의 작동상태에 대한 사전점검 실시
② 모든 동력선은 발원점으로 부터 최소한 15m 이상 후방으로 옮길 것
③ 지질, 암의 절리 등에 따라 화약량에 대한 검토 및 시방기준과 대비하여 안전조치 실시
④ 발파용 점화회선은 타동력선 및 조명회선과 한곳으로 통합하여 관리

[해설] ④ 발파용 점화회선은 타동력선 및 조명회선과 분리하여야 한다.

**•))**정답   101 ②   102 ③   103 ①   104 ④

**105** 달비계의 최대 적재하중을 정함에 있어서 활용하는 안전계수의 기준으로 옳은 것은? (단, 곤돌라의 달비계를 제외한다.)

① 달기 와이어로프 : 5 이상
② 달기 강선 : 5 이상
③ 달기 체인 : 3 이상
④ 달기 훅 : 5 이상

{분석}
관련 법규에서 삭제된 내용입니다.

**106** 다음 보기의 ( ) 안에 알맞은 내용은?

> 동바리로 사용하는 파이프 서포트의 높이가 ( )m를 초과하는 경우에는 높이 2m 이내마다 수평연결재를 2개 방향으로 만들고 수평연결재의 전위를 방지할 것

① 3 　　② 3.5
③ 4 　　④ 4.5

해설 동바리로 사용하는 파이프서포트의 조립 시 준수사항
• 파이프서포트를 3개본 이상 이어서 사용하지 아니하도록 할 것
• 파이프서포트를 이어서 사용할 때에는 4개 이상의 볼트 또는 전용철물을 사용하여 이을 것
• 높이가 3.5미터를 초과하는 경우에는 높이 2미터 이내마다 수평연결재를 2개 방향으로 만들고 수평연결재의 변위를 방지할 것

{분석}
실기까지 중요한 내용입니다. 암기하세요.

**107** 건립 중 강풍에 의한 풍압 등 외압에 대한 내력이 설계에 고려되었는지 확인하여야 하는 철골 구조물이 아닌 것은?

① 단면이 일정한 구조물
② 기둥이 타이플레이트형인 구조물
③ 이음부가 현장용접인 구조물
④ 구조물의 폭과 높이의 비가 1 : 4 이상인 구조물

해설 외압에 대한 내력이 설계에 고려되었는지 확인하여야 할 대상(자립도 검토대상)
• 높이 20미터 이상의 구조물
• 구조물의 폭과 높이의 비가 1 : 4 이상인 구조물
• 단면구조에 현저한 차이가 있는 구조물
• 연면적당 철골량이 50킬로그램/평방미터 이하인 구조물
• 기둥이 타이플레이트(tie plate)형인 구조물
• 이음부가 현장용접인 구조물

{분석}
필기에 자주 출제되는 내용입니다.

**108** 건설업 산업안전보건관리비 중 안전시설비로 사용할 수 없는 것은?

① 안전통로
② 비계에 추가 설치하는 추락방지용 안전난간
③ 사다리 전도방지장치
④ 통로의 낙하물 방호선반

해설 ① 안전통로(외부비계, 작업발판, 가설계단 등)는 안전시설비에 해당되지 않는다.

참고 안전시설비 등
① 산업재해 예방을 위한 안전난간, 추락방호망, 안전대 부착설비, 방호장치(기계·기구와 방호장치가 일체로 제작된 경우, 방호장치 부분의 가액에 한함) 등 안전시설의 구입·임대 및 설치 등을 위해 소요되는 비용

정답 105 정답 없음 106 ② 107 ① 108 ①

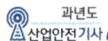
② <u>스마트 안전장비 구입·임대 비용.</u> 다만, 계상된 <u>산업안전보건관리비 총액의 10분의 2를 초과할 수 없다.</u>

③ <u>용접 작업 등 화재 위험작업 시 사용하는 소화기의 구입·임대비용</u>

**109** 터널 등의 건설작업을 하는 경우에 낙반 등에 의하여 근로자가 위험해질 우려가 있는 경우에 필요한 조치와 가장 거리가 먼 것은?

① 터널 지보공을 설치한다.
② 록볼트를 설치한다.
③ 환기, 조명시설을 설치한다.
④ 부석을 제거한다.

해설 **낙반에 의한 위험 방지조치**

① 터널지보공 및 록볼트의 설치
② 부석의 제거

**110** 강관을 사용하여 비계를 구성하는 경우 준수해야 할 사항으로 옳지 않은 것은?

① 비계기둥 간격은 띠장방향에서는 1.85m 이하, 장선방향에서는 1.5m 이하로 할 것
② 띠장간격은 2.0미터 이하로 할 것
③ 비계기둥의 제일 윗부분으로부터 31m 되는 지점 밑 부분의 비계기둥은 3개의 강관으로 묶어세울 것
④ 비계기둥 간의 적재하중은 400kg을 초과하지 않도록 할 것

해설 ③ 비계기둥의 제일 윗부분으로부터 31m되는 지점 밑 부분의 비계기둥은 2개의 강관으로 묶어세울 것

{분석}
**실기까지 중요한 내용입니다. 암기하세요.**

**111** 이동식비계 조립 및 사용 시 준수사항으로 옳지 않은 것은?

① 비계의 최상부에서 작업을 하는 경우에는 안전난간을 설치할 것
② 승강용사다리는 견고하게 설치할 것
③ 작업발판은 항상 수평을 유지하고 작업발판 위에서 작업을 위한 거리가 부족할 경우에는 받침대 또는 사다리를 사용할 것
④ 작업발판의 최대적재하중은 250kg을 초과하지 않도록 할 것

해설 **이동식 비계 조립 시의 준수사항**

① <u>바퀴에는</u> 갑작스러운 이동 또는 전도를 방지하기 위하여 <u>브레이크·쐐기 등으로 바퀴를 고정시킨 다음</u> 비계의 일부를 견고한 <u>시설물에 고정하거나 아웃트리거를 설치할 것</u>
② <u>승강용사다리는 견고하게 설치할 것</u>
③ 비계의 <u>최상부에서 작업을 할 때에는 안전난간을 설치할 것</u>
④ <u>작업발판은 항상 수평을 유지하고</u> 작업발판 위에서 <u>안전난간을 딛고 작업을 하거나 받침대 또는 사다리를 사용하여 작업하지 않도록 할 것</u>
⑤ <u>작업발판의 최대적재하중은 250킬로그램을 초과하지 않도록 할 것</u>

**112** 유해·위험 방지를 위한 방호조치를 하지 아니하고는 양도, 대여, 설치 또는 사용에 제공하거나, 양도·대여를 목적으로 진열해서는 아니 되는 기계·기구에 해당하지 않는 것은?

① 지게차　　　　② 공기압축기
③ 원심기　　　　④ 덤프트럭

해설 **방호조치를 하지 아니하고는 양도·대여·설치·사용, 진열해서는 아니 되는 기계·기구**

① 예초기
② 원심기
③ 공기압축기

**정답** 109 ③　110 ③　111 ③　112 ④

④ 금속절단기
⑤ 지게차
⑥ 포장기계(진공포장기, 랩핑기로 한정)

**실력이 되고! 합격이 되는! 특급 암기법**

**방호조치 없이 포장된 공원에서 원예금지**

{분석}
실기에도 자주 출제되는 내용입니다. 암기하세요.

## 113 화물 운반하역작업 중 걸이작업에 관한 설명으로 옳지 않은 것은?

① 와이어로프 등은 크레인의 후크 중심에 걸어야 한다.
② 인양 물체의 안정을 위하여 2줄 걸이 이상을 사용하여야 한다.
③ 매다는 각도는 60° 이상으로 하여야 한다.
④ 근로자를 매달린 물체 위에 탑승시키지 않아야 한다.

**해설** ③ 매다는 각도는 60° 이내로 하여야 한다.

## 114 거푸집 동바리 등을 조립하는 경우에 준수하여야 할 사항으로 옳지 않은 것은?

① 깔목의 사용, 콘크리트 타설, 말뚝박기 등 동바리의 침하를 방지하기 위한 조치를 할 것
② 개구부 상부에 동바리를 설치하는 경우에는 상부하중을 견딜 수 있는 견고한 받침대를 설치할 것
③ 거푸집이 곡면인 경우에는 버팀대의 부착 등 그 거푸집의 부상을 방지하기 위한 조치를 할 것
④ 동바리의 이음은 맞댄이음이나 장부이음을 피할 것

**해설** ④ 동바리의 이음은 맞댄이음 또는 장부이음으로 하고 같은 품질의 재료를 사용할 것

## 115 사업의 종류가 건설업이고, 공사금액이 850억 원일 경우 산업안전보건법령에 따른 안전관리자를 최소 몇 명 이상 두어야 하는가? (단, 상시근로자는 600명으로 가정)

① 1명 이상  ② 2명 이상
③ 3명 이상  ④ 4명 이상

**해설** 1. 공사금액 50억 원 이상(관계수급인은 100억 원 이상) 800억 원 미만 : 1명 이상
2. 공사금액 800억 원 이상 1,500억 원 미만 : 2명 이상

**참고** 건설업 안전관리자 선임기준

- 공사금액 50억 원 이상(관계수급인은 100억 원 이상) 120억 원 미만
 (토목공사업의 경우에는 150억 원 미만) 또는 공사금액 120억 원 이상(토목공사업의 경우에는 150억 원 이상) 800억 원 미만 : 1명 이상
- 공사금액 800억 원 이상 1,500억 원 미만 : 2명 이상(다만, 전체 공사기간을 100으로 할 때 공사 시작에서 15에 해당하는 기간과 공사 종료 전의 15에 해당하는 기간 동안은 1명 이상으로 한다)
- 공사금액 1,500억 원 이상 2,200억 원 미만 : 3명 이상(다만, 전체 공사기간 중 전·후 15에 해당하는 기간은 2명 이상으로 한다)
- 공사금액 2,200억 원 이상 3천억 원 미만 : 4명 이상(다만, 전체 공사기간 중 전·후 15에 해당하는 기간은 2명 이상으로 한다)
- 공사금액 3천억 원 이상 3,900억 원 미만 : 5명 이상(다만, 전체 공사기간 중 전·후 15에 해당하는 기간은 3명 이상으로 한다)
- 공사금액 3,900억 원 이상 4,900억 원 미만 : 6명 이상(다만, 전체 공시기간 중 진·후 15에 해당하는 기간은 3명 이상으로 한다)
- 공사금액 4,900억 원 이상 6천억 원 미만 : 7명 이상(다만, 전체 공사기간 중 전·후 15에 해당하는 기간은 4명 이상으로 한다)
- 공사금액 6천억 원 이상 7,200억 원 미만 : 8명 이상(다만, 전체 공사기간 중 전·후 15에 해당하는 기간은 4명 이상으로 한다)
- 공사금액 7,200억 원 이상 8,500억 원 미만 : 9명 이상(다만, 전체 공사기간 중 전·후 15에 해당하는 기간은 5명 이상으로 한다)

**정답** 113 ③ 114 ④ 115 ②

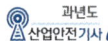

– 공사금액 8,500억 원 이상 1조 원 미만 : 10명 이상(다만, 전체 공사기간 중 전·후 15에 해당하는 기간은 5명 이상으로 한다)

– 1조 원 이상 : 11명 이상[매 2천억 원(2조 원 이상부터는 매 3천억 원)마다 1명씩 추가한다].
(다만, 전체 공사기간 중 전·후 15에 해당하는 기간은 선임 대상 안전관리자 수의 2분의 1(소수점 이하는 올림한다) 이상으로 한다)

## 116 선박에서 하역작업 시 근로자들이 안전하게 오르내릴 수 있는 현문 사다리 및 안전망을 설치하여야 하는 것은 선박이 최소 몇 톤급 이상일 경우인가?

① 500톤급
② 300톤급
③ 200톤급
④ 100톤급

**해설** 300톤급 이상의 선박에서 하역작업을 하는 경우에 근로자들이 안전하게 오르내릴 수 있는 현문(舷門) 사다리를 설치하여야 하며, 이 사다리 밑에 안전망을 설치하여야 한다.

## 117 타워크레인을 와이어로프로 지지하는 경우에 준수해야 할 사항으로 옳지 않은 것은?

① 와이어로프를 고정하기 위한 전용 지지 프레임을 사용할 것
② 와이어로프 설치각도는 수평면에서 60° 이상으로 하되, 지지점은 4개소 미만으로 할 것
③ 와이어로프와 그 고정부위는 충분한 강도와 장력을 갖도록 설치할 것
④ 와이어로프가 가공전선에 근접하지 않도록 할 것

**해설** ② 와이어로프 설치각도는 수평면에서 60도 이내로 할 것

**참고** 타워크레인을 와이어로프로 지지하는 경우 준수 사항

가. 서면심사에 관한 서류 또는 제조사의 설치작업설명서 등에 따라 설치할 것

나. 서면심사 서류 등이 없거나 명확하지 아니한 경우에는 건축구조·건설기계·기계안전·건설안전기술사 또는 건설안전 분야 산업안전지도사의 확인을 받아 설치하거나 기종별·모델별 공인된 표준방법으로 설치할 것

다. 와이어로프를 고정하기 위한 전용 지지프레임을 사용할 것

라. 와이어로프 설치각도는 수평면에서 60도 이내로 할 것

마. 와이어로프의 고정부위는 충분한 강도와 장력을 갖도록 설치하고, 와이어로프를 클립·샤클(shackle) 등의 고정기구를 사용하여 견고하게 고정시켜 풀리지 않도록 하며, 사용 중에는 충분한 강도와 장력을 유지하도록 할 것(이 경우 클립·샤클 등의 고정기구는 한국산업표준 제품이거나 한국산업표준이 없는 제품의 경우에는 이에 준하는 규격을 갖춘 제품이어야 한다.)

바. 와이어로프가 가공전선(架空電線)에 근접하지 않도록 할 것

## 118 터널붕괴를 방지하기 위한 지보공에 대한 점검 사항과 가장 거리가 먼 것은?

① 부재의 긴압 정도
② 부재의 손상·변형·부식·변위 탈락의 유무 및 상태
③ 기둥침하의 유무 및 상태
④ 경보장치의 작동상태

**해설** 터널지보공 설치 시 점검 항목

① 부재의 손상·변형·부식·변위 탈락의 유무 및 상태
② 부재의 긴압의 정도
③ 부재의 접속부 및 교차부의 상태
④ 기둥침하의 유무 및 상태

{분석}
**실기까지 중요한 내용입니다.**

**119** 작업 중이던 미장공이 상부에서 떨어지는 공구에 의해 상해를 입었다면 어느 부분에 대한 결함이 있었겠는가?

① 작업대 설치
② 작업방법
③ 낙하물 방지시설 설치
④ 비계설치

해설 상부에서 떨어지는 공구에 의해 상해를 입음 →
낙하물 방지시설 설치의 결함

**120** 이동식 크레인을 사용하여 작업을 할 때 작업 시작 전 점검사항이 아닌 것은?

① 주행로의 상측 및 트롤리(trolley)가 횡행하는 레일의 상태
② 권과방지장치 그 밖의 경보장치의 기능
③ 브레이크·클러치 및 조정장치의 기능
④ 와이어로프가 통하고 있는 곳 및 작업 장소의 지반 상태

해설 **이동식크레인의 작업 시작 전 점검**
① 권과방지장치 그 밖의 경보장치의 기능
② 브레이크·클러치 및 조정장치의 기능
③ 와이어로프가 통하고 있는 곳 및 작업장소의 지반상태

{분석}
실기에도 자주 출제되는 중요한 내용입니다. 암기하세요.

최근 기출문제 **2018**

•)) 정답 118 ④  119 ③  120 ①

# 02회 2018년 산업안전기사 최근 기출문제

## 제1과목 • 산업재해 예방 및 안전보건교육

**01** 6 ~ 12명의 구성원으로 타인의 비판 없이 자유로운 토론을 통하여 다량의 독창적인 아이디어를 이끌어내고, 대안적 해결안을 찾기 위한 집단적 사고기법은?

① Role playing
② Brain storming
③ Action playing
④ Fish Bowl playing

해설 **브레인스토밍(Brain storming)** : 인간의 잠재의식을 일깨워 자유로이 아이디어를 개발하자는 토의식 아이디어 개발기법이다.

**02** 재해의 발생형태 중 다음 그림이 나타내는 것은?

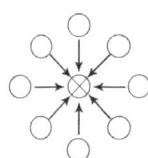

① 단순연쇄형
② 복합연쇄형
③ 단순자극형
④ 복합형

해설 **산업재해 발생형태**
① 단순자극형(집중형)

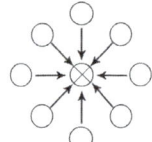

②-1 단순연쇄형

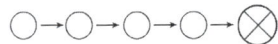

②-2 복합연쇄형

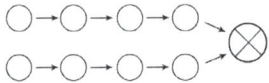

③ 복합형

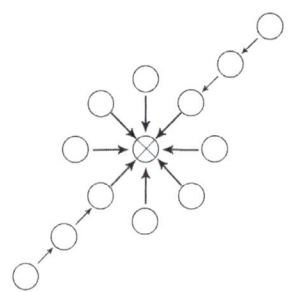

**03** 산업안전보건법령상 근로자에 대한 일반 건강진단의 실시시기 기준으로 옳은 것은?

① 사무직에 종사하는 근로자 : 1년에 1회 이상
② 사무직에 종사하는 근로자 : 2년에 1회 이상
③ 사무직 외의 업무에 종사하는 근로자 : 6월에 1회 이상
④ 사무직 외의 업무에 종사하는 근로자 : 2년에 1회 이상

해설 **일반건강진단 실시시기**
① 사무직 종사 근로자(판매업무 종사하는 근로자 제외) : 2년에 1회 이상
② 그 밖의 근로자 : 1년에 1회 이상

•)) **정답** 01② 02③ 03②

**04** 재해통계에 있어 강도율이 2.0인 경우에 대한 설명으로 옳은 것은?

① 한 건의 재해로 인해 전제 작업비용의 2.0%에 해당하는 손실이 발생하였다.
② 근로자 1,000명당 2.0건의 재해가 발생하였다.
③ 근로시간 1,000시간당 2.0건의 재해가 발생하였다.
④ 근로시간 1,000시간당 2.0일의 근로손실이 발생하였다.

**[해설] 강도율(S.R)**
- 1,000 근로시간 당 근로손실일수 비율
- 강도율 = 2 → 1,000 근로시간 당 2일의 근로손실이 발생함

{분석}
실기까지 중요한 내용입니다.

**5** 산업안전보건법령상 교육대상별 교육 내용 중 관리감독자의 정기안전·보건 교육 내용이 아닌 것은? (단, 산업안전보건법령 및 산업재해보상보험제도에 관한 사항은 제외한다.)

① 물질안전보건자료에 관한 사항
② 산업보건 및 건강장해 예방에 관한 사항
③ 유해·위험 작업환경 관리에 관한 사항
④ 표준안전작업방법 및 지도 요령에 관한 사항

**[해설] 관리감독자 정기안전·보건교육**

① 산업안전 및 산업재해 예방에 관한 사항(화재·폭발 사고 발생 시 대피에 관한 사항을 포함한다)
② 산업보건 및 건강장해 예방에 관한 사항(폭염·한파작업으로 인한 건강장해 발생 시 응급조치에 관한 사항을 포함한다)
③ 유해·위험 작업환경 관리에 관한 사항
④ 산업안전보건법령 및 산업재해보상보험 제도에 관한 사항
⑤ 직무스트레스 예방 및 관리에 관한 사항
⑥ 직장 내 괴롭힘, 고객의 폭언 등으로 인한 건강장해 예방 및 관리에 관한 사항

⑦ 위험성평가에 관한 사항
⑧ 작업공정의 유해·위험과 재해 예방대책에 관한 사항
⑨ 표준안전 작업방법 결정 및 지도·감독 요령에 관한 사항
⑩ 비상 시 또는 재해 발생 시 긴급조치에 관한 사항
⑪ 사업장 내 안전보건관리체제 및 안전·보건조치 현황에 관한 사항
⑫ 현장근로자와의 의사소통능력 및 강의능력 등 안전보건교육 능력 배양에 관한 사항
⑬ 그 밖의 관리감독자의 직무에 관한 사항

실력이 되고! 합격이 되는! 특급 **암기법**

**공통 항목(관리감독자, 근로자)**
1. 관리자는 법, 산재보상제도를 알자.
2. 관리자는 건강을 보존(산업보건)하고 건강장해, 스트레스, 괴롭힘, 폭언 예방하자!
3. 관리자는 유해위험 환경을 관리해서 안전하고 산업재해 예방하자!
4. 관리자는 위험성을 평가하자!

**관리감독자 정기교육의 특징**
1. 관리자는 유해위험의 재해예방대책 세우자!
2. 관리자는 안전 작업방법 결정해서 감독하자!
3. 관리자는 재해발생 시 긴급조치하자!
4. 관리자는 안전보건 조치하자!
5. 관리자는 안전보건교육 능력 배양하자!

{분석}
실기에 자주 출제되는 내용입니다. 암기하세요

**06** Off JT(Off the Job Training)의 특징으로 옳은 것은?

① 훈련에만 전념할 수 있다.
② 상호신뢰 및 이해도가 높아진다.
③ 개개인에게 적절한 지도훈련이 가능하다.
④ 직장의 실정에 맞게 실제적 훈련이 가능하다.

**[해설]**

| | |
|---|---|
| OJT의 특징 | ① 개개인에게 적절한 훈련이 가능하다.<br>② 직장의 실정에 맞는 훈련이 가능하다.<br>③ 교육효과가 즉시 업무에 연결된다.<br>④ 훈련에 대한 업무의 계속성이 끊어지지 않는다.<br>⑤ 상호 신뢰 이해도가 높다. |

•)) 정답 **04** ④ **05** ① **06** ①

| | |
|---|---|
| OFF JT의 특징 | ① <u>다수의 근로자들에게 훈련</u>을 할 수 있다.<br>② <u>훈련에만 전념</u>하게 된다.<br>③ <u>특별설비기구 이용</u>이 가능하다.<br>④ <u>많은 지식이나 경험을 교류</u>할 수 있다.<br>⑤ 교육 훈련 목표에 대하여 <u>집단적 노력이 흐트러질 수 있다.</u> |

{분석}
**필기에 자주 출제되는 내용입니다.**

**07** 산업안전보건법령상 안전·보건표지의 종류 중 다음 안전·보건 표지의 명칭은?

① 화물적재금지    ② 차량통행금지
③ 물체이동금지    ④ 화물출입금지

[해설]

| 차량통행금지 | 물체이동금지 | 출입금지 |
|---|---|---|

{분석}
**실기에 자주 출제되는 내용입니다. 암기하세요.**

**08** AE형 안전모에 있어 내전압성이란 최대 몇 V 이하의 전압에 견디는 것을 말하는가?

① 750      ② 1,000
③ 3,000      ④ 7,000

[해설] 안전모의 내전압성(AE형, ABE형)이란 7,000V 이하의 전압에 견디는 것을 말한다.

{분석}
**실기까지 중요한 내용입니다.**

**09** 안전점검의 종류 중 태풍, 폭우 등에 의한 침수, 지진 등의 천재지변이 발생한 경우나 이상상태 발생 시 관리자나 감독자가 기계·기구, 설비 등의 기능상 이상 유무에 대하여 점검하는 것은?

① 일상점검
② 정기점검
③ 특별점검
④ 수시점검

[해설] 천재지변, 이상상태 발생 시 관리자나 감독자가 실시하는 점검 → 특별점검

[참고] ① <u>정기점검(계획점검)</u> : 일정 기간마다 정기적으로 실시하는 점검
② <u>수시점검(일상점검)</u> : 매일 작업 전, 중, 후에 <u>실시</u>하는 점검
③ <u>특별점검</u>
• <u>기계·기구 또는 설비의 신설·변경 또는 고장·수리</u> 등으로 비정기적인 특정 점검을 말하며 기술 책임자가 실시
• <u>산업안전보건 강조기간, 악천후 시에도 실시</u>
④ <u>임시점검</u> : 기계·기구 또는 설비의 이상 발견 시에 임시로 점검하는 점검

{분석}
**필기에 자주 출제되는 내용입니다.**

**10** 재해발생의 직접 원인 중 불안전한 상태가 아닌 것은?

① 불안전한 인양
② 부적절한 보호구
③ 결함 있는 기계설비
④ 불안전한 방호장치

[해설] 불안전한 인양 → 불안전한 행동

•)) 정답 07 ③ 08 ④ 09 ③ 10 ①

참고

| 인적원인<br>(불안전한 행동) | 물적원인<br>(불안전한 상태) |
|---|---|
| • 위험장소 접근<br>• 안전장치의 기능제거<br>• 복장, 보호구의 잘못<br>　사용<br>• 기계기구 잘못 사용<br>• 운전 중인 기계장치의<br>　손질<br>• 불안전한 속도 조작<br>• 위험물 취급 부주의<br>• 불안전한 상태 방치<br>• 불안전한 자세·동작<br>• 감독 및 연락 불충분 | • 물 자체의 결함<br>• 안전 방호장치의 결함<br>• 복장, 보호구의 결함<br>• 물의 배치 및 작업장소<br>　불량<br>• 작업환경의 결함<br>• 생산공정의 결함<br>• 경계표시, 설비의 결함 |

**11** 매슬로(Maslow)의 욕구단계 이론 중 제 2단계 욕구에 해당하는 것은?

① 자아실현의 욕구
② 안전에 대한 욕구
③ 사회적 욕구
④ 생리적 욕구

해설 매슬로(Maslow A. H.)의 욕구단계 이론 (인간의 욕구 5단계)
① 제1단계(생리적 욕구)
② 제2단계(안전 욕구)
③ 제3단계(사회적 욕구)
④ 제4단계(존경 욕구)
⑤ 제5단계(자아실현의 욕구)

{분석}
실기까지 중요한 내용입니다.

**12** 대뇌의 human error로 인한 착오요인이 아닌 것은?

① 인지과정 착오
② 조치과정 착오
③ 판단과정 착오
④ 행동과정 착오

해설 인간의 착오요인

| 인지과정<br>착오 요인 | • **정보량 저장의 한계**<br>• 감각 차단 현상<br>• **정서적 불안정**(공포, 불안,<br>　불만 등)<br>• 생리, 심리적 능력의 한계<br>　(정보 수용 능력의 한계) |
|---|---|
| 판단과정<br>착오 요인 | • **자기 합리화**<br>• 능력 부족<br>• **정보부족**<br>• **자기과신** |
| 조작과정<br>착오 요인 | • 작업자의 기능 미숙(기술 부족)<br>• 작업경험 부족<br>• 피로 |

**13** 주의의 수준이 Phase 0인 상태에서의 의식상태로 옳은 것은?

① 무의식 상태
② 의식의 이완 상태
③ 명료한 상태
④ 과긴장 상태

해설 인간 의식레벨의 분류

| Phase<br>0 | 무의식,<br>실신 | 수면, 뇌발작 | 주의작용 0 |
|---|---|---|---|
| Phase<br>Ⅰ | 의식흐림 | 피로,<br>단조로운 일 | 부주의 |
| Phase<br>Ⅱ | 이완 | 안정기거, 휴식 | 안정기거,<br>휴식 |
| Phase<br>Ⅲ | 싱괘 | 적극적 | 적극활농 |
| Phase<br>Ⅳ | 과긴장 | 일점집중현상,<br>긴급방위 | 감정흥분 |

{분석}
필기에 자주 출제되는 내용입니다.

🔊 정답 11 ② 12 ④ 13 ①

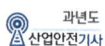

**14** 생체리듬의 변화에 대한 설명으로 틀린 것은?

① 야간에는 체중이 감소한다.

② 야간에는 말초운동 기능이 저하된다.

③ 체온, 혈압, 맥박 수는 주간에 상승하고 야간에 감소한다.

④ 혈액의 수분과 염분량은 주간에 증가하고 야간에 감소한다.

[해설] ④ 혈액의 수분과 염분량은 주간에 감소하고 야간에 증가한다.

**15** 어떤 사업장의 상시근로자 1,000명이 작업 중 2명의 사망자와 의사진단에 의한 휴업일수 90일 손실을 가져온 경우의 강도율은? (단, 1일 8시간, 연 300일 근무)

① 7.32      ② 6.28

③ 8.12      ④ 5.92

[해설]

**강도율(S.R)**

① 1,000 근로시간당 근로손실일수 비율

② 강도율 $= \dfrac{\text{총요양근로손실일수}}{\text{연근로시간 수}} \times 1,000$

• 근로손실일수 = 휴업일수, 요양일수, 입원일수 $\times \dfrac{300(\text{실제근로일수})}{365}$

강도율

$= \dfrac{(2 \times 7,500) + (90 \times \frac{300}{365})}{1000 \times 8 \times 300} \times 1,000 = 6.28$

{분석}
필기에 자주 출제되는 내용입니다.

**16** 교육심리학의 기본이론 중 학습지도의 원리가 아닌 것은?

① 직관의 원리      ② 개별화의 원리

③ 계속성의 원리      ④ 사회화의 원리

[해설] **학습지도의 원리**

① 자발성의 원리

② 개별화의 원리

③ 목적의 원리

④ 사회화의 원리

⑤ 통합화의 원리

⑥ 직관의 원리(직접경험의 원리)

**17** 안전보건교육 계획에 포함하여야 할 사항이 아닌 것은?

① 교육의 종류 및 대상

② 교육의 과목 및 내용

③ 교육장소 및 방법

④ 교육지도안

[해설] **안전교육 계획에 포함하여야 할 사항**

① 교육의 목표

② 교육대상

③ 강사

④ 교육과목, 내용, 방법

⑤ 교육시간과 시기

⑥ 교육장소

**18** 인간관계의 매커니즘 중 다른 사람의 행동양식이나 태도를 투입시키거나 다른 사람 가운데서 자기와 비슷한 것을 발견하는 것은?

① 동일화      ② 일체화

③ 투사      ④ 공감

[해설] 다른 사람 가운데서 자기와 비슷한 것을 발견 → 동일화

[참고] **투사** : 자신의 불만이나 불안을 해소시키기 위해서 자신의 잘못을 남의 탓으로 돌리는 행동

**19** 유기화합물용 방독마스크 시험가스의 종류가 아닌 것은?

① 염소가스 또는 증기

② 시클로헥산

③ 디메틸에테르

④ 이소부탄

방독마스크의 종류별 시험가스

| 종류 | 시험 가스 |
|---|---|
| 유기화합물용 | 시클로헥산($C_6H_{12}$) |
| | 디메틸에테르($CH_3OCH_3$) |
| | 이소부탄($C_4H_{10}$) |
| 할로겐용 | 염소가스 또는 증기($Cl_2$) |
| 황화수소용 | 황화수소가스($H_2S$) |
| 시안화수소용 | 시안화수소가스(HCN) |
| 아황산용 | 아황산가스($SO_2$) |
| 암모니아용 | 암모니아가스($NH_3$) |

{분석}
실기에 자주 출제되는 내용입니다. 암기하세요.

**20** Line-Staff형 안전보건관리조직에 관한 특징이 아닌 것은?

① 조직원 전원을 자율적으로 안전활동에 참여시킬 수 있다.
② 스탭의 월권행위의 경우가 있으며 라인이 스탭에 의존 또는 활용치 않는 경우가 있다.
③ 생산부문은 안전에 대한 책임과 권한이 없다.
④ 명령계통과 조언 권고적 참여가 혼동되기 쉽다.

해설 생산부문은 안전에 대한 책임과 권한이 없다. → 스태프(Staff)형

참고

| 라인형 (Line) or 직계형 | ① 소규모 사업장(100명 이하 사업장)에 적용이 가능하다. ② 라인형 장점 : 명령 및 지시가 신속, 정확하다. ③ 라인형 단점 • 안전정보가 불충분하다. • 라인에 과도한 책임이 부여 될 수 있다. ④ 생산과 안전을 동시에 지시하는 형태이다. |
|---|---|

| 스태프형 (staff) or 참모형 | ① 중규모 사업장(100 ~ 1,000명 정도의 사업장)에 적용이 가능하다. ② 스태프형 장점 : 안전정보 수집이 용이하고 빠르다. ③ 스태프 단점 : 안전과 생산을 별개로 취급한다. ④ 생산부문은 안전에 대한 책임, 권한이 없다. |
|---|---|
| 라인 스태프 (Line Staff)형 or 혼합형 | ① 대규모 사업장(1000명 이상 사업장)에 적용이 가능하다. ② 라인 스태프형 장점 • 안전전문가에 의해 입안된 것을 경영자가 명령하므로 명령이 신속, 정확하다. • 안전정보 수집이 용이하고 빠르다. ③ 라인 스태프형 단점 • 명령계통과 조언, 권고적 참여의 혼돈이 우려된다. |

{분석}
실기까지 중요한 내용입니다.

제**2**과목 • 인간공학 및 위험성 평가 · 관리

**21** 사업장에서 인간공학의 적용분야로 가장 거리가 먼 것은?

① 제품설계
② 설비의 고장률
③ 재해·질병 예방
④ 장비·공구·설비의 배치

해설 인간공학의 적용분야
① 제품설계
② 재해·질병 예방
③ 장비·공구·설비의 설계

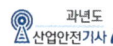
**22** 결함수분석법(FTA)의 특징으로 볼 수 없는 것은?

① Top Down 형식
② 특정사상에 대한 해석
③ 정성적 해석의 불가능
④ 논리기호를 사용한 해석

**[해설]** 결함수분석법(FTA)는 Top사상의 정량적인 정보를 제공하는 것뿐만 아니라 최소 컷셋을 통한 복잡한 시스템의 잠재적인 고장에 대한 정성적 분석도 가능하다.

**23** 음향기기 부품 생산공장에서 안전업무를 담당하는 OOO 대리는 공장 내부에 경보 등을 설치하는 과정에서 도움이 될 만한 몇 가지 지식을 적용하고자 한다. 적용 지식 중 맞는 것은?

① 신호 대 배경의 휘도대비가 작을 때는 백색신호가 효과적이다.
② 광원의 노출시간이 1초보다 작으면 광속발산도는 작아야 한다.
③ 표적의 크기가 커짐에 따라 광도의 역치가 안정되는 노출시간은 증가한다.
④ 배경광 중 점멸 잡음광의 비율이 10% 이상이면 점멸등은 사용하지 않는 것이 좋다.

**[해설]** ① 신호 대 배경의 휘도대비가 작을 때는 신호의 구분이 힘들어지므로 적색신호가 효과적이다.
② 광원의 노출시간이 1초보다 작으면 광속발산도는 커야 한다.
③ 표적의 크기가 커짐에 따라 광도의 역치가 안정되는 노출시간은 감소한다.

**[참고]** **역치** : 자극에 대해 어떤 반응을 일으키는 데 필요한 최소한의 자극의 세기

**24** 인간이 기계와 비교하여 정보처리 및 결정의 측면에서 상대적으로 우수한 것은? (단, 인공지능은 제외한다.)

① 연역적 추리
② 정량적 정보처리
③ 관찰을 통한 일반화
④ 정보의 신속한 보관

**[해설]** 인간-기계의 기능 비교

| 구 분 | 인간의 장점 | 기계의 장점 |
|---|---|---|
| 감지기능 | • 저에너지 자극 감지<br>• 다양한 자극 식별<br>• 예기치 못한 사건 감지 | • 인간의 감지 범위 밖의 자극 감지<br>• 인간·기계의 모니터 기능 |
| 정보처리 결정 | • 많은 양의 정보 장시간 보관<br>• 귀납적, 다양한 문제 해결 | • 정보 신속 대량 보관<br>• 연역적, 정량적 |
| 행동기능 | • 과부하 상태에서는 중요한 일에만 집념할 수 있다. | • 과부하에서 효율적 작동<br>• 장시간 중량 작업, 반복, 동시 여러 가지 작업을 수행 가능 |

{분석}
필기에 자주 출제되는 내용입니다.

**25** 제한된 실내 공간에서 소음문제의 음원에 관한 대책이 아닌 것은?

① 저소음 기계로 대체한다.
② 소음 발생원을 밀폐한다.
③ 방음 보호구를 착용한다.
④ 소음 발생원을 제거한다.

**[해설]** ③ 방음보호구 착용 → 수음자에 대한 대책

**[참고]** 소음 대책
① 소음원 통제 : 기계에 고무받침대 부착, 차량 소음기 등(가장 적극적인 대책)

**[정답]** 22 ③ 23 ④ 24 ③ 25 ③

② 소음의 격리 : 씌우개, 방, 장벽, 창문 등으로
　격리
③ 차폐장치, 흡음제 사용
④ 음향처리제 사용
⑤ 적절한 배치(Layout)
⑥ 배경음악
⑦ 보호구 사용 : 귀마개, 귀덮개(가장 소극적인
　대책)

**26** 인간실수확률에 대한 추정기법으로 가장
적절하지 않은 것은?

① CIT(Critical Incident Technique) :
　위급사건기법
② FMEA(Failure Mode and Effect
　Analysis) : 고장형태 영향분석
③ TCRAM(Task Criticality Rating
　Analysis Method) : 직무위급도 분석법
④ THERP(Technique for Human Error
　Rate Prediction) : 인간 실수율 예측
　기법

**해설** FMEA는 시스템에 영향을 미치는 모든 요소의 고장
을 형태별로 분석하여 그 영향을 검토하는 분석법
으로 인간실수확률에 대한 추정기법이 아니다.

**27** 음성통신에 있어 소음환경과 관련하여
성격이 다른 지수는?

① AI(Articulation Index) : 명료도 지수
② MAA(Minimum Audible Angle) :
　최소가청 각도
③ PSIL(Preferred-Octave Speech
　Interference Level) : 음성간섭수준
④ PNC(Preferred Noise Criteria
　Curves) : 선호 소음판단 기준곡선

**해설** AI(명료도 지수), PSIL(음성 간섭 수준, 회화방해
레벨), PNC(선호 소음판단 기준곡선, 음질의 불쾌
감 평가) → 소음의 회화 방해 정도, 회화 명료도를
나타낸다.

**28** A 회사에서는 새로운 기계를 설계하면서
레버를 위로 올리면 압력이 올라가도록
하고, 오른쪽 스위치를 눌렀을 때 오른쪽
전등이 커지도록 하였다면, 이것은 각각
어떤 유형의 양립성을 고려한 것인가?

① 레버 – 공간 양립성,
　스위치 – 개념 양립성
② 레버 – 운동 양립성,
　스위치 – 개념 양립성
③ 레버 – 개념 양립성,
　스위치 – 운동 양립성
④ 레버 – 운동 양립성,
　스위치 – 공간 양립성

**해설** 1. 레버를 위로 올리면 압력이 올라간다.
　　→ 운동 양립성
2. 오른쪽 스위치를 눌렀을 때 오른쪽 전등(표시
　장치)이 켜지도록 하였다. → 공간 양립성

**참고** ① 개념적 양립성
　• 외부자극에 대해 인간의 개념적 현상의 양립성
　• 예 빨간 버튼은 온수, 파란버튼은 냉수
② 공간적 양립성
　• 표시장치, 조종장치의 형태 및 공간적배치의
　　양립성
　• 예 오른쪽 조리대는 오른쪽 조절장치로, 왼쪽
　　조리대는 왼쪽 조절장치로 조정한다.
③ 운동의 양립성
　• 표시장치, 조종장치 등의 운동 방향의 양립성
　• 예 조종장치를 오른쪽으로 돌리면 표시장치
　　지침이 오른쪽으로 이동한다.
④ 양식 양립성
　• 자극과 응답 양식의 존재에 대한 양립성
　• 예 청각적 자극 제시와 이에 대한 음성응답
　　과업에서 갖는 양립성

{분석}
**필기에 자주 출제되는 내용입니다.**

**정답** 26 ② 27 ② 28 ④

**29** 입력 B₁과 B₂의 어느 한쪽이 일어나면 출력 A가 생기는 경우를 논리합의 관계라 한다. 이때 입력과 출력 사이에는 무슨 게이트로 연결되는가?

① OR 게이트　　　② 억제 게이트
③ AND 게이트　　　④ 부정 게이트

**[해설]** 어느 한쪽이 일어나면 출력이 생김(논리합)
→ OR 게이트

{분석}
**필기에 자주 출제되는 내용입니다.**

**30** 다음의 FT도에서 사상 A의 발생 확률 값은?

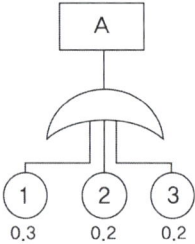

① 게이트 기호가 OR이므로 0.012
② 게이트 기호가 AND이므로 0.012
③ 게이트 기호가 OR이므로 0.552
④ 게이트 기호가 AND이므로 0.552

**[해설]** OR게이트이므로
발생확률
$= 1-(1-0.3)\times(1-0.2)\times(1-0.2) = 0.552$

{분석}
**필기에 자주 출제되는 내용입니다.**

**31** 작업공간의 포락면(包絡面)에 대한 설명으로 맞는 것은?

① 개인이 그 안에서 일하는 일차원 공간이다.
② 작업복 등은 포락면에 영을 미치지 않는다.

③ 가장 작은 포락면은 몸통을 움직이는 공간이다.
④ 작업의 성질에 따라 포락면의 경계가 달라진다.

**[해설] 작업공간**

1. 포락면 : 한 장소에 <u>앉아서 수행하는 작업에서 작업하는데 사용하는 공간</u>, 작업의 성질에 따라 포락면의 경계가 달라진다.
2. 파악한계 : <u>앉은 작업자가 특정한 수작업</u> 기능을 <u>수행할 수 있는 공간의 외곽한계</u>

{분석}
**필기에 자주 출제되는 내용입니다.**

**32** 안전교육을 받지 못한 신입직원이 작업 중 전극을 반대로 끼우려고 시도했으나, 플러그의 모양이 반대로 끼울 수 없도록 설계되어 있어서 사고를 예방할 수 있었다. 작업자가 범한 오류와 이와 같은 사고 예방을 위해 적용된 안전설계 원칙으로 가장 적합한 것은?

① 누락(omission) 오류, fail safe 설계원칙
② 누락(omission) 오류, fool proof 설계원칙
③ 작위(commission) 오류, fail safe 설계원칙
④ 작위(commission) 오류, fool proof 설계원칙

**[해설]** 1. 전극을 반대로 끼우려고 시도 → 작위오류 (행동의 잘못)
2. 작업자가 범한 오류가 사고로 연결되지 않도록 설계 → fool proof 설계

**[참고]** 1. 페일세이프(Fail-Safe) : 기계 설비에 결함이 발생되더라도 사고가 발생되지 않도록 2중, 3중으로 통제를 가한다.
2. 풀프루프(Fool proof) : 인간의 실수가 있더라도 사고로 연결되지 않도록 2중, 3중으로 통제를 가한다.

**정답** 29 ① 30 ③ 31 ④ 32 ④

3. 휴먼에러의 심리적 분류(Swain의 분류, 독립 행동에 관한 분류)
　① omission error(누설오류, 생략오류, 부작위오류) : 필요한 작업 또는 절차를 수행하지 않는데 기인한 에러
　② time error(시간오류) : 필요한 작업 또는 절차의 수행 지연으로 인한 에러
　③ commission error(작위오류) : 필요한 작업 또는 절차의 불확실한 수행으로 인한 에러
　④ sequential error(순서오류) : 필요한 작업 또는 절차의 순서 착오로 인한 에러
　⑤ extraneous error(과잉행동오류) : 불필요한 작업 또는 절차를 수행함으로써 기인한 에러

{분석}
필기에 자주 출제되는 내용입니다.

**33** FMEA에서 고장 평점을 결정하는 5가지 평가요소에 해당하지 않는 것은?

① 생산능력의 범위
② 고장발생의 빈도
③ 고장방지의 가능성
④ 영향을 미치는 시스템의 범위

[해설] 고장 평점을 결정하는 5가지 평가요소
① 신규설계의 정도
② 고장발생의 빈도
③ 고장방지의 가능성
④ 영향을 미치는 시스템의 범위
⑤ 기능적 고장 영향의 중요도

**34** 어떤 소리가 1000Hz, 60dB인 음과 같은 높이임에도 4배 더 크게 들린다면, 이 소리의 음압수준은 얼마인가?

① 70dB　　　　② 80dB
③ 90dB　　　　④ 100dB

[해설] 1. 음이 10dB 증가할 때 소리는 2배 더 크게 들린다.
2. 소리가 4배 더 크게 들림 → 음이 20dB 증가함
　(60 + 20 = 80dB)

{분석}
필기에 자주 출제되는 내용입니다.

**35** 작업장 배치 시 유의사항으로 적절하지 않은 것은?

① 작업의 흐름에 따라 기계를 배치한다.
② 생산효율 증대를 위해 기계설비 주위에 재료나 반제품을 충분히 놓아둔다.
③ 공장 내외는 안전한 통로를 두어야 하며, 통로는 선을 그어 작업장과 명확히 구별하도록 한다.
④ 비상시에 쉽게 대피할 수 있는 통로를 마련하고 사고 진압을 위한 활동 통로가 반드시 마련되어야 한다.

[해설] 기계설비의 layout (기계 배치 시 고려 사항)
① 작업의 흐름에 따라 기계를 배치한다.
② 기계, 설비 주위에 충분한 공간을 둔다.
③ 안전한 통로를 확보한다.
④ 제품저장 공간을 충분히 확보한다.
⑤ 기계, 설비 설치 시 점검·보수가 용이하도록 한다.
⑥ 폭발위험 기계 설치시는 작업자 위치 선정 시 원격거리를 고려한다.
⑦ 장래 확장을 고려하여 배치한다.

**36** 시스템의 수명 및 신뢰성에 관한 설명으로 틀린 것은?

① 병렬설계 및 디레이팅 기술로 시스템의 신뢰성을 증가시킬 수 있다.
② 직렬시스템에서는 부품들 중 최소 수명을 갖는 부품에 의해 시스템 수명이 정해진다.
③ 수리가 가능한 시스템의 평균수명(MTBF)은 평균 고장율($\lambda$)과 정비례 관계가 성립한다.
④ 수리가 불가능한 구성요소로 병렬구조를 갖는 설비는 중복도가 늘어날수록 시스템 수명이 길어진다.

[해설] $MTBF = \dfrac{1}{고장율(\lambda)}$ → 시스템의 평균 수명(MTBF)은 평균 고장율($\lambda$)과 반비례 관계가 성립한다.

•)) 정답　33 ①　34 ②　35 ②　36 ③

**참고** 디레이팅(derating) : 기기의 설계에 있어서 신뢰도를 향상시키기 위해 부품에 걸리는 부하(동작 스트레스)를 내려서 사용하는 설계법

**37** 스트레스에 반응하는 신체의 변화로 맞는 것은?

① 혈소판이나 혈액응고 인자가 증가한다.
② 더 많은 산소를 얻기 위해 호흡이 느려진다.
③ 중요한 장기인 뇌·심장·근육으로 가는 혈류가 감소한다.
④ 상황 판단과 빠른 행동 대응을 위해 감각기관은 매우 둔감해진다.

**해설** 스트레스로 인하여 혈소판 및 혈액응고 인자가 증가하며 혈압상승의 원인이 되기도 한다.

**38** 산업안전보건법령에 따라 제조업 등 유해·위험 방지계획서를 작성하고자 할 때 관련 규정에 따라 1명 이상 포함시켜야 하는 사람의 자격으로 적합하지 않은 것은?

① 한국산업안전보건공단이 실시하는 관련교육을 8시간 이수한 사람
② 기계, 재료, 화학, 전기, 전자, 안전관리 또는 환경분야 기술사 자격을 취득한 사람
③ 관련분야 기사 자격을 취득한 사람으로서 해당 분야에서 3년 이상 근무한 경력이 있는 사람
④ 기계안전, 전기안전, 화공안전분야의 산업안전지도사 또는 산업보건지도사 자격을 취득한 사람

**해설** 사업주는 제조업 등 유해·위험 방지계획서를 작성할 때에 다음 각 호의 어느 하나에 해당하는 자격을 갖춘 사람 또는 공단이 실시하는 관련교육을 20시간 이상 이수한 사람 중 1명 이상을 포함시켜야 한다.

1. 기계, 재료, 화학, 전기·전자, 안전관리 또는 환경분야 기술사 자격을 취득한 사람
2. 기계안전·전기안전·화공안전분야의 산업안전지도사 또는 산업보건지도사 자격을 취득한 사람
3. 관련분야 기사 자격을 취득한 사람으로서 해당 분야에서 3년 이상 근무한 경력이 있는 사람
4. 관련분야 산업기사 자격을 취득한 사람으로서 해당 분야에서 5년 이상 근무한 경력이 있는 사람
5. 「고등교육법」에 따른 대학 및 산업대학(이공계 학과에 한정한다)을 졸업한 후 해당 분야에서 5년 이상 근무한 경력이 있는 사람 또는 「고등교육법」에 따른 전문대학(이공계 학과에 한정한다)을 졸업한 후 해당 분야에서 7년 이상 근무한 경력이 있는 사람
6. 「초·중등교육법」에 따른 전문계 고등학교 또는 이와 같은 수준 이상의 학교를 졸업하고 해당 분야에서 9년 이상 근무한 경력이 있는 사람

**39** 다음 그림과 같은 직·병렬 시스템의 신뢰도는? (단, 병렬 각 구성요소의 신뢰도는 R이고, 직렬 구성요소의 신뢰도는 M이다.)

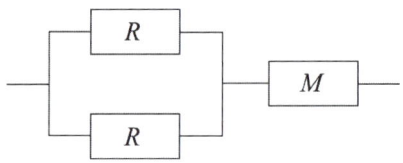

① $MR^3$
② $R^2(1-MR)$
③ $M(R^2+R)-1$
④ $M(2R-R^2)$

**해설** 
$$\{1-(1-R)\times(1-R)\}\times M$$
$$=\{1-(1-2R+R^2)\}\times M$$
$$=(1-1+2R-R^2)\times M$$
$$=M(2R-R^2)$$

**40** 현재 시험문제와 같이 4지 택일형 문제의 정보량은 얼마인가?

① 2bit      ② 4bit
③ 2byte     ④ 4byte

 해설

$$정보량(H) = \log_2 \frac{1}{P}$$

여기서, $P$ : 대안의 실현 확률

$$정보량(H) = \log_2 \frac{1}{\frac{1}{4}} = \log_2 4 = 2bit$$

(4지 택일형에서 정답일 확률 $= \frac{1}{4}$)

{분석}
필기에 자주 출제되는 내용입니다.

---

### 제3과목 • 기계 · 기구 및 설비 안전 관리

**41** 연삭숫돌의 상부를 사용하는 것을 목적으로 하는 탁상용 연삭기에서 안전덮개의 노출부위 각도는 몇° 이내이어야 하는가?

① 90° 이내
② 75° 이내
③ 60° 이내
④ 105° 이내

해설 연삭기의 덮개 노출각도

| 탁상용<br>연삭기 | ① 상부를 사용하는 경우 : 60° 이내<br>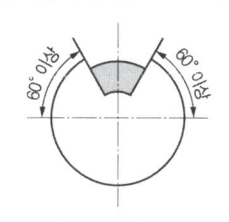 |
| --- | --- |

② 수평면 이하에서 연삭할 경우 : 노출 각도를 125°까지 증가시킬 수 있다.

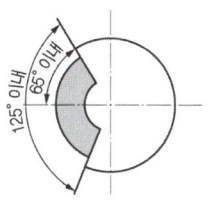

① , ② 외의 탁상용연삭기 : 80° 이내
(주축면 위로 65°)

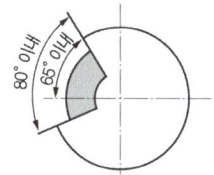

③ 최대 원주 속도가 초당 50m 이하인 탁상용 연삭기 : 90° 이내(주축면 위로 50°)

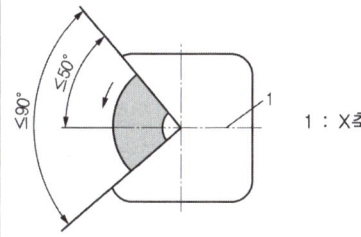

1 : X축

| 탁상용<br>연삭기 | |
| --- | --- |
| 절단기,<br>평면형<br>연삭기 | 절단기, 평면형 연삭기: 150° 이내<br>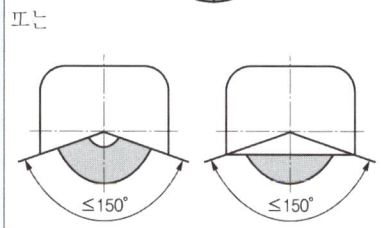<br>또는 |

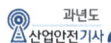
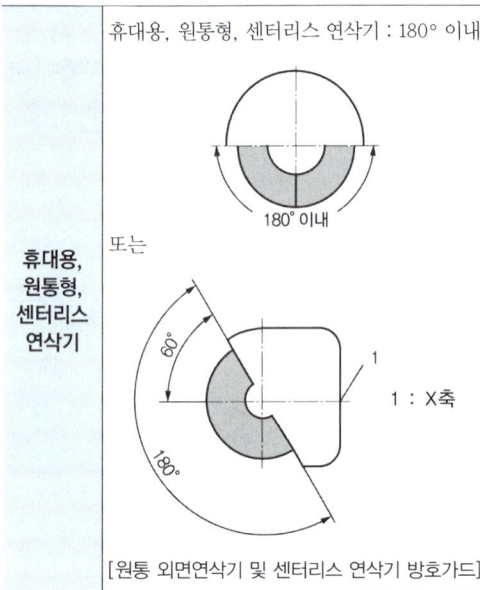

휴대용, 원통형, 센터리스 연삭기 : 180° 이내

180° 이내

또는

60°

180°

1

1 : X축

휴대용,
원통형,
센터리스
연삭기

[원통 외면연삭기 및 센터리스 연삭기 방호가드]

{분석}
**실기까지 중요한 내용입니다.**

**42** 다음 중 산업안전보건 법령상 아세틸렌 가스용접장치에 관한 기준으로 틀린 것은?

① 전용의 발생기실은 건물의 최상층에 위치하여야 하며, 화기를 사용하는 설비로부터 1m를 초과하는 장소에 설치하여야 한다.
② 전용의 발생기실을 옥외에 설치한 경우에는 그 개구부를 다른 건축물로부터 1.5m 이상 떨어지도록 하여야 한다.
③ 아세틸렌 용접장치를 사용하여 금속의 용접·용단 또는 가열작업을 하는 경우에는 게이지 압력이 127kPa을 초과하는 압력의 아세틸렌을 발생시켜 사용해서는 아니된다.
④ 전용의 발생기실을 설치하는 경우 벽은 불연성 재료로 하고 철근 콘크리트 또는 그 밖에 이와 동등 하거나 그 이상의 강도를 가진 구조로 하여야 한다.

[해설] ① 전용의 발생기실은 건물의 최상층에 위치하여야 하며, 화기를 사용하는 설비로부터 3m를 초과하는 장소에 설치하여야 한다.

{분석}
**실기까지 중요한 내용입니다.**

**43** 다음 중 포터블 벨트 컨베이어(potable belt conveyor)의 안전 사항과 관련한 설명으로 옳지 않은 것은?

① 포터블 벨트 컨베이어의 차륜간의 거리는 전도 위험이 최소가 되도록 하여야 한다.
② 기복장치는 포터블 벨트 컨베이어의 옆면에서만 조작하도록 한다.
③ 포터블 벨트 컨베이어를 사용하는 경우는 차륜을 고정하여야 한다.
④ 전동식 포터블 벨트 컨베이어를 이동하는 경우는 먼저 전원을 내린 후 컨베이어를 이동시킨 다음 컨베이어를 최저의 위치로 내린다.

[해설] ④ 포터블 벨트 컨베이어를 이동하는 경우는 먼저 컨베이어를 최저의 위치로 내리고 전동식의 경우 전원을 차단한 후에 이동한다.

**44** 사람이 작업하는 기계장치에서 작업자가 실수를 하거나 오조작을 하여도 안전하게 유지되게 하는 안전설계 방법은?

① Fail Safe          ② 다중계화
③ Fool proof        ④ Back up

[해설] 작업자가 실수를 하거나 오조작을 하여도 안전하게 유지되게 하는 안전설계 방법 → Fool proof

[참고] Fail Safe : 기계의 고장이 있더라도 안전사고로 연결되지 않도록 2중, 3중 통제를 가한다.

{분석}
**실기까지 중요한 내용입니다.**

정답 42 ① 43 ④ 44 ③

**45** 질량 100kg의 화물이 와이어로프에 매달려 2m/s² 의 가속도로 권상되고 있다. 이때 와이어로프에 작용하는 장력의 크기는 몇 N인가? (단, 여기서 중력가속도는 10m/s² 로 한다.)

① 200N　　　　② 300N
③ 1200N　　　　④ 2000N

**해설**

총 하중($w$) = 정하중($w_1$)+동하중($w_2$)

동하중($w_2$) = $\dfrac{w_1}{g} \times a$

여기서　$w$ : 총 하중(kg$_f$)
　　　　$w_1$ : 정하중(kg$_f$)
　　　　$w_2$ : 동하중(kg$_f$)
　　　　$g$ : 중력 가속도(9.8m/s²)
　　　　$a$ : 가속도(m/s²)

총 하중($w$)

$= 100 + \dfrac{100}{10} \times 2 = 120kg \times 10 = 1200N$

※ 정하중 = 물체의 질량
※ kg × 중력가속도 = N

{분석}
실기까지 중요한 내용입니다.

**46** 광전자식 방호장치의 광선에 신체의 일부가 감지된 후로부터 급정지기구가 작동을 개시하기까지의 시간이 40ms이고, 광축의 최소설치거리(안전거리)가 200mm일 때 급정지기구가 작동개시한 때로부터 프레스기의 슬라이드가 정지될 때까지의 시간은 약 몇 ms인가?

① 60ms　　　　② 85ms
③ 105ms　　　　④ 130ms

**해설** 광전자식 방호장치의 안전거리

안전거리(cm) = 160 × 프레스 작동 후 작업점까지의 도달시간(초)]

$20cm = 160 \times (\dfrac{40}{1000} + t_s)$

$\dfrac{40}{1000} + t_s = \dfrac{20}{160}$

$t_s = \dfrac{20}{160} - \dfrac{40}{1000} = 0.085초 \times 1000 = 85ms$

{분석}
실기까지 중요한 내용입니다.

**47** 방사선 투과검사에서 투과사진의 상질을 점검할 때 확인해야 할 항목으로 거리가 먼 것은?

① 투과도계의 식별도
② 시험부의 사진농도 범위
③ 계조계의 값
④ 주파수의 크기

**해설** 방사선 투과검사에서 상질을 점검할 때 확인해야 할 항목
• 투과도계 식별도 : 보통 요구하는 식별도는 2.0% 이하
• 시험부 사진농도 : 1.0 ~ 3.5
• 계조계 농도차 : 0.1 이상
• 흠이나 얼룩 현상의 유무

**48** 양중기의 과부하방지장치에서 요구하는 일반적인 성능기준으로 틀린 것은?

① 과부하방지장치 작동 시 경보음과 경보 램프가 작동되어야 하며 양중기는 작동이 되지 않아야 한다.
② 외함의 전선 접촉부분은 고무 등으로 밀폐되어 물과 먼지 등이 들어가지 않도록 한다.
③ 과부하방지장치와 타 방호장치는 기능에 서로 장애를 주지 않도록 부착할 수 있는 구조이어야 한다.
④ 방호장치의 기능을 제거하더라도 양중기는 원활하게 작동시킬 수 있는 구조이여야 한다.

🔊 정답 45 ③ 46 ② 47 ④ 48 ④

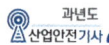

[해설] ④ 방호장치의 기능을 제거 또는 정지할 때 양중기의 기능도 동시에 정지할 수 있는 구조이어야 한다.

**49** 프레스 작업에서 제품 및 스크랩을 자동적으로 위험한계 밖으로 배출하기 위한 장치로 볼 수 없는 것은?

① 피더
② 키커
③ 이젝터
④ 공기 분사 장치

[해설] **피더** : 제품 자동 송급·배출장치

**50** 용접장치에서 안전기의 설치 기준에 관한 설명으로 옳지 않은 것은?

① 아세틸렌 용접장치에 대하여는 일반적으로 각 취관마다 안전기를 설치하여야 한다.
② 아세틸렌 용접장치의 안전기는 가스용기와 발생기가 분리되어 있는 경우 발생기와 가스용기 사이에 설치한다.
③ 가스집합 용접장치에서는 주관 및 분기관에 안전기를 설치하며, 이 경우 하나의 취관에 2개 이상의 안전기를 설치한다.
④ 가스집합 용접장치의 안전기 설치는 화기사용 설비로부터 3m 이상 떨어진 곳에 설치한다.

[해설] 가스집합장치는 화기를 사용하는 설비로부터 5미터 이상 떨어진 장소에 설치하여야 한다.

{분석}
**실기까지 중요한 내용입니다.**

**51** 산업안전보건법상 보일러의 안전한 가동을 위하여 보일러 규격에 맞는 압력방출장치가 2개 이상 설치된 경우에 최고사용압력 이하에서 1개가 작동되고, 다른 압력방출장치는 최고 사용압력의 몇 배 이하에서 작동되도록 부착하여야 하는가?

① 1.03배      ② 1.05배
③ 1.2배      ④ 1.5배

[해설] **압력방출장치의 설치**

① 압력방출장치를 1개 또는 2개 이상 설치하고 최고사용압력 이하에서 작동되도록 하여야 한다. 다만, 압력방출장치가 2개 이상 설치된 경우에는 최고사용압력이하에서 1개가 작동되고, 다른 압력방출장치는 최고사용압력 1.05배 이하에서 작동되도록 부착하여야 한다.
② 압력방출장치는 매년 1회 이상 "국가교정기관"으로부터 교정을 받은 압력계를 이용하여 토출압력을 시험한 후 납으로 봉인하여 사용하여야 한다. 다만, 공정안전보고서 제출대상으로서 공정안전관리 이행수준 평가결과가 우수한 사업장의 압력방출장치에 대하여 4년마다 1회 이상 토출압력을 시험할 수 있다.

{분석}
**실기까지 중요한 내용입니다.**

**52** 밀링작업에서 주의해야 할 사항으로 옳지 않은 것은?

① 보안경을 쓴다.
② 일감 절삭 중 치수를 측정한다.
③ 커터에 옷이 감기지 않게 한다.
④ 커터는 될 수 있는 한 컬럼에 가깝게 설치한다.

[해설] ② 기계를 정지하고 치수를 측정하여야 한다.

**53** 작업자의 신체부위가 위험한계 내로 접근하였을 때 기계적인 작용에 의하여 접근을 못하도록 하는 방호장치는?

① 위치제한형 방호장치
② 접근거부형 방호장치
③ 접근반응형 방호장치
④ 감지형 방호장치

**해설** 신체부위가 위험한계 내로 접근 못하도록 하는 방호장치 → 접근거부형 방호장치

**참고** 방호장치의 위험장소에 따른 분류

| | |
|---|---|
| 격리형 방호장치 | 위험한 작업점과 작업자 사이에 서로 접근되어 일어날 수 있는 재해를 방지하기 위해 **차단벽이나 망을 설치**하는 방호장치<br>📖 **완전 차단형 방호장치, 덮개형 방호장치, 방책** 등 |
| 위치 제한형 방호장치 | 작업자의 신체부위가 위험한계 밖에 있도록 **기계의 조작장치를 위험한 작업점에서 안전거리 이상 떨어지게 하거나 조작장치를 양손으로 동시 조작하게 함으로써 위험한계에 접근하는 것을 제한**하는 방호장치<br>📖 프레스의 양수조작식 방호장치 |
| 접근 거부형 방호장치 | 작업자의 **신체부위가 위험한계내로 접근**하였을 때 기계적인 작용에 의하여 **접근을 못하도록 저지**하는 방호장치<br>📖 프레스의 수인식, 손쳐내기식 방호장치 |
| 접근 반응형 방호장치 | 작업자의 **신체부위가 위험한계 또는 그 인접한 거리내로 들어오면** 이를 **감지**하여 그 즉시 **기계의 동작을 정지**시키고 **경보 등을 발하는** 방호장치<br>📖 프레스의 광전자식 방호장치 |

**54** 사업주가 보일러의 폭발사고예방을 위하여 기능이 정상적으로 작동될 수 있도록 유지, 관리할 대상이 아닌 것은?

① 과부하방지장치
② 압력방출장치
③ 압력제한스위치
④ 고저수위조절장치

**해설** 보일러의 방호장치

① 압력방출 장치
② 압력제한 스위치
③ 고저 수위조절 장치
④ 화염검출기

{분석}
실기에 자주 출제되는 내용입니다. 암기하세요.

**55** 산업안전보건 법령에 따라 프레스 등을 사용하여 작업을 하는 경우 작업시작 전 점검사항과 거리가 먼 것은?

① 전단기의 칼날 및 테이블의 상태
② 프레스의 금형 및 고정 볼트 상태
③ 슬라이드 또는 칼날에 의한 위험방지 기구의 기능
④ 전자밸브, 압력조정밸브 기타 공압 계통의 이상 유무

**해설** 프레스의 작업시작 전 점검 사항

① 클러치 및 브레이크 기능
② 크랭크축·플라이 휠·슬라이드·연결 봉 및 연결 나사의 볼트 풀림 유무
③ 1행정 1정지 기구·급정지 장치 및 비상 정지 장치의 기능
④ 슬라이드 또는 칼날에 의한 위험 방지 기구의 기능
⑤ 프레스의 금형 및 고정 볼트 상태
⑥ 당해 방호 장치의 기능
⑦ 전단기의 칼날 및 테이블의 상태

{분석}
실기에 자주 출제되는 내용입니다. 암기하세요.

**56** 숫돌 바깥지름이 150mm일 경우 평형 플랜지의 지름은 최소 몇 mm 이상이어야 하는가?

① 25mm        ② 50mm
③ 75mm        ④ 100mm

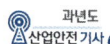

**해설** 1. 플랜지의 지름 = 숫돌 지름의 $\frac{1}{3}$ 이상일 것

2. 플랜지의 지름 = $150 \times \frac{1}{3} = 50mm$ 이상

{분석}
**실기까지 중요한 내용입니다.**

**57** 다음 중 아세틸렌 용접장치에서 역화의 원인으로 가장 거리가 먼 것은?

① 아세틸렌의 공급 과다
② 토치 성능의 부실
③ 압력조정기의 고장
④ 토치 팁에 이물질이 묻은 경우

**해설** ① 산소의 공급이 과다할 경우 역화가 발생한다.

**참고** **역화의 원인**
• 팁 끝이 막혔을 때
• 팁 끝이 과열되었을 때
• 가스 압력과 유량이 적당하지 않았을 때
• 팁의 조임이 풀려올 때
• 압력조정기 불량일 때
• 토치의 성능이 좋지 않을 때

**58** 설비의 고장형태를 크게 초기고장, 우발고장, 마모고장으로 구분할 때 다음 중 마모고장과 가장 거리가 먼 것은?

① 부품, 부재의 마모
② 열화에 생기는 고장
③ 부품, 부재의 반복 피로
④ 순간적 외력에 의한 파손

**해설** ④ 순간적 외력에 의한 파손 → 우발 고장

**59** 와이어로프 호칭이 '6×19'라고 할 때 숫자 '6'이 의미하는 것은?

① 소선의 지름(mm)
② 소선의 수량(wire수)
③ 꼬임의 수량(strand수)
④ 로프의 최대인장강도(MPa)

**해설** **와이어로프의 표시**

> "6 × 19"
>
> 여기서 6 : 꼬임(가닥, 자승, 스트랜드)의 수
> 19 : 소선의 수량

**60** 목재가공용 둥근톱에서 안전을 위해 요구되는 구조로 옳지 않은 것은?

① 톱날은 어떤 경우에도 외부에 노출되지 않고 덮개가 덮여 있어야 한다.
② 작업 중 근로자의 부주의에도 신체의 일부가 날에 접촉할 염려가 없도록 설계되어야 한다.
③ 덮개 및 지지부는 경량이면서 충분한 강도를 가져야 하며, 외부에서 힘을 가했을 때 쉽게 회전될 수 있는 구조로 설계되어야 한다.
④ 덮개의 가동부는 원활하게 상하로 움직일 수 있고 좌우로 움직일 수 없는 구조로 설계되어야 한다.

**해설** ③ 덮개 및 지지부는 경량이면서 충분한 강도를 가져야 하며, 외력을 가했을 때 지지부는 회전되지 않는 구조로 설계되어야 한다.

## 제**4**과목 · 전기설비 안전 관리

**61** 전기기기의 충격 전압시험 시 사용하는 표준충격파형($T_f$, $T_t$)은?

① $1.2 \times 50 \mu s$  ② $1.2 \times 100 \mu s$
③ $2.4 \times 50 \mu s$  ④ $2.4 \times 100 \mu s$

[해설] 충격 전압시험 시의 표준 충격파형에서는
$T_f = 1.2[\mu s]$,
$T_t = 50[\mu s]$, 즉 $1.2 \times 50[\mu s]$로 잡고 있다.

**62** 심실세동 전류란?

① 최소 감지전류  ② 치사적 전류
③ 고통 한계전류  ④ 마비 한계전류

[해설] **심실세동 전류** : 심장박동 불규칙으로 심장마비를 일으켜 수분 내 사망할 수 있는 전류치(치사전류)

**63** 인체의 전기저항을 0.5k요이라고 하면 심실세동을 일으키는 위험한게 에너지는 몇 J인가?

(단, 심실세동전류값 $I = \dfrac{165}{\sqrt{T}}$mA 의 Dalziel의 식을 이용하며, 통전시간은 1초로 한다.)

① 13.6  ② 12.6
③ 11.6  ④ 10.6

[해설] 1. 인체 전기저항 500요(0.5k요) 때의 에너지 →
13.61(J)
2. $Q = I^2 \times R \times T = (\dfrac{165}{\sqrt{1}} \times 10^{-3})^2 \times 500 \times 1$
$= 13.61(J)$

{분석}
**필기에 자주 출제되는 내용입니다.**

**64** 지구를 고립한 지구도체라 생각하고 1[C]의 전하가 대전되었다면 지구 표면의 전위는 대략 몇[V] 인가? (단, 지구의 반경은 6367km이다.)

① 1414V  ② 2828V
③ $9 \times 10^4$V  ④ $9 \times 10^9$V

[해설]
$$E = \frac{Q}{4\pi\epsilon_0 \times r} (V)$$

여기서, $\epsilon_0$ : 유전율($8.855 \times 10^{-12}$)
$r$ : 반경(m)
$Q$ : 전하(C)

$E = \dfrac{1}{4\pi \times 8.855 \times 10^{-12} \times 6367000} = 1411.45 V$

{분석}
비중이 낮은 문제입니다.

**65** 감전사고로 인한 적격사의 메카니즘으로 가장 거리가 먼 것은?

① 흉부수축에 의한 질식
② 심실세동에 의한 혈액순화기능의 상실
③ 내장파열에 의한 소화기계통의 기능 상실
④ 호흡중추신경 마비에 따른 호흡기능 상실

[해설] **감전에 의한 사망의 주요 원인**
① 심장부에 전류가 흘러 심실세동이 발생하여 혈액순환 기능이 상실되어 사망
② 뇌의 호흡중주 신경에 전류가 흘리 호흡기능이 정지되어 사망
③ 흉부에 전류가 흘러 흉부수축에 의한 질식으로 사망

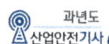

**66** 조명기구를 사용함에 따라 작업면의 조도가 점차적으로 감소되어가는 원인으로 가장 거리가 먼 것은?

① 점등 광원의 노화로 인한 광속의 감소
② 조명기구에 붙은 먼지, 오물, 반사면의 변질에 의한 광속 흡수율 감소
③ 실내 반사면에 붙은 먼지, 오물, 반사면의 화학적 변질에 의한 광속 반사율 감소
④ 공급전압과 광원의 정격전압의 차이에서 오는 광속의 감소

해설 ② 조명기구에 붙은 먼지, 오물, 반사면의 변질에 의한 광속 발산도 감소

**67** 정전작업 시 정전시킨 전로에 잔류전하를 방전할 필요가 있다. 전원차단 이후에도 잔류 전하가 남아 있을 가능성이 가장 낮은 것은?

① 방전 코일
② 전력 케이블
③ 전력용 콘덴서
④ 용량이 큰 부하기기

해설 전력케이블, 전력콘덴서, 용량이 큰 부하기기 등 전원차단 후에도 잔류전하에 의한 위험이 발생할 우려가 있는 것은 잔류전하를 확실히 방전하여야 한다.

**68** 이동식 전기기기의 감전사고를 방지하기 위한 가장 적정한 시설은?

① 접지설비
② 폭발방지설비
③ 시건장치
④ 피뢰기설비

해설 이동식 전기기기의 감전사고 방지 → 접지, 누전차단기 설치

**69** 인체의 피부 전기저항은 여러 가지의 제반 조건에 의해서 변화를 일으키는데 제반 조건으로써 가장 가까운 것은?

① 피부의 청결
② 피부의 노화
③ 인가전압의 크기
④ 통전 경로

해설 인체저항은 보통 5,000Ω이나 근로환경, 피부가 젖은 정도, 인가전압, 접촉면적, 접촉부위에 따라 최악의 상태에는 500Ω까지 감소한다.

**70** 자동차가 통행하는 도로에서 고압의 지중전선로를 직접 매설식으로 시설할 때 사용되는 전선으로 가장 적합한 것은?

① 비닐 외장 케이블
② 폴리에틸렌 외장 케이블
③ 클로로프렌 외장 케이블
④ 콤바인 덕트 케이블 (combine duct cable)

해설 도로에서 고압의 지중전선로를 직접 매설식으로 시설 → 콤바인 덕트 케이블(combine duct cable)

**71** 산업안전보건법에는 보호구를 사용 시 안전인증을 받은 제품을 사용토록 하고 있다. 다음 중 안전인증 대상이 아닌 것은?

① 안전화
② 고무장화
③ 안전장갑
④ 감전위험방지용 안전모

해설 안전인증 대상 보호구의 종류
① 추락 및 감전 위험방지용 안전모
② 안전화
③ 안전장갑
④ 방진마스크
⑤ 방독마스크

정답  66 ②  67 ①  68 ①  69 ③  70 ④  71 ②

⑥ 송기마스크
⑦ 전동식 호흡보호구
⑧ 보호복
⑨ 안전대
⑩ 차광 및 비산물 위험방지용 보안경
⑪ 용접용 보안면
⑫ 방음용 귀마개 또는 귀덮개

{분석}
**실기까지 중요한 내용입니다.**

**72** 감전사고로 인한 호흡 정지 시 구강대 구강법에 의한 인공호흡의 매분 회수와 시간은 어느 정도 하는 것이 가장 바람직한가?

① 매분 5~10회, 30분 이하
② 매분 12~15회, 30분 이상
③ 매분 20~30회, 30분 이하
④ 매분 30회 이상, 20분~30분 정도

해설 인공호흡 : 매분 12~15회, 30분 이상

**73** 누전차단기의 구성요소가 아닌 것은?

① 누전검출부
② 영상변류기
③ 차단장치
④ 전력퓨즈

해설 누전차단기는 누전검출부, 영상변류기, 차단기구 등으로 구성되어 있다.

**74** 1[C]을 갖는 2개의 전하가 공기 중에서 1[m]의 거리에 있을 때 이들 사이에 작용하는 정전력은?

① $8.854 \times 10^{-12}[N]$
② $1.0[N]$
③ $3 \times 10^{3}[N]$
④ $9 \times 10^{9}[N]$

해설 쿨롱의 법칙

$$F = K \times \frac{q_1 \times q_2}{r^2}$$

여기서, $K : 9.0 \times 10^9 N \cdot m^2/C^2$
$q_1, q_2$ : 두 전하의 크기$(C)$
$r$ : 거리$(m)$

$$F = \frac{9.0 \times 10^9 \times 1 \times 1}{1^2} = 9.0 \times 10^9 (N)$$

{분석}
비중이 낮은 문제입니다.

**75** 고장전류와 같은 대전류를 차단할 수 있는 것은?

① 차단기(CB)
② 유입 개폐기(OS)
③ 단로기(DS)
④ 선로 개폐기(LS)

해설 1. 고장전류이 강제차단 → 차단기
2. 개폐기 → 전기설비를 운용하기 위한 개폐장치
3. 단로기 → 무부하 전로의 개폐

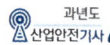

**76** 금속제 외함을 가지는 기계·기구에 전기를 공급하는 전로에 지락이 발생했을 때에 자동적으로 전로를 차단하는 누전차단기 등을 설치하여야 한다. 누전차단기를 설치해야 되는 경우로 옳은 것은?

① 기계기구가 고무, 합성수지 기타 절연 물로 피복된 것일 경우
② 기계기구가 유도전동기의 2차측 전로에 접속된 저항기일 경우
③ 대지전압이 150V를 초과하는 전동기계·기구를 시설하는 경우
④ 전기용품안전관리법의 적용을 받는 2중 절연구조의 기계·기구를 시설하는 경우

> **해설** 누전차단기를 설치해야 하는 기계·기구
> ① 대지전압이 150볼트를 초과하는 이동형 또는 휴대형 전기기계·기구
> ② 물 등 도전성이 높은 액체가 있는 습윤장소에서 사용하는 저압용 전기기계·기구
> ③ 철판·철골 위 등 도전성이 높은 장소에서 사용하는 이동형 또는 휴대형 전기기계·기구
> ④ 임시배선의 전로가 설치되는 장소에서 사용하는 이동형 또는 휴대형 전기기계·기구
>
> {분석}
> **실기까지 중요한 내용입니다.**

**77** 전기화재의 경로별 원인으로 거리가 먼 것은?

① 단락
② 누전
③ 저전압
④ 접촉부의 과열

> **해설** 전기화재의 원인 → 고전압

**78** 내압 방폭구조는 다음 중 어느 경우에 가장 가까운가?

① 점화 능력의 본질적 억제
② 점화원의 방폭적 격리
③ 전기설비의 안전도 증강
④ 전기 설비의 밀폐화

> **해설** 전기설비의 방폭화 방법
> ① 점화원의 방폭적 격리 : 내압, 압력, 유입 방폭구조
> ② 전기설비의 안전도 증강 : 안전증 방폭구조
> ③ 점화능력의 본질적 억제 : 본질안전 방폭구조
>
> {분석}
> **실기까지 중요한 내용입니다.**

**79** 인입개폐기를 개방하지 않고 전등용 변압기 1차측 COS만 개방 후 전등용 변압기 접속용 볼트 작업 중 동력용 COS에 접촉, 사망한 사고에 대한 원인으로 가장 거리가 먼 것은?

① 안전장구 미사용
② 동력용 변압기 COS 미개방
③ 전등용 변압기 2차측 COS 미개방
④ 인입구 개폐기 미개방한 상태에서 작업

> **해설** 인입개폐기를 개방하지 않고(인입되는 전기를 차단하지 않음) 작업하던 중 동력용 COS에 접촉(동력용 변압기를 차단하지 않음), 사망(절연용 방호구를 착용하지 않음)

**80** 인체통전으로 인한 전격(electric shock)의 정도를 정함에 있어 그 인자로서 가장 거리가 먼 것은?

① 전압의 크기    ② 통전시간
③ 전류의 크기    ④ 통전경로

> **해설** 1. 1차 감전 위험요소 및 영향력
> 통전전류크기 > 통전시간 > 통전경로 > 전원의 종류(직류보다 교류가 더 위험)

**정답** 76 ③ 77 ③ 78 ② 79 ③ 80 ①

2. 2차 감전 위험 요소
① 인체조건(저항)
② 전압
③ 계절

{분석}
필기에 자주 출제되는 내용입니다.

| 해설 |

| 분 류 | A급 화재 | B급 화재 | C급 화재 | D급 화재 |
|-------|---------|---------|---------|---------|
| 구분색 | 백색 | 황색 | 청색 | 표시없음 (무색) |
| 가연물 | 일반 화재 | 유류 화재 | 전기 화재 | 금속 화재 |
| 주된 소화 효과 | 냉각 효과 | 질식 효과 | 질식, 억제 효과 | 질식 효과 |

{분석}
실기에 자주 출제되는 내용입니다. 암기하세요.

---

### 제5과목 ● 화학설비 안전 관리

**81** 다음 중 가연성 물질과 산화성 고체가 혼합하고 있을 때 연소에 미치는 현상으로 옳은 것은?

① 착화온도(발화점)가 높아진다.
② 최소점화에너지가 감소하며, 폭발의 위험성이 증가한다.
③ 가스나 가연성 증기의 경우 공기혼합보다 연소범위가 축소된다.
④ 공기 중에서보다 산화작용이 약하게 발생하여 화염온도가 감소하며 연소속도가 늦어신다.

| 해설 | 산화성 고체(강산화제)는 가열, 충격, 마찰에 의해 산소를 방출하며 가연성 물질(환원제)에 산소를 공급하여 연소, 폭발이 쉽게 된다.(최소 점화 에너지 감소)

**82** 다음 중 전기화재의 종류에 해당하는 것은?

① A급
② B급
③ C급
④ D급

**83** 사업주는 산업안전보건법령에서 정한 설비에 대해서는 과압에 따른 폭발을 방지하기 위하여 안전밸브 등을 설치하여야 한다. 다음 중 이에 해당하는 설비가 아닌 것은?

① 원심펌프
② 정변위 압축기
③ 정변위 펌프(토출측에 차단밸브가 설치된 것만 해당한다)
④ 배관(2개 이상의 밸브에 의하여 차단되어 대기온도에서 액체의 열팽창에 의하여 파열될 우려가 있는 것으로 한정한다)

| 해설 | 안전밸브 또는 파열판을 설치하여야 하는 곳
① 압력용기(안지름이 150밀리미터 이하인 압력용기는 제외)
② 정변위 압축기
③ 정변위 펌프(토출측에 차단밸브가 설치된 것만 해딩한나)
④ 배관(2개 이상의 밸브에 의하여 차단뇌어 대기온도에서 액체의 열팽창에 의하여 파열될 우려가 있는 것으로 한정한다)
⑤ 그 밖의 화학설비 및 그 부속설비로서 해당 설비의 최고사용압력을 초과할 우려가 있는 것

---

•)) 정답 81 ② 82 ③ 83 ①

2018
최근 기출문제

**84** 니트로셀룰로오스의 취급 및 저장방법에 관한 설명으로 틀린 것은?

① 저장 중 충격과 마찰 등을 방지하여야 한다.

② 물과 격렬히 반응하여 폭발함으로 습기를 제거하고, 건조 상태를 유지한다.

③ 자연발화 방지를 위하여 안전용제를 사용한다.

④ 화재 시 질식소화는 적응성이 없으므로 냉각소화를 한다.

**해설** 니트로셀룰로오스(질화면)의 저장법 : 건조하면 분해폭발하므로 알콜에 적셔 습하게 보관한다.

**85** 위험물을 산업안전보건법령에서 정한 기준량 이상으로 제조하거나 취급하는 설비로서 특수화학설비에 해당되는 것은?

① 가열시켜 주는 물질의 온도가 가열되는 위험물질의 분해온도보다 높은 상태에서 운전되는 설비

② 상온에서 게이지 압력으로 200kPa의 압력으로 운전되는 설비

③ 대기압 하에서 섭씨 300℃로 운전되는 설비

④ 흡열반응이 행하여지는 반응설비

**해설** 특수화학설비의 종류
위험물질을 기준량 이상으로 제조 또는 취급하는 다음 각 호의 1에 해당하는 화학설비를 특수화학설비라 한다.
① 발열반응이 일어나는 반응장치
② 증류·정류·증발·추출 등 분리를 행하는 장치
③ 가열시켜주는 물질의 온도가 가열되는 위험물질의 분해온도 또는 발화점 보다 높은 상태에서 운전되는 설비
④ 반응폭주 등 이상 화학반응에 의하여 위험물질이 발생할 우려가 있는 설비
⑤ 온도가 섭씨 350도 이상이거나 게이지 압력이 980킬로파스칼 이상인 상태에서 운전되는 설비
⑥ 가열로 또는 가열기

{분석}
**필기에 자주 출제되는 내용입니다.**

**86** 폭발에 관한 용어 중 "BLEVE"가 의미하는 것은?

① 고농도의 분진폭발

② 저농도의 분해폭발

③ 개방계 증기운 폭발

④ 비등액 팽창증기폭발

**해설** 블래비(Bleve)현상(비등액 팽창증기폭발) : 가연성 액화가스에서 외부화재에 의해 탱크 내 액체가 비등하고 증기가 팽창하면서 폭발을 일으키는 현상으로 벽면파괴를 동반한다.

**87** 다음 중 인화점이 가장 낮은 물질은?

① $CS_2$ ② $C_2H_5OH$

③ $CH_3COCH_3$ ④ $CH_3COOC_2H_5$

**해설** 인화점
① $CS_2$(이황화탄소) : −30℃
② $C_2H_5OH$(에탄올) : 13℃
③ $CH_3COCH_3$(아세톤) : −18℃
④ $CH_3COOC_2H_5$(아세트산 에틸) : −2℃

**88** 아세틸렌 압축 시 사용되는 희석제로 적당하지 않은 것은?

① 메탄 ② 질소

③ 산소 ④ 에틸렌

**해설** 산소는 아세틸렌과 연소반응을 일으켜 희석제로 적당하지 않다.

**89** 수분을 함유하는 에탄올에서 순수한 에탄올을 얻기 위해 벤젠과 같은 물질을 첨가하여 수분을 제거하는 증류 방법은?

① 공비증류 ② 추출증류

③ 가압증류 ④ 감압증류

**해설** 공비증류 : 끓는점이 비슷하여 분리하기 어려운 액체혼합물의 성분을 완전히 분리시키기 위해 제3의 성분을 첨가하여 새로운 공비혼합물의 끓는점이

**정답** 84 ② 85 ① 86 ④ 87 ① 88 ③ 89 ①

원 용액의 끓는점보다 충분히 낮아지도록 한 다음 증류시켜 순수한 성분이 되게 하는 증류 방법

**90** 다음 중 벤젠($C_6H_6$)의 공기 중 폭발하한계 값(vol%)에 가장 가까운 것은?

① 1.0　　　　　② 1.5
③ 2.0　　　　　④ 2.5

[해설] 벤젠의 폭발한계 : $1.4 \sim 7.1$(vol%)

**91** 다음 중 퍼지의 종류에 해당하지 않는 것은?

① 압력퍼지　　　② 진공퍼지
③ 스위프퍼지　　④ 가열퍼지

[해설] 퍼지의 종류
① 진공퍼지(Vacuum Purging)
② 압력퍼지(Pressure Purging)
③ 스위프퍼지(Sweep Through purging)
④ 사이폰퍼지(Siphon Purging)

**92** 공업용 용기의 몸체 도색으로 가스명과 도색명의 연결이 옳은 것은?

① 산소 – 청색
② 질소 – 백색
③ 수소 – 주황색
④ 아세틸렌 – 회색

[해설] 충전가스 용기의 도색
① 산소 → 녹색　　② 수소 → 주황색
③ 탄산가스 → 청색　④ 염소 → 갈색
⑤ 암모니아 → 백색　⑥ 아세틸렌 → 황색
⑦ 그 외 가스 → 회색

실력이 되리! 합격이 되리! 특급 상기법

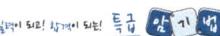

**산녹, 수주, 탄청, 염갈, 아황, 암백**

{분석}
실기까지 중요한 내용입니다.

**93** 다음 중 분말 소화약제로 가장 적절한 것은?

① 사염화탄소
② 브롬화메탄
③ 수산화암모늄
④ 제1인산암모늄

[해설] A. B. C급 분말 소화기 : 일반화재, 유류화재, 전기화재에 적합한 소화약제인 제1인산암모늄을 충전한 소화기이다.

**94** 비중이 1.50이고, 직경이 $74\mu$m인 분체가 종말속도 0.2m/s로 직경 6m의 사일로 (silo)에서 질량유속 400kg/h로 흐를 때 평균 농도는 약 얼마인가?

① 10.8mg/L
② 14.8mg/L
③ 19.8mg/L
④ 25.8mg/L

[해설] 평균농도 $= \dfrac{\text{분체의 질량}}{\text{사일로의 부피}}$

$= \dfrac{\text{분체의 질량}}{\text{사일로의 면적} \times \text{분체의 가라앉은 높이}}$

$= \dfrac{400}{\dfrac{\pi \times 6^2}{4} \times 720} = 0.01965\text{kg/m}^3$

$= \dfrac{0.01965 \times 10^6 \text{mg}}{10^3 L} = 19.65\text{mg/L}$

종말속도 0.2m/s로 1시간 동안 분체가 가라앉은 높이

$= \dfrac{0.2\,\text{m}}{1s} \times 3600s = 720(\text{m})$

{분석}
비중이 낮은 문제입니다.

•)) 정답　90 ②　91 ④　92 ③　93 ④　94 ③

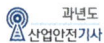
**95** 다음 중 분진폭발이 발생하기 쉬운 조건으로 적절하지 않은 것은?

① 발열량이 클 때
② 입자의 표면적이 작을 때
③ 입자의 형상이 복잡할 때
④ 분진의 초기 온도가 높을 때

**해설** 분진폭발에 영향을 미치는 인자

| ① 입도와 입도분포 | 입자가 작고 표면적이 클수록 폭발이 용이하다. |
|---|---|
| ② 분진의 화학적 성분과 반응성 | 발열량이 클수록, 휘발성분이 많을수록 폭발이 용이하다. |
| ③ 입자의 형상과 표면의 상태 | 입자의 형상이 구형(求刑)일수록 폭발성이 약하고 입자의 표면이 산소에 대한 활성을 가질수록 폭발성이 높다. |
| ④ 분진 속의 수분 | 분진 속에 수분이 있으면 부유성 및 정전기 대전성을 감소시켜 폭발의 위험이 낮아진다. |
| ⑤ 분진의 부유성 | 분진의 부유성이 클수록 공기중 체류시간이 길어져 폭발이 용이하다. |

**96** 다음 중 폭발 또는 화재가 발생할 우려가 있는 건조설비의 구조로 적절하지 않은 것은?

① 건조설비의 바깥 면은 불연성 재료로 만들 것
② 위험물 건조설비의 열원으로서 직화를 사용하지 아니할 것
③ 위험물 건조설비의 측벽이나 바닥은 견고한 구조로 할 것
④ 위험물 건조설비는 상부를 무거운 재료로 만들고 폭발구를 설치할 것

**해설** ④ 위험물 건조설비는 그 상부를 가벼운 재료로 만들고 주위 상황을 고려하여 폭발구를 설치할 것

**97** 위험물안전관리법령에 의한 위험물의 분류 중 제1류 위험물에 속하는 것은?

① 염소산염류
② 황린
③ 금속칼륨
④ 질산에스테르

**해설** ① 염소산염류 : 제1류 위험물(산화성고체)
② 황린 : 제3류 위험물
　　(자연발화성물질 및 금수성물질)
③ 금속칼륨 : 제3류 위험물
　　(자연발화성물질 및 금수성물질)
④ 질산에스테르 : 제5류 위험물(자기반응성 물질)

**98** 산업안전보건 법령상 위험물질의 종류에서 "폭발성 물질 및 유기과산화물"에 해당하는 것은?

① 리튬
② 아조화합물
③ 아세틸렌
④ 셀룰로이드류

**해설** "폭발성 물질 및 유기과산화물"
가. 질산에스테르류
나. 니트로화합물
다. 니트로소화합물
라. 아조화합물
마. 디아조화합물
바. 하이드라진 유도체
사. 유기과산화물
아. 그 밖에 가목부터 사목까지의 물질과 같은 정도의 폭발 위험이 있는 물질
자. 가목부터 아목까지의 물질을 함유한 물질

실력이 되고! 합격이 되는! **특급 암기법**

**폭발하는(폭발성 물질) 질산에(질산에스테르)
니태아조?(니트로, 니트로소, 아조, 디아조)
하더라유!(하이드라진유도체, 유기과산화물)**

{분석}
실기에 자주 출제되는 내용입니다. 암기하세요.

## 99 다음 중 축류식 압축기에 대한 설명으로 옳은 것은?

① Casing 내에 1개 또는 수 개의 회전체를 설치하여 이것을 회전시킬 때 Casing과 피스톤 사이의 체적이 감소해서 기체를 압축하는 방식이다.

② 실린더 내에서 피스톤을 왕복시켜 이것에 따라 개폐하는 흡입밸브 및 배기밸브의 작용에 의해 기체를 압축하는 방식이다.

③ Casing 내에 넣어진 날개바퀴를 회전시켜 기체에 작용하는 원심력에 의해서 기체를 압송하는 방식이다.

④ 프로펠러의 회전에 의한 추진력에 의해 기체를 압송하는 방식이다.

해설 프로펠러의 회전에 의한 추진력에 의해 기체를 압송하는 방식 → 축류식 압축기

## 100 메탄 50vol%, 에탄 30vol%, 프로판 20vol% 혼합가스의 공기 중 폭발 하한계는? (단, 메탄, 에탄, 프로판의 폭발 하한계는 각각 5.0vol%, 3.0vol%, 2.1vol%이다.)

① 1.6vol%　　② 2.1vol%
③ 3.4vol%　　④ 4.8vol%

해설 혼합 가스의 폭발 범위(르 샤틀리에의 공식)

$$\frac{100}{L} = \frac{V_1}{L_1} + \frac{V_2}{L_2} + \frac{V_3}{L_3} \cdots (Vol\%)$$

$$L = \frac{100}{\dfrac{V_1}{L_1} + \dfrac{V_2}{L_2} + \dfrac{V_3}{L_3} \cdots}$$

여기서,
$L$ : 혼합가스의 폭발하한계(상한계)
$L_1$, $L_2$, $L_3$ : 단독가스의 폭발하한계(상한계)
$V_1$, $V_2$, $V_3$ : 단독가스의 공기 중 부피
$100 : V_1 + V_2 + V_3 + \cdots$

$$\frac{(50+30+20)}{L} = \frac{50}{5.0} + \frac{30}{3.0} + \frac{20}{2.1}$$

$$L = \frac{100}{\dfrac{50}{5.0} + \dfrac{30}{3.0} + \dfrac{20}{2.1}} = 3.4 vol\%$$

{분석}
**실기까지 중요한 내용입니다.**

---

제**6**과목　**건설공사 안전 관리**

## 101 차량계 건설기계를 사용하여 작업할 때에 그 기계가 넘어지거나 굴러 떨어짐으로써 근로자가 위험해질 우려가 있는 경우에 조치하여야 할 사항과 거리가 먼 것은?

① 갓길의 붕괴 방지
② 작업반경 유지
③ 지반의 부동침하 방지
④ 도로 폭의 유지

해설 차량계 건설기계의 넘어짐(전도) 방지 조치
① 유도자 배치
② 지반의 부동침하방지
③ 갓길의 붕괴방지
④ 도로의 폭 유지

{분석}
**실기까지 중요한 내용입니다.**

## 102 유해위험방지계획서 제출 대상 공사로 볼 수 없는 것은?

① 지상 높이가 31m 이상인 건축물의 건설공사
② 터널건설공사
③ 깊이 10m 이상인 굴착공사
④ 교량의 전체길이가 40m 이상인 교량 공사

최근 기출문제 2018

**[해설]** 유해위험방지계획서 제출대상 건설공사

1. 다음 각 목의 어느 하나에 해당하는 건축물 또는 시설 등의 건설·개조 또는 해체공사
   가. 지상높이가 31미터 이상인 건축물 또는 인공 구조물
   나. 연면적 3만제곱미터 이상인 건축물
   다. 연면적 5천제곱미터 이상인 시설로서 다음의 어느 하나에 해당하는 시설
      1) 문화 및 집회시설(전시장 및 동물원·식물원은 제외한다)
      2) 판매시설, 운수시설(고속철도의 역사 및 집배송시설은 제외한다)
      3) 종교시설
      4) 의료시설 중 종합병원
      5) 숙박시설 중 관광숙박시설
      6) 지하도상가
      7) 냉동·냉장 창고시설
2. 연면적 5천제곱미터 이상의 냉동·냉장창고시설의 설비공사 및 단열공사
3. 최대 지간길이(다리의 기둥과 기둥의 중심사이의 거리)가 50미터 이상인 교량 건설 등 공사
4. 터널 건설 등의 공사
5. 다목적댐, 발전용댐, 저수용량 2천만톤 이상의 용수 전용 댐, 지방상수도 전용 댐 건설 등의 공사
6. 깊이 10미터 이상인 굴착공사

실력이 되고! 합격이 되는! **특급 암기법**

- 지상높이 31m, 연면적 3만m², 사람 많은 시설 연면적 5,000m²
- 연면적 5,000m² 냉동·냉장창고시설
- 최대 지간길이가 50미터 이상 교량
- 터널
- 저수용량 2천만 톤 이상 댐
- 10미터 이상인 굴착

{분석}
실기에 자주 출제되는 내용입니다. 암기하세요.

---

**103** 건설업 산업안전보건관리비 계상 및 사용 기준에 따른 산업안전보건관리비의 개인 보호구 및 안전장구 구입비 항목에서 산업안전보건관리비로 사용이 가능한 경우는?

① 안전·보건관리자가 선임되지 않은 현장에서 안전·보건업무를 담당하는 현장관계자용 무전기, 카메라, 컴퓨터, 프린터 등 업무용 기기
② 혹한·혹서에 장기간 노출로 인해 건강장해를 일으킬 우려가 있는 경우 특정 근로자에게 지급되는 기능성 보호 장구
③ 근로자에게 일률적으로 지급하는 보냉·보온장구
④ 감리원이나 외부에서 방문하는 인사에게 지급하는 보호구

**[해설]** ① 안전·보건관리자가 선임되지 않은 현장의 업무용 기기 → 산업안전보건관리비 사용이 불가능하다.
② 건강장해를 일으킬 우려가 있는 경우 특정 근로자에게 지급되는 기능성 보호 장구 → 산업안전보건관리비로 사용이 가능하다.
③ 근로자에게 일률적으로 지급 → 산업안전보건관리비로 사용이 불가능하다.
④ 감리원이나 외부에서 방문하는 인사에게 지급 → 산업안전보건관리비로 사용이 불가능하다.

---

**▶)정답** 103 ②

**104** 지반에서 나타나는 보일링(boiling) 현상의 직접적인 원인으로 볼 수 있는 것은?

① 굴착부와 배면부의 지하수위의 수두차
② 굴착부와 배면부의 흙의 중량차
③ 굴착부와 배면부의 흙의 함수비차
④ 굴착부와 배면부의 흙의 토압차

**해설** **보일링 현상** : 사질토 지반에서 굴착저면과 흙막이 배면과의 수위 차이로 인해 굴착저면의 흙과 물이 함께 위로 솟구쳐 오르는 현상(모래의 액상화 현상)

**105** 강풍이 불어올 때 타워크레인의 운전작업을 중지하여야 하는 순간풍속의 기준으로 옳은 것은?

① 순간풍속이 초당 10m 초과
② 순간풍속이 초당 15m 초과
③ 순간풍속이 초당 25m 초과
④ 순간풍속이 초당 30m 초과

**해설** **악천후 시 조치**

① 순간풍속이 초당 10미터를 초과 : 타워크레인의 설치·수리·점검 또는 해체작업을 중지
② 순간풍속이 초당 15미터를 초과 : 타워크레인의 운전작업을 중지
③ 순간풍속이 초당 30미터를 초과 : 옥외에 설치되어 있는 주행 크레인 이탈방지조치
④ 순간풍속이 초당 30미터를 초과하는 바람이 불거나 중진(中震) 이상 진도의 지진이 있은 후 : 옥외 양중기 각 부위 이상 점검
⑤ 순간풍속이 초당 35미터를 초과 : 옥외 승강기 및 건설용 리프트(지하에 설치되어 있는 것은 제외)에 대하여 받침의 수를 증가시키는 등 승강기가 무너시는 것을 방지하기 위한 조치

{분석}
**실기에 자주 출제되는 내용입니다. 암기하세요.**

**106** 말비계를 조립하여 사용하는 경우에 지주부재와 수평면의 기울기는 최대 몇 도 이하로 하여야 하는가?

① 30° ② 45°
③ 60° ④ 75°

**해설** **말비계 조립 시의 준수사항**

① 지주부재의 하단에는 미끄럼 방지장치를 하고, 양측 끝부분에 올라서서 작업하지 아니하도록 할 것
② 지주부재와 수평면과의 기울기를 75도 이하로 하고, 지주부재와 지주부재 사이를 고정시키는 보조부재를 설치할 것
③ 말비계의 높이가 2미터를 초과할 경우에는 작업발판의 폭을 40센티미터 이상으로 할 것

{분석}
**실기까지 중요한 내용입니다.**

**107** 추락의 위험이 있는 개구부에 대한 방호조치와 거리가 먼 것은?

① 안전난간, 울타리, 수직형 추락방망 등으로 방호조치를 한다.
② 충분한 상노를 가진 구조의 덮개를 뒤집히거나 떨어지지 않도록 설치한다.
③ 어두운 장소에서도 식별이 가능한 개구부 주의 표지를 부착한다.
④ 폭 30cm 이상의 발판을 설치한다.

**해설** ④ 폭 40cm 이상의 발판을 설치한다.

**108** 로프 길이 2m의 안전대를 착용한 근로자가 추락으로 인한 부상을 당하지 않기 위한 지면으로부터 안전대 고정점까지의 높이(H)의 기준으로 옳은 것은? (단, 로프의 신율 30%, 근로자의 신장 180cm)

① H > 1.5m  ② H > 2.5m
③ H > 3.5m  ④ H > 4.5m

해설 h = 로프의 길이 + 로프의 신장 길이 + 작업자 키의 1/2
h = 2 + (2 × 0.3) + (1.8 × 1/2) = 3.5m
• 로프를 지지한 위치에서 바닥면까지의 거리를 H라 하면 H > h가 되어야만 한다.

**109** 가설통로의 설치 기준으로 옳지 않은 것은?

① 추락할 위험이 있는 장소에는 안전난간을 설치할 것
② 경사가 10°를 초과하는 경우에는 미끄러지지 아니하는 구조로 할 것
③ 경사는 30° 이하로 할 것
④ 건설공사에 사용하는 높이 8m 이상인 비계다리에는 7m 이내마다 계단참을 설치할 것

해설 가설통로 설치 시의 준수사항
① 견고한 구조로 할 것
② 경사는 30도 이하로 할 것
③ 경사가 15도를 초과하는 때는 미끄러지지 아니하는 구조로 할 것
④ 추락의 위험이 있는 장소에는 안전난간을 설치할 것
⑤ 수직갱 : 길이가 15미터 이상인 때에는 10미터 이내마다 계단참을 설치할 것
⑥ 건설공사에 사용하는 높이 8미터 이상인 비계다리 : 7미터 이내 마다 계단 참을 설치할 것

{분석}
실기까지 중요한 내용입니다.

**110** 터널 지보공을 조립하거나 변경하는 경우에 조치하여야 하는 사항으로 옳지 않은 것은?

① 목재의 터널 지보공은 그 터널 지보공의 각 부재에 작용하는 긴압정도를 체크하여 그 정도가 최대한 차이나도록 한다.
② 강(鋼)아치 지보공의 조립은 연결볼트 및 띠장 등을 사용하여 주재 상호간을 튼튼하게 연결할 것
③ 기둥에는 침하를 방지하기 위하여 받침목을 사용하는 등의 조치를 할 것
④ 주재(主材)를 구성하는 1세트의 부재는 동일 평면 내에 배치할 것

해설 ① 목재의 터널 지보공은 그 터널 지보공의 각 부재의 긴압 정도가 균등하게 되도록 할 것

**111** 콘크리트 타설작업 시 안전에 대한 유의사항으로 옳지 않은 것은?

① 콘크리트를 치는 도중에는 지보공·거푸집 등의 이상유무를 확인한다.
② 높은 곳으로부터 콘크리트를 타설할 때는 호퍼로 받아 거푸집내에 꽂아 넣는 슈트를 통해서 부어 넣어야 한다.
③ 진동기를 가능한 한 많이 사용할수록 거푸집에 작용하는 측압상 안전하다.
④ 콘크리트를 한 곳에만 치우쳐서 타설하지 않도록 주의한다.

해설 ③ 진동기는 적절히 사용되어야 하며, 지나친 진동은 거푸집 도괴의 원인이 될 수 있으므로 각별히 주의하여야 한다.

정답 108 ③ 109 ② 110 ① 111 ③

**112** 개착식 흙막이 벽의 계측 내용에 해당되지 않는 것은?

① 경사측정
② 지하수위 측정
③ 변형률 측정
④ 내공변위 측정

[해설] 내공변위 측정 → 터널의 계측관리 사항

**113** 다음은 산업안전보건 법령에 따른 달비계를 설치하는 경우에 준수해야 할 사항이다. ( )에 들어갈 내용으로 옳은 것은?

> 작업발판은 폭을 ( ) 이상으로 하고 틈새가 없도록 할 것

① 15cm  ② 20cm
③ 40cm  ④ 60cm

[해설] 달비계의 작업발판은 폭을 40cm 이상으로 하고 틈새가 없도록 할 것

**114** 강관 틀비계를 소립하여 사용하는 경우 준수해야 하는 사항으로 옳지 않은 것은?

① 길이가 띠장 방향으로 4m 이하이고 높이가 10m를 초과하는 경우에는 10m 이내마다 띠장 방향으로 버팀기둥을 설치할 것
② 높이가 20m를 초과하거나 중량물의 적재를 수반하는 작업을 할 경우에는 주틀 간의 간격을 1.8m 이하로 할 것
③ 주틀 간에 교차가새를 설치하고 최상층 및 10층 이내마다 수평재를 설치할 것
④ 수직방향으로 6m, 수평방향으로 8m 이내마다 벽이음을 할 것

[해설] 틀비계(강관 틀비계) 조립 시 준수사항

① 밑둥에는 밑받침철물을 사용하여야 하며 밑받침에 고저차가 있는 경우에는 조절형 밑받침철물을 사용하여 항상 수평 및 수직을 유지하도록 할 것
② 높이가 20미터를 초과하거나 중량물의 적재를 수반하는 작업을 할 경우에는 주틀간의 간격이 1.8미터 이하로 할 것
③ 주틀간에 교차가새를 설치하고 최상층 및 5층 이내마다 수평재를 설치할 것
④ 벽이음 간격(조립간격) : 수직방향 6m, 수평방향으로 8m미터 이내마다 할 것
⑤ 길이가 띠장방향으로 4m 이하이고 높이가 10m를 초과하는 경우에는 10m 이내마다 띠장방향으로 버팀기둥을 설치할 것

{분석}
실기까지 중요한 내용입니다.

**115** 철골기둥, 빔 및 트러스 등의 철골구조물을 일체화 또는 지상에서 조립하는 이유로 가장 타당한 것은?

① 고소작업의 감소
② 화기사용의 감소
③ 구조체 강성 증가
④ 운반물량의 감소

[해설] 철골구조물을 일체화 또는 지상에서 조립하는 이유 → 고소작업의 감소

정답 112 ④ 113 ③ 114 ③ 115 ①

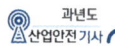
**116** 압쇄기를 사용하여 건물해체 시 그 순서로 가장 타당한 것은?

> A : 보, B : 기둥, C : 슬래브, D : 벽체

① A → B → C → D
② A → C → B → D
③ C → A → D → B
④ D → C → B → A

> **해설** • 조립순서 : 기둥 → 보받이 내력벽 → 큰 보 →
> 작은 보 → 바닥 → (내벽) → (외벽)
> • 해체순서 : 바닥 → 보 → 벽 → 기둥

**117** 흙의 간극비를 나타낸 식으로 옳은 것은?

① (공기 + 물의 체적) / (흙+물의 체적)
② (공기 + 물의 체적) / 흙의 체적
③ 물의체적 / (물 + 흙의 체적)
④ (공기 + 물의 체적) / (공기 + 흙 + 물의 체적)

> **해설** 흙의 간극비 $= \dfrac{\text{공기} + \text{물의 체적}}{\text{흙의 체적}}$

**118** 부두·안벽 등 하역작업을 하는 장소에서 부두 또는 안벽의 선을 따라 통로를 설치하는 경우에는 그 폭을 최소 얼마 이상으로 하여야 하는가?

① 80cm    ② 90cm
③ 100cm    ④ 120cm

> **해설** 부두 또는 안벽의 선을 따라 통로를 설치하는 경우에는 폭을 90센티미터 이상으로 할 것

**119** 취급·운반의 원칙으로 옳지 않은 것은?

① 곡선 운반을 할 것
② 운반 작업을 집중하여 시킬 것
③ 생산을 최고로 하는 운반을 생각할 것
④ 연속 운반을 할 것

> **해설** ① 직선 운반을 할 것

**120** 사면 보호 공법 중 구조물에 의한 보호 공법에 해당되지 않는 것은?

① 식생구멍공
② 블럭공
③ 돌쌓기공
④ 현장타설 콘크리트 격자공

> **해설** 식생구멍공은 비탈진 면에 잔디를 심거나, 씨앗을 뿌려 잔디가 자라도록 하여 사면을 보호하는 공법으로 구조물에 의한 공법이 아니다.

> **참고** 비탈면 보호공법(사면안정공법)
> ① 식생공(법)
> ② 블록 붙임공 또는 돌붙임공(법)
> ③ 콘크리트 뿜어붙이기공(법)
> ④ 콘크리트(블록) 격자공(법)
> ⑤ 돌망태공(법)

# 03회 2018년 산업안전기사 최근 기출문제

## 제1과목 · 산업재해 예방 및 안전보건교육

**01** 집단에서의 인간관계 메커니즘(Mechanism)과 가장 거리가 먼 것은?

① 모방, 암시
② 분열, 강박
③ 동일화, 일체화
④ 커뮤니케이션, 공감

**해설** 인간관계 메커니즘

1. 모방(Imitation) : 남의 행동이나 판단을 표본으로 하여 그것과 같거나 또는 그것에 가까운 행동 또는 판단을 취하려는 행동
2. 암시(Suggestion) : 다른 사람으로부터의 판단이나 행동을 무비판적으로 논리적·사실적 근거 없이 받아들이는 행동
3. 동일화(Identification) : 다른 사람의 행동양식이나 태도를 투입시키거나 다른 사람 가운데서 자기와 비슷한 점을 발견하는 것
4. 커뮤니케이션 : 갖가지 행동양식의 기초를 매개로 하여 어떤 사람으로부터 다른 사람에게 전달되는 과정

**02** 산업안전보건법령에 따른 안전보건관리 규정에 포함되어야 할 세부 내용이 아닌 것은?

① 위험성 감소대책 수립 및 시행에 관한 사항
② 하도급 사업장에 대한 안전·보건관리에 관한 사항
③ 질병자의 근로 금지 및 취업 제한 등에 관한 사항
④ 물질안전보건자료에 관한 사항

**해설** ① 위험성 감소대책 및 수립에 관한 사항 → 위험성 평가에 관한 사항
② 하도급 사업장에 대한 안전보건관리에 관한 사항 → 총칙
③ 질병자의 근로 금지 및 취업 제한 등에 관한 사항 → 작업장 보건관리

**참고** 안전보건관리규정의 세부 내용

1. 총칙
   가. 안전보건관리규정 작성의 목적 및 적용 범위에 관한 사항
   나. 사업주 및 근로자의 재해 예방 책임 및 의무 등에 관한 사항
   다. 하도급 사업장에 대한 안전·보건관리에 관한 사항
2. 안전·보건 관리조직과 그 직무
3. 안전·보건교육
4. 작업장 안전관리
5. 작업장 보건관리
6. 사고 조사 및 대책 수립
7. 위험성평가에 관한 사항
8. 보칙

**03** 안전교육 중 프로그램 학습법의 장점이 아닌 것은?

① 학습자의 학습 과정을 쉽게 알 수 있다.
② 여러 가지 수업 매체를 동시에 다양하게 활용할 수 있다.
③ 지능, 학습 속도 등 개인차를 충분히 고려할 수 있다.
④ 매 반응마다 피드백이 주어지기 때문에 학습자가 흥미를 가질 수 있다.

**해설** 프로그램 학습법의 장점
• 기본개념학습이나 논리적인 학습에 유리하다.
• 지능, 학습 속도 등 개인차를 고려할 수 있다.
• 수업의 모든 단계에 적용이 가능하다.
• 수강자들이 학습이 가능한 시간대의 폭이 넓다.
• 매 학습마다 피드백을 할 수 있다.

**정답** 01 ② 02 ④ 03 ②

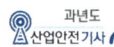

**04** 산업안전보건 법령에 따른 근로자 안전·보건교육 중 근로자 정기 안전·보건교육의 교육내용에 해당하지 않는 것은? (단, 산업안전보건법령 및 산업재해보상보험제도에 관한 사항은 제외한다.)

① 건강증진 및 질병 예방에 관한 사항
② 산업보건 및 건강장해 예방에 관한 사항
③ 유해·위험 작업환경 관리에 관한 사항
④ 작업공정의 유해·위험과 재해 예방 대책에 관한 사항

**해설** 근로자 정기안전·보건교육의 내용
① 산업안전 및 산업재해 예방에 관한 사항(화재·폭발 사고 발생 시 대피에 관한 사항을 포함한다)
② 산업보건 및 건강장해 예방에 관한 사항(폭염·한파작업으로 인한 건강장해 발생 시 응급조치에 관한 사항을 포함한다)
③ 유해·위험 작업환경 관리에 관한 사항
④ 산업안전보건법령 및 산업재해보상보험제도에 관한 사항
⑤ 직무스트레스 예방 및 관리에 관한 사항
⑥ 직장 내 괴롭힘, 고객의 폭언 등으로 인한 건강장해 예방 및 관리에 관한 사항
⑦ 건강증진 및 질병 예방에 관한 사항
⑧ 위험성 평가에 관한 사항

**실기도! 합격도! 특급 암기법**

공통 항목(관리감독자, 근로자)
1. 근로자는 법, 산재보상제도를 알자.
2. 근로자는 건강을 보존(산업보건)하고 건강장해, 스트레스, 괴롭힘, 폭언 예방하자!
3. 근로자는 유해위험 환경을 관리해서 안전하고 산업재해 예방하자!
4. 근로자는 위험성을 평가하자!

근로자 정기교육의 특징
1. 근로자는 건강증진하고 질병예방하자!

{분석}
실기에 자주 출제되는 내용입니다. 알기하세요.

**05** 최대사용전압이 교류(실효값) 500V 또는 직류 750V인 내전압용 절연장갑의 등급은?

① 00  ② 0
③ 1  ④ 2

**해설**

| 등급 | 최대사용전압 | | 등급별 색상 |
|---|---|---|---|
| | 교류(V, 실효값) | 직류(V) | |
| 00 | 500 | 750 | • 00등급 : 갈색 |
| 0 | 1,000 | 1,500 | • 0등급 : 빨간색 |
| 1 | 7,500 | 11,250 | • 1등급 : 흰색 |
| 2 | 17,000 | 25,500 | • 2등급 : 노란색 |
| 3 | 26,500 | 39,750 | • 3등급 : 녹색 |
| 4 | 36,000 | 54,000 | • 4등급 : 등색 |

**실기도! 함께도! 특급 암기법**

공갈, 공적, 1백, 2황, 3녹, 4등

{분석}
실기까지 중요한 내용입니다.

**06** 산업재해 기록·분류에 관한 지침에 따른 분류기준 중 다음의 (    ) 안에 알맞은 것은?

> 재해자가 넘어짐으로 인하여 기계의 동력 전달 부위 등에 끼이는 사고가 발생하여 신체 부위가 절단되는 경우는 (    )으로 분류한다.

① 넘어짐  ② 끼임
③ 깔림  ④ 절단

**해설**
• 동력 전달 기계에 끼임으로 인하여 사고 발생 → 재해발생형태 : 끼임
• 신체 부위가 절단됨 → 상해종류 : 절상(절단)

**07** 산업안전보건 법령에 따라 사업주가 사업장에서 중대재해가 발생한 사실을 알게 된 경우 관할지방고용노동관서의 장에게 보고하여야 하는 시기로 옳은 것은? (단, 천재지변 등 부득이한 사유가 발생한 경우는 제외한다.)

① 지체 없이 　② 12시간 이내
③ 24시간 이내 　④ 48시간 이내

해설 사업주는 "**중대재해**"가 발생 때는 지체 없이 다음 각 호의 사항을 관할 지방고용 노동관서의 장에게 전화·팩스, 또는 그 밖에 적절한 방법으로 보고하여야 한다.
• 발생 개요 및 피해 상황
• 조치 및 전망
• 그 밖의 중요한 사항

**08** 유기화합물용 방독마스크의 시험가스가 아닌 것은?

① 염소 증기($Cl_2$)
② 디메틸에테르($CH_3OCH_3$)
③ 시클로헥산($C_6H_{12}$)
④ 이소부탄($C_4H_{10}$)

해설 방독마스크의 종류별 시험 가스

| 종류 | 시험 가스 |
|---|---|
| 유기화합물용 | 시클로헥산($C_6H_{12}$) |
| | 디메틸에테르($CH_3OCH_3$) |
| | 이소부탄($C_4H_{10}$) |
| 할로겐용 | 염소가스 또는 증기($Cl_2$) |
| 청화수소용 | 황화수소가스($H_2S$) |
| 시안화수소용 | 시안화수소가스(HCN) |
| 아황산용 | 아황산가스($SO_2$) |
| 암모니아용 | 암모니아가스($NH_3$) |

{분석}
실기까지 중요한 내용입니다.

**09** 안전교육의 학습경험 선정 원리에 해당되지 않는 것은?

① 계속성의 원리
② 가능성의 원리
③ 동기유발의 원리
④ 다목적 달성의 원리

해설 학습경험 선정의 원리
① 기회의 원리 : 교육목표를 달성하기 위해서는 학습자가 스스로 해 볼 수 있는 기회를 가져야 한다.
② 만족의 원리(동기유발의 원리) : 학생들이 해보는 과정에서 만족감을 느낄 수 있어야 한다.
③ 가능성의 원리 : 학생들에게 요구되는 행동이 현재 능력 성위발달 수준에 맞아야 한다.
④ 다목적 달성의 원리 : 여러 가지 목표를 동시에 달성하는 데 도움을 주도록 한다.
⑤ 협동의 원리 : 함께 활동할 수 있는 기회를 주어야 한다.

**10** 재해사례연구의 진행순서로 옳은 것은?

① 재해 상황 파악 → 사실의 확인 → 문제점 발견 → 근본적 문제점 결정 → 대책 수립
② 사실이 확인 → 재해 상황 파악 → 문제점 발견 → 근본적 문제점 결정 → 대책 수립
③ 재해 상황 파악 → 사실의 확인 → 근본적 문제점 결정 → 문제점 발견 → 대책 수립
④ 사실의 확인 → 재해 상황 파악 → 근본적 문제점 결정 → 문제점 발견 → 대책 수립

해설 재해사례연구 진행 단계
• 전제 조건 : 재해 상황의 파악
• 1단계 : 사실의 확인
• 2단계 : 문제점 발견
• 3단계 : 근본 문제점 결정 (재해원인 결정)
• 4단계 : 대책 수립

{분석}
실기까지 중요한 내용입니다.

정답 07 ① 08 ① 09 ① 10 ①

최근 기출문제 2018

**11** 산업안전보건 법령에 따른 특정 행위의 지시 및 사실의 고지에 사용되는 안전·보건 표지의 색도 기준으로 옳은 것은?

① 2.5G 4/10
② 2.5PB 4/10
③ 5Y 8.5/12
④ 7.5R 4/14

**[해설]** 안전·보건 표지의 색채, 색도 기준 및 용도

| 색채 | 색도 기준 | 용도 | 사용례 |
|---|---|---|---|
| 빨간색 | 7.5R 4/14 암기 : 싫어(7.5) 4/14 | 금지 | 정지신호, 소화설비 및 그 장소, 유해행위의 금지 |
| | | 경고 | 화학물질 취급장소에서의 유해·위험 경고 |
| 노란색 | 5Y 8.5/12 암기 : 오(5) 빨리와(8.5) 이리(12) | 경고 | 화학물질 취급장소에서의 유해·위험경고 이외의 위험경고, 주의표지 또는 기계방호물 |
| 파란색 | 2.5PB 4/10 암기 : 2.5×4 = 10 | 지시 | 특정 행위의 지시 및 사실의 고지 |
| 녹색 | 2.5G 4/10 암기 : 2.5×4 = 10 | 안내 | 비상구 및 피난소, 사람 또는 차량의 통행표지 |
| 흰색 | N9.5 | | 파란색 또는 녹색에 대한 보조색 |
| 검은색 | N0.5 | | 문자 및 빨간색 또는 노란색에 대한 보조색 |

{분석}
실기에 자주 출제되는 내용입니다. 암기하세요.

**12** 부주의에 대한 사고방지대책 중 기능 및 작업측면의 대책이 아닌 것은?

① 작업표준의 습관화
② 적성배치
③ 안전의식의 제고
④ 작업조건의 개선

**[해설]** 부주의에 의한 사고방지대책

| | |
|---|---|
| 정신적 대책 | • 주의력 집중 훈련 • 스트레스 해소 대책 • 안전의식의 제고 • 작업 의욕 고취 |
| 기능 및 작업측면 대책 | • 적성배치 • 표준작업(동작)의 습관화 • 안전 작업 방법의 습득 • 작업조건의 개선 및 적응력 향상 |
| 설비 및 환경 측면 대책 | • 표준 작업제도의 도입 • 설비 및 작업환경의 안전화 • 긴급 시 안전작업 대책 수립 |

**13** 버드(Bird)의 신연쇄성 이론 중 재해 발생의 근원적 원인에 해당하는 것은?

① 상해 발생
② 징후 발생
③ 접촉 발생
④ 관리의 부족

**[해설]** 근원적 원인(간접 원인) → 관리의 부족

**[참고]** 버드(Frank. E. Bird)의 사고 연쇄성이론 5단계

| 1단계 | 제어 부족(관리 부재) |
|---|---|
| 2단계 | 기본 원인(기원) |
| 3단계 | 직접 원인(징후) |
| 4단계 | 사고(접촉) |
| 5단계 | 상해(손실) |

**14** 브레인스토밍(Brain-storming) 기법의 4원칙에 관한 설명으로 옳은 것은?

① 주제와 관련이 없는 내용은 발표할 수 없다.
② 동료의 의견에 대하여 좋고 나쁨을 평가한다.
③ 발표 순서를 정하고, 동일한 발표기회를 부여한다.
④ 타인의 의견에 대하여는 수정하여 발표할 수 있다.

**정답** 11 ② 12 ③ 13 ④ 14 ④

**해설** **브레인스토밍의 4원칙**

- **비판금지** : 좋다, 나쁘다 비판은 하지 않는다.
- **자유분방** : 마음대로 자유로이 발언한다.
- **대량발언** : 무엇이든 좋으니 많이 발언한다.
- **수정발언** : 타인의 생각에 동참하거나 보충 발언 해도 좋다.

{분석}
**필기에 자주 출제되는 내용입니다.**

## 15 주의의 특성에 해당되지 않는 것은?

① 선택성　　　② 변동성
③ 가능성　　　④ 방향성

**해설** 인간 주의 특성의 종류

① **선택성** : 사람은 한 번에 여러 종류의 자극을 지각하거나 수용하지 못하며 소수의 특정한 것으로 한정해서 선택하는 기능을 말한다.
② **방향성** : 시선에서 벗어난 부분은 무시되기 쉽다. (주시점만 응시한다.)
③ **변동성** : 주의는 리듬이 있어 일정한 수순을 지키지 못한다.
④ **단속성** : 고도의 주의는 장시간 집중이 곤란하다.
⑤ **주의력의 중복집중 곤란** : 동시에 두 개 이상의 방향을 잡지 못한다.

## 16 OJT(On Job Training)의 특징에 대한 설명으로 옳은 것은?

① 특별한 교재·교구·설비 등을 이용하는 것이 가능하다.
② 외부의 전문가를 위촉하여 전문교육을 실시할 수 있다.
③ 직장의 실정에 맞는 구체적이고 실제적인 지도 교육이 가능하다.
④ 다수의 근로자들에게 조직적 훈련이 가능하다.

**해설**

| | |
|---|---|
| **OJT의 특징** | ① 개개인에게 적절한 훈련이 가능하다.<br>② 직장의 실정에 맞는 훈련이 가능하다.<br>③ 교육효과가 즉시 업무에 연결된다.<br>④ 훈련에 대한 업무의 계속성이 끊어지지 않는다.<br>⑤ 상호 신뢰 이해도가 높다. |
| **OFF JT의 특징** | ① 다수의 근로자들에게 훈련을 할 수 있다.<br>② 훈련에만 전념하게 된다.<br>③ 특별설비기구 이용이 가능하다.<br>④ 많은 지식이나 경험을 교류할 수 있다.<br>⑤ 교육 훈련 목표에 대하여 집단적 노력이 흐트러질 수 있다. |

{분석}
**실기까지 중요한 내용입니다.**

## 17 연간근로자수가 1,000명인 공장의 도수율이 10인 경우 이 공장에서 연간 발생한 재해건수는 몇 건인가?

① 20건　　　② 22건
③ 24건　　　④ 26건

**해설**

도수율(빈도율 F.R)
① 100만 근로시간당 재해 발생 건수 비율
② 도수율 $= \dfrac{\text{재해 건수}}{\text{연근로시간수}} \times 10^6$

$$\text{재해건수} = \dfrac{\text{도수율} \times \text{근로총시간수}}{10^6}$$
$$= \dfrac{10 \times 1,000 \times 2400}{10^6} = 24(\text{건})$$

{분석}
**실기에 자주 출제되는 내용입니다.**

**2018**

**18** 산업안전보건 법령상 안전검사 대상 유해 ·위험 기계 등에 해당하는 것은?

① 정격 하중이 2톤 미만인 크레인
② 이동식 국소 배기장치
③ 밀폐형 구조 롤러기
④ 산업용 원심기

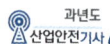 [안전검사 대상 유해·위험기계 등]
① 프레스
② 전단기
③ 크레인[정격 하중이 2톤 미만인 것 제외]
④ 리프트
⑤ 압력용기
⑥ 곤돌라
⑦ 국소 배기장치(이동식은 제외)
⑧ 원심기(산업용만 해당)
⑨ 롤러기(밀폐형 구조는 제외한다)
⑩ 사출성형기[형 체결력(형 체결력) 294킬로뉴턴 (KN) 미만은 제외]
⑪ 고소작업대
⑫ 컨베이어
⑬ 산업용 로봇
⑭ 혼합기(26년 6월 26일 시행)
⑮ 파쇄기 또는 분쇄기(26년 6월 26일 시행)

**손 다치는 기계** –프레스, 전단기, 사출성형기, 롤러기, 혼합기, 파쇄기 또는 분쇄기 (26년 6월 26일 시행)
**양중기** – 크레인, 리프트, 곤돌라
**폭발** – 압력용기
**추가** – 극소(국소) 로봇이 고소의 큰(컨) 원을 검사 (안전검사)
**국소배기장치**, **산업용 로봇**, **고소작업대**, **컨베이어**, **원심기**

{분석}
실기에 자주 출제되는 내용입니다. 암기하세요.

**19** 안전교육 방법의 4단계의 순서로 옳은 것은?

① 도입 → 확인 → 적용 → 제시
② 도입 → 제시 → 적용 → 확인
③ 제시 → 도입 → 적용 → 확인
④ 제시 → 확인 → 도입 → 적용

해설 안전교육 진행 4단계
제 1단계 : 도입(학습할 준비를 시킨다.)
제 2단계 : 제시(작업을 설명한다.)
제 3단계 : 적용(작업을 시켜본다.)
제 4단계 : 확인(가르친 뒤 살펴본다.)

{분석}
필기에 자주 출제되는 내용입니다.

**20** 관리 그리드 이론에서 인간관계 유지에는 낮은 관심을 보이지만 과업에 대해서는 높은 관심을 가지는 리더십의 유형은?

① 1.1형
② 1.9형
③ 9.1형
④ 9.9형

해설 리더의 행동유형 중 관리그리드 이론

| (1.1)형 | 무관심형 |
|---|---|
| (1.9)형 | 인기형 |
| (9.1)형 | 과업형 |
| (5.5)형 | 타협형 |
| (9.9)형 | 이상형 |

* (x, y)형에서 x는 과업의 관심도를 y는 인간관계 의 관심도를 나타낸다.

{분석}
필기에 자주 출제되는 내용입니다.

**정답 18 ④ 19 ② 20 ③**

## 제2과목 · 인간공학 및 위험성 평가 · 관리

**21** 고용노동부 고시의 근골격계 부담 작업의 범위에서 근골격계 부담 작업에 대한 설명으로 틀린 것은?

① 하루에 10회 이상 25kg 이상의 물체를 드는 작업
② 하루에 총 2시간 이상 쪼그리고 앉거나 무릎을 굽힌 자세에서 이루어지는 작업
③ 하루에 총 2시간 이상 집중적으로 자료입력 등을 위해 키보드 또는 마우스를 조작하는 작업
④ 하루에 총 2시간 이상 지지되지 않은 상태에서 4.5kg 이상의 물건을 한 손으로 들거나 동일한 힘으로 쥐는 작업

**[해설]** ③ 하루에 총 4시간 이상 집중적으로 자료입력 등을 위해 키보드 또는 마우스를 조작하는 작업

**[참고]** 근골격계 부담작업의 범위

① 하루에 4시간 이상 집중적으로 자료입력 등을 위해 키보드 또는 마우스를 조작하는 작업
② 하루에 총 2시간 이상 목, 어깨, 팔꿈치, 손목 또는 손을 사용하여 같은 동작을 반복하는 작업
③ 하루에 총 2시간 이상 머리 위에 손이 있거나, 팔꿈치가 어깨 위에 있거나, 팔꿈치를 몸통으로부터 들거나, 팔꿈치를 몸통 뒤쪽에 위치하도록 하는 상태에서 이루어지는 작업
④ 지지되지 않은 상태이거나 임의로 자세를 바꿀 수 없는 조건에서, 하루에 총 2시간 이상 목이나 허리를 구부리거나 비트는 상태에서 이루어지는 작업
⑤ 하루에 총 2시간 이상 쪼그리고 앉거나 무릎을 굽힌 자세에서 이루어지는 작업
⑥ 하루에 총 2시간 이상 지지되지 않은 상태에서 1kg 이상의 물건을 한 손의 손가락으로 집어 옮기거나, 2kg 이상에 상응하는 힘을 가하여 한 손의 손가락으로 물건을 쥐는 작업
⑦ 하루에 총 2시간 이상 지지되지 않은 상태에서 4.5kg 이상의 물건을 한 손으로 들거나 동일한 힘으로 쥐는 작업
⑧ 하루에 10회 이상 25kg 이상의 물체를 드는 작업
⑨ 하루에 25회 이상 10kg 이상의 물체를 무릎 아래에서 들거나, 어깨 위에서 들거나, 팔을 뻗은 상태에서 드는 작업
⑩ 하루에 총 2시간 이상, 분당 2회 이상 4.5kg 이상의 물체를 드는 작업
⑪ 하루에 총 2시간 이상 시간당 10회 이상 손 또는 무릎을 사용하여 반복적으로 충격을 가하는 작업

**{분석}**
필기에 자주 출제되는 내용입니다.

**22** 양립성(compatibility)에 대한 설명 중 틀린 것은?

① 개념양립성, 운동양립성, 공간양립성 등이 있다.
② 인간의 기대에 맞는 자극과 반응의 관계를 의미한다.
③ 양립성의 효과가 크면 클수록, 코딩의 시간이나 반응의 시간은 길어진다.
④ 양립성이 인간의 예상과 어느 정도 일치하는 것을 의미 한다.

**[해설]** ③ 양립성의 효과가 크면 클수록, 코딩이 시간이나 반응의 시간은 줄어든다.

**[참고]** 1. 양립성

자극과 반응의 관계가 인간의 기대와 모순되지 않는 성질
① 개념적 양립성 : 외부자극에 대해 인간의 개념적 현상의 양립성
② 공간적 양립성 : 표시장치, 조종장치의 형태 및 공간석배치의 양립성
③ 운동외 양립성 : 표시장치, 조종징치 틍의 운동 방향의 양립성
④ 양식 양립성 : 자극과 응답양식의 존재에 대한 양립성

2. 코딩
신호를 특정 부호로 바꾸는 것, 주어진 명령을 컴퓨터가 이해하는 언어로 바꾸는 것

**정답** 21 ③ 22 ③

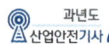
**23** 정보처리 과정에서 부적절한 분석이나 의사결정의 오류에 의하여 발생하는 행동은?

① 규칙에 기초한 행동
  (rule-based behavior)
② 기능에 기초한 행동
  (skill-based behavior)
③ 지식에 기초한 행동
  (knowledge-based behavior)
④ 무의식에 기초한 행동
  (unconsciousness-based behavior)

[해설] 부적절한 분석이나 의사결정의 오류 →
지식에 기초한 행동

**24** 욕조곡선의 설명으로 맞는 것은?

① 마모고장 기간의 고장 형태는 감소형이다.
② 디버깅(Debugging) 기간은 마모고장에 나타난다.
③ 부식 또는 산화로 인하여 초기고장이 일어난다.
④ 우발고장기간은 고장률이 비교적 낮고 일정한 현상이 나타난다.

[해설] ① 마모고장 기간의 고장 형태는 증가형이다.
② 디버깅(Debugging) 기간은 초기고장의 예방 보전 기간이다.
③ 부식 또는 산화로 인하여 마모고장이 일어난다.

[참고] 1. 초기 고장 (감소형)
  • 설계상, 구조상 결함, 불량 제조 · 생산 과정 등의 품질 관리미비로 생기는 고장 형태
  • 점검 작업이나 시운전 작업 등으로 사전에 방지할 수 있는 고장

2. 우발고장 (일정형)
  • 예측할 수 없을 때에 생기는 고장의 형태
  • 사용자의 실수, 천재지변, 우발적 사고 등이 원인이다.

3. 마모 고장 (증가형)
  • 기계적 요소나 부품의 마모, 사람의 노화 현상 등에 의해 고장률이 상승하는 형이다.
  • 고장이 일어나기 직전에 교환, 안전 진단 및 적당한 보수에 의해서 방지할 수 있는 고장이다.

{분석}
필기에 자주 출제되는 내용입니다.

**25** 시력에 대한 설명으로 맞는 것은?

① 배열시력(vernier acuity) – 배경과 구별하여 탐지할 수 있는 최소의 점
② 동적시력(dynamic visual acuity) – 비슷한 두 물체가 다른 거리에 있다고 느껴지는 시차각의 최소차로 측정되는 시력
③ 입체시력(stereoscopic acuity) – 거리가 있는 한 물체에 대한 약간 다른 상이 두 눈의 망막에 맺힐 때 이것을 구별하는 능력
④ 최소지각시력(minimum perceptible acuity) – 하나의 수직선이 중간에서 끊겨 아래 부분이 옆으로 옮겨진 경우에 탐지할 수 있는 최소 측변방위

[해설] ① 배열시력(vernier acuity)
  하나의 수직선이 중간에서 끊겨 아래 부분이 옆으로 옮겨진 경우에 탐지할 수 있는 최소 측변방위(미세한 치우침을 분간하는 능력)
② 동적시력(dynamic visual acuity)
  움직이는 물체를 볼 때나 몸이 움직일 때의 시력
③ 입체시력(stereoscopic acuity)
  거리가 있는 한 물체에 대한 약간 다른 상이 두 눈의 망막에 맺힐 때 이것을 구별하는 능력(상이나 그림의 차이를 분간하는 능력)
④ 최소지각시력(minimum perceptible acuity)
  배경과 구별하여 탐지할 수 있는 최소의 점(한 점을 분간하는 능력)

•)) 정답 23 ③ 24 ④ 25 ③

**26** 인간의 귀의 구조에 대한 설명으로 틀린 것은?

① 외이는 귓바퀴와 외이도로 구성된다.
② 고막은 중이와 내이의 경계부위에 위치해 있으며 음파를 진동으로 바꾼다.
③ 중이에는 인두와 교통하여 고실 내압을 조절하는 유스타키오관이 존재한다.
④ 내이는 신체의 평형감각수용기인 반규관과 청각을 담당하는 전정기관 및 와우로 구성되어 있다.

**[해설]** ② 고막은 외이도와 중이의 경계부위에 위치해 있으며 음파를 진동으로 바꾼다.

**27** FTA를 수행함에 있어 기본사상들의 발생이 서로 독립인가 아닌가의 여부를 파악하기 위해서는 어느 값을 계산해 보는 것이 가장 적합한가?

① 공분산  ② 분산
③ 고장률  ④ 발생확률

**[해설]** 기본사상들의 발생이 서로 독립인가 아닌가의 여부를 파악 → 공분산

**[참고]** 공분산
두 확률변수가 변화하는 양상을 측정하는 척도로서 이들 상호 간의 분산을 나타낸 값

**28** 산업안전보건 법령에 따라 제출된 유해·위험방지계획서의 심사 결과에 따른 구분·판정 결과에 해당하지 않는 것은?

① 적정
② 일부 적정
③ 부적정
④ 조건부 적정

**[해설]** 유해위험 방지계획서 심사 결과의 구분
① 적정 : 근로자의 안전과 보건을 위하여 필요한 조치가 구체적으로 확보되었다고 인정되는 경우
② 조건부 적정 : 근로자의 안전과 보건을 확보하기 위하여 일부 개선이 필요하다고 인정되는 경우
③ 부적정 : 기계·설비 또는 건설물이 심사기준에 위반되어 공사착공 시 중대한 위험발생의 우려가 있거나 계획에 근본적 결함이 있다고 인정되는 경우

{분석}
실기까지 중요한 내용입니다.

**29** 일반적으로 기계가 인간보다 우월한 기능에 해당되는 것은?
(단, 인공지능은 제외한다.)

① 귀납적으로 추리한다.
② 원칙을 적용하여 다양한 문제를 해결한다.
③ 다양한 경험을 토대로 하여 의사 결정을 한다.
④ 명시된 절차에 따라 신속하고, 정량적인 정보처리를 한다.

**[해설]** 인간 – 기계의 기능 비교

| 구분 | 인간의 장점 | 기계의 장점 |
| --- | --- | --- |
| 감지 기능 | • 저에너지 자극감지<br>• 다양한 자극 식별<br>• 예기치 못한 사건 감지 | • 인간의 감지범위 밖의 자극감지<br>• 인간, 기계의 모니터 기능 |
| 정보 처리 결정 | • 많은 양의 정보 장시간 보관<br>• 귀납적, 다양한 문제 해설 | • 정보 신속 대량 보관<br>• 연역적, 정량적 |
| 행동 기능 | • 과부하 상태에서는 중요한 일에만 집념할 수 있다. | • 과부하에서 효율적 작동<br>• 장시간 중량 작업, 반복, 동시 여러 가지 작업을 수행 가능 |

{분석}
필기에 자주 출제되는 내용입니다.

**정답** 26 ② 27 ① 28 ② 29 ④

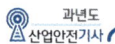 
**30** 섬유유연제 생산 공정이 복잡하게 연결되어 있어 작업자의 불안전한 행동을 유발하는 상황이 발생하고 있다. 이것을 해결하기 위한 위험처리 기술에 해당하지 않는 것은?

① Transfer(위험전가)
② Retention(위험보류)
③ Reduction(위험감축)
④ Rearrange(작업순서의 변경 및 재배열)

해설 **위험처리기술**

① 위험의 제거(위험감축) : 위험 요소를 적극적으로 예방하고 경감하려는 것
② 위험의 회피 : 위험한 작업 자체를 하지 않거나 작업 방법을 개선하는 것
③ 위험의 보유 : 위험의 일부 또는 전부를 스스로 인수하는 것
④ 위험의 전가 : 위험을 보험, 보증, 공제기금제도 등으로 분산시키는 것

{분석}
필기에 자주 출제되는 내용입니다.

**31** 다음 그림의 결함수에서 최소 패스셋 (minimal path sets)과 그 신뢰도 R(t)는? (단, 각각의 부품 신뢰도는 0.90이다.)

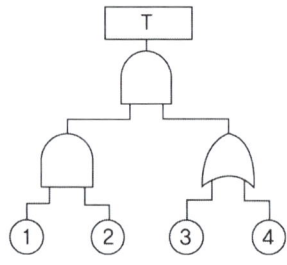

① 최소 패스셋 : {1}, {2}, {3, 4}
   R(t) = 0.9081
② 최소 패스셋 : {1}, {2}, {3, 4}
   R(t) = 0.9981
③ 최소 패스셋 : {1, 2, 3}, {1, 2, 4}

R(t) = 0.9081
④ 최소 패스셋 : {1, 2, 3}, {1, 2, 4}
   R(t) = 0.9981

해설 FT도의 AND게이트 → OR, OR게이트 → AND로 바꾸어 그려서 미니멀 컷을 구하면 원래 FT도의 미니멀 패스가 된다.

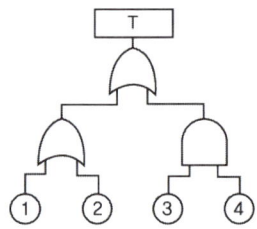

1. 미니멀 패스

$$T = \begin{pmatrix} ① \\ ② \\ (③④) \end{pmatrix} = \begin{pmatrix} ① \\ ② \\ (③④) \end{pmatrix}$$

∴ 미니멀 패스 = (①) 또는 (②) 또는 (③ ④)

2. 신뢰도

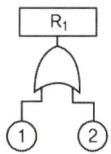

$R_1 = \{1-(1-①)\times(1-②)\}$
   $= \{1-(1-0.9)\times(1-0.9)\} = 0.99$

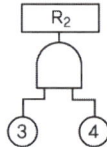

$R_2 = ③\times④ = 0.9\times0.9 = 0.81$

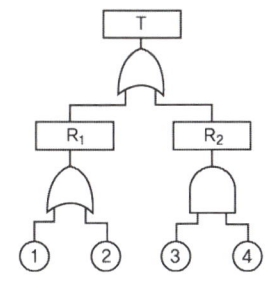

$$R_t = \{1 - (1 - R_1) \times (1 - R_2)\}$$
$$= \{1 - (1 - 0.99) \times (1 - 0.81)\} = 0.9981$$

{분석}
**필기에 자주 출제되는 내용입니다.**

**32** 3개 공정의 소음수준 측정 결과 1공정은 100dB에서 1시간, 2공정은 95dB에서 1시간, 3공정은 90dB에서 1시간이 소요될 때 총 소음량(TND)과 소음설계의 적합성을 맞게 나열한 것은?
(단, 90dB에 8시간 노출될 때를 허용기준으로 하며, 5dB 증가할 때 허용시간은 1/2로 감소되는 법칙을 적용한다.)

① TND = 0.785, 적합
② TND = 0.875, 적합
③ TND = 0.985, 적합
④ TND = 1.085, 부적합

{해설}

1. 노출기준$(TND) = \dfrac{\text{실제 노출시간}_1}{\text{1일 노출기준}_1} + \dfrac{\text{실제 노출시간}_2}{\text{1일 노출기준}_2} \cdots$

$$= \frac{1}{2} + \frac{1}{4} + \frac{1}{8} = 0.875$$

2. $TND$ 가 1 미만이므로 : 적합

**참고** 소음의 노출기준(충격소음 제외)

| 1일 노출 시간(hr) | 8 | 4 | 2 | 1 | $\frac{1}{2}$ | $\frac{1}{4}$ |
|---|---|---|---|---|---|---|
| 소음강도 dB(A) | 90 | 95 | 100 | 105 | 110 | 115 |

[주 : 115dB(A)를 초과하는 소음 수준에 노출되어서는 안됨]

**33** 인간공학에 있어 기본적인 가정에 관한 설명으로 틀린 것은?

① 인간 기능의 효율은 인간 - 기계 시스템의 효율과 연계된다.
② 인간에게 적절한 동기부여가 된다면 좀 더 나은 성과를 얻게 된다.
③ 개인이 시스템에서 효과적으로 기능을 하지 못하여도 시스템의 수행도는 변함없다.
④ 장비, 물건, 환경 특성이 인간의 수행도와 인간 - 기계 시스템의 성과에 영향을 준다.

{해설} ③ 개인이 시스템에서 효과적으로 기능을 하지 못한다면 시스템의 수행도는 낮아진다.

**34** 안전성 평가의 기본원칙 6단계에 해당되지 않는 것은?

① 안전대책
② 정성적 평가
③ 작업환경 평가
④ 관계 자료의 정비검토

{해설} 안전성 평가 6단계

① 1단계 : 관계자료의 정비검토 (작성준비)
② 2단계 : 정성적인 평가
③ 3단계 : 정량적인 평가
④ 4단계 : 안전대책 수립
⑤ 5단계 : 재해사례에 의한 평가
⑥ 6단계 : FTA에 의한 재평가

{분석}
**필기에 자주 출세뇌는 내용입니다.**

**정답** 32 ② 33 ③ 34 ③

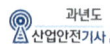
**35** 다음 내용의 ( )안에 들어갈 내용을 순서대로 정리한 것은?

> 근섬유의 수축 단위는 ( A )(이)라 하는데, 이것은 두 가지 기본형의 단백질 필라멘트로 구성되어 있으며, ( B )이(가) ( C ) 사이로 미끄러져 들어가는 현상으로 근육의 수축을 설명하기도 한다.

① A : 근막, B : 마이오신, C : 액틴
② A : 근막, B : 액틴, C : 마이오신
③ A : 근원섬유, B : 근막, C : 근섬유
④ A : 근원섬유, B : 액틴, C : 마이오신

[해설] 근섬유의 수축단위는 근원섬유라 하는데, 이것은 두 가지 기본형의 단백질 필라멘트로 구성되어 있으며, 액틴이 마이오신 사이로 미끄러져 들어가는 현상으로 근육의 수축을 설명하기도 한다.

[참고] 근섬유 : 근육 내지 근조직을 구성하는 수축성을 가진 섬유상 세포를 말한다.

**36** 소음 발생에 있어 음원에 대한 대책으로 볼 수 없는 것은?

① 설비의 격리
② 적절한 재배치
③ 저소음 설비 사용
④ 귀마개 및 귀덮개 사용

[해설] ④ 귀마개 및 귀덮개 사용 → 작업자에 대한 대책

{분석}
**필기에 자주 출제되는 내용입니다.**

**37** 인간공학적 의자 설계의 원리로 가장 적합하지 않은 것은?

① 자세고정을 줄인다.
② 요부측만을 촉진한다.
③ 디스크 압력을 줄인다.
④ 등근육의 정적 부하를 줄인다.

[해설] ② 요추의 전만곡선을 유지한다.

{분석}
**필기에 자주 출제되는 내용입니다.**

**38** FTA에서 사용되는 논리게이트 중 입력과 반대되는 현상으로 출력되는 것은?

① 부정 게이트
② 억제 게이트
③ 배타적 OR 게이트
④ 우선적 AND 게이트

[해설]

| 기호 | 명명 | 기호 설명 |
|------|------|-----------|
| A (부정기호) | 부정게이트 | 입력과 반대현상의 출력 생김 |
| (억제게이트 기호) | 억제게이트 | 특정조건을 만족하여야 출력이 생김 |
| 또는 / 동시발생 (배타적 OR 기호) | 배타적 OR게이트 | 입력사상 중 오직 한 개의 발생으로만 출력이 생김 |
| 또는 / Ai, Aj, Ak 순으로 / Ai Aj Ak (우선적 AND 기호) | 우선적 AND게이트 | 입력사상이 특정 순서대로 발생하여야 출력이 발생 |

{분석}
**필기에 자주 출제되는 내용입니다.**

**정답** 35 ④ 36 ④ 37 ② 38 ①

**39** 다음 그림에서 시스템 위험분석 기법 중 PHA(예비위험분석)가 실행되는 사이클의 영역으로 맞는 것은?

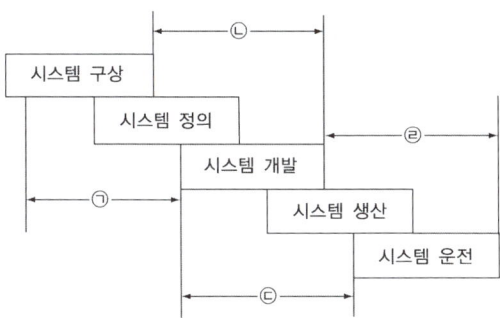

① ㉠        ② ㉡
③ ㉢        ④ ㉣

**│해설│** **PHA(예비위험분석)** : 시스템의 최초단계(설계단계, 구상단계)에서 실시하는 분석법

{분석}
필기에 자주 출제되는 내용입니다.

**40** 인간과 기계의 신뢰도가 인간 0.40, 기계 0.95인 경우, 병렬작업 시 전체 신뢰도는?

① 0.89
② 0.92
③ 0.95
④ 0.97

**│해설│** 병렬작업이므로
신뢰도
$= 1 - (1 - 인간의 신뢰도) \times (1 - 기계의 신뢰도)$
$= 1 - (1 - 0.40) \times (1 - 0.95) = 0.97$

{분석}
필기에 자주 출제되는 내용입니다.

---

**제3과목** · 기계 · 기구 및 설비 안전 관리

**41** 어떤 양중기에서 3,000kg의 질량을 가진 물체를 한쪽이 45° 인 각도로 그림과 같이 2개의 와이어로프로 직접 들어 올릴 때, 안전율이 고려된 가장 적절한 와이어로프 지름을 표에서 구하면? (단, 안전율은 산업안전보건법령을 따르고, 두 와이어로프의 지름은 동일하며, 기준을 만족하는 가장 작은 지름을 선정한다.)

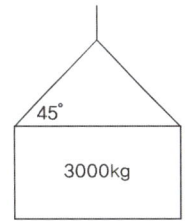

[와이어로프 지름 및 절단강도]

| 와이어로프 지름[mm] | 절단강도 [kN] |
|---|---|
| 10 | 56 kN |
| 12 | 88 kN |
| 14 | 110 kN |
| 16 | 144 kN |

① 10mm        ② 12mm
③ 14mm        ④ 16mm

**│해설│** 1. 와이어로프 한 가닥에 걸리는 하중 $= \dfrac{w}{2} \div \cos\dfrac{\theta}{2}$

$= \dfrac{3000}{2} \div \cos\dfrac{90}{2} = 2121.32kg$

(삼각형의 세 각의 합은 180°이므로
$\theta = 180 - 45 - 45 = 90°$)

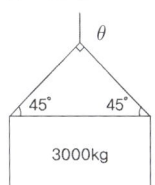

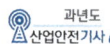
2. 양중기 와이어로프의 안전율 = 5 이상

와이어로프의 안전율 $= \dfrac{\text{1가닥의 절단하중}}{\text{1가닥에 걸리는 하중}}$

$5 = \dfrac{\text{1가닥의 절단하중}}{\text{1가닥에 걸리는 하중}}$

절단하중 = 5 × 한 가닥에 걸리는 하중
$= 5 \times 2121.32 = 10606.6\text{kg} \times 9.8$
$= 103944.68\text{N} \div 1000 = 103.94\text{kN}$

3. 와이어로프의 지름은 14mm 이상 되어야 한다.

{분석}
비중이 낮은 문제입니다.

**42** 다음 중 금형 설치·해체작업의 일반적인 안전 사항으로 틀린 것은?

① 금형을 설치하는 프레스의 T홈 안길이는 설치 볼트 직경 이하로 한다.
② 금형의 설치 용구는 프레스의 구조에 적합한 형태로 한다.
③ 고정 볼트는 고정 후 가능하면 나사산이 3~4개 정도 짧게 남겨 슬라이드 면과의 사이에 협착이 발생하지 않도록 해야 한다.
④ 금형 고정용 브래킷(물림판)을 고정시킬 때 고정용 브래킷은 수평이 되게 하고, 고정 볼트는 수직이 되게 고정하여야 한다.

[해설] ① 금형을 설치하는 프레스의 T홈의 안길이는 설치 볼트 직경의 2배 이상으로 한다.

**43** 휴대용 동력드릴의 사용 시 주의해야 할 사항에 대한 설명으로 옳지 않은 것은?

① 드릴 작업 시 과도한 진동을 일으키면 즉시 작업을 중단한다.
② 드릴이나 리머를 고정하거나 제거할 때는 금속성 망치 등을 사용한다.
③ 절삭하기 위하여 구멍에 드릴 날을 넣거나 뺄 때는 팔을 드릴과 직선이 되도록 한다.
④ 작업 중에는 드릴을 구멍에 맞추거나 하기 위해서 드릴 날을 손으로 잡아서는 안 된다.

[해설] ② 리머 및 드릴을 구멍에 넣거나 꺼낼 때 백아웃 펀치, 센터펀치, 드릴 핀, 망치, 기타 단단한 금속물체 등으로 드릴을 직접 때려서는 안 된다. (단단한 물체로 치면 파편이 튈 수 있다.)

**44** 방호장치를 분류할 때는 크게 위험장소에 대한 방호장치와 위험원에 대한 방호장치로 구분할 수 있는데, 다음 중 위험장소에 대한 방호장치가 아닌 것은?

① 격리형 방호장치
② 접근거부형 방호장치
③ 접근반응형 방호장치
④ 포집형 방호장치

[해설]

| 위험장소에 따른 분류 | 위험원에 따른 분류 |
|---|---|
| ① 격리형 방호장치<br>② 위치 제한형 방호장치<br>③ 접근 거부형 방호장치<br>④ 접근 반응형 방호장치 | ① 포집형 방호장치<br>② 감지형 방호장치 |

{분석}
필기에 자주 출제되는 내용입니다.

**45** 다음 (    )안의 A와 B의 내용을 옳게 나타낸 것은?

> 아세틸렌용접장치의 관리상 발생기에서 ( A )미터 이내 또는 발생기실에서 ( B )미터 이내의 장소에서는 흡연, 화기의 사용 또는 불꽃이 발생할 위험한 행위를 금지해야 한다.

① A : 7, B : 5
② A : 3, B : 1
③ A : 5, B : 5
④ A : 5, B : 3

[해설] 발생기에서 5미터 이내 또는 발생기실에서 3미터 이내의 장소에서는 흡연, 화기의 사용 또는 불꽃이 발생할 위험한 행위를 금지시킬 것

•))정답  42 ①  43 ②  44 ④  45 ④

{분석}
**실기까지 중요한 내용입니다.**

**46** 크레인의 로프에 질량 100kg인 물체를 5m/s²의 가속도로 감아올릴 때, 로프에 걸리는 하중은 약 몇 N인가?

① 500 N          ② 1480 N
③ 2540 N         ④ 4900 N

[해설] **와이어로프에 걸리는 총 하중**

> 총 하중($w$) = 정하중($w_1$)+동하중($w_2$)
>
> - 동하중($w_2$)= $\dfrac{w_1}{g} \times a$
>
> 여기서, $w$ : 총 하중($kg_f$)
> $w_1$ : 정하중($kg_f$)
> $w_2$ : 동하중($kg_f$)
> $g$ : 중력 가속도(9.8m/s²)
> $a$ : 가속도(m/s²)
>
> - 정하중 : 매단 물체의 무게

총 하중($w$) = $100 + \dfrac{100}{9.8} \times 5 = 151.02kg \times 9.8$
$= 1480N$

{분석}
**실기까지 중요한 내용입니다.**

**47** 침투탐상검사에서 일반적인 작업 순서로 옳은 것은?

① 전처리 → 침투처리 → 세척 처리 → 현상 처리 → 관찰 → 후처리
② 전처리 → 세척 처리 → 침투처리 → 현상 처리 → 관찰 → 후처리
③ 전처리 → 현상 처리 → 침투처리 → 세척 처리 → 관찰 → 후처리
④ 전처리 → 침투처리 → 현상 처리 → 세척 처리 → 관찰 → 후처리

[해설] **침투탐상검사의 순서**

전처리 → 침투처리 → 세척 처리 → 현상 처리 → 관찰 → 후처리

**48** 연삭기 덮개의 개구부 각도가 그림과 같이 150° 이하여야 하는 연삭기의 종류로 옳은 것은?

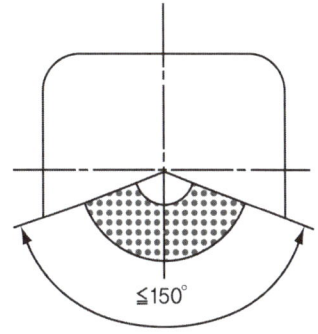

≦150°

① 센터리스 연삭기
② 탁상용 연삭기
③ 내면 연삭기
④ 평면 연삭기

[해설] **연삭기의 덮개 노출각도**

| 탁상용 연삭기 | ① 상부를 사용하는 경우 : 60° 이내 |
| --- | --- |
| | R/O<br>60° 이내<br>80° 이내 |
| | ② 수평면 이하에서 연삭할 경우 : 노출 각도를 125°까지 증가시킬 수 있다. |
| | 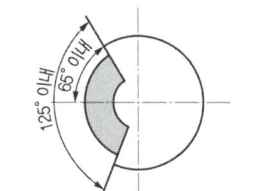125° 이내<br>65° 이내 |

정답 46 ② 47 ① 48 ④

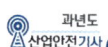
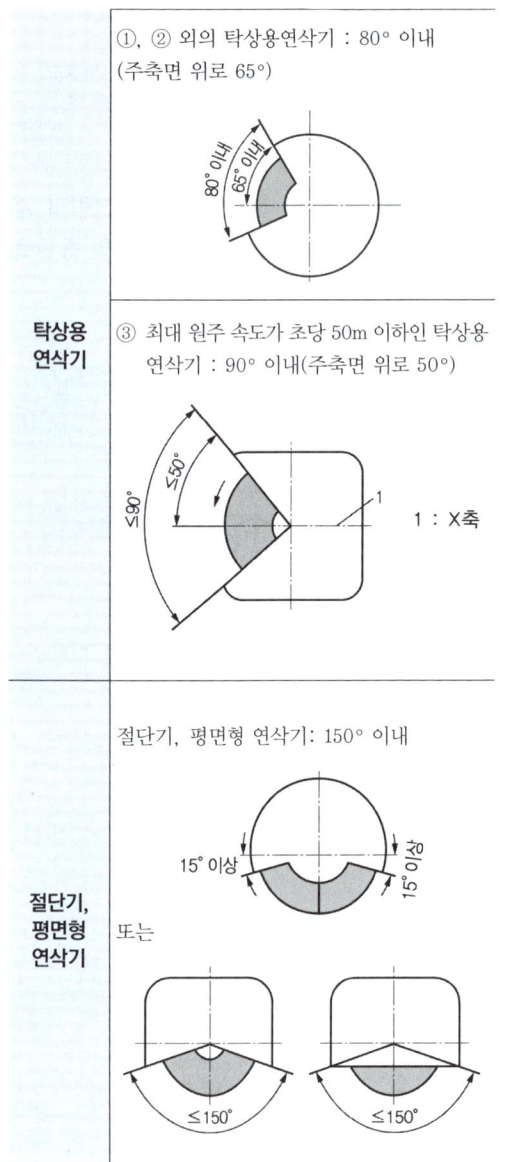

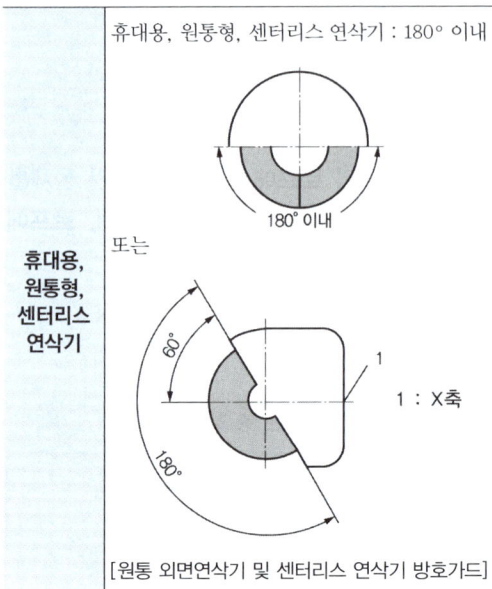

| | |
|---|---|
| 탁상용 연삭기 | ①, ② 외의 탁상용연삭기 : 80° 이내 (주축면 위로 65°) |
| | ③ 최대 원주 속도가 초당 50m 이하인 탁상용 연삭기 : 90° 이내(주축면 위로 50°) |
| 절단기, 평면형 연삭기 | 절단기, 평면형 연삭기: 150° 이내 |
| 휴대용, 원통형, 센터리스 연삭기 | 휴대용, 원통형, 센터리스 연삭기 : 180° 이내 |

[원통 외면연삭기 및 센터리스 연삭기 방호가드]

{분석}
**실기까지 중요한 내용입니다.**

**49** 다음 중 선반에서 사용하는 바이트와 관련된 방호장치는?

① 심압대
② 터릿
③ 칩 브레이커
④ 주축대

[해설] • 칩 브레이커 : 칩을 짧게 절단하는 장치로 선반의 바이트에 설치한다.

{분석}
**필기에 자주 출제되는 내용입니다.**

정답 49 ③

**50** 프레스기를 사용하여 작업을 할 때 작업 시작 전 점검사항으로 틀린 것은?

① 클러치 및 브레이크의 기능
② 압력방출장치의 기능
③ 크랭크축·플라이휠·슬라이드·연결봉 및 연결나사의 풀림 유무
④ 금형 및 고정 볼트의 상태

**해설** **프레스의 작업 시작 전 점검 사항**
① 클러치 및 브레이크 기능
② 크랭크축·플라이 휠·슬라이드·연결 봉 및 연결 나사의 볼트 풀림 유무
③ 1행정 1정지 기구·급정지 장치 및 비상 정지 장치의 기능
④ 슬라이드 또는 칼날에 의한 위험 방지 기구의 기능
⑤ 프레스의 금형 및 고정 볼트 상태
⑥ 당해 방호 장치의 기능
⑦ 전단기의 칼날 및 테이블의 상태

{분석}
실기에 자주 출제되는 내용입니다. 암기하세요.

**51** 다음 중 기계 설비에서 재료 내부의 균열 결함을 확인할 수 있는 가장 적절한 검사 방법은?

① 육안검사
② 초음파탐상검사
③ 피로검사
④ 액체침투탐상검사

**해설** 재료 내부의 균열결함 확인 → 초음파탐상검사

**52** 다음은 프레스 제작 및 안전기준에 따라 높이 2m 이상인 작업용 발판의 설치 기준을 설명한 것이다. ( )안에 알맞은 말은?

[안전난간 설치 기준]
• 상부 난간대는 바닥면으로부터 ( 가 ) 이상 120cm 이하에 설치하고, 중간 난간대는 상부 난간대와 바닥면 등의 중간에 설치할 것
• 발끝막이판은 바닥면 등으로부터 ( 나 ) 이상의 높이를 유지할 것

① 가. 90cm   나. 10cm
② 가. 60cm   나. 10cm
③ 가. 90cm   나. 20cm
④ 가. 60cm   나. 20cm

**해설** **안전난간의 구조 및 설치요건**
① 상부 난간대, 중간 난간대, 발끝막이판 및 난간 기둥으로 구성할 것
② 상부 난간대는 바닥면·발판 또는 경사로의 표면으로부터 90센티미터 이상 지점에 설치하고, 상부 난간대를 120센티미터 이하에 설치하는 경우에는 중간 난간대는 상부 난간대와 바닥면 등의 중간에 설치하여야 하며, 120센티미터 이상 지점에 설치하는 경우에는 중간 난간대를 2단 이상으로 균등하게 설치하고 난간의 상하 간격은 60센티미터 이하가 되도록 할 것
③ 발끝막이판은 바닥면 등으로부터 10센티미터 이상의 높이를 유지할 것
④ 난간기둥은 상부 난간대와 중간 난간대를 견고하게 떠받칠 수 있도록 적정한 간격을 유지할 것
⑤ 상부 난간대와 중간 난간대는 난간 길이 전체에 걸쳐 바닥면 등과 평행을 유지할 것
⑥ 난간대는 지름 2.7센티미터 이상의 금속제 파이프나 그 이상의 강도가 있는 재료일 것
⑦ 안전난간은 구조적으로 가장 취약한 지점에서 가장 취약한 방향으로 작용하는 100킬로그램 이상의 하중에 견딜 수 있는 튼튼한 구조일 것

{분석}
실기까지 중요한 내용입니다.

2018

**🔊 정답** 50 ② 51 ② 52 ①

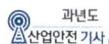

**53** 다음 중 산업안전보건 법령상 보일러 및 압력용기에 관한 사항으로 틀린 것은?

① 공정안전보고서 제출 대상으로서 이행상태 평가결과가 우수한 사업장의 경우 보일러의 압력방출장치에 대하여 8년에 1회 이상으로 설정압력에서 압력방출장치가 적정하게 작동하는지를 검사할 수 있다.

② 보일러의 안전한 가동을 위하여 보일러 규격에 맞는 압력방출장치를 1개 이상 설치하고 최고 사용압력 이하에서 작동되도록 하여야 한다.

③ 보일러의 과열을 방지하기 위하여 최고 사용압력과 상용 압력 사이에서 보일러의 버너 연소를 차단할 수 있도록 압력제한스위치를 부착하여 사용하여야 한다.

④ 압력용기에 이를 식별할 수 있도록 하기 위하여 그 압력 용기의 최고사용압력, 제조연월일, 제조회사명이 지워지지 않도록 각인(刻印) 표시된 것을 사용하여야 한다.

**해설** 압력방출장치의 설치

① 압력방출장치를 1개 또는 2개 이상 설치하고 최고사용압력이하에서 작동되도록 하여야 한다. 다만, 압력방출장치가 2개 이상 설치된 경우에는 최고사용압력 이하에서 1개가 작동되고, 다른 압력방출장치는 최고사용압력 1.05배 이하에서 작동되도록 부착하여야 한다.

② 압력방출장치는 매년 1회 이상 "국가교정기관"으로부터 교정을 받은 압력계를 이용하여 토출압력을 시험한 후 납으로 봉인하여 사용하여야 한다. 다만, 공정안전보고서 제출대상으로서 공정안전관리 이행수준 평가결과가 우수한 사업장의 입력방출장치에 대하여 4년마다 1회 이상 토출압력을 시험할 수 있다.

{분석}
**실기까지 중요한 내용입니다.**

**54** 목재가공용 둥근톱 기계에서 가동식 접촉예방장치에 대한 요건으로 옳지 않은 것은?

① 덮개의 하단이 송급되는 가공재의 상면에 항상 접하는 방식의 것이고 절단작업을 하고 있지 않을 때에는 톱날에 접촉되는 것을 방지할 수 있어야 한다.

② 절단작업 중 가공재의 절단에 필요한 날 이외의 부분을 항상 자동적으로 덮을 수 있는 구조여야 한다.

③ 지지부는 덮개의 위치를 조정할 수 있고 체결볼트에는 이완방지조치를 해야 한다.

④ 톱날이 보이지 않게 완전히 가려진 구조이어야 한다.

**해설** ④ 덮개의 하단이 송급되는 가공재의 윗면에 항상 접하는 구조이며, 가공재를 절단하고 있지 않을 때는 덮개가 테이블 면까지 내려가 어떠한 경우에도 근로자의 손 등이 톱날에 접촉되는 것을 방지하도록 된 구조

**55** 다음 중 기계설비에서 반대로 회전하는 두 개의 회전체가 맞닿는 사이에 발생하는 위험점을 무엇이라 하는가?

① 물림점(nip point)
② 협착점(squeeze point)
③ 접선물림점(tangential point)
④ 회전말림점(trapping point)

**해설** 반대로 회전하는 두 개의 회전체가 맞닿는 사이에 발생하는 위험점 → 물림점(nip point)

**참고** 위험점의 분류

① 협착점 : 왕복운동 부분과 고정부분 사이에서 형성되는 위험점
 **예** 프레스기, 전단기, 성형기 등
② 끼임점 : 고정부분과 회전하는 동작부분 사이에서 형성되는 위험점
 **예** 연삭숫돌과 덮개, 교반기 날개와 하우징 등

**•)•정답** 53① 54④ 55①

③ 절단점 : 회전하는 운동부 자체, 운동하는 기계 부분 자체의 위험점
예 날, 커터를 가진 기계

④ 물림점 : 회전하는 두 개의 회전체에 물려 들어가는 위험점
예 롤러와 롤러, 기어와 기어 등

⑤ 접선 물림점 : 회전하는 부분의 접선 방향으로 물려 들어가는 위험점
예 벨트와 풀리, 체인과 스프로킷 등

⑥ 회전 말림점 : 회전하는 물체에 작업복, 머리카락 등이 말려 들어가는 위험점
예 회전축, 커플링 등

{분석}
실기까지 중요한 내용입니다.

**56** 롤러의 가드 설치방법 중 안전한 작업공간에서 사고를 일으키는 공간함정(trap)을 막기 위해 확보해야할 신체 부위별 최소 틈새가 바르게 짝지어진 것은?

① 다리 : 240mm
② 발 : 180mm
③ 손목 : 150mm
④ 손가락 : 25mm

해설

| 몸 | 다리 | 발 |
|---|---|---|
| 500mm | 180mm | 120mm |

| 팔 | 손 | 손가락 |
|---|---|---|
| 120mm | 100mm | 25mm |

**57** 지게차가 부하상태에서 수평거리가 12m이고, 수직높이가 1.5m인 오르막길을 주행할 때 이 지게차의 전후 안정도와 지게차 안정도 기준의 전후 안정도와 지게차 안정도 기준의 만족여부로 옳은 것은?

① 지게차 전후 안정도는 12.5%이고 안정도 기준을 만족하지 못한다.
② 지게차 전후 안정도는 12.5%이고 안정도 기준을 만족한다.
③ 지게차 전후 안정도는 25%이고 안정도 기준을 만족하지 못한다.
④ 지게차 전후 안정도는 25%이고 안정도 기준을 만족한다.

해설 1. 오르막길을 오를 때의 지게차의 안정도

$$= \frac{높이}{수평거리} \times 100$$

$$= \frac{1.5}{12} \times 100 = 12.5\%$$

2. 지게차의 안정도 기준
- 하역작업 시의 전·후 안정도 = 4% 이내
- 하역작업 시의 좌·우 안정도 = 6% 이내
- 주행작업 시의 전·후 안정도 = 18% 이내
- 주행삭업 시의 좌·우 안정도 = (15 + 1.1V)% 이내 (여기서, V : 최고속도 Km/h)

3. 지게차 주행 시의 전후안정도 기준은 18% 이내이며, 현재 지게차의 안정도가 12.5%이므로 안정도 기준을 만족한다.

{분석}
실기까지 중요한 내용입니다.

**58** 사출성형기에서 동력 작동 시 금형고정장치의 안전사항에 대한 설명으로 옳지 않은 것은?

① 금형 또는 부품의 낙하를 방지하기 위해 기계적 억제장치를 추가하거나 자체 고정장치(self retain clamping unit) 등을 설치해야 한다.
② 자석식 금형 고정장치는 상·하(좌·우) 금형의 정확한 위치가 자동적으로 모니터(monitor)되어야 한다.
③ 상·하(좌·우)의 두 금형 중 어느 하나가 위치를 이탈하는 경우 플레이트를 작동시켜야 한다.
④ 전자석 금형 고정장치를 사용하는 경우에는 전자기파에 의한 영향을 받지 않도록 전자파 내성대책을 고려해야 한다.

<sup>해설</sup> **동력 작동식 금형 고정장치**
① 금형 또는 부품의 낙하를 방지하기 위해 기계적 억제장치를 추가하거나 자체 고정장치(self retain clamping unit) 등을 설치해야 한다.
② 자석식 금형 고정장치는 상·하(좌·우)금형의 정확한 위치가 자동적으로 모니터(monitor)되어야 하며, **두 금형 중 어느 하나가 위치를 이탈하는 경우 플레이트를 더 이상 움직이지 않아야 한다.**
③ 전자석 금형 고정장치를 사용하는 경우에는 전자기파에 의한 영향을 받지 않도록 전자파 내성대책을 고려해야 한다.

**59** 인장강도가 250 N/mm²인 강판의 안전율이 4라면 이 강판의 허용응력(N/mm²)은 얼마인가?

① 42.5
② 62.5
③ 82.5
④ 102.5

<sup>해설</sup> 안전율 = $\dfrac{\text{인장강도}}{\text{허용응력}}$

허용응력 = $\dfrac{\text{인장강도}}{\text{안전율}}$ = $\dfrac{250}{4}$ = 62.5

{분석}
**실기까지 중요한 내용입니다.**

**60** 다음 설명 중 ( )안에 알맞은 내용은?

> 롤러기의 급정지장치는 롤러를 무부하로 회전시킨 상태에서 앞면 롤러의 표면속도가 30m/min 미만일 때에는 급정지거리가 앞면 롤러 원주의 ( ) 이내에서 롤러를 정지시킬 수 있는 성능을 보유하여야 한다.

① $\dfrac{1}{2}$  ② $\dfrac{1}{4}$

③ $\dfrac{1}{3}$  ④ $\dfrac{1}{2.5}$

<sup>해설</sup> **앞면 롤러의 표면속도에 따른 급정지거리**

| 앞면 롤러의 표면속도 (m/min) | 급정지거리 |
|---|---|
| 30 미만 | 앞면 롤러 원주의 $\dfrac{1}{3}$ 이내 $(\pi \times d \times \dfrac{1}{3})$ |
| 30 이상 | 앞면 롤러 원주의 $\dfrac{1}{2.5}$ 이내 $(\pi \times d \times \dfrac{1}{2.5})$ |

**이때 표면속도의 산식은**

$$V = \frac{\pi \times D \times N}{1000} (\text{m/min})$$

여기서, $V$ : 표면속도
$D$ : 롤러 원통의 직경(mm)
$N$ : 1분간에 롤러기가 회전되는 수(rpm)

{분석}
**실기까지 중요한 내용입니다.**

**제4과목 • 전기설비 안전 관리**

**61** 심장의 맥동주기 중 어느 때에 전격이 인가되면 심실세동을 일으킬 확률이 크고, 위험한가?

① 심방의 수축이 있을 때
② 심실의 수축이 있을 때
③ 심실의 수축 종료 후 심실의 휴식이 있을 때
④ 심실의 수축이 있고 심방의 휴식이 있을 때

해설 심실의 수축 종료 후 심실의 휴식이 있을 때 심실 세동을 일으킬 확률이 크다.

**62** 교류 아크 용접기의 전격방지장치에서 시동감도를 바르게 정의한 것은?

① 용접봉을 모재에 접촉시켜 아크를 발생시킬 때 전격방지 장치가 동작할 수 있는 용접기의 2차측 최대저항을 말한다.
② 안전전압(24V 이하)이 2차측 전압 (85~95V)으로 얼마나 빨리 전환되는 가 하는 것을 말한다.
③ 용접봉을 모재로부터 분리시킨 후 주접 점이 개로되어 용접기의 2차측 전압이 무부하 전압(25V 이하)으로 될 때까지 의 시간을 말한다.
④ 용섭봉에서 아크를 발생시키고 있을 때 누설전류가 발생하면 전격방지 장치를 작동시켜야 할지 운전을 계속해 야 할지를 결정해야 하는 민감도를 말한다.

해설 **시동감도** : 용접봉을 모재에 접촉시켜 아크를 발생 시킬 때 전격방지 장치가 동작할 수 있는 용접기의 2차측 최대저항(용접봉과 피용접물과의 저항치 500Ω)

**63** 다음 ( )안에 들어갈 내용으로 옳은 것은?

> A. 감전 시 인체에 흐르는 전류는 인가 전압에 ( ㉠ )하고 인체저항에 ( ㉡ )한다.
> B. 인체는 전류의 열작용이 ( ㉢ ) × ( ㉣ )이 어느 정도 이상이 되면 발생한다.

① ㉠ 비례, ㉡ 반비례, ㉢ 전류의 세기, ㉣ 시간
② ㉠ 반비례, ㉡ 비례, ㉢ 전류의 세기, ㉣ 시간
③ ㉠ 비례, ㉡ 반비례, ㉢ 전압, ㉣ 시간
④ ㉠ 반비례, ㉡ 비례, ㉢ 전압, ㉣ 시간

해설
> A. $V = I \times R$
> $I = \dfrac{V}{R}$
> → 전류는 인가전압에 비례하고 인체저항에 반비례한다.
>
> B. $Q = I^2 \times R \times T$
> → 전류의 열작용은 전류의 세기 × 시간이 어느 정도 이상이 되면 발생한다.

**64** 폭발 위험장소 분류 시 분진폭발위험장소 의 종류에 해당하지 않는 것은?

① 20종 장소  ② 21종 장소
③ 22종 장소  ④ 23종 장소

해설

| 가스폭발 위험장소 | 분진폭발 위험장소 |
| --- | --- |
| 0종 장소 | 20종 장소 |
| 1종 장소 | 21종 장소 |
| 2종 장소 | 22종 장소 |

{분석}
**실기에 자주 출제되는 내용이므로, 암기하세요.**

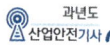
**65** 분진폭발 방지대책으로 가장 거리가 먼 것은?

① 작업장 등은 분진이 퇴적하지 않는 형상으로 한다.
② 분진 취급 장치에는 유효한 집진 장치를 설치한다.
③ 분체 프로세스 장치는 밀폐화하고 누설이 없도록 한다.
④ 분진 폭발의 우려가 있는 작업장에는 감독자를 상주시킨다.

**해설** 분진폭발의 방호

① 분진의 생성 방지 및 퇴적 방지 (집진장치, 장치의 밀폐화)
② 발화원의 제거
③ 불활성물질의 첨가

**66** 정전유도를 받고 있는 접지되어 있지 않는 도전성 물체에 접촉한 경우 전격을 당하게 되는데 이 때 물체에 유도된 전압 V(V)를 옳게 나타낸 것은?
(단, E는 송전선의 대지전압, $C_1$은 송전선과 물체 사이의 정전용량, $C_2$는 물체와 대지 사이의 정전용량이며, 물체와 대지 사이의 저항은 무시한다.)

① $V = \dfrac{C_1}{C_1 + C_2} \cdot E$

② $V = \dfrac{C_1 + C_2}{C_1} \cdot E$

③ $V = \dfrac{C_1}{C_1 \times C_2} \cdot E$

④ $V = \dfrac{C_1 \times C_2}{C_1} \cdot E$

**해설** 접지되어 있지 않는 도전성 물체에 접촉한 경우 물체에 유도된 전압의 계산
(단, 물체와 대지 사이의 저항은 무시)

$$V = \frac{C_1}{C_1 + C_2} \cdot E$$

여기서, E : 송전선의 대지전압
$C_1$ : 송전선과 물체 사이의 정전용량
$C_2$ : 물체와 대지 사이의 정전용량

{분석}
**비중이 낮은 문제입니다.**

**67** 화염일주한계에 대해 가장 잘 설명한 것은?

① 화염이 발화온도로 전파될 가능성의 한계값이다.
② 화염이 전파되는 것을 저지할 수 있는 틈새의 최대 간격치이다.
③ 폭발성 가스와 공기가 혼합되어 폭발한계내에 있는 상태를 유지하는 한계값이다.
④ 폭발성 분위기가 전기 불꽃에 의하여 화염을 일으킬 수 있는 최소의 전류값이다.

**해설** 화염일주한계 : 화염이 전파되는 것을 저지할 수 있는 틈새의 최대 간격 치(화염이 외부까지 전달되지 않는 한계의 틈)

**참고** 안전간격 = 최대안전틈새 = 화염일주한계

**68** 정전기 발생의 일반적인 종류가 아닌 것은?

① 마찰         ② 중화
③ 박리         ④ 유동

**해설** 정전기 발생 현상

① 마찰대전 : 두 물체사이의 마찰로 인한 접촉, 분리에서 발생한다.
② 유동대전 : 액체류가 파이프 등 내부에서 유동 시 관벽과 액체 사이에서 발생한다.

•)) 정답   65 ④   66 ①   67 ②   68 ②

③ 박리대전 : 밀착된 물체가 떨어지면서 자유전자의 이동으로 발생한다.

④ 충돌대전 : 입자와 다른 고체와의 충돌과 급속한 분리에 의해 발생한다.

⑤ 분출대전 : 기체, 액체, 분체류가 단면적이 작은 분출구를 통과할 때 발생한다.

⑥ 파괴 대전 : 고체, 분체류와 같은 물체가 파괴됐을 때 전하분리 또는 전하의 균형이 깨지면서 정전기가 발생한다.

{분석}
**실기까지 중요한 내용입니다.**

---

**69** 전기기계·기구의 조작 시 안전조치로서 사업주는 근로자가 안전하게 작업할 수 있도록 전기 기계·기구로부터 폭 얼마 이상의 작업공간을 확보하여야 하는가?

① 30cm      ② 50cm
③ 70cm      ④ 100cm

[해설] 전기기계·기구의 조작부분을 점검하거나 보수하는 경우에는 근로자가 안전하게 작업할 수 있도록 전기 기계·기구로부터 폭 70센티미터 이상의 작업공간을 확보하여야 한다.

---

**70** 기수전류(Let-go Current)에 대한 설명으로 옳은 것은?

① 마이크 사용 중 전격으로 사망에 이른 전류

② 전격을 일으킨 전류가 교류인지 직류인지 구별할 수 없는 전류

③ 충전부로부터 인체가 자력으로 이탈할 수 있는 전류

④ 몸이 물에 젖어 전압이 낮은 데도 전격을 일으킨 전류

[해설] 가수전류(이탈가능전류) → 자력으로 이탈할 수 있는 전류

---

**71** 정전 작업 시 작업 전 안전조치사항으로 가장 거리가 먼 것은?

① 단락 접지
② 잔류 전하 방전
③ 절연 보호구 수리
④ 검전기에 의한 정전 확인

[해설] 정전 작업 시 전로 차단 절차(정전작업 전 조치사항)

① 전기기기 등에 공급되는 모든 전원을 관련 도면, 배선도 등으로 확인할 것

② 전원을 차단한 후 각 단로기 등을 개방하고 확인할 것

③ 차단장치나 단로기 등에 잠금장치 및 꼬리표를 부착할 것

④ 개로된 전로에서 유도전압 또는 전기에너지가 축적되어 근로자에게 전기위험을 끼칠 수 있는 전기기기 등은 접촉하기 전에 잔류전하를 완전히 방전시킬 것

⑤ 검전기를 이용하여 작업 대상 기기가 충전되었는지를 확인할 것

⑥ 전기기기 등이 다른 노출 충전부와의 접촉, 유도 또는 예비동력원의 역송전 등으로 전압이 발생할 우려가 있는 경우에는 충분한 용량을 가진 단락 접지기구를 이용하여 접지할 것

{분석}
**실기까지 중요한 내용입니다.**

---

**72** 감전 사고의 방지 대책으로 가장 거리가 먼 것은?

① 전기 위험부의 위험 표시

② 충전부가 노출된 부분에 절연방호구 사용

③ 충전부에 접근하여 작업하는 작업자 보호구 착용

④ 사고 발생 시 처리 프로세스 작성 및 조치

[해설] ④ 사고 발생 시 처리 프로세스 작성 및 조치 → 사고 발생 후의 조치로 감전 방지 대책이 되지 못한다.

**참고** 감전방지 대책

① 전기설비의 <u>필요한 부분에 보호접지</u>를 한다.

② 노출된 충전부에 절연용 방호구를 설치하는 등 <u>충전부를 절연, 격리</u>한다.

③ 설비의 <u>사용 전압을 될 수 있는 한 낮춘다</u>.

④ 전기기기에 <u>누전차단기를 설치</u>한다.

⑤ 전기기기 조작의 안전화를 위해 <u>전기 기기 설비를 개선</u>한다.

⑥ 전기설비를 전기기기를 적정한 상태로 유지하기 위해 <u>점검·보수</u>한다.

⑦ <u>근로자 안전교육을 실시</u>하여 전기의 위험성을 강조한다.

⑧ 전기 취급 작업 근로자에게 <u>절연용 보호구를 착용토록</u> 한다.

⑨ 유자격자 이외에는 전기 기계, 기구의 조작을 금지한다.

**73** 위험방지를 위한 전기기계·기구의 설치 시 고려할 사항으로 거리가 먼 것은?

① 전기기계·기구의 충분한 전기적 용량 및 기계적 강도

② 전기기계·기구의 안전효율을 높이기 위한 시간 가동률

③ 습기·분진 등 사용장소의 주위 환경

④ 전기적·기계적 방호수단의 적정성

**해설** 전기기계·기구의 설치 시 고려사항 (전기기계·기구의 적정설치)

① 전기기계·기구의 <u>충분한 전기적 용량 및 기계적 강도</u>

② 습기·분진 등 <u>사용장소의 주위 환경</u>

③ 전기적·기계적 <u>방호수단의 적정성</u>

**74** 200A의 전류가 흐르는 단상 전로의 한 선에서 누전되는 최소 전류(mA)의 기준은?

① 100

② 200

③ 10

④ 20

**해설** 누전전류 = 최대 공급전류 $\times \dfrac{1}{2,000}$

$= 200 \times \dfrac{1}{2,000} = 0.1A \times 1,000$

$= 100mA$

{분석}
필기에 자주 출제되는 내용입니다.

**75** 정전기 방전에 의한 폭발로 추정되는 사고를 조사함에 있어서 필요한 조치로서 가장 거리가 먼 것은?

① 가연성 분위기 규명

② 사고 현장의 방전 흔적 조사

③ 방전에 따른 점화 가능성 평가

④ 전하 발생 부위 및 축적 기구 규명

**해설** 정전기 방전에 의한 사고를 조사

① 전하 발생 부위 및 축적 기구 규명

② 가연성 분위기 규명

③ 방전에 따른 점화 가능성 평가

**76** 감전쇼크에 의해 호흡이 정지되었을 경우 일반적으로 약 몇 분 이내에 응급처치를 개시하면 95% 정도를 소생시킬 수 있는가?

① 1분 이내

② 3분 이내

③ 5분 이내

④ 7분 이내

**해설**

| 호흡정지에서 인공호흡 개시까지 경과시간 | 소생률(%) |
|---|---|
| <u>1분</u> | <u>95%</u> |
| 2분 | 90% |
| 3분 | 75% |
| 4분 | 50% |
| 5분 | 25% |
| 6분 | 10% |

•)) **정답** 73 ② 74 ① 75 ② 76 ①

**77** 다음 중 방폭구조의 종류가 아닌 것은?

① 본질안전 방폭구조
② 고압 방폭구조
③ 압력 방폭구조
④ 내압 방폭구조

해설 **방폭구조의 종류**
① 내압 방폭구조(d)
② 압력 방폭구조(P)
③ 유입 방폭구조(o)
④ 안전증 방폭구조(e)
⑤ 본질안전 방폭구조(ia, ib)
⑥ 비점화 방폭구조(n)
⑦ 몰드 방폭구조(m)
⑧ 충전 방폭구조(q)
⑨ 특수 방폭구조(s)
⑩ 방진 방폭구조(tD)

{분석}
실기에 자주 출제되는 내용입니다. 암기하세요.

**78** 전선의 절연 피복이 손상되어 동선이 서로 직접 접촉한 경우를 무엇이라 하는가?

① 절연
② 누전
③ 접지
④ 단락

해설 절연 피복이 손상되어 동선이 서로 직접 접촉 → 단락

참고 **단락**
고상 또는 과실에 의해서 두 전선 사이의 전기저항이 작아진 상태 또는 선혀 없는 상태에서 접촉한 이상상태를 말하며, 전로의 절연피복이 연화 또는 손상되어 발생하거나, 전동기의 과부하 운전이나 결상(缺相)운전으로 인해 과전류가 흘러서 전동기 권선의 절연피복이 소손(燒損)하여 단락이 발생된다.

**79** 이상적인 피뢰기가 가져야 할 성능으로 틀린 것은?

① 제한전압이 낮을 것
② 방전개시전압이 낮을 것
③ 뇌전류 방전능력이 적을 것
④ 속류차단을 확실하게 할 수 있을 것

해설 ③ 뇌전류 방전능력이 클 것

**80** 인체의 전기저항이 5000Ω이고, 세동전류와 통전시간과의 관계를 $I = \dfrac{165}{\sqrt{T}}$ mA 라 할 경우, 심실세동을 일으키는 위험에너지는 약 몇 J인가?
(단, 통전시간은 1초로 한다)

① 5
② 30
③ 136
④ 825

해설 ① 인체 전기저항 500[Ω]일 때의 에너지 → 13.61J
인체 전기저항 5,000[Ω]일 때의 에너지 → 10 × 13.61[J] = 136.1[J]

② $Q = I^2RT = (\dfrac{165}{\sqrt{1}} \times 10^{-3})^2 \times 5,000 \times 1$
$= 136.1[J]$

{분석}
실기까지 중요한 내용입니다.

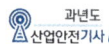
## 제5과목 · 화학설비 안전 관리

**81** 사업주는 인화성 액체 및 인화성 가스를 저장 취급하는 화학설비에서 증기나 가스를 대기로 방출하는 경우에는 외부로부터의 화염을 방지하기 위하여 화염방지기를 설치하여야 한다. 다음 중 화염방지기의 설치 위치로 옳은 것은?

① 설비의 상단
② 설비의 하단
③ 설비의 측면
④ 설비의 조작부

**해설** 인화성 액체 및 인화성 가스를 저장 취급하는 화학설비에서 증기나 가스를 대기로 방출하는 경우에는 외부로부터의 화염을 방지하기 위하여 화염방지기를 그 설비 상단에 설치하여야 한다.

{분석}
실기까지 중요한 내용입니다.

**82** 다음 중 자연발화가 쉽게 일어나는 조건으로 틀린 것은?

① 주위온도가 높을수록
② 열 축적이 클수록
③ 적당량의 수분이 존재할 때
④ 표면적이 작을수록

**해설** 자연발화가 되기 쉬운 조건
① 표면적이 넓을 것
② 열전도율이 적을 것
③ 주위의 온도가 높을 것
④ 발열량이 클 것
⑤ 수분이 적당량 존재할 것

{분석}
실기까지 중요한 내용입니다.

**83** 8% NaOH 수용액과 5% NaOH 수용액을 반응기에 혼합하여 6% 100kg의 NaOH 수용액을 만들려면 각각 약 몇 kg의 NaOH 수용액이 필요한가?

① 5% NaOH 수용액 : 33.3kg,
    8% NaOH 수용액 : 66.7kg
② 5% NaOH 수용액 : 56.8kg,
    8% NaOH 수용액 : 43.2kg
③ 5% NaOH 수용액 : 66.7kg,
    8% NaOH 수용액 : 33.3kg
④ 5% NaOH 수용액 : 43.2kg,
    8% NaOH 수용액 : 56.8kg

**해설** • 5% NaOH 수용액 : 수용액 100kg 중 NaOH 5kg이 포함됨
• 8% NaOH 수용액 : 수용액 100kg 중 NaOH 8kg 포함됨
• 6% NaOH 수용액을 만들려면 수용액 100kg 중 NaOH 6kg이 필요하다.
㉮ 5% NaOH 수용액 33.3과 8% NaOH 수용액 66.7 속의 NaOH의 양
    → $33.3 \times 0.05 + 66.7 \times 0.08 = 7.001kg$
㉯ 5% NaOH 수용액 56.8과 8% NaOH 수용액 43.2 속의 NaOH의 양
    → $56.8 \times 0.05 + 43.2 \times 0.08 = 6.296kg$
㉰ 5% NaOH 수용액 66.7과 8% NaOH 수용액 33.3 속의 NaOH의 양
    → $66.7 \times 0.05 + 33.3 \times 0.08 = 5.999kg$
㉱ 5% NaOH 수용액 43.2와 8% NaOH 수용액 56.8 속의 NaOH의 양
    → $43.2 \times 0.05 + 56.8 \times 0.08 = 6.704kg$

{분석}
출제비중이 낮은 문제입니다.

**정답** 81 ① 82 ④ 83 ③

**84** 사업주는 산업안전보건기준에 관한 규칙에서 정한 위험물을 기준량 이상으로 제조하거나 취급하는 특수화학설비를 설치하는 경우에는 내부의 이상 상태를 조기에 파악하기 위하여 필요한 온도계·유량계·압력계 등의 계측장치를 설치하여야 한다. 이때 위험물질별 기준량으로 옳은 것은?

① 부탄 – $25m^3$
② 부탄 – $150m^3$
③ 시안화수소 – 5kg
④ 시안화수소 – 200kg

[해설]
• 부탄 – $50m^3$
• 시안화수소 – 5kg

**85** 폭발의 위험성을 고려하기 위해 정전 에너지 값을 구하고자 한다. 다음 중 정전 에너지를 구하는 식은?
(단, E는 정전 에너지, C는 정전 용량, V는 전압을 의미한다)

① $E = \frac{1}{2}CV^2$  ② $E = \frac{1}{2}VC^2$

③ $E - VC^2$  ④ $E = \frac{1}{4}VC$

[해설]

$$E(J) = \frac{1}{2}CV^2$$

여기서, $E$ : 정전기 에너지(J)
$C$ : 도체의 정전 용량(F)
$V$ : 대전 전위(V)

{분석}
필기에 자주 출제되는 내용입니다.

**86** 다음 중 유류화재에 해당하는 화재의 급수는?

① A급  ② B급
③ C급  ④ D급

[해설]

| 등급\\구분 | 화재의 구분 | 표시 색 |
|---|---|---|
| A급 | 일반 가연물 화재 (종이, 섬유, 목재 등) | 백색 |
| B급 | 유류 화재 | 황색 |
| C급 | 전기 화재 (발전기, 변압기 등) | 청색 |
| D급 | 금속 화재 (금속분 등) | 무색, 표시 없음 |

{분석}
실기까지 중요한 내용입니다.

**87** 할론 소화약제 중 Halon 2402의 화학식으로 옳은 것은?

① $C_2F_4Br_2$  ② $C_2H_4Br_2$
③ $C_2Br_4H_2$  ④ $C_2Br_4F_2$

[해설] 하론 소화약제의 종류
① 하론 1301($CF_3Br$)
② 하론 1211($CF_2ClBr$) : 무색, 무취이며 전기적으로 부전도성인 기체이다.
③ 하론 2402($C_2F_4Br_2$)
④ 하론 1011($CH_2ClBr$)
⑤ 하론 1040($CCl_4$) 또는 사염화탄소(CTC)

{분석}
필기에 자주 출제되는 내용입니다.

**88** 위험물의 저장방법으로 적절하지 않은 것은?

① 탄화칼슘은 물 속에 저장한다.
② 벤젠은 산화성 물질과 격리시킨다.
③ 금속나트륨은 석유 속에 저장한다.
④ 질산은 갈색병에 넣어 냉암소에 보관한다.

[해설] 발화성 물질의 저장법
① 나트륨, 칼륨 : 석유 속 저장
② 황린 : 물속에 저장

정답 84 ③ 85 ① 86 ② 87 ① 88 ①

③ 적린, 마그네슘, 칼륨 : 격리저장
④ 질산은(AgNO₃) 용액 : 햇빛 피하여 저장(빛에 의해 광분해 반응 일으킴)
⑤ 벤젠 : 산화성물질과 격리저장
⑥ **탄화칼슘**(CaC₂, 카바이트) : 금수성물질로서 물과 격렬히 반응하므로 건조한 곳에 보관

**89** 다음 중 산업안전보건 법령상 공정안전보고서의 안전 운전 계획에 포함되지 않는 항목은?

① 안전 작업 허가
② 안전 운전 지침서
③ 가동 전 점검지침
④ 비상조치계획에 따른 교육계획

해설 ④ 비상조치계획에 따른 교육계획 → 비상조치계획

참고 **안전 운전 계획**
• 안전 운전 지침서
• 설비점검 · 검사 및 보수계획, 유지계획 및 지침서
• 안전 작업 허가
• 도급업체 안전관리계획
• 근로자 등 교육계획
• 가동 전 점검지침
• 변경 요소 관리계획
• 자체 감사 및 사고조사계획
• 그 밖에 안전 운전에 필요한 사항

**90** 마그네슘의 저장 및 취급에 관한 설명으로 틀린 것은?

① 화기를 엄금하고, 가열, 충격, 마찰을 피한다.
② 분말이 비산하지 않도록 밀봉하여 저장한다.
③ 제6류 위험물과 같은 산화제와 혼합되지 않도록 격리, 저장한다.
④ 일단 연소하면 소화가 곤란하지만 초기 소화 또는 소규모 화재 시 물, CO₂ 소화설비를 이용하여 소화한다.

해설 ④ 마그네슘 화재(금속화재) → 건조사, 팽창질석, 팽창진주암으로 소화

참고 마그네슘은 물, 산과 접촉 시 발화한다.

**91** 다음 중 분진이 발화 폭발하기 위한 조건으로 거리가 먼 것은?

① 불연성질
② 미분상태
③ 점화원의 존재
④ 지연성가스 중에서의 교반과 운동

해설 ① 가연성 분진이 분진폭발을 일으킨다.

**92** 다음 중 산업안전보건 법령상 산화성 액체 또는 산화성 고체에 해당하지 않는 것은?

① 질산
② 중크롬산
③ 과산화수소
④ 질산에스테르

해설 **산화성 액체 및 산화성 고체**
가. 차아염소산 및 그 염류
나. 아염소산 및 그 염류
다. 염소산 및 그 염류
라. 과염소산 및 그 염류
마. 브롬산 및 그 염류
바. 요오드산 및 그 염류
사. 과산화수소 및 무기 과산화물
아. 질산 및 그 염류
자. 과망간산 및 그 염류

{분석}
실기에 자주 출제되는 내용입니다. 암기하세요.

●)) 정답 89 ④ 90 ④ 91 ① 92 ④

**93** 열교환기의 열 교환 능률을 향상시키기 위한 방법이 아닌 것은?

① 유체의 유속을 적절하게 조절한다.
② 유체의 흐르는 방향을 병류로 한다.
③ 열교환하는 유체의 온도차를 크게 한다.
④ 열전도율이 높은 재료를 사용한다.

[해설] ② 유체의 흐르는 방향을 향류로 한다.

[참고] 1. 병류 : 유체(流體)가 서로 같은 방향으로 흐름
2. 향류 : 유체(流體)가 서로 반대 방향으로 흐름

**94** 다음 중 고체의 연소방식에 관한 설명으로 옳은 것은?

① 분해연소란 고체가 표면의 고온을 유지하며 타는 것을 말한다.
② 표면연소란 고체가 가열되어 열분해가 일어나고 가연성 가스가 공기 중의 산소와 타는 것을 말한다.
③ 자기연소란 공기 중 산소를 필요로 하지 않고 자신이 분해되며 타는 것을 말한다.
④ 분무연소란 고체가 가열되어 가연성 가스를 발생시키며 타는 것을 말한다.

[해설]

| 고체의 연소 | 표면연소 | 가연성 가스를 발생하지 않고 **물질 그 자체가 연소**하는 형태 예) **코크스, 목탄, 금속분** 등 |
| | 분해연소 | 가열 분해에 의해 발생된 **가연성 가스가 공기와 혼합되어 연소**하는 형태 예) 목재, 종이, 석탄, 플라스틱 등 **일반 가연물** |
| | 증발연소 | 고체가연물의 **가열에 의해 발생한 가연성 증기가 연소**하는 형태 예) 황, 나프탈렌 |
| | 자기연소 | 자체 내 산소를 함유하고 있어 **공기 중 산소를 필요치 않고 연소하는 형태** 예) 니트로 화합물, 다이너마이트 등 |

{분석}
실기까지 중요한 내용입니다.

**95** 사업주는 안전밸브 등의 전단·후단에 차단밸브를 설치해서는 아니 된다. 다만, 별도로 정한 경우에 해당할 때는 자물쇠형 또는 이에 준하는 형식의 차단밸브를 설치할 수 있다. 이에 해당하는 경우가 아닌 것은?

① 화학설비 및 그 부속설비에 안전밸브 등이 복수방식으로 설치되어 있는 경우
② 예비용 설비를 설치하고 각각의 설비에 안전밸브 등이 설치되어 있는 경우
③ 파열판과 안전밸브를 직렬로 설치한 경우
④ 열팽창에 의하여 상승된 압력을 낮추기 위한 목적으로 안전밸브가 설치된 경우

[해설] 안전밸브 등의 전·후단에는 차단밸브를 설치할 수 있는 경우

① 인접한 화학설비 및 그 부속설비에 안전밸브 등이 각각 설치되어 있고 당해 화학설비 및 그 부속설비의 연결배관에 차단밸브가 없는 경우
② 안전밸브 등의 배출용량의 2분의 1 이상에 해당하는 용량의 자동압력조절밸브(구동용 동력원의 공급을 차단할 경우 열리는 구조인 것에 한한다)와 안전밸브 등이 병렬로 연결된 경우
③ 화학설비 및 그 부속설비에 안전밸브 등이 복수방식으로 설치되어 있는 경우
④ 예비용 설비를 설치하고 각각의 설비에 안전밸브 등이 설치되어 있는 경우
⑤ 열팽창에 의하여 상승된 압력을 낮추기 위한 목적으로 안전밸브가 설치된 경우
⑥ 하나의 플레어스택(flare stack)에 2 이상의 단위공정의 플레어헤더(flare header)를 연결하여 사용하는 경우로서 각각의 단위공정의 플레어헤더에 설치된 차단밸브의 열림·닫힘 상태를 중앙제어실에서 알 수 있도록 조치한 경우

{분석}
필기에 자주 출제되는 내용입니다.

2018

정답 93 ② 94 ③ 95 ③

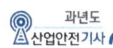

**96** 위험물 안전 관리법령에서 정한 제3류 위험물에 해당하지 않는 것은?

① 나트륨
② 알킬알루미늄
③ 황린
④ 니트로글리세린

해설 **제3류 자연발화성, 금수성 물질**

| 품명 | 지정수량 |
|---|---|
| 칼륨, 나트륨, 알킬알루미늄, 알킬리튬 | 10kg |
| 황린 | 20kg |
| 알칼리금속 및 알칼리토금속, 유기금속 화합물 | 50kg |
| 칼슘 또는 알루미늄의 탄화물, 금속의 수소화물, 금속의 인화물 | 300kg |

참고
| 위험물안전관리법상 위험물 분류 |
|---|
| 1류 산화성 고체 |
| 2류 가연성 고체 |
| 3류 자연발화성 및 금수성 물질 |
| 4류 인화성 액체 |
| 5류 자기반응성 물질 |
| 6류 산화성 액체 |

**97** 다음 [표]를 참조하여 메탄 70vol%, 프로판 21vol%, 부탄 9vol%인 혼합가스의 폭발범위를 구하면 약 몇 vol%인가?

| 가스 | 폭발하한계 (vol%) | 폭발상한계 (vol%) |
|---|---|---|
| $C_4H_{10}$ | 1.8 | 8.4 |
| $C_3H_8$ | 2.1 | 9.5 |
| $C_2H_6$ | 3.0 | 12.4 |
| $CH_4$ | 5.0 | 15.0 |

① 3.45 ~ 9.11
② 3.45 ~ 12.58
③ 3.85 ~ 9.11
④ 3.85 ~ 12.58

해설 **혼합 가스의 폭발 범위(르 샤틀리에의 공식)**

$$\frac{100}{L} = \frac{V_1}{L_1} + \frac{V_2}{L_2} + \frac{V_3}{L_3} \cdots (Vol\%)$$

$$L = \frac{100}{\frac{V_1}{L_1} + \frac{V_2}{L_2} + \frac{V_3}{L_3} \cdots}$$

여기서,
$L$ : 혼합가스의 폭발하한계(상한계)
$L_1$, $L_2$, $L_3$ : 단독가스의 폭발하한계(상한계)
$V_1$, $V_2$, $V_3$ : 단독가스의 공기 중 부피
$100$ : $V_1 + V_2 + V_3 + \cdots$

1. **폭발하한계**

$$\frac{(70+21+9)}{L} = \frac{70}{5.0} + \frac{21}{2.1} + \frac{9}{1.8}$$

$$L = \frac{100}{\frac{70}{5.0} + \frac{21}{2.1} + \frac{9}{1.8}} = 3.45 Vol\%$$

2. **폭발상한계**

$$\frac{(70+21+9)}{L} = \frac{70}{15} + \frac{21}{9.5} + \frac{9}{8.4}$$

$$L = \frac{100}{\frac{70}{15} + \frac{21}{9.5} + \frac{9}{8.4}} = 12.58 Vol\%$$

3. **폭발범위** : 3.45 ~ 12.58Vol%

참고
• $C_4H_{10}$ : 부탄
• $C_3H_8$ : 프로판
• $C_2H_6$ : 에탄
• $CH_4$ : 메탄

{분석}
**실기까지 중요한 내용입니다.**

**98** ABC급 분말 소화약제의 주성분에 해당하는 것은?

① $NH_4H_2PO_4$
② $Na_2CO_3$
③ $Na_2SO_4$
④ $K_2CO_3$

해설
• A,B,C급 분말 소화기 : 일반화재, 유류화재, 전기화재에 적합한 소화약제인 제1인산암모늄($NH_4H_2PO_4$)을 충전한 소화기이다.
• B,C급 분말 소화기 : 유류화재, 전기화재에 적합한 중탄산소다, 중탄산칼륨을 충전한 소화기이다.

정답 96 ④ 97 ② 98 ①

**99** 공기 중 아세톤의 농도가 200ppm(TLV 500ppm), 메틸에틸케톤(MEK)의 농도가 100ppm(TLV 200ppm)일 때 혼합물질의 허용농도는 약 몇 ppm인가?
(단, 두 물질은 서로 상가작용을 하는 것으로 가정한다.)

① 150  ② 200
③ 270  ④ 333

**해설**

1. 노출지수

$$EI = \frac{C_1}{T_1} + \frac{C_2}{T_2} + ... + \frac{C_n}{T_n}$$

여기서 C : 화학물질 각각의 측정치
T : 화학물질 각각의 노출기준
판정 : $EI > 1$ 경우 노출기준을 초과함

2. 혼합물의 TLV-TWA(허용농도)

$$TLV-TWA = \frac{C_1 + C_2 + ... + C_n}{EI}$$

1. $EI = \frac{200}{500} + \frac{100}{200} = 0.9$

2. 허용농도
$TLV-TWA = \frac{200+100}{0.9} = 333.33ppm$

**100** 다음의 설명에 해당하는 안전장치는?

대형의 반응기, 탑, 탱크 등에서 이상상태가 발생할 때 밸브를 정지시켜 원료공급을 차단하기 위한 인진장치로, 공기압식, 유압식, 전기식 등이 있다.

① 파열판  ② 안전밸브
③ 스팀트랩  ④ 긴급차단장치

**해설** 이상상태가 발생할 때 밸브를 정지시켜 원료공급을 차단 → 긴급차단장치

---

**제6과목** **건설공사 안전 관리**

**101** 단관비계의 도괴 또는 전도를 방지하기 위하여 사용하는 벽이음의 간격 기준으로 옳은 것은?

① 수직방향 5m 이하, 수평방향 5m 이하
② 수직방향 6m 이하, 수평방향 6m 이하
③ 수직방향 7m 이하, 수평방향 7m 이하
④ 수직방향 8m 이하, 수평방향 8m 이하

**해설**

| 비계 종류 | | 수직방향 | 수평방향 |
|---|---|---|---|
| 강관비계 | 단관비계 | 5m | 5m |
| | 틀비계(높이 5m 미만인 것 제외) | 6m | 8m |

{분석} 실기에 자주 출제되는 내용입니다. 암기하세요.

**102** 건설업 산업안전보건관리비 내역 중 계상비용에 해당되지 않는 것은?

① 근로자 건강관리비
② 건설재해예방 기술지도비
③ 개인보호구 및 안전장구 구입비
④ 외부비계, 작업발판 등의 가설구조물 설치 소요비

**해설** 산업안전보건관리비의 사용 내역
① 인진관리사·보건관리자 임금 등
② 안전시설비 등
③ 보호구 등
④ 안전보건진단비 등
⑤ 안전보건교육비 등
⑥ 근로자 건강장해 예방비 등
⑦ 건설재해예방 전문 지도기관 기술지도비
⑧ 본사 전담조직 근로자 임금 등
⑨ 위험성 평가 등에 따른 소요비용

**정답** 99 ④ 100 ④ 101 ① 102 ④

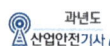

**103** 다음은 산업안전보건 법령에 따른 동바리로 사용하는 파이프 서포트에 관한 사항이다. ( )안에 들어갈 내용을 순서대로 옳게 나타낸 것은?

> 가. 파이프 서포트를 ( A ) 이상 이어서 사용하지 않도록 할 것
> 나. 파이프 서포트를 이어서 사용하는 경우에는 ( B ) 이상의 볼트 또는 전용철물을 사용하여 이을 것

① A : 2개, B : 2개　② A : 3개, B : 4개
③ A : 4개, B : 3개　④ A : 4개, B : 4개

**해설** **동바리로 사용하는 파이프서포트의 조립 시 준수사항**
• 파이프서포트를 3개본 이상 이어서 사용하지 아니하도록 할 것
• 파이프서포트를 이어서 사용할 때에는 4개 이상의 볼트 또는 전용철물을 사용하여 이을 것
• 높이가 3.5미터를 초과하는 경우에는 높이 2미터 이내마다 수평연결재를 2개 방향으로 만들고 수평연결재의 변위를 방지할 것

**104** 화물취급 작업 시 준수사항으로 옳지 않은 것은?

① 꼬임이 끊어지거나 심하게 부식된 섬유로프는 화물운반용으로 사용해서는 아니 된다.
② 섬유로프 등을 사용하여 화물취급작업을 하는 경우에 해당 섬유로프 등을 점검하고 이상을 발견한 섬유로프 등을 즉시 교체하여야 한다.
③ 차량 등에서 화물을 내리는 작업을 하는 경우에 해당 작업에 종사하는 근로자에게 쌓여 있는 화물의 중간에서 필요한 화물을 빼낼 수 있도록 허용한다.
④ 하역작업을 하는 장소에서 작업장 및 통로의 위험한 부분에는 안전하게 작업할 수 있는 조명을 유지한다.

**해설** ③ 차량 등에서 화물을 내리는 작업을 하는 때에는 하적(荷積)단 중간에서 화물을 빼내도록 하여서는 아니 된다.

**105** 시스템 비계를 사용하여 비계를 구성하는 경우의 준수사항으로 옳지 않은 것은?

① 수직재·수평재·가새재를 견고하게 연결하는 구조가 되도록 할 것
② 수평재는 수직재와 직각으로 설치하여야 하며, 체결 후 흔들림이 없도록 견고하게 설치할 것
③ 비계 밑단의 수직재와 받침철물은 밀착되도록 설치하고, 수직재와 받침철물의 연결부의 겹침길이는 받침철물 전체 길이의 3분의 1 이상이 되도록 할 것
④ 벽 연결재의 설치간격은 시공자가 안전을 고려하여 임의대로 결정한 후 설치할 것

**해설** **시스템 비계의 구조**
① 수직재·수평재·가새재를 견고하게 연결하는 구조가 되도록 할 것
② 비계 밑단의 수직재와 받침철물은 밀착되도록 설치하고, 수직재와 받침철물의 연결부의 겹침길이는 받침철물 전체길이의 3분의 1 이상이 되도록 할 것
③ 수평재는 수직재와 직각으로 설치하여야 하며, 체결 후 흔들림이 없도록 견고하게 설치할 것
④ 수직재와 수직재의 연결철물은 이탈되지 않도록 견고한 구조로 할 것
⑤ 벽 연결재의 설치간격은 제조사가 정한 기준에 따라 설치할 것

{분석}
**실기까지 중요한 내용입니다.**

**106** 건설공사 위험성 평가에 관한 내용으로 옳지 않은 것은?

① 건설물, 기계·기구, 설비 등에 의한 유해·위험요인을 찾아내어 위험성을 결정하고 그 결과에 따른 조치를 하는 것을 말한다.
② 사업주는 위험성 평가의 실시내용 및 결과를 기록·보존하여야 한다.

**정답** 103 ② 104 ③ 105 ④ 106 ③

③ 위험성 평가 기록물의 보존기간은 2년
　이다.
④ 위험성 평가 기록물에는 평가대상의
　유해·위험요인, 위험성 결정의 내용
　등이 포함된다.

[해설] ③ 위험성 평가 기록물의 보존기간은 3년이다.

## 107 철골작업에서의 승강로 설치기준 중 ( ) 안에 알맞은 것은?

> 사업주는 근로자가 수직방향으로 이동
> 하는 철골부재에는 답단간격이 ( ) 이내
> 인 고정된 승강로를 설치하여야 한다.

① 20cm　　　　② 30cm
③ 40cm　　　　④ 50cm

[해설] 근로자가 <u>수직방향으로 이동하는 철골부재에는</u>
<u>답단간격이 30센티미터 이내인 고정된 승강로를</u>
<u>설치</u>하여야 하며, 수평방향 철골과 수직방향 철골
이 연결되는 부분에는 연결작업을 위하여 작업
발판 등을 설치하여야 한다.

## 108 사다리식 통로 등을 설치하는 경우 폭은 최소 얼마 이상으로 하여야 하는가?

① 30cm　　　　② 40cm
③ 50cm　　　　④ 60cm

[해설] <u>폭은 30센티미터 이상</u>으로 할 것

[참고] 사다리식 통로 설치 시의 준수사항
① <u>견고한 구조</u>로 할 것
② <u>심한 손상·부식 등이 없는 재료</u>를 사용할 것
③ <u>발판의 간격은 일정하게 할 것</u>
④ <u>발판과 벽과의 사이는 15센티미터 이상의 간격을</u>
　유지할 것
⑤ <u>폭은 30센티미터 이상</u>으로 할 것
⑥ 사다리가 넘어지거나 미끄러지는 것을 방지하
　기 위한 조치를 할 것
⑦ 사다리의 상단은 걸쳐놓은 지점으로부터 60센
　티미터 이상 올라가도록 할 것

사다리식 통로의 <u>길이가 10미터 이상인 경우에는</u>
<u>5미터 이내마다 계단참을 설치할 것</u>
⑨ 사다리식 통로의 <u>기울기는 75도 이하로 할 것.</u>
　다만, <u>고정식 사다리식 통로의 기울기는 90도</u>
　<u>이하로 하고, 그 높이가 7미터 이상인 경우에는</u>
　<u>다음 각 목의 구분에 따른 조치</u>를 할 것
　• <u>등받이울이 있어도</u> 근로자 <u>이동에 지장이</u>
　　<u>없는 경우 : 바닥으로부터 높이가 2.5미터</u>
　　<u>되는 지점부터 등받이울을 설치할 것</u>
　• 등받이울이 있으면 근로자가 이동이 곤란한
　　경우 : 한국산업표준에서 정하는 기준에 적합
　　한 개인용 추락 방지 시스템을 설치하고 근로
　　자로 하여금 한국산업표준에서 정하는 기준
　　에 적합한 <u>전신 안전대를 사용</u>하도록 할 것
⑩ <u>접이식 사다리 기둥은 사용 시 접혀지거나 펼쳐</u>
　<u>지지 않도록 철물 등을 사용하여 견고하게 조치</u>
　할 것

{분석}
**실기까지 중요한 내용입니다.**

## 109 추락재해에 대한 예방차원에서 고소작업의 감소를 위한 근본적인 대책으로 옳은 것은?

① 방망 설치
② 지붕트러스의 일체화 또는 지상에서
　조립
③ 안전대 사용
④ 비계 등에 의한 작업대 설치

[해설] 고소작업의 감소를 위한 근본적인 대책 → 고소
작업의 감소 → 지붕트러스의 일체화 또는 지상에서
조립

## 110 다음 중 건설공사 유해·위험방지계획서 제출대상 공사가 아닌 것은?

① 지상높이가 50m인 건축물 또는 인공
　구조물 건설공사
② 연면적이 3,000m²인 냉동·냉장창고
　시설의 설비공사
③ 최대 지간길이가 60m인 교량건설공사
④ 터널건설공사

해설 유해위험방지계획서 제출대상 건설공사

1. 다음 각 목의 어느 하나에 해당하는 건축물 또는 시설 등의 건설·개조 또는 해체공사
   가. 지상높이가 31미터 이상인 건축물 또는 인공구조물
   나. 연면적 3만제곱미터 이상인 건축물
   다. 연면적 5천제곱미터 이상인 시설로서 다음의 어느 하나에 해당하는 시설
      1) 문화 및 집회시설(전시장 및 동물원·식물원은 제외한다)
      2) 판매시설, 운수시설(고속철도의 역사 및 집배송시설은 제외한다)
      3) 종교시설
      4) 의료시설 중 종합병원
      5) 숙박시설 중 관광숙박시설
      6) 지하도상가
      7) 냉동·냉장 창고시설
2. 연면적 5천제곱미터 이상의 냉동·냉장창고시설의 설비공사 및 단열공사
3. 최대 지간길이(다리의 기둥과 기둥의 중심사이의 거리)가 50미터 이상인 교량 건설 등 공사
4. 터널 건설 등의 공사
5. 다목적댐, 발전용댐, 저수용량 2천만톤 이상의 용수 전용 댐 지방상수도 전용 댐 건설 등의 공사
6. 깊이 10미터 이상인 굴착공사

실기가 되고! 합격이 되는! 특급 암기법

- 지상높이 31m, 연면적 3만m², 사람 많은 시설 연면적 5,000m²
- 연면적 5,000m² 냉동·냉장창고시설
- 최대 지간길이가 50미터 이상 교량
- 터널
- 저수용량 2천만 톤 이상 댐
- 10미터 이상인 굴착

{분석}
실기에 자주 출제되는 내용입니다. 암기하세요.

**111** 겨울철 공사 중인 건축물의 벽체 콘크리트 타설 시 거푸집이 터져서 콘크리트가 쏟아지는 사고가 발생하였다. 이 사고의 발생 원인으로 추정 가능한 사안 중 가장 타당한 것은?

① 콘크리트의 타설속도가 빨랐다.
② 진동기를 사용하지 않았다.
③ 철근 사용량이 많았다.
④ 콘크리트의 슬럼프가 작았다.

해설 벽체 콘크리트 타설 시 거푸집이 터짐 → 측압이 크다. → 콘크리트의 타설 속도가 빨랐다.

참고 콘크리트의 측압
① 외기온도가 낮을수록 측압이 크다.
② 습도가 낮을수록 측압이 크다.
③ 타설 속도가 빠를수록 측압이 크다.
④ 콘크리트 비중이 클수록 측압이 크다.
⑤ 철골 or 철근량 적을수록 측압이 크다.

**112** 다음 중 운반 작업 시 주의사항으로 옳지 않은 것은?

① 운반 시의 시선은 진행방향을 향하고 뒷걸음 운반을 하여서는 안 된다.
② 무거운 물건을 운반할 때 무게 중심이 높은 화물은 인력으로 운반하지 않는다.
③ 어깨높이보다 높은 위치에서 화물을 들고 운반하여서는 안 된다.
④ 단독으로 긴 물건을 어깨에 메고 운반할 때에는 뒤쪽을 위로 올린 상태로 운반한다.

해설 ④ 단독으로 긴 물건을 어깨에 메고 운반할 때에는 앞쪽을 위로 올린 상태로 운반한다.

정답 111 ① 112 ④

**113** 다음 중 직접기초의 터파기 공법이 아닌 것은?

① 개착 공법
② 시트 파일 공법
③ 트렌치 컷 공법
④ 아일랜드 컷 공법

해설 ② 시트 파일 공법은 흙막이 공법에 해당한다.

**114** 건설재해 대책의 사면보호공법 중 식물을 생육시켜 그 뿌리로 사면의 표층토를 고정하여 빗물에 의한 침식, 동상, 이완 등을 방지하고, 녹화에 의한 경관조성을 목적으로 시공하는 것은?

① 식생공
② 쉴드공
③ 뿜어 붙이기공
④ 블록공

해설 식물을 생육시켜 그 뿌리로 사면의 표층토를 고정 → 식생공

참고 **사면보호공법**

| | |
|---|---|
| **식생공** | 비탈진 면에 산디를 심거나, 씨앗을 뿌려 잔디가 자라도록 한다. |
| **블록 붙임공 및 돌붙임공** | 돌, 콘크리트블록을 경사각 45도 이하로 붙인다. |
| **콘크리트 블록 격자공** | 콘크리트 블록을 격자 모양으로 설치하고 자갈을 채우거나 나무를 심는다. |
| **돌 망태공** | 돌이 떨어질 염려가 있는 곳은 철망을 덮어 씌운다. |
| **모르타르 뿜어 붙이기공** | 콘크리트를 뿜어 붙인다. |
| **앵커볼트 보호공** | 앵커를 흙의 깊은 곳에 심어 비탈면을 보호한다. |

**115** 훅걸이용 와이어로프 등이 훅으로부터 벗겨지는 것을 방지하기 위한 장치는?

① 해지장치
② 권과방지장치
③ 과부하방지장치
④ 턴버클

해설 와이어로프 등이 훅으로부터 벗겨지는 것을 방지하기 위한 장치 → 해지장치

{분석}
실기까지 중요한 내용입니다.

**116** 장비가 위치한 지면보다 낮은 장소를 굴착하는 데 적합한 장비는?

① 트럭크레인     ② 파워쇼벨
③ 백호우        ④ 진폴

해설 **굴착기계**

1. **파워 셔블**(power shovel)
   • 기계가 서 있는 지반면보다 높은 곳의 땅파기에 적합하다.

2. **드래그 셔블**(drag shovel, 백호)
   • 기계가 서 있는 지면보다 낮은 장소의 굴착 및 수중굴착이 가능하다.
   • 굳은 지반의 토질도 정확한 굴착이 된다.

3. **드래그라인**(drag line)
   • 기계가 서있는 위치보다 낮은 장소의 굴착에 적당하고 굳은 토질에서의 굴착은 되지 않지만 굴착 반지름이 크다.
   • 작업범위가 광범위하고 수중굴착 및 연약한 지반의 굴착에 적합하다.

4. **클램셸**(clamshell)
   • 수중굴착 및 가장 협소하고 깊은 굴착이 가능하며 호퍼(hopper)에 적당하다.
   • 연약지반이나 수중굴착 및 자갈 등을 싣는데 적합하다.

{분석}
필기에 자주 출제되는 내용입니다.

🔊 정답 113 ② 114 ① 115 ① 116 ③

**117** 추락방지용 방망 중 그물코의 크기가 5cm인 매듭방망 신품의 인장강도는 최소 몇 kg 이상이어야 하는가?

① 60
② 110
③ 150
④ 200

**해설** 방망사의 신품에 대한 인장강도

| 그물코의 크기 (단위 : 센티미터) | 방망의 종류(단위 : 킬로그램) | |
|---|---|---|
| | 매듭 없는 방망 | 매듭방망 |
| 10 | 240 | 200 |
| 5 | | 110 |

**참고** 방망사의 폐기 시 인장강도

| 그물코의 크기 (단위 : 센티미터) | 방망의 종류(단위 : 킬로그램) | |
|---|---|---|
| | 매듭 없는 방망 | 매듭방망 |
| 10 | 150 | 135 |
| 5 | | 60 |

{분석}
필기에 자주 출제되는 내용입니다.

**118** 잠함 또는 우물통의 내부에서 굴착작업을 할 때의 준수사항으로 옳지 않은 것은?

① 굴착 깊이가 10m를 초과하는 경우에는 해당 작업장소와 외부와의 연락을 위한 통신설비 등을 설치하여야 한다.
② 산소 결핍의 우려가 있는 경우에는 산소의 농도를 측정하는 자를 지명하여 측정하도록 한다.
③ 근로자가 안전하게 승강하기 위한 설비를 설치한다.
④ 측정 결과 산소의 결핍이 인정될 경우에는 송기를 위한 설비를 설치하여 필요한 양의 공기를 공급하여야 한다.

**해설** 잠함 등 내부에서의 굴착작업 시 준수사항

① 산소결핍의 우려가 있는 때에는 산소의 농도를 측정하는 자를 지명하여 측정하도록 할 것
② 근로자가 안전하게 오르내리기 위한 설비를 설치할 것
③ 굴착 깊이가 20미터를 초과하는 때에는 당해 작업장소와 외부와의 연락을 위한 통신설비 등을 설치할 것
④ 산소농도 측정결과 산소의 결핍이 인정되거나 굴착깊이가 20미터를 초과하는 때에는 송기를 위한 설비를 설치하여 필요한 양의 공기를 송급하여야 한다.

{분석}
실기까지 중요한 내용입니다.

**119** 이동식 비계를 조립하여 작업을 하는 경우의 준수사항으로 옳지 않은 것은?

① 비계의 최상부에서 작업을 하는 경우에는 안전난간을 설치할 것
② 작업발판은 항상 수평을 유지하고 작업발판 위에서 안전난간을 딛고 작업을 하거나 받침대 또는 사다리를 사용하여 작업하지 않도록 할 것
③ 작업발판의 최대적재하중은 150kg을 초과하지 않도록 할 것
④ 이동식 비계의 바퀴에는 뜻밖의 갑작스러운 이동 또는 전도를 방지하기 위하여 브레이크·쐐기 등으로 바퀴를 고정시킨 다음 비계의 일부를 견고한 시설물에 고정하거나 아웃트리거(outrigger)를 설치하는 등 필요한 조치를 할 것

**정답** 117 ② 118 ① 119 ③

해설 이동식 비계 조립 시의 준수사항
① 바퀴에는 갑작스러운 이동 또는 전도를 방지하기 위하여 브레이크 · 쐐기 등으로 바퀴를 고정시킨 다음 비계의 일부를 견고한 시설물에 고정하거나 아웃트리거를 설치할 것
② 승강용사다리는 견고하게 설치할 것
③ 비계의 최상부에서 작업을 할 때에는 안전난간을 설치할 것
④ 작업발판은 항상 수평을 유지하고 작업발판 위에서 안전난간을 딛고 작업을 하거나 받침대 또는 사다리를 사용하여 작업하지 않도록 할 것
⑤ 작업발판의 최대적재하중은 250킬로그램을 초과하지 않도록 할 것

{분석}
실기까지 중요한 내용입니다.

**120** 항타기 또는 항발기의 권상장치 드럼 축과 권상장치로부터 첫 번째 도르래의 축 간의 거리는 권상장치 드럼 폭의 몇 배 이상으로 하여야 하는가?

① 5배
② 8배
③ 10배
④ 15배

해설 항타기 또는 항발기의 권상장치의 드럼 축과 권상장치로부터 첫번째 도르래의 축과의 거리를 권상장치의 드럼 폭의 15배 이상으로 하여야 한다.

{분석}
실기까지 중요한 내용입니다.

•)) 정답 120 ④

# 01회 2019년 산업안전기사 최근 기출문제

제1과목 • 산업재해 예방 및 안전보건교육

**01** 제일선의 감독자를 교육대상으로 하고, 작업을 지도하는 방법, 작업 개선 방법 등의 주요 내용을 다루는 기업 내 교육방법은?

① TWI  ② MTP
③ ATT  ④ CCS

**해설** **TWI(Training Within Industry)**
일선관리감독자 대상 교육

| TWI 교육과정 |
|---|
| ① 작업 방법 기법(Job Method Training : JMT) |
| ② 작업 지도 기법(Job instruction Training : JIT) |
| ③ 인간 관계관리 기법 or 부하통솔법<br>(Job Relations Training : JRT) |
| ④ 작업 안전 기법(Job Safety Training : JST) |

{분석}
실기까지 중요한 내용입니다.

**02** 안전검사기관 및 자율검사프로그램 인정기관은 고용노동부장관에게 그 실적을 보고하도록 관련법에 명시되어 있는데 그 주기로 옳은 것은?

① 매월  ② 격월
③ 분기  ④ 반기

**해설** 안전검사기관 및 자율검사프로그램 인정기관은 분기마다 다음 달 10일까지 분기별 실적과, 매년 1월20일까지 전년도 실적을 고용노동부장관에게 제출하여야 하며, 공단은 분기마다 다음 달 10일까지 분기별 실적과, 매년 1월 20일까지 전년도 실적을 고용노동부장관에게 제출하여야 한다.

**03** 다음 재해사례에서 기인물에 해당하는 것은?

> 기계작업에 배치된 작업자가 반장의 지시를 받기 전에 정지된 선반을 운전시키면서 변속치차의 덮개를 벗겨내고 치차를 저속으로 운전하면서 급유하려고 할 때 오른손이 변속지차에 맞물려 손가락이 절단되었다.

① 덮개  ② 급유
③ 선반  ④ 변속치차

**해설** • 선반 운전으로 인한 재해발생 → 기인물 : 선반
• 변속치차에 손가락이 절단됨 → 가해물 : 변속치차

{분석}
실기까지 중요한 내용입니다.

**04** 보호구 안전인증 고시에 따른 분리식 방진마스크의 성능기준에서 포집효율이 특급인 경우, 염화나트륨(NaCl) 및 파라핀오일(Paraffin oil)시험에서의 포집효율은?

① 99.95% 이상  ② 99.9% 이상
③ 99.5% 이상  ④ 99.0% 이상

**해설** 방진마스크의 분진 포집효율

| 형태 및 등급 | | 염화나트륨(NaCl) 및 파라핀<br>오일(Paraffin oil) 시험(%) |
|---|---|---|
| 분리식 | 특 급 | 99.95 이상 |
| | 1 급 | 94.0 이상 |
| | 2 급 | 80.0 이상 |
| 안면부<br>여과식 | 특 급 | 99.0 이상 |
| | 1 급 | 94.0 이상 |
| | 2 급 | 80.0 이상 |

**•)) 정답** 01 ① 02 ③ 03 ③ 04 ①

**05** 산업안전보건법상 특별 안전보건교육에서 방사선 업무에 관계되는 작업을 할 때 교육 내용으로 거리가 먼 것은?

① 방사선의 유해·위험 및 인체에 미치는 영향
② 방사선 측정기기 기능의 점검에 관한 사항
③ 비상 시 응급처리 및 보호구 착용에 관한 사항
④ 산소 농도 측정 및 작업환경에 관한 사항

**해설** 방사선 업무에 관계되는 작업(의료 및 실험용은 제외한다)의 특별교육

- 방사선의 <u>유해·위험 및 인체에 미치는 영향</u>
- 방사선의 <u>측정기기 기능의 점검</u>에 관한 사항
- <u>방호거리·방호벽 및 방사선물질의 취급 요령</u>에 관한 사항
- <u>응급처치 및 보호구 착용</u>에 관한 사항
- 그 밖에 안전·보건관리에 필요한 사항

**06** 주의의 수준이 Phase 0인 상태에서의 의식상태는?

① 무의식 상태
② 의식의 이완 상태
③ 명료한 상태
④ 과긴장 상태

**해설** 인간 의식레벨의 분류

| Phase 0 | <u>무의식,</u> 실신 | 수면, 뇌발작 | 주의작용 0 |
|---|---|---|---|
| Phase I | <u>의식흐림</u> | <u>피로,</u> <u>단조로운 일</u> | <u>부주의</u> |
| Phase II | <u>이완</u> | <u>안정기거, 휴식</u> | 안정기거, 휴식 |
| Phase III | 상쾌 | 적극적 | <u>적극활동</u> |
| Phase IV | <u>과긴장</u> | <u>일점집중현상,</u> 긴급방위 | 감정흥분 |

{분석}
필기에 자주 출제되는 내용입니다.

**07** 한 사람, 한 사람의 위험에 대한 감수성 향상을 도모하기 위하여 삼각 및 원 포인트 위험예지훈련을 통합한 활용기법은?

① 1인 위험예지훈련
② TBM 위험예지훈련
③ 자문자답 위험예지훈련
④ 시나리오 역할연기훈련

**해설** 한 사람, 한 사람의 위험에 대한 감수성 향상을 도모
→ 1인 위험예지훈련

**08** 재해예방의 4원칙에 관한 설명으로 틀린 것은?

① 재해의 발생에는 반드시 원인이 존재한다.
② 재해의 발생과 손실의 발생은 우연적이다.
③ 재해를 예방할 수 있는 안전대책은 반드시 존재한다.
④ 재해는 원인 제거가 불가능하므로 예방만이 최선이다.

**해설** 산업재해 예방의 4원칙

① <u>예방 가능의 원칙</u> : <u>재해</u>는 원칙적으로 원인만 제거되면 <u>예방이 가능</u>하다.
② <u>손실 우연의 원칙</u> : <u>사고의 결과 생기는 상해의 종류와 정도는 우연히 발생</u>한다.
③ <u>대책 선정의 원칙</u> : <u>사고의 원인에 대한 적합한 대책이 선정되어야</u> 한다.
④ <u>원인 연계의 원칙</u> : <u>재해는 직접원인과 간접원 인이 연계되어 일어난다.</u>

{분석}
실기까지 중요한 내용입니다.

정답 05 ④ 06 ① 07 ① 08 ④

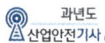

**09** 적응기제(適應基劑, Adjustment Mechanism)의 종류 중 도피적 기제(행동)에 해당하지 않는 것은?

① 고립      ② 퇴행
③ 억압      ④ 합리화

**해설**

| 도피기제 | 방어기제 | |
|---|---|---|
| • 억압 | • 보상 | • 합리화 |
| • 퇴행 | • 승화 | • 동일시 |
| • 백일몽 | • 투사 | |
| • 고립(거부) | | |

{분석}
필기에 자주 출제되는 내용입니다.

**10** 인간오류에 관한 분류 중 독립행동에 의한 분류가 아닌 것은?

① 생략오류
② 실행오류
③ 명령오류
④ 시간오류

**해설** 휴먼에러의 심리적 분류(Swain의 분류)

① omission error(누설오류, 생략오류, 부작위오류) : 필요한 작업 또는 절차를 수행하지 않는 데 기인한 에러
② time error(시간오류) : 필요한 작업 또는 절차의 수행 지연으로 인한 에러
③ commission error(작위오류) : 필요한 작업 또는 절차의 불확실한 수행으로 인한 에러
④ sequential error(순서오류) : 필요한 작업 또는 절차의 순서 착오로 인한 에러
⑤ extraneous error(과잉행동오류) : 불필요한 작업 또는 절차를 수행함으로써 기인한 에러

{분석}
실기에 자주 출제되는 중요한 내용입니다.

**11** 다음 중 안전·보건교육계획은 수립할 때 고려할 사항으로 가장 거리가 먼 것은?

① 현장의 의견을 충분히 반영한다.
② 대상자의 필요한 정보를 수집한다.
③ 안전교육 시행 체계와의 연관성을 고려한다.
④ 정부 규정에 의한 교육에 한정하여 실시한다.

**해설** ④ 정부 규정에 의한 교육 이상의 교육을 계획하여야 한다.

**12** 사고의 원인 분석방법에 해당하지 않는 것은?

① 통계적 원인분석
② 종합적 원인분석
③ 클로즈(close)분석
④ 관리도

**해설** 재해분류 방법

① 통계적 분류(파레토도, 특성요인도, 크로스(cross) 분석, 관리도)
② 개별적 분류
③ 상해종류별 분류
④ 재해형태별 분류

**13** 하인리히의 재해 코스트 평가방식 중 직접비에 해당하지 않는 것은?

① 산재보상비
② 치료비
③ 간호비
④ 생산손실

**정답** 09 ④ 10 ③ 11 ④ 12 ② 13 ④

| 해설 | 하인리히의 재해손실비 | |
| --- | --- | --- |
| **직접비** | | **간접비** |
| • 치료비<br>• 휴업급여<br>• 요양급여<br>• 유족급여<br>• 장해급여<br>• 간병급여<br>• 직업재활급여<br>• 상병(傷病)보상 연금<br>• 장의비 등 | | • 인적 손실비<br>• 물적 손실비<br>• 생산 손실비<br>• 기계, 기구 손실비 등 |

**{분석}**
**실기까지 중요한 내용입니다.**

## 14 안전관리조직의 참모식(staff형)에 대한 장점이 아닌 것은?

① 경영자의 조언과 자문역할을 한다.
② 안전정보 수집이 용이하고 빠르다.
③ 안전에 관한 명령과 지시는 생산라인을 통해 신속하게 전달한다.
④ 안전전문가가 안전계획을 세워 문제 해결 방안을 모색하고 조치한다.

| 해설 | |
| --- | --- |
| **라인형<br>(Line) or<br>직계형** | ① **소규모 사업장**(100명 이하 사업장)에 적용이 가능하다.<br>② 라인형 장점 : **명령 및 지시가 신속, 정확**하다.<br>③ 라인형 단점<br> • **안전정보가 불충분**하다.<br> • 라인에 과도한 책임이 부여 될 수 있다.<br>④ 생산과 안전을 동시에 지시하는 형태이다. |

| | ① **중규모 사업장**(100 ~ 1,000명 정도의 사업장)에 적용이 가능하다.<br>② 스태프형 장점 : **안전정보 수집이 용이하고 빠르다.**<br>③ 스태프 단점 : **안전과 생산을 별개로 취급**한다.<br>④ 안전 전문가(스태프)가 문제해결 방안을 모색한다.<br>⑤ 스태프는 경영자의 조언, 자문 역할을 한다.<br>⑥ 생산부문은 안전에 대한 책임, 권한이 없다. |
| --- | --- |
| **스태프형<br>(staff) or<br>참모형** | |
| **라인<br>스태프<br>(Line<br>Staff)형<br>or 혼합형** | ① **대규모 사업장**(1,000명 이상 사업장)에 적용이 가능하다.<br>② 라인 스태프형 장점<br> • 안전전문가에 의해 입안된 것을 경영자가 명령하므로 **명령이 신속, 정확하다.**<br> • **안전정보 수집이 용이하고 빠르다**.<br>③ 라인 스태프형 단점<br> • **명령계통과 조언, 권고적 참여의 혼돈이 우려**된다. |

**{분석}**
**실기에 자주 출제되는 중요한 내용입니다.**

## 15 산업안전보건 법령상 안전 인증 대상 기계·기구 및 설비가 아닌 것은?

① 연삭기
② 롤러기
③ 압력용기
④ 고소(高所) 작업대

| 해설 | [안전인증대상 기계·기구 및 설비] |
| --- | --- |

1. **설치·이전**하는 경우 안전인증을 받아야 하는 기계·기구
   ① **크레인**
   ② **리프트**
   ③ **곤돌라**

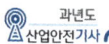
2. 주요 구조 부분을 변경하는 경우 안전인증을 받아야 하는 기계·기구
① 프레스
② 전단기 및 절곡기(折曲機)
③ 크레인 　　　④ 리프트
⑤ 압력용기 　　⑥ 롤러기
⑦ 사출성형기(射出成形機)
⑧ 고소(高所)작업대
⑨ 곤돌라

실패시 되고! 합격시 되는! **특급 암기법**

유사한 종류끼리 묶어서 암기
**손 다치는 기계** – 프레스, 전단기 및 절곡기,
　　　　　　　　 사출성형기, 롤러기
**양중기** – 크레인, 리프트, 곤돌라
**폭발** – 압력용기
**추락** – 고소작업대

{분석}
실기에 자주 출제되는 중요한 내용입니다.

**16** 안전교육 방법 중 학습자가 이미 설명을 듣거나 시범을 보고 알게 된 지식이나 기능을 강사의 감독 아래 직접적으로 연습하여 적용할 수 있도록 하는 교육방법은?

① 모의법
② 토의법
③ 실연법
④ 반복법

[해설] 알게 된 지식이나 기능을 직접적으로 연습하여 적용 → 실연법

[참고] ① 모의법 : 실제의 장면이나 상태와 극히 유사한 사태를 인위적으로 만들어 그 속에서 학습토론하는 교육방법
② 토의법 : 집단구성원들이 특정한 문제에 대하여 서로 의견을 발표하면서 올바른 결론에 도달하는 학습방법

**17** 산업안전보건법상의 안전·보건표지 종류 중 관계자 외 출입금지 표지에 해당되는 것은?

① 안전모 착용
② 폭발성물질 경고
③ 방사성물질 경고
④ 석면취급 및 해체·제거

[해설] 관계자 외 출입금지 표지

| 허가대상물질 작업장 | **관계자외 출입금지**<br>(허가물질 명칭) 제조/사용/보관 중<br>보호구/보호복 착용<br>흡연 및 음식물<br>섭취 금지 |
| --- | --- |
| 석면취급/<br>해체 작업장 | **관계자외 출입금지**<br>석면 취급/해체 중<br>보호구/보호복 착용<br>흡연 및 음식물<br>섭취 금지 |
| 금지대상물질의<br>취급 실험실 등 | **관계자외 출입금지**<br>발암물질 취급 중<br>보호구/보호복 착용<br>흡연 및 음식물<br>섭취 금지 |

{분석}
실기에 자주 출제되는 중요한 내용입니다.

**18** 국제노동기구(ILO)의 산업재해 정도구분에서 부상 결과 근로자가 신체장해등급 제 12급 판정을 받았다면 이는 어느 정도의 부상을 의미하는가?

① 영구 전노동불능
② 영구 일부노동불능
③ 일시 전노동불능
④ 일시 일부노동불능

•)) 정답 **16** ③ **17** ④ **18** ②

**해설** ILO의 근로불능 상해의 구분(상해 정도별 분류)
① 사망
② 영구 전 노동불능 : 신체 전체의 노동 기능 완전 상실(1~3급)
③ 영구 일부 노동불능 : 신체 일부의 노동 기능 상실(4~14급)
④ 일시 전 노동불능 : 일정기간 노동 종사 불가 (휴업상해)
⑤ 일시 일부 노동불능 : 일정기간 일부노동에 종사 불가(통원상해)
⑥ 구급조치상해

{분석}
실기까지 중요한 내용입니다.

**19** 특정 과업에서 에너지 소비수준에 영향을 미치는 인자가 아닌 것은?
① 작업 방법　② 작업속도
③ 작업관리　④ 도구

**해설** 특정 과업에서 에너지 소비수준에 영향을 미치는 인자
① 작업 방법
② 작업속도
③ 도구의 사용

**20** 사고예방대책의 기본원리 5단계 중 틀린 것은?
① 1단계 : 안전관리계획
② 2단계 : 현상파악
③ 3단계 : 분석평가
④ 4단계 : 대책의 선정

**해설** 하인리히의 사고방지 5단계
1단계 : 안전조직
2단계 : 사실의 발견
3단계 : 분석
4단계 : 시정방법 선정
5단계 : 시정책 적용(3E 적용)

{분석}
실기까지 중요한 내용입니다.

**21** 의도는 올바른 것이었지만, 행동이 의도한 것과는 다르게 나타나는 오류를 무엇이라 하는가?
① Slip　② Mistake
③ Lapse　④ Violation

**해설** 인간의 정보처리 과정에서 발생되는 에러

| Mistake (착오, 착각) | • 인지과정과 의사결정과정에서 발생하는 에러<br>• 상황해석을 잘못하거나 틀린 목표를 착각하여 행하는 경우 |
|---|---|
| Lapse (건망증) | • 저장단계에서 발생하는 에러<br>• 어떤 행동을 잊어버리고 안하는 경우 |
| Slip (실수, 미끄러짐) | • 실행단계에서 발생하는 에러<br>• 상황(목표)해석은 제대로 하였으나 의도와는 다른 행동을 하는 경우 |
| 위반 (Violation) | • 알고 있음에도 의도적으로 따르지 않거나 무시한 경우 |

{분석}
필기에 자주 출제되는 내용입니다.

**22** 시스템 수명주기 단계 중 마지막 단계인 것은?
① 구상단계　② 개발단계
③ 운전단계　④ 생산단계

**해설** 시스템 수명주기 단계
① 구상(Concept) 단계
② 정의(Definition) 단계
③ 개발(Development) 단계
④ 제조(Production) 단계(생산단계)
⑤ 배치(Deployment) 단계, 운용 단계(운전단계)
⑥ 폐기(Disposal) 단계

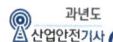

**23** FT도에 사용되는 다음 게이트의 명칭은?

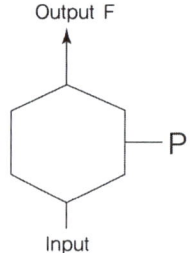

Output F

P

Input

① 부정 게이트
② 억제 게이트
③ 배타적 OR 게이트
④ 우선적 AND 게이트

**해설**

| 기호 | 명명 | 기호 설명 |
|---|---|---|
| A | 부정게이트 | 입력과 반대현상의 출력 생김 |
| | 억제게이트 | 이 게이트의 출력 사상은 한 개의 입력사상에 의해 발생하며, 입력사상이 출력사상을 생성하기 전에 특정조건을 만족하여야 하는 논리게이트 |
| 또는 / 동시발생 | 배타적 OR게이트 | 입력사상 중 오직 한 개의 발생으로만 출력사상이 생성되는 논리게이트 |
| 또는 / Ai, Aj, Ak 순으로 / Ai Aj Ak | 우선적 AND게이트 | 입력사상이 특정 순서대로 발생한 경우에만 출력사상이 발생하는 논리게이트 |

{분석}
**필기에 자주 출제되는 내용입니다.**

**24** FTA에서 시스템의 기능을 살리는 데 필요한 최소 요인의 집합을 무엇이라 하는가?

① critical set
② minimal gate
③ minimal path
④ Boolean indicated cut set

**해설** 시스템의 기능을 살리는 데 필요한 최소 요인의 집합 → minimal path

**참고** ① 컷셋(Cut Set)
　• 정상 사상을 발생시키는 기본사상의 집합
　• 모든 기본 사상이 일어났을 때 정상 사상을 일으키는 기본 사상들의 집합이다.
② 패스셋(Path Set)
　• 시스템의 고장을 일으키지 않는 기본 사상들의 집합
　• 포함된 기본 사상이 일어나지 않을 때 처음으로 정상 사상이 일어나지 않는 기본 사상들의 집합이다.
③ 미니멀 컷(Minimal Cut Set)
　• 정상 사상을 일으키기 위한 기본사상의 최소 집합(최소한의 컷)
④ 미니멀 패스(Minimal Path Set)
　• 시스템의 기능을 살리는 최소한의 집합(최소한의 패스)

{분석}
**필기에 자주 출제되는 내용입니다.**

**25** 쾌적환경에서 추운 환경으로 변화 시 신체의 조절작용이 아닌 것은?

① 피부온도가 내려간다.
② 직장온도가 약간 내려간다.
③ 몸이 떨리고 소름이 돋는다.
④ 피부를 경유하는 혈액 순환량이 감소한다.

**해설** ② 추운 환경에 노출되면 체온조절을 위하여 직장온도는 처음에는 약간 올라갔다가 지속적으로 추운 환경에 노출 시에는 다시 내려간다.

**정답** 23 ② 24 ③ 25 ②

**26** 염산을 취급하는 A 업체에서는 신설 설비에 관한 안전성 평가를 실시해야 한다. 정성적 평가단계의 주요 진단 항목에 해당하는 것은?

① 공장 내의 배치
② 제조공정의 개요
③ 재평가 방법 및 계획
④ 안전·보건교육 훈련계획

**[해설]**

| 정성적 평가항목 | 정량적 평가항목 |
|---|---|
| ① 입지 조건 | ① 취급물질 |
| ② 공장 내의 배치 | ② 화학설비의 용량 |
| ③ 소방설비 | ③ 온도 |
| ④ 공정 기기 | ④ 압력 |
| ⑤ 수송·저장 | ⑤ 조작 |
| ⑥ 원재료 | |
| ⑦ 중간체 | |
| ⑧ 제품 | |
| ⑨ 건조물(건물) | |
| ⑩ 공정 | |

{분석}
필기에 자주 출제되는 내용입니다.

**27** 인간 – 기계시스템의 설계를 6단계로 구분할 때, 첫 번째 단계에서 시행하는 것은?

① 기본설계
② 시스템의 정의
③ 인터페이스 설계
④ 시스템의 목표와 성능명세 결정

**[해설]** 체계설계(인간 – 기계시스템의 설계)의 주요 과정
① 목표 및 성능명세 결정
② 체계의 정의
③ 기본 설계
④ 계면 설계(인간 – 기계 인터페이스설계)
⑤ 촉진물 설계(매뉴얼 및 성능 보조자료 작성)
⑥ 시험 및 평가

**28** 점광원으로부터 0.3m 떨어진 구면에 비추는 광량이 5Lumen일 때, 조도는 약 몇 럭스인가?

① 0.06　　　　② 16.7
③ 55.6　　　　④ 83.4

**[해설]** 조도(lux) $= \dfrac{광도}{(거리)^2}$

조도 $= \dfrac{5}{(0.3)^2} = 55.55$ (lux)

{분석}
필기에 자주 출제되는 내용입니다.

**29** 음량 수준을 측정할 수 있는 3가지 척도에 해당되지 않는 것은?

① sone
② 럭스
③ phon
④ 인식소음 수준

**[해설]** 음량 수준 측정 척도
① phone에 의한 음량수준
② sone에 의한 음량수준
③ 인식소음 수준

**30** 실린더 블록에 사용하는 가스켓의 수명은 평균 10,000시간이며, 표준편차는 200시간으로 정규분포를 따른다. 사용시간이 9,600시간일 경우에 신뢰도는 약 얼마인가?

(단, 표준정규분포표에서 $u_{0.8413} = 1$, $u_{0.9772} = 2$ 이다.)

① 84.13%
② 88.73%
③ 92.72%
④ 97.72%

최근 기출문제 2019

**[해설]** 1. 평균수명 10,000시간, 사용시간이 9,600시간
이므로

평균기대수명 = 10,000 − 9,600 = 400(시간)

2. $u = \dfrac{평균}{표준편차} = \dfrac{400}{200} = 2$

3. 표준정규분포이고, $u = 2$이므로 $u2$의 표준
정규분포를 따르게 된다.

$u2 = 0.9772$이므로

$0.9772 \times 100 = 97.72\%$

{분석}
**출제비중이 낮은 문제입니다.**

### 31  음압수준이 70dB인 경우, 1000Hz에서 순음의 phon치는?

① 50 phon      ② 70 phon

③ 90 phon      ④ 100 phon

**[해설]** 1phone → 1000Hz, 1dB 음의 크기
70phone → 1000Hz, 70dB 음의 크기

### 32  인체계측자료의 응용원칙 중 조절 범위에서 수용하는 통상의 범위는 얼마인가?

① 5 ~ 95%tile

② 20 ~ 80%tile

③ 30 ~ 70%tile

④ 40 ~ 60%tile

**[해설]** 조절 범위에서 수용하는 통상의 범위
5 ~ 95%tile

### 33  동작 경제 원칙에 해당되지 않는 것은?

① 신체 사용에 관한 원칙

② 작업장 배치에 관한 원칙

③ 사용자 요구 조건에 관한 원칙

④ 공구 및 설비 디자인에 관한 원칙

**[해설]** 동작 경제의 3원칙

① 신체 사용에 관한 원칙

② 작업장 배치에 관한 원칙

③ 공구 및 설비 디자인에 관한 원칙

{분석}
**필기에 자주 출제되는 내용입니다.**

### 34  정신적 작업 부하에 관한 생리적 척도에 해당하지 않는 것은?

① 부정맥 지수

② 근전도

③ 점멸융합주파수

④ 뇌파도

**[해설]** ② **근전도** → 근육의 활동도를 측정하는 것으로
신체적 작업 부하의 측정

### 35  FMEA의 장점이라 할 수 있는 것은?

① 분석방법에 대한 논리적 배경이
강하다.

② 물적, 인적요소 모두가 분석대상이
된다.

③ 서식이 간단하고 비교적 적은 노력
으로 분석이 가능하다.

④ 두 가지 이상의 요소가 동시에 고장
나는 경우에도 분석이 용이하다.

**[해설]** FMEA의 장·단점

① 장점
- 서식이 간단하고 적은 노력으로도 분석이 가능하다.

② 단점
- 논리성이 부족하다.
- 각 요소 간의 영향을 분석하기 어렵기 때문에 동시에 두 개 이상의 고장이 날 경우 해석이 곤란하다.
- 요소가 물체로 한정되어 있어 인적 원인 분석이 곤란하다.

**36** 수리가 가능한 어떤 기계의 가용도 (availability)는 0.9이고, 평균수리시간 (MTTR)이 2시간일 때 이 기계의 평균 수명(MTBF)은?

① 15시간     ② 16시간
③ 17시간     ④ 18시간

【해설】

$$설비가동율 = \frac{MTBF}{MTBF + MTTR} = \frac{\frac{1}{\lambda}}{\frac{1}{\lambda} + \frac{1}{\mu}}$$

여기서, $\lambda$ : 고장률
$\mu$ : 수리율

$$가용도 = \frac{MTBF}{MTBF + MTTR}$$
$$MTBF = 가용도(MTBF + MTTR)$$
$$= 0.9 \times (MTBF + 2)$$
$$= 0.9 MTBF + 0.9 \times 2$$
$$MTBF - 0.9 MTBF = 1.8$$
$$0.1 MTBF = 1.8$$
$$\therefore \ MTBF = \frac{1.8}{0.1} = 18(시간)$$

**37** 산업안전보건 법령에 따라 제조업 중 유해 · 위험방지계획서 제출대상 사업의 사업 주가 유해 · 위험방지계획서를 제출하고 자 할 때 첨부하여야 하는 서류에 해당하 지 않는 것은? (단, 기타 고용노동부장관 이 정하는 도면 및 서류 등은 제외한다.)

① 공사개요서
② 기계 · 설비의 배치도면
③ 기계 · 설비의 개요를 나타내는 서류
④ 원재료 및 제품의 취급, 제조 등의 작업방법의 개요

【해설】 유해 · 위험방지계획서의 첨부서류

| 제조업 대상 사업 첨부서류 | ① 건축물 각 층의 평면도 ② 기계 · 설비의 개요를 나타내는 서류 ③ 기계 · 설비의 배치도면 ④ 원재료 및 제품의 취급, 제조 등의 작업방법의 개요 ⑤ 그 밖에 고용노동부장관이 정하는 도면 및 서류 |
|---|---|
| 대상 기계 · 기구 설비 첨부서류 | ① 설치장소의 개요를 나타내는 서류 ② 설비의 도면 ③ 그 밖에 고용노동부장관이 정하는 도면 및 서류 |

**38** 생명유지에 필요한 단위시간당 에너지양 을 무엇이라 하는가?

① 기초 대사량
② 산소 소비율
③ 작업 대사량
④ 에너지 소비율

【해설】 생명유지에 필요한 단위시간당 에너지양
→ 기초 대사량

**39** 다음의 각 단계를 결함수분석법(FTA)에 의한 재해사례의 연구 순서대로 나열한 것은?

[다음]
㉠ 정상사상의 선정
㉡ FT도 작성 및 분석
㉢ 개선 계획의 작성
㉣ 각 사상의 재해원인 규명

① ㉠ → ㉡ → ㉢ → ㉣
② ㉠ → ㉣ → ㉢ → ㉡
③ ㉠ → ㉢ → ㉡ → ㉣
④ ㉠ → ㉣ → ㉡ → ㉢

2019

🔊 정답 36 ④ 37 ① 38 ① 39 ④

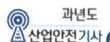

**해설** FTA에 의한 재해사례 연구 순서

1단계 : 톱사상의 설정
2단계 : 재해 원인 규명
3단계 : FT도의 작성
4단계 : 개선계획의 작성

{분석}
**필기에 자주 출제되는 내용입니다.**

**40** 인간 – 기계시스템의 연구 목적으로 가장 적절한 것은?

① 정보 저장의 극대화
② 운전 시 피로의 평준화
③ 시스템의 신뢰성 극대화
④ 안전의 극대화 및 생산능률의 향상

**해설** 인간공학의 연구 목적

가장 궁극적인 목적은 <u>안전성 제고와 능률의 향상</u>이다.
① 안전성의 향상과 사고 방지
② 기계조작의 능률성과 생산성의 향상
③ 작업환경의 쾌적성

**제3과목** 기계·기구 및 설비 안전 관리

**41** 휴대용 연삭기 덮개의 개방부 각도는 몇 도(°) 이내여야 하는가?

① 60°      ② 90°
③ 125°     ④ 180°

**해설** 연삭기의 덮개 노출각도

| 탁상용 연삭기 | |
|---|---|
| ① 상부를 사용하는 경우 : 60° 이내 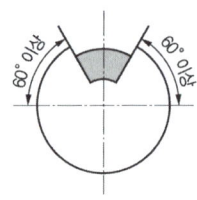 | |
| ② 수평면 이하에서 연삭할 경우 : 노출각도를 125°까지 증가시킬 수 있다. 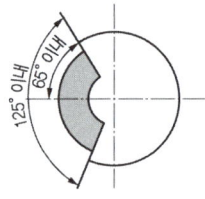 | |
| ①, ② 외의 탁상용연삭기 : 80° 이내 (주축면 위로 65°) 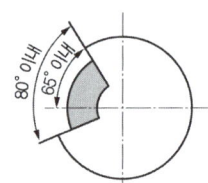 | |
| ③ 최대 원주 속도가 초당 50m 이하인 탁상용 연삭기 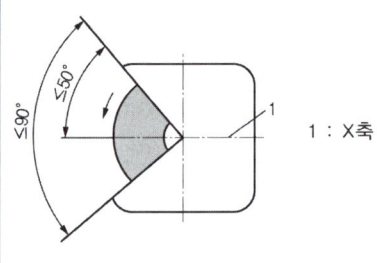    1 : X축 | |

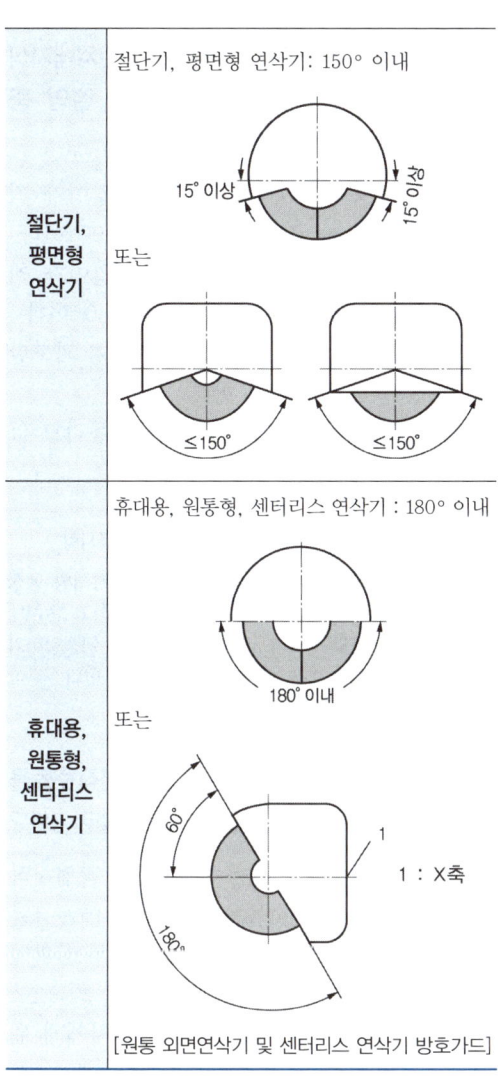

| | |
|---|---|
| 절단기, 평면형 연삭기 | 절단기, 평면형 연삭기: 150° 이내 <br> 15° 이상 <br> 또는 <br> ≤150°   ≤150° |
| 휴대용, 원통형, 센터리스 연삭기 | 휴대용, 원통형, 센터리스 연삭기 : 180° 이내 <br> 180° 이내 <br> 또는 <br> 60°   1 : X축 <br> 180° <br> [원통 외면연삭기 및 센터리스 연삭기 방호가드] |

{분석}
실기까지 중요한 내용입니다.

**42** 롤러기 급정지장치 조작부에 사용하는 로프의 성능 기준으로 적합한 것은? (단, 로프의 재질은 관련 규정에 적합한 것으로 본다.)

① 지름 1mm 이상의 와이어로프
② 지름 2mm 이상의 합성섬유로프
③ 지름 3mm 이상의 합성섬유로프
④ 지름 4mm 이상의 와이어로프

해설 조작부에 로프를 사용할 경우는 직경이 4mm 이상의 와이어로프 또는 직경이 6mm 이상이고 절단하중이 2.94kN 이상의 합성섬유의 로프를 사용해야 한다.

**43** 다음 중 공장 소음에 대한 방지계획에 있어 소음원에 대한 대책에 해당하지 않는 것은?

① 해당 설비의 밀폐
② 설비실의 차음벽 시공
③ 작업자의 보호구 착용
④ 소음기 및 흡음장치 설치

해설 ③ 작업자의 보호구 착용 → 작업자에 대한 대책

**44** 와이어로프의 꼬임은 일반적으로 특수로프를 제외하고는 보통 꼬임(Ordinary Lay)과 랭 꼬임(Lang's Lay)으로 분류할 수 있다. 다음 중 랭 꼬임과 비교하여 보통 꼬임의 특징에 관한 설명으로 틀린 것은?

① 킹크가 잘 생기지 않는다.
② 내마모성, 유연성, 저항성이 우수하다.
③ 로프의 변형이나 하중을 걸었을 때 저항성이 크다.
④ 스트랜드의 꼬임 방향과 로프의 꼬임 방향이 반대이다.

•)) 정답 42 ④ 43 ③ 44 ②

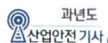
해설 **보통꼬임**

- 스트랜드 꼬임방향과 로프의 꼬임 방향이 반대인 것
- 랑그꼬임에 비해 더 한층 유연하여 EYE 작업을 쉽게 할 수 있다.
- 로프자체의 변형이 적다.
- 킹크가 잘 생기지 않는다.
- 하중을 걸었을 때 저항성이 크다.

**랑그(랭)꼬임**

- 스트랜드 꼬임 방향과 로프의 꼬임 방향이 같은 방향인 것
- 보통꼬임의 로프보다 사용 시 표면 전체가 균일하게 마모됨으로 인하여 수명이 길다.
- 내마모성, 유연성, 내피로성이 우수하다.

**45** 보일러 등에 사용하는 압력방출장치의 봉인은 무엇으로 실시해야 하는가?

① 구리 테이프
② 납
③ 봉인용 철사
④ 알루미늄 실(seal)

해설 압력방출장치는 1년에 1회 이상 국가교정기관으로부터 교정을 받은 압력계를 이용하여 토출압력을 시험한 후 납으로 봉인하여 사용하여야 한다. 다만, 공정안전보고서 제출대상으로서 공정안전관리 이행수준 평가결과가 우수한 사업장은 압력방출장치에 대하여 4년에 1회 이상 토출압력을 시험할 수 있다.

{분석}
**실기까지 중요한 내용입니다.**

**46** 프레스 및 전단기에 사용되는 손쳐내기식 방호장치의 성능기준에 대한 설명 중 옳지 않은 것은?

① 진동각도·진폭시험 : 행정길이가 최소일 때 진동각도는 60° ~ 90°이다.
② 진동각도·진폭시험 : 행정길이가 최대일 때 진동각도는 30° ~ 60°이다.
③ 완충시험 : 손쳐내기봉에 의한 과도한 충격이 없어야 한다.
④ 무부하 동작시험 : 1회의 오동작도 없어야 한다.

해설 **손쳐내기식 방호장치의 진동각도 및 진폭시험**

진동각도 및 진폭 시험방법은 프레스기계의 행정길이가 최소일 때는 링크길이를 조절하고 손쳐내기봉의 진동각도가 (60 ~ 90)° 정도, 행정길이가 최대일 때는 (45 ~ 90)° 정도로 해야 한다.

**47** 다음 중 산업안전보건 법령상 연삭숫돌을 사용하는 작업의 안전 수칙으로 틀린 것은?

① 연삭숫돌을 사용하는 경우 작업시작 전과 연삭숫돌을 교체한 후에는 1분 정도 시운전을 통해 이상 유무를 확인한다.
② 회전 중인 연삭숫돌이 근로자에게 위험을 미칠 우려가 있는 경우에 그 부위에 덮개를 설치하여야 한다.
③ 연삭숫돌의 최고 사용회전속도를 초과하여 사용하여서는 안 된다.
④ 측면을 사용하는 목적으로 하는 연삭숫돌 이외에는 측면을 사용해서는 안 된다.

해설 ① 연삭숫돌을 사용하는 경우 작업 시작 전 1분 이상, 연삭숫돌을 교체한 후에는 3분 이상 시운전을 하여야 한다.

{분석}
**실기까지 중요한 내용입니다.**

•)) 정답 45 ② 46 ② 47 ①

## 48 다음 중 산업용 로봇에 의한 작업 시 안전 조치 사항으로 적절하지 않은 것은?

① 로봇의 운전으로 인해 근로자가 로봇에 부딪칠 위험이 있을 때에는 1.8m 이상의 울타리를 설치하여야 한다.
② 작업을 하고 있는 동안 로봇의 기동스위치 등은 작업에 종사하고 있는 근로자가 아닌 사람이 그 스위치 등을 조작할 수 없도록 필요한 조치를 한다.
③ 로봇의 조작 방법 및 순서, 작업 중의 매니퓰레이터의 속도 등에 관한 지침에 따라 작업을 하여야 한다.
④ 작업에 종사하는 근로자가 이상을 발견하면, 관리 감독자에게 우선 보고하고, 지시에 따라 로봇의 운전을 정지시킨다.

〔해설〕 ④ 작업에 종사하고 있는 근로자 또는 그 근로자를 감시하는 사람은 로봇의 <u>이상을 발견하면 즉시 로봇의 운전을 정지시키기 위한 조치를 할 것</u>

## 49 프레스 작업 시작 전 점검해야 할 사항으로 거리가 먼 것은?

① 매니퓰레이터 작동의 이상 유무
② 클러치 및 브레이크 기능
③ 슬라이드, 연결봉 및 연결 나사의 풀림 여부
④ 프레스 금형 및 고정볼트 상태

〔해설〕 **프레스의 작업 시작 전 점검 사항**
① 클러치 및 브레이크 기능
② 크랭크축·플라이 휠·슬라이드·연결 봉 및 연결 나사의 볼트 풀림 유무
③ 1행정 1정지 기구·급정지 장치 및 비상 정지 장치의 기능
④ 슬라이드 또는 칼날에 의한 위험 방지 기구의 기능

⑤ 프레스의 금형 및 고정 볼트 상태
⑥ 당해 방호 장치의 기능
⑦ 전단기의 칼날 및 테이블의 상태

〔분석〕
실기에 자주 출제되는 중요한 내용입니다.

## 50 압력용기 등에 설치하는 안전밸브에 관련한 설명으로 옳지 않은 것은?

① 안지름이 150mm를 초과하는 압력용기에 대해서는 과압에 따른 폭발을 방지하기 위하여 규정에 맞는 안전밸브를 설치해야 한다.
② 급성 독성물질이 지속적으로 외부에 유출될 수 있는 화학설비 및 그 부속설비에는 파열판과 안전밸브를 병렬로 설치한다.
③ 안전밸브는 보호하려는 설비의 최고 사용압력 이하에서 작동되도록 하여야 한다.
④ 안전밸브의 배출용량은 그 작동원인에 따라 각각의 소요분출량을 계산하여 가장 큰 수치를 해당 안전밸브의 배출용량으로 하여야 한다.

〔해설〕 ② 급성 독성물질이 지속적으로 외부에 유출될 수 있는 화학설비 및 그 부속설비에 파열판과 안전밸브를 직렬로 설치하고 그 사이에는 압력 지시계 또는 자동경보장치를 설치하여야 한다.

〔분석〕
실기까지 중요한 내용입니다.

최근 기출문제 **2019**

•)) **정답** 48 ④ 49 ① 50 ②

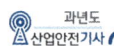
**51** 유해·위험기계·기구 중에서 진동과 소음을 동시에 수반하는 기계설비로 가장 거리가 먼 것은?

① 컨베이어　　② 사출 성형기
③ 가스 용접기　④ 공기 압축기

해설 ③ 가스 용접기 → 유해광선, 용접 흄 등의 건강장해 요인이 존재한다.

**52** 기능의 안전화 방안을 소극적 대책과 적극적 대책으로 구분할 때 다음 중 적극적 대책에 해당하는 것은?

① 기계의 이상을 확인하고 급정지시켰다.
② 원활한 작동을 위해 급유를 하였다.
③ 회로를 개선하여 오동작을 방지하도록 하였다.
④ 기계의 볼트 및 너트가 이완되지 않도록 다시 조립하였다.

해설 ③ 회로를 개선하여 오동작을 방지 → 적극적 대책

**53** 프레스기의 비상정지스위치 작동 후 슬라이드가 하사점까지 도달시간이 0.15초 걸렸다면 양수기동식 방호장치의 안전거리는 최소 몇 cm 이상이어야 하는가?

① 24　　　　② 240
③ 15　　　　④ 150

해설 양수기동식 방호장치의 안전거리
(위험점과 버튼 간의 설치거리)

$$D_m \,(mm) = 1.6 \times T_m$$
$$= 1.6 \times \left( \frac{1}{클러치개소수} + \frac{1}{2} \right) \times \left( \frac{60,000}{매분행정수} \right)$$
$T_m$ : 슬라이드가 하사점에 도달하기까지의 시간(ms)
$$\left( ms = \frac{1}{1000}초 \right)$$

$$D_m \,(mm) = 1.6 \times (0.15 \times 1000)$$
$$= 240 \,(mm) \div 10 = 24 \,(cm)$$
$(ms = 초 \times 1000)$

{분석}
**실기까지 중요한 내용입니다.**

**54** 컨베이어(conveyor) 역전방지장치의 형식을 기계식과 전기식으로 구분할 때 기계식에 해당하지 않는 것은?

① 라쳇식
② 밴드식
③ 스러스트식
④ 롤러식

해설 **역전방지장치 형식**

① 라쳇휠식
② 웜기어식
③ 밴드식 브레이크
④ 전기 브레이크(슬러스트 브레이크)

**55** 재료의 강도시험 중 항복점을 알 수 있는 시험의 종류는?

① 비파괴시험
② 충격시험
③ 인장시험
④ 피로시험

해설 **항복점**

연강의 인장시험에서 일정 크기 외력에서 그 이상 힘을 가하지 않아도 변형이 커지는 현상(항복)이 일어나고, 재료가 파괴된다. 변형이 급격히 증대하기 시작하는 점을 항복점이라 한다.

•)) 정답　51 ③　52 ③　53 ①　54 ③　55 ③

**56** 다음 중 프레스를 제외한 사출성형기·주형조형기 및 형단조기 등에 관한 안전조치 사항으로 틀린 것은?

① 근로자의 신체 일부가 말려들어갈 우려가 있는 경우에는 양수조작식 방호장치를 설치하여 사용한다.

② 게이트가드식 방호장치를 설치할 경우에는 연동구조를 적용하여 문을 닫지 않아도 동작할 수 있도록 한다.

③ 사출성형기의 전면에 작업용 발판을 설치할 경우 근로자가 쉽게 미끄러지지 않는 구조여야 한다.

④ 기계의 히터 등의 가열부위, 감전우려가 있는 부위에는 방호덮개를 설치하여 사용한다.

**해설** ② 게이트가드식 방호장치를 설치할 경우에는 연동구조를 적용하여 문을 닫지 않으면 기계가 동작할 수 없도록 해야 한다.

**57** 자분탐상검사에서 사용하는 자화 방법이 아닌 것은?

① 축통전법
② 전류 관통법
③ 극간법
④ 임피던스법

**해설** 자분탐상검사의 자화 방법
① 축통전법
② 직각통전법
③ 전류 관통법
④ 자속 관통법
⑤ 극간법
⑥ 코일법
⑦ 프로드법

**58** 다음 중 소성가공을 열간가공과 냉간가공으로 분류하는 가공온도의 기준은?

① 융해점 온도
② 공석점 온도
③ 공정점 온도
④ 재결정 온도

**해설** 열간가공과 냉간가공으로 분류 기준
→ 재결정 온도

**59** 컨베이어 설치 시 주의사항에 관한 설명으로 옳지 않은 것은?

① 컨베이어에 설치된 보도 및 운전실 상면은 가능한 수평이어야 한다.

② 근로자가 컨베이어를 횡단하는 곳에는 바닥면 등으로부터 90cm 이상 120cm 이하에 상부난간대를 설치하고, 바닥면과의 중간에 중간난간대가 설치된 건널다리를 설치한다.

③ 폭발의 위험이 있는 가연성 분진 등을 운반하는 컨베이어 또는 폭발의 위험이 있는 장소에 사용되는 컨베이어의 전기기계 및 기구는 방폭구조이어야 한다.

④ 보도, 난간, 계단, 사다리의 설치 시 컨베이어를 가동시킨 후에 설치하면서 설치상황을 확인한다.

**해설** ④ 보도, 난간, 계단, 시다리의 설치 시에는 컨베이어의 운전을 정지시킨 후에 설치하여야 한다.

**60** 다음 중 용접 결함의 종류에 해당하지 않는 것은?

① 비드(bead)
② 기공(blow hole)
③ 언더컷(under cut)
④ 용입 불량(incomplete penetration)

**정답** 56 ② 57 ④ 58 ④ 59 ④ 60 ①

최근기출문제 2019

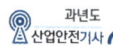

용접 결함의 종류
① 크랙 : 용접터짐, 균열이 발생하는 현상
② Blow hole (기공) : 용접부에 기공 발생하는 현상
③ over lap : 모재가 겹쳐지는 현상
④ 용입 불량 : 모재가 완전 용입되지 않은 현상 (녹지 않음)
⑤ Under Cut : 과대 전류가 원인, 용입 부족으로 모재가 파이는 현상

비드(bead) : 용접에서 모재(母材)와 용접봉이 녹아서 생긴 띠 모양의 길쭉한 용착자국을 말하며, 규칙이 정확할수록 양호한 용착이 된다.

---

## 제4과목 · 전기설비 안전 관리

**61** 정전작업 시 작업 중의 조치사항으로 옳은 것은?

① 검전기에 의한 정전확인
② 개폐기의 관리
③ 잔류전하의 방전
④ 단락접지 실시

[정전작업 전의 조치사항]
① 공급되는 모든 전원을 관련 도면, 배선도 등으로 확인할 것
② 전원을 차단한 후 각 단로기 등을 개방하고 확인할 것
③ 차단장치나 단로기 등에 잠금장치 및 꼬리표를 부착할 것
④ 잔류전하를 완전히 방전시킬 것
⑤ 검전기를 이용하여 작업 대상 기기가 충전되었는지를 확인할 것
⑥ 단락 접지기구를 이용하여 접지할 것

[정전작업 중의 조치사항]
① 작업지휘자에 의한 지휘
② 단락접지 상태 수시확인
③ 개폐기 관리
④ 근접활선에 대한 방호상태 관리

{분석}
실기까지 중요한 내용입니다.

**62** 자동전격방지장치에 대한 설명으로 틀린 것은?

① 무부하 시 전력손실을 줄인다.
② 무부하 전압을 안전전압 이하로 저하시킨다.
③ 용접을 할 때에만 용접기의 주회로를 개로(OFF)시킨다.
④ 교류 아크용접기의 안전장치로서 용접기의 1차 또는 2차측에 부착한다.

자동전격방지기의 성능
용접을 중단하고 1.0초 내에 용접기의 홀더, 어스선에 흐르는 무부하 전압을 안전전압 25V 이하로 내려준다.

{분석}
실기까지 중요한 내용입니다.

**63** 인체의 전기저항 R을 1000Ω이라고 할 때 위험 한계 에너지의 최저는 약 몇 J인가?

(단, 통전 시간은 1초이고, 심실세동전류 $I = \dfrac{165}{\sqrt{T}}\,mA$ 이다.)

① 17.23  ② 27.23
③ 37.23  ④ 47.23

1. 인체저항이 500Ω일 때의 에너지 → 13.61(J)
   인체저항이 1000Ω일 때의 에너지
   → 13.61×2 = 27.22(J)
2. $Q = I^2 \times R \times T$
   $= (\dfrac{165}{\sqrt{1}} \times 10^{-3})^2 \times 1000 \times 1$
   $= 27.225(J)$

{분석}
필기에 자주 출제되는 내용입니다.

정답 61 ② 62 ③ 63 ②

**64** 다음 그림과 같이 완전 누전되고 있는 전기기기의 외함에 사람이 접촉하였을 경우 인체에 흐르는 전류($I_m$)는?

(단, E(V)는 전원의 대지전압, $R_2$(Ω)는 변압기 1선 접지, 제2종 접지저항, $R_3$(Ω)은 전기기기 외함 접지, 제3종 접지저항, $R_m$(Ω)은 인체저항이다.)

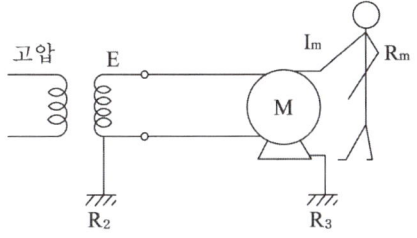

① $\dfrac{E}{R_2 + (\dfrac{R_3 \times R_m}{R_3 + R_m})} \times \dfrac{R_3}{R_3 + R_m}$

② $\dfrac{E}{R_2 + (\dfrac{R_3 + R_m}{R_3 \times R_m})} \times \dfrac{R_3}{R_3 + R_m}$

③ $\dfrac{E}{R_2 + (\dfrac{R_3 \times R_m}{R_3 + R_m})} \times \dfrac{R_m}{R_3 + R_m}$

④ $\dfrac{E}{R_3 + (\dfrac{R_2 \times R_m}{R_2 + R_m})} \times \dfrac{R_3}{R_3 + R_m}$

[해설] 누전되고 있는 전기기기의 외함에 사람이 접촉하였을 경우 인체에 흐르는 전류($I_m$)

$$I_m = \dfrac{E}{R_2 + (\dfrac{R_3 \times R_m}{R_3 + R_m})} \times \dfrac{R_3}{R_3 + R_m}$$

여기서,  
E(V): 전원의 대지전압,  
$R_2$(Ω): 변압기 1선 접지, 제2종 접지저항  
$R_3$(Ω): 전기기기 외함 접지, 제3종 접지저항  
$R_m$(Ω): 인체저항

{분석}  
비중이 낮은 문제입니다.

**65** 전기화재가 발생되는 비중이 가장 큰 발화원은?

① 주방기기  
② 이동식 전열기  
③ 회전체 전기기계 및 기구  
④ 전기배선 및 배선기구

[해설] 전기화재가 발생되는 비중이 가장 큰 발화원 → 전기배선 및 배선기구

**66** 역률개선용 커패시터(capacitor)가 접속되어 있는 전로에서 정전작업을 할 경우 다른 정전작업과는 달리 주의 깊게 취해야 할 조치사항으로 옳은 것은?

① 안전표지 부착  
② 개폐기 전원투입 금지  
③ 잔류전하 방전  
④ 활선 근접작업에 대한 방호

[해설] 역률개선용 커패시터(capacitor)가 접속되어 있는 전로에서 정전작업을 할 경우 잔류전하 방전에 특히 주의를 요한다.

**67** 감전사고를 방지하기 위한 방법으로 틀린 것은?

① 전기기기 및 설비의 위험부에 위험표지  
② 전기설비에 대한 누전차단기 설치  
③ 전기기기에 대한 정격표시  
④ 무자격자는 전기기계 및 기구에 전기적인 접촉 금지

[해설] **감전방지 대책**  
① 전기설비의 필요한 부분에 보호접지를 한다.  
② 노출된 충전부에 절연용 방호구를 설치하는 등 충전부를 절연, 격리한다.

•)) 정답 64 ① 65 ④ 66 ③ 67 ③

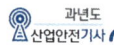
③ 설비의 <u>사용 전압을 될 수 있는 한 낮춘다.</u>
④ 전기기기에 <u>누전차단기를 설치</u>한다.
⑤ 전기기기 조작의 안전화를 위해 <u>전기 기기 설비를 개선</u>한다.
⑥ 전기설비를 전기기기를 적정한 상태로 유지하기 위해 <u>점검·보수</u>한다.
⑦ <u>근로자 안전교육을 실시</u>하여 전기의 위험성을 강조한다.
⑧ 전기 취급 작업 근로자에게 <u>절연용 보호구를 착용토록</u> 한다.
⑨ 유자격자 이외에는 전기 기계, 기구의 조작을 금지한다.

**68** 전기기기 방폭의 기본 개념이 아닌 것은?

① 점화원의 방폭적 격리
② 전기기기의 안전도 증강
③ 점화능력의 본질적 억제
④ 전기설비 주위 공기의 절연능력 향상

[해설] **전기설비의 방폭화 방법**
① 점화원의 방폭적 격리 : 내압, 압력, 유입 방폭 구조
② 전기설비의 안전도 증강 : 안전증 방폭구조
③ 점화능력의 본질적 억제 : 본질안전 방폭구조

{분석}
**실기까지 중요한 내용입니다.**

**69** 대전물체의 표면전위를 검출전극에 의한 용량분할을 통해 측정할 수 있다. 대전물체의 표면 전위 $V_s$는?
(단, 대전물체와 검출전극 간의 정전용량은 $C_1$, 검출전극과 대지 간의 정전용량은 $C_2$, 검출전극의 전위는 $V_e$ 이다.)

① $V_s = (\dfrac{C_1 + C_2}{C_1} + 1) V_e$

② $V_s = \dfrac{C_1 + C_2}{C_1} V_e$

③ $V_s = \dfrac{C_2}{C_1 + C_2} V_e$

④ $V_s = (\dfrac{C_1}{C_1 + C_2} + 1) V_e$

[해설] **대전물체의 표면 전위**

$$V_s = \frac{C_1 + C_2}{C_1} V_e$$

여기서,
$C_1$ : 대전물체와 검출전극 간의 정전용량
$C_2$ : 검출전극과 대지 간의 정전용량
$V_e$ : 검출전극의 전위

{분석}
**비중이 낮은 문제입니다.**

**70** 다음 중 불꽃(spark)방전의 발생 시 공기 중에 생성되는 물질은?

① $O_2$
② $O_3$
③ $H_2$
④ $C$

[해설] 코로나방전(불꽃방전) 시에 공기 중에 오존($O_3$)가 생성된다.

**71** 감전사고가 발생했을 때 피해자를 구출하는 방법으로 틀린 것은?

① 피해자가 계속하여 전기설비에 접촉되어 있다면 우선 그 설비의 전원을 신속히 차단한다.
② 감전 상황을 빠르게 판단하고 피해자의 몸과 충전부가 접촉되어 있는지를 확인한다.
③ 충전부에 감전되어 있으면 몸이나 손을 잡고 피해자를 곧바로 이탈시켜야 한다.
④ 절연 고무장갑, 고무장화 등을 착용한 후에 구원해 준다.

•)) 정답 68 ④ 69 ② 70 ② 71 ③

해설 ③ 충전부에 감전되어 있으면 절연재(나무막대) 등을 이용하여 피해자를 이탈시켜야 한다.

**72** 샤워시설이 있는 욕실에 콘센트를 시설하고자 한다. 이때 설치되는 인체감전보호용 누전 차단기의 정격감도전류는 몇 mA 이하인가?

① 5    ② 15
③ 30    ④ 60

해설 욕조나 샤워시설이 있는 욕실 또는 화장실 등 인체가 물에 젖어있는 상태에서 전기를 사용하는 장소에 콘센트를 시설하는 경우

1. 인체감전보호용 누전 차단기(정격감도전류 15mA 이하, 동작시간 0.03초 이하의 전류동작형의 것에 한한다) 또는 절연변압기(정격용량 3kVA 이하인 것에 한한다)로 보호된 전로에 접속하거나, 인체감전보호용 누전 차단기가 부착된 콘센트를 시설하여야 한다.
2. 콘센트는 접지 극이 있는 방적형 콘센트를 사용하여 접지하여야 한다.

**73** 인체의 저항을 500Ω이라 할 때 단상 440V의 회로에서 누전으로 인한 감전 재해를 방지할 목적으로 설치하는 누전차단기의 규격은?

① 30mA, 0.1초
② 30mA, 0.03초
③ 50mA, 0.1초
④ 50mA, 0.3초

해설 인체감전 보호용 누전차단기는 정격감도전류가 30밀리암페어 이하이고 작동시간은 0.03초 이내일 것

{분석}
**실기까지 중요한 내용입니다.**

**74** 접지의 종류와 목적이 바르게 짝지어지지 않은 것은?

① 계통접지 – 고압전로와 저압전로가 혼촉되었을 때의 감전이나 화재 방지를 위하여
② 지락검출용 접지 – 차단기의 동작을 확실하게 하기 위하여
③ 기능용 접지 – 피뢰기 등의 기능손상을 방지하기 위하여
④ 등전위 접지 – 병원에 있어서 의료기기 사용 시 안전을 위하여

해설 ③ 기능용 접지 – 건축물 내에 설치된 전자기기의 안정적 가동을 확보하기 위한 목적으로 설치한다.

**75** 방폭 기기 – 일반요구사항(KS C IEC 60079−0) 규정에서 제시하고 있는 방폭 기기 설치 시 표준 환경조건이 아닌 것은?

① 압력 : 80 ~ 110kpa
② 상대습도 : 40 ~ 80%
③ 주위온도 : −20 ~ 40℃
④ 산소 함유율 21% v/v의 공기

해설 KS C IEC 60079 계열의 규격을 준수하는 기기는 다음의 대기조건에서 공기와 가스, 증기, 미스트의 혼합물에 의해 발생하는 폭발성 가스 분위기가 존재하는 위험장소에 사용할 수 있다.
① 온도 : −20 ~ +60℃
② 압력 : 80 ~ 110kpa(0.8 ~ 1.1bar)
③ 산소 함유율 21% v/v의 공기

• 최고표면온도는 제조자가 별도로 규정하지 않는 한, −20 ~ +40℃의 작동 대기온도를 기준으로 징한다.

정답 **72** ② **73** ② **74** ③ **75** ②

2019 최근기출문제

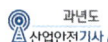
**76** 정격감도전류에서 동작시간이 가장 짧은 누전차단기는?

① 시연형 누전차단기
② 반한시형 누전차단기
③ 고속형 누전차단기
④ 감전보호용 누전차단기

**해설** 누전차단기의 종류

| 종류 | | 동작시간 |
|---|---|---|
| 고감도형 | 고속형 | 정격감도전류에서 0.1초 이내 동작 |
| | 시연형 (지연형) | 정격감도전류에서 0.1초 초과 2초 이내 동작 |
| | 반한시형 | • 정격감도전류에서 0.2초 초과 2초 이내 동작<br>• 정격감도전류의 1.4배에서 0.1초 초과 0.5초 이내 동작<br>• 정격감도전류의 4.4배에서 0.05초 이내 동작 |
| 중감도형 | 고속형 | • 정격감도전류에서 0.1초 이내 동작 |
| | 시연형 (지연형) | • 정격감도전류에서 0.1초 초과 2초 이내 동작 |

• 감전방지용 : 정격감도전류 30밀리암페어 이하, 작동시간은 0.03초 이내

**77** 방폭지역 구분 중 폭발성 가스 분위기가 정상상태에서 조성되지 않거나 조성된다 하더라도 짧은 기간에만 존재할 수 있는 장소는?

① 0종 장소
② 1종 장소
③ 2종 장소
④ 비방폭지역

**해설** 폭발성 가스 분위기가 정상상태에서 조성되지 않거나 조성된다 하더라도 짧은 기간에만 존재할 수 있는 장소 → 2종 장소

**참고** 가스폭발 위험장소

1. 0종 장소
가. 설비의 내부
나. 인화성 또는 가연성 액체가 피트(PIT) 등의 내부
다. 인화성 또는 가연성의 가스나 증기가 지속적으로 또는 장기간 체류하는 곳

2. 1종 장소
가. 통상의 상태에서 위험분위기가 쉽게 생성되는 곳
나. 운전, 유지 보수 또는 누설에 의하여 자주 위험분위기가 생성되는 곳
다. 설비 일부의 고장 시 가연성물질의 방출과 전기계통의 고장이 동시에 발생되기 쉬운 곳
라. 환기가 불충분한 장소에 설치된 배관 계통으로 배관이 쉽게 누설되는 구조의 곳
마. 주변 지역보다 낮아 가스나 증기가 체류할 수 있는 곳
바. 상용의 상태에서 위험분위기가 주기적 또는 간헐적으로 존재하는 곳

3. 2종 장소
가. 환기가 불충분한 장소에 설치된 배관계통으로 배관이 쉽게 누설되지 않는 구조의 곳
나. 가스켓(GASKET), 팩킹(PACKING) 등의 고장과 같이 이상상태에서만 누출될 수 있는 공정설비 또는 배관이 환기가 충분한 곳에 설치될 경우
다. 1종 장소와 직접 접하며 개방되어 있는 곳 또는 1종장소와 닥트, 트랜치, 파이프 등으로 연결되어 이들을 통해 가스나 증기의 유입이 가능한 곳
라. 강제 환기방식이 채용되는 곳으로 환기설비의 고장이나 이상 시에 위험분위기가 생성될 수 있는 곳

{분석}
**실기에 자주 출제되는 중요한 내용입니다.**

**78** 전기설비기술기준에서 정의하는 전압의 구분으로 틀린 것은?

① 교류 저압 : 1,000V 이하
② 직류 저압 : 1,500V 이하
③ 직류 고압 : 1,500V 초과 7,000V 이하
④ 특고압 : 7,000V 이상

해설 **전압의 구분**

| 전압의 종별 | 교류 | 직류 |
|---|---|---|
| 저압 | 1,000V 이하의 것 | 1,500V 이하의 것 |
| 고압 | 1,000V 초과 7,000V 이하 | 1,500V 초과 7,000V 이하 |
| 특별 고압 | 7,000V 초과 | 7,000V 초과 |

**79** 피뢰기의 구성요소로 옳은 것은?

① 직렬 갭, 특성요소
② 병렬 갭, 특성요소
③ 직렬 갭, 충격요소
④ 병렬 갭, 충격요소

해설 **피뢰기의 구성** : 피뢰기는 직렬 갭과 특성요소로 구성된다.

참고 ① 직렬 갭 : 정상 시에는 방전을 하지 않고 절연 상태를 유지하며, 이상 과전압 발생 시에는 신속히 이상전압을 대지로 방전하고 속류를 차단하는 역할을 한다.
② 특성요소 : 뇌전류 방전 시 피뢰기 자신의 전위 상승을 억제하여 자신의 절연 파괴를 방지하는 역할을 한다.

**80** 내압 방폭구조의 필요충분조건에 대한 사항으로 틀린 것은?

① 폭발화염이 외부로 유출되지 않을 것
② 습기침투에 대한 보호를 충분히 할 것
③ 내부에서 폭발한 경우 그 압력에 견딜 것
④ 외함의 표면온도가 외부의 폭발성가스를 점화하지 않을 것

해설 **내압 방폭구조(d)**

아크를 발생시키는 전기설비를 전폐용기에 넣고 용기 내부에 폭발이 일어날 경우에 용기가 폭발 압력에 견뎌 외부의 폭발성 가스에 인화될 위험이 없도록 한 구조의 방폭구조

{분석}
**실기까지 중요한 내용입니다.**

제**5**과목 **화학설비 안전 관리**

**81** 위험물 또는 가스에 의한 화재를 경보하는 기구에 필요한 설비가 아닌 것은?

① 간이 완강기
② 자동화재 감지기
③ 축전지 설비
④ 자동화재 수신기

해설 ① 간이 완강기 → 화재 시 피난기구

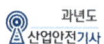

**82** 산업안전보건기준에 관한 규칙에서 지정한 '화학설비 및 그 부속설비의 종류' 중 화학설비의 부속설비에 해당하는 것은?

① 응축기·냉각기·가열기 등의 열교환기류
② 반응기·혼합조 등의 화학물질 반응 또는 혼합장치
③ 펌프류·압축기 등의 화학물질 이송 또는 압축설비
④ 온도·압력·유량 등을 지시·기록하는 자동제어 관련 설비

**해설** ①, ②, ③ → 화학설비
④ → 화학설비의 부속설비

**83** 다음 중 반응기를 조작방식에 따라 분류할 때 이에 해당하지 않는 것은?

① 회분식 반응기
② 반회분식 반응기
③ 연속식 반응기
④ 관형식 반응기

**해설** 반응기의 조작방식에 따라 분류
① 회분식 반응기
② 반회분식 반응기
③ 연속식 반응기

**84** 다음 중 물과 반응하여 수소가스를 발생할 위험이 가장 낮은 물질은?

① Mg
② Zn
③ Cu
④ Na

**해설** 금속의 반응성

| K Ca Na Mg Al Zn Fe | Ni Sn Pb (H) Cu Hg Ag Au |
| --- | --- |

물과 반응하여 ← 수소가스를 발생시킨다.

**85** 다음 중 가연성 물질이 연소하기 쉬운 조건으로 옳지 않은 것은?

① 연소 발열량이 클 것
② 점화 에너지가 작을 것
③ 산소와 친화력이 클 것
④ 입자의 표면적이 작을 것

**해설** ④ 입자의 표면적이 클수록 산소와 접촉하는 면적이 넓어져 연소하기 쉽다.

**86** 다음 중 열교환기의 보수에 있어 일상점검항목과 정기적 개방점검항목으로 구분할 때 일상점검항목으로 가장 거리가 먼 것은?

① 도장의 노후 상황
② 부착물에 의한 오염의 상황
③ 보온재, 보냉재의 파손 여부
④ 기초볼트의 체결 정도

**해설** 열교환기의 일상점검 항목
① 보온재 및 보냉재의 상태
② 도장의 열화상태
③ 용접부 등으로부터의 누출 여부
④ 기초볼트의 풀림상태

**정답** 82 ④ 83 ④ 84 ③ 85 ④ 86 ②

**87** 헥산 1vol%, 메탄 2vol%, 에틸렌 2vol%, 공기 95vol%로 된 혼합가스의 폭발하한 계값(vol%)은 약 얼마인가?
(단, 헥산, 메탄, 에틸렌의 폭발하한계 값은 각각 1.1, 5.0, 2.7vol%이다.)

① 2.44  ② 12.89
③ 21.78  ④ 48.78

**해설** 혼합 가스의 폭발 범위(르 샤틀리에의 공식)

$$\frac{100}{L} = \frac{V_1}{L_1} + \frac{V_2}{L_2} + \frac{V_3}{L_3} \cdots (Vol\%)$$

$$L = \frac{100}{\dfrac{V_1}{L_1} + \dfrac{V_2}{L_2} + \dfrac{V_3}{L_3} \cdots}$$

여기서,
$L$ : 혼합가스의 폭발하한계(상한계)
$L_1$, $L_2$, $L_3$ : 단독가스의 폭발하한계(상한계)
$V_1$, $V_2$, $V_3$ : 단독가스의 공기 중 부피
$100 : V_1 + V_2 + V_3 + \cdots$

$$\frac{(1+2+2)}{L} = \frac{1}{1.1} + \frac{2}{5.0} + \frac{2}{2.7}$$

$$L = \frac{1+2+2}{\dfrac{1}{1.1} + \dfrac{2}{5.0} + \dfrac{2}{2.7}} = 2.44(Vol\%)$$

{분석}
**실기에 자주 출제되는 내용입니다.**

**88** 이산화탄소 소화약제의 특징으로 가장 거리가 먼 것은?

① 전기절연성이 우수하다.
② 액체로 저장할 경우 자체 압력으로 방사할 수 있다.
③ 기화상태에서 부식성이 매우 강하다.
④ 저장에 의한 변질이 없어 장기간 저장이 용이한 편이다.

**해설** ③ 이산화탄소 소화기는 부식의 염려가 없어 반영구적으로 사용할 수 있다.

**89** 산업안전보건기준에 관한 규칙 중 급성 독성물질에 관한 기준의 일부이다. (A)와 (B)에 알맞은 수치를 옳게 나타낸 것은?

> • 쥐에 대한 경구투입실험에 의하여 실험동물의 50퍼센트를 사망시킬 수 있는 물질의 양, 즉 LD50(경구, 쥐)이 킬로그램당 ( A )밀리그램－(체중) 이하인 화학물질
> • 쥐 또는 토끼에 대한 경피흡수실험에 의하여 실험동물의 50퍼센트를 사망시킬 수 있는 물질의 양, 즉 LD50(경피, 토끼 또는 쥐)이 킬로그램당 ( B )밀리그램－(체중) 이하인 화학물질

① A : 1000, B : 300
② A : 1000, B : 1000
③ A : 300, B : 300
④ A : 300, B : 1000

**해설** 급성 독성 물질

가. 쥐에 대한 경구투입실험에 의하여 실험동물의 50퍼센트를 사망시킬 수 있는 물질의 양, 즉 LD50(경구, 쥐)이 킬로그램당 300밀리그램－(체중) 이하인 화학물질

나. 쥐 또는 토끼에 대한 경피흡수실험에 의하여 실험동물의 50퍼센트를 사망시킬 수 있는 물질의 양, 즉 LD50(경피, 토끼 또는 쥐)이 킬로그램당 1000밀리그램－(체중) 이하인 화학물질

다. 쥐에 대한 4시간 동안의 흡입실험에 의하여 실험동물의 50퍼센트를 사망시킬 수 있는 물질의 농도, 즉 가스 LC50(쥐, 4시간 흡입)이 2500ppm 이하인 화학물질, 증기 LC50(쥐, 4시간 흡입)이 10mg/ℓ 이하인 화학물질, 분진 또는 미스트 1mg/ℓ 이하인 화학물질

{분석}
**실기에 자주 출제되는 중요한 내용입니다.**

최근 기출문제 **2019**

•)) 정답 87 ① 88 ③ 89 ④

**90** 분진폭발을 방지하기 위하여 첨가하는 불활성 첨가물로 적합하지 않은 것은?

① 탄산칼슘　　② 모래
③ 석분　　　　④ 마그네슘

해설 ④ 마그네슘은 분진폭발을 일으킨다.

**91** 다음 중 가연성 가스이며 독성 가스에 해당하는 것은?

① 수소　　　　② 프로판
③ 산소　　　　④ 일산화탄소

해설 가연성 가스이며 독성 가스 → 일산화탄소

**92** 위험물질을 저장하는 방법으로 틀린 것은?

① 황인은 물속에 저장
② 나트륨은 석유 속에 저장
③ 칼륨은 석유 속에 저장
④ 리튬은 물속에 저장

해설 ④ 리튬은 금수성물질로 물과 반응하므로 석유 속에 저장

참고 **위험물질의 저장법**

① 나트륨, 칼륨 : 석유 속 저장
② 황린 : 물 속에 저장
③ 적린, 마그네슘, 칼륨 : 격리저장
④ 질산은 ($AgNO_3$) 용액 : 햇빛 피하여 저장(빛에 의해 광분해 반응 일으킴)
⑤ 벤젠 : 산화성물질과 격리저장
⑥ 탄화칼슘($CaC_2$, 카바이트) : 금수성물질로서 물과 격렬히 반응하므로 건조한 곳에 보관
⑦ 니트로셀로오스(질화면)의 저장법 : 건조하면 분해폭발 하므로 알콜에 적셔 습하게 보관한다.

**93** 다음 중 인화성 가스가 아닌 것은?

① 부탄　　　　② 메탄
③ 수소　　　　④ 산소

해설 **인화성 가스의 종류**

가. 수소
나. 아세틸렌
다. 에틸렌
라. 메탄
마. 에탄
바. 프로판
사. 부탄
아. 인화한계 농도의 최저한도가 13퍼센트 이하 또는 최고한도와 최저한도의 차가 12퍼센트 이상인 것으로서 표준압력(101.3KPa)하의 20℃에서 가스상태인 물질

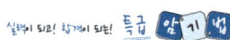

실기에 되오! 함께하 되오! **특급 암기법**

폭발 1단계 – 메, 에, 프로, 부
폭발 2단계 – 에틸렌
폭발 3단계 – 수소, 아세틸렌

{분석}
실기에 자주 출제되는 중요한 내용입니다.

**94** 다음 중 자연 발화의 방지법으로 가장 거리가 먼 것은?

① 직접 인화할 수 있는 불꽃과 같은 점화원만 제거하면 된다.
② 저장소 등의 주위 온도를 낮게 한다.
③ 습기가 많은 곳에는 저장하지 않는다.
④ 통풍이나 저장법을 고려하여 열의 축적을 방지한다.

해설 **자연 발화 방지법**

① 저장소의 온도를 낮출 것
② 산소와의 접촉을 피할 것
③ 통풍 및 환기를 철저히 할 것
④ 습도가 높은 곳에는 저장하지 말 것

정답 90 ④ 91 ④ 92 ④ 93 ④ 94 ①

> **참고** 자연발화 : 외부 점화원 없이 자체의 열에 의해 발화하는 현상
>
> {분석}
> 실기까지 중요한 내용입니다.

**95** 인화성 가스가 발생할 우려가 있는 지하 작업장에서 작업을 할 경우 폭발이나 화재를 방지하기 위한 조치사항 중 가스의 농도를 측정하는 기준으로 적절하지 않은 것은?

① 매일 작업을 시작하기 전에 측정한다.
② 가스의 누출이 의심되는 경우 측정한다.
③ 장시간 작업할 때에는 매 8시간마다 측정한다.
④ 가스가 발생하거나 정체할 위험이 있는 장소에 대하여 측정한다.

> **해설** 폭발·화재 및 위험물 누출에 의한 위험방지를 위하여 가스농도를 측정하여야 하는 경우
>
> - 매일 작업을 시작하기 전
> - 가스의 누출이 의심되는 경우
> - 가스가 발생하거나 정체할 위험이 있는 장소가 있는 경우
> - 장시간 작업을 계속하는 때(이 경우 4시간마다 가스농도를 측정하도록 하여야 한다)

**96** 다음 중 가연성가스가 밀폐된 용기 안에서 폭발할 때 최대 폭발압력에 영향을 주는 인자로 가장 거리가 먼 것은?

① 가연성가스의 농도(몰수)
② 가연성가스의 초기온도
③ 가연성가스의 유속
④ 가연성가스의 초기압력

> **해설** 최대 폭발압력(Pm)에 영향을 주는 인자
> ① Pm은 화학양론비(이론 혼합농도)에서 최대가 된다.
> ② Pm은 초기 온도가 높을수록 감소한다.
> ③ Pm은 초기 압력이 상승할수록 증가한다.
> ④ Pm은 용기의 형태 및 부피, 유속 등에는 큰 영향을 받지 않는다.

**97** 물이 관 속을 흐를 때 유동하는 물속의 어느 부분의 정압이 그 때의 물의 증기압보다 낮을 경우 물이 증발하여 부분적으로 증기가 발생되어 배관의 부식을 초래하는 경우가 있다. 이러한 현상을 무엇이라 하는가?

① 서어징(surging)
② 공동현상(cavitation)
③ 비말동반(entrainment)
④ 수격작용(water hammering)

> **해설** 물이 증발하여 부분적으로 증기가 발생되어 배관의 부식을 초래 → 공동현상(cavitation)

> **참고** 수격작용(Water hammering, 물망치작용) : 밸브를 급격히 개폐 시에 배관 내를 유동하던 물이 배관을 치는 현상(압력파가 급격히 관내를 왕복하는 현상)으로 배관 파열을 초래한다.

**98** 메탄이 공기 중에서 연소될 때의 이론혼합비(화학양론조성)는 약 몇 vol%인가?

① 2.21 　　　② 4.03
③ 5.76 　　　④ 9.50

> **해설** 완전연소 조성 농도(화학양론 농도)
>
> $$C_{st} = \frac{100}{1 + 4.773\left(n + \dfrac{m - f - 2\lambda}{4}\right)} \text{(vol\%)}$$
>
> 여기서, $n$ : 탄소　　　$m$ : 수소
> 　　　　$f$ : 할로겐원소　$\lambda$ : 산소의 원자 수
> 　　　　4.773 : 공기의 몰수

**2019** 최근 기출문제

> **정답** 95 ③ 96 ③ 97 ② 98 ④

메탄($CH_4$)에서 C : 1, H : 4이므로

$$C_{st} = \frac{100}{1+4.773\left(1+\frac{4}{4}\right)} = 9.48(Vol\%)$$

{분석}
실기까지 중요한 내용입니다.

**99** 고압의 환경에서 장시간 작업하는 경우에 발생할 수 있는 잠함병(潛函病) 또는 잠수병(潛水病)은 다음 중 어떤 물질에 의하여 중독현상이 일어나는가?

① 질소
② 황화수소
③ 일산화탄소
④ 이산화탄소

[해설] **잠함병, 잠수병**
급격한 감압 시에 혈액 속의 질소가 혈액과 조직에 기포를 형성하여 혈액순환 장해와 조직 손상을 일으키는 <u>질소중독 증세</u>이다.

**100** 공기 중에서 A가스의 폭발하한계는 2.2vol%이다. 이 폭발하한계 값을 기준으로 하여 표준상태에서 A가스와 공기의 혼합기체 1m³에 함유되어 있는 A가스의 질량을 구하면 약 몇 g인가?
(단, A가스의 분자량은 26(g/mol)이다.)

① 19.02
② 25.54
③ 29.02
④ 35.54

[해설]
1. 폭발하한계가 2.2Vol% 이므로 공기 1m³(1000$l$) 중 A가스의 부피
   $1000 \times 0.022 = 22(l)$
2. 분자량이 26이므로 표준상태(0℃, 22.4$l$)에서의 A가스의 질량
   $22.4\,l : 26 = 22l : X$
   $22.4 \times X = 26 \times 22$
   $X = \dfrac{26 \times 22}{22.4} = 25.54(g)$

{분석}
비중이 낮은 문제입니다.

---

**제6과목** **건설공사 안전 관리**

**101** 산업안전보건 법령에 따른 거푸집동바리를 조립하는 경우의 준수사항으로 옳지 않은 것은?

① 개구부 상부에 동바리를 설치하는 경우에는 상부하중을 견딜 수 있는 견고한 받침대를 설치할 것
② 동바리의 이음은 맞댄이음이나 장부이음으로 하고 같은 품질의 제품을 사용할 것
③ 강재와 강재의 접속부 및 교차부는 철선을 사용하여 단단히 연결할 것
④ 거푸집이 곡면인 경우에는 버팀대의 부착 등 그 거푸집의 부상(浮上)을 방지하기 위한 조치를 할 것

[해설] ③ 강재와 강재와의 <u>접속부 및 교차부는 볼트·클램프 등 전용철물을 사용</u>하여 단단히 연결할 것

**102** 타워 크레인(Tower Crane)을 선정하기 위한 사전 검토사항으로서 가장 거리가 먼 것은?

① 붐의 모양
② 인양능력
③ 작업반경
④ 붐의 높이

[해설] **타워 크레인 선정 시 사전 검토사항**
① 인양능력
② 작업반경
③ 붐의 높이

---

•)) 정답  99 ①  100 ②  101 ③  102 ①

**103** 건설 현장에서 근로자의 추락재해를 예방하기 위한 안전난간을 설치하는 경우 그 구성요소와 거리가 먼 것은?

① 상부난간대
② 중간난간대
③ 사다리
④ 발끝막이판

[해설] 안전난간은 상부 난간대, 중간 난간대, 발끝막이판 및 난간기둥으로 구성할 것

[참고] 안전난간의 구조 및 설치요건
① 상부 난간대, 중간 난간대, 발끝막이판 및 난간기둥으로 구성할 것
② 상부 난간대는 바닥면 · 발판 또는 경사로의 표면으로부터 90센티미터 이상 지점에 설치하고, 상부 난간대를 120센티미터 이하에 설치하는 경우에는 중간 난간대는 상부 난간대와 바닥면 등의 중간에 설치하여야 하며, 120센티미터 이상 지점에 설치하는 경우에는 중간 난간대를 2단 이상으로 균등하게 설치하고 난간의 상하 간격은 60센티미터 이하가 되도록 할 것(다만, 난간기둥 간의 간격이 25센티미터 이하인 경우에는 중간 난간대를 설치하지 않을 수 있다.)
③ 발끝막이판은 바닥면 등으로부터 10센티미터 이상의 높이를 유지할 것
④ 난간기둥은 상부 난간대와 중간 난간대를 견고하게 떠받칠 수 있도록 적정한 간격을 유지할 것
⑤ 상부 난간대와 중간 난간대는 난간 길이 전체에 걸쳐 바닥면등과 평행을 유지할 것
⑥ 난간대는 지름 2.7센티미터 이상의 금속제 파이프나 그 이상의 강도가 있는 재료일 것
⑦ 안전난간은 구조적으로 가장 취약한 지점에서 가장 취약한 방향으로 작용하는 100킬로그램 이상의 하중에 견딜 수 있는 튼튼한 구조일 것

{분석}
실기까지 중요한 내용입니다.

**104** 문제 삭제

{분석}
관련 법규 개정으로 삭제된 내용입니다.

**105** 달비계의 구조에서 달비계 작업발판의 폭은 최소 얼마 이상이어야 하는가?

① 30cm      ② 40cm
③ 50cm      ④ 60cm

[해설] 작업발판은 폭을 40센티미터 이상으로 하고 틈새가 없도록 할 것

**106** 건설업 중 교량건설 공사의 경우 유해위험방지계획서를 제출하여야 하는 기준으로 옳은 것은?

① 최대 지간길이가 40m 이상인 교량건설등 공사
② 최대 지간길이가 50m 이상인 교량건설등 공사
③ 최대 지간길이가 60m 이상인 교량건설등 공사
④ 최대 지간길이가 70m 이상인 교량건설등 공사

[해설] 유해위험방지계획서 제출대상 건설공사

1. 다음 각 목의 어느 하나에 해당하는 건축물 또는 시설 등의 건설 · 개조 또는 해체공사
   가. 지상높이가 31미터 이상인 건축물 또는 인공구조물
   나. 연면적 3만제곱미터 이상인 건축물
   다. 연면적 5천제곱미터 이상인 시설로서 다음의 어느 하나에 해당하는 시설
      1) 문화 및 집회시설(전시장 및 동물원 · 식물원은 제외한다)
      2) 판매시설, 운수시설(고속철도의 역사 및 집배송시설은 제외한다)
      3) 종교시설
      4) 의료시설 중 종합병원

**정답** 103 ③  104 문제 삭제  105 ②  106 ②

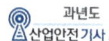

     5) 숙박시설 중 관광숙박시설
     6) 지하도상가
     7) 냉동·냉장 창고시설
2. 연면적 5천제곱미터 이상의 냉동·냉장창고시설의 설비공사 및 단열공사
3. 최대 지간길이(다리의 기둥과 기둥의 중심사이의 거리)가 50미터 이상인 교량 건설 등 공사
4. 터널 건설 등의 공사
5. 다목적댐, 발전용댐, 저수용량 2천만톤 이상의 용수 전용 댐 지방상수도 전용 댐 건설 등의 공사
6. 깊이 10미터 이상인 굴착공사

실기도 되고 함께 되는 **특급 암기법**

- 지상높이 31m, 연면적 3만m², 사람 많은 시설 연면적 5,000m²
- 연면적 5,000m² 냉동·냉장창고시설
- 최대 지간길이가 50미터 이상 교량
- 터널
- 저수용량 2천만 톤 이상 댐
- 10미터 이상인 굴착

{분석}
실기에 자주 출제되는 중요한 내용입니다.

---

**107** 구축물이 풍압·지진 등에 의하여 붕괴 또는 전도하는 위험을 예방하기 위한 조치와 가장 거리가 먼 것은?

① 설계도서에 따라 시공했는지 확인
② 건설공사 시방서에 따라 시공했는지 확인
③ 「건축물의 구조기준 등에 관한 규칙」에 따른 구조기준을 준수했는지 확인
④ 보호구 및 방호장치의 성능검정 합격품을 사용했는지 확인

**해설** 구축물이 풍압·지진 등에 의하여 붕괴 또는 전도하는 위험을 예방하기 위한 조치
① 설계도서에 따라 시공했는지 확인
② 건설공사 시방서에 따라 시공했는지 확인
③ 「건축물의 구조기준 등에 관한 규칙」에 따른 구조기준을 준수했는지 확인

---

**108** 철골건립준비를 할 때 준수하여야 할 사항과 가장 거리가 먼 것은?

① 지상 작업장에서 건립준비 및 기계·기구를 배치할 경우에는 낙하물의 위험이 없는 평탄한 장소를 선정하여 정비하고 경사지에는 작업대나 임시발판 등을 설치하는 등 안전조치를 한 후 작업하여야 한다.
② 건립 작업에 다소 지장이 있다 하더라도 수목은 제거하여서는 안 된다.
③ 사용 전에 기계·기구에 대한 정비 및 보수를 철저히 실시하여야 한다.
④ 기계에 부착된 앵커 등 고정장치와 기초구조 등을 확인하여야 한다.

**해설** ② 건립 작업에 지장이 있다면 수목은 제거하여야 한다.

---

**109** 건설현장에서 높이 5m 이상인 콘크리트 교량의 설치작업을 하는 경우 재해예방을 위해 준수해야 할 사항으로 옳지 않은 것은?

① 작업을 하는 구역에는 관계 근로자가 아닌 사람의 출입을 금지할 것
② 재료, 기구 또는 공구 등을 올리거나 내릴 경우에는 근로자로 하여금 크레인을 이용하도록 하고 달줄, 달포대 등의 사용을 금하도록 할 것
③ 중량물 부재를 크레인 등으로 인양하는 경우에는 부재에 인양용 고리를 견고하게 설치하고, 인양용 로프는 부재에 두 군데 이상 결속하여 인양하여야 하며, 중량물이 안전하게 거치되기 전까지는 걸이로프를 해제시키지 아니할 것

---

**⬤)) 정답**   107 ④   108 ②   109 ②

④ 자재나 부재의 낙하·전도 또는 붕괴 등에 의하여 근로자에게 위험을 미칠 우려가 있을 경우에는 출입금지구역의 설정, 자재 또는 가설시설의 좌굴(挫屈) 또는 변형방지를 위한 보강재 부착 등의 조치를 할 것

**해설** ② 재료·기구 또는 공구 등을 올리거나 내릴 때에는 근로자로 하여금 달줄·달포대 등을 사용하도록 할 것

**110** 건축공사로서 대상액이 5억 원 이상 50억 원 미만인 경우에 산업안전보건관리비의 비율(가) 및 기초액(나)으로 옳은 것은?

① (가) 2.28%, (나) 4,325,000원
② (가) 1.99%, (나) 5,499,000원
③ (가) 2.35%, (나) 5,400,000원
④ (가) 1.57%, (나) 4,411,000원

**해설** 공사종류 및 규모별 산업안전보건관리비 계상기준표

| 구분<br>공사<br>종류 | 대상액<br>5억 원<br>미만인<br>경우<br>적용<br>비율(%) | 대상액<br>5억 원 이상<br>50억 원<br>미만인 경우<br>적용<br>비율(%) | 기초액 | 대상액<br>50억 원<br>이상인<br>경우<br>적용<br>비율(%) | 보건관리자<br>선임 대상<br>건설공시의<br>적용비율<br>(%) |
|---|---|---|---|---|---|
| 건축공사 | 3.11(%) | 2.28(%) | 4,325<br>천원 | 2.37(%) | 2.64(%) |
| 토목공사 | 3.15(%) | 2.53(%) | 3,300<br>천원 | 2.60(%) | 2.73(%) |
| 중건설<br>공사 | 3.64(%) | 3.05(%) | 2,975<br>천원 | 3.11(%) | 3.39(%) |
| 특수<br>건설공사 | 2.07(%) | 1.59(%) | 2,450<br>천원 | 1.64(%) | 1.78(%) |

**111** 중량물을 운반할 때의 바른 자세로 옳은 것은?

① 허리를 구부리고 양손으로 들어 올린다.
② 중량은 보통 체중의 60%가 적당하다.
③ 물건은 최대한 몸에서 멀리 떼어서 들어 올린다.
④ 길이가 긴 물건은 앞쪽을 높게 하여 운반한다.

**해설** 요통예방을 위한 안전작업수칙

① 중량물을 취급할 때는 허리의 힘보다는 팔, 다리, 복부의 근력을 이용하도록한다.
② 중량물을 들어 올릴 때는 물체를 최대한 몸 가까이에서 잡고 들어 올리도록 한다.
③ 중량물 취급 시 허리는 늘 곧게 펴고 가급적 구부리거나 비틀지 않고 작업하도록 한다.
④ 중량물의 취급에서 근로자가 항상 수작업으로 물건을 취급하는 경우에는 중량이 남자 근로자인 경우 체중의 40% 이하, 여자 근로자인 경우 체중의 24% 이하가 되도록 하여야 하며 중량물의 폭은 75cm 이상 되지 않도록 하여야 한다.

**112** 추락방지용 방망의 그물코의 크기가 10cm인 신품 매듭방망사의 인장강도는 몇 킬로그램 이상이어야 하는가?

① 80　　　　② 110
③ 150　　　　④ 200

**해설** 방망사의 신품에 대한 인장강도

| 그물코의 크기<br>(단위 : 센티미터) | 방망의 종류(단위 : 킬로그램) | |
|---|---|---|
| | 매듭 없는 방망 | 매듭방망 |
| 10 | 240 | 200 |
| 5 | | 110 |

**참고** 방망사의 폐기 시 인장강도

| 그물코의 크기<br>(단위 : 센티미터) | 방망의 종류(단위 : 킬로그램) | |
|---|---|---|
| | 매듭 없는 방망 | 매듭방망 |
| 10 | 150 | 135 |
| 5 | | 60 |

{분석}
필기에 자주 출제되는 내용입니다.

**정답** 110 ① 111 ④ 112 ④

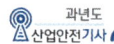 
**113** 다음 중 방망에 표시해야 할 사항이 아닌 것은?

① 방망의 신축성
② 제조자명
③ 제조년월
④ 재봉 치수

**[해설]** 방망에는 보기 쉬운 곳에 다음 각 호의 사항을 표시하여야 한다.
① 제조자명
② 제조년월
③ 재봉 치수
④ 그물코
⑤ 신품인 때의 방망의 강도

**114** 강관비계 조립 시의 준수사항으로 옳지 않은 것은?

① 비계기둥에는 미끄러지거나 침하하는 것을 방지하기 위하여 밑받침철물을 사용한다.
② 지상높이 4층 이하 또는 12m 이하인 건축물의 해체 및 조립 등의 작업에서만 사용한다.
③ 교차가새로 보강한다.
④ 외줄비계·쌍줄비계 또는 돌출비계에 대해서는 벽이음 및 버팀을 설치한다.

**[해설]** ② 지상높이 4층 이하 또는 12m 이하인 건축물의 해체 및 조립 등의 작업에서만 사용한다.
→ 통나무 비계

**[참고]** [강관비계의 구조]
① 비계기둥 간격 : 띠장방향에서는 1.85m 이하, 장선방향에서는 1.5m 이하로 할 것
다만, 다음 각 목의 어느 하나에 해당하는 작업의 경우에는 안전성에 대한 구조검토를 실시하고 조립도를 작성하면 띠장 방향 및 장선 방향으로 각각 2.7미터 이하로 할 수 있다.

가. 선박 및 보트 건조작업
나. 그 밖에 장비 반입·반출을 위하여 공간 등을 확보할 필요가 있는 등 작업의 성질상 비계 기둥 간격에 관한 기준을 준수하기 곤란한 작업
② 띠장간격 : 2.0미터 이하로 할 것
③ 비계기둥의 제일 윗부분으로 부터 31m되는 지점 밑부분의 비계기둥은 2본의 강관으로 묶어세울 것
④ 비계기둥 간의 적재하중은 400킬로그램을 초과하지 아니하도록 할 것

**[강관비계 조립 시의 준수사항]**
① 비계기둥에는 미끄러지거나 침하하는 것을 방지하기 위하여 밑받침철물을 사용하거나 깔판·깔목 등을 사용하여 밑둥잡이를 설치할 것
② 강관의 접속부 또는 교차부는 적합한 부속철물을 사용하여 접속하거나 단단히 묶을 것
③ 교차가새로 보강할 것
④ 외줄비계·쌍줄비계 또는 돌출 비계의 벽이음 및 버팀 설치
 • 조립간격 : 수직방향에서 5m 이하, 수평방향에서는 7.5m 이하
 • 강관·통나무 등의 재료를 사용하여 견고한 것으로 할 것
 • 인장재와 압축재로 구성되어 있는 때에는 인장재와 압축재의 간격을 1미터 이내로 할 것
⑤ 가공전로에 근접하여 비계를 설치하는 때에는 가공전로를 이설, 절연용 방호구 장착하는 등 가공전로와의 접촉 방지 조치할 것

{분석}
**실기까지 중요한 내용입니다.**

**115** 사다리식 통로 등을 설치하는 경우 고정식 사다리식 통로의 기울기는 최대 몇 도 이하로 하여야 하는가?

① 60도
② 75도
③ 80도
④ 90도

해설 사다리식 통로의 기울기는 75도 이하로 할 것. 다만, 고정식 사다리식 통로의 기울기는 90도 이하로 하고, 그 높이가 7미터 이상인 경우에는 바닥으로부터 높이가 2.5미터 되는 지점부터 등받이울을 설치할 것

참고 **사다리식 통로 설치 시의 준수사항**
① 견고한 구조로 할 것
② 심한 손상·부식 등이 없는 재료를 사용할 것
③ 발판의 간격은 일정하게 할 것
④ 발판과 벽과의 사이는 15센티미터 이상의 간격을 유지할 것
⑤ 폭은 30센티미터 이상으로 할 것
⑥ 사다리가 넘어지거나 미끄러지는 것을 방지하기 위한 조치를 할 것
⑦ 사다리의 상단은 걸쳐놓은 지점으로부터 60센티미터 이상 올라가도록 할 것
⑧ 사다리식 통로의 길이가 10미터 이상인 경우에는 5미터 이내마다 계단참을 설치할 것
⑨ 사다리식 통로의 기울기는 75도 이하로 할 것. 다만, 고정식 사다리식 통로의 기울기는 90도 이하로 하고, 그 높이가 7미터 이상인 경우에는 바닥으로부터 높이가 2.5미터 되는 지점부터 등받이울을 설치할 것
⑨ 사다리식 통로의 기울기는 75도 이하로 할 것. 다만, 고정식 사다리식 통로의 기울기는 90도 이하로 하고, 그 높이가 7미터 이상인 경우에는 다음 각 목의 구분에 따른 조치를 할 것
  • 등받이울이 있어도 근로자 이동에 지장이 없는 경우 : 바닥으로부터 높이가 2.5미터 되는 지점부터 등받이울을 설치할 것
  • 등받이울이 있으면 근로자가 이동이 곤란한 경우 : 한국산업표준에서 정하는 기준에 적합한 개인용 추락 방지 시스템을 설치하고 근로자로 하여금 한국산업표준에서 정하는 기준에 직합한 전신 안전대를 사용하도록 할 것
⑩ 접이식 사다리 기둥은 사용 시 접혀지거나 펼쳐지지 않도록 철물 등을 사용하여 견고하게 조치할 것

{분석}
**실기까지 중요한 내용입니다.**

---

**116** 부두·안벽 등 하역작업을 하는 장소에서 부두 또는 안벽의 선을 따라 통로를 설치하는 경우에는 폭을 최소 얼마 이상으로 해야 하는가?

① 70cm  ② 80cm
③ 90cm  ④ 100cm

해설 부두 또는 안벽의 선을 따라 통로를 설치하는 때에는 폭을 90cm 이상으로 할 것

{분석}
**필기에 자주 출제되는 내용입니다.**

**117** 건설작업장에서 근로자가 상시 작업하는 장소의 작업면 조도기준으로 옳지 않은 것은?
(단, 갱내 작업장과 감광재료를 취급하는 작업장의 경우는 제외)

① 초정밀 작업 : 600럭스(lux) 이상
② 정밀작업 : 300럭스(lux) 이상
③ 보통작업 : 150럭스(lux) 이상
④ 초정밀, 정밀, 보통작업을 제외한 기타 작업 : 75럭스(lux) 이상

해설 **법적 조도 기준**
① 초정밀 작업 : 750 Lux 이상
② 정밀 작업 : 300 Lux 이상
③ 보통 작업 : 150 Lux 이상
④ 기타 작업 : 75 Lux 이상

{분석}
**실기까지 중요한 내용입니다.**

---

🔊 **정답** 113 ① 114 ② 115 ④

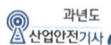
**118** 승강기 강선의 과다감기를 방지하는 장치는?

① 비상정지장치
② 권과방지장치
③ 해지장치
④ 과부하방지장치

해설 승강기 강선의 과다감기를 방지하는 장치
→ 권과방지장치

참고 권과방지장치는 훅 · 버킷 등 달기구의 윗면이 드럼, 상부 도르래, 트롤리프레임 등 권상장치의 아랫면과 접촉할 우려가 있는 경우에 그 간격이 0.25미터 이상[(직동식(直動式) 권과방지장치는 0.05미터 이상으로 한다)]이 되도록 조정하여야 한다.

> {분석}
> 실기까지 중요한 내용입니다.

**119** 흙막이 지보공을 설치하였을 때 정기적으로 점검하여야 할 사항과 거리가 먼 것은?

① 경보장치의 작동상태
② 부재의 손상·변형·부식·변위 및 탈락의 유무와 상태
③ 버팀대의 긴압(緊壓)의 정도
④ 부재의 접속부·부착부 및 교차부의 상태

해설 흙막이 지보공을 설치한 때 점검 사항
① 부재의 손상·변형·부식·변위 및 탈락의 유무와 상태
② 버팀대의 긴압의 정도
③ 부재의 접속부·부착부 및 교차부의 상태
④ 침하의 정도

> {분석}
> 실기까지 중요한 내용입니다.

**120** 사질지반 굴착 시, 굴착부와 지하수위차가 있을 때 수두차에 의하여 삼투압이 생겨 흙막이벽 근입부분을 침식하는 동시에 모래가 액상화되어 솟아오르는 현상은?

① 동상현상
② 연화현상
③ 보일링현상
④ 히빙현상

해설 **보일링(Boiling)현상**
① 사질토 지반에서 굴착저면과 흙막이 배면과의 수위 차로 인해 굴착저면의 흙과 물이 함께 위로 솟구쳐 오르는 현상(모래의 액상화 현상)을 말한다.
② 모래가 액상화 되어 솟아오른다.

참고 **히빙(Heaving)현상**
① 연질점토 지반에서 굴착에 의한 흙막이 내·외면의 흙의 중량차이(토압)로 인해 굴착저면이 부풀어 올라오는 현상을 말한다.
② 흙막이 바깥 흙이 안으로 밀려든다.

> {분석}
> 실기까지 중요한 내용입니다.

# 02회   2019년 산업안전기사 최근 기출문제

## 제1과목 · 산업재해 예방 및 안전보건교육

**01** 연천인율 45인 사업장의 도수율은 얼마인가?

① 10.8
② 18.75
③ 108
④ 187.5

【해설】

> 연천인율
>
> ① 근로자 1,000명 중 재해자수 비율(1년간)
>
> ② 연천인율 = $\dfrac{연간재해자수}{연평균 근로자수} \times 1,000$
>
> ③ 연천인율 = 도수율 × 2.4

연천인율 = 도수율 × 2.4

도수율 = 연천인율 ÷ 2.4 = 45 ÷ 2.4 = 18.75

【분석】
실기에 자주 출제되는 중요한 내용입니다.

**02** 다음 중 산업안전보건법상 안전인증대상 기계·기구 등의 안전인증 표시로 옳은 것은?

①
②
③
④

【해설】

### 안전인증 및 자율안전확인의 표시

【분석】
실기까지 중요한 내용입니다.

**03** 불안전 상태와 불안전 행동을 제거하는 안전관리의 시책에는 적극적인 대책과 소극적인 대책이 있다. 다음 중 소극적인 대책에 해당하는 것은?

① 보호구의 사용
② 위험공정의 배제
③ 위험물질의 격리 및 대체
④ 위험성 평가를 통한 작업환경 개선

【해설】 보호구의 사용 → 가장 소극적인 대책

**04** 안전조직 중에서 라인 – 스탭(Line-Staff) 조직의 특징으로 옳지 않은 것은?

① 라인형과 스탭형의 장점을 취한 절충식 조직형태이다.
② 중규모 사업장(100명 이상~500명 미만)에 적합하다.
③ 라인의 관리, 감독자에게도 안전에 관한 책임과 권한이 부여된다.
④ 안전 활동과 생산업무가 분리될 가능성이 낮기 때문에 균형을 유지할 수 있다.

•)) 정답 01 ② 02 ① 03 ① 04 ②

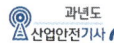
**해설** 라인 – 스탭(Line – Staff)형 → 대규모 사업장
(1,000명 이상 사업장)에 적용이 가능하다.

**참고**

| 라인 스태프형 장점 | 라인 스태프형 단점 |
|---|---|
| • 안전전문가에 의해 입안된 것을 경영자가 명령하므로 명령이 신속, 정확하다.<br>• 안전정보 수집이 용이하고 빠르다. | • 명령계통과 조언, 권고적 참여의 혼돈이 우려된다.<br>• 스태프의 월권행위가 우려되고 지나치게 스태프에게 의존할 수 있다.<br>• 라인이 스탭에 의존 또는 활용하지 않는 경우가 있다. |

{분석}
실기에 자주 출제되는 중요한 내용입니다.

**05** 다음 중 브레인스토밍(Brain Storming)의 4원칙을 올바르게 나열한 것은?

① 자유분방, 비판금지, 대량발언, 수정발언
② 비판자유, 소량발언, 자유분방, 수정발언
③ 대량발언, 비판자유, 자유분방, 수정발언
④ 소량발언, 자유분방, 비판금지, 수정발언

**해설** 브레인스토밍의 4원칙
• 비판금지 : 좋다, 나쁘다 비판은 하지 않는다.
• 자유분방 : 마음대로 자유로이 발언한다.
• 대량발언 : 무엇이든 좋으니 많이 발언한다.
• 수정발언 : 타인의 생각에 동참하거나 보충 발언해도 좋다.

{분석}
실기까지 중요한 내용입니다.

**06** 매슬로의 욕구단계이론 중 자기의 잠재력을 최대한 살리고 자기가 하고 싶었던 일을 실현하려는 인간의 욕구에 해당하는 것은?

① 생리적 욕구
② 사회적 욕구
③ 자아실현의 욕구
④ 학생의 학습과 과정의 평가를 과학적으로 할 수 있다.

**해설** 자기가 하고 싶었던 일을 실현하려는 인간의 욕구
→ 자아실현의 욕구

**참고** 매슬로(Maslow A. H.)의 욕구단계 이론(인간의 욕구 5단계)
① 제1단계(생리적 욕구) : 기아, 갈증, 호흡, 배설, 성욕 등 인간의 가장 기본적인 욕구
② 제2단계(안전 욕구) : 자기 보존 욕구
③ 제3단계(사회적 욕구) : 소속감과 애정 욕구
④ 제4단계(존경 욕구) : 인정받으려는 욕구
⑤ 제5단계(자아실현의 욕구) : 잠재적인 능력을 실현하고자 하는 욕구(성취 욕구)

{분석}
실기까지 중요한 내용입니다.

**07** 수업 매체별 장·단점 중 '컴퓨터 수업(computer assisted instruction)'의 장점으로 옳지 않은 것은?

① 개인차를 최대한 고려할 수 있다.
② 학습자가 능동적으로 참여하고, 실패율이 낮다.
③ 교사와 학습자가 시간을 효과적으로 이용할 수 없다.
④ 학생의 학습과 과정의 평가를 과학적으로 할 수 있다.

**정답** 05 ① 06 ③ 07 ③

| 프로그램 학습법의 장점 | 프로그램 학습법의 단점 |
|---|---|
| • 기본개념학습이나 논리적인 학습에 유리하다.<br>• 지능, 학습속도 등 개인차를 고려할 수 있다.<br>• 수업의 모든 단계에 적용이 가능하다.<br>• 수강자들이 학습이 가능한 시간대의 폭이 넓다.<br>• 매 학습마다 피드백을 할 수 있다. | • 한 번 개발된 프로그램 자료는 변경이 어렵다.<br>• 개발비가 많이 들고 제작 과정이 어렵다.<br>• 교육 내용이 고정되어 있다.<br>• 학습에 많은 시간이 걸린다.<br>• 집단 사고의 기회가 없다.(사회성이 결여되기 쉽다.) |

**08** 산업안전보건 법령상 산업안전보건위원회의 구성에서 사용자위원 구성원이 아닌 것은? (단, 해당 위원이 사업장에 선임이 되어 있는 경우에 한한다.)

① 안전관리자
② 보건관리자
③ 산업보건의
④ 명예산업안전감독관

[해설] 산업안전보건위원회의 구성

| 근로자위원 | 사용자위원 |
|---|---|
| ① 근로자대표<br>② 근로자대표가 지명하는 1명 이상의 명예산업안전감독관<br>③ 근로자대표가 지명하는 9명 이내의 해당사업장의 근로자 | ① 해당 사업의 대표자<br>② 안전관리자 1명<br>③ 보건관리자 1명<br>④ 산업보건의<br>⑤ 사업의 내표자가 지명하는 9명 이내의 해당 사업장 부서의 장 |

{분석}
실기에 자주 출제되는 중요한 내용입니다.

**09** 다음 중 상황성 누발자의 재해유발 원인으로 옳지 않은 것은?

① 작업이 난이성
② 기계설비의 결함
③ 도덕성의 결여
④ 심신의 근심

[해설] 상황성 누발자의 유형

• 작업에 어려움이 많은 자
• 기계 설비의 결함이 있을 때
• 심신에 근심이 있는 자
• 환경상 주의력 집중이 혼란되기 쉬울 때

**10** 다음 중 안전·보건교육의 단계별 교육과정 순서로 옳은 것은?

① 안전 태도교육 → 안전 지식교육 → 안전 기능교육
② 안전 지식교육 → 안전 기능교육 → 안전 태도교육
③ 안전 기능교육 → 안전 지식교육 → 안전 태도교육
④ 안전 자세교육 → 안전 지식교육 → 안전 기능교육

[해설] 안전·보건교육의 교육과정 순서

지식교육 → 기능교육 → 태도교육

**11** 산업안전보건 법령상 안전모의 시험성능 기준 항목으로 옳지 않은 것은?

① 내열성
② 턱끈풀림
③ 내관통성
④ 충격흡수성

[해설] 안전모의 성능 시험 종류

① 내관통성 시험 ② 충격흡수성 시험
③ 내전압성 시험 ④ 내수성 시험
⑤ 난연성 시험 ⑥ 턱끈풀림 시험

{분석}
실기까지 중요한 내용입니다. 암기하세요.

최근 기출문제 **2019**

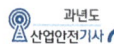
**12** 재해통계에 있어 강도율이 2.0인 경우에 대한 설명으로 옳은 것은?

① 재해로 인해 전체 작업비용의 2.0%에 해당하는 손실이 발생하였다.
② 근로자 100명당 2.0건의 재해가 발생하였다.
③ 근로시간 1,000시간당 2.0건의 재해가 발생하였다.
④ 근로시간 1,000시간당 2.0일의 근로손실일수가 발생하였다.

**[해설]**

강도율(S.R)

① 1,000 근로시간당 근로손실일수 비율

② 강도율 $= \dfrac{\text{근로손실일수}}{\text{근로총시간수}} \times 1,000$

\* 근로손실일수 = 휴업일수, 요양일수, 입원일수 $\times \dfrac{300(\text{실제근로일수})}{365}$

강도율이 2.0 → 1,000 근로시간당 2일의 근로손실일수가 발생함을 의미한다.

{분석}
**실기까지 중요한 내용입니다.**

**13** 다음 중 산업안전심리의 5대 요소에 포함되지 않는 것은?

① 습관 ② 동기
③ 감정 ④ 지능

**[해설]** 산업안전심리 5요소

① 동기(motive) : 능동적인 감각에 의한 자극에서 일어나는 사고의 결과로서 사람의 마음을 움직이는 원동력이다.
② 기질(temper) : 인간의 성격, 능력 등 개인적인 특성을 말한다.
③ 감정(emotion) : 희로애락 등의 의식을 말한다. 사람의 감정은 안전과 밀접한 관계를 가지고 사고를 일으키는 정신적 동기를 만든다.

④ 습성(habits) : 동기, 기질, 감정 등이 밀접한 연관관계를 형성하여 인간의 행동에 영향을 미칠 수 있도록 하는 것을 말한다.
⑤ 습관(custom) : 성장과정을 통해 형성된 특성 등이 자신도 모르게 습관화 된 현상을 말한다.

**14** 교육훈련 방법 중 OJT(On the Job Training)의 특징으로 옳지 않은 것은?

① 동시에 다수의 근로자들을 조직적으로 훈련이 가능하다.
② 개개인에게 적절한 지도 훈련이 가능하다.
③ 훈련효과에 의해 상호 신뢰 및 이해도가 높아진다.
④ 직장의 실정에 맞게 실제적 훈련이 가능하다.

**[해설]** ① 다수의 근로자들을 조직적으로 훈련 → OFF JT

**[참고]**

| | |
|---|---|
| OJT의 특징 | ① 개개인에게 적절한 훈련이 가능하다. <br> ② 직장의 실정에 맞는 훈련이 가능하다. <br> ③ 교육효과가 즉시 업무에 연결된다. <br> ④ 훈련에 대한 업무의 계속성이 끊어지지 않는다. <br> ⑤ 상호 신뢰 이해도가 높다. |
| OFF JT의 특징 | ① 다수의 근로자들에게 훈련을 할 수 있다. <br> ② 훈련에만 전념하게 된다. <br> ③ 특별설비기구 이용이 가능하다. <br> ④ 많은 지식이나 경험을 교류할 수 있다. <br> ⑤ 교육 훈련 목표에 대하여 집단적 노력이 흐트러질 수 있다. |

{분석}
**필기에 자주 출제되는 내용입니다.**

## 15

기술교육의 형태 중 존 듀이(J.Dewey)의 사고과정 5단계에 해당하지 않는 것은?

① 추론한다.
② 시사를 받는다.
③ 가설을 설정한다.
④ 가슴으로 생각한다.

해설 **존 듀이(John Dewey)의 5단계 사고 과정**
1단계 : 문제의 제기 – 시사 받는다.(Suggestion)
2단계 : 문제의 인식 – 머리로 생각한다.
　　　　　(Intellectualization)
3단계 : 현상 분석(조사) – 가설을 설정한다.
　　　　　(Hypothesis)
4단계 : 가설 정렬 – 추론한다.(Reasoning)
5단계 : 가설 검증 – 행동에 의해 가설을 검토한다.

## 16

허츠버그(Herzberg)의 일을 통한 동기 부여 원칙으로 틀린 것은?

① 새롭고 어려운 업무의 부여
② 교육을 통한 간접적 정보제공
③ 자기과업을 위한 작업자의 책임감 증대
④ 작업자에게 불필요한 통제를 배제

해설 ② 교육을 통한 직접적 정보를 제공하여야 한다.

## 17

산업안전보건법상 환기가 극히 불량한 좁고 밀폐된 장소에서 용접작업을 하는 근로자 대상의 특별안전보건교육 교육내용에 해당하지 않는 것은? (단, 기타 안전·보건관리에 필요한 사항은 제외한다.)

① 환기설비에 관한 사항
② 작업환경 점검에 관한 사항
③ 질식 시 응급조치에 관한 사항
④ 화재예방 및 초기대응에 관한 사항

해설 밀폐된 장소(탱크 내 또는 환기가 극히 불량한 좁은 장소를 말한다)에서 하는 용접작업 또는 습한 장소에서 하는 전기용접 작업의 특별교육 내용

① 작업순서, 안전 작업 방법 및 수칙에 관한 사항
② 환기설비에 관한 사항
③ 전격 방지 및 보호구 착용에 관한 사항
④ 질식 시 응급조치에 관한 사항
⑤ 작업환경 점검에 관한 사항
⑥ 그 밖에 안전·보건관리에 필요한 사항

## 18

다음의 무재해 운동의 이념 중 "선취의 원칙"에 대한 설명으로 가장 적절한 것은?

① 사고의 잠재요인을 사후에 파악하는 것
② 근로자 전원이 일체감을 조성하여 참여하는 것
③ 위험요소를 사전에 발견, 파악하여 재해를 예방 또는 방지하는 것
④ 관리감독자 또는 경영층에서의 자발적 참여로 안전 활동을 촉진하는 것

해설 **무재해 운동의 3대 원칙**

① 무(無)의 원칙(ZERO의 원칙) : 사업장 내의 모든 잠재위험요인을 적극적으로 사전에 발견하고 파악·해결함으로써 산업재해의 근원적인 요소들을 없앤다는 것을 의미한다.
② 선취의 원칙(안전제일의 원칙) : 사업장 내에서 행동하기 전에 잠재위험요인을 발견하고 파악·해결하여 재해를 예방하는 것을 의미한다.
③ 참가의 원칙(참여의 원칙) : 전원이 일치 협력하여 각자의 위치에서 적극적으로 문제해결을 하겠다는 것을 의미한다.

[분석]
실기까지 중요한 내용입니다.

## 19

산업안전보건 법령상 유기화합물용 방독마스크의 시험가스로 옳지 않은 것은?

① 이소부탄
② 시클로헥산
③ 디메틸에테르
④ 염소가스 또는 증기

●)) **정답** 15 ④　16 ②　17 ④　18 ③　19 ④

해설 방독마스크의 종류 및 시험가스

| 종 류 | 시험가스 |
|---|---|
| 유기화합물용 | 시클로헥산($C_6H_{12}$) |
| | 디메틸에테르($CH_3OCH_3$) |
| | 이소부탄($C_4H_{10}$) |
| 할로겐용 | 염소가스 또는 증기($Cl_2$) |
| 황화수소용 | 황화수소가스($H_2S$) |
| 시안화수소용 | 시안화수소가스(HCN) |
| 아황산용 | 아황산가스($SO_2$) |
| 암모니아용 | 암모니아가스($NH_3$) |

{분석}
실기까지 중요한 내용입니다.

**20** 산업안전보건법령상 근로자 안전보건
교육 중 작업내용 변경 시의 교육을 할 때
일용근로자 및 근로계약기간이 1주일 이
하인 기간제 근로자를 제외한 근로자의
교육시간으로 옳은 것은?

① 1시간 이상  ② 2시간 이상
③ 4시간 이상  ④ 8시간 이상

해설 근로자 안전보건교육 시간

| 교육과정 | 교육대상 | | 교육시간 |
|---|---|---|---|
| 가.<br>정기교육 | 1) 사무직 종사 근로자 | | 매반기<br>6시간 이상 |
| | 2) 그 밖의<br>근로자 | 가) 판매업무<br>에 직접 종<br>사하는 근<br>로자 | 매반기<br>6시간 이상 |
| | | 나) 판매업무<br>에 직접 종<br>사하는 근<br>로자 외의<br>근로자 | 매반기<br>12시간 이상 |

| 교육과정 | 교육대상 | 교육시간 |
|---|---|---|
| 나.<br>채용 시<br>교육 | 1) 일용근로자 및 근로계약<br>기간이 1주일 이하인 기<br>간제 근로자 | 1시간 이상 |
| | 2) 근로계약기간이 1주일<br>초과 1개월 이하인 기간<br>제 근로자 | 4시간 이상 |
| | 3) 그 밖의 근로자 | 8시간 이상 |
| 다.<br>작업내용<br>변경 시<br>교육 | 1) 일용근로자 및 근로계약<br>기간이 1주일 이하인 기<br>간제 근로자 | 1시간 이상 |
| | 2) 그 밖의 근로자 | 2시간 이상 |
| 라.<br>특별교육 | 1) 일용근로자 및 근로계약<br>기간이 1주일 이하인 기<br>간제 근로자(타워크레<br>인 신호작업에 종사하<br>는 근로자 제외) | 2시간 이상 |
| | 2) 일용근로자 및 근로계<br>약기간이 1주일 이하인<br>기간제 근로자 중 타워<br>크레인 신호작업에 종사<br>하는 근로자 | 8시간 이상 |
| | 3) 일용근로자 및 근로계<br>약기간이 1주일 이하인<br>기간제 근로자를 제외<br>한 근로자 | 가) 16시간 이상<br>(최초 작업에<br>종사하기 전<br>4시간 이상<br>실시하고 12<br>시간은 3개<br>월 이내에서<br>분할하여 실<br>시 가능)<br>나) 단기간 작업<br>또는 간헐적<br>작업인 경우<br>에는 2시간<br>이상 |
| 마.<br>건설업<br>기초안전<br>·<br>보건교육 | 건설 일용근로자 | 4시간 이상 |

{분석}
실기에 자주 출제되는 중요한 내용입니다.

정답 20 ②

## 제2과목 · 인간공학 및 위험성 평가 · 관리

**21** 화학설비에 대한 안정성 평가(safety assessment)에서 정량적 평가 항목이 아닌 것은?

① 습도
② 온도
③ 압력
④ 용량

**[해설]**

| 정성적 평가항목 | 정량적 평가항목 |
|---|---|
| ① 입지 조건 | |
| ② 공장 내의 배치 | ① 취급물질 |
| ③ 소방설비 | ② 화학설비의 용량 |
| ④ 공정 기기 | ③ 온도 |
| ⑤ 수송 · 저장 | ④ 압력 |
| ⑥ 원재료 | ⑤ 조작 |
| ⑦ 중간체 | |
| ⑧ 제품 | |
| ⑨ 건조물(건물) | |
| ⑩ 공정 | |

{분석}
필기에 자주 출제되는 내용입니다.

**22** 신체 부위의 운동에 대한 설명으로 틀린 것은?

① 굴곡은 부위 간의 각도가 증가하는 신체의 움직임을 의미한다.
② 외전은 신체 중심선으로부터 이동하는 신체의 움직임을 의미한다.
③ 내전은 신체의 외부에서 중심선으로 이동하는 신체의 움직임을 의미한다.
④ 외선은 신체의 움직임을 의미한다.

**[해설] 신체의 기본동작**

| 굴곡 (flexion, 굽히기) | 관절각이 감소하는 움직임 |
|---|---|
| 신전 (extension, 펴기) | 관절각이 증가하는 움직임 |
| 외전 (abduction, 벌리기) | 신체 중심선으로부터 밖으로 이동 |
| 내전 (adduction, 모으기) | 신체 중심선으로 이동 |
| 외선 (external rotation) | 신체 중심선으로부터의 회전 |
| 내선 (internal rotation) | 신체 중심선으로의 회전 |

**23** n개의 요소를 가진 병렬 시스템에 있어 요소의 수명(MTTF)이 지수분포를 따를 경우 이 시스템의 수명을 구하는 식으로 맞는 것은?

① $MTTF \times n$

② $MTTF \times \dfrac{1}{n}$

③ $MTTF \left(1 + \dfrac{1}{2} + \cdots + \dfrac{1}{n}\right)$

④ $MTTF \left(1 \times \dfrac{1}{2} \times \cdots \times \dfrac{1}{n}\right)$

**[해설]** ① 직렬계의 수명

$$MTTF(MTBF) \times \frac{1}{\text{요소갯수}(n)}$$

② 병렬계의 수명

$$MTTF(MTBF) \times \left(1 + \frac{1}{2} + \frac{1}{3} + \cdots + \frac{1}{n}\right)$$

$n$ : 요소의 개수

{분석}
필기에 자주 출제되는 내용입니다.

**정답** 21 ① 22 ① 23 ③

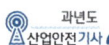

**24** 인간 전달 함수(Human Transfer Function)의 결점이 아닌 것은?

① 입력의 협소성
② 시점적 제약성
③ 정신운동의 묘사성
④ 불충분한 직무 묘사

해설 **인간 전달 함수의 결점**
① 입력의 협소성
② 불충분한 직무 묘사
③ 시점적 제약성

**25** 고장형태와 영향분석(FMEA)에서 평가 요소로 틀린 것은?

① 고장발생의 빈도
② 고장의 영향 크기
③ 고장방지의 가능성
④ 기능적 고장 영향의 중요도

해설 **고장형태와 영향분석(FMEA)의 평가요소**
① 고장발생의 빈도
② 고장방지의 가능성
③ 기능적 고장 영향의 중요도

**26** 결함수분석의 기대효과와 가장 관계가 먼 것은?

① 시스템의 결함 진단
② 시간에 따른 원인 분석
③ 사고원인 규명의 간편화
④ 사고원인 분석의 정량화

해설 **결함수분석의 기대효과(장점)**
① 사고원인 규명의 간편화
② 사고원인 분석의 일반화
③ 사고원인 분석의 정량화
④ 노력, 시간의 절감
⑤ 시스템의 결함 진단
⑥ 안전점검 Check List 작성

**27** 인간공학에 대한 설명으로 틀린 것은?

① 인간이 사용하는 물건, 설비, 환경의 설계에 적용된다.
② 인간을 작업과 기계에 맞추는 설계 철학이 바탕이 된다.
③ 인간 - 기계 시스템의 안전성과 편리성, 효율성을 높인다.
④ 인간의 생리적, 심리적인 면에서의 특성이나 한계점을 고려한다.

해설 인간공학은 기계와 그 기계조작 및 환경조건을 인간의 특성에 맞추어 설계하기 위한 수단을 연구하는 학문이다.

**28** 빨강, 노랑, 파랑의 3가지 색으로 구성된 교통 신호등이 있다. 신호등은 항상 3가지 색 중 하나가 켜지도록 되어 있다. 1시간 동안 조사한 결과, 파란 등은 총 30분 동안, 빨간 등과 노란 등은 각각 총 15분 동안 켜진 것으로 나타났다. 이 신호등의 총 정보량은 몇 bit인가?

① 0.5　　　　② 0.75
③ 1.0　　　　④ 1.5

정답 24 ③ 25 ② 26 ② 27 ② 28 ④

해설

$$총 \ 정보량 \ H = \sum P_i \log_2 \left(\frac{1}{P_i}\right)$$

$$H = \left(0.5 \times \log_2 \frac{1}{0.5}\right) + \left(0.25 \times \log_2 \frac{1}{0.25}\right)$$
$$+ \left(0.25 \times \log_2 \frac{1}{0.25}\right) = 1.5$$

**29** 다음과 같은 실내 표면에서 일반적으로 추천반사율의 크기를 맞게 나열한 것은?

┌─────────────────────────────┐
│ ㉠ 바닥  ㉡ 천정  ㉢ 가구  ㉣ 벽 │
└─────────────────────────────┘

① ㉠ < ㉣ < ㉢ < ㉡
② ㉣ < ㉠ < ㉡ < ㉢
③ ㉠ < ㉢ < ㉣ < ㉡
④ ㉣ < ㉡ < ㉠ < ㉢

해설 **옥내 최적 반사율**

• 천장(80~91%) > 벽(40~60%) > 가구 (25~45%) > 바닥 (20~40%)
• 옥내의 반사율은 천정으로 올라갈수록 높고 바닥으로 내려갈수록 낮아져야 한다.

{분석}
필기에 자주 출제되는 내용입니다.

**30** 어떤 결함수를 분석하여 minimal cut set을 구한 결과 다음과 같았다. 각 기본사상의 발생확률을 $q_i$, i = 1, 2, 3라 할 때, 정상사상의 발생확률함수로 맞는 것은?

┌───────────────────────────────────────┐
│ $K_1 = [1, 2]$  $K_2 = [1, 3]$  $K_3 = [2, 3]$ │
└───────────────────────────────────────┘

① $q_1 q_2 + q_1 q_2 - q_2 q_3$
② $q_1 q_2 + q_1 q_3 - q_1 q_2$
③ $q_1 q_2 + q_1 q_3 + q_1 q_2 - q_1 q_2 q_3$
④ $q_1 q_2 + q_1 q_3 + q_2 q_3 - 2 q_1 q_2 q_3$

해설 minimal cut set을 기준으로 FT도를 구성하면

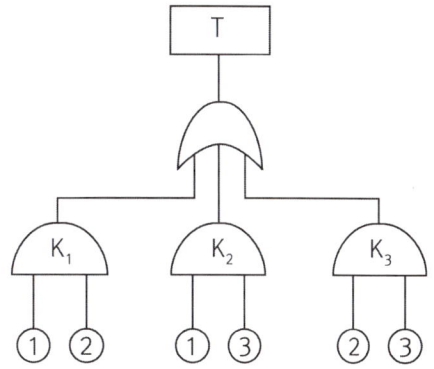

$$T = 1 - \{(1-K_1) \times (1-K_2) \times (1-K_3)\}$$
$$= 1 - [\{(1-K_1) \times (1-K_2)\} \times (1-K_3)]$$
$$= 1 - [(1-K_2-K_1+K_1 K_2) \times (1-K_3)]$$
$$= 1 - [1-K_2-K_1+K_1 K_2 - K_3 + K_2 K_3 + K_1 K_3 - K_1 K_2 K_3]$$
$$= 1-1+K_2+K_1-K_1 K_2 + K_3 - K_2 K_3 - K_1 K_3 + K_1 K_2 K_3$$
$$= K_1 + K_2 + K_3 - K_1 K_2 - K_1 K_3 - K_2 K_3 + K_1 K_2 K_3$$
$$= q_1 q_2 + q_1 q_3 + q_2 q_3 - q_1 q_2 q_3 - q_1 q_2 q_3 - q_1 q_2 q_3 + q_1 q_2 q_3$$
$$= q_1 q_2 + q_1 q_3 + q_2 q_3 - 2 q_1 q_2 q_3$$

{분석}
출제비중이 낮은 문제입니다.

**31** 산업안전보건법령에 따라 유해위험방지 계획서의 제출대상 사업은 해당 사업으로서 전기 계약용량이 얼마 이상인 사업인가?

① 150kW  ② 200kW
③ 300kW  ④ 500kW

해설 **유해 · 위험방지 계획서 작성대상 사업(제조업)**

다음 각 호의 어느 하나에 해당하는 사업으로서 전기사용설비의 정격용량의 합이 300킬로와트 이상인 사업을 말한다.
① 금속가공제품(기계 및 가구는 제외한다) 제조업
② 비금속 광물제품 제조업
③ 기타 기계 및 장비 제조업
④ 자동차 및 트레일러 제조업
⑤ 식료품 제조업
⑥ 고무제품 및 플라스틱 제품 제조업

⑦ 목재 및 나무제품 제조업
⑧ 기타 제품 제조업
⑨ 1차 금속 제조업
⑩ 가구 제조업
⑪ 화학물질 및 화학제품 제조업
⑫ 반도체 제조업
⑬ 전자부품 제조업

실력이 되고! 합격의 되는! **특급 암기법**

1차금속으로 금속가공제품, 비금속 광물제품 제조하여 나무, 화학물질 섞어서 기계장비, 자동차 트레일러 만들고, 고무풀(고무 및 플라스틱)로 기타 식료품 만들었더니 도대체(반도체)가(가구) 전부(전자부품) 유해·위험(유해·위험방지계획서)하다.

**{분석}**
실기에 자주 출제되는 중요한 내용입니다.

---

**32** 음량 수준을 평가하는 척도와 관계없는 것은?

① HSI  ② phon
③ dB   ④ sone

**해설** 음량수준 측정 척도
① phone에 의한 음량 수준
② sone에 의한 음량 수준
③ 인식소음 수준(dB)

---

**33** 인간의 오류모형에서 "알고 있음에도 의도적으로 따르지 않거나 무시한 경우"를 무엇이라 하는가?

① 실수(Slip)
② 착오(Mistake)
③ 건망증(Lapse)
④ 위반(Violation)

---

**해설** 인간의 정보처리 과정에서 발생되는 에러

| | |
|---|---|
| Mistake (착오, 착각) | • 인지과정과 의사결정과정에서 발생하는 에러<br>• 상황해석을 잘못하거나 틀린 목표를 착각하여 행하는 경우 |
| Lapse (건망증) | • 저장단계에서 발생하는 에러<br>• 어떤 행동을 잊어버리고 안하는 경우 |
| Slip (실수, 미끄러짐) | • 실행단계에서 발생하는 에러<br>• 상황(목표)해석은 제대로 하였으나 의도와는 다른 행동을 하는 경우 |

---

**34** 그림과 같이 7개의 부품으로 구성된 시스템의 신뢰도는 약 얼마인가? (단, 네모 안의 숫자는 각 부품의 신뢰도이다.)

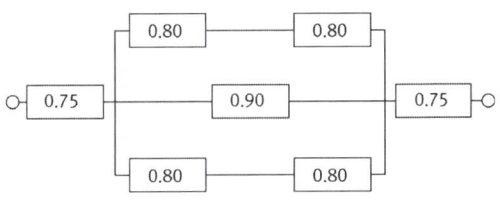

① 0.5552  ② 0.5427
③ 0.6234  ④ 0.9740

**해설** $0.75 \times [1 - (1 - 0.80 \times 0.80) \times (1 - 0.90) \times (1 - 0.80 \times 0.80)] \times 0.75 = 0.5552$

**{분석}**
필기에 자주 출제되는 내용입니다.

---

**35** 소음방지 대책에 있어 가장 효과적인 방법은?

① 음원에 대한 대책
② 수음자에 대한 대책
③ 전파경로에 대한 대책
④ 거리감쇠와 지향성에 대한 대책

**해설** 소음방지에 가장 효과적인 방법 → 소음원에 대한 대책

---

**정답** 32 ① 33 ④ 34 ① 35 ①

**36** 정성적 표시장치의 설명으로 틀린 것은?

① 정성적 표시장치의 근본 자료 자체는 정량적인 것이다.
② 전력계에서와 같이 기계적 혹은 전자적으로 숫자가 표시된다.
③ 색채 부호가 부적합한 경우에는 계기판 표시 구간을 형상 부호화하여 나타낸다.
④ 연속적으로 변하는 변수의 대략적인 값이나 변화추세, 변화율 등을 알고자 할 때 사용된다.

**해설** 전력계에서와 같이 기계적 혹은 전자적으로 숫자가 표시된다. → 정량적 표시장치

**참고** 1. 정량적 표시장치 : 온도나 속도와 같이 동적으로 변화하는 변수나 자로 재는 길이와 같은 정적 변수의 계량값에 관한 정보를 제공하는데 사용된다.
2. 정성적 표시장치 : 온도, 압력, 속도와 같이 연속적으로 변하는 변수의 대략적인 값이나 변화추세, 비율 등을 알고자 할 때 주로 사용한다.

**37** FT도에 사용하는 기호에서 3개의 입력현상 중 임의의 시간에 2개가 발생하면 출력이 생기는 기호의 명칭은?

① 억제 게이트
② 조합 AND 게이트
③ 배타적 OR 게이트
④ 우선적 AND 게이트

**해설** 3개의 입력현상 중 2개가 발생한 경우에 출력이 생김 → 조합 AND 게이트

{분석}
**필기에 자주 출제되는 내용입니다.**

**38** 공정안전관리(process safety manage-ment : PSM)의 적용대상 사업장이 아닌 것은?

① 복합비료 제조업
② 농약 원제 제조업
③ 차량 등의 운송설비업
④ 합성수지 및 기타 플라스틱물질 제조업

**해설** 공정안전보고서의 제출 대상

① 원유 정제처리업
② 기타 석유정제물 재처리업
③ 석유화학계 기초화학물 제조업 또는 합성수지 및 기타 플라스틱물질 제조업
④ 질소 화합물, 질소·인산 및 칼리질 화학비료 제조업 중 질소질 비료 제조
⑤ 복합비료 및 기타 화학비료 제조업 중 복합비료 제조(단순혼합 또는 배합에 의한 경우는 제외한다)
⑥ 화학 살균·살충제 및 농업용 약제 제조업[농약 원제(原劑) 제조만 해당한다]
⑦ 화약 및 불꽃제품 제조업

*실력이 되고! 합격이 되는!* **특급 암기법**

**화재·폭발** – 원유, 석유정제물, 화약 및 불꽃제품
**중독·질식** – 농약, 비료(복합비료, 질소질 비료)

**참고** 공정안전관리
(PSM : Process Safety Management)
중대산업사고를 야기할 가능성이 있는 공정·설비들을 체계적이고 지속적으로 관리하기 위해 사업주가 잠재된 사고의 위험요인을 사전에 발굴·제거하여 중대산업사고를 체계적으로 예방하는 제도를 말한다.

**39** 아령을 사용하여 30분간 훈련한 후, 이두근의 근육 수축작용에 대한 전기적인 신호 데이터를 모았다. 이 데이터들을 이용하여 분석할 수 있는 것은 무엇인가?

① 근육의 질량과 밀도
② 근육의 활성도와 밀도
③ 근육의 피로도와 크기
④ 근육의 피로도와 활성도

🔊 **정답** 36 ② 37 ② 38 ③ 39 ④

**해설** 근육 수축작용에 대한 전기적인 신호 데이터 (근전도) → 근육의 피로도와 활성도를 측정할 수 있다.

**40** 착석식 작업대의 높이 설계를 할 경우 고려해야 할 사항과 가장 관계가 먼 것은?

① 의자의 높이
② 대퇴 여유
③ 작업의 성격
④ 작업대의 형태

**해설** 착석식 작업대의 높이 설계를 할 경우 고려해야 할 사항

① 의자의 높이
② 대퇴 여유
③ 작업의 성격
④ 작업대 두께

**제3과목** 기계·기구 및 설비 안전 관리

**41** 컨베이어 방호장치에 대한 설명으로 맞는 것은?

① 역전방지장치에 롤러식, 라쳇식, 권과 방지식, 전기브레이크식 등이 있다.
② 작업자가 임의로 작업을 중단할 수 없도록 비상정지장치를 부착하지 않는다.
③ 구동부 측면에 롤러 안내가이드 등의 이탈방지장치를 설치한다.
④ 롤러 컨베이어의 로울 사이에 방호판을 설치할 때 로울과의 최대간격은 8mm 이다.

**해설** ① 역회전방지장치 형식에 라쳇휠식, 웜기어식, 벤드식 브레이크, 전기 브레이크(슬러스트 브레이크)식 등이 있다.

② 컨베이어 등에 근로자의 신체의 일부가 말려드는 등 근로자에게 위험을 미칠 우려가 있는 때 및 비상시에는 즉시 컨베이어 등의 운전을 정지시킬 수 있는 비상정지장치를 설치하여야 한다.
④ 롤러 컨베이어의 로울 사이에 방호판을 설치할 때 로울과의 최대간격은 5mm이다.

**참고** 컨베이어의 방호장치

① 이탈 등의 방지 장치
② 비상정지 장치
③ 덮개, 울의 설치

**42** 가스 용접에 이용되는 아세틸렌 가스 용기의 색상으로 옳은 것은?

① 녹색        ② 회색
③ 황색        ④ 청색

**해설** 충전가스 용기의 도색

① 산소 → 녹색
② 수소 → 주황색
③ 탄산가스 → 청색
④ 염소 → 갈색
⑤ 암모니아 → 백색
⑥ 아세틸렌 → 황색
⑦ 그 외 가스 → 회색

실기가 되리! 함께가 되리! **특급 암기법**

산녹, 수주, 탄청, 염갈, 암백, 아황

{분석}
실기까지 중요한 내용입니다.

**43** 롤러 맞물림점의 전방에 개구부의 간격을 30mm로 하여 가드를 설치하고자 한다. 가드의 설치 위치는 맞물림점에서 적어도 얼마의 간격을 유지하여야 하는가?

① 154mm      ② 160mm
③ 166mm      ④ 172mm

**[해설]**

| | 가드의 개구간격 | 일방 평행 보호망, 위험점이 전동체인 경우 |
|---|---|---|
| | ① X<160mm일 경우<br>　$Y = 6 + 0.15 \times X$<br>② X≧160mm일 경우<br>　$Y = 30mm$<br>여기서,<br>X : 안전거리(<u>위험점에서 가드까지의 거리</u>)(mm)<br>Y : 가드의 최대 개구간격(mm) | ① $Y = 6 + 0.1 \times X$<br>여기서,<br>X : 안전거리(mm)<br>Y : 가드의 최대 개구간격(mm) |

$$Y = 6 + 0.15 \times X$$
$$0.15 \times X = Y - 6$$
$$X = \frac{Y-6}{0.15} = \frac{30-6}{0.15} = 160(mm)$$

{분석}
**실기까지 중요한 내용입니다.**

**44** 비파괴시험의 종류가 아닌 것은?

① 자분 탐상시험
② 침투 탐상시험
③ 와류 탐상시험
④ 샤르피 충격시험

**[해설]** 샤르피 충격시험 : 시험편을 충격 시험기로 파단할 때 충격으로 인한 흡수에너지를 측정하여 재료의 인성 정도를 판단하는 파괴 시험이다.

**[참고] 비파괴시험의 종류**

① 침투 탐상검사(PT)
② 자분 탐상검사(MT)
③ 방사선 투과검사(RT)
④ 초음파 탐상검사(UT)
⑤ 와류 탐상검사(ET)
⑥ 육안검사
⑦ 누설검사
⑧ 음향 방출검사

**45** 소음에 관한 사항으로 틀린 것은?

① 소음에는 익숙해지기 쉽다.
② 소음계는 소음에 한하여 계측할 수 있다.
③ 소음의 피해는 정신적, 심리적인 것이 주가 된다.
④ 소음이란 귀에 불쾌한 음이나 생활을 방해하는 음을 통틀어 말한다.

**[해설]** ② 소음계는 소음이나 소음이 아닌 음의 레벨을 정해진 방법으로 계측하는 장비이다.

**46** 와이어 로프의 꼬임에 관한 설명으로 틀린 것은?

① 보통꼬임에는 S꼬임이나 Z꼬임이 있다.
② 보통꼬임은 스트랜드의 꼬임방향과 로프의 꼬임방향이 반대로 된 것을 말한다.
③ 랭꼬임은 로프의 끝이 자유로이 회전하는 경우나 킹크가 생기기 쉬운 곳에 적당하다.
④ 랭꼬임은 보통꼬임에 비하여 마모에 대한 저항성이 우수하다.

**[해설]** ③ 킹크가 생기기 쉬운 곳에는 보통꼬임이 적당하다.

**[참고] 와이어 로프 꼬임의 종류**

① 보통꼬임
　• 스트랜드 꼬임 방향과 로프의 꼬임 방향이 반대인 것
　• 랑그꼬임에 비해 더 한층 유연하여 EYE 작업을 쉽게 할 수 있다.
　• <u>로프 자체의 변형이 적다.</u>
　• <u>킹크가 잘 생기지 않는다.</u>
　• <u>하중을 걸었을 때 저항성이 크다.</u>

**•)) 정답** 44 ④ 45 ② 46 ③

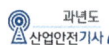

② 랑그(랭)꼬임
- 스트랜드 꼬임 방향과 로프의 꼬임 방향이 같은 방향인 것
- 보통꼬임의 로프보다 사용 시 표면전체가 균일하게 마모됨으로 인하여 수명이 길다.
- 내마모성, 유연성, 내피로성이 우수하다.

**47** 구내 운반차의 제동장치 준수사항에 대한 설명으로 틀린 것은?

① 조명이 없는 장소에서 작업 시 전조등과 후미등을 갖출 것
② 운전석이 차 실내에 있는 것은 좌우에 한 개씩 방향지시기를 갖출 것
③ 경음기는 생략해도 된다.
④ 주행을 제동하거나 정지상태를 유지하기 위하여 유효한 제동장치를 갖출 것

**해설** 구내 운반차의 준수사항
① 주행을 제동하고 또한 정지 상태를 유지하기 위하여 유효한 제동장치를 갖출 것
② 경음기를 갖출 것
③ 운전석이 차 실내에 있는 것은 좌우에 한 개씩 방향지시기를 갖출 것
④ 전조등과 후미등을 갖출 것. 다만, 작업을 안전하게 하기 위하여 필요한 조명이 있는 장소에서 사용하는 구내 운반차에 대해서는 그러하지 아니하다.
⑤ 구내 운반차가 후진 중에 주변의 근로자 또는 차량계 하역운반기계 등과 충돌할 위험이 있는 경우에는 구내 운반차에 후진 경보기와 경광등을 설치할 것

**48** 프레스의 방호장치 중 광전자식 방호장치에 관한 설명으로 틀린 것은?

① 연속 운전작업에 사용할 수 있다.
② 핀클러치 구조의 프레스에 사용할 수 있다.
③ 기계적 고장에 의한 2차 낙하에는 효과가 없다.
④ 시계를 차단하지 않기 때문에 작업에 지장을 주지 않는다.

**해설** 광전자식은 마찰프레스에는 사용이 가능하나 크랭크식 프레스(핀 클러치)에는 사용할 수 없다.

**49** 다음 용접 중 불꽃 온도가 가장 높은 것은?

① 산소 – 메탄 용접
② 산소–수소 용접
③ 산소 – 프로판 용접
④ 산소 – 아세틸렌 용접

**해설** 용접 불꽃의 온도
1. 산소 – 아세틸렌용접 : 3430℃
2. 산소 – 수소용접 : 2900℃
3. 산소 – 프로판용접 : 2820℃
4. 산소 – 메탄용접 : 2700℃

**50** 다음 중 선반 작업 시 지켜야 할 안전수칙으로 거리가 먼 것은?

① 작업 중 절삭칩이 눈에 들어가지 않도록 보안경을 착용한다.
② 공작물 세팅에 필요한 공구는 세팅이 끝난 후 바로 제거한다.
③ 상의의 옷자락은 안으로 넣고, 끈을 이용하여 소맷자락을 묶어 작업을 준비한다.
④ 공작물은 전원스위치를 끄고 바이트를 충분히 멀리 위치시킨 후 고정한다.

**해설** ③ 끈을 이용하여 소맷자락을 묶고 작업할 경우 끈이 기계에 말려들 위험이 있다.

**51** 기계설비 구조의 안전화 중 가공결함 방지를 위해 고려할 사항이 아닌 것은?

① 안전율　　　② 열처리
③ 가공경화　　④ 응력집중

**해설** 가공결함 방지를 위해 고려할 사항
① 열처리
② 가공경화
③ 응력집중

**참고** 구조 부분 안전화(구조부분 강도적 안전화)
① 설계상의 결함 방지 : 사용 도중 재료의 강도가 열화될 것을 감안하여 설계 하여야 한다.
② 재료의 결함 방지 : 재료 자체의 균열, 부식, 강도 저하 등 결함에 대하여 적절한 재료로 대체 하여야 한다.
③ 가공 결함 방지 : 재료의 가공 도중에 발생되는 결함을 열처리 등을 통하여 사전에 예방하여야 한다.

**52** 회전수가 300rpm, 연삭숫돌의 지름이 200mm일 때 숫돌의 원주 속도는 약 몇 m/min인가?

① 60.0　　　② 94.2
③ 150.0　　　④ 188.5

**해설** 원주속도(회전속도)

$$V = \frac{\pi \times D \times N}{1,000}(\text{m/min})$$

여기서, $D$ : 롤러의 직경(mm), $N$ : 회전수(rpm)

$$V = \frac{\pi \times 200 \times 300}{1000} = 188.50(\text{m/min})$$

{분석}
**실기까지 중요한 내용입니다.**

**53** 일반적으로 장갑을 착용해야 하는 작업은?

① 드릴작업
② 밀링작업
③ 선반작업
④ 전기용접작업

**해설** 드릴, 밀링, 선반 등과 같은 공작기계 작업은 절대 장갑을 착용해서는 안 된다.

**54** 산업용 로봇에 사용되는 안전 매트의 종류 및 일반구조에 관한 설명으로 틀린 것은?

① 단선 경보장치가 부착되어 있어야 한다.
② 감응시간을 조절하는 장치가 부착되어 있어야 한다.
③ 감응도 조절장치가 있는 경우 봉인되어 있어야 한다.
④ 안전 매트의 종류는 연결사용 가능여부에 따라 단일 감지기와 복합 감지기가 있다.

**해설** 안전매트의 일반구조
① 단선 경보장치가 부착되어 있어야 한다.
② 감응시간을 조절하는 장치는 부착되어 있지 않아야 한다.
③ 감응도 조절장치가 있는 경우 봉인되어 있어야 한다.

**55** 지게차의 방호장치인 헤드가드에 대한 설명으로 맞는 것은?

① 상부 틀의 각 개구의 폭 또는 길이는 16센티미터 미만일 것
② 운전자가 앉아서 조작하는 방식의 지게차의 경우에는 운전자의 좌석 윗면에서 헤드가드의 상부틀 아랫면까지의 높이는 1.5미터 이상일 것

**정답** 51 ① 52 ④ 53 ④ 54 ② 55 ①

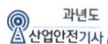
③ 지게차에는 최대하중의 2배(5톤을 넘는 값에 대해서는 5톤으로 한다.)에 해당하는 등분포정하중에 견딜 수 있는 강도의 헤드가드를 설치하여야 한다.

④ 운전자가 서서 조작하는 방식의 지게차의 경우에는 운전석의 바닥면에서 헤드가드의 상부를 하면까지의 높이는 1.8미터 이상일 것

**해설** 헤드가드의 설치방법

① 상부 틀의 각 개구의 폭 또는 길이는 16센티미터 미만일 것

② 한국산업표준에서 정하는 높이 기준 이상일 것 (좌식 : 903mm 이상, 입식 : 1,905mm 이상)

③ 지게차에는 최대하중의 2배(4톤을 넘는 값에 대해서는 4톤으로 한다)에 해당하는 등분포 정하중에 견딜 수 있는 강도의 헤드가드를 설치하여야 한다.

{분석}
실기까지 중요한 내용입니다.

**56** 프레스기에 설치하는 방호장치에 관한 사항으로 틀린 것은?

① 수인식 방호장치의 수인끈 재료는 합성섬유로 직경이 4mm 이상이어야 한다.

② 양수조작식 방호장치는 1행정마다 누름버튼에서 양손을 떼지 않으면 다음 작업의 동작을 할 수 없는 구조이어야 한다.

③ 광전자식 방호장치는 정상동작표시램프는 적색, 위험표시램프는 녹색으로 하며, 쉽게 근로자가 볼 수 있는 곳에 설치해야 한다.

④ 손쳐내기식 방호장치는 슬라이드 하행정거리의 3/4위치에서 손을 완전히 밀어내야 한다.

**해설** ③ 광전자식 방호장치는 정상동작표시램프는 녹색, 위험표시램프는 붉은색으로 하며, 쉽게 근로자가 볼 수 있는 곳에 설치해야 한다.

**57** 프레스 금형의 부착, 수리 작업 등의 경우 슬라이드의 낙하를 방지하기 위하여 설치하는 것은?

① 슈트
② 키이록
③ 안전블럭
④ 스트리퍼

**해설** 금형을 부착, 해체, 조정 작업할 때 신체 일부가 위험점 내에서 슬라이드 불시 하강으로 인한 위험을 방지할 목적으로 안전블럭을 설치한다.

{분석}
실기까지 중요한 내용입니다.

**58** 회전 중인 연삭숫돌이 근로자에게 위험을 미칠 우려가 있을 시 덮개를 설치하여야 할 연삭숫돌의 최소 지름은?

① 지름이 5cm 이상인 것
② 지름이 10cm 이상인 것
③ 지름이 15cm 이상인 것
④ 지름이 20cm 이상인 것

**해설** 산업안전보건법에는 숫돌 직경이 5cm 이상인 것부터 반드시 설치하도록 되어 있다.

{분석}
실기까지 중요한 내용입니다. 암기하세요.

**59** 다음 중 기계설비의 정비·청소·급유·검사·수리 등의 작업 시 근로자가 위험해질 우려가 있는 경우 필요한 조치와 거리가 먼 것은?

① 근로자의 위험방지를 위하여 해당 기계를 정지시킨다.

② 작업지휘자를 배치하여 갑작스러운 기계 가동에 대비한다.

**정답** 56 ③ 57 ③ 58 ① 59 ④

③ 기계 내부에 압출된 기체나 액체가 불시에 방출될 수 있는 경우에는 사전에 방출조치를 실시한다.

④ 기계 운전을 정지한 경우에는 기동장치에 잠금장치를 하고 다른 작업자가 그 기계를 임의 조작할 수 있도록 열쇠를 찾기 쉬운 곳에 보관한다.

**[해설]** ④ 기계 운전을 정지한 경우에는 기동장치에 잠금장치를 하고 다른 작업자가 그 기계를 임의 조작할 수 없도록 열쇠를 별도 장소에 보관한다.

**60** 아세틸렌 용접 시 역류를 방지하기 위하여 설치하여야 하는 것은?

① 안전기
② 청정기
③ 발생기
④ 유량기

**[해설]** 안전기의 역할 → 가스의 역화 및 역류 방지

{분석}
**실기까지 중요한 내용입니다.**

---

제**4**과목 · **전기설비 안전 관리**

**61** 교류 아크용접기의 허용사용률(%)은?
(단, 정격사용률은 10%, 2차 정격전류는 500A, 교류 아크용접기의 사용전류는 250A이다.)

① 30          ② 40
③ 50          ④ 60

---

**[해설]** 허용사용률 $= \dfrac{\text{정격 2차전류}^2}{\text{실제사용 용접전류}^2} \times$ 정격사용률

허용사용률 $= \dfrac{500^2}{250^2} \times 10 = 40\%$

**62** 피뢰기의 여유도가 33%이고, 충격절연강도가 1000kV라고 할 때 피뢰기의 제한전압은 약 몇 kV인가?

① 852          ② 752
③ 652          ④ 552

**[해설]** 피뢰기의 보호 여유도

여유도(%) $= \dfrac{\text{충격 절연 강도} - \text{제한 전압}}{\text{제한 전압}} \times 100$

$33 = \dfrac{(1000 - x) \times 100}{x}$

$33x = 100000 - 100x$

$33x + 100x = 100000$

$133x = 100000$

$\therefore x = \dfrac{100000}{133} = 751.88(KV)$

**63** 전력용 피뢰기에서 직렬 갭의 주된 사용 목적은?

① 방전내량을 크게 하고 장시간 사용 시 열화를 적게 하기 위하여
② 충격방전 개시전압을 높게 하기 위하여
③ 이상전압 발생 시 신속히 대지로 방류함과 동시에 속류를 즉시 차단하기 위하여
④ 충격파 침입 시에 대지로 흐르는 방전전류를 크게 하여 제한전압을 낮게 하기 위하여

**[해설]** **직렬 갭**

정상 시에는 방전을 하지 않고 절연상태를 유지하며, 이상 과전압 발생 시에는 신속히 이상전압을 대지로 방전하고 속류를 차단하는 역할을 한다.

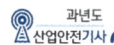

**64** 방전전극에 약 7000V의 전압을 인가하면 공기가 전리되어 코로나 방전을 일으킴으로써 발생한 이온으로 대전체의 전하를 중화시키는 방법을 이용한 제전기는?

① 전압인가식 제전기
② 자기방전식 제전기
③ 이온스프레이식 제전기
④ 이온식 제전기

해설 제전기 종류 및 특징

① 전압인가식 제전기 : 7,000V 정도의 전압으로 코로나 방전을 일으키고 발생된 이온으로 제전한다.
② 자기방전식 제전기 : 스테인리스, 카본(7um), 도전성 섬유(5um) 등에 작은 코로나 방전을 일으켜서 제전한다.
③ 이온스프레이식 제전기 : 코로나 방전에 의해 발생한 이온을 blower로 대전체에 내뿜는 방식이다.
④ 방사선식 제전기 : 방사선 원소의 전리작용을 이용하여 제전한다.

**65** 전류가 흐르는 상태에서 단로기를 끊었을 때 여러 가지 파괴 작용을 일으킨다. 다음 그림에서 유입차단기의 차단순위와 투입순위가 안전수칙에 가장 적합한 것은?

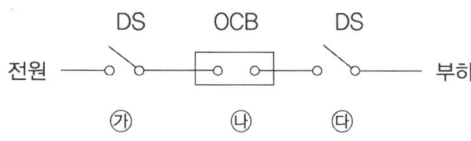

① 차단 : ㉮ → ㉯ → ㉰,
　투입 : ㉮ → ㉯ → ㉰
② 차단 : ㉯ → ㉰ → ㉮,
　투입 : ㉯ → ㉰ → ㉮
③ 차단 : ㉰ → ㉯ → ㉮,
　투입 : ㉰ → ㉮ → ㉯
④ 차단 : ㉯ → ㉰ → ㉮,
　투입 : ㉰ → ㉮ → ㉯

해설
• 전원 개방 시 : 차단기 개방한 후 단로기 개방
• 전원 투입 시 : 단로기 투입한 후 차단기 투입

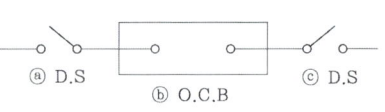

ⓐ D.S　　ⓑ O.C.B　　ⓒ D.S

투입순서 : ⓒ - ⓐ - ⓑ
차단순서 : ⓑ - ⓒ - ⓐ

**66** 내압 방폭구조에서 안전간극(safe gap)을 적게 하는 이유로 옳은 것은?

① 최소점화에너지를 높게 하기 위해
② 폭발화염이 외부로 전파되지 않도록 하기 위해
③ 폭발압력에 견디고 파손되지 않도록 하기 위해
④ 설치류가 전선 등을 훼손하지 않도록 하기 위해

해설 내압 방폭구조에서 안전간극(화염일주한계)를 작게 하는 이유

→ 최소점화에너지 이하로 열을 식히기 위하여
→ 폭발화염이 외부로 전파되지 않도록 하기 위하여

**67** 정전작업 시 작업 전 조치하여야 할 실무사항으로 틀린 것은?

① 잔류전하의 방전
② 단락 접지기구의 철거
③ 검전기에 의한 정전확인
④ 개로개폐기의 잠금 또는 표시

해설 ② 단락 접지기구의 철거 → 정전작업을 마친 후 전원 공급 시 준수사항

참고 정전작업 시 전로 차단 절차

① 전기기기 등에 공급되는 모든 전원을 관련 도면, 배선도 등으로 확인할 것
② 전원을 차단한 후 각 단로기 등을 개방하고 확인할 것

•)) 정답　64 ① 65 ④ 66 ② 67 ②

③ 차단장치나 단로기 등에 잠금장치 및 꼬리표를 부착할 것

④ 개로된 전로에서 유도전압 또는 전기에너지가 축적되어 근로자에게 전기위험을 끼칠 수 있는 전기기기 등은 접촉하기 전에 잔류전하를 완전히 방전시킬 것

⑤ 검전기를 이용하여 작업 대상 기기가 충전되었는지를 확인할 것

⑥ 전기기기 등이 다른 노출 충전부와의 접촉, 유도 또는 예비동력원의 역송전 등으로 전압이 발생할 우려가 있는 경우에는 충분한 용량을 가진 단락 접지기구를 이용하여 접지할 것

{분석}
실기까지 중요한 내용입니다.

**68** 인체감전보호용 누전차단기의 정격감도전류(mA)와 동작시간(초)의 최대값은?

① 10mA, 0.03초  ② 20mA, 0.01초
③ 30mA, 0.03초  ④ 50mA, 0.1초

[해설] **인체감전보호용 누전차단기**

누전차단기는 정격감도전류가 30밀리암페어 이하이고 작동시간은 0.03초 이내일 것

[참고] 정격전부하전류가 50암페어 이상인 전기기계·기구에 접속되는 누전차단기는 오작동을 방지하기 위하여 정격감도전류는 200밀리암페어 이하로, 작동시간은 0.1초 이내로 할 수 있다.

{분석}
실기까지 중요한 내용입니다. 암기하세요.

**69** 방폭 전기기기의 온도등급의 기호는?

① E  ② S
③ T  ④ N

[해설] **방폭기기의 표시**

Ex d ⅡA T1 IP 54

Ex : 방폭구조의 상징
d : 방폭구조(내압 방폭구조)
ⅡA : 가스, 증기 및 분진의 그룹
T1 : 온도등급
IP 54 : 보호등급

**70** 산업안전보건기준에 관한 규칙에서 일반 작업장에 전기위험 방지 조치를 취하지 않아도 되는 전압은 몇 V 이하인가?

① 24  ② 30
③ 50  ④ 100

[해설] **안전전압**

• 기계기구의 정격전압이 일정이하의 낮은 전압으로 절연파괴의 사고 시에도 인체가 감전되지 않는 전압을 말한다. (기기 및 배선기구를 기준으로 정한 전압)

• 우리나라에서 일반 사업장의 안전전압 : 30[V]

**71** 폭발위험장소에서의 본질안전 방폭구조에 대한 설명으로 틀린 것은?

① 본질안전 방폭구조의 기본적 개념은 점화능력의 본질적 억제이다.

② 본질안전 방폭구조는 Exib는 fault에 대한 2중 안전보장으로 0종~2종 장소에 사용할 수 있다.

③ 이론적으로는 모든 전기기기를 본질안전 방폭구조를 적용할 수 있으나, 동력을 직접 사용하는 기기는 실제적으로 적용이 곤란하다.

④ 온도, 압력, 액면유량 등의 검출용 측정기는 대표적인 본질 안전 방폭구조의 예이다.

[해설] **본질안전 방폭구조의 특징**

① 온노계, 입력계, 유량계 등에 사용하며, 유지보수 시에 전원 차단을 하지 않아도 된다.

② 본질적으로 안전한 전류가 정상 운전상태에서 발생하며 단락, 차단하여도 점화에너지가 못된다.

③ 본질안전 방폭구조의 기본적 개념은 점화능력의 본질적 억제이다.

④ 에너지가 1.3(w), 30(v) 및 250(mA) 이하인 개소에 사용 가능하다.

최근 기출문제 **2019**

)) 정답  68 ③  69 ③  70 ②  71 ②

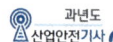

**72** 감전사고를 방지하기 위한 대책으로 틀린 것은?

① 전기설비에 대한 보호 접지
② 전기기기에 대한 정격 표시
③ 전기설비에 대한 누전차단기 설치
④ 충전부가 노출된 부분에는 절연 방호구 사용

[해설] 감전방지 대책
① 전기설비의 <u>필요한 부분에 보호접지</u>를 한다.
② <u>노출된 충전부에 절연용 방호구를 설치하는 등 충전부를 절연, 격리</u>한다.
③ 설비의 <u>사용 전압을 될 수 있는 한 낮춘다.</u>
④ 전기기기에 <u>누전차단기를 설치</u>한다.
⑤ 전기기기 조작의 안전화를 위해 <u>전기 기기 설비</u>를 개선한다.
⑥ 전기설비를 전기기기를 적정한 상태로 유지하기 위해 <u>점검·보수</u>한다.
⑦ <u>근로자 안전교육을 실시</u>하여 전기의 위험성을 강조한다.
⑧ 전기 취급 작업 근로자에게 <u>절연용보호구를 착용</u>토록 한다.
⑨ 유자격자 이외에는 전기 기계, 기구의 조작을 금지한다.

**73** 인체 피부의 전기저항에 영향을 주는 주요 인자와 가장 거리가 먼 것은?

① 접촉면적
② 인가전압의 크기
③ 통전경로
④ 인가시간

[해설] 피부의 전기저항에 영향을 주는 주요인자
① 접촉면적
② 인가전압의 크기
③ 인가시간

**74** 다음 중 전동기를 운전하고자 할 때 개폐기의 조작순서로 옳은 것은?

① 메인 스위치 → 분전반 스위치 → 전동기용 개폐기
② 분전반 스위치 → 메인 스위치 → 전동기용 개폐기
③ 전동기용 개폐기 → 분전반 스위치 → 메인 스위치
④ 분전반 스위치 → 전동기용 스위치 → 메인 스위치

[해설] 전동기 운전 시 개폐기 조작순서
메인 스위치 → 분전반 스위치 → 전동기용 개폐기

**75** 정전기 발생현상의 분류에 해당되지 않는 것은?

① 유체대전
② 마찰대전
③ 박리대전
④ 교반대전

[해설] 정전기 발생현상
① 마찰대전 : 두 물체사이의 <u>마찰로 인한 접촉, 분리에서 발생</u>한다.
② 유동대전 : <u>액체류가</u> 파이프 등 내부에서 <u>유동 시 관벽과 액체사이에서 발생</u>한다.
③ 박리대전 : 밀착된 <u>물체가 떨어지면서</u> 자유전자의 이동으로 발생한다
④ 충돌대전 : 입자와 다른 고체와의 <u>충돌과 급속한 분리에 의해 발생</u>한다.
⑤ 분출대전 : 기체, 액체, 분체류가 <u>단면적이 작은 분출구를 통과할 때 발생</u>한다.
⑥ 파괴 대전 : 고체, 분체류와 같은 <u>물체가 파괴됐을 때 전하분리 또는 전하의 균형이 깨지면서 정전기가 발생</u>한다.

{분석}
**실기까지 중요한 내용입니다. 암기하세요.**

**76** 전기기기, 설비 및 전선로 등의 충전 유무 등을 확인하기 위한 장비는?

① 위상검출기
② 디스콘 스위치
③ COS
④ 저압 및 고압용 검전기

**[해설]** 전기기기, 설비 및 전선로 등의 충전 유무 확인
→ 검전기

**77** 다음 ( )안에 들어갈 내용으로 알맞은 것은?

> 과전류차단장치는 반드시 접지선이 아닌 전로에 ( )로 연결하며 과전류 발생 시 전로를 자동으로 차단하도록 설치 할 것

① 직렬            ② 병렬
③ 임시            ④ 직병렬

**[해설]** 과전류 차단장치의 설치
① 과전류 차단장치는 반드시 접지선이 아닌 전로에 직렬로 연결하여 과전류 발생 시 전로를 자동으로 차단하도록 설치할 것
② 차단기·퓨즈는 계통에서 발생하는 최대 과전류에 대하여 충분하게 차단할 수 있는 성능을 가질 것
③ 과전류 차단장치가 전기계통상에서 상호 협조·보완되어 과전류를 효과적으로 차단하도록 할 것

**78** 일반 허용접촉 전압과 그 종별을 짝지은 것으로 틀린 것은?

① 제1종 : 0.5V 이하
② 제2종 : 25V 이하
③ 제3종 : 50V 이하
④ 제4종 : 제한 없음

**[해설]** 허용접촉전압

| 종별 | 접촉 상태 | 허용 접촉 전압 |
|---|---|---|
| 제1종 | • 인체의 대부분이 수중에 있는 상태 | 2.5V 이하 |
| 제2종 | • 인체가 현저히 젖어 있는 상태<br>• 금속성의 전기·기계 장치나 구조물에 인체의 일부가 상시 접촉되어 있는 상태 | 25V 이하 |
| 제3종 | • 제1종, 제2종 이외의 경우로서 통상의 인체 상태에 있어서 접촉 전압이 가해지면 위험성이 높은 상태 | 50V 이하 |
| 제4종 | • 제1종, 제2종 이외의 경우로서 통상의 인체 상태에 접촉 전압이 가해지더라도 위험성이 낮은 상태<br>• 접촉 전압이 가해질 우려가 없는 경우 | 제한 없음 |

{분석}
**실기까지 중요한 내용입니다.**

**79** 누전된 전동기에 인체가 접촉하여 500mA의 누전전류가 흘렀고 정격감도전류 500mA인 누전차단기가 동작하였다. 이때 인체전류를 약 10mA로 제한하기 위해서는 전동기 외함에 설치할 접지저항의 크기는 약 몇 Ω인가? (단, 인체저항은 500Ω이며, 다른 저항은 무시한다)

① 5            ② 10
③ 50          ④ 100

**[해설]** 1. 전압($V$) = 인체 전류($I$) × 인체 저항($R$)
$$= 10 \times 10^{-3}A \times 500\Omega = 5(V)$$
(인체와 전동기는 병렬의 관계이므로 인체의 전압 = 전체전압)

정답 76 ④ 77 ① 78 ① 79 ②

2019
최근 기출문제

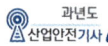
2. 전류($A$)
   - 전체 전류 $= 500mA$
   - 인체 전류를 $10(mA)$로 제한할 경우
     전동기 전류 $= 500 - 10 = 490(mA)$

3. 전동기의 저항($\Omega$)

$$R = \frac{V}{I} = \frac{5}{0.49} = 10.20(\Omega)$$

{분석}
출제 비중이 낮은 문제입니다.

**80** 내부에서 폭발하더라도 틈의 냉각 효과로 인하여 외부의 폭발성 가스에 착화될 우려가 없는 방폭구조는?

① 내압 방폭구조
② 유입 방폭구조
③ 안전증 방폭구조
④ 본질안전 방폭구조

해설 틈의 냉각 효과 → 내압 방폭구조

참고
1. 내압 방폭구조(d)
   ① 아크를 발생시키는 전기설비를 전폐용기에 넣고 용기 내부에 폭발이 일어날 경우에 용기가 폭발 압력에 견뎌 외부의 폭발성 가스에 인화될 위험이 없도록 한 구조의 방폭구조
   ② 폭발한 고열 가스가 용기의 틈을 통하여 누설되더라도 틈의 냉각 효과로 인하여 폭발의 위험이 없도록 한다.
2. 유입 방폭구조(o) : 아크를 발생시키는 전기설비를 용기에 넣고 용기 내부에 보호액을 채워 외부의 폭발성 가스에 접촉시 점화의 우려가 없도록 한 방폭구조
3. 안전증 방폭구조(e) : 정상운전 중의 내부에서 불꽃이 발생하지 않도록 전기적, 기계적, 구조적으로 온도상승에 대해 안전도를 증가시킨 구조
4. 본질안전 방폭구조(ia, ib) : 정상 시 또는 단락, 단선, 지락 등의 사고 시에 발생하는 아크, 불꽃, 고열에 의하여 폭발성 가스나 증기에 점화되지 않는 것이 확인된 구조

{분석}
실기에 자주 출제되는 중요한 내용입니다.

---

## 제5과목 · 화학설비 안전 관리

**81** 가연성 가스 혼합물을 구성하는 각 성분의 조성과 연소범위가 다음 [표]와 같을 때 혼합 가스의 연소하한 값은 약 몇 vol% 인가?

| 성분 | 조성 | 연소하한값 (vol%) | 연소상한값 (vol%) |
|---|---|---|---|
| 헥산 | 1 | 1.1 | 7.4 |
| 메탄 | 2.5 | 5.0 | 15.0 |
| 에틸렌 | 0.5 | 2.7 | 36.0 |
| 공기 | 96 | – | – |

① 2.51
② 7.51
③ 12.07
④ 15.01

해설 혼합 가스의 폭발 범위(르 샤틀리에의 공식)

$$\frac{100}{L} = \frac{V_1}{L_1} + \frac{V_2}{L_2} + \frac{V_3}{L_3} \cdots \quad (Vol\%)$$

$$L = \frac{100}{\dfrac{V_1}{L_1} + \dfrac{V_2}{L_2} + \dfrac{V_3}{L_3} \cdots}$$

여기서,
L : 혼합가스의 폭발하한계(상한계)
$L_1$, $L_2$, $L_3$ : 단독가스의 폭발하한계(상한계)
$V_1$, $V_2$, $V_3$ : 단독가스의 공기 중 부피
$100 : V_1 + V_2 + V_3 + \cdots$

$$\frac{1 + 2.5 + 0.5}{L} = \frac{1}{1.1} + \frac{2.5}{5.0} + \frac{0.5}{2.7}$$

$$L = \frac{4}{\dfrac{1}{1.1} + \dfrac{2.5}{5.0} + \dfrac{0.5}{2.7}} = 2.51(Vol\%)$$

{분석}
실기까지 중요한 내용입니다.

정답 80 ① 81 ①

**82** 다음 중 자연발화의 방지법으로 적절하지 않은 것은?

① 통풍을 잘 시킬 것
② 습도가 높은 곳에 저장할 것
③ 저장실의 온도 상승을 피할 것
④ 공기가 접촉되지 않도록 불활성물질 중에 저장할 것

**해설** 자연발화 방지법

① 저장소의 온도를 낮출 것
② 산소와의 접촉을 피할 것
③ 통풍 및 환기를 철저히 할 것
④ 습도가 높은 곳에는 저장하지 말 것

{분석}
실기까지 중요한 내용입니다.

**83** 알루미늄분이 고온의 물과 반응하였을 때 생성되는 가스는?

① 산소          ② 수소
③ 메탄          ④ 에탄

**해설** 알루미늄 + 물 → 수산화알루미늄 + 수소
$(2Al + 6H_2O \rightarrow 2Al(OH)_3 + 3H_2)$

**84** 20℃, 1기압의 공기를 5기압으로 단열압축하면 공기의 온도는 약 몇 ℃가 되겠는가? (단, 공기의 비열비는 1.4이다.)

① 32          ② 191
③ 305          ④ 464

**해설** 단열압축 현상의 관계식

$$\frac{T_2}{T_1} = \left(\frac{P_2}{P_1}\right)^{\frac{r-1}{r}}$$

$r$은 공기의 비열비(1.4)
$T_1(K)$ : 단열압축 전의 온도($K = 273 + ℃$)
$T_2(K)$ : 단열압축 후의 온도
$P_1$(기압) : 단열압축 전의 압력
$P_2$(기압) : 단열압축 후의 압력

$$\frac{T_2}{T_1} = \left(\frac{P_2}{P_1}\right)^{\frac{r-1}{r}}$$

$$T_2 = T_1 \times \left(\frac{P_2}{P_1}\right)^{\frac{r-1}{r}} = (20+273) \times \left(\frac{5}{1}\right)^{\frac{1.4-1}{1.4}}$$

$$= 464(K) - 273 = 191(℃)$$

**85** 가연성 물질을 취급하는 장치를 퍼지하고자 할 때 잘못된 것은?

① 대상물질의 물성을 파악한다.
② 사용하는 불활성가스의 물성을 파악한다.
③ 퍼지용 가스를 가능한 한 빠른 속도로 단시간에 다량 송입한다.
④ 장치내부를 세정한 후 퍼지용 가스를 송입한다.

**해설** ③ 퍼지용 가스는 서서히 송입하여야 한다.

**86** 다음 물질이 물과 접촉하였을 때 위험성이 가장 낮은 것은?

① 과산화칼륨          ② 나트륨
③ 메틸리튬          ④ 이황화탄소

**해설** 칼륨, 나트륨, 리튬 → 물반응성 물질(금수성 물질) → 물과 격렬히 반응하여 수소가스를 발생시킨다.

**참고** 이황화탄소의 보호액으로 물을 사용한다.
(단, 150도 이상의 고온에서는 이황화탄소와 물이 반응하여 황화수소를 발생시킨다.
$CS_2 + 2H_2O \rightarrow CO_2 + 2H_2S)$

**87** 폭발원인물질의 물리적 상태에 따라 구분할 때 기상폭발(gas explosion)에 해당되지 않는 것은?

① 분진폭발          ② 응상폭발
③ 분무폭발          ④ 가스폭발

최근 기출문제 **2019**

🔊 정답  82 ②  83 ②  84 ②  85 ③  86 ④  87 ②

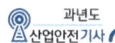
해설 **기상폭발** : 기체상태의 폭발
- 가스폭발
- 분무폭발
- 분진폭발

참고 **응상폭발** : 고체와 액체상태의 폭발
- 수증기폭발
- 증기폭발
- 전선폭발

**88** 화염방지기의 설치에 관한 사항으로 (　　)에 알맞은 것은?

> 사업주는 인화성 액체 및 인화성 가스를 저장 취급하는 화학설비에서 증기나 가스를 대기로 방출하는 경우에는 외부로부터의 화염을 방지하기 위하여 화염방지기를 그 설비 (　　)에 설치하여야 한다.

① 상단
② 하단
③ 중앙
④ 무게중심

해설 **화염방지기(Flame Arrestor)의 설치**

인화성 액체 및 인화성 가스를 저장 취급하는 화학설비에서 증기나 가스를 대기로 방출하는 경우에는 외부로부터의 화염을 방지하기 위하여 화염방지기를 그 설비 상단에 설치하여야 한다. 다만, 대기로 연결된 통기관에 통기밸브가 설치되어 있거나, 인화점이 섭씨 38도 이상 60도 이하인 인화성 액체를 저장·취급할 때에 화염방지 기능을 가지는 인화방지망을 설치한 경우에는 그러하지 아니하다.

> {분석}
> **실기까지 중요한 내용입니다.**

**89** 공정안전보고서에 포함하여야 할 세부 내용 중 공정안전자료의 세부내용이 아닌 것은?

① 유해·위험설비의 목록 및 사양
② 폭발위험장소 구분도 및 전기단선도
③ 유해·위험물질에 대한 물질안전보건자료
④ 설비점검·검사 및 보수계획, 유지계획 및 지침서

해설 **공정안전자료**
- 취급·저장하고 있거나 취급·저장하려는 <u>유해·위험물질의 종류 및 수량</u>
- 유해·위험물질에 대한 <u>물질안전보건자료</u>
- <u>유해·위험설비의 목록 및 사양</u>
- 유해·위험설비의 운전방법을 알 수 있는 <u>공정도면</u>
- <u>각종 건물·설비의 배치도</u>
- <u>폭발위험장소 구분도 및 전기단선도</u>
- <u>위험설비의 안전설계·제작 및 설치 관련 지침서</u>

**90** 산업안전보건법령상 화학설비와 화학설비의 부속설비를 구분할 때 화학설비에 해당하는 것은?

① 응축기·냉각기·가열기·증발기 등 열교환기류
② 사이클론·백필터·전기집진기 등 분진처리설비
③ 온도·압력·유량 등을 지시·기록 등을 하는 자동제어 관련설비
④ 안전밸브·안전판·긴급차단 또는 방출밸브 등 비상조치 관련설비

해설 1. **화학설비**
- 가. 반응기·혼합조 등 화학물질 반응 또는 혼합장치
- 나. 증류탑·흡수탑·추출탑·감압탑 등 화학물질 분리장치
- 다. 저장탱크·계량탱크·호퍼·사일로 등 화학물질 저장 또는 계량설비

라. 응축기·냉각기·가열기·증발기 등 열교환
기류
마. 고로 등 접화기를 직접 사용하는 열교환기류
바. 카렌다·혼합기·발포기·인쇄기·압출기 등
화학제품 가공설비
사. 분쇄기·분체분리기·용융기 등 분체화학물
질 취급장치
아. 결정조·유동탑·탈습기·건조기 등 분체화
학물질 분리장치
자. 펌프류·압축기·이젝타 등의 화학물질 이
송 또는 압축설비

2. 화학설비의 부속설비

가. 배관·밸브·관·부속류 등 화학물질이송 관련
설비
나. 온도·압력·유량 등을 지시·기록 등을 하는
자동제어 관련설비
다. 안전밸브·안전판·긴급차단 또는 방출밸브
등 비상조치 관련설비
라. 가스누출감지 및 경보관련 설비
마. 세정기·응축기·벤트스택·플레어스택 등
폐가스처리설비
바. 사이클론·백필터·전기집진기 등 분진처리
설비
사. 가목 내지 바목의 설비를 운전하기 위하여
부속된 전기관련 설비
아. 정전기 제거장치·긴급 샤워설비 등 안전
관련 설비

**91** 산업안전보건 법령에 따라 사업주가 특수
화학설비를 설치하는 때에 그 내부의 이
상상태를 조기에 파악하기 위하여 설치
하여야 하는 장치는?

① 자동경보장치
② 긴급차단장치
③ 자동문 개폐장치
④ 스크러버 개방장치

**해설** **특수화학설비의 방호장치 설치**

| | |
|---|---|
| 계측<br>장치 | <u>특수화학설비</u>를 설치하는 때에는 <u>내부</u><br><u>의 이상상태를 조기에 파악하기 위하여</u><br>필요한 <u>온도계·유량계·압력계등의 계</u><br><u>측장치를 설치하여야 한다.</u> |
| 자동<br>경보<br>장치 | 특수 화학설비를 설치하는 때에는 <u>그 내</u><br><u>부의 이상상태를 조기에 파악하기 위하</u><br><u>여 필요한 자동경보장치를 설치</u>하여야<br>한다. 다만, 자동경보장치를 설치하는<br>것이 곤란한 때에는 감시인을 두고 당해<br>특수화학설비의 운전 중 당해설비를 감<br>시하도록 하는 등의 조치를 하여야 한다. |
| 긴급<br>차단<br>장치 | 특수화학설비를 설치하는 때에는 이상<br>상태의 발생에 따른 폭발·화재 또는 위<br>험물의 누출을 방지하기 위하여 <u>원재료</u><br><u>공급의 긴급차단, 제품등의 방출, 불활</u><br><u>성가스의 주입 또는 냉각용수등의 공급</u><br><u>을 위하여 필요한 장치등을 설치</u>하여야<br>한다. |
| 예비<br>동력원 | • <u>동력원의 이상에 의한 폭발 또는 화재</u><br><u>를 방지하기 위하여</u> 즉시 사용할 수 있<br>는 예비동력원을 갖추어 둘 것<br>• <u>밸브·콕·스위치 등에 대하여는 오조</u><br><u>작을 방지하기 위하여 잠금장치를 하</u><br>고 <u>색채표시 등으로 구분</u>할 것 |

{분석}
실기까지 중요한 내용입니다.

**92** 다음 중 위험물과 그 소화방법이 잘못
연결된 것은?

① 염소산칼륨 – 다량의 물로 냉각수화
② 마그네슘 – 건조사 등에 의한 질식소화
③ 칼륨 – 이산화탄소에 의한 질식소화
④ 아세트알데히드 – 다량의 물에 의한
희석소화

**해설** 칼륨 → 금속화재 → 건조사, 팽창 질석, 팽창 진주암

과년도 최근기출문제 2019

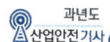

**참고**

| 구분<br>등급 | 화재의 구분 | 표시 색 | 소화기의 종류 |
|---|---|---|---|
| A급 | 일반 가연물화재 (종이, 섬유, 목재 등) | 백색 | 물소화기, 산 · 알칼리 소화기, 강화액소화기 |
| B급 | 유류화재 (또는 가스화재) | 황색 | 분말소화기, 포소화기, 이산화탄소(탄산가스) 소화기 |
| C급 | 전기화재 (발전기, 변압기 등) | 청색 | 분말소화기, 이산화탄소 (탄산가스)소화기, 할로겐화합물소화기 |
| D급 | 금속화재 (금속분 등) | 무색, 표시 없음 | 팽창질석, 팽창진주암, 건조사 |

**93** 부탄($C_4H_{10}$)의 연소에 필요한 최소산소 농도(MOC)를 추정하여 계산하면 약 몇 vol%인가? (단, 부탄의 폭발하한계는 공기 중에서 1.6vol%이다.)

① 5.6  ② 7.8
③ 10.4  ④ 14.1

**해설** 최소산소농도(MOC 농도)

$$MOC농도 = 폭발하한계 \times \frac{산소의 몰수}{연료의 몰수} \, (Vol\%)$$

$1C_4H_{10} + 6.5O_2 = 4CO_2 + 5H_2O$
(여기서 1, 6.5, 4, 5는 몰수)

부탄의 최소산소농도 $= 1.6 \times \frac{6.5}{1} = 10.4 \, (Vol\%)$

{분석}
실기까지 중요한 내용입니다.

**94** 다음 중 산화성 물질이 아닌 것은?

① $KNO_3$  ② $NH_4ClO_3$
③ $HNO_3$  ④ $P_4S_3$

**해설**
① $KNO_3$ → 질산칼륨(산화성 액체 및 산화성 고체)
② $NH_4ClO_3$ → 염소산암모늄(산화성 액체 및 산화성 고체)
③ $HNO_3$ → 질산(산화성 액체 및 산화성 고체)
④ $P_4S_3$ → 삼황화인 (인화성 고체)

**참고** 산화성 액체 및 산화성 고체

가. 차아염소산 및 그 염류
나. 아염소산 및 그 염류
다. 염소산 및 그 염류
라. 과염소산 및 그 염류
마. 브롬산 및 그 염류
바. 요오드산 및 그 염류
사. 과산화수소 및 무기 과산화물
아. 질산 및 그 염류
자. 과망간산 및 그 염류
차. 중크롬산 및 그 염류
카. 그 밖에 가목부터 차목까지의 물질과 같은 정도의 산화성이 있는 물질
타. 가목부터 아목까지의 물질을 함유한 물질

실기에 되고! 합격에도 되는! **특급 암기법**

염소(염소산)보러(브롬산) 요과하고(요드산, 과망간산, 과산화수소) 질산 가는 중!(중크롬산)

**95** 위험물안전관리법령상 제4류 위험물 중 제2석유류로 분류되는 물질은?

① 실린더유  ② 휘발유
③ 등유  ④ 중유

**해설** "제2석유류"라 함은 등유, 경유 그 밖에 1기압에서 인화점이 섭씨 21도 이상 70도 미만인 것을 말한다. 다만, 도료류 그 밖의 물품에 있어서 가연성 액체량이 40중량퍼센트 이하이면서 인화점이 섭씨 40도 이상인 동시에 연소점이 섭씨 60도 이상인 것은 제외한다.

정답 93 ③ 94 ④ 95 ③

**96** 산업안전보건 법령상 사업주가 인화성액체 위험물을 액체상태로 저장하는 저장탱크를 설치하는 경우에는 위험물질이 누출되어 확산되는 것을 방지하기 위하여 무엇을 설치하여야 하는가?

① Flame arrester ② Ventstack
③ 긴급방출장치 ④ 방유제

**[해설]** 위험물질을 액체상태로 저장하는 저장탱크를 설치하는 때에는 위험물질이 누출되어 확산되는 것을 방지하기 위하여 방유제(防油提)를 설치하여야 한다.

{분석}
실기까지 중요한 내용입니다.

**97** 다음 가스 중 가장 독성이 큰 것은?

① CO ② COCl₂
③ NH₃ ④ H₂

**[해설]** ① CO → 일산화탄소
② COCl₂ → 포스겐가스(맹독성 물질)
③ NH₃ → 암모니아
④ H₂ → 수소

**98** 건조설비를 사용하여 작업을 하는 경우에 폭발이나 화재를 예방하기 위하여 준수하여야 하는 사항으로 틀린 것은?

① 위험물 건조설비를 사용하는 경우에는 미리 내부를 청소하거나 환기 할 것
② 위험물 건조설비를 사용하여 가열 건조하는 건조물은 쉽게 이탈되도록 할 것
③ 고온으로 가열건조한 인화성 액체는 발화의 위험이 없는 온도로 냉각한 후에 격납시킬 것
④ 바깥 면이 현저히 고온이 되는 건조설비에 가까운 장소에는 인화성 액체를 두지 않도록 할 것

**[해설]** 건조설비의 사용
① 위험물건조설비를 사용하는 때에는 미리 내부를 청소하거나 환기할 것
② 위험물건조설비를 사용하는 때에는 건조로 인하여 발생하는 가스·증기 또는 분진에 의하여 폭발·화의 위험이 있는 물질을 안전한 장소로 배출시킬 것
③ 위험물건조설비를 사용하여 가열 건조하는 건조물은 쉽게 이탈되지 아니하도록 할 것
④ 고온으로 가열 건조한 인화성 액체는 발화의 위험이 없는 온도로 냉각한 후에 격납시킬 것
⑤ 건조설비(바깥 면이 현저히 고온이 되는 설비만 해당한다)에 가까운 장소에는 인화성 액체를 두지 않도록 할 것

{분석}
필기에 자주 출제되는 내용입니다.

**99** 가솔린(휘발유)의 일반적인 연소범위에 가장 가까운 값은?

① 2.7 ~ 27.8 vol% ② 3.4 ~ 11.8 vol%
③ 1.4 ~ 7.6 vol% ④ 5.1 ~ 18.2 vol%

**[해설]** 가솔린(휘발유)의 연소범위 : 1.4 ~ 7.6 vol%

**100** 가스 또는 분진 폭발 위험장소에 설치되는 건축물의 내화 구조를 설명한 것으로 틀린 것은?

① 건축물 기둥 및 보는 지상 1층까지 내화구조로 한다.
② 위험물 서장·취급용기의 지지대는 지상으로부터 시시내의 끝부분까지 내화구조로 한다.
③ 건축물 주변에 자동소화설비를 설치한 경우 건축물 화재 시 1시간 이싱 그 안전성을 유지한 경우는 내화구조로 하지 아니할 수 있다.
④ 배관·전선관 등의 지지대는 지상으로부터 1단까지 내화구조로 한다.

**정답** 96 ④ 97 ② 98 ② 99 ③ 100 ③

**해설** 내화기준

가스폭발 위험장소 또는 분진폭발 위험장소에 설치되는 건축물 등에 대해서는 다음 각 호에 해당하는 부분을 내화구조로 하여야 하며, 그 성능이 항상 유지될 수 있도록 점검·보수 등 적절한 조치를 하여야 한다. 다만, 건축물 등의 주변에 화재에 대비하여 물 분무시설 또는 폼 헤드(foam head)설비 등의 자동소화설비를 설치하여 건축물 등이 화재시에 2시간 이상 그 안전성을 유지할 수 있도록 한 경우에는 내화구조로 하지 아니할 수 있다.

① 건축물의 기둥 및 보 : 지상 1층(지상 1층의 높이가 6미터를 초과하는 경우에는 6미터)까지

② 위험물 저장·취급용기의 지지대(높이가 30센티미터 이하인 것은 제외한다) : 지상으로부터 지지대의 끝부분까지

③ 배관·전선관 등의 지지대 : 지상으로부터 1단(1단의 높이가 6미터를 초과하는 경우에는 6미터)까지

---

## 제6과목 · 건설공사 안전 관리

---

**101** 그물코의 크기가 5cm인 매듭 방망사의 폐기 시 인장강도 기준으로 옳은 것은?

① 200kg      ② 100kg

③ 60kg       ④ 30kg

**해설** 방망사의 폐기 시 인장강도

| 그물코의 크기 (단위 : 센티미터) | 방망의 종류(단위 : 킬로그램) | |
|---|---|---|
| | 매듭 없는 방망 | 매듭방망 |
| 10 | 150 | 135 |
| 5 | | 60 |

**참고** 방망사의 신품에 대한 인장강도

| 그물코의 크기 (단위 : 센티미터) | 방망의 종류(단위 : 킬로그램) | |
|---|---|---|
| | 매듭 없는 방망 | 매듭방망 |
| 10 | 240 | 200 |
| 5 | | 110 |

{분석}
필기에 자주 출제되는 내용입니다.

---

**102** 크레인 또는 데릭에서 붐 각도 및 작업반경별로 작용시킬 수 있는 최대하중에서 후크(Hook), 와이어로프 등 달기구의 중량을 공제한 하중은?

① 작업하중      ② 정격하중

③ 이동하중      ④ 적재하중

**해설** 정격하중 : 크레인에 매달아 올릴 수 있는 최대 하중으로부터 달기 기구의 중량에 상당하는 하중을 제외한 하중

---

**103** 차량계 하역운반기계를 사용하는 작업을 할 때 그 기계가 넘어지거나 굴러 떨어짐으로써 근로자에게 위험을 미칠 우려가 있는 경우에 우선적으로 조치하여야 할 사항과 가장 거리가 먼 것은?

① 해당 기계에 대한 유도자 배치

② 지반의 부동침하 방지 조치

③ 갓길 붕괴 방지 조치

④ 경보 장치 설치

**해설** 차량계 하역운반기계 넘어짐(전도) 방지 조치

① 유도자 배치

② 지반의 부동침하방지

③ 갓길의 붕괴방지

**참고** 차량계 건설기계의 넘어짐(전도) 방지 조치

① 유도자 배치

② 지반의 부동침하방지

③ 갓길의 붕괴방지

④ 도로의 폭 유지

{분석}
실기까지 중요한 내용입니다.

---

**104** 모래 지반을 흙막이지보공 없이 굴착하려 할 때 굴착면의 기울기 기준으로 옳은 것은?

① 1 : 1 ~ 1 : 1.5
② 1 : 1.8
③ 1 : 1.0
④ 1 : 2

**해설** 굴착면의 기울기 및 높이 기준

| 지반의 종류 | 굴착면의 기울기 |
|---|---|
| 모래 | 1:1.8 |
| 연암 및 풍화암 | 1:1.0 |
| 경암 | 1:0.5 |
| 그 밖의 흙 | 1:1.2 |

**105** 차량계 하역운반기계 등에 화물을 적재하는 경우에 준수하여야 할 사항으로 옳지 않은 것은?

① 하중이 한쪽으로 치우쳐서 효율적으로 적재되도록 할 것
② 구내운반차 또는 화물자동차의 경우 화물의 붕괴 또는 낙하에 의한 위험을 방지하기 위하여 화물에 로프를 거는 등 필요한 조치를 할 것
③ 운전자의 시야를 가리지 않도록 화물을 적재할 것
④ 최대적재량을 초과하지 않도록 할 것

**해설** ① 하중이 한쪽으로 치우치지 않도록 적재할 것

{분석}
실기까지 중요한 내용입니다.

**106** 강관비계의 설치 기준으로 옳은 것은?

① 비계기둥 간격은 띠장방향에서는 1.5m 이하, 장선방향에서는 1.85m 이하로 할 것
② 띠장간격은 1.5미터 이하로 할 것
③ 비계기둥 간의 적재하중은 400kg을 초과하지 않도록 한다.
④ 비계기둥의 제일 윗부분으로부터 21m 되는 지점 밑 부분의 비계기둥은 2개의 강관으로 묶어세운다.

**해설** 강관비계의 구조

① 비계기둥 간격 : 띠장방향에서는 1.85m 이하, 장선방향에서는 1.5m 이하로 할 것
다만, 다음 각 목의 어느 하나에 해당하는 작업의 경우에는 안전성에 대한 구조검토를 실시하고 조립도를 작성하면 띠장 방향 및 장선 방향으로 각각 2.7미터 이하로 할 수 있다.
가. 선박 및 보트 건조작업
나. 그 밖에 장비 반입·반출을 위하여 공간 등을 확보할 필요가 있는 등 작업의 성질상 비계기둥 간격에 관한 기준을 준수하기 곤란한 작업
② 띠장간격 : 2.0미터 이하로 할 것
③ 비계기둥의 제일 윗부분으로 부터 31m되는 지점 밑 부분의 비계기둥은 2본의 강관으로 묶어세울 것
④ 비계기둥 간의 적재하중은 400킬로그램을 초과하지 아니하도록 할 것

{분석}
실기까지 중요한 내용입니다. 암기하세요.

**107** 다음 중 유해·위험방지계획서를 작성 및 제출하여야 하는 공사에 해당되지 않는 것은?

① 지상높이가 31m인 건축물의 건설·개조 또는 해체
② 최대 지간길이가 50m인 교량건설 등 공사
③ 깊이가 9m인 굴착공사
④ 터널 건설 등의 공사

최근 기출문제 2019

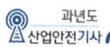
**해설** 유해위험방지계획서 제출대상 건설공사

1. 다음 각 목의 어느 하나에 해당하는 건축물 또는 시설 등의 건설·개조 또는 해체공사
   가. 지상높이가 31미터 이상인 건축물 또는 인공 구조물
   나. 연면적 3만제곱미터 이상인 건축물
   다. 연면적 5천제곱미터 이상인 시설로서 다음의 어느 하나에 해당하는 시설
      1) 문화 및 집회시설(전시장 및 동물원·식물원은 제외한다)
      2) 판매시설, 운수시설(고속철도의 역사 및 집배송시설은 제외한다)
      3) 종교시설
      4) 의료시설 중 종합병원
      5) 숙박시설 중 관광숙박시설
      6) 지하도상가
      7) 냉동·냉장 창고시설
2. 연면적 5천제곱미터 이상의 냉동·냉장창고시설의 설비공사 및 단열공사
3. 최대 지간길이(다리의 기둥과 기둥의 중심사이의 거리)가 50미터 이상인 교량 건설 등 공사
4. 터널 건설 등의 공사
5. 다목적댐, 발전용댐, 저수용량 2천만톤 이상의 용수 전용 댐, 지방상수도 전용 댐 건설 등의 공사
6. 깊이 10미터 이상인 굴착공사

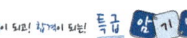

실기에 되고! 함께에 되는! 특급 **암기법**

- 지상높이 31m, 연면적 3만m², 사람 많은 시설 연면적 5,000m²
- 연면적 5,000m² 냉동·냉장창고시설
- 최대 지간길이가 50미터 이상 교량
- 터널
- 저수용량 2천만 톤 이상 댐
- 10미터 이상인 굴착

{분석}
실기에 자주 출제되는 중요한 내용입니다.

**108** 건립 중 강풍에 의한 풍압 등 외압에 대한 내력이 설계에 고려되었는지 확인하여야 하는 철골구조물의 기준으로 옳지 않은 것은?

① 높이 20m 이상의 구조물
② 구조물의 폭과 높이의 비가 1 : 4 이상인 구조물
③ 이음부가 공장 제작인 구조물
④ 연면적당 철골량이 50kg/m² 이하인 구조물

**해설** 외압에 대한 내력이 설계에 고려되었는지 확인하여야 할 대상(자립도 검토대상)

① 높이 20미터 이상의 구조물
② 구조물의 폭과 높이의 비가 1:4 이상인 구조물
③ 단면구조에 현저한 차이가 있는 구조물
④ 연면적당 철골량이 50킬로그램/평방미터 이하인 구조물
⑤ 기둥이 타이플레이트(tie plate)형인 구조물
⑥ 이음부가 현장용접인 구조물

{분석}
실기까지 중요한 내용입니다. 암기하세요.

**109** 흙막이 가시설 공사 시 사용되는 각 계측기 설치 목적으로 옳지 않은 것은?

① 지표침하계 – 지표면 침하량 측정
② 수위계 – 지반 내 지하수위의 변화 측정
③ 하중계 – 상부 적재하중 변화 측정
④ 지중경사계 – 지중의 수평 변위량 측정

**해설** ③ 하중계 – 축 하중의 변화상태를 측정

**110** 건설현장의 가설계단 및 계단참을 설치하는 경우 얼마 이상의 하중에 견딜 수 있는 강도를 가진 구조로 설치하여야 하는가?

① 200kg/m²  ② 300kg/m²
③ 400kg/m²  ④ 500kg/m²

**해설** 계단 및 계단참의 강도는 500kg/m² 이상이어야 하며 안전율은 4 이상으로 하여야 한다.

**참고** 계단의 설치

1. 계단의 폭은 1미터 이상으로 하여야 한다.
2. 높이가 3미터를 초과하는 계단에는 높이 3미터 이내마다 진행방향으로 길이 1.2미터 이상의 계단참을 설치하여야 한다.
3. 바닥면으로부터 높이 2미터 이내의 공간에 장애물이 없도록 하여야 한다.
4. 높이 1미터 이상인 계단의 개방된 측면에 안전난간을 설치하여야 한다.

{분석}
실기까지 중요한 내용입니다. 암기하세요.

**111** 터널굴착 작업을 하는 때 미리 작성하여야 하는 작업계획서에 포함되어야 할 사항이 아닌 것은?

① 굴착의 방법
② 암석의 분할방법
③ 환기 또는 조명시설을 설치할 때에는 그 방법
④ 터널지보공 및 복공의 시공방법과 용수의 처리방법

**해설** 터널굴착 작업의 작업계획서 내용

① 굴착의 방법
② 터널지보공 및 복공(覆工)의 시공방법과 용수(湧水)의 처리방법
③ 환기 또는 조명시설을 설치할 때에는 그 방법

{분석}
실기까지 중요한 내용입니다.

**112** 근로자에게 작업 중 또는 통행 시 전락(轉洛)으로 인하여 근로자가 화상·질식 등의 위험에 처할 우려가 있는 케틀(kettle), 호퍼(hopper), 피트(pit) 등이 있는 경우에 그 위험을 방지하기 위하여 최소 높이 얼마 이상의 울타리를 설치하여야 하는가?

① 80cm 이상
② 85cm 이상
③ 90cm 이상
④ 95cm 이상

**해설** 근로자에게 작업 중 또는 통행 시 전락(轉洛)으로 인하여 근로자가 화상·질식 등의 위험에 처할 우려가 있는 케틀(kettle), 호퍼(hopper), 피트(pit) 등이 있는 경우에 그 위험을 방지하기 위하여 최소 높이 90cm 이상의 울타리를 설치하여야 한다.

**113** 거푸집 해체작업 시 유의사항으로 옳지 않은 것은?

① 일반적으로 수평부재의 거푸집은 연직부재의 거푸집보다 빨리 떼어낸다.
② 해체된 거푸집이나 각목 등에 박혀있는 못 또는 날카로운 돌출물은 즉시 제거하여야 한다.
③ 상하 동시 작업은 원칙적으로 금지하고 부득이한 경우에는 긴밀히 연락을 취하며 작업을 하여야 한다.
④ 거푸집 해체작업장 주위에는 관계자를 제외하고는 출입을 금지시켜야 한다.

**해설** ① 거푸집 및 동바리의 해체 시기 및 순서는 시멘트의 성질, 콘크리트의 배합, 구조물의 종류와 중요도, 부재의 종류 및 크기, 부재가 받는 하중, 콘크리트 내부의 온도와 표면 온도의 차이 등을 고려하여 결정하고 책임기술자의 승인을 받아야 한다.

최근 기출문제 **2019**

**정답** 110 ④  111 ②  112 ③  113 ①

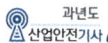
**참고** 거푸집 해체작업 시 준수사항

1. 거푸집 및 지보공(동바리)의 해체는 순서에 의하여 실시하여야 하며 안전담당자를 배치하여야 한다.

2. 거푸집 및 지보공(동바리)은 콘크리트 자중 및 시공 중에 가해지는 기타 하중에 충분히 견딜만한 강도를 가질 때까지는 해체하지 아니하여야 한다.

3. 거푸집을 해체할 때에는 다음 각 목에 정하는 사항을 유념하여 작업하여야 한다.

   가. 해체작업을 할 때에는 안전모 등 안전 보호장구를 착용토록 하여야 한다.

   나. 거푸집 해체작업장 주위에는 관계자를 제외하고는 출입을 금지시켜야 한다.

   다. 상하 동시 작업은 원칙적으로 금지하고 부득이한 경우에는 긴밀히 연락을 취하며 작업을 하여야 한다.

   라. 거푸집 해체 때 구조체에 무리한 충격이나 큰 힘에 의한 지렛대 사용은 금지하여야 한다.

   마. 보 또는 스라브 거푸집을 제거할 때에는 거푸집의 낙하 충격으로 인한 작업원의 돌발적 재해를 방지하여야 한다.

   바. 해체된 거푸집이나 각목 등에 박혀있는 못 또는 날카로운 돌출물은 즉시 제거하여야 한다.

   사. 해체된 거푸집이나 각목은 재사용 가능한 것과 보수하여야 할 것을 선별, 분리하여 적치하고 정리정돈을 하여야 한다.

4. 기타 제3자의 보호조치에 대하여도 완전한 조치를 강구하여야 한다.

**114** 비계(달비계, 달대비계 및 말비계는 제외한다.)의 높이가 2m 이상인 작업 장소에 설치하여야 하는 작업발판의 기준으로 옳지 않은 것은?

① 작업발판의 폭은 40cm 이상으로 하고, 발판재료 간의 틈은 3cm이하로 할 것

② 추락의 위험이 있는 장소에는 안전난간을 설치 할 것

③ 작업발판의 지지물은 하중에 의하여 파괴될 우려가 없는 것을 사용할 것

④ 작업발판재료는 뒤집히거나 떨어지지 않도록 1개 이상의 지지물에 연결하거나 고정시킬 것

**해설** 작업발판 설치기준

① 발판재료 : 작업시의 하중을 견딜 수 있도록 견고한 것으로 할 것

② 발판의 폭 : 40cm 이상으로 하고, 발판재료 간의 틈 : 3cm 이하로 할 것

③ 추락의 위험성이 있는 장소에는 안전난간을 설치할 것

④ 작업발판의 지지물 : 하중에 의하여 파괴될 우려가 없는 것을 사용할 것

⑤ 작업발판재료는 뒤집히거나 떨어지지 아니하도록 2 이상의 지지물에 연결하거나 고정시킬 것

⑥ 작업에 따라 이동시킬 때에는 위험방지 조치를 할 것

⑦ 선박 및 보트 건조작업에서 선박블록 또는 엔진실 등의 좁은 작업공간에 작업발판을 설치하는 경우 : 작업발판의 폭을 30센티미터 이상으로 할 수 있고, 걸침비계의 경우 발판재료 간의 틈을 3센티미터 이하로 유지하기 곤란하면 5센티미터 이하로 할 수 있다.

{분석}
실기까지 중요한 내용입니다. 암기하세요.

**115** 안전대의 종류는 사용구분에 따라 벨트식과 안전그네식으로 구분되는데 이 중 안전그네식에만 적용하는 것은?

① 추락방지대, 안전블록
② 1개 걸이용, U자 걸이용
③ 1개 걸이용, 추락방지대
④ U자 걸이용, 안전블록

**[해설]** 안전대의 종류

| 종류 | 사용 구분 |
|------|-----------|
| 벨트식 | 1개 걸이용 |
|  | U자 걸이용 |
| 안전그네식 | 추락방지대 |
|  | 안전블록 |

{분석}
실기까지 중요한 내용입니다.

**116** 다음은 달비계 또는 높이 5m 이상의 비계를 조립·해체하거나 변경하는 작업을 하는 경우에 대한 내용이다. ( )에 알맞은 숫자는?

> 비계재료의 연결·해체작업을 하는 경우에는 폭 ( )cm 이상의 발판을 설치하고 근로자로 하여금 안전대를 사용하도록 하는 등 추락을 방지하기 위한 조치를 할 것

① 15     ② 20
③ 25     ④ 30

**[해설]** 비계재료의 연결·해체작업을 하는 때에는 폭 20센티미터 이상의 발판을 설치하고 근로자로 하여금 안전대를 사용하도록 하는 등 근로자의 추락방지를 위한 조치를 할 것

{분석}
실기까지 중요한 내용입니다. 암기하세요.

**117** 다음은 사다리식 통로 등을 설치하는 경우의 준수사항이다. ( )안에 들어갈 숫자로 옳은 것은?

> 사다리의 상단은 걸쳐놓은 지점으로부터 ( )cm 이상 올라가도록 할 것

① 30     ② 40
③ 50     ④ 60

**[해설]** 사다리의 상단은 걸쳐놓은 지점으로부터 60센티미터 이상 올라가도록 할 것

**[참고]** 사다리식 통로 설치 시의 준수사항
① 견고한 구조로 할 것
② 심한 손상·부식 등이 없는 재료를 사용할 것
③ 발판의 간격은 일정하게 할 것
④ 발판과 벽과의 사이는 15센티미터 이상의 간격을 유지할 것
⑤ 폭은 30센티미터 이상으로 할 것
⑥ 사다리가 넘어지거나 미끄러지는 것을 방지하기 위한 조치를 할 것
⑦ 사다리의 상단은 걸쳐놓은 지점으로부터 60센티미터 이상 올라가도록 할 것
⑧ 사다리식 통로의 길이가 10미터 이상인 경우에는 5미터 이내마다 계단참을 설치할 것
⑨ 사다리식 통로의 기울기는 75도 이하로 할 것. 다만, 고정식 사다리식 통로의 기울기는 90도 이하로 하고, 그 높이가 7미터 이상인 경우에는 다음 각 목의 구분에 따른 조치를 할 것
  • 등받이울이 있어도 근로자 이동에 지장이 없는 경우 : 바닥으로부터 높이가 2.5미터 되는 지점부터 등받이울을 설치할 것
  • 등받이울이 있으면 근로자가 이동이 곤란한 경우 : 한국산업표준에서 정하는 기준에 적합한 개인용 추락 방지 시스템을 설치하고 근로자로 하여금 한국산업표준에서 정하는 기준에 적합한 전신 안전대를 사용하도록 할 것
⑩ 접이식 사다리 기둥은 사용 시 접혀지거나 펼쳐지지 않도록 철물 등을 사용하여 견고하게 조치할 것

**·)) 정답** 115 ①  116 ②  117 ④

최근 기출문제 2019

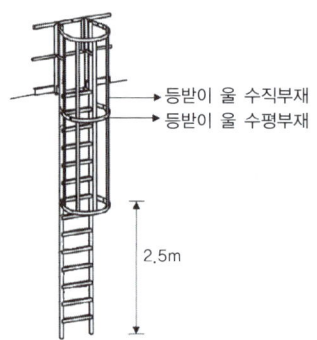

등받이 울 수직부재
등받이 울 수평부재

2.5m

{분석}
실기까지 중요한 내용입니다.

## 118 다음은 가설통로를 설치하는 경우의 준수 사항이다. ( )안에 들어갈 숫자로 옳은 것은?

> 건설공사에 사용하는 높이 8m 이상인 비계다리에는 ( )m 이내마다 계단참을 설치할 것

① 7  ② 6
③ 5  ④ 4

[해설] 건설공사에 사용하는 높이 8미터 이상인 비계다리 : 7미터 이내 마다 계단참을 설치할 것

[참고] 가설통로 설치 시의 준수사항
① 견고한 구조로 할 것
② 경사는 30도 이하로 할 것(계단을 설치하거나 높이2미터 미만의 가설통로로서 튼튼한 손잡이를 설치한 때에는 그러하지 아니하다)
③ 경사가 15도를 초과하는 때는 미끄러지지 아니하는 구조로 할 것
④ 추락의 위험이 있는 장소에는 안전난간을 설치할 것(작업상 부득이한 때에는 필요한 부분에 한하여 임시로 이를 해체할 수 있다)
⑤ 수직갱 : 길이가 15미터이상인 때에는 10미터 이내마다 계단참을 설치할 것
⑥ 건설공사에 사용하는 높이 8미터 이상인 비계다리 : 7미터 이내 마다 계단참을 설치할 것

{분석}
실기까지 중요한 내용입니다. 암기하세요.

## 119 건설업 산업안전보건관리비의 사용내역에 대하여 도급인은 공사 시작 후 몇 개월마다 1회 이상 발주자 또는 감리인의 확인을 받아야 하는가?

① 3개월
② 4개월
③ 5개월
④ 6개월

[해설] 도급인은 산업안전보건관리비 사용내역에 대하여 공사 시작 후 6개월마다 1회 이상 발주자 또는 감리자의 확인을 받아야 한다. 다만, 6개월 이내에 공사가 종료되는 경우에는 종료 시 확인을 받아야 한다.

## 120 터널 지보공을 설치한 경우에 수시로 점검하여 이상을 발견 시 즉시 보강하거나 보수해야 할 사항이 아닌 것은?

① 부재의 손상·변형·부식·변위·탈락의 유무 및 상태
② 부재의 긴압의 정도
③ 부재의 접속부 및 교차부의 상태
④ 계측기 설치상태

[해설] 터널지보공 설치 시 점검 항목
① 부재의 손상·변형·부식·변위 탈락의 유무 및 상태
② 부재의 긴압의 정도
③ 부재의 접속부 및 교차부의 상태
④ 기둥침하의 유무 및 상태

{분석}
실기까지 중요한 내용입니다.

•)) 정답 118 ① 119 ④ 120 ④

# 03회 2019년 산업안전기사 최근 기출문제

## 제1과목 산업재해 예방 및 안전보건교육

**01** 1년간 80건의 재해가 발생한 A 사업장은 1,000명의 근로자가 1주일 당 48시간, 1년간 52주를 근무하고 있다. A 사업장의 도수율은? (단, 근로자들은 재해와 관련 없는 사유로 연간 노동시간의 3%를 결근하였다.)

① 31.06      ② 32.05
③ 33.04      ④ 34.03

**[해설]** 도수율 $= \dfrac{\text{재해건수}}{\text{연 근로시간 수}} \times 10^6$

$= \dfrac{80}{1000 \times 48 \times 52 \times 0.97} \times 10^6 = 33.04$

{분석}
실기까지 중요한 내용입니다.

**02** 산업안전보건 법령상 관리감독자 대상 정기안전보건 교육의 교육내용으로 옳은 것은?

① 작업 개시 전 점검에 관한 사항
② 정리정돈 및 청소에 관한 사항
③ 작업공정의 유해·위험과 재해 예방 대책에 관한 사항
④ 기계·기구의 위험성과 작업의 순서 및 동선에 관한 사항

**[해설]** 관리감독자 정기교육 내용
① 산업안전 및 산업재해 예방에 관한 사항(화재·폭발 사고 발생 시 대피에 관한 사항을 포함한다)
② 산업보건 및 건강장해 예방에 관한 사항(폭염·한파작업으로 인한 건강장해 발생 시 응급조치에 관한 사항을 포함한다)
③ 유해·위험 작업환경 관리에 관한 사항
④ 산업안전보건법령 및 산업재해보상보험 제도에 관한 사항
⑤ 직무스트레스 예방 및 관리에 관한 사항
⑥ 직장 내 괴롭힘, 고객의 폭언 등으로 인한 건강장해 예방 및 관리에 관한 사항
⑦ 위험성평가에 관한 사항
⑧ 작업공정의 유해·위험과 재해 예방대책에 관한 사항
⑨ 표준안전 작업방법 결정 및 지도·감독 요령에 관한 사항
⑩ 비상시 또는 재해 발생 시 긴급조치에 관한 사항
⑪ 사업장 내 안전보건관리체제 및 안전·보건조치 현황에 관한 사항
⑫ 현장근로자와의 의사소통능력 및 강의능력 등 안전보건교육 능력 배양에 관한 사항
⑬ 그 밖의 관리감독자의 직무에 관한 사항

실력이 되고! 합격이 되는! 특급 암기법

**공통 항목(관리감독자, 근로자)**
1. 관리자는 법, 산재보상제도를 알자.
2. 관리자는 건강을 보존(산업보건)하고 건강장해, 스트레스, 괴롭힘, 폭언 예방하자!
3. 관리자는 유해위험 환경을 관리해서 안전하고 산업재해 예방하자!
4. 관리자는 위험성을 평가하지!

**관리감독자 정기교육의 특징**
1. 관리자는 유해위험의 재해예방대책 세우자!
2. 관리자는 안전 작업방법 결정해서 감독하자!
3. 관리자는 재해발생 시 긴급조치하자!
4. 관리자는 안전보건 조치하자!
5. 관리자는 안전보건교육 능력 배양하자!

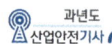
**참고** 관리감독자의 채용 시 교육 및 작업내용 변경 시 교육 내용

① 산업안전 및 산업재해 예방에 관한 사항(화재·폭발 사고 발생 시 대피에 관한 사항을 포함한다)
② 산업보건 및 건강장해 예방에 관한 사항
③ 산업안전보건법령 및 산업재해보상보험 제도에 관한 사항
④ 직무스트레스 예방 및 관리에 관한 사항
⑤ 직장 내 괴롭힘, 고객의 폭언 등으로 인한 건강장해 예방 및 관리에 관한 사항
⑥ 위험성평가에 관한 사항
⑦ 기계·기구의 위험성과 작업의 순서 및 동선에 관한 사항
⑧ 작업 개시 전 점검에 관한 사항
⑨ 물질안전보건자료에 관한 사항
⑩ 사업장 내 안전보건관리체제 및 안전·보건조치 현황에 관한 사항
⑪ 표준안전 작업방법 결정 및 지도·감독 요령에 관한 사항
⑫ 비상 시 또는 재해 발생 시 긴급조치에 관한 사항
⑬ 그 밖의 관리감독자의 직무에 관한 사항

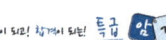
실력이 되고! 합격이 되는! 특급 **암기법**

**공통 항목 – 채용 시 근로자 교육과 동일**
1. 신규 관리자는 법, 산재보상제도를 알자!
2. 신규 관리자는 건강을 보존(산업보건)하고 건강장해, 스트레스, 괴롭힘, 폭언 예방하자!
3. 신규 관리자는 안전하고 산업재해 예방하자!
4. 신규 관리자는 위험성을 평가하자!

**채용 시 근로자 교육 중 "정리정돈 청소"제외**
1. 신규 관리자는 기계·기구 위험성, 작업순서, 동선을 알자!
2. 신규 관리자는 취급물질의 위험성(물질안전보건자료)을 알자!
3. 신규 관리자는 작업 전 점검하자!

**신규 관리자 내용 추가**
1. 신규 관리자는 안전보건 조치하자!
2. 신규 관리자는 안전 작업방법 결정해서 감독하자!
3. 신규 관리자는 재해 시 긴급조치하자!

{분석}
실기에 자주 출제되는 중요한 내용입니다.

---

**03** 스트레스의 요인 중 외부적 자극 요인에 해당하지 않는 것은?

① 자존심의 손상
② 대인관계 갈등
③ 가족의 죽음, 질병
④ 경제적 어려움

**해설** 직무 스트레스의 내·외적 요인

| 내적 요인 | 외적 요인 |
|---|---|
| • 자존심의 손상<br>• 업무상의 죄책감<br>• 현실에서의 부적응<br>• 지나친 경쟁심과 재물에 대한 욕심<br>• 가족 간의 대화 단절 및 의견 불일치<br>• 출세욕의 좌절감과 자만심의 상충 | • 경제적 빈곤<br>• 가족관계의 갈등 심화<br>• 직장에서의 대인 관계상의 갈등과 대립<br>• 가족의 죽음, 질병<br>• 자신의 건강문제 |

**04** 산업안전보건 법령상 주로 고음을 차음하고, 저음은 차음하지 않는 방음보호구의 기호로 옳은 것은?

① NRR  ② EM
③ EP-1  ④ EP-2

**해설** 방음용 귀마개 또는 귀덮개의 종류·등급

| 종류 | 귀마개 | | 귀덮개 |
|---|---|---|---|
| 등급 | 1종 | 2종 | – |
| 기호 | EP-1 | EP-2 | EM |
| 성능 | 저음부터 고음까지 차음하는 것 | 주로 고음을 차음하고 저음(회화음영역)은 차음하지 않는 것 | |
| 비고 | 귀마개의 경우 재사용 여부를 제조특성으로 표기 | | |

{분석}
실기까지 중요한 내용입니다.

**05** 하인리히 안전론에서 (   ) 안에 들어갈 단어로 적합한 것은?

> • 안전은 사고예방
> • 사고예방은 (    )와(과) 인간 및 기계의 관계를 통제하는 과학이자 기술이다.

① 물리적 환경　　② 화학적 요소
③ 위험요인　　　④ 사고 및 재해

**해설** 하인리히의 안전론
사고예방은 물리적 환경과 인간 및 기계의 관계를 통제하는 과학이자 기술이다.

**06** 안전교육 훈련에 있어 동기부여 방법에 대한 설명으로 가장 거리가 먼 것은?

① 안전 목표를 명확히 설정한다.
② 안전 활동의 결과를 평가, 검토하도록 한다.
③ 경쟁과 협동을 유발시킨다.
④ 동기유발 수준을 과도하게 높인다.

**해설** ④ 동기유발의 최적 수준을 유지한다.

**07** 서로 손을 얹고 팀의 행동구호를 외치는 무재해 운동 추진 기법의 하나로, 스킨십(Skinship)에 바탕을 두고 팀 전원의 일체감, 연대감을 느끼게 하며, 대뇌피질의 안전태도 형성에 좋은 이미지를 심어주는 기법은?

① Touch and call
② Brain Storming
③ Error cause removal
④ Safety training observation program

**해설** 서로 손을 얹고 팀의 행동구호를 외치는 무재해 운동 추진 기법 → Touch and call

**참고** 터치 앤 콜(Touch and Call)
팀의 전 구성원이 원을 만들어 팀의 행동목표나 무재해 구호를 지적확인하는 방법이다.
(무재해로 나가자, 좋아! 좋아! 좋아!)

**08** 안전보건교육의 단계에 해당하지 않는 것은?

① 지식교육　　② 기초교육
③ 태도교육　　④ 기능교육

**해설** 안전보건교육의 3단계
① 제1단계(지식교육) : 강의 및 시청각 교육 등을 통하여 지식을 전달하는 단계
② 제2단계(기능교육) : 시범, 견학, 현장실습 교육 등을 통하여 경험을 체득하는 단계
③ 제3단계(태도교육) : 작업동작 지도 등을 통하여 안전행동을 습관화하는 단계

{분석} 필기에 자주 출제되는 내용입니다.

**09** 부주의의 발생 원인에 포함되지 않는 것은?

① 의식의 단절
② 의식의 우회
③ 의식수준의 저하
④ 의식의 지배

**해설** 부주의 원인
① 의식 단절 : 의식 흐름의 단절(특수한 질병 등에 의한 경우로 의식수준은 Phase 0인 상태)
② 의식 우회 : 걱정, 고뇌 등으로 의식이 빗나감
③ 의식 수준 저하 : 피로, 난소로운 직업의 연속으로 의식수준이 저하됨
④ 의식 혼란 : 외부자극의 강·약에 의해 위험요인에 대응 할 수 없을 때 발생
⑤ 의식 과잉 : 긴급 상황 시 일점 집중 현상을 일으킨다.

{분석} 실기까지 중요한 내용입니다.

**정답** 05 ① 06 ④ 07 ① 08 ② 09 ④

**10** 산업안전보건 법령상 유해위험 방지계획서 제출 대상 공사에 해당하는 것은?

① 깊이가 5m 이상인 굴착공사
② 최대지간거리 30m 이상인 교량건설 공사
③ 지상높이 21m 이상인 건축물 공사
④ 터널 건설 공사

> **해설** ① 깊이가 10m 이상인 굴착공사
> ② 최대지간거리 50m 이상인 교량건설 공사
> ③ 지상높이 31m 이상인 건축물 공사

> **참고** 유해위험방지계획서 제출대상 건설공사
>
> 1. 다음 각 목의 어느 하나에 해당하는 건축물 또는 시설 등의 건설·개조 또는 해체공사
>    가. 지상높이가 31미터 이상인 건축물 또는 인공구조물
>    나. 연면적 3만제곱미터 이상인 건축물
>    다. 연면적 5천제곱미터 이상인 시설로서 다음의 어느 하나에 해당하는 시설
>       1) 문화 및 집회시설(전시장 및 동물원·식물원은 제외한다)
>       2) 판매시설, 운수시설(고속철도의 역사 및 집배송시설은 제외한다)
>       3) 종교시설
>       4) 의료시설 중 종합병원
>       5) 숙박시설 중 관광숙박시설
>       6) 지하도상가
>       7) 냉동·냉장 창고시설
> 2. 연면적 5천제곱미터 이상의 냉동·냉장창고시설의 설비공사 및 단열공사
> 3. 최대 지간길이(다리의 기둥과 기둥의 중심사이의 거리)가 50미터 이상인 교량 건설 등 공사
> 4. 터널 건설 등의 공사
> 5. 다목적댐, 발전용댐, 저수용량 2천만톤 이상의 용수 전용 댐, 지방상수도 전용 댐 건설 등의 공사
> 6. 깊이 10미터 이상인 굴착공사

**실력이 되고! 함께가 되는! 특급 암기법**

• 지상높이 31m, 연면적 3만m², 사람 많은 시설 연면적 5,000m²
• 연면적 5,000m² 냉동·냉장창고시설
• 최대 지간길이가 50미터 이상 교량
• 터널
• 저수용량 2천만 톤 이상 댐
• 10미터 이상인 굴착

{분석}
실기에 자주 출제되는 중요한 내용입니다.

**11** 안전교육방법 중 강의법에 대한 설명으로 옳지 않은 것은?

① 단기간의 교육 시간 내에 비교적 많은 내용을 전달할 수 있다.
② 다수의 수강자를 대상으로 동시에 교육할 수 있다.
③ 다른 교육방법에 비해 수강자의 참여가 제약된다.
④ 수강자 개개인의 학습 진도를 조절할 수 있다.

> **해설** ④ 수강자 개개인의 학습 진도를 조절할 수 없다.

> **참고** 강의법의 장·단점

| | |
|---|---|
| 장점 | • 새로운 기술, 지식, 정보를 체계적으로 전달할 수 있다.<br>• 짧은 시간 동안 많은 양의 정보를 전달할 수 있다.<br>• 한 사람의 강사가 많은 학생을 지도할 수 있다.(교육의 경제성이 높다)<br>• 구체적인 사실적 정보의 제공과 요점을 파악하기에 효율적이다. |
| 단점 | • 학습자의 이해수준을 알 수가 없다.<br>• 학습자의 성향을 고려할 수 없다.(개인차를 고려한 학습이 불가능하다.)<br>• 학습자의 능동적 참여를 기대할 수 없다.(학습에 대한 동기부여가 어렵다)<br>• 수강자의 주의 집중도나 흥미의 정도가 낮다.<br>• 기능적, 태도적인 내용의 교육이 어렵다. |

**12** 적응기제(適應機制)의 형태 중 방어적 기제에 해당하지 않는 것은?

① 고립
② 보상
③ 승화
④ 합리화

**정답** 10 ④ 11 ④ 12 ①

**해설**

| 도피 기제 | | 방어 기제 | |
|---|---|---|---|
| • 억압  • 퇴행 | | • 보상 | • 합리화 |
| • 백일몽 | | • 승화 | • 동일시 |
| • 고립(거부) | | • 투사 | |

{분석}
필기에 자주 출제되는 내용입니다.

**13** 산소결핍이 예상되는 맨홀 내에서 작업을 실시할 때의 사고 방지 대책으로 적절하지 않은 것은?

① 작업 시작 전 및 작업 중 충분한 환기 실시
② 작업 장소의 입장 및 퇴장 시 인원점검
③ 방진마스크의 보급과 착용 철저
④ 작업장의 외부와의 상시 연락을 위한 설비 설치

**해설** ③ 송기마스크의 보급과 착용 철저

**14** 위험예지 훈련의 문제해결 4라운드에 속하지 않는 것은?

① 현상파악
② 본질추구
③ 원인결정
④ 대책수립

**해설** 위험예지 훈련 4단계

1단계 : 현상파악
2단계 : 요인조사(본질추구)
3단계 : 대책수립
4단계 : 행동목표 설정(합의요약)

{분석}
실기까지 중요한 내용입니다.

**15** 안전점검의 종류 중 태풍이나 폭우 등의 천재지변이 발생한 후에 실시하는 기계, 기구 및 설비 등에 대한 점검의 명칭은?

① 정기점검
② 수시점검
③ 특별점검
④ 임시점검

**해설** 태풍이나 폭우 등의 천재지변이 발생한 후에 실시
→ 특별점검

**참고** 안전점검의 종류

① 정기점검(계획점검) : 일정 기간마다 정기적으로 실시하는 점검을 말한다.
② 수시점검(일상점검) : 매일 작업 전, 중, 후에 실시하는 점검을 말한다.
③ 특별점검
  • 기계·기구 또는 설비의 신설·변경 또는 고장·수리 등으로 비정기적인 특정 점검을 말하며 기술 책임자가 실시한다.
  • 산업안전보건 강조기간, 악천후 시에도 실시한다.
④ 임시점검 : 기계·기구 또는 설비의 이상 발견 시에 임시로 점검하는 점검을 말한다.

{분석}
필기에 자주 출제되는 내용입니다.

**16** 산업재해의 기본원인 중 "작업정보, 작업방법 및 작업환경" 등이 분류되는 항목은?

① Man
② Machine
③ Media
④ Management

**해설** 인간에러(휴먼 에러)의 배후요인(4M)

① Man(인간) : 본인 외의 사람, 직장의 인간관계 등
② Machine(기계) : 기계, 장치 등의 물적 요인
③ Media(매체) : 작업정보, 작업방법 등
④ Management(관리) : 작업관리, 법규준수, 단속, 점검 등

{분석}
실기에 자주 출제되는 중요한 내용입니다.

•)) 정답  13 ③  14 ③  15 ③  16 ③

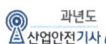
**17** 라인(Line)형 안전관리조직에 대한 설명으로 옳은 것은?

① 명령계통과 조언이나 권고적 참여가 혼동되기 쉽다.

② 생산부서와의 마찰이 일어나기 쉽다.

③ 명령계통이 간단명료하다.

④ 생산부분에는 안전에 대한 책임과 권한이 없다.

**[해설]** 명령계통이 간단명료하다. → 라인형

**[참고]**

| | |
|---|---|
| 라인형 (Line) or 직계형 | ① 소규모 사업장(100명 이하 사업장)에 적용이 가능하다.<br>② 라인형 장점 : 명령 및 지시가 신속, 정확하다.<br>③ 라인형 단점<br>• 안전정보가 불충분하다.<br>• 라인에 과도한 책임이 부여될 수 있다.<br>④ 생산과 안전을 동시에 지시하는 형태이다. |
| 스태프형 (staff) or 참모형 | ① 중규모 사업장(100 ~ 1,000명 정도의 사업장)에 적용이 가능하다.<br>② 스태프형 장점 : 안전정보 수집이 용이하고 빠르다.<br>③ 스태프 단점 : 안전과 생산을 별개로 취급한다.<br>④ 생산부문은 안전에 대한 책임, 권한이 없다. |
| 라인 스태프 (Line Staff)형 or 혼합형 | ① 대규모 사업장(1,000명 이상 사업장)에 적용이 가능하다.<br>② 라인 스태프형 장점<br>• 안전전문가에 의해 입안된 것을 경영자가 명령하므로 명령이 신속, 정확하다.<br>• 안전정보 수집이 용이하고 빠르다.<br>③ 라인 스태프형 단점<br>• 명령계통과 조언, 권고적 참여의 혼돈이 우려된다. |

{분석}
실기까지 중요한 내용입니다.

**18** 적성요인에 있어 직업적성을 검사하는 항목이 아닌 것은?

① 지능

② 촉각 적응력

③ 형태식별능력

④ 운동속도

**[해설]** **적성검사의 항목**

① 지능　　　　② 언어능력
③ 수리 능력　　④ 사무 지각
⑤ 공간적성　　⑥ 형태 지각
⑦ 운동 반응　　⑧ 손가락 재치
⑨ 손의 재치

**19** 산업안전보건 법령상 (　　　)에 알맞은 기준은?

> 안전·보건표지의 제작에 있어 안전·보건표지 속의 그림 또는 부호의 크기는 안전·보건표지의 크기와 비례하여야 하며, 안전·보건표지 전체 규격의 (　　) 이상이 되어야 한다.

① 20%　　　　② 30%

③ 40%　　　　④ 50%

**[해설]** 안전·보건표지 속의 그림 또는 부호의 크기는 안전·보건표지의 크기와 비례하여야 하며, 안전·보건표지 전체 규격의 30퍼센트 이상이 되어야 한다.

**20** 하인리히 방식의 재해코스트 산정에서 직접비에 해당되지 않은 것은?

① 휴업보상비

② 병상위문금

③ 장해특별보상비

④ 상병보상연금

| 해설 | 직접비 | 간접비 |
|---|---|---|
| | • 치료비<br>• 휴업급여<br>• 요양급여<br>• 유족급여<br>• 장해급여<br>• 간병급여<br>• 직업재활급여<br>• 상병(傷病)보상연금<br>• 장의비 등 | • 인적 손실비<br>• 물적 손실비<br>• 생산 손실비<br>• 기계 · 기구 손실비 등 |

## 제2과목 · 인간공학 및 위험성 평가 · 관리

**21** 조종–반응비(Control–Response Ratio, C/R비)에 대한 설명 중 틀린 것은?

① 조종장치와 표시장치의 이동 거리 비율을 의미한다.
② C/R비가 클수록 조종장치는 민감하다.
③ 최적 C/R비는 조정시간과 이동시간의 교점이다.
④ 이동시간과 조정시간을 감안하여 최적 C/R비를 구할 수 있다.

해설 C / R 비가 클수록
• 미세한 조종은 쉬우나 수행시간이 길어진다.
• 민감하지 않은 장치이다.

참고

① C / R 비 $= \dfrac{X}{Y}$

X : 통제기기의 변위량(cm)
Y : 표시계기 지침의 변위량(cm)

② C / R 비 $= \dfrac{\dfrac{a}{360} \times 2\pi L}{Y}$

a : 조종장치의 움직인 각도
L : 조종장치의 반경

{분석}
**필기에 자주 출제되는 내용입니다.**

**22** 온도와 습도 및 공기 유동이 인체에 미치는 열효과를 하나의 수치로 통합한 경험적 감각지수로, 상대습도 100%일 때의 건구온도에서 느끼는 것과 동일한 온감을 의미하는 온열조건의 용어는?

① Oxford 지수
② 발한율
③ 실효온도
④ 열압박지수

해설 **실효온도(감각온도, effective temperature)**

온도, 습도 및 공기 유동이 인체에 미치는 열효과를 하나의 수치로 통합한 경험적 감각지수로 상대습도 100%일 때의 건구온도에서 느끼는 것과 동일한 온감(溫感)이다.

**23** 결함수분석(FTA)에 관한 설명으로 틀린 것은?

① 연역적 방법이다.
② 버텀–업(Bottom–Up) 방식이다.
③ 기능적 결함의 원인을 분석하는데 용이하다.
④ 정량적 분석이 가능하다.

해설 ② 결함수 분석은 위(정상사상)에서 아래(기본사상)로 분석하는 탑–다운(Top–Down) 방식이다.

**24** FTA에서 사용하는 수정게이트의 종류 중 3개의 입력현상 중 2개가 발생한 경우에 출력이 생기는 것은?

① 위험지속기호
② 조합 AND 게이트
③ 배타적 OR 게이트
④ 억제 게이트

해설 3개의 입력현상 중 2개가 발생한 경우에 출력이 생김
→ 조합 AND 게이트

🔹 정답 21 ② 22 ③ 23 ② 24 ②

참고

| 기호 | 명명 | 기호 설명 |
|---|---|---|
| 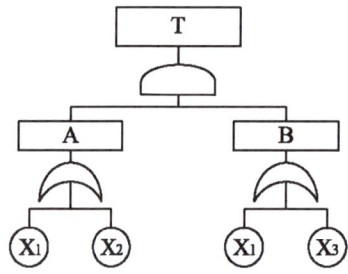 | 억제게이트 | 입력사상이 출력사상을 생성하기 전에 특정조건을 만족하여야 하는 논리게이트 |
| 위험지속기간 | 위험지속 AND 게이트 | 입력이 생기고 일정시간이 지속될 때 출력이 생긴다. |
| 또는 동시발생 | 배타적 OR게이트 | 입력사상 중 오직 한 개의 발생으로만 출력이 생김 |
| 2개의 출력 Ai Aj Ak | 조합 AND게이트 | 3개 이상의 입력 중 2개 이상이 일어나면 출력이 생김 |

{분석}
필기에 자주 출제되는 내용입니다.

**25** 다음 FT도에서 최소컷셋(Minimal cut set)으로만 올바르게 나열한 것은?

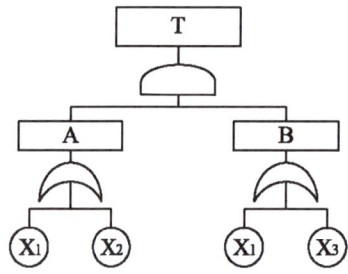

① $[X_1]$

② $[X_1], [X_2]$

③ $[X_1, X_2, X_3]$

④ $[X_1, X_2], [X_1, X_3]$

해설
$T = A \cdot B$

$= \begin{pmatrix} X_1 \\ X_2 \end{pmatrix} \cdot \begin{pmatrix} X_1 \\ X_3 \end{pmatrix}$

$= (X_1), (X_1 X_3), (X_1 X_2), (X_2 X_3)$

미니멀 컷 : $(X_1)$ 또는 $(X_2 X_3)$

참고 $(X_1), (X_1 X_3), (X_1 X_2)$ 중 $(X_1)$이 $(X_1 X_3)$, $(X_1 X_2)$의 부분집합이므로 미니멀 컷은 $(X_1)$이 된다.

$(X_1)$의 고장만으로도 이미 시스템은 고장이 발생한다.

{분석}
필기에 자주 출제되는 내용입니다.

**26** 시각 표시장치보다 청각 표시장치의 사용이 바람직한 경우는?

① 전언이 복잡한 경우

② 전언이 재참조되는 경우

③ 전언이 즉각적인 행동을 요구하는 경우

④ 직무상 수신자가 한 곳에 머무는 경우

해설 청각장치와 시각장치의 비교

| | |
|---|---|
| 청각 장치 | ① 전언이 짧고, 간단할 때 ② 재참조 되지 않음. ③ 시간적인 사상을 다룬다. ④ 즉각적인 행동 요구할 때 ⑤ 시각계통 과부하일 때 ⑥ 주위가 너무 밝거나 암조응일 때 ⑦ 자주 움직이는 경우 |
| 시각 장치 | ① 전언이 길고, 복잡할 때 ② 재참조 된다. ③ 공간적인 위치 다룬다. ④ 즉각적 행동 요구하지 않을 때 ⑤ 청각계통 과부하일 때 ⑥ 주위가 너무 시끄러울 때 ⑦ 한곳에 머무르는 경우 |

{분석}
필기에 자주 출제되는 내용입니다.

정답 25 ① 26 ③

**27** 다음 설명에 해당하는 설비보전방식의 유형은?

[다음]

설비보전 정보와 신기술을 기초로 신뢰성, 조작성, 보전성, 안전성, 경제성 등이 우수한 설비의 선정, 조달 또는 설계를 통하여 궁극적으로 설비의 설계, 제작 단계에서 보전활동이 불필요한 체제를 목표를 한 설비보전 방법을 말한다.

① 개량보전  ② 보전예방
③ 사후보전  ④ 일상보전

해설 궁극적으로 설비의 설계, 제작 단계에서 보전활동이 불필요한 체제를 목표한 설비보전 방법 → 보전예방

**28** 작업의 강도는 에너지대사율(RMR)에 따라 분류된다. 분류 기준 중, 중(中)작업(보통 작업)의 에너지대사율은?

① $0 \sim 1$ RMR
② $2 \sim 4$ RMR
③ $4 \sim 7$ RMR
④ $7 \sim 9$ RMR

해설 작업 강도 구분에 따른 RMR

① 경작업(輕작업) : $1 \sim 2$
② 중작업(中작업) : $2 \sim 4$
③ 중작업(重작업) : $4 \sim 7$
④ 초중작업(超重작업) : 7 이상

[분석]
실기까지 중요한 내용입니다.

**29** 인간의 실수 중 수행해야 할 작업 및 단계를 생략하여 발생하는 오류는?

① omission error
② commission error
③ sequence error
④ timing error

해설 수행해야 할 작업 및 단계를 생략하여 발생 → omission error

참고 휴먼에러의 심리적 분류
(Swain의 분류, 독립행동에 관한 분류)

① omission error(누설오류, 생략오류, 부작위 오류) : 필요한 작업 또는 절차를 수행하지 않는데 기인한 에러
② time error(시간오류) : 필요한 작업 또는 절차의 수행 지연으로 인한 에러
③ commission error(작위오류) : 필요한 작업 또는 절차의 불확실한 수행으로 인한 에러
④ sequential error(순서오류) : 필요한 작업 또는 절차의 순서 착오로 인한 에러
⑤ extraneous error(과잉행동오류) : 불필요한 작업 또는 절차를 수행함으로써 기인한 에러

**원인의 레벨적 분류**

① primary error(1차 에러) : 작업자 자신으로부터 발생한 에러
② secondary error(2차 에러) : 작업형태, 작업 조건중 문제가 생겨 필요한 사항을 실행할 수 없어 발생한 에러
③ command error : 실행하고자 하여도 필요한 물품, 정보, 에너지 등이 공급되지 않아서 작업자가 움직일 수 없는 상태에서 발생한 에러

{분석}
필기에 자주 출제되는 내용입니다.

2019
최근 기출문제

정답 27 ② 28 ② 29 ①

**30** 8시간 근무를 기준으로 남성작업자 A의 대사량을 측정한 결과, 산소소비량이 1.3L/min으로 측정하였다. Murrell 방법으로 계산 시, 8시간의 총 근로시간에 포함되어야 할 휴식시간은?

① 124분    ② 134분
③ 144분    ④ 154분

<sup>해설</sup>

$$휴식시간 (R) = \frac{60 \times (E-5)}{E-1.5} [분]$$

- 1.5 : 휴식 중의 에너지 소비량
- 5(kcal/분) : 보통 작업에 대한 평균 에너지
- 60(분) : 작업시간
- E(kcal/분) : 문제에서 주어진 작업 시 필요한 에너지

1. 작업 시의 산소소비량이 1.3L / min이므로
   작업 시의 소비에너지 = 1.3 × 5 = 6.5Kcal/min
   (산소 1L의 에너지 = 5Kcal)

2. 휴식시간(R) = $\frac{60 \times 8 \times (6.5-5)}{6.5-1.5}$ = 144(분)

{분석}
실기까지 중요한 내용입니다.

**31** 화학설비의 안전성 평가 5단계 중 4단계에 해당하는 것은?

① 안전대책    ② 정성적 평가
③ 정량적 평가    ④ 재평가

<sup>해설</sup> 안전성 평가 6단계
① 1단계 : 관계자료의 정비검토(작성 준비)
② 2단계 : 정성적인 평가
③ 3단계 : 정량적인 평가
④ 4단계 : 안전대책 수립
⑤ 5단계 : 재해사례에 의한 평가
⑥ 6단계 : FTA에 의한 재평가

{분석}
필기에 자주 출제되는 내용입니다.

**32** 원자력 산업과 같이 상당한 안전이 확보되어 있는 장소에서 추가적인 고도의 안전 달성을 목적으로 하고 있으며, 관리, 설계, 생산, 보전 등 광범위한 안전을 도모하기 위하여 개발된 분석기법은?

① DT
② FTA
③ THERP
④ MORT

<sup>해설</sup> 관리, 설계, 생산, 보전 등 광범위한 안전을 도모하기 위한 기법 → MORT

<sup>참고</sup> ① DT : 요소의 신뢰도를 이용하여 시스템의 신뢰도를 나타내는 분석법
② FTA : 어떤 특정한 사고에 대하여 그 사고의 원인이 되는 장치 및 기기의 결함이나 작업자 오류 등을 연역적이며 정량적으로 평가하는 분석법
③ THERP : 인간의 과오(human error)를 평가하기 위한 분석법

{분석}
필기에 자주 출제되는 내용입니다.

**33** 국소진동에 지속적으로 노출된 근로자에게 발생할 수 있으며, 말초혈관 장해로 손가락이 창백해지고 동통을 느끼는 질환의 명칭은?

① 레이노 병(Raynaud's phenomenon)
② 파킨슨 병(Parkinson's disease)
③ 규폐증
④ C5-dip 현상

<sup>해설</sup> 국소진동에 지속적으로 노출 시에 말초혈관 장해로 손가락이 창백해지고 동통을 느끼는 질환
→ 레이노 병(Raynaud's phenomenon)

**34** 인간의 신뢰도가 0.6, 기계의 신뢰도가 0.9이다. 인간과 기계가 직렬체제로 작업할 때의 신뢰도는?

① 0.32　　② 0.54
③ 0.75　　④ 0.96

**[해설]** 인간과 기계가 직렬체제로 작업할 때의 신뢰도
= 0.6 × 0.9 = 0.54

{분석}
필기에 자주 출제되는 내용입니다.

**35** 작업개선을 위하여 도입되는 원리인 ECRS에 포함되지 않는 것은?

① Combine
② Standard
③ Eliminate
④ Rearrange

**[해설]** 개선의 4원칙(ECRS)

① Eliminate : 생략과 배제의 원칙
  • 불필요한 공정이나 작업의 배제, 생략(모든 개선에 있어서 가장 먼저 생각하고 직용할 것이 요구되는 원칙)
② Combine : 결합과 분리의 원칙
  • 공정이나 공구, 부품 등의 결합으로 간단하고 단순화된 형태로 접근
③ Rearrange : 재편성과 재배열의 원칙
  • 공정, 작업 순서의 변경, 재배열
④ Simplify : 단순화의 원칙
  • 공정, 작업 수단, 방법 등을 간단하고 용이하게 하거나 이동기리를 짧게, 준량을 가볍게 하는 등의 단순화

**36** 초기고장과 마모고장 각각의 고장형태와 그 예방대책에 관한 연결로 틀린 것은?

① 초기고장-감소형-번인(Burn in)
② 마모고장-증가형-예방보전(PM)
③ 초기고장-감소형-디버깅(debugging)
④ 마모고장-증가형-스크리닝(screening)

**[해설]** 스크리닝(screening) : 기기의 신뢰성을 높이기 위하여 품질이 떨어지는 것이나 고장 발생 초기의 것을 선별, 제거하는 것으로 초기고장의 예방보전 기간이다.

{분석}
필기에 자주 출제되는 내용입니다.

**37** 암호체계의 사용상에 있어서 일반적인 지침에 포함되지 않는 것은?

① 암호의 검출성
② 부호의 양립성
③ 암호의 표준화
④ 암호의 단일 차원화

**[해설]** 암호체계이 일반적 사항

① 암호의 검출성 : 암호화한 자극은 검출이 가능할 것
② 암호의 변별성 : 다른 암호 표시와 구별될 수 있을 것
③ 부호의 양립성 : 자극 – 반응의 관계가 인간의 기대와 모순되지 않는 성질
④ 부호의 의미 : 암호를 사용할 때는 그 사용자가 그 뜻을 분명히 알 수 있어야 한다
⑤ 암호의 퓨쥬화 : 암호를 표준화하여 다른 상황으로 변화하더라도 쉽게 이용할 수 있어야 한다.
⑥ 다차원 암호의 사용 : 2가지 이상의 암호를 조합해서 사용하면 정보 전달이 촉진된다.

{분석}
필기에 자주 출제되는 내용입니다.

2019
최근 기출문제

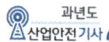
**38** 산업안전보건 법령상 유해·위험방지계획서의 제출 시 첨부하는 서류에 포함되지 않는 것은?

① 설비 점검 및 유지계획
② 기계·설비의 배치도면
③ 건축물 각 층의 평면도
④ 원재료 및 제품의 취급, 제조 등의 작업방법의 개요

해설 유해·위험방지계획서의 제출 시 첨부 서류

| 제조업 대상 사업 첨부서류 | ① 건축물 각 층의 평면도 ② 기계·설비의 개요를 나타내는 서류 ③ 기계·설비의 배치도면 ④ 원재료 및 제품의 취급, 제조 등의 작업방법의 개요 ⑤ 그 밖에 고용노동부장관이 정하는 도면 및 서류 |
|---|---|
| 대상 기계·기구 설비의 첨부서류 | ① 설치장소의 개요를 나타내는 서류 ② 설비의 도면 ③ 그 밖에 고용노동부장관이 정하는 도면 및 서류 |

**39** 인간의 정보처리 과정 3단계에 포함되지 않는 것은?

① 인지 및 정보처리단계
② 반응단계
③ 행동단계
④ 인식 및 감지단계

해설 인간의 정보처리 과정 3단계

① 감지기능
② 정보처리 결정
③ 행동기능

**40** 양립성의 종류에 포함되지 않는 것은?

① 공간 양립성
② 형태 양립성
③ 개념 양립성
④ 운동 양립성

해설 양립성 : 자극과 반응의 관계가 인간의 기대와 모순되지 않는 성질
① 개념적 양립성 : 외부자극에 대해 인간의 개념적 현상의 양립성
② 공간적 양립성 : 표시장치, 조종장치의 형태 및 공간적배치의 양립성
③ 운동의 양립성 : 표시장치, 조종장치 등의 운동방향의 양립성
④ 양식 양립성 : 자극과 응답양식의 존재에 대한 양립성

{분석}
필기에 자주 출제되는 내용입니다.

제**3**과목 · 기계·기구 및 설비 안전 관리

**41** 공기압축기의 방호장치가 아닌 것은?

① 언로드 밸브
② 압력방출장치
③ 수봉식 안전기
④ 회전부의 덮개

해설 공기압축기의 방호장치

① 압력방출장치
② 언로드 밸브
③ 회전부의 덮개

참고 언로드 밸브 : 공기탱크 내의 압력이 최고사용압력에 달하면 압송을 정지하고, 소정의 압력까지 강하하면 다시 압송 작업을 하는 밸브

{분석}
실기에 자주 출제되는 중요한 내용입니다.

정답 38 ① 39 ② 40 ② 41 ③

**42** 산업안전보건 법령에 따라 사다리식 통로를 설치하는 경우 준수해야 할 기준으로 틀린 것은?

① 사다리식 통로의 기울기는 60° 이하로 할 것
② 발판과 벽과의 사이는 15cm 이상의 간격을 유지할 것
③ 사다리의 상단은 걸쳐놓은 지점으로부터 60cm 이상 올라가도록 할 것
④ 사다리식 통로의 길이가 10m 이상인 경우에는 5m 이내마다 계단참을 설치할 것

**해설** ① 사다리식 통로의 기울기는 75° 이하로 할 것

**참고** 사다리식 통로 설치 시의 준수사항
① 견고한 구조로 할 것
② 심한 손상·부식 등이 없는 재료를 사용할 것
③ 발판의 간격은 일정하게 할 것
④ 발판과 벽과의 사이는 15센티미터 이상의 간격을 유지할 것
⑤ 폭은 30센티미터 이상으로 할 것
⑥ 사다리가 넘어지거나 미끄러지는 것을 방지하기 위한 조치를 할 것
⑦ 사다리의 상단은 걸쳐놓은 지점으로부터 60센티미터 이상 올라가도록 할 것
⑧ 사다리식 통로의 길이가 10미터 이상인 경우에는 5미터 이내마다 계단참을 설치할 것
⑨ 사다리식 통로의 기울기는 75도 이하로 할 것. 다만, 고정식 사다리식 통로의 기울기는 90도 이하로 하고, 그 높이가 7미터 이상인 경우에는 다음 각 목의 구분에 따른 조치를 할 것
• 등받이울이 있어도 근로자 이동에 지장이 없는 경우 : 바닥으로부터 높이가 2.5미터 되는 지점부터 등받이울을 설치할 것
• 등받이울이 있으면 근로자가 이동이 곤란한 경우 : 한국산업표준에서 정하는 기준에 적합한 개인용 추락 방지 시스템을 설치하고 근로자로 하여금 한국산업표준에서 정하는 기준에 적합한 전신 안전대를 사용하도록 할 것
⑩ 접이식 사다리 기둥은 사용 시 접혀지거나 펼쳐지지 않도록 철물 등을 사용하여 견고하게 조치할 것

**43** 재료가 변형 시에 외부응력이나 내부의 변형과정에서 방출되는 낮은 응력파(stress wave)를 감지하여 측정하는 비파괴시험은?

① 와류탐상 시험
② 침투탐상 시험
③ 음향탐상 시험
④ 방사선투과 시험

**해설** 낮은 응력파(stress wave)를 감지하여 측정
→ 음향탐상 시험

**참고** 음향방출검사 : 하중을 받고 있는 재료의 결함부에서 방출되는 응력파를 수신하여 분석함으로써 결함의 위치판정, 손상의 진전감시 등 동적거동을 판단하는 검사방법

**44** 산업안전보건 법령에 따라 레버풀러(lever puller) 또는 체인블록(chain block)을 사용하는 경우 훅의 입구(hook mouth) 간격이 제조자가 제공하는 제품사양서 기준으로 몇 % 이상 벌어진 것은 폐기하여야 하는가?

① 3   ② 5
③ 7   ④ 10

**해설** 레버풀러(lever puller) 또는 체인블록(chain block)을 사용하는 경우 훅의 입구(hook mouth) 간격이 제조자가 제공하는 제품사양서 기준으로 10% 이상 벌어진 것은 폐기한다.

최근 기출문제 **2019**

🔊 정답  42 ①  43 ③  44 ④

**45** 밀링작업의 안전조치에 대한 설명으로 적절하지 않은 것은?

① 절삭 중의 칩 제거는 칩 브레이커로 한다.
② 공작물로 고정할 때에는 기계를 정지시킨 후 작업한다.
③ 강력절삭을 할 경우에는 공작물을 바이스에 깊게 물려 작업한다.
④ 가공 중 공작물의 치수를 측정할 때에는 기계를 정지시킨 후 측정한다.

**해설** ① 칩 제거는 운전을 정지하고 브러시를 이용한다.

**46** 산업안전보건 법령에 따른 승강기의 종류에 해당하지 않는 것은?

① 리프트
② 승용 승강기
③ 에스컬레이터
④ 화물용 승강기

**해설** 승강기의 종류 및 특징

| 승객용 엘리베이터 | 사람의 운송에 적합하게 제조·설치된 엘리베이터 |
|---|---|
| 승객화물용 엘리베이터 | 사람의 운송과 화물 운반을 겸용하는데 적합하게 제조·설치된 엘리베이터 |
| 화물용 엘리베이터 | 화물 운반에 적합하게 제조·설치된 엘리베이터로서 조작자 또는 화물취급자 1명은 탑승할 수 있는 것(적재용량이 300킬로그램 미만인 것은 제외한다) |
| 소형화물용 엘리베이터 | 음식물이나 서적 등 소형 화물의 운반에 적합하게 제조·설치된 엘리베이터로서 사람의 탑승이 금지된 것 |
| 에스컬레이터 | 일정한 경사로 또는 수평로를 따라 위·아래 또는 옆으로 움직이는 디딤판을 통해 사람이나 화물을 승강장으로 운송시키는 설비 |

**47** 진동에 의한 1차 설비진단법 중 정상, 비정상, 악화의 정도를 판단하기 위한 방법에 해당하지 않는 것은?

① 상호 판단
② 비교 판단
③ 절대 판단
④ 평균 판단

**해설**
1. 절대 판단법 : 진동치를 미리 결정된 기준과 비교해서 설비상태를 판정하는 방법
2. 상대 판정법(비교판정법) : 설비 구입 시나 수리를 해서 정상으로 판단되어진 때의 진동과 비교하여 현재상태가 몇 배가 되는가를 조사해서 판정하는 방법
3. 상호 판정법 : 같은 종류, 같은 사양의 설비 중에서 다른 것보다도 진동이 높을 때를 이상으로 하는 진단방법

**48** 산업안전보건법령에 따라 다음 괄호 안에 들어갈 내용으로 옳은 것은?

> 사업주는 바닥으로부터 짐 윗면까지의 높이가 (    )미터 이상인 화물자동차에 짐을 싣는 작업 또는 내리는 작업을 하는 경우에는 근로자의 추락 위험을 방지하기 위하여 해당 작업에 종사하는 근로자가 바닥과 적재함의 짐 윗면 간을 안전하게 오르내리기 위한 설비를 설치하여야 한다.

① 1.5
② 2
③ 2.5
④ 3

**해설** 바닥으로부터 짐 윗면까지의 높이가 2미터 이상인 화물 자동차에 짐을 싣는 작업 또는 내리는 작업을 하는 때에는 추락에 의한 근로자의 위험을 방지하기 위하여 근로자가 바닥과 적재함의 짐 윗면과의 사이를 안전하게 상승 또는 하강하기 위한 설비를 설치하여야 한다.

**49** 산업안전보건법령에 따라 원동기·회전축 등의 위험 방지를 위한 설명 중 괄호 안에 들어갈 내용은?

> 사업주는 회전축·기어·풀리 및 플라이휠 등에 부속되는 키·핀 등의 기계요소는 ( )으로 하거나 해당 부위에 덮개를 설치하여야 한다.

① 개방형　　　　② 돌출형
③ 묻힘형　　　　④ 고정형

**[해설]** 회전축·기어·풀리 및 플라이휠 등에 부속되는 키·핀 등의 기계요소는 묻힘형으로 하거나 해당 부위에 덮개를 설치하여야 한다.

**[참고]** ① 기계의 원동기·회전축·기어·풀리·플라이휠·벨트 및 체인 등 근로자가 위험에 처할 우려가 있는 부위에 덮개·울·슬리브 및 건널다리 등을 설치하여야 한다.
② 벨트의 이음 부분에 돌출된 고정구를 사용해서는 아니 된다.

{분석}
실기까지 중요한 내용입니다.

**50** 산업안전보건법령에 따라 사업주가 보일러의 폭발 사고를 예방하기 위하여 유지·관리하여야 할 안전장치가 아닌 것은?

① 압력방호판
② 화염 검출기
③ 압력방출장치
④ 고저수위 조절장치

**[해설]** 보일러의 방호장치
① 압력방출 장치　　② 압력제한 스위치
③ 고저 수위조절 장치　④ 화염검출기

{분석}
실기에 자주 출제되는 중요한 내용입니다.

**51** 프레스기의 방호장치 중 위치제한형 방호장치에 해당되는 것은?

① 수인식 방호장치
② 광전자식 방호장치
③ 손쳐내기식 방호장치
④ 양수조작식 방호장치

**[해설]** 위치 제한형 방호장치
• 작업자의 신체 부위가 위험한계 밖에 있도록 기계의 조작장치를 위험한 작업점에서 안전거리 이상 떨어지게 하거나 조작장치를 양손으로 동시 조작하게 함으로써 위험한계에 접근하는 것을 제한하는 방호장치
• [예] 프레스의 양수조작식 방호장치

{분석}
실기까지 중요한 내용입니다.

**52** 연삭기에서 숫돌의 바깥지름이 180mm일 경우 숫돌 고정용 평형플랜지의 지름으로 적합한 것은?

① 30mm 이상
② 40mm 이상
③ 50mm 이상
④ 60mm 이상

**[해설]** • 플랜지의 지름은 숫돌 지름의 $\frac{1}{3}$ 이상일 것
• $180 \times \frac{1}{3} = 60$mm 이상

{분석}
실기까지 중요한 내용입니다.

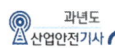
**53** 산업안전보건 법령에 따라 산업용 로봇의 작동범위에서 교시 등의 작업을 하는 경우에 로봇에 의한 위험을 방지하기 위한 조치사항으로 틀린 것은?

① 2명 이상의 근로자에게 작업을 시킬 경우의 신호방법을 정한다.

② 작업 중의 매니퓰레이터 속도에 관한 지침을 정하고 그 지침에 따라 작업한다.

③ 작업을 하는 동안 다른 작업자가 작동시킬 수 없도록 기동스위치에 작업 중 표시를 한다.

④ 작업에 종사하고 있는 근로자가 이상을 발견하면 즉시 안전담당자에게 보고하고 계속해서 로봇을 운전한다.

해설 ④ 작업에 종사하고 있는 근로자 또는 그 근로자를 감시하는 사람은 이상을 발견하면 즉시 로봇의 운전을 정지시키기 위한 조치를 할 것

**54** 다음 중 드릴 작업의 안전수칙으로 가장 적합한 것은?

① 손을 보호하기 위하여 장갑을 착용한다.

② 작은 일감은 양 손으로 견고히 잡고 작업한다.

③ 정확한 작업을 위하여 구멍에 손을 넣어 확인한다.

④ 작업시작 전 척 렌치(chuck wrench)를 반드시 제거하고 작업한다.

해설 ① 드릴작업 중 장갑을 착용하여서는 안 된다.
② 작은 일감은 바이스로 고정한다.
③ 정확한 작업을 위하여 구멍에 손을 넣어 확인하여서는 안 된다.

**55** 질량이 100kg인 물체를 그림과 같이 길이가 같은 2개의 와이어로프로 매달아 옮기고자 할 때 와이어로프 Ta에 걸리는 장력은 약 몇 N인가?

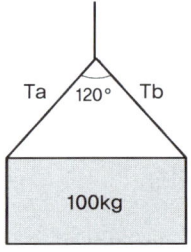

① 200　　　　② 400
③ 490　　　　④ 980

해설 

$$\text{한 가닥에 걸리는 하중(kg)} = \frac{w}{2} \div \cos\frac{\theta}{2}$$
여기서, $w$ : 매단물체의 무게($\text{kg}_f$)
$\theta$ : 매단 각도 (°)

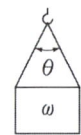

한 가닥에 걸리는 하중(kg)
$$= \frac{100}{2} \div \cos\frac{120}{2} = 100(\text{kg}) \times 9.8 = 980(\text{N})$$

{분석}
실기까지 중요한 내용입니다.

**56** 둥근톱 기계의 방호장치에서 분할날과 톱날 원주면과의 거리는 몇 mm 이내로 조정, 유지할 수 있어야 하는가?

① 12　　　　② 14
③ 16　　　　④ 18

해설 톱날 후면과의 간격은 12mm 이내일 것

정답 53 ④　54 ④　55 ④　56 ①

**참고** **분할날의 설치조건**

① 분할날 두께는 **톱 두께의 1.1배 이상이며 치진폭보다 작을 것**

$$1.1\,t_1 \leqq t_2 < b$$
$(t_1 : 톱두께,\ t_2 : 분할날두께,\ b : 치진폭)$

② **톱날 후면과의 간격은 12mm 이내일 것**
③ **후면날의 2/3 이상을 덮어 설치할 것**
④ 분할날 최소길이

$$L = \frac{\pi \times D}{6}\,(\text{mm})$$
$D : 톱날직경(\text{mm})$

⑤ **직경이 610mm를 넘는 둥근톱에는 현수식 분할날을 사용할 것**

{분석}
**필기에 자주 출제되는 내용입니다.**

**57** 산업안전보건법령에 따라 아세틸렌 용접장치의 아세틸렌 발생기를 설치하는 경우, 발생기실의 설치장소에 대한 설명 중 A, B에 들어갈 내용으로 옳은 것은?

• 발생기실은 건물의 최상층에 위치하여야 하며, 화기를 사용하는 설비로부터 ( A )를 초과하는 장소에 설치하여야 한다.
• 발생기실을 옥외에 설치한 경우에는 그 개구부를 다른 건축물로부터 ( B ) 이상 떨어지도록 하여야 한다.

① A : 1.5m,　　　 B : 3m
② A : 2m,　　　　 B : 4m
③ A : 3m,　　　　 B : 1.5m
④ A : 4m,　　　　 B : 2m

**해설** **아세틸렌 발생기실의 설치장소**

① 아세틸렌 용접장치의 아세틸렌 발생기를 설치하는 경우에는 **전용의 발생기실에 설치**하여야 한다.
② 발생기실은 **건물의 최상층에 위치**하여야 하며, **화기를 사용하는 설비로부터 3미터를 초과하는 장소에 설치**하여야 한다.
③ 발생기실을 **옥외에 설치한 경우에는 그 개구부를 다른 건축물로부터 1.5미터 이상 떨어지도록 하여야 한다.**

{분석}
**필기에 자주 출제되는 내용입니다.**

**58** 금형의 설치, 해체, 운반 시 안전사항에 관한 설명으로 틀린 것은?

① 운반을 위하여 관통 아이볼트가 사용될 때는 구멍 틈새가 최소화되도록 한다.
② 금형을 설치하는 프레스의 T홈 안길이는 설치 볼트 지름의 1/2배 이하로 한다.
③ 고정볼트는 고정 후 가능하면 나사산이 3~4개 정도 짧게 남겨 설치 또는 해체 시 슬라이드 면과의 사이에 접착이 발생하지 않도록 해야 한다.
④ 운반 시 상부금형과 하부금형이 닿을 위험이 있을 때는 고정 패드를 이용한 스트랩, 금속재질이나 우레탄 고무의 블록 등을 사용한다.

**해설** ② 금형을 설치하는 프레스의 T홈의 안길이는 설치 볼트 직경의 2배 이상으로 한다.

**정답** 57 ③ 58 ②

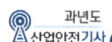
**59** 프레스 방호장치 중 수인식 방호장치의 일반구조에 대한 사항으로 틀린 것은?

① 수인끈의 재료는 합성섬유로 지름이 4mm이상이어야 한다.
② 수인끈의 길이는 작업자에 따라 임의로 조정할 수 없도록 해야 한다.
③ 수인끈의 안내통은 끈의 마모와 손상을 방지할 수 있는 조치를 해야 한다.
④ 손목밴드(wrist band)의 재료는 유연한 내유성 피혁 또는 이와 동등한 재료를 사용해야 한다.

해설 ② 수인끈은 작업자와 작업공정에 따라 그 길이를 조정할 수 있어야 한다.

**60** 기준 무부하 상태에서 지게차 주행 시의 좌우 안정도 기준은?
(단, V는 구내 최고속도(km/h)이다.)

① $(15 + 1.1 \times V)$% 이내
② $(15 + 1.5 \times V)$% 이내
③ $(20 + 1.1 \times V)$% 이내
④ $(20 + 1.5 \times V)$% 이내

해설 지게차 작업 시의 안정도
• 하역작업 시의 전·후 안정도 = 4% 이내
• 하역작업 시의 좌·우 안정도 = 6% 이내
• 주행작업 시의 전·후 안정도 = 18% 이내
• 주행작업 시의 좌·우 안정도 = $(15 + 1.1V)$% 이내
  (여기서, V : 최고속도 Km/h)

{분석}
**실기까지 중요한 내용입니다.**

제4과목 · 전기설비 안전 관리

**61** 누전차단기의 설치가 필요한 것은?

① 이중절연 구조의 전기기계·기구
② 비접지식 전로의 전기기계·기구
③ 절연대 위에서 사용하는 전기기계·기구
④ 도전성이 높은 장소의 전기기계·기구

해설 누전 차단기를 설치해야 하는 기계·기구
① 대지전압이 150볼트를 초과하는 이동형 또는 휴대형 전기기계·기구
② 물 등 도전성이 높은 액체가 있는 습윤장소에서 사용하는 저압(1.5천볼트 이하 직류전압이나 1천볼트 이하의 교류전압)용 전기기계·기구
③ 철판·철골 위 등 도전성이 높은 장소에서 사용하는 이동형 또는 휴대형 전기기계·기구
④ 임시배선의 전로가 설치되는 장소에서 사용하는 이동형 또는 휴대형 전기기계·기구

참고 누전 차단기를 설치하지 않아도 되는 경우
① 「전기용품 및 생활용품 안전관리법」이 적용되는 이중절연 또는 이와 같은 수준 이상으로 보호되는 구조로 된 전기기계·기구
② 절연대 위 등과 같이 감전위험이 없는 장소에서 사용하는 전기기계·기구
③ 비접지방식의 전로

{분석}
**실기까지 중요한 내용입니다.**

## 62

아래 그림과 같이 인체가 전기설비의 외함에 접촉하였을 때 누전사고가 발생하였다. 인체통과전류(mA)는 약 얼마인가?

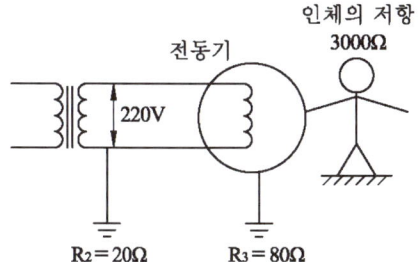

① 35
② 47
③ 58
④ 66

**해설**

$$I_m = \frac{V}{R_2 + \dfrac{R_{인체}R_3}{R_{인체}+R_3}} \times \frac{R_3}{R_{인체}+R_3}$$

$$= \frac{220}{20 + \dfrac{3000\times80}{3000+80}} \times \frac{80}{3000+80}$$

$$= 0.05835A \times 1000 = 58.35mA$$

{분석}
출제비중이 낮은 문제입니다.

## 63

금속관의 방폭형 부속품에 대한 설명으로 틀린 것은?

① 재료는 아연도금을 하거나 녹이 스는 것을 방지하도록 한 강 또는 가단주철일 것
② 안쪽 면 및 끝부분은 전선의 피복을 손상하지 않도록 매끈한 것일 것
③ 전선관과의 접속부분의 나사는 5턱 이상 완전히 나사결합이 될 수 있는 길이일 것
④ 완성품은 유입방폭구조의 폭발압력 시험에 적합할 것

**해설** ④ 완성품은 KS C IEC 60079-1(폭발성 분위기 – 제1부 : 내압 방폭구조 "d")의 폭발압력(기준 압력)측정 및 압력시험에 적합한 것일 것

## 64

방폭구조에 관계있는 위험 특성이 아닌 것은?

① 발화 온도
② 증기 밀도
③ 화염 일주한계
④ 최소 점화전류

**해설** 방폭구조의 위험 특성

① 발화 온도
② 화염 일주한계
③ 최소 점화전류

## 65

전기화재 발생 원인으로 틀린 것은?

① 발화원
② 내화물
③ 착화물
④ 출화의 경과

**해설** 전기화재 발생원인의 3요건

① 발화원
② 착화물
③ 출화의 경과

## 66

피뢰기가 갖추어야 할 특성으로 알맞은 것은?

① 충격방전 개시전압이 높을 것
② 제한 전압이 높을 것
③ 뇌전류의 방전 능력이 클 것
④ 속류를 차단하지 않을 것

**해설** 피뢰기가 구비해야 할 성능

① 반복 동작이 가능할 것
② 구조가 견고하며 특성이 변하지 않을 것
③ 점검, 보수가 간단할 것
④ 충격 방전 개시 전압과 제한 전압이 낮을 것
⑤ 뇌전류의 방전 능력이 크고, 속류의 차단이 확실하게 될 것

{분석}
필기에 자주 출제되는 내용입니다.

**정답** 62 ③ 63 ④ 64 ② 65 ② 66 ③

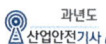

**67** 지락전류가 거의 0에 가까워서 안정도가 양호하고 무정전의 송전이 가능한 접지 방식은?

① 직접접지방식
② 리액터접지방식
③ 저항접지방식
④ 소호리액터접지방식

해설 **접지방식**

| 직접접지방식 | • 변압기의 중성점을 직접 도체로 접지시키는 방식<br>• 이상전압 발생이 적다. |
|---|---|
| 저항접지방식 | • 중성점에 저항기를 삽입하여 접지하는 방식<br>• 저항 값의 대소에 따라 저저항접지 방식과 고저항접지 방식으로 나누어진다. |
| 소호리액터<br>접지방식 | • 변압기의 중성점을 리액터를 통해서 접지시키는 방식<br>• 지락고장이 발생해도 무정전으로 송전을 계속할 수 있다.<br>• 안정도가 높다. |

**68** 누전사고가 발생될 수 있는 취약 개소가 아닌 것은?

① 나선으로 접속된 분기회로의 접속점
② 전선의 열화가 발생한 곳
③ 부도체를 사용하여 이중절연이 되어 있는 곳
④ 리드선과 단자와의 접속이 불량한 곳

해설 ③ 부도체를 사용하여 이중절연이 되어 있는 곳 → 부도체도 전기를 잘 전달하지 않으며, 이중 절연으로 누전 발생을 방지하였다.

**69** 이동하여 사용하는 전기기계기구의 금속제 외함 등의 접지 시스템의 단면적 기준으로 옳은 것은?

① 특고압ㆍ고압 전기설비용 접지도체 및 중성점 접지용 접지도체는 클로로프렌 캡타이어케이블로 단면적이 $1mm^2$ 이상인 것을 사용한다.
② 저압 전기설비용 접지도체는 다심 코드의 단면적이 $0.5mm^2$ 이상인 것을 사용한다.
③ 기타 유연성이 있는 연동연선은 1개 도체의 단면적이 $2.5mm^2$ 이상인 것을 사용한다.
④ 저압 전기설비용 접지도체는 다심 캡타이어케이블의 1개 또는 도체의 단면적이 $0.75mm^2$ 이상인 것을 사용한다.

해설 **이동하여 사용하는 전기기계기구의 금속제 외함 등의 접지시스템의 단면적 기준**

① 특고압ㆍ고압 전기설비용 접지도체 및 중성점 접지용 접지도체는 클로로프렌 캡타이어케이블(3종 및 4종) 또는 클로로설포네이트폴리에틸렌캡타이어케이블(3종 및 4종)의 1개 도체 또는 다심 캡타이어케이블의 차폐 또는 기타의 금속체로 단면적이 $10mm^2$ 이상인 것을 사용한다.
② 저압 전기설비용 접지도체는 다심 코드 또는 다심 캡타이어케이블의 1개 또는 도체의 단면적이 $0.75mm^2$ 이상인 것을 사용한다. 다만, 기타 유연성이 있는 연동연선은 1개 도체의 단면적이 $1.5mm^2$ 이상인 것을 사용한다.

**70** 사용전압이 500V 초과, DC 시험전압이 1,000V인 경우 절연저항은 몇 MΩ 이상이어야 하는가?

① 0.1
② 0.2
③ 1.0
④ 0.5

| 전로의 사용전압(V) | DC 시험전압(V) | 절연저항 (MΩ) |
|---|---|---|
| SELV(비접지회로) 및 PELV(접지회로) | 250 | 0.5 |
| FELV(1차와 2차가 전기적으로 절연되지 않은 회로), 500(V) 이하 | 500 | 1.0 |
| 500(V) 초과 | 1,000 | 1.0 |

\* 특별저압(extra low voltage : 2차 전압이 AC 50V, DC 120V 이하)으로 SELV(비접지회로 구성) 및 PELV(접지회로 구성)은 1차와 2차가 전기적으로 절연된 회로, FELV는 1차와 2차가 전기적으로 절연되지 않은 회로

{분석}
실기까지 중요한 내용입니다.

**71** 6600/100V, 15kVA의 변압기에서 공급하는 저압 전선로의 허용 누설전류는 몇 A를 넘지 않아야 하는가?

① 0.025   ② 0.045
③ 0.075   ④ 0.085

해설 1. $15KVA : V \times A = 15KW = 15000W$

$100V \times A = 15000$

$\therefore A = \dfrac{15000}{100} = 150(A)$

2. 누설전류 = 최대공급전류 $\times \dfrac{1}{2000}$

$= 150 \times \dfrac{1}{2000}$

$= 0.075(A)$

**72** 정전에너지를 나타내는 식으로 알맞은 것은?(단, $Q$ 는 대전 전하량, $C$ 는 정전용량이다.)

① $\dfrac{Q}{2C}$   ② $\dfrac{Q}{2C^2}$

③ $\dfrac{Q^2}{2C}$   ④ $\dfrac{Q^2}{2C^2}$

해설 정전에너지

$$E = \frac{1}{2}CV^2 = \frac{1}{2}QV = \frac{Q^2}{2C}(J)$$

**73** 과전류에 의해 전선의 허용전류보다 큰 전류가 흐르는 경우 절연물이 화구가 없더라도 자연히 발화하고 심선이 용단되는 발화단계의 전선 전류밀도(A/mm²)는?

① 10 ~ 20
② 30 ~ 50
③ 60 ~ 120
④ 130 ~ 200

해설 절연전선의 과대선류

• 인화단계 : 40 ~ 43 A/mm²
• 착화단계 : 43 ~ 60 A/mm²
• 발화단계 : 60 ~ 120 A/mm²
• 순간용단 : 120 A/mm² 이상

{분석}
필기에 자주 출제되는 내용입니다.

**74** 정전기의 유동대전에 가장 크게 영향을 미치는 요인은?

① 액체의 밀도
② 액체의 유동속도
③ 액체의 접촉면적
④ 액체의 분출온도

•))정답 71 ③ 72 ③ 73 ③ 74 ②

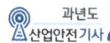
**해설** 유동대전

- 액체류가 파이프 등 내부에서 유동 시 관벽과 액체 사이에서 발생한다.
- 액체의 유동하는 속도가 빠를수록 발생량이 많다.

| 유입 차단기(OCB, LOCB)<br>[oil circuit breaker] | 절연유 속에서 과전류를 차단하는 차단기 |
|---|---|
| 가스 차단기(GCB)<br>[gas circuit breaker] | 생가스($SF_6$)의 절연성능을 이용한 차단기 |

**75** 동작 시 아크를 발생하는 고압용 개폐기 · 차단기 · 피뢰기 등은 목재의 벽 또는 천장 기타의 가연성 물체로부터 몇 m 이상 떼어놓아야 하는가?

① 0.3      ② 0.5
③ 1.0      ④ 1.5

**해설** 아크를 발생하는 기구 시설 시 이격거리

| 기구 등의 구분 | 이격거리 |
|---|---|
| 고압용의 것 | 1m 이상 |
| 특고압용의 것 | 2m 이상(사용전압이 35kV 이하의 특고압용의 기구 등으로서 동작할 때에 생기는 아크의 방향과 길이를 화재가 발생할 우려가 없도록 제한하는 경우에는 1m 이상) |

**76** 기중 차단기의 기호로 옳은 것은?

① VCB      ② MCCB
③ OCB      ④ ACB

**해설** 차단기의 종류

| 공기 차단기(ABB)<br>[air blast breaker] | 압축공기로 아크를 소호하는 차단기로서 대규모 설비에 이용된다. |
|---|---|
| 기중차단기(ACB)<br>[air circuit breaker] | 공기 중에서 아크를 자연 소호하는 차단기 |
| 진공 차단기(VCB)<br>[vacuum circuit breaker] | 진공 속에서의 높은 절연효과를 이용하여 아크를 소호하는 차단기 |
| 자기 차단기(MCB)<br>[magnetic circuit breaker] | 전자력을 이용하여 아크를 소호실로 끌어넣어 차단하는 차단기 |

**77** 정전기 발생에 대한 방지대책의 설명으로 틀린 것은?

① 가스용기, 탱크 등의 도체부는 전부 접지한다.
② 배관 내 액체의 유속을 제한한다.
③ 화학섬유의 작업복을 착용한다.
④ 대전 방지제 또는 제전기를 사용한다.

**해설** ③ 제전복을 착용한다.

**참고** 1. 인체에 대전된 정전기 위험 방지조치
① 정전기용 안전화의 착용
② 제전복(除電服)의 착용
③ 정전기 제전 용구의 사용
④ 작업장 바닥 등에 도전성을 갖추도록 하는 등의 조치

2. 정전기 재해 예방대책
① 접지(도체일 경우 효과 있으나 부도체는 효과 없다.)
② 습기부여
③ 도전성 재료 사용
④ 대전 방지제 사용
⑤ 제전기 사용

{분석}
**실기까지 중요한 내용입니다.**

**78** 접지의 목적과 효과로 볼 수 없는 것은?

① 낙뢰에 의한 피해방지
② 송배전선에서 지락사고의 발생 시 보호 계전기를 신속하게 작동시킴
③ 설비의 절연물이 손상되었을 때 흐르는 누설전류에 의한 감전방지
④ 송배전선로의 지락사고 시 대지전위 의 상승을 억제하고 절연강도를 상승 시킴

[해설] ④ 송배전선로의 지락사고 시 대지전위의 상승을 억제하고 절연 레벨을 경감시킨다.

**79** 1종 위험장소로 분류되지 않는 것은?

① 탱크류의 벤트(Vent) 개구부 부근
② 인화성 액체 탱크 내의 액면 상부의 공간부
③ 점검수리 작업에서 가연성 가스 또는 증기를 방출하는 경우의 밸브 부근
④ 탱크롤리, 드럼관 등이 인화성 액체를 충전하고 있는 경우의 개구부 부근

[해설] ② 인화성 액체 탱크 내의 액면 상부이 공간부 → 0종 장소

**참고** 가스폭발 위험장소

| 0종 장소 | 가. 설비의 내부<br>나. 인화성 또는 가연성 액체가 피트(PIT) 등의 내부<br>다. 인화성 또는 가연성의 가스나 증기가 지속적으로 또는 장기간 체류하는 곳 |
|---|---|
| 1종 장소 | 가. 통상의 상태에서 위험분위기가 쉽게 생성되는 곳<br>나. 운전·유지 보수 또는 누설에 의하여 자주 위험분위기가 생성되는 곳<br>다. 설비 일부의 고장시 가연성물질의 방출과 전기계통의 고장이 동시에 발생되기 쉬운 곳<br>라. 환기가 불충분한 장소에 설치된 배관계통으로 배관이 쉽게 누설되는 구조의 곳<br>마. 주변 지역보다 낮아 가스나 증기가 체류할 수 있는 곳<br>바. 상용의 상태에서 위험분위기가 주기적 또는 간헐적으로 존재하는 곳 |
| 2종 장소 | 가. 환기가 불충분한 장소에 설치된 배관계통으로 배관이 쉽게 누설되지 않는 구조의 곳<br>나. 가스켓(GASKET), 팩킹(PACKING) 등의 고장과 같이 이상상태에서만 누출될 수 있는 공정설비 또는 배관이 환기가 충분한 곳에 설치될 경우<br>다. 1종 장소와 직접 접하며 개방되어 있는 곳 또는 1종장소와 닥트, 트랜치, 파이프 등으로 연결되어 이들을 통해 가스나 증기의 유입이 가능한 곳<br>라. 강제 환기방식이 채용되는 곳으로 환기설비의 고장이나 이상 시에 위험분위기가 생성될 수 있는 곳 |

{분석}
실기에 자주 출제되는 중요한 내용입니다.

정답 78 ④ 79 ②

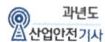

**80** 방폭전기설비의 용기 내부에 보호가스를 압입하여 내부압력을 외부 대기 이상의 압력으로 유지함으로써 용기 내부에 폭발성가스 분위기가 형성되는 것을 방지하는 방폭구조는?

① 내압 방폭구조
② 압력 방폭구조
③ 안전증 방폭구조
④ 유입 방폭구조

**해설** 용기 내부에 보호가스를 압입하여 용기 내부에 폭발성가스 분위기가 형성되는 것을 방지
→ 압력 방폭구조(P)

**참고**
1. 내압 방폭구조(d) : 아크를 발생시키는 전기설비를 전폐용기에 넣고 용기 내부에 폭발이 일어날 경우에 용기가 폭발 압력에 견뎌 외부의 폭발성 가스에 인화될 위험이 없도록 한 구조의 방폭 구조
2. 안전증 방폭구조(e) : 정상운전 중의 내부에서 불꽃이 발생하지 않도록 전기적, 기계적, 구조적으로 온도상승에 대해 안전도를 증가시킨 구조
3. 유입 방폭구조(o) : 아크를 발생시키는 전기설비를 용기에 넣고 용기 내부에 보호액을 채워 외부의 폭발성 가스에 접촉 시 점화의 우려가 없도록 한 방폭구조

{분석}
**실기에 자주 출제되는 중요한 내용입니다.**

---

제**5**과목 **화학설비 안전 관리**

**81** 금속의 용접·용단 또는 가열에 사용되는 가스등의 용기를 취급할 때의 준수사항으로 틀린 것은?

① 전도의 위험이 없도록 한다.
② 밸브를 서서히 개폐한다.
③ 용해아세틸렌의 용기는 세워서 보관한다.
④ 용기의 온도를 섭씨 65도 이하로 유지한다.

**해설** ④ 용기의 온도를 섭씨 40도 이하로 유지한다.

**참고** 가스등의 용기의 취급 시 주의사항
① 가스용기를 사용·설치·저장 또는 방치하지 않아야 하는 장소
  • 통풍 또는 환기가 불충분한 장소
  • 화기를 사용하는 장소 및 그 부근
  • 위험물 또는 인화성 액체를 취급하는 장소 및 그 부근
② 용기의 온도를 섭씨 40도 이하로 유지할 것
③ 전도의 위험이 없도록 할 것
④ 충격을 가하지 아니하도록 할 것
⑤ 운반할 때에는 캡을 씌울 것
⑥ 사용할 때에는 용기의 마개에 부착되어 있는 유류 및 먼지를 제거할 것
⑦ 밸브의 개폐는 서서히 할 것
⑧ 사용 전 또는 사용 중인 용기와 그 외의 용기를 명확히 구별하여 보관할 것
⑨ 용해아세틸렌의 용기는 세워 둘 것
⑩ 용기의 부식·마모 또는 변형상태를 점검한 후 사용할 것

{분석}
**필기에 자주 출제되는 내용입니다.**

---

**정답** 80 ② 81 ④

**82** 유류저장탱크에서 화염의 차단을 목적으로 외부에 증기를 방출하기도 하고 탱크 내 외기를 흡입하기도 하는 부분에 설치하는 안전장치는?

① vent stack
② safety valve
③ gate valve
④ flame arrester

**해설** **화염방지기(Flame arrester)의 설치**

인화성 액체 및 인화성 가스를 저장 취급하는 화학설비에서 증기나 가스를 대기로 방출하는 경우에는 외부로부터의 화염을 방지하기 위하여 화염방지기를 그 설비 상단에 설치하여야 한다.

{분석}
**실기까지 중요한 내용입니다.**

**83** 독성가스에 속하지 않은 것은?

① 암모니아
② 황화수소
③ 포스겐
④ 질소

**해설** ④ 질소 → 질식성 가스

**참고** **질식성 가스** : 인체에는 직접 유독하지 않으나 다량으로 흡수하면 질식을 일으키는 가스

**84** 다음 중 연소속도에 영향을 주는 요인으로 가장 거리가 먼 것은?

① 가연물의 색상
② 촉매
③ 산소와의 혼합비
④ 반응계의 온도

**해설** **연소속도에 영향을 주는 요인**

① 촉매
② 산소와의 혼합비
③ 반응계의 온도

**85** 위험물안전관리법령상 제3류 위험물 중 금수성 물질에 대하여 적응성이 있는 소화기는?

① 포소화기
② 이산화탄소소화기
③ 할로겐화합물소화기
④ 탄산수소염류분말소화기

**해설** 금수성 물질 → 철분, 마그네슘, 금속분 등의 금수성 물질은 직접 주수가 위험하므로 물분무소화설비를 사용할 수 없고 탄산수소염류 분말소화기를 사용한다.

**86** 산업안전보건 법령상 건조설비를 사용하여 작업을 하는 경우 폭발 또는 화재를 예방하기 위하여 준수하여야 하는 사항으로 적절하지 않은 것은?

① 위험물 건조설비를 사용하는 때에는 미리 내부를 청소하거나 환기할 것
② 위험물 건조설비를 사용하는 때에는 건조로 인하여 발생하는 가스·증기 또는 분진에 의하여 폭발·화재의 위험이 있는 물질을 안전한 장소로 배출시킬 것
③ 위험물 선소설비를 사용하여 가열 건조하는 건조물은 쉽게 이탈되도록 할 것
④ 고온으로 가열 건조한 가연성 물질은 발화의 위험이 없는 온도로 냉각한 후에 격납시킬 것

**정답** 82 ④ 83 ④ 84 ① 85 ④ 86 ③

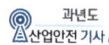

**해설** 건조설비의 사용

① 위험물건조설비를 사용하는 때에는 <u>미리 내부를 청소하거나 환기할 것</u>
② 위험물건조설비를 사용하는 때에는 <u>건조로 인하여 발생하는 가스·증기 또는 분진에 의하여 폭발·화재의 위험이 있는 물질을 안전한 장소로 배출시킬 것</u>
③ 위험물건조설비를 사용하여 가열 건조하는 <u>건조물은 쉽게 이탈되지 아니하도록 할 것</u>
④ 고온으로 <u>가열 건조한 인화성 액체는 발화의 위험이 없는 온도로 냉각한 후에 격납시킬 것</u>
⑤ <u>건조설비에 가까운 장소에는 인화성 액체를 두지 않도록 할 것</u>

{분석}
**필기에 자주 출제되는 내용입니다.**

---

**87** 이상반응 또는 폭발로 인하여 발생되는 압력의 방출장치가 아닌 것은?

① 파열판
② 폭압방산구
③ 화염방지기
④ 가용합금안전밸브

**해설** ③ 화염방지기 → <u>인화성 액체 및 인화성 가스를 저장 취급하는 화학설비</u>에서 증기나 가스를 대기로 방출하는 경우에 <u>외부로부터의 화염을 방지하기 위한 목적으로 화염방지기를 그 설비 상단에 설치</u>한다.

{분석}
**실기까지 중요한 내용입니다.**

---

**88** 분진폭발의 특징으로 옳은 것은?

① 연소속도가 가스폭발보다 크다.
② 완전연소로 가스중독의 위험이 작다.
③ 화염의 파급속도보다 압력의 파급 속도가 크다.
④ 가스 폭발보다 연소시간은 짧고 발생 에너지는 작다.

**해설** 가스폭발과 분진폭발의 비교

| 가스<br>폭발 | • 화염이 크다.<br>• 연소속도가 빠르다. |
|---|---|
| 분진<br>폭발 | • 폭발압력, 에너지가 크다.<br>• 연소시간이 길다.<br>• 불완전연소로 인한 중독(CO)이 발생한다. |

{분석}
**필기에 자주 출제되는 내용입니다.**

---

**89** 위험물의 취급에 대한 설명으로 틀린 것은?

① 모든 폭발성 물질은 석유류에 침지시켜 보관해야 한다.
② 산화성 물질의 경우 가연물과의 접촉을 피해야 한다.
③ 가스 누설의 우려가 있는 장소에서는 점화원의 철저한 관리가 필요하다.
④ 도전성이 나쁜 액체는 정전기 발생을 방지하기 위한 조치를 취한다.

**해설** 위험물질의 저장법

① 나트륨, 칼륨 : 석유 속 저장
② 황린 : 물 속에 저장
③ 적린, 마그네슘, 칼륨 : 격리 저장
④ 질산은($AgNO_3$) 용액 : 햇빛 피하여 저장(빛에 의해 광분해 반응 일으킴)
⑤ 벤젠 : 산화성 물질과 격리 저장
⑥ 탄화칼슘($CaC_2$, 카바이트) : 금수성물질로서 물과 격렬히 반응하므로 건조한 곳에 보관
⑦ 니트로셀룰로오스(질화면) : 건조하면 분해폭발하므로 알콜에 적셔 습하게 보관

---

정답 87 ③ 88 ③ 89 ①

**90** 산업안전보건법령상 "부식성 산류"에 해당하지 않는 것은?

① 농도 20%인 염산
② 농도 40%인 인산
③ 농도 50%인 질산
④ 농도 60%인 아세트산

**해설** **부식성 산류**

① 농도가 20퍼센트 이상인 염산, 황산, 질산, 그 밖에 이와 같은 정도 이상의 부식성을 가지는 물질
② 농도가 60퍼센트 이상인 인산, 아세트산, 불산, 그 밖에 이와 같은 정도 이상의 부식성을 가지는 물질

**참고** **부식성 염기류**

농도가 40퍼센트 이상인 수산화나트륨, 수산화칼륨, 그 밖에 이와 같은 정도 이상의 부식성을 가지는 염기류

{분석}
실기에 자주 출제되는 중요한 내용입니다.

**91** 일산화탄소에 대한 설명으로 틀린 것은?

① 무색·무취의 기체이다.
② 염소와 촉매 존재 하에 반응하여 포스겐이 된다.
③ 인체 내의 헤모글로빈과 결합하여 산소 운반기능을 저하시킨다.
④ 불연성가스로서, 허용농도가 10ppm이다.

**해설** ④ 일산화탄소의 허용농도는 30ppm이다.

**92** 고체의 연소형태 중 증발연소에 속하는 것은?

① 나프탈렌
② 목재
③ TNT
④ 목탄

**해설** **고체의 연소**

① 표면 연소 : 가연성 가스를 발생하지 않고 물질 그 자체가 연소하는 형태
　**예** 코크스, 목탄, 금속분 등
② 분해 연소 : 가열 분해에 의해 발생된 가연성 가스가 공기와 혼합되어 연소하는 형태
　**예** 목재, 종이, 석탄, 플라스틱 등 일반 가연물
③ 증발 연소 : 고체가연물의 가열에 의해 발생한 가연성 증기가 연소하는 형태
　**예** 황, 나프탈렌
④ 자기 연소 : 자체 내 산소를 함유하고 있어 공기 중 산소를 필요치 않고 연소하는 형태
　**예** 니트로 화합물, 다이너마이트 등

{분석}
실기까지 중요한 내용입니다.

**93** 기체의 자연발화온도 측정법에 해당하는 것은?

① 중량법
② 접촉법
③ 예열법
④ 발열법

**해설** 기체의 자연발화온도 측정법 → 예열법

**94** 펌프의 사용 시 공동현상(cavitation)을 방지하고자 할 때의 조치사항으로 틀린 것은?

① 펌프의 회전수를 높인다.
② 흡입비 속도를 작게 한다.
③ 펌프의 흡입관의 두(head) 손실을 줄인다.
④ 펌프의 설치높이를 낮추어 흡입양정을 짧게 한다.

**해설** ① 펌프의 회전수를 낮춘다.

●)) **정답** 90 ② 91 ④ 92 ① 93 ③ 94 ①

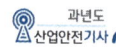
**참고** 펌프에서 공동현상 방지대책

① 펌프의 흡입수두를 작게 한다.
② 펌프의 마찰손실을 작게 한다.
③ 펌프의 임펠러 속도를 작게 한다.
④ 펌프의 설치 위치를 수원보다 낮게 한다.
⑤ 배관 내 물의 정압을 그때의 증기압보다 높게 한다.
⑥ 흡입관의 구경을 크게 한다.
⑦ 펌프를 2대 이상 설치한다.

**95** 프로판가스 $1m^3$를 완전 연소시키는데 필요한 이론 공기량은 몇 $m^3$인가? (단, 공기 중의 산소농도는 20vol%이다.)

① 20
② 25
③ 30
④ 35

**해설** 1. 프로판의 연소식

$$C_3H_8 + 5O_2 \rightarrow 3CO_2 + 4H_2O$$

2. 몰비 = 부피비

프로판 : 산소 = 1 : 5이므로
프로판 $1m^3$의 완전 연소에 산소 $5m^3$이 필요함

2. 공기 중의 산소가 20vol%이므로 이론공기량은

$$20 : 5 = 100 : x$$
$$20 \times x = 5 \times 100$$
$$\therefore x = \frac{5 \times 100}{20} = 25(m^3)$$

{분석}
비중이 낮은 문제입니다.

**96** 다음 중 공기와 혼합 시 최소착화에너지 값이 가장 작은 것은?

① $CH_4$
② $C_3H_8$
③ $C_6H_6$
④ $H_2$

**해설**
• 최소발화에너지가 가장 작은 가스 → 가장 발화하기
• 쉬운 가스 → 수소, 아세틸렌

**참고** $CH_4$ : 메탄
$C_3H_8$ : 프로판
$C_6H_6$ : 벤젠
$H_2$ : 수소

{분석}
필기에 자주 출제되는 내용입니다.

**97** 공기 중에서 이황화탄소($CS_2$)의 폭발한계는 하한 값이 1.25vol%, 상한 값이 44vol%이다. 이를 20℃ 대기압 하에서 mg/L의 단위로 환산하면 하한 값과 상한 값은 각각 약 얼마인가?
(단, 이황화탄소의 분자량은 76.10이다.)

① 하한 값 : 61,   상한 값 : 640
② 하한 값 : 39.6,   상한 값 : 1393
③ 하한 값 : 146,   상한 값 : 860
④ 하한 값 : 55.4,   상한 값 : 1642

**해설** 1. 하한 값

$$mg/m^3 = ppm \times \frac{분자량}{24.1(L)} \text{ (21℃, 1기압 기준)}$$

① $1.25\% = 1.25 \times 10000ppm = 12500ppm$

$$\begin{pmatrix} \% = 10^2, ppm = 10^6 \\ \therefore 1\% = 10^4 ppm \end{pmatrix}$$

② $12500 \times \dfrac{76.1}{24.1(L)} = 39470.95 mg/m^3$

$$\frac{39470.95 mg}{1000 l} = 39.47 mg/l$$

③ 온도보정(21℃ → 20℃)

$$39.47 \times \frac{273 + 21}{273 + 20} = 39.60 mg/l$$

## 2. 상한 값

$$mg/m^3 = ppm \times \frac{분자량}{24.1(L)} \text{ (21℃, 1기압 기준)}$$

① $44\% = 44 \times 10000ppm = 440000ppm$

$$\begin{pmatrix} \% = 10^2, \ ppm = 10^6 \\ \therefore 1\% = 10^4 ppm \end{pmatrix}$$

② $440000 \times \dfrac{76.1}{24.1(L)} = 1389378 mg/m^3$

$$\frac{1389379mg}{1000l} = 1389mg/l$$

③ 온도보정(21℃ → 20℃)

$$1389 \times \frac{273+21}{273+20} = 1393.74 mg/l$$

{분석}
**출제비중이 낮은 문제입니다.**

---

**98** Burgess-Wheeler의 법칙에 따르면 서로 유사한 탄화수소계의 가스에서 폭발하 한계의 농도(vol%)와 연소열(kcal/mol)의 곱의 값은 약 얼마 정도인가?

① 1100      ② 2800
③ 3200      ④ 3800

해설 Burgess - Wheeler법칙

연소열($\Delta Hc$) × 폭발하한계(LEL) = 1,100

---

**99** 뜨거운 금속에 물이 닿으면 튀는 현상과 같이 핵비등(nucleate boiling) 상태에서 막비등(film boiling)으로 이행하는 온도를 무엇이라 하는가?

① Burn-out point
② Leidenfrost point
③ Entrainment point
④ Sub-cooling boiling point

해설 핵비등 상태에서 막비등으로 이행하는 온도
→ Leidenfrost point

---

**100** 디에틸에테르와 에틸알코올이 3 : 1로 혼합 증기의 몰비가 각각 0.75, 0.25이고, 디에틸에테르와 에틸알코올의 폭발하한 값이 각각 1.9vol%, 4.3vol%일 때 혼합가스의 폭발하한 값은 약 몇 vol%인가?

① 2.2
② 3.5
③ 22.0
④ 34.7

해설 혼합 가스의 폭발 범위(르 샤틀리에의 공식)

$$\frac{100}{L} = \frac{V_1}{L_1} + \frac{V_2}{L_2} + \frac{V_3}{L_3} \cdots (Vol\%)$$

$$L = \frac{100}{\dfrac{V_1}{L_1} + \dfrac{V_2}{L_2} + \dfrac{V_3}{L_3} \cdots}$$

여기서,
$L$ : 혼합가스의 폭발하한계(상한계)
$L_1, L_2, L_3$ : 단독가스의 폭발하한계(상한계)
$V_1, V_2, V_3$ : 단독가스의 공기 중 부피
$100 : V_1 + V_2 + V_3 + \cdots$

몰비(부피비)가 3 : 1이므로

$$\frac{(3+1)}{L} = \frac{3}{1.9} + \frac{1}{4.3}$$

$$L = \frac{4}{\dfrac{3}{1.9} + \dfrac{1}{4.3}} = 2.2 \, Vol\%$$

참고 (몰비 = 부피비, 0.75 : 0.25 = 75% : 25%)

$$\frac{(75+25)}{L} = \frac{75}{1.9} + \frac{25}{4.3}$$

$$L = \frac{100}{\dfrac{75}{1.9} + \dfrac{25}{4.3}} = 2.2 \, Vol\%$$

{분석}
**실기까지 중요한 내용입니다.**

---

정답 98 ①   99 ②   100 ①

최근 기출문제 2019

## 제6과목 · 건설공사 안전 관리

**101** 온도가 하강함에 따라 토중수가 얼어 부피가 약 9% 정도 증대하게 됨으로써 지표면이 부풀어 오르는 현상은?

① 동상현상
② 연화현상
③ 리칭현상
④ 액상화현상

**[해설]** 흙의 동상(frost heaving)현상 : 물이 결빙되는 위치로 지속적으로 유입되는 조건에서 온도가 하강함에 따라 토중수가 얼어 생성된 결빙 크기가 계속 커져 지표면이 부풀어 오르는 현상

**102** 건설업 산업안전보건관리비 계상 및 사용기준(고용노동부 고시)은 산업재해보상보험법의 적용을 받는 공사 중 총 공사금액이 얼마 이상인 공사에 적용하는가?

① 4천만 원
② 3천만 원
③ 2천만 원
④ 1천만 원

**[해설]** 산업안전보건법 제2조 제11호의 건설공사 중 총 공사금액 2천만 원 이상인 공사에 적용한다. 다만, 단가계약에 의하여 행하는 공사에 대하여는 총 계약금액을 기준으로 적용한다.

{분석}
관련 법규내용 변경으로 정답을 수정하였습니다.

**103** 굴착기계의 운행 시 안전대책으로 옳지 않은 것은?

① 버킷에 사람의 탑승을 허용해서는 안 된다.
② 운전반경 내에 사람이 있을 때 회전은 10rpm 정도의 느린 속도로 하여야 한다.
③ 장비의 주차 시 경사지나 굴착작업장으로부터 충분히 이격시켜 주차한다.
④ 전선이나 구조물 등에 인접하여 붐을 선회해야 할 작업에는 사전에 회전반경, 높이제한 등 방호조치를 강구한다.

**[해설]** ② 통행인이나 근로자에게 위험이 미칠 우려가 있는 경우에는 유도자의 신호에 따라 운전하여야 한다.

**104** 부두 등의 하역작업장에서 부두 또는 안벽의 선에 따라 통로를 설치하는 경우, 최소 폭 기준은?

① 90cm 이상
② 75cm 이상
③ 60cm 이상
④ 45cm 이상

**[해설]** 부두 또는 안벽의 선을 따라 통로를 설치하는 경우에는 폭을 90센티미터 이상으로 할 것

**105** 가설통로를 설치하는 경우 준수하여야 할 기준으로 옳지 않은 것은?

① 경사는 30° 이하로 할 것
② 경사가 15°를 초과하는 경우에는 미끄러지지 아니하는 구조로 할 것
③ 수직갱에 가설된 통로의 길이가 15m 이상인 때에는 15m 이내마다 계단참을 설치할 것
④ 건설공사에 사용하는 높이 8m 이상의 비계다리에는 7m 이내마다 계단참을 설치할 것

**정답** 101 ① 102 ③ 103 ② 104 ① 105 ③

해설 ③ 수직갱에 가설된 통로의 길이가 15m 이상인 때에는 10m 이내마다 계단참을 설치할 것

참고 **가설통로 설치 시의 준수사항**

① 견고한 구조로 할 것
② 경사는 30도 이하로 할 것(계단을 설치하거나 높이2미터 미만의 가설통로로서 튼튼한 손잡이를 설치한 때에는 그러하지 아니하다)
③ 경사가 15도를 초과하는 때는 미끄러지지 아니하는 구조로 할 것
④ 추락의 위험이 있는 장소에는 안전난간을 설치할 것(작업상 부득이한 때에는 필요한 부분에 한하여 임시로 이를 해체할 수 있다)
⑤ 수직갱 : 길이가 15미터이상인 때에는 10미터 이내마다 계단참을 설치할 것
⑥ 건설공사에 사용하는 높이 8미터 이상인 비계다리 : 7미터 이내 마다 계단참을 설치할 것

{분석}
**실기까지 중요한 내용입니다.**

**106** 권상용 와이어로프의 절단하중이 200ton일 때 와이어로프에 걸리는 최대하중은? (단, 안전계수는 5임)

① 1000ton
② 400ton
③ 100ton
④ 40ton

해설 $안전계수 = \dfrac{절단하중}{최대사용하중}$

$최대사용하중 = \dfrac{절단하중}{안전계수} = \dfrac{200}{5} = 40(ton)$

{분석}
**실기까지 중요한 내용입니다.**

**107** 강관 틀비계를 조립하여 사용하는 경우 준수해야 할 기준으로 옳지 않은 것은?

① 높이가 20m를 초과하거나 중량물의 적재를 수반하는 작업을 할 경우에는 주틀 간의 간격을 2.4m 이하로 할 것
② 수직방향으로 6m, 수평방향으로 8m 이내마다 벽이음을 할 것
③ 길이가 띠장 방향으로 4m 이하이고 높이가 10m를 초과하는 경우에는 10m 이내마다 띠장 방향으로 버팀기둥을 설치할 것
④ 주틀 간에 교차가새를 설치하고 최상층 및 5층 이내마다 수평재를 설치할 것

해설 **틀비계(강관 틀비계) 조립 시 준수사항**

① 밑동에는 밑받침 철물을 사용하여야 하며 밑받침에 고저 차가 있는 경우에는 조절형 밑받침 철물을 사용하여 항상 수평 및 수직을 유지하도록 할 것
② 높이가 20미터를 초과하거나 중량물의 적재를 수반하는 작업을 할 경우에는 주틀간의 간격이 1.8미터 이하로 할 것
③ 주틀간에 교차가새를 설치하고 최상층 및 5층 이내마다 수평재를 설치할 것
④ 벽이음 간격(조립간격) : 수직방향 6m, 수평방향으로 8m미터 이내마다 할 것
⑤ 길이가 띠장방향으로 4m 이하이고 높이가 10m를 초과하는 경우에는 10m 이내마다 띠장방향으로 버팀기둥을 설치할 것

{분석}
**실기까지 중요한 내용입니다.**

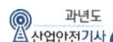
**108** 터널지보공을 설치한 경우에 수시로 점검하고, 이상을 발견한 경우에는 즉시 보강하거나 보수해야 할 사항이 아닌 것은?

① 부재의 긴압 정도
② 기둥침하의 유무 및 상태
③ 부재의 접속부 및 교차부 상태
④ 부재를 구성하는 재질의 종류 확인

**[해설]** 터널지보공 설치 시 점검 항목

① 부재의 손상·변형·부식·변위 탈락의 유무 및 상태
② 부재의 긴압의 정도
③ 부재의 접속부 및 교차부의 상태
④ 기둥침하의 유무 및 상태

{분석}
실기까지 중요한 내용입니다.

**109** 근로자의 추락 등의 위험을 방지하기 위한 안전난간의 구조 및 설치요건에 관한 기준으로 옳지 않은 것은?

① 상부난간대는 바닥면·발판 또는 경사로의 표면으로부터 90cm 이상 지점에 설치할 것
② 발끝막이판은 바닥면 등으로부터 10cm 이상의 높이를 유지할 것
③ 난간대는 지름 1.5cm 이상의 금속제 파이프나 그 이상의 강도를 가진 재료일 것
④ 안전난간은 구조적으로 가장 취약한 지점에서 가장 취약한 방향으로 작용하는 100kg 이상의 하중에 견딜 수 있는 튼튼한 구조일 것

**[해설]** ③ 난간대는 지름 2.7cm 이상의 금속제파이프나 그 이상의 강도를 가진 재료일 것

**[참고]** 안전난간의 구조 및 설치요건

① 상부 난간대, 중간 난간대, 발끝막이판 및 난간기둥으로 구성할 것
② 상부 난간대는 바닥면·발판 또는 경사로의 표면으로부터 90센티미터 이상 지점에 설치하고, 상부 난간대를 120센티미터 이하에 설치하는 경우에는 중간 난간대는 상부 난간대와 바닥면 등의 중간에 설치하여야 하며, 120센티미터 이상 지점에 설치하는 경우에는 중간 난간대를 2단 이상으로 균등하게 설치하고 난간의 상하 간격은 60센티미터 이하가 되도록 할 것(다만, 난간기둥 간의 간격이 25센티미터 이하인 경우에는 중간 난간대를 설치하지 않을 수 있다.)
③ 발끝막이판은 바닥면 등으로부터 10센티미터 이상의 높이를 유지할 것
④ 난간기둥은 상부 난간대와 중간 난간대를 견고하게 떠받칠 수 있도록 적정한 간격을 유지할 것
⑤ 상부 난간대와 중간 난간대는 난간 길이전체에 걸쳐 바닥면 등과 평행을 유지할 것
⑥ 난간대는 지름 2.7센티미터 이상의 금속제 파이프나 그 이상의 강도가 있는 재료일 것
⑦ 안전난간은 구조적으로 가장 취약한 지점에서 가장 취약한 방향으로 작용하는 100킬로그램 이상의 하중에 견딜 수 있는 튼튼한 구조일 것

{분석}
실기까지 중요한 내용입니다.

**110** 감전재해의 직접적인 요인으로 가장 거리가 먼 것은?

① 통전전압의 크기
② 통전전류의 크기
③ 통전시간
④ 통전경로

**[해설]** 1차적 감전위험요소 및 영향력

통전전류 크기 > 통전시간 > 통전경로 > 전원의 종류(직류보다 교류가 더 위험)

**111** 선창의 내부에서 화물 취급작업을 하는 근로자가 안전하게 통행할 수 있는 설비를 설치하여야 하는 기준은 갑판의 윗면에서 선창(船艙) 밑바닥까지의 깊이가 최소 얼마를 초과할 때인가?

① 1.3m  ② 1.5m
③ 1.8m  ④ 2.0m

[해설] 갑판의 윗면에서 선창 밑바닥까지의 깊이가 1.5미터를 초과하는 선창의 내부에서 화물취급작업을 하는 때에는 그 작업에 종사하는 근로자가 안전하게 통행할 수 있는 설비를 설치하여야 한다.

**112** 다음은 동바리로 사용하는 파이프 서포트의 설치기준이다. ( ) 안에 들어갈 내용으로 옳은 것은?

> 파이프 서포트를 ( ) 이상 이어서 사용하지 않도록 할 것

① 2개  ② 3개
③ 4개  ④ 5개

[해설] 동바리로 사용하는 파이프 서포트의 조립 시 준수사항
• 파이프서포트를 3개본 이상 이어서 사용하지 아니하도록 할 것
• 파이프서포트를 이어서 사용할 때에는 4개 이상의 볼트 또는 전용철물을 사용하여 이을 것
• 높이가 3.5미터를 초과하는 경우에는 높이 2미터 이내마다 수평연결재를 2개 방향으로 만들고 수평연결재의 변위를 방지할 것

{분석}
**실기까지 중요한 내용입니다.**

**113** 토질시험(soil test)방법 중 전단시험에 해당하지 않는 것은?

① 1면 전단 시험
② 베인 테스트
③ 일축 압축 시험
④ 투수시험

[해설] ④ 투수시험 → 흙 속의 간극을 통과하는 물의 흐름을 연구하는 것으로 전단시험이 아니다.

**114** 건설공사 유해·위험방지계획서를 제출해야 할 대상공사에 해당하지 않는 것은?

① 깊이 10m인 굴착공사
② 다목적댐 건설공사
③ 최대 지간길이가 40m인 교량건설 공사
④ 연면적 5000m²인 냉동·냉장창고시설의 설비공사

[해설] ③ 최대 지간길이가 50m 이상인 교량건설 공사

[참고] **유해위험방지계획서 제출대상 건설공사**
1. 다음 각 목의 어느 하나에 해당하는 건축물 또는 시설 등의 건설·개조 또는 해체공사
   가. 지상높이가 31미터 이상인 건축물 또는 인공구조물
   나. 연면적 3만제곱미터 이상인 건축물
   다. 연면적 5천제곱미터 이상인 시설로서 다음의 어느 하나에 해당하는 시설
      1) 문화 및 집회시설(전시장 및 동물원·식물원은 제외한다)
      2) 판매시설, 운수시설(고속철도의 역사 및 집배송시설은 제외한다)
      3) 종교시설
      4) 의료시설 중 종합병원
      5) 숙박시설 중 관광숙박시설
      6) 지하도상가
      7) 냉동·냉장 창고시설
2. 연면적 5천제곱미터 이상의 냉동·냉장창고시설의 설비공사 및 단열공사
3. 최대 지간길이(다리의 기둥과 기둥의 중심사이의 거리)가 50미터 이상인 교량 건설 등 공사
4. 터널 건설 등의 공사

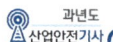
5. 다목적댐, 발전용댐, 저수용량 2천만톤 이상의 용수 전용 댐, 지방상수도 전용 댐 건설 등의 공사
6. 깊이 10미터 이상인 굴착공사

실기! 되고! 합격도 되는! **특급 암기법**

- 지상높이 31m, 연면적 3만m², 사람 많은 시설 연면적 5,000m²
- 연면적 5,000m² 냉동·냉장창고시설
- 최대 지간길이가 50미터 이상 교량
- 터널
- 저수용량 2천만 톤 이상 댐
- 10미터 이상인 굴착

{분석}
실기에 자주 출제되는 중요한 내용입니다.

## 115 콘크리트 타설 시 거푸집 측압에 관한 설명으로 옳지 않은 것은?

① 타설속도가 빠를수록 측압이 커진다.
② 거푸집의 투수성이 낮을수록 측압은 커진다.
③ 타설높이가 높을수록 측압이 커진다.
④ 콘크리트의 온도가 높을수록 측압이 커진다.

[해설] ④ 콘크리트의 온도가 낮을수록 측압이 커진다.

[참고] **콘크리트의 측압**
① 외기온도가 낮을수록 측압이 크다.
② 습도가 낮을수록 측압이 크다.
③ 타설속도가 빠를수록 측압이 크다.
④ 콘크리트의 비중이 클수록 측압이 크다.
⑤ 철골 또는 철근량이 적을수록 측압이 크다.

{분석}
실기까지 중요한 내용입니다.

## 116 철골 건립기계 선정 시 검토사항과 가장 거리가 먼 것은?

① 건립기계의 소음 영향
② 건립기계로 인한 일조권 침해
③ 건물 형태
④ 작업반경

[해설] **건립기계 선정 시 검토사항**
1. 건립기계의 출입로, 설치장소, 기계조립에 필요한 면적, 이동식 크레인은 건물주위 주행통로의 유무, 타워크레인과 가이데릭 등 기초 구조물을 필요로 하는 고정식 기계는 기초구조물을 설치할 수 있는 공간과 면적 등을 검토하여야 한다.
2. 이동식 크레인의 엔진소음은 부근의 환경을 해칠 우려가 있으므로 학교, 병원, 주택 등이 가까운 경우에는 소음을 측정, 조사하고 소음허용치를 초과하지 않도록 관계법에서 정하는 바에 따라 처리하여야 한다.
3. 건물의 길이 또는 높이 등 건물의 형태에 적합한 건립기계를 선정하여야 한다.
4. 타워크레인, 가이데릭, 삼각데릭 등 고정식 건립기계의 경우, 그 기계의 작업반경이 건물 전체를 수용할 수 있는지 여부, 붐이 안전하게 인양할 수 있는 하중범위, 수평거리, 수직높이 등을 검토하여야 한다.

## 117 클램셸(Clam shell)의 용도로 옳지 않은 것은?

① 잠함 안의 굴착에 사용된다.
② 수면 아래에 자갈, 모래를 굴착하고 준설선에 많이 사용된다.
③ 건축구조물의 기초 등 정해진 범위의 깊은 굴착에 적합하다.
④ 단단한 지반의 작업도 가능하며 작업속도가 빠르고 특히 암반굴착에 적합하다.

))) 정답 115 ④ 116 ② 117 ④

**해설** 클램셸(clamshell)

- 수중굴착 및 가장 협소하고 깊은 굴착이 가능하며 호퍼(hopper)에 적당하다.
- 연약지반이나 수중굴착 및 자갈 등을 싣는데 적합하다.
- 깊은 땅파기 공사와 흙막이 버팀대를 설치하는데 사용한다.

**118** 건설 현장에 달비계를 설치하여 작업 시 달비계에 사용 가능한 와이어로프로 볼 수 있는 것은?

① 이음매가 있는 것
② 와이어로프의 한 꼬임에서 끊어진 소선의 수가 5%인 것
③ 지름의 감소가 공칭지름의 10%인 것
④ 열과 전기충격에 의해 손상된 것

**해설** ② 와이어로프의 한 꼬임에서 끊어진 소선의 수가 10%인 것을 사용 금지한다.

**참고** 와이어로프의 사용금지 항목

① 이음매가 있는 것
② 와이어로프이 한 꼬임에서 끊어진 소선의 수가 10퍼센트 이상인 것
③ 지름의 감소가 공칭지름의 7퍼센트를 초과하는 것
④ 꼬인 것
⑤ 심하게 변형되거나 부식된 것
⑥ 열과 전기충격에 의해 손상된 것

{분석}
실기까지 중요한 내용입니다.

**119** 폭우 시 옹벽배면의 배수시설이 취약하면 옹벽 저면을 통하여 침투수(seepage)의 수위가 올라간다. 이 침투수가 옹벽의 안정에 미치는 영향으로 옳지 않은 것은?

① 옹벽 배면토의 단위수량 감소로 인한 수직 저항력 증가
② 옹벽 바닥면에서의 양압력 증가
③ 수평 저항력(수동토압)의 감소
④ 포화 또는 부분 포화에 따른 뒷채움용 흙 무게의 증가

**해설** ① 옹벽 배면토의 단위수량 증가로 인한 수직 저항력 감소

**120** 그물코의 크기가 5cm인 매듭방망일 경우 방망사의 인장강도는 최소 얼마 이상이어야 하는가? (단, 방망사는 신품인 경우이다.)

① 50kg          ② 100kg
③ 110kg          ④ 150kg

**해설** 방망사의 신품에 대한 인장강도

| 그물코의 크기 (단위 : 센티미터) | 방망의 종류(단위 : 킬로그램) | |
|---|---|---|
| | 매듭 없는 방망 | 매듭방망 |
| 10 | 240 | 200 |
| 5 | | 110 |

**참고** 방망사의 폐기 시 인장강도

| 그물코의 크기 (단위 : 센티미터) | 방망의 종류(단위 : 킬로그램) | |
|---|---|---|
| | 매듭 없는 방망 | 매듭방망 |
| 10 | 150 | 135 |
| 5 | | 60 |

{분석}
필기에 자주 출제되는 내용입니다.

**정답** 118 ② 119 ① 120 ③

최근 기출문제 2019

# 1&2회 2020년 산업안전기사 최근 기출문제

**01** 산업안전보건 법령상 안전보건표지의 종류 중 경고표지에 해당하지 않는 것은?

① 레이저광선 경고
② 급성독성물질 경고
③ 매달린 물체 경고
④ 차량통행 경고

**해설**

| 경고표지의 종류 | 1. 인화성물질 경고 |
|---|---|
| | 2. 산화성물질 경고 |
| | 3. 폭발성물질 경고 |
| | 4. 급성독성물질 경고 |
| | 5. 부식성물질 경고 |
| | 6. 발암성·변이원성·생식독성·전신독성·호흡기과민성물질 경고 |
| | 7. 방사성물질 경고 |
| | 8. 고압전기 경고 |
| | 9. 매달린 물체 경고 |
| | 10. 낙하물체 경고 |
| | 11. 고온 경고 |
| | 12. 저온 경고 |
| | 13. 몸균형 상실 경고 |
| | 14. 레이저광선 경고 |
| | 15. 위험장소 경고 |

{분석}
실기에 자주 출제되는 중요한 내용입니다.

**02** 몇 사람의 전문가에 의하여 과제에 관한 견해를 발표한 뒤에 참가자로 하여금 의견이나 질문을 하게 하여 토의하는 방법을 무엇이라 하는가?

① 심포지엄(symposium)
② 버즈 세션(buzz session)
③ 케이스 메소드(case method)
④ 패널 디스커션(panel discussion)

**해설** 심포지엄(Symposium) : 몇 사람의 전문가에 의하여 과제에 관한 견해를 발표한 뒤 참가자로 하여금 의견이나 질문을 하게 하여 토의하는 방법

**참고**
1. 패널 디스커션(Panel discussion) : 패널 멤버(교육과제에 정통한 전문가 4～5명)가 피교육자 앞에서 토의를 하고, 뒤에 피교육자 전원이 참가하여 사회자의 사회에 따라 토의하는 방법
2. 사례연구법(Case Study : Case Method) : 먼저 사례를 제시, 문제적 사실들과 그의 상호관계에 대해서 검토하고 대책을 토의하는 학습법
3. 롤 플레잉(Role Playing, 역할연기) : 참가자에게 일정한 역할을 주어서 실제적으로 연기를 시켜봄으로써 자기의 역할을 보다 확실히 인식시키는 방법
4. 포럼(Forum) : 새로운 자료나 교재를 제시, 거기서의 문제점을 피교육자로 하여금 제기하게 하여 발표하고 토의하는 방법
5. 버즈 세션(Buzz Session, 6－6 회의) : 사회자와 기록계를 선출한 후 6명씩의 소집단으로 구분하고, 소집단별로 6분씩 자유토의를 행하여 의견을 종합하는 방법

{분석}
필기에 자주 출제되는 내용입니다.

**정답** 01 ④ 02 ①

**03** 작업을 하고 있을 때 긴급 이상상태 또는 돌발 사태가 되면 순간적으로 긴장하게 되어 판단능력의 둔화 또는 정지상태가 되는 것은?

① 의식의 우회　　② 의식의 과잉
③ 의식의 단절　　④ 의식의 수준 저하

**[해설]**
① 의식의 우회 : 걱정, 고뇌 등으로 의식이 빗나감
② 의식의 과잉 : 긴급상황 시 일점집중 현상을 일으킨다.
③ 의식의 단절, 의식 흐름의 단절
④ 의식 수준 저하 : 피로 단조로움 등으로 의식 수준 저하됨

**[참고]** 인간 의식 레벨의 분류

| Phase 0 | 무의식, 실신 | 수면, 뇌발작 | 주의작용 0 |
|---|---|---|---|
| Phase Ⅰ | 의식흐림 | 피로, 단조로운 일 | 부주의 |
| Phase Ⅱ | 이완 | 안정기거, 휴식 | 안정기거, 휴식 |
| Phase Ⅲ | 상쾌 | 적극적 | 적극활동 |
| Phase Ⅳ | 과긴장 | 일점집중현상, 긴급방위 | 감성흥분 |

**04** A사업장의 2019년 도수율이 10이라 할 때 연천인율은 얼마인가?

① 2.4　　　　　　② 5
③ 12　　　　　　④ 24

**[해설]**

$$1.\ 연천인율 = \frac{연간재해자수}{연평균 근로자수} \times 1,000$$

$$2.\ 연천인율 = 도수율 \times 2.4$$

연천인율 = 도수율 × 2.4 = 10×2.4 = 24

{분석}
실기에 자주 출제되는 중요한 내용입니다.

**05** 산업안전보건 법령상 산업안전보건위원회의 사용자위원에 해당되지 않는 사람은? (단, 각 사업장은 해당하는 사람을 선임하여야 하는 대상 사업장으로 한다.)

① 안전관리자
② 산업보건의
③ 명예산업안전감독관
④ 해당 사업장 부서의 장

**[해설]**

| 근로자 위원 | ① 근로자대표<br>② 근로자대표가 지명하는 1명 이상의 명예산업안전감독관<br>③ 근로자대표가 지명하는 9명 이내의 해당 사업장의 근로자 |
|---|---|
| 사용자 위원 | ① 해당 사업의 대표자<br>② 안전관리자 1명<br>③ 보건관리자 1명<br>④ 산업보건의<br>⑤ 사업의 대표자가 지명하는 9명 이내의 해당 사업장 부서의 장 |

{분석}
실기에 자주 출제되는 중요한 내용입니다.

**06** 산업안전보건법상 안전관리자의 업무는?

① 직업성질환 발생의 원인조사 및 대책 수립
② 해당 사업장 안전교육계획의 수립 및 안전교육 실시에 관한 보좌 조언·지도
③ 근로자의 건강장해의 원인조사와 재발 방지를 위한 의학적 조치
④ 당해 작업에서 발생한 산업재해에 관한 보고 및 이에 대한 응급조치

**[해설]** 안전관리자 직무
① 사업장 안전교육계획의 수립 및 안전교육 실시에 관한 보좌 및 조언·지도
② 사업장 순회점검·지도 및 조치의 건의

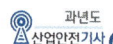
③ 산업재해 발생의 <u>원인 조사 · 분석 및 재발 방지를 위한 기술적 보좌 및 조언 · 지도</u>
④ 산업재해에 관한 <u>통계의 유지 · 관리 · 분석을 위한 보좌 및 조언 · 지도</u>
⑤ <u>안전인증대상 기계 · 기구 등과 자율안전확인 대상 기계 · 기구 등 구입 시 적격품의 선정에 관한 보좌 및 조언 · 지도</u>
⑥ <u>위험성평가에 관한 보좌 및 조언 · 지도</u>
⑦ <u>안전에 관한 사항의 이행에 관한 보좌 및 조언 · 지도</u>
⑧ 산업안전보건위원회 또는 노사협의체, 안전보건관리규정 및 취업규칙에서 정한 직무
⑨ 업무수행 내용의 기록. 유지
⑩ 그 밖에 안전에 관한 사항으로서 고용노동부장관이 정하는 사항

**{분석}**
실기에 자주 출제되는 중요한 내용입니다.

## 07
어느 사업장에서 물적 손실이 수반된 무상해 사고가 180건 발생하였다면 중상은 몇 건이나 발생할 수 있는가? (단, 버드의 재해구성 비율법칙에 따른다.)

① 6건　　　　② 18건
③ 20건　　　　④ 29건

**[해설]** 버드의 1 : 10 : 30 : 600의 법칙

> 버드의 1 : 10 : 30 : 600의 법칙 :
> 총 641건의 사고를 분석했을 때
>
> • 중상 또는 폐질 : 1건
> • 경상해 : 10건
> • 무상해사고 (물적 손실) : 30건
> • 무상해, 무사고 (위험 순간) : 600건이 발생함을 의미한다.

• 무상해 사고가 180건(30×6)이므로
• 중상 또는 폐질 : 1건 × 6 = 6건

**{분석}**
필기에 자주 출제되는 내용입니다.

## 08
안전보건교육 계획에 포함해야 할 사항이 아닌 것은?

① 교육지도안
② 교육장소 및 교육방법
③ 교육의 종류 및 대상
④ 교육의 과목 및 교육내용

**[해설]** 안전교육 계획에 포함하여야 할 사항

① 교육의 목표
② 교육대상
③ 강사
④ 교육과목, 내용, 방법
⑤ 교육시간과 시기
⑥ 교육장소

## 09
Y · G 성격검사에서 "안전, 적응, 적극형"에 해당하는 형의 종류는?

① A형　　　　② B형
③ C형　　　　④ D형

**[해설]** Y · G(失田部 · Guilford) 성격검사
① A형(평균형) : 조화적, 적응적
② B형(右偏型) : 정서 불안정, 활동적, 외향적 (불안정, 부적응, 적극형)
③ C형(左偏型) : 안전 소극형 (온순, 소극적, 안정, 비활동, 내향적)
④ D형(右下型) : 안정, 적응, 적극형 (정서안정, 사회적응, 활동적, 대인관계 양호)
⑤ E형(左下型) : 불안정, 부적응, 수동형 (D형과 반대)

## 10
안전교육에 대한 설명으로 옳은 것은?

① 사례중심과 실연을 통하여 기능적 이해를 돕는다.
② 사무직과 기능직은 그 업무가 판이하게 다르므로 분리하여 교육한다.
③ 현장 작업자는 이해력이 낮으므로 단순 반복 및 암기를 시킨다.
④ 안전교육에 건성으로 참여하는 것을 방지하기 위하여 인사고과에 필히 반영한다.

**해설** 안전교육 기본 방향

① 사고사례 중심의 안전교육
② 안전의식 향상을 위한 안전교육
③ 안전작업(표준작업)을 위한 안전교육

**11** 산업안전보건 법령에 따라 환기가 극히 불량한 좁은 밀폐된 장소에서 용접작업을 하는 근로자를 대상으로 한 특별안전·보건교육 내용에 포함되지 않는 것은? (단, 일반적인 안전·보건에 필요한 사항은 제외한다.)

① 환기설비에 관한 사항
② 질식 시 응급조치에 관한 사항
③ 작업순서, 안전 작업 방법 및 수칙에 관한 사항
④ 폭발 한계점, 발화점 및 인화점 등에 관한 사항

**해설** 밀폐된 장소(탱크 내 또는 환기가 극히 불량한 좁은 장소를 말한다)에서 하는 용접작업 또는 습한 장소에서 하는 전기용접 작업의 특별교육 내용

• 작업순서, 안전 작업 방법 및 수칙에 관한 사항
• 환기설비에 관한 사항
• 전격 방지 및 보호구 착용에 관한 사항
• 질식 시 응급조치에 관한 사항
• 작업환경 점검에 관한 사항
• 그 밖에 안전·보건관리에 필요한 사항

**12** 크레인, 리프트 및 곤돌라는 사업장에 설치가 끝난 날부터 몇 년 이내에 최초의 안전검사를 실시해야 하는가? (단, 이동식 크레인, 이삿짐운반용 리프트는 제외한다.)

① 1년        ② 2년
③ 3년        ④ 4년

**해설** 안전검사 대상 유해·위험기계 등의 검사 주기

1. 크레인(이동식 크레인은 제외한다), 리프트(이삿짐운반용 리프트는 제외한다) 및 곤돌라 : 사업장에 설치가 끝난 날부터 3년 이내에 최초 안전검사를 실시하되, 그 이후부터 2년마다(건설현장에서 사용하는 것은 최초로 설치한 날부터 6개월마다)

2. 이동식 크레인, 이삿짐운반용 리프트 및 고소작업대 : 신규 등록 이후 3년 이내에 최초 안전검사를 실시하되, 그 이후부터 2년마다

3. 프레스, 전단기, 압력용기, 국소 배기장치, 원심기, 롤러기, 사출성형기, 컨베이어 및 산업용 로봇, 혼합기, 파쇄기 또는 분쇄기 : 사업장에 설치가 끝난 날부터 3년 이내에 최초 안전검사를 실시하되, 그 이후부터 2년마다(공정안전보고서를 제출하여 확인을 받은 압력용기는 4년마다)

(26년 6월 26일 시행)

{분석}
**실기에 자주 출제되는 중요한 내용입니다.**

**13** 재해 코스트 산정에 있어 시몬즈(R.H. Simonds)방식에 의한 재해코스트 산정법으로 옳은 것은?

① 직접비 + 간접비
② 간접비 + 비보험코스트
③ 보험코스트 + 비보험코스트
④ 보험코스트 + 사업부보상금 지급액

**해설** 시몬즈의 총 재해코스트 = 보험코스트 + 비보험코스트

**참고** ① 보험코스트 = 산재보험료
② 비보험코스트
 • 휴업상해
 • 통원상해
 • 구급조치상해
 • 무상해 사고

{분석}
**실기까지 중요한 내용입니다.**

**정답** 11 ④ 12 ③ 13 ③

최근 기출문제 2020

**14** 다음 중 맥그리거(McGregor)의 Y이론과 가장 거리가 먼 것은?

① 성선설
② 상호 신뢰
③ 선진국형
④ 권위주의적 리더십

**[해설]** • 권위주의적 리더십 → X이론
• 민주주의적 리더십 → Y이론

**[참고]** 맥그리거(McGregor)의 X, Y이론

| X이론의 특징 | Y이론의 특징 |
| --- | --- |
| 인간 불신감 | 상호 신뢰감 |
| 성악설 | 성선설 |
| 인간은 원래 게으르고 태만하여 남의 지배를 받기를 즐긴다. | 인간은 부지런하고 적극적이며 자주적이다. |
| 물질욕구(저차원 욕구)에 만족 | 정신욕구(고차원 욕구)에 만족 |
| 명령, 통제에 의한 관리(권위주의형 리더십) | 목표 통합과 자기통제에 의한 자율관리 |
| 저개발국형 | 선진국형 |

{분석}
필기에 자주 출제되는 내용입니다.

**15** 생체 리듬(Bio Rhythm) 중 일반적으로 28일을 주기로 반복되며, 주의력·창조력·예감 및 통찰력 등을 좌우하는 리듬은?

① 육체적 리듬    ② 지성적 리듬
③ 감성적 리듬    ④ 정신적 리듬

**[해설]** 바이오리듬의 종류

| 육체적 리듬(P) | 23일 주기 | 청색의 실선으로 표시 | 식욕, 소화력, 활동력, 지구력 등을 나타냄 |
| --- | --- | --- | --- |
| 감성적 리듬(S) | 28일 주기 | 적색의 점선으로 표시 | 감정, 주의심, 창조력, 희노애락 등을 나타냄 |
| 지성적 리듬(I) | 33일 주기 | 녹색의 일점쇄선으로 표시 | 상상력, 사고력, 기억력, 인지력, 판단력 등을 나타냄 |

**16** 재해예방의 4원칙에 해당하지 않는 것은?

① 예방 가능의 원칙
② 손실 가능의 원칙
③ 원인 연계의 원칙
④ 대책 선정의 원칙

**[해설]** 산업재해 예방의 4원칙

① 예방 가능의 원칙 : 재해는 원칙적으로 원인만 제거되면 예방이 가능하다.
② 손실 우연의 원칙 : 사고의 결과 생기는 상해의 종류와 정도는 사고 발생 시 사고대상의 조건에 따라 우연히 발생한다.
③ 대책 선정의 원칙 : 사고의 원인에 대한 적합한 대책이 선정되어야 한다.
④ 원인 연계의 원칙 : 재해는 직접원인과 간접원인이 연계되어 일어난다.

{분석}
실기에 자주 출제되는 중요한 내용입니다.

**17** 관리감독자를 대상으로 교육하는 TWI의 교육내용이 아닌 것은?

① 문제 해결 훈련
② 작업 지도 훈련
③ 인간관계 훈련
④ 작업 방법 훈련

**[해설]** TWI 교육과정

① 작업 방법 기법(Job Method Training : JMT)
② 작업 지도 기법(Job Instruction Training : JIT)
③ 인간관계관리 기법 or 부하통솔법 (Job Relations Training : JRT)
④ 작업 안전 기법 (Job Safety Training : JST)

{분석}
필기에 자주 출제되는 내용입니다.

## 18 위험예지훈련 4R(라운드) 기법의 진행 방법에서 3R에 해당하는 것은?

① 목표설정
② 대책수립
③ 본질추구
④ 현상파악

**[해설]** 위험예지 훈련 4단계

1단계 : 현상파악
2단계 : 요인조사(본질추구)
3단계 : 대책수립
4단계 : 행동목표 설정(합의요약)

{분석}
실기까지 중요한 내용입니다.

## 19 무재해운동의 기본이념 3원칙 중 다음에서 설명하는 것은?

> 직장 내의 모든 잠재위험요인을 적극적으로 사전에 발견, 파악, 해결함으로써 뿌리에서부터 산업재해를 제거하는 것

① 무의 원칙
② 선취의 원칙
③ 참가의 원칙
④ 확인의 원칙

**[해설]** 뿌리에서부터 산업재해를 제거하는 것 → 무의 원칙

**[참고]** 무재해 운동의 3대 원칙

① 무(無)의 원칙(ZERO의 원칙) : 사업장 내의 모든 잠재위험요인을 적극적으로 사전에 발견하고 파악·해결함으로써 산업재해의 근원적인 요소들을 없앴다는 것을 의미한다.
② 선취의 원칙(안전제일의 원칙) : 사업장 내에서 행동하기 전에 잠재위험요인을 발견하고 파악·해결하여 재해를 예방하는 것을 의미한다.
③ 참가의 원칙(참여의 원칙) : 전원이 일치 협력하여 각자의 위치에서 적극적으로 문제해결을 하겠다는 것을 의미한다.

{분석}
실기까지 중요한 내용입니다.

## 20 방진마스크의 사용 조건 중 산소농도의 최소기준으로 옳은 것은?

① 16%
② 18%
③ 21%
④ 23.5%

**[해설]** 방진마스크와 방독마스크는 산소농도 18% 이상인 장소에서 사용하여야 한다.

---

**제2과목 • 인간공학 및 위험성 평가·관리**

---

## 21 인체 계측 자료의 응용 원칙이 아닌 것은?

① 기존 동일 제품을 기준으로 한 설계
② 최대치수와 최소치수를 기준으로 한 설계
③ 조절 범위를 기준으로 한 설계
④ 평균치를 기준으로 한 설계

**[해설]** 인체 계측 자료의 응용 3원칙

① 최대치수와 최소치수 설계(극단치 설계)
② 조절(조정) 범위(조절식 설계)
③ 평균치를 기준으로 한 설계

{분석}
필기에 자주 출제되는 내용입니다.

## 22 인체에서 뼈의 주요 기능이 아닌 것은?

① 인체의 지주
② 장기의 보호
③ 골수의 조혈
④ 근육의 대사

**[해설]** 골격(뼈)의 주요 기능

① 신체를 지지하고 형상을 유지하는 역할
② 신체의 주요한 부분을 보호하는 역할
③ 신체활동을 수행하는 역할
④ 혈액을 생성하는 역할

**정답 18 ② 19 ① 20 ② 21 ① 22 ④**

**23** 각 부품의 신뢰도가 다음과 같을 때 시스템의 전체 신뢰도는 약 얼마인가?

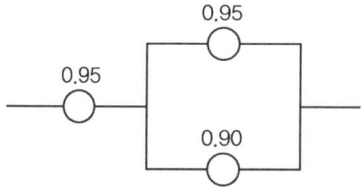

① 0.8123
② 0.9453
③ 0.9553
④ 0.9953

**해설** $0.95 \times [1-(1-0.95) \times (1-0.90)] = 0.9453$

**참고** 문제에서 주어진 값이 각 부품의 신뢰도이므로 공식에 대입한 값이 전체 시스템의 신뢰도가 된다.

{분석}
**필기에 자주 출제되는 내용입니다.**

**24** 손이나 특정 신체부위에 발생하는 누적손상장애(CTD)의 발생인자와 가장 거리가 먼 것은?

① 무리한 힘
② 다습한 환경
③ 장시간의 진동
④ 반복도가 높은 작업

**해설** 근골격계질환(누적외상성질환, CTDs)의 발생요인

① 반복적인 동작
② 부적절한 작업 자세
③ 무리한 힘의 사용
④ 날카로운 면과의 신체접촉
⑤ 진동 및 온도(저온)

**25** 인간공학 연구조사에 사용되는 기준의 구비조건과 가장 거리가 먼 것은?

① 다양성
② 적절성
③ 무오염성
④ 기준 척도의 신뢰성

**해설** 체계 기준의 요건(인간공학 연구조사에 사용되는 기준의 구비조건)

① 적절성 : 의도된 목적에 적합하여야 한다. (타당성)
② 무오염성 : 측정하고자 하는 변수외의 다른 변수의 영향을 받아서는 안 된다.
③ 신뢰성 : 반복실험 시 재현성이 있어야 한다. (반복성)
④ 민감도 : 예상차이점에 비례하는 단위로 측정하여야 한다.

{분석}
**필기에 자주 출제되는 내용입니다.**

**26** 의자 설계 시 고려해야 할 일반적인 원리와 가장 거리가 먼 것은?

① 자세고정을 줄인다.
② 조정이 용이해야 한다.
③ 디스크가 받는 압력을 줄인다.
④ 요추 부위의 후만곡선을 유지한다.

**해설** 의자 설계의 일반 원리

① 요추의 전만곡선을 유지할 것
② 디스크의 압력을 줄인다.
③ 등근육의 정적부하를 감소시킨다.
④ 자세 고정을 줄인다.
⑤ 쉽게 조절할 수 있도록 설계할 것

**27** 다음 FT도에서 시스템에 고장이 발생할 확률은 약 얼마인가? (단, $X_1$과 $X_2$의 발생 확률은 각각 0.05, 0.03이다.)

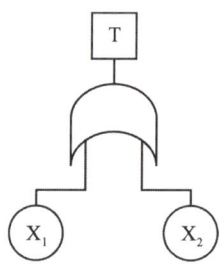

① 0.0015
② 0.0785
③ 0.9215
④ 0.9985

**해설**

$$T = 1 - (1 - X_1) \times (1 - X_2)$$
$$= 1 - (1 - 0.05) \times (1 - 0.03)$$
$$= 0.0785$$

{분석}
필기에 자주 출제되는 내용입니다.

**28** 반사율이 85%, 글자의 밝기가 400cd/m²
인 VDT화면에 350lux의 조명이 있다면
대비는 약 얼마인가?

① -6.0          ② -5.0
③ -4.2          ④ -2.8

**해설**

대비(%) =
$$\frac{배경 반사율(Lb) - 표적물체 반사율(Lt)}{배경 반사율(Lb)} \times 100$$

1. 반사율 = $\frac{광속발산도(fL)}{조명(fc)} \times 100$

   광속발산도 = $\frac{반사율 \times 조명}{100}$

   $= \frac{85 \times 350}{100} = 297.5$

   광속발산도 = $\pi \times$ 휘도

   조명의 휘도(화면의 밝기) = $\frac{광속발산도}{\pi}$

   $= \frac{297.5}{\pi} = 94.7 (cd/m^2)$

2. 글자의 총 밝기 = 글자의 밝기 + 조명의 휘도
   $= 400 + 94.7 = 494.7(cd/m^2)$

3. 대비 = $\frac{배경의 밝기 - 표적물체의 밝기}{배경의 밝기}$

   $= \frac{94.7 - 494.7}{94.7} = -4.22$

{분석}
비중이 낮은 문제입니다.

**29** 화학설비에 대한 안전성 평가 중 정량적
평가항목에 해당되지 않는 것은?

① 공정          ② 취급물질
③ 압력          ④ 화학설비 용량

**해설**

| 정성적 평가 항목 | ① 입지 조건 | ② 공장 내의 배치 |
|---|---|---|
| | ③ 소방 설비 | ④ 공정 기기 |
| | ⑤ 수송·저장 | ⑥ 원재료 |
| | ⑦ 중간체 | ⑧ 제품 |
| | ⑨ 건조물(건물) | ⑩ 공정 |
| 정량적 평가 항목 | ① 취급물질 | ② 화학설비의 용량 |
| | ③ 온도 | ④ 압력 |
| | ⑤ 조작 | |

{분석}
필기에 자주 출제되는 내용입니다.

**30** 시각 장치와 비교하여 청각 장치 사용이
유리한 경우는?

① 메시지가 길 때
② 메시지가 복잡할 때
③ 정보 전달 장소가 너무 소란할 때
④ 메시지에 대하 즉각적인 반응이 필요
   할 때

**해설**

| 청각 장치 | ① 전언이 짧고, 간단할 때 |
|---|---|
| | ② 재참조 되지 않음. |
| | ③ 시간적인 사상을 다룬다. |
| | ④ 즉각적인 행동 요구할 때 |
| | ⑤ 시각계통 과부하일 때 |
| | ⑥ 주위가 너무 밝거나 임조응일 때 |
| | ⑦ 자주 움직이는 경우 |
| 시각 장치 | ① 전언이 길고, 복잡할 때 |
| | ② 재참조 된다. |
| | ③ 공간적인 위치 다룬다. |
| | ④ 즉각적 행동 요구하지 않을 때 |
| | ⑤ 청각계통 과부하일 때 |
| | ⑥ 주위가 너무 시끄러울 때 |
| | ⑦ 한곳에 머무르는 경우 |

{분석}
필기에 자주 출제되는 내용입니다.

**정답** 28 ③ 29 ① 30 ④

**31** 산업안전보건법령상 사업주가 유해위험 방지 계획서를 제출할 때에는 사업장 별로 관련 서류를 첨부하여 해당 작업 시작 며칠 전까지 해당 기관에 제출하여야 하는가?

① 7일      ② 15일
③ 30일      ④ 60일

**해설** 사업주가 제조업 대상 사업, 대상 기계·기구 설비에 해당하는 유해·위험방지계획서를 제출하려면 다음 각 호의 서류를 첨부하여 해당 공사 착공 15일 전까지 공단에 2부를 제출하여야 한다.

**참고** 사업주가 건설공사에 해당하는 유해·위험방지계획서를 제출하려면 서류를 첨부하여 해당 공사의 착공 전날까지 공단에 2부를 제출하여야 한다.

{분석}
실기까지 중요한 내용입니다.

**32** 인간 – 기계 시스템을 설계할 때에는 특정 기능을 기계에 할당하거나 인간에게 할당 하게 된다. 이러한 기능 할당과 관련된 사항으로 옳지 않은 것은? (단, 인공지능과 관련된 사항은 제외한다.)

① 인간은 원칙을 적용하여 다양한 문제를 해결하는 능력이 기계에 비해 우월하다.
② 일반적으로 기계는 장시간 일관성이 있는 작업을 수행하는 능력이 인간에 비해 우월하다.
③ 인간은 소음, 이상 온도 등의 환경에서 작업을 수행하는 능력이 기계에 비해 우월하다.
④ 일반적으로 인간은 주위가 이상하거나 예기치 못한 사건을 감지하여 대처하는 능력이 기계에 비해 우월하다.

**해설** ③ 기계는 소음, 이상 온도 등의 환경에서 작업을 수행하는 능력이 인간에 비해 우월하다.

**참고** 인간 – 기계의 기능 비교

| 구 분 | 인간의 장점 | 기계의 장점 |
|---|---|---|
| 감지기능 | • 저에너지 자극 감지<br>• 다양한 자극 식별<br>• 예기치 못한 사건 감지 | • 인간의 감지범위 밖의 자극 감지<br>• 인간·기계의 모니터 기능 |
| 정보처리 결정 | • 많은 양의 정보 장시간 보관<br>• 귀납적, 다양한 문제 해결 | • 정보 신속 대량 보관<br>• 연역적, 정량적 |
| 행동기능 | • 과부하 상태에서는 중요한 일에만 집념할 수 있다. | • 과부하에서 효율적 작동<br>• 장시간 중량 작업, 반복, 동시 여러 가지 작업을 수행 가능 |

{분석}
필기에 자주 출제되는 내용입니다.

**33** 모든 시스템 안전 분석에서 제일 첫 번째 단계의 분석으로, 실행되고 있는 시스템을 포함한 모든 것의 상태를 인식하고 시스템의 개발단계에서 시스템 고유의 위험 상태를 식별하여 예상되고 있는 재해의 위험수준을 결정하는 것을 목적으로 하는 위험분석 기법은?

① 결함위험분석
(FHA : Fault Hazard Analysis)
② 시스템위험분석
(SHA : System Hazard Analysis)
③ 예비위험분석
(PHA : Preliminary Hazard Analysis)
④ 운용위험분석
(OHA : Operating Hazard Analysis)

**해설** 시스템 안전분석에서 제일 첫 번째 단계의 분석 → 예비위험분석(PHA)

{분석}
필기에 자주 출제되는 내용입니다.

**정답** 31 ② 32 ③ 33 ③

**34** 컷셋(cut set)과 패스셋(pass set)에 관한 설명으로 옳은 것은?

① 동일한 시스템에서 패스셋의 개수와 컷셋의 개수는 같다.

② 패스셋은 동시에 발생했을 때 정상사상을 유발하는 사상들의 집합이다.

③ 일반적으로 시스템에서 최소 컷셋의 개수가 늘어나면 위험 수준이 높아진다.

④ 최소 컷셋은 어떤 고장이나 실수를 일으키지 않으면 재해는 일어나지 않는다고 하는 것이다.

**해설** 최소 컷셋은 시스템의 고장을 일으키는 기본사상의 집합으로 최소 컷셋의 개수가 늘어나면 위험 수준이 높아진다.

**35** 조종장치를 촉각적으로 식별하기 위하여 사용되는 촉각적 코드화의 방법으로 옳지 않은 것은?

① 색감을 활용한 코드화

② 크기를 이용한 코드화

③ 조종장치의 형상 코드화

④ 표면 촉감을 이용한 코드화

**해설** **조종장치의 촉각적 암호화**

① 형상 암호

② 크기 암호

③ 표면촉감 암호화

**36** FT도에서 사용하는 기호 중 다음 그림과 같이 OR 게이트이지만 2개 또는 그 이상의 입력이 동시에 존재할 때 출력이 생기지 않는 경우 사용하는 것은?

① 부정 OR 게이트

② 배타적 OR 게이트

③ 억제 게이트

④ 조합 OR 게이트

**해설** 답 없음

> {분석}
> 문제 오류로 전항 정답처리 되었습니다.
> 그림의 AND게이트를 OR게이트로 수정하면 "배타적 OR 게이트"가 답이 됩니다.

**37** 휴먼 에러(Human Error)의 요인을 심리적 요인과 물리적 요인으로 구분할 때, 심리적 요인에 해당하는 것은?

① 일이 너무 복잡한 경우

② 일의 생산성이 너무 강조될 경우

③ 동일 형상의 것이 나란히 있을 경우

④ 서두르거나 절박한 상황에 놓여있을 경우

**해설** ①, ②, ③ → 물리적 요인
④ → 심리적 요인

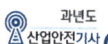

**38** 적절한 온도의 작업환경에서 추운 환경으로 온도가 변할 때 우리의 신체가 수행하는 조절작용이 아닌 것은?

① 발한(發汗)이 시작된다.
② 피부의 온도가 내려간다.
③ 직장(直腸)온도가 약간 올라간다.
④ 혈액의 많은 양이 몸의 중심부를 위주로 순환한다.

해설 발한(땀)은 더운 환경에서 시작된다.

참고 직장의 온도는 체온유지를 위해 추운 환경에 처음 노출 시에는 약간 올라가지만 추운 환경에 지속적으로 노출될 경우 다시 내려간다.

**39** 시스템안전 MIL-STD-882B 분류기준의 위험성 평가 매트릭스에서 발생빈도에 속하지 않는 것은?

① 거의 발생하지 않는(remote)
② 전혀 발생하지 않는(impossible)
③ 보통 발생하는(reasonably probable)
④ 극히 발생하지 않을 것 같은 (extremely improbable)

해설 "MIL-STD-882B"의 위험성평가 매트릭스(Matrix) 분류
① 자주 발생(Frequent)
② 보통 발생(Probable)
③ 가끔 발생(Occasional)
④ 거의 발생하지 않음(Remote)
⑤ 극히 발생하지 않음(Extremely Improbable)

**40** FTA에 의한 재해사례 연구 순서 중 2단계에 해당하는 것은?

① FT도의 작성
② 톱 사상의 선정
③ 개선계획의 작성
④ 사상의 재해원인을 규명

해설 FTA에 의한 재해사례 연구 순서
1단계 : 톱 사상의 설정
2단계 : 재해 원인 규명
3단계 : FT도의 작성
4단계 : 개선계획의 작성

{분석}
**필기에 자주 출제되는 내용입니다.**

제3과목 기계 · 기구 및 설비 안전 관리

**41** 산업안전보건 법령상 로봇에 설치되는 제어장치의 조건에 적합하지 않은 것은?

① 누름버튼은 오작동 방지를 위한 가드를 설치하는 등 불시기동을 방지할 수 있는 구조로 제작·설치되어야 한다.
② 로봇에는 외부 보호 장치와 연결하기 위해 하나 이상의 보호정지회로를 구비해야 한다.
③ 전원공급램프, 자동운전, 결함검출 등 작동제어의 상태를 확인할 수 있는 표시장치를 설치해야 한다.
④ 조작버튼 및 선택스위치 등 제어장치에는 해당 기능을 명확하게 구분할 수 있도록 표시해야 한다.

**해설** 로봇에 설치되는 제어장치는 다음 각 목의 요건에 적합하도록 설계·제작되어야 한다.

가. 누름버튼은 오작동 방지를 위한 가드를 설치하는 등 불시기동을 방지할 수 있는 구조로 제작·설치되어야 한다.

나. 전원공급램프, 자동운전, 결함검출 등 작동제어의 상태를 확인할 수 있는 표시장치를 설치해야 한다.

다. 조작버튼 및 선택스위치 등 제어장치에는 해당 기능을 명확하게 구분할 수 있도록 표시해야 한다.

**42** 컨베이어의 제작 및 안전기준 상 작업구역 및 통행구역에 덮개, 울 등을 설치해야 하는 부위에 해당하지 않는 것은?

① 컨베이어의 동력전달 부분
② 컨베이어의 제동장치 부분
③ 호퍼, 슈트의 개구부 및 장력 유지장치
④ 컨베이어 벨트, 풀리, 롤러, 체인, 스프라켓, 스크류 등

**해설** 작업구역 및 통행구역에서 다음의 부위에는 덮개, 울, 물림보호물(nip guard), 감응형 방호장치(광전자식, 안전매트 등) 등을 설치해야 한다.

① 컨베이어의 동력전달 부분
② 컨베이어 벨트, 풀리, 롤러, 체인, 스프라켓, 스크류 등
③ 호퍼, 슈트의 개구부 및 장력 유지장치
④ 기타 가동부분과 정지부분 또는 다른 물건 사이 틈 등 작업자에게 위험을 미칠 우려가 있는 부분. 다만, 그 틈이 5mm 이내인 경우에는 예외로 할 수 있다.
⑤ 운반되는 재료 또는 긴베이이기 회상 등을 일으킬 수 있는 구간. 다만, 이 경우 덮개나 울을 설치해야 한다.

**43** 산업안전보건 법령상 탁상용 연삭기의 덮개에는 작업 받침대와 연삭숫돌과의 간격을 몇 mm 이하로 조정할 수 있어야 하는가?

① 3          ② 4
③ 5          ④ 10

**해설** 탁상용 연삭기의 덮개에는 워크레스트 및 조정편을 구비해야 하며, 워크레스트(작업 받침대)는 연삭숫돌과의 간격을 3mm 이하로 조정할 수 있는 구조이어야 한다.

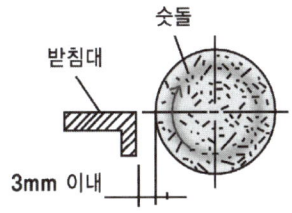

받침대의 간격
(방호장치 자율안전기준 고시)

**참고** 연삭숫돌의 외주면과 받침대 사이의 거리는 2mm를 초과하지 않도록 한다.
(위험기계기구 자율안전확인 고시)

{분석}
실기까지 중요한 내용입니다.

**44** 다음 중 회전축, 커플링 등 회전하는 물체에 작업복 등이 말려드는 위험을 초래하는 위험점은?

① 협착점
② 접선물림점
③ 질단점
④ 회전말림점

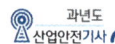

<sup>해설</sup> 위험점의 분류

| 협착점 | 왕복운동 부분과 고정부분 사이에서 형성되는 위험점<br>예 프레스기, 전단기, 성형기 등 |
|---|---|
| 끼임점 | 고정부분과 회전하는 동작부분 사이에서 형성되는 위험점<br>예 연삭숫돌과 덮개, 교반기 날개와 하우징 등 |
| 절단점 | 회전하는 운동부 자체, 운동하는 기계 부분 자체의 위험점<br>예 날, 커터를 가진 기계 |
| 물림점 | 회전하는 두 개의 회전체에 물려 들어가는 위험점<br>예 롤러와 롤러, 기어와 기어 등 |
| 접선<br>물림점 | 회전하는 부분의 접선 방향으로 물려 들어가는 위험점<br>예 벨트와 풀리, 체인과 스프로킷 등 |
| 회전<br>말림점 | 회전하는 물체에 작업복, 머리카락 등이 말려 들어가는 위험점<br>예 회전축, 커플링 등 |

{분석}
실기에 자주 출제되는 중요한 내용입니다.

**45** 가공기계에 쓰이는 주된 풀 프루프(Fool Proof)에서 가드(Guard)의 형식으로 틀린 것은?

① 인터록 가드(Interlock Guard)
② 안내 가드(Guide Guard)
③ 조정 가드(Adjustable Guard)
④ 고정 가드(Fixed Guard)

<sup>해설</sup> 가드의 종류

① 고정 가드
② 조정 가드
③ 연동 가드(인터록 가드)
④ 자동 가드

**46** 밀링작업 시 안전수칙으로 틀린 것은?

① 보안경을 착용한다.
② 칩은 기계를 정지시킨 다음에 브러시로 제거한다.
③ 가공 중에는 손으로 가공면을 점검하지 않는다.
④ 면장갑을 착용하여 작업한다.

<sup>해설</sup> ④ 면장갑 착용을 금지한다.

**47** 크레인의 방호장치에 해당되지 않은 것은?

① 권과방지장치
② 과부하방지장치
③ 비상정지장치
④ 자동보수장치

<sup>해설</sup> 크레인의 방호장치

• 과부하방지장치
• 권과방지장치(捲過防止裝置)
• 비상정지장치
• 제동장치

{분석}
실기에 자주 출제되는 중요한 내용입니다.

**48** 무부하 상태에서 지게차로 20km/h의 속도로 주행할 때, 좌·우 안정도는 몇 % 이내이어야 하는가?

① 37%  ② 39%
③ 41%  ④ 43%

<sup>해설</sup>

주행 작업 시의 좌·우 안정도(%)
= 15 + 1.1×V 이내
여기서, V : 최고 속도 km/h

주행 작업 시의 좌·우 안정도(%) = 15 + 1.1 × 20 = 37(%) 이내

• 하역 작업 시의 전·후 안정도 = 4% 이내
• 하역 작업 시의 좌·우 안정도 = 6% 이내
• 주행 작업 시의 전·후 안정도 = 18% 이내

{분석}
**실기까지 중요한 내용입니다.**

**49** 선반가공 시 연속적으로 발생되는 칩으로 인해 작업자가 다치는 것을 방지하기 위하여 칩을 짧게 절단시켜주는 안전장치는?

① 커버
② 브레이크
③ 보안경
④ 칩 브레이커

해설 칩을 짧게 절단시켜주는 안전장치 → 칩 브레이커

{분석}
**필기에 자주 출제되는 내용입니다.**

**50** 아세틸렌 용접장치에 관한 설명 중 틀린 것은?

① 아세틸렌발생기로부터 5m 이내, 발생기실로부터 3m 이내에는 흡연 및 화기 사용을 금지한다.
② 발생기실에는 관계 근로자가 아닌 사람이 출입하는 것을 금지한다.
③ 아세틸렌 용기는 뉘어서 사용한다.
④ 건식안전기의 형식으로 소결금속식과 우회로식이 있다.

해설 ③ 아세틸렌 용기는 세워서 사용한다.

**51** 산업안전보건법령상 프레스의 작업 시작 전 점검사항이 아닌 것은?

① 금형 및 고정볼트 상태
② 방호장치의 기능
③ 전단기의 칼날 및 테이블의 상태
④ 트롤리(trolley)가 횡행하는 레일의 상태

해설 프레스의 작업 시작 전 점검 사항
① 클러치 및 브레이크 기능
② 크랭크축·플라이 휠·슬라이드·연결 봉 및 연결 나사의 볼트 풀림 유무
③ 1행정 1정지 기구·급정지 장치 및 비상 정지 장치의 기능
④ 슬라이드 또는 칼날에 의한 위험 방지 기구의 기능
⑤ 프레스의 금형 및 고정 볼트 상태
⑥ 당해 방호 장치의 기능
⑦ 전단기의 칼날 및 테이블의 상태

{분석}
**실기에 자주 출제되는 중요한 내용입니다.**

**52** 프레스 양수조작식 방호장치 누름버튼의 상호 간 내측거리는 몇 mm 이상인가?

① 50
② 100
③ 200
④ 300

해설 누름버튼의 상호 간 내측거리는 300mm 이상이어야 한다.

{분석}
**실기까지 중요한 내용입니다.**

**53** 산업안전보건 법령상 승강기의 종류에 해당하지 않는 것은?

① 리프트
② 에스컬레이터
③ 화물용 엘리베이터
④ 승객용 엘리베이터

•)) 정답 49 ④ 50 ③ 51 ④ 52 ④ 53 ①

**해설** 승강기의 종류 및 특징

| | |
|---|---|
| 승객용<br>엘리베이터 | 사람의 운송에 적합하게 제조·설치된 엘리베이터 |
| 승객화물용<br>엘리베이터 | 사람의 운송과 화물 운반을 겸용하는데 적합하게 제조·설치된 엘리베이터 |
| 화물용<br>엘리베이터 | 화물 운반에 적합하게 제조·설치된 엘리베이터로서 조작자 또는 화물취급자 1명은 탑승할 수 있는 것(적재용량이 300킬로그램 미만인 것은 제외한다) |
| 소형화물용<br>엘리베이터 | 음식물이나 서적 등 소형 화물의 운반에 적합하게 제조·설치된 엘리베이터로서 사람의 탑승이 금지된 것 |
| 에스컬레이터 | 일정한 경사로 또는 수평로를 따라 위·아래 또는 옆으로 움직이는 디딤판을 통해 사람이나 화물을 승강장으로 운송시키는 설비 |

{분석}
**실기까지 중요한 내용입니다.**

---

**54** 롤러기의 앞면 롤의 지름이 300mm, 분당 회전수가 30회일 경우 허용되는 급정지 장치의 급정지거리는 약 몇 mm 이내이어야 하는가?

① 37.7  ② 31.4
③ 377  ④ 314

**해설** 앞면 롤러의 표면속도에 따른 급정지거리

| 앞면 롤러의<br>표면속도<br>(m/min) | 급정지거리 |
|---|---|
| 30 미만 | 앞면 롤러 원주의 $\frac{1}{3}$ 이내<br>$(= \pi \times d \times \frac{1}{3})$ |
| 30 이상 | 앞면 롤러 원주의 $\frac{1}{2.5}$ 이내<br>$(= \pi \times d \times \frac{1}{2.5})$ |

이때 표면속도의 산식은

$$V = \frac{\pi \times D \times N}{1000} \text{ (m/min)}$$

여기서, $V$ : 표면속도
$D$ : 롤러 원통의 직경(mm)
$N$ : 1분간에 롤러기가 회전되는 수(rpm)

1. 표면속도
$$V = \frac{\pi \times 300 \times 30}{1000} = 28.27 \text{ (m/min)}$$

2. 급정지거리
속도가 30 미만이므로
$$급정지거리 = \pi \times 300 \times \frac{1}{3} = 314.16 \text{ (mm)}$$

{분석}
**실기까지 중요한 내용입니다.**

---

**55** 어떤 로프의 최대하중이 700N이고, 정격하중은 100N이다. 이 때 안전계수는 얼마인가?

① 5  ② 6
③ 7  ④ 8

**해설** 안전계수 $= \dfrac{최대하중}{정격하중} = \dfrac{700N}{100N} = 7$

{분석}
**실기까지 중요한 내용입니다.**

---

**56** 다음 중 설비의 진단방법에 있어 비파괴시험이나 검사에 해당하지 않는 것은?

① 피로시험
② 음향탐싱검사
③ 방사선투과시험
④ 초음파탐상검사

**해설** ① 피로시험 → 파괴시험

---

**정답** 54 ④  55 ③  56 ①

**57** 지름 5cm 이상을 갖는 회전 중인 연삭숫돌이 근로자들에게 위험을 미칠 우려가 있는 경우에 필요한 방호장치는?

① 받침대
② 과부하 방지장치
③ 덮개
④ 프레임

**해설** 숫돌 직경이 5cm 이상인 것부터 덮개를 설치하여야 한다.

{분석}
실기까지 중요한 내용입니다.

**58** 프레스 금형의 파손에 의한 위험방지 방법이 아닌 것은?

① 금형에 사용하는 스프링은 반드시 인장형으로 할 것
② 작업 중 진동 및 충격에 의해 볼트 및 너트의 헐거워짐이 없도록 할 것
③ 금형의 하중 중심은 원칙적으로 프레스 기계의 하중 중심과 일치하도록 할 것
④ 캠, 기타 충격이 반복해서 가해지는 부분에는 완충장치를 설치할 것

**해설** ① 금형에 사용하는 스프링은 압축형으로 한다.

**59** 기계설비의 작업능률과 안전을 위해 공장의 설비 배치 3단계를 올바른 순서대로 나열한 것은?

① 지역 배치 → 건물 배치 → 기계 배치
② 건물 배치 → 지역 배치 → 기계 배치
③ 기계 배치 → 건물 배치 → 지역 배치
④ 지역 배치 → 기계 배치 → 건물 배치

**해설** 공장의 설비 배치 3단계
지역 배치 → 건물 배치 → 기계 배치

**60** 다음 중 연삭 숫돌의 파괴원인으로 거리가 먼 것은?

① 플랜지가 현저히 클 때
② 숫돌에 균열이 있을 때
③ 숫돌의 측면을 사용할 때
④ 숫돌의 치수 특히 내경의 크기가 적당하지 않을 때

**해설** 연삭기 숫돌 파괴 원인
① 숫돌의 회전 속도가 너무 빠를 때
② 숫돌 자체에 균열이 있을 때
③ 숫돌의 측면을 사용하여 작업할 때
④ 숫돌에 과대한 충격을 가할 때
⑤ 플랜지가 현저히 작을 때
   (플랜지 지름은 숫돌 지름의 $\frac{1}{3}$ 이상일 것)
⑥ 숫돌 불균형, 베어링 마모에 의한 진동이 심할 때
⑦ 반지름 방향 온도변화 심할 때

{분석}
실기까지 중요한 내용입니다.

---

**제4과목** · **전기설비 안전 관리**

**61** 충격전압 시험 시의 표준 충격파형을 1.2×50μs로 나타내는 경우 1.2와 50이 뜻하는 것은?

① 파두장 – 파미장
② 최초섬락시간 – 최종섬락시간
③ 라이징타임 – 스테이블타임
④ 라이징타임 – 충격전압인가시간

**해설** • 1.2 : 파두장
• 50 : 파미장

**정답** 57 ③ 58 ① 59 ① 60 ① 61 ①

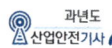

**62** 폭발위험장소의 분류 중 인화성 액체의 증기 또는 가연성 가스에 의한 폭발위험이 지속적으로 또는 장기간 존재하는 장소는 몇 종 장소로 분류되는가?

① 0종 장소　　② 1종 장소
③ 2종 장소　　④ 3종 장소

**해설** 인화성 액체의 증기 또는 가연성 가스에 의한 폭발위험이 지속적으로 또는 장기간 존재하는 장소
→ 0종 장소

**참고** 위험장소의 분류

| | | |
|---|---|---|
| 가스 폭발 위험 장소 | 0종 장소 | 가. 설비의 내부<br>나. 인화성 또는 가연성 액체가 피트 (PIT) 등의 내부<br>다. 인화성 또는 가연성의 가스나 증기가 지속적으로 또는 장기간 체류하는 곳 |
| | 1종 장소 | 가. 통상의 상태에서 위험분위기가 쉽게 생성되는 곳<br>나. 운전·유지 보수 또는 누설에 의하여 자주 위험분위기가 생성되는 곳<br>다. 설비 일부의 고장 시 가연성물질의 방출과 전기계통의 고장이 동시에 발생되기 쉬운 곳<br>라. 환기가 불충분한 장소에 설치된 배관 계통으로 배관이 쉽게 누설되는 구조의 곳<br>마. 주변 지역보다 낮아 가스나 증기가 체류할 수 있는 곳<br>바. 상용의 상태에서 위험분위기가 주기적 또는 간헐적으로 존재하는 곳 |
| | 2종 장소 | 가. 환기가 불충분한 장소에 설치된 배관계통으로 배관이 쉽게 누설되지 않는 구조의 곳<br>나. 가스켓(GASKET), 팩킹(PACKING) 등의 고장과 같이 이상 상태에서만 누출될 수 있는 공정설비 또는 배관이 환기가 충분한 곳에 설치될 경우 |

| | | |
|---|---|---|
| | 2종 장소 | 다. 1종 장소와 직접 접하며 개방되어 있는 곳 또는 1종 장소와 닥트, 트랜치, 파이프 등으로 연결되어 이들을 통해 가스나 증기의 유입이 가능한 곳<br>라. 강제 환기방식이 채용되는 곳으로 환기설비의 고장이나 이상 시에 위험분위기가 생성될 수 있는 곳 |
| 분진 폭발 위험 장소 | 20종 장소 | 분진 운 형태의 가연성 분진이 폭발농도를 형성할 정도로 충분한 양이 정상작동 중에 연속적으로 또는 자주 존재하거나, 제어할 수 없을 정도의 양 및 두께의 분진층이 형성될 수 있는 장소 |
| | 21종 장소 | 20종 장소 외의 장소로서, 분진 운 형태의 가연성 분진이 폭발농도를 형성할 정도의 충분한 양이 정상작동 중에 존재할 수 있는 장소 |
| | 22종 장소 | 21종 장소 외의 장소로서, 가연성 분진 운 형태가 드물게 발생 또는 단기간 존재할 우려가 있거나, 이상 작동 상태 하에서 가연성 분진 운이 형성될 수 있는 장소 |

{분석}
실기에 자주 출제되는 중요한 내용입니다.

**63** 활선 작업 시 사용할 수 없는 전기작업용 안전장구는?

① 전기안전모
② 절연장갑
③ 검전기
④ 승주용 가제

해설 전기작업용 안전장구

| 절연용 안전 보호구 | ① 전기용 안전모(AE종, ABE종) ② 안전화(절연화) ③ 절연장화 ④ 절연장갑(전기용 고무장갑) ⑤ 보호용 가죽장갑 ⑥ 절연소매, 절연복 |
|---|---|
| 절연용 방호구 | ① 고무판 ② 방호판(절연판) ③ 선로 커버, 애자커버(절연커버) ④ 완금커버, COS커버, 고무블랭킷, 점퍼호스 |
| 검출용구 | ① 검전기 : 충전유무 확인 ② 활선 접근 경보기 |

**64** 인체의 전기저항을 500Ω이라 한다면 심실세동을 일으키는 위험에너지(J)는? (단, 심실세동전류 $I = \dfrac{165}{\sqrt{T}} mA$, 통전시간은 1초이다.)

① 13.61
② 23.21
③ 33.42
④ 44.63

해설 1. 인체 전기저항 500[Ω]일 때의 에너지 → 13.61J

2. $Q = I^2 RT = (\dfrac{165}{\sqrt{1}} \times 10^{-3})^2 \times 500 \times 1$

$\qquad = 13.61 (J)$

{분석}
필기에 자주 출제되는 내용입니다.
풀이 1, 2 중 편한 방법을 이용하세요.

**65** 피뢰침의 제한전압이 800kV, 충격절연 강도가 1000kV라 할 때, 보호여유도는 몇 %인가?

① 25       ② 33
③ 47       ④ 63

해설 피뢰기의 보호여유도

$$여유도(\%) = \dfrac{충격\ 절연\ 강도 - 제한\ 전압}{제한\ 전압} \times 100$$

$여유도(\%) = \dfrac{1,000 - 800}{800} \times 100 = 25(\%)$

**66** 감전 사고를 일으키는 주된 형태가 아닌 것은?

① 충전전로에 인체가 접촉되는 경우
② 이중 절연 구조로 된 전기 기계·기구를 사용하는 경우
③ 고전압의 전선로에 인체가 근접하여 섬락이 발생된 경우
④ 충전 전기회로에 인체가 단락회로의 일부를 형성하는 경우

해설 ② 이중 절연 구조의 경우 누전이 잘 발생하지 않아 감전을 방지할 수 있다.

**67** 화새가 발생하였을 때 조사해야 하는 내용 으로 가장 관계가 먼 것은?

① 발화원
② 착화물
③ 출화의 경과
④ 응고물

해설 화재 시의 조사내용
① 발화원
② 착화물
③ 출화의 경과

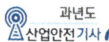
**68** 정전기에 관한 설명으로 옳은 것은?

① 정전기는 발생에서부터 억제 – 축적 방지 – 안전한 방전이 재해를 방지할 수 있다.
② 정전기 발생은 고체의 분쇄공정에서 가장 많이 발생한다.
③ 액체의 이송 시는 그 속도(유속)를 7(m/s) 이상 빠르게 하여 정전기의 발생을 억제한다.
④ 접지 값은 10(Ω) 이하로 하되 플라스틱 같은 절연도가 높은 부도체를 사용한다.

해설 ② 정전기 발생은 분진 취급 공정에서 가장 많이 발생한다.
③ 물이나 기체를 혼합한 비수용성 위험물의 유속은 1m/s 이하로 하여 정전기 발생을 억제한다.
④ 정전기적 접지라 함은 대지에 대한 접지저항이 $10^6$옴 이하인 것을 말하며 도전성이 높은 도체를 사용하여야 한다.(부도체는 효과 없음)

**69** 접지도체의 굵기 기준으로 옳은 것은?

① 특고압 · 고압 전기설비용 접지도체는 단면적 6mm$^2$ 이상의 연동선
② 중성점 접지용 접지도체는 공칭단면적 6mm$^2$ 이상의 연동선 또는 동등 이상의 단면적 및 강도를 가져야 한다.
③ 7kV 이하의 전로의 접지도체는 16mm$^2$ 이상의 연동선
④ 사용전압이 25kV 이하인 특고압 가공 전선로의 접지도체는 16mm$^2$ 이상의 연동선

해설 접지도체의 최소단면적

① 특고압 · 고압 전기설비용 접지도체는 단면적 6mm$^2$ 이상의 연동선
② 중성점 접지용 접지도체는 공칭단면적 16mm$^2$ 이상의 연동선(다만, 다음의 경우에는 공칭단면적 6mm$^2$ 이상의 연동선)

• 7kV 이하의 전로
• 사용전압이 25kV 이하인 특고압 가공전선로.
③ 이동하여 사용하는 전기 기계 · 기구의 금속제 외함 등의 접지시스템
• 특고압 · 고압 전기설비용 접지도체 및 중성점 접지용 접지도체 : 단면적이 10mm$^2$ 이상인 것
• 저압 전기설비용 접지도체 : 단면적이 0.75mm$^2$ 이상인 것(다만, 기타 유연성이 있는 연동연선은 1개 도체의 단면적이 1.5mm$^2$ 이상인 것)

{분석}
관련 규정의 변경으로 문제를 수정하였습니다.

**70** 교류아크 용접기에 전격 방지기를 설치하는 요령 중 틀린 것은?

① 이완 방지 조치를 한다.
② 직각으로만 부착해야 한다.
③ 동작 상태를 알기 쉬운 곳에 설치한다.
④ 테스트 스위치는 조작이 용이한 곳에 위치시킨다.

해설 자동 전격 방지기 설치 방법

① 연직(불가피한 경우는 연직에서 20도 이내)으로 설치할 것
② 용접기의 이동, 전자접촉기의 작동 등으로 인한 진동, 충격에 견딜 수 있도록 할 것
③ 표시등(외부에서 전격방지기의 작동상태를 판별할 수 있는 램프)이 보기 쉽고, 점검용 스위치(전격방지기의 작동상태를 점검하기 위한 스위치)의 조작이 용이하도록 설치할 것
④ 용접기의 전원 측에 접속하는 선과 출력측에 접속하는 선을 혼동되지 않도록 할 것
⑤ 접속부분은 확실하게 접속하여 이완되지 않도록 할 것

정답 68 ① 69 ① 70 ②

**71** 전기기기의 Y종 절연물의 최고 허용 온도는?

① 80℃
② 85℃
③ 90℃
④ 105℃

**해설** 절연물의 종류와 최고 허용 온도

- Y종 절연 : 90℃
- A종 절연 : 105℃
- E종 절연 : 120℃
- B종 절연 : 130℃
- F종 절연 : 155℃
- H종 절연 : 180℃
- C종 절연 : 180℃ 초과

**72** 내압방폭구조의 기본적 성능에 관한 사항으로 틀린 것은?

① 내부에서 폭발할 경우 그 압력에 견딜 것
② 폭발화염이 외부로 유출되지 않을 것
③ 습기침투에 대한 보호가 될 것
④ 외함 표면온도가 주위의 가연성 가스에 점화하지 않을 것

**해설** 내압 방폭구조(d)

① 아크를 발생시키는 전기설비를 전폐용기에 넣고 용기 내부에 폭발이 일어날 경우에 용기가 폭발 압력에 견뎌 외부의 폭발성 가스에 인화될 위험이 없도록 한 구조

② 폭발한 고열 가스가 용기의 틈을 통하여 누설되더라도 틈의 냉각 효과로 인하여 폭발의 위험이 없도록 한다.

{분석}
실기에 자주 출제되는 중요한 내용입니다.

**73** 온도조절용 바이메탈과 온도 퓨즈가 회로에 조합되어 있는 다리미를 사용한 가정에서 화재가 발생했다. 다리미에 부착되어 있던 바이메탈과 온도퓨즈를 대상으로 화재사고를 분석하려 하는데 논리기호를 사용하여 표현하고자 한다. 어느 기호가 적당한가? (단, 바이메탈의 작동과 온도 퓨즈가 끊어졌을 경우를 0, 그렇지 않을 경우를 1이라 한다.)

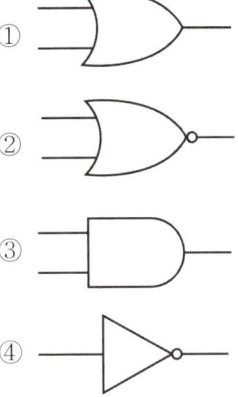

**해설** 온도조절용 바이메탈이 자동으로 온도를 조절하였거니 온도퓨즈가 고온에서 끊어졌나면 화재는 발생하지 않음 → 온도조절용 바이메탈과 온도퓨즈 둘 다의 고장일 경우만 화재가 발생 → AND게이트

**정답** 71 ③ 72 ③ 73 ③

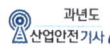
**74** 화염일주한계에 대한 설명으로 옳은 것은?

① 폭발성 가스와 공기의 혼합기에 온도를 높인 경우 화염이 발생할 때까지의 시간 한계치

② 폭발성 분위기에 있는 용기의 접합면 틈새를 통해 화염이 내부에서 외부로 전파되는 것을 저지할 수 있는 틈새의 최대간격치

③ 폭발성 분위기 속에서 전기불꽃에 의하여 폭발을 일으킬 수 있는 화염을 발생시키기에 충분한 교류파형의 1주기치

④ 방폭설비에서 이상이 발생하여 불꽃이 생성된 경우에 그것이 점화원으로 작용하지 않도록 화염의 에너지를 억제하여 폭발하한계로 되도록 화염 크기를 조정하는 한계치

**해설** 화염일주한계

화염이 전파되는 것을 저지할 수 있는 틈새의 최대 간격치(화염이 외부까지 전달되지 않는 한계의 틈)

**75** 폭발위험이 있는 장소의 설정 및 관리와 가장 관계가 먼 것은?

① 인화성 액체의 증기 사용
② 가연성 가스의 제조
③ 가연성 분진 제조
④ 종이 등 가연성 물질 취급

**해설** 폭발위험이 있는 장소의 설정 및 관리

① 인화성 액체의 증기나 인화성 가스 등을 제조 ·취급 또는 사용하는 장소

② 인화성 고체를 제조·사용하는 장소

**76** 인체의 표면적이 0.5m²이고 정전용량은 0.02pF/cm²이다. 3300V의 전압이 인가되어 있는 전선에 접근하여 작업을 할 때 인체에 축적되는 정전기 에너지(J)는?

① $5.445 \times 10^{-2}$
② $5.445 \times 10^{-4}$
③ $2.723 \times 10^{-2}$
④ $2.723 \times 10^{-4}$

**해설**

$$E(J) = \frac{1}{2} CV^2$$

여기서, $E$ : 정전기 에너지(J)
　　　　$C$ : 도체의 정전 용량(F)
　　　　$V$ : 대전 전위(V)

$$E(J) = \frac{1}{2} \times \left[ \frac{0.02 \times 10^{-12} F}{cm^2} \right] \times 0.5 \times (100cm)^2 \times (3300V)^2$$

$$= 5.445 \times 10^{-4} (J)$$

$$(1m = 100cm)$$

**77** KEC규정에 의한 접지시스템의 종류에 해당하지 않는 것은?

① 계통접지
② 보호접지
③ 제3종 접지
④ 피뢰시스템 접지

### 참고 접지시스템의 구분 및 종류

| 계통접지<br>(System<br>Earthing) | 전력계통에서 돌발적으로 발생하는 이상현상에 대비하여 대지와 계통을 연결하는 것으로, 중성점을 대지에 접속하는 것을 말한다.<br>• TN방식(TN-S, TN-C, TN-C-S방식)<br>• TT방식<br>• IT방식 |
|---|---|
| 보호접지<br>(Protective<br>Earthing) | 고장 시 감전에 대한 보호를 목적으로 기기의 한 점 또는 여러 점을 접지하는 것을 말한다. |
| 피뢰시스템<br>접지 | 뇌격전류를 안전하게 대지로 방류하기 위한 접지를 말한다. |

{분석}
관련 규정의 변경으로 문제를 수정하였습니다.

**78** 전자파 중에서 광량자 에너지가 가장 큰 것은?

① 극저주파
② 마이크로파
③ 가시광선
④ 적외선

**해설** 비전리방사선(전자파)의 광자에너지

자외선 > 가시광선 > 적외선 > 마이크로파

**참고** 광량자 에너지(eV) : 빛을 입자로 보았을 때 그 빛의 입자들(광량자)이 가지는 에너지

**79** 다음 중 폭발위험장소에 전기설비를 설치할 때 전기적인 방호조치로 적절하지 않은 것은?

① 다상 전기기기는 결상운전으로 인한 과열방지 조치를 한다.
② 배선은 단락·지락 사고 시의 영향과 과부하로부터 보호한다.
③ 자동차단이 점화의 위험보다 클 때는 경보장치를 사용한다.
④ 단락 보호장치는 고장상태에서 자동복구 되도록 한다.

**해설** ④ 단락 보호 및 지락 보호장치는 고장상태에서 자동재폐로가 되지 않아야 한다.

**80** 감전사고 방지대책으로 틀린 것은?

① 설비의 필요한 부분에 보호접지 실시
② 노출된 충전부에 통전망 설치
③ 안전전압 이하의 전기기기 사용
④ 전기기기 및 설비의 정비

**해설** ② 노출된 충전부에 절연용 방호구를 설치하는 등 충전부를 절연, 격리한다.

**제5과목·화학설비 안전 관리**

**81** 다음 관(pipe) 부속품 중 관로의 방향을 변경하기 위하여 사용하는 부속품은?

① 니플(nipple)
② 유니언(union)
③ 플랜지(flange)
④ 엘보(elbow)

**정답** 78 ③ 79 ④ 80 ② 81 ④

해설 관의 부속품

① 2개관의 연결 : 플랜지, 유니언, 니플, 소켓 사용
② 관의 지름 변경 : 리듀서, 부싱 사용
③ 관로방향 변경 : 엘보, Y형 관이음쇠, 티, 십자 사용
④ 유로 차단 : 플러그, 밸브, 캡

{분석}
필기에 자주 출제되는 내용입니다.

**82** 산업안전보건기준에 관한 규칙상 국소배기장치의 후드 설치 기준이 아닌 것은?

① 유해물질이 발생하는 곳마다 설치할 것
② 후드의 개구부 면적은 가능한 한 크게 할 것
③ 외부식 또는 리시버식 후드는 해당 분진등의 발산원에 가장 가까운 위치에 설치할 것
④ 후드 형식은 가능하면 포위식 또는 부스식 후드를 설치할 것

해설 후드의 설치 기준

① 유해물질이 발생하는 곳마다 설치할 것
② 유해인자의 발생형태와 비중, 작업방법 등을 고려하여 해당 분진 등의 발산원(發散源)을 제어할 수 있는 구조로 설치할 것
③ 후드(hood) 형식은 가능하면 포위식 또는 부스식 후드를 설치할 것
④ 외부식 또는 리시버식 후드는 해당 분진 등의 발산원에 가장 가까운 위치에 설치할 것

**83** 산업안전보건기준에 관한 규칙에 따르면 쥐에 대한 경구투입실험에 의하여 실험동물의 50퍼센트를 사망시킬 수 있는 물질의 양, 즉 $LD_{50}$(경구, 쥐)이 킬로그램당 몇 밀리그램-(체중) 이하인 화학물질이 급성 독성 물질에 해당하는가?

① 25
② 100
③ 300
④ 500

해설 급성 독성 물질

가. 쥐에 대한 경구투입실험에 의하여 실험동물의 50퍼센트를 사망시킬 수 있는 물질의 양, 즉 $LD_{50}$(경구, 쥐)이 킬로그램당 300밀리그램-(체중) 이하인 화학물질
나. 쥐 또는 토끼에 대한 경피흡수실험에 의하여 실험동물의 50퍼센트를 사망시킬 수 있는 물질의 양, 즉 $LD_{50}$(경피, 토끼 또는 쥐)이 킬로그램당 1000밀리그램 -(체중) 이하인 화학물질
다. 쥐에 대한 4시간 동안의 흡입실험에 의하여 실험동물의 50퍼센트를 사망시킬 수 있는 물질의 농도, 즉 가스 $LC_{50}$(쥐, 4시간 흡입)이 2500ppm 이하인 화학물질, 증기 $LC_{50}$(쥐, 4시간 흡입)이 10mg/ℓ 이하인 화학물질, 분진 또는 미스트 1mg/ℓ 이하인 화학물질

{분석}
실기에 자주 출제되는 중요한 내용입니다.

**84** 반응성 화학물질의 위험성은 실험에 의한 평가 대신 문헌조사 등을 통해 계산에 의해 평가하는 방법을 사용할 수 있다. 이에 관한 설명으로 옳지 않은 것은?

① 위험성이 너무 커서 물성을 측정할 수 없는 경우 계산에 의한 평가 방법을 사용할 수도 있다.
② 연소열, 분해열, 폭발열 등의 크기에 의해 그 물질의 폭발 또는 발화의 위험예측이 가능하다.
③ 계산에 의한 평가를 하기 위해서는 폭발 또는 분해에 따른 생성물의 예측이 이루어져야 한다.
④ 계산에 의한 위험성 예측은 모든 물질에 대해 정확성이 있으므로 더 이상의 실험을 필요로 하지 않는다.

해설 ④ 계산에 의한 위험성 예측은 모든 물질에 대한 정확성이 있는 것은 아니므로 실험을 필요로 한다.

**85** 압축기와 송풍기의 관로에 심한 공기의 맥동과 진동을 발생하면서 불안정한 운전이 되는 서징(surging) 현상의 방지법으로 옳지 않은 것은?

① 풍량을 감소시킨다.
② 배관의 경사를 완만하게 한다.
③ 교축밸브를 기계에서 멀리 설치한다.
④ 토출가스를 흡입측에 바이패스 시키거나 방출밸브에 의해 대기로 방출시킨다.

[해설] ③ 교축밸브를 기계에 가깝게 설치한다.

**86** 다음 중 독성이 가장 강한 가스는?

① $NH_3$
② $COCl_2$
③ $C_6H_5CH_3$
④ $H_2S$

[해설] $COCl_2$(포스겐) → 맹독성 가스

**87** 다음 중 분해 폭발의 위험성이 있는 아세틸렌의 용제로 가장 적설한 것은?

① 에테르
② 에틸알코올
③ 아세톤
④ 아세트알데히드

[해설] 아세틸렌의 용제 → 아세톤

**88** 분진폭발의 발생 순서로 옳은 것은?

① 비산 → 분산 → 퇴적분진 → 발화원 → 2차 폭발 → 전면폭발
② 비산 → 퇴적분진 → 분산 → 발화원 → 2차 폭발 → 전면폭발
③ 퇴적분진 → 발화원 → 분산 → 비산 → 전면폭발 → 2차 폭발
④ 퇴적분진 → 비산 → 분산 → 발화원 → 전면폭발 → 2차 폭발

[해설] 퇴적분진 $\xrightarrow{\text{열에너지 증가}}$ 비산(기체발생) → 분산(혼합기체 형성) → 점화원 → 1차 폭발 → 2차 폭발

**89** 폭발방호대책 중 이상 또는 과잉압력에 대한 안전장치로 볼 수 없는 것은?

① 안전 밸브(safety valve)
② 릴리프 밸브(relief valve)
③ 파열판(bursting disk)
④ 플레임 어레스터(flame arrester)

[해설] **화염방지기(Flame arrester)**

인화성 액체 및 인화성 가스를 저장 취급하는 화학 설비에서 증기나 가스를 대기로 방출하는 경우에는 외부로부터의 화염을 방지하기 위하여 화염방지기를 그 설비 상단에 설치하여야 한다.

{분석}
**실기까지 중요한 내용입니다.**

**90** 다음 인화성 기스 중 가장 가벼운 물질은?

① 아세틸렌
② 수소
③ 부탄
④ 에틸렌

[해설] 지구상에서 가장 가벼운 가스 → 수소

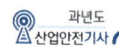
**91** 가연성 가스 및 증기의 위험도에 따른 방폭 전기기기의 분류로 폭발등급을 사용하는데, 이러한 폭발등급을 결정하는 것은?

① 발화도
② 화염일주한계
③ 폭발한계
④ 최소발화에너지

해설

| 폭발 등급 | 안전간격(mm) | 해당가스 |
|---|---|---|
| 1등급 | 0.6mm 초과 | 메탄, 에탄, 프로판, 부탄 |
| 2등급 | 0.4mm 초과 0.6mm 이하 | 에틸렌, 석탄가스 |
| 3등급 | 0.4mm 이하 | 수소, 아세틸렌 |

참고 안전간격 = 최대안전틈새 = 화염일주한계

{분석}
과거 기준으로 현재 규정에는 삭제되고 없는 내용입니다.

**92** 다음 중 메타인산($HPO_3$)에 의한 소화 효과를 가진 분말소화약제의 종류는?

① 제1종 분말소화약제
② 제2종 분말소화약제
③ 제3종 분말소화약제
④ 제4종 분말소화약제

해설 분말소화약제의 주성분

• 제1종 소화분말 : 탄산수소나트륨 (중탄산나트륨, $NaHCO_3$)
• 제2종 소화분말 : 탄산수소칼륨 (중탄산칼륨, $KHCO_3$)
• 제3종 소화분말 : 제1인산암모늄($NH_4H_2PO_4$)
• 제4종 소화분말 : 요소와 탄산수소칼륨이 화합된 분말

**93** 다음 중 파열판에 관한 설명으로 틀린 것은?

① 압력 방출속도가 빠르다.
② 한번 파열되면 재사용할 수 없다.
③ 한번 부착한 후에는 교환할 필요가 없다.
④ 높은 점성의 슬러리나 부식성 유체에 적용할 수 있다.

해설 ③ 한번 파열되면 판을 교체하여 사용해야 한다.

**94** 공기 중에서 폭발범위가 12.5~74vol% 인 일산화탄소의 위험도는 얼마인가?

① 4.92
② 5.26
③ 6.26
④ 7.05

해설

$$위험도(H) = \frac{U_2 - U_1}{U_1}$$

여기서, $U_1$ : 폭발 하한계(%), $U_2$ : 폭발 상한계(%)

$$위험도(H) = \frac{74 - 12.5}{12.5} = 4.92$$

{분석}
실기까지 중요한 내용입니다.

**95** 산업안전보건법령에 따라 유해하거나 위험한 설비의 설치·이전 또는 주요 구조 부분의 변경공사 시 공정안전보고서의 제출 시기는 착공일 며칠 전까지 관련기관에 제출하여야 하는가?

① 15일
② 30일
③ 60일
④ 90일

해설 사업주는 유해하거나 위험한 설비의 설치·이전 또는 주요 구조부분의 변경공사의 착공일 30일 전까지 공정안전보고서를 2부 작성하여 공단에 제출해야 한다.

정답 91 ② 92 ③ 93 ③ 94 ① 95 ②

## 96 소화약제 IG-100의 구성성분은?

① 질소
② 산소
③ 이산화탄소
④ 수소

**[해설] 불활성기체 소화약제**

① IG-541 소화약제 : 질소(52 ± 4)vol% , 아르곤 (40 ± 4)vol%, 이산화탄소(8 ~ 9)vol%로 구성되어야 한다.
② IG-01 소화약제 : 아르곤이 99.9vol% 이상이어야 한다.
③ IG-100 소화약제 : 질소가 99.9vol% 이상이어야 한다.
④ IG-55 소화약제 : 질소(50 ± 5)vol%, 아르곤 (50 ± 5)vol%로 구성되어야 한다.

**[참고] IG-100("질소소화약제")**

① 불활성가스인 질소 성분을 99.9% 사용
② 무색, 무취, 전기적으로 비전도성이며, 비독성 가스
③ 소화 시 열분해를 하지 않아 연소생성물(HF)이 없음
④ 오존층 파괴지수 및 지구온난화지수가 "Zero(0)"인 친환경적인 소화약제

## 97 프로판($C_3H_8$)의 연소에 필요한 최소 산소 농도의 값은 약 얼마인가? (단, 프로판의 폭발하한은 Jone식에 의해 추산한다.)

① 8.1%v/v
② 11.1%v/v
③ 15.1%v/v
④ 20.1%v/v

**[해설]**

1. Jones식에 의한 폭발하한계 및 상한계
   • Jones식에 의한 폭발하한계 = $0.55 \times Cst$
   • Jones식에 의한 폭발상한계 = $3.50 \times Cst$
   • $C_{st} = \dfrac{100}{1 + 4.773\left(n + \dfrac{m - f - 2\lambda}{4}\right)}$

   ($n$ : 탄소, $m$ : 수소, $f$ : 할로겐원소, $\lambda$ : 산소의 원자수)

2. 최소산소농도(MOC 농도)

   MOC 농도
   = 폭발하한계 × $\dfrac{\text{산소의 몰수}}{\text{연료의 몰수}}$ ($Vol\%$)

---

**메탄의 폭발하한계**

1. Jones식에 의한 프로판의 폭발하한계
   • 프로판($C_3H_8$)에서($n$ : 3, $m$ : 8, $f$ : 0, $\lambda$ : 0)

   $C_{st} = \dfrac{100}{1 + 4.773\left(3 + \dfrac{8}{4}\right)} = 4.02\,(Vol\%)$

   • 프로판의 폭발하한계 = $0.55 \times Cst$
     $= 0.55 \times 4.02 = 2.21$

2. 프로판의 최소 산소농도

   $1C_3H_8 + 5O_2 = 3CO_2 + 4H_2O$
   (여기서 1, 5, 3, 4 = 몰수)

   프로판의 최소산소농도
   $= 2.21 \times \dfrac{5}{1} = 11.05\,(Vol\%)$

{분석}
**실기까지 중요한 내용입니다.**

## 98 다음 중 물과 반응하여 아세틸렌을 발생시키는 물질은?

① Zn
② Mg
③ Al
④ $CaC_2$

**[해설]** $CaC_2 + 2H_2O = Ca(OH)_2 + C_2H_2$
(탄화칼슘 + 물 = 수산화칼슘 + 아세틸렌)

## 99 메탄 1vol%, 헥산 2vol%, 에틸렌 2vol%, 공기 95vol%로 된 혼합가스의 폭발하한계 값(vol%)은 약 얼마인가? (단, 메탄, 헥산, 에틸렌의 폭발하한계 값은 각각 5.0, 1.1, 2.7vol% 이다.)

① 1.8
② 3.5
③ 12.8
④ 21.7

---

🔊 **정답** 96 ① 97 ② 98 ④ 99 ①

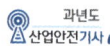
해설 **혼합 가스의 폭발 범위(르 샤틀리에의 공식)**

$$\frac{100}{L} = \frac{V_1}{L_1} + \frac{V_2}{L_2} + \frac{V_3}{L_3} \cdots (\text{Vol}\%)$$

$$L = \frac{100}{\dfrac{V_1}{L_1} + \dfrac{V_2}{L_2} + \dfrac{V_3}{L_3} \cdots}$$

여기서, $L$ : 혼합가스의 폭발하한계(상한계)
$L_1$, $L_2$, $L_3$ : 단독가스의 폭발하한계(상한계)
$V_1$, $V_2$, $V_3$ : 단독가스의 공기 중 부피
$100$ : $V_1 + V_2 + V_3 + \cdots$

[풀이 1]

$$\frac{(1+2+2)}{L} = \frac{1}{5.0} + \frac{2}{1.1} + \frac{2}{2.7}$$

$$L = \frac{5}{\dfrac{1}{5.0} + \dfrac{2}{1.1} + \dfrac{2}{2.7}} = 1.81\,(Vol\%)$$

[풀이 2]

$$\frac{(20+40+40)}{L} = \frac{20}{5.0} + \frac{40}{1.1} + \frac{40}{2.7}$$

$$L = \frac{100}{\dfrac{20}{5.0} + \dfrac{40}{1.1} + \dfrac{40}{2.7}} = 1.81\,(Vol\%)$$

{분석}
**실기까지 중요한 내용입니다.**

**100** 가열·마찰·충격 또는 다른 화학물질과의 접촉 등으로 인하여 산소나 산화제의 공급이 없더라도 폭발 등 격렬한 반응을 일으킬 수 있는 물질은?

① 에틸알코올　　② 인화성 고체
③ 니트로화합물　④ 테레핀유

해설 산소나 산화제의 공급이 없더라도 폭발 등 격렬한 반응을 일으킬 수 있는 물질 → 폭발성 물질
① 에틸알코올 : 인화성 액제
② 인화성 고체
③ 니트로화합물 : 폭발성 물질
④ 테레핀유 : 인화성 액체

{분석}
**실기까지 중요한 내용입니다.**

---

제**6**과목 **건설공사 안전 관리**

**101** 사업주가 유해위험방지 계획서 제출 후 건설공사 중 6개월 이내마다 안전보건공단의 확인을 받아야 할 내용이 아닌 것은?

① 유해위험방지 계획서의 내용과 실제 공사 내용이 부합하는지 여부
② 유해위험방지 계획서 변경 내용의 적정성
③ 자율안전관리 업체 유해·위험방지 계획서 제출·심사 면제
④ 추가적인 유해·위험요인의 존재여부

해설 사업주는 <u>건설공사 중 6개월 이내마다</u> 다음 각 호의 사항에 관하여 공단의 확인을 받아야 한다.
① 유해·위험방지<u>계획서의 내용과 실제공사 내용이 부합하는지</u> 여부
② 유해·위험방지<u>계획서 변경내용의 적정성</u>
③ <u>추가적인 유해·위험요인</u>의 존재 여부

**102** 철골공사 시 안전작업방법 및 준수사항으로 옳지 않은 것은?

① 강풍, 폭우 등과 같은 악천후 시에는 작업을 중지하여야 하며 특히 강풍 시에는 높은 곳에 있는 부재나 공구류가 낙하·비래하지 않도록 조치하여야 한다.
② 철골부재 반입 시 시공순서가 빠른 부재는 상단부에 위치하도록 한다.
③ 구명줄 설치 시 마닐라 로프 직경 10mm를 기준하여 설치하고 작업방법을 충분히 검토하여야 한다.
④ 철골보의 두 곳을 매어 인양시킬 때 와이어로프의 내각은 60° 이하이어야 한다.

---

•)) 정답 **100** ③ **101** ③ **102** ③

해설 ③ 구명줄을 설치할 경우에는 1가닥의 구명줄을 여러 명이 동시에 사용하지 않도록 하여야 하며 구명줄을 마닐라 로프 직경 16밀리미터를 기준하여 설치하고 작업방법을 충분히 검토하여야 한다.

**103** 지면보다 낮은 땅을 파는데 적합하고 수중 굴착도 가능한 굴착기계는?

① 백호우
② 파워쇼벨
③ 가이데릭
④ 파일드라이버

해설 **굴착기계**

1. 파워 셔블(power shovel, 동력삽)
   기계가 서 있는 지반면보다 높은 곳의 땅파기에 적합하다.

2. 드래그 셔블(drag shovel, 백호)
   • 기계가 서 있는 지면보다 낮은 장소의 굴착 및 수중굴착이 가능하다
   • 굳은 지반의 토질도 정확한 굴착이 된다.

3. 드래그라인(drag line)
   • 기계가 서있는 위치보다 낮은 장소의 굴착에 적당하고 굳은 토질에서의 굴착은 되지 않지만 굴착 반지름이 크다.
   • 작업범위가 광범위하고 수중굴착 및 연약한 지반의 굴착에 적합하다.

4. 클램셸(clamshell)
   • 수중굴착 및 가장 협소하고 깊은 굴착이 가능하며 호퍼(hopper)에 적당하다.
   • 연약지반이나 수중굴착 및 자갈 등을 싣는데 적합하다.

{분석}
필기에 자주 출제되는 내용입니다.

**104** 산업안전보건법령에 따른 지반의 종류별 굴착면의 기울기 기준으로 옳지 않은 것은?

① 모래 – 1 : 1.8
② 연암 및 풍화암 – 1 : 1.5
③ 경암 – 1 : 0.5
④ 그 밖의 흙 – 1 : 1.2

해설 **굴착면의 기울기 및 높이 기준**

| 지반의 종류 | 굴착면의 기울기 |
|---|---|
| 모래 | 1:1.8 |
| 연암 및 풍화암 | 1:1.0 |
| 경암 | 1:0.5 |
| 그 밖의 흙 | 1:1.2 |

{분석}
실기에 자주 출제되는 중요한 내용입니다.

**105** 콘크리트 타설 시 거푸집 측압에 관한 설명으로 옳지 않은 것은?

① 기온이 높을수록 측압은 크다.
② 타설속도가 클수록 측압은 크다.
③ 슬럼프가 클수록 측압은 크다.
④ 다짐이 과할수록 측압은 크다.

해설 **콘크리트 타설 시 거푸집의 측압**

① 외기온도가 낮을수록 측압이 크다.
② 습도가 낮을수록 측압이 크다.
③ 타설속도가 빠를수록 측압이 크다.
④ 콘크리트 비중이 클수록 측압이 크다.
⑤ 철골 or 철근량 적을수록 측압이 크다.

{분석}
실기까지 중요한 내용입니다.

정답 103 ① 104 ② 105 ①

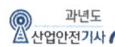

**106** 강관비계의 수직방향 벽이음 조립간격 (m)으로 옳은 것은? (단, 틀비계이며 높이가 5m 이상일 경우)

① 2m          ② 4m
③ 6m          ④ 9m

**해설** 비계 조립간격(벽이음 간격)

| 비계 종류 | | 수직<br>방향 | 수평<br>방향 |
|---|---|---|---|
| 강관<br>비계 | 단관비계 | 5m | 5m |
| | 틀비계(높이 5m<br>미만인 것 제외) | 6m | 8m |

{분석}
실기에 자주 출제되는 중요한 내용입니다.

**107** 굴착과 싣기를 동시에 할 수 있는 토공 기계가 아닌 것은?

① Power shovel     ② Tractor shovel
③ Back hoe         ④ Motor grader

**해설** 모터 그레이더(Motor grader) : 토공판을 작동시켜 지면의 정지작업(땅을 깎아 고르는 작업)을 하는데 사용된다.

**108** 구축물에 안전진단 등 안전성 평가를 실시하여 근로자에게 미칠 위험성을 미리 제거하여야 하는 경우가 아닌 것은?

① 구축물 등의 인근에서 굴착 · 항타작업 등으로 침하 · 균열 등이 발생하여 붕괴의 위험이 예상될 경우
② 구축물 등이 그 자체의 무게 · 적설 · 풍압 또는 그 밖에 부가되는 하중 등으로 붕괴 등의 위험이 있을 경우
③ 화재 등으로 구축물 등의 내력(耐力)이 심하게 저하 되었을 경우
④ 구축물의 구조체가 안전 측으로 과도하게 설계가 되었을 경우

**해설** 구축물 또는 시설물의 안전성 평가를 실시하여야 하는 경우

① 구축물 등의 인근에서 굴착 · 항타작업 등으로 침하 · 균열 등이 발생하여 붕괴의 위험이 예상될 경우
② 구축물 등에 지진, 동해(凍害), 부동침하(부동침하) 등으로 균열 · 비틀림 등이 발생하였을 경우
③ 구축물 등이 그 자체의 무게 · 적설 · 풍압 또는 그 밖에 부가되는 하중 등으로 붕괴 등의 위험이 있을 경우
④ 화재 등으로 구축물 등의 내력(耐力)이 심하게 저하 되었을 경우

{분석}
실기까지 중요한 내용입니다.

**109** 다음 중 방망사의 폐기 시 인장강도에 해당하는 것은? (단, 그물코의 크기는 10cm이며 매듭 없는 방망의 경우임)

① 50kg         ② 100kg
③ 150kg        ④ 200kg

**해설** 방망사의 폐기 시 인장강도

| 그물코의 크기<br>(단위 : 센티미터) | 방망의 종류(단위 : 킬로그램) | |
|---|---|---|
| | 매듭 없는 방망 | 매듭방망 |
| 10 | 150 | 135 |
| 5 | | 60 |

**참고** 방망사의 신품에 대한 인장강도

| 그물코의 크기 (단위 : 센티미터) | 방망의 종류(단위 : 킬로그램) | |
|---|---|---|
| | 매듭 없는 방망 | 매듭방망 |
| 10 | 240 | 200 |
| 5 | | 110 |

{분석}
필기에 자주 출제되는 내용입니다.

**110** 작업장에 계단 및 계단참을 설치하는 경우 매 제곱미터당 최소 몇 킬로그램 이상의 하중에 견딜 수 있는 강도를 가진 구조로 설치하여야 하는가?

① 300kg
② 400kg
③ 500kg
④ 600kg

**해설** 계단 및 계단참의 강도는 500kg/m² 이상이어야 하며 안전율(안전의 정도를 표시하는 것으로서 재료의 파괴응력도와 허용응력도와의 비를 말한다)은 4 이상으로 하여야 한다.

**참고** 1. 계단의 폭 : 1미터 이상으로 하여야 한다.
2. 계단참의 높이 : 높이가 3미터를 초과하는 계단에는 높이 3미터 이내마다 진행방향으로 길이 1.2미터 이상의 계단참을 설치하여야 한다.
3. 천장의 높이 : 바닥면으로부터 높이 2미터 이내의 공간에 장애물이 없도록 하여야 한다.
4. 계단의 난간 : 높이 1미터 이상인 계단의 개방된 측면에 안전난간을 설치하여야 한다.

{분석}
실기까지 중요한 내용입니다.

**111** 굴착공사에서 비탈면 또는 비탈면 하단을 성토하여 붕괴를 방지하는 공법은?

① 배수공
② 배토공
③ 공작물에 의한 방지공
④ 압성토공

**해설** 비탈면 또는 비탈면 하단을 성토하여 붕괴를 방지하는 공법 → 압성토공

**112** 공정율이 65%인 건설현장의 경우 공사 진척에 따른 산업안전보건관리비의 최소 사용기준으로 옳은 것은? (단, 공정률은 기성 공정률을 기준으로 함)

① 40% 이상
② 50% 이상
③ 60% 이상
④ 70% 이상

**해설** 공사진척에 따른 산업안전보건관리비 사용 기준

| 공정률 | 사용 기준 |
|---|---|
| 50퍼센트 이상 70퍼센트 미만 | 50퍼센트 이상 |
| 70퍼센트 이상 90퍼센트 미만 | 70퍼센트 이상 |
| 90퍼센트 이상 | 90퍼센트 이상 |

{분석}
실기까지 중요한 내용입니다.

최근 기출문제 **2020**

•)) **정답** 110 ③ 111 ④ 112 ②

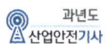
**113** 해체공사 시 작업용 기계기구의 취급 안전 기준에 관한 설명으로 옳지 않은 것은?

① 철제 햄머와 와이어로프의 결속은 경험이 많은 사람으로서 선임된 자에 한하여 실시하도록 하여야 한다.

② 팽창제 천공간격은 콘크리트 강도에 의하여 결정되나 70~120cm 정도를 유지하도록 한다.

③ 쐐기타입으로 해체 시 천공구멍은 타입기 삽입부분의 직경과 거의 같아야 한다.

④ 화염방사기로 해체작업 시 용기 내 압력은 온도에 의해 상승하기 때문에 항상 40℃ 이하로 보존해야 한다.

**해설** ② 팽창제 천공 간격은 콘크리트 강도에 의하여 결정되나 30~70cm 정도를 유지하도록 한다.

**114** 가설통로의 설치에 관한 기준으로 옳지 않은 것은?

① 경사는 30° 이하로 한다.

② 건설공사에 사용하는 높이 8m 이상인 비계다리에는 7m 이내마다 계단참을 설치한다.

③ 작업상 부득이한 경우에는 필요한 부분에 한하여 안전난간을 임시로 해체할 수 있다.

④ 수직갱에 가설된 통로의 길이가 10m 이상인 경우에는 5m 이내마다 계단참을 설치한다.

**해설** **가설통로 설치 시의 준수사항**

① 견고한 구조로 할 것

② 경사는 30도 이하로 할 것(계단을 설치하거나 높이2미터 미만의 가설통로로서 튼튼한 손잡이를 설치한 때에는 그러하지 아니하다)

③ 경사가 15도를 초과하는 때는 미끄러지지 아니하는 구조로 할 것

④ 추락의 위험이 있는 장소에는 안전난간을 설치할 것(작업상 부득이한 때에는 필요한 부분에 한하여 임시로 이를 해체할 수 있다)

⑤ 수직갱 : 길이가 15미터 이상인 때에는 10미터 이내마다 계단참을 설치할 것

⑥ 건설공사에 사용하는 높이 8미터 이상인 비계다리 : 7미터 이내 마다 계단참을 설치할 것

{분석}
**실기까지 중요한 내용입니다.**

**115** 작업으로 인하여 물체가 떨어지거나 날아올 위험이 있는 경우 필요한 조치와 가장 거리가 먼 것은?

① 투하설비 설치

② 낙하물 방지망 설치

③ 수직보호망 설치

④ 출입금지구역 설정

**해설** **낙하·비래 위험방지 조치**

① 낙하물방지망·수직보호망 또는 방호선반의 설치

② 출입금지구역의 설정

③ 보호구의 착용

{분석}
**실기까지 중요한 내용입니다.**

**정답** 113 ② 114 ④ 115 ①

**116** 다음은 안전대와 관련된 설명이다. 아래 내용에 해당되는 용어로 옳은 것은?

> 로프 또는 레일 등과 같은 유연하거나 단단한 고정줄로서 추락발생 시 추락을 저지시키는 추락방지대를 지탱해 주는 줄모양의 부품

① 안전블록
② 수직구명줄
③ 죔줄
④ 보조죔줄

[해설] "수직구명줄"이란 로프 또는 레일 등과 같은 유연하거나 단단한 고정줄로서 추락발생 시 추락을 저지시키는 추락방지대를 지탱해 주는 줄모양의 부품을 말한다.

[참고] 1. "안전블록"이란 안전그네와 연결하여 추락발생 시 추락을 억제할 수 있는 자동잠김장치가 갖추어져 있고 죔줄이 자동적으로 수축되는 장치를 말한다.
2. "죔줄"이란 벨트 또는 안전그네를 구명줄 또는 구조물 등 기타 걸이설비와 연결하기 위한 줄모양의 부품을 말한다.
3. "보조죔줄"이란 안전대를 U자걸이로 사용할 때 U자걸이를 위해 훅 또는 카라비너를 지탱벨트의 D링에 걸거나 떼어낼 때 잘못하여 추락하는 것을 방지하기 위한 링과 걸이설비 연결에 사용하는 훅 또는 카라비너를 갖춘 줄모양의 부품을 말한다.

**117** 크레인의 운전실 또는 운전대를 통하는 통로의 끝과 건설물 등의 벽체의 간격은 최대 얼마 이하로 하여야 하는가?

① 0.2m
② 0.3m
③ 0.4m
④ 0.5m

[해설] 다음 각 호의 간격을 0.3미터 이하로 하여야 한다. 다만, 근로자가 추락할 위험이 없는 경우에는 그 간격을 0.3미터 이하로 유지하지 아니할 수 있다.
① 크레인의 운전실 또는 운전대를 통하는 통로의 끝과 건설물 등의 벽체의 간격
② 크레인 거더(girder)의 통로 끝과 크레인 거더의 간격
③ 크레인 거더의 통로로 통하는 통로의 끝과 건설물 등의 벽체의 간격

**118** 달비계의 최대 적재하중을 정하는 경우 그 안전계수 기준으로 옳지 않은 것은?

① 달기 와이어로프 및 달기강선의 안전계수 : 10 이상
② 달기 체인 및 달기 훅의 안전계수 : 5 이상
③ 달기 강대와 달비계의 하부 및 상부 지점의 안전계수 : 강재의 경우 3 이상
④ 달기 강대와 달비계의 하부 및 상부 지점의 안전계수 : 목재의 경우 5 이상

{분석}
관련 법규 개정으로 법규에서 삭제된 내용입니다..

**119** 달비계에 사용이 불가한 와이어로프의 기준으로 옳지 않은 것은?

① 이음매가 있는 것
② 와이어로프의 한 꼬임에서 끊어진 소선의 수가 7% 이상인 것
③ 지름의 감소가 공칭지름의 7%를 초과하는 것
④ 심하게 변형되거나 부식된 것

•)) 정답 116 ② 117 ② 118 정답 없음 119 ②

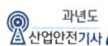
**[해설]** 와이어로프의 사용금지 기준

① 이음매가 있는 것
② 와이어로프의 한 꼬임에서 끊어진 소선의 수가 10퍼센트 이상인 것
③ 지름의 감소가 공칭지름의 7퍼센트를 초과하는 것
④ 꼬인 것
⑤ 심하게 변형되거나 부식된 것
⑥ 열과 전기충격에 의해 손상된 것

**[참고]** 사용금지 기준

| | |
|---|---|
| 달기체인 | ① 달기체인의 길이가 제조된 때 길이의 5% 이상 늘어난 것<br>② 링의 단면지름이 제조된 때의 해당 링의 지름의 10퍼센트를 초과하여 감소한 것<br>③ 균열이 있거나 심하게 변형된 것 |
| 화물자동차의 짐걸이 등으로 사용하는 섬유로프 | ① 꼬임이 끊어진 것<br>② 심하게 손상 또는 부식된 것 |
| 섬유로프 또는 안전대의 섬유벨트 | ① 꼬임이 끊어진 것<br>② 심하게 손상되거나 부식된 것<br>③ 2개 이상의 작업용 섬유로프 또는 섬유벨트를 연결한 것<br>④ 작업높이보다 길이가 짧은 것 |

{분석}
실기에 자주 출제되는 중요한 내용입니다.

**120** 흙막이 지보공을 설치하였을 때 정기적으로 점검하여 이상 발견 시 즉시 보수하여야 할 사항이 아닌 것은?

① 굴착 깊이의 정도
② 버팀대의 긴압의 정도
③ 부재의 접속부·부착부 및 교차부의 상태
④ 부재의 손상·변형·부식·변위 및 탈락의 유무와 상태

**[해설]** 흙막이 지보공을 설치한 때 점검 사항

① 부재의 손상·변형·부식·변위 및 탈락의 유무와 상태
② 버팀대의 긴압의 정도
③ 부재의 접속부·부착부 및 교차부의 상태
④ 침하의 정도

{분석}
실기까지 중요한 내용입니다.

**정답 120** ①

# 03회 2020년 산업안전기사 최근 기출문제

**01** 레빈(Lewin)의 인간 행동 특성을 다음과 같이 표현하였다. 변수 'E'가 의미하는 것은?

$$B = f(P \cdot E)$$

① 연령      ② 성격
③ 환경      ④ 지능

**해설** 레윈(K. Lewin)의 법칙

$$B = f(P \cdot E)$$

여기서, B : Behavior(인간의 행동)
       f : function(함수관계)
       P : Person
       (개제 : 년령, 경험, 심신상태, 성격, 지능 등)
       E : Environment
       (심리적 환경 : 인간관계, 작업환경 등)

{분석}
실기까지 중요한 내용입니다.

**02** 다음 중 안전교육의 형태 중 OJT(On The Job of training) 교육에 대한 설명과 거리가 먼 것은?

① 다수의 근로자에게 조직적 훈련이 가능하다.
② 직장의 실정에 맞게 실제적인 훈련이 가능하다.
③ 훈련에 필요한 업무의 지속성이 유지된다.
④ 직장의 직속상사에 의한 교육이 가능하다.

**해설**

| | |
|---|---|
| OJT의<br>특징 | ① 개개인에게 적절한 훈련이 가능하다.<br>② 직장의 실정에 맞는 훈련이 가능하다.<br>③ 교육효과가 즉시 업무에 연결된다.<br>④ 훈련에 대한 업무의 계속성이 끊어지지 않는다.<br>⑤ 상호 신뢰 이해도가 높다. |
| OFF<br>JT의<br>특징 | ① 다수의 근로자들에게 훈련을 할 수 있다.<br>② 훈련에만 전념하게 된다.<br>③ 특별설비기구 이용이 가능하다.<br>④ 많은 지식이나 경험을 교류할 수 있다.<br>⑤ 교육 훈련 목표에 대하여 집단적 노력이 흐트러질 수 있다. |

{분석}
실기까지 중요한 내용입니다.

**03** 다음 중 안전교육의 기본 방향과 가장 거리가 먼 것은?

① 생산성 향상을 위한 교육
② 사고사례 중심의 안전교육
③ 인진작입을 위한 교육
④ 안전의식 향상을 위한 교육

**해설** 안전교육의 기본 방향

① 사고사례 중심의 안전교육
② 안전의식 향상을 위한 안전교육
③ 안전작업(표준작업)을 위한 안전교육

•)) 정답 01 ③ 02 ① 03 ①

**04** 다음 설명의 학습지도 형태는 어떤 토의법 유형인가?

> 6-6 회의라고도 하며, 6명씩 소집단으로 구분하고, 집단별로 각각의 사회자를 선발하여 6분간씩 자유토의를 행하여 의견을 종합하는 방법

① 포럼(Forum)
② 버즈세션(Buzz session)
③ 케이스 메소드(Case Method)
④ 패널 디스커션(Panel Discussion)

**[해설]** 버즈 세션(Buzz Session, 6-6 회의) : 사회자와 기록계를 선출한 후 6명씩의 소집단으로 구분하고, 소집단별로 6분씩 자유토의를 행하여 의견을 종합하는 방법

**[참고]**
1. **포럼(Forum)** : **새로운 자료나 교재를 제시**, 거기서의 **문제점을 피교육자로 하여금** 제기하게 하여 **발표하고 토의**하는 방법
2. **사례연구법(Case Study : Case Method)** : 먼저 **사례를 제시**, 문제적 사실들과 그의 상호관계에 대해서 검토하고 **대책을 토의**하는 학습법
3. **패널 디스커션(Panel Discussion)** : 패널 멤버 (교육과제에 정통한 전문가 4 ~ 5명)가 피교육자 앞에서 **토의를 하고**, 뒤에 피교육자 **전원이 참가하여 사회자의 사회에 따라 토의하는 방법**

{분석}
필기에 자주 출제되는 내용입니다.

**05** 안전점검의 종류 중 태풍, 폭우 등에 의한 침수, 지진 등의 천재지변이 발생한 경우나 이상 사태 발생 시 관리자나 감독자가 기계, 기구, 설비 등의 기능상 이상 유무에 대하여 점검하는 것은?

① 일상점검　　② 정기점검
③ 특별점검　　④ 수시점검

**[해설]** 안전점검의 종류
① **정기점검(계획점검)** : 일정 기간마다 정기적으로 실시하는 점검을 말한다.
② **수시점검(일상점검)** : 매일 작업 전, 중, 후에 실시하는 점검을 말한다.
③ **특별점검** : 기계·기구 또는 설비의 **신설·변경 또는 고장·수리 등**으로 비정기적인 특정 점검, **산업안전보건 강조기간, 악천후 시에도 실시**한다.
④ **임시점검** : 기계·기구 또는 설비의 이상 발견 시에 임시로 실시하는 점검을 말한다.

{분석}
필기에 자주 출제되는 내용입니다.

**06** 다음 중 산업재해의 원인으로 간접적 원인에 해당되지 않는 것은?

① 기술적 원인
② 물적 원인
③ 관리적 원인
④ 교육적 원인

**[해설]** 물적 원인(불안전한 상태) → 직접 원인

**[참고]**

| 직접 원인 | ① **인적원인(불안전한 행동)**<br>② **물적원인(불안전한 상태)** |
|---|---|
| 간접 원인 | ① **기술적 원인**<br>② **교육적 원인**<br>③ **신체적 원인**<br>④ **정신적 원인**<br>⑤ **작업관리상 원인** |

{분석}
실기에 자주 출제되는 중요한 내용입니다.

**07** 산업안전보건 법령상 안전보건관리책임자 등에 대한 교육시간 기준으로 틀린 것은?

① 보건관리자, 보건관리전문기관의 종사자 보수교육 : 24시간 이상
② 안전관리자, 안전관리전문기관의 종사자 신규교육 : 34시간 이상
③ 안전보건관리책임자 보수교육 : 6시간 이상
④ 건설재해 예방전문 지도기관의 종사자 신규교육 : 24시간 이상

**해설** 안전보건관리책임자 등에 대한 교육(직무교육)

| 교육대상 | 교육시간 | |
|---|---|---|
| | 신규교육 | 보수교육 |
| 가. 안전보건 관리책임자 | 6시간 이상 | 6시간 이상 |
| 나. 안전관리자, 안전관리전문 기관의 종사자 | 34시간 이상 | 24시간 이상 |
| 다. 보건관리자, 보건관리전문 기관의 종사자 | 34시간 이상 | 24시간 이상 |
| 라. 재해예방 전문지도 기관 종사자 | 34시간 이상 | 24시간 이상 |
| 마. 석면조사기관 의 종사자 | 34시간 이상 | 24시간 이상 |
| 바. 안전보건관리 담당자 | – | 8시간 이상 |
| 사. 안전검사기관, 자율안전 검사기관의 종사자 | 34시간 이상 | 24시간 이상 |

{분석} 실기에 자주 출제되는 중요한 내용입니다.

**08** 매슬로우(Maslow)의 욕구단계 이론 중 제2단계 욕구에 해당하는 것은?

① 자아실현의 욕구
② 안전에 대한 욕구
③ 사회적 욕구
④ 생리적 욕구

**해설** 매슬로(Maslow A. H.)의 욕구단계 이론(인간의 욕구 5단계)
① 제1단계(생리적 욕구)
② 제2단계(안전 욕구)
③ 제3단계(사회적 욕구)
④ 제4단계(존경 욕구)
⑤ 제5단계(자아실현의 욕구)

{분석} 실기에 자주 출제되는 중요한 내용입니다.

**09** 다음 중 재해예방의 4원칙과 관련이 가장 적은 것은?

① 모든 재해의 발생 원인은 우연적인 상황에서 발생한다.
② 재해손실은 사고가 발생할 때 사고 대상의 조건에 따라 달라진다.
③ 재해예방을 위한 가능한 안전대책은 반드시 존재한다.
④ 재해는 원칙적으로 원인만 제거되면 예방이 가능하다.

**해설** 산업재해 예방의 4원칙
① 예방 가능의 원칙 : 재해는 원칙적으로 원인만 제거되면 예방이 가능하다.
② 손실 우연의 원칙 : 사고의 결과 생기는 상해의 종류와 정도는 사고 발생 시 사고대상의 조건에 따라 우연히 발생한다.
③ 대책 선정의 원칙 : 사고의 원인에 대한 적합한 대책이 선정되어야 한다.
④ 원인 연계의 원칙 : 재해는 원인이 있고, 직접원인과 간접원인이 연계되어 일어난다.

{분석} 실기에 자주 출제되는 중요한 내용입니다.

정답 07 ④ 08 ② 09 ①

**10** 파블로프(Pavlov)의 조건반사설에 의한 학습이론의 원리가 아닌 것은?

① 일관성의 원리
② 계속성의 원리
③ 준비성의 원리
④ 강도의 원리

해설 **파블로프의 조건반사설**(자극과 반응이론 : S – R이론)
- **일관성**의 원리
- **계속성**의 원리
- **시간**의 원리
- **강도**의 원리

{분석}
실기까지 중요한 내용입니다.

**11** 인간의 동작 특성 중 판단과정의 착오 요인이 아닌 것은?

① 합리화
② 정서 불안정
③ 작업조건 불량
④ 정보 부족

해설 **인간의 착오 요인**

| 인지과정 착오의 요인 | • 정보량 저장의 한계<br>• 감각 차단 현상<br>• 정서적 불안정<br>  (공포, 불안, 불만 등)<br>• 생리, 심리적 능력의 한계<br>  (정보 수용 능력의 한계) |
|---|---|
| 판단과정 착오 요인 | • 자기 합리화<br>• 능력 부족<br>• 정보 부족<br>• 자기과신 |
| 조작과정의 착오 요인 | • 작업자의 기능 미숙(기술 부족)<br>• 작업 경험 부족<br>• 피로 |
| 심리적, 기타 요인 | • 불안·공포·과로·수면 부족 등 |

**12** 산업안전보건법령상 안전 / 보건표지의 색채와 사용사례의 연결로 틀린 것은?

① 노란색 – 정지신호, 소화설비 및 그 장소, 유해 행위의 금지
② 파란색 – 특정 행위의 지시 및 사실의 고지
③ 빨간색 – 화학물질 취급장소에서의 유해 / 위험 경고
④ 녹색 – 비상구 및 피난소, 사람 또는 차량의 통행 표지

해설 ① 노란색 – 화학물질 취급장소에서의 유해·위험 경고 이외의 위험 경고, 주의표지 또는 기계 방호물

{분석}
실기에 자주 출제되는 중요한 내용입니다.

**13** 산업안전보건 법령상 안전 / 보건표지의 종류 중 다음 표지의 명칭은? (단, 마름모 테두리는 빨간색이며, 안의 내용은 검은 색이다.)

① 폭발성물질 경고
② 산화성물질 경고
③ 부식성물질 경고
④ 급성독성물질 경고

해설

| 폭발성물질 경고 | 산화성물질 경고 | 부식성물질 경고 | 급성독성 물질 경고 |
|---|---|---|---|
| | | | |

{분석}
실기에 자주 출제되는 중요한 내용입니다.

정답 10③ 11② 12① 13④

**14** 하인리히의 재해 발생 이론이 다음과 같이 표현될 때, $\alpha$ 가 의미하는 것으로 옳은 것은?

> 재해의 발생 = 설비적 결함 + 관리적 결함 + $\alpha$

① 노출된 위험의 상태
② 재해의 직접적인 원인
③ 물적 불안전 상태
④ 잠재된 위험의 상태

**해설** 하인리히의 재해 발생 이론

재해의 발생
= 물적 불안전상태 + 인적 불안전행위 + 잠재된 위험의 상태
= 설비적 결함 + 관리적 결함 + 잠재된 위험의 상태

**15** 허츠버그(Herzberg)의 위생 – 동기 이론에서 동기요인에 해당하는 것은?

① 감독
② 안전
③ 책임감
④ 작업조건

**해설**

| 위생 요인(직무 환경) | 동기 요인(직무 내용) |
|---|---|
| • 회사정책과 관리 | • **성취감** |
| • 개인 상호간의 관계 | • **책임감** |
| • 감독 | • **안정감** |
| • **임금** | • 성장과 발전 |
| • 모수 | • 도전감 |
| • **작업조건** | • **일 그 자체** |
| • 지위 | |
| • 안전 | |

{분석}
필기에 자주 출제되는 내용입니다.

**16** 재해 분석 도구 중 재해 발생의 유형을 어골상(魚骨像)으로 분류하여 분석하는 것은?

① 파레토도
② 특성요인도
③ 관리도
④ 크로스 분석

**해설** 재해 발생의 유형을 어골상(魚骨像)으로 분류하여 분석 → 특성요인도

**참고** ① 파레토도(Pareto Diagram) : 사고 유형, 기인물 등 데이터를 분류하여 그 항목값이 큰 순서대로 정리하여 막대그래프로 나타낸다.
② 관리도(Control Chart) : 시간경과에 따른 재해 발생 건수 등 대략적인 추이 파악에 사용된다.
③ 크로스(cross) 분석 : 2가지 또는 2개 항목 이상의 요인이 상호관계를 유지할 때 문제를 분석하는데 사용된다.

{분석}
필기에 자주 출제되는 내용입니다.

**17** 다음 중 안전모의 성능시험에 있어서 AE, ABE종에만 한하여 실시하는 시험은?

① 내관통성시험, 충격흡수성시험
② 난연성시험, 내수성시험
③ 난연성시험, 내전압성시험
④ 내전압성시험, 내수성시험

**해설** AE, ABE종에만 한하여 실시하는 시험 → 내전압성시험, 내수성시험

**참고** 안전모의 성능시험 종류

| 항목 | 시험성능 기준 |
|---|---|
| ① 내관통성 시험 | AE, ABE종 안전모는 관통거리가 9.5mm 이하이고, AB종 안전모는 관통거리가 11.1mm 이하이어야 한다. |
| ② 충격흡수성 시험 | 최고 전달 충격력이 4,450N을 초과해서는 안 되며, 모체와 착장체의 기능이 상실되지 않아야 한다. |

🔊 정답 14 ④ 15 ③ 16 ② 17 ④

| 항목 | 시험성능 기준 |
|---|---|
| ③ 내전압성 시험 | AE, ABE종 안전모는 교류 20kV에서 1분간 절연파괴 없이 견뎌야 하고, 이때 누설되는 충전전류는 10mA 이하이어야 한다. |
| ④ 내수성 시험 | **AE, ABE종** 안전모는 **질량증가율이 1% 미만**이어야 한다. |
| ⑤ 난연성 시험 | 모체가 불꽃을 내며 5초 이상 연소되지 않아야 한다. |
| ⑥ 턱끈풀림 시험 | 150N 이상 250N 이하에서 턱끈이 풀려야 한다. |

{분석}
실기까지 중요한 내용입니다.

**18** 플리커 검사(flicker test)의 목적으로 가장 적절한 것은?

① 혈중 알코올농도 측정
② 체내 산소량 측정
③ 작업강도 측정
④ 피로의 정도 측정

[해설] 플리커테스트(점멸융합주파수) : 피곤해지면 시각이 둔화되는 성질을 이용한 피로도 평가방법

**19** 강도율에 관한 설명 중 틀린 것은?

① 사망 및 영구 전노동불능(신체장해등급 1~3급)의 근로손실일수는 7,500일로 환산한다.
② 신체장해등급 중 제14급은 근로손실일수를 50일로 환산한다.
③ 영구 일부 노동불능은 신체 장해등급에 따른 근로손실일수에 300/365를 곱하여 환산한다.
④ 일시 전노동 불능은 휴업일수에 300/365를 곱하여 근로손실일수를 환산한다.

[해설] ③ 영구 일부 노동불능은 신체장해등급 4~14급으로 장해등급별 근로손실일수로 환산한다.

**참고**

1. 일시 전 노동불능 → 휴업상해
2. 근로손실일수 = 휴업일수, 요양일수, 입원일수
$$\times \frac{300(실제근로일수)}{365}$$

3.

| 신체장해 등급 | 손실일수 |
|---|---|
| 사망, 1, 2, 3급 | 7,500일 |
| 4급 | 5,500일 |
| 5급 | 4,000일 |
| 6급 | 3,000일 |
| 7급 | 2,200일 |
| 8급 | 1,500일 |
| 9급 | 1,000일 |
| 10급 | 600일 |
| 11급 | 400일 |
| 12급 | 200일 |
| 13급 | 100일 |
| 14급 | 50일 |

{분석}
실기에 자주 출제되는 중요한 내용입니다.

**20** 다음 중 브레인스토밍의 4원칙과 가장 거리가 먼 것은?

① 자유로운 비평
② 자유분방한 발언
③ 대량적인 발언
④ 타인 의견의 수정 발언

[해설] 브레인스토밍의 4원칙

• **비판금지** : 좋다, 나쁘다 **비판은 하지 않는다.**
• **자유분방** : 마음대로 **자유로이 발언**한다.
• **대량발언** : 무엇이든 좋으니 **많이 발언**한다.
• **수정발언** : 타인의 생각에 **동참하거나 보충 발언**해도 좋다.

{분석}
필기에 자주 출제되는 내용입니다.

•))정답 18 ④ 19 ③ 20 ①

## 제2과목 • 인간공학 및 위험성 평가 · 관리

**21** 화학설비의 안전성 평가에서 정량적 평가의 항목에 해당되지 않는 것은?

① 훈련
② 조작
③ 취급물질
④ 화학설비용량

**해설**

| 정성적 평가항목 | 정량적 평가항목 |
|---|---|
| ① 입지 조건 | ① 취급물질 |
| ② 공장 내의 배치 | ② 화학설비의 용량 |
| ③ 소방설비 | ③ 온도 |
| ④ 공정 기기 | ④ 압력 |
| ⑤ 수송 · 저장 | ⑤ 조작 |
| ⑥ 원재료 | |
| ⑦ 중간체 | |
| ⑧ 제품 | |
| ⑨ 건조물(건물) | |
| ⑩ 공정 | |

{분석}
**필기에 자주 출제되는 내용입니다.**

**22** 인간 에러(human error)에 관한 설명으로 틀린 것은?

① omission error : 필요한 작업 또는 절차를 수행하지 않는데 기인한 에러
② commission error : 필요한 작업 또는 절차의 수행 지연으로 인한 에러
③ extraneous error : 불필요한 작업 또는 절차를 수행함으로써 기인한 에러
④ sequential error : 필요한 작업 또는 절차의 순서 착오로 인한 에러

**해설** 휴먼에러의 심리적 분류(Swain의 분류, 독립행동에 관한 분류)

① omission error(누설오류, 생략오류, 부작위 오류) : 필요한 작업 또는 절차를 수행하지 않는 데 기인한 에러
② time error(시간오류) : 필요한 작업 또는 절차의 수행 지연으로 인한 에러
③ commission error(작위오류, 실행오류) : 필요한 작업 또는 절차의 불확실한 수행으로 인한 에러
④ sequential error(순서오류) : 필요한 작업 또는 절차의 순서 착오로 인한 에러
⑤ extraneous error(과잉행동오류) : 불필요한 작업 또는 절차를 수행함으로써 기인한 에러

{분석}
**필기에 자주 출제되는 내용입니다.**

**23** 다음은 유해 위험 방지 계획서의 제출에 관한 설명이다. ( )안에 들어갈 내용으로 옳은 것은?

> 산업안전보건 법령상 "대통령령으로 정하는 사업의 종류 및 규모에 해당하는 사업으로서 해당 제품의 생산 공정과 직접적으로 관련된 건설물·기계·기구 및 설비 등 일체를 설치·이전하거나 그 주요 구조부분을 변경하려는 경우"에 해당하는 사업주는 유해 위험 방지 계획서에 관련 서류를 첨부하여 해당 작업 시작 ( ㉠ ) 까지 공단에 ( ㉡ )부를 제출하여야 한다.

① ㉠ : 7일 전, ㉡ : 2
② ㉠ : 7일 전, ㉡ : 4
③ ㉠ : 15일 전, ㉡ : 2
④ ㉠ : 15일 전, ㉡ : 4

**해설** 사업주가 제조업 대상 사업, 대상 기계·기구 설비에 해당하는 유해·위험방지계획서를 제출하려면 해당 공사 착공 15일 전까지 공단에 2부를 제출하여야 한다.

{분석}
**실기까지 중요한 내용입니다.**

**2020** 최근 기출문제

**정답** 21 ① 22 ② 23 ③

**24** 그림과 같이 FTA로 분석된 시스템에서 현재 모든 기본사상에 대한 부품이 고장 난 상태이다. 부품 $X_1$부터 부품 $X_5$까지 순서대로 복구한다면 어느 부품을 수리 완료하는 시점에서 시스템이 정상가동 되는가?

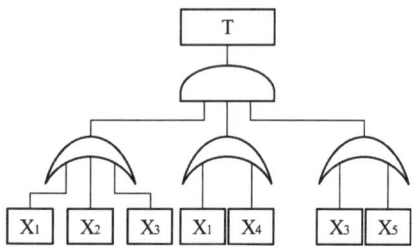

① 부품 $X_2$  　　② 부품 $X_3$
③ 부품 $X_4$  　　④ 부품 $X_5$

**해설** ① 부품 $X_3$를 수리하는 순간부터 3개의 OR 게이트가 모두 정상으로 바뀐다.(OR 게이트는 요소 중 하나가 정상이면 전체 시스템이 정상이 된다)
② 3개의 OR 게이트가 AND 게이트로 연결되어 있으므로 OR 게이트 3개가 모두 정상이면 전체 시스템은 정상이 된다.
(AND 게이트는 요소 모두가 정상일 때 전체 시스템이 정상이 된다)
즉, 부품 $X_3$를 수리하는 순간부터 전체 시스템이 정상이 된다.

**25** 눈과 물체의 거리가 23cm, 시선과 직각으로 측정한 물체의 크기가 0.03cm일 때 시각(분)은 얼마인가? (단, 시각은 60이하이며, radian단위를 분으로 환산하기 위한 상수값은 57.3과 60을 모두 적용하여 계산하도록 한다.)

① 0.001  　　② 0.007
③ 4.48  　　④ 24.55

**해설** 시각의 계산

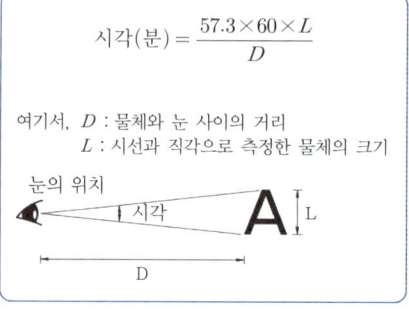

$$시각(분) = \frac{57.3 \times 60 \times L}{D}$$

여기서, $D$ : 물체와 눈 사이의 거리
　　　　$L$ : 시선과 직각으로 측정한 물체의 크기

눈의 위치

$$시각(분) = \frac{57.3 \times 60 \times 0.03}{23} = 4.48(분)$$

**26** Sanders와 McCormick의 의자 설계의 일반적인 원칙으로 옳지 않은 것은?

① 요부 후반을 유지한다.
② 조정이 용이해야 한다.
③ 등 근육의 정적부하를 줄인다.
④ 디스크가 받는 압력을 줄인다.

**해설** 의자 설계의 일반 원리
① 요추의 전만곡선을 유지할 것
② 디스크의 압력을 줄인다.
③ 등근육의 정적부하를 감소시킨다.
④ 자세고정을 줄인다.
⑤ 쉽게 조절할 수 있도록 설계할 것

　{분석}
　**필기에 자주 출제되는 내용입니다.**

**27** 후각적 표시장치(olfactory display)와 관련된 내용으로 옳지 않은 것은?

① 냄새의 확산을 제어할 수 없다.
② 시각적 표시장치에 비해 널리 사용되지 않는다.
③ 냄새에 대한 민감도의 개별적 차이가 존재한다.
④ 경보 장치로서 실용성이 없기 때문에 사용되지 않는다.

**정답** 24 ② 25 ③ 26 ① 27 ④

**해설 후각적 표시장치**
① 냄새를 이용하는 표시장치로서 다른 표시장치의 보조 수단으로서 활용될 수 있다.
② **예** 광부들에게 긴급대피를 알려주기 위하여 악취 시스템을 사용하는데 악취를 환기 계통에 주입하여 즉시 전체 갱내에 퍼지도록 한다.

**28** 그림과 같은 FT도에서 $F_1 = 0.015$, $F_2 = 0.02$, $F_3 = 0.05$이면, 정상사상 T가 발생할 확률은 약 얼마인가?

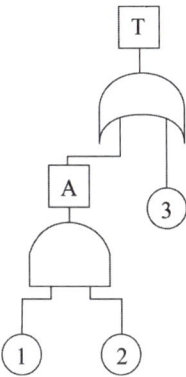

① 0.0002 　　② 0.0283
③ 0.0503 　　④ 0.9500

**해설**
$$T = 1 - (1-A) \times (1-③)$$
$$= 1 - [1 - (①\times②)] \times (1-③)$$
$$= 1 - [1 - (0.015 \times 0.02)] \times (1-0.05)$$
$$= 0.0503$$

{분석}
**필기에 자주 출제되는 내용입니다.**

**29** NOISH lifting guideline에서 권장무게 한계(RWL) 산출에 사용되는 계수가 아닌 것은?

① 휴식 계수 　　② 수평 계수
③ 수직 계수 　　④ 비대칭 계수

**해설** RWL(Kg) = LC(23) × HM × VM × DM × AM × FM × CM

| LC | Load constant |
|----|---------------|
| HM | 수평 계수(horizontal multiplier) |
| VM | 수직 계수(vertical multiplier) |
| DM | 거리 계수(distance multiplier) |
| AM | 비대칭 계수(asymmetric multiplier) |
| FM | 빈도 계수(frequency multiplier) |
| CM | 커플링 계수(coupling multiplier) |

**30** 인간공학을 기업에 적용할 때의 기대효과로 볼 수 없는 것은?

① 노사 간의 신뢰 저하
② 작업손실시간의 감소
③ 제품과 작업의 질 향상
④ 작업자의 건강 및 안전 향상

**해설** ① 노사 간의 신뢰 향상

**31** THERP(Technique for Human Error Rate Prediction)의 특징에 대한 설명으로 옳은 것을 모두 고른 것은?

> ㉠ 인간-기계 계(SYSTEM)에서 여러 가지의 인간의 에러와 이에 의해 발생할 수 있는 위험성의 예측과 개선을 위한 기법
> ㉡ 인간의 과오를 정성적으로 평가하기 위하여 개발된 기법
> ㉢ 가지처럼 갈라지는 형태의 논리구조와 나무 형태의 그래프를 이용

① ㉠, ㉡
② ㉠, ㉢
③ ㉡, ㉢
④ ㉠, ㉡, ㉢

정답 28 ③ 29 ① 30 ① 31 ②

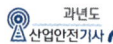
**해설** 인간에러율 예측기법(THERP)

① 인간의 과오(human error)를 정량적으로 평가하기 위하여 개발된 기법
② 인간의 과오율 추정법 등 5개의 스텝으로 되어 있다.

{분석}
**필기에 자주 출제되는 내용입니다.**

**32** 차폐효과에 대한 설명으로 옳지 않은 것은?

① 차폐음과 배음의 주파수가 가까울 때 차폐효과가 크다.
② 헤어드라이어 소음 때문에 전화 음을 듣지 못한 것과 관련이 있다.
③ 유의적 신호와 배경 소음의 차이를 신호/소음(S/N) 비로 나타낸다.
④ 차폐효과는 어느 한 음 때문에 다른 음에 대한 감도가 증가되는 현상이다.

**해설** ④ 차폐효과(마스킹효과)는 어느 한 음 때문에 다른 음에 대한 감도가 감소되는 현상이다.

**33** 산업안전보건기준에 관한 규칙상 '강렬한 소음 작업'에 해당하는 기준은?

① 85데시벨 이상의 소음이 1일 4시간 이상 발생하는 작업
② 85데시벨 이상의 소음이 1일 8시간 이상 발생하는 작업
③ 90데시벨 이상의 소음이 1일 4시간 이상 발생하는 작업
④ 90데시벨 이상의 소음이 1일 8시간 이상 발생하는 작업

**해설** 강렬한 소음작업

① 하루 8시간 동안 90dB 이상의 소음이 발생하는 작업
② 하루 4시간 동안 95dB 이상의 소음이 발생하는 작업
③ 하루 2시간 동안 100dB 이상의 소음이 발생하는 작업
④ 하루 1시간 동안 105dB 이상의 소음이 발생하는 작업
⑤ 하루 30분 동안 110dB 이상의 소음이 발생하는 작업
⑥ 하루 15분 동안 115dB 이상의 소음이 발생하는 작업

{분석}
**실기까지 중요한 내용입니다.**

**34** HAZOP 기법에서 사용하는 가이드 워드와 의미가 잘못 연결된 것은?

① No/Not - 설계 의도의 완전한 부정
② More/Less - 정량적인 증가 또는 감소
③ Part of - 성질상의 감소
④ Other than - 기타 환경적인 요인

**해설** 유인어의 종류와 뜻

• No 또는 Not : 완전한 부정
• More 또는 Less : 양의 증가 및 감소
• As Well As : 성질상의 증가
• Part of : 일부 변경, 성질상의 감소
• Reverse : 설계의도의 논리적인 역
• Other Than : 완전한 대체

{분석}
**필기에 자주 출제되는 내용입니다.**

**35** 그림과 같이 신뢰도가 95%인 펌프 A가 각각 신뢰도 90%인 밸브 B와 밸브 C의 병렬밸브계와 직렬계를 이룬 시스템의 실패확률은 약 얼마인가?

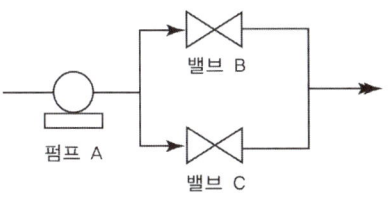

밸브 B

펌프 A

밸브 C

① 0.0091　　　　② 0.0595

③ 0.9405　　　　④ 0.9811

**해설** 1. 시스템의 신뢰도
$$= A \times [1 - (1-B) \times (1-C)]$$
$$= 0.95 \times [1 - (1-0.9) \times (1-0.9)]$$
$$= 0.9405$$

2. 시스템의 고장확률(실패확률)
$$= 1 - 0.9405 = 0.0595$$

{분석}
필기에 자주 출제되는 내용입니다.

**36** 인간이 기계보다 우수한 기능으로 옳지 않은 것은? (단, 인공지능은 제외한다.)

① 암호화된 정보를 신속하게 대량으로 보관할 수 있다.
② 관찰을 통해서 일반화하여 귀납적으로 추리한다.
③ 항공사진의 피사체나 말소리처럼 상황에 따라 변화하는 복잡한 자극의 형태를 식별할 수 있다.
④ 수신 상태가 나쁜 음극선관에 나타나는 영상과 같이 배경 잡음이 심한 경우에도 신호를 인지할 수 있다.

**해설**

| 구분 | 인간의 장점 | 기계의 장점 |
|---|---|---|
| 감지 기능 | • 저에너지 자극감지<br>• 다양한 자극 식별<br>• 예기치 못한 사건 감지 | • 인간의 감지범위 밖의 자극 감지<br>• 인간, 기계의 모니터 기능 |
| 정보 처리 결정 | • 많은 양의 정보를 장시간 보관<br>• 귀납적 추리, 다양한 문제 해결 | • 정보를 신속하게 대량 보관<br>• 연역적, 정량적 |
| 행동 기능 | • 과부하 상태에서는 중요한 일에만 집념할 수 있다. | • 과부하에서 효율적 작동<br>• 장시간 중량 작업, 반복. 동시 여러 가지 작업을 수행 가능 |

{분석}
필기에 자주 출제되는 내용입니다.

**37** FTA에서 사용되는 최소 컷셋에 대한 설명으로 옳지 않은 것은?

① 일반적으로 Fussell Algorithm을 이용한다.
② 정상사상(Top event)을 일으키는 최소한의 집합이다.
③ 반복되는 사건이 많은 경우 Limnios와 Ziani Algorithm을 이용하는 것이 유리하다.
④ 시스템에 고장이 발생하지 않도록 하는 모든 사상의 집합이다.

**해설** ④ 시스템에 고장이 발생하지 않도록 하는 모든 사상의 집합이다 → 패스셋

**참고** 1. 컷셋(Cut Set)
• 정상사상을 발생시키는 기본사상의 집합
• 모든 기본사상이 일어났을 때 정상사상을 일으키는 기본사상들의 집합이다.

2. 미니멀 컷(Minimal Cut Set)
• 정상사상을 일으키기 위한 기본사상의 최소 집합(최소한의 컷)
• 시스템의 위험성을 나타낸다.

2020 최근기출문제

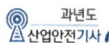
3. 패스셋(Path Set)
- 시스템의 고장을 일으키지 않는 기본사상들의 집합
- 포함된 기본사상이 일어나지 않을 때 처음으로 정상 사상이 일어나지 않는 기본 사상들의 집합이다.

4. 미니멀 패스(Minimal Path Set)
- 시스템의 기능을 살리는 최소한의 집합(최소한의 패스)
- 시스템의 신뢰성 나타낸다.

{분석}
필기에 자주 출제되는 내용입니다.

**38** 직무에 대하여 청각적 자극 제시에 대한 음성 응답을 하도록 할 때 가장 관련 있는 양립성은?

① 공간적 양립성
② 양식 양립성
③ 운동 양립성
④ 개념적 양립성

해설 양립성

| 개념적 양립성 | 외부자극에 대해 인간의 개념적 현상의 양립성 예 빨간 버튼은 온수, 파란버튼은 냉수 |
|---|---|
| 공간적 양립성 | 표시장치, 조종장치의 형태 및 공간적 배치의 양립성 예 오른쪽 조리대는 오른쪽 조절장치로, 왼쪽 조리대는 왼쪽 조절장치로 조정한다. |
| 운동의 양립성 | 표시장치, 조종장치 등의 운동 방향의 양립성 예 조종장치를 오른쪽으로 돌리면 표시장치 지침이 오른쪽으로 이동한다. |
| 양식 양립성 | 직무에 알맞은 자극과 응답의 양식의 존재에 대한 양립성 예 음성과업에 대해서는 청각적 자극 제시와 이에 대한 음성 응답 과업에서 갖는 양립성이다. |

{분석}
필기에 자주 출제되는 내용입니다.

**39** 컴퓨터 스크린 상에 있는 버튼을 선택하기 위해 커서를 이동시키는 데 걸리는 시간을 예측하는 가장 적합한 법칙은?

① Fitts의 법칙
② Lewin의 법칙
③ Hick의 법칙
④ Weber의 법칙

해설 피츠의 법칙(Fitts' Law)
- 목표까지 움직이는 데 필요한 시간은 목표 크기와 목표까지의 거리의 함수이다.
- 목표물의 크기가 작아질수록 속도와 정확도가 나빠지고 목표물과의 거리가 멀어질수록 필요한 시간이 더 길어진다.(표적이 작고 이동거리가 길수록 이동시간이 증가한다)

**40** 설비의 고장과 같이 발생 확률이 낮은 사건의 특정 시간 또는 구간에서의 발생 횟수를 측정하는 데 가장 적합한 확률 분포는?

① 이항분포(Binomial distribution)
② 푸아송분포(Poisson distribution)
③ 와이블분포(Weibulll distribution)
④ 지수분포(Exponential distribution)

해설 발생 확률이 낮은 사건의 특정 시간 또는 구간에서의 발생 횟수를 측정하는 데 가장 적합한 확률분포
→ 푸아송분포(Poisson distribution)

정답 38 ② 39 ① 40 ②

## 제3과목 · 기계 · 기구 및 설비 안전 관리

**41** 산업안전보건 법령상 양중기를 사용하여 작업하는 운전자 또는 작업자가 보기 쉬운 곳에 해당 양중기에 대해 표시하여야 할 내용으로 가장 거리가 먼 것은? (단, 승강기는 제외한다.)

① 정격 하중  ② 운전 속도
③ 경고 표시  ④ 최대 인양 높이

**해설** 양중기의 표시사항

양중기(승강기는 제외) 및 달기구를 사용하여 작업하는 운전자 또는 작업자가 보기 쉬운 곳에 해당 기계의 정격하중, 운전속도, 경고표시 등을 부착하여야 한다. 다만, 달기구는 정격하중만 표시한다.

**42** 롤러기의 급정지장치에 관한 설명으로 가장 적절하지 않은 것은?

① 복부 조작식은 조작부 중심점을 기준으로 밑면으로부터 1.2 ~ 1.4m 이내의 높이로 설치한다.
② 손 조작식은 조작부 중심점을 기준으로 밑면으로부터 1.8m 이내의 높이로 설치한다.
③ 급정지장치의 조작부에 사용하는 줄은 사용 중에 늘어져서는 안 된다.
④ 급정지장치의 조작부에 사용하는 줄은 충분한 인장강도를 가져야 한다.

**해설** 조작부의 설치 위치에 따른 급정지장치의 종류

| 종류 | 설치 위치 |
|---|---|
| 손조작식 | 밑면에서 1.8m 이내 |
| 복부 조작식 | 밑면에서 0.8m 이상 1.1m 이내 |
| 무릎 조작식 | 밑면에서 0.6m 이내 |

비고 : 위치는 급정지장치의 조작부의 중심점을 기준

{분석}
실기까지 중요한 내용입니다.

**43** 연삭기의 안전작업수칙에 대한 설명 중 가장 거리가 먼 것은?

① 숫돌의 정면에 서서 숫돌 원주면을 사용한다.
② 숫돌 교체 시 3분 이상 시운전을 한다.
③ 숫돌의 회전은 최고 사용 원주속도를 초과하여 사용하지 않는다.
④ 연삭숫돌에 충격을 가하지 않는다.

**해설** ① 숫돌의 측면에 서서 숫돌 원주면을 사용한다.

{분석}
필기에 자주 출제되는 내용입니다.

**44** 롤러기의 가드와 위험점 간의 거리가 100mm일 경우 ILO 규정에 의한 가드 개구부의 안전간격은?

① 11mm  ② 21mm
③ 26mm  ④ 31mm

**해설**

| 가드의 개구간격 | 일방 평행 보호망의 개구간격 |
|---|---|
| ① X<160mm일 경우 $Y = 6 + 0.15 \times X$ <br>② X≧160mm일 경우 $Y = 30mm$ <br>여기서, <br>X : 안전거리(위험점에서 가드까지의 거리)(mm) <br>Y : 가드의 최대 개구 간격(mm) | ① $Y = 6 + 0.1 \times X$ <br>여기서, <br>X : 안전거리(mm) <br>Y : 가드의 최대 개구 간격(mm) |

$Y = 6 + 0.15 \times 100 = 21(mm)$

{분석}
실기까지 중요한 내용입니다.

정답 41 ④ 42 ① 43 ① 44 ②

2020년 8월 22일 시행 · **1225**

**45** 지게차의 포크에 적재된 화물이 마스트 후방으로 낙하함으로써 근로자에게 미치는 위험을 방지하기 위하여 설치하는 것은?

① 헤드가드
② 백레스트
③ 낙하방지장치
④ 과부하방지장치

**해설** 포크에 적재된 화물이 마스트 후방으로 낙하함으로써 근로자에게 미치는 위험을 방지하기 위하여 설치 → 백레스트

**참고** 지게차의 방호장치

① 헤드가드 : 지게차에는 **최대하중의 2배(4톤을 넘는 값에 대해서는 4톤으로 한다)에 해당하는 등분포정하중에 견딜 수 있는 강도의 헤드가드를 설치**하여야 한다.
② 백레스트 : 지게차에는 **포크에 적재된 화물이 마스트의 뒤쪽으로 떨어지는 것을 방지하기 위한 백레스트)를 설치**하여야 한다.
③ 전조등, 후미등 : 지게차에는 **7천5백칸델라 이상의 광도를 가지는 전조등, 2칸델라 이상의 광도를 가지는 후미등을 설치**하여야 한다.
④ 안전벨트

{분석}
**실기까지 중요한 내용입니다.**

**46** 산업안전보건법령상 프레스 및 전단기에서 안전 블록을 사용해야 하는 작업으로 가장 거리가 먼 것은?

① 금형 가공작업
② 금형 해체작업
③ 금형 부착작업
④ 금형 조정작업

**해설** **금형을 부착, 해체, 조정 작업**할 때 신체 일부가 위험점 내에서 **슬라이드 불시 하강으로 인한 위험을 방지할 목적으로 안전블럭을 설치**한다.

{분석}
**필기에 자주 출제되는 내용입니다.**

**47** 다음 중 기계 설비의 안전조건에서 안전화의 종류로 가장 거리가 먼 것은?

① 재질의 안전화
② 작업의 안전화
③ 기능의 안전화
④ 외형의 안전화

**해설** 기계 설비의 안전조건(근원적 안전)

① 외관상 안전화
② 기능적 안전화
③ 구조 부분 안전화(구조 부분 강도적 안전화)
④ 작업의 안전화
⑤ 보수유지의 안전화(보전성 향상 위한 고려 사항)
⑥ 표준화

{분석}
**실기까지 중요한 내용입니다.**

**48** 다음 중 비파괴검사법으로 틀린 것은?

① 인장검사
② 자기탐상검사
③ 초음파탐상검사
④ 침투탐상검사

**해설** ① 인장검사 → 파괴검사

**참고** 비파괴검사 : **재료나 제품을 원형과 기능에 변화를 주지 않고 원하는 것을 알 수 있는 검사**를 말한다.

**49** 산업안전보건 법령상 아세틸렌 용접장치를 사용하여 금속의 용접·용단 또는 가열작업을 하는 경우 게이지 압력은 얼마를 초과하는 압력의 아세틸렌을 발생시켜 사용하면 안 되는가?

① 98kPa
② 127kPa
③ 147kPa
④ 196kPa

**정답** 45 ② 46 ① 47 ① 48 ① 49 ②

**해설** 아세틸렌 용접장치를 사용하여 금속의 용접·용단 또는 가열작업을 하는 경우에는 게이지 압력이 127 킬로파스칼을 초과하는 압력의 아세틸렌을 발생시켜 사용해서는 아니 된다.

{분석}
실기까지 중요한 내용입니다.

**50** 산업안전보건 법령상 산업용 로봇으로 인하여 근로자에게 발생할 수 있는 부상 등의 위험이 있는 경우 위험을 방지하기 위하여 울타리를 설치할 때 높이는 최소 몇 m 이상으로 해야하는가? (단, 산업표준화법 및 국제적으로 통용되는 안전기준은 제외한다.)

① 1.8      ② 2.1
③ 2.4      ④ 1.2

**해설** 로봇의 운전(교시 등을 위한 로봇의 운전은 제외한다)으로 인하여 근로자에게 발생할 수 있는 부상 등의 위험을 방지하기 위하여 높이 1.8미터 이상의 울타리를 설치하여야 하며, 컨베이어 시스템의 설치 등으로 울타리를 설치할 수 없는 일부 구간에 대해서는 안전매트 또는 광전자식 방호장치 등 감응형 방호장치를 설치하여야 한다.

{분석}
실기까지 중요한 내용입니다.

**51** 크레인의 사용 중 하중이 정격을 초과하였을 때 자동적으로 상승이 정지되는 장치는?

① 해지장치      ② 이탈방지장치
③ 아우트리거      ④ 과부하방지장치

**해설** 하중이 정격을 초과하였을 때 자동적으로 상승이 정지되는 장치 → 과부하방지장치

{분석}
실기까지 중요한 내용입니다.

**52** 인간이 기계 등의 취급을 잘못해도 그것이 바로 사고나 재해와 연결되는 일이 없는 기능을 의미하는 것은?

① fail safe
② fail active
③ fail operational
④ fool proof

**해설** 1. 풀 프루프(fool proof) : 작업자의 실수가 있더라도 사고로 연결되지 않도록 2중, 3중 통제를 한다.
2. 페일세이프(fail safe) : 기계, 설비가 고장 나더라도 사고로 연결되지 않도록 2중, 3중 통제를 한다.

{분석}
실기까지 중요한 내용입니다.

**53** 산업안전보건 법령상 컨베이어를 사용하여 작업을 할 때 작업 시작 전 점검사항으로 가장 거리가 먼 것은?

① 원동기 및 풀리(pulley) 기능의 이상 유무
② 이탈 등의 방지장치 기능의 이상 유무
③ 유압장치의 기능의 이상 유무
④ 비상정지장치 기능의 이상 유무

**해설** 컨베이어 작업 시작 전 점검사항
① 원동기 및 풀리 기능의 이상 유무
② 이탈 등의 방지장치기능의 이상 유무
③ 비상성시장치 기능의 이상 유무
④ 원동기·회전축·기어 및 풀리 등의 덮개 또는 울 등의 이상 유무

{분석}
실기에 자주 출제되는 중요한 내용입니다.

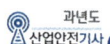
**54** 다음 중 기계설비에서 반대로 회전하는 두 개의 회전체가 맞닿는 사이에 발생하는 위험점으로 가장 적절한 것은?

① 물림점　　　② 협착점
③ 끼임점　　　④ 절단점

**[해설]** **위험점의 분류**

① 협착점 : <u>왕복운동 부분과 고정부분</u> 사이에서 형성되는 위험점
　**예** 프레스기, 전단기, 성형기 등
② 끼임점 : <u>고정부분과 회전하는 동작부분</u> 사이에서 형성되는 위험점
　**예** 연삭숫돌과 덮개, 교반기 날개와 하우징 등
③ 절단점 : 회전하는 운동부 자체, <u>운동하는 기계부분 자체의 위험점</u>
　**예** 날, 커터를 가진 기계
④ 물림점 : 회전하는 <u>두 개의 회전체에 물려 들어가는 위험점</u>
　**예** 롤러와 롤러, 기어와 기어 등
⑤ 접선 물림점 : <u>회전하는 부분의 접선 방향으로 물려 들어가는 위험점</u>
　**예** 벨트와 풀리, 체인과 스프로킷 등
⑥ 회전 말림점 : 회전하는 물체에 작업복, 머리카락 등이 <u>말려 들어가는 위험점</u>
　**예** 회전축, 커플링 등

　{분석}
　**실기에 자주 출제되는 중요한 내용입니다.**

**55** 선반 작업 시 안전수칙으로 가장 적절하지 않은 것은?

① 기계에 주유 및 청소 시 반드시 기계를 정지시키고 한다.
② 칩 제거 시 브러시를 사용한다.
③ 바이트에는 칩 브레이커를 설치한다.
④ 선반의 바이트는 끝을 길게 장치한다.

**[해설]** ④ 선반의 바이트는 끝을 짧게 장치한다.

　{분석}
　**필기에 자주 출제되는 내용입니다.**

**56** 산업안전보건법령상 산업용 로봇의 작업 시작 전 점검 사항으로 가장 거리가 먼 것은?

① 외부 전선의 피복 또는 외장의 손상 유무
② 압력방출장치의 이상 유무
③ 매니퓰레이터 작동 이상 유무
④ 제동장치 및 비상정지 장치의 기능

**[해설]** **로봇의 작업 시작 전 점검사항**

① 외부전선의 피복 또는 외장의 손상 유무
② 매니퓰레이터(manipulator) 작동의 이상 유무
③ 제동장치 및 비상정지장치의 기능

　{분석}
　**실기에 자주 출제되는 중요한 내용입니다.**

**57** 산업안전보건법령상 보일러의 과열을 방지하기 위하여 최고사용압력과 상용압력 사이에서 보일러의 버너 연소를 차단하여 정상 압력으로 유도하는 방호장치로 가장 적절한 것은?

① 압력방출장치
② 고저수위조절장치
③ 언로우드밸브
④ 압력제한스위치

**[해설]** 보일러의 과열을 방지하기 위하여 최고사용압력과 상용압력사이에서 <u>보일러의 버너연소를 차단할 수 있도록 압력제한스위치</u>를 부착하여야 한다.

**[참고]** **보일러의 방호장치**

① 압력방출 장치
② 압력제한 스위치
③ 고저 수위조절 장치
④ 화염검출기

　{분석}
　**실기에 자주 출제되는 중요한 내용입니다.**

**•))정답** 54 ① 55 ④ 56 ② 57 ④

**58** 프레스 작동 후 슬라이드가 하사점에 도달할 때까지의 소요시간이 0.5s일 때 양수기동식 방호장치의 안전거리는 최소 얼마인가?

① 200mm      ② 400mm

③ 600mm      ④ 800mm

해설 **양수 기동식 방호 장치 안전거리 (위험점과 버튼 간의 설치 거리)**

$$D_m(mm) = 1.6 \times T_m$$
$$= 1.6 \times \left(\frac{1}{클러치개소수} + \frac{1}{2}\right) \times \left(\frac{60,000}{매분행정수}\right)$$

$T_m$ : 슬라이드가 하사점에 도달할 때까지의 시간(ms)

• $ms = \frac{1}{1000}$ 초

$$D_m(mm) = 1.6 \times T_m = 1.6 \times (0.5 \times 1,000)$$
$$= 800(mm)$$
$$[0.5s = (0.5 \times 1,000)ms]$$

{분석}
**실기까지 중요한 내용입니다.**

**59** 둥근톱기계의 방호장치 중 반발 예방 장치의 종류로 틀린 것은?

① 분할날

② 반발방지 기구(finger)

③ 보조 안내판

④ 안전덮개

해설 **반발 예방 장치의 종류**

• 분할날(spreader)

• 반발방지기구(finger)

• 반발방지롤러(roll)

참고 **목재 가공용 둥근톱 기계의 방호장치**

① 날접촉 예방장치(덮개)

② 반발 예방 장치

{분석}
**실기까지 중요한 내용입니다.**

**60** 산업안전보건 법령상 형삭기(slotter, shaper)의 주요 구조부로 가장 거리가 먼 것은? (단, 수치제어식은 제외)

① 공구대

② 공작물 테이블

③ 램

④ 아버

해설 아버 → 밀링머신의 주요 구조부

**제4과목**     **전기설비 안전 관리**

**61** 피뢰기가 구비하여야 할 조건으로 틀린 것은?

① 제한전압이 낮아야 한다.

② 상용 주파 방전 개시 전압이 높아야 한다.

③ 충격방전 개시전압이 높아야 한다.

④ 속류 차단 능력이 충분하여야 한다.

해설 **피뢰기가 구비해야 할 성능**

① 반복 동작이 가능할 것

② 구조가 견고하며 특성이 변하지 않을 것

③ 점검, 보수가 간단할 것

④ 충격 빙진 개시 전압과 제한 전압이 낮을 것

⑤ 뇌전류이 방전 능력이 크고, 속류의 차단이 확실하게 될 것

{분석}
**필기에 자주 출제되는 내용입니다.**

🔊 **정답**   58 ④   59 ④   60 ④   61 ③

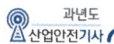
**62** 다음 중 정전기의 발생 현상에 포함되지 않는 것은?

① 파괴에 의한 발생
② 분출에 의한 발생
③ 전도 대전
④ 유동에 의한 대전

[해설] **정전기 발생현상**

① 마찰대전 : 두 물체 사이의 마찰로 인한 접촉, 분리에서 발생한다.
② 유동대전 : 액체류가 파이프 등 내부에서 유동 시 관벽과 액체 사이에서 발생한다.
③ 박리대전 : 밀착된 물체가 떨어지면서 자유전자의 이동으로 발생한다.
④ 충돌대전 : 입자와 다른 고체와의 충돌과 급속한 분리에 의해 발생한다.
⑤ 분출대전 : 기체, 액체, 분체류가 단면적이 작은 분출구를 통과할 때 발생한다.
⑥ 파괴 대전 : 고체, 분체류와 같은 물체가 파괴됐을 때 전하분리 또는 전하의 균형이 깨지면서 정전기가 발생한다.

{분석}
실기까지 중요한 내용입니다.

**63** 방폭기기에 별도의 주위 온도 표시가 없을 때 방폭기기의 주위 온도 범위는? (단, 기호 "X"의 표시가 없는 기기이다.)

① 20℃ ~ 40℃
② −20℃ ~ 40℃
③ 10℃ ~ 50℃
④ −10℃ ~ 50℃

[해설] 방폭전기기기의 표시가 주위 온도범위를 표시하고 있지 않다면 기기는 −20℃부터 +40℃ 범위 내에서 사용될 수가 있으며, 별노 수위 온도 표시가 있는 전기기기는 그 표시 범위 내에서 사용한다.

**64** 정전기로 인한 화재 및 폭발을 방지하기 위하여 조치가 필요한 설비가 아닌 것은?

① 드라이클리닝 설비
② 위험물 건조설비
③ 화약류 제조설비
④ 위험기구의 제전설비

[해설] 제전설비는 정전기를 제거하기 위한 설비로 정전기로 인한 화재 및 폭발을 방지하기 위한 조치가 필요치 않다.

**65** 300A의 전류가 흐르는 저압 가공전선로의 1선에서 허용 가능한 누설전류(mA)는?

① 600
② 450
③ 300
④ 150

[해설] **누전전류(누설전류)**

$$누전전류 = 최대\ 공급\ 전류 \times \frac{1}{2,000}(A)$$

$$누전전류 = 300 \times \frac{1}{2,000} = 0.15(A) \times 1,000$$
$$= 150(mA)$$

{분석}
필기에 자주 출제되는 내용입니다.

**66** 산업안전보건기준에 관한 규칙 제319조에 따라 감전될 우려가 있는 장소에서 작업을 하기 위해서는 전로를 차단하여야 한다. 전로 차단을 위한 시행 절차 중 틀린 것은?

① 전기기기 등에 공급되는 모든 전원을 관련 도면, 배선도 등으로 확인
② 각 단로기를 개방한 후 전원 차단
③ 단로기 개방 후 차단장치나 단로기 등에 잠금장치 및 꼬리표를 부착
④ 잔류전하 방전 후 검전기를 이용하여 작업 대상 기기가 충전되어 있는지 확인

**[해설]** 정전작업 시 전로 차단 절차
① 전기기기 등에 <u>공급되는 모든 전원을 관련 도면, 배선도 등으로 확인</u>할 것
② <u>전원을 차단한 후</u> 각 <u>단로기 등을 개방하고 확인</u>할 것
③ <u>차단장치나 단로기 등에 잠금장치 및 꼬리표를 부착</u>할 것
④ 개로된 전로에서 유도전압 또는 전기에너지가 축적되어 근로자에게 전기위험을 끼칠 수 있는 전기기기 등은 접촉하기 전에 <u>잔류전하를 완전히 방전시킬 것</u>
⑤ <u>검전기를 이용하여</u> 작업 대상 기기가 <u>충전되었는지를 확인</u>할 것
⑥ 전기기기 등이 다른 노출 충전부와의 접촉, 유도 또는 예비동력원의 역송전 등으로 전압이 발생할 우려가 있는 경우에는 충분한 용량을 가진 <u>단락 접지기구를 이용하여 접지할 것</u>

{분석}
**실기까지 중요한 내용입니다.**

**67** 유자격자가 아닌 근로자가 방호되지 않은 충전전로 인근의 높은 곳에서 작업할 때에 근로자의 몸은 충전전로에서 몇 cm 이내로 접근할 수 없도록 하여야 하는가? (단, 대지전압이 50kV이다.)

① 50            ② 100
③ 200          ④ 300

**[해설]** <u>유자격자가 아닌 근로자가 충전전로 인근의 높은 곳에서 작업할 때에 근로자의 몸 또는 긴 도전성 물체가 방호되지 않은 충전전로에서 대지전압이 50킬로볼트 이하인 경우에는 300센티미터 이내로, 대지전압이 50킬로볼트를 넘는 경우에는 10킬로볼트 당 10센티미터씩 더한 거리 이내로 각각 접근할 수 없도록 할 것</u>

{분석}
**실기까지 중요한 내용입니다.**

**68** 다음 중 정전기의 재해방지 대책으로 틀린 것은?

① 설비의 도체 부분을 접지
② 작업자는 정전화를 착용
③ 작업장의 습도를 30% 이하로 유지
④ 배관 내 액체의 유속 제한

**[해설]** 정전기 재해 예방대책
① <u>접지</u>(도체일 경우 효과 있으나 부도체는 효과 없다.)
② <u>습기부여</u>(공기 중 습도 60~70% 이상 유지한다.)
③ <u>도전성 재료 사용</u>(절연성 재료는 절대 금한다.)
④ <u>대전 방지제 사용</u>
⑤ <u>세전기 사용</u>
⑥ 유속 조절(석유류 제품 1m/s 이하)

**[참고]** 인체에 대전된 정전기 위험 방지 조치
① 정전기용 안전화의 착용
② 제전복(除電服)의 착용
③ 정전기제전용구의 사용
④ 작업장 바닥 등에 도전성을 갖출 것

{분석}
**실기까지 중요한 내용입니다.**

**69** 가스(발화온도 120℃)가 존재하는 지역에 방폭기기를 설치하고자 한다. 설치가 가능한 기기의 온도 등급은?

① T2            ② T3
③ T4            ④ T5

•)) **정답** 66 ② 67 ④ 68 ③ 69 전항 정답

**해설** 가스 증기 발화온도 및 전기기기의 온도등급과의 관계

| 폭발위험장소<br>구분에 따른<br>온도등급 | 가스 증기의<br>발화온도(℃) | 허용 가능한<br>기기의<br>온도등급(℃) |
|---|---|---|
| T1 | 〉 450 | T1 ~ T6 |
| T2 | 〉 300 | T2 ~ T6 |
| T3 | 〉 200 | T3 ~ T6 |
| T4 | 〉 135 | T4 ~ T6 |
| T5 | 〉 100 | T5 ~ T6 |
| T6 | 〉 85 | T6 |

{분석}
문제 오류로 전항 정답 처리되었습니다.

**70** 변압기의 중성점을 접지한 수전전압 22.9kV, 사용전압 220V인 공장에서 외함을 접지한 전동기가 운전 중에 누전되었을 경우에 작업자가 접촉될 수 있는 최소전압은 약 몇 V인가? (단, 1선 지락전류 10A, 외함의 접지저항 30Ω, 인체저항 : 10,000Ω이다.)

① 116.7  ② 127.5
③ 146.7  ④ 165.6

**해설** 1. 저항
• 외함의 접지저항 $R_1 = 30\,Ω$

• 변압기 중성점의 접지저항

$$R_2 = \frac{150}{1선지락전류} = \frac{150}{10} = 15\,Ω$$

2. 외함을 접지한 전동기에 흐르는 전압

$$V_2 = \frac{R_1}{R_1 + R_2} \times V = \frac{30}{30+15} \times 220 = 146.67\,(V)$$

{분석}
비중이 낮은 문제입니다.

**71** 제전기의 종류가 아닌 것은?

① 전압인가식 제전기
② 정전식 제전기
③ 방사선식 제전기
④ 자기방전식 제전기

**해설** 제전기 종류 및 특징

① 전압인가식 제전기
• 7,000V 정도의 전압으로 코로나 방전을 일으키고 발생된 이온으로 제전한다.
• 제전효과가 가장 좋다.

② 자기방전식 제전기
• 스테인리스, 카본(7um), 도전성 섬유(5um) 등에 작은 코로나 방전을 일으켜서 제전한다.
• 아세테이트 필름의 권취 공정, 셀로판 제조 공정, 섬유 공장 등에 유용하다.
• 경제적이며 제전효과 좋다.

③ 이온식 스프레이식 제전기
• 코로나 방전에 의해 발생한 이온을 blower로 대전체에 내뿜는 방식이다.
• 제전효율은 낮으나 폭발위험 있는 곳에 적당하다.

④ 방사선식 제전기
• 방사선 원소의 전리작용을 이용하여 제전한다.

{분석}
실기까지 중요한 내용입니다.

**72** 정전기 방전현상에 해당되지 않는 것은?

① 연면방전
② 코로나 방전
③ 낙뢰방전
④ 스팀방전

**해설** 정전기 방전형태

① 코로나 방전
② 브러시 방전
③ 불꽃 방전
④ 연면 방전

**73** 전로에 지락이 생겼을 때에 자동적으로 전로를 차단하는 장치를 시설해야 하는 전기기계의 사용전압 기준은? (단, 금속제 외함을 가지는 저압의 기계 기구로서 사람이 쉽게 접촉할 우려가 있는 곳에 시설되어 있다.)

① 30V 초과
② 50V 초과
③ 90V 초과
④ 150V 초과

**[해설]** 누전차단기의 시설(KEC 규정)

금속제 외함을 가지는 사용전압이 50 V를 초과하는 저압의 기계 기구로서 사람이 쉽게 접촉할 우려가 있는 곳에 시설하는 것에 전기를 공급하는 전로에는 전로에 지락이 생겼을 때에 자동적으로 전로를 차단하는 장치를 하여야 한다.

**74** 정전용량 C = 20$\mu$F, 방전 시 전압 V = 2kV일 때 정전에너지(J)는 얼마인가?

① 40          ② 80
③ 400         ④ 800

**[해설]** 정전기의 최소 착화 에너지(정전에너지)

$$E = \frac{1}{2}CV^2(J)$$

여기서, E : 정전기 에너지(J)
C : 도체의 정전 용량(F)
V : 대전 전위(V)
Q : 대전 전하량(C)

$$E = \frac{1}{2} \times (20 \times 10^{-6}) \times (2000)^2 = 40(J)$$

$$(\mu F = 10^{-6} F, \ 2kV = 2,000 V)$$

{분석}
필기에 자주 출제되는 내용입니다.

**75** 전로에 시설하는 기계·기구의 금속제 외함에 접지공사를 하지 않아도 되는 경우로 틀린 것은?

① 저압용의 기계·기구를 건조한 목재의 마루 위에서 취급하도록 시설한 경우
② 외함 주위에 적당한 절연대를 설치한 경우
③ 교류 대지 전압이 300V 이하인 기계·기구를 건조한 곳에 시설한 경우
④ 전기용품 및 생활용품 안전관리법의 적용을 받는 2중 절연구조로 되어 있는 기계·기구를 시설하는 경우

**[해설]** ③ 사용 전압이 대지전압 150볼트를 넘을 경우 접지를 하여야 한다.

**[참고]** 접지를 시행하지 않아도 되는 경우

① 「전기용품 및 생활용품 안전관리법」이 적용되는 이중절연구조 또는 이와 같은 수준 이상으로 보호되는 구조로 된 전기기계·기구
② 절연대 위 등과 같이 감전 위험이 없는 장소에서 사용하는 전기기계·기구
③ 비접지방식의 전로(그 전기기계·기구의 전원측의 전로에 설치한 절연변압기의 2차 전압이 300볼트 이하, 정격용량이 3킬로볼트암페어 이하이고 그 절연전압기의 부하측의 전로가 접지되어 있지 아니한 것으로 한정한다)에 접속하여 사용되는 전기기계·기구

{분석}
실기까지 중요한 내용입니다.

**76** Dalziel에 의하여 동물 실험을 통해 얻어진 전류 값을 인체에 적용했을 때 심실 세동을 일으키는 전기에너지(J)는 약 얼마인가?
(단, 인체 전기저항은 500Ω으로 보며, 흐르는 전류 $I = \frac{165}{\sqrt{T}}$ mA로 한다.)

① 9.8          ② 13.6
③ 19.6         ④ 27

2020 최근기출문제

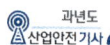

**[해설]** ① 인체 전기저항 500[Ω]일 때의 에너지
→ 13.61J

② $Q = I^2RT = (\frac{165}{\sqrt{1}} \times 10^{-3})^2 \times 500 \times 1$
$= 13.61(J)$

{분석}
**필기에 자주 출제되는 내용입니다.**

**77** 전기설비의 방폭구조의 종류가 아닌 것은?

① 근본 방폭구조
② 압력 방폭구조
③ 안전증 방폭구조
④ 본질안전 방폭구조

**[해설]** 방폭구조의 종류 및 기호

| 가스, 증기, 분진 방폭구조 | | 기호 |
|---|---|---|
| 가스, 증기 방폭구조 | 내압 방폭구조 | d |
| | 압력 방폭구조 | p |
| | 유입 방폭구조 | o |
| | 안전증 방폭구조 | e |
| | 본질안전 방폭구조 | ia or ib |
| | 충전 방폭구조 | q |
| | 비점화 방폭구조 | n |
| | 몰드 방폭구조 | m |
| | 특수 방폭구조 | s |
| 분진 방폭구조 | 방진 방폭구조 | tD |

{분석}
**실기에 자주 출제되는 중요한 내용입니다.**

**78** 작업자가 교류전압 7000V 이하의 전로에 활선 근접작업 시 감전사고 방지를 위한 절연용 보호구는?

① 고무 절연관
② 절연 시트
③ 절연 커버
④ 절연 안전모

**[해설]** **절연용 안전 보호구** : 7000V 이하 전로 활선 작업 시 작업자 몸에 착용한다.

① 전기용 안전모(절연 안전모)
  • AE종(물체의 낙하·비래 및 감전방지용)
  • ABE종(물체의 낙하·비래 및 추락, 감전방지용)
② 절연화
③ 절연장화
④ 절연장갑(전기용 고무장갑)
⑤ 보호용 가죽장갑
⑥ 절연소매, 절연복

**79** 방폭전기기기에 "Ex ia ⅡC T4 Ga"라고 표시되어 있다. 해당 기기에 대한 설명으로 틀린 것은?

① 정상 작동, 예상된 오작동에 또는 드문 오작동 중에 점화원이 될 수 없는 "매우 높은" 보호등급의 기기이다.
② 온도 등급이 T4이므로 최고표면온도가 150℃를 초과해서는 안 된다.
③ 본질안전 방폭구조로 0종 장소에서 사용이 가능하다.
④ 수소 및 아세틸렌 등의 가스가 존재하는 곳에 사용이 가능하다.

**[해설]**

| 폭발위험 장소 구분에 따른 온도등급 | 가스·증기의 발화온도(℃) | 전기기기의 최고 표면온도(℃) |
|---|---|---|
| T1 | 〉450(450 초과) | 450 이하 |
| T2 | 〉300(300 초과) (또는 300 초과 450 이하) | 300 이하 |
| T3 | 〉200(200 초과) (또는 200 초과 300 이하) | 200 이하 |
| T4 | 〉135(135 초과) (또는 135 초과 200 이하) | 135 이하 |
| T5 | 〉100(100 초과) (또는 100 초과 135 이하) | 100 이하 |
| T6 | 〉85(85 초과) (또는 85 초과 100 이하) | 85 이하 |

→ 온도등급이 T4이므로 135℃를 초과해서는 안 된다.

**⋅))정답** 77 ① 78 ④ 79 ②

**참고** 방폭기기의 표시

> **Ex d ⅡA T1 IP 54**
>
> Ex : 방폭구조의 상징
> d : 방폭구조(내압 방폭구조)
> ⅡA : 가스, 증기 및 분진의 그룹
> T1 : 온도등급
> IP 54 : 보호등급

{분석}
**실기까지 중요한 내용입니다.**

## 80 전기기계·기구의 기능 설명으로 옳은 것은?

① CB는 부하전류를 개폐시킬 수 있다.
② ACB는 진공 중에서 차단동작을 한다.
③ DS는 회로의 개폐 및 대용량부하를 개폐시킨다.
④ 피뢰침은 뇌나 계통의 개폐에 의해 발생하는 이상 전압을 대지로 방전시킨다.

**해설** 차단기[CB : circuit breaker] : 기기 및 전력 계통에 이상이 발생했을 때 그것을 검출하여 신속하게 계통으로부터 단절시키는 장치를 말한다.(부하 전류를 개폐시킬 수 있다.)

| | |
|---|---|
| 공기 차단기(ABB)<br>[air blast breaker] | 압축공기로 아크를 소호하는 차단기로서 대규모 설비에 이용된다. |
| 기중차단기(ACB)<br>[air circuit breaker] | 공기 중에서 아크를 자연 소호하는 차단기 |
| 진공 차단기(VCB)<br>[vacuum circuit breaker] | 진공 속에서의 높은 절연효과를 이용하여 아크를 소호하는 차단기 |
| 자기 차단기(MCB)<br>[magnetic circuit breaker] | 전자력을 이용하여 아크를 소호실로 끌어넣어 차단하는 차단기 |
| 유입 차단기(OCB, LOCB)<br>[oil circuit breaker] | 절연유 속에서 과전류를 차단하는 차단기 |
| 가스 차단기(GCB)<br>[gas circuit breaker] | 생가스($SF_6$)의 절연성능을 이용한 차단기 |

**참고** 단로기(DS) : 차단기의 전후, 회로의 접속 변환, 고압 또는 특고압 회로의 기기 분리 등에 사용하는 개폐기로서 <u>반드시 무부하 시 개폐 조작을 하여야 한다.</u>

---

**제5과목** | **화학설비 안전 관리**

## 81 다음 중 압축기 운전 시 토출압력이 갑자기 증가하는 이유로 가장 적절한 것은?

① 윤활유의 과다
② 피스톤 링의 가스 누설
③ 토출관 내에 저항 발생
④ 저장조 내 가스압의 감소

**해설** 압축기 운전 시 토출압력이 갑자기 증가하는 이유
→ 토출관 내에 저항 발생

## 82 진한 질산이 공기 중에서 햇빛에 의해 분해되었을 때 발생하는 갈색증기는?

① $N_2$      ② $NO_2$
③ $NH_3$      ④ $NH_2$

**해설**
· 질산은 빛에 의해 분해되어 이산화질소($NO_2$)를 발생시켜 갈색병에 보관한다.
· $4HNO_3 \rightarrow 2H_2O + 4NO_2 + O_2$

## 83 고온에서 완전 열분해하였을 때 산소를 발생하는 물질은?

① 황화수소      ② 과염소산칼륨
③ 메틸리튬      ④ 적린

**해설** 과염소산칼륨의 열분해 반응식
$KClO_4$(과염소산칼륨) → $KCl$(염화칼륨) + $2O_2$(산소)

최근 기출문제 **2020**

**정답** 80 ① 81 ③ 82 ② 83 ②

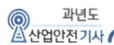
**84** 다음 중 분진 폭발에 관한 설명으로 틀린 것은?

① 폭발한계 내에서 분진의 휘발성분이 많으면 폭발 위험성이 높다.
② 분진이 발화 폭발하기 위한 조건은 가연성, 미분상태, 공기 중에서의 교반과 유동 및 점화원의 존재이다.
③ 가스폭발과 비교하여 연소의 속도나 폭발의 압력이 크고, 연소시간이 짧으며, 발생에너지가 작다.
④ 폭발한계는 입자의 크기, 입도분포, 산소농도, 함유수분, 가연성가스의 혼입 등에 의해 같은 물질의 분진에서도 달라진다.

**해설** 가스폭발과 분진폭발의 비교

| 가스 폭발 | • 화염이 크다. • 연소속도가 빠르다. |
|---|---|
| 분진 폭발 | • 폭발압력, 에너지가 크다. • 연소시간이 길다. • 불완전연소로 인한 중독(CO)이 발생한다. |

{분석}
필기에 자주 출제되는 내용입니다.

**85** 다음 중 유류화재의 화재급수에 해당하는 것은?

① A급
② B급
③ C급
④ D급

**해설**

| 구분 등급 | 화재의 구분 | 표시 색 | 소화기의 종류 |
|---|---|---|---|
| A급 | 일반 가연물화재 (종이, 섬유, 목재 등) | 백색 | 물소화기, 산·알칼리 소화기, 강화액소화기 |
| B급 | 유류화재 (또는 가스화재) | 황색 | 분말소화기, 포소화기, 이산화탄소(탄산가스) 소화기 |
| C급 | 전기화재 (발전기, 변압기 등) | 청색 | 분말소화기, 이산화탄소 (탄산가스)소화기, 할로겐화합물소화기 |
| D급 | 금속화재 (금속분 등) | 무색, 표시 없음 | 팽창질석, 팽창진주암, 건조사 |

{분석}
실기에 자주 출제되는 중요한 내용입니다.

**86** 증기 배관 내에 생성하는 응축수를 제거할 때 증기가 배출되지 않도록 하면서 응축수를 자동적으로 배출하기 위한 장치를 무엇이라 하는가?

① Vent stack
② Steam trap
③ Blow down
④ Relief valve

**해설** Steam trap : 증기 배관 내에 생성하는 응축수를 제거할 때 증기가 배출되지 않도록 하면서 응축수를 자동적으로 배출하기 위한 장치

**87** 다음 중 수분($H_2O$)과 반응하여 유독성 가스인 포스핀이 발생되는 물질은?

① 금속나트륨
② 알루미늄 분발
③ 인화칼슘
④ 수소화리튬

**해설** $Ca_3P_2 + 6H_2O \rightarrow 3Ca(OH)_2 + 2PH_3$
인화칼슘 + 물 → 수산화칼슘 + 포스핀

**정답** 84 ③  85 ②  86 ②  87 ③

**88** 대기압에서 사용하나 증발에 의한 액체의 손실을 방지함과 동시에 액면 위의 공간에 폭발성 위험가스를 형성할 위험이 적은 구조의 저장탱크는?

① 유동형 지붕 탱크
② 원추형 지붕 탱크
③ 원통형 저장 탱크
④ 구형 저장탱크

**해설** 석유류 저장탱크의 종류

1. 원통형 저장탱크
   ① 유동형 지붕 탱크
      (F.R.T : Floating Roof Tank)
      천장이 고정되어있지 않고 상하로 움직여 휘발성이 강한 제품들의 증기손실을 방지하며 폭발성 위험가스를 형성할 위험이 적다.
   ② 고정식 지붕 탱크, 원추형 지붕 탱크
      (C.R.T : Cone Roof Tank)
      원추형의 고정지붕을 가진 Tank로 물의 혼입을 방지할 수 있고 설치비가 싸고 가장 많이 이용하는 형태

2. 구형 저장탱크(Spherical or Ball Tank)
   압력을 쉽게 분산시킬 수 있도록 구 모양으로 제작된 탱크

**89** 자동화재 탐지설비의 감지기 종류 중 열감지기가 아닌 것은?

① 차동식
② 정온식
③ 보상식
④ 광전식

**해설** 열감지기의 종류

| 차동식감지기 (스폿형, 분포형) | 실내온도의 상승률이 일정한 값을 넘었을 때 동작한다. |
|---|---|
| 정온식감지기 (스폿형, 감지선형) | 실온이 일정온도 이상으로 상승하였을 때 작동한다. |
| 보상식감지기 (스폿형) | 차동성을 가지면서 차동식의 단점을 보완하여 고온에서도 반드시 작동하도록 한 것이다. |

**참고** 연기감지기

| 이온화식 | 검지부에 연기가 들어가는 데 따라 이온전류가 변화하는 것을 이용했다. |
|---|---|
| 광전식 | 검지부에 연기가 들어가는 데 따라 광전소자의 입사광량이 변화하는 것을 이용했다. |

{분석}
필기에 자주 출제되는 내용입니다.

**90** 산업안전보건법령에서 규정하고 있는 위험물질의 종류 중 부식성 염기류로 분류되기 위하여 농도가 40% 이상이어야 하는 물질은?

① 염산
② 아세트산
③ 불산
④ 수산화칼륨

**해설** 부식성 물질

1. 부식성 산류
   ① 농도가 20퍼센트 이상인 염산, 황산, 질산, 그 밖에 이와 같은 정도 이상의 부식성을 가지는 물질
   ② 농도가 60퍼센트 이상인 인산, 아세트산, 불산, 그 밖에 이와 같은 정도 이상의 부식성을 가지는 물질

2. 부식성 염기류
   농도가 40퍼센트 이상인 수산화나트륨, 수산화칼륨, 그 밖에 이와 같은 정도 이상의 부식성을 가지는 염기류

{분석}
실기에 자주 출제되는 중요한 내용입니다.

**91** 인화점이 각 온도 범위에 포함되지 않는 물질은?

① −30℃ 미만 : 디에틸에테르
② −30℃ 이상 0℃ 미만 : 아세톤
③ 0℃ 이상 30℃ 미만 : 벤젠
④ 30℃ 이상 65℃ 이하 : 아세트산

**해설** 벤젠의 인화점 : −11.1℃

**92** 다음 중 아세틸렌을 용해가스로 만들 때 사용되는 용제로 가장 적합한 것은?

① 아세톤  ② 메탄
③ 부탄  ④ 프로판

> **해설** 아세틸렌을 용해가스로 만들 때 사용되는 용제 → 아세톤

**93** 다음 중 산업안전보건 법령상 화학설비의 부속설비로만 이루어진 것은?

① 사이클론, 백필터, 전기집진기 등 분진처리설비
② 응축기, 냉각기, 가열기, 증발기 등 열교환기류
③ 고로 등 점화기를 직접 사용하는 열교환기류
④ 혼합기, 발포기, 압출기 등 화학제품 가공설비

> **해설** 화학설비 및 그 부속설비의 종류
> 1. 화학설비
>   가. 반응기·혼합조 등 화학물질 반응 또는 혼합 장치
>   나. 증류탑·흡수탑·추출탑·감압탑 등 화학물질 분리장치
>   다. 저장탱크·계량탱크·호퍼·사일로 등 화학물질 저장 또는 계량설비
>   라. 응축기·냉각기·가열기·증발기 등 열교환기류
>   마. 고로 등 점화기를 직접 사용하는 열교환기류
>   바. 카렌다·혼합기·발포기·인쇄기·압출기 등 화학제품 가공설비
>   사. 분쇄기·분체분리기·용융기 등 분체화학물질 취급장치
>   아. 결정조·유동탑·탈습기·건조기 등 분체화학물질 분리장치
>   자. 펌프류·압축기·이젝타 등의 화학물질 이송 또는 압축설비
>
> 2. 화학설비의 부속설비
>   가. 배관·밸브·관·부속류 등 화학물질이송 관련설비

>   나. 온도·압력·유량 등을 지시·기록 등을 하는 자동제어 관련설비
>   다. 안전밸브·안전판·긴급차단 또는 방출밸브 등 비상조치 관련설비
>   라. 가스누출감지 및 경보관련 설비
>   마. 세정기·응축기·벤트스택·플레어스택 등 폐가스처리설비
>   바. 사이클론·백필터·전기집진기 등 분진처리설비
>   사. 가목 내지 바목의 설비를 운전하기 위하여 부속된 전기관련 설비
>   아. 정전기 제거장치·긴급 샤워설비 등 안전관련 설비

**94** 다음 중 밀폐 공간 내 작업 시의 조치사항으로 가장 거리가 먼 것은?

① 산소결핍이나 유해가스로 인한 질식의 우려가 있으면 진행 중인 작업에 방해되지 않도록 주의하면서 환기를 강화하여야 한다.
② 해당 작업장을 적정한 공기상태로 유지되도록 환기하여야 한다.
③ 그 장소에 근로자를 입장시킬 때와 퇴장시킬 때마다 인원을 점검하여야 한다.
④ 그 작업장과 외부의 감시인 간에 항상 연락을 취할 수 있는 설비를 설치하여야 한다.

> **해설** 사고 시의 대피 등
> ① 사업주는 근로자가 밀폐공간에서 작업을 하는 경우에 산소결핍이나 유해가스로 인한 질식·화재·폭발 등의 우려가 있으면 즉시 작업을 중단시키고 해당 근로자를 대피하도록 하여야 한다.
> ② 사업주는 근로자를 대피시킨 경우 적정공기 상태임이 확인될 때까지 그 장소에 관계자가 아닌 사람이 출입하는 것을 금지하고, 그 내용을 해당 장소의 보기 쉬운 곳에 게시하여야 한다.
> ③ 근로자는 출입이 금지된 장소에 사업주의 허락 없이 출입하여서는 아니 된다.

**95** 산업안전보건 법령상 폭발성 물질을 취급하는 화학설비를 설치하는 경우에 단위공정설비로부터 다른 단위공정설비 사이의 안전거리는 설비 바깥면으로부터 몇 m 이상이어야 하는가?

① 10　　　　　② 15
③ 20　　　　　④ 30

**해설** 화학설비의 안전거리 기준

| 구분 | 안전거리 |
|------|----------|
| 1. 단위공정시설 및 설비로부터 다른 단위공정시설 및 설비의 사이 | 설비의 바깥 면으로부터 10미터 이상 |
| 2. 플레어스택으로부터 단위공정시설 및 설비, 위험물질 저장탱크 또는 위험물질 하역설비의 사이 | 플레어스택으로부터 반경 20미터 이상. 다만, 단위공정시설 등이 불연재로 시공된 지붕 아래에 설치된 경우에는 그러하지 아니하다. |
| 3. 위험물질 저장탱크로부터 단위공정시설 및 설비, 보일러 또는 가열로의 사이 | 저장탱크의 바깥 면으로부터 20미터 이상. 다만, 저장탱크의 방호벽, 원격조종 소화 설비 또는 살수설비를 설치한 경우에는 그러하지 아니하다. |
| 4. 사무실·연구실·실험실·정비실 또는 식당으로부터 단위공정시설 및 설비, 위험물질 저장탱크, 위험물질 하역설비, 보일러 또는 가열로의 사이 | 사무실 등의 바깥 면으로부터 20미터 이상. 다만, 난방용 보일러인 경우 또는 사무실 등의 벽을 방호구조로 설치한 경우에는 그러하지 아니하다. |

{분석}
**실기까지 중요한 내용입니다.**

**96** 탄화수소 증기의 연소하한 값 추정식은 연료의 양론농도(Cst)의 0.55배이다. 프로판 1몰의 연소반응식이 다음과 같을 때 연소하한 값은 약 몇 vol%인가?

$$C_3H_8 + 5O_2 \rightarrow 3CO_2 + 4H_2O$$

① 2.22　　　　② 4.03
③ 4.44　　　　④ 8.06

**해설** 완전연소 조성농도

$$C_{st} = \frac{100}{1 + 4.773\left(n + \dfrac{m - f - 2\lambda}{4}\right)}$$

($n$ : 탄소, $m$ : 수소
$f$ : 할로겐원소, $\lambda$ : 산소의 원소 수)

1. 프로판의 완전연소 조성농도
   메탄 $C_3H_8$에서($n$ : 3, $m$ : 8, $f$ : 0, $\lambda$ : 0)
   $$C_{st} = \frac{100}{1 + 4.773 \times \left(3 + \dfrac{8}{4}\right)} = 4.02\,(Vol\%)$$

2. 프로판의 폭발하한계(연소하한 값)
   = 0.55 × Cst
   = 0.55 × 4.02 = 2.21(vol%)

{분석}
**실기까지 중요한 내용입니다.**

**97** 에틸알콜($C_2H_5OH$) 1몰이 완전연소할 때 생성되는 $CO_2$의 몰수로 옳은 것은?

① 1　　　　　② 2
③ 3　　　　　④ 4

**해설** $C_2H_5OH + 3O_2 = 2CO_2 + 3H_2O$

**정답** 95 ① 96 ① 97 ②

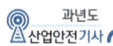

**98** 프로판과 메탄의 폭발하한계가 각각 2.5, 5.0vol% 이라고 할 때 프로판과 메탄이 3 : 1의 체적비로 혼합되어 있다면 이 혼합 가스의 폭발하한계는 약 몇 vol%인가? (단, 상온, 상압 상태이다.)

① 2.9
② 3.3
③ 3.8
④ 4.0

**해설** 혼합 가스의 폭발 범위(르 샤틀리에의 공식)

$$\frac{100}{L} = \frac{V_1}{L_1} + \frac{V_2}{L_2} + \frac{V_3}{L_3} \cdots (Vol\%)$$

$$L = \frac{100}{\dfrac{V_1}{L_1} + \dfrac{V_2}{L_2} + \dfrac{V_3}{L_3} \cdots}$$

여기서,
$L$ : 혼합가스의 폭발하한계(상한계)
$L_1$, $L_2$, $L_3$ : 단독가스의 폭발하한계(상한계)
$V_1$, $V_2$, $V_3$ : 단독가스의 공기 중 부피
$100$ : $V_1 + V_2 + V_3 + \cdots$

**풀이 1.**
몰비(부피비)가 3 : 1이므로

$$\frac{(3+1)}{L} = \frac{3}{2.5} + \frac{1}{5.0}$$

$$L = \frac{4}{\dfrac{3}{2.5} + \dfrac{1}{5.0}} = 2.86(Vol\%)$$

**풀이 2.**
3 : 1 = 0.75(75%) : 0.25(25%)이므로

$$\frac{(75+25)}{L} = \frac{75}{2.5} + \frac{25}{5.0}$$

$$L = \frac{100}{\dfrac{75}{2.5} + \dfrac{25}{5.0}} = 2.86(Vol\%)$$

{분석}
**실기까지 중요한 내용입니다.**

**99** 다음 중 소화약제로 사용되는 이산화탄소에 관한 설명으로 틀린 것은?

① 사용 후에 오염의 영향이 거의 없다.
② 장시간 저장하여도 변화가 없다.
③ 주된 소화효과는 억제소화이다.
④ 자체 압력으로 방사가 가능하다.

**해설** ③ 주된 소화효과는 질식소화(희석소화)이다.

**100** 다음 중 물질의 자연발화를 촉진시키는 요인으로 가장 거리가 먼 것은?

① 표면적이 넓고, 발열량이 클 것
② 열전도율이 클 것
③ 주위 온도가 높을 것
④ 적당한 수분을 보유할 것

**해설** 자연발화가 되기 쉬운 조건
① 표면적이 넓을 것
② 열전도율이 적을 것
③ 주위의 온도가 높을 것
④ 발열량이 클 것
⑤ 수분이 적당량 존재할 것

{분석}
**실기까지 중요한 내용입니다.**

●)) 정답  98 ①  99 ③  100 ②

**101** 콘크리트 타설을 위한 거푸집 동바리의 구조검토 시 가장 선행되어야 할 작업은?

① 각 부재에 생기는 응력에 대하여 안전한 단면을 산정한다.
② 가설물에 작용하는 하중 및 외력의 종류, 크기를 산정한다.
③ 하중 및 외력에 의하여 각 부재에 생기는 응력을 구한다.
④ 사용할 거푸집 동바리의 설치 간격을 결정한다.

〔해설〕 **거푸집 동바리의 일반적인 구조검토의 순서**

1. 하중계산 : 거푸집 동바리에 작용하는 하중 및 외력의 종류, 크기를 산정한다.
2. 응력계산 : 하중·외력에 의하여 각 부재에 발생되는 응력을 구한다.
3. 단면, 배치 간격 계산 : 각 부재에 발생되는 응력에 대하여 안전한 단면 및 배치 간격을 결정한다.

**102** 다음 중 해체작업용 기계 기구로 가장 거리가 먼 것은?

① 압쇄기
② 핸드 브레이커
③ 철제 햄머
④ 진동롤러

〔해설〕 ④ 진동롤러 · 다짐 장비

**103** 거푸집 동바리 등을 조립하는 경우에 준수하여야 할 안전조치기준으로 옳지 않은 것은?

① 동바리로 사용하는 강관은 높이 2m 이내마다 수평연결재를 2개 방향으로 만들고 수평연결재의 변위를 방지할 것
② 동바리로 사용하는 파이프 서포트는 3개 이상이어서 사용하지 않도록 할 것
③ 동바리로 사용하는 파이프 서포트를 이어서 사용하는 경우에는 3개 이상의 볼트 또는 전용철물을 사용하여 이을 것
④ 동바리로 사용하는 강관틀과 강관틀 사이에는 교차가새를 설치할 것

〔해설〕 **동바리로 사용하는 파이프 서포트의 조립 시 준수사항**

• 파이프서포트를 3개본 이상 이어서 사용하지 아니하도록 할 것
• 파이프서포트를 이어서 사용할 때에는 4개 이상의 볼트 또는 전용철물을 사용하여 이을 것
• 높이가 3.5미터를 초과하는 경우에는 높이 2미터 이내마다 수평연결재를 2개 방향으로 만들고 수평연결재의 변위를 방지할 것

〔분석〕
**실기까지 중요한 내용입니다.**

🔊 정답 **101** ② **102** ④ **103** ③

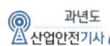

**104** 다음은 말비계를 조립하여 사용하는 경우에 관한 준수사항이다. ( )안에 들어갈 내용으로 옳은 것은?

> • 지주부재 수평면의 기울기를 ( A )° 이하로 하고 지주부재와 지주부재 사이를 고정시키는 보조부재를 설치할 것
> • 말비계의 높이가 2m를 초과하는 경우에는 작업발판의 폭을 ( B )cm 이상으로 할 것

① A : 75, B : 30
② A : 75, B : 40
③ A : 85, B : 30
④ A : 85, B : 40

**해설** 말비계 조립 시의 준수사항
① 지주부재의 하단에는 미끄럼 방지장치를 하고, 양측 끝부분에 올라서서 작업하지 아니하도록 할 것
② 지주부재와 수평면과의 기울기를 75도 이하로 하고, 지주부재와 지주부재 사이를 고정시키는 보조부재를 설치할 것
③ 말비계의 높이가 2미터를 초과할 경우에는 작업발판의 폭을 40센티미터 이상으로 할 것

{분석}
실기까지 중요한 내용입니다.

**105** 산업안전보건관리비 계상기준에 따른 건축공사, 대상액「5억 원 이상 ~ 50억 원 미만」의 산업안전보건관리비 비율 및 기초액으로 옳은 것은?

① 비율 : 2.28%, 기초액 : 4,325,000원
② 비율 : 1.99%, 기초액 : 5,499,000원
③ 비율 : 2.35%, 기초액 : 5,400,000원
④ 비율 : 1.57%, 기초액 : 4,411,000원

**해설** 공사종류 및 규모별 산업안전보건관리비 계상기준표

| 구분<br>공사<br>종류 | 대상액<br>5억 원<br>미만인<br>경우<br>적용<br>비율(%) | 대상액<br>5억 원 이상<br>50억 원<br>미만인 경우 | | 대상액<br>50억 원<br>이상인<br>경우<br>적용<br>비율(%) | 보건관리자<br>선임 대상<br>건설공사의<br>적용비율<br>(%) |
|---|---|---|---|---|---|
| | | 적용<br>비율(%) | 기초액 | | |
| 건축공사 | 3.11(%) | 2.28(%) | 4,325<br>천원 | 2.37(%) | 2.64(%) |
| 토목공사 | 3.15(%) | 2.53(%) | 3,300<br>천원 | 2.60(%) | 2.73(%) |
| 중건설<br>공사 | 3.64(%) | 3.05(%) | 2,975<br>천원 | 3.11(%) | 3.39(%) |
| 특수<br>건설공사 | 2.07(%) | 1.59(%) | 2,450<br>천원 | 1.64(%) | 1.78(%) |

**106** 터널작업 시 자동경보장치에 대하여 당일의 작업시작 전 점검하여야 할 사항으로 옳지 않은 것은?

① 검지부의 이상 유무
② 조명시설의 이상 유무
③ 경보장치의 작동 상태
④ 계기의 이상 유무

**해설** 자동경보장치의 작업 시작 전 점검 사항
① 계기의 이상 유무
② 검지부의 이상 유무
③ 경보장치의 작동상태

{분석}
실기까지 중요한 내용입니다.

**107** 다음은 강관틀비계를 조립하여 사용하는 경우 준수해야 할 기준이다. (    )안에 알맞은 숫자를 나열한 것은?

> 길이가 띠장방향으로 (  A  )미터 이하이고 높이가(  B  )미터를 초과하는 경우에는 (  C  )미터 이내마다 띠장방향으로 버팀기둥을 설치할 것

① A : 4,  B : 10,  C : 5
② A : 4,  B : 10,  C : 10
③ A : 5,  B : 10,  C : 5
④ A : 5,  B : 10,  C : 10

해설 **틀비계(강관 틀비계) 조립 시 준수사항**
① 밑둥에는 밑받침철물을 사용하여야 하며 밑받침에 고저차가 있는 경우에는 조절형 밑받침철물을 사용하여 항상 수평 및 수직을 유지하도록 할 것
② 높이가 20미터를 초과하거나 중량물의 적재를 수반하는 작업을 할 경우에는 주틀 간의 간격이 1.8미터 이하로 할 것
③ 주틀 간에 교차가새를 설치하고 최상층 및 5층 이내마다 수평재를 설치할 것
④ 벽이음 간격(조립간격) : 수직방향 6m, 수평방향으로 8m미터 이내마다 할 것
⑤ 길이가 띠장방향으로 4m 이하이고 높이가 10m를 초과하는 경우에는 10m 이내마다 띠장방향으로 버팀기둥을 설치할 것

{분석}
**실기까지 중요한 내용입니다.**

**108** 지반의 종류가 다음과 같을 때 굴착면의 기울기 기준으로 옳은 것은?

> 연암 및 풍화암

① 1 : 0.5 ~ 1 : 1
② 1 : 1.0
③ 1 : 0.8
④ 1 : 0.5

해설 **굴착면의 기울기 및 높이 기준**

| 지반의 종류 | 굴착면의 기울기 |
|---|---|
| 모래 | 1:1.8 |
| 연암 및 풍화암 | 1:1.0 |
| 경암 | 1:0.5 |
| 그 밖의 흙 | 1:1.2 |

{분석}
**실기에 자주 출제되는 중요한 내용입니다.**

**109** 동력을 사용하는 항타기 또는 항발기에 대하여 무너짐을 방지하기 위하여 준수하여야 할 기준으로 옳지 않은 것은?

① 연약한 지반에 설치하는 경우에는 아웃트리거 · 받침 등 지지구조물의 침하를 방지하기 위하여 깔판 · 받침목 등을 사용할 것
② 시설 또는 가설물 등에 설치하는 때에는 그 내력을 확인하고 내력이 부족한 때에는 그 내력을 보강할 것
③ 상단 부분은 버팀대 · 버팀줄로 고정하여 안정시키고, 그 하단 부분은 견고한 버팀 · 말뚝 또는 철골 등으로 고정시킬 것
④ 아웃트리거 · 받침 등 지지구조물이 미끄러질 우려가 있는 때에는 깔판 · 깔목 등을 사용하여 해당 지지구조물을 고정시킬 것

최근 기출문제 2020

•)) 정답 **107** ② **108** ② **109** ④

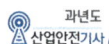
**[해설]** ④ 아웃트리거 · 받침 등 지지구조물이 미끄러질 우려가 있는 때에는 말뚝 또는 쐐기 등을 사용하여 해당 지지구조물을 고정시킬 것

**110** 운반작업을 인력 운반작업과 기계 운반 작업으로 분류할 때 기계 운반작업으로 실시하기에 부적당한 대상은?

① 단순하고 반복적인 작업
② 표준화되어 있어 지속적이고 운반량이 많은 작업
③ 취급물의 형상, 성질, 크기 등이 다양한 작업
④ 취급물이 중량인 작업

**[해설]** ③ 취급물의 형상, 성질, 크기 등이 다양한 작업 → 인력운반이 적합하다.

**111** 터널 등의 건설작업을 하는 경우에 낙반 등에 의하여 근로자가 위험해질 우려가 있는 경우에 필요한 직접적인 조치사항과 거리가 먼 것은?

① 터널지보공 설치
② 부석의 제거
③ 울 설치
④ 록볼트 설치

**[해설]** **낙반에 의한 위험 방지조치**
① 터널지보공 및 록볼트의 설치
② 부석의 제거

{분석}
**실기까지 중요한 내용입니다.**

**112** 장비 자체보다 높은 장소의 땅을 굴착 하는 데 적합한 장비는?

① 파워 쇼벨(Power Shovel)
② 불도저(Bulldozer)
③ 드래그라인(Drag line)
④ 클램쉘(Clam Shell)

**[해설]** 장비 자체보다 높은 장소의 땅을 굴착
→ 파워 쇼벨(Power Shovel)

**[참고]** ① 파워 셔블(power shovel, 동력삽)
• 기계가 서 있는 지반면보다 높은 곳의 땅파기에 적합하다.

② 드래그 셔블(drag shovel, 백호)
• 기계가 서 있는 지면보다 낮은 장소의 굴착 및 수중굴착이 가능하다
• 굳은 지반의 토질도 정확한 굴착이 된다.

③ 드래그라인(drag line)
• 기계가 서있는 위치보다 낮은 장소의 굴착에 적당하고 굳은 토질에서의 굴착은 되지 않지만 굴착 반지름이 크다.
• 작업범위가 광범위하고 수중굴착 및 연약한 지반의 굴착에 적합하다.

④ 클램쉘(clam shell)
• 수중굴착 및 가장 협소하고 깊은 굴착이 가능하며 호퍼(hopper)에 적당하다.
• 연약지반이나 수중굴착 및 자갈 등을 싣는데 적합하다.

{분석}
**필기에 자주 출제되는 내용입니다.**

**113** 사다리식 통로의 길이가 10m 이상일 때 얼마 이내마다 계단참을 설치하여야 하는가?

① 3m 이내마다
② 4m 이내마다
③ 5m 이내마다
④ 6m 이내마다

**•))정답** 110 ③ 111 ③ 112 ① 113 ③

**해설** 사다리식 통로 설치의 준수사항

① 견고한 구조로 할 것

② 심한 손상·부식 등이 없는 재료를 사용할 것

③ 발판의 간격은 일정하게 할 것

④ 발판과 벽과의 사이는 15센티미터 이상의 간격을 유지할 것

⑤ 폭은 30센티미터 이상으로 할 것

⑥ 사다리가 넘어지거나 미끄러지는 것을 방지하기 위한 조치를 할 것

⑦ 사다리의 상단은 걸쳐놓은 지점으로부터 60센티미터 이상 올라가도록 할 것

⑧ 사다리식 통로의 길이가 10미터 이상인 경우에는 5미터 이내마다 계단참을 설치할 것

⑨ 사다리식 통로의 기울기는 75도 이하로 할 것. 다만, 고정식 사다리식 통로의 기울기는 90도 이하로 하고, 그 높이가 7미터 이상인 경우에는 다음 각 목의 구분에 따른 조치를 할 것

• 등받이울이 있어도 근로자 이동에 지장이 없는 경우 : 바닥으로부터 높이가 2.5미터 되는 지점부터 등받이울을 설치할 것

• 등받이울이 있으면 근로자가 이동이 곤란한 경우 : 한국산업표준에서 정하는 기준에 적합한 개인용 추락 방지 시스템을 설치하고 근로자로 하여금 한국산업표준에서 정하는 기준에 적합한 전신 안전대를 사용하도록 할 것

⑩ 접이식 사다리 기둥은 사용 시 접혀지거나 펼쳐지지 않도록 절물 등을 사용하여 견고히게 조치할 것

{분석}
실기까지 중요한 내용입니다.

**114** 추락방호망 설치 시 그물코의 크기가 10cm인 매듭 있는 방망의 신품에 대한 인징킹도 기준으로 옳은 것은?

① 100kgf 이상   ② 200kgf 이상

③ 300kgf 이상   ④ 400kgf 이상

**해설** 방망사의 신품에 대한 인장강도

| 그물코의 크기 (단위 : 센티미터) | 방망의 종류(단위 : 킬로그램) | |
|---|---|---|
| | 매듭 없는 방망 | 매듭방망 |
| 10 | 240 | 200 |
| 5 | | 110 |

**참고** 방망사의 폐기 시 인장강도

| 그물코의 크기 (단위 : 센티미터) | 방망의 종류(단위 : 킬로그램) | |
|---|---|---|
| | 매듭 없는 방망 | 매듭방망 |
| 10 | 150 | 135 |
| 5 | | 60 |

{분석}
필기에 자주 출제되는 내용입니다.

**115** 타워크레인을 자립고(自立高) 이상의 높이로 설치할 때 지지벽체가 없어 와이어로프로 지지하는 경우의 준수사항으로 옳지 않은 것은?

① 와이어로프를 고정하기 위한 전용 지지프레임을 사용할 것

② 와이어로프 설치각도는 수평면에서 60° 이내로 하되, 지지점은 4개소 이상으로 하고, 같은 각도로 설치할 것

③ 와이어로프와 그 고정부위는 충분한 강도와 장력을 갖도록 설치하되, 와이어로프를 클립·샤클(shackle) 등의 기구를 사용하여 고정하지 않도록 유의할 것

④ 와이어로프가 가공전선에 근접하지 않도록 할 것

**해설** 타워크레인을 와이어로프로 지지하는 경우 준수 사항

① 서면심사에 관한 서류 또는 제조사의 설치작업설명서 등에 따라 설치할 것 또는 서면심사 서류 등이 없거나 명확하지 아니한 경우에는 건축구조·건설기계·기계안전·건설안선기술사 또는 건설안전 분야 산업안전지도사의 확인을 받아 설치하거나 기종별·모델별 공인된 표준방법으로 설치할 것

② 와이어로프를 고정하기 위한 전용 지지프레임을 사용할 것

③ 와이어로프 설치각도는 수평면에서 60도 이내로 하되, 지지점은 4개소 이상으로 하고, 같은 각도로 설치할 것

**정답** 114 ② 115 ③

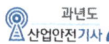
④ 와이어로프와 그 고정부위는 충분한 강도와 장력을 갖도록 설치하고, 와이어로프를 클립·샤클(shackle) 등의 고정기구를 사용하여 견고하게 고정시켜 풀리지 아니하도록 하며, 사용 중에는 충분한 강도와 장력을 유지하도록 할 것
⑤ 와이어로프가 가공전선(架空電線)에 근접하지 않도록 할 것

## 116 토질시험 중 연약한 점토 지반의 점착력을 판별하기 위하여 실시하는 현장시험은?

① 베인테스트(Vane Test)
② 표준관입시험(SPT)
③ 하중재하시험
④ 삼축압축시험

**해설** 연약한 점토 지반의 점착력을 판별하기 위하여 실시하는 현장시험 → 베인테스트(Vane Test)

**참고** 표준 관입 시험(standard penetration test)
• 표준 샘플러 63.5[kg]의 해머로 75[cm]의 높이에서 낙하시켜 관입량 30[cm]에 달하는데 요하는 타격횟수로서 사질지반(모래)의 밀도를 측정하는 방법이다.
• 타격횟수의 값이 클수록 밀실한 토질이다.

{분석}
필기에 자주 출제되는 내용입니다.

## 117 비계의 부재 중 기둥과 기둥을 연결시키는 부재가 아닌 것은?

① 띠장 ② 장선
③ 가새 ④ 작업발판

**해설** 비계의 연결 부재
① 띠장
② 장선
③ 가새

## 118 항만하역작업에서의 선박 승강설비 설치 기준으로 옳지 않은 것은?

① 200톤급 이상의 선박에서 하역작업을 하는 경우에 근로자들이 안전하게 오르내릴 수 있는 현문(舷門) 사다리를 설치하여야 하며, 이 사다리 밑에 안전망을 설치하여야 한다.
② 현문 사다리는 견고한 재료로 제작된 것으로 너비는 55cm 이상이어야 한다.
③ 현문 사다리의 양측에는 82cm 이상의 높이로 울타리를 설치하여야 한다.
④ 현문 사다리는 근로자의 통행에만 사용하여야 하며, 화물용 발판 또는 화물용 보판으로 사용하도록 해서는 아니 된다.

**해설** ① 300톤급 이상의 선박에서 하역작업을 하는 경우에 근로자들이 안전하게 오르내릴 수 있는 현문(舷門) 사다리를 설치하여야 하며, 이 사다리 밑에 안전망을 설치하여야 한다.

{분석}
필기에 자주 출제되는 내용입니다.

## 119 다음 중 유해위험방지계획서 제출 대상 공사가 아닌 것은?

① 지상높이가 30m인 건축물 건설공사
② 최대지간길이가 50m인 교량건설공사
③ 터널 건설공사
④ 깊이가 11m인 굴착공사

**해설** 유해위험방지계획서를 제출해야 될 건설공사

1. 다음 각 목의 어느 하나에 해당하는 건축물 또는 시설 등의 건설·개조 또는 해체공사
   가. 지상높이가 31미터 이상인 건축물 또는 인공구조물
   나. 연면적 3만제곱미터 이상인 건축물
   다. 연면적 5천제곱미터 이상인 시설로서 다음의 어느 하나에 해당하는 시설
      1) 문화 및 집회시설(전시장 및 동물원·식물원은 제외한다)
      2) 판매시설, 운수시설(고속철도의 역사 및 집배송시설은 제외한다)
      3) 종교시설
      4) 의료시설 중 종합병원
      5) 숙박시설 중 관광숙박시설
      6) 지하도상가
      7) 냉동·냉장 창고시설

2. 연면적 5천제곱미터 이상의 냉동·냉장창고시설의 설비공사 및 단열공사
3. 최대 지간길이가 50미터 이상인 교량 건설 등 공사
4. 터널 건설 등의 공사
5. 다목적댐, 발전용댐, 저수용량 2천만톤 이상의 용수 전용 댐, 지방상수도 전용 댐 건설 등의 공사
6. 깊이 10미터 이상인 굴착공사

실력이 되고! 합격이 되는! **특급 암기법**

- 지상높이 31m, 연면적 3만m², 사람 많은 시설 연면적 5,000m²
- 연면적 5,000m² 냉동·냉장창고시설
- 최대 지간길이가 50미터 이상 교량
- 터널
- 저수용량 2천만 톤 이상 댐
- 10미터 이상인 굴착

{분석}
실기에 자주 출제되는 중요한 내용입니다.

## 120 본 터널(main tunnel)을 시공하기 전에 터널에서 약간 떨어진 곳에 지질조사, 환기, 배수, 운반 등의 상태를 알아보기 위하여 설치하는 터널은?

① 프리패브(prefab) 터널
② 사이드(side) 터널
③ 쉴드(shield) 터널
④ 파일럿(pilot) 터널

**해설** 본 터널에서 약간 떨어진 곳에 지질조사, 환기, 배수, 운반 등의 상태를 알아보기 위하여 설치하는 터널 → 파일럿(pilot) 터널

# 04회  2020년 산업안전기사 최근 기출문제

제1과목 · 산업재해 예방 및 안전보건교육

**01** 라인(Line)형 안전관리 조직의 특징으로 옳은 것은?

① 안전에 관한 기술의 축적이 용이하다.
② 안전에 관한 지시나 조치가 신속하다.
③ 조직원 전원을 자율적으로 안전활동에 참여시킬 수 있다.
④ 권한 다툼이나 조정 때문에 통제수속이 복잡해지며, 시간과 노력이 소모된다.

**해설**

| 라인형 (Line) or 직계형 | ① 소규모 사업장(100명 이하 사업장)에 적용이 가능하다. ② 라인형 장점 : 명령 및 지시가 신속, 정확하다. ③ 라인형 단점 • 안전정보가 불충분하다. • 라인에 과도한 책임이 부여될 수 있다. ④ 생산과 안전을 동시에 지시하는 형태이다. |
|---|---|
| 스태프형 (staff) or 참모형 | ① 중규모 사업장(100 ~ 1,000명 정도의 사업장)에 적용이 가능하다. ② 스태프형 장점 : 안전정보 수집이 용이하고 빠르다. ③ 스태프 단점 : 안전과 생산을 별개로 취급한다. ④ 생산부문은 안전에 대한 책임, 권한이 없다. |
| 라인 스태프 (Line Staff)형 or 혼합형 | ① 대규모 사업장(1,000명 이상 사업장)에 적용이 가능하다. ② 라인 스태프형 장점 • 안전전문가에 의해 입안된 것을 경영자가 명령하므로 명령이 신속, 정확하다. • 안전정보 수집이 용이하고 빠르다. ③ 라인 스태프형 단점 • 명령계통과 조언, 권고적 참여의 혼돈이 우려된다. |

{분석}
**실기까지 중요한 내용입니다.**

**02** 레빈(Lewin)은 인간의 행동 특성을 다음과 같이 표현하였다. 변수 'P'가 의미하는 것은?

$$B = f(P \cdot E)$$

① 행동        ② 소질
③ 환경        ④ 함수

**해설** 레윈의 법칙

$$B = f(P \cdot E)$$

여기서, B : Behavior(인간의 행동)
　　　　f : function(함수관계)
　　　　P : Person(개체 : 연령, 경험, 심신상태, 성격, 지능 등)
　　　　E : Environment(심리적 환경 : 인간관계, 작업 환경 등)

{분석}
**필기에 자주 출제되는 내용입니다.**

•)) 정답  01 ②  02 ②

**03** Y-K(Yutaka-Kohate)성격검사에 관한 사항으로 옳은 것은?

① C, C'형은 적응이 빠르다.
② M, M'형은 내구성, 집념이 부족하다.
③ S, S'형은 담력, 자신감이 강하다.
④ P, P'형은 운동, 결단이 빠르다.

**[해설]** Y-K(Yukata-Kohata) 성격검사

| 직업 성격 유형 | 작업 성격 인자 |
|---|---|
| CC'형 : 담즙질<br>(진공성형) | ① 운동 및 결단이 빠르고 기민하다.<br>② 적응이 빠르다.<br>③ 세심하지 않다.<br>④ 내구, 집념이 부족하다.<br>⑤ 진공 자신감이 강하다. |
| MM'형: 흑담즙질<br>(신경질형) | ① 운동성이 느리고 지속성이 풍하다.<br>② 적응이 느리다.<br>③ 세심, 억제, 정확성이 강하다.<br>④ 내구성, 집념, 지속성이 강하다.<br>⑤ 담력, 자신감이 강하다. |
| SS'형 : 다혈질<br>(운동성형) | ① 운동 및 결단이 빠르고 기민하다.<br>② 적응이 빠르다.<br>③ 세심하지 않다.<br>④ 내구, 집념이 부족하다.<br>⑤ 담력, 자신감이 약하다. |
| PP'형 : 점액질<br>(평범수동성형) | ① 운동성이 느리고 지속성이 풍하다.<br>② 적응이 느리다.<br>③ 세심, 억제, 정확성이 강하다.<br>④ 내구성, 집념, 지속성이 강하다.<br>⑤ 담력, 자신감이 약하다. |
| Am형 : 이상질 | ① 지속성이 극도로 나쁘고 운동성이 극도로 느리다<br>② 적응이 극도로 느리다. |

**04** 재해예방의 4원칙이 아닌 것은?

① 손실우연의 원칙
② 사전준비의 원칙
③ 원인계기의 원칙
④ 대책선정의 원칙

**[해설]** 산업재해 예방의 4원칙

① 예방 가능의 원칙 : 재해는 원칙적으로 원인만 제거되면 예방이 가능하다.
② 손실 우연의 원칙 : 사고의 결과 생기는 상해의 종류와 정도는 사고 발생 시 사고대상의 조건에 따라 우연히 발생한다.
③ 대책 선정의 원칙 : 사고의 원인에 대한 적합한 대책이 선정되어야 한다.
④ 원인 연계의 원칙 : 재해는 원인이 있고, 직접원인과 간접원인이 연계되어 일어난다.

{분석}
실기까지 중요한 내용입니다.

**05** 재해의 발생확률은 개인적 특성이 아니라 그 사람이 종사하는 작업의 위험성에 기초한다는 이론은?

① 암시설          ② 경향설
③ 미숙설          ④ 기회설

**[해설]** 재해의 발생확률은 종사하는 작업의 위험성에 기초한다. → 작업이 위험해서(기회 제공) 재해가 발생한다. → 기회설

**[참고]** 재해설

① 기회설(상황설) : 재해가 일어날 수 있는 상황만 주어지면 재해가 유발된다는 설
② 암시설(습관설) : 한번 재해를 당한 사람은 겁쟁이가 되어 신경과민으로 또 재해를 유발한다는 설
③ 경향설(성향설) : 근로자 중 재해가 빈발하는 소질적 결함자가 있다는 설

최근 기출문제 **2020**

🔊) **정답** 03 ① 04 ② 05 ④

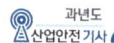

**06** 타인의 비판 없이 자유로운 토론을 통하여 다량의 독창적인 아이디어를 이끌어 내고, 대안적 해결안을 찾기 위한 집단적 사고기법은?

① Role playing
② Brain storming
③ Action playing
④ Fish Bowl playing

**해설** 독창적인 아이디어를 이끌어내고, 대안적 해결안을 찾기 위한 집단적 사고기법 → Brain storming

**참고** 브레인스토밍(Brain storming) : 인간의 잠재의식을 일깨워 자유로이 아이디어를 개발하자는 토의식 아이디어 개발 기법이다.

**07** 강도율 7인 사업장에서 한 작업자가 평생 동안 작업을 한다면 산업재해로 인한 근로손실 일수는 며칠로 예상되는가?
(단, 이 사업장의 연 근로시간과 한 작업자의 평생 근로시간은 100,000시간으로 가정한다.)

① 500 　　② 600
③ 700 　　④ 800

**해설** 평생 동안 작업을 할 때의 근로손실 일수 → 환산 강도율

> ① 환산 강도율(S)
> $$= \frac{총 요양 근로손실일수}{연 근로시간 수}$$
> $$\times 평생근로시간수(100,000)$$
> ② 환산 강도율 = 강도율 ×100

환산 강도율 = 강도율×100 = 7×100 = 700(일)

{분석}
실기에 자주 출제되는 중요한 내용입니다.

**08** 산업안전보건 법령상 유해·위험 방지를 위한 방호조치가 필요한 기계·기구가 아닌 것은?

① 예초기
② 지게차
③ 금속절단기
④ 금속탐지기

**해설** 방호조치를 하지 아니하고는 양도·대여·설치·사용, 진열해서는 아니 되는 기계·기구

① 예초기
② 원심기
③ 공기압축기
④ 금속절단기
⑤ 지게차
⑥ 포장기계(진공포장기, 랩핑기로 한정)

**실패에 되고! 합격에 되는! 특급 암기법**

**방호조치 없이 포장된 공원에서 원예금지**

**09** 산업안전보건 법령상 안전·보건표지의 색채와 사용사례의 연결로 틀린 것은?

① 노란색–화학물질 취급장소에서의 유해·위험 경고 이외의 위험경고
② 파란색–특정 행위의 지시 및 사실의 고지
③ 빨간색–화학물질 취급장소에서의 유해·위험 경고
④ 녹색–정지신호, 소화설비 및 그 장소, 유해행위의 금지

**해설** ④ 빨간색 – 정지신호, 소화설비 및 그 장소, 유해행위의 금지

**정답** 06 ② 07 ③ 08 ④ 09 ④

**참고** 안전·보건 표지의 색채, 색도 기준 및 용도

| 색채 | 색도 기준 | 용도 | 사용례 |
|---|---|---|---|
| 빨간색 | 7.5R 4/14 암기 : 싫어(7.5) 4/14 | 금지 | 정지신호, 소화설비 및 그 장소, 유해행위의 금지 |
| | | 경고 | 화학물질 취급장소에서의 유해·위험 경고 |
| 노란색 | 5Y 8.5/12 암기 : 오(5) 빨리와(8.5) 이리(12) | 경고 | 화학물질 취급장소에서의 유해·위험경고 이외의 위험경고, 주의표지 또는 기계방호물 |
| 파란색 | 2.5PB 4/10 암기 : 2.5×4=10 | 지시 | 특정 행위의 지시 및 사실의 고지 |
| 녹색 | 2.5G 4/10 암기 : 2.5×4=10 | 안내 | 비상구 및 피난소, 사람 또는 차량의 통행표지 |
| 흰색 | N9.5 | | 파란색 또는 녹색에 대한 보조색 |
| 검은색 | N0.5 | | 문자 및 빨간색 또는 노란색에 대한 보조색 |

{분석}
**실기에 자주 출제되는 중요한 내용입니다.**

**10** 재해의 발생형태 중 다음 그림이 나타내는 것은?

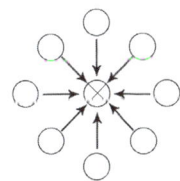

① 단순연쇄형
② 복합연쇄형
③ 단순자극형
④ 복합형

**해설**

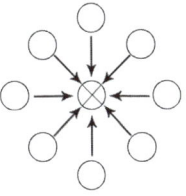

① 단순자극형(집중형)

②-1 단순연쇄형

②-2 복합연쇄형

**11** 생체리듬의 변화에 대한 설명으로 틀린 것은?

① 야간에는 체중이 감소한다.
② 야간에는 말초운동 기능이 증가된다.
③ 체온, 혈압, 맥박수는 주간에 상승하고 야간에 감소한다.
④ 혈액의 수분과 염분량은 주간에 감소하고 야간에 상승한다.

**해설** 생체리듬의 변화
① 야간에는 체중이 감소한다.
② 야간에는 말초운동 기능이 저하된다.
③ 체온, 혈압, 맥박수는 주간에 상승하고 야간에 감소한다.
④ 혈액의 수분과 염분량은 주간에 감소하고 야간에 증가한다.

**정답 10 ③ 11 ②**

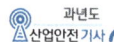
**12** 무재해 운동을 추진하기 위한 조직의 세 기둥으로 볼 수 없는 것은?

① 최고경영자의 경영 자세
② 소집단 자주 활동의 활성화
③ 전 종업원의 안전요원화
④ 라인관리자에 의한 안전보건의 추진

**해설** 무재해 운동의 3요소

① 최고 경영자의 경영자세 : 안전보건은 최고경영자의 무재해, 무질병에 대한 확고한 경영자세로부터 시작된다.
② 라인관리자에 의한 안전보건 추진 : 관리감독자들(Line)이 생산활동 속에서 안전보건을 함께 실천하는 것이 성공의 지름길이다.
③ 직장의 자주안전 활동의 활성화 : 직장의 팀 구성원과의 협동 노력으로 자주적인 안전활동을 추진해 가는 것이 필요하다.

{분석}
필기에 자주 출제되는 내용입니다.

**13** 안전인증 절연장갑에 안전인증 표시 외에 추가로 표시하여야 하는 등급별 색상의 연결로 옳은 것은? (단, 고용노동부 고시를 기준으로 한다.)

① 00등급 : 갈색
② 0등급 : 흰색
③ 1등급 : 노란색
④ 2등급 : 빨간색

**해설** 절연장갑의 등급별 색상

• 00등급 : 갈색        • 0등급 : 빨간색
• 1등급 : 흰색          • 2등급 : 노란색
• 3등급 : 녹색          • 4등급 : 등색

실거에 된다! 참께에 된다! 특급 **암기법**

공갈, 공적, 1백, 2황, 3녹, 4등

{분석}
실기까지 중요한 내용입니다.

**14** 안전교육방법 중 구안법(Project Method)의 4단계의 순서로 옳은 것은?

① 계획수립 → 목적결정 → 활동 → 평가
② 평가 → 계획수립 → 목적결정 → 활동
③ 목적결정 → 계획수립 → 활동 → 평가
④ 활동 → 계획수립 → 목적결정 → 평가

**해설** Project method의 실시순서

| 1단계 | 목적 |
|-------|------|
| 2단계 | 계획 |
| 3단계 | 수행 |
| 4단계 | 평가 |

**참고** 구안법(Project method) : 학습자가 마음 속에 생각하고 있는 것(자신의 목표)을 구체적으로 실천하기 위하여 스스로 계획을 세워 수행하는 학습활동이다.

**15** 산업안전보건 법령상 사업주가 근로자에게 실시해야 하는 안전보건교육 중 관리감독자 정기교육의 내용이 아닌 것은?

① 유해·위험 작업환경 관리에 관한 사항
② 표준안전 작업방법 및 지도 요령에 관한 사항
③ 작업공정의 유해·위험과 재해 예방 대책에 관한 사항
④ 기계·기구의 위험성과 작업의 순서 및 동선에 관한 사항

**해설** 관리감독자 정기교육 내용

① 산업안전 및 산업재해 예방에 관한 사항(화재·폭발 사고 발생 시 대피에 관한 사항을 포함한다)
② 산업보건 및 건강장해 예방에 관한 사항(폭염·한파작업으로 인한 건강장해 발생 시 응급조치에 관한 사항을 포함한다)
③ 유해·위험 작업환경 관리에 관한 사항
④ 산업안전보건법령 및 산업재해보상보험 제도에 관한 사항
⑤ 직무스트레스 예방 및 관리에 관한 사항
⑥ 직장 내 괴롭힘, 고객의 폭언 등으로 인한 건강장해 예방 및 관리에 관한 사항

**정답** 12 ③  13 ①  14 ③  15 ④

⑦ 위험성평가에 관한 사항

⑧ 작업공정의 유해·위험과 재해 예방대책에 관한 사항

⑨ 표준안전 작업방법 결정 및 지도·감독 요령에 관한 사항

⑩ 비상시 또는 재해 발생 시 긴급조치에 관한 사항

⑪ 사업장 내 안전보건관리체제 및 안전·보건조치 현황에 관한 사항

⑫ 현장근로자와의 의사소통능력 및 강의능력 등 안전보건교육 능력 배양에 관한 사항

⑬ 그 밖의 관리감독자의 직무에 관한 사항

실력이 되고! 합격이 되는! 특급 암기법

**공통 항목(관리감독자, 근로자)**
1. 관리자는 법, 산재보상제도를 알자.
2. 관리자는 건강을 보존(산업보건)하고 건강장해, 스트레스, 괴롭힘, 폭언 예방하자!
3. 관리자는 유해위험 환경을 관리해서 안전하고 산업재해 예방하자!
4. 관리자는 위험성을 평가하자!

**관리감독자 정기교육의 특징**
1. 관리자는 유해위험의 재해예방대책 세우자!
2. 관리자는 안전 작업방법 결정해서 감독하자!
3. 관리자는 재해발생 시 긴급조치하자!
4. 관리자는 안전보건 조치하자!
5. 관리자는 안전보건교육 능력 배양하자!

{분석}
실기에 자주 출제되는 중요한 내용입니다.

**16** 다음 재해원인 중 간접원인에 해당하지 않는 것은?

① 기술적 원인
② 교육적 원인
③ 관리적 원인
④ 인적 원인

해설 **재해의 직·간접원인**

| 직접원인 | ① 인적원인(불안전한 행동) |
| | ② 물적원인(불안전한 상태) |
| 간접원인 | ① 기술적 원인 |
| | ② 교육적 원인 |
| | ③ 신체적 원인 |
| | ④ 정신적 원인 |
| | ⑤ 작업관리상 원인 |

{분석}
실기에 자주 출제되는 중요한 내용입니다.

**17** 재해원인 분석방법의 통계적 원인분석 중 사고의 유형, 기인물 등 분류항목을 큰 순서대로 도표화한 것은?

① 파레토도
② 특성요인도
③ 크로스도
④ 관리도

해설 **재해통계 방법**

① 파레토도(Pareto Diagram) : 사고 유형, 기인물 등 데이터를 분류하여 그 항목값이 큰 순서대로 정리하여 막대그래프로 나타낸다.

② 특성요인도(Characteristic Diagram) : 재해와 그 요인의 관계를 어골상으로 세분화하여 나타낸다.

③ 크로스(cross) 분석 : 2가지 또는 2개 항목 이상의 요인이 상호관계를 유지할 때 문제를 분석하는데 사용된다.

④ 관리도(Control Chart) : 시간 경과에 따른 재해 발생 건수 등 대략적인 추이 파악에 사용된다.

{분석}
필기에 자주 출제되는 중요한 내용입니다.

**18** 다음 중 헤드십(headship)에 관한 설명과 가장 거리가 먼 것은?

① 권한의 근거는 공식적이다.
② 지휘의 형태는 민주주의적이다.
③ 상사와 부하와의 사회적 간격은 넓다.
④ 상사와 부하와의 관계는 지배적이다.

해설 **리더십과 헤드십의 특성**

| 구분 | 리더십 | 헤드십 |
|---|---|---|
| 권한 행사 | 선출된 리더 | 임명된 헤드 |
| 권한 부여 | 밑으로부터의 동의에 의함 | 위에서 위임하는 형태 |
| 권한 귀속 | 집단 목표에 기여한 공로인정 | 공식화된 규정에 따름 |
| 상사, 부하관계 | 개인적인 영향 | 지배적임 |

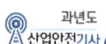
| 구분 | 리더십 | 헤드십 |
|---|---|---|
| 부하와의 관계 | 좁음 | 넓음 |
| 지휘형태 | 민주주의적 | 권위주의적 |
| 책임귀속 | 상사와 부하 | 상사 |
| 권한근거 | 개인적 | 법적, 공식적 |

{분석}
**필기에 자주 출제되는 중요한 내용입니다.**

**19** 다음 설명에 해당하는 학습 지도의 원리는?

> 학습자가 지니고 있는 각자의 요구와 능력 등에 알맞은 학습활동의 기회를 마련해주어야 한다는 원리

① 직관의 원리
② 자기활동의 원리
③ 개별화의 원리
④ 사회화의 원리

**[해설]** 각자의 요구와 능력 등에 알맞은 학습활동의 기회를 마련 → 개별화의 원리

**[참고]** 학습지도의 원리
① **자발성의 원리** : 학습자 스스로가 능동적으로 학습활동에 의욕을 가지고 참여하도록 하는 원리
② **개별화의 원리** : 학습자를 존중하고, 학습자 개개인의 능력, 소질, 성향 등 모든 발달가능성을 신장시키려는 원리
③ **목적의 원리** : 학습자는 학습목표가 분명하게 인식되었을 때 자발적이고 적극적인 학습활동을 하게 된다.
④ **사회화의 원리** : 학교교육을 통하여 학생들이 사회화되어 유용한 사회인으로 육성시키고자 하는 교육이다.
⑤ **통합화의 원리** : 학습자를 전체적 인격체로 보고 그에게 내재하여 있는 모든 능력을 조화적으로 발달시키기 위한 생활중심의 통합교육을 원칙으로 하는 원리
⑥ **직관의 원리(직접경험의 원리)** : 학습에 있어 언어위주로 설명을 하는 수업보다는 구체적인 사물을 학습자가 직접 경험해 봄으로써 학습의 효과를 높일 수 있는 원리

**20** 안전교육의 단계에 있어 교육대상자가 스스로 행함으로써 습득하게 하는 교육은?

① 의식교육
② 기능교육
③ 지식교육
④ 태도교육

**[해설]** 스스로 행함으로써 습득하게 하는 교육 → 기능교육

**[참고]** 교육의 3단계
① 제1단계(지식교육) : 강의 및 시청각 교육 등을 통하여 지식을 전달하는 단계
② 제2단계(기능교육) : 시범, 견학, 현장실습 교육 등을 통하여 경험을 체득하는 단계
③ 제3단계(태도교육) : 작업동작 지도 등을 통하여 안전행동을 습관화하는 단계

{분석}
**필기에 자주 출제되는 중요한 내용입니다.**

**제2과목 • 인간공학 및 위험성 평가 · 관리**

**21** 결함수분석의 기호 중 입력사상이 어느 하나라도 발생할 경우 출력사상이 발생하는 것은?

① NOR GATE
② AND GATE
③ OR GATE
④ NAND GATE

**[해설]**

| 기호 | 명명 | 기호 설명 |
|---|---|---|
| ⌂ | OR 게이트 (OR gate) | 한 개 이상의 입력사상이 발생하면 출력사상이 발생하는 논리게이트 |
| ⌂ | AND 게이트 (AND gate) | 입력사상이 전부 발생하는 경우에만 출력사상이 발생하는 논리게이트 |

{분석}
**필기에 자주 출제되는 내용입니다.**

**•)) 정답** 19 ③ 20 ② 21 ③

## 22

가스밸브를 잠그는 것을 잊어 사고가 발생했다면 작업자는 어떤 인적오류를 범한 것인가?

① 생략 오류(omission error)
② 시간지연 오류(time error)
③ 순서 오류(sequential error)
④ 작위적 오류(commission error)

**[해설]** 가스밸브를 잠그는 것을 잊어 사고가 발생 → 생략 오류(omission error)

**[참고]** 휴먼에러의 심리적 분류(Swain의 분류, 독립행동에 관한 분류)

① omission error(누설오류, 생략오류, 부작위 오류) : 필요한 작업 또는 절차를 수행하지 않는 데 기인한 에러
② time error(시간오류) : 필요한 작업 또는 절차의 수행 지연으로 인한 에러
③ commission error(작위오류, 실행오류) : 필요한 작업 또는 절차의 불확실한 수행으로 인한 에러
④ sequential error(순서오류) : 필요한 작업 또는 절차의 순서 착오로 인한 에러
⑤ extraneous error(과잉행동오류) : 불필요한 작업 또는 절차를 수행함으로써 기인한 에러

{분석}
**필기에 자주 출제되는 내용입니다.**

## 23

어떤 소리가 1000Hz, 60dB인 음과 같은 높이임에도 4배 더 크게 들린다면, 이 소리의 음압수준은 얼마인기?

① 70dB
② 80dB
③ 90dB
④ 100dB

**[해설]**
• 음압수준이 10dB 증가하면 → 소리는 2배 크게 들린다.
• 음압수준이 20dB 증가하면 → 소리는 4배 크게 들린다.
• 60dB + 20dB = 80dB

## 24

시스템 안전분석 방법 중 예비위험분석(PHA) 단계에서 식별하는 4가지 범주에 속하지 않는 것은?

① 위기 상태
② 무시가능 상태
③ 파국적 상태
④ 예비조처 상태

**[해설]** PHA 카테고리 분류

• Class 1 : 파국적(catastrophic) – 사망, 시스템 완전 손상
• Class 2 : 위기적(critical) – 심각한 상해, 시스템 중대 손상
• Class 3 : 한계적(marginal) – 경미한 상해, 시스템 성능 저하
• Class 4 : 무시(negligible) – 경미한 상해 및 시스템 성능 저하 없음

{분석}
**필기에 자주 출제되는 내용입니다.**

## 25

다음은 불꽃놀이용 화학물질취급설비에 대한 정량적 평가이다. 해당 항목에 대한 위험등급이 올바르게 연결된 것은?

| 항목 | A (10점) | B (5점) | C (2점) | D (0점) |
|---|---|---|---|---|
| 취급물질 | ○ | ○ | ○ | |
| 조작 | | ○ | | ○ |
| 화학설비의 용량 | ○ | | ○ | |
| 온도 | ○ | | ○ | |
| 압력 | | ○ | ○ | ○ |

① 취급물질–Ⅰ등급,
화학설비의 용량–Ⅰ등급
② 온도–Ⅰ등급,
화학설비의 용량–Ⅱ등급
③ 취급물질–Ⅰ등급,
조작–Ⅳ등급
④ 온도–Ⅱ등급,
압력–Ⅲ등급

**정답** 22 ① 23 ② 24 ④ 25 ④

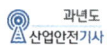

**해설**

| 등급 | 점수 | 내용 |
|------|------|------|
| 등급 I | 16점 이상 | 위험도가 높다. |
| 등급 II | 11점 이상<br>15점 이하 | 주위상황, 다른 설비와<br>관련해서 평가 |
| 등급 III | 10점 이하 | 위험도가 낮다 |

1. 취급물질 : $10 + 5 + 2 + 0 = 17$점( I 등급)
2. 조작 : $5 + 0 = 5$점(III등급)
3. 화학설비의 용량 : $10 + 2 = 12$점(II등급)
4. 온도 : $10 + 5 = 15$점(II등급)
5. 압력 : $5 + 2 + 0 = 7$점(III등급)

**26** 산업안전보건 법령상 유해위험방지계획
서의 제출 대상 제조업은 전기 계약 용량
이 얼마 이상인 경우에 해당되는가?
(단, 기타 예외사항은 제외한다.)

① 50kW

② 100kW

③ 200kW

④ 300kW

**해설** 유해·위험방지 계획서 작성 대상 사업(제조업)

다음 각 호의 어느 하나에 해당하는 사업으로서 전
기사용설비의 정격용량의 합이 300킬로와트 이상
인 사업을 말한다.

① 금속가공제품(기계 및 가구는 제외한다) 제조업
② 비금속 광물제품 제조업
③ 기타 기계 및 장비 제조업
④ 자동차 및 트레일러 제조업
⑤ 식료품 제조업
⑥ 고무제품 및 플라스틱 제품 제조업
⑦ 목재 및 나무제품 제조업
⑧ 기타 제품 제조업
⑨ 1차 금속 제조업
⑩ 가구 제조업
⑪ 화학물질 및 화학제품 제조업
⑫ 반도체 제조업
⑬ 전자부품 제조업

*실력이 되고! 합격이 되는!* 특급 **암 기 법**

1차금속으로 금속가공제품, 비금속 광물제품 제조
하여 나무, 화학물질 섞어서 기계장비, 자동차 트레
일러 만들고, 고무풀(고무 및 플라스틱)로 기타
식료품 만들었더니 도대체(반도체)가(가구) 전부
(전자부품) 유해·위험(유해·위험방지계획서)하다.

{분석}
실기에 자주 출제되는 중요한 내용입니다.

**27** 인간 – 기계 시스템에서 시스템의 설계를
다음과 같이 구분할 때 제3단계인 기본
설계에 해당되지 않는 것은?

1단계 : 시스템의 목표와 성능 명세 결정
2단계 : 시스템의 정의
3단계 : 기본설계
4단계 : 인터페이스설계
5단계 : 보조물 설계
6단계 : 시험 및 평가

① 화면 설계

② 작업 설계

③ 직무 분석

④ 기능 할당

**해설** 기본 설계

• 작업 설계
• 직무 분석
• 기능 할당
• 인간 성능 요건 명세

**정답** 26 ④ 27 ①

**28** 결함수 분석법에서 path set에 관한 설명으로 옳은 것은?

① 시스템의 약점을 표현한 것이다.
② Top 사상을 발생시키는 조합이다.
③ 시스템이 고장나지 않도록 하는 사상의 조합이다.
④ 시스템 고장을 유발시키는 필요불가결한 기본사상들의 집합이다.

**해설**  ①, ②, ④ → 컷셋
③ → 패스셋

**참고**  1. 컷셋(Cut Set)
• 정상사상을 발생시키는 기본사상의 집합
• 모든 기본사상이 일어났을 때 정상사상을 일으키는 기본사상들의 집합이다.

2. 미니멀 컷(Minimal Cut Set)
• 정상사상을 일으키기 위한 기본사상의 최소집합(최소한의 컷)
• 시스템의 위험성을 나타낸다.

3. 패스셋(Path Set)
• 시스템의 고장을 일으키지 않는 기본사상들의 집합
• 포함된 기본사상이 일어나지 않을 때 처음으로 정상 사상이 일어나지 않는 기본 사상들의 집합이다.

4. 미니멀 패스(Minimal Path Set)
• 시스템의 기능을 살리는 최소한의 집합(최소한의 패스)
• 시스템의 신뢰성 나타낸다.

{분석}
**필기에 자주 출제되는 내용입니다.**

**29** 연구 기준의 요건과 내용이 옳은 것은?

① 무오염성 : 실제로 의도하는 바와 부합해야 한다.
② 적절성 : 반복 실험 시 재현성이 있어야 한다.
③ 신뢰성 : 측정하고자 하는 변수 이외의 다른 변수의 영향을 받아서는 안 된다.
④ 민감도 : 피실험자 사이에서 볼 수 있는 예상 차이점에 비례하는 단위로 측정해야 한다.

**해설**  체계 기준의 요건
**(인간공학 연구조사에 사용되는 기준의 구비조건)**
① 적절성 : 의도된 목적에 적합하여야 한다. (타당성)
② 무오염성 : 측정하고자 하는 변수외의 다른 변수의 영향을 받아서는 안 된다.
③ 신뢰성 : 반복실험 시 재현성이 있어야 한다. (반복성)
④ 민감도 : 예상차이점에 비례하는 단위로 측정하여야 한다.

{분석}
**필기에 자주 출제되는 내용입니다.**

**30** FTA 결과 다음과 같은 패스셋을 구하였다. 최소 패스셋(minimal path sets)으로 옳은 것은?

[다음]

$$\{X_2,\ X_3,\ X_4\}$$
$$\{X_1,\ X_3,\ X_4\}$$
$$\{X_3,\ X_4\}$$

① $\{X_3,\ X_4\}$
② $\{X_1,\ X_3,\ X_4\}$
③ $\{X_2,\ X_3,\ X_4\}$
④ $\{X_2,\ X_3,\ X_4\}$와 $\{X_3,\ X_4\}$

**정답**  28 ③  29 ④  30 ①

2020
최근 기출문제

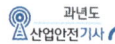
**해설** 미니멀 패스(Minimal Path Set)는 시스템의 기능을 살리는 최소한의 집합으로 세 집합의 부분집합인 $\{X_3, X_4\}$가 미니멀 패스가 된다.

> {분석}
> **필기에 자주 출제되는 내용입니다.**

## 31 인체측정에 대한 설명으로 옳은 것은?

① 인체측정은 동적측정과 정적측정이 있다.

② 인체측정학은 인체의 생화학적 특징을 다룬다.

③ 자세에 따른 인체치수의 변화는 없다고 가정한다.

④ 측정항목에 무게, 둘레, 두께, 길이는 포함되지 않는다.

**해설** **인체계측 방법**

① 정적 인체계측(구조적 인체치수) : 정지 상태에서의 신체를 계측하는 방법으로 표준자세에서 움직이지 않는 피측정자를 인체측정기로 측정한 것이다.

② 동적 인체계측(기능적 인체치수)
- 체위의 움직임에 따른 계측방법
- 각 신체부위가 신체적 기능을 수행(특정 작업 수행)할 때, 독립적으로 움직이는 것이 아니라 조화를 이루어 움직이는 신체치수 측정

## 32 실린더 블록에 사용하는 가스켓의 수명 분포는 X ~ N(10000, 200²)인 정규분포를 따른다. t = 9,600시간일 경우에 신뢰도(R(t))는? (단, P(Z ≤ 1) = 0.8413, P(Z ≤ 1.5) = 0.9332, P(Z ≤ 2) = 0.9772, P(Z ≤ 3) = 0.9987이다.)

① 84.13%

② 93.32%

③ 97.72%

④ 99.87%

**해설** 1. 평균수명 10,000시간, 사용 시간이 9,600시간 이므로
평균기대수명 = 10,000 − 9,600 = 400(시간)

2. $Z = \dfrac{평균}{표준편차} = \dfrac{400}{200} = 2$

3. 표준정규분포이고, Z = 2이므로 Z2의 표준정규분포를 따르게 된다.
Z2 = 0.9772이므로
0.9772 × 100 = 97.72%

> {분석}
> **비중이 낮은 문제입니다.**

## 33 다음 중 열 중독증(heat illness)의 강도를 올바르게 나열한 것은?

ⓐ 열소모(heat exhaustion)
ⓑ 열발진(heat rash)
ⓒ 열경련(heat cramp)
ⓓ 열사병(heat stroke)

① ⓒ < ⓑ < ⓐ < ⓓ

② ⓒ < ⓑ < ⓓ < ⓐ

③ ⓑ < ⓒ < ⓐ < ⓓ

④ ⓑ < ⓓ < ⓐ < ⓒ

**해설** 열발진 < 열경련 < 열소모 < 열사병

**참고** ① 열쇠약(Heat Prostration)
- 고열 작업장에서의 만성적인 건강장해
- 전신권태, 위장장해, 불면, 빈혈 등의 증상

② 열허탈(Heat Collapse)
- 고열환경에서 혈관운동 장해에 의한 대뇌피질의 혈류량 부족 및 뇌의 산소부족으로 실신하거나 현기증을 일으킨다.

③ 열피로(Heat Exhaustion)
- 고온에서 장시간 중노동 시 수분·염분 부족이 원인이 되어 현기증, 구토, 심할 경우 허탈로 빠져 의식을 잃을 수도 있다.
- 휴식 후에 5% 포도당을 정맥주사한다.

**정답** 31 ① 32 ③ 33 ③

④ 열경련(Heat Cramp)
- 고온에서 지속적인 육체노동 시 수분 및 혈중 염분손실로 인한 근육발작 및 경련을 일으킨다.
- 수분 및 Nacl을 보충한다.

⑤ 열사병(Heat Stroke)
- 고온다습한 환경에 장시간 노출될 경우 뇌의 온도 상승으로 인해 신체의 체온중추기능의 장해, 발한 정지(땀을 흘리지 못하여 체온조절 안 됨), 직장온도 상승 등을 일으킨다.

**34** 사무실 의자나 책상에 적용할 인체 측정 자료의 설계 원칙으로 가장 적합한 것은?

① 평균치 설계
② 조절식 설계
③ 최대치 설계
④ 최소치 설계

해설 인체계측자료의 응용 3원칙

① 최대 치수와 최소 치수 설계(극단치 설계)

| 최대 치수 설계의 예 | 최소 치수 설계의 예 |
| --- | --- |
| • 위험구역의 울타리 높이<br>• 출입문의 높이<br>• 그네줄의 인장강도 | • 물건을 올리는 선반의 높이<br>• 조종장치를 조정하는 힘<br>• 조종장치까지의 조정거리 |

② 조절(조정)범위(조절식 설계)
- 예 침대, 의자 높낮이 조절, 자동차의 운전석 위치조정

③ 평균치를 기준으로 한 설계
- 예 은행의 창구 높이

{분석}
**필기에 자주 출제되는 내용입니다.**

**35** 암호체계의 사용 시 고려해야 될 사항과 거리가 먼 것은?

① 정보를 암호화한 자극은 검출이 가능하여야 한다.
② 다차원의 암호보다 단일 차원화된 암호가 정보 전달이 촉진된다.
③ 암호를 사용할 때는 사용자가 그 뜻을 분명히 알 수 있어야 한다.
④ 모든 암호 표시는 감지장치에 의해 검출될 수 있고, 다른 암호 표시와 구별될 수 있어야 한다.

해설 암호 체계의 일반적 사항

① 암호의 검출성 : 암호화한 자극은 검출이 가능할 것
② 암호의 변별성 : 다른 암호 표시와 구별될 수 있을 것
③ 부호의 양립성 : 자극 – 반응의 관계가 인간의 기대와 모순되지 않는 성질
④ 부호의 의미 : 암호를 사용할 때는 그 사용자가 그 뜻을 분명히 알 수 있어야 한다.
⑤ 암호의 표준화 : 암호를 표준화하여 다른 상황으로 변화하더라도 쉽게 이용할 수 있어야 한다.
⑥ 다차원 암호의 사용 : 2가지 이상의 암호를 조합해서 사용하면 정보 전달이 촉진된다.

{분석}
**필기에 자주 출제되는 내용입니다.**

**36** 신호검출이론(SDT)의 판정 결과 중 신호가 없었는데도 있었다고 말하는 경우는?

① 긍정(hit)
② 누락(miss)
③ 허위(false alarm)
④ 부정(correct rejection)

해설 신호가 없었는데도 있었다고 말하는 경우 → 허위(false alarm)

정답 34 ② 35 ② 36 ③

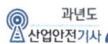
**참고** 신호검출이론
- 잡음 속에서 신호를 검출할 때에, 신호에 대한 옳은 반응(fit)과 잡음일 때에 반응하는 잘못을 측정하는 방법
- 관찰자의 민감도와 반응편향에 따라 신호의 탐지가 달라진다는 이론으로 통제된 실험실에서 얻은 결과를 현장에 그대로 적용할 수 없다.

**37** 촉감의 일반적인 척도의 하나인 2점 문턱 값(two-point threshold)이 감소하는 순서대로 나열된 것은?

① 손가락 → 손바닥 → 손가락 끝
② 손바닥 → 손가락 → 손가락 끝
③ 손가락 끝 → 손가락 → 손바닥
④ 손가락 끝 → 손바닥 → 손가락

**해설** 2점 문턱 값(two-point threshold)은 손가락 끝으로 갈수록 감소한다.

**참고**
- 문턱 값 : 감지가 가능한 가장 작은 자극의 크기를 말한다.
- 2점 문턱 값(two-point threshold) : 자극을 구별할 수 있는 최소거리를 말한다.

**38** 시스템 안전분석 방법 중 HAZOP에서 "완전 대체"를 의미하는 것은?

① NOT
② REVERSE
③ PART OF
④ OTHER THAN

**해설** 유인어의 종류와 뜻
- No 또는 Not : 완전한 부정
- More 또는 Less : 양의 증가 및 감소
- As Well As : 성질상의 증가
- Part of : 일부 변경, 성질상의 감소
- Reverse : 설계 의도의 논리적인 역
- Other Than : 완전한 대체

{분석}
필기에 자주 출제되는 내용입니다.

**39** 어느 부품 1,000개를 100,000시간 동안 가동하였을 때 5개의 불량품이 발생하였을 경우 평균동작시간(MTTF)은?

① $1 \times 10^6$ 시간   ② $2 \times 10^7$ 시간
③ $1 \times 10^8$ 시간   ④ $2 \times 10^9$ 시간

**해설**

> ① 고장률$(\lambda) = \dfrac{고장건수}{총 가동시간}$(건/시간)
>
> ② $MTBF = \dfrac{1}{고장률(\lambda)}$(시간)

1. 고장률$(\lambda) = \dfrac{고장건수}{총 가동시간}$

$$= \frac{5}{1,000 \times 100,000} = 5 \times 10^{-8}(건/시간)$$

2. 평균고장시간$(MTBF, MTTF)$

$$= \frac{1}{5 \times 10^{-8}} = 2 \times 10^7(시간)$$

{분석}
**필기에 자주 출제되는 내용입니다.**

**40** 신체활동의 생리학적 측정법 중 전신의 육체적인 활동을 측정하는 데 가장 적합한 방법은?

① Flicker 측정
② 산소 소비량 측정
③ 근전도(EMG) 측정
④ 피부전기반사(GSR) 측정

**해설** 전신의 육체적인 활동을 측정 → 산소 소비량 측정

**참고** EMG(electromyogram : 근전도) : 근육 활동의 전위차를 측정

**•))** 정답 37 ② 38 ④ 39 ② 40 ②

**제3과목** 기계·기구 및 설비 안전 관리

**41** 산업안전보건 법령상 롤러기의 방호장치 중 롤러의 앞면 표면속도가 30m/min 이상일 때 무부하 동작에서 급정지거리는?

① 앞면 롤러 원주의 1/2.5 이내
② 앞면 롤러 원주의 1/3 이내
③ 앞면 롤러 원주의 1/3.5 이내
④ 앞면 롤러 원주의 1/5.5 이내

**해설** 앞면 롤러의 표면속도에 따른 급정지거리

| 앞면 롤러의 표면속도 (m/min) | 급정지거리 |
|---|---|
| 30 미만 | 앞면 롤러 원주의 $\frac{1}{3}$ 이내 $(= \pi \times d \times \frac{1}{3})$ |
| 30 이상 | 앞면 롤러 원주의 $\frac{1}{2.5}$ 이내 $(= \pi \times d \times \frac{1}{2.5})$ |

이때 표면속도의 산식은

$$V = \frac{\pi \times D \times N}{1000}\ (m/min)$$

여기서 V : 표면속도
D : 롤러 원통의 직경(mm)
N : 1분 간에 롤러기가 회전되는 수(rpm)

{분석}
**실기까지 중요한 내용입니다.**

**42** 극한하중이 600N인 체인에 안전계수가 4일 때 체인의 정격하중(N)은?

① 130  ② 140
③ 150  ④ 160

**해설**

$$안전계수 = \frac{극한하중}{정격하중}$$

$$정격하중 = \frac{극한하중}{안전계수} = \frac{600}{4} = 150(N)$$

**43** 연삭작업에서 숫돌의 파괴원인으로 가장 적절하지 않은 것은?

① 숫돌의 회전속도가 너무 빠를 때
② 연삭작업 시 숫돌의 정면을 사용할 때
③ 숫돌에 큰 충격을 줬을 때
④ 숫돌의 회전중심이 제대로 잡히지 않았을 때

**해설** 연삭기 숫돌 파괴 원인

① 숫돌의 회전 속도가 너무 빠를 때
② 숫돌 자체에 균열이 있을 때
③ 숫돌의 측면을 사용하여 작업할 때
④ 숫돌에 과대한 충격을 가할 때
⑤ 플랜지가 현저히 작을 때
　(플랜지 지름은 숫돌 지름의 $\frac{1}{3}$ 이상일 것)
⑥ 숫돌 불균형, 베어링 마모에 의한 진동이 심할 때
⑦ 반지름 방향 온도변화 심할 때

{분석}
**실기까지 중요한 내용입니다.**

**44** 산업안전보건 법령상 용접장치의 안전에 관한 준수사항으로 옳은 것은?

① 아세틸렌 용접장치의 발생기실을 옥외에 설치한 경우에는 그 개구부를 다른 선축물로부터 1m 이상 떨어지도록 하여야 한다.
② 가스집합장치로부터 7m 이내의 장소에서는 화기의 사용을 금지시킨다.
③ 아세틸렌 발생기에서 10m 이내 또는 발생기실에서 4m 이내의 장소에서는 화기의 사용을 금지시킨다.

**정답** 41 ① 42 ③ 43 ② 44 ④

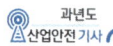

④ 아세틸렌 용접장치를 사용하여 용접작업을 할 경우 게이지 압력이 127kPa을 초과하는 압력의 아세틸렌을 발생시켜 사용해서는 아니 된다.

**[해설]** 아세틸렌 발생기실의 설치장소
① 아세틸렌 용접장치의 아세틸렌 발생기(이하 "발생기"라 한다)를 설치하는 경우에는 전용의 발생기실에 설치하여야 한다.
② 발생기실은 건물의 최상층에 위치하여야 하며, 화기를 사용하는 설비로부터 3미터를 초과하는 장소에 설치하여야 한다.
③ 발생기실을 옥외에 설치한 경우에는 그 개구부를 다른 건축물로부터 1.5미터 이상 떨어지도록 하여야 한다.

**{분석}**
실기까지 중요한 내용입니다.

**45** 500rpm으로 회전하는 연삭숫돌의 지름이 300mm일 때 원주속도(m/min)는?

① 약 748  ② 약 650
③ 약 532  ④ 약 471

**[해설]** 회전속도(원주속도)

$$V = \frac{\pi \times D \times N}{1000} (\text{m/min})$$

여기서, $D$ : 롤러의 직경(mm)
$N$ : 회전수(rpm)

$$V = \frac{\pi \times 300 \times 500}{1000} = 471.24 (\text{m/min})$$

**46** 산업안전보건 법령상 로봇을 운전하는 경우 근로자가 로봇에 부딪힐 위험이 있을 때 높이는 최소 얼마 이상의 울타리를 설치하여야 하는가? (단, 로봇의 가동범위 등을 고려하여 높이로 인한 위험성이 없는 경우는 제외)

① 0.9m  ② 1.2m
③ 1.5m  ④ 1.8m

**[해설]** 로봇의 운전(교시 등을 위한 로봇의 운전은 제외한다)으로 인하여 근로자에게 발생할 수 있는 부상 등의 위험을 방지하기 위하여 높이 1.8미터 이상의 울타리(로봇의 가동범위 등을 고려하여 높이로 인한 위험성이 없는 경우에는 높이를 그 이하로 조절할 수 있다)를 설치하여야 하며, 컨베이어 시스템의 설치 등으로 울타리를 설치할 수 없는 일부 구간에 대해서는 안전매트 또는 광전자식 방호장치 등 감응형 방호장치를 설치하여야 한다.

**47** 일반적으로 전류가 과대하고, 용접속도가 너무 빠르며, 아크를 짧게 유지하기 어려운 경우 모재 및 용접부의 일부가 녹아서 홈 또는 오목한 부분이 생기는 용접부 결함은?

① 잔류응력  ② 융합불량
③ 기공  ④ 언더컷

**[해설]** 모재 및 용접부의 일부가 녹아서 홈 또는 오목한 부분이 생기는 용접부 결함 → 언더컷

**[참고]** • Blow hole(기공) : 용접부에 기공이 발생하는 현상
• 용입 불량 : 모재가 완전 용입되지 않은 현상 (녹지 않음)

**•))정답** 45 ④  46 ④  47 ④

**48** 산업안전보건 법령상 승강기의 종류로 옳지 않은 것은?

① 승객형 엘리베이터
② 리프트
③ 화물용 엘리베이터
④ 승객화물용 엘리베이터

**해설** 승강기의 종류 및 특징

| | |
|---|---|
| **승객용 엘리베이터** | <u>사람의 운송에 적합하게 제조·</u>설치된 엘리베이터 |
| **승객화물용 엘리베이터** | <u>사람의 운송과 화물 운반을 겸용</u>하는데 적합하게 제조·설치된 엘리베이터 |
| **화물용 엘리베이터** | <u>화물 운반에 적합하게 제조·설치된 엘리베이터</u>로서 <u>조작자 또는 화물취급자 1명은 탑승할 수 있는 것</u>(적재용량이 300킬로그램 미만인 것은 제외한다) |
| **소형화물용 엘리베이터** | 음식물이나 서적 등 <u>소형 화물의 운반에 적합하게 제조·설치</u>된 엘리베이터로서 <u>사람의 탑승이 금지된 것</u> |
| **에스컬레이터** | 일정한 <u>경사로 또는 수평로를 따라 위·아래 또는 옆으로 움직이는 디딤판을 통해 사람이나 화물을 승강장으로 운송</u>시키는 설비 |

{분석}
실기까지 중요한 내용입니다.

**49** 다음 중 선반의 방호장치로 가장 거리가 먼 것은?

① 쉴드(shield)
② 슬라이딩
③ 척 커버
④ 칩 브레이커

**해설** 선반의 안전장치

① <u>쉴드(Shield)</u> : 칩 및 절삭유의 비산을 방지하기 위해 설치하는 <u>플라스틱 덮개</u>
② <u>칩 브레이커</u> : <u>칩을 짧게 절단하는 장치</u>
③ <u>척 커버</u> : 기어 등을 복개하는 장치
④ <u>브레이크</u> : <u>선반의 일시정지 장치</u>

{분석}
필기에 자주 출제되는 내용입니다.

**50** 산업안전보건 법령상 목재가공용 둥근톱 작업에서 분할날과 톱날 원주면과의 간격은 최대 얼마 이내가 되도록 조정하는가?

① 10mm
② 12mm
③ 14mm
④ 16mm

**해설** 분할날의 설치조건

① <u>분할날 두께는 톱두께의 1.1배 이상이며 치진폭보다 작을 것</u>

$$1.1\, t_1 \leqq t_2 < b$$
$(t_1 :$ 톱두께, $t_2 :$ 분할날두께, $\ b :$ 치진폭)

② <u>톱날 후면과의 간격은 12mm 이내일 것</u>
③ <u>후면날의 2/3 이상을 덮어 설치할 것</u>
④ 분할날 최소길이

$$L = \frac{\pi \times D}{6}\,(\text{mm})$$
$D :$ 톱날직경(mm)

⑤ <u>직경이 610mm를 넘는 둥근톱에는 현수식 분할날을 사용할 것</u>

{분석}
필기에 자주 출제되는 내용입니다.

**51** 기계설비에서 기계 고장률의 기본 모형으로 옳지 않은 것은?

① 조립 고장
② 초기 고장
③ 우발 고장
④ 마모 고장

최근 기출문제 **2020**

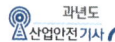

**[해설]** **1. 초기 고장(감소형)**
- 설계상, 구조상 결함, 불량 제조 · 생산 과정 등의 품질 관리미비로 생기는 고장 형태
- 점검 작업이나 시운전 작업 등으로 사전에 방지할 수 있는 고장

**2. 우발고장(일정형)**
- 예측할 수 없을 때에 생기는 고장의 형태
- 사용자의 실수, 천재지변, 우발적 사고 등이 원인이다.

**3. 마모 고장(증가형)**
- 기계적 요소나 부품의 마모, 사람의 노화 현상 등에 의해 고장률이 상승하는 형이다.
- 고장이 일어나기 직전에 교환, 안전 진단 및 적당한 보수에 의해서 방지할 수 있는 고장이다.

{분석}
**실기까지 중요한 내용입니다.**

**52** 산업안전보건 법령상 화물의 낙하에 의해 운전자가 위험을 미칠 경우 지게차의 헤드가드(head guard)는 지게차 최대하중의 몇 배가 되는 등분포정하중에 견디는 강도를 가져야 하는가? (단, 4톤을 넘는 값은 제외)

① 1배      ② 1.5배
③ 2배      ④ 3배

**[해설]** 지게차에는 최대하중의 2배(4톤을 넘는 값에 대해서는 4톤으로 한다)에 해당하는 등분포정하중(等分布靜荷重)에 견딜 수 있는 강도의 헤드가드를 설치하여야 한다.

{분석}
**실기까지 중요한 내용입니다.**

**53** 다음 중 컨베이어의 안전장치로 옳지 않은 것은?

① 비상정지장치
② 반발예방장치
③ 역회전방지장치
④ 이탈방지장치

**[해설]** **컨베이어의 방호장치**
① 이탈 등의 방지장치 : 컨베이어 등을 사용하는 때에는 정전 · 전압강하 등에 의한 화물 또는 운반구 의 이탈 및 역주행을 방지하는 장치를 갖추어야 한다.
② 비상정지장치 : 컨베이어 등에 근로자의 신체의 일부가 말려드는 등 근로자에게 위험을 미칠 우려가 있는 때 및 비상 시에는 즉시 컨베이어 등의 운전을 정지시킬 수 있는 장치를 설치하여야 한다.
③ 덮개, 울의 설치 : 컨베이어 등으로 부터 화물이 떨어져 근로자가 위험해질 우려가 있는 경우에는 해당 컨베이어 등에 덮개 또는 울을 설치하는 등 낙하 방지를 위한 조치를 하여야 한다.

{분석}
**실기에 자주 출제되는 중요한 내용입니다.**

**54** 크레인에 돌발 상황이 발생한 경우 안전을 유지하기 위하여 모든 전원을 차단하여 크레인을 급정지시키는 방호장치는?

① 호이스트      ② 이탈방지장치
③ 비상정지장치      ④ 아우트리거

**[해설]** 모든 전원을 차단하여 크레인을 급정지시키는 방호장치 → 비상정지장치

**[참고]** **크레인**
- 과부하방지장치
- 권과방지장치(捲過防止裝置)
- 비상정지장치
- 제동장치

{분석}
**실기에 자주 출제되는 중요한 내용입니다.**

**)) 정답** 52 ③   53 ②   54 ③

**55** 산업안전보건 법령상 프레스 등을 사용하여 작업을 할 때에 작업시작 전 점검 사항으로 가장 거리가 먼 것은?

① 압력방출장치의 기능
② 클러치 및 브레이크의 기능
③ 프레스의 금형 및 고정볼트 상태
④ 1행정 1정지기구·급정지장치 및 비상 정지장치의 기능

**해설** **프레스의 작업시작 전 점검 사항**

① 클러치 및 브레이크 기능
② 크랭크축·플라이 휠·슬라이드·연결 봉 및 연결 나사의 볼트 풀림 유무
③ 1행정 1정지 기구·급정지 장치 및 비상 정지 장치의 기능
④ 슬라이드 또는 칼날에 의한 위험 방지 기구의 기능
⑤ 프레스의 금형 및 고정 볼트 상태
⑥ 당해 방호 장치의 기능

{분석}
실기에 자주 출제되는 중요한 내용입니다.

**56** 다음 중 프레스 방호장치에서 게이트 가드식 방호장치의 종류를 작동방식에 따라 분류할 때 가장 거리가 먼 것은?

① 경사식
② 하강식
③ 도립식
④ 횡 슬라이드식

**해설** **게이트가드식 방호장치의 종류**

① 하강식
② 도립식
③ 횡슬라이드식

**57** 선반작업의 안전수칙으로 가장 거리가 먼 것은?

① 기계에 주유 및 청소를 할 때에는 저속 회전에서 한다.
② 일반적으로 가공물의 길이가 지름의 12배 이상일 때는 방진구를 사용하여 선반작업을 한다.
③ 바이트는 가급적 짧게 설치한다.
④ 면장갑을 사용하지 않는다.

**해설** ① 기계에 주유 및 청소를 할 때에는 기계 운전을 정지하고 실시한다.

**58** 다음 중 보일러 운전 시 안전수칙으로 가장 적절하지 않은 것은?

① 가동 중인 보일러에는 작업자가 항상 정위치를 떠나지 아니할 것
② 보일러의 각종 부속장치의 누설상태를 점검할 것
③ 압력방출장치는 매 7년마다 정기적으로 작동시험을 할 것
④ 노 내의 환기 및 통풍 장치를 점검할 것

**해설** **압력방출장치의 설치**

① 압력방출장치를 1개 또는 2개 이상 설치하고 최고사용압력 이하에서 작동되도록 하여야 한다. 다만, 압력방출장치가 2개 이상 설치된 경우에는 최고사용압력 이하에서 1개가 작동되고, 다른 압력방출장치는 최고사용압력 1.05배 이하에서 작동되도록 부착하여야 한다.
② 압력방출장치는 매년 1회 이상 "국가교정기관"으로부터 교정을 받은 압력계를 이용하여 토출압력을 시험한 후 납으로 봉인하여 사용하여야 한다. 다만, 공정안전보고서 제출대상으로서 공정안전관리 이행수준 평가결과가 우수한 사업장의 압력방출장치에 대하여 4년마다 1회 이상 토출압력을 시험할 수 있다.

{분석}
실기에 자주 출제되는 중요한 내용입니다.

최근 기출문제 2020

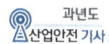

**59** 산업안전보건 법령상 크레인에서 권과방지장치의 달기구 윗면이 권상장치의 아랫면과 접촉할 우려가 있는 경우 최소 몇 m 이상 간격이 되도록 조정하여야 하는가? (단, 직동식 권과방지장치의 경우는 제외)

① 0.1
② 0.15
③ 0.25
④ 0.3

**[해설]** 권과방지장치는 훅·버킷 등 달기구의 윗면(그 달기구에 권상용 도르래가 설치된 경우에는 권상용 도르래의 윗면)이 드럼, 상부 도르래, 트롤리프레임 등 권상장치의 아랫면과 접촉할 우려가 있는 경우에 그 간격이 0.25미터 이상[직동식(直動式) 권과방지장치는 0.05미터 이상으로 한다)]이 되도록 조정하여야 한다.

{분석} 실기까지 중요한 내용입니다.

**60** 슬라이드가 내려옴에 따라 손을 쳐내는 막대가 좌우로 왕복하면서 위험한계에 있는 손을 보호하는 프레스 방호장치는?

① 수인식
② 게이트 가드식
③ 반발예방장치
④ 손쳐내기식

**[해설]** 손을 쳐내는 막대가 좌우로 왕복하면서 위험한계에 있는 손을 보호하는 프레스 방호장치 → 손쳐내기식

**[참고]** 1. 수인식 : 슬라이드와 작업자 손을 끈으로 연결하여 슬라이드 하강 시 작업자 손을 당겨 위험영역에서 빼낼 수 있도록 한 방호장치
2. 게이트 가드식 : 가드가 열려 있는 상태에서는 기계의 위험부분이 동작되지 않고 기계가 위험한 상태일 때에는 가드를 열 수 없도록 한 방호장치
3. 광전자식 : 투광부, 수광부, 컨트롤 부분으로 구성된 것으로서 신체의 일부가 광선을 차단하면 기계를 급정지시키는 방호장치

4. 양수 조작식 : 1행정 1정지식 프레스에 사용되는 것으로서 누름버튼을 양손으로 동시에 조작하지 않으면 기계가 동작하지 않으며, 한손이라도 떼어내면 기계를 정지시키는 방호장치

{분석} 실기까지 중요한 내용입니다.

---

**제4과목** **전기설비 안전 관리**

**61** KS C IEC 60079-0에 따른 방폭기기에 대한 설명이다. 다음 빈칸에 들어갈 알맞은 용어는?

( ⓐ )은 EPL로 표현되며 점화원이 될 수 있는 가능성에 기초하여 기기에 부여된 보호등급이다. EPL의 등급 중 ( ⓑ )는 정상 작동, 예상된 오작동, 드문 오작동 중에 점화원이 될 수 없는 "매우 높은" 보호 등급의 기기이다.

① ⓐ Explosion Protection Level,
　　ⓑ EPL Ga
② ⓐ Explosion Protection Level,
　　ⓑ EPL Gc
③ ⓐ Equipment Protection Level,
　　ⓑ EPL Ga
④ ⓐ Equipment Protection Level,
　　ⓑ EPL Gc

**[해설]** 기기보호 등급(Equipment Protection Level) : EPL로 표현되며 점화원이 될 수 있는 가능성에 기초하여 기기에 부여된 보호등급이다.

| 가스폭발 보호등급 | 1. EPL Ga : 폭발성 가스 분위기에 설치되는 기기로 정상 작동, 예상된 오작동, 드문 오작동 중에 점화원이 될 수 없는 "매우 높은" 보호 등급의 기기이다.<br>2. EPL Gb : 폭발성 가스 분위기에 설치되는 기기로 정상 작동, 예상된 오작동 중에 점화원이 될 수 없는 "높은" 보호 등급의 기기이다.<br>3. EPL Gc : 폭발성 가스 분위기에 설치되는 기기로 정상 작동 중에 점화원이 될 수 없고 정기적인 고장 발생 시 점화원으로서 비활성 상태의 유지를 보장하기 위하여 추가적인 보호장치가 있을 수 있는 "강화된" 보호등급의 기기이다. |
|---|---|
| 분진폭발 보호등급 | 1. EPL Da : 폭발성 분진 분위기에 설치되는 기기로 정상 작동, 예상된 오작동, 드문 오작동 중에 점화원이 될 수 없는 "매우 높은" 보호 등급의 기기이다.<br>2. EPL Db : 폭발성 분진 분위기에 설치되는 기기로 정상 작동, 예상된 오작동 중에 점화원이 될 수 없는 "높은" 보호 등급의 기기이다.<br>3. EPL Dc : 폭발성 분진 분위기에 설치되는 기기로 정상 작동 중에 점화원이 될 수 없고 정기적인 고장 발생 시 점화원으로서 비활성 상태의 유지를 보장하기 위하여 추가적인 보호장치가 있을 수 있는 "강화된" 보호등급의 기기이다. |

**62** 접지계통 분류에서 TN접지방식이 아닌 것은?

① TN-S방식

② TN-C방식

③ TN-T방식

④ TN-C-S방식

**해설** TN(Terra-Neutral) 접지방식 : 전력계통은 한 점을 직접 접지하고 노출 도전성 부분을 전력계통의 접지점(교류계통에서는 중성점 또는 중성점이 없을 경우는 한 상)에 직접 접속하는 방법을 말한다.

① TN-S : 계통 전체에 대해 보호도체를 분리시키는 방식

② TN-C : 계통 전체에 대해 중성선과 보호도체의 기능을 동일 도체로 겸용하는 방식

③ TN-C-S : 계통의 일부분에서 중성선과 보호도체의 기능을 동일 도체로 겸용하는 방식

**63** 접지도체의 굵기 기준으로 옳은 것은?

① 특고압·고압 전기설비용 접지도체는 단면적 $6mm^2$ 이상의 연동선

② 중성점 접지용 접지도체는 공칭단면적 $6mm^2$ 이상의 연동선 또는 동등 이상의 단면적 및 강도를 가져야 한다.

③ 7kV 이하의 전로의 접지도체는 $16mm^2$ 이상의 연동선

④ 사용전압이 25kV 이하인 특고압 가공전선로의 접지도체는 $16mm^2$ 이상의 연동선

**해설** ① 특고압·고압 전기설비용 접지도체는 단면적 $6mm^2$ 이상의 연동선 또는 이와동등 이상의 단면적 및 강도를 가져야 한다.

② 중성점 접지용 접지도체는 공칭단면적 $16mm^2$ 이상의 연동선 또는 동등 이상의 단면적 및 강도를 가져야 한다. 다만, 다음의 경우에는 공칭단면적 $6mm^2$ 이상의 연동선 또는 동등 이상의 단면적 및 강도를 가져야 한다.

• 7kV 이하의 전로

• 사용전압이 25kV 이하인 특고압 가공선선로. 다만, 중성선 다중접지 방식의 것으로서 전로에 지락이 생겼을 때 2초 이내에 자동적으로 이를 전로로부터 차단하는 장치가 되어 있는 것

{분석}
**관련 규정의 변경으로 문제를 수정하였습니다.**

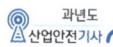

**64** 최소 착화에너지가 0.26mJ인 가스에 정전용량이 100pF인 대전 물체로부터 정전기 방전에 의하여 착화할 수 있는 전압은 약 몇 V인가?

① 2240
② 2260
③ 2280
④ 2300

 해설

$$E(J) = \frac{1}{2}CV^2$$

여기서, $E$ : 정전기 에너지(J)
　　　　$C$ : 도체의 정전 용량(F)
　　　　$V$ : 대전 전위(V)
　　　　$Q$ : 대전 전하량(C)

$$E(J) = \frac{1}{2}CV^2$$

$$V^2 = \frac{E}{\frac{1}{2}C}$$

$$V = \sqrt{\frac{E}{\frac{1}{2}C}} = \sqrt{\frac{0.26 \times 10^{-3}}{\frac{1}{2} \times 100 \times 10^{-12}}} = 2,280.35(V)$$

$* pF : 10^{-12}F, mJ = 10^{-3}J$

{분석}
**필기에 자주 출제되는 내용입니다.**

**65** 누전차단기의 구성요소가 아닌 것은?

① 누전검출부
② 영상변류기
③ 차단장치
④ 전력퓨즈

해설 누전차단기는 누전검출부, 영상변류기, 차단기구 등으로 구성된 장치로서 전기기계기구의 금속제 외함 또는 금속제 외피 등의 금속제 부분에서 누전, 절연파괴 등으로 인하여 발생되는 지락전류가 일정값 이상이 될 경우 주어진 동작시간 이내에 전기기계기구의 전로를 차단하는 장치를 말한다.

**66** 우리나라의 안전전압으로 볼 수 있는 것은 약 몇 [V] 인가?

① 30
② 50
③ 60
④ 70

해설 우리나라에서 일반 사업장의 안전전압 : 30[V]

**67** 산업안전보건기준에 관한 규칙에 따라 누전에 의한 감전의 위험을 방지하기 위하여 접지를 하여야 하는 대상의 기준으로 틀린 것은? (단, 예외조건은 고려하지 않는다.)

① 전기기계·기구의 금속제 외함
② 고압 이상의 전기를 사용하는 전기기계·기구 주변의 금속제 칸막이
③ 고정배선에 접속된 전기기계·기구 중 사용전압이 대지 전압 100V을 넘는 비충전 금속체
④ 코드와 플러그를 접속하여 사용하는 전기기계·기구 중 휴대형 전동기계·기구의 노출된 비충전 금속체

해설 ③ 고정배선에 접속된 전기기계·기구 중 사용전압이 대지 전압 150V을 넘는 비충전 금속체

접지를 하여야 하는 전기기계·기구
(산업안전보건법 기준)

① 전기기계·기구의 금속제 외함·금속제 외피 및 철대

② 고정 설치되거나 고정배선에 접속된 전기기계·기구의 노출된 비충전 금속체 중 충전될 우려가 있는 다음 각목의 1에 해당하는 비충전 금속체
 • 지면이나 접지된 금속체로부터 수직거리 2.4미터, 수평거리 1.5미터 이내의 것
 • 물기 또는 습기가 있는 장소에 설치되어 있는 것
 • 금속으로 되어있는 기기접지용 전선의 피복·외장 또는 배선관 등
 • 사용전압이 대지전압 150볼트를 넘는 것

③ 전기를 사용하지 아니하는 설비 중 다음 각목의 1에 해당하는 금속체
 • 전동식 양중기의 프레임과 궤도
 • 전선이 붙어있는 비전동식 양중기의 프레임
 • 고압(750볼트 초과 7천볼트 이하의 직류전압 또는 600볼트 초과 7천볼트 이하의 교류전압을 말한다. 이하 같다) 이상의 전기를 사용하는 전기기계·기구 주변의 금속제 칸막이·망 및 이와 유사한 장치

④ 코드 및 플러그를 접속하여 사용하는 전기기계·기구 중 접지를 하여야 하는 경우(다음 각목의 1에 해당하는 노출된 비충전 금속체)
 • 사용전압이 대지전압 150볼트를 넘는 것
 • 냉장고·세탁기·컴퓨터 및 주변기기 등과 같은 고정형 전기기계·기구
 • 고정형·이동형 또는 휴대형 전동기계·기구
 • 물 또는 도전성이 높은 곳에서 사용하는 전기기계·기구, 비접지형 콘센트
 • 휴대형 손전등

⑤ 수중펌프를 금속제 물탱크 등의 내부에 설치하여 사용하는 경우에, 그 탱크(이 경우 탱크를 수중펌프의 접지선과 접속하여야 한다)

**68** 정전유도를 받고 있는 접지되어 있지 않는 도전성 물체에 접촉된 경우 전격을 당하게 되는데 이 때 물체에 유도된 전압 V(V)를 옳게 나타낸 것은?
(단, $E$ 는 송전선의 대지전압, $C_1$ 은 송전선과 물체 사이의 정전용량, $C_2$ 는 물체와 대지 사이의 정전용량이며, 물체와 대지 사이의 저항은 무시한다.)

① $V = \dfrac{C_1}{C_1 + C_2} \times E$

② $V = \dfrac{C_1 + C_2}{C_1} \times E$

③ $V = \dfrac{C_1}{C_1 \times C_2} \times E$

④ $V = \dfrac{C_1 \times C_2}{C_1} \times E$

해설

$$V = \frac{C_1}{C_1 + C_2} \times E$$

여기서, $V$ : 물체에 유도된 전압
$E$ : 송전선의 대지 전압
$C_1$: 송전선과 물체 사이의 정전용량
$C_2$: 물체와 대지 사이의 정전용량

{분석}
비중이 낮은 문제입니다.

**69** 교류 아크 용접기의 자동전격방지장치는 전격의 위험을 방지하기 위하여 아크 발생이 중단된 후 약 1초 이내에 출력 측 무부하 전압을 자동적으로 몇 V 이하로 저하시켜야 하는가?

① 85  ② 70

③ 50  ④ 25

2020 최근 기출문제

정답 68 ① 69 ④

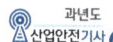
**[해설]** **자동 전격 방지기의 성능**

용접을 중단하고 1.0초 내에 용접기의 홀더, 어스선에 흐르는 무부하 전압을 안전전압 25V 이하로 내려준다.

{분석}
**실기까지 중요한 내용입니다.**

**70** 정전기 발생에 영향을 주는 요인으로 가장 적절하지 않은 것은?

① 분리속도
② 물체의 질량
③ 접촉면적 및 압력
④ 물체의 표면상태

**[해설]** **정전기 발생에 영향을 주는 요인**

| 물체의<br>특성 | 대전서열에서 멀리 있는 물체들끼리<br>마찰할수록 발생량이 많다. |
|---|---|
| 물체의<br>표면 상태 | 표면이 거칠수록, 표면이 수분, 기름<br>등에 오염될수록 발생량이 많다. |
| 물체의<br>이력 | 처음 접촉, 분리할 때 정전기 발생량<br>이 최고이고, 반복될수록 발생량은 줄<br>어든다. |
| 접촉 면적<br>및 압력 | 접촉면적이 넓을수록, 접촉압력이 클<br>수록 발생량이 많다. |
| 분리 속도 | 분리속도가 빠를수록 발생량이 많다. |

{분석}
**실기까지 중요한 내용입니다.**

**71** 다음에서 설명하고 있는 방폭구조는?

전기기기의 정상 사용 조건 및 특정 비정상 상태에서 과도한 온도 상승, 아크 또는 스파크의 발생위험을 방지하기 위해 추가적인 안전 조치를 취한 것으로 Ex e라고 표시한다.

① 유입 방폭구조
② 압력 방폭구조
③ 내압 방폭구조
④ 안전증 방폭구조

**[해설]** 과도한 온도 상승, 아크 또는 스파크의 발생위험을 방지하기 위해 추가적인 안전 조치를 취한 것 → 안전증 방폭구조(e)

**[참고]** 1. 내압 방폭구조(d) : 아크를 발생시키는 전기설비를 전폐용기에 넣고 용기 내부에 폭발이 일어날 경우에 용기가 폭발 압력에 견뎌 외부의 폭발성 가스에 인화될 위험이 없도록 한 구조의 방폭구조
2. 본질안전 방폭구조(ia, ib) : 정상 시 또는 단락, 단선, 지락 등의 사고 시에 발생하는 아크, 불꽃, 고열에 의하여 폭발성 가스나 증기에 점화되지 않는 것이 확인된 구조
3. 유입 방폭구조(o) : 아크를 발생시키는 전기설비를 용기에 넣고 용기 내부에 보호액을 채워 외부의 폭발성 가스에 접촉 시 점화의 우려가 없도록 한 방폭구조
4. 압력 방폭구조(P) : 아크를 발생시키는 전기설비를 용기에 넣고 용기 내부에 불연성 가스(공기 또는 질소)를 압입하여 용기 내부로 폭발성 가스가 침입하는 것을 방지하는 구조

{분석}
**실기에 자주 출제되는 중요한 내용입니다.**

**•)) 정답** 70 ② 71 ④

**72** KS C IEC 60079-6에 따른 유입방폭 구조 "O"방폭장비의 최소 IP등급은?

① IP44        ② IP54
③ IP55        ④ IP66

**해설** 유입방폭구조 "O" 방폭장비의 최소 IP등급
→ IP66

**73** 20Ω의 저항 중에 5A의 전류를 3분간 흘렸을 때의 발열량(cal)은?

① 4320        ② 90000
③ 21600       ④ 376560

**해설**

$$Q = I^2 \times R \times T$$

여기서, $Q$ : 전기발생열(에너지)$(J)$
$R$ : 전기저항$(\Omega)$
$I$ : 전류$(A)$
$T$ : 통전시간$(S)$

$Q = 5^2 \times 20 \times (3 \times 60)$
$= 90,000(J) \times 0.24 = 21,600(\text{cal})$

{분석}
실기까지 중요한 내용입니다.

**74** 다음은 어떤 방전에 대한 설명인가?

정전기가 대전되어 있는 부도체에 접지체가 접근한 경우 대전물체와 접지체 사이에 발생하는 방전과 거의 동시에 부도체의 표면을 따라서 발생하는 나뭇가지 형태의 발광을 수반하는 방전

① 코로나 방전      ② 뇌상 방전
③ 연면 방전        ④ 불꽃 방전

**해설** 부도체의 표면을 따라서 발생하는 나뭇가지 형태의 발광을 수반하는 방전 → 연면 방전

**75** 가연성 가스가 있는 곳에 저압 옥내전기설비를 금속관 공사에 의해 시설하고자 한다. 관 상호 간 또는 관과 전기기계기구와는 몇 턱 이상 나사조임으로 접속하여야 하는가?

① 2턱        ② 3턱
③ 4턱        ④ 5턱

**해설** 저압 옥내전기설비를 금속관 공사에 의해 시설하고자 하는 경우 관 상호 간 또는 관과 전기기계기구와는 5턱 이상 나사조임으로 접속하여야 한다.

**76** 전기시설의 직접 접촉에 의한 감전방지 방법으로 적절하지 않은 것은?

① 충전부는 내구성이 있는 절연물로 완전히 덮어 감쌀 것
② 충전부가 노출되지 않도록 폐쇄형 외함이 있는 구조로 할 것
③ 충전부에 충분한 절연효과가 있는 방호망 또는 절연 덮개를 설치할 것
④ 충전부는 출입이 용이한 전개된 장소에 설치하고 위험표시 등의 방법으로 방호를 강화할 것

**해설** 전기기계·기구 등의 충전부 방호
(직접 접촉으로 인한 감전방지 조치)
① 충전부가 노출되지 아니하도록 폐쇄형 외함이 있는 구조로 할 것
② 충분한 절연효과가 있는 방호망 또는 절연덮개를 설치할 것
③ 충전부는 내구성이 있는 절연물로 완전히 덮어 감쌀 것
④ 발전소·변전소 및 개폐소 등 구획되어 있는 장소로서 관계 근로자가 아닌 사람의 출입이 금지되는 장소에 충전부를 설치하고, 위험표시 등의 방법으로 방호를 강화할 것
⑤ 전주 위 및 철탑 위 등 격리되어 있는 장소로서 관계 근로자가 아닌 사람이 접근할 우려가 없는 장소에 충전부를 설치할 것

{분석}
실기에 자주 출제되는 내용입니다.

**2020** 최근 기출문제

**정답** 72 ④ 73 ③ 74 ③ 75 ④ 76 ④

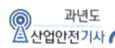

**77** 심실세동을 일으키는 위험한계 에너지는 약 몇 $J$ 인가?

(단, 심실세동 전류 $I = \dfrac{165}{\sqrt{T}}$ mA, 인체의 전기저항 $R = 800\Omega$, 통전시간 $T = 1$초이다.)

① 12

② 22

③ 32

④ 42

**해설** 심실세동 전류

> 1. $I\,(mA) = \dfrac{165}{\sqrt{T}}$
>
>    $T$ : 통전시간(초)
>
> 2. $Q = I^2 \times R \times T$
>
>    여기서, $Q$ : 전기발생열(에너지)($J$)
>    $R$ : 전기저항($\Omega$)
>    $I$ : 전류($A$)
>    $T$ : 통전시간($S$)

1. $I(mA) = \dfrac{165}{\sqrt{1}} = 165(mJ) \div 1{,}000 = 0.17(J)$

2. $Q = 0.17^2 \times 800 \times (1) = 23.12(J)$

{분석}
실기까지 중요한 내용입니다.

**78** 전기기계·기구에 설치되어 있는 감전방지용 누전차단기의 정격감도전류 및 작동시간으로 옳은 것은? (단, 정격부하전류가 50A 미만이다.)

① 15 mA 이하, 0.1초 이내

② 30 mA 이하, 0.03초 이내

③ 50 mA 이하, 0.5초 이내

④ 100 mA 이하, 0.05초 이내

**해설** 전기기계·기구에 설치되어 있는 누전차단기는 정격감도전류가 30밀리암페어 이하이고 작동시간은 0.03초 이내일 것. 다만, 정격전부하전류가 50암페어 이상인 전기기계·기구에 접속되는 누전차단기는 오작동을 방지하기 위하여 정격감도전류는 200밀리암페어 이하로, 작동시간은 0.1초 이내로 할 수 있다.

{분석}
실기에 자주 출제되는 중요한 내용입니다.

**79** 피뢰레벨에 따른 회전구체 반경이 틀린 것은?

① 피뢰레벨 Ⅰ : 20m

② 피뢰레벨 Ⅱ : 30m

③ 피뢰레벨 Ⅲ : 50m

④ 피뢰레벨 Ⅳ : 60m

**해설** ① 피뢰레벨 Ⅰ : 20m
② 피뢰레벨 Ⅱ : 30m
③ 피뢰레벨 Ⅲ : 45m
④ 피뢰레벨 Ⅳ : 60m

**80** 지락사고 시 1초를 초과하고 2초 이내에 고압전로를 자동차단하는 장치가 설치되어 있는 고압전로에 중성점 접지공사를 하였다. 접지저항은 몇 $\Omega$ 이하로 유지해야 하는가?

(단, 변압기의 고압측 전로의 1선 지락전류는 10A이다.)

① 10$\Omega$

② 20$\Omega$

③ 30$\Omega$

④ 40$\Omega$

**해설** $\dfrac{300}{1\text{선지락 전류}} = \dfrac{300}{10} = 30(\Omega)$

•)) 정답 **77** ② **78** ② **79** ③ **80** ③

> **참고** 변압기의 중성점 접지 저항값

① 일반적인 경우 : $\dfrac{150}{1선지락 전류}(\Omega)$ 이하

② 변압기의 고압·특고압측 전로 또는 사용전압이 35kV 이하의 특고압전로가 저압측 전로와 혼촉하고 저압전로의 대지전압이 150V를 초과하는 경우

- 1초 초과 2초 이내에 고압·특고압 전로를 자동으로 차단하는 장치를 설치할 때 :

$$\dfrac{300}{1선지락 전류}(\Omega)\ 이하$$

- 1초 이내에 고압·특고압 전로를 자동으로 차단하는 장치를 설치할 때 :

$$\dfrac{600}{1선지락 전류}(\Omega)\ 이하$$

---

## 제5과목 · 화학설비 안전 관리

**81** 사업주는 가스폭발 위험장소 또는 분진폭발 위험장소에 설치되는 건축물 등에 대해서는 규정에서 정한 부분을 내화구조로 하여야 한다. 다음 중 내화구조로 하여야 하는 부분에 대한 기준이 틀린 것은?

① 건축물의 기둥 : 지상 1층(지상 1층의 높이가 6미터를 초과하는 경우에는 6미터)까지
② 위험물 저장·취급용기의 지지대(높이가 30센티미터 이하인 것은 제외) : 지상으로부터 지지대의 끝부분까지
③ 건축물의 보 : 지상 2층(지상 2층의 높이가 10미터를 초과하는 경우에는 10미터)까지
④ 배관·전선관 등의 지지대 : 지상으로부터 1단(1단의 높이가 6미터를 초과하는 경우에는 6미터)까지

> **해설** 가스폭발 위험장소 또는 분진폭발 위험장소에 설치되는 건축물 등에 대해서는 다음 각 호에 해당하는 부분을 내화구조로 하여야 하며, 그 성능이 항상 유지될 수 있도록 점검·보수 등 적절한 조치를 하여야 한다. 다만, 건축물 등의 주변에 화재에 대비하여 물 분무시설 또는 폼 헤드(foam head)설비 등의 자동소화설비를 설치하여 건축물 등이 화재 시에 2시간 이상 그 안전성을 유지할 수 있도록 한 경우에는 내화구조로 하지 아니할 수 있다.
> ① 건축물의 기둥 및 보 : 지상 1층(지상 1층의 높이가 6미터를 초과하는 경우에는 6미터)까지
> ② 위험물 저장·취급용기의 지지대(높이가 30센티미터 이하인 것은 제외한다) : 지상으로부터 지지대의 끝부분까지
> ③ 배관·전선관 등의 지지대 : 지상으로부터 1단(1단의 높이가 6미터를 초과하는 경우에는 6미터)까지

> {분석}
> 실기까지 중요한 내용입니다.

**82** 다음 물질 중 인화점이 가장 낮은 물질은?

① 이황화탄소
② 아세톤
③ 크실렌
④ 경유

> **해설** 인화점
> ① 이황화탄소 : −20℃
> ② 아세톤 : −17℃
> ③ 크실렌 : 27℃
> ④ 경유 : 50℃

**83** 물의 소화력을 높이기 위하여 물에 탄산칼륨($K_2CO_3$)과 같은 염류를 첨가한 소화약제를 일반적으로 무엇이라 하는가?

① 포 소화약제
② 분말 소화약제
③ 강화액 소화약제
④ 산알칼리 소화약제

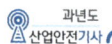

**[해설]** 강화액 소화기 : 탄산칼륨($K_2CO_3$)이 농축된 강알 카리성의 수용액, 즉 강화액을 용기 내에 넣고 방 사용 에너지로서 질소가스(8~10kg/cm²)를 봉입 한 소화기이다.

**84** 다음 중 분진의 폭발위험성을 증대시키는 조건에 해당하는 것은?

① 분진의 온도가 낮을수록
② 분위기 중 산소 농도가 작을수록
③ 분진 내의 수분농도가 작을수록
④ 분진의 표면적이 입자체적에 비교하여 작을수록

**[해설]** 분진의 폭발위험성을 증대시키는 조건
① 분진의 온도가 높을수록
② 분위기 중 산소 농도가 클수록
③ 분진 내의 수분 농도가 작을수록
④ 분진의 표면적이 입자체적에 비교하여 클수록

**85** 다음 중 관의 지름을 변경하는데 사용되는 관의 부속품으로 가장 적절한 것은?

① 엘보(Elbow)
② 커플링(Coupling)
③ 유니온(Union)
④ 리듀서(Reducer)

**[해설]** 관의 부속품
① 2개관의 연결 : 플랜지, 유니언, 니플, 소켓 사용
② 관의 지름 변경 : 리듀서, 부싱 사용
③ 관로방향 변경 : 엘보, Y형 관이음쇠, 티, 십자 사용
④ 유로차단 : 플러그, 밸브, 캡

{분석}
필기에 자주 출제되는 내용입니다.

**86** 가연성 물질의 저장 시 산소농도를 일정한 값 이하로 낮추어 연소를 방지할 수 있는데 이때 첨가하는 물질로 적합하지 않은 것은?

① 질소
② 이산화탄소
③ 헬륨
④ 일산화탄소

**[해설]** ④ 일산화탄소는 인화성물질로서 연소를 방지하는 첨가제로 적합하지 않다.

**87** 다음 중 물과의 반응성이 가장 큰 물질은?

① 니트로글리세린
② 이황화탄소
③ 금속나트륨
④ 석유

**[해설]** 물반응성 물질(금수성 물질)의 종류
① 리튬
② 칼륨·나트륨
③ 알킬알루미늄·알킬리튬
④ 칼슘 탄화물(탄화칼슘), 알루미늄 탄화물(탄화 알루미늄)

{분석}
실기까지 중요한 내용입니다.

**88** 산업안전보건 법령상 위험물질의 종류에서 폭발성 물질에 해당하는 것은?

① 니트로화합물
② 등유
③ 황
④ 질산

**[해설]** 폭발성 물질 및 유기과산화물
가. 질산에스테르류
나. 니트로화합물
다. 니트로소화합물

**정답** 84 ③ 85 ④ 86 ④ 87 ③ 88 ①

라. 아조화합물

마. 디아조화합물

바. 하이드라진 유도체

사. 유기과산화물

아. 그 밖에 가목부터 사목까지의 물질과 같은
정도의 폭발 위험이 있는 물질

자. 가목부터 아목까지의 물질을 함유한 물질

**폭발하는**(폭발성 물질) **질산에**(질산에스테르)
**니태아조?** (니트로, 니트로소, 아조, 디아조)
**하더라유!** (하이드라진유도체, 유기과산화물)

{분석}
실기에 자주 출제되는 중요한 내용입니다.

**89** 어떤 습한 고체재료 10kg을 완전 건조 후
무게를 측정하였더니 6.8kg이었다. 이 재
료의 건량 기준 함수율은 몇 kg·$H_2O$/kg
인가?

① 0.25  ② 0.36

③ 0.47  ④ 0.58

해설 함수율 $= \dfrac{10-6.8}{6.8} = 0.47$

**90** 대기압 하에서 인화점이 0℃ 이하인 물질
이 아닌 것은?

① 메탄올

② 이황화탄소

③ 산화프로필렌

④ 디에틸에테르

해설 ① 메탄올 : 13℃

② 이황화탄소 : −20℃

③ 산화프로필렌 : −37.2℃

④ 디에틸에테르 : −45℃

**91** 가연성가스의 폭발범위에 관한 설명으로
틀린 것은?

① 압력 증가에 따라 폭발 상한계와 하한
계가 모두 현저히 증가한다.

② 불활성가스를 주입하면 폭발범위는
좁아진다.

③ 온도의 상승과 함께 폭발범위는 넓어
진다.

④ 산소 중에서 폭발범위는 공기 중에서
보다 넓어진다.

해설 폭발한계와 온도, 압력과의 관계

① 압력상승 시 하한계는 불변, 상한계는 상승한다.

② 온도상승 시 하한계는 약간 하강, 상한계는 상승
한다.

③ 폭발하한계가 낮을수록, 폭발 상한계는 높을
수록 폭발범위가 넓어져 위험하다.

{분석}
필기에 자주 출제되는 내용입니다.

**92** 열교환기의 정기적 점검을 일상점검과 개방
점건으로 구분할 때 개방점검 항목에 해당
하는 것은?

① 보냉재의 파손 상황

② 플랜지부나 용접부에서의 누출 여부

③ 기초볼트의 체결 상태

④ 생성물, 부착물에 의한 오염 상황

해설

| 증류탑 개방 시 점검 항목 |
| --- |
| ① 트레이의 부식 상태 |
| ② 포종의 막힘 여부 |
| ③ 넘쳐흐르는 둑의 높이가 설계와 같은지 여부 |
| ④ 용접선의 상황 및 포종의 고정 여부 |
| ⑤ 균열, 손상 여부 |

정답 89 ③  90 ①  91 ①  92 ④

증류탑 일상 점검 항목

① 보온재·보냉재의 파손 상황
② 도장의 열화정도
③ 볼트의 풀림 여부
④ 플랜지, 맨홀, 용접부 등에서의 누출 여부
⑤ 증기 배관의 열팽창에 의한 과도한 힘이 가해
지지 않는지 여부

**93** 다음 중 분진 폭발을 일으킬 위험이 가장 높은 물질은?

① 염소
② 마그네슘
③ 산화칼슘
④ 에틸렌

해설 **분진폭발을 일으키는 물질**

• 금속분(알루미늄, 마그네슘, 아연 분말)
• 플라스틱
• 농산물
• 황

**94** 산업안전보건법령에서 인화성 액체를 정의할 때 기준이 되는 표준압력은 몇 kPa인가?

① 1
② 100
③ 101.3
④ 273.15

해설 인화성 액체 : 표준압력(101.3kPa)에서 인화점이 93℃ 이하인 액체

**95** 다음 중 C급 화재에 해당하는 것은?

① 금속화재
② 전기화재
③ 일반화재
④ 유류화재

해설 **화재의 분류 및 소화방법**

| 구분\\등급 | 화재의 구분 | 표시 색 | 소화기의 종류 |
|---|---|---|---|
| A급 | 일반 가연물화재 (종이, 섬유, 목재 등) | 백색 | 물소화기, 산·알칼리 소화기, 강화액소화기 |
| B급 | 유류화재 (또는 가스화재) | 황색 | 분말소화기, 포소화기, 이산화탄소(탄산가스) 소화기 |
| C급 | 전기화재 (발전기, 변압기 등) | 청색 | 분말소화기, 이산화탄소 (탄산가스)소화기, 할로겐화합물소화기 |
| D급 | 금속화재 (금속분 등) | 무색, 표시 없음 | 팽창질석, 팽창진주암, 건조사 |

**{분석}**
실기에 자주 출제되는 중요한 내용입니다.

**96** 액화 프로판 310kg 을 내용적 50L 용기에 충전할 때 필요한 소요 용기의 수는 몇 개인가? (단, 액화 프로판의 가스정수는 2.35이다.)

① 15
② 17
③ 19
④ 21

해설 용기의 수 $= \dfrac{310}{50} \times 2.35 = 14.57(15개)$

**{분석}**
비중이 낮은 문제입니다.

**97** 다음 중 가연성 가스의 연소 형태에 해당하는 것은?

① 분해연소
② 증발연소
③ 표면연소
④ 확산연소

해설 **기체의 연소**

• 확산연소 : 가연성 가스가 공기 중에 확산되어 연소하는 형태
예 대부분 가스의 연소

**정답** 93 ② 94 ③ 95 ② 96 ① 97 ④

## 참고

| 액체의<br>연소 | • **증발연소** : 액체자체가 연소되는 것이 아니라 액체 표면에서 발생하는 증기가 연소하는 형태<br>**예** 대부분 액체의 연소 |
|---|---|
| 고체의<br>연소 | ① **표면 연소** : 가연성 가스를 발생하지 않고 물질 그 자체가 연소하는 형태<br>**예** 코크스, 목탄, 금속분 등<br>② 분해 연소 : 가열 분해에 의해 발생된 가연성 가스가 공기와 혼합되어 연소하는 형태<br>**예** 목재, 종이, 석탄, 플라스틱 등 일반 가연물<br>③ 증발 연소 : 고체가연물의 가열에 의해 발생한 가연성 증기가 연소하는 형태<br>**예** 황, 나프탈렌<br>④ 자기 연소 : 자체 내 산소를 함유하고 있어 공기 중 산소를 필요치 않고 연소하는 형태<br>**예** 니트로 화합물, 다이너마이트 등 |

{분석}
실기까지 중요한 내용입니다.

**98** 다음 중 산업안전보건 법령상 위험물질의 종류에 있어 인화성 가스에 해당하지 않는 것은?

① 수소　　　　② 부탄
③ 에틸렌　　　④ 과산화수소

해설 **인화성 가스의 종류**

가. 수소
나. 아세틸렌
다. 에틸렌
라. 메탄
마. 에탄
바. 프로판
사. 부탄
아. 인화한계 농도의 최저한도가 13퍼센트 이하 또는 최고한도와 최저한도의 차가 12퍼센트 이상인 것으로서 표준압력(101.3KPa)하의 20℃에서 가스 상태인 물질

폭발 1단계 - 메, 에, 프로, 부
폭발 2단계 - 에틸렌
폭발 3단계 - 수소, 아세틸렌

{분석}
실기에 자주 출제되는 중요한 내용입니다.

**99** 반응폭주 등 급격한 압력상승의 우려가 있는 경우에 설치하여야 하는 것은?

① 파열판
② 통기밸브
③ 체크밸브
④ Flame arrester

해설 **파열판을 설치하여야 하는 경우**

① 반응폭주 등 급격한 압력상승의 우려가 있는 경우
② 급성독성물질의 누출로 인하여 주위의 작업환경을 오염시킬 우려가 있는 경우
③ 운전 중 안전밸브에 이상 물질이 누적되어 안전밸브가 작동되지 아니할 우려가 있는 경우

{분석}
실기까지 중요한 내용입니다.

**100** 다음 중 응상폭발이 아닌 것은?

① 분해폭발
② 수증기폭발
③ 전선폭발
④ 고상간의 전이에 의한 폭발

해설 **응상폭발 : 고상과 액상의 총칭이다.**

• 수증기 폭발
• 증기 폭발
• 전선 폭발

**기상폭발**

• 가스 폭발
• 분무 폭발
• 분진 폭발

최근 기출문제
2020

제6과목 · **건설공사 안전 관리**

**101** 건설재해대책의 사면보호공법 중 식물을 생육시켜 그 뿌리로 사면의 표층토를 고정하여 빗물에 의한 침식, 동상, 이완 등을 방지하고, 녹화에 의한 경관조성을 목적으로 시공하는 것은?

① 식생공
② 쉴드공
③ 뿜어 붙이기공
④ 블록공

**[해설]** 식물을 생육시켜 그 뿌리로 사면의 표층토를 고정 → 식생공

**102** 산업안전보건 법령에 따른 양중기의 종류에 해당하지 않는 것은?

① 곤돌라
② 리프트
③ 클램쉘
④ 크레인

**[해설]** **양중기의 종류(산업안전보건법 기준)**
① 크레인[호이스트(hoist)를 포함한다]
② 이동식 크레인
③ 리프트(이삿짐운반용 리프트의 경우에는 적재하중이 0.1톤 이상인 것으로 한정한다)
④ 곤돌라
⑤ 승강기

{분석}
**실기에 자주 출제되는 중요한 내용입니다.**

**103** 화물취급 작업과 관련한 위험방지를 위해 조치하여야 할 사항으로 옳지 않은 것은?

① 하역작업을 하는 장소에서 작업장 및 통로의 위험한 부분에는 안전하게 작업할 수 있는 조명을 유지할 것
② 하역작업을 하는 장소에서 부두 또는 안벽의 선을 따라 통로를 설치하는 경우에는 폭을 50cm 이상으로 할 것
③ 차량 등에서 화물을 내리는 작업을 하는 경우에 해당 작업에 종사하는 근로자에게 쌓여 있는 화물 중간에서 화물을 빼내도록 하지 말 것
④ 꼬임이 끊어진 섬유로프 등을 화물운반용 또는 고정용으로 사용하지 말 것

**[해설]** ② 하역작업을 하는 장소에서 부두 또는 안벽의 선을 따라 통로를 설치하는 경우에는 폭을 90cm 이상으로 할 것

**104** 표준관입시험에 관한 설명으로 옳지 않은 것은?

① N치(N-value)는 지반을 30cm 굴진하는데 필요한 타격횟수를 의미한다.
② N치가 4~10일 경우 모래의 상대밀도는 매우 단단한 편이다.
③ 63.5kg 무게의 추를 76cm 높이에서 자유 낙하하여 타격하는 시험이다.
④ 사질지반에 적용하며, 점토지반에서는 편차가 커서 신뢰성이 떨어진다.

**[해설]** **표준 관입 시험(standard penetration test)**
• 표준 샘플러 63.5[kg]의 해머로 75[cm]의 높이에서 낙하시켜 관입량 30[cm]에 달하는데 요하는 타격횟수로서 사질지반(모래)의 밀도를 측정하는 방법이다.
• 타격횟수의 값이 클수록 밀실한 토질이다.

**))) 정답** 101 ① 102 ③ 103 ② 104 ②

타격횟수에 따른 지반의 판정

• 타격횟수 4회 미만 : 대단히 연약한 지반
• 타격횟수 4~10회 : 연약한 지반
• 타격횟수 10~30회 : 보통 지반
• 타격횟수 30~50회 : 밀실한 지반
• 타격횟수 50회 이상 : 대단히 밀실한 지반

{분석}
**실기까지 중요한 내용입니다.**

**105** 근로자의 추락 등의 위험을 방지하기 위한 안전난간의 설치요건에서 상부난간대를 120cm 이상 지점에 설치하는 경우 중간난간대를 최소 몇 단 이상 균등하게 설치하여야 하는가?

① 2단　　　　② 3단
③ 4단　　　　④ 5단

해설 안전난간의 구조 및 설치요건

① 상부 난간대, 중간 난간대, 발끝막이판 및 난간 기둥으로 구성할 것
② 상부 난간대는 바닥면·발판 또는 경사로의 표면으로부터 90센티미터 이상 지점에 설치하고, 상부 난간대를 120센티미터 이하에 설치하는 경우에는 중간 난간대는 상부 난간대와 바닥면 등의 중간에 설치하여야 하며, 120센티미터 이상 지점에 설치하는 경우에는 중간 난간대를 2단 이상으로 균등하게 설치하고 난간의 상하 간격은 60센티미터 이하가 되도록 할 것
③ 발끝막이판은 바닥면 등으로부터 10센티미터 이상의 높이를 유지할 것
④ 난간기둥은 상부 난간대와 중간 난간대를 견고하게 떠받칠 수 있도록 적정한 간격을 유지할 것
⑤ 상부 난간대와 중간 난간대는 난간 길이 전체에 걸쳐 바닥면 등과 평행을 유지할 것
⑥ 난간대는 지름 2.7센티미터 이상의 금속제 파이프나 그 이상의 강도가 있는 재료일 것
⑦ 안전난간은 구조적으로 가장 취약한 지점에서 가장 취약한 방향으로 작용하는 100킬로그램 이상의 하중에 견딜 수 있는 튼튼한 구조일 것

{분석}
**실기까지 중요한 내용입니다.**

**106** 건설현장에서 설치하는 사다리식 통로의 설치기준으로 옳지 않은 것은?

① 발판과 벽과의 사이는 15cm 이상의 간격을 유지할 것
② 발판의 간격은 일정하게 할 것
③ 사다리의 상단은 걸쳐놓은 지점으로부터 60cm 이상 올라가도록 할 것
④ 사다리식 통로의 길이가 10m 이상인 경우에는 3m 이내마다 계단참을 설치할 것

해설 ④ 사다리식 통로의 길이가 10m 이상인 경우에는 5m 이내마다 계단참을 설치할 것

참고 사다리식 통로 설치 시의 준수사항

① 견고한 구조로 할 것
② 심한 손상·부식 등이 없는 재료를 사용할 것
③ 발판의 간격은 일정하게 할 것
④ 발판과 벽과의 사이는 15센티미터 이상의 간격을 유지할 것
⑤ 폭은 30센티미터 이상으로 할 것
⑥ 사다리가 넘어지거나 미끄러지는 것을 방지하기 위한 조치를 할 것
⑦ 사다리의 상단은 걸쳐놓은 지점으로부터 60센티미터 이상 올라가도록 할 것
⑧ 사다리식 통로의 길이가 10미터 이상인 경우에는 5미터 이내마다 계단참을 설치할 것
⑨ 사다리식 통로의 기울기는 75도 이하로 할 것. 다만, 고정식 사다리식 통로의 기울기는 90도 이하로 하고, 그 높이가 7미터 이상인 경우에는 다음 각 목의 구분에 따른 조치를 할 것
　• 등받이울이 있어도 근로자 이동에 지장이 없는 경우 : 바닥으로부터 높이가 2.5미터 되는 지점부터 등받이울을 설치할 것
　• 등받이울이 있으면 근로자가 이동이 곤란한 경우 : 한국산업표준에서 정하는 기준에 적합한 개인용 추락 방지 시스템을 설치하고 근로자로 하여금 한국산업표준에서 정하는 기준에 적합한 전신 안전대를 사용하도록 할 것
⑩ 접이식 사다리 기둥은 사용 시 접혀지거나 펼쳐지지 않도록 철물 등을 사용하여 견고하게 조치할 것

{분석}
**실기까지 중요한 내용입니다.**

정답 105 ① 106 ④

**107** 불도저를 이용한 작업 중 안전조치사항으로 옳지 않은 것은?

① 작업종료와 동시에 삽날을 지면에서 띄우고 주차 제동장치를 건다.
② 모든 조종간은 엔진 시동 전에 중립 위치에 놓는다.
③ 장비의 승차 및 하차 시 뛰어내리거나 오르지 말고 안전하게 잡고 오르내린다.
④ 야간작업 시 자주 장비에서 내려와 장비 주위를 살피며 점검하여야 한다.

해설 ① 작업종료와 동시에 삽날을 지면에 내리고 주차 제동장치를 건다.

**108** 건설공사의 산업안전보건관리비 계상 시 대상액이 구분 되어 있지 않은 공사는 도급계약 또는 자체사업 계획상의 총 공사금액 중 얼마를 대상액으로 하는가?

① 50%  ② 60%
③ 70%  ④ 80%

해설 대상액이 명확하지 않은 경우 : 도급계약 또는 자체사업계획상 책정된 총 공사금액의 10분의 7에 해당하는 금액을 대상액으로 하여 산업안전보건관리비를 계상한다.

{분석}
**실기까지 중요한 내용입니다.**

**109** 도심지 폭파해체공법에 관한 설명으로 옳지 않은 것은?

① 장기간 발생하는 진동, 소음이 적다.
② 해체 속도가 빠르다.
③ 주위의 구조물에 끼치는 영향이 적다.
④ 많은 분진 발생으로 민원을 발생시킬 우려가 있다.

해설 ③ 주위의 구조물에 끼치는 영향이 크다.

**110** NATM공법 터널공사의 경우 록 볼트 작업과 관련된 계측결과에 해당되지 않은 것은?

① 내공변위 측정 결과
② 천단침하 측정 결과
③ 인발시험 결과
④ 진동 측정 결과

해설 **터널의 계측관리 사항(NATM 기준)**
① 내공변위 측정
② 천단침하 측정
③ 지중, 지표침하 측정
④ 록볼트 축력측정
⑤ 숏크리트 응력 측정해설

**111** 거푸집 동바리 등을 조립하는 경우에 준수하여야 할 사항으로 옳지 않은 것은?

① 깔목의 사용, 콘크리트 타설, 말뚝박기 등 동바리의 침하를 방지하기 위한 조치를 할 것
② 개구부 상부에 동바리를 설치하는 경우에는 상부하중을 견딜 수 있는 견고한 받침대를 설치할 것
③ 거푸집이 곡면인 경우에는 버팀대의 부착 등 그 거푸집의 부상(浮上)을 방지하기 위한 조치를 할 것
④ 동바리의 이음은 같은 품질의 재료를 피할 것

해설 ④ 동바리의 이음은 같은 품질의 재료를 사용할 것

•)) **정답** 107 ① 108 ③ 109 ③ 110 ④ 111 ④

**112** 비계의 높이가 2m 이상인 작업장소에 설치하는 작업발판의 설치기준으로 옳지 않은 것은? (단, 달비계, 달대비계 및 말비계는 제외)

① 작업발판의 폭은 40cm 이상으로 한다.
② 작업발판재료는 뒤집히거나 떨어지지 않도록 하나 이상의 지지물에 연결하거나 고정시킨다.
③ 발판재료 간의 틈은 3cm 이하로 한다.
④ 작업발판의 지지물은 하중에 의하여 파괴될 우려가 없는 것을 사용한다.

> **해설** ② 작업발판재료는 뒤집히거나 떨어지지 않도록 하나 둘 이상의 지지물에 연결하거나 고정시킨다.
>
> {분석}
> 실기까지 중요한 내용입니다.

**113** 흙막이 지보공을 설치하였을 경우 정기적으로 점검하고 이상을 발견하면 즉시 보수하여야 하는 사항과 가장 거리가 먼 것은?

① 부재의 접속부·부착부 및 교차부의 상태
② 버팀대의 긴압(緊壓)의 정도
③ 부재의 손상·변형·부식·변위 및 탈락의 유무와 상태
④ 지표수의 흐름 상태

> **해설** 흙막이 지보공을 설치한 때 점검 사항
> ① 부재의 손상·변형·부식·변위 및 탈락의 유무와 상태
> ② 버팀대의 긴압의 정도
> ③ 부재의 접속부·부착부 및 교차부의 상태
> ④ 침하의 정도
>
> {분석}
> 실기까지 중요한 내용입니다.

**114** 말비계를 조립하여 사용하는 경우 지주부재와 수평면의 기울기는 얼마 이하로 하여야 하는가?

① $65°$      ② $70°$
③ $75°$      ④ $80°$

> **해설** 말비계 조립 시의 준수사항
> ① 지주부재의 하단에는 미끄럼 방지장치를 하고, 양측 끝부분에 올라서서 작업하지 아니하도록 할 것
> ② 지주부재와 수평면과의 기울기를 75도 이하로 하고, 지주부재와 지주부재 사이를 고정시키는 보조부재를 설치할 것
> ③ 말비계의 높이가 2미터를 초과할 경우에는 작업발판의 폭을 40센티미터 이상으로 할 것
>
> {분석}
> 실기까지 중요한 내용입니다.

**115** 지반 등의 굴착 시 위험을 방지하기 위한 연암 지반 굴착면의 기울기 기준으로 옳은 것은?

① $1 : 0.3$      ② $1 : 0.4$
③ $1 : 1.0$      ④ $1 : 0.6$

> **해설** 굴착면의 기울기 및 높이 기준
>
> | 지반의 종류 | 굴착면의 기울기 |
> |---|---|
> | 모래 | 1:1.8 |
> | 연암 및 풍화암 | 1:1.0 |
> | 경암 | 1:0.5 |
> | 그 밖의 흙 | 1:1.2 |
>
> {분석}
> 실기에 자주 출제되는 중요한 내용입니다.

최근 기출문제 **2020**

**정답** 112 ②   113 ④   114 ③   115 ③

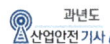
**116** 작업발판 및 통로의 끝이나 개구부로서 근로자가 추락할 위험이 있는 장소에서 난간 등의 설치가 매우 곤란하거나 작업의 필요상 임시로 난간 등을 해체하여야 하는 경우에 설치하여야 하는 것은?

① 구명구
② 수직보호망
③ 석면포
④ 추락방호망

> **해설** 작업발판 및 통로의 끝이나 개구부로서 <u>근로자가 추락할 위험이 있는 장소</u>에는 안전난간, 울타리, <u>수직형 추락방망 또는 덮개 등의 방호 조치</u>를 충분한 강도를 가진 구조로 튼튼하게 설치하여야 하며, <u>덮개를 설치하는 경우에는 뒤집히거나 떨어지지 않도록 설치하여야 한다.</u>

**117** 흙막이 공법을 흙막이 지지방식에 의한 분류와 구조방식에 의한 분류로 나눌 때 다음 중 지지방식에 의한 분류에 해당하는 것은?

① 수평 버팀대식 흙막이 공법
② H-Pile공법
③ 지하연속벽 공법
④ Top down method 공법

> **해설** **흙막이 공법의 분류**
>
> | 지지방식에 의한 분류 |
> | --- |
> | ① 자립공법 |
> | ② 버팀대공법<br>　• 경사 버팀대식 흙막이<br>　• 수평 버팀대식 흙막이 |
> | ③ 어스앵커공법 |
> | ④ 타이로드 공법 |
>
> | 구조방식에 의한 분류 |
> | --- |
> | ① H-PILE 공법 |
> | ② 널말뚝공법 |
> | ③ 지하연속벽공법 |
> | ④ 탑다운공법 |

**118** 철골용접부의 내부결함을 검사하는 방법으로 가장 적합한 것은?

① 방사선 투과시험
② 알칼리 반응 시험
③ 자기분말 탐상시험
④ 침투 탐상시험

> **해설** **철골용접부의 검사 방법**
>
> | 내부 결함의 검사 | 표면 결함의 검사 |
> | --- | --- |
> | • 방사선 투과시험<br>• 초음파 탐상검사 | • 자기분말 탐상시험<br>• 침투 탐상시험<br>• 와류 탐상시험 |

**119** 유해 위험 방지 계획서를 제출하려고 할 때 그 첨부서류와 가장 거리가 먼 것은?

① 공사개요서
② 산업안전보건관리비 작성요령
③ 전체 공정표
④ 재해 발생 위험 시 연락 및 대피방법

> **해설** **유해 위험 방지 계획서 첨부서류**
>
> 1. <u>공사 개요 및 안전보건관리계획</u>
>    가. 공사 개요서
>    나. 공사현장의 주변 현황 및 주변과의 관계를 나타내는 도면(매설물 현황을 포함한다)
>    다. 건설물, 사용 기계설비 등의 배치를 나타내는 도면
>    라. 전체 공정표
>    마. 산업안전보건관리비 사용계획
>    바. 안전관리 조직표
>    사. 재해 발생 위험 시 연락 및 대피방법
>
> 2. <u>작업 공사 종류별 유해 · 위험방지계획</u>

**정답** 116 ④ 117 ① 118 ① 119 ②

**120** 콘크리트 타설작업과 관련하여 준수하여
야 할 사항으로 가장 거리가 먼 것은?

① 당일의 작업을 시작하기 전에 해당 작
업에 관한 거푸집 동바리 등의 변형·
변위 및 지반의 침하 유무 등을 점검
하고 이상이 있으면 보수할 것
② 콘크리트를 타설하는 경우에는 편심이
발생하지 않도록 골고루 분산하여 타
설할 것
③ 진동기의 사용은 많이 할수록 균일한
콘크리트를 얻을 수 있으므로 가급적
많이 사용할 것
④ 설계도서상의 콘크리트 양생기간을 준
수하여 거푸집 동바리 등을 해체할 것

해설 ③ 진동기는 적절히 사용되어야 하며, 지나친 진동은
거푸집 도괴의 원인이 될 수 있으므로 각별히
주의하여야 한다.

# 01회 2021년 산업안전기사 최근 기출문제

**01** 참가자에게 일정한 역할을 주어 실제적으로 연기를 시켜봄으로써 자기의 역할을 보다 확실히 인식할 수 있도록 체험학습을 시키는 교육방법은?

① Symposium
② Brain Storming
③ Role Playing
④ Fish Bowl Playing

**해설** 롤 플레잉(역할연기) : 참가자에게 일정한 역할을 주어서 실제적으로 연기를 시켜봄으로써 자기의 역할을 보다 확실히 인식시키는 방법

**참고** 브레인스토밍(Brain storming) : 인간의 잠재의식을 일깨워 자유로이 아이디어를 개발하자는 토의식 아이디어 개발 기법

{분석}
필기에 자주 출제되는 내용입니다.

**02** 일반적으로 시간의 변화에 따라 야간에 상승하는 생체리듬은?

① 혈압
② 맥박수
③ 체중
④ 혈액의 수분

**해설** 생체리듬의 변화
① 야간에는 체중이 감소한다.
② 야간에는 말초운동 기능이 저하된다.

③ 체온, 혈압, 맥박수는 주간에 상승하고 야간에 감소한다.
④ 혈액의 수분과 염분량은 주간에 감소하고 야간에 증가한다.

{분석}
필기에 자주 출제되는 내용입니다.

**03** 하인리히의 재해구성비율 "1 : 29 : 300"에서 "29"에 해당되는 사고 발생비율은?

① 8.8%
② 9.8%
③ 10.8%
④ 11.8%

**해설** 1. 하인리히 1 : 29 : 300의 법칙 :
총 330건의 사고를 분석했을 때
• 중상 또는 사망 : 1건
• 경상해 : 29건
• 무상해사고 : 300건이 발생함을 의미한다.

2. $\dfrac{29}{330} \times 100 = 8.8(\%)$

{분석}
실기까지 중요한 내용입니다.

**04** 무재해 운동의 3원칙에 해당되지 않는 것은?

① 무의 원칙
② 참가의 원칙
③ 선취의 원칙
④ 대책 선정의 원칙

•)) 정답 01 ③ 02 ④ 03 ① 04 ④

**해설** 무재해 운동의 3대 원칙

① 무(無)의 원칙(ZERO의 원칙) : 사업장 내의 모든 잠재위험요인을 적극적으로 사전에 발견하고 파악 · 해결함으로써 산업재해의 근원적인 요소들을 없앤다는 것을 의미한다.

② 선취의 원칙(안전제일의 원칙) : 사업장 내에서 행동하기 전에 잠재위험요인을 발견하고 파악 · 해결하여 재해를 예방하는 것을 의미한다.

③ 참가의 원칙(참여의 원칙): 전원이 일치 협력하여 각자의 위치에서 적극적으로 문제해결을 하겠다는 것을 의미한다.

{분석}
실기까지 중요한 내용입니다.

## 05 안전보건관리조직의 형태 중 라인-스태프(Line-Staff)형에 관한 설명으로 틀린 것은?

① 조직원 전원을 자율적으로 안전 활동에 참여시킬 수 있다.

② 라인의 관리, 감독자에게도 안전에 관한 책임과 권한이 부여된다.

③ 중규모 사업장(100명 이상 ~ 500명 미민)에 직합하다.

④ 안전 활동과 생산업무가 유리될 우려가 없기 때문에 균형을 유지할 수 있어 이상적인 조직형태이다.

**해설** ③ 중규모 사업장(100명 이상 ~ 1,000명 미만)에 적합하다. → 스태프(staff)형 조직

| 참고 | |
|---|---|
| 라인형<br>(Line) or<br>직계형 | ① 소규모 사업장(100명 이하 사업장)에 적용이 가능하다.<br>② 라인형 장점 : 명령 및 지시가 신속, 정확하다.<br>③ 라인형 단점<br>• 안전정보가 불충분하다.<br>• 라인에 과도한 책임이 부여 될 수 있다.<br>④ 생산과 안전을 동시에 지시하는 형태이다. |
| 스태프형<br>(staff) or<br>참모형 | ① 중규모 사업장(100 ~ 1,000명 정도의 사업장)에 적용이 가능하다.<br>② 스태프형 장점 : 안전정보 수집이 용이하고 빠르다.<br>③ 스태프 단점 : 안전과 생산을 별개로 취급한다.<br>④ 생산부문은 안전에 대한 책임, 권한이 없다. |
| 라인<br>스태프<br>(Line<br>Staff)형<br>or 혼합형 | ① 대규모 사업장(1,000명 이상 사업장)에 적용이 가능하다.<br>② 라인 스태프형 장점<br>• 안전전문가에 의해 입안된 것을 경영자가 명령하므로 명령이 신속, 정확하다.<br>• 안전정보 수집이 용이하고 빠르다.<br>③ 라인 스태프형 단점<br>• 명령계통과 조언, 권고적 참여의 혼돈이 우려된다. |

{분석}
실기까지 중요한 내용입니다.

## 06 브레인스토밍 기법에 관한 설명으로 옳은 것은?

① 타인의 의견을 수정하지 않는다.

② 지정된 표현방식에서 벗어나 자유롭게 의견을 제시한다.

③ 참여자에게는 동일한 횟수의 의견제시 기회가 부여된다.

④ 주제와 내용이 다르거나 잘못된 의견은 지적하여 조정한다.

**해설** 브레인스토밍의 4원칙

• 비판금지 : 좋다, 나쁘다 비판은 하지 않는다.
• 자유분방 : 마음대로 자유로이 발언한다.
• 대량발언 : 무엇이든 좋으니 많이 발언한다.
• 수정발언 : 타인의 생각에 동참하거나 보충 발언해도 좋다.

{분석}
필기에 자주 출제되는 내용입니다.

**정답** 05 ③ 06 ②

**07** 산업안전보건 법령상 안전 인증 대상 기계 등에 포함되는 기계, 설비, 방호장치에 해당하지 않는 것은?

① 롤러기
② 크레인
③ 동력식 수동대패용 칼날 접촉 방지장치
④ 방폭구조(防爆構造) 전기기계 · 기구 및 부품

**해설** 안전인증 대상 기계·기구
1. 설치 · 이전하는 경우 안전인증을 받아야 하는 기계
 ① 크레인
 ② 리프트
 ③ 곤돌라

2. 주요 구조 부분을 변경하는 경우 안전인증을 받아야 하는 기계 및 설비
 ① 프레스
 ② 전단기 및 절곡기(折曲機)
 ③ 크레인
 ④ 리프트
 ⑤ 압력용기
 ⑥ 롤러기
 ⑦ 사출성형기(射出成形機)
 ⑧ 고소(高所)작업대
 ⑨ 곤돌라

실력이 되고! 합격이 되는! 특급 암기법

유사한 종류끼리 묶어서 암기
손 다치는 기계 – 프레스, 전단기 및 절곡기, 사출성형기, 롤러기
양중기 – 크레인, 리프트, 곤돌라
폭발 – 압력용기
추락 – 고소작업대

{분석}
실기에 자주 출제되는 중요한 내용입니다.

**08** 안전교육 중 같은 것을 반복하여 개인의 시행착오에 의해서만 점차 그 사람에게 형성되는 것은?

① 안전기술의 교육
② 안전지식의 교육
③ 안전기능의 교육
④ 안전태도의 교육

**해설** 같은 것을 반복하여 개인의 시행착오에 의해서만 형성되는 것 → 기능교육

**참고** 교육의 3단계
① 제1단계(지식교육) : 강의 및 시청각 교육 등을 통하여 지식을 전달하는 단계
② 제2단계(기능교육) : 시범, 견학, 현장실습 교육 등을 통하여 경험을 체득하는 단계
③ 제3단계(태도교육) : 작업 동작 지도 등을 통하여 안전 행동을 습관화하는 단계

**09** 상황성 누발자의 재해 유발원인과 가장 거리가 먼 것은?

① 작업이 어렵기 때문이다.
② 심신에 근심이 있기 때문이다.
③ 기계설비의 결함이 있기 때문이다.
④ 도덕성이 결여되어 있기 때문이다.

**해설**

| 상황성 누발자 | 소질성 누발자 |
|---|---|
| • 작업에 어려움이 많은 자<br>• 기계 설비의 결함이 있을 때<br>• 심신에 근심이 있는 자<br>• 환경상 주의력 집중이 혼란되기 쉬울 때 | • 주의력 산만 및 주의력 지속 불능<br>• 흥분성<br>• 저지능<br>• 비협조성<br>• 도덕성의 결여<br>• 소심한 성격<br>• 감각운동 부적합 |

{분석}
필기에 자주 출제되는 내용입니다.

**정답** 07 ③ 08 ③ 09 ④

**10** 작업자 적성의 요인이 아닌 것은?

① 지능      ② 인간성
③ 흥미      ④ 연령

**해설** 적성이란 개인이 맡은 업무를 성공적으로 수행 할 수 있는지에 대한 잠재적인 능력으로 인간성, 지능, 흥미 등이 해당되며, 인간의 개인차, 연령 등은 적성의 요인이 아니다.

**11** 재해로 인한 직접비용으로 8,000만원의 산재보상비가 지급되었을 때, 하인리히 방식에 따른 총 손실비용은?

① 16,000만원
② 24,000만원
③ 32,000만원
④ 40,000만원

**해설** 하인리히의 총 재해비용 = 직접비 + 간접비
                 ( 1 : 4 )
• 직접비가 8,000만원이므로
  간접비 = 4×8,000 = 32,000만원
• 총 재해비용 = 8,000만원 + 32,000만원
            = 40,000만원

{분석}
**실기까지 중요한 내용입니다.**

**12** 재해조사의 목적과 가장 거리가 먼 것은?

① 재해예방 자료수집
② 재해관련 책임자 문책
③ 동종 및 유사재해 재발방지
④ 재해발생 원인 및 결함 규명

**해설** 재해조사의 목적
① 재해발생 원인 및 결함 규명
② 재해예방 자료 수집
③ 동종 재해 및 유사재해 재발방지

{분석}
**필기에 자주 출제되는 내용입니다.**

**13** 교육훈련기법 중 Off.J.T(Off the Job Training)의 장점이 아닌 것은?

① 업무의 계속성이 유지된다.
② 외부의 전문가를 강사로 활용할 수 있다.
③ 특별교재, 시설을 유효하게 사용할 수 있다.
④ 다수의 대상자에게 조직적 훈련이 가능하다.

**해설** ① 업무의 계속성이 유지된다. → OJT의 장점

**참고**

| | |
|---|---|
| OJT의 특징 | ① 개개인에게 적절한 훈련이 가능하다.<br>② 직장의 실정에 맞는 훈련이 가능하다.<br>③ 교육효과가 즉시 업무에 연결된다.<br>④ 훈련에 대한 업무의 계속성이 끊어지지 않는다.<br>⑤ 상호 신뢰 이해도가 높다. |
| OFF JT의 특징 | ① 다수의 근로자들에게 훈련을 할 수 있다.<br>② 훈련에만 전념하게 된다.<br>③ 특별설비기구 이용이 가능하다.<br>④ 많은 지식이나 경험을 교류할 수 있다.<br>⑤ 교육 훈련 목표에 대하여 집단적 노력이 흐트러질 수 있다. |

{분석}
**실기까지 중요한 내용입니다.**

**14** 산업안전보건 법령상 중대재해의 범위에 해당하지 않는 것은?

① 1명의 사망자가 발생한 재해
② 1개월의 요양을 요하는 부상자가 동시에 5명 발생한 재해
③ 3개월의 요양을 요하는 부상자가 동시에 3명 발생한 재해
④ 10명의 직업성 질병자가 동시에 발생한 재해

**정답** 10 ④ 11 ④ 12 ② 13 ① 14 ②

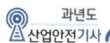
**해설** "중대재해"란 산업재해 중 사망 등 재해 정도가 심하거나 다수의 재해자가 발생한 경우로서 고용노동부령으로 정하는 재해를 말한다.
① 사망자가 1인 이상 발생한 재해
② 3개월 이상 요양을 요하는 부상자가 동시에 2인 이상 발생한 재해
③ 부상자 또는 직업성 질병자가 동시에 10인 이상 발생한 재해

{분석}
실기에 자주 출제되는 중요한 내용입니다.

**15** Thorndike의 시행착오설에 의한 학습의 원칙이 아닌 것은?

① 연습의 원칙
② 효과의 원칙
③ 동일성의 원칙
④ 준비성의 원칙

**해설** 손다이크(Thorndike)의 학습의 법칙(시행착오설)
① 준비성의 법칙
② 연습 또는 반복의 법칙
③ 효과의 법칙

{분석}
실기까지 중요한 내용입니다.

**16** 산업안전보건 법령상 보안경 착용을 포함하는 안전보건표지의 종류는?

① 지시표지
② 안내표지
③ 금지표지
④ 경고표지

**해설** 보안경 착용 → 지시표지

{분석}
실기에 자주 출제되는 중요한 내용입니다.

**17** 보호구에 관한 설명으로 옳은 것은?

① 유해물질이 발생하는 산소결핍지역에서는 필히 방독마스크를 착용하여야 한다.
② 차광용보안경의 사용 구분에 따른 종류에는 자외선용, 적외선용, 복합용, 용접용이 있다.
③ 선반작업과 같이 손에 재해가 많이 발생하는 작업장에서는 장갑 착용을 의무화한다.
④ 귀마개는 처음에는 저음만을 차단하는 제품부터 사용하며, 일정 기간이 지난 후 고음까지 모두 차단할 수 있는 제품을 사용한다.

**해설** ① 유해물질이 발생하는 산소결핍지역에서는 필히 송기마스크를 착용하여야 한다.
③ 선반작업과 같이 손 재해가 많이 발생하는 작업장에서는 장갑을 착용해서는 안 된다.
④ 귀마개는 보통 저음(회화음영역)은 차음하지 않고 고음을 차음하는 것을 사용한다.

**18** 산업안전보건 법령상 사업주가 근로자에게 실시해야 하는 안전보건교육의 교육시간에 관한 설명으로 옳은 것은?

① 일용근로자의 작업내용 변경 시의 교육은 2시간 이상이다.
② 사무직에 종사하는 근로자의 정기교육은 매반기 6시간 이상이다.
③ 일용근로자 및 근로계약기간이 1주일 이하인 기간제근로자를 제외한 근로자의 채용 시 교육은 4시간 이상이다.
④ 관리감독자의 지위에 있는 사람의 정기교육은 연간 8시간 이상이다.

**[해설]** 근로자 안전보건교육 시간

| 교육과정 | 교육대상 | | 교육시간 |
|---|---|---|---|
| **가. 정기교육** | 1) 사무직 종사 근로자 | | 매반기 6시간 이상 |
| | 2) 그 밖의 근로자 | 가) 판매업무에 직접 종사하는 근로자 | 매반기 6시간 이상 |
| | | 나) 판매업무에 직접 종사하는 근로자 외의 근로자 | 매반기 12시간 이상 |
| **나. 채용 시 교육** | 1) 일용근로자 및 근로계약기간이 1주일 이하인 기간제 근로자 | | 1시간 이상 |
| | 2) 근로계약기간이 1주일 초과 1개월 이하인 기간제 근로자 | | 4시간 이상 |
| | 3) 그 밖의 근로자 | | 8시간 이상 |
| **다. 작업내용 변경 시 교육** | 1) 일용근로자 및 근로계약기간이 1주일 이하인 기간제 근로자 | | 1시간 이상 |
| | 2) 그 밖의 근로자 | | 2시간 이상 |
| **라. 특별교육** | 1) 일용근로자 및 근로계약기간이 1주일 이하인 기간제 근로자(타워크레인 신호작업에 종사하는 근로자 제외) | | 2시간 이상 |
| | 2) 일용근로자 및 근로계약기간이 1주일 이하인 기간제 근로자 중 타워크레인 신호작업에 종사하는 근로자 | | 8시간 이상 |
| | 3) 일용근로자 및 근로계약기간이 1주일 이하인 기간제 근로자를 제외한 근로자 | | 가) 16시간 이상(최초 작업에 종사하기 전 4시간 이상 실시하고 12시간은 3개월 이내에서 분할하여 실시 가능) |

| 교육과정 | 교육대상 | 교육시간 |
|---|---|---|
| **라. 특별교육** | | 나) 단기간 작업 또는 간헐적 작업인 경우에는 2시간 이상 |
| **마. 건설업 기초안전 · 보건교육** | 건설 일용근로자 | 4시간 이상 |

{분석}
실기에 자주 출제되는 중요한 내용입니다.

**19** 집단에서의 인간관계 메커니즘(Mechanism)과 가장 거리가 먼 것은?

① 분열, 강박
② 모방, 암시
③ 동일화, 일체화
④ 커뮤니케이션, 공감

**[해설]** 인간의 행동성향(인간관계 메커니즘)

1. 모방(Imitation) : 남의 행동이나 판단을 표본으로 하여 그것과 같거나 또는 그것에 가까운 행동 또는 판단을 취하려는 행동
2. 암시(Suggestion) : 다른 사람으로부터의 판단이나 행동을 무비판적으로 논리적·사실적 근거 없이 받아들이는 행동
3. 투사(Projection) : 자신의 불만이나 불안을 해소시키기 위해서 자신의 잘못을 남의 탓으로 돌리는 행동
4. 동일화(Identification) : 다른 사람의 행동 양식이나 태도를 투입시키거나 다른 사람 가운데서 자기와 비슷한 점을 발견하는 것
5. 커뮤니케이션 : 갖가지 행동양식의 기초를 매개로 하여 어떤 사람으로부터 다른 사람에게 전달되는 과정

최근 기출문제 **2021**

**•))) 정답** 19 ①

**20** 재해의 빈도와 상해의 강약도를 혼합하여 집계하는 지표로 옳은 것은?

① 강도율      ② 종합재해지수

③ 안전 활동률      ④ Safe-T-Score

**[해설]** • 종합재해지수 : 재해의 빈도와 상해의 강약도를 혼합하여 집계하는 지표

$$FSI = \sqrt{FR \times SR} = \sqrt{도수율 \times 강도율}$$

{분석}
**실기에 자주 출제되는 중요한 내용입니다.**

---

**제2과목 • 인간공학 및 위험성 평가 · 관리**

**21** 인체측정 자료를 장비, 설비 등의 설계에 적용하기 위한 응용원칙에 해당하지 않는 것은?

① 조절식 설계

② 극단치를 이용한 설계

③ 구조적 치수 기준의 설계

④ 평균치를 기준으로 한 설계

**[해설]** 인체계측자료의 응용 3원칙

① 최대치수와 최소치수 설계(극단치 설계)

| 최대치수 설계의 예 | • 위험구역의 울타리 높이<br>• 출입문의 높이<br>• 그네줄의 인장강도 |
|---|---|
| 최소치수 설계의 예 | • 물건을 올리는 선반의 높이<br>• 조정장치를 조정하는 힘<br>• 조정장치까지의 조정거리 |

② 조절범위(조정)
    **예** 침대, 의자 높낮이 조절, 자동차의 운전석 위치 조정

③ 평균치를 기준으로 한 설계
    **예** 은행의 창구 높이

{분석}
**필기에 자주 출제되는 내용입니다.**

**22** 컷셋(Cut Sets)과 최소 패스셋(Minimal Path Sets)의 정의로 옳은 것은?

① 컷셋은 시스템 고장을 유발시키는 필요 최소한의 고장들의 집합이며, 최소 패스셋은 시스템의 신뢰성을 표시한다.

② 컷셋은 시스템 고장을 유발시키는 기본 고장들의 집합이며, 최소 패스셋은 시스템의 불신뢰도를 표시한다.

③ 컷셋은 그 속에 포함되어 있는 모든 기본 사상이 일어났을 때 정상사상을 일으키는 기본사상의 집합이며, 최소 패스셋은 시스템의 신뢰성을 표시한다.

④ 컷셋은 그 속에 포함되어 있는 모든 기본 사상이 일어났을 때 정상사상을 일으키는 기본사상의 집합이며, 최소 패스셋은 시스템의 성공을 유발하는 기본사상의 집합이다.

**[해설]** 1. 컷셋(Cut Set)
    • 정상사상을 발생시키는 기본사상의 집합
    • 모든 기본사상이 일어났을 때 정상사상을 일으키는 기본사상들의 집합이다.

2. 미니멀 컷(Minimal Cut Set)
    • 정상사상을 일으키기 위한 기본사상의 최소 집합(최소한의 컷)
    • 시스템의 위험성을 나타낸다.

3. 패스셋(Path Set)
    • 시스템의 고장을 일으키지 않는 기본사상들의 집합
    • 포함된 기본사상이 일어나지 않을 때 처음으로 정상 사상이 일어나지 않는 기본 사상들의 집합이다.

4. 미니멀 패스(Minimal Path Set)
    • 시스템의 기능을 살리는 최소한의 집합 (최소한의 패스)
    • 시스템의 신뢰성 나타낸다.

{분석}
**필기에 자주 출제되는 내용입니다.**

---

**정답** 20 ② 21 ③ 22 ③

**23** 작업공간의 배치에 있어 구성요소 배치의 원칙에 해당하지 않는 것은?

① 기능성의 원칙
② 사용빈도의 원칙
③ 사용 순서의 원칙
④ 사용방법의 원칙

[해설] **부품배치의 원칙**

1. <u>중요성의 원칙</u> : 부품을 작동하는 성능이 체계의 목표 달성에 <u>중요한 정도에 따라 우선순위를 결정</u>한다.
2. <u>사용빈도의 원칙</u> : 부품을 <u>사용하는 빈도에 따라 우선순위를 결정</u>한다.
3. <u>기능별 배치의 원칙</u> : 기능적으로 <u>관련된 부품들 (표시장치, 조정장치 등)을 모아서 배치</u>한다.
4. <u>사용 순서의 원칙</u> : <u>사용 순서에 따라</u> 장치들을 <u>가까이 배치</u>한다.

{분석}
**필기에 자주 출제되는 내용입니다.**

**24** 시스템의 수명 및 신뢰성에 관한 설명으로 틀린 것은?

① 병렬설계 및 디레이팅 기술로 시스템의 신뢰성을 증가시킬 수 있다.
② 직렬시스템에서는 부품들 중 최소 수명을 갖는 부품에 의해 시스템 수명이 정해진다.
③ 수리가 가능한 시스템의 평균 수명(MTBF)은 평균 고장률(λ)과 정비례 관계가 성립한다.
④ 수리가 불가능한 구성요소로 병렬구조를 갖는 설비는 중복도가 늘어날수록 시스템 수명이 길어진다.

[해설] ③ 수리가 가능한 시스템의 평균 수명(MTBF)은 평균 고장률(λ)과 반비례 관계가 성립한다.

[참고] 평균 고장 간격(평균 수명)

$$MTBF = \frac{1}{고장률(\lambda)}(시간)$$

{분석}
**필기에 자주 출제되는 내용입니다.**

**25** 자동차를 생산하는 공장의 어떤 근로자가 95dB(A)의 소음수준에서 하루 8시간 작업하며 매 시간 조용한 휴게실에서 20분씩 휴식을 취한다고 가정하였을 때, 8시간 시간가중평균(TWA)은? (단, 소음은 누적소음노출량측정기로 측정하였으며, OSHA에서 정한 95dB(A)의 허용시간은 4시간이라 가정한다.)

① 약 91dB(A)  ② 약 92dB(A)
③ 약 93dB(A)  ④ 약 94dB(A)

[해설]
**시간 가중 평균 소음 수준[dB(A)]의 계산**

$$TWA = 16.61 \times \log(\frac{D}{100}) + 90$$

$TWA$ : 시간가중평균 소음 수준[dB(A)]
$D$ : 누적 소음 노출량(%)

$$D(\%) = (\frac{C_1}{T_1} + \frac{C_2}{T_2} + ... + \frac{C_n}{T_n}) \times 100$$

$D$ : 누적소음 폭로량
$C$ : 각각의 소음도에 노출되는 시간(hr)
$T$ : 각각의 소음도에 노출될 수 있는 허용 노출시간(hr)

1. $D(\%) = \frac{5.33}{4} \times 100 = 133.25(\%)$

• 8시간 작업 중 매시간 20분씩 휴식했으므로
  휴식시간 = 8 × 20 = 160분
  작업시간 = (8×60) − 160
         = 320(분) ÷ 60 = 5.33(시간)

2. $TWA = 16.61 \times \log(\frac{133.25}{100}) + 90 = 92.07(dB)$

{분석}
**비중이 낮은 문제입니다.**

🔊 **정답** 23 ④ 24 ③ 25 ②

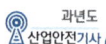
**26** 화학설비에 대한 안정성 평가 중 정성적 평가방법의 주요 진단 항목으로 볼 수 없는 것은?

① 건조물　　　② 취급물질
③ 입지 조건　　④ 공장 내 배치

**해설**

| 정성적 평가항목 | 정량적 평가항목 |
|---|---|
| ① 입지 조건 | ① 취급물질 |
| ② 공장 내의 배치 | ② 화학설비의 용량 |
| ③ 소방설비 | ③ 온도 |
| ④ 공정 기기 | ④ 압력 |
| ⑤ 수송 · 저장 | ⑤ 조작 |
| ⑥ 원재료 | |
| ⑦ 중간체 | |
| ⑧ 제품 | |
| ⑨ 건조물(건물) | |
| ⑩ 공정 | |

{분석}
**필기에 자주 출제되는 내용입니다.**

**27** 작업면상의 필요한 장소만 높은 조도를 취하는 조명은?

① 완화조명　　② 전반조명
③ 투명조명　　④ 국소 조명

**해설** 필요한 장소만 높은 조도를 취하는 조명 → 국소 조명

**28** 동작경제의 원칙에 해당하지 않는 것은?

① 공구의 기능을 각각 분리하여 사용하도록 한다.
② 두 팔의 동작은 동시에 서로 반대 방향으로 대칭적으로 움직이도록 한다.
③ 공구나 재료는 작업 동작이 원활하게 수행되도록 그 위치를 정해준다.
④ 가능하다면 쉽고도 자연스러운 리듬이 작업 동작에 생기도록 작업을 배치한다.

**해설** ① 공구를 결합하여 사용한다.

**참고** 동작경제의 3원칙(바안즈)

**(1) 인체 사용에 관한 원칙**
① 두 손을 동시에 동작하기 시작하여 동시에 끝나도록 하여야 한다.
② 휴식 시간 중이 아니면 두 손을 동시에 쉬어서는 안 된다.
③ 두 팔의 동작들은 서로 반대 방향에서 대칭적으로 움직인다.
④ 손과 신체의 동작은 작업을 원만하게 수행할 수 있는 범위 내에서 가장 낮은 동작 등급을 사용한다.
⑤ 가능한 한 관성(Momentum)을 이용해야 하며 작업자가 관성을 억제해야 하는 경우 관성을 최소한도로 줄인다.
⑥ 손의 동작은 부드러운 연속동작으로 하고 급격한 방향 전환을 가지는 직선 동작은 피한다.

**(2) 작업장의 배치에 관한 원칙**
① 모든 공구 및 재료는 정위치에 배치해야 한다.
② 공구, 재료 및 조정기는 사용 위치에 가까이 두어야 한다.
③ 가능하면 낙하식 운반법을 사용한다.
④ 재료와 공구들은 자기 위체에 있도록 한다.

**(3) 공구 및 설비의 설계에 관한 원칙**
① 치공구, 발로 조정하는 장치에 의해서 수행할 수 있는 작업에는 손의 부담을 덜어주어야 한다.
② 공구를 결합하여 사용한다.
③ 공구 및 재료는 가능한 한 작업자 앞에 둔다.

{분석}
**필기에 자주 출제되는 내용입니다.**

**29** 인간이 기계보다 우수한 기능이라 할 수 있는 것은? (단, 인공지능은 제외한다.)

① 일반화 및 귀납적 추리
② 신뢰성 있는 반복 작업
③ 신속하고 일관성 있는 빈응
④ 대량의 암호화된 정보의 신속한 보관

**정답** 26 ② 27 ④ 28 ① 29 ①

**[해설] 인간 – 기계의 기능 비교**

| 구 분 | 인간의 장점 | 기계의 장점 |
|---|---|---|
| 감지<br>기능 | • 저에너지에서 자<br>극감지<br>• 다양한 자극 식별<br>• 예기치 못한 사<br>건 감지 | • 인간의 감지범위<br>밖의 자극감지<br>• 인간·기계의 모<br>니터기능 |
| 정보<br>처리<br>결정 | • 많은 양의 정보<br>장시간 보관<br>• 귀납적, 다양한 문<br>제 해결 | • 정보를 신속하게<br>대량 보관<br>• 연역적, 정량적 |
| 행동<br>기능 | • 과부하 상태에서<br>는 중요한 일에만<br>집념할 수 있다. | • 과부하에서 효율<br>적 작동<br>• 장시간 중량 작<br>업, 반복 동시 여<br>러가지 작업을 수<br>행 가능 |

{분석}
**필기에 자주 출제되는 내용입니다.**

**30** 시각적 표시장치보다 청각적 표시장치를 사용하는 것이 더 유리한 경우는?

① 정보의 내용이 복잡하고 긴 경우
② 정보가 공간적인 위치를 다룬 경우
③ 직무상 수신자가 한 곳에 머무르는 경우
④ 수신 장소가 너무 밝거나 암순응이 요구될 경우

**[해설] 청각장치와 시각장치의 비교**

| 청각<br>장치 | ① 전언이 짧고, 간단할 때<br>② 재참조 되지 않음.<br>③ 시간적인 사상을 다루다.<br>④ 즉각적인 행동 요구할 때<br>⑤ 시각계통 과부하일 때<br>⑥ 주위가 너무 밝거나 암조응일 때<br>⑦ 자주 움직이는 경우 |
|---|---|
| 시각<br>장치 | ① 전언이 길고, 복잡할 때<br>② 재참조 된다.<br>③ 공간적인 위치 다룬다.<br>④ 즉각적 행동 요구하지 않을 때<br>⑤ 청각계통 과부하일 때<br>⑥ 주위가 너무 시끄러울 때<br>⑦ 한곳에 머무르는 경우 |

{분석}
**필기에 자주 출제되는 내용입니다.**

**31** 다음 시스템의 신뢰도 값은?

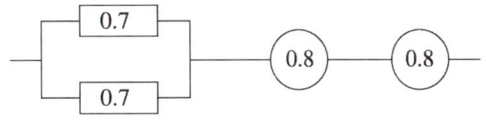

① 0.5824
② 0.6682
③ 0.7855
④ 0.8642

**[해설]** 신뢰도 = [1−(1−0.7)×(1−0.7)] × 0.8 × 0.8
= 0.5824

{분석}
**필기에 자주 출제되는 내용입니다.**

**32** 다음 현상을 설명한 이론은?

> 인간이 감지할 수 있는 외부의 물리적 자극 변화의 최소범위는 표준 자극의 크기에 비례한다.

① 피츠(Fitts) 법칙
② 웨버(Weber) 법칙
③ 신호검출이론(SDT)
④ 힉−하이만(Hick−Hyman) 법칙

**[해설] 웨버(Weber)의 법칙**

• 음의 높이, 무게 등 물리적 자극을 상대적으로 판단하는데 있어 특정 감각기관의 변화 감지역은 표준 자극에 비례한다.

$$\text{Weber의 법칙} = \frac{\Delta I}{I}$$
$$(I = \text{표준자극}, \ \Delta I = \text{변화감지역})$$

•)) 정답 30 ④ 31 ① 32 ②

**33** 그림과 같은 FT도에서 정상사상 T의 발생 확률은? (단, $X_1$, $X_2$, $X_3$의 발생 확률은 각각 0.1, 0.15, 0.1 이다.)

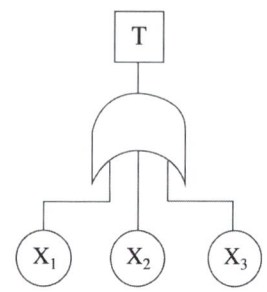

① 0.3115
② 0.35
③ 0.496
④ 0.9985

**[해설]** OR게이트(병렬)이므로

$$T = 1 - (1 - X_1) \times (1 - X_2) \times (1 - X_3)$$
$$= 1 - (1 - 0.1) \times (1 - 0.15) \times (1 - 0.1) = 0.3115$$

{분석}
필기에 자주 출제되는 내용입니다.

**34** 산업안전보건 법령상 해당 사업주가 유해위험방지계획서를 작성하여 제출해야 하는 대상은?

① 시·도지사
② 관할 구청장
③ 고용노동부장관
④ 행정안전부장관

**[해설]** 1. 사업주는 유해위험방지계획서를 작성하여 고용노동부령으로 정하는 바에 따라 고용노동부장관에게 제출하고 심사를 받아야 한다.

2. 사업주가 제조업 대상 사업, 대상 기계·기구설비에 해당하는 유해·위험방지계획서를 제출하려면 해당 공사 착공 15일 전까지 공단(안전보건공단)에 2부를 세출하여야 한다.

{분석}
필기에 자주 출제되는 내용입니다.

**35** 인간의 위치 동작에 있어 눈으로 보지 않고 손을 수평면상에서 움직이는 경우 짧은 거리는 지나치고, 긴 거리는 못 미치는 경향이 있는데 이를 무엇이라고 하는가?

① 사정효과(range effect)
② 반응효과(reaction effect)
③ 간격효과(distance effect)
④ 손동작효과(hand action effect)

**[해설]** 사정효과(range effect)

눈으로 보지 않고 손을 수평면상에서 움직이는 경우에 짧은 거리는 지나치고 긴 거리는 못 미치는 등 조작자가 작은 오차에는 과잉반응, 큰 오차에는 과소반응을 하는 현상을 말한다.

**36** 정신작업 부하를 측정하는 척도를 크게 4가지로 분류할 때 심박수의 변동, 뇌전위, 동공 반응 등 정보처리에 중추신경계 활동이 관여하고 그 활동이나 징후를 측정하는 것은?

① 주관적(subjective) 척도
② 생리적(physiological) 척도
③ 주 임무(primary task) 척도
④ 부 임무(secondary task) 척도

**[해설]** 정신적 작업부하의 척도

① 제1직무 척도
  • 작업부하 $= \dfrac{\text{직무수행에 필요한 시간}}{\text{직무수행에 쓸 수 있는 시간}}$

② 제2직무 척도
  • 제1직무에서 사용하지 않은 예비 봉량을 제2직무에서 이용하는 것

•))) 정답 33 ① 34 ③ 35 ① 36 ②

③ 생리적 척도
- 심박수, 뇌전위, 동공반응, 호흡속도 등 중추 신경계의 활동을 측정
- 계속해서 자료를 수집할 수 있고, 부수적인 활동이 필요 없는 장점을 가진다.

④ 주관적 척도
- 정신적 부하의 개념에 가장 가까운 척도

**37** 서브시스템, 구성요소, 기능 등의 잠재적 고장 형태에 따른 시스템의 위험을 파악하는 위험 분석 기법으로 옳은 것은?

① ETA(Event Tree Analysis)
② HEA(Human Error Analysis)
③ PHA(Preliminary Hazard Analysis)
④ FMEA(Failure Mode and Effect Analysis)

[해설] 고장형태와 영향분석(FMEA) : 시스템에 영향을 미치는 모든 요소의 고장을 형태별로 분석하여 그 영향을 검토하는 정성적, 귀납적 분석법

[참고] 1. 사건수(사상수)분석법(ETA) : 사상의 안전도를 사용하여 시스템의 안전도 나타내는 귀납적. 정량적인 분석법
2. 예비 위험 분석(PHA) : 모든 시스템 안전 프로그램의 최초 단계(설계단계, 구상단계)에서 실시하는 분석법

{분석}
필기에 자주 출제되는 내용입니다.

**38** 불필요한 작업을 수행함으로써 발생하는 오류로 옳은 것은?

① Command error
② Extraneous error
③ Secondary error
④ Commission error

[해설] 휴먼에러의 심리적 분류
(Swain의 분류, 독립행동에 관한 분류)

① omission error(누설오류, 생략오류, 부작위 오류) : 필요한 작업 또는 절차를 수행하지 않는데 기인한 에러
② time error(시간오류) : 필요한 작업 또는 절차의 수행 지연으로 인한 에러
③ commission error(작위오류) : 필요한 작업 또는 절차의 불확실한 수행으로 인한 에러
④ sequential error(순서오류) : 필요한 작업 또는 는 절차의 순서 착오로 인한 에러
⑤ extraneous error(과잉행동오류) : 불필요한 작업 또는 절차를 수행함으로써 기인한 에러

{분석}
필기에 자주 출제되는 내용입니다.

**39** 불(Boole) 대수의 정리를 나타낸 관계식으로 틀린 것은?

① $A \cdot A = A$
② $A + \overline{A} = 0$
③ $A + AB = A$
④ $A + A = A$

[해설]

$$\overline{A} + A = 1$$
$$\overline{A} \cdot A = 0$$
$$1 + A = 1$$
$$1 \cdot A = A$$
$$0 + A = A$$
$$0 \cdot A = 0$$

{분석}
필기에 자주 출제되는 내용입니다.

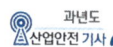

**40** Chapanis가 정의한 위험의 확률수준과 그에 따른 위험발생률로 옳은 것은?

① 전혀 발생하지 않는(impossible) 발생빈도 : $10^{-8}$/day
② 극히 발생할 것 같지 않는(extremely unlikely) 발생빈도 : $10^{-7}$/day
③ 거의 발생하지 않은(remote) 발생빈도 : $10^{-6}$/day
④ 가끔 발생하는(occasional) 발생빈도 : $10^{-5}$/day

해설 Chapanis의 위험분석

| 발생 빈도 | 평점 | 발생 확률 |
|---|---|---|
| 자주(때때로 발생) | 6 | $> 10^{-2}/day$ |
| 보통(수회 발생) | 5 | $> 10^{-3}/day$ |
| 가끔(드물게 발생) | 4 | $> 10^{-4}/day$ |
| 거의 발생하지 않는 (일어날 것 같지 않음) | 3 | $> 10^{-5}/day$ |
| 극히 발생할 것 같지 않은 (발생확률이 0에 가까움) | 2 | $> 10^{-6}/day$ |
| 전혀 발생하지 않는 (발생 불가능) | 1 | $> 10^{-8}/day$ |

---

제**3**과목 · 기계 · 기구 및 설비 안전 관리

**41** 휴대형 연삭기 사용 시 안전 사항에 대한 설명으로 가장 적절하지 않은 것은?

① 잘 안 맞는 장갑이나 옷은 착용하지 말 것
② 긴 머리는 묶고 모자를 착용하고 작업할 것
③ 연삭숫돌을 설치하거나 교체하기 전에 전선과 압축공기 호스를 설치할 것
④ 연삭작업 시 클램핑 장치를 사용하여 공작물을 확실히 고정할 것

해설 ③ 작업을 시작하기 전에는 1분 이상, 연삭숫돌을 교체한 후에는 3분 이상 시험운전을 하고 해당 기계에 이상이 있는지를 확인해야 한다.

**42** 선반 작업에 대한 안전 수칙으로 가장 적절하지 않은 것은?

① 선반의 바이트는 끝을 짧게 장치한다.
② 작업 중에는 면장갑을 착용하지 않도록 한다.
③ 작업이 끝난 후 절삭 칩의 제거는 반드시 브러시 등의 도구를 사용한다.
④ 작업 중 일감의 치수 측정 시 기계 운전 상태를 저속으로 하고 측정한다.

해설 ④ 작업 중 일감의 치수 측정 시에는 기계 운전을 정지하고 한다.

{분석}
**필기에 자주 출제되는 내용입니다.**

---

**정답** 40 ① 41 ③ 42 ④

**43** 다음 중 금형을 설치 및 조정할 때 안전수칙으로 가장 적절하지 않은 것은?

① 금형을 체결할 때에는 적합한 공구를 사용한다.
② 금형의 설치 및 조정은 전원을 끄고 실시한다.
③ 금형을 부착하기 전에 하사점을 확인하고 설치한다.
④ 금형을 체결할 때에는 안전블럭을 잠시 제거하고 실시한다.

**해설** ④ 금형을 부착, 해체, 조정 작업할 때에는 신체 일부가 위험점 내에서 슬라이드 불시 하강으로 인한 위험을 방지할 목적으로 안전블럭을 설치하여야 한다.

{분석}
필기에 자주 출제되는 내용입니다.

**44** 지게차의 방호장치에 해당하는 것은?

① 버킷
② 포크
③ 마스트
④ 헤드가드

**해설** 지게차의 방호장치

① 헤드가드 : 지게차에는 최대하중의 2배(4톤을 넘는 값에 대해서는 4톤으로 한다)에 해당하는 등분포정하중에 견딜 수 있는 강도의 헤드가드를 설치하여야 한다.
② 백레스트 : 지게차에는 포크에 적재된 화물이 마스트의 뒤쪽으로 떨어지는 것을 방지하기 위한 백레스트를 설치하여야 한다.
③ 전조등, 후미등 : 지게차에는 1전5백간넬라 이상의 광도를 가지는 전조등, 2칸델라 이상의 광도를 가지는 후미등을 설치하여야 한다.
④ 안전벨트

{분석}
실기에 자주 출제되는 중요한 내용입니다.

**45** 다음 중 절삭가공으로 틀린 것은?

① 선반
② 밀링
③ 프레스
④ 보링

**해설** 절삭가공이란 절삭공구로 재료를 깎아 가공하는 방법을 말하며 선반, 드릴링, 밀링, 보링 등이 해당된다.

**참고** 프레스 : 금형과 금형 사이에 금속 또는 비금속 물질을 넣고 압축, 절단 또는 조형하는 기계를 말한다.

**46** 산업안전보건 법령상 롤러기의 방호장치 설치시 유의해야 할 사항으로 가장 적절하지 않은 것은?

① 손으로 조작하는 급정지장치의 조작부는 롤러기의 전면 및 후면에 각각 1개씩 수평으로 설치하여야 한다.
② 앞면 롤러의 표면속도가 30m/min 미만인 경우 급정지 거리는 앞면 롤러 원주의 1/2.5 이하로 한다.
③ 급정지장치의 조작부에 사용하는 줄은 사용 중 늘어져서는 안 된다.
④ 급정지장치의 조작부에 사용하는 줄은 충분한 인장강도를 가져야 한다.

**해설** 앞면 롤러의 표면속도에 따른 급정지거리

| 앞면 롤러의 표면속도 (m/min) | 급정지거리 |
|---|---|
| 30 미만 | 앞면 롤러 원주의 $\frac{1}{3}$ 이내 $(\pi \times d \times \frac{1}{3})$ |
| 30 이상 | 앞면 롤러 원주의 $\frac{1}{2.5}$ 이내 $(\pi \times d \times \frac{1}{2.5})$ |

🔊 정답 43 ④ 44 ④ 45 ③ 46 ②

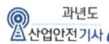
이때 표면속도의 산식은

$$V = \frac{\pi \times D \times N}{1000}(\text{m/min})$$

여기서, $V$ : 표면속도
$D$ : 롤러 원통의 직경(mm)
$N$ : 1분간에 롤러기가 회전되는 수(rpm)

{분석}
실기까지 중요한 내용입니다.

**47** 보일러 부하의 급변, 수위의 과상승 등에 의해 수분이 증기와 분리되지 않아 보일러 수면이 심하게 솟아올라 올바른 수위를 판단하지 못하는 현상은?

① 프라이밍
② 모세관
③ 워터해머
④ 역화

[해설] 보일러 수면이 심하게 솟아올라 올바른 수위를 판단하지 못하는 현상 → 프라이밍

[참고] **보일러 취급 시 이상 현상**

① 포밍(foaming, 물거품 솟음) : 보일러수 중에 유지류, 용해 고형물, 부유물 등에 의해 보일러 수면에 거품이 생겨 올바른 수위를 판단하지 못하는 현상
② 프라이밍(priming, 비수 현상) : 보일러 부하의 급변 수위 과승 등에 의해 수분이 증기와 분리되지 않아 보일러 수면이 심하게 솟아올라 올바른 수위를 판단하지 못하는 현상
③ 캐리오버(carry over, 기수 공발) : 보일러수 중에 용해 고형분이나 수분이 발생, 증기 중에 다량 함유되어 증기의 순도를 저하시킴으로써 관내 응축수가 생겨 워터해머의 원인이 되고 증기 과열기나 터빈 등의 고장 원인이 된다.
④ 수격 작용(워터해머) : 고여 있던 응축수가 밸브를 급격히 개폐 시에 고온 고압의 증기에 이끌려 배관을 강하게 치는 현상으로 배관파열을 초래한다.

{분석}
필기에 자주 출제되는 내용입니다.

**48** 자동화 설비를 사용하고자 할 때 기능의 안전화를 위하여 검토할 사항으로 거리가 가장 먼 것은?

① 재료 및 가공 결함에 의한 오동작
② 사용압력 변동 시의 오동작
③ 전압강하 및 정전에 따른 오동작
④ 단락 또는 스위치 고장 시의 오동작

[해설] **기능적 안전화**

① 전압 강하에 따른 오동작 방지
② 정전 및 단락에 따른 오동작 방지
③ 사용 압력 변동 시 등의 오동작 방지

[참고] **기계 설비의 안전조건(근원적 안전)**

① 외관상 안전화
② 기능적 안전화
③ 구조 부분 안전화(구조부분 강도적 안전화)
④ 작업의 안전화
⑤ 보수유지의 안전화(보전성 향상 위한 고려 사항)
⑥ 표준화

{분석}
필기에 자주 출제되는 내용입니다.

**49** 산업안전보건 법령상 금속의 용접, 용단에 사용하는 가스 용기를 취급할 때 유의 사항으로 틀린 것은?

① 밸브의 개폐는 서서히 할 것
② 운반하는 경우에는 캡을 벗길 것
③ 용기의 온도는 40℃ 이하로 유지할 것
④ 통풍이나 환기가 불충분한 장소에는 설치하지 말 것

[해설] ② 운반하는 경우에는 캡을 씌울 것

{분석}
필기에 자주 출제되는 내용입니다.

•)) 정답 47 ① 48 ① 49 ②

## 50

크레인 로프에 질량 2000kg의 물건을 10m/s²의 가속도로 감아올릴 때, 로프에 걸리는 총 하중(kN)은? (단, 중력가속도는 9.8m/s²)

① 9.6 　　　　② 19.6

③ 29.6 　　　　④ 39.6

**해설**

$$
\begin{aligned}
\text{총 하중}(w) &= \text{정하중}(w_1) + \text{동하중}(w_2) \\
&= \text{정하중}(w_1) + \left(\frac{w_1}{g} \times a\right)
\end{aligned}
$$

- 동하중$(w_2) = \dfrac{w_1}{g} \times a$
- 정하중$(w_1)$ : 매단 물체의 무게

여기서, $w$ : 총 하중$(\mathrm{kg_f})$
$w_1$ : 정하중$(\mathrm{kg_f})$
$w_2$ : 동하중$(\mathrm{kg_f})$
$g$ : 중력 가속도$(9.8\mathrm{m/s^2})$
$a$ : 가속도$(\mathrm{m/s^2})$

$$
\begin{aligned}
\text{총하중} &= w_1 + \frac{w_1}{g} \times a = 2,000 + \frac{2,000}{9.8} \times 10 \\
&= 4040.82(kg) \times 9.8 \\
&= 39600(N) \div 1,000 = 39.6(kN)
\end{aligned}
$$

{분석}
**실기까지 중요한 내용입니다.**

## 51

산업안전보건 법령상 보일러에 설치해야 하는 안전장치로 거리가 가장 먼 것은?

① 해지장치
② 압력방출장치
③ 압력제한스위치
④ 고 · 저수위조절장치

**해설** 보일러의 방호장치

① 압력방출 장치
② 압력제한 스위치
③ 고저 수위조절 장치
④ 화염검출기

{분석}
**실기에 자주 출제되는 중요한 내용입니다.**

## 52

프레스 작동 후 작업점까지의 도달시간이 0.3초인 경우 위험한계로부터 양수조작식 방호장치의 최단 설치 거리는?

① 48cm 이상
② 58cm 이상
③ 68cm 이상
④ 78cm 이상

**해설** 양수조작식 방호장치의 안전거리

1. 안전거리 D(cm) = 160 × 프레스 작동 후 작업점까지의 도달시간(초)

2. 안전거리 D(mm) = 1600 × (Tc + Ts)

 – Tc : 방호장치의 작동시간[즉 누름버튼으로부터 한 손이 떨어졌을 때부터 급정지기구가 작동을 개시할 때까지의 시간(초)]
 – Ts : 프레스의 급정지시간[즉 급정지기구가 작동을 개시했을 때부터 슬라이드가 정지할 때까지의 시간(초)]

안전거리 D(cm) = 160 × 0.3 = 48(cm)

{분석}
**실기까지 중요한 내용입니다.**

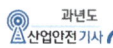
**53** 산업안전보건 법령상 고속회전체의 회전 시험을 하는 경우 미리 회전축의 재질 및 형상 등에 상응하는 종류의 비파괴검사를 해서 결함 유무를 확인해야 한다. 이때 검사 대상이 되는 고속회전체의 기준은?

① 회전축의 중량이 0.5톤을 초과하고, 원주속도가 100m/s 이내인 것
② 회전축의 중량이 0.5톤을 초과하고, 원주속도가 120m/s 이상인 것
③ 회전축의 중량이 1톤을 초과하고, 원주 속도가 100m/s 이내인 것
④ 회전축의 중량이 1톤을 초과하고, 원주 속도가 120m/s 이상인 것

**해설** 사업주는 고속회전체(회전축의 중량이 1톤을 초과하고 원주속도가 매초당 120미터 이상인 것에 한한다)의 회전시험을 하는 때에는 미리 회전축의 재질 및 형상 등에 상응하는 종류의 비파괴검사를 실시하여 결함 유무를 확인하여야 한다.

{분석}
**실기까지 중요한 내용입니다.**

**54** 프레스의 손쳐내기식 방호장치의 설치 기준으로 틀린 것은?

① 방호판의 폭이 금형 폭의 1/2 이상이 어야 한다.
② 슬라이드 행정수가 300SPM 이상의 것에 사용한다.
③ 손쳐내기 봉의 행정(Stroke) 길이를 금형의 높이에 따라 조정할 수 있고 진동 폭은 금형폭 이상이어야 한다.
④ 슬라이드 하 행정거리의 3/4 위치에서 손을 완전히 밀어내야 한다.

**해설** 행정 길이 40mm 이상, SPM 120 이하에서 사용 가능한 방호장치
① 손쳐내기식
② 수인식

{분석}
**필기에 자주 출제되는 내용입니다.**

**55** 산업안전보건 법령상 컨베이어에 설치 하는 방호장치로 거리가 가장 먼 것은?

① 건널다리
② 반발 예방 장치
③ 비상 정지 장치
④ 역주행 방지 장치

**해설** **컨베이어의 방호장치**
① 이탈 등의 방지 장치(이탈 및 역주행 방지 장치)
② 비상 정지 장치
③ 덮개, 울
④ 건널다리

{분석}
**실기에 자주 출제되는 중요한 내용입니다.**

**56** 산업안전보건 법령상 숫돌 지름이 60cm 인 경우 숫돌 고정 장치인 평형 플랜지의 지름은 최소 몇 cm 이상인가?

① 10  ② 20
③ 30  ④ 60

**해설** 플랜지 지름은 숫돌 지름의 $\frac{1}{3}$ 이상일 것

$$60 \times \frac{1}{3} = 20(cm) \text{ 이상}$$

{분석}
**실기까지 중요한 내용입니다.**

**57** 기계설비의 위험점 중 연삭숫돌과 작업 받침대, 교반기의 날개와 하우스 등 고정 부분과 회전하는 동작 부분 사이에서 형성 되는 위험점은?

① 끼임점
② 물림점
③ 협착점
④ 절단점

**해설** 위험점의 분류
① 협착점 : 왕복운동 부분과 고정부분 사이에서 형성되는 위험점
예 프레스기, 전단기, 성형기 등
② 끼임점 : 고정부분과 회전하는 동작부분 사이에서 형성되는 위험점
예 연삭숫돌과 덮개, 교반기 날개와 하우징 등
③ 절단점 : 회전하는 운동부 자체, 운동하는 기계부분 자체의 위험점
예 날, 커터를 가진 기계
④ 물림점 : 회전하는 두 개의 회전체에 물려 들어가는 위험점
예 롤러와 롤러, 기어와 기어 등
⑤ 접선 물림점 : 회전하는 부분의 접선 방향으로 물려 들어가는 위험점
예 벨트와 풀리, 체인과 스프로켓 등
⑥ 회전 말림점 : 회전하는 물체에 작업복, 머리카락 등이 말려 들어가는 위험점
예 회전축, 커플링 등

{분석}
실기에 자주 출제되는 중요한 내용입니다.

**58** 500rpm으로 회전하는 연삭숫돌의 지름이 300mm일 때 회전속도(m/min)는?

① 471
② 551
③ 751
④ 1025

**해설** 연삭기의 회전속도(원주속도) 계산

$$V = \frac{\pi \times D \times N}{1000}(m/\text{min})$$

$D$ : 롤러의 직경(mm)
$N$ : 회전수(rpm)

$$V = \frac{\pi \times 300 \times 500}{1,000} = 471.24(m/\text{min})$$

{분석}
실기까지 중요한 내용입니다.

**59** 산업안전보건 법령상 정상적으로 작동될 수 있도록 미리 조정해 두어야할 이동식 크레인의 방호장치로 가장 적절하지 않은 것은?

① 제동장치
② 권과방지장치
③ 과부하방지장치
④ 파이널 리미트 스위치

**해설** ④ 파이널 리미트 스위치 → 승강기의 방호장치

**참고** 1. 양중기의 공통 방호장치
① 과부하방지장치
② 권과방지장치
③ 비상정지장치
④ 제동장치

2. 공통 방호장치 외 추가로 설치하여야 하는 방호장치
• 리프트(자동차정비용 제외) : 조작반잠금장치
• 승강기 : 파이널리미트스위치, 출입문인터록, 속도조절기

{분석}
실기에 자주 출제되는 중요한 내용입니다.

정답 57 ① 58 ① 59 ④

최근 기출문제 2021

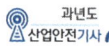
**60** 비파괴 검사 방법으로 틀린 것은?

① 인장 시험
② 음향 탐상 시험
③ 와류 탐상 시험
④ 초음파 탐상 시험

[해설] ① 인장 시험은 파괴검사에 해당한다.

---

### 제4과목 ● 전기설비 안전 관리

---

**61** 속류를 차단할 수 있는 최고의 교류전압을 피뢰기의 정격전압이라고 하는데 이 값은 통상적으로 어떤 값으로 나타내고 있는가?

① 최대값          ② 평균값
③ 실효값          ④ 파고값

[해설] 피뢰기의 정격전압은 실효값으로 나타낸다.

---

**62** 전로에 시설하는 기계기구의 철대 및 금속제 외함에 접지공사를 생략할 수 없는 경우는?

① 30V 이하의 기계·기구를 건조한 곳에 시설하는 경우
② 물기 없는 장소에 설치하는 저압용 기계·기구를 위한 전로에 정격감도전류 40mA 이하, 동작시간 2초 이하의 전류 동작형 누전차단기를 시설하는 경우
③ 철대 또는 외함의 주위에 적당한 절연대를 설치하는 경우
④ 「전기용품 및 생활용품 안전관리법」의 적용을 받는 이중절연구조로 되어 있는 기계·기구를 시설하는 경우

---

[해설] 접지를 시행하지 않아도 되는 경우
(산업안전보건법 기준)

① 이중절연구조 또는 이와 같은 수준 이상으로 보호되는 전기기계·기구
② 절연대 위 등과 같이 감전 위험이 없는 장소에서 사용하는 전기기계·기구
③ 비접지방식의 전로(그 전기기계·기구의 전원측의 전로에 설치한 절연변압기의 2차 전압이 300볼트 이하, 정격용량이 3킬로볼트암페어 이하이고 그 절연전압기의 부하측의 전로가 접지되어 있지 아니한 것으로 한정한다)에 접속하여 사용되는 전기기계·기구

[참고] 1. 사용전압이 대지전압 150볼트를 넘는 경우 접지를 실시하여야 한다.
2. 전기기계·기구에 설치되어 있는 누전차단기는 정격감도전류가 30밀리암페어 이하이고 작동시간은 0.03초 이내일 것. 다만, 정격전부하전류가 50암페어 이상인 전기기계·기구에 접속되는 누전차단기는 오작동을 방지하기 위하여 정격감도전류는 200밀리암페어 이하로, 작동시간은 0.1초 이내로 할 수 있다.

{분석}
**실기까지 중요한 내용입니다.**

---

**63** 인체의 전기저항을 500Ω으로 하는 경우 심실세동을 일으킬 수 있는 에너지는 약 얼마인가?

(단, 심실세동전류 $I = \dfrac{165}{\sqrt{T}}$ mA 로 한다.)

① 13.6J          ② 19.0J
③ 13.6mJ         ④ 19.0mJ

[해설] 풀이 1. 인체 전기저항 500[Ω]일 때의 에너지
→ 13.61J
풀이 2.
$$Q = I^2 RT = (\dfrac{165}{\sqrt{1}} \times 10^{-3})^2 \times 500 \times 1 = 13.61(J)$$

{분석}
**실기까지 중요한 내용입니다.**

---

**64** 전기설비에 접지를 하는 목적으로 틀린 것은?

① 누설전류에 의한 감전 방지
② 낙뢰에 의한 피해방지
③ 지락 사고 시 대지전위 상승 유도 및 절연강도 증가
④ 지락 사고 시 보호계전기 신속 동작

해설 ③ 지락 고장 시 대지 전위 상승을 억제하여 전선로 및 기기의 절연 레벨을 경감시킨다.

{분석}
필기에 자주 출제되는 내용입니다.

**65** 한국전기설비 규정에 따라 과전류차단기로 저압전로에 사용하는 범용 퓨즈(gG)의 용단전류는 정격전류의 몇 배인가? (단, 정격전류가 4A 이하인 경우이다.)

① 1.5배          ② 1.6배
③ 1.9배          ④ 2.1배

해설

| 정격전류의 구분 | 시 간 | 정격전류의 배수 | |
|---|---|---|---|
| | | 불용단전류 | 용단전류 |
| 4A 이하 | 60분 | 1.5배 | 2.1배 |
| 4A 초과 16A 미만 | 60분 | 1.5배 | 1.9배 |
| 16A 이상 63A 이하 | 60분 | 1.25배 | 1.6배 |
| 63A 초과 160A 이하 | 120분 | 1.25배 | 1.6배 |
| 160A 초과 400A 이하 | 180분 | 1.25배 | 1.6배 |
| 400A 초과 | 240분 | 1.25배 | 1.6배 |

**66** 정전기가 대전된 물체를 제전 시키려고 한다. 다음 중 대전된 물체의 절연저항이 증가되어 제전의 효과를 감소시키는 것은?

① 접지한다.
② 건조시킨다.
③ 도전성 재료를 첨가한다.
④ 주위를 가습한다.

해설 ② 건조할 경우 정전기 발생량은 많아져서 제전 (정전기 제거) 효과는 감소한다.

참고 정전기 재해 예방대책
① 접지(도체일 경우 효과 있으나 부도체는 효과 없다.)
② 습기 부여(공기 중 습도 60~70% 이상 유지한다.)
③ 도전성 재료 사용(절연성 재료는 절대 금한다.)
④ 대전 방지제 사용
⑤ 제전기 사용
⑥ 유속 조절(석유류 제품 1m/s 이하)

**67** 감전 등의 재해를 예방하기 위하여 특고압용 기계·기구 주위에 관계자 외 출입을 금하도록 울타리를 설치할 때, 울타리의 높이와 울타리로부터 충전부분까지의 거리의 합이 최소 몇 m 이상이 되어야 하는가? (단, 사용전압이 35kV 이하인 특고압용 기계·기구이다.)

① 5m          ② 6m
③ 7m          ④ 9m

•)) 정답  64 ③  65 ④  66 ②  67 ①

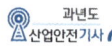
**해설** 특고압용 기계·기구 주위에 관계자 외 출입을 금하도록 울타리를 설치하는 경우

| 사용전압의 구분 | 울타리의 높이와 울타리로부터 충전부분까지의 거리의 합계 또는 지표상의 높이 |
|---|---|
| 35 kV 이하 | 5m |
| 35 kV 초과 160 kV 이하 | 6m |
| 160 kV 초과 | 6m에 160kV를 초과하는 10kV 또는 그 단수마다 12cm를 더한 값 |

**68** 개폐기로 인한 발화는 스파크에 의한 가연물의 착화 화재가 많이 발생한다. 이를 방지하기 위한 대책으로 틀린 것은?

① 가연성증기, 분진 등이 있는 곳은 방폭형을 사용한다.
② 개폐기를 불연성 상자 안에 수납한다.
③ 비포장 퓨즈를 사용한다.
④ 접속부분의 나사풀림이 없도록 한다.

**해설** ③ 포장 퓨즈를 사용한다.

**69** 극간 정전용량이 1000pF이고, 착화에너지가 0.019mJ인 가스에서 폭발한계 전압(V)은 약 얼마인가?
(단, 소수점 이하는 반올림한다.)

① 3900      ② 1950
③ 390      ④ 195

**해설**

정전기의 최소 착화 에너지(정전에너지)

$$E(J) = \frac{1}{2}CV^2$$

여기서,
E : 정전기 에너지(J)
C : 도체의 정전 용량(F)
V : 대전 전위(V)

$$E(J) = \frac{1}{2}CV^2$$

$$V^2 = \frac{E}{\frac{1}{2}C}$$

$$V = \sqrt{\frac{E}{\frac{1}{2}C}}$$

$$V = \sqrt{\frac{0.019 \times 10^{-3}}{\frac{1}{2} \times 1,000 \times 10^{-12}}} = 194.94(V)$$

$$(pF = 10^{-12}F, mJ = 10^{-3}J)$$

**{분석}**
필기에 자주 출제되는 내용입니다.

**70** 개폐기, 차단기, 유도 전압조정기의 최대 사용 전압이 7kV 이하인 전로의 경우 절연 내력 시험은 최대 사용 전압의 1.5배의 전압을 몇 분간 가하는가?

① 10      ② 15
③ 20      ④ 25

**해설** 고압 및 특고압의 전로(회전기, 정류기, 연료전지 및 태양전지 모듈의 전로, 변압기의 전로, 기구 등의 전로 및 직류식 전기철도용 전차선을 제외한다)는 시험 전압을 전로와 대지 사이(다심케이블은 심선 상호 간 및 심선과 대지 사이)에 연속하여 10분간 가하여 절연내력을 시험하였을 때에 이에 견디어야 한다. 다만, 전선에 케이블을 사용하는 교류 전로로서 시험 전압의 2배의 직류전압을 전로와 대지 사이(다심케이블은 심선 상호 간 및 심선과 대지 사이)에 연속하여 10분간 가하여 절연 내력을 시험하였을 때에 이에 견디는 것에 대하여는 그러하지 아니하다.

**◎) 정답** 68 ③ 69 ④ 70 ①

**71** 한국전기설비규정에 따라 욕조나 샤워 시설이 있는 욕실 등 인체가 물에 젖어있는 상태에서 전기를 사용하는 장소에 인체감전보호용 누전차단기가 부착된 콘센트를 시설하는 경우 누전차단기의 정격감도전류 및 동작시간은?

① 15mA 이하, 0.01초 이하
② 15mA 이하, 0.03초 이하
③ 30mA 이하, 0.01초 이하
④ 30mA 이하, 0.03초 이하

해설 욕조나 샤워시설이 있는 욕실 또는 화장실 등 인체가 물에 젖어있는 상태에서 전기를 사용하는 장소에 콘센트를 시설하는 경우에는 다음에 따라 시설하여야한다.
1. 인체감전보호용 누전차단기(정격감도전류 15mA 이하, 동작시간 0.03초 이하의 전류동작형의 것) 또는 절연변압기(정격용량 3kVA 이하인 것)로 보호된 전로에 접속하거나, 인체감전보호용 누전차단기가 부착된 콘센트를 시설하여야 한다.
2. 콘센트는 접지극이 있는 방적형 콘센트를 사용하여 접지하여야 한다.

**72** 불활성화할 수 없는 탱크, 탱크롤리 등에 위험물을 주입하는 배관은 정전기 재해방지를 위하여 배관 내 액체의 유속제한을 한다. 배관 내 유속제한에 대한 설명으로 틀린 것은?

① 물이나 기체를 혼합하는 비수용성 위험물의 배관 내 유속은 1m/s 이하로 할 것
② 저항률이 $10^{10}\Omega \cdot cm$ 미만의 도전성 위험물의 배관 내 유속은 7m/s 이하로 할 것
③ 저항률이 $10^{10}\Omega \cdot cm$ 이상인 위험물의 배관 내 유속은 관내경이 0.05m이면 3.5m/s 이하로 할 것
④ 이황화탄소 등과 같이 유동대전이 심하고 폭발 위험성이 높은 것은 배관 내 유속을 3m/s 이하로 할 것

해설 ④ 이황화탄소 등과 같이 유동대전이 심하고 폭발 위험성이 높은 것은 배관 내 유속을 1m/s 이하로 할 것

{분석}
필기에 자주 출제되는 내용입니다.

**73** 절연물의 절연계급을 최고 허용 온도가 낮은 온도에서 높은 온도 순으로 배치한 것은?

① Y종 → A종 → E종 → B종
② A종 → B종 → E종 → Y종
③ Y종 → E종 → B종 → A종
④ B종 → Y종 → A종 → E종

해설 절연물의 종류와 최고 허용 온도
• Y종 절연 : 90℃    • A종 절연 : 105℃
• E종 절연 : 120℃   • B종 절연 : 130℃
• F종 절연 : 155℃   • H종 절연 : 180℃
• C종 절연 : 180℃ 초과

{분석}
필기에 자주 출제되는 내용입니다.

**74** 다른 두 물체가 접촉할 때 접촉 전위차가 발생하는 원인으로 옳은 것은?

① 두 물체의 온도 차
② 두 물체의 습도 차
③ 두 물체의 밀도 차
④ 두 물체의 일함수 차

해설 다른 두 물체가 접촉할 때 접촉 전위차가 발생하는 원인 → 두 물체의 일함수 차

정답 71 ② 72 ④ 73 ① 74 ④

**참고** 일함수(work function) : 물질 내의 전자 하나를 밖으로 끌어내는 데 필요한 최소의 일 또는 에너지를 말한다.

**75** 방폭인증서에서 방폭부품을 나타내는 데 사용되는 인증번호의 접미사는?

① "G"　　　　② "X"
③ "D"　　　　④ "U"

**해설** "방폭부품(Ex component)"이란 전기기기 및 모듈의 부품을 말하며, 기호 "U"로 표시하고, 폭발성 가스 분위기에서 사용하는 전기기기 및 시스템에 사용할 때 단독으로 사용하지 않고 추가 고려사항이 요구된다.

**76** 고압 및 특고압 전로에 시설하는 피뢰기의 설치장소로 잘못된 곳은?

① 가공전선로와 지중전선로가 접속되는 곳
② 발전소, 변전소의 가공전선 인입구 및 인출구
③ 고압 가공전선로에 접속하는 배전용 변압기의 저압측
④ 고압 가공전선로로부터 공급을 받는 수용장소의 인입구

**해설** 피뢰기의 설치 장소
① 발전소 · 변전소 또는 이에 준하는 장소의 가공전선 인입구 및 인출구
② 가공전선로에 접속하는 배전용 변압기의 고압측 및 특고압측
③ 고압 및 특고압 가공전선로로부터 공급을 받는 수용장소의 인입구
④ 가공진신로와 지중전선로가 접속되는 곳

**77** 산업안전보건기준에 관한 규칙 제319조에 의한 정전전로에서의 정전 작업을 마친 후 전원을 공급하는 경우에 사업주가 작업에 종사하는 근로자 및 전기기기와 접촉할 우려가 있는 근로자에게 감전의 위험이 없도록 준수해야 할 사항이 아닌 것은?

① 단락 접지기구 및 작업기구를 제거하고 전기기기 등이 안전하게 통전될 수 있는지 확인한다.
② 모든 작업자가 작업이 완료된 전기기기에서 떨어져 있는지 확인한다.
③ 잠금장치와 꼬리표를 근로자가 직접 설치한다.
④ 모든 이상 유무를 확인한 후 전기기기 등의 전원을 투입한다.

**해설** 정전 작업 중 또는 작업을 마친 후 전원 공급 시 준수 사항
① 작업기구, 단락 접지기구 등을 제거하고 전기기기 등이 안전하게 통전될 수 있는지를 확인할 것
② 모든 작업자가 작업이 완료된 전기기기 등에서 떨어져 있는지를 확인할 것
③ 잠금장치와 꼬리표는 설치한 근로자가 직접 철거할 것
④ 모든 이상 유무를 확인한 후 전기기기 등의 전원을 투입할 것

{분석}
**실기까지 중요한 내용입니다.**

**78** 변압기의 최소 IP 등급은?
(단, 유입 방폭구조의 변압기이다.)

① IP55　　　　② IP56
③ IP65　　　　④ IP66

해설 유입 방폭구조인 전기기기의 성능 기준

기기의 보호등급은 최소 IP 66에 적합해야 하며, 압력완화장치 배출구의 보호 등급은 최소 IP 23에 적합할 것

**79** 가스그룹이 ⅡB인 지역에 내압방폭구조 "d"의 방폭기기가 설치되어 있다. 기기의 플랜지 개구부에서 장애물까지의 최소 거리(mm)는?

① 10　　　　② 20
③ 30　　　　④ 40

해설 내압방폭구조의 플랜지 접합부와 장애물 간 최소 이격거리

| 가스 그룹 | 최소 이격거리(mm) |
|---|---|
| ⅡA | 10 |
| ⅡB | 30 |
| ⅡC | 40 |

**80** 방폭전기설비의 용기내부에서 폭발성가스 또는 증기가 폭발하였을 때 용기가 그 압력에 견디고 접합면이나 개구부를 통해서 외부의 폭발성가스나 증기에 인화되지 않도록 한 방폭구조는?

① 내압 방폭구조
② 압력 방폭구조
③ 유입 방폭구조
④ 본질안전 방폭구조

해설 폭발하였을 때 용기가 그 압력에 견디고 접합면이나 개구부를 통해서 외부의 폭발성가스나 증기에 인화되지 않도록 한 방폭구조 → 내압방폭구조

참고 1. 압력 방폭구조(P) : 아크를 발생시키는 전기설비를 용기에 넣고 용기 내부에 불연성 가스(공기 또는 질소)를 압입하여 용기 내부로 폭발성 가스가 침입하는 것을 방지하는 구조
2. 유입 방폭구조(o) : 아크를 발생시키는 전기설비를 용기에 넣고 용기 내부에 보호액을 채워 외부의 폭발성 가스에 접촉 시 점화의 우려가 없도록 한 방폭구조
3. 본질안전 방폭구조(ia, ib) : 정상 시 또는 단락, 단선, 지락 등의 사고 시에 발생하는 아크, 불꽃, 고열에 의하여 폭발성 가스나 증기에 점화되지 않는 것이 확인된 구조이다.

{분석}
실기에 자주 출제되는 중요한 내용입니다.

제5과목 · 화학설비 안전 관리

**81** 포스겐가스 누설검지의 시험지로 사용되는 것은?

① 연당지
② 염화파라듐지
③ 하리슨시험지
④ 초산벤젠지

해설 포스겐가스 누설검지의 시험지 → 하리슨시험지

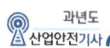

**82** 안전밸브 전단·후단에 자물쇠형 또는 이에 준하는 형식의 차단밸브 설치를 할 수 있는 경우에 해당하지 않는 것은?

① 자동 압력 조절밸브와 안전밸브 등이 직렬로 연결된 경우
② 화학설비 및 그 부속설비에 안전밸브 등이 복수방식으로 설치되어 있는 경우
③ 열팽창에 의하여 상승된 압력을 낮추기 위한 목적으로 안전밸브가 설치된 경우
④ 인접한 화학설비 및 그 부속설비에 안전밸브 등이 각각 설치되어 있고, 해당 화학설비 및 그 부속설비의 연결배관에 차단밸브가 없는 경우

**해설** 안전밸브 전단·후단에 자물쇠형 또는 이에 준하는 형식의 차단밸브 설치를 할 수 있는 경우

① 인접한 화학설비 및 그 부속설비에 안전밸브 등이 각각 설치되어 있고 당해 화학설비 및 그 부속설비의 연결배관에 차단밸브가 없는 경우
② 안전밸브 등의 배출용량의 2분의 1 이상에 해당하는 용량의 자동압력조절밸브와 안전밸브 등이 병렬로 연결된 경우
③ 화학설비 및 그 부속설비에 안전밸브 등이 복수방식으로 설치되어 있는 경우
④ 예비용 설비를 설치하고 각각의 설비에 안전밸브 등이 설치되어 있는 경우
⑤ 열팽창에 의하여 상승된 압력을 낮추기 위한 목적으로 안전밸브가 설치된 경우
⑥ 하나의 플레어스택에 2 이상의 단위공정의 플레어헤더를 연결하여 사용하는 경우로서 각각의 단위공정의 플레어헤더에 설치된 차단밸브의 열림·닫힘 상태를 중앙제어실에서 알 수 있도록 조치한 경우

{분석}
필기에 자주 출제되는 내용입니다.

**83** 압축하면 폭발할 위험성이 높아 아세톤 등에 용해시켜 다공성 물질과 함께 저장하는 물질은?

① 염소
② 아세틸렌
③ 에탄
④ 수소

**해설** 아세틸렌($C_2H_2$)
액화하기 위해 압축하면 분해를 발하므로, 용기에 다공물질 채우고 용제(아세톤)에 용해하여 충전한다.

**84** 산업안전보건 법령상 대상 설비에 설치된 안전밸브에 대해서는 경우에 따라 구분된 검사주기마다 안전밸브가 적정하게 작동하는지 검사하여야 한다. 화학공정 유체와 안전밸브의 디스크 또는 시트가 직접 접촉될 수 있도록 설치된 경우의 검사주기로 옳은 것은?

① 매년 1회 이상
② 2년마다 1회 이상
③ 3년마다 1회 이상
④ 4년마다 1회 이상

**해설** 안전밸브에 대해서는 다음 각 호의 구분에 따른 검사주기마다 국가교정기관에서 교정을 받은 압력계를 이용하여 설정압력에서 안전밸브가 적정하게 작동하는지를 검사한 후 납으로 봉인하여 사용하여야 한다.

① 화학공정 유체와 안전밸브의 디스크 또는 시트가 직접 접촉될 수 있도록 설치된 경우 : 2년마다 1회 이상
② 안전밸브 전단에 파열판이 설치된 경우 : 3년마다 1회 이상
③ 공정안전보고서 제출 대상으로서 고용노동부장관이 실시하는 공정안전보고서 이행상태 평가결과가 우수한 사업장의 안전밸브의 경우 : 4년마다 1회 이상

{분석}
실기까지 중요한 내용입니다.

))) **정답** 82 ① 83 ② 84 ②

**85** 위험물을 산업안전보건 법령에서 정한 기준량 이상으로 제조하거나 취급하는 설비로서 특수화학설비에 해당되는 것은?

① 가열시켜 주는 물질의 온도가 가열되는 위험물질의 분해온도보다 높은 상태에서 운전되는 설비
② 상온에서 게이지 압력으로 200kPa의 압력으로 운전되는 설비
③ 대기압 하에서 300℃로 운전되는 설비
④ 흡열반응이 행하여지는 반응설비

> **해설** 특수화학설비
> ① 발열반응이 일어나는 반응장치
> ② 증류 · 정류 · 증발 · 추출 등 분리를 행하는 장치
> ③ 가열시켜주는 물질의 온도가 가열되는 위험물질의 분해온도 또는 발화점 보다 높은 상태에서 운전되는 설비
> ④ 반응폭주 등 이상 화학반응에 의하여 위험물질이 발생할 우려가 있는 설비
> ⑤ 온도가 섭씨 350도 이상이거나 게이지 압력이 980킬로파스칼 이상인 상태에서 운전되는 설비
> ⑥ 가열로 또는 가열기
>
> {분석}
> **실기까지 중요한 내용입니다.**

**86** 산업안전보건 법령상 다음 내용에 해당하는 폭발위험장소는?

> 20종 장소 밖으로서 분진운 형대의 가연성 분진이 폭발농두를 형성할 정도이 충분한 양이 정상 작동 중에 존재할 수 있는 장소를 말한다.

① 21종 장소
② 22종 장소
③ 0종 장소
④ 1종 장소

> **해설** 분진폭발 위험장소
>
> | | |
> |---|---|
> | **20종 장소** | 분진 운 형태의 가연성 분진이 폭발농도를 형성할 정도로 충분한 양이 정상작동 중에 연속적으로 또는 자주 존재하거나, 제어할 수 없을 정도의 양 및 두께의 분진층이 형성될 수 있는 장소 |
> | **21종 장소** | 20종 장소외의 장소로서, 분진운 형태의 가연성 분진이 폭발농도를 형성할 정도의 충분한 양이 정상작동 중에 존재할 수 있는 장소 |
> | **22종 장소** | 21종 장소외의 장소로서, 가연성 분진운 형태가 드물게 발생 또는 단기간 존재할 우려가 있거나, 이상 작동상태 하에서 가연성 분진 운이 형성될 수 있는 장소 |
>
> {분석}
> **실기에 자주 출제되는 중요한 내용입니다.**

**87** Li과 Na에 관한 설명으로 틀린 것은?

① 두 금속 모두 실온에서 자연발화의 위험성이 있으므로 알코올 속에 저장해야 한다.
② 두 금속은 물과 반응하여 수소기제를 발생한다.
③ Li은 비중 값이 물보다 작다.
④ Na는 은백색의 무른 금속이다.

> **해설** ① 리튬, 나트륨 등 물반응성 물질은 수분과 접촉 시 발화하므로 수분을 피하여 석유 속에 저장한다.

**88** 다음 중 누설 발화형 폭발재해의 예방대책으로 가장 거리가 먼 것은?

① 발화원 관리
② 밸브의 오동작 방지
③ 가연성 가스의 연소
④ 누설물질의 검지 경보

•)) **정답** 85 ① 86 ① 87 ① 88 ③

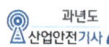
해설 **누설 착화형 폭발 재해 예방대책**
① 위험물의 누설 방지
② 밸브의 오조작 방지
③ 누설물질의 검지 경보
④ 발화원 관리

**89** 수분을 함유하는 에탄올에서 순수한 에탄올을 얻기 위해 벤젠과 같은 물질을 첨가하여 수분을 제거하는 증류 방법은?

① 공비증류  ② 추출증류
③ 가압증류  ④ 감압증류

해설 **증류의 종류**
① 진공증류(감압증류) : 끓는점이 비교적 높은 액체 혼합물을 분리하기 위하여 액체에 작용하는 압력을 감소시켜 증류 속도를 빠르게 하는 방법
② 추출증류 : 휘발성이 작은 제3의 성분을 첨가해 한 쪽의 증기압을 크게 내려 분리하는 방법
③ 공비증류 : 보통 증류로는 분리하기 어려운 혼합물을 분리할 때 제3의 성분을 첨가해 공비혼합물을 만들어 증류에 의해 분리하는 방법
④ 수증기 증류 : 예를 들면 물과 테레빈유(油) 등의 혼합물에 가열수증기를 불어넣으면 두 성분의 혼합물이 기화하므로 이를 응축시켜 분리하는 방법

**90** 다음 중 인화점에 관한 설명으로 옳은 것은?

① 액체의 표면에서 발생한 증기농도가 공기 중에서 연소하한 농도가 될 수 있는 가장 높은 액체온도
② 액체의 표면에서 발생한 증기농도가 공기 중에서 연소상한 농도가 될 수 있는 가장 낮은 액체온도
③ 액체의 표면에 발생한 증기농도가 공기 중에서 연소하한 농도가 될 수 있는 가장 낮은 액체온도
④ 액체의 표면에서 발생한 증기농도가 공기 중에서 연소상한 농도가 될 수 있는 가장 높은 액체온도

해설 **인화점**
• 인화성 액체가 증발하여 공기 중에서 연소하한 농도 이상의 혼합기체를 생성할 수 있는 가장 낮은 온도
• 가연성 액체의 액면 가까이에서 인화하는데 충분한 농도의 증기를 발산하는 최저온도
• 공기 중에서 그 액체의 표면부근에서 불꽃의 전파가 일어나기에 충분한 농도의 증기를 발생시키는 최저온도

{분석}
**필기에 자주 출제되는 내용입니다.**

**91** 분진폭발의 특징에 관한 설명으로 옳은 것은?

① 가스폭발보다 발생에너지가 작다.
② 폭발압력과 연소속도는 가스폭발보다 크다.
③ 입자의 크기, 부유성 등이 분진폭발에 영향을 준다.
④ 불완전연소로 인한 가스중독의 위험성은 작다.

해설 **가스폭발과 분진폭발의 비교**

| 가스폭발 | • 화염이 크다.<br>• 연소속도가 빠르다. |
|---|---|
| 분진폭발 | • 폭발압력, 에너지가 크다.<br>• 연소시간이 길다.<br>• 불완전연소로 인한 중독(CO)이 발생한다. |

{분석}
**필기에 자주 출제되는 내용입니다.**

•))정답 89 ① 90 ③ 91 ③

**92** 위험물안전관리법령상 제1류 위험물에 해당하는 것은?

① 과염소산나트륨
② 과염소산
③ 과산화수소
④ 과산화벤조일

> **해설** 위험물안전관리 법령상 제1류 위험물 : 산화성 고체
> ① 아염소산염류, 염소산염류, 과염소산염류,
>   무기과산화물
> ② 브롬산염류, 질산염류, 요오드산염류
> ③ 과망간산염류, 중크롬산염류

> **참고** 과염소산나트륨 → 과염소산염류

**93** 다음 중 질식소화에 해당하는 것은?

① 가연성 기체의 분출화재 시 주 밸브를 닫는다.
② 가연성 기체의 연쇄반응을 차단하여 소화한다.
③ 연료 탱크를 냉각하여 가연성 가스의 발생 속도를 작게 한다.
④ 연소하고 있는 가연물이 존재하는 장소를 기계적으로 폐쇄하여 공기의 공급을 차단한다.

> **해설** ① 가연성 기체의 분출화재 시 주 밸브를 닫는다.
>   → 제거소화
> ② 가연성 기체의 연쇄반응을 차단하여 소화한다.
>   → 억제소화
> ③ 연료 탱크를 냉각하여 가연성 가스의 발생속도를 작게 한다. → 냉각소화
> ④ 연소하고 있는 가연물이 존재하는 장소를 기계적으로 폐쇄하여 공기의 공급을 차단한다.
>   → 질식소화

> {분석}
> 실기까지 중요한 내용입니다.

**94** 산업안전보건기준에 관한 규칙에서 정한 위험물질의 종류에서 "물반응성 물질 및 인화성 고체"에 해당하는 것은?

① 질산에스테르류
② 니트로화합물
③ 칼륨 · 나트륨
④ 니트로소화합물

> **해설** 물반응성 물질 및 인화성 고체
> 가. 리튬
> 나. 칼륨 · 나트륨
> 다. 황
> 라. 황린
> 마. 황화인 · 적린
> 바. 셀룰로이드류
> 사. 알킬알루미늄 · 알킬리튬
> 아. 마그네슘 분말
> 자. 금속 분말(마그네슘 분말은 제외한다)
> 차. 알칼리금속(리튬 · 칼륨 및 나트륨은 제외한다)
> 카. 유기 금속화합물(알킬알루미늄 및 알킬리튬은 제외한다)
> 타. 금속의 수소화물
> 파. 금속의 인화물
> 하. 칼슘 탄화물, 알루미늄 탄화물

**특급 암기법**

물반응성물질 : 나 칼 안물리!
나(나트륨) 칼(칼륨·칼슘탄화물) 안(알킬알루미늄, 알킬리튬) 물(물반응성물질) 리(리튬)

인화성고체 : 인화성 황인이 젤 금마! (겁나)
인화성(인화성물질) 황인(황, 황린, 황화인, 적린)이 젤(셀룰로이드) 금마(금속분말, 마그네슘분말)

{분석}
실기에 자주 출제되는 중요한 내용입니다.

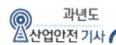
**95** 공기 중 아세톤의 농도가 200ppm(TLV 500ppm), 메틸에틸케톤(MEK)의 농도가 100ppm(TLV 200ppm)일 때 혼합물질의 허용농도(ppm)는? (단, 두 물질은 서로 상가작용을 하는 것으로 가정한다.)

① 150
② 200
③ 270
④ 333

**해설**

1. 노출지수 $EI = \dfrac{C_1}{T_1} + \dfrac{C_2}{T_2} + ... + \dfrac{C_n}{T_n}$

여기서 C : 화학물질 각각의 측정치
　　　 T : 화학물질 각각의 노출기준
판정 : EI > 1 경우　노출기준을 초과함

2. 혼합물의 TLV-TWA

$TLV - TWA = \dfrac{C_1 + C_2 + ... + C_n}{EI}$

1. 노출지수 $= EI = \dfrac{200}{500} + \dfrac{100}{200} = 0.9$

2. 혼합물의 TLV-TWA

$TLV - TWA = \dfrac{200 + 100}{0.9} = 333.33(ppm)$

{분석}
**실기까지 중요한 내용입니다.**

**96** 다음 중 분진이 발화 폭발하기 위한 조건으로 거리가 먼 것은?

① 불연 성질
② 미분 상태
③ 점화원의 존재
④ 산소 공급

**해설** 분진이 발화 폭발하기 위한 조건

① 가연 성질
② 미분 상태
③ 점화원의 존재
④ 산소 공급

**97** 다음 중 폭발한계(vol%)의 범위가 가장 넓은 것은?

① 메탄
② 부탄
③ 톨루엔
④ 아세틸렌

**해설** 폭발범위

① 메탄 : 5 ~ 15(Vol%)
② 부탄 : 1.8 ~ 8.4(Vol%)
③ 톨루엔 : 1.2 ~ 7.1(Vol%)
④ 아세틸렌 : 2.5 ~ 81(Vol%)

**98** 다음 중 최소 발화 에너지(E[J])를 구하는 식으로 옳은 것은? (단, I는 전류[A], R은 저항[Ω], V는 전압[V], C는 콘덴서용량[F], T는 시간[초]이라 한다.)

① $E = IRT$
② $E = 0.24I^2\sqrt{R}$
③ $E = \dfrac{1}{2}CV^2$
④ $E = \dfrac{1}{2}\sqrt{C^2 V}$

**해설** 정전기의 최소 발화 에너지

$$E(J) = \dfrac{1}{2}CV^2$$

여기서,
E : 최소발화 에너지(J)
C : 도체의 정전 용량(F)
V : 대전 전위(V)

{분석}
**필기에 자주 출제되는 내용입니다.**

**정답** 95 ④　96 ①　97 ④　98 ③

**99** 공기 중에서 A 물질의 폭발하한계가 4vol%, 상한계가 75vol%라면 이 물질의 위험도는?

① 16.75　　　② 17.75
③ 18.75　　　④ 19.75

해설

$$위험도(H) = \frac{폭발상한계 - 폭발하한계}{폭발하한계}$$

$$위험도(H) = \frac{75 - 4}{4} = 17.75$$

{분석}
실기까지 중요한 내용입니다.

**100** 다음 중 관의 지름을 변경하고자 할 때 필요한 관 부속품은?

① elbow
② reducer
③ plug
④ valve

해설 **관의 부속품**
① 2개관의 연결 : 플랜지, 유니언, 니플, 소켓 사용
② 관의 지름 변경 : 리듀서, 부싱 사용
③ 관로방향 변경 : 엘보, Y형 관이음쇠, 티, 십자 사용
④ 유로차단 : 플러그, 밸브, 캡

{분석}
필기에 자주 출제되는 내용입니다.

제**6**과목 **건설공사 안전 관리**

**101** 다음 중 지하수위 측정에 사용되는 계측기는?

① Load Cell　　② Inclinometer
③ Extensometer　④ Piezometer

해설

| | |
|---|---|
| **간극 수압계**<br>(Piezometer) | 굴착에 따른 과잉 간극수압의 변화를 측정 |
| **하중계**<br>(load-cell) | 스트럿(Strut) 또는 어스앵커 (Earth anchor) 등의 축 하중 변화를 측정하는 기구 |
| **지중 수평변위계**<br>(Iclino-meter) | 인접지반 수평 변위량과 위치, 방향 및 크기를 실측하여 토류 구조물 각 지점의 응력상태 판단 |
| **층별 침하계**<br>(Extensometer) | 인접지층의 각 지층별 침하량 의 변동 상태를 확인 |
| **지하 수위계**<br>(Water levelmeter) | 지하수위 변화를 실측하여 각 종 계측자료에 이용 |

{분석}
문제 오류로 정답이 없습니다.
(선 분항 정답처리 되었습니다.)

**102** 이동식비계를 조립하여 작업을 하는 경우에 준수하여야 할 기준으로 옳지 않은 것은?

① 승강용사다리는 견고하게 설치할 것
② 비계의 최상부에서 작업을 하는 경우에는 안전난간을 설치할 것
③ 작업발판의 최대적재하중은 400kg을 초과하지 않도록 할 것
④ 작업발판은 항상 수평을 유지하고 작업발판 위에서 안전난간을 딛고 작업을 하거나 받침대 또는 사다리를 사용하여 작업하지 않도록 할 것

최근 기출문제 **2021**

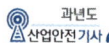

**해설** 이동식 비계 조립 시의 준수사항

① 바퀴에는 갑작스러운 이동 또는 전도를 방지하기 위하여 브레이크·쐐기 등으로 바퀴를 고정시킨 다음 비계의 일부를 견고한 시설물에 고정하거나 아웃트리거를 설치하는 등 필요한 조치를 할 것
② 승강용사다리는 견고하게 설치할 것
③ 비계의 최상부에서 작업을 할 때에는 안전난간을 설치할 것
④ 작업발판은 항상 수평을 유지하고 작업발판 위에서 안전난간을 딛고 작업을 하거나 받침대 또는 사다리를 사용하여 작업하지 않도록 할 것
⑤ 작업발판의 최대적재하중은 250킬로그램을 초과하지 않도록 할 것

{분석}
실기까지 중요한 내용입니다.

**103** 터널 지보공을 조립하거나 변경하는 경우에 조치하여야 하는 사항으로 옳지 않은 것은?

① 목재의 터널 지보공은 그 터널 지보공의 각 부재에 작용하는 긴압 정도를 체크하여 그 정도가 최대한 차이나도록 할 것
② 강(鋼)아치 지보공의 조립은 연결 볼트 및 띠장 등을 사용하여 주재 상호 간을 튼튼하게 연결할 것
③ 기둥에는 침하를 방지하기 위하여 받침목을 사용하는 등의 조치를 할 것
④ 주재(主材)를 구성하는 1세트의 부재는 동일 평면 내에 배치할 것

**해설** ① 목재의 터널 지보공은 그 터널 지보공의 각 부재의 긴압 성노가 균등하게 되도록 할 것

**104** 거푸집 동바리 등을 조립하는 경우에 준수하여야 하는 기준으로 옳지 않은 것은?

① 동바리로 사용하는 파이프 서포트를 이어서 사용하는 경우에는 3개 이상의 볼트 또는 전용철물을 사용하여 이을 것
② 동바리로 사용하는 파이프 서포트는 높이가 3.5미터를 초과하는 경우에는 높이 2미터 이내마다 수평연결재를 2개 방향으로 만들고 수평연결재의 변위를 방지할 것
③ 받침목이나 깔판의 사용, 콘크리트 타설, 말뚝박기 등 동바리의 침하를 방지하기 위한 조치를 할 것
④ 동바리로 사용하는 파이프 서포트를 3개 이상 이어서 사용하지 않도록 할 것

**해설** 동바리로 사용하는 파이프서포트의 조립 시 준수사항

• 파이프서포트를 3개본 이상 이어서 사용하지 아니하도록 할 것
• 파이프서포트를 이어서 사용할 때에는 4개 이상의 볼트 또는 전용철물을 사용하여 이을 것
• 높이가 3.5미터를 초과하는 경우에는 높이 2미터 이내마다 수평연결재를 2개 방향으로 만들고 수평연결재의 변위를 방지할 것

{분석}
실기까지 중요한 내용입니다.

**105** 가설통로를 설치하는 경우 준수하여야 할 기준으로 옳지 않은 것은?

① 경사는 30° 이하로 할 것
② 경사가 15°를 초과하는 경우에는 미끄러지지 아니하는 구조로 할 것
③ 추락할 위험이 있는 장소에는 안전난간을 설치할 것
④ 수직갱에 가설된 통로의 길이가 15m 이상인 경우에는 7m 이내마다 계단참을 설치할 것

**정답** 103 ① 104 ① 105 ④

해설 **가설통로 설치 시의 준수사항**

① 견고한 구조로 할 것
② 경사는 30도 이하로 할 것
③ 경사가 15도를 초과하는 때는 미끄러지지 아니하는 구조로 할 것
④ 추락의 위험이 있는 장소에는 안전난간을 설치할 것
⑤ 수직갱 : 길이가 15미터 이상인 때에는 10미터 이내마다 계단참을 설치할 것
⑥ 건설공사에 사용하는 높이 8미터 이상인 비계다리 : 7미터 이내 마다 계단참을 설치할 것

{분석}
**실기까지 중요한 내용입니다.**

**106** 사면 보호 공법 중 구조물에 의한 보호 공법에 해당되지 않는 것은?

① 블록공
② 식생구멍공
③ 돌쌓기공
④ 현장타설 콘크리트 격자공

해설 ② 식생구멍공 : 잔디를 심어 보호하는 방법으로 구조물에 의한 보호 공법이 아니다.

참고 **비탈면 보호공법**

| | |
|---|---|
| **식생공** | 비탈진 면에 잔디를 심거나, 씨앗을 뿌려 잔디가 자라도록 한다. |
| **블록 붙임공 및 돌붙임공** | 돌, 콘크리트블록을 경사각 45도 이하로 붙인다. |
| **콘크리트 블록 격자공** | 콘크리트 블록을 격자 모양으로 설치하고 자갈을 채우거나 나무를 심는다. |
| **돌 망태공** | 돌이 떨어질 염려가 있는 곳은 철망을 덮어 씌운다. |
| **모르타르 뿜어 붙이기공** | 콘크리트를 뿜어 붙인다. |
| **앵커볼트 보호공** | 앵커를 흙의 깊은 곳에 심어 비탈면을 보호한다. |

**107** 안전계수가 4이고 2000MPa의 인장강도를 갖는 강선의 최대 허용응력은?

① 500MPa
② 1000MPa
③ 1500MPa
④ 2000MPa

해설 $안전계수 = \dfrac{인장강도}{최대 허용응력}$

최대 허용응력 × 안전계수 = 인장강도

$최대 허용응력 = \dfrac{인장강도}{안전계수} = \dfrac{2,000}{4} = 500(MPa)$

{분석}
**실기까지 중요한 내용입니다.**

**108** 터널공사의 전기발파작업에 관한 설명으로 옳지 않은 것은?

① 전선은 점화하기 전에 화약류를 충진한 장소로부터 30m 이상 떨어진 안전한 장소에서 도통시험 및 저항시험을 하여야 한다.
② 점화는 충분한 허용량을 갖는 발파기를 사용하고 규정된 스위치를 반드시 사용하여야 한다.
③ 발파 후 발파기와 발파모선의 연결을 유지한 채 그 단부를 절연시킨 후 재점화가 되지 않도록 한다.
④ 점화는 선임된 발파책임자가 행하고 발파기의 핸들을 점화할 때 이외는 시건장치를 하거나 모선을 분리하여야 하며 발파책임자이 엄중한 관리히에 두어야 한다.

해설 ③ 발파 후 즉시 발파기를 발파모선으로부터 분리하여 단락시켜 재 점화가 되지 않도록 조치한다.

•)) 정답 106 ② 107 ① 108 ③

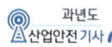
**109** 화물을 적재하는 경우의 준수사항으로 옳지 않은 것은?

① 침하 우려가 없는 튼튼한 기반 위에 적재할 것
② 건물의 칸막이나 벽 등이 화물의 압력에 견딜 만큼의 강도를 지니지 아니한 경우에는 칸막이나 벽에 기대어 적재하지 않도록 할 것
③ 불안정한 정도로 높이 쌓아 올리지 말 것
④ 하중을 한쪽으로 치우치더라도 화물을 최대한 효율적으로 적재할 것

해설 ④ 하중이 한쪽으로 치우치지 않도록 쌓을 것

{분석}
**필기에 자주 출제되는 내용입니다.**

**110** 발파구간 인접구조물에 대한 피해 및 손상을 예방하기 위한 건물기초에서의 허용진동치(cm/sec) 기준으로 옳지 않은 것은? (단, 기존 구조물에 금이 가 있거나 노후구조물 대상일 경우 등은 고려하지 않는다.)

① 문화재 : 0.2cm/sec
② 주택, 아파트 : 0.5cm/sec
③ 상가 : 1.0cm/sec
④ 철골콘크리트 빌딩 : 0.8 ~ 1.0cm/sec

해설 발파작업 시의 허용 진동치

| 건물 분류 | 문화재 | 주 택 아파트 | 상가 (금이 없는 상태) | 철골 콘크리트 빌딩 및 상가 |
|---|---|---|---|---|
| 건물기초에서의 허용 진동치 (센티미터/초) | 0.2 | 0.5 | 1.0 | 1.0 ~ 4.0 |

**111** 거푸집동바리 등을 조립 또는 해체하는 작업을 하는 경우의 준수사항으로 옳지 않은 것은?

① 재료, 기구 또는 공구 등을 올리거나 내리는 경우에는 근로자로 하여금 달줄·달포대 등의 사용을 금하도록 할 것
② 낙하·충격에 의한 돌발적 재해를 방지하기 위하여 버팀목을 설치하고 거푸집동바리 등을 인양장비에 매단 후에 작업을 하도록 하는 등 필요한 조치를 할 것
③ 비, 눈, 그 밖의 기상상태의 불안정으로 날씨가 몹시 나쁜 경우에는 그 작업을 중지할 것
④ 해당 작업을 하는 구역에는 관계 근로자가 아닌 사람의 출입을 금지할 것

해설 ① 재료·기구 또는 공구 등을 올리거나 내릴 때에는 근로자로 하여금 달줄·달포대 등을 사용하도록 할 것

{분석}
**필기에 자주 출제되는 내용입니다.**

**112** 강관을 사용하여 비계를 구성하는 경우 준수하여야 할 기준으로 옳지 않은 것은?

① 비계기둥의 간격은 띠장 방향에서는 1.85m 이하, 장선(長線) 방향에서는 1.5m 이하로 할 것
② 띠장 간격은 2.0m 이하로 할 것
③ 비계기둥의 제일 윗부분으로부터 31m 되는 지점 밑부분의 비계기둥은 3개의 강관으로 묶어 세울 것
④ 비계기둥 간의 적재하중은 400kg을 초과하지 않도록 할 것

•))정답 109 ④ 110 ④ 111 ① 112 ③

**해설** ③ 비계기둥의 제일 윗부분으로 부터 31m되는 지점 밑 부분의 비계기둥은 2본의 강관으로 묶어 세울 것

{분석}
실기까지 중요한 내용입니다.

**113** 지하수위 상승으로 포화된 사질토 지반의 액상화 현상을 방지하기 위한 가장 직접적이고 효과적인 대책은?

① well point 공법 적용
② 동다짐 공법 적용
③ 입도가 불량한 재료를 입도가 양호한 재료로 치환
④ 밀도를 증가시켜 한계간극비 이하로 상대밀도를 유지하는 방법 강구

**해설** ① 사질토 지반의 탈수공법인 well point 공법을 적용한다.

**114** 크레인 등 건설장비의 가공전선로 접근 시 안전대책으로 옳지 않은 것은?

① 안전 이격거리를 유지하고 작업한다.
② 장비를 가공전선로 밑에 보관한다.
③ 장비의 조립, 준비 시부터 가공전선로에 대한 감전 방지 수단을 강구한다.
④ 장비 사용 현장의 장애물, 위험물 등을 점검 후 작업계획을 수립한다.

**해설** ② 감전 우려가 있는 가공전선로 주변에 장비를 보관하지 않는다.

**115** 흙의 투수계수에 영향을 주는 인자에 관한 설명으로 옳지 않은 것은?

① 포화도 : 포화도가 클수록 투수계수도 크다.
② 공극비 : 공극비가 클수록 투수계수는 작다.

③ 유체의 점성계수 : 점성계수가 클수록 투수계수는 작다.
④ 유체의 밀도 : 유체의 밀도가 클수록 투수계수는 크다.

**해설** ② 공극비 : 공극비가 클수록 투수계수는 크다.

**116** 산업안전보건 법령에서 규정하는 철골작업을 중지하여야 하는 기후조건에 해당하지 않는 것은?

① 풍속이 초당 10m 이상인 경우
② 강우량이 시간당 1mm 이상인 경우
③ 강설량이 시간당 1cm 이상인 경우
④ 기온이 영하 5℃ 이하인 경우

**해설** 철골작업을 중지해야 하는 조건
① 풍속이 초당 10미터 이상인 경우
② 강우량이 시간당 1밀리미터 이상인 경우
③ 강설량이 시간당 1센티미터 이상인 경우

{분석}
실기에 자주 출제되는 중요한 내용입니다.

**117** 차량계 건설기계를 사용하여 작업을 하는 경우 작업계획서 내용에 포함되지 않는 사항은?

① 사용하는 차량계 건설기계의 종류 및 성능
② 차량계 건설기계익 운행경로
③ 차량계 건설기계에 의한 작업방법
④ 차량계 건설기계 사용 시 유도자 배치 위치

**해설** 차량계 건설기계의 작업계획서 내용
① 사용하는 차량계 건설기계의 종류 및 성능
② 차량계 건설기계의 운행경로
③ 차량계 건설기계에 의한 작업방법

{분석}
실기까지 중요한 내용입니다.

**정답** 113 ① 114 ② 115 ② 116 ④ 117 ④

최근 기출문제 2021

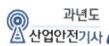

**118** 유해위험방지계획서를 고용노동부장관에게 제출하고 심사를 받아야 하는 대상 건설공사 기준으로 옳지 않은 것은?

① 최대 지간길이가 50m 이상인 다리의 건설 등 공사
② 지상높이 25m 이상인 건축물 또는 인공구조물의 건설 등 공사
③ 깊이 10m 이상인 굴착공사
④ 다목적댐, 발전용댐, 저수용량 2천만톤 이상의 용수 전용 댐 및 지방상수도 전용 댐의 건설 등 공사

**해설** 유해위험방지계획서를 제출해야 될 건설공사

1. 지상높이가 31미터 이상인 건축물 또는 인공구조물, 연면적 3만제곱미터 이상인 건축물 또는 연면적 5천제곱미터 이상의 문화 및 집회시설(전시장 및 동물원·식물원은 제외한다), 판매시설, 운수시설(고속철도의 역사 및 집배송시설은 제외한다), 종교시설, 의료시설 중 종합병원, 숙박시설 중 관광숙박시설, 지하도상가 또는 냉동·냉장창고시설의 건설·개조 또는 해체
2. 연면적 5천제곱미터 이상의 냉동·냉장창고시설의 설비공사 및 단열공사
3. 최대 지간길이가 50미터 이상인 교량 건설 등 공사
4. 터널 건설 등의 공사
5. 다목적댐, 발전용댐 및 저수용량 2천만톤 이상의 용수 전용 댐, 지방상수도 전용 댐 건설 등의 공사
6. 깊이 10미터 이상인 굴착공사

• 지상높이 31m, 연면적 3만m², 사람 많은 시설 연면적 5,000m²
• 연면적 5,000m² 냉동·냉장창고시설
• 최대 지간길이가 50미터 이상 교량
• 터널
• 저수용량 2천만 톤 이상 댐
• 10미터 이상인 굴착

{분석}
실기에 자주 출제되는 중요한 내용입니다.

**119** 공사 진척에 따른 공정률이 다음과 같을 때 산업안전보건관리비 사용 기준으로 옳은 것은? (단, 공정률은 기성 공정률을 기준으로 함)

> 공정률 : 70퍼센트 이상, 90퍼센트 미만

① 50퍼센트 이상    ② 60퍼센트 이상
③ 70퍼센트 이상    ④ 80퍼센트 이상

**해설** 공사 진척에 따른 산업안전보건관리비 사용 기준

| 공정률 | 사용 기준 |
|---|---|
| 50퍼센트 이상 70퍼센트 미만 | 50퍼센트 이상 |
| 70퍼센트 이상 90퍼센트 미만 | 70퍼센트 이상 |
| 90퍼센트 이상 | 90퍼센트 이상 |

{분석}
실기까지 중요한 내용입니다.

**120** 미리 작업장소의 지형 및 지반상태 등에 적합한 제한속도를 정하지 않아도 되는 차량계 건설기계의 속도 기준은?

① 최대 제한 속도가 10km/h 이하
② 최대 제한 속도가 20km/h 이하
③ 최대 제한 속도가 30km/h 이하
④ 최대 제한 속도가 40km/h 이하

**해설** 차량계 건설기계의 속도 기준 : 10km/h 이하

**정답** 118 ② 119 ③ 120 ①

# 02회 2021년 산업안전기사 최근 기출문제

제1과목 산업재해 예방 및 안전보건교육

**01** 학습자가 자신의 학습 속도에 적합하도록 프로그램 자료를 가지고 단독으로 학습하도록 하는 안전교육 방법은?

① 실연법
② 모의법
③ 토의법
④ 프로그램 학습법

**[해설]** **프로그램 학습법**

학생이 혼자서 자기 능력과 시간, 학습 속도에 맞추어 학습할 수 있도록 프로그램 학습자료를 이용하여 학습하는 형태이다.

{분석}
필기에 자주 출제되는 내용입니다.

**02** 헤드십의 특성이 아닌 것은?

① 지휘형태는 권위주의적이다.
② 권한행사는 임명된 헤드이다.
③ 구성원과의 사회적 간격은 넓다.
④ 상관과 부하와의 관계는 개인적인 영향이다.

**[해설]** **리더십과 헤드십의 특성**

| 구분 | 리더십 | 헤드십 |
|------|--------|--------|
| 권한 행사 | 선출된 리더 | 임명적 헤드 |
| 권한 부여 | 밑으로부터의 동의 | 위에서 위임 |
| 권한 귀속 | 집단 목표에 기여한 공로인정 | 공식화된 규정에 의함 |
| 상사, 부하 관계 | 개인적인 영향 | 지배적임 |

| 구분 | 리더십 | 헤드십 |
|------|--------|--------|
| 부하와의 관계 | 좁음 | 넓음 |
| 지휘 형태 | 민주주의적 | 권위주위적 |
| 책임 귀속 | 상사와 부하 | 상사 |
| 권한 근거 | 개인적 | 법적, 공식적 |

{분석}
필기에 자주 출제되는 내용입니다.

**03** 산업안전보건 법령상 특정 행위의 지시 및 사실의 고지에 사용되는 안전·보건 표지의 색도 기준으로 옳은 것은?

① 2.5G 4/10
② 5Y 8.5/12
③ 2.5PB 4/10
④ 7.5R 4/14

**[해설]** **안전·보건표지의 색채, 색도기준 및 용도**

| 색채 | 색도기준 | 용도 | 사용례 |
|------|----------|------|--------|
| 빨간색 | 7.5R 4/14 암기 : 싫어(7.5) 4/14 | 금지 | 정지신호, 소화설비 및 그 장소, 유해행위의 금지 |
| | | 경고 | 화학물질 취급장소에서의 유해·위험 경고 |
| 노란색 | 5Y 8.5/12 암기 : 오(5) 빨리와(8.5) 이리(12) | 경고 | 화학물질 취급장소에서의 유해·위험경고 이외의 위험경고, 주의표지 또는 기계방호물 |
| 파란색 | 2.5PB 4/10 암기 : 2.5×4 = 10 | 지시 | 특정 행위의 지시 및 사실의 고지 |
| 녹색 | 2.5G 4/10 암기 : 2.5×4 = 10 | 안내 | 비상구 및 피난소, 사람 또는 차량의 통행표지 |
| 흰색 | N9.5 | | 파란색 또는 녹색에 대한 보조색 |
| 검은색 | N0.5 | | 문자 및 빨간색 또는 노란색에 대한 보조색 |

{분석}
실기에 자주 출제되는 중요한 내용입니다.

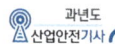

**04** 인간관계의 메커니즘 중 다른 사람의 행동 양식이나 태도를 투입시키거나 다른 사람 가운데서 자기와 비슷한 것을 발견하는 것은?

① 공감      ② 모방

③ 동일화      ④ 일체화

> **해설** 동일화(Identification)
>
> 다른 사람의 행동 양식이나 태도를 투입시키거나 다른 사람 가운데서 자기와 비슷한 점을 발견하는 것

> **참고** 모방(Imitation)
>
> 남의 행동이나 판단을 표본으로 하여 그것과 같거나 또는 그것에 가까운 행동 또는 판단을 취하려는 행동
>
> {분석}
> 필기에 자주 출제되는 내용입니다.

**05** 다음의 교육내용과 관련 있는 교육은?

> – 작업 동작 및 표준작업 방법의 습관화
> – 공구·보호구 등의 관리 및 취급 태도의 확립
> – 작업 전후의 점검, 검사 요령의 정확화 및 습관화

① 지식교육      ② 기능교육

③ 태도교육      ④ 문제해결교육

> **해설** 교육의 3단계
>
> ① 제1단계(지식교육) : 강의 및 시청각 교육 등을 통하여 지식을 전달하는 단계
> ② 제2단계(기능교육) : 시범, 견학, 현장실습 교육 등을 통하여 경험을 체득하는 단계
> ③ 제3단계(태도 교육) : 작업 동작 지도 등을 통하여 안전행동을 습관화하는 단계
>
> {분석}
> 필기에 자주 출제되는 내용입니다.

**06** 데이비스(K.Davis)의 동기부여 이론에 관한 등식에서 그 관계가 틀린 것은?

① 지식 × 기능 = 능력
② 상황 × 능력 = 동기유발
③ 능력 × 동기유발 = 인간의 성과
④ 인간의 성과 × 물질의 성과 = 경영의 성과

> **해설** 데이비스(K. Davis)의 동기부여 이론
>
> ① 인간의 성과 × 물질의 성과 = 경영의 성과
> ② 지식 × 기능 = 능력
> ③ 상황 × 태도 = 동기유발
> ④ 능력 × 동기유발 = 인간의 성과
>
> {분석}
> 필기에 자주 출제되는 내용입니다.

**07** 산업안전보건 법령상 보호구 안전인증 대상 방독마스크의 유기화합물용 정화통 외부 측면 표시 색으로 옳은 것은?

① 갈색      ② 녹색

③ 회색      ④ 노란색

> **해설** 정화통 외부 측면의 표시 색
>
> | 종류 | 표시 색 |
> |---|---|
> | 유기화합물용 정화통 | 갈색 |
> | 할로겐용 정화통 | 회색 |
> | 황화수소용 정화통 | |
> | 시안화수소용 정화통 | |
> | 아황산용 정화통 | 노란색 |
> | 암모니아용 정화통 | 녹색 |
> | 복합용 및 겸용의 정화통 | 복합용의 경우 해당가스 모두 표시 (2층 분리) 겸용의 경우 백색 과 해당가스 모두 표시 (2층 분리) |
>
> ※ 증기밀도가 낮은 유기화합물 정화통의 경우 색상 표시 및 화학물질명 또는 화학기호를 표기)
>
> {분석}
> 실기까지 중요한 내용입니다.

**정답** 04 ③ 05 ③ 06 ② 07 ①

**08** 재해원인 분석기법의 하나인 특성 요인도의 작성 방법에 대한 설명으로 틀린 것은?

① 큰 뼈는 특성이 일어나는 요인이라고 생각되는 것을 크게 분류하여 기입한다.
② 등뼈는 원칙적으로 우측에서 좌측으로 향하여 가는 화살표를 기입한다.
③ 특성의 결정은 무엇에 대한 특성요인도를 작성할 것인가를 결정하고 기입한다.
④ 중 뼈는 특성이 일어나는 큰 뼈의 요인마다 다시 미세하게 원인을 결정하여 기입한다.

> 해설 ② 등뼈는 원칙적으로 좌측에서 우측으로 향하여 가는 화살표를 기입한다.

**09** TWI의 교육 내용 중 인간관계 관리방법 즉 부하 통솔법을 주로 다루는 것은?

① JST(Job Safety Training)
② JMT(Job Method Training)
③ JRT(Job Relation Training)
④ JIT(Job Instruction Training)

> 해설 **TWI 교육과정**
> ① 작업 방법 기법(Job Method Training : JMT)
> ② 작업 지도 기법(Job Instruction Training : JIT)
> ③ 인간 관계관리 기법 or 부하통솔법
>   (Job Relations Training : JRT)
> ④ 작업 안전 기법(Job Safety Training : JST)
>
> {분석}
> **실기까지 중요한 내용입니다.**

**10** 산업안전보건 법령상 안전보건관리규정에 반드시 포함되어야 할 사항이 아닌 것은? (단, 그 밖에 안전 및 보건에 관한 사항은 제외한다.)

① 재해코스트 분석 방법
② 사고 조사 및 대책 수립
③ 작업장 안전 및 보건관리
④ 안전 및 보건 관리조직과 그 직무

> 해설 **안전보건관리규정의 포함사항**
> ① 안전·보건 관리조직과 그 직무에 관한 사항
> ② 안전·보건교육에 관한 사항
> ③ 작업장의 안전 및 보건관리에 관한 사항
> ④ 사고 조사 및 대책 수립에 관한 사항
>
> {분석}
> **실기에 자주 출제되는 중요한 내용입니다.**

**11** 재해조사에 관한 설명으로 틀린 것은?

① 조사목적에 무관한 조사는 피한다.
② 조사는 현장을 정리한 후에 실시한다.
③ 목격자나 현장 책임자의 진술을 듣는다.
④ 조사자는 객관적이고 공정한 입장을 취해야 한다.

> 해설 ② 조사는 신속하게 행하고 긴급조치를 하여 2차 재해의 방지를 도모한다.
>
> {분석}
> **필기에 사수 출제되는 내용입니다.**

**12** 산업안전보건 법령상 안전보건 표지의 종류 중 경고표지의 기본 모형(형태)이 다른 것은?

① 고압전기 경고
② 방사성물질 경고
③ 폭발성물질 경고
④ 매달린 물체 경고

해설

| 고압전기<br>경고 | 방사성<br>물질 경고 | 폭발성물질<br>경고 | 매달린<br>물체 경고 |
|---|---|---|---|
|  |  |  |  |

{분석}
실기에 자주 출제되는 중요한 내용입니다.

**13** 무재해운동 추진의 3요소에 관한 설명이 아닌 것은?

① 안전보건은 최고경영자의 무재해 및 무질병에 대한 확고한 경영자세로 시작된다.
② 안전보건을 추진하는 데에는 관리감독자들의 생산 활동 속에 안전보건을 실천하는 것이 중요하다.
③ 모든 재해는 잠재요인을 사전에 발견·파악·해결함으로써 근원적으로 산업재해를 없애야한다.
④ 안전보건은 각자 자신의 문제이며, 동시에 동료의 문제로서 직장의 팀 멤버와 협동 노력하여 자주적으로 추진하는 것이 필요하다.

해설 무재해 운동의 3요소

① 최고 경영자의 경영자세 : 안전보건은 최고경영자의 무재해, 무질병에 대한 확고한 경영자세로부터 시작된다.

② 라인관리자에 의한 안전보건 추진 : 관리감독자들(Line)이 생산활동 속에서 안전보건을 함께 실천하는 것이 성공의 지름길이다.
③ 직장의 자주안전 활동의 활성화 : 직장의 팀 구성원과의 협동노력으로 자주적인 안전활동을 추진해 가는 것이 필요하다.

참고 무재해 운동의 3대 원칙

① 무(無)의 원칙(ZERO의 원칙) : 사업장 내의 모든 잠재위험요인을 적극적으로 사전에 발견하고 파악·해결함으로써 산업재해의 근원적인 요소들을 없앤다는 것을 의미한다.
② 선취의 원칙(안전제일의 원칙) : 사업장 내에서 행동하기 전에 잠재위험요인을 발견하고 파악·해결하여 재해를 예방하는 것을 의미한다.
③ 참가의 원칙(참여의 원칙) : 전원이 일치 협력하여 각자의 위치에서 적극적으로 문제해결을 하겠다는 것을 의미한다.

{분석}
실기까지 중요한 내용입니다.

**14** 헤링(Hering)의 착시현상에 해당하는 것은?

①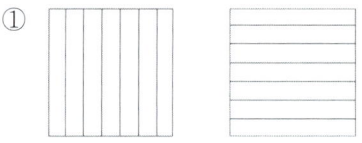

②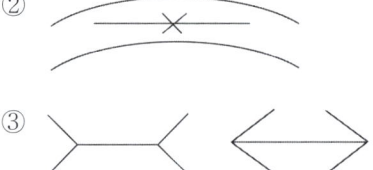

③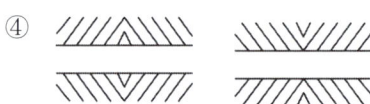

④

| | | |
|---|---|---|
| **Müller Lyer의 착시** | (a)　　　(b) | (a)가 (b)보다 길게 보인다. (실제 a=b) |
| **Helmholz의 착시** | (a)　　　(b) | (a)는 세로로 길어 보이고, (b)는 가로로 길어 보인다. |
| **Herling의 착시** | (a)　　　(b) | (a)는 양단이 벌어져 보이고, (b)는 벌어져보인다. |
| **Köhler의 착시 (윤곽 착오)** | | 우선 평행의 호(弧)를 보고 이어 직선을 본 경우에는 직선은 호와의 반대 방향으로 보인다. |
| **Poggendorf의 착시** | | (a)와 (b)가 실제 일직선상에 있으나 (a)와 (c)가 일직선으로 보인다. |
| **Zöller의 착시** | | 세로의 선이 수직선인데 굽어 보인다. |

{분석}
**필기에 자주 출제되는 내용입니다.**

---

**15** 도수율이 24.5이고, 강도율이 1.15인 사업장에서 한 근로자가 입사하여 퇴직할 때까지의 근로손실일 수는?

① 2.45일　　　② 115일
③ 215일　　　④ 245일

**해설** **환산 강도율(S)**

① 일평생 근로하는 동안의 근로손실일수를 말한다.

②
$$\text{환산 강도율}(S) = \frac{\text{총 요양 근로손실일수}}{\text{연근로시간 수}} \times \text{평생근로시간수}(100,000)$$

③
$$\text{환산 강도율} = \text{강도율} \times 100$$

1. 입사하여 퇴직할 때까지의 근로손실일수
  → 환산 강도율
2. 환산 강도율 = 강도율 × 100 = 1.15 × 100
  = 115(일)

{분석}
**실기에 자주 출제되는 중요한 내용입니다.**

**16** 학습을 자극(Stimulus)에 의한 반응(Response)으로 보는 이론에 해당하는 것은?

① 장설(Field Theory)
② 통찰설(Insight Theory)
③ 기호형태설(Sign-gestalt Theory)
④ 시행착오설(Trial and Error Theory)

**해설** **자극과 반응이론(S-R이론)**

① 손다이크(Thorndike)의 학습의 법칙 (시행착오설)
② 파블로프의 조건반사설
③ 스키너의 조작적 조건화설(강화의 원리)
④ 반두라(Bandura)의 사회학습이론

**정답** 15 ② 16 ④

**17** 하인리히의 사고방지 기본원리 5단계 중 시정방법의 선정 단계에 있어서 필요한 조치가 아닌 것은?

① 인사조정
② 안전행정의 개선
③ 교육 및 훈련의 개선
④ 안전점검 및 사고조사

해설 **하인리히의 사고방지 5단계**

| 1단계 :<br>안전조직 | • 안전목표 설정<br>• 안전관리자의 선임<br>• 안전조직 구성<br>• 안전활동 방침 및 계획수립<br>• 조직을 통한 안전 활동 전개 |
|---|---|
| 2단계 :<br>사실의 발견 | • 작업분석<br>• 점검<br>• 사고조사<br>• 안전진단<br>• 사고 및 활동기록의 검토 |
| 3단계 : 분석 | • 사고원인 및 경향성 분석<br>(사고보고서 및 현장조사 분석)<br>• 작업공정 분석<br>• 사고기록 및 관계자료 분석<br>• 인적 · 물적 환경 조건분석 |
| 4단계 :<br>시정방법<br>선정 | • 기술적 개선<br>• 안전운동 전개<br>• 교육훈련 분석<br>• 안전행정의 개선<br>• 배치 조정<br>• 규칙 및 수칙 등 제도의 개선 |
| 5단계 :<br>시정책 적용<br>(3E 적용) | • 안전교육(Education)<br>• 안전기술(Engineering)<br>• 안전독려(Enforcement) |

{분석}
필기에 자주 출제되는 내용입니다.

**18** 산업안전보건 법령상 안전보건교육 대상별 교육내용 중 관리감독자 정기교육의 내용으로 틀린 것은?

① 정리정돈 및 청소에 관한 사항
② 유해 · 위험 작업환경 관리에 관한 사항
③ 표준안전작업방법 및 지도 요령에 관한 사항
④ 작업공정의 유해 · 위험과 재해 예방 대책에 관한 사항

해설 **관리감독자 정기교육 내용**

① 산업안전 및 산업재해 예방에 관한 사항(화재 · 폭발 사고 발생 시 대피에 관한 사항을 포함한다)
② 산업보건 및 건강장해 예방에 관한 사항(폭염 · 한파작업으로 인한 건강장해 발생 시 응급조치에 관한 사항을 포함한다)
③ 유해 · 위험 작업환경 관리에 관한 사항
④ 산업안전보건법령 및 산업재해보상보험 제도에 관한 사항
⑤ 직무스트레스 예방 및 관리에 관한 사항
⑥ 직장 내 괴롭힘, 고객의 폭언 등으로 인한 건강장해 예방 및 관리에 관한 사항
⑦ 위험성평가에 관한 사항
⑧ 작업공정의 유해 · 위험과 재해 예방대책에 관한 사항
⑨ 표준안전 작업방법 결정 및 지도 · 감독 요령에 관한 사항
⑩ 비상 시 또는 재해 발생 시 긴급조치에 관한 사항
⑪ 사업장 내 안전보건관리체제 및 안전 · 보건조치 현황에 관한 사항
⑫ 현장근로자와의 의사소통능력 및 강의능력 등 안전보건교육 능력 배양에 관한 사항
⑬ 그 밖의 관리감독자의 직무에 관한 사항

실력이 되고! 합격이 되는! 특급 암기법

**공통 항목(관리감독자, 근로자)**
1. 관리자는 법, 산재보상제도를 알자.
2. 관리자는 건강을 보존(산업보건)하고 건강장해, 스트레스, 괴롭힘, 폭언 예방하자!
3. 관리자는 유해위험 환경을 관리해서 안전하고 산업재해 예방하자!
4. 관리자는 위험성을 평가하자!

**정답** 17 ④ 18 ①

관리감독자 정기교육의 특징
1. 관리자는 유해위험의 재해예방대책 세우자!
2. 관리자는 안전 작업방법 결정해서 감독하자!
3. 관리자는 재해발생 시 긴급조치하자!
4. 관리자는 안전보건 조치하자!
5. 관리자는 안전보건교육 능력 배양하자!

{분석}
실기에 자주 출제되는 중요한 내용입니다.

**19** 산업안전보건 법령상 협의체 구성 및 운영에 관한 사항으로 (     )에 알맞은 내용은?

> 도급인은 관계수급인 근로자가 도급인의 사업장에서 작업을 하는 경우 도급인과 수급인을 구성원으로 하는 안전 및 보건에 관한 협의체를 구성 및 운영하여야 한다. 이 협의체는 (     ) 정기적으로 회의를 개최하고 그 결과를 기록·보존해야 한다.

① 매월 1회 이상    ② 2개월마다 1회
③ 3개월마다 1회    ④ 6개월마다 1회

해설 도급인과 수급인을 구성원으로 하는 안전 및 보건에 관한 협의체의 구성 및 운영

1. 협의체는 도급인인 사업주 및 그의 수급인인 사업주 전원으로 구성하여야 한다.

2. 협의체의 협의사항
   ① 작업의 시작시간
   ② 작업 또는 작업장 간의 연락방법
   ③ 재해발생 위험이 있는 경우 대피방법
   ④ 작업상에서의 위험성평가의 실시에 관한 사항
   ⑤ 사업주와 수급인 또는 수급인 상호 간의 연락방법 및 작업공정의 조정

3. 협의체는 매월 1회 이상 정기적으로 회의를 개최하고 그 결과를 기록·보존하여야 한다.

{분석}
실기까지 중요한 내용입니다.

**20** 산업안전보건 법령상 프레스를 사용하여 작업을 할 때 작업 시작 전 점검사항으로 틀린 것은?

① 방호장치의 기능
② 언로드밸브의 기능
③ 금형 및 고정볼트 상태
④ 클러치 및 브레이크의 기능

해설 프레스 등을 사용하여 작업을 할 때의 작업시작 전 점검사항

① 클러치 및 브레이크의 기능
② 크랭크축·플라이휠·슬라이드·연결봉 및 연결나사의 풀림 여부
③ 1행정 1정지기구·급정지장치 및 비상정지장치의 기능
④ 슬라이드 또는 칼날에 의한 위험방지 기구의 기능
⑤ 프레스의 금형 및 고정볼트 상태
⑥ 방호장치의 기능
⑦ 전단기(剪斷機)의 칼날 및 테이블의 상태

{분석}
실기에 자주 출제되는 내용입니다.

---

제2과목 • 인간공학 및 위험성 평가·관리

**21** 일반적으로 은행의 접수대 높이나 공원의 벤치를 설계할 때 가장 적합한 인체 측정 자료의 응용원칙은?

① 조절식 설계
② 평균치를 이용한 설계
③ 최대치수를 이용한 설계
④ 최소치수를 이용한 설계

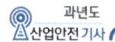

해설 인체계측자료의 응용 3원칙

① 최대치수와 최소치수 설계(극단치 설계)

| 최대치수<br>설계의 예 | • 위험구역의 울타리 높이<br>• 출입문의 높이<br>• 그네줄의 인장강도 |
|---|---|
| 최소치수<br>설계의 예 | • 물건을 올리는 선반의 높이<br>• 조정장치를 조정하는 힘<br>• 조정장치까지의 조정거리 |

② 조절(조정)범위(조절식 설계)
• 예 침대, 의자 높낮이 조절, 자동차의 운전석
  위치 조정
③ 평균치를 기준으로 한 설계
• 예 은행의 창구 높이

{분석}
필기에 자주 출제되는 내용입니다.

## 22
위험분석기법 중 고장이 시스템의 손실과
인명의 사상에 연결되는 높은 위험도를 가진
요소나 고장의 형태에 따른 분석법은?

① CA          ② ETA
③ FHA         ④ FTA

해설 높은 위험도를 가진 요소나 고장의 형태에 따른
분석법 → CA

참고 1. ETA(사건수(사상수)분석) : 사상의 안전도를
사용하여 시스템의 안전도 나타내는 귀납적,
정량적인 분석법
2. FHA(결함위험분석) : 한 계약자만으로 모든
시스템의 설계를 담당하지 않고 몇 개의 공동계
약자가 분담할 경우 서브시스템의 해석에 사용
되는 분석법
3. FTA(결함수분석법) : 특정한 예상 사고에 대
하여 그 사고의 원인이 되는 기기의 결함이나
조업자의 오류를 연역적 · 정량적으로 평가하
는 분석법
4. CA(치명도 분석) : 고장이 직접 시스템의 손실과
인명의 사상에 연결되는 높은 위험도를 가진
요소나 고장의 형태에 따른 분석법

{분석}
필기에 자주 출제되는 내용입니다.

## 23
작업장의 설비 3대에서 각각 80dB,
86dB, 78dB의 소음이 발생되고 있을 때
작업장의 음압 수준은?

① 약 81.3dB     ② 약 85.5dB
③ 약 87.5dB     ④ 약 90.3dB

해설 합성 소음도
(전체 소음, 여러 소음원 동시 가동 시의 소음도)

$$L(dB) = 10 \times \log(10^{\frac{L_1}{10}} + 10^{\frac{L_2}{10}} + \cdots + 10^{\frac{L_n}{10}})$$

여기서, $L$ : 합성소음도(dB)
$L_1 \sim L_2$ : 각각 소음원의 소음(dB)

$$L = 10 \times \log(10^{\frac{80}{10}} + 10^{\frac{86}{10}} + 10^{\frac{78}{10}}) = 87.49(dB)$$

{분석}
필기에 자주 출제되는 내용입니다.

## 24
일반적인 화학설비에 대한 안전성 평가
(safety assessment) 절차에 있어 안전
대책 단계에 해당되지 않는 것은?

① 보전
② 위험도 평가
③ 설비적 대책
④ 관리적 대책

해설 안전성 평가 6단계
① 1단계 : 관계자료의 정비 검토(작성 준비)
② 2단계 : 정성적인 평가
③ 3단계 : 정량적인 평가
④ 4단계 : 안전대책 수립
• 설비 등에 관한 대책(위험 등급 1·2등급의
  물적 안전조치 사항)
• 위험 등급 3등급 시 설비 등에 관한 대책
• 관리적 대책
• 보전
⑤ 5단계 : 재해사례에 의한 평가
⑥ 6단계 : FTA에 의한 재평가

정답 22 ①  23 ③  24 ②

**25** 욕조곡선에서의 고장 형태에서 일정한 형태의 고장률이 나타나는 구간은?

① 초기 고장구간
② 마모 고장구간
③ 피로 고장구간
④ 우발 고장구간

**해설** 기계설비 고장 유형

1. 초기 고장(감소형)
   • 설계상, 구조상 결함, 불량 제조·생산 과정 등의 품질 관리미비로 생기는 고장 형태
2. 우발 고장(일정형)
   • 사용자의 실수, 천재지변, 우발적 사고 등이 원인이다.
3. 마모 고장(증가형)
   • 기계적 요소나 부품의 마모, 사람의 노화 현상 등에 의해 고장률이 상승하는 형이다.

{분석}
**필기에 자주 출제되는 내용입니다.**

**26** 음량 수준을 평가하는 척도와 관계없는 것은?

① dB
② HSI
③ phon
④ sone

**해설** 음량 수준 측정 척도

① phone에 의한 음량 수준
② sone에 의한 음량 수준
③ 인식 소음 수준

{분석}
**필기에 자주 출제되는 내용입니다.**

**27** 실효 온도(effective temperature)에 영향을 주는 요인이 아닌 것은?

① 온도
② 습도
③ 복사열
④ 공기 유동

**해설** 실효온도의 결정 요소

온도, 습도, 대류(공기 유동)

**참고** 실효온도는 온도, 습도 및 공기 유동이 인체에 미치는 열효과를 하나의 수치로 통합한 경험적 감각지수로서 상대습도 100%일 때의 건구온도에서 느끼는 것과 동일한 온감(溫感)이다.

{분석}
**필기에 자주 출제되는 내용입니다.**

**28** FT도에서 시스템의 신뢰도는 얼마인가? (단, 모든 부품의 발생확률은 0.1이다.)

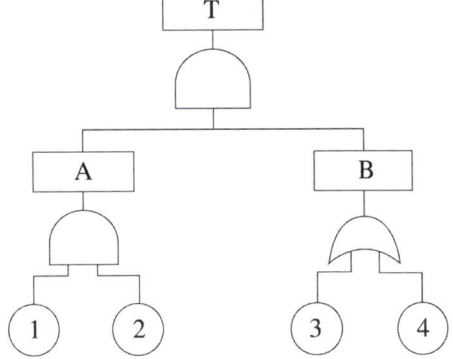

① 0.0033
② 0.0062
③ 0.9981
④ 0.9936

**해설**
1. $T$의 확률(시스템의 고장확률) $= A \times B$
$$= (① \times ②) \times \{1 - (1 - ③) \times (1 - ④)\}$$
$$= (0.1 \times 0.1) \times \{1 - (1 - 0.1) \times (1 - 0.1)\}$$
$$= 0.0019$$

2. 시스템의 신뢰도
$$= 1 - \text{고장확률} = 1 - 0.0019 = 0.9981$$

(문제에서 주어진 값이 부품의 발생확률(고장확률)이므로 공식에 대입한 값은 전체 시스템의 고장확률이 된다.)

{분석}
**필기에 자주 출제되는 내용입니다.**

🔊 **정답** 25 ④ 26 ② 27 ③ 28 ③

**29** 인간공학 연구방법 중 실제의 제품이나 시스템이 추구하는 특성 및 수준이 달성되는지를 비교하고 분석하는 연구는?

① 조사연구　　② 실험연구
③ 분석연구　　④ 평가연구

해설 **인간공학 연구방법의 3가지**

① 조사연구 : 집단 속성에 관한 특성을 연구
② 실험연구 : 특정 현상을 정확히 이해하고 예측하기 위한 연구
③ 평가연구 : 실제의 제품이나 시스템이 추구하는 특성 및 수준이 달성되는지를 비교하고 분석하는 것(시스템이나 제품의 영향 평가)

**30** 어떤 설비의 시간당 고장률이 일정하다고 할 때 이 설비의 고장간격은 다음 중 어떤 확률분포를 따르는가?

① t분포
② 와이블분포
③ 지수분포
④ 아이링(Eyring)분포

해설 설비의 고장간격 → 지수분포

**31** 시스템 수명주기에 있어서 예비위험분석(PHA)이 이루어지는 단계에 해당하는 것은?

① 구상단계　　② 점검단계
③ 운전단계　　④ 생산단계

해설 **예비 위험 분석(PHA)**

모든 시스템 안전 프로그램의 최초 단계(설계단계, 구상단계)에서 실시하는 분석법으로서 시스템 내의 위험요소가 얼마나 위험한 상태에 있는가를 정성적으로 평가하는 기법

{분석}
필기에 자주 출제되는 내용입니다.

**32** FTA에서 사용하는 다음 사상기호에 대한 설명으로 맞는 것은?

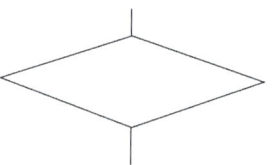

① 시스템 분석에서 좀 더 발전시켜야 하는 사상
② 시스템의 정상적인 가동상태에서 일어날 것이 기대되는 사상
③ 불충분한 자료로 결론을 내릴 수 없어 더 이상 전개 할 수 없는 사상
④ 주어진 시스템의 기본사상으로 고장원인이 분석되었기 때문에 더 이상 분석할 필요가 없는 사상

해설 **생략사상(Undeveloped event)**

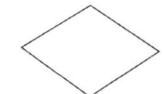

사고 결과나 관련 정보가 미비하여 계속 개발될 수 없는 특정 초기사상

{분석}
필기에 자주 출제되는 내용입니다.

**33** 정보를 전송하기 위해 청각적 표시장치보다 시각적 표시장치를 사용하는 것이 더 효과적인 경우는?

① 정보의 내용이 간단한 경우
② 정보가 후에 재참조되는 경우
③ 정보가 즉각적인 행동을 요구하는 경우
④ 정보의 내용이 시간적인 사건을 다루는 경우

**정답** 29 ④ 30 ③ 31 ① 32 ③ 33 ②

**해설**

| 청각<br>장치 | ① 전언이 짧고, 간단할 때 |
| | ② 재참조 되지 않음. |
| | ③ 시간적인 사상을 다룬다. |
| | ④ 즉각적인 행동 요구할 때 |
| | ⑤ 시각계통 과부하일 때 |
| | ⑥ 주위가 너무 밝거나 암조응일 때 |
| | ⑦ 자주 움직이는 경우 |
| 시각<br>장치 | ① 전언이 길고, 복잡할 때 |
| | ② 재참조 된다. |
| | ③ 공간적인 위치 다룬다. |
| | ④ 즉각적 행동 요구하지 않을 때 |
| | ⑤ 청각계통 과부하일 때 |
| | ⑥ 주위가 너무 시끄러울 때 |
| | ⑦ 한곳에 머무르는 경우 |

{분석}
필기에 자주 출제되는 내용입니다.

**34** 감각저장으로부터 정보를 작업 기억으로 전달하기 위한 코드화 분류에 해당되지 않는 것은?

① 시각코드
② 촉각코드
③ 음성코드
④ 의미코드

**해설** 정보를 작업 기억으로 전달하기 위한 코드화의 분류

① 시각코드
② 음성코드
③ 의미코드

**참고** 작업기억은 감각기관을 통해 입력된 정보를 일시적으로 기억하고, 각종 인지적 과정을 계획하고 순서 지으며 실제로 수행하는 작업장으로서의 기능을 수행하는 단기적 기억을 말한다.

**35** 인간 – 기계시스템 설계과정 중 직무분석을 하는 단계는?

① 제1단계 : 시스템의 목표와 성능명세 결정
② 제2단계 : 시스템의 정의
③ 제3단계 : 기본 설계
④ 제4단계 : 인터페이스 설계

**해설** 체계설계(인간-기계시스템의 설계)의 주요 과정

① 목표 및 성능명세 결정
② 체계의 정의
③ 기본 설계
  • 작업 설계
  • 직무분석
  • 기능 할당
  • 인간 성능 요건 명세
④ 계면 설계(인간 – 기계 인터페이스설계)
⑤ 촉진물 설계(매뉴얼 및 성능보조자료 작성)
⑥ 시험 및 평가

{분석}
필기에 자주 출제되는 내용입니다.

**36** 중량물 들기 작업 시 5분간의 산소소비량을 측정한 결과 90L의 배기량 중에 산소가 16%, 이산화탄소가 4%로 분석되었다. 해당 작업에 대한 산소소비량(L/min)은 약 얼마인가?
(단, 공기 중 질소는 79vol%, 산소는 21vol%이다.)

① 0.948    ② 1.948
③ 4.74     ④ 5.74

**해설** ① 분당 배기량 $= \dfrac{90}{5} = 18(\ell/분)$

② 분당 흡기량 $= \dfrac{100 - O_2 - CO_2}{100 - 21} \times$ 분당 배기량

$= \dfrac{100 - 16 - 4}{79} \times 18$

$= 18.227 = 18.23(\ell/분)$

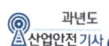
[흡기와 배기 중 질소량은 변동이 없으므로(질소 흡기량 = 질소 배기량) 분당 흡기량은 분당 질소 배기량으로 계산한다.]

③ 분당 산소 소비량

$$= 분당\ 산소\ 흡기량 - 분당\ 산소\ 배기량$$
$$= (분당\ 흡기량 \times 21\%) - (분당\ 배기량 \times 16\%)$$
$$= (18.23 \times 0.21) - (18 \times 0.16)$$
$$= 0.948(\ell/min)$$

**37** 의도는 올바른 것이었지만, 행동이 의도한 것과는 다르게 나타나는 오류는?

① Slip　　　　② Mistake
③ Lapse　　　　④ Violation

해설 **인간의 정보처리 과정에서 발생되는 에러**

| Mistake (착오, 착각) | • 인지과정과 의사결정과정에서 발생하는 에러<br>• 상황해석을 잘못하거나 틀린 목표를 착각하여 행하는 경우 |
|---|---|
| Lapse (건망증) | • 저장단계에서 발생하는 에러<br>• 어떤 행동을 잊어버리고 안하는 경우 |
| Slip (실수, 미끄러짐) | • 실행단계에서 발생하는 에러<br>• 상황(목표)해석은 제대로 하였으나 의도와는 다른 행동을 하는 경우 |
| 위반 (Violation) | • 알고 있음에도 의도적으로 따르지 않거나 무시한 경우 |

{분석}
필기에 자주 출제되는 내용입니다.

**38** 동작경제의 원칙과 가장 거리가 먼 것은?

① 급작스런 방향의 전환은 피하도록 할 것
② 가능한 관성을 이용하여 작업하도록 할 것
③ 두 손의 동작은 같이 시작하고 같이 끝나도록 할 것
④ 두 팔의 동작은 동시에 같은 방향으로 움직일 것

해설 ④ 두 팔의 동작들은 서로 반대 방향에서 대칭적으로 움직인다.

{분석}
필기에 자주 출제되는 내용입니다.

**39** 두 가지 상태 중 하나가 고장 또는 결함으로 나타나는 비정상적인 사건은?

① 톱사상
② 결함사상
③ 정상적인 사상
④ 기본적인 사상

해설 고장 또는 결함으로 나타나는 비정상적인 사건 → 결함사상

{분석}
필기에 자주 출제되는 내용입니다.

**40** 설비보전 방법 중 설비의 열화를 방지하고 그 진행을 지연시켜 수명을 연장하기 위한 점검, 청소, 주유 및 교체 등의 활동은?

① 사후 보전　　　② 개량 보전
③ 일상 보전　　　④ 보전 예방

해설 1. 예방보전(PM : Preventive Maintenance) : 시스템 또는 부품의 사용 중 고장 또는 정지와 같은 사고를 미리 방지하거나, 품목을 사용 가능상태로 유지하기 위하여 계획적으로 하는 보전 활동
2. 사후보전(BM : Break-down Maintenance) : 시스템 내지 부품이 고장에 의해 정지 또는 유해한 성능 저하를 초래한 뒤 수리를 하는 보전 활동
3. 보전 예방(MP : Maintenance Prevention) : 신규설비의 계획과 건설을 할 때 보전 정보나 새로운 기술을 도입하여 열화 손실을 적게 하는 보전 활동

•)) 정답 37 ① 38 ④ 39 ② 40 ③

4. 개량 보전(CM : Corrective Maintenance) : 설비의 재질이나 형상의 개량, 설계변경 등에 의한 설비의 체질을 개선하여 설비의 생산성을 높이기 위한 보전 활동
5. 일상 보전(RM : Routine Maintenance) : 설비의 열화를 방지하고 그 진행을 지연시켜 수명을 연장하기 위한 목적으로 매일 설비의 점검, 청소, 주유 및 교체 등을 행하는 보전활동
6. 생산보전(PM : Production Maintenance) : 미국의 GE사가 처음으로 사용한 보전으로 설계에서 폐기에 이르기까지 기계설비의 전 과정에서 소요되는 설비의 열화 손실과 보전비용을 최소화하여 생산성을 향상시키는 보전활동

{분석}
필기에 자주 출제되는 내용입니다.

## 제3과목• 기계 · 기구 및 설비 안전 관리

**41** 산업안전보건 법령상 보일러 수위가 이상현상으로 인해 위험수위로 변하면 작업자가 쉽게 감지할 수 있도록 경보등, 경보음을 발하고 자동적으로 급수 또는 단수되어 수위를 조절하는 방호장치는?

① 압력방출장치
② 고저수위 조절장치
③ 압력제한 스위치
④ 과부하방지장치

[해설] 고저수위 조절장치
① 보일러 수위가 이상현상으로 인해 위험수위로 변하면 작업자가 쉽게 감지할 수 있도록 경보등, 경보음을 발하고 자동적으로 급수 또는 단수되어 수위를 조절하는 방호장치
② 고저수위 조절장치의 동작 상태를 작업자가 쉽게 감시하도록 하기 위하여 고저수위 지점을 알리는 경보 등 · 경보음장치 등을 설치하여야 하며, 자동으로 급수 또는 단수되도록 설치하여야 한다.

[참고] 보일러의 방호장치
① 압력방출 장치
② 압력제한 스위치
③ 고저수위 조절장치
④ 화염검출기

{분석}
실기까지 중요한 내용입니다.

**42** 프레스 작업에서 제품 및 스크랩을 자동적으로 위험한계 밖으로 배출하기 위한 장치로 틀린 것은?

① 피더
② 키커
③ 이젝터
④ 공기 분사장치

[해설] 프레스 작업에서 제품 및 스크랩을 자동적으로 또는 위험한계 밖으로 배출하기 위해 공기분사장치, 키커, 이젝터 등을 설치한다.

**43** 산업안전보건 법령상 로봇의 작동범위 내에서 그 로봇에 관하여 교시 등 작업을 행하는 때 작업 시작 전 점검 사항으로 옳은 것은? (단, 로봇의 동력원을 차단하고 행하는 것은 제외)

① 과부하방지장치의 이상 유무
② 압력제한스위치의 이상 유무
③ 외부 전선의 피복 또는 외장의 손상 유무
④ 권과방지장치의 이상 유무

[해설] 로봇의 작업시작 전 점검사항
① 외부전선의 피복 또는 외장의 손상 유무
② 매니퓰레이터(manipulator) 작동의 이상 유무
③ 제동장치 및 비상정지장치의 기능

{분석}
실기에 자주 출제되는 중요한 내용입니다.

최근기출문제 2021

•)) 정답 41 ② 42 ① 43 ③

**44** 산업안전보건 법령상 지게차의 작업 시작 전 점검사항으로 거리가 가장 먼 것은?

① 제동장치 및 조종장치 기능의 이상 유무
② 압력방출장치의 작동 이상 유무
③ 바퀴의 이상 유무
④ 전조등·후미등·방향지시기 및 경보장치 기능의 이상 유무

**해설** 지게차의 작업 시작 전 점검사항
① 하역장치 및 유압장치 기능의 이상 유무
② 제동장치 및 조종장치 기능의 이상 유무
③ 바퀴의 이상 유무
④ 전조등, 후미등, 방향지시기, 경보장치 기능의 이상 유무

{분석}
실기에 자주 출제되는 중요한 내용입니다.

**45** 다음 중 가공재료의 칩이나 절삭유 등이 비산되어 나오는 위험으로부터 보호하기 위한 선반의 방호장치는?

① 바이트
② 권과방지장치
③ 압력제한스위치
④ 쉴드(shield)

**해설** 선반의 방호장치
① 쉴드(Shield) : 칩 및 절삭유의 비산을 방지하기 위해 설치하는 플라스틱 덮개
② 칩 브레이커 : 칩을 짧게 절단하는 장치
③ 척 커버 : 기어 등을 복개하는 장치
④ 브레이크 : 선반의 일시 정지 장치

**참고**

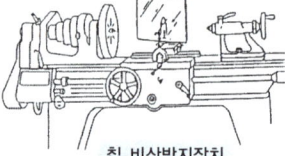

척 방호장치  칩 브레이크  칩 비산방지장치  쉴드

{분석}
필기에 자주 출제되는 내용입니다.

**46** 산업안전보건 법령상 보일러의 압력방출장치가 2개 설치된 경우 그 중 1개는 최고 사용압력 이하에서 작동된다고 할 때 다른 압력방출장치는 최고 사용압력의 최대 몇 배 이하에서 작동되도록 하여야 하는가?

① 0.5      ② 1
③ 1.05      ④ 2

**해설** 보일러의 압력방출장치의 설치
① 압력방출장치를 1개 또는 2개 이상 설치하고 최고사용압력 이하에서 작동되도록 하여야 한다. 다만, 압력방출장치가 2개 이상 설치된 경우에는 최고사용압력 이하에서 1개가 작동되고, 다른 압력방출장치는 최고사용압력 1.05배 이하에서 작동되도록 부착하여야 한다.
② 압력방출장치는 매년 1회 이상 "국가교정기관"으로부터 교정을 받은 압력계를 이용하여 토출압력을 시험한 후 납으로 봉인하여 사용하여야 한다. 다만, 공정안전보고서 제출대상으로서 공정안전관리 이행수준 평가결과가 우수한 사업장의 압력방출장치에 대하여 4년마다 1회 이상 토출압력을 시험할 수 있다.

{분석}
실기에 자주 출제되는 중요한 내용입니다.

•)) **정답** 44 ② 45 ④ 46 ③

**47** 상용운전압력 이상으로 압력이 상승할 경우 보일러의 파열을 방지하기 위하여 버너의 연소를 차단하여 정상압력으로 유도하는 장치는?

① 압력방출장치
② 고저수위 조절장치
③ 압력제한 스위치
④ 통풍제어 스위치

해설 **압력제한 스위치의 설치**
보일러의 과열을 방지하기 위하여 최고 사용압력과 상용 압력 사이에서 보일러의 버너 연소를 차단할 수 있도록 압력제한 스위치를 부착하여야 한다.

{분석}
실기까지 중요한 내용입니다.

**48** 용접부 결함에서 전류가 과대하고, 용접 속도가 너무 빨라 용접부의 일부가 홈 또는 오목하게 생기는 결함은?

① 언더컷 ② 기공
③ 균열 ④ 융합불량

해설 **언더컷(Under Cut)**
전류가 과대하고 용접 속도가 너무 빠르며, 아크를 짧게 유지하기 어려운 경우 모재 및 용접부의 일부가 녹아서 발생하는 홈 또는 오목하게 생긴 부분

**49** 물체의 표면에 침투력이 강한 적색 또는 형광성의 침투액을 표면 개구 결함에 침투시켜 직접 또는 자외선 등으로 관찰하여 결함장소와 크기를 판별하는 비파괴시험은?

① 피로시험 ② 음향탐상시험
③ 와류탐상시험 ④ 침투탐상시험

해설 물체의 표면에 침투액을 표면 개구 결함에 침투시켜 결함장소와 크기를 판별 → 침투탐상시험

**50** 연삭숫돌의 파괴 원인으로 거리가 가장 먼 것은?

① 숫돌이 외부의 큰 충격을 받았을 때
② 숫돌의 회전속도가 너무 빠를 때
③ 숫돌 자체에 이미 균열이 있을 때
④ 플랜지 직경이 숫돌 직경의 1/3 이상일 때

해설 **연삭기 숫돌의 파괴 원인**
① 숫돌의 회전 속도가 너무 빠를 때
② 숫돌 자체에 균열이 있을 때
③ 숫돌의 측면을 사용하여 작업할 때
④ 숫돌에 과대한 충격을 가할 때
⑤ 플랜지가 현저히 작을 때(플랜지 지름은 숫돌 지름의 $\frac{1}{3}$ 이상일 것)

{분석}
실기까지 중요한 내용입니다.

**51** 산업안전보건 법령상 프레스 등 금형을 부착·해체 또는 조정하는 작업을 할 때, 슬라이드가 갑자기 작동함으로써 근로자에게 발생할 우려가 있는 위험을 방지하기 위해 사용해야 하는 것은? (단, 해당 작업에 종사하는 근로자의 신체가 위험한계 내에 있는 경우)

① 방진구 ② 안전블록
③ 시건장치 ④ 날접촉예방장치

해설 금형을 부착, 해체, 조정 작업할 때 신체 일부가 위험점 내에서 슬라이드 불시 하강으로 인한 위험을 방지할 목적으로 안전블럭을 설치한다.

{분석}
실기까지 중요한 내용입니다.

정답 47 ③ 48 ① 49 ④ 50 ④ 51 ②

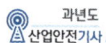

**52** 페일 세이프(fail safe)의 기능적인 면에서 분류할 때 거리가 가장 먼 것은?

① Fool proof
② Fail passive
③ Fail active
④ Fail operational

**해설** 페일세이프(Fail-Safe) : 기계 설비에 결함이 발생되더라도 사고가 발생되지 않도록 2중, 3중으로 통제를 가한다.
① Fail Passive : 부품의 고장 시 기계장치는 정지 상태로 옮겨간다.
② Fail active : 부품이 고장나면 경보를 울리며 짧은 시간 운전이 가능하다.
③ Fail operational : 부품의 고장이 있어도 다음 정기점검까지 운전이 가능하다.

{분석}
실기에 자주 출제되는 중요한 내용입니다.

**53** 산업안전보건 법령상 크레인에서 정격하중에 대한 정의는? (단, 지브가 있는 크레인은 제외)

① 부하할 수 있는 최대하중
② 부하할 수 있는 최대하중에서 달기기구의 중량에 상당하는 하중을 뺀 하중
③ 짐을 싣고 상승할 수 있는 최대하중
④ 가장 위험한 상태에서 부하할 수 있는 최대하중

**해설** 정격하중(Rated load)
양중기의 권상하중(들어 올릴 수 있는 최대의 하중)에서 훅, 크래브 또는 버킷 등 달기기구의 중량에 상당하는 하중을 뺀 하중을 말한다.

{분석}
필기에 자주 출제되는 내용입니다.

**54** 기계설비의 안전조건인 구조의 안전화와 거리가 가장 먼 것은?

① 전압 강하에 따른 오동작 방지
② 재료의 결함 방지
③ 설계상의 결함 방지
④ 가공 결함 방지

**해설** 구조 부분 안전화(구조부분 강도적 안전화)
① 설계상의 결함 방지
② 재료의 결함 방지
③ 가공 결함 방지

**참고** 기능적 안전화
① 전압 강하에 따른 오동작 방지
② 정전 및 단락에 따른 오동작 방지
③ 사용 압력 변동 시 등의 오동작 방지

{분석}
필기에 자주 출제되는 내용입니다.

**55** 공기압축기의 작업안전수칙으로 가장 적절하지 않은 것은?

① 공기압축기의 점검 및 청소는 반드시 전원을 차단한 후에 실시한다.
② 운전 중에 어떠한 부품도 건드려서는 안 된다.
③ 공기압축기 분해 시 내부의 압축공기를 이용하여 분해한다.
④ 최대공기압력을 초과한 공기압력으로는 절대로 운전하여서는 안 된다.

**해설** ③ 공기압축기 분해 시에는 공기압축기, 공기탱크 및 관로 내부의 압축공기를 완전히 배출한 후에 분해한다.

**56** 산업안전보건 법령상 컨베이어, 이송용 롤러 등을 사용하는 경우 정전·전압강하 등에 의한 위험을 방지하기 위하여 설치하는 안전장치는?

① 권과방지장치
② 동력전달장치
③ 과부하방지장치
④ 화물의 이탈 및 역주행 방지장치

**해설** **컨베이어의 방호장치**

① 이탈 등의 방지장치 : 컨베이어 등을 사용하는 때에는 정전·전압강하 등에 의한 화물 또는 운반구의 이탈 및 역주행을 방지하는 장치를 갖추어야 한다.
② 비상정지장치 : 컨베이어 등에 근로자의 신체의 일부가 말려드는 등 근로자에게 위험을 미칠 우려가 있는 때 및 비상시에는 즉시 컨베이어 등의 운전을 정지시킬 수 있는 장치를 설치하여야 한다.
③ 덮개, 울의 설치 : 컨베이어 등으로 부터 화물이 떨어져 근로자가 위험해질 우려가 있는 경우에는 해당 컨베이어 등에 덮개 또는 울을 설치하는 등 낙하 방지를 위한 조치를 하여야 한다.

{분석}
실기에 자주 출제되는 중요한 내용입니다.

**57** 회전하는 동작 부분과 고정 부분이 함께 만드는 위험점으로 주로 연삭숫돌과 작업대, 교반기의 교반 날개와 몸체 사이에서 형성되는 위험점은?

① 협착점
② 절단점
③ 물림점
④ 끼임점

**해설** **위험점의 분류**

① 협착점 : 왕복운동 부분과 고정부분 사이에서 형성되는 위험점
　예 프레스기, 전단기, 성형기 등
② 끼임점 : 고정부분과 회전하는 동작부분 사이에서 형성되는 위험점
　예 연삭숫돌과 덮개, 교반기 날개와 하우징 등
③ 절단점 : 회전하는 운동부 자체, 운동하는 기계 부분 자체의 위험점
　예 날, 커터를 가진 기계
④ 물림점 : 회전하는 두 개의 회전체에 물려 들어가는 위험점
　예 롤러와 롤러, 기어와 기어 등
⑤ 접선 물림점 : 회전하는 부분의 접선 방향으로 물려 들어가는 위험점
　예 벨트와 풀리, 체인과 스프로킷 등
⑥ 회전 말림점 : 회전하는 물체에 작업복, 머리카락 등이 말려 들어가는 위험점
　예 회전축, 커플링 등

{분석}
실기에 자주 출제되는 중요한 내용입니다.

**58** 다음 중 드릴 작업의 안전사항으로 틀린 것은?

① 옷소매가 길거나 찢어진 옷은 입지 않는다.
② 작고, 길이가 긴 물건은 손으로 잡고 뚫는다.
③ 회전하는 드릴에 걸레 등을 가까이 하지 않는다.
④ 스핀들에서 드릴을 뽑아낼 때에는 드릴 아래에 손을 내밀지 않는다.

**해설** **일감 고정 방법**

① 일감이 작을 때 : 바이스로 고정
② 일감이 크고 복잡할 때 : 볼트와 고정구
③ 대량 생산과 정밀도를 요할 때 : 전용의 지그 사용

{분석}
필기에 자주 출제되는 내용입니다.

**정답** 56 ④ 57 ④ 58 ②

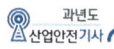
**59** 산업안전보건 법령상 양중기의 과부하 방지장치에서 요구하는 일반적인 성능 기준으로 가장 적절하지 않은 것은?

① 과부하방지장치 작동 시 경보음과 경보 램프가 작동되어야 하며 양중기는 작동이 되지 않아야 한다.

② 외함의 전선 접촉부분은 고무 등으로 밀폐되어 물과 먼지 등이 들어가지 않도록 한다.

③ 과부하방지장치와 타 방호장치는 기능에 서로 장애를 주지 않도록 부착할 수 있는 구조이어야 한다.

④ 방호장치의 기능을 정지 및 제거할 때 양중기의 기능이 동시에 원활하게 작동하는 구조이며 정지해서는 안 된다.

해설 ④ 방호장치의 기능을 제거 또는 정지할 때 양중기의 기능도 동시에 정지할 수 있는 구조이어야 한다.

**60** 프레스기의 SPM(stroke per minute)이 200이고, 클러치의 맞물림 개소수가 6인 경우 양수기동식 방호장치의 안전거리는?

① 120mm  ② 200mm
③ 320mm  ④ 400mm

해설 양수기동식 방호장치의 안전거리

$$D_m(mm) = 1.6 \times T_m$$
$$= 1.6 \times \left( \frac{1}{클러치개소수} + \frac{1}{2} \right) \times \left( \frac{60,000}{매분행정수} \right)$$

$T_m$ : 슬라이드가 하사점에 도달할 때까지의 시간(ms)

• ms $= \frac{1}{1000}$초

안전거리$(D_m) = 1.6 \times (\frac{1}{6} + \frac{1}{2}) \times (\frac{60,000}{200})$
$$= 320(mm)$$

{분석}
**실기까지 중요한 내용입니다.**

---

**제4과목** **전기설비 안전 관리**

**61** 폭발한계에 도달한 메탄가스가 공기에 혼합되었을 경우 착화한계전압(V)은 약 얼마인가?
(단, 메탄의 착화최소에너지는 0.2mJ, 극간용량은 10pF으로 한다.)

① 6325  ② 5225
③ 4135  ④ 3035

해설 최소착화에너지(정전 에너지)

$$E(J) = \frac{1}{2}CV^2$$

여기서, $E$ : 정전기 에너지(J)
$C$ : 도체의 정전 용량(F)
$V$ : 대전 전위(V)

$E(J) = \frac{1}{2}CV^2$

$V^2 = \dfrac{E}{\frac{1}{2}C}$

$V = \sqrt{\dfrac{E}{\frac{1}{2}C}} = \sqrt{\dfrac{0.2 \times 10^{-3}}{\frac{1}{2} \times 10 \times 10^{-12}}}$

$= 6324.56(V)$

$(mJ = 10^{-3}J, pF = 10^{-12}F)$

{분석}
**필기에 자주 출제되는 내용입니다.**

**62** $Q = 2 \times 10^{-7}$ C으로 대전하고 있는 반경 25cm 도체구의 전위(kV)는 약 얼마인가?

① 7.2  ② 12.5
③ 14.4  ④ 25

---

**해설**

$$E = \frac{Q}{4\pi\epsilon_0 \times r} (\mathrm{V})$$

여기서, $\epsilon_0$ : 유전율($8.855 \times 10^{-12}$)

$\quad\quad r$ : 반경(m)

$$E = \frac{2 \times 10^{-7}}{4\pi \times 8.855 \times 10^{-12} \times 0.25}$$

$$= 7189.38\,V \div 1000 = 7.189\,kV$$

{분석}
출제 비중이 낮은 문제입니다.

**63** 다음 중 누전차단기를 시설하지 않아도 되는 전로가 아닌 것은? (단, 전로는 금속제 외함을 가지는 사용전압이 50V를 초과하는 저압의 기계 · 기구에 전기를 공급하는 전로이며, 기계 · 기구에는 사람이 쉽게 접촉할 우려가 있다.)

① 기계 · 기구를 건조한 장소에 시설하는 경우

② 기계 · 기구가 고무, 합성수지, 기타 절연물로 피복된 경우

③ 대지전압 200V 이하인 기계 · 기구를 물기가 있는 곳 이외의 곳에 시설하는 경우

④ 「전기용품 및 생활용품 안전관리법」의 적용을 받는 이중절연구조의 기계 · 기구를 시설하는 경우

**해설** 누전 차단기를 시설하지 않아도 되는 경우(KEC 규정)

① 기계 · 기구를 발전소 · 변전소 · 개폐소 또는 이에 준하는 곳에 시설하는 경우

② 기계 · 기구를 건조한 곳에 시설하는 경우

③ 대지전압이 150V 이하인 기계 · 기구를 물기가 있는 곳 이외의 곳에 시설하는 경우

④ 이중절연구조의 기계 · 기구를 시설하는 경우

⑤ 그 전로의 전원 측에 절연변압기(2차 전압이 300V 이하인 경우에 한한다)를 시설하고 또한 그 절연 변압기의 부하 측의 전로에 접지하지 아니하는 경우

⑥ 기계 · 기구가 고무 · 합성수지 기타 절연물로 피복된 경우

⑦ 기계 · 기구가 유도전동기의 2차측 전로에 접속되는 것일 경우

⑧ 기계 · 기구가 전로의 일부를 대지로부터 절연하지 아니하고 전기를 사용하는 것이 부득이한 것 또는 대지로부터 절연하는 것이 기술상 불가능한 것

⑨ 기계 · 기구 내에 누전 차단기를 설치하고 또한 기계 · 기구의 전원 연결선이 손상을 받을 우려가 없도록 시설하는 경우

**참고** 누전차단기를 설치하지 않아도 되는 경우
(산업안전보건법)

① 「전기용품 및 생활용품 안전관리법」이 적용되는 이중절연 또는 이와 같은 수준 이상으로 보호되는 구조로 된 전기기계 · 기구

② 절연대 위 등과 같이 감전위험이 없는 장소에서 사용하는 전기기계 · 기구

③ 비접지방식의 전로

실력이 된다! 합격이 된다! **특급 암기법**

누전차단기 설치× → 전기가 잘 통하지 않음 →
절연이 우수한 경우 → 이중 절연구조, 절연대 위

{분석}
실기까지 중요한 내용입니다.

**64** 고압전로에 설치된 전동기용 고압전류 제한퓨스의 불용단 전류의 조건은?

① 정격전류 1.3배의 전류로 1시간 이내에 용단되지 않을 것

② 정격전류 1.3배의 전류로 2시간 이내에 용단되지 않을 것

③ 정격전류 2배의 전류로 1시간 이내에 용단되지 않을 것

④ 정격전류 2배의 전류로 2시간 이내에 용단되지 않을 것

🔊 **정답** 63 ③ 64 ②

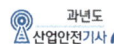
해설 **고압 및 특고압 전로 중의 과전류차단기의 시설**

① 과전류차단기로 시설하는 퓨즈 중 고압전로에 사용하는 포장 퓨즈(퓨즈 이외의 과전류 차단기와 조합하여 하나의 과전류 차단기로 사용하는 것을 제외한다)는 정격전류의 1.3배의 전류에 견디고 또한 2배의 전류로 120분 안에 용단되는 것 또는 다음에 적합한 고압전류제한 퓨즈이어야 한다.

② 과전류차단기로 시설하는 퓨즈 중 고압전로에 사용하는 비포장퓨즈는 정격전류의 1.25배의 전류에 견디고 또한 2배의 전류로 2분 안에 용단되는 것이어야 한다.

{분석}
**필기에 자주 출제되는 내용입니다.**

---

**65** 누전차단기의 시설방법 중 옳지 않은 것은?

① 시설장소는 배전반 또는 분전반 내에 설치한다.
② 정격전류용량은 해당 전로의 부하전류값 이상이어야 한다.
③ 정격감도전류는 정상의 사용상태에서 불필요하게 동작하지 않도록 한다.
④ 인체 감전보호형은 0.05초 이내에 동작하는 고감도고속형이어야 한다.

해설 ④ 감전보호를 목적으로 시설하는 누전차단기는 고감도 고속형일 것.(정격감도전류 30mA 이하에서 0.03초 이내에 동작할 것)

{분석}
**필기에 자주 출제되는 내용입니다.**

---

**66** 정전기 방지대책 중 적합하지 않는 것은?

① 대전서열이 가급적 먼 것으로 구성한다.
② 카본 블랙을 도포하여 도전성을 부여한다.
③ 유속을 저감시킨다.
④ 도전성 재료를 도포하여 대전을 감소시킨다.

해설 ① 대전서열이 가까운 것으로 구성한다.

참고 대전서열에서 위치가 가까운 물질끼리의 마찰은 대전량이 비교적 적다.

---

**67** 다음 중 방폭전기기기의 구조별 표시방법으로 틀린 것은?

① 내압방폭구조 : p
② 본질안전방폭구조 : ia, ib
③ 유입방폭구조 : o
④ 안전증방폭구조 : e

해설

| 가스, 증기, 분진 방폭구조 | | 기호 |
|---|---|---|
| 가스, 증기 방폭구조 | 내압 방폭구조 | d |
| | 압력 방폭구조 | p |
| | 유입 방폭구조 | o |
| | 안전증 방폭구조 | e |
| | 본질안전 방폭구조 | ia or ib |
| | 충전 방폭구조 | q |
| | 비점화 방폭구조 | n |
| | 몰드 방폭구조 | m |
| | 특수 방폭구조 | s |
| 분진 방폭구조 | 방진 방폭구조 | tD |

{분석}
**실기에 자주 출제되는 중요한 내용입니다.**

---

정답 65 ④ 66 ① 67 ①

**68** 내전압용 절연장갑의 등급에 따른 최대 사용전압이 틀린 것은? (단, 교류 전압은 실효값이다.)

① 등급 00 : 교류 500V
② 등급 1 : 교류 7,500V
③ 등급 2 : 직류 17,000V
④ 등급 3 : 직류 39,750V

해설

| 등급 | 최대사용전압 | |
|---|---|---|
| | 교류(V, 실효값) | 직류(V) |
| 00 | 500 | 750 |
| 0 | 1,000 | 1,500 |
| 1 | 7,500 | 11,250 |
| 2 | 17,000 | 25,500 |
| 3 | 26,500 | 39,750 |
| 4 | 36,000 | 54,000 |

{분석}
실기까지 중요한 내용입니다.

**69** 저압 전로의 절연성능에 관한 설명으로 적합하지 않은 것은?

① 전로의 사용전압이 SELV 및 PELV일 때 절연저항은 0.5MΩ 이상이어야 한다.
② 전로의 사용전압이 FELV일 때 절연저항은 1MΩ 이상이어야 한다.
③ 전로의 사용전압이 FELV일 때 DC 시험전압은 500V이다.
④ 전로의 사용전압이 600V일 때 절연저항은 1.5MΩ 이상이어야 한다.

해설

| 전로의 사용전압 V | DC시험전압 V | 절연저항 MΩ |
|---|---|---|
| SELV 및 PELV | 250 | 0.5 |
| FELV, 500V 이하 | 500 | 1.0 |
| 500V 초과 | 1,000 | 1.0 |

[주] 특별저압(extra low voltage : 2차 전압이 AC 50V, DC 120V 이하)으로 SELV(비접지회로 구성) 및 PELV(접지회로 구성)은 1차와 2차가 전기적으로 절연된 회로, FELV는 1차와 2차가 전기적으로 절연되지 않은 회로

{분석}
실기까지 중요한 내용입니다.

**70** 다음 중 0종 장소에 사용될 수 있는 방폭구조의 기호는?

① Ex ia
② Ex ib
③ Ex d
④ Ex e

해설

| 가스 폭발 위험 장소 | 0종 장소 | 본질 안전 방폭구조(ia) |
|---|---|---|
| | 1종 장소 | 내압 방폭구조(d) 압력 방폭구조(p) 충전 방폭구조(q) 유입 방폭구조(o) 안전증 방폭구조(e) 본질안전 방폭구조(ia, ib) 몰드 방폭구조(m) |
| | 2종 장소 | 0종 장소 및 1종 장소에 사용 가능한 방폭구조 비점화 방폭구조(n) |

{분석}
실기에 자주 출제되는 중요한 내용입니다.

**71** 다음 중 전기화재의 주요 원인이라고 할 수 없는 것은?

① 질연전선의 열화
② 정전기 발생
③ 과전류 발생
④ 절연저항 값의 증가

해설 ④ 절연저항 값의 감소가 전기화재의 원인이 된다.

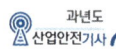

**72** 배전선로에 정전작업 중 단락 접지 기구를 사용하는 목적으로 가장 적합한 것은?

① 통신선 유도 장해 방지
② 배전용 기계 기구의 보호
③ 배전선 통전 시 전위 경도 저감
④ 혼촉 또는 오동작에 의한 감전 방지

**해설** 단락 접지 기구를 사용하는 목적 → 혼촉 또는 오동작에 의한 감전 방지

**참고** 전기기기 등이 <u>다른 노출 충전부와의 접촉</u>, 유도 또는 <u>예비동력원의 역송전 등으로 전압이 발생할 우려가 있는 경우</u>에는 충분한 용량을 가진 <u>단락 접지기구를 이용하여 접지할 것</u>

{분석}
**필기에 자주 출제되는 내용입니다.**

**73** 어느 변전소에서 고장전류가 유입되었을 때 도전성 구조물과 그 부근 지표상의 점과의 사이(약 1m)의 허용접촉전압은 약 몇 V인가?
(단, 심실세동전류 : $I_k = \dfrac{0.165}{\sqrt{t}}$ A, 인체의 저항 : 1000Ω, 지표면의 저항률 : 150Ω·m, 통전시간을 1초로 한다)

① 164V    ② 186V
③ 202V    ④ 228V

**해설** 보폭전압

$$V = I \times R$$
$$= I_k \times \left(R_b + \frac{3}{2}R_e\right)$$
여기서, $R_b$ : 인체 저항
$R_e$ : 지표면 저항

$V = \dfrac{0.165}{\sqrt{1}} \times \left(1000 + \dfrac{3}{2} \times 150\right) = 202.13\,(V)$

{분석}
**출제비중이 낮은 문제입니다.**

**74** 방폭기기 그룹에 관한 설명으로 틀린 것은?

① 그룹 Ⅰ, 그룹 Ⅱ, 그룹 Ⅲ가 있다.
② 그룹 Ⅰ의 기기는 폭발성 갱내 가스에 취약한 광산에서의 사용을 목적으로 한다.
③ 그룹 Ⅱ의 세부 분류로 ⅡA, ⅡB, ⅡC가 있다.
④ ⅡA로 표시된 기기는 그룹 ⅡB기기를 필요로 하는 지역에 사용할 수 있다.

**해설** 1. 폭발성 분위기에서 사용되는 전기기기

| 그룹 Ⅰ | 폭발성 분위기가 존재하는 광산에서 사용할 수 있는 전기기기 |
|---|---|
| 그룹 Ⅱ | 광산 외에 폭발성가스분위기가 존재하는 장소에서 사용할 수 있는 전기기기 |
| 그룹 Ⅲ | 폭발성 분진 분위기가 존재하는 장소에서 사용할 수 있는 전기기기 |

2. 전기기기 그룹에 따른 기기 선정

| 가스 및 증기 하위 등급 | 허용 전기기기 그룹 |
|---|---|
| ⅡA | Ⅱ, ⅡA, ⅡB 또는 ⅡC |
| ⅡB | Ⅱ, ⅡB 또는 ⅡC |
| ⅡC | Ⅱ 또는 ⅡC |

**75** 한국전기설비규정에 따라 피뢰설비에서 외부피뢰시스템의 수뢰부시스템으로 적합하지 않는 것은?

① 돌침
② 수평도체
③ 메시도체
④ 환상도체

•)) **정답** 72 ④ 73 ③ 74 ④ 75 ④

**[해설]** 수뢰부시스템은 돌침, 수평도체, 메시도체의 요소 중에 한 가지 또는 이를 조합한 형식으로 시설하여야 한다.

{분석}
실기까지 중요한 내용입니다.

**76** 정전기 재해의 방지를 위하여 배관 내 액체의 유속 제한이 필요하다. 배관의 내경과 유속 제한 값으로 적절하지 않은 것은?

① 관내경(mm) : 25, 제한유속(m/s) : 6.5
② 관내경(mm) : 50, 제한유속(m/s) : 3.5
③ 관내경(mm) : 100, 제한유속(m/s) : 2.5
④ 관내경(mm) : 200, 제한유속(m/s) : 1.8

**[해설]** 관경과 유속제한 값

| 관내경 D(mm) | 유속 V (m/s) | $V^2$ (m²/s²) | $V^2D$ (m²/s²) |
|---|---|---|---|
| 10 | 8 | 64 | 0.64 |
| 25 | 4.9 | 24 | 0.6 |
| 50 | 3.5 | 12.25 | 0.61 |
| 100 | 2.5 | 6.25 | 0.63 |
| 200 | 1.8 | 3.25 | 0.64 |
| 400 | 1.3 | 1.6 | 0.67 |
| 600 | 1.0 | 1.0 | 0.6 |

**77** 지락이 생긴 경우 접촉상태에 따라 접촉전압을 제한할 필요가 있다. 인체의 접촉상태에 따른 허용접촉전압을 나타낸 것으로 다음 중 옳지 않은 것은?

① 제1종 : 2.5V 이하
② 제2종 : 25V 이하
③ 제3종 : 35V 이하
④ 제4종 : 제한 없음

**[해설]** 허용 접촉 전압

| 종 별 | 접촉 상태 | 허용 접촉 전압 |
|---|---|---|
| 제1종 | • 인체의 대부분이 수중에 있는 상태 | 2.5V 이하 |
| 제2종 | • 인체가 현저히 젖어 있는 상태<br>• 금속성의 전기·기계 장치나 구조물에 인체의 일부가 상시 접촉 되어 있는 상태 | 25V 이하 |
| 제3종 | • 제1종, 제2종 이외의 경우로서 통상의 인체 상태에 있어서 접촉 전압이 가해지면 위험성이 높은 상태 | 50V 이하 |
| 제4종 | • 제1종, 제2종 이외의 경우로서 통상의 인체 상태에 접촉 전압이 가해지더라도 위험성이 낮은 상태<br>• 접촉 전압이 가해질 우려가 없는 경우 | 제한 없음 |

{분석}
실기까지 중요한 내용입니다.

**78** 계통접지로 적합하지 않은 것은?

① TN 계통
② TT 계통
③ IN 계통
④ IT 계통

**[해설]** 계통접지 구성(방식)

① TN 계통
② TT 계통
③ IT 계통

{분석}
실기까지 중요한 내용입니다.

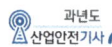
**79** 정전기 발생에 영향을 주는 요인이 아닌 것은?

① 물체의 분리 속도
② 물체의 특성
③ 물체의 접촉시간
④ 물체의 표면 상태

해설 정전기 발생에 영향을 주는 요인

| 물체의 특성 | • 대전서열에서 멀리 있는 물체들끼리 마찰할수록 발생량이 많다. |
|---|---|
| 물체의 표면 상태 | • 표면이 거칠수록, 표면이 수분, 기름 등에 오염될수록 발생량이 많다. |
| 물체의 이력 | • 처음 접촉, 분리할 때 정전기 발생량이 최고이고, 반복될수록 발생량은 줄어든다. |
| 접촉 면적 및 압력 | • 접촉 면적이 넓을수록, 접촉 압력이 클수록 발생량이 많다. |
| 분리 속도 | • 분리속도가 빠를수록 발생량이 많다. |

{분석}
필기에 자주 출제되는 내용입니다.

**80** 정전기재해의 방지대책에 대한 설명으로 적합하지 않는 것은?

① 접지의 접속은 납땜, 용접 또는 멈춤나사로 실시한다.
② 회전부품의 유막저항이 높으면 도전성의 윤활제를 사용한다.
③ 이동식의 용기는 절연성 고무제 바퀴를 달아서 폭발위험을 제거한다.
④ 폭발의 위험이 있는 구역은 도전성 고무류로 바닥 처리를 한다.

해설 ③ 이동식의 용기는 도전성 바퀴를 달아서 폭발위험을 제거한다.

참고 정전기 재해 예방대책

① 접지(도체일 경우 효과 있으나 부도체는 효과 없다.)
② 습기부여(공기 중 습도 60~70% 이상 유지한다.)
③ 도전성 재료 사용(절연성 재료는 절대 금한다.)
④ 대전 방지제 사용
⑤ 제전기 사용
⑥ 유속 조절(석유류 제품 1m/s 이하)

제5과목 **화학설비 안전 관리**

**81** 산업안전보건 법령상 특수화학설비를 설치할 때 내부의 이상 상태를 조기에 파악하기 위하여 필요한 계측장치를 설치하여야 한다. 이러한 계측장치로 거리가 먼 것은?

① 압력계          ② 유량계
③ 온도계          ④ 비중계

해설 특수화학설비를 설치하는 때에는 내부의 이상 상태를 조기에 파악하기 위하여 필요한 온도계 · 유량계 · 압력계 등의 계측장치를 설치하여야 한다.

{분석}
실기까지 중요한 내용입니다.

**82** 불연성이지만 다른 물질의 연소를 돕는 산화성 액체 물질에 해당하는 것은?

① 히드라진          ② 과염소산
③ 벤젠              ④ 암모니아

해설 산화성 액체 및 산화성 고체
① 차아염소산 및 그 염류
② 아염소산 및 그 염류
③ 염소산 및 그 염류

●)) 정답 79 ③ 80 ③ 81 ④ 82 ②

④ 과염소산 및 그 염류
⑤ 브롬산 및 그 염류
⑥ 요오드산 및 그 염류
⑦ 과산화수소 및 무기 과산화물
⑧ 질산 및 그 염류
⑨ 과망간산 및 그 염류
⑩ 중크롬산 및 그 염류

실력이 되고! 합격이 되는! **특급 암기법**

염소(염소산) 보러(브롬산) 요과(요오드산, 과산화수소, 과망간산)하고 질산가는 중(중크롬산)!

{분석}
실기에 자주 출제되는 중요한 내용입니다.

---

**83** 아세톤에 대한 설명으로 틀린 것은?

① 증기는 유독하므로 흡입하지 않도록 주의해야 한다.
② 무색이고 휘발성이 강한 액체이다.
③ 비중이 0.79이므로 물보다 가볍다.
④ 인화점이 20℃이므로 여름철에 인화 위험이 더 높다.

[해설] ④ 인화점이 −20℃이므로 겨울에도 인화위험이 높다.

---

**84** 화학물질 및 물리적 인자의 노출기준에서 정한 유해인자에 대한 노출기준의 표시 단위가 잘못 연결된 것은?

① 에어로졸 : ppm
② 증기 : ppm
③ 가스 : ppm
④ 고온 : 습구 흑구 온도지수(WBGT)

[해설]
① 가스 및 증기의 노출기준 표시단위는 피피엠 (ppm)을 사용한다.
② 분진 및 미스트 등 에어로졸(Aerosol)의 노출 기준 표시단위는 세제곱미터당 밀리그램($mg/m^3$) 을 사용한다. 다만, 석면 및 내화성 세라믹섬유의 노출기준 표시단위는 세제곱 센티미터당 개수 (개/$cm^3$)를 사용한다.

---

③ 고온의 노출기준 표시단위는 습구 흑구 온도 지수(WBGT)를 사용한다.

---

**85** 다음 [표]를 참조하여 메탄 70vol%, 프로판 21vol%, 부탄 9vol%인 혼합가스의 폭발 범위를 구하면 약 몇 vol%인가?

| | 폭발하한계 (vol%) | 폭발상한계 (vol%) |
|---|---|---|
| $C_4H_{10}$ | 1.8 | 8.4 |
| $C_3H_8$ | 2.1 | 9.5 |
| $C_2H_6$ | 3.0 | 12.4 |
| $CH_4$ | 5.0 | 15.0 |

① 3.45~9.11
② 3.45~12.58
③ 3.85~9.11
④ 3.85~12.58

[해설] **혼합가스의 폭발 범위(르 샤틀리에의 공식)**

$$\frac{100}{L} = \frac{V_1}{L_1} + \frac{V_2}{L_2} + \frac{V_3}{L_3} \cdots (\text{Vol}\%)$$

$$L = \frac{100}{\dfrac{V_1}{L_1} + \dfrac{V_2}{L_2} + \dfrac{V_3}{L_3} \cdots}$$

여기서,
$L$ : 혼합가스의 폭발하한계(상한계)
$L_1$, $L_2$, $L_3$ : 단독가스의 폭발하한계(상한계)
$V_1$, $V_2$, $V_3$ : 단독가스의 공기 중 부피
$100$ : $V_1 + V_2 + V_3 + \cdots$

**1. 혼합가스의 폭발 하한계**

$$\frac{(70+21+9)}{L} = \frac{70}{5.0} + \frac{21}{2.1} + \frac{9}{1.8}$$

$$L = \frac{70+21+9}{\dfrac{70}{5.0} + \dfrac{21}{2.1} + \dfrac{9}{1.8}} = 3.45(\text{Vol}\%)$$

**2. 혼합가스의 폭발 상한계**

$$\frac{(70+21+9)}{L} = \frac{70}{15} + \frac{21}{9.5} + \frac{9}{8.4}$$

$$L = \frac{70+21+9}{\dfrac{70}{15} + \dfrac{21}{9.5} + \dfrac{9}{8.4}} = 12.58(\text{Vol}\%)$$

최근 기출문제 2021

---

🔊 정답 83 ④ 84 ① 85 ②

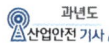

**참고**

| $CH_4$ | 메탄 |
|---|---|
| $C_2H_6$ | 에탄 |
| $C_3H_8$ | 프로탄 |
| $C_4H_{10}$ | 부탄 |

{분석}
실기까지 중요한 내용입니다.

실개! 외외! 사개! 외외! **특급 암기법**

**물 반응성 물질** : 나 칼 안물리!
나(나트륨) 칼(칼륨·칼슘탄화물) 안(알킬알루미늄,
알킬리튬) 물(물반응성물질) 리(리튬)
**인화성 고체** : 인화성 황인이 젤 금마!(겁나)
인화성(인화성 물질) 황인(황, 황린, 황화인, 적린)이
젤(셀룰로이드) 금마(금속분말, 마그네슘분말)

{분석}
실기에 자주 출제되는 중요한 내용입니다.

**86** 산업안전보건 법령상 위험물질의 종류를
구분할 때 다음 물질들이 해당하는 것은?

> 리튬, 칼륨·나트륨, 황, 황린,
> 황화인·적린

① 폭발성 물질 및 유기과산화물
② 산화성 액체 및 산화성 고체
③ 물반응성 물질 및 인화성 고체
④ 급성 독성 물질

**해설** 물반응성 물질 및 인화성 고체
가. 리튬
나. 칼륨·나트륨
다. 황
라. 황린
마. 황화인·적린
바. 셀룰로이드류
사. 알킬알루미늄·알킬리튬
아. 마그네슘 분말
자. 금속 분말(마그네슘 분말은 제외한다)
차. 알칼리금속(리튬·칼륨 및 나트륨은 제외한다)
카. 유기 금속화합물(알킬알루미늄 및 알킬리튬은
   제외한다)
타. 금속의 수소화물
파. 금속의 인화물
하. 칼슘 탄화물, 알루미늄 탄화물
   거. 그 밖에 가목부터 하목까지의 물질과 같은
      정도의 발화성 또는 인화성이 있는 물질
   너. 가목부터 거목까지의 물질을 함유한 물질

**87** 제1종 분말소화약제의 주성분에 해당하
는 것은?

① 사염화탄소
② 브롬화메탄
③ 수산화암모늄
④ 탄산수소나트륨

**해설** 분말소화약제의 주성분
제1종 소화분말 : 탄산수소나트륨
            (중탄산나트륨, $NaHCO_3$)
제2종 소화분말 : 탄산수소칼륨
            (중탄산칼륨, $KHCO_3$)
제3종 소화분말 : 제1인산암모늄($NH_4H_2PO_4$)
제4종 소화분말 : 요소와 탄산수소칼륨이 화합된
            분말

**88** 탄화칼슘이 물과 반응하였을 때 생성물을
옳게 나타낸 것은?

① 수산화칼슘 + 아세틸렌
② 수산화칼슘 + 수소
③ 염화칼슘 + 아세틸렌
④ 염화칼슘 + 수소

**해설** 탄화칼슘(카바이트) + 물
→ 아세틸렌 + 소석회(수산화칼슘)
$$CaC_2 + 2H_2O \rightarrow C_2H_2 + Ca(OH)_2$$

**정답** 86 ③ 87 ④ 88 ①

**89** 다음 중 분진폭발의 특징으로 옳은 것은?

① 가스폭발보다 연소시간이 짧고, 발생 에너지가 작다.
② 압력의 파급속도보다 화염의 파급속 도가 빠르다.
③ 가스폭발에 비하여 불완전 연소의 발생 이 없다.
④ 주의의 분진에 의해 2차, 3차의 폭발 로 파급될 수 있다.

**[해설]** 가스폭발과 분진폭발의 비교

| 가스폭발 | • 화염이 크다.<br>• 연소속도가 빠르다. |
|---|---|
| 분진폭발 | • 폭발압력, 에너지가 크다.<br>• 연소시간이 길다.<br>• 불완전연소로 인한 중독(CO)이 발생한다.<br>• 주의의 분진에 의해 2차, 3차의 폭발로 파급될 수 있다. |

{분석}
필기에 자주 출제되는 내용입니다.

**90** 가연성 가스 A의 연소범위를 2.2~9.5vol% 라 할 때 가스 A의 위험도는 얼마인가?

① 2.52  ② 3.32
③ 4.91  ④ 5.64

**[해설]**
$$위험도(H) = \frac{U_2 - U_1}{U_1}$$
여기시, $U_1$ : 폭발 하한계(%),
$U_2$ : 폭발 상한계(%)

$$위험도(H) = \frac{9.5 - 2.2}{2.2} = 3.32$$

{분석}
실기까지 중요한 내용입니다.

**91** 다음 중 증기배관 내에 생성된 증기의 누설을 막고 응축수를 자동적으로 배출 하기 위한 안전장치는?

① Steam trap
② Vent stack
③ Blow down
④ Flame arrester

**[해설]** ① Steam trap : 증기 배관 내에 생성하는 응축수 를 제거할 때 증기가 배출되지 않도록 하면서 응축수를 자동적으로 배출하기 위한 장치
② 벤트스택(Vent stack) : 탱크 내 압력을 정상상 태로 유지하기 위한 가스방출장치
③ blow-down : 공정액체를 빼내고 안전하게 처리하기 위한 설비
④ 화염방지기(flame arrester) : 외부로부터의 화염을 차단할 목적으로 인화성액체(유류탱크) 및 가연성가스 저장 설비의 상단에 설치한다.

{분석}
필기에 자주 출제되는 내용입니다.

**92** CF₃Br 소화약제의 하론 번호를 옳게 나타 낸 것은?

① 하론 1031
② 하론 1311
③ 하론 1301
④ 하론 1310

**[해설]** 하론 소화약제의 종류
① 하론 1301($CF_3Br$)
② 하론 1211($CF_2ClBr$)
③ 하론 2402($C_2F_4Br_2$)
④ 하론 1011($CH_2ClBr$)
⑤ 하론 1040($CCl_4$) 또는 사염화탄소(CTC)

{분석}
필기에 자주 출제되는 내용입니다.

정답 89 ④ 90 ② 91 ① 92 ③

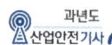
**93** 산업안전보건 법령에 따라 공정안전보고서에 포함해야 할 세부내용 중 공정안전자료에 해당하지 않는 것은?

① 안전운전 지침서
② 각종 건물·설비의 배치도
③ 유해하거나 위험한 설비의 목록 및 사양
④ 위험설비의 안전설계·제작 및 설치 관련 지침서

**해설** ① 안전운전 지침서 → 안전운전 계획

**참고** 공정안전보고서의 내용
① 공정안전자료
② 공정위험성 평가서
③ 안전운전 계획
④ 비상조치 계획

{분석}
**필기에 자주 출제되는 내용입니다.**

**94** 산업안전보건 법령상 단위공정시설 및 설비로부터 다른 단위공정 시설 및 설비 사이의 안전거리는 설비의 바깥 면부터 얼마 이상이 되어야 하는가?

① 5m
② 10m
③ 15m
④ 20m

**해설** 화학설비의 안전거리 기준

| 구분 | 안전거리 |
|---|---|
| 1. 단위공정시설 및 설비로부터 <u>다른 단위공정시설 및 설비의 사이</u> | 설비의 바깥 면으로부터 <u>10미터 이상</u> |
| 2. 플레어스택으로부터 단위공정시설 및 설비, <u>위험물질 저장탱크</u> 또는 위험물질 하역설비의 사이 | 플레어스택으로부터 반경 <u>20미터 이상</u>. 다만, 단위공정시설 등이 불연재로 시공된 지붕 아래에 설치된 경우에는 그러하지 아니하다. |
| 3. <u>위험물질 저장탱크</u>로부터 단위공정시설 및 설비, 보일러 또는 가열로의 사이 | 저장탱크의 바깥 면으로부터 <u>20미터 이상</u>. 다만, 저장탱크의 방호벽, 원격조종 소화 설비 또는 살수설비를 설치한 경우에는 그러하지 아니하다. |
| 4. 사무실·연구실·실험실·정비실 또는 식당으로부터 단위공정시설 및 설비, <u>위험물질 저장탱크</u>, 위험물질 하역설비, 보일러 또는 가열로의 사이 | 사무실 등의 바깥 면으로부터 <u>20미터 이상</u>. 다만, 난방용 보일러인 경우 또는 사무실 등의 벽을 방호구조로 설치한 경우에는 그러하지 아니하다. |

{분석}
**실기까지 중요한 내용입니다.**

**95** 자연발화 성질을 갖는 물질이 아닌 것은?

① 질화면
② 목탄분말
③ 아마인유
④ 과염소산

**해설** ④ 과염소산 → 산화성을 가진다.

**96** 다음 중 왕복펌프에 속하지 않는 것은?

① 피스톤 펌프
② 플런저 펌프
③ 기어 펌프
④ 격막 펌프

[해설] ③ 기어펌프 → 회전식 펌프

[참고] **용적형 펌프의 종류**

| 왕복식 | • 피스톤펌프<br>• 플런저펌프<br>• 격막펌프 |
|--------|------------------|
| 회전식 | • 기어펌프<br>• 베인펌프<br>• 나사펌프 |

**97** 두 물질을 혼합하면 위험성이 커지는 경우가 아닌 것은?

① 이황화탄소 + 물
② 나트륨 + 물
③ 과산화나트륨 + 염산
④ 염소산칼륨 + 적린

[해설] ② 나트륨(물반응성 물질)은 물과 반응하여 발화의 위험 있다.
③ 과산화나트륨(산화성 고체)과 염산의 반응으로 과산화수소가 발생하며 발화의 위험 있다.
④ 염소산칼륨(산화성 고체)과 적린이 반응하여 발화의 위험 있다.

**98** 5% NaOH 수용액과 10% NaOH 수용액을 반응기에 혼합하여 6% 100kg의 NaOH 수용액을 만들려면 각각 몇 kg의 NaOH 수용액이 필요한가?

① 5% NaOH 수용액: 33.3,
  10% NaOH 수용액: 66.7
② 5% NaOH 수용액: 50,
  10% NaOH 수용액: 50
③ 5% NaOH 수용액: 66.7,
  10% NaOH 수용액: 33.3
④ 5% NaOH 수용액: 80,
  10% NaOH 수용액: 20

[해설] • 5% NaOH 수용액 : 수용액 100kg 중 NaOH 5kg이 포함됨
• 10% NaOH 수용액 : 수용액 100kg 중 NaOH 10kg이 포함됨
• 6% NaOH 수용액을 만들려면 수용액 100kg 중 NaOH 6kg이 필요하다.
① 5% NaOH 수용액 33.3과 10% NaOH 수용액 66.7 속의 NaOH의 양
  → $33.3 \times 0.05 + 66.7 \times 0.1 = 8.34$kg
② 5% NaOH 수용액 50과 10% NaOH 수용액 50 속의 NaOH의 양
  → $50 \times 0.05 + 50 \times 0.1 = 7.50$kg
③ 5% NaOH 수용액 66.7과 10% NaOH 수용액 33.3 속의 NaOH의 양
  → $66.7 \times 0.05 + 33.3 \times 0.1 = 6.67$kg
④ 5% NaOH 수용액 80과 10% NaOH 수용액 20 속의 NaOH의 양
  → $80 \times 0.05 + 20 \times 0.1 = 6.0$kg

**99** 다음 중 노출기준(TWA, ppm) 값이 가장 작은 물질은?

① 염소
② 암모니아
③ 에탄올
④ 메탄올

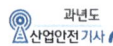
해설 ① 염소 : 0.5ppm
② 암모니아 : 25ppm
③ 에탄올(에틸알콜) : 1,000ppm
④ 메탄올(메틸알콜) : 200ppm

**100** 산업안전보건 법령에 따라 위험물 건조설비 중 건조실을 설치하는 건축물의 구조를 독립된 단층 건물로 하여야 하는 건조설비가 아닌 것은?

① 위험물 또는 위험물이 발생하는 물질을 가열 · 건조하는 경우 내용적이 2m³인 건조설비

② 위험물이 아닌 물질을 가열 · 건조하는 경우 액체연료의 최대사용량이 5kg/h인 건조설비

③ 위험물이 아닌 물질을 가열 · 건조하는 경우 기체연료의 최대사용량이 2m³/h인 건조설비

④ 위험물이 아닌 물질을 가열 · 건조하는 경우 전기 사용 정격용량이 20kW인 건조설비

해설 위험물 건조설비 중 건조실을 독립된 단층건물로 하여야 하는 경우

① 위험물 또는 위험물이 발생하는 물질을 가열 · 건조하는 경우 내용이 1세제곱미터 이상인 건조설비

② 위험물이 아닌 물질을 가열 · 건조하는 경우
 • 고체 또는 액체연료의 최대사용량이 시간당 10킬로그램 이상
 • 기체연료의 최대사용량이 시간당 1세제곱미터 이상
 • 전기사용 정격용량이 10킬로와트 이상

{분석}
**실기까지 중요한 내용입니다.**

---

## 제6과목 · 건설공사 안전 관리

**101** 부두 · 안벽 등 하역작업을 하는 장소에서 부두 또는 안벽의 선을 따라 통로를 설치하는 경우에는 폭을 최소 얼마 이상으로 하여야 하는가?

① 85cm    ② 90cm
③ 100cm    ④ 120cm

해설 부두 또는 안벽의 선을 따라 통로를 설치하는 경우에는 폭을 90cm 이상으로 하여야 한다.

{분석}
**필기에 자주 출제되는 내용입니다.**

**102** 다음은 산업안전보건법령에 따른 산업안전보건관리비의 사용에 관한 규정이다. ( ) 안에 들어갈 내용을 순서대로 옳게 작성한 것은?

> 건설공사도급인은 고용노동부장관이 정하는 바에 따라 해당 건설공사를 위하여 계상된 산업안전보건관리비를 그가 사용하는 근로자와 그의 관계수급인이 사용하는 근로자의 산업재해 및 건강장해 예방에 사용하고, 그 사용명세서를 ( ) 작성하고 건설공사 종료 후 ( )간 보존해야 한다.

① 매월, 6개월
② 매월, 1년
③ 2개월마다, 6개월
④ 2개월마다, 1년

해설 건설공사도급인은 고용노동부장관이 정하는 바에 따라 해당 건설공사를 위하여 계상된 산업안전보건관리비를 그가 사용하는 근로자와 그의 관계

---

•)) 정답 100 ② 101 ② 102 ②

수급인이 사용하는 근로자의 산업재해 및 건강장해 예방에 사용하고, 그 사용명세서를 매월(공사가 1개월 이내에 종료되는 사업의 경우에는 해당 공사 종료 시) 작성하고 건설공사 종료 후 1년간 보존해야 한다.

{분석}
실기까지 중요한 내용입니다.

**103** 지반의 굴착 작업에 있어서 비가 올 경우를 대비한 직접적인 대책으로 옳은 것은?

① 측구 설치
② 낙하물방지망 설치
③ 추락방호망 설치
④ 매설물 등의 유무 또는 상태 확인

[해설] 비가 올 경우를 대비하여 측구를 설치하거나 굴착경사면에 비닐을 덮는 등 빗물 등의 침투에 의한 붕괴재해를 예방하기 위하여 필요한 조치를 하여야 한다.

**104** 강관틀비계(높이 5m 이상)의 넘어짐을 방지하기 위하여 사용하는 벽이음 및 버팀의 설치간격 기준으로 옳은 것은?

① 수직방향 5m, 수평방향 5m
② 수직방향 6m, 수평방향 7m
③ 수직방향 6m, 수평방향 8m
④ 수직방향 7m, 수평방향 8m

[해설] 비계 조립간격(벽이음 간격)

| 비계 종류 | | 수직방향 | 수평방향 |
|---|---|---|---|
| 강관비계 | 단관비계 | 5m | 5m |
| | 틀비계(높이 5m 미만인 것 제외) | 6m | 8m |

{분석}
실기에 자주 출제되는 중요한 내용입니다.

**105** 굴착공사에 있어서 비탈면붕괴를 방지하기 위하여 실시하는 대책으로 옳지 않은 것은?

① 지표수의 침투를 막기 위해 표면배수공을 한다.
② 지하수위를 내리기 위해 수평배수공을 설치한다.
③ 비탈면 하단을 성토한다.
④ 비탈면 상부에 토사를 적재한다.

[해설] ④ 비탈면 상부에 적재할 경우 붕괴의 위험이 더 커진다. 비탈면의 하단부에 압성토 등 보강공법으로 활동에 대한 저항대책을 강구하여야 한다.

{분석}
필기에 자주 출제되는 내용입니다.

**106** 강관을 사용하여 비계를 구성하는 경우 준수해야 할 사항으로 옳지 않은 것은?

① 비계기둥의 간격은 띠장 방향에서는 1.85m 이하, 장선(長線) 방향에서는 1.5m 이하로 할 것
② 띠장 간격은 2.0m 이하로 할 것
③ 비계기둥의 제일 윗부분으로부터 31m 되는 지점 밑부분의 비계기둥은 3개의 강관으로 묶어세울 것
④ 비계기둥 간의 적재하중은 400kg을 초과하지 않도록 할 것

[해설] ③ 비계기둥의 제일 윗부분으로부터 31m되는 지점 밑부분의 비계기둥은 2개의 강관으로 묶어세울 것

[참고] 강관비계 조립 시의 준수사항
① 비계기둥에는 미끄러지거나 침하하는 것을 방지하기 위하여 밑받침철물을 사용하거나 깔판·받침목 등을 사용하여 밑둥잡이를 설치할 것

•))) 정답 103 ① 104 ③ 105 ④ 106 ③

최근 기출문제 2021

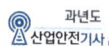
② 강관의 <u>접속부 또는 교차부는 적합한 부속철물을 사용</u>하여 접속하거나 단단히 묶을 것

③ <u>교차가새로 보강</u>할 것

④ 외줄비계·쌍줄비계 또는 돌출 비계의 벽이음 및 버팀 설치
- 조립간격 : <u>수직방향에서 5m 이하, 수평방향에서는 5m 이하</u>
- 강관·통나무 등의 재료를 사용하여 견고한 것으로 할 것
- 인장재와 압축재로 구성되어 있는 때에는 <u>인장재와 압축재의 간격을 1m 이내로 할 것</u>

⑤ 가공전로에 근접하여 비계를 설치하는 때에는 가공전로를 이설, 절연용 방호구 장착하는 등 <u>가공전로와의 접촉 방지 조치할 것</u>

{분석}
**실기까지 중요한 내용입니다.**

---

**107** 다음은 산업안전보건법령에 따른 시스템 비계의 구조에 관한 사항이다. (    ) 안에 들어갈 내용으로 옳은 것은?

> 비계 밑단의 수직재와 받침철물을 밀착되도록 설치하고, 수직재와 받침철물의 연결부의 겹침길이는 받침철물 전체 길이의 (    ) 이상이 되도록 할 것

① 2분의 1
② 3분의 1
③ 4분의 1
④ 5분의 1

**[해설]** 시스템 비계의 구조

① <u>수직재·수평재·가새재를 견고하게 연결</u>하는 구조가 되도록 할 것

② 비계 밑단의 <u>수직재와 받침철물은 밀착되도록 설치</u>하고, 수직재와 받침철물의 <u>연결부의 겹침길이는 받침철물 전체길이의 3분의 1 이상이 되도록</u> 할 것

③ <u>수평재는 수직재와 직각으로 설치</u>하여야 하며, 체결 후 흔들림이 없도록 견고하게 설치할 것

④ 수직재와 수직재의 <u>연결철물은 이탈되지 않도록 견고한 구조</u>로 할 것

---

⑤ <u>벽 연결재의 설치간격은 제조사가 정한 기준에 따라 설치할 것</u>

{분석}
**실기까지 중요한 내용입니다.**

---

**108** 건설 현장에서 작업으로 인하여 물체가 떨어지거나 날아올 위험이 있는 경우에 대한 안전조치에 해당하지 않는 것은?

① 수직보호망 설치
② 방호선반 설치
③ 울타리설치
④ 낙하물방지망 설치

**[해설]** 낙하·비래 위험방지 조치

① 낙하물방지망·수직보호망 또는 방호선반의 설치

② 출입금지구역의 설정

③ 보호구의 착용

{분석}
**실기까지 중요한 내용입니다.**

---

**109** 흙막이 가시설 공사 중 발생할 수 있는 보일링(Boiling) 현상에 관한 설명으로 옳지 않은 것은?

① 이 현상이 발생하면 흙막이 벽의 지지력이 상실된다.

② 지하수위가 높은 지반을 굴착할 때 주로 발생된다.

③ 흙막이벽의 근입장 깊이가 부족할 경우 발생한다.

④ 연약한 점토지반에서 굴착면의 융기로 발생한다.

**[해설]** ④ 연약한 점토지반에서 굴착면의 융기로 발생한다. → 히빙현상

**참고** 1. 히빙(Heaving)현상 : 연질점토 지반에서 굴착에 의한 흙막이 내·외면의 흙의 중량 차이(토압)로 인해 굴착저면이 부풀어 올라오는 현상을 말한다.

2. 보일링(Boiling)현상 : 사질토 지반에서 굴착저면과 흙막이 배면과의 수위 차이로 인해 굴착저면의 흙과 물이 함께 위로 솟구쳐 오르는 현상(모래의 액상화 현상)을 말한다.

{분석}
실기까지 중요한 내용입니다.

**110** 거푸집동바리 등을 조립하는 경우에 준수해야 할 기준으로 옳지 않은 것은?

① 동바리의 상하 고정 및 미끄러짐 방지 조치를 하고, 하중의 지지상태를 유지한다.
② 강재와 강재의 접속부 및 교차부는 볼트·클램프 등 전용철물을 사용하여 단단히 연결한다.
③ 파이프서포트를 제외한 동바리로 사용하는 강관은 높이 2m마다 수평연결재를 2개 방향으로 만들고 수평연결재의 변위를 방지할 것
④ 동바리로 사용하는 파이프서포트는 4개 이상 이어서 사용하지 않도록 할 것

**해설** 동바리로 사용하는 파이프서포트의 조립 시 준수사항
① 파이프서포트를 3개본 이상 이어서 사용하지 아니하도록 할 것
② 파이프서포트를 이어서 사용할 때에는 4개 이상의 볼트 또는 전용철물을 사용하여 이을 것
③ 높이가 3.5미터를 초과하는 경우에는 높이 2미터 이내마다 수평연결재를 2개 방향으로 만들고 수평연결재의 변위를 방지할 것

{분석}
실기까지 중요한 내용입니다.

**111** 장비가 위치한 지면보다 낮은 장소를 굴착하는 데 적합한 장비는?

① 트럭크레인　② 파워셔블
③ 백호　　　　④ 진폴

**해설** 굴착기계
• 파워셔블 : 장비가 위치한 지면보다 높은 장소를 굴착한다.
• 드래그셔블(백호), 드래그라인, 클램셀 : 장비가 위치한 지면보다 낮은 장소를 굴착한다.

{분석}
필기에 자주 출제되는 내용입니다.

**112** 건설공사 도급인은 건설공사 중에 가설구조물의 붕괴 등 산업재해가 발생할 위험이 있다고 판단되면 건축·토목 분야의 전문가의 의견을 들어 건설공사 발주자에게 해당 건설공사의 설계변경을 요청할 수 있는데, 이러한 가설구조물의 기준으로 옳지 않은 것은?

① 높이 20m 이상인 비계
② 작업발판 일체형 거푸집 또는 높이 5m 이상인 거푸집 동바리
③ 터널의 지보공 또는 높이 2m 이상인 흙막이 지보공
④ 동력을 이용하여 움직이는 가설구조물

**해설** 산업재해가 발생할 위험이 있다고 판단되어 설계변경을 요청할 수 있는 경우
① 높이 31미터 이상인 비계
② 작업발판 일체형 거푸집 또는 높이 5미터 이상인 거푸집 동바리
③ 터널의 지보공 또는 높이 2미터 이상인 흙막이 지보공
④ 동력을 이용하여 움직이는 가설구조물

{분석}
실기까지 중요한 내용입니다.

최근기출문제 **2021**

**정답** 110 ④　111 ③　112 ①

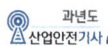
**113** 콘크리트 타설 시 안전수칙으로 옳지 않은 것은?

① 타설순서는 계획에 의하여 실시하여야 한다.
② 진동기는 최대한 많이 사용하여야 한다.
③ 콘크리트를 치는 도중에는 거푸집, 지보공 등의 이상 유무를 확인하여야 한다.
④ 손수레로 콘크리트를 운반할 때에는 손수레를 타설하는 위치까지 천천히 운반하여 거푸집에 충격을 주지 아니하도록 타설하여야 한다.

**해설** ② 진동기는 적절히 사용되어야 하며, 지나친 진동은 거푸집 도괴의 원인이 될 수 있으므로 각별히 주의하여야 한다.

{분석}
**필기에 자주 출제되는 내용입니다.**

**114** 산업안전보건법령에 따른 작업발판 일체형 거푸집에 해당되지 않는 것은?

① 갱 폼(Gang Form)
② 슬립 폼(Slip Form)
③ 유로 폼(Euro Form)
④ 클라이밍 폼(Climbing Form)

**해설** 작업발판 일체형 거푸집의 종류
① 갱 폼(gang form)
② 슬립 폼(slip form)
③ 클라이밍 폼(climbing form)
④ 터널 라이닝 폼(tunnel lining form)

{분석}
**실기까지 중요한 내용입니다.**

**115** 터널 지보공을 조립하는 경우에는 미리 그 구조를 검토한 후 조립도를 작성하고, 그 조립도에 따라 조립하도록 하여야 하는데 이 조립도에 명시하여야할 사항과 가장 거리가 먼 것은?

① 이음방법
② 단면규격
③ 재료의 재질
④ 재료의 구입처

**해설** 조립도에는 동바리·멍에 등 부재(部材)의 재질·단면규격·설치간격 및 이음방법 등을 명시하여야 한다.

{분석}
**필기에 자주 출제되는 내용입니다.**

**116** 산업안전보건 법령에 따른 건설공사 중 다리 건설공사의 경우 유해위험방지계획서를 제출하여야 하는 기준으로 옳은 것은?

① 최대 지간길이가 40m 이상인 다리의 건설 등 공사
② 최대 지간길이가 50m 이상인 다리의 건설 등 공사
③ 최대 지간길이가 60m 이상인 다리의 건설 등 공사
④ 최대 지간길이가 70m 이상인 다리의 건설 등 공사

**해설** 유해위험방지계획서를 제출해야 될 건설공사
1. 지상높이가 31미터 이상인 건축물 또는 인공구조물, 연면적 3만제곱미터 이상인 건축물 또는 연면적 5천제곱미터 이상의 문화 및 집회시설(전시장 및 동물원·식물원은 제외한다), 판매시설, 운수시설(고속철도의 역사 및 집배송시설은 제외한다), 종교시설, 의료시설 중 종합병원, 숙박시설 중 관광숙박시설, 지하도상가 또는 냉동·냉장창고시설의 건설·개조 또는 해체

•))) **정답** 113 ② 114 ③ 115 ④ 116 ②

2. 연면적 5천제곱미터 이상의 냉동·냉장창고 시설의 설비공사 및 단열공사
3. 최대 지간길이가 50미터 이상인 교량 건설 등 공사
4. 터널 건설 등의 공사
5. 다목적댐, 발전용댐 및 저수용량 2천만톤 이상의 용수 전용 댐, 지방상수도전용 댐 건설 등의 공사
6. 깊이 10미터 이상인 굴착공사

실패가 되고! 합격이 되는! **특급 암기법**

• 지상높이 31m, 연면적 3만m², 사람 많은 시설 연면적 5,000m²
• 연면적 5,000m² 냉동·냉장창고시설
• 최대 지간길이가 50미터 이상 교량
• 터널
• 저수용량 2천만 톤 이상 댐
• 10미터 이상인 굴착

{분석}
실기에 자주 출제되는 중요한 내용입니다.

---

**117** 가설통로 설치에 있어 경사가 최소 얼마를 초과하는 경우에는 미끄러지지 아니하는 구조로 하여야 하는가?

① 15도
② 20도
③ 30도
④ 40도

해설 **가설통로 설치 시의 준수사항**
① 견고한 구조로 할 것
② 경사는 30도 이하로 할 것
③ 경사가 15도를 초과하는 때는 미끄러지지 아니하는 구조로 할 것
④ 추락의 위험이 있는 장소에는 안전난간을 설치할 것
⑤ 수직갱 : 길이가 15미터이상인 때에는 10미터 이내마다 계단참을 설치할 것
⑥ 건설공사에 사용하는 높이 8미터 이상인 비계다리 : 7미터 이내 마다 계단참을 설치할 것

{분석}
실기까지 중요한 내용입니다.

---

**118** 굴착과 싣기를 동시에 할 수 있는 토공기계가 아닌 것은?

① 트랙터 셔블(tractor shovel)
② 백호(back hoe)
③ 파워 셔블(power shovel)
④ 모터그레이더(motor grader)

해설 **모터 그레이더(Motor grader)**
토공판을 작동시켜 지면의 정지작업(땅을 깎아 고르는 작업)을 하는데 사용된다.

{분석}
필기에 자주 출제되는 내용입니다.

---

**119** 강관 틀비계를 조립하여 사용하는 경우 준수하여야 할 사항으로 옳지 않은 것은?

① 비계기둥의 밑둥에는 밑받침 철물을 사용할 것
② 높이가 20m를 초과하거나 중량물의 적재를 수반하는 작업을 할 경우에는 주틀 간의 간격을 1.8m 이하로 할 것
③ 주틀 간에 교차 가새를 설치하고 최하층 및 3층 이내마다 수평재를 설치할 것
④ 길이가 띠장 방향으로 4m 이하이고 높이가 10m를 초과하는 경우에는 10m 이내마다 띠장 방향으로 버팀기둥을 설치할 것

해설 **틀비계(강관 틀비계) 조립 시 준수사항**
① 밑둥에는 밑받침철물을 사용하여야 하며 밑받침에 고저차가 있는 경우에는 조절형 밑받침철물을 사용하여 항상 수평 및 수직을 유지하도록 할 것
② 높이가 20미터를 초과하거나 중량물의 적재를 수반하는 작업을 할 경우에는 주틀 간의 간격이 1.8미터 이하로 할 것
③ 주틀 간에 교차가새를 설치하고 최상층 및 5층 이내마다 수평재를 설치할 것

정답 **117** ① **118** ④ **119** ③

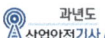

④ 벽이음 간격(조립간격) : 수직방향 6m, 수평방향으로 8m미터 이내마다 할 것

⑤ 길이가 띠장방향으로 4m 이하이고 높이가 10m를 초과하는 경우에는 10m 이내마다 띠장방향으로 버팀기둥을 설치할 것

{분석}
**실기까지 중요한 내용입니다.**

**120** 산업안전보건 법령에 따른 양중기의 종류에 해당하지 않는 것은?

① 고소작업차
② 이동식 크레인
③ 승강기
④ 리프트(Lift)

[해설] **양중기의 종류(산업안전보건법 기준)**

① 크레인[호이스트(hoist)를 포함한다]
② 이동식 크레인
③ 리프트(이삿짐운반용 리프트의 경우에는 적재하중이 0.1톤 이상인 것으로 한정한다)
④ 곤돌라
⑤ 승강기

{분석}
**실기에 자주 출제되는 중요한 내용입니다.**

•)) 정답 120 ①

**01** 안전점검표(체크리스트) 항목 작성 시 유의사항으로 틀린 것은?

① 정기적으로 검토하여 설비나 작업방법이 타당성 있게 개조된 내용일 것
② 사업장에 적합한 독자적 내용을 가지고 작성할 것
③ 위험성이 낮은 순서 또는 긴급을 요하는 순서대로 작성할 것
④ 점검항목을 이해하기 쉽게 구체적으로 표현할 것

**해설** 안전점검표(안전점검 체크리스트) 작성 시 유의사항

① 사업장에 적합한 내용이며 독자적일 것
② 내용은 구체적이며, 재해예방에 실효가 있을 것
③ 중요도가 높은 순으로 작성할 것
④ 일정양식 및 점검대상을 정하여 작성할 것
⑤ 가급적 쉬운 표현으로 작성할 것

{분석}
필기에 자주 출제되는 내용입니다.

**02** 안전교육에 있어서 동기부여방법으로 가장 거리가 먼 것은?

① 책임감을 느끼게 한다.
② 관리감독을 철저히 한다.
③ 자기 보손본능을 자극한다.
④ 물질적 이해관계에 관심을 두도록 한다.

**해설** 동기부여는 행위에 대한 만족감에서 오는 <u>내적 동기</u>와 외부의 보상에 더 가치를 주는 <u>외적 동기를 모두 고려하는 것이 좋다.</u>

① 목표 설정 및 의미를 부여한다.
② 책임감을 느끼게 한다.
③ 자기 보존본능을 자극한다.
④ 물질적 이해관계에 관심을 두도록 한다.

**03** 교육과정 중 학습경험조직의 원리에 해당하지 않는 것은?

① 기회의 원리
② 계속성의 원리
③ 계열성의 원리
④ 통합성의 원리

**해설** 학습경험 조직의 원리

① <u>계속성의 원리</u> : 중요한 학습경험을 반복을 통해 강화하는 것
② <u>계열성의 원리</u> : 학습경험의 요인들이 깊이와 넓이에 있어 점진적으로 증가하는 것
③ <u>통합성의 원리</u> : 여러 학습경험들 간에 상호 보완적 관계를 유지하고 여러 과목을 조화롭게 배열하는 것
④ <u>균형성의 원리</u> : 학습경험의 균형을 유지하는 것
⑤ <u>다양성의 원리</u> : 학생들의 요구나 흥미, 능력이 반영될 수 있도록 다양하고 융통성 있는 학습경험을 조직하도록 한다.
⑥ <u>보편성의 원리</u> : 건전한 민주시민의 요소를 기를 수 있도록 학습경험이 조직되어야 한다.

**참고** 학습경험 선정의 원리

① <u>기회의 원리</u> : 교육목표를 달성하기 위해서는 <u>학습자가 스스로 해 볼 수 있는 기회를 가져야 한다.</u>
② <u>만족의 원리(동기유발의 원리)</u> : 학생들이 해 보는 과정에서 만족감을 느낄 수 있어야 한다.

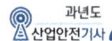
③ 가능성의 원리 : 학생들에게 요구되는 행동이 현재 능력 성위발달 수준에 맞아야 한다.
④ 다목적달성의 원리 : 여러 가지 목표를 동시에 달성하는데 도움을 주도록 한다.
⑤ 협동의 원리 : 함께 활동할 수 있는 기회를 주어야 한다.

**04** 근로자 1,000명 이상의 대규모 사업장에 적합한 안전관리 조직의 유형은?

① 직계식 조직
② 참모식 조직
③ 병렬식 조직
④ 직계참모식 조직

해설

| 라인형<br>(Line) or<br>직계형 | 소규모 사업장(100명 이하 사업장)에 적용이 가능하다. |
| 스태프형<br>(staff) or<br>참모형 | 중규모 사업장(100 ~ 1,000명 정도의 사업장)에 적용이 가능하다. |
| 라인 스태프<br>(직계 참모형)형<br>or 혼합형 | 대규모 사업장(1,000명 이상 사업장)에 적용이 가능하다. |

{분석}
실기까지 중요한 내용입니다.

**05** 산업안전보건 법령상 안전보건표지의 종류와 형태 중 관계자 외 출입금지에 해당하지 않는 것은?

① 관리대상물질 작업장
② 허가대상물질 작업장
③ 석면취급·해체 작업장
④ 금지대상물질의 취급 실험실

해설 관계자외 출입금지표지

| 허가대상물질<br>작업장 | 관계자외 출입금지<br>(허가물질 명칭) 제조/사용/보관 중<br>보호구/보호복 착용<br>흡연 및 음식물<br>섭취 금지 |
| 석면취급/<br>해체 작업장 | 관계자외 출입금지<br>석면 취급/해체 중<br>보호구/보호복 착용<br>흡연 및 음식물<br>섭취 금지 |
| 금지대상물질의<br>취급 실험실 등 | 관계자외 출입금지<br>발암물질 취급 중<br>보호구/보호복 착용<br>흡연 및 음식물<br>섭취 금지 |

{분석}
실기에 자주 출제되는 내용입니다.

**06** 산업안전보건 법령상 명시된 타워크레인을 사용하는 작업에서 신호업무를 하는 작업 시 특별교육 대상 작업별 교육 내용이 아닌 것은? (단, 그 밖에 안전·보건 관리에 필요한 사항은 제외한다.)

① 신호방법 및 요령에 관한 사항
② 걸고리·와이어로프 점검에 관한 사항
③ 화물의 취급 및 안전작업방법에 관한 사항
④ 인양물이 적재될 지반의 조건, 인양하중, 풍압 등이 인양물과 타워크레인에 미치는 영향

해설 「타워크레인을 사용하는 작업 시 신호업무를 하는 작업」의 특별교육 내용
① 타워크레인의 기계적 특성 및 방호장치 등에 관한 사항
② 화물의 취급 및 안전작업방법에 관한 사항
③ 신호방법 및 요령에 관한 사항

•)) 정답  04 ④  05 ①  06 ②

④ 인양 물건의 위험성 및 낙하·비래·충돌재해 예방에 관한 사항  
⑤ 인양물이 적재될 지반의 조건, 인양하중, 풍압 등이 인양물과 타워크레인에 미치는 영향  
⑥ 그 밖에 안전·보건관리에 필요한 사항

{분석}  
**실기까지 중요한 내용입니다.**

**07** 보호구 안전인증 고시상 추락방지대가 부착된 안전대의 일반구조에 관한 내용 중 틀린 것은?

① 죔줄은 합성섬유로프를 사용해서는 안 된다.  
② 고정된 추락방지대의 수직구명줄은 와이어로프 등으로 하며 최소지름이 8mm 이상이어야 한다.  
③ 수직구명줄에서 걸이설비와의 연결부위는 훅 또는 카라비너 등이 장착되어 걸이설비와 확실히 연결되어야 한다.  
④ 추락방지대를 부착하여 사용하는 안전대는 신체지지의 방법으로 안전그네만을 사용하여야 하며 수직구명줄이 포함되어야 하다.

**[해설]** ① 죔줄은 합성섬유로프, 웨빙, 와이어로프 등일 것

**[참고] 추락방지대가 부착된 안전대의 구조**  
① 추락방지대를 부착하여 사용하는 안전대는 신체지지의 방법으로 안전그네만을 사용하여야 히며 수직구명줄이 포함될 것  
② 수직구명줄에서 걸이설비와의 연결부위는 훅 또는 카라비너 등이 장착되어 걸이설비와 확실히 연결될 것  
③ 유연한 수직구명줄은 합성섬유로프 또는 와이어로프 등이어야 하며 구명줄이 고정되지 않아 흔들림에 의한 추락방지대의 오작동을 막기 위하여 적절한 긴장수단을 이용, 팽팽히 당겨질 것

④ 죔줄은 합성섬유로프, 웨빙, 와이어로프 등일 것  
⑤ 고정된 추락방지대의 수직구명줄은 와이어로프 등으로 하며 최소지름이 8mm 이상일 것  
⑥ 고정 와이어로프에는 하단부에 무게추가 부착되어 있을 것

**08** 하인리히 재해 구성 비율 중 무상해사고가 600건이라면 사망 또는 중상 발생 건수는?

① 1  ② 2  
③ 29  ④ 58

**[해설]** 하인리히 1 : 29 : 300의 법칙  
→ 총 330건의 사고를 분석했을 때  
• 중상 또는 사망 : 1건  
• 경상해 : 29건  
• 무상해사고 : 300건이 발생함을 의미

무상해사고가 600건(300×2)이므로  
• 중상 또는 사망 : 1×2 = 2건  
• 경상해 : 29×2건 = 58(건)

{분석}  
**실기까지 중요한 내용입니다.**

**09** 재해사례연구 순서로 옳은 것은?

재해 상황의 파악 → ( ㉠ ) → ( ㉡ ) → 근본적 문제점 발견 → ( ㉢ )

① ㉠ 문제점의 발견, ㉡ 대책 수립, ㉢ 사실의 확인  
② ㉠ 문제점의 발견, ㉡ 사실의 확인, ㉢ 대책 수립  
③ ㉠ 사실의 확인, ㉡ 대책 수립, ㉢ 문제점의 발견  
④ ㉠ 사실의 확인, ㉡ 문제점의 발견, ㉢ 대책 수립

**[정답]** 07 ① 08 ② 09 ④

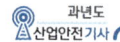
<해설> **재해사례연구 진행 단계**

전제 조건 : 재해 상황의 파악
1단계 : 사실의 확인
2단계 : 문제점 발견
3단계 : 근본 문제점 결정(재해 원인 결정)
4단계 : 대책 수립

{분석}
**실기까지 중요한 내용입니다.**

**10** 강의식 교육지도에서 가장 많은 시간을 소비하는 단계는?

① 도입   ② 제시
③ 적용   ④ 확인

<해설> 강의법 : 제시단계(설명)에서 가장 많은 시간을 소비한다.

<참고> 토의법 : 적용(시켜봄)단계에서 가장 많은 시간을 소비한다.

{분석}
**필기에 자주 출제되는 내용입니다.**

**11** 위험예지훈련 4단계의 진행 순서를 바르게 나열한 것은?

① 목표 설정 → 현상 파악 → 대책 수립 → 본질 추구
② 목표 설정 → 현상 파악 → 본질 추구 → 대책 수립
③ 현상 파악 → 본질 추구 → 대책 수립 → 목표설정
④ 현상 파악 → 본질 추구 → 목표 설정 → 대책 수립

<해설> **위험예지 훈련 4단계**

1단계 : 현상 파악
2단계 : 요인조사(본질 추구)
3단계 : 대책 수립
4단계 : 행동 목표 설정(합의 요약)

{분석}
**실기까지 중요한 내용입니다.**

**12** 레윈(Lewin.K)에 의하여 제시된 인간의 행동에 관한 식을 올바르게 표현한 것은? (단, B는 인간의 행동, P는 개체, E는 환경, f는 함수관계를 의미한다.)

① $B = f(P \cdot E)$
② $B = f(P+1)E$
③ $P = E \cdot f(B)$
④ $E = f(P \cdot B)$

<해설> **레윈(K. Lewin)의 법칙** : 인간의 행동은 개체의 자질과 심리적 환경의 함수관계이다.

$$B = f(P \cdot E)$$

여기서, B : Behavior(인간의 행동)
　　　　f : function(함수관계)
　　　　P : Person
　　　　(개체 : 연령, 경험, 심신상태, 성격, 지능 등)
　　　　E : Environment
　　　　(심리적 환경 : 인간관계, 작업환경 등)

{분석}
**실기까지 중요한 내용입니다.**

**13** 산업안전보건 법령상 근로자에 대한 일반 건강진단의 실시 시기 기준으로 옳은 것은?

① 사무직에 종사하는 근로자 :
   1년에 1회 이상
② 사무직에 종사하는 근로자 :
   2년에 1회 이상
③ 사무직외의 업무에 종사하는 근로자 :
   6월에 1회 이상
④ 사무직외의 업무에 종사하는 근로자 :
   2년에 1회 이상

[해설] **일반 건강진단 실시 시기**

① 사무직 종사 근로자(판매업무 종사하는 근로자 제외) : 2년에 1회 이상
② 그 밖의 근로자 : 1년에 1회 이상

{분석}
실기까지 중요한 내용입니다.

**14** 매슬로(Maslow)의 욕구 5단계 이론 중 안전욕구의 단계는?

① 제1단계
② 제2단계
③ 제3단계
④ 제4단계

[해설] **매슬로(Maslow A. H.)의 욕구단계 이론(인간의 욕구 5단계)**

① 제1단계(생리적 욕구)
② 제2단계(안전 욕구)
③ 제3단계(사회적 욕구)
④ 제4단계(존경 욕구)
⑤ 제5단계(자아실현의 욕구)

{분석}
실기까지 중요한 내용입니다.

**15** 교육계획 수립 시 가장 먼저 실시하여야 하는 것은?

① 교육내용의 결정
② 실행교육계획서 작성
③ 교육의 요구사항 파악
④ 교육실행을 위한 순서, 방법, 자료의 검토

[해설] **안전교육 계획수립 및 추진순서**

교육의 필요점 발견 → 교육 대상 결정 → 교육 준비 → 교육 실시 → 평가

[참고] **안전교육 계획 수립**

① 교육목표 설정 : 첫째 과제
② 교육 대상자와 범위설정
③ 교육의 과정 결정
④ 교육 방법 결정
⑤ 보조자료 및 강사, 조교의 편성
⑥ 교육 진행 사항
⑦ 소요 예산 산정

**16** 상황성 누발자의 재해 유발 원인이 아닌 것은?

① 심신의 근심
② 작업의 어려움
③ 도덕성의 결여
④ 기계 설비의 결함

[해설] **상황성 누발자**

• 작업에 어려움이 많은 자
• 기계 설비의 결함이 있을 때
• 심신에 근심이 있는 자
• 환경상 주의력 집중이 흔란되기 쉬울 때

[참고] **소질성 누발자의 공통된 성격**

• 주의력 산만 및 주의력 지속 불능
• 흥분성 ・ 저지능
• 비협조성 ・ 도덕성의 결여
• 소심한 성격 ・ 감각 운동 부적합 등

{분석}
필기에 자주 출제되는 내용입니다.

최근 기출문제
2021

→) 정답 13 ② 14 ② 15 ③ 16 ③

**17** 인간의 의식 수준을 5단계로 구분할 때 의식이 몽롱한 상태의 단계는?

① Phase Ⅰ  ② Phase Ⅱ
③ Phase Ⅲ  ④ Phase Ⅳ

해설 인간 의식레벨의 분류

| Phase 0 | 무의식, 실신 | 수면, 뇌발작 | 주의작용 0 |
| --- | --- | --- | --- |
| Phase Ⅰ | 의식흐림 | 피로, 단조로운 일 | 부주의 |
| Phase Ⅱ | 이완 | 안정기거, 휴식 | 안정기거, 휴식 |
| Phase Ⅲ | 상쾌 | 적극적 | 적극 활동 |
| Phase Ⅳ | 과긴장 | 일점집중현상, 긴급방위 | 감정흥분 |

{분석}
실기까지 중요한 내용입니다.

**18** 산업안전보건 법령상 사업장에서 산업재해 발생 시 사업주가 기록·보존하여야 하는 사항을 모두 고른 것은? (단, 산업재해 조사표와 요양신청서의 사본은 보존하지 않았다.)

ㄱ. 사업장의 개요 및 근로자의 인적 사항
ㄴ. 재해 발생의 일시 및 장소
ㄷ. 재해 발생의 원인 및 과정
ㄹ. 재해 재발방지 계획

① ㄱ, ㄹ
② ㄴ, ㄷ, ㄹ
③ ㄱ, ㄴ, ㄷ
④ ㄱ, ㄴ, ㄷ, ㄹ

해설 사업주는 산업재해가 발생한 때에는 다음 각 호의 사항을 기록·보존하여야 한다.
① 사업장의 개요 및 근로자의 인적사항
② 재해 발생의 일시 및 장소
③ 재해 발생의 원인 및 과정
④ 재해 재발방지 계획

{분석}
필기에 자주 출제되는 내용입니다.

**19** A 사업장의 조건이 다음과 같을 때 A 사업장에서 연간 재해 발생으로 인한 근로손실일수는?

• 강도율 : 0.4
• 근로자 수 : 1,000명
• 연근로시간수 : 2,400시간

① 480  ② 720
③ 960  ④ 1440

해설

$$강도율 = \frac{총요양근로손실일수}{연근로시간수} \times 1,000$$

$$강도율 = \frac{총요양근로손실일수}{연근로시간수} \times 1,000$$

총요양근로손실일수 × 1,000 = 강도율 × 연근로시간수

$$총요양근로손실일수 = \frac{강도율 \times 연근로시간수}{1,000}$$

$$= \frac{0.4 \times (1,000 \times 2,400)}{1,000} = 960(일)$$

{분석}
실기에 자주 출제되는 내용입니다.

•)) 정답  17 ①  18 ④  19 ③

**20** 무재해 운동의 이념 중 선취의 원칙에 대한 설명으로 옳은 것은?

① 사고의 잠재요인을 사후에 파악하는 것
② 근로자 전원이 일체감을 조성하여 참여하는 것
③ 위험요소를 사전에 발견, 파악하여 재해를 예방 또는 방지하는 것
④ 관리감독자 또는 경영층에서의 자발적 참여로 안전 활동을 촉진하는 것

**[해설]** 무재해 운동의 3대 원칙

① 무(無)의 원칙(ZERO의 원칙) : 사업장 내의 모든 잠재위험요인을 적극적으로 사전에 발견하고 파악·해결함으로써 <u>산업재해의 근원적인 요소들을 없앤다는 것을 의미</u>한다.
② 선취의 원칙(안전제일의 원칙) : 사업장 내에서 <u>행동하기 전에 잠재위험요인을 발견하고 파악·해결하여 재해를 예방하는 것</u>을 의미한다.
③ 참가의 원칙(참여의 원칙) : <u>전원이 일치 협력하여 각자의 위치에서 적극적으로 문제해결을 하겠다는 것을 의미</u>한다.

{분석}
**실기까지 중요한 내용입니다.**

**제2과목 • 인간공학 및 위험성 평가 · 관리**

**21** 다음 상황은 인간실수의 분류 중 어느 것에 해당하는가?

> 전자기기 수리공이 어떤 제품의 분해·조립 과정을 거쳐서 수리를 마친 후 부품 하나가 남았다.

① time error
② omission error
③ command error
④ extraneous error

**[해설]** 부품 하나가 남았다. → 하나를 조립하지 않음 → omission error(누설오류, 생략오류)

**[참고]** 휴먼에러의 심리적 분류(Swain의 분류, 독립행동에 관한 분류)

① omission error(누설오류, 생략오류, 부작위오류) : 필요한 작업 또는 <u>절차를 수행하지 않는데 기인</u>한 에러
② time error(시간오류) : 필요한 작업 또는 <u>절차의 수행 지연으로 인한 에러</u>
③ commission error(작위오류, 실행오류) : 필요한 작업 또는 절차의 <u>불확실한 수행</u>으로 인한 에러
④ sequential error(순서오류) : 필요한 작업 또는 <u>절차의 순서 착오로 인한 에러</u>
⑤ extraneous error(과잉행동오류) : <u>불필요한 작업 또는 절차를 수행함으로써 기인한 에러</u>

{분석}
**필기에 자주 출제되는 내용입니다.**

**[정답]** 20 ③ 21 ②

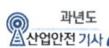

**22** 스트레스의 영향으로 발생된 신체 반응의 결과인 스트레인(strain)을 측정하는 척도가 잘못 연결된 것은?

① 인지적 활동 – EEG
② 육체적 동적 활동 – GSR
③ 정신 운동적 활동 – EOG
④ 국부적 근육 활동 – EMG

해설 피부전기반사(GSR) : 작업부하의 <u>정신적 부담도가 피로와 함께 증가하는 양상을</u> 전기저항의 변화에서 <u>측정</u>한다.

{분석}
**필기에 자주 출제되는 내용입니다.**

**23** 일반적인 시스템의 수명곡선(욕조곡선)에서 고장 형태 중 증가형 고장률을 나타내는 기간으로 옳은 것은?

① 우발 고장기간
② 마모 고장기간
③ 초기 고장기간
④ Burn-in 고장기간

해설 기계설비의 고장 유형

| | |
|---|---|
| **초기 고장<br>(감소형)** | • <u>설계상, 구조상 결함, 불량 제조·생산 과정 등의 품질 관리미비</u>로 생기는 고장 형태<br>• <u>점검 작업이나 시운전 작업</u> 등으로 사전에 방지할 수 있는 고장 |
| **우발고장<br>(일정형)** | • <u>예측할 수 없을 때에 생기는 고장</u>의 형태<br>• 사용자의 <u>실수, 천재지변, 우발적 사고 등이 원인</u>이다. |
| **마모 고장<br>(증가형)** | • 기계적 요소나 <u>부품의 마모,</u> 사람의 노화 현상 <u>등에 의해 고장률이 상승하는 형</u>이다.<br>• 고장이 일어나기 직전에 <u>교환, 안전 진단 및 적당한 보수</u>에 의해서 방지할 수 있는 고장이다. |

{분석}
**필기에 자주 출제되는 내용입니다.**

**24** 청각적 표시장치의 설계 시 적용하는 일반 원리에 대한 설명으로 틀린 것은?

① 양립성이란 긴급용 신호일 때는 낮은 주파수를 사용하는 것을 의미한다.
② 검약성이란 조작자에 대한 입력신호는 꼭 필요한 정보만을 제공하는 것이다.
③ 근사성이란 복잡한 정보를 나타내고자 할 때 2단계의 신호를 고려하는 것이다.
④ 분리성이란 두 가지 이상의 채널을 듣고 있다면 각 채널의 주파수가 분리되어 있어야 한다는 의미이다.

해설 ① 양립성이란 긴급용 신호일 때는 높은 주파수를 사용하는 것을 의미한다.

{분석}
**필기에 자주 출제되는 내용입니다.**

**25** FTA에 대한 설명으로 가장 거리가 먼 것은?

① 정성적 분석만 가능
② 하향식(top-down) 방법
③ 복잡하고 대형화된 시스템에 활용
④ 논리게이트를 이용하여 도해적으로 표현하여 분석하는 방법

**해설** ① FTA는 연역적, 정량적 분석법이다.

{분석}
필기에 자주 출제되는 내용입니다.

**26** 발생 확률이 동일한 64가지의 대안이 있을 때 얻을 수 있는 총 정보량은?

① 6bit
② 16bit
③ 32bit
④ 64bit

**해설** • n개의 비트로는 $2^n$ 가지의 상태를 나타낸다.
• $2^6 = 64$, ∴ $6bit$

{분석}
필기에 자주 출제되는 내용입니다.

**27** 인간 – 기계 시스템의 설계 과정을 [보기]와 같이 분류할 때 다음 중 인간, 기계의 기능을 할당하는 단계는?

- 1단계 : 시스템의 목표와 성능명세 결정
- 2단계 : 시스템의 정의
- 3단계 : 기본 설계
- 4단계 : 인터페이스 설계
- 5단계 : 보조물 설계 혹은 편의 수단 설계
- 6단계 : 평가

① 기본 설계
② 인터페이스 설계
③ 시스템의 목표와 성능명세 결정
④ 보조물 설계 혹은 편의수단 설계

**해설** **기본 설계**
• 작업설계
• 직무분석
• 기능 할당
• 인간 성능 요건 명세

{분석}
필기에 자주 출제되는 내용입니다.

**28** FT도에서 최소 컷셋을 올바르게 구한 것은?

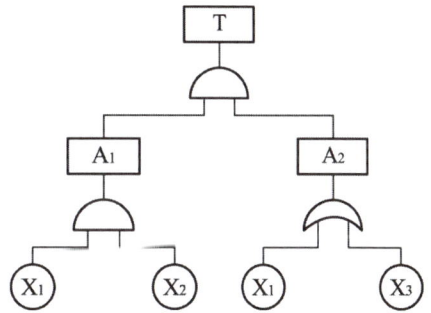

① (X₁, X₂)    ② (X₁, X₃)
③ (X₂, X₃)    ④ (X₁, X₂, X₃)

**해설** $T = A_1 \cdot A_2$
$= (X_1 \cdot X_2) \cdot \begin{pmatrix} X_1 \\ X_3 \end{pmatrix}$
$= \begin{matrix} (X_1 \cdot X_2 \cdot X_1) \\ (X_1 \cdot X_2 \cdot X_3) \end{matrix}$
$= (X_1 \cdot X_2)(X_1 \cdot X_2 \cdot X_3)$
미니멀 컷셋: $(X_1 \cdot X_2)$

{분석}
필기에 자주 출제되는 내용입니다.

최근 기출문제 2021

•)) 정답 25 ① 26 ① 27 ① 28 ①

**29** 일반적으로 인체측정치의 최대집단치를 기준으로 설계하는 것은?

① 선반의 높이
② 공구의 크기
③ 출입문의 크기
④ 안내 데스크의 높이

해설

| 최대치수<br>설계의 예 | • 위험구역의 울타리 높이<br>• 출입문의 높이<br>• 그네줄의 인장강도 |
|---|---|
| 최소치수<br>설계의 예 | • 물건을 올리는 선반의 높이<br>• 조정장치를 조정하는 힘<br>• 조정장치까지의 조정거리 |

{분석}
필기에 자주 출제되는 내용입니다.

**30** 인간공학의 궁극적인 목적과 가장 관계가 깊은 것은?

① 경제성 향상
② 인간 능력의 극대화
③ 설비의 가동률 향상
④ 안전성 및 효율성 향상

해설 **인간공학의 연구목적**

가장 궁극적인 목적은 안전성 제고와 능률의 향상이다.
① 안전성의 향상과 사고 방지
② 기계조작의 능률성과 생산성의 향상
③ 작업환경의 쾌적성

{분석}
필기에 자주 출제되는 내용입니다.

**31** '화재 발생'이라는 시작(초기)사상에 대하여, 화재감지기, 화재 경보, 스프링쿨러 등의 성공 또는 실패 작동여부와 그 확률에 따른 피해 결과를 분석하는데 가장 적합한 위험 분석 기법은?

① FTA
② ETA
③ FHA
④ THERP

해설 ETA(event Free Analysis) : 사건수(사상수)분석법
① 사상의 안전도를 사용하여 시스템의 안전도를 나타내는 귀납적, 정량적인 분석법이다.
② 요소의 성공사상은 위쪽에, 실패사상은 아래쪽으로 분기하여 분기마다 안전도와 불안전도의 발생확률이 표시된다.

{분석}
필기에 자주 출제되는 내용입니다.

**32** 여러 사람이 사용하는 의자의 좌판 높이 설계 기준으로 옳은 것은?

① 5% 오금 높이
② 50% 오금 높이
③ 75% 오금 높이
④ 95% 오금 높이

해설 **의자 좌판의 높이**

• 좌판 앞부분이 대퇴를 압박하지 않도록 오금 높이보다 높지 않아야 한다.
• 치수는 5% 오금높이로 한다.

{분석}
필기에 자주 출제되는 내용입니다.

**33** FTA에서 사용되는 사상기호 중 결함사상을 나타낸 기호로 옳은 것은?

① (오각형/집 모양)　　② (직사각형)

③ (원)　　④ (마름모)

**해설**

| 기호 | 명명 | 기호 설명 |
|---|---|---|
| (직사각형) | 결함사상<br>(정상사상,<br>중간사상) | 고장사상 |
| (오각형) | 통상사상 | 발생이 예상되는<br>사상 |
| (마름모) | 생략사상 | 관련정보가 미비<br>하여 계속 개발될<br>수 없는 사상 |
| (원) | 기본사상 | 더 이상 전개할 수<br>없는 사건의 원인 |

{분석}
필기에 자주 출제되는 내용입니다.

**34** 기술개발과정에서 효율성과 위험성을 종합적으로 분석·판단할 수 있는 평가 방법으로 가장 적절한 것은?

① Risk Assessment
② Risk Management
③ Safety Assessment
④ Technology Assessment

**해설** Technology Assessment(기술 평가)

기술개발과정에서 효율성과 위험성을 종합적으로 분석·판단할 수 있는 평가 방법

**참고** Safety Assessment(안전성 평가)

새로운 시스템이나 설비 등을 도입할 때, 사고 방지를 위해 설계나 계획단계에서 위험성의 여부를 평가하는 것

**35** 자동차를 타이어가 4개인 하나의 시스템으로 볼 때, 타이어 1개가 파열될 확률이 0.01이라면, 이 자동차의 신뢰도는 약 얼마인가?

① 0.91　　② 0.93
③ 0.96　　④ 0.99

**해설**
1. 타이어 1개의 파열될 확률이 0.01이므로
   타이어 1개의 신뢰도(파열되지 않을 확률)
   $= 1 - 0.01 = 0.99$
2. 자동차의 타이어는 직렬의 관계(타이어 하나만 파열되어도 시스템 정지)이므로
   자동차의 신뢰도
   $= 0.99 \times 0.99 \times 0.99 \times 0.99 = 0.96$

{분석}
필기에 자주 출제되는 내용입니다.

**36** 다음 그림에서 명료도 지수는?

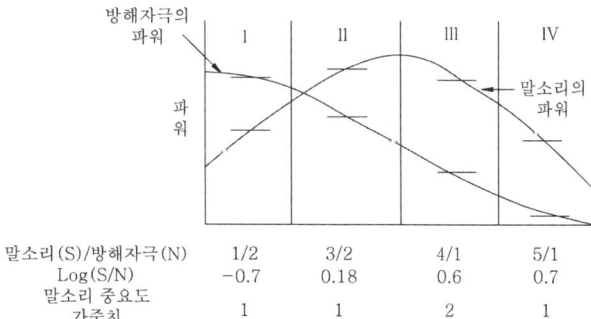

| 말소리(S)/방해자극(N) | 1/2 | 3/2 | 4/1 | 5/1 |
|---|---|---|---|---|
| Log(S/N) | −0.7 | 0.18 | 0.6 | 0.7 |
| 말소리 중요도<br>가중치 | 1 | 1 | 2 | 1 |

① 0.38　　② 0.68
③ 1.38　　④ 5.68

**해설**
1. 명료도 지수
   각 옥타브 대의 음성과 소음의 dB값에 가중치를 곱하여 합계를 구한다.
2. 명료도 지수
   $= (-0.7 \times 1) + (0.18 \times 1) + (0.6 \times 2) + (0.7 \times 1)$
   $= 1.38$

{분석}
비중이 낮은 문제입니다.

🔊 **정답** 33 ② 34 ④ 35 ③ 36 ③

최근 기출문제 2021

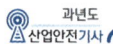
**37** 정보수용을 위한 작업자의 시각 영역에 대한 설명으로 옳은 것은?

① 판별시야 – 안구운동만으로 정보를 주시하고 순간적으로 특정정보를 수용할 수 있는 범위

② 유효시야 – 시력, 색판별 등의 시각 기능이 뛰어나며 정밀도가 높은 정보를 수용할 수 있는 범위

③ 보조시야 – 머리부분의 운동이 안구운동을 돕는 형태로 발생하며 무리 없이 주시가 가능한 범위

④ 유도시야 – 제시된 정보의 존재를 판별할 수 있는 정도의 식별능력 밖에 없지만 인간의 공간좌표 감각에 영향을 미치는 범위

**해설** **정보수용을 위한 작업자의 시각 영역**

① 판별시야 : 시력, 색판별 등의 시각 기능이 뛰어나며 정밀도가 높은 정보를 수용할 수 있는 범위

② 유효시야 : 안구운동만으로 정보를 주시하고 순간적으로 특정정보를 수용할 수 있는 범위

③ 보조시야 : 정보수용 능력이 극도로 떨어지며 머리를 움직여야만 식별 가능한 범위

④ 유도시야 : 제시된 정보의 존재를 판별할 수 있는 정도의 식별능력 밖에 없지만 인간의 공간좌표 감각에 영향을 미치는 범위

**38** FMEA 분석 시 고장 평점법의 5가지 평가 요소에 해당하지 않는 것은?

① 고장 발생의 빈도
② 신규 설계의 가능성
③ 기능적 고장 영향의 중요도
④ 영향을 미치는 시스템의 범위

**해설** **FMEA의 고장 평점을 결정하는 5가지 평가 요소**

① 신규 설계의 정도
② 고장 발생의 빈도
③ 고장방지의 가능성
④ 영향을 미치는 시스템의 범위
⑤ 기능적 고장 영향의 중요도

**39** 건구온도 30℃, 습구온도 35℃일 때의 옥스퍼드(Oxford) 지수는?

① 20.75  ② 24.58
③ 30.75  ④ 34.25

**해설** **Oxford 지수(습·건 지수)**

$$WD(℃) = 0.85 \times w + 0.15 \times d$$

여기서, $W$ : 습구온도
$d$ : 건구온도

$WD(℃) = 0.85 \times 35 + 0.15 \times 30 = 34.25(℃)$

{분석}
**필기에 자주 출제되는 내용입니다.**

**40** 설비보전에서 평균수리시간을 나타내는 것은?

① MTBF  ② MTTR
③ MTTF  ④ MTBP

**해설** MTTR(Mean Time to Repair) : 평균 수리에 소요되는 시간을 말한다.

$$MTTR = \frac{수리시간 \ 합계}{수리횟수} (시간)$$

{분석}
**필기에 자주 출제되는 내용입니다.**

**정답** 37 ④ 38 ② 39 ④ 40 ②

## 제3과목 • 기계 · 기구 및 설비 안전 관리

**41** 산업안전보건 법령상 사업장 내 근로자 작업환경 중 '강렬한 소음작업'에 해당하지 않는 것은?

① 85데시벨 이상의 소음이 1일 10시간 이상 발생하는 작업
② 90데시벨 이상의 소음이 1일 8시간 이상 발생하는 작업
③ 95데시벨 이상의 소음이 1일 4시간 이상 발생하는 작업
④ 100데시벨 이상의 소음이 1일 2시간 이상 발생하는 작업

[해설] **강렬한 소음작업**

① 하루 8시간 동안 90dB 이상의 소음이 발생하는 작업
② 하루 4시간 동안 95dB 이상의 소음이 발생하는 작업
③ 하루 2시간 동안 100dB 이상의 소음이 발생하는 작업
④ 하루 1시간 동안 105dB 이상의 소음이 발생하는 작업
⑤ 하루 30분 동안 110dB 이상의 소음이 발생하는 작업
⑥ 하루 15분 동안 115dB 이상의 소음이 발생하는 작업

{분석}
실기까지 중요한 내용입니다.

**42** 산업안전보건 법령상 프레스의 작업 시작 전 점검 사항이 아닌 것은?

① 슬라이드 또는 칼날에 의한 위험방지 기구의 기능
② 프레스의 금형 및 고정볼트 상태
③ 전단기의 칼날 및 테이블의 상태
④ 권과방지장치 및 그 밖의 경보장치의 기능

[해설] **프레스의 작업시작 전 점검 사항**

① 클러치 및 브레이크 기능
② 크랭크축 · 플라이 휠 · 슬라이드 · 연결 봉 및 연결 나사의 볼트 풀림 유무
③ 1행정 1정지 기구 · 급정지 장치 및 비상 정지 장치의 기능
④ 슬라이드 또는 칼날에 의한 위험 방지 기구의 기능
⑤ 프레스의 금형 및 고정 볼트 상태
⑥ 당해 방호 장치의 기능
⑦ 전단기의 칼날 및 테이블의 상태

{분석}
실기에 자주 출제되는 내용입니다.

**43** 동력전달부분의 전방 35cm 위치에 일방 평형보호망을 설치하고자 한다. 보호망의 최대 구멍의 크기는 몇 mm인가?

① 41
② 45
③ 51
④ 55

| 해설 | 가드의 개구간격 | 일방 평행 보호망,<br>위험점이 전동체인<br>경우 |
|---|---|---|
| | ① X<160mm일 경우<br>　$Y = 6 + 0.15 \times X$<br>② X≧160mm일 경우<br>　Y = 30mm<br>여기서,<br>X : 안전거리(<u>위험점</u><br>　<u>에서　가드까지</u><br>　<u>의 거리</u>)(mm)<br>Y : 가드의 최대 개구<br>　간격(mm) | ① $Y = 6 + 0.1 \times X$<br>여기서,<br>X : 안전거리(mm)<br>Y : 가드의 최대 개구<br>　간격(mm) |

$Y = 6 + 0.1 \times X = 6 + 0.1 \times 350 = 41\,(mm)$
$(35cm = 350mm)$

{분석}
**실기까지 중요한 내용입니다.**

---

**44** 다음 연삭숫돌의 파괴원인 중 가장 적절하지 않은 것은?

① 숫돌의 회전속도가 너무 빠른 경우
② 플랜지의 직경이 숫돌 직경의 1/3 이상으로 고정된 경우
③ 숫돌 자체에 균열 및 파손이 있는 경우
④ 숫돌에 과대한 충격을 준 경우

해설 **연삭기 숫돌의 파괴 원인**
① 숫돌의 회전 속도가 너무 빠를 때
② 숫돌 자체에 균열이 있을 때
③ 숫돌의 측면을 사용하여 작업할 때
④ 숫돌에 과대한 충격을 가할 때
⑤ 플랜지가 현저히 작을 때
　(플랜지 지름은 숫돌 지름의 $\frac{1}{3}$ 이상일 것)
⑥ 숫돌 불균형, 베어링 마모에 의한 진동이 심할 때
⑦ 반지름 방향의 온도변화가 심할 때

{분석}
**실기까지 중요한 내용입니다.**

---

**45** 화물 중량이 200kgf, 지게차의 중량이 400kgf, 앞바퀴에서 화물의 무게중심까지의 최단 거리가 1m일 때 지게차가 안정되기 위하여 앞바퀴에서 지게차의 무게중심까지 최단거리는 최소 몇 m를 초과해야 하는가?

① 0.2m　　② 0.5m
③ 1m　　　④ 2m

해설
$$W \times a < G \times b$$

여기서, $W$ : 화물 중량
　　　　$a$ : 앞바퀴~화물중심까지 거리
　　　　$G$ : 지게차 자체 중량
　　　　$b$ : 앞바퀴~차 중심까지 거리

200 × 1 < 400 × b
∴ b > 0.5m

{분석}
**실기까지 중요한 내용입니다.**

---

**46** 산업안전보건 법령상 압력용기에서 안전인증된 파열판에 안전인증 표시 외에 추가로 나타내어야 하는 사항이 아닌 것은?

① 분출차(%)
② 호칭지름
③ 용도(요구 성능)
④ 유체의 흐름방향 지시

해설 안전인증 파열판에는 안전인증의 표시 외에 다음 각 목의 내용을 추가로 표시해야 한다.
가. <u>호칭지름</u>
나. <u>용도(요구 성능)</u>
다. 설정파열압력(MPa) 및 설정온도(℃)
라. 분출용량(kg/h) 또는 공칭 분출 계수
마. 파열판의 재질
바. <u>유체의 흐름방향 지시</u>

---

•))) 정답 44 ② 45 ② 46 ①

**47** 선반에서 일감의 길이가 지름에 비하여 상당히 길 때 사용하는 부속품으로 절삭 시 절삭저항에 의한 일감의 진동을 방지하는 장치는?

① 칩 브레이커
② 척 커버
③ 방진구
④ 실드

해설 **방진구** : 선반작업에서 가늘고 긴 공작물의 처짐이나 휨을 방지하는 부속장치

{분석}
**필기에 자주 출제되는 내용입니다.**

**48** 산업안전보건 법령상 프레스를 제외한 사출성형기·주형조형기 및 형단조기 등에 관한 안전조치 사항으로 틀린 것은?

① 근로자의 신체 일부가 말려들어갈 우려가 있는 경우에는 양수조작식 방호장치를 설치하여 사용한다.
② 게이트 가드식 방호장치를 설치할 경우에는 연동구조를 적용하여 문을 닫지 않아도 동작할 수 있도록 한다.
③ 사출성형기의 전면에 작업용 발판을 설치할 경우 근로자가 쉽게 미끄러지지 않는 구조여야 한다.
④ 기계의 히터 등의 가열 부위, 감전 우려가 있는 부위에는 방호덮개를 설치하여 사용한다.

해설 ② 게이트가드는 닫지 아니하면 기계가 작동되지 아니하는 연동구조(連動構造)여야 한다.

{분석}
**필기에 자주 출제되는 내용입니다.**

**49** 연강의 인장강도가 420MPa이고, 허용 응력이 140MPa이라면 안전율은?

① 1          ② 2
③ 3          ④ 4

해설 $\text{안전율} = \dfrac{\text{인장강도}}{\text{허용응력}} = \dfrac{420}{140} = 3$

{분석}
**실기까지 중요한 내용입니다.**

**50** 밀링 작업 시 안전 수칙에 관한 설명으로 틀린 것은?

① 칩은 기계를 정지시킨 다음에 브러시 등으로 제거한다.
② 일감 또는 부속장치 등을 설치하거나 제거할 때는 반드시 기계를 정지시키고 작업한다.
③ 면장갑을 반드시 끼고 작업한다.
④ 강력 절삭을 할 때는 일감을 바이스에 깊게 물린다.

해설 ③ 밀링 등 공작기계 작업 시에는 면장갑 착용을 금지한다.

{분석}
**필기에 자주 출제되는 내용입니다.**

**51** 다음 중 프레스기에 사용되는 방호장치에 있어 원칙적으로 급정지 기구가 부착되어야만 사용할 수 있는 방식은?

① 양수조작식
② 손처내기식
③ 가드식
④ 수인식

정답 47 ③  48 ②  49 ③  50 ③  51 ①

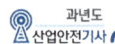
**해설** 슬라이드 작동 중 정지가 가능한 구조
(급정지 장치를 가짐)

① 감응식(광전자식)
② 양수조작식

{분석}
실기까지 중요한 내용입니다.

**52** 산업안전보건 법령상 지게차의 최대
하중의 2배 값이 6톤일 경우 헤드가드의
강도는 몇 톤의 등분포정하중에 견딜 수
있어야 하는가?

① 4　　　　② 6
③ 8　　　　④ 10

**해설** 지게차에는 최대하중의 2배(4톤을 넘는 값에 대
해서는 4톤으로 한다)에 해당하는 등분포정하중
에 견딜 수 있는 강도의 헤드가드를 설치하여야
한다.

{분석}
실기까지 중요한 내용입니다.

**53** 강자성체를 자화하여 표면의 누설자속을
검출하는 비파괴 검사 방법은?

① 방사선 투과 시험
② 인장시험
③ 초음파 탐상 시험
④ 자분 탐상 시험

**해설** 자분탐상검사(MT)
철강 재료와 같은 강자성체를 자화시키면 결함
누설자장이 형성되며, 이 부위에 자분을 도포하면
자분이 흡착되는 원리를 이용한 검사방법이다.

**54** 산업안전보건 법령상 보일러 방호장치로
거리가 가장 먼 것은?

① 고저 수위 조절장치
② 아우트리거
③ 압력방출장치
④ 압력 제한 스위치

**해설** 보일러의 방호장치

① 압력방출 장치　　② 압력 제한 스위치
③ 고저 수위 조절 장치　④ 화염검출기

{분석}
실기에 자주 출제되는 내용입니다.

**55** 산업안전보건 법령상 아세틸렌 용접장치
에 관한 설명이다. (　　) 안에 공통으로
들어갈 내용으로 옳은 것은?

- 사업주는 아세틸렌 용접장치의 취관
  마다 (　　)를 설치하여야 한다.
- 사업주는 가스용기가 발생기와 분리
  되어 있는 아세틸렌 용접장치에 대하
  여 발생기와 가스용기 사이에 (　　)
  를 설치하여야 한다.

① 분기장치
② 자동발생 확인장치
③ 유수 분리장치
④ 안전기

**해설** 안전기의 설치

① 아세틸렌 용접장치의 취관마다 안전기를 설치
  하여야 한다. 다만, 주관 및 취관에 가장 가까운
  분기관마다 안전기를 부착한 경우에는 그러하
  지 아니하다.
② 가스용기가 발생기와 분리되어 있는 아세딜렌
  용접장치에 대하여는 발생기와 가스용기 사이에
  안전기를 설치하여야 한다.

{분석}
실기까지 중요한 내용입니다.

**◦))정답** 52 ① 53 ④ 54 ② 55 ④

**56** 프레스기의 안전대책 중 손을 금형 사이에 집어넣을 수 없도록 하는 본질적 안전화를 위한 방식(no-hand in die)에 해당하는 것은?

① 수인식
② 광전자식
③ 방호울식
④ 손쳐내기식

<해설> 프레스의 본질안전 조건(No-hand in die 방식, 금형 내 손이 들어가지 않는 구조)

① 안전울을 부착한 프레스
② 안전한 금형 사용
③ 전용 프레스 도입
④ 자동 프레스 도입

{분석}
실기까지 중요한 내용입니다.

**57** 회전하는 부분의 접선방향으로 물려 들어갈 위험이 존재하는 점으로 주로 체인, 풀리, 벨트, 기어와 랙 등에서 형성되는 위험점은?

① 끼임점
② 협착점
③ 절단점
④ 접선물림점

<해설> 위험점의 분류

① 협착점 : 왕복운동 부분과 고정부분 사이에서 형성되는 위험점
예 프레스기, 전단기, 성형기 등
② 끼임점 : 고정부분과 회전하는 동작부분 사이에서 형성되는 위험점
예 연삭숫돌과 덮개, 교반기 날개와 하우징 등
③ 절단점 : 회전하는 운동부 자체, 운동하는 기계 부분 자체의 위험점
예 날, 커터를 가진 기계

④ 물림점 : 회전하는 두 개의 회전체에 물려 들어가는 위험점
예 롤러와 롤러, 기어와 기어 등
⑤ 접선 물림점 : 회전하는 부분의 접선 방향으로 물려 들어가는 위험점
예 벨트와 풀리, 체인과 스프로켓 등
⑥ 회전 말림점 : 회전하는 물체에 작업복, 머리카락 등이 말려 들어가는 위험점
예 회전축, 커플링 등

{분석}
실기에 자주 출제되는 내용입니다.

**58** 산업안전보건 법령상 양중기에 해당하지 않는 것은?

① 곤돌라
② 이동식 크레인
③ 적재하중 0.05톤의 이삿짐 운반용 리프트
④ 화물용 엘리베이터

<해설> 양중기의 종류(산업안전보건법 기준)

① 크레인[호이스트(hoist)를 포함한다]
② 이동식 크레인
③ 리프트(이삿짐운반용 리프트의 경우에는 적재하중이 0.1톤 이상인 것으로 한정한다)
④ 곤돌라
⑤ 승강기

{분석}
실기에 자주 출제되는 내용입니다.

•) 정답 56 ③ 57 ④ 58 ③

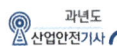
**59** 다음 설명 중 ( ) 안에 알맞은 내용은?

> 산업안전보건 법령상 롤러기의 급정지 장치는 롤러를 무부하로 회전시킨 상태에서 앞면롤러의 표면속도가 30m/min 미만일 때에는 급정지거리가 앞면 롤러 원주의 ( ) 이내에서 롤러를 정지시킬 수 있는 성능을 보유해야 한다.

① 1/4　　　　　② 1/3
③ 1/2.5　　　　④ 1/2

**해설** 앞면 롤러의 표면속도에 따른 급정지거리

| 앞면 롤러의 표면속도 (m/min) | 급정지거리 |
|---|---|
| 30 미만 | 앞면 롤러 원주의 $\dfrac{1}{3}$ 이내 (= $\pi \cdot D \cdot \dfrac{1}{3}$) |
| 30 이상 | 앞면 롤러 원주의 $\dfrac{1}{2.5}$ 이내 (= $\pi \cdot D \cdot \dfrac{1}{2.5}$) |

이때 표면속도의 산식은

$$V = \frac{\pi \cdot D \cdot N}{1000}(\text{m/min})$$

여기서, $V$ : 표면속도
　　　　$D$ : 롤러 원통의 직경(mm)
　　　　$N$ : 1분간에 롤러기가 회전되는 수(rpm)

{분석}
실기까지 중요한 내용입니다.

**60** 산업안전보건 법령상 지게차에서 통상적으로 갖추고 있어야 하나, 마스트의 후방에서 화물이 낙하함으로써 근로자에게 위험을 미칠 우려가 없는 때에는 반드시 갖추지 않아도 되는 것은?

① 전조등　　　　② 헤드가드
③ 백레스트　　　④ 포크

**해설** 백레스트(backrest)

• 지게차에는 포크에 적재된 화물이 마스트의 뒤쪽으로 떨어지는 것을 방지하기 위한 백레스트(backrest)를 설치하여야 한다.
• 사업주는 백레스트(backrest)를 갖추지 아니한 지게차를 사용해서는 아니 된다. 다만, 마스트의 후방에서 화물이 낙하함으로써 근로자가 위험해질 우려가 없는 경우에는 그러하지 아니하다.

{분석}
실기까지 중요한 내용입니다.

---

**제4과목** ● **전기설비 안전 관리**

**61** 피뢰시스템의 등급에 따른 회전구체의 반지름으로 틀린 것은?

① Ⅰ등급 : 20m　　② Ⅱ등급 : 30m
③ Ⅲ등급 : 40m　　④ Ⅳ등급 : 60m

**해설** 피뢰시스템의 레벨별 회전구체 반경과 메시치수

| 피뢰시스템의 레벨 | 회전구체 반경(m) | 메시치수(m) |
|---|---|---|
| Ⅰ | 20 | 5×5 |
| Ⅱ | 30 | 10×10 |
| Ⅲ | 45 | 15×15 |
| Ⅳ | 60 | 20×20 |

{분석}
필기에 자주 출제되는 내용입니다.

**62** 전류가 흐르는 상태에서 단로기를 끊었을 때 여러 가지 파괴작용을 일으킨다. 다음 그림에서 유입차단기의 차단순서와 투입 순서가 안전수칙에 가장 적합한 것은?

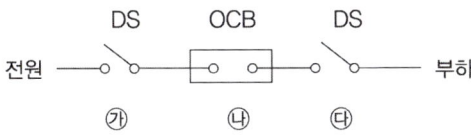

① 차단 : ㉮ → ㉯ → ㉰,
　　투입 : ㉮ → ㉯ → ㉰
② 차단 : ㉯ → ㉰ → ㉮,
　　투입 : ㉯ → ㉰ → ㉮
③ 차단 : ㉰ → ㉯ → ㉮,
　　투입 : ㉰ → ㉮ → ㉯
④ 차단 : ㉯ → ㉰ → ㉮,
　　투입 : ㉰ → ㉮ → ㉯

【해설】 유입차단기 투입 및 차단 순서

- 전원 개방 시 : <u>차단기 개방한 후 단로기 개방</u>
- 전원 투입 시 : <u>단로기 투입한 후 차단기 투입</u>

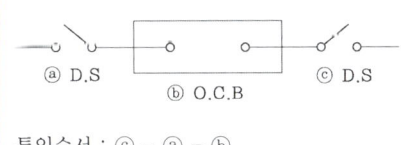

투입순서 : ⓒ - ⓐ - ⓑ
차단순서 : ⓑ - ⓒ - ⓐ

{분석}
필기에 자주 출제되는 내용입니다.

**63** 다음은 무슨 현상을 설명한 것인가?

> 전위차가 있는 2개의 대전체가 특정거리에 접근하게 되면 등전위가 되기 위하여 전하가 절연공간을 깨고 순간적으로 빛과 열을 발생하며 이동하는 현상

① 대전　　　② 충전
③ 방전　　　④ 열전

【해설】 방전
- 대전된 물체가 전하를 잃고 전기를 방출하는 현상
- 전위차가 있는 2개의 대전체가 특정거리에 접근하게 되면 등전위가 되기 위하여 전하가 절연공간을 깨고 순간적으로 빛과 열을 발생하며 이동하는 현상

**64** 정전기 재해를 예방하기 위해 설치하는 제전기의 제전 효율은 설치 시에 얼마 이상이 되어야 하는가?

① 40% 이상
② 50% 이상
③ 70% 이상
④ 90% 이상

【해설】 제전기
- 이온을 이용하여 정전기를 중화시키는 기계
- 제전기의 제전효율은 설치 시에 90% 이상 되어야 한다

🔊 정답 62 ④ 63 ③ 64 ④

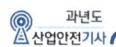

**65** 정전기 화재폭발 원인으로 인체대전에 대한 예방대책으로 옳지 않은 것은?

① Wrist Strap을 사용하여 접지선과 연결한다.
② 대전방지제를 넣은 제전복을 착용한다.
③ 대전방지 성능이 있는 안전화를 착용한다.
④ 바닥 재료는 고유저항이 큰 물질로 사용한다.

**[해설]** 인체에 대전된 정전기 위험 방지조치

① 정전기용 안전화의 착용
② 제전복(除電服)의 착용
③ 정전기제전용구의 사용
④ 작업장 바닥 등에 도전성을 갖출 것
⑤ Wrist Strap(손목 접지대)을 사용하여 접지선과 연결한다.

{분석}
실기까지 중요한 내용입니다.

**66** 정격 사용률이 30%, 정격 2차 전류가 300A인 교류아크 용접기를 200A로 사용하는 경우의 허용 사용률(%)은?

① 13.3
② 67.5
③ 110.3
④ 157.5

**[해설]** 교류아크용접기의 허용 사용률

$$허용\ 사용률 = \frac{정격2차전류^2}{실제사용용접전류^2} \times 정격사용률$$

$$허용사용률 = \frac{300^2}{200^2} \times 30 = 67.5\%$$

{분석}
필기에 자주 출제되는 내용입니다.

**67** 피뢰기의 제한 전압이 752kV이고 변압기의 기준 충격 절연 강도가 1050kV이라면, 보호 여유도(%)는 약 얼마인가?

① 18
② 28
③ 40
④ 43

**[해설]** 피뢰기의 보호 여유도

$$여유도(\%) = \frac{충격\ 절연\ 강도 - 제한\ 전압}{제한\ 전압} \times 100$$

$$여유도(\%) = \frac{1,050 - 752}{752} \times 100 = 39.63(\%)$$

{분석}
필기에 자주 출제되는 내용입니다.

**68** 절연물의 절연 불량 주요 원인으로 거리가 먼 것은?

① 진동, 충격 등에 의한 기계적 요인
② 산화 등에 의한 화학적 요인
③ 온도 상승에 의한 열적 요인
④ 정격전압에 의한 전기적 요인

**[해설]** 절연저항 저하 원인

① 높은 이상전압 등 전기적인 원인
② 온도 상승에 의한 열적 원인
③ 진동, 충격 등 기계적 원인
④ 산화 등에 의한 화학적 원인

{분석}
필기에 자주 출제되는 내용입니다.

**정답** 65 ④ 66 ② 67 ③ 68 ④

**69** 고장전류를 차단할 수 있는 것은?

① 차단기(CB)
② 유입 개폐기(OS)
③ 단로기(DS)
④ 선로 개폐기(LS)

**해설** **차단기[circuit breake]**

기기 및 전력 계통에 이상이 발생했을 때 그것을 검출하여 신속하게 계통으로부터 단절시키는 장치를 말한다.

**참고** **단로기(DS, Disconnecting Switch)**

전기기기 등의 수리, 점검을 하는 경우 차단기로 차단된 무부하 전로를 확실하게 개방(OFF)하기 위한 목적의 개폐기로서 부하전류 및 고장전류를 차단하지 못한다.

**70** 주택용 배선차단기 B타입의 경우 순시 동작범위는?
(단, $I_n$는 차단기 정격전류이다.)

① $3I_n$ 초과 ~ $5I_n$ 이하
② $5I_n$ 초과 ~ $10I_n$ 이하
③ $10I_n$ 초과 ~ $15I_n$ 이하
④ $10I_n$ 초과 ~ $20I_n$ 이하

**해설** 순시트립에 따른 구분(주택용 배선차단기)

| 형 | 순시트립 범위 |
|---|---|
| B | $3I_n$ 초과 ~ $5I_n$ 이하 |
| C | $5I_n$ 초과 ~ $10I_n$ 이하 |
| D | $10I_n$ 초과 ~ $20I_n$ 이하 |

비고
1. B, C, D: 순시트립 전류에 따른 차단기 분류
2. $I_n$ : 차단기 정격전류

**71** 다음 중 방폭 구조의 종류가 아닌 것은?

① 유압 방폭구조(k)
② 내압 방폭구조(d)
③ 본질안전 방폭구조(i)
④ 압력 방폭구조(p)

**해설** 방폭구조의 종류 및 기호

| 가스, 증기, 분진 방폭구조 | | 기호 |
|---|---|---|
| 가스, 증기 방폭구조 | 내압 방폭구조 | d |
| | 압력 방폭구조 | p |
| | 유입 방폭구조 | o |
| | 안전증 방폭구조 | e |
| | 본질안전 방폭구조 | ia or ib |
| | 충전 방폭구조 | q |
| | 비점화 방폭구조 | n |
| | 몰드 방폭구조 | m |
| | 특수 방폭구조 | s |
| 분진 방폭구조 | 방진 방폭구조 | tD |

{분석}
실기에 자주 출제되는 내용입니다.

**72** 동작 시 아크가 발생하는 고압 및 특고압용 개폐기·차단기의 이격거리(목재의 벽 또는 천장, 기타 가연성 물체로부터의 거리)의 기준으로 옳은 것은? (단, 사용전압이 35kV 이하의 특고압용의 기구 등으로서 동작할 때에 생기는 아크의 방향과 길이를 화재가 발생할 우려가 없도록 제한하는 경우가 아니다.)

① 고압용 : 0.8m 이상,
   특고압용 : 1.0m 이상
② 고압용 : 1.0m 이상,
   특고압용 : 2.0m 이상

**정답** 69 ① 70 ① 71 ① 72 ②

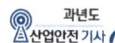
③ 고압용 : 2.0m 이상,
　특고압용 : 3.0m 이상
④ 고압용 : 3.5m 이상,
　특고압용 : 4.0m 이상

**해설** 아크를 발생하는 기구 시설 시 이격 거리

| 기구 등의 구분 | 이격 거리 |
|---|---|
| 고압용의 것 | 1m 이상 |
| 특고압용의 것 | 2m 이상(사용전압이 35 kV 이하의 특고압용의 기구 등으로서 동작할 때에 생기는 아크의 방향과 길이를 화재가 발생할 우려가 없도록 제한하는 경우에는 1m 이상) |

{분석}
실기까지 중요한 내용입니다.

**73** 3300/220V, 20kVA인 3상 변압기로부터 공급받고 있는 저압 전선로의 절연 부분의 전선과 대지 간의 절연저항의 최소값은 약 몇 Ω인가? (단, 변압기의 저압측 중성점에 접지가 되어 있다.)

① 1240　　② 2794
③ 4840　　④ 8383

**해설** $20kVA : V \times A = 20kW$

$$A = \frac{20kW}{V} = \frac{20,000\,W}{V} = \frac{20,000}{220} = 90.91A$$

$$절연저항 = \frac{전압}{누설전류} = \frac{220}{90.91 \times \frac{1}{2,000}}$$

$$= 4839.95(\Omega)$$

$$(누설전류 = 전류 \times \frac{1}{2,000})$$

3상이므로 절연저항 $= 4839.95 \times \sqrt{3}$

$$= 8383.04(\Omega)$$

{분석}
출제비중이 낮은 문제입니다.

**74** 감전사고로 인한 전격사의 메카니즘으로 가장 거리가 먼 것은?

① 흉부수축에 의한 질식
② 심실세동에 의한 혈액순환기능의 상실
③ 내장파열에 의한 소화기계통의 기능 상실
④ 호흡중추신경 마비에 따른 호흡기능 상실

**해설** 감전에 의한 사망의 주요 원인
① 심장부에 전류가 흘러 심실세동이 발생하여 혈액순환 기능이 상실되어 사망
② 뇌의 호흡중추 신경에 전류가 흘러 호흡기능이 정지되어 사망
③ 흉부에 전류가 흘러 흉부수축에 의한 질식으로 사망

{분석}
필기에 자주 출제되는 내용입니다.

**75** 욕조나 샤워시설이 있는 욕실 또는 화장실에 콘센트가 시설되어 있다. 해당 전로에 설치된 누전차단기의 정격감도전류와 동작시간은?

① 정격감도전류 15mA 이하, 동작시간 0.01초 이하
② 정격감도전류 15mA 이하, 동작시간 0.03초 이하
③ 정격감도전류 30mA 이하, 동작시간 0.01초 이하
④ 정격감도전류 30mA 이하, 동작시간 0.03초 이하

**정답** 73 ④ 74 ③ 75 ②

**[해설]** 욕조나 샤워시설이 있는 욕실 또는 화장실 등 인체가 물에 젖어있는 상태에서 전기를 사용하는 장소에 콘센트를 시설하는 경우

1. 「전기용품 및 생활용품 안전관리법」의 적용을 받는 <u>인체감전보호용 누전차단기(정격감도전류 15mA 이하, 동작시간 0.03초 이하의 전류동작형의 것에 한한다) 또는 절연변압기(정격용량 3kVA 이하인 것에 한한다)로 보호된 전로에 접속하거나, 인체감전보호용 누전차단기가 부착된 콘센트를 시설</u>하여야 한다.

2. 콘센트는 접지 극이 있는 방적형 콘센트를 사용하여 접지하여야 한다.

**[참고]** 누전차단기 접속할 때 준수사항

① 전기기계·기구에 설치되어 있는 누전차단기는 <u>정격감도전류가 30밀리암페어 이하이고 작동시간은 0.03초 이내일 것.</u> 다만, 정격전부하전류가 50암페어 이상인 전기기계·기구에 접속되는 누전차단기는 오작동을 방지하기 위하여 <u>정격감도전류는 200밀리암페어 이하로, 작동시간은 0.1초 이내로 할 수 있다.</u>

② <u>분기회로 또는 전기기계·기구마다 누전차단기를 접속할 것.</u> 다만, 평상시 누설전류가 매우 적은 소용량부하의 전로에는 분기회로에 일괄하여 접속할 수 있다.

{분석}
필기에 자주 출제되는 내용입니다.

**76** 50kW, 60Hz 3상 유도전동기가 380V 전원에 접속된 경우 흐르는 전류(A)는 약 얼마인가? (단, 역률은 80%이다.)

① 82.24  ② 94.96
③ 116.30  ④ 164.47

**[해설]** 1. $W = A \times V$

$$A = \frac{W}{V} = \frac{50,000}{380} = 131.58(A)$$

3상이므로 $131.58 \times \frac{1}{\sqrt{3}} = 75.97$

$(50kW = 50,000W)$

2. 역률이 80%이므로

$80 : 75.97 = 100 : X$

$$X = \frac{75.97 \times 100}{80} = 94.96(A)$$

{분석}
출제비중이 낮은 문제입니다.

**77** 인체저항을 500Ω이라 한다면, 심실세동을 일으키는 위험 한계 에너지는 약 몇 J인가?

(단, 심실세동전류값 $I = \frac{165}{\sqrt{T}}$ mA의 Dalziel의 식을 이용하며, 통전시간은 1초로 한다.)

① 11.5
② 13.6
③ 15.3
④ 16.2

**[해설]** 1. 인체저항이 500Ω인 경우 위험 한계 에너지 → 13.61(J)

2. $Q = I^2 \times R \times T = (\frac{165}{\sqrt{1}} \times 10^{-3})^2 \times 500 \times 1$

$= 13.61(J)$

{분석}
실기까지 중요한 내용입니다.

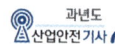

**78** 내압방폭용기 "d"에 대한 설명으로 틀린 것은?

① 원통형 나사 접합부의 체결 나사산 수는 5산 이상이어야 한다.
② 가스 / 증기 그룹이 ⅡB일 때 내압 접합면과 장애물과의 최소 이격거리 는 20mm이다.
③ 용기 내부의 폭발이 용기 주위의 폭발 성 가스 분위기로 화염이 전파되지 않 도록 방지하는 부분은 내압방폭 접합 부이다.
④ 가스/증기 그룹이 ⅡC일 때 내압 접합면 과 장애물과의 최소 이격거리는 40mm 이다.

<sub>해설</sub> 내압방폭구조 플랜지 접합부와 장애물 간 최소 이격 거리

| 가스 그룹 | 최소 이격거리(mm) |
| --- | --- |
| ⅡA | 10 |
| ⅡB | 30 |
| ⅡC | 40 |

**79** KS C IEC 60079-0의 정의에 따라 '두 도전부 사이의 고체 절연물 표면을 따른 최단거리'를 나타내는 명칭은?

① 전기적 간격
② 절연 공간거리
③ 연면 거리
④ 충전물 통과 거리

<sub>해설</sub> **연면거리**
두 개의 도전성 부분 간의 절연물 표면을 따라 측정한 가장 짧은 거리를 말한다.

**80** 접지 목적에 따른 분류에서 병원설비의 의료용 전기전자(M·E)기기와 모든 금속 부분 또는 도전바닥에도 접지하여 전위를 동일하게 하기 위한 접지를 무엇이라 하는가?

① 계통 접지
② 등전위 접지
③ 노이즈방지용 접지
④ 정전기 장해방지 이용 접지

<sub>해설</sub> **등전위 접지**
• 병원에 있어서의 의료기기 사용 시의 안전을 위해 설치한다.
• 병원설비의 의료용 전기 전자기기와 모든 금속 부분 또는 도전바닥에도 접지하여 전위를 동일 하게(등전위) 한다.

{분석}
**필기에 자주 출제되는 내용입니다.**

**제5과목** 　**화학설비 안전 관리**

**81** 다음 중 고체연소의 종류에 해당하지 않 는 것은?

① 표면연소
② 증발연소
③ 분해연소
④ 예혼합연소

<sub>해설</sub> **고체의 연소**
① 표면 연소 : 가연성 가스를 발생하지 않고 물질 그 자체가 연소하는 형태
　예 코크스, 목탄, 금속분 등
② 분해 연소 : 가열 분해에 의해 발생된 가연성 가스가 공기와 혼합되어 연소하는 형태
　예 목재, 종이, 석탄, 플라스틱 등 일반 가연물

③ 증발 연소 : 고체가연물의 가열에 의해 발생한 가연성 증기가 연소하는 형태
　예 황, 나프탈렌
④ 자기 연소 : 자체 내 산소를 함유하고 있어 공기 중 산소를 필요치 않고 연소하는 형태
　예 니트로 화합물, 다이너마이트 등

{분석}
실기까지 중요한 내용입니다.

**82** 가연성물질을 취급하는 장치를 퍼지하고자 할 때 잘못된 것은?

① 대상물질의 물성을 파악한다.
② 사용하는 불활성가스의 물성을 파악한다.
③ 퍼지용 가스를 가능한 한 빠른 속도로 단시간에 다량 송입한다.
④ 장치 내부를 세정한 후 퍼지용 가스를 송입한다.

해설 ③ 퍼지용 가스는 서서히 송입하여야 한다.

{분석}
필기에 자주 출제되는 내용입니다.

**83** 위험물질에 대한 설명 중 틀린 것은?

① 과산화나트륨에 물이 접촉하는 것은 위험하다.
② 황린은 물속에 저장한다.
③ 염소산나트륨은 물과 반응하여 폭발성의 수소 기체를 발생한다.
④ 아세트알데히드는 0℃ 이하의 온노에서도 인화할 수 있다.

해설 ③ 나트륨과 물이 반응하여 폭발성의 수소 기체를 발생한다.
$$2Na + 2H_2O = 2NaOH + H_2$$

**84** 공정안전보고서 중 공정안전자료에 포함하여야 할 세부내용에 해당하는 것은?

① 비상조치계획에 따른 교육계획
② 안전운전지침서
③ 각종 건물·설비의 배치도
④ 도급업체 안전관리계획

해설 공정안전자료
• 취급·저장하고 있거나 취급·저장하려는 유해·위험물질의 종류 및 수량
• 유해·위험물질에 대한 물질안전보건자료
• 유해·위험설비의 목록 및 사양
• 유해·위험설비의 운전방법을 알 수 있는 공정도면
• 각종 건물·설비의 배치도
• 폭발위험장소 구분도 및 전기단선도
• 위험설비의 안전설계·제작 및 설치 관련 지침서

참고 공정안전보고서의 내용
① 공정안전자료
② 공정위험성 평가서
③ 안전운전계획
④ 비상조치계획

{분석}
필기에 지주 출제되는 내용입니다.

**85** 디에틸에테르의 연소범위에 가장 가까운 값은?

① 2 ~ 10.4%
② 1.9 ~ 48%
③ 2.5 ~ 15%
④ 1.5 ~ 7.8%

해설 디에틸에테르의 연소범위 : 1.9 ~ 48%

최근 기출문제 2021

●) 정답 82 ③ 83 ③ 84 ③ 85 ②

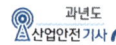

**86** 공기 중에서 A 가스의 폭발하한계는 2.2vol%이다. 이 폭발하한계 값을 기준으로 하여 표준 상태에서 A 가스와 공기의 혼합기체 1m³에 함유되어 있는 A 가스의 질량을 구하면 약 몇 g인가?
(단, A 가스의 분자량은 26이다.)

① 19.02      ② 25.54
③ 29.02      ④ 35.54

**해설** 1. 폭발하한계가 2.2Vol%이므로 공기 1m³(1,000$l$) 중 A가스의 부피
$$1,000 \times 0.022 = 22(l)$$

2. 분자량이 26이므로 표준상태(0℃, 22.4$l$)에서 A가스의 질량

$$22.4l : 26 = 22l : X$$
$$22.4 \times X = 26 \times 22$$
$$X = \frac{26 \times 22}{22.4} = 25.54(g)$$

{분석}
비중이 낮은 문제입니다.

**87** 다음 물질 중 물에 가장 잘 용해되는 것은?

① 아세톤
② 벤젠
③ 톨루엔
④ 휘발유

**해설** ① 아세톤은 물에 용해된다.

**88** 가스 누출감지 경보기 설치에 관한 기술상의 지침으로 틀린 것은?

① 암모니아를 제외한 가연성가스 누출감지경보기는 방폭성능을 갖는 것이어야 한다.
② 독성가스 누출감지경보기는 해당 독성가스 허용농도의 25% 이하에서 경보가 울리도록 설정하여야 한다.
③ 하나의 감지대상가스가 가연성이면서 독성인 경우에는 독성가스를 기준하여 가스누출감지경보기를 선정하여야 한다.
④ 건축물 안에 설치되는 경우, 감지대상 가스의 비중이 공기보다 무거운 경우에는 건축물 내의 하부에 설치하여야 한다.

**해설** ② 가연성 가스 누출감지 경보기는 감지대상 가스의 폭발하한계 25% 이하, 독성가스 누출감지경보기는 해당 독성가스의 허용농도 이하에서 경보가 울리도록 설정하여야 한다.

{분석}
필기에 자주 출제되는 내용입니다.

**89** 폭발을 기상 폭발과 응상 폭발로 분류할 때 기상 폭발에 해당되지 않는 것은?

① 분진 폭발
② 혼합가스 폭발
③ 분무 폭발
④ 수증기 폭발

**해설** ④ 수증기 폭발 → 응상 폭발

**참고** 응상 폭발 : 고상과 액상 폭발의 총칭이다.

•)) 정답 86 ② 87 ① 88 ② 89 ④

**90** 다음 가스 중 가장 독성이 큰 것은?

① CO        ② $COCl_2$
③ $NH_3$      ④ $H_2$

해설 포스겐($COCl_2$) → 맹독성 가스

**91** 처음 온도가 20℃인 공기를 절대압력 1기압에서 3기압으로 단열압축하면 최종 온도는 약 몇 도인가? (단, 공기의 비열비 1.4이다.)

① 68℃       ② 75℃
③ 128℃      ④ 164℃

해설 단열압축의 관계식

$$\frac{T_2}{T_1} = \left(\frac{P_2}{P_1}\right)^{\frac{r-1}{r}}$$

$r$은 공기의 비열비(1.4)
$T_1\,(K)$ : 단열압축 전의 온도($K = 273 + ℃$)
$T_2\,(K)$ : 단열압축 후의 온도
$P_1$(기압) : 단열압축 전의 압력
$P_2$(기압) : 단열압축 후의 압력

$$\frac{T_2}{T_1} = \left(\frac{P_2}{P_1}\right)^{\frac{r-1}{r}}$$

$$T_2 = T_1 \times \left(\frac{P_2}{P_1}\right)^{\frac{r-1}{r}} = (20+273) \times \left(\frac{3}{1}\right)^{\frac{1.4-1}{1.4}}$$

$$= 401.04K - 273 = 128.04(℃)$$

**92** 물질의 누출방지용으로써 접합면을 상호 밀착시키기 위하여 사용하는 것은?

① 개스킷
② 체크밸브
③ 플러그
④ 콕크

해설 사업주는 화학설비 또는 그 배관의 <u>덮개·플랜지·밸브 및 콕의 접합부</u>에 대하여 위험물질 등의 누출로 인한 폭발·화재 또는 <u>위험물의 누출을 방지하기 위하여</u> 적절한 <u>개스킷(gasket)을 사용</u>하고 접합면을 상호 밀착시키는 등 적절한 조치를 하여야 한다.

참고 사업주는 <u>위험물질을 액체상태로 저장하는 저장탱크</u>를 설치하는 때에는 <u>위험물질이 누출되어 확산되는 것을 방지하기 위하여 방유제(防油提)를 설치</u>하여야 한다.

{분석}
필기에 자주 출제되는 내용입니다.

**93** 건조설비의 구조를 구조부분, 가열장치, 부속설비로 구분할 때 다음 중 "부속설비"에 속하는 것은?

① 보온판
② 열원 장치
③ 소화장치
④ 철골부

해설 ① 보온판 : 구조 부분
② 열원 장치 : 가열 장치
③ 소화장치 : 부속 설비

**94** 에틸렌($C_2H_4$)이 완전연소하는 경우 다음의 Jones식을 이용하여 계산할 경우 연소하한계는 약 몇 vol%인가?

Jones식 : $LFL - 0.55 \times C_{st}$

① 0.55vol%
② 3.6vol%
③ 6.3vol%
④ 8.5vol%

•)) 정답 90 ② 91 ③ 92 ① 93 ③ 94 ②

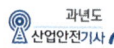

**[해설] Jones식의 폭발상·하한계**

> Jones식의 폭발하한계 $= 0.55 \times C_{st}$
> 폭발상한계 $= 3.50 \times C_{st}$
> $$C_{st} = \frac{100}{1 + 4.773\left(n + \frac{m - f - 2\lambda}{4}\right)} \text{(vol\%)}$$
> 여기서, $n$ : 탄소　　$m$ : 수소
> 　　　$f$ : 할로겐원소　$\lambda$ : 산소의 원자 수

$$C_{st} = \frac{100}{1 + 4.773\left(2 + \frac{4}{4}\right)} = 6.53\text{vol\%}$$

Jones식의 폭발하한계 $= 0.55 \times C_{st}$
$$= 0.55 \times 6.53$$
$$= 3.59\text{vol\%}$$

{분석}
**실기까지 중요한 내용입니다.**

**95** [보기]의 물질을 폭발 범위가 넓은 것부터 좁은 순서로 옳게 배열한 것은?

> [보기]
> $H_2$　　　$C_3H_8$　　　$CH_4$　　　$CO$

① $CO > H_2 > C_3H_8 > CH_4$
② $H_2 > CO > CH_4 > C_3H_8$
③ $C_3H_8 > CO > CH_4 > H_2$
④ $CH_4 > H_2 > CO > C_3H_8$

**[해설] 폭발 범위**

① 수소($H_2$) : 4 ~ 75(Vol%)
② 프로판($C_3H_8$) : 2.1 ~ 9.5(Vol%)
③ 메탄($CH_4$) : 5 ~ 15(Vol%)
④ 일산화탄소($CO$) : 12.5 ~ 74%(Vol%)

**96** 산업안전보건 법령상 위험물질의 종류에서 "폭발성 물질 및 유기과산화물"에 해당하는 것은?

① 디아조화합물
② 황린
③ 알킬알루미늄
④ 마그네슘 분말

**[해설] 폭발성 물질 및 유기과산화물**

가. 질산에스테르류
나. 니트로화합물
다. 니트로소화합물
라. 아조화합물
마. 디아조화합물
바. 하이드라진 유도체
사. 유기과산화물
아. 그 밖에 가목부터 사목까지의 물질과 같은 정도의 폭발 위험이 있는 물질
자. 가목부터 아목까지의 물질을 함유한 물질

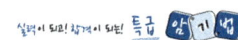

**폭발하는**(폭발성 물질) **질산에**(질산에스테르)
**니태아조?** (니트로, 니트로소, 아조, 디아조)
**하더라유!** (하이드라진유도체, 유기과산화물)

{분석}
**실기에 자주 출제되는 내용입니다.**

**97** 화염방지기의 설치에 관한 사항으로 (　　)에 알맞은 것은?

> 사업주는 인화성 액체 및 인화성 가스를 저장·취급하는 화학설비에서 증기나 가스를 대기로 방출하는 경우에는 외부로부터의 화염을 방지하기 위하여 화염방지기를 그 설비 (　　)에 설치하여야 한다.

① 상단　　　　　② 하단
③ 중앙　　　　　④ 무게중심

**해설** 인화성 액체 및 인화성 가스를 저장 취급하는 화학 설비에서 증기나 가스를 대기로 방출하는 경우에는 **외부로부터의 화염을 방지하기 위하여 화염 방지기를 그 설비 상단에 설치**하여야 한다.

{분석}
실기까지 중요한 내용입니다.

**98** 다음 중 인화성 가스가 아닌 것은?

① 부탄   ② 메탄
③ 수소   ④ 산소

**해설** 산소 → 조연성 가스(다른 인화성 물질을 연소시킬 수 있는 가스)

**99** 반응기를 조작방식에 따라 분류할 때 해당되지 않는 것은?

① 회분식 반응기
② 반회분식 반응기
③ 연속식 반응기
④ 관형식 반응기

**해설** 반응기의 구분

| 운전방식(조작방식)에 의한 분류 | 구조에 의한 분류 |
|---|---|
| ① 회분식 반응기<br>② 반회분식 반응기<br>③ 연속 반응기 | ① 관형반응기<br>② 탑형반응기<br>③ 교반기형 반응기<br>④ 유동층형 반응기 |

{분석}
필기에 자주 출제되는 내용입니다.

**100** 다음 중 가연성 물질과 산화성 고체가 혼합하고 있을 때 연소에 미치는 현상으로 옳은 것은?

① 착화온도(발화점)가 높아진다.
② 최소점화에너지가 감소하며, 폭발의 위험성이 증가한다.
③ 가스나 가연성 증기의 경우 공기혼합보다 연소범위가 축소된다.
④ 공기 중에서보다 산화작용이 약하게 발생하여 화염온도가 감소하며 연소속도가 늦어진다.

**해설** 산화성 고체(강산화제)는 가열, 충격, 마찰에 의해 산소를 방출하며, 가연성 물질(환원제)에 산소를 공급하여 연소, 폭발이 쉽게 된다.
(최소 점화 에너지 감소한다.)

제**6**과목 · 건설공사 안전 관리

**101** 건설현장에서 사용되는 작업발판 일체형 거푸집의 종류에 해당되지 않는 것은?

① 갱폼(gang form)
② 슬립폼(slip form)
③ 클라이밍 폼(climbing form)
④ 유로폼(euro form)

**해설** 작업발판 일체형 거푸집의 종류

① 갱 폼(gang form)
② 슬립 폼(slip form)
③ 클라이밍 폼(climbing form)
④ 터널 라이닝 폼(tunnel lining form)

{분석}
실기까지 중요한 내용입니다.

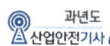

**102** 콘크리트 타설작업을 하는 경우 준수하여야 할 사항으로 옳지 않은 것은?

① 당일의 작업을 시작하기 전에 해당 작업에 관한 거푸집동바리 등의 변형·변위 및 지반의 침하 유무 등을 점검하고 이상이 있으면 보수할 것

② 콘크리트를 타설하는 경우에는 편심이 발생하지 않도록 골고루 분산하여 타설할 것

③ 설계도서상의 콘크리트 양생기간을 준수하여 거푸집동바리 등을 해체할 것

④ 작업 중에는 거푸집동바리 등의 변형·변위 및 침하 유무 등을 감시할 수 있는 감시자를 배치하여 이상이 있으면 작업을 중지하지 아니하고, 즉시 충분한 보강조치를 실시할 것

> **해설** ④ 작업 중에는 감시자를 배치하는 등의 방법으로 거푸집 및 동바리의 변형·변위 및 침하 유무 등을 확인해야 하며, 이상이 있으면 작업을 중지하고 근로자를 대피시킬 것
>
> {분석}
> 실기까지 중요한 내용입니다.

**103** 버팀보, 앵커 등의 축하중 변화상태를 측정하여 이들 부재의 지지효과 및 그 변화 추이를 파악하는데 사용되는 계측기기는?

① water level meter
② load cell
③ piezo meter
④ strain gauge

> **해설**

| 지하 수위계<br>(Water levelmeter) | 지하수위 변화를 실측하여 각종 계측자료에 이용 |
|---|---|
| 변형률계<br>(Strain-gauge) | 토류 구조물의 각 부재와 인근 구조물의 각 지점 및 타설 콘크리트 등의 응력변화를 측정 |
| 하중계<br>(Strut load-cell) | 스트럿(Strut) 또는 어스앵커(Earth anchor) 등의 축하중 변화를 측정하는 기구 |
| 간극 수압계<br>(Piezometer) | 굴착에 따른 과잉 간극수압의 변화를 측정 |

> {분석}
> 필기에 자주 출제되는 내용입니다.

**104** 차량계 건설기계를 사용하여 작업을 하는 경우 작업계획서 내용에 포함되지 않는 것은?

① 사용하는 차량계 건설기계의 종류 및 성능

② 차량계 건설기계의 운행경로

③ 차량계 건설기계에 의한 작업방법

④ 차량계 건설기계의 유지보수방법

> **해설** 차량계 건설기계를 사용하는 작업의 작업계획서 내용
>
> ① 사용하는 차량계 건설기계의 종류 및 성능
>
> ② 차량계 건설기계의 운행경로
>
> ③ 차량계 건설기계에 의한 작업방법
>
> {분석}
> 실기까지 중요한 내용입니다.

**정답** 102 ④ 103 ② 104 ④

**105** 근로자의 추락 등의 위험을 방지하기 위한 안전난간의 설치기준으로 옳지 않은 것은?

① 상부 난간대와 중간 난간대는 난간 길이 전체에 걸쳐 바닥면 등과 평행을 유지할 것

② 발끝막이판은 바닥면 등으로부터 20cm 이상의 높이를 유지할 것

③ 난간대는 지름 2.7cm 이상의 금속제 파이프나 그 이상의 강도가 있는 재료일 것

④ 안전난간은 구조적으로 가장 취약한 지점에서 가장 취약한 방향으로 작용하는 100kg 이상의 하중에 견딜 수 있는 튼튼한 구조일 것

**[해설] 안전난간의 구조 및 설치요건**

① 상부 난간대, 중간 난간대, 발끝막이판 및 난간기둥으로 구성할 것

② 상부 난간대는 바닥면·발판 또는 경사로의 표면으로부터 90센티미터 이상 지점에 설치하고, 상부 난간대를 120센티미터 이하에 설치하는 경우에는 중간 난간대는 상부 난간대와 바닥면등의 중간에 설치하여야 하며, 120센티미터 이상 지점에 설치하는 경우에는 중간 난간대를 2단 이상으로 균등하게 설치하고 난간의 상하 간격은 60센티미터 이하가 되도록 할 것(다만, 난간기둥 간의 간격이 25센티미터 이하인 경우에는 중간 난간대를 설치하지 않을 수 있다.)

③ 발끝막이판은 바닥면 등으로부터 10센티미터 이상의 높이를 유지할 것

④ 난간기둥은 상부 난간대와 중간 난간대를 견고하게 떠받칠 수 있도록 적정한 간격을 유지할 것

⑤ 상부 난간대와 중간 난간대는 난간 길이 전체에 걸쳐 바닥면 등과 평행을 유지할 것

⑥ 난간대는 지름 2.7센티미터 이상의 금속제 파이프나 그 이상의 강도가 있는 재료일 것

⑦ 안전난간은 구조적으로 가장 취약한 지점에서 가장 취약한 방향으로 작용하는 100킬로그램 이상의 하중에 견딜 수 있는 튼튼한 구조일 것

{분석}
실기까지 중요한 내용입니다.

**106** 흙 속의 전단응력을 증대시키는 원인에 해당하지 않는 것은?

① 자연 또는 인공에 의한 지하공동의 형성

② 함수비의 감소에 따른 흙의 단위체적 중량의 감소

③ 지진, 폭파에 의한 진동 발생

④ 균열 내에 작용하는 수압증가

**[해설]** ② 함수비 증가로 인한 흙 자체 단위중량의 증가

**[참고] 전단응력**

흙 속에서 유동하려는 힘이 작용할 경우 이를 정지시키려는 전단저항의 한도(=전단응력)를 말한다.

**107** 다음은 산업안전보건 법령에 따른 항타기 또는 항발기에 권상용 와이어로프를 사용하는 경우에 준수하여야 할 사항이다. ( )안에 알맞은 내용으로 옳은 것은?

> 권상용 와이어로프는 추 또는 해머가 최저의 위치에 있을 때 또는 닐날뚝을 빼내기 시작할 때를 기준으로 권상장치의 드럼에 적어도 ( )감기고 남을 수 있는 충분한 길이일 것

① 1회      ② 2회
③ 4회      ④ 6회

**[해설]** 권상용 와이어로프는 추 또는 해머가 최저의 위치에 있는 때 또는 널말뚝을 빼어내기 시작한 때를 기준으로 하여 권상장치의 드럼에 적어도 2회 감기고 남을 수 있는 충분한 길이일 것

{분석}
필기에 자주 출제되는 내용입니다.

**[•)) 정답]** 105 ②   106 ②   107 ②

**108** 산업안전보건법령에 따른 유해위험방지 계획서 제출 대상 공사로 볼 수 없는 것은?

① 지상 높이가 31m 이상인 건축물의 건설 공사

② 터널 건설공사

③ 깊이 10m 이상인 굴착공사

④ 다리의 전체길이가 40m 이상인 건설 공사

해설 **유해위험방지계획서를 제출해야 될 건설공사**

1. 지상높이가 31미터 이상인 건축물 또는 인공구조물, 연면적 3만제곱미터 이상인 건축물 또는 연면적 5천제곱미터 이상의 문화 및 집회시설(전시장 및 동물원·식물원은 제외한다), 판매시설, 운수시설(고속철도의 역사 및 집배송시설은 제외한다), 종교시설, 의료시설 중 종합병원, 숙박시설 중 관광숙박시설, 지하도상가 또는 냉동·냉장창고시설의 건설·개조 또는 해체

2. 연면적 5천제곱미터 이상의 냉동·냉장창고시설의 설비공사 및 단열공사

3. 최대 지간길이가 50미터 이상인 교량 건설 등 공사

4. 터널 건설 등의 공사

5. 다목적댐, 발전용댐 및 저수용량 2천만톤 이상의 용수 전용 댐, 지방상수도전용 댐 건설 등의 공사

6. 깊이 10미터 이상인 굴착공사

 실기에 되고! 함께 되는! **특급 암기법**

- 지상높이 31m, 연면적 3만m², 사람 많은 시설 연면적 5,000m²
- 연면적 5,000m2 냉동·냉장창고시설
- 최대 지간길이가 50미터 이상 교량
- 터널
- 저수용량 2천만 톤 이상 댐
- 10미터 이상인 굴착

{분석}
**실기에 자주 출제되는 내용입니다.**

**109** 사다리식 통로 등을 설치하는 경우 고정식 사다리식 통로의 기울기는 최대 몇 도 이하로 하여야 하는가?

① 60도　　② 75도

③ 80도　　④ 90도

해설 사다리식 통로의 기울기는 75도 이하로 할 것. 다만, 고정식 사다리식 통로의 기울기는 90도 이하로 하고, 그 높이가 7미터 이상인 경우에는 다음 각 목의 구분에 따른 조치를 할 것

- 등받이울이 있어도 근로자 이동에 지장이 없는 경우 : 바닥으로부터 높이가 2.5미터 되는 지점부터 등받이울을 설치할 것
- 등받이울이 있으면 근로자가 이동이 곤란한 경우 : 한국산업표준에서 정하는 기준에 적합한 개인용 추락 방지 시스템을 설치하고 근로자로 하여금 한국산업표준에서 정하는 기준에 적합한 전신 안전대를 사용하도록 할 것

{분석}
**실기까지 중요한 내용입니다.**

**110** 거푸집 동바리 구조에서 높이가 L = 3.5m 인 파이프 서포트의 좌굴하중은?
(단, 상부 받이판과 하부 받이판은 힌지로 가정하고, 단면 2차 모멘트 I = 8.31cm⁴, 탄성계수 E = 2.1×10⁵MPa)

① 14060N　　② 15060N

③ 16060N　　④ 17060N

해설

$$좌굴하중(Pe) = \frac{\pi^2 \times E \times I}{L^2}$$

여기서,
$E$ : 재료의 탄성계수
$I$ : 단면 2차 모멘트
$L$ : 부재의 유효길이

$$좌굴하중(Pe) = \frac{\pi^2 \times E \times I}{L^2}$$

$$= \frac{\pi^2 \times (2.1 \times 10^5 \times 10^6)N/m^2 \times 8.31 \times (10^{-2})^4 m^4}{3.5^2 m^2}$$

$$= 14059.96(N)$$

$$\begin{pmatrix} \bullet & MPa = 10^6 Pa \\ \bullet & Pa = N/m^2 \end{pmatrix}$$

{분석}
비중이 낮은 문제입니다.

**111** 하역작업 등에 의한 위험을 방지하기 위하여 준수하여야 할 사항으로 옳지 않은 것은?

① 꼬임이 끊어진 섬유로프를 화물운반용으로 사용해서는 안 된다.
② 심하게 부식된 섬유로프를 고정용으로 사용해서는 안 된다.
③ 차량 등에서 화물을 내리는 작업 시 해당 작업에 종사하는 근로자에게 쌓여 있는 화물 중간에서 화물을 빼내도록 할 경우에는 사전 교육을 철저히 한다.
④ 부두 또는 안벽의 선을 따라 통로를 설치하는 경우에는 폭을 90cm 이상으로 한다.

**해설** ③ 차량 등에서 화물을 내리는 작업을 하는 때에는 하적(荷積)단 중간에서 화물을 빼내도록 하여서는 아니 된다.

{분석}
필기에 자주 출제되는 내용입니다.

**112** 추락방지용 방망 중 그물코의 크기가 5cm인 매듭방망 신품의 인장강도는 최소 몇 kg 이상이어야 하는가?

① 60
② 110
③ 150
④ 200

**해설** 방망사의 신품에 대한 인장강도

| 그물코의 크기 (단위 : 센티미터) | 방망의 종류(단위 : 킬로그램) | |
|---|---|---|
| | 매듭 없는 방망 | 매듭방망 |
| 10 | 240 | 200 |
| 5 | | 110 |

**참고** 방망사의 폐기 시 인장강도

| 그물코의 크기 (단위 : 센티미터) | 방망의 종류(단위 : 킬로그램) | |
|---|---|---|
| | 매듭 없는 방망 | 매듭방망 |
| 10 | 150 | 135 |
| 5 | | 60 |

{분석}
필기에 자주 출제되는 내용입니다.

**113** 단관비계의 도괴 또는 전도를 방지하기 위하여 사용하는 벽 이음의 간격 기준으로 옳은 것은?

① 수직 방향 5m 이하, 수평 방향 5m 이하
② 수직 방향 6m 이하, 수평 방향 6m 이하
③ 수직 방향 7m 이하, 수평 방향 7m 이하
④ 수직 방향 8m 이하, 수평 방향 8m 이하

**해설** 비계 조립간격(벽이음 간격)

| 비계 종류 | | 수직 방향 | 수평 방향 |
|---|---|---|---|
| 강관 비계 | 단관비계 | 5m | 5m |
| | 틀비계(높이 5m 미만인 것 제외) | 6m | 8m |

{분석}
실기까지 중요한 내용입니다.

정답 111 ③  112 ②  113 ①

2021

**114** 인력으로 하물을 인양할 때의 몸의 자세와 관련하여 준수하여야 할 사항으로 옳지 않은 것은?

① 한쪽 발은 들어 올리는 물체를 향하여 안전하게 고정시키고 다른 발은 그 뒤에 안전하게 고정시킬 것

② 등은 항상 직립한 상태와 90도 각도를 유지하여 가능한 한 지면과 수평이 되도록 할 것

③ 팔은 몸에 밀착시키고 끌어당기는 자세를 취하며 가능한 한 수평거리를 짧게 할 것

④ 손가락으로만 인양물을 잡아서는 아니되며 손바닥으로 인양물 전체를 잡을 것

> **해설** ② 손바닥 전체로 화물을 감싸고 턱은 당기며 허리를 곧추세우고 지면과 직각이 되도록 하여 다리 힘으로 든다.

**115** 산업안전보건관리비 항목 중 안전시설비로 사용 가능한 것은?

① 원활한 공사수행을 위한 가설시설 중 비계설치 비용

② 소음 관련 민원 예방을 위한 건설 현장 소음방지용 방음시설 설치 비용

③ 근로자의 재해예방을 위한 목적으로만 사용하는 지능형 CCTV에 사용되는 비용의 5분의 1에 해당하는 비용

④ 기계·기구 등과 일체형 안전장치의 전체 구입 비용

> **해설** ① 공사 수행을 위한 비계는 산업안전보건관리비로 사용할 수 없다.
> ② 소음방지용 방음시설은 산업안전보건관리비로 사용할 수 없다.
> ④ 기계·기구와 방호장치가 일체로 제작된 경우, 방호 장치 부분의 가액만 산업안전보건관리비로 사용이 가능하다.

> **참고** 1. 안전시설비 등
> ① 산업재해 예방을 위한 안전난간, 추락방호망, 안전대 부착설비, 방호장치(기계·기구와 방호장치가 일체로 제작된 경우, 방호장치 부분의 가액에 한함) 등 안전시설의 구입·임대 및 설치 등을 위해 소요되는 비용
> ② 스마트 안전장비 구입·임대 비용. 다만, 계상된 산업안전보건관리비 총액의 10분의 2를 초과할 수 없다.
> ③ 용접 작업 등 화재 위험작업 시 사용하는 소화기의 구입·임대 비용
>
> 2. 다음 각 호의 어느 하나에 해당하는 경우에는 산업안전보건관리비를 사용할 수 없다.
> ① 「(계약예규)예정 가격 작성 기준」 중 "경비"에 해당되는 비용(단, 산업안전보건관리비 제외)
> ② 다른 법령에서 의무사항으로 규정한 사항을 이행하는 데 필요한 비용
> ③ 근로자 재해 예방 외의 목적이 있는 시설·장비나 물건 등을 사용하기 위해 소요되는 비용
> ④ 환경 관리, 민원 또는 수방 대비 등 다른 목적이 포함된 경우
>
> {분석}
> 관련 법령의 변경으로 문제 일부를 수정하였습니다.
> 실기까지 중요한 내용입니다.

**116** 유한사면에서 원형활동면에 의해 발생하는 일반적인 사면 파괴의 종류에 해당하지 않는 것은?

① 사면내파괴(Slope failure)
② 사면선단파괴(Toe failure)
③ 사면인장파괴(Tension failure)
④ 사면저부파괴(Base failure)

> **해설** 유한사면의 활동유형
> ① 원호활동
> • 사면선단파괴 : 경사가 급하고 비점착성 토질
> • 사면 내 파괴 : 견고한 지층이 얕은 경우
> • 사변저부파괴 : 경사가 완만하고 점착성인 경우

**정답** 114 ② 115 ③ 116 ③

② 대수나선활동 : 토층이 불균일할 때
③ 복합곡선활동 : 연약한 토층이 얕은 곳에 존재할 때

{분석}
실기까지 중요한 내용입니다.

**117** 강관비계를 사용하여 비계를 구성하는 경우 준수해야할 기준으로 옳지 않은 것은?

① 비계기둥의 간격은 띠장 방향에서는 1.85m 이하, 장선(長線) 방향에서는 1.5m 이하로 할 것
② 띠장 간격은 2.0m 이하로 할 것
③ 비계기둥의 제일 윗부분으로부터 31m 되는 지점 밑부분의 비계기둥은 2개의 강관으로 묶어 세울 것
④ 비계기둥 간의 적재하중은 600kg을 초과하지 않도록 할 것

[해설] ④ 비계기둥 간의 적재하중은 400kg을 초과하지 않도록 할 것

[참고] **강관비계 조립 시의 준수사항**
① 비계기둥에는 미끄러지거나 침하하는 것을 방지하기 위하여 밑받침철물을 사용하거나 깔판·받침목 등을 사용하여 밑둥잡이를 설치할 것
② 강관의 접속부 또는 교차부는 적합한 부속철물을 사용하여 접속하거나 단단히 묶을 것
③ 교차가새로 보강할 것
④ 외줄비계·쌍줄비계 또는 돌출 비계의 벽이음 및 버팀 설치
  • 조립간격 : 수직방향에서 5m 이하, 수평방향에서는 5m 이하
  • 강관·통나무 등의 재료를 사용하여 견고한 것으로 할 것
  • 인장재와 압축재로 구성되어 있는 때에는 인장재와 압축재의 간격을 1m 이내로 할 것
⑤ 가공전로에 근접하여 비계를 설치하는 때에는 가공전로를 이설, 절연용 방호구 장착하는 등 가공전로와의 접촉 방지 조치할 것

{분석}
실기까지 중요한 내용입니다.

**118** 다음은 산업안전보건법령에 따른 화물자동차의 승강설비에 관한 사항이다. ( ) 안에 알맞은 내용으로 옳은 것은?

사업주는 바닥으로부터 짐 윗면까지의 높이가 ( )미터 이상인 화물자동차에 짐을 싣는 작업 또는 내리는 작업을 하는 경우에는 근로자의 추락 위험을 방지하기 위하여 해당 작업에 종사하는 근로자가 바닥과 적재함의 짐 윗면 간을 안전하게 오르내리기 위한 설비를 설치하여야 한다.

① 2m  ② 4m
③ 6m  ④ 8m

[해설] 바닥으로부터 짐 윗면과의 높이가 2미터 이상인 화물자동차에 짐을 싣는 작업 또는 내리는 작업을 하는 때에는 추락에 의한 근로자의 위험을 방지하기 위하여 당해 작업에 종사하는 근로자가 바닥과 적재함의 짐 윗면과의 사이를 안전하게 상승 또는 하강하기 위한 설비를 설치하여야 한다.

{분석}
필기에 자주 출제되는 내용입니다.

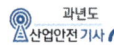
**119** 달비계의 최대 적재하중을 정하는 경우 그 안전계수 기준으로 옳지 않은 것은? (단, 곤돌라의 달비계를 제외한다.)

① 달기 훅 : 5 이상
② 달기 강선 : 5 이상
③ 달기 체인 : 3 이상
④ 달기 와이어로프 : 5 이상

{분석}
관련 법규 개정으로 법규에서 삭제된 내용입니다..

**120** 발파작업 시 암질변화 구간 및 이상암질의 출현 시 반드시 암질판별을 실시하여야 하는데, 이와 관련된 암질판별기준과 가장 거리가 먼 것은?

① R.Q.D(%)
② 탄성파속도(m/sec)
③ 전단강도(kg/cm$^2$)
④ R.M.R

해설 암질판별 기준

① R.Q.D(%)
② 탄성파속도(m/sec)
③ R.M.R
④ 일축압축강도(k/cm$^2$)
⑤ 진동치 속도(cm/sec = Kine)

{분석}
관련 법규에서 삭제된 내용이나 출제되었습니다.

정답  119 정답 없음  120 ③

# 01회 2022년 산업안전기사 최근 기출문제

**01** 산업안전보건 법령상 산업안전보건위원회의 구성·운영에 관한 설명 중 틀린 것은?

① 정기회의는 분기마다 소집한다.
② 위원장은 위원 중에서 호선(互選)한다.
③ 근로자대표가 지명하는 명예산업안전감독관은 근로자 위원에 속한다.
④ 공사금액 100억 원 이상의 건설업의 경우 산업안전보건위원회를 구성·운영해야 한다.

**해설** 산업안전보건위원회를 설치·운영해야 할 사업의 종류 및 규모

| 사업의 종류 | 규모 |
|---|---|
| 1. 토사석 광업<br>2. 목재 및 나무제품 제조업 ; 가구 제외<br>3. 화학물질 및 화학제품 제조업 ; 의약품 제외(세제, 화장품 및 광택제 제조업과 화학섬유 제조업은 제외한다)<br>4. 비금속 광물제품 제조업<br>5. 1차 금속 제조업<br>6. 금속가공제품 제조업 ; 기계 및 가구 제외<br>7. 자동차 및 트레일러 제조업<br>8. 기타 기계 및 장비 제조업(사무용 기계 및 장비 제조업은 제외한다)<br>9. 기타 운송장비 제조업(전투용 차량 제조업은 제외한다) | 상시 근로자 50명 이상 |
| 10. 농업<br>11. 어업<br>12. 소프트웨어 개발 및 공급업 | 상시 근로자 300명 이상 |

| 사업의 종류 | 규모 |
|---|---|
| 13. 컴퓨터 프로그래밍, 시스템 통합 및 관리업<br>13의 2. 영상·오디오물 제공 서비스업<br>14. 정보서비스업<br>15. 금융 및 보험업<br>16. 임대업 ; 부동산 제외<br>17. 전문, 과학 및 기술 서비스업(연구개발업은 제외한다)<br>18. 사업지원 서비스업<br>19. 사회복지 서비스업 | |
| 20. 건설업 | 공사금액 120억 원 이상 (토목공사업 : 150억 원 이상) |
| 21. 제1호부터 제20호까지의 사업을 제외한 사업 | 상시 근로자 100명 이상 |

**참고** 산업안전보건위원회의 구성

1. 근로자위원
   ① 근로자대표
   ② 근로자대표가 지명하는 1명 이상의 명예산업안전감독관
   ③ 근로자대표가 지명하는 9명 이내의 해당사업장의 근로자

2. 사용자위원
   ① 해당 사업의 대표자
   ② 안전관리자 1명
   ③ 보건관리자 1명
   ④ 산업보건의
   ⑤ 사업의 대표자가 지명하는 9명 이내의 해당사업장 부서의 장

{분석}
실기까지 중요한 내용입니다.

**정답** 01 ④

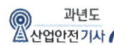
**02** 산업안전보건법령상 잠함(潛函) 또는 잠수 작업 등 높은 기압에서 작업하는 근로자의 근로시간 기준은?

① 1일 6시간, 1주 32시간 초과 금지
② 1일 6시간, 1주 34시간 초과 금지
③ 1일 8시간, 1주 32시간 초과 금지
④ 1일 8시간, 1주 34시간 초과 금지

**해설** 잠수시간은 <u>1일 6시간, 1주 34시간을 초과하지 아니할 것</u>

**03** 산업현장에서 재해 발생 시 조치 순서로 옳은 것은?

① 긴급처리 → 재해조사 → 원인 분석 → 대책 수립
② 긴급처리 → 원인 분석 → 대책 수립 → 재해조사
③ 재해조사 → 원인 분석 → 대책 수립 → 긴급처리
④ 재해조사 → 대책 수립 → 원인 분석 → 긴급처리

**해설** 재해 발생 시 조치 순서

긴급처리 → 재해조사 → 원인 분석 → 대책 수립 → 실시 → 평가

**참고** 긴급처리 순서

피재기계 정지 → 피재자 응급조치 → 관계자에게 통보(인적, 물적 손실 함께 통보) → 2차 재해 방지 → 현장 보존

{분석}
**필기에 자주 출제되는 내용입니다.**

**04** 산업재해보험적용 근로자 1,000명인 플라스틱 제조 사업장에서 작업 중 재해 5건이 발생하였고, 1명이 사망하였을 때 이 사업장의 사망 만인율은?

① 2  ② 5
③ 10  ④ 20

**해설**

**사망 만인율**

• <u>산재보험적용 근로자 수 10,000명당 발생하는 사망자 수의 비율</u>을 말한다.

• 사망만인율
$$= \frac{\text{사망자수}}{\text{산재보험적용근로자수}} \times 10,000$$

$$\text{사망만인율} = \frac{1}{1,000} \times 10,000 = 10$$

{분석}
**실기에 자주 출제되는 내용입니다.**

**05** 안전·보건 교육계획 수립 시 고려사항 중 틀린 것은?

① 필요한 정보를 수집한다.
② 현장의 의견을 고려하지 않는다.
③ 지도안은 교육대상을 고려하여 작성한다.
④ 법령에 의한 교육에만 그치지 않아야 한다.

**해설** 안전교육계획 수립 시 고려할 사항
① 자료 수집(필요한 정보 수집)
② 현장 의견의 충분한 반영
③ 교육 시행 체계와의 관계를 고려
④ 법 규정에 의한 교육과 그 이상의 교육을 계획

**•)) 정답** 02 ② 03 ① 04 ③ 05 ②

**06** 학습지도의 형태 중 몇 사람의 전문가가 주제에 대한 견해를 발표하고 참가자로 하여금 의견을 내거나 질문을 하게 하는 토의방식은?

① 포럼(Forum)
② 심포지엄(Symposium)
③ 버즈세션(Buzz session)
④ 자유토의법(Free discussion method)

**해설** 몇 사람의 전문가가 견해를 발표한 뒤 참가자로 하여금 질문을 하게 하여 토의하는 방법
→ 심포지엄(Symposium)

**참고** 1. 포럼(Forum) : 새로운 자료나 교재를 제시, 거기서의 문제점을 피교육자로 하여금 제기하게 하여 발표하고 토의하는 방법
2. 버즈 세션(Buzz Session, 6 – 6 회의) : 사회자와 기록계를 선출한 후 6명씩의 소집단으로 구분하고, 소집단별로 6분씩 자유토의를 행하여 의견을 종합하는 방법

{분석}
필기에 자주 출제되는 내용입니다.

**07** 산업안전보건법령상 근로자 안전보건교육 대상에 따른 교육시간 기준 중 틀린 것은? (단, 상시작업이며, 일용근로자 및 근로계약 기간이 1주일 이하인 기간제 근로자는 제외한다.)

① 특별교육 – 16시간 이상
② 채용 시 교육 – 8시간 이상
③ 작업내용 변경 시 교육 – 2시간 이상
④ 사무직 종사 근로자 정기교육 – 매분기 1시간 이상

**해설** 근로자 안전보건교육 시간

| 교육과정 | 교육대상 | | 교육시간 |
|---|---|---|---|
| 가. 정기교육 | 1) 사무직 종사 근로자 | | 매반기 6시간 이상 |
| | 2) 그 밖의 근로자 | 가) 판매업무에 직접 종사하는 근로자 | 매반기 6시간 이상 |
| | | 나) 판매업무에 직접 종사하는 근로자 외의 근로자 | 매반기 12시간 이상 |
| 나. 채용 시 교육 | 1) 일용근로자 및 근로계약기간이 1주일 이하인 기간제 근로자 | | 1시간 이상 |
| | 2) 근로계약기간이 1주일 초과 1개월 이하인 기간제 근로자 | | 4시간 이상 |
| | 3) 그 밖의 근로자 | | 8시간 이상 |
| 다. 작업내용 변경 시 교육 | 1) 일용근로자 및 근로계약기간이 1주일 이하인 기간제 근로자 | | 1시간 이상 |
| | 2) 그 밖의 근로자 | | 2시간 이상 |
| 라. 특별교육 | 1) 일용근로자 및 근로계약기간이 1주일 이하인 기간제 근로자(타워크레인 신호작업에 종사하는 근로자 제외) | | 2시간 이상 |
| | 2) 일용근로자 및 근로계약기간이 1주일 이하인 기간제 근로자 중 타워크레인 신호작업에 종사하는 근로자 | | 8시간 이상 |
| | 3) 일용근로자 및 근로계약기간이 1주일 이하인 기간제 근로자를 제외한 근로자 | | 가) 16시간 이상 (최초 작업에 종사하기 전 4시간 이상 실시하고 12시간은 3개월 이내에서 분할하여 실시 가능) |

**정답 06 ② 07 ④**

| 교육과정 | 교육대상 | 교육시간 |
|---|---|---|
| 라.<br>특별교육 |  | 나) 단기간 작업<br>또는 간헐적<br>작업인 경우<br>에는 2시간<br>이상 |
| 마.<br>건설업<br>기초안전<br>·<br>보건교육 | 건설 일용근로자 | 4시간 이상 |

{분석}
실기에 자주 출제되는 내용입니다.

**08** 버드(Bird)의 신 도미노이론 5단계에 해당하지 않는 것은?

① 제어 부족(관리)　② 직접 원인(징후)
③ 간접 원인(평가)　④ 기본 원인(기원)

해설 버드(Frank. E. Bird)의 사고 연쇄성이론 5단계

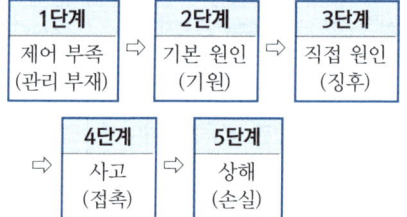

{분석}
실기까지 중요한 내용입니다.

**09** 재해예방의 4원칙에 해당하지 않는 것은?

① 예빙가능의 원칙
② 손실우연의 원칙
③ 원인연계의 원칙
④ 재해 연쇄성의 원칙

해설 산업재해 예방의 4원칙

① 예방 가능의 원칙 : 재해는 원칙적으로 원인만 제거되면 예방이 가능하다.
② 손실 우연의 원칙 : 사고의 결과 생기는 상해의 종류와 정도는 사고 발생 시 사고 대상의 조건에 따라 우연히 발생한다.
③ 대책 선정의 원칙 : 사고의 원인에 대한 적합한 대책이 선정되어야 한다.
④ 원인 연계의 원칙 : 재해는 원인이 있고, 직접원인과 간접원인이 연계되어 일어난다.

{분석}
실기까지 중요한 내용입니다.

**10** 안전점검을 점검시기에 따라 구분할 때 다음에서 설명하는 안전점검은?

> 작업 담당자 또는 해당 관리감독자가 맡고 있는 공정의 설비, 기계, 공구 등을 매일 작업 전 또는 작업 중에 일상적으로 실시하는 안전점검

① 정기점검　　　② 수시점검
③ 특별점검　　　④ 임시점검

해설 안전점검의 종류

① 정기점검(계획점검) : 일정 기간마다 정기적으로 실시하는 점검을 말한다.
② 수시점검(일상점검) : 매일 작업 전, 중, 후에 실시하는 점검을 말한다.
③ 특별점검 : 기계·기구 또는 설비의 신설·변경 또는 고장·수리 등으로 비정기적인 특정 점검, 산업안전보건 강조기간, 악천후 시에도 실시한다.
④ 임시점검 : 기계·기구 또는 설비의 이상 발견 시에 임시로 실시하는 점검을 말한다.

{분석}
필기에 자주 출제되는 내용입니다.

•)) 정답 08 ③　09 ④　10 ②

**11** 타일러(Tyler)의 교육과정 중 학습경험 선정의 원리에 해당하는 것은?

① 기회의 원리　② 계속성의 원리
③ 계열성의 원리　④ 통합성의 원리

**해설** 학습경험 선정의 원리

① 기회의 원리 : 교육목표를 달성하기 위해서는 학습자가 스스로 해 볼 수 있는 기회를 가져야 한다.
② 만족의 원리(동기유발의 원리) : 학생들이 해보는 과정에서 만족감을 느낄 수 있어야 한다.
③ 가능성의 원리 : 학생들에게 요구되는 행동이 현재 능력 성위 발달 수준에 맞아야 한다.
④ 다목적달성의 원리 : 여러 가지 목표를 동시에 달성하는데 도움을 주도록 한다.
⑤ 협동의 원리 : 함께 활동할 수 있는 기회를 주어야 한다.

{분석}
필기에 자주 출제되는 내용입니다.

**12** 주의(Attention)의 특성에 관한 설명 중 틀린 것은?

① 고도의 주의는 장시간 지속하기 어렵다.
② 한 지점에 주의를 집중하면 다른 곳의 주의는 약해진다.
③ 최고의 주의 집중은 의식의 과잉 상태에서 가능하다.
④ 여러 자극을 지각할 때 소수의 현란한 자극에 선택적 주의를 기울이는 경향이 있다.

**해설** ① 고도의 주의는 장시간 지속하기 어렵다.
→ 단속성
② 한 지점에 주의를 집중하면 다른 곳의 주의는 약해진다. → 주의력의 중복집중 곤란
④ 여러 자극을 지각할 때 소수의 현란한 자극에 선택적 주의를 기울이는 경향이 있다.
→ 선택성

**참고** 인간 주의 특성의 종류

① 선택성 : 사람은 한 번에 여러 종류의 자극을 지각하거나 수용하지 못하며 소수의 특정한 것으로 한정해서 선택하는 기능을 말한다.
② 방향성 : 시선에서 벗어난 부분은 무시되기 쉽다.(주시점만 응시한다.)
③ 변동성 : 주의는 리듬이 있어 일정한 수준을 지키지 못한다.
④ 단속성 : 고도의 주의는 장시간 집중이 곤란하다.
⑤ 주의력의 중복집중 곤란 : 동시에 두 개 이상의 방향을 잡지 못한다.

{분석}
필기에 자주 출제되는 내용입니다.

**13** 산업재해보상보험법령상 보험급여의 종류가 아닌 것은?

① 장례비
② 간병급여
③ 직업재활급여
④ 생산손실비용

**해설** 산업재해보상보험법령상 보험급여의 종류

보험급여의 종류는 다음 각 호와 같다. 다만, 진폐에 따른 보험급여의 종류는 요양급여, 간병급여, 장례비, 직업재활급여, 진폐보상 연금 및 진폐 유족 연금으로 한다.

① 요양급여
② 휴업급여
③ 장해급여
④ 간병급여
⑤ 유족급여
⑥ 상병(傷病) 보상 연금
⑦ 장례비
⑧ 직업재활급여

**14** 산업안전보건법령상 그림과 같은 기본 모형이 나타내는 안전·보건표시의 표시 사항으로 옳은 것은? (단, L은 안전·보건 표시를 인식할 수 있거나 인식해야 할 안전 거리를 말한다.)

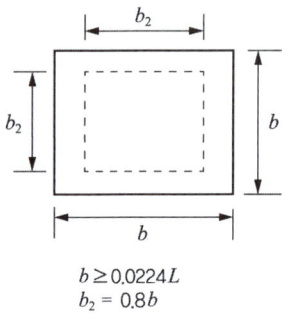

$$b \geq 0.0224L$$
$$b_2 = 0.8b$$

① 금지      ② 경고
③ 지시      ④ 안내

해설 안전·보건표지의 기본 모형

| 번호 | 기본 모형 | 표시 사항 |
|---|---|---|
| 1 | 45° $d_3$ $d_2$ $d_1$ $d$ | 금지 |
| 2 | | 경고<br>(화학물질 외 경고) |
| | | 경고<br>(화학물질 경고) |
| 3 | $d_1$ $d$ | 지시 |

| 번호 | 기본 모형 | 표시 사항 |
|---|---|---|
| 4 | $b_2$ $b$ / $b_2$ / $b$ | 안내 |
| | $e_2$ $e_1$ $h_2$ $h$ / $\ell_2$ / $\ell$ | |
| 5 | A<br>B<br>C | 관계자 외 출입금지 |

{분석}
**필기에 자주 출제되는 내용입니다.**

**15** 기업 내의 계층별 교육훈련 중 주로 관리감독자를 교육 대상자로 하며 작업을 가르치는 능력, 작업 방법을 개선하는 기능 등을 교육 내용으로 하는 기업 내 정형 교육은?

① TWI(Training Within Industry)
② ATT(American Telephone Telegram)
③ MTP(Management Training Program)
④ ATP(Administration Training Program)

해설 TWI 교육과정
① 작업 방법 기법(Job Method Training : JMT)
② 작업 지도 기법(Job Instruction Training : JIT)
③ 인간 관계관리 기법 or 부하통솔법
   (Job Relations Training : JRT)
④ 작업 안전 기법(Job Safety Training : JST)

{분석}
**실기까지 중요한 내용입니다.**

•)) 정답 14 ④ 15 ①

**16** 사회행동의 기본 형태가 아닌 것은?

① 모방　　　　② 대립

③ 도피　　　　④ 협력

**해설** 사회 행동 기본 형태

① 협력 : 조력, 분업
② 대립 : 공격, 경쟁
③ 도피 : 고립, 정신병, 자살
④ 융합 : 강제타협

{분석}
필기에 자주 출제되는 내용입니다.

**17** 위험예지훈련의 문제해결 4라운드에 해당하지 않는 것은?

① 현상 파악　　　② 본질 추구

③ 대책 수립　　　④ 원인 결정

**해설** 위험예지 훈련 4단계

1단계 : 현상 파악
2단계 : 요인 조사(본질 추구)
3단계 : 대책 수립
4단계 : 행동목표 설정(합의 요약)

{분석}
실기까지 중요한 내용입니다.

**18** 바이오리듬(생체리듬)에 관한 설명 중 틀린 것은?

① 안정기(+)와 불안정기(-)의 교차점을 위험일이리 한다.
② 감성적 리듬은 33일을 주기로 반복하며, 주의력, 예감 등과 관련되어 있다.
③ 지성적 리듬은 "I"로 표시하며 사고력과 관련이 있다.
④ 육체적 리듬은 신체적 컨디션의 율동적 발현, 즉 식욕·활동력 등과 밀접한 관계를 갖는다.

**해설** 바이오리듬의 종류

| 육체적 리듬(P) | 감성적 리듬(S) | 지성적 리듬(I) |
|---|---|---|
| • 23일 주기 | • 28일 주기 | • 33일 주기 |
| • 청색의 실선으로 표시 | • 적색의 점선으로 표시 | • 녹색의 일점쇄선으로 표시 |
| • 식욕, 소화력, 활동력, 지구력 등을 나타냄 | • 감정, 주의심, 창조력, 희노애락 등을 나타냄 | • 상상력, 사고력, 기억력, 인지력, 판단력 등을 나타냄 |

{분석}
필기에 자주 출제되는 내용입니다.

**19** 운동의 시 지각(착각현상) 중 자동운동이 발생하기 쉬운 조건에 해당하지 않는 것은?

① 광점이 작은 것
② 대상이 단순한 것
③ 광의 강도가 큰 것
④ 시야의 다른 부분이 어두운 것

**해설** 자동운동이 생기기 쉬운 조건

① 광점이 작을 것
② 대상이 단순할 것
③ 광의 강도가 작을 것
④ 시야의 다른 부분이 어두울 것

{분석}
필기에 자주 출제되는 내용입니다.

**20** 보호구 안전인증 고시 상 안전인증 방독마스크의 정화통 종류와 외부 측면의 표시색이 잘못 연결된 것은?

① 할로겐용 - 회색
② 황화수소용 - 회색
③ 암모니아용 - 회색
④ 시안화수소용 - 회색

정답 **16** ① **17** ④ **18** ② **19** ③ **20** ③

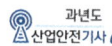

해설 | **방독마스크 정화통 외부 측면의 표시 색**

| 종류 | 표시 색 |
|---|---|
| 유기화합물용 정화통 | 갈색 |
| 할로겐용 정화통 | 회색 |
| 황화수소용 정화통 | |
| 시안화수소용 정화통 | |
| 아황산용 정화통 | 노란색 |
| 암모니아용 정화통 | 녹색 |
| 복합용 및 겸용의 정화통 | 복합용의 경우 해당가스 모두 표시 (2층 분리) 겸용의 경우 백색과 해당가스 모두 표시 (2층 분리) |

※ 증기밀도가 낮은 유기화합물 정화통의 경우 색상 표시 및 화학물질명 또는 화학기호를 표기)

{분석}
**실기에 자주 출제되는 내용입니다.**

---

제**2**과목 • 인간공학 및 위험성 평가 · 관리

**21** 인간공학적 연구에 사용되는 기준 척도의 요건 중 다음 설명에 해당하는 것은?

> 기준 척도는 측정하고자 하는 변수 외의 다른 변수들의 영향을 받아서는 안 된다.

① 신뢰성　　　② 적절성
③ 검출성　　　④ 무오염성

---

해설 | **체계 기준의 요건(인간공학 연구조사에 사용되는 기준의 구비조건)**

① 적절성 : 의도된 목적에 적합하여야 한다. (타당성)
② 무오염성 : 측정하고자 하는 변수 외의 다른 변수의 영향을 받아서는 안 된다.
③ 신뢰성 : 반복 실험 시 재현성이 있어야 한다. (반복성)
④ 민감도 : 예상 차이점에 비례하는 단위로 측정하여야 한다.

{분석}
**필기에 자주 출제되는 내용입니다.**

---

**22** 그림과 같은 시스템에서 부품 A, B, C, D의 신뢰도가 모두 r로 동일할 때 이 시스템의 신뢰도는?

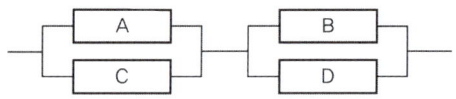

① $r(2-r^2)$　　　② $r^2(2-r)^2$
③ $r2(2-r^2)$　　　④ $r^2(2-r)$

해설 | **신뢰도**

$$= [1-(1-r)(1-r)] \times [1-(1-r)(1-r)]$$
$$= [1-(1-2r+r^2)] \times [1-(1-2r+r^2)]$$
$$= (1-1+2r-r^2) \times (1-1+2r-r^2)$$
$$= (+2r-r^2) \times (+2r-r^2)$$
$$= 4r^2 - 2r^3 - 2r^3 + r^4$$
$$= 4r^2 - 4r^3 + r^4$$
$$= r^2(r^2 - 4r + 4)$$
$$= r^2(2-r)^2$$

---

**23** 서브시스템 분석에 사용되는 분석방법으로 시스템 수명주기에서 ㉠에 들어갈 위험 분석 기법은?

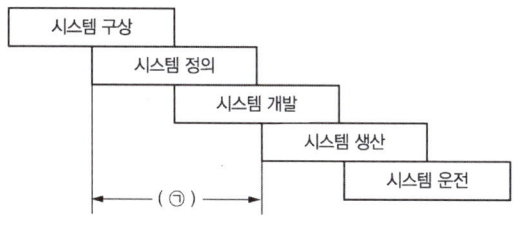

① PHA      ② FHA
③ FTA      ④ ETA

【해설】 서브시스템 분석에 사용되는 분석방법
→ FHA(결함 위험 분석)

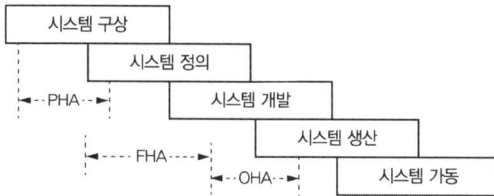

{분석}
필기에 자주 출제되는 내용입니다.

**24** 정신적 작업 부하에 관한 생리적 척도에 해당하지 않는 것은?

① 근전도      ② 뇌파도
③ 부정맥 지수      ④ 점멸융합주파수

【해설】 정신적 작업 부하 척도

① 심박수(부정맥 지수)
② 뇌파(뇌 전위)
③ 점멸융합주파수
④ 호흡수

{분석}
필기에 자주 출제되는 내용입니다.

**25** A사의 안전관리자는 자사 화학 설비의 안전성 평가를 실시하고 있다. 그 중 제2단계인 정성적 평가를 진행하기 위하여 평가항목을 설계 관계 대상과 운전 관계 대상으로 분류하였을 때 설계 관계 항목이 아닌 것은?

① 건조물
② 공장 내 배치
③ 입지조건
④ 원재료, 중간제품

【해설】

| 설계 관계 항목 | 운전 관계 항목 |
|---|---|
| ·입지조건<br>·공장 내의 배치<br>·건조물(건축물)<br>·소방용 설비 등 | ·원재료, 중간체, 제품 등<br>·공정<br>·수송, 저장 등<br>·공정기기 |

**26** 불(Boole) 대수의 관계식으로 틀린 것은?

① $A + \overline{A} = 1$
② $A + AB = A$
③ $A(A + B) = A + B$
④ $A + \overline{A}B = A + B$

【해설】 ③ $A(A+B) = AA + AB = A + AB$

【참고】 배분법칙

• $A(B + C) = AB + AC$
• $A + (BC) = (A + B) \cdot (A + C)$

{분석}
필기에 자주 출제되는 내용입니다.

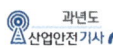

**27** 인간공학의 목표와 거리가 가장 먼 것은?

① 사고 감소
② 생산성 증대
③ 안전성 향상
④ 근골격계 질환 증가

해설 **인간공학의 연구목적**

가장 궁극적인 목적은 안전성 제고와 능률의 향상이다.

① 안전성의 향상과 사고 방지
② 기계조작의 능률성과 생산성의 향상
③ 작업환경의 쾌적성

{분석}
필기에 자주 출제되는 내용입니다.

**28** 통화이해도 척도로서 통화 이해도에 영향을 주는 잡음의 영향을 추정하는 지수는?

① 명료도 지수
② 통화 간섭 수준
③ 이해도 점수
④ 통화 공진 수준

해설 통화 이해도에 영향을 주는 잡음의 영향을 추정하는 지수 → 통화 간섭 수준

**29** 예비위험분석(PHA)에서 식별된 사고의 범주가 아닌 것은?

① 중대(critical)
② 한계적(marginal)
③ 파국적(catastrophic)
④ 수용가능(acceptable)

해설 **PHA 카테고리 분류**

| Class 1 :<br>파국적(catastrophic) | 사망, 시스템 손상 |
| --- | --- |
| Class 2 :<br>위기적(critical) | 심각한 상해, 시스템 중대 손상 |
| Class 3 :<br>한계적(marginal) | 경미한 상해, 시스템 성능 저하 |
| Class 4 :<br>무시(negligible) | 경미한 상해 및 시스템 저하 없음 |

{분석}
필기에 자주 출제되는 내용입니다.

**30** 어떤 결함수를 분석하여 minimal cut set을 구한 결과 다음과 같았다. 각 기본사상의 발생확률을 qi, I = 1, 2, 3이라 할 때 정상사상의 발생확률함수로 옳은 것은?

$$K_1 = [1,2], K_2 = [1,3], K_3 = [2,3]$$

① $q_1 q_2 + q_1 q_2 - q_2 q_3$
② $q_1 q_2 + q_1 q_3 - q_2 q_3$
③ $q_1 q_2 + q_1 q_3 + q_2 q_3 - q_1 q_2 q_3$
④ $q_1 q_2 + q_1 q_3 + q_2 q_3 - 2 q_1 q_2 q_3$

해설 minimal cut set을 기준으로 FT도를 구성하면

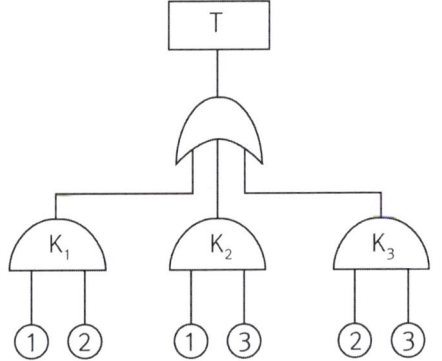

$$T = 1 - \{(1-K_1) \times (1-K_2) \times (1-K_3)\}$$
$$= 1 - [\{(1-K_1) \times (1-K_2)\} \times (1-K_3)]$$
$$= 1 - [(1-K_2-K_1+K_1K_2) \times (1-K_3)]$$
$$= 1 - [1-K_2-K_1+K_1K_2-K_3+K_2K_3+K_1K_3-K_1K_2K_3]$$
$$= 1-1+K_2+K_1-K_1K_2+K_3-K_2K_3-K_1K_3+K_1K_2K_3$$
$$= K_1+K_2+K_3-K_1K_2-K_1K_3-K_2K_3+K_1K_2K_3$$
$$= q_1q_2+q_1q_3+q_2q_3-q_1q_2q_3-q_1q_2q_3-q_1q_2q_3+q_1q_2q_3$$
$$= q_1q_2+q_1q_3+q_2q_3-2q_1q_2q_3$$

{분석}
**출제비중이 낮은 문제입니다.**

---

**31** 반사경 없이 모든 방향로 빛을 발하는 점 광원에서 3m 떨어진 곳의 조도가 300Lux 이라면 2m 떨어진 곳에서 조도(Lux)는?

① 375 ② 675
③ 875 ④ 975

**해설**

$$조도(lux) = \frac{광도}{(거리)^2}$$

1. 3m에서의 조도가 300이므로

$$300 = \frac{광도}{3^2}$$

$$광도 = 300 \times 3^2 = 2700(cd)$$

2. 2m에서의 조도

$$조도 = \frac{2700}{2^2} = 675(Lux)$$

{분석}
**필기에 자주 출제되는 내용입니다.**

---

**32** 근골격계 부담작업의 범위 및 유해요인조사 방법에 관한 고시상 근골격계 부담작업에 해당하지 않는 것은? (단, 상시작업을 기준으로 한다.)

① 하루에 10회 이상 25kg 이상의 물체를 드는 작업

② 하루에 총 2시간 이상 쪼그리고 앉거나 무릎을 굽힌 자세에서 이루어지는 작업

③ 하루에 총 2시간 이상 시간당 5회 이상 손 또는 무릎을 사용하여 반복적으로 충격을 가하는 작업

④ 하루에 4시간 이상 집중적으로 자료입력 등을 위해 키보다 또는 마우스를 조작하는 작업

**해설** 근골격계 부담작업의 범위

① 하루에 4시간 이상 집중적으로 자료입력 등을 위해 키보드 또는 마우스를 조작하는 작업

② 하루에 총 2시간 이상 목, 어깨, 팔꿈치, 손목 또는 손을 사용하여 같은 동작을 반복하는 작업

③ 하루에 총 2시간 이상 머리 위에 손이 있거나, 팔꿈치가 어깨 위에 있거나, 팔꿈치를 몸통으로부터 들거나, 팔꿈치를 몸통 뒤쪽에 위치하도록 하는 상태에서 이루어지는 작업

④ 지지되지 않은 상태이거나 임의로 자세를 바꿀 수 없는 조건에서, 하루에 총 2시간 이상 목이 나 허리를 구부리거나 트는 상태에서 이루어지는 작업

⑤ 하루에 총 2시간 이상 쪼그리고 앉거나 무릎을 굽힌 자세에서 이루어지는 작업

⑥ 하루에 총 2시간 이상 지지되지 않은 상태에서 1kg 이상의 물건을 한손의 손가락으로 집어 옮기거나, 2kg 이상에 상응하는 힘을 가하여 한손의 손가락으로 물건을 쥐는 작업

⑦ 하루에 총 2시간 이상 지지되지 않은 상태에서 4.5kg 이상의 물건을 한손으로 들거나 동일한 힘으로 쥐는 작업

---

**정답** 31 ② 32 ③

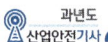
⑧ 하루에 10회 이상 25kg 이상의 물체를 드는 작업

⑨ 하루에 25회 이상 10kg 이상의 물체를 무릎 아래에서 들거나, 어깨 위에서 들거나, 팔을 뻗은 상태에서 드는 작업

⑩ 하루에 총 2시간 이상, 분당 2회 이상 4.5kg 이상의 물체를 드는 작업

⑪ 하루에 총 2시간 이상 시간당 10회 이상 손 또는 무릎을 사용하여 반복적으로 충격을 가하는 작업

{분석}
**필기에 자주 출제되는 내용입니다.**

**33** 시각적 식별에 영향을 주는 각 요소에 대한 설명 중 틀린 것은?

① 조도는 광원의 세기를 말한다.
② 휘도는 단위 면적당 표면에 반사 또는 방출되는 광량을 말한다.
③ 반사율은 물체의 표면에 도달하는 조도와 광도의 비를 말한다.
④ 광도 대비란 표적의 광도와 배경의 광도의 차이를 배경 광도로 나눈 값을 말한다.

**해설** ① 조도는 물체나 표면에 도달하는 빛의 단위 면적당 밀도를 말한다.

**참고**

$$조도(lux) = \frac{광도}{(거리)^2}$$

{분석}
**필기에 자주 출제되는 내용입니다.**

**34** 부품 배치의 원칙 중 기능적으로 관련된 부품들을 모아서 배치한다는 원칙은?

① 중요성의 원칙
② 사용 빈도의 원칙
③ 사용 순서의 원칙
④ 기능별 배치의 원칙

**해설** **부품배치의 원칙**

① 중요성의 원칙 : 부품을 작동하는 성능이 체계의 목표 달성에 중요한 정도에 따라 우선순위를 결정한다.
② 사용빈도의 원칙 : 부품을 사용하는 빈도에 따라 우선순위를 결정한다.
③ 기능별 배치의 원칙 : 기능적으로 관련된 부품들(표시장치, 조정장치 등)을 모아서 배치한다.
④ 사용 순서의 원칙 : 사용 순서에 따라 장치들을 가까이에 배치한다.

{분석}
**필기에 자주 출제되는 내용입니다.**

**35** HAZOP 분석기법의 장점이 아닌 것은?

① 학습 및 적용이 쉽다.
② 기법 적용에 큰 전문성을 요구하지 않는다.
③ 짧은 시간에 저렴한 비용으로 분석이 가능하다.
④ 다양한 관점을 가진 팀 단위 수행이 가능하다.

**해설** ③ 많은 비용과 인력이 소요된다.
→ HAZOP의 단점

**36** 태양광이 내리쬐지 않는 옥내의 습구흑구 온도지수(WBGT) 산출 식은?

① 0.6 × 자연습구온도 + 0.3 × 흑구온도
② 0.7 × 자연습구온도 + 0.3 × 흑구온도
③ 0.6 × 자연습구온도 + 0.4 × 흑구온도
④ 0.7 × 자연습구온도 + 0.4 × 흑구온도

**해설** 습구흑구온도지수(WBGT)

> 1. 옥외(태양광선이 내리쬐는 장소)
>
> WBGT(℃)= 0.7×자연습구온도+0.2× 흑구온도 + 0.1×건구온도
>
> 2. 옥내 또는 옥외
>    (태양광선이 내리쬐지 않는 장소)
>
> WBGT(℃) = 0.7×자연습구온도+0.3× 흑구온도

**37** FTA에서 사용되는 논리게이트 중 입력과 반대되는 현상으로 출력되는 것은?

① 부정 게이트
② 억제 게이트
③ 배타적 OR 게이트
④ 우선적 AND 게이트

**해설**

| 기호 | 명명 | 기호 설명 |
|---|---|---|
| A | 부정 게이트 | 입력과 반대현상의 출력이 생김 |
| (억제 게이트 기호) | 억제 게이트 | 특정조건을 만족하여야 출력이 생김 |
| 또는 동시발생 (배타적 OR 기호) | 배타적 OR 게이트 | 입력사상 중 오직 한 개의 발생으로만 출력이 생김 |

| 기호 | 명명 | 기호 설명 |
|---|---|---|
| 또는 Ai, Aj, Ak 순으로 Ai Aj Ak | 우선적 AND 게이트 | 입력사상이 특정 순서대로 발생하여야 출력이 발생 |

{분석}
필기에 자주 출제되는 내용입니다.

**38** 부품 고장이 발생하여도 기계가 추후 보수 될 때까지 안전한 기능을 유지할 수 있도록 하는 기능은?

① fail - soft
② fail - active
③ fail - operational
④ fail - passive

**해설** 페일세이프(Fail-Safe)

① Fail Passive : 부품의 고장 시 기계장치는 정지 상태로 옮겨간다.
② Fail active : 부품이 고장나면 경보를 울리며 짧은 시간 운전이 가능하다.
③ Fail operational : 부품의 고장이 있어도 다음 정기점검까지 운전이 가능하다.

{분석}
실기까지 중요한 내용입니다.

**39** 양립성의 종류가 아닌 것은?

① 개념의 양립성
② 감성의 양립성
③ 운동의 양립성
④ 공간의 양립성

**정답** 36 ② 37 ① 38 ③ 39 ②

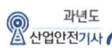
**해설** 양립성 : 자극과 반응의 관계가 인간의 기대와 모순되지 않는 성질

① 개념적 양립성 : 외부자극에 대해 인간의 개념적 현상의 양립성
② 공간적 양립성 : 표시장치, 조종장치의 형태 및 공간적배치의 양립성
③ 운동의 양립성 : 표시장치, 조종장치 등의 운동 방향의 양립성
④ 양식 양립성 : 자극과 응답양식의 존재에 대한 양립성

{분석}
필기에 자주 출제되는 내용입니다.

**40** James Reason의 원인적 휴먼에러 종류 중 다음 설명의 휴먼에러 종류는?

> 자동차가 우측 운행하는 한국의 도로에 익숙해진 운전자가 좌측 운행을 해야 하는 일본에서 우측 운행하다가 교통 사고를 냈다.

① 고의 사고(Violation)
② 숙련 기반 에러(Skill based error)
③ 규칙 기반 착오(Rule based mistake)
④ 지식 기반 착오
　　(Knowledge based mistake)

**해설** Reason의 휴먼 에러의 분류(원인적 분류)

1. 숙련 기반 에러(Skill based error) : 평소에는 숙련된 작업이었으나 실수(Slip)와 건망증(Lapse)에 의해 제대로 수행하지 못함
　예 평소에는 사과를 잘 깎았으나 깎다가 손을 다침, 가스렌지에 찌개를 끓이던 것을 깜박 잊고 찌개가 타버림
2. 규칙 기반 착오(Rule based mistake) : 잘못된 규칙을 기억하거나 제대로 된 규칙을 상황에 맞지 않게 적용한 에러
　예 일본에서 우측통행을 하다가 사고가 남

3. 지식 기반 착오(Knowledge based mistake) : 장기기억 속에 관련 지식이 없는 경우 처음 접하는 상황에서 추론을 통하여 해결하려 하였으나 실패로 이어지는 에러
　예 외국에서 처음 보는 도로 표지판을 이해하지 못하여 사고가 남

**제3과목•** 기계 · 기구 및 설비 안전 관리

**41** 산업안전보건 법령상 사업주가 진동 작업을 하는 근로자에게 충분히 알려야 할 사항과 거리가 가장 먼 것은?

① 인체에 미치는 영향과 증상
② 진동기계 · 기구 관리방법
③ 보호구 선정과 착용방법
④ 진동재해 시 비상연락체계

**해설** 사업주는 근로자가 진동작업에 종사하는 경우에 다음 각 호의 사항을 근로자에게 충분히 알려야 한다.
① 인체에 미치는 영향과 증상
② 보호구의 선정과 착용방법
③ 진동 기계 · 기구 관리 및 사용 방법
④ 진동 장해 예방방법

**42** 산업안전보건 법령상 크레인에 전용 탑승 설비를 설치하고 근로자를 달아 올린 상태에서 작업에 종사시킬 경우 근로자의 추락 위험을 방지하기 위하여 실시해야 할 조치 사항으로 적합하지 않은 것은?

① 승차석 외의 탑승 제한
② 안전대나 구명줄의 설치

③ 탑승설비의 하강 시 동력 하강 방법을 사용

④ 탑승설비가 뒤집히거나 떨어지지 않도록 필요한 조치

**해설** 크레인에 전용 탑승설비를 설치하고 추락 위험을 방지하기 위하여 실시하여야 할 조치
① 탑승설비가 뒤집히거나 떨어지지 않도록 필요한 조치를 할 것
② 안전대나 구명줄을 설치하고, 안전난간을 설치할 수 있는 구조인 경우에는 안전난간을 설치할 것
③ 탑승설비를 하강시킬 때에는 동력하강방법으로 할 것

{분석}
필기에 자주 출제되는 내용입니다.

**43** 연삭기에서 숫돌의 바깥지름이 150mm일 경우 평형 플랜지 지름은 몇 mm 이상이어야 하는가?

① 30      ② 50
③ 60      ④ 90

**해설** ㉮ $150 \times \dfrac{1}{3} = 50(\text{mm})$ 이상

**참고** 플랜지 지름은 숫돌 지름의 $\dfrac{1}{3}$ 이상일 것

{분석}
실기까지 중요한 내용입니다.

**44** 플레이너 작업 시의 안전대책이 아닌 것은?

① 베드 위에 다른 물건을 올려놓지 않는다.
② 바이트는 되도록 짧게 나오도록 설치한다.
③ 프레임 내의 피트(pit)에는 뚜껑을 설치한다.
④ 칩 브레이커를 사용하여 칩이 길게 되도록 한다.

**해설** ④ 칩 브레이커를 사용하여 칩이 짧게 되도록 한다. → 선반 작업 시의 안전대책

**45** 양중기 과부하방지장치의 일반적인 공통 사항에 대한 설명 중 부적합한 것은?

① 과부하방지장치와 타 방호장치는 기능에 서로 장애를 주지 않도록 부착할 수 있는 구조이어야 한다.
② 방호장치의 기능을 변형 또는 보수할 때 양중기의 기능이 동시에 정지해서는 안 된다.
③ 과부하방지장치에는 정상 동작 상태의 녹색 램프와 과부하 시 경고 표시를 할 수 있는 붉은색 램프와 경보음을 발하는 장치 등을 갖추어야 하며, 양중기 운전자가 확인할 수 있는 위치에 설치해야 한나.
④ 과부하방지장지 삭동 시 경보음과 경보 램프가 작동되어야 하며 양중기는 작동이 되지 않아야 한다. 다만, 크레인은 과부하 상태 해지를 위하여 권상된 만큼 권하 시킬 수 있다.

**해설** ② 방호장치의 기능을 제거 또는 정지할 때 양중기의 기능도 동시에 정지할 수 있는 구조이어야 한다.

🔊 정답 43 ② 44 ④ 45 ②

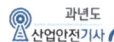
**46** 산업안전보건 법령상 프레스 작업 시작 전 점검해야 할 사항에 해당하는 것은?

① 와이어로프가 통하고 있는 곳 및 작업 장소의 지반상태
② 하역장치 및 유압장치 기능
③ 권과방지장치 및 그 밖의 경보장치의 기능
④ 1행정 1정지기구 · 급정지장치 및 비상 정지 장치의 기능

[해설] 프레스의 작업시작 전 점검 사항
① 클러치 및 브레이크 기능
② 크랭크축 · 플라이 휠 · 슬라이드 · 연결 봉 및 연결 나사의 볼트 풀림 유무
③ 1행정 1정지 기구 · 급정지 장치 및 비상 정지 장치의 기능
④ 슬라이드 또는 칼날에 의한 위험 방지 기구의 기능
⑤ 프레스의 금형 및 고정 볼트 상태
⑥ 당해 방호장치의 기능
⑦ 전단기의 칼날 및 테이블의 상태

{분석}
실기에 자주 출제되는 내용입니다.

**47** 방호장치를 분류할 때는 크게 위험장소에 대한 방호장치와 위험원에 대한 방호장치로 구분할 수 있는데, 다음 중 위험장소에 대한 방호장치가 아닌 것은?

① 격리형 방호장치
② 접근거부형 방호장치
③ 접근반응형 방호장치
④ 포집형 방호장치

[해설]

| 위험장소에 대한 방호장치 | 위험원에 대한 방호장치 |
|---|---|
| ① 격리형 방호장치 ② 위치 제한형 방호장치 ③ 접근 거부형 방호장치 ④ 접근 반응형 방호장치 | ① 포집형 방호장치 ② 감지형 방호장치 |

{분석}
필기에 자주 출제되는 내용입니다.

**48** 산업안전보건 법령상 목재가공용 기계에 사용되는 방호장치의 연결이 옳지 않은 것은?

① 둥근톱기계 : 톱날접촉예방장치
② 띠톱기계 : 날접촉예방장치
③ 모떼기기계 : 날접촉예방장치
④ 동력식 수동대패기계 : 반발예방장치

[해설] 사업주는 작업대상물이 수동으로 공급되는 동력식 수동대패기계에는 날접촉예방장치를 하여야 한다.

{분석}
실기까지 중요한 내용입니다.

**49** 다음 중 금속 등의 도체에 교류를 통한 코일을 접근시켰을 때, 결함이 존재하면 코일에 유기되는 전압이나 전류가 변하는 것을 이용한 검사방법은?

① 자분탐상검사
② 초음파탐상검사
③ 와류탐상검사
④ 침투형광탐상검사

[해설] **와류탐상검사(ET)**
• 시험체 표층부의 결함에 의해 발생한 와전류의 변화 즉, 시험코일의 임피던스 변화를 측정하여 결함을 식별한다.

**정답** 46 ④ 47 ④ 48 ④ 49 ③

- 금속 등의 도체에 교류를 통한 코일을 접근시켰을 때, 결함이 존재하면 코일에 유기되는 전압이나 전류가 변하는 것을 이용한 검사방법이다.

**참고** 1. 자분탐상검사 : 강자성체를 자화시키면 결함 누설자장이 형성되며, 이 부위에 자분을 도포하면 자분이 흡착되는 원리를 이용한다.
2. 초음파탐상검사 : 시험체 내부에 초음파펄스를 입사시켰을 때 결함에 의한 초음파 반사 신호의 해독을 이용한다.
3. 침투형광탐상검사 : 시험체 표면에 개구해 있는 결함에 침투한 침투액을 흡출시켜 결함 지시 모양을 식별한다.

{분석}
필기에 자주 출제되는 내용입니다.

**50** 산업안전보건 법령상에서 정한 양중기의 종류에 해당하지 않는 것은?

① 크레인[호이스트(hoist)를 포함한다]
② 도르래
③ 곤돌라
④ 승강기

**해설** 양중기의 종류(산업안전보건법 기준)
① 크레인[호이스트(hoist)를 포함한다]
② 이동식 크레인
③ 리프트(이삿짐운반용 리프트의 경우에는 적재하중이 0.1톤 이상인 것으로 한정한다)
④ 곤돌라
⑤ 승강기

{분석}
실기에 자주 출제되는 내용입니다.

**51** 롤러의 급정지를 위한 방호장치를 설치하고자 한다. 앞면 롤러 직경이 36cm이고, 분당 회전속도가 50rpm이라면 급정지 거리는 약 얼마 이내이어야 하는가? (단, 무부하 동작에 해당한다.)

① 45cm
② 50cm
③ 55cm
④ 60cm

**해설** 앞면 롤러의 표면속도에 따른 급정지거리

| 앞면 롤러의 표면속도 (m/min) | 급정지거리 |
|---|---|
| 30 미만 | 앞면 롤러 원주의 $\frac{1}{3}$ 이내 $(= \pi \cdot D \cdot \frac{1}{3})$ |
| 30 이상 | 앞면 롤러 원주의 $\frac{1}{2.5}$ 이내 $(= \pi \cdot D \cdot \frac{1}{2.5})$ |

이 때 표면속도의 산식은

$$V = \frac{\pi \cdot D \cdot N}{1000}(\text{m/min})$$

여기서, $V$ : 표면속도
$D$ : 롤러 원통의 직경(mm)
$N$ : 1분간에 롤러기가 회전되는 수(rpm)

1. $V = \dfrac{\pi \times D \times N}{1000} = \dfrac{\pi \times 360 \times 50}{1000}$
$= 56.55(\text{m/min})$

2. 속도가 30 이상이므로
급정지거리 $= \pi \times d \times \dfrac{1}{2.5}$
$= \pi \times 36 \times \dfrac{1}{2.5}$
$= 45.24(\text{cm})$

{분석}
실기에 자주 출제되는 내용입니다.

최근 기출문제 2022

**정답** 50 ② 51 ①

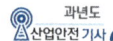
**52** 다음 중 금형 설치 · 해체작업의 일반적인 안전사항으로 틀린 것은?

① 고정 볼트는 고정 후 가능하면 나사산이 3~4개 정도 짧게 남겨 슬라이드 면과의 사이에 협착이 발생하지 않도록 해야 한다.

② 금형 고정용 브래킷(물림판)을 고정시킬 때 고정용 브래킷은 수평이 되게 하고, 고정 볼트는 수직이 되게 고정하여야 한다.

③ 금형을 설치하는 프레스의 T 홈 안길이는 설치 볼트 직경의 1/2 이하로 한다.

④ 금형의 설치 용구는 프레스의 구조에 적합한 형태로 한다.

해설 ③ 금형을 설치하는 프레스의 T 홈의 안길이는 설치볼트 직경의 2배 이상으로 한다.

{분석}
필기에 자주 출제되는 내용입니다.

**53** 산업안전보건 법령상 보일러에 설치하는 압력방출장치에 대하여 검사 후 봉인에 사용되는 재료에 가장 적합한 것은?

① 납          ② 주석
③ 구리        ④ 알루미늄

해설 압력방출장치는 매년 1회 이상 "국가교정기관"으로부터 교정을 받은 압력계를 이용하여 토출압력을 시험한 후 납으로 봉인하여 사용하여야 한다. 다만, 공정안전보고서 제출대상으로서 공정안전관리 이행수준 평가결과가 우수한 사업장의 압력방출장치에 대하여 4년마다 1회 이상 토출압력을 시험할 수 있다.

{분석}
필기에 자주 출제되는 내용입니다.

**54** 슬라이드가 내려옴에 따라 손을 쳐내는 막대가 좌우로 왕복하면서 위험점으로 부터 손을 보호하여 주는 프레스의 안전장치는?

① 수인식 방호장치

② 양손 조작식 방호장치

③ 손처내기식 방호장치

④ 게이트 가드식 방호장치

해설 손을 쳐내는 막대가 좌우로 왕복하면서 위험점으로부터 손을 보호 → 손처내기식 방호장치

참고 1. 양수 조작식 방호장치 : 누름 버튼을 양손으로 동시에 조작하지 않으면 기계가 동작하지 않으며, 한 손이라도 떼어내면 기계를 정지시키는 방호장치

2. 수인식 방호장치 : 슬라이드와 작업자 손을 끈으로 연결하여 슬라이드 하강 시 작업자 손을 당겨 위험영역에서 빼낼 수 있도록 한 방호장치

3. 게이트 가드식 방호장치 : 가드가 열려 있는 상태에서는 기계의 위험 부분이 동작되지 않고 기계가 위험한 상태일 때에는 가드를 열 수 없도록 한 방호장치

{분석}
실기까지 중요한 내용입니다.

**55** 산업안전보건 법령에 따라 사업주는 근로자가 안전하게 통행할 수 있도록 통로에 얼마 이상의 채광 또는 조명시설을 하여야 하는가?

① 50럭스

② 75럭스

③ 90럭스

④ 100럭스

정답 52 ③  53 ①  54 ③  55 ②

사업주는 근로자가 안전하게 통행할 수 있도록 **통로에 75럭스 이상의 채광 또는 조명시설**을 하여야 한다. 다만, 갱도 또는 상시통행을 하지 아니하는 지하실 등을 통행하는 근로자로 하여금 휴대용 조명기구를 사용하도록 한 때에는 그러하지 아니하다.

{분석}
**필기에 자주 출제되는 내용입니다.**

## 56 산업안전보건 법령상 다음 중 보일러의 방호장치와 가장 거리가 먼 것은?

① 언로드 밸브
② 압력방출장치
③ 압력 제한 스위치
④ 고저 수위 조절장치

해설 **보일러의 방호장치**

① 압력방출 장치
② 압력 제한 스위치
③ 고저 수위조절 장치
④ 화염 검출기

{분석}
**실기에 자주 출제되는 내용입니다.**

## 57 다음 중 롤러기 급정지장치의 종류가 아닌 것은?

① 어깨 조작식
② 손 조작식
③ 복부 조작식
④ 무릎 조작식

해설 **조작부의 설치 위치에 따른 급정지장치의 종류**

| 종류 | 설치 위치 |
|---|---|
| 손 조작식 | 밑면에서 1.8m 이내 |
| 복부 조작식 | 밑면에서 0.8m 이상 1.1m 이내 |
| 무릎 조작식 | 밑면에서 0.6m 이내 |

비고 : 위치는 급정지장치의 조작부의 중심점을 기준

{분석}
**실기에 자주 출제되는 내용입니다.**

## 58 산업안전보건 법령에 따라 레버 풀러(lever puller) 또는 체인블록(chain block)을 사용하는 경우 훅의 입구(hook mouth) 간격이 제조자가 제공하는 제품 사양서 기준으로 몇 % 이상 벌어진 것은 폐기하여야 하는가?

① 3
② 5
③ 7
④ 10

해설 레버풀러(lever puller) 또는 체인블록(chain block)은 **훅의 입구(hook mouth) 간격이 제조자가 제공하는 제품사양서 기준으로 10퍼센트 이상 벌어진 것은 폐기할 것**

## 59 컨베이어(conveyor) 역전방지장치의 형식을 기계식과 전기식으로 구분할 때 기계식에 해당하지 않는 것은?

① 라쳇식
② 밴드식
③ 슬러스트식
④ 롤러식

해설 ③ 슬러스트식 → 전기 브레이그(슬러스트 브레이크)식에 해당한다.

## 60 다음 중 연삭숫돌의 3요소가 아닌 것은?

① 결합제
② 입자
③ 저항
④ 기공

해설 **연삭숫돌 구성의 3요소**

① 입자
② 기공
③ 결합제

**정답** 56 ① 57 ① 58 ④ 59 ③ 60 ③

**제4과목** 전기설비 안전 관리

**61** 다음 ( ) 안의 알맞은 내용을 나타낸 것은?

> 폭발성 가스의 폭발등급 측정에 사용되는 표준용기는 내용적이 ( ㉮ )cm³, 반구상의 플렌지 접합면의 안길이 ( ㉯ )mm의 구상용기의 틈새를 통과시켜 화염일주 한계를 측정하는 장치이다.

① ㉮ 600     ㉯ 0.4
② ㉮ 1800    ㉯ 0.6
③ ㉮ 4500    ㉯ 8
④ ㉮ 8000    ㉯ 25

**해설** 폭발등급 측정

폭발등급 측정에 사용되는 <u>표준 용기란 내용적이 8ℓ(= 8000cm³), 틈의 안길이 25[mm]인 용기</u>로서 틈의 폭 W[mm]를 변화시켜 화염 일주 한계를 측정하는 것이다.

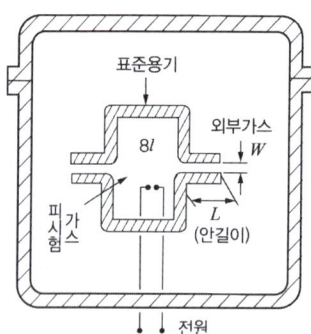

표준용기

외부가스

8ℓ

W

피시험가스

L (안길이)

전원

**참고** 안전간격(Safety gap) : 용기 내<u>(8ℓ, 틈의 안길이 25mm의 구형 용기)</u>에 폭발성 가스를 채우고 점화시켰을 때 <u>폭발 화염이 용기 외부까지 전달되지 않는 한계의 틈</u>을 말한다.

{분석}
**실기까지 중요한 내용입니다.**

**62** 다음 차단기는 개폐 기구가 절연물의 용기 내에 일체로 조립한 것으로 과부하 및 단락 사고 시에 자동적으로 전로를 차단하는 장치는?

① OS          ② VCB
③ MCCB        ④ ACB

**해설** 배선용 차단기
(MCCB : Molded-case circuit breaker)

회로 내에 <u>과부하, 단락(short circuit) 등으로 전류 흐름이 증가했을 때 이를 차단시키기 위한 장치</u>를 말한다.

**63** 한국전기설비규정에 따라 보호 등전위 본딩 도체로서 주접지 단자에 접속하기 위한 등전위 본딩 도체(구리도체)의 단면적은 몇 mm² 이상이어야 하는가? (단, 등전위 본딩 도체는 설비 내에 있는 가장 큰 보호접지 도체 단면적의 1/2 이상의 단면적을 가지고 있다.)

① 2.5         ② 6
③ 16          ④ 50

**해설** 등전위 본딩 도체

① <u>보호 등전위 본딩 도체</u> : 주 접지단자에 접속하기 위한 등전위 본딩 도체는 <u>설비 내에 있는 가장 큰 보호접지 도체 단면적의 1/2 이상의 단면적을 가져야 하고 다음의 단면적 이상이어야 한다.</u>

가. <u>구리도체 6mm²</u>
나. <u>알루미늄 도체 16mm²</u>
다. <u>강철 도체 50mm²</u>

② 수 접지단지에 접속하기 위한 <u>보호본딩 도체의 단면적은 구리도체 25mm²</u> 또는 다른 재질의 동등한 단면적을 초과할 필요는 없다.

**정답** 61 ④  62 ③  63 ②

**64** 저압 전로의 절연 성능 시험에서 전로의 사용 전압이 380v인 경우 전로의 전선 상호 간 및 전로와 대지 사이의 절연저항은 최소 몇 MΩ 이상이어야 하는가?

① 0.1　　　　② 0.3
③ 0.5　　　　④ 1

**해설** 전로의 절연저항

| 전로의 사용전압(V) | DC 시험전압(V) | 절연저항 (MΩ) |
|---|---|---|
| SELV(비접지회로) 및 PELV(접지회로) | 250 | 0.5 |
| FELV(1차와 2차가 전기적으로 절연되지 않은 회로), 500(V) 이하 | 500 | 1.0 |
| 500(V) 초과 | 1,000 | 1.0 |

{분석}
실기까지 중요한 내용입니다.

**65** 전격의 위험을 결정하는 주된 인자로 가장 거리가 먼 것은?

① 통전전류
② 통전 시간
③ 통전 경로
④ 접촉전압

**해설** 1차적 감전 위험요소 및 영향력

통전전류 크기>통전 시간>통전 경로>전원의 종류
(직류보다 교류가 더 위험)

{분석}
필기에 자주 출제되는 내용입니다.

**66** 교류 아크용접기의 허용 사용률(%)은? (단, 정격 사용률은 10%, 2차 정격 전류는 500A, 교류 아크용접기의 사용 전류는 250A이다.)

① 30　　　　② 40
③ 50　　　　④ 60

**해설**

$$허용사용률 = \frac{정격2차전류^2}{실제사용용접전류^2} \times 정격사용률$$

$$허용사용률 = \frac{500^2}{250^2} \times 10 = 40(\%)$$

{분석}
필기에 자주 출제되는 내용입니다.

**67** 내압 방폭구조의 필요충분조건에 대한 사항으로 틀린 것은?

① 폭발 화염이 외부로 유출되지 않을 것
② 습기 침투에 대한 보호를 충분히 할 것
③ 내부에서 폭발한 경우 그 압력에 견딜 것
④ 외함의 표면 온도가 외부의 폭발성 가스를 점화되지 않을 것

**해설** 내압 방폭구조(d)

① 전기 기기의 외함 내부에서 가연성가스의 폭발이 발생할 경우 그 외함이 폭발압력에 견디고, 접합면, 개구부 등을 통해 외부의 가연성가스에 인화되지 아니하도록 한 방폭구조를 말한다.
② 폭발한 고열 가스가 용기의 틈을 통하여 누설되더라도 틈의 냉각 효과(최대 안전 틈새 적용)로 인하여 폭발의 위험이 없도록 한다.
③ 원통형 나사 접합부의 체결 나사산 수는 5산 이상이어야 한다.

{분석}
실기까지 중요한 내용입니다.

•)) **정답** 64 ④　65 ④　66 ②　67 ②

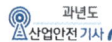

**68** 다음 중 전동기를 운전하고자 할 때 개폐기의 조작 순서로 옳은 것은?

① 메인 스위치 → 분전반 스위치 → 전동기용 개폐기
② 분전반 스위치 → 메인 스위치 → 전동기용 개폐기
③ 전동기용 개폐기 → 분전반 스위치 → 메인 스위치
④ 분전반 스위치 → 전동기용 스위치 → 메인 스위치

해설 **전동기 개폐기의 조작 순서**

메인 스위치 → 분전반 스위치 → 전동기용 개폐기

{분석}
**필기에 자주 출제되는 내용입니다.**

**69** 다음 빈칸에 들어갈 내용으로 알맞은 것은?

> 교류 특고압 가공전선로에서 발생하는 극저주파 전자계는 지표상 1m에서 전계가 ( ㉠ ), 자계가 ( ㉡ )가 되도록 시설하는 등 상시 정전유도(靜電誘導) 및 전자유도(電磁誘導) 작용에 의하여 사람에게 위험을 줄 우려가 없도록 시설하여야 한다.

① ㉠ 0.35kV/m 이하, ㉡ 0.833 $\mu$T 이하
② ㉠ 3.5kV/m 이하, ㉡ 8.33 $\mu$T 이하
③ ㉠ 3.5kV/m 이하, ㉡ 83.3 $\mu$T 이하
④ ㉠ 35kV/m 이하, ㉡ 833 $\mu$T 이하

해설 교류 특고압 가공전선로에서 발생하는 극저주파 전자계는 지표상 1m에서 전계가 3.5kV/m 이하, 자계가 83.3$\mu$T 이하가 되도록 시설하고, 직류 특고압 가공전선로에서 발생하는 직류전계는 지표면에서 25kV/m 이하, 직류자계는 지표상 1m

에서 400,000$\mu$T 이하가 되도록 시설하는 등 상시 정전유도(靜電誘導) 및 전자유도(電磁誘導) 작용에 의하여 사람에게 위험을 줄 우려가 없도록 시설하여야 한다. 다만, 논밭, 산림 그 밖에 사람의 왕래가 적은 곳에서 사람에 위험을 줄 우려가 없도록 시설하는 경우에는 그러하지 아니하다.

**70** 감전 사고를 방지하기 위한 방법으로 틀린 것은?

① 전기기기 및 설비의 위험부에 위험표지
② 전기설비에 대한 누전차단기 설치
③ 전기기기에 대한 정격표시
④ 무자격자는 전기기계 및 기구에 전기적인 접촉 금지

해설 **감전방지 대책**

① 전기설비의 필요한 부분에 보호접지를 한다.
② 노출된 충전부에 절연용 방호구를 설치하는 등 충전부를 절연, 격리한다.
③ 설비의 사용 전압을 될 수 있는 한 낮춘다.
④ 전기기기에 누전차단기를 설치한다.
⑤ 전기기기 조작의 안전화를 위해 전기 기기 설비를 개선한다.
⑥ 전기설비를 전기기기를 적정한 상태로 유지하기 위해 점검·보수한다.
⑦ 근로자 안전교육을 실시하여 전기의 위험성을 강조한다.
⑧ 전기 취급 작업 근로자에게 절연용보호구를 착용토록 한다.
⑨ 유자격자 이외에는 전기 기계, 기구의 조작을 금지한다.
⑩ 전기기기 및 설비의 위험부에 위험표지를 부착한다.

{분석}
**필기에 자주 출제되는 내용입니다.**

정답 68 ① 69 ③ 70 ③

**71** 외부 피뢰시스템에서 접지극은 지표면에서 몇 m 이상 깊이로 매설하여야 하는가? (단, 동결심도는 고려하지 않는 경우이다.)

① 0.5　　　　② 0.75

③ 1　　　　④ 1.25

**[해설]** 외부 피뢰시스템에서 접지극은 지표면에서 0.75m 이상 깊이로 매설하여야 한다. 다만, 필요시는 해당 지역의 동결심도를 고려한 깊이로 할 수 있다.

{분석}
필기에 자주 출제되는 내용입니다.

**72** 정전기의 재해방지 대책이 아닌 것은?

① 부도체에는 도전성을 향상 또는 제전기를 설치 운영한다.
② 접촉 및 분리를 일으키는 기계적 작용으로 인한 정전기 발생을 적게 하기 위해서는 가능한 접촉 면적을 크게 하여야 한다.
③ 저항률이 $10^{10}\Omega \cdot cm$ 미만의 도전성 위험물의 배관 유속은 7m/s 이하로 한다.
④ 생산 공정에 별다른 문제가 없다면, 습도를 70% 정도 유지하는 것도 무방하다.

**[해설]** ② 접촉 및 분리를 일으키는 기계적 작용으로 인한 정전기 발생을 적게 하기 위해서는 가능한 접촉 면적을 작게 하여야 한다.

{분석}
필기에 자주 출제되는 내용입니다.

**73** 어떤 부도체에서 정전용량이 10pF이고, 전압이 5kV 일 때 전하량(C)은?

① $9 \times 10^{-12}$　　　② $6 \times 10^{-10}$

③ $5 \times 10^{-8}$　　　④ $2 \times 10^{-6}$

**[해설]** 정전기의 최소 착화 에너지(정전에너지)

$$Q = C \times V$$

여기서, Q : 전하량(C)
C : 정전용량(F)
V : 대전전위(V)

$Q = (10 \times 10^{-12}) F \times (5 \times 10^3) V$
$= 5 \times 10^{-8} (C)$

{분석}
필기에 자주 출제되는 내용입니다.

**74** KS C IEC 60079-0에 따른 방폭에 대한 설명으로 틀린 것은?

① 기호 "X"는 방폭기기의 특정 사용조건을 나타내는 데 사용되는 인증번호의 접미사이다.
② 인화하한(LFL)과 인화상한(UFL) 사이의 범위가 클수록 폭발성 가스 분위기 형성 가능성이 크다.
③ 기기그룹에 따라 폭발성가스를 분류힐 때 ⅡA의 대표 가스로 에틸렌이 있다.
④ 연면거리는 두 도전부 사이의 고체 절연물 표면을 따른 최단거리를 말한다.

**정답** 71 ② 72 ② 73 ③ 74 ③

| 폭발성 가스의 분류 | A | B | C |
|---|---|---|---|
| 최대 안전 틈새 범위 (내압) | 0.9mm 이상 | 0.5mm 초과 0.9mm 미만 | 0.5mm 이하 |
| 최소 점화 전류비 (본질안전) | 0.8 초과 | 0.45 이상 0.8 이하 | 0.45 미만 |
| 적용기기 (내압, 본질안전, 비점화) | IIA | IIB | IIC |
| 대표적 가스 | 암모니아, 일산화탄소, 벤젠, 아세톤, 에탄올, 메탄올, 프로판 | 부타디엔, 에틸렌, diethyl ether, 에틸렌옥사이드, 도시가스 | 아세틸렌, 수소, 유화탄소 |

**75** 다음 중 활선근접 작업 시의 안전조치로 적절하지 않은 것은?

① 근로자가 절연용 방호구의 설치·해체작업을 하는 경우에는 절연용 보호구를 착용하거나 활선작업용 기구 및 장치를 사용하도록 하여야 한다.

② 저압인 경우에는 해당 전기작업자가 절연용 보호구를 착용하되, 충전전로에 접촉할 우려가 없는 경우에는 절연용 방호구를 설치하지 아니할 수 있다.

③ 유자격자가 아닌 근로자가 근로자의 몸 또는 긴 도전성 물체가 방호되지 않은 충전전로에서 대지전압이 50kV 이하인 경우에는 400cm 이내로 접근할 수 없도록 하여야 한다.

④ 고압 및 특별고압의 전로에서 전기작업을 하는 근로자에게 활선작업용 기구 및 장치를 사용하여야 한다.

해설 ③ 유자격자가 아닌 근로자가 충전전로 인근의 높은 곳에서 작업할 때에 근로자의 몸 또는 긴 도전성 물체가 방호되지 않은 충전전로에서 대지전압이 50kV 이하인 경우에는 300cm 이내로, 대지전압이 50kV를 넘는 경우에는 10kV당 10cm씩 더한 거리 이내로 각각 접근할 수 없도록 할 것

{분석}
실기까지 중요한 내용입니다.

**76** 밸브 저항형 피뢰기의 구성요소로 옳은 것은?

① 직렬 갭, 특성요소
② 병렬 갭, 특성요소
③ 직렬 갭, 충격요소
④ 병렬 갭, 충격요소

해설 피뢰기는 직렬 갭과 특성요소로 구성된다.

{분석}
필기에 자주 출제되는 내용입니다.

**77** 정전기 제거방법으로 가장 거리가 먼 것은?

① 작업장 바닥을 도전 처리한다.
② 설비의 도체 부분은 접지시킨다.
③ 작업자는 대전방지화를 신는다.
④ 작업장을 항온으로 유지한다.

해설 1. 정전기 재해 예방대책

① 접지(도체일 경우 효과 있으나 부도체는 효과 없다.)
② 습기 부여(공기 중 습도 60~70% 이상 유지한다.)
③ 도진성 재료 사용(절연성 재료는 절대 금한다.)
④ 대전 방지제 사용
⑤ 제전기 사용
⑥ 유속 조절(석유류 제품 1m/s 이하)

정답 75 ③ 76 ① 77 ④

2. 인체에 대전된 정전기 위험 방지조치

① 정전기용 안전화의 착용
② 제전복(除電服)의 착용
③ 정전기제전용구의 사용
④ 작업장 바닥 등에 도전성을 갖출 것

{분석}
**실기까지 중요한 내용입니다.**

**78** 인체의 전기저항을 0.5kΩ 이라고 하면 심실세동을 일으키는 위험한계 에너지는 몇 J인가?
(단, 심실세동전류 값 $I = \dfrac{165}{\sqrt{T}}$[mA]의 Dalziel의 식을 이용하며, 통전시간은 1초로 한다.)

① 13.6          ② 12.6
③ 11.6          ④ 10.6

해설 ① 인체 전기저항 500[Ω]일 때의 에너지
→ 13.61(J)

② $Q = I^2RT = \left(\dfrac{165}{\sqrt{1}} \times 10^{-3}\right)^2 \times 500 \times 1$
$= 13.61(J)$
$(0.5k\Omega = 500\Omega)$

{분석}
**실기까지 중요한 내용입니다.**

**79** 다음 중 전기설비기술기준에 따른 전압의 구분으로 틀린 것은?

① 저압 : 직류 1kV 이하
② 고압 : 교류 1kV를 초과, 7kV 이하
③ 특고압 : 직류 7kV 초과
④ 특고압 : 교류 7kV 초과

해설 **전압의 구분**

| 전압의 종별 | 교류 | 직류 |
|---|---|---|
| 저압 | 1,000V 이하의 것 | 1,500V 이하의 것 |
| 고압 | 1,000V 초과 7,000V 이하 | 1,500V 초과 7,000V 이하 |
| 특별 고압 | 7,000V 초과 | 7,000V 초과 |

{분석}
**실기에 자주 출제되는 내용입니다.**

**80** 가스 그룹 ⅡB 지역에 설치된 내압방폭 구조 "d" 장비의 플랜지 개구부에서 장애물까지의 최소 거리(mm)는?

① 10
② 20
③ 30
④ 40

해설 **내압방폭구조의 플랜지 접합부와 장애물 간 최소 이격거리**

| 가스 그룹 | 최소 이격거리(mm) |
|---|---|
| ⅡA | 10 |
| ⅡB | 30 |
| ⅡC | 40 |

🔊 **정답** 78 ① 79 ① 80 ③

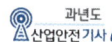
**제5과목** · **화학설비 안전 관리**

### 81 다음 설명이 의미하는 것은?

> 온도, 압력 등 제어상태가 규정의 조건을 벗어나는 것에 의해 반응 속도가 지수 함수적으로 증대되고, 반응용기 내의 온도, 압력이 급격히 이상 상승되어 규정 조건을 벗어나고, 반응이 과격화되는 현상

① 비등
② 과열 · 과압
③ 폭발
④ 반응폭주

**해설** 온도, 압력 등 제어상태가 규정의 조건을 벗어나 용기 내의 온도, 압력이 이상 상승하여 반응이 과격화되는 현상 → 반응폭주

{분석}
필기에 자주 출제되는 내용입니다.

### 82 다음 중 전기화재의 종류에 해당하는 것은?

① A급
② B급
③ C급
④ D급

**해설**

| 분류 | A급 화재 | B급 화재 | C급 화재 | D급 화재 |
|------|----------|----------|----------|----------|
| 구분색 | 백색 | 황색 | 청색 | 표시없음 (무색) |
| 가연물 | 일반 화재 | 유류(가스) 화재 | 전기 화재 | 금속 화재 |

{분석}
필기에 자주 출제되는 내용입니다.

### 83 다음 중 폭발범위에 관한 설명으로 틀린 것은?

① 상한 값과 하한 값이 존재한다.
② 온도에는 비례하지만 압력과는 무관하다.
③ 가연성 가스의 종류에 따라 각각 다른 값을 갖는다.
④ 공기와 혼합된 가연성 가스의 체적 농도로 나타낸다.

**해설** 폭발범위와 온도, 압력과의 관계
① 압력 상승 시에 하한계는 불변, 상한계는 상승한다.
② 온도 상승 시에 하한계는 약간 하강, 상한계는 상승한다.
③ 폭발하한계가 낮을수록, 폭발 상한계는 높을수록 폭발범위가 넓어져 위험하다.

{분석}
필기에 자주 출제되는 내용입니다.

### 84 다음 표와 같은 혼합 가스의 폭발범위 (vol%)로 옳은 것은?

| 종류 | 용적비율 (vol%) | 폭발하한계 (vol%) | 폭발상한계 (vol%) |
|------|------|------|------|
| $CH_4$ | 70 | 5 | 15 |
| $C_2H_6$ | 15 | 3 | 12.5 |
| $C_3H_8$ | 5 | 2.1 | 9.5 |
| $C_4H_{10}$ | 10 | 1.9 | 8.5 |

① 3.75 ~ 13.21
② 4.33 ~ 13.21
③ 4.33 ~ 15.22
④ 3.75 ~ 15.22

**정답** 81 ④  82 ③  83 ②  84 ①

**해설** 혼합 가스의 폭발 범위

$$\frac{100}{L} = \frac{V_1}{L_1} + \frac{V_2}{L_2} + \frac{V_3}{L_3} \cdots (Vol\%)$$

$$L = \frac{100}{\dfrac{V_1}{L_1} + \dfrac{V_2}{L_2} + \dfrac{V_3}{L_3} \cdots}$$

여기서,
$L$ : 혼합가스의 폭발 하한계(상한계)
$L_1, L_2, L_3$ : 단독가스의 폭발 하한계(상한계)
$V_1, V_2, V_3$ : 단독가스의 공기 중 부피
$100$ : $V_1 + V_2 + V_3 + \cdots$

1. 혼합가스의 폭발 하한계

$$\frac{70+15+5+10}{L} = \frac{70}{5} + \frac{15}{3} + \frac{5}{2.1} + \frac{10}{1.9}$$

$$L = \frac{100}{\dfrac{70}{5} + \dfrac{15}{3} + \dfrac{5}{2.1} + \dfrac{10}{1.9}} = 3.75\,(Vol\%)$$

2. 혼합가스의 폭발 상한계

$$\frac{70+15+5+10}{L} = \frac{70}{15} + \frac{15}{12.5} + \frac{5}{9.5} + \frac{10}{8.5}$$

$$L = \frac{100}{\dfrac{70}{15} + \dfrac{15}{12.5} + \dfrac{5}{9.5} + \dfrac{10}{8.5}} = 13.21\,(Vol\%)$$

3. 혼합가스의 폭발 범위 : 3.75 ~ 13.21(Vol%)

{분석}
**실기까지 중요한 내용입니다.**

**85** 위험물을 저장·취급하는 화학설비 및 그 부속설비를 설치할 때 '단위공정시설 및 설비로부터 다른 단위공정시설 및 설비의 사이'의 안전거리는 설비의 바깥 면으로부터 몇 m 이상이 되어야 하는가?

① 5　　② 10
③ 15　　④ 20

**해설** 화학설비의 안전거리 기준

| 구분 | 안전거리 |
|---|---|
| 1. 단위공정시설 및 설비로부터 다른 단위공정시설 및 설비의 사이 | 설비의 바깥 면으로부터 10미터 이상 |
| 2. 플레어스택으로부터 단위공정시설 및 설비, 위험물질 저장탱크 또는 위험물질 하역설비의 사이 | 플레어스택으로부터 반경 20미터 이상. 다만, 단위공정시설 등이 불연재로 시공된 지붕 아래에 설치된 경우에는 그러하지 아니하다. |
| 3. 위험물질 저장탱크로부터 단위공정시설 및 설비, 보일러 또는 가열로의 사이 | 저장탱크의 바깥 면으로부터 20미터 이상. 다만, 저장탱크의 방호벽, 원격조종 소화 설비 또는 살수설비를 설치한 경우에는 그러하지 아니하다. |
| 4. 사무실·연구실·실험실·정비실 또는 식당으로부터 단위공정시설 및 설비, 위험물질 저장탱크, 위험물질 하역설비, 보일러 또는 가열로의 사이 | 사무실 등의 바깥 면으로부터 20미터 이상. 다만, 난방용 보일러인 경우 또는 사무실 등의 벽을 방호구조로 설치한 경우에는 그러하지 아니하다. |

{분석}
**실기까지 중요한 내용입니다.**

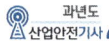
**86** 열교환기의 열교환 능률을 향상시키기 위한 방법으로 거리가 먼 것은?

① 유체의 유속을 적절하게 조절한다.
② 유체의 흐르는 방향을 병류로 한다.
③ 열교환기 입구와 출구의 온도차를 크게 한다.
④ 열전도율이 좋은 재료를 사용한다.

**해설** ② 유체의 흐름 방향을 향류로 한다.

**참고** 1. **병류** : 냉각하려는 액체와 냉각 액체가 같은 방향으로 흐르면서 열 교환을 하는 것(<u>두 유체가 같은 방향으로 흐르는 경우</u>)
2. **향류** : 냉각 액체를 냉각하려는 액체와 반대 방향으로 흐르면서 열 교환을 하는 것(<u>두 유체가 반대 방향으로 흐르는 경우</u>)

**87** 다음 중 인화성 물질이 아닌 것은?

① 디에틸에테르
② 아세톤
③ 에틸알코올
④ 과염소산칼륨

**해설** 과염소산칼륨 → 산화성 액체 및 산화성 고체

| | |
|---|---|
| 산화성 액체 및 산화성 고체 | 가. 차아염소산 및 그 염류<br>나. 아염소산 및 그 염류<br>다. 염소산 및 그 염류<br>마. 브롬산 및 그 염류<br>라. 과염소산 및 그 염류<br>마. 브롬산 및 그 염류<br>바. 요오드산 및 그 염류<br>사. 과산화수소 및 무기 과산화물<br>아. 질산 및 그 염류<br>자. 과망산산 및 그 염류<br>차. 중크롬산 및 그 염류 |

**특급 암기법**

염소(염소산) 보러(브롬산) 요과(요오드산, 과산화수소, 과망간산)하고 질산가는 중(중크롬산)!

| | |
|---|---|
| 인화성 액체 | 가. 에틸에테르, 가솔린, 아세트알데히드, 산화프로필렌, 그 밖에 인화점이 섭씨 23도 미만이고 초기끓는점이 섭씨 35도 이하인 물질<br>나. 노르말헥산, 아세톤, 메틸에틸케톤, 메틸알코올, 에틸알코올, 이황화탄소, 그 밖에 인화점이 섭씨 23도 미만이고 초기 끓는점이 섭씨 35도를 초과하는 물질<br>다. 크실렌, 아세트산아밀, 등유, 경유, 테레핀유, 이소아밀알코올, 아세트산, 하이드라진, 그 밖에 인화점이 섭씨 23도 이상 섭씨 60도 이하인 물질 |

{분석}
실기에 자주 출제되는 내용입니다.

**88** 산업안전보건법령상 위험물질의 종류에서 "폭발성 물질 및 유기과산화물"에 해당하는 것은?

① 리튬　　　　② 아조화합물
③ 아세틸렌　　④ 셀룰로이드류

**해설**

| | |
|---|---|
| 폭발성 물질 및 유기과산화물 | 가. 질산에스테르류<br>나. 니트로화합물<br>다. 니트로소화합물<br>라. 아조화합물<br>마. 디아조화합물<br>바. 하이드라진 유도체<br>사. 유기과산화물<br>아. 그 밖에 가목부터 사목까지의 물질과 같은 정도의 폭발 위험이 있는 물질<br>자. 가목부터 아목까지의 물질을 함유한 물질 |

**특급 암기법**

폭발하는(폭발성 물질) 질산에(질산에스테르) 니태아조?(니트로, 니트로소, 아조, 디아조) 하더라유!(하이드라진유도체, 유기과산화물)

{분석}
실기에 자주 출제되는 내용입니다.

**정답** 86 ② 87 ④ 88 ②

**89** 건축물 공사에 사용되고 있으나, 불에 타는 성질이 있어서 화재 시 유독한 시안화수소 가스가 발생되는 물질은?

① 염화비닐
② 염화에틸렌
③ 메타크릴산메틸
④ 우레탄

**해설** 우레탄은 단열재, 경량 구조재, 완충재 등으로 건축물 공사에 사용되나 화재 시 유독한 황화수소, 시안화수소 등의 가스를 발생시킨다.

**90** 반응기를 설계할 때 고려하여야 할 요인 으로 가장 거리가 먼 것은?

① 부식성
② 상의 형태
③ 온도 범위
④ 중간생성물의 유무

**해설** 반응기의 설계 시 고려해야 할 주요 인자

① 온도
② 압력
③ 부식성
④ 상의 형태
⑤ 체류시간

**참고** 증류탑 설계 시 고려해야 할 주요 인자

① 온도
② 압력
③ 부식성
④ 액 및 가스비율
⑤ 연속식 및 회분식

{분석}
필기에 자주 출제되는 내용입니다.

**91** 에틸알코올 1몰이 완전 연소 시 생성되는 $CO_2$와 $H_2O$의 몰수로 옳은 것은?

① $CO_2$ : 1, $H_2O$ : 4
② $CO_2$ : 2, $H_2O$ : 3
③ $CO_2$ : 3, $H_2O$ : 2
④ $CO_2$ : 4, $H_2O$ : 1

**해설** 에틸알코올의 완전 연소식

$$C_2H_5OH + 3O_2 \rightarrow 2CO_2 + 3H_2O$$

**92** 산업안전보건법령상 각 물질이 해당하는 위험물질의 종류를 옳게 연결한 것은?

① 아세트산(농도 90%) – 부식성 산류
② 아세톤(농도 90%) – 부식성 염기류
③ 이황화탄소 – 인화성 가스
④ 수산화칼륨 – 인화성 가스

**해설** ② 아세톤(농도 90%) – 인화성 액체
③ 이황화탄소 – 인화성 액체
④ 수산화칼륨(농도 40% 이상) – 부식성 염기류

**참고**

| 부식성 물질 | 가. 부식성 산류 |
|---|---|
| | ① 농도가 20퍼센트 이상인 염산, 황산, 질산, 그 밖에 이와 같은 정도 이상의 부식성을 가지는 물질 |
| | ② 농도가 60퍼센트 이상인 인산, 아세트산, 불산, 그 밖에 이와 같은 정도 이상 이 부식성을 가지는 물질 |
| | 나. 부식성 염기류 |
| | 농도가 40퍼센트 이상인 수산화나트륨, 수산화칼륨, 그 밖에 이와 같은 정도 이상의 부식성을 가지는 염기류 |

{분석}
실기에 자주 출제되는 내용입니다.

**정답** 89 ④  90 ④  91 ②  92 ①

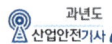
**93** 물과의 반응으로 유독한 포스핀가스를 발생하는 것은?

① HCl      ② NaCl

③ $Ca_3P_2$      ④ $Al(OH)_3$

**해설** $Ca_3P_2 + 6H_2O \rightarrow 3Ca(OH)_2 + 2PH_3$
인화칼슘   물   수산화칼슘(소석회)   포스핀↑

**94** 분진폭발의 요인을 물리적 인자와 화학적 인자로 분류할 때 화학적 인자에 해당하는 것은?

① 연소열
② 입도분포
③ 열전도율
④ 입자의 형성

**해설** 분진폭발의 요인

| 물리적 요인 | 화학적 요인 |
|---|---|
| ① 입자의 형성 ② 입도분포 ③ 열전도율 | ① 연소열 ② 산화속도 |

**95** 메탄올에 관한 설명으로 틀린 것은?

① 무색투명한 액체이다.
② 비중은 1보다 크고, 증기는 공기보다 가볍다.
③ 금속나트륨과 반응하여 수소를 발생한다.
④ 물에 잘 녹는다.

**해설** ② 비중은 1보다 작고(대부분 물보다 가볍고), 증기는 공기보다 무겁다.

**96** 다음 중 자연발화가 쉽게 일어나는 조건으로 틀린 것은?

① 주위 온도가 높을수록
② 열 축적이 클수록
③ 적당량의 수분이 존재할 때
④ 표면적이 작을수록

**해설** 자연발화가 되기 쉬운 조건

① 표면적이 넓을 것
② 열전도율이 적을 것
③ 주위의 온도가 높을 것
④ 발열량이 클 것
⑤ 수분이 적당량 존재할 것

{분석}
필기에 자주 출제되는 내용입니다.

**97** 다음 중 인화점이 가장 낮은 것은?

① 벤젠      ② 메탄올
③ 이황화탄소      ④ 경유

**해설** ① 벤젠 : −11℃
② 메탄올 : 11℃
③ 이황화탄소 : −20℃
④ 경유 : 50℃

**98** 자연발화성을 가진 물질이 자연발화를 일으키는 원인으로 거리가 먼 것은?

① 분해열      ② 증발열
③ 산화열      ④ 중합열

**해설** 자연발화를 일으키는 열의 종류

① 산화열에 의한 발열 : 석탄, 원면, 건성유 등
② 분해열에 의한 발열 : 셀룰로이드, 니트로셀룰로오스
③ 흡착열에 의한 발열 : 활성탄, 목탄 등
④ 미생물에 의한 발열 : 퇴비, 먼지 등

{분석}
필기에 자주 출제되는 내용입니다.

•)) 정답 93 ③ 94 ① 95 ② 96 ④ 97 ③ 98 ②

**99** 비점이 낮은 가연성 액체 저장탱크 주위에 화재가 발생했을 때 저장탱크 내부의 비등현상으로 인한 압력 상승으로 탱크가 파열되어 그 내용물이 증발, 팽창하면서 발생되는 폭발현상은?

① Back Draft
② BLEVE
③ Flash Over
④ UVCE

**해설** 블래비(Bleve) 현상(비등 액 팽창증기폭발)

가연성 액화가스에서 외부화재에 의해 탱크 내 액체가 비등하고 증기가 팽창하면서 폭발을 일으키는 현상으로 벽면파괴를 동반한다.

**참고** 개방계 증기운폭발(UVCE)

가연성 가스가 지속적으로 누출되면서 대기 중에 구름형태로 모여 바람 등의 영향으로 움직이다가 점화원에 의하여 순간적으로 모든 가스가 동시에 폭발하는 현상을 말한다.

{분석}
필기에 자주 출제되는 내용입니다.

**100** 사업주는 산업안전보건법령에서 정한 설비에 대해서는 과압에 따른 폭발을 방지하기 위하여 안전밸브 등을 설치하여야 한다. 다음 중 이에 해당하는 설비가 아닌 것은?

① 원심펌프
② 정변위 압축기
③ 정변위 펌프(토출 측에 차단밸브가 설치된 것만 해당한다)
④ 배관(2개 이상의 밸브에 의하여 차단되어 대기온도에서 액체의 열팽창에 의하여 파열될 우려가 있는 것으로 한정한다)

**해설** 과압에 따른 폭발을 방지하기 위하여 안전밸브 또는 파열판을 설치하여야 하는 설비

① 압력용기(안지름이 150밀리미터 이하인 압력용기는 제외하며, 압력 용기 중 관형 열교환기의 경우에는 관의 파열로 인하여 상승한 압력이 압력용기의 최고사용압력을 초과할 우려가 있는 경우만 해당한다)
② 정변위 압축기
③ 정변위 펌프(토출 측에 차단밸브가 설치된 것만 해당한다)
④ 배관(2개 이상의 밸브에 의하여 차단되어 대기온도에서 액체의 열팽창에 의하여 파열될 우려가 있는 것으로 한정한다)
⑤ 그 밖의 화학설비 및 그 부속설비로서 해당 설비의 최고사용압력을 초과할 우려가 있는 것

{분석}
필기에 자주 출제되는 내용입니다.

---

**제6과목・ 건설공사 안전 관리**

**101** 유해・위험 방시 계획서 제출 시 첨부서류로 옳지 않은 것은?

① 공사현장의 주변 현황 및 주변과의 관계를 나타내는 도면
② 공사개요서
③ 전체 공정표
④ 삭업인부의 배치를 나타내는 두면 및 서류

**해설** 건설공사 유해・위험방지계획서 제출 시 첨부서류

1. 공사 개요 및 안전보건관리계획
   가. 공사 개요서
   나. 공사현장의 주변 현황 및 주변과의 관계를 나타내는 도면(매설물 현황을 포함한다)
   다. 건설물, 사용 기계설비 등의 배치를 나타내는 도면

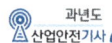
라. 전체 공정표
마. 산업안전보건관리비 사용계획
바. 안전관리 조직표
사. 재해 발생 위험 시 연락 및 대피방법

2. 작업 공사 종류별 유해·위험방지계획

{분석}
**필기에 자주 출제되는 내용입니다.**

## 102 거푸집 해체작업 시 유의사항으로 옳지 않은 것은?

① 일반적으로 수평부재의 거푸집은 연직부재의 거푸집보다 빨리 떼어낸다.
② 해체된 거푸집이나 각목 등에 박혀있는 못 또는 날카로운 돌출물은 즉시 제거하여야 한다.
③ 상하 동시 작업은 원칙적으로 금지하여 부득이한 경우에는 긴밀히 연락을 취하며 작업을 하여야 한다.
④ 거푸집 해체작업장 주위에는 관계자를 제외하고는 출입을 금지시켜야 한다.

**해설** **거푸집 해체작업 시의 준수 사항**

1. 거푸집 및 지보공(동바리)의 해체는 순서에 의하여 실시하여야 하며 안전담당자를 배치하여야 한다.
2. 거푸집 및 지보공(동바리)은 콘크리트 자중 및 시공 중에 가해지는 기타 하중에 충분히 견딜 만한 강도를 가질 때까지는 해체하지 아니하여야 한다.
3. 거푸집을 해체할 때에는 다음 각 목에 정하는 사항을 유념하여 작업하여야 한다.
   ① 해체작업을 할 때에는 안전모 등 안전 보호 장구를 착용토록 하여야 한다.
   ② 거푸집 해체작업장 주위에는 관계지를 제외하고는 출입을 금지시켜야 한다.
   ③ 상하 동시 작업은 원칙적으로 금지하여 부득이한 경우에는 긴밀히 연락을 취하며 작업을 하여야 한다.

④ 거푸집 해체 때 구조체에 무리한 충격이나 큰 힘에 의한 지렛대 사용은 금지하여야 한다.
⑤ 보 또는 슬라브 거푸집을 제거할 때에는 거푸집의 낙하 충격으로 인한 작업원의 돌발적 재해를 방지하여야 한다.
⑥ 해체된 거푸집이나 각목 등에 박혀있는 못 또는 날카로운 돌출물은 즉시 제거하여야 한다.
⑦ 해체된 거푸집이나 각 목은 재사용 가능한 것과 보수하여야 할 것을 선별, 분리하여 적치하고 정리정돈을 하여야 한다.

4. 기타 제3자의 보호조치에 대하여도 완전한 조치를 강구하여야 한다.

## 103 사다리식 통로 등을 설치하는 경우 통로 구조로서 옳지 않은 것은?

① 발판의 간격은 일정하게 한다.
② 발판과 벽과의 사이는 15cm 이상의 간격을 유지한다.
③ 사다리의 상단은 걸쳐놓은 지점으로부터 60cm 이상 올라가도록 한다.
④ 폭은 40cm 이상으로 한다.

**해설** ④ 폭은 30센티미터 이상으로 한다.

**참고** **사다리식 통로 설치 시의 준수사항**

① 견고한 구조로 할 것
② 심한 손상·부식 등이 없는 재료를 사용할 것
③ 발판의 간격은 일정하게 할 것
④ 발판과 벽과의 사이는 15센티미터 이상의 간격을 유지할 것
⑤ 폭은 30센티미터 이상으로 할 것
⑥ 사다리가 넘어지거나 미끄러지는 것을 방지하기 위한 조치를 할 것
⑦ 사다리의 상단은 걸쳐놓은 지점으로부터 60센티미터 이상 올라가도록 할 것
⑧ 사다리식 통로의 길이가 10미터 이상인 경우에는 5미터 이내마다 계단참을 설치할 것

**•)) 정답** 102 ① 103 ④

⑨ 사다리식 통로의 기울기는 75도 이하로 할 것. 다만, 고정식 사다리 통로의 기울기는 90도 이하로 하고, 그 높이가 7미터 이상인 경우에는 다음 각 목의 구분에 따른 조치를 할 것
- 등받이울이 있어도 근로자 이동에 지장이 없는 경우 : 바닥으로부터 높이가 2.5미터 되는 지점부터 등받이울을 설치할 것
- 등받이울이 있으면 근로자가 이동이 곤란한 경우 : 한국산업표준에서 정하는 기준에 적합한 개인용 추락 방지 시스템을 설치하고 근로자로 하여금 한국산업표준에서 정하는 기준에 적합한 전신 안전대를 사용하도록 할 것
⑩ 접이식 사다리 기둥은 사용 시 접혀지거나 펼쳐지지 않도록 철물 등을 사용하여 견고하게 조치할 것

{분석}
실기까지 중요한 내용입니다.

**104** 추락 재해방지 설비 중 근로자의 추락재해를 방지할 수 있는 설비로 작업발판 설치가 곤란한 경우에 필요한 설비는?

① 경사로　　　② 추락방호망
③ 고장 사다리　④ 달비계

[해설] 작업발판을 설치하기 곤란한 경우 추락방호망을 설치하여야 한다. 다만, 추락방호망을 설치하기 곤란한 경우에는 근로자에게 안전대를 착용하도록 하는 등 추락위험을 방지하기 위하여 필요한 조치를 하여야 한다.

{분석}
실기까지 중요한 내용입니다.

**105** 콘크리트 타설작업을 하는 경우에 준수해야 할 사항으로 옳지 않은 것은?

① 당일의 작업을 시작하기 전에 해당 작업에 관한 거푸집동바리 등의 변형 · 변위 및 지반의 침하 유무 등을 점검하고 이상이 있으면 보수한다.

② 작업 중에는 거푸집동바리 등의 변형 · 변위 및 침하 유무 등을 감시할 수 있는 감시자를 배치하여 이상이 있으면 작업을 빠른 시간 내 우선 완료하고 근로자를 대피시킨다.

③ 콘크리트 타설작업 시 거푸집붕괴의 위험이 발생할 우려가 있으면 충분한 보강조치를 한다.

④ 콘크리트를 타설하는 경우에는 편심이 발생하지 않도록 골고루 분산하여 타설한다.

[해설] 콘크리트의 타설작업 시 준수사항
① 당일의 작업을 시작하기 전에 해당 작업에 관한 거푸집동바리 등의 변형 · 변위 및 지반의 침하 유무 등을 점검하고 이상이 있으면 보수할 것
② 작업 중에는 감시자를 배치하는 등의 방법으로 거푸집 및 동바리의 변형 · 변위 및 침하 유무 등을 확인해야 하며, 이상이 있으면 작업을 중지하고 근로자를 대피시킬 것
③ 콘크리트의 타설작업 시 거푸집붕괴의 위험이 발생할 우려가 있으면 충분한 보강조치를 할 것
④ 설계도서상의 콘크리트 양생기간을 준수하여 거푸집 및 동바리를 해체할 것
⑤ 콘크리트를 타설하는 경우에는 편심이 발생하지 않도록 골고루 분산하여 타설할 것

{분석}
실기까지 중요한 내용입니다.

**106** 작업장 출입구 설치 시 준수해야 할 사항으로 옳지 않은 것은?

① 출입구의 위치 · 수 및 크기가 작업장의 용도와 특성에 맞도록 한다.

② 출입구에 문을 설치하는 경우에는 근로자가 쉽게 열고 닫을 수 있도록 한다.

③ 주된 목적이 하역운반기계용인 출입구에는 보행자용 출입구를 따로 설치하지 않는다.

●)) 정답　104 ②　105 ②　106 ③

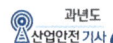
④ 계단이 출입구와 바로 연결된 경우에는 작업자의 안전한 통행을 위하여 그 사이에 1.2m 이상 거리를 두거나 안내표지 또는 비상벨 등을 설치한다.

**해설** 작업장의 출입구 설치 시 준수사항

① 출입구의 위치, 수 및 크기가 작업장의 용도와 특성에 맞도록 할 것
② 출입구에 문을 설치하는 경우에는 근로자가 쉽게 열고 닫을 수 있도록 할 것
③ 주된 목적이 하역운반기계용인 출입구에는 인접하여 보행자용 출입구를 따로 설치할 것
④ 하역운반기계의 통로와 인접하여 있는 출입구에서 접촉에 의하여 근로자에게 위험을 미칠 우려가 있는 경우에는 비상등·비상벨 등 경보장치를 할 것
⑤ 계단이 출입구와 바로 연결된 경우에는 작업자의 안전한 통행을 위하여 그 사이에 1.2미터 이상 거리를 두거나 안내표지 또는 비상벨 등을 설치할 것. 다만, 출입구에 문을 설치하지 아니한 경우에는 그러하지 아니하다.

## 107 건설 작업장에서 근로자가 상시 작업하는 장소의 작업면 조도기준으로 옳지 않은 것은? (단, 갱내 작업장과 감광재료를 취급하는 작업장의 경우는 제외)

① 초정밀작업 : 600럭스(lux) 이상
② 정밀작업 : 300럭스(lux) 이상
③ 보통작업 : 150럭스(lux) 이상
④ 초정밀, 정밀, 보통작업을 제외한 기타 작업 : 75럭스(lux) 이상

**해설** ① 초정밀작업 : 750럭스(lux) 이상

{분석}
**실기까지 중요한 내용입니다.**

## 108 건설업 산업안전보건관리비 계상 및 사용기준에 따른 산업안전보건관리비의 개인보호구 및 안전장구 구입비 항목에서 산업안전보건관리비로 사용이 가능한 경우는?

① 안전·보건관리자가 선임되지 않은 현장에서 안전·보건업무를 담당하는 현장관계자용 무전기, 카메라, 컴퓨터, 프린터 등 업무용 기기
② 혹한·혹서에 장기간 노출로 인해 건강장해를 일으킬 우려가 있는 경우 특정 근로자에게 지급되는 기능성 보호장구
③ 근로자에게 일률적으로 지급하는 보냉·보온장구
④ 감리원이나 외부에서 방문하는 인사에게 지급하는 보호구

**해설** 개인보호구 및 안전장구 구입비 사용 불가 항목

① 안전·보건관리자가 선임되지 않은 현장의 업무용 기기 → 산업안전보건관리비로 사용할 수 없다.
② 혹한·혹서에 노출로 인해 건강장해를 일으킬 우려가 있는 경우 특정 근로자에게 지급되는 기능성 보호 장구 → 산업안전보건관리비로 사용할 수 있다.
③ 근로자에게 일률적으로 지급하는 보냉·보온장구 → 산업안전보건관리비로 사용할 수 없다.
④ 감리원이나 외부에서 방문하는 인사에게 지급하는 보호구 → 산업안전보건관리비로 사용할 수 없다.

{분석}
**실기까지 중요한 내용입니다.**

•)) **정답** 107 ① 108 ②

**109** 옥외에 설치되어 있는 주행 크레인에 대하여 이탈 방지 장치를 작동시키는 등 그 이탈을 방지하기 위한 조치를 하여야 하는 순간풍속에 대한 기준으로 옳은 것은?

① 순간풍속이 초당 10m를 초과하는 바람이 불어올 우려가 있는 경우
② 순간풍속이 초당 20m를 초과하는 바람이 불어올 우려가 있는 경우
③ 순간풍속이 초당 30m를 초과하는 바람이 불어올 우려가 있는 경우
④ 순간풍속이 초당 40m를 초과하는 바람이 불어올 우려가 있는 경우

**해설 악천후 시 조치**

① 순간풍속이 초당 10미터를 초과 : 타워크레인의 설치·수리·점검 또는 해체작업을 중지
② 순간풍속이 초당 15미터를 초과 : 타워크레인의 운전작업을 중지
③ 순간풍속이 초당 30미터를 초과 : 옥외에 설치되어 있는 주행 크레인 이탈방지조치
④ 순간풍속이 초당 30미터를 초과하는 바람이 불거나 중진(中震) 이상 진도의 지진이 있은 후 : 옥외 양중기 각 부위 이상 점검
⑤ 순간풍속이 초당 35미터를 초과 : 옥외 승강기 및 건설용 리프트(지하에 설치되어 있는 것은 제외)에 대하여 받침의 수를 증가시키는 등 승강기가 무너지는 것을 방지하기 위한 조치

{분석}
실기에 자주 출제되는 내용입니다.

**110** 지반 등의 굴착 작업 시 연암의 굴착면 기울기로 옳은 것은?

① 1 : 0.3  ② 1 : 0.5
③ 1 : 0.8  ④ 1 : 1.0

**해설 굴착면의 기울기 및 높이 기준**

| 지반의 종류 | 굴착면의 기울기 |
|---|---|
| 모래 | 1:1.8 |
| 연암 및 풍화암 | 1:1.0 |
| 경암 | 1:0.5 |
| 그 밖의 흙 | 1:1.2 |

{분석}
실기에 자주 출제되는 내용입니다.

**111** 철골작업 시 철골 부재에서 근로자가 수직 방향으로 이동하는 경우에 설치하여야 하는 고정된 승강로의 최대 답단 간격은 얼마 이내인가?

① 20cm  ② 25cm
③ 30cm  ④ 40cm

**해설** 근로자가 수직 방향으로 이동하는 철골 부재에는 답단 간격이 30센티미터 이내인 고정된 승강로를 설치하여야 하며, 수평 방향 철골과 수직 방향 철골이 연결되는 부분에는 연결 작업을 위하여 작업발판 등을 설치하여야 한다.

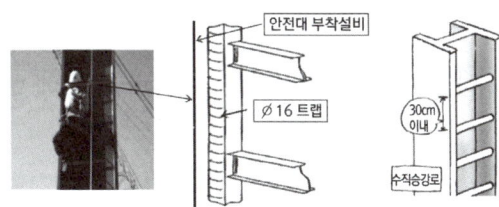
안전대 부착설비
∅16 트랩
30cm 이내
수직승강로

{분석}
필기에 자주 출제되는 내용입니다.

정답 109 ③ 110 ④ 111 ③

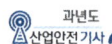
**112** 흙막이 벽체 근입 깊이를 깊게 하고, 전면의 굴착 부분을 남겨두어 흙의 중량으로 대항하게 하거나, 굴착 예정 부분의 일부를 미리 굴착하여 기초 콘크리트를 타설하는 등의 대책과 가장 관계가 깊은 것은?

① 파이핑 현상이 있을 때
② 히빙 현상이 있을 때
③ 지하수위가 높을 때
④ 굴착 깊이가 깊을 때

[해설] **히빙현상 방지대책**

① 흙막이 벽체의 근입 깊이를 깊게 한다.
② 양질의 재료로 지반을 개량한다(흙의 전단강도를 높인다.)
③ 굴착 주변에 웰 포인트 공법을 병행한다.
④ 어스앵커를 설치한다.

[참고] **히빙(Heaving)현상**

연질 점토 지반에서 굴착에 의한 흙막이 내·외면의 흙의 중량 차이(토압)로 인해 굴착저면이 부풀어 올라오는 현상을 말한다.

{분석}
필기에 자주 출제되는 내용입니다.

**113** 안전사고를 방지하기 위하여 크레인에 설치된 방호장치로 옳지 않은 것은?

① 공기정화장치　② 비상정지장치
③ 제동장치　　　④ 권과방지장치

[해설] **크레인의 방호장치**

① 과부하방지장치
② 권과방지장치
③ 비상정지장치
④ 제동장치

{분석}
실기에 자주 출제되는 내용입니다.

**114** 가설구조물의 문제점으로 옳지 않은 것은?

① 도괴 재해의 가능성이 크다.
② 추락재해 가능성이 크다.
③ 부재의 결합이 간단하나 연결부가 견고하다.
④ 구조물이라는 통상의 개념이 확고하지 않으며 조립의 정밀도가 낮다.

[해설] **가설구조물의 특징**

① 연결재가 부족한 구조가 되기 쉽다.
② 부재의 결합이 간단하여 불안전 결합이 되기 쉽다.
③ 구조물이라는 개념이 확고하지 않아 조립의 정밀도가 낮다.
④ 부재는 과소 단면이거나 결함이 있는 재료가 사용되기 쉽다.

{분석}
필기에 자주 출제되는 내용입니다.

**115** 강관틀비계를 조립하여 사용하는 경우 준수해야 할 기준으로 옳지 않은 것은?

① 수직방향으로 6m, 수평방향으로 8m 이내마다 벽 이음을 할 것
② 높이가 20m를 초과하거나 중량물의 적재를 수반하는 작업을 할 경우에는 주틀 간의 간격을 2.4m 이하로 할 것
③ 길이가 띠장 방향으로 4m 이하이고 높이가 10m를 초과하는 경우에는 10m 이내 마다 띠장 방향으로 버팀기둥을 설치할 것
④ 주틀 간에 교차가새를 설치하고 최상층 및 5층 이내마다 수평재를 설치할 것

정답 112 ② 113 ① 114 ③ 115 ②

**해설** 틀비계(강관 틀비계) 조립 시 준수사항

① 밑둥에는 밑받침 철물을 사용하여야 하며 밑받침에 고저차가 있는 경우에는 조절형 밑받침 철물을 사용하여 항상 수평 및 수직을 유지하도록 할 것
② 높이가 20미터를 초과하거나 중량물의 적재를 수반하는 작업을 할 경우에는 주틀 간의 간격이 1.8미터 이하로 할 것
③ 주틀 간에 교차가새를 설치하고 최상층 및 5층 이내마다 수평재를 설치할 것
④ 벽이음 간격(조립 간격)은 수직방향 6m, 수평방향으로 8m 이내마다 할 것
⑤ 길이가 띠장방향으로 4m 이하이고 높이가 10m를 초과하는 경우에는 10m 이내마다 띠장방향으로 버팀기둥을 설치할 것

{분석}
**실기까지 중요한 내용입니다.**

## 116 비계의 높이가 2m 이상인 작업 장소에 작업발판을 설치할 경우 준수하여야 할 기준으로 옳지 않은 것은?

① 작업 발판의 폭은 30cm 이상으로 한다.
② 발판 재료 간의 틈은 3cm 이하로 한다.
③ 추락의 위험성이 있는 장소에는 안전 난간을 설치한다.
④ 발판 재료는 뒤집히거나 떨어지지 않도록 2개 이상의 지지물에 연결하거나 고정시킨다.

**해설** 작업발판 설치 기준

① 발판 재료 : 작업 시의 하중을 견딜 수 있도록 견고한 것으로 할 것
② 발판의 폭 : 40cm 이상으로 하고, 발판 재료 간의 틈 : 3cm 이하로 할 것
③ 추락의 위험성이 있는 장소에는 안전 난간을 설치할 것
④ 작업발판의 지지물 : 하중에 의하여 파괴될 우려가 없는 것을 사용할 것

⑤ 작업발판 재료는 뒤집히거나 떨어지지 아니하도록 2 이상의 지지물에 연결하거나 고정시킬 것
⑥ 작업에 따라 이동시킬 때에는 위험 방지 조치를 할 것
⑦ 선박 및 보트 건조작업에서 선박 블록 또는 엔진실 등의 좁은 작업 공간에 작업발판을 설치하는 경우 : 작업발판의 폭을 30센티미터 이상으로 할 수 있고, 걸침 비계의 경우 발판 재료 간의 틈을 3센티미터 이하로 유지하기 곤란하면 5센티미터 이하로 할 수 있다.

{분석}
**실기까지 중요한 내용입니다.**

## 117 사면지반 개량공법으로 옳지 않은 것은?

① 전기 화학적 공법
② 석회 안정처리 공법
③ 이온 교환 방법
④ 옹벽 공법

**해설** 사면(비탈면)지반 개량공법

① 전기 화학적 공법
② 석회 안정처리 공법
③ 이온 교환 공법
④ 주입공법 : 시멘트, 약액 주입

{분석}
**필기에 자주 출제되는 내용입니다.**

## 118 법면 붕괴에 의한 재해 예방조치로서 옳은 것은?

① 지표수와 지하수의 침투를 방지한다.
② 법면의 경사를 증가한다.
③ 절토 및 성토 높이를 증가한다.
④ 토질의 상태에 관계없이 구배 조건을 일정하게 한다.

🔊 **정답** 116 ① 117 ④ 118 ①

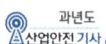

**해설** 토사붕괴의 예방 조치

① 적절한 경사면의 기울기를 계획하여야 한다.
② 경사면의 기울기가 당초 계획과 차이가 발생되면 즉시 재검토하여 계획을 변경시켜야 한다.
③ 활동할 가능성이 있는 토석은 제거하여야 한다.
④ 경사면의 하단부에 압성토 등 보강공법으로 활동에 대한 저항대책을 강구하여야 한다.
⑤ 말뚝(강관, H형강, 철근 콘크리트)을 타입하여 지반을 강화시킨다.
⑥ 지하 수위를 낮춘다.

**참고** 토석 붕괴의 외적원인

① 사면, 법면의 경사 및 기울기의 증가
② 절토 및 성토 높이의 증가
③ 공사에 의한 진동 및 반복 하중의 증가
④ 지표수 및 지하수의 침투에 의한 토사 중량의 증가
⑤ 지진, 차량, 구조물의 하중작용
⑥ 토사 및 암석의 혼합층 두께

{분석}
필기에 자주 출제되는 내용입니다.

## 119 취급 · 운반의 원칙으로 옳지 않은 것은?

① 운반 작업을 집중하여 시킬 것
② 생산을 최고로 하는 운반을 생각할 것
③ 곡선 운반을 할 것
④ 연속 운반을 할 것

**해설** 취급 · 운반의 5원칙

① 직선 운반을 할 것
② 연속 운반을 할 것
③ 운반 작업을 집중화시킬 것
④ 생산을 최고로 하는 운반을 생각할 것
⑤ 최대한 시간과 경비를 절약할 수 있는 운반 방법을 고려할 것

{분석}
필기에 자주 출제되는 내용입니다.

## 120 가설통로의 설치기준으로 옳지 않은 것은?

① 경사가 15°를 초과하는 때에는 미끄러지지 않는 구조로 한다.
② 건설공사에 사용하는 높이 8m 이상인 비계다리에는 7m 이내마다 계단참을 설치한다.
③ 수직갱에 가설된 통로의 길이가 15m 이상일 경우에는 15m 이내 마다 계단참을 설치한다.
④ 추락의 위험이 있는 장소에는 안전난간을 설치한다.

**해설** 가설통로 설치 시의 준수사항

① 견고한 구조로 할 것
② 경사는 30도 이하로 할 것(계단을 설치하거나 높이 2미터 미만의 가설통로로서 튼튼한 손잡이를 설치한 때에는 그러하지 아니하다)
③ 경사가 15도를 초과하는 때는 미끄러지지 아니하는 구조로 할 것
④ 추락의 위험이 있는 장소에는 안전난간을 설치할 것(작업상 부득이한 때에는 필요한 부분에 한하여 임시로 이를 해체할 수 있다)
⑤ 수직갱 : 길이가 15미터 이상인 때에는 10미터 이내마다 계단참을 설치할 것
⑥ 건설공사에 사용하는 높이 8미터 이상인 비계다리 : 7미터 이내 마다 계단참을 설치할 것

{분석}
실기까지 중요한 내용입니다.

정답 119 ③ 120 ③

제1과목 · 산업재해 예방 및 안전보건교육

제**1**과목· 산업재해 예방 및 안전보건교육

**01** 매슬로우(Maslow)의 인간의 욕구단계 중 5번째 단계에 속하는 것은?

① 안전 욕구
② 존경의 욕구
③ 사회적 욕구
④ 자아실현의 욕구

**해설** 매슬로(Maslow A. H.)의 욕구단계 이론(인간의 욕구 5단계)

① 제1단계(생리적 욕구)
② 제2단계(안전 욕구)
③ 제3단계(사회적 욕구)
④ 제4단계(존경 욕구)
⑤ 제5단계(자아실현의 욕구)

{분석}
실기까지 중요한 내용입니다. 암기하세요.

**02** A 사업장의 현황이 다음과 같을 때 이 사업장의 강도율은?

- 근로자 수 : 500명
- 연근로시간수 : 2,400시간
- 신체장해등급
  • 2급 : 3명
  • 10급 : 5명
- 의사 진단에 의한 휴업일수 : 1,500일

① 0.22
② 2.22
③ 22.28
④ 222.88

**해설**

1. 강도율 $= \dfrac{\text{총요양 근로손실일수}}{\text{연근로시간수}} \times 1{,}000$

2. 근로손실일수 = 휴업일수, 요양일수, 입원일수
   $\times \dfrac{300(\text{실제근로일수})}{365}$

3.

| 신체장애 등급 | 손실일수 |
|---|---|
| 사망, 1, 2, 3급 | 7,500일 |
| 4급 | 5,500일 |
| 5급 | 4,000일 |
| 6급 | 3,000일 |
| 7급 | 2,200일 |
| 8급 | 1,500일 |
| 9급 | 1,000일 |
| 10급 | 600일 |
| 11급 | 400일 |
| 12급 | 200일 |
| 13급 | 100일 |
| 14급 | 50일 |

강도율 $= \dfrac{\text{총요양 근로손실일수}}{\text{연근로시간수}} \times 1{,}000$

$= \dfrac{(3 \times 7{,}500) + (5 \times 600) + (1{,}500 \times \frac{300}{365})}{500 \times 2{,}400} \times 1{,}000$

$= 22.28$

{분석}
실기에 자주 출제되는 내용입니다.

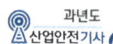
**03** 보호구 자율안전 확인 고시 상 자율안전 확인 보호구에 표시하여야 하는 사항을 모두 고른 것은?

> ㄱ. 모델명
> ㄴ. 제조 번호
> ㄷ. 사용 기한
> ㄹ. 자율안전확인 번호

① ㄱ, ㄴ, ㄷ      ② ㄱ, ㄴ, ㄹ
③ ㄱ, ㄷ, ㄹ      ④ ㄴ, ㄷ, ㄹ

**해설** 자율안전확인 대상 보호구의 표시사항

① 형식 또는 모델명
② 규격 또는 등급 등
③ 제조자 명
④ 제조번호 및 제조연월
⑤ 자율안전확인 번호

**참고** 안전인증 대상 보호구의 표시사항

① 형식 또는 모델명
② 규격 또는 등급 등
③ 제조자 명
④ 제조번호 및 제조연월
⑤ 안전인증 번호

{분석}
실기에 자주 출제되는 내용입니다.

**04** 학습지도의 형태 중 참가자에게 일정한 역할을 주어 실제적으로 연기를 시켜봄으로써 자기의 역할을 보다 확실히 인식시키는 방법은?

① 포럼(Forum)
② 심포지엄(Symposium)
③ 롤 플레잉(Role playing)
④ 사례연구법(Case study method)

**해설** 실제적으로 연기를 시켜봄으로써 자기의 역할을 확실히 인식시키는 방법
→ 롤 플레잉(Role playing)

**참고** 1. 심포지엄(Symposium) : 몇 사람의 전문가에 의하여 과제에 관한 견해를 발표한 뒤 참가자로 하여금 의견이나 질문을 하게 하여 토의하는 방법
2. 포럼(Forum) : 새로운 자료나 교재를 제시, 거기서의 문제점을 피교육자로 하여금 제기하게 하여 발표하고 토의하는 방법
3. 사례연구법(Case Study : Case Method) : 먼저 사례를 제시, 문제적 사실들과 그의 상호관계에 대해서 검토하고 대책을 토의하는 학습법

{분석}
필기에 자주 출제되는 내용입니다.

**05** 보호구 안전인증 고시 상 전로 또는 평로 등의 작업 시 사용하는 방열두건의 차광도 번호는?

① #2 ~ #3      ② #3 ~ #5
③ #6 ~ #8      ④ #9 ~ #11

**해설** 방열두건의 사용 구분

| 차광도 번호 | 사용 구분 |
|---|---|
| #2 ~ #3 | 고로강판 가열로, 조괴(造塊) 등의 작업 |
| #3 ~ #5 | 전로 또는 평로 등의 작업 |
| #6 ~ #8 | 전기로의 작업 |

**06** 산업재해의 분석 및 평가를 위하여 재해발생 건수 등의 추이에 대해 한계선을 설정하여 목표 관리를 수행하는 재해통계 분석기법은?

① 관리도      ② 안전 T점수
③ 파레토도      ④ 특성 요인도

**정답** 03 ② 04 ③ 05 ② 06 ①

<sub>해설</sub> **재해통계 방법**

① 파레토도(Pareto Diagram) : 사고 유형, 기인물 등 데이터를 분류하여 그 항목 값이 큰 순서대로 정리하여 막대그래프로 나타낸다.
② 특성요인도(Characteristic Diagram) : 재해와 그 요인의 관계를 어골상으로 세분화하여 나타낸다.
③ 크로스(cross) 분석 : 2가지 또는 2개 항목 이상의 요인이 상호관계를 유지할 때 문제를 분석하는데 사용된다.
④ 관리도(Control Chart) : 시간경과에 따른 재해 발생 건수 등 대략적인 추이 파악에 사용된다.

{분석}
필기에 자주 출제되는 내용입니다.

---

**07** 산업안전보건 법령상 안전보건관리규정 작성 시 포함되어야 하는 사항을 모두 고른 것은? (단, 그 밖에 안전 및 보건에 관한 사항은 제외한다.)

> ㄱ. 안전보건교육에 관한 사항
> ㄴ. 재해사례 연구·토의결과에 관한 사항
> ㄷ. 사고 조사 및 대책 수립에 관한 사항
> ㄹ. 작업장의 안전 및 보건 관리에 관한 사항
> ㅁ. 안전 및 보건에 관한 관리조직과 그 직무에 관한 사항

① ㄱ, ㄴ, ㄷ, ㄹ
② ㄱ, ㄴ, ㄹ, ㅁ
③ ㄱ, ㄷ, ㄹ, ㅁ
④ ㄴ, ㄷ, ㄹ, ㅁ

---

<sub>해설</sub> **안전보건관리규정의 포함사항**

① 안전·보건 관리조직과 그 직무에 관한 사항
② 안전·보건교육에 관한 사항
③ 작업장의 안전 및 보건관리에 관한 사항
④ 사고 조사 및 대책 수립에 관한 사항
⑤ 그 밖에 안전·보건에 관한 사항

{분석}
실기에 자주 출제되는 내용입니다.

---

**08** 억측판단이 발생하는 배경으로 볼 수 없는 것은?

① 정보가 불확실할 때
② 타인의 의견에 동조할 때
③ 희망적인 관측이 있을 때
④ 과거에 성공한 경험이 있을 때

<sub>해설</sub> **억측판단이 발생하는 배경**

① 정보가 불확실할 때
② 희망적인 관측이 있을 때
③ 과거의 성공한 경험이 있을 때
④ 일을 빨리 끝내고 싶은 강한 욕구가 있거나 귀찮고 초조할 때

<sub>참고</sub> **억측판단** : 남들은 틀렸다고 하는 것을 본인은 괜찮다고 판단하여 하는 행동을 말한다.

{분석}
필기에 자주 출제되는 내용입니다.

---

**09** 하인리히의 사고예방원리 5단계 중 교육 및 훈련의 개선, 인사조정, 안전관리규정 및 수칙의 개선 등을 행하는 단계는?

① 사실의 발견
② 분석 평가
③ 시정방법의 선정
④ 시정책의 적용

---

정답 07 ③ 08 ② 09 ③

**해설** 하인리히의 사고방지 5단계

| 1단계 :<br>안전조직 | • 안전목표 설정<br>• 안전관리자의 선임<br>• 안전조직 구성<br>• 안전활동 방침 및 계획수립<br>• 조직을 통한 안전 활동 전개 |
|---|---|
| 2단계 :<br>사실의 발견 | • 작업분석<br>• 점검<br>• 사고조사<br>• 안전진단<br>• 사고 및 활동기록의 검토 |
| 3단계 : 분석 | • 사고원인 및 경향성 분석<br>(사고보고서 및 현장조사 분석)<br>• 작업공정 분석<br>• 사고기록 및 관계자료 분석<br>• 인적 · 물적 환경 조건분석 |
| 4단계 :<br>시정방법<br>선정 | • 기술적 개선<br>• 안전운동 전개<br>• 교육훈련 분석<br>• 안전행정의 개선<br>• 배치 조정<br>• 규칙 및 수칙 등 제도의 개선 |
| 5단계 :<br>시정책 적용<br>(3E 적용) | • 안전교육(Education)<br>• 안전기술(Engineering)<br>• 안전독려(Enforcement) |

{분석}
필기에 자주 출제되는 내용입니다.

**10** 재해예방의 4원칙에 대한 설명으로 틀린 것은?

① 재해발생은 반드시 원인이 있다.
② 손실과 사고와의 관계는 필연적이다.
③ 재해는 원인을 제거하면 예방이 가능하다.
④ 재해를 예방하기 위한 대책은 반드시 존재한다.

**해설** ② 손실과 사고와의 관계는 우연적이다.
→ 손실 우연의 원칙

**참고** 산업재해 예방의 4원칙

① 예방 가능의 원칙 : 재해는 원칙적으로 원인만 제거되면 예방이 가능하다.
② 손실 우연의 원칙 : 사고의 결과 생기는 상해의 종류와 정도는 사고 발생시 사고대상의 조건에 따라 우연히 발생한다.
③ 대책 선정의 원칙 : 사고의 원인에 대한 적합한 대책이 선정되어야 한다.
④ 원인 연계의 원칙 : 재해는 원인이 있고, 직접원인과 간접원인이 연계되어 일어난다.

{분석}
실기까지 중요한 내용입니다.

**11** 산업안전보건 법령상 안전보건진단을 받아 안전보건개선계획의 수립 및 명령을 할 수 있는 대상이 아닌 것은?

① 작업환경 불량, 화재 · 폭발 또는 누출 사고 등으로 사업장 주변까지 피해가 확산된 사업장
② 산업재해율이 같은 업종 평균 산업재해율의 2배 이상인 사업장
③ 사업주가 필요한 안전조치 또는 보건조치를 이행하지 아니하여 중대재해가 발생한 사업장
④ 상시근로자 1천명 이상인 사업장에서 직업성 질병자가 연간 2명 이상 발생한 사업장

**해설** 안전 · 보건진단을 받아 안전보건개선계획을 수립 · 제출하도록 명할 수 있는 사업장

① 산업재해율이 같은 업종 평균 산업재해율의 2배 이상인 사업장
② 사업주가 필요한 안전조치 또는 보건조치를 이행하지 아니하여 중대재해가 발생한 사업장
③ 직업성 질병자가 연간 2명 이상(상시근로자 1천 명 이상 사업장의 경우 3명 이상) 발생한 사업장
④ 그 밖에 작업환경 불량, 화재 · 폭발 또는 누출 사고 등으로 사업장 주변까지 피해가 확산된 사업장으로서 고용노동부령으로 정하는 사업장

정답 10 ② 11 ④

평균의 2배 이상, 직업병 2명 이상(1,000명 이상 3명) 진단받아 개선!
중대재해 발생하면 진단받아 개선!

**참고** 안전보건 개선계획 작성대상 사업장

① 산업재해율이 같은 업종의 규모별 평균 산업 재해율 보다 높은 사업장
② 사업주가 안전 · 보건조치 의무를 이행하지 아니하여 중대재해가 발생한 사업장
③ 직업성 질병자가 연간 2명 이상 발생한 사업장
④ 유해인자의 노출기준을 초과한 사업장

평균보다 높으면 개선계획!
중대재해 발생하면 개선계획!
직업성 질병자 2명 노출기준 초과하면 개선계획!

{분석}
실기에 자주 출제되는 내용입니다.

---

**12** 버드(Bird)의 재해 분포에 따르면 20건의 경상(물적, 인적 상해)사고가 발생했을 때 무상해 · 무사고(위험 순간) 고장 발생 건수는?

① 200     ② 600
③ 1200    ④ 12000

**해설** 버드의 1 : 10 : 30 : 600의 법칙

> 총 641건의 사고를 분석했을 때
> • 중상 또는 폐질 : 1건
> • 경상해 : 10건
> • 무상해사고 (물적 손실) : 30건
> • 무상해, 무사고 (위험 순간) : 600건이 발생함을 의미한다.

경상해가 20건(10건 × 2)이므로
무상해, 무사고(위험 순간) = 600건 × 2 = 1200(건)

{분석}
실기까지 중요한 내용입니다.

---

**13** 산업안전보건 법령상 거푸집 동바리의 조립 또는 해체작업 시 특별 교육 내용이 아닌 것은? (단, 그 밖에 안전 · 보건 관리에 필요한 사항은 제외한다.)

① 비계의 조립순서 및 방법에 관한 사항
② 조립 해체 시의 사고 예방에 관한 사항
③ 동바리의 조립방법 및 작업 절차에 관한 사항
④ 조립재료의 취급방법 및 설치기준에 관한 사항

**해설** 거푸집 동바리의 조립 또는 해체작업의 특별교육 내용

① 동바리의 조립방법 및 작업 절차에 관한 사항
② 조립 재료의 취급 방법 및 설치 기준에 관한 사항
③ 조립 해체 시의 사고 예방에 관한 사항
④ 보호구 착용 및 점검에 관한 사항
⑤ 그 밖에 안전 · 보건 관리에 필요한 사항

{분석}
실기까지 중요한 내용입니다.

---

**14** 신업안전보건 법령상 다음의 안전보건 표지 중 기본 모형이 다른 것은?

① 위험장소 경고
② 레이저 광선 경고
③ 방사성 물질 경고
④ 부식성 물질 경고

**해설**

| 위험장소 경고 | 레이저 광선 경고 | 방사성 물질 경고 | 부식성 물질 경고 |
|---|---|---|---|
| ⚠ | ☢ | ☢ | 🧪 |

{분석}
실기에 자주 출제되는 내용입니다.

---

**정답** 12 ③  13 ①  14 ④

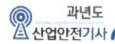
**15** 학습정도(Level of learning)의 4단계를 순서대로 나열한 것은?

① 인지 → 이해 → 지각 → 적용
② 인지 → 지각 → 이해 → 적용
③ 지각 → 이해 → 인지 → 적용
④ 지각 → 인지 → 이해 → 적용

**해설** 학습의 정도 4단계

① 인지(to recognize) : ~을 인지하여야 한다.
② 지각(to know) : ~을 알아야 한다.
③ 이해(to understand) : ~을 이해하여야 한다.
④ 적용(to apply) : ~을 ~에 적용할 수 있어야 한다.

{분석}
필기에 자주 출제되는 내용입니다.

**16** 기업 내 정형 교육 중 TWI(Training Within Industry)의 교육내용이 아닌 것은?

① Job Method Training
② Job Relation Training
③ Job Instruction Training
④ Job Standardization Training

**해설** TWI 교육과정(일선관리감독자 대상 교육과정)

① 작업 방법 기법(Job Method Training : JMT)
② 작업 지도 기법(Job Instruction Training : JIT)
③ 인간 관계관리 기법 or 부하통솔법
　 (Job Relations Training : JRT)
④ 작업 안전 기법(Job Safety Training : JST)

{분석}
실기까지 중요한 내용입니다.

**17** 레윈(Lewin)의 법칙 B = f(P · E) 중 B가 의미하는 것은?

① 행동　　　　　② 경험
③ 환경　　　　　④ 인간관계

**해설**

$$B = f(P \cdot E)$$

여기서,
$B$ : Behavior(인간의 행동)
$f$ : function(함수관계)
$P$ : Person(개체 : 연령, 경험, 심신상태, 성격, 지능 등)
$E$ : Environment(심리적 환경 : 인간관계, 작업환경 등)

{분석}
실기까지 중요한 내용입니다.

**18** 재해 원인을 직접 원인과 간접 원인으로 분류할 때 직접 원인에 해당하는 것은?

① 물적 원인
② 교육적 원인
③ 정신적 원인
④ 관리적 원인

**해설**

| 직접 원인 | ① 인적원인(불안전한 행동)<br>② 물적원인(불안전한 상태) |
|---|---|
| 간접 원인 | ① 기술적 원인<br>② 교육적 원인<br>③ 신체적 원인<br>④ 정신적 원인<br>⑤ 작업관리상 원인 |

{분석}
실기까지 중요한 내용입니다.

**19** 산업안전보건 법령상 안전관리자의 업무가 아닌 것은? (단, 그 밖에 고용노동부장관이 정하는 사항은 제외한다.)

① 업무 수행 내용의 기록
② 산업재해에 관한 통계의 유지 · 관리 · 분석을 위한 보좌 및 지도 · 조언
③ 안전교육계획의 수립 및 안전교육 실시에 관한 보좌 및 지도 · 조언
④ 작업장 내에서 사용되는 전체 환기장치 및 국소 배기장치 등에 관한 설비의 점검

**해설** 안전관리자 직무

① 사업장 안전교육계획의 수립 및 안전교육 실시에 관한 보좌 및 조언 · 지도
② 사업장 순회 점검 · 지도 및 조치의 건의
③ 산업재해 발생의 원인 조사 · 분석 및 재발 방지를 위한 기술적 보좌 및 조언 · 지도
④ 산업재해에 관한 통계의 유지 · 관리 · 분석을 위한 보좌 및 조언 · 지도
⑤ 안전인증대상 기계 · 기구 등과 자율안전확인 대상 기계 · 기구 등 구입 시 적격품의 선정에 관한 보좌 및 조언 · 지도
⑥ 위험성 평가에 관한 보좌 및 조언 · 지도
⑦ 안전에 관한 사항의 이행에 관한 보좌 및 조언 · 지도
⑧ 산업안전보건위원회 또는 노사 협의체, 안전보건관리규정 및 취업규칙에서 정한 직무
⑨ 업무 수행 내용의 기록. 유지
⑩ 그 밖에 안전에 관한 사항으로서 고용노동부장관이 정하는 사항

안전교육, 사업장 점검, 새해 원인조사, 재해통계 관리, 적격품 선정, 위험성 평가, 업무내용 기록

{분석}
실기에 자주 출제되는 내용입니다.

**20** 헤드십(headship)의 특성에 관한 설명으로 틀린 것은?

① 지휘 형태는 권위주의적이다.
② 상사의 권한 근거는 비공식적이다.
③ 상사와 부하의 관계는 지배적이다.
④ 상사와 부하의 사회적 간격은 넓다.

**해설** ② 상사의 권한 근거는 공식적이다.

**참고** 리더십과 헤드십의 특성

| 구분 | 리더십 | 헤드십 |
|---|---|---|
| 권한 행사 | 선출된 리더 | 임명된 헤드 |
| 권한 부여 | 밑으로부터의 동의 | 위에서 위임 |
| 권한 귀속 | 집단 목표에 기여한 공로 인정 | 공식화된 규정에 의함 |
| 상사, 부하 관계 | 개인적인 영향 | 지배적임 |
| 부하와의 관계 | 좁음 | 넓음 |
| 지휘 형태 | 민주주의적 | 권위주의적 |
| 책임 귀속 | 상사와 부하 | 상사 |
| 권한 근거 | 개인적 | 법적, 공식적 |

{분석}
필기에 자주 출제되는 내용입니다.

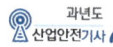

**제2과목 · 인간공학 및 위험성 평가 · 관리**

**21** 위험분석 기법 중 시스템 수명주기 관점에서 적용 시점이 가장 빠른 것은?

① PHA　　　　② FHA
③ OHA　　　　④ SHA

 **해설** 예비 위험 분석
(PHA : Preliminary Hazards Analysis)

모든 시스템 안전 <u>프로그램의 최초 단계(설계단계, 구상단계)에서 실시하는 분석법</u>으로서 시스템 내의 위험요소가 얼마나 위험한 상태에 있는가를 정성적으로 평가하는 기법이다.

{분석}
필기에 자주 출제되는 내용입니다.

**22** 상황 해석을 잘못하거나 목표를 잘못 설정하여 발생하는 인간의 오류 유형은?

① 실수(Slip)　　② 착오(Mistake)
③ 위반(Violation)　④ 건망증(Lapse)

 **해설** 인간의 정보처리 과정에서 발생되는 에러

| | |
|---|---|
| **Mistake**<br>(착오, 착각) | • 인지과정과 의사결정과정에서 발생하는 에러<br>• <u>상황해석을 잘못하거나 틀린 목표를 착각하여 행하는 경우</u> |
| **Lapse**<br>(건망증) | • 저장단계에서 발생하는 에러<br>• <u>어떤 행동을 잊어버리고 안하는 경우</u> |
| **Slip**<br>(실수,<br>미끄러짐) | • 실행단계에서 발생하는 에러<br>• 상황(목표)해석은 제대로 하였으나 <u>의도와는 다른 행동을 하는 경우</u> |
| **위반**<br>(Violation) | • 알고 있음에도 의도적으로 따르지 않거나 무시한 경우 |

{분석}
필기에 자주 출제되는 내용입니다.

**23** A 작업의 평균 에너지 소비량이 다음과 같을 때, 60분간의 총 작업시간 내에 포함되어야 하는 휴식시간(분)은?

> – 휴식 중 에너지소비량 : 1.5kcal/min
> – A작업 시 평균 에너지소비량 : 6kcal/min
> – 기초대사를 포함한 작업에 대한 평균 에너지소비량 상한 : 5kcal/min

① 10.3
② 11.3
③ 12.3
④ 13.3

 **해설**

> 휴식시간 (R) = $\dfrac{60 \times (E-5)}{E-1.5}$ [분]
>
> • 1.5 : 휴식 중의 에너지 소비량
> • 5(kcal/분) : 보통작업에 대한 평균 에너지
> • 60(분) : 작업시간
> • E(kcal/분) : 문제에서 주어진 작업 시 필요한 에너지

$$R = \frac{60 \times (E-5)}{E-1.5} = \frac{60 \times (6-5)}{6-1.5} = 13.33(분)$$

{분석}
필기에 자주 출제되는 내용입니다.

**24** 시스템의 수명 곡선(욕조곡선)에 있어서 디버깅(Debugging)에 관한 설명으로 옳은 것은?

① 초기 고장의 결함을 찾아 고장률을 안정시키는 과정이다.
② 우발 고장의 결함을 찾아 고장률을 안정시키는 과정이다.

③ 마모 고장의 결함을 찾아 고장률을 안정 시키는 과정이다.

④ 기계 결함을 발견하기 위해 동작시험을 하는 기간이다.

**해설** 예방보전(PM : Preventive Maintenance) 기간

① 디버깅(Debugging) 기간 : 기계의 초기 고장의 결함을 찾아내 고장률을 안정시키는 기간

② 번인(Burn in) 기간 : 기계를 장시간 가동하여 그동안에 고장난 것을 제거하는 기간

③ 에이징(Agnig) : 비행기에서 3년 이상 시운전 하는 기간

④ 스크리닝(screening) : 기기의 신뢰성을 높이기 위하여 품질이 떨어지는 것이나 고장 발생 초기의 것을 선별, 제거하는 것

{분석}
**필기에 자주 출제되는 내용입니다.**

---

**25** 밝은 곳에서 어두운 곳으로 갈 때 망막에 시홍이 형성되는 생리적 과정인 암조응이 발생하는데 완전 암조응(Dark adaptation)이 발생하는데 소요되는 시간은?

① 약 3 ~ 5분

② 약 10 ~ 15분

③ 약 30 ~ 40분

④ 약 60 ~ 90분

**해설** • 완전 암 조응에 소요되는 시간 : 30분
• 명 조응에 소요되는 시간 : 3분 이내

**참고** ① 암 조응 : 눈이 어둠에 적응하는 시간
(밝은 곳에서 어두운 극장 안으로 들어갔을 때)

② 명 조응 : 눈이 빛에 적응하는 시간
(어두운 극장 안에서 밝은 곳으로 나올 때)

{분석}
**필기에 자주 출제되는 내용입니다.**

---

**26** 인간공학에 대한 설명으로 틀린 것은?

① 인간－기계 시스템의 안전성, 편리성, 효율성을 높인다.

② 인간을 작업과 기계에 맞추는 설계 철학이 바탕이 된다.

③ 인간이 사용하는 물건, 설비, 환경의 설계에 적용된다.

④ 인간의 생리적, 심리적인 면에서의 특성이나 한계점을 고려한다.

**해설** ② 기계와 그 기계조작 및 환경조건을 인간의 특성에 맞추어 설계하기 위한 수단을 연구하는 학문이다.

{분석}
**필기에 자주 출제되는 내용입니다.**

---

**27** HAZOP 기법에서 사용하는 가이드워드와 그 의미가 잘못 연결된 것은?

① Part of : 성질상의 감소

② As well as : 성질상의 증가

③ Other than : 기타 환경적인 요인

④ More/Less : 정량적인 증가 또는 감소

**해설** 유인어의 종류와 뜻

① No 또는 Not : 완전한 부정

② More 또는 Less : 양의 증가 및 감소

③ As Well As : 성질상의 증가

④ Part of : 일부 변경, 성질상의 감소

⑤ Reverse : 설계 의도의 논리적인 역

⑥ Other Than : 완전한 대체

{분석}
**필기에 자주 출제되는 내용입니다.**

---

**◗) 정답** 25 ③ 26 ② 27 ③

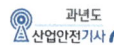
**28** 그림과 같은 FT도에 대한 최소 컷셋 (Minimal Cut Set)으로 옳은 것은? (단, Fussell의 알고리즘을 따른다.)

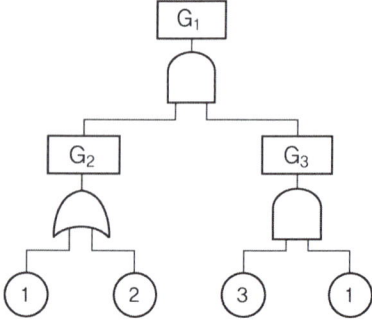

① {1, 2}  ② {1, 3}
③ {2, 3}  ④ {1, 2, 3}

해설 $G_1 = G_2 \cdot G_3$

$$= \binom{1}{2} \cdot (1,3)$$

$$= (1,3)$$
$$(1,2,3)$$

미니멀 컷셋 : (1, 3)

참고 컷셋 : (1, 3)(1, 2, 3)

{분석}
필기에 자주 출제되는 내용입니다.

**29** 경계 및 경보 신호의 설계지침으로 틀린 것은?

① 주의를 환기시키기 위하여 변조된 신호를 사용한다.
② 배경소음의 진동수와 다른 진동수의 신호를 사용한다.
③ 귀는 중음역에 민감하므로 500~3000Hz의 진동수를 사용한다.
④ 300m 이상의 장거리용으로는 1000Hz를 초과하는 진동수를 사용한다.

해설 경계 및 경보 신호 설계지침

① 귀는 중 음역에 민감하므로 500~3000Hz의 진동수 사용
② 300m 이상 장거리용 신호는 1000Hz 이하의 진동수 사용
③ 장애물 및 칸막이 통과 시는 500Hz 이하의 진동수 사용
④ 주의를 끌기 위해서는 변조된 신호 사용
⑤ 배경 소음의 진동수와 구별되는 신호 사용
⑥ 경보 효과를 높이기 위해서 개시 시간이 짧은 고감도 신호를 사용
⑦ 가능하면 확성기, 경적 등과 같은 별도의 통신 계통을 사용

{분석}
필기에 자주 출제되는 내용입니다.

**30** FTA(Fault Tree Analysis)에서 사용되는 사상 기호 중 통상의 작업이나 기계의 상태에서 재해의 발생 원인이 되는 요소가 있는 것은?

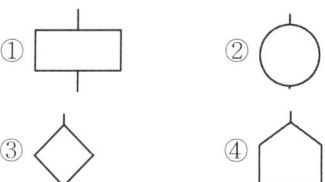

해설

| 기호 | 명명 | 기호 설명 |
|---|---|---|
| ○ | 기본사상 | 더 이상 전개할 수 없는 사건의 원인 |
| ◇ | 생략사상 | 사고 결과나 관련정보가 미비하여 계속 개발될 수 없는 특정 초기사상 |

·)) 정답 28 ② 29 ④ 30 ④

| 기호 | 명명 | 기호 설명 |
|------|------|-----------|
| (집모양 기호) | 통상사상 | **발생이 예상되는 사상** (통상의 작업이나 기계의 상태에서 재해의 발생 원인이 되는 요소) |
| (사각형 기호) | 결함사상 (정상사상, 중간사상) | **고장사상** |

{분석}
필기에 자주 출제되는 내용입니다.

## 31 불(Bool) 대수의 정리를 나타낸 관계식 중 틀린 것은?

① $A \cdot 0 = 0$

② $A + 1 = 1$

③ $A \cdot \overline{A} = 1$

④ $A(A + B) = A$

해설

$$\overline{A} + A = 1$$
$$\overline{A} \cdot A = 0$$
$$1 + A = 1$$
$$1 \cdot A = A$$
$$0 + A = A$$
$$0 \cdot A = 0$$

{분석}
필기에 자주 출제되는 내용입니다.

## 32 근골격계 질환 작업분석 및 평가 방법인 OWAS의 평가요소를 모두 고른 것은?

> ㄱ. 상지     ㄴ. 무게(하중)
> ㄷ. 하지     ㄹ. 허리

① ㄱ, ㄴ

② ㄱ, ㄷ, ㄹ

③ ㄴ, ㄷ, ㄹ

④ ㄱ, ㄴ, ㄷ, ㄹ

해설

| 평가도구명 (Analysis Tools) | 평가되는 위해 요인 | 관련된 신체 부위 | 적용 대상 작업 종류 |
|------|------|------|------|
| **OWAS** (Ovaco Working Posture Analysing System) | **자세, 힘(무게·하중), 노출시간** | **상체, 허리, 하체** | 중량물 취급 |

{분석}
필기에 자주 출제되는 내용입니다.

## 33 다음 중 좌식작업이 가장 적합한 작업은?

① 정밀 조립 작업

② 4.5kg 이상의 중량물을 다루는 작업

③ 작업장이 서로 떨어져 있으며 작업장 간 이동이 작은 작업

④ 작업지의 징년에서 매우 높거나 낮은 곳으로 손을 자주 뻗어야 하는 작업

해설 ① 정밀한 조립 작업은 좌식작업이 적합하다.

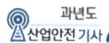
**34** n개의 요소를 가진 병렬 시스템에 있어 요소의 수명(MTTF)이 지수 분포를 따를 경우, 이 시스템의 수명으로 옳은 것은?

① $MTTF \times n$

② $MTTF \times \dfrac{1}{n}$

③ $MTTF \left(1 + \dfrac{1}{2} + \cdots + \dfrac{1}{n}\right)$

④ $MTTF \left(1 \times \dfrac{1}{2} \times \cdots \times \dfrac{1}{n}\right)$

[해설] ① 직렬계의 수명

$$MTTF(MTBF) \times \frac{1}{\text{요소갯수}(n)}$$

② 병렬계의 수명

$$MTTF(MTBF) \times \left(1 + \frac{1}{2} + \frac{1}{3} + \cdots + \frac{1}{n}\right)$$

$n$ : 요소의 개수

{분석}
**필기에 자주 출제되는 내용입니다.**

**35** 인간 – 기계 시스템에 관한 설명으로 틀린 것은?

① 자동 시스템에서는 인간 요소를 고려 하여야 한다.
② 자동차 운전이나 전기 드릴 작업은 반 자동 시스템의 예시이다.
③ 자동 시스템에서 인간은 감시, 정비 유지, 프로그램 등의 작업을 담당한다.
④ 수동 시스템에서 기계는 동력원을 제공 하고 인간의 통제 하에서 제품을 생산 한다.

[해설] 인간 – 기계 통합시스템의 유형

① 수동시스템
  • 사용자가 손공구나 기타 보조물 등을 사용 하여 자기의 신체적 힘을 동력원으로 하여 작업을 수행하는 시스템이다.
② 기계시스템(반자동 시스템)
  • 여러 종류의 동력 공작 기계와 같이 고도로 통합된 부품들로 구성되어 있다.
  • 인간의 역할은 제어 기능을 담당하고, 힘에 대한 공급은 기계가 담당한다.
③ 자동 시스템
  • 기계가 감지, 정보 처리 및 의사 결정, 행동 기능 및 정보 보관 등 모든 임무를 미리 설계 된 대로 수행하게 된다.
  • 인간은 감시, 감독, 보전 등의 역할을 담당 하게 된다.

{분석}
**필기에 자주 출제되는 내용입니다.**

**36** 양식 양립성의 예시로 가장 적절한 것은?

① 자동차 설계 시 고도계 높낮이 표시
② 방사능 사업장에 방사능 폐기물 표시
③ 청각적 자극 제시와 이에 대한 음성 응답
④ 자동차 설계 시 제어장치와 표시장치의 배열

[해설] 양립성 : 자극과 반응의 관계가 인간의 기대와 모순되지 않는 성질
① 개념적 양립성 : 외부자극에 대해 인간의 개념 적 현상의 양립성
② 공간적 양립성 : 표시장치, 조종장치의 형태 및 공간적배치의 양립성
③ 운동의 양립성 : 표시장치, 조종장치 등의 운동 방향의 양립성
④ 양식 양립성 : 청각적 자극 제시와 이에 대한 음성 응답에 대한 양립성

{분석}
**필기에 자주 출제되는 내용입니다.**

•))**정답** 34 ③ 35 ④ 36 ③

**37** 다음에서 설명하는 용어는?

> 유해·위험요인을 파악하고 해당 유해·위험요인에 의한 부상 또는 질병의 발생 가능성(빈도)과 중대성(강도)을 추정·결정하고 감소대책을 수립하여 실행하는 일련의 과정을 말한다.

① 위험성 결정
② 위험성 평가
③ 위험빈도 추정
④ 유해·위험요인 파악

**[해설]** "위험성 평가"란 유해·위험요인을 파악하고 해당 유해·위험요인에 의한 부상 또는 질병의 발생 가능성(빈도)과 중대성(강도)을 추정·결정하고 감소 대책을 수립하여 실행하는 일련의 과정을 말한다.

**[참고]** "유해·위험요인"이란 유해·위험을 일으킬 잠재적 가능성이 있는 것의 고유한 특징이나 속성을 말한다.

> {분석}
> **필기에 자주 출제되는 내용입니다.**

**38** 태양 광선이 내리쬐는 옥외 장소의 자연 습구온도 20℃, 흑구온도 18℃, 건구온도 30℃일 때 습구흑구온도지수(WBGT)는?

① 20.6℃
② 22.5℃
③ 25.0℃
④ 28.5℃

**[해설]** 습구흑구온도지수(WBGT)

> 1. **옥외**(태양광선이 내리쬐는 장소)
> $$WBGT(℃) = 0.7 \times 자연습구온도 + 0.2 \times 흑구온도 + 0.1 \times 건구온도$$
>
> 2. **옥내** 또는 옥외(태양광선이 내리쬐지 않는 장소)
> $$WBGT(℃) = 0.7 \times 자연습구온도 + 0.3 \times 흑구온도$$

$WBGT(℃)$
$= 0.7 \times 자연습구온도 + 0.2 \times 흑구온도 + 0.1 \times 건구온도$
$= 0.7 \times 20 + 0.2 \times 18 + 0.1 \times 30$
$= 20.6(℃)$

**39** FTA(Fault Tree Analysis)에 관한 설명으로 옳은 것은?

① 정성적 분석만 가능하다.
② 복잡하고 대형화된 시스템의 신뢰성 분석 및 안정성 분석에 이용되는 기법이다.
③ FT에 동일한 사건이 중복되어 나타나는 경우 상향식(Bottom-up)으로 정상 사건 T의 발생 확률을 계산할 수 있다.
④ 기초 사건과 생략 사건의 확률 값이 주어지게 되더라도 정상 사건의 최종적인 발생 확률을 계산할 수 없다.

**[해설]** ① 정성적 및 정량적 분석이 가능하다.
③ 하향식(Top-down)으로 정상 사건 T의 발생 확률을 계산할 수 있다.
④ 기초 사건과 생략 사건의 확률 값이 주어지면 정상 사건의 최종적인 발생 확률을 계산할 수 있다.

> {분석}
> **필기에 자주 출제되는 내용입니다.**

최근 기출문제
2022

**정답** 37 ② 38 ① 39 ②

**40** 1 sone에 관한 설명으로 ( )에 알맞은 수치는?

> 1 sone : ( ㄱ )Hz, ( ㄴ )dB의 음압수준을 가진 순음의 크기

① ㄱ : 1000, ㄴ : 1
② ㄱ : 4000, ㄴ : 1
③ ㄱ : 1000, ㄴ : 40
④ ㄱ : 4000, ㄴ : 40

해설
• 1phone : 1000Hz, 1dB 음의 크기
• 1sone : 1000Hz, 40dB 음의 크기

{분석}
필기에 자주 출제되는 내용입니다.

---

**제3과목** 기계 · 기구 및 설비 안전 관리

---

**41** 다음 중 와이어 로프의 구성요소가 아닌 것은?

① 클립                ② 소선
③ 스트랜드            ④ 심강

해설 와이어로프의 구조

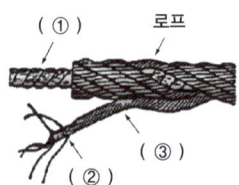

( ① )  로프
( ③ )
( ② )

① 심강
② 소선
③ 꼬임(가닥, 자승, 스트랜드)

{분석}
실기까지 중요한 내용입니다.

**42** 산업안전보건 법령상 산업용 로봇에 의한 작업 시 안전조치 사항으로 적절하지 않은 것은?

① 로봇의 운전으로 인해 근로자가 로봇에 부딪칠 위험이 있을 때에는 높이 1.8m 이상의 울타리를 설치하여야 한다.
② 작업을 하고 있는 동안 로봇의 기동스위치 등은 작업에 종사하고 있는 근로자가 아닌 사람이 그 스위치 등을 조작할 수 없도록 필요한 조치를 한다.
③ 로봇의 조작 방법 및 순서, 작업 중의 매니퓰레이터의 속도 등에 관한 지침에 따라 작업을 하여야 한다.
④ 작업에 종사하는 근로자가 이상을 발견하면, 관리 감독자에게 우선 보고하고, 지시가 나올 때까지 작업을 진행한다.

해설 ④ 작업에 종사하고 있는 근로자 또는 그 근로자를 감시하는 사람은 이상을 발견하면 즉시 로봇의 운전을 정지시키기 위한 조치를 할 것

{분석}
필기에 자주 출제되는 내용입니다.

---

**43** 밀링 작업 시 안전 수칙으로 옳지 않은 것은?

① 테이블 위에 공구나 기타 물건 등을 올려놓지 않는다.
② 제품 치수를 측정할 때는 절삭 공구의 회전을 정지한다.
③ 강력 절삭을 할 때는 일감을 바이스에 짧게 물린다.
④ 상 · 하, 좌 · 우 이송장치의 핸들은 사용 후 풀어 둔다.

해설 ③ 강력 절삭 시에는 일감을 바이스에 깊게 물린다.

{분석}
필기에 자주 출제되는 내용입니다.

---

정답 40 ③ 41 ① 42 ④ 43 ③

**44** 다음 중 지게차의 작업 상태별 안정도에 관한 설명으로 틀린 것은? (단, V는 최고 속도(km/h) 이다.)

① 기준 부하상태의 하역작업 시의 전후 안정도는 20% 이내이다.

② 기준 부하상태의 하역작업 시의 좌우 안정도는 6% 이내이다.

③ 기준 무부하상태에서 주행 시의 전후 안정도는 18% 이내이다.

④ 기준 무부하상태의 주행 시의 좌우 안정도는 (15 + 1.1V)% 이내이다.

해설 **지게차 작업 시의 안정도**

① 하역작업 시의 전·후 안정도 = 4% 이내
② 하역작업 시의 좌·우 안정도 = 6% 이내
③ 주행 작업 시의 전·후 안정도 = 18% 이내
④ 주행 작업 시의 좌·우 안정도 = (15 + 1.1V)% 이내 (여기서, V : 최고 속도 Km/h)

{분석}
실기까지 중요한 내용입니다.

**45** 산업안전보건 법령상 보일러의 안전한 가동을 위하여 보일러 규격에 맞는 압력방출장치가 2개 이상 설치된 경우에 최고사용압력 이하에서 1개가 작동되고, 다른 압력방출장치는 최고사용압력의 몇 배 이하에서 작동되도록 부착하여야 하는가?

① 1.03배    ② 1.05배
③ 1.2배     ④ 1.5배

해설 압력방출장치를 1개 또는 2개 이상 설치하고 최고사용압력 이하에서 작동되도록 하여야 한다. 다만, 압력방출장치가 2개 이상 설치된 경우에는 최고사용압력 이하에서 1개가 작동되고, 다른 압력방출장치는 최고사용압력 1.05배 이하에서 작동되도록 부착하여야 한다.

{분석}
실기까지 중요한 내용입니다.

**46** 금형의 설치, 해체, 운반 시 안전사항에 관한 설명으로 틀린 것은?

① 운반을 통하여 관통 아이볼트가 사용될 때는 구멍 틈새가 최소화되도록 한다.

② 금형을 설치하는 프레스의 T홈 안길이는 설치 볼트 지름의 1/2 이하로 한다.

③ 고정볼트는 고정 후 가능하면 나사산을 3~4개 정도 짧게 남겨 설치 또는 해체 시 슬라이드 면과의 사이에 협착이 발생하지 않도록 해야 한다.

④ 운반 시 상부 금형과 하부 금형이 닿을 위험이 있을 때는 고정 패드를 이용한 스트랩, 금속 재질이나 우레탄 고무의 블록 등을 사용한다.

해설 ② 금형을 설치하는 프레스의 T홈의 안길이는 설치볼트 직경의 2배 이상으로 한다.

{분석}
필기에 자주 출제되는 내용입니다.

**47** 선반에서 절삭 가공 시 발생하는 칩을 짧게 끊어지도록 공구에 설치되어 있는 방호장치의 일종인 칩 제거 기구를 무엇이라 하는가?

① 칩 브레이커    ② 칩 받침
③ 칩 쉴드        ④ 칩 키터

해설 **선반의 방호장치**

① 쉴드(Shield) : 칩 및 절삭유의 비산을 방지하기 위해 설치하는 플라스틱 덮개
② 칩 브레이커 : 칩을 짧게 절단하는 장치
③ 척 커버 : 기어 등을 복개하는 장치
④ 브레이크 : 선반의 일시 정지장치

{분석}
필기에 자주 출제되는 내용입니다.

최근 기출문제 2022

•))정답 44 ① 45 ② 46 ② 47 ①

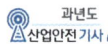
**48** 다음 중 산업안전보건 법령상 안전 인증 대상 방호장치에 해당하지 않는 것은?

① 연삭기 덮개

② 압력용기 압력방출용 파열판

③ 압력용기 압력방출용 안전밸브

④ 방폭구조(防爆構造) 전기기계 · 기구 및 부품

**해설** 안전 인증 대상 방호장치

① 프레스 및 전단기 방호장치

② 양중기용 과부하방지장치

③ 보일러 압력방출용 안전밸브

④ 압력용기 압력방출용 안전밸브

⑤ 압력용기 압력방출용 파열판

⑥ 절연용 방호구 및 활선작업용 기구

⑦ 방폭구조 전기기계 기구 및 부품

⑧ 추락 · 낙하 및 붕괴 등의 위험 방지 및 보호에 필요한 가설기자재

⑨ 충돌 · 협착 등의 위험 방지에 필요한 산업용 로봇 방호장치

실기가 되고! 합격이 되는! **특급 암기법**

안전인증 대상 중

**손 다치는 기계** – 프레스 전단기의 방호장치

**양중기** – 과부하방지장치

**폭발** – 보일러 안전밸브, 압력용기 안전밸브, 파열판

**충돌** – 산업용 로봇

**전기** – 방폭구조, 절연용 방호구, 활선작업용 기구

{분석}
실기에 자주 출제되는 내용입니다.

**49** 인장강도가 250 N/mm²인 강판에서 안전율이 4라면 이 강판의 허용응력(N/mm²)은 얼마인가?

① 42.5  ② 62.5

③ 82.5  ④ 102.5

**해설**

$$안전율 = \frac{극한강도}{허용응력} = \frac{극한강도}{최대설계응력}$$

$$= \frac{극한강도}{사용응력} = \frac{파괴하중}{최대사용하중}$$

$$= \frac{파단하중}{안전하중} = \frac{극한하중}{정격하중}$$

$$안전율 = \frac{인장강도}{허용응력}$$

$$허용응력 = \frac{인장강도}{안전율} = \frac{250}{4} = 62.5(\text{N/mm}^2)$$

{분석}
**실기까지 중요한 내용입니다.**

**50** 산업안전보건 법령상 강렬한 소음 작업에서 데시벨에 따른 노출시간으로 적합하지 않은 것은?

① 100데시벨 이상의 소음이 1일 2시간 이상 발생하는 직업

② 110데시벨 이상의 소음이 1일 30분 이상 발생하는 직업

③ 115데시벨 이상의 소음이 1일 15분 이상 발생하는 직업

④ 120데시벨 이상의 소음이 1일 7분 이상 발생하는 직업

**해설** 소음(강렬한 소음)의 노출기준(충격소음 제외)

| 1일 노출 시간(hr) | 8 | 4 | 2 | 1 | $\frac{1}{2}$ | $\frac{1}{4}$ |
|---|---|---|---|---|---|---|
| 소음강도 dB(A) | 90 | 95 | 100 | 105 | 110 | 115 |

주 : 115dB(A)를 초과하는 소음 수준에 노출되어서는 안 됨

{분석}
**실기까지 중요한 내용입니다.**

 정답 48① 49② 50④

**51** 방호장치 안전 인증 고시에 따라 프레스 및 전단기에 사용되는 광전자식 방호장치의 일반구조에 대한 설명으로 가장 적절하지 않은 것은?

① 정상 동작 표시램프는 녹색, 위험 표시램프는 붉은색으로 하며, 근로자가 쉽게 볼 수 있는 곳에 설치해야 한다.

② 슬라이드 하강 중 정전 또는 방호장치의 이상 시에 정지할 수 있는 구조이어야 한다.

③ 방호장치는 릴레이, 리미트 스위치 등의 전기부품의 고장, 전원 전압의 변동 및 정전에 의해 슬라이드가 불시에 동작하지 않아야 하며, 사용 전원 전압의 ±(100분의 10)의 변동에 대하여 정상으로 작동되어야 한다.

④ 방호장치의 감지 기능은 규정한 검출 영역 전체에 걸쳐 유효하여야 한다. (다만, 블랭킹 기능이 있는 경우 그렇지 않다.)

**해설** ③ 방호장치는 릴레이, 리미트 스위치 등의 전기부품의 고장, 전원전압의 변동 및 정전에 의해 <u>슬라이드가 불시에 동작하지 않아야 하며, 사용 전원전압의 ±(100분의 20)의 변동에 대하여 정상으로 작동</u>되어야 한다.

{분석}
필기에 자주 출제되는 내용입니다.

**52** 산업안전보건 법령상 연삭기 작업 시 작업자가 안심하고 작업을 할 수 있는 상태는?

① 탁상용 연삭기에서 숫돌과 작업 받침대의 간격이 5mm이다.

② 덮개 재료의 인장강도는 224MPa이다.

③ 숫돌 교체 후 2분 정도 시험운전을 실시하여 해당 기계의 이상 여부를 확인하였다.

④ 작업 시작 전 1분 정도 시험운전을 실시하여 해당 기계의 이상 여부를 확인하였다.

**해설** ① 탁상용 연삭기에서 연삭숫돌의 외주면과 받침대 사이의 거리는 2mm를 초과하지 않을 것 (위험기계기구 자율안전확인 고시)

② 덮개 재료는 인장강도 274.5메가파스칼(MPa) 이상이고 신장도가 14퍼센트 이상이어야 한다.

③ 숫돌 교체 후 3분 정도 시험운전을 실시하여 해당 기계의 이상 여부를 확인하였다.

**참고** 탁상용 연삭기의 덮개에는 워크레스트 및 조정편을 구비하여야 하며, <u>워크레스트는 연삭숫돌과의 간격을 3밀리미터 이하로 조정</u>할 수 있는 구조이어야 한다 (방호장치 자율안전기준 고시)

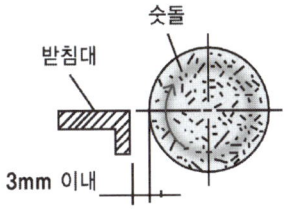

받침대의 간격

{분석}
실기까지 중요한 내용입니다.

**정답** 51 ③ 52 ④

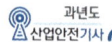
**53** 보기와 같은 기계요소가 단독으로 발생시키는 위험점은?

> 밀링커터, 둥근 톱날

① 협착점      ② 끼임점
③ 절단점      ④ 물림점

**해설** 기계의 위험점

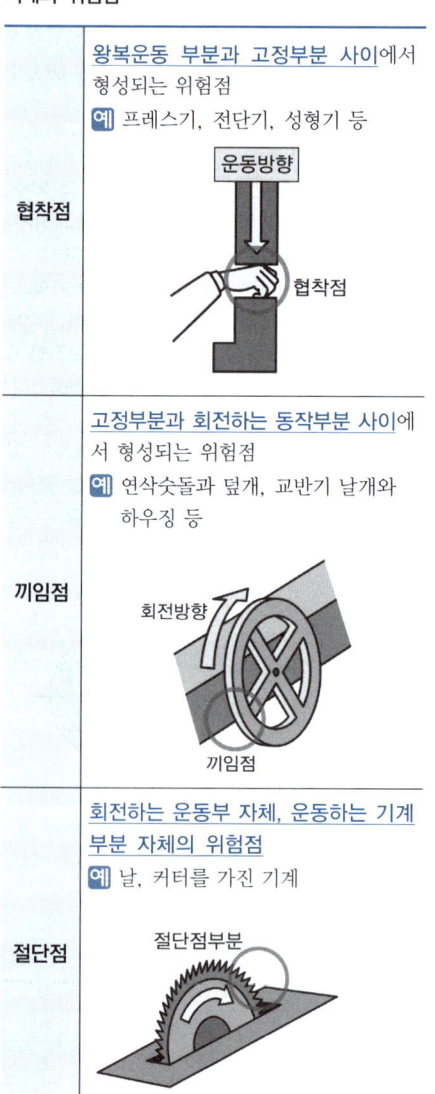

| | |
|---|---|
| 협착점 | 왕복운동 부분과 고정부분 사이에서 형성되는 위험점<br>예 프레스기, 전단기, 성형기 등 |
| 끼임점 | 고정부분과 회전하는 동작부분 사이에서 형성되는 위험점<br>예 연삭숫돌과 덮개, 교반기 날개와 하우징 등 |
| 절단점 | 회전하는 운동부 자체, 운동하는 기계부분 자체의 위험점<br>예 날, 커터를 가진 기계 |

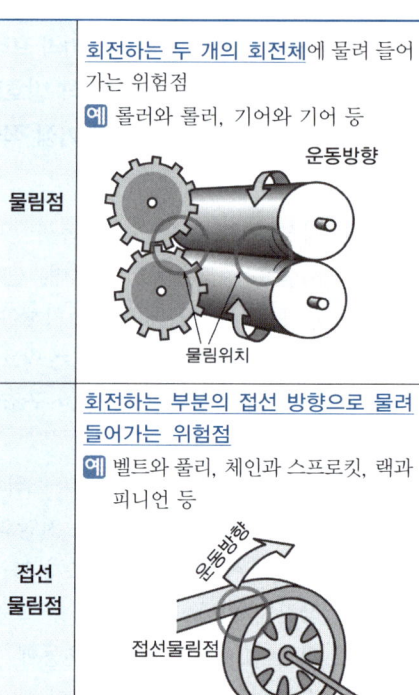

| | |
|---|---|
| 물림점 | 회전하는 두 개의 회전체에 물려 들어가는 위험점<br>예 롤러와 롤러, 기어와 기어 등 |
| 접선<br>물림점 | 회전하는 부분의 접선 방향으로 물려 들어가는 위험점<br>예 벨트와 풀리, 체인과 스프로킷, 랙과 피니언 등 |
| 회전<br>말림점 | 회전하는 물체에 작업복, 머리카락 등이 말려 들어가는 위험점<br>예 회전축, 커플링 등 |

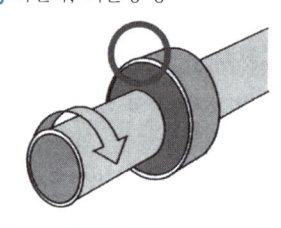

{분석}
실기에 자주 출제되는 내용입니다.

**54** 다음 중 크레인의 방호장치로 가장 거리가 먼 것은?

① 권과방지장치      ② 과부하방지장치
③ 비상정지장치      ④ 자동보수장치

•)) 정답 **53** ③ **54** ④

**해설** 크레인의 방호장치

① 과부하방지장치
② 권과방지장치(捲過防止裝置)
③ 비상정지장치
④ 제동장치

{분석}
실기에 자주 출제되는 내용입니다.

**55** 산업안전보건 법령상 프레스기를 사용하여 작업을 할 때 작업 시작 전 점검사항으로 틀린 것은?

① 클러치 및 브레이크의 기능
② 압력방출장치의 기능
③ 크랭크 축·플라이휠·슬라이드·연결 봉 및 연결나사의 풀림 유무
④ 프레스의 금형 및 고정 볼트의 상태

**해설** 프레스의 작업시작 전 점검 사항

① 클러치 및 브레이크 기능
② 크랭크축·플라이 휠·슬라이드·연결 봉 및 연결 나사의 볼트 풀림 유무
③ 1행정 1정지 기구·급정지 장치 및 비상 정지 장치의 기능
④ 슬라이드 또는 칼날에 의한 위험 방지 기구의 기능
⑤ 프레스의 금형 및 고정 볼트 상태
⑥ 당해 방호장치의 기능
⑦ 전단기의 칼날 및 테이블의 상태

{분석}
실기에 자주 출제되는 내용입니다.

**56** 설비보전은 예방보전과 사후보전으로 대별된다. 다음 중 예방보전의 종류가 아닌 것은?

① 시간 계획 보전    ② 개량 보전
③ 상태 기준 보전    ④ 적응 보전

**해설** 예방보전(PM : Preventive maintenance)

① 시간 기준 보전(TBM : Timed Based Maintenance) : 설비의 열화에 따른 수리주기를 정하고 그 주기에 맞추어 수리를 실시한다.
② 상태 기준 보전(CBM : Condition Based Maintenance) : 설비의 열화상태가 미리 정한 기준에 도달하면 수리를 행한다.
③ 적응 보전

**참고** 개량보전(CM : Corrective maintenance)

설비의 신뢰성, 보전성, 경제성, 조작성, 안전성, 에너지 절약, 유용성 등의 향상을 목적으로 설비의 재질이나 형상의 개량, 설계변경 등에 의한 설비의 체질을 개선하여 설비의 생산성을 높이기 위한 보전 활동이다.

**57** 천장크레인에 중량 3kN의 화물을 2줄로 매달았을 때 매달기용 와이어(sling wire)에 걸리는 장력은 약 몇 kN 인가? (단, 매달기용 와이어(sling wire) 2줄 사이의 각도는 55° 이다.)

① 1.3          ② 1.7
③ 2.0          ④ 2.3

**해설** 와이어로프 한 가닥에 걸리는 하중 계산

$$\text{한 가닥에 걸리는 하중(kg)} = \frac{w}{2} \div \cos\frac{\theta}{2}$$

여기서, $w$ : 매단물체의 무게($kg_f$)
$\theta$ : 매단 각도 (°)

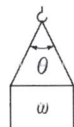

한 가닥에 걸리는 하중 $= \dfrac{w}{2} \div \cos\dfrac{\theta}{2}$

$= \dfrac{3}{2} \div \cos\dfrac{55}{2}$

$= 1.69(kN)$

{분석}
실기까지 중요한 내용입니다.

🔊 정답  55 ②  56 ②  57 ②

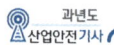
**58** 다음 중 롤러의 급정지 성능으로 적합하지 않은 것은?

① 앞면 롤러 표면 원주 속도가 25m/min, 앞면 롤러의 원주가 5m 일 때 급정지 거리 1.6m 이내

② 앞면 롤러 표면 원주 속도가 35m/min, 앞면 롤러의 원주가 7m 일 때 급정지 거리 2.8m 이내

③ 앞면 롤러 표면 원주 속도가 30m/min, 앞면 롤러의 원주가 6m 일 때 급정지 거리 2.6m 이내

④ 앞면 롤러 표면 원주 속도가 20m/min, 앞면 롤러의 원주가 8m 일 때 급정지 거리 2.6m 이내

**해설** ① 앞면 롤러 표면 원주 속도가 25m/min이므로

• 급정지거리 = 앞면 롤러의 원주 $\times \dfrac{1}{3}$

$$= 5 \times \dfrac{1}{3} = 1.67\text{m 이내}$$

• 급정지거리가 1.6m 이내이므로 적합하다.

② 앞면 롤러 표면 원주 속도가 35m/min이므로

• 급정지거리 = 앞면 롤러의 원주 $\times \dfrac{1}{2.5}$

$$= 7 \times \dfrac{1}{2.5} = 2.8\text{m 이내}$$

• 급정지거리가 2.8m 이내이므로 적합하다.

③ 앞면 롤러 표면 원주 속도가 30m/min이므로

• 급정지거리 = 앞면 롤러의 원주 $\times \dfrac{1}{2.5}$

$$= 6 \times \dfrac{1}{2.5} = 2.4\text{m 이내}$$

• 급정지거리가 2.6m 이내이므로 부적합하다.

④ 앞면 롤러 표면 원주 속도가 20m/min이므로

• 급정지거리 = 앞면 롤러의 원주 $\times \dfrac{1}{3}$

$$= 8 \times \dfrac{1}{3} = 2.67\text{m 이내}$$

• 급정지거리가 2.6m 이내이므로 적합하다.

**참고** 앞면 롤러의 표면 속도에 따른 급정지 거리

| 앞면 롤러의 표면속도 (m/min) | 급정지거리 |
|---|---|
| 30 미만 | 앞면 롤러 원주의 $\dfrac{1}{3}$ 이내 $\left(= \pi \cdot D \cdot \dfrac{1}{3}\right)$ |
| 30 이상 | 앞면 롤러 원주의 $\dfrac{1}{2.5}$ 이내 $\left(= \pi \cdot D \cdot \dfrac{1}{2.5}\right)$ |

이때 표면속도의 산식은

$$V = \frac{\pi \cdot D \cdot N}{1000}\text{(m/min)}$$

여기서, $V$ : 표면속도
$D$ : 롤러 원통의 직경(mm)
$N$ : 1분간에 롤러기가 회전되는 수(rpm)

{분석}
실기에 자주 출제되는 내용입니다.

**59** 조작자의 신체 부위가 위험한계 밖에 위치하도록 기계의 조작 장치를 위험구역에서 일정 거리 이상 떨어지게 하는 방호장치는?

① 덮개형 방호장치
② 차단형 방호장치
③ 위치 제한형 방호장치
④ 접근 반응형 방호장치

**해설** 방호장치의 위험장소에 따른 분류

| 격리형 방호장치 | 위험한 작업점과 작업자 사이에 서로 접근되어 일어날 수 있는 재해를 방지하기 위해 차단벽이나 망을 설치하는 방호장치 **예** 완전 차단형 방호장치, 덮개형 방호장치, 방책 등 |
|---|---|

**정답 58 ③ 59 ③**

| 위치<br>제한형<br>방호<br>장치 | 작업자의 신체 부위가 위험한계 밖에 있도록 **기계의 조작장치를 위험한 작업점**에서 안전거리 이상 떨어지게 하거나 **조작장치를 양손으로 동시 조작하게** 함으로써 위험한계에 접근하는 것을 제한하는 방호장치<br>**예** 프레스의 **양수조작식 방호장치** |
|---|---|
| 접근<br>거부형<br>방호<br>장치 | 작업자가 **신체 부위가 위험한계 내로 접근하였을 때** 기계적인 작용에 의하여 **접근을 못하도록 저지**하는 방호장치<br>**예** 프레스의 **수인식, 손쳐내기식 방호장치** |
| 접근<br>반응형<br>방호<br>장치 | 작업자의 **신체 부위가 위험한계** 또는 그 인접한 거리 내로 **들어오면 이를 감지**하여 그 즉시 **기계의 동작을 정지**시키고 경보 등을 발하는 방호장치<br>**예** 프레스의 **광전자식 방호장치** |

{분석}
실기까지 중요한 내용입니다.

**60** 산업안전보건 법령상 아세틸렌 용접장치의 아세틸렌 발생기실을 설치하는 경우 준수하여야 하는 사항으로 옳은 것은?

① 벽은 가연성 재료로 하고 철근 콘크리트 또는 그 밖에 이와 동등하거나 그 이상의 강도를 가진 구조로 할 것
② 바닥면적의 16분의 1 이상의 단면적을 가진 배기통을 옥상으로 돌출시키고 그 개구부를 창이나 출입구로부터 1.5 미터 이상 떨어지도록 할 것
③ 출입구의 문은 불연성 재료로 하고 두께 1.0 밀리미터 이하의 철판이나 그 밖에 그 이상의 강도를 가진 구조로 할 것
④ 발생기실을 옥외에 설치한 경우에는 그 개구부를 다른 건축물로부터 1.0미터 이내 떨어지도록 할 것

**해설** 발생기실의 구조

① 벽은 불연성 재료로 하고 철근 콘크리트 또는 그 밖에 이와 같은 수준이거나 그 이상의 강도를 가진 구조로 할 것
② 지붕과 천장에는 얇은 철판이나 가벼운 불연성 재료를 사용할 것
③ 바닥면적의 16분의 1 이상의 단면적을 가진 배기통을 옥상으로 돌출시키고 그 개구부를 창이나 출입구로부터 1.5미터 이상 떨어지도록 할 것
④ 출입구의 문은 불연성 재료로 하고 두께 1.5밀리미터 이상의 철판이나 그밖에 그 이상의 강도를 가진 구조로 할 것
⑤ 벽과 발생기 사이에는 발생기의 조정 또는 카바이드 공급 등의 작업을 방해하지 않도록 간격을 확보할 것

{분석}
필기에 자주 출제되는 내용입니다.

**제4과목** 전기설비 안전 관리

**61** 대지에서 용접작업을 하고 있는 작업자가 용접봉에 접촉한 경우 통전전류는?
(단, 용접기의 출력 측 무부하전압 : 90V, 접촉저항(손, 용접봉 등 포함) : 10kΩ, 인체의 내부저항 : 1kΩ, 발과 대지의 접촉저항 : 20kΩ 이다.)

① 약 0.19mA
② 약 0.29mA
③ 약 1.96mA
④ 약 2.90mA

**정답** 60 ② 61 ④

해설

$$V = I \times R$$

여기서, $V$ : 전압 단위 ($V$ : 볼트)
  $I$ : 전류 단위 ($A$ : 암페어)
  $R$ : 저항 단위 ($\Omega$ : 옴)

$V = I \times R$

$I = \dfrac{V}{R} = \dfrac{90}{(10,000 + 1,000 + 20,000)}$

$= 2.90 \times 10^{-3}(A) \times 1,000 = 2.90(mA)$

{분석}
**실기까지 중요한 내용입니다.**

---

**62** KS C IEC 60079-10-2에 따라 공기 중에 분진운의 형태로 폭발성 분진 분위기가 지속적으로 또는 장기간 또는 빈번히 존재하는 장소는?

① 0종 장소    ② 1종 장소
③ 20종 장소   ④ 21종 장소

해설 폭발성 분진 분위기가 지속적으로 또는 장기간 또는 빈번히 존재하는 장소 → 20종 장소

참고 **분진폭발 위험장소**

| | |
|---|---|
| 20종 장소 | 분진 운 형태의 가연성 분진이 폭발농도를 형성할 정도로 충분한 양이 정상작동 중에 연속적으로 또는 자주 존재하거나, 제어할 수 없을 정도의 양 및 두께의 분진층이 형성될 수 있는 장소 |
| 21종 장소 | 20종 장소외의 장소로서, 분진운 형태의 가연성 분진이 폭발농도를 형성할 정도의 충분한 양이 정상작동 중에 존재할 수 있는 장소 |
| 22종 장소 | 21종 장소외의 장소로시, 가연성 분진 운 형태가 드물게 발생 또는 단기간 존재할 우려가 있거나, 이상 작동 상태 하에서 가연성 분진 운이 형성될 수 있는 장소 |

---

**63** 설비의 이상 현상에 나타나는 아크(Arc)의 종류가 아닌 것은?

① 단락에 의한 아크
② 지락에 의한 아크
③ 차단기에서의 아크
④ 전선저항에 의한 아크

해설 ④ 전선의 절연저항 저하(절연열화)로 인한 아크

참고 1. 단락 : 2개 이상의 전위차가 있는 도체가 서로 연결이 되어 비정상적인 전류가 흐르게 된 상태
2. 지락 : 전류가 흐르는 상태에서 절연 부분이 열화, 손상되어 충전부가 타 물체와 접촉되어 대지로 전기가 흐르는 현상(예 : 충전부에 나무가 접촉함으로써 지락 사고 발생, 높이가 높은 건설장비와 전선로가 접촉하는 경우)

---

**64** 정전기 재해방지에 관한 설명 중 틀린 것은?

① 이황화탄소의 수송 과정에서 배관 내의 유속을 2.5m/s 이상으로 한다.
② 포장 과정에서 용기를 도전성 재료에 접지한다.
③ 인쇄 과정에서 도포량을 소량으로 하고 접지한다.
④ 작업장의 습도를 높여 전하가 제거되기 쉽게 한다.

해설 ① 에테르, 이황화탄소 등과 같이 유동 대전이 심하고, 폭발 위험성이 높은 물질의 배관 내 유속을 1m/s 이하로 한다.

참고 **정전기 재해 예방대책**
① 접지
  (도체일 경우 효과 있으나 부도체는 효과 없다.)
② 습기 부여
  (공기 중 습도를 60~70% 이상 유지한다.)
③ 도전성 재료 사용(절연성 재료는 절대 금한다.)

---

정답 **62** ③ **63** ④ **64** ①

④ 대전 방지제 사용
⑤ 제전기 사용
⑥ 유속 조절(석유류 제품 1m/s 이하)

{분석}
**필기에 자주 출제되는 내용입니다.**

**65** 한국 전기 설비 규정에 따라 사람이 쉽게 접촉할 우려가 있는 곳에 금속제 외함을 가지는 저압의 기계·기구가 시설되어 있다. 이 기계·기구의 사용전압이 몇 V를 초과할 때 전기를 공급하는 전로에 누전차단기를 시설해야 하는가? (단, 누전차단기를 시설하지 않아도 되는 조건은 제외한다.)

① 30V      ② 40V
③ 50V      ④ 60V

[해설] 금속제 외함을 가지는 사용전압이 50V를 초과하는 저압의 기계·기구로서 사람이 쉽게 접촉할 우려가 있는 곳에 시설하는 것에 전기를 공급하는 전로에는 누전차단기를 시설하여야 한다.

{분석}
**필기에 자주 출제되는 내용입니다.**

**66** 다음 중 방폭설비의 보호등급(IP)에 대한 설명으로 옳은 것은?

① 제 1특성 숫자가 "1"인 경우 지름 50mm 이상의 외부 분진에 대한 보호
② 제 1특성 숫자가 "2"인 경우 지름 10mm 이상의 외부 분진에 대한 보호
③ 제 2특성 숫자가 "1"인 경우 지름 50mm 이상의 외부 분진에 대한 보호
④ 제 2특성 숫자가 "2"인 경우 지름 10mm 이상의 외부 분진에 대한 보호

[해설] **외함의 침입 보호설비(IP 번호)**

| 분진 | | | |
|---|---|---|---|
| IP | 시험 | 내용 | 형식 |
| 0 | | 특별한 보호를 하지 않음 | 무보호형 |
| 1 | | 지름 50mm 이상의 고형이물이 침입하지 못하게한 구조 | 반보호형 |
| 2 | | 지름 12mm 〃 | 보호형 |
| 3 | | 지름 2.5mm 〃 | 반괘형 |
| 4 | | 지름 1.0mm 〃 | 전폐형 |
| 5 | | 분진이 침입하여도 정상운전에 지장이 없도록한 구조 | 반방진형 |
| 6 | | 어떠한 고형이물도 침입하지 못하게 한 구조 | 방진형 |

| 물 | | | |
|---|---|---|---|
| IP | 시험 | 내용 | 형식 |
| 0 | | 물의 침입에 대하여 특별히 보호를 하지 않는 구조 | 무보호형 |
| 1 | | 수직으로 떨어지는 물방울에 해로운 영향을 안 받는 구조 | 반방적형 |
| 2 | | 연적에서 15° 이내의 방향에 떨어지는 물방울에 해로운 영향을 안 받는 구조 | 방적형 |
| 3 | | 연적에서 60° 이내의 방향에 떨어지는 물방울에 해로운 영향을 안 받는 구조 | 방우형 |

🔊 **정답** 65 ③ 66 ①

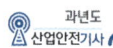

| 물 | | | |
|---|---|---|---|
| IP | 시험 | 내용 | 형식 |
| 4 | | 어떠한 방향에서도 떨어지는 물방울에 해로운 영향을 받지 않는 구조 | 방말형 |
| 5 | | 어떠한 방향에서도 강한 분류에 의하여 해로운 영향을 받지 않는 구조 | 방분류형 |
| 6 | | 어떠한 방향에서도 강한 분류에 의하여 해로운 영향을 받지 않는 구조 | 방파랑형 |
| 7 | | 지정한 압력 및 시간 외 물속에 침수하여도 해로운 영향을 받지 않는 구조 | 방침형 |
| 8 | | 지정압력의 물 속에 무한 침수하여도 물이 침입하지 못하도록 한 구조 | 수중형 |

**67** 정전기 발생에 영향을 주는 요인에 대한 설명으로 틀린 것은?

① 물체의 분리 속도가 빠를수록 발생량은 적어진다.
② 접촉 면적이 크고 접촉 압력이 높을수록 발생량이 많아진다.
③ 물체 표면이 수분이나 기름으로 오염되면 산화 및 부식에 의해 발생량이 많아진다.
④ 정전기의 발생은 처음 접촉, 분리할 때가 최대로 되고 접촉, 분리가 반복됨에 따라 발생량은 감소한다.

해설 정전기 발생에 영향을 주는 요인

| 물체의 특성 | 대전서열에서 멀리 있는 물체들끼리 마찰할수록 발생량이 많다. |
|---|---|
| 물체의 표면 상태 | 표면이 거칠수록, 표면이 수분, 기름 등에 오염될수록 발생량이 많다. |
| 물체의 이력 | 처음 접촉, 분리할 때 정전기 발생량이 최고이고, 반복될수록 발생량은 줄어든다. |
| 접촉 면적 및 압력 | 접촉면적이 넓을수록, 접촉압력이 클수록 발생량이 많다. |
| 분리 속도 | 분리속도가 빠를수록 발생량이 많다. |

{분석}
**필기에 자주 출제되는 내용입니다.**

**68** 전기기기, 설비 및 전선로 등의 충전 유무 등을 확인하기 위한 장비는?

① 위상검출기
② 디스콘 스위치
③ COS
④ 저압 및 고압용 검전기

해설 충전 유무 등을 확인하기 위한 장비 → 검전기

{분석}
**필기에 자주 출제되는 내용입니다.**

**69** 피뢰기로서 갖추어야 할 성능 중 틀린 것은?

① 충격 방전 개시전압이 낮을 것
② 뇌 전류 방전 능력이 클 것
③ 제한전압이 높을 것
④ 속류 차단을 확실하게 할 수 있을 것

**해설** 피뢰기가 구비해야 할 성능

① **반복 동작**이 가능할 것
② **구조가 견고**하며 특성이 변하지 않을 것
③ **점검, 보수가 간단**할 것
④ **충격 방전 개시 전압과 제한 전압이 낮을 것**
⑤ 뇌 전류의 **방전 능력이 크고, 속류의 차단이 확실**하게 될 것

{분석}
**필기에 자주 출제되는 내용입니다.**

---

**70** 접지저항 저감 방법으로 틀린 것은?

① 접지극의 병렬 접지를 실시한다.
② 접지극의 매설 깊이를 증가시킨다.
③ 접지극의 크기를 최대한 작게 한다.
④ 접지극 주변의 토양을 개량하여 대지 저항률을 떨어뜨린다.

**해설** 접지저항 저감 대책

① 접지극의 병렬 매설(병렬법)
② 접지봉의 심타 매설(심타법)
③ 접지저항 저감제 사용(약품법)
④ 접지극의 규격을 크게
⑤ 토질개량
⑥ 보조 메쉬(mesh), 보조전극 사용

{분석}
**필기에 자주 출제되는 내용입니다.**

---

**71** 교류 아크용접기의 사용에서 무부하 전압이 80V, 아크 전압 25V, 아크 전류 300A일 경우 효율은 약 몇 % 인가?
(단, 내부 손실은 4kW이다.)

① 65.2　　　　② 70.5
③ 75.3　　　　④ 80.6

---

**해설** 사용전력 = 아크전압×전류 = 25×300 = 7500W

총 전력 = 사용전력 + 손실전력
$$= 7500+4000 = 11500W$$

$$효율 = \frac{사용전력}{총 전력}×100 = \frac{7500}{11500}×100 = 65.22(\%)$$

---

**72** 아크방전의 전압전류 특성으로 가장 옳은 것은?

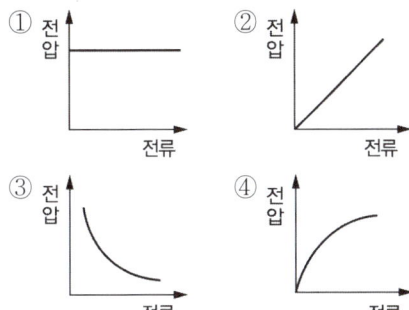

**해설** 아크 양쪽 끝의 전압은 전류가 증가함에 따라 감소한다.

**참고** 아크 방전(electric arc)

전극 사이에 저전압 대전류를 흘릴 때 전극이 가열되어 열전자를 방출하며 강렬한 빛을 내는 방전 현상을 말한다.

---

**73** 다음 중 기기 보호등급(EPL)에 해당하지 않는 것은?

① EPL Ga　　　② EPL Ma
③ EPL Dc　　　④ EPL Mc

---

**해설**

| | |
|---|---|
| 가스폭발 보호등급 | ① EPL Ga<br>② EPL Gb<br>③ EPL Gc |
| 분진폭발 보호등급 | ① EPL Da<br>② EPL Db<br>③ EPL Dc |
| 광산그룹 보호등급 | ① EPL Ma<br>② EPL Mb |

---

**정답** 70 ③　71 ①　72 ③　73 ④

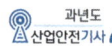

**참고**

| 가스폭발 보호등급 | 분진폭발 보호등급 |
|---|---|
| 1. EPL Ga : 폭발성 가스 분위기에 설치되는 기기로 정상 작동, 예상된 오작동, 드문 오작동 중에 점화원이 될 수 없는 "매우 높은" 보호 등급의 기기이다. | 1. EPL Da : 폭발성 분진 분위기에 설치되는 기기로 정상 작동, 예상된 오작동, 드문 오작동 중에 점화원이 될 수 없는 "매우 높은" 보호 등급의 기기이다. |
| 2. EPL Gb : 폭발성 가스 분위기에 설치되는 기기로 정상 작동, 예상된 오작동 중에 점화원이 될 수 없는 "높은" 보호 등급의 기기이다. | 2. EPL Db : 폭발성 분진 분위기에 설치되는 기기로 정상 작동, 예상된 오작동 중에 점화원이 될 수 없는 "높은" 보호 등급의 기기이다. |
| 3. EPL Gc : 폭발성 가스 분위기에 설치되는 기기로 정상 작동 중에 점화원이 될 수 없고 정기적인 고장 발생 시 점화원으로서 비활성 상태의 유지를 보장하기 위하여 추가적인 보호장치가 있을 수 있는 "강화된" 보호등급의 기기이다. | 3. EPL Dc : 폭발성 분진 분위기에 설치되는 기기로 정상 작동 중에 점화원이 될 수 없고 정기적인 고장 발생 시 점화원으로서 비활성 상태의 유지를 보장하기 위하여 추가적인 보호장치가 있을 수 있는 "강화된" 보호등급의 기기이다. |

**74** 다음 중 산업안전보건기준에 관한 규칙에 따라 누전차단기를 설치하지 않아도 되는 곳은?

① 철판·철골 위 등 도전성이 높은 장소에서 사용하는 이동형 전기기계·기구
② 대지전압이 220V인 휴대형 전기기계·기구
③ 임시배선의 전로가 설치되는 장소에서 사용하는 이동형 전기기계·기구
④ 절연대 위에서 사용하는 전기기계·기구

**해설** 누전차단기를 설치하지 않아도 되는 경우

① 「전기용품 및 생활용품 안전관리법」이 적용되는 이중절연 또는 이와 같은 수준 이상으로 보호되는 구조로 된 전기기계·기구
② 절연대 위 등과 같이 감전 위험이 없는 장소에서 사용하는 전기기계·기구
③ 비접지방식의 전로

**참고** 누전차단기를 설치해야 하는 기계·기구 (산업안전보건법 기준)

① 대지전압이 150볼트를 초과하는 이동형 또는 휴대형 전기기계·기구
② 물 등 도전성이 높은 액체가 있는 습윤장소에서 사용하는 저압용 전기기계·기구
③ 철판·철골 위 등 도전성이 높은 장소에서 사용하는 이동형 또는 휴대형 전기기계·기구
④ 임시배선의 전로가 설치되는 장소에서 사용하는 이동형 또는 휴대형 전기기계·기구

실력이 되고! 합격이 되는! 특급 암기법

누전차단기 설치 → 누전이 잘 생기는 곳(전기가 잘 통하는 곳) → 1. 땅(대지전압 150V 초과) 2. 물(습윤장소) 3. 철판, 철골(도전성이 높은 장소)

{분석}
실기까지 중요한 내용입니다.

**75** 다음 설명이 나타내는 현상은?

> 전압이 인가된 이극 도체간의 고체 절연물 표면에 이물질이 부착되면 미소방전이 일어난다. 이 미소방전이 반복되면서 절연물 표면에 도전성 통로가 형성되는 현상이다.

① 흑연화 현상
② 트래킹 현상
③ 반단선 현상
④ 절연이동 현상

●) **정답** 74 ④ 75 ②

**해설** 트래킹(Tracking) 현상

충전 전극 사이의 절연물 표면에 경년변화나 습기, 수분, 먼지, 기타 오염물질 등으로 유기 절연체의 표면에 발생하는 미소한 불꽃에 의해 탄화 경로가 생기는 현상을 말한다.

**76** 다음 중 방폭구조의 종류가 아닌 것은?

① 본질안전 방폭구조
② 고압 방폭구조
③ 압력 방폭구조
④ 내압 방폭구조

**해설** 방폭구조의 종류 및 기호

| 가스, 증기, 분진 방폭구조 | | 기호 |
|---|---|---|
| 가스, 증기 방폭구조 | 내압 방폭구조 | d |
| | 압력 방폭구조 | p |
| | 유입 방폭구조 | o |
| | 안전증 방폭구조 | e |
| | 본질안전 방폭구조 | ia or ib |
| | 충전 방폭구조 | q |
| | 비점화 방폭구조 | n |
| | 몰드 방폭구조 | m |
| | 특수 방폭구조 | s |
| 분진 방폭구조 | 방진 방폭구조 | tD |

{분석}
실기에 자주 출제되는 중요한 내용입니다.

**77** 심실세동 전류 $I = \dfrac{165}{\sqrt{T}}$ (mA)라면 심실세동 시 인체에 직접 받는 전기에너지(cal)는 약 얼마인가?
(단, t는 통전시간으로 1초이며, 인체의 저항은 500Ω으로 한다.)

① 0.52    ② 1.35
③ 2.14    ④ 3.27

**해설** ① 인체 전기저항 500[Ω]일 때의 에너지
→ 13.61J × 0.24 = 3.26cal

② $Q = I^2 RT = (\dfrac{165}{\sqrt{1}} \times 10^{-3})^2 \times 500 \times 1$
$= 13.61(J) \times 0.24 = 3.26cal$

{분석}
실기까지 중요한 내용입니다.

**78** 산업안전보건기준에 관한 규칙에 따른 전기기계 · 기구에 설치 시 고려할 사항으로 거리가 먼 것은?

① 전기기계 · 기구의 충분한 전기적 용량 및 기계적 강도
② 전기기계 · 기구의 안전 효율을 높이기 위한 시간 가동률
③ 습기 · 분진 등 사용 장소의 주위 환경
④ 전기적 · 기계적 방호 수단의 적정성

**해설** 전기기계 · 기구의 설치 시 고려사항
(전기 기계 · 기구의 적정설치)

① 전기기계 · 기구의 충분한 전기적 용량 및 기계적 강도
② 습기 · 분진 등 사용 장소의 주위 환경
③ 전기적 · 기계적 방호수단의 적정성

{분석}
필기에 자주 출제되는 내용입니다.

**79** 정전작업 시 조치사항으로 틀린 것은?

① 작업 전 전기 설비의 잔류 전하를 확실히 방전한다.
② 개로된 전로의 충전 여부를 검전기구에 의하여 확인한다.
③ 개폐기에 잠금장치를 하고 통전금지에 관한 표지판은 제거한다.
④ 예비 동력원의 역송전에 의한 감전의 위험을 방지하기 위해 단락 접지 기구를 사용하여 단락 접지를 한다.

정답 76 ② 77 ④ 78 ② 79 ③

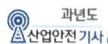
**해설** 정전작업 시 전로 차단 절차

① 전기 기기 등에 <u>공급되는 모든 전원을 관련 도면, 배선도 등으로 확인할 것</u>

② <u>전원을 차단한 후 각 단로기 등을 개방하고 확인할 것</u>

③ <u>차단 장치나 단로기 등에 잠금장치 및 꼬리표를 부착할 것</u>

④ 개로된 전로에서 유도전압 또는 전기에너지가 축적되어 근로자에게 전기위험을 끼칠 수 있는 전기기기 등은 접촉하기 전에 <u>잔류전하를 완전히 방전시킬 것</u>

⑤ <u>검전기를 이용하여</u> 작업 대상 기기가 <u>충전되었는지를 확인할 것</u>

⑥ 전기 기기 등이 다른 노출 충전부와의 접촉, 유도 또는 예비동력원의 역송전 등으로 전압이 발생할 우려가 있는 경우에는 충분한 용량을 가진 <u>단락 접지기구를 이용하여 접지할 것</u>

실기가 되요! 합격이 되요! **특급 암기법**

전원 차단 → 잠금장치, 꼬리표 부착 → 잔류전하 방전 → 검전기로 확인 → 단락 접지 실시

{분석}
실기에 자주 출제되는 내용입니다.

**80** 정전기로 인한 화재 폭발의 위험이 가장 높은 것은?

① 드라이클리닝설비
② 농작물 건조기
③ 가습기
④ 전동기

**해설** 정전기로 인한 화재 · 폭발 등 방지조치를 하여야 하는 설비

1. 위험물을 탱크로리 · 탱크차 및 드럼 등에 주입하는 설비
2. 탱크로리 · 탱크차 및 드럼 등 위험물 저장설비
3. 인화성 액체를 함유하는 도료 및 접착제 등을 제조 · 저장 · 취급 또는 도포(塗布)하는 설비
4. 위험물 건조설비 또는 그 부속설비

5. 인화성 고체를 저장하거나 취급하는 설비
6. 드라이클리닝 설비, 염색 가공 설비 또는 모피류 등을 씻는 설비 등 인화성 유기용제를 사용하는 설비
7. 유압, 압축공기 또는 고전위정전기 등을 이용하여 인화성 액체나 인화성 고체를 분무하거나 이송하는 설비
8. 고압가스를 이송하거나 저장 · 취급하는 설비
9. 화약류 제조설비
10. 발파공에 장전된 화약류를 점화시키는 경우에 사용하는 발파기(발파공을 막는 재료로 물을 사용하거나 갱도발파를 하는 경우는 제외한다)

**제5과목** **화학설비 안전 관리**

**81** 산업안전보건법에서 정한 위험 물질을 기준량 이상 제조하거나 취급하는 화학 설비로서 내부의 이상상태를 조기에 파악하기 위하여 필요한 온도계 · 유량계 · 압력계 등의 계측장치를 설치하여야 하는 대상이 아닌 것은?

① 가열로 또는 가열기
② 증류 · 정류 · 증발 · 추출 등 분리를 하는 장치
③ 반응 폭주 등 이상 화학반응에 의하여 위험 물질이 발생할 우려가 있는 설비
④ 흡열반응이 일어나는 반응장치

**해설** 특수화학설비

① <u>발열반응</u>이 일어나는 반응장치
② 증류 · 성류 · 승발 · 추출 등 <u>분리를 행하는 장치</u>
③ 가열시켜주는 물질의 온도가 가열되는 <u>위험 물질의 분해온도 또는 발화점 보다 높은 상태에서 운전되는 설비</u>

④ 반응폭주 등 이상 화학반응에 의하여 위험물질이 발생할 우려가 있는 설비

⑤ 온도가 섭씨 350도 이상이거나 게이지 압력이 980킬로파스칼 이상인 상태에서 운전되는 설비

⑥ 가열로 또는 가열기

**참고** 위험물을 기준량 이상으로 제조하거나 취급하는 화학설비(특수화학설비)를 설치하는 경우에는 내부의 이상 상태를 조기에 파악하기 위하여 필요한 온도계·유량계·압력계 등의 계측장치를 설치하여야 한다.

{분석}
필기에 자주 출제되는 내용입니다.

**82** 다음 중 퍼지(purge)의 종류에 해당하지 않는 것은?

① 압력 퍼지  ② 진공 퍼지
③ 스위프 퍼지  ④ 가열 퍼지

**해설** 퍼지의 종류
① 진공 퍼지(저압 퍼지)
② 압력 퍼지(Pressure Purging)
③ 스위프 퍼지(Sweep Through purging)
④ 사이폰 퍼지(Siphon Purging)

{분석}
필기에 자주 출제되는 내용입니다.

**83** 폭발한계와 완전 연소 조정 관계인 Jones 식을 이용하여 부탄($C_4H_{10}$)의 폭발 하한계를 구하면 몇 vol% 인가?

① 1.4  ② 1.7
③ 2.0  ④ 2.3

**해설**

1. 완전연소조성농도(화학양론농도)

$$C_{st} = \frac{100}{1+4.773\left(n+\frac{m-f-2\lambda}{4}\right)}(\text{vol}\%)$$

여기서, $n$ : 탄소, $m$ : 수소
$f$ : 할로겐원소,
$\lambda$ : 산소의 원자 수
4.773 : 공기의 몰수

2. Jones식에 의한 폭발 하한계
폭발 하한계(vol%) = $0.55 \times Cst$

1. 완전연소조성농도(화학양론농도)
부탄 $C_4H_{10}$에서($n$ : 4, $m$ : 10, $f$ : 0, $\lambda$ : 0)

$$C_{st} = \frac{100}{1+4.773\left(4+\frac{10}{4}\right)} = 3.122(\text{vol}\%)$$

2. Jones식에 의한 폭발 하한계
폭발 하한계 = $0.55 \times Cst$
= $0.55 \times 3.122 = 1.71(\text{vol}\%)$

{분석}
필기에 자주 출제되는 내용입니다.

**84** 가스를 분류할 때 독성가스에 해당하지 않는 것은?

① 황화수소  ② 시안화수소
③ 이산화탄소  ④ 산화에틸렌

**해설** "독성가스"란 아크릴로니트릴·아크릴알데히드·아황산가스·암모니아·일산화탄소·이황화탄소·불소·염소·브롬화메탄·염화메탄·염화프렌·산화에틸렌·시안화수소·황화수소·모노메틸아민·디메틸아민·트리메틸아민·벤젠·포스겐·요오드화수소·브롬화수소·염화수소·불화수소·겨자가스·알진·모노실란·디실란·디보레인·세렌화수소·포스핀·모노게르만 및 그 밖에 공기 중에 일정량 이상 존재하는 경우 인체에 유해한 독성을 가진 가스로서 허용농도가 100만분의 5000 이하인 것을 말한다.

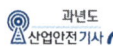
**85** 다음 중 폭발 방호 대책과 가장 거리가 먼 것은?

① 불활성화　　② 억제
③ 방산　　　　④ 봉쇄

> **[해설]** 폭발 재해의 근본대책
>
> ① **폭발 봉쇄** : 압력을 완화시켜 폭발을 방지한다.
> ② **폭발 억제** : 큰 폭발이 되지 않도록 폭발을 진압한다.
> ③ **폭발 방산** : 안전밸브나 파열판 등으로 탱크 내 압력을 방출시킨다.
>
> > {분석}
> > 필기에 자주 출제되는 내용입니다.

**86** 질화면(Nitrocellulose)은 저장·취급 중에는 에틸알코올 등으로 습면 상태를 유지해야 한다. 그 이유를 옳게 설명한 것은?

① 질화면은 건조 상태에서는 자연적으로 분해하면서 발화할 위험이 있기 때문이다.
② 질화면은 알코올과 반응하여 안정한 물질을 만들기 때문이다.
③ 질화면은 건조 상태에서 공기 중의 산소와 환원반응을 하기 때문이다.
④ 질화면은 건조 상태에서 유독한 중합물을 형성하기 때문이다.

> **[해설]** 니트로셀룰로오스(질화면)의 저장법
>
> 건조하면 분해·폭발하므로 알코올에 적셔 습하게 보관한다.
>
> > {분석}
> > 필기에 자주 출제되는 내용입니다.

**87** 분진폭발의 특징으로 옳은 것은?

① 연소속도가 가스폭발보다 크다.
② 완전연소로 가스중독의 위험이 작다.
③ 화염의 파급속도보다 압력의 파급속도가 빠르다.
④ 가스 폭발보다 연소시간은 짧고 발생 에너지는 작다.

> **[해설]** 가스폭발과 분진폭발의 비교
>
> | 가스<br>폭발 | • 화염이 크다.<br>• 연소속도가 빠르다. |
> |---|---|
> | 분진<br>폭발 | • 폭발압력, 에너지가 크다.<br>• 연소시간이 길다.<br>• 불완전연소로 인한 중독(CO)이 발생한다.<br>• 주위의 분진에 의해 2차, 3차의 폭발로 파급될 수 있다. |
>
> > {분석}
> > 필기에 자주 출제되는 내용입니다.

**88** 크롬에 대한 설명으로 옳은 것은?

① 은백색 광택이 있는 금속이다.
② 중독 시 미나마타병이 발병한다.
③ 비중이 물보다 작은 값을 나타낸다.
④ 3가 크롬이 인체에 가장 유해하다.

> **[해설]**
> ② 수은 중독 시 미나마타병이 발병한다.
> ③ 크롬의 비중은 물보다 큰 값을 나타낸다.
> ④ 6가 크롬이 인체에 가장 유해하다.

**정답** 85 ① 86 ① 87 ③ 88 ①

**89** 사업주는 인화성 액체 및 인화성 가스를 저장 취급하는 화학설비에서 증기나 가스를 대기로 방출하는 경우에는 외부로부터의 화염을 방지하기 위하여 화염 방지기를 설치하여야 한다. 다음 중 화염 방지기의 설치 위치로 옳은 것은?

① 설비의 상단  ② 설비의 하단
③ 설비의 측면  ④ 설비의 조작부

{해설} **화염 방지기(Flame arrester)의 설치**

인화성 액체 및 인화성 가스를 저장 취급하는 화학설비에서 증기나 가스를 대기로 방출하는 경우에는 외부로부터의 화염을 방지하기 위하여 화염 방지기를 그 설비 상단에 설치하여야 한다.

{분석}
실기에 자주 출제되는 내용입니다.

**90** 열 교환 탱크 외부를 두께 0.2m의 단열재 (열전도율 k=0.037 kcal/m·h·℃)로 보온하였더니 단열재 내면은 40℃, 외면은 20℃이었다. 면적 1m² 당 1시간에 손실되는 열량(kcal)은?

① 0.0037  ② 0.037
③ 1.37  ④ 3.7

{해설}

열교환기 손실 열량

$$Q = K \times A \times \frac{\Delta T}{\Delta X}(Kcal/hr)$$

여기서, $K$ : 전열계수
$A$ : 면적
$\Delta X$ : 두께
$\Delta T$ : 온도변화량

$$Q = 0.037 \times 1 \times \frac{(40-20)}{0.2} = 3.7(Kcal/hr)$$

{분석}
필기에 자주 출제되는 내용입니다.

**91** 산업안전보건 법령상 다음 인화성 가스의 정의에서 (　　) 안에 알맞은 값은?

"인화성 가스"란 인화한계 농도의 최저한도가 ( ㉠ )% 이하 또는 최고한도와 최저한도의 차가 ( ㉡ )% 이상인 것으로서 표준압력(101.3kPa), 20℃에서 가스 상태인 물질을 말한다.

① ㉠ 13, ㉡ 12
② ㉠ 13, ㉡ 15
③ ㉠ 12, ㉡ 13
④ ㉠ 12, ㉡ 15

{해설} 인화성 가스란 인화한계 농도의 <u>최저한도가 13퍼센트 이하 또는 최고한도와 최저한도의 차가 12퍼센트 이상인 것으로서 <u>표준압력(101.3kPa)하의 20℃에서 가스 상태인 물질</u>을 말한다.

{참고} **인화성 가스**

가. 수소
나. 아세틸렌
다. 에틸렌
라. 메탄
마. 에탄
바. 프로판
사. 부탄
아. 인화한계 농도의 최저한도가 13퍼센트 이하 또는 최고한도와 최저한도의 차가 12퍼센트 이상인 것으로서 표준압력(101.3KPa)하의 20℃에서 가스상태인 물질

실력이 되고! 합격이 되는! 특급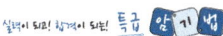

**폭발 1단계 - 메, 에, 프로, 부**
**폭발 2단계 - 에틸렌**
**폭발 3단계 - 수소, 아세틸렌**

{분석}
실기에 자주 출제되는 내용입니다.

•)) **정답** 89 ① 90 ④ 91 ①

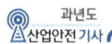

**92** 액체 표면에서 발생한 증기 농도가 공기 중에서 연소 하한 농도가 될 수 있는 가장 낮은 액체 온도를 무엇이라 하는가?

① 인화점
② 비등점
③ 연소점
④ 발화온도

> **해설** 인화점(인화온도)
> • 인화성 액체가 증발하여 <u>공기 중에서 연소 하한 농도 이상의 혼합기체를 생성할 수 있는 가장 낮은 온도</u>
> • 가연성 액체의 액면 가까이에서 <u>인화하는데 충분한 농도의 증기를 발산하는 최저 온도</u>
> • 공기 중에서 그 액체의 표면 부근에서 <u>불꽃의 전파가 일어나기에 충분한 농도의 증기를 발생시키는 최저 온도</u>
>
> > {분석}
> > 필기에 자주 출제되는 내용입니다.

**93** 위험물의 저장방법으로 적절하지 않은 것은?

① 탄화칼슘은 물속에 저장한다.
② 벤젠은 산화성 물질과 격리시킨다.
③ 금속 나트륨은 석유 속에 저장한다.
④ 질산은 갈색병에 넣어 냉암소에 보관한다.

> **해설** ① 탄화칼슘($CaC_2$, 카바이트)은 금수성물질로서 물과 격렬히 반응하므로 건조한 곳에 보관해야 한다.
>
> > {분석}
> > 필기에 자주 출제되는 내용입니다.

**94** 다음 중 열교환기의 보수에 있어 일상점검 항목과 정기적 개방 점검 항목으로 구분할 때 일상점검 항목으로 거리가 먼 것은?

① 도장의 노후 상황
② 부착물에 의한 오염의 상황
③ 보온재, 보냉재의 파손 여부
④ 기초볼트의 체결 정도

> **해설** 열교환기의 일상점검 항목
> ① <u>보온재 및 보냉재</u>의 상태
> ② <u>도장의 열화상태</u>
> ③ <u>용접부</u> 등으로부터의 <u>누출</u> 여부
> ④ <u>기초볼트의 풀림</u> 상태
>
> > {분석}
> > 필기에 자주 출제되는 내용입니다.

**95** 다음 중 반응기의 구조 방식에 의한 분류에 해당하는 것은?

① 탑형 반응기
② 연속식 반응기
③ 반회분식 반응기
④ 회분식 균일상반응기

> **해설** 반응기의 구조에 의한 분류
> ① 관형 반응기
> ② 탑형 반응기
> ③ 교반기형 반응기
> ④ 유동층형 반응기

**96** 다음 중 공기 중 최소 발화에너지 값이 가장 작은 물질은?

① 에틸렌
② 아세트알데히드
③ 메탄
④ 에탄

---

**∙))** **정답** 92 ① 93 ① 94 ② 95 ① 96 ①

**해설** 최소 발화에너지

① 에틸렌 : 0.10(mJ)
② 아세트알데히드 : 0.37(mJ)
③ 메탄 : 0.27(mJ)
④ 에탄 : 0.67(mJ)

**97** 다음 표의 가스(A~D)를 위험도가 큰 것부터 작은 순으로 나열한 것은?

| | 폭발하한값 | 폭발상한값 |
|---|---|---|
| A | 4.0vol% | 75.0vol% |
| B | 3.0vol% | 80.0vol% |
| C | 1.25vol% | 44.0vol% |
| D | 2.5vol% | 81.0vol% |

① D – B – C – A
② D – B – A – C
③ C – D – A – B
④ C – D – B – A

**해설**

$$위험도(H) = \frac{U_2 - U_1}{U_1}$$

여기서, $U_1$ : 폭발 하한계(%)
$U_2$ : 폭발 상한계(%)

A의 위험도 = $\frac{75 - 4}{4} = 17.75$

B의 위험도 = $\frac{80 - 3}{3} = 25.67$

C의 위험도 = $\frac{44 - 1.25}{1.25} = 34.20$

D의 위험도 = $\frac{81 - 2.5}{2.5} = 31.40$

{분석}
실기에 자주 출제되는 내용입니다.

**98** 알루미늄분이 고온의 물과 반응하였을 때 생성되는 가스는?

① 이산화탄소       ② 수소
③ 메탄            ④ 에탄

**해설**
$$2Al + 6H_2O \rightarrow 2Al(OH)_3 + 3H_2$$
알루미늄 +  물   → 수산화알루미늄 + 수소

**99** 메탄, 에탄, 프로판의 폭발하한계가 각각 5vol%, 2vol%, 2.1vol%일 때 다음 중 폭발하한계가 가장 낮은 것은?
(단, Le Chatelier의 법칙을 이용한다.)

① 메탄 20vol%, 에탄 30vol%, 프로판 50vol%의 혼합가스
② 메탄 30vol%, 에탄 30vol%, 프로판 40vol%의 혼합가스
③ 메탄 40vol%, 에탄 30vol%, 프로판 30vol%의 혼합가스
④ 메탄 50vol%, 에탄 30vol%, 프로판 20vol%의 혼합가스

**해설** 혼합 가스의 폭발 범위(르 샤틀리에의 공식)

$$\frac{100}{L} = \frac{V_1}{L_1} + \frac{V_2}{L_2} + \frac{V_3}{L_3} \cdots (Vol\%)$$

$$L = \frac{100}{\frac{V_1}{L_1} + \frac{V_2}{L_2} + \frac{V_3}{L_3} \cdots}$$

여기서,
$L$ : 혼합가스의 폭발하한계(상한계)
$L_1$, $L_2$, $L_3$ : 단독가스의 폭발하한계(상한계)
$V_1$, $V_2$, $V_3$ : 단독가스의 공기 중 부피
$100$ : $V_1 + V_2 + V_3 + \cdots$

① 메탄 20vol%, 에탄 30vol%, 프로판 50vol%의 혼합가스

$$\frac{(20 + 30 + 50)}{L} = \frac{20}{5} + \frac{30}{2} + \frac{50}{2.1}$$

**정답** 97 ④  98 ②  99 ①

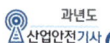
$$L = \frac{100}{\frac{20}{5} + \frac{30}{2} + \frac{50}{2.1}} = 2.34\,(Vol\%)$$

② 메탄 30vol%, 에탄 30vol%, 프로판 40vol%의 혼합가스

$$\frac{(30+30+40)}{L} = \frac{30}{5} + \frac{30}{2} + \frac{40}{2.1}$$

$$L = \frac{100}{\frac{30}{5} + \frac{30}{2} + \frac{40}{2.1}} = 2.50\,(Vol\%)$$

③ 메탄 40vol%, 에탄 30vol%, 프로판 30vol%의 혼합가스

$$\frac{(40+30+30)}{L} = \frac{40}{5} + \frac{30}{2} + \frac{30}{2.1}$$

$$L = \frac{100}{\frac{40}{5} + \frac{30}{2} + \frac{30}{2.1}} = 2.68\,(Vol\%)$$

④ 메탄 50vol%, 에탄 30vol%, 프로판 20vol%의 혼합가스

$$\frac{(50+30+20)}{L} = \frac{50}{5} + \frac{30}{2} + \frac{20}{2.1}$$

$$L = \frac{100}{\frac{50}{5} + \frac{30}{2} + \frac{20}{2.1}} = 2.90\,(Vol\%)$$

{분석}
실기에 자주 출제되는 내용입니다.

**100** 고압가스 용기 파열사고의 주요 원인 중 하나는 용기의 내 압력(耐壓力, capacity to resist presure) 부족이다. 다음 중 내 압력 부족의 원인으로 거리가 먼 것은?

① 용기 내벽의 부식
② 강재의 피로
③ 과잉 충전
④ 용접 불량

해설 용기의 내 압력 부족의 원인
① 용기 내벽의 부식
② 강재의 피로
③ 용접 불량

참고 고압가스 용기 파열사고의 원인
① 용기의 내 압력 부족
② 용기 내 압력의 이상 상승
③ 용기 내에서 폭발성 혼합 가스의 발화

## 제6과목 건설공사 안전 관리

**101** 건설현장에 거푸집동바리 설치 시 준수 사항으로 옳지 않은 것은?

① 파이프서포트 높이가 4.5m를 초과하는 경우에는 높이 2m 이내마다 2개 방향으로 수평 연결재를 설치한다.
② 동바리의 침하 방지를 위해 받침목이나 깔판의 사용, 콘크리트 타설, 말뚝박기 등을 실시한다.
③ 강재와 강재의 접속부는 볼트 또는 클램프 등 전용철물을 사용한다.
④ 강관틀 동바리는 강관틀과 강관틀 사이에 교차가새를 설치한다.

해설 ① 높이가 3.5미터를 초과할 때 높이 2미터 이내마다 수평연결재를 2개 방향으로 만들고 수평 연결재의 변위를 방지할 것

{분석}
실기까지 중요한 내용입니다.

•)) 정답 100 ③ 101 ①

**102** 고소작업대를 설치 및 이동하는 경우에 준수하여야 할 사항으로 옳지 않은 것은?

① 와이어로프 또는 체인의 안전율은 3 이상일 것
② 붐의 최대 지면경사각을 초과 운전하여 전도되지 않도록 할 것
③ 고소작업대를 이동하는 경우 작업대를 가장 낮게 내릴 것
④ 작업대에 끼임·충돌 등 재해를 예방하기 위한 가드 또는 과상승방지장치를 설치할 것

해설 ① 작업대를 와이어로프 또는 체인으로 상승 또는 하강시킬 때에는 와이어로프 또는 체인이 끊어져 작업대가 낙하하지 아니하는 구조이어야 하며, 와이어로프 또는 체인의 안전율은 5 이상일 것

{분석}
**필기에 자주 출제되는 내용입니다.**

**103** 건설공사의 유해위험방지계획서 제출 기준일로 옳은 것은?

① 당해공사 착공 1개월 전까지
② 당해공사 착공 15일 전까지
③ 당해공사 착공 전날까지
④ 당해공사 착공 15일 후까지

해설 사업주가 건설공사에 해당하는 유해·위험방지계획서를 제출하려면 건설공사 유해·위험방지계획서 서류를 첨부하여 해당 공사의 착공 전날까지 공단에 2부를 제출하여야 한다.

{분석}
**실기까지 중요한 내용입니다.**

**104** 철골 건립 준비를 할 때 준수하여야 할 사항으로 옳지 않은 것은?

① 지상 작업장에서 건립 준비 및 기계·기구를 배치할 경우에는 낙하물의 위험이 없는 평탄한 장소를 선정하여 정비하여야 한다.
② 건립 작업에 다소 지장이 있다 하더라도 수목은 제거하거나 이설하여서는 안 된다.
③ 사용 전에 기계·기구에 대한 정비 및 보수를 철저히 실시하여야 한다.
④ 기계에 부착된 앵카 등 고정 장치와 기초구조 등을 확인하여야 한다.

해설 ② 건립 작업에 지장이 되는 수목은 제거하거나 이설하여야 한다.

{분석}
**필기에 자주 출제되는 내용입니다.**

**105** 가설공사 표준안전 작업지침에 따른 통로발판을 설치하여 사용함에 있어 준수사항으로 옳지 않은 것은?

① 추락의 위험이 있는 곳에는 안전 난간이나 철책을 설치하여야 한다.
② 작업발판의 최대 폭은 1.6m 이내이어야 한다.
③ 비계발판의 구조에 따라 최대 적재하중을 정하고 이를 초과하지 않도록 하여야 한다.
④ 발판을 겹쳐 이음하는 경우 장선 위에서 이음을 하고 겹침 길이는 10cm 이상으로 하여야 한다.

해설 ④ 발판을 겹쳐 이음하는 경우 장선 위에서 이음을 하고 겹침 길이는 20센티미터 이상으로 하여야 한다.

**106** 항타기 또는 항발기의 사용 시 준수사항으로 옳지 않은 것은?

① 증기나 공기를 차단하는 장치를 작업 관리자가 쉽게 조작할 수 있는 위치에 설치한다.

② 해머의 운동에 의하여 증기호스 또는 공기호스와 해머의 접속부가 파손되거나 벗겨지는 것을 방지하기 위하여 그 접속부가 아닌 부위를 선정하여 증기호스 또는 공기호스를 해머에 고정시킨다.

③ 항타기나 항발기의 권상장치의 드럼에 권상용 와이어로프가 꼬인 경우에는 와이어로프에 하중을 걸어서는 안 된다.

④ 항타기나 항발기의 권상장치에 하중을 건 상태로 정지하여 두는 경우에는 쐐기 장치 또는 역회전 방지용 브레이크를 사용하여 제동하는 등 확실하게 정지시켜 두어야 한다.

> **해설** ① 증기 또는 공기를 차단하는 장치를 해머의 운전자가 쉽게 조작할 수 있는 위치에 설치할 것

**107** 건설업 중 유해위험방지계획서 제출 대상 사업장으로 옳지 않은 것은?

① 지상높이가 31m 이상인 건축물 또는 인공구조물, 연면적 30000m² 이상인 건축물 또는 연면적 5000m² 이상의 문화 및 집회시설의 건설공사

② 연면적 3000m² 이상의 냉동·냉장 창고시설의 설비공사 및 단열공사

③ 깊이 10m 이상인 굴착공사

④ 최대 지간길이가 50m 이상인 다리의 건설공사

> **해설** 유해 위험 방지 계획서를 제출해야 될 건설공사
>
> 1. 지상높이가 31미터 이상인 건축물 또는 인공구조물, 연면적 3만제곱미터 이상인 건축물 또는 연면적 5천제곱미터 이상의 문화 및 집회시설(전시장 및 동물원·식물원은 제외한다), 판매시설, 운수시설(고속철도의 역사 및 집배송시설은 제외한다), 종교시설, 의료시설 중 종합병원, 숙박시설 중 관광숙박시설, 지하도상가 또는 냉동·냉장창고시설의 건설·개조 또는 해체
> 2. 연면적 5천제곱미터 이상의 냉동·냉장창고시설의 설비공사 및 단열공사
> 3. 최대 지간길이가 50미터 이상인 교량 건설 등 공사
> 4. 터널 건설 등의 공사
> 5. 다목적댐, 발전용댐 및 저수용량 2천만톤 이상의 용수 전용 댐, 지방상수도전용 댐 건설 등의 공사
> 6. 깊이 10미터 이상인 굴착공사

실력이 되고! 합격이 되는! **특급 암기법**

- 지상높이 31m, 연면적 3만m², 사람 많은 시설 연면적 5,000m²
- 연면적 5,000m² 냉동·냉장창고시설
- 최대 지간길이가 50미터 이상 교량
- 터널
- 저수용량 2천만 톤 이상 댐
- 10미터 이상인 굴착

{분석}
실기에 자주 출제되는 내용입니다.

**108** 건설작업용 타워크레인의 안전장치로 옳지 않은 것은?

① 권과방지장치
② 과부하방지장치
③ 비상정지장치
④ 호이스트 스위치

**해설** 크레인의 방호장치

① 과부하방지장치
② 권과방지장치
③ 비상정지장치
④ 제동장치

{분석}
실기에 자주 출제되는 내용입니다.

**109** 이동식 비계를 조립하여 작업을 하는 경우의 준수 기준으로 옳지 않은 것은?

① 비계의 최상부에서 작업을 할 때에는 안전 난간을 설치하여야 한다.
② 작업발판의 최대적재하중은 40kg을 초과하지 않도록 한다.
③ 승강용 사다리는 견고하게 설치하여야 한다.
④ 작업발판은 항상 수평을 유지하고 작업발판 위에서 안전 난간을 딛고 작업을 하거나 받침대 또는 사다리를 사용하여 작업하지 않도록 한다.

**해설** ② 작업 발판의 최대적재하중은 250킬로그램을 초과하지 않도록 할 것

{분석}
실기까지 중요한 내용입니다.

**110** 토사 붕괴 원인으로 옳지 않은 것은?

① 경사 및 기울기 증가
② 성토 높이의 증가
③ 건설기계 등 하중 작용
④ 토사 중량의 감소

**해설** 토석 붕괴의 외적원인

① 사면, 법면의 경사 및 기울기의 증가
② 절토 및 성토 높이의 증가

③ 공사에 의한 진동 및 반복 하중의 증가
④ 지표수 및 지하수의 침투에 의한 토사 중량의 증가
⑤ 지진, 차량, 구조물의 하중 작용
⑥ 토사 및 암석의 혼합층 두께

{분석}
실기까지 중요한 내용입니다.

**111** 건설용 리프트의 붕괴 등을 방지하기 위해 받침의 수를 증가시키는 등 안전조치를 하여야 하는 순간풍속 기준은?

① 초당 15미터 초과
② 초당 25미터 초과
③ 초당 35미터 초과
④ 초당 45미터 초과

**해설** 악천후 시 조치

① 순간 풍속이 초당 10미터를 초과 : 타워크레인의 설치·수리·점검 또는 해체작업을 중지
② 순간 풍속이 초당 15미터를 초과 : 타워크레인의 운전 작업을 중지
③ 순간 풍속이 초당 30미터를 초과 : 옥외에 설치되어 있는 주행 크레인 이탈 방지 조치
④ 순간풍속이 초당 30미터를 초과하는 바람이 불거나 중진(中震) 이상 진도의 지진이 있은 후 : 옥외 양중기 각 부위 이상 점검
⑤ 순간풍속이 초당 35미터를 초과 : 옥외 승강기 및 건설용 리프트(지하에 설치되어 있는 것은 제외)에 대하여 받침의 수를 증가시키는 등 승강기가 무너지는 것을 방지하기 위한 조치

{분석}
실기에 지주 출제되는 내용입니다.

**112** 토사 붕괴에 따른 재해를 방지하기 위한 흙막이 지보공 부재로 옳지 않은 것은?

① 흙막이판        ② 말뚝
③ 턴버클          ④ 띠장

•)) 정답   109 ②   110 ④   111 ③   112 ③

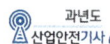 
**해설** 흙막이 지보공을 구성하는 부재

① 말뚝
② 버팀대
③ 띠장
④ 흙막이판

**참고** 턴버클

두 점 사이에 연결된 지지 막대, 와이어 등을 죄는
데 사용하는 죔 기구

## 113 가설구조물의 특징으로 옳지 않은 것은?

① 연결재가 적은 구조로 되기 쉽다.
② 부재 결합이 간략하여 불안전 결합
이다.
③ 구조물이라는 개념이 확고하여 조립의
정밀도가 높다.
④ 사용 부재는 과소 단면이거나 결함재가
되기 쉽다.

**해설** ③ 구조물이라는 개념이 확고하지 않아 조립의
정밀도가 낮다.

{분석}
**필기에 자주 출제되는 내용입니다.**

## 114 사다리식 통로 등의 구조에 대한 설치 기준으로 옳지 않은 것은?

① 발판의 간격은 일정하게 할 것
② 발판과 벽과의 사이는 15cm 이상의
간격을 유지할 것
③ 사다리식 통로의 길이가 10m 이상인
때에는 7m 이내마다 계단참을 설치
할 것
④ 사다리의 상단은 걸쳐놓은 지점으로
부터 60cm 이상 올라가도록 할 것

**해설** 사다리식 통로 설치의 준수사항

① 견고한 구조로 할 것
② 심한 손상·부식 등이 없는 재료를 사용할 것
③ 발판의 간격은 일정하게 할 것
④ 발판과 벽과의 사이는 15센티미터 이상의
간격을 유지할 것
⑤ 폭은 30센티미터 이상으로 할 것
⑥ 사다리가 넘어지거나 미끄러지는 것을 방지하기
위한 조치를 할 것
⑦ 사다리의 상단은 걸쳐놓은 지점으로부터 60센티
미터 이상 올라가도록 할 것
⑧ 사다리식 통로의 길이가 10미터 이상인 경우
에는 5미터 이내마다 계단참을 설치할 것
⑨ 사다리식 통로의 기울기는 75도 이하로 할 것.
다만, 고정식 사다리식 통로의 기울기는 90도
이하로 하고, 그 높이가 7미터 이상인 경우에
는 다음 각 목의 구분에 따른 조치를 할 것
• 등받이울이 있어도 근로자 이동에 지장이 없
는 경우 : 바닥으로부터 높이가 2.5미터 되
는 지점부터 등받이울을 설치할 것
• 등받이울이 있으면 근로자가 이동이 곤란한
경우 : 한국산업표준에서 정하는 기준에 적합
한 개인용 추락 방지 시스템을 설치하고 근
로자로 하여금 한국산업표준에서 정하는 기
준에 적합한 전신 안전대를 사용하도록 할 것
⑩ 접이식 사다리 기둥은 사용 시 접혀지거나 펼
쳐지지 않도록 철물 등을 사용하여 견고하게
조치할 것

{분석}
**실기까지 중요한 내용입니다.**

## 115 가설통로를 설치하는 경우 준수해야 할 기준으로 옳지 않은 것은?

① 경사는 30° 이하로 할 것
② 경사가 25°를 초과하는 경우에는 미끄
러지지 아니하는 구조로 할 것
③ 건설공사에 사용하는 높이 8m 이상인
비계다리에는 7m 이내마다 계단참을
설치할 것
④ 수직갱에 가설된 통로의 길이가 15m
이상인 때에는 10m 이내마다 계단참을
설치할 것

**해설** ② 경사가 15°를 초과하는 경우에는 미끄러지지 아니하는 구조로 할 것

{분석}
실기까지 중요한 내용입니다.

**116** 터널 공사에서 발파작업 시 안전대책으로 옳지 않은 것은?

① 발파 전 도화선 연결 상태, 저항치 조사 등의 목적으로 도통시험 실시 및 발파기의 작동상태에 대한 사전점검 실시

② 모든 동력선은 발원점으로부터 최소한 15m 이상 후방으로 옮길 것

③ 지질, 암의 절리 등에 따라 화약량에 대한 검토 및 시방기준과 대비하여 안전조치 실시

④ 발파용 점화 회선은 타 동력선 및 조명 회선과 한곳으로 통합하여 관리

**해설** ④ 발파용 점화회선은 타 동력선 및 조명 회선으로부터 분리하여야 한다.

{분석}
필기에 자주 출제되는 내용입니다.

**117** 건설업 산업안전보건관리비 계상 및 사용기준은 산업재해보상 보험법의 적용을 받는 공사 중 총 공사금액이 얼마 이상인 공사에 적용하는가? (단, 전기공사업법, 정보통신공사업법에 의한 공사는 제외)

① 4천만 원 　　② 3천만 원
③ 2천만 원 　　④ 1천만 원

**해설** 산업안전보건법 제2조 제11호의 건설공사 중 총 공사금액 2천만 원 이상인 공사에 적용한다. 다만, 단가계약에 의하여 행하는 공사에 대하여는 총 계약금액을 기준으로 적용한다.

{분석}
실기까지 중요한 내용입니다.

**118** 건설업의 공사금액이 850억 원일 경우 산업안전보건법령에 따른 안전관리자의 수로 옳은 것은? (단, 전체 공사기간을 100으로 할 때 공사 전·후 15에 해당하는 경우는 고려하지 않는다.)

① 1명 이상 　　② 2명 이상
③ 3명 이상 　　④ 4명 이상

**해설** 건설업 안전관리자 선임기준

－ 공사금액 50억 원 이상(관계수급인은 100억 원 이상) 120억 원 미만(토목공사업의 경우에는 150억 원 미만) 또는 공사금액 120억 원 이상(토목공사업의 경우에는 150억 원 이상) 800억 원 미만 : 1명 이상

－ 공사금액 800억 원 이상 1,500억 원 미만 : 2명 이상(다만, 전체 공사기간을 100으로 할 때 공사 시작에서 15에 해당하는 기간과 공사 종료 전의 15에 해당하는 기간 동안은 1명 이상으로 한다)

－ 공사금액 1,500억 원 이상 2,200억 원 미만 : 3명 이상(다만, 전체 공사기간 중 전·후 15에 해당하는 기간은 2명 이상으로 한다)

－ 공사금액 2,200억 원 이상 3천억 원 미만 : 4명 이상(다만, 전체 공사기간 중 전·후 15에 해당하는 기간은 2명 이상으로 한다)

－ 공사금액 3천억 원 이상 3,900억 원 미만 : 5명 이상(다만, 전체 공사기간 중 전·후 15에 해당하는 기간은 3명 이상으로 한다)

－ 공사금액 3,900억 원 이상 4,900억 원 미만 : 6명 이상(다만, 전체 공사기간 중 전·후 15에 해당하는 기간은 3명 이상으로 한다)

－ 공사금액 4,900억 원 이상 6천억 원 미만 : 7명 이상(다만, 전체 공사기간 중 전·후 15에 해당하는 기간은 4명 이상으로 한다)

최근 기출문제
2022

))) **정답** 116 ④ 117 ③ 118 ②

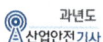

- 공사금액 6천억 원 이상 7,200억 원 미만 : 8명 이상(다만, 전체 공사기간 중 전·후 15에 해당 하는 기간은 4명 이상으로 한다)
- 공사금액 7,200억 원 이상 8,500억 원 미만 : 9명 이상(다만, 전체 공사기간 중 전·후 15에 해당하는 기간은 5명 이상으로 한다)
- 공사금액 8,500억 원 이상 1조원 미만 : 10명 이상(다만, 전체 공사기간 중 전·후 15에 해당하는 기간은 5명 이상으로 한다)
- 1조원 이상 : 11명 이상[매 2천억 원(2조원 이상 부터는 매 3천억 원)마다 1명씩 추가한다]. 다만, 전체 공사기간 중 전·후 15에 해당하는 기간은 선임 대상 안전관리자 수의 2분의 1(소수 점 이하는 올림한다) 이상으로 한다)

{분석}
실기까지 중요한 내용입니다.

## 119 거푸집 동바리의 침하를 방지하기 위한 직접적인 조치로 옳지 않은 것은?

① 수평 연결재의 사용
② 받침목의 사용
③ 콘크리트의 타설
④ 말뚝 박기

해설 받침목의 사용, 콘크리트 타설(打設), 말뚝박기 등 동바리의 침하를 방지하기 위한 조치를 할 것

참고 (1) 거푸집 조립 시의 안전조치

① 거푸집을 조립하는 경우에는 거푸집이 콘크리 트 하중이나 그 밖의 외력에 견딜 수 있거나, 넘어지지 않도록 견고한 구조의 긴결재(콘크 리트를 타설할 때 거푸집이 변형되지 않게 연결 하여 고정하는 재료를 말한다), 버팀대 또는 지 지대를 설치하는 등 필요한 조치를 할 것
② 거푸집이 곡면인 경우에는 버팀대의 부착 등 그 거푸집의 부상(浮上)을 방지하기 위한 조치를 할 것

(2) 동바리 조립 시의 안전조치

① 받침목이나 깔판의 사용, 콘크리트 타설, 말뚝 박기 등 동바리의 침하를 방지하기 위한 조치 를 할 것
② 동바리의 상하 고정 및 미끄러짐 방지 조치를 할 것

③ 상부·하부의 동바리가 동일 수직선상에 위치 하도록 하여 깔판·받침목에 고정시킬 것
④ 개구부 상부에 동바리를 설치하는 경우에는 상부하중을 견딜 수 있는 견고한 받침대를 설치할 것
⑤ U헤드 등의 단판이 없는 동바리의 상단에 멍에 등을 올릴 경우에는 해당 상단에 U헤드 등의 단판을 설치하고, 멍에 등이 전도되거나 이탈 되지 않도록 고정시킬 것
⑥ 동바리의 이음은 같은 품질의 재료를 사용할 것
⑦ 강재의 접속부 및 교차부는 볼트·클램프 등 전용철물을 사용하여 단단히 연결할 것
⑧ 거푸집의 형상에 따른 부득이한 경우를 제외 하고는 깔판이나 받침목은 2단 이상 끼우지 않도록 할 것
⑨ 깔판이나 받침목을 이어서 사용하는 경우에는 그 깔판·받침목을 단단히 연결할 것

{분석}
필기에 자주 출제되는 내용입니다.

## 120 달비계에 사용하는 와이어로프의 사용 금지 기준으로 옳지 않은 것은?

① 이음매가 있는 것
② 열과 전기 충격에 의해 손상된 것
③ 지름의 감소가 공칭지름의 7%를 초과 하는 것
④ 와이어로프의 한 꼬임에서 끊어진 소 선의 수가 7% 이상인 것

해설 와이어로프의 사용금지 항목

① 이음매가 있는 것
② 와이어로프의 한 꼬임에서 끊어진 소선의 수가 10퍼센트 이상인 것
③ 지름의 감소가 공칭지름의 7퍼센트를 초과 하는 것
④ 꼬인 것
⑤ 심하게 변형되거나 부식된 것
⑥ 열과 전기충격에 의해 손상된 것

{분석}
실기에 자주 출제되는 내용입니다.

# 산업안전 기사

Engineer Industrial **Safety**

# 모의고사

노력하는 당신은 언제나 아름답습니다.
**구민사가 당신의 합격을** 기원합니다.

| 자격 종목 | 시험시간 | 문제수 | 문제형별 |
|---|---|---|---|
| 산업안전기사 | 3시간 | 120 | A |

| 수험번호 | | 성명 | |
|---|---|---|---|

### [수험자 유의사항]

1. 시험 도중 수험자 PC 장애발생 시 손을 들어 시험감독관에게 알리면 긴급 장애 조치 또는 자리 이동을 할 수 있습니다.
2. 시험이 끝나면 채점결과(점수)를 바로 확인할 수 있습니다.
3. 부정행위가 발각될 경우 감독관의 지시에 따라 퇴실 조치되고 시험은 무효로 처리되며, 3년간 국가기술자격검정에 응시할 자격이 정지됩니다.

정답 및 해설은 문제 뒤편에 있습니다

## 제1과목 : 산업재해 예방 및 안전보건교육

1. 다음 중 산업안전보건법상의 안전·보건교육에 있어 근로자 정기안전·보건 교육의 내용이 아닌 것은? (단, 산업안전 보건법 및 산업재해보상보험제도에 관한 사항은 제외한다)

① 표준안전작업방법 및 지도 요령에 관한 사항
② 산업보건 및 건강장해 예방에 관한 사항
③ 유해·위험 작업환경 관리에 관한 사항
④ 건강증진 및 질병 예방에 관한 사항

2. 기업 내 정형교육 중 TWI(Training Within Industry)의 교육 내용과 가장 거리가 먼 것은?

① Job Standardization Training
② Job Instruction Training
③ Job Method Training
④ Job Relation Training

3. 다음 중 산업안전보건 법령상 안전보건·표지의 종류에 있어 금지표지에 해당하지 않는 것은?

① 금연
② 사용금지
③ 물체이동금지
④ 유해물질 접촉금지

**CBT 따라하기**
**답안표기란**

제1과목 ▼

| 1 | ① ② ③ ④ |
|---|---|
| 2 | ① ② ③ ④ |
| 3 | ① ② ③ ④ |
| 4 | ① ② ③ ④ |

4. 다음 중 위험예지훈련을 실시할 때 현상파악이나 대책수립 단계에서 시행하는 BS(Brainstorming)원칙에 어긋나는 것은?

① 자유롭게 본인의 아이디어를 제시한다.
② 타인의 아이디어에 대하여 평가하지 않는다.
③ 사소한 아이디어라도 가능한 한 많이 제시하도록 한다.
④ 타인의 아이디어를 활용하여 변형한 의견은 제시하지 않도록 한다.

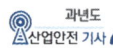
5. 다음과 같은 경우 산업재해 기록·분류 기준에 따라 분류한 재해의 발생형태로 옳은 것은?

> 재해자가 넘어짐으로 인하여 기계의 동력 전달 부위 등에 신체의 일부가 끼여 신체의 일부가 절단되었다.

① 넘어짐　　② 끼임
③ 부딪힘　　④ 절단

6. 다음 중 산업 재해의 분석 및 평가를 위하여 재해 발생 건수 등의 추이에 대해 한계선을 설정하여 목표 관리를 수행하는 재해통계 분석 기법은?

① 폴리건　　② 관리도
③ 파레토도　　④ 특성요인도

7. 산업안전보건 법령상 안전인증 절연장갑에 안전인증 표시 외에 추가로 표시하여야 하는 내용 중 등급별 색상의 연결이 옳은 것은?

① 00등급 : 갈색
② 0등급 : 흰색
③ 1등급 : 노란색
④ 2등급 : 빨간색

8. 다음 중 맥그리거(McGregor)의 인간해석에 있어 X이론적 관리 처방으로 가장 적합한 것은?

① 직무의 확장
② 분권화와 권한의 위임
③ 민주적 리더십의 확립
④ 경제적 보상체제의 강화

9. 다음 중 직무적성검사의 특징과 가장 거리가 먼 것은?

① 타당성(Validity)
② 객관성(Objectivity)
③ 표준화(Standardization)
④ 재현성(Reproducibility)

10. 다음 중 사회행동의 기본 형태에 해당되지 않는 것은?

① 모방　　② 대립
③ 도피　　④ 협력

11. 다음 중 산업안전보건 법령상 근로자에 대한 일반 건강진단의 실시 시기가 올바르게 연결된 것은?

① 사무직에 종사하는 근로자 : 1년에 1회 이상
② 사무직에 종사하는 근로자 : 2년에 1회 이상
③ 사무직 외의 업무에 종사하는 근로자 : 6월에 1회 이상
④ 사무직 외의 업무에 종사하는 근로자 : 2년에 1회 이상

12. 다음 중 안전모의 성능시험에 있어서 AE, ABE종에만 한하여 실시하는 시험은?

① 내관통성시험, 충격흡수성시험
② 난연성시험, 내수성시험
③ 내관통성시험, 내전압성시험
④ 내전압성시험, 내수성시험

CBT 따라하기
답안표기란
제1과목　▼
5　① ② ③ ④
6　① ② ③ ④
7　① ② ③ ④
8　① ② ③ ④
9　① ② ③ ④
10　① ② ③ ④
11　① ② ③ ④
12　① ② ③ ④

13. 산업안전보건 법령상 산업안전보건위원회의 구성원 중 사용자 위원에 해당되지 않는 것은? (단, 해당 위원이 사업장에 선임이 되어 있는 경우에 한한다)

① 안전관리자
② 보건관리자
③ 산업보건의
④ 명예산업안전감독관

14. 경보기가 울려도 기차가 오기까지 아직 시간이 있다고 판단하여 건널목을 건너다가 사고를 당했다. 다음 중 이 재해자의 행동 성향으로 옳은 것은?

① 착오·착각
② 무의식 행동
③ 억측판단
④ 지름길반응

15. 다음 중 리더의 행동스타일 리더십을 연결시킨 것으로 잘못 연결된 것은?

① 부하 중심적 리더십 – 치밀한 감독
② 직무 중심적 리더십 – 생산과업 중시
③ 부하 중심적 리더십 – 부하와의 관계 중시
④ 직무 중심적 리더십 – 공식 권한과 권력에 의존

16. 기술교육의 형태 중 존 듀이(J. Dewey)의 사고과정 5단계에 해당하지 않는 것은?

① 추론한다.
② 시사를 받는다.
③ 가설을 설정한다.
④ 가슴으로 생각한다.

17. 다음 중 하인리히 방식의 재해 코스트 산정에 있어 직접비에 해당되지 않은 것은?

① 간병급여
② 신규채용비용
③ 직업재활급여
④ 상병(傷病)보상연금

18. 베어링을 생산하는 사업장에 300명의 근로자가 근무하고 있다. 1년에 21건의 재해가 발생하였다면 이 사업장에서 근로자 1명이 평생 작업 시 약 몇 건의 재해를 당할 수 있겠는가? (단, 1일 8시간씩, 1년에 300일 근무하며, 평생근로시간은 10만 시간으로 가정한다)

① 1건        ② 3건
③ 5건        ④ 6건

19. 다음 중 인간의 적성과 안전과의 관계를 가장 올바르게 설명한 것은?

① 사고를 일으키는 것은 그 작업에 적성이 맞지 않는 사람이 그 일을 수행한 이유이므로, 반드시 적성검사를 실시하여 그 결과에 따라 작업자를 배치하여야 한다.
② 인간의 감각기별 반응시간은 시각, 청각, 통각 순으로 빠르므로 비상시 비상등을 먼저 켜야 한다.
③ 사생활에 중대한 변화가 있는 사람이 사고를 유발할 가능성이 높으므로 그러한 사람들에게는 특별한 배려가 필요하다.
④ 일반적으로 집단의 심적 태도를 교정하는 것보다 개인의 심적 태도를 교정하는 것이 더 용이하다.

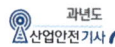
**20.** 산업안전보건법령에 따라 자율검사프로그램을 인정받기 위한 충족 요건으로 틀린 것은?

① 관련 법에 따른 검사원을 고용하고 있을 것

② 관련 법에 따른 검사 주기마다 검사를 할 것

③ 자율검사프로그램의 검사기준이 안전검사 기준에 충족할 것

④ 검사를 할 수 있는 장비를 갖추고 이를 유지·관리할 수 있을 것

---

**제2과목 : 인간공학 및 위험성 평가·관리**

**21.** 시스템 위험분석 기법 중 고장형태 및 영향분석(FMEA)에서 고장 등급의 평가요소에 해당되지 않는 것은?

① 고장발생의 빈도

② 고장의 영향 크기

③ 기능적 고장 영향의 중요도

④ 영향을 미치는 시스템의 범위

**22.** FTA에 사용되는 논리게이트 중 조건부 사건이 발생하는 상황 하에서 입력 현상이 발생할 때 출력 현상이 발생하는 것은?

① 억제 게이트

② AND 게이트

③ 배타적 OR 게이트

④ 우선적 AND 게이트

**23.** 산업안전보건법령에 따라 제조업 중 유해·위험방지 계획서 제출대상 사업의 사업주가 유해·위험방지 계획서를 제출하고자 할 때 첨부하여야 하는 서류에 해당하지 않는 것은? (단, 기타 고용노동부장관이 정하는 도면 및 서류 등은 제외한다)

① 공사개요서

② 기계·설비의 배치도면

③ 기계·설비의 개요를 나타내는 서류

④ 원재료 및 제품의 취급, 제조 등의 작업방법의 개요

**24.** 한 대의 기계를 100시간 동안 연속 사용한 경우 6회의 고장이 발생하였고, 이 때의 총 고장 수리시간이 15시간이었다. 이 기계의 MTBF(Mean time between failures)는 약 얼마인가?

① 2.51　　② 14.17

③ 15.25　　④ 16.67

**25.** FMEM에서 고장의 발생확률 $\beta$가 다음 값의 범위일 경우 고장의 영향으로 옳은 것은?

$$[\ 0.1 \leq \beta < 1.00\ ]$$

① 손실의 영향이 없음

② 실제 손실이 예상됨

③ 실제 손실이 발생됨

④ 손실 발생의 가능성이 있음

**26.** 위험 및 운전성 검토(HAZOP)에서의 전제 조건으로 틀린 것은?

① 두 개 이상의 기기고장이나 사고는 일어나지 않는다.

② 작업자는 위험 상황이 일어났을 때 그것을 인식할 수 있다.

③ 안전장치는 필요할 때 정상 동작하지 않는 것으로 간주한다.

④ 장치 자체는 설계 및 제작 사양에 맞게 제작된 것으로 간주한다.

**27.** 다음 중 인간 – 기계 시스템을 3가지로 분류한 설명으로 틀린 것은?

① 자동 시스템에서는 인간요소를 고려하여야 한다.

② 자동 시스템에서 인간은 감시, 정비 유지, 프로그램 등의 작업을 담당한다.

③ 수동 시스템에서 기계는 동력원을 제공하고 인간의 통제 하에서 제품을 생산한다.

④ 기계 시스템에서는 동력기계화 체계와 고도로 통합된 부품으로 구성된다.

**28.** 다음 중 불(Bool) 대수의 정리를 나타낸 관계식으로 틀린 것은?

① $0 \cdot A = 0$

② $1 + A = 1$

③ $\overline{A} \cdot A = 1$

④ $A(A + B) = A$

**29.** 안전교육을 받지 못한 신입직원이 작업 중 전극을 반대로 끼우려고 시도했으나, 플러그의 모양이 반대로는 끼울 수 없도록 설계되어 있어서 사고를 예방할 수 있었다. 다음 중 작업자가 범한 에러와 이와 같은 사고 예방을 위해 적용된 안전설계 원칙으로 가장 적합한 것은?

CBT 따라하기
답안표기란
제2과목 ▼
26 ① ② ③ ④
27 ① ② ③ ④
28 ① ② ③ ④
29 ① ② ③ ④
30 ① ② ③ ④

① 누락(omission) 오류, fool proof 설계원칙

② 누락(omission) 오류, fail safe 설계원칙

③ 작위(commission) 오류, fool proof 설계원칙

④ 작위(commission) 오류, fail safe 설계원칙

**30.** 다음 중 점멸융합주파수에 대한 설명으로 옳은 것은?

① 암조응 시에는 주파수가 증가한다.

② 정신적으로 피로하면 주파수 값이 내려간다.

③ 휘도가 동일한 색은 주파수 값에 영향을 준다.

④ 주파수는 조명 강도의 대수치에 선형 반비례한다.

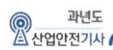
**31.** 다음 중 정량적 표시장치에 관한 설명으로 옳은 것은?

① 연속적으로 변화하는 양을 나타내는 데에는 일반적으로 아날로그보다 디지털 표시장치가 유리하다.

② 정확한 값을 읽어야 하는 경우 일반적으로 디지털보다 아날로그 표시장치가 유리하다.

③ 동침(moving pointer)형 아날로그 표시장치는 바늘의 진행 방향과 증감 속도에 대한 인식적인 암시 신호를 얻는 것이 불가능한 단점이 있다.

④ 동목(moving scale)형 아날로그 표시장치는 표시장치의 면적을 최소화할 수 있는 장점이 있다.

**32.** 중복 사상이 있는 FT(Fault Tree)에서 모든 컷셋(cut set)을 구한 경우에 최소 컷셋(minimal cut set)으로 옳은 것은?

① 모든 컷셋이 바로 최소 컷셋이다.

② 모든 컷셋에서 중복되는 컷셋만이 최소 컷셋이다.

③ 최소 컷셋은 시스템의 고장을 방지하는 기본 고장들의 집합이다.

④ 중복되는 사상의 컷셋 중 다른 컷셋에 포함되는 셋을 제거한 컷셋과 중복되지 않는 사상의 컷셋을 합한 것이 최소 컷셋이다.

**33.** 시스템 안전 프로그램에 대하여 안전 점검 기준에 따른 평가를 내리는 시점은 시스템의 수명주기 중 어느 단계인가?

① 구상단계      ② 설계단계
③ 생산단계      ④ 운전단계

**34.** 다음 중 수공구 설계의 기본원리로 가장 적절하지 않은 것은?

① 손잡이의 단면이 원형을 이루어야 한다.

② 정밀작업을 요하는 손잡이의 직경은 2.5~4cm으로 한다.

③ 일반적으로 손잡이의 길이는 95% tile 남성의 손 폭을 기준으로 한다.

④ 동력공구의 손잡이는 두 손가락 이상으로 작동하도록 한다.

CBT 따라하기
답안표기란
제2과목 ▼
31 ① ② ③ ④
32 ① ② ③ ④
33 ① ② ③ ④
34 ① ② ③ ④
35 ① ② ③ ④

**35.** 다음 중 개선의 ECRS의 원칙에 해당하지 않는 것은?

① 제거(Eliminate)

② 결합(Combine)

③ 재조정(Rearrange)

④ 안전(Safety)

**36.** 국내 규정상 최대 음압수준이 몇 dB(A)를 초과하는 충격소음에 노출되어서는 아니 되는가?

① 110      ② 120
③ 130      ④ 140

**37.** 다음 중 정량적 자료를 정성적 판독의 근거로 사용하는 경우로 볼 수 없는 것은?

① 미리 정해 놓은 몇 개의 한계 범위에 기초하여 변수의 상태나 조건을 판정할 때

② 목표로 하는 어떤 범위의 값을 유지하고자 할 때

③ 변화 경향이나 변화율을 조사하고자 할 때

④ 세부 형태를 확대하여 동일한 시각을 유지해 주어야 할 때

38. 휴식 중 에너지 소비량은 1.5kcal/min이고, 어떤 작업의 평균 소비량이 6kcal/min이라고 할 때 60분간 총 작업시간 내에 포함되어야 하는 휴식시간은 약 몇 분 인가? (단, 기초대사를 포함한 작업에 대한 평균 에너지 소비량의 상한은 5kcal/min이다.)

① 10.3
② 11.3
③ 12.3
④ 13.3

39. A사의 안전관리자는 자사 화학설비의 안전성 평가를 위해 제2단계인 정성적 평가를 진행하기 위하여 평가 항목 대상을 분류하였다. 다음 주요 평가 항목 중에서 성격이 다른 것은?

① 건조물
② 공장 내 배치
③ 입지조건
④ 취급물질

40. 다음 중 인간공학을 나타내는 용어로 적절하지 않은 것은?

① ergonomics
② human factors
③ human engineering
④ customize engineering

## 제3과목 : 기계·기구 및 설비 안전 관리

CBT 따라하기
답안표기란
제3과목 ▼
| 38 | ① ② ③ ④ |
| 39 | ① ② ③ ④ |
| 40 | ① ② ③ ④ |
| 41 | ① ② ③ ④ |
| 42 | ① ② ③ ④ |

41. 기계설비의 안전조건 중 외형의 안전화에 해당하는 것은?

① 기계의 안전기능을 기계설비에 내장하였다.
② 페일 세이프 및 풀 프루프의 기능을 가지는 장치를 적용하였다.
③ 강도의 열화를 고려하여 안전율을 최대로 고려하여 설계하였다.
④ 작업자가 접촉할 우려가 있는 기계의 회전부에 덮개를 씌우고 안전색채를 사용하였다.

42. 지게차의 헤드가드에 관한 기준으로 틀린 것은?

① 4톤 이하의 지게차에서 헤드가드의 강도는 지게차 최대하중의 2배 값의 등분포정하중에 견딜 수 있을 것
② 상부틀의 각 개구의 폭 또는 길이가 25cm 미만일 것
③ 운전자가 서서 조작하는 방식의 지게차의 헤드가드의 높이는 1,905mm 이상일 것
④ 운전자가 앉아서 조작하는 방식의 지게차의 헤드가드의 높이는 903mm 이상일 것

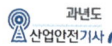
43. 이상온도, 이상기압, 과부하 등 기계의 부하가 안전 한계치를 초과하는 경우에 이를 감지하고 자동으로 안전상태가 되도록 조정하거나 기계의 작동을 중지시키는 방호장치는?

① 감지형 방호장치
② 접근거부형 방호장치
③ 위치제한형 방호장치
④ 접근반응형 방호장치

44. 산업용 로봇에 사용되는 안전 매트의 종류 및 일반구조에 관한 설명으로 틀린 것은?

① 안전매트의 종류는 연결사용 가능 여부에 따라 단일 감지기와 복합 감지기가 있다.
② 단선경보장치가 부착되어 있어야 한다.
③ 감응시간을 조절하는 장치가 부착되어 있어야 한다.
④ 감응도 조절장치가 있는 경우 봉인되어 있어야 한다.

45. 두께 2mm이고 치진폭이 2.5mm인 목재가공용 둥근톱에서 반발예방장치 분할날의 두께(t)로 적절한 것은?

① 2.2mm ≦ t < 2.5mm
② 2.0mm ≦ t < 3.5mm
③ 1.5mm ≦ t < 2.5mm
④ 2.5mm ≦ t < 3.5mm

46. 산업안전보건법상 유해·위험방지를 위한 방호조치를 하지 아니하고는 양도, 대여, 설치 또는 사용에 제공하거나, 양도·대여를 목적으로 진열해서는 아니 되는 기계·기구가 아닌 것은?

① 예초기
② 진공포장기
③ 원심기
④ 롤러기

CBT 따라하기
답안표기란
제3과목 ▼
43 ① ② ③ ④
44 ① ② ③ ④
45 ① ② ③ ④
46 ① ② ③ ④
47 ① ② ③ ④
48 ① ② ③ ④

47. 다음 (    ) 안에 들어갈 용어로 알맞은 것은?

> 사업주는 보일러의 과열을 방지하기 위하여 최고 사용 압력과 상용 압력 사이에서 보일러의 버너연소를 차단할 수 있도록 (    )을(를) 부착하여 사용하여야 한다.

① 고저수위 조절장치
② 압력방출장치
③ 압력제한스위치
④ 파열판

48. 플레이너 작업 시의 안전대책이 아닌 것은?

① 베드 위에 다른 물건을 올려놓지 않는다.
② 바이트는 되도록 짧게 나오도록 설치한다.
③ 프레임 내의 피트(pit)에는 뚜껑을 설치한다.
④ 칩 브레이커를 사용하여 칩이 길게 되도록 한다.

**49.** 드릴링 머신에 드릴의 지름이 20mm이고, 원주 속도가 62.8m/min 일 때 드릴의 회전 수는 약 몇 rpm 인가?

① 500　　　　　② 1000

③ 2000　　　　④ 3000

**50.** 지게차의 안정을 유지하기 위한 안정도 기준으로 틀린 것은?

① 5톤 미만의 부하 상태에서 하역작업 시의 전후 안정도는 4% 이내이어야 한다.

② 부하 상태에서 하역작업시의 좌우 안정도는 10% 이내이어야 한다.

③ 무부하 상태에서 주행 시의 좌우 안정도는(15 + 1.1×V)% 이내이어야 한다. (단, V는 구내최고속도[km/h])

④ 부하 상태에서 주행 시 전후 안정도는 18% 이내이어야 한다.

**51.** 컨베이어 작업시작 전 점검사항에 해당하지 않은 것은?

① 브레이크 및 클러치 기능의 이상 유무

② 비상정지장치 기능의 이상 유무

③ 이탈 등의 방지장치 기능의 이상 유무

④ 원동기 풀리 기능의 이상 유무

**52.** 보일러에서 압력방출장치가 2개 설치된 경우 최고 사용압력이 1MPa일 때 압력방출장치의 설정 방법으로 가장 옳은 것은?

① 2개 모두 1.1MPa 이하에서 작동되도록 설정하였다.

② 하나는 1MPa 이하에서 작동되고 나머지는 1.1MPa 이하에서 작동되도록 설정하였다.

③ 하나는 1MPa 이하에서 작동되고 나머지는 1.05MPa 이하에서 작동되도록 설정하였다.

④ 2개 모두 1.05MPa 이하에서 작동되도록 설정하였다.

**53.** 보기와 같은 기계요소가 단독으로 발생시키는 위험점은?

> **[보기]**
> 밀링커터, 둥근 톱날

① 협착점　　　　② 끼임점

③ 절단점　　　　④ 물림점

**54.** 아세틸렌 용접장치를 사용하여 금속의 용접·용단 또는 가열작업을 하는 경우 아세틸렌을 발생시키는 게이지 압력은 최대 몇 kPa 이하이어야 하는가?

① 17　　　　　　② 88

③ 127　　　　　④ 210

**55.** 다음 목재가공용 기계에 사용되는 방호 장치의 연결이 옳지 않은 것은?

① 둥근톱기계 : 톱날접촉예방장치

② 띠톱기계 : 날접촉예방장치

③ 모떼기계 : 날접촉예방장지

④ 동력식 수동대패기계 : 반발예방장치

**CBT 따라하기**
**답안표기란**

| 제3과목 | ▼ |
|---|---|
| 49 | ① ② ③ ④ |
| 50 | ① ② ③ ④ |
| 51 | ① ② ③ ④ |
| 52 | ① ② ③ ④ |
| 53 | ① ② ③ ④ |
| 54 | ① ② ③ ④ |
| 55 | ① ② ③ ④ |

제1회

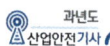

56. 다음 중 아세틸렌 용접장치에서 역화의 원인으로 가장 거리가 먼 것은?

① 아세틸렌의 공급 과다
② 토치 성능의 부실
③ 압력조정기의 고장
④ 토치 팁에 이물질이 묻은 경우

57. 크레인의 로프에 질량 100kg인 물체를 5m/s²의 가속도로 감아올릴 때, 로프에 걸리는 하중은 약 몇 N인가?

① 500N
② 1480N
③ 2540N
④ 4900N

58. 다음 중 산업안전보건 법령상 연삭숫돌을 사용하는 작업의 안전 수칙으로 틀린 것은?

① 연삭숫돌을 사용하는 경우 작업 시작 전과 연삭숫돌을 교체한 후에는 1분 정도 시운전을 통해 이상 유무를 확인한다.
② 회전 중인 연삭숫돌이 근로자에게 위험을 미칠 우려가 있는 경우에 그 부위에 덮개를 설치하여야 한다.
③ 연삭숫돌의 최고 사용회전속도를 초과하여 사용하여서는 안 된다.
④ 측면을 사용하는 목적으로 하는 연삭숫돌 이외에는 측면을 사용해서는 안 된다.

59. 압력용기 등에 설치하는 안전밸브에 관련한 설명으로 옳지 않은 것은?

① 안지름이 150mm를 초과하는 압력용기에 대해서는 과압에 따른 폭발을 방지하기 위하여 규정에 맞는 안전밸브를 설치해야 한다.
② 급성 독성물질이 지속적으로 외부에 유출될 수 있는 화학설비 및 그 부속설비에는 파열판과 안전밸브를 병렬로 설치한다.
③ 안전밸브는 보호하려는 설비의 최고 사용압력 이하에서 작동되도록 하여야 한다.
④ 안전밸브의 배출용량은 그 작동원인에 따라 각각의 소요분출량을 계산하여 가장 큰 수치를 해당 안전밸브의 배출용량으로 하여야 한다.

CBT 따라하기
답안표기란
제3과목 ▼

| 56 | ① ② ③ ④ |
| 57 | ① ② ③ ④ |
| 58 | ① ② ③ ④ |
| 59 | ① ② ③ ④ |
| 60 | ① ② ③ ④ |

60. 프레스기의 비상정지스위치 작동 후 슬라이드가 하사점까지 도달시간이 0.15초 걸렸다면 양수기동식 방호장치의 안전거리는 최소 몇 cm 이상이어야 하는가?

① 24
② 240
③ 15
④ 150

## 제4과목 : 전기설비 안전 관리

**61.** 교류 아크 용접기의 자동전격방지장치는 전격의 위험을 방지하기 위하여 아크 발생이 중단된 후 약 1초 이내에 출력측 무부하 전압을 자동적으로 몇 V 이하로 저하시켜야 하는가?

① 85       ② 70

③ 50       ④ 25

**62.** 다음은 무슨 현상을 설명한 것인가?

> 전위차가 있는 2개의 대전체가 특정거리에 접근하게 되면 등전위가 되기 위하여 전하가 절연공간을 깨고 순간적으로 빛과 열을 발생하며 이동하는 현상

① 대전       ② 충전

③ 방전       ④ 열전

**63.** 정전작업 시 작업 전 조치하여야 할 실무 사항으로 틀린 것은?

① 단락 접지기구의 철거

② 잔류전하의 방전

③ 검전기에 의한 정전확인

④ 개로개폐기의 잠금 또는 표시

**64.** 이탈전류에 대한 설명으로 옳은 것은?

① 손발을 움직여 충전부로부터 스스로 이탈할 수 있는 전류

② 충전부에 접촉했을 때 근육이 수축을 일으켜 자연히 이탈되는 전류의 크기

③ 누전에 의해 전류가 선로로부터 이탈되는 전류로서 측정기를 통해 측정 가능한 전류

④ 충전부에 사람이 접촉했을 때 누전차단기가 작동하여 사람이 감전되지 않고 이탈할 수 있도록 정한 차단기의 작동전류

**65.** 피뢰기가 갖추어야 할 이상적인 성능 중 잘못된 것은?

① 제한전압이 낮아야 한다.

② 반복동작이 가능하여야 한다.

③ 충격방전 개시전압이 높아야 한다.

④ 뇌전류의 방전능력이 크고 속류의 차단이 확실하여야 한다.

**66.** 부도체의 대전은 도체의 대전과는 달리 복잡해서 폭발, 화재의 발생한계를 추정하는데 충분한 유의가 필요하다. 다음 중 유의가 필요한 경우가 아닌 것은?

① 대전 상태가 매우 불균일한 경우

② 대전량 또는 대전의 극성이 매우 변화하는 경우

③ 부도체 중에 국부적으로 도전율이 높은 곳이 있고, 이것이 대전한 경우

④ 대전되어 있는 부도체의 뒷면 또는 근방에 비접시 도체가 있는 경우

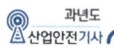
67. 전기설비에 접지를 하는 목적에 대하여 틀린 것은?

① 누설전류에 의한 감전방지
② 낙뢰에 의한 피해방지
③ 지락 사고 시 대지전위 상승 유도 및 절연강도 증가
④ 지락 사고 시 보호계전기 신속 동작

68. 전동기계, 기구에 설치하는 작업자의 감전 방지용 누전차단기의 ① 정격감도전류 (mA) 및 ② 동작시간(초)의 최대 값은?

① ① 10      ② 0.03
② ① 20      ② 0.01
③ ① 30      ② 0.03
④ ① 50      ② 0.1

69. 방폭전기설비의 용기내부에 보호가스를 압입하여 내부압력을 유지함으로써 폭발성가스 또는 증기가 내부로 유입하지 않도록 된 방폭구조는?

① 내압 방폭구조
② 압력 방폭구조
③ 안전증 방폭구조
④ 유입 방폭구조

70. 피뢰침의 제한전압이 800kV, 충격절연강도가 1260kV라 할 때, 보호 여유도는 몇 %인가?

① 33.3
② 47.3
③ 57.5
④ 62.5

71. 사용전압이 154(kV)인 모선에 접속되는 전력용 커패시터에 울타리를 시설하는 경우 울타리의 높이와 울타리로부터 충전부분까지 거리의 합계는 몇(m) 이상으로 하여야 하는가?

① 2      ② 3
③ 5      ④ 6

72. 근로자가 노출된 충전부 또는 그 부근에서 작업함으로써 감전될 우려가 있는 경우에는 작업에 들어가기 전에 해당 전로를 차단하여야 하나 전로를 차단하지 않아도 되는 예외 기준이 있다. 그 예외 기준이 아닌 것은?

① 생명 유지 장치, 비상경보설비, 폭발 위험장소의 환기설비, 비상조명설비 등의 장치·설비의 가동이 중지되어 사고의 위험이 증가되는 경우
② 관리감독자를 배치하여 짧은 시간 내에 작업을 완료할 수 있는 경우
③ 기기의 설계상 또는 작동 상 제한으로 전로 차단이 불가능한 경우
④ 감전, 아크 등으로 인한 화상, 화재·폭발의 위험이 없는 것으로 확인된 경우

73. 다음 중 부하전류 차단이 불가능한 전력 개폐 장치는?

① 진공차단기
② 유입차단기
③ 단로기
④ 가스차단기

CBT 따라하기
답안표기란
제4과목 ▼
67 ① ② ③ ④
68 ① ② ③ ④
69 ① ② ③ ④
70 ① ② ③ ④
71 ① ② ③ ④
72 ① ② ③ ④
73 ① ② ③ ④

**74.** 돌침, 수평도체, 메시도체의 요소 중에 한 가지 또는 이를 조합한 형식으로 시설하는 것은?

① 접지극시스템
② 수뢰부시스템
③ 내부피뢰시스템
④ 인하도선시스템

**75.** 큰 고장전류가 구리 소재의 접지도체를 통하여 흐르지 않을 경우 접지도체의 최소 단면적은 몇(mm²) 이상이어야 하는가? (단, 접지도체에 피뢰시스템이 접속되지 않은 경우이다.)

① 0.75
② 2.5
③ 6
④ 16

**76.** 다음의 괄호에 들어갈 내용으로 옳은 것은?

> 과전류차단기로 시설하는 퓨즈 중 고압 전로에 사용하는 비포장퓨즈는 정격전류의 ( ⓐ )배의 전류에 견디고 또한 2배의 전류로 ( ⓑ )분 안에 용단되는 것이어야 한다.

① ⓐ 1.1   ⓑ 1
② ⓐ 1.2   ⓑ 1
③ ⓐ 1.25  ⓑ 2
④ ⓐ 1.3   ⓑ 2

**77.** 정전기에 관련한 설명으로 잘못된 것은?

① 정전유도에 의한 힘은 반발력이다.
② 발생한 정전기와 완화한 정전기의 차가 마찰을 받은 물체에 축적되는 현상을 대전이라 한다.
③ 같은 부호의 전하는 반발력이 작용한다.
④ 겨울철에 나일론소재 셔츠 등을 벗을 때 경험한 부착현상이나 스파크 발생은 박리대전현상이다.

**CBT 따라하기**
**답안표기란**

제4과목 ▼

| | | | |
|---|---|---|---|
| 74 | ① | ② | ③ | ④ |
| 75 | ① | ② | ③ | ④ |
| 76 | ① | ② | ③ | ④ |
| 77 | ① | ② | ③ | ④ |
| 78 | ① | ② | ③ | ④ |
| 79 | ① | ② | ③ | ④ |
| 80 | ① | ② | ③ | ④ |

**78.** 다음 중 1종 위험장소로 분류되지 않는 것은?

① Floating roof tank 상의 shell 내의 부분
② 인화성 액체의 용기 내부의 액면 상부의 공간부
③ 점검수리 작업에서 가연성 가스 또는 증기를 방출하는 경우의 밸브 부근
④ 탱크롤리, 드럼관 등이 인화성 액체를 충전하고 있는 경우의 개구부 부근

**79.** 방폭 전기기기의 화염일주한계에 의한 분류 중 화염일주한계가 0.5mm 초과 0.9mm 미만인 경우 해당되는 내압 방폭구조의 전기기기는?

① ⅡA
② ⅡB
③ ⅡC
④ ⅡD

**80.** 어떤 부도체에서 정전용량이 10[pF]이고, 전압이 5000[V]일 때 전하량은?

① $2 \times 10^{-14}$[C]
② $2 \times 10^{-8}$[C]
③ $5 \times 10^{-8}$[C]
④ $5 \times 10^{-2}$[C]

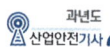
## 제5과목 : 화학설비 안전 관리

**81.** 다음 중 위험물질에 대한 저장방법으로 적절하지 않은 것은?

① 탄화칼슘은 물속에 저장한다.
② 벤젠은 산화성 물질과 격리시킨다.
③ 금속나트륨은 석유 속에 저장한다.
④ 질산은 통풍이 잘되는 곳에 보관하고 물기와의 접촉을 금한다.

**82.** 다음 중 산업안전보건법상 공정안전보고서의 제출대상이 아닌 것은?

① 원유 정제처리업
② 석유정제물 재처리업
③ 화약 및 불꽃제품 제조업
④ 복합비료의 단순혼합 제조업

**83.** 산업안전보건 법령상에 따라 대상 설비에 설치된 안전밸브 또는 파열판에 대해서는 일정 검사주기마다 적정하게 작동하는지를 검사하여야 하는데 다음 중 설치 구분에 따른 검사주기가 올바르게 연결된 것은?

① 화학공정 유체와 안전밸브의 디스크 또는 시트가 직접 접촉될 수 있도록 설치된 경우 : 2년마다 1회 이상
② 화학공정 유체와 안전밸브의 디스크 또는 시트가 직접 접촉될 수 있도록 설치된 경우 : 매년 1회 이상
③ 안전밸브 전단에 파열판이 설치된 경우 : 2년마다 1회 이상
④ 안전밸브 전단에 파열판이 설치된 경우 : 5년마다 1회 이상

**84.** 다음 중 메타인산($HPO_3$)에 의한 방진효과를 가진 분말소화약제의 종류는?

① 제1종 분말소화약제
② 제2종 분말소화약제
③ 제3종 분말소화약제
④ 제4종 분말소화약제

**85.** 다음 중 증기운 폭발에 대한 설명으로 옳은 것은?

① 폭발효율은 BLEVE 보다 크다.
② 증기운의 크기가 증가하면 점화 확률이 높아진다.
③ 증기운 폭발의 방지 대책으로 가장 좋은 방법은 점화 방지용 안전장치의 설치이다.
④ 증기와 공기의 난류 혼합, 방출점으로부터 먼 지점에서 증기운의 점화는 폭발의 충격을 감소시킨다.

**86.** 다음 중 파열판과 스프링식 안전밸브를 직렬로 설치해야 할 경우가 아닌 것은?

① 부식물질로부터 스프링식 안전밸브를 보호하고자 할 때
② 독성이 매우 강한 물질을 취급 시 완벽하게 격리를 할 때
③ 스프링식 안전밸브에 막힘을 유발시킬 수 있는 슬러리를 방출시킬 때
④ 릴리프 장치가 작동 후 방출라인이 개방되어야 할 때

**87.** 다음 중 자연발화를 방지하기 위한 일반적인 방법으로 적절하지 않은 것은?

① 주위의 온도를 낮춘다.
② 공기의 출입을 방지하고 밀폐시킨다.
③ 습도가 높은 곳에는 저장하지 않는다.
④ 황린의 경우 산소와의 접촉을 피한다.

**CBT 따라하기**
답안표기란
제5과목 ▼

| 81 | ① ② ③ ④ |
| 82 | ① ② ③ ④ |
| 83 | ① ② ③ ④ |
| 84 | ① ② ③ ④ |
| 85 | ① ② ③ ④ |
| 86 | ① ② ③ ④ |
| 87 | ① ② ③ ④ |

88. 산업안전보건 법령상 위험물 또는 위험물이 발생하는 물질을 가열·건조하는 경우 내용적이 얼마인 건조설비는 건조실을 설치하는 건축물의 구조를 독립된 단층 건물로 하여야 하는가?

① $0.3m^3$ 이하
② $0.3m^3 \sim 0.5m^3$
③ $0.5m^3 \sim 0.75m^3$
④ $1m^3$ 이상

89. 다음 중 분진 폭발에 관한 설명으로 틀린 것은?

① 폭발한계 내에서 분진의 휘발성분이 많을수록 폭발하기 쉽다.
② 분진이 발화 폭발하기 위한 조건은 가연성, 미분상태, 공기 중에서의 교반과 유동 및 점화원의 존재이다.
③ 가스폭발과 비교하여 연소의 속도나 폭발의 압력이 크고, 연소시간이 짧으며, 발생에너지가 크다.
④ 폭발한계는 입자의 크기, 입도분포, 산소농도, 함유수분, 가연성가스의 혼입 등에 의해 같은 물질의 분진에서도 달라진다.

90. 다음 중 관의 지름을 변경하고자 할 때 필요한 관부속품은?

① reducer
② elbow
③ plug
④ valve

91. 가스를 화학적 특성에 따라 분류할 때 독성 가스가 아닌 것은?

① 황화수소($H_2S$)
② 시안화수소(HCN)
③ 이산화탄소($CO_2$)
④ 산화에틸렌($C_2H_4O$)

CBT 따라하기
답안표기란
제5과목 ▼
88 ① ② ③ ④
89 ① ② ③ ④
90 ① ② ③ ④
91 ① ② ③ ④
92 ① ② ③ ④
93 ① ② ③ ④

92. 가스누출감지경보기의 선정기준, 구조 및 설치 방법에 관한 설명으로 옳지 않은 것은?

① 암모니아를 제외한 가연성가스 누출감지경보기는 방폭 성능을 갖는 것이어야 한다.
② 독성가스 누출감지경보기는 해당 독성가스 허용농도의 25% 이하에서 경보가 울리도록 설정하여야 한다.
③ 하나의 감지대상가스가 가연성이면서 독성인 경우에는 독성가스를 기준하여 가스누출감지경보기를 선정하여야 한다.
④ 건축물 내에 설치되는 경우, 감지대상가스의 비중이 공기보다 무거운 경우에는 건축물 내의 하부에 설치하여야 한다.

93. 산업안전보건기준에 관한 규칙에서 규정하고 있는 산화성액체 또는 산화성 고체에 해당하지 않는 것은?

① 염소산
② 피크린산
③ 과망간산
④ 과산화수소

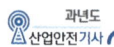
94. 다음 중 $CF_3Br$ 소화약제를 가장 적절하게 표현한 것은?

① 하론 1031    ② 하론 1211
③ 하론 1301    ④ 하론 2402

95. 에틸에테르와 에틸알콜이 3 : 1로 혼합증기의 몰비가 각각 0.75, 0.25이고, 에틸에테르와 에틸알콜의 폭발하한 값이 각각 1.9vol%, 4.3vol%일 때 혼합가스의 폭발하한 값은 약 몇 vol%인가?

① 2.2vol%    ② 3.5vol%
③ 22.0vol%    ④ 34.7vol%

96. 유류저장탱크에서 화염의 차단을 목적으로 외부에 증기를 방출하기도 하고 탱크 내 외기를 흡입하기도 하는 부분에 설치하는 안전장치는?

① ventstack
② safety valve
③ gate valve
④ flame arrestor

97. 폭발원인물질의 물리적 상태에 따라 구분할 때 기상폭발(gas explosion)에 해당되지 않는 것은?

① 분진폭발
② 응상폭발
③ 분무폭발
④ 가스폭발

98. 다음 중 완전연소 조성 농도가 가장 낮은 것은?

① 메탄($CH_4$)
② 프로판($C_3H_8$)
③ 부탄($C_4H_{10}$)
④ 아세틸렌($C_2H_2$)

99. 압축기와 송풍기의 관로에 심한 공기의 맥동과 진동을 발생하면서 불안정한 운전이 되는 서어징(surging) 현상의 방지법으로 옳지 않은 것은?

① 풍량을 감소시킨다.
② 배관의 경사를 완만하게 한다.
③ 교축밸브를 기계에서 멀리 설치한다.
④ 토출가스를 흡입측에 바이패스 시키거나 방출밸브에 의해 대기로 방출시킨다.

100. 산업안전보건기준에 관한 규칙에서 규정하고 있는 급성독성물질의 정의에 해당되지 않는 것은?

① 가스 $LC_{50}$(쥐, 4시간 흡입)이 2500ppm 이하인 화학물질
② $LD_{50}$(경구, 쥐)이 킬로그램당 300밀리그램 - (체중) 이하인 화학물질
③ $LD_{50}$(경피, 쥐)이 킬로그램당 1000밀리그램 - (체중) 이하인 화학물질
④ $LD_{50}$(경피, 토끼)이 킬로그램당 2000밀리그램 - (체중) 이하인 화학물질

CBT 따라하기
답안표기란
제5과목 ▼
94 ① ② ③ ④
95 ① ② ③ ④
96 ① ② ③ ④
97 ① ② ③ ④
98 ① ② ③ ④
99 ① ② ③ ④
100 ① ② ③ ④

## 제6과목 : 건설공사 안전 관리

**101.** 차량계 하역운반기계의 안전조치사항 중 옳지 않은 것은?

① 최대제한속도가 시속 10km를 초과하는 차량계 건설기계를 사용하여 작업을 하는 경우 미리 작업장소의 지형 및 지반상태 등에 적합한 제한속도를 정하고, 운전자로 하여금 준수하도록 할 것

② 차량계 건설기계의 운전자가 운전위치를 이탈하는 경우 해당 운전자로 하여금 포크 및 버킷 등의 하역 장치를 가장 높은 위치에 둘 것

③ 차량계 하역운반기계 등에 화물을 적재하는 경우 하중이 한쪽으로 치우치지 않도록 적재할 것

④ 차량계 건설기계를 사용하여 작업을 하는 경우 승차석이 아닌 위치에 근로자를 탑승시키지 말 것

**102.** 터널 지보공을 조립하거나 변경하는 경우에 조치하여야 하는 사항으로 옳지 않은 것은?

① 주재를 구성하는 1세트의 부재는 동일 평면 내에 배치할 것

② 목재의 터널 지보공은 그 터널 지보공의 각 부재의 긴압 정도가 위치에 따라 차이나도록 할 것

③ 기둥에는 침하를 방지하기 위하여 받침목을 사용하는 등의 조치를 할 것

④ 강(鋼) 아치 지보공의 조립은 연결볼트 및 띠장 등을 사용하여 주재 상호 간을 튼튼하게 연결할 것

**103.** 악천후 및 강풍 시 타워크레인의 운전작업을 중지해야 할 순간풍속 기준으로 옳은 것은?

① 초당 10m를 초과

② 초당 15m를 초과

③ 초당 20m를 초과

④ 초당 30m를 초과

**104.** 다음 중 토사 붕괴의 내적 원인인 것은?

① 토석의 강도 저하

② 사면법면의 기울기 증가

③ 절토 및 성토 높이 증가

④ 공사에 의한 진동 및 반복 하중 증가

**105.** 이동식 비계를 조립하여 작업을 하는 경우에 작업발판의 최대적재하중은 몇 kg을 초과하지 않도록 해야 하는가?

① 150kg  ② 200kg

③ 250kg  ④ 300kg

**106.** 작업장으로 통하는 장소 또는 작업장 내에 근로자가 사용할 통로설치에 대한 준수사항 중 다음 ( ) 안에 알맞은 숫자는?

> • 통로의 주요 부분에는 통로표시를 하고, 근로자가 안전하게 통행할 수 있도록 해야 한다.
> • 통로면으로부터 높이 ( )m 이내에는 장애물이 없도록 하여야 한다.

① 2  ② 3

③ 4  ④ 5

CBT 따라하기

**답안표기란**

| 제6과목 ▼ |
| --- |
| 101 ① ② ③ ④ |
| 102 ① ② ③ ④ |
| 103 ① ② ③ ④ |
| 104 ① ② ③ ④ |
| 105 ① ② ③ ④ |
| 106 ① ② ③ ④ |

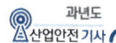

107. 표준 관입 시험에서 30cm 관입에 필요한 타격 횟수(N)가 50 이상일 때 모래의 상대 밀도는 어떤 상태인가?

① 몹시 느슨하다.
② 느슨하다.
③ 보통이다.
④ 대단히 조밀하다.

108. 지표면에서 소정의 위치까지 파내려 간 후 구조물을 축조하고 되메운 후 지표면을 원상태로 복구시키는 공법은?

① NATM 공법
② 개착식 터널공법
③ TBM 공법
④ 침매공법

109. 깊이 10.5m 이상의 굴착의 경우 계측기기를 설치하여 흙막이 구조의 안전을 예측하여야 한다. 이에 해당하지 않는 계측기기는?

① 수위계    ② 경사계
③ 응력계    ④ 지진 가속도계

110. 이동식 크레인을 사용하여 작업을 할 때 작업시작 전 점검사항이 아닌 것은?

① 주행로의 상측 및 트롤리(trolley)가 횡행하는 레일의 상태
② 권과방지장치 그 밖의 경보장치의 기능
③ 브레이크·클러치 및 조정장치의 기능
④ 와이어로프가 통하고 있는 곳 및 작업장소의 지반상태

111. 흙막이 지보공을 설치하였을 경우 정기적으로 점검해야 하는 사항과 가장 거리가 먼 것은?

① 부재의 접속부 부착부 및 교차부의 상태
② 버팀대의 긴압(緊壓)의 정도
③ 지표수의 흐름 상태
④ 부재의 손상·변형·부식·변위 및 탈락의 유무와 상태

| CBT 따라하기 | | | |
|---|---|---|---|
| 답안표기란 | | | |
| 제6과목 | | | ▼ |
| 107 | ① | ② ③ ④ |
| 108 | ① | ② ③ ④ |
| 109 | ① | ② ③ ④ |
| 110 | ① | ② ③ ④ |
| 111 | ① | ② ③ ④ |
| 112 | ① | ② ③ ④ |
| 113 | ① | ② ③ ④ |

112. 건축물의 해체공사에 대한 설명으로 틀린 것은?

① 압쇄기와 대형 브레이커(Breaker)는 파워쇼벨 등에 설치하여 사용한다.
② 철제 햄머(Hammer)는 크레인 등에 설치하여 사용한다.
③ 핸드 브레이커(Hand breaker) 사용 시 수직보다는 경사를 주어 파쇄하는 것이 좋다.
④ 절단톱의 회전날에는 접촉방지 커버를 설치해야 한다.

113. 말비계를 조립하여 사용할 때의 준수사항으로 옳지 않은 것은?

① 지주부재의 하단에는 미끄럼 방지장치를 한다.
② 지주부재와 수평면과의 기울기는 75° 이하로 한다.
③ 말비계의 높이가 2m를 초과할 경우에는 작업발판의 폭을 30cm 이상으로 한다.
④ 지주부재와 지주부재 사이를 고정시키는 보조부재를 설치한다.

**114.** 차량계 건설기계 작업 시 기계의 전도, 전락 등에 의한 근로자의 위험을 방지하기 위한 유의사항과 거리가 먼 것은?

① 변속기능의 유지
② 갓길의 붕괴방지
③ 도로의 폭 유지
④ 지반의 부동침하방지

**115.** 건립 중 강풍에 의한 풍압 등 외압에 대한 내력이 설계에 고려되었는지 확인하여야 하는 철골구조물의 기준으로 옳지 않은 것은?

① 높이 20m 이상의 구조물
② 구조물의 폭과 높이의 비가 1 : 4 이상인 구조물
③ 이음부가 공장 제작인 구조물
④ 연면적당 철골량이 50kg/m² 이하인 구조물

**116.** 보일링(Boiling) 현상에 관한 설명으로 옳지 않은 것은?

① 지하수위가 높은 모래 지반을 굴착할 때 발생하는 현상이다.
② 보일링 현상에 대한 대책의 일환으로 공사기간 중 지하수위를 일정하게 유지시켜야 한다.
③ 보일링 현상이 발생하는 경우 흙막이보는 지지력이 저하된다.
④ 아랫 부분의 토사가 수압을 받아 굴착한 곳으로 밀려나와 굴착부분을 다시 메우는 현상이다.

**117.** 다음은 가설통로를 설치하는 경우의 준수사항이다. 빈 칸에 알맞은 수치를 고르면?

> 건설공사에 사용하는 높이 8미터 이상인 비계다리에는 ( )미터 이내마다 계단참을 설치할 것

① 7
② 6
③ 5
④ 4

**118.** 철골작업을 할 때 악천후에는 작업을 중지토록 하여야 하는 그 기준으로 옳은 것은?

① 강설량이 분당 1cm 이상인 경우
② 강우량이 시간당 1cm 이상인 경우
③ 풍속이 초당 10m 이상인 경우
④ 기온이 35℃ 이상인 경우

**119.** 건설업 산업안전보건관리비 계상 및 사용기준(고용노동부 고시)은 산업재해보상보험법의 적용을 받는 공사 중 총 공사금액이 얼마 이상인 공사에 적용하는가?

① 4천만 원
② 3천만 원
③ 2천만 원
④ 1천만 원

**120.** 추락재해에 대한 예방차원에서 고소작업의 감소를 위한 근본적인 대책으로 옳은 것은?

① 방망 설치
② 지붕트러스의 일체화 또는 지상에서 조립
③ 안전대 사용
④ 비계 등에 의한 작업대 설치

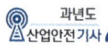 

## ≫ 정답 및 해설

제1과목 **산업재해 예방 및 안전보건교육**

## 01 ①

해설 **근로자 정기안전·교육 내용**
① 산업안전 및 산업재해 예방에 관한 사항(화재·폭발 사고 발생 시 대피에 관한 사항을 포함한다)
② 산업보건 및 건강장해 예방에 관한 사항(폭염·한파작업으로 인한 건강장해 발생 시 응급조치에 관한 사항을 포함한다)
③ 유해·위험 작업환경 관리에 관한 사항
④ 산업안전보건법령 및 산업재해보상보험제도에 관한 사항
⑤ 직무스트레스 예방 및 관리에 관한 사항
⑥ 직장 내 괴롭힘, 고객의 폭언 등으로 인한 건강장해 예방 및 관리에 관한 사항
⑦ 건강증진 및 질병 예방에 관한 사항
⑧ 위험성 평가에 관한 사항

**공통 항목(관리감독자, 근로자)**
1. 근로자는 법, 산재보상제도를 알자.
2. 근로자는 건강을 보존(산업보건)하고 건강장해, 스트레스, 괴롭힘, 폭언 예방하자!
3. 근로자는 유해위험 환경을 관리해서 안전하고 산업재해 예방하자!
4. 근로자는 위험성을 평가하자!
**근로자 정기교육의 특징**
1. 근로자는 건강증진하고 질병예방하자!

## 02 ①

해설 **TWI 교육과정**
① 작업 방법 기법(Job Method Training : JMT)
② 작업 지도 기법(Job Instruction Training : JIT)
③ 인간 관계관리 기법 or 부하통솔법
(Job Relations Training : JRT)
④ 작업 안전 기법(Job Safety Training : JST)

## 03 ④

해설 **금지표지의 종류**
① 출입 금지　　　② 보행 금지
③ 차량 통행금지　　④ 사용 금지
⑤ 탑승 금지　　　⑥ 금연
⑦ 화기 금지　　　⑧ 물체 이동금지

## 04 ④

해설 ① 자유분방
② 비판금지
③ 대량발언
④ 수정발언 : 타인의 아이디어를 활용하여 변형한 의견을 제시한다.

참고 **브레인스토밍의 4원칙**
• 비판금지 : 좋다, 나쁘다 비판은 하지 않는다.
• 자유분방 : 마음대로 자유로이 발언한다.
• 대량발언 : 무엇이든 좋으니 많이 발언한다.
• 수정발언 : 타인의 생각에 동참하거나 보충 발언해도 좋다.

## 05 ②

해설 신체가 절단된 직접 원인은 기계에 끼임이 원인이므로 재해 발생형태는 '끼임'이 된다.

## 06 ②

해설 **재해통계 방법**
① 파레토도(polygon) : 사고 유형, 기인물 등 데이터를 분류하여 그 항목값이 큰 순서대로 정리하여 막대그래프로 나타낸다.
② 특성요인도(cause & effect diagram) : 재해와 그 요인의 관계를 어골상으로 세분화하여 나타낸다.
③ 크로스(cross) 분석 : 2가지 또는 2개 항목 이상의 요인이 상호관계를 유지할 때 문제를 분석하는데 사용된다.
④ 관리도(control chart) : 시간경과에 따른 재해 발생 건수 등 대략적인 추이 파악에 사용된다.

## 07 ①

해설 안전인증 절연장갑에는 안전인증의 표시 외에 다음 각목의 내용을 추가로 표시해야 한다.
㉮ 등급별 사용전압
㉯ 등급별 색상
• 00등급 : 갈색　　• 0등급 : 빨간색
• 1등급 : 흰색　　• 2등급 : 노란색
• 3등급 : 녹색　　• 4등급 : 등색

**공갈 공적, 1백, 2황(노란색), 3녹, 4등**

## 08 ④

> [해설]

| X이론(저차원 이론) | Y이론(고차원 이론) |
|---|---|
| • 경제적 보상체제의 강화<br>• 권위주의적 리더십의 확립<br>• 면밀한 감독과 엄격한 통제<br>• 상부 책임제도의 강화 | • 분권화와 권한의 위임<br>• 직무확장 및 목표에 의한 관리<br>• 민주적 리더십의 확립<br>• 비공식적 조직의 활용<br>• 상호 신뢰감<br>• 책임과 창조력<br>• 인간관계 관리방식 |

## 09 ④

> [해설] **심리검사(직무적성검사)의 기준**
> ① 표준화
> ② 객관성
> ③ 규준성
> ④ 신뢰성
> ⑤ 타당성

## 10 ①

> [해설] ① 모방은 인간의 개인행동 성향에 해당한다.

> [참고] **사회행동 기본 형태**
> ① 협력 : 조력, 분업
> ② 대립 : 공격, 경쟁
> ③ 도피 : 고립, 정신병, 자살
> ④ 융합 : 강제 타협

## 11 ②

> [해설] **일반 건강진단 실시 시기**
> ① 사무직 종사 근로자(판매업무 종사하는 근로자 제외) : 2년에 1회 이상
> ② 그 밖의 근로자 : 1년에 1회 이상

## 12 ④

> [해설] **1. 안전인증 대상(추락, 감전방지용) 안전모의 성능시험 종류**
> ① 내관통성 시험　　② 충격흡수성 시험
> ③ 난연성 시험　　　④ 턱끈풀림 시험
> ⑤ 내전압성 시험　　⑥ 내수성 시험
>
> **2. 자율안전 확인 대상 안전모의 성능시험 종류**
> ① 내관통성 시험　　② 충격흡수성 시험
> ③ 난연성 시험　　　④ 턱끈풀림 시험

## 13 ④

> [해설] **산업안전보건위원회의 구성**
> 1. 근로자위원
> 　① 근로자대표
> 　② 근로자대표가 지명하는 1명 이상의 명예산업 안전감독관
> 　③ 근로자대표가 지명하는 9명 이내의 해당사업장의 근로자
>
> 2. 사용자위원
> 　① 해당 사업의 대표자
> 　② 안전관리자 1명
> 　③ 보건관리자 1명
> 　④ 산업보건의
> 　⑤ 사업의 대표자가 지명하는 9명 이내의 해당 사업장 부서의 장

## 14 ③

> [해설] **억측판단**
> 작업공정 중에 규정대로 수행하지 않고 '괜찮다'고 생각하여 자기주관대로 행하는 행동
> [예] 신호등의 신호가 녹색에서 황색으로 바뀌었으나 괜찮다고 판단하고 지나감

## 15 ①

> [해설] ① "치밀한 감독"은 직무 중심적 리더십에 해당한다.

제1회 모의고사

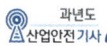
## 16 ④

 **존 듀이의 사고과정 5단계**

1단계 : 시사(suggestion) 받는다.
2단계 : 지식화한다.
3단계 : 가설을 설정한다.
4단계 : 추론한다.
5단계 : 행동에 의하여 가설을 검토한다.

## 17 ②

| 직접비 | 간접비 |
|---|---|
| • 치료비<br>• 휴업급여<br>• 요양급여<br>• 유족급여<br>• 장해급여<br>• 간병급여<br>• 직업재활급여<br>• 상병(傷病)보상연금<br>• 장의비 등 | • 인적 손실비<br>• 물적 손실비<br>• 생산 손실비<br>• 기계·기구 손실비 등 |

## 18 ②

**평생 작업 시의 재해건수 → 환산도수율**

① 환산 도수율(F) = $\dfrac{재해건수}{연\ 근로시간\ 수} \times 평생근로시간수(100,000)$

② 환산 도수율 = 도수율 ÷ 10

환산 도수율(F)

$= \dfrac{재해건수}{연\ 근로시간\ 수} \times 평생근로시간수(100,000)$

$= \dfrac{21}{300 \times 8 \times 300} \times 100,000$

$= 2.92(3건)$

## 19 ③

① 적성에 맞는 일을 하는 사람도 부주의에 의한 사고를 발생시킬 수 있다.
② 인간의 감각기별 반응시간은 청각, 촉각, 시각, 미각, 통각 순으로 빠르다.
④ 개인의 심적태도를 교정하는 것보다 집단의 심적태도를 교정하는 것이 더 용이하다.

## 20 ②

**자율검사프로그램을 인정받기 위해서는 다음 각 호의 요건을 모두 충족하여야 한다.**
① 검사원을 고용하고 있을 것
② 검사를 할 수 있는 장비를 갖추고 이를 유지·관리할 수 있을 것
③ 검사 주기의 2분의 1에 해당하는 주기(크레인 중 건설현장 외에서 사용하는 크레인의 경우에는 6개월)마다 검사를 할 것
④ 자율검사프로그램의 검사기준이 안전검사기준을 충족할 것

**참고 · 자율검사프로그램 인정신청서의 첨부서류**
• 안전검사대상 기계 등의 보유 현황
• 검사원 보유 현황과 검사를 할 수 있는 장비 및 장비 관리방법(자율안전검사기관에 위탁한 경우에는 위탁을 증명할 수 있는 서류를 제출한다)
• 안전검사대상 기계 등의 검사 주기 및 검사기준
• 향후 2년간 안전검사대상 기계 등의 검사수행 계획
• 과거 2년간 자율검사프로그램 수행 실적(재신청의 경우만 해당한다)

**제2과목  인간공학 및 위험성 평가·관리**

## 21 ②

**고장 등급의 평가 요소**
① 고장 영향의 중대도
② 고장의 발생 빈도
③ 고장 검출의 곤란도
④ 고장 방지의 곤란도
⑤ 고장 시정시간의 여유도
⑥ 영향을 미치는 시스템의 범위

## 22 ①

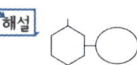

**억제 게이트** : 입력 사상이 출력 사상을 생성하기 전에 특정 조건을 만족하여야 하는 게이트

## 23 ①

**해설** 유해·위험방지계획서 제출 서류
(제조업 및 대상 기계·기구 설비)

| | |
|---|---|
| 제조업 대상 사업 첨부서류 | ① 건축물 각 층의 평면도<br>② 기계·설비의 개요를 나타내는 서류<br>③ 기계·설비의 배치도면<br>④ 원재료 및 제품의 취급, 제조 등의 작업 방법의 개요<br>⑤ 그 밖에 고용노동부장관이 정하는 도면 및 서류 |
| 대상 기계·기구 설비 첨부서류 | ① 설치 장소의 개요를 나타내는 서류<br>② 설비의 도면<br>③ 그 밖에 고용노동부장관이 정하는 도면 및 서류 |

## 24 ②

**해설**

① 고장률$(\lambda) = \dfrac{고장건수}{총 가동시간}$ (건 / 시간)

② MTBF $= \dfrac{1}{고장률(\lambda)}$ (시간)

③ 신뢰도 : 고장나지 않을 확률

$R(t) = e^{-\frac{t}{t_0}} = e^{-\lambda \times t}$

( $t_0$ : 평균고장시간 or 평균 수명
  t : 앞으로 고장 없이 사용할 시간
  $\lambda$ : 고장률)

④ 불신뢰도 : 고장 날 확률
            1 − 신뢰도

1. 고장률$(\lambda) = \dfrac{고장건수}{총 가동시간}$

   $= \dfrac{6}{100-15} = 0.0706$(건/시간)

2. MTBF $= \dfrac{1}{고장률(\lambda)} = \dfrac{1}{0.0706} = 14.16$(시간)

## 25 ②

**해설** FMEA 위험성 분류

| 발생확률$(\beta)$에 따른 분류 | |
|---|---|
| • 실제 손실 | $\beta = 1.00$ |
| • 예상되는 손실 | $0.1 < \beta < 1.00$ |
| • 가능한 손실 | $0 < \beta \leq 0.1$ |
| • 영향 없음 | $\beta = 0$ |

## 26 ③

**해설** HAZOP(위험 및 운전성 검토)의 전제 조건

① 동일 기능의 2가지 이상 기기고장 및 사고는 발생치 않는다.
② 안전장치는 필요 시 정상작동 하는 것으로 한다.
③ 장치와 설비는 설계 및 제작사양에 적합하게 제작된 것으로 한다.
④ 작업자는 위험상황 시 필요한 조치를 취하는 것으로 한다.
⑤ 위험의 확률이 낮으나 고가설비를 요구할 시는 운전원 안전교육 및 직무교육으로 대체한다.
⑥ 사소한 사항이라도 간과하지 않는다.

## 27 ③

**해설** ③ 수동시스템에서 인간이 동력원을 제공하고 수공구를 활용하는 체계이다.

**참고** 인간 – 기계 통합시스템(man-machine system)의 유형

| | |
|---|---|
| 수동 시스템 | • 사용자가 손 공구나 기타 보조물 등을 사용하여 자기의 신체적 힘을 동력원으로 하여 작업을 수행하는 시스템이다.<br>• 가장 다양성이 높은 체계이다.<br>• **예** 장인과 공구 |
| 기계 시스템 (반자동 시스템) | • 여러 종류의 동력 공작 기계와 같이 고도로 통합된 부품들로 구성되어 있다.<br>• 인간의 역할은 제어 기능을 담당하고, 힘에 대한 공급은 기계가 담당한다.<br>• 운전자의 조종에 의해 운용되며 융통성이 없는 시스템이다.<br>• **예** 자동차, 공작기계 등 |

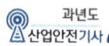
| 자동<br>시스템 | • 기계가 감지, 정보 처리 및 의사 결정, 행동 기능 및 정보 보관 등 모든 임무를 미리 설계된 대로 수행하게 된다.<br>• 인간은 감시, 감독, 보전 등의 역할을 담당하게 된다.<br>• 예 컴퓨터, 자동교환대 등 |
| --- | --- |

## 28 ③

 ③ $\overline{A} \cdot A = 0$

## 29 ③

 ① 전극을 반대로 끼우려고 함 → 작위(commission) 오류

② 인간의 실수가 있더라도 사고로 연결되지 않도록 하는 설계 → fool proof 설계

**참고** 1. 휴먼에러의 심리적 분류(Swain의 분류)

① omission error(누설오류, 생략오류, 부작위 오류) : 필요한 작업 또는 절차를 수행하지 않는데 기인한 에러

② time error(시간오류) : 필요한 작업 또는 절차의 수행 지연으로 인한 에러

③ commission error(작위오류) : 필요한 작업 또는 절차의 불확실한 수행으로 인한 에러

④ sequential error(순서오류) : 필요한 작업 또는 절차의 순서 착오로 인한 에러

⑤ extraneous error(과잉행동오류) : 불필요한 작업 또는 절차를 수행함으로써 기인한 에러

2. 페일세이프와 풀 프루프

① 페일세이프(Fail-Safe) : 기계 설비에 결함이 발생되더라도 사고가 발생되지 않도록 2중, 3중으로 통제를 가한다.

② 풀 프루프(Fool proof) : 인간의 실수가 있더라도 사고로 연결되지 않도록 2중, 3중으로 통제를 가한다.

## 30 ②

 점멸융합주파수는 정신적 피로를 나타내는 척도로서 피로하면 주파수 값이 내려간다.

## 31 ④

 ① 연속적으로 변화하는 양을 나타내는 데에는 아날로그 장치가 유리하다.

② 정확한 값을 읽어야 하는 경우 디지털 장치가 유리하다.

③ 동침형은 지침이 움직이는 형태로 바늘의 진행 방향과 증감속도에 대한 인식적인 임시 신호를 얻는 것이 가능하다.

## 32 ④

미니멀 컷셋은 최소한의 컷으로 타 컷셋 중 중복 되는 사상을 제거하고 남은 컷셋이다.
(중복되지 않는 컷셋)

**참고** ① 컷셋(Cut Set)
• 정상사상을 발생시키는 기본사상의 집합
• 모든 기본사상이 일어났을 때 정상사상을 일으키는 기본사상들의 집합이다.

② 미니멀 컷(Minimal Cut Set)
• 정상사상을 일으키기 위한 기본사상의 최소집합(최소한의 컷)
• 시스템의 위험성을 나타낸다.

③ 패스셋(Path Set)
• 재해가 일어나지 않는 기본사상들의 집합
• 포함된 기본사상이 일어나지 않을 때 처음으로 정상 사상이 일어나지 않는 기본 사상들의 집합이다.

④ 미니멀 패스(Minimal Path Set)
• 시스템의 기능을 살리는 최소한의 집합(최소한의 패스)
• 시스템의 신뢰성 나타낸다.

## 33 ④

 안전점검 기준에 따른 평가를 하는 단계는 운전(운용)단계의 내용이다.

## 34 ②

② 정밀작업을 요하는 손잡이의 직경은 5~12mm로 한다.

## 35 ④

**[해설]** 개선의 4원칙(ECRS)

① Eliminate : 생략과 배제의 원칙
불필요한 공정이나 작업의 배제, 생략(모든 개선
에 있어서 가장 먼저 생각하고 적용할 것이 요구
되는 원칙)

② Combine : 결합과 분리의 원칙
공정이나 공구, 부품 등의 결합으로 간단하고 단
순화된 형태로 접근

③ Rearrange : 재편성과 재배열의 원칙
공정, 작업 순서의 변경, 재배열

④ Simplify : 단순화의 원칙
공정, 작업 수단, 방법 등을 간단하고 용이하게
하거나 이동거리를 짧게, 중량을 가볍게 하는 등
의 단순화

## 36 ④

**[해설]** 최대 음압수준이 140dB(A)를 초과하는 충격소음에
노출되어서는 안 된다.

## 37 ④

**[해설]** 정량적 자료를 정성적 판독의 근거로 사용할 수 있는
경우

① 변수의 상태나 조건이 미리 정해놓은 몇 개의
범위 중 어디에 속하는지를 판독할 때
**[예]** 라디오의 다이얼 계기판

② 바람직한 어떤 범위의 값을 유지하려고 할 때
**[예]** 자동차의 시속을 50~60으로 유지하려고
할 때

③ 변화추세나 율을 관찰하고자 할 때
**[예]** 비행고도의 변화율을 볼 때

## 38 ④

**[해설]**

$$휴식시간 (R) = \frac{60 \times (E-5)}{E-1.5} [분]$$

- 1.5 : 휴식 중의 에너지 소비량
- 5(kcal/분) : 보통 작업에 대한 평균 에너지
- 60(분) : 작업시간
- E(kcal/분) : 문제에서 주어진 작업 시 필요
한 에너지

$$휴식시간 (R) = \frac{60 \times (E-5)}{E-1.5}$$

$$= \frac{60 \times (6-5)}{6-1.5} = 13.33(분)$$

## 39 ④

**[해설]**

| 정성적 평가항목 | 정량적 평가항목 |
|---|---|
| ① 입지 조건 | ① 취급물질 |
| ② 공장 내의 배치 | ② 화학설비의 용량 |
| ③ 소방설비 | ③ 온도 |
| ④ 공정 기기 | ④ 압력 |
| ⑤ 수송 · 저장 | ⑤ 조작 |
| ⑥ 원재료 | |
| ⑦ 중간체 | |
| ⑧ 제품 | |
| ⑨ 건조물(건물) | |
| ⑩ 공정 | |

## 40 ④

**[해설]** 인간공학을 나타내는 용어

- human factors
- ergonomics
- human engineering
- engineering psychology

**제3과목** 기계 · 기구 및 설비 안전 관리

## 41 ④

**[해설]** 외관상 안전화

① 회전부에 덮개 설치
② 안전색채 사용
**[예]** 기계의 시동 버튼 – 녹색, 정지 버튼 – 석색

## 42 ②

**[해설]** ② 상부 틀의 각 개구의 폭 또는 길이는 16센티미터
미만일 것

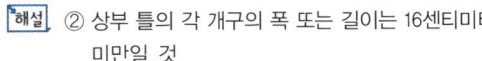

## 43 ①

해설 **방호장치의 위험원에 따른 분류**

| 포집형 방호 장치 | 위험장소에 설치하여 <u>위험원이 비산하거나 튀는 것을 포집</u>하여 작업자로부터 <u>위험원을 차단</u>하는 방호장치 |
|---|---|
| 감지형 방호 장치 | 이상온도, 이상기압, 과부하 등 <u>기계의 부하가 안전한계치를 초과하는 경우에 이를 감지</u>하고 자동으로 안전상태가 되도록 조정하거나 <u>기계의 작동을 중지</u>시키는 방호장치 |

## 44 ③

해설 **안전매트의 일반구조**
① 단선 경보장치가 부착되어 있어야 한다.
② 감응 시간을 조절하는 장치는 부착되어 있지 않아야 한다.
③ 감응도 조절장치가 있는 경우 봉인되어 있어야 한다.

## 45 ①

해설 분할날 두께는 **톱 두께의 1.1배 이상이며 치진 폭보다 작을 것**

$$1.1\ t_1 \leqq t_2 < b$$
($t_1$ : 톱 두께, $t_2$ : 분할날 두께, $b$ : 치진 폭)

$t_1 = 2mm$, $b = 2.5mm$이므로

$1.1 \times 2mm \leqq t < 2.5mm$
$= 2.2mm \leqq t < 2.5mm$

## 46 ④

해설 **방호조치를 하지 아니하고는 양도·대여·설치·사용, 진열해서는 아니 되는 기계·기구**
① 예초기
② 원심기
③ 공기압축기
④ 금속절단기
⑤ 지게차
⑥ 포장기계(진공포장기, 랩핑기로 한정)

실력이 되고! 합격이 되는! **특급 암기법**

**방호조치 없이 포장된 공원에서 원예금지**

## 47 ③

해설 보일러의 버너연소를 차단 → **압력제한스위치를 부착**

참고 **보일러의 방호장치**
① 압력방출장치
② 압력 제한스위치
③ 고저 수위 조절장치
④ 화염검출기

## 48 ④

해설 ④ 칩브레이커 : 긴 칩을 절단하는 선반의 방호장치

## 49 ②

해설 **원주 속도(회전 속도)**

$$V = \frac{\pi \times D \times N}{1,000}\ (\text{m/min})$$

여기서, $D$ : 롤러의 직경(mm), $N$ : 회전수(rpm)

$V = \dfrac{\pi \times D \times N}{1000}$

$\pi \times D \times N = V \times 1000$

$N = \dfrac{V \times 1000}{\pi \times D} = \dfrac{62.8 \times 1000}{\pi \times 20}$

$= 999.5\text{rpm}(\text{약 } 1000\text{rpm})$

## 50 ②

해설 **지게차의 안정도**
① 하역작업 시 전·후 안정도 : 4%
② 하역작업 시 좌·우 안정도 : 6%
③ 주행작업 시 전·후 안정도 : 18%
④ 주행작업 시 좌·우 안정도 : (15 + 1.1V)% 이내
  (여기서, V : 최고속도 Km/h)

## 51 ①

**해설** **컨베이어 작업 시작 전 점검사항**
① 원동기 및 풀리 기능의 이상 유무
② 이탈 등의 방지장치기능의 이상 유무
③ 비상정지장치 기능의 이상 유무
④ 원동기 · 회전축 · 기어 및 풀리 등의 덮개 또는 울 등의 이상 유무

## 52 ③

**해설** 압력방출장치를 1개 또는 2개 이상 설치하고 최고 사용압력 이하에서 작동되도록 하여야 한다. 다만, 압력방출장치가 2개 이상 설치된 경우에는 최고 사용압력 이하에서 1개가 작동되고, 다른 압력방출장치는 최고사용압력 1.05배 이하에서 작동되도록 부착하여야 한다.

## 53 ③

**해설** 커터, 날 → 절단점

**참고** ① 협착점 : 왕복운동 부분과 고정부분 사이에서 형성되는 위험점
**예** 프레스기, 전단기, 성형기 등
② 끼임점 : 고정부분과 회전하는 동작부분 사이에서 형성되는 위험점
**예** 연삭숫돌과 덮개, 교반기 날개와 하우징 등
③ 물림점 : 회전하는 두 개의 회전체에 물려 들어가는 위험점
**예** 롤러와 롤러, 기어와 기어 등

## 54 ③

**해설** 아세틸렌 용접장치를 사용하여 금속의 용접 · 용단 또는 가열작업을 하는 경우에는 게이지 압력이 127 킬로파스칼을 초과하는 압력의 아세틸렌을 발생시켜 사용해서는 아니 된다.

## 55 ④

**해설** ④ 동력식 수동대패기계 → 날접촉예방장치

## 56 ①

**해설** ① 산소의 공급이 과다할 경우 역화가 발생한다.

**참고** **역화의 원인**
• 팁 끝이 막혔을 때
• 팁 끝이 과열되었을 때
• 가스 압력과 유량이 적당하지 않았을 때
• 팁의 조임이 풀려올 때
• 압력조정기 불량일 때
• 토치의 성능이 좋지 않을 때

## 57 ②

**해설** **와이어로프에 걸리는 총 하중 계산**

1. 총 하중$(w)$ = 정하중$(w_1)$+동하중$(w_2)$
$$= w_1 + \frac{w_1}{g} \times a$$

2. 동하중$(w_2) = \frac{w_1}{g} \times a$

여기서, $w$ : 총 하중(kg$_f$)
$w_1$ : 정하중(kg$_f$)
$w_2$ : 동하중(kg$_f$)
$g$ : 중력 가속도(9.8m/s$^2$)
$a$ : 가속도(m/s$^2$)
• 정하중 : 매단 물체의 무게

$$총 하중(w) = 100 + \frac{100}{9.8} \times 5 = 151.02kg \times 9.8$$
$$= 1480N$$

## 58 ①

**해설** ① 연삭숫돌을 사용하는 경우 작업 시작 전 1분 이상, 연삭숫돌을 교체한 후에는 3분 이상 시운전을 하여야 한다.

## 59 ②

**해설** ② 급성 독성물질이 지속적으로 외부에 유출될 수 있는 화학설비 및 그 부속설비에 파열판과 안전밸브를 직렬로 설치하고 그 사이에는 압력지시계 또는 자동경보장치를 설치하여야 한다.

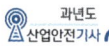
**60** ①

해설 **양수기동식 방호장치의 안전거리**
(위험점과 버튼 간의 설치거리)

$$D_m(\text{mm}) = 1.6 \times T_m$$
$$= 1.6 \times \left(\frac{1}{\text{클러치개소수}} + \frac{1}{2}\right) \times \left(\frac{60,000}{\text{매분행정수}}\right)$$

$T_m$ : 슬라이드가 하사점에 도달할 때까지의 시간(ms)

$* \left(\text{ms} = \frac{1}{1000}\text{초}\right)$

$D_m(\text{mm}) = 1.6 \times (0.15 \times 1,000)$
$\qquad\qquad = 240(\text{mm}) \div 10 = 24(\text{cm})$
$(\text{ms} = \text{초} \times 1,000)$

---

제4과목 **전기설비 안전 관리**

**61** ④

해설 **자동전격방지기의 성능**
용접을 중단하고 1.0초 내에 용접기의 홀더, 어스선에 흐르는 무부하 전압을 안전전압 25V 이하로 내려준다.

**62** ③

해설 전하가 이동하는 현상 → 방전

**63** ①

해설 ① 단락 접지기구를 설치하여야 한다.

참고 **정전작업 전 조치사항**
① 전기기기 등에 공급되는 모든 전원을 관련 도면, 배선도 등으로 확인할 것
② 전원을 차단한 후 각 단로기 등을 개방하고 확인할 것
③ 차단장치나 단로기 등에 잠금장치 및 꼬리표를 부착할 것

---

④ 전기기기 등은 접촉하기 전에 잔류전하를 완전히 방전시킬 것
⑤ 검전기를 이용하여 작업 대상 기기가 충전되었는지를 확인할 것
⑥ 전기기기 등이 다른 노출 충전부와의 접촉, 유도 또는 예비동력원의 역송전 등으로 전압이 발생할 우려가 있는 경우에는 충분한 용량을 가진 단락 접지기구를 이용하여 접지할 것

**64** ①

해설 이탈가능 전류 : 전원으로부터 스스로 떨어질 수 있는 최대의 전류 치

**65** ③

해설 ③ 충격방전 개시전압이 낮아야 한다.

**66** ④

해설 **부도체 대전의 특징**
① 대전 상태가 매우 불균일하다.
② 대전량, 대전극성이 매우 변화한다.
③ 부도체 중에 국부적으로 도전율이 높은 곳이 있고, 이것이 대전한 경우
④ 대전 상태가 주변 환경에 따라 변화하기 때문에 중화되기 어렵다.
⑤ 도전율이 매우 적어 도전경로를 따라 접지로 방전되는 확률이 매우 낮다.
⑥ 일단 대전된 정전기는 부도체 자체에 축적되는 확률이 높고 제전이 매우 어렵다.

**67** ③

해설 ③ 지락고장 시 대지전위 상승을 억제하여 전선로 및 기기의 절연레벨을 경감시킨다.

**68** ③

해설 누전차단기는 정격감도전류가 30밀리암페어 이하이고 작동시간은 0.03초 이내일 것. 다만, 정격전부하전류가 50암페어 이상인 전기기계·기구에 접속되는 누전차단기는 오작동을 방지하기 위하여 정격감도전류는 200밀리암페어 이하로, 작동시간은 0.1초 이내로 할 수 있다.

## 69 ②

[해설] 보호가스 압입 → 압력 방폭구조

[참고]
① **내압 방폭구조(d)** : 전기기기의 외함 내부에서 가연성가스의 폭발이 발생할 경우 그 외함이 폭발압력에 견디고, 접합면, 개구부 등을 통해 외부의 가연성가스에 인화되지 아니하도록 한 방폭구조
② **본질안전 방폭구조(ia, ib)** : 폭발성분위기에 노출되는 기기 및 연결 배선 내의 에너지를 스파크 또는 가열효과에 의하여 점화를 유발할 수 있는 수준 이하로 제한하는 방폭구조
③ **유입 방폭구조(o)** : 전기기기 전체 또는 전기기기의 일부를 보호액체에 잠기게 함으로써 보호액체의 상부 또는 외함 외부에 존재하는 폭발성 가스분위기에 점화가 일어나지 아니하도록 한 방폭구조
④ **안전증 방폭구조(e)** : 정상작동상태 중 또는 특정한 비정상상태에서 가연성가스의 점화원이 될 수 있는 전기 불꽃 아크 또는 고온부분의 발생을 방지하기 위하여 안전도를 증가시킨 방폭구조

## 70 ③

[해설] **피뢰기의 보호 여유도**

여유도(%)
$$= \frac{충격\ 절연\ 강도 - 제한\ 전압}{제한\ 전압} \times 100$$

$$여유도(\%) = \frac{1,260 - 800}{800} \times 100 = 57.5(\%)$$

## 71 ④

[해설] 특고압용 기계·기구 주위에 관계자 외 출입을 금하도록 울타리를 설치하는 경우

| 사용전압의 구분 | 울타리 · 담 등의 높이와 울타리 · 담 등으로부터 충전부분까지의 거리의 합계 |
|---|---|
| 35 kV 이하 | 5m |
| 35 kV 초과 160 kV 이하 | 6m |
| 160 kV 초과 | 6m에 160kV를 초과하는 10kV 또는 그 단수마다 12cm를 더한 값 |

## 72 ②

[해설] **정전작업을 하지 않아도 되는 경우**
① 생명 유지 장치, 비상경보설비, 폭발위험장소의 환기설비, 비상조명설비 등의 장치 · 설비의 가동이 중지되어 사고의 위험이 증가되는 경우
② 기기의 설계상 또는 작동상 제한으로 전로 차단이 불가능한 경우
③ 감전, 아크 등으로 인한 화상, 화재·폭발의 위험이 없는 것으로 확인된 경우

## 73 ③

[해설] 단로기는 차단기의 전후, 회로의 접속 변환, 고압 또는 특고압 회로의 기기 분리 등에 사용하는 개폐기로서 반드시 무부하 시 개폐 조작을 하여야 한다.

## 74 ②

[해설] **외부피뢰시스템**
① 수뢰부시스템
   • 뇌격전류를 받아들이기 위한 외부 피뢰설비의 일부분을 말한다.
   • 돌침, 수평도체, 메시도체의 요소 중에 한 가지 또는 이를 조합한 형식으로 시설하여야 한다.
② 인하도선시스템
   • 수뢰부시스템과 접지시스템을 전기적으로 연결하여 수뢰부로부터 접지부로 뇌격전류를 흘리기 위한 외부 피뢰설비의 일부분을 말한다.

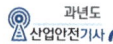
③ 접지극 시스템
　• 뇌전류를 대지로 방류시키기 위한 것이다.
　• 접지극은 지표면에서 0.75m 이상 깊이로 매설
　　하여야 한다. 다만, 필요시는 해당 지역의 동결
　　심도를 고려한 깊이로 할 수 있다.

## 75 ③

해설 접지 도체의 최소단면적(mm²)

| 구리 | 철 |
|---|---|
| 6 | 50 |
| 접지도체에 피뢰시스템이 접속된 경우 ||
| 16 | 50 |

## 76 ③

해설 고압 및 특고압 전로 중의 과전류차단기의 시설

| 퓨즈의 종류 | 정격 용량 | 용단 시간 |
|---|---|---|
| 고압용 포장 퓨즈 | 정격 전류의 1.3배 | • 2배의 전류로 120분 |
| 고압용 비포장 퓨즈 | 정격 전류의 1.25배 | • 2배의 전류로 2분 |

## 77 ①

해설 ① 정전유도에 의한 힘은 흡인력이다.

## 78 ②

해설 ② 인화성 액체의 용기 내부의 액면 상부의 공간부
　→ 0종 장소

참고 가스폭발 위험장소

| 0종 장소 | 가. 설비의 내부<br>나. 인화성 또는 가연성 액체가 피트(PIT) 등의 내부<br>다. 인화성 또는 가연성의 가스나 증기가 지속적으로 또는 장기간 체류하는 곳 |
|---|---|
| 1종 장소 | 가. 통상의 상태에서 위험분위기가 쉽게 생성되는 곳<br>나. 운전·유지 보수 또는 누설에 의하여 자주 위험분위기가 생성되는 곳 |

| 1종 장소 | 다. 설비 일부의 고장 시 가연성물질의 방출과 전기계통의 고장이 동시에 발생되기 쉬운 곳<br>라. 환기가 불충분한 장소에 설치된 배관계통으로 배관이 쉽게 누설되는 구조의 곳<br>마. 주변 지역보다 낮아 가스나 증기가 체류할 수 있는 곳<br>바. 상용의 상태에서 위험분위기가 주기적 또는 간헐적으로 존재하는 곳 |
|---|---|
| 2종 장소 | 가. 환기가 불충분한 장소에 설치된 배관계통으로 배관이 쉽게 누설되지 않는 구조의 곳<br>나. 가스켓(GASKET), 팩킹(PACKING) 등의 고장과 같이 이상상태에서만 누출될 수 있는 공정설비 또는 배관이 환기가 충분한 곳에 설치될 경우<br>다. 1종 장소와 직접 접하며 개방되어 있는 곳 또는 1종장소와 닥트, 트랜치, 파이프 등으로 연결되어 이들을 통해 가스나 증기의 유입이 가능한 곳<br>라. 강제 환기방식이 채용되는 곳으로 환기설비의 고장이나 이상 시에 위험분위기가 생성될 수 있는 곳 |

## 79 ②

해설 방폭 전기기기의 화염일주한계에 의한 분류

| 폭발성 가스의 분류 | A | B | C |
|---|---|---|---|
| 화염일주한계 | 0.9mm 이상 | 0.5mm 초과 0.9mm 미만 | 0.5mm 이하 |
| 내압방폭구조의 전기기기의 분류 | ⅡA | ⅡB | ⅡC |

참고 최소점화전류비에 의한 분류

| 폭발성 가스의 분류 | A | B | C |
|---|---|---|---|
| 최소점화전류비 | 0.8 초과 | 0.45 이상 0.8 이하 | 0.45 미만 |
| 본질안전 방폭구조의 전기기기의 분류 | ⅡA | ⅡB | ⅡC |

## 80 ③

**해설**

$$Q = C \times V$$

여기서, $Q$ : 전하량($C$)
$C$ : 정전용량($F$)
$V$ : 대전 전위($V$)

$Q = (10 \times 10^{-12}) \times 5000\,V = 5 \times 10^{-8}\,(C)$
$(pF = 10^{-12}\,F)$

---

**제5과목** **화학설비 안전 관리**

## 81 ①

**해설** ① 탄화칼슘(카바이트)는 금수성물질로 물과 격렬히 반응하므로 건조한 곳에 보관하여야 한다.

**참고** 위험물질의 저장법

① 나트륨, 칼륨 : 석유 속 저장
② 황린 : 물속에 저장
③ 적린, 마그네슘, 칼륨 : 격리저장
④ 질산은($AgNO_3$) 용액 : 햇빛 피하여 저장(빛에 의해 광분해 반응 일으킴)
⑤ 벤젠 : 산화성물질과 격리저장
⑥ 탄화칼슘($CaC_2$, 카바이트) : 금수성 물질로서 물과 격렬히 반응하므로 건조한 곳에 보관

## 82 ④

**해설** 공정안전보고서의 제출대상

① 원유 정제처리업
② 기타 석유정제물 재처리업
③ 석유화학계 기초화학물 제조업 또는 합성수지 및 기타 플라스틱물질 제조업
④ 질소 화합물, 질소 · 인산 및 칼리질 화학비료 제조업 중 질소질 비료 제조
⑤ 복합비료 및 기타 화학비료 제조업 중 복합비료 제조(단순혼합 또는 배합에 의한 경우는 제외한다)

⑥ 화학 살균 · 살충제 및 농업용 약제 제조업[농약 원제(原劑) 제조만 해당한다]
⑦ 화약 및 불꽃제품 제조업

## 83 ①

**해설** 안전밸브에 대해서는 다음 각 호의 구분에 따른 검사주기마다 국가교정기관에서 교정을 받은 압력계를 이용하여 설정압력에서 안전밸브가 적정하게 작동하는지를 검사한 후 납으로 봉인하여 사용하여야 한다.

① 화학공정 유체와 안전밸브의 디스크 또는 시트가 직접 접촉될 수 있도록 설치된 경우 : 2년마다 1회 이상
② 안전밸브 전단에 파열판이 설치된 경우 : 3년마다 1회 이상
③ 공정안전보고서 제출 대상으로서 고용노동부장관이 실시하는 공정안전보고서 이행상태 평가결과가 우수한 사업장의 안전밸브의 경우 : 4년마다 1회 이상

## 84 ③

**해설** 제3종 분말($NH_4H_2PO_4$)
소화약제(ABC 분말소화약제)의 소화 특성

① 약제의 열분해에 의하여 생성되는 $CO_2$와 수증기의 질식작용과 냉각 작용
② 흡열반응에 의한 냉각 작용
③ 분말미립자에 의한 희석 작용
④ 연쇄반응을 억제하는 부촉매 효과
⑤ 메타인산($HPO_3$)의 방진작용에 의한 재연소 방지 효과

## 85 ②

**해설** 증기운 폭발의 특징

① 증기운의 크기가 증가하면 점화확률도 증가한다.
② 증기운에 의한 재해는 폭발력보다는 화재가 원인이 된다.
③ 폭발효율이 적다. 대략 연소에너지의 약 20%만이 폭풍파로 전환 된다.
④ 증기와 공기의 난류혼합은 폭발력을 증대시킨다.
⑤ 증기 누출부로부터 먼 지점에서의 착화는 폭발의 충격을 증가시킨다.

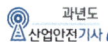
**참고** 개방계 증기운 폭발

(Unconfined vapor cloud explosion, "UVCE")

가연성가스가 지속적으로 누출되면서 대기 중에 구름 형태로 모여 바람 등의 영향으로 움직이다가 점화원에 의하여 순간적으로 모든 가스가 동시에 폭발하는 현상을 말한다.

## 86 ④

**해설** 파열판을 설치하여야 하는 경우

① 반응폭주 등 급격한 압력상승의 우려가 있는 경우

② 급성 독성물질의 누출로 인하여 주위의 작업환경을 오염시킬 우려가 있는 경우

③ 운전 중 안전밸브에 이상 물질이 누적되어 안전밸브가 작동되지 아니할 우려가 있는 경우

## 87 ②

**해설** 자연발화 방지법

① 저장소의 온도를 낮출 것

② 산소와의 접촉을 피할 것

③ 통풍 및 환기를 철저히 할 것

④ 습도가 높은 곳에는 저장하지 말 것

## 88 ④

**해설** 위험물 건조설비 중 건조실을 독립된 단층 건물로 하여야 하는 경우

① 위험물 또는 위험물이 발생하는 물질을 가열·건조하는 경우 내용적이 1세제곱미터 이상인 건조설비

② 위험물이 아닌 물질을 가열·건조하는 경우로서 다음 각목의 1의 용량에 해당하는 건조설비

• 고체 또는 액체연료의 최대사용량이 시간당 10킬로그램 이상

• 기체연료의 최대사용량이 시간당 1세제곱미터 이상

• 전기사용 정격용량이 10킬로와트 이상

## 89 ③

**해설** ④ 가스폭발과 비교하여 연소속도가 느리고, 폭발압력이 크고, 연소시간이 길고, 발생에너지가 크다.

## 90 ①

**해설** 관의 부속품

① 2개관의 연결 : 플랜지, 유니언, 니플, 소켓 사용

② 관의 지름 변경 : 리듀서, 부싱 사용

③ 관로 방향 변경 : 엘보, Y형 관이음쇠, 티, 십자 사용

④ 유로 차단 : 플러그, 밸브, 캡

## 91 ③

**해설** ③ 이산화탄소는 공기 중에 존재 시 산소 분압 저하에 의한 산소 공급 부족을 초래하는 질식성 가스에 해당한다.

## 92 ②

**해설** ② 가연성 가스 누출감지 경보기는 감지대상 가스의 폭발하한계 25% 이하, 독성가스 누출감지 경보기는 해당 독성가스의 허용농도 이하에서 경보가 울리도록 설정하여야 한다.

## 93 ②

**해설** 산화성 액체 및 산화성 고체

가. 차아염소산 및 그 염류

나. 아염소산 및 그 염류

다. 염소산 및 그 염류

라. 과염소산 및 그 염류

마. 브롬산 및 그 염류

바. 요오드산 및 그 염류

사. 과산화수소 및 무기 과산화물

아. 질산 및 그 염류

자. 과망간산 및 그 염류

차. 중크롬산 및 그 염류

카. 그 밖에 가목부터 차목까지의 물질과 같은 정도의 산화성이 있는 물질

타. 가목부터 아목까지의 물질을 함유한 물질

염소(염소산)보러(브롬산) 요과하고(요드산, 과망
간산, 과산화수소) 질산 가는 중!(중크롬산)

## 94 ③

해설 **할로겐 화합물 소화기 소화약제 종류**

① 하론 1301($CF_3Br$)
② 하론 1211($CF_2ClBr$)
③ 하론 2402($C_2F_4Br_2$)
④ 하론 1011($CH_2ClBr$)
⑤ 하론 1040($CCl_4$) 또는 사염화탄소(CTC)

## 95 ①

해설 **혼합 가스의 폭발 범위(르 샤틀리에의 공식)**

$$\frac{100}{L} = \frac{V_1}{L_1} + \frac{V_2}{L_2} + \frac{V_3}{L_3} \cdots \quad (Vol\%)$$

$$L = \frac{100}{\dfrac{V_1}{L_1} + \dfrac{V_2}{L_2} + \dfrac{V_3}{L_3} \cdots}$$

여기서,
$L$ : 혼합가스의 폭발 하한계(상한계)
$L_1$, $L_2$, $L_3$ : 단독가스의 폭발 하한계(상한계)
$V_1$, $V_2$, $V_3$ : 단독가스의 공기 중 부피
$100 : V_1 + V + V_3 + \cdots$

1. 몰비(부피비)가 3 : 1이므로

$$\frac{(3+1)}{L} = \frac{3}{1.9} + \frac{1}{4.3}$$

$$L = \frac{3+1}{\dfrac{3}{1.9} + \dfrac{1}{4.3}} = 2.21 \, vol\%$$

2. $$\frac{(0.75+0.25)}{L} = \frac{0.75}{1.9} + \frac{0.25}{4.3}$$

$$L = \frac{(0.75+0.25)}{\dfrac{0.75}{1.9} + \dfrac{0.25}{4.3}} = 2.21 \, vol\%$$

## 96 ④

해설 **화염방지기(Flame Arrester)의 설치**

인화성 액체 및 인화성 가스를 저장 취급하는 화학
설비에서 증기나 가스를 대기로 방출하는 경우에는
외부로부터의 화염을 방지하기 위하여 화염방지기
를 그 설비 상단에 설치하여야 한다.

## 97 ②

해설 **기상폭발**

① 분진폭발
② 분무폭발
③ 가스폭발

## 98 ③

해설 **완전연소 조성 농도(화학양론 농도)**

$$C_{st}(Vol\%) = \frac{100}{1 + 4.773\left(n + \dfrac{m-f-2\lambda}{4}\right)}$$

여기서, $n$ : 탄소 $\qquad m$ : 수소
$\quad\quad\;\; f$ : 할로겐원소 $\quad \lambda$ : 산소의 원자 수
$\quad\quad\;\; 4.773$ : 공기의 몰수

① 메탄($CH_4$)

$$C_{st} = \frac{100}{1 + 4.773\left(1 + \dfrac{4}{4}\right)} = 9.48(vol\%)$$

② 프로판($C_3H_8$)

$$C_{st} = \frac{100}{1 + 4.773\left(3 + \dfrac{8}{4}\right)} = 4.02(vol\%)$$

③ 부탄($C_4H_{10}$)

$$C_{st} = \frac{100}{1 + 4.773\left(4 + \dfrac{10}{4}\right)} = 3.12(vol\%)$$

④ 아세틸렌($C_2H_2$)

$$C_{st} = \frac{100}{1 + 4.773\left(2 + \dfrac{2}{4}\right)} = 7.73(vol\%)$$

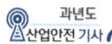

**99** ③

해설 ③ 교축밸브를 기계에 근접하게 설치한다.

**100** ④

해설 **급성독성물질**

① LD$_{50}$(경구, 쥐)이 킬로그램당 300밀리그램 – (체중) 이하인 화학물질
② LD$_{50}$(경피, 토끼 또는 쥐)이 킬로그램당 1000 밀리그램 – (체중) 이하인 화학물질
③ 가스 LC$_{50}$(쥐, 4시간 흡입)이 2500ppm 이하인 화학물질
  – 증기 LC$_{50}$(쥐, 4시간 흡입)이 10mg/ℓ 이하인 화학물질
  – 분진 또는 미스트(쥐, 4시간 흡입) 1mg/ℓ 이하인 화학물질

---

제6과목 **건설공사 안전 관리**

**101** ②

해설 ④ 차량계 건설기계의 운전자가 운전 위치 이탈하는 경우는 포크, 버킷, 디퍼 등의 장치를 가장 낮은 위치 또는 지면에 내려 둘 것

**102** ②

해설 ④ 목재의 터널 지보공은 그 터널 지보공의 각 부재의 긴압 정도가 균등하게 되도록 할 것

**103** ②

해설 **악천후 시 조치**

① 순간풍속이 초당 10미터를 초과 : 타워크레인의 설치·수리·점검 또는 해체작업을 중지
② 순간풍속이 초당 15미터를 초과 : 타워크레인의 운전 작업을 중지
③ 순간풍속이 초당 30미터를 초과 : 옥외에 설치되어 있는 주행 크레인의 이탈 방지를 위한 조치

④ 순간풍속이 초당 30미터를 초과하는 바람이 불거나 중진(中震) 이상 진도의 지진이 있은 후 : 옥외에 설치되어 있는 양중기의 각 부위 이상 점검
⑤ 순간풍속이 초당 35미터를 초과 : 옥외 승강기 및 건설용 리프트(지하에 설치되어 있는 것은 제외)에 대하여 받침의 수를 증가시키는 등 승강기가 무너지는 것을 방지하기 위한 조치

**104** ①

해설 **토석붕괴의 내적 원인**

① 절토 사면의 토질·암질
② 성토 사면의 토질구성 및 분포
③ 토석의 강도 저하

참고 **토석붕괴의 외적 원인**

① 사면, 법면의 경사 및 기울기의 증가
② 절토 및 성토 높이의 증가
③ 공사에 의한 진동 및 반복 하중의 증가
④ 지표수 및 지하수의 침투에 의한 토사 중량의 증가
⑤ 지진, 차량, 구조물의 하중작용
⑥ 토사 및 암석의 혼합층 두께

**105** ③

해설 • 이동식비계 : 작업발판의 최대적재하중은 250킬로그램을 초과하지 않도록 할 것
• 강관비계 : 비계기둥간의 적재하중은 400킬로그램을 초과하지 않도록 할 것

참고 **이동식 비계 조립 시의 준수사항**

① 바퀴에는 갑작스러운 이동 또는 전도를 방지하기 위하여 브레이크·쐐기 등으로 바퀴를 고정시킨 다음 비계의 일부를 견고한 시설물에 고정하거나 아웃트리거를 설치하는 등 필요한 조치를 할 것
② 승강용사다리는 견고하게 설치할 것
③ 비계의 최상부에서 작업을 할 때에는 안전난간을 설치할 것
④ 작업발판은 항상 수평을 유지하고 작업발판 위에서 안전난간을 딛고 작업을 하거나 받침대 또는 사다리를 사용하여 작업하지 않도록 할 것
⑤ 작업발판의 최대적재하중은 250킬로그램을 초과하지 않도록 할 것

## 106 ①

**해설 통로의 설치**

① 작업장으로 통하는 장소 또는 작업장 내에는 근로자가 사용하기 위한 <u>안전한 통로를 설치</u>하고 <u>항상 사용 가능한 상태로 유지</u>하여야 한다.

② 통로의 주요한 부분에는 **통로표시**를 하고, 근로자가 안전하게 통행할 수 있도록 하여야 한다.

③ 근로자가 안전하게 통행할 수 있도록 <u>통로에 75럭스 이상의 채광 또는 조명시설을 하여야 한다.</u>

④ 통로 면으로 부터 <u>높이 2미터 이내에는 장애물이 없도록</u> 하여야 한다.

## 107 ④

**해설 타격횟수에 따른 지반의 판정**

- 타격횟수 4회 미만 : 대단히 연약한 지반
- 타격횟수 4~10회 : 연약한 지반
- 타격횟수 10~30회 : 보통 지반
- 타격횟수 30~50회 : 밀실한 지반
- 타격횟수 50회 이상 : 대단히 밀실한 지반

## 108 ②

**해설** ① <u>개착식 공법</u>(open cut method) : 지표면 아래로부터 일정 깊이까지 개착하여 터널본체를 완성한 후 매몰하여 터널을 만드는 공법

② <u>침매공법</u>(immersed method) : 해저 또는 수면하에 터널을 굴착하는 공법으로 <u>지상에서 터널박스를 제작하여 물에 띄워 현장에 운반한 후 소정의 위치에 침하시켜 터널을 구축</u>하는 공법

## 109 ④

**해설 깊이 10.5m 이상의 굴착작업 시 계측기기**

① 수위계
② 경사계
③ 하중 및 침하계
④ 응력계

## 110 ①

**해설 이동식 크레인의 작업 시작 전 점검**

① <u>권과방지장치 그 밖의 경보장치</u>의 기능
② <u>브레이크·클러치 및 조정장치</u>의 기능

③ <u>와이어로프가 통하고 있는 곳 및 작업장소의 지반상태</u>

## 111 ③

**해설 흙막이 지보공을 설치한 때 점검 사항**

① 부재의 손상·변형·부식·변위 및 탈락의 유무와 상태
② 버팀대의 긴압의 정도
③ 부재의 접속부·부착부 및 교차부의 상태
④ 침하의 정도

## 112 ③

**해설** ③ <u>핸드브레이커는 반드시 수직으로 사용하여야 한다.</u>

## 113 ③

**해설** ③ <u>말비계의 높이가 2m를 초과할 경우에는 작업발판의 폭을 40cm 이상으로 한다.</u>

## 114 ①

**해설 차량계 건설기계의 넘어짐(전도)방지 조치**

① 유도자 배치
② 지반의 부동침하방지
③ 갓길의 붕괴방지
④ 도로의 폭 유지

**참고 차량계 하역운반기계의 넘어짐(전도)방지 조치**

① 유도자 배치
② 지반의 부동침하방지
③ 갓길의 붕괴방지

## 115 ③

**해설** 외압에 대한 내력이 설계에 고려되었는지 확인하여야 할 대상(자립도 검토대상)

① <u>높이 20미터 이상</u>의 구조물
② 구조물의 <u>폭과 높이의 비가 1 : 4 이상인 구조물</u>
③ <u>단면구조에 현저한 차이가 있는 구조물</u>
④ 연면적당 <u>철골량이 50킬로그램/평방미터 이하</u>인 구조물
⑤ <u>기둥이 타이플레이트(tie plate)형</u>인 구조물
⑥ <u>이음부가 현장용접</u>인 구조물

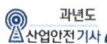
## 116 ②

**해설** ② 보일링 현상에 대한 대책의 일환으로 공사기간 중 지하수위를 저하시켜야 한다.

**참고** 보일링(Boiling)현상 방지책
① 지하수위 저하
② 지하수 흐름 변경
③ 근입벽을 깊게 한다.
④ 작업 중지

## 117 ①

**해설** 건설공사에 사용하는 높이 8미터 이상인 비계다리는 7미터 이내마다 계단참을 설치할 것

**참고** 가설통로 설치 시의 준수사항
① 견고한 구조로 할 것
② 경사는 30도 이하로 할 것(계단을 설치하거나 높이2미터 미만의 가설통로로서 튼튼한 손잡이를 설치한 때에는 그러하지 아니하다)
③ 경사가 15도를 초과하는 때는 미끄러지지 아니하는 구조로 할 것
④ 추락의 위험이 있는 장소에는 안전난간을 설치할 것(작업상 부득이한 때에는 필요한 부분에 한하여 임시로 이를 해체할 수 있다)
⑤ 수직갱 : 길이가 15미터 이상인 때에는 10미터 이내마다 계단참을 설치할 것
⑥ 건설공사에 사용하는 높이 8미터 이상인 비계다리 : 7미터 이내 마다 계단 참을 설치할 것

## 118 ③

**해설** 철골작업을 중지해야 하는 조건
① 풍속이 초당 10미터 이상인 경우
② 강우량이 시간당 1mm 이상인 경우
③ 강설량이 시간당 1cm 이상인 경우

## 119 ③

**해설** 산업안전보건법 제2조 제11호의 건설공사 중 총 공사금액 2천만 원 이상인 공사에 적용한다. 다만, 단가계약에 의하여 행하는 공사에 대하여는 총 계약금액을 기준으로 적용한다.

## 120 ②

**해설** 고소작업의 감소를 위한 근본적인 대책 → 고소작업의 감소 → 지붕트러스의 일체화 또는 지상에서 조립

| 자격 종목 | 시험시간 | 문제수 | 문제형별 |
|---|---|---|---|
| 산업안전기사 | 3시간 | 120 | A |

| 수험번호 | | 성명 | |
|---|---|---|---|

**[수험자 유의사항]**

1. 시험 도중 수험자 PC 장애발생 시 손을 들어 시험감독관에게 알리면 긴급 장애 조치 또는 자리 이동을 할 수 있습니다.
2. 시험이 끝나면 채점결과(점수)를 바로 확인할 수 있습니다.
3. 부정행위가 발각될 경우 감독관의 지시에 따라 퇴실 조치되고 시험은 무효로 처리되며, 3년간 국가 기술자격검정에 응시할 자격이 정지됩니다.

▨▨ 정답 및 해설은 문제 뒤편에 있습니다

**제1과목 : 산업재해 예방 및 안전보건교육**

1. 다음 중 산업안전보건법상 관리감독자 안전 보건교육의 교육시간으로 적합하지 않은 것은?

① 정기교육 : 연간 16시간 이상
② 채용 시 교육 : 8시간 이상
③ 작업내용 변경 시 교육 : 1시간 이상
④ 특별교육(단기간 작업 또는 간헐적 작업 제외) : 16시간 이상

2. 다음 중 준비, 교시, 연합, 총괄, 응용시 키는 사고 과정의 기술교육 진행방법에 해당하는 것은?

① 듀이의 사고 과정
② 태도 교육 단계 이론
③ 하버드 학파의 교수법
④ MTP(Management Training Program)

3. 다음 중 안전 관리조직의 목적과 가장 거리가 먼 것은?

① 조직적인 사고예방활동
② 위험 제거 기술의 수준 향상
③ 재해손실의 산정 및 작업 통제
④ 조직 간 종적·횡적 신속한 정보처리와 유대강화

**CBT 따라하기**

**답안표기란**

| 제1과목 | ▼ |
|---|---|
| 1 | ① ② ③ ④ |
| 2 | ① ② ③ ④ |
| 3 | ① ② ③ ④ |
| 4 | ① ② ③ ④ |

4. 다음 중 안전점검을 실시할 때 유의 사항 으로 옳지 않은 것은?

① 안전점검은 안전수준의 향상을 위한 본래의 취지에 어긋나지 않아야 한다.
② 점검자의 능력을 판단하고 그 능력에 상응하는 내용의 점검을 시키도록 한다.
③ 안전점검이 끝나고 강평을 할 때는 결함 만을 지적하여 시정 조치토록 한다.
④ 과거에 재해가 발생한 곳은 그 요인이 없어졌는가를 확인한다.

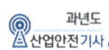
5. 다음 중 안전보건관리규정에 반드시 포함되어야 할 사항으로 볼 수 없는 것은?

① 작업장 보건관리
② 재해코스트 분석 방법
③ 사고 조사 및 대책 수립
④ 안전·보건 관리조직과 그 직무

6. 다음 중 산업안전보건법령상 안전인증 대상 기계·기구 및 설비, 방호장치에 해당하지 않는 것은?

① 롤러기
② 압력용기
③ 동력식 수동대패용 칼날 접촉 방지장치
④ 방폭구조(防爆構造) 전기기계·기구 및 부품

7. 다음 중 산업안전보건법령상 안전관리자의 직무가 아닌 것은? (단, 그밖에 안전에 관한 사항으로서 고용노동부장관이 정하는 사항은 제외한다)

① 사업장 순회점검·지도 및 조치의 건의
② 해당 사업장 안전교육계획의 수립 및 실시
③ 산업재해 발생의 원인 조사 및 재해 방지를 위한 기술적 지도·조언
④ 해당 작업의 작업장 정리·정돈 및 통로 확보에 대한 확인·감독

8. 다음 중 하인리히가 제시한 1 : 29 : 300의 재해구성비율에 관한 설명으로 틀린 것은?

① 총 사고발생건수는 300건이다.
② 중상 또는 사망은 1회 발생된다.
③ 고장이 포함되는 무상해사고는 300건 발생된다.
④ 인적, 물적 손실이 수반되는 경상이 29건 발생된다.

9. 재해로 인한 직접 비용으로 8,000만원이 산재보상비로 지급되었다면 하인리히 방식에 따를 때 총 손실비용은 얼마인가?

① 16,000만원
② 24,000만원
③ 32,000만원
④ 40,000만원

10. 적응기제(適應基劑, Adjustment Mechanism)의 종류 중 도피적 기제(행동)에 속하지 않는 것은?

① 고립
② 퇴행
③ 억압
④ 합리화

11. 아담스(Edward Adams)의 사고연쇄 반응 이론 중 관리자가 의사결정을 잘못하거나 감독자가 관리적 잘못을 하였을 때의 단계에 해당되는 것은?

① 사고
② 작전적 에러
③ 관리구조
④ 전술적 에러

**12.** 다음 중 방독마스크의 성능기준에 있어 사용 장소에 따른 등급의 설명으로 틀린 것은?

① 고농도는 가스 또는 증기의 농도가 100분의 2 이하의 대기 중에서 사용하는 것을 말한다.

② 중농도는 가스 또는 증기의 농도가 100분의 1 이하의 대기 중에서 사용하는 것을 말한다.

③ 저농도는 가스 또는 증기의 농도가 100분의 0.5 이하의 대기 중에서 사용하는 것으로서 긴급용이 아닌 것을 말한다.

④ 고농도와 중농도에서 사용하는 방독마스크는 전면형(격리식, 직결식)을 사용해야 한다.

**13.** 다음 중 강도율에 관한 설명으로 틀린 것은?

① 사망 및 영구전노동불능(신체장해 등급 1~3급)은 손실일수 7,500일로 환산한다.

② 신체장해등급 제14급은 손실일수 50일로 환산한다.

③ 영구일부노동불능은 신체장해등급에 따른 손실일수에 300/365을 곱하여 환산한다.

④ 일시전노동불능은 휴업일수에 300/365을 곱하여 손실일수로 환산한다.

**14.** 다음 중 산업안전보건법상 "화학물질 취급 장소에서의 유해·위험 경고"에 사용되는 안전·보건표지의 색도 기준으로 옳은 것은?

① 7.5R 4/14

② 5Y 8.5/12

③ 2.5PB 4/10

④ 2.5G 4/10

CBT 따라하기
답안표기란
제1과목 ▼
12 ① ② ③ ④
13 ① ② ③ ④
14 ① ② ③ ④
15 ① ② ③ ④
16 ① ② ③ ④
17 ① ② ③ ④

**15.** 산업안전보건법령상 같은 장소에서 행하여지는 사업으로서 사업의 일부를 분리하여 도급을 주는 사업의 경우 산업재해를 예방하기 위한 조치로 구성·운영하는 안전·보건에 관한 협의체의 회의 주기로 옳은 것은?

① 매월 1회 이상

② 2개월 간격의 1회 이상

③ 3개월 내의 1회 이상

④ 6개월 내의 1회 이상

**16.** 다음 중 재해를 한번 경험한 사람은 신경과민 등 심리적인 압박을 받게 되어 대처능력이 떨어져 재해가 빈번하게 발생된다는 설(設)은?

① 기회설        ② 암시설

③ 경향설        ④ 미숙설

**17.** 스탭형 안전조직에 있어서 스탭의 주된 역할이 아닌 것은?

① 실시계획의 추진

② 안전관리 계획안의 작성

③ 정보수집과 주지, 활용

④ 기업의 제도적 기본방침 시달

18. 산업안전보건법상 중대재해에 해당하지 않는 것은?

① 사망자가 2명 발생한 재해
② 6개월 요양을 요하는 부상자가 동시에 4명 발생한 재해
③ 부상자 또는 직업성 질병자가 동시에 12명 발생한 재해
④ 3개월 요양을 요하는 부상자가 1명, 2개월 요양을 요하는 부상자가 4명 발생한 재해

19. 산업재해의 원인 중 기술적 원인에 해당하는 것은?

① 작업준비의 불충분
② 안전장치의 기능 제거
③ 안전교육의 부족
④ 구조재료의 부적당

20. 산업안전보건법상 안전보건개선계획의 수립·시행명령을 받은 사업주는 고용노동부장관이 정하는 바에 따라 안전보건개선계획서를 작성하여 그 명령을 받은 날부터 며칠 이내에 관할 지방고용노동관서의 장에게 제출해야 하는가?

① 15일       ② 30일
③ 45일       ④ 60일

**제2과목 : 인간공학 및 위험성 평가·관리**

21. FTA에 사용되는 기호 중 "통상 사상"을 나타내는 기호는?

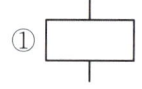 ① 　　　　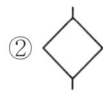 ②

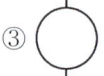 ③ 　　　　 ④

22. 다음의 설명은 무엇에 해당되는 것인가?

> – 인간 과오(Human error)에서 의지적 제어가 되지 않는다.
> – 결정을 잘못한다.

① 동작 조작 미스(Miss)
② 기억 판단 미스(Miss)
③ 인지 확인 미스(Miss)
④ 조치 과정 미스(Miss)

23. 시스템이 저장되어 이동되고 실행됨에 따라 발생하는 작동시스템의 기능이나 과업, 활동으로부터 발생되는 위험에 초점을 맞춘 위험분석 차트는?

① 결함수분석
   (FTA : Fault Tree Analysis)
② 사상수분석
   (ETA : Event Tree Analysis)
③ 결함위험분석
   (FHA : Fault Hazard Analysis)
④ 운용위험분석
   (OHA : Operating Hazard Analysis)

CBT 따라하기
답안표기란
제2과목 ▼
18 ① ② ③ ④
19 ① ② ③ ④
20 ① ② ③ ④
21 ① ② ③ ④
22 ① ② ③ ④
23 ① ② ③ ④

**24.** 자동화시스템에서 인간의 기능으로 적절하지 않은 것은?

① 설비보전
② 작업계획 수립
③ 조정 장치로 기계를 통제
④ 모니터로 작업 상황 감시

**25.** 결함수분석법(FTA)에서의 미니멀 컷셋과 미니멀 패스셋에 관한 설명으로 맞는 것은?

① 미니멀 컷셋은 시스템의 신뢰성을 표시하는 것이다.
② 미니멀 패스셋은 시스템의 위험성을 표시하는 것이다.
③ 미니멀 패스셋은 시스템의 고장을 발생시키는 최소의 패스셋이다.
④ 미니멀 컷셋은 정상사상(top event)을 일으키기 위한 최소한의 컷셋이다.

**26.** 시각적 부호의 유형과 내용으로 틀린 것은?

① 임의적 부호 – 주의를 나타내는 삼각형
② 명시적 부호 – 위험표지판의 해골과 뼈
③ 묘사적 부호 – 보도 표지판의 걷는 사람
④ 추상적 부호 – 별자리를 나타내는 12 궁도

**27.** 부품에 고장이 있더라도 플레이너 공작기계를 가장 안전하게 운전할 수 있는 방법은?

① fail-soft
② fail-active
③ fail-passive
④ fail-operational

**28.** 산업안전보건기준에 관한 규칙상 작업장의 작업 면에 따른 적정 조명 수준은 초정밀 작업에서 ( ㉠ )lux 이상이고, 보통 작업에서는 ( ㉡ )lux 이상이다. ( )안에 들어갈 내용은?

① ㉠ : 650, ㉡ : 150
② ㉠ : 650, ㉡ : 250
③ ㉠ : 750, ㉡ : 150
④ ㉠ : 750, ㉡ : 250

CBT 따라하기
답안표기란
제2과목 ▼
| 24 | ① ② ③ ④ |
| 25 | ① ② ③ ④ |
| 26 | ① ② ③ ④ |
| 27 | ① ② ③ ④ |
| 28 | ① ② ③ ④ |
| 29 | ① ② ③ ④ |
| 30 | ① ② ③ ④ |
| 31 | ① ② ③ ④ |

**29.** 산업안전보건 법령상 유해·위험방지계획서의 심사 결과에 따른 구분·판정의 종류에 해당하지 않는 것은?

① 보류
② 부적정
③ 적정
④ 조건부 적정

**30.** 일반적으로 작업장에서 구성요소를 배치할 때, 공간의 배치 원칙에 속하지 않는 것은?

① 사용빈도의 원칙
② 중요도의 원칙
③ 공정개선의 원칙
④ 기능성의 원칙

**31.** HAZOP 기법에서 사용하는 가이드워드와 그 의미가 잘못 연결된 것은?

① Other than : 기타 환경적인 요인
② No/Not : 디자인 의도의 완전한 부정
③ Reverse : 디자인 의도의 논리적 반대
④ More/Less : 정량적인 증가 또는 감소

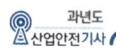
32. A 회사에서는 새로운 기계를 설계하면서 레버를 위로 올리면 압력이 올라가도록 하고, 오른쪽 스위치를 눌렀을 때 오른쪽 전등이 켜지도록 하였다면, 이것은 각각 어떤 유형의 양립성을 고려한 것인가?

① 레버 – 공간 양립성,
   스위치 – 개념 양립성
② 레버 – 운동 양립성,
   스위치 – 개념 양립성
③ 레버 – 개념 양립성,
   스위치 – 운동 양립성
④ 레버 – 운동 양립성,
   스위치 – 공간 양립성

33. 현재 시험문제와 같이 4지 택일형 문제의 정보량은 얼마인가?

① 2bit          ② 4bit
③ 2byte         ④ 4byte

34. 고용노동부 고시의 근골격계 부담 작업의 범위에서 근골격계 부담 작업에 대한 설명으로 틀린 것은?

① 하루에 10회 이상 25kg 이상의 물체를 드는 작업
② 하루에 총 2시간 이상 쪼그리고 앉거나 무릎을 굽힌 자세에서 이루어지는 작업
③ 하루에 총 2시간 이상 집중적으로 자료 입력 등을 위해 키보드 또는 마우스를 조작하는 작업
④ 하루에 총 2시간 이상 지지되지 않은 상태에서 4.5kg 이상의 물건을 한 손으로 들거나 동일한 힘으로 쥐는 작업

35. 인간과 기계의 신뢰도가 인간 0.40, 기계 0.95인 경우, 병렬작업 시 전체 신뢰도는?

① 0.89          ② 0.92
③ 0.95          ④ 0.97

36. 아령을 사용하여 30분간 훈련한 후, 이두근의 근육 수축작용에 대한 전기적인 신호 데이터를 모았다. 이 데이터들을 이용하여 분석할 수 있는 것은 무엇인가?

① 근육의 질량과 밀도
② 근육의 활성도와 밀도
③ 근육의 피로도와 크기
④ 근육의 피로도와 활성도

37. 착석식 작업대의 높이 설계를 할 경우 고려해야 할 사항과 가장 관계가 먼 것은?

① 의자의 높이     ② 대퇴 여유
③ 작업의 성격     ④ 작업대의 형태

38. 다음 FT도에서 최소컷셋(Minimal cut set)으로만 올바르게 나열한 것은?

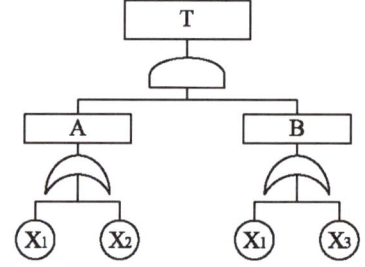

① $[X_1]$
② $[X_1], [X_2]$
③ $[X_1, X_2, X_3]$
④ $[X_1, X_2], [X_1, X_3]$

**39.** 작업의 강도는 에너지대사율(RMR)에 따라 분류된다. 분류 기준 중, 중(中)작업(보통 작업)의 에너지대사율은?

① 0 ~ 1 RMR

② 2 ~ 4 RMR

③ 4 ~ 7 RMR

④ 7 ~ 9 RMR

**40.** 국소진동에 지속적으로 노출된 근로자에게 발생할 수 있으며, 말초혈관 장해로 손가락이 창백해지고 동통을 느끼는 질환의 명칭은?

① 레이노 병(Raynaud's phenomenon)

② 파킨슨 병(Parkinson's disease)

③ 규폐증

④ C5-dip 현상

---

**제3과목** : 기계·기구 및 설비 안전 관리

---

**41.** 공기압축기의 방호장치가 아닌 것은?

① 언로드 밸브

② 압력방출장치

③ 수봉식 안전기

④ 회전부의 덮개

**42.** 산업안전보건 법령에 따른 승강기의 종류에 해당하지 않는 것은?

① 리프트

② 승용 승강기

③ 에스컬레이터

④ 화물용 승강기

**43.** 프레스기의 방호장치 중 위치제한형 방호장치에 해당되는 것은?

① 수인식 방호장치

② 광전자식 방호장치

③ 손쳐내기식 방호장치

④ 양수조작식 방호장치

CBT 따라하기
답안표기란
제3과목 ▼
39 ① ② ③ ④
40 ① ② ③ ④
41 ① ② ③ ④
42 ① ② ③ ④
43 ① ② ③ ④
44 ① ② ③ ④
45 ① ② ③ ④
46 ① ② ③ ④

**44.** 다음 중 드릴 작업의 안전수칙으로 가장 적합한 것은?

① 손을 보호하기 위하여 장갑을 착용한다.

② 작은 일감은 양 손으로 견고히 잡고 작업한다.

③ 정확한 작업을 위하여 구멍에 손을 넣어 확인한다.

④ 작업시작 전 척 렌치(chuck wrench)를 반드시 제거하고 작업한다.

**45.** 산업안전보건 법령상 탁상용 연삭기의 덮개에는 작업 받침대와 연삭숫돌과의 간격을 몇 mm 이하로 조정할 수 있어야 하는가?

① 3      ② 4

③ 5      ④ 10

**46.** 크레인의 방호장치에 해당되지 않은 것은?

① 권과방지장치

② 과부하방지장치

③ 비상정지장치

④ 자동보수장치

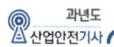
**47.** 산업안전보건법령상 프레스의 작업 시작 전 점검사항이 아닌 것은?

① 금형 및 고정볼트 상태
② 방호장치의 기능
③ 전단기의 칼날 및 테이블의 상태
④ 트롤리(trolley)가 횡행하는 레일의 상태

**48.** 롤러기의 급정지장치에 관한 설명으로 가장 적절하지 않은 것은?

① 복부 조작식은 조작부 중심점을 기준으로 밑면으로부터 1.2 ~ 1.4m 이내의 높이로 설치한다.
② 손 조작식은 조작부 중심점을 기준으로 밑면으로부터 1.8m 이내의 높이로 설치한다.
③ 급정지장치의 조작부에 사용하는 줄은 사용 중에 늘어져서는 안 된다.
④ 급정지장치의 조작부에 사용하는 줄은 충분한 인장강도를 가져야 한다.

**49.** 다음 중 비파괴검사법으로 틀린 것은?

① 인장검사
② 자기탐상검사
③ 초음파탐상검사
④ 침투탐상검사

**50.** 둥근톱기계의 방호장치 중 반발 예방 장치의 종류로 틀린 것은?

① 분할날
② 반발방지 기구(finger)
③ 보조 안내판
④ 안전덮개

**51.** 연삭작업에서 숫돌의 파괴원인으로 가장 적절하지 않은 것은?

① 숫돌의 회전속도가 너무 빠를 때
② 연삭작업 시 숫돌의 정면을 사용할 때
③ 숫돌에 큰 충격을 줬을 때
④ 숫돌의 회전중심이 제대로 잡히지 않았을 때

CBT 따라하기
답안표기란
제3과목 ▼
47 ① ② ③ ④
48 ① ② ③ ④
49 ① ② ③ ④
50 ① ② ③ ④
51 ① ② ③ ④
52 ① ② ③ ④
53 ① ② ③ ④
54 ① ② ③ ④

**52.** 일반적으로 전류가 과대하고, 용접속도가 너무 빠르며, 아크를 짧게 유지하기 어려운 경우 모재 및 용접부의 일부가 녹아서 홈 또는 오목한 부분이 생기는 용접부 결함은?

① 잔류응력
② 융합불량
③ 기공
④ 언더컷

**53.** 다음 중 컨베이어의 안전장치로 옳지 않은 것은?

① 비상정지장치
② 반발예방장치
③ 역회전방지장치
④ 이탈방지장치

**54.** 다음 중 금형을 설치 및 조정할 때 안전 수칙으로 가장 적절하지 않은 것은?

① 금형을 체결할 때에는 적합한 공구를 사용한다.
② 금형의 설치 및 조정은 전원을 끄고 실시한다.
③ 금형을 부착하기 전에 하사점을 확인하고 설치한다.
④ 금형을 체결할 때에는 안전블럭을 잠시 제거하고 실시한다.

55. 보일러 부하의 급변, 수위의 과상승 등에 의해 수분이 증기와 분리되지 않아 보일러 수면이 심하게 솟아올라 올바른 수위를 판단하지 못하는 현상은?

① 프라이밍     ② 모세관
③ 워터해머     ④ 역화

56. 크레인 로프에 질량 2000kg의 물건을 $10m/s^2$의 가속도로 감아올릴 때, 로프에 걸리는 총 하중(kN)은?
(단, 중력가속도는 $9.8m/s^2$)

① 9.6     ② 19.6
③ 29.6     ④ 39.6

57. 기계설비의 안전조건인 구조의 안전화와 거리가 가장 먼 것은?

① 전압 강하에 따른 오동작 방지
② 재료의 결함 방지
③ 설계상의 결함 방지
④ 가공 결함 방지

58. 회전하는 동작 부분과 고정 부분이 함께 만드는 위험점으로 주로 연삭숫돌과 작업대, 교반기의 교반 날개와 몸체 사이에서 형성되는 위험점은?

① 협착점
② 절단점
③ 물림점
④ 끼임점

59. 산업안전보건 법령상 양중기의 과부하 방지장치에서 요구하는 일반적인 성능 기준으로 가장 적절하지 않은 것은?

① 과부하방지장치 작동 시 경보음과 경보 램프가 작동되어야 하며 양중기는 작동이 되지 않아야 한다.
② 외함의 전선 접촉부분은 고무 등으로 밀폐되어 물과 먼지 등이 들어가지 않도록 한다.
③ 과부하방지장치와 타 방호장치는 기능에 서로 장애를 주지 않도록 부착할 수 있는 구조이어야 한다.
④ 방호장치의 기능을 정지 및 제거할 때 양중기의 기능이 동시에 원활하게 작동하는 구조이며 정지해서는 안 된다.

CBT 따라하기
답안표기란
제3과목 ▼

| 55 | ① ② ③ ④ |
| 56 | ① ② ③ ④ |
| 57 | ① ② ③ ④ |
| 58 | ① ② ③ ④ |
| 59 | ① ② ③ ④ |
| 60 | ① ② ③ ④ |

60. 산업안전보건 법령상 아세틸렌 용접장치에 관한 설명이다. ( ) 안에 공통으로 들어갈 내용으로 옳은 것은?

– 사업주는 아세틸렌 용접장치의 취관 마다 ( )를 설치하여야 한다.
– 사업주는 가스용기가 발생기와 분리되어 있는 아세틸렌 용접장치에 대하여 발생기와 가스용기 사이에 ( )를 설치하여야 한다.

① 분기장치
② 자동발생 확인장치
③ 유수 분리장치
④ 안전기

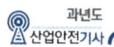
**제4과목 : 전기설비 안전 관리**

**61.** 방폭 전기기기의 온도등급에서 기호 $T_2$의 의미로 맞는 것은?

① 최고표면온도의 허용치가 135℃ 이하 인 것

② 최고표면온도의 허용치가 200℃ 이하 인 것

③ 최고표면온도의 허용치가 300℃ 이하 인 것

④ 최고표면온도의 허용치가 450℃ 이하 인 것

**62.** 인체저항이 5000Ω이고, 전류가 3mA가 흘렀다. 인체의 정전용량이 $0.1\mu F$라면 인체에 대전된 정전하는 몇 $\mu C$인가?

① 0.5

② 1.0

③ 1.5

④ 2.0

**63.** 정전작업 시 정전시킨 전로에 잔류전하를 방전할 필요가 있다. 전원차단 이후에도 잔류 전하가 남아 있을 가능성이 가장 낮은 것은?

① 방전 코일

② 전력 케이블

③ 전력용 콘덴서

④ 용량이 큰 부하기기

**64.** 누전차단기의 구성요소가 아닌 것은?

① 누전검출부

② 영상변류기

③ 차단장치

④ 전력퓨즈

**65.** 내압 방폭구조는 다음 중 어느 경우에 가장 가까운가?

① 점화 능력의 본질적 억제

② 점화원의 방폭적 격리

③ 전기설비의 안전도 증강

④ 전기설비의 밀폐화

**66.** 폭발 위험장소 분류 시 분진폭발위험 장소의 종류에 해당하지 않는 것은?

① 20종 장소

② 21종 장소

③ 22종 장소

④ 23종 장소

**67.** 정전기 발생의 일반적인 종류가 아닌 것은?

① 마찰

② 중화

③ 박리

④ 유동

**68.** 200A의 전류가 흐르는 단상 전로의 한 선에서 누전되는 최소 전류(mA)의 기준은?

① 100

② 200

③ 10

④ 20

**69.** 샤워시설이 있는 욕실에 콘센트를 시설하고자 한다. 이때 설치되는 인체감전보호용 누전 차단기의 정격감도전류는 몇 mA 이하인가?

① 5   ② 15
③ 30   ④ 60

**70.** 접지의 종류와 목적이 바르게 짝지어지지 않은 것은?

① 계통 접지 – 고압전로와 저압전로가 혼촉되었을 때의 감전이나 화재 방지를 위하여
② 지락검출용 접지 – 차단기의 동작을 확실하게 하기 위하여
③ 기능용 접지 – 피뢰기 등의 기능손상을 방지하기 위하여
④ 등전위 접지 – 병원에 있어서 의료기기 사용 시 안전을 위하여

**71.** 방폭지역 구분 중 폭발성 가스 분위기가 정상상태에서 조성되지 않거나 조성된다 하더라도 짧은 기간에만 존재할 수 있는 장소는?

① 0종 장소
② 1종 장소
③ 2종 장소
④ 비방폭지역

**72.** 교류 아크용접기의 허용사용률(%)은? (단, 정격사용률은 10%, 2차 정격전류는 500A, 교류 아크용접기의 사용전류는 250A이다.)

① 30   ② 40
③ 50   ④ 60

**73.** 다음 (   )안에 들어갈 내용으로 알맞은 것은?

> 과전류차단장치는 반드시 접지선이 아닌 전로에 (      )로 연결하며 과전류 발생 시 전로를 자동으로 차단하도록 설치할 것

① 직렬   ② 병렬
③ 임시   ④ 직병렬

**74.** 일반 허용접촉 전압과 그 종별을 짝지은 것으로 틀린 것은?

① 제1종 : 0.5V 이하
② 제2종 : 25V 이하
③ 제3종 : 50V 이하
④ 제4종 : 제한 없음

**75.** 이동하여 사용하는 전기기계기구의 금속제 외함 등의 접지 시스템의 단면적 기준으로 옳은 것은?

① 특고압·고압 전기설비용 접지도체 및 중성점 접지용 접지도체는 클로로프렌 캡타이어케이블로 단면적이 $1mm^2$ 이상인 것을 사용한다.
② 저압 전기설비용 접지도체는 다심 코드의 단면적이 $0.5mm^2$ 이상인 것을 사용한다.
③ 기타 유연성이 있는 연동연선은 1개 도체의 단면적이 $2.5mm^2$ 이상인 것을 사용한다.
④ 저압 전기설비용 접지도체는 다심 캡타이어케이블의 1개 또는 도체의 단면적이 $0.75mm^2$ 이상인 것을 사용한다.

CBT 따라하기
답안표기란
제4과목 ▼

| | | | | |
|---|---|---|---|---|
| 69 | ① | ② | ③ | ④ |
| 70 | ① | ② | ③ | ④ |
| 71 | ① | ② | ③ | ④ |
| 72 | ① | ② | ③ | ④ |
| 73 | ① | ② | ③ | ④ |
| 74 | ① | ② | ③ | ④ |
| 75 | ① | ② | ③ | ④ |

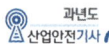

76. 동작 시 아크를 발생하는 고압용 개폐기·차단기·피뢰기 등은 목재의 벽 또는 천장 기타의 가연성 물체로부터 몇 m 이상 떼어놓아야 하는가?

① 0.3
② 0.5
③ 1.0
④ 1.5

77. 교류아크 용접기에 전격 방지기를 설치하는 요령 중 틀린 것은?

① 이완 방지 조치를 한다.
② 직각으로만 부착해야 한다.
③ 동작 상태를 알기 쉬운 곳에 설치한다.
④ 테스트 스위치는 조작이 용이한 곳에 위치시킨다.

78. 인체의 표면적이 0.5m²이고 정전용량은 0.02pF/cm²이다. 3300V의 전압이 인가되어 있는 전선에 접근하여 작업을 할 때 인체에 축적되는 정전기 에너지(J)는?

① $5.445 \times 10^{-2}$
② $5.445 \times 10^{-4}$
③ $2.723 \times 10^{-2}$
④ $2.723 \times 10^{-4}$

79. 접지계통 분류에서 TN접지방식이 아닌 것은?

① TN-S방식
② TN-C방식
③ TN-T방식
④ TN-C-S방식

80. 산업안전보건기준에 관한 규칙 제319조에 의한 정전전로에서의 정전 작업을 마친 후 전원을 공급하는 경우에 사업주가 작업에 종사하는 근로자 및 전기기기와 접촉할 우려가 있는 근로자에게 감전의 위험이 없도록 준수해야 할 사항이 아닌 것은?

① 단락 접지기구 및 작업기구를 제거하고 전기기기 등이 안전하게 통전될 수 있는지 확인한다.
② 모든 작업자가 작업이 완료된 전기기기에서 떨어져 있는지 확인한다.
③ 잠금장치와 꼬리표를 근로자가 직접 설치한다.
④ 모든 이상 유무를 확인한 후 전기기기 등의 전원을 투입한다.

---

**제5과목 : 화학설비 안전 관리**

81. 산업안전보건법령상 "부식성 산류"에 해당하지 않는 것은?

① 농도 20%인 염산
② 농도 40%인 인산
③ 농도 50%인 질산
④ 농도 60%인 아세트산

CBT 따라하기
답안표기란
제4과목 ▼
76 ① ② ③ ④
77 ① ② ③ ④
78 ① ② ③ ④
79 ① ② ③ ④
80 ① ② ③ ④
81 ① ② ③ ④

**82.** 유류저장탱크에서 화염의 차단을 목적으로 외부에 증기를 방출하기도 하고 탱크 내 외기를 흡입하기도 하는 부분에 설치하는 안전장치는?

① vent stack
② safety valve
③ gate valve
④ flame arrester

**83.** 금속의 용접·용단 또는 가열에 사용되는 가스 등의 용기를 취급할 때의 준수사항으로 틀린 것은?

① 전도의 위험이 없도록 한다.
② 밸브를 서서히 개폐한다.
③ 용해아세틸렌의 용기는 세워서 보관한다.
④ 용기의 온도를 섭씨 65도 이하로 유지한다.

**84.** 부탄($C_4H_{10}$)의 연소에 필요한 최소산소농도(MOC)를 추정하여 계산하면 약 몇 vol%인가? (단, 부탄의 폭발하한계는 공기 중에서 1.6vol%이다.)

① 5.6
② 7.8
③ 10.4
④ 14.1

**85.** 20℃, 1기압이 공기를 5기압으로 단열압축하면 공기의 온도는 약 몇 ℃가 되겠는가? (단, 공기의 비열비는 1.4이다.)

① 32
② 191
③ 305
④ 464

**86.** 다음 중 자연 발화의 방지법으로 가장 거리가 먼 것은?

① 직접 인화할 수 있는 불꽃과 같은 점화원만 제거하면 된다.
② 저장소 등의 주위 온도를 낮게 한다.
③ 습기가 많은 곳에는 저장하지 않는다.
④ 통풍이나 저장법을 고려하여 열의 축적을 방지한다.

**87.** 인화성 가스가 발생할 우려가 있는 지하 작업장에서 작업을 할 경우 폭발이나 화재를 방지하기 위한 조치사항 중 가스의 농도를 측정하는 기준으로 적절하지 않은 것은?

① 매일 작업을 시작하기 전에 측정한다.
② 가스의 누출이 의심되는 경우 측정한다.
③ 장시간 작업할 때에는 매 8시간마다 측정한다.
④ 가스가 발생하거나 정체할 위험이 있는 장소에 대하여 측정한다.

**88.** 다음 중 고체의 연소방식에 관한 설명으로 옳은 것은?

① 분해연소란 고체가 표면의 고온을 유지하며 타는 것을 말한다.
② 표면연소란 고체가 가열되어 열분해가 일어나고 가연성 가스가 공기 중의 산소와 타는 것을 말한다.
③ 자기연소란 공기 중 산소를 필요로 하지 않고 자신이 분해되며 타는 것을 말한다.
④ 분무연소란 고체가 가열되어 가연성 가스를 발생시키며 타는 것을 말한다.

**CBT 따라하기**
답안표기란
제5과목 ▼

| 82 | ① ② ③ ④ |
| 83 | ① ② ③ ④ |
| 84 | ① ② ③ ④ |
| 85 | ① ② ③ ④ |
| 86 | ① ② ③ ④ |
| 87 | ① ② ③ ④ |
| 88 | ① ② ③ ④ |

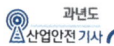

89. 사업주는 안전밸브 등의 전단·후단에 차단밸브를 설치해서는 아니 된다. 다만, 별도로 정한 경우에 해당할 때는 자물쇠형 또는 이에 준하는 형식의 차단밸브를 설치할 수 있다. 이에 해당하는 경우가 아닌 것은?

① 화학설비 및 그 부속설비에 안전밸브 등이 복수방식으로 설치되어 있는 경우
② 예비용 설비를 설치하고 각각의 설비에 안전밸브 등이 설치되어 있는 경우
③ 파열판과 안전밸브를 직렬로 설치한 경우
④ 열팽창에 의하여 상승된 압력을 낮추기 위한 목적으로 안전밸브가 설치된 경우

90. 사업주는 산업안전보건법령에서 정한 설비에 대해서는 과압에 따른 폭발을 방지하기 위하여 안전밸브 등을 설치하여야 한다. 다음 중 이에 해당하는 설비가 아닌 것은?

① 원심펌프
② 정변위 압축기
③ 정변위 펌프(토출 측에 차단밸브가 설치된 것만 해당한다)
④ 배관(2개 이상의 밸브에 의하여 차단되어 대기온도에서 액체의 열팽창에 의하여 파열될 우려가 있는 것으로 한정한다)

91. 위험물을 산업안전보건법령에서 정한 기준량 이상으로 제조하거나 취급하는 설비로서 특수화학설비에 해당되는 것은?

① 가열시켜 주는 물질의 온도가 가열되는 위험물질의 분해온도보다 높은 상태에서 운전되는 설비
② 상온에서 게이지 압력으로 200kPa의 압력으로 운전되는 설비
③ 대기압 하에서 섭씨 300℃로 운전되는 설비
④ 흡열반응이 행하여지는 반응설비

92. 다음 중 물질에 대한 저장방법으로 잘못된 것은?

① 나트륨 – 유동 파라핀 속에 저장
② 니트로글리세린 – 강산화제 속에 저장
③ 적린 – 냉암소에 격리 저장
④ 칼륨 – 등유 속에 저장

93. 특수 화학설비를 설치할 때 내부의 이상 상태를 조기에 파악하기 위하여 필요한 계측장치로 가장 거리가 먼 것은?

① 압력계          ② 유량계
③ 온도계          ④ 비중계

94. 물과 반응하여 가연성 기체를 발생하는 것은?

① 프크린산
② 이황화탄소
③ 칼륨
④ 과산화칼륨

CBT 따라하기
**답안표기란**

| 제5과목 | | | | ▼ |
|---|---|---|---|---|
| 89 | ① | ② | ③ | ④ |
| 90 | ① | ② | ③ | ④ |
| 91 | ① | ② | ③ | ④ |
| 92 | ① | ② | ③ | ④ |
| 93 | ① | ② | ③ | ④ |
| 94 | ① | ② | ③ | ④ |

95. 다음 중 화재 시 주수에 의해 오히려 위험성이 증대되는 물질은?

① 황린
② 니트로셀룰로오스
③ 적린
④ 금속나트륨

96. 산업안전보건 법령상 위험물질의 종류를 구분할 때 다음 물질들이 해당하는 것은?

> 리튬, 칼륨·나트륨, 황,
> 황린, 황화인·적린

① 폭발성 물질 및 유기과산화물
② 산화성 액체 및 산화성 고체
③ 물반응성 물질 및 인화성 고체
④ 급성 독성 물질

97. 비점이 낮은 액체 저장탱크 주위에 화재가 발생했을 때 저장탱크 내부의 비등 현상으로 인한 압력 상승으로 탱크가 과열되어 그 내용물이 증발, 팽창하면서 발생되는 폭발현상은?

① Back Draft
② BLEVE
③ Flash Over
④ UVCE

98. 가연성가스의 폭발범위에 관한 설명으로 틀린 것은?

① 압력 증가에 따라 폭발 상한계와 하한계가 모두 현저히 증가한다.
② 불활성가스를 주입하면 폭발범위는 좁아진다.
③ 온도의 상승과 함께 폭발범위는 넓어진다.
④ 산소 중에서의 폭발범위는 공기 중에서보다 넓어진다.

CBT 따라하기
답안표기란
제5과목 ▼
95 ① ② ③ ④
96 ① ② ③ ④
97 ① ② ③ ④
98 ① ② ③ ④
99 ① ② ③ ④
100 ① ② ③ ④

99. 다음 설명이 의미하는 것은?

> "온도, 압력 등 제어상태가 규정의 조건을 벗어나는 것에 의해 반응속도가 지수함수적으로 증대되고, 반응용기 내의 온도, 압력이 급격히 이상 상승되어 규정 조건을 벗어나고, 반응이 과격화되는 현상"

① 비등
② 과열·과압
③ 폭발
④ 반응폭주

100. 다음 중 산업안전보건 법령상 물질안전보건 자료의 작성·비치 제외 대상이 아닌 것은?

① 원자력법에 의한 방사성 물질
② 농약관리법에 의한 농약
③ 비료관리법에 의한 비료
④ 관세법에 의해 수입되는 공업용 유기용제

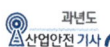

제6과목 : 건설공사 안전 관리

**101.** 지면보다 낮은 땅을 파는데 적합하고 수중굴착도 가능한 굴착기계는?

① 백호우
② 파워쇼벨
③ 가이데릭
④ 파일드라이버

**102.** 산업안전보건법령에 따른 지반의 종류별 굴착면의 기울기 기준으로 옳지 않은 것은?

① 모래 - 1 : 1.8
② 연암 및 풍화암 - 1 : 1.5
③ 경암 - 1 : 0.5
④ 그 밖의 흙 - 1 : 1.2

**103.** 구축물에 안전진단 등 안전성 평가를 실시하여 근로자에게 미칠 위험성을 미리 제거하여야 하는 경우가 아닌 것은?

① 구축물 등의 인근에서 굴착·항타작업 등으로 침하·균열 등이 발생하여 붕괴의 위험이 예상될 경우
② 구축물 등이 그 자체의 무게·적설·풍압 또는 그 밖에 부가되는 하중 등으로 붕괴 등의 위험이 있을 경우
③ 화재 등으로 구축물 등의 내력(耐力)이 심하게 저하 되었을 경우
④ 구축물의 구조체가 안전 측으로 과도하게 설계가 되었을 경우

**104.** 터널 등의 건설작업을 하는 경우에 낙반 등에 의하여 근로자가 위험해질 우려가 있는 경우에 필요한 직접적인 조치사항과 거리가 먼 것은?

① 터널지보공 설치
② 부석의 제거
③ 울 설치
④ 록볼트 설치

**105.** 추락방지망 설치 시 그물코의 크기가 10cm인 매듭 있는 방망의 신품에 대한 인장강도 기준으로 옳은 것은?

① 100kgf 이상   ② 200kgf 이상
③ 300kgf 이상   ④ 400kgf 이상

**106.** 토질시험 중 연약한 점토 지반의 점착력을 판별하기 위하여 실시하는 현장시험은?

① 베인테스트(Vane Test)
② 표준관입시험(SPT)
③ 하중재하시험
④ 삼축압축시험

**107.** 달비계에 사용하는 와이어로프의 사용금지 기준으로 옳지 않은 것은?

① 이음매가 있는 것
② 열과 전기 충격에 의해 손상된 것
③ 지름의 감소가 공칭지름의 7%를 초과하는 것
④ 와이어로프의 한 꼬임에서 끊어진 소선의 수가 7% 이상인 것

CBT 따라하기
답안표기란
제6과목 ▼
| | ① | ② | ③ | ④ |
|---|---|---|---|---|
| 101 | ① | ② | ③ | ④ |
| 102 | ① | ② | ③ | ④ |
| 103 | ① | ② | ③ | ④ |
| 104 | ① | ② | ③ | ④ |
| 105 | ① | ② | ③ | ④ |
| 106 | ① | ② | ③ | ④ |
| 107 | ① | ② | ③ | ④ |

**108.** 흙막이 공법을 흙막이 지지방식에 의한 분류와 구조방식에 의한 분류로 나눌 때 다음 중 지지방식에 의한 분류에 해당하는 것은?

① 수평 버팀대식 흙막이 공법

② H-Pile 공법

③ 지하연속벽 공법

④ Top down method 공법

**109.** 터널공사의 전기발파작업에 관한 설명으로 옳지 않은 것은?

① 전선은 점화하기 전에 화약류를 충진한 장소로부터 30m 이상 떨어진 안전한 장소에서 도통시험 및 저항시험을 하여야 한다.

② 점화는 충분한 허용량을 갖는 발파기를 사용하고 규정된 스위치를 반드시 사용하여야 한다.

③ 발파 후 발파기와 발파모선의 연결을 유지한 채 그 단부를 절연시킨 후 재점화가 되지 않도록 한다.

④ 점화는 선임된 발파책임자가 행하고 발파기의 핸들을 점화할 때 이외는 시건장치를 하거나 모선을 분리하여야 하며 발파책임자의 엄중한 관리하에 두어야 한다.

**110.** 거푸집 동바리 등을 조립 또는 해체하는 작업을 하는 경우의 준수사항으로 옳지 않은 것은?

① 재료, 기구 또는 공구 등을 올리거나 내리는 경우에는 근로자로 하여금 달줄·달포대 등의 사용을 금하도록 할 것

② 낙하·충격에 의한 돌발적 재해를 방지하기 위하여 버팀목을 설치하고 거푸집 동바리 등을 인양장비에 매단 후에 작업을 하도록 하는 등 필요한 조치를 할 것

③ 비, 눈, 그 밖의 기상상태의 불안정으로 날씨가 몹시 나쁜 경우에는 그 작업을 중지할 것

④ 해당 작업을 하는 구역에는 관계 근로자가 아닌 사람의 출입을 금지할 것

**CBT 따라하기**
**답안표기란**

제6과목 ▼

| 108 | ① | ② | ③ | ④ |
| 109 | ① | ② | ③ | ④ |
| 110 | ① | ② | ③ | ④ |
| 111 | ① | ② | ③ | ④ |

**111.** 다음은 산업안전보건법령에 따른 산업안전보건관리비의 사용에 관한 규정이다. ( ) 안에 들어갈 내용을 순서대로 옳게 작성한 것은?

> 건설공사도급인은 고용노동부장관이 정하는 바에 따라 해당 건설공사를 위하여 계상된 산업안전보건관리비를 그가 사용하는 근로자와 그의 관계수급인이 사용하는 근로자의 산업재해 및 건강장해 예방에 사용하고, 그 사용명세서를 ( ) 작성하고 건설공사 종료 후 ( )간 보존해야 한다.

① 매월, 6개월

② 매월, 1년

③ 2개월마다, 6개월

④ 2개월마다, 1년

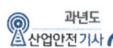
112. 가설통로 설치에 있어 경사가 최소 얼마를 초과하는 경우에는 미끄러지지 아니하는 구조로 하여야 하는가?

① 15도
② 20도
③ 30도
④ 40도

113. 산업안전보건 법령에 따른 양중기의 종류에 해당하지 않는 것은?

① 고소작업차
② 이동식 크레인
③ 승강기
④ 리프트(Lift)

114. 근로자의 추락 등의 위험을 방지하기 위한 안전난간의 설치기준으로 옳지 않은 것은?

① 상부 난간대와 중간 난간대는 난간 길이 전체에 걸쳐 바닥면 등과 평행을 유지할 것
② 발끝막이판은 바닥면 등으로부터 20cm 이상의 높이를 유지할 것
③ 난간대는 지름 2.7cm 이상의 금속제 파이프나 그 이상의 강도가 있는 재료일 것
④ 안전난간은 구조적으로 가장 취약한 지점에서 가장 취약한 방향으로 작용하는 100kg 이상의 하중에 견딜 수 있는 튼튼한 구조일 것

115. 단관비계의 도괴 또는 전도를 방지하기 위하여 사용하는 벽 이음의 간격 기준으로 옳은 것은?

① 수직 방향 5m 이하, 수평 방향 5m 이하
② 수직 방향 6m 이하, 수평 방향 6m 이하
③ 수직 방향 7m 이하, 수평 방향 7m 이하
④ 수직 방향 8m 이하, 수평 방향 8m 이하

116. 강관비계를 사용하여 비계를 구성하는 경우 준수해야 할 기준으로 옳지 않은 것은?

① 비계기둥의 간격은 띠장 방향에서는 1.85m 이하, 장선(長線) 방향에서는 1.5m 이하로 할 것
② 띠장 간격은 2.0m 이하로 할 것
③ 비계기둥의 제일 윗부분으로부터 31m 되는 지점 밑부분의 비계기둥은 2개의 강관으로 묶어 세울 것
④ 비계기둥 간의 적재하중은 600kg을 초과하지 않도록 할 것

117. 사다리식 통로 등을 설치하는 경우 통로 구조로서 옳지 않은 것은?

① 발판의 간격은 일정하게 한다.
② 발판과 벽과의 사이는 15cm 이상의 간격을 유지한다.
③ 사다리의 상단은 걸쳐놓은 지점으로부터 60cm 이상 올라가도록 한다.
④ 폭은 40cm 이상으로 한다.

CBT 따라하기
답안표기란
제6과목 ▼

| 112 | ① ② ③ ④ |
| 113 | ① ② ③ ④ |
| 114 | ① ② ③ ④ |
| 115 | ① ② ③ ④ |
| 116 | ① ② ③ ④ |
| 117 | ① ② ③ ④ |

**118.** 콘크리트 타설작업을 하는 경우에 준수해야 할 사항으로 옳지 않은 것은?

① 당일의 작업을 시작하기 전에 해당 작업에 관한 거푸집동바리 등의 변형·변위 및 지반의 침하 유무 등을 점검하고 이상이 있으면 보수한다.

② 작업 중에는 거푸집동바리 등의 변형·변위 및 침하 유무 등을 감시할 수 있는 감시자를 배치하여 이상이 있으면 작업을 빠른 시간 내 우선 완료하고 근로자를 대피시킨다.

③ 콘크리트 타설작업 시 거푸집붕괴의 위험이 발생할 우려가 있으면 충분한 보강조치를 한다.

④ 콘크리트를 타설하는 경우에는 편심이 발생하지 않도록 골고루 분산하여 타설한다.

**119.** 건설용 리프트의 붕괴 등을 방지하기 위해 받침의 수를 증가시키는 등 안전조치를 하여야 하는 순간풍속 기준은?

① 초당 15미터 초과

② 초당 25미터 초과

③ 초당 35미터 초과

④ 초당 45미터 초과

**120.** 건설업의 공사금액이 850억 원일 경우 산업안전보건법령에 따른 안전관리자의 수로 옳은 것은? (단, 전체 공사기간을 100으로 할 때 공사 전·후 15에 해당하는 경우는 고려하지 않는다.)

① 1명 이상

② 2명 이상

③ 3명 이상

④ 4명 이상

| CBT 따라하기 |
|---|
| **답안표기란** |
| 제6과목 ▼ |
| 118 ① ② ③ ④ |
| 119 ① ② ③ ④ |
| 120 ① ② ③ ④ |

>> 정답 및 해설

**제1과목** 산업재해 예방 및 안전보건교육

## 01 ③

**해설**

| 교육과정 | 교육시간 |
|---|---|
| 가. 정기교육 | 연간 16시간 이상 |
| 나. 채용 시 교육 | 8시간 이상 |
| 다. 작업내용 변경 시 교육 | 2시간 이상 |
| 라. 특별교육 | 16시간 이상(최초 작업에 종사하기 전 4시간 이상 실시하고, 12시간은 3개월 이내에서 분할하여 실시 가능) |
| | 단기간 작업 또는 간헐적 작업인 경우에는 2시간 이상 |

{분석}
**실기에 자주 출제되는 내용입니다.**

## 02 ③

**해설** 하버드 학파의 교수법

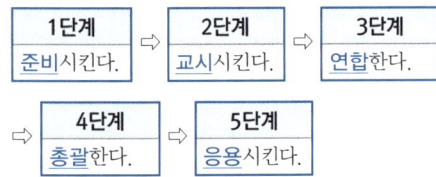

```
1단계         2단계          3단계
준비시킨다. ⇨ 교시시킨다. ⇨ 연합한다.

    4단계          5단계
 ⇨ 총괄한다. ⇨ 응용시킨다.
```

## 03 ③

**해설** 안전 관리조직의 목적
① 조직적인 사고예방활동
② 위험 제거 기술의 수준 향상
③ 조직 간 종적·횡적 신속한 정보처리와 유대 강화

## 04 ③

**해설** 안전점검을 실시할 때의 유의 사항
① 안전점검은 안전수준의 향상을 위한 본래의 취지에 어긋나지 않아야 한다.
② 점검자의 능력을 감안하고 그 능력에 따른 점검을 실시한다.
③ 과거의 재해 발생개소는 그 원인이 완전히 제거되어 있나 확인한다.
④ 불량개소가 발견되었을 경우에는 다른 동종설비에 대해서도 점검한다.
⑤ 안전점검을 형식, 내용에 변화를 부여하여 몇 가지 점검방법을 병용해야 한다.

## 05 ②

**해설** 안전보건관리규정의 포함사항
① 안전·보건 관리조직과 그 직무에 관한 사항
② 안전·보건교육에 관한 사항
③ 작업장의 안전 및 보건관리에 관한 사항
④ 사고 조사 및 대책 수립에 관한 사항
⑤ 그 밖에 안전·보건에 관한 사항

## 06 ③

**해설** [안전인증 대상 기계·기구]
1. 설치·이전하는 경우 안전인증을 받아야 하는 기계·기구
   가. 크레인
   나. 리프트
   다. 곤돌라

2. 주요 구조 부분을 변경하는 경우 안전인증을 받아야 하는 기계·기구
   ① 프레스
   ② 전단기 및 절곡기(折曲機)
   ③ 크레인
   ④ 리프트
   ⑤ 압력용기
   ⑥ 롤러기
   ⑦ 사출성형기(射出成形機)
   ⑧ 고소(高所)작업대
   ⑨ 곤돌라

유사한 종류끼리 묶어서 암기
**손 다치는 기계** – 프레스, 전단기 및 절곡기,
　　　　　　 사출성형기, 롤러기
**양중기** – 크레인, 리프트, 곤돌라
**폭발** – 압력용기
**추락** – 고소작업대

[안전인증 대상 방호장치]

① 프레스 및 전단기 방호장치
② 양중기용 과부하방지장치
③ 보일러 압력방출용 안전밸브
④ 압력용기 압력방출용 안전밸브
⑤ 압력용기 압력방출용 파열판
⑥ 절연용 방호구 및 활선작업용 기구
⑦ 방폭구조 전기기계 기구 및 부품
⑧ 추락 · 낙하 및 붕괴 등의 위험 방지 및 보호에
　 필요한 가설기자재
⑨ 충돌 · 협착 등의 위험 방지에 필요한 산업용 로봇
　 방호장치

안전인증 대상 중
**손 다치는 기계** – 프레스 전단기의 방호장치
**양중기** – 과부하방지장치
**폭발** – 보일러 안전밸브, 압력용기 안전밸브, 파열판
**충돌** – 산업용 로봇
**전기** – 방폭구조, 절연용 방호구, 활선작업용 기구

{분석}
실기에도 자주 출제되는 중요한 내용입니다.
"해설"을 반드시 암기하세요.

## 07 ④

[해설] 안전관리자의 직무

① 사업장 안전교육계획의 수립 및 안전교육 실시
　 에 관한 보좌 및 조언 · 지도
② 사업장 순회점검 · 지도 및 조치의 건의
③ 산업재해 발생의 원인 조사 · 분석 및 재발 방지를
　 위한 기술적 보좌 및 조언 · 지도
④ 산업재해에 관한 통계의 유지 · 관리 · 분석을
　 위한 보좌 및 조언 · 지도

⑤ 안전인증대상 기계 · 기구 등과 자율안전확인
　 대상 기계 · 기구 등 구입 시 적격품의 선정에
　 관한 보좌 및 조언 · 지도
⑥ 위험성평가에 관한 보좌 및 조언 · 지도
⑦ 안전에 관한 사항의 이행에 관한 보좌 및 조언 ·
　 지도
⑧ 산업안전보건위원회 또는 노사협의체, 안전보건
　 관리규정 및 취업규칙에서 정한 직무
⑨ 업무수행 내용의 기록. 유지
⑩ 그 밖에 안전에 관한 사항으로서 고용노동부장관
　 이 정하는 사항

안전교육, 사업장 점검, 재해 원인조사, 재해통계 관리,
적격품 선정, 위험성평가, 업무내용 기록

{분석}
실기에도 출제빈도가 높습니다. 직무를 잘 기억하세요.

## 08 ①

[해설] ① 총 사고발생건수는 330건이다.

[참고] 하인리히 1 : 29 : 300의 법칙 : 총 330건의 사고를
분석했을 때

중상 또는 사망 : 1건
경상해 : 29건
무상해사고 : 300건이 발생함을 의미

## 09 ④

[해설] 하인리히의 총 재해비용 = 직접비 + 간접비
　　　　　　　　　　　　( 1 : 4 )

직접비 = 8,000만원
간접비 = 4 × 8,000만원 = 32,000만원
총 재해비용 = 8,000만원 + 32,000만원
　　　　　　 = 40,000만원

{분석}
실기까지 중요한 내용입니다.

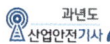
## 10 ④

해설

| 도피기제 | 방어기제 |
|---|---|
| • 억압   • 퇴행<br>• 백일몽<br>• 고립(거부) | • 보상   • 합리화<br>• 승화   • 동일시<br>• 투사 |

{분석}
**필기에 자주 출제되는 내용입니다.**

## 11 ②

해설 관리자의 의사결정 잘못, 관리적 잘못 → 간접원인 → 아담스 이론에서 간접원인은 "작전적 에러"에 해당한다.

**아담스(Edward Adams) 연쇄성 이론 5단계**

| 1단계 | 관리구조 |
|---|---|
| 2단계 | 작전적 에러 |
| 3단계 | 전술적 에러 |
| 4단계 | 사고 |
| 5단계 | 상해 |

## 12 ③

해설 **방독마스크의 등급**

| 등급 | 사용 장소 |
|---|---|
| 고농도 | 가스 또는 증기의 농도가 100분의 2(암모니아에 있어서는 100분의 3) 이하의 대기 중에서 사용하는 것 |
| 중농도 | 가스 또는 증기의 농도가 100분의 1(암모니아에 있어서는 100분의 1.5) 이하의 대기 중에서 사용하는 것 |
| 저농도 및 최저농도 | 가스 또는 증기의 농도가 100분의 0.1 이하의 대기 중에서 사용하는 것으로서 긴급용이 아닌 것 |

[비고]
방독마스크는 산소농도가 18% 이상인 장소에서 사용하여야 하고, 고농도와 중농도에서 사용하는 방독마스크는 전면형(격리식, 직결식)을 사용해야 한다.

{분석}
**실기까지 중요한 내용입니다.**

## 13 ③

해설

$$강도율 = \frac{총요양근로손실일수}{연근로시간수} \times 1,000$$

\* 근로손실일수 = 일시 전 노동불능(휴업일수, 요양일수, 입원일수)
$$\times \frac{300(실제근로일수)}{365}$$

| 신체장해 등급 | 손실일수 |
|---|---|
| 사망, 1, 2, 3급 | 7,500일 |
| 4급 | 5,500일 |
| 5급 | 4,000일 |
| 6급 | 3,000일 |
| 7급 | 2,200일 |
| 8급 | 1,500일 |
| 9급 | 1,000일 |
| 10급 | 600일 |
| 11급 | 400일 |
| 12급 | 200일 |
| 13급 | 100일 |
| 14급 | 50일 |

참고 **ILO의 근로불능 상해의 구분(상해정도별 분류)**

① 사망
② 영구 전 노동불능 : 신체 전체의 노동기능 완전 상실(1~3급)
③ 영구 일부 노동불능 : 신체 일부의 노동 기능 상실(4~14급)
④ 일시 전 노동불능 : 일정기간 노동 종사 불가 (휴업상해)
⑤ 일시 일부 노동불능 : 일정기간 일부 노동에 종사 불가(통원상해)
⑥ 구급조치상해

{분석}
**실기에 자주 출제되는 중요한 내용입니다.**

## 14 ①

**[해설]** 화학물질 취급장소에서의 유해·위험 경고
→ 빨간색 → 7.5R 4/14

*실제가 되요! 함께가 되요!* **특급** 암기 썁

싫어, 4/14

**[참고]** 안전·보건표지의 색채, 색도기준 및 용도

| 색채 | 색도 기준 | 용도 | 사용례 |
|---|---|---|---|
| 빨간색 | 7.5R 4/14 **암기 : 싫어(7.5) 4/14** | 금지 | 정지신호, 소화설비 및 그 장소, 유해행위의 금지 |
| | | 경고 | 화학물질 취급장소에서의 유해·위험 경고 |
| 노란색 | 5Y 8.5/12 **암기 : 오(5) 빨리와(8.5) 이리(12)** | 경고 | 화학물질 취급장소에서의 유해·위험경고 이외의 위험경고, 주의표지 또는 기계방호물 |
| 파란색 | 2.5PB 4/10 **암기 : 2.5×4=10** | 지시 | 특정 행위의 지시 및 사실의 고지 |
| 녹색 | 2.5G 4/10 **암기 : 2.5×4=10** | 안내 | 비상구 및 피난소, 사람 또는 차량의 통행표지 |
| 흰색 | N9.5 | | 파란색 또는 녹색에 대한 보조색 |
| 검은색 | N0.5 | | 문자 및 빨간색 또는 노란색에 대한 보조색 |

{분석}
**실기에 자주 출제되는 내용입니다.**

## 15 ①

**[해설]** 협의체는 매월 1회 이상 정기적으로 회의를 개최하고 그 결과를 기록·보존하여야 한다.

**[참고]** 도급사업의 안전·보건에 관한 협의체의 구성 및 운영

① 협의체는 도급인인 사업주 및 그의 수급인인 사업주 전원으로 구성하여야 한다.
② 협의체의 협의 사항
 • 작업의 시작시간
 • 작업 또는 작업장 간의 연락방법
 • 재해 발생 위험시의 대피방법
 • 작업장에서의 위험성 평가의 실시에 관한 사항
 • 사업주와 수급인 또는 수급인 상호 간의 연락방법 및 작업공정의 조정

## 16 ②

**[해설]** ① 기회설(상황설) : 재해가 일어날 수 있는 상황만 주어지면 재해가 유발된다.
② 암시설(습관설) : 한번 재해를 당한 사람은 겁쟁이가 되어 신경과민으로 또 재해를 유발한다.
③ 경향설(성향설) : 근로자 중 재해가 빈발하는 소질적 결함자가 있다.

**[참고]** 미숙성 누발자
 • 기능 미숙자
 • 환경에 익숙하지 못한 자

{분석}
**필기에 자주 출제되는 내용입니다.**

## 17 ④

**[해설]** ④ 스탭형 안전조직에서 스탭은 안전에 관한 기본방침을 시달한다.

**[참고]** 스태프형(staff) or 참모형

안전관리를 전담하는 스태프를 두고 안전관리에 대한 계획, 조사, 검토 등을 행하는 관리방식
① 중규모 사업장(100 ~ 1,000명 정도의 사업장)에 직용이 가능하다.
② 스태프형 장점 : 안전정보 수집이 용이하고 빠르다.
③ 스태프 단점 : 안전과 생산을 별개로 취급한다.
④ 안전 전문가(스태프)가 문제해결방안을 모색한다.
⑤ 스태프는 경영자의 조언, 자문 역할을 한다.

⑥ 생산부문은 안전에 대한 책임, 권한이 없다.
⑦ 사업장의 특수성에 적합한 기술연구를 전문적으로 할 수 있다.
⑧ 권한다툼이나 조정 때문에 통제수속이 복잡해지며, 시간과 노력이 소모된다.

{분석}
**실기까지 중요한 내용입니다.**

## 18 ④

 **중대재해**

① 사망자가 1인 이상 발생한 재해
② 3개월 이상 요양을 요하는 부상자가 동시에 2인 이상 발생한 재해
③ 부상자 또는 직업성 질병자가 동시에 10인 이상 발생한 재해

{분석}
**실기에 자주 출제되는 내용입니다.**

## 19 ④

| 기술적 원인 | • 건물 기계장치 설계 불량<br>• 구조 재료의 부적합<br>• 생산방법의 부적당<br>• 점검 정비 보존 불량 |
|---|---|
| 교육적 원인 | • 안전지식의 부족<br>• 안전수칙의 오해<br>• 경험 훈련의 부족<br>• 작업 방법의 교육 불충분<br>• 유해 위험 작업의 교육 불충분 |
| 작업관리상 원인 | • 안전관리 조직 결함<br>• 안전수칙 미제정<br>• 작업준비 불충분<br>• 인원 배치 부적당<br>• 작업지시 부적당 |

## 20 ④

해설 1. 안전보건개선계획의 수립·시행명령을 받은 사업주는 고용노동부장관이 정하는 바에 따라 안전보건개선계획서를 작성하여 그 명령을 받은 날부터 60일 이내에 관할 지방고용노동관서의 장에게 제출하여야 한다.

2. 안전보건 개선계획 작성대상 사업장
① 산업재해율이 같은 업종의 규모별 평균 산업재해율보다 높은 사업장
② 사업주가 안전·보건조치의무를 이행하지 아니하여 중대재해가 발생한 사업장
③ 직업성 질병자가 연간 2명 이상 발생한 사업장
④ 유해인자의 노출기준을 초과한 사업장

{분석}
**실기까지 중요한 내용입니다.**

---

제2과목 **인간공학 및 위험성 평가·관리**

## 21 ④

해설 **FTA 논리기호**

| 기호 | 명명 | 기호 설명 |
|---|---|---|
| ◯ | 기본사상 | 더 이상 전개할 수 없는 사건의 원인 |
| ◇ | 생략사상 | 관련정보가 미비하여 계속 개발될 수 없는 특정 초기사상 |
| ⌂ | 통상사상 | 발생이 예상되는 사상 |
| ☐ | 결함사상<br>(정상사상,<br>중간사상) | 한 개 이상의 입력에 의해 발생된 고장사상 |

{분석}
**필기에 자주 출제되는 내용입니다.**

## 22 ②

**해설** 대뇌 정보처리 에러

① 인지확인(착오) 에러 : 외계로부터 작업정보의 습득으로부터 감각 중추로 인지되기까지 일어날 수 있는 에러이며, 확인 착오도 이에 포함된다.

② 판단 기억(착오) 에러 : 중추신경의 의사과정에서 일으키는 에러로서 의사 결정의 착오나 기억에 관한 실패도 여기에 포함된다.

③ 조작(동작) 에러 : 운동 중추에서 올바른 지령이 주어졌으나 동작 도중에 일어난 에러이다.

{분석}
**필기에 자주 출제되는 내용입니다.**

## 23 ④

**해설** 작동시스템의 기능이나 과업, 활동으로부터 발생되는 위험에 초점을 맞춘 위험분석 차트 → 운용 위험분석

**참고** ① FTA(Fault Tree Analysis) : 어떤 특정한 사고에 대하여 그 사고의 원인이 되는 장치 및 기기의 결함이나 작업자 오류 등을 연역적이며 정량적으로 평가하는 분석법이다.

② ETA(Event Tree Analysis) : 사건수(사상수)분석법, 사상의 안전도를 사용하여 시스템의 안전도 나타내는 귀납적, 정량적인 분석법이다.

③ 결함위험분석(Fault Hazards Analysis ) : 한 계약자만으로 모든 시스템의 설계를 담당하지 않고 몇 개의 공동계약자가 분담할 경우 서브시스템(subsystem)의 해석에 사용되는 분석법이다.

{분석}
**필기에 자주 출제되는 내용입니다.**

## 24 ③

**해설** ③ 자동화시스템에서 기계를 조정 및 통제하는 역할은 기계가 담당한다.

**참고** 자동 시스템

• 기계가 감지, 정보 처리 및 의사 결정, 행동 기능 및 정보 보관 등 모든 임무를 미리 설계된 대로 수행하게 된다.

• 인간은 감시, 감독, 보전 등의 역할을 담당하게 된다.

## 25 ④

**해설** ① 시스템의 신뢰성을 표시 → 미니멀 패스셋
② 시스템의 위험성을 표시 → 미니멀 컷셋
③ 시스템의 고장을 발생시키는 최소의 셋 → 미니멀 컷셋

{분석}
**필기에 자주 출제되는 내용입니다.**

## 26 ②

**해설** ② 묘사적 부호 – 위험표지판의 해골과 뼈

**참고** 부호의 3가지 유형

① 임의적 부호
  • 부호가 이미 고안되어 있으므로 이를 배워야 하는 부호
  • 🔲 안전표지판의 원형 – 금지
    삼각형 – 경고표지 등

② 묘사적 부호
  • 사물의 행동을 단순하고 정확하게 묘사한 부호
  • 🔲 위험표지판의 해골과 뼈, 보도 표지판의 걷는 사람

③ 추상적 부호
  • 전언의 기본요소를 도식적으로 압축한 부호

{분석}
**필기에 자주 출제되는 내용입니다.**

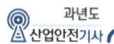
## 27 ④

**[해설]** 부품에 고장이 있더라도 운전이 가능 →
fail-operational

**[참고] 페일세이프(Fail-Safe)**
① Fail Passive : 부품의 고장 시 기계장치는 정지
상태로 옮겨간다.
② Fail active : 부품이 고장나면 경보를 울리며
짧은 시간 운전이 가능하다.
③ Fail operational : 부품의 고장이 있어도 다음
정기점검까지 운전이 가능하다.

{분석}
**필기에 자주 출제되는 내용입니다.**

## 28 ③

**[해설] 법적 조도 기준**
① 초정밀 작업 : 750 Lux 이상
② 정밀 작업 : 300 Lux 이상
③ 보통 작업 : 150 Lux 이상
④ 기타 작업 : 75 Lux 이상

{분석}
**실기까지 중요한 내용입니다.**

## 29 ①

**[해설] 유해위험 방지계획서 심사 결과의 구분**
① 적정 : 근로자의 안전과 보건을 위하여 필요한
조치가 구체적으로 확보되었다고 인정되는 경우
② 조건부 적정 : 근로자의 안전과 보건을 확보
하기 위하여 일부 개선이 필요하다고 인정되는
경우
③ 부적정 : 기계·설비 또는 건설물이 심사기준에
위반되어 공사착공 시 중대한 위험발생의 우려
가 있거나 계획에 근본적 결함이 있다고 인정
되는 경우

{분석}
**실기까지 중요한 내용입니다.**

## 30 ③

**[해설] 부품배치의 원칙**
1. 중요성의 원칙 : 부품을 작동하는 성능이 체계의
목표 달성에 중요한 정도에 따라 우선순위를
결정한다.
2. 사용빈도의 원칙 : 부품을 사용하는 빈도에 따라
우선순위를 결정한다.
3. 기능별 배치의 원칙 : 기능적으로 관련된 부품들
(표시장치, 조정장치 등)을 모아서 배치한다.
4. 사용 순서의 원칙 : 사용 순서에 따라 장치들을
가까이에 배치한다.

{분석}
**필기에 자주 출제되는 내용입니다.**

## 31 ①

**[해설] 유인어의 종류와 뜻**
• No 또는 Not : 완전한 부정
• More 또는 Less : 양의 증가 및 감소
• As Well As : 성질상의 증가, 설계의도 외의 다른
변수가 부가되는 경우
• Part of : 일부 변경(설계 의도대로 완전히 이루어
지지 않은 상태), 성질상의 감소
• Reverse : 설계의도의 논리적인 역, 설계의도와
정반대로 나타나는 현상
• Other Than : 완전한 대체, 설계 의도대로 되지
않거나 유지되지 않은 상태

{분석}
**필기에 자주 출제되는 내용입니다.**

## 32 ④

**[해설]** 1. 레버를 위로 올리면 압력이 올라간다.
→ 운동 양립성
2. 오른쪽 스위치를 눌렀을 때 오른쪽 전등(표시
장치)이 켜지도록 하였다. → 공간 양립성

**[참고]** ① 개념적 양립성
• 외부자극에 대해 인간의 개념적 현상의 양립성
• **[예]** 빨간 버튼은 온수, 파란 버튼은 냉수

② 공간적 양립성
  - 표시장치, 조종장치의 형태 및 공간적 배치의 양립성
  - 예 오른쪽 조리대는 오른쪽 조절장치로, 왼쪽 조리대는 왼쪽 조절장치로 조정한다.
③ 운동의 양립성
  - 표시장치, 조종장치 등의 운동 방향의 양립성
  - 예 조종장치를 오른쪽으로 돌리면 표시장치 지침이 오른쪽으로 이동한다.
④ 양식 양립성
  - 자극과 응답 양식의 존재에 대한 양립성
  - 예 청각적 자극 제시와 이에 대한 음성응답 과업에서 갖는 양립성

{분석}
**필기에 자주 출제되는 내용입니다.**

## 33 ①

해설

$$정보량(H) = \log_2 \frac{1}{P}$$

여기서, $P$ : 대안의 실현 확률

$$정보량(H) = \log_2 \frac{1}{\frac{1}{4}} = \log_2 4 = 2\text{bit}$$

(4지 택일형에서 정답일 확률 $= \frac{1}{4}$)

## 34 ③

해설 ③ 하루에 총 4시간 이상 집중적으로 자료입력 등을 위해 키보드 또는 마우스를 조작하는 작업

참고 **근골격계 부담작업의 범위**

① 하루에 4시간 이상 집중적으로 자료입력 등을 위해 키보드 또는 마우스를 조작하는 작업
② 하루에 총 2시간 이상 목, 어깨, 팔꿈치, 손목 또는 손을 사용하여 같은 동작을 반복하는 작업
③ 하루에 총 2시간 이상 머리 위에 손이 있거나, 팔꿈치가 어깨 위에 있거나, 팔꿈치를 몸통으로부터 들거나, 팔꿈치를 몸통 뒤쪽에 위치하도록 하는 상태에서 이루어지는 작업

④ 지지되지 않은 상태이거나 임의로 자세를 바꿀 수 없는 조건에서, 하루에 총 2시간 이상 목이나 허리를 구부리거나 비트는 상태에서 이루어지는 작업
⑤ 하루에 총 2시간 이상 쪼그리고 앉거나 무릎을 굽힌 자세에서 이루어지는 작업
⑥ 하루에 총 2시간 이상 지지되지 않은 상태에서 1kg 이상의 물건을 한 손의 손가락으로 집어 옮기거나, 2kg 이상에 상응하는 힘을 가하여 한 손의 손가락으로 물건을 쥐는 작업
⑦ 하루에 총 2시간 이상 지지되지 않은 상태에서 4.5kg 이상의 물건을 한 손으로 들거나 동일한 힘으로 쥐는 작업
⑧ 하루에 10회 이상 25kg 이상의 물체를 드는 작업
⑨ 하루에 25회 이상 10kg 이상의 물체를 무릎 아래에서 들거나, 어깨 위에서 들거나, 팔을 뻗은 상태에서 드는 작업
⑩ 하루에 총 2시간 이상, 분당 2회 이상 4.5kg 이상의 물체를 드는 작업
⑪ 하루에 총 2시간 이상 시간당 10회 이상 손 또는 무릎을 사용하여 반복적으로 충격을 가하는 작업

 실력이 되고! 합격이 되는! **특급 암기법**

- 키보드 입력 4시간, 나머지 2시간
- 2시간 4.5kg 한손 쥐기 / 2시간 1kg 손가락 집어 옮기기, 2kg 손가락 쥐기 / 10회 25kg, 25회 10kg 무릎 아래, 2시간 분당 2회 4.5kg 들기 / 2시간 시간당 10회 반복 충격

{분석}
**필기에 자주 출제되는 내용입니다.**

## 35 ④

해설 병렬작업이므로
신뢰도
$= 1 - (1 - 인간의 신뢰도) \times (1 - 기계의 신뢰도)$
$= 1 - (1 - 0.40) \times (1 - 0.95) = 0.97$

{분석}
**필기에 자주 출제되는 내용입니다.**

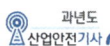
## 36 ④

> [해설] 근육 수축작용에 대한 전기적인 신호 데이터(근전도)
> → 근육의 피로도와 활성도를 측정할 수 있다.

## 37 ④

> [해설] 착석식 작업대의 높이 설계를 할 경우 고려해야 할 사항
> ① 의자의 높이
> ② 대퇴 여유
> ③ 작업의 성격
> ④ 작업대 두께

## 38 ①

> [해설] $T = A \cdot B$
> $= \begin{pmatrix} X_1 \\ X_2 \end{pmatrix} \cdot \begin{pmatrix} X_1 \\ X_3 \end{pmatrix}$
> $= (X_1), (X_1 X_3), (X_1 X_2), (X_2 X_3)$
> 미니멀 컷 : $(X_1)$ 또는 $(X_2 X_3)$

> [참고] $(X_1), (X_1 X_3), (X_1 X_2)$ 중 $(X_1)$이 $(X_1 X_3)$, $(X_1 X_2)$의 부분집합이므로 미니멀 컷은 $(X_1)$이 된다.
> $(X_1)$의 고장만으로도 이미 시스템은 고장이 발생한다.
>
> {분석}
> 필기에 자주 출제되는 중요한 내용입니다.

## 39 ②

> [해설] 작업 강도 구분에 따른 RMR
> ① 경작업(輕작업) : 1 ~ 2
> ② 중작업(中작업) : 2 ~ 4
> ③ 중작업(重작업) : 4 ~ 7
> ④ 초중작업(超重작업) : 7 이상
>
> {분석}
> 필기에 자주 출제되는 내용입니다.

## 40 ①

> [해설] 국소진동에 지속적으로 노출 시에 말초혈관 장해로 손가락이 창백해지고 동통을 느끼는 질환
> → 레이노 병(Raynaud's phenomenon)

<br>

> [제3과목] 기계·기구 및 설비 안전 관리

## 41 ③

> [해설] 공기압축기의 방호장치
> ① 압력방출장치
> ② 언로드 밸브
> ③ 회전부의 덮개

> [참고] 언로드 밸브 : 공기탱크 내의 압력이 최고사용압력에 달하면 압송을 정지하고, 소정의 압력까지 강하하면 다시 압송 작업을 하는 밸브
>
> {분석}
> 실기에 자주 출제되는 내용입니다.

## 42 ①

> [해설] 승강기의 종류 및 특징

| 승객용 엘리베이터 | 사람의 운송에 적합하게 제조·설치된 엘리베이터 |
|---|---|
| 승객화물용 엘리베이터 | 사람의 운송과 화물 운반을 겸용하는데 적합하게 제조·설치된 엘리베이터 |
| 화물용 엘리베이터 | 화물 운반에 적합하게 제조·설치된 엘리베이터로서 조작자 또는 화물취급자 1명은 탑승할 수 있는 것(적재용량이 300킬로그램 미만인 것은 제외한다) |

| 소형화물용<br>엘리베이터 | 음식물이나 서적 등 소형 화물의 운반에 적합하게 제조·설치된 엘리베이터로서 사람의 탑승이 금지된 것 |
|---|---|
| 에스컬레이터 | 일정한 경사로 또는 수평로를 따라 위·아래 또는 옆으로 움직이는 디딤판을 통해 사람이나 화물을 승강장으로 운송시키는 설비 |

{분석}
**실기까지 중요한 내용입니다.**

## 43 ④

**[해설] 위치 제한형 방호장치**
- 작업자의 신체 부위가 위험한계 밖에 있도록 기계의 조작장치를 위험한 작업점에서 안전거리 이상 떨어지게 하거나 조작장치를 양손으로 동시 조작하게 함으로써 위험한계에 접근하는 것을 제한하는 방호장치
- [예] 프레스의 양수조작식 방호장치

{분석}
**실기까지 중요한 내용입니다.**

## 44 ④

**[해설]**
① 드릴작업 중 장갑을 착용하여서는 안 된다.
② 작은 일감은 바이스로 고정한다.
③ 정확한 작업을 위하여 구멍에 손을 넣어 확인하여서는 안 된다.

## 45 ①

**[해설]** 탁상용 연삭기의 덮개에는 워크레스트 및 조정편을 구비해야 하며, 워크레스트(작업 받침대)는 연삭숫돌과의 간격을 3mm 이하로 조정할 수 있는 구조이어야 한다.

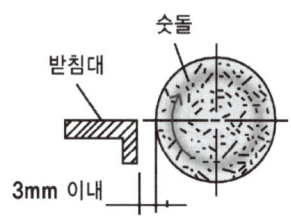

**받침대의 간격**

**(방호장치 자율안전기준 고시)**

**[참고]** 연삭숫돌의 외주면과 받침대 사이의 거리는 2mm를 초과하지 않도록 한다.
(위험기계기구 자율안전확인 고시)

{분석}
**실기까지 중요한 내용입니다.**

## 46 ④

**[해설] 크레인의 방호장치**
- 과부하방지장치
- 권과방지장치(捲過防止裝置)
- 비상정지장치
- 제동장치

{분석}
**실기에 자주 출제되는 중요한 내용입니다.**

## 47 ④

**[해설] 프레스의 작업 시작 전 점검 사항**
① 클러치 및 브레이크 기능
② 크랭크축·플라이 휠·슬라이드·연결 봉 및 연결 나사의 볼트 풀림 유무
③ 1행정 1정지 기구·급정지 장치 및 비상 정지 장치의 기능
④ 슬라이드 또는 칼날에 의한 위험 방지 기구의 기능
⑤ 프레스의 금형 및 고정 볼트 상태
⑥ 당해 방호 장치의 기능
⑦ 전단기의 칼날 및 테이블의 상태

{분석}
**실기에 자주 출제되는 내용입니다.**

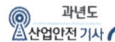
## 48 ①

**[해설]** 조작부의 설치 위치에 따른 급정지장치의 종류
(방호장치 자율안전기준 고시)

| 종류 | 설치 위치 |
|------|-----------|
| 손조작식 | 밑면에서 1.8m 이내 |
| 복부 조작식 | 밑면에서 0.8m 이상 1.1m 이내 |
| 무릎 조작식 | 밑면에서 0.6m 이내 |

비고 : 위치는 급정지장치의 조작부의 중심점을 기준

{분석}
**실기까지 중요한 내용입니다.**

## 49 ①

**[해설]** ① 인장검사 → 파괴검사

**[참고]** 비파괴검사 : 재료나 제품을 원형과 기능에 변화를 주지 않고 원하는 것을 알 수 있는 검사를 말한다.

## 50 ④

**[해설]** 반발 예방 장치의 종류
- 분할날(spreader)
- 반발방지기구(finger)
- 반발방지롤러(roll)

**[참고]** 목재 가공용 둥근톱 기계의 방호장치
① 날접촉 예방장치(덮개)
② 반발 예방 장치

{분석}
**실기까지 중요한 내용입니다.**

## 51 ②

**[해설]** 연삭기 숫돌 파괴 원인
① 숫돌의 회전 속도가 너무 빠를 때
② 숫돌 자체에 균열이 있을 때
③ 숫돌의 측면을 사용하여 작업할 때

④ 숫돌에 과대한 충격을 가할 때
⑤ 플랜지가 현저히 작을 때

(플랜지 지름은 숫돌 지름의 $\frac{1}{3}$ 이상일 것)

⑥ 숫돌 불균형, 베어링 마모에 의한 진동이 심할 때
⑦ 반지름 방향 온도변화가 심할 때

{분석}
**실기까지 중요한 내용입니다.**

## 52 ④

**[해설]** 모재 및 용접부의 일부가 녹아서 홈 또는 오목한 부분이 생기는 용접부 결함 → 언더컷

**[참고]**
- Blow hole(기공) : 용접부에 기공이 발생하는 현상
- 용입 불량 : 모재가 완전 용입되지 않은 현상 (녹지 않음)

## 53 ②

**[해설]** 컨베이어의 방호장치

① 이탈 등의 방지장치 : 컨베이어 등을 사용하는 때에는 정전·전압강하 등에 의한 화물 또는 운반구 의 이탈 및 역주행을 방지하는 장치를 갖추어야 한다.
② 비상정지장치 : 컨베이어 등에 근로자의 신체의 일부가 말려드는 등 근로자에게 위험을 미칠 우려가 있는 때 및 비상 시에는 즉시 컨베이어 등의 운전을 정지시킬 수 있는 장치를 설치하여야 한다.
③ 덮개, 울의 설치 : 컨베이어 등으로 부터 화물이 떨어져 근로자가 위험해질 우려가 있는 경우에는 해당 컨베이어 등에 덮개 또는 울을 설치하는 등 낙하 방지를 위한 조치를 하여야 한다.

{분석}
**실기에 자주 출제되는 중요한 내용입니다.**

## 54 ④

[해설] ④ 금형을 부착, 해체, 조정 작업할 때에는 신체 일부가 위험점 내에서 슬라이드 불시 하강으로 인한 위험을 방지할 목적으로 안전블럭을 설치하여야 한다.

{분석}
**필기에 자주 출제되는 내용입니다.**

## 55 ①

[해설] 보일러 수면이 심하게 솟아올라 올바른 수위를 판단하지 못하는 현상 → 프라이밍

[참고] **보일러 취급 시 이상 현상**

① 포밍(foaming, 물거품 솟음) : 보일러수 중에 유지류, 용해 고형물, 부유물 등에 의해 보일러 수면에 거품이 생겨 올바른 수위를 판단하지 못하는 현상

② 프라이밍(priming, 비수 현상) : 보일러 부하의 급변 수위 과승 등에 의해 수분이 증기와 분리되지 않아 보일러 수면이 심하게 솟아올라 올바른 수위를 판단하지 못하는 현상

③ 캐리오버(carry over, 기수 공발) : 보일러수 중에 용해 고형분이나 수분이 발생, 증기 중에 다량 함유되어 증기의 순도를 저하시킴으로써 관내 응축수가 생겨 워터해머의 원인이 되고 증기 과열기나 터빈 등의 고장 원인이 된다.

④ 수격 작용(워터해머) : 고여 있던 응축수가 밸브를 급격히 개폐 시에 고온 고압의 증기에 이끌려 배관을 강하게 치는 현상으로 배관파열을 초래한다.

{분석}
**필기에 자주 출제되는 내용입니다.**

## 56 ④

[해설]

$$\text{총 하중}(w) = \text{정하중}(w_1) + \text{동하중}(w_2)$$
$$= \text{정하중}(w_1) + \left(\frac{w_1}{g} \times a\right)$$

- 동하중$(w_2) = \dfrac{w_1}{g} \times a$
- 정하중$(w_1)$ : 매단 물체의 무게

여기서, $w$ : 총 하중$(\text{kg}_f)$
$\quad\quad w_1$ : 정하중$(\text{kg}_f)$
$\quad\quad w_2$ : 동하중$(\text{kg}_f)$
$\quad\quad g$ : 중력 가속도$(9.8\text{m/s}^2)$
$\quad\quad a$ : 가속도$(\text{m/s}^2)$

$$\text{총하중} = w_1 + \frac{w_1}{g} \times a = 2,000 + \frac{2,000}{9.8} \times 10$$
$$= 4040.82(kg) \times 9.8$$
$$= 39600(N) \div 1,000 = 39.6(kN)$$

{분석}
**실기까지 중요한 내용입니다.**

## 57 ①

[해설] 1. **구조 부분 안전화(구조부분 강도적 안전화)**
　① 설계상의 결함 방지
　② 재료의 결함 방지
　③ 가공 결함 방지

2. **기능적 안전화**
　① 전압 강하에 따른 오동작 방지
　② 정전 및 단락에 따른 오동작 방지
　③ 사용 압력 변동 시 등의 오동작 방지

{분석}
**필기에 자주 출제되는 내용입니다.**

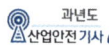

## 58 ④

위험점의 분류

① 협착점 : 왕복운동 부분과 고정부분 사이에서 형성되는 위험점

　　예 프레스기, 전단기, 성형기 등

② 끼임점 : 고정부분과 회전하는 동작부분 사이에서 형성되는 위험점

　　예 연삭숫돌과 덮개, 교반기 날개와 하우징 등

③ 절단점 : 회전하는 운동부 자체, 운동하는 기계 부분 자체의 위험점

　　예 날, 커터를 가진 기계

④ 물림점 : 회전하는 두 개의 회전체에 물려 들어가는 위험점

　　예 롤러와 롤러, 기어와 기어 등

⑤ 접선 물림점 : 회전하는 부분의 접선 방향으로 물려 들어가는 위험점

　　예 벨트와 풀리, 체인과 스프로킷 등

⑥ 회전 말림점 : 회전하는 물체에 작업복, 머리카락 등이 말려 들어가는 위험점

　　예 회전축, 커플링 등

{분석}
실기에 자주 출제되는 중요한 내용입니다.

## 59 ④

④ 방호장치의 기능을 제거 또는 정지할 때 양중기의 기능도 동시에 정지할 수 있는 구조이어야 한다.

## 60 ④

안전기의 설치

① 아세틸렌 용접장치의 취관마다 안전기를 설치하여야 한다. 다만, 주관 및 취관에 가장 가까운 분기관마다 안전기를 부착한 경우에는 그러하지 아니하다.

② 가스용기가 발생기와 분리되어 있는 아세틸렌 용접장치에 대하여는 발생기와 가스용기 사이에 안전기를 설치하여야 한다.

{분석}
실기까지 중요한 내용입니다.

---

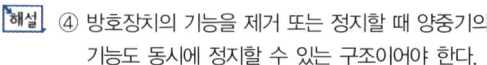
제4과목 　　전기설비 안전 관리

## 61 ③

가스·증기 발화온도 및 전기기기의 온도등급과의 관계

| 폭발위험 장소 구분에 따른 온도등급 | 가스·증기의 발화온도(℃) | 전기기기의 최고 표면온도 (℃) |
|---|---|---|
| T1 | 〉450(450 초과) | 450 이하 |
| T2 | 〉300(300 초과) (또는 300 초과 450 이하) | 300 이하 |
| T3 | 〉200(200 초과) (또는 200 초과 300 이하) | 200 이하 |
| T4 | 〉135(135 초과) (또는 135 초과 200 이하) | 135 이하 |
| T5 | 〉100(100 초과) (또는 100 초과 135 이하) | 100 이하 |
| T6 | 〉85(85 초과) (또는 85 초과 100 이하) | 85 이하 |

{분석}
실기까지 중요한 내용입니다.

## 62 ③

1. $E = \dfrac{1}{2}CV^2 = \dfrac{1}{2}QV = \dfrac{Q^2}{2C}(\text{J})$

　대전 전하량

　$Q = \sqrt{2CE}$

여기서, $E$ : 정전기 에너지(J)
　　　　$C$ : 도체의 정전 용량(F)
　　　　$V$ : 대전 전위(V)
　　　　$Q$ : 대전 전하량(C)

2. $V = I \times R$

여기서, $V$ : 전압 단위(V : 볼트)
　　　　$I$ : 전류 단위(A : 암페어)
　　　　$R$ : 저항 단위(Ω : 옴)

---

1. $V = I \times R = 3 \times 10^{-3} \times 5000 = 15\,V$

2. $E(J) = \dfrac{1}{2}CV^2 = \dfrac{1}{2} \times 0.1 \times 15^2 = 11.25\,\mu J$

3. $Q = \sqrt{2CE} = \sqrt{2 \times 0.1 \times 11.25} = 1.5\,\mu C$

## 63 ①

> **해설** 전력케이블, 전력콘덴서, 용량이 큰 부하기기 등 전원차단 후에도 잔류전하에 의한 위험이 발생할 우려가 있는 것은 잔류전하를 확실히 방전하여야 한다.

## 64 ④

> **해설** 누전차단기는 누전검출부, 영상변류기, 차단기구 등으로 구성되어 있다.

{분석}
필기에 자주 출제되는 내용입니다.

## 65 ②

> **해설** 전기설비의 방폭화 방법
> ① 점화원의 방폭적 격리 : 내압, 압력, 유입 방폭 구조
> ② 전기설비의 안전도 증강 : 안전증 방폭구조
> ③ 점화능력의 본질적 억제 : 본질안전 방폭구조

{분석}
실기까지 중요한 내용입니다.

## 66 ④

> **해설**

| 가스폭발 위험장소 | 분진폭발 위험장소 |
|---|---|
| 0종 장소 | 20종 장소 |
| 1종 장소 | 21종 장소 |
| 2종 장소 | 22종 장소 |

{분석}
실기에 자주 출제되는 내용이므로, 암기하세요.

## 67 ②

> **해설** 정전기 발생 현상
> ① 마찰대전 : 두 물체 사이의 마찰로 인한 접촉, 분리에서 발생한다.
> ② 유동대전 : 액체류가 파이프 등 내부에서 유동 시 관벽과 액체 사이에서 발생한다.
> ③ 박리대전 : 밀착된 물체가 떨어지면서 자유전자의 이동으로 발생한다.
> ④ 충돌대전 : 입자와 다른 고체와의 충돌과 급속한 분리에 의해 발생한다.
> ⑤ 분출대전 : 기체, 액체, 분체류가 단면적이 작은 분출구를 통과할 때 발생한다.
> ⑥ 파괴대전 : 고체, 분체류와 같은 물체가 파괴됐을 때 전하분리 또는 전하의 균형이 깨지면서 정전기가 발생한다.

{분석}
실기까지 중요한 내용입니다.

## 68 ①

> **해설**
> $$\text{누전전류} = \text{최대 공급전류} \times \dfrac{1}{2,000}$$
> $$= 200 \times \dfrac{1}{2,000} = 0.1A \times 1,000$$
> $$= 100mA$$

{분석}
필기에 자주 출제되는 내용입니다.

## 69 ②

> **해설** 욕실 등 인체가 물에 젖어있는 상태에서 전기기기를 사용할 경우 이러한 장소에 시설하는 콘센트는 접지극이 있는 것을 시설하고, 인체가 전기에 접촉 또는 감전되었을 때 즉시 전기를 차단하여 인체를 보호할 수 있도록 추가로 고감도인 인체 감전보호용 누전차단기의 정격감도전류가 15mA 이하로 동작시간은 0.03초 이하의 전류동작형을 시설하여야 한다.

모의고사 제2회

## 70 ③

**해설** ③ 기능용 접지 – 건축물 내에 설치된 전자기기의 안정적 가동을 확보하기 위한 목적으로 설치한다.

## 71 ③

**해설** 폭발성 가스 분위기가 정상상태에서 조성되지 않거나 조성된다 하더라도 짧은 기간에만 존재할 수 있는 장소 → 2종 장소

**참고** 가스폭발 위험장소

1. 0종 장소
가. 설비의 내부
나. 인화성 또는 가연성 액체가 피트(PIT) 등의 내부
다. 인화성 또는 가연성의 가스나 증기가 지속적으로 또는 장기간 체류하는 곳

2. 1종 장소
가. 통상의 상태에서 위험분위기가 쉽게 생성되는 곳
나. 운전, 유지 보수 또는 누설에 의하여 자주 위험분위기가 생성되는 곳
다. 설비 일부의 고장 시 가연성물질의 방출과 전기계통의 고장이 동시에 발생되기 쉬운 곳
라. 환기가 불충분한 장소에 설치된 배관 계통으로 배관이 쉽게 누설되는 구조의 곳
마. 주변 지역보다 낮아 가스나 증기가 체류할 수 있는 곳
바. 상용의 상태에서 위험분위기가 주기적 또는 간헐적으로 존재하는 곳

3. 2종 장소
가. 환기가 불충분한 장소에 설치된 배관계통으로 배관이 쉽게 누설되지 않는 구조의 곳
나. 가스켓(GASKET), 팩킹(PACKING) 등의 고장과 같이 이상상태에서만 누출될 수 있는 공정설비 또는 배관이 환기가 충분한 곳에 설치될 경우
다. 1종 장소와 직접 접하며 개방되어 있는 곳 또는 1종 장소와 닥트, 트랜치, 파이프 등으로 연결되어 이들을 통해 가스나 증기의 유입이 가능한 곳

라. 강제 환기방식이 채용되는 곳으로 환기설비의 고장이나 이상 시에 위험 분위기가 생성될 수 있는 곳

{분석}
실기에 자주 출제되는 중요한 내용입니다.

## 72 ②

**해설** **교류아크용접기의 허용사용률**

$$허용사용률 = \frac{정격\ 2차전류^2}{실제사용\ 용접전류^2} \times 정격사용률$$

$$허용사용률 = \frac{500^2}{250^2} \times 10 = 40\%$$

## 73 ①

**해설** **과전류 차단장치의 설치**

① 과전류 차단장치는 반드시 접지선이 아닌 전로에 직렬로 연결하여 과전류 발생 시 전로를 자동으로 차단하도록 설치할 것
② 차단기·퓨즈는 계통에서 발생하는 최대 과전류에 대하여 충분하게 차단할 수 있는 성능을 가질 것
③ 과전류 차단장치가 전기계통상에서 상호 협조·보완되어 과전류를 효과적으로 차단하도록 할 것

{분석}
실기까지 중요한 내용입니다.

## 74 ①

**해설** **허용접촉전압**

| 종별 | 접촉 상태 | 허용 접촉 전압 |
|---|---|---|
| 제1종 | • 인체의 대부분이 수중에 있는 상태 | 2.5V 이하 |
| 제2종 | • 인체가 현저히 젖어 있는 상태<br>• 금속성의 전기·기계 장치나 구조물에 인체의 일부가 상시 접촉되어 있는 상태 | 25V 이하 |

| 종별 | 접촉 상태 | 허용 접촉 전압 |
|---|---|---|
| 제3종 | • 제1종, 제2종 이외의 경우로서 **통상의 인체 상태에** 있어서 접촉 전압이 가해지면 위험성이 높은 상태 | 50V 이하 |
| 제4종 | • 제1종, 제2종 이외의 경우로서 통상의 인체 상태에 **접촉 전압이 가해지더라도 위험성이 낮은 상태** <br> • **접촉 전압이 가해질 우려가 없는 경우** | 제한 없음 |

{분석}
실기까지 중요한 내용입니다.

## 75 ④

[해설] 이동하여 사용하는 전기기계기구의 금속제 외함 등에 접지공사를 하는 경우 각 접지공사의 접지선 중 가요성을 필요로 하는 부분의 접지선의 종류 및 단면적

| 접지공사의 종류 | 접지선의 종류 | 접지선의 단면적 |
|---|---|---|
| 제1종 접지공사 및 제2종 접지공사 | 3종 및 4종 클로로프렌캡타이어 케이블, 3종 및 4종 클로로설포네이트폴리에틸렌캡타이어케이블의 일심 또는 다심 캡타이어케이블의 차폐 기타의 금속제 | 10mm² |
| 제3종 접지공사 및 특별 제3종 접지공사 | 다심 코드 또는 다심 캡타이어케이블의 일심 | 0.75mm² |
| | 다심 코드 및 다심 캡타이어케이블의 일심 이외의 가요성이 있는 연동연선 | 1.5mm² |

## 76 ③

[해설] 아크를 발생하는 기구 시설 시 이격거리

| 기구 등의 구분 | 이격거리 |
|---|---|
| 고압용의 것 | 1m 이상 |
| 특고압용의 것 | 2m 이상(사용전압이 35kV 이하의 특고압용의 기구 등으로서 동작할 때에 생기는 아크의 방향과 길이를 화재가 발생할 우려가 없도록 제한하는 경우에는 1m 이상) |

{분석}
필기에 자주 출제되는 내용입니다.

## 77 ②

[해설] 자동 전격 방지기 설치 방법
① 연직(불가피한 경우는 연직에서 20도 이내)으로 설치할 것
② 용접기의 이동, 전자접촉기의 작동 등으로 인한 진동, 충격에 견딜 수 있도록 할 것
③ 표시등(외부에서 전격방지기의 작동상태를 판별할 수 있는 램프)이 보기 쉽고, 점검용 스위치(전격방지기의 작동상태를 점검하기 위한 스위치)의 조작이 용이하도록 설치할 것
④ 용접기의 전원 측에 접속하는 선과 출력측에 접속하는 선을 혼동되지 않도록 할 것
⑤ 접속 부분은 확실하게 접속하여 이완되지 않도록 할 것

{분석}
필기에 자주 출제되는 내용입니다.

## 78 ②

해설

$$E(J) = \frac{1}{2}CV^2$$

여기서, $E$ : 정전기 에너지(J)
$C$ : 도체의 정전 용량(F)
$V$ : 대전 전위(V)

$$E(J) = \frac{1}{2} \times \left[\frac{0.02 \times 10^{-12}\text{F}}{\text{cm}^2}\right] \times 0.5 \times (100\text{cm})^2 \times (3300\text{V})^2$$

$$= 5.445 \times 10^{-4}\,(\text{J})$$

$$(1\text{m} = 100\text{cm})$$

{분석}
**필기에 자주 출제되는 내용입니다.**

## 79 ③

해설 TN(Terra-Neutral) 접지방식 : 전력계통은 한 점을 직접 접지하고 노출 도전성 부분을 전력계통의 접지점(교류계통에서는 중성점 또는 중성점이 없을 경우는 한 상)에 직접 접속하는 방법을 말한다.

① TN-S : 계통 전체에 대해 보호도체를 분리시키는 방식
② TN-C : 계통 전체에 대해 중성선과 보호도체의 기능을 동일 도체로 겸용하는 방식
③ TN-C-S : 계통의 일부분에서 중성선과 보호도체의 기능을 동일 도체로 겸용하는 방식

{분석}
**실기까지 중요한 내용입니다.**

## 80 ③

해설 정전 작업 중 또는 작업을 마친 후 전원 공급 시 준수사항

① 작업기구, 단락 접지기구 등을 제거하고 전기기기 등이 안전하게 통전될 수 있는지를 확인할 것
② 모든 작업자가 작업이 완료된 전기기기 등에서 떨어져 있는지를 확인할 것
③ 잠금장치와 꼬리표는 설치한 근로자가 직접 철거할 것

④ 모든 이상 유무를 확인한 후 전기기기 등의 전원을 투입할 것

{분석}
**실기까지 중요한 내용입니다.**

제5과목     화학설비 안전 관리

## 81 ②

해설 **1. 부식성 산류**

① 농도가 20퍼센트 이상인 염산, 황산, 질산, 그 밖에 이와 같은 정도 이상의 부식성을 가지는 물질
② 농도가 60퍼센트 이상인 인산, 아세트산, 불산, 그 밖에 이와 같은 정도 이상의 부식성을 가지는 물질

**2. 부식성 염기류**

농도가 40퍼센트 이상인 수산화나트륨, 수산화칼륨, 그 밖에 이와 같은 정도 이상의 부식성을 가지는 염기류

• 20% : 염 · 황 · 질
• 40% : 수나 · 수칼
• 60% : 인 · 아 · 불

{분석}
**실기에 자주 출제되는 내용입니다.**

## 82 ④

해설 **화염방지기(Flame arrester)의 설치**

인화성 액체 및 인화성 가스를 저장 취급하는 화학설비에서 증기나 가스를 대기로 방출하는 경우에는 외부로부터의 화염을 방지하기 위하여 화염방지기를 그 설비 상단에 설치하여야 한다.

{분석}
**실기까지 중요한 내용입니다.**

## 83 ④

**해설** ④ 용기의 온도를 섭씨 40도 이하로 유지한다.

**참고** 가스등의 용기의 취급 시 주의사항
① 가스용기를 사용·설치·저장 또는 방치하지 않아야 하는 장소
　• 통풍 또는 환기가 불충분한 장소
　• 화기를 사용하는 장소 및 그 부근
　• 위험물 또는 인화성 액체를 취급하는 장소 및 그 부근
② 용기의 온도를 섭씨 40도 이하로 유지할 것
③ 전도의 위험이 없도록 할 것
④ 충격을 가하지 아니하도록 할 것
⑤ 운반할 때에는 캡을 씌울 것
⑥ 사용할 때에는 용기의 마개에 부착되어 있는 유류 및 먼지를 제거할 것
⑦ 밸브의 개폐는 서서히 할 것
⑧ 사용 전 또는 사용 중인 용기와 그 외의 용기를 명확히 구별하여 보관할 것
⑨ 용해아세틸렌의 용기는 세워 둘 것
⑩ 용기의 부식·마모 또는 변형상태를 점검한 후 사용할 것

{분석}
**필기에 자주 출제되는 내용입니다.**

## 84 ③

**해설** 최소산소농도(MOC 농도)

$$MOC\ 농도 = 폭발하한계 \times \frac{산소의\ 몰수}{연료의\ 몰수}\ (Vol\%)$$

$1C_4H_{10} + 6.5O_2 = 4CO_2 + 5H_2O$

(여기서 1, 6.5, 4, 5는 몰수)

부탄의 최소산소농도 $= 1.6 \times \dfrac{6.5}{1} = 10.4\ (Vol\%)$

{분석}
**실기까지 중요한 내용입니다.**

## 85 ②

**해설** 단열압축 현상의 관계식

$$\frac{T_2}{T_1} = \left(\frac{P_2}{P_1}\right)^{\frac{r-1}{r}}$$

$r$은 공기의 비열비(1.4)
$T_1(K)$ : 단열압축 전의 온도($K = 273 + ℃$)
$T_2(K)$ : 단열압축 후의 온도
$P_1(기압)$ : 단열압축 전의 압력
$P_2(기압)$ : 단열압축 후의 압력

$$\frac{T_2}{T_1} = \left(\frac{P_2}{P_1}\right)^{\frac{r-1}{r}}$$

$$T_2 = T_1 \times \left(\frac{P_2}{P_1}\right)^{\frac{r-1}{r}} = (20+273) \times \left(\frac{5}{1}\right)^{\frac{1.4-1}{1.4}}$$

$$= 464(K) - 273 = 191(℃)$$

## 86 ①

**해설** 자연 발화 방지법
① 저장소의 온도를 낮출 것
② 산소와의 접촉을 피할 것
③ 통풍 및 환기를 철저히 할 것
④ 습도가 높은 곳에는 저장하지 말 것

**참고** 자연발화 : 외부 점화원 없이 자체의 열에 의해 발화하는 현상

{분석}
**실기까지 중요한 내용입니다.**

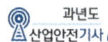
## 87 ③

해설 폭발·화재 및 위험물 누출에 의한 위험방지를 위하여 가스농도를 측정하여야 하는 경우

- 매일 작업을 시작하기 전
- 가스의 누출이 의심되는 경우
- 가스가 발생하거나 정체할 위험이 있는 장소가 있는 경우
- 장시간 작업을 계속하는 때(이 경우 4시간마다 가스농도를 측정하도록 하여야 한다)

{분석}
실기까지 중요한 내용입니다.

## 88 ③

해설

| | | |
|---|---|---|
| 고체의 연소 | 표면 연소 | 가연성 가스를 발생하지 않고 물질 그 자체가 연소하는 형태 예 코크스, 목탄, 금속분 등 |
| | 분해 연소 | 가열 분해에 의해 발생된 가연성 가스가 공기와 혼합되어 연소하는 형태 예 목재, 종이, 석탄, 플라스틱 등 일반 가연물 |
| | 증발 연소 | 고체가연물의 가열에 의해 발생한 가연성 증기가 연소하는 형태 예 황, 나프탈렌 |
| | 자기 연소 | 자체 내 산소를 함유하고 있어 공기 중 산소를 필요치 않고 연소하는 형태 예 니트로 화합물, 다이너마이트 등 |

{분석}
실기까지 중요한 내용입니다.

## 89 ③

해설 안전밸브 등의 전·후단에는 차단밸브를 설치할 수 있는 경우

① 인접한 화학설비 및 그 부속설비에 안전밸브 등이 각각 설치되어 있고 당해 화학설비 및 그 부속설비의 연결배관에 차단밸브가 없는 경우
② 안전밸브 등의 배출용량의 2분의 1 이상에 해당하는 용량의 자동압력조절밸브(구동용 동력원의 공급을 차단할 경우 열리는 구조인 것에 한한다)와 안전밸브 등이 병렬로 연결된 경우
③ 화학설비 및 그 부속설비에 안전밸브 등이 복수방식으로 설치되어 있는 경우
④ 예비용 설비를 설치하고 각각의 설비에 안전밸브 등이 설치되어 있는 경우
⑤ 열팽창에 의하여 상승된 압력을 낮추기 위한 목적으로 안전밸브가 설치된 경우
⑥ 하나의 플레어스택(flare stack)에 2 이상의 단위공정의 플레어헤더(flare header)를 연결하여 사용하는 경우로서 각각의 단위공정의 플레어헤더에 설치된 차단밸브의 열림·닫힘 상태를 중앙제어실에서 알 수 있도록 조치한 경우

{분석}
필기에 자주 출제되는 내용입니다.

## 90 ①

해설 안전밸브를 설치하여야 하는 곳

① 압력용기(안지름이 150밀리미터 이하인 압력용기는 제외)
② 정변위 압축기
③ 정변위 펌프(토출 측에 차단밸브가 설치된 것만 해당한다)
④ 배관(2개 이상의 밸브에 의하여 차단되어 대기온도에서 액체의 열팽창에 의하여 파열될 우려가 있는 것으로 한정한다)
⑤ 그 밖의 화학설비 및 그 부속설비로서 해당 설비의 최고사용압력을 초과할 우려가 있는 것

{분석}
필기에 자주 출제되는 내용입니다.

## 91 ①

**특수화학설비의 종류**

위험물질을 기준량 이상으로 제조 또는 취급하는 다음 각 호의 1에 해당하는 화학설비를 특수화학설비라 한다.

① 발열반응이 일어나는 반응장치
② 증류·정류·증발·추출 등 분리를 행하는 장치
③ 가열시켜 주는 물질의 온도가 가열되는 위험물질의 분해온도 또는 발화점보다 높은 상태에서 운전되는 설비
④ 반응폭주 등 이상 화학반응에 의하여 위험물질이 발생할 우려가 있는 설비
⑤ 온도가 섭씨 350도 이상이거나 게이지 압력이 980킬로파스칼 이상인 상태에서 운전되는 설비
⑥ 가열로 또는 가열기

{분석}
**필기에 자주 출제되는 내용입니다.**

## 92 ②

② 니트로글리세린 – 건조하면 분해폭발하므로 알코올에 적셔 습하게 보관한다.

**발화성 물질의 저장법**
① 나트륨, 칼륨 : 석유 속 저장
② 황린 : 물속에 저장
③ 적린, 마그네슘, 칼륨 : 격리 저장
④ 질산은($AgNO_3$) 용액 : 햇빛 피하여 저장 (빛에 의해 광분해 반응 일으킴)
⑤ 벤젠 : 산화성물질과 격리저장
⑥ 탄화칼슘($CaC_2$, 카바이트) : 금수성물질로서 물과 격렬히 반응하므로 건조한 곳에 보관

{분석}
**필기에 자주 출제되는 내용입니다.**

## 93 ④

특수 화학설비를 설치하는 때에는 내부의 이상상태를 조기에 파악하기 위하여 필요한 온도계·유량계·압력계 등의 계측장치를 설치하여야 한다.

{분석}
**실기까지 중요한 내용입니다.**

## 94 ③

물과 반응하여 가연성 기체를 발생하는 물질
　　→ 금수성 물질

| 금수성물질의 종류 |
| --- |
| ① 리튬 |
| ② 칼륨·나트륨 |
| ③ 알킬알루미늄·알킬리튬 |
| ④ 칼슘 탄화물(탄화칼슘), 알루미늄 탄화물 (탄화알루미늄) |

{분석}
**필기에 자주 출제되는 내용입니다.**

## 95 ④

금속나트륨은 물과 격렬히 반응하므로 주수에 의한 소화 시 위험성이 증대된다.

{분석}
**필기에 자주 출제되는 내용입니다.**

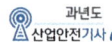
## 96 ③

**해설**

| 물반응성<br>물질 및<br>인화성<br>고체 | 가. 리튬<br>나. 칼륨·나트륨<br>다. 황<br>라. 황린<br>마. 황화인·적린<br>바. 셀룰로이드류<br>사. 알킬알루미늄·알킬리튬<br>아. 마그네슘 분말<br>자. 금속 분말<br>　　(마그네슘 분말은 제외한다)<br>차. 알칼리금속(리튬·칼륨<br>　　및 나트륨은 제외한다)<br>카. 유기 금속화합물(알킬알루미<br>　　늄 및 알킬리튬은 제외한다)<br>타. 금속의 수소화물<br>파. 금속의 인화물<br>하. 칼슘 탄화물, 알루미늄 탄화물<br>　거. 그 밖에 가목부터 하목까지<br>　　　의 물질과 같은 정도의 발<br>　　　화성 또는 인화성이 있는<br>　　　물질<br>　너. 가목부터 거목까지의 물질<br>　　　을 함유한 물질 |
|---|---|

실력이 되고! 합격이 되는! **특급 암기법**

**물반응성물질** : 나 칼 안물리!

**나**(나트륨) **칼**(칼륨·칼슘탄화물) **안**(알킬알루미늄, 알킬리튬) **물**(물반응성물질) **리**(리튬)

**인화성고체** : 인화성 황인이 젤 금마! (겁나)

**인화성**(인화성물질) **황인**(황, 황린, 황화인, 적린)**이** **젤**(셀룰로이드) **금마**(금속분말, 마그네슘분말)

{분석}
**실기에도 자주 출제되는 내용입니다.**

## 97 ②

**해설** 블래비(Bleve)현상(비등액 팽창증기폭발) : 가연성 액화가스에서 **외부화재에 의해 탱크 내 액체가 비등** 하고 증기가 팽창하면서 폭발을 일으키는 현상으로 벽면파괴를 동반한다.

**참고** 개방계 증기운 폭발(Unconfined vapor cloud explosion, "UVCE") : **가연성 가스가** 지속적으로 누출되면서 대기 중에 구름형태로 모여 점화원에 의하여 순간적으로 모든 가스가 동시에 폭발하는 현상

## 98 ①

**해설** ① 압력상승 시 하한계는 불변, 상한계는 상승 한다.

**참고**
- 온도상승 시 하한계는 약간 하강, 상한계는 상승 한다.
- 폭발하한계가 낮을수록, 폭발 상한계는 높을수록 폭발범위가 넓어져 위험하다.

{분석}
**필기에 자주 출제되는 내용입니다.**

## 99 ④

**해설** 반응용기 내의 온도, 압력이 급격히 이상 상승되어 규정 조건을 벗어나고, 반응이 과격화되는 현상
→ 반응폭주

## 100 ④

**해설** 물질안전보건자료 작성 제외 대상
1. 「건강기능식품에 관한 법률」에 따른 건강기능식품
2. 「농약관리법」에 따른 농약
3. 「마약류 관리에 관한 법률」에 따른 마약 및 향정 신성의약품
4. 「비료관리법」에 따른 비료
5. 「사료관리법」에 따른 사료
6. 「생활주변방사선 안전관리법」에 따른 원료물질
7. 「생활화학제품 및 살생물제의 안전관리에 관한 법률」에 따른 안전확인대상 생활화학제품 및 살 생물제품 중 일반소비자의 생활용으로 제공 되는 제품
8. 「식품위생법」에 따른 식품 및 식품첨가물
9. 「약사법」에 따른 의약품 및 의약외품
10. 「원자력안전법」에 따른 방사성물질
11. 「위생용품 관리법」에 따른 위생용품

12. 「의료기기법」에 따른 의료기기
12의2. 「첨단재생의료 및 첨단바이오의약품 안전 및 지원에 관한 법률」에 따른 첨단바이오의약품
13. 「총포·도검·화약류 등의 안전관리에 관한 법률」에 따른 화약류
14. 「폐기물관리법」에 따른 폐기물
15. 「화장품법」에 따른 화장품
16. 제1호부터 제15호까지의 규정 외의 화학물질 또는 혼합물로서 일반소비자의 생활용으로 제공되는 것(일반소비자의 생활용으로 제공되는 화학물질 또는 혼합물이 사업장 내에서 취급되는 경우를 포함한다)
17. 고용노동부장관이 정하여 고시하는 연구·개발용 화학물질 또는 화학제품. 이 경우 법 제110조 제1항부터 제3항까지의 규정에 따른 자료의 제출만 제외된다.
18. 그 밖에 고용노동부장관이 독성·폭발성 등으로 인한 위해의 정도가 적다고 인정하여 고시하는 화학물질

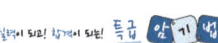

**비료**로 **농사**지은 **식품, 건강식품, 위생용품 폐기물**에서 **화약, 방사성 원료물질** 나와서 **소비자용 의료기기, 첨단 의약품, 마약, 화장품**으로 치료했다.

{분석}
실기까지 중요한 내용입니다.

---

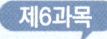 **건설공사 안전 관리**

## 101 ①

[해설] **굴착기계**

1. 파워 셔블(power shovel, 동력삽)
   기계가 서 있는 지반면보다 높은 곳의 땅파기에 적합하다.
2. 드래그 셔블(drag shovel, 백호)
   • 기계가 서 있는 지면보다 낮은 장소의 굴착 및 수중굴착이 가능하다
   • 굳은 지반의 토질도 정확한 굴착이 된다.

---

3. 드래그라인(drag line)
   • 기계가 서 있는 위치보다 낮은 장소의 굴착에 적당하고 굳은 토질에서의 굴착은 되지 않지만 굴착 반지름이 크다.
   • 작업범위가 광범위하고 수중굴착 및 연약한 지반의 굴착에 적합하다.
4. 클램셸(clamshell)
   • 수중굴착 및 가장 협소하고 깊은 굴착이 가능하며 호퍼(hopper)에 적당하다.
   • 연약지반이나 수중굴착 및 자갈 등을 싣는데 적합하다.

{분석}
필기에 자주 출제되는 내용입니다.

## 102 ②

[해설] **굴착면의 기울기 및 높이 기준**

| 지반의 종류 | 굴착면의 기울기 |
|---|---|
| 모래 | 1:1.8 |
| 연암 및 풍화암 | 1:1.0 |
| 경암 | 1:0.5 |
| 그 밖의 흙 | 1:1.2 |

{분석}
실기에 자주 출제되는 중요한 내용입니다.

## 103 ④

[해설] **구축물 또는 시설물의 안전성 평가를 실시하여야 하는 경우**

① 구축물 등의 인근에서 굴착·항타작업 등으로 침하·균열 등이 발생하여 붕괴의 위험이 예상될 경우
② 구축물 등에 지진, 동해(凍害), 부동침하(불동침하) 등으로 균열·비틀림 등이 발생하였을 경우
③ 구축물 등이 그 자체의 무게·적설·풍압 또는 그 밖에 부가되는 하중 등으로 붕괴 등의 위험이 있을 경우
④ 화재 등으로 구축물 등의 내력(耐力)이 심하게 저하되었을 경우

{분석}
실기까지 중요한 내용입니다.

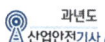
## 104 ③

해설 낙반에 의한 위험 방지조치

① 터널지보공 및 록볼트의 설치
② 부석의 제거

{분석}
**실기까지 중요한 내용입니다.**

## 105 ②

해설 방망사의 신품에 대한 인장강도

| 그물코의 크기 (단위 : 센티미터) | 방망의 종류(단위 : 킬로그램) | |
|---|---|---|
| | 매듭 없는 방망 | 매듭방망 |
| 10 | 240 | 200 |
| 5 | | 110 |

참고 방망사의 폐기 시 인장강도

| 그물코의 크기 (단위 : 센티미터) | 방망의 종류(단위 : 킬로그램) | |
|---|---|---|
| | 매듭 없는 방망 | 매듭방망 |
| 10 | 150 | 135 |
| 5 | | 60 |

{분석}
**필기에 자주 출제되는 내용입니다.**

## 106 ①

해설 연약한 점토 지반의 점착력을 판별하기 위하여 실시하는 현장시험 → 베인테스트(Vane Test)

참고 표준 관입 시험(standard penetration test)

• 표준 샘플러 63.5[kg]의 해머로 75[cm]의 높이에서 낙하시켜 관입량 30[cm]에 달하는데 요하는 타격횟수로서 사질지반(모래)의 밀도를 측정하는 방법이다.
• 타격횟수의 값이 클수록 밀실한 토질이다.

{분석}
**필기에 자주 출제되는 내용입니다.**

## 107 ④

해설 와이어로프의 사용금지 항목

① 이음매가 있는 것
② 와이어로프의 한 꼬임에서 끊어진 소선의 수가 10퍼센트 이상인 것
③ 지름의 감소가 공칭지름의 7퍼센트를 초과하는 것
④ 꼬인 것
⑤ 심하게 변형되거나 부식된 것
⑥ 열과 전기충격에 의해 손상된 것

{분석}
**실기에 자주 출제되는 내용입니다.**

## 108 ①

해설 흙막이 공법의 분류

| 지지방식에 의한 분류 |
|---|
| ① 자립공법 |
| ② 버팀대공법 |
|    • 경사 버팀대식 흙막이 |
|    • 수평 버팀대식 흙막이 |
| ③ 어스앵커공법 |
| ④ 타이로드 공법 |

| 구조방식에 의한 분류 |
|---|
| ① H-PILE 공법 |
| ② 널말뚝공법 |
| ③ 지하연속벽공법 |
| ④ 탑다운공법 |

## 109 ③

해설 ③ 발파 후 즉시 발파기를 발파모선으로부터 분리하여 단락시켜 재 점화가 되지 않도록 조치한다.

## 110 ①

**해설** ① 재료·기구 또는 공구 등을 올리거나 내릴 때에는 근로자로 하여금 달줄·달포대 등을 사용하도록 할 것

{분석}
**필기에 자주 출제되는 내용입니다.**

## 111 ②

**해설** <u>건설공사도급인은</u> 고용노동부장관이 정하는 바에 따라 해당 건설공사를 위하여 계상된 산업안전보건관리비를 그가 사용하는 근로자와 그의 관계수급인이 사용하는 근로자의 산업재해 및 건강장해 예방에 사용하고, 그 <u>사용명세서를 매월(공사가 1개월 이내에 종료되는 사업의 경우에는 해당 공사 종료 시) 작성하고 건설공사 종료 후 1년간 보존</u>해야 한다.

{분석}
**실기까지 중요한 내용입니다.**

## 112 ①

**해설** **가설통로 설치 시의 준수사항**
① 견고한 구조로 할 것
② <u>경사는 30도 이하</u>로 할 것
③ <u>경사가 15도를 초과하는 때는 미끄러지지 아니하는 구조</u>로 할 것
④ <u>추락의 위험이 있는 장소에는 안전난간을 설치</u>할 것
⑤ <u>수직갱 : 길이가 15미터 이상인 때에는 10미터 이내마다 계단참을 설치</u>할 것
⑥ 건설공사에 사용하는 <u>높이 8미터 이상인 비계다리 : 7미터 이내마다 계단참을 설치</u>할 것

{분석}
**실기까지 중요한 내용입니다.**

## 113 ①

**해설** **양중기의 종류(산업안전보건법 기준)**
① 크레인[호이스트(hoist)를 포함한다]
② 이동식 크레인
③ 리프트(이삿짐운반용 리프트의 경우에는 적재하중이 0.1톤 이상인 것으로 한정한다)
④ 곤돌라
⑤ 승강기

{분석}
**실기에 자주 출제되는 중요한 내용입니다.**

## 114 ②

**해설** **안전난간의 구조 및 설치요건**
① <u>상부 난간대, 중간 난간대, 발끝막이판 및 난간기둥으로 구성</u>할 것
② <u>상부 난간대는</u> 바닥면·발판 또는 경사로의 표면으로부터 <u>90센티미터 이상 지점에 설치하고, 상부 난간대를 120센티미터 이하에 설치하는 경우에는 중간 난간대는 상부 난간대와 바닥면 등의 중간에 설치</u>하여야 하며, <u>120센티미터 이상 지점에 설치하는 경우에는 중간 난간대를 2단 이상으로 균등하게 설치하고 난간의 상하 간격은 60센티미터 이하</u>가 되도록 할 것(다만, 난간기둥 간의 간격이 25센티미터 이하인 경우에는 중간 난간대를 설치하지 않을 수 있다.)
③ <u>발끝막이판은 바닥면 등으로부터 10센티미터 이상의 높이를 유지</u>할 것
④ <u>난간기둥은 상부 난간대와 중간 난간대를 견고하게 떠받칠 수 있도록 적정한 간격을 유지</u>할 것
⑤ <u>상부 난간대와 중간 난간대는 난간 길이 전체에 걸쳐 바닥면 등과 평행을 유지</u>할 것
⑥ <u>난간대는 지름 2.7센티미터 이상의 금속제 파이프</u>나 그 이상의 강도가 있는 재료일 것
⑦ 안전난간은 구조적으로 가장 취약한 지점에서 가장 취약한 방향으로 작용하는 <u>100킬로그램 이상의 하중에 견딜 수 있는 튼튼한 구조일 것</u>

{분석}
**실기까지 중요한 내용입니다.**

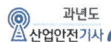
## 115 ①

**해설** 비계 조립간격(벽이음 간격)

| 비계 종류 | | 수직 방향 | 수평 방향 |
|---|---|---|---|
| 강관 비계 | 단관비계 | 5m | 5m |
| | 틀비계(높이 5m 미만인 것 제외) | 6m | 8m |

{분석}
실기까지 중요한 내용입니다.

## 116 ④

**해설** ④ 비계기둥 간의 적재하중은 400kg을 초과하지 않도록 할 것

**참고** 강관비계 조립 시의 준수사항

① 비계기둥에는 미끄러지거나 침하하는 것을 방지하기 위하여 밑받침철물을 사용하거나 깔판 · 받침목 등을 사용하여 밑둥잡이를 설치할 것
② 강관의 접속부 또는 교차부는 적합한 부속철물을 사용하여 접속하거나 단단히 묶을 것
③ 교차가새로 보강할 것
④ 외줄비계 · 쌍줄비계 또는 돌출 비계의 벽이음 및 버팀 설치
  • 조립간격 : 수직방향에서 5m 이하, 수평방향에서는 5m 이하
  • 강관 · 통나무 등의 재료를 사용하여 견고한 것으로 할 것
  • 인장재와 압축재로 구성되어 있는 때에는 인장재와 압축재의 간격을 1m 이내로 할 것
⑤ 가공전로에 근접하여 비계를 설치하는 때에는 가공전로를 이설, 절연용 방호구 장착하는 등 가공전로와의 접촉 방지 조치할 것

{분석}
실기까지 중요한 내용입니다.

## 117 ④

**해설** ④ 폭은 30센티미터 이상으로 한다.

**참고** 사다리식 통로 설치 시의 준수사항

① 견고한 구조로 할 것
② 심한 손상 · 부식 등이 없는 재료를 사용할 것
③ 발판의 간격은 일정하게 할 것
④ 발판과 벽과의 사이는 15센티미터 이상의 간격을 유지할 것
⑤ 폭은 30센티미터 이상으로 할 것
⑥ 사다리가 넘어지거나 미끄러지는 것을 방지하기 위한 조치를 할 것
⑦ 사다리의 상단은 걸쳐놓은 지점으로부터 60센티미터 이상 올라가도록 할 것
⑧ 사다리식 통로의 길이가 10미터 이상인 경우에는 5미터 이내마다 계단참을 설치할 것
⑨ 사다리식 통로의 기울기는 75도 이하로 할 것. 다만, 고정식 사다리식 통로의 기울기는 90도 이하로 하고, 그 높이가 7미터 이상인 경우에는 다음 각 목의 구분에 따른 조치를 할 것
  • 등받이울이 있어도 근로자 이동에 지장이 없는 경우 : 바닥으로부터 높이가 2.5미터 되는 지점부터 등받이울을 설치할 것
  • 등받이울이 있으면 근로자가 이동이 곤란한 경우 : 한국산업표준에서 정하는 기준에 적합한 개인용 추락 방지 시스템을 설치하고 근로자로 하여금 한국산업표준에서 정하는 기준에 적합한 전신 안전대를 사용하도록 할 것
⑩ 접이식 사다리 기둥은 사용 시 접혀지거나 펼쳐지지 않도록 철물 등을 사용하여 견고하게 조치할 것

{분석}
실기까지 중요한 내용입니다.

## 118 ②

**[해설]** 콘크리트의 타설작업 시 준수사항

① 당일의 작업을 시작하기 전에 해당 작업에 관한 거푸집동바리 등의 변형·변위 및 지반의 침하 유무 등을 점검하고 이상이 있으면 보수할 것

② 작업 중에는 감시자를 배치하는 등의 방법으로 거푸집 및 동바리의 변형·변위 및 침하 유무 등을 확인해야 하며, 이상이 있으면 작업을 중지하고 근로자를 대피시킬 것

③ 콘크리트의 타설작업 시 거푸집붕괴의 위험이 발생할 우려가 있으면 충분한 보강조치를 할 것

④ 설계도서상의 콘크리트 양생기간을 준수하여 거푸집 및 동바리를 해체할 것

⑤ 콘크리트를 타설하는 경우에는 편심이 발생하지 않도록 골고루 분산하여 타설할 것

{분석}
실기까지 중요한 내용입니다.

## 119 ③

**[해설]** 악천후 시 조치

① 순간 풍속이 초당 10미터를 초과 : 타워크레인의 설치·수리·점검 또는 해체작업을 중지

② 순간 풍속이 초당 15미터를 초과 : 타워크레인의 운전 작업을 중지

③ 순간 풍속이 초당 30미터를 초과 : 옥외에 설치되어 있는 주행 크레인 이탈 방지 조치

④ 순간풍속이 초당 30미터를 초과하는 바람이 불거나 중진(中震) 이상 진도의 지진이 있은 후 : 옥외 양중기 각 부위 이상 점검

⑤ 순간풍속이 초당 35미터를 초과 : 옥외 승강기 및 건설용 리프트(지하에 설치되어 있는 것은 제외)에 대하여 받침의 수를 증가시키는 등 승강기가 무너지는 것을 방지하기 위한 조치

{분석}
실기에 자주 출제되는 내용입니다.

## 120 ②

**[해설]** 건설업 안전관리자 선임기준

– 공사금액 50억 원 이상(관계수급인은 100억 원 이상) 120억 원 미만(토목공사업의 경우에는 150억 원 미만) 또는 공사금액 120억 원 이상(토목공사업의 경우에는 150억 원 이상) 800억 원 미만 : 1명 이상

– 공사금액 800억 원 이상 1,500억 원 미만 : 2명 이상(다만, 전체 공사기간을 100으로 할 때 공사 시작에서 15에 해당하는 기간과 공사 종료 전의 15에 해당하는 기간 동안은 1명 이상으로 한다)

– 공사금액 1,500억 원 이상 2,200억 원 미만 : 3명 이상(다만, 전체 공사기간 중 전·후 15에 해당하는 기간은 2명 이상으로 한다)

– 공사금액 2,200억 원 이상 3천억 원 미만 : 4명 이상(다만, 전체 공사기간 중 전·후 15에 해당하는 기간은 2명 이상으로 한다)

– 공사금액 3천억 원 이상 3,900억 원 미만 : 5명 이상(다만, 전체 공사기간 중 전·후 15에 해당하는 기간은 3명 이상으로 한다)

– 공사금액 3,900억 원 이상 4,900억 원 미만 : 6명 이상(다만, 전체 공사기간 중 전·후 15에 해당하는 기간은 3명 이상으로 한다)

– 공사금액 4,900억 원 이상 6천억 원 미만 : 7명 이상(다만, 전체 공사기간 중 전·후 15에 해당하는 기간은 4명 이상으로 한다)

– 공사금액 6천억 원 이상 7,200억 원 미만 : 8명 이상(다만, 전체 공사기간 중 전·후 15에 해당하는 기간은 4명 이상으로 한다)

– 공사금액 7,200억 원 이상 8,500억 원 미만 : 9명 이상(다만, 전체 공사기간 중 전·후 15에 해당하는 기간은 5명 이상으로 한다)

– 공사금액 8,500억 원 이상 1조원 미만 : 10명 이상(다만, 전체 공사기간 중 전·후 15에 해당하는 기간은 5명 이상으로 한다)

– 1조원 이상 : 11명 이상[매 2천억 원(2조원 이상부터는 매 3천억 원)마다 1명씩 추가한다]. 다만, 전체 공사기간 중 전·후 15에 해당하는 기간은 선임 대상 안전관리자 수의 2분의 1(소수점 이하는 올림한다) 이상으로 한다)

{분석}
실기까지 중요한 내용입니다.

| 자격 종목 | 시험시간 | 문제수 | 문제형별 |
|---|---|---|---|
| 산업안전기사 | 3시간 | 120 | A |

| 수험번호 | | 성명 | |
|---|---|---|---|

**[수험자 유의사항]**

1. 시험 도중 수험자 PC 장애발생 시 손을 들어 시험감독관에게 알리면 긴급 장애 조치 또는 자리 이동을 할 수 있습니다.
2. 시험이 끝나면 채점결과(점수)를 바로 확인할 수 있습니다.
3. 부정행위가 발각될 경우 감독관의 지시에 따라 퇴실 조치되고 시험은 무효로 처리되며, 3년간 국가 기술자격검정에 응시할 자격이 정지됩니다.

▦ 정답 및 해설은 문제 뒤편에 있습니다

### 제1과목 : 산업재해 예방 및 안전보건교육

**1.** 매슬로우(Maslow)의 인간의 욕구단계 중 5번째 단계에 속하는 것은?

① 안전 욕구
② 존경의 욕구
③ 사회적 욕구
④ 자아실현의 욕구

**2.** 보호구 자율안전확인 고시 상 자율안전확인 보호구에 표시하여야 하는 사항을 모두 고른 것은?

> ㄱ. 모델명
> ㄴ. 제조 번호
> ㄷ. 사용 기한
> ㄹ. 자율안전확인 번호

① ㄱ, ㄴ, ㄷ
② ㄱ, ㄴ, ㄹ
③ ㄱ, ㄷ, ㄹ
④ ㄴ, ㄷ, ㄹ

**3.** 하인리히의 사고예방원리 5단계 중 교육 및 훈련의 개선, 인사조정, 안전관리규정 및 수칙의 개선 등을 행하는 단계는?

① 사실의 발견
② 분석 평가
③ 시정방법의 선정
④ 시정책의 적용

**CBT 따라하기**
**답안표기란**
제1과목 ▼
1 ① ② ③ ④
2 ① ② ③ ④
3 ① ② ③ ④
4 ① ② ③ ④

**4.** 산업안전보건법령상 거푸집 동바리의 조립 또는 해체작업 시 특별교육 내용이 아닌 것은? (단, 그 밖에 안전·보건관리에 필요한 사항은 제외한다.)

① 비계의 조립순서 및 방법에 관한 사항
② 조립 해체 시의 사고 예방에 관한 사항
③ 동바리의 조립방법 및 작업 절차에 관한 사항
④ 조립재료의 취급방법 및 설치기준에 관한 사항

5. 산업안전보건법령상 잠함(潛函) 또는 잠수 작업 등 높은 기압에서 작업하는 근로자의 근로시간 기준은?

① 1일 6시간, 1주 32시간 초과금지
② 1일 6시간, 1주 34시간 초과금지
③ 1일 8시간, 1주 32시간 초과금지
④ 1일 8시간, 1주 34시간 초과금지

6. 산업재해보험적용 근로자 1000명인 플라스틱 제조 사업장에서 작업 중 재해 5건이 발생하였고, 1명이 사망하였을 때 이 사업장의 사망 만인율은?

① 2 　　　　　② 5
③ 10 　　　　　④ 20

7. 보호구 안전인증 고시 상 안전인증 방독마스크의 정화통 종류와 외부 측면의 표시 색이 잘못 연결된 것은?

① 할로겐용 – 회색
② 황화수소용 – 회색
③ 암모니아용 – 회색
④ 시안화수소용 – 회색

8. 안전보건관리조직의 형태 중 라인-스태프(Line-Staff)형에 관한 설명으로 틀린 것은?

① 조직원 전위을 자율적으로 안전 활동에 참여시킬 수 있다.
② 라인의 관리, 감독자에게도 안전에 관한 책임과 권한이 부여된다.
③ 중규모 사업장(100명 이상 ~ 500명 미만)에 적합하다.
④ 안전 활동과 생산업무가 유리될 우려가 없기 때문에 균형을 유지할 수 있어 이상적인 조직형태이다.

9. 교육훈련기법 중 Off.J.T(Off the Job Training)의 장점이 아닌 것은?

① 업무의 계속성이 유지된다.
② 외부의 전문가를 강사로 활용할 수 있다.
③ 특별교재, 시설을 유효하게 사용할 수 있다.
④ 다수의 대상자에게 조직적 훈련이 가능하다.

10. 인간관계의 메커니즘 중 다른 사람의 행동 양식이나 태도를 투입시키거나 다른 사람 가운데서 자기와 비슷한 것을 발견하는 것은?

① 공감 　　　　　② 모방
③ 동일화 　　　　④ 일체화

11. 다음 중 브레인 스토밍의 4원칙과 가장 거리가 먼 것은?

① 자유로운 비평
② 자유분방한 발언
③ 대량적인 발언
④ 타인 의견의 수정 발언

12. 산업안전보건법령상 안전보건표지의 종류와 형태 중 관계자 외 출입금지에 해당하지 않는 것은?

① 관리대상물질 작업장
② 허가대상물질 작업장
③ 석면취급·해체 작업장
④ 금지대상물질의 취급 실험실

CBT 따라하기
답안표기란
제1과목 ▼

| | | | | |
|---|---|---|---|---|
| 5 | ① | ② | ③ | ④ |
| 6 | ① | ② | ③ | ④ |
| 7 | ① | ② | ③ | ④ |
| 8 | ① | ② | ③ | ④ |
| 9 | ① | ② | ③ | ④ |
| 10 | ① | ② | ③ | ④ |
| 11 | ① | ② | ③ | ④ |
| 12 | ① | ② | ③ | ④ |

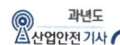

**13.** 레윈(Lewin. K)에 의하여 제시된 인간의 행동에 관한 식을 올바르게 표현한 것은? (단, B는 인간의 행동, P는 개체, E는 환경, f는 함수관계를 의미한다.)

① $B=f(P \cdot E)$
② $B=f(P+1)^E$
③ $P=E \cdot f(B)$
④ $E=f(P \cdot B)$

**14.** 산업안전보건법령상 사업장에서 산업재해 발생 시 사업주가 기록·보존하여야 하는 사항을 모두 고른 것은? (단, 산업재해조사표와 요양신청서의 사본은 보존하지 않았다.)

> ㄱ. 사업장의 개요 및 근로자의 인적 사항
> ㄴ. 재해 발생의 일시 및 장소
> ㄷ. 재해 발생의 원인 및 과정
> ㄹ. 재해 재발방지 계획

① ㄱ, ㄹ
② ㄴ, ㄷ, ㄹ
③ ㄱ, ㄴ, ㄷ
④ ㄱ, ㄴ, ㄷ, ㄹ

**15.** 산업안전보건법령상 안전보건표지의 종류 중 경고표지에 해당하지 않는 것은?

① 레이저광선 경고
② 급성독성물질 경고
③ 매달린 물체 경고
④ 차량통행 경고

**16.** 크레인, 리프트 및 곤돌라는 사업장에 설치가 끝난 날부터 몇 년 이내에 최초의 안전검사를 실시해야 하는가? (단, 이동식 크레인, 이삿짐운반용 리프트는 제외한다.)

① 1년
② 2년
③ 3년
④ 4년

**17.** 방진마스크의 사용 조건 중 산소농도의 최소기준으로 옳은 것은?

① 16%
② 18%
③ 21%
④ 23.5%

**18.** 안전점검의 종류 중 태풍, 폭우 등에 의한 침수, 지진 등의 천재지변이 발생한 경우나 이상사태 발생 시 관리자나 감독자가 기계, 기구, 설비 등의 기능상 이상 유무에 대하여 점검하는 것은?

① 일상점검
② 정기점검
③ 특별점검
④ 수시점검

**19.** 인간의 동작특성 중 판단과정의 착오요인이 아닌 것은?

① 합리화
② 정서불안정
③ 작업조건불량
④ 정보부족

**20.** 산업안전보건법령상 안전/보건표지의 색채와 사용 사례의 연결로 틀린 것은?

① 노란색 - 정지신호, 소화설비 및 그 장소, 유해행위의 금지
② 파란색 - 특정 행위의 지시 및 사실의 고지
③ 빨간색 - 화학물질 취급장소에서의 유해/위험 경고
④ 녹색 - 비상구 및 피난소, 사람 또는 차량의 통행표지

**CBT 따라하기**

**답안표기란**

제1과목 ▼

| | | | | |
|---|---|---|---|---|
| 13 | ① | ② | ③ | ④ |
| 14 | ① | ② | ③ | ④ |
| 15 | ① | ② | ③ | ④ |
| 16 | ① | ② | ③ | ④ |
| 17 | ① | ② | ③ | ④ |
| 18 | ① | ② | ③ | ④ |
| 19 | ① | ② | ③ | ④ |
| 20 | ① | ② | ③ | ④ |

## 제2과목 : 인간공학 및 위험성 평가 · 관리

**21.** 인체측정에 대한 설명으로 옳은 것은?

① 인체측정은 동적측정과 정적측정이 있다.

② 인체측정학은 인체의 생화학적 특징을 다룬다.

③ 자세에 따른 인체치수의 변화는 없다고 가정한다.

④ 측정항목에 무게, 둘레, 두께, 길이는 포함되지 않는다.

**22.** 후각적 표시장치(olfactory display)와 관련된 내용으로 옳지 않은 것은?

① 냄새의 확산을 제어할 수 없다.

② 시각적 표시장치에 비해 널리 사용되지 않는다.

③ 냄새에 대한 민감도의 개별적 차이가 존재한다.

④ 경보 장치로서 실용성이 없기 때문에 사용되지 않는다.

**23.** THERP(Technique for Human Error Rate Prediction)의 특징에 대한 설명으로 옳은 것을 모두 고른 것은?

> ㉠ 인간 – 기계 계(SYSTEM)에서 여러 가지의 인간의 에러와 이에 의해 발생할 수 있는 위험성의 예측과 개선을 위한 기법
> ㉡ 인간의 과오를 정성적으로 평가하기 위하여 개발된 기법
> ㉢ 가지처럼 갈라지는 형태의 논리구조와 나무 형태의 그래프를 이용

① ㉠, ㉡

② ㉠, ㉢

③ ㉡, ㉢

④ ㉠, ㉡, ㉢

**24.** 산업안전보건법령상 유해위험방지계획서의 제출 대상 제조업은 전기 계약 용량이 얼마 이상인 경우에 해당되는가? (단, 기타 예외사항은 제외한다.)

① 50kW  ② 100kW

③ 200kW  ④ 300kW

**25.** 신호검출이론(SDT)의 판정결과 중 신호가 없었는데도 있었다고 말하는 경우는?

① 긍정(hit)

② 누락(miss)

③ 허위(false alarm)

④ 부정(correct rejection)

**26.** 인간 – 기계시스템의 설계를 6단계로 구분할 때, 첫 번째 단계에서 시행하는 것은?

① 기본설계

② 시스템의 정의

③ 인터페이스 설계

④ 시스템의 목표와 성능명세 결정

**27.** 점광원으로부터 0.3m 떨어진 구면에 비추는 광량이 5Lumen일 때, 조도는 약 몇 럭스인가?

① 0.06  ② 16.7

③ 55.6  ④ 83.4

| CBT 따라하기 | | | |
| --- | --- | --- | --- |
| 답안표기란 | | | |
| 제2과목 ▼ | | | |
| 21 | ① ② ③ ④ | | |
| 22 | ① ② ③ ④ | | |
| 23 | ① ② ③ ④ | | |
| 24 | ① ② ③ ④ | | |
| 25 | ① ② ③ ④ | | |
| 26 | ① ② ③ ④ | | |
| 27 | ① ② ③ ④ | | |

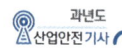
28. 정신적 작업 부하에 관한 생리적 척도에 해당하지 않는 것은?

① 부정맥 지수
② 근전도
③ 점멸융합주파수
④ 뇌파도

29. 빨강, 노랑, 파랑의 3가지 색으로 구성된 교통 신호등이 있다. 신호등은 항상 3가지 색 중 하나가 켜지도록 되어 있다. 1시간 동안 조사한 결과, 파란 등은 총 30분 동안, 빨간 등과 노란 등은 각각 총 15분 동안 켜진 것으로 나타났다. 이 신호등의 총 정보량은 몇 bit인가?

① 0.5 　　　　② 0.75
③ 1.0 　　　　④ 1.5

30. 그림과 같이 7개의 부품으로 구성된 시스템의 신뢰도는 약 얼마인가? (단, 네모안의 숫자는 각 부품의 신뢰도이다.)

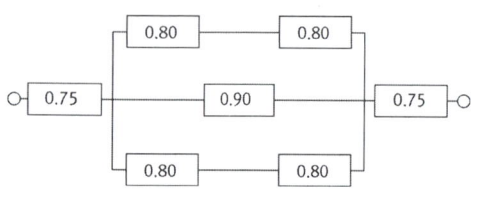

① 0.5552 　　　　② 0.5427
③ 0.6234 　　　　④ 0.9740

31. FT도에 사용하는 기호에서 3개의 입력현상 중 임의의 시간에 2개가 발생하면 출력이 생기는 기호의 명칭은?

① 억제 게이트
② 조합 AND 게이트
③ 배타적 OR 게이트
④ 우선적 AND 게이트

32. 양립성의 종류에 포함되지 않는 것은?

① 공간 양립성
② 형태 양립성
③ 개념 양립성
④ 운동 양립성

33. 인체 계측 자료의 응용 원칙이 아닌 것은?

① 기존 동일 제품을 기준으로 한 설계
② 최대치수와 최소치수를 기준으로 한 설계
③ 조절 범위를 기준으로 한 설계
④ 평균치를 기준으로 한 설계

34. 조종장치를 촉각적으로 식별하기 위하여 사용되는 촉각적 코드화의 방법으로 옳지 않은 것은?

① 색감을 활용한 코드화
② 크기를 이용한 코드화
③ 조종장치의 형상 코드화
④ 표면 촉감을 이용한 코드화

CBT 따라하기
답안표기란
제2과목 ▼
28 ① ② ③ ④
29 ① ② ③ ④
30 ① ② ③ ④
31 ① ② ③ ④
32 ① ② ③ ④
33 ① ② ③ ④
34 ① ② ③ ④

**35.** 차폐효과에 대한 설명으로 옳지 않은 것은?

① 차폐음과 배음의 주파수가 가까울 때 차폐효과가 크다.

② 헤어드라이어 소음 때문에 전화 음을 듣지 못한 것과 관련이 있다.

③ 유의적 신호와 배경 소음의 차이를 신호/소음(S/N) 비로 나타낸다.

④ 차폐효과는 어느 한 음 때문에 다른 음에 대한 감도가 증가되는 현상이다.

**36.** 초기고장과 마모고장 각각의 고장형태와 그 예방대책에 관한 연결로 틀린 것은?

① 초기고장-감소형-번인(Burn in)

② 마모고장-증가형-예방보전(PM)

③ 초기고장-감소형-디버깅(debugging)

④ 마모고장-증가형-스크리닝(screening)

**37.** 시각 표시장치보다 청각 표시장치의 사용이 바람직한 경우는?

① 전언이 복잡한 경우

② 전언이 재참조되는 경우

③ 전언이 즉각적인 행동을 요구하는 경우

④ 직무상 수신자가 한 곳에 머무는 경우

**38.** 인간의 귀의 구조에 대한 설명으로 틀린 것은?

① 외이는 귓바퀴와 외이도로 구성된다.

② 고막은 중이와 내이의 경계부위에 위치해 있으며 음파를 진동으로 바꾼다.

③ 중이에는 인두와 교통하여 고실 내압을 조절하는 유스타키오관이 존재한다.

④ 내이는 신체의 평형감각수용기인 반규관과 청각을 담당하는 전정기관 및 와우로 구성되어 있다.

**39.** 섬유유연제 생산 공정이 복잡하게 연결되어 있어 작업자의 불안전한 행동을 유발하는 상황이 발생하고 있다. 이것을 해결하기 위한 위험처리 기술에 해당하지 않는 것은?

① Transfer(위험전가)

② Retention(위험보류)

③ Reduction(위험감축)

④ Rearrange(작업순서의 변경 및 재배열)

**40.** 안전성 평가의 기본원칙 6단계에 해당되지 않는 것은?

① 안전대책

② 정성적 평가

③ 작업환경 평가

④ 관계 자료의 정비검토

---

**제3과목 : 기계·기구 및 설비 안전 관리**

---

**41.** 다음 중 금형 설치·해체작업의 일반적인 안전사항으로 틀린 것은?

① 금형을 설치하는 프레스의 T홈 안길이는 설치 볼트 직경 이하로 한다.

② 금형의 설치용구는 프레스의 구조에 적합한 형태로 한다.

③ 고정볼트는 고정 후 가능하면 나사산이 3~4개 정도 짧게 남겨 슬라이드 면과의 사이에 협착이 발생하지 않도록 해야 한다.

④ 금형 고정용 브래킷(물림판)을 고정시킬 때 고정용 브래킷은 수평이 되게 하고, 고정볼트는 수직이 되게 고정하여야 한다.

**CBT 따라하기**
**답안표기란**

| 제3과목 | ▼ |
|---|---|
| 35 | ① ② ③ ④ |
| 36 | ① ② ③ ④ |
| 37 | ① ② ③ ④ |
| 38 | ① ② ③ ④ |
| 39 | ① ② ③ ④ |
| 40 | ① ② ③ ④ |
| 41 | ① ② ③ ④ |

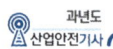

**42.** 연삭기 덮개의 개구부 각도가 그림과 같이 150° 이하 이어야 하는 연삭기의 종류로 옳은 것은?

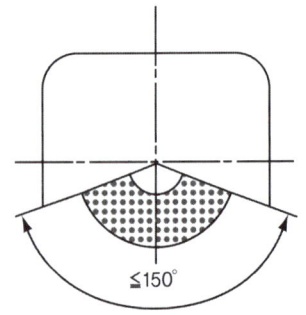

≤150°

① 센터리스 연삭기
② 탁상용 연삭기
③ 내면 연삭기
④ 평면 연삭기

**43.** 다음 중 선반에서 사용하는 바이트와 관련된 방호장치는?

① 심압대　　　② 터릿
③ 칩 브레이커　④ 주축대

**44.** 다음 설명 중 (　)안에 알맞은 내용은?

> 롤러기의 급정지장치는 롤러를 무부하로 회전시킨 상태에서 앞면 롤러의 표면속도가 30m/min 미만일 때에는 급정지거리가 앞면 롤러 원주의 (　) 이내에서 롤러를 정지시킬 수 있는 성능을 보유하여야 한다.

① $\frac{1}{2}$　　　　② $\frac{1}{4}$

③ $\frac{1}{3}$　　　　④ $\frac{1}{2.5}$

**45.** 용접장치에서 안전기의 설치 기준에 관한 설명으로 옳지 않은 것은?

① 아세틸렌 용접장치에 대하여는 일반적으로 각 취관마다 안전기를 설치하여야 한다.
② 아세틸렌 용접장치의 안전기는 가스용기와 발생기가 분리되어 있는 경우 발생기와 가스용기 사이에 설치한다.
③ 가스집합 용접장치에서는 주관 및 분기관에 안전기를 설치하며, 이 경우 하나의 취관에 2개 이상의 안전기를 설치한다.
④ 가스집합 용접장치의 안전기 설치는 화기사용설비로부터 3m 이상 떨어진 곳에 설치한다.

**CBT 따라하기**
**답안표기란**

| 제3과목 ▼ |
| --- |
| 42　① ② ③ ④ |
| 43　① ② ③ ④ |
| 44　① ② ③ ④ |
| 45　① ② ③ ④ |
| 46　① ② ③ ④ |

**46.** 다음 중 산업안전보건법령상 아세틸렌 가스용접장치에 관한 기준으로 틀린 것은?

① 전용의 발생기실은 건물의 최상층에 위치하여야 하며, 화기를 사용하는 설비로부터 1m를 초과하는 장소에 설치하여야 한다.
② 전용의 발생기실을 옥외에 설치한 경우에는 그 개구부를 다른 건축물로부터 1.5m 이상 떨어지도록 하여야 한다.
③ 아세틸렌 용접장치를 사용하여 금속의 용접·용단 또는 가열작업을 하는 경우에는 게이지 압력이 127kPa을 초과하는 압력의 아세틸렌을 발생시켜 사용해서는 아니된다.
④ 전용의 발생기실을 설치하는 경우 벽은 불연성 재료로 하고 철근 콘크리트 또는 그 밖에 이와 동등하거나 그 이상의 강도를 가진 구조로 하여야 한다.

47. 프레스 작업에서 제품 및 스크랩을 자동적으로 위험한계 밖으로 배출하기 위한 장치로 볼 수 없는 것은?

① 피더
② 키커
③ 이젝터
④ 공기 분사 장치

48. 그림과 같이 50kN의 중량물을 와이어로프를 이용하여 상부에 60°의 각도가 되도록 들어 올릴 때, 로프 하나에 걸리는 하중(T)은 약 몇 kN인가?

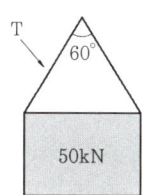

① 16.8
② 24.5
③ 28.9
④ 37.9

49. 다음 목재가공용 기계에 사용되는 방호장치의 연결이 옳지 않은 것은?

① 둥근톱기계 : 톱날접촉예방장치
② 띠톱기계 : 날접촉예방장치
③ 모떼기기계 : 날접촉예방장치
④ 동력식 수동대패기계 : 반발예방장치

50. 프레스 및 전단기에서 위험한계 내에서 작업하는 작업자의 안전을 위하여 안전블록의 사용 등 필요한 조치를 취해야 한다. 다음 중 안전 블록을 사용해야 하는 작업으로 가장 거리가 먼 것은?

① 금형 가공작업
② 금형 해체작업
③ 금형 부착작업
④ 금형 조정작업

51. 로봇의 작동범위 내에서 그 로봇에 관하여 교시 등(로봇의 동력원을 차단하고 행하는 것을 제외한다.)의 작업을 행하는 때 작업시작 전 점검 사항으로 옳은 것은?

① 과부하방지장치의 이상 유무
② 압력제한 스위치 등의 기능의 이상 유무
③ 외부전선의 피복 또는 외장의 손상 유무
④ 권과방지장치의 이상 유무

52. 컨베이어에 사용되는 방호장치와 그 목적에 관한 설명이 옳지 않은 것은?

① 운전 중인 컨베이어 등의 위로 넘어가고자 할 때를 위하여 급정지장치를 설치한다.
② 근로자의 신체 일부가 말려들 위험이 있을 때 이를 즉시 정지시키기 위한 비상정지장치를 설치한다.
③ 정전, 전압강하 등에 따른 화물 이탈을 방지하기 위해 이탈 및 역주행 방지장치를 설치한다.
④ 낙하물에 의한 위험 방지를 위한 덮개 또는 울을 설치한다.

53. 크레인에서 일반적으로 권상용 와이어로프 및 권상용 체인의 안전율 기준은?

① 10 이상
② 2.7 이상
③ 4 이상
④ 5 이상

54. 다음 중 롤러기에서 설치하여야 할 방호장치는?

① 반발예방장치
② 급정지장치
③ 접촉예방장치
④ 파열판장치

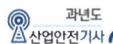
**55.** 다음 중 보일러의 방호장치와 가장 거리가 먼 것은?

① 언로드 밸브
② 압력방출 장치
③ 압력제한 스위치
④ 고저 수위조절 장치

**56.** 산업안전보건법령에 따른 가스집합 용접장치의 안전에 관한 설명으로 옳지 않은 것은?

① 가스집합장치에 대해서는 화기를 사용하는 설비로부터 5m 이상 떨어진 장소에 설치해야 한다.
② 가스집합 용접장치의 배관에서 플랜지, 밸브 등의 접합부에는 개스킷을 사용하고 접합면을 상호 밀착시킨다.
③ 주관 및 분기관에 안전기를 설치해야 하며 이 경우 하나의 취관에 2개 이상의 안전기를 설치해야 한다.
④ 용해아세틸렌을 사용하는 가스집합 용접장치의 배관 및 부속기구는 구리나 구리 함유량이 60퍼센트 이상인 합금을 사용해서는 아니 된다.

**57.** 다음 중 와전류 비파괴검사법의 특징과 가장 거리가 먼 것은?

① 판, 환봉 등의 제품에 대해 자동화 및 고속화된 검사가 가능하다.
② 검사 대상 이외의 재료적 인자(투자율, 열처리, 온도 등)에 대한 영향이 적다.
③ 가는 선, 얇은 판의 경우도 검사가 가능하다.
④ 표면 아래 깊은 위치에 있는 결함은 검출이 곤란하다.

**58.** 슬라이드가 내려옴에 따라 손을 쳐내는 막대가 좌우로 왕복하면서 위험점으로부터 손을 보호하여 주는 프레스의 안전장치는?

① 손쳐내기식 방호장치
② 수인식 방호장치
③ 게이트 가드식 방호장치
④ 양손조작식 방호장치

**59.** 원동기, 풀리, 기어 등 근로자에게 위험을 미칠 우려가 있는 부위에 설치하는 위험방지 장치가 아닌 것은?

① 덮개
② 슬리브
③ 건널다리
④ 램

**60.** 연삭기의 연삭숫돌을 교체했을 경우 시운전은 최소 몇 분 이상 실시해야 하는가?

① 1분
② 3분
③ 5분
④ 7분

CBT 따라하기
답안표기란
제3과목 ▼
55 ① ② ③ ④
56 ① ② ③ ④
57 ① ② ③ ④
58 ① ② ③ ④
59 ① ② ③ ④
60 ① ② ③ ④

## 제4과목 : 전기설비 안전 관리

**61.** 피뢰기의 설치 장소가 아닌 것은? (단, 직접 접속하는 전선이 짧은 경우 및 피보호 기기가 보호범위 내에 위치하는 경우가 아니다.)

① 저압을 공급받는 수용장소의 인입구
② 지중전선로와 가공전선로가 접속되는 곳
③ 가공전선로에 접속하는 배전용 변압기의 고압측
④ 발전소 또는 변전소의 가공전선 인입구 및 인출구

**62.** 전기시설의 직접 접촉에 의한 감전방지 방법으로 적절하지 않은 것은?

① 충전부는 내구성이 있는 절연물로 완전히 덮어 감쌀 것
② 충전부가 노출되지 않도록 폐쇄형 외함이 있는 구조로 할 것
③ 충전부에 충분한 절연효과가 있는 방호망 또는 절연 덮개를 설치할 것
④ 충전부는 관계자 외 출입이 용이한 전개된 장소에 설치하고 위험표시 등의 방법으로 방호를 강화할 것

**63.** 인체에 최소 감지 전류에 대한 설명으로 알맞은 것은?

① 인체가 고통을 느끼는 전류이다.
② 성인 남자의 경우 상용주파수 60Hz 교류에서 약 1mA이다.
③ 직류를 기준으로 한 값이며, 성인 남자의 경우 약 1mA에서 느낄 수 있는 전류이다.
④ 직류를 기준으로 여자의 경우 성인 남

자의 70%인 0.7mA에서 느낄 수 있는 전류의 크기를 말한다.

CBT 따라하기
**답안표기란**
제4과목 ▼
61 ① ② ③ ④
62 ① ② ③ ④
63 ① ② ③ ④
64 ① ② ③ ④
65 ① ② ③ ④
66 ① ② ③ ④

**64.** 정전기 발생에 영향을 주는 요인이 아닌 것은?

① 분리속도
② 물체의 질량
③ 접촉 면적 및 압력
④ 물체의 표면 상태

**65.** 전기기계·기구의 기능 설명으로 옳은 것은?

① CB는 부하전류를 개폐(ON-Off)시킬 수 있다.
② ACB는 접촉스파크 소호를 진공상태로 한다.
③ DS는 회로의 개폐(ON-Off) 및 대용량 부하를 개폐시킨다.
④ LA는 피뢰침으로서 낙뢰 피해의 이상 전압을 낮추어 준다.

**66.** 전기기기 방폭의 기본개념과 이를 이용한 방폭 구조로 볼 수 없는 것은?

① 점화원의 격리 : 내압(耐壓) 방폭구조
② 폭발성 위험분위기 해소 : 유입 방폭구조
③ 전기기기 안전도의 증강 : 안전증 방폭구조
④ 점화능력의 본질적 억제 : 본질안전 방폭구조

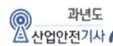
**67.** 배전선로에 정전작업 중 단락 접지기구를 사용하는 목적으로 적합한 것은?

① 통신선 유도 장해 방지
② 배전용 기계 기구의 보호
③ 배전선 통전 시 전위경도 저감
④ 혼촉 또는 오동작에 의한 감전방지

**68.** 대지를 접지로 이용하는 이유 중 가장 옳은 것은?

① 대지는 토양의 주성분이 규소($SiO_2$)이 므로 저항이 영(0)에 가깝다.
② 대지는 토양의 주성분이 산화알미늄 ($Al_2O_3$)이므로 저항이 영(0)에 가깝다.
③ 대지는 철분을 많이 포함하고 있기 때 문에 전류를 잘 흘릴 수 있다.
④ 대지는 넓어서 무수한 전류통로가 있기 때문에 저항이 영(0)에 가깝다.

**69.** 전기기기의 케이스를 전폐구조로 하며 접합 면에는 일정치 이상의 깊이를 갖는 패킹을 사용하며 분진이 용기 내로 침입하지 못하도 록 한 방폭구조는?

① 보통방진 방폭구조
② 분진특수 방폭구조
③ 특수방진 방폭구조
④ 밀폐방진 방폭구조

**70.** 전기설비의 방폭구조의 종류가 아닌 것은?

① 근본 방폭구조
② 압력 방폭구조
③ 안전증 방폭구조
④ 본질안전 방폭구조

**71.** 220V 전압에 접촉된 사람의 인체 저항이 약 1000Ω일 때 인체 전류와 그 결과 값의 위험 성 여부로 알맞은 것은?

① 22mA, 안전
② 220mA, 안전
③ 22mA, 위험
④ 220mA, 위험

CBT 따라하기
답안표기란
제4과목 ▼
67 ① ② ③ ④
68 ① ② ③ ④
69 ① ② ③ ④
70 ① ② ③ ④
71 ① ② ③ ④
72 ① ② ③ ④
73 ① ② ③ ④

**72.** 다음 (    ) 안의 알맞은 내용을 나타낸 것은?

> 폭발성 가스의 폭발등급 측정에 사용되는 표준용기는 내용적이 ( ㉮ )$cm^3$, 반구 상의 플렌지 접합면의 안길이( ㉯ )mm의 구상용기의 틈새를 통과시켜 화염일주 한계를 측정하는 장치이다.

① ㉮ 600      ㉯ 0.4
② ㉮ 1800     ㉯ 0.6
③ ㉮ 4500     ㉯ 8
④ ㉮ 8000     ㉯ 25

**73.** 가연성 증기나 먼지 등이 체류할 우려가 있 는 장소의 전기회로에 설치하여야 하는 누전 경보기의 수신기가 갖추어야 할 성능으로 옳 은 것은?

① 음향장치를 가진 수신기
② 차단기구를 가진 수신기
③ 가스감지기를 가진 수신기
④ 분진농도 측정기를 가진 수신기

**74.** 다음 중 전압을 구분한 것으로 알맞은 것은?

① 저압이란 교류 600V 이하, 직류는 교류의 $\sqrt{2}$ 배 이하인 전압을 말한다.

② 고압이란 교류 7000V 이하, 직류 7500V 이하의 전압을 말한다.

③ 특고압이란 교류, 직류 모두 7000V를 초과하는 전압을 말한다.

④ 전압이란 교류, 직류 모두 7500V를 넘지 않는 전압을 말한다.

**75.** 전압이 동일한 경우 교류가 직류보다 위험한 이유를 가장 잘 설명한 것은?

① 교류의 경우 전압의 극성 변화가 있기 때문이다.

② 교류는 감전 시 화상을 입히기 때문이다.

③ 교류는 감전 시 수축을 일으킨다.

④ 직류는 교류보다 사용 빈도가 낮기 때문이다.

**76.** 금속제 외함을 가지는 기계기구에 전기를 공급하는 전로에 지락이 발생했을 때에 자동적으로 전로를 차단하는 누전차단기 등을 설치하여야 한다. 누전차단기를 설치하지 않아도 되는 경우로 틀린 것은?

① 기계기구 고무, 합성수지 기타 절연물로 피복된 것일 경우

② 기계기구가 유도전동기의 2차측 전로에 접속된 저항기일 경우

③ 대지전압이 150V를 초과하는 전동 기계·기구를 시설하는 경우

④ 전기용품안전관리법의 적용을 받는 2중절연구조의 기계·기구를 시설하는 경우

**77.** 전선로 등에서 아크 화상 사고 시 전선이나 개폐기 터미널 등의 금속 분자가 고열로 용융되어 피부 속으로 녹아들어 가는 현상은?

① 피부의 광성 변화

② 전문

③ 표피박탈

④ 전류반점

**CBT 따라하기**

**답안표기란**

제4과목 ▼

| | | | | |
|---|---|---|---|---|
| 74 | ① | ② | ③ | ④ |
| 75 | ① | ② | ③ | ④ |
| 76 | ① | ② | ③ | ④ |
| 77 | ① | ② | ③ | ④ |
| 78 | ① | ② | ③ | ④ |
| 79 | ① | ② | ③ | ④ |

**78.** 교류 아크 용접기의 전격방지장치에서 시동감도에 관한 용어의 정의를 옳게 나타낸 것은?

① 용접봉을 모재에 접촉시켜 아크를 발생시킬 때 전격방지장치가 동작할 수 있는 용접기의 2차측 최대저항을 말한다.

② 안전전압(24V 이하)이 2차측 전압(85~95V)으로 얼마나 빨리 전환되는가 하는 것을 말한다.

③ 용접봉을 모재로부터 분리시킨 후 주접점이 개로되어 용접기의 2차측 전압이 무부하전압(25V 이하)으로 될 때까지의 시간을 말한다.

④ 용접봉에서 아크를 발생시키고 있을 때 누설전류가 발생하면 전격방지장치를 작동시켜야 할지 운전을 계속해야 할지를 결정해야 하는 민감도를 말한다.

**79.** 과전류에 의한 전선의 허용전류보다 큰 전류가 흐르는 경우 절연물이 화구가 없더라도 자연히 발화하고 심선이 용단되는 발화단계의 전선 전류밀도($A/mm^2$)로 옳은 것은?

① 20~43

② 43~60

③ 60~120

④ 120~180

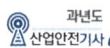

**80.** 전기로 인한 위험방지를 위하여 전기기계·기구를 적정하게 설치하고자 할 때의 고려사항이 아닌 것은?

① 전기적·기계적 방호수단의 적정성
② 습기, 분진 등 사용 장소의 주위 환경
③ 비상전원설비의 구비와 접지극의 매설 깊이
④ 전기기계·기구의 충분한 전기적 용량 및 기계적 강도

---

**제5과목 : 화학설비 안전 관리**

**81.** 다음 관(pipe) 부속품 중 관로의 방향을 변경하기 위하여 사용하는 부속품은?

① 니플(nipple)
② 유니온(union)
③ 플랜지(flange)
④ 엘보우(elbow)

**82.** 이산화탄소 및 할로겐화합물 소화약제의 특징으로 가장 거리가 먼 것은?

① 소화 속도가 빠르다.
② 소화 설비의 보수관리가 용이하다.
③ 전기절연성이 우수하나 부식성이 강하다.
④ 저장에 의한 변질이 없어 장기간 저장이 용이한 편이다.

**83.** 공정안전보고서에 관한 설명으로 옳지 않은 것은?

① 공정안전보고서를 작성할 때에는 산업안전보건위원회의 심의를 거쳐야 한다.
② 공정안전보고서를 작성할 때에 산업안전보건위원회가 설치되어 있지 아니한 사업장의 경우에는 근로자대표의 의견을 들어야 한다.
③ 공정안전보고서의 내용을 변경하여야 할 사유가 발생한 경우에는 14일 이내 고용노동부장관의 승인을 득한 후 이를 보완하여야 한다.
④ 고용노동부장관은 정하는 바에 따라 공정안전보고서의 이행 상태를 정기적으로 평가하고, 그 결과에 따른 보완 상태가 불량한 사업장의 사업주에게는 공정안전보고서를 다시 제출하도록 명할 수 있다.

**84.** 가연성 가스에 관한 설명으로 옳지 않은 것은?

① 메탄가스는 가장 간단한 탄화수소 기체이며, 온실효과가 있다.
② 프로판 가스의 연소범위는 2.1~9.5% 정도이며, 공기보다 무겁다.
③ 아세틸렌가스는 용해 가스로서 녹색으로 도색한 용기를 사용한다.
④ 수소 가스는 물에 잘 녹지 않으며, 온도가 높아지면 반응성이 커진다.

**85.** 반응기를 설계할 때 고려하여야 할 요인으로 가장 거리가 먼 것은?

① 부식성
② 상의 형태
③ 온도 범위
④ 중간생성물의 유무

**86.** 다음 중 화염방지기의 구조 및 설치 방법에 관한 설명으로 옳지 않은 것은?

① 화염방지기는 보호대상 화학설비와 연결된 통기관의 중앙에 설치하여야 한다.

② 화염방지 성능이 있는 통기밸브인 경우를 제외하고 화염방지기를 설치하여야 한다.

③ 본체는 금속제로서 내식성이 있어야 하며, 폭발 및 화재로 인한 압력과 온도에 견딜 수 있어야 한다.

④ 소염소자는 내식, 내열성이 있는 재질이어야 하고, 이물질 등의 제거를 위한 정비작업이 용이하여야 한다.

**87.** 다량의 황산이 가연물과 혼합되어 화재가 발생하였을 경우의 소화방법으로 적절하지 않은 방법은?

① 건조분말로 질식소화를 한다.

② 회(灰)로 덮어 질식소화를 한다.

③ 마른 모래로 덮어 질식소화를 한다.

④ 물을 뿌려 냉각소화 및 질식소화를 한다.

**88.** 다음 중 산업안전보건법상 공정안전보고서의 제출대상이 아닌 것은?

① 원유 정제처리업

② 농약제조업(원제 제조)

③ 화약 및 불꽃제품 제조업

④ 복합비료의 단순혼합 제조업

**89.** 분진폭발의 발생 순서로 옳은 것은?

㉮ 비산 → 분산 → 퇴적분진 → 발화원 → 2차 폭발 → 전면폭발

㉯ 비산 → 퇴적분진 → 분산 → 발화원 → 2차 폭발 → 전면폭발

㉰ 퇴적분진 → 발화원 → 분산 → 비산 → 전면폭발 → 2차 폭발

㉱ 퇴적분진 → 비산 → 분산 → 발화원 → 전면폭발 → 2차 폭발

CBT 따라하기
답안표기란
제5과목 ▼
86 ① ② ③ ④
87 ① ② ③ ④
88 ① ② ③ ④
89 ① ② ③ ④
90 ① ② ③ ④
91 ① ② ③ ④

**90.** 증기 배관 내에 생성하는 응축수를 제거할 때 증기가 배출되지 않도록 하면서 응축수를 자동적으로 배출하기 위한 장치를 무엇이라 하는가?

① Vent stack

② Steam trap

③ Blow down

④ Relief valve

**91.** 다음 중 밀폐 공간 내 작업 시의 조치사항으로 가장 거리가 먼 것은?

① 산소결핍이나 유해가스로 인한 질식의 우려가 있으면 진행 중인 작업에 방해되지 않도록 주의하면서 환기를 강화하여야 한다.

② 해당 작업장을 적정한 공기상태로 유지되도록 환기하여야 한다.

③ 그 장소에 근로자를 입장시킬 때와 퇴장시킬 때마다 인원을 점검하여야 한다.

④ 그 작업장과 외부의 감시인 간에 항상 연락을 취할 수 있는 설비를 설치하여야 한다.

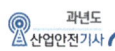
92. 탄화수소 증기의 연소하한 값 추정식은 연료의 양론농도(Cst)의 0.55배이다. 프로판 1몰의 연소반응식이 다음과 같을 때 연소하한 값은 약 몇 vol%인가?

$$C_3H_8 + 5O_2 \rightarrow 3CO_2 + 4H_2O$$

① 2.22      ② 4.03
③ 4.44      ④ 8.06

93. 다음 중 폭발 또는 화재가 발생할 우려가 있는 건조설비의 구조로 적절하지 않은 것은?

① 건조설비의 바깥 면은 불연성 재료로 만들 것
② 위험물 건조설비의 열원으로서 직화를 사용하지 아니할 것
③ 위험물 건조설비의 측벽이나 바닥은 견고한 구조로 할 것
④ 위험물 건조설비는 상부를 무거운 재료로 만들고 폭발구를 설치할 것

94. 위험물 또는 위험물이 발생하는 물질을 가열건조하는 경우 내용적이 몇 세제곱미터 이상인 건조설비인 경우 건조실을 설치하는 건축물의 구조를 독립된 단층건물로 하여야 하는가? (단, 건조실을 건축물의 최상층에 설치하거나 건축물이 내화구조인 경우는 제외한다.)

① 1      ② 10
③ 100      ④ 1000

95. 연소이론에 대한 설명으로 틀린 것은?

① 착화온도가 낮을수록 연소위험이 크다.
② 인화점이 낮은 물질은 반드시 착화점도 낮다.
③ 인화점이 낮을수록 일반적으로 연소위험이 크다.
④ 연소범위가 넓을수록 연소위험이 크다.

96. 다음 중 가연성 물질이 연소하기 쉬운 조건으로 옳지 않은 것은?

① 연소 발열량이 클 것
② 점화 에너지가 작을 것
③ 산소와 친화력이 클 것
④ 입자의 표면적이 작을 것

97. 다음 중 인화성 가스가 아닌 것은?

① 부탄      ② 메탄
③ 수소      ④ 산소

98. 물이 관 속을 흐를 때 유동하는 물속의 어느 부분의 정압이 그 때의 물의 증기압보다 낮을 경우 물이 증발하여 부분적으로 증기가 발생되어 배관의 부식을 초래하는 경우가 있다. 이러한 현상을 무엇이라 하는가?

① 서어징(surging)
② 공동현상(cavitation)
③ 비말동반(entrainment)
④ 수격작용(water hammering)

99. 다음 가스 중 가장 독성이 큰 것은?

① CO      ② COCl₂
③ NH₃      ④ H₂

| CBT 따라하기 | | | |
|---|---|---|---|
| 답안표기란 | | | |
| 제5과목 | | | ▼ |
| 92 | ① ② ③ ④ | | |
| 93 | ① ② ③ ④ | | |
| 94 | ① ② ③ ④ | | |
| 95 | ① ② ③ ④ | | |
| 96 | ① ② ③ ④ | | |
| 97 | ① ② ③ ④ | | |
| 98 | ① ② ③ ④ | | |
| 99 | ① ② ③ ④ | | |

100. 펌프의 사용 시 공동현상(cavitation)을 방지하고자 할 때의 조치사항으로 틀린 것은?

① 펌프의 회전수를 높인다.
② 흡입비 속도를 작게 한다.
③ 펌프의 흡입관의 두(head) 손실을 줄인다.
④ 펌프의 설치 높이를 낮추어 흡입양정을 짧게 한다.

---

**제6과목 : 건설공사 안전 관리**

---

101. 굴착, 싣기, 운반, 흙깔기 등의 작업을 하나의 기계로서 연속적으로 행할 수 있으며 비행장과 같이 대규모 정지작업에 적합하고 피견인식 자주식으로 구분할 수 있는 차량계 건설 기계는?

① 크램쉘(clamshell)
② 로우더(loader)
③ 불도저(bulldozer)
④ 스크레이퍼(scraper)

102. 시스템 동바리를 조립하는 경우 수직재와 받침 철물 연결부의 겹침 길이 기준으로 옳은 것은?

① 받침 철물 전체 길이 1/2 이상
② 받침 철물 전체 길이 1/3 이상
③ 받침 철물 전체 길이 1/4 이상
④ 받침 철물 전체 길이 1/5 이상

103. 차량계 하역운반기계에 화물을 적재하는 때의 준수사항으로 옳지 않은 것은?

① 하중이 한쪽으로 치우치지 않도록 적재할 것
② 구내운반차 또는 화물자동차의 경우 화물의 붕괴 또는 낙하에 의한 위험을 방지하기 위하여 화물에 로프를 거는 등 필요한 조치를 할 것
③ 운전자의 시야를 가리지 않도록 화물을 적재할 것
④ 차륜의 이상 유무를 점검할 것

**CBT 따라하기**

**답안표기란**

| 제6과목 | ▼ |
|---|---|
| 100 | ① ② ③ ④ |
| 101 | ① ② ③ ④ |
| 102 | ① ② ③ ④ |
| 103 | ① ② ③ ④ |
| 104 | ① ② ③ ④ |
| 105 | ① ② ③ ④ |
| 106 | ① ② ③ ④ |

104. 건축공사로서 대상액이 5억 원 이상 50억 원 미만인 경우에 산업안전보건관리비의 비율(가) 및 기초액(나)으로 옳은 것은?

㉠ (가) 2.28%    (나) 4,325,000원
㉡ (가) 1.95%    (나) 3,498,000원
㉢ (가) 2.15%    (나) 1,647,000원
㉣ (가) 1.49%    (나) 4,211,000원

105. 지반조건에 따른 지반개량공법 중 점성토 개량공법과 가장 거리가 먼 것은?

① 바이브로 플로테이션공법
② 치환공법
③ 압밀공법
④ 생석회 말뚝공법

106. 물체가 떨어지거나 날아올 위험이 있을 때의 재해 예방대책과 거리가 먼 것은?

① 낙하물방지망 설치
② 출입금지구역 설정
③ 안전대 착용
④ 안전모 착용

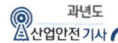

**107.** 다음 중 양중기에 해당되지 않는 것은?

① 크레인
② 건설작업용 리프트
③ 곤돌라
④ 체인블록

**108.** 물이 결빙되는 위치로 지속적으로 유입되는 조건에서 온도가 하강함에 따라 토중수가 얼어 생성된 결빙 크기가 계속 커져 지표면이 부풀어 오르는 현상은?

① 압밀침하(consolidation settlement)
② 연화(FROST BOIL)
③ 지반경화 (hardening)
④ 동상현상(frost heaving)

**109.** 콘크리트 타설작업과 관련하여 준수하여야 할 사항으로 가장 거리가 먼 것은?

① 당일의 작업을 시작하기 전에 해당 작업에 관한 거푸집 동바리 등의 변형·변위 및 지반의 침하 유무 등을 점검하고 이상이 있는 경우 보수할 것
② 콘크리트를 타설하는 경우에는 편심이 발생하지 않도록 골고루 분산하여 타설할 것
③ 진동기의 사용은 많이 할수록 균일한 콘크리트를 얻을 수 있으므로 가급적 많이 사용할 것
④ 설계도서상의 콘크리트 양생기간을 준수하여 거푸집 동바리 등을 해체할 것

**110.** 폭풍 시 옥외에 설치되어 있는 주행크레인에 대하여 이탈 방지를 위한 조치가 필요한 풍속 기준은?

① 순간풍속이 20m/sec 초과할 때
② 순간풍속이 25m/sec 초과할 때
③ 순간풍속이 30m/sec 초과할 때
④ 순간풍속이 35m/sec 초과할 때

**111.** 낙하물방지망 또는 방호선반을 설치하는 경우에 수평면과의 각도 기준으로 옳은 것은?

① 10° 이상 20° 이하
② 20° 이상 30° 이하
③ 25° 이상 35° 이하
④ 35° 이상 45° 이하

**112.** 철근 인력운반에 대한 설명으로 옳지 않은 것은?

① 운반할 때에는 중앙부를 묶어 운반한다.
② 긴 철근은 두 사람이 한 조가 되어 어깨 메기로 운반하는 것이 좋다.
③ 운반 시 1인당 무게는 25kg 정도가 적당하다.
④ 긴 철근을 한사람이 운반할 때는 한쪽을 어깨에 메고 한쪽 끝을 땅에 끌면서 운반한다.

**113.** 달비계 설치 시 와이어로프를 사용할 때 사용 가능한 와이어로프의 조건은?

① 지름의 감소가 공칭지름의 8%인 것
② 이음매가 없는 것
③ 심하게 변형되거나 부식된 것
④ 와이어로프의 한 꼬임에서 끊어진 소선의 수가 10%인 것

| CBT 따라하기 |
| 답안표기란 |
| 제6과목 ▼ |
| 107 ① ② ③ ④ |
| 108 ① ② ③ ④ |
| 109 ① ② ③ ④ |
| 110 ① ② ③ ④ |
| 111 ① ② ③ ④ |
| 112 ① ② ③ ④ |
| 113 ① ② ③ ④ |

114. 동력을 사용하는 항타기 또는 항발기의 무너짐을 방지하기 위한 준수사항으로 틀린 것은?

① 연약한 지반에 설치하는 경우에는 아웃트리거·받침 등 지지구조물의 침하를 방지하기 위하여 깔판·받침목 등을 사용할 것
② 시설 또는 가설물 등에 설치하는 때에는 그 내력을 확인하고 내력이 부족한 때에는 그 내력을 보강한다.
③ 상단 부분은 버팀대·버팀줄로 고정하여 안정시키고, 그 하단 부분은 견고한 버팀·말뚝 또는 철골 등으로 고정시킨다.
④ 궤도 또는 차로 이동하는 항타기 또는 항발기에 대하여는 불시에 이동하는 것을 방지하기 위하여 말뚝 등으로 고정시킬 것

115. 사업주가 유해위험방지 계획서 제출 후 건설공사 중 6개월 이내마다 안전보건공단의 확인 사항을 받아야 할 내용이 아닌 것은?

① 유해·위험방지 계획서의 내용과 실제 공사 내용이 부합하는지 여부
② 유해·위험방지 계획서 변경 내용의 적정성
③ 자율안전관리 업체 유해·위험방지 계획서 제출·심사 면제
④ 추가적인 유해·위험요인의 존재 여부

116. 잠함 또는 우물통의 내부에서 근로자가 굴착작업을 하는 경우에 바닥으로부터 천장 또는 보까지의 높이는 최소 얼마 이상으로 하여야 하는가?

① 1.2m
② 1.5m
③ 1.8m
④ 2.1m

117. 건설업 산업안전보건 관리비 중 계상비용에 해당되지 않은 것은?

① 외부비계, 작업발판 등의 가설구조물 설치 소요비
② 근로자 건강관리비
③ 건설재해예방 기술지도비
④ 개인보호구 및 안전장구 구입비

CBT 따라하기
답안표기란
제6과목 ▼
114 ① ② ③ ④
115 ① ② ③ ④
116 ① ② ③ ④
117 ① ② ③ ④
118 ① ② ③ ④
119 ① ② ③ ④
120 ① ② ③ ④

118. 콘크리트 타설 시 거푸집 측압에 대한 설명 중 틀린 것은?

① 타설 속도가 빠를수록 측압이 커진다.
② 거푸집의 투수성이 낮을수록 측압은 커진다.
③ 타설 높이가 높을수록 측압이 커진다.
④ 콘크리트의 온도가 높을수록 측압이 커진다.

119. 다음은 타워크레인을 와이어로프로 지지하는 경우에 준수해야 할 기준이다. 빈칸에 들어갈 알맞은 내용을 순서대로 옳게 나타낸 것은?

> 와이어로프 설치각도는 수평면에서 (  )도 이내로 하되, 지지점은 (  )개소 이상으로 하고, 같은 각도로 설치할 것

① 45, 4
② 45, 5
③ 60, 4
④ 60, 5

120. 훅걸이용 와이어로프 등이 훅으로부터 벗겨지는 것을 방지하기 위한 장치는?

① 해지장치
② 권과방지장치
③ 과부하방지장치
④ 턴버클

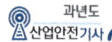
## ≫ 정답 및 해설

제1과목 **산업재해 예방 및 안전보건교육**

### 01 ④

해설 매슬로(Maslow A. H.)의 욕구단계 이론(인간의 욕구 5단계)

① 제1단계(생리적 욕구)
② 제2단계(안전 욕구)
③ 제3단계(사회적 욕구)
④ 제4단계(존경 욕구)
⑤ 제5단계(자아실현의 욕구)

{분석}
실기에 자주 출제되는 내용입니다.

### 02 ②

해설 자율안전확인 대상 보호구의 표시사항

① 형식 또는 모델명
② 규격 또는 등급 등
③ 제조자 명
④ 제조번호 및 제조연월
⑤ 자율안전확인 번호

참고 안전인증 대상 보호구의 표시사항
① 형식 또는 모델명
② 규격 또는 등급 등
③ 제조자 명
④ 제조번호 및 제조연월
⑤ 안전인증 번호

{분석}
실기에 자주 출제되는 내용입니다.

### 03 ③

해설 하인리히의 사고방지 5단계

| 1단계 :<br>안전조직 | • 안전목표 설정<br>• 안전관리자의 선임<br>• 안전조직 구성<br>• 안전활동 방침 및 계획수립<br>• 조직을 통한 안전 활동 전개 |
|---|---|
| 2단계 :<br>사실의 발견 | • 작업분석<br>• 점검<br>• 사고조사<br>• 안전진단<br>• 사고 및 활동기록의 검토 |
| 3단계 : 분석 | • 사고원인 및 경향성 분석<br>(사고보고서 및 현장조사 분석)<br>• 작업공정 분석<br>• 사고기록 및 관계자료 분석<br>• 인적·물적 환경 조건분석 |
| 4단계 :<br>시정방법<br>선정 | • 기술적 개선<br>• 안전운동 전개<br>• 교육훈련 분석<br>• 안전행정의 개선<br>• 배치 조정<br>• 규칙 및 수칙 등 제도의 개선 |
| 5단계 :<br>시정책 적용<br>(3E 적용) | • 안전교육(Education)<br>• 안전기술(Engineering)<br>• 안전독려(Enforcement) |

{분석}
필기에 자주 출제되는 내용입니다.

### 04 ①

해설 거푸집 동바리의 조립 또는 해체작업의 특별교육 내용

① 동바리의 조립방법 및 작업 절차에 관한 사항
② 조립재료의 취급방법 및 설치기준에 관한 사항
③ 조립 해체 시의 사고 예방에 관한 사항
④ 보호구 착용 및 점검에 관한 사항
⑤ 그 밖에 안전·보건관리에 필요한 사항

{분석}
실기까지 중요한 내용입니다.

## 05 ②

**해설** 잠수시간은 <u>1일 6시간, 1주 34시간을 초과하지 아니할 것</u>

## 06 ③

**해설**
> **사망 만인율**
>
> - <u>산재보험적용 근로자 수 10,000명당 발생하는 사망자 수의 비율</u>을 말한다.
>
> - 사망만인율
> $$= \frac{사망자 수}{산재보험적용 \cdot 근로자 수} \times 10,000$$

$$사망만인율 = \frac{1}{1,000} \times 10,000 = 10$$

**{분석}**
실기에 자주 출제되는 내용입니다.

## 07 ③

**해설** 방독마스크 정화통 외부 측면의 표시 색

| 종류 | 표시 색 |
|------|---------|
| 유기화합물용 정화통 | 갈색 |
| 할로겐용 정화통 | 회색 |
| 황화수소용 정화통 | |
| 시안화수소용 정화통 | |
| 아황산용 정화통 | 노란색 |
| 암모니아용 정화통 | 녹색 |
| 복합용 및 겸용의 정화통 | 복합용의 경우 해당가스 모두 표시 (2층 분리) 겸용의 경우 백색과 해당가스 모두 표시 (2층 분리) |

※ 증기밀도가 낮은 유기화합물 정화통의 경우 색상 표시 및 화학물질명 또는 화학기호를 표기)

**{분석}**
실기에 자주 출제되는 내용입니다.

## 08 ③

**해설** ③ 중규모 사업장(100명 이상 ~ 500명 미만)에 적합하다. → 스태프(staff)형 조직

**참고**

| | |
|--|--|
| 라인형 (Line) or 직계형 | ① <u>소규모 사업장</u>(100명 이하 사업장)에 적용이 가능하다. <br> ② 라인형 장점 : <u>명령 및 지시가 신속, 정확</u>하다. <br> ③ 라인형 단점 <br> • <u>안전정보가 불충분</u>하다. <br> • 라인에 과도한 책임이 부여 될 수 있다. <br> ④ 생산과 안전을 동시에 지시하는 형태이다. |
| 스태프형 (staff) or 참모형 | ① <u>중규모 사업장</u>(100 ~ 1,000명 정도의 사업장)에 적용이 가능하다. <br> ② 스태프형 장점 : <u>안전정보 수집이 용이하고 빠르다.</u> <br> ③ 스태프 단점 : <u>안전과 생산을 별개로 취급</u>한다. <br> ④ 생산부문은 안전에 대한 책임, 권한이 없다. |
| 라인 스태프 (Line Staff)형 or 혼합형 | ① <u>대규모 사업장</u>(1,000명 이상 사업장)에 적용이 가능하다. <br> ② 라인 스태프형 장점 <br> • 안전전문가에 의해 입안된 것을 경영자가 명령하므로 <u>명령이 신속, 정확하다.</u> <br> • <u>안전정보 수집이 용이하고 빠르다.</u> <br> ③ 라인 스태프형 단점 <br> • <u>명령계통과 조언, 권고적 참여의 혼돈이 우려된다.</u> |

**{분석}**
실기까지 중요한 내용입니다.

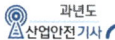
## 09 ①

[해설] ① 업무의 계속성이 유지된다. → OJT의 장점

[참고]

| | |
|---|---|
| OJT의 특징 | ① 개개인에게 적절한 훈련이 가능하다. ② 직장의 실정에 맞는 훈련이 가능하다. ③ 교육효과가 즉시 업무에 연결된다. ④ 훈련에 대한 업무의 계속성이 끊어지지 않는다. ⑤ 상호 신뢰 이해도가 높다. |
| OFF JT의 특징 | ① 다수의 근로자들에게 훈련을 할 수 있다. ② 훈련에만 전념하게 된다. ③ 특별설비기구 이용이 가능하다. ④ 많은 지식이나 경험을 교류할 수 있다. ⑤ 교육 훈련 목표에 대하여 집단적 노력이 흐트러질 수 있다. |

{분석}
실기까지 중요한 내용입니다.

## 10 ③

[해설] 동일화(Identification): 다른 사람의 행동 양식이나 태도를 투입시키거나 다른 사람 가운데서 자기와 비슷한 점을 발견하는 것

[참고] 모방(Imitation) : 남의 행동이나 판단을 표본으로 하여 그것과 같거나 또는 그것에 가까운 행동 또는 판단을 취하려는 행동

{분석}
필기에 자주 출제되는 내용입니다.

## 11 ①

[해설]

### 브레인스토밍의 4원칙

- 비판금지 : 좋다, 나쁘다 비판은 하지 않는다.
- 자유분방 : 마음대로 자유로이 발언한다.
- 대량발언 : 무엇이든 좋으니 많이 발언한다.
- 수정발언 : 타인의 생각에 동참하거나 보충 발언해도 좋다.

{분석}
필기에 자주 출제되는 내용입니다.

## 12 ①

[해설] 관계자외 출입금지표지

| 허가대상물질 작업장 | 관계자외 출입금지<br>(허가물질 명칭) 제조/사용/보관 중<br>보호구/보호복 착용<br>흡연 및 음식물 섭취 금지 |
|---|---|
| 석면취급/ 해체 작업장 | 관계자외 출입금지<br>석면 취급/해체 중<br>보호구/보호복 착용<br>흡연 및 음식물 섭취 금지 |
| 금지대상물질의 취급 실험실 등 | 관계자외 출입금지<br>발암물질 취급 중<br>보호구/보호복 착용<br>흡연 및 음식물 섭취 금지 |

{분석}
실기에 자주 출제되는 내용입니다.

## 13 ①

[해설] 레윈(K. Lewin)의 법칙
인간의 행동은 개체의 자질과 심리적 환경의 함수관계이다.

$$B = f(P \cdot E)$$

여기서, B : Behavior(인간의 행동)
f : function(함수관계)
P : Person
(개체 : 연령, 경험, 심신상태, 성격, 지능 등)
E : Environment
(심리적 환경 : 인간관계, 작업환경 등)

{분석}
**실기까지 중요한 내용입니다.**

## 14 ④

**해설** 사업주는 <u>산업재해가 발생한 때에는 다음 각 호의 사항을 기록·보존</u>하여야 한다.
① <u>사업장의 개요</u> 및 근로자의 <u>인적사항</u>
② 재해 발생의 <u>일시 및 장소</u>
③ 재해 발생의 <u>원인 및 과정</u>
④ 재해 <u>재발방지 계획</u>

{분석}
**필기에 자주 출제되는 내용입니다.**

## 15 ④

**해설**

| 경고표지의 종류 | 1. 인화성물질 경고 |
|---|---|
| | 2. 산화성물질 경고 |
| | 3. 폭발성물질 경고 |
| | 4. 급성독성물질 경고 |
| | 5. 부식성물질 경고 |
| | 6. 발암성·변이원성·생식독성·전신독성·호흡기과민성물질 경고 |
| | 7. 방사성물질 경고 |
| | 8. 고압전기 경고 |
| | 9. 매달린 물체 경고 |
| | 10. 낙하물체 경고 |
| | 11. 고온 경고 |
| | 12. 저온 경고 |
| | 13. 몸균형 상실 경고 |
| | 14. 레이저광선 경고 |
| | 15. 위험장소 경고 |

{분석}
**실기에 자주 출제되는 중요한 내용입니다.**

## 16 ③

**해설** **안전검사 실시 주기**

1. <u>크레인(이동식 크레인은 제외한다), 리프트(이삿짐운반용 리프트는 제외한다) 및 곤돌라</u> : 사업장에 <u>설치가 끝난 날부터 3년 이내에 최초 안전검사를 실시하되, 그 이후부터 2년마다</u>(건설현장에서 사용하는 것은 <u>최초로 설치한 날부터 6개월마다</u>)

2. <u>이동식 크레인, 이삿짐운반용 리프트 및 고소작업대</u> : 신규등록 이후 3년 이내에 최초 안전검사를 실시하되, <u>그 이후부터 2년마다</u>

3. 프레스, 전단기, 압력용기, 국소 배기장치, 원심기, 롤러기, 사출성형기, 컨베이어, 산업용 로봇, 혼합기, 파쇄기 또는 분쇄기 : 사업장에 <u>설치가 끝난 날부터 3년 이내에 최초 안전검사를 실시하되, 그 이후부터 2년마다</u>(공정안전보고서를 제출하여 확인을 받은 압력용기는 4년마다)
(26년 6월 26일 시행)

{분석}
**실기에 자주 출제되는 내용입니다.**

## 17 ②

**해설** <u>방진마스크와 방독마스크는 산소농도 18% 이상인 장소에서 사용</u>하여야 한다.

## 18 ③

**해설** **안전점검의 종류**
① <u>정기점검(계획점검)</u> : 일정 기간마다 정기적으로 실시하는 점검을 말한다.
② <u>수시점검(일상점검)</u> : 매일 작업 전, 중, 후에 실시하는 점검을 말한다.
③ <u>특별점검</u> : 기계·기구 또는 설비의 신설·변경 또는 고장·수리 등으로 비정기적인 특정 점검, <u>산업안전보건 강조기간, 악천후 시에도 실시</u>한다.
④ <u>임시점검</u> : 기계·기구 또는 설비의 이상 발견 시에 임시로 실시하는 점검을 말한다.

{분석}
**필기에 자주 출제되는 내용입니다.**

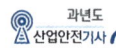
## 19 ②

**해설** 인간의 착오 요인

| | |
|---|---|
| 인지과정<br>착오의 요인 | • **정보량 저장의 한계**<br>• 감각 차단 현상<br>• **정서적 불안정**<br>(공포, 불안, 불만 등)<br>• 생리, 심리적 능력의 한계<br>(정보 수용 능력의 한계) |
| 판단과정<br>착오 요인 | • **자기 합리화**<br>• 능력 부족<br>• **정보 부족**<br>• **자기과신** |
| 조작과정의<br>착오 요인 | • 작업자의 기능 미숙(기술 부족)<br>• 작업 경험 부족<br>• 피로 |
| 심리적,<br>기타 요인 | • 불안·공포·과로·수면 부족 등 |

## 20 ①

**해설** ① 노란색 – 화학물질 취급 장소에서의 유해·위험
경고 이외의 위험 경고, 주의표지 또는 기계방호물

**참고** 안전·보건 표지의 색채, 색도 기준 및 용도

| 색채 | 색도 기준 | 용도 | 사용례 |
|---|---|---|---|
| 빨간색 | 7.5R<br>4/14<br>**암기 :**<br>**싫어(7.5)**<br>**4/14** | 금지 | 정지신호, 소화설비 및 그<br>장소, 유해행위의 금지 |
| | | 경고 | 화학물질 취급장소에서<br>의 유해·위험 경고 |
| 노란색 | 5Y<br>8.5/12<br>**암기 :**<br>**오(5)**<br>**빨리와(8.5)**<br>**이리(12)** | 경고 | 화학물질 취급장소에서<br>의 유해·위험경고 이외<br>의 위험경고, 주의표지<br>또는 기계방호물 |
| 파란색 | 2.5PB<br>4/10<br>**암기 :**<br>**2.5×4=10** | 지시 | 특정 행위의 지시 및<br>사실의 고지 |

| 색채 | 색도 기준 | 용도 | 사용례 |
|---|---|---|---|
| 녹색 | 2.5G<br>4/10<br>**암기 :**<br>**2.5×4=10** | 안내 | 비상구 및 피난소, 사람<br>또는 차량의 통행표지 |
| 흰색 | N9.5 | | 파란색 또는 녹색에 대<br>한 보조색 |
| 검은색 | N0.5 | | 문자 및 빨간색 또는 노란<br>색에 대한 보조색 |

{분석}
실기에 자주 출제되는 중요한 내용입니다.

**제2과목** 인간공학 및 위험성 평가·관리

## 21 ①

**해설** 인체계측방법

① **정적 인체계측(구조적 인체치수)** : 정지 상태에
서의 신체를 계측하는 방법으로 표준자세에서
움직이지 않는 피측정자를 인체측정기로 측정한
것이다.

② **동적 인체계측(기능적 인체치수)**
  • 체위의 움직임에 따른 계측방법
  • 각 신체부위가 신체적 기능을 수행(특정 작업
  수행)할 때, 독립적으로 움직이는 것이 아니라
  조화를 이루어 움직이는 신체치수 측정

## 22 ④

**해설** 후각적 표시장치

① 냄새를 이용하는 표시장치로서 다른 표시장치
의 보조수단으로서 활용될 수 있다.

② 예) 광부들에게 긴급대피를 알려주기 위하여
악취 시스템을 사용하는데 악취를 환기계통에
주입하여 즉시 전체 갱내에 퍼지도록 한다.

## 23 ②

**[해설]** 인간에러율 예측기법 (THERP)

① 인간의 과오(human error)를 정량적으로 평가하기 위하여 개발된 기법

② 인간의 과오율 추정법 등 5개의 스텝으로 되어 있다.

## 24 ④

**[해설]** 유해·위험방지 계획서 작성대상 사업 (제조업)

다음 각 호의 어느 하나에 해당하는 사업으로서 전기사용설비의 정격용량의 합이 300킬로와트 이상인 사업을 말한다.

### 유해위험방지계획서 작성 대상 제조법

① 금속가공제품(기계 및 가구는 제외한다) 제조업

② 비금속 광물제품 제조업

③ 기타 기계 및 장비 제조업

④ 자동차 및 트레일러 제조업

⑤ 식료품 제조업

⑥ 고무제품 및 플라스틱 제품 제조업

⑦ 목재 및 나무제품 제조업

⑧ 기타 제품 제조업

⑨ 1차 금속 제조업

⑩ 가구 제조업

⑪ 화학물질 및 화학제품 제조업

⑫ 반도체 제조업

⑬ 전자부품 제조업

실력이 되고! 합격이 되는! **특급 암기법**

1차금속으로 **금속가공제품, 비금속 광물제품 제조**하여 **나무, 화학물질** 섞어서 **기계장비, 자동차 트레일러** 만들고, **고무풀(고무 및 플라스틱)**로 **기타 식료품** 만들었더니 **도대체(반도체)가 (가구) 전부(전자부품) 유해·위험(유해·위험방지계획서)** 하다.

{분석}
**실기에 자주 출제되는 중요한 내용입니다.**

## 25 ③

**[해설]** 신호가 없었는데도 있었다고 말하는 경우 → 허위 (false alarm)

**[참고]** **신호검출이론**

• 잡음 속에서 신호를 검출할 때에, 신호에 대한 옳은 반응(fit)과 잡음일 때에 반응하는 잘못을 측정하는 방법

• 관찰자의 민감도와 반응편향에 따라 신호의 탐지가 달라진다는 이론으로 통제된 실험실에서 얻은 결과를 현장에 그대로 적용할 수 없다.

## 26 ④

**[해설]** 체계설계(인간–기계시스템의 설계)의 주요과정

① 목표 및 성능명세 결정

② 체계의 정의

③ 기본 설계

④ 계면 설계(인간 – 기계 인터페이스설계)

⑤ 촉진물 설계(매뉴얼 및 성능보조자료 작성)

⑥ 시험 및 평가

## 27 ③

**[해설]** 조도(lux) $= \dfrac{광도}{(거리)^2}$

조도 $= \dfrac{5}{(0.3)^2} = 55.55$ (lux)

{분석}
**필기에 자주 출제되는 내용입니다.**

## 28 ②

**[해설]** ② 근전도 → 근육의 활동도를 측정하는 것으로 신체적 작업 부하의 측정

## 29 ④

해설

$$총 \ 정보량 \ H = \sum P_i \log_2 \left( \frac{1}{P_i} \right)$$

$$H = \left( 0.5 \times \log_2 \frac{1}{0.5} \right) + \left( 0.25 \times \log_2 \frac{1}{0.25} \right)$$
$$+ \left( 0.25 \times \log_2 \frac{1}{0.25} \right) = 1.5$$

## 30 ①

해설 $0.75 \times [1 - (1 - 0.80 \times 0.80) \times (1 - 0.90) \times$
$(1 - 0.80 \times 0.80)] \times 0.75 = 0.5552$

{분석}
**필기에 자주 출제되는 내용입니다.**

## 31 ②

해설

| 명명 | 기호 | 기호 설명 |
|---|---|---|
| 억제게이트 | | 입력사상이 출력사상을 생성하기 전에 특정조건을 만족하여야 하는 논리게이트 |
| 조합 AND게이트 | 2개의 출력<br>Ai Aj Ak | 3개 이상의 입력 중 2개 이상이 일어나면 출력이 생김 |
| 배타적 OR게이트 | 또는<br>동시발생 | 입력사상 중 오직 한 개의 발생으로만 출력이 생김 |
| 우선적 AND 게이트 | 또는<br>Ai, Aj, Ak 순으로<br>Ai Aj Ak | 입력사상이 특정 순서대로 발생하여야 출력이 발생 |

{분석}
**필기에 자주 출제되는 내용입니다.**

## 32 ②

해설 양립성 : 자극과 반응의 관계가 인간의 기대와 모순되지 않는 성질
① 개념적 양립성 : 외부자극에 대해 인간의 개념적 현상의 양립성
② 공간적 양립성 : 표시장치, 조종장치의 형태 및 공간적배치의 양립성
③ 운동의 양립성 : 표시장치, 조종장치 등의 운동 방향의 양립성
④ 양식 양립성 : 자극과 응답양식의 존재에 대한 양립성

{분석}
**필기에 자주 출제되는 내용입니다.**

## 33 ①

해설 **인체 계측 자료의 응용 3원칙**
① 최대치수와 최소치수 설계(극단치 설계)
② 조절(조정) 범위(조절식 설계)
③ 평균치를 기준으로 한 설계

{분석}
**필기에 자주 출제되는 내용입니다.**

## 34 ①

해설 **조종장치의 촉각적 암호화**
① 형상 암호화
② 크기 암호화
③ 표면촉감 암호화

{분석}
**필기에 자주 출제되는 내용입니다.**

## 35 ④

해설 ④ 차폐효과(마스킹효과)는 어느 한 음 때문에 다른 음에 대한 감도가 감소되는 현상이다.

## 36 ④

 스크리닝(screening) : 기기의 신뢰성을 높이기 위하여 품질이 떨어지는 것이나 고장 발생 초기의 것을 선별, 제거하는 것으로 초기고장의 예방보전 기간이다.

{분석}
**필기에 자주 출제되는 내용입니다.**

## 37 ③

 청각장치와 시각장치의 비교

| | |
|---|---|
| **청각 장치** | ① 전언이 짧고, 간단할 때<br>② 재참조 되지 않음.<br>③ 시간적인 사상을 다룬다.<br>④ 즉각적인 행동을 요구할 때<br>⑤ 시각 계통이 과부하일 때<br>⑥ 주위가 너무 밝거나 암조응일 때<br>⑦ 자주 움직이는 경우 |
| **시각 장치** | ① 전언이 길고, 복잡할 때<br>② 재참조 된다.<br>③ 공간적인 위치 다룬다.<br>④ 즉각적 행동을 요구하지 않을 때<br>⑤ 청각 계통이 과부하일 때<br>⑥ 주위가 너무 시끄러울 때<br>⑦ 한곳에 머무르는 경우 |

{분석}
**필기에 자주 출제되는 내용입니다.**

## 38 ②

 ② 고막은 외이도와 중이의 경계부위에 위치해 있으며 음파를 진동으로 바꾼다.

## 39 ④

 위험처리기술

① 위험의 제거(위험감축) : 위험 요소를 적극적으로 예방하고 경감하려는 것
② 위험의 회피 : 위험한 작업 자체를 하지 않거나 작업방법을 개선하는 것
③ 위험의 보유 : 위험의 일부 또는 전부를 스스로 인수하는 것
④ 위험의 전가 : 위험을 보험, 보증, 공제기금제도 등으로 분산시키는 것

## 40 ③

 안전성 평가 6단계

① 1단계 : 관계자료의 정비검토(작성준비)
② 2단계 : 정성적인 평가
③ 3단계 : 정량적인 평가
④ 4단계 : 안전대책 수립
⑤ 5단계 : 재해사례에 의한 평가
⑥ 6단계 : FTA에 의한 재평가

{분석}
**필기에 자주 출제되는 내용입니다.**

 **기계 · 기구 및 설비 안전 관리**

## 41 ①

 ① 금형을 설치하는 프레스의 T홈의 안길이는 설치 볼트 직경의 2배 이상으로 한다.

## 42 ④

**해설** 연삭기의 덮개 노출각도

① 탁상용
- 상부를 사용하는 경우 : 60° 이내
- 수평면 이하에서 연삭 : 125° 이내
- 최대 원주 속도가 초당 50m 이하인 경우 : 90° 이내(주축면 위로 50°)
- 그 외 탁상용 연삭기 : 80° 이내(주축면 위로 65°)

② 절단기, 평면형 연삭기 : 150° 이내

③ 휴대용, 원통형 연삭기 : 180° 이내

{분석}
**실기에 자주 출제되는 내용입니다.**

## 43 ③

**해설** 칩 브레이커 : 칩을 짧게 절단하는 장치로 선반의 바이트에 설치한다.

{분석}
**필기에 자주 출제되는 내용입니다.**

## 44 ③

**해설** 앞면 롤러의 표면속도에 따른 급정지거리

| 앞면 롤러의 표면속도 (m/min) | 급정지거리 |
|---|---|
| 30 미만 | 앞면 롤러 원주의 $\frac{1}{3}$ 이내 ($\pi \times d \times \frac{1}{3}$) |
| 30 이상 | 앞면 롤러 원주의 $\frac{1}{2.5}$ 이내 ($\pi \times d \times \frac{1}{2.5}$) |

이때 표면속도의 산식은

$$V = \frac{\pi \times D \times N}{1000}(\text{m/min})$$

여기서, $V$ : 표면속도
$D$ : 롤러 원통의 직경(mm)
$N$ : 1분간에 롤러기가 회전되는 수(rpm)

{분석}
**실기까지 중요한 내용입니다.**

## 45 ④

**해설** 가스집합장치는 화기를 사용하는 설비로부터 5미터 이상 떨어진 장소에 설치하여야 한다.

{분석}
**실기에 자주 출제되는 내용입니다.**

## 46 ①

**해설** ① 전용의 발생기실은 건물의 최상층에 위치하여야 하며, 화기를 사용하는 설비로부터 3m를 초과하는 장소에 설치하여야 한다.

{분석}
**필기에 자주 출제되는 내용입니다.**

## 47 ①

**해설** 프레스 작업에서 제품 및 스크랩을 자동적으로 또는 위험한계 밖으로 배출하기 위해 공기분사장치, 키커, 이젝터 등을 설치한다.

**참고** 프레스의 피더 : 재료의 자동공급장치

## 48 ③

해설

한 가닥에 걸리는 하중(kg)=$\frac{w}{2} \div \cos \frac{\theta}{2}$

$w$ : 매단물체의 무게(kg_f)
$\theta$ : 매단 각도 (°)

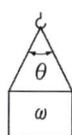

하중(kg)$= \frac{50}{2} \div \cos \frac{60}{2} = 25 \div \cos 30 = 28.86 kN$

{분석}
**필기에 자주 출제되는 내용입니다.**

## 49 ④

해설 ④ 동력식 <u>수동대패기계</u> → <u>날접촉예방장치</u>

참고 **목재 가공용 둥근톱 기계의 방호장치**
① <u>날접촉 예방장치(덮개)</u>
② <u>반발예방장치</u>
   • 분할날(spreader)
   • 반발방지기구(finger)
   • 반발방지롤러(roll)

{분석}
**실기에 자주 출제되는 내용입니다.**

## 50 ①

해설 <u>금형을 부착, 해체, 조정 작업할 때 신체 일부가 위험점 내에서 슬라이드 불시 하강으로 인한 위험을 방지할 목적으로 안전블럭을 설치</u>한다.

{분석}
**실기에 자주 출제되는 내용입니다.**

## 51 ③

해설 **로봇의 작업시작 전 점검사항**
① 외부전선의 피복 또는 외장의 손상 유무
② 매니퓰레이터(manipulator) 작동의 이상 유무
③ 제동장치 및 비상정지장치의 기능

{분석}
**실기에 자주 출제되는 내용입니다.**

## 52 ①

해설 ① 운전 중인 컨베이어 등의 위로 넘어가고자 할 때의 위험방지를 위하여 건널다리를 설치한다.

{분석}
**실기에 자주 출제되는 내용입니다.**

## 53 ④

해설 권상용 와이어로프 및 체인 → 화물의 하중을 직접 지지 → 안전율 5 이상

참고 **와이어로프 등의 안전계수**
① 근로자가 탑승하는 <u>운반구를 지지하는</u> 달기와이어로프 또는 달기체인의 경우 : <u>10 이상</u>
② <u>화물의 하중을 직접 지지</u>하는 달기와이어로프 또는 달기체인의 경우 : <u>5 이상</u>
③ <u>훅, 샤클, 클램프, 리프팅 빔</u>의 경우 : <u>3 이상</u>
④ 그 밖의 경우 : 4 이상

{분석}
**실기에 자주 출제되는 내용입니다.**

## 54 ②

해설 롤러기의 방호장치 : 급정지장치

{분석}
**실기에 자주 출제되는 내용입니다.**

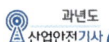
## 55 ①

**해설** **보일러의 방호장치**
① 압력방출 장치
② 압력제한 스위치
③ 고저 수위조절 장치
④ 화염 검출기

{분석}
**실기에 자주 출제되는 내용입니다.**

## 56 ④

**해설** ④ 용해아세틸렌을 사용하는 가스집합 용접장치의 배관 및 부속 기구는 구리나 구리 함유량이 70퍼센트 이상인 합금을 사용해서는 아니 된다.

{분석}
**필기에 자주 출제되는 내용입니다.**

## 57 ②

**해설** ② 검사 대상 이외의 재료적 인자(투자율, 열처리, 온도 등)에 대한 영향이 크다.

**참고** 와류탐상검사(ET) : 시험체 표층부의 결함에 의해 발생한 와전류의 변화 즉 시험 코일의 임피던스 변화를 측정하여 결함을 식별한다.

## 58 ①

**해설** 손을 쳐내는 막대가 좌우로 왕복하면서 위험점으로부터 손을 보호 → 손쳐내기식 방호장치

**참고** 1. 수인식 방호장치 : 슬라이드와 작업자 손을 끈으로 연결하여 슬라이드 하강 시 작업자 손을 당겨 위험영역에서 빼낼 수 있도록 한 방호장치
2. 게이트 가드식 방호장치 : 가드가 열려 있는 상태에서는 기계의 위험부분이 동작되지 않고 기계가 위험한 상태일 때에는 가드를 열 수 없도록 한 방호장치
3. 양수조작식 방호장치 : 1행정 1정지식 프레스에 사용되는 것으로서 누름버튼을 양손으로 동시에 조작하지 않으면 기계가 동작하지 않으며, 한 손이라도 떼어내면 기계를 정지시키는 방호장치

{분석}
**실기에 자주 출제되는 내용입니다.**

## 59 ④

**해설** 기계의 원동기 · 회전축 · 기어 · 풀리 · 플라이휠 · 벨트 및 체인 등 근로자가 위험에 처할 우려가 있는 부위에 덮개 · 울 · 슬리브 및 건널다리 등을 설치하여야 한다.

{분석}
**실기에 자주 출제되는 내용입니다.**

## 60 ②

**해설** 연삭기 작업시작 전 1분 이상, 숫돌 교체 시 3분 이상 시운전할 것

{분석}
**실기에 자주 출제되는 내용입니다.**

> **제4과목** **전기설비 안전 관리**

## 61 ①

**해설** **피뢰기의 설치 장소**
① 발전소 · 변전소 또는 이에 준하는 장소의 가공전선 인입구 및 인출구
② 가공전선로에 접속하는 배전용 변압기의 고압측 및 특고압측
③ 고압 및 특고압 가공전선로로부터 공급을 받는 수용장소의 인입구
④ 가공전선로와 지중전선로가 접속되는 곳

{분석}
**필기에 자주 출제되는 내용입니다.**

## 62 ④

**해설** ④ 충전부는 <u>관계 근로자가 아닌 사람의 출입이 금지되는 장소에 설치</u>하고, <u>위험표시</u> 등의 방법으로 방호를 강화할 것

{분석}
실기에 자주 출제되는 내용입니다.

## 63 ②

**해설** **최소 감지 전류**
- 짜릿함을 느끼는 최소의 전류치
- 성인남자 기준, 상용주파수 60Hz 교류에서 약 1~2mA이다.

{분석}
필기에 자주 출제되는 내용입니다.

## 64 ②

**해설** **정전기 발생에 영향을 주는 요인**
① 물체의 특성
② 물체의 표면 상태
③ 물체의 이력
③ 접촉 면적 및 압력
④ 분리 속도

{분석}
실기에 자주 출제되는 내용입니다.

## 65 ①

**해설** ② 기중차단기(ACB) : 공기 중에서 아크를 자연 소호하는 차단기
③ 단로기(DS) : 반드시 무부하 시 개폐 조작을 하여야 한다.
④ 피뢰기(LA) : 낙뢰에 의해 구내에 침입하는 이상 전압이나 부하 개폐 시 발생하는 개폐써지 등의 이상 전압을 억제하기 위해 설치한다.

## 66 ②

**해설** **전기설비의 방폭화 방법**
① 점화원의 방폭적 격리 : 내압, 압력, 유입 방폭구조
② 전기설비의 안전도 증강 : 안전증 방폭구조
③ 점화능력의 본질적 억제 : 본질안전 방폭구조

{분석}
실기에 자주 출제되는 내용입니다.

## 67 ④

**해설** 전기기기 등이 <u>다른 노출 충전부와의 접촉(혼촉), 유도 또는 예비동력원의 역송전(오동작) 등으로 전압이 발생할 우려가 있는 경우</u>에는 충분한 용량을 가진 <u>단락 접지기구를 이용하여 접지할 것</u>

## 68 ④

**해설** 대지는 넓어서 무수한 전류통로가 존재하여 저항이 영(0)에 가까워서 전류를 흡수하는 효과가 높다.

## 69 ③

**해설** **특수방진 방폭구조(SDP)**
<u>전폐구조로 접합면 깊이를 일정치 이상으로 하든가 접합면에 일정치 이상의 깊이를 갖는 패킹을 사용하여 분진이 용기 내에 침입하지 않도록 한 구조</u>

**참고** 1. **보통방진 방폭구조(DP)**
전폐구조로 접합면 깊이를 일정치 이상으로 하든가 집힙면에 싸킹을 사용하여 분진이 침입하기 어렵게 한 구조
2. **분진특수 방폭구조(XDP)**
SDP, DP 이외의 구조로 분진방폭 성능이 있는 것이 시험, 기타 방법에 의하여 확인된 구조

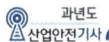
## 70 ①

**[해설] 가스폭발 위험장소의 방폭구조**

① 내압 방폭구조(d)
② 압력 방폭구조(p)
③ 충전 방폭구조(q)
④ 유입 방폭구조(o)
⑤ 안전증 방폭구조(e)
⑥ 본질안전 방폭구조(ia, ib)
⑦ 몰드 방폭구조(m)
⑧ 비점화 방폭구조(n)

{분석}
**실기에 자주 출제되는 내용입니다.**

## 71 ④

**[해설]** 1. $V = I \times R$

$$I = \frac{V}{R} = \frac{220}{1000} = 0.22A \times 1,000 = 220mA$$

2. 100mA 이상에서 심실세동을 일으키므로 위험
하다.

{분석}
**실기까지 중요한 내용입니다.**

## 72 ④

**[해설]** 안전간격(화염일주 한계) : 표준용기(8L, 틈의 안길
이 25mm의 구형 용기) 내에 폭발성 가스를 채우고
점화시켰을 때 폭발 화염이 용기 외부까지 전달되
지 않는 한계의 틈

{분석}
**실기에 자주 출제되는 내용입니다.**

**[참고]** 8L = 8000cm³

## 73 ②

**[해설]** 누전경보기의 수신기는 옥내의 점검에 편리한 장
소에 설치하되 가연성의 증기, 먼지 등이 체류할
우려가 있는 장소의 전기회로에는 당해 부분의 전

---

기회로를 차단할 수 있는 차단기구를 가진 수신기
를 설치하여야 한다.

## 74 ③

**[해설] 전압의 구분**

| 전압의 종별 | 교류 | 직류 |
| --- | --- | --- |
| 저압 | 1,000V 이하의 것 | 1,500V 이하의 것 |
| 고압 | 1,000V 초과 7,000V 이하 | 1,500V 초과 7,000V 이하 |
| 특별 고압 | 7,000V 초과 | 7,000V 초과 |

{분석}
**실기까지 중요한 내용입니다. 암기하세요.**

## 75 ①

**[해설]** 직류보다 교류가 더 위험한 이유 : 교류는 전압의
극성(+, −)이 변화되며, 근육의 수축·이완이 자주
발생되어 심장마비가 발생될 위험이 크다.

## 76 ③

**[해설]** ③ 대지전압이 150볼트를 초과하는 전동 기계·기
구에는 반드시 누전차단기를 설치하여야 한다.

**[참고] 누전차단기를 설치해야 하는 기계·기구**

① 대지전압이 150볼트를 초과하는 이동형 또는
휴대형 전기기계·기구
② 물 등 도전성이 높은 액체가 있는 습윤장소에서
사용하는 저압용 전기기계·기구
③ 철판·철골 위 등 도전성이 높은 장소에서 사
용하는 이동형 또는 휴대형 전기기계·기구
④ 임시배선의 전로가 설치되는 장소에서 사용하
는 이동형 또는 휴대형 전기기계·기구

{분석}
**실기에 자주 출제되는 내용입니다.**

## 77 ①

해설 금속분자가 피부 속으로 녹아들어가는 현상
→ 피부의 광성 변화

## 78 ①

해설 시동감도 : 아크를 발생시켜 전격방지장치가 동작
할 수 있는 용접기의 2차측 최대저항

## 79 ③

해설 절연전선의 과대전류

· 인화단계 : $40 \sim 43A/mm^2$
· 착화단계 : $43 \sim 60A/mm^2$
· 발화단계 : $60 \sim 120A/mm^2$
· 순간용단 : $120A/mm^2$ 이상

{분석}
**필기에 자주 출제되는 내용입니다.**

## 80 ③

해설 **전기기계 · 기구의 설치 시 고려 사항(전기 기계 · 기구의
적정 설치)**
① 전기기계 · 기구의 충분한 전기적 용량 및 기계
적 강도
② 습기 · 분진 등 사용 장소의 주위 환경
③ 전기적 · 기계적 방호수단의 적정성

제5과목 **화학설비 안전 관리**

## 81 ④

해설 관로방향 변경 : 엘보우, Y형 관이음쇠, 티, 십자

---

참고 **관의 부속품**
① **2개관의 연결** : 플랜지, 유니언, 니플, 소켓
② **관의 지름 변경** : 리듀서, 부싱
③ **유로차단** : 플러그, 밸브, 캡

## 82 ③

해설 **이산화탄소 및 할로겐화합물 소화약제의 특징**
① 소화 속도가 빠르다.
② 전기 절연성이 우수하며 부식성이 없다.
③ 저장에 의한 변질이 없어 장기간 저장이 용이
하다.
④ 밀폐공간에서는 질식 및 중독의 위험성 때문에
사용이 제한된다.

## 83 ③

해설 사업주는 사업장에 갖춰 둔 공정안전보고서의 내용
을 변경하여야 할 사유가 발생한 경우에는 지체 없
이 이를 보완하여야 한다.

## 84 ③

해설 ③ 아세틸렌가스의 용기는 황색으로 도색한다.

참고 ① 산소 - 녹색      ② 수소 - 주황색
③ 탄산가스 - 청색   ④ 액화염소 - 갈색
⑤ 아세틸렌 - 황색   ⑥ 암모니아 - 백색
⑦ 그 외 가스 - 회색

실병이 되고! 함께가 되는! 특급 **암기법**

**산녹, 수주, 탄청, 염갈, 아황, 암백**

## 85 ④

해설 **반응기의 설계 시 주요 인자**
① 온도         ② 압력
③ 부식성       ④ 상의 형태
⑤ 체류시간

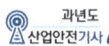

참고 증류탑 설계 시 주요 인자

① 온도        ② 압력
③ 부식성      ④ 액 및 가스비율
⑤ 연속식 및 회분식

## 86 ①

해설 ① 화염방지기는 <u>외부로부터의 화염을 방지하기
위하여 화학설비와 연결된 통기관의 상단에 설
치</u>하여야 한다.

## 87 ④

해설 ④ 황산은 물과 반응하여 발열반응을 일으키므로
물을 뿌려서는 안 된다.

## 88 ④

해설 공정안전보고서의 제출대상

① <u>원유 정제처리업</u>
② 기타 <u>석유정제물 재처리업</u>
③ 석유화학계 기초화학물 제조업 또는 합성수지
및 기타 플라스틱물질 제조업
④ <u>질소 화합물</u>, 질소 · 인산 및 칼리질 화학비료 제
조업 중 <u>질소질 비료 제조</u>
⑤ 복합비료 및 기타 화학비료 제조업 중 <u>복합비료 제
조</u>(단순혼합 또는 배합에 의한 경우는 제외한다)
⑥ 화학 살균 · 살충제 및 농업용 약제 제조업[<u>농약
원제(原劑) 제조만 해당</u>한다]
⑦ <u>화약 및 불꽃제품 제조업</u>

실력이 되고! 합격이 되는! 특급 암기법

화재·폭발 – 원유, 석유정제물, 화약 및 불꽃제품
중독·질식 – 농약, 비료(복합비료, 질소질 비료)

{분석}
실기까지 중요한 내용입니다. 암기하세요.

## 89 ④

해설 분진폭발의 발생 순서

퇴적분진 $\xrightarrow{\text{열에너지 증가}}$ 비산(기체발생)

→ 분산(혼합기체 형성) → 점화원 → 1차 폭발
→ 2차 폭발

## 90 ②

해설 Steam trap : 증기 배관 내에 생성하는 응축수를
제거할 때 증기가 배출되지 않도록 하면서 <u>응축수
를 자동적으로 배출하기 위한 장치</u>

## 91 ①

해설 사고 시의 대피 등

① 사업주는 근로자가 밀폐공간에서 작업을 하는
경우에 산소결핍이나 <u>유해가스로 인한 질식 · 화
재 · 폭발 등의 우려가 있으면 즉시 작업을 중단
시키고 해당 근로자를 대피</u>하도록 하여야 한다.
② 사업주는 근로자를 대피시킨 경우 <u>적정공기 상
태임이 확인될 때까지 그 장소에 관계자가 아
닌 사람이 출입하는 것을 금지하고, 그 내용을
해당 장소의 보기 쉬운 곳에 게시</u>하여야 한다.
③ 근로자는 <u>출입이 금지된 장소에 사업주의 허락
없이 출입하여서는 아니 된다.</u>

## 92 ①

해설 완전연소 조성농도

$$C_{st} = \frac{100}{1 + 4.773\left(n + \dfrac{m - f - 2\lambda}{4}\right)}$$

($n$ : 탄소, $m$ : 수소
$f$ : 할로겐원소, $\lambda$ : 산소의 원소 수

1. 프로판의 완전연소 조성농도
메탄 $C_3H_8$에서($n$ : 3, $m$ : 8, $f$ : 0, $\lambda$ : 0)

$$C_{st} = \frac{100}{1 + 4.773 \times \left(3 + \frac{8}{4}\right)} = 4.02\,(Vol\%)$$

2. 프로판의 폭발하한계(연소하한 값)
= 0.55 × Cst
= 0.55 × 4.02 = 2.21(vol%)

{분석}
**실기까지 중요한 내용입니다.**

## 93 ④

해설 ④ 위험물 건조설비는 그 <u>상부를 가벼운 재료로 만들고</u> 주위 상황을 고려하여 <u>폭발구를 설치할 것</u>

{분석}
**필기에 자주 출제되는 내용입니다.**

## 94 ①

해설 **위험물 건조실을 독립된 단층 건물로 하여야 하는 경우**

① <u>위험물 또는 위험물이 발생하는 물질을 가열·건조</u>하는 경우 <u>내용적이 1세제곱미터 이상</u>인 건조설비

② <u>위험물이 아닌 물질을 가열·건조하는 경우</u>로서 다음 각목의 1의 용량에 해당하는 건조설비
  • <u>고체 또는 액체연료의 최대사용량이 시간당 10킬로그램 이상</u>
  • <u>기체연료의 최대사용량이 시간당 1세제곱미터 이상</u>
  • <u>전기사용 정격용량이 10킬로와트 이상</u>

{분석}
**실기에 자주 출제되는 내용입니다.**

## 95 ②

해설 ② 인화점이 낮은 물질이 반드시 착화점도 낮은 것은 아니다.

참고 1. 착화점 : 착화원 없이 가연성 물질을 대기 중에서 가열함으로써 스스로 불이 붙을 수 있는 최저온도
2. 인화점 : 공기 중에서 점화원에 의해 불이 붙을 수 있는 최저온도

## 96 ④

해설 ④ 입자의 표면적이 클수록 산소와 접촉하는 면적이 넓어져 연소하기 쉽다.

## 97 ④

해설 **인화성 가스의 종류**
가. <u>수소</u>
나. <u>아세틸렌</u>
다. <u>에틸렌</u>
라. <u>메탄</u>
마. <u>에탄</u>
바. <u>프로판</u>
사. <u>부탄</u>
아. <u>인화한계 농도의 최저한도가 13퍼센트 이하 또는 최고한도와 최저한도의 차가 12퍼센트 이상</u>인 것으로서 <u>표준압력(101.3KPa)하의 20℃에서 가스상태인 물질</u>

{분석}
**실기에 자주 출제되는 내용입니다.**

## 98 ②

해설 물이 증발하여 부분적으로 증기가 발생되어 배관의 부식을 초래 → 공동현상(cavitation)

참고 <u>수격작용(Water hammering, 물망치작용)</u> : 밸브를 급격히 개폐 시에 <u>배관 내를 유동하던 물이 배관을 치는 현상</u>(압력파가 급격히 관내를 왕복하는 현상)으로 <u>배관 파열을 초래</u>한다.

{분석}
**필기에 자주 출제되는 내용입니다.**

## 99 ②

해설 ① CO → 일산화탄소
② $COCl_2$ → 포스겐가스(맹독성 물질)
③ $NH_3$ → 암모니아
④ $H_2$ → 수소

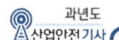
## 100 ①

해설 ① 펌프의 회전수를 낮춘다.

참고 **펌프에서 공동현상 방지대책**

① 펌프의 흡입수두를 작게 한다.
② 펌프의 마찰손실을 작게 한다.
③ 펌프의 임펠러 속도를 작게 한다.
④ 펌프의 설치 위치를 수원보다 낮게 한다.
⑤ 배관 내 물의 정압을 그때의 증기압보다 높게 한다.
⑥ 흡입관의 구경을 크게 한다.
⑦ 펌프를 2대 이상 설치한다.

제6과목 **건설공사 안전 관리**

## 101 ④

해설 **스크레이퍼(scraper)**

① 굴착, 적재, 운반, 성토, 흙깔기, 흙 다지기의 작업을 하나의 기계로 사용할 수 있다.
② 불도저보다 운반거리 크다.(중, 장거리 운반이 가능하다)
③ 피견인식과 자주식(모터 스크레이퍼)의 두 종류로 구분한다.

## 102 ②

해설 비계 밑단의 수직재와 받침 철물은 밀착되도록 설치하고, 수직재와 받침 철물의 연결부의 겹침 길이는 받침 철물 전체 길이의 3분의 1 이상이 되도록 할 것

{분석}
실기에 자주 출제되는 내용입니다.

## 103 ④

해설 **차량계 하역운반기계에 화물적재 시의 조치**

① 하중이 한쪽으로 치우치지 않도록 적재할 것
② 구내운반차 또는 화물자동차의 경우 화물의 붕괴 또는 낙하에 의한 위험을 방지하기 위하여 화물에 로프를 거는 등 필요한 조치를 할 것
③ 운전자의 시야를 가리지 않도록 화물을 적재할 것
④ 화물을 적재하는 경우에는 최대적재량을 초과해서는 아니 된다.

{분석}
실기에 자주 출제되는 내용입니다.

## 104 ①

해설 **공사종류 및 규모별 산업안전보건관리비 계상기준표**

| 구분 / 공사 종류 | 대상액 5억 원 미만인 경우 적용 비율(%) | 대상액 5억 원 이상 50억 원 미만인 경우 적용 비율(%) | 대상액 5억 원 이상 50억 원 미만인 경우 기초액 | 대상액 50억 원 이상인 경우 적용 비율(%) | 보건관리자 선임 대상 건설공사의 적용비율(%) |
|---|---|---|---|---|---|
| 건축공사 | 3.11(%) | 2.28(%) | 4,325 천원 | 2.37(%) | 2.64(%) |
| 토목공사 | 3.15(%) | 2.53(%) | 3,300 천원 | 2.60(%) | 2.73(%) |
| 중건설 공사 | 3.64(%) | 3.05(%) | 2,975 천원 | 3.11(%) | 3.39(%) |
| 특수 건설공사 | 2.07(%) | 1.59(%) | 2,450 천원 | 1.64(%) | 1.78(%) |

{분석}
실기에 자주 출제되는 내용입니다.

## 105 ①

해설 바이브로 플로테이션 : 진동기를 이용하여 지반을 다짐하는 모래지반의 개량공법이다.

참고

| 모래의 개량공법 | 점토의 개량공법 |
|---|---|
| • 다짐말뚝공법<br>• 다짐모래말뚝공법<br>• 바이브로 플로테이션<br>• 전기충격공법<br>• 약액주입공법<br>• 웰포인트공법 | • 치환공법<br>• 탈수공법<br>• 재하공법<br>• 압성토공법<br>• 생석회말뚝공법 |

## 106 ④

해설 **낙하 · 비래 위험방지 조치**

① 낙하물방지망 · 수직보호망 또는 방호선반의 설치
② 출입금지 구역의 설정
③ 보호구의 착용

{분석}
실기에 자주 출제되는 내용입니다.

## 107 ④

해설 **양중기의 종류(산업안전보건법 기준)**

① 크레인[호이스트(hoist)를 포함]
② 이동식 크레인
③ 리프트(이삿짐운반용 리프트의 경우에는 적재하중이 0.1톤 이상인 것으로 한정)
④ 곤돌라
⑤ 승강기

{분석}
실기에 자주 출제되는 내용입니다.

## 108 ④

해설 **흙의 동상(frost heaving)현상**

온도가 하강함에 따라 토중수가 얼어 생성된 결빙 크기가 계속 커져 지표면이 부풀어 오르는 현상을 말한다.

## 109 ③

해설 ③ 진동기는 적절히 사용되어야 하며, 지나친 진동은 거푸집 도괴의 원인이 될 수 있다.

{분석}
필기에 자주 출제되는 내용입니다.

## 110 ③

해설 **악천후 시 조치**

① 순간풍속이 초당 10미터를 초과 : 타워크레인의 설치 · 수리 · 점검 또는 해체작업을 중지
② 순간풍속이 초당 15미터를 초과 : 타워크레인의 운전작업을 중지
③ 순간풍속이 초당 30미터를 초과 : 옥외에 설치되어 있는 주행 크레인 이탈방지 조치
④ 순간풍속이 초당 30미터를 초과하는 바람이 불거나 중진(中震) 이상 진도의 지진이 있은 후 : 옥외 양중기 각 부위 이상 점검
⑤ 순간풍속이 초당 35미터를 초과 : 옥외 승강기 및 건설용 리프트(지하에 설치되어 있는 것은 제외)에 대하여 받침의 수를 증가시키는 등 승강기가 무너지는 것을 방지하기 위한 조치

{분석}
실기에 자주 출제되는 내용입니다.

## 111 ②

해설 **낙하물방지망 또는 방호선반을 설치 시 준수사항**

① 설치높이는 10미터 이내마다 설치하고, 내민길이는 벽면으로부터 2미터 이상으로 할 것
② 수평면과의 각도는 20도 내지 30도를 유지할 것

{분석}
실기에 자주 출제되는 내용입니다.

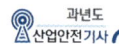
## 112 ①

해설 ① 운반할 때에는 <u>양끝을 묶어 운반</u>하여야 한다.

## 113 ②

해설 **와이어로프의 사용금지 기준**

① 이음매가 있는 것
② 와이어로프의 한 꼬임에서 끊어진 소선의 수가 10퍼센트 이상인 것
③ 지름의 감소가 공칭지름의 7퍼센트를 초과하는 것
④ 꼬인 것
⑤ 심하게 변형되거나 부식된 것
⑥ 열과 전기충격에 의해 손상된 것

{분석}
실기에 자주 출제되는 내용입니다.

## 114 ④

해설 **항타기 및 항발기의 무너짐 방지조치**

① <u>연약한 지반에 설치</u>하는 경우에는 아웃트리거 · 받침 등 <u>지지구조물의 침하를 방지하기 위하여 깔판 · 받침목 등을 사용할 것</u>
② <u>시설 또는 가설물 등에 설치</u>하는 때에는 그 내력을 확인하고 내력이 부족한 때에는 그 <u>내력을 보강할 것</u>
③ 아웃트리거 · 받침 등 <u>지지구조물이 미끄러질 우려가 있는 때에는 말뚝 또는 쐐기 등을 사용하여 해당 지지구조물을 고정시킬 것</u>
④ <u>궤도 또는 차로 이동하는 항타기 또는 항발기</u>에 대하여는 불시에 이동하는 것을 방지하기 위하여 <u>레일클램프 및 쐐기 등으로 고정시킬 것</u>
⑤ <u>상단 부분은 버팀대 · 버팀줄로 고정하여 안정시키고, 그 하단 부분은 견고한 버팀 · 말뚝 또는 철골 등으로 고정시킬 것</u>

{분석}
실기에 자주 출제되는 내용입니다.

## 115 ③

해설 사업주는 건설공사 중 <u>6개월 이내마다</u> 다음 각 호의 사항에 관하여 <u>공단의 확인을 받아야 한다.</u>
① <u>유해 · 위험방지계획서의 내용과 실제공사 내용이 부합하는지 여부</u>
② <u>유해 · 위험방지계획서 변경내용의 적정성</u>
③ <u>추가적인 유해 · 위험요인의 존재 여부</u>

{분석}
실기에 자주 출제되는 내용입니다.

## 116 ③

해설 잠함 또는 우물통의 내부에서 굴착작업 시 급격한 침하로 인한 위험방지 조치
① 침하 관계도에 따라 <u>굴착방법 및 재하량(載荷量) 등을 정할 것</u>
② <u>바닥으로부터 천장 또는 보까지의 높이는 1.8미터 이상으로 할 것</u>

{분석}
실기에 자주 출제되는 내용입니다.

## 117 ①

해설 ① 외부비계, 작업발판 등의 가설구조물은 산업재해 예방을 위한 시설에 해당하지 않아 산업안전보건관리비로 사용할 수 없다.

참고 **1. 산업안전보건관리비의 사용내역**
① 안전관리자 · 보건관리자 임금 등
② 안전시설비 등
③ 보호구 등
④ 안전보건진단비 등
⑤ 안전보건교육비 등
⑥ 근로자 건강장해예방비 등
⑦ 건설재해예방전문지도기관 기술지도비
⑧ 본사 전담조직 근로자 임금 등
⑨ 위험성평가 등에 따른 소요비용

**2. 안전시설비**
① 산업재해 예방을 위한 <u>안전난간, 추락방호망, 안전대 부착 설비, 방호장치</u>(기계 · 기구와 방호장치가 일체로 제작된 경우, 방호장

치 부분의 가액에 한함) 등 안전시설의 구입·
임대 및 설치 등을 위해 소요되는 비용
② 스마트 안전장비 구입·임대 비용. 다만, 계상
된 산업안전보건관리비 총액의 10분의 2를 초
과할 수 없다.
③ 용접 작업 등 화재 위험작업 시 사용하는 소
화기의 구입·임대비용

{분석}
필기에 자주 출제되는 내용입니다.

## 118 ④

**해설** ④ 콘크리트 온도가 낮을수록 측압이 커진다.

**참고** **콘크리트의 측압**
① 철골 or 철근량 적을수록 측압이 크다.
② 외기온도 낮을수록 측압이 크다.
③ 타설속도 빠를수록 측압이 크다.
④ 다짐이 좋을수록 측압이 크다.
⑤ 슬럼프가 클수록 측압이 크다.
⑥ 콘크리트 비중이 클수록 측압이 크다.
⑦ 습도가 낮을수록 측압이 크다.

{분석}
실기에 자주 출제되는 내용입니다.

## 119 ③

**해설** 와이어로프 설치각도는 수평면에서 60도 이내로 하
되, 지지점은 4개소 이상으로 하고, 같은 각도로 설
치할 것

## 120 ①

**해설** 와이어로프 등이 훅으로부터 벗겨지는 것을 방지하
는 장치 → 해지장치

{분석}
실기에 자주 출제되는 내용입니다.

MEMO

# 산업안전기사 과년도 문제해설

| | | |
|---|---|---|
| 초    판 | 인쇄 | 2011년  2월  7일 |
| 개정 10판 | 발행 | 2024년  1월 15일 |
| 개정 11판 | 발행 | 2025년  1월 10일 |
| 개정 12판 | 발행 | 2026년  1월 15일 |

지 은 이 | 최윤정
발 행 인 | 조규백
발 행 처 | 도서출판 구민사
           (07293) 서울특별시 영등포구 문래북로 116, 604호(문래동3가 46, 트리플렉스)
전    화 | (02) 701-7421
팩    스 | (02) 3273-9642
홈페이지 | www.kuhminsa.co.kr

신고번호 | 제2012-000055호 (1980년 2월 4일)
I S B N | 979-11-6875-584-0   13500

값  43,000원